UMWELTGUTACHTEN 2000

Erschienen im Juni 2000
Preis: DM 89,–; € 45,50
ISBN 3-8246-0620-8
Best.-Nr. 7 800 207-00 902
Druck: MuK. Medien- und Kommunikations GmbH, Berlin

Der Rat von Sachverständigen
für Umweltfragen

UMWELTGUTACHTEN 2000

Juni 2000
VERLAG METZLER-POESCHEL STUTTGART

Der Rat von Sachverständigen für Umweltfragen (SRU)

Prof. Dr. jur. Eckard Rehbinder, Frankfurt (Vorsitzender)
Prof. Dr. rer. nat. Herbert Sukopp, Berlin (Stellvertretender Vorsitzender)
Prof. Dr. med. Heidrun Behrendt, München
Prof. Dr. rer. pol. Hans-Jürgen Ewers, Berlin
Prof. Dr. rer. nat. Reinhard Franz Hüttl, Cottbus
Prof. Dr. phil. Martin Jänicke, Berlin
Prof. Dr.-Ing. Eberhard Plaßmann, Köln

Die Erstellung dieses Gutachtens wäre ohne die unermüdliche Arbeit der Mitarbeiterinnen und Mitarbeiter in der Geschäftsstelle und bei den Ratsmitgliedern nicht möglich gewesen.

Zum wissenschaftlichen Stab des Umweltrates gehörten während der Arbeiten an diesem Gutachten: DirProf Dr. rer. nat. Hubert Wiggering (Generalsekretär), Dipl.-Volkswirt Lutz Eichler (Stellvertretender Generalsekretär), Dr. rer. nat. Oliver Bens (Cottbus), Dipl.-Biologe Jörg-Andreas Böttge (Berlin), Dr. rer. nat. Britt Damme, Dr. rer. nat. Helga Dieffenbach-Fries, Dipl.-Geoökologe Michael Hahn, Dipl.-Volkswirtin Annette Jochem, Dr. rer. nat. László Kacsóh, Dr. rer. nat. Christa Lemmen (München), Dipl.-Volkswirtin Bettina Mankel (Berlin), Dr. rer. pol. Armin Sandhövel, Ass. jur. Michael Schmalholz, Rechtsanwalt Christoph Schmihing (Frankfurt), Dipl.-Politologe Helge Jörgens (Berlin).

Zu den nichtwissenschaftlichen Mitarbeiterinnen und Mitarbeitern in der Geschäftsstelle gehörten beim Abschluß des Gutachtens: Dipl.-Sekretärin Klara Bastian, Dipl.-Bibliothekarin Ursula Belusa, Jörg Faber, Annelie Gottlieb, Sabine Krestan, Martina Lilla, M.A., Bettina Muntetschiniger, Petra Schäfer, Dipl.-Verwaltungswirtin Jutta Schindehütte, Dagmar Schlinke, Gabriele Stellmacher.

Ab dem 1. April 1999 hat die Geschäftsstelle die Koordination des Netzwerkes der Europäischen Umwelträte übernommen. Den sogenannten Focal Point leitet Dipl.-Geographin Ingeborg Niestroy.

Anschrift: Geschäftsstelle des Rates von Sachverständigen für Umweltfragen, Postfach 55 28, D-65180 Wiesbaden, Tel.: (0611) 75 42 10, Telefax: (0611) 73 12 69, e-mail: sru@uba.de, internet: http://www.umweltrat.de.

Der Umweltrat dankt den Vertretern der Ministerien und Ämter des Bundes und der Länder, insbesondere dem Bundesministerium für Umwelt, Naturschutz und Reaktorsicherheit sowie der Leitung und den Mitarbeitern des Umweltbundesamtes und des Statistischen Bundesamtes ebenso wie allen Personen und Institutionen, die den Umweltrat bei der Erarbeitung des Gutachtens unterstützt haben. Des weiteren dankt er den Vertretern der Bund-Länder-Arbeitsgemeinschaften Boden (LABO), Abfall (LAGA), Wasser (LAWA) und Immissionsschutz (LAI) für ihre Unterstützung in zahlreichen Gesprächen.

Zu speziellen Fragen einer dauerhaft umweltgerechten Wald- und Forstwirtschaft hat der Umweltrat folgende Vertreter angehört: Prof. Dr. Karl Kreutzer, Forstwissenschaftliche Fakultät der TU München; Prof. Dr. Max Krott, Institut für Forstpolitik, Forstgeschichte und Naturschutz der Universität Göttingen.

Zu ausgewählten Aspekten der Energiewirtschaft hat der Rat folgende Vertreter angehört: Karl-Otto Abt, Stadtwerke Düsseldorf; Dr. Detlef Appel, PanGeo, Hannover; Dr. Horst Besenecker, Niedersächsisches Umweltministerium, Hannover; Dr. Lothar Hahn, Öko-Institut, Darmstadt; Prof. Dr. Klaus Heinloth, Physikalisches Institut der Universität Bonn; Prof. Dr. Peter Hennicke, Wuppertal Institut für Klima, Umwelt und Energie, Wuppertal; Prof. Dr. Kurt Kugeler, Institut für Sicherheitsforschung und Reaktortechnik des Forschungszentrums Jülich; Dr. Helmut Röthemeyer, Bundesamt für Strahlenschutz, Salzgitter; Prof. Dr. Friedrich-Wilhelm Wellmer, Bundesanstalt für Geowissenschaften und Rohstoffe, Hannover; MDir Dr. Gerhard Sohn und MinR Hans Wittmann, Nordrhein-

Impressum

Westfälisches Ministerium für Wirtschaft, Mittelstand, Technologie und Verkehr, Düsseldorf; Prof. Dr. Hermann Unger, Lehrstuhl für Nukleare und Neue Energiesysteme der Universität Bochum; Dr. Fritz Vahrenholt, Deutsche Shell AG, Hamburg.

Des weiteren hat der Umweltrat zur Arbeit des Wissenschaftlichen Beirats Bodenschutz Herrn Prof. Dr. Willi Thoenes angehört. Mit Prof. Dr. Werner Buchner, Akademie für Raumforschung und Landesplanung, Hannover, fand eine Aussprache zur Raumordnung und Regionalplanung statt. Ferner hat der Umweltrat zur Klimaforschung die Experten Prof. Dr. Heinrich Miller, Alfred-Wegener-Institut für Polar- und Meeresforschung, Bremerhaven, Prof. William W. Hay, Forschungszentrum für marine Geowissenschaften, Kiel, und Prof. Dr. Jörg Negendank, Geoforschungszentrum Potsdam, angehört.

Zur Problematik der Abfallwirtschaft fand ein Gespräch mit Dr. Ludwig Krämer von der Generaldirektion Umwelt der Europäischen Kommission statt.

Des weiteren erfolgte Zuarbeit zu Teilen der Abschnitte 2.4.5 Abfallwirtschaft und 2.4.4 Klimaschutz und Luftreinhaltung sowie zum Kapitel 3.2 Umweltschutz und energiewirtschaftliche Fragen durch Herrn Dr. Christoph Heger, TÜV Rheinland, Köln.

Die Berichte und Urteile der Fachleute haben wesentlich zur Urteilsfindung des Umweltrates beigetragen.

Außerdem dankt der Umweltrat den externen Gutachtern für die Zuarbeit zu diesem Gutachten. Im einzelnen flossen folgende Ausarbeitungen in das Gutachten ein:

Dipl.-Politologe Alexander Carius, Dipl.-Politologe Ingmar von Homeyer, Rechtsanwältin Stefani Bär (Ecologic, Gesellschaft für Internationale und Europäische Umweltforschung, Berlin): Die umweltpolitische Dimension der Osterweiterung der Europäischen Union: Herausforderungen und Chancen.

Prof. Dr. Harald Plachter, Dipl.-Biologin Jutta Kill (Fachgebiet Naturschutz, Fachbereich Biologie, Universität Marburg); Prof. Dr. Karl-Reinhard Volz, Dipl.-Forstwirt Frank Hofmann, Dipl.-Forstwirt Roland Meder (Institut für Forstpolitik, Universität Freiburg): Waldnutzung in Deutschland – Bestandsaufnahme, Handlungsbedarf und Maßnahmen zur Umsetzung des Leitbildes einer nachhaltigen Entwicklung.

Fraunhofer-Institut für Verfahrenstechnik und Verpackung, Freising: Einflüsse auf die ökologische und kostenwirtschaftliche Bewertung von Mehrweg- und Einweg-Verpackungssystemen im Getränkesektor. – Bearbeiter: Jürgen Bez, Gerhard Wörle.

Dipl.-Ing. agr. Dorte Meyer-Marquart (Büro für Umwelt- und Regionalentwicklung, Obernburg): Nachhaltige Stadt- und Regionalentwicklung.

(Redaktionsschluss: 31. Januar 2000)

Vorwort

Die Erwartungen an die Umweltpolitik sind nach dem Regierungswechsel im Jahre 1998 und der Übernahme des Umweltministeriums durch Bündnis 90/Die Grünen besonders hoch. Die Vorstellung, dass damit die Umweltpolitik wieder eine Aufwertung erfahren würde, war sicherlich von vornherein überzogen. Auch wurden durch die besondere Schwerpunktsetzung auf die Themen „Beendigung der Nutzung der Atomenergie" und „Ökologische Steuerreform" andere wichtige Umweltthemen in den Hintergrund gedrängt. Angesichts dieser Entwicklung erinnert der Umweltrat gemäß seinem im Einrichtungserlass von 1971 bzw. 1991 festgehaltenen Auftrag die Bundesregierung daran, dass noch viele andere Umweltprobleme anzugehen und in der Öffentlichkeit transparent darzustellen sind, um damit mehr Verständnis auch für unter Umständen einschneidende Maßnahmen zu erzielen und der eingegangenen Verpflichtung für eine nachhaltige Entwicklung zu entsprechen.

Die Ausgestaltung der nachhaltigen Entwicklung und insbesondere deren Umsetzung stehen immer noch mehr auf dem Papier, als dass wirklich etwas geschieht. Der Umweltrat hat seit 1994 in seinen Gutachten und Stellungnahmen immer wieder Beiträge und Verfahrensvorschläge zur Ausgestaltung des Nachhaltigkeitskonzepts vorgelegt[1], ohne dass diese genügend von der Politik aufgenommen wurden. Entsprechend wird in diesem Gutachten in Kapitel 1 wiederum die Frage nach dem Stand der Diskussion um die nachhaltige Entwicklung, der Festlegung von Umweltzielen beziehungsweise der Aufstellung eines Umweltpolitikplanes aufgegriffen. Dabei geht es unter anderem um die Frage, welche Erfahrungen andere europäische, aber auch außereuropäische Länder gemacht haben, und ob Deutschland aus diesen Erfahrungen lernen kann. Zunächst muss jedoch ein prozeduraler Rahmen für die Festlegung von (Umwelt-)Zielen abgesteckt werden, wie es der Umweltrat bereits in seinem vorherigen Umweltgutachten deutlich gemacht hat. Der Umweltrat setzt sich auch mit der Rolle des geplanten, pluralistisch zusammengesetzten Nachhaltigkeitsrats auseinander. Durch die Einbeziehung verschiedener Akteure in diesen Rat kann eine wesentliche Voraussetzung für mehr Transparenz und Akzeptanz in der Öffentlichkeit für die Zielefestlegung erzielt werden. Dagegen kommt einem Beratungsgremium wie dem Umweltrat – als wissenschaftlichem Politikberatungsgremium – die Aufgabe zu, neueste wissenschaftliche Erkenntnisse zu bewerten und aufbereitet in die Zielediskussion einzubringen sowie festgelegte Ziele wissenschaftlich zu bewerten.

In diesem Zusammenhang betont der Umweltrat die Verflechtung des Umweltschutzes mit anderen Politikbereichen und die sich daraus ergebende Notwendigkeit zur Politikintegration. So hat der Umweltrat die Zusammenarbeit mit dem Sachverständigenrat zur Begutachtung der gesamtwirtschaftlichen Entwicklung verstärkt. Neben gemeinsamen Sitzungen der Räte und der wissenschaftlichen Mitarbeiter in den Geschäftsstellen wurde diese Zusammenarbeit im Rahmen einer gemeinsamen Veranstaltung zur Fragestellung „Nachhaltiges Wachstum? Schnittstellen in der Arbeit der Sachverständigenräte für Wirtschaft und Umwelt" an der Akademie für politische Bildung in Tutzing vom 1. bis 3. März 1999 in die interessierte Öffentlichkeit getragen.

Zunehmend sind internationale (umwelt-)politische Fragestellungen mit in die Betrachtungen einzubeziehen. Die europäische Umweltpolitik hat in den letzten Jahrzehnten insbesondere durch die Einheitliche Europäische Akte von 1987, den Maastrichter Vertrag von 1992 und den Amsterdamer Vertrag von 1997 wichtige und substantielle Veränderungen erfahren. Diese Veränderungen in der europäischen Umweltpolitik, die zunehmende Durchdringung aller umweltrelevanten Fachpolitiken und die damit einhergehenden Auswirkungen auf die Entwicklung der nationalen Politiken sind auch für die nationalen Umwelträte eine wichtige Herausforderung. Insofern vermag eine rein national ausgerichtete Umweltpolitikberatung nicht mehr ausreichend den zukünftigen Anforderungen zu entsprechen.

---

[1] S. a. im Internet unter http.//www.umweltrat.de

Aus diesem Grund hat sich der Umweltrat aktiv für stärkere Kooperationen zwischen den Beratungsinstitutionen auf europäischer Ebene und für den Aufbau eines Netzwerkes europäischer Umwelträte eingesetzt. So haben beispielsweise die europäischen Umwelträte auf ihrer letzten Gesamtkonferenz vom 9. bis 11. September 1999 in Budapest zusammen mit Beratungsgremien aus den potentiellen Beitrittskandidatenländern umweltrelevante Fragestellungen der europäischen Osterweiterung diskutiert.[2]

Die Ergebnisse dieser Konferenz und die Diskussion über die Osterweiterung der EU werden in einem gesonderten Kapitel (Kap. 2.3) in diesem Umweltgutachten aufgegriffen. Der Umweltrat fordert darin die Bundesregierung auf, sich stärker mit umweltbezogenen Fragestellungen in die Erweiterungsdiskussion einzuschalten. Ansonsten werden Fragen der europäischen Umweltpolitik nicht mehr in einem gesonderten Kapitel abgehandelt, sondern fließen jeweils in die einzelnen Abschnitte des Gutachtens ein. Dies bezieht sich sowohl auf die allgemeinen Betrachtungen zur Entwicklung der Umweltpolitik im Berichtszeitraum 1998/1999 (Kap. 2.1) als auch auf die spezielleren Betrachtungen zum Verhältnis von Umwelt und Wirtschaft (Kap. 2.2). Vor dem Hintergrund einer Globalisierung der Umweltpolitik reicht das Themenspektrum in diesen Kapiteln von der Diskussion der ökologischen Steuerreform oder der Privatisierung der Wasserwirtschaft über die Umsetzung der IVU-Richtlinie in nationales Recht bis hin zur Einbeziehung von Umweltaspekten in die Vergabekriterien für Export-(Hermes-)Bürgschaften (s. a. gesonderte Stellungnahme; Homepage des Umweltrates). Auch in den einzelnen Umweltpolitikbereichen Naturschutz, Gewässerschutz, Bodenschutz/Altlasten, Klimaschutz/Luftreinhaltung, Abfallwirtschaft sowie Gefahrstoffe und menschliche Gesundheit (s. Kap. 2.4) gewinnt die europäische und internationale Komponente zunehmend an Bedeutung.

Der Umweltrat hat sich eingehend mit der Frage auseinandergesetzt, inwieweit die bisher überwiegend zugrunde gelegte mediale Betrachtung in diesem Gutachten aufzugeben oder fortzuführen sei. Obwohl er grundsätzlich einer integrierten Behandlung den Vorzug gibt, hat er sich dazu entschlossen, der nach wie vor medialen Struktur des Bundesumweltministeriums und der meisten Länderministerien Rechnung zu tragen und die Fachkapitel medial aufzubauen, um die jeweiligen Adressaten besser zu erreichen. Allerdings hat der Umweltrat in diesem Gutachten die Systematik in einem ersten Schritt verändert. Anstatt der Bewertung der ergriffenen Maßnahmen eine Situationsanalyse voranzustellen, wird nunmehr von den jeweiligen Umweltqualitäts- und Umwelthandlungszielen ausgegangen. Damit werden immer weniger nur einzelne Umweltmedien und Verursacher von Umweltproblemen betrachtet, sondern es werden bei den einzelnen medialen Betrachtungen auch Verknüpfungen stärker berücksichtigt.

Der Umweltrat bewertet im vorliegenden Gutachten zwar schwerpunktmäßig die Umweltsituation und die Umweltpolitik in Deutschland insgesamt. Gleichzeitig greift er aber auch spezielle Themen gesondert auf. Zum Themenbereich Wald- und Forstwirtschaft (Kap. 3.1) stellt der Umweltrat fest, dass nach der Diskussion über Waldschäden nun die Diskussion um die ökologische Nachhaltigkeit stärker in den Blickpunkt des Interesses treten muss. Entsprechend mahnt der Umweltrat an, jetzt mit Umbauprogrammen zu beginnen und die Zusammenführung verschiedener Nutzungsinteressen voranzutreiben. Dabei widmet er sich insbesondere dem Konflikt zwischen Forstwirtschaft und Naturschutz.

Nicht zuletzt wegen der aktuellen Diskussion um die Beendigung der Nutzung der Atomenergie (s. a. gesonderte Stellungnahme; Homepage des Umweltrates) greift der Umweltrat zudem den Themenbereich Energie und Umwelt gesondert auf (Kap. 3.2). Während die Umweltbeeinträchtigungen bei der Gewinnung und Umwandlung regenerativer Energieträger in der Öffentlichkeit häufig besonders betont werden, geschieht dieses bei den fossilen Energieträgern in deutlich geringerem Maße. Deshalb zeigt der Umweltrat die wesentlichen Umweltbeeinträchtigungen auf, die bei der Gewinnung und Umwandlung aller Energieträger entstehen. Darüber hinaus sieht er auch die Notwendigkeit, sich in die Diskussion um die Liberalisierung des Strommarktes einzuschalten.

---

[2] Vgl. auch im Internet: http://www.Eur-focalpt.org

Vorwort

Es werden Empfehlungen zur weiteren Ausgestaltung des liberalisierten deutschen Strommarktes mit Blick auf den Marktzutritt umweltfreundlicher Energieträger gegeben.

Adressat des Gutachtens ist die Bundesregierung. Der Umweltrat richtet seine Empfehlungen aber auch an die Parlamente, an die Länderregierungen, an die umweltrelevant arbeitenden Wissenschaften und nicht zuletzt an die interessierte Öffentlichkeit. Auf der Grundlage wissenschaftlicher Erkenntnisse sollen Wege für die weitere Ausgestaltung der Umweltpolitik aufgezeigt werden und Verständnis für notwendige, unter Umständen auch einschneidende Maßnahmen erzielt werden. Der Umweltrat betont, dass es sich bei seinen Empfehlungen um konzeptionelle Vorschläge und Handlungsoptionen handelt, nicht um fertige Rezepturen. Häufig geben die Empfehlungen nur eine Richtung vor. Viele Anregungen müssen erst durch die Forschung aufgegriffen und weiter untersucht werden oder von Politik und Verwaltung weiter ausgestaltet werden.

Um diese Empfehlungen auszuarbeiten, hat der Umweltrat in einzelnen Fragestellungen auf externe Zuarbeit (siehe Impressum) zurückgegriffen sowie zahlreiche Fachgespräche sowohl mit Wissenschaftlern aus verschiedenen Fachdisziplinen und eingehende Diskussionen mit Politikern, Vertretern von Ministerien und Behörden sowie Verbandsvertretern geführt. Der Umweltrat dankt allen an der Erarbeitung des Umweltgutachtens Beteiligten. Dies gilt insbesondere für die Mitarbeiterinnen und Mitarbeiter in der Geschäftsstelle sowie die Assistenten des Umweltrates, die mit vielen Textausarbeitungen in Vorlage gegangen sind.

Für den Inhalt des Gutachtens sind allein die Unterzeichner verantwortlich.

Wiesbaden, im Februar 2000

H. Behrendt, H.-J. Ewers, R. F. Hüttl, M. Jänicke, E. Plaßmann, E. Rehbinder, H. Sukopp

Inhalt

Seite

KURZFASSUNG		21
1	**Auf dem Wege zu einer nationalen Nachhaltigkeitsstrategie**	89
1.1	Zur gegenwärtigen Bedeutung nationaler Nachhaltigkeitsstrategien	89
1.1.1	Ausgangslage	89
1.1.2	Nachhaltigkeitsplanung als neuer Ansatz der Umweltpolitik	89
1.1.3	Zur internationalen Ausbreitung strategischer Umweltplanung	89
1.1.4	Erste Evaluation von Nachhaltigkeitsstrategien in OECD-Ländern	91
1.1.5	Fortschreibung und Weiterentwicklung der Umweltpolitikplanung in ausgewählten OECD-Ländern	93
1.1.5.1	Niederlande	93
1.1.5.2	Schweden	94
1.2	Umweltplanung im Zeichen der Reform des öffentlichen Sektors	96
1.2.1	Der Ansatz ziel- und ergebnisorientierter Umweltplanung	96
1.2.2	Der kanadische Ansatz des "Greening of Government"	97
1.3	Nationale Nachhaltigkeitsstrategie als Problem der Politikintegration	97
1.4	Vom Entwurf eines umweltpolitischen Schwerpunktprogramms des BMU zur nationalen Nachhaltigkeitsstrategie	99
1.4.1	Zur Entwicklung des Entwurfs eines umweltpolitischen Schwerpunktprogramms	99
1.4.2	Zur prozeduralen Beurteilung des Schwerpunktprogrammentwurfs	100
1.4.3	Zur Themenstruktur des Schwerpunktprogramms	101
1.4.4	Zur inhaltlichen Beurteilung des Schwerpunktprogramms	103
1.5	Empfehlungen zu Struktur und Prozess einer deutschen Nachhaltigkeitsstrategie	105
1.5.1	Zentrale Aspekte einer deutschen Nachhaltigkeitsstrategie	105
1.5.1.1	Problem- und zielorientierte Strategie	105
1.5.1.2	Institutionelle Struktur	107
1.5.1.3	Veränderung der Rahmenbedingungen	107
1.5.1.4	Verbesserung der Datenlage	108
1.5.2	Zum Verfahren einer deutschen Strategie nachhaltiger Entwicklung	109
2	**Zur Umweltsituation und Umweltpolitik**	111
2.1	**Umweltpolitische Entwicklungen**	111
2.1.1	Umweltpolitik im Zeichen des Regierungswechsels	111
2.1.2	Umweltpolitikberatung im europäischen Kontext	112
2.1.3	Umweltgesetzbuch und Umsetzung der IVU-Richtlinie	113
2.1.4	Umweltpolitik im internationalen Spannungsfeld	116

Inhalt

		Seite
2.2	**Umwelt und Wirtschaft**	118
2.2.1	Umweltschutz und wirtschaftliche Entwicklung	118
2.2.2	Umweltgerechte Finanzreform	120
2.2.3	Handelbare Emissionslizenzen und Joint Implementation	125
2.2.4	Öko-Audit	131
2.2.5	Privatisierung und Liberalisierung umweltbezogener Infrastrukturaufgaben am Beispiel der Wasserwirtschaft	138
2.2.5.1	Problemstellung	138
2.2.5.2	Der Markt für Wasserversorgung und Abwasserentsorgung in Deutschland	139
2.2.5.3	Aktuelle Entwicklungen in der Wasserversorgung und Abwasserentsorgung in Europa	143
2.2.5.4	Chancen und Risiken bei der Privatisierung von Unternehmen in der Wasserwirtschaft	146
2.2.5.5	Schlussfolgerungen und Empfehlungen	150
2.2.6	Umweltschutz und Exportkredite	151
2.3	**Umweltpolitische Aspekte der Osterweiterung der Europäischen Union**	153
2.3.1	Der politische, rechtliche und wirtschaftliche Rahmen der Osterweiterung	154
2.3.2	Umweltpolitische Interessen an der Osterweiterung aus deutscher Sicht	157
2.3.3	Der Beitrittsprozess im Umweltbereich	158
2.3.4	Umweltpolitische Herausforderungen und Chancen des Beitritts auf der Gemeinschaftsebene	160
2.3.4.1	Übernahme des gemeinschaftlichen Rechts	160
2.3.4.2	Perspektiven einer differenzierten Harmonisierungsstrategie	165
2.3.4.2.1	Ansätze stärkerer Differenzierung bei der Regulierung: Europa der verschiedenen Geschwindigkeiten	167
2.3.4.2.2	Handlungsspielräume bei der Implementation	168
2.3.4.3	Finanzierungsaspekte des Umweltschutzes	171
2.3.5	Umweltpolitische Herausforderungen und Chancen für die Beitrittsstaaten	174
2.3.5.1	Stärkung der nationalen Umweltpolitik	177
2.3.5.2	Umweltpolitische Dezentralisierung	182
2.3.5.3	Umweltpolitische Integration	183
2.3.5.4	Rahmenbedingungen für Modernisierungseffekte	184
2.3.6	Schlussfolgerungen und Handlungsempfehlungen	185
2.4	**Betrachtung der Umweltpolitikbereiche**	189
2.4.1	**Naturschutz**	190
2.4.1.1	Aufgaben und Ziele des Naturschutzes	190
2.4.1.2	Zum Zustand von Natur und Landschaft	192

Inhalt

		Seite
2.4.1.2.1	Rote Listen	192
2.4.1.2.2	Schutzgebiete und Biotopverbund	198
2.4.1.2.3	Erhaltung von Bestandteilen der biologischen Vielfalt außerhalb ihrer natürlichen Lebensräume	203
2.4.1.2.4	Naturschutz in städtischen Siedlungsräumen	204
2.4.1.3	Maßnahmen des Bundes und der Europäischen Union	209
2.4.1.4	Schlussfolgerungen und Empfehlungen zur Naturschutzpolitik	219
2.4.2	**Bodenschutz**	223
2.4.2.1	Übergeordnete Ziele und gesetzliche Maßnahmen des Bodenschutzes	223
2.4.2.2	Beeinträchtigungen des Bodenzustands	227
2.4.2.2.1	Flächeninanspruchnahme und physikalische Beeinträchtigungen des Bodens	227
2.4.2.2.2	Stoffliche Beeinträchtigungen des Bodens	233
2.4.2.3	Bodeninformationsmanagement	240
2.4.2.4	Altlasten	242
2.4.2.4.1	Umweltpolitische Ziele der Altlastensanierung	242
2.4.2.4.2	Zur Situation	243
2.4.2.4.3	Maßnahmen im Bereich Altlasten	248
2.4.2.5	Schlussfolgerungen und Empfehlungen zur Bodenschutzpolitik und zu den Altlasten	251
2.4.3	**Gewässerschutz und nachhaltige Wassernutzung**	259
2.4.3.1	Ziele des Gewässerschutzes	259
2.4.3.2	Zur Situation von Gewässerschutz und nachhaltiger Wassernutzung	263
2.4.3.2.1	Oberflächengewässer	263
2.4.3.2.2	Grundwasserbeschaffenheit und Trinkwassergewinnung	270
2.4.3.2.3	Erfassung und Behandlung von Abwässern	274
2.4.3.2.4	Nord- und Ostsee	277
2.4.3.2.4.1	Der Nordseeraum	277
2.4.3.2.4.2	Der Ostseeraum	282
2.4.3.3	Maßnahmen zum Gewässerschutz und zur nachhaltigen Wassernutzung	283
2.4.3.4	Schlussfolgerungen und Empfehlungen zur Gewässerschutzpolitik	301
2.4.4	**Klimaschutz und Luftreinhaltung**	304
2.4.4.1	Ziele, Situation und Defizite in der Zielerreichung	304
2.4.4.1.1	Zum Klimaschutz	305
2.4.4.1.1.1	Ziele des Klimaschutzes	305
2.4.4.1.1.2	Emissionssituation und Zielerreichung im Klimaschutz	307
2.4.4.1.2	Zum bodennahen Ozon	311
2.4.4.1.2.1	Ziele zur Minderung der Belastung durch bodennahes Ozon	311

Inhalt

Seite

2.4.4.1.2.2	Emissionssituation von Ozonvorläuferverbindungen, Immissionssituation für Ozon und Zielerreichung im Bereich photochemischer Smog	312
2.4.4.1.3	Zur Versauerung	313
2.4.4.1.3.1	Ziele für versauernd wirkende Stoffe (SO_2, NO_x, NH_3)	313
2.4.4.1.3.2	Emissionssituation für versauernd wirkende Stoffe und Zielerreichung	315
2.4.4.1.4	Zum Schutz der stratosphärischen Ozonschicht	316
2.4.4.1.4.1	Ziele zum Schutz der stratosphärischen Ozonschicht	316
2.4.4.1.4.2	Emissionssituation für ozonschichtschädigende Stoffe und Zielerreichung	316
2.4.4.1.5	Immissionsbezogene Umweltziele und Immissionssituation	317
2.4.4.1.5.1	Die Luftqualitätsrahmenrichtlinie und deren Tochterrichtlinien	317
2.4.4.1.5.2	Immissionssituation für SO_2, NO_x, Partikel und Benzol sowie Zielerreichung	318
2.4.4.1.6	Zu den persistenten organischen Schadstoffen	320
2.4.4.1.6.1	Reduktionsziele für die persistenten organischen Schadstoffe	320
2.4.4.1.6.2	Situation und Zielerreichung für die persistenten organischen Schadstoffe	320
2.4.4.2	Maßnahmen	322
2.4.4.2.1	Freiwillige Selbstverpflichtung der deutschen Wirtschaft zum Klimaschutz	322
2.4.4.2.2	Energieeinsparverordnung	324
2.4.4.2.3	100 000-Dächer-Programm	326
2.4.4.2.4	Ozongesetz	327
2.4.4.2.5	Zum Stand der betankungsbedingten Tankstellenemissionen von Ottokraftstoffen in Deutschland	328
2.4.4.2.6	Fünftes Änderungsgesetz zum Bundes-Immissionsschutzgesetz	329
2.4.4.2.6.1	Störfallverordnung	330
2.4.4.2.6.2	Verordnung über Emissionsgrenzwerte für Verbrennungsmotoren	331
2.4.4.2.7	Zur Umsetzung der Europäischen Luftreinhaltepolitik und zur Zukunft der TA Luft	332
2.4.4.2.8	Das Auto-Öl-Programm und andere fahrzeugtechnische Maßnahmen	334
2.4.4.2.8.1	Kraftstoffqualitäten	334
2.4.4.2.8.2	Abgasgrenzwerte	336
2.4.4.2.8.3	Minderung der Kraftstoffverbräuche	338
2.4.4.3	Schlussfolgerungen und Empfehlungen zum Klimaschutz und zur Luftreinhaltung	340
2.4.4.3.1	Zu den Zielen	340
2.4.4.3.1.1	Zum Klimaschutzziel	340
2.4.4.3.1.2	Defizite in der Zielerreichung für den Klimaschutz	340
2.4.4.3.1.3	Zu den Zielen für andere Luftschadstoffe	341
2.4.4.3.1.4	Zur Integration des Klimaschutzes und der Luftreinhaltung	341
2.4.4.3.1.5	Verknüpfung der *kombinierten Strategie* mit anderen Politikfeldern	342

Inhalt

		Seite
2.4.4.3.1.6	Ökonomische Aspekte der Umsetzung wirksamer klimaschutzpolitischer Maßnahmen	342
2.4.4.3.2	Zu den einzelnen Maßnahmen	343
2.4.5	**Abfallwirtschaft**	346
2.4.5.1	Ziele der Abfallpolitik	346
2.4.5.2	Stand und Entwicklung des Abfallaufkommens, der Abfallzusammensetzung und der Entsorgung	349
2.4.5.2.1	Datengrundlagen und abfallwirtschaftliche Bilanzen	349
2.4.5.2.2	Zur Entwicklung einzelner Abfallarten der Abfallbilanz	355
2.4.5.3	Maßnahmen für einzelne Abfallgruppen	362
2.4.5.3.1	Verpackungsverordnung und Duales System Deutschland	362
2.4.5.3.2	Altautoverordnung	376
2.4.5.3.3	Batterieverordnung	379
2.4.5.3.4	Bioabfallverordnung	380
2.4.5.3.5	Konzepte zur Entsorgung und Verwertung von Elektronikschrott	382
2.4.5.3.6	Technische Anleitung Siedlungsabfall	383
2.4.5.3.7	Europäische Regelungen	387
2.4.5.4	Neue Entwicklungen der Entsorgungstechnik	388
2.4.5.4.1	Thermische Abfallbehandlung	388
2.4.5.4.2	Mechanisch-Biologische Abfallbehandlung (MBA)	392
2.4.5.5	Schlussfolgerungen und Empfehlungen zur Abfallpolitik	398
2.4.6	**Gefahrstoffe und gesundheitliche Risiken**	401
2.4.6.1	Übergeordnete Ziele	401
2.4.6.2	Allgemeine Situation	401
2.4.6.2.1	Zum Umlauf von Gefahrstoffen	401
2.4.6.2.2	Allgemeine Maßnahmen der Risikobewertung und Kontrolle von Gefahrstoffen	402
2.4.6.3	Ausgewählte Gefahrstoffe und Gefährdungspotentiale	405
2.4.6.3.1	Persistente organische Schadstoffe	405
2.4.6.3.1.1	Ziele	405
2.4.6.3.1.2	Einzelne Stoffe beziehungsweise Stoffklassen der persistenten organischen Schadstoffe	406
2.4.6.3.1.3	Fazit	410
2.4.6.3.2	Flüchtige organische Verbindungen	411
2.4.6.3.2.1	Ziele	411
2.4.6.3.2.2	Einzelne Stoffe beziehungsweise Stoffklassen der flüchtigen organischen Verbindungen	412
2.4.6.3.2.3	Fazit	414
2.4.6.3.3	Feine und ultrafeine Partikel	414

Inhalt

		Seite
2.4.6.3.3.1	Ziele	415
2.4.6.3.3.2	Emissionsquellen und Exposition der Bevölkerung	415
2.4.6.3.3.3	Untersuchungen zur Wirkung feiner und ultrafeiner Partikel	417
2.4.6.3.3.4	Untersuchungen zu Dieselruß	420
2.4.6.3.3.5	Fazit	422
2.4.6.3.4	Künstliche Mineralfasern	423
2.4.6.3.5	Radon in Innenräumen	425
2.4.6.3.5.1	Ziele	425
2.4.6.3.5.2	Vorkommen und Exposition der Bevölkerung	426
2.4.6.3.5.3	Epidemiologische Studien zum Lungenkrebsrisiko durch Radon in der Allgemeinbevölkerung	426
2.4.6.3.5.4	Maßnahmen	427
2.4.6.3.5.5	Fazit	428
2.4.6.3.6	Passivrauchen	428
2.4.6.4	Schlussfolgerungen und Empfehlungen zum Umgang mit Gefahrstoffen	430
2.4.7	**Gentechnik**	435
2.4.7.1	Ziele	435
2.4.7.2	Situation	435
2.4.7.3	Maßnahmen	437
2.4.7.4	Schlussfolgerungen und Empfehlungen zur Gentechnik	442
3	**Umweltschutz in ausgewählten Problembereichen**	444
3.1	**Dauerhaft umweltgerechte Wald- und Forstwirtschaft**	444
3.1.1	Problemstellung und Begriffsbestimmung	444
3.1.2	Verteilung von Wäldern	450
3.1.3	Rahmenbedingungen der Wald- und Forstwirtschaft in Deutschland	452
3.1.3.1	Rechtliche Rahmenbedingungen einer nachhaltigen Waldnutzung	452
3.1.3.1.1	Regelungen der Wald- und Forstwirtschaft im deutschen Recht	452
3.1.3.1.2	Wald- und Forstwirtschaft im Recht der Europäischen Union	453
3.1.3.1.3	Wald- und Forstwirtschaft nach internationalem Recht	454
3.1.3.2	Organisation und Administration der Wald- und Forstwirtschaft	454
3.1.3.3	Planung in der Wald- und Forstwirtschaft	458
3.1.3.4	Ökonomische Rahmenbedingungen	459
3.1.4	Forstliche Nachhaltigkeit	464
3.1.4.1	Das Konzept der Forstlichen Nachhaltigkeit – Ansatz und Status quo	464
3.1.4.2	Forstwirtschaft und Nutzungsgeschichte	466
3.1.4.3	Nutzungsänderungen und Nutzungseingriffe	467
3.1.5	Neuartige Waldschäden, Waldzustand und Waldwachstum	470

Inhalt

Seite

3.1.5.1	„Neuartige Waldschäden"	470
3.1.5.2	Waldschadenserhebungen	472
3.1.5.3	Ernährungsstörungen und „neuartige Waldschäden"	473
3.1.5.4	Waldwachstum	477
3.1.6	Zukunft der Reinbestände – Waldumbauprogramme	478
3.1.6.1	Übergeordnete Ziele des Waldumbaus	478
3.1.6.2	Programme zur Erreichung der Waldumbau-Ziele	478
3.1.6.3	Naturnähe des gegenwärtigen Waldzustandes	479
3.1.6.4	Evaluierung des Waldumbaus	482
3.1.7	Schlussfolgerungen und Handlungsempfehlungen	482
3.1.7.1	Neues altes Leitbild: Dauerhaft umweltgerechte Waldwirtschaft	482
3.1.7.2	Zum Waldzustand	483
3.1.7.3	Naturschutzbelange im Wald	485
3.1.7.4	Umsetzung der Waldumbauprogramme	486
3.1.7.5	Honorierung von Umwelt- und Erholungsleistungen der Forstwirtschaft	487
3.1.7.6	Abstimmung konkurrierender Nutzungsansprüche	490
3.1.7.7	Forschungsbedarf	491
3.2	**Umweltschutz und energiewirtschaftliche Fragen**	491
3.2.1	Gegenwärtige Energiestrukturen und Status-quo-Prognosen	492
3.2.1.1	Entwicklung der weltweiten Energienachfrage und der CO_2-Emissionen	492
3.2.1.2	Entwicklung der Energienachfrage und der energiebedingten CO_2-Emissionen in Deutschland	495
3.2.2	Umweltbeeinträchtigungen durch die Gewinnung und Umwandlung von Energieträgern	499
3.2.2.1	Umweltbeeinträchtigungen durch die Gewinnung von Energierohstoffen	499
3.2.2.2	Umweltauswirkungen durch die Umwandlung fossiler Energieträger	508
3.2.2.3	Umweltbeeinträchtigungen und Risiken bei der Atomenergienutzung	510
3.2.2.4	Umweltauswirkungen bei der Nutzung regenerativer Energien	533
3.2.3	Umweltpolitische Ziele mit energiewirtschaftlichem Bezug	535
3.2.3.1	Emissionsminderungsziele für energiebezogene Luftschadstoffe	535
3.2.3.2	Zielkonflikte mit dem Boden-, Gewässer-, Natur- und Landschaftsschutz	537
3.2.4	Energiepolitische Ziele mit umweltpolitischem Bezug	539
3.2.4.1	Zur Schonung von Energierohstoffen als eigenständigem umweltpolitischem Ziel	539
3.2.4.2	Zur Versorgungssicherheit als speziellem energiepolitischem Ziel	542
3.2.4.2.1	Versorgungssicherheit I: Primärenergieträger	542
3.2.4.2.2	Versorgungssicherheit II: Strom	545
3.2.4.2.3	Fazit	546
3.2.5	Technische Potentiale zur Realisierung der umweltpolitischen Ziele	547

Inhalt

Seite

3.2.5.1	Beitrag der regenerativen Energien zur Deckung des zukünftigen Energiebedarfs	547
3.2.5.2	Beitrag des rationellen Energieeinsatzes und der Energieeinsparung zur Erreichung der umweltpolitischen Ziele	551
3.2.5.3	Zur Isotopentransmutation	554
3.2.6	Zur Liberalisierung des Strommarktes	557
3.2.6.1	Rechtliche Rahmenbedingungen der Liberalisierung	558
3.2.6.2	Zu den Auswirkungen des Energiewirtschaftsgesetzes 1998 und ihrer Bewertung aus umweltpolitischer Sicht	559
3.2.6.3	Zu den Defiziten der energiewirtschaftsrechtlichen Regelungen	562
3.2.6.4	Auswertung der Erfahrungen anderer Länder	569
3.2.6.5	Eckpunkte einer umweltgerechten Organisation des Strommarktes	574
3.2.6.5.1	Diskriminierungsfreier Zugang zu den Stromverteilungsnetzen	575
3.2.6.5.2	Umweltpolitische Flankierung des liberalisierten Strommarktes	580
3.2.6.5.3	Zur staatlichen Förderung einer Stromerzeugung mittels regenerativer Energieträger und Kraft-Wärme-Kopplung	581
3.2.7	Zur Beendigung der Atomenergienutzung	584
3.2.8	Schlussfolgerungen und Handlungsempfehlungen	590

Anhang

Erlass über die Einrichtung eines Rates von Sachverständigen für Umweltfragen	598
Literaturverzeichnis	600
Verzeichnis der Abkürzungen	656
Schlagwortverzeichnis	664
Veröffentlichungen des Rates	679

Verzeichnis der Abbildungen im Text Seite

2.3-1	Auswirkungen sukzessiver Erweiterungen der EU	155
2.3-2	Die Beitrittsstrategie der Europäischen Gemeinschaft im Umweltbereich	158
2.3-3	Anzahl der polnischen Nationalparks und Landschaftsschutzparks von 1965 bis 1996	166
2.3-4	Rückgang der SO_2-, NO_x- und Schwebstaub-Emissionen von 1989 bis 1995 (in 1 000 t)	175
2.3-5	Prognostizierte Entwicklung der CO_2-Emissionen in Polen, Tschechien, Ungarn und Deutschland im Vergleich (in 1 000 t)	175
2.3-6	Verfügbarkeit von Süßwasser in Europa	177
2.4-1a)	Ursachen für die Gefährdung von Biotoptypen	197
2.4-1b)	Die hauptsächlichen Gefährdungsverursacher für Biotoptypen	197
2.4.1-2	Veränderungen der Umwelt in einem städtischen Siedlungsraum am Beispiel Berlin (Konzentrische Stadtgliederung)	205
2.4.2-1	Anteile der Hauptnutzungsarten an der Bodenfläche Deutschlands getrennt nach Bundesländern	228
2.4.3-1	Biologische Gewässergütekarte 1995	265
2.4.3-2	Die Gewässerstrukturgüteklassen ausgewählter hessischer Oberflächengewässer	267
2.4.3-3	Zusammenstellung der Entwicklung der Nährstoffbelastung	268
2.4.3-4	Wassergewinnung für die öffentliche Wasserversorgung	272
2.4.3-5	Abwasseraufkommen in der Industrie nach Abwasserarten	276
2.4.3-6	Art der Einleitung von Abwasser aus der Industrie für Direkt- und Indirekteinleiter	276
2.4.3-7	Nährstoffeinträge über die deutschen Flüsse in die Nordsee	278
2.4.4-1 bis 2.4.4-6	Emissionsentwicklung der Treibhausgase nach Emittenten zwischen 1990 und 1997	308
2.4.4-7 bis 2.4.4-10	Emissionsentwicklung von Ozonvorläufersubstanzen und versauernd wirkenden Gasen nach Emittenten zwischen 1990 und 1997	309
2.4.4-11	Emissionen von FCKW und Halonen	317
2.4.4-12	PCDD/PCDF-Quellen in Deutschland 1994 gesamt 300 bis 500 g I-TEF	322
2.4.4-13	Entwicklung der EURO-Abgasgrenzwerte	336
2.4.4-14	Summe der relativen kanzerogenen Potenz ausgewählter Bestandteile von Pkw-Emissionen im Innerortverkehr (m^3/km)	338
2.4.4-15	CO_2-Emissionsminderungspotentiale und zusätzliche Herstellungskosten zukünftiger Pkw-Antriebssysteme	339
2.4.5-1	Abfallflussbild nach Abfallbilanz 1990	351
2.4.5-2	Abfallflussbild nach Abfallbilanz 1993	352
2.4.5-3	Abfallflussbild nach Abfallbilanz 1996	353
2.4.5-4	Eingesetzte Mengen ausgewählter Abfallgruppen in öffentlichen Entsorgungsanlagen in Mio. t, 1990 bis 1996	356

Verzeichnis der Abbildungen im Text

Seite

2.4.5-5	Grenztransportentfernungen bezüglich ausgewählter Kenngrößen für Mehrweg-Einweg-Systemkombinationen für Bier	375
2.4.5-6	Entsorgungswege des Restmülls 1991 bis 1998	386
3.1.3-1	Ausgaben im Bereich Forst- und Holzwirtschaft im Rahmen der Gemeinschaftsaufgabe „Verbesserung der Agrarstruktur und des Küstenschutzes" 1997 in Mio. DM	461
3.1.4-1	Bedeutung des Ernteverfahrens bei der Fichte für den Entzug an Säureneutralisationskapazität in Waldböden aus silikatischem Ausgangsgestein	468
3.1.4-2	Abhängigkeit der Säureneutralisationskapazität in Waldböden von Waldnutzung, Baumart und Aufbrauch	469
3.1.4-3	Stickstoffvorrat süddeutscher Forststandorte (in Tonnen pro Hektar und 1 m Bodentiefe) nach zwei Umtriebszeiten der Fichte (ca. 200 Jahre) im Vergleich zu einer Kontrollfläche mit standorttypischer Laubmischwaldbestockung	470
3.1.4-4	Nitratkonzentrationen im Sickerwasser unterhalb der Wurzelzone eines Fichtenbestandes im Vergleich zu einer Kontrollfläche mit standorttypischer Laubmischwaldbestockung	470
3.1.5-1	Trends des langjährigen Waldwachstums in europäischen Wäldern	477
3.2.2-1	Verteilung der Aktivitätsmengen bei der Brennstoffver- und entsorgung (mit Wiederaufarbeitung) eines 1000 MW-Druckwasserreaktorblocks	530
3.2.5-1	Prinzipskizze des US-amerikanischen Vorschlags „ATW" zur Transmutation	556
3.2.6-1	Organisation des Stromhandels über den „POOL"	576
3.2.7-1	Abgangsordnung für deutsche Atomkraftwerke bei einer Betriebsdauer von 40 Jahren	585

Verzeichnis der Tabellen im Text Seite

1-1	Strategische Umweltplanung in OECD-Ländern	90
1-2	Themen und Zielgruppen der niederländischen Umweltplanung	94
1-3	Der schwedische Strategieansatz	95
1-4	Ausgewählte Ziele des umweltpolitischen Schwerpunktprogramms von 1998 in den fünf nationalen Themenschwerpunkten	102
2.2-1	Vergleich der Status-quo-Prognosen und der Kyoto-Verpflichtungen für ausgewählte Industriestaaten (in Mio. t CO_2)	127
2.2-2	Inhalt des Substitutionskatalogs in Bayern	134
2.2-3	Unternehmensformen in der Wasserversorgung in Deutschland, 1995	140
2.2-4	Unternehmensformen in der Abwasserentsorgung in Deutschland, 1997	140
2.2-5	Investitionen in der Wasserversorgung 1990 bis 1998	141
2.2-6	Jährlicher Anstieg der Abwassergebühren 1991 bis 1998 (in %)	143
2.2-7	Anteile von Unternehmen der Wasserindustrie am privaten Segment des Weltmarktes	144
2.3-1	Beitrittsanträge der Staaten Mittel- und Osteuropas zur Europäischen Union	154
2.3-2	Sozio-ökonomische Grunddaten der mittel- und osteuropäischen Beitrittskandidaten der ersten Runde im Vergleich zu Deutschland und Portugal 1998	156
2.3-3	Von den Beitrittsstaaten angemeldeter Bedarf an Übergangsfristen bei der Umsetzung des gemeinschaftlichen Umweltrechts	164
2.3-4	Die Entsorgung des Siedlungsabfalls in Polen, Tschechien und Ungarn in Mio. t (1995)	176
2.4.1-1	Gefährdungseinstufungen von Pflanzen	194
2.4.1-2	Gefährdungseinstufungen von Tieren	195
2.4.1-3	Gefährdung von Pflanzen- und Tiergruppen im deutschen Teile der Ostsee	196
2.4.1-4	Europäisches Netz NATURA 2000: Meldungen im Vergleich der Mitgliedstaaten (Stand 14.09.1999)	200
2.4.1-5	Stark gefährdete Biotoptypen in Deutschland, die nicht durch die FFH-Richtlinie geschützt sind	202
2.4.1-6	Urbane Flächennutzungen und ihre ökologischen Auswirkungen	206
2.4.1-7	Schwerpunkte der Verbreitung charakteristischer Tierarten und -gruppen in städtischen Lebensräumen	208
2.4.2-1	Flächennutzungsarten in Deutschland sowie ihre Veränderungen zwischen 1993 und 1997	229
2.4.2-2	Potentielle Bodenacidität (pH_{kCl}) deutscher Waldböden (Erhebungszeitraum 1987-1993)	236
2.4.2-3	Kationenaustauschverhältnisse/Basensättigungen in deutschen Waldböden (Erhebungszeitraum 1987-1993)	237
2.4.2-4	Anzahl erfasster Altlastverdachtsflächen in Deutschland	244
2.4.2-5	Bundesweite Übersicht zum Stand der Sanierung von Altlasten	245
2.4.2-6	Bundesweite Übersicht zum Stand der Bewertung altlastverdächtiger Flächen	246
2.4.2-7	Militärische Liegenschaften in Deutschland (Bezugsjahr: 1990 und 1997/1998)	247

Verzeichnis der Tabellen im Text

		Seite
2.4.3-1	Einteilung der Güteklassen in bezug auf Nährstoffkonzentrationen	261
2.4.3-2	Parameter für die Gewässerstrukturgütebewertung	261
2.4.3-3	Einflussfaktoren auf die Beschaffenheit und Anteile an der Veränderung des Grundwassers in den östlichen Bundesländern	271
2.4.3-4	Entwicklung der Anschlussgrade und des Anlagenbestandes in der kommunalen Abwassererfassung	275
2.4.3-5	Abwasserbehandlung in öffentlichen Kläranlagen	275
2.4.3-6	Nährstoffemissionen und Reduktionsraten von Phosphor und Stickstoff im Nordsee-Einzugsgebiet der Bundesrepublik Deutschland 1985 bis 1995	279
2.4.3-7	Abschätzung der Stofffrachten in deutschen Flüssen (Rhein, Elbe, Weser, Ems), Ästuarien und Küstengewässern 1985 bis 1995	280
2.4.3-8	Auswahl internationaler Übereinkommen, Richtlinien und Konferenzen mit Bezug zum Schutz der Meeresumwelt von Nord- und Ostsee	296
2.4.3-9	Minderungspotentiale an Stickstoff von Einzelmaßnahmen in der Landwirtschaft	299
2.4.4-1	Konzentrationswerte der Tochterrichtlinien zur EU-Luftqualitätsrahmenrichtlinie	319
2.4.4-2	Konzentrationswerte für krebserzeugende Luftschadstoffe	319
2.4.4-3	Stoffe und Stoffgruppen des POP-Protokolls	321
2.4.4-4	Definition der Kraftstoffkennwerte nach Richtlinie 98/70/EG (Auszug)	335
2.4.5-1	Überblick über Erhebungen der Abfallentsorgung	350
2.4.5-2	Gehalte an einigen Schwermetallen ausgewählter, heizwertreicher Stoffe des Restabfalls	358
2.4.5-3	Definition, Zusammensetzung und Aufkommen der Bauabfälle	360
2.4.5-4	Verwertete Bauabfälle nach Art der Verwertung 1996 in t	361
2.4.5-5	Quoten für die stoffliche Verwertung nach der Verpackungsverordnung von 1991 (in Gewichtsprozent)	363
2.4.5-6	Quoten für die stoffliche Verwertung nach der Verpackungsverordnung von 1998 (in Gewichtsprozent)	363
2.4.5-7	Entwicklung des Verpackungsverbrauchs 1991 bis 1995 (in %)	365
2.4.5-8	Verwertung gebrauchter Verpackungen 1998 (in Tonnen)	366
2.4.5-9	Verwertungsanteile im Jahr 1998	366
2.4.5-10	Mehrweganteile für Getränke bundesweit (1991-1997)	371
2.4.5-11	Effekte auf die Umweltbelastung aus dem Ersatz von Mehrweg- durch Einwegsysteme	374
2.4.5-12	Entwicklung der in Deutschland in Verkehr gebrachten Batterien nach Typen – 1994 bis 1998	381
2.4.5-13	Vergleich der Emissionsfrachten der MBA mit denen der MVA nach den Grenzwerten der 17. Bundes-Immissionsschutzverordnung und tatsächlichen Emissionswerten (Jahresmittelwerte)	393
2.4.5-14	Anlagen mit einfacher Verfahrenstechnik, Rottedeponien und sonstige Anlagen	394
2.4.5-15	Anlagen mit höherem verfahrenstechnischen Aufwand	395

Verzeichnis der Tabellen im Text

		Seite
2.4.6-1	Stoffe aus Anhang III des Internationalen Übereinkommens zum *Prior Informed Consent*	407
2.4.6-2	Zahl und Oberfläche von monodispersen Partikeln mit Einheitsdichte, aber unterschiedlichen Größen bei einer Masse von 10 µg/m^3	415
2.4.6-3	Parameter zur Beschreibung von Schwebstaub und wichtige anthropogene Quellen	416
2.4.6-4	Anzahl und Masse ultrafeiner und feiner Partikel in Erfurt – Messergebnisse einer verkehrsnahen Messstation	417
2.4.6-5	Chronische Lungenerkrankungen, die durch Staubexposition am Arbeitsplatz auftreten können (ohne biogene Stäube)	419
2.4.6-6	Relative Risiken für Mortalität und Morbidität nach den Befunden mehrerer epidemiologischer Untersuchungen (Daten nach US-EPA)	419
2.4.6-7	Ergebnisse der APHEA-Studie: Gesamtauswertung der Daten aller Einzelstädte zum Zusammenhang zwischen täglicher Partikelbelastung (24-h-Mittel) und Mortalität bzw. Morbidität	420
2.4.6-8	Zusammenfassende Darstellung des Lungenkrebsrisikos für Männer, die jemals beruflich gegenüber Dieselmotoremissionen exponiert waren	421
2.4.6-9	Produkt aus Emissionen und Unit-Risk als Maß der kanzerogenen Potenz der Emissionsbestandteile von Pkw	423
2.4.6-10	Bezeichnung und Zusammensetzung künstlicher Mineralfaser-Produkte	424
2.4.6-11	Belastungen der Luft mit künstlichen Mineralfasern kritischer Größe (WHO-Faser) an verschiedenen Arbeitsplätzen	425
2.4.6-12	Konzentrationen toxischer und kanzerogener Bestandteile in tabakrauchverunreinigter Innenraumluft	429
2.4.6-13	Relative Risiken für Lungenkrebs bei ETS-Exposition von lebenslangen Nichtrauchern (höchstexponierte Gruppe der jeweiligen Studie) durch den Partner	431
2.4.7-1	Anträge auf Genehmigungen von Freilandversuchen mit gentechnisch veränderten Organismen in Deutschland an das Robert-Koch-Institut (Stand: 22. November 1999)	436
2.4.7-2	Anträge auf Inverkehrbringen von von pflanzlichen Produkten in der EU gemäß Richtlinie 90/220/EWG (Stand: 22. November 1999)	438
2.4.7-3	Anträge gemäß EG-Verordnung 258/97 (Novel Food) Stand: Dezember 1999	439
3.1.2-1	Waldfläche der Bundesrepublik Deutschland	451
3.1.2-2	Flächenanteile der Hauptbaumarten in Deutschland 1960 und 1990	451
3.1.3-1	Verteilung des Waldeigentums in Deutschland	455
3.1.3-2	Betriebsergebnisse der Forstbetriebe (Deutschland, 1997)	460
3.1.3-3	Übersicht über die forstlichen Fördermaßnahmen in Baden-Württemberg	462
3.1.4-1	Jährlicher Verlust an Nährstoffen und Säureneutralisationskapazität in Nadelholzwäldern als Folge der Streunutzung	468
3.1.4-2	NO$_3$-N-Konzentrationen in Saugkerzen unterhalb der Wurzelzone in Buchen- und Fichtenbeständen des Sollings	469
3.1.5-1	Waldschadensklassen	471

Verzeichnis der Tabellen im Text

Seite

3.1.5-2	Waldschäden von 1984 bis 1999 in den alten Bundesländern	471
3.1.6-1	Schlüssel für die Naturnähe der Baumartenzusammensetzung von Wäldern	482
3.2.1-1	Vergleich von vier Status-quo-Prognosen zur Weltenergienachfrage und den CO_2-Emissionen bis zum Jahr 2020	493
3.2.1-2	Zukünftiges wirtschaftliches Wachstum im POLES-Modell (in Prozent/Jahr)	494
3.2.1-3	Regionale Verteilung der zukünftigen weltweiten CO_2-Emissionen	495
3.2.1-4	Entwicklung der Primärenergienachfrage in Deutschland nach Energieträgern 1990 bis 1999	496
3.2.1-5	Status-quo-Prognose der Primärenergienachfrage in Deutschland in Petajoule	497
3.2.1-6	Allgemeine Annahmen der Prognose/EWI-Studie	499
3.2.1-7	Zukünftige Entwicklung der energiebedingten CO_2-Emissionen in Deutschland (in Mio. t) – Vergleich unterschiedlicher Status-quo-Prognosen	499
3.2.2-1	Die wichtigsten Umweltauswirkungen bei der Gewinnung von Energierohstoffen in Deutschland	501
3.2.2-2	Spezifische Emissionen aus der öffentlichen Stromerzeugung (Stand 1994)	508
3.2.2-3	Entwicklung der Emissionen der privaten Haushalte (aus Heizungsanlagen zur Raumwärme- und Brauchwasserversorgung)	510
3.2.2-4	Sicherheitskonzept für Kernkraftwerke nach dem kerntechnischen Regelwerk	512
3.2.2-5	Weltweite Betriebserfahrung mit passiven maschinentechnischen Einrichtungen in Kernkraftwerken mit Leichtwasserreaktoren	516
3.2.2-6	Überblick zur Systematik der Periodischen Sicherheitsüberprüfung (PSÜ)	518
3.2.2-7	Anfall, Verbleib und Wiederaufbereitung abgebrannter Brennelemente aus Leistungskernkraftwerken	521
3.2.2-8	Bestand radioaktiver Abfälle in Deutschland	522
3.2.2-9	Konzepte zur Bewertung der Langzeitsicherheit von Endlagern	527
3.2.2-10	Jährlicher Transportbedarf radioaktiver Materialien im Kernbrennstoffkreislauf eines 1300 MW-Druckwasserreaktorblocks	531
3.2.2-11	Mit Transporten radioaktiver Stoffe verbundenes qualitatives Gefährdungspotential in Abhängigkeit von ihrer Zusammensetzung und chemischen/physikalischen Form	532
3.2.2-12	Mittlere Oberflächendosisleistung an CASTOR-Behältern und Anteil an Neutronen	532
3.2.3-1	Anthropogen induzierte Erwärmung und Treibhausgasminderungen	536
3.2.4-1	Einfuhren von Steinkohle, Steinkohlekoks und Steinkohlebriketts in die Bundesrepublik Deutschland	544
3.2.5-1	Technische Erzeugungs- und Endenergiepotentiale erneuerbarer Energien zur Stromerzeugung in Deutschland, in TWh/a	547
3.2.5-2	Technische Erzeugungs- und Endenergiepotentiale erneuerbarer Energien zur Wärmebereitstellung in Deutschland, in PJ/a	548
3.2.5-3	Vergleich der relativen Einsparpotentiale an Einzelgebäuden (Einsparquoten in %)	554

Kurzfassung

1 Auf dem Wege zu einer nationalen Nachhaltigkeitsstrategie

1.* Die auf der Konferenz der Vereinten Nationen 1992 in Rio de Janeiro verabschiedete Agenda 21 fordert die Unterzeichnerstaaten auf, eine „nationale Strategie nachhaltiger Entwicklung" zu formulieren. Nach dem Beschluss der UN-Sondervollversammlung vom Juni 1997 in New York sollen alle Unterzeichnerstaaten ihre Nachhaltigkeitsstrategie bis spätestens 2002 fertigstellen. Die Bundesrepublik Deutschland, die 1971 mit ihrem ersten Umweltprogramm noch als internationaler Vorreiter auf diesem Gebiet gelten konnte, gehört heute zu den Nachzüglern dieser Entwicklung. In der Koalitionsvereinbarung der neuen Bundesregierung wurde die Erarbeitung einer Nachhaltigkeitsstrategie nunmehr beschlossen. Im Januar 2000 wurde dieser Prozess durch einen parteiübergreifenden Beschluss des Bundestages förmlich eingeleitet.

2.* Umweltpläne nach dem Muster der Agenda 21 sind mit breiter gesellschaftlicher Partizipation erstellte staatliche Handlungsentwürfe, die medien- und sektorübergreifend langfristige Ziele und Prioritäten einer wirtschafts- und sozialverträglichen Umweltpolitik festlegen. Sie sind insbesondere durch folgende Merkmale charakterisiert:

– einvernehmliche Formulierung langfristiger Umweltziele (Konsens),
– Ableitung dieser Ziele vom Prinzip der Nachhaltigkeit, Einbeziehung wichtiger Politikfelder (Politikintegration),
– Beteiligung der Verursacher an der Problemlösung (Verursacherbezug),
– Beteiligung wichtiger, unterschiedlicher Interessen an der Ziel- und Willensbildung (Partizipation),
– Berichtspflichten über die Umsetzung der Ziele (Monitoring).

3.* Inzwischen haben rund 80 Prozent der Industrieländer verschiedene Varianten dieses Ansatzes eingeführt. Darüber hinaus sind in einer Reihe von OECD-Ländern bestehende Umweltpläne fortgeschrieben, teilweise auch ausgebaut worden. Insgesamt zeigt der internationale Vergleich, dass sich die am weitesten entwickelten Nachhaltigkeitsstrategien neben der Formulierung konkreter Umweltziele insbesondere durch folgende Faktoren auszeichnen:

– eine Institutionalisierung der Nachhaltigkeitsstrategie durch Schaffung einer gesetzlichen Basis und Stärkung der federführenden Umweltministerien und Umweltämter (Niederlande, Schweden, Dänemark und Südkorea),
– eine Einbindung der Umweltplanung in die Reform des öffentlichen Sektors (Niederlande, Schweden, Norwegen, Neuseeland),
– eine parallel zum Umweltplan eingeführte ökologische Finanzreform (Niederlande, Dänemark, Schweden, Norwegen, Finnland) bzw. ein umfassendes System von Umweltabgaben (Südkorea),
– einen stark technologie- und forschungspolitisch orientierten Ansatz der Umweltpolitik (Niederlande, Dänemark, Schweden, Südkorea) und
– deren Flankierung durch ökologische Investitionsprogramme (Schweden, Niederlande, Südkorea).

Die Mehrheit der vorhandenen Nachhaltigkeitsstrategien in Industrieländern stellt allerdings nur erste, allgemein formulierte Schritte in Richtung einer integrierten, zielorientierten Politikformulierung dar. Dabei treten Defizite auf, die nach Meinung des Umweltrates bei der deutschen Nachhaltigkeitsstrategie vermieden werden sollten:

– Die Umweltziele sind häufig vage formuliert, das heißt, sie sind nicht quantifiziert und enthalten oft keine konkreten Umsetzungsfristen.
– Die daraus resultierende Unverbindlichkeit der Umweltziele führt zu einer mangelnden Überprüfbarkeit der Zielerreichung. Eine effektive ziel- und ergebnisorientierte Steuerung ist auf dieser Grundlage kaum möglich.
– Häufig ist eine Beschränkung auf herkömmliche Umweltschutzziele, die mit dem existierenden umweltpolitischen Instrumentarium bereits relativ erfolgreich umgesetzt werden konnten, zu beobachten. Auf die Thematisierung und Bearbeitung der bisher weitgehend ungelösten „schleichenden" Umweltprobleme wurde hingegen oft verzichtet.
– Die häufig fehlende gesellschaftliche Konsensbasis macht die Umweltplanung anfällig für Veränderungen der politischen Prioritäten – insbesondere im Falle eines Regierungswechsels.
– In der Mehrheit der Fälle ist eine nur schwache Institutionalisierung des Planungsprozesses zu beobachten.
– Schließlich ist generell ein geringer Grad der Politikintegration, das heißt der Berücksichtigung von

Umweltzielen in den Entscheidungen anderer, umweltrelevanter Ressorts, festzustellen.

4.* Das Thema der „Umweltplanung" bzw. eines strategischen Ansatzes von Umweltpolitik ergibt sich für Deutschland nicht nur aus den Festlegungen der Agenda 21. Gleichermaßen von Bedeutung – und vielfach übersehen – ist der Zusammenhang mit der Reform des öffentlichen Sektors. In den Industrieländern ist derzeit unter dem Stichwort *New Public Management* eine breite Reformtendenz hin zu ziel- und ergebnisorientierten Ansätzen der Politik zu beobachten. Sie betrifft nicht nur die Umweltpolitik, ist dort aber häufig ein bevorzugtes Anwendungsfeld des Reformkonzeptes.

Ausgangspunkt dieses Ansatzes ist die Vorstellung, dass konkrete, an den Verwaltungsapparat (aber auch weitere Akteure) adressierte, ausgehandelte Zielvorgaben der Politik die Ergebniskontrolle erleichtern, die Motivation der Beteiligten verbessern und die Leistungsfähigkeit des öffentlichen Sektors erhöhen können.

5.* In Ländern wie den Niederlanden, Schweden und Norwegen, aber auch Neuseeland, Großbritannien, Kanada und Japan ist dieser Zusammenhang zwischen allgemeiner Modernisierung des Staates und Umweltplanung deutlich. Dabei geht es nicht zuletzt um die Ergänzung der Politiksteuerung über allgemeine Regeln durch eine Politiksteuerung in Form eines zielorientierten Managements. Wurden bisher konkrete Instrumente für eher vage Ziele eingesetzt, so sollen nun konkrete Ziele mit flexibleren Mitteln erreicht werden. Ziel- und ergebnisorientierte Umweltpolitikplanung wird dabei auch als ein Weg der Effektivitäts- und Effizienzsteigerung von Umweltpolitik gesehen.

6.* Ein wichtiger Aspekt nationaler Umweltplanung im Sinne der Agenda 21 ist die *Politikintegration*, das heißt, die Berücksichtigung umweltpolitischer Ziele und Kriterien in anderen Ressorts und Politikfeldern. Der Umweltrat sieht hier einen wesentlichen Handlungsbedarf. Dabei sollte den Schwierigkeiten bei der Umsetzung dieses Postulats Rechnung getragen werden. Eine umweltbezogene Politikintegration erfordert nach Auffassung des Umweltrates eine realistische Begrenzung der zusätzlichen Integrationserfordernisse durch Prioritätensetzung. Insbesondere hält der Umweltrat die folgenden Integrationsmechanismen für sinnvoll:

– Die Beauftragung der betreffenden Ressorts durch Regierung oder Parlament, eigenständige Strategien in ökologischen Problemfeldern ihres Zuständigkeitsbereichs zu entwickeln (ein Ansatz, den nach den skandinavischen Ländern nunmehr auch die EU verfolgt).

– Die verbindliche Festlegung von Entscheidungsregeln zur Berücksichtigung extern definierter, übergreifender ökologischer Kriterien in allen Bereichen.

– Die generelle Integration von Umweltaspekten in das staatliche Berichtswesen, bei der die Vorgabe von Berichtskriterien pro-forma-Berichte ausschließt.

– Die generelle Kopplung der Vergabe von Fördermitteln in umweltrelevanten Bereichen an die Einhaltung ökologischer Mindeststandards und die Bevorzugung von Antragstellern mit zusätzlichen Umweltleistungen.

– Die frühzeitige, institutionalisierte Beteiligung von Vertretern von Umweltbelangen am Politikformulierungsprozess. Dies schließt die Öffnung und pluralistische Gestaltung der häufig abgeschotteten Politiknetzwerke im Vorfeld parlamentarischer Entscheidungen in Bereichen wie Verkehr, Energie oder Landwirtschaft ein.

7.* Grundsätzlich versteht der Umweltrat den Ansatz der kooperativen Umweltpolitikplanung im Sinne der Agenda 21 als ein Modell politikbezogenen Lernens (*policy learning*) in bezug auf Probleme, Ziele und Mittel des langfristigen Umweltschutzes auf breiter Basis. Die anstehenden deutschen Entwürfe einer Strategie nachhaltiger Entwicklung sollten die hierzu vorliegenden neueren internationalen Erfahrungen berücksichtigen. In diesem Zusammenhang unterstreicht der Umweltrat im Grundsatz die Bedeutung der Reformtendenz hin zu einer Ziel- und Ergebnissteuerung in der Umweltpolitik und verweist hierzu auf sein Umweltgutachten 1998.

8.* Die derzeitige Bundesregierung beginnt den Prozess der Formulierung einer nationalen Strategie nachhaltiger Entwicklung in einer Situation, die durch einen zwar hohen, aber im Vergleich zu Beginn der neunziger Jahre deutlich verringerten Stellenwert der Umweltfrage im öffentlichen Bewusstsein gekennzeichnet ist. Die Gründe hierfür sind vielfältig und haben unter anderem mit Entwarnungseffekten einer Umweltpolitik zu tun, die bei Problemen mit hohem Aufmerksamkeitswert (Beispiel Smog) Erfolge erzielt hat, während die weniger „sichtbaren" Umweltprobleme, insbesondere die langfristig wirksamen, häufig ungelöst blieben.

9.* Der Umweltrat hat immer wieder betont, dass die Zielbildung einer anspruchsvollen Nachhaltigkeitsstrategie auf einer umfassenden Problemdiagnose und -darstellung basieren muss. Ohne eine entsprechende Vorgabe für den Zielbildungsprozess für eine nachhaltige Entwicklung entbehrt die Umweltpolitik einer Basis im öffentlichen Bewusstsein, auf die dieser anspruchsvolle Prozess angewiesen ist. Die Problemdarstellung und der auf dieser Grundlage zu erarbeitende Katalog übergreifender Umweltqualitätsziele und konkreter Umwelthandlungsziele sollten geeignet sein, als Orientierungsrahmen auch für dezentrale Aktivitäten (lokale, regionale Agenda 21, freiwillige Vereinbarungen) zu dienen. Die regionalen Belastungsschwerpunkte sollten erkennbar werden und die Beiträge der wichtigsten Verursachersektoren an den dargestellten zentralen Problemfeldern in einer Matrixstruktur verdeutlicht werden. Dabei ist das noch von der alten Bundesregierung vorgeschlagene Umwelt-Barometer mit seinen Schlüsselindikatoren als eine Möglichkeit der Problemdarstellung gut geeignet.

10.* Die Handlungsziele sollten aus vorgängig verabschiedeten Umweltqualitätszielen abgeleitet werden. Sektorale Umsetzungszuständigkeiten sollten klar definiert werden. Die Umsetzungsinstanzen sollten einer genau festgelegten Berichtspflicht unterliegen. Ein Übergang zu einem zielorientierten Ansatz im Sinne neuerer Konzepte des Public Management ist der deutschen Umweltpolitik zwar generell auf allen Ebenen zu empfehlen. Nach Meinung des Umweltrates sollte die formelle Strategie nachhaltiger Entwicklung aber kein flächendeckendes Zielsystem anstreben, sondern klare Prioritäten setzen.

11.* Insgesamt sollte – auch um weitere Zeitverzögerungen zu vermeiden – an den „Schritte-Prozess" der bisherigen Bundesregierung angeknüpft und die hier angelegte Möglichkeit der Entwicklung einer parteiübergreifenden Nachhaltigkeitsstrategie ausgelotet werden. Als wissenschaftlicher Input in den Zielbildungsprozess wäre die – gründlich zu überarbeitende – Studie „Nachhaltiges Deutschland" des Umweltbundesamtes geeignet. Der vorgelegte Entwurf eines umweltpolitischen Schwerpunktprogramms des BMU muss vor allem in seinem operativen Teil verbindlicher formuliert werden. Die Verursacherbereiche sollten zudem nicht auf den Verkehrssektor beschränkt werden.

12.* Nach Auffassung des Umweltrates sollte die Planungsprozedur institutionell verankert und verbindlich gemacht werden. Eine Möglichkeit hierzu ist die gesetzliche Verankerung, wie sie in einer Reihe von OECD-Ländern besteht. Eine andere ist die formelle Beauftragung mit inhaltlichen und prozeduralen Vorgaben durch Parlament und/oder Regierung. Der Planungsauftrag sollte eine klare Festlegung der Regierung und – soweit im Einzelfall erforderlich – die Zuweisung sektoraler Verantwortlichkeiten innerhalb der Exekutive einschließen. In diesem Zusammenhang begrüßt es der Umweltrat, dass der Bundeskanzler nach derzeitiger Planung die formelle Federführung des Strategiebildungsprozesses übernehmen will. Wie in anderen OECD-Ländern auch, sollte das inhaltliche Management des Planungsprozesses beim Umweltministerium liegen.

13.* Die Schaffung neuer Institutionen ist – wie sich an Vorreiterländern dieses Prozesses zeigt – kein zwingendes Erfordernis des Planungsprozesses für nachhaltige Entwicklung. Der Umweltrat geht allerdings davon aus, dass der Beschluss des Bundestages zügig umgesetzt wird, der die Bildung eines pluralistisch zusammengesetzten *Rates für Nachhaltige Entwicklung* vorsieht. Der Umweltrat empfiehlt, diesen Rat für Nachhaltige Entwicklung auf die Kernfunktionen der Vorklärung und Konsensbildung zu konzentrieren. Das Gremium sollte weder ein Entscheidungsorgan noch eine zusätzliche Beratungseinrichtung sein. Einer anspruchsvollen Strategie nachhaltiger Entwicklung wäre es abträglich, wenn die zuständigen Instanzen der Exekutive zugunsten schwächerer Gremien entmachtet oder letztlich aus ihrer Verantwortung entlassen würden.

Zugleich empfiehlt der Umweltrat eine klare Trennung der insbesondere vom Umweltbundesamt zu koordinierenden wissenschaftlichen Vorleistungen und der politischen Konsensbildung. Während im vorgeschlagenen Rat für Nachhaltige Entwicklung die Eigenlogik politischer Abstimmungs- und Kompromissprozesse im Vordergrund steht, sollten die wissenschaftliche Problemdiagnose und Zielbildung der Eigenlogik des Wissenschaftssystems folgen. Eine Vermischung beider Funktionen, wie sie den Schritte-Prozess der alten Bundesregierung kennzeichnete, sollte mithin vermieden werden. Eine klare Trennung beider Funktionen lässt den Vergleich der wissenschaftlichen Ausgangsanalyse mit dem erzielten Konsens zu und kann somit auch im politischen Abstimmprozess anspruchsvollere Lösungen begünstigen.

14.* Anders als der Bedarf an zusätzlichen Institutionen wird vom Umweltrat die Schaffung einer ausreichenden wissenschaftlichen und organisatorischen Infrastruktur des Planungsprozesses als dringlich angesehen. Es geht um hochwertigen Wissens-Input und um das professionelle Management eines sektorübergreifenden, integrativen Zielbildungsprozesses. Im Kern wird es darum gehen, desinteressierte oder gar widerständige Akteure in einer Weise mit Problemlagen und Handlungschancen zu konfrontieren, die einen Konsens für anspruchsvolle Ziele fördert. Zu empfehlen ist eine *Task Force* aus Beamten verschiedener Ministerien, die unter einem ernannten Projektmanager den organisatorischen Ablauf unter Hinzuziehung externen Sachverstandes professionell organisiert.

15.* Eine ziel- und ergebnisorientierte Nachhaltigkeitsstrategie sollte zugleich durch eine Verbesserung der Rahmenbedingungen des Umweltschutzes unterstützt werden. Hierbei geht es zum einen um nicht unmittelbar zielbezogene umweltpolitische Maßnahmen wie Öko-Audit, Umwelthaftung, Verbandsklage etc. Zum anderen geht es um die Beiträge spezieller anderer Fachpolitiken. In besonderem Maße gilt dies für die Finanz-, Wirtschafts- und Forschungspolitik. Der Umweltrat empfiehlt, die Forschungsförderung an den Handlungszielen der Nachhaltigkeitsstrategie zu orientieren. Dabei wird es – im Gegensatz zur herkömmlichen Förderpraxis – darauf ankommen, dass die Politik Probleme und Ziele verdeutlicht, die Innovationsleistung aber den Antragstellern zuweist. Voraussetzung hierfür ist ein entsprechend offenes, wettbewerbsorientiertes Ausschreibungsverfahren, bei dem die staatliche Seite darauf verzichtet, den Innovationsprozess mit ihren Maßnahmen zu antizipieren.

16.* Im Hinblick auf die Unterstützungsfunktion der Wirtschaftspolitik wird insbesondere die Förderung innovativer Mustervorhaben im Rahmen der Planschwerpunkte empfohlen. Darüber hinaus schlägt der Umweltrat Investitionsanreize für lokale Musterlösungen im Rahmen von Agenda 21-Prozessen vor, die diesen zugleich eine reale wirtschaftliche Bedeutung verleihen und ökologisch wie ökonomisch relevante Demonstrationseffekte erzeugen. Gemeint sind Anträge für kommunale Nachhaltigkeitskonzepte, die in mehreren Bereichen wie Naturschutz, Bodenschutz, Abfall, Energie, Transport, Bauen oder Ernährung konsensual konzipierte Investitionsvorhaben betreffen. Gefördert werden sollten Musterlösungen mit Diffusionswirkung, die als Nachahmungseffekte im interkommunalen Wettbewerb anzuregen vermögen. Sie sollten im offenen Wettbewerbsverfahren exemplarisch, aber großzügig gefördert werden. Schließlich empfiehlt der Umweltrat Innovationsanreize und Förderprogramme auch für breiter angelegte Problemlösungen, etwa für Flächenrecycling oder für veränderte Verkehrswegeführung zur Aufhebung von Zerschneidungseffekten (Biotopverbundsysteme).

2 Zur Umweltsituation und Umweltpolitik

2.1 Umweltpolitische Entwicklungen

Umweltpolitik im Zeichen des Regierungswechsels

17.* Die im Herbst 1998 gebildete Bundesregierung steht im Vergleich zur Vorgängerregierung unter einem erheblichen umweltpolitischen Erwartungsdruck. Dabei versuchte sie unter insgesamt eher verschlechterten wirtschaftlichen Rahmenbedingungen, umweltpolitisch neue Zeichen zu setzen. Im Koalitionsvertrag wurden insbesondere der Einstieg in eine ökologische Steuerreform sowie die Beendigung der Nutzung der Atomenergie vereinbart. Darüber hinaus legte sich die Bundesregierung auf die Einführung einer formellen Nachhaltigkeitsstrategie im Sinne der Agenda 21 sowie auf die Schaffung eines (bereits länger geplanten) Umweltgesetzbuches fest. Letzteres ist allerdings mittlerweile gescheitert.

18.* Insgesamt ist das Konzept einer „ökologischen Modernisierung" im Sinne einer innovations- und beschäftigungsorientierten Strategie grundsätzlich zu begrüßen. Es sollte nach Auffassung des Umweltrates konkretisiert und weiter ausgebaut werden. Die Bundesregierung ist insgesamt gut beraten, sowohl ihr umweltpolitisches Handlungsprofil als auch die langfristigen Problemlagen zu verdeutlichen, auf die sie sich bezieht. Unerlässlich ist dafür ein Konsens innerhalb der Bundesregierung über den Stellenwert der Umweltpolitik. Dabei geht es auch um eine Erhöhung der Integrationsfähigkeit in dem Sinne, dass zentrale Entscheidungsträger der Umweltpolitik und der umweltbedeutsamen Sektoren bei der Entwicklung anspruchsvoller gemeinsamer Ziele und Maßnahmen besser als bisher zusammenwirken.

Umweltgesetzbuch und Umsetzung der IVU-Richtlinie

19.* Das seit Frühjahr 1998 verfolgte Vorhaben des Bundesumweltministeriums, die Richtlinie über die integrierte Vermeidung und Kontrolle der Umweltverschmutzung (IVU-Richtlinie) sowie die Änderungsrichtlinie zur UVP-Richtlinie (UVP-II-Richtlinie) im Rahmen der Einführung eines Ersten Buches des Umweltgesetzbuchs (UGB I) umzusetzen, ist im Herbst 1999 endgültig in der Ressortabstimmung gescheitert. Ausschlaggebend dafür waren Zweifel an der Gesetzgebungszuständigkeit des Bundes, die ablehnende Haltung des Bundesinnenministeriums gegen eine Herauslösung des Planfeststellungsverfahrens aus dem Verwaltungsverfahrensgesetz und insbesondere der Widerstand der Wirtschaft. Nunmehr soll eine Umsetzung im Wege eines Artikelgesetzes erfolgen. Die Umsetzungsfristen für beide Richtlinien sind überschritten. Deutschland fügt damit seiner Negativbilanz bei der Umsetzung von EU-Richtlinien im Bereich des Umweltschutzes weitere Negativposten hinzu.

20.* Inhaltlich stellt die UVP-II-Richtlinie keine besonderen Anforderungen an die Umsetzung. Anders ist dies bei der IVU-Richtlinie. Sie verlangt ein wirksames integriertes Konzept aller am Genehmigungsverfahren beteiligten Behörden, die Vermeidung von Belastungsverlagerungen und einen hohen Schutz der Umwelt insgesamt. Nach Auffassung des Umweltrats gehen diese Anforderungen über bloße verfahrensrechtliche Regelungen hinaus. Erforderlich sind auch Änderungen in der Zweckbestimmung, in den Definitionen und im Entscheidungsprogramm des Bundes-Immissionsschutzgesetzes sowie des Wasserhaushaltsgesetzes und des Bundes-Bodenschutzgesetzes. Die Richtlinie führt aber nicht zu einer grundlegenden System- und Strukturänderung des deutschen Anlagenzulassungsrechts; sie stellt insgesamt nur eine Korrektur einer auch in Zukunft im Schwerpunkt medial ausgerichteten Politik dar. Die Mitgliedstaaten haben die Anforderungen der Richtlinie im Genehmigungsverfahren sowie bei der Überprüfung der Genehmigungen durchzusetzen; sie können aber anstelle einer Einzelentscheidung allgemeine Anforderungen in Form von Umweltstandards festlegen, sofern dabei ein integriertes Konzept und ein gleichwertiges hohes Schutzniveau für die Umwelt gewährleistet werden.

Im Anschluss an den Entwurf der Unabhängigen Sachverständigenkommission von 1998 hatte das Bundesumweltministerium die Einführung einer einheitlichen Vorhabengenehmigung vorgeschlagen, bei der dem integrierten Ansatz durch eine Integrationsklausel und eine Öffnungsklausel Rechnung getragen werden sollte. In neueren Entwürfen hat das Bundesumweltministerium im Hinblick auf die Kritik an einer Umsetzung des Integrationskonzepts bei der Einzelgenehmigung den Weg einer typisierenden Umsetzung gewählt; nicht bei der Genehmigung, sondern bei der Setzung von Umweltstandards sollten mittelbare Wirkungen, Wechselwirkungen und Belastungsverlagerungen berücksichtigt und ein hoher Schutz für die Umwelt insgesamt angestrebt werden.

Dieser Weg ist durch die IVU-Richtlinie ausdrücklich gestattet. Er entspricht auch eher dem Regelungssystem des deutschen Anlagenzulassungsrechts, das Abwägungen in Einzelentscheidungen grundsätzlich vermeidet. Allerdings kann nicht davon ausgegangen werden, dass die geltenden Umweltstandards dem Integrationspostulat bereits entsprechen, so dass eine grundlegende Überprüfung erforderlich wird. Es dürfte aber aus zwei Gründen unabweisbar sein, auch bei einer typisierenden Konzeption eine auf den Einzelfall bezogene Integrationsklausel in das Anlagenzulassungsrecht einzufügen: Einmal kann nur so standortbezogenen Verlagerungsproblemen Rechnung getragen werden, zum anderen bedarf es einer Abwägung im Einzelfall, wenn und solange integrative Umweltstandards fehlen.

21.* Die Erfahrungen mit dem integrativen Ansatz der Umweltverträglichkeitsprüfung belegen, dass die mit dem integrierten Konzept der IVU-Richtlinie angesprochenen Probleme – Belastungsverlagerungen von einem auf ein anderes Medium, mittelbare und Wechselwirkungen und Belastung aller Medien bis an die Grenze der Belastbarkeit – bei einem anspruchsvollen medialen Regulierungskonzept nicht allzu häufig auftreten. Das Konzept hat Bedeutung vor allem für emissionsseitige Anforderungen. Auch Umweltqualitätsziele und -standards sind aber grundsätzlich unter Berücksichtigung der medienübergreifenden Wirkungen zu formulieren, wenn Schutzgüter wie zum Beispiel die menschliche Gesundheit durch kumulative Belastungen über mehrere Eintragspfade gefährdet werden können oder mittelbare Wirkungen in Frage stehen (z. B. Eintrag auf dem Luft-Boden-Grundwasserpfad).

In England und Wales wird der integrative Ansatz (BPEO – *best practicable environmental option*) mittels eines Gesamtbelastungsindex für Wasser, Boden und Luft, gebildet als Summe der Quotienten von jeweiliger Zusatzbelastung und Immissionsrichtwert für alle betroffenen Stoffe und Umweltmedien, umgesetzt. Die damit postulierte Verrechnungsmöglichkeit von Stoffen und medialen Belastungen setzt zunächst voraus, dass im Hinblick auf die Schutzwürdigkeit der Umweltmedien „richtige" Immissionswerte aufgestellt werden, die dem Vorsorgeprinzip Rechnung tragen. Selbst wenn ein derartig anspruchsvolles Immissionskonzept verfolgt wird, vermag es jedoch der unterschiedlichen örtlichen Schutzbedürftigkeit (Gefährdung) der einzelnen Umweltmedien nur dann Rechnung zu tragen, wenn neben der Zusatzbelastung auch die Grenzbelastung, das heißt, der Abstand von Vorbelastung und Zusatzbelastung zum Immissionswert berücksichtigt wird. Überdies zeigen die britischen Erfahrungen, dass die Kommensurabilitätsprobleme kaum überwindbar sind.

Nach Auffassung des Umweltrates lassen es diese Bedenken als fraglich erscheinen, ob man dem britischen Vorbild folgen sollte. Die Bildung eines Gesamtindex für alle Umweltbelastungen und Eingriffe in Natur und Landschaft scheitert an der fehlenden Kommensurabilität. Auch die Bildung eines begrenzten Belastungsindex, der nur Emissionen auf dem Wasser-, Boden- und Luftpfad erfasst, wäre umweltpolitisch nur in der Weise vertretbar, dass vorsorgeorientierte Qualitätsziele oder -standards aufgestellt werden, die als Referenzsystem dienen können. Darüber hinaus müsste der Belastungsindex komplexer ausgestaltet werden, um dem Problem der örtlichen Belastung (Grenzbelastung) Rechnung zu tragen. Auf der Grundlage der technik- oder risikobezogenen Emissionsstandards des geltenden Rechts liegt es nahe, anstelle eines immissionsbezogenen Belastungsindex auf der Grundlage von Referenztechnologien Anforderungen für Emissionen in ein Medium unter Berücksichtigung der dann möglichen, nicht vermeidbaren Emissionen in ein anderes Umweltmedium sowie des Abfallanfalls und der Klimarelevanz zu formulieren. Dieses setzt eine politische Bewertung voraus, bei der Belastungsindizes hilfreich sein können, aber die Entscheidung nicht determinieren.

22.* Hinsichtlich des Verfahrens schreibt die IVU-Richtlinie eine einheitliche Umweltgenehmigung nicht vor, vielmehr genügt eine vollständige Koordinierung des Verfahrens und der Genehmigungsauflagen. Anstelle einer einheitlichen Vorhabenzulassung kann daher zum einen eine weitergehende Konzentrationslösung verfolgt werden, zum anderen kann auch die bestehende Regelung des § 13 BImSchG mit dem Ausschluss der wasserrechtlichen Genehmigung beibehalten werden, sofern die für die nicht einbezogenen Genehmigungen zuständigen Behörden einer Kooperationspflicht unterliegen und deren interne Stellungnahme auch extern bei Erteilung der Genehmigung bindend ist.

23.* Der mühevolle Prozess der Umsetzung der UVP-II-Richtlinie und der UVP-Richtlinie hat das verfassungsrechtliche Problem der Gesetzgebungskompetenz für die Kodifizierung des Umweltrechts sowie für die Umsetzung von EU-Umweltrecht aufgeworfen. Eine geschlossene Regelung des Umweltrechts in einem Umweltgesetzbuch ist ohne verfassungsrechtliche Risiken nur auf dem Boden einer weitgehenden konkurrierenden Gesetzgebungszuständigkeit des Bundes möglich. Das bisher praktizierte Verfahren, übergreifende Regelungen des Umweltrechts auf ein „Kompetenzmosaik" aus konkurrierender Gesetzgebungszuständigkeit für einzelne Bereiche des Umweltschutzes sowie für das Recht der Wirtschaft und eine weitgehende Ausschöpfung der Rahmenkompetenz durch zahlreiche Vollregelungen zu stützen, wird von den Verfassungsressorts des Bundes im Hinblick auf die restriktive Neufassung des

Art. 75 Abs. 2 GG in Frage gestellt. Danach dürfen ins Detail gehende und unmittelbar bürgerwirksame Regelungen nur in Ausnahmefällen erlassen werden. Ein Grenzbereich der Zuständigkeit des Bundes aus Art. 75 Abs. 2 GG ist immer dann erreicht, wenn nicht isolierte Teilregelungen, sondern übergreifende Gesamtregelungen getroffen werden sollen.

Allein das politische Problem der Verwischung von Verantwortlichkeit, die mit einer Verlagerung politischer Konflikte in den Bereich verfassungsrechtlicher Kompetenzstreitigkeiten verbunden ist, legt es an sich nahe, eine Lösung nicht so sehr auf dem Boden der Interpretation der Verfassung als in einer offenen Änderung der Verfassung zu suchen. Indessen erscheint es nicht realistisch, mit der Zustimmung der Länder zu einer Verfassungsänderung zu rechnen. Im übrigen wirft auch ein Artikelgesetz Kompetenzfragen auf. Notfalls könnte allerdings der Bund die Regelungen in bezug auf gewerbliche Anlagen auf Art. 74 Nr. 11 GG stützen und für kommunale Anlagen den Ländern aufgeben, eine gleichwertige Regelung zu treffen.

Umweltpolitik im internationalen Spannungsfeld

24.* Für die umweltpolitische Entwicklung sind neben nationalen zunehmend auch internationale Vereinbarungen und Erklärungen richtungsweisend. Dabei wurden auch immer wieder Diskussionen darüber geführt, inwieweit umweltpolitische Anforderungen stärker in die internationale Wirtschafts- und Handelspolitik verankert werden können. In diesem Zusammenhang erneuert der Umweltrat die im Umweltgutachten von 1998 unterbreiteten Vorschläge für eine Fortschreibung des Allgemeinen Zoll- und Handelsabkommens (GATT) unter Umweltaspekten, für eine umfassendere weltweite Umwelt- und Ressourcenschutzpolitik sowie für institutionelle Reformen sowohl der Welthandelsorganisation (WTO) als auch der Umweltorganisationen der Vereinten Nationen. Diese sind nach wie vor aktuell. Der Umweltrat sieht keinen Anlass, weitere Reformvorschläge zu unterbreiten, er sieht vielmehr ein massives Defizit bei der Umsetzung vorhandener Reformkonzepte zur Gestaltung einer stärker umweltbezogenen Welthandelsordnung.

25.* Vor diesem Hintergrund muss auch die dritte Ministerkonferenz der WTO im Dezember 1999 in Seattle beurteilt werden, die aufgrund der unterschiedlichen Interessenlagen der Verhandlungsteilnehmer und der zunehmenden Kritik an den wenig demokratischen und nicht transparenten Strukturen der WTO letztlich gescheitert ist. Der Umweltrat sieht in diesem Missfolg jedoch die Chance für die Bundesregierung, bis zur nächsten umfassenden Verhandlungsrunde eine Strategie für eine stärkere Berücksichtigung umweltpolitischer Aspekte in der multilateralen Handelspolitik innerhalb der Europäischen Union besser vorzubereiten und für eine Umsetzung vorhandener Konzepte Sorge zu tragen.

Hierzu bedarf es auch institutioneller Initiativen. Zum einen ist eine verbesserte Zusammenarbeit zwischen der WTO und dem Umweltprogramm der Vereinten Nationen (UNEP) notwendig. Das Anfang Dezember 1999 geschlossene Kooperationsabkommen beider Institutionen ist ein erster Schritt in diese Richtung. Zahlreiche Vorschläge zielen zum anderen auf eine Aufwertung von UNEP und eine stärkere Vernetzung der umweltrelevanten Programme und Teilorganisationen der Vereinten Nationen ab, um der WTO einen gleichwertigen Verhandlungspartner gegenüberzustellen. Die Entwicklung zu einer Weltumweltorganisation kann jedoch nur langfristig angedacht werden. Sie dürfte auf absehbare Zeit das institutionelle Innovationspotential der Staatengemeinschaft überfordern. Die Bundesregierung sollte sich daher eher für pragmatische Lösungen als für einen scheinbar „großen Wurf" einsetzen, der bald an der institutionellen Realität scheitern könnte.

2.2 Umwelt und Wirtschaft

2.2.1 Umweltschutz und wirtschaftliche Entwicklung

26.* Bereits seit längerem bestimmen in der Umweltpolitik nicht mehr vordringlich die eigentlichen Umweltziele, sondern zunehmend stärker andere, insbesondere wirtschaftspolitische Ziele Art und Umfang des umweltpolitischen Instrumentariums. Für deren zunehmende Einbindung in die Umweltpolitik können zwei Gründe ausschlaggebend sein:

- das in den Vordergrund der gesamten Politik getretene Ziel der Bekämpfung der Arbeitslosigkeit und

- die gegenüber den „klassischen", unmittelbar sichtbaren Umweltproblemen (Luftverschmutzung, Gewässerverunreinigung) an Bedeutung gewinnenden sogenannten „schleichenden" Umweltprobleme, die erst längerfristig, dennoch irreversibel in Erscheinung treten (z. B. Klimafolgeschäden, Artenschwund, Verlust fruchtbarer Böden, Vernichtung von Tropenwald).

Die Höhe der gesamtwirtschaftlichen Mehrkosten umweltpolitischer Maßnahmen hängt genauso wie die Beschäftigungswirkungen vom gesamtwirtschaftlichen Referenzszenario ab. Wird parallel etwa der Abbau einer stark leistungshemmenden Steuer- und Subventionspolitik erwartet, können aus dem umweltpolitischen Eingriff statt Kosten sogar Gewinne resultieren.

Die Tatsache, dass die „schleichenden" gegenüber den „klassischen" Umweltproblemen an Bedeutung gewinnen, lässt den Vorsorgeaspekt stärker in den Vordergrund treten. Der bisherige umweltpolitische Ansatz, im nachhinein eindeutig spezifizierte Schäden durch Minderung von Schadstoffemissionen zu verringern, wird langfristigen Umweltrisiken nicht mehr gerecht. Da ein Großteil der Kosten des heute unterlassenen Umweltschutzes – auch unter Berücksichtigung der wachsenden Prognoseunsicherheiten – erst in der Zukunft auftritt und folglich der Nutzen einer heute eingeleiteten Vorsorgepolitik in erster Linie den zukünftigen Generationen zugute kommt, ist ein gesellschaftlicher Konsens darüber erforderlich, ob in Zukunft auftretende Umweltschäden genauso hoch bewertet werden sollen wie heute auftretende Schäden.

2.2.2 Umweltgerechte Finanzreform

27.* Zum 1. April 1999 trat die *erste Stufe* der ökologischen Steuerreform in Kraft. Ihre zentralen Elemente sind:

- Erhöhung der Steuersätze (im Rahmen der „Mineralölsteuer") für Kraftstoffe um 6 Pf/L, für Erdgas um 0,32 Pf/kWh, für Heizöl um 4 Pf/L;
- Einführung einer Stromsteuer von 2 Pf/kWh;
- Senkung des Beitragssatzes in der Rentenversicherung um 0,8 Prozentpunkte.

Für die *2. bis 5. Stufe* der Ökosteuerreform, die zum 1. Januar 2000 in Kraft trat, wurden jährliche Erhöhungen der Steuersätze für Strom und Kraftstoffe beschlossen.

28.* Grundsätzlich hält der Umweltrat eine umweltorientierte Ausgestaltung des Steuersystems für ein wichtiges Signal, um die Kosten der Umweltinanspruchnahme verursachergerecht anzulasten und Anreize zu deren Minderung zu setzen. Welche Umweltinanspruchnahme durch das Gesetz in erster Linie vermieden werden soll, geht aus der Zielsetzung allerdings nicht klar hervor. Der Umweltrat geht davon aus, dass die Ökosteuer in erster Linie dem Umweltziel der Reduktion der Treibhausgasemissionen, insbesondere der Reduktion der CO_2-Emissionen um 25 % bis zum Jahr 2005, dienen soll. Er weist darauf hin, dass zur Erreichung dieses Ziels zwei andere Optionen grundsätzlich vorzuziehen wären, die das gleiche Ziel mit wesentlich geringeren einzel- und gesamtwirtschaftlichen Kosten erreichen:

1. Das *System handelbarer CO_2-Lizenzen* (bzw. vergleichbare Lösungen für andere klimarelevante Gase) stellt die ökologisch und ökonomisch überlegene Lösung dar, da sie im Unterschied zu einer Steuer die ökologische Treffsicherheit garantieren kann und im internationalen Maßstab anwendbar ist. Sie ist auch auf alle Sektoren und noch so kleine Emittenten anwendbar, wenn das vom Umweltrat empfohlene Modell angewendet wird, bei dem nur die Brennstofferzeuger und -importeure lizenzpflichtig sind. Der Umweltrat plädiert für einen möglichst europaweiten oder gar internationalen Lizenzhandel.

2. Eine *an den Emissionen ansetzende Strom- und Primärenergiesteuer* hat zwar gegenüber der Lizenzlösung den Nachteil, dass sie zusätzliche administrative Such- und Anpassungskosten zur Findung des richtigen Steuersatzes erforderlich macht und ihre ökologische Treffsicherheit nicht von vornherein gewährleistet ist. Sie gilt daher als zweitbeste Lösung. Dennoch hat eine emissionsorientierte Stromsteuer (berechnet nach den durchschnittlichen Emissionen des individuellen Kraftwerksparks) gegenüber einer pauschalen Strombesteuerung den Vorteil, dass die emissionsärmste Stromerzeugung, insbesondere erneuerbare Energien und Kraft-Wärme-Kopplung, zum Einsatz kommt. Um mit der Emissionssteuer nicht gleichzeitig dem in- und ausländischen Atomstrom einen Wettbewerbsvorteil zu verschaffen, könnte ebenfalls der nukleare Anteil des jeweiligen Kraftwerksparks in die Besteuerung einfließen.

Der von der Bundesregierung gewählte Weg einer Stromsteuer belastet den pauschalen Stromverbrauch in Kilowattstunden, ohne nach unterschiedlich emissionsintensiver Stromerzeugung zu differenzieren. Aus ökonomischer Sicht muss der Steuersatz bei der pauschalen Stromsteuer wesentlich höher sein als bei einer emissionsorientierten Strom- und Primärenergiesteuer, um das gleiche Umweltziel zu erreichen. Der Wirtschaft und den Haushalten wird also mit der pauschalen Strombesteuerung eine unnötige Zusatzlast auferlegt. Weitere gesamtwirtschaftliche Kosten ergeben sich auch durch die Notwendigkeit kompensierender Förderprogramme für erneuerbare Energien und für Kraft-Wärme-Kopplung.

Trotz seiner ökologischen und ökonomischen Unterlegenheit lässt sich das von der Bundesregierung gewählte Ökosteuerkonzept systemimmanent verbessern, um den umweltpolitischen Anliegen stärker Rechnung zu tragen. So empfiehlt der Umweltrat:

- Die Ausrichtung der Stromsteuer an dem im jeweiligen Kraftwerkspark des Erzeugers eingesetzten Verhältnis von fossilen und nuklearen Energieträgern zu erneuerbaren Energieträgern; würde dieses Verhältnis beispielsweise 95 % gegenüber 5 % betragen, so würde der Stromsteuersatz aus der Multiplikation der 95 % mit dem Regelsteuersatz berechnet,
- einen stufenweisen Anstieg der Steuersätze über das Jahr 2003 hinaus, so lange bis das Umweltziel erreicht ist,
- an den unterschiedlichen Produktionsprozessen ausgerichtete Ermäßigungstatbestände für das Produzierende Gewerbe.

Ferner betont der Umweltrat die Notwendigkeit des Abbaus ökologisch kontraproduktiver Subventionen.

2.2.3 Handelbare Emissionslizenzen und Joint Implementation

29.* Auf der 3. Vertragsstaatenkonferenz der Klimarahmenkonvention in Kyoto Ende 1997 haben sich die Vertragsstaaten zumindest grundlegend auf die Einführung flexibler marktwirtschaftlicher Instrumente im Rahmen des Protokolls zur rechtlich verbindlichen Reduktion von Treibhausgasemissionen geeinigt. Im Klimaprotokoll ist nicht nur beschlossen worden, die Emissionen von sechs Treibhausgasen in den (westlichen und östlichen) Industriestaaten (Annex B-Staaten) um durchschnittlich 5,2 % im Zeitraum 2008 bis 2012 (gegenüber 1990) zu senken (mit unterschiedlich hohen Verpflichtungen für die einzelnen Länder), sondern es wurde auch festgelegt, mit welchen Maßnahmen diese Ziele erreicht werden können. Das wesentliche der im Protokoll angeführten sogenannten „flexiblen" Instrumente stellt der Handel mit Emissionsrechten dar, der es den Annex B-Staaten erlaubt, die für den Zeitraum 2008 bis 2012 verbindlich festgelegten nationalen Emissionsbudgets zu übersteigen und zusätzlich benötigte Emissionsrechte auf dem internationalen Lizenzmarkt zu erwerben bzw. das Emissionsbudget zu unterschreiten, um überschüssige Emissionsrechte zu verkaufen. Auf diese Weise können Differenzen bei den Emissionsvermeidungskosten zwischen den einzelnen Ländern ausgenutzt werden, um das globale Emissionsminderungsziel möglichst kostengünstig zu erreichen. Gleichzeitig kann die aus den Verpflichtungen der einzelnen Industriestaaten errechenbare Gesamtreduktion von 5,2 % eingehalten werden, da eine Erhöhung des Emissionsbudgets in einem verpflichteten Staat, der zusätzliche Emissionsrechte ankauft, stets mit einer Verkleinerung des Emissionsbudgets des verkaufenden Staates einhergeht.

Der Umweltrat begrüßt die Einführung flexibler Instrumente in die Klimapolitik. Allerdings hält er eine internationale Koordinierung einiger grundlegender, nachfolgend zu diskutierender Regeln für zwingend erforderlich, um ein wirkungsvolles und funktionsfähiges Handelssystem sowie dessen Verknüpfung mit dem *Clean Development Mechanism* zu etablieren und ökologische Fehlentwicklungen und Trittbrettfahrerverhalten zu vermeiden. Außerdem ist im Hinblick auf den ordnungsrechtlichen Ansatz insbesondere der IVU-Richtlinie eine Abstimmung mit dieser Richtlinie erforderlich, da diese unter anderem jeden einzelnen Anlagenbetreiber zum effizienten Energieeinsatz verpflichtet.

Emissionshandel

30.* Der Umweltrat ist der Ansicht, dass das Instrument der handelbaren Emissionsrechte aufgrund seiner Überlegenheit insbesondere bezüglich der ökologischen Treffsicherheit, der ökonomischen Effizienz und der globalen Einsatzfähigkeit nicht leicht substituiert werden kann. Die internationale Diskussion über die Ausgestaltung des Emissionshandels konzentriert sich auf die Fragen des Handels mit „heißer Luft" und die Ausgestaltung von Handelsregeln in Form von Sanktionsmechanismen und Transparenzbildung.

Für die Hervorhebung nationaler Anstrengungen gegenüber einem uneingeschränkten Emissionshandel sprechen einige Gründe, insbesondere das im Protokoll verankerte Kriterium der Zusätzlichkeit der Flexibilisierungsmechanismen gegenüber nationalen Maßnahmen, die erhebliche Menge an handelbarer „heißer Luft" und nicht zuletzt die skeptische Position der langfristig in das Protokoll einzubindenden Entwicklungsländer. Jedoch birgt die von der EU vorgeschlagene Lösung einer allgemeingültigen Restriktion des Handels Gerechtigkeitsprobleme. Denn es lässt sich kaum eine den unterschiedlich anspruchsvollen Verpflichtungen aller Vertragsstaaten gerecht werdende Beschränkung für die maximal zu handelnde Menge finden, wenn man nicht das jeweilige Business-as-usual-Szenario mit berücksichtigt. Der Umweltrat schlägt anstelle einer allen Staaten gleichsam aufzuerlegenden pauschalen Formel vor, dass jeder Annex B-Staat selbst eine freiwillige Eigenerfüllungsquote in die Klimaverhandlungen einbringt, die umso höher sein sollte, je niedriger das relative „Opfer" des einzelnen Staates ist, wenn man das Emissionsbudget mit dem Business-as-usual-Szenario für den gleichen Zeitraum vergleicht. Die EU-Staaten könnten hier gemäß ihrem besonderen Anliegen eine Vorreiterrolle übernehmen und als erste eine Eigenerfüllungsquote in die Verhandlungen einbringen.

Bei aller Betonung des Zusätzlichkeitskriteriums ist allerdings darauf hinzuweisen, dass selbst bei unbeschränktem Handel mit „heißer Luft" nicht unerhebliche nationale Anstrengungen der meisten Industrieländer erforderlich wären, wenn man die Business-as-usual-Szenarien zugrunde legt.

Im übrigen kommt es insbesondere auf die Ausgestaltung der Handelsregeln für einen wirksamen und funktionsfähigen Marktmechanismus an. Der Umweltrat hält dabei Regelungen über wirksame Sanktionen und einen transparenten, nicht diskriminierenden Ablauf des Handels für wesentlich.

Clean Development Mechanism

31.* Um zu verhindern, dass mit dem Clean Development Mechanism (CDM-Projekten in Entwicklungsländern) ein schwer kontrollierbares „Schlupfloch" zum Erwerb zusätzlicher Emissionsrechte geschaffen wird, die den Emissionsrahmen der Annex B-Staaten aufweichen, fordert der Umweltrat klare und einheitliche Vorgaben zur Berechnung der Emissionsreduktionen der einzelnen Projekte bzw. zur Bestimmung der jeweiligen vergleichbaren Referenzsituation (ohne CDM-Projekt). Nur wenn mit einem Auslands-Projekt ein *zusätzlicher* Klimaschutzeffekt erzielt wird, der im Business-as-usual-Fall nicht aufgetreten wäre, sind ein *globaler* Klimaschutzgewinn gesichert und die Gefahr des Aushöhlens des Zertifikatesystems gebannt.

Vereinbarkeit des Lizenzhandels mit der Ökosteuer

32.* Beide Instrumente sind nur dann miteinander kompatibel, wenn sich die Bemessungsgrundlage für Steuern und Lizenzen nach demselben Kriterium richtet und der Steuerschuldner identisch mit dem Lizenzpflichtigen ist. Es müsste in erster Linie eine Entscheidung darüber getroffen werden, ob die Ökosteuer emissionsorientiert ausgerichtet oder die Steuer durch eine Lizenzlösung vollständig ersetzt werden soll.

2.2.4 Öko-Audit

33.* In der deutschen und europäischen Umweltpolitik werden neben der nach wie vor dominanten Anwendung des Ordnungsrechts zunehmend ökonomische Instrumente und Maßnahmen der Selbststeuerung eingesetzt oder doch vorgeschlagen. Ein wichtiger Bestandteil dieses Instrumentenmix ist das Öko-Audit nach der EG-Öko-Audit-Verordnung (EMAS) als Instrument der betriebsinternen Selbststeuerung. Allerdings konnte sich dieses Instrument in Europa bis auf wenige Ausnahmen bisher kaum etablieren. In Deutschland befinden sich ca. 75 % aller in der EU registrierten EMAS-Standorte. Demgegenüber nimmt die Zahl der nach ISO 14001 zertifizierten Unternehmen fortlaufend zu. Während diese Entwicklung bislang überwiegend in anderen Staaten zu beobachten war, trifft dies mittlerweile auch auf Deutschland zu. Nach Auffassung vieler Unternehmen rechtfertigen weder die Kostenreduzierung noch die bislang getroffenen bzw. die in Aussicht gestellten Deregulierungs- und die Substitutionsmaßnahmen die weitere Teilnahme an EMAS. Mit dem Scheitern des UGB I wird auch der Entwurf einer Verordnung zu Überwachungserleichterungen für auditierte Betriebsstandorte zunächst nicht weiter verfolgt; dies lässt keine neuen Impulse für eine verstärkte Teilnahme an EMAS erwarten. Gegenwärtig wird jedoch im zuständigen Ausschuss der ISO darüber diskutiert, die Norm aufzuwerten und möglicherweise um Elemente von EMAS anzureichern (ISO 14001 +).

34.* Die Tätigkeit der Deutschen Akkreditierungs- und Zulassungsgesellschaft für die Umweltgutachter (DAU) als Kontroll- und Zulassungsinstitution der Umweltgutachter für das Öko-Audit hat sich nach überwiegender Ansicht bewährt und das Funktionieren des Systems bestätigt. Die Aufsicht durch die DAU hat bisher nicht zum Entzug von Zulassungen geführt. Auch lassen die Ergebnisse der durchgeführten Kontrollmaßnahmen den Schluss zu, dass die Validierung der Umwelterklärungen ganz überwiegend im Einklang mit den Anforderungen von EMAS durchgeführt wird. Das in Deutschland etablierte Kontrollsystem bietet daher eine ausreichende Gewähr für die Überwachung der Leistungsfähigkeit von EMAS. Es wird jedoch vorgeschlagen, im Umweltauditgesetz eine gesetzliche Grundlage für ein Betretungsrecht der Mitarbeiter der DAU zu den Standorten im Rahmen der Witness Audits zu schaffen.

35.* Auf der Grundlage der bislang gesammelten Erfahrungen wird an der Novellierung der EMAS-Verordnung gearbeitet. Der Entwurf der Europäischen Kommission hält dabei an den wesentlichen Eckpunkten der Verordnung fest. Die Teilnahme an EMAS wird auch zukünftig freiwillig sein. Die Kommission hat die Gelegenheit nicht genutzt, die Erforderlichkeit der Durchführung einer Rechtskonformitätsprüfung als Registrierungsvoraussetzung eindeutig zu regeln. Im Hinblick auf den Streit um die Rechtskonformitätsprüfung in den EU-Mitgliedstaaten wäre eine klare Aussage im Verordnungstext sicher von besonderer Bedeutung gewesen. Die Kommission beabsichtigt ferner, die EMAS-Nachfolgeverordnung kompatibel zur ISO 14001 zu gestalten. Der Umweltrat begrüßt diese Regelung, da mit der Integration von ISO-14001-Elementen in EMAS eine strukturelle Angleichung beider Systeme bewirkt wird, die unnötige Doppelarbeiten vermeidet. Die Novelle sah zunächst obligatorisch einen einjährigen Validierungszyklus vor, hat diese Regelung aufgrund vielfacher Kritik jedoch insoweit entschärft, als auf der Grundlage der Anforderungen einer noch zu verabschiedenden Richtlinie (Guideline) von der grundsätzlichen Regelung abgewichen werden kann. In dem Entwurf ist ferner vorgesehen, durch Einführung eines EMAS-Logos die Bekanntheit von EMAS zu steigern. Dieses EMAS-Logo darf zwar nicht auf Produkte, wohl aber in Verbindung mit Informationen über Tätigkeiten, Produkte und Dienstleistungen verwendet werden. Neben der Einführung eines Logos soll die Bekanntheit von EMAS, ein wesentlicher Anreiz für Unternehmen zur Teilnahme, durch Werbemaßnahmen gefördert werden. Ungeklärt ist schließlich, ob die Nachfolgeverordnung weiterhin einen Technikstandard, wie das Europäische Parlament in seiner Stellungnahme gefordert hat, enthalten wird. Der Umweltrat hält dies für unerlässlich, da andernfalls nicht gewährleistet ist, dass sich der betriebliche Umweltschutz auditierter Unternehmen auf einem anspruchsvollem Niveau befindet.

36.* Trotz der beschriebenen Probleme ist der Umweltrat der Auffassung, dass die Novellierung von EMAS weiter voran getrieben werden sollte. Die anhaltende Diskussion über Umweltmanagementsysteme zeigt, dass bei den Unternehmen offensichtlich ein Bedürfnis für diese Systeme besteht. Die aktuelle Auseinandersetzung mit diesem Instrument verdeutlicht, dass nur ein anspruchsvolles System geeignet ist, Unternehmen mittelfristig die Erleichterungen zu verschaffen, die ihnen ausreichend Anreize bieten, ein Umweltmanagementsystem zu installieren und fortlaufend zu betreiben. Auch wenn EMAS im Wettbewerb mit ISO 14001 zu unterliegen droht, zeigt es sich gleichwohl, dass von EMAS gewichtige Impulse zu einer inhaltlichen Aufwertung von ISO 14001 ausgehen. Für den Fall, dass sich EMAS in Deutschland, vor allem aber in den anderen EU-Mitgliedstaaten nicht durchsetzt, spricht sich der Umweltrat dafür aus, die wesentlichen Elemente von EMAS in eine anspruchsvolle ISO 14001 (ISO 14001 +) zu übernehmen. Dies wäre nach Ansicht des Umweltrates geeignet, die weltweite Einführung von Umweltmanagementsystemen nicht nur zu unterstützen, sondern auch zu beschleunigen. Dabei dürfte ein einheitliches Niveau der anzulegenden Kriterien für ein Umweltmanagementsystem für eine nachhaltige Entwicklung von besonderer Bedeutung sein.

2.2.5 Privatisierung und Liberalisierung umweltbezogener Infrastrukturaufgaben am Beispiel der Wasserwirtschaft

37.* Die Privatisierung und Liberalisierung umweltbezogener Infrastrukturaufgaben gewinnt in der öffentlichen Diskussion ebenso wie in der praktischen Umsetzung seit Anfang der neunziger Jahre zunehmend an Bedeutung. Dabei steht die hohe Umweltrelevanz einer Infrastrukturaufgabe der Privatisierung sowie dem Wettbewerb nicht zwangsläufig entgegen, wie das Beispiel der Liberalisierung des Strom- und Gasmarktes zeigt. Auch in der Abfallwirtschaft scheint eine stärkere Öffnung der Märkte erstrebenswert, wenn die Einhaltung umweltpolitischer Ziele durch die Wahl einer geeigneten Rahmenordnung sichergestellt wird. Mittlerweile zeichnet sich auch im Bereich der Wasserver- und Abwasserentsorgung ein Trend zu mehr Privatisierung und zunehmendem Wettbewerb ab.

38.* Die Gründe für die Privatisierungstendenzen in der Wasserwirtschaft in Deutschland sind vielfältig. Viele Gemeinden sind überschuldet und sehen sich nicht in der Lage, die anstehenden Investitionen aus eigener Kraft zu tätigen. Der Verkauf von Anteilen an kommunalen Unternehmen bietet darüber hinaus die Möglichkeit, Haushaltslöcher kurzfristig zu stopfen. Dazu kommen Klagen über steigende Preise und die mangelnde Effizienz öffentlicher Unternehmen. Die großen kommunalen Unternehmen beklagen ihre mangelnde Wettbewerbsfähigkeit sowie den Umstand, dass ihr rechtlicher Status eine Beteiligung an internationalen Ausschreibungen wasserwirtschaftlicher Leistungen oftmals nicht zulässt. Anders als in Deutschland wird die Wasserversorgung und Abwasserbeseitigung in Frankreich und Großbritannien weitestgehend als normale wirtschaftliche Tätigkeit von privaten Anbietern erbracht. Es wird befürchtet, dass die deutschen, kommunal geprägten Unternehmen auf einem von zunehmendem Wettbewerb um Versorgungs- und Entsorgungsgebiete geprägten Markt Schwierigkeiten haben werden, sich gegenüber den großen privaten Anbietern aus anderen EU-Mitgliedstaaten sowie den USA zu behaupten.

39.* Gegen die Privatisierung wird regelmäßig eingewendet, dass es sich bei der Wasserversorgung und Abwasserentsorgung um Daseinsvorsorge handle und Aufgaben wie der Umwelt- und Ressourcenschutz, die Seuchenabwehr sowie die Landschaftspflege bei einem privaten, an Gewinnerzielung orientierten Unternehmen nicht in gleicher Weise gewährleistet seien wie bei einem am Wohl der Allgemeinheit orientierten öffentlich-rechtlichen Unternehmen. Überdies wird befürchtet, dass Wasserversorgungs- und Abwasserentsorgungsunternehmen ihre faktische Monopolstellung durch überhöhte Preise und ein unzureichendes Leistungsangebot ausnutzen könnten. Daneben beklagen die Kommunen ihren mit der Privatisierung zwangsläufig verbundenen Verlust an Einfluss- und Kontrollmöglichkeiten.

40.* Die nationalen und internationalen Erfahrungen mit der privatwirtschaftlichen Leistungserstellung in der Wasserversorgung und Abwasserentsorgung zeigen, dass die Privatisierung für die in der Wasserwirtschaft gegenwärtig anstehenden Probleme eine Reihe von Chancen eröffnet. So trägt die Einschaltung Privater unter anderem dazu bei, dass aus umweltpolitischer Sicht überfällige Investitionen in die Infrastruktur tatsächlich getätigt werden. Die Privatisierung öffentlicher Wasserversorgungs- und Abwasserentsorgungsunternehmen dient darüber hinaus auch der Ertüchtigung deutscher Anbieter für den internationalen Wettbewerb. Angesichts der Umweltrelevanz dieses Infrastrukturbereichs, aber auch wegen des (noch) mangelnden Produktwettbewerbs zwischen den Anbietern, hängt der Erfolg der Privatisierung vor allem von der Wahl eines geeigneten Regulierungsrahmens für den Umwelt- und Gesundheitsschutz sowie für Kosten und Preise ab.

Die mit der Privatisierung verbundenen Risiken sollten nach Ansicht des Umweltrates ernst genommen werden, sind aber durch eine geeignete Regulierung beherrschbar. Wichtiger Bestandteil einer entsprechenden Regulierung ist dabei vor allem, die Einhaltung der vorhandenen ökologischen Rahmenordnung, die den Akteuren umwelt- und gesundheitspolitische Mindeststandards vorgibt, zu überwachen. Diese betreffen die Begrenzung der Wasserentnahme, die Qualität des Lebensmittels Trinkwasser sowie die Qualität des gereinigten Abwassers. Solange die Einhaltung des umweltpolitischen Rahmens durch geeignete Kontrollen sichergestellt ist, können die Akteure ihre eigenen Ziele verfolgen, ohne ökologische Ziele preiszugeben. Die Substanzerhaltung kann durch Vorgaben für die zu tätigenden Investitionen sichergestellt werden. Vorteilhaft ist in diesem Zusammenhang die bei einer vollständigen Privatisierung erzielbare Trennung von Anlagenbetrieb und umweltpolitischer Kontrollfunktion.

Die Voraussetzungen für die Nutzung von Privatisierungsmöglichkeiten können unter anderem dadurch geschaffen werden, dass das Steuerprivileg für öffentliche Unternehmen in der Abwasserentsorgung zugunsten eines ermäßigten Steuersatzes aufgegeben wird. Auch Synergieeffekte, die sich aus der Zusammenfassung von Wasserversorgung und Abwasserentsorgung in einem Unternehmen ergeben könnten, würden eher genutzt.

41.* Die allgemeine Vermutung einer höheren Effizienz privater gegenüber öffentlichen Unternehmen trifft in der Wasserwirtschaft aufgrund des (zur Zeit noch) mangelnden Produktwettbewerbs nicht automatisch zu. Um zu vermeiden, dass ein öffentliches Monopol lediglich durch ein privates Monopol ersetzt wird, müssen durch die Wahl eines geeigneten Regulierungsrahmens Anreize für Kostensenkungen gesetzt werden, die in Form niedrigerer Gebühren an die Verbraucher weitergegeben werden.

Um Kostensenkungspotentiale aufzudecken und zu nutzen, erscheint die Ausschreibung wasserwirtschaftlicher

Leistungen nach dem gegenwärtigen Stand des Wissens am geeignetsten. Es kommt zu einer klaren Aufgabenteilung zwischen der öffentlichen Hand als Regulierer und dem privaten Unternehmen als Betreiber der Anlagen. Ihre Kontrollmöglichkeiten kann sich die Kommune durch Vertragsgestaltung sichern, ohne die Risiken für die unternehmerische Tätigkeit tragen zu müssen. Die größten Kostensenkungspotentiale ergeben sich bei diesem Modell in Versorgungsgebieten, in denen Anlagen neu geplant werden. Bei solchen Ausschreibungen sollte das alteingesessene kommunale Unternehmen eine Vergleichsrechnung aufstellen, aus der hervorgeht, welche Kosten entstünden, wenn es die Leistungserstellung auch in Zukunft übernimmt. Der Private sollte den Vertrag nur dann erhalten, wenn er tatsächlich kostengünstiger arbeitet. Allerdings sollten die Aktivitäten kommunaler Unternehmen nach Ansicht des Umweltrates auch dann an die eigenen Verwaltungsgebietsgrenzen gebunden bleiben, wenn sie dadurch im Wettbewerb mit privaten Anbietern einen Nachteil erleiden.

Da letztlich nur ein auf Wettbewerb beruhendes System geeignet ist, die vollen Kostensenkungspotentiale offenzulegen und zu nutzen, empfiehlt der Umweltrat die für die Wasserversorgung und Abwasserentsorgung in Großbritannien diskutierten Wettbewerbsmodelle (Wettbewerb an den Versorgungsgebietsgrenzen, Wettbewerb durch gemeinsame Netznutzung) weiter zu verfolgen und ihre Möglichkeiten und Grenzen transparent zu machen.

2.2.6 Umweltschutz und Exportkredite

42.* Seit geraumer Zeit steht eine Reform der Außenwirtschaftsförderung auf der politischen Tagesordnung. In der Koalitionsvereinbarung von Oktober 1998 wird in diesem Zusammenhang gefordert, die Gewährung von Exportbürgschaften verstärkt von ökologischen, sozialen und entwicklungspolitischen Gesichtspunkten abhängig zu machen.

Eine Diskussion über eine umweltorientierte Reform von Exportbürgschaften wird national und international geführt. Bereits Mitte der neunziger Jahre hat es in Deutschland Neuerungen im Zusammenhang mit Hermes-Ausfuhrbürgschaften gegeben. Auf der Ebene der Europäischen Union werden umweltrelevante Aspekte der internationalen Förderinstrumente ebenso diskutiert wie im Rahmen der OECD. Die Weltbank und die Europäische Bank für Wiederaufbau und Entwicklung haben intern Prüfungsrichtlinien entwickelt, die gegenwärtig als die im internationalen Vergleich anspruchsvollsten gelten können.

Der Umweltrat begrüßt diese Aktivitäten zur Reform des Systems von Exportbürgschaften und ist der Auffassung, dass dieses Instrument der Außenwirtschaftsförderung bei der Mittelvergabe noch stärker als in den bisherigen Ansätzen umweltpolitische Ziele beachten muss. Auch wenn sich die Vergabe von Exportbürgschaften in erster Linie an ökonomischen Kriterien orientieren muss und diese nicht zu einem Instrument des Umweltschutzes umgestaltet werden sollten, gilt auch für die Handelspolitik, dass sie sich an den Grundsätzen der Agenda 21 auszurichten hat. Allerdings ist dem Umweltrat bewusst, dass eine Reform der Exportbürgschaften am wirkungsvollsten im internationalen Kontext anzugehen ist, da nationale Alleingänge sofort dadurch bestraft werden können, dass Wettbewerbsnachteile für deutsche Unternehmen entstehen, wenn andere Exportnationen ihre Exportbürgschaften nicht nach ähnlichen Kriterien vergeben sollten. Der Umweltrat verweist in diesem Zusammenhang auf die Vorreiterrolle der USA und Kanadas. Die US-amerikanische Investitions- und Exportförderagentur Overseas Private Investment Corporation (OPIC), die US Export-Import-Bank (ExIm Bank) und die kanadische Exportförderagentur Export Development Corporation (EDC) haben in neuen Richtlinien weitreichende Umweltkriterien vorgesehen.

Der Umweltrat fordert die Bundesregierung auf, darauf hinzuwirken, dass Deutschland sich als wichtige Exportnation im Rahmen der EU noch stärker als bisher für eine Reform der Vergabe von Exportbürgschaften einsetzt. Dabei kann die Richtlinie der EU zur Harmonisierung der Absicherung mittel- und langfristiger Exportgeschäfte (98/29/EG) als Ansatzpunkt dienen. Darin sollten nicht nur einheitliche Begriffsdefinitionen und Regelungen hinsichtlich des Deckungsumfangs formuliert, sondern auch umweltbezogene Kriterien für die Übernahme von Bürgschaften aufgestellt werden.

Im nationalen Kontext ist es denkbar, ein umweltorientiertes Prüfverfahren für Hermes-geförderte Projekte vorzuschreiben. Erster Schritt muss ein Screening-Prozess sein, der unter Berücksichtigung des Fördervolumens diejenigen Projekte identifiziert, die umweltrelevant oder besonders umweltrelevant sind. Die Kreditanstalt für Wiederaufbau verfährt bereits nach einem derartigen Prüfverfahren. Soweit Umweltbelastungen zu erwarten sind, sollte ein qualifiziertes Prüfverfahren durchgeführt werden. In Fällen mit besonderer Umweltrelevanz ist auch eine Umweltverträglichkeitsprüfung notwendig. Auch könnte man bei solchen Projekten das Fachwissen von Institutionen der Entwicklungshilfe und von nachgeordneten Bundesbehörden, wie etwa der Gesellschaft für Technische Zusammenarbeit, des Umweltbundesamtes, des Bundesamts für Naturschutz und des Deutschen Hydrologischen Instituts, stärker nutzen. Der Kommissionsentwurf zum Umweltgesetzbuch (§ 235) sieht ein solches Verfahren vor: Soweit Vorhaben im Rahmen der Finanziellen Entwicklungszusammenarbeit mit öffentlichen Mitteln finanziert werden, dürfen von ihnen keine Gefahren für die menschliche Gesundheit und für die Umwelt ausgehen. Im UGB-Entwurf wird weiterhin vorgeschlagen, die Projektförderung von der Durchführung einer Umweltverträglichkeitsprüfung abhängig zu machen, zumindest in den Fällen, in denen für ein vergleichbares Projekt auch im Inland eine UVP notwendig wäre.

Ein solches umweltorientiertes Prüfverfahren setzt jedoch voraus, dass Umweltstandards und -kriterien bestehen, auf die bei der Mittelvergabe zurückgegriffen werden kann, und die im Idealfalle EU-weit gelten, da nur ein gemeinsames Vorgehen aller EU-Staaten sinnvoll erscheint. Hierfür sollten auf nationaler Ebene Vorschläge entwickelt werden, die dann EU-weit abgestimmt werden. Ein erster Schritt ist dabei, festzulegen, dass ökologisch bedenkliche Projekte nicht förderungswürdig sind. Weiterhin ist sicherzustellen, dass in den Richtlinien die risikomäßige Vertretbarkeit, die gegenwärtig nur auf ökonomische und politische Risiken abgestellt ist, auch auf ökologische Risiken ausgeweitet wird. Auch müssten die Erläuterungshinweise zu den Anträgen auf Ausfuhrgewährleistung spezifiziert und qualitative Vorgaben für die ökologischen Fragen der Projektbeschreibungen gemacht werden. Hierbei können die Förderrichtlinien von EDC, OPIC und ExIm Bank herangezogen werden. Darüber hinaus sollten Vorschläge für eine umweltorientierte Ausschlussliste für nicht förderungswürdige Projektkategorien erarbeitet werden, wobei man auf die Erfahrungen der Weltbank und der OECD zurückgreifen kann.

Ein wichtiges Kriterium für die Kreditvergabe muss auch die Einhaltung internationaler Umweltvereinbarungen sein (Montrealer Protokoll, Kyoto-Protokoll).

2.3 Umweltpolitische Dimensionen der EU-Osterweiterung

43.* Die Osterweiterung der Europäischen Union folgt politischen und ökonomischen, nicht umweltpolitischen Motiven. Gleichwohl stellt die umweltpolitische Dimension der Osterweiterung für die Europäische Union einen Schwerpunkt bei der Vorbereitung der Beitrittsverhandlungen dar. Deutschland hat in diesem Erweiterungsprozess eine besondere Verantwortung, die sich sowohl aus seiner Rolle als wirtschaftlich wichtiger Mitgliedstaat in der Gemeinschaft als auch aus seiner besonderen historischen Beziehung zu einigen der Beitrittskandidaten begründet. Darüber hinaus bestehen durch die räumliche Nähe Deutschlands zu den meisten Beitrittskandidaten konkrete umweltpolitische, soziale und ökonomische Interessen. Daraus sollte nach Auffassung des Umweltrates ein starkes deutsches Engagement bei der Osterweiterung resultieren.

Zur Unterstützung der Beitrittsstaaten im rechtlichen Angleichungsprozess wurden zahlreiche Instrumente finanzieller und technischer Art zum Teil eigens für den Bereich der Umweltpolitik im Rahmen der Heranführungsstrategie der Gemeinschaft geschaffen. Dennoch zeigt sich zum gegenwärtigen Zeitpunkt, dass gerade im Bereich des Umweltrechts und seines Vollzugs große Anpassungsschwierigkeiten bestehen. Hierfür sind nicht nur die hohen Investitionskosten vor allem in den Sektoren Abwasserentsorgung, Trinkwasserversorgung, Luftreinhaltung und Abfallwirtschaft verantwortlich, sondern auch fehlende personelle, finanzielle und technische Ressourcen in den nationalen Umweltverwaltungen.

Obwohl der Beitritt der mittel- und osteuropäischen Staaten ohne Zweifel mit sehr hohen Kosten sowohl für die Europäische Union als auch für die Beitrittsstaaten verbunden sein wird, plädiert der Umweltrat dafür, die Diskussion in der Gemeinschaft nicht einseitig auf die Kosten zu verengen, sondern ökonomische sowie ökologische Beitrittsgewinne zukünftig stärker vorzutragen. Dadurch kann auch die Akzeptanz in der Bevölkerung für die bevorstehende Osterweiterung verbessert werden.

Optimierung der Heranführungsstrategie auf europäischer und bilateraler Ebene

44.* Grundsätzlich ist das von der Gemeinschaft eingeschlagene Verfahren zur Heranführung der Beitrittsstaaten nach Auffassung des Umweltrates positiv zu bewerten. Die Vorteile dieser Strategie liegen in der Vermittlung von Erfahrungen der Mitgliedstaaten im Aufbau von effizienten Verwaltungsstrukturen, in der Anpassung von Institutionen und Behörden an die Umsetzungserfordernisse des Gemeinschaftsrechts sowie in der Vermittlung konkreter Sachkenntnisse aus der vollzogenen Umsetzung und Durchführung einzelner Richtlinien. Außerdem birgt das Konkurrenzverfahren zur Bewerbung um Beitrittspartnerschaften die Möglichkeit, innovative Lösungsansätze und Regulierungsmuster zu erarbeiten.

Vor dem Hintergrund des Beginns der Beitrittsverhandlungen im Umweltbereich sollte in Ergänzung zu den Aktivitäten der Gemeinschaft die Kooperation zwischen Mitgliedstaaten und den einzelnen Beitrittsstaaten verstärkt werden. Gegenwärtig ist allerdings eine gegenläufige Tendenz festzustellen. Bestehende nationale bilaterale Programme zwischen den Mitgliedstaaten und den Beitrittsstaaten (in Deutschland: Transform) laufen aus. Um zu vermeiden, dass Fehlentwicklungen, die in der bisherigen Union zu beobachten sind, sich wiederholen, und um die mittel- und osteuropäischen Staaten in die Lage zu versetzen, an den Wissensstand der Mitgliedstaaten anzuknüpfen, sollten der *bilaterale Erfahrungsaustausch* über die Übernahme des Gemeinschaftsrechts einerseits und dessen administrative Umsetzung andererseits intensiviert werden. Darüber hinaus sollte eine Diskussion zwischen Mitgliedstaaten und Beitrittsstaaten über Maßnahmen und Instrumente zur Umsetzung von Richtlinien in Gang gesetzt werden, die den (gegenwärtigen und künftigen) Mitgliedstaaten mehr Freiräume bei der Politikgestaltung belassen. Neben der Vermittlung von Erfahrungen der Mitgliedstaaten sollte auch der Informationsfluss über den Zustand der Umwelt sowie den Stand der Anpassung in umgekehrter Richtung – also von den Beitrittsstaaten in die Mitgliedstaaten – verbessert werden. Dies ist nicht zuletzt auch für die Gewährung von technischen und finanziellen Hilfeleistungen erforderlich.

45.* Die Vorbereitungen für den Beitritt werden gegenwärtig stark von der Europäischen Kommission bestimmt und zeichnen sich bisher durch einen geringen Grad an Transparenz aus. Transparenz und stetige Information über Probleme und Lücken im Angleichungsprozess sind aber vor allem auch für die Mitgliedstaaten von grundlegender Bedeutung bei der Vorbereitung der Beitrittsverhandlungen. Schon im Rahmen der gegenwärtigen Vorbereitungen für den Beitritt könnte eine verstärkte Einbeziehung der Beitrittsstaaten in ausgewählte Politikprozesse der Gemeinschaft eine positive Wirkung auf die Integrationsfähigkeit und -willigkeit dieser Länder entfalten und sie frühzeitig mit der Arbeitsweise der Union vertraut machen. Auch Rechtsunsicherheit, die, wie im Falle der Wasserrahmenrichtlinie, zum Beispiel durch langwierige Gesetzgebungsprozesse entstehen kann, oder ein Informationsdefizit bei der Entwicklung von technischen Vorschriften, wie im Falle der IVU-Richtlinie, können hierdurch verringert werden. Unter anderem wäre in diesem Zusammenhang auch eine Intensivierung der Zusammenarbeit der bisher getrennten Netzwerke IMPEL und IMPEL-AC für die Beitrittsstaaten anzustreben. Um eine bessere Information der Öffentlichkeit insbesondere nach erfolgtem Beitritt sicherzustellen, sollten die bei der Europäischen Kommission vorhandenen Informationen über die umweltpolitische Dimension des Beitrittsprozesses für einen breiteren Kreis von Interessenten zugänglich sein. Außerdem könnte die bisherige Praxis der Kommission, Fortschrittsberichte über den Stand der Anpassung an den gemeinschaftlichen Besitzstand zu veröffentlichen, auch auf den Zeitraum nach erfolgtem Beitritt ausgedehnt werden.

46.* In bezug auf die anstehenden Beitrittsverhandlungen im Umweltbereich darf aus umweltpolitischen Gesichtspunkten nicht in Frage gestellt werden, dass eine *Übernahme des gesamten acquis communautaire* gewährleistet sein muss. In der Praxis ist allerdings davon auszugehen, dass es gerade im Bereich der Umweltgesetzgebung zur Aushandlung von Übergangsfristen und möglicherweise sogar zu permanenten Ausnahmeregelungen kommen wird. Vor diesem Hintergrund haben die Mitgliedstaaten sicherzustellen, dass nur dort Übergangsregelungen gewährt werden, wo eine überprüfbare Begründung vorliegt und die tatsächliche Umsetzung innerhalb einer festgesetzten Frist glaubhaft dargelegt werden kann. Die Erfüllung der damit verbundenen Umsetzungsverpflichtungen muss in einem detaillierten Umsetzungsplan festgelegt und regelmäßig überprüft werden. Als Ersatz für die von der Europäischen Kommission im Rahmen der Vorbereitungen zu den Beitritten erstellten regelmäßigen Fortschrittsberichte ist angesichts voraussichtlich vieler bzw. langer Übergangsfristen nach erfolgtem Beitritt an die Einrichtung einer zentralen Kontrolle der rechtsförmlichen Umsetzung und des Vollzugs beispielsweise im Rahmen von Implementionsberichten zu denken. Unter anderem in Anbetracht der Überlastung der Europäischen Kommission bei der Überwachung der Umsetzung des europäischen Gemeinschaftsrechts sollte nach Ansicht des Umweltrates auch die Delegation von entsprechenden Aufgaben an eine andere Institution, im Umweltbereich zum Beispiel an die Europäische Umweltagentur, näher geprüft werden.

47.* Der Umweltrat weist allerdings auch darauf hin, dass man von den Beitrittsstaaten nur dann erwarten kann, den Umsetzungsverpflichtungen gewissenhaft nachzukommen und das im Umweltbereich besonders gravierende Problem der mangelnden Implementation entschlossen anzugehen, wenn auch die entsprechenden Defizite in den Mitgliedstaaten ebenso entschlossen bekämpft werden.

Aufbau und Reform umweltpolitischer Institutionen und Strukturen

48.* Da die europäische Umweltpolitik nur komplementär zur nationalen Umweltpolitik funktionieren kann und der Schwerpunkt der Unterstützung durch die Europäische Union bei den Beitrittsvorbereitungen auf der Angleichung der nationalen Gesetzgebung an das gemeinschaftliche Recht liegt, sollten die Mitgliedstaaten auf bilateraler Ebene zum *Aufbau einer nationalen Umweltpolitik* in den Beitrittsstaaten beitragen. Hierunter fällt die weitere Unterstützung der Beitrittsstaaten bei der Erstellung und Umsetzung nationaler Umweltaktionspläne, die bisher schon durch die OECD und die Weltbank im Rahmen des UN-ECE-Prozesses gefördert wurden. Eine wichtige Rolle können die Mitgliedstaaten darüber hinaus bei der Entwicklung zivilgesellschaftlicher Strukturen in den Beitrittsstaaten übernehmen. Hierbei ist nicht nur an die Unterstützung von Umweltnetzwerken in den mittel- und osteuropäischen Staaten zu denken, wie zum Beispiel des auch von deutscher Seite finanziell unterstützten Regional Environmental Center oder des Baltic Environmental Forum, sondern auch an die Kooperation zwischen Wirtschafts- und Verbraucherverbänden oder Gewerkschaften in den Mitglied- und Beitrittsstaaten. Damit kann schrittweise eine Berücksichtigung von Umweltaspekten in den jeweiligen politischen und wirtschaftlichen Tätigkeitsbereichen erwirkt werden. Einen wesentlichen Beitrag zum Aufbau einer nationalen Umweltpolitik kann die Weiterentwicklung nationaler Umwelträte und somit die Stärkung nationaler Umweltpolitikberatung in den Beitrittsstaaten leisten. Dies kann auch im Rahmen des Netzwerks der Europäischen Umwelträte geschehen.

49.* Aber auch beim Verwaltungsaufbau und hierbei insbesondere bei der Errichtung von funktionsfähigen Gebietskörperschaften können Erfahrungen aus solchen Mitgliedstaaten hilfreich sein, in denen die regionale Ebene mit breiten Durchführungsbefugnissen ausgestattet ist. Die Regionalisierung der Verwaltung und die Stärkung der für den Vollzug „vor Ort" verfügbaren Ressourcen sind auch für die Durchsetzung der europäischen Umweltgesetzgebung erforderlich.

50.* Während bei den Beitrittsstaaten der Aufbau einer nationalen Umweltpolitik im Mittelpunkt steht, ist auf der Ebene der Gemeinschaft vor allem eine *Reform ihrer institutionellen Strukturen* notwendig. Die bisherigen

Entscheidungsverfahren auf EU-Ebene sind wegen ihrer Komplexität immer wieder auf Kritik gestoßen. Auch hat die Europäische Union sich in der Vergangenheit in dieser Frage nicht eben durch übertriebenen Reformeifer ausgezeichnet. Der Umweltrat hat sich deshalb immer wieder für eine Vereinfachung dieser Verfahren in Richtung auf ein einfaches Mehrheitsverfahren ausgesprochen, eine Abkehr vom Einstimmigkeitsprinzip in zentralen umweltpolitischen Bereichen (Verkehrs- und Energiepolitik, Landnutzung) gefordert sowie für die stärkere Mitentscheidung und ein Initiativrecht des Europäischen Parlaments plädiert. Allerdings kann ein einfaches Mehrheitsverfahren für politische Vorreiterstaaten problematisch sein, denn die Beitrittsstaaten gehören – ähnlich wie die Staaten, die der Europäischen Gemeinschaft im Rahmen der Süderweiterung beitraten – eher zu den umweltpolitischen Nachzüglern unter den Mitgliedstaaten. Tendenziell wird es durch das veränderte Kräfteverhältnis zwischen umweltpolitisch fortschrittlichen Staaten und solchen, die eher eine bremsende Haltung einnehmen, schwieriger, bestehende Umweltstandards zu verschärfen oder neue Regelungen zu verabschieden. Andererseits zeigt dies nach Auffassung des Umweltrates die zentrale Bedeutung einer Harmonisierungsstrategie, die den Mitgliedstaaten mehr Freiräume beläßt, auch anspruchsvollere Maßnahmen zu erlassen.

Integration von Umweltbelangen in andere Politikbereiche

51.* Die Integration von Umweltbelangen in andere Politikbereiche gilt als eine der zentralen Aufgaben europäischer (Umwelt-)Politik. Die Erfahrungen aus den alten Mitgliedstaaten zeigen, dass die Integration von Umweltbelangen in andere Politikbereiche ein sehr mühevoller und langwieriger Prozess ist. Deshalb sollten in den Beitrittsstaaten möglichst rasch die Voraussetzungen für eine verstärkte Integration umweltpolitischer Belange in andere Politikbereiche verbessert werden. Dies gilt umso mehr, als sich mit dem Beitritt der wirtschaftliche Strukturwandel in den Beitrittsstaaten beschleunigen wird. Neben damit verbundenen, aus umweltpolitischer Sicht positiv zu bewertenden Effekten, etwa dem Aufbau eines funktionierenden Dienstleistungssektors, sind jedoch auch Negativtrends erkennbar, etwa in den Bereichen Mobilität, Konsum, Abfallvermeidung, Flächenverbrauch oder Ressourcennutzung. Die bereits absehbaren strukturellen Ursachen für eine wachsende Umweltbelastung durch erhöhten Ressourcenverbrauch und Konsum aufgrund von Wohlstandsgewinnen erfordern dabei alternative Strategien und Konzepte, beispielsweise zur nachhaltigen Verkehrsentwicklung, zur differenzierten Landnutzung oder zu einer stärker marktorientierten Abfallwirtschaft. Diese liegen zwar zum Teil vor, werden aber nur bedingt von den politischen Entscheidungsträgern aufgegriffen. Hier müssen die umweltpolitischen Vorreiterstaaten in Europa sowohl auf europäischer als auch bilateraler Ebene für diese Strategien stärker werben und sie auch in die Entscheidungsprozesse einbringen.

Hilfreich ist es auch, sich an den jeweiligen Best-practice-Beispielen für die sektorübergreifende Kooperation zwischen Ministerien oder Verwaltungsbereichen, an integrierten Gesetzgebungsverfahren unter formaler Beteiligung des Umweltministeriums oder an integrierten Genehmigungsverfahren zu orientieren. Des weiteren ist es erforderlich, in den Beitrittsstaaten die Voraussetzungen für die Umsetzung und Fortentwicklung der übergreifenden europäischen Gesetzgebung, wie die IVU-Richtlinie, der Richtlinie über die strategische UVP oder der geplanten Wasserrahmenrichtlinie, zu schaffen.

52.* Insbesondere im Verkehrsbereich ist eine Integration von Umweltbelangen notwendig. Der zu erwartende Beitritt fast sämtlicher Staaten Mittel- und Osteuropas zum Wirtschaftsraum der EU wird insbesondere Deutschland zum bevorzugten Transitland zwischen West- und Osteuropa machen. Die damit einhergehenden ökologischen Belastungen und die völlig unzureichenden verkehrspolitischen Konzepte müssen sehr viel stärker in den Mittelpunkt nationaler Politikgestaltung gerückt werden. Ohne eine zukunftsfähige und nachhaltige Strategie zum Auf- und Ausbau der Verkehrssysteme, etwa durch die Verlagerung der Güterströme von der Straße auf die Schiene, sieht der Umweltrat die Gefahr, dass sich die Fehlentwicklungen der letzten Jahrzehnte fortsetzen. Der Umweltrat plädiert deshalb für die Entwicklung einer zukünftig stärker an Kriterien der ökologischen Modernisierung orientierten Verkehrspolitik sowohl in den Mitgliedstaaten als auch in den Staaten Mittel- und Osteuropas. Dies betrifft vor allem den Güterverkehr. Hierzu sind allerdings auch in Deutschland gewaltige Investitionen zur Modernisierung der Infrastruktur im Güterverkehr (Schienenwege, Umschlagplätze, Waggonbau) notwendig.

53.* Des weiteren bedarf es – über die Agenda 2000 hinausgehend – einer Reform der Gemeinsamen Agrarpolitik. Hier besteht die Chance und aus Sicht des Umweltrates auch die unabdingbare Notwendigkeit, über die Beschlüsse des Berliner Gipfels hinaus die quantitative Ausrichtung der bisherigen europäischen Agrarpolitik nicht in gleichem Maße auf die landwirtschaftlichen Praktiken in den Beitrittsstaaten zu übertragen. Vielmehr sollten strategische Weichenstellungen zugunsten einer umweltverträglicheren Gemeinsamen Agrarpolitik Vorrang vor kurzfristigen budgetären Erwägungen haben. Entwicklungen in der Europäischen Union in bezug auf eine umweltverträglichere Landwirtschaft, wie etwa eine Honorierung der Landwirte für die Erbringung ökologischer Leistungen, sollten schon jetzt bei der Landwirtschaftsreform in den jeweiligen Beitrittsstaaten berücksichtigt werden.

54.* Solche Strategien hätten auch erhebliche positive Auswirkungen auf den Schutz der noch relativ unberührten Naturräume und wertvollen Kulturlandschaften in

Mittel- und Osteuropa. Ansonsten ist die Gefahr sehr groß, dass ab dem Jahr 2002 möglicherweise der Aufbau einer Infrastruktur in den Beitrittsstaaten mitfinanziert wird, durch die Natur- und Kulturlandschaften zerstört werden, die dann ab 2004 in ein Netzwerk der Gemeinschaft (NATURA 2000) einbezogen werden sollen. Deshalb ist aus Sicht des Umweltrates eine intensivierte Vorbereitung zur Ausdehnung des NATURA 2000-Netzwerks auf die Beitrittsstaaten dringend geboten. Eine Voraussetzung dafür ist die finanzielle und technische Unterstützung dieser Staaten, um sie in die Lage zu versetzen, Referenzlisten für Gebiete im Rahmen der FFH-Richtlinie zu erstellen sowie die Erfassung von Arten und Habitaten voranzubringen.

Weiterentwicklung der Finanzierungs- und sonstigen Instrumente

55.* Die bisher zur Verfügung stehenden *Instrumente zur Finanzierung von Investitionen* im Umweltbereich, wie PHARE und LIFE, wurden um spezielle Instrumente wie ISPA und SAPARD ergänzt. Diese sollen die Beitrittsstaaten schrittweise an die Nutzung der Strukturfonds heranführen. Bei der Vorbereitung der Beitrittsstaaten auf die Strukturfonds muss vordringlich darauf geachtet werden, Konditionalitäten bei der Mittelvergabe zu etablieren, die negative Umweltauswirkungen der aus den Fonds finanzierten Vorhaben ausschließen oder soweit wie möglich begrenzen. Die Durchführung von Umweltverträglichkeitsprüfungen sollte nicht nur vorgeschrieben, sondern auch effektiv nachgeprüft werden. Außerdem ist in Betracht zu ziehen, das Mindestvolumen für förderfähige Projekte im Rahmen von ISPA zu senken und die Möglichkeiten zur Bündelung von kleineren ISPA-Projekten zu verbessern.

56.* Zur Unterstützung der Beitrittsstaaten bei der Angleichung an die Gesetzgebung der Gemeinschaft und bei dem Aufbau der nationalen Verwaltung werden unter anderem im Umweltsektor mit PHARE-Mitteln *Twinning-Projekte* finanziert. Auch wenn es angesichts begrenzter finanzieller Mittel bis zu einem gewissen Grad notwendig erscheint, sich zunächst auf die zentralen formalen Voraussetzungen des Beitritts zu konzentrieren, sollte das Twinning-Instrument über die konkreten administrativen Umsetzungserfordernisse hinaus auch für andere umweltpolitische Erfordernisse Anwendung finden können, etwa zur umweltpolitischen Strategiebildung in den Beitrittsstaaten.

57.* Trotz bisher unzureichender Rahmenbedingungen in den Beitrittsstaaten ist die stärkere Nutzung *marktorientierter Instrumente* im Rahmen des Beitrittsprozesses in Erwägung zu ziehen. Einerseits könnte eine entsprechende Vorgehensweise die Kosten des Beitritts senken und die Übergangsfristen verkürzen. Andererseits können in diesem Rahmen wertvolle Erfahrungen bei der Anwendung solcher Instrumente auch mit Blick auf die bisherigen Mitgliedstaaten gesammelt werden. Der Umweltrat ist wiederholt für die Einführung von Abgaben auf europäischer Ebene eingetreten und plädiert insbesondere für eine EU-weite CO_2-Steuer. Als weitergehende Lösung hält der Umweltrat die Errichtung eines europäischen CO_2-Lizenzmarktes (als Vorstufe für einen weltweiten Lizenzmarkt) für sinnvoll. Dabei könnte auch an die Erfahrungen mit handelbaren Emissionsgutschriften (*Joint Implementation*) angeknüpft werden, die gegenwärtig im Zusammenhang mit der Umsetzung des Kyoto-Protokolls durchgeführt werden. Aufgrund der großen Unterschiede zwischen den Vermeidungskosten von umweltschädlichen Emissionen in Nord- und Westeuropa einerseits und Mittel- und Osteuropa andererseits könnten diese Versuche auch außerhalb des Anwendungsbereichs des Kyoto-Protokolls Modellcharakter haben.

Differenzierung der Harmonisierungsstrategie

58.* Die Optimierung der Heranführungsstrategie und die Weiterentwicklung der instrumentellen Basis werden jedoch allein nicht die zukünftigen Probleme einer sich erweiternden Union lösen können. Vor diesem Hintergrund und der sich daraus ergebenden wachsenden Unterschiede nicht nur im Umweltbereich, sondern auch von sozioökonomischen und kulturellen Faktoren werden unter den Mitgliedstaaten und in den europäischen Institutionen seit geraumer Zeit Schritte diskutiert, wie eine zukünftige Harmonisierungsstrategie gestaltet werden soll. Diese muss unterschiedlichen Anforderungen und Voraussetzungen gerecht werden, ohne dabei den gemeinschaftlichen institutionellen Rahmen der Union und den europäischen Binnenmarkt zu sprengen.

Dies gewinnt zusätzliche Bedeutung durch das im Vertrag von Maastricht gestärkte Subsidiaritätsprinzip, das einer sinnvollen Arbeitsteilung zwischen Mitgliedstaaten und Gemeinschaft dient. Nach Auffassung des Umweltrats bedeutet das Subsidiaritätsprinzip, dass nicht alles, was die Europäische Kommission zu regeln wünscht, auch auf EU-Ebene geregelt werden muss. Vielmehr können wichtige Bereiche des Umweltschutzes, insbesondere solche, die regionale Probleme betreffen, komplett in der Verantwortung der Mitgliedstaaten belassen werden.

Für eine stärker differenzierte Harmonisierungsstrategie kann auf Ausnahmeregelungen für bestimmte Mitgliedstaaten oder Regionen zurückgegriffen werden (*Differenzierung bei der Regulierung*). Die Problematik von Übergangsfristen im Rahmen des Beitritts ist bereits eingangs diskutiert worden, doch sie stellt sich generell. Eine stärkere Differenzierung bei der Standardsetzung im Sinne von Ausnahmeregelungen kann dabei sowohl für umweltpolitische Vorreiterländer wie auch für Nachzügler gelten. Eine Abweichung von den europäischen Umweltstandards nach oben gibt Ländern mit einer aktiven und fortschrittlichen Umweltpolitik die Möglichkeit der Erhaltung und Fortentwicklung ihres vergleichsweise hohen Umweltschutzniveaus. Die Option einer Abweichung nach unten dient dazu, Ländern mit geringeren umweltpolitischen Handlungskapazitäten die Umsetzung gemeinschaftlicher Umweltstandards zu erleichtern.

Der Amsterdamer Vertrag und teilweise auch das Sekundärrecht der Gemeinschaft sehen solche Ausnahmeregelungen vor. Der Umweltrat weist aber darauf hin, dass der stärkere Rückgriff auf Ausnahmeregelungen auch Gefahren birgt. So ist es unerlässlich, Ausnahmeregelungen, die ein schwächeres Umweltschutzniveau erlauben, zeitlich eindeutig festzulegen und die Grundlage der Ausnahmeregelungen, etwa unvertretbar hohe Kosten für Behörden oder Unternehmen, regelmäßig zu überprüfen und die Ausnahmeregelung gegebenenfalls zu revidieren. Nur durch eine solche restriktive Vorgehensweise ließe sich verhindern, dass aus Übergangsfristen faktisch Dauerlösungen werden. Zudem muss man sich darüber im klaren sein, dass dadurch ein einheitliches Niveau des Umweltschutzes sowie die Einheitlichkeit des Binnenmarktes in Frage gestellt werden. Das bedeutet nach Auffassung des Umweltrates, zeitlich befristete oder zunächst nicht befristete Ausnahmeregelungen vorsichtig zu gewähren und nur nach Einzelfallprüfung zu entscheiden. Keineswegs sollten Ausnahmeregelungen zum Normalfall werden.

Eine weitere Option für mehr Differenzierung bei der Regulierung ist das durch den Amsterdamer Vertrag geschaffene Instrument der „Verstärkten Zusammenarbeit". Trotz einiger Zweifel, ob dieses Instrument tatsächlich praktikabel ist, sieht der Umweltrat darin eine insgesamt integrationsfreundlichere Vorgehensweise, als „nationale Alleingänge" zu unternehmen.

Schließlich besteht die Möglichkeit, einheitliche Umweltstandards ohne Ausnahmen festzulegen, jedoch den Akteuren einen relativ großen Freiraum bei der Umsetzung einzuräumen (*Differenzierung bei der Implementation*). Dies kann geschehen durch partizipative Elemente, durch den Einsatz marktorientierter Instrumente (übertragbare Lizenzen, Abgaben etc.), durch Selbstverpflichtungen oder durch den Erlass von Rahmenrichtlinien, die den Mitgliedstaaten größere Freiräume bei der Umsetzung gestatten. Ein solcher Ansatz setzt jedoch vielfach anspruchsvolle zivilgesellschaftliche, administrative und auch technische Rahmenbedingungen voraus, die in den Beitrittsstaaten bisher noch nicht in ausreichendem Maße vorhanden sind. Insbesondere bei der Anwendung von marktorientierten Instrumenten stellt sich zudem das Problem, dass das europäische Umweltrecht ihrem Einsatz immer noch enge Grenzen setzt. Der Umweltrat sieht in einer Strategie, den Mitgliedstaaten bei der Implementation von Umweltstandards größere Freiräume zu belassen, eine eher mittel- und langfristige Option, die allerdings im Hinblick auf die bevorstehenden Beitritte der mittel- und osteuropäischen Staaten forciert angegangen werden sollte.

2.4 Betrachtung der Umweltpolitikbereiche

59.* Der traditionelle mediale Ansatz der Umweltpolitik greift aus mancherlei Gründen zu kurz. Einmal berücksichtigt dieser Ansatz nicht, dass Stoffeinträge aus einem Umweltmedium in ein anderes übertragen werden können, was vor allem im Hinblick auf Einträge auf dem Luft-Boden-Wasserpfad von Bedeutung ist. Ferner werden die Wechselwirkungen zwischen Umweltmedien hinsichtlich der Folgen medialer Belastungen, zum Beispiel für die Nahrungskette von Lebewesen, nicht ausreichend erfasst. Schließlich gilt es, auch kumulative Belastungen des Menschen, tierischer Lebewesen sowie von Pflanzen durch parallele Stoffeinträge in mehreren Umweltmedien zu berücksichtigen. Daher ist ein integrierter, ökosystemarer Ansatz sicherlich ein Postulat für eine problemgerechte Umweltpolitik. Dies schließt den Aufbau einer integrierten, übergreifenden Umweltbeobachtung ein, die über einen sektoralen Ansatz hinaus das System Umwelt als Ganzes erfasst.

Differenzierter ist der integrierte Ansatz der Umweltpolitik zu bewerten, soweit es um die Adressaten von Maßnahmen geht. Vielfach wird eine Umweltpolitik, die von vornherein von Verursachergruppen ausgeht und sämtliche Belastungen durch die jeweilige Gruppe erfasst, als wesentlicher Beitrag zu einer integrierten Umweltpolitik angesehen. Der Umweltrat hat hierzu in Kapitel 1 dieses Gutachtens Stellung genommen. Er tritt dafür ein, zunächst die jeweiligen Umweltprobleme zu identifizieren und zu bewerten und Verursachergruppen je nach der Art des Umweltproblems und den instrumentellen Möglichkeiten gegebenenfalls bei der Konzipierung von Maßnahmen zu berücksichtigen. Dies schließt es freilich nicht aus, Verursachergruppen mit komplexen Umweltproblemen einer gesonderten Bewertung zu unterziehen, sofern dabei das Primat der Orientierung an verursacherübergreifenden Umweltproblemen nicht verloren geht. In diesem Sinne widmet sich der Umweltrat z. B. im vorliegenden Gutachten den Umweltproblemen der Forstwirtschaft und des Energiesektors.

Die Forderung nach einem integrierten, ökosystemaren Ansatz in der Umweltpolitik und entsprechend in der Umweltbeobachtung ist nicht unproblematisch, da dieser auf vielfältige fachliche und institutionelle Restriktionen stößt. Die Regelungsstruktur des geltenden Umweltrechts und die auf ihr aufbauenden Zuständigkeiten der Behörden, die Verwaltungstraditionen, Politik- und Expertennetzwerke und Erfahrungen sind vielfach an Umweltmedien und medialen Herkunftsbereichen von Umweltbelastungen ausgerichtet. Insoweit sind hier „Pfadabhängigkeiten" entstanden. Angesichts der komplexen Zusammenhänge läuft die Forderung nach einer durchgängigen ökosystemaren Betrachtungsweise auch Gefahr, die Problemverarbeitungskapazität der Umweltpolitik zu überfordern. Der Umweltrat weist daher darauf hin, dass aus Gründen der Praktikabilität, nämlich aus der Notwendigkeit heraus, konkrete Bewertungen vorzunehmen und Maßnahmen zu treffen, eine mediale Betrachtungsweise die Grundlage für – notwendige – weitergehende Überlegungen bilden muss. Dies gilt sowohl für Zielfestlegungen als auch für Maßnahmen. Zum jetzigen Zeitpunkt sind die meisten Zielvorgaben im Bereich der Umweltpolitik ausschließlich medial ausgerichtet. Es stehen vielfach auch unterschiedliche Stoffe und Wirkungszusammenhänge im Vordergrund. Die Bewertung von Umweltproblemen muss sich zudem zunächst an der Schutzwürdigkeit und dem Schutzbedürfnis der Umweltmedien und der von ihnen abhängigen Schutzobjekte orientieren. Transferprobleme, Wechselwirkungen und kumulative Belastungen können erst auf dieser Grundlage berücksichtigt werden, eine Aufgabe, die noch zu leisten ist. Entsprechendes gilt hinsichtlich der Maßnahmen. So müssen z. B. luftgängige Stoffeinträge in Boden und Gewässer letztlich an der Quelle reduziert werden, so dass Maßnahmen und deren Umsetzung im Umweltpolitikbereich Luftreinhaltung verbleiben. Dies gilt insbesondere für die diffusen Stoffeinträge, wie etwa die sekundären Luftschadstoffe. Allerdings müssen, stärker als das bisher der Fall war, auch aus dem Blickwinkel des Boden- und Gewässerschutzes quantitative Aussagen zum Umfang notwendiger Emissionsminderungen gemacht und im Umweltpolitikbereich Luftreinhaltung umgesetzt werden. Die nach wie vor erheblichen stofflichen Einträge durch landwirtschaftliche Nutzungen, die immer wieder den Gewässerhaushalt und die Trinkwassernutzung beeinträchtigen, können letztlich nur gezielt minimiert werden, wenn entsprechende Landnutzungsstrategien entwickelt sind, die gleichermaßen den Bodenschutz und den Gewässerschutz einbeziehen. Ebenso sind kumulative Belastungen von Schutzobjekten auf mehreren Eintragspfaden zu berücksichtigen. Dies erfordert ein ökosystemares Problembewusstsein und eine stärkere Kooperation der zuständigen Behörden auf allen Ebenen, keineswegs aber ein radikales Umsteuern der Umweltpolitik.

Dementsprechend behandelt der Umweltrat in den folgenden Teilkapiteln die klassischen Umweltmedien Wasser, Boden, Luft sowie den Naturschutz. Einige Problemstellungen werden verursacher- bzw. nutzerorientiert in gesonderten Teilkapiteln behandelt, wie etwa die Abfallwirtschaft, die Gefahrstoffe oder die Gentechnik. Die innere Struktur der Teilkapitel wird jedoch verändert. Anstatt wie bisher von der Situationsanalyse auszugehen und dann die ergriffenen Maßnahmen zu bewerten, stellt der Umweltrat nunmehr die jeweiligen Umweltqualitäts- und Umwelthandlungsziele voran, um auf dieser Grundlage die Situation und die ergriffenen Maßnahmen zu bewerten. Dabei werden stärker als bisher Verknüpfungen zwischen den Umweltmedien und ihren Belastungen berücksichtigt.

2.4.1 Naturschutz

Zu den Aufgaben und Zielen des Naturschutzes

60.* Die Welt-Naturschutzorganisation IUCN hat drei wesentliche Aufgabenfelder des Naturschutzes definiert:

– Aufrechterhaltung der wesentlichen ökologischen Prozesse und der lebenserhaltenden Systeme,

– Schutz der genetischen Diversität und der wildlebenden Arten,

– nachhaltige Nutzung von Arten und Ökosystemen mit dem Ziel, alle natürlichen Ressourcen im Hinblick auf die Bedürfnisse der zukünftigen Generationen vorsichtig zu nutzen.

Die Zielbestimmungen des Bundesnaturschutzgesetzes (§ 1 Abs. 1) stehen inhaltlich grundsätzlich mit diesen Aufgabenfeldern im Einklang. Sie beziehen sich auf einen umfassenden Schutz der Natur, der weit über einmalige oder herausragende Naturgüter hinausgeht. Das Bundesnaturschutzgesetz sieht weder eine Einengung auf die herkömmlichen Aufgabenfelder des Arten- und Biotopschutzes, wie sie in der öffentlichen Wahrnehmung und in der Praxis auch heute noch stattfindet, noch auch nur einen Vorrang dieser Aufgabenfelder vor. Zudem ist die Entwicklung tragfähiger Strategien zur Erhaltung der Nutzungsfähigkeit von Naturgütern eine eigenständige Aufgabe des Naturschutzes.

Zum Zustand von Natur und Landschaft

61.* Der Umweltrat hat wiederholt darauf hingewiesen, dass der Zustand von Natur und Landschaft unverändert besorgniserregend ist. Dies gilt insbesondere für die anhaltende Gefährdung durch direkte Eingriffe in Natur und Landschaft, durch Nähr- und Schadstoffeinträge und durch den Verlust von natürlichen und naturnahen Lebensräumen sowie den damit einhergehenden Artenrückgang. Der Zustand von Natur und Landschaft steht immer noch nicht im Einklang mit dem Gebot einer nachhaltigen Entwicklung. Der Umweltrat stützt sich bei dieser Aussage auf den (Status-)Bericht des Bundesamtes für Naturschutz zur „Erhaltung der biologischen Vielfalt", der erstmals eine umfassende Situationsanalyse gibt, die erbrachten Leistungen würdigt und die aktuellen Defizite im Bereich Naturschutz und biologische Vielfalt in Deutschland aufzeigt.

Zum Naturschutz in städtischen Siedlungsräumen

62.* Wesentliche Aufgabe des Naturschutzes muss es sein, möglichst großräumig, in der Fläche anzusetzen. Gleichwohl kann dieses grundlegende Naturschutzkonzept sinnvoll durch einen gezielt ansetzenden Naturschutz in städtischen Siedlungsräumen ergänzt werden. Dabei kommt dann auch kleinen Flächenarealen besondere Bedeutung zu.

Das Bundesnaturschutzgesetz, die Naturschutzgesetze der Länder und das Baugesetzbuch enthalten den Gesetzesauftrag zu Schutz, Pflege und Entwicklung der Natur auch im besiedelten Bereich, sowie zur Berücksichtigung von Naturschutz und Landschaftspflege bei der Abwägung von öffentlichen und privaten Belangen bei raumverändernden Planungen und Maßnahmen im besiedelten Bereich. Die Aufgaben und Ziele des Naturschutzes in städtischen Siedlungsräumen unterscheiden sich aber hinsichtlich Schwerpunktbildung, Grad der Konkretisierung und Erfüllungsmöglichkeiten von den Naturschutzzielen in der freien Landschaft. Der langfristige Schutz der natürlichen Lebensgrundlagen kann auch gewährleistet werden, wenn gerade in den Ballungsräumen das Bewusstsein erhalten und gefördert wird, dass Menschen Bestandteile der Natur sind und diese entsprechend erfahren. Auf dieser Grundlage kann sich ein Verantwortungsbewusstsein für lebensnotwendige Naturzusammenhänge entwickeln. Es ist das Ziel des urbanen Naturschutzes, das Interesse und die Akzeptanz der Bevölkerung städtischer Siedlungsräume für Fragestellungen der Ökologie, der Gefährdung der biologischen Vielfalt und eines nachhaltigen Umweltverhaltens zu fördern und Naturschutz als Gedankengut in allen Gruppen der Gesellschaft zu verankern.

Urbaner Naturschutz ist dabei vorrangig an den soziokulturellen und gesundheitlichen Bedürfnissen der Stadtmenschen orientiert. Ziele des Arten- und Biotopschutzes sind nachrangig. Die soziale Orientierung soll das Freiraum- und Erholungsbedürfnis des Menschen im städtischen Siedlungsraum berücksichtigen. Der gesundheitliche Anspruch an den Stadtnaturschutz soll eine gesunde Lebensqualität insbesondere in Hinblick auf Stadtklima und Lufthygiene gewährleisten.

Schlussfolgerungen und Empfehlungen zur Naturschutzpolitik

63.* Naturschutz und Landschaftspflege sind wie kein anderer Umweltpolitikbereich durch heftige Diskussionen über Zielsetzungen und deren notwendige Begründung sowie durch ständige Neuformulierung und Umbenennung der immer wieder gleichen alten Ziele gekennzeichnet. Gleichzeitig stagniert oder verschlechtert sich die Situation von Natur und Landschaft unverändert. Der Umweltrat stellt fest, dass das Ziel einer dauerhaften Trendwende beim Grad der Gefährdung heimischer Tier- und Pflanzenarten noch nicht erreicht ist. Auch das Ziel der Sicherung von 10 bis 15 % der nicht besiedelten Fläche als ökologische Vorrangfläche und der Vernetzung der Kerngebiete des Naturschutzes zu einem Biotopverbundsystem ist nicht erfüllt.

Nimmt man die mittlerweile international anerkannte Zielsetzung „Erhaltung der biologischen Vielfalt" ernst, müssen die Ziele des Naturschutzes verstärkt auf der gesamten Fläche und bei allen Handlungen der Menschen umgesetzt werden, um der anhaltenden Gefährdung des Artenbestandes und der Lebensräume zu begegnen. Dies erfordert den politischen Willen, dem Schutz des Naturerbes einen entsprechenden Stellenwert einzuräumen, wie dies zum Beispiel beim Schutz von Kulturgütern selbstverständlich ist.

Naturschutz darf nicht auf Schutzgebiete, auf die Schaffung eines Biotopverbundes oder auf sporadische Förderprogramme beschränkt bleiben. Auch in intensiv genutzten Gebieten müssen ökologische Mindeststandards eingehalten werden. Bei der Formulierung von Schutzzielen müssen die unterschiedliche Naturausstattung und das entsprechende Naturschutzpotential sowie die jeweilige Nutzung berücksichtigt werden. Regionen mit einem hohen Potential für biologische Vielfalt benötigen dementsprechend einen höheren Anteil geschützter Flächen. Zentrales Anliegen bei der Erhaltung der biologischen Vielfalt muss die flächendeckende Aufrechterhaltung der Leistungsfähigkeit, gegebenenfalls auch die Wiederherstellung des Naturhaushaltes sein. Hierunter ist sowohl die Erhaltung der Artenvielfalt und insbesondere der Vielfalt der Lebensräume mit ihrer abiotischen und biotischen Ausstattung als auch die Erhaltung des Nutzpflanzen- und Nutztierspektrums zu verstehen. Dies schließt die Erhaltung von dynamischen Prozessen in Natur und Landschaft ein, die in der Vergangenheit zu wenig berücksichtigt worden sind.

Im Vordergrund künftiger Maßnahmen muss die Eindämmung der Nivellierung von Natur und Landschaft, einschließlich der Eingriffe in den Landschaftswasserhaushalt, stehen. Weiterhin sind der andauernde Eintrag von Nährstoffen und Schadstoffen, die mechanische Bodenbearbeitung und der Energieeinsatz zu begrenzen, die insbesondere zu Belastungen des Nährstoffhaushaltes, zu Grundwasser- und Gewässerverunreinigungen, zur Meeresverschmutzung sowie zur Erosion und Bodenverdichtung führen. Um diese Ziele zu erreichen, ist der Naturschutz vor allem hinsichtlich der Minderung der Nutzungsintensität auf die Mitwirkung der Hauptflächennutzer Land- und Forstwirtschaft angewiesen.

Vorrangflächen des Naturschutzes und Biotopverbundsystem

64.* Zur Umsetzung des Leitbildes der dauerhaft umweltgerechten Entwicklung sollte nach Auffassung des Umweltrates der Naturschutz auf etwa 10 bis 15 % der Landesfläche absoluten Vorrang genießen; davon sollten etwa 5 % als Naturentwicklungsgebiete gänzlich der Eigendynamik der Natur überlassen bleiben, das heißt, einem Totalschutz unterliegen. Bei ausreichender Größe sind diese Flächen als Nationalparke zu sichern. Von den forstlich genutzten Flächen sollten 5 % Totalreservate, 10 % naturnahe Naturschutz-Vorrangflächen und 2 bis 4 % naturnahe Waldränder einem Waldbiotopverbundsystem vorbehalten bleiben. Die Prozentzahlen für die freie Landschaft sind nur grobe Richtzahlen, die in den jeweiligen biogeographischen Regionen und in Abhängigkeit von der Naturausstattung, der Standortvielfalt und den Nutzungen erheblich schwanken können und müssen. Die Naturschutz-Vorrangflächen sollten so ausgewählt werden, dass sie die besonders schützenswerten Lebensraumtypen und Arten hinreichend repräsentieren. Hieran mangelt es zur Zeit noch erheblich. Während das Bundesumweltministerium im Entwurf eines umweltpolitischen Schwerpunktprogramms für die Umsetzung des Biotopverbundsystems einen Zeithorizont bis zum Jahr 2020 vorgesehen hat, hält der Umweltrat die Umsetzung des NATURA-2000-Konzeptes bis 2004 für angemessen, wie dies auch durch die FFH-Richtlinie gefordert wird. Die für den Naturschutz vorgesehenen Flächen sollten als Vorrangflächen auf der Ebene der Raumordnung gesichert werden, um eine Unterschutzstellung durch Ausweisung als Schutzgebiete (Eigenregie durch die öffentliche Hand oder Vertragsnaturschutz) vorzubereiten.

Auch in städtischen Siedlungsräumen ist die Bereitstellung und Sicherung von Vorrangflächen wesentliches Ziel des Naturschutzes. Im Unterschied zur freien Landschaft dienen jedoch diese Flächen in erster Linie der Befriedigung der Bedürfnisse des Menschen nach Verbesserung und Lebensqualität in seinem Hauptlebensraum Stadt. Hierzu zählen insbesondere die Verbesserung des Lokalklimas und der lufthygienischen Situation, aber auch die Verbesserung der Naherholungsbedingungen. Ziele des Arten- und Biotopschutzes sind demgegenüber von untergeordneter Bedeutung.

Gebietsauswahl und Gebietsmeldung

65.* Bei der Einrichtung von großen Schutzgebieten, wie Nationalparken und großen Naturschutzgebieten sowie Biosphärenreservaten, Landschaftsschutzgebieten und stärker am Naturschutz ausgerichteten Naturparken, sollten Schwerpunkte gesetzt werden. Die Standortvielfalt und die hohe Varianz von Arten und Lebensgemeinschaften können nur in großflächigen Gebieten ausreichend erfasst werden. Dynamische Prozesse in der Landschaft setzen Gebiete voraus, in denen die verschiedenen Entwicklungsphasen wiederholt nebeneinander vorkommen. Bei einer Reduktion der Flächengröße verschiebt sich das Artenspektrum von den Spezialisten oft hin zu den migrationsfreudigen Generalisten. Die Internationale Naturschutzorganisation IUCN hat ein Flächenlimit für Reservate von nationaler und internationaler Bedeutung von 1 000 ha angesetzt, für Wildreservate von 10 000 ha. Die Flächengröße hängt somit wesentlich davon ab, welche Objekte geschützt werden sollen.

Die Kernflächen des Naturschutzes sollten einheitlich nach Grundprinzipien der Repräsentativität im Hinblick auf naturräumlichen Bezug und Naturausstattung ausgewählt und in einem Biotopverbundsystem vernetzt werden. Für die meisten Regionen in Deutschland ist die Datengrundlage zur naturschutzfachlichen Beurteilung von Gebieten in bezug auf Lebensräume und Arten von gemeinschaftlichem Interesse nur unvollständig, überholt oder gar nicht vorhanden. Diese Lücken sollten umgehend geschlossen werden. Eine richtlinienkonforme Gebietsauswahl und -bewertung kann nicht allein den Ländern überlassen werden, sie sollte auf Bundesebene begleitet werden, um den großräumigen Zusammenhängen von biogeographischen Regionen und deren Schutzerfordernissen besser Rechnung tragen zu können.

66.* Um die landschaftsökologischen Zusammenhänge und den Status der Vernetzung komplexer Strukturen sowie der biologischen Vielfalt zu erfassen, hält der Umweltrat eine regelmäßige Fortschreibung der Landesbiotopkartierungen für erforderlich. Diese sollten im Hinblick auf die neuen Anforderungen aus der Umsetzung der FFH-Richtlinie (kohärentes Netz von Schutzgebieten) weiterentwickelt werden.

Den von der europäischen Umweltpolitik für den Naturschutz, insbesondere der Umsetzung der FFH-Richtlinie ausgehenden Impulsen misst der Umweltrat bei der Durchsetzung dieser Ziele eine herausragende Bedeutung zu. Die für eine Umsetzung notwendigen Anpassungen des nationalen Umwelt- und Naturschutzrechtes sind immer noch nicht ausreichend. Defizite bestehen zum Beispiel bei der Berücksichtigung der Schutzobjekte, für die Deutschland eine besondere Verantwortung trägt, beim Schutzstatus und bei der Meldung von Schutzgebieten.

Zahlreiche durch die FFH-Richtlinie geschützte mitteleuropäische Lebensraumtypen, für die Deutschland weltweit eine besondere Verantwortung trägt, sind unter Schutzgesichtspunkten deutlich unterrepräsentiert. Der Umweltrat empfiehlt deshalb, die in Deutschland besonders vielgestaltigen Buchenwaldgesellschaften auf einer angemessen großen Fläche im Status eines Nationalparkes unter Schutz zu stellen.

Im Interesse einer stärkeren Gewichtung empfiehlt der Umweltrat, für Mitteleuropa typische, jedoch bislang unterrepräsentierte Biotope, Ökosysteme und Landschaften mit ihren charakteristischen Nutzungen besonders zu beachten. Darüber hinaus sollten auch jene vom Aussterben bedrohten Biotoptypen, die aufgrund des Typenschutzes nach § 20c BNatSchG in Deutschland geschützt, aber von der FFH-Richtlinie nicht erfasst sind, in das NATURA-2000-Netz einbezogen werden. Für solche Gebietstypen, die europaweit von Bedeutung sind, sollte Deutschland auf eine Weiterentwicklung der Richtlinie hinwirken.

Die Auswahl von FFH-Gebieten und das Meldeverfahren sollten sich ausschließlich an naturschutzfachlichen Kriterien orientieren und sich nicht auf bestehende Schutzgebiete beschränken. Hier sieht der Umweltrat zur Zeit noch einen erheblichen Mangel an Wissen und Sensibilität in Politik und Öffentlichkeit, die die Akzeptanz der Umsetzung der FFH-Richtlinie erheblich beeinträchtigen. Schutz im Sinne der FFH-Richtlinie bedeutet nämlich nicht, dass jegliches menschliche Handeln ausgeschlossen wäre und zu schützende Gebiete immer einem Totalschutz unterliegen müssten (vgl. § 19b Abs. 4, 5 BNatSchG). Vielmehr sind die Gebiete ihrem Schutzzweck entsprechend mit abgestufter Intensität zu schützen und zu vernetzen, das heißt, dass vielfach eine Nutzung aufrecht erhalten werden kann und muss. Um der Dynamik von Landschaften und der Aufrechterhaltung von Prozessen Rechnung zu tragen, hält der Umweltrat es sogar für möglich und wünschenswert, dass ein Teil des Schutzes und der Vernetzung in periodisch wechselnden Gebieten mit wechselnden Nutzungen stattfindet. Hier könnten auch stark gestörte Standorte mit ihren besonderen Entwicklungsprozessen einbezogen werden. Ein solches „rollierendes System" von NATURA-2000-Flächen könnte insbesondere die Akzeptanz bei den landwirtschaftlichen Nutzern erheblich erhöhen. Die im Rahmen der Agenda 2000 erfolgende Honorierung landschaftspflegerischer Leistungen sollte verstärkt in solche NATURA-2000-Gebiete gelenkt werden.

Zur Koordination des Meldeverfahrens und der Gebietsbewertung sowie zur Erstellung der Zustandsberichte ist eine personell und finanziell ausreichend ausgestattete Einrichtung, zum Beispiel im Bundesamt für Naturschutz, zu schaffen.

Für einen effektiven Vollzug der FFH- und der Vogelschutz-Richtlinie ist es insbesondere erforderlich, dass die Länder die längst überfälligen vollständigen Gebietslisten nach den genannten Gesichtspunkten erstellen, um dem ungebremsten Verlust an Lebensräumen und Artenvielfalt Einhalt zu gebieten. Damit würde auch einer Verurteilung durch den Europäischen Gerichtshof sowie nationalen Rechtsstreitigkeiten vorgebeugt.

Zur Umsetzung der FFH-Richtlinie sollten die Vorschriften der §§ 19a Abs. 2 Nr. 8 und 19e BNatSchG ergänzt werden. Auch bei Vorhaben, die nicht nach dem Bundes-Immissionsschutzgesetz genehmigungsbedürftig sind oder die keiner behördlichen Entscheidung oder Anzeige bedürfen, sollte eine Prüfung auf ihre Verträglichkeit mit den Erhaltungszielen eines FFH- beziehungsweise europäischen Vogelschutzgebietes vorgeschrieben werden, sofern von dem Vorhaben erhebliche Beeinträchtigungen für ein derartiges Gebiet ausgehen können.

67.* Der Umweltrat empfiehlt der Bundesregierung ferner, auf europäischer Ebene eine vollständige Integration der Vogelschutzrichtlinie in die FFH-Richtlinie anzustreben. Angesichts der starken inhaltlichen Verknüpfung beider Richtlinien erscheint es sinnvoll, die Vogelschutzrichtlinie in der FFH-Richtlinie aufgehen zu lassen, wobei den besonderen Anforderungen des Vogelschutzes, zum Beispiel hinsichtlich wandernder Vogelarten, durch Anpassung der FFH-Richtlinie Rechnung zu tragen wäre. Hierdurch könnten das europäische Recht vereinfacht und Interpretationsschwierigkeiten beim Zusammenspiel beider Richtlinien im nationalen Recht beseitigt werden. Die Feuchtgebiete von internationaler Bedeutung gemäß der Ramsar-Konvention sollten vollständig als FFH-Gebiete aufgenommen werden.

Der Umweltrat weist außerdem darauf hin, dass die FFH-Richtlinie sich ausschließlich auf Beeinträchtigungen ökologisch wertvoller Gebiete durch Pläne und Projekte beschränkt (Art. 6 FFH-RL). Aus Naturschutzsicht ist dies unzureichend. Der umfassende Schutz von Ökosystemen vor diffusen Belastungen ist nach wie vor nicht zufriedenstellend geregelt. Zwar enthält die neue EG-Richtlinie 1999/30/EG ausreichende Grenzwerte für den Schutz von Ökosystemen vor Schwefeldioxid- und Stickstoffoxideinträgen, es fehlen jedoch weiterhin Grenzwerte für andere diffuse Stoffeinträge, insbesondere für das überwiegend aus der Landwirtschaft stammende Ammonium. Der Umweltrat spricht sich insoweit für eine baldmögliche Nachbesserung der Richtlinie aus.

Naturschutz in der Stadt

68.* Die Stadt ist der Hauptlebensraum des Menschen und soll seinen vielfältigen Bedürfnissen Rechnung tragen. Der städtische Naturschutz ist an den soziokulturellen und gesundheitlichen Bedürfnissen der Stadtbewohner orientiert, mit dem Ziel, eine für Menschen gerechte Stadt von hoher Lebensqualität zu schaffen. Hierzu zählen insbesondere die Berücksichtigung eines steigenden Freiraum- und Erholungsbedürfnisses sowie die Gewährleistung eines lufthygienisch bedenkenlosen, gesunden Stadtklimas.

In städtischen Siedlungsräumen ist der Gebietsschutz, wie auch in ländlichen Räumen, ein wesentliches Instrument des Naturschutzes. Insbesondere Flächen mit ökologisch bedeutsamen Standortunterschieden sind zu erhalten und von Bebauung freizuhalten.

69.* Der Umweltrat empfiehlt, das ökologisch bedeutsame Potential von Brachflächen in städtischen Siedlungsräumen im Rahmen der Flächennutzungsplanung und eines Flächenrecycling stärker zu berücksichtigen. So sollte der Nutzung geeigneter Industriebrachflächen als lufthygienischer und stadtklimatischer Ausgleichsraum, als öffentlich zugängliche, grüne Freifläche, als Studienfläche für Forschung und Lehre und/oder gegebenenfalls als urbanes Naturschutzgebiet mehr Bedeutung eingeräumt werden. Hierzu ist eine Erhebung und Bewertung von Brachflächen in sämtlichen städtischen Siedlungsräumen erforderlich.

70.* Das Bau- und Raumordnungsrecht trägt den Anforderungen einer nachhaltigen Entwicklung städtischer Siedlungsräume noch nicht ausreichend Rechnung. Erwünscht wären insbesondere

– konkretere Inhaltsbestimmungen des Nachhaltigkeitsbegriffs, vor allem in den Grundsätzen der Raumordnung und Landesplanung,

– die Sicherstellung der Finanzierung von Ausgleichspools,

– die Festlegung von praktikablen Qualitätskriterien für die Landschaftsplanung,

– die Einführung einer Pflicht zur Aufstellung von Landschaftsplänen als notwendige Grundlage der Bauleitplanung sowie Integrations-, Beteiligungs- und Kontrollvorschriften.

Der Umweltrat ist allerdings der Auffassung, dass zunächst die Erfahrungen mit den neuen Regelungen des Bau- und Raumordnungsgesetzes von 1998 abgewartet und ausgewertet werden sollten, bevor weitere grundlegende Änderungen vorgenommen werden.

71.* Der Umweltrat fordert erneut, dass Siedlungsstrukturkonzepte sowie Instrumente der Raum- und Umweltplanung auf ihren Beitrag zu einer nachhaltigen Stadt- und Regionalentwicklung untersucht und im Sinne des Nachhaltigkeitszieles ressortübergreifend koordiniert werden. Denn in der Vergangenheit wurde versäumt, systematische Vollzugs-, Wirksamkeits- und Effizienzkontrollen der Raum- und Umweltplanung vorzunehmen – von Ausnahmen bei der Landschaftsplanung einmal abgesehen. Die Unsicherheiten bei der Umsetzung der neuen Regelungen des Bau- und Raumordnungsrechts machen die geforderten Analysen umso dringlicher. Weiterer Anlass für Erfolgskontrollen ist die für die vorbereitende Bauleitplanung empirisch belegte Feststellung, dass die Pläne in geringem Maß mit den rechtlichen Anforderungen übereinstimmen. Nicht zuletzt verlangt auch die mögliche Einführung einer Strategischen Umweltverträglichkeitsprüfung solche Analysen.

72.* Besonders dringlich sind weiterführende Erfolgskontrollen hinsichtlich der Berücksichtigung von Belangen des Naturschutzes und der Landschaftspflege in Regionalplänen, in verbindlichen Bauleitplänen, auch über den Zeitpunkt der Berichtspflicht nach dem Baugesetzbuch hinaus, sowie eine Fortsetzung der Untersuchung der vorbereitenden Bauleitpläne auf Grundlage der neuen Gesetzgebung.

Bundesnaturschutzgesetz und weitere rechtliche Aspekte

73.* Der Umweltrat spricht sich des weiteren für die Abschaffung der finanziellen Ausgleichsregelung bei Nutzungsbeschränkungen in der Land- und Forstwirtschaft nach § 3b BNatSchG aus. Statt dessen sollten über eine umfassende Honorierung ökologischer Leistungen der Land- und Forstwirtschaft neue Möglichkeiten der Einkommenserzielung für Land- und Forstwirte eröffnet werden. Bereits bei der – dem § 3b BNatSchG vergleichbaren – Ausgleichsregelung des § 19 Abs. 4 WHG hatte sich der Umweltrat gegen eine Privilegierung der Land- und Forstwirtschaft im Rahmen des Gewässerschutzes ausgesprochen, da die mit den Nutzungsbeschränkungen (z. B. Beschränkungen des Einsatzes von Pflanzenschutz- und Düngemitteln) verbundenen wirtschaftlichen Nachteile den Rahmen der Sozialpflichtigkeit des Eigentums in der Regel nicht überschreiten und daher Kompensationen für eine standort- und grundwassergerechte Flächennutzung nicht angezeigt sind. Eine Sonderbehandlung der Land- und Forstwirtschaft ist auch nicht unter dem Mengenaspekt geboten, dass die Land- und Forstwirtschaft auf die Flächennutzung besonders angewiesen ist und große Teile Deutschlands (insgesamt 83,5 %) hierfür in Anspruch nimmt. Der Umweltrat verschließt sich dabei keineswegs der Erkenntnis, dass ein wirkungsvoller Naturschutz nur mit, nicht aber gegen die Land- und Forstwirte möglich ist und dass bei diesen für die Förderung der Akzeptanz für Maßnahmen des Naturschutzes sinnvoll und notwendig ist. Diesem Anliegen kann aber durch ein umfassenderes Konzept zur Verbindung von land- und forstwirtschaftlicher Nutzung und Umweltschutz besser Rechnung getragen werden als durch einen punktuellen finanziellen Ausgleich naturschutzindizierter Nutzungsbeschränkungen. Dies gilt umso mehr, als § 3b BNatSchG an die gute fachliche Praxis anknüpft, die in der gegenwärtigen Konzeption Gesichtspunkte des Naturschutzes (einschließlich solcher, die sich aus dem Standort des Grundstücks ergeben) nicht ausreichend berücksichtigt und auch dem technisch Möglichen nicht entspricht. Der Umweltrat wiederholt deshalb seine Forderung, auf der Grundlage einer operablen Abgrenzung von sozialpflichtigen Nutzungsbeschränkungen und echten ökologischen (Zusatz-)Leistungen einerseits Umweltinanspruchnahmen durch Lenkungsabgaben oder Lizenzen zu sanktionieren (z. B. Einführung einer Stickstoffabgabe zur Reduzierung des Nährstoffeintrags aus mineralischer Düngung), andererseits ökologische Leistungen der Land- und Forstwirtschaft stärker als bisher zu honorieren.

74.* Bei der geplanten Vereinfachung und Vereinheitlichung der Strukturförderung muss dem ländlichen Raum ein deutlicher Schwerpunkt eingeräumt werden, um zur Erhaltung einer vielfältigen artenreichen Landschaft und einer nachhaltigen Landnutzung beizutragen. Hierzu ist eine stärkere Ausrichtung der Gemeinschaftsaufgabe „Verbesserung der Agrarstruktur und des Küstenschutzes" an den Erfordernissen und Zielen des Naturschutzes erforderlich. Beispielsweise sollten künftig im Rahmen dieser Gemeinschaftsaufgabe verstärkt solche Gebiete gefördert werden, in denen ökologische Leistungen aufgrund der FFH-Richtlinie erbracht werden.

Naturschutz- und Umweltbeobachtung

75.* Der Umweltrat begrüßt die im Entwurf vorliegende Verwaltungsvereinbarung über den Datenaustausch zwischen Bund und Ländern, mit der Berichtspflichten für Schutzgebiete und beim Artenschutz begründet werden sollen. Hiermit werden zahlreiche Defizite, auf die der Umweltrat immer wieder hingewiesen hat (z. B. Mehrfachnennung von Flächen, fehlende Biotopdaten usw.), beseitigt. Dennoch bestehen Lücken im Hinblick auf die Berücksichtigung der gesamten, insbesondere der genutzten Landschaft, und die Einbeziehung anderer Landnutzer, wie Land- und Forstwirtschaft, in den Datenaustausch und die Evaluierung von naturschutzrelevanten Förderprogrammen. Es entsteht immer noch der Eindruck, dass sich Naturschutzpolitik auf Flächenschutz und speziellen Artenschutz reduzieren lässt.

76.* Der Umweltrat verfolgt mit Sorge den schleppenden Fortgang bei der Schaffung eines medienübergreifenden Umweltbeobachtungssystems. Er begrüßt die nun endlich begonnenen Arbeiten des Bundesamtes für Naturschutz und des Arbeitskreises für „Naturschutzorientierte Umweltbeobachtung", dem Umweltsektor „Natur und Landschaft" ein eigenes Gewicht zu verschaffen. Die zur Zeit noch bestehenden Defizite bei einer kontinuierlichen

Datenerhebung zu Veränderungen der Biodiversität, der Qualität von Schutzgebieten, dem Stand der Biotopvernetzung, dem Zustand der genutzten Landschaft und ihrem Entwicklungspotential sowie zu Maßnahmen im Bereich des Naturschutzes müssen möglichst schnell beseitigt werden. Dabei sollte nach Ansicht des Umweltrates ein deutlicher Schwerpunkt bei der Erfassung von Kerndaten des Naturschutzes und von Daten gesetzt werden, die für internationale Berichtspflichten des Bundes erforderlich sind (besonders schützenswerte Lebensräume und Arten, für die Deutschland eine Verantwortung trägt; Verwirklichung eines kohärenten Netzes der NATURA-2000-Gebiete). Eine solche Beobachtungspflicht sollte im Bundesnaturschutzgesetz festgeschrieben werden.

Eine vornehmlich an statistischen Repräsentativitätskriterien orientierte „Ökologische Flächenstichprobe", die vom Statistischen Bundesamt in Zusammenarbeit mit dem Bundesamt für Naturschutz entwickelt worden ist, kann die aus ökologischer Sicht erforderlichen Ergebnisse für biogeographische Regionen, repräsentative Landschaftsausschnitte, Lebensraumtypen oder besonders empfindliche Arten und die Biotopvernetzung nicht ersetzen, die vom Naturschutz für seine sektorale Berichterstattung benötigt werden.

77.* Um der Erfassung von Veränderungen in der genutzten Landschaft gerecht zu werden, die nicht im Zentrum der Naturschutzbeobachtung stehen, sollte an wenigen ausgewählten Standorten eine kontinuierliche ökosystemare Umweltbeobachtung vorgenommen werden, die zwar nicht statistischen Repräsentativitätskriterien, wohl aber naturschutzfachlichen Erfordernissen gerecht wird. Diese Art der Beobachtung würde auch nicht den Beschränkungen der Beobachtungsobjekte und Beobachtungszeitpunkte unterliegen, die bei einer ökologischen Flächenstichprobe erforderlich wären.

Alle naturschutzbezogenen Beobachtungsergebnisse sollten in die allgemeine und medienübergreifende Umweltbeobachtung des Bundes einfließen, wie dies der Umweltrat bereits mehrfach gefordert hat. Für den immer noch defizitären Sektor „Natur und Landschaft" muss eine im Vergleich zu anderen Umweltsektoren problemadäquate Mittelzuweisung erfolgen.

Die „Daten zur Natur" des Bundesamtes für Naturschutz sollten als Basisbericht für die regelmäßige Naturschutzberichterstattung beibehalten und weiterentwickelt werden.

2.4.2 Bodenschutz

78.* Dem Schutz von Böden ist in der Vergangenheit zu wenig Aufmerksamkeit gewidmet worden. Die natürlichen Bodenfunktionen werden inzwischen in erheblichem Maße insbesondere durch eine steigende Inanspruchnahme von Flächen, einen starken Eintrag von Nähr- und Schadstoffen, durch Bodenerosion sowie durch Altlasten beeinträchtigt. Der Bodenschutz ist dabei ein wesentlicher Bestandteil eines wirksamen Umweltschutzes. Der Bodenschutzpolitik muss entsprechend fortan eine mindestens ebenso große Bedeutung eingeräumt werden wie bislang der Luftreinhaltung, dem Gewässer- oder Naturschutz.

Der Schutz des Bodens, insbesondere die Erhaltung seiner Funktionen, wurde auf politischer Ebene grundlegend in der Bodenschutzkonzeption der Bundesregierung von 1985 thematisiert. In dieser wurde Bodenschutz zum ersten Mal als eine transdisziplinäre Querschnittsaufgabe des Umweltschutzes verstanden und ein umfassender Zielekatalog zum Schutz des Bodens formuliert. Die Konzeption hat damit einen ersten wichtigen Schritt hin zu einem umfassenden Bodenschutz unternommen. In der Folgezeit wurden auf nationaler und europäischer Ebene zahlreiche weitere Ziele zum Schutz von Böden erarbeitet, welche die Aufgaben und Handlungsschwerpunkte des Bodenschutzes quantitativ, qualitativ oder zeitlich konkretisieren. Mit dem dann 1998 verabschiedeten Bundes-Bodenschutzgesetz (BBodSchG) sowie der Bodenschutz- und Altlastenverordnung (BBodSchV) von 1999 besteht zudem die Möglichkeit, dem Bodenschutz die entsprechende Bedeutung für den gesamten Umweltschutz politisch angemessen einzuräumen.

Zur Altlastenproblematik

79.* Nach den besonders intensiven Sanierungsanstrengungen im Altlastenbereich zu Beginn der neunziger Jahre ist mittlerweile eine Ernüchterung eingetreten, die je nach Standpunkt als „Sanierungsminimalismus" oder „Sanierungsrealismus" bezeichnet wird.

Bei der Einschätzung des Altlastenproblems in Deutschland ist nach dem jetzigen Erhebungsstand von rund 325 000 zivilen altlastverdächtigen Fällen auszugehen, zu denen noch bis rund 10 000 militärische und Rüstungsaltlastverdachtsflächen hinzukommen dürften. Zum Stand der Bewertung wurden von den Ländern bis November 1998 etwa 53 000 Flächen gemeldet, an denen Untersuchungen eingeleitet worden waren oder die Gefährdungsabschätzung abgeschlossen war. Das ist erst rund ein Sechstel aller erfassten Altlastverdachtsflächen.

Der Umweltrat sieht daher nach wie vor erheblichen Handlungsbedarf bei der Behandlung des Altlastenproblems. Entsprechend werden in diesem Gutachten verschiedene Einzelaspekte der Altlastenproblematik erneut aufgegriffen sowie aktuelle Entwicklungen beurteilt.

Ziele des Bodenschutzes

80.* Als grundlegendes Ziel des Bodenschutzes ist im Bundes-Bodenschutzgesetz festgelegt, die Funktionen des Bodens nachhaltig zu schützen, indem der Boden in seiner Leistungsfähigkeit und als Fläche für Nutzungen aller Art nachhaltig zu erhalten oder wiederherzustellen ist. Insofern sind sowohl Gefahren abzuwehren, die dem Boden drohen, als auch solche, die vom Boden ausgehen.

Bei Altlasten kommt die Beseitigung bereits eingetretener Beeinträchtigungen hinzu. Zudem sollen die Funktionen des Bodens durch vorsorgeorientierte Anforderungen über die bloße Gefahrenabwehr hinaus langfristig geschützt werden. Ein weiteres übergeordnetes Ziel, formuliert im Entwurf eines umweltpolitischen Schwerpunktprogramms des Bundesumweltministeriums, ist es, die Funktionen von Flächen beziehungsweise Landschaften als Lebensgrundlage und Lebensraum für Pflanzen, Tiere und Menschen und damit zur Erhaltung der biologischen Vielfalt zu sichern und zu fördern.

Zum Bundes-Bodenschutzgesetz und zur Bundes-Bodenschutz- und Altlastenverordnung

81.* Der Umweltrat begrüßt ausdrücklich die Schaffung des auf den Schutz der Bodenfunktionen zielenden Bundes-Bodenschutzgesetzes, das erstmalig die Aufstellung bundesweit einheitlicher Bewertungsmaßstäbe fordert, die Rechtszersplitterung insbesondere im Altlastenbereich beseitigt und bei den Sanierungspflichten Rechtssicherheit schafft. Er weist aber gleichzeitig darauf hin, dass es zur Verwirklichung eines flächendeckenden und vorsorgenden Bodenschutzes noch erheblicher Nachbesserungsbedarf besteht.

Die Anforderungen des Bundes-Bodenschutzgesetzes werden in einer Rechtsverordnung, der Bundes-Bodenschutz- und Altlastenverordnung (BBodSchV), näher bestimmt.

Der Umweltrat weist darauf hin, dass in der Verordnung bislang einige wichtige Fragestellungen des Bodenschutzes, wie etwa Regelungen zu physikalischen Schadeinwirkungen, noch unberücksichtigt geblieben sind oder weitgehend fehlen, und spricht sich für die baldige Ergänzung der Verordnung aus. Auch fehlen Regelungen zu Wirkungen auf die Bodenorganismen und auf die Lebensraumfunktion allgemein. Es fehlen entsprechende Vorgaben zur Bewertung diesbezüglicher Beeinträchtigungen sowie zur Erarbeitung von Maßnahmenkonzepten zur Wiederherstellung bzw. Förderung der Lebensraumfunktion.

Auch die Problematik der Bodenversauerung mit ihren Folgen für die Ressource Boden an sich und die daraus folgenden Konsequenzen für nachgeschaltete Ökosystemkompartimente (z. B. Grundwasser) wurden bislang noch gar nicht berücksichtigt. Notwendig sind hier nach Auffassung des Umweltrates sowohl Bewertungsmaßstäbe für die Vorsorge gegen Versauerungsprozesse, die das normale, unter humidem Klima natürlich herrschende Maß übersteigen, als auch für die durch Versauerung hervorgerufenen schädlichen Bodenveränderungen.

82.* Kernstück der Bundes-Bodenschutz und Altlastenverordnung sind die Prüf- und Maßnahmenwerte für die Beurteilung von Gefahren, die von einem kontaminierten Boden auf den Menschen, die Nahrungs- und Futterpflanzen und das Grundwasser ausgehen können. Der Umweltrat begrüßt das Prinzip der Orientierungswerte für Bodenmaterial. Damit liegt im Hinblick auf den Gehalt an Inhaltsstoffen ein Entscheidungskriterium vor, um etwaigen Sanierungsbedarf aufzuzeigen. Die Verordnung enthält Werte für unter dem Blickwinkel der Altlasten und der kontaminierten Böden besonders wichtige Stoffe; damit sind allerdings längst nicht alle relevanten Stoffe berücksichtigt. Daher gilt es, diese stoffbezogenen Wertelisten weiter zu entwickeln. Dies bezieht sich neben der Aufnahme weiterer Stoffe insbesondere auf die regelmäßige Revision und Anpassung der Listen an neue Erkenntnisse und zwar im Hinblick auf das toxische Potential von Stoffen, die Mobilisierbarkeit im durchwurzelbaren Bodenbereich, die Bioverfügbarkeit und Akkumulierbarkeit im Organismus sowie die Abbaubarkeit im Boden.

Der Verordnungsgeber ist der Aufforderung des Umweltrates nachgekommen, die zur Festlegung eines Grenzwertes herangezogenen Daten, Annahmen und Konventionen offen zu legen. Mit der Dokumentation der Prüf- und Maßnahmenwerte ist ein Standard gesetzt, der auch für andere Sachbereiche der Umweltregulierung Vorbildcharakter haben sollte.

Schlussfolgerungen und Empfehlungen zur Bodenschutzpolitik und zu den Altlasten

Umweltschonende Flächennutzung und Bodenversiegelung

Bewertung der Ziele einer umweltschonenden Flächennutzung

83.* In Anbetracht der nach wie vor ungebremsten Inanspruchnahme und Versiegelung von Flächen sieht der Umweltrat eine vordringliche Aufgabe der Bodenschutzpolitik darin, den bisherigen Trend bei der täglichen Flächenversiegelung baldmöglichst umzukehren. Die gegenwärtige Flächeninanspruchnahme von ca. 120 ha/Tag allein durch Siedlung und Verkehr ist weit von dem im Entwurf eines Schwerpunktprogramms des Bundesumweltministeriums genannten Ziel von 30 ha/Tag entfernt. Dabei erachtet der Umweltrat selbst dieses ehrgeizige Umwelthandlungsziel zumindest auf lange Sicht noch als unzureichend. Allerdings bedarf bereits die Reduzierung der täglichen Flächeninanspruchnahme auf 30 ha erheblicher Anstrengungen und ist mit weitreichenden Änderungen etwa im Bau- und Siedlungswesen, im Produktionsbereich oder bei der Berufs- und Freizeitgestaltung verbunden. Der Umweltrat weist aber darauf hin, dass selbst ein bis 2020 auf 30 ha verringerter täglicher Flächenverbrauch noch zu einer überbauten und versiegelten Fläche in Deutschland führen würde, die in deutlichem Widerspruch zu zentralen Zielen eines nachhaltigen Boden-, Natur-, Klima- und Artenschutzes stünde. Dies gilt umso mehr, als auch andere Formen der Flächeninanspruchnahme in wachsendem Umfang in Konkurrenz zu den Flächennutzungen durch Siedlung und Verkehr treten (z. B. Flächennutzungen durch den Abbau oberflächennaher Rohstoffe, Windenergie, Freizeit- und Erholungsnutzungen, die Wasserwirtschaft sowie in erheblichem Umfang auch durch die Land- und Forstwirtschaft).

Der Umweltrat spricht sich deshalb dafür aus, nicht nur eine Abflachung des Trends zur Flächeninanspruchnahme, sondern darüber hinaus zumindest langfristig ein Nullwachstum anzustreben. Das Ziel einer Reduzierung auf 30 ha/Tag kann allenfalls ein Zwischenziel darstellen.

Ansätze zur Reduzierung der Flächeninanspruchnahme und Bodenversiegelung

84.* Prioritäres Ziel bei der Verringerung der Flächeninanspruchnahme muss die Reduzierung von Neuversiegelungen sein. Damit soll eine Trendwende beim Flächenverbrauch eingeleitet werden. Bislang noch unverbrauchte Flächen (Bauen auf der „grünen Wiese") und besonders wertvolle Böden sollten so weit wie möglich vor Neuversiegelungen bewahrt werden. Sofern es zu Versiegelungen kommt, sollten die Nutzungsansprüche möglichst auf bereits beanspruchte Flächen gelenkt werden. Des weiteren kommt auch der Entsiegelung von Flächen eine – wenngleich untergeordnete – Bedeutung zu.

Erreicht werden können diese qualitativen Ziele beispielsweise durch eine Bebauung bereits versiegelter oder überformter Flächen (Flächenrecycling), eine verbesserte Ausnutzung und Erweiterung der vorhandenen Anlagen- und Bausubstanz, ohne dadurch zusätzliche Flächen in Anspruch zu nehmen (z. B. Ausbau von Dachgeschossen, Aufstockung von Gebäuden, Überbauung von Verkehrsflächen, Nachverdichtung), eine flächensparende Ausweisung und Nutzung von neuem Bauland, eine innerstädtische Verdichtung anstelle einer Bebauung im Außenbereich, eine bessere Abstimmung der einzelnen Siedlungsnutzungen und Verkehrsströme aufeinander (etwa indem städtebauliche Mischstrukturen gefördert werden, die dem Trend zu einer zunehmenden räumlichen Trennung von Arbeit und Wohnen mit ihrem erhöhten Bedarf an Siedlungs- und Verkehrsflächen entgegenwirken), eine Sanierung belasteter Flächen sowie deren vorrangige Nutzung vor Neuausweisungen von Bauland oder eine weitestmögliche Vermeidung oder zumindest Verringerung unnötiger Bodenversiegelungen auf bebauten Grundstücksflächen (z. B. weniger bzw. kleinere Nebenanlagen). Unter qualitativen Aspekten ist ferner u. a. die Inanspruchnahme von weniger bedeutsamen und weniger empfindlichen Böden von Bedeutung.

85.* Der vielversprechendste Ansatz zur Umsetzung dieser qualitativen Ziele ist nach Auffassung des Umweltrates zunächst die *Verbesserung der planungsrelevanten Regelungen*, um zu verhindern, dass die rechtlichen Gebote einer sparsamen Flächeninanspruchnahme und einer Begrenzung der Flächenversiegelung auf das notwendige Maß in der Praxis auch weiterhin vernachlässigt werden können. Daneben sollten die planungsrechtlichen Regelungen durch den *Einsatz ökonomischer Instrumente flankiert* und unterstützt werden. Trotz der in der Vergangenheit kontinuierlich gestiegenen Bodenpreise reichen diese Knappheitssignale nicht aus, um bei den Wohn- und Produktionsaktivitäten eine flächensparendere Inanspruchnahme von Flächen sowie eine geringere Landschaftszersiedlung zu bewirken. Mittels des Einsatzes ökonomischer Instrumente sollten deshalb flächen- und versiegelungsintensive Arten der Bodennutzung gegenüber flächensparsameren und -schonenderen Arten wirtschaftlich unattraktiv gemacht werden. Die Verteuerung der Flächeninanspruchnahme würde zu einer Reduzierung des Flächenbedarfs und der Flächennachfrage und damit zu einem sparsameren und schonenderen Umgang mit Grund und Boden führen. Dies würde letztlich dem Gesetzesauftrag zu einer sparsameren Flächeninanspruchnahme und geringeren Versiegelung zusätzliche Geltung verschaffen.

Das ökologisch wirksamste und ökonomisch effizienteste Instrument zur Reduzierung von Flächeninanspruchnahme und Versiegelung ist nach Auffassung des Umweltrates das der *handelbaren Flächenverbrauchsrechte*. Über dieses Instrument könnte auf nationaler Ebene eine Grobsteuerung der Flächeninanspruchnahme vorgenommen werden, indem die Größe der versiegelbaren Fläche landes- oder bundesweit in periodischen Zeitabständen festgelegt und damit ein Rahmen für die maximal zulässige Flächeninanspruchnahme gesetzt wird. Eine Feinsteuerung der Nutzungsansprüche könnte sodann auf kommunaler Ebene über die Erhebung von *Versiegelungsabgaben* erfolgen. Ergänzend hierzu böte sich an, über finanzielle Leistungen im Rahmen einer *Ökologisierung des kommunalen Finanzausgleichs* zusätzliche Anreize für die Verfolgung einer Flächensparpolitik zu schaffen. Diese Flächensteuerungspolitik mittels marktwirtschaftlicher Instrumente sollte zudem durch den *Abbau von Vergünstigungen* mit negativer Auswirkung auf den Flächenverbrauch und die Versiegelung sowie den *Einbau von Anreizen zur Reduzierung der Flächeninanspruchnahme* in bestehende Abgaben flankiert werden.

Ergänzung raumplanerischer Instrumente

86.* Zur Reduzierung des Flächenverbrauchs sollten zunächst die flächenverbrauchsrelevanten Gesetze ohne Flächenschutzklausel um eine Verpflichtung zur sparsamen und schonenden Flächeninanspruchnahme sowie zur Begrenzung der Versiegelung auf das notwendige Maß ergänzt werden (ähnlich z. B. § 1a Abs. 1 BauGB, § 2 Abs. 2 ROG). Auf diese Weise könnte die Berücksichtigung von Aspekten des Flächenverbrauchs und der Flächenversiegelung im Zulassungsverfahrenverfahren für Infrastrukturvorhaben, insbesondere bei der Abwägung, besser gewährleistet werden. Anstelle der vorgeschlagenen Flächenverbrauchsklausel wäre aber auch eine Aktivierung oder Konkretisierung der Eingriffsregelung (§ 8 BNatSchG) in der Fachplanung denkbar, um deren Defiziten im Hinblick auf den Ausgleich von Versiegelungen wirksamer begegnen zu können.

Handelbare Flächenausweisungsrechte

87.* Zur Steuerung des Flächenausweisungsverhaltens der Gemeinden wird die Schaffung handelbarer Flächenausweisungsrechte der Gemeinden vorgeschlagen. Grundgedanke dieses Instrumentes ist, die maximal ausweisbare Fläche auf Landesebene festzulegen. Jede Gemeinde erhält ein Kontingent an Rechten gratis. Benötigt eine Gemeinde zusätzliche Rechte, muss sie diese an einer vom Land einzurichtenden Börse erwerben. Nicht benötigte Rechte können an andere Gemeinden verkauft werden. Die Rechte sind zeitlich nur befristet gültig. Damit raumplanerische Ziele nicht konterkariert werden können, erscheint eine räumliche Differenzierung der Märkte nach Siedlungsschwerpunkten geboten, bei der zentrale Orte und ländliche Räume jeweils zu getrennten Märkten zusammengefasst werden. Auf diese Weise würde die verstärkte Ausweisung von Flächen in ländlichen Gebieten verhindert. Die Einnahmen des Landes aus dem Verkauf von Flächenausweisungsrechten könnten in den kommunalen Finanzausgleich fließen.

Der Umweltrat hält das Instrument handelbarer Flächenausweisungsrechte für geeignet, die dringend gebotene Begrenzung der Flächeninanspruchnahme effizient durchzusetzen. Einen deutlichen Vorteil dieses Instrumentes gegenüber der bisherigen Situation sieht der Umweltrat in der sicheren Erreichung quantitativer Zielvorgaben sowie der dezentralen Koordination des gemeindlichen Ausweisungsverhaltens über den Markt. Zudem gehen von diesem Instrument Anreize zur Vermeidung von Neuausweisungen, zur Ausweisung kleinerer Flächen und zu einer Intensivierung der Nutzung von bereits ausgewiesenen Flächen aus. Die Aufgabe der Planung konzentriert sich demgegenüber auf die Vorgabe klarer umweltpolitischer sowie raumordnungspolitischer Ziele.

88.* Gegen das Instrument handelbarer Flächennutzungsrechte werden unter anderem verfassungsrechtliche Bedenken vorgebracht. Mit einer prinzipiellen Übertragung der Flächennutzungsplanung auf eine überörtliche Verwaltungsebene sei der Planungs- und Gestaltungsspielraum der Kommunen so weit eingeschränkt, dass hierin eine übermäßige Beschränkung der durch Art. 28 Abs. 2 GG geschützten kommunalen Planungshoheit zu sehen sei. Die örtliche Raumplanung ist zwar eine Angelegenheit des kommunalen Selbstverwaltungsrechts und diese würde unstreitig durch die Festlegung maximal ausweisbarer Flächen auf Landesebene beschränkt. Das Recht auf kommunale Selbstverwaltung wird von der Verfassung jedoch nicht schrankenlos gewährleistet. Es kann vielmehr durch Gesetz eingeschränkt werden, solange der Kernbestand und Wesensgehalt gemeindlicher Selbstverwaltung durch das Gesetz unangetastet bleibt und das Selbstverwaltungsrecht nicht ausgehöhlt wird. Hiervon ist bei dem vorgeschlagenen Modell (wohl) noch nicht auszugehen. Zwar werden die einer Nutzung zur Verfügung stehenden Flächen landesweit festgelegt und sind damit der Dispositionsbefugnis der Kommunen entzogen. Jedoch verbleibt den Kommunen innerhalb dieses Rahmens nach wie vor der volle Gestaltungsspielraum für die Entfaltung eigener Entwicklungsvorstellungen, zumal jede Kommune ein Kontingent an Rechten gratis erhält.

Zudem steht es jeder Kommune frei, weitere Nutzungsrechte zu kaufen und ihre Flächennutzungsansprüche damit zu verwirklichen, sofern sie zusätzliche Flächen in Anspruch nehmen möchte.

Versiegelungsabgabe

89.* Innerhalb des durch die Flächenausweisungsrechte gesetzten Rahmens könnte eine ökonomische Feinsteuerung der zulässigen Flächeninanspruchnahme auf der Ebene der Grundstückseigentümer über die Erhebung einer Versiegelungsabgabe erfolgen. Mit dieser könnten Anreize zur Verringerung einer Neuversiegelung oder zur Entsiegelung von Flächen gesetzt werden. Experten schlagen hierzu eine gespaltene Abgabe für Neu- und Altversiegelungen vor. Während die Neuversiegelung mit einer einmalig zu zahlenden Steuer belegt werden könnte, sollten bereits versiegelte Flächen einer jährlich zu erhebenden Sonderabgabe unterliegen. Das Abgabenaufkommen könnte für die finanzielle Förderung von Entsiegelungsmaßnahmen eingesetzt werden.

Neuversiegelungen können etwa dadurch vermieden werden, dass Investoren auf die Abgabe reagieren, indem sie bereits bestehende Gebäude aufstocken anstatt neue zu bauen, Gebäude mit geringem Flächenverbrauch planen, Wohn- bzw. Gewerbeflächen reduzieren oder die Versiegelung von Nebenflächen minimieren. Der Umweltrat spricht sich dafür aus, dass auch die öffentliche Hand der Abgabenpflicht unterliegen sollte. Lenkungsanreize würden in diesem Fall gesetzt, soweit die Einnahmen nicht in denselben Haushalt einfließen, aus dem auch die Abgabenschuld gezahlt wird. Unmittelbare Lenkungseffekte können dadurch zwar bei Baumaßnahmen eines Landes nicht ausgelöst werden, da Abgaben in die Landeskasse fließen, allerdings wird zumindest mittelbar ein gewisser Druck ausgeübt.

Von einer Besteuerung von Altversiegelungen können Anreize ausgehen, Abdeckungen von Straßen und Wegen, Parkplätzen, Höfen etc. zu entfernen. Maßgeblich für die mit der Abgabe zu erzielende Entsiegelungsrate ist die Abgabenhöhe. Grundstückseigentümer werden diese bei ihrer Entscheidung über eine eventuelle Entsiegelung mit den damit verbundenen Kosten vergleichen (Arbeits- und Materialkosten, Kosten der Entsorgung des Bauschutts, Opportunitätskosten der unversiegelten Fläche).

Der Umweltrat hält die vorgeschlagene Abgabe grundsätzlich für geeignet, um den Bestand sowie den Neuzuwachs an versiegelten Flächen zu reduzieren. Die Abgabenhöhe muss sich an den umweltpolitischen Zielen für versiegelte Flächen bemessen. Zudem müssten bei gleichzeitiger Einführung des Handels mit Flächenausweisungsrechten und Versiegelungsabgaben diese beiden Instrumente aufeinander abgestimmt werden.

Anforderungen an die Entsiegelung von Flächen

90.* Der Umweltrat hält die im geltenden Recht angelegten Möglichkeiten zur Entsiegelung für unzureichend. Dies liegt einmal daran, dass die Gemeinde durch ihre Entsiegelungsverpflichtung entschädigungspflichtig werden kann (§ 179 Abs. 3 BauGB) und sie deshalb häufig vor einer Entsiegelungsanordnung zurückschrecken wird. Zum anderen wird ihr vielfach das Interesse an der Entsiegelung fehlen, nicht zuletzt deshalb, weil durch Entsiegelungsgebote Konflikte und langjährige Rechtsstreitigkeiten mit den betroffenen Bürgern vorprogrammiert sind. Daher werden die Anordnungsbefugnisse für Entsiegelungen gemäß § 177 und § 179 BauGB und § 5 BBodSchG faktisch nur selten zum Einsatz kommen. Auch aus diesem Grund erachtet der Umweltrat die Steuerung von Versiegelungen über eine Versiegelungsabgabe gegenüber dem ordnungsrechtlichen Instrumentarium als deutlich überlegen. Sollte die vom Umweltrat favorisierte Abgabenlösung nicht unmittelbar eingesetzt werden, müsste als Zwischenschritt das rechtliche Instrumentarium zur Steuerung von Flächenversiegelungen verbessert werden.

Im Zusammenhang mit der bei der Entsiegelung geforderten Berücksichtigung der Lebensraumfunktion spricht sich der Umweltrat dafür aus, in der Bundes-Bodenschutzverordnung von der Ermächtigung nach § 5 BBodSchG für Vorgaben zur Entsiegelung von Böden baldmöglichst Gebrauch zu machen. In der Verordnung sollten insbesondere die Voraussetzungen für die Anordnung einer Entsiegelungspflicht sowie die Entscheidungskriterien näher konkretisiert werden. Zudem wäre es hilfreich, den Anwendungsbereich der Entsiegelungspflicht nach § 5 BBodSchG und dessen Verhältnis zu Entsiegelungsmaßnahmen aufgrund anderer Rechtsvorschriften (insb. § 179 BauGB) aufeinander abzustimmen sowie hierbei einheitliche Bewertungsmaßstäbe (etwa über die Leistungsfähigkeit des zu erhaltenden oder wiederherzustellenden Bodens) festzulegen.

Der Umweltrat weist überdies darauf hin, dass bei der Entscheidung über die Durchführung von Entsiegelungen auch die geplante Nutzung der zu entsiegelnden Fläche gemeinsam mit der Beschaffenheit der versiegelten Böden zu berücksichtigen ist. Je nach Nutzung der zu entsiegelnden Fläche und Beschaffenheit des entsiegelten Bodens können auch Risiken für die Funktion der Böden und darüber hinaus für die Qualität benachbarter Umweltkompartimente (Grundwasser) entstehen. Der Nutzen einer Entsiegelung ist daher im Einzelfall zu prüfen und mit den möglichen Risiken von Kontaminationen abzuwägen.

Ökologischer Finanzausgleich

91.* Das Ziel einer Reduzierung der Flächenversiegelung kann durch eine geeignete Ausgestaltung des vom Umweltrat bereits in der Vergangenheit empfohlenen ökologischen Finanzausgleichs unterstützt werden. Während Schlüsselzuweisungen vor allem verteilungspolitischen Zielen dienen, werden mit der Zahlung von Zweckzuweisungen konkrete Lenkungsziele verfolgt. Einkommensverluste der Gemeinden, die auf die Ausweisung von Freiflächen zurückzuführen sind, könnten über Schlüsselzuweisungen kompensiert werden. Zweckzuweisungen könnten zur Durchsetzung landesplanerischer Ziele hinsichtlich des Flächenverbrauchs beitragen, indem sie Änderungen des Flächenausweisungsverhaltens oder der Bebauungsplanung der Gemeinden zugunsten des Bodenschutzes belohnen. Honorierungsfähig in diesem Sinne könnten Entsiegelungsprogramme der Gemeinden, Maßnahmen zur Förderung einer flächensparenden Bebauung u. ä. sein.

Flankierende Instrumente zur Reduzierung von Flächeninanspruchnahme und Versiegelung

92.* Der Umweltrat hat in der Vergangenheit wiederholt einen stärkeren Einsatz marktwirtschaftlicher Instrumente in der Umweltpolitik angemahnt und empfohlen, das gesamte Finanzsystem systematisch zu überprüfen und nach Ansatzpunkten für dessen umweltgerechte Ausgestaltung zu suchen sowie ökologisch kontraproduktive Vergünstigungen zu beseitigen. Bausteine einer dauerhaft umweltgerechten Finanzreform sind neben der Einführung neuer Umweltabgaben dabei:

– der Abbau bzw. die Reform von Vergünstigungen mit ökologisch negativer Wirkung,

– der Einbau von Anreizen zu umweltgerechtem Verhalten in bestehende Abgaben,

– die Verstärkung bereits bestehender, umweltpolitisch motivierter Vergünstigungen und Abgaben.

Diese Bausteine können weitere Ansatzpunkte für eine mehr oder minder direkte oder indirekte Steuerung der Flächeninanspruchnahme und Versiegelung sein und die obigen Instrumente flankieren.

Reform von Vergünstigungen mit ökologisch negativer Wirkung

93.* Die staatliche Förderpolitik des Bundes und der Länder bezüglich raumwirksamer (Bau- und Infrastruktur-)Fördermaßnahmen gewährt in weitem Umfang Vergünstigungen mit negativer ökologischer Wirkung in bezug auf die Flächeninanspruchnahme. Diese tragen nicht unwesentlich zu einer übermäßigen Neuversiegelung von Flächen bei und sind deshalb ein geeigneter Ansatzpunkt für Maßnahmen zur Steuerung der Flächeninanspruchnahme.

Die flächen- und raumbedeutsamen Fördermittel des Bundes und der Länder sollten daraufhin überprüft werden, inwieweit sie das Ziel einer sparsamen Inanspruchnahme von Flächen konterkarieren. So wäre denkbar, etwa die Vergabe staatlicher Wohnungsbauprämien, von Investitionen des Bundes in Bundesfern- und Bundeswasserstraßen oder beispielsweise die Förderung des

Städtebaus unter anderem davon abhängig zu machen, inwieweit die Vorhaben sparsam und schonend mit Grund und Boden umgehen; möglich wäre auch, einen finanziellen Bonus für flächensparendes Bauen zu gewähren. Eine Überprüfung des staatlichen flächenverbrauchsrelevanten Förderinstrumentariums erscheint auch geboten, um Widersprüche staatlicher Förderpolitik durch divergierende Förderziele zu vermeiden. Beispielsweise sollte vermieden werden, die Ansiedlung von Gewerbeunternehmen und Industrie auf der grünen Wiese im Rahmen der Verbesserung regionaler Wirtschaftsstrukturen mit zum Teil erheblichen staatlichen Zuwendungen zu fördern, während gleichzeitig Beihilfen zum Flächenrecycling nicht oder nur in sehr begrenztem Umfang zur Verfügung gestellt werden.

Einbau von Anreizen zu umweltgerechtem Verhalten in bestehende Abgaben

94.* Des weiteren liegt eine Reihe von Vorschlägen zur Berücksichtigung von Anreizen für flächenschonendes Verhalten in bestehenden Abgaben vor. Denkbare Ansatzpunkte sind etwa eine Reform der Grundsteuer und deren Fortentwicklung in Richtung auf die Einführung einer Bauland-, einer Bodenwert- bzw. einer Bodenflächensteuer oder die Überführung der Grundsteuer in eine Flächennutzungssteuer.

95.* Bemessungsgrundlage für die bundesrechtlich geregelte und von den Gemeinden erhobene *Grundsteuer* ist der Einheitswert von Grundstücken und Gebäuden. Nach dieser ist der Flächenverbrauch durch die Grundstücksnutzung für die Abgabenhöhe ohne Bedeutung. Grundstücke werden zwar durch die Erhebung der Grundsteuer allgemein verteuert, Anreize zu einer flächensparenden Bau- und Siedlungsweise gehen von ihr hingegen kaum aus. Eine solche Wirkung war bislang auch nicht beabsichtigt. Im Gegensatz dazu könnten mit der Erhebung einer *Baulandsteuer* als Ergänzung zur Grundsteuer Anreize für die zügige Nutzung baureifer Grundstücke gesetzt und damit der Spekulation mit unbebauten Grundstücken sowie dem Ausweichen in das Umland entgegengewirkt werden.

96.* Das Konzept der Umwandlung der Grundsteuer in eine *Flächennutzungssteuer* sieht eine Zuordnung unterschiedlicher Grade der Naturbeeinträchtigung durch Flächennutzung zu Steuerklassen vor, wobei der Abgabensatz mit zunehmender Naturbeeinträchtigung und damit aufsteigender Steuerklasse steigt. Das Hebesatzrecht verbleibt bei den Gemeinden. Mit der Flächennutzungssteuer sollen Anreize zur intensiveren Nutzung bereits versiegelter Flächen, zur Entsiegelung, zur Begrenzung von Versiegelungszuwächsen sowie zur umweltschonenden Nutzung von Freiflächen gesetzt werden. Allerdings wird bei einer aufkommensneutralen Umwandlung der Grundsteuer in eine Flächennutzungssteuer die resultierende Abgabenhöhe kaum ausreichen, um eine Zunahme der Flächenversiegelung zu verhindern. Der Umweltrat sieht eine weitere Schwierigkeit der Abgabe darin, dass sie neben der Versiegelung an der naturschädlichen Nutzung von Freiflächen und damit an einer Reihe weiterer Umweltprobleme ansetzt (z. B. ökologische Flächenbewirtschaftung, Beeinträchtigung des Landschaftsbildes und des Lokalklimas durch die Anzahl der Geschossflächen), ohne auf die Erreichung konkreter umweltpolitischer Ziele in diesen Bereichen treffsicher zugeschnitten zu sein.

Verstärkung bestehender, umweltpolitisch motivierter Vergünstigungen und Abgaben

97.* Ansatzpunkte für eine zumindest mittelbare Steuerung des Flächenverbrauchs und der Versiegelung können die bereits bestehenden, umweltpolitisch motivierten Vergünstigungen, die kommunalen Abwassergebühren sowie die naturschutzrechtlichen Ausgleichsabgaben der Länder sein.

Da die kommunalen Abwassergebühren noch nicht in allen Bundesländern versiegelungsabhängig erhoben werden, sollte eine entsprechende Gebührengestaltung auch in den Ländern erfolgen, in denen dieses bislang noch nicht der Fall ist. Der Umweltrat weist allerdings darauf hin, dass sich die Gebühr nicht nach dem ökologischen Lenkungsziel bemessen kann, sondern nur nach den tatsächlichen Entsorgungskosten für das nicht versickerte Niederschlagswasser. Zur Steuerung der Flächeninanspruchnahme bleiben ergänzende Instrumente nach wie vor erforderlich.

98.* Um das Lenkungsziel der naturschutzrechtlichen Ausgleichsabgaben konsequenter als bislang mit der Abgabe verfolgen zu können, sind höhere Abgabensätze erforderlich. Dabei sollten nach Auffassung des Umweltrates neben den Wiederherstellungskosten von Biotopen (Sachkosten) auch der Verlust von Umweltfunktionen während der Entwicklungszeit (Zeitabgabe), das Wiederherstellungsrisiko (Wertabgabe) sowie die Beeinträchtigung des Naturschutzwertes (Wertabgabe) in Ansatz gebracht werden. Von dem Maßnahmenträger erbrachte Kompensationsmaßnahmen können in Abhängigkeit von ihrer Qualität und ihrem Umfang auf die Abgabenschuld angerechnet werden. Die Abgaben würden in einen Fonds eingestellt, aus dem staatliche Maßnahmen zur vorsorgenden Biotopneuschaffung finanziert werden. Diese Vorgehensweise trägt dem Umstand Rechnung, dass die Schaffung reifer Biotope nur über lange Zeiträume möglich ist. Sind Biotope aufgrund extrem langer Entwicklungszeiträume praktisch nicht wiederherstellbar, können auch prohibitiv hohe Ausgleichsabgaben gerechtfertigt sein.

Verbesserung der kommunalen Zusammenarbeit

99.* Ein weiterer vielversprechender Ansatz erscheint dem Umweltrat die von der Enquete-Kommission vorgeschlagene Verbesserung der kommunalen Zusammenarbeit bei der Ausweisung und Nutzung von Grundstücken zu sein, um dem Problem einer weiteren Zersiedelung und Zerschneidung der Landschaft sowie einer weiteren

Flächeninanspruchnahme zu begegnen. Die verbesserte Abstimmung der Kommunen untereinander könnte dazu beitragen, Flächenverbräuche auf bestimmte Gebiete zu konzentrieren und dadurch andere von einer Inanspruchnahme freizuhalten.

Bewertung des Instrumentariums zur Reduzierung der Flächeninanspruchnahme und der Bodenversiegelung

100.* Der Umweltrat ist der Auffassung, dass dem Handel mit Flächenausweisungsrechten, den Versiegelungsabgaben sowie der Ökologisierung des kommunalen Finanzausgleichs zur Steuerung des Flächenverbrauchs überragende Bedeutung zukommt. Daneben sollten die flächenrelevanten staatlichen Einnahme- und Ausgabepositionen daraufhin überprüft werden, inwieweit sie Anreize zu einer sparsameren Flächeninanspruchnahme setzen können. Demgegenüber kommt anderen Instrumenten, wie der Reform von Vergünstigungen mit ökologisch negativer Wirkung, dem Einbau von Anreizen zu umweltgerechtem Verhalten in bestehende Abgaben und der Verstärkung bestehender, umweltpolitisch motivierter Vergünstigungen und Abgaben, nach Auffassung des Umweltrates nur eine untergeordnete, allenfalls ergänzende Bedeutung zu. Dies liegt daran, dass deren Steuerungskraft im Hinblick auf eine Reduktion der Flächeninanspruchnahme und Versiegelung entweder nicht stark genug ausgeprägt ist oder aber diese Instrumente keine so gezielte Steuerung der Flächeninanspruchnahme erlauben wie die anderen Instrumente. Gleichwohl sollten sie als Ergänzung durchaus einer näheren Prüfung unterzogen werden.

Defizite in der aktuellen Instrumentendiskussion im Bodenschutz sieht der Umweltrat insbesondere bei der Abwägung bzw. Abstimmung zwischen den Instrumenten. So werden Instrumente, die der treffsicheren Erreichung desselben Ziels dienen sollen, bislang überwiegend unabhängig voneinander diskutiert. Schwierigkeiten bei der Abschätzung der Lenkungswirkung einzelner Instrumente, aber auch eines Maßnahmenbündels, kann durch ein schrittweises Vorgehen begegnet werden.

Der Umweltrat ist sich bei seinen Vorschlägen bewusst, dass die Einführung neuer Abgaben und Steuern zu Verteuerungen insbesondere bei baulichen Neuinvestitionen führen wird. Zudem werden die vorgeschlagenen Instrumente langfristig mitunter erhebliche Auswirkungen auf die Lebens-, Arbeits- und Freizeitgewohnheiten haben. Er weist aber andererseits darauf hin, dass keine wirkliche Alternative zu den vorgeschlagenen Instrumenten zur Verfügung steht, um bei den aktuell hohen Flächenverbräuchen in absehbarer Zeit eine Trendwende erreichen zu können.

Minderung von Bodenerosion und Bodenverdichtung

101.* Zu einem umfassenden Schutz der nicht erneuerbaren Ressource Boden gehört auch der Schutz der Böden vor Schäden durch Bodenerosion und -verdichtung. Hierfür sollten Konkretisierungen zur Gefahrenabwehr gegen Winderosion in der Bundes-Bodenschutzverordnung erfolgen. Darüber hinaus ist die Verordnung um den Aspekt der flächeninternen Schäden zu ergänzen. Sinnvoll wäre daher eine konsequentere Unterscheidung zwischen flächeninternen (On-site-) und flächenexternen (Off-site-)Schäden, die durch regelmäßigen Bodenabtrag (z. B. Minderung der Produktions- und Schutzfunktion) oder langfristige Bodenverdichtung mit hinreichender Wahrscheinlichkeit eintreten oder aber bereits eingetreten sind. Die Forschungsarbeiten zur Bestimmung von Richtwerten und praktischen Hilfen – auch für die Überwachung – sind zu verstärken. Die Bundes-Bodenschutzverordnung sollte dabei auch um Maßnahmen zur Beseitigung eingetretener Erosions- und Verdichtungsschäden und darüber hinaus um Regelungen zur Vermeidung derartiger Schäden, insbesondere durch Einhaltung einer guten landwirtschaftlichen Praxis (z. B. Mulchsaat, Anlage von Filterstreifen, Nutzungsänderungen), ergänzt werden. Die Grundsätze der guten landwirtschaftlichen Praxis sollten weiter konkretisiert und verbindlich ausgestaltet werden.

Zur physikalischen Bodenbeschaffenheit (insbesondere Verdichtung und Erosion) liegen zur Zeit nur wenige und unzureichende Daten vor. Der Umweltrat sieht hier noch erheblichen Untersuchungsbedarf und mahnt eine bundeseinheitliche Erhebung zu den Kenngrößen des physikalischen Bodenzustandes an.

Reduzierung versauernd und eutrophierend wirksamer Stoffe

102.* Die anthropogene Versauerung und Eutrophierung von Böden durch atmogene Depositionen sowie direkten Auftrag stellt nach wie vor ein ungelöstes und drängendes Problem dar. Insbesondere zur Reduzierung von Stoffeinträgen mit eutrophierender und versauernder Wirkung sind noch erhebliche Anstrengungen erforderlich. Soweit diese über Depositionen in den Boden gelangen, verweist der Umweltrat für mögliche Maßnahmen zur Vermeidung und Verminderung auf seine Empfehlungen im Kapitel Klimaschutz und Luftreinhaltung.

Zum Schutz der Böden vor Versauerung und Eutrophierung spricht sich der Umweltrat zunächst dafür aus, in die Bundes-Bodenschutzverordnung versauerungs- sowie eutrophierungsspezifische Regelungen sowohl zur Vorsorge als auch zur Gefahrenabwehr aufzunehmen. Im Rahmen der Vorsorge kommen in Anlehnung an das Critical-Load-Konzept grundsätzlich Bewertungskriterien für Zusatzbelastungen in Betracht. Allerdings verweist der Umweltrat auf die gegenwärtig noch eingeschränkte Eignung des Critical-Load-Konzeptes, da historische Nutzungen und Belastungen sowie allgemein der Faktor Zeit bislang nicht adäquat berücksichtigt werden. Dieses gilt es zukünftig zu verbessern. Dabei sind insbesondere gekoppelte Reaktions- und Transportmodelle auf der landschaftlichen Skalenebene einzusetzen, um die naturräumlichen Zusammenhänge einschließlich der nutzungsinduzierten Einflüsse in angemessener Form zu berücksichtigen.

103.* Angesichts der Defizite des Ordnungsrechtes bei der Formulierung von Anforderungen an den Einsatz eutrophierend wirkender Stoffe (insbesondere von Düngemitteln) in der Landwirtschaft, die den Standortverhältnissen Rechnung tragen, hat der Umweltrat in der Vergangenheit wiederholt die Einführung einer Abgabe auf Mineraldünger in Verbindung mit einer Rückerstattung der Einnahmen zur Reduzierung des Nährstoffeintrags aus der Landwirtschaft angemahnt. Durch Erhebung einer Abgabe auf mineralischen Stickstoffdünger erhöhen sich die Grenzkosten des Düngemitteleinsatzes. Bei den Landwirten soll damit die Reduzierung der eingesetzten Menge angestoßen und eine Extensivierung der Bodennutzung begünstigt werden. Die Wirksamkeit der Abgabe fällt in Abhängigkeit von der Kulturart sowie dem Standort sehr unterschiedlich aus. Aufgrund der pauschalen Verteuerung des Einsatzes von mineralischen Stickstoffdüngern ist zwar mit einer Reduzierung der Stickstoffeinträge aus der Landwirtschaft zu rechnen, eine Verwirklichung der Umweltziele im Bodenschutz kann aufgrund ihrer unspezifischen räumlichen Wirkung mit der Abgabe allein jedoch nicht erreicht werden. Die Durchsetzung standortspezifischer Ziele muss vielmehr durch den Einsatz ergänzender Maßnahmen verfolgt werden (u. a. Bewirtschaftungsauflagen, Schutzgebietsausweisungen). Zudem muss dem umweltverträglichen Einsatz von Wirtschaftsdüngern in viehstarken Betrieben durch die Bindung des Viehbesatzes an die bewirtschaftete Fläche bzw. den Nachweis der Verwendung des Wirtschaftsdüngers über die bestehenden Regelungen der Düngeverordnung hinaus Rechnung getragen werden. Der Umweltrat hält dennoch an der Empfehlung einer Stickstoffabgabe fest, solange die Einhaltung standortspezifischer Vorgaben hinsichtlich der maximal tolerierbaren Stickstoffbilanzüberschüsse nicht durch das Ordnungsrecht vorgeschrieben und deren Einhaltung auf effiziente Weise kontrolliert wird. Eine entsprechende Neufassung der Düngeverordnung sollte vorangetrieben werden. Diese sollte eine Generalklausel enthalten, die bei Überschreitung der zulässigen Nährstoffobergrenzen erlaubt, einen Wert für maximal tolerierbare Stickstoffbilanzüberschüsse nach dem Konzept der kritischen Eintragsraten festzulegen und von den Landwirten schlagspezifische Aufzeichnungen zu verlangen.

Nachhaltige land- und forstwirtschaftliche Bodennutzung

104.* Der Umweltrat sieht als eine wichtige Aufgabe der Bodenschutzpolitik die Fortschreibung des Bundes-Bodenschutzgesetzes an. Dabei sollte insbesondere der Bereich der landwirtschaftlichen Bodennutzung (§ 17 BBodSchG) weiterentwickelt werden. Der Umweltrat schlägt vor, der zuständigen Behörde ebenso wie bei § 7 BBodSchG auch in § 17 BBodSchG die Möglichkeit zu geben, Anordnungen zur Durchsetzung der Vorsorgepflichten zu erlassen. Auf diese Weise könnten die Regeln über die gute fachliche Praxis in der Landwirtschaft notfalls auch mittels hoheitlichen Zwangs durchgesetzt und damit der Gefahr eines Leerlaufens des Vorsorgegebotes bei der landwirtschaftlichen Bodennutzung begegnet werden.

105.* Des weiteren mahnt der Umweltrat dringend eine stärkere ökologische Ausrichtung der land- und forstwirtschaftlichen Bodennutzung an. Das Düngemittelrecht darf dabei keinesfalls mehr die Belange des Bodenschutzes wie bisher vernachlässigen. Letztlich sollte das Düngemittelrecht hin zu einer Regelung fortentwickelt werden, die bodenschutzspezifische Aspekte beim Auftrag von Düngemitteln umfassend berücksichtigt.

106.* Mit der in § 17 BBodSchG zu schaffenden behördlichen Befugnis, Anordnungen zur Durchsetzung von Vorsorgepflichten zu erlassen, sollte zugleich eine Verordnungsermächtigung analog § 7 Satz 4 und § 8 Abs. 2 BBodSchG aufgenommen werden, um Vorsorgeanforderungen auch für die landwirtschaftliche Bodennutzung in der Bundes-Bodenschutzverordnung festlegen zu können. Auf diese Weise könnten Unsicherheiten bei der Bewertung sowie unzumutbare Belastungen der Verpflichteten vermieden werden.

Erweiterung der Bioabfallverordnung und der Klärschlammverordnung

107.* Die flächenhafte Verwertung von Bioabfallkomposten ist nach Ansicht des Umweltrates aus Sicht einer nachhaltigen Kreislaufwirtschaft, aber auch des Bodenschutzes generell zu begrüßen, da dem Boden hierdurch organische Substanz (Humus) und Nährstoffe zurückgeführt werden. Der Umweltrat bemängelt jedoch, dass die wichtigen Bereiche des Landschafts- und Gartenbaus sowie der Rekultivierung, in denen Bioabfälle weitreichende Verwendung bei der Herstellung neuer Kulturbodenschichten finden, in der Verordnung nicht geregelt wurden. Damit bleiben etwa Risiken für Böden durch übermäßige Schadstoffanreicherungen (Schwermetalle und persistente organische Schadstoffe) oder für Grund- und Sickerwasser durch ein Überangebot von Nährstoffen (insbesondere Stickstoff und Phosphor) in den Kulturbodenschichten nach wie vor unbewältigt, so dass hieraus eine Beeinträchtigung von Bodenfunktionen oder ein Konflikt mit dem Vorsorgeprinzip des Bundes-Bodenschutzgesetzes erwachsen kann.

Mit der Ergänzung der Bioabfallverordnung und der Klärschlammverordnung um Regelungen für den Bereich Rekultivierung und Landschaftsbau sollte im Hinblick auf ökotoxikologische Wirkungen von Schadstoffen in Böden ein Bewertungskonzept unter Berücksichtigung der Lebensraumfunktion in die Bundes-Bodenschutzverordnung eingefügt werden. Dabei sollten sowohl Wirkungen auf Mikroorganismen als auch auf die Bodenfauna berücksichtigt werden. Im Hinblick auf ökotoxikologische Wirkungen sind als relevante Schadstoffe vor allem Schwermetalle und persistente organische Schadstoffe zu berücksichtigen.

108.* Der Umweltrat erachtet es überdies als notwendig, Unsicherheiten bei der Auslegung der in § 17 Abs. 2 BBodSchG aufgeführten Grundsätze der guten fachlichen Praxis der landwirtschaftlichen Bodennutzung zu beseitigen. Problematisch an der gesetzlichen Fassung ist, dass die Anforderungen an die gute fachliche Praxis inhaltlich zum Teil nicht hinreichend bestimmt sind. So bleibt insbesondere die Forderung nach der Erhaltung eines standorttypischen Humusgehaltes im Boden (§ 17 Abs. 2 Nr. 7 BBodSchG) weitestgehend inhaltslos, da es eine anerkannte Definition standorttypischer Humusgehalte bislang nicht gibt. Insoweit bringen auch die vom Bundeslandwirtschaftsministerium erarbeiteten Grundsätze der guten landwirtschaftlichen Praxis keine Klärung, da auch dort der Begriff nicht näher erläutert wird. Der Umweltrat sieht zunächst jedoch noch erheblichen Forschungsbedarf, um beispielsweise Kenntnislücken bezüglich des anzustrebenden (optimalen oder tolerablen) standorttypischen Humusgehaltes zu schließen. Denn erst mit einer derartigen Definition können die Vorsorgeanforderungen nach § 7 und § 17 Abs. 1 Satz 1 BBodSchG überhaupt erfüllt werden.

Bodeninformationsmanagement

109.* Der Umweltrat hat sich in der Vergangenheit wiederholt für den Aufbau eines bundesweiten Bodeninformationssystems sowie für die regelmäßige Erstellung von Bodenzustandsberichten ausgesprochen. Der Forderung nach Bodendaten und -informationen ist der Gesetzgeber in § 21 Abs. 4 Bundes-Bodenschutzgesetz jedoch nur ansatzweise und unzureichend nachgekommen. Der Umweltrat kritisiert bei diesem Ansatz unter anderem, dass die Einrichtung eines solchen Systems lediglich in das Ermessen der Länder gestellt wird und verweist auf die seiner Ansicht nach vorbildliche Regelung des § 342 UGB-KomE, die den Ländern die Einrichtung eines Bodeninformationssystems und als notwendige Bestandteile insbesondere die Einrichtung von Dauerbeobachtungsflächen und eines Bodenzustandskatasters als Rechtspflicht vorschreibt. Angesichts der überragenden Bedeutung solcher Bodeninformationssysteme für einen vorsorgenden und nachsorgenden Bodenschutz sowie für die Planung fordert der Umweltrat vom Gesetzgeber, nicht lediglich auf die Bereitschaft der Länder zu vertrauen, sondern die bisherige Ermessensvorschrift (§ 21 Abs. 4 BBodSchG) in eine Rechtspflicht umzuwandeln.

Die Begründung einer Rechtspflicht muss allerdings notwendigerweise mit einer klaren Definition der Ziele einhergehen, die der Bund mit einem bundesweiten Bodeninformationssystem verfolgt. Um einen Missbrauch der Daten zu verhindern, bedarf es ferner zuvor einer Festlegung, wofür die von den Ländern zur Verfügung gestellten Daten Verwendung finden und in welchem Umfang der Bund hiervon Gebrauch machen wird. Darüber hinaus müssten zunächst Konzepte für die Verwendung der übermittelten Daten entwickelt werden; gleichzeitig bedürfte es noch einer Verständigung zwischen Bund und Ländern über die Art und Weise der Datenauswertung.

110.* Der Umweltrat regt daher an, dass der Bund mehr Klarheit über den geplanten oder erwarteten Nutzen des Bundes-Bodeninformationssystems aufgrund vom Bodeninformationsmaterial der Länder schaffen sollte, um umfangreichere Datentransfers zu begründen und die Elemente dieses Systems dann zieladäquat weiterzuentwickeln. Ein ganz wichtiges Element ist darüber hinaus die Finanzierung des Datenaustausches. Mit der bisherigen Zurückhaltung des Bundes gegenüber den Ländern kann nur ein Datentorso fortgepflegt werden.

111.* Hinsichtlich der Bodendauerbeobachtungsflächen besteht aus Bundessicht ein deutliches Informationsdefizit, weil der überwiegende Anteil der betriebenen Bodendauerbeobachtungsflächen nicht die erforderliche Repräsentanz besitzt. Die verbliebenen Bodendauerbeobachtungsflächen reichen zur flächendeckenden Zustandsbeschreibung nicht aus. Der Umweltrat weist darauf hin, dass die Repräsentativität der Bodendauerbeobachtungsflächen in hinreichender Form sicherzustellen ist, um eine zuverlässige Übertragung punktförmig erhobener Daten in die Fläche zu ermöglichen. Der Umweltrat begrüßt daher die in diese Richtung unternommenen Anstrengungen zur Überprüfungen der Repräsentativität von Bodendauerbeobachtungsflächen und fordert, diesbezüglich noch bestehende Lücken bei der Darstellung des Bodenzustandes von flächenhaft bedeutenden Standorttypen zu schließen.

Erarbeitung einer Internationalen Bodenschutzkonvention

112.* Der Umweltrat spricht sich für die Erarbeitung einer international verbindlichen Bodenschutzkonvention aus, wie dies der Wissenschaftliche Beirat der Bundesregierung Globale Umweltveränderungen bereits früher angeregt hat. Diese sollte am besten im Rahmen der Vereinten Nationen ähnlich der Klimarahmenkonvention oder der Wüstenkonvention erarbeitet werden. Ausgangspunkt der Diskussion könnte hier der Vorschlag des von zahlreichen Wissenschaftlern erarbeiteten „Übereinkommens zum nachhaltigen Umgang mit Böden" (Bodenkonvention) sein, der dem Umweltrat als ein Schritt in die richtige Richtung erscheint. Dieser stellt Bemühungen um einen vorsorgenden Bodenschutz ins Zentrum seiner Überlegungen, was nach Auffassung des Umweltrates gerechtfertigt ist, weil der vorsorgende Bodenschutz auf internationaler Ebene vorangebracht bzw. überhaupt erst einmal dessen Notwendigkeit deutlich gemacht werden muss.

Altlasten

113.* Mit dem Bundes-Bodenschutzgesetz und seinem untergesetzlichen Regelwerk ist eine Grundlage für die bundeseinheitliche Altlastenbehandlung geschaffen worden, die noch substantieller Verbesserung bedarf. Dies gilt vor allem für die Berücksichtigung ökotoxikologischer und ökologischer Belange bei der Beurteilung der Sanierungserfordernisse sowie für die anzuwendende Sanierungstechnik.

114.* Angesichts der hohen Anzahl von Verdachtsflächen sollte das Instrumentarium daraufhin überprüft werden, ob es eher viele, vergleichsweise einfach sanierte Flächen mit Nachbesserungspotential oder eher wenige, dafür aber gründlich sanierte Flächen mit geringem Nachbesserungsbedarf begünstigen müsste. Bisher wurde seitens der Bundesregierung die Sanierung möglichst vieler Flächen in den Vordergrund gestellt. Die vom Umweltrat befürworteten – bei Bedarf mehrstufigen, kombinierten – Dekontaminationsverfahren wurden zwar entwickelt und in Pilotvorhaben erprobt, werden aber auch nach dem Erlass des Bundes-Bodenschutzgesetzes nur ungenügend angewendet. Auskofferung, Umlagerung, Abdeckung oder Hinauszögern und Abwarten beherrschen die Sanierungspraxis. Die Off-site-Bodenreinigungsanlagen arbeiten oft mit wenig zufriedenstellendem Auslastungsgrad. Laufende Untersuchungen zur Wirksamkeit natürlicher Reinigungsprozesse im Untergrund sollten dazu führen, die Anwendbarkeit und Zulässigkeit der Ansätze zu prüfen und gegebenenfalls rechtliche Regelungen zu treffen. Als Leitkriterien sollten Kontrollierbarkeit (Monitoring), Prognostizierbarkeit und Bilanzierbarkeit herangezogen werden.

115.* Da das richtige Instrumentarium und vor allem eine angemessene Finanzierung anspruchsvoller Sanierungen fehlen, kann nicht damit gerechnet werden, dass das Altlastenproblem in absehbarer Zeit wirklich gemindert oder gar gelöst wird. Zudem werden die vorherrschende Form der Sanierung (vorrangiges Verbringen auf Deponien), die bloße Anwendung von Sicherungsverfahren sowie bloßes Abwarten den Sanierungsbedarf in die Zukunft verschieben. Der Umweltrat drängt darauf, für das nach wie vor anstehende Problem der Altlastensanierung nach adäquaten Finanzierungsmöglichkeiten zu suchen. In diesem Zusammenhang erneuert der Umweltrat seine Anregung, sanierungsbedürftige Flächen von privaten Entwicklungsgesellschaften sanieren zu lassen und für eine weitere Nutzung aufzuwerten. Das Flächenrecycling sollte konsequent zur Eindämmung der weiteren Inanspruchnahme von Freiflächen für Siedlungszwecke genutzt werden. Dabei ist auch die Überprüfung einer konkurrierenden Förderpolitik des Städtebaus geboten. Auf diese Weise könnten auch Anreize für private Investoren gesetzt werden.

2.4.3 Gewässerschutz und nachhaltige Wassernutzung

116.* Die Gewässergüte ist in Deutschland durch anspruchsvolle umweltpolitische Maßnahmen und hohen technischen Aufwand zunehmend verbessert worden. Gewässerschutz bedeutet gleichermaßen Oberflächengewässer- und Grundwasserschutz. Bei detaillierter Betrachtung einzelner Gewässerkompartimente, wie den Fließgewässern, den stehenden Gewässern, der Nord- und Ostsee oder aber dem Grundwasser, ergeben sich allerdings gravierende Unterschiede bezüglich der grundsätzlich positiven Einschätzung der Gewässergüte. Der Umweltrat analysiert die verschiedenen stofflichen und strukturellen Beeinträchtigungen der Gewässer im Einzelnen und bewertet die eingeleiteten Maßnahmen zu ihrer Verminderung.

Ziele des Gewässerschutzes

117.* Ziel des Gewässerschutzes ist es, überall in Deutschland Gewässer mit einer „guten ökologischen Qualität" zu erhalten oder wiederherzustellen. Eine gute ökologische Gewässerqualität dient der Erhaltung oder Regeneration naturraumtypischer Lebensgemeinschaften und Ökosysteme. Um dieses Ziel zu erreichen, müssen schädliche Auswirkungen von Stoffen vermieden beziehungsweise verringert und bei Oberflächengewässern Mindestanforderungen an die Gewässerstruktur erfüllt werden. Dies steht in Übereinstimmung mit den Anforderungen der vom Europäischen Rat im Entwurf vorgelegten EU-Wasserrahmenrichtlinie, die den Gesamtrahmen für die Qualität europäischer Gewässer festlegt.

Der Umweltrat begrüßt es, dass Bund und Länder über die Länderarbeitsgemeinschaft Wasser (LAWA) zusammen mit dem Umweltbundesamt den integrierten Ansatz im Gewässerschutz, der Grund- und Oberflächenwasser als Einheit betrachtet, auch in der europäischen Gewässerschutzpolitik durchgesetzt haben. Um zu einem ökosystemaren Ansatz zu gelangen, müssen die Wechselbeziehungen zwischen Gewässer und anderen Umweltmedien – über die bereits bestehenden Ansätze der reinen Gewässerschutzpolitik hinaus – stärker berücksichtigt werden.

Oberflächengewässer

118.* Wenn in der Vergangenheit auch bereits erhebliche Erfolge im Gewässerschutz und bei der Abwasserreinigung erzielt werden konnten, so sind doch die Nährstoff- und Schadstofffrachten, die über die Flüsse in die Küstenmeere gelangen, immer noch zu hoch. Neben den punktuellen Stoffeinträgen aus kommunalen Kläranlagen und Industrieanlagen treten dabei vor allem diffuse Belastungen aus der Landwirtschaft in den Vordergrund. Maßnahmen zur Verbesserung der Gewässerqualität müssen deshalb künftig vorrangig darauf abzielen, die stoffliche Gewässergüte und die ökologische Qualität von Gewässern in ihrer Gesamtheit zu betrachten und zu verbessern und dabei auch das Umfeld von Gewässern einzubeziehen. Insbesondere ist verstärkt auf einen naturnahen Zustand und auf die naturnahe Entwicklung der Gewässer, ihrer Auen- und Uferbereiche und der Wasserführung zu achten, um das „Selbstreinigungsvermögen" und den Stoffhaushalt der Gewässer zu verbessern. Darüber hinaus ist das Wasser möglichst lange in seinen natürlichen Retentionsräumen zurückzuhalten, um den Verlauf von Hochwasserereignissen und Spitzenhochwässern abzumildern. Gewässersysteme dürfen nicht vorwiegend einer beschleunigten Entwässerung aus dem Einzugsgebiet dienen.

Durch weiter verbesserte und nachhaltige, insbesondere standortangepasste Landnutzung sollten der Bodenabtrag sowie der Dünger- und Pflanzenschutzmittelaustrag verringert werden. Die bereits erzielten Fortschritte bei der nachhaltigen Landbewirtschaftung sind nach Ansicht des Umweltrates noch nicht ausreichend. Ungedüngtes Dauergrünland entlang der Fließgewässer und ausreichend breite, naturnahe Uferstreifen, die von Düngung und Pflanzenschutzmittelanwendung freigehalten werden, sind als Pufferflächen zum Schutz der Gewässer erforderlich. Die Förderprogramme einer gewässerschutzorientierten Bewirtschaftung und Maßnahmen eines naturnahen Gewässerrückbaus bedürfen einer Erfolgskontrolle. Durch verbesserte Beratung der Landwirte, die auf Verhaltensänderungen beim Umgang mit Pflanzenschutzmitteln im Hofbereich und die Verhinderung der Stoffeinleitung in die Kanalisation abzielen muss, können Pflanzenschutzmitteleinträge in Gewässer wesentlich verringert werden. Bezüglich weiterer Aspekte einer nachhaltigen Landbewirtschaftung verweist der Umweltrat auf sein Sondergutachten „Konzepte einer dauerhaft umweltgerechten Nutzung ländlicher Räume" von 1996.

119.* Die Datenlage über die Belastung von Fließgewässern mit Pflanzenschutzmitteln, die einerseits durch Nebenprodukte und Ausgangsstoffe ihrer Herstellung und andererseits durch den sachgerechten oder einen nicht bestimmungsgemäßen Einsatz in der Landwirtschaft verursacht wird, ist nicht ausreichend. Der Umweltrat regt den Ausbau und eine weitere Koordinierung von Messprogrammen an, um die Verursacher besser erkennen und entsprechende Minderungsmaßnahmen einleiten zu können.

120.* Wie der Umweltrat bereits mehrfach betont hat, ist es erforderlich, die Beschreibung und Bewertung der Fließgewässer weiterzuentwickeln. In diese Richtung zielt auch die europäische Wasserrahmenrichtlinie, die einen „guten ökologischen Zustand" der Gewässer fordert. Über die bekannten Parameter hinaus sollten unbedingt die Schwebstoffe sowie das Gewässersediment mit einer Vielzahl von dort konzentrierten Schadstoffen in die Bewertung mit aufgenommen werden.

Der von der LAWA für das Jahr 2000 geplante Gewässergüteatlas wird neben der biologischen Gewässergüte die Gewässerstrukturgüte und die chemisch-physikalische Gewässergüte enthalten und auch Schwebstoffe berücksichtigen. Der Umweltrat begrüßt die Vorarbeiten von LAWA und Umweltbundesamt bei der Erarbeitung der einzelnen Parameter sowie von Qualitätszielen. Er weist in diesem Zusammenhang erneut darauf hin, dass neben der integrierten Darstellung der Gewässergüte auch die Formulierung und Aktualisierung nutzungsbezogener Zielvorgaben erforderlich ist. Ohne derartige Zielvorgaben kann eine Bewertung des Gewässerzustandes und der durchgeführten Gewässerschutzmaßnahmen nicht vorgenommen werden. Zum Beispiel wird in dicht bebauten Gebieten vielfach keine optimale Gewässerstruktur mehr erreicht werden können. Dort sollte aber zumindest eine gute Wasserqualität und eine ungestörte Durchgängigkeit gewährleistet werden.

Der Umweltrat begrüßt ferner die Anstrengungen der LAWA und des Umweltbundesamtes, bei der Erarbeitung des neuen Gewässergüteatlas nach Gütezielen für die Trinkwassernutzung und den Schutz aquatischer Lebensgemeinschaften zu unterscheiden.

121.* Der Umweltrat regt weiterhin eine Evaluierung aller neuen Förderprogramme an, die Auswirkungen auf die Gewässergüte haben, um die Erfolge im Bereich des Gewässerschutzes und die Notwendigkeit weiterer Maßnahmen besser beurteilen zu können.

122.* Die geänderte und anspruchsvollere Sichtweise bezüglich der Fließgewässer erfordert es auch, dass die letzten in ihren natürlichen Funktionen noch erhaltenen Fließgewässer vor Eingriffen in die Flussmorphologie und den Wasserhaushalt bewahrt werden müssen. Aus umwelt- und verkehrspolitischen Gründen lehnt der Umweltrat den weiteren Ausbau von Flüssen zu hochleistungsfähigen Wasserstraßen ab, insbesondere wenn der Bedarf durch (bestehende) Kanalsysteme gedeckt werden kann. Der Ausbau von Mittel- und Oberelbe sowie der Bau von Staustufen an Saale und Havel sind nicht vertretbar.

123.* Die immer wieder auftretenden Hochwässer und Überschwemmungen machen deutlich, dass es einen absoluten technischen Hochwasserschutz nicht gibt. Wie der Umweltrat bereits betont hat, ist in Zukunft einerseits verstärkt dem Rückhalt von Wasser in der Fläche Aufmerksamkeit zu widmen, z. B. durch Erhaltung und Wiederherstellung eines naturnahen Gewässerzustandes oder durch Maßnahmen der Entsiegelung, durch Verhinderung der Bodenverdichtung und durch Verbesserung der Regenwasserversickerung. Andererseits ist die Anhäufung von Anlagen, von denen Gewässerschäden ausgehen können bzw. an denen gravierende Schäden entstehen können, in überschwemmungsgefährdeten Bereichen weitestgehend zu vermeiden.

Abwasserreinigung

124.* Der Umweltrat stellt fest, dass immer noch große Anstrengungen unternommen werden müssen, um die Unterschiede zwischen den alten und den neuen Bundesländern bei der kommunalen Abwasserbehandlung auszugleichen. Sowohl der Anschlussgrad an das öffentliche Kanalnetz als auch die Behandlung der Abwässer in Kläranlagen sowie die Reinigungsleistung bestehender Kläranlagen weisen in den neuen Bundesländern Defizite auf. Deutschland droht eine Klage vor dem Europäischen Gerichtshof, da nach Auffassung der Europäischen Kommission die Abwasserreinigungsstandards der Kommunalabwasser-Richtlinie für „empfindliche Gebiete" – das heißt eutrophierungsgefährdete Gebiete – in Sachsen und Sachsen-Anhalt nicht eingehalten werden. Dabei geht es vor allem um die Eliminierung von Phosphor und Stickstoff aus den kommunalen Abwässern. Um künftig zu raschen Verbesserungen zu kommen, sollten die Erfahrungen aus den alten Bundesländern genutzt werden. Hier haben sowohl zeitlich als auch nach Einwohnerzahl gestufte Zielvorgaben für den Anschlussgrad und die Reinigungsleistung in den letzten dreißig Jahren zu den bekannten Verbesserungen geführt.

Grundwasser

125.* Zum Grundwasserschutz hat der Umweltrat bereits in seinem Sondergutachten zum flächendeckend wirksamen Grundwasserschutz von 1998 ausführlich Stellung genommen. Ein systematischer Erfassungs- und Bewertungsansatz, nach dem dort vorgestellten Grundwassereinheitenkonzept kann den Ist-Zustand von Umweltsystemen wiedergeben und z. B. die Grundwasserbeschaffenheit sowie die Abschätzung ihrer Gefährdungen durch anthropogene Beeinträchtigungen beschreiben.

Der Umweltrat weist in diesem Zusammenhang erneut darauf hin, dass ein flächendeckender Schutz der Ressource Grundwasser nur in der strikten Einheit mit dem Bodenschutz realisierbar ist. Daher wird an dieser Stelle nochmals auf die Umsetzung der Forderungen zur Verbesserung des Bodenschutzes verwiesen, da dieser den bedeutendsten Beitrag zur Erreichung des Qualitätsziels „anthropogen möglichst unbelastetes Grundwasser" leistet.

Zur Wasserrahmenrichtlinie

126.* Eine Einigung über einen gemeinsamen Text des Entwurfs der Wasserrahmenrichtlinie ist erst im Laufe eines kontroversen und langwierigen Verhandlungsprozesses im Rat der EU zustande gekommen, und schwierige Verhandlungen mit dem Europäischen Parlament stehen noch aus. Daher kann bereits die Verabschiedung der Richtlinie als ein Erfolg europäischer Gewässerschutzpolitik verbucht werden. Der Umweltrat begrüßt, dass es gelungen ist, in der Richtlinie das strategische Konzept einer Kombination von Emissionsbegrenzungen und gewässergütebezogenen Anforderungen durchzusetzen. Er gibt aber zu bedenken, dass die Richtlinie mit Defiziten behaftet ist und in einem nur schwer hinnehmbaren Maße Schlupflöcher für eine Umgehung des Ziels nachhaltigen Gewässerschutzes eröffnet. Nach Auffassung des Umweltrates ist es unerlässlich, die erheblichen Unsicherheiten bei der Bestimmung der Begriffe eines „erheblich veränderten Wasserkörpers" und eines „guten ökologischen Potentials" weitgehend zu beseitigen sowie die Beurteilungs- und Ermessensspielräume der Mitgliedstaaten bei den Ausnahmevorschriften des Art. 4 Abs. 3 bis 6 einzuschränken und an einheitliche, allgemeinverbindliche und europaweit gültige Maßstäbe zu binden. Die bei den Ausnahmevorschriften der Art. 4 Abs. 3 bis 6 im Richtlinienentwurf festzustellende Unbestimmtheit, die es den Mitgliedstaaten erlaubt, nach Belieben die Umweltziele und Fristen der Richtlinie zu unterlaufen, ist aus Sicht des Gewässerschutzes nicht hinnehmbar. Deshalb müssen die Anforderungen zur Festlegung von Abweichungen deutlich präziser gefasst werden.

Allerdings wird es angesichts des in verschiedenen Fragen zum Teil erheblichen Widerstandes einzelner Mitgliedstaaten sehr schwierig sein, die Unzulänglichkeiten der Richtlinie im Laufe der kommenden Jahre durch Nachverhandlung zu beseitigen. Gleichwohl sollte die Bundesregierung vor diesen Schwierigkeiten nicht kapitulieren, sondern das Ziel eines dauerhaft umweltverträglichen Gewässerschutzes auf europäischer Ebene weiter vorantreiben. Die Beseitigung der Schwächen der Wasserrahmenrichtlinie ist gerade auch deshalb so dringend geboten, weil die Wasserrahmenrichtlinie den Grundstock für die Gewässerschutzpolitik der Europäischen Union der kommenden 20 bis 30 Jahre legen wird und abzusehen ist, dass sich Fehler in der Grundkonstruktion der Richtlinie gravierend auf den Stand des Gewässerschutzes in der EU auswirken werden.

127.* Um die Kapazitäten der Wasserwirtschaftsbehörden nicht auf Jahre hinaus ausschließlich mit dem Vollzug der Bewirtschaftungspläne nach Art. 13 der Wasserrahmenrichtlinie zu belasten, spricht sich der Umweltrat dafür aus, bei der Umsetzung der Planungsvorgaben nicht von den nationalen Maßstäben der §§ 36, 36b WHG, sondern von dem für den Schutz und die Bewirtschaftung der Gewässer absolut Notwendigen auszugehen.

Zum Hochwasserschutz

128.* Das mit der Sechsten Novelle des Wasserhaushaltsgesetzes (WHG) gestärkte wasserrechtliche Instrumentarium zum Schutz vor Hochwasser erscheint dem Umweltrat zunächst ausreichend, um eine wirksame Hochwasservorsorge zu betreiben. Der Umweltrat sieht die aktuellen Probleme des Hochwasserschutzes eher darin, dass die Länder den mit dem novellierten Wasserhaushaltsgesetz zur Verfügung gestellten Spielraum bislang noch zu wenig genutzt und mit Leben gefüllt haben. So bestehen nach wie vor Vollzugsdefizite, etwa bei der Festsetzung von Überschwemmungsgebieten oder bei der Sicherung von Retentionsflächen aufgrund der Landesplanungsgesetze und des Baugesetzbuchs. Der Umweltrat spricht sich dafür aus, vor einer erneuten Novellierung des Wasserhaushaltsgesetzes den weiteren Umsetzungsprozess abzuwarten und daraufhin zu überprüfen, inwieweit er dem Ziel eines vorsorgenden Hochwasserschutzes dadurch gerecht wird, dass er den weiteren Ausbau der

Gewässer vermeiden, natürliche Rückhalteflächen vor ihrer Inanspruchnahme sichern sowie Retentionsflächen zurückzugewinnen hilft. In Anbetracht der Unzulänglichkeiten einer an Landesgrenzen orientierten Hochwasservorsorge sollten zudem die Bemühungen um ein länderübergreifendes Hochwassermanagement in der Praxis weiter vorangetrieben werden.

Selbstverpflichtungserklärungen

129.* Der Umweltrat sieht in den Selbstverpflichtungserklärungen zum Gewässerschutz (EDTA, APEO und chemische Textilinhaltsstoffe) nach wie vor einen gangbaren Weg, die Gewässerbelastungen langfristig zu reduzieren und begrüßt deshalb die bisherigen Anstrengungen. Er weist aber gleichzeitig auf die nur unzureichend gewährleisteten Möglichkeiten der Überprüfung und Überwachung der Selbstverpflichtungserklärungen hin, da eine Überprüfung der Mengenbilanzen vorwiegend anhand der Bilanzierungen für das Geschäftsjahr und sporadischer Einzelmessungen mit zahlreichen Unsicherheiten behaftet ist. Der Umweltrat spricht sich deshalb dafür aus, die Prüf- und Kontrollmaßnahmen zu verbessern, um auf diese Weise die Glaubwürdigkeit des Systems insgesamt zu erhöhen.

Nord- und Ostsee

130.* Insgesamt ist die Situation und die Entwicklungstendenz der marinen Ökosysteme von Nord- und Ostsee weiterhin besorgniserregend, obgleich partielle Fortschritte erzielt worden sind. Neben der vielfach defizitären finanziellen und personellen Ausstattung der verantwortlichen Ministerien und Behörden sorgt oftmals mangelnder politischer Durchsetzungswille für ein Versagen der vorhandenen Schutzkonzepte.

Neben den Landesbehörden stehen in Deutschland folgende Bundesministerien in der Verantwortung für den marinen Umwelt- und Naturschutz:

– das Verkehrsministerium (mit dem Bundesamt für Seeschifffahrt und Hydrographie)

– das Landwirtschaftsministerium (mit der Bundesforschungsanstalt für Fischerei)

– das Umweltministerium (mit dem Bundesamt für Naturschutz und dem Umweltbundesamt)

– das Forschungsministerium.

Der Umweltrat sieht es für eine Effizienzsteigerung von Umwelt- und Naturschutzmaßnahmen als erforderlich an, die Koordination zwischen den verantwortlichen und beteiligten Ressorts aller Ebenen zu verbessern. Dazu ist eine Bündelung der Koordinierungsaufgaben bei einem Ministerium bzw. einer oberen Bundesbehörde anzustreben.

131.* Der Schutz der biologischen Vielfalt mariner Ökosysteme ist nur in internationaler Zusammenarbeit auf der Grundlage großräumiger Schutzkonzepte mit ausreichend großen, die Meereslandschaft repräsentierenden Schutzgebieten möglich. Anthropogen verursachte diffuse und punktuelle Nähr- und Schadstoffeinträge über den Gewässer- und Luftpfad sind wesentliche Gefährdungsfaktoren für die biologische Vielfalt von Nord- und Ostsee. Der Umweltrat wiederholt eindringlich seine Forderung nach einer weitergehenden Verringerung der Nährstoffeinträge. Maßnahmen zur Vermeidung von anthropogenen Schadstoffeinträgen in marine Ökosysteme müssen sich auch weiterhin am Vorsorgeprinzip orientieren.

Staatenübergreifende, großräumige Schutzgebiete sollten sowohl im direkten Küstenraum als auch auf offener See eingerichtet werden. Die Einrichtung solcher Schutzgebiete, insbesondere auf hoher See, wird kontrovers diskutiert. Der Umweltrat betont jedoch ihre ökologische Bedeutung als besonders seltene oder gefährdete marine Lebensräume, mit der Funktion als Rückzugs-, Regenerations- und Vernetzungsgebiete. Von entscheidender Bedeutung für den Erfolg ist die Beachtung der unterschiedlichen Anforderungen an die artspezifischen Lebensraumgrößen für die zu schützenden Populationen. Der Umweltrat unterstreicht die Forderung nach einer sofortigen Einrichtung aller bereits geplanten marinen Schutzgebiete im küstennahen Bereich von Nord- und Ostsee sowie weiterer Gebiete mit besonderer ökologischer Funktion als Vernetzungs- und Regenerationshabitate, insbesondere im Rahmen der Umsetzung der FFH-Richtlinie. Darüber hinaus sind die Gebiete von Bedeutung, welche der Umsetzung internationaler Vereinbarungen dienen.

Bestehende Ansätze eines integrierten Managements der Küstenzonen unter Berücksichtigung der Belange sowohl des Umwelt- und Naturschutzes als auch der Naturnutzung (wie z. B. Schutz der biologischen Vielfalt, Boden- und Grundwasserschutz, Küstenschutz, Erholung und Tourismus, Landbewirtschaftung, Bebauung und Verkehrserschließung) sollten ausgeweitet und gefördert werden. Der Erfolg geplanter, teilweise nutzungseinschränkender Naturschutzmaßnahmen hängt entscheidend von der Akzeptanz der Bevölkerung, insbesondere der betroffenen Nutzer ab. Daher ist es unbedingt erforderlich, durch Information und Förderung der Kommunikation aller Gruppen die Öffentlichkeit zu beteiligen.

132.* Der Umweltrat wiederholt – insbesondere auch für den erfolgreichen Schutz mariner Ökosysteme – seine Forderung nach einer weiterreichenden Novellierung des Bundesnaturschutzgesetzes. Dabei ist der marine Naturschutz besonders zu berücksichtigen. Dies gilt insbesondere für die Anpassung der Kriterien für Schutzgebiete und gegebenenfalls für die Schaffung neuer Schutzgebietskategorien.

133.* Zur Erhaltung der biologischen Vielfalt mariner Ökosysteme fordert der Umweltrat die Einstellung aller sich als nicht nachhaltig erweisenden Nutzungen von marinen Ressourcen. Dies gilt insbesondere für Nutzungsformen, die bestehende Naturschutzmaßnahmen konterkarieren. Konzepte zur Nutzung mariner, biologischer Ressourcen sollten sich am Prinzip der ökologischen Nachhaltigkeit orientieren. So kann die Fischerei bei einer rein wirtschaftsorientierten Ausrichtung zu erheblichen Beeinträchtigungen mariner Ökosysteme führen. Dies würde sich letztendlich auch nachteilig auf den Fischereiertrag auswirken. Hierzu zählen u. a. die Überfischung durch zu hohe Fangquoten mit einer unbeabsichtigten, aber fischereitechnisch bedingten hohen Beifangquote sowie eine Beeinträchtigung des Meeresbodens mit Benthoszerstörung durch ökologisch nicht tragfähige Fischereitechniken (z. B. Baumkurrenfischerei). Die Ausübung einer ökologisch tragfähigen Fischerei setzt detaillierte biologische Kenntnisse über die genutzten Arten in ihren Lebensräumen voraus. Diese Voraussetzung unterstreicht die Notwendigkeit einer ökologischen Dauerbeobachtung von marinen Ökosystemen. Basierend auf den Beobachtungsergebnissen eines solchen Monitorings können Empfehlungen zur ökologisch tragfähigen Nutzung erarbeitet werden und in ein nachhaltiges Fischereimanagement einfließen.

2.4.4 Klimaschutz und Luftreinhaltung

134.* Die Umweltprobleme im Bereich der Atmosphäre interagieren in der Regel und Maßnahmen sind meist über den primär angegangenen Problembereich hinaus wirksam. Gleichwohl werden in der umweltpolitischen Herangehensweise Umweltprobleme nach wie vor zu isoliert betrachtet. Intramediale Wechselwirkungen, wie etwa die zwischen Treibhauseffekt und Ozonloch, ebenso wie intermediale Wechselwirkungen, wie die Belastung des Grundwassers durch sekundäre Luftschadstoffe über den Eintragspfad Luft-Boden-Grundwasser, werden nicht ausreichend berücksichtigt. Insbesondere verlangen die intermedialen Wechselwirkungen, dass Ziele auch aus der Sicht anderer Umweltmedien als der Atmosphäre festgelegt werden, die Maßnahmen aber in den Bereichen der Luftreinhaltung ergriffen werden. Ansätze dazu sind in der europäischen und deutschen Klimaschutz- und Luftreinhaltepolitik inzwischen vorhanden.

Zu den Zielen im Klimaschutz

135.* Nach Artikel 2 des Rahmenübereinkommens der UN über Klimaänderungen wird angestrebt, „die Stabilisierung der Treibhausgaskonzentrationen auf einem Niveau zu erreichen, auf dem eine gefährliche anthropogene Störung des Klimasystems verhindert wird."

Die wichtigsten durch anthropogene Aktivitäten emittierten Treibhausgase sind Kohlendioxid (CO_2), Methan (CH_4), Distickstoffoxid (N_2O), teilfluorierte Kohlenwasserstoffe (HFC), Perfluorkohlenstoffverbindungen (PFC) sowie Schwefelhexafluorid (SF_6).

Die Zielformulierung der Klimarahmenkonvention erfordert wegen der begrenzten natürlichen Anpassungsfähigkeit der Ökosysteme eine Beschränkung der anthropogen verursachten Erwärmung auf weniger als 1 °C innerhalb eines Jahrhunderts. Daraus können mit Hilfe von Klimamodellen die maximal zulässigen Treibhausgaskonzentrationen sowie die korrespondierenden jährlichen globalen Emissionen abgeleitet werden. Es ergibt sich die Notwendigkeit, die weltweiten CO_2-Emissionen um einen beträchtlichen Anteil zu reduzieren.

Als Handlungsziel im Bereich Klimaschutz wurde von der Bundesregierung die Reduktion der nationalen CO_2-Emissionen gegenüber 1990 um 25 % bis zum Jahr 2005 festgelegt.

136.* Das deutsche Klimaschutzziel steht im Einklang mit den einschlägigen Forschungsergebnissen. Allerdings fand eine Beteiligung der relevanten Akteure bei der Formulierung des Zielkonzepts ebenso wie die systematische Ermittlung von Reduktionsmöglichkeiten überhaupt nicht oder erst nach Festlegung des Ziels statt. Eine nachträgliche Legitimation durch gesellschaftlichen Konsens erfuhr das Klimaschutzziel während der Erarbeitung des Schwerpunktprogramms durch das BMU in den Jahren 1996/1997, also mehr als sechs Jahre nach dem Kabinettsbeschluss zur Minderung der Treibhausgasemissionen. Es ist daher verständlich, dass in Deutschland zu Beginn der neunziger Jahre viel Augenmerk auf die Auseinandersetzung über die Sinnhaftigkeit und Höhe des Klimaschutzziels gerichtet wurde und dadurch Möglichkeiten ungenutzt blieben, frühzeitig Rahmenbedingungen für das Handeln des Einzelnen sowie der Wirtschaft abzustecken und damit strukturelle Veränderungen in Richtung auf eine geringere CO_2-Intensität einzuleiten.

Defizite in der Zielerreichung für den Klimaschutz

137.* Der nun weitgehende gesellschaftliche Konsens über das Klimaschutzziel garantiert indessen nicht das Erreichen des nationalen Reduktionsziels. Jüngsten Schätzungen zufolge sanken die CO_2-Emissionen in Deutschland zwischen 1990 und 1999 um 15,5 Prozent. Der weitaus größte Teil dieser Emissionsminderung war vereinigungsbedingt und nicht auf gezielte Klimaschutzmaßnahmen zurückzuführen. Nach dem Auslaufen der ostdeutschen Sonderentwicklung wurden nur noch geringfügige Emissionsminderungen erreicht.

Mit Ausnahme der perfluorierten Kohlenwasserstoffe waren die Emissionsverläufe der übrigen Treibhausgase des Kyoto-Protokolls durch Stagnation, zum Teil aber auch durch große Zuwächse gekennzeichnet. Deutschland befindet sich folglich nicht auf einem Reduktionspfad, der die Zielerreichung bis 2005 ermöglichen könnte. Vielmehr wird die Diskrepanz zwischen Emissionssituation und Klimaschutzziel weiter wachsen, wenn nicht zusätzliche Anstrengungen unternommen werden. Nicht zuletzt die Beendigung der Nutzung der Atomenergie setzt dabei zunehmend enger werdende Grenzen.

Angesichts der Dringlichkeit, dem hohen Risiko anthropogen ausgelöster Klimaveränderungen aus Vorsorgegründen entgegenzuwirken, und der richtungsweisenden Wirkung des deutschen Klimaschutzziels bei den internationalen Klimaverhandlungen begrüßt der Umweltrat das Festhalten der Bundesregierung am 25-%-Ziel.

Eine grundlegende Ursache für den schleppenden Fortgang der Emissionsminderung der Treibhausgase sieht der Umweltrat darin, dass die Zielformulierung nicht mit der Ausarbeitung einer schlüssigen und umfassenden Strategie zur Zielerreichung verbunden wurde. Das Fehlen einer solchen Strategie zeigt sich auch in der Bewertung der bis zum ersten Klimaschutzbericht der Bundesregierung ergriffenen Maßnahmen durch die Studie „Politikszenarien für den Klimaschutz". Gerade neun der 116 damals aufgeführten Maßnahmen wurde ein wesentlicher Beitrag zum Erreichen des Klimaschutzziels attestiert. Dem Großteil der Maßnahmen wurde lediglich ein geringer, einer Maßnahme sogar ein kontraproduktiver Effekt bescheinigt.

Ohne weitergehende Maßnahmen wird das Klimaschutzziel nicht zu erreichen sein. Der Umweltrat räumt deshalb der Entwicklung einer Klimaschutzstrategie absolute Priorität ein, um eine langfristige Reduktion der Treibhausgasemissionen über das Jahr 2005 hinaus zu gewährleisten. Die Gefahr einer Diskreditierung der bisherigen Rolle Deutschlands bei den Klimaverhandlungen, die mit Rückschlägen für den internationalen Klimaschutz verbunden sein kann, sieht der Umweltrat nur, wenn Deutschland das selbst gesteckte Ziel deutlich verfehlt und eine solche Strategie bis dahin nicht entwickelt wurde.

Zu den Zielen für andere Luftschadstoffe

138.* Die Beteiligung einzelner Luftschadstoffe an unterschiedlichen Umweltproblemen innerhalb der Atmosphäre ebenso wie über die medialen Grenzen hinaus macht eine zusammenführende Betrachtung der relevanten Umweltbereiche bei der Zielfindung und ein hohes Maß an Koordination bei der Wirkungsabschätzung und der Entwicklung von Maßnahmen dringend erforderlich. Ein solcher integrativer Ansatz zeichnet sich in der europäischen Luftreinhaltungspolitik in ersten Zügen ab. Jedoch wertet der Umweltrat die Integration insbesondere des Klimaschutzes in die Zielfindung und die Maßnahmenentwicklung der anderen Problembereiche auf europäischer und besonders auf nationaler Ebene als unzureichend und fordert eine weitergehende Zusammenführung von Klimaschutz und klassischer Luftreinhaltung.

139.* Die übergeordneten Ziele für versauernd wirkende Stoffe und Ozonvorläuferverbindungen sind in internationalen Abkommen formuliert, die wegen des grenzüberschreitenden Transports von Luftschadstoffen gegenüber ausschließlich nationalen Bemühungen eine effektivere Bekämpfung der Umweltprobleme gewährleisten. Die Einbeziehung von ökonomischen und politischen Erwägungen schwächt zwar in der Regel die auf wissenschaftlicher Basis formulierten Forderungen ab, garantiert aber, dass die im Rahmen der internationalen Vereinbarungen eingegangenen Verpflichtungen zur Emissionsreduktion sowohl technisch als auch ökonomisch vertretbar sind. Dass dadurch Umweltziele auch hinter dem Machbaren zurückbleiben können, zeigen die EU-Versauerungsstrategie und der daraus entstandene Richtlinienvorschlag über nationale Emissionshöchstgrenzen für bestimmte Luftschadstoffe.

Zur Integration des Klimaschutzes und der Luftreinhaltung

140.* Die Emissionsverläufe für einige wesentliche Luftschadstoffe weisen erhebliche Reduktionserfolge aus, wenngleich weder für SO_2 noch für NO_x und VOC eine Zielerreichung als gesichert gelten kann. Festzustellen ist außerdem, dass ein wesentlicher Anteil der erreichten Emissionsminderung durch das ungebremst steigende Transitverkehrsaufkommen zunichte gemacht wurde. Angesichts der Defizite in der Zielerreichung und zurückgehender jährlicher Emissionsminderungsraten sieht der Umweltrat die Notwendigkeit, neue weitreichende Maßnahmenbündel mit besonderem Nachdruck in den Bereichen Verkehr (NO_x, VOC), stationäre Energieumwandlung (SO_2) und Lösemittelanwendungen (VOC) zu entwickeln. Diese Maßnahmen müssen mit den Klimaschutzmaßnahmen kompatibel sein und sollen gleichzeitig zu einer Verminderung der Treibhausgasemissionen führen.

141.* Die wichtigsten Emissionen von Luftschadstoffen entstehen nach wie vor in allen Bereichen der Nutzung fossiler Energieträger. Weil herkömmliche Abgasbehandlungstechnologien nicht zu einer Minderung der CO_2-Emissionen führen können und außerdem einen Entwicklungsstand erreicht haben, von dem aus die Einhaltung schärferer Grenzwerte und weitere Emissionsminderungen nur mit hohem technischen und finanziellen Aufwand zu erreichen sind, muss eine *kombinierte Strategie* des Klimaschutzes und der Luftreinhaltung aus vier Elementen bestehen, deren Priorität der nachstehenden Reihenfolge entspricht:

– Minderung des Einsatzes von Energieträgern ohne Beeinträchtigung der (gesamtwirtschaftlichen) Produktivität; dies kann unter anderem mit Maßnahmen zur Energieeinsparung, der rationellen Energieanwendung, Verkehrsvermeidung und Öffentlichkeitsarbeit erreicht werden. Da auch die Umwandlung regenerativer Energien mit Emissionen beim Anlagenbau und bei der Bereitstellung verbunden ist, gilt dies auch für regenerative Energien.

– Minderung der Entstehung von Luftschadstoffen bei der Energieumwandlung direkt. Hierzu sind Wirkungsgradsteigerungen in allen Bereichen, die Substitution kohlenstoff(C)- und schwefel(S)-reicher Energieträger durch C- und S-arme Energieträger und die Substitution emissionsintensiver Prozesse durch emissionsärmere dringend notwendig, wobei die Qualität der Energiedienstleistung möglichst keine oder geringe Einschränkungen erfahren sollte. Außerdem müssen weitere Technologien entwickelt und angewendet werden, die höhere Wirkungsgrade besitzen und unter anderem durch geeignete thermodynamische Bedingungen im Verbrennungsraum von Kraftwerksanlagen und Motoren die Entstehung von Stickstoffoxiden weiter vermindern.

– Die Förderung von regenerativen Energien, von Technologien zur rationellen Energieanwendung und Energieeinsparung und von Technologien zur integrierten Vermeidung und Kontrolle der Umweltverschmutzung sollte sich an deren potentiellem Beitrag zur Schadstoffvermeidung und zur Energieversorgung, an ihrer Entwicklungsreife und den Schadstoffvermeidungskosten orientieren. Die Verantwortung für die Markteinführung anwendungsreifer Technologien muss in erster Linie beim Anbieter liegen.

– Erst an vierter Stelle sieht der Umweltrat die Notwendigkeit, die bestehenden Technologien der nachgeschalteten Abgasbehandlung weiterzuentwickeln. Erhebliche Wirkung dürfte dabei von Maßnahmen ausgehen, die zur Nachrüstung oder frühzeitigen Stilllegung von Altanlagen und Altkraftfahrzeugen führen.

Verknüpfung der kombinierten Strategie mit anderen Politikfeldern

142.* Klimaschutz ist ein zentraler Bestandteil der Nachhaltigkeitspolitik. Eine kombinierte Klimaschutz-/Luftreinhaltungsstrategie muss deshalb außer der ökologischen auch die wirtschaftliche und gesellschaftliche Nachhaltigkeit gewährleisten. Dies kann nur durch eine Integration der *kombinierten Klimaschutz-/Luftreinhaltungsstrategie* in die Politikbereiche Wirtschaft, Arbeit, Verkehr, Wohnen etc. geschehen. Die in Deutschland bestehenden Verkehrsstrukturen sind nicht nur für einen Großteil der Luftschadstoffemissionen verantwortlich. Flächenverbrauch durch Verkehrswegebau, Verkehrslärm und andere verkehrsbedingte Gesundheitsbeeinträchtigungen belasten Umwelt und Gesellschaft zusätzlich. Deshalb verspricht die Einbeziehung des Klimaschutzes in die Verkehrspolitik eine besondere Effizienz. Kurzfristige Maßnahmen sollten zu einer Steigerung der Konkurrenzfähigkeit derjenigen Verkehrs- und Transportsysteme führen, die mit den geringsten Umweltbelastungen verbunden sind. Mittel- und langfristige Maßnahmen müssen auf einen Umbau der Verkehrsstrukturen in Deutschland, auf die Schaffung von verkehrsvermeidenden, flächenextensiven und gesellschaftsverträglichen Siedlungs-, Wohn- und Arbeitsstrukturen zielen. Zur Anlastung der externen Kosten (Verkehrsinfrastruktur ebenso wie Umweltschäden), die eine grundlegende Voraussetzung hierfür ist, verweist der Umweltrat auf sein Umweltgutachten 1996.

Ökonomische Aspekte der Umsetzung wirksamer klimaschutzpolitischer Maßnahmen

143.* Hinsichtlich der wirtschaftlichen Bewertung von Klimaschutzmaßnahmen muss zwischen einzel- und gesamtwirtschaftlichen Kosten unterschieden werden.

Für die Entscheidungsträger in der Klimapolitik, die über Umfang und zeitliche Verteilung von Klimaschutzmaßnahmen entscheiden, ist die gesamtwirtschaftliche Perspektive zur Beurteilung ihrer Politikoptionen maßgeblich. Im Hinblick auf Kosten interessiert hier die Frage, inwiefern ihre Politik mit anderen gesamtwirtschaftlichen Zielen wie Beschäftigungszuwachs und Sozialproduktswachstum vereinbar ist. Die enorme Bandbreite makroökonomischer Auswirkungen in den einzelnen wissenschaftlichen Untersuchungen über diese Fragen spiegelt die teilweise erhebliche Variation der makroökonomischen Einbettung von klimapolitischen Maßnahmen wider. So hängt beispielsweise der Beschäftigungseffekt einer CO_2-Steuer wesentlich davon ab, welche Reaktionen dem Tarifpartner im Modell unterstellt werden. Entscheidend für die makroökonomischen Wirkungen ist also nicht die eigentliche Klimapolitik, sondern der wirtschaftspolitische Rahmen, in den die einzelne Maßnahme eingebettet wird.

Allen gesamtwirtschaftlichen Analysen gemein ist, dass sie die vermiedenen externen Kosten nicht berücksichtigen. Da hierin jedoch der primäre Nutzen der Klimapolitik zum Ausdruck kommt, der gegen die Kosten abzuwägen ist, sollte dieser Aspekt zumindest qualitativ berücksichtigt werden. Die Schwierigkeiten liegen in naturwissenschaftlichen Unsicherheiten, in der Wahl der Methoden zur Diskontierung und unter anderem auch in der monetären Bewertung von Ökosystemen oder gar Todesfolgen. Die Bandbreite der spezifischen externen Kosten zwischen 30 und knapp 1 000 DM pro emittierter Tonne CO_2 ist Ausdruck dieser Schwierigkeiten.

Zusätzlich zur Reduktion der Treibhausgasemissionen führen CO_2-spezifische Maßnahmen auch zu weiteren Umweltentlastungen im Bereich anderer Luftschadstoffe. Die damit verbundene Reduktion der externen Kosten müsste folglich noch zu den vermiedenen externen Kosten des Klimawandels hinzugerechnet werden.

144.* Allerdings kann es Maßnahmen des Klimaschutzes geben, die gesamtwirtschaftlich rentabel, einzelwirtschaftlich jedoch unrentabel sind. Die Ursache hierfür können Wirkungsbrüche sein, die verhindern, dass höhere Energie- bzw. Emissionspreise an alle Beteiligten in der Kette der konsekutiven Verursacher der Emissionen weitergegeben werden. Um dennoch den gesamtwirtschaftlich rentablen Maßnahmen zur Umsetzung zu verhelfen, bedarf es eines die Auspreisung ergänzenden Instrumentariums.

145.* Darüber hinaus gibt es eine Reihe von Optionen zur Emissionsminderung, bei denen sich die notwendigen Investitionskosten innerhalb verhältnismäßig kurzer Zeit amortisieren und damit zu einzelwirtschaftlichem und gesamtwirtschaftlichem Nutzen führen. Verschiedene Abschätzungen des sogenannten *no regret*-Potentials ergaben, dass auf diese Art etwa 20 % der deutschen CO_2-Emissionen vermieden werden können. Der Umweltrat fordert, die Realisierung des *no regret*-Potentials prioritär zu verfolgen. Die Auspreisung der Emissionen kann dazu einen wesentlichen Beitrag leisten.

Zu einzelnen Maßnahmen

Klimaerklärung der deutschen Wirtschaft

146.* In einigen Branchen der deutschen Wirtschaft konnten seit 1990 die spezifischen CO_2-Emissionen deutlich gesenkt werden. Die kausale Zuordnung zu Klimaschutzmaßnahmen ist allerdings fraglich. Im Jahr 1997 ist ein deutlicher, unter anderem konjunktur- und witterungsbedingter Anstieg der absoluten Emissionen eingetreten. Die Nachvollziehbarkeit der Klimaschutzanstrengungen der deutschen Wirtschaft aufgrund der Selbstverpflichtungserklärung von 1995/96 ist umstritten. Aus dem bisherigen Monitoring des Rheinisch-Westfälischen Instituts für Wirtschaftsforschung muss geschlossen werden, dass die Selbstverpflichtung in ihrer jetzigen Form keinen nennenswerten Beitrag zum Klimaschutz leistet.

Der Umweltrat geht davon aus, dass für den Klimaschutz ausschließlich die Minderung der tatsächlichen Emissionen von Bedeutung ist, und fordert deshalb, bei der Weiterentwicklung der Erklärung sich ausschließlich auf die absoluten Emissionen der teilnehmenden Branchen als Basis- und Zielgröße zu beziehen. Eine Bereinigung der Daten sollte aus demselben Grund nicht stattfinden. Statt dessen sollten Basis- und Zielgröße nicht auf einen Zeitpunkt, sondern auf einen Zeitraum von mehreren Jahren bezogen werden. Die Mittelung gleicht saisonale und kurzfristige konjunkturelle Schwankungen aus und ist mit geringeren Unsicherheiten behaftet als ein Bereinigungsverfahren. Die Anforderung, dass die Emissionsreduktion durch besondere Anstrengungen entstehen muss, sollte entfallen und durch eine graduelle Verschärfung des Reduktionsziels ausgeglichen werden. Insgesamt könnten die Vorschläge zu einer Abschwächung der Verpflichtung führen. Die höhere Verbindlichkeit und die Nachvollziehbarkeit reichen aber aus, um dies auszugleichen.

Sollte in den nächsten Monitoringberichten die Wirksamkeit der Selbstverpflichtung nicht überzeugend dargelegt werden können, hält es der Umweltrat für erforderlich, alternativ die bisher ausgesetzte Wärmenutzungsverordnung zu realisieren.

Energieeinsparverordnung

147.* Die Energieeinsparverordnung soll als Zusammenführung der Dritten Wärmeschutzverordnung und der Heizungsanlagenverordnung den Energiebedarf überwiegend der Neubauten reduzieren. Der Umweltrat begrüßt grundsätzlich die Konzeption des Entwurfs der Verordnung. Er hält aber bis zur Verabschiedung der Verordnung noch einige Änderungen für angebracht: Die Höchstwerte für Primärenergie-, Heizenergie- und Heizwärmebedarf sollten nicht wie im Entwurf vorgesehen vom Verhältnis der Gebäudeoberfläche zum umbauten Raum, sondern ausschließlich von der Gebäudefläche abhängig sein, da andernfalls eine stark gegliederte Bauweise durch schwächere Anforderungen begünstigt wird. Das vereinfachte Verfahren für kleinere Wohngebäude sollte ersatzlos gestrichen werden, da es gegen die umfassende Konzeption verstößt, Gestaltungsspielräume einschränkt, keine wesentlichen Vereinfachungen in der Bauplanungsphase mit sich bringt und zudem kostenerhöhend wirken kann. Die Bevorzugung der elektrischen Wärmebereitstellung an unterschiedlichen Stellen des Entwurfs ist aus primärenergetischer und ökologischer Sicht unsinnig und sollte in die endgültige Fassung der Energieeinsparverordnung ebenfalls keinen Eingang finden. Schließlich wird es unerlässlich sein, den Vollzug der künftigen Energieeinsparverordnung effizienter zu regeln, als dies bei der Dritten Wärmeschutzverordnung der Fall war.

Der Umweltrat weist ausdrücklich darauf hin, dass das wesentliche Energieeinsparpotential nicht im einfach zu regulierenden Neubaubereich, sondern im, dem Ordnungsrecht nur schwer zugänglichen, Gebäudebestand liegt. Die Instrumente Energiebedarfsausweis und Heizkostenspiegel können in diesem Bereich im Zusammenhang mit Förder- und Informationsmaßnahmen wesentlich zur Emissionsminderung beitragen.

100 000-Dächer-Programm

148.* Mit dem 100 000-Dächer-Programm wird die Installation von Photovoltaikanlagen mit einer bestimmten installierten Spitzenleistung gefördert. Gemessen am Beitrag, den die Photovoltaik in absehbarer Zeit zur Energieversorgung leisten kann, und gemessen an den CO_2-Vermeidungskosten kann die Förderung der Photovoltaik in Deutschland derzeit nicht als nennenswerter Beitrag zum Klimaschutz bezeichnet werden. Allenfalls könnte die Förderung der Photovoltaik zur Schaffung von Arbeitsplätzen führen. Im übrigen besteht die Gefahr, dass andere Techniken, die derzeit schon zu niedrigeren Kosten ein höheres CO_2-Vermeidungspotential haben, durch ungleiche Förderung Nachteile am Markt erleiden. In Gebieten mit höherem Strahlungsangebot (äquatornah) oder in Inselanwendungen sieht der Umweltrat hingegen Möglichkeiten zum effektiven und wirtschaftlichen Einsatz der Photovoltaik. Er fordert, die Förderung und den Einsatz dieser Technologien von der Bewertung ihres potentiellen Beitrags zur Energieversorgung und von ihren CO_2-Vermeidungskosten abhängig zu machen und ihren Einsatz innerhalb einer Nachhaltigkeitsstrategie aufeinander abzustimmen.

Sommersmogregelung

149.* Angesichts des abnehmenden Trends der Ozonspitzenwerte in den neunziger Jahren und jüngerer Forschungsergebnisse hält der Umweltrat die Novellierung des Ozongesetzes für ungeeignet und überwiegend wirkungslos. Statt dessen müssen Stickstoffoxid- und Kohlenwasserstoffemissionen dauerhaft verringert werden. Solche Maßnahmen müssen über Europa hinaus ergriffen werden.

Zur Verminderung der Stickstoffoxidemissionen auf nationaler Ebene hält der Umweltrat langfristige Maßnahmen zur Verkehrsvermeidung und -verlagerung für dringend geboten. Sie sollten durch die verbindliche Einführung von Abgasreinigungssystemen für alle dieselgetriebenen Fahrzeuge und die Einbeziehung von Altfahrzeugen in die Emissionsminderung ergänzt werden. Energieeinsparung und rationelle Energieanwendung sollten durch Wirkungsgradsteigerungen im Kraftwerksbereich einen weiteren Beitrag leisten. Eine Verschärfung der Anforderungen der 13. Bundes-Immissionsschutzverordnung hält der Umweltrat wegen der in diesem Bereich schon erreichten Emissionsminderungen und aus Kostengründen derzeit nicht für geboten.

150.* Bezüglich der Kohlenwasserstoffemissionen müssen mit Nachdruck die Emissionen aus der lösemittelverarbeitenden Industrie und aus der Anwendung lösemittelhaltiger Produkte in Gewerbe und Haushalten verringert werden. Besondere Aufmerksamkeit muss dabei den Lösemitteln mit hohem Ozonbildungspotential gelten. Außerdem müssen Emissionen unverbrannter Kohlenwasserstoffe aus motorisierten Zweirädern begrenzt werden.

Störfallverordnung

151.* Die Änderung der Störfallverordnung im April 1998 hat zu einer Gleichbehandlung von Personen innerhalb und außerhalb des Betriebes geführt. Zusätzlicher Änderungsbedarf ergibt sich durch die Seveso-II-Richtlinie, nach der nur noch auf das Vorhandensein bestimmter gefährlicher Stoffe in bestimmten Mengen in Betriebsbereichen abgestellt wird, während die Störfallverordnung auf bestimmte Anlagen Bezug nimmt. Dadurch wird der sachliche Anwendungsbereich des Störfallrechts zum einen um nicht-genehmigungsbedürftige Anlagen und zum anderen um Neben- und Infrastruktureinrichtungen erweitert. Dies führt zu einer an sich sinnvollen Gesamtbetrachtung. Mit der Vergrößerung des Bezugobjektes (Betriebsbereich anstelle von Anlage) wurden allerdings die Schwellenwerte für die gefährlichen Stoffe überwiegend deutlich angehoben, wobei gefährliche Stoffe nur begrenzt als Einzelstoffe aufgeführt, im übrigen aber lediglich durch Kriterien der Gefährlichkeit der Stoffe gekennzeichnet sind. Insoweit führt die Seveso-II-Richtlinie zu einer Abschwächung der Störfallvorsorge.

Drei Bundesländer hatten in einem Verordnungsentwurf eine deckungsgleiche Übernahme der Anforderungen der Seveso-II-Richtlinie unter Wegfall des bisherigen Störfallrechts vorgeschlagen (1:1-Lösung), während die Bundesregierung in ihrem Verordnungsentwurf eine additive Lösung, bei der die Regelungen der Störfallverordnung beibehalten und um die weitergehenden Anforderungen der Seveso-II-Richtlinie ergänzt werden, favorisiert. Bei einer deckungsgleichen Umsetzung der Seveso-II-Richtlinie wird damit gerechnet, dass über die Hälfte der etwa 8 000 störfallrelevanten Anlagen nicht mehr dem Geltungsbereich einer Störfallregelung fallen würden.

Der Entwurf der Bundesregierung wurde mit weitreichenden Änderungen, die im Ergebnis eine weitgehende Annäherung an den Länderentwurf darstellen, vom Bundesrat gebilligt. Dabei ist der im Regierungsentwurf enthaltene Stoffkatalog um circa 90 % reduziert worden. Darüber hinaus wurden die anlagenbezogenen Regelungen des Regierungsentwurfs fast vollständig gestrichen. Dies führt dazu, dass insbesondere kleine Betriebsbereiche, in denen nur eine Anlage betrieben wird, aber auch große Industriestandorte, auf deren Gebiet mehrere unterschiedliche Betreiber Anlagen unterhalten, nicht mehr dem Störfallrecht unterfallen werden. Nach Auffassung des Umweltrates resultiert daraus eine erhebliche Absenkung des Schutzes vor Störfällen. Auch wenn gegenwärtig noch nicht alle Implikationen eines neuen Störfallrechts abzusehen sind, hält der Umweltrat eine anspruchsvolle Regelung, die nicht hinter dem bisherigen Zustand zurückbleibt, für notwendig. Der Umweltrat empfiehlt ferner, anlässlich der Novellierung die drei störfallbezogenen Verwaltungsvorschriften zusammenzufassen und entsprechend zu erweitern, um einen verbesserten bundeseinheitlichen Vollzug zu gewährleisten.

Richtlinie über Emissionsgrenzwerte für Verbrennungsmotoren

152.* Ergänzend zu den bestehenden Regelungen, die Verbrennungsmotoren in Kraftfahrzeugen betreffen, werden in der Richtlinie über Emissionsgrenzwerte für Verbrennungsmotoren Vorschriften auch für Abgase von Verbrennungsmotoren in mobilen Maschinen erlassen. Zum einen wird ein detailliertes Typengenehmigungsverfahren geschaffen, zum anderen werden für Dieselmotoren Emissionsgrenzwerte eingeführt. Dadurch sollen die Partikelemissionen von Dieselfahrzeugen um 67 Prozent reduziert werden. Der Umweltrat unterstützt diesen weitreichenden Ansatz zur Festsetzung von Emissionsgrenzwerten, hält aber auch Regelungen für mobile Benzinmotoren sowie für Motoren von land- und forstwirtschaftlichen Zugmaschinen für erforderlich.

21. Bundes-Immmissionsschutzverordnung – Vermeidung der betankungsbedingten Tankstellenemissionen von Ottokraftstoff

153.* Die 21. BImSchV hat eine Pflicht zur Nachrüstung von Tanksäulen mit Gasrückführungsanlagen zur Verringerung von betankungsbedingten Emissionen von Ottokraftstoff (Kohlenwasserstoffe und Benzol) eingeführt. Die aktuelle Situation ist jedoch durch häufige Fehlfunktionen der Anlagen bis hin zu unbemerkten Totalausfällen gekennzeichnet. Der Umweltrat fordert daher in Anlehnung an die 51. Umweltministerkonferenz die Ausstattung aller gasrückführungspflichtigen Tankstellen mit Schnelltestsystemen zur regelmäßigen Funktionskontrolle und innerhalb einer Übergangsfrist die Ausrüstung mit automatischen Überwachungseinrichtungen. Dies kann im Rahmen einer Selbstverpflichtungserklärung der Mineralölwirtschaft geschehen.

Zur Umsetzung der Europäischen Luftreinhaltepolitik und zur Zukunft der TA Luft

154.* Die TA Luft (1. BImSchVwV) enthält für die Genehmigung von Anlagen relevante Regelungen zur Luftreinhaltung. Sie wurde zuletzt 1986 novelliert und spiegelt daher den aktuellen Stand der wissenschaftlichen Erkenntnis und der Technik nicht mehr wider. Sie ist zum Teil auch durch die inzwischen verabschiedeten Richtlinien der Europäischen Union im Bereich der Luftreinhaltung überholt. Zudem gibt es inzwischen eine Reihe von Regelungen, die der Umsetzung von EG-Richtlinien im Bereich der Luftreinhaltung dienen, die aus Gründen der Rechtsverbindlichkeit nicht in die TA Luft integriert werden können. Deren Zahl wird künftig weiter steigen.

Der Umweltrat spricht sich dafür aus, eine Novellierung der TA Luft mit der noch ausstehenden nationalen Umsetzung von EG-Richtlinien auf der Ebene einer Rechtsverordnung zu verbinden, sämtliche untergesetzlichen Regelungen im Bereich der Luftreinhaltung darin zusammenzufassen und schließlich den Zeitrahmen und weitere Inhalte mit den geplanten, weiteren Tochterrichtlinien zur Luftqualitätsrahmenrichtlinie abzustimmen.

Immissionsgrenzwerte sollten neben dem Schutz der menschlichen Gesundheit und dem Schutz vor erheblichen Beeinträchtigungen künftig auch den Schutz der Ökosysteme bezwecken. Dies beinhaltet einerseits die Übernahme der Immissionsgrenzwerte der europäischen Luftreinhalterichtlinien, andererseits die Einbeziehung neuerer Kenntnisse über die human- und ökotoxischen Eigenschaften der übrigen bereits in der TA Luft geregelten Stoffe, sowie die Prüfung, ob für bisher nicht geregelte Stoffe Immissions- oder Emissionsgrenzwerte festgelegt werden sollten. Mit den in der TA Luft beschriebenen Verfahren zur Ermittlung des Beurteilungsgebietes und zur Abschätzung der durch eine Anlage verursachten, zusätzlichen Belastung werden bislang der Wirkungsbereich einer Anlage sowie die Höhe der ihr zuzuschreibenden Immissionen systematisch unterschätzt. Der Umweltrat fordert daher, die Grundlagen des Genehmigungsverfahrens auf eine Basis zu stellen, die dem Stand der Ausbreitungsrechnung entspricht. Dabei sollten Orte, an denen Immissionen unter anderem wegen überdurchschnittlich langer Aufenthaltsdauer von Menschen in diesem Bereich oder wegen Vorhandensein besonders empfindlicher Ökosysteme ihre größte Wirksamkeit entfalten können, gesondert berücksichtigt werden.

Kraftstoffqualitäten

155.* Die Richtlinie 98/70/EG sieht die Einführung neuer Kraftstoffqualitäten in zwei Stufen bis 2005 vor. Im wesentlichen werden durch die Richtlinie die Grenzwerte für den Schwefel-, Benzol- und Aromatengehalt neu definiert. Die Richtlinie stellt einen wesentlichen Schritt in Richtung auf saubere Kraftstoffe dar. Jedoch zeigt der Vergleich mit bereits in Kalifornien, Japan und in Teilen Skandinaviens eingeführten Kraftstoffqualitäten, dass stärkere Reduktionen des Schwefel- und Aromatengehaltes möglich gewesen wären. So wird erst der ab 2005 verbindlich einzuführende Schwefelgehalt von 50 ppm die Einführung des verbrauchsarmen Ottomagermotors erlauben. Die Festschreibung des Aromatengehaltes auf 35 % erschließt das wichtigste Minderungspotential für das kanzerogene Benzol nur zum Teil. Eine stärkere Begrenzung wäre vor dem Hintergrund des Richtlinienvorschlages über Benzol und Kohlenmonoxid in der Luft wichtig gewesen.

Der Umweltrat begrüßt die in diesem Zusammenhang beschlossene steuerliche Förderung für schwefelarme und schwefelfreie Kraftstoffe, merkt aber an, dass diese zu einem zu späten Zeitpunkt einsetzt. National sowie auf europäischer Ebene sollte der Absenkung der Aromatengehalte mehr Aufmerksamkeit geschenkt werden. Darüber hinaus sollten künftig auch die Schwefelgehalte von in der (Binnen-)Schifffahrt eingesetzten Kraftstoffen reduziert werden.

Abgasgrenzwerte

156.* Mit der Richtlinie 98/69/EG treten bis zum Jahr 2008 sukzessiv schärfere Abgasgrenzwerte für Pkw und leichte und schwere Nutzfahrzeuge in Kraft. Die Anzahl der Fahrzeuge, die beim Inkrafttreten der Euro 2-Norm bereits die schärferen Euro 3- oder 4-Werte erfüllten, zeigt, dass die Grenzwerte insgesamt hätten schärfer formuliert werden können. Darüber hinaus sind die Emissionsgrenzwerte für Diesel-Pkw hinsichtlich der Kohlenwasserstoffe und Stickstoffoxide nach wie vor schwächer als die entsprechenden Werte bei Pkw mit Fremdzündungsmotoren. Auch ab 2005 werden sie eine Abgasreinigung nicht für alle Diesel-Pkw zwingend erforderlich machen. Der Umweltrat wertet dies als ungerechtfertigte Begünstigung des Dieselantriebs und fordert weitere Schritte zur Weiterentwicklung der europäischen Abgasgrenzwerte.

Dieselrußemissionen

157.* Neuere Forschungsergebnisse zeigen, dass das kanzerogene Potential von Dieselabgasen noch immer weit über dem von Abgasen aus Ottomotoren liegt. Eine weitgehende Minderung kann durch Partikelfilter, die das gesamte Größenspektrum der Partikel erfassen, erreicht werden. Dagegen sieht die EURO 4-Norm lediglich die Begrenzung der PM10-Fraktion vor, die zudem in etlichen Fällen ohne Partikelfilter erreicht werden kann. Der Umweltrat befürwortet die verbindliche Einführung von solchen Partikelfiltern, die alle Partikelgrößen erfassen, für alle dieselgetriebenen Nutzfahrzeuge und Pkw. Entsprechend sollten die europäischen Abgasgrenzwerte auch hinsichtlich der erlaubten Dieselrußemissionen weiterentwickelt werden. Zwischenzeitlich sollte eine steuerliche Begünstigung von mit Partikelfiltern ausgestatteten Diesel-Fahrzeugen geprüft und gegebenenfalls auf eine entsprechende Ermächtigung durch die Europäische Kommission hingewirkt werden.

Kraftstoffverbräuche

158.* Angesichts des Beitrags zu den nationalen CO_2-Emissionen kommt der Minderung der Kraftstoffverbräuche im Straßenverkehr eine erhebliche Bedeutung zu. Vor diesem Hintergrund hat sich der Verband der europäischen Automobilhersteller verpflichtet, die durchschnittlichen CO_2-Emissionen neu zugelassener Pkw bis 2008 auf 140 g/km zu senken. Abgesehen von Unzulänglichkeiten der Selbstverpflichtung bei der Ermittlung von Kraftstoffverbrauchsminderungen ist angesichts der bisher realisierten Verbrauchsminderungen eine Zielerreichung fraglich. Dabei gehen die technischen Potentiale zur Verbrauchssenkung weit über die Zusagen der Erklärung hinaus. Zur Flankierung dieser Maßnahme auf nationaler Ebene hält es der Umweltrat für erforderlich, einerseits weitreichende Maßnahmen zur Verkehrsvermeidung zu ergreifen, andererseits die spezifischen CO_2-Emissionen von Kraftfahrzeugen in die schadstoffbezogene Kfz-Steuer einzubeziehen.

2.4.5 Abfallwirtschaft

Zur allgemeinen Lage und zu den Zielen der Abfallpolitik

159.* Vergleicht man die Lage der Abfallwirtschaft am Ende der neunziger Jahre mit dem Befund Ende der achtziger Jahre, ist festzustellen, dass im Hinblick auf Mengenreduzierungen und die Verminderung der Umweltbelastungen gewisse Erfolge erzielt worden sind. Die Lücke zwischen den gesteckten Zielen und dem tatsächlich erreichten Stand der Abfallentsorgung hat sich nicht mehr vergrößert, in Teilbereichen ist sie vermindert oder ganz geschlossen worden. So konnten die erheblichen Defizite im Bestand an Abfallbehandlungsanlagen für Siedlungsabfälle und für besonders überwachungsbedürftige Abfälle weitgehend beseitigt werden. Die vorhandenen Anlagen entsprechen dem heute möglichen technischen Standard und werden inzwischen so betrieben und gewartet, dass von ihnen ausgehende schwere Umweltbelastungen eher die Ausnahme darstellen. Diese Verbesserungen haben auch dazu beigetragen, dass die Ängste der Bevölkerung vor Neuerrichtung und Betrieb von Abfallbehandlungs- und -beseitigungsanlagen eingedämmt werden konnten und die Auseinandersetzungen wieder auf einem sachlicheren Niveau stattfinden können.

160.* Das bedeutet allerdings noch nicht, dass durch die Abfallpolitik der neunziger Jahre eine völlig neue Ära in der Abfallwirtschaft eingeleitet worden sei. Zweifellos haben die zahlreichen einzelnen rechtlichen Regelungen des zurückliegenden Jahrzehnts einen wichtigen Beitrag zur Lösung der anstehenden Probleme leisten können. Da aber beispielsweise die TA Siedlungsabfall nach wie vor aufgrund einer Übergangsfrist bis zum Jahre 2005 nicht umgesetzt ist, das heißt die vollständige Behandlung des Restmülls in Müllverbrennungsanlagen oder in hochwertigen mechanisch-biologischen Anlagen mit anschließender energetischer Verwertung des Restabfalls nicht gewährleistet ist, weist die umweltpolitische Rahmenordnung für die Abfallwirtschaft noch erhebliche Lücken auf. Letztlich ist eine optimale Steuerung in der Abfallwirtschaft durch Anlastung der Kosten der Umweltinanspruchnahme bei den Verursachern mit dem rein ordnungsrechtlichen Instrumentarium nicht erreicht worden. Deshalb hat der Umweltrat ein Konzept für eine künftige, stärker marktorientierte Abfallpolitik vorgestellt, in dem er vorschlägt, Markt- und Wettbewerbsprozessen mehr Raum zu geben. Dadurch kann sich jedenfalls langfristig ein sowohl umweltpolitisch wie ökonomisch angemessenes Verhältnis zwischen Vermeidung und Beseitigung einstellen.

Zur Situation der Abfallentsorgung

161.* Aus der Situationsbeschreibung der Abfallverwertung und -beseitigung ist abzuleiten, dass das Aufkommen mit Ausnahme der Bauabfälle nicht mehr zunimmt, sondern eher rückläufig ist. Mengenreduzierungen allein dürfen aber nicht darüber hinwegtäuschen, dass dennoch mit den verbleibenden Abfällen Emissionen und strukturelle Eingriffe verbunden sind. Grundsätzlich zu bemängeln ist, dass die Abfallstatistik des Bundes bisher erst vorläufige Daten bis zum Jahr 1996 zur Verfügung stellen kann.

Die Entsorgungssituation ist vor allem dadurch gekennzeichnet, dass die Verwertung von Abfällen erheblich an Bedeutung gewonnen hat. Diese Veränderung, die insbesondere auf den Bereich Bauabfälle zurückzuführen ist, kann zwar ebenfalls positiv beurteilt werden, weil eine Vermutung dafür spricht, dass Verwertung umweltpolitisch günstiger ist als Beseitigung. Allerdings kann nur eine gründliche Prüfung aller umweltpolitischen Vorteile und Risiken der tatsächlich eingesetzten Verwertungsverfahren und der jeweiligen wiederverwertbaren Stoffe, der Reststoffe und der Emissionen ein Urteil darüber ermöglichen, ob der eingeschlagene Verwertungsweg auf lange Sicht umweltverträglicher ist als eine kontrollierte Beseitigung. Der Umweltrat hat Sorge, dass insbesondere hinsichtlich der im Stoffkreislauf gehaltenen wiederverwertbaren Stoffe und der aus ihnen entstehenden Produkte zu wenig Kenntnisse über mögliche Langzeitwirkungen für Umwelt und Gesundheit vorliegen und empfiehlt, den Kenntnisstand zu verbessern und entsprechende Vorsorgemaßnahmen zu treffen.

Die in die Beseitigung fließenden Abfallmengen sind zwar – der Zunahme der Verwertung entsprechend – zurückgegangen, noch immer werden aber erhebliche Mengen unbehandelter Abfälle sowohl aus dem Siedlungsbereich als auch aus dem gewerblichen Bereich deponiert. Diese Beseitigungsform birgt erhebliche Risiken für Mensch und Umwelt und sollte deshalb auf schnellstem Wege beendet werden.

Zu einzelnen Maßnahmen

162.* Der Umweltrat sieht im Zusammenhang mit der *Verpackungsverordnung* erheblichen Reformbedarf für das gegenwärtige System der Verwertung gebrauchter Verkaufsverpackungen. Notwendig ist vor allem eine Verbesserung des Kosten-Nutzen-Verhältnisses im Bereich der Verwertung von Kunststoffverpackungen. Kernpunkt der Reform ist die Begrenzung der getrennten Erfassung und Verwertung von Kunststoffverpackungen auf die Teilmenge der großvolumigen, gering verschmutzten und weitgehend sortenreinen Hohlkörper (vor allem Flaschen) und Folien. Kleinteilige Kunststoffverpackungen hingegen sollen in Zukunft grundsätzlich im Rahmen der kommunalen Restmüllentsorgung erfasst und in Müllverbrennungsanlagen energetisch verwertet werden.

Eine schnelle und umfassende Reform des Dualen Systems ist unter Umweltgesichtspunkten allerdings nur im Falle einer flächendeckenden Umsetzung der TA Siedlungsabfall möglich. Da mit der Umsetzung der TA Siedlungsabfall vor 2005 nicht zu rechnen ist, schlägt der Umweltrat einen schrittweisen Übergang zu einer kostengünstigeren Lösung vor.

Eine Erfassung kleinteiliger und vermischter Kunststoffverpackungen mit dem Restmüll kann nur dann erfolgen, wenn die kommunalen Entsorger über ausreichende Kapazitäten für die energetische Verwertung in modernen Müllverbrennungsanlagen verfügen oder entsprechende Verträge mit anderen Betreibern von Müllverbrennungsanlagen vorweisen können. Darüber hinaus müssen die kommunalen Entsorgungsträger jährliche Nachweise über die energetische Verwertung des Restabfalls vorlegen. In diesen Fällen kann die Erfassung von Leichtverpackungen durch das Duale System auf großvolumige Kunststoffverpackungen sowie Verpackungen aus Weißblech und Aluminium beschränkt werden. Um eine finanzielle Begünstigung schlecht verwertbarer Kunststoffverpackungen zu vermeiden, werden entsprechende Lizenzentgelte weiterhin durch die Duales System Deutschland AG erhoben. Die bei den Kommunen anfallenden zusätzlichen Entsorgungskosten für Kunststoffverpackungen sollten den Kommunen von der Duales System Deutschland AG erstattet werden, wobei die Ausgleichszahlungen dem zusätzlichen Aufwand entsprechen müssen und nicht über den kommunalen Restmüllgebühren liegen dürfen. Den durch dieses System erzielbaren Kosteneinsparungen wird durch eine entsprechende Senkung der Lizenzentgelte für den „Grünen Punkt" Rechnung getragen.

Zur Umsetzung dieses Konzepts schlägt der Umweltrat eine Novellierung der Verpackungsverordnung vor. Kernpunkte der Novellierung sind einerseits eine Reduzierung der stofflichen Verwertungsquote für Kunststoffverpackungen und die Anerkennung der energetischen Verwertung in modernen Müllverbrennungsanlagen. Andererseits sollte das Gebot der Flächendeckung für alternative Rücknahme- und Verwertungssysteme aufgehoben werden. Darüber hinaus ist die vollständige Umsetzung der TA Siedlungsabfall oder eine wirksame Deponieabgabe eine zentrale Voraussetzung für die angestrebte Verbesserung der Kosten-Nutzen-Bilanz bei der Verwertung von Kunststoffverpackungen. Die novellierte Verpackungsverordnung sollte möglichst vor dem Jahr 2002 in Kraft treten, da im Zeitraum zwischen 2002 und 2004 die langfristigen Entsorgungsverträge zwischen der Duales System Deutschland AG und privaten und öffentlichen Entsorgungsunternehmen auslaufen werden.

163.* Die Überlegungen des Umweltrates zur Mehrwegquote in der Verpackungsverordnung zeigen, dass die pauschale Vermutung der ökologischen Vorteilhaftigkeit von Mehrweggetränkeverpackungen gegenüber Einwegverpackungen, die der Vorgabe einer Mindestquote für Mehrweggetränkeverpackungen von 72 % in der Verpackungsverordnung zugrunde liegt, nicht in jedem Fall zutrifft. Vielmehr kann davon ausgegangen werden, dass der Verzicht auf Mehrwegquoten für bestimmte Füllgüter ohne signifikanten ökologischen Schaden möglich ist. Dies gilt vor allem für den Bereich nicht CO_2-haltiger Getränke (z. B. Fruchtsäfte, Wein), in dem alternativ zur Glasmehrwegflasche Verbundkartonverpackungen eingesetzt werden können. Allgemein ist davon auszugehen, dass die Marktkräfte, die traditionell vorhanden sind, darauf hinwirken, dass Mehrwegsysteme auch ohne die Vorgabe einer Quote erhalten bleiben. Ob die Einführung des Pflichtpfandes zu einer Stützung von Mehrwegverpackungen führt, muss hingegen bezweifelt werden. Aufgrund der angeführten Schwierigkeiten, eine Quotenlösung so zu gestalten, dass Mehrwegverpackungen dort zum Einsatz kommen, wo diese die ökologisch überlegene Verpackungsform darstellen, empfiehlt der Umweltrat, auf Instrumente zur Durchsetzung einer Mindestquote für Mehrweggetränkeverpackungen zu verzichten. Die Verpackungsverordnung sollte entsprechend novelliert und es sollten anstelle der Vorgaben von Mehrwegquoten für alle Getränkeverpackungen bloße Zielwerte für Verpackungen CO_2-haltiger Getränke festgesetzt werden, die sich an den bisherigen Bereichsquoten der Verpackungsverordnung orientieren. Die Bundesregierung sollte sich vorbehalten, dann zu intervenieren, wenn der Anteil an Mehrwegverpackungen im Bereich CO_2-haltiger Getränke ohne staatliche Eingriffe signifikant, etwa um 10 bis 15 % gegenüber dem jeweiligen Zielwert, zurückgeht. Für diesen Fall wäre die Erhebung einer Abgabe auf Einwegverpackungen im Bereich CO_2-haltiger Getränke zu erwägen. Die Betrachtung der Systemkostendifferenz zwischen Mehrweg- und Einwegverpackungen zeigt, dass die Stützung von Mehrwegsystemen durch Abgaben in diesem Segment ökonomisch zumutbar wäre.

164.* Die Umsetzung der freiwilligen Selbstverpflichtung über die Rücknahme und Verwertung von Altautos und der *Altautoverordnung* ist mit einer Reihe von Umsetzungsproblemen konfrontiert. Dies betrifft insbesondere die umweltgerechte Demontage und Trockenlegung von Altautos, die Eindämmung der wilden Entsorgung und die effektive Berichterstattung über die Zielerreichung. Auch bietet die bestehende Regelung kaum zusätzliche Anreize für eine recyclingorientierte Konstruktion von Neufahrzeugen. Auf der anderen Seite können positive Ansätze im Hinblick auf die umweltgerechte Verwertung von Shredderabfällen festgestellt werden. Hier können bestehende und mit einem ordnungsrechtlichen Instrumentarium schwer überwindbare Vollzugsdefizite durch eine Verlagerung der Entsorgungsverantwortung zumindest übergangsweise umgangen werden. Auch im Hinblick auf die im europäischen Richtlinienentwurf enthaltenen Verwertungsquoten erscheint eine frühzeitige Suche nach effizienten Verwertungsmöglichkeiten sinnvoll.

Jüngste Daten des Statistischen Bundesamtes zeigen jedoch, dass die Zahl der bei deutschen Shredderbetrieben angelieferten Fahrzeugwracks seit Anfang der neunziger Jahre rapide abgenommen hat. Von den 3,14 Millionen im Jahr 1996 abgemeldeten Fahrzeugen gelangte nur noch ein knappes Sechstel zur Verwertung in deutsche Shredderanlagen. Obwohl sicherlich nicht alle in Deutschland abgemeldeten Pkw Altautos sind und obwohl keine gesicherten Daten über den Verbleib der abgemeldeten Fahrzeuge vorhanden sind, lassen diese Zahlen auf die Existenz erheblicher Schlupflöcher im Regelsystem der Selbstverpflichtung und der flankierenden Altautoverordnung schließen. Hintergrund ist die Möglichkeit des Letzthalters, anstelle des in der Verordnung vorgesehenen Verwertungsnachweises eine Verbleibserklärung abzugeben. Um eine wirksame Umsetzung der Selbstverpflichtung zu ermöglichen, sollte möglichst bald Klarheit über den Verbleib abgemeldeter Pkw geschaffen werden. Der Umweltrat sieht hier erheblichen Handlungsbedarf. Darüber hinaus sollte die anstehende Novelle der Altautoverordnung die Anforderungen für Verbleibserklärungen deutlich verschärfen, so dass eine effektive Kontrolle der tatsächlichen Entsorgungswege von Altautos möglich wird.

165.* Gut ein Jahr nach Inkrafttreten der *Batterieverordnung*, die eine allgemeine Rücknahmepflicht vorsieht, haben sich die Erwartungen bezüglich besserer Sammelerfolge und Vermeidung des Eintrags schadstoffhaltiger Batterien in den Hausmüll noch nicht erfüllt. Der Umweltrat gibt nach wie vor einer Pfandregelung für schadstoffhaltige Batterien den Vorzug vor einer Rücknahmepflicht für alle Batterien und hält die Entsorgung der schadstoffarmen Batterien über den Restmüll unter der Bedingung für hinnehmbar, dass der Restmüll vor seiner endgültigen Ablagerung einer thermischen Behandlung zugeführt wird.

166.* Der Umweltrat hält es für geboten, die *Bioabfallverordnung* zu novellieren, um Regelungslücken zu schließen und um einen effektiven Schutz aller Böden zu gewährleisten. Dabei müssten im Nachweisverfahren insbesondere die ungleichen Anforderungen hinsichtlich der Schwermetallgehalte aufgehoben werden. Der Umweltrat bemängelt ferner, dass das Aufbringen von Bioabfallkomposten auf Haus- und Hobbygärten, im Landschaftsbau und bei der Rekultivierung nicht geregelt wurde und fordert, diese Bereiche bei einer Novellierung zu berücksichtigen.

167.* Der Umweltrat hält an seiner früheren Forderung nach einer umweltgerechten Verwertung und *Entsorgung des* gesamten schadstoffhaltigen *Elektro- und Elektronikschrotts* fest. Er begrüßt daher den vorliegenden Entwurf einer umfassenden Regelung für die umweltgerechte Verwertung und Beseitigung von Elektronikschrott. Insbesondere die im jetzigen Entwurf enthaltene Anlastung der Entsorgungskosten bei den Herstellern kann zu einer umweltgerechten Entsorgung beitragen und Anreize zur Verwendung schadstoffarmer und wiederverwendbarer beziehungsweise verwertbarer Materialien und zur Konstruktion langlebigerer Elektrogeräte schaffen. In Anbetracht des inzwischen fast ein Jahrzehnt andauernden Gesetzgebungsverfahrens und der seit Anfang der neunziger Jahre getätigten umfangreichen Investitionen in Verwertungsanlagen für Elektronikschrott ist eine schnelle Verabschiedung der Verordnung zu empfehlen.

168.* Der Umweltrat hat bereits im Umweltgutachten 1998 keinen Anlass gesehen, vorzuschlagen, die Anforderungen der *TA Siedlungsabfall* im Hinblick auf den Glühverlust zu novellieren, da andere aussagekräftige Parameter nicht zur Verfügung standen. Er erachtet es auch bei Berücksichtigung neuer Erkenntnisse nicht für gerechtfertigt, von den Kriterien für die Ablagerungseignung von Restabfällen abzuweichen. Der Umweltrat hält daher an seiner Forderung an einer fristgerechten Umsetzung der TA Siedlungsabfall in ihrer derzeitigen Fassung fest. Eine Abweichung davon ist weder ökologisch noch ökonomisch gerechtfertigt. Der Umweltrat dringt wegen der anhaltenden Diskussion über die TA Siedlungsabfall darauf, eine weitere Verordnungsermächtigung in das Kreislaufwirtschafts- und Abfallgesetz aufzunehmen und auf dieser Grundlage Regelungen über die Ablagerung von Siedlungsabfällen in einer Rechtsverordnung zu erlassen. Er schlägt weiter vor, zur konsequenten Umsetzung der Anforderungen der TA Siedlungsabfall eine Deponieabgabe in Form einer Sonderabgabe einzuführen. Als begleitende Maßnahme für eine Abgabe müssten die Anforderungen an die Verwertung von Abfällen endlich verbindlich geregelt werden. Der Umweltrat unterstützt daher Bestrebungen, die eine verbindliche Regelung der Kriterien für die Verwertung fordern. Mit Hilfe dieser Regelung könnte der effektive Vollzug der TA Siedlungsabfall gewährleistet werden, indem eine Scheinverwertung von Abfällen unterbunden wird. Eine solche Regelung könnte auch den anhaltenden Streit um die Abgrenzung zwischen Abfällen zur Verwertung und Abfällen zur Beseitigung außerhalb des Siedlungsabfallbereichs entschärfen. Bestrebungen, die Abgrenzung anhand einer TA Verwertung zu leisten, steht der Umweltrat skeptisch gegenüber. Verwaltungsvorschriften haben sich in problembelasteten Bereichen, wie die TA Siedlungsabfall zeigt, wegen ihrer beschränkten rechtlichen Verbindlichkeit nicht bewährt. Der Umweltrat favorisiert daher eine Umsetzung in einer Rechtsverordnung.

169.* Die Entwicklung der *thermischen Abfallverwertung und -beseitigung* hat die beherrschende Rolle der Rostfeuerung bestätigt. Bei ihr ist die Einführung der Forderung einer Mindesttemperatur bei der Verbrennung als Fortschritt zu erwähnen. Die Anforderung der TA Siedlungsabfall an den Gehalt organischer Stoffe ist mit der Abfallverbrennung gut zu erfüllen. Dagegen gibt der Gehalt anorganischer Schadstoffe an den Reststoffen und das Ausmaß ihrer Abgabe an die Umgebung Anlass, dem Langzeitverhalten der Reststoffe größere Aufmerksamkeit zu widmen.

Unter den thermischen Alternativen zur Rostfeuerung hat nur das Thermoselect-Verfahren einen solchen Stand erreicht, dass eine Anlage die Genehmigung zur Aufnahme des Regelbetriebs erhalten konnte. Abfallbehandlungen, die ohne Ablagerung organischer Bestandteile auskommen und auf die Erzeugung von verwertbaren Stofffraktionen abstellen, konnten einige technische Handhabungsprobleme lösen, stoßen allerdings auf Vertriebsschwierigkeiten und rechtliche Probleme.

Bei der „Mitverbrennung" von Abfällen in Kraftwerken und Produktionsanlagen sieht der Umweltrat im allgemeinen keine Begünstigung des „mitverbrannten" Abfalls in bezug auf die Emissionen. Auch geben die tatsächlichen Emissionen keinen Grund zur Besorgnis. Gleichwohl sieht der Umweltrat – über die Frage der „Mitverbrennung" hinaus – ein Ungleichgewicht in der Festlegung des Standes der Technik. Auch Kraftwerke, Zementwerke, Anlagen der Stahlerzeugung und sonstige genehmigungsbedürftige Anlagen sollten den Anforderungen der 17. BImSchV unterworfen werden.

Ebenso sollten mechanisch-biologische Abfallbehandlungsanlagen hinsichtlich ihrer diffus an die Umwelt abgegebenen Emissionen im Grundsatz die Emissionsgrenzwerte der 17. BImSchV einhalten müssen. Dies führt zu der Forderung, die Anlagen einzukapseln (Einhausung) und die stofflichen Emissionen zu erfassen und zu behandeln. Auch im Lichte des jüngsten Forschungsstandes zur mechanisch-biologischen Abfallbehandlung hält der Umweltrat an seinen Maßstäben für die Endablagerung von Restabfällen fest. An den ökologischen Standards der TA Siedlungsabfall dürfen keine Abstriche gemacht werden.

2.4.6 Gefahrstoffe und gesundheitliche Risiken

170.* Der Umweltrat hat in seinem Sondergutachten einige Schwerpunktthemen im Problemfeld Umwelt und Gesundheit ausführlich behandelt. Zusätzlich zu den im Sondergutachten „Umwelt und Gesundheit" aufgegriffenen Themenfeldern widmet sich der Umweltrat im vorliegenden Umweltgutachten weiteren ausgewählten Gefahrstoffen und gesundheitlichen Gefährdungspotentialen wie den persistenten organischen Schadstoffen, den flüchtigen organischen Verbindungen, den feinen und ultrafeinen Partikeln, den künstlichen Mineralfasern, dem Radon in Innenräumen sowie dem Passivrauchen.

171.* Übergeordnetes Qualitätsziel der Chemikalienpolitik ist der Schutz von Leben und menschlicher Gesundheit sowie der Umwelt vor Gefahren und Risiken durch den Umgang mit Gefahrstoffen. Abgesehen von Umweltzielen, die sich auf Schadstoffeinträge in bestimmte Umweltmedien beziehen und im jeweiligen Sachzusammenhang behandelt werden, kann als spezifisches Umweltqualitätsziel immer noch die Aussage der „Leitlinie Umweltvorsorge" von 1986 gelten, wonach die Einträge aller anthropogenen Stoffe – unter Berücksichtigung ihres Risikopotentials und der Anforderungen der Verhältnismäßigkeit – schrittweise und drastisch zu reduzieren sind. Im geltenden Umweltrecht finden sich jedoch recht unterschiedliche Schutz- und Vorsorgekonzepte in bezug auf Gefahrstoffe, die von bloßen Sicherheitszuschlägen zu Schwellenwerten über technikbezogene Emissionsreduzierung bis hin zu Minimierung oder gar Vermeidung bis zur Nachweisgrenze reichen.

Ziele und Situation ausgewählter Gefahrstoffe

Persistente organische Schadstoffe

172.* Persistente organische Schadstoffe (POP) zählen in Deutschland und auch weltweit zu den am häufigsten vorkommenden Umweltschadstoffen. Sie sind praktisch ausnahmslos anthropogenen Ursprungs. Aufgrund ihrer stofflichen Eigenschaften werden sie in den verschiedenen Umweltkompartimenten, wenn überhaupt, nur sehr langsam abgebaut und akkumulieren in der Nahrungskette.

Aufgrund der in Deutschland seit Jahren in Kraft befindlichen teilweise sehr restriktiven Regelungen ist das Problem der persistenten organischen Stoffe auf nationaler Ebene erkannt, und es sind die Einträge, abgesehen von Altlasten sowie einzelnen kontaminierten Produkten und noch zulässigen Anwendungsbereichen, weitgehend vermindert worden.

Auf nationaler Ebene muss eine zuverlässige und möglichst flächendeckende messtechnische Überwachung der verschiedenen Umweltkompartimente, der Lebensmittel sowie auch des Menschen (Biomonitoring) sichergestellt werden, da die POP aufgrund ihrer extrem hohen Persistenz noch über viele Jahre und Jahrzehnte in den Stoffkreisläufen nachweisbar sein werden und es immer wieder lokal oder in bestimmten Spezies (z. B. Fisch) zu Spitzenkonzentrationen kommt. Dieses ist besonders wichtig, um die Exposition der Bevölkerung gegenüber POP aus besonders belasteten Erzeugnissen (Nahrungsmittel, technische Produkte etc.) weiter zu mindern.

173.* Problematisch sind heute vor allem der unverändert andauernde Einsatz und die Emissionen entsprechender Stoffe im Ausland. Besonders bei den polyhalogenierten Dibenzodioxinen bzw. -furanen, die häufig partikelgebunden (z. B. Flugstäube) vorliegen, sowie auch im Fall der als Pestizide verwendeten und somit beabsichtigt in die Umwelt ausgebrachten Verbindungen erfolgt der Transport in nennenswertem Umfang auch über den Luftpfad. Entsprechende POP können auch in Regionen transportiert werden, in denen solche Stoffe in der Vergangenheit weder produziert noch angewendet worden sind. Die zunehmenden Hintergrundkonzentrationen an persistenten organischen Schadstoffen ist daher prinzipiell als ein weltweites Problem anzusehen.

174.* In den von Malaria betroffenen Gebieten der Entwicklungsländer kommt hinzu, dass auch heute noch DDT häufig als das einzig wirksame Pestizid angesehen wird und/oder aufgrund fehlender finanzieller Mittel in der Praxis keine Alternativstoffe zugänglich sind. Die im Rahmen von UNEP auf internationaler Ebene initiierten Aktivitäten, die neben verbindlichen Übereinkünften über das Verbot von bestimmten persistenten organischen Schadstoffen auch auf Informationsaustausch und Wissenstransfer abzielen, sind daher ausdrücklich zu unterstützen.

Flüchtige organische Verbindungen

175.* Flüchtige organische Verbindungen (VOC) stellen eine Gruppe von Stoffen dar, die sowohl zahlenmäßig als auch mengenmäßig nach wie vor eine erhebliche potentielle Umweltrelevanz besitzen.

Für die Stoffklasse der flüchtigen organischen Verbindungen sind bisher alle Teilbereiche abdeckende Ziele nur in sehr begrenztem Umfang formuliert worden. So sind im nicht gewerblich genutzten Innenraumbereich vor allem Ziele für einzelne Produktgruppen (z. B. Bauprodukte) festgesetzt worden. Für den gewerblich genutzten Innenraumbereich – Arbeitsplatz – gelten die stoffspezifischen MAK-, BAT- oder TRK-Werte. Zielvorstellungen bezüglich der Konzentrationen von VOC in der Außenluft betreffen einerseits die gesamten Emissionen in Deutschland und werden andererseits anlagenbezogen in der VOC-Richtlinie der EU festgeschrieben.

176.* Obwohl in der Vergangenheit zur Problematik der flüchtigen organischen Verbindungen eine Vielzahl von Untersuchungen und Studien durchgeführt worden ist, besteht in einzelnen Bereichen aber auch weiterhin aktueller Forschungsbedarf. Dieses betrifft insbesondere weitergehende Studien zum Vorkommen, zum Verhalten und zur Wirkung bestimmter VOC bzw. VOC-Gemische bei andauernder Exposition in niedrigen Konzentrationsbereichen. Die von solchen zusammengesetzten Teilchensystemen ausgehenden Wirkungen sind bisher nur sehr unzureichend untersucht worden, weshalb der Thematik der partikelgebundenen organischen Stoffe bei zukünftigen Forschungsaktivitäten verstärkt Aufmerksamkeit geschenkt werden sollte. Darüber hinaus ergeben sich speziell im Außenluftbereich sowie im nicht gewerblich genutzten Innenraumbereich noch immer erhebliche Interpretationsprobleme aufgrund mangelnder Vergleichbarkeit. Ein Vergleichsproblem besteht darin, dass unter dem Begriff „VOC" häufig unterschiedliche Anteile des gesamten Spektrums der organischen Verbindungen verstanden werden. Schließlich existieren in diesem Bereich nur relativ wenig standardisierte und hinreichend validierte Mess- und Analysenverfahren.

177.* In den USA sowie in Europa werden seit einigen Jahren Ottokraftstoffe angeboten, die größere Mengen an Sauerstoffverbindungen enthalten. Als Hauptkomponenten werden dabei vor allem Methyl-tertiär-Butylether (MTBE), aber auch Tertiär-Amyl-Methyl-Ether (TAME) oder Ethanol in Konzentrationen von bis zu 15 Vol.-% den Kraftstoff-Grundmischungen zugesetzt.

Die noch nicht abschließend zu bewertenden Ergebnisse der Studien zu Wirkungen von MTBE auf die menschliche Gesundheit sollten Anlass zu weiterführenden Studien sein. Auch erscheint es sinnvoll, in solche Untersuchungen Substanzen mit ähnlichen Stoffeigenschaften einzubeziehen, die ebenfalls als Kraftstoffzusätze verwendet werden oder in naher Zukunft verwendet werden sollen, um diesbezüglichen Fehlentwicklungen vorzubeugen.

Feine und ultrafeine Partikel

178.* Partikuläre Luftinhaltsstoffe (Schwebstäube) können nach Aufnahme in die Lunge zu akuten und chronischen Gesundheitsschäden führen. In zahlreichen epidemiologischen Untersuchungen konnte gezeigt werden, dass hohe Feinstaubkonzentrationen in der Außenluft das Risiko für Atemwegs- und Herz-Kreislauf-Erkrankungen steigern und allgemein mit einer Erhöhung der Mortalität einhergehen. In Tierversuchen erwiesen sich nicht nur mineralische Faserstäube und Quarz, sondern auch ursprünglich als inert bezeichnete Stäube wie Kohlenstoffpartikel (reiner Ruß) als kanzerogen.

Im Blickpunkt stehen derzeit Feinstäube mit einem Durchmesser kleiner als 0,1 μm, die sogenannten ultrafeinen Partikel. So gibt es Anhaltspunkte, dass ultrafeine Partikel eine besonders hohe akute Toxizität aufweisen. Zudem können ultrafeine Partikel als Vehikel für toxische Substanzen dienen, die nach Adsorption an die Partikel tief in die Lunge getragen werden.

Ultrafeine Partikel entstehen besonders bei Verbrennungsprozessen und sind daher überwiegend anthropogener Natur. Eine wichtige Feinstaubquelle der Außenluft ist der Kraftfahrzeugverkehr und hier insbesondere der von Dieselmotoren emittierte Ruß. Nach aktuellen Messungen ist die Zahl ultrafeiner Partikel in der Umgebungsluft in den letzten Jahren angestiegen, obwohl die Staubemissionen insgesamt deutlich zurückgegangen sind. Ultrafeine Teilchen leisten nur einen geringen Beitrag zur Masse eines Aerosols und werden daher in der bisherigen Bewertung von Luftverunreinigungen durch Schwebstäube praktisch nicht berücksichtigt.

Künstliche Mineralfasern

179.* Unter dem Oberbegriff „künstliche Mineralfasern" werden anorganische Synthesefasern zusammengefasst. Hierzu gehören die mineralischen Wollen, Textilglasfasern und polykristalline Fasern. Von gesundheitlicher Relevanz sind atembare Faserstäube mit einer Länge >5 μm, einem Durchmesser <3 μm und einem Verhältnis von Länge zu Durchmesser >3 („WHO-Faser"). Künstliche Mineralfasern mit bestimmten geometrischen Charakteristika stehen unter Verdacht, Risikofaktoren für Lungenkrebs zu sein. Zum Schutz der Gesundheit muss hier eine Minimierung der Exposition oder Substitution angestrebt werden.

Für die Exposition der Bevölkerung sind im wesentlichen die Mineralwollen (ohne Keramikfasern) von Bedeutung, da diese als Dämmstoffe im Bauwesen weit verbreitet sind. Bei ordnungsgemäß durchgeführten Wärmedämmungen im Wohnbereich treten in der Nutzungsphase keine gesundheitlich bedenklichen Konzentrationen kritischer Fasern auf. Eine Notwendigkeit zu Sanierungsmaßnahmen besteht daher nicht. Maßnahmen für die Handhabung und Entsorgung krebsverdächtiger Faserstäube sind in der Gefahrstoffverordnung in Verbindung mit den Technischen Regeln für Gefahrstoffe (TRGS) 521 festgelegt.

Radon in Innenräumen

180.* Die Inhalation von Radon in Innenräumen verursacht etwa die Hälfte der natürlichen Strahlenbelastung der deutschen Bevölkerung. Im Entwurf eines umweltpolitischen Schwerpunktprogramms wird daher die Reduktion der Radongehalte in Innenräumen auf die von der Europäischen Kommission vorgeschlagenen Werte von 200 Bq/m^3 für Neubauten und 400 Bq/m^3 für Altbauten empfohlen.

Es kann inzwischen als gesichert angesehen werden, dass Radonexposition in hohen Dosen, wie sie zum Beispiel beim Uran-Bergbau vorgekommen ist, das Lungenkrebsrisiko signifikant erhöht. Zum Lungenkrebsrisiko durch Radon in der Allgemeinbevölkerung liegen inzwischen zwei neue Studien aus verschiedenen deutschen Gebieten mit unterschiedlich hohem geogenem Radonpotential vor. Insgesamt liefern die Ergebnisse der beiden Radonstudien eine weitere Evidenz dafür, dass Radon in Innenräumen einen Risikofaktor für Lungenkrebs in der Allgemeinbevölkerung darstellt. In Vergleich zu anderen Risiken für Lungenkrebs ist das durch Radon bedingte Risiko klein.

Passivrauchen

181.* Die Belastung der Raumluft mit Tabakrauch (*Environmental tobacco smoke*, ETS) ist in Deutschland die häufigste Form der Luftverunreinigung in Innenräumen. Ein formell festgelegtes Umweltziel gibt es hier nicht. Aus den bisherigen Maßnahmen zur Risikominderung durch Passivrauchen lassen sich aber ansatzweise Qualitätsziele ableiten. So gilt hinsichtlich der kanzerogenen Wirkung ansatzweise ein Minimierungsgebot, das durch beschränkte Rauchverbote am Arbeitsplatz, in öffentlichen Gebäuden und Verkehrsmitteln durchgesetzt wird.

Trotz der Verdünnung durch die Raumluft wird beim Passivrauchen Tabakrauch in Mengen eingeatmet, die vermehrt zu gesundheitlichen Beeinträchtigungen führen. Hierzu gehören respiratorische Erkrankungen bei Säuglingen und Kindern, Herz-Kreislauf-Erkrankungen, Lungenkrebs und adjuvante Effekte bei Allergien einschließlich allergischer Hauterkrankungen. In einer Neubewertung hat die Senatskommission zur Prüfung gesundheitsschädlicher Arbeitsstoffe Passivrauchen am Arbeitsplatz inzwischen als krebserzeugend für den Menschen eingestuft.

Schlussfolgerungen und Empfehlungen

182.* Der Stand der Aufarbeitung von Altstoffen ist angesichts der Diskrepanz zwischen quantitativem Risikopotential und Kenntnisstand unbefriedigend. Im Schrifttum wird in diesem Zusammenhang auch von „toxischer Ignoranz" gesprochen. Der Umweltrat erkennt jedoch an, dass in Deutschland das Beratergremium Umweltrelevante Altstoffe sowie der Verband der Chemischen Industrie in erheblicher Weise dazu beigetragen haben, die Kenntnislücken zu verringern.

183.* Insgesamt ist eine Beschleunigung und inhaltliche Verbesserung der Aufarbeitung von Altstoffen unabdingbar. Der Umweltrat hat sich bereits in seinem Sondergutachten „Umwelt und Gesundheit" mit dieser Problematik und den bestehenden Optionen befasst und bei grundsätzlicher Betonung einer wissenschaftlich begründeten Risikobewertung für ein pragmatisches Vorgehen plädiert; er hat betont, dass statt einer – von anderen vorgeschlagenen – „kupierten" Risikobewertung, die auf eines oder gar zwei der wesentlichen Elemente der Risikobewertung (Stoffeigenschaften, Dosis-Wirkungs-Beziehung, Expositionsabschätzung) verzichtet, eher der pragmatische Weg zu gehen ist, sich gegebenenfalls mit vorläufigen Daten hinsichtlich dieser drei Elemente der Risikobewertung zu begnügen und auf dieser Grundlage nach dem Vorsorgeprinzip eine summarische Risikobewertung vorzunehmen. Der Umweltrat begrüßt es, dass sich der EU-Umweltministerrat auf seiner Sitzung vom 24./25. Juni 1999 nach intensiver Vorbereitung durch die deutsche Präsidentschaft dafür ausgesprochen hat, auf EU-Ebene die Möglichkeit einer auf die wesentlichen Verwendungen oder wahrscheinlichsten Expositionspfade beschränkten Risikobewertung (*targeted risk assessment*) und einer Gruppenbewertung einzuführen und Maßnahmen der Risikobegrenzung für besonders gefährliche Stoffe bereits dann vorzunehmen, wenn dies durch die Art der Verwendung oder mögliche Exposition gerechtfertigt ist. Letzteres setzt die vom Umweltrat befürwortete summarische Risikobewertung voraus. Im übrigen könnte die Risikobewertung stärker dezentralisiert und nach dem Vorbild der Neustoffbeurteilung grundsätzlich dem Mitgliedstaat überlassen werden, der als Berichterstatter fungiert; die EU-Organe würden nur bei Meinungsverschiedenheiten entscheiden.

184.* Ein Engpass der Aufarbeitung von Altstoffen liegt in der mangelnden Verfügbarkeit von Expositionsdaten aus der komplexen Verwendungskette gefährlicher Stoffe. Die Erfahrungen mit der Altstoff-Verordnung zeigen, dass die Informationspflichten der Hersteller und Importeure nicht ausreichen, um sämtliche Expositionspfade und -situationen abzudecken. Der Umweltrat begrüßt daher die Entschließung der EU-Umweltministerkonferenz vom 24./25. Juni 1999, wonach neben den Herstellern und Importeuren von Stoffen auch Unternehmen, die Zubereitungen herstellen, sowie industrielle Verwender in die Pflicht genommen werden und dass alle Akteure im Produktlebenszyklus neben der Datenbeschaffung auch selbst das mit dem Produkt im jeweiligen Lebensabschnitt verbundene Risiko für Mensch und Umwelt bewerten sollen. Damit wird der Gedanke der kontrollierten Selbstverantwortung, der von Anfang an der EG-Chemikalienregulierung zugrunde liegt, umweltpolitisch sinnvoll und wirtschaftlich zumutbar erweitert. Anstelle einer ordnungsrechtlichen Regulierung kommen hier auch Selbstverpflichtungen der europäischen chemischen Industrie in Betracht.

185.* Mit der Erfassung des gesamten Produktlebenszyklus wird dem – im Schwerpunkt freilich nicht auf Schadstoffe, sondern auf Massenstoffe und Materialien abzielenden – Konzept der „integrierten Produktpolitik" für Gefahrstoffe Rechnung getragen. Das Anliegen dieses Konzepts geht dahin, die im gesamten Produktlebenszyklus auftretenden Gefahren und Risiken zu erfassen und zu bewerten. Wenngleich der Umweltrat der Meinung ist, dass Ausgangspunkt der Umweltpolitik nicht der Stoffstrom und damit auch nicht der Produktlebenszyklus, sondern in erster Linie die Umweltprobleme als solche sein müssen, so ist eine integrierte Betrachtungsweise doch geeignet, auf der Maßnahmenebene je nach Sachlage zur Setzung von Prioritäten und zu konsistenter Regulierung beizutragen.

186.* Es ist nicht damit getan, Risiken nach dem Vorsorgeprinzip zunächst summarisch zu bewerten, vielmehr bedarf es gegebenenfalls auch entsprechender Beschränkungen oder gar Verbote. Hier besteht eine erhebliche Diskrepanz zwischen dem gegenwärtig im Rahmen der Bewertungs-Verordnung für Altstoffe (1488/94/EG) und der Beschränkungsrichtlinie (76/769/EWG) praktizierten engen Risikomodell und den weitergehenden Zielvorstellungen im Rahmen der Übereinkommen zum Schutz des Nordostatlantiks und der Ostsee, wo eine quantitative Reduzierung von Einträgen besonders gefährlicher Stoffe angestrebt wird. Der Umweltrat weist darauf hin, dass trotz der Anerkennung des Vorsorgeprinzips seit dem Vertrag von Maastricht die Altstoff-Bewertungsverordnung Maßnahmen der Vorsorge praktisch überhaupt nicht zulässt, weil sie bei unzureichenden Daten nicht zu einer vorläufigen Beurteilung und hierauf gestützten Beschränkungen, sondern nur zur Erhebung weiterer Daten ermächtigt. Trotz einiger Fortschritte, insbesondere aufgrund der 14. Änderungsrichtlinie, bleibt die Regulierung von Altstoffen durch Verbote und Beschränkungen weiterhin hinter den umweltpolitischen Erfordernissen zurück. Dies gilt selbst, wenn man berücksichtigt, dass schon beim Verdacht erheblich schädlicher Eigenschaften eines Stoffes Innovationsbemühungen für Substitute ausgelöst werden und dann Verbrauchsrückgänge eintreten können.

187.* Gründe für die Defizite der Schadstoffregulierung liegen – abgesehen von den genannten Kenntnislücken – auch in den begrenzten Möglichkeiten für Vorreiterstaaten, durch nationale Alleingänge eine Harmonisierung auf EU-Ebene zu erzwingen, einerseits, und der Unterwerfung von EU-Entscheidungen über Verbote und Beschränkungen unter rigorose Kosten-Nutzen-Rechtfertigungen seitens der Generaldirektion Binnenmarkt andererseits. Zu der letzteren Frage hat der Umweltrat in seinem Sondergutachten Umwelt und Gesundheit auf die methodischen Schwierigkeiten der Kosten-Nutzen-Analyse bei der Regulierung gefährlicher Stoffe zum Schutz der Gesundheit hingewiesen. Er hat aber ausgesprochen, dass nicht-formalisierte Kosten-Nutzen-Abschätzungen nicht nur für die Setzung von Prioritäten, sondern letztlich auch für die Gewinnung von Akzeptanz von Bedeutung sind. Dies spricht gegen neuere Bestrebungen, in der Chemikalienregulierung grundsätzlich nur nach Maßgabe von Kosten-Wirksamkeits-Abschätzungen vorzugehen und Kosten-Nutzen-Abschätzungen auf Fälle zu beschränken, in denen selbst die kostenwirksamste Regulierungsalternative zu „extremen ökonomischen Kosten" führt.

188.* Hinsichtlich der Prüfung neuer Stoffe hat der Umweltrat schon frühzeitig darauf hingewiesen, dass die Grundprüfung zwar hinsichtlich der Prüftiefe einen akzeptablen Kompromiss zwischen dem wirtschaftlich und administrativ Machbaren und dem umweltpolitisch Vertretbaren darstellt, dass aber die Aussparung ganzer Wirkungssegmente aus der Grundprüfung, wie z. B. der chronischen Toxizität, ein erhebliches Defizit darstellt. Neuere Untersuchungen legen darüber hinaus die Forderung nahe, auch kombinierte Wirkungen mehrerer Stoffe in die Grundprüfung und die Stufenprüfung einzubeziehen. Danach sollte der Hersteller gehalten sein, in der Grundprüfung Anhaltspunkte für Kombinationswirkungen mit Stoffen, mit denen der neue Stoff bei vorsehbarer Verwendung zusammentrifft, zu ermitteln; auf jeden Fall sollten Prüfnachforderungen sich auch auf Kombinationswirkungen erstrecken können.

189.* Auf der Ebene der Grundlagenforschung sollten die bestehenden Ansätze zur Entwicklung einer „sanften

Chemie" (*green chemistry*) aufmerksam weiterverfolgt werden. Der Umweltrat hat in der Vergangenheit Vorbehalte gegen die in der modernen chemischen Industrie herrschende Techniklinie der Chlorchemie erhoben, an denen grundsätzlich festzuhalten ist. Eine Fortentwicklung der chemischen Industrie in Richtung auf alternative Reaktionsstoffe, die den Einsatz chlororganischer Lösemittel zumindest reduziert, liegt zwar in weiter Ferne. Sie eröffnet jedoch die Chance auf eine erheblich risikoärmere chemische Produktion und sollte deshalb intensiv gefördert werden.

190.* Schwerpunkte der Maßnahmen zur Kontrolle von Bioziden waren in der jüngsten Vergangenheit vor allem Holzschutzmittel und Anti-Fouling-Produkte. Die International Maritime Organisation (IMO) hat im Jahre 1999 ein generelles Anwendungsverbot ab 1. Januar 2003 und eine Pflicht zur Entfernung zinnorganischer Anti-Fouling-Produkte aus mit diesen Produkten schon behandelten Schiffen ab 1. Januar 2008 empfohlen. Der Umweltrat befürwortet diesbezüglich eine bindende Konvention. Nachgewiesene TBT-Gehalte in Bekleidungstextilien und Fischen sowie Muscheln geben Anlass, die noch zulässigen Anwendungen für TBT möglichst bald zu verbieten. Der Umweltrat begrüßt entsprechende Initiativen der Bundesregierung.

191.* Für die *persistenten organischen Schadstoffe* (POP) ist die Kernfrage, bis zu welchen Konzentrationen oder Dosen mit schädlichen Wirkungen auf den menschlichen Organismus zu rechnen ist, trotz einer Vielzahl von Untersuchungen aufgrund der lückenhaften toxikologischen Datenlage bisher nicht sicher zu beantworten. Untersuchungen deuten jedoch darauf hin, dass auch im Niedrigdosisbereich bei hinreichend langer Expositionsdauer aufgrund der Bioakkumulation dieser Stoffe schädliche Wirkungen beim Menschen auftreten können.

Persistente organische Schadstoffe sind auch als globales Problem für Mensch und Umwelt identifiziert. Derartige Stoffe werden aus einer Vielzahl stationärer, mobiler und diffuser Quellen freigesetzt und vermögen sich weiträumig zu verteilen. Insbesondere bei den polyhalogenierten Dibenzodioxinen und -furanen, die häufig partikelgebunden (z. B. Flugstäube) vorliegen, sowie bei den als Pestizide verwendeten und somit beabsichtigt in die Umwelt ausgebrachten POP erfolgt der Transport in nennenswertem Umfang auch über den Luftpfad. Entsprechende POP können daher auch in Regionen transportiert werden, in denen solche Stoffe in der Vergangenheit weder produziert noch angewendet worden sind. Die Problematik der POP kann folglich nur im internationalen Einvernehmen angegangen werden. Erste Ansätze dafür finden sich in internationalen Übereinkommen (POP-Protokoll, POP-Konvention, PIC-Konvention). Zukünftig muss allerdings der Anwendungsbereich dieser Übereinkommen erweitert werden.

192.* Obwohl die Emissionen *flüchtiger organischer Verbindungen* (VOC, abgesehen von Methan) in den letzten Jahren immer weiter zurückgegangen sind, besitzen sie aufgrund ihres zahlen- wie auch mengenmäßigen Vorkommens nach wie vor eine erhebliche Umweltrelevanz. Eine WHO-Definition schlägt die Einteilung der Substanzen dieser Stoffklasse entsprechend ihren Siedepunkten in Kategorien vor. Diesem Vorschlag wird häufig nicht gefolgt, was zu einer mangelnden Vergleichbarkeit der Ergebnisse von Studien führt. Darüber hinaus besteht nach Auffassung des Umweltrates Bedarf für die Erarbeitung hinreichend begründeter Schwellenwerte für VOC in Innenräumen, die als Leitwerte für Eingriffe und Sanierungsstrategien herangezogen werden können.

Die Bemühungen um eine angemessene Risikobewertung der oxigenierten Ottokraftstoffe sollte verstärkt werden. Dabei muss das Ausmaß der Verwendung von MTBE und ähnlichen Verbindungen in Kraftstoffen berücksichtigt werden. Danach wird zu entscheiden sein, ob ein Richtwert zur Beurteilung der Außenluftqualität und gegebenenfalls Verbote erforderlich sein werden.

193.* Für viele Schadstoffe kann kein Schwellenwert für schädliche Wirkungen angegeben werden. Hierzu zählen nicht nur kanzerogene Substanzen, sondern auch *feine und ultrafeine Partikel*, für die nicht nur ein Verdacht auf kanzerogene Wirkungen besteht, sondern für die auch andere schädliche Wirkungen nachgewiesen sind. Epidemiologische Untersuchungen zeigen eine enge Beziehung zwischen negativen gesundheitlichen Effekten und erhöhter Partikelbelastung, auch unterhalb der bestehenden Grenzwerte und ohne ersichtlicher Wirkungsschwelle. Nach neueren experimentellen Untersuchungen weisen insbesondere ultrafeine Partikel eine besonders hohe Toxizität auf, die bisher wohl unterschätzt wurde. Hauptquelle für diese Partikelfraktionen sind heutzutage verkehrsbedingte Emissionen und hier insbesondere der von Dieselmotoren emittierte Ruß. Nach experimentellen Befunden ist Dieselruß kanzerogen, nach epidemiologischen Studien erhöht berufliche Exposition gegenüber Dieselruß das Risiko für Lungenkrebs. Die weitaus stärkste Reduzierung verkehrsbedingter kanzerogener Emissionen kann durch Partikelminderung und -filterung bei Dieselmotoren erreicht werden. Die Umsetzung der Schadstoffstufe EURO 4 plus Partikelfilter verspricht eine deutliche Reduzierung der potentiellen Schadwirkung. Der Umweltrat fordert daher eine verbindliche Einführung von Partikelfiltern für alle dieselgetriebenen Nutzfahrzeuge und Pkw.

Die ab 2005 anspruchsvollen EU-Staubgrenzwerte für die PM10-Fraktion stellen ein anspruchsvolles Ziel dar. Die festgesetzten Konzentrationswerte können derzeit nicht flächendeckend eingehalten werden, so dass zusätzliche Maßnahmen zur Minderung der Emissionen erforderlich werden. Repräsentative Expositionsabschätzungen bezüglich der Konzentrationen feiner und ultrafeiner Partikel liegen derzeit – mangels Daten – nicht vor. Grenzwerte für die lungengängige Staubfraktion (z. B. PM 2,5) sind aus gesundheitlicher Sicht erstrebenswert, müssen aber Fernziel bleiben, bis ausreichende Expositionsdaten und weitere epidemiologische Studien zur Verfügung stehen. Die Wirkmechanismen, die noch offene Frage einer Wirkungsschwelle und die Zuordnung von physikalischen Partikelcharakteristika zu gesundheitlichen Wirkungen bedarf weiterer Forschungen.

194.* Ein Verzicht auf künstliche Mineralfasern ist aus Gründen der Energieeinsparung mangels geeigneter Ersatzstoffe bis auf weiteres nicht möglich. Daher sollten weiterhin technische Entwicklungen in der Herstellung von Mineralfaserprodukten gefördert werden, mit dem Ziel, den lungengängigen Faseranteil sowie die Biobeständigkeit zu verringern.

195.* Die *Radonexposition* der Bevölkerung hängt stark vom geogenen Radonpotential sowie von den jeweiligen baulichen Gegebenheiten ab. Eine Reduzierung der individuellen Exposition durch private Sanierungsmaßnahmen kann in belasteten Gebieten zur Minimierung des Lungenkrebsrisikos beitragen. Von staatlicher Seite sollte hier Aufklärung und Hilfe bei der Problemerkennung angeboten werden.

Da es sich bei Radon um ein natürlich vorkommendes Gas handelt, ist hier nur Selbstschutz möglich. In Gegenden mit geologisch hoher Radonfreisetzung kann eine gute Isolierung gegenüber dem Untergrund sowie ein gutes Belüftungssystem im Fundament verhindern, dass hohe Radonkonzentrationen im Haus entstehen. In derartigen Gegenden sollten durch gezielte Messungen Häuser mit erhöhter Radonbelastung gefunden und gegebenenfalls saniert werden.

196.* Zur Minderung des Risikos durch Passivrauchen fordert der Rat einen gesetzlichen Nichtraucherschutz in Form allgemein gültiger Regelungen zu etablieren. Dazu zählt ein absolutes Rauchverbot auf Bahnhöfen, an Haltestellen und in öffentlichen Gebäuden. Erforderlich ist ferner, dass in Hotels und Gaststätten ein akzeptables Angebot von Nichtraucherräumen zur Verfügung gestellt wird. Schließlich wird ein genereller Nichtraucherschutz am Arbeitsplatz gefordert, sofern es für Nichtraucher keine Ausweichmöglichkeiten gibt.

197.* Radon, Rauchen, Dieselruß, möglicherweise auch alveolengängige Partikel und künstliche Mineralfasern sind wie einige flüchtige organische Verbindungen Risikofaktoren für Lungenkrebs. Da die kurativen Instrumente bei Lungenkrebs sehr unbefriedigend sind – die 5-Jahres-Überlebensrate liegt bei 5 % – sind besondere Anstrengungen in bezug auf die Prävention geboten. Inwieweit die vom Arbeitsplatz bekannten synkanzerogenen Effekte (z. B. Rauchen, Radon, Asbest, Quarz) auch bei den niedrigeren Expositionen im Umweltbereich zum Tragen kommen, kann derzeit nicht beantwortet werden und sollte Gegenstand von Forschungen sein.

2.4.7 Gentechnik

198.* Das Gentechnikrecht befindet sich derzeit in einer Phase der Neuorientierung. Nach der Novellierung der Systemrichtlinie durch die Richtlinie 98/31/EG werden gentechnische Arbeiten nunmehr durchgängig entsprechend den damit verbundenen Risiken in Risikoklassen eingeteilt. Gentechnische Arbeiten, die sich als sicher für die menschliche Gesundheit und die Umwelt erwiesen haben, werden nun von der Regulierung ausgenommen. Die entsprechenden Anhänge zur Richtlinie bedürfen aber noch der inhaltlichen Ausgestaltung. Die für die umweltpolitische Bewertung der Novellierung entscheidende Frage ist damit noch offen. Der BSE-Skandal und die insgesamt kritischer gewordene Haltung der meisten Mitgliedstaaten haben dazu beigetragen, dass die Europäische Kommission in der Diskussion über die Novellierung der Freisetzungs-Richtlinie mit Zustimmung der meisten Mitgliedstaaten von ihrer bisherigen – auch noch die Novellierung der System-Richtlinie bestimmenden – Linie einer vorsichtigen Deregulierung abgerückt ist und eine Verschärfung der Freisetzungsvoraussetzungen vorgeschlagen hat. Das Vorsorgeprinzip soll nun ausdrücklich in der Zweckbestimmung (Art. 1) und in den allgemeinen Verpflichtungen der Richtlinie (Art. 4) verankert werden. Die beabsichtigte Verankerung des Vorsorgeprinzips ist zu begrüßen. Gleichzeitig sollten aber auch Deregulierungsmöglichkeiten genutzt werden. Ein faktisches Moratorium für die Zulassung ist rechtsstaatlich nicht akzeptabel.

199.* In Deutschland sind Freisetzungen transgener Pflanzen an 414 Orten erfolgt. Freisetzungsvorhaben betrafen in den ersten Jahren Verbesserungen für den landwirtschaftlichen Bereich wie Herbizidtoleranzen und Schädlingsresistenzen. Zunehmend werden jetzt Veränderungen der pflanzlichen Inhaltsstoffe vorgenommen und neue physiologische Eigenschaften vermittelt.

Untersuchungen zur Begleitforschung betreffen unter anderem den vergleichenden Anbau von transgenen und nichttransgenen Kulturpflanzen, Pollenausbreitung, Unkrautpopulationen und Samenbank, Rhizosphären- und Bodenbakterien, Verweildauer und Abbaubarkeit des Transgens im Boden, Populationsdichte und Arten blütenbesuchender Insekten. Die Ergebnisse der Begleitforschungsprojekte bei Freisetzungsvorhaben müssen gesammelt, gesichtet und für den Vollzug des Gentechnikgesetzes nutzbar gemacht werden. Die Einrichtung einer ökologischen Dauerbeobachtung von ausgewählten transgenen Organismen und deren Auswirkungen auf die Umwelt, die Integration in die ökologische Umweltbeobachtung und die Schaffung einer zentralen Koordinationsstelle für ein Umweltmonitoring von gentechnisch veränderten Organismen sind beschleunigt umzusetzen. Vor dem Hintergrund weiterhin zunehmender Freisetzungsvorhaben erneuert der Umweltrat seine Forderung nach Einrichtung eines Genregisters.

200.* Der Umweltrat begrüßt es, dass aufgrund der Novelle der Freisetzungsrichtlinie der Antragsteller mit der Genehmigung zum Inverkehrbringen zu einem Monitoring verpflichtet werden soll, das differenziert ausgestaltet werden kann.

201.* Der EU-Umweltministerrat hat sich darauf geeinigt, dass die Novel-Food-Verordnung bezüglich der Vorsorgeorientierung, der Kriterien der Risikoabschätzung, des Nachzulassungsmonitoring und der Kennzeichnung enger an die Freisetzungs-Richtlinie angebunden werden soll. Diese Position, die zum Teil die Verordnung verdeutlicht, zum Teil aber auch verschärft, wird vom Umweltrat ausdrücklich begrüßt. Die Novel-Food-Verordnung lässt aber nach wie vor eine Reihe von Fragen nach Gegenstand, Umfang und Art der Kennzeichnung gentechnisch veränderter Lebensmittel offen. Dabei geht es insbesondere um Herkunftszweifel, Vermischungsprobleme und Verunreinigungen.

202.* Mit der EG-Verordnung Nr. 1139/98 wurde für die schon zugelassenen gentechnisch veränderten Mais- und Sojasorten eine Ausführungsregelung erlassen, die ein Präjudiz für eine allgemeine Regelung darstellt, aber nur einen Teil der Probleme löst. Es blieben zunächst zwei entscheidende Fragen offen, nämlich die nach der Festlegung einer Bagatellgrenze (Toleranzwert) und nach den Methoden, aufgrund derer die Negativliste für gentechnisch veränderte, aber gleichwertige Lebensmittel erstellt wird. Die Europäische Kommission hat durch eine Änderung der Verordnung kürzlich den Toleranzwert für unbeabsichtigte Verunreinigungen auf 1 %, bezogen auf die jeweilige Zutat, festgelegt.

Entgegen dem bisherigen Recht werden nunmehr generell auch gentechnisch veränderte Zusatzstoffe und Aromen der Kennzeichnungspflicht unterworfen. Dies stellt eine Verbesserung des Verbraucherschutzes dar, wenngleich noch einige Lücken verbleiben. Insbesondere stellt sich auch hier die Frage nach der Festlegung einer Bagatellgrenze.

203.* Da auch bei Nahrungsmitteln aus gentechnischer Produktion ein Allergieproblem bestehen kann, mahnt der Umweltrat erneut an, die Verfahren zur Prüfung auf Allergenität von transgenen Lebensmittelkomponenten bezüglich eines sicheren Ausschlusses allergener Risiken gezielt zu verbessern und anzuwenden. Bei einer möglichen Kennzeichnung wird allerdings umstritten sein, wie allergen wirkende Substanzen, die nur ein gewisses Risiko darstellen, zu behandeln sind. Dies gilt insbesondere für eine mögliche Bagatellgrenze; ein „Toleranzwert" von 1 % ist hierbei kaum akzeptabel. Ein weiteres Problem ist die Vielzahl der allergen wirksamen Substanzen.

3 Umweltschutz in ausgewählten Problembereichen

3.1 Dauerhaft umweltgerechte Wald- und Forstwirtschaft

204.* In weiten Teilen Europas ist Wald die potentiell dominierende Vegetationsform. Bereits sehr früh hat der Mensch in Waldökosysteme eingegriffen und diese damit verändert. In Zentraleuropa erlangten diese Eingriffe seit dem Mittelalter eine landschaftsprägende Dimension. Somit sind die Waldlandschaften in ihrer heutigen Gestalt das Ergebnis eines lang andauernden und tiefgreifenden Einflusses des Menschen. Die komplexen Wirkungen historischer Landnutzungsformen auf Artenvielfalt und Lebensgemeinschaften sind nach wie vor nicht hinreichend aufgeklärt. Rekonstruktionen verdeutlichen jedoch, dass die historische Landnutzung eine wesentliche Differenzierung des Ökosystemspektrums und eine gegenüber der Naturlandschaft deutliche Erhöhung der Artenvielfalt zur Folge hatte. Gleichwohl nimmt infolge der Intensivierung der Landnutzung die Ökosystem- und Artenvielfalt bereits seit längerer Zeit wieder ab.

Vor dem Hintergrund dieser Beobachtung und der verstärkten Erörterung des Problemfeldes Biodiversität greift der Umweltrat das Thema „dauerhaft umweltgerechte Wald- und Forstwirtschaft" auf. Aktueller Anlass ist die Diskussion über „ökologischen Waldumbau" und Klimaschutz. Ferner diskutiert der Umweltrat Aspekte der teilweise kontroversen Diskussion um das Waldsterben, wobei die Bedeutung des Waldes mit seinen verschiedenen Schutzwirkungen für die Umweltmedien hervorgehoben werden soll.

Der Umweltrat betont, dass die Nutz-, Schutz- und Erholungsfunktion des Waldes nach § 1 Bundes-Waldgesetz im Grundsatz als gleichrangig eingestuft werden. Unter dem Begriff Schutzfunktion wird üblicherweise auch der Schutz von Flora und Fauna (Biotopschutz, Naturschutz) im weitesten Sinne verstanden. Aus naturschutzfachlicher Sicht greift dieses Verständnis zu kurz, weil damit die Bedeutung der Wälder als Ökosysteme und ihre Bedeutung im Biotopverbund ganzer Landschaften nicht genügend berücksichtigt wird. Allerdings haben ökologische Aspekte im Rahmen der Forstwirtschaft an Bedeutung gewonnen.

3.1.1 Waldfunktionen

Nutzfunktion von Wäldern

205.* Forstwirtschaft wird in Deutschland erst seit ca. 200 Jahren betrieben. Die Wälder wurden aber schon vorher intensiv durch den Menschen genutzt und maßgeblich beeinflusst. Diese Eingriffe haben im Laufe der Zeit durch das Wachstum der Bevölkerung, gestiegenen Flächenverbrauch und technische Entwicklungen zugenommen. Die waldbezogenen Nutzungen mussten mit der Zeit ständig veränderten, neuen Ansprüchen gerecht werden und sich vor allem nicht auf das Holz beschränken. Die wesentlichen Nutzungen beziehen sich auf:

- *Holzvorrat und -einschlag,*
- *Holz-/Biomasse-Produktion,*
- *Jagd* sowie
- *Erholung.*

Schutzfunktion von Wäldern

206.* Forsten und Wälder erfüllen eine Vielzahl von bedeutsamen Schutz- und Regelungsfunktionen für Boden, Wasser, Klima und Biosphäre. Entsprechend den Schutzzielen lassen sich Wälder gliedern in

- *Wälder zur Beeinflussung von Wassermenge und -güte,*
- *Wälder zum Schutz vor zerstörerischen Kräften von Wasser,*
- *Küstenschutzwälder,*
- *Bodenschutzwälder,*
- *Wälder zum Schutz vor Bodenauftrag,*
- *Lawinenschutzwälder,*
- *Klimaschutzwälder,*
- *Lärmschutzwälder,*
- *Wälder zum besonderen Schutz von Individuen und Populationen wildlebender Pflanzen- und Tierarten* sowie
- *Wälder zum besonderen Schutz von Geobiozönosen.*

207.* Das Kyoto-Protokoll der Klimarahmenkonvention sieht als eine Option zur Erreichung der CO_2-Reduktionsziele Maßnahmen zur CO_2-Bindung in Wäldern (Waldfunktion: CO_2-Senke) vor. Aufforstungen können für eine Übergangszeit, bezogen auf den Lebenszyklus von Bäumen, anfänglich zur Minderung des anthropogen verursachten CO_2-Anstiegs in der Atmosphäre beitragen. Für das in Deutschland angestrebte Ziel, ausgehend von der Situation im Jahre 1990 bis zum Jahr 2005 eine Reduktion der CO_2-Emissionen um 25 % zu erreichen, ist die Bedeutung dieser Option – *Wälder als CO_2-Senke* – aufgrund des kleinen Flächenanteils von Aufforstungen in Deutschland nur als unbedeutend einzuschätzen.

Funktion Naturschutz

208.* Der Naturschutz im Wald erfordert die Entwicklung tragfähiger Strategien sowohl zur Erhaltung der Nutzungsfähigkeit von Naturgütern als auch für einen umfassenden Schutz der Natur, der über den Schutz einmaliger oder herausragender Naturgüter hinausgeht, vielmehr zur Sicherung der Leistungsfähigkeit des Naturhaushalts insgesamt beiträgt.

Der Umweltrat befürwortet ein Naturschutzkonzept, das sowohl Waldflächen vorsieht, auf denen verschiedene Funktionen integrativ gefördert werden, als auch solche Flächen, auf denen einer Funktion Vorrang vor anderen Funktionen eingeräumt wird. Ein Vorrang der wirtschaftlichen Nutzung schließt dabei allerdings im Verständnis des Umweltrates reine Holzplantagen aus.

Der Umweltrat erachtet in diesem Zusammenhang die Unterscheidung von drei Flächenkategorien, die sich durch deutlich unterschiedliche Gewichtung der Waldfunktionen auszeichnen, für den Naturschutz und eine nachhaltige Nutzung von Forsten und Wäldern als zielführend:

- Alle Waldfunktionen sind auch auf der einzelnen Fläche gleichrangig. Hierzu zählen Konzepte der „naturnahen" bzw. „naturgemäßen" Forstwirtschaft (integrative Waldnutzung).

- Eine Waldfunktion tritt in den Vordergrund, ohne dass hierdurch die übrigen Ziele außer Kraft gesetzt werden würden. Hierzu zählen z. B. „Erholungswälder" im Umfeld der Ballungsräume, Wälder in Wasserschutzgebieten und Staatswälder mit speziellen Umweltschutzzielen.

- In bestimmten Forsten und Wäldern besitzt eine Funktion absolute Prioritätensetzung gegenüber allen übrigen. Hierzu zählen z. B. nutzungsfreie, der Erholung nicht zugängliche Prozessschutzwälder (Totalreservate).

Bei der Prioritätensetzung hinsichtlich der Waldfunktionen sind die regionalen und lokalen Besonderheiten zu berücksichtigen. Für alle Kategorien ist das Definition von ökologischen Mindestanforderungen für die Sicherung grundlegender Regel-, Schutz- und Lebensraumfunktionen erforderlich.

3.1.2 Neues altes Leitbild: Dauerhaft umweltgerechte Waldwirtschaft

209.* Von allen Landnutzungsformen ist die Wald- bzw. Forstwirtschaft die am stärksten auf Langfristigkeit orientierte Bewirtschaftungsform. Der Begriff Nachhaltigkeit, d. h. dauerhaft umweltgerechte Entwicklung hat darin teilweise seine Wurzeln. Um die politische Forderung der Nachhaltigkeit besser zu verwirklichen, hat die deutsche Forstwirtschaft das Leitbild einer multifunktionalen Waldnutzung etabliert. Auch wenn Einigkeit darüber besteht, dass das theoretische Gleichrangigkeitsmodell in der Praxis nur bedingt operational ist, so unterstützt der Umweltrat den Ansatz der Multifunktionalität, insbesondere auch vor dem Hintergrund der standörtlichen Vielfalt der Waldgebiete. Damit betont er die Notwendigkeit standortgerechter, naturnaher Waldbaustrategien. Allerdings stellt er fest, dass nicht alle Funktionen des Waldes in gleichem Maße und im gesellschaftlich erwünschten

Umfang automatisch als Kuppelprodukte forstwirtschaftlichen Handelns anfallen. Bei der Diskussion über Waldfunktionen erscheinen aktuelle Ansätze hilfreich, die eine Differenzierung der Waldfunktionen in „Wirkungen des Waldes" und „Leistungen der Forstwirtschaft" vorschlagen. „Wirkungen des Waldes" bestehen in gleicher Weise auch bei völliger Abwesenheit von Forstwirtschaft, wogegen „Leistungen der Forstwirtschaft" in qualitativen und quantitativen Veränderungen durch forstliches Handeln bestehen, die der Befriedigung von Nutzungsansprüchen der Gesellschaft dienen. Was Wirkungen und was Leistungen sind, wird letztlich durch den verfügungsrechtlichen Rahmen bestimmt.

210.* Ziel einer dauerhaft umweltgerechten Forstwirtschaft sollte eine möglichst geringe Beeinträchtigung der Wirkungen des Waldes sein. Die für umweltpolitische Eingriffe maßgebliche Abgrenzung zwischen Wirkungen und Leistungen sollte nach Auffassung des Umweltrates über eine Spezifizierung des Begriffes „ordnungsgemäße Forstwirtschaft" erfolgen. Der Umweltrat lehnt dabei aber unterschiedliche Aufgabenstellungen der verschiedenen Waldbesitzarten ab. Dies wird damit begründet, dass sich Eigentumsverhältnisse, auch was Staats- oder Kommunalwald anbelangt, ändern und damit jeweils veränderte Zielsetzungen einhergehen können, die aufgrund der Langfristigkeit forstwirtschaftlicher Maßnahmen – wenn überhaupt – nur bedingt realisierbar wären.

211.* Der Umweltrat tritt nachdrücklich dafür ein, Forst- und Waldwirtschaft und Naturschutz nicht als Gegenpole zu sehen, sondern Forst- und Waldwirtschaft und Naturschutz soweit wie möglich zu integrieren. Der Umweltrat verkennt jedoch nicht, dass aktuell im Verhältnis zwischen Forst- bzw. Waldwirtschaft und Naturschutz eine ganze Reihe von kontroversen Positionen besteht, beispielsweise im Hinblick auf Planungs- und Verwaltungsfragen sowie Waldbewirtschaftungskonzepte. Es sollte deshalb zukünftig darum gehen, diese Kontroversen vor dem Hintergrund veränderter gesellschaftlicher Ansprüche, wirtschaftlicher Rahmenbedingungen und erheblich verbesserter Erkenntnisse über die Dynamik und die Funktionsweisen von Waldökosystemen insbesondere auch im Kontext ganzer Landschafts- oder Biotopverbundstrukturen adäquaten Lösungen zuzuführen. Insgesamt ist den Belangen des Naturschutzes mehr Bedeutung beizumessen, als dies bislang zumindest in der Praxis der Fall war. Andererseits sollten bei diesem Abstimmungsprozess die Umweltschutzfunktionen der Umweltmedien nicht vernachlässigt und eine medienübergreifende Herangehensweise gewählt werden.

212.* Eine Waldnutzung, die sowohl forstliche als auch naturschutzfachliche Belange adäquat berücksichtigt, bedarf der differenzierten Festlegung von Vorrangflächen beispielsweise als Totalreservate. Eine wichtige planerische Voraussetzung für die Festlegung solcher Vorrangflächen im Wald sowie deren räumliche Integration ist nach Ansicht des Umweltrates die systematische, qualitative und quantitative Erhebung der Flächen- und Entwicklungspotentiale. Dies leisten für die holzproduktionsrelevanten Aspekte der Waldbewirtschaftung unter anderem die Bundeswaldinventur sowie die Forsteinrichtungswerke. Im Staatswald liefern Waldfunktions- und insbesondere Waldbiotopkartierungen inzwischen erste Ansätze zur Katalogisierung der Waldeinheiten hinsichtlich ihrer „Biotopqualität" und Flächenverteilung. Die Waldfunktionenkartierung liefert eine Fülle räumlicher Einheiten, bedarf aber zukünftig aufgrund methodischer Defizite zur Umsetzung naturschutzfachlicher Zielsetzungen einer Ergänzung durch einschlägige Datenerhebungen. Der Umweltrat fordert in diesem Zusammenhang die Entwicklung tragfähiger Parametersätze mit Bezug auf eine naturschutzfachliche Beurteilung des Zustandes und der Entwicklungspotentiale von Wäldern. Die Integration der aus naturschutzfachlichen Erhebungen und aus der Waldökosystemforschung gewonnenen Befunde in die forstliche Planung bzw. auf der betrieblichen Ebene in die Forsteinrichtungsplanung bildet einen wichtigen Schritt zur Umsetzung integrierter Waldbaukonzepte, die grundsätzlich auch den Belangen des Naturschutzes Rechnung tragen.

213.* Mit Bezug auf die Durchsetzung von Naturschutzbelangen im Wald weist der Umweltrat darauf hin, dass eine Trennung der Forstwirtschaft in einen wirtschaftenden und in einen aufsichtsführenden, das heißt hoheitlichen Teil vertretbar erscheint, wenn das ökologische Niveau der ordnungsgemäßen Forstwirtschaft klar gesetzlich fixiert und kontrolliert werden kann. Zwischen Wald- und Forstwirtschaft und Naturschutz bestehen hinsichtlich hoheitlicher Aufgaben Zielkonflikte und Überschneidungen, die bislang jedenfalls aus fachlich-inhaltlicher Sicht nicht angemessen geordnet sind. Als einen Lösungsweg schlägt der Umweltrat vor, hoheitliche Aufgabenstellungen und Nutzungsinteressen grundsätzlich zu trennen. Dies würde langfristig darauf hinauslaufen, eine Forstverwaltung aufzubauen, die lediglich hoheitliche Aufgaben wahrnimmt. Da sie von Zielkonflikten weitgehend entlastet ist, könnte sie mit gleicher Gewichtung auch Naturschutzinteressen vertreten; Kompetenzkonflikte zwischen Forst- und Naturschutzverwaltung würden weitgehend entschärft. In diesem Konzept würde der gesamte Staatswald sukzessive privatisiert oder jedenfalls privat bewirtschaftet werden.

Auf die Anpassung bestehender institutioneller Rahmenbedingungen und Verfahrensweisen an die Erfordernisse, die sich aus den von der Bundesregierung unterzeichneten internationalen Konventionen mit Waldbezug ergeben, ist besonderes Gewicht zu legen, um die aus den Konventionen abzuleitenden Verpflichtungen angemessen zu erfüllen. Die Lösungen sind am Querschnittscharakter der einzelnen Konventionen auszurichten, der die Beteiligung einer Vielzahl von Bereichen staatlichen Handelns – Forstwirtschaft, Naturschutz, Handel, Landnutzungsplanung, Forschung und Entwicklungszusammenarbeit – und die Entwicklung innovativer Verfahren zur sektorübergreifenden Zusammenarbeit erfordert.

3.1.3 Zum Waldzustand

214.* Die Problematik „Waldsterben" hatte den Wald in eine bis dahin unbekannte Intensität umweltpolitischer Diskussion gerückt. Diese Diskussion war Auslöser zahlreicher Umweltschutzmaßnahmen sowie intensivster Waldökosystemforschung. Im Ergebnis wurde das Wissen über Waldökosysteme, insbesondere mit Blick auf Ursache-Wirkungs-Beziehungen, deutlich verbessert. Nicht nur aktuelle beziehungsweise neuere anthropogene Einflüsse wie Depositionen von Luftschadstoffen verursachen Waldschäden, sondern auch historische Landnutzungen auf ökosystemarer Ebene haben zu erheblichen Degradationen geführt, die teilweise noch heute nachwirken. Dabei geriet die offensichtliche Instabilität zahlreicher Wirtschaftswälder zusehends ins Blickfeld. Dies hat aus forstlicher und naturschutzfachlicher Sicht teils zu einvernehmlichen Lösungen wie beim ökologischen Waldumbau, teils aber auch zu kontroversen Positionen wie bei der verstärkten Ausweisung von Totalreservaten und der Einschränkung forstlicher Bewirtschaftungsmaßnahmen geführt.

215.* Zur Charakterisierung des Ausmaßes sowie der zeitlichen Entwicklung und räumlichen Verteilung der Schäden werden in Europa jährlich Waldschadens- bzw. Waldzustandsinventuren erstellt, die im wesentlichen auf der Erfassung unspezifischer Nadel-/Blattverluste basieren. Vor dem Hintergrund der Erkenntnisse aus etwa zwei Jahrzehnten intensiver Waldschadens- beziehungsweise Waldökosystemforschung weist der Umweltrat darauf hin, dass diese Inventuren keine hinreichenden Aussagen über den tatsächlichen Gesundheits- (Vitalitäts-)Zustand der Bäume/Bestände erlauben. Neu oder neuartig sind vor allem Schadensphänomene, die auf Ernährungsstörungen beruhen. Im Zusammenhang mit den sogenannten neuartigen Waldschäden wurden daher von Anfang an Ernährungsstörungen als symptomatische Befunde diskutiert. Dabei stand vor allem ein neuartiger Magnesium-Mangel bei Fichtenbeständen in höheren Lagen der Mittelgebirge im Blickpunkt des Interesses.

216.* Da Degradationen von Waldökosystemen häufig auf mehrere Ursachen zurückzuführen sind, betont der Umweltrat mit Nachdruck, dass Sanierungsmaßnahmen in der Regel weit über Bodenmeliorations- und Düngungsmaßnahmen hinausgehen müssen. Derartige Eingriffe sind grundsätzlich in ein forstwirtschaftliches Gesamtkonzept einzubinden, in dem neben ernährungs- und bodenkundlichen sowie nutzungsgeschichtlichen Gesichtspunkten auch waldbauliche, ökologische und landschaftspflegerische Ziele zu berücksichtigen sind. Immer aber müssen diese Maßnahmen an die spezifischen Standortbedingungen angepasst werden und sind deshalb von Fall zu Fall neu zu bestimmen.

Auch wenn sich die Wälder in Deutschland derzeit in einer unerwarteten Gesundungsphase mit zumindest teilweise bisher unbekannten Holzzuwachsraten befinden, kann dieser Befund nicht darüber hinwegtäuschen, dass es sich bei unseren Wäldern weithin um Forste mit einer langen Nutzungsgeschichte handelt. Dabei ist auch zu berücksichtigen, dass verstärktes Bestandeswachstum bei fehlender Holzentnahme zu einer Zunahme des flächenbezogenen Holzvorrates führt, der vergleichsweise rasch zu einer erneuten Destabilisierung der Waldbestände führen kann. Vor diesem Hintergrund kommt den eingeleiteten Waldumbauprogrammen eine noch bedeutendere Rolle zu als sie sich z. B. aus der Forderung der Biodiversitätsforschung ergibt. Der Umweltrat fordert auch weiterhin, die Reduktion von Schadstoffeinträgen, insbesondere von Stickstoff-Immissionen, voranzubringen. Schließlich empfiehlt der Umweltrat, die bislang praktizierten Waldschadens- bzw. Waldzustandsinventuren, die sich im wesentlichen an dem unspezifischen Parameter Nadel-/Blattverlust orientieren, zugunsten umfassender ökosystemar basierter Zustandsanalysen, wie sie z. B. das Level II-Programm der EU für Waldbestände vorsieht, aufzugeben.

3.1.4 Naturschutzbelange im Wald

217.* Aufgrund der standörtlichen Situation, des breiten Artenspektrums, der landschaftsökologischen Gesamtsituation in Deutschland, aber auch der internationalen Verpflichtungen besitzt der Schutz von Wäldern einen hohen Stellenwert. Dieser Biotopschutz kann nach Auffassung des Umweltrates durch die Anpassung der Nutzung an bestimmte Schutz- und Entwicklungsziele, spezifische Pflegemaßnahmen des Naturschutzes, Ausweisung von Schutzgebieten und gesetzlichen Pauschalschutz realisiert werden.

Der Umweltrat empfiehlt darüber hinaus als Rahmen für eine Stärkung des Naturschutzes im Wald, das Bundes-Waldgesetz in der Richtung zu ändern, dass der Waldbesitzer anstelle einer Bewirtschaftungspflicht zu einem haushälterischen Umgang mit dem Wald verpflichtet ist.

218.* Nach § 20c des Bundesnaturschutzgesetzes sind die folgenden Waldbiotoptypen in Deutschland pauschal geschützt: Wälder und Gebüsche trockenwarmer Standorte, Bruch-, Sumpf- und Auwälder. In den Ländern bestehen weitergehende Regelungen. Außerdem enthält ein erheblicher Teil der weit über 5 000 deutschen Naturschutzgebiete, der Nationalparke und Biosphärenreservate Waldanteile, manchmal auch in absoluten großen Flächenanteilen. Der Schutzstatus ist allerdings heterogen; vielfach ist eine Holznutzung nicht ausgeschlossen. Ein richtungsweisender Schritt ist der Aufbau des Systems der Naturwaldreservate, nicht nur durch den Totalschutz, den diese Gebiete besitzen, sondern auch durch die Tatsache, dass die Forstverwaltung diese in Selbstbindung ausgewiesen hat.

Der Umweltrat hält aus naturschutzfachlichen Erwägungen heraus die Einrichtung von Waldschutzgebieten im deutschen ebenso wie im europäischen Schutzgebietssystem für unverzichtbar. Dazu sollten 5 % der deutschen Waldfläche als Totalreservate, 10 % als Naturschutzvorrangfläche und 2 bis 4 % naturnahe Waldränder zur Verfügung gestellt werden.

219.* Die vergleichsweise breite Palette von Maßnahmen des Flächenschutzes konnte den Rückgang bestimmter Waldtypen jedoch nicht verhindern. Die aktuelle Rote Liste der gefährdeten Biotoptypen Deutschlands nennt mehr als 67 Waldtypen bzw. -varianten, die zumindest regional gefährdet sind. Ergänzende Instrumente, insbesondere planerische, müssen gleichgerichtet wirksam werden.

220.* Der Umweltrat sieht es als zwingend erforderlich an, auf der Grundlage naturschutzfachlich fundierter Konzepte und Zielsysteme Maßnahmen zum Erhalt der biologischen Vielfalt in die forstliche Praxis zu integrieren.

Dies ist bisher erst teilweise erfolgt. Der Begriff biologische Vielfalt beinhaltet nach Art. 2 der Biodiversitätskonvention sowohl eine Vielfalt innerhalb der Arten als auch die Vielfalt der im Wald lebenden bzw. an den Wald gebundenen Tier- und Pflanzenarten und schließlich auch die Vielfalt der Waldökosysteme. Die bisherigen Konzepte und Maßnahmen haben sich weitgehend auf die Ebene der Populationen und Arten beschränkt und hier wiederum auf bestimmte Organismengruppen (attraktive und/ oder gefährdete Arten, Totholzbewohner). Der Erhalt der innerartlichen Vielfalt wurde – außer in begrenztem Umfang bei Nutzbaumarten – kaum als eigenständige Aufgabe erkannt. Tragfähige Konzepte hierzu liegen bisher kaum vor. Sie sind vorrangig neu zu erarbeiten.

221.* Vor der Formulierung einzelner Maßnahmen zum Erhalt der biologischen Vielfalt im Wirtschaftswald steht eine klarere Bestimmung der Ziele von Naturschutz im bewirtschafteten Wald. Aus naturschutzfachlicher Sicht ist dieses Ziel in der Regel eine möglichst große Naturnähe der Wirtschaftswälder, wobei sowohl strukturelle Merkmale des Naturwaldes als auch ein breites Spektrum von Lebensräumen der natürlichen Waldentwicklung entwickelt und erhalten werden sollte.

222.* Der Umweltrat weist auf den nach wie vor bestehenden erheblichen Konkretisierungsbedarf für ein naturschutzfachliches Rahmenkonzept für Forsten und Wälder hin. Entsprechende Ansätze haben sich in der Vergangenheit zu stark auf die unbewaldeten Landschaftsteile beschränkt oder allenfalls Wald in Sondersituationen (z. B. Feldgehölze, Moorwälder) eingeschlossen.

3.1.5 Zu den Waldumbauprogrammen

223.* Das Leitbild des künftigen Waldumbaus sollte unabhängig von der Waldbesitzart und länderübergreifend der Aufbau naturnaher, strukturreicher und ertragsstarker Wälder sein. Ein waldbauliches Zielkonzept sollte die konsequente Beachtung des „ökologischen Prinzips" als Grundansatz jeglicher Holznutzung betonen. Die Nutzungsintensität ist dabei in Abhängigkeit von den jeweiligen Standortbedingungen zu definieren. Zur Umsetzung dieser Leitlinie erscheint eine flächendeckende Bewertung der Naturnähe und das Aufzeigen waldbaulicher Entwicklungslinien unverzichtbar.

Ferner sollten die bisher gewonnenen standörtlichen Kenntnisse über Bewirtschaftungsmöglichkeiten, Risiken und Gefahren eine flexible und keine pauschalisierte Bewirtschaftungsstrategie auf regionaler Ebene in den Grenzen der Richtlinien des naturnahen Waldbaus erlauben.

224.* Der Umweltrat vertritt die Auffassung, dass der Umbau in naturnahe Wälder einen wichtigen Beitrag zur Erfüllung von Naturschutzzielen auf der Gesamtfläche des Wirtschaftswaldes leisten kann. Eine wechselnde Baumartenzusammensetzung, unterschiedliche forstliche Bewirtschaftungsmaßnahmen und Altersstrukturen sollen wesentlich dazu beitragen, die biologische Vielfalt (Lebensraumvielfalt, Artenvielfalt und genetische Vielfalt) im Wald zu sichern und zu mehren.

Die Auswirkungen eines ökologischen Waldumbaus auf Biodiversität, Waldnaturschutz, Forsttechnik und Wirtschaftslage bedürfen aber einer fundierten wissenschaftlichen Analyse. Der Umweltrat fordert in diesem Zusammenhang, zum Waldumbau einerseits eine ökologische Begleitforschung zu initiieren oder auszubauen und andererseits wissensbasierte Prognosemodelle weiterzuentwickeln. Dabei darf die Untersuchung sich nicht auf den Waldbestand beschränken, vielmehr sollten insbesondere ökosystemare Auswirkungen auf Boden und Gewässer adäquat mit berücksichtigt werden. Der Umweltrat begrüßt bestehende Ansätze des Bundesministeriums für Bildung und Forschung zur Evaluierung von Maßnahmen einer zukunftsorientierten Waldwirtschaft.

225.* Vor allem die instabilen Kiefernforste im norddeutschen Tiefland (insbesondere Niedersachsen und Brandenburg) sowie die Fichtenwälder in Mittelgebirgslagen sollten prioritär umgebaut werden. An den Kiefernstandorten sollten starke Durchforstungseingriffe das Einbringen und die Förderung von Laubbaumarten (z. B. Buche, Eiche) erlauben. Geprüft werden sollte die Möglichkeit, den Umbau der oft labilen Nadelwälder in stabile und naturnahe Laub- und Laub-Nadelmischwälder im Rahmen öffentlicher (zeitlich befristeter) Förderprogramme auch für den privaten Waldbesitz attraktiver zu machen.

226.* Als wesentliche Grundlage für die Anbauplanung und die Beurteilung der Naturnähe befürwortet der Umweltrat die bundesweite forstliche Standortkartierung und eine standardisierte naturschutzfachliche Erfassung und Beurteilung für alle Besitzarten innerhalb von zehn Jahren. Auf dieser Grundlage sollten regionale und standörtliche Ziele der Baumartenwahl entwickelt und umgesetzt werden.

227.* Der naturnahe Waldbau versucht, die natürliche Regenerationsfähigkeit der Waldökosysteme optimal zu nutzen. Auch aus ökonomischen Gründen sollte deshalb künftig die natürliche Leistungsfähigkeit der Wälder für eine Verjüngung eingesetzt werden, sofern nicht andere Verfahren (z. B. Saat oder Pflanzung) zweckmäßiger oder geboten sind, beispielsweise um labile Fichtenbestände rasch umzubauen. Stärker als die Geschwindigkeit ist aus der Sicht des Umweltrates jedoch die Dauerhaftigkeit und Umweltverträglichkeit von Umbaumaßnahmen zu gewährleisten; dabei kommt es entscheidend auf die jeweiligen standörtlichen Bedingungen an.

Waldumbaumaßnahmen, die mit hoher Eingriffstärke und/oder in kurzen Zeitabständen erfolgen, sind deshalb besonders kritisch zu bewerten. Dementsprechend ist eine gezielte mittelfristige Planung des Umbaus unverzichtbar. Damit Naturverjüngung Erfolg haben kann, ist eine Regulierung des Schalenwildbestandes von herausragender Bedeutung, da durch Wildverbiss die Verjüngung der meisten Baumarten ohne aufwendige Schutzmaßnahmen derzeit nicht möglich ist. Die Gewährleistung einer waldverträglichen Wilddichte ist aus Sicht des Umweltrates unabdingbar. Überhöhte Wildbestände machen nicht nur eine Naturverjüngung der meisten Baumarten so gut wie unmöglich, sie verursachen erhebliche Mehrkosten in geschädigten Pflanzungen und gefährden seltene Äsungspflanzen des Waldunterwuchses in ihrem Bestand. Dementsprechend erachtet der Umweltrat die flächendeckende Regulierung der Wildbestände durch angepasste Bejagung als dringend geboten. Die durch die teilweise erfolgte Anerkennung der Landesjagdverbände als Naturschutzverbände nach § 29 BNatSchG geförderte „Ökologisierung" der jagdlichen Zielsetzung muss dringend umgesetzt werden. Dies gilt insbesondere auch für den Schutz gefährdeter Tierarten.

228.* Die Problematik hoher Wildbestände hat zu Allianzen zwischen Vertretern von Forstwirtschaft und Naturschutz geführt, die wirtschaftliche und naturschützerische Interessen gegenüber der Interessenvertretung der Jäger durchzusetzen suchen. Es werden gleichermaßen Mängel in den ökologischen und sozialen Bereichen einer nachhaltigen Jagdnutzung geltend gemacht. Während gesellschaftlich anerkannte Erfordernisse der Waldwirtschaft häufig an jagdlicher Unzulänglichkeit scheitern, droht die Akzeptanz der Jagd in der Öffentlichkeit zu schwinden, obwohl diese für einen naturnahen Waldbau unabdingbar ist.

229.* Vor dem Hintergrund der aktuellen Situation sollte die Jagd dem Primat eines forcierten Waldumbaus klar untergeordnet werden. Da der Waldumbau bzw. die Einführung von naturnaher Forstwirtschaft eine bundesweit und mehr oder weniger flächig verfolgte Zielsetzung ist, sind dagegen Vorschläge, eine der gewünschten Wilddichte entsprechende Zonierung vorzunehmen, wenig hilfreich.

Jagdbedingte Probleme bedürfen fast immer interdisziplinärer regionaler Gesamtkonzepte. Die ausschließliche Fokussierung auf den Abschuss des Wildes ist extrem konfliktträchtig. Demgegenüber ist eine ganzheitliche Sicht und ein integrales Schalenwildmanagement unter Einbeziehung der verschiedenen Träger von Interessen an Wald und Wild zu empfehlen. Dies gilt auch für die verbesserte ökologische Aus- und Weiterbildung der Jäger; dann müssen aber auch die übrigen Landnutzer ein ökologisch erweitertes Selbstverständnis entwickeln.

In diesem Zusammenhang sollte § 1 Abs. 2 S. 2 Bundesjagdgesetz im Hinblick auf die Anforderungen des ökologischen Waldbaus dahin erweitert werden, dass die Jagd über die Vermeidung von Wildschäden hinaus Rücksicht auf die Verjüngung mit anspruchsvollen Laub- und Nadelgehölzen zu nehmen hat. Eine Konkretisierung mit einem entsprechenden Beispielskatalog könnte dann durch Verwaltungsvorschriften der Länder erfolgen.

3.1.6 Honorierung von Umwelt- und Erholungsleistungen der Forstwirtschaft

230.* Die Forstwirtschaft unterscheidet sich von anderen Wirtschaftszweigen dadurch, dass sie neben den marktfähigen Gütern (Holz und Biomasse, Beeren, Pilze, Jagd, Wild etc.), zahlreiche Leistungen erbringt, die am Markt nicht absetzbar sind. Schutz- und Erholungsleistungen des Waldes (u. a. Boden- und Lawinenschutz, Grundwasserschutz, CO_2-Festlegung, Arten- und Biotopschutz) stellen positive externe Effekte dar. Da es in der Regel keinen wirksamen Mechanismus gibt, die Konsumenten von der Nutzung wirksam auszuschließen, werden entsprechende Leistungen des Waldes unentgeltlich in Anspruch genommen. Die Waldbesitzer stellen Schutz- und Erholungsleistungen aus eigenem Interesse in dem Umfang bereit, wie sie als Kuppelprodukt der eigentlichen Wirtschaftstätigkeit forstwirtschaftlicher Betriebe anfallen. Allerdings fehlen finanzielle Anreize, darüber hinaus weitere Umweltgüter und Erholungsleistungen in der gesellschaftlich gewünschten Art und Umfang bereitzustellen.

231.* Betrachtet man das bestehende Förderinstrumentarium in der Forstwirtschaft, zeigt sich, dass dieses in erster Linie das Ziel der „Verbesserung der wirtschaftlichen Lage der Forstbetriebe" verfolgt. Dagegen ist der Vertragsnaturschutz in der Forstwirtschaft bislang nur von untergeordneter Bedeutung. Wenngleich Umweltleistungen vielfach als Kuppelprodukt der forstlichen Unternehmertätigkeit anfallen und eine gesunde wirtschaftliche Situation der forstwirtschaftlichen Betriebe in der Regel positive Auswirkungen auf die Umwelt hat, wird mit dieser Vorgehensweise auf eine direkte Steuerung der forstwirtschaftlichen Aktivitäten im Sinne der Umweltziele weitestgehend verzichtet. Umwelt- und Erholungsleistungen des Waldes fallen nicht automatisch als Kuppelprodukte der Holzproduktion in der gesellschaftlich gewünschten Form an. Anreize, solche Leistungen zu erbringen, die keine Kuppelprodukte darstellen, werden vielfach nicht oder nicht ausreichend gesetzt. Darüber hinaus werden die Subventionen zur

Zeit überwiegend kosten- bzw. maßnahmenorientiert vergeben. Um zu einer besseren gesamtwirtschaftlichen Allokation und um zu einer im Vergleich zu den bestehenden Transferzahlungen gerechteren Verteilung öffentlicher Mittel zu kommen, empfiehlt der Umweltrat eine stärker ergebnis- bzw. leistungsbezogene Honorierung von Umwelt- und Erholungsleistungen der Forstwirtschaft. Auf diese Weise könnte sowohl auf das Ausmaß als auch die Art der Leistungen stärker als bislang Einfluss genommen werden.

232.* Welche Umwelt- und Erholungsleistungen von den Waldbesitzern unentgeltlich erbracht werden müssen und welche zu entgelten sind, wird letztlich über die Spezifizierung von Verfügungsrechten an den Ressourcen entschieden. Leistungen, die im gesellschaftlichen Konsens als Ausfluss der Sozialpflichtigkeit des Eigentums betrachtet werden, müssen von den Grundstücksbesitzern ohne Bezahlung erbracht werden. In der Forstwirtschaft sind die Verfügungsrechte der Waldbesitzer unter anderem durch die unbestimmten Rechtsbegriffe „ordnungsgemäße Forstwirtschaft" (§ 12 BWaldG) und „gute fachliche Praxis" (§ 8 BNatSchG) festgeschrieben. Schwierigkeiten ergeben sich aus der bislang unzureichenden Konkretisierung dieser Begriffe. Ihre Präzisierung ist jedoch Voraussetzung für eine angemessene und sachgerechte Verwirklichung des vorgeschlagenen Honorierungssystems. Der Umweltrat empfiehlt, Positivlisten oder Kataloge zu entwickeln, in denen die angestrebten Umweltqualitätsziele festgeschrieben und entlohnungswürdige Leistungen benannt werden. Die honorierungsfähigen Leistungen sollten dabei überwiegend auf regionaler Ebene unter Berücksichtigung der jeweiligen naturräumlichen Potentiale bestimmt werden.

233.* Bei einer an Umweltqualitätszielen orientierten Honorierungsstrategie in der Forstwirtschaft ist eine Reihe von Besonderheiten zu beachten, die die Umsetzung in die Praxis zwar erschweren, jedoch überwunden werden können. So sind die Produktionszyklen in der Forstwirtschaft deutlich länger als in anderen Wirtschaftszweigen. Ein Honorierungssystem muss dem Umstand Rechnung tragen, dass gewisse umweltpolitische Ziele (z. B. Baumartenwahl) nur langfristig umgesetzt werden können und den Forstwirten durch langfristige Vereinbarungen Planungssicherheit geben. Auch die Bewertung von Umweltleistungen der Forstwirtschaft dürfte durch die langen Produktionszeiträume erschwert werden. Bestimmte Zielsetzungen des Naturschutzes, wie die langfristige Entwicklung völlig unbewirtschafteter „Urwälder", verlangen raumplanerische und politische Grundsatzentscheidungen und sind allein mit ökonomischen Anreizen nicht zu realisieren. Schließlich ist die Eigentumsstruktur im Forst zu beachten.

Die CO_2-Senkenfunktion des Waldes bedarf keiner gesonderten Honorierung, da das gebundene Kohlendioxid beim Absterben der Bäume bzw. beim Einsatz von Biomasse zur Energieumwandlung wieder freigesetzt wird. Statt dessen empfiehlt der Umweltrat, dem Umstand, dass bei der energetische Nutzung von Biomasse nur so viel CO_2 freigesetzt wird, wie vorher gebunden wurde, durch die Freistellung der Biomassenutzung von der Ökosteuer Rechnung zu tragen. Biomasse erhält hierdurch einen relativen Kostenvorteil gegenüber fossilen Energieträgern in Höhe des Steuersatzes.

234.* Um das Instrument der Honorierung ökologischer Leistungen der Forstwirtschaft in die Praxis umzusetzen, empfiehlt der Umweltrat:

– eine Präzisierung der Begriffe „ordnungsgemäße Forstwirtschaft" und „gute fachliche Praxis";
– die Erarbeitung eines Waldökopunktesystems;
– die Entwicklung von Indikatoren zur Erfassung von Umweltqualität bzw. von Umweltleistungen ebenso wie von Verfahren zur Erfolgskontrolle;
– die schrittweise Ablösung eines handlungsorientierten Leistungsentgeltes durch eine leistungsorientierte Honorierung;
– die Umwidmung (zumindest eines Teils) der zur Subventionierung der Forstwirtschaft vorgesehenen Mittel in Entgelte für ökologische Leistungen der Forstwirtschaft.

3.1.7 Abstimmung konkurrierender Nutzungsansprüche

235.* Die Umsetzung eines zeitgemäßen, gesellschaftlich abgestimmten Waldnutzungskonzeptes ist weiterhin defizitär. Eine der Ursachen dieser Umsetzungsdefizite besteht in der bislang fehlenden Konkretisierung und Operationalisierung des Leitbildes einer dauerhaft umweltgerechten Entwicklung im Handlungsfeld „Waldnutzung in Deutschland". So fehlt ein gesellschaftlicher Konsens darüber, welche Art von Wald und welche biologische Vielfalt im Wald erwünscht ist.

Von entscheidender Bedeutung ist ein gesamtgesellschaftlicher Diskurs, in dem die wissenschaftlichen Erkenntnisse z. B. über die Dynamik von Ökosystemen oder ressourcenökonomische Zusammenhänge in die Entwicklung von Zielen und Indikatoren integriert werden.

Eine solche Entwicklung muss darauf hinarbeiten, die Bereitschaft der Gesellschaft als Ganzes dahingehend zu erhöhen, Naturnutzung an der Tragfähigkeit von Ökosystemen auszurichten. Konkret sollten im vorliegenden Fall die Rahmenbedingungen für staatliches wie privates Wirtschaften in den Bereichen, die auf den Wald einwirken, so gestaltet werden, dass sie eine möglichst naturnahe Entwicklung des Waldes gewährleisten.

236.* Die zunehmende Ausweisung von Naturschutzgebieten und Nationalparken hat in den letzten Jahren eine bis heute anhaltende forstpolitische Diskussion ausgelöst. Die unterschiedlichen Nutzungsansprüche sowie die oft widersprüchlichen Zielsetzungen und Interessen von Naturschutzgruppen, Eigentümern und nutzungsorientierten Verbänden führten bei Neuausweisungen oftmals zu vehementen Konflikten und schließlich zu einer fehlenden Akzeptanz der Waldnutzer für durchzuführende Maßnahmen. Die politisch-konzeptionellen, gesetzlichen und administrativen Rahmenbedingungen sind defizitär und erschweren einen Abstimmungsprozess. Hier sind abgesehen von Ausgleichsmaßnahmen partizipative Dialogstrukturen zur Entwicklung langfristiger Konzepte ein denkbarer Lösungsansatz. Der Umweltrat empfiehlt daher die Einrichtung von lokalen Foren, um den gegenseitigen Austausch zwischen den Konfliktparteien zu fördern, Interessenkonflikte zu harmonisieren und weitgehende gegenseitige Akzeptanz zu erzielen. Der verschärfte Einsatz regulativer Instrumente ist nach Auffassung des Umweltrates kontraproduktiv.

237.* Vor allem in Verdichtungsräumen kommt es zunehmend zu Nutzungskonflikten in bezug auf den Wald. Die Interessen verschiedener Bevölkerungsgruppen und ihre jeweiligen Nutzungsansprüche an den Wald kollidieren auf engem Raum und müssen im Sinne einer nachhaltigen Waldnutzung unter Berücksichtigung ökologischer, ökonomischer und sozialer Aspekte gelöst werden. Als grundlegende Konfliktfelder im Bereich der Freizeit- und Erholungsnutzung lassen sich Konflikte zwischen der Nutzung und dem Schutz des Ökosystems Wald sowie Konflikte zwischen verschiedenen Nutzergruppen (z. B. Sportler, Spaziergänger, Jäger, Waldbesitzer) identifizieren.

Belastungen aus der Freizeit- und Erholungsnutzung ergeben sich für Waldökosysteme in erster Linie aus flächenbeanspruchenden Infrastruktureinrichtungen, erhöhtem Verkehrs- und Abfallaufkommen, vermehrten Schadstoffemissionen, Tritt- und Erosionsschäden sowie der Störung wildlebender Tierarten. Darüber hinaus werden Auswirkungen auf die biologische Vielfalt in den Wäldern befürchtet, weil auch die Erholungsnutzung zum anthropogen verursachten Verlust von Lebensräumen, Arten und genetischer Vielfalt beitragen kann.

Die Betrachtung dieser nachteiligen Auswirkungen auf den Wald macht deutlich, dass die Erholungs- und Freizeitaktivitäten der Menschen im Lebensraum Wald ökosystemverträglich gestaltet werden müssen, um den Anforderungen an eine dauerhaft umweltgerechte Waldnutzung gerecht zu werden. Sportler und Erholungssuchende sollten durch eine gezielte Öffentlichkeitsarbeit über die Folgen ihres nicht umweltgerechten Verhaltens im Wald aufgeklärt werden, mit dem Ziel einer bewussten Wahrnehmung der Problematik und Verhaltensänderung bei den Nutzern. Die notwendigen Informationen könnten durch die Einbindung von Schulen, Vereinen, der Forst- und Naturschutzverwaltung und der Waldbesitzer vermittelt werden.

Beim Auftreten von deutlich erkennbaren Überlastungserscheinungen durch die Freizeit- und Erholungsnutzung im Wald sollten zusätzliche Maßnahmen zu einer gezielten räumlichen und zeitlichen Entflechtung bzw. Lenkung der Besucherströme ergriffen werden. Bei einer Gefährdung von besonders wertvollen und empfindlichen Waldbiotopen und von Rückzugsgebieten bestimmter Tierarten (z. B. Auerwild) muss deren Schutz durch die Ausschöpfung vorhandener rechtlicher Instrumente oberste Priorität eingeräumt werden. Besonders eingriffsintensive Freizeitaktivitäten (z. B. Mountainbiking, Klettern) sollten in solchen Gebieten nicht zugelassen werden. Bestehende Nutzungen sind darüber hinaus auf ihre Umweltverträglichkeit zu prüfen und gegebenenfalls zu unterbinden. In naturschutzfachlich besonders wertvollen Räumen dürfen auch Einschränkungen des generellen Waldbetretungsrechts nicht aus der Diskussion ausgeklammert werden.

Die für die Erholung besonders bedeutsamen Wälder in stadtnahen und ländlichen Intensiverholungsgebieten sollten Vorrangflächen ausgewiesen werden.

Zur Minimierung von Konflikten zwischen verschiedenen Nutzergruppen und ihren jeweiligen Interessen müssen auch für Erholungswaldgebiete klar umrissene Lösungskonzepte erarbeitet werden. Dies kann beispielsweise durch eine Ausweisung separater Wege für Spaziergänger, Reiter und Mountainbiker geschehen. Ist eine entsprechende Segregation der Nutzungsansprüche nicht möglich, müssen Prioritäten auf der Basis von bedarfsorientierten Analysen gesetzt werden. Grundsätzlich sollten derartige Prozesse durch eine Partizipation der betroffenen Interessengruppen begleitet werden, um den Austausch von Argumenten zu ermöglichen und eine Konsensfindung zu fördern.

Der naturnahe Wald(um)bau sollte nicht nur die Stabilität, die Baumartenzusammensetzung und die ökologische Wertigkeit der Wälder verbessern, sondern auch die Erholungswirkungen für den Menschen positiv beeinflussen. Vor allem in stark besuchten Waldgebieten dürfen Fragen einer abwechslungsreichen, ästhetischen Waldgestaltung nicht ausgeklammert werden.

3.1.8 Forschungsbedarf

238.* Die Waldökosystemforschung der letzten Jahrzehnte hat zu einem erheblich verbesserten Verständnis unserer Wälder beigetragen. Die wissenschaftlichen Konzeptionen sowohl der Wald- und Forstwirtschaft als auch des Naturschutzes haben sich dadurch entscheidend verändert. Im Naturschutz forderten neue Erkenntnisse die Einsicht, dass Natürlichkeit, Stabilität und Artenreichtum nicht zwangsläufig miteinander korreliert sind und dass Dynamik, Zufall und selbst natürliche Katastrophen in der Natur eine zentrale Rolle spielen. Damit wird das herkömmliche Stabilitätskonzept für Wälder als Ausgangspunkt für bestimmte Bewirtschaftungsformen relativiert.

239.* Die beteiligten Wissenschaften sind ihrer veränderten gesellschaftlichen Verantwortung bisher nicht ausreichend gerecht geworden. Dies gilt für die Forstwissenschaften ebenso wie für die Umweltwissenschaften. Nach wie vor herrscht im gesamten Bereich der Umweltforschung das traditionelle eher disziplinäre Konzept der Wissenschaften vor. Wirklich multidisziplinäre Ansätze sind nur bedingt erkennbar. Wo sie versucht werden, fallen sie in der Umsetzung meist in sektorale Einzelforschung zurück. Multidisziplinarität wird unter diesen Bedingungen in der Regel nicht durch Zusammenarbeit zwischen Fachgebieten, sondern durch Aufweitung der bestehenden Disziplinen und durch Verbundforschungsvorhaben realisiert.

240.* Deutliche Defizite bestehen außerdem im Transfer wissenschaftlicher Befunde in praktische Handlungsempfehlungen. Deutschland verfügt über eine sehr hohe Dichte sowohl umweltrelevanter als auch forstlicher Daten. Nur ein kleiner Teil dieser Daten ist bisher in praktisches Handeln übersetzt. Eine Synopse mit forstwissenschaftlichen Befunden steht weitgehend aus.

241.* Die Konfliktsituationen zwischen den Ansprüchen der Wald- und Forstwirtschaft und des Naturschutzes sind besonders augenfällig im Verwaltungs- und damit auch im Planungsbereich und machen eine umfangreiche sowohl grundlagen- als auch praxisorientierte Institutionenforschung notwendig. Neben einer möglichst umfangreichen und detaillierten Analyse des Status quo sind dabei auch die veränderten gesellschaftlichen Ansprüche, ökonomische Rahmenbedingungen und übergeordnete Zielsetzungen, insbesondere der EU, zu berücksichtigen. Als Ergebnis dieser Forschungsanstrengungen werden Methoden und Verfahren erwartet, die geeignet sind, die Zielkonflikte hinreichend zu konkretisieren und Lösungswege aufzuzeigen.

242.* Schließlich mahnt der Umweltrat die Fortsetzung der medienübergreifenden Waldökosystemforschung an. Neben prozessorientierter Forschung zur weiteren Aufklärung funktionaler mechanistischer Zusammenhänge sind Instrumente zur verbesserten Vorhersage der Waldentwicklung und zwar nicht nur für einzelne Ökosysteme, sondern nach Möglichkeit vor dem Hintergrund von Wasser- und Stoffhaushaltsuntersuchungen im Kontext gesamter Landschaften notwendig.

3.2 Umweltschutz und energiewirtschaftliche Fragen

243.* Der Umgang mit Energie ist einer der wichtigsten Handlungsbereiche der nationalen und internationalen Umweltpolitik. Insofern wurde dieser Bereich – wenn auch mit jeweils unterschiedlichen Schwerpunkten – in den Gutachten des Umweltrates immer wieder thematisiert. Während es bei den energiepolitischen Erwägungen des Umweltrates in den letzten Umweltgutachten jeweils um Teilaspekte des Umgangs mit Energie ging, ist seit dem Sondergutachten „Energie und Umwelt" von 1981 erneut eine umfassende Betrachtung des energiewirtschaftlichen Regimes in Deutschland angezeigt.

Dafür spricht zum einen der in Kyoto erzielte, aber längst noch nicht durch entsprechende Konsequenzen auf nationaler Ebene abgesicherte Durchbruch bei einer langfristigen Lösung des Klimaproblems durch ein internationales Vertragswerk, von dessen Implementierung die nicht nur klimapolitisch wichtige globale Reduktion des Ausstoßes von Treibhausgasen erwartet wird. Zum anderen ist die neue Bundesregierung im Spätherbst 1998 unter anderem mit dem Ziel angetreten, eine energiepolitische Wende herbeizuführen. Dazu wurde bis heute neben den Bemühungen um einen Ausstieg aus der Nutzung der Atomenergie eine Reihe von Gesetzesinitiativen zur Ökosteuerreform und zur Förderung regenerativer Energien, rationeller Energieverwendung sowie des Energiesparens umgesetzt beziehungsweise eingeleitet, deren Beurteilung dem Umweltrat im Interesse der Nachhaltigkeit angelegen sein muss.

3.2.1 Gegenwärtige Energiestrukturen und Status-quo-Prognosen

244.* Zur künftigen weltweiten Primärenergienachfrage und den hiermit verbundenen Emissionen gibt es eine Reihe von Prognosen (z. B. Europäisches Energieinstitut in Grenoble, 1999; Department of Energy der USA (DOE-EIA), 1998; Internationale Energieagentur (IEA), 1998; Weltenergierat (WEC-IIASA), 1998).

Trotz einer angenommenen zwischenzeitlichen Verknappung des Angebots von Erdöl aus herkömmlichen Lagerstätten und – damit einhergehend – eines ansteigenden Ölpreises sowie eines leicht rückgängigen Anteils an der weltweiten Energieversorgung wird Öl (mit einem dann höheren Anteil von nicht-konventionell produziertem Öl) nach diesen Prognosen auch im Jahr 2020 immer noch ein Drittel der gesamten Energienachfrage ausmachen. Kohle und Erdgas werden jeweils zu etwa einem Viertel zur Bedarfsdeckung beitragen, während der Anteil von erneuerbaren Energien etwa 6 % und der Anteil von Atomenergie zwischen 4 und 5 % betragen wird.

Demnach würde der Anteil der fossilen Energieträger am weltweiten Primärenergieumsatz im Jahr 2020 weiterhin über 80 % betragen. Bei einem zugrundegelegten durchschnittlichen jährlichen Wachstum der weltweiten Primärenergienachfrage von 2,2 bis 2,5 % würden entsprechend die globalen energiebedingten CO_2-Emissionen im Jahr 2020 etwa 39,5 Mrd. t betragen (1990 betrugen diese etwa 21,3 Mrd. t). Regional ergeben sich allerdings deutliche Unterschiede in der Emissionsentwicklung. Beispielsweise ist für die weiterhin intensiv kohlenutzenden Staaten Indien und China ein Anstieg der CO_2-Emissionen von 1990 bis 2010 um mehr als das Doppelte zu erwarten.

245.* In Deutschland ist der Primärenergieverbrauch nach dem vereinigungsbedingten Rückgang seit 1990 erstmals im Jahr 1996 wieder angestiegen. Dagegen hat er in den letzten drei Jahren wiederum abgenommen.

Im Hinblick auf die Anteile der einzelnen Energieträger am Primärenergieverbrauch haben sich in den letzten beiden Berichtsjahren keine bedeutenden Änderungen ergeben. Die Spitzenstellung ist bei Mineralöl verblieben, gefolgt von Erdgas und Steinkohle. Der Rückgang der Primärenergienachfrage ging insbesondere zu Lasten des Braunkohleeinsatzes. Insgesamt hat sich der Primärenergieverbrauch – wenn auch nur leicht – hin zu kohlenstoffärmeren Energieträgern (Erdgas und erneuerbare Energien) verlagert.

246.* Zur Abschätzung der weiteren Entwicklung des Primärenergieverbrauchs in Deutschland können aktuelle Status-quo-Prognosen der ESSO AG sowie der Prognos AG zusammen mit dem Energiewirtschaftlichen Institut (EWI) an der Universität Köln herangezogen werden. Danach sinkt die Atomenergienutzung auch ohne vorzeitigen Ausstieg zwischen 2010 und 2020 deutlich aufgrund ihres stark rückläufigen Einsatzes in der Verstromung, der durch den regulären Ablauf der Kraftwerkslebensdauern bedingt ist. Dieser Rückgang wird in erster Linie durch den Verbrauchsanstieg von Erdgas sowie den Zuwachs der erneuerbaren Energieträger ausgeglichen. Während ihr Anteil am Primärenergieverbrauch 1995 bei 2,2 % lag, könnte er bis 2020 auf 4 bis 5 % ansteigen. Hierzu tragen in erster Linie die Windkraft und die Biomasse bei.

247.* Prognosen über die zukünftige Emissionsentwicklung ergeben einen Rückgang der CO_2-Emissionen in Deutschland bis zum Jahr 2005 gegenüber 1990 zwischen 14 und 18 %. Das deutsche CO_2-Minderungsziel (–25 % gegenüber 1990) könnte somit durch eine reine Business-as-usual-Politik nicht erreicht werden. Die Kyoto-Verpflichtung von –21 %, die sich auf den Zeitraum 2008 bis 2012 bezieht und mehr Flexibilität durch die Einbeziehung von insgesamt sechs Treibhausgasen einräumt, erscheint allerdings durchaus erfüllbar.

248.* Die Status-quo-Prognosen der langfristigen Energieeinsätze und ihrer Emissionsfolgen belegen die Dringlichkeit einer Trendwende bei der Energienutzung: Geschieht politisch nichts, so wird der weltweite CO_2-Ausstoß bis zum Jahre 2020 im Vergleich zu 1990 dramatisch wachsen. Besorgniserregend ist auch, dass bei insgesamt kaum noch wachsender Primärenergienachfrage in Deutschland die Ausfälle bei den Versorgungsbeiträgen der Atomenergie nach den vorliegenden Prognosen vor allem vom Erdgas übernommen werden, das in den benötigten Mengen nicht auf Dauer zur Verfügung stehen wird. Zwar sind die höchsten prozentualen Zuwächse bei den Versorgungsbeiträgen durch erneuerbare Energien zu beobachten; diese wachsen jedoch auf einer so niedrigen absoluten Basis, dass sie – ohne zusätzliche Maßnahmen – bis 2020 die Kompensation des Ausfalls der Atomenergie auch nicht annähernd bewirken können.

3.2.2 Umweltbeeinträchtigungen durch die Gewinnung und Umwandlung von Energieträgern

Umweltbeeinträchtigungen durch die Gewinnung von Energierohstoffen

249.* Der Abbau von Energierohstoffen wie Braun- und Steinkohle, Uranerzen, aber auch von Erdöl und Erdgas beeinträchtigt Biotope und Ökosysteme. Darüber hinaus werden andere Nutzungspotentiale gestört. Trotz vieler Maßnahmen zur Wiederherrichtung der vom Rohstoffabbau betroffenen Bereiche durch Rekultivierung, Renaturierung oder sonstigen Ausgleich von Folgewirkungen müssen mittel- bis langfristige landschaftsökologische und umweltgeologische Veränderungen mit in die Gesamtbewertung der Nutzung von Rohstoffen einbezogen werden. Nur dann sind landschaftsgerechte Folgenutzungen möglich. Zudem können ökologische Fehlentwicklungen bereits im Vorfeld vermieden werden.

Der Abbau der Energieträger und – abbautechnisch bedingt – auch des Nebengesteins bedeutet geochemisch gesehen zunächst eine über das natürliche Maß hinausgehende selektive Konzentration dieser Stoffe. Bereits durch die Aufbereitung und den Transport gelangt ein Teil davon innerhalb kürzester Zeit in alle Teilbereiche der Geo- und Biosphäre. Dieser anthropogen gesteuerte Differenzierungsprozess ist eine neue Form geologischer Tätigkeit. Zahlreiche chemische Elemente gelangen auf diese Weise verstärkt in den Stoffkreislauf, nachdem sie ihm teilweise für Jahrmillionen entzogen waren. Es kommt zur Geo- und Bioakkumulation der mobilisierten Elemente und ihrer Verbindungen. Damit wird der ursprüngliche Stoffbestand sowohl in qualitativer als auch in quantitativer Hinsicht verändert.

Vor diesem Hintergrund ist es erforderlich, die Umweltauswirkungen der Rohstoffaufbereitung und -nutzung stärker als bisher in die Abbaukonzeption einzubeziehen. Nur so lassen sich Ziel- und Nutzungskonflikte mit den wesentlichen Ökosystemfunktionen vermeiden. Dies bedeutet, dass das Wirkungsgefüge von biotischen und abiotischen Abläufen in seiner zeitlichen Dynamik insgesamt erfasst werden muss.

Die wichtigsten Umweltauswirkungen der Energierohstoffgewinnung sind (Tab. 3.2.2-1):

– Flächeninanspruchnahme und Verlust von Lebensräumen,

– Stoffinanspruchnahme und Massenverlagerung,

– Reliefveränderungen (Bergsenkung, Tagebaurestlöcher bzw. -seen etc.)

– hydrologisch-hydrogeologische Beeinträchtigungen,

– chemische Beeinträchtigungen des Grundwassers,

– Meeresbelastung durch Offshore-Förderung von Erdöl und Erdgas,

– atmosphärische Emissionen von Methan und Radon,

– Industriebrachen und Altlasten aus der Energierohstoffgewinnung.

Kurzfassung

Tabelle 3.2.2-1

Die wichtigsten Umweltauswirkungen bei der Gewinnung von Energierohstoffen in Deutschland

	Steinkohle	Braunkohle	Erdöl und Erdgas	Uran
Flächeninanspruchnahme	– direkte und indirekte Inanspruchnahme durch Halden und Bergsenkungen; ca. 5 000 km², – eingeschränkte Nutzung der indirekt beanspruchten Flächen, keine Nutzungsmöglichkeit der direkt beanspruchten Flächen	– direkte Inanspruchnahme durch Abbauflächen; ca. 2 270 km², – stark eingeschränkte Nutzbarkeit nach der Renaturierung	– geringere, punktuelle Beeinträchtigungen	– 37 km² Betriebsfläche z. T. radioaktiv und/oder mit Schwermetallen und Metalloiden kontaminiert
Massenverlagerung	– 80 x 10⁶ m³ Steinkohle und Bergmaterial jährlich, Förderverhältnis ca. 1:2	– 1,2 x 10⁹ m³ Braunkohle und Abraum jährlich, Förderverhältnis ca. 1:5	keine Angaben	– 460 Mio. t Bergematerial – 240 Mio. t Aufbereitungsrückstände mit hohen Gehalten an Radionukliden, Schwermetallen und Metalloiden
Reliefveränderung	– großräumige Bergsenkungen, Halden	– Tagebaurestseen, Halden	– Bergsenkungen (strittig)	– Restlöcher, Halden
Beeinträchtigungen (zusammengefasst) der Oberflächengewässer, des Grundwassers und der Meere	– Einleitung von über 100 Mio. m³ Wasser mit hohen Salzgehalten in die Vorfluter Rhein, Ruhr, Lippe und Emscher – Veränderungen des Grundwasserspiegels (absolute Absenkung, relativer Anstieg in den Senkungsbereichen) – in den Halden und Ablagerungsbereichen für Abraum: Freisetzung von Schwefelsäure durch Sulfidoxidation, Mobilisierung von Aluminium- und Schwermetallionen, große Mengen leichtlöslicher Salze, sowie Einträge in Oberflächengewässer und Grundwasser	– großflächige Grundwasserabsenkungen, Grundwasserdefizite von mehreren km³ – kritische Wasserqualität in den Tagebaurestseen durch saure Sickerwässer (hohe Salinität, Eisen- und Schwermetallgehalte)	– Gefahr der Grundwasserkontamination durch Bohrzusätze – Einleitung von Öl- und ölhaltigem Produktionswasser bei Gewinnung, Transport und Verarbeitung in die Nordsee, dadurch Schädigung der marinen Umwelt – Eintrag von Betriebsstoffen, Antifoulinganstrichen, Bohrzusätzen etc. in die Nordsee	– Entstehung saurer und mit Radionukliden belasteter Sickerwässer durch Pyritoxidation in Halden und durch Säurezusätze in Aufbereitungsrückständen – Mobilisierung von Radionukliden, Schwermetallen und Metalloiden durch Veränderung des Redoxpotentials und durch Komplexbildner im Grundwasserbereich
Atmosphärische Emissionen	– klimarelevante Methanemissionen	– keine klimarelevanten Emissionen	– Methanverluste bei Gewinnung und Verteilung in Höhe von max. 2 %	– Emission von Radon als Produkt des radioaktiven Zerfalls von Thorium, dadurch erhöhtes Lungenkrebsrisiko
Industriebrachen und Altlasten	– Bodenkontaminationen an Gewinnungs- und Verarbeitungsstandorten durch nichtsachgemäßen Umgang mit Betriebsmitteln, Leckagen etc. und mit spezifischem Schadstoffinventar		– Oberflächenkontamination der Anlagen und der Umgebung des Betriebsgeländes	– Oberflächenkontamination der Anlagen und der Umgebung des Betriebsgeländes – schwachradioaktive Abfälle

SRU/UG 2000/Tab. 3.2.2-1

Umweltbeeinträchtigungen durch die Umwandlung von Energierohstoffen

250.* Die luftgängigen Emissionen bei der Energieumwandlung fossiler Energieträger umfassen vor allem Kohlendioxid, Schwefeldioxid, Stickstoffoxide, Ammoniak, Kohlenmonoxid sowie Lachgas und Methan (vgl. insbes. Kap. 2.4.4). Ferner werden Schwermetalle, Staub und einfache (z. B. Formaldehyd) sowie komplexe organische Verbindungen emittiert. Zu den Umweltauswirkungen dieser Emissionen gehört allen voran der anthropogene Treibhauseffekt, des weiteren die Versauerung von Böden und Oberflächengewässern, die Eutrophierung, die Schädigung der Ozonschicht und human- sowie ökotoxische Eigenschaften einzelner Verbindungen. Die Emissionen bei der Umwandlung hängen wesentlich von der Umwandlungstechnik sowie von der nachgeschalteten Minderungstechnik ab.

Im Hinblick auf die mit der Umwandlung fossiler Energieträger in Wärme und/oder Kraft verbundenen Emissionen, vor allem die CO_2-Emissionen, erweist sich das Erdgas als die allen anderen fossilen Primärenergieträgern überlegene Alternative. Erdgas erscheint deshalb relativ am besten geeignet, die durch den Rückzug aus der Atomenergie fehlenden Versorgungsbeiträge in mittlerer Frist (d. h. 20 bis 30 Jahre) zu übernehmen. Allerdings wird der verstärkte Einsatz von Erdgas im Vergleich zur Atomenergie zu einer erheblichen Zunahme der CO_2-Emissionen führen. Langfristig müssen deshalb regenerative Energieträger und insbesondere Energiespar- und Energieeffizienzstrategien die Lücke füllen.

Umweltbeeinträchtigungen und Risiken bei der Atomenergienutzung

251.* Die energetische Nutzung der Atomenergie zur Stromerzeugung ist sowohl mit technischen Risiken aus dem Spaltprozess selbst und seinen vor- und nachgeschalteten Ver- und Entsorgungsprozessen als auch mit Risiken durch Fremdeinwirkungen verbunden. Im wesentlichen handelt es sich dabei um die Möglichkeit der Freisetzung und der Aufnahme von radioaktiven Stoffen, die größtenteils im Spaltprozess in hoher Intensität und Diversität erzeugt werden und die sicher eingeschlossen bleiben müssen. Das sehr heterogene Radioaktivitätsinventar nimmt im laufenden Betrieb zu und kann bei Stör- und Unfällen in unterschiedlicher räumlicher Ausbreitung teilweise oder ganz freigesetzt werden. Die Radioaktivität muss aus Umwelt- und Strahlenschutzgründen sowohl im Normalbetrieb als auch bei Stör- und Unfällen im Kraftwerk, aber auch bei der Zwischen- und Endlagerung, sicher eingeschlossen bleiben. Risiken können aber auch von außen zum Beispiel infolge von Flugzeugabsturz, Sabotage und durch höhere Gewalt (z. B. Erdbeben) entstehen.

252.* Bei einer Freisetzung von Radioaktivität bestehen Risiken für Umwelt und menschliche Gesundheit über verschiedene Belastungspfade, das heißt durch äußere oder innere Exposition. Entscheidende Kriterien zur Einstufung sind Art und Intensität der Strahlung bei möglicher Strahlenbelastung, chemische sowie Radiotoxizität bei Inkorporation, Möglichkeit des Auftretens einer selbsterhaltenden Kettenreaktion der Spaltung (Kritikalität), Wärmeentwicklung und Gefahr einer Kontamination der Umweltkompartimente.

Bei der Bewertung der Umweltbeeinträchtigungen und Risiken durch die Nutzung der Atomkraft ist zwischen

– Risiken, die beim Betreiben von Atomkraftanlagen sowohl im Normalbetrieb als auch bei Störfällen und Unfällen entstehen,

– Risiken der Entsorgung nuklearer Abfälle bei der Wiederaufarbeitung, der Zwischen- und Endlagerung und

– Risiken beim Transport radioaktiver Stoffe

zu unterscheiden.

Bei allen Atomkraftwerken gibt es beim *Betrieb* Restrisiken wie die Möglichkeit einer Kernschmelze und deren mögliche katastrophale Folgen, für deren sichere Beherrschung die Anlagen nicht ausgelegt sind. Auch ist grundsätzlich damit zu rechnen, dass mit der Länge der Laufzeit der Anlagen durch Korrosion, Versprödung etc. höhere Sicherheitsrisiken entstehen. Entsprechend fordert der Umweltrat, dass der zu vermutende Rückstand gegenüber dem heutigen Stand der Sicherheitstechnik mit entsprechendem Aufwand unverzüglich verringert wird.

Zudem ist die *Entsorgung* radioaktiver Abfälle aus der Wiederaufarbeitung und dem Kraftwerksbetrieb weiterhin prinzipiell unbefriedigend geregelt; bei hohem Schadenspotential betrifft sie Zeiträume von mehr als zehntausend Jahren. Eine Abschätzung des Gefährdungspotentials über einen derartig langen Zeitraum hinweg ist nahezu ausgeschlossen.

Untersuchungen, die eine Basis für geeignete Endlager bilden sollen, sind letztlich nie zu einem naturwissenschaftlich einwandfreien Nachweis eines absolut sicheren Endlagers gelangt. Der Umweltrat ist davon überzeugt, dass es keinen idealen Standort für Endlager für (hoch-)radioaktive Abfälle gibt. Ein Konsens über die Lösung der Risikokontroversen ist nicht in Sicht. Umso wichtiger ist es, möglichst bald Entscheidungen darüber zu treffen, welche Kriterien zum Langzeitsicherheitsnachweis herangezogen werden sollen und wie diese in einem Gesamtkonzept gewichtet werden müssen. Es ist davon auszugehen, dass mit der Endlagerung frühestens in zwanzig bis dreißig Jahren begonnen werden kann, weshalb spätestens bis zum Jahr 2010 eine Entscheidung über einen Endlagerstandort gefällt werden sollte.

Bei der *Zwischenlagerung* radioaktiver Abfälle bedarf es einer Offenlegung, inwieweit vorhandene Kapazitäten ausreichen, den Zeitraum der Suche nach einem adäquaten Endlager zu überbrücken. Auch sind die Vor- und Nachteile einer zentralen oder dezentralen Zwischenlagerung grundsätzlich gegeneinander abzuwägen. Ein zentrales Zwischenlager bietet Größenvorteile insbesondere bei der Beherrschbarkeit der Risiken, dezentrale Lager gewähren eine bessere Lastenverteilung und ein geringes Transportrisiko.

Alle Stationen des Weges der nuklearen Brennstoffe von der Gewinnung bis zur Endlagerung radioaktiver Abfälle sind mit *Transporten* verbunden. Das Gefährdungspotential von versorgungsseitigen Transportvorgängen ist insgesamt geringer einzustufen als das Gefährdungspotential von Transportvorgängen bei der Entsorgung, weil das wesentliche Ausmaß der Radioaktivität im Spaltprozess entsteht und von den Spaltprodukten dominiert wird. Der Umweltrat vertritt die Auffassung, dass Grenzwertüberschreitungen beim Transport radioaktiver Abfälle nicht verharmlost werden sollten. Sie sollten vielmehr nach einem nach Überschreitungs- und Gefährdungsmaß gestaffelten System bußgeld- bzw. strafbewehrt werden. Der Umweltrat begrüßt daher die Pläne der Bundesregierung, die Vorschriften für Gefahrguttransporte diesbezüglich zu harmonisieren und zu ergänzen. Er schlägt vor, die Risiken aus dem normalen (unfallfreien) Transportbetrieb nach den international anerkannten Grundsätzen des Strahlenschutzes zu bewerten. Hinsichtlich der Gefährdung durch Transportunfälle hält der Umweltrat eine weitere Verbesserung der Materialprüfung anstelle von Baumusterprüfungen an den Behältern selbst sowohl in der Produktion als auch an jedem einzelnen Produkt für notwendig.

253.* Insgesamt steht für den Umweltrat bei der Bewertung der Risiken der Atomenergie die Entsorgungsfrage im Vordergrund. Zwar gibt es bei allen betriebenen Atomkraftwerken Restrisiken, weshalb der zu vermutende Rückstand gegenüber dem heutigen Stand der Sicherheitstechnik mit entsprechendem Aufwand unverzüglich verringert werden muss. Jedoch erscheint die Entsorgung radioaktiver Abfälle aus dem Kraftwerksbetrieb und aus der Wiederaufarbeitung noch dringlicher. Diese Frage ist weiterhin nicht gelöst; bei hohem Schadenspotential betrifft sie geologische Zeiträume. Eine Abschätzung des Gefährdungspotentials über einen derartig langen Zeitraum hinweg ist nahezu ausgeschlossen. Zudem weist der Umweltrat darauf hin, dass durch starke Radioaktivität, durch die langanhaltende Wärmeproduktion und die durch Korrosion und mikrobielle Vorgänge hervorgerufene Gasbildung dem Rückhaltevermögen der Barriereelemente enge Grenzen gesetzt sind.

Der Umweltrat hält aufgrund der Charakteristiken bestrahlter Brennelemente und der darin begründeten, in weiten Teilen ungelösten Entsorgungsprobleme eine weitere Nutzung der Atomenergie für nicht verantwortbar.

Umweltauswirkungen bei der Nutzung regenerativer Energien

254.* Die Maßstäbe, die in der öffentlichen und häufig auch in der politischen Diskussion an die regenerativen Energieträger angelegt werden, sind in unbegründeter Weise häufig erheblich schärfer als bei den nicht-regenerativen Energieträgern. Bei der Diskussion der Umweltbeeinträchtigungen durch Energiegewinnung und Energieumwandlung werden den erneuerbaren Energien, deren Nutzung im allgemeinen mit erheblich geringeren Emissionen verbunden ist, häufig und detailliert die von ihnen auf den vorgelagerten und nachgelagerten Stufen der energetischen Wertschöpfungskette erzeugten Umweltbeeinträchtigungen entgegengehalten, so als gäbe es vergleichbare Umweltbeeinträchtigungen bei den konventionellen (fossilen) Primärenergieträgern nicht. Zum Beispiel wird auf den Düngemitteleinsatz bei der Produktion von Biomasse oder auf die durch Photovoltaik erzeugten Abfallprobleme hingewiesen. Eine Betrachtung der mit der Gewinnung und Umwandlung von regenerativen Energieträgern verbundenen Umweltbeeinträchtigungen zeigt, dass beim derzeitig quantitativ noch recht geringen Stellenwert der regenerativen Energieträger Umweltbeeinträchtigungen als eher gering einzuschätzen sind.

Umweltbeeinträchtigungen bei der Nutzung erneuerbarer Energieträger sind zumeist graduell und zudem reversibel. Sie lassen sich außerdem weiter verringern. Beim Anbau von Biomasse zur energetischen Nutzung kann die Berücksichtigung der „guten landwirtschaftlichen Praxis" bereits einen Beitrag leisten. Noch umweltverträglicher ist der Anbau in extensiven Bewirtschaftungsformen. Bei Windkraftanlagen kann die unter Umständen störende Landschaftsveränderung durch die räumliche Konzentration der Anlagen und sorgfältige Standortplanung verringert werden. Bei der Produktion von Photozellen entstehen andere, zum Teil aber problematischere Produktionsabfälle als beim üblichen Anlagenbau. Dieser Bereich ist jedoch durch entsprechende gesetzliche Vorgaben ausreichend abgedeckt. Ihre Anwendung erfolgt meist innerhalb von Siedlungen oder entlang von Straßen und ist daher auch unter landschaftsschützerischen Gesichtspunkten unproblematisch. Der Ausbau der Potentiale kleiner Wasserkraftwerke sollte unter sorgfältiger Abwägung der gewässerökologischen Auswirkungen geschehen und im Zweifelsfall unterbleiben. Der Wiederinbetriebnahme alter Wasserkraftwerke stehen dagegen weniger Bedenken entgegen, da dort Bach- und Flussläufe ohnehin bereits stark baulich verändert sind.

Im Gegensatz dazu gibt die Einbeziehung der Umweltbeeinträchtigungen durch die Gewinnung von Energierohstoffen Anlass, noch kritischer als bislang über den Einsatz fossiler Energieträger, auch über die heimische Braunkohle, nachzudenken.

3.2.3 Umweltpolitische Ziele mit energiewirtschaftlichem Bezug

255.* Bei der Gestaltung des künftigen energiewirtschaftlichen Regimes spielen sowohl allgemeine umweltpolitische als auch spezielle Versorgungsziele eine Rolle. Aus der Sicht der Umweltpolitik stehen vor allem zwei Gruppen von Zielen im Zusammenhang mit der Energienutzung im Vordergrund, zum einen Emissionsminderungsziele für energiebezogene Luftschadstoffe, zum anderen die aus der Energienutzung erwachsenden Konflikte mit dem Boden-, Gewässer-, Natur- und Landschaftsschutz. Letztere treten vor allem in Verbindung mit der Produktion und Extraktion von Energierohstoffen auf. Bei den Emissionsminderungszielen für energiebezogene Luftschadstoffe tritt immer mehr die Emission von Treibhausgasen (CO_2, N_2O, CH_4) in den Mittelpunkt der Aufmerksamkeit. Das hat eine gewisse Berechtigung vor dem Hintergrund der Erfolge bei der Reduktion von Schwefeldioxid, Stickstoffoxiden und Stäuben. Dennoch ist bei diesen und anderen, insbesondere den kanzerogenen Luftschadstoffen, keineswegs Entwarnung angezeigt. Klar ist allerdings auch, dass die größten Anpassungskosten auf dem Wege zu einer nachhaltigen Energienutzung bei den Minderungen der Treibhausgasemissionen anfallen werden.

3.2.4 Energiepolitische Ziele mit umweltpolitischem Bezug

Zur Schonung von Energierohstoffen als eigenständigem umweltpolitischem Ziel

256.* Im Hinblick auf energiewirtschaftliche Versorgungsziele hat sich der Umweltrat zunächst mit der Frage befasst, welches Gewicht dem Ziel der Schonung von Energierohstoffen im künftigen energiewirtschaftlichen Regime beizumessen ist, insbesondere, ob dieses Ziel staatliche Eingriffe in die Märkte für Energierohstoffe rechtfertigt. Verglichen mit den durch negative externe Effekte in Form von Umweltbeeinträchtigungen bei der Energiegewinnung und Energieumwandlung gebotenen Staatsinterventionen ist die Legitimation staatlicher Eingriffe in die Energierohstoffmärkte schwächer, weil – anders als bei den klassischen Umweltgütern – bei Rohstoffen Märkte existieren, die im allgemeinen dafür sorgen, dass spezifischen Knappheiten bei den Entscheidungen von Produzenten und Verbrauchern Rechnung getragen wird. Allerdings gibt es genügend Zweifel an der Vollständigkeit und Wirksamkeit des Marktmechanismus im Rohstoffbereich, um korrigierende Staatsinterventionen als subsidiäre Maßnahmen zu rechtfertigen. Dies gilt unbestritten für Maßnahmen der Technologiepolitik zur Förderung der Entwicklung von Technologien, die zur Substitution knapper, nicht vermehrbarer Energierohstoffe nachhaltig geeignet sind. Inwieweit allerdings auch die Förderung des Einsatzes solcher Technologien von dieser Legitimation abgedeckt wird, ist umstritten. Der Umweltrat empfiehlt hier Zurückhaltung. Es mag für den Einsatz anwendungsreifer und vor dem Hintergrund der herrschenden Preisrelationen auch grundsätzlich marktfähiger, aber nicht genügend bekannter Technologien nützlich sein, ihre Anwendung in subventionierten Pilotprojekten zu demonstrieren und ihre Markteinführung zu fördern.

Solche Förderung sollte jedoch immer nur zeitlich befristet angeboten werden, um von vornherein keinen Zweifel daran zu lassen, dass es nicht um den Aufbau von Produktionen gehen kann, die eine dauerhafte staatliche Subventionierung erforderlich machen.

Im übrigen sollte jedoch nach Ansicht des Umweltrates den eigentlichen Umweltzielen der Vorrang bei der Gestaltung des künftigen energiewirtschaftlichen Regimes gegeben werden. Dieser Vorrang ist nicht nur wegen der stärkeren Legitimation dieser Ziele, sondern auch deshalb angemessen, weil angesichts der faktischen Prärogative des CO_2-Minderungsziels ein in erster Linie auf die Umweltwirkungen abzielender Politikansatz über weite Strecken auch der Schonung der Energieressourcen zwangsläufig Rechnung trägt und Energiesparstrategien ein hohes Gewicht beimessen muss. Solche Strategien der Rohstoffeinsparung sollten allerdings immer durch Rückbezug auf Umweltziele gegenüber anderen, möglicherweise effizienteren Strategien gerechtfertigt werden.

Zur Versorgungssicherheit als speziellem energiepolitischem Ziel

257.* Neben umweltpolitischen Zielen wird weiterhin das Ziel der Versorgungssicherheit als Begründung für staatliche Eingriffe in Energiemärkte angeführt. Dabei geht es

(1) um die Sicherstellung einer ausreichenden nationalen Versorgung mit Primärenergieträgern für die Energieversorgung bzw. für die Stromerzeugung sowie

(2) um die Sicherstellung einer unterbrechungsfreien Versorgung mit Strom.

Mit diesen speziellen energiepolitischen Zielen wird zum Teil auch heute noch versucht, staatliche Eingriffe in die Energiemärkte (z. B. Erdölvorratspolitik, Subventionierung von Steinkohle, Regulierung der Strom- und Gasmärkte) zu legitimieren. Dabei darf jedoch nicht übersehen werden, dass Maßnahmen zur Herstellung von nationaler Versorgungssicherheit zuweilen im Konflikt mit umweltpolitischen Zielen stehen.

Das Ziel der Sicherung der Versorgung mit Primärenergieträgern rechtfertigt zur Zeit keine weiteren Maßnahmen zur Vermeidung von Versorgungsengpässen. Vielmehr sollten die bestehenden Regulierungen auf ihre Eignung und Verhältnismäßigkeit hin überprüft werden. Nicht die Abschottung von Märkten, sondern im Gegenteil ihre Öffnung erscheint geeignet, die Risiken eventueller Versorgungsengpässe zu reduzieren. Ein freier Zugang zu den Primärenergiemärkten ebenso wie ein möglichst breites Spektrum an in den Kraftwerksparken eingesetzten Energieträgern leisten einen entscheidenden Beitrag, um Versorgungssicherheit mit Primärenergieträgern sicherzustellen. Als ökologisch kontraproduktiv erweist sich schließlich die Subventionierung von heimischer Steinkohle. Eine entsprechende Politik wirkt dem umweltpolitisch gebotenen Strukturwandel ebenso wie dem sparsamen Umgang mit Rohstoffen entgegen.

Die Funktionsfähigkeit der Strommärkte sollte durch Maßnahmen der Deregulierung und Reregulierung abgestützt werden. Verbraucher erhalten auf einem wettbewerblich organisierten Markt die Möglichkeit, Verträge abzuschließen, die ihren individuellen Sicherheitsbedürfnissen Rechnung tragen. Das Ziel der Versorgungssicherheit kann auf einem liberalisierten EU-Binnenmarkt für Strom zudem sehr viel günstiger erreicht werden als bei der Versorgung durch Gebietsmonopole.

258.* Im engeren versorgungspolitischen Sinne wird also die Versorgungssicherheit als klassischer Grund für regulierende Eingriffe in die Primär- und Sekundärenergiemärkte angesehen. Über Jahrzehnte hinweg wurde die Subventionierung der deutschen Steinkohle als unumgängliche Sicherung einer heimischen Primärenergiequelle zu legitimieren versucht. Der komparative Nachteil von Steinkohle wie Braunkohle dürfte im Hinblick auf die CO_2-Intensität eine der wesentlichen (wenn auch öffentlich nie genannten) Ursachen dafür sein, warum die Bundesregierung den Einstieg in die Ökosteuer im wesentlichen über eine Stromsteuer (und nicht – wie u. a. auch vom Umweltrat gefordert – über Emissionsabgaben) genommen hat. Dem steht freilich eine wachsende Evidenz gegenüber, dass die (direkte) Subventionierung der Steinkohle und die (indirekte) Begünstigung von Steinkohle und Braunkohle über die Stromsteuer bzw. die Mineralölsteuer nicht nur umweltpolitisch kontraproduktiv, sondern auch unter dem Gesichtspunkt der Versorgungssicherheit schon lange nicht mehr zu rechtfertigen ist.

3.2.5 Technische Potentiale zur Realisierung der umweltpolitischen Ziele

259.* Im Hinblick auf die bereits heute verfügbaren und langfristig absehbaren technischen Potentiale zur Realisierung auch anspruchsvoller Ziele der Umweltentlastung – selbst bei einem Ausstieg aus der Atomenergie – besteht nach Ansicht des Umweltrates kein Anlass zu Pessimismus hinsichtlich der Energieversorgung. Dass heute der Beitrag regenerativer Energien zur Deckung des Energiebedarfs noch gering ist und dass Maßnahmen des rationellen Energieeinsatzes sowie der Energieeinsparung noch nicht im wünschbaren Umfang Platz gegriffen haben, hat mit den niedrigen, zum Teil real gesunkenen Energiepreisen zu tun. Die Erfahrungen aus den beiden Ölpreisschüben der siebziger Jahre, nach denen das Wachstum der Ölnachfrage in einem bis dahin nicht für möglich gehaltenen Ausmaß vom Wachstum des Bruttosozialproduktes abgekoppelt wurde, rechtfertigen eine gewisse Gelassenheit im Hinblick darauf, dass die technischen Potentiale genutzt werden, wenn es preislich angezeigt ist. Wer mittelfristig eine größere Nutzung von Potentialen zur Umweltentlastung will, muss die Energiepreiserwartungen in Richtung auf eine steigende Tendenz verstetigen. Dazu gehört insbesondere die glaubhafte Ankündigung einer stetigen Fortsetzung der Anlastung von Umweltkosten der Energieproduktion und Energienutzung.

Beitrag der regenerativen Energien zur Deckung des zukünftigen (Primär-)Energiebedarfs

260.* Erneuerbare Energien gelten als Hoffnungsträger, um mittel- und langfristig einen wesentlichen Beitrag zum Umwelt- und insbesondere Klimaschutz zu leisten. Ökobilanzen weisen für regenerative Energien einen durchaus merklichen Beitrag zu einer umweltfreundlicheren und klimaverträglicheren Energieversorgungsstruktur in Deutschland aus. Die Breite der technischen Potentiale dezentraler Nutzung von erneuerbaren Energien in Deutschland schwankt erheblich in den Abschätzungen je nach getroffenen Annahmen über technische Daten, insbesondere Nutzungsgrade, die verfügbaren oder bereitstellbaren Standorte und Flächen sowie die räumliche und zeitliche Verteilung der regenerativen Energieströme.

Zu differenzieren ist zwischen technischen Erzeugungspotentialen, die nur primäre technische und strukturelle Restriktionen berücksichtigen, und technischen Endenergiepotentialen, bei denen zusätzlich nachfrageseitige Restriktionen (z. B. jahreszeitenabhängiger Bedarf von Strom und Niedertemperaturwärme, Netzverluste) in die Berechnungen einbezogen werden. Insbesondere aufgrund der ungleichmäßigen, nicht bedarfsorientierten Stromerzeugung aus Windkraft und Solarstrahlung können hier die Endenergiepotentiale wesentlich niedriger liegen als die Erzeugungspotentiale. Unter Berücksichtigung dieser Differenzen errechnet KALTSCHMITT (1999) ein technisches Endenergiepotential aller erneuerbaren Energien zur *Stromerzeugung* zwischen 292 und 355 TWh/a. Dies ist in bezug zur Bruttostromerzeugung in Deutschland von 547,2 TWh (in 1997) zu setzen.

Die Potentiale regenerativer Energien zur *Wärmebereitstellung* können nur zur Deckung des Bedarfs an Niedertemperaturwärme dienen. Dieser liegt bei den privaten Haushalten, Kleinverbrauchern und der Industrie bei rund 4 600 PJ/a. Nur mit Biomasse lassen sich höhere Temperaturen erreichen. Auch unter Berücksichtigung struktureller und nachfrageseitiger Restriktionen ließe sich der Bedarf an Niedertemperaturwärme weitgehend vollständig durch erneuerbare Energien decken.

261.* Die Wirtschaftlichkeit der derzeit diskutierten Systeme zur Nutzung erneuerbarer Energien hängt entscheidend vom Preisniveau konkurrierender Energieträger ab. Das allgemein niedrige Preisniveau für konventionelle Energieträger infolge zu geringer Berücksichtigung externer Kosten ist ein wesentliches Hemmnis zur Ausschöpfung der technischen Potentiale. Unsichere Energiepreiserwartungen erschweren sichere Renditeabschätzungen für Techniken an der Wirtschaftlichkeitsschwelle. Durch kontraproduktive Subventionen wird das Preisgefüge zusätzlich verzerrt.

262.* Für einen Wirtschaftlichkeitsvergleich erneuerbarer Energieerzeugungsformen lassen sich im wesentlichen drei Gruppen unterscheiden:

– Marktnahe, technisch gut entwickelte und bereits eingesetzte Technologien, die den weitaus größten Anteil des Zuwachses bis 2010 erbringen: Wasserkraft, Windenergie, Bio-Festbrennstoffe auf Reststoffbasis;

– Technologien mit bisher noch geringem Breiteneinsatz oder aber hauptsächlichem Demonstrationsstatus, die bei entsprechender Marktausweitung relativ rasch technische und/oder kostenseitige Verbesserungen versprechen: solarthermische Kollektoren, Biogastechnik, Energiepflanzennutzung und Geothermie;

– Photovoltaik als derzeit noch teure, jedoch in vielfältiger Form bereits erprobte und eingesetzte Langfristoption.

263.* Im einzelnen darf man von den erneuerbaren Energien (eine Verdoppelung der Energiepreise vorausgesetzt) einen Deckungsbeitrag von etwa einem Viertel des Endenergiebedarfs innerhalb der nächsten 25 Jahre erwarten.

Als langfristige Option zum Ersatz fossiler Energieträger ist regenerativ erzeugter Wasserstoff von erheblicher Bedeutung. Insofern sollten auch die Forschungsbemühungen zur Lösung der bislang offenen Probleme bei der Lagerung von Wasserstoff und der Schaffung der erforderlichen institutionellen Infrastruktur stärker gefördert werden. Letzteres erfordert eine stabile Zusammenarbeit zwischen Nord und Süd bei der Realisierung einer auf Wasserstoff basierenden Energieversorgung.

Beitrag des rationellen Energieeinsatzes und der Energieeinsparung zur Erreichung der umweltpolitischen Ziele

264.* Bei der Strategie rationeller Energienutzung kommt der Kraft-Wärme-Kopplung (KWK) besondere Bedeutung zu. Durch die simultane Gewinnung von nutzbarer Wärme und elektrischer Arbeit kommt es in der Regel zu einer höheren Ausnutzung der eingesetzten Energieträger als bei der getrennten Erzeugung von Strom in Kondensationskraftwerken und Wärme in Heizungsanlagen. Dennoch ist nicht jede Form von KWK unter allen Umständen der getrennten Erzeugung von Strom und Wärme ökologisch und/oder ökonomisch überlegen. Eine positive Beurteilung gilt aber grundsätzlich für Blockheizkraftwerke und Nahwärmeversorgung. Die mit großflächigen Verteilnetzen für Fernwärme verbundene KWK ist wegen der erheblichen Wärmeverluste bei der Verteilung und der hohen Fixkosten der Verteilnetze ökologisch und ökonomisch fragwürdig. Insofern kann man den jetzt von den Kommunen geforderten Subventionsschutz ihrer KWK-Anlagen in vielen Fällen wegen der Größe ihrer Fernwärmeverteilnetze ökologisch kaum rechtfertigen. Ökonomisch waren diese Anlagen nur in der bislang monopolistisch verzerrten Preisstruktur der großen Elektrizitätsversorger überlebensfähig. Nachdem diese Preisstruktur durch die Liberalisierung der Strommärkte nunmehr korrigiert wird, stellen viele dieser kommunalen KWK-Engagements „gestrandete Kosten" dar, die auch unter ökologischen Gesichtspunkten zugunsten kleinräumigerer KWK-Systeme (etwa in Form von Blockheizkraftwerken) aus dem Markt genommen werden sollten. Insofern kann es bei Stützungsmaßnahmen zugunsten der kommunalen KWK nur darum gehen, die ökologisch wie ökonomisch erforderliche Marktbereinigung so abzufedern, dass sie für die kommunalen Finanzen nicht ruinös wird. Im übrigen ist die beste Maßnahme zur Förderung der ökologisch und ökonomisch nachhaltigen KWK die Einräumung eines nichtdiskriminierenden Zugangs der KWK-Betreiber zu den Stromnetzen. Denn es war die Diskriminierung der KWK durch die ehemaligen Gebietsmonopolisten der Stromversorgung, an der die Realisierung einer flächendeckenden, kleinräumlichen Versorgungsstruktur auf der Basis von KWK bislang gescheitert ist.

Das mengenmäßig bedeutendste Einsparpotential liegt bei der Beheizung des Altbaubestandes. Seine Aktivierung scheitert allerdings bislang daran, dass ein entsprechendes Interesse der Akteure auf dem Grundstücks- und Wohnungsmarkt an Investitionen in Gebäudeisolierung und Heizanlagen sich nur bei angemessenen Energiepreisen einstellen wird.

Zur Isotopentransmutation

265.* Vor dem Hintergrund des Ausstiegs aus der Nutzung der Atomenergie wird die Isotopentransmutation, das heißt die gezielte Umwandlung von unerwünschten, langlebigen radioaktiven Atomkernen (Transuranen, Spaltprodukten), als Zukunftsoption diskutiert, die einerseits bei der Energieumwandlung einer neuen, inhärent sicheren Generation von Atomkraftwerken neue Wege eröffnen soll und andererseits zur Abfallkonversion eingesetzt werden könnte.

Ob es sich bei der Transmutation allerdings um einen Beitrag zur technischen Lösung des nuklearen Abfallproblems, mithin um eine Alternative zur Langzeit-Endlagerung, handelt, kann letztlich erst nach einigen Jahrzehnten intensiver Forschungs- und Entwicklungsarbeit festgestellt werden. Der besondere Nutzen dieser neuen Technologie läge in der Kopplung der Abfallkonversion mit der Nutzung der Thoriumvorräte in einem unterkritischen Brutprozess. Solange allerdings nur Ergebnisse von Laborexperimenten zur Machbarkeit der Transmutation vorliegen und zahlreiche technische Fragen ungelöst sind, muss das theoretische

Potential dieser Technik noch mit großer Skepsis betrachtet werden. Forschungsarbeiten wären, wenn überhaupt, nur in einem internationalen Verbund voranzutreiben.

Der durch die Transmutation erzielte Sicherheitsgewinn bei der Endlagerung müsste allerdings nicht nur von Reaktorexperten, sondern auch von der breiten Bevölkerung höher eingeschätzt werden als die Risiken von Partition, Transmutation sowie Transporten zusammen. Im Hinblick auf die Erfahrungen der Vergangenheit bei der Nutzung der Atomenergie darf dies getrost bezweifelt werden. Insbesondere der notwendige Ausbau der Wiederaufarbeitung ist eher skeptisch zu sehen. Risikobeurteilungen zur Realisierung der Transmutation müssten alle diese Aktivitäten umfassend berücksichtigen.

3.2.6 Zur Liberalisierung des Strommarktes

266.* Bereits in seinen Gutachten von 1994 und 1996 hatte sich der Umweltrat für eine Liberalisierung der Strom- und Gasmärkte ausgesprochen und diese als notwendige Voraussetzung für eine nachhaltige Umweltpolitik erachtet, da sie zusätzliche Gestaltungsspielräume für die Umweltpolitik schafft. Eine Liberalisierung des Strommarktes ist umweltpolitisch in folgender Hinsicht von erheblicher Relevanz:

– Zunächst trägt die Stärkung des Wettbewerbs zur Effizienz der Stromproduktion und Stromverteilung bei und setzt damit Ressourcen frei, die an anderer Stelle, auch in der Umweltpolitik, wohlfahrtssteigernd eingesetzt werden können. Die Deregulierung der Strommärkte ablehnen, weil die damit verbundenen Preissenkungen den Energieverbrauch steigern können, hieße, vor dem Problem zu kapitulieren. Das Gegenteil ist richtig: Wir brauchen die billigste Stromversorgung, damit wir uns die nachhaltigste leisten können. Dies bedeutet allerdings, dass die Liberalisierung der Strommärkte konsequenter umweltpolitisch flankiert werden muss, als es bislang geschehen ist.

– Des weiteren schafft die mit der Liberalisierung des Strommarktes verbundene Preissenkung Handlungsspielraum für die ökologische Finanzreform, nicht zuletzt im Sinne einer Entschärfung von Konflikten zwischen Emissionsminderungszielen auf der einen Seite, Preisstabilitäts- und Beschäftigungszielen auf der anderen Seite.

– Schließlich ist die mit der Liberalisierung der Strommärkte notwendig verbundene Öffnung des Zugangs zu den Stromübertragungs- und -verteilungsnetzen eine der wichtigsten Voraussetzungen für die größere Verbreitung von Strom aus regenerativen Energien und Kraft-Wärme-Kopplung. Die Marktöffnung kann insofern als Pflichtbestandteil einer nachhaltigen Energiepolitik angesehen werden.

267.* Insgesamt lassen die bisherigen Liberalisierungsschritte sowie das geltende Energiewirtschaftsrecht zufriedenstellende Bemühungen für eine Neuausrichtung des Energiemarktes jedoch noch vermissen. Der Umweltrat erachtet das geltende Energiewirtschaftsrecht im wesentlichen in drei Problembereichen als ökologisch und ökonomisch unzureichend. Problematisch erscheint ihm zunächst, dass das Energiewirtschaftsgesetz (EnWG) von 1998 unabhängigen Stromerzeugern ohne eigenes Übertragungs- oder Versorgungsnetz keinen wirklich diskriminierungsfreien Zugang zu den Stromverteilungsnetzen einräumt. Darüber hinaus bleibt das Problem einer ausreichenden umweltpolitischen Flankierung der liberalisierungsbedingt sinkenden Preise ungelöst. Zudem sind die im Energiewirtschaftsrecht angelegten Möglichkeiten zum Schutz und zur Förderung regenerativer Energien und der KWK nach Auffassung des Umweltrates in ihrer bisherigen Ausgestaltung kein taugliches Instrument, um den Zielen des Umwelt- und Klimaschutzes bei der Stromerzeugung – und damit letztlich einem der Ziele des EnWG (§ 1) – hinreichend Geltung zu verschaffen.

268.* Unter diesen Gesichtspunkten erweisen sich nach Ansicht des Umweltrates die bisher eingeleiteten und angekündigten Maßnahmen zur Reform der Energiewirtschaft in dreifacher Hinsicht als ergänzungs- bzw. korrekturbedürftig.

(1) Die über den verhandelten Netzzugang und die Verbändevereinbarung zu den Durchleitungsentgelten eingeleitete Öffnung der Strommärkte ist zu schwach. Das durch die technische und ökonomische Komplexität der Durchleitung und ihrer Kosten aufgespannte Diskriminierungspotential eines vertikal integrierten Anbieters von Strom und Stromtransport ist auch durch die beste Regulierung nicht zu beherrschen. Insofern kann Diskriminierungsfreiheit beim Zugang zu den Stromübertragungs- und Verteilungsnetzen grundsätzlich nur dadurch hergestellt werden, dass dem Anbieter von Stromtransport durch Desintegration das Diskriminierungsinteresse (zugunsten der eigenen Stromproduktion) institutionell genommen wird. Für die institutionelle Verselbständigung des Stromverbundnetzes gibt es inzwischen genügend Beispiele in anderen Ländern. Ob eine solche Lösung, deren Details im umweltpolitischen Kontext ohne größeren Belang sind, an der besonderen Eigentumsstruktur oder der Verfassung in Deutschland scheitert oder doch prohibitiv hohe Transaktionskosten verursacht, ist bislang nicht erwiesen. Insofern sollte sie von der Bundesregierung ernsthaft geprüft werden.

Bleibt es, weil die nähere Prüfung der institutionellen Verselbständigung des Verbundnetzes negativ ausfällt, beim verhandelten Netzzugang in der jetzt vorgesehenen Form, so sind zusätzliche Maßnahmen erforderlich, um die Diskriminierung von Stromanbietern ohne eigenes Netz (und dazu gehören praktisch alle Anbieter regenerativer Energien ebenso wie die meisten der potentiellen Blockheizkraftwerksbetreiber) wirkungsvoller zu verhindern. Insbesondere muss, wie zum Beispiel im Bereich der Telekommunikation, eine Regulierungsbehörde geschaffen werden, die vor allem den Auftrag hat, den Wettbewerb durch alternative Stromanbieter gegenüber der nach wie vor erheblichen Marktmacht der traditionellen Energieversorger zu ermöglichen und zu fördern.

(2) Die umweltpolitische Flankierung der Liberalisierung der Strommärkte ist nach Meinung des Umweltrates im Ganzen zu zaghaft und in der Struktur korrekturbedürftig. Die im April 1999 in Kraft getretene ökologische Steuerreform wird alleine nicht ausreichen, um die angekündigten Emissionsminderungsziele, insbesondere bei den Klimagasen, bis 2010 zu erreichen. Es kommt also darauf an, welche (zusätzlichen) Maßnahmen in der nächsten Legislaturperiode ergriffen werden. Dazu müssen Investitionen in rationelle Energienutzung, Energiesparstrategien und umweltentlastenden technischen Fortschritt sowie dauerhafte Verhaltensänderungen induziert werden. Dies geschieht wirkungsvoll insbesondere über die Erzeugung entsprechender langfristiger Preiserwartungen.

(3) Die Direktförderung erneuerbarer Energieträger oder der Kraft-Wärme-Kopplung ist aus der Sicht des Umweltrates insofern problematisch, als Freiheitsgrade bei der Wahl von Anpassungsmaßnahmen zur Erreichung der eigentlichen umweltpolitischen Ziele unnötig eingeschränkt werden. Der Umweltrat hält allerdings eine staatliche Förderung umweltfreundlicher Stromerzeugungsformen solange für erforderlich, wie die ideale Lösung einer gezielten Auspreisung von Emissionen aus politischen Gründen unterbleibt. Von den unterschiedlichen Förderungsinstrumenten ist eine Mengenlösung (in Form des in anderen Ländern bereits praktizierten Quotenmodells) einer Preislösung (Stromeinspeise- bzw. Erneuerbare-Energien-Gesetz) vorzuziehen. Eine Quotenlösung kann vergleichsweise wettbewerbskonform ausgestaltet werden. Mitnahmeeffekte werden weitgehend vermieden. Vor dem Hintergrund der zunehmenden Integration der europäischen Energiemärkte hat sie zudem den Vorteil, dass sie im internationalen Rahmen relativ leicht realisiert werden könnte. Für eine entsprechende Regelung sollte jedoch von vornherein eine zeitliche Befristung festgelegt werden, um den Ausbau solcher Technologien zu verhindern, die dauerhaft keine Chance haben, sich am Markt zu behaupten.

3.2.7 Zur Beendigung der Atomenergienutzung

269.* Der Umweltrat hält, insbesondere wegen der in weiten Teilen ungelösten Entsorgungsprobleme, eine weitere Nutzung der Atomenergie für nicht verantwortbar. Die Bundesregierung hat in ihrer Koalitionsvereinbarung beschlossen, dass „der Ausstieg aus der Nutzung der Atomenergie innerhalb dieser Legislaturperiode umfassend und unumkehrbar gesetzlich geregelt", jedoch entschädigungsfrei vollzogen werden soll. Die Bundesregierung versucht dabei in Energiekonsensgesprächen mit den Kraftwerksbetreibern, konkret festzuschreibende Restlaufzeiten der Atomkraftwerke auszuhandeln.

Der Umweltrat befürwortet wegen der noch bestehenden rechtlichen Unsicherheiten die Strategie der Bundesregierung, Möglichkeiten einer entschädigungsfreien Beendigung der Nutzung der Atomenergie im Wege einer konsensualen Lösung mit den Betreibern zu suchen. Auf deren Grundlage sollte alsbald ein Ausstiegsgesetz verabschiedet werden, in dem die Eckpunkte eines Ausstiegs festgelegt werden. Dazu zählt auch eine Einigung über Restlaufzeiten der Atomkraftwerke. Nach Auffassung des Umweltrates dürfte den berechtigten Interessen der Betreiber von Atomkraftwerken im Hinblick auf deren im Vertrauen auf den Fortbestand der bisherigen Rechtslage getätigten Investitionen durch eine Gesamtlaufzeit von etwa 25 bis 30 Kalenderjahren hinreichend Rechnung getragen sein.

270.* Als Maßgabe für das weitere Vorgehen empfiehlt der Umweltrat, sich bei der Festlegung der Restlaufzeiten von den bislang diskutierten schematischen Vorgehensweisen zu lösen. An deren Stelle sollte eine Einzelbewertung der neunzehn in Betrieb befindlichen Anlagen treten. Diese Einzelfallbetrachtung schließt dabei eine gewisse typisierende Betrachtungsweise der Anlagen anhand von generalisierenden Kategorien nicht aus. Eine solche ist vielmehr bereits aus Praktikabilitätsgründen geboten. Der Umweltrat schlägt insoweit die Bildung von drei unterschiedlichen Kategorien von Kraftwerken, verbunden mit einer Fristenregelung für Kraftwerke innerhalb von Bandbreiten vor. Diese Kategorien sollten vor allem Ausdruck des unterschiedlichen Sicherheitsstandards der einzelnen Anlagen und damit der von jeder einzelnen Anlage ausgehenden höheren oder niedrigeren Risiken sein. Daneben sollten als weitere Kriterien die Größe des Bevölkerungsrisikos, die Zwischenlagerkapazität sowie die wirtschaftliche Zumutbarkeit einer baldigen Stilllegung in die Bewertung eingehen. Die Einzelbewertung trüge den zum Teil erheblich divergierenden Sicherheitsstandards der Anlagen besser Rechnung als die bislang diskutierten Ansätze. Die Zuordnung jedes einzelnen der Kraftwerke zu einer der drei Kategorien würde trotz der damit verbundenen Generalisierung eine weitgehende Einzelfallgerechtigkeit gewährleisten und auf diese Weise der Eigentumsgarantie (Art. 14 GG) eher gerecht als eine rein schematische Vorgehensweise.

271.* In einem nächsten Schritt sollten für jede dieser drei Kategorien klare (maximale) Zeitvorgaben festgelegt werden, innerhalb derer die Kraftwerke einer jeden Kategorie spätestens abgeschaltet werden müssen.

Innerhalb jeder Kategorie sollten die Restlaufzeiten allerdings grundsätzlich nicht einseitig vom Gesetzgeber festgesetzt werden, sondern der Selbstbestimmung der Kraftwerksbetreiber überlassen bleiben. Der Gesetzgeber würde für jede Kategorie insoweit lediglich den maximal zur Verfügung stehenden zeitlichen Rahmen festlegen, innerhalb dessen die Betreiber ihre Kraftwerke betreiben können. Innerhalb solcher Bandbreiten sollten die Betreiber selbst entscheiden können, ob sie etwa die maximal in einer Kategorie zulässige Frist ausschöpfen oder aber ein Kraftwerk bereits vorher schon vom Netz nehmen möchten. Dadurch würden in erheblichem Umfang den Betrieben unternehmerische Freiräume gewährt.

Dieses grundsätzlich freie Aushandeln von Stilllegungsoptionen innerhalb einer Kategorie bedarf nach Auffassung des Umweltrates allerdings einer Ergänzung: Das Aushandeln von Restlaufzeiten muss zumindest dann eine Grenze finden, wenn einzelne Anlagen gravierende Sicherheitsrisiken oder gar -mängel aufweisen. In diesem Fall ist die mangelnde Sicherheit nicht durch andere, oben genannte Kriterien wie eine hohe Zwischenlagerkapazität oder ein geringes Bevölkerungsrisiko kompensationsfähig.

272.* Insgesamt sollte die Strategie Deutschlands für ein Auslaufen der Atomenergienutzung nach Meinung des Umweltrates auf europäischer Ebene gemeinsam mit anderen ausstiegswilligen Staaten wie Schweden, Belgien und den Niederlanden weitergeführt und koordiniert werden.

273.* Abschließend gibt der Umweltrat zu bedenken, dass die Atomkraftwerke bislang noch rund zwei Drittel der Grundlast der Stromversorgung sicherstellen, so dass ihr mittelfristiger Wegfall ohne rechtzeitig ergriffene und ausreichende klimapolitische Weichenstellungen nur unter Zubau konventioneller Kraftwerke voraussichtlich unter massivem Zuwachs des CO_2-Ausstoßes kompensierbar ist. Klimapolitischer Handlungsbedarf kann allerdings kein Argument gegen eine Beendigung der Nutzung der Atomenergie sein. Vielmehr müssen parallel zur Festlegung von Restlaufzeiten der Atomkraftwerke die vom Umweltrat entfalteten Rahmenbedingungen getroffen werden, um die Stromversorgung durch Steigerung der Energieeffizienz und verstärkte Nutzung erneuerbarer Energieträger trotz Stilllegung von Atomkraftwerken zu gewährleisten.

1 Auf dem Wege zu einer nationalen Nachhaltigkeitsstrategie

1.1 Zur gegenwärtigen Bedeutung nationaler Nachhaltigkeitsstrategien

1.1.1 Ausgangslage

1. Bereits in seinem Umweltgutachten 1998 hat der Umweltrat zum Thema der Festlegung von Umweltzielen detailliert Stellung genommen (SRU, 1998a). Dabei wurde ein zielorientierter Ansatz der Umweltpolitik mit einem prozeduralen Modell der umweltpolitischen Zielbildung und Ergebniskontrolle vorgestellt (s. auch SRU, 1994). Neuere Entwicklungen insbesondere in skandinavischen Ländern und die zunehmende internationale Ausbreitung und Verankerung des Prozesses strategischer Zielbildung und Umweltpolitikplanung bestätigen den Umweltrat nunmehr in diesem Ansatz und legen eine erneute, weiterführende Betrachtung nahe. Speziellen Anlass hierzu gibt überdies die Tatsache, dass die Entwicklung einer Strategie nachhaltiger Entwicklung Bestandteil der Koalitionsvereinbarung der 1998 gebildeten Bundesregierung ist. Vor dem Hintergrund, dass sich die vorherige Bundesregierung im Rahmen der Vereinten Nationen zur Aufstellung einer nationalen Nachhaltigkeitsstrategie verpflichtet hat und 1996 einen entsprechenden Diskussionsprozess eingeleitet hat (BMU, 1996a), befasst sich der Umweltrat nun insbesondere mit der Frage nach deren Gestaltung.

1.1.2 Nachhaltigkeitsplanung als neuer Ansatz der Umweltpolitik

2. Die auf der Konferenz der Vereinten Nationen 1992 in Rio de Janeiro verabschiedete Agenda 21 fordert die Unterzeichnerstaaten auf, eine „nationale Strategie nachhaltiger Entwicklung" zu formulieren. Nach dem Beschluss der UN-Sondervollversammlung vom Juni 1997 in New York sollen alle Unterzeichnerstaaten ihre Nachhaltigkeitsstrategie bis spätestens 2002 fertigstellen. Faktisch handelt es sich hier um eine Variante der Politikplanung im Sinne der organisierten und kontrollierten Umsetzung rationaler Handlungsentwürfe im Zeitverlauf. Das Konzept der Nachhaltigkeitsstrategie der Agenda 21 geht zurück auf zuvor vereinzelt entwickelte Umweltpläne wie insbesondere den niederländischen Nationalen Umweltpolitikplan. In diesen Plänen steht die dauerhaft umweltgerechte Entwicklung im Sinne einer wirtschafts- und sozialverträglichen Umweltpolitikstrategie im Vordergrund (s. a. BMU, 1998a, S. 10). Entsprechend wird auch in diesem Kapitel von einer „nationalen Strategie nachhaltiger Entwicklung" gesprochen (Tz. 5). Wie in der Agenda 21 werden dabei die Begriffe der Strategie und der Planung synonym verwendet.

Umweltpläne nach dem Muster der Agenda 21 sind mit breiter gesellschaftlicher Partizipation erstellte staatliche Handlungsentwürfe, die medien- und sektorübergreifend langfristige Ziele und Prioritäten einer wirtschafts- und sozialverträglichen Umweltpolitik festlegen. Sie sind insbesondere durch folgende Merkmale charakterisiert:

– einvernehmliche Formulierung langfristiger Umweltziele (Konsens),

– Ableitung dieser Ziele vom Prinzip der Nachhaltigkeit,

– Einbeziehung wichtiger Politikfelder (Politikintegration),

– Beteiligung der Verursacher an der Problemlösung (Verursacherbezug),

– Beteiligung wichtiger, unterschiedlicher Interessen an der Ziel- und Willensbildung (Partizipation),

– Berichtspflichten über die Umsetzung der Ziele (Monitoring).

1.1.3 Zur internationalen Ausbreitung strategischer Umweltplanung

3. Erste Umweltpolitikpläne und Nachhaltigkeitsstrategien wurden seit Ende der achtziger Jahre unter anderem in den Niederlanden, Kanada, Großbritannien, Dänemark, Schweden und Norwegen entwickelt. Seitdem hat sich dieser Ansatz – jenseits der medienbezogenen Umweltfachplanung – rasch international ausgebreitet. 1998 hatten bereits rund 80 Prozent der Industrieländer verschiedene Varianten dieses Ansatzes (Tz. 5) eingeführt (s. Tab. 1-1). In Osteuropa und in Entwicklungsländern ist die Diffusionsgeschwindigkeit ähnlich – unabhängig von der Qualität dieser Planungsansätze (OECD, 1998a; SCHEMMEL, 1998).

4. Die Bundesrepublik Deutschland, die 1971 mit ihrem ersten Umweltprogramm noch als internationaler Vorreiter auf diesem Gebiet gelten konnte, gehört heute zu den Nachzüglern dieser Entwicklung. Die Bundesregierung hat im Sommer 1996 einen Diskussionsprozess „Schritte zu einer nachhaltigen, umweltgerechten Entwicklung" eingeleitet, dessen Ergebnisse in den 1998 vom Bundesumweltministerium veröffentlichten „Entwurf eines umweltpolitischen Schwerpunktprogramms" (im folgenden als Schwerpunktprogramm bezeichnet) Eingang gefunden haben (BMU, 1998a). Dieses Dokument wurde in der 13. Legislaturperiode allerdings weder im Kabinett noch im Bundestag diskutiert und beschlossen. Die jetzige Bundesregierung hat sich in den Koalitionsvereinbarungen die Formulierung einer nationalen Nachhaltigkeitsstrategie zum Ziel gesetzt.

Tabelle 1-1

Strategische Umweltplanung in OECD-Ländern

Land	Umweltplan	Jahr
Dänemark	· Action Plan for Environment and Development · Nature and Environment Policy · Sektorale Aktionspläne, z. B. Energy 21	1988 1995 1990/96
Norwegen	· Report to the Storting No. 46 (Environment and Development) · Report to the Storting No. 13 · Report to the Storting No. 58 (Environmental Policy for a Sustainable Development)	1988/89 1992/93 1996/97
Schweden	· Environmental Bill · Environmental Bill · Environmental Policy for a Sustainable Sweden (Swedish Government's Bill 1997/98)	1988 1991 1998
Niederlande	· National Environmental Policy Plan (NEPP) · NEPP plus · NEPP 2 · NEPP 3	1989 1990 1993 1997
Finnland	· Sustainable Development and Finland · Finnish Action for Sustainable Development · Finnish Government Programme for Sustainable Development	1990 1995 1998
Frankreich	· Plan National pour l'Environnement/Plan Vert	1990
Großbritannien	· This Common Inheritance: Britain's Environmental Strategy · Sustainable Development: The UK Strategy · A Better Quality of Life: A Strategy for Sustainable Development for the United Kingdom	1990 1994 1999
Kanada	· Canada's Green Plan for a Healthy Environment · Guide to Green Government	1990 1995
Mexiko	· 1990–1994 National Programme for Environmental Protection · 1995–2000 National Programme for Environmental Protection	1990 1995
Neuseeland	· Resource Management Act · Environment 2010 Strategy	1991 1995
Polen	· National Environmental Policy · National Environmental Action Programme	1991 1995
Südkorea	· Medium-Term Plan for the Environment 1992–1996 · Korea's Green Vision 21 · Medium-Term Plan for the Environment 1997–2001	1991 1995 1997
Tschechische Republik	· Rainbow Programme · State Environment Policy	1991 1995
Ungarn	· Short and Medium-Term Environmental Action Plan · Hungarian Environmental Protection Programme	1991 1997
Australien	· National Strategy for Ecologically Sustainable Development	1992
Europäische Union	· Fifth Environmental Action Programme "Towards Sustainability"	1992
Japan	· The Basic Environment Plan · Action Plan for Greening Government Operations · Fortschreibung des Basic Environment Plan (vorbereitet)	1995 1995 2000
Österreich	· Nationaler Umweltplan (NUP)	1995
Portugal	· National Environmental Policy Plan	1995
Irland	· Sustainable Development – A Strategy for Ireland	1997
Schweiz	· Strategie Nachhaltiger Entwicklung in der Schweiz	1997
Luxembourg	· Plan National pour un Développement Durable	1998

Quelle: JÄNICKE und JÖRGENS, 1998; verändert

5. Die internationale Ausbreitung der Umweltpolitikplanung ist von einer Reihe internationaler Organisationen wie der Weltbank, der OECD, dem Entwicklungsprogramm der Vereinten Nationen (UNDP) und dem 1992 gegründeten International Network of Green Planners (INGP) vorangetrieben worden. Internationale Umweltpolitikpläne wie die Agenda 21 der Vereinten Nationen oder das Fünfte Umweltaktionsprogramm der Europäischen Union haben vielfach Modellcharakter für nationale Planungsprozesse. Darüber hinaus spielen direkte bilaterale Kontakte, etwa zwischen den Niederlanden und Österreich, eine Rolle bei der Ausbreitung dieses umweltpolitischen Ansatzes. Die Vielfalt von Modellen, Förderprogrammen und Diffusionsmechanismen hat international zur Herausbildung einer Reihe von Varianten und unterschiedlichen Bezeichnungen strategischer Umweltpolitikplanung geführt. Von besonderer Bedeutung sind hierbei:

– *Umweltpolitikpläne* (Green Plans), die seit Ende der achtziger Jahre in einer Reihe von Industrieländern entwickelt wurden und bei denen der Umweltschutz im engeren Sinne im Vordergrund steht. Frühe Umweltpolitikpläne entstanden in den Niederlanden (1989), Kanada (1990) oder Südkorea (1991).

– *Nationale Nachhaltigkeitsstrategien* (National Sustainable Development Strategies – NSDSs), die stark an das Modell der Agenda 21 angelehnt sind und – über den engen Bereich der Umweltpolitik hinausgehend – zumindest ansatzweise soziale und ökonomische Aspekte einschließen. Beispiele für nationale Nachhaltigkeitsstrategien sind die australische "National Strategy for Ecologically Sustainable Development" oder die britische "Sustainable Development: The UK Strategy".

– *Programmatische (parlamentarische) Zielvorgaben*, die seit 1988 in skandinavischen Ländern (Dänemark, Schweden, Norwegen, Finnland) zur Umsetzung des Leitbildes der nachhaltigen Entwicklung formuliert wurden. Sie sind von der Regierung erstellte und vom Parlament verabschiedete umfassende, meist befristete Umweltzielekataloge, die von nationalen und lokalen Behörden umgesetzt und regelmäßig zentral evaluiert werden.

– *Nationale Umweltaktionspläne* (National Environmental Action Plans – NEAPs): Seit 1988 (Madagaskar) vorliegende nationale, meist durch die Weltbank geförderte Strategien und Aktionspläne in Schwellen- und Entwicklungsländern zum Aufbau umweltpolitischer Handlungskapazitäten und zur Integration des Umweltschutzes in die Wirtschafts- und Sozialplanung. Seit 1992 ist dies Bedingung für die Vergabe von internationalen Entwicklungshilfekrediten (International Development Assistance – IDA-Kredite) der Weltbank. Bis 1996 gab es NEAPs in 28 afrikanischen Ländern (SCHEMMEL, 1998).

– *Nationale Umweltaktionsprogramme* (National Environmental Action Programmes – NEAPs): Umweltaktionsprogramme für Osteuropa und die Nachfolgestaaten der Sowjetunion mit dem Schwerpunkt auf Gesetzgebung, Institutions- und Kapazitätsbildung. Sie gehen auf die "Environment for Europe"-Ministerkonferenz in Luzern 1993 zurück. 16 von 24 Ländern haben ein solches Programm vorgelegt oder sind dabei, dies zu tun (OECD, 1998, S. 7; vgl. Tz. 291).

Heute liegen allen Varianten strategischer Umweltplanung die Grundelemente einer integrativen, partizipativen und zielorientierten Nachhaltigkeitsstrategie zugrunde. Insoweit zeigt sich hier im Zeitverlauf eine Konvergenz der verschiedenen Varianten nationaler Umweltplanung (MEADOWCROFT, 2000). Sie werden daher in der Literatur und auch in der politischen Diskussion häufig unter einem Oberbegriff zusammengefasst, entweder als „nationale Strategie nachhaltiger Entwicklung" (MIERKE, 1996, S. 6) oder als „nationaler Umweltplan" bzw. "green plan" (JOHNSON, 1997; DALAL-CLAYTON, 1996; OECD, 1995). Die Agenda 21 spricht ähnlich von „nationalen Plänen oder Strategien" (national plans or strategies) nachhaltiger Entwicklung.

1.1.4 Erste Evaluation von Nachhaltigkeitsstrategien in OECD-Ländern

6. Eine erste Evaluation der internationalen Erfahrungen kann sich auf den Plan und seine Zielstruktur ebenso wie auf den Prozess der Planerstellung und schließlich auf seine Wirkungen beziehen.

Zunächst kann – wie oben dargestellt – festgehalten werden, dass die Agenda 21 (BMU, 1992) als prozedurale Leitlinie der Strategie nachhaltiger Entwicklung von der großen Mehrheit der Länder ernst genommen und – in einer Vielfalt von Varianten – umgesetzt wird. Allerdings wurden die mit diesem Ansatz verbundenen Ansprüche häufig nur teilweise realisiert. Die Mehrheit der vorhandenen Umweltpläne stellt überwiegend allgemein formulierte erste Schritte in Richtung einer integrierten, zielorientierten Politikformulierung dar. Dabei werden vor allem die folgenden Defizite gesehen (JÄNICKE et al., 2000; CARIUS und SANDHÖVEL, 1998; SRU, 1998a; DALAL-CLAYTON, 1996; OECD, 1995):

– Die Umweltziele sind häufig vage formuliert, d. h. sie sind nicht quantifiziert und enthalten oft keine konkreten Umsetzungsfristen.

– Die daraus resultierende Unverbindlichkeit der Umweltziele führt zu einer mangelnden Überprüfbarkeit der Zielerreichung. Eine effektive ziel- und ergebnisorientierte Steuerung ist auf dieser Grundlage kaum möglich.

- Häufig ist eine Beschränkung auf herkömmliche Umweltschutzziele, die mit dem existierenden umweltpolitischen Instrumentarium bereits relativ erfolgreich umgesetzt werden konnten, zu beobachten. Auf die Thematisierung und Bearbeitung der bisher weitgehend ungelösten „schleichenden" Umweltprobleme wurde hingegen oft verzichtet.
- Die häufig fehlende gesellschaftliche Konsensbasis macht die Umweltplanung anfällig für Veränderungen der politischen Prioritäten – insbesondere im Falle eines Regierungswechsels.
- In der Mehrheit der Fälle ist eine nur schwache Institutionalisierung des Planungsprozesses zu beobachten.
- Schließlich ist generell ein geringer Grad der Politikintegration, d. h. der Berücksichtigung von Umweltzielen in den Entscheidungen anderer, umweltrelevanter Ressorts, festzustellen. Hier sind allerdings gerade in den letzten Jahren verbreitete Anstrengungen einer Verbesserung unternommen worden.

Nimmt man die Relevanz und Konkretheit der formulierten Ziele, die institutionelle Verankerung und Verbindlichkeit sowie den Grad der mit der Planerstellung und -umsetzung einhergehenden Politikintegration als Bewertungsmaßstab (vgl. JÄNICKE und JÖRGENS, 1998), so hat erst eine Minderheit von OECD-Ländern anspruchsvolle Umweltpläne bzw. Nachhaltigkeitsstrategien entwickelt (Tz. 13 f.).

7. Bei der Planerstellung wird allgemein die Prozessdimension betont. Es besteht weitgehend Einigkeit, dass eine lernoffene, pragmatische Vorgehensweise, die eine Rücksprache mit wichtigen gesellschaftlichen und politischen Akteuren vorsieht, der Vorlage eines vom Umweltministerium bereits weitgehend ausformulierten „perfekten" Plans vorzuziehen ist (SRU, 1998a; JOHNSON, 1997; DALAL-CLAYTON, 1996; RRI, 1996; OECD, 1995). Die formelle Planerstellung hat in den meisten Ländern zwischen zwei und vier Jahren gedauert (JÄNICKE et al., 1997, S. 22).

8. Betont wird von verschiedenen Autoren die führende Rolle der Regierung im Planungsprozess (z. B. RRI, 1996; OECD, 1995). Dabei kommt ihr sowohl eine Initiativrolle als auch eine Moderationsfunktion bei den pluralistischen Abstimmungsprozessen zu. Von hoher Bedeutung ist der frühzeitige wissenschaftliche Input in den Planungsprozess. Dabei ist die langfristige Abschätzung der wichtigsten zu lösenden Umweltprobleme wesentlich. Hervorgehoben wird weiterhin der kalkulierbare institutionelle Rahmen der Planungsabläufe. Eine gesetzliche Verankerung des Verfahrens oder parlamentarische Vorgaben (wie in den skandinavischen Ländern) haben sich als hilfreich erwiesen. Die Institutionalisierung des Planungsprozesses hat Vorrang vor der Schaffung spezieller Planungsinstitutionen (wie in Großbritannien, Finnland, Österreich oder der Schweiz). Die weit entwickelten Fälle nationaler Umweltplanung beruhen in der Regel auf der Stärkung bereits vorhandener Institutionen.

9. Nach bisheriger Erfahrung ist auch die administrative und wissenschaftliche Kapazität zur Entwicklung eines breit akzeptierten Ziel- und Planungskonzeptes von Bedeutung. Der Mangel an personellen Ressourcen („Umweltplanung im Nebenamt") ist fast durchgängig ein Problem der bisherigen nationalen Umweltplanung (PAYER, 1997, S. 129 f.).

10. Für eine Evaluation der bisherigen Wirkungen ist es noch zu früh, da die in nationalen Umweltpolitikplänen formulierten Ziele meist für einen Zeitraum von zehn bis zwanzig Jahren festgelegt sind. Erste Monitoringergebnisse des Planungsprozesses liegen für die Niederlande, Schweden, Norwegen und Südkorea, aber auch für Großbritannien vor. Danach ist eine punktgenaue Zielerfüllung angesichts des offenen Ansatzes der Politik weder zu erwarten noch anzutreffen. Ziele wurden teilweise nicht erreicht (z. B. Reduktion von CO_2- oder NO_x-Emissionen), häufig aber auch übererfüllt (z. B. SO_2). Insgesamt scheint die Umweltplanung in diesen Ländern allerdings eine Trendverbesserung bei wichtigen Umweltindikatoren im Vergleich zur bisherigen Umweltpolitik bewirkt zu haben (JÄNICKE und JÖRGENS, 1998, S. 45 ff.).

11. Viele nationale Nachhaltigkeitsstrategien streben auch einen positiven Beitrag zur Wettbewerbsfähigkeit des Landes an (insbesondere die Umweltpläne Schwedens, Dänemarks, der Niederlande, Südkoreas, aber auch Kanadas und der Schweiz). Von dem neuen strategischen Ansatz werden Innovationswirkungen in der Industrie erwartet. Dabei kann es zumindest als plausibel angenommen werden, dass die Intensivierung des Umweltdiskurses und seine Verlagerung in die Verursacherbereiche dort auch Innovationsmotive fördert. Klare umweltpolitische Zielvorgaben können zudem einen Signaleffekt haben, besser kalkulierbare Marktbedingungen und ein verringertes ökonomisches Risiko für Innovateure schaffen. Zumindest für Schweden, Dänemark und die Niederlande kann von signifikanten Innovationswirkungen ausgegangen werden. Beispiele dafür sind die Zunahme integrierter Umweltschutztechnologien in den Niederlanden in den neunziger Jahren oder die dänische Innovationsförderung im Energiebereich. Für eine Generalisierung solcher Wirkungen ist es jedoch noch zu früh. Strategien ökologisch nachhaltiger Entwicklung müssen sich allerdings nicht vorrangig durch wirtschaftspolitische Problemlösungen rechtfertigen. Der Maßstab der Wirtschafts- und Sozial*verträglichkeit* ist als ausreichend anzusehen.

12. Insgesamt zeigt der internationale Vergleich, dass sich die am weitesten entwickelten Nachhaltigkeitsstrategien neben der Formulierung konkreter Umweltziele insbesondere durch folgende Faktoren auszeichnen:

- eine Institutionalisierung der Nachhaltigkeitsstrategie durch Schaffung einer gesetzlichen Basis und

Stärkung der federführenden Umweltministerien und Umweltämter (Niederlande, Schweden, Dänemark und Südkorea),

- eine Einbindung der Umweltplanung in die Reform des öffentlichen Sektors (Niederlande, Schweden, Norwegen, Neuseeland),
- eine parallel zum Umweltplan eingeführte ökologische Finanzreform (Niederlande, Dänemark, Schweden, Norwegen, Finnland) bzw. ein umfassendes System von Umweltabgaben (Südkorea),
- einen stark technologie- und forschungspolitisch orientierten Ansatz der Umweltpolitik (Niederlande, Dänemark, Schweden, Südkorea) und
- deren Flankierung durch ökologische Investitionsprogramme (Schweden, Niederlande, Südkorea).

1.1.5 Fortschreibung und Weiterentwicklung der Umweltpolitikplanung in ausgewählten OECD-Ländern

13. In einer Reihe von OECD-Ländern ist in den neunziger Jahren bereits eine Fortschreibung, teilweise auch ein Ausbau bestehender Umweltpläne erfolgt. Wie aus Tabelle 1-1 hervorgeht, gilt dies für die Niederlande, Schweden, Norwegen, Dänemark, Finnland, Großbritannien, Kanada, Südkorea und Mexiko. Die Mehrheit dieser Länder weist bereits eine mehrfache Fortschreibung auf; in Japan wird die erste Fortschreibung des nationalen Umweltplans derzeit vorbereitet. Insoweit kann von einer effektiven Institutionalisierung dieses Ansatzes in den genannten Ländern gesprochen werden. Strategische Umweltpolitikplanung ist in diesen Ländern zu einem festen Bestandteil der nationalen Umweltpolitik geworden. In den Niederlanden, Schweden, Südkorea und Japan basiert dies auch auf gesetzlichen Vorgaben.

Zwei Beispiele weit entwickelter und fortgeschriebener Umweltplanungen sollen hier kurz skizziert werden. Dabei wird zugleich gezeigt, wie weit der neue strategische Ansatz andere Politikfelder jenseits der Umweltpolitik einbezieht.

1.1.5.1 Niederlande

14. Nach Zielqualität, Verbindlichkeit und Grad der Politikintegration ist der 1989 verabschiedete sowie 1993 und 1997 fortgeschriebene niederländische Nationale Umweltpolitikplan (NEPP) im internationalen Vergleich der weitestgehende und zugleich für den internationalen Diffusionsprozess einflussreichste Plan (SRU, 1994, Tz. 141 f.). Seine Besonderheit ist einmal der Umfang verbindlich formulierter, terminierter und nach Kostenumfang kalkulierter Zielvorgaben (200 Einzelziele). Zum anderen ist sein Spezifikum eine Matrix-Struktur, die die zentralen Problemfelder den wichtigsten Verursacherbereichen zuordnet (s. Tab. 1-2).

Diese Strukturierung entspricht der in den Niederlanden entwickelten Philosophie einer „Internalisierung von Verantwortung", die konkret in Vereinbarungen der Regierung mit den Zielgruppen der Verursacherbereiche umgesetzt wird. Bisher sind 80 Prozent der thematisierten industriellen Umweltbelastungen und 90 Prozent des industriellen Energieverbrauchs über solche Vereinbarungen (*covenants*) geregelt (LUITWIELER, 2000). Hervorzuheben ist der spezifische, problemorientierte wissenschaftliche Input in jeden der drei Pläne in Form einer Umweltqualitätsprognose des Umweltamtes (Nationales Institut für Öffentliche Gesundheit und Umweltschutz, RIVM) auf der Basis der geltenden Politik, die als Grundlage für die Formulierung prioritärer Handlungserfordernisse dient. Das Umweltamt schlägt auch die Handlungsziele vor. Sie werden in der Regel aus Qualitätszielen bzw. kritischen Belastungsgrenzen sowie der Evaluation der bisherigen Umweltpolitik abgeleitet. An der breit diskutierten Formulierung des Plans sind mehrere Ministerien beteiligt. Der dritte Umweltpolitikplan (NEPP 3) wurde von den Ministerien für Umwelt, Wirtschaft, Verkehr, Landwirtschaft, Äußere Angelegenheiten und Finanzen vorgelegt.

15. Die Evaluation der bisherigen beiden Pläne im dritten Umweltpolitikplan (NEPP 3) ergab eine – teils vorzeitige – Zielerreichung in wichtigen Schwerpunktbereichen (z. B. bei Luftschadstoffen, Schwermetallemissionen, Recyclingraten, Naturschutz). Bei der Reduzierung von Kohlendioxid und verkehrsbedingten Belastungen (einschließlich Lärm) wurden die Zielwerte nicht erreicht. Die niederländische Regierung hat aus der bisherigen Planung selbst die Lehre gezogen, dass der von ihr gewählte Zielgruppenansatz sich bei klar zurechenbaren Verursachungen durch zentrale Akteure gut bewährt hat, bei eher diffusen Belastungsstrukturen und einer Vielzahl von Verursachern (Beispiel Straßenverkehr) hingegen keine Vorteile bringt; hier werden künftig eher generelle Maßnahmen, insbesondere ökonomische Instrumente vorgesehen (LUITWIELER, 2000).

16. Im dritten niederländischen Umweltpolitikplan ist unter anderem eine Ausweitung der freiwilligen Vereinbarungen auf weitere Zielgruppen (z. B. auf die Futter- und Düngemittelindustrie) vorgesehen. Die Umweltabgaben, die 1998 bereits rund 14 % der Steuereinnahmen der Zentralregierung ausmachten (1994: 11 %), sollen ausgeweitet und ab 1999 an die Preissteigerung gekoppelt werden. Die Energiesteuer soll – bei entsprechender Entlastung des Faktors Arbeit – um 3,4 Milliarden Gulden (ca. 1,5 Milliarden Euro) erhöht werden (Ministry of Housing, Spatial Planning and the Environment, 1998, S. 218 ff.). Steuervergünstigungen für „grüne Investitionen" sollen ausgeweitet werden. Die Kosten des neuen Plans werden insgesamt auf ca. 2,7 % des BIP geschätzt. Schwerpunkte der Finanzierung sind u. a. die Bodensanierung und die Verringerung der Umweltbelastung im Energie- und Verkehrssektor.

Tabelle 1-2

Themen und Zielgruppen der niederländischen Umweltplanung

Themen / Zielgruppen	Klima-wandel	Versaue-rung	Eutrophie-rung	Toxische Substanzen	Boden-kontami-nation	Abfall	Belästigung („Lärm etc.)	Grund-wasserer-schöpfung	Erschöp-fung natür-licher Res-sourcen
Konsumenten									
Landwirtschaft									
Industrie									
Raffinerien									
Energiewirtschaft									
Einzelhandel									
Transport									
Bauwirtschaft									
Abfallwirtschaft									
Wasserwirtschaft									

Quelle: Ministry of Housing, Spatial Planning and the Environment, 1998, S. 14

1.1.5.2 Schweden

17. Schweden formuliert derzeit als Weiterentwicklung des bisher praktizierten Ansatzes eine anspruchsvolle Strategie nachhaltiger Entwicklung, die Modellcharakter beansprucht. Ihre Besonderheit liegt darin, dass die Realisierung grundlegender langfristiger Umweltziele – im Zeichen des *New Public Management* – als parlamentarischer Auftrag vorrangig an einzelne Fachbehörden adressiert wird, die sie in einem rückgekoppelten und kontrollierten Prozess mit eigenständigen Aktionsprogrammen umsetzen (Tab. 1-3). Im Hinblick auf ähnliche Ansätze in Norwegen, Finnland und Dänemark kann hier auch von einer skandinavischen Strategievariante nachhaltiger Entwicklung gesprochen werden.

Schweden hat bereits seit 1988 in regelmäßiger Abfolge in der Form programmatischer Gesetze (die in diesem Lande Tradition haben) insgesamt 170 Umweltziele formuliert und über deren Durchsetzung berichtet. Von 67 evaluierten Zielen wurden 46 erfüllt (JÄNICKE und JÖRGENS, 1998). Dieser Ansatz der regelmäßigen programmatischen Zielformulierung wurde im neuen Umweltgesetzbuch von 1998 verankert. Danach hat die Regierung das Recht, für Bereiche, Regionen oder das ganze Land Umweltqualitätsziele festzulegen, deren Umsetzung dann Sache der zuständigen Zentralbehörden bzw. der Kommunen ist (Regeringskansliet, 1998).

18. In einem programmatischen Regierungsdokument vom gleichen Jahr zur „Umweltpolitik für ein nachhaltiges Schweden" wird „eine neue Struktur für die Ausarbeitung und Umsetzung von Umweltzielen" formuliert (Ministry of the Environment, 1998, S. 3). Dort heißt es: „In der neuen Struktur werden Umweltqualitätsziele die Basis eines Systems des *management by objectives and results* bilden, das nach Auffassung der Regierung der effektivste Weg der Umsetzung einer umfassenden Umweltstrategie mit Hilfe von Zielvorgaben ist, wobei die Wege und Mittel nicht im Detail definiert werden". In einem mehrstufigen Verfahren werden Umweltqualitätsziele, Handlungsziele und Maßnahmen entwickelt. Im ersten Schritt wurden in dem genannten Regierungsdokument – neben übergreifenden Prinzipien wie dem der Ressourceneffizienz – 15 allgemeine Umweltqualitätsziele für zentrale Umweltthemen wie Klima, Grundwasser oder städtische Umwelt formuliert. Bei deren Definition spielen der Gesundheitsschutz und die Biodiversität eine herausragende Rolle. Bis Ende 1999 sollten diese übergreifenden Qualitätsziele von einer parlamentarischen Kommission in Handlungsziele übersetzt werden (Beispiel: bis 2020 Null-Emission toxischer Substanzen in die Ostsee). Diese Zielkonkretisierung erfolgt im Zusammenwirken mit über 20 Zentralbehörden. Sie wird durch das nationale Umweltamt koordiniert. Auf dieser Basis soll die Regierung bis Ende 2000 einen detaillierten Ziel- und Handlungskatalog mit dem Zeithorizont einer Generation (2020 bis 2025) vorlegen. Diese Zielvorgaben werden

dann in einem breiten Umsetzungsprozess als „Orientierungswerte (*benchmarks*) für die Definition von Zielen und Strategien in unterschiedlichen Sektoren und auf unterschiedlichen Handlungsebenen" verstanden (KAHN, 2000; LUNDQVIST, 1999; Ministry of the Environment Sweden, 1998, S. 3). Zu den Handlungsebenen gehört auch die der Kommunen, deren räumliche und sonstige Planung sich ausdrücklich an den nationalen Umweltzielen orientieren soll. Für die drei größten Städte sieht bereits das parlamentarische Dokument über die Umweltziele eine Reduzierung des Straßenverkehrs bis 2010 vor (Ministry of the Environment Sweden, 1998, S. 17, 26 f.).

Die Umsetzung in Form von operativen Ausführungsplanungen liegt also bei den zuständigen Zentralbehörden und den Kommunen. Deren Strategien werden aber wiederum zentral rückgekoppelt. Monitoring und Evaluation der Umsetzung liegen beim nationalen Umweltamt. Hierzu sollen jährliche Berichte vorgelegt werden.

19. Der schwedische Ansatz beschränkt sich allerdings nicht auf die kontrollierte Umsetzung der strategischen Zielvorgaben. Gewissermaßen als zweite, eher traditionelle Handlungsebene sind allgemeine Maßnahmen in der Finanz-, Technologie- und Wirtschaftspolitik zur Verbesserung der Rahmenbedingungen vorgesehen. Der Querschnittscharakter dieses Ansatzes kommt u. a. in der Tatsache zum Ausdruck, dass auch im Budgetgesetz von 1998 Ziele der „ökologisch nachhaltigen Entwicklung" im Sinne „nachhaltiger Versorgung" und effizienter Energie- und Ressourcennutzung aufgegriffen werden; neben dem weiteren Ausbau der ökologischen Steuerreform und einem umfangreichen Forschungsprogramm wurde ein ökologisches Investitionsprogramm in Milliardenhöhe vorgelegt (KAHN, 2000; Ministry of the Environment Sweden, 1998).

Die hier gewählte Doppelstrategie aus Ziel- und Ergebnissteuerung und ergänzender Steuerung der Rahmenbedingungen reflektiert zum Teil die Erfahrungen der niederländischen Umweltplanung hinsichtlich der Grenzen der Zielgruppenpolitik. Sie ist zunächst an den Staatsapparat adressiert und definiert dessen Aufgaben und Zuständigkeiten, setzt dabei aber durchgängig auf einen dialogischen Politikstil und eine systematische Einbeziehung der Zielgruppen.

Tabelle 1-3

Der schwedische Strategieansatz

Strategische Funktionen *Regierung/Umweltamt und Parlament*	Kommunikation
– Formulierung von 15 allgemeinen Umweltqualitätszielen ("environmental quality objectives") – Zuweisung von Umsetzungszuständigkeiten – Formulierung von abgeleiteten Handlungszielen ("targets") in Kooperation mit den Fachbehörden – Ergänzende Steuerung der Rahmenbedingungen (Umweltabgaben, Forschungsprogramm, Investitionsprogramm) – Kontrolle/Evaluation der Zielerreichung	Konsultationsmechanismen
Operative Funktionen *Umweltamt, Fachbehörden und Kommunen*	
– Aktionsplanung zur Umsetzung der Handlungsziele – Instrumentierung – Implementation – Berichtspflichten	Zielgruppen-Politik

SRU/UG 2000/Tab. 1-3

1.2 Umweltplanung im Zeichen der Reform des öffentlichen Sektors

20. Das Thema der „Umweltplanung" bzw. eines strategischen Ansatzes von Umweltpolitik ergibt sich für Deutschland nicht nur aus den Festlegungen der Agenda 21. Gleichermaßen von Bedeutung – und vielfach übersehen – ist der Zusammenhang mit der Reform des öffentlichen Sektors. In den Industrieländern ist derzeit unter dem Stichwort *New Public Management* eine breite Reformtendenz hin zu ziel- und ergebnisorientierten Ansätzen der Politik zu beobachten (NASCHOLD und BOGUMIL, 1998; DAMKOWSKI und PRECHT, 1995). Sie betrifft nicht nur die Umweltpolitik, ist dort aber häufig ein bevorzugtes Anwendungsfeld des Reformkonzeptes.

Ausgangspunkt dieses Ansatzes ist die Vorstellung, dass konkrete, an den Verwaltungsapparat (aber auch weitere Akteure) adressierte, ausgehandelte Zielvorgaben der Politik die Ergebniskontrolle erleichtern, die Motivation der Beteiligten verbessern und die Leistungsfähigkeit des öffentlichen Sektors erhöhen können.

21. In Ländern wie den Niederlanden, Schweden und Norwegen, aber auch Neuseeland, Großbritannien, Kanada und Japan ist dieser Zusammenhang zwischen allgemeiner Modernisierung des Staates und Umweltplanung deutlich. Dabei geht es nicht zuletzt um die Ergänzung der Politiksteuerung über allgemeine Regeln durch eine Politiksteuerung in Form eines zielorientierten Managements. Wurden bisher konkrete Instrumente für eher vage Ziele eingesetzt, so sollen nun konkrete Ziele mit flexiblen Mitteln erreicht werden. Ziel- und ergebnisorientierte Umweltpolitikplanung wird dabei auch als ein Weg der Effektivitäts- und Effizienzsteigerung von Umweltpolitik gesehen. Die breite Kommunikation über Ziele, die Verstetigung und bessere Kalkulierbarkeit der Politik, die kooperative Suche nach ökonomisch vorteilhaften, innovativen Lösungen, aber auch Einsparungen, Vereinfachungen und höhere Transparenz von Abläufen durch die Schaffung umfassender Umweltgesetze und die Zusammenlegung von Verwaltungen sind Aspekte der umweltpolitischen Neuorientierung in diesen Ländern.

1.2.1 Der Ansatz ziel- und ergebnisorientierter Umweltplanung

22. In den Niederlanden (vgl. SRU, 1994, Tz. 141 f.) und Schweden, aber auch in Norwegen und Finnland ist der ziel- und ergebnisorientierte Ansatz von Umweltpolitik detailliert entwickelt worden. Schon 1993 stellte das niederländische Umweltamt fest, der Nationale Umweltpolitikplan (NEPP) basiere auf dem „Prinzip eines zielorientierten Managements (management by objectives)". *Management by objectives* ist ein Schlüsselbegriff des als *New Public Management* bezeichneten neuen politischen Steuerungsmodells.

In skandinavischen Nachhaltigkeitsstrategien wird dieser Aspekt neuerdings zentral herausgestellt. Der Skepsis gegenüber bloßen Zielbekundungen trägt in Schweden die präzisierende Formel der Ziel- und Ergebnissteuerung Rechnung (*management by objectives and results*).

23. Einen ähnlichen zielorientierten Politikansatz mit regelmäßiger Ergebniskontrolle hat die norwegische Regierung 1997 in ihr Programm nachhaltiger Entwicklung übernommen. Der zugleich effizienzbetonte „Management-Ansatz" (*management by objectives and cost effectiveness*) sieht vor, dass die Regierung nach Abstimmung mit relevanten Akteuren nicht nur die Ziele, sondern auch die Verantwortlichkeit der Fachbehörden für die Erreichung der umweltpolitischen Ziele festlegt (Ministry of the Environment Norway, 1997).

24. Dem skandinavischen Muster folgt auch Finnland mit dem in dritter Folge seit 1989 vorgelegten „Regierungsprogramm für nachhaltige Entwicklung" (1998). Hier wurden vom Staatsrat des Landes 27 „strategische" Umweltqualitätsziele und 45 Aktionsleitlinien formuliert und wiederum an die Ministerien und deren nachgeordnete Fachbehörden adressiert, denen die Konkretisierung und Umsetzung obliegt. Auf der Basis entsprechender Teilberichte soll bis 2001 eine Gesamtevaluation des Programms durch die Nationale Kommission für nachhaltige Entwicklung vorgenommen werden (Ministry of the Environment Finland, 1998).

25. Vor allem in dem neuen skandinavischen Ansatz der Nachhaltigkeitsstrategie – aber auch im dritten niederländischen Umweltplan – handelt es sich um einen Planungsansatz, der als Doppelstrategie von allgemeiner Regel- und Maßnahmensteuerung einerseits und strategischem, ziel- und ergebnisbezogenem Management andererseits angesehen werden kann. Letzteres regelt die Umsetzung von Umweltzielen nicht so sehr mit instrumentellen Vorgaben, sondern durch Zuweisung von Verantwortlichkeiten. Dabei werden die für die Umsetzung Verantwortlichen an der Zielbildung grundsätzlich konsultativ beteiligt. Die systematische Verankerung von jährlichen Berichtspflichten unterschiedlicher Bereiche und Ebenen ist ein wesentlicher Mechanismus in diesem Konzept.

Neben diesem strategischen Managementansatz wird aber zugleich – besonders in Schweden und den Niederlanden – mit allgemeinen Maßnahmen des Zentralstaates auf die gesellschaftlichen und wirtschaftlichen Rahmenbedingungen eingewirkt: durch Ausbau der ökologischen Steuerreform, der Forschungsförderung, der Förderung von Umweltinvestitionen, aber auch der ökologischen Akzentuierung der räumlichen Planung.

Die Flexibilisierung klassischer Steuerungsansätze wird bei der Standardsetzung (etwa dem Operieren mit „vorläufigen Standards") und bei Genehmigungsverfahren deutlich, die im Falle von Selbstverpflichtungen modifiziert werden. Besonders im letzten Fall wird die Rückkopplung zum ziel- und ergebnisorientierten Steuerungsansatz erkennbar.

1.2.2 Der kanadische Ansatz des "Greening of Government"

26. Als umweltpolitische Strategievariante des *New Public Management* ist auch der 1995 eingeführte kanadische Ansatz des *Guide to Green Government* (Environment Canada, 1995) von Interesse. Dabei handelt es sich um ein nationales Programm, das eine große Zahl von Ministerien und Fachbehörden zur Erarbeitung sektoraler Nachhaltigkeitsstrategien bis Ende 1997 verpflichtet. Danach sollen die Strategien im Dreijahres-Rhythmus fortgeschrieben werden. Schließlich müssen die Verwaltungen jährliche Umsetzungsberichte vorlegen. Ziel ist es, das Konzept der nachhaltigen Entwicklung für die Fachverwaltungen zu operationalisieren.

Ziel der sektorspezifischen Nachhaltigkeitsstrategien ist es unter anderem, Umweltgesetze und Verordnungen des Bundes umzusetzen oder zu übertreffen und die Aktivitäten der Ressorts an nationaler *best practice* zu orientieren und ressortspezifische Umweltmanagementsysteme einzuführen. Der konkrete Aufbau der Nachhaltigkeitsstrategien ist im "Guide to Green Government" vorgegeben. In insgesamt sechs Schritten sollen die Ministerien und Fachbehörden ein Profil ihrer Aktivitäten zeichnen, die Auswirkungen ihrer Aktivitäten auf eine nachhaltige Entwicklung abschätzen, die Standpunkte und Interessen ihrer Klientel sowie weiterer Beteiligter oder von den Maßnahmen betroffener Akteure darstellen, ihre sektoralen Ziele formulieren, einen Aktionsplan zur Erreichung dieser Ziele erarbeiten und ein System von Messung, Analyse und Ergebnisberichten entwickeln (Environment Canada, 1995, Kapitel III).

Die sektoralen Nachhaltigkeitsstrategien und die entsprechenden Leistungsberichte werden von dem im Jahr 1995 per Gesetz eingerichteten *Commissioner of the Environment and Sustainable Development* evaluiert, der jährlich über die Berücksichtigung des Leitbildes der Nachhaltigen Entwicklung in der Politik und den Programmen der Ressorts berichtet (MEADOWCROFT, 2000). Der regierungsunabhängige *Commissioner* ist formal im Amt des *Auditor General* angesiedelt – einer Institution, die im Auftrag des Parlaments die Verwendung öffentlicher Mittel kritisch überprüft. Das Programm "Guide to Green Government" konkretisiert die bereits 1992 im Rahmen des kanadischen Umweltplans ("Green Plan for a Healthy Environment") beschlossene "Federal Environmental Stewardship Initiative", die alle Regierungsbehörden zur Erstellung von jährlichen Umweltaktionsplänen verpflichtete.

Bis Ende 1997 haben insgesamt 28 Ministerien und Fachbehörden – darunter die Ministerien für Finanzen, Wirtschaft, Landwirtschaft, Verkehr, Verteidigung sowie das Umweltministerium – sektorspezifische Nachhaltigkeitsstrategien entwickelt. Darin wurden insgesamt 411 konkrete Handlungsziele und 1 542 Maßnahmen formuliert. Bei der Bewertung der Nachhaltigkeitsstrategien wird sowohl die Umsetzung der übernommenen Strategien als auch die Schaffung von Kapazitäten für deren Umsetzung als Kriterium verwendet.

Der im Mai 1999 veröffentlichte dritte Bericht des *Commissioner* zieht eine eher kritische Bilanz der Umsetzung der ministeriellen Nachhaltigkeitsstrategien: „Die Ministerien und Bundesbehörden befinden sich immer noch in der Frühphase der Umsetzung ihrer Strategien". Insbesondere ist es den Fachverwaltungen bisher nicht gelungen, die für die Umsetzung ihrer Nachhaltigkeitsstrategien notwendigen Kapazitäten aufzubauen (Commissioner of the Environment and Sustainable Development, 1999).

27. Die entscheidende Schwäche dieser auf Ressortebene umgesetzten Nachhaltigkeitsstrategie scheint – abgesehen vom Verzicht auf Prioritätensetzung – im Fehlen sektorübergreifender Umweltqualitäts-Zielvorgaben mit entsprechender Verantwortungszuweisung zu liegen. Gerade das kanadische Beispiel zeigt, dass es zu einer nationalen Nachhaltigkeitsstrategie als verbindlichem Orientierungsrahmen für sektorale Aktivitäten keine Alternative gibt. Demgegenüber scheint der skandinavische Ansatz mit seinen verbindlichen Schwerpunktsetzungen besser geeignet, diese Orientierung zu geben und insbesondere für die langfristig ungelösten, politisch schwierigen Umweltprobleme bessere Handlungsvoraussetzungen zu bieten.

Trotz der dargestellten Umsetzungsschwächen im Anfangsstadium stellt der kanadische Ansatz des "Guide to Green Government" jedoch einen beachtenswerten Versuch der Integration des Nachhaltigkeitskonzepts in die Entscheidungsfindung der umweltrelevanten Fachressorts dar. Im Gegensatz zu Deutschland ist die Bundespolitik in Kanada nicht auf den Vollzug durch die Einzelstaaten angewiesen, sondern dort mit eigenen Verwaltungseinheiten tätig. Dies erleichtert grundsätzlich die Entwicklung spezifisch bundespolitischer Strategien.

1.3 Nationale Nachhaltigkeitsstrategie als Problem der Politikintegration

28. Ein weiterhin näher zu untersuchender Aspekt nationaler Umweltplanung im Sinne der Agenda 21 ist die sogenannte *Politikintegration*. Die UNO-Umweltkonferenz in Rio de Janeiro hat sie zu einem zentralen Postulat der Umweltpolitik werden lassen: Danach sollen umweltpolitische Ziele und Kriterien in anderen Ressorts und Politikfeldern berücksichtigt werden. Statt einer rein additiven Umweltpolitik soll die Staatstätigkeit insgesamt „ökologisiert" und damit eine von vornherein umweltfreundlichere Entwicklung von Technik und Gesellschaft begünstigt werden.

Von dieser horizontalen (bzw. intersektoralen) Politikintegration im Sinne von Querschnittspolitik ist zusätzlich die vertikale (bzw. intrasektorale) Politikintegration innerhalb des gleichen Politikfeldes zu unterscheiden, die gerade in einem föderativen „Mehr-Ebenen-System" wie der Bundesrepublik erhebliche Bedeutung hat.

29. Die Agenda 21 betont vor allem die horizontale, sektorübergreifende Politikintegration. Dabei ist insbesondere die Integration ökologischer, ökonomischer und sozialer Belange im politischen Prozess angesprochen. Auch das Ziel einer breiten Einbeziehung relevanter Akteure in die Zielbildung und in die Umsetzung der Politik nachhaltiger Entwicklung erfordert zusätzliche Politikintegration. Umweltpolitik als Querschnittsaufgabe ist seit der Einheitlichen Europäischen Akte von 1987 auch als Ziel im EG-Vertrag verankert und in den Verträgen von Maastricht und Amsterdam noch akzentuiert worden. Auch das 5. Umweltaktionsprogramm ist auf dieses Ziel ausgerichtet.

Die Europäische Union hat im Sinne des neu verankerten Integrationsprinzips verschiedene zusätzliche Aktivitäten entwickelt (vgl. Kap. 2.3). Hierzu gehört die Richtlinie zur strategischen Umweltbewertung von Politiken und Programmen (*Strategic Environmental Assessment* – SEA). Die EU-Gipfel in Cardiff (1998) und Köln (1999) haben die Forderung nach Integration der Politikbereiche – speziell auch im Hinblick auf den Umweltschutz – noch einmal herausgestellt und einen Umsetzungsprozess hierzu eingeleitet (European Commission, 1998; EEB, 1998; vgl. Tz. 310 f.). Auf dem EU-Gipfel in Helsinki im Dezember 1999 wurden erste Entwürfe sektoraler Nachhaltigkeitsstrategien von Fachministerräten (z. B. Landwirtschaft und Verkehr) vorgelegt.

30. Der Umweltrat sieht daher im Zusammenhang mit der zu entwickelnden deutschen Nachhaltigkeitsstrategie Anlass zu einer genaueren Prüfung der Möglichkeit einer verstärkten Integration von Umweltzielen in andere Politikfelder. Immerhin wird Umweltpolitik in Deutschland bereits spätestens seit der Fortschreibung des ersten Umweltprogramms (1976) als Querschnittspolitik verstanden, ohne dass dies in der Realität ausreichenden Niederschlag gefunden hat. Immer wieder reduzierte sich Politikintegration auf eine nur „negative Koordination" (SCHARPF, 1991, S. 627). Die Gemeinsamkeiten beschränkten sich auf allseits interessenkonforme Ziele, die für keine Seite eine ernsthafte Revision ihrer bisherigen Positionen erforderten. Aus Sicht der Policy-Analyse wird daher auf zu überwindende politische und administrative Hemmnisse der Politikintegration verwiesen (PEHLE, 1998; WEALE, 1998).

Integrationserfordernisse und -probleme sind im übrigen keineswegs spezifisch für die Umweltpolitik. Die immer weitergehende Ausdifferenzierung von Teilfunktionen hat generell eine starke Fragmentierung von Staatstätigkeiten begünstigt. Der moderne Staat ist hierbei in der Lage, durchaus widersprüchliche Ziele zu institutionalisieren. Die inhaltliche Harmonisierung unterschiedlicher Staatstätigkeiten ist daher generell ein ständiges Postulat. Widersprüche dieser Art finden sich selbst innerhalb eines einzigen Ministeriums. Die gleichzeitige Verankerung der Förderung umweltproblematischer Produktionsformen und des ökologischen Landbaus im Agrarministerium ist dafür ein Beispiel. Insoweit ist auch die Schaffung von Umweltabteilungen in Ministerien oder die Zusammenlegung von Umweltverwaltungen mit anderen Ressorts noch keine Garantie für eine bessere Berücksichtigung von Umweltbelangen in anderen Ressorts. Maßnahmen dieser Art können immer auch der besseren Kontrolle und Begrenzung umweltpolitischer Bestrebungen dienen.

31. Die mit der nationalen Nachhaltigkeitsstrategie verbundene Forderung nach zusätzlicher Politikintegration, die sich meist als Problemlösung versteht, ist also zunächst selbst nicht unproblematisch.

Bisherige institutionelle Mechanismen der horizontalen Politikintegration waren in Deutschland unter anderem: Kabinettsausschüsse, Interministerielle Arbeitsgruppen (IMAs) und Abteilungsleiterausschüsse (insbesondere der Ständige Abteilungsleiterausschuss für Umweltfragen), Mitzeichnungsregeln aller Art bei Ressorts ebenso wie Parlamentsausschüssen, aber auch die Richtlinienkompetenz des Bundeskanzlers und verschiedene Varianten der übergeordneten Beauftragung mit Kooperationszwang für unterschiedliche Verwaltungen. Die Gemeinsame Geschäftsordnung der Bundesministerien trifft in §§ 23 und 40 Vorkehrungen zur „Prüfung der Umweltverträglichkeit" von Gesetzesvorlagen. Hinzu kommen Umweltreferate in allen wichtigen Ressorts und erste Ansätze zu speziellen umweltbezogenen Berichten einzelner Ressorts (meist ohne institutionalisierte Berichtspflicht). Seit 1997 besteht die Verpflichtung, die Umweltverträglichkeit von Waren und Dienstleistungen in die Leistungsbeschreibung öffentlicher Aufträge aufzunehmen. Vertikale Politikintegration im Umweltbereich findet insbesondere in Bund-Länder-Arbeitsgemeinschaften und durch die zweimal jährlich tagende Umweltministerkonferenz (UMK) statt.

32. In anderen OECD-Ländern wurden in den neunziger Jahren – meist im Rahmen nationaler Nachhaltigkeitsstrategien – weitere Mechanismen der Integration umweltpolitischer Ziele in andere Politikfelder entwickelt. In erster Linie zu erwähnen ist hier die *Strategische Umweltverträglichkeitsprüfung* (Strategic Environmental Assessment – SEA) insbesondere in den Niederlanden, Dänemark, Schweden, aber auch in Kanada. Dabei geht es um die in Entscheidungen zu berücksichtigende Abschätzung und Bewertung der zu erwartenden Umwelteffekte von Politiken, Plänen oder Programmen. In Dänemark wurden beispielsweise von 1993/4 bis 1996/7 insgesamt 68 Gesetzesvorhaben mit erheblichen potentiell negativen Umweltauswirkungen einer umfassenden Umweltverträglichkeitsprüfung unterzogen (OECD, 1999, S. 128).

Die Strategische Umweltverträglichkeitsprüfung (S-UVP) stellt eine Weiterentwicklung der Umweltverträglichkeitsprüfung (UVP) dar, die sich nach der europäischen UVP-Richtlinie lediglich auf Projekte erstreckt und sich so vom ursprünglichen Konzept des US-amerikanischen Umweltgesetzes (NEPA) unterscheidet. Ein ähnlich weiter Anwendungsbereich war bereits bei der Verabschiedung der UVP-Richtlinie diskutiert und von der Kommission übernommen worden. Der Richtlinienvorschlag, auf den sich der Europäische Umweltministerrat im Dezember 1999 in einem gemeinsamen Standpunkt geeinigt hat, sieht nun vor, dass bestimmte sektorale Fachplanungen und -programme sowie räumliche Gesamtplanungen, die späteren Entscheidungen über Flächennutzungen zugrunde liegen, einer Strategischen Umweltprüfung unterzogen werden sollen.

Der Umweltrat sieht in einer effektiv ausgestalteten Strategischen Umweltverträglichkeitsprüfung – als Programm-UVP im Gegensatz zur raumbezogenen UVP – ein wesentliches und notwendiges Instrument zur Umsetzung des Integrationsprinzips. Sie ist zugleich ein wichtiger Schritt zur Umsetzung des Strategieentwurfs der Agenda 21.

33. In den skandinavischen Ländern wurde das weitere Instrument des *green budgeting* eingeführt: die Integration von Umweltaspekten in die Finanzberichterstattung. OECD-Länder wie Kanada oder Japan haben die Verwaltungstätigkeit des Staates selbst – zum Beispiel das Beschaffungswesen (*greening of public procurement*) – zum Gegenstand spezieller Umwelt-Aktionsprogramme gemacht. Positives Interesse verdient auch die britische Einrichtung des Umweltstaatssekretärs in den übrigen Ressorts (*green ministers*), die 1994 eine Entsprechung in den Generaldirektionen der EU-Kommission fand (*Integration Correspondents*). Der Umweltrat unterstützt die Absicht, auch in Deutschland Beauftragte für Umweltfragen in den Ministerien einzuführen (*green cabinet*), eine Funktion, die beispielsweise von einem der parlamentarischen Staatssekretäre erfüllt werden könnte. Eine solche hochrangige Ansiedlung des Umweltbeauftragten erscheint notwendig, da die bereits existierenden Umweltreferate in den verschiedenen Fachministerien der angestrebten Integrationsfunktion nicht gerecht wurden. Sie funktionierten häufig eher als Kontrollinstanz im Hinblick auf Programme und Aktivitäten des Umweltministeriums.

34. Eine umweltbezogene Politikintegration erfordert nach Auffassung des Umweltrates eine realistische Begrenzung der zusätzlichen Integrationserfordernisse durch Prioritätensetzung. Sie erfordert ferner eine Professionalisierung des Managements von Koordinations- und Konsensbildungsprozessen und zusätzliche institutionelle Vorkehrungen. Darüber hinaus hält der Umweltrat die folgenden Integrationsmechanismen für sinnvoll:

- Die Beauftragung umweltrelevanter Ressorts durch Regierung oder Parlament, eigenständige Strategien in ökologischen Problemfeldern ihres Zuständigkeitsbereichs zu entwickeln (ein Ansatz, den nach den skandinavischen Ländern nunmehr auch die EU verfolgt). Die Prioritätensetzung einer nationalen Nachhaltigkeitsstrategie kann hier die Basis bilden.
- Die verbindliche Festlegung von Entscheidungsregeln zur Berücksichtigung extern definierter, übergreifender ökologischer Kriterien in allen Bereichen.
- Die generelle Integration von Umweltaspekten in das staatliche Berichtswesen, bei der die Vorgabe von Berichtskriterien pro-forma-Berichte ausschließt.
- Die generelle Kopplung der Vergabe von Fördermitteln in umweltrelevanten Bereichen an die Einhaltung ökologischer Mindeststandards und die Bevorzugung von Antragstellern mit zusätzlichen Umweltleistungen (Tz. 201 ff.).
- Die frühzeitige, institutionalisierte Beteiligung von Vertretern von Umweltbelangen am Politikformulierungsprozess. Dies schließt die Öffnung und pluralistische Gestaltung der häufig abgeschotteten Politiknetzwerke im Vorfeld parlamentarischer Entscheidungen in Bereichen wie Verkehr, Energie oder Landwirtschaft ein.

Grundsätzlich sollte die Konfrontation der „verursachernahen" Politiksektoren mit den ungelösten Umweltproblemen ihres Sektors Ausgangspunkt derartiger Maßnahmen einer Internalisierung von Umweltverantwortung sein. Angesichts der Tendenzen zu einer bloß „negativen Koordination" zwischen unterschiedlichen Verwaltungen sind Maßnahmen vorzuziehen, die eine hohe Eigeninitiative der Sektoren bei der Umsetzung externer Zielvorgaben vorsehen. Liegen solche Vorgaben vor, wird die Abhängigkeit von intersektoralen Kooperationsmechanismen verringert.

35. Nach Ansicht des Umweltrates müssen im Hinblick auf die Bildung übergeordneter Ziele, Kriterien und Entscheidungsregeln die Umweltverwaltungen gestärkt werden. Ohne eine klare Institutionalisierung der übergreifenden Aufgaben nachhaltiger Umweltpolitik im Umweltministerium und ohne eine Stärkung seiner Kapazität und Verhandlungsmacht wird die „Ökologisierung" anderer Politikfelder schwerlich gelingen (HEY, 1998; WEALE, 1998). Die Vorstellung, dass die Umweltverwaltungen durch eine umweltorientierte *Selbst*organisation etwa des Verkehrs-, Energie-, Industrie-, Agrar- oder Bausektors überflüssig gemacht werden könnten, liegt dem Umweltrat mithin fern.

1.4 Vom Entwurf eines umweltpolitischen Schwerpunktprogramms des BMU zur nationalen Nachhaltigkeitsstrategie

1.4.1 Zur Entwicklung des Entwurfs eines umweltpolitischen Schwerpunktprogramms

36. Ausgangspunkt des von der Bundesregierung 1996 eingeleiteten nationalen Zielfindungsprozesses war das von der damaligen Bundesumweltministerin Merkel

vorgelegte „Schritte-Papier", in dem bereits Vorschläge für Umweltqualitäts- und -handlungsziele für bestimmte Schwerpunktbereiche der Umweltpolitik skizziert sind. Die vom BMU erarbeitete Skizze für eine mögliche Konsensstrategie diente als Grundlage für den Diskussionsprozess unter Einbeziehung „aller Gruppen der Gesellschaft" (BMU, 1996a, S. 5) in die Auseinandersetzung um die umweltpolitische Zielformulierung. Das Schritte-Papier enthält sechs prioritäre Themenschwerpunkte auf dem Weg zu einer nachhaltigen Entwicklung in Deutschland:

- Schutz des Klimas und der Ozonschicht,
- Schutz des Naturhaushalts,
- Schonung der Ressourcen,
- Schutz der menschlichen Gesundheit,
- Verwirklichung einer umweltschonenden Mobilität,
- Verankerung einer Umweltethik.

37. Den offiziellen Auftakt des Zielfindungsverfahrens bildete eine Diskussion mit „führenden Persönlichkeiten eines breiten Spektrums gesellschaftlicher Gruppen" im Juli 1996. Hauptredner dieser Veranstaltung waren die Umweltministerin, der Vorsitzende des Umweltrates, ein Vertreter der Wissenschaft sowie die Vorsitzenden des Verbandes der Automobilindustrie (VdA), des Deutschen Bauernverbandes (DBV), des Bundesverbandes der Deutschen Industrie (BDI) sowie der Umweltstiftung WWF Deutschland (BMU, 1996b).

Als nächster Verfahrensschritt wurden Arbeitsgruppen mit Vertretern relevanter gesellschaftlicher Gruppen ins Leben gerufen, die für die festgelegten prioritären Themenschwerpunkte Umweltqualitäts- und Umwelthandlungsziele erarbeiten sollten. Ein Jahr nach Beginn des Diskussionsprozesses wurden die Zwischenergebnisse der Arbeitsgruppen in einer Veranstaltung vor Regierungs- und Verbandsvertretern der Öffentlichkeit präsentiert und in einem Zwischenbericht dokumentiert (BMU, 1997).

Auf Basis der in den Arbeitskreisen verabschiedeten Vorschläge zur Formulierung eines umweltpolitischen Ziel- und Handlungskatalogs wurde anschließend im BMU der Entwurf eines umweltpolitischen Schwerpunktprogramms mit quantifizierten Zielvorgaben sowie Maßnahmenvorschlägen in den prioritären Themenschwerpunkten erarbeitet. Dieser Entwurf wurde im April 1998 der Öffentlichkeit vorgestellt (BMU, 1998a). Auf dieser Grundlage sollte der eingeschlagene Diskussionsweg fortgesetzt werden, wobei alle Interessierten aufgefordert waren, sich mit diesem Vorschlag auseinanderzusetzen (BMU, 1998a, S. 4). Zur Kommunikation umweltpolitischer Entwicklungen (Soll-Ist-Analysen) schlägt das Schwerpunktprogramm die Einrichtung eines „Umwelt-Barometers" vor (BMU, 1998a, S. 30).

Da bislang lediglich der Entwurf eines Schwerpunktprogramms vorgelegt wurde, war weder eine interministerielle Abstimmung noch eine parlamentarische Auseinandersetzung über einen handlungsleitenden Umweltplan notwendig. Die möglichen Konflikte wurden somit zunächst einmal vermieden. Während die alte Regierungskoalition aus CDU/CSU und FDP mit Verweis auf die damals noch nicht abgeschlossenen Untersuchungen der Enquete-Kommission die Beschlussfassung zur Erarbeitung eines verbindlichen Umweltplanes im Herbst 1997 ausgesetzt hat, hat die neue Regierungskoalition aus SPD und Bündnis 90/Die Grünen in ihrer Koalitionsvereinbarung die Entwicklung einer „nationalen Nachhaltigkeitsstrategie" bekräftigt (Koalitionsvereinbarung vom Oktober 1998, S. 13).

1.4.2 Zur prozeduralen Beurteilung des Schwerpunktprogrammentwurfs

38. Im Vergleich mit den Nachhaltigkeitsstrategien vieler anderer Industrieländer (vgl. Abschn. 1.1.4) sind die im Entwurf des Schwerpunktprogramms enthaltenen umweltpolitischen Ziele weitgehend anspruchsvoll und überwiegend auch klar formuliert. Entscheidende Schwächen betreffen die Konkretisierung und Umsetzung. In dieser Phase entscheidet sich, ob das Programm einerseits objektive Möglichkeiten und Chancen umfassend nutzt und andererseits glaubwürdig genug ist, eine unüberbrückbare Kluft zwischen Zielen und Handlungsoptionen also nicht entstehen lässt. Neben Kosten-Nutzen-Analysen konkreter Maßnahmen können hier auch Zwischenziele formuliert und Akteursgruppenanalysen vorgenommen werden, die die Handhabung langfristiger Umweltqualitätsziele für die nahe Zukunft greifbar und realistisch machen.

39. Das Programm formuliert in prioritären Themenschwerpunkten quantifizierte Ziele. Die erzielten Ergebnisse der Diskussionsphase, die in den Berichten der sechs Arbeitskreise (BMU, 1997) festgehalten sind, enthalten diese Ziele nicht. Mit einer Ausnahme konnten sie nicht konsensual formuliert werden. Allein der Arbeitskreis „Klimaschutz" hat das nationale Klimaschutzziel einer 25-prozentigen CO_2-Reduzierung bis zum Jahr 2005 in allen beteiligten gesellschaftlichen Gruppen im Konsens anerkannt (BMU, 1997, S. 8). Bei der Formulierung konkreter Maßnahmen weichen die Ergebnisse des Schwerpunktprogramms von denen der Arbeitskreise deutlich ab (vgl. Tz. 45 ff.).

Es stellt sich daher die Frage, ob der Diskussionsprozess im Vorfeld der Formulierung eines nationalen Schwerpunktprogramms die von ihm erwartete Hilfestellung bei der Festlegung konkreter Handlungsziele gegeben hat und auch die Umsetzung der Ziele erleichtern kann. Da Nutzen und Kosten einer zielgerichteten Umweltpolitik in der Regel zwischen verschiedenen Bevölkerungsgruppen ungleich verteilt sind, ist ein legitimationsstiftendes Konsensfindungsverfahren zur Festlegung von Umwelthandlungszielen wesentlich. Partizipative Prozesse zur ökologischen Zielfindung sollten weiterhin Bestandteil der Umweltpolitik bleiben. Gleichzeitig sollten die Entscheidungsträger bestrebt sein, die Effi-

zienz des Verfahrens fortlaufend zu verbessern. Ein partizipatives Vorgehen erfordert kompetente Vorbereitungen im Hinblick auf Ziele, die möglichst allen Beteiligten gerecht werden. Gerade in diesem Punkt war der „Schritte-Prozess" unzureichend vorbereitet.

40. Auch im Lichte internationaler Erfahrungen (Abschn. 1.1.5) weist der Schritte-Prozess typische Defizite auf: eine zurückhaltende Rolle der Regierung, fehlender wissenschaftlicher Input, mangelnde institutionelle Verankerung des Prozesses und seines vorläufigen Ergebnisses, unprofessionelles Management und mangelnde Infrastruktur des Verfahrens, unzureichende Operationalisierung der Handlungsziele, geringe Politikintegration und keine förmliche Zuweisung von Verantwortlichkeiten für die Umsetzung.

41. Als *Fazit* bleibt festzuhalten, dass dem Schwerpunktprogramm bisher nur ein eingeschränkter Stellenwert für eine Strategie nachhaltiger Entwicklung im Sinne des Modells der Agenda 21 zugemessen werden kann. Zwar sind insbesondere die Ziele des Schwerpunktprogramms teils wesentlich anspruchsvoller, als sie in den Ergebnissen der Arbeitskreise formuliert waren. Jedoch dürften die schwachen Ergebnisse der Arbeitsgruppen in erster Linie auf die mangelnde Infrastruktur und die kurze Vorbereitung des Diskussionsprozesses zurückzuführen sein. Wenig vorbereitete Treffen führen in aller Regel nur zu einem Austausch bekannter Interessenpositionen.

42. Für eine generelle Beurteilung von gesellschaftlichen Diskussionsprozessen zur Ziel- und Maßnahmenfindung sind die Vorteile eines solchen Verfahrens – breite Beteiligung, erhöhtes Problem- und Chancenbewusstsein, Verursacherbezug, Akzeptanz – und die eventuell damit verbundenen Risiken – Zielabschwächung, Zeitaufwand, Ausschluss Dritter – einander abzuwägen. Der Umweltrat ist der Ansicht, dass die Chancen, die Konsensbasis für eine systematisch angelegte Umweltpolitik schrittweise zu erweitern, in jedem Fall höher zu bewerten sind als die Risiken, zumal das Risiko der Zielabschwächung empirisch noch nicht bestätigt werden konnte (SRU, 1998a, Tz. 8). Das 1995 von der Bundesregierung verkündete Handlungsziel zur Reduktion der nationalen CO_2-Emissionen um 25 Prozent bis zum Jahr 2005 wird immerhin von allen gesellschaftlich relevanten Gruppen akzeptiert. Auch das im Oktober 1998 von der neuen Bundesregierung in der Koalitionsvereinbarung verankerte Handlungsziel des Ausstiegs aus der Atomenergie wird in den mit dem betroffenen Wirtschaftszweig stattfindenden Energiekonsensgesprächen nicht mehr grundsätzlich angefochten. Die Diskussion konzentriert sich vielmehr auf die instrumentelle Seite einer ökologisch, sozial und ökonomisch möglichst optimalen Umsetzung des Ausstiegs.

43. Nach den oben formulierten Kriterien (Abschn. 1.1.4) ist das von der letzten Bundesregierung orgelegte Schwerpunktprogramm zwar durch entwickelte Nachhaltigkeitsziele und eine gewisse, wenn auch schwache gesellschaftliche Absicherung des Zielbildungsprozesses, aber durch hohe Unverbindlichkeit der operativen Konkretisierung gekennzeichnet. Die Weiterentwicklung des Konzepts hat insbesondere hier anzusetzen. Der Umweltrat ist dabei der Auffassung, dass eine vollständige Neukonzipierung des Zielbildungsprozesses aus folgenden Gründen nicht zu empfehlen ist:

– Die Strategie nachhaltiger Entwicklung sollte parteiübergreifend sein und prinzipiell nicht mit jeder veränderten Regierungskonstellation verworfen werden können. Ein Minimum an Kontinuität zum bisherigen Schritte-Prozess ist also auch dann geboten, wenn dessen Unzulänglichkeiten im Detail nicht übersehen werden können.

– Die Planerstellung mit ihren Konsensbildungsmechanismen ist in aller Regel so langwierig und aufwendig, dass sie nicht ohne zwingenden Grund abgebrochen und neu begonnen werden sollte.

– Die prozedurale Dimension des Planungsprozesses schließt Lernprozesse vom Ansatz her ein.

– Durch den späten Beginn der Entwicklung einer deutschen Nachhaltigkeitsstrategie wurde bereits – nicht zuletzt im Hinblick auf die Terminsetzung der UN-Vollversammlung bis zum Jahre 2002 – viel Zeit verloren.

1.4.3 Zur Themenstruktur des Schwerpunktprogramms

44. Der vom Umweltministerium eingeleitete „Schritte-Prozess" verzichtete auf eine wissenschaftlich begründete, umfassende Problemübersicht und einen Überblick über wichtige Themen, Ziele und Handlungschancen. Anstelle einer aktiven Rolle staatlicher Umweltinstanzen wurde ein *bottom up*-Prozess der Meinungsbildung eingeleitet, dessen Leistungsfähigkeit unter den gegebenen Umständen – fehlender Input, fehlende fachliche und organisatorische Infrastruktur des Prozesses – gering zu veranschlagen war.

Der Zufälligkeit der Arbeitsgruppen entspricht die Strukturierung der Hauptthemen des Schwerpunktprogramms. Bis auf das Thema „Umweltethik" sind die Themen der Arbeitsgruppen beibehalten worden. Sie ergeben nunmehr fünf Schwerpunkte (s. Tab. 1-4), von denen vier Problemfelder darstellen und eines, die „umweltschonende Mobilität", zielgruppenbezogen formuliert ist. Hier ist eine Unterscheidung von Problem- und Verursacherbereichen im Sinne einer Matrix-Struktur anzuraten, wie sie auch im niederländischen Umweltpolitikplan und im 5. Aktionsprogramm der EU vorgenommen wird.

Im Sinne der Agenda 21 sollen die Verursacher langfristiger Umweltprobleme an der Problemlösung beteiligt werden. Eine Nachhaltigkeitsstrategie, die wichtige Verursacherbereiche ausklammert, verzichtet auf eine gezielte Vermittlung von Innovationsimpulsen für die Wirtschaft und auf die nötige Erweiterung ihrer Handlungsbasis.

Tabelle 1-4

Ausgewählte Ziele des umweltpolitischen Schwerpunktprogramms von 1998 in den fünf nationalen Themenschwerpunkten

Schutz der Erdatmosphäre
• Senkung der CO_2-Emissionen um 25 % bis 2005 • Senkung der CO_2-Emissionen im Gebäudebereich um 25 % bis 2005 • Senkung der CO_2-Emissionen im Straßenverkehr um 5 % bis 2005 • Verdoppelung des Anteils erneuerbarer Energien an der Stromerzeugung auf 10 % und am Primärenergieverbrauch auf 4 % bis 2010, langfristig (2050) Erhöhung am Primärenergieverbrauch auf 50 %
Schutz des Naturhaushaltes
• Sicherung von 10 bis 15 % der nicht besiedelten Fläche als ökologische Vorrangflächen zum Aufbau eines Biotopverbundsystems bis 2020 • Entkopplung der Flächeninanspruchnahme für Siedlung und Verkehr vom Wirtschaftswachstum • Reduzierung der Zunahme der Siedlungs- und Verkehrsfläche auf 30 ha pro Tag bis 2020 • Trendwende bei der Gefährdung der wildlebenden heimischen Tier- und Pflanzenarten • Erhöhung des Anteils des ökologischen Landbaus von 1,9 % auf 5 bis 10 % der landwirtschaftlich genutzten Fläche bis 2010 • Verringerung des Stickstoffüberschusses in der Landwirtschaft auf 50 kg je ha und Jahr • anthropogen weitgehend unbelastetes Grundwasser • weitere drastische Reduzierung der Emissionen von Schwefeldioxid (um rund 90 %) sowie von Stickstoffoxid und Ammoniak (um jeweils knapp 60 %) bis 2010
Ressourcenschonung
• Erhöhung der Rohstoffproduktivität auf das 2,5-fache bis 2020 • Verdoppelung der Energieproduktivität bis 2020 • Erhöhung der Abfallverwertungsquote von 25 % auf 40 % bis 2010 • Verminderung der aus Siedlungsabfällen stammenden Deponierungsmengen auf 10 % bis 2005 • Verminderung der aus Sonderabfällen stammenden Deponierungsmengen auf 80 % bis 2000
Schutz der menschlichen Gesundheit
• dauerhafte Absenkung der Lärmbelastung auf Werte von 65 dB(A) oder weniger • Schutz der menschlichen Gesundheit vor hormonartig wirkenden Stoffen • Reduzierung der Emissionen von kanzerogenen Luftschadstoffen und von Ultrafeinstäuben • Reduzierung der Emissionen von Ozonvorläufersubstanzen um 70 % bis 80 % bis 2010
Umweltschonende Mobilität
• Entkopplung der Verkehrsentwicklung von der wirtschaftlichen Entwicklung • Reduzierung der CO_2-Emissionen im Straßenverkehr um 5 % bis 2005 • Reduzierung der Emissionen von Ozonvorläufersubstanzen (um 70 bis 80 % bis 2010) • Reduzierung von kanzerogenen Luftschadstoffen und Ultrafeinstäuben (u. a. Benzol und Rußpartikel um 75 % bis 2010) • Reduzierung des Durchschnittsverbrauchs von Pkw und Kombi um 25 % bis 2005 bzw. 33 % bis 2010 • Verminderung des Verkehrslärms auf Werte von 65 dB(A) oder weniger • Reduzierung der verkehrsbedingten Beeinträchtigungen des Naturhaushaltes durch Minimierung der Flächeninanspruchnahme und der Zerschneidungseffekte

Quelle: BMU, 1998b, S. XI.

Die Kombination der Umwelthandlungsziele mit einem System von Schlüsselindikatoren ist nach Auffassung des Umweltrates sinnvoll und ein wesentlicher Fortschritt. Die Entscheidung für ein Schwerpunktprogramm und nicht für eine auf Vollständigkeit bedachte, flächendeckende Zielstruktur ist legitim. Die Setzung von Prioritäten reduziert das Risiko einer Anspruchsüberforderung des politischen Systems mit einem neuen Typus des Vollzugsdefizits als Folge (REHBINDER, 1997). Die im Entwurf eines umweltpolitischen Schwerpunktprogramms herausgestellten 28 Umweltziele können im Grundsatz als prioritäre Handlungsfelder angesehen werden (zur Beurteilung im einzelnen s. Abschn. 1.4.4). Sie entsprechen – einschließlich ihrer Terminsetzung – grundsätzlich auch den anspruchsvolleren Zielstrukturen umweltpolitisch aktiver OECD-Länder.

Allerdings ist hier ein unsystematisches Nebeneinander von Umweltqualitätszielen (z. B. „anthropogen weitgehend unbelastetes Grundwasser") und Umwelthandlungszielen (z. B. „Erhöhung der Abfallverwertungsquote von 25 % auf 40 % bis 2010") zu verzeichnen. Hier ist eine Verbesserung der Systematik angeraten.

Es fehlt weitgehend die operative Konkretisierung der Umweltziele. Die Frage, wer die Umweltziele konkretisieren und umsetzen soll, wird zwar nach „Akteuren" und „Maßnahmen" systematisch angesprochen, bleibt im Sinne der Darstellung hinreichend zielführender Schritte nach Auffassung des Umweltrates jedoch sehr unbefriedigend. Sie muss daher zentrales Thema des weiteren Verfahrens sein.

Sollte im Sinne neuerer Planungsansätze an eine flexible instrumentelle Konkretisierung durch Fachressorts und dezentrale Akteure gedacht sein, so müssten diese Umsetzungsinstanzen ihre operativen Vorstellungen in den Planungsprozess verbindlich einbringen und auf entsprechende Berichtspflichten festgelegt werden. Nach Auffassung des Umweltrates spricht vieles dafür, dass auch in diesem Fall auf der Bundesebene zumindest eine flankierende Instrumentierung der Strategie nachhaltiger Entwicklung vorgenommen wird, die die Rahmenbedingungen des ziel- und ergebnisorientierten Steuerungsansatzes deutlich verbessert.

1.4.4 Zur inhaltlichen Beurteilung des Schwerpunktprogramms

45. Der Entwurf eines umweltpolitischen Schwerpunktprogramms wurde konzipiert als Ausarbeitung prioritärer Themenschwerpunkte, die den größten Handlungsbedarf auf dem Weg zu einer nachhaltigen Entwicklung aufweisen (BMU, 1998a, S. 3). Dieser Ansatz geht grundsätzlich mit den Vorstellungen des Umweltrates konform, der die Entwicklung eines „flächendeckenden" Zielkonzeptes – und dies im ersten Anlauf – für problematisch hält (SRU, 1998a, Tz. 86). Zur realistischen Konzentration auf die wichtigsten bisher ungelösten Themenfelder nachhaltiger Entwicklung gibt nicht nur die hier anzugehende kompliziertere Problemstruktur Anlass (s. SRU, 1998a, Tz. 14 ff.); vielmehr kommt der Übergang zu einem nachhaltigen Produktions- und Konsumptionsmodell einer so erheblichen gesellschaftlichen und politischen Anstrengung gleich, dass der Einstieg in diese Strategie nicht durch überhöhte Ansprüche erschwert werden sollte. Der Umweltrat betont die Bedeutung der Lernprozesse auf diesem Wege (vgl. OECD, 1995). Er beurteilt deshalb nicht die Vollständigkeit des Schwerpunktprogramms, gibt aber Hinweise auf bestehende inhaltliche Schwachstellen und offene Fragen.

Die Ziele des Themenschwerpunkts *Schutz des Naturhaushalts* werden ausführlicher in den Abschnitten 2.4.1 bzw. 2.4.2 und 2.4.3 behandelt. Der Themenschwerpunkt *Schutz der menschlichen Gesundheit* erfährt eine ausführliche Beurteilung im Sondergutachten *Umwelt und Gesundheit* (SRU, 1999) sowie darüber hinaus in Abschnitt 2.4.6.

Themenschwerpunkt „Schutz der Erdatmosphäre"

46. Im Themenschwerpunkt *Schutz der Erdatmosphäre* ist die Umsetzung des nationalen CO_2-Reduktionsziels von 25 % bis 2005 (gegenüber 1990) für einzelne Sektoren spezifiziert worden, was grundsätzlich die Kausalzusammenhänge verdeutlicht (und eine Bedingung von Zielgruppenpolitik ist). Für die einzelnen Bereiche werden Reduktionsziele für CO_2-Emissionen formuliert: im Gebäudebereich -25 % (absolut), im Straßenverkehr -5 % (absolut) sowie in der Industrie -20 % (spezifisch; jeweils für denselben Zeitraum wie das nationale Gesamtreduktionsziel). Hingegen wurde für den Kraftwerkssektor, den Sektor mit dem größten Anteil an CO_2-Emissionen in Deutschland, kein Ziel definiert.

Zunächst fällt auf, dass angesichts der für die einzelnen Bereiche genannten Reduktionsziele das nationale Reduktionsziel nicht erreicht werden kann, es sei denn, man erwartet im Kraftwerkssektor weit über das nationale Reduktionsziel hinausgehende Minderungsbeiträge. Des weiteren sollte sich die Verteilung des Minderungssolls primär nach Effizienzgesichtspunkten, das heißt nach den jeweiligen Vermeidungskosten richten. Da diese jedoch nicht nur zwischen den Sektoren, sondern auch innerhalb der Sektoren sehr unterschiedlich und im Zweifel nur den jeweiligen Akteuren bekannt sind, kann man eine gesamtwirtschaftlich kostenminimierende Verteilung des Minderungssolls praktisch nur so bewirken, dass man alle Emittenten einem für alle gleichen Preis je emittierter Mengeneinheit unterwirft (entweder über eine Emissionsabgabe oder über ein System handelbarer Emissionsrechte). Die Emittenten können dann vor dem Hintergrund ihrer jeweiligen Vermeidungskosten selber entscheiden, in welchem Umfang sie vermeiden, ohne dass das jeweilige nationale Reduktionsziel gefährdet wäre (jedenfalls wenn die

Abgabenhöhe richtig gewählt ist). Eine solche „reine" Lösung stößt jedoch auf politische Hemmnisse: Zum einen muss sie bei einem nationalen Alleingang in einer international verflochtenen Weltwirtschaft durch Ausnahmetatbestände außenwirtschaftlich abgesichert werden. Zum anderen werden sozialpolitische Einwendungen gegen eine solche Politik der pretialen Lenkung geltend gemacht und entsprechende Ausnahmetatbestände gefordert. In beiden Fällen wird die Effizenz der Emissionsminderungspolitik vermindert. Dem kann durch komplementäre Strategien einer breiter angelegten Konsensbildung im Hinblick auf Minderungsziele und damit verbundene Belastungen, durch Selbstverpflichtung von Emittentengruppen und durch Förderung emissionssparender Techniken und Konsumstile entgegengewirkt werden. Solche Strategien sind umso notwendiger, je mehr die Politik glaubt, auf die beschriebenen pretialen Anreize zur Emissionsvermeidung aus übergeordneten politischen Erwägungen verzichten zu müssen.

Themenschwerpunkt „Ressourcenschonung"

47. Überarbeitungsbedarf bei den Zielvorgaben ergibt sich nach Auffassung des Umweltrates auch beim Kapitel Ressourcenschonung. Zunächst ist der allgemeingültige Begriff „Ressourcen" zum klareren Verständnis in natürliche Ressourcen (Umweltmedien wie Wasser, Boden, Luft) und Rohstoffe (erneuerbare und nicht erneuerbare) zu unterteilen. Mit dem Ziel einer „substanziellen Verminderung des Ressourcenverbrauchs" und einer entsprechenden „Erhöhung der Materialproduktivität" befindet sich das Schwerpunktprogramm zwar grundsätzlich im Einklang mit vielen Institutionen (s. OECD, 1998b; UNGASS, 1998) und einer ganzen Reihe von nationalen Nachhaltigkeitsstrategien (Österreich, Schweden, Finnland, Luxemburg; siehe auch SRU, 1994, Tz. 136 ff. u. Tz. 174). Jedoch muss stärker zwischen Umweltbelastungen durch Ressourcenverbrauch und der Verfügbarkeit von Rohstoffen für künftige Generationen unterschieden werden. Es ist unbestreitbar, dass Materialumwandlungen – auch bei nichttoxischen Stoffen – auf allen Produktionsstufen mit hohen Umweltverbräuchen verbunden sind (Abbauschäden, Transporte, Lagerungen, Abfälle, Emissionen und diffuse Stoffausträge). Für die Reduzierung dieser Umweltbelastungen ist nach Auffassung des Umweltrates grundsätzlich eine wirkungsbezogene Strategie zu bevorzugen, die bei den einzelnen Umweltproblemen und nicht – nutzungsbezogen – beim Stoffstrom ansetzt (Stoffstrommanagement und integrierte Produktpolitik). Eine wirkungsbezogene Strategie ist geeignet, Prioritäten je nach der Dringlichkeit des Umweltproblems ausreichend zu berücksichtigen und die Maßnahmen auf die Stoffströme zu konzentrieren, bei denen jeweils die größten Umweltentlastungen mit den geringsten Kosten erreicht werden können. Ihr Nachteil kann allerdings darin gesehen werden, dass es nicht leicht ist, einen geschlossenen ökologischen Rahmen für alle Stoffströme zu setzen. Eine nutzungsbezogene Strategie, die den einzelnen Stoffstrom erfasst und auf Reduzierung des Stoffumlaufs abzielt, vermag eine ganze Reihe der mit Materialumwandlungen verbundenen Umweltbelastungen zu mindern; dies geht jedoch notwendigerweise auf Kosten der Zielgenauigkeit und ist mit Effizienzverlusten verbunden. Sie kommt nach Auffassung des Umweltrats daher nur als zweitbeste Lösung in Betracht, um Lücken des wirkungsbezogenen Vorgehens zu schließen. Insbesondere vermag eine allgemeine Leitlinie zur Reduzierung des Rohstoffverbrauchs, die von den einzelnen Wirtschaftssubjekten nach Maßgabe individueller Effizienzüberlegungen umgesetzt werden kann, zur pauschalen Minderung von Umweltbelastungen beizutragen, die mit Rohstoffverbräuchen verbunden sind. Wenn hierdurch Anstöße erfolgen, um langfristig das materialintensive Industrieländermodell, das global nicht verallgemeinerungsfähig ist, durch Effizienzbesserungen zu verändern, so liegen darin zugleich auch Chancen im globalen Qualitätswettbewerb.

Genauer zu prüfen ist nach Auffassung des Umweltrats die durch den Grundsatz der dauerhaft umweltgerechten Entwicklung vorgegebene Zielsetzung, den Verbrauch von Rohstoffen, insbesondere nicht erneuerbaren Rohstoffen, zu reduzieren, um deren Verfügbarkeit für künftige Generationen sicherzustellen. Hierbei handelt es sich zunächst einmal nicht um ein Umweltproblem im engeren Sinne, sondern um ein ressourcenökonomisches Problem. Aus ökonomischer Sicht liegt es nahe, grundsätzlich auf eine Lösung der hier auftretenden intergenerationellen Allokations- und Verteilungsprobleme durch den Marktmechanismus zu setzen. Dies gilt insbesondere auch für die Entwicklung von Zukunftstechnologien, die geeignet sind, unter Substitution der betreffenden Rohstoffe die gleiche Dienstleistung für künftige Generationen zu erbringen. Allerdings lässt sich die Möglichkeit nicht von der Hand weisen, dass Marktunvollkommenheiten die Funktionsfähigkeit der Rohstoff- und Innovationsmärkte negativ beeinflussen können. Auch das Ziel intergenerationeller Gerechtigkeit lässt sich nicht automatisch über den Markt erreichen. Die hier auftretenden Probleme bei Gewinnung und Verbrauch von Energierohstoffen sind in diesem Gutachten eingehend dargestellt (Kap. 3.2). Im Hinblick auf diese Unsicherheiten erscheint es zunächst plausibel, im Sinne einer Ressourcenvorsorge eine Reduzierung der Materialverbräuche anzustreben.

Die Problematik einer ressourcenökonomischen Strategie der Rohstoffeinsparung liegt aber in der internationalen Verflechtung der Märkte. Einsparungen durch die Industrieländer können durch entsprechende Preiseffekte zu erhöhter Nachfrage der Schwellen- und Entwicklungsländer führen, so dass der Rohstoffverbrauch nur verlagert, gegebenenfalls sogar erhöht werden könnte (vgl. Kap. 3.2). Deshalb sind hier globale Lösungen unabdingbar. Nationale Strategien der Rohstoffeinsparung können allerdings wegen ihrer Vorbildwirkung temporär sinnvoll sein, um internationale Konsense vorzubereiten.

Der Umweltrat stellt grundsätzlich die wirkungsbezogenen Umweltaspekte des Ressourcenverbrauchs und in diesem Rahmen eine gezielte Steuerung in den Vordergrund. Strenge Umwelt- und Naturschutzauflagen bei der Rohstoffgewinnung können, beispielsweise über die induzierten Kosten, auch einen Lenkungseffekt auf die Materialverwendung haben. Sie lassen sich nach Meinung des Umweltrates auch besser legitimieren als generelle, undifferenzierte Maßnahmen der Stoffminimierung. Das macht die Leitlinie der Ressourcenschonung bei den Massenstoffen aus Gründen der Ressourcenvorsorge und der Verteilungsgerechtigkeit zwischen den Generationen aber keineswegs überflüssig. Diese Leitlinie ist – abgesehen vom Wirkungsbezug der Materialnutzung – weiter zu differenzieren nach Kriterien der Knappheit, Erneuerbarkeit und Rezyklierbarkeit (insbesondere Metalle).

Weitere Themenschwerpunkte

48. Der Themenschwerpunkt *Umweltschonende Mobilität* überschneidet sich, betrachtet man die Umweltauswirkungen im einzelnen (Emissionen, Lärm, Naturzerschneidung; vgl. BMU, 1998a, S. 107), mit den anderen Themenschwerpunkten. Die Ursache hierfür liegt darin, dass er ebenfalls wie der Schwerpunkt *Ressourcenschonung* nutzungsbezogen definiert ist. Daher sind die hier definierten Ziele (Reduzierung der Emissionen von CO_2 und Ozon-Vorläufersubstanzen, Lärmschutz, Naturschutz; vgl. BMU, 1998a, S. 108) bereits in den wirkungsbezogenen Themenschwerpunkten enthalten. Der Verkehr sollte offenbar als ein bedeutender Verursacherbereich zahlreicher Umweltbelastungen nur nochmals explizit in den Vordergrund gestellt werden. Ohne die Notwendigkeit des besonderen Handlungsbedarfs im Verkehrsbereich bestreiten zu wollen (vgl. zu Handlungsempfehlungen im Verkehr ausführlich SRU, 1994, Kap. 3.1), weist der Umweltrat darauf hin, dass die einzelnen Maßnahmen dieses Schwerpunktes besser in die Themenschwerpunkte *Schutz der Erdatmosphäre, Schutz des Naturhaushalts* und *Schutz der menschlichen Gesundheit* integriert werden sollten. Nach Meinung des Umweltrates sind detaillierte Akteursanalysen der Verursacherbereiche als Entscheidungsvorbereitungshilfe in der Tat unentbehrlich, um die Reichweite sektorspezifischer Potentiale zur Erreichung konkreter Handlungsziele im Vorfeld der Entscheidung abzutasten; jedoch sollten in der Darstellung die Verursacherbereiche von den wirkungsbezogenen Themenbereichen getrennt und im Sinne einer Matrix-Struktur systematisch auf diese bezogen werden (Tz. 44). Dabei müssten auch die anderen, nicht unbedingt minder bedeutenden Akteursgruppen (Industrie, Bergbau, Energiewirtschaft, Landwirtschaft, Bausektor, Handel/Verbrauch, Tourismus) einbezogen werden.

Die im Schwerpunktprogramm weitgehend gelungene Quantifizierung zudem recht anspruchsvoller Ziele in allen Themenschwerpunkten kann nicht die notwendige Formulierung möglichst wirkungsbezogener Maßnahmen ersetzen. Hier liegt die wesentlichste Schwäche des Schwerpunktprogramms in der operativen Konkretisierung.

49. Am deutlichsten wird dieses Defizit beim Themenschwerpunkt *Schutz des Naturhaushalts*, bei dem zur Umsetzung des Handlungsziels „Sicherung von 10 bis 15 Prozent der nicht besiedelten Fläche des Jahres 1998 als ökologische Vorrangflächen zum Aufbau eines Biotopverbundsystems bis 2020" als Maßnahmen nur solche Aktivitäten des Bundes und der Länder aufgelistet sind, die objektiv in die Kategorie von Entscheidungsvorbereitungshilfen einzuordnen sind. Im einzelnen werden z. B. genannt: Identifizierung der Kerngebiete des angestrebten Biotopverbundsystems, Erfassung der Änderung des Naturzustands durch eine ökologische Flächenstichprobe, Entwicklung von Kriterien für die Anerkennung naturverträglich genutzter Flächen im Bundeslandschaftskonzept (vgl. BMU, 1998a, S. 54 f.; vgl. ausführlich Abschn. 2.4.1).

Der Themenbereich *Gewässerschutz* fehlt im Schwerpunktprogramm. Dies ist nicht zuletzt im Bereich des Grundwasserschutzes wegen der dort bestehenden Problemlagen ein deutliches Defizit (Abschn. 2.4.3; SRU, 1998b).

1.5 Empfehlungen zu Struktur und Prozess einer deutschen Nachhaltigkeitsstrategie

50. Grundsätzlich versteht der Umweltrat den Ansatz der kooperativen Umweltpolitikplanung im Sinne der Agenda 21 als ein Modell politikbezogenen Lernens (*policy learning*) in bezug auf Probleme, Ziele und Mittel des langfristigen Umweltschutzes auf breiter Basis. Die anstehenden deutschen Entwürfe einer Strategie nachhaltiger Entwicklung sollten die hierzu vorliegenden neueren internationalen Erfahrungen berücksichtigen. In diesem Zusammenhang unterstreicht der Umweltrat im Grundsatz die Bedeutung der Reformtendenz hin zu einer Ziel- und Ergebnissteuerung in der Umweltpolitik und verweist hierzu auf sein Gutachten 1998 (SRU, 1998a).

1.5.1 Zentrale Aspekte einer deutschen Nachhaltigkeitsstrategie

1.5.1.1 Problem- und zielorientierte Strategie

51. Die derzeitige Bundesregierung beginnt den Prozess der Formulierung einer nationalen Strategie nachhaltiger Entwicklung in einer Situation, die durch einen zwar hohen, aber im Vergleich zu Beginn der neunziger Jahre deutlich verringerten Stellenwert der Umweltfrage im öffentlichen Bewusstsein gekennzeichnet ist (BMU, 1998c). Die Gründe hierfür sind vielfältig und haben u. a. mit Entwarnungseffekten einer Umweltpolitik zu tun, die bei Problemen mit hohem Aufmerksamkeitswert (Beispiel Smog) Erfolge erzielt hat, während die weniger „sichtbaren" Umweltprobleme, insbesondere die langfristig wirksamen, häufig ungelöst blieben (vgl. JÄNICKE et al., 1999; BÖHRET, 1990). Sie beruhen aber nach Auffassung des Umweltrates auch auf einer Verschiebung der Gewichte in der Umweltdiskussion: Wurden in den achtziger Jahren überwiegend die Probleme thematisiert, so werden derzeit vor allem Problemlösungen zur Sprache gebracht, nicht zuletzt, weil die Problemdiskussion als abgeschlossen betrachtet wird. In der öffentlichen Wahrnehmung werden hierbei häufig Antworten auf Fragen gegeben, die inzwischen vielfach aus dem öffentlichen Bewusstsein verschwunden oder – wie im Falle der jüngeren Generation – durch fehlende aktuelle Problemlagen (Beispiel Tschernobyl) gar nicht entstanden sind. Eine problementrückte Selbstdarstellung der Umweltpolitik ist denkbar ungeeignet, öffentlichen Rückhalt für eine zusätzliche gesellschaftliche Anstrengung im Sinne der Strategie nachhaltiger Entwicklung zu schaffen.

52. Der Umweltrat hat immer wieder betont, dass die Zielbildung einer anspruchsvollen Nachhaltigkeitsstrategie auf einer umfassenden Problemdiagnose und -darstellung basieren muss (vgl. SRU, 1998a, Kap. 1). Ohne eine entsprechende Vorgabe für den Zielbildungsprozess für eine nachhaltige Entwicklung entbehrt die Umweltpolitik einer Basis im öffentlichen Bewusstsein, auf die dieser anspruchsvolle Prozess angewiesen ist. In der modernen Politikanalyse wird Politik vorwiegend als Problemlösungsprozess verstanden (HOWLETT und RAMESH, 1995). Gerade die Umweltpolitik legt einen solch problemorientierten Ansatz nahe. Besonders gilt dies aber für den Typus der „schleichenden" langfristigen Umweltprobleme, deren Sichtbarkeit gering ist und deren frühzeitige öffentliche Thematisierung daher wenig wahrscheinlich ist: Hier ist eine systematische wissenschaftliche Problemdarstellung als Ausgangspunkt der politischen Willensbildung von wesentlicher Bedeutung (SRU, 1998a, Tz. 14 ff.; JÄNICKE und WEIDNER, 1997).

Die weitestgehenden Ansätze nationaler Umweltplanung werden diesem Anspruch dadurch gerecht, dass sie detaillierte wissenschaftlich begründete Trendprognosen über die Entwicklung der Umweltqualität unter der Bedingung einer Beibehaltung der bisherigen Politik zur Grundlage ihrer Entscheidungen machen. Hervorzuheben ist wiederum das Beispiel der Niederlande, wo der Erstellung des ersten nationalen Umweltpolitikplans die Analyse zweier Politikszenarien durch das nationale Umweltamt RIVM („Zorgen voor Morgen", 1988, vgl. Ministry of Housing, Spatial Planning and the Environment Netherlands, 1998) voranging. Im Ergebnis zeigte sich, dass weder die Fortführung der bisherigen Politik noch eine konsequente Anwendung aller existierenden *end of pipe*-Technologien in der Lage gewesen wären, eine Verschlechterung der Umweltqualität zu verhindern. Dieses (von den staatlichen Akteuren nicht erwartete) Ergebnis bildete den entscheidenden Input für den niederländischen Planungsprozess und seine öffentliche Akzeptanz (WEALE, 1992, S. 125–136). Einen prononciert problemorientierten Ansatz praktiziert auch die Europäische Umweltagentur in ihrer neueren Berichterstattung (EUA, 1999). Das vom Umweltbundesamt 1997 vorgelegte Konzept „Nachhaltiges Deutschland" (UBA, 1997) verfolgt zumindest in den Kapiteln Energienutzung, Mobilität und Nahrungsmittelproduktion einen derartigen Ansatz. Sein geringer Rückhalt in der damaligen Bundesregierung stand einer Breitenwirkung und einer systematischen Berücksichtigung im Schritte-Prozess entgegen. Im Falle einer Überarbeitung und Weiterentwicklung dieser Darstellung wäre eine systematische Herausarbeitung der zentralen Problemfelder anzuraten. In dieser Form könnte sie nach Auffassung des Umweltrates als erster Input für den Prozess der Strategiebildung geeignet sein. Dem Planungsprozess sollte in jedem Fall eine Problemprognose nach dem Muster „was geschieht, wenn nichts mehr geschieht" vorangestellt werden.

53. Problemdarstellung und Zielsystem sollten geeignet sein, als Orientierungsrahmen auch für dezentrale Aktivitäten (lokale, regionale Agenda 21, freiwillige Vereinbarungen) zu dienen. Die regionalen Belastungsschwerpunkte sollten erkennbar und die Beiträge der wichtigsten Verursachersektoren an den dargestellten zentralen Problemfeldern in einer Matrixstruktur (s. Tz. 44) verdeutlicht werden. Dabei ist das Umwelt-Barometer mit seinen Schlüsselindikatoren als eine Möglichkeit der Problemdarstellung gut geeignet.

54. Die Handlungsziele sollten aus vorgängig verabschiedeten Umweltqualitätszielen abgeleitet werden. Umweltqualitätsziele geben den erwünschten Zustand der Umwelt, bezogen auf ein Schutzobjekt, an. Sie sind zugleich eine Hilfe bei der Strukturierung der zu behandelnden Themen. Umwelthandlungsziele bezeichnen Schritte, die notwendig sind, um den jeweils angestrebten Umweltzustand zu erreichen (SRU, 1998a, S. 65). Sie sollten soweit wie möglich quantitativ formuliert und mit Fristen versehen werden. Sektorale Umsetzungszuständigkeiten sollten klar definiert werden. Die Umsetzungsinstanzen sollten einer genau festgelegten Berichtspflicht unterliegen.

55. Ein Übergang zu einem zielorientierten Ansatz im Sinne neuerer Konzepte des Public Management ist der deutschen Umweltpolitik zwar generell auf allen Ebenen zu empfehlen. Nach Meinung des Umweltrates sollte die formelle Strategie nachhaltiger Entwicklung aber kein flächendeckendes Zielsystem anstreben, sondern klare Prioritäten setzen. Gerade weil eine Strategie nachhaltiger Entwicklung vorrangig die bisher ungelösten, also schwierigeren Probleme der Umweltpolitik betrifft, kommt es auf eine realistische Fokussierung der

Aufgabenstellung an. Eine Überschätzung der Strategiefähigkeit der deutschen Politik kann der Sache schaden.

56. Insgesamt sollte – auch um weitere Zeitverzögerungen zu vermeiden – an den „Schritte-Prozess" der bisherigen Bundesregierung angeknüpft und die hier angelegte Möglichkeit der Entwicklung einer parteiübergreifenden Nachhaltigkeitsstrategie ausgelotet werden. Als wissenschaftlicher Input in den Zielbildungsprozess wäre die – gründlich zu überarbeitende – Studie „Nachhaltiges Deutschland" des Umweltbundesamtes geeignet (UBA, 1997). Der vorgelegte Entwurf eines umweltpolitischen Schwerpunktprogramms des BMU muss vor allem in seinem operativen Teil verbindlicher formuliert werden (BMU, 1998a). Die Verursacherbereiche sollten zudem nicht auf den Verkehrssektor beschränkt werden (ausführlich s. Tz. 48).

1.5.1.2 Institutionelle Struktur

57. Nach Auffassung des Umweltrates sollte die Planungsprozedur institutionell verankert und verbindlich gemacht werden. Eine Möglichkeit hierzu ist die gesetzliche Verankerung, wie sie in einer Reihe von OECD-Ländern besteht (Niederlande, Schweden, Portugal, Japan, Neuseeland, Südkorea). Eine andere ist die formelle Beauftragung mit inhaltlichen und prozeduralen Vorgaben durch Parlament und/oder Regierung. In jedem Fall bedarf der Planungsprozess im Hinblick auf den hohen Schwierigkeitsgrad seiner Aufgabenstellung und die erforderliche gesellschaftliche Anstrengung einer hochrangigen institutionellen Verankerung. Der Planungsauftrag sollte eine klare Festlegung der Regierung und – soweit im Einzelfall erforderlich – die Zuweisung sektoraler Verantwortlichkeiten innerhalb der Exekutive einschließen. In diesem Zusammenhang begrüßt es der Umweltrat, dass der Bundeskanzler nach derzeitiger Planung die formelle Federführung des Strategiebildungsprozesses übernehmen will.

Wie in anderen OECD-Ländern sollte das inhaltliche Management des Planungsprozesses beim Umweltministerium liegen. Die Nachhaltigkeitsstrategie sollte jedoch in enger Zusammenarbeit mit weiteren Ministerien erstellt werden. Die förmliche Beauftragung kann die maßgeblichen Ministerien bestimmen.

58. Neue Institutionen sind – wie sich an Vorreiterländern dieses Prozesses zeigt (z. B. Niederlande, Dänemark, Schweden, Südkorea) – kein zwingendes Erfordernis des Planungsprozesses für nachhaltige Entwicklung. Allerdings dienen für diesen Prozess gebildete, pluralistisch zusammengesetzte Gremien (z. B. als *Council for Sustainable Development*) in vielen Ländern als Organe der Konsensbildung, Vorabklärung, Abstimmung und Evaluation. Der Umweltrat geht davon aus, dass der Beschluss des Bundestages zügig umgesetzt wird, der die Bildung eines pluralistisch zusammengesetzten *Rates für Nachhaltige Entwicklung* vorsieht.

Der Umweltrat empfiehlt, diesen Rat für Nachhaltige Entwicklung auf die Kernfunktionen der Vorklärung und Konsensbildung zu konzentrieren. Das Gremium sollte weder ein Entscheidungsorgan noch eine zusätzliche Beratungseinrichtung sein. Einer anspruchsvollen Strategie nachhaltiger Entwicklung wäre es abträglich, wenn die zuständigen Instanzen der Exekutive zugunsten schwächerer Gremien entmachtet oder letztlich aus ihrer Verantwortung entlassen würden. Eine zu große Vielfalt zuständiger Institutionen ist der Strategiebildung für nachhaltige Entwicklung nach Meinung des Umweltrates ebenfalls abträglich.

Zugleich empfiehlt der Umweltrat eine klare Trennung der insbesondere vom Umweltbundesamt zu koordinierenden wissenschaftlichen Vorleistungen und der politischen Konsensbildung. Während im vorgeschlagenen Rat für Nachhaltige Entwicklung die Eigenlogik politischer Abstimmungs- und Kompromissprozesse im Vordergrund steht, sollte die wissenschaftliche Problemdiagnose und Zielbildung der Eigenlogik des Wissenschaftssystems folgen. Eine Vermischung beider Funktionen, wie sie den bisherigen Schritte-Prozess kennzeichnete, sollte mithin vermieden werden. Nur so kann Wissenschaft nach Meinung des Umweltrates sachgerechte Analysen und hinreichend anspruchsvolle Konzepte anbieten, bevor diese im politischen Prozess notgedrungen relativiert werden. Eine klare Trennung beider Funktionen lässt den Vergleich der wissenschaftlichen Ausgangsanalyse mit dem erzielten Konsens zu und kann somit auch im politischen Abstimmungsprozess anspruchsvollere Lösungen begünstigen.

59. Anders als der Bedarf an zusätzlichen Institutionen wird vom Umweltrat die Schaffung einer ausreichenden wissenschaftlichen und organisatorischen Infrastruktur des Planungsprozesses als dringlich angesehen. Es geht um hochwertigen Wissens-Input und um das professionelle Management eines sektorübergreifenden, integrativen Zielbildungsprozesses. Im Kern wird es darum gehen, desinteressierte oder gar widerständige Akteure in einer Weise mit Problemlagen und Handlungschancen zu konfrontieren, die einen Konsens für anspruchsvolle Ziele fördert. Zu empfehlen ist, eine *Task Force* aus Beamten verschiedener Ministerien, die unter einem ernannten Projektmanager den organisatorischen Ablauf – unter Hinzuziehung externen Sachverstandes – professionell organisiert.

1.5.1.3 Veränderung der Rahmenbedingungen

60. Eine ziel- und ergebnisorientierte Nachhaltigkeitsstrategie sollte zugleich durch eine Verbesserung der Rahmenbedingungen des Umweltschutzes unterstützt werden. Hierbei geht es einerseits um nicht unmittelbar zielbezogene umweltpolitische Maßnahmen wie Öko-Audit, Umwelthaftung, Verbandsklage etc. Andererseits geht es um die Beiträge spezieller anderer Fachpolitiken. In besonderem Maße gilt dies für die Finanz-,

Wirtschafts- und Forschungspolitik. Dies soll im folgenden kurz verdeutlicht werden.

61. Der Beitrag der *Finanzpolitik* ist in diesem Zusammenhang – auch vom Umweltrat – oft unterstrichen worden (vgl. SRU, 1996, Kap. 5). Hier kann es sowohl um unmittelbar zielorientierte Abgaben (etwa auf Düngemittel) als auch um die Beeinflussung der allgemeinen Rahmenbedingungen für eine Vielzahl von Aktivitäten (wie im Falle der Energiebesteuerung) gehen. Die Bedeutung der Finanzpolitik für die Umweltpolitik wird in allen Nachhaltigkeitskonzepten hervorgehoben. Eine entsprechende Fortführung der ökologischen Finanzreform hat somit einen hohen Stellenwert (Kap. 2.2). Hier ist die Integration von Umweltkriterien in die Finanzplanung und Finanzberichterstattung (*green budgeting*) nach Auffassung des Umweltrates zu empfehlen.

62. Der Beitrag der *Forschungspolitik* wird in Ländern mit einer entwickelten Nachhaltigkeitsstrategie in aller Regel ähnlich betont wie derjenige der Finanzpolitik. Dahinter steckt zumeist das grundlegende Ziel, den Innovationsprozess der Wirtschaft in den Dienst nachhaltiger Entwicklung zu stellen und zugleich Wettbewerbsvorteile in Technikbereichen anzustreben, die unter hohem ökologischen Problemdruck stehen, eine stärkere Umweltausrichtung also erwarten lassen. Der Umweltrat empfiehlt hier, die Forschungsförderung an den Handlungszielen der Nachhaltigkeitsstrategie zu orientieren. Dabei wird es – im Gegensatz zur herkömmlichen Förderpraxis – darauf ankommen, dass die Politik Probleme und Ziele verdeutlicht, die Innovationsleistung aber den Antragstellern zuweist. Voraussetzung hierfür ist ein entsprechend offenes, wettbewerbsorientiertes Ausschreibungsverfahren, bei dem die staatliche Seite darauf verzichtet, den Innovationsprozess mit ihren Maßnahmen zu antizipieren. Gegenteilige Versuche haben in der Vergangenheit immer wieder dazu geführt, dass sich die Forschungsverwaltungen an den Innovationen von gestern orientierten und allenfalls inkrementale Verbesserungen oder nur die Diffusion bereits vorhandener Neuerungen begünstigten. Für die Innovationsförderung im Sinne der Nachhaltigkeit ist im übrigen die nationale Umweltplanung insoweit bereits als solche von Bedeutung, als ihre Zielvorgaben das ökonomische Risiko für Umwelt-Innovateure dadurch verringern, dass die entsprechenden Investitionsbedingungen besser kalkulierbar werden und der breite Diskurs über Nachhaltigkeitsziele zugleich das Entstehen von Innovationsnetzwerken begünstigt.

63. Die Unterstützungsfunktion der *Wirtschaftspolitik* für eine Strategie ökologisch nachhaltiger Entwicklung ist – oft unter Wettbewerbs- und Arbeitsmarktgesichtspunkten und in enger Anlehnung an die F&E-Politik – in einigen OECD-Ländern relativ weit entwickelt worden. Ökologische Investitionsprogramme (*green investment*) haben hierbei einen besonderen Stellenwert und sollten nach Auffassung des Umweltrates auch im Zusammenhang mit der deutschen Nachhaltigkeitsstrategie entwickelt werden.

Empfohlen wird insbesondere die Förderung innovativer Mustervorhaben im Rahmen der Planschwerpunkte. Das wettbewerbsorientierte Ausschreibungsverfahren sollte wiederum Probleme und Ziele benennen und die Problemlösung dem Antragsteller überlassen. Das Ausschreibungsverfahren sollte entsprechend offen für thematische Innovationen der Antragsteller sein.

Der Umweltrat schlägt insbesondere Investitionsanreize für lokale Musterlösungen im Rahmen von Agenda 21-Prozessen vor, die diesen zugleich eine reale wirtschaftliche Bedeutung verleihen und ökologisch wie ökonomisch relevante Demonstrationseffekte erzeugen. Gemeint sind Anträge für kommunale Nachhaltigkeitskonzepte, die in mehreren Bereichen wie Naturschutz, Bodenschutz, Abfall, Energie, Transport, Bauen oder Ernährung konsensual konzipierte Investitionsvorhaben betreffen. Gefördert werden sollten Musterlösungen mit Diffusionswirkung, die Nachahmungseffekte im interkommunalen Wettbewerb anzuregen vermögen. Sie sollten im offenen Wettbewerbsverfahren exemplarisch, aber großzügig gefördert werden. Das Ausmaß eigener Anstrengungen der Kommune sollte dabei ein Förderkriterium sein. Die Förderung sollte auch die Suche nach wirtschaftlicheren und besser praktikablen Problemlösungen stimulieren.

Daneben empfiehlt der Umweltrat Innovationsanreize und Förderprogramme auch für breiter angelegte Problemlösungen, etwa für Flächenrecycling oder für veränderte Verkehrswegeführung zur Aufhebung von Zerschneidungseffekten (Biotopverbundsysteme). Bereits bestehende Fördermaßnahmen etwa für Technologien und Produkte mit höherer Umwelteffizienz könnten ebenfalls im Sinne der Nachhaltigkeitsstrategie akzentuiert werden.

1.5.1.4 Verbesserung der Datenlage

64. Von besonderer Bedeutung für das Erreichen der Umwelthandlungsziele sind das „Monitoring" und die Überprüfung der Umsetzung der Maßnahmen nach einem festzulegenden Zeitintervall. Eine hierauf ausgerichtete Umweltbeobachtung muss

– allgemeine Daten zur Umweltqualität,

– speziell auf die Erreichung der Umweltziele ausgerichtete Daten und

– maßnahmeorientierte Daten

bereitstellen. Sie ginge damit sowohl über die zur Zeit praktizierte, meist medienbezogene Umweltbeobachtung als auch über die vom Umweltrat mehrfach geforderte allgemeine ökologische Umweltbeobachtung (Tz. 437 f.; SRU, 1991) hinaus. Bei der Bewertung der in der Regel sehr komplexen Umwelthandlungsziele fehlt es vielfach an der Vorgabe eines Verfahrensweges für den Nachweis, ob die Ziele überhaupt erreicht werden. Einerseits gibt es kein ausreichendes Datenmaterial über die jeweiligen Umweltzustände – insbesondere auch vor der Festlegung von Zielen; andererseits bereiten die kontinuierlichen Datenerhebungen und insbesondere die zur Bewertung erforderlichen Aggregationen Schwierigkeiten (vgl. z. B. Tz. 478 ff.). Auf umweltpolitische Maßnahmen bezogene Daten existieren oftmals nicht flächendeckend oder werden nicht kontinuierlich fortgeschrieben. Diese Lücken müssten im Rahmen einer regelmäßigen Umweltberichterstattung über die Zielerreichung (SRU, 1998a, Tz. 223 ff.) durch die oben benannten Handlungsträger vordringlich geschlossen werden. Die Erarbeitung und möglichst einvernehmliche Festlegung eines *Umweltindikatorensystems* ist, gerade auch für die Darstellung komplexer Sachverhalte, wesentliche Voraussetzung einer ziel- und ergebnisorientierten Umweltstrategie.

1.5.2 Zum Verfahren einer deutschen Strategie nachhaltiger Entwicklung

65. Bereits im Umweltgutachten 1998 wurde ein Verfahrensschema zur Formulierung und Festlegung von Umwelthandlungszielen, abgeleitet aus Umweltqualitätszielen, entwickelt (WIGGERING und SANDHÖVEL, 2000; SRU, 1998a, Tz. 234 ff.). Dieses Verfahrensschema der Zielbildung betrifft die Ableitung von konkreten Umwelthandlungszielen aus allgemeineren Umweltqualitätszielen. Es durchläuft bei den Handlungszielen in Teilschritten drei wesentliche Phasen: (1) die Phase der wissenschaftlichen Vorbereitung, (2) die politische Diskussions- und Entscheidungsphase und (3) die Umsetzungs- und Überprüfungsphase.

Die Planung und Umsetzung einer Strategie dauerhaft umweltgerechter Entwicklung geht allerdings über die eigentliche Zielbildung hinaus und erfordert entsprechende Ergänzungen. Dies betrifft insbesondere die Einführung eines Mechanismus der formellen Beauftragung von Fachbehörden zur Umsetzung der Umweltqualitätsziele, wie er insbesondere in Schweden aber auch in anderen skandinavischen Ländern bereits praktiziert wird. Dabei werden die jeweils maßgeblichen Fachressorts mit der Konkretisierung und Umsetzung einzelner Umweltziele beauftragt. Neben dem Umweltministerium sollten dies vor allem die Bundesministerien für Wirtschaft, Landwirtschaft, Bauen und Verkehr sein. Ihre Aufgabe ist es, unter Rückkopplung mit ihrer jeweiligen Klientel bei der Entwicklung konkreter ressortbezogener Umwelthandlungsziele beratend mitzuwirken. Im weiteren Verfahren schlagen sie eigenständige Strategien, Maßnahmen und Instrumente für die Umsetzung der in ihre Verantwortung fallenden Handlungsziele vor. Die förmliche Zuweisung der definierten sektorspezifischen Verantwortlichkeiten sollte nach Kabinettsabstimmung durch den Bundestag erfolgen, der damit zugleich die Umweltqualitätsziele bestätigt. Auf diese Weise können sowohl die Verursachernähe als auch das problemspezifische Wissen verschiedener Ressorts für die Formulierung von Umweltzielen und für deren Umsetzung genutzt werden.

Die neben der Zuweisung sektorspezifischer Umsetzungsverantwortlichkeiten wichtigsten Verfahrensschritte bei der Erstellung einer deutschen Nachhaltigkeitsstrategie werden nachfolgend knapp skizziert.

66. **Formeller Auftakt:** Am Anfang des Verfahrens steht sinnvollerweise die formelle Beschlussfassung durch das Parlament, wie sie nunmehr mit dem entsprechenden Bundestagsbeschluss vom Januar 2000 vorliegt (BT-Drs. 14/1470). Inhaltlich könnte der Start des Verfahrens zusätzlich durch eine öffentlichkeitswirksame *Auftaktkonferenz*, möglichst unter Schirmherrschaft des Bundespräsidenten, akzentuiert werden. Auf dieser Konferenz sollten zentrale Akteure von Staat, Wirtschaft und Verbänden zu vorläufig definierten Problemfeldern nachhaltiger Entwicklung Stellung nehmen und Problemlösungspotentiale im eigenen Handlungsbereich aufzeigen. Konferenzen dieser Art sind auch in späteren Stadien des Strategiebildungsprozesses sinnvoll.

67. **Situationsanalyse und Problemprognose:** Die Strategieformulierung selbst beginnt mit einer systematischen Situationsanalyse der zentralen Problembereiche (SRU, 1998a, Tz. 246) einschließlich – soweit möglich – einer langfristigen Umweltprognose. Diese Darstellung sollte (in einer Matrix-Struktur) den wichtigsten Verursacherbereichen zugeordnet werden und somit die Zuweisung von sektoralen Verantwortlichkeiten für die Umsetzung der Strategie erleichtern. Handlungsträger dieses ersten Verfahrensschrittes ist das Umweltbundesamt.

68. **Formulierung von Umweltqualitätszielen:** Umweltqualitätsziele geben – wenn möglich – einen bestimmten, sachlich, räumlich und zeitlich angestrebten Umweltzustand sowie damit vereinbare maximale Belastungen an. Sie werden objekt- oder medienbezogen für Mensch und/oder Umwelt bestimmt (SRU, 1998a, Tz. 5*). Zum Schritt der Zielformulierung gehört die Sammlung vorhandener Zielaussagen verschiedener Behörden, Institute, Gremien, Regelwerke und internationaler Organisationen. Zur Schaffung von Vergleichsmöglichkeiten sollen auch Umweltziele aus anderen Ländern herangezogen werden. Der Entwurf eines Katalogs von strukturierten Umweltqualitätszielen sollte vom Umweltbundesamt bzw. BMU vorgelegt und mit den entsprechenden Beratungsgremien aus dem wissenschaftlichen und gesellschaftlich-pluralistischen Bereich rückgekoppelt werden. Der überarbeitete Katalog von Umweltqualitätszielen sollte vom Kabinett beschlossen werden.

69. **Festlegung von Umwelthandlungszielen:** Dieser Verfahrensschritt dient der Entwicklung von *Umwelthandlungszielen,* durch welche die in den Umweltqualitätszielen beschriebenen Zustände erreicht werden sollen. Sie sollen möglichst quantifiziert oder anderweitig überprüfbar sein und, bezogen auf verschiedene Belastungsfaktoren, Gesamtvorgaben oder Teilschritte für notwendige Entlastungen enthalten (SRU, 1998a, Tz. 65). Die Zielbildung erfolgt in vier Stufen.

a) *Wissenschaftlicher Input*: Zunächst soll der gesamte Handlungsbedarf wissenschaftlich dargestellt werden, der sich aus den Umweltqualitätszielen ergibt. Die abzuleitenden Handlungsziele sollen in einem strukturierten Zielkonzept möglichst quantitativ formuliert werden, gegebenenfalls mit der Formulierung von Minimal- und Maximalanforderungen. Experten aus Technik, Wirtschaft und Gesellschaft sollen technische und verhaltensabhängige Reduktionsmöglichkeiten ermitteln. Dabei sind Nutzen-Kosten-Analysen durchzuführen, um die effektivsten und effizientesten Handlungsmöglichkeiten zu ermitteln. Information über vorhandene Optionen – erfolgreiche Erfahrungen (*best practice*), vorteilhafte (*win-win-*) Lösungen etc. – sollten berücksichtigt werden. Die Ergebnisse dieser *Potentialabschätzung* werden mit dem Zielkonzept rückgekoppelt. Den gesellschaftlichen Akteuren soll durch die Einholung von Stellungnahmen frühzeitig die Möglichkeit der Meinungsäußerung gegeben werden. Mögliche Konfliktstrukturen sollten offengelegt werden. Am Ende dieses Verfahrensschrittes soll ein Vorschlag für ein wissenschaftliches Zielkonzept unter Federführung des Umweltbundesamtes vorgelegt werden.

b) *Diskussionsphase:* Das vom Umweltbundesamt vorgelegte wissenschaftliche Zielkonzept wird nunmehr einem breiten politischen Beratungsprozess unterworfen, der der konsensualen Zielbildung dient. In diesem Schritt erfolgt die Beratung des Zielkonzepts zwischen allen beteiligten Akteuren (Experten aus unterschiedlichen Fachdisziplinen, staatliche Entscheidungsträger möglichst vieler Ressorts und Entscheidungsebenen sowie gesellschaftliche Gruppen) in unterschiedlichen Arbeitskreisen. Dabei spielen die Stellungnahmen der mit der Umsetzung betrauten Fachressorts zu Zielen ihres Verantwortungsbereichs eine zentrale Rolle. Diese Stellungnahmen sollten soweit wie möglich auch die operativen Vorstellungen der Ressorts für die eigene Umsetzung von Handlungszielen enthalten. Forum für die Artikulation pluralistischer und sektoraler Interessen an der Beratung ist insbesondere der Rat für Nachhaltige Entwicklung. Diese politische Phase sollte vom Kabinett bzw. von dem inzwischen gebildeten Staatssekretärsausschuss in der Funktion des *Green Cabinet* initiiert und unter Federführung des BMU durchgeführt werden.

c) *Entscheidungsphase:* Unter Berücksichtigung der Diskussionsphase soll – wo immer möglich, im Konsens – von der Exekutive ein Katalog von Umwelthandlungszielen festgelegt werden. Für diese politische Funktion ist das BMU im Zusammenwirken mit dem *Green Cabinet* zu empfehlen. Die Entscheidung über den Katalog von Handlungszielen sollte zumindest von der Bundesregierung, möglichst aber vom Bundestag getroffen werden.

d) *Öffentliche Präsentation:* Die beschlossenen Handlungsziele sollten gemeinsam mit den zugrunde liegenden Problemdiagnosen und den Umweltqualitätszielen als Gesamtvorlage mit hoher Sichtbarkeit öffentlich präsentiert werden. Die Präsentation sollte dem Zweck einer breiten gesellschaftlichen Mobilisierung zur Verwirklichung der formulierten Nachhaltigkeitsziele dienen.

70. **Umsetzung der Umwelthandlungsziele:** Die operative *Umsetzung* erfolgt in eigener Verantwortung der Ministerien im Zusammengehen mit ihren Klientel- und Bezugsgruppen und unter Rückkopplung mit dem Gesamtprozess. Die Instrumentierung liegt in der Zuständigkeit der Ministerien und sollte in Aktionsprogrammen der Ressorts festgehalten werden, die freiwillige Vereinbarungen mit Verbänden einschließen können. Die Umsetzung ist spezifisch und auf vorgegebene Handlungsziele bezogen. Die zielbezogenen Maßnahmen sind danach zu bewerten, ob sie geeignet sind, das formulierte Handlungsziel zu erreichen. Insgesamt ist die Ernsthaftigkeit der ergriffenen Maßnahmen auch durch die Schaffung ausreichender Kapazitäten zu belegen.

71. Dem geringen Verrechtlichungsgrad der Strategie entsprechend bestehen unterschiedliche Möglichkeiten der *Einbeziehung der Länder und Kommunen*. Die Einbeziehung kann sowohl im Bereich verfassungsmäßiger Zuständigkeiten erfolgen als auch über Verhandlungssysteme, in denen die Bundesressorts eine Initiativ- und Moderierungsfunktion wahrnehmen. Dabei ist eine kooperative Zuweisung von Verantwortlichkeiten denkbar. Von Aktivitäten der Länder und Kommunen im Rahmen der vorgegebenen prioritären Handlungsziele hängt allerdings ein wesentlicher Teil des Erfolges der Nachhaltigkeitsstrategie ab. Ihre frühzeitige Einbeziehung in den Zielbildungsprozess ist daher von hoher Bedeutung. Eigenständige Landesstrategien nachhaltiger Entwicklungen sind – ebenso wie lokale Agenda 21-Prozesse – eine wesentliche Ergänzung. Sie sollten möglichst aufeinander abgestimmt sein, wobei die nationale Nachhaltigkeitsstrategie den Orientierungsrahmen bildet.

72. **Monitoring/Evaluation:** Von besonderer Bedeutung für das Erreichen der Umwelthandlungsziele ist das *Monitoring* und die Überprüfung der Umsetzung der Maßnahmen nach einem festzulegenden Zeitintervall (SRU, 1998a, Tz. 133, 244). Berichtspflichten der für die Umsetzung benannten Handlungsträger bilden dabei die Basis für den übergeordneten Bericht zur Zielerreichung. Das Monitoring im Hinblick auf die Zielerreichung sollte beim UBA/BfN liegen. Die Evaluation der Umsetzung sollte Aufgabe des BMU und UBA/BfN in Zusammenwirken mit dem *Green Cabinet* sein. Der Bericht sollte förmlich an den Bundestag gerichtet werden.

2 Zur Umweltsituation und Umweltpolitik

73. Der Umweltrat kommt in den nachfolgenden Kapiteln seinem Auftrag nach, die Umweltsituation und die Umweltpolitik in Deutschland periodisch zu begutachten, indem er allgemeine Entwicklungstendenzen, sektorübergreifende umweltpolitische Probleme sowie ausgewählte Umweltpolitikbereiche darstellt. Ausgehend von den Ausführungen in den Umweltgutachten 1996 und 1998 werden aktuelle Themen der Umweltpolitik aufgegriffen, kurze Situationsanalysen in einzelnen Sektoren erstellt, wichtige umweltpolitische Maßnahmen und Initiativen der Bundesregierung am Ende der 13. Legislaturperiode und in der ersten Hälfte der 14. Legislaturperiode dargestellt und kommentiert sowie Einschätzungen zum Stand der Umweltpolitik in Deutschland und Empfehlungen zu ihrer Fortentwicklung gegeben.

2.1 Umweltpolitische Entwicklungen

2.1.1 Umweltpolitik im Zeichen des Regierungswechsels

74. Die im Herbst 1998 gebildete Bundesregierung steht im Vergleich zur Vorgängerregierung unter einem erheblichen umweltpolitischen Erwartungsdruck. Zwar wies die alte Bundesregierung in den letzten Jahren unübersehbare Anzeichen eines Erlahmens der Antriebskräfte für den Umweltschutz auf. Allerdings hatte sich Deutschland unter dieser Regierung international, aber auch innerhalb der Europäischen Union zu einem Vorreiter der Umweltpolitik entwickelt. Dies galt zunächst für die mit der Großfeuerungsanlagen-Verordnung (1983) eingeleitete Luftreinhaltepolitik, später für das 1994 beschlossene Kreislaufwirtschafts- und Abfallgesetz. Auch die – seit 1987 durch eine Enquete-Kommission des Deutschen Bundestages vorbereitete – Klimaschutzpolitik der Bundesregierung setzte international Maßstäbe.

Spätestens mit der Regierungsneubildung nach der Bundestagswahl von 1994 war allerdings ein deutlicher, häufig kritisierter Reformstau in der deutschen Umweltpolitik zu verzeichnen (SRU, 1998, Tz. 250). Deutschland gehört zu den wenigen Industrieländern, die keine formelle Strategie nachhaltiger Entwicklung vorgelegt haben (s. Kap. 1). Lediglich ein „Entwurf" eines umweltpolitischen Schwerpunktprogramms wurde veröffentlicht, ohne jedoch vom Kabinett verabschiedet zu werden (BMU, 1998). Auch die zunehmenden Widerstände gegen eine CO_2-/Energiesteuer, für die es zeitweise immerhin einen parteiübergreifenden Konsens gab, und gegen die Novellierung des Bundesnaturschutzgesetzes kennzeichneten diese eher restriktive Phase der deutschen Umweltpolitik. Sie wurde unter anderem auch an der Einschränkung der Bürgerbeteiligung bei Genehmigungsverfahren erkennbar. Hinzu traten immer größere Probleme bei der Umsetzung von EG-Richtlinien, etwa der Flora-Fauna-Habitat-Richtlinie von 1992 oder der Umweltinformationsrichtlinie von 1990 (SRU, 1998, Tz. 213 f.). Immerhin konnte nach langem Anlauf 1998 ein Bundes-Bodenschutzgesetz verabschiedet werden.

Diese stockende Entwicklung war allerdings auch der Tatsache zuzuschreiben, dass sich die gesellschaftlichen und politischen Prioritäten nach der deutschen Einigung und der mit ihr verbundenen Wirtschafts-, Finanz- und Beschäftigungsprobleme zu Lasten des Umweltschutzes verschoben.

75. Die neue Bundesregierung versuchte, unter diesen insgesamt eher verschlechterten Rahmenbedingungen umweltpolitisch neue Zeichen zu setzen. Im Koalitionsvertrag vereinbart wurden insbesondere der Einstieg in eine ökologische Steuerreform sowie der Ausstieg aus der Nutzung der Atomenergie. Mit dem konfliktreichen Ziel der Einleitung eines Ausstiegs aus der Atomenergie verbindet die Koalitionsvereinbarung das Programm einer verstärkten Förderung effizienterer Energiepfade unter Einbeziehung erneuerbarer Energien. Als erstes Etappenziel wird dazu inzwischen die Erhöhung des Anteils erneuerbarer Energien an der Stromerzeugung von fünf auf zehn Prozent bis 2010 geplant (vgl. Kap. 3.2). Darüber hinaus legte sich die Bundesregierung auf die Einführung einer formellen Nachhaltigkeitsstrategie im Sinne der Agenda 21 sowie auf die Schaffung eines (bereits länger geplanten) Umweltgesetzbuches fest. Den Umweltverbänden sollen weitere Möglichkeiten einer Verbandsklage eingeräumt werden. Die Flächennutzung soll durch Novellierung des Naturschutzgesetzes „natur-, umwelt- und landschaftsverträglich" gestaltet werden.

Ein Teil der Koalitionsvereinbarung ergibt sich bereits aus internationalen Vereinbarungen (Nachhaltigkeitsstrategie) oder aus EU-Regelungen. Dies gilt beispielsweise für die vorgesehene Ausweisung eines Anteils von 10 Prozent an Biotopverbundflächen, die im übrigen an der Untergrenze der EU-Vorgaben (NATURA 2000) und ihrer derzeitigen Umsetzung in der Mehrheit der Mitgliedstaaten liegt (Tz. 365 ff.).

Über die Koalitionsvereinbarung hinausgehend legte die Bundesregierung Eckpunkte für die Zukunft der Entsorgung von Siedlungsabfällen vor. Danach soll – entgegen den Vorgaben der 1993 beschlossenen TA Siedlungsabfall – die Technische Anleitung dahingehend erweitert werden, dass neben der thermischen Vorbehandlung auch eine mechanisch-biologische Vorbehandlung der Restabfälle zulässig sein soll. Zudem sollen erst bis spätestens zum Jahr 2020 alle Behandlungstechniken so weiterentwickelt und ausgebaut sein, dass eine vollständige Verwertung aller Siedlungsabfälle sichergestellt sein wird. Damit wird faktisch die Zielvorgabe um weitere 15 Jahre verschoben (Tz. 911 ff.).

Eine Reihe umweltpolitischer Aufgaben ergibt sich unabhängig vom Regierungsprogramm durch Entwicklungen insbesondere im EU-Rahmen. Dazu gehört die EU-Osterweiterung mit den speziellen Umweltinteressen, die Deutschland als mitteleuropäisches Transitland zwingend zu wahren hat (Kap. 2.3). Weitere wichtige Handlungsfelder deutscher Umweltpolitik sind auf der europäischen Ebene das zu entwickelnde 6. Umwelt-Aktionsprogramm und die Weiterentwicklung der sogenannten Umweltintegrationsstrategie, das heißt der Integration umweltpolitischer Belange in andere EU-Politikbereiche durch die Integrationsstrategien der anderen Ministerräte.

76. In der ersten Jahreshälfte 1999 übernahm Deutschland turnusgemäß die EU-Ratspräsidentschaft und damit auch den Vorsitz im Rat der Umweltminister. Im Hinblick auf den Umweltschutz legte die Bundesregierung in ihrem durchaus anspruchsvollen Programm für die Zeit der Präsidentschaft besonderes Gewicht auf eine harmonisierte Energiebesteuerung, auf eine Weiterentwicklung der Integrationsstrategie, auf die strategische Umweltverträglichkeitsprüfung und die verstärkte Bürgerbeteiligung sowie Kennzeichnungspflichten. Darüber hinaus strebte die Bundesregierung Einigungen zur Wasserrahmenrichtlinie, bei der Luftreinhaltung (Emissionsbegrenzungen bei Lkws sowie bei Großfeuerungsanlagen) und zur Abfallverbrennungs-Richtlinie an und kündigte eine Überprüfung der EU-Chemikalienpolitik an.

Die Bilanz der deutschen EU-Ratspräsidentschaft fällt jedoch gemischt aus. Auch wenn in keinem Bereich ein großer Durchbruch erzielt wurde, sind einige Beschlüsse verabschiedet worden, vor allem die beschlossene Revision der Richtlinie über die Freisetzung gentechnisch veränderter Organismen. Gemeinsame Standpunkte konnten, wenn auch inhaltlich zum Teil unbefriedigend, zur Wasserrahmenrichtlinie (s. Tz. 639 f.) und zur Abfallverbrennungs-Richtlinie erzielt werden. Bei der Novellierung der EG-Öko-Audit-Verordnung konnte ebenso eine politische Einigung erzielt werden wie bei der Novellierung der Öko-Label-Verordnung. Zu diesen Maßnahmen nimmt der Umweltrat größtenteils in seinen Fachkapiteln Stellung.

Positive Signale ergaben sich auch für eine Fortentwicklung der Strategischen UVP sowie bei der Integration umweltpolitischer Belange in andere EU-Politikbereiche durch die Integrationsstrategien der anderen Ministerräte; allerdings hat sich der Rat der EU-Industrieminister gegen eine solche Integrationsstrategie gesperrt. Nicht zuletzt konnte auch eine Revision der Chemikalienpolitik unter Einbezug einer integrierten Produktpolitik und der Risikobewertung von Chemikalien auf die Tagesordnung gesetzt werden.

Dagegen konnten bei der Harmonisierung der Energiebesteuerung in Richtung einer EU-weiten CO_2-/Energiesteuer wegen des anhaltenden Widerstandes einiger Mitgliedstaaten bislang keine Fortschritte erzielt werden. Auch die Einbeziehung bestehender Altanlagen in die novellierte Großfeuerungsanlagen-Richtlinie scheiterte. Ein regelrechtes Desaster erlebte die deutsche Ratspräsidentschaft bei der Diskussion um die Altauto-Richtlinie. Ein gemeinsamer Standpunkt zu dieser Richtlinie konnte wegen des deutschen Widerstandes erst unter der finnischen Ratspräsidentschaft verabschiedet werden (Tz. 884 ff.). Die Umstände dieser Diskussion haben der deutschen Umweltpolitik auf europäischer Ebene erheblichen Schaden zugefügt und die Bilanz der deutschen Ratspräsidentschaft in umweltpolitischer Hinsicht mehr als getrübt.

77. Die in der vorherigen Legislaturperiode erkennbar gewordenen Widerstände der Industrie gegen umweltpolitische Maßnahmen manifestieren sich also auch unter der jetzigen Regierung. So ist die im Koalitionsvertrag vorgesehene Umwandlung der Kilometerpauschale in eine Entfernungspauschale offenbar aufgegeben worden. Bei der erwähnten EU-Altauto-Richtlinie wurde die direkte Intervention eines Automobilherstellers wirksam. Bei der ökologischen Steuerreform konnten die Interessenverbände der Kohlewirtschaft eine steuerliche Gleichstellung für moderne GuD-Kraftwerke weitgehend verhindern.

In Teilbereichen ist die Umsetzung der Koalitionsvereinbarung gescheitert wie etwa bei der geplanten Einführung des Umweltgesetzbuches (s. Kap. 2.1.3). Andererseits wurden die ersten Stufen der „ökologischen Steuerreform" zügig verwirklicht. Maßnahmen zur Förderung erneuerbarer Energieträger wurden eingeleitet. Zu Einzelheiten dieser Maßnahmen nimmt der Umweltrat in den jeweiligen Fachkapiteln ausführlich Stellung (Kap. 2.2.2 und Kap. 3.2).

78. Insgesamt ist das Konzept einer „ökologischen Modernisierung" im Sinne einer innovations- und beschäftigungsorientierten Strategie grundsätzlich zu begrüßen. Sie sollte nach Auffassung des Umweltrates konkretisiert und weiter ausgebaut werden. Die neue Bundesregierung tut insgesamt gut daran, sowohl ihr umweltpolitisches Handlungsprofil als auch die langfristigen Problemlagen zu verdeutlichen, auf die sie sich bezieht. Unerlässlich ist dafür ein Konsens innerhalb der Bundesregierung über den Stellenwert der Umweltpolitik. Dabei geht es auch um eine Erhöhung der Integrationsfähigkeit in dem Sinne, dass zentrale Entscheidungsträger der Umweltpolitik und der umweltbedeutsamen Sektoren bei der Entwicklung anspruchsvoller gemeinsamer Ziele und Maßnahmen besser als bisher zusammenwirken (s. dazu Kap. 1).

2.1.2 Umweltpolitikberatung im europäischen Kontext

79. Die Veränderungen in der europäischen Umweltpolitik und die damit einhergehenden Auswirkungen auf die Entwicklung der nationalen Politiken sind auch für die nationalen Umwelträte eine wichtige Herausforderung. Entsprechend ist der Umweltrat davon überzeugt, dass eine rein nationale Umweltpolitikberatung nicht mehr den zukünftigen Anforderungen genügt. Um dem entgegenzuwirken, hat der Umweltrat sich besonders engagiert, Kooperationen zwischen den Beratungsinstitutionen auf europäischer Ebene zu forcieren und ein Netzwerk europäischer Umwelträte aufzubauen (REHBINDER et al., 1999).

Zu bedenken ist dabei, dass die jeweiligen Umwelträte in ihrem nationalen Kontext Rahmenbedingungen in Abhängigkeit von ihren unterschiedlichen gesellschaftlichen und politischen Traditionen vorfinden, die sich auf den Grad ihrer Unabhängigkeit, auf ihren Beratungsauftrag und, damit verbunden, auf ihr Selbstverständnis auswirken. Insbesondere ist der Spielraum für Umwelträte, über ihren nationalen Kontext hinaus beratend tätig werden zu dürfen, unterschiedlich groß. Dies kann sich im Einzelfall sehr restriktiv auswirken.

Umwelträte können als gesellschaftliche Diskussionsforen, als reine (eher administrativ ausgerichtete) Politikberatungsinstitutionen oder als Beratungseinrichtungen mit eigenem Forschungsauftrag ausgebildet sein. Dies hat auf die Arbeitsschwerpunkte ganz erhebliche Auswirkungen. Noch deutlicher werden diese Unterschiede, wenn man die Umwelträte danach differenziert, inwieweit ihre Mitglieder als Wissenschaftler bzw. Experten oder als Repräsentanten von Organisationen oder gesellschaftlichen Gruppen berufen werden, und ob die Räte eher problemorientierte, eher wissenschaftliche oder eher politikorientierte Arbeit leisten.

Umwelträte, die aus Vertretern gesellschaftlicher Gruppen zusammengesetzt sind, entstehen meist in einem anderen politischen Umfeld als Expertenräte. Das Ziel solcher Räte ist es, mögliche politische Konflikte vorzustrukturieren und die Kompromissmöglichkeiten bereits im Vorfeld auszuloten. Soweit alle relevanten gesellschaftlichen Gruppen auch vertreten sind, gewinnt Beratung auf diese Weise eine gesellschaftliche Legitimation.

Ein Problem der gesellschaftlichen Räte liegt in ihrer Zusammensetzung. Der Vorteil gesellschaftlicher Legitimation, Zusammenarbeit und Meinungsbildung in solchen Gremien ist durch eine Tendenz zur Kompromissbildung auf dem kleinsten gemeinsamen Nenner erkauft. Das führt nicht selten zu sehr allgemein formulierten Empfehlungen für die Politik. Auch wird in solchen Gremien häufig mehr Politik als Beratung betrieben. Diese Erfahrungen haben in einigen europäischen Ländern dazu geführt, dass bei einer Neuordnung der Beratungsgremien die gesellschaftlichen Räte in Richtung Expertenräte umstrukturiert wurden, etwa dadurch, dass in diese Räte zunehmend Wissenschaftler berufen werden, so dass Räte, die nur aus Vertretern von Interessengruppen bestehen, selten geworden sind.

Entsprechend sind in dem inzwischen relativ gut konsolidierten europäischen Netzwerk die Expertenräte der häufigste Typus in der Umweltpolitikberatung. Zumeist zusammengesetzt aus Wissenschaftlern, garantieren sie eine fundierte und im Detail kompetente Beratung, die sich zudem durch weitgehende Unabhängigkeit auszeichnet. Allerdings stehen auch Wissenschaftler nicht außerhalb der Gesellschaft, entscheiden oftmals nach subjektiven Kriterien und haben Eigeninteressen. Eine möglichst vielfältige Zusammensetzung eines Gremiums – unter Einbeziehung auch sogenannter kritischer Wissenschaftler – kann hier jedoch Abhilfe schaffen. Ein Problem von Expertenräten ist ihre mangelnde gesellschaftliche Verankerung. Insbesondere wenn es um notwendige, aber unpopuläre Maßnahmen geht, sind ihre Empfehlungen oftmals von mangelnder Durchsetzungskraft. Andererseits können Expertenräte solche Maßnahmen immer wieder anmahnen, ohne Rücksichten auf politische Interessen nehmen zu müssen.

80. Vor dem Hintergrund dieser unterschiedlichen Erfahrungen in den jeweiligen Ländern hat sich das Netzwerk der europäischen Umwelträte (European Environmental Advisory Councils – EEAC; http://www.Eur-focalpt.org) etabliert. Auf gemeinsamen Konferenzen sowie in gesonderten (ad hoc-)Arbeitsgruppen wurde eine Reihe von Stellungnahmen erarbeitet, die gleichzeitig an das Europäische Parlament, an die jeweils zuständigen Generaldirektionen der Europäischen Kommission und auch an die nationalen Regierungen geleitet wurden (BARRON und NIELSEN, 1998; WIGGERING und SANDHÖVEL, 1995). Dabei handelt es sich u. a. um Empfehlungen zur Ausgestaltung des 5. Umweltaktionsprogramms und der Agenda 2000. Des weiteren sind allgemeine Ausarbeitungen beispielsweise zu freiwilligen Selbstverpflichtungen oder zur Umweltpolitikintegration gemacht worden.

2.1.3 Umweltgesetzbuch und Umsetzung der IVU-Richtlinie

81. Das seit Frühjahr 1998 verfolgte Vorhaben des Bundesumweltministeriums, die Richtlinie über die integrierte Vermeidung und Kontrolle der Umweltverschmutzung (IVU-Richtlinie, 96/61/EG) sowie die Änderungsrichtlinie zur UVP-Richtlinie (UVP-II-Richtlinie, 97/11/EG) im Rahmen der Einführung eines Ersten Buches des Umweltgesetzbuchs (UGB I) umzusetzen, ist im Herbst 1999 endgültig in der Ressortabstimmung gescheitert. Ausschlaggebend dafür waren Zweifel an der Gesetzgebungszuständigkeit des Bundes für die Einführung einer integrierten Vorhabengenehmigung seitens der Verfassungsressorts, die ablehnende Haltung des Bundesinnenministeriums gegen eine Herauslösung des Planfeststellungsverfahrens aus dem Verwaltungsverfahrensgesetz und insbesondere der Widerstand der Wirtschaft wegen der Kompliziertheit der Regelung und der Abwägungsspielräume der Verwaltung. Nunmehr soll eine Umsetzung im Wege eines Artikelgesetzes erfolgen. Dieses wird aber vom Bundesumweltministerium als eine Art Vorschaltgesetz zum UGB I angesehen, so dass man mehr als eine Minimalumsetzung erwarten kann, was allerdings ein Wiederaufleben der genannten Widerstände befürchten lässt. Außerdem wird eine Änderung des Grundgesetzes dahingehend angestrebt, dass dem Bund die konkurrierende Gesetzgebungszuständigkeit für den Wasserhaushalt eingeräumt wird.

82. Die Umsetzungsfristen für beide Richtlinien sind überschritten (UVP-II-Richtlinie: 15. März 1999, IVU-Richtlinie: 30. Oktober 1999). Deutschland fügt damit seiner Negativbilanz bei der Umsetzung von EU-Richtlinien im Bereich des Umweltschutzes weitere Negativposten hinzu. Der Verlust an Ansehen und damit auch an künftiger Durchsetzungsfähigkeit in der EU, die Rechtsunsicherheit und Investitionshemmnisse aufgrund von Unsicherheiten über den Umfang der nunmehr eintretenden Direktwirkung der betreffenden Richtlinien und die Glaubwürdigkeitsverluste für die Umweltpolitik, die mit dem Fehlschlag des UGB-Vorhabens verbunden sind, hätten vermieden oder doch gering gehalten werden können, wenn wenigstens eine politische Alternativplanung für den Fall vorhanden gewesen wäre, dass das Vorhaben eines UGB I sich nicht als realisierbar erweist. Der Umweltrat hat darüber hinaus auf das Risiko für die Kodifizierung des gesamten Umweltrechts hingewiesen, das in einem Scheitern des Vorhabens einer Teilkodifizierung im Zusammenhang insbesondere mit der inhaltlich nicht unproblematischen IVU-Richtlinie liegt (SRU, 1998, Tz. 260).

83. Inhaltlich stellt die UVP-II-Richtlinie keine besonderen Anforderungen an die Umsetzung. Es geht im wesentlichen um die Schaffung neuer Trägerverfahren für bestimmte Vorhabentypen, die Einführung von Öffentlichkeitsbeteiligung bei immissionsschutzrechtlichen Genehmigungsverfahren für bestimmte Anlagentypen, die bisher im vereinfachten Verfahren genehmigt werden konnten, und gegebenenfalls eine Neubestimmung von Schwellenwerten. Anders ist dies bei der IVU-Richtlinie. Sie enthält ein System von Grundpflichten, das im wesentlichen § 5 BImSchG entspricht; lediglich die Pflicht zur Energieeffizienz stellt eine inhaltliche Erweiterung gegenüber § 5 Abs. 1 Nr. 4 BImSchG dar. Die Richtlinie verlangt darüber hinaus ein wirksames integriertes Konzept aller am Genehmigungsverfahren beteiligten Behörden, die Vermeidung von Belastungsverlagerungen und einen hohen Schutz der Umwelt insgesamt (Art. 7, 9 Abs. 1, 3 und 8). Nach Auffassung des Umweltrats gehen diese Anforderungen über bloße verfahrensrechtliche Regelungen hinaus. Erforderlich sind auch Änderungen in der Zweckbestimmung, in den Definitionen und im Entscheidungsprogramm des Bundes-Immissionsschutzgesetzes sowie des Wasserhaushaltsgesetzes und des Bundes-Bodenschutzgesetzes. Die Richtlinie führt aber nicht zu einer grundlegenden System- und Strukturänderung des deutschen Anlagenzulassungsrechts; sie stellt insgesamt nur eine Korrektur einer auch in Zukunft im Schwerpunkt medial ausgerichteten Politik dar (LÜBBE-WOLFF, 1999, S. 243; STEINBERG, 1999, S. 195; WAHL, 1999). Die Mitgliedstaaten haben die Anforderungen der Richtlinie im Genehmigungsverfahren sowie bei der Überprüfung der Genehmigungen durchzusetzen (Art. 9 Abs. 3, 13); sie können aber anstelle einer Einzelentscheidung allgemeine Anforderungen in Form von Umweltstandards festlegen, sofern dabei ein integriertes Konzept und ein gleichwertiges hohes Schutzniveau für die Umwelt gewährleistet werden (Art. 9 Abs. 8).

84. Im Anschluss an den Entwurf der Unabhängigen Sachverständigenkommission (UGB-KomE, 1998) hatte das Bundesumweltministerium die Einführung einer einheitlichen Vorhabengenehmigung vorgeschlagen, bei der dem integrierten Ansatz durch eine Integrationsklausel und eine Öffnungsklausel Rechnung getragen werden sollte. Nach der Integrationsklausel sollten die Grundpflichten so erfüllt werden, dass Wechselwirkungen zwischen den Schutzgütern und die Gefahr von Belastungsverlagerungen berücksichtigt und im Hinblick auf die Beschaffenheit des Vorhabens, seinen Standort und die örtlichen Umweltbedingungen Mensch und Umwelt in ihrer Gesamtheit geschützt werden. Die Öffnungsklausel sah vor, dass von vorsorgeorientierten Umweltstandards abgewichen werden konnte, wenn dadurch andere Umweltbelastungen vermindert oder Ressourcen und Energie eingespart werden können und dies eindeutig dem Schutz der Umwelt insgesamt dient. Gegen diese und die in späteren Entwürfen in abgeänderter Formulierung vorgeschlagenen Regelungen wurde insbesondere auf das Problem der mangelnden Vergleichbarkeit und damit auf den genuin politischen Charakter der Abwägung mit allen ihren Nachteilen für die Berechenbarkeit der behördlichen Entscheidung hingewiesen (LÜBBE-WOLFF, 1999, S. 245 f.). Zum Teil wurde auch die Aufweichung von Vorsorgestandards durch die Öffnungsklausel kritisiert und für einen Verzicht jedenfalls auf diese Klausel plädiert. Im geltenden Recht enthält § 3 Abs. 2 AbwV allerdings bereits eine solche Öffnungsklausel. In späteren Entwürfen hat das Bundesumweltministerium im Hinblick auf diese Kritik den Weg einer typisierenden Umsetzung des Integrationskonzepts gewählt; nicht bei der Genehmigung, sondern bei der Setzung von Umweltstandards sollten mittelbare und Wechselwirkungen und Belastungsverlagerungen berücksichtigt und ein hoher Schutz für die Umwelt insgesamt angestrebt werden.

Dieser Weg ist durch die IVU-Richtlinie ausdrücklich gestattet (Art. 9 Abs. 8). Er entspricht auch eher dem Regelungssystem des deutschen Anlagenzulassungsrechts, das Abwägungen in Einzelentscheidungen grundsätzlich vermeidet. Im Immissionsschutzrecht ist ein derartiger Weg jedenfalls in extremen Fällen von Belastungsverlagerungen durch den Grundsatz der

Verhältnismäßigkeit geboten (HANSMANN, 1999, S. 240; LÜBBE-WOLFF, 1999, S. 245; REBENTISCH, 1995, S. 951 f.). Allerdings kann nicht davon ausgegangen werden, dass die geltenden Umweltstandards dem Integrationspostulat bereits entsprechen, so dass eine grundlegende Überprüfung erforderlich wird. Die Arbeiten des Sevilla-Prozesses, in dem unter Berücksichtigung aller Umweltbelastungen und der Energieeinsparung der Stand der Technik für bestimmte Anlagentypen (sog. BREFS) zusammengestellt wird, werden hierbei möglicherweise nur von begrenzter Bedeutung sein, weil man zwar die Entwicklung umfassender Anlagenstandards anstrebt, aber letztlich von einer Einzelentscheidung (bestmögliche Umweltoption) ausgeht. Darüber hinaus dürfte es aus zwei Gründen unabweisbar sein, auch bei einer typisierenden Konzeption eine auf den Einzelfall bezogene Integrationsklausel in das Anlagenzulassungsrecht einzufügen: Zum einen kann nur so standortbezogenen Verlagerungsproblemen Rechnung getragen werden, zum anderen bedarf es einer Abwägung im Einzelfall, wenn und solange integrative Umweltstandards fehlen (WAHL, 1999; a. M. LÜBBE-WOLFF, 1999, S. 246).

85. Die Erfahrungen mit dem integrativen Ansatz der Umweltverträglichkeitsprüfung belegen, dass die mit dem integrierten Konzept der IVU-Richtlinie angesprochenen Probleme – Belastungsverlagerungen von einem auf ein anderes Medium, mittelbare und Wechselwirkungen und Belastung aller Medien bis an die Grenze der Belastbarkeit – bei einem anspruchsvollen medialen Vorsorgekonzept nicht allzu häufig auftreten (WAHL, 1999; SCHWAB, 1997). Das geltende Umweltrecht besitzt bereits ein jedenfalls im Ergebnis, wenngleich nicht in der Konzeption, „integrativ wirkendes Pflichtenprofil" (DI FABIO, 1998, S. 334). Das integrative Konzept der IVU-Richtlinie hat Bedeutung vor allem für emissionsseitige Anforderungen (STEINBERG, 1999, S. 195; DI FABIO, 1998, S. 334). Auch Umweltqualitätsziele und -standards sind aber grundsätzlich unter Berücksichtigung der medienübergreifenden Wirkungen zu formulieren, wenn Schutzgüter wie zum Beispiel die menschliche Gesundheit durch kumulative Belastungen über mehrere Eintragspfade gefährdet werden können, oder mittelbare Wirkungen infrage stehen (z. B. Eintrag auf dem Luft-Boden-Grundwasserpfad).

In England und Wales wird der integrative Ansatz (BPEO – *best practicable environmental option*) mittels eines Gesamtbelastungsindex für Wasser, Boden und Luft, gebildet als Summe der Quotienten von jeweiliger Zusatzbelastung und Immissionsrichtwert für alle betroffenen Stoffe und Umweltmedien, umgesetzt (MEINKEN, 1999). Soweit die damit verbundenen Kosten verhältnismäßig sind, soll die technische Lösung gewählt werden, bei der der Gesamtbelastungsindex am niedrigsten ist. Die damit postulierte Verrechnungsmöglichkeit von Stoffen und medialen Belastungen setzt zunächst voraus, dass im Hinblick auf die Schutzwürdigkeit der Umweltmedien „richtige" Immissionswerte aufgestellt werden, die dem Vorsorgeprinzip Rechnung tragen. Auch Stoffumwandlungen und die Schadstoffausbreitung über konsekutive Eintragspfade müssten erfasst werden. Selbst wenn ein derartig anspruchsvolles Immissionskonzept verfolgt wird, vermag es jedoch der unterschiedlichen örtlichen Schutzbedürftigkeit (Gefährdung) der einzelnen Umweltmedien nur dann Rechnung zu tragen, wenn neben der Zusatzbelastung auch die Grenzbelastung, das heißt der Abstand von Vorbelastung und Zusatzbelastung zum Immissionswert, berücksichtigt wird. So ist eine relativ niedrige Zusatzbelastung in der Nähe der Überschreitung des Immissionswertes anders zu bewerten als eine relativ hohe Zusatzbelastung bei günstiger Immissionssituation. Überdies zeigen die britischen Erfahrungen, dass die Kommensurabilitätsprobleme kaum überwindbar sind; dementsprechend werden in England und Wales für kurzfristige Belastungen, klimarelevante Stoffe und Abfälle, weitere, jeweils separate Indizes gebildet, so dass letztlich doch eine Einzelfallabwägung erfolgen muss, für die Kriterien fehlen (vgl. MEINKEN, 1999). Schließlich ist der britische Ansatz dadurch gekennzeichnet, dass sich die Emissionswerte grundsätzlich an den Immissionen ausrichten.

Nach Auffassung des Umweltrates lassen es diese Bedenken als fraglich erscheinen, ob man das britische Vorbild weiterverfolgen sollte (a. M. SAUER, 1999). Die Bildung eines Gesamtindex für alle Umweltbelastungen und Eingriffe in Natur und Landschaft scheitert an der fehlenden Kommensurabilität. Auch die Bildung eines begrenzten Belastungsindex, der nur Emissionen auf dem Wasser-, Boden- und Luftpfad erfasst, wäre umweltpolitisch nur in der Weise vertretbar, dass vorsorgeorientierte Qualitätsziele oder -standards aufgestellt werden, die als Referenzsystem dienen können. Darüber hinaus müsste der Belastungsindex komplexer ausgestaltet werden, um dem Problem der örtlichen Belastung (Grenzbelastung) Rechnung zu tragen. Auf der Grundlage der technik- oder risikobezogenen Emissionsstandards des geltenden Rechts liegt es nahe, basierend auf Referenztechnologien Anforderungen für Emissionen in ein Umweltmedium unter Berücksichtigung der dann möglichen nicht vermeidbaren Emissionen in ein anderes Umweltmedium sowie des Abfallanfalls und der Klimarelevanz zu formulieren. Dies setzt eine letztlich politische Bewertung voraus, bei der Belastungsindizes hilfreich sein können, aber die Entscheidung nicht determinieren. Alternativ könnte man durch Zu- und Abschläge zu Emissionswerten eine Bandbreite quantitativ bezeichnen, innerhalb derer dem Problem kumulativer und mittelbarer Belastungen sowie von Belastungsverlagerungen Rechnung getragen werden kann. Auch diese Quantifizierung ist einer reinen Einzelfallbetrachtung vorzuziehen, weil sie die behördliche Entscheidung berechenbar macht; sie ist nach Auffassung des Umweltrates mit der IVU-Richtlinie vereinbar.

86. Hinsichtlich des Verfahrens schreibt die IVU-Richtlinie eine einheitliche Umweltgenehmigung nicht vor, vielmehr genügt eine vollständige Koordinierung des Verfahrens und der Genehmigungsauflagen (Art. 7). Anstelle einer einheitlichen Vorhabenzulassung kann daher zum einen in Erweiterung des § 13 BImSchG eine Konzentrationslösung verfolgt, zum anderen kann auch die bestehende Regelung des § 13 BImSchG mit dem Ausschluss der wasserrechtlichen Genehmigung beibehalten werden, sofern die für die nicht einbezogenen Genehmigungen zuständigen Behörden einer Kooperationspflicht unterliegen und deren interne Stellungnahme auch extern bei Erteilung der Genehmigung bindend ist (SCHMIDT-PREUß, 1999).

87. Der mühevolle Prozess der Umsetzung der UVP-II-Richtlinie und der IVU-Richtlinie hat das verfassungsrechtliche Problem der Gesetzgebungskompetenz für die Kodifizierung des Umweltrechts sowie für die Umsetzung von EU-Umweltrecht aufgeworfen (vgl. zur Kontroverse: RENGELING, 1999 und 1998; GRAMM, 1999; REICHERT, 1998). Eine geschlossene Regelung des Umweltrechts in einem Umweltgesetzbuch ist ohne verfassungsrechtliche Risiken nur auf dem Boden einer weitgehenden konkurrierenden Gesetzgebungszuständigkeit des Bundes möglich. Das bisher praktizierte, auch vom Professorenentwurf eines UGB (KLOEPFER et al., 1990, S. 9 ff., 197 f., 261) und vom Kommissionsentwurf (UGB-KomE, 1998, S. 84 ff.) befolgte Verfahren, übergreifende Regelungen des Umweltrechts auf ein „Kompetenzmosaik" aus konkurrierender Gesetzgebungszuständigkeit für einzelne Bereiche des Umweltschutzes sowie für das Recht der Wirtschaft und eine weitgehende Ausschöpfung der Rahmenkompetenz durch zahlreiche Vollregelungen zu stützen, wird von den Verfassungsressorts des Bundes im Hinblick auf die restriktive Neufassung des Art. 75 Abs. 2 GG in Frage gestellt. Danach dürfen ins Detail gehende und unmittelbar bürgerwirksame Regelungen nur in Ausnahmefällen erlassen werden. Allerdings hat der historische Verfassungsgeber damit wohl nur die bisherige – eher bundesfreundliche – Verfassungsrechtsprechung (vgl. z. B. BVerfGE 4, 115, 130; 43, 291, 343; 66, 270, 285) bestätigen wollen, jedoch wurde diese Rechtsprechung unterschiedlich interpretiert (vgl. Bericht der Gemeinsamen Verfassungskommission, BT-Drs. 12/6000, S. 36; Rechtsausschuss, BT-Drs. 12/8165, S. 28; GRAMM, 1999, S. 543). Ein Grenzbereich der Zuständigkeit des Bundes aus Art. 75 Abs. 2 GG ist immer dann erreicht, wenn nicht isolierte Teilregelungen, sondern übergreifende Gesamtregelungen getroffen werden sollen. Die genaue Abgrenzung ist schwierig (vgl. RENGELING, 1998, S. 1002 f. und 1990, S. 743). So mag man hinsichtlich der integrierten Vorhabengenehmigung z. B. durchaus der Auffassung sein, dass an „einer einheitlichen Regelung dieser Frage ein besonders starkes und legitimes Interesse besteht" (so die allgemeine Formulierung in BVerfGE 43, 291, 343), weil das Verfahren vereinfacht, mehrere Umweltschutzbehörden koordiniert und Widersprüche in der Rechtsordnung beseitigt werden; eine an die Länder gerichtete Rahmenvorschrift, selbst ein integriertes Genehmigungsverfahren einzuführen, wäre zwar denkbar, würde aber den Verlust der Einheitlichkeit im Detail ebenso wie die Aufgabe bundesrechtlicher Regelungshoheit in den von dessen konkurrierender Gesetzgebungszuständigkeit abgedeckten Bereichen zur Folge haben. Hinzu kommt das Bundesinteresse an einheitlicher Umsetzung von Umweltrichtlinien der EU (a. M. GRAMM, 1999, S. 545 f.; RENGELING, 1998, S. 1001). Indessen bleibt das Problem, dass die Kumulierung zahlreicher Vollregelungen, die mit einer Kodifizierung des Umweltrechts ebenso wie mit einzelnen horizontalen Regelungen zwangsläufig verbunden ist, eine qualitative Veränderung zu Lasten der Länder zur Folge haben kann, der Art. 75 Abs. 2 GG grundsätzlich entgegenwirken will.

Allein das politische Problem der Verwischung von Verantwortlichkeit, die mit einer Verlagerung politischer Konflikte in den Bereich verfassungsrechtlicher Kompetenzstreitigkeiten verbunden ist, legt es an sich nahe, eine Lösung nicht so sehr auf dem Boden der Interpretation der Verfassung als in einer offenen Änderung der Verfassung zu suchen (vgl. BRANDT, 2000; GRAMM, 1999, S. 547 ff.; SCHENDEL, 1999, S. 315 ff.). Indessen erscheint es nicht realistisch, mit der Zustimmung der Länder zu einer Verfassungsänderung zu rechnen. Im übrigen wirft auch ein Artikelgesetz Kompetenzfragen auf. Auch wenn man insoweit vom Bundes-Immissionsschutzgesetz als Leitgesetz des Anlagenzulassungsrechts ausgeht, so stellt das Integrationsgebot der Richtlinie neben dem Bodenschutzrecht auch Anforderungen an das Wasserrecht; Zielbestimmung, Definitionen und Genehmigungsprogramm des Wasserhaushaltsgesetzes müssten angepasst werden. Eine entsprechende Änderung – etwa durch Einfügung einer Integrations- und Öffnungsklausel – wäre nach Auffassung des Umweltrats aber wohl noch als Rahmenregelung anzusehen. Für die zukünftige Verfahrensregelung (Tz. 84) bestünde, da es sich nur um eine punktuelle, sachlich erforderliche Annex-Regelung handelt, wohl ebenfalls eine Gesetzgebungszuständigkeit des Bundes (SCHMIDT-PREUß, 1999; RENGELING, 1998, S. 1004; vgl. BVerwGE 92, 258). Notfalls könnte der Bund die Regelungen in bezug auf gewerbliche Anlagen auf Art. 74 Nr. 11 GG stützen und für kommunale Anlagen den Ländern aufgeben, eine gleichwertige Regelung zu treffen.

2.1.4 Umweltpolitik im internationalen Spannungsfeld

88. Für die umweltpolitische Entwicklung sind neben nationalen zunehmend auch internationale Vereinbarungen und Erklärungen richtungsweisend. Der Umweltrat äußert sich zu den wichtigsten internationalen Übereinkommen und Regelungen in den jeweiligen Fachkapiteln. Von zentraler Bedeutung für die Klimapolitik waren die vierte Vertragsstaatenkonferenz zur

Klimarahmenkonvention im November 1998 in Buenos Aires und die fünfte Vertragsstaatenkonferenz im Oktober/November 1999 in Bonn (Tz. 114 ff.). Im Juni 1998 zeichnete die Bundesregierung zwei neue Protokolle über Schwermetalle sowie persistente organische Schadstoffe (POP) im Rahmen des Genfer Luftreinhalteübereinkommens (Tz. 746 ff.). Im Bereich Naturschutz fanden die vierte Vertragsstaatenkonferenz über die biologische Vielfalt im Mai 1998 in Bratislava, eine Sonderkonferenz zur biologischen Vielfalt im Juni 1998 in Montreal sowie die siebte Vertragsstaatenkonferenz der Ramsar-Konvention über Feuchtgebiete im Mai 1998 in San José (Costa Rica) statt. Die Bundesregierung zeichnete zudem im Dezember 1998 die Århus-Konvention, die den Zugang zu Umweltinformationen, die Öffentlichkeitsbeteiligung an Entscheidungsverfahren und den Zugang zu Gerichten in Umweltangelegenheiten international regelt.

Anlässlich der Treffen der Umweltminister der acht wichtigsten Industriestaaten (G8) im britischen Leeds Castle 1998 und in Schwerin 1999 wurde an die führenden Industrienationen die Empfehlung ausgesprochen, umweltpolitischen Anforderungen in der Wirtschafts- und Handelspolitik mehr Nachdruck zu verleihen. Inwieweit dies gelungen ist, konnte am Verlauf der Ministerkonferenz der Welthandelsorganisation, die im Dezember 1999 in Seattle stattfand, studiert werden (Tz. 91).

Internationale Handelsfragen im Umweltbereich waren unter anderem Gegenstand der fünften Vertragsstaatenkonferenz der Basler Konvention über die Entsorgung und den Export gefährlicher Abfälle im Dezember 1999 in Basel, wo ein neues Haftungsprotokoll vereinbart wurde; das Exportverbot für gefährliche Abfälle in Nicht-OECD-Länder aufgrund der Änderung des Übereinkommens von 1996 ist bisher erst von 17 Vertragsstaaten ratifiziert worden. Hinzuweisen ist unter dem Gesichtspunkt des Verhältnisses zwischen internationaler Umweltpolitik und Welthandel auch auf die von der Bundesregierung im September 1998 gezeichnete Rotterdamer Konvention über den internationalen Handel mit gefährlichen Chemikalien (PIC) (Tz. 979).

Als zentrales Element der Biodiversitätskonvention einigte sich die internationale Staatengemeinschaft im Januar 2000 auf gemeinsame Regeln für den Handel mit gentechnisch veränderten Organismen (Biosafety-Protokoll). Danach dürfen die Vertragsstaaten unter Vorsorgegesichtspunkten Importverbote für gentechnisch veränderte Organismen aussprechen. Zudem wurden wesentliche Regeln für die Kennzeichnung gentechnisch veränderter Produkte, einschließlich Saatgut, Nahrungsmittel und Futtermittel verabschiedet. Allerdings sollen gentechnisch veränderte Nahrungs- und Futtermittel erst zwei Jahre nach Inkrafttreten des Protokolls gekennzeichnet werden.

89. Der Umweltrat hat in seinem Umweltgutachten 1998 dem besonderen Problem der Notwendigkeit einer stärker umweltorientierten Welthandelsordnung ein eigenes Kapitel gewidmet. Die dort unterbreiteten Vorschläge für eine Fortschreibung des Allgemeinen Zoll- und Handelsabkommens GATT unter Umweltaspekten, für eine umfassendere weltweite Umwelt- und Ressourcenschutzpolitik sowie für institutionelle Reformen sowohl der Welthandelsorganisation WTO als auch der Umweltorganisationen der Vereinten Nationen sind nach wie vor aktuell (SRU, 1998, Tz. 983-990). Der Umweltrat sieht keinen Anlass, weitere Reformvorschläge zu unterbreiten, er sieht vielmehr ein massives Defizit bei der Umsetzung vorhandener Reformkonzepte zur Gestaltung einer stärker umweltbezogenen Welthandelsordnung.

90. Dabei hat sich das umweltbezogene WTO/GATT-Regelwerk in den letzten zwei Jahren entscheidend weiterentwickelt. Galten bis vor kurzem noch die GATT-Panel-Entscheidungen im sogenannten „Thunfisch-Delphin-Fall" von 1991 und die Entscheidungen der Berufungsinstanz des WTO-Streitschlichtungsverfahrens (Appellate Body) von 1995 als richtungsweisend (SRU, 1998, Tz. 956 f.), so ist durch den Bericht des Appellate Body von Oktober 1998 im sogenannten „Garnelen- und Schildkröten-Streit" die Ermächtigungsnorm für umweltpolitisch motivierte Handelsbeschränkungen nach Art. XX GATT erheblich ausgeweitet worden (GINZKY, 1999, S. 216). Danach wird zum ersten Mal von der WTO festgestellt, dass *produktionsbezogene* Handelsbeschränkungen nicht grundsätzlich unzulässig sind. Allerdings gilt dies unter der Voraussetzung, dass zumindest der Versuch unternommen wurde, im Konfliktfall zu einer internationalen Absprache zu kommen. Zudem legt das Schiedsgericht fest, dass eine handelsbeschränkende Maßnahme das Exportland nicht zur Durchführung eines mit dem des Importlandes weitgehend identischen Schutzkonzepts verpflichten darf. Mit dieser Entscheidung wurden die Handlungsspielräume der WTO-Mitgliedstaaten für unilaterale Handelsmaßnahmen maßgeblich erweitert, auch wenn wichtige Fragen zur konkreten Ausgestaltung von Handelsbeschränkungen noch offen bleiben.

Im Bereich *produktbezogener* umweltpolitisch motivierter Handelsbeschränkungen, also solcher, die die Eigenschaften des Gutes selbst betreffen, ist die Anfang 1998 ergangene Entscheidung des Appellate Body über das EU-Verbot von Hormonen bei der Rinderaufzucht von zentraler Bedeutung (SRU, 1998, Tz. 953 ff.). In diesem Fall ging es um die Zulässigkeit von Beschränkungen für bestimmte natürliche Hormone und des Verbots bestimmter künstlicher Hormone bei der Aufzucht von Rindern, die die EU seit 1981 schrittweise ausgesprochen hat. Die Berufungsinstanz der WTO sieht im Hormonverbot keinen willkürlichen Verstoß gegen das SPS-Übereinkommen, sondern bemängelt lediglich das

Fehlen einer formellen Risikoabschätzung. Ausdrücklich wird das Recht der WTO-Mitglieder anerkannt, eine eigene Risikobewertung vorzunehmen und dabei insbesondere auch wissenschaftliche Minderheitenmeinungen zu berücksichtigen. Seitdem bemüht sich die EU um eine entsprechende Risikobewertung und hat im Mai 1999 in einem Zwischenbericht die Kanzerogenität eines in den USA und Kanada verwendeten Hormons behauptet. Da die USA und Kanada dem Zwischenbericht widersprochen haben, spitzt sich der Konflikt zu (BIERMANN, 2000, S. 12 f.; HILF, 2000, S. 15). Ein erhebliches zukünftiges Konfliktfeld im Bereich der Produktstandards dürfte der Handel mit gentechnisch veränderten Produkten werden, da die Risiken der Biotechnologie äußerst kontrovers eingeschätzt werden. Das im Rahmen der Biodiversitätskonvention jahrelang verhandelte Protokoll zur Sicherheit der grenzüberschreitenden Verbringung gentechnisch veränderter Lebewesen (Biosafety-Protokoll) konnte nicht zuletzt wegen des Verhältnisses zum GATT/WTO-Regelwerk, insbesondere zum SPS-Übereinkommen, erst im Januar 2000 beschlossen werden (Tz. 88). Das Verhältnis des Biosafety-Protokolls zum GATT/WTO-Regelwerk ist jedoch nach wie vor ungeklärt.

Da umweltpolitisch motivierte Handelsrestriktionen – mit Ausnahme des Hormonfalls (SRU, 1998, Tz. 953) und des "Turbokuh"-Hormonfalls – bislang vor allem die Wirtschaftsbeziehungen zwischen Industrieländern einerseits und Entwicklungs- und Schwellenländern andererseits berührt haben, bleibt abzuwarten, wie sich dies auf das Verhältnis der Ländergruppen innerhalb der WTO-Strukturen auswirken wird und was dies für eine stärkere Berücksichtigung von Umweltstandards im WTO/GATT-Regelwerk bedeutet.

91. Vor diesem Hintergrund muss auch die dritte Ministerkonferenz der WTO im Dezember 1999 in Seattle beurteilt werden. Im Vorfeld entzündete sich der Konflikt – neben dem Bemühen um eine weitere Liberalisierung des Abkommens über den Handel mit Dienstleistungen sowie dem Abschluss eines multilateralen Investitionsabkommens – insbesondere um die Einbeziehung von Umwelt- und Sozialstandards in die Verhandlungen (Greenpeace, 1999; MAY, 1999, S. 28 f.). Vor allem viele Entwicklungsländer sahen darin sowie in der Forderung nach Verankerung des Vorsorgeprinzips im WTO/GATT-Regelwerk eine neuerliche Quelle für Protektionismus und Diskriminierung von Waren aus ihren Ländern, ohne dass im Gegenzug für sie Fortschritte bei der Liberalisierung der Agrar- und Textilmärkte erreicht werden (FELKE, 1999, S. 9; RÖHM und STEINMANN, 1999, S. 35 f.; WIEMANN, 1999, S. 33). Die unterschiedlichen Interessenlagen fast aller Verhandlungsteilnehmer und die zunehmende Kritik an den wenig demokratischen und intransparenten Strukturen der WTO führten letztlich zum Scheitern der Verhandlungen.

Der Umweltrat sieht in diesem Misserfolg jedoch die Chance für die Bundesregierung, bis zur nächsten umfassenden Verhandlungsrunde eine Strategie für eine stärkere Berücksichtigung umweltpolitischer Aspekte in der multilateralen Handelspolitik innerhalb der Europäischen Union besser vorzubereiten und für eine Umsetzung vorhandener Konzepte Sorge zu tragen.

92. Hierzu bedarf es auch institutioneller Initiativen. Zum einen ist eine verbesserte Zusammenarbeit zwischen der WTO und dem Umweltprogramm der Vereinten Nationen (UNEP) notwendig. Das Anfang Dezember 1999 geschlossene Kooperationsabkommen beider Institutionen, in dem ein gegenseitiger Beobachtungsstatus in den Leitungsgremien sowie ein Informationsaustausch vereinbart wird, ist ein erster Schritt in diese Richtung. Wissenschaftliche Vorschläge zielen zum anderen auf eine Aufwertung von UNEP und eine stärkere Vernetzung der umweltrelevanten Programme und Teilorganisationen der Vereinten Nationen ab, um der WTO einen gleichwertigen Verhandlungspartner gegenüberzustellen (BIERMANN und SIMONIS, 2000; ESTY, 1996). Auch die eigens dazu eingerichtete "UN Task Force on Environment and Human Settlement" hat mit dem Plan einer "Environmental Management Group" unter UNEP-Leitung eigene Vorstellungen entwickelt (TÖPFER, 1999; vgl. auch SRU, 1998, Tz. 990). Nicht zuletzt macht sich auch die WTO selbst für einen gleichwertigen Verhandlungspartner stark (WTO, 1999).

Das institutionelle Problem der Schaffung einer Weltumweltorganisation, wie sie von manchen gefordert wird, liegt freilich darin, dass UNEP bislang keine Umweltorganisation, sondern ein bloßes Programm der Vereinten Nationen ist. Vor allem aber gibt es eine Reihe von umweltrelevanten internationalen Organisationen und eine Fülle multilateraler Umweltabkommen, die nicht im Rahmen der Vereinten Nationen entstanden sind. Die Entwicklung zu einer Weltumweltorganisation kann ohnehin nur langfristig gedacht werden. Sie dürfte in absehbarer Zukunft das institutionelle Innovationspotential der Staatengemeinschaft überfordern. Die Bundesregierung sollte sich daher eher für pragmatische Lösungen als für einen scheinbar „großen Wurf" einsetzen, der bald an der institutionellen Realität scheitern könnte.

2.2 Umwelt und Wirtschaft

2.2.1 Umweltschutz und wirtschaftliche Entwicklung

93. Bereits seit längerem bestimmen in der Umweltpolitik nicht mehr vordringlich die eigentlichen Umweltziele, sondern zunehmend stärker andere, insbesondere wirtschaftspolitische Ziele Art und Umfang des umweltpolitischen Instrumentariums. Beispielsweise dienen die Einnahmen der Ökosteuer der Reduzierung der Rentenversicherungsbeiträge, womit die Höhe der Steuersätze primär am Ziel der Beschäftigungssicherung und erst sekundär am Ziel der Minderung der Treibhausgasemissionen ausgerichtet ist. Ein anderes Beispiel ist das 100 000-Dächer-Programm zur Förderung von Photovoltaikanlagen, das offenkundig primär ein technologiepolitisches Ziel verfolgt, da der Klimaschutzeffekt vernachlässigbar gering ist (Tz. 760 ff.).

Für die zunehmende Einbettung wirtschaftspolitischer Zielsetzungen in die Umweltpolitik können zwei Gründe ausschlaggebend sein:

– das in den Vordergrund der gesamten Politik getretene Ziel der Bekämpfung der Arbeitslosigkeit und

– die gegenüber den „klassischen", unmittelbar sichtbaren Umweltproblemen (z. B. Luftverschmutzung, Gewässerverunreinigung) an Bedeutung gewinnenden sogenannten „schleichenden" Umweltprobleme, die erst längerfristig, aber irreversibel in Erscheinung treten (z. B. Klimafolgeschäden, Artenschwund, Verlust fruchtbarer Böden, Vernichtung von Tropenwald).

94. Die Tatsache, dass die „schleichenden" gegenüber den „klassischen" Umweltproblemen an Bedeutung gewinnen, lässt den Vorsorgeaspekt stärker in den Vordergrund treten. Der bisherige umweltpolitische Ansatz, im nachhinein eindeutig spezifizierte Schäden durch Minderung von Schadstoffemissionen zu verringern, wird langfristigen Umweltrisiken nicht mehr gerecht. Da ein Großteil der Kosten des heute unterlassenen Umweltschutzes – auch unter Berücksichtigung der wachsenden Prognoseunsicherheiten – erst in der Zukunft auftritt und folglich der Nutzen einer heute eingeleiteten Vorsorgepolitik in erster Linie den zukünftigen Generationen zugute kommt, ist ein gesellschaftlicher Konsens darüber erforderlich, ob in Zukunft auftretende Umweltschäden genauso hoch bewertet werden sollen wie heute auftretende Schäden. Unter dem Aspekt der intergenerationellen Verteilungsgerechtigkeit wäre dies wünschenswert. Dementsprechend bedarf es einer Schärfung des Bewusstseins für die Notwendigkeit einer verstärkt vorsorgenden Umweltpolitik. Selbst wenn durch eine Fehleinschätzung langfristig schwer prognostizierbarer naturwissenschaftlicher Zusammenhänge volkswirtschaftliche Ressourcen fehlgeleitet werden, so muss dieses Risiko abgewogen werden gegenüber einer Situation, in der sich die naturwissenschaftlichen Prognosen als zutreffend erweisen und sich in der Zukunft tatsächlich erhebliche irreversible Schäden einstellen können, die dann aufgrund der Belastungsakkumulation (Anreicherung der Treibhausgase in der Atmosphäre, nicht mehr regenerierbare Arten/Wälder) und der zeitlichen Wirkungsverzögerung ein Ausmaß annehmen können, das zu wesentlich drastischeren Anpassungen zwingt als dies aus heutiger Sicht erforderlich wäre (SRW, 1998, Tz. 478).

95. Von der Umweltpolitik kann nur dann ein substantieller Beitrag zur Bekämpfung der Arbeitslosigkeit erwartet werden, wenn sie in ein umfassendes wirtschaftspolitisches Gesamtkonzept eingebettet ist. Die Beschäftigungswirkungen umweltpolitischer Maßnahmen hängen also entscheidend vom gesamtwirtschaftlichen Ordnungsrahmen ab. Die Wahrscheinlichkeit eines positiven Einflusses auf die Gesamtwirtschaft steigt mit dem Einsatz eines umweltpolitischen Instrumentariums, das sich durch besonders hohe statische und dynamische Effizienz auszeichnet. Denn je geringer die gesamtwirtschaftlichen Kosten der Zielerreichung sind und je stärker Innovationen und neue Organisationsformen angeregt werden, desto günstiger sind die Wirkungen auf Wachstum und Beschäftigung (BACH et al., 1999, S. 157 f.). Mögliche auftretende sozialpolitische Probleme einzelner, besonders umweltintensiver Branchen können nicht als Begründung dafür herangezogen werden, dass das umweltpolitisch Notwendige unterlassen wird. Vielmehr sollte durch wirksame eigene Maßnahmen der Sozialpolitik entsprechende Abhilfe über Kompensationsregelungen geschaffen werden. Der Umweltrat plädiert nachdrücklich dafür, dass verteilungspolitische Ziele und das Ziel einer effizienten Allokation voneinander getrennt angegangen werden müssen.

96. Sicherlich ist vor der Wahl eines bestimmten umweltpolitischen Instrumentariums eine Wirkungsanalyse bezüglich sozialer und ökonomischer Nebeneffekte erforderlich, um eventuell sozialpolitisch gegensteuern und Versäumnisse der Wirtschaftspolitik aufzeigen zu können. Ein Fazit über eine Anpassung der umweltpolitischen Zielsetzung (als Beispiel für den Klimaschutz vgl. HILLEBRAND et al., 1997) wäre jedoch nur dann sachgerecht, wenn eine vollständige Kosten-Nutzen-Analyse vorangestellt würde und das Ergebnis ein solches Fazit zuließe. Die zahlreichen Analysen zu den gesamtwirtschaftlichen Auswirkungen einer CO_2-/Energiebesteuerung klammern jedoch stets den Nutzen, d. h. die Kosten des unterlassenen Umweltschutzes aus (vgl. BACH et al., 1999; MEYER et al., 1999; ARNDT et al., 1998; HILLEBRAND et al., 1997; KOHLHAAS et al., 1994). Dies ist zwar auf der einen Seite verständlich, weil die externen Kosten des Klimawandels in erster Linie aufgrund der naturwissenschaftlichen Unsicherheiten in Zukunft auftretender Schäden nur mit einer großen Bandbreite quantifizierbar sind (vgl. HOHMEYER, 1998). Erschwerend kommt hinzu, dass der größte gesamtwirtschaftliche Nutzen möglicherweise erst zu einem viel späteren Zeitpunkt auftritt als die gesamtwirtschaftlichen Kosten und deshalb die Frage der Diskontierung geklärt werden muss. Es sollte aber auf der anderen Seite bei der Analyse gesamtwirtschaftlicher Auswirkungen zumindest deutlich gemacht werden, ob dieser für eine vollständige gesamtwirtschaftliche Analyse erforderliche Nutzenfaktor zumindest in qualitativer Form berücksichtigt worden ist oder nicht. Einen weiteren kaum berücksichtigten Nutzenfaktor stellen der technologische Fortschritt und der Export umweltschonender Technologien in Entwicklungsländer und die hiermit verbundene Entschärfung globaler Umweltprobleme dar. Aus diesem Grund müssen die Analysen tendenziell immer als zu pessimistisch eingestuft werden.

Solange jedoch bei der Analyse der gesamtwirtschaftlichen Auswirkungen nur die Kostenseite des ausgewählten umweltpolitischen Instruments überprüft wird, so kann hieraus lediglich das Fazit gezogen werden, ob dieses oder eventuell ein anderes hierauf zu überprüfendes Instrument das zur Zielerreichung effizientere ist.

Die Höhe der gesamtwirtschaftlichen Mehrkosten umweltpolitischer Maßnahmen hängt genauso wie die Beschäftigungswirkungen vom gesamtwirtschaftlichen Referenzszenario ab. Wird parallel zum Beispiel der Abbau einer stark leistungshemmenden Steuer- und Subventionspolitik erwartet, können statt Kosten sogar Gewinne aus dem umweltpolitischen Eingriff resultieren (vgl. BÖHRINGER, 1999, S. 374 f.).

2.2.2 Umweltgerechte Finanzreform

97. Zum 1. April 1999 trat die *erste Stufe* der ökologischen Steuerreform in Kraft (vgl. BGBl. 1999, Teil 1, Nr. 14, S. 378 ff.). Ihre zentralen Elemente sind:

– Erhöhung der Steuersätze (im Rahmen der „Mineralölsteuer") für Kraftstoffe um 6 Pfennige/Liter (bislang: 98 Pf/L für unverbleites Benzin und 62 Pf/L für Diesel), für Erdgas um 0,32 Pf/kWh (bislang: 0,08 Pf), für Heizöl um 4 Pf/L (bislang: 1 Pf/L);

– Einführung einer Stromsteuer von 2 Pf/kWh;

– Senkung des Beitragssatzes in der Rentenversicherung um 0,8 Prozentpunkte.

Für die *2. bis 5. Stufe* der Ökosteuerreform, die zum 1. Januar 2000 in Kraft trat, wurde im wesentlichen beschlossen,

– die Steuersätze für Kraftstoffe um jährlich weitere 6 Pf/L zu erhöhen,

– den Stromsteuersatz jährlich um 0,5 Pf/kWh zu erhöhen.

98. Grundsätzlich hält der Umweltrat den Ansatz zu einer umweltorientierteren Ausgestaltung des Steuersystems für ein wichtiges Signal, um die Kosten der Umweltinanspruchnahme verursachergerecht anzulasten und Anreize zu deren Minderung zu setzen. Welche Umweltinanspruchnahme durch das Gesetz in erster Linie vermieden werden soll, geht aus der Zielsetzung allerdings nicht klar hervor. In der Begründung des Gesetzes heißt es lediglich: „Damit soll eine nachhaltige Umsteuerung der Nachfrage in Richtung energiesparender und ressourcenschonender Produkte erreicht und die Entwicklung umweltfreundlicher Verfahren und Technologien neue Anstöße gegeben werden" (BT-Drs. 14/1668, S. 1). Der Umweltrat geht davon aus, dass dieses Lenkungsziel in erster Linie dem Umweltziel der Reduktion der Treibhausgasemissionen, insbesondere der Reduktion der CO_2-Emissionen um 25 % bis zum Jahr 2005, dienen soll. Er weist darauf hin, dass zur Erreichung dieses Ziels zwei andere Optionen grundsätzlich vorzuziehen wären, die das gleiche Ziel mit wesentlich geringeren einzel- und gesamtwirtschaftlichen Kosten erreichen:

1. Das System handelbarer CO_2-Lizenzen (bzw. vergleichbare Lösungen für andere klimarelevante Gase) stellt die ökologisch und ökonomisch überlegene Lösung dar, da sie im Unterschied zu einer Steuer die ökologische Treffsicherheit garantieren kann und im internationalen Maßstab anwendbar ist (vgl. SRU, 1996, Tz. 1031 ff.). Sie ist auch auf alle Sektoren und noch so kleine Emittenten anwendbar, wenn das vom Umweltrat empfohlene Modell angewendet wird, bei dem nur die Brennstofferzeuger und -importeure lizenzpflichtig sind. Der Umweltrat plädiert für einen möglichst europaweiten oder gar internationalen Lizenzhandel (Tz. 113 ff.). Angesichts der erfolglosen Verhandlungen über eine EU-weite Harmonisierung der Energiebesteuerung sollte die Lizenzlösung als Alternative erwogen werden.

2. Eine an den Emissionen ansetzende Strom- und Primärenergiesteuer hat zwar gegenüber der Lizenzlösung den Nachteil, dass sie zusätzliche administrative Such- und Anpassungskosten zur Findung des richtigen Steuersatzes erforderlich macht und ihre ökologische Treffsicherheit nicht von vornherein gewährleistet ist. Sie gilt daher als zweitbeste Lösung. Dennoch hat eine emissionsorientierte Stromsteuer (berechnet nach den durchschnittlichen Emissionen des individuellen Kraftwerksparks) gegenüber einer pauschalen Strombesteuerung den Vorteil, dass sie mit einem niedrigeren Steuersatz zum gleichen Ziel kommt. Zudem ist sie leichter als die Stromsteuer in ein internationales Zertifikatesystem überführbar (Tz. 113 ff.). Allerdings ist bei dieser Lösung eine zusätzliche Maßnahme zur Abdeckung der Risiken der Atomenergienutzung erforderlich (Tz. 112).

Der von der Bundesregierung gewählte Weg einer Stromsteuer belastet den pauschalen Stromverbrauch in Kilowattstunden, ohne nach unterschiedlich emissionsintensiver Stromerzeugung zu differenzieren. Aus ökonomischer Sicht muss der Steuersatz bei der pauschalen Stromsteuer wesentlich höher sein als bei einer emissionsorientierten Strom- und Primärenergiesteuer, um das gleiche Umweltziel zu erreichen. Der Wirtschaft und den Haushalten wird also mit der pauschalen Strombesteuerung eine unnötige Zusatzlast auferlegt. Weitere gesamtwirtschaftliche Kosten ergeben sich auch durch die Notwendigkeit kompensierender Förderprogramme für erneuerbare Energien und für Kraft-Wärme-Kopplung.

Der Vorteil der pauschalen Stromsteuer gegenüber einer schadstoffspezifischen Emissionsbesteuerung wird vielfach darin gesehen, dass sie als „Vielzweckinstrument" alle in Verbindung mit der Stromerzeugung anfallenden Schadstoffe treffen könnte. Damit wird nicht berücksichtigt, dass

– bei einer CO_2-Steuer die Emissionen anderer Schadstoffe ebenfalls zurückgehen,

– bei einer Stromsteuer ebenso wie bei einer Emissionssteuer im Zweifel Schadstoff für Schadstoff nachgesteuert werden muss, um die schadstoffspezifischen Minderungsziele zu erreichen.

Trotz seiner ökologischen und ökonomischen Unterlegenheit ist aber auch das von der Bundesregierung gewählte Ökosteuerkonzept auf systemimmanente Verbesserungen aus umweltpolitischer Sicht zu überprüfen, die nicht auf eine grundlegende Umorientierung hin zu den zwei Alternativen erster und zweiter Wahl hinauslaufen.

Zur Zielsetzung der ökologischen Steuerreform

99. In der Begründung des Gesetzes wird die „Grundphilosophie" der ökologischen Steuerreform formuliert, nämlich „den Energieverbrauch zu verteuern und im Gegenzug den Faktor Arbeit zu entlasten" (BT-Drs. 14/40, S. 19). Im Umweltgutachten 1996 hat der Umweltrat zur Idee der „doppelten Dividende" (SRU, 1996, Tz. 940-942) sowie zur Zweckbindung der Einnahmen aus Umweltsteuern kritisch Stellung genommen (ebd., Tz. 1261-1268). Dabei besteht für die Umweltpolitik die Gefahr, dass die Fixierung auf die erzielbaren Einnahmen das mit der Steuer ursprünglich angestrebte ökologische Lenkungsziel in das Hintertreffen geraten lässt, um Einnahmeverluste aufgrund angepasster ökologischer Verhaltensweisen zu vermeiden. Die direkte Kopplung der Umwelt- an die Arbeitsmarktpolitik funktioniert allenfalls kurzfristig. Längerfristig muss sich zwangsläufig eines der angestrebten Ziele (ökologisches Lenkungsziel oder Finanzierungsziel) dem anderen unterordnen und wird damit verfehlt. Deshalb muss von einer langfristigen Zweckbindung des Aufkommens aus einer ökologisch begründeten Lenkungssteuer abgeraten werden. Die Zweckbindung des Aufkommens aus der Energiebesteuerung kann allenfalls als vorübergehende Konstruktion zur finanztechnischen Verwirklichung einer umfassenden Reform der Sozialversicherung dienen.

Die Steuersätze

100. Umweltpolitik kann Umweltschäden nur dann wirksam vermeiden, wenn sie gleiche Umweltschäden auch gleich behandelt. Die mit der ersten Stufe eingeführten Ökosteuersätze implizieren jedoch unterschiedliche Zusatzbelastungen, wenn man sie beispielsweise auf die emittierte Tonne CO_2 bezieht (Kohle: 0 DM, Heizöl: 13 DM, Erdgas: 16 DM, Diesel: 21 DM, Benzin: 24 DM, Strom: 36 DM). Legt man bei dieser Überlegung die gesamte Steuerbelastung der Energieträger einschließlich der bis zum Jahr 2003 geplanten Erhöhungen zugrunde, kommt man zu noch gravierenderen Unterschieden (Kohle: 0 DM, Erdgas: 34 DM, schweres Heizöl: 11 DM, leichtes Heizöl: 46 DM, Strom: 71 DM, Diesel: 347 DM, Benzin: 549 DM) (vgl. DIW, 1999, S. 653). Diese Unterschiede in der Besteuerung unterschiedlicher Energieträger sind ökologisch insofern nicht vertretbar, als jede ausgestoßene Tonne CO_2 unabhängig vom eingesetzten Energieträger die gleiche Klimawirkung aufweist. Zwar könnte man versuchen, die wesentlich höheren Steuersätze für Benzin und Diesel mit den Wegekosten und den zusätzlich vom Verkehr ausgehenden externen Effekten (wie Lärm, andere Luftschadstoffe, Landschaftszerschneidung) zu begründen. Insgesamt ist aber eine Ausrichtung der Steuersätze an den unterschiedlichen Umweltwirkungen der Primärenergieträger nicht zu erkennen. Zum Beispiel werden zur Stromerzeugung eingesetztes Öl und Gas zusätzlich über die Mineralölsteuer belastet (zu den Ausnahmen hiervon vgl. Tz. 101), während Kohle und Atomenergie, die mit wesentlich höheren Emissionswirkungen bzw. anderen Umweltrisiken verbunden sind, keine zusätzliche Besteuerung erfahren. Kohle, die direkt zur Wärmeerzeugung verfeuert wird, unterliegt ebenfalls keiner Steuer, obwohl ihr Einsatz die emissionsintensivste Alternative darstellt (vgl. auch DIW, 1999).

Umweltwirkungen der Ökosteuer im einzelnen

Wirkungen der Ökosteuer auf den Kraftwerkspark

101. In der derzeitigen Ausgestaltung der Ökosteuer werden sämtliche Formen der Stromumwandlung mit dem gleichen Steuersatz belastet. Dies wirft neben den bereits genannten generellen Problemen im einzelnen folgende Schwierigkeiten auf:

– Die pauschale Stromsteuer führt im Kraftwerkssektor, dem Sektor mit dem größten Anteil der CO_2-Emissionen in Deutschland (1997: 40 %), nicht zu den gewünschten Substitutionseffekten hin zu emissionsärmeren Energieträgern. Regenerativ erzeugter Strom wird genauso hoch belastet wie Kohle- oder Atomstrom.

– Es werden einige zur Stromerzeugung eingesetzte Primärenergieträger gesondert über die Mineralölsteuer belastet (Erdgas, Öl), während andere (Kohle, Atomenergie) nicht zusätzlich belastet werden, so dass diese einen umweltpolitisch unvertretbaren Wettbewerbsvorteil erhalten (SCHLEGELMILCH, 1999, S. 14). Dieser Wettbewerbsvorteil wird zudem mit jeder weiteren geplanten Erhöhung der Mineralölsteuersätze für Erdgas und Öl ausgebaut, so dass für den bestehenden Kraftwerkspark umweltpolitisch kontraproduktive Anreize gesetzt werden.

– Es werden auch keine Anreize zur Erhöhung des Wirkungsgrads der Kraftwerke gesetzt, da nicht konsequent der Input, sondern meist nur der Output der Energieumwandlung besteuert wird. Die Steuerbefreiung für Erdgas, das in GuD-Kraftwerken mit einem Wirkungsgrad von mindestens 57,5 % eingesetzt wird, ist zwar eine höchst anspruchsvolle und zukunftsorientierte Regelung. Vor dem Hintergrund der vollkommenen Befreiung von Kohle ist sie jedoch nur eine Gleichstellung der effizientesten, über den derzeitigen Stand der Technik hinausgehenden Gasverstromungstechnologie mit sämtlichen

Kohleverstromungstechnologien unabhängig von deren Wirkungsgrad.

Will man die Bemessungsgrundlage nicht ändern, so bleiben als Lösungen zum Ausgleich dieser ökologischen Schieflage:

– eine zusätzliche Kohle- und Kernbrennstoffbesteuerung,

– eine Anrechnung der Steuer auf Primärenergieträger, d. h. der Mineralölsteuer und der vom Umweltrat geforderten Kohle- und Kernbrennstoffbesteuerung auf die Stromsteuer; damit würde eine Doppelbesteuerung bei der Stromerzeugung vermieden. Ein Nachteil ist hingegen, dass die erneuerbaren Energieträger nachträglich von der Stromsteuer befreit werden müssten, was EU-wettbewerbsrechtliche Probleme aufwirft (Tz. 110).

Wirkungen der Ökosteuer auf die Nutzung erneuerbarer Energien

102. Aus erneuerbaren Energieträgern erzeugter Strom wird mit der Stromsteuer grundsätzlich genauso hoch belastet wie der mit anderen Energieträgern (Kohle, Erdgas, Atomenergie) erzeugte Strom, es sei denn, dass er durch Letztverbraucher aus einem ausschließlich aus erneuerbaren Energien gespeisten Netz entnommen wird (§ 9 Abs. 1 Satz 1 StromStG).

Mit dieser Regelung wird zumindest der gesamte in das öffentliche Netz eingespeiste Strom aus erneuerbaren Energien stromsteuerbelastet. Daher hat die Bundesregierung zusätzliche Förderprogramme zur Unterstützung der erneuerbaren Energien verabschiedet (Tz. 760 ff., 1441 ff.). Darüber hinaus wird eine umfassende Befreiung dieser Energieträger von der Ökosteuer unter Berücksichtigung des geltenden EU-Rechts erwogen (vgl. FELL, 1999). Nach EU-Recht ist eine Steuerbefreiung einzelner Energieträger im Inland nur dann zulässig, wenn der aus dem Ausland importierte und mit diesen Energieträgern erzeugte Strom ebenfalls befreit wird. Dies ist jedoch grundsätzlich nur möglich, wenn der Stromimport einer konkreten Auslandsanlage zugeordnet werden kann, was jedoch aus technischen Gründen scheitert. Da jedoch der am Stromliefervertrag beteiligte Stromerzeuger bestimmbar ist, könnte der erneuerbare Strom solcher Stromerzeuger, die ausschließlich Strom aus erneuerbaren Energieträgern anbieten, von der Steuer ausgenommen werden. Diese Regelung gilt dann entsprechend für Erzeuger aus dem Ausland. Für Erzeuger, die nicht ausschließlich auf diese Form der Stromerzeugung abstellen, könnte eine Ermäßigung vorgesehen werden, die sich an der Höhe des Anteils der Stromerzeugung aus erneuerbaren Energien an der Erzeugung des gesamten Kraftwerksparks bemisst.

Der Umweltrat gibt zu bedenken, dass Neuanbieter nur dann von dieser Regelung profitieren, wenn sie diskriminierungsfreien Netzzugang erhalten, der mit der derzeitigen Durchleitungsregelung sich in der Realität noch nicht abzeichnet (vgl. ausführlich Tz. 1466 ff.).

Wirkungen der Ökosteuer auf die Anwendung der Kraft-Wärme-Kopplung

103. Das Ökosteuergesetz sieht vor, dass das in Kraft-Wärme-Kopplungsanlagen ab einem monatlichen Nutzungsgrad von 70 % eingesetzte Erdgas vollständig von der Mineralölsteuer befreit wird. Haben diese Anlagen darüber hinaus eine Nennleistung von maximal 2 MW, wird der von ihnen erzeugte und eigengenutzte Strom zusätzlich von der Stromsteuer befreit; hiervon profitieren insbesondere kleinere Blockheizkraftwerke. Wird der Strom dieser Anlagen hingegen in das öffentliche Netz eingespeist, unterliegt er dem regulären Stromsteuersatz.

Der Umweltrat befürchtet, dass diese Regelung keinen nennenswerten Anreiz zur verstärkten Nutzung insbesondere der industriellen Kraft-Wärme-Kopplung darstellt. Zum einen erfolgt die Befreiung nur für eigengenutzten Strom, jedoch nicht für den in das Verbundnetz eingespeisten Strom. Zum anderen werden Unternehmen des Produzierenden Gewerbes durch die Rückerstattungsregelung ohnehin bei einer Nettobelastung weitgehend kompensiert. Deshalb dürfte diese Regelung nur bei solchen Unternehmen Anklang finden, die unter der Ermäßigungsgrenze (40 000 kWh im Jahr 2000, danach jährlich weiter sinkend auf 25 000 kWh im Jahr 2003) liegen bzw. Dienstleistungsunternehmen sind, welche jedoch auch nur den wesentlich kleineren Teil der industrie- und gewerbebedingten Emissionen ausmachen. Darüber hinaus werden bei der reinen Wärmeerzeugung nur Öl und Gas, jedoch nicht die Kohle zusätzlich belastet, so dass keine Anreize zur Umstellung von Kohlefeuerungen auf Kraft-Wärme-Kopplung geschaffen werden. Deshalb sollten die Energieträger, gleich ob sie zur Wärme- oder Stromerzeugung eingesetzt werden, ausnahmslos und nach Möglichkeit emissionsorientiert besteuert werden.

Wirkungen der Ökosteuer auf den rationellen und sparsamen Energieeinsatz

104. Die Wirkungen der Ökosteuer auf den rationellen und sparsamen Energieeinsatz sind differenziert zu betrachten: In der *Industrie* entsteht kaum ein zusätzlicher Anreiz, Energieeinsparinvestitionen – genauso wie Investitionen in Kraft-Wärme-Kopplung – durchzuführen, da die Ökosteuerbelastung des Produzierenden Gewerbes (zumindest dasjenige mit einem Jahresverbrauch von mehr als 40 000 kWh im Jahr 2000) weitgehend kompensiert wird. Auch die Steuerbefreiung bei Anwendung des *Contracting* bleibt weitgehend wirkungslos: *Contracting* (d. h. die Investition wird von einem externen Dritten vorgeplant, finanziert und durchgeführt; die aus den Einsparungen an Energie(bezugs)kosten resultierenden Erlöse bzw. die jeweils erzielbaren

Erlöse für Strom und Wärme werden zur Rückzahlung der Investitions- und Finanzierungskosten genutzt) wird zwar der Eigenerzeugung gleichgestellt und damit ebenfalls (bis zu 2 MW) von der Stromsteuer befreit; jedoch erlischt der Anreiz hierzu durch die pauschale Ermäßigung und Kompensation der Mehrbelastung des gesamten Produzierenden Gewerbes.

Hingegen wird sich für das *Dienstleistungsgewerbe und die privaten Haushalte*, die beide grundsätzlich keine Ermäßigungen oder Rückerstattungen erhalten, ein Anreiz zur Einsparung bei Strom, Kraftstoffen, Heizöl oder Erdgas bei kontinuierlicher Erhöhung der Steuersätze ergeben. Allerdings unterliegt die Verbrennung von Kohle im Gegensatz zu Öl und Gas keinerlei Besteuerung, womit nicht nur bei der Strom-, sondern auch bei der Wärmeerzeugung ein ökologisch kontraproduktiver Lenkungseffekt entsteht. Insbesondere im Raumwärmebereich, dem immerhin einen Anteil von 20 bis 25 % an den CO_2-Emissionen in Deutschland (je nach Witterung) zuzurechnen ist, kann eine Fehlsteuerung nicht von der Hand gewiesen werden.

Zu den Ermäßigungen und Befreiungen im Ökosteuergesetz

105. Das *Ökosteuergesetz* enthält eine Reihe von Ermäßigungs- und Befreiungstatbeständen. Der Umweltrat kritisiert insbesondere folgende umweltrelevante Sonderregelungen:

– Für *Unternehmen des Produzierenden Gewerbes* sowie der Land- und Forstwirtschaft gelten ermäßigte Steuersätze von 20 % der regulären Steuersätze, soweit der Energieverbrauch der Unternehmen über einer bestimmten Ermäßigungsgrenze liegt (40 000 kWh im Jahr 2000, danach jährlich weiter sinkend bis auf 25 000 kWh im Jahr 2003). Außerdem wird Unternehmen des Produzierenden Gewerbes mit einer Ökosteuerbelastung von über 1 000 DM/Jahr die zusätzliche Energiesteuer erstattet, die das 1,2-fache der Einsparung durch die Senkung der Rentenbeiträge um 0,8 Prozentpunkte übersteigt.

Die erste dieser beiden Regelungen führt zu unerwünschten Verzerrungen unter dem Aspekt der Gleichbehandlung: Liegt ein Unternehmen knapp über der Ermäßigungsgrenze von 50 000 kWh/a, wird es trotz höheren Energieverbrauchs weniger Stromsteuern zahlen als ein Unternehmen, dessen Verbrauch knapp unterhalb der Ermäßigungsgrenze liegt. Dies ist nicht nur aus Gleichbehandlungsgründen problematisch, sondern könnte bei den knapp unterhalb der Ermäßigungsgrenze liegenden Unternehmen auch zu dem umweltpolitisch kontraproduktiven Anreiz führen, ihren Stromverbrauch zu erhöhen bzw. Stromsparmaßnahmen bewusst zu unterlassen. Als weitere Alternative könnte das Unternehmen, das unterhalb der Ermäßigungsschwelle liegt, versuchen, mit anderen Unternehmen zu fusionieren, um so den für die Ermäßigung relevanten Jahresenergieverbrauch zu überschreiten. Das Gesetz eröffnet eine weitere umweltpolitisch unerwünschte Ausweichreaktion dadurch, dass Unternehmen mit einer hohen Energiesteuerschuld versuchen könnten, ihre Entlastung möglichst gering zu halten und so in den Genuss einer höheren Rückerstattung zu gelangen, indem sie z. B. ein Tochterunternehmen gründen, bei dem alle Arbeitnehmer beschäftigt sind und ausgeliehen werden. Die Rückerstattungsregelung ist insofern ökologisch kontraproduktiv, als dass sie keine Anreize zur Investition in Energieeinspartechnologien setzt.

– Der Schienenbahnverkehr und der öffentliche Nahverkehr erhalten einen reduzierten Stromsteuersatz von 50 %. Auch dieser Regelung bedarf es nicht. Bei der Erhebung des vollen Steuersatzes hätte der öffentliche Verkehr größere Anreize zum Einsatz energieeffizienter Technologien. Der Schienen- und Busverkehr erhält alleine über den geringeren Energieverbrauch pro Kopf einen komparativen Kostenvorteil gegenüber anderen Verkehrsträgern. Eine darüber hinausgehende Steuervergünstigung ist ökologisch hingegen nicht gerechtfertigt.

106. Um die umweltpolitisch kontraproduktiven Effekte durch die Sonderregelungen für das Produzierende Gewerbe zu vermeiden, empfiehlt der Umweltrat, die Steuersatzermäßigung künftig an der Art der *Produktionsprozesse* auszurichten (vgl. SRU, 1996, Tz. 1060; EWRINGMANN und LINSCHEIDT, 1999, S. 26). Als Vorbild könnte die dänische Struktur der Ausnahmeregelungen dienen, wo 1996 eine gestaffelte Steuerermäßigung für drei unterschiedlich energieintensive Produktionsprozesse eingeführt wurde (JÄNICKE et al., 1998, S. 8 ff.):

1. Niedrigwärmeprozesse (Heizung und Warmwasser),
2. wenig energieintensive Prozesse,
3. energieintensive Prozesse (Prozesse mit mehr als 3 % Energiekostenanteil an ihrer Wertschöpfung).

Grundsätzlich gilt die dänische Steuerermäßigung nur für solche Unternehmen, die eine bestimmte Exportquote überschreiten. Der Steuersatz steigt jeweils jährlich: für energieintensive Prozesse von 1,25 DM/t CO_2 1996 auf 6 DM/t CO_2 im Jahr 2000, für weniger energieintensive Prozesse von etwa 12 auf 22 DM/t CO_2. Weitere Steuerermäßigungen können Unternehmen für die oben angeführten Prozesse dann erhalten, wenn sie an einem Energieaudit teilnehmen. Eine zusätzliche Ermäßigung ist dann möglich, wenn sich das Unternehmen darüber hinaus zur Umsetzung der im Rahmen eines eigenen Energiesparprogramms vorgeschlagenen Maßnahmen verpflichtet.

Die dänische Wirtschaftsstruktur ist durchaus mit der Deutschlands vergleichbar, auch wenn man berücksichtigt, dass der Agrarsektor in Dänemark eine größere Bedeutung hat. Betrachtet man als entscheidendes Kriterium für Steuerermäßigungen im Falle eines nationalen Alleingangs die Außenhandelstätigkeit der Industrie, fällt auf, dass Dänemarks Außenhandelstätigkeit gegenüber Deutschland sogar noch etwas größer ist (Exportquote 1997 (ausgenommen landwirtschaftliche Erzeugnisse): ca. 23 %; Deutschland: ca. 21 %). Daher kann die dänische Ausgestaltung der CO_2-Steuer durchaus als Vergleichsmaßstab herangezogen werden. Das dänische Modell hätte zudem den Vorteil, dass es die drei Kriterien der EU-Rahmenregelung für Umweltbeihilfen (befristete Subventionen; degressive Staffelung; erforderlicher Beitrag der Nutznießer zur Umweltentlastung) erfüllt.

107. Der Umweltrat empfiehlt, für die nächsten Stufen der ökologischen Steuerreform Ermäßigungstatbestände für die Industrie von der Energieintensität der Produktionsprozesse, von der Export- bzw. Importintensität sowie von der Anwendung eines Energieaudits abhängig zu machen.

Werden einige besonders emissionsintensive Industriezweige durch diese Regelung trotz Kompensation durch die Senkung der Sozialversicherungsbeiträge im Nettoergebnis erheblich belastet, bietet sich immer noch – ähnlich wie beim bis 1995 erhobenen Kohlepfennig – eine Härtefallregelung an (vgl. EWRINGMANN, 1999).

Zum Gesamtkonzept einer umweltgerechten Finanzreform

108. Der Umweltrat hat sich in seinem Umweltgutachten 1996 ausführlich zum Konzept einer umweltgerechten Finanzreform geäußert (SRU, 1996, Kap. 5). Darin hat er hervorgehoben, dass eine umweltgerechte Finanzreform nicht durch eine einzelne zusätzliche Umweltsteuer bewältigt werden kann, sondern es hierfür einer Reihe verschiedener Bausteine bedarf. Im wesentlichen sind das:

– der Abbau von Vergünstigungen mit ökologisch negativer Wirkung,

– die Verstärkung bereits bestehender, umweltpolitisch motivierter Vergünstigungen und Abgaben,

– der Einbau von Anreizen zu umweltgerechtem Verhalten in bestehende Abgaben sowie

– die Einführung neuer Umwelt(lenkungs)abgaben.

Die in Kraft getretene ökologische Steuerreform sieht keinerlei Abbau von Vergünstigungen mit ökologisch negativer Wirkung, wie zum Beispiel für Steinkohle, Dieselkraftstoff, schweres Heizöl, Gasöl in der Landwirtschaft, für den inländischen Flugverkehr oder die Kilometerpauschale, vor. Da diese Vergünstigungen der umweltpolitisch erwünschten Lenkungswirkung zuwiderlaufen, sollten sie zuerst oder zumindest gleichzeitig bereinigt werden, zumal die ökologischen Ziele möglicherweise mit weit geringeren volkswirtschaftlichen Kosten erreichbar sind als durch die Einführung neuer Steuern. Zwar wurde zumindest die Umwandlung der Kilometerpauschale in eine Entfernungspauschale in der Koalitionsvereinbarung angekündigt, sie ist jedoch nicht in das Reformgesetz eingebracht worden. Der Umweltrat kritisiert, dass das konsequente „Durchforsten" des Finanzsystems nach ökologischen Kriterien nicht als ein Ziel der „ökologischen Steuerreform in drei Schritten" genannt wird.

EU-weite Mindestbesteuerung

109. Die EU ist derzeit intensiv bemüht, auf der Basis des Richtlinienvorschlags der EU-Kommission vom März 1997 (97/30/EWG) eine Mindestbesteuerung für Energieerzeugnisse einzuführen. Der derzeit von 13 der 15 EU-Staaten getragene Kompromissvorschlag (7738/99/EWG) enthält umfangreiche Ausnahmeregelungen wie z. B. Null-Steuersätze für den Kohleeinsatz. Zudem ist zur Verabschiedung der Richtlinie Einstimmigkeit erforderlich, was die Wahrscheinlichkeit einer deutlichen Lenkungswirkung bei einer eventuellen Mindeststeuerregelung erheblich reduziert. Der Umweltrat unterstützt jedoch grundsätzlich eine internationale Einigung, die einen ersten Schritt hin zu einer EU-weit harmonisierten Besteuerung ermöglicht, die an den grenzüberschreitenden und globalen Emissionen orientiert ist. Sollte sich eine Einigung auf eine EU-weite Steuerlösung nicht abzeichnen, so ist die Option einer EU-weiten Lizenzlösung zu überprüfen (BADER, 1999).

EU-rechtliche Probleme eines nationalen Alleingangs

110. Freilich stößt die unterschiedliche Besteuerung von Strom nach Maßgabe des Kohlenstoffgehaltes der Primärenergieträger im Falle eines nationalen Alleingangs auf EU-rechtliche Probleme, da Importstrom nach denselben Kriterien besteuert werden müsste wie der inländische Strom; eine Besteuerung nach nationalen Maßstäben ließe sich nur durchführen, wenn der importierte Strom einer konkreten Auslandsanlage zugeordnet werden könnte. Sofern dies nicht möglich ist, schlägt der Umweltrat vor, den inländischen genauso wie den ausländischen Stromabsatz in Abhängigkeit von den durchschnittlichen Emissionen des Primärenergieeinsatzes des jeweiligen Energielieferanten zu besteuern. Die hierzu erforderlichen Informationspflichten müssten auch dem Importeur auferlegt werden, was jedoch hinsichtlich des Aufwands vertretbar erscheint (EWRINGMANN et al., 1996, S. 11). Wird darüber hinaus im Inland zusätzlich eine CO_2-Steuer auf die Primärenergieträger erhoben, kommt es zu einer Doppelbesteuerung. Um diese zu vermeiden, sollte die Primärenergiesteuer auf die Stromsteuer anrechenbar sein.

Die Doppelbesteuerung und der hiermit verbundene Verwaltungsaufwand ließen sich vermeiden, wenn eine international einheitliche Lösung zur Emissionsminderung gefunden würde. Eine internationale Lizenzlösung (Tz. 113 ff.) wäre in diesem Punkt sogar unkomplizierter als eine internationale Steuerlösung.

111. Für Strom aus Atomkraftwerken bedarf es eines gesonderten Risikozuschlags für die Restrisiken aus der Stromerzeugung sowie der Endlagerung bzw. einer zusätzlichen Besteuerung des nuklearen Anteils an der gesamten installierten Leistung des Kraftwerksparks.

Fazit

112. Im Hinblick auf den ökologischen Lenkungseffekt und die ökonomische Effizienz sind nach Ansicht des Umweltrates die Optionen eines Systems handelbarer Emissionszertifikate und einer an den Emissionen bzw. Umweltbeeinträchtigungen der Primärenergieträger ausgerichteten Steuer dem Stromsteuerkonzept der Bundesregierung eindeutig überlegen. Die Lizenzlösung hat zudem den Vorteil, dass sie im globalen Maßstab anwendbar ist. Soll jedoch an einer pauschalen Stromsteuer festgehalten werden, so sind für einen stärkeren ökologischen Lenkungseffekt folgende Mindestanforderungen nachzuholen:

– Die Besteuerung von Kohle und Kernbrennstoffen sowie die Anrechnung der Primärenergieträgersteuern auf die Stromsteuer,

– ein stufenweiser Anstieg der Steuersätze über das Jahr 2003 hinaus, solange bis das Umweltziel erreicht ist,

– an den unterschiedlichen Produktionsprozessen ausgerichtete Ermäßigungstatbestände für das Produzierende Gewerbe.

Bei einer pauschalen Stromsteuer ergibt sich das Problem, dass eine nachträgliche Befreiung der erneuerbaren Energieträger von der Stromsteuer aus EU-wettbewerbsrechtlichen Gründen nur bedingt möglich ist. Eine den Einsatz von erneuerbaren Energieträgern berücksichtigende Lösung könnte darin liegen, die Stromsteuer an dem im jeweiligen Kraftwerkspark des Erzeugers eingesetzten Verhältnis von fossilen Energieträgern und Atomenergie zu erneuerbaren Energieträgern auszurichten. Würde dieses Verhältnis beispielsweise 95 % gegenüber 5 % betragen, so würde der Stromsteuersatz aus der Multiplikation der 95 % mit dem Regelsteuersatz berechnet. Diese Lösung ist einer pauschalen Stromsteuer vorzuziehen, da sie die erneuerbaren Energieträger nicht besteuert und zudem auch die unterschiedlichen Stromerzeugungsformen im Ausland berücksichtigt. Allerdings hat sie gegenüber der vom Umweltrat vorgeschlagenen emissionsorientierten Besteuerung den Nachteil, dass sie die unterschiedlich hohen Emissionen der fossilen Energieträger und die Stromerzeugung durch Kraft-Wärme-Kopplung nicht berücksichtigt.

Ferner betont der Umweltrat die Notwendigkeit des Abbaus ökologisch kontraproduktiver Subventionen.

2.2.3 Handelbare Emissionslizenzen und Joint Implementation

113. Handelbare Emissionslizenzen (oder Zertifikate) werden in der umweltökonomischen Theorie bereits seit Beginn der achtziger Jahre gegenüber allen anderen potentiellen umweltpolitischen Instrumenten als das ökonomisch effizienteste und gleichzeitig ökologisch wirksamste herausgestellt (z. B. ENDRES, 1985). Über praktische Erfahrungen mit dem Einsatz dieses Instruments verfügen insbesondere die USA, wo 1990 mit der Novelle des "Clean Air Act" ein nationales Handelssystem für SO_2-Lizenzen und 1993 in Kalifornien ein regionales Handelssystem für SO_x- und NO_x-Lizenzen (RECLAIM) eingeführt wurde (BADER und RAHMEYER, 1996; SRU, 1996, Tz. 1042 f.; ENDRES und SCHWARZE, 1994). Als Flexibilisierungsinstrumente im Rahmen einer globalen Klimaschutzstrategie sollen nun erstmals sowohl Lizenzen als auch Joint Implementation in umfassender Form eingesetzt werden.

114. Auf der 3. Vertragsstaatenkonferenz der Klimarahmenkonvention in Kyoto Ende 1997 haben sich die Vertragsstaaten zumindest grundlegend auf die Einführung flexibler marktwirtschaftlicher Instrumente im Rahmen des Protokolls zur rechtlich verbindlichen Reduktion von Treibhausgasemissionen geeinigt (UN, 1998a, Art. 17; vgl. SRU, 1998a, Tz. 390). Im Klimaprotokoll ist nicht nur beschlossen worden, die Emissionen von sechs Treibhausgasen in den (westlichen und östlichen) Industriestaaten (Annex B-Staaten) um durchschnittlich 5,2 % im Zeitraum 2008 bis 2012 (gegenüber 1990) zu senken (mit unterschiedlich hohen Verpflichtungen für die einzelnen Länder), sondern es wurde auch festgelegt, mit welchen Maßnahmen diese Ziele erreicht werden können (SRU, 1998a, Tz. 386 ff.). Eines der im Protokoll angeführten sogenannten „flexiblen" Instrumente stellt der Handel mit Emissionsrechten dar, der es den Annex B-Staaten erlaubt, die für den Zeitraum 2008 bis 2012 verbindlich festgelegten nationalen Emissionsbudgets zu übersteigen und zusätzlich benötigte Emissionsrechte auf dem internationalen Lizenzmarkt zu erwerben bzw. das Emissionsbudget zu unterschreiten, um überschüssige Emissionsrechte zu verkaufen. Auf diese Weise können Differenzen bei den Emissionsvermeidungskosten zwischen den einzelnen Ländern ausgenutzt werden, um das globale Emissionsminderungsziel möglichst kostengünstig zu erreichen. Gleichzeitig kann die aus den Verpflichtungen der einzelnen Staaten errechenbare Gesamtreduktion von 5,2 % eingehalten werden, da eine Erhöhung des Emissionsbudgets in einem verpflichteten Staat, der zusätzliche Emissionsrechte ankauft, stets mit einer Verkleinerung des Emissionsbudgets des verkaufenden Staates einhergeht.

115. Im Klimaprotokoll (Art. 17) wurde bislang nur die Möglichkeit des Handels an sich eingeräumt, während einzelne Regeln des Handels bei den nächsten Vertragsstaatenkonferenzen der Klimarahmenkonvention festgelegt werden sollen. Obwohl seit Kyoto bereits zwei weitere

Vertragsstaatenkonferenzen stattgefunden haben, konnten konkrete Handelsregeln bislang noch nicht beschlossen werden. Auf der 4. Vertragsstaatenkonferenz Ende 1998 in Buenos Aires wurden die unterschiedlichen Verhandlungspositionen der drei großen Akteursgruppen bezüglich der konkreten Ausgestaltung des Systems deutlich: Während die Gruppe der EU, der Assoziierten Staaten und der Schweiz sich dafür einsetzt, dass vor dem Inkrafttreten des Handels alle erforderlichen Regeln einschließlich einer Begrenzung der Transaktionen von Emissionsgutschriften sowie eines transparenten und nicht-diskriminierenden Ablaufs des Handels festzulegen sind, plädiert die sogenannte *umbrella group* (USA, Kanada, Neuseeland, Norwegen, Australien, Island, Japan, Russland) für eine möglichst schnelle und pragmatische Umsetzung des Handels ohne jegliche international koordinierte Handelsregeln, d. h. jeder Staat solle die Umsetzung des Emissionshandels individuell ausgestalten. Die Gruppe der Entwicklungsländer („G77+China") neigt stärker zur Position der „EU/Assoziierte Staaten/Schweiz"-Gruppe (SCHAFHAUSEN, 1999).

Der Umweltrat begrüßt die Einführung flexibler Instrumente in die Klimapolitik. Allerdings hält er eine internationale Koordinierung einiger grundlegender, nachfolgend zu diskutierender Regeln für zwingend erforderlich, um ein wirkungsvolles und funktionsfähiges Handelssystem sowie dessen Verknüpfung mit dem "Clean Development Mechanism" zu etablieren und ökologische Fehlentwicklungen und Trittbrettfahrerverhalten zu vermeiden. Außerdem ist im Hinblick auf den ordnungsrechtlichen Ansatz insbesondere der IVU-Richtlinie eine Abstimmung mit dieser Richtlinie erforderlich, da diese jeden einzelnen Anlagenbetreiber unter anderem zum effizienten Energieeinsatz verpflichtet.

Die Hervorhebung nationaler Anstrengungen versus Handel mit „Heißer Luft"

116. Die EU hat sich bislang während der gesamten Klimaverhandlungen stets dafür eingesetzt, dass der wesentliche Teil der Reduktionsanstrengungen im eigenen Land erbracht werden sollte, und der Emissionshandel sowie Joint Implementation– und "Clean Development Mechanism"-Projekte (Tz. 123 ff.) über die nationalen Politiken und Maßnahmen hinaus nur eine zusätzliche Möglichkeit darstellen sollten, das nationale Reduktionsziel flexibler zu erreichen. Tatsächlich ist im Kyoto-Protokoll das Kriterium der Zusätzlichkeit ("Supplementarity") in allen drei Mechanismen verankert und damit zum wesentlichen Bestandteil des Protokolls geworden. Dieses Kriterium ist gleichfalls eine wesentliche Forderung der Entwicklungsländer, für die nationale Anstrengungen vor allem seitens derjenigen Länder mit den höchsten Pro-Kopf-Treibhausgasemissionen notwendige Voraussetzung für eigene Begrenzungs- bzw. Reduktionsverpflichtungen sind. In diesem Zusammenhang spielt auch die Möglichkeit des Handels mit „heißer Luft" eine wesentliche Rolle, da hiermit den Industrieländern ein zusätzlicher Spielraum geschaffen wird, um ein vergleichsweise hohes nationales Emissionsniveau aufrechterhalten zu können.

117. „Heiße Luft" wird in der Regel als Differenz zwischen dem Emissionsbudget eines Landes für die erste Verpflichtungsperiode (2008 bis 2012) und der gemäß Business-as-usual-Szenario erwarteten Emissionen (d. h. ohne weitergehendere Klimaschutzanstrengungen) im gleichen Zeitraum definiert (SCHWARZE, 1998, S. 402). Berechnet man diese Differenz für alle in Kyoto verpflichteten Staaten (im Protokoll als Annex B-Staaten bezeichnet), zeigt sich, dass „heiße Luft" vor allem in Russland und der Ukraine von Bedeutung ist, die trotz ihrer erheblichen Emissionsreduktionen keine Reduktions-, sondern nur eine Stabilisierungsverpflichtung eingegangen sind. Ihre Emissionsbudgets liegen damit weit über den Business-as-usual-Emissionsszenarien. Die sich aus der Differenz ergebende Menge an „heißer Luft" aus beiden Ländern wird vom International Institute for Applied Systems Analysis (IIASA, 1998) auf jährlich durchschnittlich etwa 820 Mio. t CO_2 geschätzt. CRIQUI et al. (1999) schätzen für alle Länder der ehemaligen Sowjetunion das Volumen an „heißer Luft" auf etwa 1 Mrd. t CO_2 (vgl. Tab. 2.2-1). Da durch diese relativ große Menge auf den Markt gelangender überschüssiger Emissionsrechte der internationale Zertifikatpreis stark nach unten gedrückt werden dürfte, werden für die anderen Industrieländer nationale Klimaschutzmaßnahmen im Vergleich zum Zertifikateerwerb relativ teurer. Als eigentlich problematisch erweist sich in diesem Zusammenhang, dass das hohe Ausmaß an Reduktionen in Russland und in der Ukraine aufgrund des wirtschaftlichen Umbruchs seit 1990 und damit weitgehend ohne klimaschutztechnologischen Fortschritt zustande kam. Im Falle des Weiterverkaufs dieser „heißen Luft" durch den Handel würde zugleich in anderen Industriestaaten technischer Fortschritt (im Vergleich zu einem Handel ohne „heiße Luft") abgebremst.

Das im Protokoll fixierte Gesamtziel der Reduzierung der Treibhausgasemissionen aller 38 verpflichteten Industriestaaten um durchschnittlich 5,2 % bis zum Zeitraum 2008 bis 2012 (gegenüber 1990) mag auch wenig befriedigen, wenn man betrachtet, dass die CO_2-Emissionen derselben Staaten zwischen 1990 und 1995 bereits um knapp 6 % – eben aufgrund der Entwicklung in Russland und der Ukraine – zurückgegangen sind (vgl. UN, 1998a, S. 10), so dass dieser Status quo trotz Protokoll nur bis zum Zeitraum 2008 bis 2012 verlängert wird. Allerdings lässt das gebündelte (mit erheblichen Unsicherheitsfaktoren behaftete) Business-as-usual-Szenario der Annex B-Staaten einen Anstieg der Treibhausgasemissionen zwischen 1990 und dem Jahr 2010 um 10 % erwarten (UN, 1998b), was bedeutet, dass selbst die Einhaltung der vielfach als zu schwach beurteilten Kyoto-Verpflichtungen einschließlich des Handels mit „heißer Luft" den Industriestaaten eigene Anstrengungen abverlangen wird. Vergleicht man die

Menge von 1 Mrd. t CO_2 an käuflicher „heißer Luft" mit dem Volumen von etwa 3,1 Mrd. t CO_2, das die USA, die EU, Japan, Australien, Neuseeland und Kanada kaufen müssten, wenn sie keine eigenen Anstrengungen unternehmen würden, wird deutlich, dass trotz der Möglichkeit des unbegrenzten Handels die Kyoto-Verpflichtungen ohne nationale Klimaschutzstrategien nicht eingehalten werden können (vgl. Tab. 2.2-1).

118. Will man dennoch eine Verschärfung der Kyoto-Verpflichtungen über die Eingrenzung des Handels mit „heißer Luft" und eine hiermit verbundene zwangsläufige Konzentration auf nationale Politiken und Maßnahmen erreichen, muss untersucht werden, ob es zielkonforme Wege hierzu gibt. Es existieren unterschiedliche Vorschläge, den Handel mit „heißer Luft" aus den Transformationsstaaten einzudämmen, um den Industriestaaten verstärkt eigene Reduktionsanstrengungen abzuverlangen. Der Umweltrat bewertet hier ausschließlich die Strategie der EU im Hinblick auf ihre Zielwirksamkeit und Effizienz.

Die EU hatte zunächst eine Regelung in die Klimaverhandlungen eingebracht, die festlegt, dass jeder Annex B-Staat eine bestimmte Obergrenze für die außerhalb des eigenen Landes erzielten Emissionsminderungen nicht überschreiten darf, was einer künstlichen Begrenzung von Käufen jedes Annex B-Staates über eine bestimmte Menge an Lizenzen hinaus gleichkommt.

Der Umweltrat hält diese Regelung insofern für problematisch, als die Limitierung der Kaufaktivitäten neben dem Verlust von Effizienzvorteilen zu erheblichen Angebotsüberschüssen führen könnte, da gleichzeitig die „heiße Luft" nicht vom Handel ausgeschlossen würde. Die Zertifikatpreise würden damit noch stärker sinken als ohne eine solche Limitierungsregelung. Der Marktmechanismus wäre damit weitgehend außer Kraft gesetzt. Es muss dann die Frage gestellt werden, ob die Etablierung eines Zertifikatsystems mit einer solchen Restriktion aufgrund der nicht unerheblichen Transaktionskosten überhaupt noch sinnvoll wäre. Außerdem könnten die Anbieter der „heißen Luft", wenn sie diese in der 1. Budgetperiode nicht oder nur teilweise verkaufen, in die 2. Budgetperiode übertragen (*Banking*), womit das Problem zeitlich verlagert, jedoch nicht gelöst würde. Ferner würde man auch die Vorteile des internationalen Ausgleichs der Emissionsvermeidungskosten, die das Instrument auszeichnen, gerade in der schwierigen Anfangsphase der Etablierung und Umsetzung des Kyoto-Protokolls beschneiden.

Die EU hat aufgrund der politischen Umsetzungsschwierigkeiten der letztgenannten Regelung einen neuen Vorschlag in die Klimaverhandlungen eingebracht, bei dem die *Netto*-Käufe bzw. die *Netto*-Verkäufe jedes Annex B-Staates nicht eine bestimmte Menge überschreiten dürfen, die sich individuell aus dem Durchschnitt von Basisjahremissionen und zugeteilter Budgetmenge ergibt (vgl. UN, 1999).

Der Umweltrat befürchtet, dass die Netto-Käufer-Regelung, bei der letztlich die Zahl der Zertifikatskäufe eines Landes nicht um einen bestimmten Betrag höher sein darf als die der Verkäufe, dazu führt, dass die betroffenen Länder statt vermehrter eigener Reduktionsanstrengungen auf vergleichsweise kostengünstige Projekte des "Clean Development Mechanism" (CDM) in Entwicklungsländern (Tz. 123) ausweichen. Eine

Tabelle 2.2-1

Vergleich der Status-quo-Prognosen und der Kyoto-Verpflichtungen für ausgewählte Industriestaaten (in Mio. t CO_2)

	2010 Status quo	gegenüber 1990 (in %)	Kyoto-Index (in %)	2010 Kyoto	2010 Notwendige Reduktionen
USA	6 398,3	30,5	93	4 557,6	1 840,6
Kanada	520,6	14,8	94	403,3	117,3
EU	3 762,0	16,8	92	3 014,0	748,0
Ehem. Sowjetunion	1 877,3	-36,4	100	2 951,6	-1 074,3
Japan	1 272,3	16,8	94	1 023	249,3
Australien/Neuseeland	462	n.a.	107	326,3	135,6
Annex B-Staaten	15 334	18,0	95	13 167	2 167

Quelle: CRIQUI et al., 1999, S. 54 f.

Regelung mit diesen Auswirkungen dürfte umweltpolitisch insbesondere dann nicht erstrebenswert sein, wenn für CDM-Projekte nicht ausreichend anspruchsvolle Kriterien formuliert werden können, die in jedem Fall die Zusätzlichkeit solcher Projekte Business-as-usual-Aktivitäten gewährleisten sollten. Um dennoch die gewünschte verstärkte Anwendung nationaler Maßnahmen zu erreichen, müsste wiederum die Zahl der CDM-Projekte für jedes Land limitiert werden. Ferner führt die Regelung zu ähnlichen Effizienzverlusten wie der von der EU ursprünglich in Kyoto eingebrachte Vorschlag.

Die Netto-Verkäufer-Regelung soll den Lizenzhandel auch für potentielle Verkäuferländer wie etwa Russland einschränken. Diese Begrenzung dürfte politisch genauso schwierig durchzusetzen sein wie eine Zielneuformulierung seitens Russlands und würde zudem zu größeren Ineffizienzen führen.

Grundsätzlich lässt sich nur sehr schwer eine angemessene allgemeine Formel für die maximal zu handelnde Menge jedes einzelnen Staates finden, wenn man nicht das jeweilige Business-as-usual-Szenario mitberücksichtigt. Der Umweltrat schlägt daher vor, dass jeder Annex B-Staat selbst eine freiwillige Eigenerfüllungsquote in die Klimaverhandlungen einbringt, die umso höher sein sollte, je niedriger das relative „Opfer" des einzelnen Staates ist, wenn man das Emissionsbudget der ersten Verpflichtungsperiode mit dem Business-as-usual-Szenario für den gleichen Zeitraum vergleicht. Die EU-Staaten könnten hier gemäß ihrem besonderen Anliegen eine Vorreiterrolle übernehmen und als erste eine Eigenerfüllungsquote in die Verhandlungen einbringen. Die Quoten sollten die Grundlage für eine differenzierte Regelung einer Begrenzung des Handels mit Emissionsrechten bilden. Alternativ zur Formulierung einer Quote könnte ein Land auch sein Reduktionsziel verschärfen.

Sanktionsmaßnahmen

119. Das Funktionieren eines internationalen Emissionshandelssystems hängt im wesentlichen von einem wirksamen Sanktionsmechanismus ab, und zwar nicht allein für das Handelssystem, sondern für sämtliche Protokollverpflichtungen. Denn Sanktionen für Teilnehmer, die das Handelssystem „missbrauchen", berücksichtigen noch nicht diejenigen Staaten, die ihr Emissionsbudget übersteigen, ohne am Handel teilzunehmen. Deshalb sind Sanktionen nicht nur im Rahmen von Art. 17 des Protokolls (*Trading*), sondern auch in Art. 18 (*Non-Compliance*) Voraussetzung für ein funktionierendes Handelssystem. Es sind demnach sowohl handelsspezifische Sanktionsmaßnahmen bei Zertifikatverkäufen und anschließender Nichterfüllung des Emissionsbudgets als auch Sanktionen bei Nichteinhaltung der Protokollverpflichtungen Voraussetzung für das Inkrafttreten des Handels.

Als eine Möglichkeit für handelsspezifische Sanktionen wird der Entzug von Emissionsrechten in der nachfolgenden Budgetperiode diskutiert. Dies bedeutet, dass diejenige während der Budgetperiode verkaufte Zertifikatemenge vom nächsten Emissionsbudget abgezogen werden muss, um die das entsprechende Land oder Unternehmen am Ende der Budgetperiode das Emissionsbudget überschritten hat.

Weiterhin sind solche Länder gänzlich vom Handel auszuschließen, die andere Protokollverpflichtungen, insbesondere die für den Handel essentielle Emissionsberichterstattung, nicht einhalten.

120. Darüber hinaus sind generelle Sanktionen im Rahmen von Art. 18 notwendig, die auch den Nicht-Handelsteilnehmer bestrafen. Der Umweltrat betrachtet als die wirksamste Alternative die Verhängung von Strafgebühren bei Nichteinhalten des Emissionsbudgets. Auch der US-amerikanische SO_2-Handel sieht Strafgebühren für die Überschreitung der maximal erlaubten Emissionsfrachten vor (sie betragen etwa das Zehnfache des bisher erzielten durchschnittlichen Zertifikatpreises); unabhängig von dieser Geldbuße muss die Emissionsüberschreitung im folgenden Jahr ausgeglichen werden (RICO, 1995, S. 120). Die Strafgebühren müssten um einen bestimmten Prozentsatz höher sein als der geltende Marktpreis für die entsprechende Emissionsmenge, um die das Emissionsbudget des Landes oder Unternehmens überschritten wird. Eine solche Regelung gewährleistet, dass einzelne Akteure nicht als Trittbrettfahrer auftreten und so das Prinzip der kollektiven Emissionsobergrenze durchbrechen können.

Transparenter, nicht-diskriminierender Ablauf des Handels

121. Nach den Vorstellungen der USA soll keine Regelung getroffen werden, nach welcher der Zertifikatehandel über eine hierfür bestimmte internationale Börse stattfindet, die die gängigen Börsenregeln zur Sicherstellung von Markttransparenz anwendet. Dadurch besteht jedoch die Gefahr von verdeckten, bilateralen Preisaushandlungen, bei denen insbesondere kleinere Länder (oder Unternehmen) sich gegenüber größeren, tendenziell verhandlungs- und finanzstärkeren Ländern (oder Unternehmen) nur schwer behaupten können. Darüber hinaus sind auch ohne eine marktbeherrschende Stellung einzelner Länder (oder Unternehmen) wettbewerbswidrige Verhaltensweisen wie z. B. Preisdiskriminierung (d. h. ungleiche Preise für gleiche Leistungen) dann nicht auszuschließen, wenn ein hoher Grad an Preisintransparenz auf dem Markt herrscht (SCHMIDT und BINDER, 1998, S. 1265 ff.).

Aus wettbewerbsrechtlicher Sicht muss diese potentielle Gefahr des Missbrauchs von Marktmacht durch entsprechende Rahmenbedingungen verhindert werden (MULLINS und BARON, 1997, S. 32 f.). Um wettbewerbswidrige Diskriminierungen weitgehend auszuschließen, ist als notwendige internationale Rahmenbedingung ausreichende Markt- und insbesondere Preistransparenz durch die Schaffung designierter internationaler Börsenplätze und an den geltenden Börsengesetzen angelehnte Handelsregeln zu gewährleisten. Nur so ist eine offene, transparente Marktpreisbildung möglich. Eine solche Regelung schließt bilaterale Transaktionen nicht aus. Allerdings sollten diese einschließlich gehandelter Menge und gezahltem Preis an die Börse gemeldet werden.

Integration von Entwicklungsländern

122. Aufgrund der globalen Umweltproblematik des Klimawandels besteht kein Zweifel, dass eine wirksame weltweite Treibhausgasreduktion langfristig nur mit einer Einbindung der Entwicklungsländer gelingen wird. Die langfristige Übernahme von Verpflichtungen seitens der Entwicklungsländer ist auch deshalb essentiell, weil ansonsten die energieintensiven Unternehmen in den Industrieländern einen Anreiz hätten, ihre Produktion in Länder ohne Reduktionsverpflichtungen zu verlagern. Derartige Effekte sind sowohl ökologisch als auch arbeitsmarktpolitisch kontraproduktiv. Das System des Emissionsrechtehandels bietet einen gewissen finanziellen Anreiz für die Entwicklungsländer, Reduktions- oder Begrenzungsverpflichtungen einzugehen, wenn sie trotz ihrer eigenen Verpflichtungen davon ausgehen können, dass sie auch als Verkäufer von Emissionsrechten am Markt teilnehmen können. Ein noch stärkerer Anreiz wäre ein Verteilungsschlüssel bei der Aufteilung eines globalen Treibhausgas-Reduktionsziels, der den Entwicklungsländern gerecht wird. Ein solcher Verteilungsschlüssel wäre etwa eine stärkere Ausrichtung der nationalen Ziele an den Pro-Kopf-Emissionen.

Allerdings ist zu respektieren, dass die meisten Entwicklungsländer erst dann zu Verhandlungen über eigene Verpflichtungen bereit sein werden, wenn erkennbare nationale Anstrengungen der Industrieländer erbracht worden sind. Auch der Umweltrat hält es für unabdingbar, dass zunächst die für den Treibhauseffekt hauptverantwortlichen Industriestaaten das Protokoll ratifizieren. Es ist umso leichter, die Entwicklungsländer zu Begrenzungsverpflichtungen zu bewegen, je ernster die Industriestaaten ihre Vorreiterrolle nehmen.

Joint Implementation, Clean Development Mechanism und Lizenzhandel

123. Zusätzliche Flexibilität zur Erfüllung der Reduktionsziele schafft die Kombination von Joint Implementation (JI) mit dem Emissionshandel. Sowohl Joint Implementation in den Industriestaaten (Art. 6) als auch Joint Implementation in Entwicklungsländern (im Kyoto-Protokoll bezeichnet als "Clean Development Mechanism" (CDM), Art. 12) fanden Eingang in das Protokoll. Joint Implementation gibt einzelnen Unternehmen und damit dem jeweiligen Land die Möglichkeit, durch konkrete Klimaschutzprojekte Emissionsreduktionen in anderen Annex B-Ländern mit niedrigeren Vermeidungskosten zu erzielen, umso entweder das eigene Emissionskonto zu entlasten oder die Reduktionen – zertifiziert – auf dem Markt weiterzuverkaufen. CDM-Projekte verfolgen das gleiche Ziel, jedoch finden sie in den noch nicht verpflichteten Staaten, also weitgehend in den Entwicklungsländern statt.

Ob der Weiterverkauf innerhalb der verpflichteten Industriestaaten auch für aus dem CDM erworbene Zertifikate (*certified emissions reductions*) möglich ist, geht aus Art. 3.12 des Protokolls nicht eindeutig hervor. Jedenfalls werden diese CDM-Zertifikate zu Bestandteilen des nationalen Emissionsbudgets, die wiederum nach Art. 3.10 und 3.11 innerhalb der Industriestaaten gehandelt werden können. Diese Regelung ist insofern zwiespältig, als mit zusätzlichen CDM-Zertifikaten die kollektive Emissionsobergrenze der 38 verpflichteten Industriestaaten (Annex B-Staaten) überschritten wird, so dass das Gesamtziel des Protokolls einer 5,2-prozentigen Reduktion der Treibhausgase in den Annex B-Staaten nicht mehr gesichert wäre.

Um mit CDM nicht ein schwer kontrollierbares „Schlupfloch" zum Erwerb zusätzlicher Emissionsrechte zu schaffen, die den Emissionsrahmen der Annex B-Staaten aufweichen, fordert der Umweltrat zumindest klare, einheitliche Vorgaben zur Berechnung der Emissionsreduktionen der einzelnen Projekte und zur Bestimmung der jeweiligen vergleichbaren Referenzsituation (ohne CDM-Projekt) (CARTER, 1997). Nur wenn mit dem Auslands-Projekt ein zusätzlicher Klimaschutzeffekt erzielt wird, der im Business-as-usual-Fall nicht aufgetreten wäre, ist ein globaler Klimaschutzgewinn gesichert und die Gefahr des Aushöhlens des Zertifikatesystems gebannt. Würde hingegen zum Beispiel im Rahmen eines Joint Ventures mit Gewinnbeteiligung der Wirkungsgrad eines Kraftwerks erhöht, hätte dieses Projekt ohnehin stattgefunden. Könnten die hier erreichten Emissionsreduktionen jedoch im Rahmen von CDM dem Investor gutgeschrieben werden, dürfte im Investorland entsprechend weniger Klimaschutz geleistet bzw. – wenn diese CDM-Lizenzen weiterverkauft werden – in einem anderen Annex B-Staat weniger Klimaschutz erbracht werden. Für den globalen Klimaschutz wäre dies ein Verlust, denn das ohnehin rentable Projekt wäre auch ohne CDM durchgeführt worden, und gleichzeitig sinken durch die CDM-Anrechnung die Klimaschutzanstrengungen in den Annex B-Staaten entsprechend. Die große Überlegenheit von Lizenzen gegenüber anderen Instrumenten aufgrund der ökologischen Treffsicherheit würde damit konterkariert.

Der Umweltrat mahnt deshalb eindringlich klare, einheitliche Kriterien zur Bestimmung der Zusätzlichkeit der Projekte an. Die wirksamste ist der Nachweis der aus betriebswirtschaftlicher Sicht nicht rentablen Investitionen in das Projekt. Hierfür wäre eine Aufdeckung unternehmensinterner Kosten, Beteiligungen, Verträge unter anderem erforderlich. Weitere wesentlich schwächere, jedoch leichter umsetzbare Vorschläge sind unter anderem:

- Die Beschränkung des CDM auf solche Projektkategorien, die per se das Kriterium der Zusätzlichkeit erfüllen (z. B. Bau von Anlagen zur Nutzung erneuerbarer Energien) (CARTER, 1997).
- Die Überwindung projektspezifischer Barrieren. Hierzu müsste der Investor darlegen, welche finanziellen, institutionellen, technologischen, informationstechnischen oder sonstigen Hürden er zur Durchführung des Projekts zu überbrücken hatte bzw. noch zu überwinden hat; die Barrieren sind dann vom Gastgeberland des Projektes zu beurteilen (IEA, 1996).

Der Umweltrat empfiehlt eine intensivere Erforschung der einzelnen Kriterien, um die Zusätzlichkeit der Auslandsinvestitionen gegenüber den ohnehin getätigten Investitionen abgrenzen zu können. Das Protokoll sieht zwar für CDM-Projekte vor, dass der Investor eine Gebühr an eine Projektadministration entrichtet. Jedoch kann dies kein ausschließliches Zusätzlichkeitskriterium sein, da hieran die Wirtschaftlichkeit des CDM-Projektes in der Regel nicht scheitern dürfte und immer noch Mitnahmeeffekte auftreten können.

Bei der Festlegung der Regeln gilt grundsätzlich, dass für Joint-Implementation-Projekte in anderen Annex B-Staaten solche Vorgaben nicht erforderlich sind. Das Empfängerland selbst hat ein Eigeninteresse, nicht beliebig viele Emissionsreduktionen an das Investorland zu übertragen, da es selbst Reduktionsverpflichtungen erfüllen muss. Anders ist dies bei CDM-Projekten in Nicht-Annex B-Staaten (Entwicklungsländer). Da diese (vorerst) keine eigenen Reduktionsverpflichtungen haben, ist ihr Interesse an einer objektiven Bestimmung der Referenzsituation und einer entsprechend objektiven Schätzung der Emissionsreduktionen vergleichsweise gering.

124. In diesem Zusammenhang ist auch die Anerkennung von *Waldprojekten* bei Joint Implementation und CDM und damit auch für den Emissionshandel problematisch, da solche Projekte eine vergleichsweise preisgünstige Möglichkeit zum Erwerb von Emissionsrechten darstellen und, wie bereits in der Pilotphase erkennbar, sich deshalb größerer Beliebtheit erfreuen dürften. Eine verstärkte Durchführung von Waldprojekten kann dazu führen, dass die mit relativ höheren Anfangsinvestitionen verbundenen Technologieprojekte verdrängt werden und eine Verlangsamung des umwelttechnologischen Fortschritts sowohl in den Industrie- als auch in den Entwicklungsländern eintritt. Darüber hinaus ist die Definition verbindlicher Kriterien zur Messung bzw. Schätzung der speicherbaren Kohlenstoffmengen der unterschiedlichen Waldprojekte (Aufforstung, Wiederaufforstung, Walderhaltung) mit nicht unerheblichen Schwierigkeiten verbunden (WBGU, 1998). Die Kohlenstoffspeicherung von Wäldern hängt von zahlreichen Faktoren ab (Baumart, Alter, Standort, Klimafaktoren, Verwendung des Holzes), die auch mit Hilfe einer Satellitenüberwachung nicht vollständig erfasst werden können (NEPSTAD et al., 1999). Unklar bleibt auch, was nach Ablauf des Projektes mit dem Wald geschieht. Der Umweltrat empfiehlt trotzdem, nicht gänzlich von Waldprojekten im Rahmen von CDM abzusehen, da sie nicht nur für die Stabilität des globalen Erdklimas, sondern auch aus zahlreichen anderen ökologischen Gründen von erheblicher Bedeutung sind. Vielmehr könnten zunächst im Rahmen von CDM-Projekten gespeicherte Emissionen niedriger als Emissionsreduzierungen bewertet werden, um den genannten Unsicherheiten Rechnung zu tragen. Zugleich könnte damit ein Anreiz für die Verbesserung der Mess- und Schätzungsverfahren gesetzt werden. Arbeiten zur Entwicklung verbindlicher Kriterien zur Verbesserung der Mess- und Schätzungsverfahren werden gegenwärtig im Rahmen des Intergovernmental Panel on Climate Change (IPCC) durchgeführt.

125. Eine andere Möglichkeit, wie die Schwierigkeiten der Verifikation der tatsächlichen Emissionsreduktionen von CDM-Projekten umgangen und die Gefahr des Aufweichens der kollektiven Emissionsobergrenze der Annex B-Staaten verhindert werden könnte, besteht darin, die Entwicklungsländer ebenfalls zur Begrenzung ihrer Treibhausgasemissionen zu verpflichten. Diese Option ist längerfristig nicht zuletzt auch aufgrund der Notwendigkeit einer globalen Klimaschutzstrategie unumgänglich (Tz. 122; vgl. Abschn. 2.4.4). CDM ist aus diesem Grund nur als Übergangslösung anzusehen.

Vereinbarkeit des Lizenzhandels mit der Ökosteuerreform

126. Die internationale Entwicklung hin zu einem System handelbarer Emissionsrechte steht nicht notwendigerweise im Widerspruch zu einer ökologischen Steuerreform, jedoch ist dabei folgender Zusammenhang zu berücksichtigen.

Beabsichtigt die Bundesregierung, aus Effizienzgründen längerfristig auch die Unternehmen am Handel teilnehmen zu lassen, so würden Erwerb von Zertifikaten und Steuerzahlung eine Doppelbelastung für die Unternehmen bedeuten. Es müsste deshalb die Möglichkeit geschaffen werden, den Unternehmen die Wahl zwischen Lizenzerwerb und Steuerzahlung selbst zu überlassen. Für die Kompatibilität beider Instrumente muss die Voraussetzung erfüllt sein, dass Steuerschuldner und Lizenzpflichtiger identisch sind. Dies ist dann der Fall, wenn, wie vom Umweltrat empfohlen, die Brennstofferzeuger und -importeure lizenzpflichtig sind (SRU, 1996, Tz. 1033 ff.), da diese bereits Steuerschuldner sind.

Darüber hinaus ist für den Fall, dass die Unternehmen sich mehrheitlich für die Steuerzahlung entscheiden, zu berücksichtigen, dass die Steuer sich genauso wie die Lizenzen nach dem aus der internationalen Verpflichtung abgeleiteten Kriterium der Emissionsreduzierung richten muss, damit der Staat nicht aufgrund mangelnder

Zielerreichung selbst eine erhebliche Menge an Lizenzen erwerben muss. Bei der derzeitigen Ausgestaltung der Ökosteuer ist eine Emissionsorientierung nicht zu erkennen. Es müsste also entweder eine emissionsorientierte Besteuerung der Primär- und Sekundärenergieträger eingeführt oder die Steuer durch eine Lizenzlösung abgelöst werden (Tz. 97 ff.).

Die Möglichkeit des internationalen Lizenzhandels zwischen Regierungen verlangt nicht notwendigerweise die Einführung eines nationalen Lizenzhandels zwischen Unternehmen. Der Umweltrat empfiehlt jedoch, aufgrund ihrer erheblichen Effizienzvorteile auch die Möglichkeit des Handels zwischen Unternehmen sowohl auf nationaler als auch auf internationaler Ebene mit den entsprechenden Rahmenbedingungen (Versteigerungsverfahren, Sanktionsmaßnahmen) einzurichten. Das Versteigerungsverfahren ermöglicht nicht nur eine gerechte Anfangsverteilung der Zertifikate, sondern verleiht dem Lizenzmodell genauso wie der Steuerlösung eine fiskalische Komponente.

Fazit

Emissionshandel

127. Der Umweltrat ist der Ansicht, dass das Instrument der handelbaren Emissionsrechte aufgrund seiner Überlegenheit, insbesondere bezüglich der ökologischen Treffsicherheit, der ökonomischen Effizienz und der globalen Einsatzfähigkeit, nicht leicht substituiert werden kann. Die internationale Diskussion über die Ausgestaltung des Emissionshandels konzentriert sich auf die Fragen des Handels mit „heißer Luft" und die Ausgestaltung von Handelsregeln in Form von Sanktionsmechanismen und Transparenzbildung.

Für die Hervorhebung nationaler Anstrengungen gegenüber einem uneingeschränkten Emissionshandel sprechen einige Gründe, insbesondere das im Protokoll verankerte Kriterium der Zusätzlichkeit der Flexibilisierungsmechanismen gegenüber nationalen Maßnahmen, die erhebliche Menge an handelbarer „heißer Luft" und nicht zuletzt die skeptische Position der langfristig in das Protokoll einzubindenden Entwicklungsländer. Jedoch birgt die von der EU vorgeschlagene Lösung einer allgemeingültigen Restriktion des Handels Gerechtigkeitsprobleme. Denn es lässt sich kaum eine den unterschiedlich anspruchsvollen Verpflichtungen aller Vertragsstaaten gerecht werdende Beschränkung für die maximal zu handelnde Menge finden, wenn man nicht das jeweilige Business-as-usual-Szenario mitberücksichtigt. Der Umweltrat schlägt anstelle einer allen Staaten gleichsam aufzuerlegenden pauschalen Formel vor, dass jeder Annex B-Staat selbst eine freiwillige Eigenerfüllungsquote in die Klimaverhandlungen einbringt, die umso höher sein sollte, je niedriger das relative „Opfer" des einzelnen Staates ist, wenn man das Emissionsbudget mit dem Business-as-usual-Szenario für den gleichen Zeitraum vergleicht. Die EU-Staaten könnten hier gemäß ihrem besonderen Anliegen eine Vorreiterrolle übernehmen und als erste eine Eigenerfüllungsquote in die Verhandlungen einbringen.

Bei aller Betonung des Zusätzlichkeitskriteriums ist allerdings darauf hinzuweisen, dass selbst bei unbeschränktem Handel mit „heißer Luft" nicht unerhebliche nationale Anstrengungen der meisten Industrieländer erforderlich wären, wenn man die Business-as-usual-Szenarien zugrundelegt.

Im übrigen kommt es insbesondere auf die Ausgestaltung der Handelsregeln für einen wirksamen und funktionsfähigen Marktmechanismus an. Der Umweltrat hält dabei Regelungen über wirksame Sanktionen und einen transparenten, nichtdiskriminierenden Ablauf des Handels für wesentlich.

Clean Development Mechanism

128. Um zu verhindern, dass mit dem Clean Development Mechanism (CDM-Projekte in Entwicklungsländern) ein schwer kontrollierbares „Schlupfloch" zum Erwerb zusätzlicher Emissionsrechte geschaffen wird, die den Emissionsrahmen der Annex B-Staaten aufweichen, fordert der Umweltrat klare, einheitliche Vorgaben zur Berechnung der Emissionsreduktionen der einzelnen Projekte bzw. zur Bestimmung der jeweiligen vergleichbaren Referenzsituation (ohne CDM-Projekt). Nur wenn mit einem Auslands-Projekt ein zusätzlicher Klimaschutzeffekt erzielt wird, der im Business-as-usual-Fall nicht aufgetreten wäre, sind ein globaler Klimaschutzgewinn gesichert und die Gefahr des Aushöhlens des Zertifikatesystems gebannt.

Vereinbarkeit des Lizenzhandels mit der Ökosteuer

129. Beide Instrumente sind nur dann miteinander kompatibel, wenn sich die Bemessungsgrundlage für Steuern und Lizenzen nach dem selben Kriterium richtet und der Steuerschuldner identisch mit dem Lizenzpflichtigen ist. Es müsste in erster Linie eine Entscheidung darüber getroffen werden, ob die Ökosteuer emissionsorientiert ausgerichtet oder die Steuer durch eine Lizenzlösung vollständig ersetzt werden soll.

2.2.4 Öko-Audit

130. Die Umweltpolitik der vergangenen Jahrzehnte ist auf instrumenteller Ebene durch die Dominanz des Ordnungsrechts gekennzeichnet. Die Vielzahl und Dichte ordnungsrechtlicher Regelungen hat zu einer gewissen Überregulierung geführt. Insbesondere im Hinblick auf die anspruchsvollen Forderungen der Nachhaltigkeitspolitik stößt das Ordnungsrecht an Grenzen. Die jüngere deutsche und europäische Umweltpolitik versucht daher eine Kurskorrektur. Damit ist die Erwartung verbunden, dass bestimmte umweltpolitische Ziele besser mit ökonomischen Instrumenten oder Maßnahmen der Selbststeuerung durch Verursachergruppen oder einzelne Unternehmen erreicht werden können als bei alleiniger Anwendung des herkömmlichen Ordnungsrechts. Ein bedeutsamer Bestandteil dieses Instrumentenmix ist das Öko-Audit als Instrument der unternehmensinternen Selbststeuerung. Der Umweltrat hat in den vergangenen Gutachten die Öko-Audit-Verordnung und deren Entwicklung in Deutschland und den anderen EU-Mitgliedstaaten – insbesondere hinsichtlich der Einführung eines Umweltmanagementsystems (EMAS) – wiederholt kritisch gewürdigt (SRU, 1998a, Tz. 327 f.; SRU, 1996, Tz. 92 f., 169 f.; SRU, 1994, Tz. 333 f., 596 f.).

Öko-Audit-Verordnung in Deutschland und den anderen EU-Mitgliedstaaten

131. In den meisten EU-Mitgliedstaaten war die Resonanz auf EMAS (Environmental Management and Audit Scheme) sehr verhalten; auch wenn die Zuwächse mittlerweile prozentual – bedingt allerdings durch die schwache Anfangsbeteiligung – beachtlich sind, ist die absolute Anzahl registrierter Standorte sehr gering geblieben. Während im Januar 1998 in Italien noch kein Standort registriert worden war, waren es im Dezember 1999 bereits 22. In Frankreich nahm die Anzahl der Registrierungen im gleichen Zeitraum von 11 auf 35 zu, in Großbritannien von 40 auf 74. Auffällig ist auch, dass selbst in den Niederlanden, das sonst eine umweltpolitische Vorreiterrolle beansprucht, nur relativ wenige Standorte (26) registriert worden sind. In einzelnen Staaten (Griechenland und Portugal) weist die Statistik des Umweltbundesamtes erstmals Registrierungen nach EMAS auf.

132. Lediglich in Deutschland, Österreich, Schweden und Dänemark bestand bzw. besteht noch ein Interesse bei den Unternehmen sich an EMAS zu beteiligen. Im Januar 1998 lagen in diesen vier Ländern circa 91 % der registrierten Standorte der EU. Diese Entwicklung hat sich bis Januar 1999 weiter verfestigt und auch im Verlauf des Jahres fortgesetzt; nach wie vor liegt die ganz überwiegende Anzahl der Standorte in diesen vier Ländern (ca. 90 % im Dezember 1999). Von den im Januar 1998 in der EU registrierten 1 348 Standorten befanden sich 1 035 in Deutschland. Im Dezember 1999 waren es bereits 2 331 von 3 155 europaweit registrierten Standorten. Das bedeutet, dass konstant circa 75 % aller registrierten Standorte der EU sich in Deutschland befinden. EMAS ist damit bislang eher ein deutsches als ein europäisches Instrument geblieben. Allerdings relativiert sich die hohe absolute Zahl registrierter Standorte, wenn man sie ins Verhältnis zum Bruttosozialprodukt der einzelnen Staaten setzt.

Wettbewerb der Öko-Audit-Verordnung mit ISO 14001

133. Gleichzeitig wird von den Unternehmen in den EU-Mitgliedstaaten in weitaus größerem Umfang von der Möglichkeit einer Zertifizierung nach DIN EN ISO 14001 (im folgenden nur noch als ISO 14001 zitiert) Gebrauch gemacht. Die Anzahl der Zertifizierungen nach dieser Norm hat sich von Januar 1998 bis Januar 1999 mehr als vervierfacht, während sich die Anzahl der Registrierungen nach EMAS noch nicht einmal verdoppeln konnte. In Großbritannien stehen 1 014 nach ISO 14001 zertifizierten Unternehmen nur 74 gemäß EMAS registrierte Unternehmen gegenüber. Zwar ist Deutschland neben Österreich der einzige Mitgliedstaat, der noch mehr EMAS-registrierte Standorte als ISO-zertifizierte Unternehmen aufweist. Die neueren Zahlen zeigen aber, dass inzwischen auch in Deutschland die Zuwachsrate der Zertifizierungen nach ISO 14001 wesentlich höher ist als bei den Registrierungen gemäß EMAS. Neuere Entwicklungen lassen vermuten, dass dieser Trend weiter anhalten wird. So haben zwei große Automobilhersteller festgelegt, dass ihre Zulieferunternehmen in Zukunft nur noch nach ISO 14001 zertifiziert sein müssen; eine Teilnahme an EMAS wird nicht mehr gefordert. Durch solche Entscheidungen werden die Anreize für eine Teilnahme an EMAS weiter minimiert. Im Herbst 1999 hat zudem die größte Umweltgutachterorganisation in Deutschland ihre Zulassung bei der Deutschen Akkreditierungs- und Zulassungsgesellschaft für die Umweltgutachter (DAU) zurückgegeben. Offensichtlich wird auch von den Umweltgutachtern die Zukunft von EMAS eher skeptisch beurteilt.

134. Die kontinuierlich wachsende Zahl von Unternehmen, die sich nach ISO 14001 zertifiziert haben, belegt, dass die mangelnde Akzeptanz von EMAS wohl nicht mit einem grundlegenden Desinteresse an Umweltmanagementsystemen allein begründet werden kann. Es zeichnet sich vielmehr ab, dass sich EMAS – dies wurde schon bei Inkrafttreten von EMAS bemängelt (ELLRINGMANN et al., 1995) – zu wenig an den Bedürfnissen der Anwender orientiert hat. Dies liegt zum einen an der Struktur von EMAS, die mit einer Aufteilung in Verordnungstext und drei umfangreiche Anhänge wenig benutzerfreundlich ist. Zum anderen hätte eine strukturelle Anlehnung an Qualitätssicherungssysteme nach DIN EN ISO 9000 (im folgenden nur noch als ISO 9000 zitiert) und an die damals bereits bestehende Vornorm DIN V 33921 für Umweltmanagementsysteme es den Unternehmen ermöglicht, Synergien zu nutzen, die zwischen bereits etablierten Qualitätsmanagementsystemen und dem neu einzuführenden Umweltmanagementsystem gemäß EMAS hätten realisiert werden können. Dies hätte EMAS sicher eine günstigere Ausgangsposition gegenüber ISO 14001 verschafft, die in ihrer Gliederung viele Elemente der ISO 9000 übernommen hat. Die große Bedeutung, die eine gemeinsame Struktur für beide Systeme hat, lässt sich daran ablesen, dass immerhin circa 80 % der auditierten Unternehmen in Deutschland auch ein Qualitätsmanagementsystem nach ISO 9000 ff. eingeführt haben. Auch wenn man die fundamentalen Unterschiede zwischen beiden Systemen nicht verkennen darf, hätte die Anknüpfung an allen Managementsystemen gemeinsame Systembestandteile die Etablierung von EMAS erleichtert. Dieser Schritt bot sich eigentlich an, da bereits in einem sehr frühen Stadium absehbar war, dass von den nationalen, europäischen und internationalen Normungsinstituten geplant war, eine eigene Umweltmanagementnorm zu veröffentlichen, die sich in Wortlaut und Struktur in erheblichem Umfang an ISO 9000 ff. orientieren würde. Die stärkere Anbindung von EMAS an ISO 14001 soll nunmehr mit der Novellierung von EMAS (Tz. 141 ff.) erfolgen. Es ist aber fraglich, ob damit der oben beschriebene Trend umgekehrt werden kann. Anlässlich der Revision der Normen zur Qualitätssicherung (ISO 9000 ff.) wird angestrebt, eine verbesserte Kompatibilität mit den Normen des Umweltmanagements zu erreichen. Diese Entwicklung wird den Druck auf EMAS vermutlich noch weiter verstärken, da sie weitere Anreize für eine Zertifizierung nach ISO 14001 bieten wird.

135. Die Entwicklung der Registrierungen gemäß EMAS belegt auch, dass die Erwartung, der zusätzliche Wert einer Teilnahme an EMAS würde diesem System im Wettbewerb der Umweltmanagementsysteme einen Vorteil gegenüber ISO 14001 verschaffen, sich nicht erfüllt hat. In Deutschland wird zwar immer noch eine gewisse Zunahme von registrierten Standorten verzeichnet. Wegen der mangelnden Anerkennung für die Teilnahme an EMAS steigt mittlerweile eine erhebliche Anzahl von Unternehmen, die über einen registrierten Standort verfügen, wieder aus dem System aus; dies scheint insbesondere in Nordrhein-Westfalen der Fall zu sein. Die positiven Effekte in Form der substantiellen Reduzierung von Kosten, die bei der erstmaligen Durchführung eines Umweltaudits entstanden sind, lassen sich bei den Wiederholungsaudits nicht mehr realisieren. Nach Auffassung vieler Unternehmen rechtfertigt die Kostenreduzierung jedenfalls nicht die weitere Teilnahme an EMAS. Weder die bislang getroffenen Deregulierungs- und die Substitutionsmaßnahmen im Zusammenhang mit EMAS (SRU, 1998a, Tz. 343 ff.) noch die Aussicht auf eine weiterreichende Deregulierung für auditierte Standorte konnten in Deutschland ausreichende Anreize zur (fortlaufenden) Teilnahme schaffen. Auch wird zunehmend darüber berichtet, dass Unternehmen zwar alle Schritte bis hin zur Validierung der Umwelterklärung durch einen Umweltgutachter unternehmen, von einer Registrierung des Standortes aber absehen. Offensichtlich überwiegt der Nutzen einer einmaligen Teilnahme bzw. der Vorbereitung für die Teilnahme an EMAS den Nutzen einer fortlaufenden Teilnahme.

136. Von den beteiligten Kreisen wird allerdings auch konstatiert, dass eine Zertifizierung nach ISO 14001 auf dem gegenwärtigen Niveau der Norm nicht geeignet ist, wesentliche positive Veränderungen in den Unternehmen zu bewirken und damit Erleichterungen im Vollzug des Umweltrechts in Aussicht zu stellen (SRU, 1998a, Tz. 342). Aus diesem Grund wird über eine Modifizierung der ISO 14001 nachgedacht. In diese Überarbeitung (ISO 14001 +) sollen über die Anforderungen der ISO 14001 hinausgehende Bestandteile von EMAS (*added value*) integriert werden. In den USA hat sich mittlerweile eine Arbeitsgruppe etabliert, an der sich 49 Bundesstaaten beteiligen, die sich eine entsprechende Überarbeitung der ISO 14001 zum Ziel gesetzt hat. Auch Deregulierungs- und Substitutionsmaßnahmen werden im Rahmen dieses Konzepts erörtert. In diesem Zusammenhang ist auch das *Memorandum of Understanding* zu sehen, das zwischen dem Bundesland Bayern und dem US-Bundesstaat Wisconsin 1999 vereinbart wurde. Gegenstand der Vereinbarung ist eine Zusammenarbeit beider Länder im Hinblick auf den Wandel des Umweltrechts. Im Rahmen dieser Vereinbarung sollen unter anderem in gemeinsamen Projekten die Teilnahme von Unternehmen an Umweltmanagementsystemen (EMAS und ISO 14001) gefördert werden. Einigkeit besteht darüber, dass unabhängig davon, welches Umweltmanagementsystem auch zur Anwendung kommt, am Grundsatz einer obligaten Durchführung eines *compliance audits* (Rechtskonformitätsprüfung) festzuhalten ist. Daran wird deutlich, dass nur ein anspruchsvolles Umweltmanagementsystem auf Dauer geeignet ist, substantielle Verbesserungen des betrieblichen Umweltschutzes zu bewirken und dadurch Deregulierungs- und Substitutionsmöglichkeiten zu eröffnen, die auch den beteiligten Unternehmen genügend Anreize für eine kontinuierliche Teilnahme bieten. Ein ähnliches *Memorandum of Understanding* will Bayern auch mit dem Bundesstaat Kalifornien im ersten Halbjahr 2000 schließen.

Deregulierung

137. Eine nennenswerte Belebung von EMAS wäre sicherlich von weitreichenden Deregulierungsmaßnahmen zu erwarten. Zu den implementierten Deregulierungs- bzw. Substitutionsmaßnahmen hat der Umweltrat bereits Stellung genommen (SRU, 1998a, Tz. 350). Konkrete Entwürfe, die über die in einzelnen Bundesländern in den vergangenen Jahren umgesetzten Maßnahmen hinausgehen, existieren derzeit nicht. Mittlerweile wurden neben den Substitutionskatalogen in Bayern (Tab. 2.2-2), Schleswig-Holstein, dem Saarland und Berlin (SRU, 1998a, Tz. 344 f.) entsprechende Regelungen in weiteren Bundesländern (z. B. Hessen) etabliert, wobei in diesen Katalogen keine neuen Aspekte Eingang gefunden haben. Die einzelnen Maßnahmen betreffen ganz überwiegend das Immissionsschutzrecht, das Wasserrecht und das Abfallrecht. Inhaltlich befassen sie sich mit Mitteilungs- und Messpflichten sowie ähnlichen Pflichten im Rahmen der Eigenüberwachung.

Tabelle 2.2-2

Inhalt des Substitutionskatalogs in Bayern

Teil 1: Berichts- und Dokumentationskatalog

1.1	Immissionsschutz
1.1.1	Mitteilungs- und Anzeigepflichten
1.1.2	Emissionserklärung
1.1.3	Auskunft über ermittelte Emissionen und Immissionen
1.1.4	Mitteilungspflichten zur Betriebsorganisation
1.1.5	Aufgaben des Betriebsbeauftragten für Immissionsschutz
1.1.6	Pflichten des Betreibers
1.1.7	Aufgaben des Störfallbeauftragten
1.1.8	Pflichten und Rechte des Betreibers gegenüber dem Störfallbeauftragten
1.1.9	Berichte und Beurteilungen von Einzelmessungen
1.1.10	Wiederkehrende Messungen
1.1.11	Berichte und Beurteilungen kontinuierlicher Messungen
1.1.12	Messverfahren und Messeinrichtungen
1.1.13	Störungen des Betriebs
1.1.14	Unterrichtung der Öffentlichkeit
1.2	Abfallrecht
1.2.1	Einsammlungs- und Beförderungsgenehmigung
1.2.2	Nachweisführung über durchgeführte Verwertung
1.2.3	Anzeigepflicht und Überwachung
1.2.4	Bestellung eines Betriebsbeauftragten für Abfall
1.2.5	Abfallwirtschaftskonzepte
1.2.6	Abfallbilanzen
1.2.7	Aufgaben und Befugnisse des Betriebsbeauftragten für Abfall
1.2.8	Mitteilungspflichten zur Betriebsorganisation
1.2.9	Betriebstagebuch
1.2.10	Informationspflichten gegenüber der Behörde
1.2.11	Abfallkataster
1.3	Gewässerschutz
1.3.1	Fachbetriebe
1.3.2	Aufgaben des Betriebsbeauftragten für Gewässerschutz
1.3.3	Pflichten des Benutzers
1.3.4	Eigenüberwachung
1.3.5	Abwasserkataster
1.3.6	Anlagenkataster
1.3.7	Anzeigepflicht

Teil 2: Kontrolle/Überwachung

2.1	Immissionsschutz
2.1.1	Messungen aus besonderen Anlass
2.1.2	Wiederkehrende Messungen
2.1.3	Anordnung sicherheitstechnischer Prüfungen
2.1.4	Überwachung
2.2	Abfallrecht
	Anordnung im Einzelfall
2.3	Gewässerschutz
2.3.1	Pflichten des Betreibers
2.3.2	Besorgnisgrundsatz

Teil 3: Genehmigungen

3.1	Immissionsschutz
3.1.1	Stand der Technik
3.1.2	Reststoffe
3.1.3	Wärmenutzungsgebot
3.1.4	Teilgenehmigung
3.1.5	Zulassung vorzeitigen Beginns
3.1.6	Versuchsanlagenregelung
3.1.7	Wesentliche Änderungen
3.2	Abfallrecht
	Planfeststellung und Genehmigung
3.3	Gewässerschutz
	Eignungsfeststellung und Bauartzulassung

Quelle: LANGE und SCHMIHING, 1998

138. Nach dem vorläufigen Scheitern des Umweltgesetzbuches (UGB) I wird auch der Entwurf der umweltrechtlichen Verordnung zu Überwachungserleichterungen für auditierte Betriebsstandorte (UGB-Umweltaudit-PrivilegierungsVO) vom 23. April 1999, die im Rahmen der Realisierung des UGB I verabschiedet werden sollte, zunächst nicht weiter verfolgt. In der sogenannten Privilegierungsverordnung sollten für registrierte Standorte den Anlagenbetreibern, Verpflichteten und Abfallbesitzern nach dem Kreislaufwirtschafts- und Abfallgesetz und den Gewässerbenutzern Erleichterungen im Bereich der Umweltüberwachung gewährt werden. Im eigentlichen sollte mit der Verordnung die Grundlage dafür geschaffen werden, dass Überwachungsaufgaben zur Förderung der unternehmerischen Eigenverantwortung vermehrt auf die Unternehmen selbst übertragen werden. Die einzelnen Deregulierungsmaßnahmen beruhen auf dem Prinzip der funktionalen Äquivalenz, das heißt, dass bestimmte Elemente von EMAS und die entsprechenden Überwachungsvorschriften als gleichwertig anzusehen sind. Die Tatsache, dass die Privilegierungsverordnung in absehbarer Zeit nicht verabschiedet wird, lässt daher nach überwiegender Ansicht keine neuen Impulse für eine verstärkte Teilnahme an EMAS erwarten. Allerdings ist vorgesehen, in dem Artikelgesetz zur Umsetzung der Europäischen IVU-Richtlinie (96/61/EG) eine Ermächtigungsgrundlage für Deregulierungsmaßnahmen zugunsten auditierter Unternehmen aufzunehmen.

139. Der Umweltrat hat in seinem Gutachten 1998 betont, dass zukünftige Deregulierungsmaßnahmen von der Bewährung des Systems in der Praxis (SRU, 1998a, Tz. 352) und insbesondere auch von der Qualität und Glaubwürdigkeit der Umweltgutachter (SRU, 1998a, Tz. 348) abhängen. Ein Anhaltspunkt für die Beurteilung der Leistungsfähigkeit des Systems bietet die Arbeit der DAU, die als Kontroll- und Zulassungsinstitution sowohl die Umweltgutachter als auch deren Arbeit überprüft. Während in den ersten Jahren die Haupttätigkeit der DAU in der Prüfung und Zulassung von Umweltgutachtern und Umweltgutachterorganisationen bestand, ist diese Aufgabe mittlerweile in den Hintergrund getreten. Die Zahl der in Deutschland zugelassenen Umweltgutachter liegt relativ konstant bei circa 230.

140. Zwischenzeitlich hat sich der Aufgabenbereich der DAU hin zur Kontrolle der Tätigkeit der Umweltgutachter verlagert. Im Rahmen der Regelaufsicht hat die DAU bis zum Herbst 1999 507 Überprüfungen von Umweltgutachtern vorgenommen. Die Regelaufsicht erfolgte in der ganz überwiegenden Zahl der Fälle durch sogenannte *Witness Audits*; das bedeutet, der Umweltgutachter wird bei seiner Arbeit an dem zu auditierenden Standort von einem Mitarbeiter der DAU begleitet, der die Tätigkeit des Umweltgutachters beobachtet und evaluiert. Bei keiner dieser Überprüfungen der Regelaufsicht wurden so schwerwiegende Mängel entdeckt, dass ein Entzug der Zulassung gerechtfertigt gewesen wäre. Nachdem sich die Witness Audits als besonders effektives Kontrollinstrument herausgestellt haben, wäre es erforderlich, eine gesetzliche Grundlage für ein Betretungsrecht der Mitarbeiter der DAU zu den Standorten im Rahmen der Witness Audits im Umweltauditgesetz (UAG) zu schaffen. Die Ergebnisse der von der DAU durchgeführten Kontrollmaßnahmen legen es nahe, dass die Validierung der Umwelterklärungen ganz überwiegend im Einklang mit den Anforderungen von EMAS durchgeführt werden. Dieses Kontrollsystem bietet ausreichend Gewähr für die Überwachung der Leistungsfähigkeit von EMAS. Vor einer erneuten Diskussion von zusätzlichen Deregulierungs- und Substitutionsmaßnahmen sollten aber zunächst noch die Berichte der Bundesländer zu den einzelnen Substitutionsmodellen ausgewertet werden, um zu gewährleisten, dass praktikable und effektive Vorschläge umgesetzt werden.

Novellierung der Öko-Audit-Verordnung

141. Gemäß Artikel 20 der Verordnung ist vorgesehen, dass die Kommission fünf Jahre nach Inkrafttreten der Öko-Audit-Verordnung auf der Grundlage der gesammelten Erfahrungen eine Revision der Verordnung vornimmt und gegebenenfalls geeignete Veränderungen vorschlägt. Es herrschte ein breiter Konsens darüber, dass es wegen der erheblichen Akzeptanzprobleme dringend erforderlich ist, die Verordnung zu überarbeiten.

Die Generaldirektion XI der EU-Kommission hat zunächst am 30. Oktober 1998 einen Vorschlag für die Novellierung der Öko-Audit-Verordnung mit dem Titel „Verordnung des Rates über die freiwillige Beteiligung von Organisationen an einem Gemeinschaftssystem für das Umweltmanagement und das Umweltaudit" unterbreitet. Dieser Entwurf basiert auf der Auswertung der zu diesem Thema durchgeführten Untersuchungen und Studien.

Gegenwärtig liegt eine überarbeitete Fassung (Working document ENV/99/97) vom 16. Juli 1999 vor. Der EU-Umweltministerrat hat am 24. Juni 1999 in einem Gemeinsamen Standpunkt der neuen Fassung zugestimmt. Das Europäische Parlament hat in seiner Stellungnahme zu diesem ersten Entwurf (10/1998) eine Reihe von Änderungswünschen (Tz. 150) vorgetragen. Diese wurden nur zum Teil in dem aktuellen Entwurf umgesetzt, so dass unklar ist, ob bei den erneuten Beratungen der vorliegende Entwurf gebilligt werden wird. Sollte das Parlament dem Entwurf nicht zustimmen, wäre die geplante Verabschiedung und Veröffentlichung im ersten Halbjahr 2000 wohl nicht zu realisieren. Dies würde dem Ziel der EU-Kommission, mit einer möglichst raschen Novellierung kurzfristig neue Anreize für eine breitere Anwendungsbasis der Öko-Audit-Verordnung zu schaffen, um besser im Wettbewerb mit ISO 14001 bestehen zu können, zuwiderlaufen (LÜTKES und EWERS, 1999, S. 20).

142. Der Entwurf der Europäischen Kommission hält an den wesentlichen Eckpunkten der Öko-Audit-Verordnung fest. Mit der Nachfolgeverordnung soll auch sicher gestellt werden, dass sowohl die bisher zugelassenen Umweltgutachter (Art. 17 Ziff. 3) als auch die Registrierungs- und Akkreditierungssysteme (Art. 17 Ziff. 3) in den Mitgliedstaaten (Art. 17 Ziff. 2) und die registrierten Standorte (Art. 17 Ziff. 4) in das novellierte System übernommen werden können. Änderungen für registrierte Standorte, die sich aus abweichenden Anforderungen von EMAS II ergeben, können bei der nächsten Validierung Berücksichtigung finden.

143. Die Teilnahme an EMAS wird auch zukünftig freiwillig sein. Zwischen allen beteiligten Gruppen herrscht Einigkeit darüber, dass eine obligatorische Teilnahme dem Sinn und Zweck von EMAS zuwiderlaufen und die mit der Verordnung verfolgten Ziele in Frage stellen würde. In dem Verordnungsentwurf wird in Artikel 1 hervorgehoben, dass die Förderung der kontinuierlichen Verbesserung des betrieblichen Umweltschutzes auch mittels Einbeziehung der Arbeitnehmer erreicht werden soll. Auch wenn es sich hierbei nicht um spezifische Partizipationsregelungen handelt, verdeutlicht es doch die Absicht der Kommission, die Bedeutung der Arbeitnehmer für EMAS zu erhöhen. Bei der Umsetzung der Nachfolgeverordnung sollte beachtet werden, dass diese Vorstellung nicht nur ein programmatischer Ansatz bleibt, sondern sich in konkreten Regelungen, wie sie in einer zu erstellenden Richtlinie (*Guideline*) der Kommission festgehalten werden sollen (Anhang I B Ziff. 4 S. 3), etabliert.

144. Der Umweltrat hat in seinem letzten Gutachten darauf hingewiesen, dass über die Frage der Notwendigkeit der Durchführung einer Prüfung der Rechtskonformität eines Standortes (*Compliance Audit*) in den EU-Mitgliedstaaten unterschiedliche Auffassungen vertreten werden (SRU, 1998a, Tz. 332, 341 f.). Dieser Streit resultiert unter anderem daraus, dass in der Öko-Audit-Verordnung nicht ausdrücklich die erfolgreiche Prüfung der Rechtskonformität als Voraussetzung für die Validierung normiert wurde. Die Kommission hat anlässlich der Novellierung die Gelegenheit nicht genutzt, diesen Dissens zu beseitigen, indem sie die Einhaltung aller umweltrelevanter Vorschriften als Registrierungsvoraussetzung ausdrücklich in den Verordnungstext aufnimmt. In einigen Mitgliedstaaten wurde bislang die Auffassung vertreten, dass es ähnlich wie bei ISO 14001 genüge, aus dem System heraus zu garantieren, dass die Rechtskonformität gewährleistet sei. Der Umweltrat hält diese Argumentation (SRU, 1998a, Tz. 332, 341 f.) mit dem anspruchsvollen Ansatz der Öko-Audit-Verordnung und der Nachfolgeverordnung für nicht vereinbar.

Während in dem ursprünglichen Entwurf gemäß Ziffer 5.4.3 Anhang V dem Umweltgutachter ein Ermessen bei der Beantwortung der Frage eingeräumt wurde, ob er bei einem festgestellten Rechtsverstoß die Umwelterklärung validiert oder nicht, wurde diese Regelung im neuen Entwurf (Fassung vom 16. Juli 1999) mittlerweile geändert. Die geänderte Vorschrift sieht vor, dass der Umweltgutachter die Umwelterklärung nicht validieren darf, wenn er einen Verstoß gegen umweltrelevante Vorschriften feststellt. Der Umweltrat empfiehlt, diese Regelung in der novellierten Fassung von EMAS beizubehalten. Andernfalls besteht die Gefahr, dass der Streit um die Durchführung von *Compliance Audits* – gerade im Hinblick auf die unterschiedlichen Auffassungen innerhalb der EU – fortgesetzt wird. Dies wäre umso unverständlicher, als die Frage der Einhaltung der relevanten umweltbezogenen Rechtsvorschriften von herausragender Bedeutung auch für die Glaubwürdigkeit des Systems ist. Andernfalls wäre dem Umweltgutachter gestattet, eine Umwelterklärung trotz mangelhafter Rechtskonformität zu validieren. Gleichzeitig dürfte aber die zuständige Stelle, soweit sie Kenntnis von dem Rechtsmangel hätte, die Eintragung nicht vornehmen. Es stellt sich zudem die Frage, ob ein so wichtiger Bestandteil von EMAS nur im Anhang und nicht im Verordnungstext selbst geregelt werden muss. Im Hinblick auf den Streit um die Rechtskonformitätsprüfung wäre eine klare Aussage im Verordnungstext sicher von besonderer Bedeutung gewesen.

145. Die Kommission beabsichtigt ferner, die EMAS-Nachfolgeverordnung kompatibel zur ISO 14001 zu gestalten. Der Entwurf sieht in Anhang I Ziffer A nunmehr vor, dass das Umweltmanagementsystem nach Ziffer 4 der ISO 14001 ergänzt durch weitere Fragen gemäß Anhang I Ziffer B durchgeführt wird. An der Zulässigkeit einer solchen Regelung bestehen keine Zweifel, da es sich um eine statische Verweisung (Bezugnahme auf eine bestimmte Norm zu einem bestimmten Zeitpunkt) handelt. Eine dynamische Verweisung auf die jeweils gültige Norm, wie sie vereinzelt gefordert wird (WRUCK, 1998, S. 34), wäre allerdings unzulässig.

Der Umweltrat begrüßt diese Regelung, da mit der Integration von ISO 14001 in EMAS eine strukturelle Angleichung beider Systeme bewirkt wird, die unnötige Doppelarbeiten vermeidet und möglicherweise Anreize zur Teilnahme an EMAS bieten kann. Trotz der Tatsache, dass EMAS auch weiterhin einen anspruchsvolleren Ansatz verfolgt, werden EMAS und ISO 14001 auch zukünftig in einem Konkurrenzverhältnis zueinander stehen. Die Unternehmen werden auch in Zukunft ihre Entscheidung, ob sie ihren Standort auditieren lassen, davon abhängig machen, ob die größeren Aufwendungen, die mit einer Teilnahme an EMAS verbunden sind, entsprechend honoriert werden.

146. In dem ursprünglichen Entwurf der Novelle von EMAS war in Art. 3 Ziff. 2 auch vorgesehen, eine Neufassung der Umwelterklärung (Update) zukünftig jährlich zu validieren. Diese Verkürzung des Validierungszyklus würde für die Unternehmen einen zusätzlichen Aufwand an Arbeit und Kosten bedeuten, der möglicherweise für bestimmte Standorte, auf denen sich beispielsweise Anlagen, die der Störfallverordnung unterliegen, gerechtfertigt sein kann. Insbesondere für kleine und mittlere Unternehmen stellt die Verkürzung des Zyklus aber eine zusätzliche Belastung dar, die einer stärkeren Beteiligung gerade dieser Unternehmen entgegenwirkt. Der Umweltrat hat sich schon frühzeitig gegen eine Verkürzung des Validierungszyklus gewandt und vielmehr ein System flexibler Validierungszyklen gefordert (SRU, 1998a, Tz. 358). Aufgrund der deutlichen Kritik wurde die Vorschrift nun in dem aktuellen Entwurf modifiziert. Zwar wurde grundsätzlich an dem einjährigen Validierungszyklus festgehalten. In Ziffer 3.4 Anhang III wird jetzt aber der Kommission das Recht eingeräumt, einen von der grundsätzlichen Regelung abweichenden Validierungszyklus für die Updates zu beschließen. Voraussetzung ist allerdings, dass die Kommission zuvor eine Richtlinie (Guideline) erarbeitet, in der die Voraussetzungen für eine Abweichung von dem einjährigen Validierungszyklus festgelegt sind. Der Umweltrat hält es für erforderlich, dass diese Richtlinie spätestens mit Inkrafttreten der Nachfolgeverordnung beschlossen ist, um keinen unnötigen Validierungsaufwand zu verursachen.

147. Trotz des nachhaltigen Interesses der Fachwelt an EMAS hat die Öffentlichkeit bislang kaum Kenntnis von EMAS genommen. Während ein Artikel über genmanipulierte Lebensmittel in der Kundenzeitschrift einer großen Handelskette mit über 15 000 Einsendungen eine überwältigende Resonanz verzeichnen konnte, führte ein Artikel über die Teilnahme an EMAS nicht zu einer einzigen Rückfrage. Validierte Umwelterklärungen werden im wesentlichen nur von wissenschaftlichen Einrichtungen nachgefragt. Das fehlende öffentliche Interesse an EMAS ist eines der großen Probleme dieses Systems. Ohne öffentliche „Beteiligung" an beziehungsweise Wahrnehmung von EMAS fehlt ein wesentlicher Anreiz für Unternehmen zur Teilnahme. Die Kommission will jetzt ebenso wie das Bundesumweltministerium mit Werbemaßnahmen die Publizität von EMAS fördern.

148. In dem Entwurf der EMAS-Novelle ist auch vorgesehen, durch Einführung eines EMAS-Logos die Bekanntheit von EMAS zu steigern. Im Zusammenhang mit der Einführung eines EMAS-Logos wurde auch diskutiert, ob und in welchem Umfang mit dem Logo auf oder im Zusammenhang mit Produkten geworben werden darf (SRU, 1998a, Tz. 358). Im vorliegenden Entwurf wurde nun festgelegt, dass auf den Produkten selbst das EMAS-Logo nicht verwendet werden darf; andernfalls sei zu befürchten, dass der Verbraucher das EMAS-Logo fälschlicherweise als Produkt-Logo auffassen könnte. Im Gegensatz zur bisherigen Regelung soll es aber nunmehr gestattet sein, das EMAS-Logo auch in Verbindung mit Informationen über Tätigkeiten, Produkte und Dienstleistungen zu verwenden. Die Unternehmen sind also nicht mehr darauf beschränkt, mit dem EMAS-Zeichen nur auf bestimmten Unterlagen, wie zum Beispiel eingetragenen Briefköpfen zu werben. Der Umweltrat begrüßt die Einführung eines markanten EMAS-Logos, wobei sicherzustellen ist, dass keine Aussagen über das Produkt selbst, sondern nur über den Standort, an dem es produziert wurde, gemacht werden. Er meldet jedoch Zweifel an, ob die Regelung des Entwurfs ausreichen wird, um die Popularität von EMAS zu erhöhen. Überlegungen zur Einführung branchenspezifischer EMAS-Logos zur Dokumentation der unterschiedlichen Bedeutung der Teilnahme an EMAS für Unternehmen aus den verschiedenen Branchen sollten so lange zurückgestellt werden, bis sich ein EMAS-Logo in der Öffentlichkeit etabliert hat.

149. Wie sich bereits bei den Vorbereitungen zur Novellierung abzeichnete, wird in der Nachfolgeverordnung der Standortbegriff durch den Organisationsbegriff der ISO 14001 ersetzt werden. Dies soll die Handhabung von EMAS erleichtern, da zukünftig mit einem weltweit eingeführten Bezugssystem gearbeitet wird. Gleichzeitig erhöht sich die Wettbewerbsfähigkeit von EMAS, da mit dem Wechsel der Bezugssysteme Kompatibilität zu anderen Managementsystemen hergestellt wird. Der Umweltrat hat diesen Wechsel begrüßt, da der Standortbegriff ohnehin umstritten war. Es wird aber erforderlich sein, den Organisationsbegriff näher zu definieren, um zu verhindern, dass für eine Teilnahme an sich ungeeignete „Einheiten" (z. B. Betriebsrestaurant) eines Unternehmens sich gemäß EMAS auditieren lassen können.

150. Ungeklärt ist weiterhin, ob die Nachfolgeverordnung einen Technikstandard enthalten wird. In Artikel 3 Öko-Audit-Verordnung war bisher geregelt, unter welchen Bedingungen Unternehmen an EMAS teilnehmen können. Eine der Bedingungen bestand darin, dass die Verpflichtung des Unternehmens zur angemessenen kontinuierlichen Verbesserung des betrieblichen Umweltschutzes darauf abzuzielen habe, die Umweltauswirkungen in einem solchen Umfang zu verringern, wie es sich mit der wirtschaftlich vertretbaren Anwendung der besten verfügbaren Technik erreichen lässt. Der erste Entwurf der EMAS-Nachfolgeverordnung vom 30. Oktober 1998 sah die Einbeziehung dieses Technikstandards nicht mehr vor. Das Europäische Parlament hat dies in seiner Stellungnahme zu dem Entwurf kritisiert, und die Aufnahme des Standards der besten verfügbaren Technik gefordert. Auch der Umweltgutachterausschuss hat in seiner Stellungnahme betont, dass dieser Technikstandard wieder in die Verordnung aufgenommen werden muss. Die Kommission hat diese Forderung in dem aktuellen Entwurf nicht umgesetzt. Es bleibt daher abzuwarten, ob das Parlament die Nachfolgeverordnung ohne die Einbeziehung eines Technikstandards ratifiziert. Der Umweltrat hält die Aufnahme eines Technikstandards für unerlässlich, da andernfalls nicht gewährleistet ist, dass sich der betriebliche Umweltschutz auditierter Unternehmen auf einem anspruchsvollen Niveau befindet.

151. Die Resonanz auf EMAS ist nach Inkrafttreten der Öko-Audit-Verordnung in den meisten EU-Mitgliedstaaten sehr verhalten gewesen. Eine größere Bedeutung hat EMAS, gemessen an der Anzahl teilnehmender Unternehmen, nur in Deutschland erlangt. Der bisherige Misserfolg von EMAS liegt in den unzureichenden Anreizen, die Unternehmen für die Teilnahme motivieren könnten. So ist EMAS bislang nicht ausreichend bekannt gemacht, mit der Folge, dass die Teilnahme an EMAS den Unternehmen auch keine besonderen Vorteile bei der Eigenwerbung bietet. Darüber hinaus werden in Deutschland die bereits bestehenden Deregulierungs- und Substitutionsmöglichkeiten und die Anwendung dieser Erleichterungen durch die Umweltverwaltungen von den Unternehmen als nicht ausreichend erachtet. Ausschlaggebend für die fehlende Akzeptanz von EMAS ist schließlich, dass es nicht rechtzeitig gelungen ist, ihre volle Kompatibilität zur ISO 14001 herzustellen.

Trotz dieser erheblichen Akzeptanzprobleme von EMAS ist der Umweltrat der Auffassung, dass die Novellierung von EMAS weiter voran getrieben werden sollte. Die anhaltende Diskussion über Umweltmanagementsysteme zeigt, dass bei den Unternehmen offensichtlich ein Bedürfnis für diese Systeme besteht. Die aktuelle Auseinandersetzung mit diesem Instrument verdeutlicht aber auch, dass nur ein anspruchsvolles System geeignet ist, Unternehmen mittelfristig die Erleichterungen zu schaffen, die ihnen ausreichend Anreize bietet, ein Umweltmanagementsystem zu installieren und fortlaufend zu betreiben. Auch wenn EMAS im Wettbewerb mit ISO 14001 zu unterliegen droht, zeigt es sich gleichwohl, dass von EMAS gewichtige Impulse zu einer inhaltlichen Aufwertung von ISO 14001 ausgehen. Für den Fall, dass sich EMAS in Deutschland, vor allem aber in den anderen EU-Mitgliedstaaten nicht durchsetzt, spricht sich der Umweltrat dafür aus, die wesentlichen Elemente von EMAS in eine anspruchsvolle ISO 14001 (ISO 14001 +) zu übernehmen. Dies wäre nach Ansicht des Umweltrates geeignet, die weltweite Einführung von Umweltmanagementsystemen nicht nur zu unterstützen, sondern auch zu beschleunigen. Dabei dürfte ein einheitliches Niveau der anzulegenden Kriterien für ein Umweltmanagementsystem für eine nachhaltige Entwicklung von besonderer Bedeutung sein.

2.2.5 Privatisierung und Liberalisierung umweltbezogener Infrastrukturaufgaben am Beispiel der Wasserwirtschaft

2.2.5.1 Problemstellung

152. Die Privatisierung und Liberalisierung umweltbezogener Infrastrukturaufgaben gewinnt in der öffentlichen Diskussion ebenso wie in der praktischen Umsetzung seit Anfang der neunziger Jahre zunehmend an Bedeutung. Dabei steht die hohe Umweltrelevanz einer Infrastrukturaufgabe der Privatisierung sowie dem Wettbewerb nicht zwangsläufig entgegen, wie das Beispiel der Liberalisierung des Strom- und Gasmarktes zeigt (Abschn. 3.2.6). Auch in der Abfallwirtschaft scheint eine stärkere Öffnung der Märkte erstrebenswert, wenn die Einhaltung umweltpolitischer Ziele durch die Wahl einer geeigneten Rahmenordnung sichergestellt wird (SRU, 1998b). Mittlerweile zeichnet sich auch im Bereich der Wasserver- und Abwasserentsorgung ein Trend zu mehr Privatisierung und zunehmendem Wettbewerb ab. Jüngste Beispiele hierfür sind der Verkauf von 49,9 % der Landesanteile an den Berliner Wasserbetrieben an ein deutsch-französisches Konsortium von Vivendi, RWE und Allianz, der Betreibervertrag der Stadt Rostock mit Eurawasser (ein Konsortium der Thyssen Handelsunion und Lyonnaise des Eaux), Kooperationsverträge von Eurawasser mit Goslar und Potsdam, bei denen Eurawasser jeweils 49 % an einer gemischtwirtschaftlichen Gesellschaft hält, sowie Betreiberverträge von Vivendi zusammen mit Gelsenwasser in Brandenburg, Sachsen und Sachsen-Anhalt. Vor allem die großen privaten englischen und französischen Anbieter können ihre Stellung auf diesem stark wachsenden Markt zur Zeit weiter ausbauen.

153. Die Gründe für die Privatisierungstendenzen in der Wasserwirtschaft in Deutschland sind vielfältig. Viele Gemeinden sind überschuldet und sehen sich nicht in der Lage, die anstehenden Investitionen aus eigener Kraft zu tätigen. Der Verkauf von Anteilen an kommunalen Unternehmen bietet darüber hinaus die Möglichkeit, Haushaltslöcher kurzfristig zu stopfen. Dazu kommen Klagen über steigende Preise und die mangelnde Effizienz öffentlicher Unternehmen. Die großen kommunalen Unternehmen beklagen ihre mangelnde Wettbewerbsfähigkeit sowie den Umstand, dass ihr rechtlicher Status eine Beteiligung an internationalen Ausschreibungen wasserwirtschaftlicher Leistungen oftmals nicht zulässt.

154. Gegen die Privatisierung wird regelmäßig angeführt, dass es sich bei der Wasserversorgung und Abwasserentsorgung um eine Aufgabe der Daseinsvorsorge handle und Aufgaben wie der Umwelt- und Ressourcenschutz, die Seuchenabwehr sowie die Landschaftspflege bei einem privaten, an Gewinnzielung orientierten Unternehmen nicht in gleicher Weise gewährleistet seien wie bei einem am Wohl der Allgemeinheit orientierten öffentlich-rechtlichen Unternehmen. Überdies wird befürchtet, dass Wasserversorgungs- und Abwasserentsorgungsunternehmen ihre faktische Monopolstellung durch überhöhte Preise und ein unzureichendes Leistungsangebot ausnutzen könnten. Daneben beklagen die Kommunen ihren mit der Privatisierung zwangsläufig verbundenen Verlust an Einfluss- und Kontrollmöglichkeiten.

155. In diesem Abschnitt werden die Organisationsstrukturen der Wasserwirtschaft in Deutschland dargestellt, aktuelle Entwicklungen im In- und Ausland aufgezeigt, und es wird der Frage nachgegangen, ob ökologische Bedenken dem zu beobachtenden Trend zu mehr Privatisierung und Wettbewerb in der Wasserver- und Abwasserentsorgung entgegenstehen.

Bei der folgenden Diskussion unterschiedlicher Privatisierungsoptionen muss zwischen der formellen und der materiellen Privatisierung unterschieden werden. Während die öffentliche Hand bei der formellen Privatisierung weiterhin 100 % der Anteile an einem Unternehmen in privater Rechtsform hält, gehen bei der materiellen Privatisierung die Eigentumsrechte an dem Unternehmen teilweise oder vollständig auf Private über. Bei Unternehmen der öffentlichen Hand beschränken sich die Möglichkeiten des Steuerzahlers als „Anteilseigner an dem Unternehmen" zur Einflussnahme auf das Management auf die Stimmabgabe bei den Kommunalwahlen. Demgegenüber erfolgt die Kontrolle des Managements bei einem materiell privatisierten Unternehmen über den Kapitalmarkt.

Besitzt das private Unternehmen eine Monopolstellung am Markt, so gewährleistet die materielle Privatisierung für sich nicht, dass die annahmegemäß niedrigeren Produktionskosten privater Unternehmen in Form von Preissenkungen an die Verbraucher weitergereicht werden. Gesamtwirtschaftliche Effizienz ist im allgemeinen nur dann erreichbar, wenn das private Unternehmen durch den Wettbewerb mit anderen Anbietern in seinem Verhalten diszipliniert wird. Dies kann zum einen durch den direkten Wettbewerb im Markt, zum anderen durch den Wettbewerb mehrerer Anbieter um das zeitlich befristete Recht zur Versorgung eines Marktes im Wege der Ausschreibung der Leistungserstellung („Wettbewerb um den Markt") erfolgen.

2.2.5.2 Der Markt für Wasserversorgung und Abwasserentsorgung in Deutschland

Unternehmensformen

156. Die Wasserversorgung zählt in Deutschland ebenso wie die Abwasserentsorgung zu den Aufgaben der kommunalen Selbstverwaltung im Rahmen der Daseinsvorsorge (Art. 28 GG). Die Wahl der Organisationsform obliegt dabei den Gemeinden. Während die Wasserversorgung – unabhängig von der Rechtsform des Versorgungsunternehmens – eine wirtschaftliche und damit steuerpflichtige Tätigkeit darstellt, zählt die Abwasserentsorgung zu den hoheitlichen Aufgaben der Gemeinden, bei denen zumindest die Körperschaften des öffentlichen Rechts nicht der Steuerpflicht unterliegen. Abwasserentsorger in privater Rechtsform müssen hingegen Ertrags-, Vermögens- und Umsatzsteuern zahlen, auch wenn sie vollständig im Eigentum der öffentlichen Hand stehen. Eine Privatisierung abwasserwirtschaftlicher Leistungen ist damit bereits aus steuerlichen Gründen oftmals unattraktiv. Das Steuerprivileg behindert darüber hinaus die Zusammenfassung von Wasserversorgung und Abwasserentsorgung innerhalb eines Unternehmens. Der Wettbewerb zwischen den Organisationsformen wird damit zugunsten der Unternehmen in öffentlich-rechtlicher Rechtsform verzerrt.

157. Die Wasserversorgung kann zum einen in öffentlich-rechtlicher Organisationsform, insbesondere als Regie- oder Eigenbetrieb oder durch mehrere Gemeinden zusammen im Wege eines kommunalen Zweckverbandes betrieben werden. Möglich ist aber auch eine gemischt öffentlich-privatwirtschaftliche oder eine ausschließlich privatrechtliche Form. Die deutsche Wasserversorgung ist extrem kleinteilig organisiert. 1995 gab es 6 655 Wasserversorgungsunternehmen, wobei rund 1 650 Unternehmen 83 % der Bevölkerung versorgten. Die verbleibenden 17 % teilen sich auf etwa 5 000 kleine und kleinste Betriebe auf. Unter den in der BGW-Statistik erfassten Wasserversorgungsunternehmen (rund ein Viertel) überwiegt der Eigenbetrieb als Organisationsform (51,5 %) (Tab. 2.2-3). In den neuen Ländern stellt der Zweckverband die dominierende Organisationsform dar. Bei den nicht erfassten Unternehmen dürfte es sich vor allem um Regie- und Eigenbetriebe handeln. Nur 1,6 % der Versorger befinden sich in privater Hand ohne öffentliche Beteiligung. Wettbewerb zwischen den Versorgern besteht nicht. Vielmehr handelt es sich um Gebietsmonopole, die auch nach der Novellierung des Gesetzes gegen Wettbewerbsbeschränkungen durch die fortgeltenden §§ 103, 103a GWB vor der Konkurrenz anderer Anbieter geschützt werden. Die im Gesetz enthaltenen Sonderregelungen gestatten den Versorgungsunternehmen, Gebietsabsprachen zu treffen sowie den Gemeinden ausschließliche Wegerechte zu vergeben. Eine Streichung der §§ 103, 103a GWB wird im Bundeswirtschaftsministerium zwar erwogen, entsprechende Vorstellungen befinden sich jedoch nicht in einem konkreten Entscheidungsstadium.

158. Die Abwasserentsorgung wird in Deutschland fast ausschließlich von öffentlich-rechtlichen Unternehmen durchgeführt (Tab. 2.2-4). 1995 standen hierfür insgesamt 10 273 Anlagen zur Verfügung (Statistisches Bundesamt, 1998), die von rund 8 000 Abwasserentsorgern betrieben wurden. Innerhalb der öffentlich-rechtlichen Unternehmensformen zeichnet sich bundesweit ein Trend weg von den Regiebetrieben (Versorgung von rund 44 % der Einwohner 1997 gegenüber mehr als 60 % im Jahr 1994) hin zur stärkeren Verselbständigung in Form von Eigenbetrieben sowie anderen Organisationsformen ab (ESCH und THALER, 1998, S. 857). Anders als in den alten Ländern ist der Anteil der Regiebetriebe in den neuen Ländern mit nur 2,5 % vernachlässigbar gering (BÄUMER und LOHAUS, 1997, S. 29). Die Wahl der Organisationsform scheint in engem Bezug zur Größe der Gemeinde zu stehen. Während in Kommunen mit bis zu 5 000 Einwohnern der Regiebetrieb dominiert, macht dieser in Städten mit mehr als 100 000 Einwohnern nur noch 34 % aus (ebd., 1997, S. 30).

Tabelle 2.2-3

Unternehmensformen in der Wasserversorgung in Deutschland, 1995

	Alte Länder		Neue Länder		Deutschland gesamt	
	Anteil an Gesamtzahl (%)	Anteil am Wasseraufkommen (%)	Anteil an Gesamtzahl (%)	Anteil am Wasseraufkommen (%)	Anteil an Gesamtzahl (%)	Anteil am Wasseraufkommen (%)
Regiebetrieb	4,5	0,6	2,3	0,1	4,2	0,5
Eigenbetrieb	58,6	31,4	3,6	2,9	51,5	26,5
Zweckverbände	10,8	14,1	58,8	38,6	16,9	18,4
Wasser- und Bodenverbände	4,4	6,5	0,5	1,8	3,9	5,6
Eigengesellschaften als AG oder GmbH	13,4	24,7	15,8	21,1	13,7	24,1
Öffentliche Gesellschaften als AG oder GmbH	2,6	5,0	8,6	16,9	3,4	7,0
Gemischt öffentlich-privatwirtschaftliche Gesellschaften als AG oder GmbH	4,2	15,7	8,6	17,2	4,8	16,0
Privatwirtschaftliche AG oder GmbH	1,2	2,0	1,3	1,3	1,2	1,9
Sonstige privatrechtliche Unternehmen	0,3	0,0	0,5	0,1	0,4	0,0

Die BGW-Statistik erfasst nur rund ein Viertel der Wasserversorgungsunternehmen.
Quelle: BGW, 1996, S. 37

Tabelle 2.2-4

Unternehmensformen in der Abwasserentsorgung in Deutschland, 1997[1]

	Kommunen		Einwohner	
	Anzahl	%	Anzahl	%
Regiebetrieb	676	60,6	17 367 118	43,8
Eigenbetrieb	265	23,8	12 048 513	30,4
Anstalt des öffentlichen Rechts	21	1,9	5 421 569	13,7
Abwasserzweckverband	80	7,2	1 566 004	4,0
Sonstige	73	6,5	3 219 029	8,1[2]
Gesamtergebnis	1 115	100,0	39 622 233	100,0
Ohne Angabe	35		814 909	

[1] Die Zahlenangaben beziehen sich auf die an einer Umfrage der Abwassertechnischen Vereinigung (1997) beteiligten Kommunen, die ca. 50 % der Gesamtbevölkerung repräsentieren.

[2] Eigengesellschaften, Betreiber- oder Kooperationsmodelle

Quelle: BÄUMER und LOHAUS, 1997, S. 30

Mit der 6. Novelle des Wasserhaushaltsgesetzes von 1996 hat der Gesetzgeber die Privatisierungsmöglichkeiten in der Abwasserentsorgung gestärkt. In § 18a Abs. 2 Satz 3 WHG stellt das Gesetz klar, dass sich die Gemeinden zur Erfüllung ihrer Aufgabe privater Dritter bedienen können. Nach dem neu eingeführten § 18a Abs. 2a WHG kann nun auch die Entsorgungspflicht selbst auf Dritte übertragen werden. Bislang haben nur Sachsen und Baden-Württemberg von dieser Ermächtigung Gebrauch gemacht. In beiden Ländern fehlt noch das untergesetzliche Regelwerk, damit die Gemeinden diese Übertragungsmöglichkeit tatsächlich nutzen können. Zur Zeit ist nicht absehbar, wann oder ob überhaupt die Länder entsprechende Regelungen erlassen werden.

Investitionsbedarf

159. Der Finanzbedarf in der Wasserver- und Abwasserentsorgung ist erheblich. Allgemein wird davon ausgegangen, dass in diesem Bereich in den nächsten zehn bis zwölf Jahren insgesamt 200 bis 300 Mrd. DM investiert werden müssen, wobei der weitaus größte Teil der Mittel für die Abwasserentsorgung aufgebracht werden muss (STEINMETZ, 1998). Gleichzeitig ist zu beobachten, dass die tatsächlichen Investitionen in den letzten Jahren zurückgingen. Angesichts leerer kommunaler Kassen und des Rückgangs von Bundes- und Landeszuschüssen reicht der finanzielle Spielraum der Kommunen vielfach nicht aus, um die gesundheits- und gewässerschutzbedingten Investitionsanforderungen in dem gegebenen Zeitrahmen zu erfüllen.

160. In der Wasserversorgung wurden nach einer Hochrechnung des BGW zwischen 1990 und 1998 bundesweit fast 46 Mrd. investiert (Tab. 2.2-5). Der Großteil der Investitionen (rd. 60 %) entfiel dabei auf das Rohrnetz. Der in Relation zur Bevölkerungszahl mit 30 % überproportional hohe Anteil der Investitionen in den neuen Ländern ist vor allem auf den hohen Nachholbedarf hinsichtlich des Zustandes des Rohrnetzes sowie der Aufbereitungsanlagen zurückzuführen (RAMMNER, 1999). Auch in den nächsten Jahren ist mit jährlichen Investitionen von über 5 Mrd. DM zu rechnen. Dabei sinkt jedoch der Anteil der in den neuen Ländern eingeplanten Mittel am gesamtdeutschen Investitionsbudget.

161. In der Abwasserentsorgung fallen die Versäumnisse der vergangenen Jahre besonders ins Gewicht. Aufgrund der angespannten Haushaltslage in vielen Gemeinden sowie der geringen Akzeptanz von Beitragsbelastungen und Gebührenerhöhungen von Seiten der Bevölkerung wurden Mittel für Maßnahmen zum Erhalt oder zur Erneuerung von Anlagen häufig gekürzt oder anstehende Investitionen herausgezögert. Dort, wo die Abwasserentsorgung im Regiebetrieb geführt wird, fehlen Rückstellungen für Ersatzinvestitionen. Bis zum Jahr 2005 wird mit einem Investitionsbedarf in Höhe von 150 Mrd. DM gerechnet; rund 70 Mrd. DM entfallen auf die neuen und 80 Mrd. DM auf die alten Länder. Die Gesamtinvestitionen in der Abwasserentsorgung betrugen 1997 12 bis 13 Mrd. DM (LÜBBE, 1999, S. 31).

Den größten Kostenblock dürften Investitionen in das bestehende Kanalnetz ausmachen. 1997 beliefen sie sich auf 67 % an den Gesamtinvestitionen in der Abwasserentsorgung (ebd., S. 32 nach ATV). Über schadhafte Kanalsysteme gelangen große Mengen an Abwasser in das Grundwasser. Schätzungen zu den jährlich als Leckagen auslaufenden Abwassermengen bewegen sich für die alten Länder zwischen 33 Mio. m^3 und 790 Mio. m^3, wobei die meisten Angaben zwischen 300 Mio. m^3 und 400 Mio. m^3 liegen (DOHMANN und HAUSSMANN, 1996; HAGENDORF und KRAFFT, 1996; DECKER und MENZENBACH, 1995; DOHMANN, 1995; EISWIRTH und HÖTZEL, 1995).

Tabelle 2.2-5
Investitionen in der Wasserversorgung 1990 bis 1998[1)]

	1990	1991	1992	1993	1994	1995	1996	1997	1998
in Mio. DM Deutschland	4 622	4 912	5 408	5 125	5 171	5 306	5 112	5 103	4 910
davon									
– alte Länder	3 098	3 330	3 663	3 795	3 787	3 761	3 643	3 698	3 575
– neue Länder	1 524	1 582	1 745	1 330	1 384	1 545	1 469	1 405	1 335
Anteile in % Gewinnung und Aufbereitung	16,2	21,3	21,2	18,4	18,4	17,4	15,7	16,1	16,2
Speicherung	6,9	5,5	6,0	5,1	5,6	5,4	6,2	5,7	5,2
Rohrnetz	64,0	56,5	57,5	58,8	60,2	62,6	62,8	62,2	62,1
Sonstige[2)]	12,9	16,7	15,3	17,7	15,8	14,6	15,3	16,0	16,5

[1)] Angaben der vom ifo-Institut und dem BGW regelmäßig befragten Wasserversorger, hochgerechnet auf sämtliche öffentliche Wasserversorger in Deutschland.
[2)] Betriebs- und Geschäftsausstattung, Fahrzeuge, Werkzeuge, Zähler und Messgeräte sowie Gebäude, Grundstücke, Maschinen und maschinelle Anlagen, die den anderen Bereichen nicht eindeutig zugeordnet werden können.

Quelle: RAMMNER, 1999, nach BGW

In den neuen Ländern stehen darüber hinaus nach wie vor in hohem Umfang Investitionen für die Erhöhung des Anschlussgrades sowie für die Verbesserung der Reinigungsleistungen an (Tz. 615). Während 1995 im früheren Bundesgebiet (einschließlich Berlin) 95,2 % der Bevölkerung an die öffentliche Kanalisation angeschlossen waren, betrug der Anschlussgrad in den neuen Ländern 1995 nur 77,3 %. Auch hinsichtlich der Reinigungsstandards klafft die Schere noch weit auseinander. 1995 wurden in den neuen Ländern noch 26 % der in öffentlichen Abwasserbeseitigungsanlagen gereinigten Jahresabwassermengen in mechanisch wirkenden Anlagen entsorgt. In Anlagen mit der dritten Reinigungsstufe (biologische Reinigung mit Nährstoffelimination) wurden im früheren Bundesgebiet 85 % behandelt, in den neuen Ländern waren es immerhin 57 % (Statistisches Bundesamt, 1998).

Kosten und Preise

162. Die Kalkulation der Wasser- und Abwassergebühren folgt in Deutschland dem Grundsatz der Kostendeckung. Die kommunalen Gebührenordnungen erlauben es den öffentlich-rechtlichen Anbietern von Ver- und Entsorgungsleistungen, ihre Kosten vollständig auf die Verbraucher abzuwälzen. Verwenden die Kommunen die für Ersatzinvestitionen in Ansatz gebrachten Beträge nicht für wasserwirtschaftliche Maßnahmen, sondern setzen diese an anderer Stelle im Haushalt ein, können die Gebühren die tatsächlichen Ausgaben sogar deutlich übersteigen. Ineffiziente Produktionsweisen werden nicht sanktioniert, da die Verbraucher nicht auf das Angebot von Wettbewerbern ausweichen können. Allein die privatrechtlichen Entgelte in der Wasserversorgung unterliegen der kartellrechtlichen Missbrauchsaufsicht (DAIBER, 1998; DAIBER, 1996).

163. Die Gebühren für Trinkwasser sind zwischen 1992 und 1999 von durchschnittlich 2,31 DM/m^3 auf 3,26 DM/m^3 und damit um rund 41 % gestiegen (BGW-Wasserstatistik), wobei die Wasserpreise zwischen unterschiedlichen Versorgungsgebieten erheblich variieren. So betrug etwa der Arbeitspreis für einen Kubikmeter Trinkwasser in Oberhaching/Bayern 1997 0,75 DM, während er in Walluf/Hessen bei 5,85 DM/m^3 lag (GUNDERMANN, 1998, S. 258). Ein Grund für die deutlichen Preisanstiege in den letzten Jahren mag in dem starken Rückgang des Wasserverbrauchs in Deutschland liegen. Während die öffentlichen Wasserversorger 1990 noch rund 6 Mrd. m^3 Wasser abgaben, ist die Zahl im Jahr 1998 auf 4,8 Mrd. m^3 gesunken. Der Verbrauch der Bevölkerung ist zwischen 1990 und 1998 von 145 Liter pro Einwohner und Tag auf 127 Liter zurückgegangen (BGW-Wasserstatistik). In der Wasserversorgung ist der Fixkostenanteil an den jährlichen Gesamtkosten – ähnlich wie in der Abwasserentsorgung, wo dieser auf 75 bis 80 % beziffert wird (RUDOLPH und ORZEHSEK, 1997) – vergleichsweise hoch. Bei Verbrauchsrückgängen werden diese Kosten auf die geringere Verbrauchsmenge umgelegt, so dass die Wasserpreise steigen.

164. Der Anstieg bei den Abwassergebühren belief sich zwischen 1991 und 1998 auf insgesamt 78,2 % (127,5 % in den neuen Ländern gegenüber 67,0 % in den alten Ländern) (Tab. 2.2-6). Da die Zusammensetzung der Abwassergebühren aus verschiedenen Gebührenbestandteilen zwischen den Gemeinden sehr unterschiedlich ist (Grundgebühr nach unterschiedlichen Bemessungsgrundlagen, Schmutz- und Niederschlagswasser nach dem Frischwassermaßstab oder Schmutzwassergebühr nach dem Frischwassermaßstab und Niederschlagswassergebühr nach Grundstücksmerkmalen), wurden bei den Berechnungen die Gesamtabwassergebühren eines Einfamilienhauses herangezogen und mit der Einwohnerzahl des jeweiligen Versorgungsgebietes gewichtet. Die durchschnittlichen Abwassergebühren betrugen 1997 4,61 DM/m^3. Verbraucher in den neuen Ländern wurden mit 5,21 DM/m^3 stärker belastet als in den alten Ländern, wo das Entgelt im Durchschnitt bei 4,51 DM/m^3 lag (BGW-Wasserstatistik). Die Gebühren reichen in den alten Ländern von 0,50 DM/m^3 bis 11,54 DM/m^3 und von 1,00 DM/m^3 bis 9,70 DM/m^3 in den neuen Ländern (BGW, 1999). Grund für den starken Gebührenanstieg in den letzten Jahren sind die hohen Investitionen in den Neubau und die Sanierung von Kanälen und Kläranlagen, verschärfte Standards in der Abwasserreinigung, sowie der Rückgang des Wasserverbrauchs und der damit anfallenden Abwassermenge. Angesichts der noch anstehenden Investitionen können weitere Gebührensteigerungen nicht ausgeschlossen werden.

165. Die deutschen Wasser- und Abwasserpreise sind vor allem seit einem Bericht über eine Studienreise von Wasser- und Abwasserfachleuten der Weltbank in die Kritik geraten. In diesem Bericht sind die Gutachter zu dem Ergebnis gekommen, dass die Wasserversorgung und Abwasserentsorgung in Deutschland qualitativ zwar hochwertig, aber viel zu teuer ist (BRISCOE, 1995). Dabei sind die Wasserpreise in Deutschland nicht nur höher als in allen anderen europäischen Staaten und Nordamerika, sondern sie weisen darüber hinaus das höchste Wachstum auf. Verantwortlich dafür machen die Experten das mangelnde Kostenbewusstsein in der deutschen Wasserwirtschaft. Später wurden die Ergebnisse des Berichtes relativiert. Neuere Studien zeigen, dass entsprechende Preisvergleiche nur dann Rückschlüsse auf die Effizienz in der Leistungserstellung zulassen, wenn den internationalen Unterschieden in den Rahmenbedingungen (u. a. Kostendeckungsgrade der Entgelte, Kalkulationsvorschriften für Gebühren, Steuern und Abgaben, umweltpolitische Vorgaben, Qualität der Leistung) und deren Wirkung auf die Preise angemessen Rechnung getragen wird (BODE, 1999; BARRAQUÉ, 1998; GUNDERMANN, 1998; KRAEMER et al., 1998; RUDOLPH und Ecologic, 1998).

Tabelle 2.2-6

Jährlicher Anstieg der Abwassergebühren 1991-1998 (in %)

	Indizes des Statistischen Bundesamtes – jährliche Veränderungsrate –		Errechneter Index Bundesrepublik Deutschland
	Alte Länder	Neue Länder	– jährliche Änderung –
1991/1992	+ 10,0	+ 22,0	+ 12,0
1992/1993	+ 14,2	+ 23,4	+ 15,8
1993/1994	+ 11,7	+ 9,9	+ 11,4
1994/1995	+ 8,2	+ 12,1	+ 8,9
1995/1996	+ 4,2	+ 6,6	+ 4,6
1996/1997	+ 3,2	+ 6,6	+ 4,6
1997/1998	+ 2,3	+ 4,2	+ 3,5

Quelle: LÜBBE, 1999

Auch national sind die Preise für Trinkwasser und Abwasser nur bedingt vergleichbar. Als Gründe für Preisunterschiede kommen neben der unterschiedlichen Produktivität der Anbieter unter anderem regionale Unterschiede hinsichtlich der Verfügbarkeit der Ressource Wasser, ihrer Qualität, topographischen Besonderheiten, der Anzahl der angeschlossenen Einwohner sowie der Einwohnerdichte in Frage (MÜLLER und SCHEELE, 1993).

166. Der Umweltrat ist dennoch der Auffassung, dass es Wasserversorgern und Abwasserentsorgern nicht möglich sein sollte, sich unter Hinweis auf unterschiedliche Standortfaktoren Preisvergleichen vollständig zu entziehen. Vielmehr gilt es, Kriterien zu erarbeiten, aufgrund derer die Vergleichbarkeit zwischen unterschiedlichen Ver- und Entsorgungsgebieten bestimmt werden kann. Erste praktische Erfahrungen sowie Forschungsarbeiten zum Instrument des *Benchmarking* liegen vor (BODE, 1999; STEMPLEWSKI et al., 1999). Hierbei geht es darum, Kostensenkungspotentiale aufzudecken, indem für unternehmensrelevante Prozesse Bestmarken ermittelt werden, an denen sich die Unternehmen messen lassen müssen. Parallel dazu haben die Kartellämter des Bundes und der Länder ein Arbeitspapier herausgegeben, in dem sie festlegen, welche Strukturmerkmale beim Preisvergleich zwischen Wasserversorgern als Begründung für nicht selbst zu vertretende Kostenunterschiede zulässig sind (DAIBER, 1998).

2.2.5.3 Aktuelle Entwicklungen in der Wasserversorgung und Abwasserentsorgung in Europa

167. Anders als in Deutschland wird die Wasserversorgung und Abwasserbeseitigung in Frankreich und Großbritannien weitestgehend als normale wirtschaftliche Tätigkeit von privaten Anbietern erbracht. Es wird befürchtet, dass die deutschen, kommunal geprägten Unternehmen auf einem von zunehmendem Wettbewerb um Versorgungs- und Entsorgungsgebiete geprägten Markt Schwierigkeiten haben werden, sich gegenüber den großen privaten Anbietern aus anderen EU-Mitgliedstaaten sowie den USA zu behaupten (HIRNER, 1999; SCHOLZ, 1998; JUNG, 1997). Die größten Anteile an dem Segment des Weltmarktes, das von privaten Unternehmen versorgt wird, halten zur Zeit die beiden französischen Unternehmen Suez-Lyonnaise des Eaux und Vivendi (Tab. 2.2-7). Der Weltmarktanteil des größten deutschen Unternehmens, den Berliner Wasserbetrieben, betrug 1998 nur 0,8 %. Mittlerweile muss diese Zahl etwas nach oben korrigiert werden. Die geringe Bedeutung deutscher Unternehmen am Weltmarkt ist kein Zufall, denn sowohl in Frankreich als auch in Großbritannien werden wasserwirtschaftliche Aufgaben überwiegend von privaten Unternehmen übernommen, während die Leistungserstellung durch Private in Deutschland bislang noch eher die Ausnahme darstellt. Frankreich und Großbritannien stehen zugleich für zwei grundsätzlich verschiedene Regulierungsmodelle, die im folgenden eingehender betrachtet werden sollen. Die zunehmende Bereitschaft der deutschen Wasserwirtschaft, sich den Herausforderungen eines sich verändernden Weltmarktes für Wasserversorgungs- und Abwasserentsorgungsleistungen zu stellen, belegt ein Aktionskonzept „Nachhaltige und wettbewerbsfähige deutsche Wasserwirtschaft", das Vertreter der deutschen Wasserwirtschaft gemeinsam mit der Industrie unter Beteiligung verschiedener Ressorts der Bundesregierung erarbeitet und am 19. November 1999 in Bonn vorgestellt haben.

Tabelle 2.2-7

Anteile von Unternehmen der Wasserindustrie am privaten Segment des Weltmarktes

Firma (Investor und Betreiber)	Marktanteil (in %)[1]
Suez-Lyonnaise des Eaux, Frankreich	20,9
Vivendi (früher Générales des Eaux), Frankreich	10,5
Aguas de Barcelona, Spanien	8,6
Thames Water, Großbritannien	6,1
SAUR, Frankreich	5,2
Biwater, Großbritannien	5,2
United Utilities, Großbritannien	3,8
US Filter, USA	3,8
Cheung Kong, Hongkong	2,8
Berliner Wasserbetriebe/ SHW, Deutschland	0,8
RWE aqua, Deutschland	0,3
Sonstige, Deutschland und Deutschland/Frankreich	0,4

[1] Stand: Mai 1998
Quelle: RUDOLPH, 1998

Frankreich

168. In Frankreich liegt die Verantwortung für die Wasserversorgung und die Abwasserentsorgung zwar bei den rund 36 000 Kommunen, diese überlassen die Herstellung der Leistungen jedoch überwiegend privaten Unternehmen, die mittlerweile etwa 70 % der Bevölkerung mit Wasser versorgen und das Abwasser von 40 % der Bevölkerung entsorgen (SPELTHAHN, 1994, S. 126). Die Leistungserstellung wird von den Kommunen ausgeschrieben, wobei die Anlagen selbst im Eigentum des Staates bleiben. Privatunternehmen konkurrieren um die Auftragserteilung. In dem Vertrag zwischen Gemeinde und privatem Unternehmen wird festgelegt, welche Kosten der Private maximal in Rechnung stellen darf. Die wichtigsten privaten Vertragsformen sind der Pachtvertrag, der Konzessionsvertrag und die Betriebsführung. Beim Konzessionsvertrag übernimmt der private Betreiber, anders als beim Pachtvertrag, die Kosten für Neuinvestitionen. Beim Betriebsführungsvertrag werden nur Teilleistungen auf den Privaten übertragen. Die Vertragsdauer beträgt beim Betriebsführungsvertrag sechs bis zehn Jahre, Pachtverträge haben eine Laufzeit von zehn bis 15 Jahren und Konzessionsverträge von 20 bis 30 Jahren (ebd., S. 142 ff.).

169. Insgesamt sind etwa 60 Unternehmen auf diesem Markt tätig. Bei den meisten handelt es sich um lokale Anbieter (RUYS, 1997, S. 446). Auf überregionaler Ebene konkurrieren Suez-Lyonnaise des Eaux und Vivendi (früher Compagnie Générale des Eaux) sowie als kleinerer Anbieter SAUR (Societe d'amenagement Urbain et Rural).

Obwohl die Leistungserstellung in der Wasserversorgung und Abwasserentsorgung in Frankreich durch nur wenige private Anbieter erfolgt, ist sie aufgrund der Zuständigkeit der Kommunen für wasserwirtschaftliche Aufgaben weiterhin stark fragmentiert. So existierten 1990 etwa 15 500 Wasserversorgungssysteme, die durchschnittlich 700 Verbraucher bedienten. Verbundsysteme, um Wasserknappheiten oder -verschmutzungen zu überwinden, fehlen zumeist. Insbesondere im ländlichen Raum hängt die Versorgung vielfach an einem einzigen Entnahmepunkt (BULLER, 1996).

170. Die umweltpolitische Regulierung in der Wasserwirtschaft teilen sich in Frankreich das Umweltministerium und die an den sechs Flusseinzugsgebieten ausgerichteten Agences de l'Eau. Während das Umweltministerium Richtlinien bezüglich der Wasserqualität erlässt, helfen die Agences de l'Eau mit finanziellen Anreizen sowie technischen Hilfestellungen, den Gewässerschutz vor Ort zu verbessern (BARRAQUÉ et al., 1997; HOLM, 1988).

171. Gründe für die weitgehende Übertragung der Versorgung und Entsorgung auf Private sind der Mangel an Fachpersonal in den Gemeinden, die niedrigeren Kosten Privater im Vergleich zu den überschlägigen Kostenkalkulationen, die die Gemeinden für ihre eigene Leistungserstellung aufmachen, die größere Flexibilität privater Unternehmen und ihre über viele Jahre angesammelte Erfahrung in der Wasser- und Abwasserentsorgung durch Aktivitäten in einer Vielzahl unterschiedlicher Versorgungsgebiete (SPELTHAHN, 1994, S. 135 f.).

172. Die französischen Erfahrungen zeigen, dass über die Ausschreibung von Ver- und Entsorgungsleistungen die Mittelbeschaffung erleichtert und wasserwirtschaftliches Know-how eingekauft werden können. Da die Leistungserstellung in der Hand weniger großer Anbieter liegt, können eine Reihe größenbedingter Kostenvorteile (*economies of scale*) trotz der extremen Dezentralisierung der Verantwortlichkeit realisiert werden. Der Wettbewerb der Unternehmen um den Markt ist grundsätzlich geeignet, die Anbieter hinsichtlich der Qualität der Leistung sowie der Preissetzung zu disziplinieren.

Angesichts der Tatsache, dass nur wenige Anbieter den Markt unter sich aufteilen, kann allerdings nicht ausgeschlossen werden, dass es zu Absprachen zwischen Wettbewerbern kommt (NETO, 1998, S. 114). Zudem ist die oftmals enge Bindung der Kommunen und der privaten Betreiber, die in einigen Fällen die Grenzen der Legalität überschreitet, in der jüngsten Vergangenheit einige Male in die öffentliche Kritik geraten (BULLER, 1996, S. 466). Nach Vertragsabschluß geht der Wettbewerbsdruck deutlich zurück. Obgleich das alteingesessene Unternehmen bei Neuausschreibung der Verträge mit der Konkurrenz anderer Anbieter rechnen muss, ist eine Ablösung der alten Unternehmen in Frankreich bislang die Ausnahme. Unternehmenskonkurse sowie die Schlechterfüllung der Aufgaben werden nicht als gravierendes Problem gesehen (SPELTHAHN, 1994, S. 157).

Großbritannien

173. In England und Wales wurden die Wasserversorgung und Abwasserentsorgung 1989 vollständig privatisiert. Die zehn Versorgungsgebiete folgen dem Verlauf der Flusseinzugsgebiete. Den zuvor mit der Wasserver- und Abwasserentsorgung betrauten staatlichen Water Authorities kam außerdem die Aufgabe des Gewässerschutzes zu ("Integrated River Basin Management Approach"). Im Vorfeld der Privatisierung wurden Überlegungen zur vollständigen Übertragung dieser Aufgaben auf private Unternehmen von der EG zurückgewiesen und es wurde eine organisatorische Trennung von umweltpolitischer Regulierung und dem Anlagenbetrieb durchgesetzt (BOOKER, 1998; ZABEL und REES, 1997, S. 618).

Neben den zehn großen Unternehmen, die Wasserversorgung und Abwasserentsorgung aus einer Hand anbieten (Water Service Companies), existiert eine Reihe kleinerer Wasserversorgungsunternehmen, die bereits vor 1989 im Besitz privater Unternehmen waren. Obwohl Wasserversorgung und Abwasserentsorgung durch nur wenige große Gebietsmonopolisten betrieben werden, erfolgen Versorgung und Entsorgung innerhalb dieser Gebiete durch eine Reihe weitestgehend getrennt voneinander operierender, in sich geschlossener Systeme. Der Grad des Leitungsverbundes untereinander ist in England und Wales jedoch sehr viel ausgeprägter als in Frankreich (BULLER, 1996, S. 468).

174. Die Regulierung der Wasserversorgung und Abwasserentsorger wird überwiegend durch drei zentrale Stellen übernommen. Die ökonomische Kontrolle der weitestgehend monopolistischen Anbieter liegt nun beim Director General of Water Services und der ihm unterstehenden Regulierungsbehörde Office of Water, die ökologische Kontrolle bei der National River Authority, die zugleich alle anderen Wassernutzer (u. a. Industrie, Landwirtschaft) überwacht, und die Kontrolle der Trinkwasserqualität beim *Drinking Water Inspectorate*.

Die ökonomische Regulierung erfolgt mit dem Instrument der Preisregulierung. Dabei legt die Regulierungsbehörde die Preisobergrenze nach der Formel RPI-X+Y fest. RPI steht dabei für die Inflationsrate (*retail price index*), X für die erwarteten Effizienzgewinne, und die Variable Y berücksichtigt den Investitionsbedarf der Unternehmen. Alle fünf bzw. zehn Jahre werden die unternehmensspezifischen Preisobergrenzen neu festgesetzt. Die Preisobergrenzen können auch während der Laufzeit angepasst werden, wenn den Unternehmen unerwartete Kosten (z. B. bei der Vorgabe höherer Umweltstandards durch die EU, höhere Zinsen) entstehen (*cost pass through*-Regelung). Die Kosten der Regulierungsbehörde, die auf jährlich 10 Mio. Pfd. beziffert werden, werden auf die Wasserversorger und Abwasserentsorger überwälzt. Im Vergleich dazu beträgt der Branchenumsatz im Jahr 6 Mrd. Pfd. (BOOKER, 1998).

Gegenüber dem zur ökonomischen Kontrolle von Monopolunternehmen sonst gebräuchlichen Instrument der Gewinnregulierung hat die Preisregulierung grundsätzlich den Vorteil, dass sie Anreize zur Kostensenkung setzt, da die tatsächlich entstandenen Kosten nicht einfach auf den Preis überwälzt werden können und eine Überkapitalisierung vermieden wird. Effizienzgewinne verbleiben im Unternehmen. Der Gefahr, dass die Regulierungsbehörde durch die Unternehmen vereinnahmt wird, beugt die Regulierungsbehörde dadurch vor, dass sie sich bei der Revision der Preisobergrenzen an den Kosten des Branchenbesten (Vergleichswettbewerb) orientiert (ebd., 1998).

175. Die Privatisierung in England und Wales erfolgte, da wichtige Investitionen in die Infrastruktur angesichts der angespannten Haushaltslage über viele Jahre verschleppt worden waren und die Europäische Kommission die Einhaltung der EG-Richtlinien zum Gewässerschutz und zur Trinkwasserqualität anmahnte. Der Investitionsbedarf in der Wasserwirtschaft für die Zeit bis zum Jahr 2000 wurde zum Zeitpunkt des Aktienverkaufs auf 28 Mrd. Pfd. geschätzt (SPELTHAHN, 1994, S. 183).

176. Angesichts des großen Investitionsbedarfs hatte die Regulierungsbehörde den Unternehmen zunächst Preissteigerungen genehmigt, die deutlich über der Inflationsrate lagen. Die Preissteigerungen beliefen sich bis 1994/95 real auf 25 % (SCHEELE, 1997, S. 38). Die

Regierung hatte den Wasserbehörden darüber hinaus Subventionen für Neuinvestitionen in Höhe von 1,57 Mrd. Pfd. und die sofortige Abschreibung von Altschulden in Höhe von 4,9 Mrd. Pfd. gestattet (SPELTHAHN, 1994, S. 174). Die von den Wasserversorgern und Abwasserentsorgern unmittelbar nach der Privatisierung erzielten hohen Renditen übertrafen jedoch alle Erwartungen und haben in der Folge erhebliche Kritik vor allem bei den Verbrauchern hervorgerufen. Der Regierung wurde vorgeworfen, bewusst hohe Gewinnerzielungsmöglichkeiten eingeräumt zu haben, um einen entsprechend hohen Erlös beim Verkauf der Aktien erzielen zu können (SPELTHAHN, 1994, S. 182 f.). Zugleich wurde aber auch deutlich, dass die Ineffizienz des alten Systems größer war als ursprünglich angenommen (SCHEELE, 1997, S. 44). Dem öffentlichen Druck nachgebend, sah sich die Regulierungsbehörde bereits 1994 gezwungen, die ursprünglich für zehn Jahre festgelegten Preisobergrenzen deutlich nach unten zu korrigieren. Bis zum Jahr 2004 werden die Preissteigerungen nun auf durchschnittlich 1 % im Jahr begrenzt (NETO, 1998, S. 110).

177. Die Regulierungsbehörde Office of Water Services sucht zur Zeit vor allem nach Möglichkeiten, mehr Wettbewerb zwischen den Anbietern zu etablieren (BYATT, 1998). Erste praktische Erfahrungen liegen mit dem Instrument des "*inset appointment*" vor, bei dem Abnehmer mit einem jährlichen Wasserverbrauch von über 250 000 m^3 Verträge mit einem anderen Unternehmen als dem regionalen Gebietsmonopolisten abschließen können. Weiterhin dürfen Unternehmen auch in fremden Versorgungsgebieten Leitungen verlegen, wodurch Wettbewerb vor allem an den Versorgungsgebietsgrenzen ermöglicht wird (*borderline competition*). Schließlich wurde die Möglichkeit geschaffen, durch gemeinsame Netznutzung, ähnlich wie in der Stromversorgung, direkten Wettbewerb zwischen den Anbietern zu erzeugen (*common carriage*). Versorgungs- und Entsorgungsunternehmen wurden von der Regulierungsbehörde dazu aufgefordert, die Konditionen, zu denen sie Zugang zu ihren Netzen ermöglichen, offenzulegen. Die Regulierungsbehörde geht davon aus, dass mit dem *Competition Act 1998*, der am 1. März 2000 in Kraft tritt und der es der Regulierungsbehörde erlaubt, gegen den Missbrauch einer marktbeherrschenden Stellung konsequenter als bislang einzuschreiten, der Anstoß für die Entwicklung von direktem Wettbewerb zwischen den Anbietern am Wassermarkt gegeben wird (British Government, 2000).

178. Obgleich die Skepsis der Verbraucher gegenüber der Trinkwasserqualität in England groß ist, sind die Erfahrungen mit der Privatisierung aus umweltpolitischer Sicht überwiegend positiv. Die Investitionstätigkeit in der Wasserwirtschaft ist seit 1989 deutlich gestiegen und hat zu einer Verbesserung der Gewässerqualität geführt (SCHEELE, 1997, S. 39). Die Kontrollen der Regulierungsbehörden für Gewässer- und Trinkwasserschutz wurden erheblich verschärft (SPELTHAHN, 1994, S. 190).

179. Das britische Beispiel zeigt unter anderem, dass sich höhere Umweltstandards bei einer klaren Aufgabentrennung zwischen Anlagenbetrieb und Aufsichtsbehörde grundsätzlich leichter durchsetzen und besser kontrollieren lassen. Die Loslösung vom öffentlichen Haushalt wirkt bei leeren Staatskassen positiv auf die Investitionstätigkeit, solange entsprechende Vorgaben hinsichtlich der Ziele gemacht und ihre Einhaltung kontrolliert werden. Besondere Aufmerksamkeit verdienen die Überlegungen zur Etablierung von Wettbewerb in der Wasserwirtschaft. Für die kartellrechtliche Preisaufsicht dürften die Erfahrungen mit der Preisregulierung sowie mit dem Konzept des Vergleichswettbewerbs von großem Interesse sein. Deutschland bringt aufgrund der starken Zersplitterung in der Versorgung und Entsorgung grundsätzlich sehr viel bessere Voraussetzungen für die Anwendung des Konzeptes des Vergleichswettbewerbs mit als England und Wales, wo nur zehn Unternehmen für einen entsprechenden Vergleich herangezogen werden können.

2.2.5.4 Chancen und Risiken bei der Privatisierung von Unternehmen in der Wasserwirtschaft

180. Die nationalen und internationalen Erfahrungen mit der privatwirtschaftlichen Leistungserstellung in der Wasserversorgung und Abwasserentsorgung zeigen, dass mit der Privatisierung grundsätzlich eine Reihe der gegenwärtig anstehenden Probleme in der Wasserwirtschaft (u. a. hoher Investitionsbedarf, ineffiziente Leistungserstellung) bewältigt werden kann. Angesichts der Umweltrelevanz dieses Infrastrukturbereichs, aber auch wegen des (noch) mangelnden Produktwettbewerbs zwischen den Anbietern hängt der Erfolg der Privatisierung vor allem von der Wahl eines geeigneten Regulierungsrahmens für den Umwelt- und Gesundheitsschutz sowie für Kosten und Preise ab.

Die Chancen und Risiken einer Privatisierung kommunaler Leistungen in der Wasserwirtschaft in Deutschland sollen im folgenden näher betrachtet werden.

Investitionen

181. Letztlich ist die Finanznot der meisten deutschen Gemeinden ausschlaggebend dafür, dass der (vollständige oder teilweise) Verkauf kommunaler Wasserversorgungs- und Abwasserentsorgungsunternehmen bzw. die Beteiligung Privater bei Planung, Bau, Betrieb und/oder Finanzierung für die Gemeinden zunehmend zu einer interessanten Option wird. Die öffentliche Hand sieht sich vor das Problem gestellt, dass sie alleine vielfach nicht mehr in der Lage ist, die Investitionen zu tätigen, die angesichts ständig steigender Vorgaben für Anlagenstandards durch den Bundesgesetzgeber sowie die EU und einer veralteten Infrastruktur in den nächsten Jahren auf diesen Sektor zukommen. In Ostdeutschland kommt der Nachholbedarf hinsichtlich des Anschlussgrades sowie der Reinigungsleistungen erschwerend hinzu. Dabei sind die Fristen, in denen die Investitionen getätigt werden müssen, oftmals sehr kurz, so dass nach Wegen gesucht wird, um das erforderliche Kapital schnell und ohne langwierige interne Genehmigungsverfahren bereitzustellen. Die Gemeinden haben bei leeren Kassen einen Anreiz, aus ökologischer Sicht dringend erforderliche Investitionen hinauszuzögern, insbesondere dann, wenn andere kommunalpolitische Belange in der Prioritätensetzung der Bürger höher rangieren (z. B. Beschäftigungspolitik).

182. Probleme ergeben sich bei der Finanzierung von Erneuerungsinvestitionen vor allem beim Regiebetrieb, der in der Abwasserentsorgung nach wie vor die am meisten verbreitete Organisationsform darstellt (Tab. 2.2-4). Ebenso wie alle anderen Unternehmensformen können Regiebetriebe den Gebührenzahlern zwar kalkulatorische Abschreibungen auf das Betriebsvermögen in Rechnung stellen, allerdings werden diese Mittel im Regiebetrieb nicht verwendet, um Rückstellungen für künftige Ersatzinvestitionen zu bilden. Statt dessen gehen die Einnahmen in den Gesamthaushalt ein und dienen dort nicht selten zur Quersubventionierung anderer kommunaler Aufgaben. Zum Zeitpunkt der Ersatzbeschaffung stehen diese Mittel dem Abwasserentsorgungsunternehmen dann nicht mehr zur Verfügung. Die Folge ist der beschriebene Investitionsrückstau (Tz. 159 ff.), der mit entsprechenden Umweltbelastungen wie der Verschmutzung von Gewässern aufgrund geringer Reinigungsleistungen der Kläranlagen oder durch Leckagen im Kanalsystem verbunden ist.

Ein weiteres Problem im Regiebetrieb stellt die Kreditaufnahme dar. Da der Regiebetrieb nicht aus dem allgemeinen Haushalt ausgegliedert ist, erfolgt die aufsichtsrechtliche Genehmigung nicht in jedem Bundesland getrennt von der allgemeinen Genehmigung des Kreditbedarfs der Gemeinde, obwohl es sich in der Wasserwirtschaft um sogenannte „rentierliche" Kredite handelt, deren Rückzahlung durch die Erhebung kostendeckender Gebühren sichergestellt ist.

183. Aus den angeführten Gründen spricht vieles dafür, die Regiebetriebe in Eigenbetriebe umzuwandeln oder sie zu privatisieren. Damit würden Unternehmensformen geschaffen, bei denen die Einnahmen zweckgebunden sind und dem Unternehmen erhalten bleiben. Im Fall der materiellen Privatisierung, d. h. der Aufgabenerfüllung durch ein privates Unternehmen, kann der Substanzerhalt durch Vorgaben hinsichtlich der zu tätigenden Investitionen sichergestellt werden.

Die Mittelbeschaffung bei privaten Wasserver- und Abwasserentsorgern dürfte in der Regel sehr viel schneller und unbürokratischer erfolgen als in öffentlichen Unternehmen. Wenngleich die Kapitalbeschaffung für Private wegen ihrer vergleichsweise schlechteren Bonität im allgemeinen teurer ist als für Gemeinden, können ihre Kosten bei der Finanzierung durch Private u. a. dadurch reduziert werden, dass lange Bauzeiten aufgrund der flexibleren Kapitalbereitstellung vermieden werden (SPELTHAHN, 1994, S. 106; BROD, 1990, S. 407).

Kosten und Preise

184. Für öffentlich-rechtliche Unternehmen bestehen praktisch keine Kostensenkungsanreize. Die Kosten der Leistungserstellung können ohne weiteres direkt auf die Gebührenzahler überwälzt werden (Kostendeckungsprinzip) (Tz. 162 f.). Mit der Privatisierung öffentlicher Leistungen wird vielfach die Erwartung verbunden, dass Kosten gesenkt und der Gebührenanstieg gebremst werden können.

Ob von der Privatisierung öffentlicher Unternehmen zugleich Gebührensenkungen für die Verbraucher zu erwarten sind, hängt zunächst davon ab, ob die privaten Anbieter dem Wettbewerbsdruck durch Konkurrenten ausgesetzt sind oder einem anderen geeigneten Regulierungsverfahren unterliegen. In der Wasserversorgung und Abwasserentsorgung muss davon ausgegangen werden, dass ein direkter Produktwettbewerb ohne staatliche Eingriffe aufgrund der Leitungsgebundenheit der Leistungen kaum zustande kommt (Problem des natürlichen Monopols). Die Überlegungen der britischen Regulierungsbehörde zur Einführung zusätzlicher Wettbewerbselemente geben Hinweise auf mögliche Ansatzpunkte für direkten Wettbewerb zwischen den Anbietern in der Zukunft (Tz. 170).

185. Angesichts der auf absehbare Zeit begrenzten Möglichkeiten, die Akteure durch Wettbewerb im Markt zu disziplinieren, rückt eine zweite Option in das allgemeine Interesse, nämlich der „Wettbewerb um den Markt" durch die Ausschreibung der Leistungserstellung. Am deutlichsten treten die Vorteile dieses Modells gegenüber alternativen Organisationsformen bei Neuinvestitionen zutage. Durch die Ausschreibung der Leistungen setzt ein Wettbewerb um innovative, kostengünstige Lösungen ein. Bei diesem vor allem in der Abwasserentsorgung in Niedersachsen erprobten Modell, das große Parallelen zu den in Frankreich praktizierten Vertragsformen aufweist, konnten zum Teil Kosteneinsparungen von über 50 % gegenüber den ursprünglich angesetzten Investitionskosten erzielt werden (RUDOLPH, 1997, S. 184 f.). Durch eine entsprechende Vertragsgestaltung können Planungs-, Bau-, Betriebs- und Finanzierungsrisiken überwiegend auf den privaten Betreiber übertragen werden. Die Gefahr des Baus teurer, überdimensionierter Anlagen wird vermieden, wenn die Ausschreibung möglichst offen formuliert ist und Vorschläge für die alternative Anlagengestaltung zulässt. Die gegenwärtige Praxis der Investitionsplanung, bei der die beauftragten Ingenieurbüros nach Maßgabe der öffentlichen Gebührenordnung entsprechend dem

Auftragsvolumen bezahlt werden, behindert statt dessen die Ausschöpfung von Kosteneinsparungspotentialen (ELLWEIN, 1996, S. 190).

Bei der Ausschreibung wasserwirtschaftlicher Leistungen sollte die Gemeinde eine Vergleichsrechnung aufstellen, aus der hervorgeht, welche Kosten entstünden, wenn die Leistungserstellung auch in Zukunft durch das alteingesessene öffentliche Unternehmen durchgeführt wird. Der Private sollte den Vertrag nur dann erhalten, wenn er tatsächlich günstiger arbeitet. Das öffentliche Unternehmen hat gegenüber seinen Wettbewerbern insofern einen Vorteil, als es über bessere Ortskenntnisse verfügt. Das Steuerprivileg in der Abwasserentsorgung für Regie- und Eigenbetriebe verschafft den öffentlichen Unternehmen hingegen einen ungerechtfertigten Wettbewerbsvorteil, der aufgegeben werden sollte. Der Umweltrat weist in diesem Zusammenhang darauf hin, dass in Abhängigkeit von der Betriebsform auch sonst eine Reihe von Unterschieden hinsichtlich der Ansatzfähigkeit von Kosten zwischen öffentlichen Unternehmen bestehen. Beispielsweise können formal privatisierte Unternehmen im Gegensatz zu Eigenbetrieben bei der Gebührenkalkulation Zinsen für das eingesetzte Kapital zugrunde legen (MÖSTL, 1999, S. 104 ff.).

186. Kostenvorteile des privaten Betreibers gegenüber öffentlichen Unternehmen können unter anderem aus der fehlenden Bindung seiner Aktivitäten an Verwaltungsgebietsgrenzen resultieren (*economies of scale*), die letztlich den Verbrauchern in Form niedrigerer Preise sowie besserer Leistungen zugute kommen können (Tz. 172). Während kleine Versorger und Entsorger z. B kaum in der Lage sind, Mitarbeiter zu finanzieren, die über Detailkenntnisse in bezug auf das überaus umfassende wasserwirtschaftlich relevante Regelwerk verfügen (NISIPEANU, 1998, S. 11 ff.), kann sich ein großes Unternehmen das Wissen eines entsprechend qualifizierten Mitarbeiters bei der Aufgabenerfüllung in einer Vielzahl von Gemeinden zunutze machen. In diesem Zusammenhang scheinen Vorstellungen, das Territorialprinzip zu lockern (SCHOLZ, 1998; STEINMETZ, 1998), das die Aktivitäten von kommunalen Unternehmen außerhalb ihres eigenen Verwaltungsgebiets stark einschränkt, jedoch wenig dienlich. Dieses Prinzip ist gut begründet. Während private Unternehmen Risiken mit dem Kapital ihrer Investoren decken, die der Gesellschaft die Mittel jederzeit entziehen können, wird das Risiko kommunaler Unternehmen mit dem Geld der Steuer- bzw. Gebührenzahler gedeckt, die sich höchstens durch Abwahl der kommunalen Entscheidungsträger gegen die Übernahme unerwünschter Risiken aus nicht originär kommunalen Aufgaben zur Wehr setzen können.

187. Um die Ausschreibung von Versorgungs- und Entsorgungsverträgen durch Gemeinden oder Zweckverbänden zu erleichtern, sollten Erfahrungen mit entsprechenden Verträgen ausgewertet und Standardverträge erarbeitet werden, die dann situationsspezifisch angepasst werden können. Insbesondere bei kleineren Gemeinden könnte eine solche Vorgehensweise dazu beitragen, zu verhindern, dass die Kommunen von den in der Regel in Vertragsverhandlungen erfahreneren privaten Anbietern übervorteilt werden. Die kommunalen Verbände sowie private Beratungsunternehmen könnten die Gemeinden bei der Vertragsgestaltung unterstützen.

188. Während Kooperationsmodelle in der Wasserwirtschaft für die Gemeinden insbesondere dann interessant sind, wenn eine Ausschreibung wasserwirtschaftlicher Leistungen aufgrund mangelnder Kenntnisse über den Zustand des Rohrnetzes auf Schwierigkeiten stößt, ist die starke Zunahme gemischt-wirtschaftlicher Unternehmen (sog. *Public-Private-Partnerships*) ordnungspolitisch bedenklich. Eine klare Aufgabentrennung zwischen Kommune (Regulierer) und privatem Unternehmen (Reguliertem) kommt bei dieser Organisationsform aufgrund der Mehrheitsbeteiligung der Kommune an dem Unternehmen nicht zustande. So kann nicht ausgeschlossen werden, dass die Gemeinde versucht, den Erlös beim Verkauf von Unternehmensanteilen zu steigern, indem sie eine hohe Verzinsung des eingesetzten Kapitals einräumt, die das Unternehmen in der Folge über höhere Gebühren erwirtschaften muss. Als Anteilseigner kommen der Gemeinde entsprechende Renditen in Form erhöhter Einnahmen ebenfalls zugute. Zudem fehlen beim Kooperationsmodell Anreize, Kostensenkungspotentiale zu realisieren. Werden Leistungen ausgeschrieben, wird ein Vorleistungen anbietender Gesellschafter seine Vorteile als Miteigentümer im Zweifel für sich zu nutzen wissen. Während der kaufmännische Gewinn, den ein im Wettbewerb stehendes privates Unternehmen erzielt, als Kompensation für das unternehmerische Risiko begriffen werden kann, verbleiben beim Kooperationsmodell die betrieblichen Risiken jedenfalls innerhalb gewisser Grenzen beim Gebührenzahler.

189. Gegen die Privatisierung von Unternehmen der Wasserversorgung und Abwasserentsorgung wird vielfach angeführt, dass private Unternehmen höhere Preise forderten, weil sie Gewinne erwirtschaften wollten, während kommunale Unternehmen allein kostendeckende Gebühren verlangten. Dieses Argument ist jedoch nur solange zutreffend, wie eine ökonomische Regulierung (durch Ausschreibung oder Preisaufsicht) unterbleibt, die die privaten Anbieter dazu zwingt, Preise zu setzen, die mit den im Wettbewerb erzielbaren Preisen vergleichbar sind. Bei geeigneter Regulierung stellt das Gewinnstreben kein Hindernis für eine Privatisierung dar. Dass die Ausgestaltung des Regulierungsinstrumentariums dennoch nicht frei von Problemen ist, zeigen die Beispiele Frankreichs und Großbritanniens (Tz. 168 ff.).

190. Schließlich befürchten die Kommunen, dass die vermeintlich kostengünstigere Leistungserstellung durch Private für sie teuer erkauft sein kann, wenn die Aufgaben aufgrund der Schlechterfüllung durch den Privaten oder dessen Konkurs auf die Gebietskörperschaft zurückfallen. Hierzu ist anzumerken, dass sich die Kommunen in jedem Fall ausreichende Kontroll- und Sanktionsmöglichkeiten vertraglich sichern müssen, um im Fall der Schlechterfüllung eingreifen und Nachbesserungen einfordern zu können. Im übrigen ist ein überregional tätiger Anbieter in der Regel schon deshalb gezwungen, Qualitätsaspekte nicht zu vernachlässigen, weil eine minderwertige Leistungserstellung seine Chancen auf Vertragsabschluß auch in anderen Versorgungsgebieten beeinträchtigen würde. Die Gemeinde dürfte grundsätzlich ein großes Interesse daran haben, die Bonität des privaten Betreibers vor Vertragsabschluss eingehend zu prüfen. Kommt es dennoch zum Konkurs, muss sie selber einspringen oder die Leistungen erneut ausschreiben. Entscheidend ist, dass die Gemeinde mit einer „Heimfallklausel" etwa im Erbbaurechtsvertrag, der die Überlassung des Grundstückes regelt, sicherstellt, dass die Anlagen im Konkursfall an sie zurückfallen. Hat der Betreiber das Grundstück nur gepachtet, sieht § 47 InsVO vor, dass der Pächter den Pachtgegenstand aus der Konkursmasse aussondern kann; d. h. der Pachtgegenstand fällt dann nicht in die Insolvenzmasse (JONELEIT und IMBERGER, 1999, § 49 Rdnr. 54). Nachteilig ist allerdings sowohl beim Heimfall als auch bei der Verpachtung, dass im Insolvenzfall weder der Pachtgegenstand noch das Erbbaurecht automatisch an die Gemeinde zurückfallen. Sie muss vielmehr ihren Anspruch geltend machen und gegebenenfalls gerichtlich durchsetzen. Über die Festschreibung von Preisen für den Eigentumsübergang, die unter dem Zeitwert der Anlage liegen, kann sich die Gemeinde vor Verlusten schützen (SPELTHAHN, 1994, S. 98 f., 112).

Umwelt- und Gesundheitsschutz

191. Zu den zentralen Argumenten, die gegen eine Privatisierung der Wasserversorgung und Abwasserentsorgung vorgebracht werden, zählen umwelt- und gesundheitspolitische Belange. Da Investitionen in den Umweltschutz sich nicht lohnen, würden ökologische Ziele verfehlt. So habe ein privates Unternehmen, das nach Gewinnmaximierung strebt, ein Interesse daran, Kosten zu reduzieren, indem es die Wartung von Anlagen vernachlässigt, Qualitätsanforderungen an Trinkwasser und Abwasser verletzt und keine ausreichenden Sicherheitsspielräume einplant. Eine Reihe von ökologischen Leistungen, die die Wasserversorger heute freiwillig erbringen, würde bei der Aufgabenwahrnehmung durch Private nicht mehr getätigt. Schließlich sei die Privatisierung unvereinbar mit Zielen des Ressourcenschutzes, da das private Unternehmen Anreize habe, möglichst viel Wasser zu verkaufen.

192. In diesem Zusammenhang sei zunächst noch einmal auf die Ausführungen zum Investitionsbedarf in der Wasserwirtschaft und seiner Finanzierung hingewiesen (Tz. 159 ff.). Allgemein kann man nicht davon ausgehen, dass ein öffentlich-rechtlich organisiertes Unternehmen im Bereich der Wasserversorgung oder Abwasserentsorgung in jedem Fall Aufgaben des Umweltschutzes freiwillig wahrnimmt oder auch nur umweltrechtliche Pflichten hinreichend erfüllt, weil sie am Gemeinwohl orientiert sind, denn die Umweltschutzleistungen sind mit höheren Kosten verbunden, deren Überwälzung auf den Gebührenzahler häufig auf Akzeptanzprobleme stößt.

Bei der Aufgabenprivatisierung bleibt die Letztverantwortung für die Versorgung und Entsorgung bei der Kommune erhalten. Dies gilt auch in den Fällen der Privatisierung der Abwasserentsorgung nach § 18 a Abs. 2 a WHG. In diesem Rahmen kann der private Betreiber vertraglich verpflichtet werden, die umweltpolitisch erforderlichen Investitionen zu tätigen. Vorsorge ist auch für den Fall zu treffen, dass sich die umweltpolitischen Anforderungen in der Wasserversorgung bzw. Abwasserentsorgung während der Vertragsdauer verändern. Durch eine Klausel im Übernahmevertrag, die vorsieht, dass die Gemeinde entsprechende Teilleistungen neu ausschreibt, kann der Gefahr begegnet werden, dass der Betreiber seine Monopolstellung gegenüber der Gemeinde ausnutzt. Der bisherige Anlagenbetreiber kann sich an der Ausschreibung beteiligen (SPELTHAHN, 1994, S. 110 f.).

193. Defizite bei der Trinkwasserqualität sowie im Gewässerschutz, die auf mangelndes Know-how bei kleinen Versorgern und Entsorgern zurückzuführen sind, können durch die Aufgabenübertragung auf größere Unternehmen reduziert werden. Werden Wasserversorgung und Abwasserentsorgung in einem Unternehmen zusammengefasst, hat das Unternehmen selbst unter Umständen ein eigenes Interesse an einer vergleichsweise hohen Qualität des eingeleiteten Abwassers.

194. Sofern die öffentlichen Unternehmen in der Vergangenheit freiwillig gewässerschutzbezogene Leistungen erbracht haben, die von einem privaten Unternehmen nicht unbedingt zu erwarten wären (u. a. Uferschutzmaßnahmen, Reinigung von Seen, Regenwasserbewirtschaftung, Installation und Betrieb von Messnetzen zur Kontrolle der Gewässergüte), können diese ebenfalls ausgeschrieben und dem Unternehmen, das den Zuschlag erhält, entsprechend vergütet werden. Die Finanzierung kann, soweit es sich um rohwasserbezogene Maßnahmen handelt, über Wassergebühren und bei Maßnahmen des allgemeinen Gewässerschutzes über Steuereinnahmen erfolgen. Dabei darf nicht vergessen werden, dass entsprechende Leistungen auch bei der Aufgabenerfüllung durch öffentliche Unternehmen keineswegs kostenlos sind. Vielmehr wurden die mit der Leistungserstellung verbundenen Kosten auch bislang auf den Wasserverbraucher überwälzt.

195. Erforderlich ist jedoch in jedem Fall die Überwachung der Einhaltung der vorhandenen ökologischen Rahmenordnung, die den Akteuren Mindeststandards im Umwelt- und Gesundheitsschutz vorschreibt. Diese betreffen die Begrenzung der Wasserentnahme, die

Qualität des Lebensmittels Trinkwasser sowie die Qualität des gereinigten Abwassers. Solange die Einhaltung des umweltpolitischen Rahmens durch geeignete Kontrollen sichergestellt ist, können die Akteure ihre eigenen Ziele verfolgen, ohne ökologische Ziele preiszugeben. Die Haftung für die Verletzung umweltpolitischer Vorgaben kann auf die Anlagenbetreiber übertragen werden. In diesem Zusammenhang besteht ein Vorteil der Privatisierung in der klaren Trennung von umweltpolitischer Kontrolle und dem Anlagenbetrieb. Es ist davon auszugehen, dass die Kontrolle und der Vollzug gesetzlicher Vorgaben gegenüber privaten Betreibern deutlich strenger erfolgen als gegenüber öffentlich-rechtlichen Versorgern. Allerdings werden die Kontrollkosten über denen bei der Leistungserstellung durch die öffentliche Hand liegen. Gegebenenfalls wird eine Stärkung der Behörden erforderlich. Die Finanzierung der Kontrollkosten könnte ähnlich wie bei der britischen Lösung über die Wasser- und Abwassergebühren erfolgen (Tz. 174).

196. Weiterhin wird befürchtet, dass private Wasserversorgungsunternehmen den Schutz verbrauchsnaher Grundwasservorkommen vernachlässigen und auf die Möglichkeit der Fernwasserversorgung ausweichen. Bestehende Kooperationen mit Landwirten in Wassereinzugsgebieten würden damit gefährdet. Allerdings haben auch private Wasserversorger ein Interesse an Kooperationen mit Landwirten in Wassereinzugsgebieten, wenn diese dazu beitragen, dass die Qualitätsstandards für das Trinkwasser (z. B. Grenzwerte für Nitrat) zu geringeren Kosten eingehalten werden können, als dies durch Fernversorgung oder durch Wasseraufbereitung möglich ist. Zudem sind kleinräumige Versorgungskonzepte zwar – je nach Stand der verfügbaren Aufbereitungstechnologie – geeignet, ein höheres Schutzniveau für die regionale Ressource Grundwasser zu erreichen, sofern solche Versorgungskonzepte allein durch Gründe des Gewässerschutzes motiviert sind. Jedoch werden mit diesem Ansatz die Versäumnisse bei der Durchsetzung eines flächendeckenden Grundwasserschutzes den Wasserversorgern und damit letztlich den Gebührenzahlern angelastet. Der Umweltrat hat bereits in der Vergangenheit darauf hingewiesen, dass eine solche Strategie wenig geeignet ist, einen nutzungsunabhängigen Gewässerschutz in der Fläche zu gewährleisten (SRU, 1998b, Kap. 5.1). In erster Linie sollten alle Anstrengungen unternommen werden, um Beeinträchtigungen des Grundwassers flächendeckend zu vermeiden. Eine solche Strategie verlangt, unmittelbar beim Verursacher von Schadstoffeinträgen und nicht beim Wasserversorger anzusetzen.

Soll der Transfer von Wasser zwischen Versorgungsgebieten ausgeschlossen werden, ist auch bei der Privatisierung von Wasserversorgungsunternehmen eine entsprechende vertragliche Regelung möglich. Eine entsprechende gesetzliche Vorgabe findet sich etwa im Gesetz zur Teilprivatisierung der Berliner Wasserbetriebe. Diese verpflichtet das Unternehmen dazu, für die Wasserversorgung ausschließlich in Berlin gefördertes Wasser einzusetzen.

197. Anreize für wassersparendes Verhalten sollten von einem geeigneten Ressourcennutzungsregime ausgehen. In diesem Zusammenhang hat der Umweltrat bereits früher darauf hingewiesen, dass die bestehende Praxis zur Vergabe von Wasserentnahmerechten in Deutschland aus allokativer Sicht wenig zielführend ist und eine ineffiziente Inanspruchnahme der Produktionsfaktoren begünstigt (SRU, 1998b, Tz. 238 f.). Statt dessen empfiehlt er, die Vergabe von Wasserentnahmerechten an den Einsatz marktwirtschaftlicher Instrumente zu binden (Abgaben, Lizenzen) und mit Knappheitspreisen zu belegen. Die maximal entnehmbare Wassermenge bestimmt sich dabei allein nach ökologischen Kriterien und darf auf keinen Fall überschritten werden. Die Auspreisung knapper Wasservorkommen dürfte zudem dazu beitragen, Anreize zur Vermeidung von Leitungsverlusten in der Versorgung insbesondere dort zu setzen, wo das regional entnehmbare Wasserdargebot nur begrenzt verfügbar ist.

2.2.5.5 Schlussfolgerungen und Empfehlungen

198. Es zeigt sich, dass die Privatisierung für die in der Wasserwirtschaft gegenwärtig anstehenden Probleme eine Reihe von Chancen eröffnet. So trägt die Einschaltung Privater dazu bei, dass aus umweltpolitischer Sicht überfällige Investitionen in die Infrastruktur tatsächlich getätigt werden. Die Privatisierung öffentlicher Wasserversorgungs- und Abwasserentsorgungsunternehmen dient darüber hinaus auch der Ertüchtigung deutscher Anbieter für den Wettbewerb. Bei internationalen Ausschreibungen werden sich nur solche Bieterkonsortien gegenüber den großen privaten Unternehmen aus anderen EU-Mitgliedstaaten sowie den USA behaupten können, deren Angebot Planung, Bau, Betrieb und Finanzierung aus einer Hand umfasst. Von einem größeren Auslandsengagement könnten neben den Wasserversorgern und Abwasserentsorgern auch Anlagenbauer, Ingenieurbüros, Consultingunternehmen, Labors u. a. profitieren.

Die mit der Privatisierung verbundenen Risiken sollten nach Ansicht des Umweltrates ernst genommen werden, sind aber durch eine geeignete Regulierung beherrschbar. Wichtiger Bestandteil einer entsprechenden Regulierung ist dabei vor allem, die Einhaltung der vorhandenen ökologischen Rahmenordnung, die den Akteuren umwelt- und gesundheitspolitische Mindeststandards vorgibt, zu überwachen. Die Substanzerhaltung kann durch Vorgaben für die zu tätigenden Investitionen sichergestellt werden. Vorteilhaft ist in diesem Zusammenhang die bei einer vollständigen Privatisierung erzielbare Trennung von Anlagenbetrieb und umweltpolitischer Kontrollfunktion.

Die Voraussetzungen für die Nutzung von Privatisierungsmöglichkeiten können unter anderem darüber geschaffen werden, dass das Steuerprivileg für öffentliche Unternehmen in der Abwasserentsorgung zugunsten eines ermäßigten Steuersatzes aufgegeben wird.

199. Die allgemeine Vermutung einer höheren Effizienz privater gegenüber öffentlichen Unternehmen trifft in der Wasserwirtschaft aufgrund des (zur Zeit noch) mangelnden Produktwettbewerbs nicht automatisch zu. Um zu vermeiden, dass ein öffentliches Monopol lediglich durch ein privates Monopol ersetzt wird, müssen durch die Wahl eines geeigneten Regulierungsrahmens Anreize für Kostensenkungen gesetzt werden, die in Form niedrigerer Gebühren an die Verbraucher weitergegeben werden.

Um Kostensenkungspotentiale aufzudecken und zu nutzen, erscheint die Ausschreibung wasserwirtschaftlicher Leistungen nach dem gegenwärtigen Stand des Wissens am geeignetsten. Es kommt zu einer klaren Aufgabenteilung zwischen der öffentlichen Hand als Regulierer und dem privaten Unternehmen als Betreiber der Anlagen. Ihre Kontrollmöglichkeiten kann sich die Kommune durch Vertragsgestaltung sichern, ohne die Risiken für die unternehmerische Tätigkeit tragen zu müssen. Die größten Kostensenkungspotentiale ergeben sich bei diesem Modell in Versorgungsgebieten, in denen Anlagen neu geplant werden. Bei solchen Ausschreibungen sollte das alteingesessene kommunale Unternehmen eine Vergleichsrechnung aufstellen, aus der hervorgeht, welche Kosten entstünden, wenn es die Leistungserstellung auch in Zukunft übernimmt. Der Private sollte den Vertrag nur dann erhalten, wenn er tatsächlich kostengünstiger arbeitet. Allerdings sollten die Aktivitäten kommunaler Unternehmen nach Ansicht des Umweltrates auch dann an die eigenen Verwaltungsgebietsgrenzen gebunden bleiben, wenn sie dadurch im Wettbewerb mit privaten Anbietern einen Nachteil erleiden.

200. Da letztlich nur ein auf Wettbewerb beruhendes System geeignet ist, die vollen Kostensenkungspotentiale offenzulegen und zu nutzen, empfiehlt der Umweltrat, die für die Wasserversorgung und Abwasserentsorgung in Großbritannien eingesetzten Wettbewerbsmodelle weiterzuverfolgen und ihre Möglichkeiten und Grenzen transparent zu machen.

2.2.6 Umweltschutz und Exportkredite

201. In den letzten Jahren rückten die umweltpolitischen Aspekte im Bereich Finanzdienstleistungen zunehmend in den Vordergrund (MANSLEY et al., 1997). Auch eine Reform der Außenwirtschaftsförderung steht dabei auf dem Prüfstand. In der Koalitionsvereinbarung von Oktober 1998 wird in diesem Zusammenhang gefordert, die Gewährung von Exportbürgschaften verstärkt von ökologischen, sozialen und entwicklungspolitischen Gesichtspunkten abhängig zu machen. Im Entwurf eines Schwerpunktprogramms des Bundesumweltministeriums wird die mangelnde Prüfung der Umweltverträglichkeit der versicherten Projekte in den staatlich gestützten Exportkreditversicherungssystemen moniert und es werden international abgestimmte Verfahren zur Berücksichtigung von Umweltaspekten bei der Kreditvergabe von Exportversicherungen gefordert (BMU, 1998, S. 139).

202. Damit sind in Deutschland die sogenannten Hermes-Bürgschaften angesprochen. Zur Absicherung der mit Exportgeschäften verbundenen Käufer- und Länderrisiken können deutsche Exporteure und Finanzierungsinstitute eine Ausfuhrgewährleistung in Anspruch nehmen. Die Bundesregierung (und federführend das Wirtschaftsministerium) übernimmt wirtschaftliche und politische Risiken, die der einzelne Exporteur nicht tragen kann. Hermes-Bürgschaften dienen folglich der Unterstützung von Ausfuhren in risikoreiche Märkte insbesondere in Schwellen- und Entwicklungsländer sowie in die Transformationsstaaten Mittel- und Osteuropas.

Diese Ausfuhrbürgschaften werden von der Bundesregierung auf der Grundlage jährlich festgesetzter haushaltsrechtlicher Ermächtigungen übernommen. Von 1988 bis 1999 wurde der Ermächtigungsrahmen von 195 Milliarden auf insgesamt 220 Milliarden DM erhöht, wovon in der Regel mehr als 90 % genutzt werden. Eine große Nachfrage nach Hermes-Bürgschaften und -Garantien ist vor allem im Bereich Infrastruktur, d. h. im Bereich Energieversorgung und Verkehr, sowie im Bergbau festzustellen, also in Bereichen, die in hohem Maße umweltrelevant sind. Auch wird erwartet, dass in den Importländern eine zunehmende Nachfrage nach Umwelttechnologie mit hohem Standard entstehen wird, etwa in den Bereichen Trink- und Abwasseraufbereitung, Abfallentsorgung, Recycling und Luftreinhaltung (Hermes Kreditversicherungs-AG, 1998 a, S. 9). Allerdings werden Statistiken über den Anteil von Infrastruktur- und anderen umweltrelevanten Projekten an den gesamten Bürgschaften erst seit 1998 erstellt, so dass auf absehbare Zeit keine verlässlichen Zeitreihen zur Verfügung stehen werden.

203. Eine Diskussion über eine umweltorientierte Reform von Exportbürgschaften wird national und international geführt. Bereits Mitte der neunziger Jahre hat es Neuerungen im Zusammenhang mit Ausfuhrbürgschaften gegeben. So ist mittlerweile beim Antrag auf Ausfuhrgewährleistung bei Auftragswerten über 25 Millionen DM ein sogenanntes Memorandum erforderlich, in dem der Antragsteller unter anderem die Umweltauswirkungen eines Projekts schildern muss. Hierzu gehören auch eine Darlegung des ökologischen Umfeldes des Projekts, die Sicherstellung der im Importland geltenden Umweltstandards sowie die Möglichkeit der Substitution umweltschädlicher Anlagen oder Produkte durch das Projekt. Richtlinien oder Qualitätskriterien für diese Angaben existieren aber nicht. Zudem sind die Angaben zumeist auch gar nicht qualifiziert nachprüfbar. Dafür fehlen oftmals die Kenntnisse bei den Prüfstellen.

Daneben sind Ansätze zu größerer Transparenz bei der Vergabe zu erkennen (Hermes Kreditversicherungs-AG, 1998b, S. 5), und es ist eine zunehmende internationale Abstimmung über Umweltaspekte einzelner Investitionsprojekte festzustellen. Die an der Vergabe von Hermes-Bürgschaften beteiligten Ministerien werten dies bereits als Fortschritt, wollen aber dennoch über weiteren Reformbedarf verhandeln.

204. Auch im internationalen Kontext ist die Diskussion vorangeschritten. Auf der Ebene der OECD werden seit einiger Zeit Pläne diskutiert, international abgestimmte Regelungen zur Beachtung von Umweltschutzaspekten bei staatlich gestützten Exportbürgschaften zu vereinbaren sowie Verfahren zur Prüfung der Umweltverträglichkeit von Projekten, die durch Bürgschaften abgesichert werden sollen, zu entwickeln (WEED, 1997, S. 25). Im April 1998 wurde von der OECD eine gemeinsame Absichtserklärung zur Berücksichtigung von Umweltaspekten verabschiedet. Auch auf dem G7-Treffen der führenden Industrienationen 1997 in Denver wurde das Thema diskutiert. Während ursprünglich geplant war, im Schlusskommuniqué von Denver die OECD dazu aufzurufen, gemeinsame Standards zur Berücksichtigung von Umweltwirkungen bei der Vergabe von Exportbürgschaften zu entwickeln, ist diese Forderung am Widerstand Italiens und Frankreichs gescheitert. Somit blieb die Diskussion ohne konkrete Folgen. Nicht zuletzt wird eine stärkere Berücksichtigung umweltrelevanter Aspekte im Rahmen der Mittelvergabe internationaler Finanzinstitutionen angestrebt. Die Weltbank und die Europäische Bank für Wiederaufbau und Entwicklung haben intern Prüfungsrichtlinien entwickelt, die gegenwärtig als die im internationalen Vergleich anspruchsvollsten gelten können und an deren Ausarbeitung auch Deutschland beteiligt war.

Auf der Ebene der EU wurden im Oktober 1998 im Rahmen eines Expertentreffens zum Thema "Sustainable Development – Challenge for the Financial Sector" u. a. auch die umweltrelevanten Aspekte der internationalen Förderinstrumente diskutiert, und es wurde der Europäischen Kommission empfohlen, EU-weite Umweltstandards für staatliche Exportförderinstrumente zu formulieren und eine aktivere Rolle im Diskussionsprozess zu spielen (European Commission, 1998, S. 51 f.).

205. Der Umweltrat begrüßt die Aktivitäten zur Reform des Systems von Exportbürgschaften und ist der Auffassung, dass dieses Instrument der Außenwirtschaftsförderung bei der Mittelvergabe noch stärker als in den bisherigen Ansätzen umweltpolitische Ziele berücksichtigen muss. Auch wenn sich die Vergabe von Exportbürgschaften in erster Linie an ökonomischen Kriterien orientieren muss und diese nicht zu einem Instrument des Umweltschutzes umgestaltet werden sollten, gilt auch für die Handelspolitik, dass sie sich an den Grundsätzen der Agenda 21 auszurichten hat. Die verstärkte Integration von Handelspolitik und Umweltpolitik ist zwingend geboten (vgl. SRU, 1998a, Kap. 3.3). Allerdings ist dem Umweltrat bewusst, dass eine Reform der Exportbürgschaften am wirkungsvollsten im internationalen Kontext anzugehen ist, da nationale Alleingänge sofort dadurch bestraft werden können, dass Wettbewerbsnachteile für deutsche Unternehmen entstehen, wenn andere Exportnationen ihre Exportbürgschaften nicht nach ähnlichen Kriterien vergeben sollten.

206. Umso bemerkenswerter ist deshalb die Vorreiterrolle der USA und Kanadas. Die US-amerikanische Export- und Investitionsförderagentur Overseas Private Investment Corporation (OPIC), die US Export-Import-Bank (ExIm Bank) und die kanadische Exportförderagentur Export Development Corporation (EDC) haben in neuen Richtlinien weitreichende Umweltkriterien vorgesehen (EDC, 1999). So werden alle Anträge auf Exportförderung auf ihre Umweltwirkungen vorgeprüft. Soweit signifikante Auswirkungen auf die Umwelt zu erwarten sind, muss eine Umweltverträglichkeitsprüfung durchgeführt werden. Dabei sind auch die indirekten Wirkungen eines Projekts zu berücksichtigen. Im Vergleich zu der Vergabe von Hermes-Bürgschaften, die lediglich Angaben des Antragstellers zu Umweltauswirkungen vorsieht, nehmen sich sowohl der amerikanische als auch der kanadische Ansatz sehr viel ambitionierter aus.

Darüber hinaus verlangen die OPIC und die ExIm Bank noch eine zusätzliche unabhängige Prüfung durch Experten innerhalb von drei Jahren nach Projektbeginn. Die Prüfergebnisse werden von OPIC sechzig Tage vor der Finanzierungsentscheidung veröffentlicht und es wird den Betroffenen die Möglichkeit gegeben, zu den Folgen des Projekts Stellung zu nehmen. Zudem hat OPIC eine Ausschlussliste von Projektkategorien erstellt, die von der Bürgschaftsvergabe ausgeschlossen sind. Dazu zählen beispielsweise der Holzeinschlag und Infrastrukturmaßnahmen in tropischen Regenwäldern, Projekte in Naturschutzgebieten sowie Vorhaben, die die Umsiedlung von mehr als 5 000 Menschen erfordern.

Allerdings ist nicht abschätzbar, inwieweit hier mehr als bloße Absichtserklärungen definiert worden sind. Es sind kaum Sanktionen für den Fall vorgesehen, dass sich bei der Evaluation herausstellt, dass Kreditauflagen nicht eingehalten werden. Selbst wenn die Möglichkeit eines Auszahlungsstopps für den Kredit noch besteht, ist fraglich, ob die Bank so verfahren wird, da sie hierdurch die Kreditrückzahlung gefährden würde. Darüber hinaus sehen sich OPIC und ExIm Bank der Kritik amerikanischer Nichtregierungsorganisationen ausgesetzt, die die massive Kreditförderung beim Bau von mit fossilen Brennstoffen betriebenen Kraftwerken in Entwicklungsländern bemängeln (KNIGHT, 1999).

207. Die Ansätze in den USA und in Kanada bieten trotz gewisser Mängel insbesondere hinsichtlich der Verbindlichkeit der Regelungen Perspektiven für eine deutsche und europäische Reform der Vergabe von Exportbürgschaften.

Der Umweltrat fordert die Bundesregierung auf, sich im Rahmen der EU noch stärker als bisher für eine Reform der Vergabe von Exportbürgschaften einzusetzen und als wichtige Exportnation innerhalb der EU eine treibende Kraft dieser Entwicklung zu sein. Dabei kann die Richtlinie der EU zur Harmonisierung der Absicherung mittel- und langfristiger Exportgeschäfte (98/29/EG) als Ansatzpunkt dienen. Darin sollten nicht nur einheitliche Begriffsdefinitionen und Regelungen hinsichtlich des Deckungsumfangs formuliert, sondern auch umweltbezogene Kriterien für die Übernahme von Bürgschaften aufgestellt werden.

Im nationalen Kontext ist es denkbar, ein umweltorientiertes Prüfverfahren für Hermes-geförderte Projekte vorzuschreiben. Erster Schritt sollte ein Screening-Prozess sein, der unter Berücksichtigung des Fördervolumens diejenigen Projekte identifiziert, die umweltrelevant oder besonders umweltrelevant sind. Die Kreditanstalt für Wiederaufbau verfährt bereits nach einem derartigen Prüfverfahren (KfW, 1997, S. 20). Soweit Umweltbelastungen zu erwarten sind, sollte ein qualifiziertes Prüfverfahren durchgeführt werden. In Fällen mit besonderer Umweltrelevanz ist auch eine Umweltverträglichkeitsprüfung notwendig. Auch könnte man bei solchen Projekten das Fachwissen von Institutionen der Entwicklungshilfe und nachgeordneten Bundesbehörden, wie etwa der Gesellschaft für Technische Zusammenarbeit, des Umweltbundesamtes, des Bundesamtes für Naturschutz, des Deutschen Hydrologischen Institutes, stärker nutzen. Der Kommissionsentwurf zum Umweltgesetzbuch (§ 235) sieht ein solches Verfahren vor. Soweit Vorhaben im Rahmen der Finanziellen Entwicklungszusammenarbeit mit öffentlichen Mitteln (etwa durch die KfW) finanziert werden, dürfen von ihnen keine Gefahren für die menschliche Gesundheit und für die Umwelt ausgehen. Im UGB-Entwurf wird weiterhin vorgeschlagen, die Projektförderung von der Durchführung einer Umweltverträglichkeitsprüfung abhängig zu machen, zumindest in den Fällen, in denen für ein vergleichbares Projekt auch im Inland eine UVP notwendig wäre (UGB-KomE, 1998).

Ein solches umweltorientiertes Prüfverfahren setzt jedoch voraus, dass Umweltstandards und -kriterien bestehen, auf die bei der Mittelvergabe zurückgegriffen werden kann, und die im Idealfalle EU-weit gelten, da nur ein Zusammengehen aller EU-Staaten sinnvoll erscheint. Hierfür sollten jedoch auf nationaler Ebene Vorschläge entwickelt werden, wobei auf internationale Entwicklungen zurückgegriffen werden kann. Diese Vorschläge sollten dann im EU-Rahmen abgestimmt werden. Ein erster Schritt ist dabei, die fehlende Förderungswürdigkeit ökologisch bedenklicher Projekte in den Richtlinien für die Übernahme von Hermes-Bürgschaften festzulegen (BMWi, 1995). Weiterhin ist sicherzustellen, dass in den Richtlinien die risikomäßige Vertretbarkeit, die gegenwärtig nur auf ökonomische und politische Risiken abgestellt ist, auch auf ökologische Risiken ausgeweitet wird. Zur Einschätzung und Bewertung ökologischer Risiken kann auf zahlreiche internationale Forschungsarbeiten zurückgegriffen werden (WBGU, 1999). Auch müssten die Erläuterungshinweise zu den Anträgen auf Ausfuhrgewährleistung spezifiziert und qualitative Vorgaben für die ökologischen Fragen der Projektbeschreibungen gemacht werden. Hierbei können die Förderrichtlinien von EDC, OPIC und ExIm Bank herangezogen werden. Darüber hinaus sollten Vorschläge für eine umweltorientierte Ausschlussliste für nicht förderungswürdige Projektkategorien erarbeitet werden, wobei man auf die Erfahrungen der Weltbank und der OECD zurückgreifen kann.

Ein wichtiges Kriterium für die Kreditvergabe muss die Einhaltung internationaler Umweltvereinbarungen sein. Das Montrealer Protokoll ist eines der wenigen Umweltabkommen, auf die bislang Bezug genommen werden kann. Eine wichtige Rolle könnte einmal das Kyoto-Protokoll spielen, vorausgesetzt es werden zukünftig konkrete Anforderungen und Ziele definiert.

2.3 Umweltpolitische Aspekte der Osterweiterung der Europäischen Union

208. In seinen letzten Umweltgutachten hat sich der Umweltrat verstärkt bemüht, die europarelevanten Fragen nicht mehr gesondert zu betrachten, sondern im Kontext der übergreifenden nationalen Fragen und in sektoralen Fachkapiteln zu behandeln. Mittlerweile verhalten sich europäische und nationale Umweltpolitik komplementär zueinander. Aus diesem Grund verzichtet der Umweltrat in diesem Gutachten erstmals darauf, ein gesondertes Kapitel „Europäische Umweltpolitik" auszuweisen. Umweltpolitische Aspekte, die einen europäischen Kontext haben, werden in den jeweiligen Fachkapiteln behandelt. Allerdings behält er es sich vor, umweltpolitische Fragen von besonderer europäischer Tragweite näher zu beleuchten. In diesem Gutachten betrachtet der Umweltrat die mit der Osterweiterung der Europäischen Union verbundenen umweltpolitischen Probleme.

209. In Abschnitt 2.3.1 werden zunächst die politischen Rahmenbedingungen der Osterweiterung skizziert, die die Einordnung ihrer umweltpolitischen Dimension erlauben. Anschließend werden die wesentlichen umweltpolitischen Interessen an der Osterweiterung aus deutscher Sicht zusammengefasst (Abschn. 2.3.2). Eine Darstellung der Grundlagen der Heranführungsstrategie im Umweltbereich erfolgt in Abschnitt 2.3.3. In Abschnitt 2.3.4 werden die umweltpolitischen Herausforderungen und Chancen auf der europäischen Ebene diskutiert. Hier werden die wichtigsten Probleme der Beitrittsstaaten bei der Übernahme des rechtlichen Besitzstandes der Gemeinschaft beschrieben und unterschiedliche Harmonisierungsstrategien dargestellt. Der Abschnitt endet mit einer Darstellung der Finanzierungsfragen des Umweltschutzes im Kontext der Vorbereitungen zu den Beitritten. In

Abschnitt 2.3.5 werden nach einem kurzen Überblick über die Umweltsituation in Mittel- und Osteuropa die umweltpolitischen, administrativen und zivilgesellschaftlichen Voraussetzungen einer erfolgreichen Beitrittsstrategie dargestellt. Neben den Rahmenbedingungen für eine politische Modernisierung in den Beitrittsstaaten werden zudem die Erfordernisse umweltpolitischer Dezentralisierung und die Notwendigkeit der Integration von Umweltbelangen in andere Politikbereiche erörtert. Abschließend werden wichtige Schlussfolgerungen und Handlungsempfehlungen zusammengefasst (Abschn. 2.3.6).

2.3.1 Der politische, rechtliche und wirtschaftliche Rahmen der Osterweiterung

210. Ein Jahrzehnt nach den Umbrüchen in Mittel- und Osteuropa hat die politische und wirtschaftliche Anziehungskraft der Europäischen Union auf die übrigen europäischen Staaten die Gemeinschaft vor eine neue Herausforderung gestellt. Mittlerweile haben zehn Staaten Mittel- und Osteuropas (vgl. Tab. 2.3-1) sowie Zypern, Malta und die Türkei Beitrittsanträge gestellt. Die Europäische Union hat die Möglichkeit ihrer Erweiterung immer vorgesehen. Ein erster Schritt in diese Richtung waren die sogenannten Assoziierungsabkommen (Europaabkommen), die zwischen der Europäischen Union und den beitrittswilligen Staaten geschlossen wurden mit dem Ziel, den Reformstaaten eine volle Beteiligung am europäischen Integrationsprozess zu ermöglichen und die Mitgliedschaft in der Europäischen Union voranzutreiben. Auf dem Europäischen Gipfel in Kopenhagen im Juni 1993 wurde vereinbart, dass die mit der Gemeinschaft assoziierten mittel- und osteuropäischen Staaten sowie Zypern zukünftig Mitglieder der Europäischen Union werden können (Europäischer Rat, 1993).

211. Das Beitrittsverfahren zur Europäischen Union ist in Artikel 49 des Amsterdamer Vertrages konkretisiert: Der beitrittswillige Staat richtet seinen Antrag an den Rat; dieser beschließt einstimmig nach Anhörung der Kommission und nach Zustimmung des Europäischen Parlaments, das wiederum mit der absoluten Mehrheit seiner Mitglieder zustimmen muss. Das Beitrittsabkommen muss durch alle Vertragsstaaten ratifiziert werden. Mit dem Beitritt eines neuen Staates wird das Primärrecht der Gemeinschaft geltendes Recht des neuen Mitgliedstaates. Dieser muss darüber hinaus zu diesem Zeitpunkt das gesamte Sekundärrecht der Gemeinschaft (*acquis communautaire*), das im Umweltbereich allein aus rund 300 Rechtsakten besteht, in nationales Recht umgesetzt bzw. ihm Geltung verschafft haben.

Im Rahmen der Beitrittsverhandlungen muss zudem sichergestellt werden, dass der Beitrittsstaat die Voraussetzungen des Beitritts erfüllt. Nach dem Kopenhagener Beschluss muss eine institutionelle Stabilität als Garantie für demokratische und rechtsstaatliche Ordnung, die Wahrung der Menschenrechte sowie die Achtung und der Schutz von Minderheiten gewährleistet sein. Weiterhin wird eine funktionsfähige Marktwirtschaft gefordert sowie die Fähigkeit, dem Wettbewerbsdruck und den Marktkräften innerhalb der Union standzuhalten.

212. Die Gemeinschaft beschloss 1997, zunächst mit Polen, Ungarn, Slowenien, Estland, der Tschechischen Republik sowie Zypern Beitrittsverhandlungen zu führen (Länder der sogenannten „ersten Runde"). Dieser Beschluss war nicht nur Anerkennung für die Errichtung parlamentarischer Demokratien in diesen Staaten, sondern auch für die bis dahin bereits unternommenen Anstrengungen zur Schaffung marktwirtschaftlicher Strukturen. Im Dezember 1999 wurde auf dem Europäischen Gipfel in Helsinki auch die Aufnahme der Verhandlungen mit den übrigen Staaten Litauen, Lettland, Slowakei, Bulgarien, Rumänien sowie Malta in Aussicht gestellt. Im Gegensatz zur ersten Gruppe sollen die Verhandlungen mit diesen Ländern aber nicht en bloc, sondern je nach Reifegrad differenziert geführt werden.

Tabelle 2.3-1

Beitrittsanträge der Staaten Mittel- und Osteuropas zur Europäischen Union

Beitrittskandidat	Datum des Beitrittsantrags	Beginn der Beitrittsverhandlungen
Ungarn	31. März 1994	30. März 1998
Polen	5. April 1994	30. März 1998
Rumänien	22. Juni 1995	15. Februar 2000
Slowakei	27. Juni 1995	15. Februar 2000
Lettland	13. Oktober 1995	15. Februar 2000
Estland	24. November 1995	30. März 1998
Litauen	8. Dezember 1995	15. Februar 2000
Bulgarien	14. Dezember 1995	15. Februar 2000
Tschechische Republik	17. Januar 1996	30. März 1998
Slowenien	10. Juni 1996	30. März 1998

SRU/UG 2000/Tab. 2.3-1

Politischer, rechtlicher und wirtschaftlicher Rahmen

213. Die Integration der mittel- und osteuropäischen Staaten (MOE-Staaten) in die Europäische Union und darüber hinaus in den Weltmarkt wurde auch als wichtiger Beitrag zur Sicherheit und Stabilität in Europa angesehen. Parallel zum Beitrittsprozess wurde auch die sicherheitspolitische Integration der MOE-Staaten vorangetrieben. Im März 1999 sind Ungarn, Polen und die Tschechische Republik der North Atlantic Treaty Organization (NATO) beigetreten. Diese Entwicklungen lassen die hohe Dringlichkeit erkennen, die der politischen Stabilisierung der Transformationsstaaten beigemessen wurde und wird. Eine Bewertung der umweltpolitischen Aspekte der EU-Osterweiterung muss deshalb vor dem Hintergrund des Endes des Kalten Krieges vorgenommen werden: Der Entschluss zur Integration der mittel- und osteuropäischen Staaten in die westeuropäische Wirtschafts- und Verteidigungsgemeinschaft resultierte aus einer genuin politisch motivierten Entscheidung. Umweltpolitische Erwägungen spielten keine Rolle.

214. Die 1986 abgeschlossene Süderweiterung um die wirtschaftlich und umweltpolitisch rückständigen „Nachzügler" Spanien und Portugal und die Norderweiterung von 1995 um die relativ wohlhabenden, umweltpolitischen „Vorreiter" Finnland, Schweden und Österreich sind in ihrem Ausmaß mit der bevorstehenden Osterweiterung nicht direkt vergleichbar. So ist vor allem die Zahl der jetzigen Beitrittsstaaten ungleich größer als bei vergangenen Erweiterungen, was Auswirkungen auf die Arbeitsbelastung infolge der zeitgleich ablaufenden Beitrittsverhandlungen sowie insbesondere auf die Funktionsweise und künftig möglichen Mehrheitsverhältnisse in den Organen der Europäischen Union hat (Tz. 256).

215. Die künftige Osterweiterung wird sich vor allem aus wirtschaftlichen Gründen weitaus schwieriger gestalten als die Aufnahme neuer Mitglieder in früheren Fällen (vgl. Abb. 2.3-1). So besteht bereits ein erhebliches Wohlstandsgefälle zwischen der EU und den mittel- und osteuropäischen Beitrittsstaaten der ersten Runde, deren Bruttoinlandsprodukt (BIP) pro Kopf nur rund ein Drittel des EU-Durchschnittes ausmacht (vgl. Tab. 2.3-2). Dieses Gefälle wird dadurch noch akzentuiert, dass diejenigen EU-Staaten, die an die Beitrittsstaaten grenzen, innerhalb der EU zu den „reicheren" gehören. Die Situation verschärft sich noch einmal, wenn auch die übrigen fünf MOE-Staaten in die Gemeinschaft aufgenommen werden sollten (auch als „EUR 26" bezeichnet).

Abbildung 2.3-1

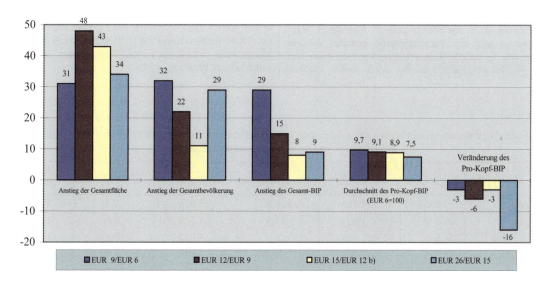

Auswirkungen sukzessiver Erweiterungen der EU[a]

a) in %; Daten basierend auf 1995; b) inklusive der deutschen Wiedervereinigung; EUR = Anzahl der Mitgliedstaaten

Quelle: Europäische Kommission, 1997, S. 119; verändert

216. Das ökonomische Gefälle wird nach Osten hin kontinuierlich größer. Mit Ausnahme der baltischen Länder existiert für die Nachfolgestaaten der Sowjetunion, aber auch für Bulgarien und Rumänien aus ökonomischen Gründen auf absehbare Zeit wohl keine realistische Beitrittsperspektive. Zudem gibt es auch keine Vorstellung der Europäischen Union, wie sie die Heranführung dieser Staaten an die Gemeinschaft gestalten will. Hilfreich wäre hier nach Auffassung des Umweltrates die Erarbeitung eines langfristigen Konzeptes für die Zusammenarbeit mit diesen Staaten auch im umweltpolitischen Bereich. Dies setzt allerdings voraus, dass die zukünftigen Interessen Deutschlands an einer Zusammenarbeit mit den Nachfolgestaaten der Sowjetunion und diesbezügliche umweltpolitische Prioritäten einer Kooperation hinreichend definiert werden. Der Umweltrat ist der Auffassung, dass eine „Europäische Partnerschaft für die Umwelt", die ähnlich wie die auf sicherheitspolitischer Ebene vollzogene „Partnerschaft für den Frieden" ausgestaltet sein müsste, ein erster Schritt in diese Richtung wäre. Darin müssten sowohl die Ziele dieser Partnerschaft festgelegt werden als auch die Schritte aufgezeigt werden, die zur Erreichung der Ziele notwendig werden. Am Ende dieses Prozesses stünden individuelle Partnerschaftsprogramme zwischen der Europäischen Union und den Nachfolgestaaten der ehemaligen Sowjetunion (WITTKÄMPER, 1999, S. 105).

217. Auch aus anderen Gründen stehen die MOE-Staaten heute vor einer wesentlich höheren Beitrittsschwelle als die vorangegangenen Beitrittsstaaten. Zum einen ist die europäische Integration weiter vorangeschritten und der europäische Binnenmarkt (nahezu) vollendet, zum anderen besteht zum Zeitpunkt eines möglichen Beitritts zwischen einer Mehrzahl der gegenwärtigen Mitgliedstaaten auch eine Währungsunion. Von dieser Währungsunion wird ein Wachstumsschub erwartet, der vor allem den Teilnehmerstaaten zugute kommen wird und das Wohlstandsgefälle zunächst noch weiter erhöhen wird. Die Vorbereitungen auf die künftige Osterweiterung fallen zudem zeitlich mit bevorstehenden grundlegenden Reformen der Europäischen Union nicht nur im Bereich der Finanzen, sondern auch in der Agrar- und Strukturpolitik zusammen. Die derzeit gegebenen Mechanismen der Lastenverteilung innerhalb der Gemeinschaft dürften mittelfristig in ihrer bisherigen Form wohl kaum bestehen bleiben, was die Planung von Anpassungsmaßnahmen für die Beitrittsstaaten in den betroffenen Bereichen erschwert (SRW, 1997, Tz. 419 ff.).

218. Im Laufe der Zeit sind der Umfang und die Komplexität des Sekundärrechts der Gemeinschaft auch im Umweltbereich angestiegen. Dadurch ergeben sich schon an die förmliche Umsetzung in nationales Recht höhere Anforderungen an die künftigen Mitgliedstaaten als dies bei früheren Erweiterungen der Fall war. In offiziellen Verlautbarungen der Gemeinschaft wird immer wieder betont, dass die Umsetzung des gesamten acquis communautaire unabdingbare Voraussetzung für einen Beitritt der mittel- und osteuropäischen Staaten ist. In den Stellungnahmen der Europäischen Kommission zu den Beitrittsanträgen räumt die Europäische Kommission jedoch selbst ein, dass bei keinem Bewerberland davon ausgegangen werden kann, „dass es dem acquis communautaire in naher Zukunft in vollem Maße entspricht" (Europäische Kommission, 1997, S. 67). Eine nur teilweise Übernahme des rechtlichen Besitzstandes der Gemeinschaft ist jedoch nach wie vor ausgeschlossen, denkbar sind allein die Vereinbarung von Übergangsfristen für einzelne Bestimmungen von Richtlinien.

Zusätzlich wird der administrative Vollzug des gemeinschaftlichen Rechts durch die Behörden in den Vordergrund gestellt (KOM(96) 500 endg.). Dies dürfte einige der MOE-Staaten, zumal sie im Umweltbereich über vergleichsweise schwache Verwaltungsstrukturen verfügen, vor erheblich Probleme stellen.

Tabelle 2.3-2

Sozio-ökonomische Grunddaten der mittel- und osteuropäischen Beitrittskandidaten der ersten Runde im Vergleich zu Deutschland und Portugal 1998

	Fläche (in km^2)	Bevölkerung	BIP[a] (in Mrd. US-$)	BIP[a] pro EW (in US-$)	Arbeitslosenquote (in %)	Inflation (in %)
Polen	312 685	38 649 914	151,2	3 910	10,4	12,5
Ungarn	93 030	10 153 000	47,5	4 668	9,6	14,0
Tschechien	78 866	10 303 604	51,9	5 032	7,5	11,0
Estland	45 227	1 467 987	5,27	3 634	4,9 [b]	10,0
Slowenien	20 256	1 986 848	19	9 594	14,6	8,3
Deutschland	357 021	82 012 200	2 355,3	28 723	12,8	1,0
Portugal	91 905	9 920 800	106,8	10 824	5,0 [b]	2,3

[a] Die Angaben zum Bruttoinlandsprodukt (BIP) der Beitrittskandidaten sind Schätzungen für das Jahr 1998.
[b] Offizielle Angaben sind durch verdeckte oder nicht registrierte Arbeitslosigkeit deutlich zu niedrig.

Quelle: Eurostat, 2000, schriftl. Mitteilung; Statistisches Bundesamt, 1999; FAZ Informationsdienste (Länderanalysen) 1998; eigene Berechnungen

219. Die Frage, inwieweit die Europäische Union ihrerseits erweiterungsfähig ist, scheint im wesentlichen abzuhängen von den Entwicklungen bezüglich der zukünftigen Ausgestaltung der Organe und Institutionen der Gemeinschaft, ihrer Entscheidungs- und Finanzierungsmechanismen (KÜHNHARDT, 1999, S. 4). Das ambitionierte Vorhaben der Reform der europäischen Institutionen, ihrer Organe und Verfahren zeigt allerdings die erheblichen Schwierigkeiten hinsichtlich der Umsetzung dieser Bestrebungen, da bereits bei der Aushandlung des Amsterdamer Vertrages 1997 entsprechende Anstrengungen in wesentlichen Teilen auf einen späteren Zeitpunkt vertagt wurden (SRU, 1998, Tz. 365). Auch der Europäische Gipfel im April 1999 in Berlin hat außer kosmetischen Korrekturen und unter erheblichen finanziellen Zugeständnissen bei der Reform der Agrar- und Strukturfonds nur bedingt Fortschritte erzielen können.

2.3.2 Umweltpolitische Interessen an der Osterweiterung aus deutscher Sicht

220. Angesichts der oben skizzierten Rahmenbedingungen und Schwierigkeiten der Osterweiterung liegt es nahe, die spezifisch nationalen Interessen kurz zu beleuchten. Der gegenwärtige Beitrittsprozess bietet aus deutscher Sicht die Möglichkeit, durch eine intensive und systematische Unterstützung der Beitrittsstaaten und Kandidatenländer bei der Übernahme, der Implementation und beim Vollzug europäischen Umweltrechts sowie beim Aufbau einer funktionierenden Umweltpolitik eine bedeutende Rolle zu übernehmen und die Dynamik des europäischen Integrationsprozesses aufrecht zu erhalten. Dass hier ein Engagement angedacht ist, unterstreicht wohl auch die 1999 erfolgte Ernennung eines deutschen EU-Kommissars für den Bereich „EU-Erweiterung". Aus umweltpolitischer Sicht ist Deutschland dabei sowohl direkt durch bilaterale Probleme mit den Staaten Mittel- und Osteuropas vom Beitrittsprozess betroffen als auch indirekt über Entwicklungen, die die Gemeinschaft als Ganzes berühren.

221. Aufgrund der räumlichen Nähe zu den Staaten Mittel- und Osteuropas wird Deutschland vor allem im Bereich der grenzüberschreitenden Umweltbelastungen von einer Verbesserung der Umweltqualität in den mittel- und osteuropäischen Staaten, insbesondere den unmittelbaren Anrainerstaaten wie Polen und der Tschechischen Republik profitieren können. So wird sich für Deutschland zum Beispiel im Bereich der Gewässerverschmutzung als Unterlieger der Elbe und der Oder und als Anrainer der Ostsee unmittelbar eine Verbesserung der Qualität der Flüsse und der angrenzenden anderen Oberflächengewässer ergeben. Auch im Bereich der Luftverunreinigung kann Deutschland von einer Reduktion der Belastungen industrieller "hot spots" wie z. B. im sogenannten „schwarzen Dreieck" Nutzen ziehen (Tz. 1174). Ein Interesse besteht auch durch die räumliche Nähe zu den veralteten Kernkraftwerken Mittel- und Osteuropas (SCHOTT, 1999). Zudem ist eine Reduktion von klimarelevanten Schadstoffen in den mittel- und osteuropäischen Staaten für den globalen Klimaschutz, aber auch für Deutschland von Relevanz. Als Hauptabnehmer landwirtschaftlicher Erzeugnisse aus den mittel- und osteuropäischen Staaten hat Deutschland ein vitales Interesse an der Einhaltung gemeinschaftlicher Standards vor allem im Bereich der Lebensmittelproduktion. Nicht zuletzt wird Deutschland durch eine europäische Osterweiterung auch in weit größerem Maße, als es dies heute ist, Transitland für den gesamteuropäischen Güter- und Personenverkehr – mit allen negativen Effekten für die Umwelt.

Von Bedeutung für die Umweltinteressen der Mitgliedstaaten insgesamt ist außerdem, dass diese ein Interesse an einem effektiven Umweltschutz in den mittel- und osteuropäischen Staaten hinsichtlich bestimmter Bereiche haben, die nicht im klassischen Sinne durch grenzüberschreitende Umweltverschmutzung gekennzeichnet sind. Beispielsweise besteht ein gesamteuropäisches Interesse an der Bewahrung der in vielen mittel- und osteuropäischen Staaten vorhandenen großflächigen und noch relativ unberührten Naturräume ebenso wie an der Erhaltung der für den Naturschutz wertvollen alten Kulturlandschaften. Der Schutz der Biodiversität als eine wesentliche Komponente einer europäischen Werte- und Solidargemeinschaft darf nicht übersehen werden.

222. Der verstärkte Einsatz von finanziellen und anderen Mitteln zum Beispiel in Form von Investitionen oder von Wissenstransfer in Regionen Mittel- und Osteuropas kann zu einer relativ größeren Entlastung der Umwelt führen, als die Verwendung derselben Mittel in den „alten" Mitgliedstaaten. Vor diesem Hintergrund kann die Osterweiterung auch als eine einmalige Chance für eine gesamteuropäische Umweltpolitik aufgefasst werden. Dabei ist zu überlegen, wie dieser Umstand im Rahmen der Umsetzung des gemeinschaftlichen Rechts und der dazu notwendigen Investitionen am besten genutzt werden kann. Jedenfalls schafft die Übernahme der gemeinschaftlichen Umweltstandards durch die Beitrittsstaaten neue Absatzmärkte für deutsche Umweltschutztechnologien.

223. Die effektive Umsetzung des umweltrechtlichen Besitzstandes der Gemeinschaft in den Beitrittsstaaten ist auch für die generelle Akzeptanz und Wirksamkeit des europäischen Umweltrechts in den Mitgliedstaaten von Bedeutung. Unter letzteren herrscht seit langem ein problematisches Defizit hinsichtlich der Implementation des gemeinschaftlichen Umweltrechts. Eine nur unvollständige Übernahme sowie Durchsetzung des europäischen Umweltrechts in den Beitrittsländern würde sicherlich auch die Bereitschaft der alten Mitgliedstaaten weiter vermindern, umweltrechtliche Regelungen der Gemeinschaft effektiv zu implementieren. Umgekehrt könnte für Deutschland gegebenenfalls ein Schub hinsichtlich der Akzeptanz gemeinschaftlicher Umweltpolitik erfolgen, wenn man darauf hinweisen kann, dass die

Beitrittsstaaten Leistungen erbringen, die man auch von Deutschland erwarten darf.

224. Schließlich bietet die Osterweiterung die Chance, den anstehenden Reformen der Institutionen und Entscheidungsmechanismen auf europäischer Ebene sowie der Reform der Gemeinsamen Agrarpolitik und der Struktur- und Kohäsionsfonds wichtige Impulse zu geben. Davon wird auch Deutschland in hohem Maße profitieren.

2.3.3 Der Beitrittsprozess im Umweltbereich

225. Der Unionsvertrag und die Europaabkommen stellen die Rechtsgrundlage des Beitrittsprozesses dar. In den Europaabkommen wurden Festlegungen zum Umweltschutz vorgenommen, wonach die Zusammenarbeit zwischen der Gemeinschaft und den Vertragspartnern in bezug auf alle Umweltmedien durch den Austausch von Informationen und technischem Wissen gestärkt werden soll. Neben dem Abschluss der Europaabkommen entwickelte die Gemeinschaft eine Strategie, die Beitrittsstaaten an das Recht der Gemeinschaft heranzuführen ("Approximation"). Im folgenden werden die Elemente dieser Strategie kurz ausgeführt (Abb. 2.3-2).

226. 1993 beschloss der Europäische Rat in Kopenhagen als Teil dieser Heranführungsstrategie einen sogenannten *strukturierten Dialog* (auch strukturierte Beziehungen) mit den Ländern Mittel- und Osteuropas einzuleiten. Der strukturierte Dialog besteht aus regelmäßigen Begegnungen der Staats- und Regierungschefs, einer Reihe von Ministertreffen sowie der themenspezifischen Konzertierung mit den Organen der Europäischen Union.

227. Nach Maßgabe der Beschlüsse auf dem Europäischen Gipfel in Essen im Dezember 1994 legte die Europäische Kommission im Mai 1995 das *Weißbuch zum einheitlichen Binnenmarkt* vor (Europäische Kommission, 1995). Das Weißbuch setzt einen Schwerpunkt auf die binnenmarktrelevanten Vorschriften. Es sollen vorrangig die Bestimmungen angeglichen werden, die unmittelbare Auswirkung auf den freien Warenverkehr haben. Im Umweltbereich sind vorwiegend produktbezogene Vorschriften erfasst, die insgesamt nur ungefähr ein Viertel des gesamten acquis communautaire im Umweltbereich darstellen. Es wurde jedoch 1995 betont, dass für den vom Weißbuch nicht erfassten Teil ein zusätzlicher umfassender Ansatz entworfen werden muss, um der besonderen Bedeutung des Umweltschutzes Rechnung zu tragen.

Abbildung 2.3-2

Die Beitrittsstrategie der Europäischen Gemeinschaft im Umweltbereich

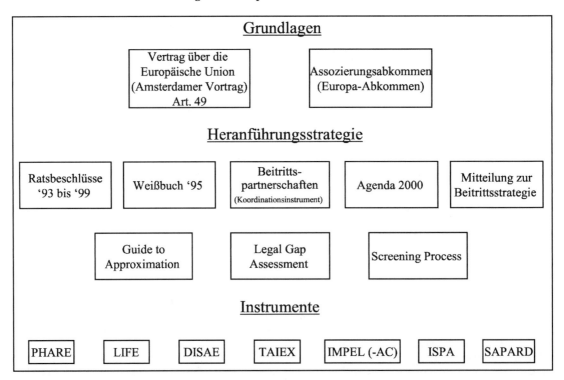

Quelle: CARIUS et al., 2000; verändert

228. Im Dezember 1995 wurde auf der Sitzung des Europäischen Rates in Madrid beschlossen, die bisherige Heranführungsstrategie zu intensivieren. Dieses Ziel wurde durch die Verabschiedung der *Agenda 2000* im Juli 1997 erreicht. In der Agenda 2000 nimmt die Europäische Kommission Stellung zu der Entwicklung der Politiken der Gemeinschaft, zu den durch die Erweiterung entstehenden Herausforderungen und zum Finanzrahmen der Gemeinschaft für die Jahre 2000 bis 2006. Im Hinblick auf die Osterweiterung fasst die Agenda 2000 die wichtigsten Schlussfolgerungen aus den Stellungnahmen der Europäische Kommission zu den Beitrittsgesuchen der MOE-Staaten zusammen und bewertet die Beitrittsstaaten in bezug auf ihre Beitrittsfähigkeit. Die Kandidatenländer werden angehalten, im Umweltbereich langfristige Strategien zur Rechtsangleichung aufzustellen und vorrangig mit der Umsetzung in den Bereichen Gewässerschutz und Luftreinhaltung zu beginnen.

229. Mit der *Mitteilung der Europäischen Kommission über eine Strategie im Umweltbereich* (KOM(98)294) von 1998 wird dem Vorhaben Rechnung getragen, eine für den Umweltschutz ausdifferenzierte Strategie vorzulegen. Die Mitteilung empfiehlt eine verstärkte Ausrichtung der Angleichungsstrategie an den besonderen Umweltproblemen der Beitrittsstaaten.

230. Die Heranführungsstrategie der Gemeinschaft wird durch die Schaffung von *Beitrittspartnerschaften* intensiviert. Die Beitrittspartnerschaften wurden im Juni 1998 zwischen den Beitrittsstaaten und der Gemeinschaft geschlossen (EG/622/98) und sollen dazu dienen, alle Formen der Unterstützung der Gemeinschaft für die beitrittswilligen Staaten in einem gemeinsamen Rahmen zu koordinieren.

Im Rahmen der Beitrittspartnerschaften werden die Kandidatenländer zur Erstellung eines nationalen Programms zur Übernahme des acquis communautaire und zur Erstellung eines geeigneten Zeitplans für dessen Umsetzung verpflichtet. Die Gemeinschaft wird verpflichtet, alle verfügbaren Mittel zur Vorbereitung der Bewerberländer auf den Beitritt zur Verfügung zu stellen. Die Gewährung der Hilfe kann von der Einhaltung der Verpflichtungen und von den Fortschritten des Kandidatenlandes bei der Umsetzung des acquis communautaire abhängig gemacht werden.

Bis zur Aufnahme der konkreten Beitrittsverhandlungen waren alle mittel- und osteuropäischen Staaten, mit denen Europaabkommen geschlossen worden sind, in den gesamten Prozess eingebunden.

231. Der Beitrittsprozess auf europäischer Ebene wird begleitet von der Zusammenarbeit zwischen Mitgliedstaaten und MOE-Staaten. Zwischen einem (oder mehreren) Mitgliedstaaten und einem Beitrittsstaat werden Partnerschaften, sogenannte *Twinnings*, gebildet. Diese haben zum Ziel, das Kandidatenland in die Lage zu versetzen, eine effiziente und funktionierende Verwaltungsstruktur aufzubauen, um so die Gemeinschaftsverpflichtungen erfüllen zu können. Die Fähigkeit der Beitrittsstaaten zur effektiven Implementation und Durchsetzung europäischen Umweltrechts soll gestärkt werden. Die Gesamtkosten der Twinning-Projekte werden grundsätzlich aus dem PHARE-Programm (*Poland and Hungary Action for Restructuring the Economy*) finanziert.

232. Grundsätzlich ist das von der Gemeinschaft eingeschlagene Verfahren zur Heranführung der Beitrittsstaaten nach Auffassung des Umweltrates positiv zu bewerten. Die Vorteile dieser Strategie liegen in der Vermittlung von Erfahrungen der Mitgliedstaaten im Aufbau von effizienten Verwaltungsstrukturen, der Anpassung von Institutionen und Behörden an die Umsetzungserfordernisse des Gemeinschaftsrechts sowie der Vermittlung konkreter Sachkenntnisse aus der vollzogenen Umsetzung und Durchführung einzelner Richtlinien. Die bereits vorhandenen bilateralen Kontakte können verstärkt und neue politische Kooperationen können hierdurch initiiert werden. Außerdem birgt das Konkurrenzverfahren zur Bewerbung um Beitrittspartnerschaften die Möglichkeit innovative Lösungsansätze und Regulierungsmuster zu erarbeiten.

Instrumente der Heranführungsstrategie

233. In der täglichen Arbeit im Rahmen des Angleichungsprozesses ist der *Leitfaden über die Angleichung im Bereich des Europäischen Umweltrechts* (SEC(97)1608) von August 1997 eines der wichtigsten Referenzdokumente. Der Leitfaden soll den Kandidatenländern eine umfassende Hilfestellung in der Rechtsangleichung im Umweltbereich geben. Es werden alle Rechtsakte des umweltrechtlichen Besitzstandes der Gemeinschaft aufgelistet, die wichtigsten Richtlinien und Verordnungen beschrieben und konkrete Aspekte angeführt, die bei der Umsetzung zu berücksichtigen sind. Außerdem wird kurz erläutert, welche Anforderungen an die Umsetzung der einzelnen Rechtsnormen gestellt werden.

234. Die Heranführungsstrategie im Umweltbereich stützt sich auf einen Vergleich des acquis communautaire mit den nationalen Vorschriften der Beitrittsstaaten. Zur Überprüfung, inwieweit die vorhandenen nationalen Vorschriften dem umweltrechtlichen Besitzstand der Gemeinschaft entsprechen, führten die Beitrittsstaaten ein sogenanntes *Legal Gap Assessment* durch. Hier wurde überblicksartig untersucht, welche nationalen Gesetze dem Gemeinschaftsrecht entsprechen. Die Überprüfungen der Beitrittsstaaten variierten stark in ihrem Ansatz und in ihrer Detailliertheit. Einen für die Beitrittsverhandlungen benötigten Vergleich des Standes der Anpassung konnten die nationalen *Legal Gap Assessments* nicht liefern.

235. Im März 1998 leitete die Gemeinschaft den sogenannten *Screening Process* ein, der den Besitzstand der

Gemeinschaft, Rechtsnorm für Rechtsnorm und Artikel für Artikel, mit dem geltenden oder in Vorbereitung befindlichen Recht der Beitrittsstaaten und der Staaten, die einen Beitrittsantrag gestellt haben, vergleicht. Das Gemeinschaftsrecht wurde hierzu in 31 Bereiche unterteilt, die nach und nach auf ihre Entsprechung in den MOE-Staaten hin untersucht werden. Grundlage des Screenings sind sogenannte Konkordanztabellen, die für jeden Artikel einer Richtlinie oder einer anderen gemeinschaftlichen Norm den entsprechenden Artikel oder Paragraphen in der nationalen Vorschrift gegenüberstellen. In einer Spalte wird die Gesetzgebung dargestellt, die sich in der Vorbereitungsphase befindet und festgehalten, wann voraussichtlich mit einer Übereinstimmung der nationalen mit der europäischen Gesetzgebung zu rechnen ist. Die Ergebnisse des Screening-Prozesses für den Umweltbereich wurden im Juli 1999 veröffentlicht (European Commission, 1999a-e) und bilden die Grundlage für die weiteren Verhandlungen. Die Beitrittsstaaten der „ersten Runde" haben im Rahmen des Screenings für einige Bereiche um die Möglichkeit der Einräumung von Übergangsfristen angefragt (vgl. Tab. 2.3-3). Gemeinhin werden gerade der Umweltschutzbereich aber auch Landwirtschaft, Justiz und Inneres und der freie Personenverkehr als die im Verhandlungsprozess besonders problematischen Bereiche angesehen.

236. Um den Beitrittsstaaten Hilfe bei der effizienten Umsetzung und Anwendung des Gemeinschaftsrechts zu leisten, wurde von der Europäischen Kommission das *IMPEL-AC Netzwerk* ins Leben gerufen. Das schon vorher bestehende IMPEL (EU Network for the Implementation and Enforcement of European Environmental Law) ist das Netzwerk der Gemeinschaft für die Umsetzung und Durchsetzung des Gemeinschaftsrechts im Bereich der Umweltpolitik und dient dem regelmäßigen Erfahrungs-, Informations- und Personalaustausch. Im IMPEL-Netzwerk sind Vertreter aus den Umweltbehörden der Mitgliedstaaten versammelt, die mit der Überwachung der Umsetzung des Gemeinschaftsrechts betraut sind. In Ergänzung zu diesem Netzwerk wurde die Entsprechung für die Beitrittsstaaten (*Accession Countries*) geschaffen.

237. Zur technischen Unterstützung der Harmonisierung richtete die Europäische Kommission im September 1996 mit PHARE-Mitteln das Programm *DISAE* (*Development of Implementation Strategies for Approximation in Environment*) ein. Im Rahmen des DISAE-Programms wird durch eine Vielzahl von kleineren Projekten Unterstützung bei der Durchführung des *Legal Gap Assessments* geleistet oder Gutachten zu den Umsetzungserfordernissen von Gemeinschaftsrecht in bestimmten Bereichen erstellt.

238. Das *Technical Assistance and Information Exchange Office* (*TAIEX*) sammelt und verbreitet Informationen über den Stand der Rechtsharmonisierung und bietet durch die Organisation von Seminaren oder die Entsendung von Experten konkrete Beratungshilfe. TAIEX steht vor allem den mittel- und osteuropäischen Staaten zur Verfügung, aber auch die nationalen Verwaltungseinheiten der Mitgliedstaaten der Gemeinschaft können darauf zurückgreifen. In der Agenda 2000 wurde das Mandat von TAIEX erweitert (Europäische Kommission, 1997, S. 95).

239. Um die Kosten der Angleichung der mittel- und osteuropäischen Staaten an das Recht der Gemeinschaft zumindest teilweise durch die Gemeinschaft zu übernehmen, wurden existierende Programme wie PHARE oder LIFE an den Bedarf des Erweiterungsprozesses angepasst, aber auch zusätzliche Instrumente geschaffen (vgl. Abschn. 2.3.4.3).

2.3.4 Umweltpolitische Herausforderungen und Chancen des Beitritts auf der Gemeinschaftsebene

240. Die Osterweiterung der Europäischen Union erfordert Anpassungsprozesse sowohl auf der Ebene der Europäischen Union als auch auf der Ebene der Beitrittsstaaten. Zunächst sollen diejenigen Anforderungen und Chancen dargestellt werden, die sich primär aus den rechtlichen und politischen Strukturen der Europäischen Union ergeben. Hinsichtlich der umweltpolitischen Dimension des Beitritts steht hierbei insbesondere das europäische Umweltrecht und die sich aus ihm ergebenden Implementationserfordernisse im Vordergrund. Probleme ergeben sich außerdem aus der wenig transparenten und von der Europäischen Kommission dominierten Vorbereitung der Beitritte.

2.3.4.1 Übernahme des gemeinschaftlichen Rechts

241. In den Beitrittsstaaten ergeben sich im Rahmen des Angleichungsprozesses immer wieder Anpassungsschwierigkeiten, die in den Verfahrensabläufen und Organisationsstrukturen der Gemeinschaft begründet sind. Einflussmöglichkeiten zur Verbesserung dieser Situation liegen mehr bei den Mitgliedstaaten als bei den Beitrittsstaaten, die wegen ihres wirtschaftlichen und außenpolitischen Interesses am Beitritt zur Europäischen Union, die an sie gestellten Anforderungen größtenteils hinnehmen müssen (CADDY, 1997).

Die Arbeiten zur Angleichung der nationalen Gesetzgebung an die der Europäischen Union bzw. die Anpassung der technischen Standards an das internationale Niveau wurden verstärkt Anfang der neunziger Jahre, insbesondere jeweils nach Abschluss der Europaabkommen, aufgenommen.

Wandel des acquis communautaire

242. Aus Sicht der Beitrittsstaaten stellt sich der acquis communautaire bis zu einem gewissen Grad als bewegliches Ziel (*moving target*) dar: Während des sich insgesamt über einen sehr langen Zeitraum erstreckenden Angleichungsprozesses entwickelt sich das gemeinschaftliche Recht ständig weiter. Dies wird am Beispiel der Wasserrahmenrichtlinie im Bereich des europäischen Gewässerschutzes deutlich (Tz. 639 f.). Die Umsetzung von zahlreichen Regelungen des acquis communautaire im Bereich des Gewässerschutzes wird durch den Vorschlag der Kommission für die Wasserrahmenrichtlinie (KOM(97)49 endg.), nach dem wesentliche Regelungen bestimmter vorangegangener Richtlinien in den neuen Gesamtrahmen der Wasserrahmenrichtlinie integriert werden sollen, in Frage gestellt. Da sich die Verabschiedung der Wasserrahmenrichtlinie bereits über zwei Jahre hinzieht, bestehen in den Beitrittsstaaten Unsicherheiten über die Behandlung der Richtlinien, die einige Jahre nach Inkrafttreten der Rahmenrichtlinie aufgehoben werden sollen. Der Vollzug dieser Richtlinien ist *de facto* ausgesetzt. Regelungen dieser Richtlinien sollen zunächst zwar in ihren wesentlichen Bestandteilen weiter materielle Gültigkeit besitzen, aber in dem neuen Rahmen und mit Hilfe der Instrumente der Wasserrahmenrichtlinie umgesetzt werden. Außerdem verfolgt die Wasserrahmenrichtlinie einen für viele Staaten neuen Ansatz der grenzüberschreitenden, flussgebietsbezogenen Gewässerbewirtschaftung. Die Ungewissheit über das „Ob" und das „Wann" der Verabschiedung des Richtlinienentwurfes führt in den Beitrittsstaaten zu zusätzlichen Schwierigkeiten bei der Anpassung der nationalen Gesetzgebung. Es ist unklar, inwiefern beispielsweise Gesetze zur Umsetzung der Richtlinie über die Qualitätsanforderungen an Oberflächengewässer für die Trinkwassergewinnung (75/440/EWG) oder der Fisch- oder Muschelgewässerrichtlinien (78/659/EWG, 79/923/EWG) erlassen werden müssen. Im Zusammenhang mit der Wasserrahmenrichtlinie wurde von Seiten der Beitrittsstaaten kritisiert, dass in den Empfehlungen der Kommission zur Umsetzung der betroffenen Richtlinien im *Acquis Guide* keine konkreten Anleitungen oder Empfehlungen gegeben werden, wie mit dieser Übergangssituation verfahren werden soll. Es sollte deutlicher herausgestellt werden, welche wesentlichen Regelungen der „alten" Richtlinien in der neuen Wasserrahmenrichtlinie enthalten sein werden, um die Umsetzung dieser Regelungen in den Beitrittsstaaten zu fördern.

243. Eine ähnliche Situation besteht im Falle der Richtlinie über die integrierte Verminderung und Vermeidung von Umweltverschmutzungen (IVU-Richtlinie 96/61/EWG). Diese ist zwar schon verabschiedet und insoweit besteht keine Rechtsunsicherheit, jedoch stellt sie hohe Anforderungen an die Flexibilität und Kompetenz der Umweltverwaltung. In einem langwierigen Verfahren werden derzeit für jeden Sektor Referenzwerte festgelegt, die für die Bestimmung des Standes der Besten Verfügbaren Technik (*best available technology* – BAT) wichtig sein werden. Eine Teilnahme von Vertretern der Beitrittsstaaten an diesem Prozess, die es diesen im Transformationsprozess erleichtern könnte, auf anstehende Entwicklungen im Zuge der Gesetzgebung zu reagieren, ist nicht vorgesehen.

Auf dem Luxemburger Gipfel von 1997 wurde beschlossen, die Beitrittsstaaten in den Bereichen Bildung, Ausbildung und Forschung zu beteiligen. Im Umweltbereich trifft dies insbesondere auf LIFE oder das 5. EG-Rahmenprogramm für Forschung und technologische Entwicklung zu. Die Beteiligung der Vertreter der Beitrittsstaaten kann zu einem großen Teil über PHARE finanziert werden. Diese Modalität wurde explizit eingerichtet, um Vertretern des Beitrittsstaates die Chance zu geben, sich mit den Politiken und Arbeitsmethoden der Union vertraut zu machen. Eine solche Möglichkeit besteht jedoch nicht bei der Vorbereitung von Gesetzesvorhaben. Dies scheint auch auf die restriktive Haltung der Mitgliedstaaten zurückzuführen zu sein, die im Rahmen des Diskussionsprozesses nationale Empfindlichkeiten nicht vor einem breiten Kreis von, zumindest im formellen Sinne, noch Unbeteiligten offenlegen wollen.

244. Eine Teilnahme von Vertretern der Beitrittsstaaten an den Treffen der technischen und beratenden Ausschüsse und Arbeitsgruppen, die auf europäischer Ebene Gesetzesvorhaben vorbereiten und umsetzen, könnte nach Auffassung des Umweltrates aber in dreierlei Hinsicht nützlich sein:

– Information: Eine Teilnahme von Vertretern der Beitrittsstaaten an den Beratungen der gesetzesvorbereitenden technischen Ausschüsse würde einen frühzeitigen Informationsfluss in die Beitrittsstaaten über anstehende Veränderungen des gemeinschaftlichen Rechts ermöglichen. Die Beitrittsstaaten könnten sich abzeichnende Änderungen somit frühzeitig in ihren Anpassungsstrategien (National Programmes for the Adoption of the Acquis Communautaire – NPAAC) berücksichtigen. Außerdem wird ihnen hierdurch ermöglicht, die Transposition der Gesetze frühzeitig, bzw. im Zuge derzeit anstehender Revisionen von Gesetzen, auf den neuesten Stand zu bringen.

– Sozialisation: Ein weiterer Effekt der Teilnahme von Vertretern der Beitrittsstaaten an den Ausschussberatungen bestünde darin, dass diese sich mit Diskussions-, Verhandlungs- und sonstigen Verfahren in den Ausschüssen frühzeitig vertraut machen könnten. Hieraus ergäbe sich die Chance einer schnelleren und reibungsloseren Integration nach dem Beitritt.

– Partizipation: Insoweit den Vertretern aus den Beitrittsstaaten in den technischen und beratenden Ausschüssen Rederecht zuteil wird, könnten sie den Entscheidungsprozess auch selber beeinflussen, indem sie auf die mitunter speziellen Erfahrungen und Verhältnisse in den Beitrittsstaaten aufmerksam machen. Diese direkten Teilnahmemöglichkeiten an Meinungsbildungs- und Entscheidungsprozessen im

Rahmen der Vorbereitungen zu den Beitritten würde dem gegenwärtigen Zwang zur nahezu „blinden" Anpassung an den acquis communautaire entgegenwirken. Grenzen sind einer möglichen Partizipation jedoch durch die beschränkten personellen Ressourcen in den meisten Umweltverwaltungen der Beitrittsstaaten gesetzt. Es ist zu überlegen, inwiefern dieses Problem durch eine Arbeitsteilung unter den Beitrittsstaaten gelöst werden könnte.

Mangelnde Transparenz des Beitrittsprozesses

245. Der Beitrittsprozess wird von der Europäischen Kommission dominiert. Weder die Mitgliedstaaten noch das Europäische Parlament verfügen über einen ähnlich umfassenden Zugang zu Informationen, der es ihnen erlauben würde, den Prozess zur Vorbereitung der Beitritte maßgeblich zu beeinflussen. Dies wird auch von den Umweltverwaltungen in den Mitgliedstaaten bemängelt.

Die Europäische Kommission ist vor allem verantwortlich für die Anwendung der zahlreichen technischen und finanziellen Instrumente, die zur Unterstützung der Beitrittsstaaten geschaffen wurden. Auch im Rahmen der Vorbereitungen der Verhandlungen zum Beitritt ist die Europäische Kommission zentrales Organ, das Daten erhebt und Informationen bündelt, etwa im Rahmen des Screenings (Tz. 235) oder bei der Erstellung jährlicher Fortschrittsberichte über den Stand der Umsetzung des gemeinschaftlichen Rechts in den Beitrittsstaaten.

Die Rolle der Mitgliedstaaten im Beitrittsprozess konzentriert sich dagegen im wesentlichen auf die Formulierung von Kriterien und Rahmenbedingungen für den Beitrittsprozess anlässlich von EU-Gipfeltreffen. Außerdem finden in halbjährlichen Abständen Treffen der sogenannten Assoziationsräte statt, die mit den Europaabkommen ins Leben gerufen wurden. An diesen Treffen ist mindestens ein Vertreter aus jedem Mitgliedstaat beteiligt.

246. Das Europäische Parlament spielt bei der Vorbereitung des Beitrittsprozesses und in den Beitrittsverhandlungen eine untergeordnete Rolle. Das Generalsekretariat des Europäischen Parlaments hat eine Arbeitsgruppe (*Task Force Enlargement*) eingesetzt, deren Aufgabe es ist, Dokumentationen zu allen vorbereitenden Stufen der bevorstehenden Erweiterung der Europäischen Union zu erstellen und die Ausschüsse und Gremien in ihrer Arbeit zu unterstützen.

Die untergeordnete Rolle des Europäischen Parlamentes bei der Vorbereitung des Beitrittsprozesses steht im Gegensatz zu der Tatsache, dass für das endgültige Inkrafttreten eines Beitrittsabkommens eines Staates zur Europäischen Union die Zustimmung des Parlamentes erforderlich ist. Die mangelnde Einbeziehung in die Planung und Durchführung der Heranführungsstrategie der Gemeinschaft wird vom Parlament selbst immer wieder kritisiert (Europäisches Parlament, 1998a, S. 7).

247. Der Beitrittsprozess ist wegen der Dominanz der Kommission wenig transparent. Wichtige Dokumente, wie Konkordanztabellen und Implementations-Fragebögen, aber auch detaillierte Studien zu bestimmten Problemen hinsichtlich der Angleichungserfordernisse, sind nur den Beitrittsstaaten und der Kommission, nicht aber den Mitgliedstaaten oder der Öffentlichkeit zugänglich. Da anzunehmen ist, dass die Beitrittsstaaten eher zur Weitergabe von Informationen an die Europäische Kommission bereit sind, wenn sie wissen, dass diese Informationen dort vertraulich behandelt werden, sieht der Umweltrat die Notwendigkeit eines bestimmten Maßes an Vertraulichkeit im Vorfeld der Beitrittsverhandlungen.

Zukünftig ist jedoch nach Auffassung des Umweltrates ein größeres Maß an Transparenz unabdingbar. Um eine bessere Information der Öffentlichkeit insbesondere nach erfolgtem Beitritt sicherzustellen, sollten die bei der Europäischen Kommission vorhandenen Informationen hinsichtlich der umweltpolitischen Dimension des Beitrittsprozesses für einen breiteren Kreis von Interessenten zugänglich sein. Hierzu gehören insbesondere auch Studien, die im Rahmen des PHARE-Programms über unterschiedliche Aspekte des Anpassungsprozesses im Bereich der Umweltpolitik erstellt wurden. Außerdem könnte die bisherige Praxis der Kommission, Fortschrittsberichte über den Stand der Anpassung an den gemeinschaftlichen Besitzstand zu veröffentlichen, auch auf den Zeitraum nach erfolgtem Beitritt ausgedehnt werden.

Mangelnder Erfahrungsaustausch während des Beitrittsprozesses

248. Der Beitrittsprozess stellt sich bisher weitgehend als ein Prozess dar, der – wie oben dargestellt – stark von der Kommission dominiert wird. Deren Einschätzung über den Stand der Anpassung im Rahmen der Fortschrittsberichte bestimmt maßgeblich die allgemeine Auffassung über den Angleichungsprozess. Nicht zuletzt nimmt die Kommission auch bei der Implementation eine zentrale Rolle ein. Demgegenüber haben sowohl die Mitgliedstaaten als auch die Beitrittsstaaten erhebliche Informationsdefizite im Hinblick auf die Beitrittsvoraussetzungen. Ein direkter Austausch von Informationen und Erfahrungen zwischen den Mitgliedstaaten und den Kandidatenländern könnte diese Defizite verringern – insbesondere hinsichtlich von Erfahrungen bei der Umsetzung von Richtlinien –; dies findet jedoch bisher nur in sehr eingeschränktem Umfang statt.

Die Dominanz der Europäischen Kommission bei der Vorbereitung der Beitritte wird sich gegebenenfalls negativ auf die konkreten Beitrittsverhandlungen auswirken. Diese liegen, einschließlich der Entscheidungen über Übergangsfristen und Ausnahmeregelungen, in der Verantwortung der Mitgliedstaaten und der Beitrittsstaaten. Es ist fraglich, inwieweit es gelingen wird, die bei der Kommission aggregierten und für die Beitrittsverhandlungen notwendigen Informationen und Daten über die Kandidatenländer an die Mitgliedstaaten weiterzuleiten.

Neben möglichen Ineffizienzen hinsichtlich der Vorbereitung der Beitrittsstrategie besteht auch die Gefahr, dass in den Beitrittsstaaten bestimmte Fehler, die in der bisherigen Union gemacht wurden, wiederholt werden. Ziel der Heranführungshilfe sollte schließlich unter anderem sein, die mittel- und osteuropäischen Staaten in die Lage zu versetzen, an den in den bisherigen Mitgliedstaaten abgeschlossenen, bzw. noch immer stattfindenden Lernprozess anzuknüpfen und von dem vorhandenen Wissen und den Erfahrungen zu profitieren.

249. Die Möglichkeit, Lernprozesse durch verstärkten Informations- und Erfahrungsaustausch anzustoßen, ist im Bereich der Landwirtschaft, bei der Entwicklung von Verkehrsstrategien und der Planung der Verkehrsinfrastruktur (Straße, Schiene, Flughäfen, Wasserwege), aber auch bei der Implementation von europäischen Richtlinien im allgemeinen besonders relevant.

Im Zuge der – über die Ansätze der Agenda 2000 hinaus – ohnehin notwendigen Reform der Gemeinsamen Agrarpolitik besteht die Chance und aus Sicht des Umweltrates auch die unabdingbare Notwendigkeit, über die Beschlüsse des Berliner Gipfels hinaus, die quantitative Ausrichtung der bisherigen europäischen Agrarpolitik nicht in gleichem Maße auf die landwirtschaftlichen Praktiken in den Beitrittsstaaten zu übertragen. Vielmehr sollten strategische Weichenstellungen zugunsten einer umweltverträglicheren Gemeinsamen Agrarpolitik Vorrang vor kurzfristigen budgetären Erwägungen haben (SRU, 1996b). Entwicklungen in der Europäischen Union in bezug auf eine umweltverträglichere Landwirtschaft, wie etwa eine Honorierung der Landwirte für die Erbringung ökologischer Leistungen, sollten schon jetzt bei der Landwirtschaftsreform in den jeweiligen Beitrittsstaaten berücksichtigt werden.

250. Obwohl sowohl die Twinning-Projekte als auch das in Arbeit befindliche Implementations-Handbuch der Generaldirektion Umwelt der Europäischen Kommission darauf abzielen, den Beitrittsstaaten das Wissen und die Erfahrungen der Mitgliedstaaten hinsichtlich der Implementation von gemeinschaftlicher Gesetzgebung zu vermitteln, sind in diesem Bereich weitere Maßnahmen erforderlich. Diese sollten nicht nur den Transfer von Informationen aus den Mitgliedstaaten in die Beitrittsstaaten fördern, sondern auch umgekehrt den Mitgliedstaaten, die an der Gewährung von Hilfen interessiert sind, die hierfür notwendigen Informationen über die Situation in den Beitrittsstaaten verschaffen. Ein Problem ist z. B., dass PHARE- bzw. DISAE-Studien, die einen selbstverständlichen Input für die Vorbereitung und Durchführung von Twinning-Projekten darstellen sollten, für die Mitgliedstaaten schwer oder teilweise sogar überhaupt nicht zugänglich sind.

Übergangsfristen bei der Umsetzung des acquis communautaire

251. Auch wenn die Beitrittsperspektive für die Staaten Mittel- und Osteuropas einen wichtigen, wenn nicht gar den wichtigsten Antrieb darstellt, die Entwicklung ihrer nationalen Umweltpolitik und des Umweltrechts voranzubringen, ist auch klar, dass die Staaten eine vollständige Übernahme des rechtlichen Besitzstandes der Gemeinschaft nicht sofort realisieren können. Aus den eingangs erwähnten politischen Gründen wird der Beitritt der mittel- und osteuropäischen Staaten nicht so lange hinausgezögert werden, bis diese Staaten den umweltrechtlichen acquis communautaire vollständig implementiert haben werden. Für den zum Zeitpunkt des Beitritts noch nicht vollständig übernommenen bzw. implementierten acquis wird es somit Übergangsregelungen geben müssen wie auch den bisherigen Mitgliedstaaten für die vollständige Implementation vieler Richtlinien im Umweltbereich lange Umsetzungsfristen gewährt wurden (MAXSON, 1998). Das von der Europäischen Kommission im Rahmen der Beitrittsverhandlungen Mitte 1999 durchgeführte Screening der Umweltgesetzgebung der fünf Beitrittsstaaten hinsichtlich der Erfordernisse der Übernahme des acquis hat diese Einschätzung weitgehend bestätigt.

Im Rahmen der Verhandlungen sind von den Beitrittsstaaten Erwartungen hinsichtlich möglicher Übergangsfristen geäußert worden (auf der Grundlage des von diesen Staaten gewünschten Beitritts im Jahre 2002 bzw. 2003) (vgl. Tab. 2.3-3). Diese betreffen erwartungsgemäß vor allem den Gewässerschutz, die IVU-Richtlinie, die Abfallwirtschaft und den Naturschutz. Allerdings gibt es hier auch starke Unterschiede zwischen den Beitrittsstaaten. So ist etwa die Situation im Bereich Naturschutz in Polen eher positiv zu bewerten (s. Kasten). Insbesondere hinsichtlich der ersten drei Bereiche stellen die hohen Investitionskosten für Kläranlagen, Kanalisation, Abgasfilter (IVU-Richtlinie), Abfallverbrennungsanlagen, Recyclingsysteme etc. jedoch ein Problem für alle Beitrittsstaaten dar (vgl. etwa für Ungarn REHBINDER, 2000, S. 27 f.). Im Rahmen der Screening-Berichte der Europäischen Kommission im Juli 1999 sind diese Anpassungsschwierigkeiten im wesentlichen bestätigt worden. Insbesondere Polen und der Tschechischen Republik wurde von der Kommission ein schlechtes Zeugnis ausgestellt (European Commission, 1999a und b). Dabei geht die Kommission davon aus, dass die von den Beitrittsstaaten angemeldeten Übergangsregelungen immer noch zu niedrig angesetzt und die Befristungen zu knapp kalkuliert sind (von HOMEYER et al., 1999b).

Tabelle 2.3-3

Von den Beitrittsstaaten angemeldeter Bedarf an Übergangsfristen bei der Umsetzung des gemeinschaftlichen Umweltrechts

	Es	Cz	Hu	Po	Sl
Naturschutz					
Vogelschutzrichtlinie (79/409/EEC)	2010[b]	2005[b]	X		2004-06[a]
Flora-Fauna-Habitat-Richtlinie (92/43/EEC)	2010[b]	2005[b]	X		2004-06[a]
Gewässerschutz					
Kommunalabwasserrichtlinie (91/271/EEC)	2010[b]	2008-10[b]	2015[a]	X	2015[b]
Grundwasserrichtlinie (80/68/EEC)	2006[b]		2007[a]		
Nitratrichtlinie (91/676/EEC)	2008[b]	2006[b]		X	
Ableitung gefährlicher Stoffe in Gewässer (76/464/EEC)	2006[b]	X	2009[a]	X	X
Trinkwasser aus Oberflächengewässern (75/440/EEC)	X			X	
Trinkwasserrichtlinie (80/778/EEC)	2013[a]	2006	X	X	
Fischgewässerrichtlinie (78/659/EEC)	X			X	
Industrieller Umweltschutz und Risikomanagement					
IVU-Richtlinie (96/61/EEC)		2012[b]	X	X	2011[b]
Luftverunreinigung durch Industrieanlagen (84/360/EEC)			X		
Großfeuerungsanlagenrichtlinie (88/609/EEC)			X		
Seveso-II-Richtlinie (96/82/EC)			X		X
Luftqualität					
Rahmenrichtlinie Luft (96/62/EEC)			X		
Ozonschichtschädigende Substanzen (3093/94/EC)			X		
Flüchtige organische Stoffe (94/63/EEC)	2007[a]		X		
Qualität von Treibstoffen (98/70/EEC)				X	2004[b]
Emission beweglicher Nicht-Straßenmaschinen (97/768/EEC)			X		
Schwefelgehalt flüssiger Brennstoffe (93/12/EEC)		2005[a]	X		
Abfallpolitik					
Abfallrahmenrichtlinie (75/442/EEC)				X	
Gefährliche Abfälle (91/698/EEC)			X	X	
Verbrennung gefährlicher Abfälle (94/67/EC)			X		
Dioxin- und Furanemissionen (97/283/EEC)			X		
Verpackung und Verpackungsabfälle (94/62/EC)		2005[b]	X	X	2007[b]
Transport von Abfällen (93/259/EC)				X	
Altölbeseitigung (75/439/EEC)			X	X	
PCB/ PCT Beseitigung (96/59/EC)			X		
Batterien and Akkumulatoren (91/157/EEC)			X		

[a] laut Screening Berichten der Kommission;
[b] laut Positionspapieren der Beitrittsstaaten
X = angemeldete Übergangsfrist ohne Zeitangabe; Jahreszahl = endgültige Implementation geplant
Quelle: von HOMEYER et al., 1999a; verändert

252. Legt man einen realistischen Zeitrahmen von fünf bis zehn Jahren für die erste Phase der Osterweiterung zugrunde, kommen die Erwartungen der Kommission hinsichtlich der rechtzeitigen Übernahme bzw. Implementation des gemeinschaftlichen Umweltrechts praktisch einem Verzicht auf die vollständige Umsetzung des umweltrechtlichen acquis communautaire schon im Vorfeld der eigentlichen Beitrittsverhandlungen gleich. Da damit das Prinzip der vollständigen Umsetzung des acquis für den Umweltbereich faktisch bereits aufgegeben wird, sieht der Umweltrat die Gefahr, dass wichtige Teile des umweltrechtlichen acquis in den Beitrittsverhandlungen als Verhandlungsmasse zur Disposition gestellt werden. In diesem Fall kann die vollständige Umsetzung des acquis in anderen Bereichen dadurch „erkauft" werden, dass den Beitrittsstaaten im Gegenzug relativ weitgehende Übergangsregelungen im Umweltsektor zugestanden werden (JØRGENSEN, 1999, S. 15). Darüber hinaus schaffen Übergangsregelungen auch Präzedenzfälle, die von umweltpolitischen „Nachzüglern" in der Gemeinschaft als Einladung missverstanden werden können, ihrerseits Übergangsfristen für bestimmte Maßnahmen zu fordern.

253. Vor diesem Hintergrund ist es nach Auffassung des Umweltrates von vorrangigem umweltpolitischen Interesse, dass mögliche Übergangsregelungen dahingehend ausgestaltet werden, dass die vollständige Übernahme und Implementation des acquis in einem verlässlichen Zeitrahmen realisiert wird. Mit Blick auf die Schwierigkeiten bei der Übernahme des umweltrechtlichen acquis communautaire in den Beitrittsstaaten sowie bestehenden, zum Teil gravierenden Implementationsdefiziten in den jetzigen Mitgliedstaaten (vgl. KOM (98) 317), ist es von vordringlicher Bedeutung, dass sich die Beitrittsstaaten sehr viel stärker als bisher bemühen, ihre Defizite bei der Übernahme und Umsetzung des acquis auszuräumen. Grundvoraussetzung für die Glaubwürdigkeit von Fristen sind allerdings verstärkte Anstrengungen der „alten" Mitgliedstaaten, die glaubhaft machen müssen, dass sie die Umsetzung des europäischen Umweltrechts auch im eigenen Land mit derselben Gewissenhaftigkeit verfolgen, wie sie dies von den Beitrittsstaaten verlangen.

254. Um die Voraussetzungen für eine fristgerechte Erfüllung der Vorgaben zukünftiger Übergangsregelungen zu verbessern und um die Zahl der Regelungen, für die solche Vorschriften vereinbart werden müssen, so niedrig wie möglich zu halten, sollte schon jetzt die transnationale Zusammenarbeit im Rahmen des Implementationsnetzwerkes der Europäischen Kommission im Bereich des Umweltrechts (IMPEL; Tz. 236) wesentlich intensiviert werden. Einerseits würde eine intensivere Kooperation zwischen den IMPEL-Teilnehmern aus den Mitgliedstaaten dazu beitragen, die in diesen Staaten weiterhin bestehenden Implementationsdefizite zu mindern und damit die Ernsthaftigkeit der umweltpolitischen Verpflichtungen, die sich aus der Mitgliedschaft in der Europäischen Union ergeben, zu demonstrieren. Andererseits könnte eine stärkere Kooperation zwischen IMPEL und IMPEL-AC die von der Europäischen Kommission unter anderem im Bereich des Umweltsektors durchgeführten und im wesentlichen bilateralen Twinning-Projekte insofern ergänzen, als IMPEL und IMPEL-AC für den multilateralen Austausch geeignete Foren bilden zwischen Vertretern von Mitglied- und Beitrittsstaaten sowie zwischen den Beitrittsstaaten untereinander.

255. Nach Auffassung des Umweltrates sollten die entsprechenden Aufgaben im Bereich des Monitoring und der Evaluation von Erfolgen oder Misserfolgen bei der Übernahme des acquis communautaire aus der Kommission ausgelagert werden. Eine solche Überlegung fügt sich in den seit Beginn der neunziger Jahre zu beobachtenden Trend, spezielle, eher „technische" Aufgaben spezialisierten europäischen Agenturen zu übertragen. Eine Entlastung der Kommission wäre insbesondere bei der Gewährung von vielen und/oder langen Übergangsfristen, aber auch hinsichtlich eines sich über einen längeren Zeitraum vollziehenden Erweiterungsprozesses angemessen. Im Umweltbereich wäre die Europäische Umweltagentur eine geeignete Behörde zur Überprüfung der Übernahme des gemeinschaftlichen Umweltrechts (SRU, 1996a, Tz. 218).

2.3.4.2 Perspektiven einer differenzierten Harmonisierungsstrategie

256. Angesichts einer sich stetig erweiternden Union und der sich daraus ergebenden wachsenden Unterschiede nicht nur im Bereich von konkreten ökologischen Problemlagen, sondern auch von sozio-ökonomischen und kulturellen Faktoren werden seit geraumer Zeit Schritte diskutiert, Teile des acquis communautaire an die neuen Gegebenheiten anzupassen. In diesem Zusammenhang geht es insbesondere um eine zukünftige Harmonisierungsstrategie, die unterschiedlichen Anforderungen und Voraussetzungen gerecht werden kann, ohne dabei den gemeinschaftlichen institutionellen Rahmen der Union und den europäischen Binnenmarkt zu sprengen (SANDHÖVEL, 1999a).

Naturschutz und Landschaftspflege in Polen

Polen ist für seine lange Tradition im Naturschutz bekannt. Das Land hat sämtliche, für sein Gebiet geltende Konventionen und internationale Übereinkommen im Bereich Naturschutz ratifiziert, darunter das Washingtoner Artenschutzübereinkommen, die Biodiversitäts-Konvention und die Ramsar-Konvention.

Polen hat ein mit Deutschland vergleichbares Schutzinstrumentarium (Gebietsschutz) geschaffen. Die meisten der wertvollen Naturgebiete Polens werden in Form von 22 Nationalparken, 1204 Naturschutzgebieten, 109 Landschaftsschutzparks und 260 Landschaftsschutzgebieten geschützt (vgl. Abb. 2.3-3). Andere Instrumente des Naturschutzes sind ökologische Nutzflächen (3 928 Objekte mit einer Gesamtfläche von rund 21 000 ha), geologische Nachweisstellen (78 Objekte mit einer Fläche von rund 60 ha), geschützte Landschaftskomplexe (40 Objekte mit einer Fläche von rund 8000 ha) sowie Naturdenkmäler (über 27 000 Objekte, zumeist Bäume). Insgesamt stehen 29 % der Fläche des Landes unter Schutz. Dabei hat sich in den letzten fünfzehn Jahren die Schutzfläche mehr als versechsfacht (State Inspectorate for Environmental Protection Poland, 1999).

Einige Gebiete fanden internationale Anerkennung. So wurde der Bialowieza-Nationalpark als Weltnaturerbe von der UNESCO anerkannt. Sieben Gebiete wurden als Biosphärenreservate anerkannt, acht Gebiete wurden in das Verzeichnis der Ramsar-Konvention aufgenommen. Vier Gebieten an den Grenzen zur Slowakei, zur Ukraine, zu Weißrussland und zur Tschechischen Republik wurde der Status eines grenzüberschreitenden Biosphärenreservates zuteil.

Darüber hinaus verwendet Polen als Grundlage für den Artenschutz Rote Listen für Tiere und Pflanzen wie sie auch in Deutschland zur Situationsbewertung herangezogen werden.

Polen hat im Rahmen des Screening-Verfahrens im Gegensatz zu allen anderen Beitrittsstaaten im Bereich Naturschutz keine Übergangsfristen angemeldet (s. Tab. 2.3-3). Zudem hat das Land bereits mit der Benennung von Gebieten für das NATUR 2000-Netz zur Umsetzung der FFH-Richtlinie begonnen.

Abbildung 2.3-3

Anzahl der polnischen Nationalparks und Landschaftsschutzparks von 1965 bis 1996

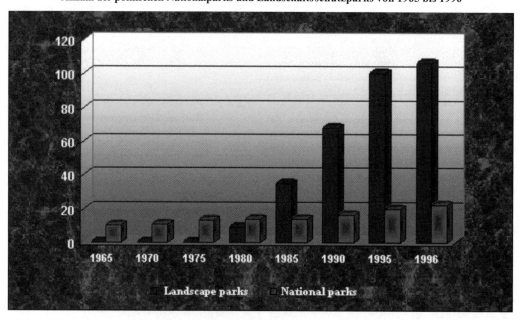

Quelle: State Inspectorate for Environmental Protection Poland, 1999

Dabei erhalten diese Erwägungen mit der bevorstehenden Osterweiterung eine nochmals gesteigerte Aktualität, denn es ist davon auszugehen, dass die Beitrittsstaaten – ähnlich wie die Staaten, die der Europäischen Gemeinschaft im Rahmen der Süderweiterung beitraten – eher zu den umweltpolitischen „Nachzüglern" unter den Mitgliedstaaten gehören werden. Tendenziell wird es durch das veränderte Kräfteverhältnis zwischen umweltpolitisch fortschrittlichen Staaten und solchen, die eher eine bremsende Haltung einnehmen, schwieriger, bestehende Umweltstandards zu verschärfen oder neue Regelungen zu verabschieden. Gleichzeitig steigt die Zahl der Mitgliedstaaten, für die die Umsetzung gemeinschaftlicher Standards mit großen Schwierigkeiten verbunden ist.

257. Grundsätzlich kann zwischen zwei Möglichkeiten unterschieden werden, ein größeres Maß an Differenzierung bei der Harmonisierung von europäischen Umweltstandards zu erreichen:

– Einerseits kann auf Ausnahmeregelungen für bestimmte Mitgliedstaaten oder Regionen zurückgegriffen werden (*Differenzierung bei der Regulierung*). Die betroffenen Staaten können dann von den Standards abweichen, die für die restlichen Mitgliedstaaten gelten.

– Die andere Möglichkeit besteht darin, einheitliche Umweltstandards ohne Ausnahmen festzulegen, jedoch den an der Implementation dieser Standards beteiligten Akteuren einen relativ großen Freiraum bei der Umsetzung einzuräumen (*Differenzierung bei der Implementation*).

2.3.4.2.1 Ansätze stärkerer Differenzierung bei der Regulierung: Europa der verschiedenen Geschwindigkeiten

258. Eine stärkere Differenzierung bei der Standardsetzung im Sinne von Ausnahmeregelungen kann dabei sowohl für umweltpolitische Vorreiterländer wie auch für Nachzügler gelten. Eine Abweichung von den europäischen Umweltstandards nach oben gibt Ländern mit einer aktiven und fortschrittlichen Umweltpolitik die Möglichkeit, der Erhaltung und Fortentwicklung ihres vergleichsweise hohen Umweltschutzniveaus. Die Option einer Abweichung nach unten dient dazu, Ländern mit geringeren umweltpolitischen Handlungskapazitäten die Umsetzung gemeinschaftlicher Umweltstandards zu erleichtern.

259. Der verstärkte Rückgriff auf eine zeitlich differenzierte Strategie hinsichtlich des Beitritts ist bereits anhand der Problematik von Übergangsfristen im Rahmen des Beitritts diskutiert worden (Tz. 251 ff.). Übergangsfristen bezüglich bestimmter Teile des europäischen Umweltrechts hat es bereits für Schweden, Finnland und Österreich anlässlich ihres Beitritts zur Europäischen Union gegeben. Darüber hinaus ist allerdings angesichts der ohnehin bereits hohen und weiter wachsenden Diversität der Europäischen Union mittel- bis langfristig auch eine stärkere Berücksichtigung dieser zeitlichen Flexibilisierungsstrategie bezüglich der Formulierung des europäischen Umweltrechts generell in der Diskussion (STUBB, 1996).

260. Im Amsterdamer Vertrag sind einige Regelungen enthalten, auf die sich zeitlich befristete, aber auch unbefristete Ausnahmeregelungen stützen können. In Artikel 175 Abs. 5 EGV ist festgelegt, dass ein Mitgliedstaat bei Vorliegen von „unverhältnismäßig hohen Kosten für die Behörden" vorübergehend von einer Gemeinschaftsregelung ausgenommen werden kann. Artikel 95 EGV regelt umgekehrt, dass ein Mitgliedstaat, gestützt auf neue wissenschaftliche Erkenntnisse, einzelstaatliche Bestimmungen beibehalten oder nach einer EU-Harmonisierung einzelstaatliche Bestimmungen einführen kann. Allerdings sind daran so strenge Bedingungen geknüpft, dass zweifelhaft ist, inwieweit die Mitgliedstaaten von dieser „Umweltgarantie" überhaupt Gebrauch machen können (ALBIN und BÄR, 1999; SRU, 1998, Tz. 364).

Auch im sekundären europäischen Umweltrecht finden sich teilweise Ansätze für eine stärkere Differenzierung in zeitlicher Hinsicht (DE BÚRCA, 1999).

261. Ein Anwendungsfeld für eine stärker differenzierende Vorgehensweise in zeitlicher Hinsicht ist der Bereich Wasserversorgung und -entsorgung in den Beitrittsstaaten. Diese verfügen zum Teil noch über große, dünn besiedelte Siedlungsgebiete (vgl. EEA, 1998a, S. 149; Republic of Poland, 1998, S. 8; Regional Environmental Center, 1994, Bd. 2, S. 10). Hinsichtlich dieser Gebiete könnte sich unter Umständen eine strikte Anwendung des europäischen Wasserrechts als nicht zweckmäßig erweisen, da die gemeinschaftlichen Regelungen ursprünglich mit Blick auf dichter besiedelte Gebiete formuliert worden sind. Der durch eine strikte Anwendung des Wasserrechts erzielbare Nutzen für die Umwelt rechtfertigt bezüglich dieser Gebiete aber nicht zwangsläufig die hohen Investitionen, die z. B. für den Bau der Kanalisation oder von Kläranlagen erforderlich wären. Eine auf derartigen Überlegungen beruhende permanente Ausnahmegenehmigung für die Beitrittsstaaten wäre allerdings nur dann gerechtfertigt, wenn die bestehenden Naturräume auch in Zukunft in ihrem Zustand verblieben. Angesichts der Anpassung der Beitrittsstaaten an das rechtliche und wirtschaftliche System des Westens und der Europäischen Union erscheint dies jedoch ohne zusätzliche Schutzmaßnahmen eher unwahrscheinlich (Regional Environmental Center, 1994, S. 12, 21 f.). Um längerfristige Ausnahmen für die Beitrittsstaaten beispielsweise bezüglich der Anforderungen des europäischen Wasserrechts rechtfertigen zu können, müssten im Bereich des Schutzes der Naturräume verstärkte Maßnahmen in den Beitrittsstaaten eingeführt werden, etwa durch eine vorgezogene Einführung der gegenwärtig noch im EU-Entscheidungsprozess befindlichen „strategischen" Umweltverträglichkeitsprüfung.

262. Der Umweltrat weist deshalb darauf hin, dass der stärkere Rückgriff auf Ausnahmeregelungen auch Gefahren birgt. So ist es unerlässlich, Ausnahmeregelungen, die ein schwächeres Umweltschutzniveau erlauben, zeitlich eindeutig festzulegen und die Grundlage der Ausnahmeregelungen, etwa unvertretbar hohe Kosten für Behörden oder Unternehmen, regelmäßig zu überprüfen und gegebenenfalls die Ausnahmeregelung zu revidieren. Nur durch eine solche restriktive Vorgehensweise ließe sich verhindern, dass aus Übergangsfristen faktisch Dauerlösungen werden. Zudem muss man sich darüber im klaren sein, dass ein einheitliches Niveau des Umweltschutzes sowie gegebenenfalls die Einheitlichkeit des Binnenmarktes in Frage gestellt werden. Das bedeutet jedenfalls nach Auffassung des Umweltrates zeitlich befristete oder unbefristete Ausnahmeregelungen vorsichtig zu gewähren und den jeweiligen Einzelfall zu betrachten. Keineswegs sollten Ausnahmeregelungen zum Normalfall werden.

263. Eine weitere Option, die auch mit dem Terminus „Europa der zwei Geschwindigkeiten" umschrieben wird, liegt in der im Rahmen der durch den Vertrag von Amsterdam neu eingeführten Möglichkeit der „Verstärkten Zusammenarbeit" (Art. 11 EGV). Danach kann sich eine Gruppe von Mitgliedstaaten auf gemeinsame Regelungen einigen, die über die sonstigen Bestimmungen der Europäischen Gemeinschaft hinausgehen. Hierfür können sie den institutionellen Rahmen der Europäischen Gemeinschaft nutzen, wenn keiner der nicht beteiligten Mitgliedstaaten in seinen wesentlichen Interessen verletzt wird, d. h. ein Veto einlegt (Art. 11 Abs. 2 EGV). Jeder dieser Staaten muss außerdem die Möglichkeit haben, dem durch die Verstärkte Zusammenarbeit geschaffenen Regime auch später noch beizutreten (Grundsatz der Nichtausschließbarkeit). Gegenwärtig gibt es noch keinen Fall, in dem eine Verstärkte Zusammenarbeit beschlossen wurde. Angesichts der Hürden, die es hierbei zu überwinden gilt – eine Mehrheit der Mitgliedstaaten muss teilnehmen, die Europäische Kommission muss zustimmen, und keiner der nicht teilnehmenden Staaten darf das Projekt offen ablehnen – wird auch teilweise bezweifelt, ob die verstärkte Zusammenarbeit tatsächlich praktikabel ist (BÄR et al., 1999; GAJA, 1998; CONSTANTINESCO, 1997; JANNING, 1997). Andererseits kann insbesondere das Zustandekommen der Schengen-Vereinbarungen als ein Fall betrachtet werden, der einer Verstärkten Zusammenarbeit nahe kommt (EPINEY, 1998). In Anknüpfung daran werden gegenwärtig von verschiedenen Seiten immer wieder erste Überlegungen hinsichtlich eines möglichen „Öko-Schengens" angestellt. Gedacht ist an die Anwendung der Verstärkten Zusammenarbeit durch umweltpolitische „Vorreiterstaaten" in der Europäischen Union (MÜLLER-BRANDECK-BOUQUET, 1997). Die Möglichkeit der Verstärkten Zusammenarbeit könnte es immerhin erleichtern, den wachsenden Unterschieden zwischen den Ansprüchen und Kapazitäten der bisherigen und zukünftigen Mitgliedstaaten gerecht zu werden: Die Übernahme einer umweltpolitischen „Vorreiterrolle" durch eine Gruppe von Mitgliedstaaten, würde zwar auch zu einer Beeinträchtigung eines einheitlichen Regelungsniveaus auf europäischer Ebene führen, doch würde es sich hier um eine insgesamt integrationsfreundlichere Vorgehensweise handeln als die verstärkte Inanspruchnahme „nationaler Alleingänge" nach Artikel 95 Abs. 4, Abs. 5 und Artikel 176 oder eine Blockadehaltung im Ministerrat (CARIUS et al., 2000).

2.3.4.2.2 Handlungsspielräume bei der Implementation

264. Die bisher diskutierten Formen einer stärkeren Differenzierung bei der Harmonisierung beschäftigten sich im wesentlichen mit der Möglichkeit von Ausnahmebestimmungen bei der Festlegung des Regelungsniveaus. Wie oben bereits erwähnt, besteht eine andere Art von Differenzierung darin, es den Mitgliedstaaten freizustellen, wie sie bestimmte Zielvorgaben erreichen wollen. Grundsätzlich sieht der Umweltrat drei verschiedene Mechanismen, um auch bei der Implementation zu mehr Handlungsspielräumen zu gelangen: Eine erste Möglichkeit besteht in der *Delegation von Entscheidungsbefugnissen*. So können beispielsweise innerhalb bestimmter Vorgaben untergeordnete bzw. nationale, regionale oder lokale Stellen mit der Festsetzung von Standards beauftragt werden. Die Gewährleistung von *Partizipation* betroffener zivilgesellschaftlicher Akteure ist eine weitere Option, die durch die Verabschiedung prozeduraler Regelungen realisiert werden kann. Derartige Formen der Implementation können auch den Abschluss freiwilliger Vereinbarungen zwischen staatlichen und gesellschaftlichen Akteuren ermöglichen. Schließlich kann hinsichtlich der Implementation bestimmter Standards auch unter Rückgriff auf *marktorientierte Instrumente* (übertragbare Lizenzen, Abgaben etc.) der Marktmechanismus eingesetzt werden.

265. Hinsichtlich der umweltpolitischen Dimension der Osterweiterung der Europäischen Union und dem damit einhergehenden Erfordernis, einer wachsenden Diversität unter den Mitgliedstaaten gerecht werden zu müssen, bieten die Möglichkeiten einer differenzierten Implementation eine Alternative zu Ausnahmeregelungen und ihrem auch durch eine stärkere Institutionalisierung nicht völlig zu beseitigenden ad-hoc-Charakter. Es muss jedoch auch hervorgehoben werden, dass die Anwendung solcher Implementationsmechanismen stärker als der Rückgriff auf Ausnahmeregelungen auf das Vorhandensein anspruchsvoller rechtlicher, gesellschaftlicher und zum Teil auch technischer Rahmenbedingungen angewiesen ist. Wie weiter unten ausgeführt, sind die entsprechenden Voraussetzungen in den Beitrittsstaaten jedoch oft noch nicht in einem hinreichenden Maße gegeben. Hinzu kommt, dass das europäische Umweltrecht sich insbesondere hinsichtlich der Möglichkeiten des Einsatzes marktorientierter Instrumente

Delegation von Implementationsbefugnissen

266. Das europäische Umweltrecht ist zunehmend durch die Verwendung von die Flexibilität erhöhenden Rahmenrichtlinien geprägt (MATTHEWS, 1999, S. 16 f.). Bisher wurden Rahmenrichtlinien für die Bereiche Luft (96/62/EWG) und Abfall (75/442/EWG) verabschiedet. Die Wasserrahmenrichtlinie wird gegenwärtig noch verhandelt. Insbesondere hinsichtlich der Bereiche, die nicht durch Tochterrichtlinien zu den Rahmenrichtlinien geregelt sind oder wo die Tochterrichtlinien nach einer Übergangsfrist aufgehoben werden sollen, lassen diese Rahmenrichtlinien den Mitgliedstaaten bei der genauen Ausgestaltung und Implementation der gestellten Anforderungen einen beachtlichen Spielraum. Die IVU-Richtlinie (96/61/EG) hat ebenfalls rahmenrechtliche Bestimmungen, die den Mitgliedstaaten bei der Implementation größere Spielräume belassen. An ihrem Beispiel lassen sich allerdings auch einige wichtige Probleme erläutern, die sich zum Teil für die jetzigen Mitgliedstaaten, insbesondere aber für die Beitrittsstaaten, aus der Delegation von Implementationsbefugnissen ergeben können (SRU, 1996a, Tz. 133 ff.).

Die IVU-Richtlinie erlaubt es den Mitgliedstaaten insbesondere in zweierlei Hinsicht Einfluss auf das Regelungsniveau zu nehmen: Zum einen setzen die Mitgliedstaaten Emissionsstandards fest. Dabei betont die Kommission, dass die jeweiligen Umweltbedingungen berücksichtigt werden müssen, so dass unterschiedliche Standards für unterschiedliche Regionen erforderlich sein können. Zum anderen sollen die Emissionsstandards auf der Grundlage der Besten Verfügbaren Technik (BAT) festgelegt werden. Dies entspricht ungefähr dem herkömmlichen Verständnis des „Standes der Technik" in der juristischen Fachsprache und bezeichnet somit ein mittleres Techniknivau. Durch die notwendige Berücksichtigung der „wirtschaftlichen Durchführbarkeit" einer Technologie, die bei Bestimmung des Standes der Technik zu bedenken ist, hat jedoch ein ökonomisches Argument Eingang in einen zunächst von der Technikentwicklung bestimmten Begriff gehalten.

267. Für die Mitgliedstaaten ergeben sich somit sowohl hinsichtlich der Festlegung von Emissionsstandards als auch bei der Definition der BAT beachtliche Interpretationsspielräume (SCOTT, 1998, S. 8). In der Praxis zeichnet sich allerdings ab, dass die Implementation angesichts der hohen Anforderungen an die Leistungsfähigkeit der mit der Ausgestaltung des Konzeptes der BAT befassten Behörden bereits für die derzeitigen Mitgliedstaaten ein Problem darstellt (SRU, 1996a, Tz. 135). Dies gilt umso mehr für die Verwaltungen der Beitrittsstaaten, die gegenwärtig noch vielfach durch einen akuten Mangel an Kapazitäten geprägt sind (vgl. Abschn. 2.3.5.1). Es dürfte den Beitrittsstaaten zudem auch mangels Erfahrung mit dem weiter fortgeschrittenen Stand der Technik in den meisten Mitgliedstaaten besonders schwerfallen, das Konzept der BAT eigenständig und im Sinne eines an die lokalen Bedingungen angepassten Umweltschutzes anzuwenden.

268. Aus diesen Gründen ergibt sich nach Auffassung des Umweltrates, dass die Delegation von weitergehenden Befugnissen bei der Implementation zwar langfristig eine sinnvolle Alternative zu Ausnahmegenehmigungen sein kann, dass sich mittel- und kurzfristig jedoch eher Probleme bei der Implementation des europäischen Umweltrechts in den Beitrittsstaaten ergeben dürften.

Alternative Implementation im Bereich des Gewässerschutzes

Im Bereich des Gewässerschutzes findet auf europäischer Ebene oder in den Beitrittsstaaten eine Diskussion über den Einsatz alternativer (und billigerer) technischer Möglichkeiten zur Umsetzung einiger Gewässerschutzrichtlinien, wie der Kommunalabwasserrichtlinie, kaum statt. Von der Weltbank werden jedoch in einigen Bereichen, wie zum Beispiel bei der kommunalen Abwasserbehandlung, Studien über alternative technische Lösungen angefertigt (SOMLYÓDY und SHANAHAN, 1998). Der Schwerpunkt der Weltbank-Studien liegt auf den ökonomischen Implikationen der Verwendung von alternativen technischen Lösungen, wobei die Zahlungswilligkeit und die Zahlungsfähigkeit von Kommunen nicht hinreichend berücksichtigt wird. Ein Transfer der Ergebnisse in die öffentliche Diskussion hat bisher kaum stattgefunden. So wird zum Beispiel die Einrichtung von Mehrkammerklärgruben, Pflanzenkläranlagen oder Komposttoiletten in Regionen mit geringer Bevölkerungsdichte, die selbst in oder am Rande von Ballungsräumen vorliegen können, als kostengünstigere Variante im Vergleich zum Bau von zentralen Kläranlagen von den Beitrittsstaaten bei der Umsetzung der Kommunalabwasserrichtlinie nicht hinreichend in Betracht gezogen und weder seitens der Mitgliedstaaten noch der Kommission angeregt.

- Der flexiblen und regionenbezogenen Auslegung der Richtlinien sollte von europäischer Seite eine verstärkte Bedeutung beigemessen werden.
- Die Mitgliedstaaten sollten ihre Erfahrungen mit dem Einsatz von alternativen technischen Möglichkeiten zum Beispiel im Bereich der Klärung von kommunalen Abwässern den Beitrittsstaaten vermitteln.

268. Aus diesen Gründen ergibt sich nach Auffassung des Umweltrates, dass die Delegation von weitergehenden Befugnissen bei der Implementation zwar langfristig eine sinnvolle Alternative zu Ausnahmegenehmigungen sein kann, dass sich mittel- und kurzfristig jedoch eher Probleme bei der Implementation des europäischen Umweltrechts in den Beitrittsstaaten ergeben dürften.

Partizipation

269. Neben der zunehmenden Verwendung von rahmenrechtlichen Bestimmungen zeichnet sich die neuere europäische Umweltpolitik auch durch einen verstärkten Rückgriff auf prozedurale Regelungen aus, die Informations- und Beteiligungspflichten der Behörden gegenüber gesellschaftlichen Akteuren begründen. Hier sind die horizontalen, d. h. sektorübergreifenden Bestimmungen zu nennen, insbesondere die Richtlinie zur Umweltverträglichkeitsprüfung (85/337/EWG) und die Richtlinie über den Zugang zu Umweltinformationen (90/313/EWG). Durch sie werden Informationspflichten der Behörden gegenüber der Öffentlichkeit und im Fall der UVP-Richtlinie auch Partizipationserfordernisse festgelegt. Ein Beispiel dafür ist auch die IVU-Richtlinie. Artikel 15 sieht unter anderem vor, dass Anträge auf Genehmigung von unter die Richtlinie fallenden Anlagen der Öffentlichkeit zur Kommentierung zugänglich gemacht werden müssen. In ähnlicher Weise müssen auch andere Mitgliedstaaten beteiligt werden, sofern zu erwarten ist, dass sich aus der Genehmigung einer Anlage bedeutende negative Einflüsse auf die Umwelt in diesen Staaten ergeben könnten (Art. 17, 96/61/EG). Des weiteren werden zivilgesellschaftliche Akteure (Industrie und Umweltgruppen) auch bei der Ausarbeitung der „BAT-Merkblätter" beteiligt (ZIEROCK und SALOMON, 1998, S. 228).

270. Auch diese Form der Flexibilisierung durch Beteiligung zivilgesellschaftlicher Akteure dürfte in den meisten Kandidatenländern zunächst eher für Probleme, denn für eine den lokalen Bedingungen angepasste Implementation sorgen. Die Gründe hierfür liegen sowohl in der bisherigen Verwaltungstradition in diesen Ländern, die einer Beteiligung zivilgesellschaftlicher Akteure entgegensteht (Tz. 292 f.), als auch in den begrenzten Ressourcen der Verwaltung. Für eine effektive Nutzung der durch die IVU- und andere Richtlinien geschaffenen Partizipationsmöglichkeiten bedarf es einer effektiven Organisation sowohl von Nichtregierungsorganisationen als auch von der Industrie.

271. Ähnlich wie bei der Delegation von Implementationsbefugnissen ergibt sich aus diesen Faktoren, dass partizipative Elemente in den Beitrittsstaaten zwar langfristig eine sinnvolle Alternative zu Ausnahmegenehmigungen darstellen können, mittel- und kurzfristig jedoch eher wenig zur Umsetzung des gemeinschaftlichen Umweltrechts in den Beitrittsstaaten beitragen werden.

Marktorientierte Instrumente

272. Eine weitere Möglichkeit, bei der Umsetzung gemeinschaftlichen Umweltrechts die Handlungsspielräume der Mitgliedstaaten zu erweitern, ist der verstärkte Einsatz marktorientierter Instrumente in Ergänzung zum ordnungsrechtlichen Instrumentarium. Der Umweltrat hat sich in der Vergangenheit für einen solchen Einsatz ausgesprochen und beispielsweise für eine europäische Stickstoffsteuer plädiert (SRU, 1996b, Tz. 197, 222; SRU, 1994, Tz. 598). Auch hat er sich intensiv mit den Möglichkeiten einer europäischen CO_2-Steuer auseinandergesetzt und sich ausdrücklich für einen europaweiten Lizenzmarkt (als Vorstufe für einen weltweiten CO_2-Lizenzmarkt) ausgesprochen (SRU, 1996a, Tz. 1009-1047).

Allerdings verkennt der Umweltrat nicht, dass trotz immer wiederkehrender Bekenntnisse der EU zum Einsatz marktorientierter Instrumente, etwa in den Umweltaktionsprogrammen, die Kommission faktisch eher eine restriktive Haltung zu diesen Instrumenten einnimmt. Darüber hinaus scheiterte in der Vergangenheit die Einführung von EU-weiten Umweltabgaben an der ablehnenden Haltung einiger wichtiger Mitgliedstaaten. Dies betraf zuletzt insbesondere die geplante europäische CO_2- und Energie-Steuer (GOLUB, 1998, S. 12 f.; SRU, 1996a, Tz. 1009 ff.).

273. Da der Vorteil ökonomischer Instrumente in einer Effizienzsteigerung liegt, würde sich eine verstärkte Anwendung zur Bewältigung der umweltpolitischen Probleme im Rahmen der EU-Osterweiterung geradezu anbieten. Schließlich besteht eines der wesentlichen Probleme in den Kosten, die mit der Implementation des europäischen Umweltrechts in den Kandidatenländern verbunden sind. Im Hinblick auf die eher ablehnende Haltung einiger Mitgliedstaaten sowie des mangelnden Engagements der Kommission, die bisher eine breitere Verwendung ökonomischer Instrumente zum Zweck der Implementation von Umweltrichtlinien der Gemeinschaft oftmals verhindert und behindert haben, dürfte sich eine solche Option in näherer Zukunft allerdings nicht realisieren lassen. Hierzu wäre zunächst eine entsprechende Umorientierung der europäischen Umweltpolitik notwendig.

274. Gleichwohl sei darauf hingewiesen, dass es in den Beitrittsstaaten vielfältige Erfahrungen mit marktorientierten Instrumenten gibt, an die es anzuknüpfen gilt. Ein Beispiel dafür ist das „Chorzów-Projekt" (MÖLLER, 1999, S. 142; ZYLICZ und SPYRKA, 1994, S. 12). Anfang der neunziger Jahre kam es in Polen im Rahmen eines Modellversuchs zu einer Art „Handel" von Emissionsgutschriften im Bereich der Luftreinhaltung. Dabei teilfinanzierte ein Energieerzeuger, der hohe Vermeidungskosten hatte, eine Reduktion der Emissionen eines Stahlproduzenten, der wesentlich niedrigere Vermeidungskosten aufwies. Insgesamt konnte durch

dieses Arrangement eine starke Minderung der Gesamtemissionen in kurzer Zeit erreicht werden.

Während das Chorzów-Projekt und weitere Studien zeigten, dass handelbare Emissionsgutschriften grundsätzlich auch in Transformationsländern, in denen marktwirtschaftliche Strukturen nur schwach verankert sind, erfolgreich angewendet werden können, wurden auch die vielfältigen praktischen Schwierigkeiten deutlich, die die weitere Anwendung dieses Instruments bisher verhindert haben. Neben den Interessenstrukturen in der Verwaltung erwies sich vor allem die unzureichende Rechtslage als ein Hindernis. So fehlten beispielsweise hinreichende Regelungen für die Übertragung von Emissionsgutschriften von einem Emittenten auf einen anderen (ZYLICZ, 1998, S. 8-12; HARDI, 1994, S. 87). Eine weitergehende Implementation scheiterte auch an fehlenden behördlichen Zuständigkeiten für die Formulierung und Durchsetzung von Qualitätsstandards und einer langfristigen Strategie zur Luftreinhaltung (HARDI, 1994, S. 63).

In den neuen Bundesländern sind aufgrund § 67a Abs. 2 BImSchG Erfahrungen mit der Verwendung von Emissionsgutschriften (Kompensation) aus der Stilllegung von Altanlagen bei der Ansiedlung von Industriebetrieben in Belastungsgebieten gemacht worden. Wenngleich die Effizienzvorteile naturgemäß niedrig sind, liegt der Vorteil von Emissionsgutschriften darin, dass der institutionelle Aufwand gering ist.

275. Mittel- bis langfristig bieten handelbare Emissionsgutschriften aber auch interessante Perspektiven im Hinblick auf die Notwendigkeiten zur CO_2-Minderung im Rahmen des Kyoto-Protokolls (Tz. 114). So gibt es bereits erste Pilotprojekte in Mittel- und Osteuropa, bei denen auf der Basis des Kyoto-Mechanismus der sogenannten Joint Implementation die Möglichkeiten und Erfordernisse der Finanzierung von Maßnahmen zur Emissionsminderung in den mittel- und osteuropäischen Staaten durch westliche Staaten ermittelt werden sollen. Letztere würden im Gegenzug zusätzliche Emissionsgutschriften erhalten (KLARER et al., 1999; CSAGOLY, 1998, S. 14). Die in diesem Zusammenhang gemachten Erfahrungen könnten auch für andere Bereiche, in denen handelbare Emissionsgutschriften angewendet werden könnten, relevant sein.

Aus gesamteuropäischer Sicht sind der grenzüberschreitende Handel mit Emissionsgutschriften und Joint Implementation von besonderem Interesse, da die durchschnittlichen Vermeidungskosten der Emissionsminderung aufgrund des Entwicklungsgefälles zwischen Ost- und Westeuropa im Westen wesentlich höher sind als im Osten. Andererseits verfügt der Westen über einen besseren Zugang zum Kapitalmarkt. Aus dieser Konstellation ergibt sich theoretisch ein hohes Potential für den Handel mit Emissionsgutschriften, der zu beträchtlichen Effizienzgewinnen einer gesamteuropäischen Umweltpolitik führen könnte (MAXSON, 1998, S. 20).

276. Der Einsatz von Steuern und Abgaben ist in diesen Staaten bereits vor der politischen Wende praktiziert worden und viele dieser Steuern und Abgaben werden auch weiterhin erhoben. Allerdings ist der Nutzen durch die geringe Höhe der Abgaben oftmals zweifelhaft. Aus diesem Grund haben die Abgaben in vielen Ländern keine oder nur eine sehr geringe Wirkung auf das Verhalten der Emittenten. Einer der Gründe für die unzureichende Höhe der Abgaben dürfte sein, dass aus wirtschaftlichen und sozialen Gründen politisch höhere Abgaben nicht durchzusetzen sind (MÖLLER, 1999, S. 52, 105; JILKOVA und MALKOVA, 1998; MOLDAN, 1997, S. 123; Regional Environmental Center, 1994, S. 24). Eine Ausnahme bildet hier Polen, wo hohe Abgaben etwa auf Luftschadstoffe maßgeblich zu Investitionen bei der Luftreinhaltung beigetragen haben und damit erhebliche Emissionsreduktionen erzielt werden konnten (Mc NICHOLAS, 1999, S. 14).

2.3.4.3 Finanzierungsaspekte des Umweltschutzes

277. Betrachtet man die Erweiterungskosten und -gewinne im Umweltbereich sowie die bestehenden Finanzierungsmechanismen auf europäischer und nationaler Ebene oder die einzelnen Finanzierungsinstrumente, die in der Vorbereitung der Beitritte zur Anwendung kommen, zeigen sich die strukturellen Probleme bei der Verwendung der Mittel. Diese Probleme werden sich auch nach dem erfolgten Beitritt hinsichtlich der Anwendung insbesondere der Struktur- und Kohäsionsfonds stellen. Gleichwohl kann angenommen werden, dass die Struktur-, Kohäsions- und Agrarfonds in der bisherigen Form (und im bisherigen Umfang) in einer erweiterten Union nicht mehr wie bisher angewandt werden und eine Reform der europäischen Fonds spätestens bis zur nächsten Regierungskonferenz unumgänglich ist.

„Beitrittsgewinne" und Kosten der Osterweiterung

278. Die Diskussion um die Osterweiterung der Europäischen Union konzentriert sich in der Öffentlichkeit häufig auf die Kosten des Beitritts für die Union und ihre Mitgliedstaaten. Kostenabschätzungen sind einerseits nützlich, um ungefähre Vorstellungen darüber zu vermitteln, welche Finanzierungslasten auf die Europäische Union zukommen und um notwendige Maßnahmen in die Wege leiten zu können. Andererseits werden Kostenabschätzungen jedoch vielfach auch instrumentalisiert, um angesichts eines gewaltigen Gesamtinvestitionsbedarfs grundsätzlich gegen eine Erweiterung zu plädieren. In diesem Fall wäre es redlich, den Kosten der Erweiterung auch die möglichen „Beitrittsgewinne" gegenüberzustellen. Hier ist allerdings festzustellen, dass ökonomischer Nutzen, ökologische Entlastungseffekte und bessere Wettbewerbsbedingungen als Folge des zu erwartenden Strukturwandels in den Beitrittsstaaten von der Europäischen Kommission oder dem Europäischen Parlament zwar erwartet und behauptet werden, im Gegensatz zu den Kosten werden diese jedoch bisher nicht in eingehender Form substantiell beschrieben oder quantitativ beziffert.

Dem Umweltrat ist allerdings bewusst, dass eine Monetarisierung des Nutzens ein schwieriges Unterfangen ist. Einerseits muss dabei der betriebswirtschaftliche Nutzen berücksichtigt werden, d. h. die durch Effizienzsteigerungen oder Ressourceneinsparungen erzielten Gewinne der Unternehmen; andererseits müssten auch die Wohlfahrtsgewinne, also der volkswirtschaftliche Nutzen, dargestellt werden, beispielsweise die als Folge eines verbesserten Umweltschutzes sich ergebenden Einsparungen im Gesundheitsbereich oder die sich erhöhende Lebensqualität der Bevölkerung in den Beitrittsstaaten.

Die Generaldirektion Umwelt der Europäischen Kommission erarbeitet allerdings momentan ein Positionspapier zu den ökologischen und ökonomischen Beitrittsgewinnen sowohl in den Beitrittsstaaten als auch in der Gemeinschaft. Um die Erörterung von Beitrittskosten und Nutzen nicht einseitig auf die Kostenseite zu reduzieren, könnten die entsprechenden Erkenntnisse über „Environmental Benefits of Accession" in begleitenden Veranstaltungen sowohl in den Mitgliedstaaten als auch in den Beitrittsstaaten publik gemacht werden.

279. Die Kostenseite ist dagegen besser dokumentiert. Für die Bereiche Luftreinhaltung, Abfallbeseitigung und Wasserwirtschaft wird seitens der Europäischen Kommission und des Europäischen Parlaments von einem Gesamtinvestitionsbedarf in den zehn Beitrittsstaaten von rund 120 Mrd. €, d. h. einer jährlichen Belastung von 8 bis 12 Mrd. € über einen Zeitraum von 20 Jahren ausgegangen – womit die Kosten eher am unteren Ende prognostiziert sind. Dabei handelt es sich um die Gesamtkosten, also investive Kosten zuzüglich der operativen Kosten in einem Zeitraum von zwanzig Jahren (Environment Policy Europe, 1997, S. 18). Besonders hohe Kosten entstehen im Bereich der Wasserwirtschaft. Laut Schätzungen belaufen diese sich alleine in den fünf Ländern, mit denen gegenwärtig bereits über den Beitritt verhandelt wird, auf ca. 30,6 Mrd. € (ENDS Daily, 29. März 1999; Environment Policy Europe, 1997, S. 97).

Diese Zahlen sind jedoch nicht zuletzt aus methodischen Gründen nur sehr begrenzt aussagefähig: Zunächst wäre es sinnvoll, nicht primär die absoluten Kosten des Beitritts im Umweltbereich zu diskutieren, sondern vielmehr die durch den Beitritt zusätzlich verursachten Kosten. Letztere sind in der Praxis jedoch kaum von den Kosten zu unterscheiden, die im Umweltbereich ohnehin entstanden wären. Auch hängen die tatsächlich entstehenden Kosten von so unterschiedlichen Parametern ab wie dem betrachteten Zeitraum, den verwendeten Verfahren und Technologien und der wirtschaftlichen Entwicklung.

280. Auch die Beitrittsstaaten haben Kostenabschätzungen für den umweltpolitischen Teil des Beitritts in unterschiedlicher Qualität erstellt. Diese werden gegenwärtig verfeinert und mit Finanzierungsstrategien verknüpft. Bisher sind die entsprechenden Dokumente jedoch vertraulich oder zumindest nur unter erschwerten Bedingungen einzusehen. Eine größere Transparenz ist hier nach Auffassung des Umweltrates aus verschiedenen Gründen dringend anzuraten: Zum einen ist das Kostenargument für die öffentliche Diskussion sowohl in den Beitrittsstaaten als auch in den jetzigen Mitgliedstaaten von großer Bedeutung. Insbesondere von den Gegnern eines Beitritts lässt es sich relativ leicht instrumentalisieren. Zudem lässt gerade das Interesse der Öffentlichkeit an der Frage der Kosten die gegenwärtige Praxis des Umgangs mit Informationen in diesem Bereich als ein Beispiel für die mangelnde Transparenz des Beitrittsprozesses erscheinen (vgl. Tz. 245 ff.). Schließlich würde ein offenerer Umgang mit Informationen zu Kosten- und Finanzierungsfragen dazu beitragen, die zuständigen Stellen der Beitrittsstaaten allgemein auf das Erfordernis einer höheren Transparenz und die entsprechenden Informationsrechte des Bürgers, die zum Teil auch durch das europäische Recht garantiert werden, vorzubereiten.

281. Es besteht bisher kaum Klarheit darüber, zu welchen Anteilen die Beitrittskosten im Umweltbereich letztlich von der Europäischen Union oder von den Beitrittsstaaten getragen werden müssen. So wird zum Teil auf Seiten der Europäischen Kommission und potentieller „Geber-Staaten" gefordert, dass der weitaus größte Teil der Kosten von den Beitrittsstaaten selbst aufgebracht werden muss. Andererseits weisen die Beitrittsstaaten darauf hin, dass es bezüglich besonders kostenintensiver Bereiche Übergangsregelungen geben wird. Nach dem Beitritt könnten dann die noch ausstehenden Investitionen aus den Mitteln der Strukturfonds bezahlt werden. Ohne die Schaffung von mehr Klarheit hinsichtlich von Kostenbeteiligungen und Finanzierungsstrategien ist abzusehen, dass hier massive Konflikte vorprogrammiert werden. Denn zum einen erscheint es angesichts der Höhe der erforderlichen Investitionen nicht realistisch anzunehmen, dass die Beitrittsstaaten für die entstehenden Kosten im wesentlichen alleine aufkommen können. Andererseits hat die Süderweiterung der Gemeinschaft gezeigt, dass die Mittel aus den Strukturfonds nicht hinreichend für die erforderlichen Investitionen in den Umweltschutz zur Verfügung standen, so dass die Gemeinschaft zusätzliche Gelder in Form des Kohäsionsfonds zur Verfügung stellen musste.

Finanzierungsmechanismen

282. Unabhängig davon, welchen Anteil der Beitrittskosten im Umweltbereich die Mitgliedstaaten der Europäischen Union oder aber die Beitrittsstaaten zu tragen haben, bedarf die Heranführungsstrategie der Europäischen Union der Bereitstellung erheblicher finanzieller

Mittel für die Beitrittskandidaten. Hierfür kann die Kommission auf eine Reihe von speziellen Programmen zurückgreifen. Das PHARE-Programm stellt das bei weitem wichtigste Finanzierungsinstrument der Europäischen Union im Hinblick auf den Beitritt dar. Mit PHARE-Geldern werden unter anderem die Twinning-Projekte finanziert. Von 1990 bis 1999 sind schätzungsweise rund 11 Mrd. ECU an finanzieller Unterstützung aus dem PHARE-Programm in die mittel- und osteuropäischen Staaten geflossen. Auch im Rahmen der Finanzplanung der Europäischen Union für den Zeitraum 2000 bis 2006 sind jährliche Ausgaben von 1,56 Mrd. € für PHARE veranschlagt (Europäischer Rat, 1999, S. 4). Allerdings machen diese Zahlen deutlich, dass die Europäische Union im Rahmen ihrer Strukturpolitik wesentlich höhere Beträge an ihre volkswirtschaftlich schwächeren Mitgliedstaaten transferiert. Während die Zahlungen aus dem PHARE-Programm sich auf rund 10 ECU pro Jahr und Einwohner in den an dem Programm beteiligten MOE-Staaten belaufen, erhalten die schwächsten Mitgliedstaaten entsprechende Transferzahlungen in Höhe von rund 250 ECU pro Jahr und Einwohner. Auch die weiter unten erläuterten zusätzlichen ISPA und SAPARD-Mittel für die MOE-Staaten können an diesen Relationen nur wenig ändern (MAYHEW, 1998, S. 142).

283. Für das Jahr 2000 ist die Einrichtung des *Instrument for Structural Pre-Accession Aid* (ISPA) (EG-VO Nr. 1267/1999) geplant, das sich an Ziele und Funktionsweise des Kohäsionsfonds für die bisherigen Mitgliedstaaten anlehnt. Nach der Finanzplanung der Europäischen Union für den Zeitraum 2000 bis 2006 ist eine finanzielle Ausstattung von ISPA in Höhe von jährlich 1,04 Mrd. € vorgesehen (Europäischer Rat, 1999, S. 4). Im Unterschied zu PHARE gehören nur die zehn MOE-Staaten, die mit der Europäischen Union assoziiert sind, zu den von ISPA begünstigten Ländern. Für ISPA wird eine Aufteilung der zur Verfügung stehenden Mittel zu jeweils circa 50 % auf Investitionen in den Bereichen Umwelt und Verkehr angestrebt. Im Umweltbereich sollen dabei Investitionen in den Bereichen Wasser- und Luftqualität sowie Abfallmanagement im Vordergrund stehen, da in diesen Sektoren der Investitionsbedarf in den Beitrittsstaaten im Zuge des Beitritts besonders hoch ist. Im Gegensatz zu PHARE, das eine Vollfinanzierung vorsieht, werden ISPA-Projekte in der Regel nur bis zu einer Höhe von maximal 85 % durch die Gemeinschaft gefördert.

284. Für den landwirtschaftlichen Bereich sind ab dem Jahr 2000 und parallel zu ISPA gesonderte Strukturhilfen in Höhe von jährlich 500 Mio. € durch das neue Programm *Special Aid for Pre-Accession in Agriculture and Rural Development* (SAPARD) vorgesehen (EG-VO Nr. 1268/1999). Die Hilfe soll beispielsweise für Investitionen in landwirtschaftlichen Betrieben, für die Verbesserung von Qualitäts-, Veterinär- und Pflanzenschutzkontrollen oder für landwirtschaftliche Produktionsverfahren, die dem Umweltschutz und der Landschaftspflege dienen, verwendet werden. Dieses Instrument stellt somit ein Pendant zu dem vorhandenen EAGFL (Europäischer Ausrichtungs- und Garantiefonds für die Landwirtschaft) für die derzeitigen peripheren Staaten der Gemeinschaft dar.

Um die finanzielle Hilfe für die Beitrittsstaaten im Rahmen von PHARE, ISPA und SAPARD zu koordinieren, eine möglichst effiziente Mittelverteilung zu gewährleisten und eine regelmäßige Berichterstattung zu garantieren, hat die Europäische Union zudem eine entsprechende Verordnung zur Koordinierung der Hilfe für die beitrittswilligen Länder im Rahmen der Heranführungsstrategie erlassen ((EG) Nr. 1266/1999).

285. Auch im Rahmen des LIFE-Programms (VO EWG/73/92), das ursprünglich allein der Finanzierung von Maßnahmen im Umweltsektor in den Mitgliedstaaten diente, können seit einiger Zeit auch Maßnahmen in den assoziierten MOE-Staaten finanziert werden. Das zweite LIFE-Programm von 1996 bis 1999 ist mit einem Budget von insgesamt 450 Mio. ECU ausgestattet. Für den Zeitraum 2000 bis 2004 (LIFE III) sollen 613 Mio. € zur Verfügung gestellt werden.

286. Die ökologischen Folgewirkungen der den Beitrittsstaaten ab dem Jahr 2000 zur Verfügung stehenden Strukturfördermaßnahmen sind noch nicht absehbar. Nach Maßgabe der Vergaberichtlinien im Rahmen von ISPA sind im Normalfall nur Vorhaben mit einem Mindestvolumen von 5 Mio. € förderfähig. Aufgrund des hohen Mindestvolumens der ISPA-geförderten Projekte ergibt sich gleichzeitig ein hoher nationaler Kofinanzierungsbedarf. Dieser kann kaum allein aus Mitteln der nationalen Umweltfonds, privater Investoren oder aber der Gemeinden aufgebracht werden. Aus ISPA-Mitteln soll zum Beispiel der Bau von Kläranlagen für finanzschwache Gemeinden mit niedriger Siedlungsdichte finanziert werden. Wenngleich die Investitionskosten für den Kläranlagenbau zu bis zu 85 % aus ISPA finanziert werden können, obliegt die Finanzierung der nachfolgenden operativen und Instandhaltungskosten allein den Gemeinden, die bisher über keine ausreichenden Mittel verfügen.

287. Zudem haben die Beitrittsstaaten bisher keine Erfahrungen bei der Verwendung von Strukturfördermitteln und der notwendigen systematischen Projektplanung. Sowohl bei der Süderweiterung der Gemeinschaft als auch im Zuge der deutschen Wiedervereinigung kann jedoch auf diesbezügliche Erfahrungen in den Mitgliedstaaten zurückgegriffen werden. Der Rückgriff auf diese Erfahrungen ist eine notwendige aber allein noch nicht hinreichende Bedingung für eine erfolgreiche Projektfinanzierung und -durchführung. Darüber hinaus müssen in den Beitrittsstaaten geeignete administrative und Management-Kapazitäten aufgebaut werden, die die Bündelung kleinerer, durch ISPA finanzierte Projekte ermöglichen (z. B. im Bereich der Wasserversorgung und -entsorgung).

Zudem sollte das Mindestvolumen für ISPA-förderfähige Projekte von derzeit 5 Mio. € analog zur gegenwärtigen PHARE-Praxis auf die Hälfte gesenkt werden. Ansonsten werden viele kleinere und kostengünstige Projekte von der Förderung und Kofinanzierung ausgeschlossen. Ein anderer Weg wäre analog zur Bündelung von Einzelprojekten in sogenannte *operational programmes* im Rahmen der europäischen Strukturfonds auch bei den ISPA-Projekten eine Zusammenfassung in Maßnahmenpaketen. Bei der Bewilligung der *operational programmes* im Rahmen der Strukturfonds durch die Europäische Kommission werden die Ergebnisse von Umweltfolgenabschätzungen zugrunde gelegt. Auf diese Weise lässt sich durch eine thematische Bündelung von Maßnahmen nicht nur die Finanzierung kleinerer Projekte sichern, sondern darüber hinaus ließe sich auch die Einhaltung umweltpolitischer Erfordernisse (analog zur Verfahrensweise bei den Strukturfonds) effektiver nachprüfen.

2.3.5 Umweltpolitische Herausforderungen und Chancen für die Beitrittsstaaten

288. Die Osterweiterung der Europäischen Union erfordert in den Beitrittsstaaten gesellschaftliche, politische und wirtschaftliche Reformen, die struktureller Natur sind. Diese gehen weit über die im europäischen Recht explizit verankerten Anforderungen hinaus und stellen die Beitrittsstaaten vor besondere Herausforderungen, die mit denjenigen früherer Beitritte schwerlich vergleichbar sind (CARIUS et al., 1999a). Ein wesentlicher Grund hierfür liegt darin, dass sich diese Staaten – bis zu den gravierenden politischen Veränderungen Ende der achtziger Jahre – nicht zuletzt aus umweltpolitischer Sicht in einer Weise entwickelt haben, die stark von der Entwicklung in den westlichen Staaten und der Europäischen Union abwich. Darüber hinaus existieren in diesen Ländern auch ganz besondere ökologische Problemlagen (s. Kasten). Dieses birgt besondere Probleme aber auch Chancen in sich.

Zur Umweltsituation in den Beitrittsstaaten

Einen Überblick zu geben über die Umweltsituation in den fünf mittel- und osteuropäischen Beitrittsstaaten der ersten Runde ist äußerst schwierig, da für alle Beitrittsstaaten die Datenlage eher unbefriedigend ist. Ähnlich wie es am Aufbau einer administrativen Infrastruktur im Umweltbereich mangelt, lässt auch die amtliche Umweltstatistik zu wünschen übrig.

Gleichwohl lässt sich festhalten, dass bedingt durch den Rückgang der industriellen und landwirtschaftlichen Tätigkeit die umweltbelastenden Emissionen in den mittel- und osteuropäischen Staaten seit Anfang der neunziger Jahre zu einem großen Teil rückläufig sind. Die bereits getätigten Investitionen im Umweltsektor, etwa der verstärkte Einsatz von Rückhalte- und Reinhaltetechnologien durch ausländische Investitionen, haben diesen Trend zudem gefestigt. Dies gilt vor allem für den Rückgang der Emissionen von SO_2, NO_x und Schwebstaub; in Polen betrug der Rückgang dieser Emissionen im Zeitraum von 1989 bis 1995 rund 31 %, in Ungarn 36 % und in Tschechien gar 52,5 % (vgl. Abb. 2.3-4). Allerdings laufen diese positiven Trends Gefahr, durch den erwarteten wirtschaftlichen Aufschwung kompensiert zu werden. Der Klima-Bericht der Vereinten Nationen sagt für alle Staaten Mittel- und Osteuropas für den Zeitraum von 1996 bis 2020 einen massiven Anstieg der klimarelevanten Gase voraus. Beim CO_2 ist danach für Tschechien eine Zunahme von 26 % prognostiziert, für Polen von 30 % und für Ungarn gar von 38 % (vgl. Abb. 2.3-5).

In allen Beitrittsstaaten (außer in Slowenien) existieren ökologische Problemgebiete. Diese sogenannten „hot spot"-Gebiete befinden sich in den großen Städten oder in industriellen Ballungszentren. Verursacher sind vor allem der Braunkohlebergbau, die Schwerindustrie und die Elektrizitätserzeugung (OECD, 1999a, S. 5; FAGIN und JEHLICKA, 1998, S. 117).

In Polen stellt der Sektor Stromerzeugung die Hauptquelle der Luftverschmutzung dar. Rund 80 % des Stroms in Polen wird durch die Verbrennung von Braunkohle und Steinkohle erzeugt. Auch in der Tschechischen Republik stellen die Verbrennung von Braunkohle und Steinkohle mit rund 52% einen relativ hohen Anteil an der Verstromung (OECD, 1999a, S. 57). Viele Kraftwerke sind veraltet und nicht energieeffizient. Entschwefelungsanlagen und andere Technologien zur Abgasreinigung werden immer noch selten eingesetzt. In Estland führt der Einsatz von Ölschiefern in der Stromerzeugung zu großen Umweltproblemen.

Viele mittel- und osteuropäische Staaten verfügen über großflächige und relativ unberührte Naturräume und wertvolle Kulturlandschaften. Die Beitrittsstaaten zeichnen sich durch eine Arten- und Biotopvielfalt aus, die mit den meisten Gebieten Westeuropas nicht vergleichbar ist. Dies ist zum einen auf eine lange Tradition von Schutzgebieten, zum anderen aber auch auf die spezifische Landnutzung unter den beschränkten Möglichkeiten der Planwirtschaft und auf fehlende Investitionsmöglichkeiten zurückzuführen. Dieser „Zugewinn" für die Gemeinschaft ist jedoch bedroht durch die wachsende wirtschaftliche Entwicklung und den damit verbundenen massiven Ausbau der Verkehrsinfrastruktur sowie durch eine Überbeanspruchung durch den Tourismus.

Abbildung 2.3-4

**Rückgang der SO_2-, NO_x- und Schwebstaub-Emissionen
von 1989 bis 1995 (in 1 000 t)**

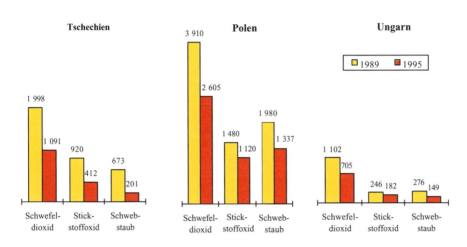

Quelle: OECD, 1997, S. 17 ff.

Abbildung 2.3-5

**Prognostizierte Entwicklung der CO_2-Emissionen in Polen, Tschechien, Ungarn und
Deutschland im Vergleich (in 1 000 t)**

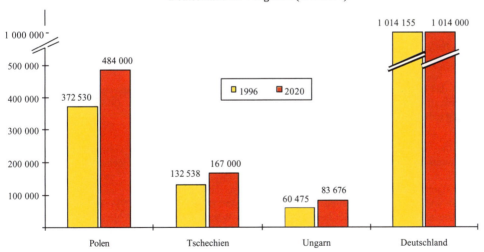

Quelle: United Nations, 1999

Emissionsseitig betrachtet stellen vor allem der Abwasser- und der Abfallbereich in den Beitrittsstaaten ein Problem dar. Im Abfallbereich ist festzustellen, dass die Abfallmengen im Zeitraum von 1990 bis 1995 in Polen, Slowenien und Estland weiter zugenommen haben, während sie in Tschechien und Ungarn zurückgegangen sind (vgl. EEA, 1998b, S. 89). Dabei wird Hausmüll und hausmüllähnlicher Abfall zum größten Teil auf Deponien gelagert (vgl. Tab. 2.3-4).

Die Mehrzahl der vorhandenen Deponien wird in einer Weise bewirtschaftet, die die technischen, hydrologischen und geologischen Standards der europäischen Gesetzgebung nicht erfüllen. Auch die Entsorgung von industriellen Abfällen ist in den MOE-Staaten unzureichend geregelt. In Polen werden nur 0,3 % der industriellen Abfälle überhaupt behandelt, der Rest wird auf Mülldeponien entsorgt. Auch Sondermüll und Klärschlämme werden fast ausschließlich deponiert (LANG et al., 1999, S. 8). Erhebliche Gesundheitsrisiken entstehen außerdem durch illegale Sondermülldeponien, aus denen Stoffe freigesetzt werden, die vor allem zu Gewässerverunreinigungen beitragen. Die Kapazitäten der Deponien sind schon jetzt nahezu ausgelastet, so dass vor allem in Anbetracht des mit einem ansteigenden Konsum und Wirtschaftswachstum zu erwartenden verstärkten Abfallaufkommens ein dringender Bedarf an Entsorgungs- und Verwertungsmöglichkeiten besteht. In Slowenien werden die Kapazitätsgrenzen der Deponien innerhalb der nächsten fünf bis sieben Jahre erreicht sein (Ministry of the Environment and Physical Planning of Slovenia, 1998, S. 15). In allen Ländern mangelt es an Kapazitäten zur Abfallverbrennung sowie am Recycling. Allein für Ungarn wird ein Investitionsbedarf zur Modernisierung der Abfallentsorgung in Höhe von 1,8 bis 2,3 Mrd. € geschätzt (LANG et al., 1999, S. 8).

Tabelle 2.3-4

Die Entsorgung des Siedlungsabfalls in Polen, Tschechien und Ungarn in Mio. t (1995)

	Polen	**Tschechien**	**Ungarn**
Gesamtabfallmenge	11,35	1,99	4,3
Deponierung	11,15	1,97	4,0
Kompostierung	0,2	0,002	–
Verbrennung	0,001	0,002	0,3
Recycling	–	0,002	–
Andere	–	0,013	–

Quelle: OECD, 1997, S. 157

Hinzu kommt das Problem des radioaktiven Abfalls, der hauptsächlich in Forschungsreaktoren (Polen, Slowenien), Kernkraftwerken (Ungarn, Tschechische Republik) und beim Uranabbau (Slowenien) anfällt. Für die Entsorgung radioaktiven Abfalls liegen keine Konzepte vor.

In allen Beitrittsstaaten bestehen erhebliche Probleme bezüglich der Qualität der Gewässer. In Polen beispielsweise führen die Flüsse auf 90 % ihrer Länge Wasser der Kategorie 4, das noch nicht einmal für die landwirtschaftliche Bewässerung oder industrielle Zwecke verwendet werden kann (Europäisches Parlament, 1998b, S. 7). Hauptursachen sind die ungenügende Abwasserreinigung und die organische Verschmutzung von Gewässern und Verschmutzungen durch die Landwirtschaft (OECD, 1999a, S. 98). Wasserverbrauchsintensive Industrieanlagen verfügen über keine geschlossenen Wasserkreisläufe. Es fehlen vielerorts Kläranlagen und bestehende Kläranlagen besitzen eine nur ungenügende Reinigungskapazität. In Ungarn wird nur ein Drittel des Abwassers adäquat gereinigt (LANG et al., 1999, S. 4). Aber auch der übermäßige Gebrauch von Düngemitteln und Pestiziden trägt zur Verschmutzung des Oberflächen- und des Grundwassers vor allem durch Nitrate und Phosphate bei. Im Bereich der Wasserversorgung sind zudem in allen Ländern hohe Verlustraten durch marode Trinkwasserleitungen festzustellen (OECD, 1995, S. 47); in Tschechien beträgt die Verlustrate rund ein Drittel (EEA, 1999a). In Polen und in der Tschechischen Republik macht sich dies besonders negativ bemerkbar, da diese Länder im europäischen Vergleich nur über geringe Süßwasservorräte verfügen (vgl. Abb. 2.3-6). Ungarn verfügt über die geringsten Wasserreserven, hat aber Zugriff auf größere Flussläufe (EEA, 1998c, S. 33; O'TOOLE und HANF, 1998, S. 95).

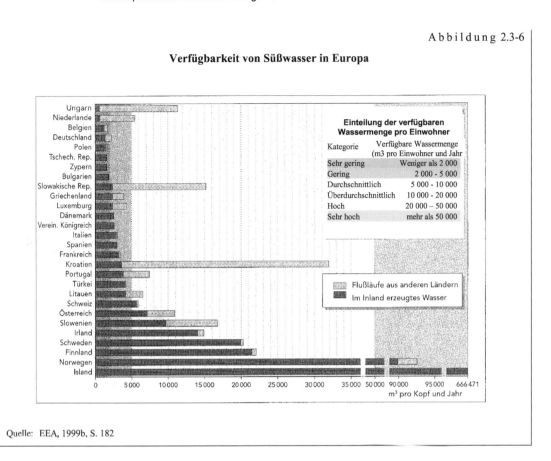

Abbildung 2.3-6

Verfügbarkeit von Süßwasser in Europa

Quelle: EEA, 1999b, S. 182

2.3.5.1 Stärkung der nationalen Umweltpolitik

289. Voraussetzung für eine differenzierte Harmonisierungsstrategie, deren Nutzen oben bereits diskutiert wurde, ist unter anderem das Vorhandensein einer funktionsfähigen Umweltpolitik in den Mitgliedstaaten. Dies ergibt sich insbesondere aus der Tatsache, dass europäische Umweltgesetzgebung und nationale Umweltpolitik sich nicht gegenseitig ausschließen, sondern komplementär zueinander angelegt sind. Dabei beschränkt sich die Komplementarität nicht auf die Arbeitsteilung zwischen der Gesetzgebungsfunktion der Gemeinschaft auf europäischer Ebene und der Implementation der entsprechenden Rechtsakte durch die Verwaltungen der Mitgliedstaaten. Vielmehr hat die Europäische Union der Komplementarität von nationaler und europäischer Umweltpolitik in den letzten Jahren auch im Bereich der Rechtsetzung zunehmend Rechnung getragen, z. B. indem – zunächst für die europäische Umweltpolitik und mit dem Vertrag von Maastricht auch allgemein für alle Politikfelder – das Subsidiaritätsprinzip gestärkt wurde, das einer sinnvollen Arbeitsteilung zwischen Mitgliedstaaten und Gemeinschaft dient. Nicht alles, was die Europäische Kommission zu regeln wünscht, muss auch auf EU-Ebene geregelt werden. Vielmehr können wichtige Bereiche des Umweltschutzes, insbesondere solche, die regionale Probleme betreffen, komplett in der Verantwortung der Mitgliedstaaten belassen werden (KARL und RANNÉ, 1997).

290. Vor diesem Hintergrund stellt sich die Frage, inwieweit die nationalen Umweltpolitiken der Beitrittsstaaten den Anforderungen, die sich aus einer auf Komplementarität aufbauenden europäischen Umweltpolitik ergeben, entsprechen können. Hinsichtlich dieser Erfordernisse kann zwischen verschiedenen Faktoren unterschieden werden: Die Beitrittsstaaten müssen zunächst über die technischen Voraussetzungen, die administrativen Strukturen und die personellen Ressourcen verfügen, die es ihnen ermöglichen, effektiv an der Formulierung des europäischen Umweltrechts teilzuhaben und dieses zu implementieren. Des weiteren erfordert die Formulierung und Implementation einer nationalen Umweltpolitik die Existenz zivilgesellschaftlicher Strukturen, die helfen können, auf wichtige umweltpolitische Problemlagen aufmerksam zu machen und entsprechende Maßnahmen zu legitimieren und durchzusetzen. Schließlich müssen die Beitrittsstaaten auch auf konzeptioneller Ebene in der Lage sein, eine in sich schlüssige Umweltpolitik zu entwickeln. Die folgenden Aspekte sind hinsichtlich dieser Grundlagen einer nationalen Umweltpolitik im Zusammenhang mit dem Beitritt zur Europäischen Union von besonderer Bedeutung.

Nationale Umweltaktionsprogramme und -strategien

291. Nationale Umweltaktionsprogramme und -strategien haben bisher eine zentrale Rolle beim Aufbau einer nationalen Umweltpolitik in den mittel- und osteuropäischen Staaten gespielt. Sie haben dabei vielfach Initiativfunktion für umweltpolitische Maßnahmen und für den weiteren Verlauf der Diskussion über umweltpolitische Entwicklungen in den jeweiligen Ländern gehabt (BEBRIS, 1999; KRUZIKOVA, 1999; SEMENIENE, 1999).

Die Erstellung Nationaler Umweltaktionsprogramme (National Environmental Action Programmes – NEAPs) in den MOE-Staaten wurde bisher durch die OECD und die Weltbank im Rahmen des Umweltaktionsprogramms für Mittel- und Osteuropa (Environmental Action Programme for Central and Eastern Europe – EAP) als Teil des UN-ECE-Prozesses „Umwelt für Europa" gefördert (vgl. Kap. 1). Allerdings soll die Förderung der Entwicklung von Umweltaktionsprogrammen in den Beitrittsstaaten in der bisherigen Form nicht mehr weitergeführt werden (OECD, 1999b, 1998, S. 3). Eine weitere Förderung in diesem Rahmen erscheint jedoch sinnvoll, weil damit eine von der Europäischen Union relativ unabhängige Unterstützung gewährleistet werden kann. Dadurch kann bei der Erstellung von nationalen Umweltprogrammen eine allzu enge Fixierung auf den umweltpolitischen acquis communautaire eher vermieden werden als dies im Rahmen einer Förderung durch die Europäische Union möglich wäre. Dies ist auch deshalb von Bedeutung, weil nach dem Subsidiaritätsprinzip die Regulierung bestimmter Bereiche des Umweltschutzes völlig oder überwiegend auf nationaler Ebene verbleibt. So ist beispielsweise ein gravierendes Umweltproblem in den Beitrittsstaaten – die Kontaminierung der Böden – von den Anforderungen im Rahmen des Beitrittsprozesses weitgehend ausgeklammert.

Eine von der Europäischen Union relativ unabhängige Unterstützung bei der Ausarbeitung von nationalen Umweltaktionsprogrammen bedeutet allerdings auch, dass die Koordination zwischen nationalen Umweltaktionsprogrammen und den nationalen Beitrittsstrategien im Umweltbereich noch weiter verbessert werden muss.

Zivilgesellschaftliche Strukturen

292. Das Entstehen einer auf die strukturellen Besonderheiten eines Landes eingehenden nationalen Umweltpolitik ist nicht zuletzt von der Kompetenz und Stärke gesellschaftlicher Akteure abhängig. Die umweltpolitischen Aktivitäten dieser Akteure tragen nicht nur zur Operationalisierung des Leitbildes einer dauerhaft umweltgerechten Entwicklung bei, sie sind durch ihr Engagement in der öffentlichen Diskussion auch unverzichtbar für eine stärkere Legitimität in der Umweltpolitik und im politischen System im allgemeinen (SRU, 1996a, Kap. 3). Aufgrund der Unterdrückung einer pluralistischen Entwicklung der Gesellschaft in der Zeit vor der politischen Wende in den MOE-Staaten sind die Zivilgesellschaften der Beitrittsstaaten jedoch noch nicht in dem Maße entwickelt, wie dies in den meisten Mitgliedstaaten der Fall ist. Dies gilt nicht nur für die Umweltbewegung im speziellen, sondern auch für Verbandsstrukturen sowie für die Herausbildung von Nichtregierungsorganisationen im allgemeinen. Das gesellschaftliche Entwicklungsdefizit zeigt sich zum einen in der geringen Zahl von Gruppen und Verbänden und ihrer Mitglieder. Zudem sind diese häufig relativ eng mit der staatlichen Verwaltung bzw. dem Ministerium, das ihren Interessen am nächsten steht, verbunden (JANCAR-WEBSTER, 1998, S. 78 ff.). Der zum Teil fließende Übergang zwischen Staat und zivilgesellschaftlichen Kräften scheint im Umweltbereich unter anderem aus den folgenden Gründen besonders ausgeprägt:

– Die Umweltaktivisten der Bürgerbewegungen waren an der in vielen Beitrittsstaaten erfolgten Reorganisation und Stärkung der Umweltministerien nach der politischen Wende Anfang der neunziger Jahre eng beteiligt (zum Teil übernahmen sie sogar die Führung der Ministerien). Aber auch die Tendenz der letzten Jahre, die Rolle der Umweltpolitik wieder zu reduzieren, stärkt die Bindung zwischen Umweltministerium und Umweltgruppen, da diese Bestrebungen den Interessen beider Akteure zuwiderlaufen.

– Die Umweltministerien leiden häufig an einem akuten Mangel an Personal. Dies ist nicht nur auf das allgemeine Fehlen von entsprechend qualifizierten Personen, sondern oft auch auf die schlechte Bezahlung des Personals der Ministerien zurückzuführen, die zu einer Abwanderung in besser bezahlte Positionen in der Privatwirtschaft führt. Umweltgruppen dienen vor diesem Hintergrund als Reservoir für die Einstellung von neuem Personal.

– Zu vermerken ist auch, dass Umweltgruppen in den Beitrittsländern – vielleicht auch aufgrund der erklärten „Staatsnähe" – oftmals der gesellschaftliche Rückhalt fehlt. Durch die eher kooperative Ausrichtung müssen Umweltgruppen häufig auf Mobilisierungseffekte verzichten, die in bestimmten Situationen durch stärker konfliktorientiertes Handeln erzielt werden könnten. Aufgrund mangelnder zivilgesellschaftlicher Traditionen in den Beitrittsstaaten und dem unzureichenden Rückhalt von Umweltgruppen in der Gesellschaft sind diese folglich auf eine relativ enge Kooperation mit der staatlichen Verwaltung angewiesen.

Insgesamt deutet sich also bis zu einem gewissen Grad ein Dilemma an, das dadurch gekennzeichnet ist, dass der politische Stellenwert der Umweltpolitik und ihre Qualität und Legitimität zum Teil durch mangelnde zivilgesellschaftliche Strukturen beeinträchtigt werden. Auf Seiten der Umweltgruppen wird durch dieses Dilemma jedoch ein Verhalten gefördert, das es ihnen mitunter erschweren kann, ihre zivilgesellschaftliche Basis und öffentliche Präsenz stärker auszubauen.

293. Bezüglich der Beteiligung von Betroffenen und Fragen der Transparenz gibt es noch einen erheblichen Bedarf an Veränderungen in den Beitrittsstaaten. Vor den politischen Umwälzungen in Mittel- und Osteuropa war das Verwaltungshandeln in den Beitrittsstaaten aufgrund seiner hierarchischen Ausrichtung für die Beteiligung betroffener und interessierter gesellschaftlicher Gruppen wenig offen. Diese Tradition setzt sich bis heute in den Beitrittsstaaten fort. Die Gründe hierfür sind nicht nur im Festhalten an einem traditionellen Modell des Verwaltungshandelns, sondern oft auch im Bereich des Mangels an organisatorischen Ressourcen und Erfahrungen zu sehen (Tz. 300). So bestehen in bestimmten Bereichen durchaus bereits gesetzliche Regelungen hinsichtlich von Bürgerbeteiligung und Transparenz, die jedoch bisher kaum in die Praxis umgesetzt werden können (REHBINDER, 2000, S. 20 f.).

294. Hinsichtlich der umweltpolitischen Dimension der Osterweiterung spielen die mangelnden zivilgesellschaftlichen Strukturen insbesondere auch bezüglich einer effektiven Umsetzung bestimmter Richtlinien eine wichtige Rolle. Sowohl die Richtlinie zur Umweltverträglichkeitsprüfung, als auch die Umweltinformationsrichtlinie können ihre Funktion nur dann erfüllen, wenn Umweltverbände existieren, die die durch diese Richtlinien geschaffenen Informations- und Beteiligungsrechte auch tatsächlich wahrnehmen. Auch in der IVU-Richtlinie und der geplanten Wasserrahmenrichtlinie, werden zunehmend hohe Anforderungen im Hinblick auf Informationspflichten und Beteiligungsrechte gestellt. Zudem setzen auch Überlegungen Verbandsklagerechte zuzulassen das Funktionieren zivilgesellschaftlicher Strukturen voraus.

295. Zur Herausbildung zivilgesellschaftlicher Strukturen im Bereich des Umweltschutzes dienen Informations- und Bildungsprogramme, die sich direkt an die Bürger und Konsumenten wenden. Bei der expliziten Förderung von Umweltverbänden und -akteuren sollte allerdings berücksichtigt werden, dass eine relativ hohe Zahl von Unterstützungsprogrammen bereits existiert (JANCAR-WEBSTER, 1998, S. 78 ff.). Insbesondere angesichts des begrenzten Rückhalts der bestehenden Akteure in der Bevölkerung kann davon ausgegangen werden, dass weitere Unterstützungsmaßnahmen geringe Wirkung erzielen werden.

Bei der Durchführung solcher Maßnahmen muss eine hinreichende Koordination angesichts der großen Anzahl existierender Unterstützungsprogramme sichergestellt werden. Beispielsweise unterstützt die Europäische Union innerhalb des PHARE-Programms den Aufbau zivilgesellschaftlicher Strukturen in den Beitrittsstaaten (*Civil Society Measures*); das *Regional Environmental Center* (REC) in Szentendre/Ungarn, das unter anderem von der Europäischen Union, den USA und Deutschland finanziert wird, widmet sich insbesondere der Unterstützung von Umweltgruppen in den MOE-Staaten. Verschiedene Staaten, kleinere Stiftungen und Institutionen sind in den unterschiedlichen Ländern ebenfalls aktiv. Vor diesem Hintergrund könnte eventuell auch über eine stärkere Bündelung der Aktivitäten nachgedacht werden, wobei insbesondere auf die langjährige Erfahrung des REC oder des *Baltic Environmental Forum* in Riga zurückgegriffen werden könnte.

296. Mit Blick auf die wachsende Bedeutung, die der Integration von Umweltaspekten in andere Politikbereiche von Seiten der Europäischen Kommission zugemessen wird (KOM(98)333 endg.), sollten neben Umweltverbänden weitere zivilgesellschaftliche Akteure auf die Notwendigkeit der Berücksichtigung von Umweltaspekten bei ihrer Tätigkeit aufmerksam gemacht und bei der Durchführung entsprechender Maßnahmen unterstützt werden, etwa Wirtschaftsverbände, Touristik- und Verkehrsclubs, Verbraucherverbände oder Gewerkschaften.

297. Auch wenn die Entwicklung zivilgesellschaftlicher Strukturen in den Beitrittsstaaten zu den zentralen Voraussetzungen für eine langfristig erfolgreiche Umweltpolitik gehört, sollte man keine übertriebenen Hoffnungen auf schnelle Erfolge hegen, da sich die entsprechenden Strukturen zum Teil nur langfristig in einem evolutionären Prozess herausbilden können. Mit Blick auf die Stärkung nationaler Umweltpolitiken ist kurz- und mittelfristig somit auch über mögliche funktionale Äquivalente für die Wahrnehmung der Funktionen zivilgesellschaftlicher Akteure – z. B. die oben erwähnte Unterstützung bei der Fortführung von Nationalen Umweltaktionsprogrammen und -strategien – nachzudenken.

Funktionsfähige und moderne Umweltverwaltungen

298. Neben den konzeptionellen und gesellschaftlichen Grundlagen ist die Formulierung, besonders aber die Implementierung einer kohärenten nationalen Umweltpolitik auch von administrativen Voraussetzungen abhängig. Auf diesem Gebiet bestehen bisher noch zum Teil gravierende Defizite.

Dabei erfordert eine nationale Umweltpolitik, die möglichst komplementär zum Umweltrecht der Gemeinschaft aufgebaut ist, sowohl eine funktionierende horizontale Kooperation zwischen unterschiedlichen sektoral ausgerichteten Verwaltungseinheiten als auch eine vertikale Verteilung und Koordination verschiedener Aufgaben über unterschiedliche Gebietseinheiten. Bezüglich horizontaler und vertikaler Arbeitsteilung und Koordination bestehen in den Beitrittsstaaten erhebliche Probleme. Darüber hinaus ist auch die Interaktion zwischen Verwaltung und Interessengruppen von Bedeutung.

299. Ein Problem, das in der Tradition der Umweltpolitik in den Beitrittsstaaten verwurzelt ist, betrifft den

Mangel an Rechtsbewusstsein in der Gesellschaft und das damit zusammenhängende Legitimitätsdefizit des Verwaltungshandelns. Zum einen ist die Legitimität staatlichen Handelns in den Beitrittsstaaten aufgrund der Assoziation von Staatstätigkeit mit den abgelösten und diskreditierten kommunistischen politischen Systemen grundsätzlich eingeschränkt. Gerade im Bereich der Umweltpolitik kommt hinzu, dass diese bisher durch ein massives Implementationsdefizit gekennzeichnet war, das das Rechtsbewusstsein untergraben hat: Die in den alten Systemen geltenden, zum Teil recht strengen Umweltstandards wurden häufig nur äußerst unzureichend durchgesetzt (CARIUS et al., 1999a). Insbesondere Strafen und Abgaben bildeten nur in Ausnahmefällen einen Anreiz zur Einhaltung von Grenzwerten bzw. zur Reduktion von Emissionen. Bei den Abgaben wurden die anfallenden Kosten auf der Grundlage der staatlichen Planwirtschaft bereits im voraus in die staatlichen Mittel einkalkuliert.

300. Weiterhin fehlt es im administrativen Bereich auch an Personal. Obwohl dieses Problem grundsätzlich in allen Beitrittsstaaten besteht, stellt es sich zum Teil auf unterschiedliche Weise. Zunächst besteht ein Mangel an entsprechend qualifizierten Personen. Hinsichtlich der Übernahme des umweltrechtlichen acquis fehlt es oft an Fachkenntnissen, z. B. für die Ausweisung von Schutzgebieten des NATURA 2000-Netzwerkes. Auch mangelnde Fremdsprachenkenntnisse erschweren die Übernahme des europäischen Umweltrechts. Die negativen Auswirkungen des Personalmangels werden durch eine besonders hohe Arbeitsbelastung der Verwaltung weiter verschärft, die einerseits mit der Übernahme des acquis verbunden ist; andererseits ist der Prozess der allgemeinen rechtlichen Transformation der Beitrittsstaaten bisher noch nicht vollständig abgeschlossen. Auch daraus resultieren Sonderbelastungen für die Verwaltung. Zudem ist die technische Ausstattung der Verwaltung, insbesondere auch der Inspektionen und unteren Verwaltungsstufen, oftmals mangelhaft.

301. Das Instrument des Twinnings stellt hier einen wichtigen Ansatz zum Verwaltungsaufbau in den Beitrittsstaaten dar. Bisher liegen jedoch noch keine Erfahrungen mit der Durchführung von Twinning-Projekten vor, da die ersten Projekte erst 1999 begonnen haben. Allerdings haben sich in der Planungs- und Vorbereitungsphase große Anlaufschwierigkeiten ergeben (von HOMEYER und MÜLLER, 1999). Aus der bisherigen Anwendung des Twinning-Instruments ergibt sich deshalb Nachbesserungsbedarf:

– Der inhaltlichen Ausgestaltung der Twinning-Projekte liegen die in den bilateralen Beitrittspartnerschaften zwischen den einzelnen Beitrittsstaaten und der Europäischen Kommission identifizierten Prioritäten und die Nationalen Programme zur Übernahme des acquis communautaire zugrunde. Beide Dokumente sind jeweils sehr stark von den Vorgaben der Kommission und des acquis communautaire geprägt. Auch wenn es angesichts knapper Mittel bis zu einem gewissen Grad notwendig erscheint, sich auf die zentralen formalen Voraussetzungen des Beitritts zu konzentrieren, sollte darüber nachgedacht werden, inwieweit die Beitrittsstaaten sich stärker mit ihren Erfordernissen einbringen können und eine umfassendere Sichtweise der umweltpolitischen Probleme möglich ist.

– Bei der Durchführung von Twinning-Projekten werden von den Beitrittskandidaten eine Reihe von Eigenleistungen erwartet, etwa zur Bereitstellung von Büroinfrastruktur für die Experten aus den Mitgliedstaaten. Obwohl gewisse Eigenleistungen der Beitrittsstaaten grundsätzlich zu begrüßen sind, da sie die Ernsthaftigkeit und Zweckgerichtetheit der Projekte auf Seiten der Beitrittsstaaten unterstützen, sei darauf hingewiesen, dass die Ressourcen der direkt betroffenen Institutionen in den Beitrittsstaaten zum Teil sehr begrenzt sind und auch hier eine Bezuschussung aus dem Twinning-Budget möglich sein sollte. Andernfalls könnte es dazu kommen, dass für die optimale Durchführung des Projektes erforderliche Expertenaufenthalte aufgrund des Mangels an Finanzmitteln auf Seiten der Beitrittsstaaten nicht stattfinden können.

– Sinnvoll wäre es zudem, wenn die administrativen Reformen und Aufbauleistungen, die im Rahmen von Twinning-Projekten durchgeführt werden, parallel durch entsprechende Maßnahmen zur Schaffung der notwendigen physischen Verwaltungsinfrastruktur ergänzt würden, da in diesem Bereich ebenfalls Mängel bestehen. Zu diesem Zweck sollte eine wesentlich bessere Koordination zwischen Twinning-Projekten und dem Bereich des PHARE-Programms, aus dem Investitionen finanziert werden, stattfinden.

302. Über die konkrete Verbesserung des Twinning-Instruments hinaus ist der Umweltrat grundsätzlich der Auffassung, dass durch die Notwendigkeit zur Übernahme und Umsetzung des gemeinschaftlichen Umweltrechts trotz der genannten Schwierigkeiten ganz wesentliche Impulse für den Aufbau moderner Verwaltungsstrukturen in den Beitrittsstaaten ausgehen können. Im Umweltbereich sind gleichzeitig die Übernahme umfangreicher rechtlicher Regelungen und sehr hohe öffentliche und private Investitionen erforderlich. Die Anforderungen an die Leistungsfähigkeit der öffentlichen Verwaltung sind damit im Umweltsektor besonders hoch, da einerseits komplexe substantielle (z. B. Operationalisierung von Begriffen wie BAT) und prozedurale (z. B. Beteiligungs- und integrierte Genehmigungsverfahren) Regelungen umgesetzt und angewendet werden müssen, während andererseits auch die für eine Erfüllung der Normen erforderlichen Investitionen identifiziert, geplant, finanziert und überwacht werden müssen. Die Erfahrungen und Lernprozesse, die hier bei Aufbau und Reform der Verwaltung gemacht werden, können zumindest zum Teil auf andere Verwaltungen ausstrahlen, die selbst weniger direkt von den Erfordernissen des Beitritts betroffen sind (CARIUS et al., 1999b).

Zudem steht zukünftig die Übernahme und Umsetzung sehr anspruchsvoller Richtlinien an, die die Integration der Umweltpolitik in andere Politikfelder erforderlich macht und zusätzliche administrative Modernisierungswirkung entfalten können, wie etwa die IVU-Richtlinie, die Wasserrahmenrichtlinie oder der Richtlinie über strategische Umweltverträglichkeitsprüfung.

Umweltfonds

303. Den vergleichsweise gut ausgestatteten Finanzierungsmechanismen auf europäischer Ebene (Tz. 282 ff.) stehen in den Beitrittsstaaten die zur Finanzierung von Investitionen im Umweltbereich verfügbaren Umweltfonds gegenüber, die sich im wesentlichen über Abgaben, zum Teil aber auch über Strafgebühren und andere Einnahmequellen (z. B. Zuwendungen oder Schuldengegen-Umweltschutz-Tausch) finanzieren. Allerdings variieren Art, Zahl und Funktionen der Umweltfonds stark zwischen den Beitrittsstaaten (REHBINDER, 2000, S. 47; FRANCIS et al., 1999; MÖLLER, 1999). So ist z. B. der polnische nationale Umweltfonds auch zentrale Abwicklungsstelle für die Vergabe von Mitteln aus PHARE und (in Zukunft) ISPA (NOWICKI, 1999).

Der Nutzen von Umweltfonds gerade in solchen Ländern, die einen hohen Nachholbedarf im Bereich des Umweltschutzes bei gleichzeitigen Haushaltsproblemen und/oder Leistungsdefiziten im Bereich der Verwaltung aufweisen, ist unstrittig. Allerdings kann ein erheblicher Reformbedarf nicht übersehen werden. Problematisch ist bei fast allen Fonds das oftmals ungeregelte Verhältnis von Lenkungs- und Finanzierungsfunktion der Fondsmittel. Zudem zeigt das Management der Umweltfonds häufig wenig Transparenz. Dabei werden die Fonds stark von den jeweiligen Umweltministerien bestimmt, während zivilgesellschaftliche Akteure wenig Einflussmöglichkeiten haben. Eine stärkere Berücksichtigung von zivilgesellschaftlichen Akteuren könnte jedoch zu einem verbesserten Zugang zu Experten und lokalem Wissen und damit sowohl zur Optimierung der Mittelallokation als auch zum Aufbau dezentralisierter Projektplanungs- und Durchführungskapazitäten beitragen.

Nationale Sachverständigenräte

304. Institutionen der nationalen Umweltpolitikberatung in Form von Sachverständigenräten existieren in fast allen Mitgliedstaaten der Europäischen Union (Tz. 79 f.). Gerade angesichts einer tendenziellen Überlastung des politischen Systems durch den Transformationsprozess und die zusätzlichen Anstrengungen, die für den Beitritt zur Europäischen Union unternommen werden, könnten Umwelträte eine wichtige Rolle auch in den Beitrittsstaaten übernehmen.

In den bisherigen Mitgliedstaaten können zwei Typen von Umwelträten unterschieden werden: Expertenräte einerseits und pluralistische Räte andererseits, welche unterschiedliche Funktionen erfüllen, die wiederum von den gesellschaftlichen und politischen Traditionen eines Landes geprägt sind (SANDHÖVEL, 1999b). Die Handlungsmöglichkeiten eines Umweltrates und sein Einfluss definieren sich im wesentlichen durch den Grad der Unabhängigkeit von der zu beratenden Institution, durch die personellen Ressourcen oder durch die Tiefe und Detailliertheit der Analysen und Empfehlungen. Da hier Expertenräte gewisse Vorteile im Hinblick auf eine mehr langfristige, von der Tagespolitik entkoppelte Wirkung haben, werden zunehmend Wissenschaftler auch in pluralistische Räte berufen.

305. Ähnliche Sachverständigenräte wie in den Mitgliedstaaten existieren teilweise auch in den Beitrittsstaaten – allerdings in eingeschränktem Umfang und mit schwächerer Verankerung im politischen System. Durch die zunehmende Arbeitslast der Umweltverwaltung im Beitrittsprozess und die begrenzten verfügbaren personellen Ressourcen wird insbesondere in Polen und in Ungarn auf den Sachverstand von Umwelträten bei der konkreten Formulierung von Politiken, Programmen und vor allem bei Gesetzentwürfen zurückgegriffen. Hingegen ist ihr politikberatender Auftrag entweder durch eine deutliche Abhängigkeit von der Administration oder aber eine allgemeine Bedeutungslosigkeit dieser Gremien in der Umweltpolitik (im wesentlichen aufgrund mangelnder gesellschaftlicher und politischer Anerkennung) eingeschränkt. Zudem weisen die Räte hinsichtlich ihrer Zusammensetzung und Arbeitsfähigkeit strukturelle Probleme auf. Eine Vielzahl der in den Räten vertretenen Wissenschaftler (das polnische *Committee for Environmental Protection* setzt sich aus über 40 Professoren zusammen) garantiert zwar eine Meinungsvielfalt, die Räte sind aber selten in der Lage, einstimmige und für politische Entscheidungsträger hinreichend konkrete Beschlüsse zu fassen.

Die mangelnde Unabhängigkeit dieser Umwelträte ist auch darin begründet, dass ihre Mitglieder häufig für das jeweilige Umweltministerium in anderen Funktionen tätig bzw. direkt eingebunden sind (z. B. in der Vorbereitung der Beitrittsstrategien oder anderer umweltpolitischer Programme der Regierung). Angesichts der geringen personellen Ressourcen in den Beitrittsstaaten ist diese Situation nicht ohne weiteres zu vermeiden. Mittelfristig sollte jedoch eine Entflechtung der Funktionen erfolgen und die Unabhängigkeit von den zu beratenden Ministerien gestärkt werden. Möglicherweise wird langfristig auch eine Zunahme zivilgesellschaftlicher Strukturen in den Beitrittsstaaten (Tz. 292 ff.) den Umwelträten eine größere Öffentlichkeit und damit auch mehr Einfluss bringen.

306. Um den Einfluss der nationalen Sachverständigenräte auf europäischer Ebene zu stärken, haben sich die Europäischen Umwelträte in den letzten Jahren zu-

nehmend vernetzt und eine Kontaktstelle für gemeinsame Aktivitäten eingerichtet (REHBINDER et al., 1999). Dieser *Focal Point* der Europäischen Umwelträte, der gegenwärtig vom deutschen Sachverständigenrat koordiniert wird, übernimmt hier eine wichtige Funktion für die Vermittlung von Erfahrungen und von Informationen über mögliche Aufgaben und Strukturen von Räten. Der Umweltrat wird auch weiterhin mit den Räten Mittel- und Osteuropas kooperieren und sich im Rahmen des Netzwerks der Europäischen Umwelträte für die Integration der Räte in den Beitrittsstaaten in das Netzwerk engagieren.

307. Der Umweltrat plädiert dafür, in den Beitrittsstaaten, in denen keine Umwelträte existieren, insbesondere in Tschechien, aber auch in den Beitrittsstaaten der zweiten Runde solche Institutionen aufzubauen. Zudem könnten in einem Erfahrungsaustausch zwischen dem deutschen Umweltministerium und den Umweltministerien der jeweiligen Beitrittsländer die Bedingungen für eine erfolgreiche Arbeit von Sachverständigenräten erörtert werden.

2.3.5.2 Umweltpolitische Dezentralisierung

308. Die effektive Implementation der europäischen Umweltgesetzgebung wird vielfach dadurch erschwert, dass die Verwaltungen der Beitrittsstaaten aus historischen Gründen oft stark zentralisiert sind. Es besteht zwar meist eine räumliche Aufteilung der Staaten in regionale Verwaltungseinheiten, diese sind aber nur mit sehr beschränkten Kompetenzen ausgestattet. Zwischen der nationalen und der kommunalen Ebene gibt es keine direkt gewählten Körperschaften. Bis auf Polen, wo seit Beginn 1999 wesentliche Verwaltungskompetenzen auf die regionale Ebene übertragen wurden, liegen die zentralen Kompetenzen im Bereich der Umsetzung der Umweltgesetzgebung auf der nationalen Ebene. In einigen Staaten ist jedoch eine Regionalisierungstendenz erkennbar. So ist die Errichtung von gewählten regionalen Selbstverwaltungseinheiten vor allem in der Tschechischen Republik, wo die Schaffung einer regionalen Verwaltungseinheit in der Verfassung vorgesehen ist, in der Diskussion.

Die Zentralisierung hat starke Auswirkungen nicht nur auf die Umsetzung europäischer, sondern auch auf die Entwicklung nationaler Umweltpolitik. Die Einflussmöglichkeiten der gewählten kommunalen Körperschaften sind aufgrund mangelnder finanzieller und personeller Ressourcen im Vergleich zu den zentralen Behörden, die meist über mehr finanzielle und personelle Mittel verfügen, verschwindend gering. Umweltpolitische Entscheidungen werden oft auf nationaler Ebene getroffen, ohne eine Auseinandersetzung mit denjenigen Gebieten, die von den Auswirkungen der Entscheidungen am stärksten betroffen sind. Neben der negativen Auswirkung auf die Entwicklung einer nationalen Umweltpolitik stehen die zentral ausgerichteten Verwaltungsstrukturen einer effektiven Implementation europäischer Richtlinien entgegen, die zwar auf nationaler Ebene in nationales Recht transformiert, aber auf regionaler oder lokaler Ebene durchgesetzt werden müssen. Relevant sind hierbei insbesondere Richtlinien im Bereich der Abfallwirtschaft und des Gewässerschutzes, die vielfach auf der Erteilung von Anlagengenehmigungen basieren, die in den Zuständigkeitsbereich von regionalen oder kommunalen Behörden fallen. Auf kommunaler Ebene durchgesetzt werden müssen auch die europäischen Regelungen für Abwasserentsorgung und Trinkwasserversorgung.

309. Im Hinblick auf die Verbesserung der Bedingungen der Umsetzung europäischer Umweltgesetzgebung in den Beitrittsstaaten sollte versucht werden, den Anforderungen der europäischen Gesetzgebung an eine starke regionale und kommunale Verwaltung entgegenzukommen. Hierbei kommen nach Auffassung des Umweltrates mehrere Möglichkeiten in Betracht:

– Unter Berücksichtigung der Erfahrungen in den Mitgliedstaaten mit der Umsetzung europäischen Umweltrechts sollte eine Regionalisierung der Verwaltung der Beitrittsstaaten gefördert werden. Bis auf das Vereinigte Königreich existieren in allen bisherigen Mitgliedstaaten nachgeordnete Gebietskörperschaften, die jedoch mit unterschiedlichen legislativen und exekutiven Durchführungsbefugnissen ausgestattet sind und deren Befugnisse mehr oder weniger stark zentralstaatlicher Kontrolle unterworfen sind. Vor diesem Hintergrund wird deutlich, dass es in den Beitrittsstaaten darum gehen sollte, eine funktionierende und effizient arbeitende Ebene zwischen der zentralen und der kommunalen Ebene zu schaffen, die einen wesentlichen Teil der Umsetzung und Durchführung des europäischen Umweltrechts übernehmen kann.

– Um Abgrenzungsprobleme in bezug auf die Aufteilung der Gesetzgebungszuständigkeiten zwischen der zentralen und der regionalen Ebene zu vermeiden, die sich im bisherigen Kreis der Mitgliedstaaten typischerweise in föderalen oder regionalisierten Staaten ergeben, sind klar definierte Zuständigkeiten zu schaffen. Dies gilt nicht nur für legislative, sondern auch für exekutive Kompetenzen. So kann eine weit verbreitete Aufgabenzersplitterung, die eine intensive Kommunikation der unterschiedlichen Behörden erfordert, eine ganzheitliche Betrachtung von Umweltbelangen verhindern und gleichzeitig einen effektiven Vollzug des Umweltrechts erschweren. Eine Reform der Verwaltungsstrukturen könnte im selben Zug zum Anlass genommen werden, dem auf europäischer Ebene verstärkt auftretenden Ansatz der integrierten Betrachtungsweise von Umweltbelangen Rechnung zu tragen.

– Außerdem sollte die Ausstattung der Umweltverwaltung auf regionaler und kommunaler Ebene neben der Aufstockung der finanziellen Mittel auch in personeller Hinsicht verbessert werden. Die Umsetzung europäischer Gesetzgebung setzt eine bestimmte Qualifikation des Verwaltungspersonals voraus. In bezug auf die technische Ausstattung ist zu bedenken, dass die Überwachung von Anlagen und die ständige Kontrolle des Zustands der Umwelt eine hochwertige technische Ausstattung verlangen, die in vielen Fällen bisher nicht vorhanden ist. Diesen Problemen, die sich gleichermaßen auch in den bisherigen Mitgliedstaaten stellen, könnte im Rahmen der Twinning-Projekte verstärkt begegnet werden (Tz. 231, 301). Denkbar wären auch Weiterbildungsseminare und Austauschprogramme ausdrücklich für die regionale und die kommunale Verwaltungsebene. Über die Twinning-Aktivitäten hinaus sollten gerade auf der für die effektive Implementation so wichtigen lokalen und regionalen Ebene über die bestehenden Aktivitäten hinaus verstärkt Initiativen zur Zusammenarbeit zwischen Beitrittsstaaten und den bisherigen Mitgliedstaaten in die Wege geleitet werden (Tz. 248 ff.). Wie die bisherigen positiven Erfahrungen aus entsprechenden Projekten nahe legen, bieten sich die Bereiche Luftreinhaltung und Gewässerschutz in besonderem Maße für die Kooperation und den Erfahrungsaustausch auf den regionalen und lokalen Ebenen an.

– Im Bereich der dezentralisierten Implementation spielen im lokalen Kontext auch zivilgesellschaftliche Akteure eine zentrale Rolle (Tz. 294). Dies zeigt sich auch in der Diskussion um die Behebung des Vollzugsdefizits in den Mitgliedstaaten, wobei dezentrale, flexible Kontrollinstrumente, wie z. B. verbesserte strafrechtliche Regelungen, effizientere Klage- oder Informationsrechte für Bürger, eine immer wichtigere Rolle zu spielen scheinen. Hierbei ist eine dezentrale Struktur der Verbände mit einer Vertretung auf nationaler, regionaler und lokaler Ebene förderlich, so dass z. B. Kenntnisse über konkrete Fälle der Nichtumsetzung von Richtlinien durch die Verwaltung oder Verstöße gegen Bestimmungen durch Anlagenbetreiber von der lokalen direkt auf die regionale oder nationale Ebene weitergeleitet werden können.

2.3.5.3 Umweltpolitische Integration

310. Die Integration von Umweltbelangen in andere Politikbereiche gilt als eine der zentralen Aufgaben europäischer (Umwelt-)Politik (vgl. auch Kap. 1). In den EU-Umweltaktionsprogrammen wird dies auch immer wieder betont. Der Integrationsgedanke hat zudem Aufnahme in die Einheitliche Europäische Akte von 1987 gefunden und ist in den Verträgen von Maastricht (1992) und Amsterdam (1997) erweitert worden. Nicht zuletzt haben auch der EU-Gipfel von Cardiff im Juni 1998 und der EU-Gipfel von Köln im Juni 1999 (SEC(1999)777) die Integration der Politikbereiche nachdrücklich eingefordert. Taten sind diesen Worten in der Regel jedoch kaum gefolgt.

Schon in den bisherigen Mitgliedstaaten hat es wenig Fortschritte bei der Integration gegeben – zumindest was die Integration von Umweltbelangen in andere Politikbereiche angeht. Umgekehrt ist es sehr wohl üblich, dass ökonomische Erwägungen – etwa als Kosten-Nutzen-Überlegungen – in umweltpolitische Entscheidungen eingehen.

In den Beitrittsstaaten kommt erschwerend hinzu, dass eine starke fachliche Separierung des politischen Prozesses zu beobachten ist, die dazu führt, dass ein bestimmter Politikbereich als alleinige Aufgabe der jeweiligen Fachverwaltung betrachtet wird. Für Umweltministerien scheint es schwer zu sein, ihren Anliegen und Interessen in anderen Fachministerien Gehör zu verschaffen. Diese Tendenzen einer fachlichen „Abschottung" sind nicht einfach zu messen und manifestieren sich in Abhängigkeit von der formalen und praktischen Ausgestaltung der jeweiligen politischen Institutionen und anderer Faktoren in unterschiedlicher Art. Natürlich lassen sich ähnliche Tendenzen auch in vielen Mitgliedstaaten diagnostizieren. Im politischen System der MOE-Staaten mit seinen fragilen demokratischen Institutionen und den fehlenden zivilgesellschaftlichen Strukturen und somit auch Defiziten öffentlicher Kontrolle und Teilhabe machen sich solche Entwicklungen aber stärker negativ bemerkbar. Somit ist in den Beitrittsstaaten bei einer starken Abschottung der Fachministerien, vor allem solcher, die über die Verwendung von EU-Finanzmitteln entscheiden wie Landwirtschafts- und Verkehrsministerien, zu befürchten, dass negative Auswirkungen auf die Umwelt nur am Rande Berücksichtigung finden werden.

Gerade im Hinblick auf die umweltpolitische Relevanz der Gemeinsamen Agrarpolitik und der großen Infrastrukturprojekte der Europäischen Union droht die Tendenz zur fachlichen Abschottung einen ausreichenden Schutz der Umwelt zu untergraben.

311. Die Ausgrenzung der Umweltministerien als relativ neue und eher durchsetzungsschwache Ministerien im politischen Prozess kann durch die Europäische Union oder die bisherigen Mitgliedstaaten kaum direkt beeinflusst werden, da eine solche Ausgrenzung oftmals in politischen Strukturen wurzelt, die allenfalls durch die betroffenen Staaten selbst verändert werden können. Hierunter fallen beispielsweise die formale Kompetenzverteilung oder interministerielle Koordinierungsmechanismen. Typischerweise treten Kompetenzstreitigkeiten zwischen neuen und alten Ministerien auf. Letztere versuchen ihre traditionellen Kompetenzen gegen die auf Kompetenzzuwachs bedachten Neuen zu verteidigen oder Kompetenzen von diesen zurückzugewinnen. Signifikantes Beispiel hierfür ist die Umstrukturierung des ungarischen Umweltministeriums nach dem Regierungswechsel 1998, die zu einer Überführung des

gesamten Bereiches der Regionalentwicklung in das Landwirtschaftsministerium geführt hat.

312. Als beispielhaft für die mangelnde Integration verschiedener Verwaltungsbereiche kann der Gewässerschutz gelten. Ein großes Problem bei der Umsetzung von europäischen Gewässerschutzrichtlinien ist dabei die Durchsetzungsschwäche der Umweltverwaltung gegenüber anderen Verwaltungsträgern in den Beitrittsstaaten. Konflikte entstehen hierbei vor allem zwischen der Landwirtschafts- und der Umweltverwaltung. Die Raumordnungsverwaltung, die eine horizontale Koordination der Politikbereiche zum Ziel haben sollte, konzentriert sich in den Beitrittsstaaten dagegen häufig auf den Infrastrukturaufbau. Erschwerend kommt für Umweltverwaltungen hinzu, dass sie vielfach nicht in der Lage sind, im Bereich der Einleiterkontrollen von industriellen Betrieben Grenzwerte überprüfen oder gar durchsetzen zu können. Teilweise haben sie nicht einmal das Recht, das Anlagengelände zur Durchführung von Messungen zu betreten. Im Rahmen von bi-, tri- oder multilateraler Zusammenarbeit, aber auch im Rahmen von PHARE- oder ISPA-Projekten, sollte deshalb die Raumordnungsverwaltung in den Beitrittsstaaten hinsichtlich des Gewässerschutzes sensibilisiert werden. Gleichzeitig müssen die verwaltungsmäßigen Kapazitäten der Raumordnungsbehörden im Gewässerbereich geschaffen bzw. erhöht werden.

313. Die Erfahrungen in den alten Mitgliedstaaten zeigen, dass die Integration von Umweltbelangen in andere Politikbereiche ein sehr mühevoller und langwieriger Prozess ist. Trotz der daraus resultierenden Skepsis, die keine kurz- und vielleicht nicht einmal mittelfristige Erfolge erwarten lässt, sollten in den Beitrittsstaaten die Voraussetzungen für eine verstärkte Integration umweltpolitischer Belange in andere Politikbereiche verbessert werden. Hierfür kommen nach Auffassung des Umweltrates folgende Maßnahmen in Betracht:

– Aus dem PHARE-Programm könnten verstärkt Mittel für die Erarbeitung mittel- und langfristiger Entwicklungsstrategien in den verschiedenen Sektoren (Landwirtschaft, Verkehr, Forschung und Technologie, Industrie etc.) unter besonderer Berücksichtigung von Umweltaspekten bereitgestellt werden. Die Verbesserung der Kontakte zwischen Umwelt- und anderen Ministerien sowie die Sensibilisierung für Umweltaspekte sollte ein wesentliches Ziel sein.

– Die zu erwartende relativ große Steuerungskapazität von Transferzahlungen aus der Europäischen Union an die Beitrittsstaaten unterstreicht die Notwendigkeit, die aus diesen Geldern finanzierten Projekte der bereits in der europäischen Gesetzgebung vorgesehenen Umweltverträglichkeitsprüfung und möglicherweise auch einer „strategischen" Umweltverträglichkeitsprüfung zu unterziehen (Tz. 32).

– Die durch den Amsterdamer Vertrag und den Cardiff-Prozess angestoßene Diskussion in den Mitgliedstaaten über die Verstärkung der Integration in andere Politikbereiche sollte auch mit den Beitrittsstaaten geführt werden. Best-practice-Beispiele für die sektorale Kooperation zwischen Ministerien oder Verwaltungsbereichen, integrierte Gesetzgebungsverfahren unter formaler Beteiligung des Umweltministeriums oder integrierte Genehmigungsverfahren könnten im Rahmen der Twinning-Aktivitäten oder zusätzlicher bi- oder multilateraler Zusammenarbeit ausgetauscht werden.

– Die fachliche Abschottung der Ministerien in den Beitrittsstaaten und die Konfrontationshaltung vieler Ministerien gegenüber dem Umweltministerium ist zweifellos ein besonderes Phänomen der Transformationsphase in den mittel- und osteuropäischen Staaten. Vieles muss sich erst finden, und dazu gehört auch, dass Ministerien ihre Zuständigkeitsbereiche abstecken. Um diesen Prozess aber nicht noch stärker zu verfestigen, könnte auf mittlere Sicht eine personelle Rotation zwischen den Ministerien sowie zwischen den Fachbehörden Abhilfe schaffen, die es ermöglicht, dass administrative Entscheidungsträger eine vielfältigere Sicht auf die Probleme bekommen und nicht ausschließlich nach Ressortkategorien entscheiden.

2.3.5.4 Rahmenbedingungen für Modernisierungseffekte

314. Der andauernde Transformationsprozess und die Vorbereitungen auf den Beitritt zur Europäischen Union eröffnen den Beitrittsstaaten die Chance, Modernisierungseffekte zu erzielen, die es ihnen erlauben, ein höheres Entwicklungsniveau zu erreichen, ohne die dazwischen liegenden – und zum Teil oft nachteiligen – Entwicklungsstufen, die im Westen durchlaufen wurden, nachvollziehen zu müssen.

Die Übernahme des rechtlichen Besitzstandes der Gemeinschaft kann hierfür wichtige Impulse geben, etwa mit Blick auf den Aufbau moderner Verwaltungsstrukturen in den Beitrittsstaaten (vgl. Tz. 298 ff.). Die strikte Einhaltung des Grundsatzes, dass neue Investitionen in den Beitrittsstaaten schon jetzt mit dem acquis communautaire kompatibel sein müssen, ist dabei allerdings eine ganz wesentliche Voraussetzung, um Modernisierungseffekte zu erzielen. Die Mitgliedstaaten sollten auf diesem Erfordernis bestehen und eventuell Maßnahmen zu seiner Überprüfung ergreifen. Um die sich aus einer Modernisierung ergebenden Chancen voll nutzen zu können, sind allerdings Anstrengungen erforderlich, die über die Übernahme des acquis communautaire hinausgehen müssen.

Fortschritte bei der Modernisierung werden jedoch nur dann erzielt werden können, wenn für den Umweltbereich zentrale Politikfelder wie Energiepolitik, Verkehrspolitik und der Bereich Landwirtschaft stärkere Berücksichtigung bei der Fortschreibung von Umweltprogrammen und -strategien der Beitrittsstaaten (vgl. Tz. 291) finden. Eine verbesserte Integration durch die Erarbeitung strategischer Pläne wäre ein Schritt in diese Richtung.

315. Viele Beitrittsstaaten sind traditionell stark von einer energieintensiven Wirtschaftsstruktur geprägt (KEREKES und KISS, 1997; UNEP, 1997). Hier entstehen wirtschaftliche Modernisierungseffekte neben dem generellen Umstrukturierungsprozess im Energiesektor auch als Folge von höheren Standards im Umweltbereich. Einerseits schaffen höhere Anforderungen an den Umweltschutz zusätzliche Anreize zur Energieeinsparung und führen damit gegebenenfalls zu Effizienzgewinnen. Andererseits können höhere Anforderungen an den Umweltschutz Anreize erzeugen, die den wirtschaftlichen Strukturwandel beschleunigen, d. h., weg von den traditionellen energie- und rohstoffintensiven Industrien und in Richtung auf den modernen Informations- und Dienstleistungssektor. Ein solcher Trend dürfte sich vor dem Hintergrund der hohen Anteile der Schwerindustrie in den Beitrittsstaaten per se positiv auf die Umwelt auswirken.

316. Im Verkehrsbereich wirken die Verkehrssysteme in den Beitrittsstaaten bisher weniger nachteilig auf die Umwelt als in den meisten Mitgliedstaaten. Das Eisenbahnnetz ist trotz erheblicher Investitionserfordernisse gut ausgebaut. Auf der anderen Seite sind die Straßeninfrastruktur und der private Verkehr weniger stark entwickelt. Dies bietet eine gute Voraussetzung für den Aufbau effizienter und verhältnismäßig umweltverträglicher Verkehrssysteme (EUA, 1999, S. 33). Mit dem Beitritt zur Europäischen Union und der damit einhergehenden Intensivierung der Personen- und Güterströme einerseits sowie der Teilhabe an der Förderung der transeuropäischen Verkehrsnetze andererseits werden diese Grundlagen jedoch massiv in Frage gestellt.

Ohne eine zukunftsfähige und nachhaltige Strategie zum Auf- und Ausbau der Verkehrssysteme in den Beitrittsstaaten, etwa durch die Verlagerung der Güterströme von der Straße auf die Schiene, sieht der Umweltrat die Gefahr, dass die Fehlentwicklungen innerhalb der EU von den Beitrittsstaaten wiederholt werden. Der Umweltrat plädiert deshalb für die Entwicklung einer zukünftig stärker an Kriterien der ökologischen Modernisierung orientierten Verkehrspolitik in den Staaten Mittel- und Osteuropas. Dies gilt nicht weniger für die Herausbildung einer solchen Verkehrspolitik auch in Deutschland und in den anderen Staaten der Europäischen Union, wie sie der Umweltrat bereits in seinem Gutachten 1994 ansatzweise entfaltet hat (SRU, 1994, Kap. III.1).

317. Solche Modernisierungseffekte hätten auch erhebliche positive Auswirkungen auf den Schutz der noch relativ unberührten Naturräume und wertvollen Kulturlandschaften in Mittel- und Osteuropa. Ansonsten ist die Gefahr sehr groß, dass ab dem Jahr 2002 möglicherweise der Aufbau einer Infrastruktur in den Beitrittsstaaten mitfinanziert wird, durch die Natur- und Kulturlandschaften zerstört werden, die dann ab 2004 in ein Netzwerk der Gemeinschaft (NATURA 2000) einbezogen werden sollen. Deshalb ist aus Sicht des Umweltrates eine forcierte Vorbereitung zur Ausdehnung des NATURA 2000-Netzwerks auf die Beitrittsstaaten dringend geboten. Eine Voraussetzung dafür ist die finanzielle und technische Unterstützung dieser Staaten, um sie in die Lage zu versetzen, Referenzlisten für Gebiete im Rahmen der FFH-Richtlinie zu erstellen sowie die Erfassung von Arten und Habitate voranzubringen (Europäische Kommission, 1999, S. 2; vgl. auch Tz. 365 ff.).

2.3.6 Schlussfolgerungen und Handlungsempfehlungen

318. Die Osterweiterung der Europäischen Union folgt politischen und ökonomischen, nicht umweltpolitischen Motiven. Gleichwohl stellt die umweltpolitische Dimension der Osterweiterung für die Europäische Union einen Schwerpunkt bei der Vorbereitung der Beitrittsverhandlungen dar. Deutschland hat in diesem Erweiterungsprozess eine besondere Verantwortung, die sich sowohl aus seiner Rolle als wirtschaftlich wichtiger Mitgliedstaat in der Gemeinschaft als auch aus seiner besonderen historischen Beziehung zu einigen der Beitrittskandidaten begründet. Darüber hinaus bestehen durch die räumliche Nähe Deutschlands zu den meisten Beitrittskandidaten konkrete umweltpolitische, soziale und ökonomische Interessen. Daraus sollte nach Auffassung des Umweltrates ein starkes deutsches Engagement bei der Osterweiterung resultieren.

Zur Unterstützung der Beitrittsstaaten im rechtlichen Angleichungsprozess wurden zahlreiche Instrumente finanzieller und technischer Art zum Teil eigens für den Bereich der Umweltpolitik im Rahmen der Heranführungsstrategie der Gemeinschaft geschaffen. Dennoch zeigt sich zum gegenwärtigen Zeitpunkt, dass gerade im Bereich des Umweltrechts und seines Vollzugs große Anpassungsschwierigkeiten bestehen. Hierfür sind nicht nur die hohen Investitionskosten vor allem in den Sektoren Abwasserentsorgung, Trinkwasserversorgung, Luftreinhaltung und Abfallwirtschaft verantwortlich, sondern auch fehlende personelle, finanzielle und technische Ressourcen in den nationalen Umweltverwaltungen.

Obwohl der Beitritt der mittel- und osteuropäischen Staaten ohne Zweifel mit sehr hohen Kosten sowohl für die Europäische Union als auch für die Beitrittsstaaten verbunden sein wird, plädiert der Umweltrat dafür, die Diskussion in der Gemeinschaft nicht einseitig auf die Kosten zu verengen, sondern ökonomische sowie ökologische Beitrittsgewinne zukünftig stärker vorzutragen. Dadurch kann auch die Akzeptanz in der Bevölkerung für die bevorstehende Osterweiterung verbessert werden.

Optimierung der Heranführungsstrategie auf europäischer und bilateraler Ebene

319. Grundsätzlich ist das von der Gemeinschaft eingeschlagene Verfahren zur Heranführung der Beitrittsstaaten nach Auffassung des Umweltrates positiv zu bewerten. Die Vorteile dieser Strategie liegen in der Vermittlung von Erfahrungen der Mitgliedstaaten im Aufbau von effizienten Verwaltungsstrukturen, in der Anpassung von Institutionen und Behörden an die Umsetzungserfordernisse des Gemeinschaftsrechts sowie in der Vermittlung konkreter Sachkenntnisse aus der vollzogenen Umsetzung und Durchführung einzelner Richtlinien. Außerdem birgt das Konkurrenzverfahren zur Bewerbung um Beitrittspartnerschaften die Möglichkeit, innovative Lösungsansätze und Regulierungsmuster zu erarbeiten.

Vor dem Hintergrund des Beginns der Beitrittsverhandlungen im Umweltbereich sollte in Ergänzung zu den Aktivitäten der Gemeinschaft die Kooperation zwischen Mitgliedstaaten und den einzelnen Beitrittsstaaten verstärkt werden. Gegenwärtig ist allerdings eine gegenläufige Tendenz festzustellen. Bestehende nationale bilaterale Programme zwischen den Mitgliedstaaten und den Beitrittsstaaten (in Deutschland: Transform) laufen aus. Um zu vermeiden, dass Fehlentwicklungen, die in der bisherigen Union zu beobachten sind, sich wiederholen, und um die mittel- und osteuropäischen Staaten in die Lage zu versetzen, an den Wissensstand der Mitgliedstaaten anzuknüpfen, sollten der *bilaterale Erfahrungsaustausch* über die Übernahme des Gemeinschaftsrechts einerseits und dessen administrative Umsetzung andererseits intensiviert werden. Darüber hinaus sollte eine Diskussion zwischen Mitgliedstaaten und Beitrittsstaaten über Maßnahmen und Instrumente zur Umsetzung von Richtlinien in Gang gesetzt werden, die den (gegenwärtigen und künftigen) Mitgliedstaaten mehr Freiräume bei der Politikgestaltung belassen (Tz. 332). Neben der Vermittlung von Erfahrungen der Mitgliedstaaten sollte auch der Informationsfluss über den Zustand der Umwelt sowie den Stand der Anpassung in umgekehrter Richtung – also von den Beitrittsstaaten in die Mitgliedstaaten – verbessert werden. Dies ist nicht zuletzt auch für die Gewährung von technischen und finanziellen Hilfeleistungen erforderlich.

320. Die Vorbereitungen für den Beitritt werden gegenwärtig stark von der Europäischen Kommission bestimmt und zeichnen sich bisher durch einen geringen Grad an Transparenz aus. Transparenz und stetige Information über Probleme und Lücken im Angleichungsprozess sind aber vor allem auch für die Mitgliedstaaten von grundlegender Bedeutung bei der Vorbereitung der Beitrittsverhandlungen. Schon im Rahmen der gegenwärtigen Vorbereitungen für den Beitritt könnte eine verstärkte Einbeziehung der Beitrittsstaaten in ausgewählte Politikprozesse der Gemeinschaft eine positive Wirkung auf die Integrationsfähigkeit und -willigkeit dieser Länder entfalten und sie frühzeitig mit der Arbeitsweise der Union vertraut machen. Auch Rechtsunsicherheit, die, wie im Falle der Wasserrahmenrichtlinie, zum Beispiel durch langwierige Gesetzgebungsprozesse entstehen kann, oder ein Informationsdefizit bei der Entwicklung von technischen Vorschriften, wie im Falle der IVU-Richtlinie, können hierdurch verringert werden. Unter anderem wäre in diesem Zusammenhang auch eine Intensivierung der Zusammenarbeit der bisher getrennten Netzwerke IMPEL und IMPEL-AC für die Beitrittsstaaten anzustreben. Um eine bessere Information der Öffentlichkeit insbesondere nach erfolgtem Beitritt sicherzustellen, sollten die bei der Europäischen Kommission vorhandenen Informationen über die umweltpolitische Dimension des Beitrittsprozesses für einen breiteren Kreis von Interessenten zugänglich sein. Außerdem könnte die bisherige Praxis der Kommission, Fortschrittsberichte über den Stand der Anpassung an den gemeinschaftlichen Besitzstand zu veröffentlichen, auch auf den Zeitraum nach erfolgtem Beitritt ausgedehnt werden.

321. In bezug auf die anstehenden Beitrittsverhandlungen im Umweltbereich darf aus umweltpolitischen Gesichtspunkten nicht in Frage gestellt werden, dass eine *Übernahme des gesamten acquis communautaire* gewährleistet sein muss. In der Praxis ist allerdings davon auszugehen, dass es gerade im Bereich der Umweltgesetzgebung zur Aushandlung von Übergangsfristen und möglicherweise sogar zu permanenten Ausnahmeregelungen kommen wird. Vor diesem Hintergrund haben die Mitgliedstaaten sicherzustellen, dass nur dort Übergangsregelungen gewährt werden, wo eine überprüfbare Begründung vorliegt und die tatsächliche Umsetzung innerhalb einer festgesetzten Frist glaubhaft dargelegt werden kann. Die Erfüllung der damit verbundenen Umsetzungsverpflichtungen muss in einem detaillierten Umsetzungsplan festgelegt und regelmäßig überprüft werden. Als Ersatz für die von der Europäischen Kommission im Rahmen der Vorbereitungen zu den Beitritten erstellten regelmäßigen Fortschrittsberichte ist angesichts voraussichtlich vieler bzw. langer Übergangsfristen nach erfolgtem Beitritt an die Einrichtung einer zentralen Kontrolle der rechtsförmlichen Umsetzung und des Vollzugs beispielsweise im Rahmen von Implementionsberichten zu denken. Unter anderem in Anbetracht der Überlastung der Europäischen Kommission bei der Überwachung der Umsetzung des europäischen Gemeinschaftsrechts sollte nach Ansicht des Umweltrates auch die Delegation von entsprechenden Aufgaben an eine andere Institution, im Umweltbereich zum Beispiel an die Europäische Umweltagentur, näher geprüft werden.

Der Umweltrat weist allerdings auch darauf hin, dass man von den Beitrittsstaaten nur dann erwarten kann, den Umsetzungsverpflichtungen gewissenhaft nachzukommen und das im Umweltbereich besonders gravierende Problem der mangelnden Implementation entschlossen anzugehen, wenn auch die entsprechenden Defizite in den Mitgliedstaaten ebenso entschlossen bekämpft werden.

Aufbau und Reform umweltpolitischer Institutionen und Strukturen

322. Da die europäische Umweltpolitik nur komplementär zur nationalen Umweltpolitik funktionieren kann und der Schwerpunkt der Unterstützung durch die Europäische Union bei den Beitrittsvorbereitungen auf der Angleichung der nationalen Gesetzgebung an das gemeinschaftliche Recht liegt, sollten die Mitgliedstaaten auf bilateraler Ebene zum *Aufbau einer nationalen Umweltpolitik* in den Beitrittsstaaten beitragen. Hierunter fällt die weitere Unterstützung der Beitrittsstaaten bei der Erstellung und Umsetzung nationaler Umweltaktionspläne, die bisher schon durch die OECD und die Weltbank im Rahmen des UN-ECE-Prozesses gefördert wurden. Eine wichtige Rolle können die Mitgliedstaaten darüber hinaus bei der Entwicklung zivilgesellschaftlicher Strukturen in den Beitrittsstaaten übernehmen. Hierbei ist nicht nur an die Unterstützung von Umweltnetzwerken in den mittel- und osteuropäischen Staaten zu denken, wie zum Beispiel des auch von deutscher Seite finanziell unterstützten Regional Environmental Center oder des Baltic Environmental Forum, sondern auch an die Kooperation zwischen Wirtschafts- und Verbraucherverbänden oder Gewerkschaften in den Mitglied- und Beitrittsstaaten. Damit kann schrittweise eine Berücksichtigung von Umweltaspekten in den jeweiligen politischen und wirtschaftlichen Tätigkeitsbereichen erwirkt werden. Einen wesentlichen Beitrag zum Aufbau einer nationalen Umweltpolitik kann die Weiterentwicklung nationaler Umwelträte und somit die Stärkung nationaler Umweltpolitikberatung in den Beitrittsstaaten leisten. Dies kann auch im Rahmen des Netzwerks der Europäischen Umwelträte geschehen.

323. Aber auch beim Verwaltungsaufbau und hierbei insbesondere bei der Errichtung von funktionsfähigen Gebietskörperschaften, können Erfahrungen aus solchen Mitgliedstaaten hilfreich sein, in denen die regionale Ebene mit breiten Durchführungsbefugnissen ausgestattet ist. Die Regionalisierung der Verwaltung und die Stärkung der für den Vollzug „vor Ort" verfügbaren Ressourcen sind auch für die Durchsetzung der europäischen Umweltgesetzgebung erforderlich.

324. Während bei den Beitrittsstaaten der Aufbau einer nationalen Umweltpolitik im Mittelpunkt steht, ist auf der Ebene der Gemeinschaft vor allem eine *Reform ihrer institutionellen Strukturen* notwendig. Die bisherigen Entscheidungsverfahren auf EU-Ebene sind wegen ihrer Komplexität immer wieder auf Kritik gestoßen. Auch hat die Europäische Union sich in der Vergangenheit in dieser Frage nicht eben durch übertriebenen Reformeifer ausgezeichnet. Der Umweltrat hat sich deshalb immer wieder für eine Vereinfachung dieser Verfahren in Richtung auf ein einfaches Mehrheitsverfahren ausgesprochen, eine Abkehr vom Einstimmigkeitsprinzip in zentralen umweltpolitischen Bereichen (Verkehrs- und Energiepolitik, Landnutzung) gefordert sowie für die stärkere Mitentscheidung und ein Initiativrecht des Europäischen Parlaments plädiert (SRU, 1998, Tz. 364). Allerdings kann ein einfaches Mehrheitsverfahren für politische Vorreiterstaaten problematisch sein, denn die Beitrittsstaaten gehören – ähnlich wie die Staaten, die der Europäischen Gemeinschaft im Rahmen der Süderweiterung beitraten – eher zu den umweltpolitischen Nachzüglern unter den Mitgliedstaaten. Tendenziell wird es durch das veränderte Kräfteverhältnis zwischen umweltpolitisch fortschrittlichen Staaten und solchen, die eher eine bremsende Haltung einnehmen, schwieriger, bestehende Umweltstandards zu verschärfen oder neue Regelungen zu verabschieden. Andererseits zeigt dies nach Auffassung des Umweltrates die zentrale Bedeutung einer Harmonisierungsstrategie, die den Mitgliedstaaten mehr Freiräume belässt, auch anspruchsvollere Maßnahmen zu erlassen (Tz. 332).

Integration von Umweltbelangen in andere Politikbereiche

325. Die Integration von Umweltbelangen in andere Politikbereiche gilt als eine der zentralen Aufgaben europäischer (Umwelt-)Politik. Die Erfahrungen aus den alten Mitgliedstaaten zeigen, dass die Integration von Umweltbelangen in andere Politikbereiche ein sehr mühevoller und langwieriger Prozess ist. Deshalb sollten in den Beitrittsstaaten möglichst rasch die Voraussetzungen für eine verstärkte Integration umweltpolitischer Belange in andere Politikbereiche verbessert werden. Dies gilt umso mehr, als sich mit dem Beitritt der wirtschaftliche Strukturwandel in den Bcitrittsstaaten beschleunigen wird. Neben damit verbundenen, aus umweltpolitischer Sicht positiv zu bewertenden Effekten, etwa dem Aufbau eines funktionierenden Dienstleistungssektors, sind jedoch auch Negativtrends erkennbar, etwa in den Bereichen Mobilität, Konsum, Abfallvermeidung, Flächenverbrauch oder Ressourcennutzung. Die bereits absehbaren strukturellen Ursachen für eine wachsende Umweltbelastung durch erhöhten Ressourcenverbrauch und Konsum aufgrund von Wohlstandsgewinnen erfordern dabei alternative Strategien und Konzepte, beispielsweise zur nachhaltigen Verkehrsentwicklung, zur differenzierten Landnutzung oder zu einer stärker marktorientierten Abfallwirtschaft. Diese liegen zwar zum Teil vor, werden aber nur bedingt von den politischen Entscheidungsträgern aufgegriffen. Hier müssen die umweltpolitischen Vorreiterstaaten in Europa sowohl auf europäischer als auch auf bilateraler Ebene für diese Strategien stärker werben und sie auch in die Entscheidungsprozesse einbringen.

Hilfreich ist es auch, sich an den jeweiligen Best-practice-Beispielen für die sektorübergreifende Kooperation zwischen Ministerien oder Verwaltungsbereichen, an integrierten Gesetzgebungsverfahren unter formaler Beteiligung des Umweltministeriums oder an integrierten Genehmigungsverfahren zu orientieren. Des weiteren ist es erforderlich, in den Beitrittsstaaten die Voraussetzungen für die Umsetzung und Fortentwicklung der übergreifenden europäischen Gesetzgebung, wie der IVU-Richtlinie, der in Vorbereitung befindlichen Richtlinie über die strategische UVP oder der geplanten Wasserrahmenrichtlinie, zu schaffen.

326. Insbesondere im Verkehrsbereich ist eine Integration von Umweltbelangen notwendig. Der zu erwartende Beitritt fast sämtlicher Staaten Mittel- und Osteuropas zum Wirtschaftsraum der EU wird insbesondere Deutschland zum bevorzugten Transitland zwischen West- und Osteuropa machen. Die damit einhergehenden ökologischen Belastungen und die völlig unzureichenden verkehrspolitischen Konzepte müssen sehr viel stärker in den Mittelpunkt nationaler Politikgestaltung gerückt werden. Ohne eine zukunftsfähige und nachhaltige Strategie zum Auf- und Ausbau der Verkehrssysteme, etwa durch die Verlagerung der Güterströme von der Straße auf die Schiene, sieht der Umweltrat die Gefahr, dass sich die Fehlentwicklungen der letzten Jahrzehnte fortsetzen. Der Umweltrat plädiert deshalb für die Entwicklung einer zukünftig stärker an Kriterien der ökologischen Modernisierung orientierten Verkehrspolitik sowohl in den Mitgliedstaaten als auch in den Staaten Mittel- und Osteuropas. Dies betrifft vor allem den Güterverkehr. Hierzu sind allerdings auch in Deutschland gewaltige Investitionen zur Modernisierung der Infrastruktur (Schienenwege, Umschlagplätze, Waggonbau) notwendig.

327. Des weiteren bedarf es – über die Agenda 2000 hinausgehend – einer Reform der Gemeinsamen Agrarpolitik. Hier besteht die Chance und aus Sicht des Umweltrates auch die unabdingbare Notwendigkeit, über die Beschlüsse des Berliner Gipfels hinaus die quantitative Ausrichtung der bisherigen europäischen Agrarpolitik nicht in gleichem Maße auf die landwirtschaftlichen Praktiken in den Beitrittsstaaten zu übertragen. Vielmehr sollten strategische Weichenstellungen zugunsten einer umweltverträglicheren Gemeinsamen Agrarpolitik Vorrang vor kurzfristigen budgetären Erwägungen haben (SRU, 1996b). Entwicklungen in der Europäischen Union in bezug auf eine umweltverträglichere Landwirtschaft, wie etwa eine Honorierung der Landwirte für die Erbringung ökologischer Leistungen, sollten schon jetzt bei der Landwirtschaftsreform in den jeweiligen Beitrittsstaaten berücksichtigt werden.

328. Solche Strategien hätten auch erhebliche positive Auswirkungen auf den Schutz der noch relativ unberührten Naturräume und wertvollen Kulturlandschaften in Mittel- und Osteuropa. Ansonsten ist die Gefahr sehr groß, dass ab dem Jahr 2002 möglicherweise der Aufbau einer Infrastruktur in den Beitrittsstaaten mitfinanziert wird, durch die Natur- und Kulturlandschaften zerstört werden, die dann ab 2004 in ein Netzwerk der Gemeinschaft (NATURA 2000) einbezogen werden sollen. Deshalb ist aus Sicht des Umweltrates eine intensivierte Vorbereitung zur Ausdehnung des NATURA 2000-Netzwerks auf die Beitrittsstaaten dringend geboten. Eine Voraussetzung dafür ist die finanzielle und technische Unterstützung dieser Staaten, um sie in die Lage zu versetzen, Referenzlisten für Gebiete im Rahmen der FFH-Richtlinie zu erstellen sowie die Erfassung von Arten und Habitaten voranzubringen.

Weiterentwicklung der Finanzierungs- und sonstigen Instrumente

329. Die bisher zur Verfügung stehenden *Instrumente zur Finanzierung von Investitionen* im Umweltbereich, wie PHARE und LIFE, wurden um spezielle Instrumente wie ISPA und SAPARD ergänzt. Diese sollen die Beitrittsstaaten schrittweise an die Nutzung der Strukturfonds heranführen. Bei der Vorbereitung der Beitrittsstaaten auf die Strukturfonds muss vordringlich darauf geachtet werden, Konditionalitäten bei der Mittelvergabe zu etablieren, die negative Umweltauswirkungen der aus den Fonds finanzierten Vorhaben ausschließen oder soweit wie möglich begrenzen. Die Durchführung von Umweltverträglichkeitsprüfungen sollte nicht nur vorgeschrieben, sondern auch effektiv nachgeprüft werden. Außerdem ist in Betracht zu ziehen, das Mindestvolumen für förderfähige Projekte im Rahmen von ISPA zu senken und die Möglichkeiten zur Bündelung von kleineren ISPA-Projekten zu verbessern.

330. Zur Unterstützung der Beitrittsstaaten bei der Angleichung an die Gesetzgebung der Gemeinschaft und bei dem Aufbau der nationalen Verwaltung werden unter anderem im Umweltsektor mit PHARE-Mitteln *Twinning-Projekte* finanziert. Auch wenn es angesichts begrenzter finanzieller Mittel bis zu einem gewissen Grad notwendig erscheint, sich zunächst auf die zentralen formalen Voraussetzungen des Beitritts zu konzentrieren, sollte das Twinning-Instrument über die konkreten administrativen Umsetzungserfordernisse hinaus auch für andere umweltpolitische Erfordernisse Anwendung finden können, etwa zur umweltpolitischen Strategiebildung in den Beitrittsstaaten.

331. Trotz bisher unzureichender Rahmenbedingungen in den Beitrittsstaaten ist die stärkere Nutzung *marktorientierter Instrumente* im Rahmen des Beitrittsprozesses in Erwägung zu ziehen. Einerseits könnte eine entsprechende Vorgehensweise die Kosten des Beitritts senken und die Übergangsfristen verkürzen. Andererseits können in diesem Rahmen wertvolle Erfahrungen bei der Anwendung solcher Instrumente auch mit Blick auf die bisherigen Mitgliedstaaten gesammelt werden. Der Umweltrat ist wiederholt für die Einführung von Abgaben auf europäischer Ebene eingetreten und plädiert insbesondere für eine EU-weite CO_2-Steuer. Als weitergehende Lösung hält der Umweltrat die Errichtung eines europäischen CO_2-Lizenzmarktes (als Vorstufe für einen weltweiten Lizenzmarkt) für sinnvoll. Dabei könnte auch an die Erfahrungen mit handelbaren Emissionsgutschriften (*Joint Implementation*) angeknüpft werden, die gegenwärtig im Zusammenhang mit der Umsetzung des Kyoto-Protokolls durchgeführt werden. Aufgrund der großen Unterschiede zwischen den

Vermeidungskosten von umweltschädlichen Emissionen in Nord- und Westeuropa einerseits und Mittel- und Osteuropa andererseits könnten diese Versuche auch außerhalb des Anwendungsbereichs des Kyoto-Protokolls Modellcharakter haben.

Differenzierung der Harmonisierungsstrategie

332. Die Optimierung der Heranführungsstrategie und die Weiterentwicklung der instrumentellen Basis werden jedoch allein nicht die zukünftigen Probleme einer sich erweiternden Union lösen können. Vor diesem Hintergrund und der sich daraus ergebenden wachsenden Unterschiede nicht nur im Umweltbereich, sondern auch von sozio-ökonomischen und kulturellen Faktoren werden unter den Mitgliedstaaten und in den europäischen Institutionen seit geraumer Zeit Schritte diskutiert, wie eine zukünftige Harmonisierungsstrategie gestaltet werden soll. Diese muss unterschiedlichen Anforderungen und Voraussetzungen gerecht werden, ohne dabei den gemeinschaftlichen institutionellen Rahmen der Union und den europäischen Binnenmarkt zu sprengen.

Dies gewinnt zusätzliche Bedeutung durch das im Vertrag von Maastricht gestärkte Subsidiaritätsprinzip, das einer sinnvollen Arbeitsteilung zwischen Mitgliedstaaten und Gemeinschaft dient. Nach Auffassung des Umweltrates bedeutet das Subsidiaritätsprinzip, dass nicht alles, was die Europäische Kommission zu regeln wünscht, auch auf EU-Ebene geregelt werden muss. Vielmehr können wichtige Bereiche des Umweltschutzes, insbesondere solche, die regionale Probleme betreffen, komplett in der Verantwortung der Mitgliedstaaten belassen werden.

Für eine stärker differenzierte Harmonisierungsstrategie kann auf Ausnahmeregelungen für bestimmte Mitgliedstaaten oder Regionen zurückgegriffen werden (*Differenzierung bei der Regulierung*). Die Problematik von Übergangsfristen im Rahmen des Beitritts ist bereits eingangs diskutiert worden (Tz. 321), doch sie stellt sich generell. Eine stärkere Differenzierung bei der Standardsetzung im Sinne von Ausnahmeregelungen kann dabei sowohl für umweltpolitische Vorreiterländer wie auch für Nachzügler gelten. Eine Abweichung von den europäischen Umweltstandards nach oben gibt Ländern mit einer aktiven und fortschrittlichen Umweltpolitik die Möglichkeit zur Erhaltung und Fortentwicklung ihres vergleichsweise hohen Umweltschutzniveaus. Die Option einer Abweichung nach unten dient dazu, Ländern mit geringeren umweltpolitischen Handlungskapazitäten die Umsetzung gemeinschaftlicher Umweltstandards zu erleichtern.

Der Amsterdamer Vertrag und teilweise auch das Sekundärrecht der Gemeinschaft sehen solche Ausnahmeregelungen vor. Der Umweltrat weist aber darauf hin, dass der stärkere Rückgriff auf Ausnahmeregelungen auch Gefahren birgt. So ist es unerlässlich, Ausnahmeregelungen, die ein schwächeres Umweltschutzniveau erlauben, zeitlich eindeutig festzulegen und die Grundlage der Ausnahmeregelungen, etwa unvertretbar hohe Kosten für Behörden oder Unternehmen, regelmäßig zu überprüfen und die Ausnahmeregelung gegebenenfalls zu revidieren. Nur durch eine solche restriktive Vorgehensweise ließe sich verhindern, dass aus Übergangsfristen faktisch Dauerlösungen werden. Zudem muss man sich darüber im klaren sein, dass dadurch ein einheitliches Niveau des Umweltschutzes sowie die Einheitlichkeit des Binnenmarktes in Frage gestellt werden. Das bedeutet nach Auffassung des Umweltrates, zeitlich befristete oder zunächst nicht befristete Ausnahmeregelungen vorsichtig zu gewähren und nur nach Einzelfallprüfung zu entscheiden. Keineswegs sollten Ausnahmeregelungen zum Normalfall werden.

Eine weitere Option für mehr Differenzierung bei der Regulierung ist das durch den Amsterdamer Vertrag geschaffene Instrument der „Verstärkten Zusammenarbeit". Trotz einiger Zweifel, ob dieses Instrument tatsächlich praktikabel ist, sieht der Umweltrat darin eine insgesamt integrationsfreundlichere Vorgehensweise als „nationale Alleingänge" zu unternehmen.

Schließlich besteht die Möglichkeit, einheitliche Umweltstandards ohne Ausnahmen festzulegen, jedoch den Akteuren einen relativ großen Freiraum bei der Umsetzung einzuräumen (*Differenzierung bei der Implementation*). Dies kann geschehen durch partizipative Elemente, durch den Einsatz marktorientierter Instrumente (übertragbare Lizenzen, Abgaben etc.), durch Selbstverpflichtungen oder durch den Erlass von Rahmenrichtlinien, die den Mitgliedstaaten größere Freiräume bei der Umsetzung gestatten. Ein solcher Ansatz setzt jedoch vielfach anspruchsvolle zivilgesellschaftliche, administrative und auch technische Rahmenbedingungen voraus, die in den Beitrittsstaaten bisher noch nicht in ausreichendem Maße vorhanden sind. Insbesondere bei der Anwendung von marktorientierten Instrumenten stellt sich zudem das Problem, dass das europäische Umweltrecht ihrem Einsatz immer noch enge Grenzen setzt. Der Umweltrat sieht in einer Strategie, den Mitgliedstaaten bei der Implementation von Umweltstandards größere Freiräume zu belassen, eine eher mittel- und langfristige Option, die allerdings im Hinblick auf die bevorstehenden Beitritte der mittel- und osteuropäischen Staaten forciert angegangen werden sollte.

2.4 Betrachtung der Umweltpolitikbereiche

333. Der traditionelle mediale Ansatz der Umweltpolitik greift aus mancherlei Gründen zu kurz. Einmal berücksichtigt dieser Ansatz nicht, dass Stoffeinträge aus einem Umweltmedium in ein anderes übertragen werden können, was vor allem im Hinblick auf Einträge auf dem Luft-Boden-Wasserpfad von Bedeutung ist. Ferner werden die Wechselwirkungen zwischen Umweltmedien hinsichtlich der Folgen medialer Belastungen, zum Beispiel für die Nahrungskette von Lebewesen, nicht ausreichend erfasst. Schließlich gilt es, auch kumulative

Belastungen des Menschen, tierischer Lebewesen sowie von Pflanzen durch parallele Stoffeinträge in mehreren Umweltmedien zu berücksichtigen. Daher ist ein integrierter, ökosystemarer Ansatz sicherlich ein Postulat für eine problemgerechte Umweltpolitik. Dies schließt den Aufbau einer integrierten, übergreifenden Umweltbeobachtung ein, die über einen sektoralen Ansatz hinaus das System Umwelt als Ganzes erfasst.

Differenzierter ist der integrierte Ansatz der Umweltpolitik zu bewerten, soweit es um die Adressaten von Maßnahmen geht. Vielfach wird eine Umweltpolitik, die von vornherein von Verursachergruppen ausgeht und sämtliche Belastungen durch die jeweilige Gruppe erfasst, als wesentlicher Beitrag zu einer integrierten Umweltpolitik angesehen. Der Umweltrat hat hierzu in Kapitel 1 dieses Gutachtens Stellung genommen. Er tritt dafür ein, zunächst die jeweiligen Umweltprobleme zu identifizieren und zu bewerten und Verursachergruppen je nach der Art des Umweltproblems und den instrumentellen Möglichkeiten gegebenenfalls bei der Konzipierung von Maßnahmen zu berücksichtigen. Dies schließt es freilich nicht aus, Verursachergruppen mit komplexen Umweltproblemen einer gesonderten Bewertung zu unterziehen, sofern dabei das Primat der Orientierung an verursacherübergreifenden Umweltproblemen nicht verloren geht. In diesem Sinne widmet sich der Umweltrat z. B. im vorliegenden Gutachten den Umweltproblemen der Forstwirtschaft und des Energiesektors.

Die Forderung nach einem integrierten, ökosystemaren Ansatz in der Umweltpolitik und entsprechend in der Umweltbeobachtung ist nicht unproblematisch, da dieser auf vielfältige fachliche und institutionelle Restriktionen stößt. Die Regelungsstruktur des geltenden Umweltrechts und die auf ihr aufbauenden Zuständigkeiten der Behörden, die Verwaltungstraditionen, Politik- und Expertennetzwerke und Erfahrungen sind vielfach an Umweltmedien und medialen Herkunftsbereichen von Umweltbelastungen ausgerichtet. Insoweit sind hier „Pfadabhängigkeiten" entstanden. Angesichts der komplexen Zusammenhänge läuft die Forderung nach einer durchgängigen ökosystemaren Betrachtungsweise auch Gefahr, die Problemverarbeitungskapazität der Umweltpolitik zu überfordern. Der Umweltrat weist daher darauf hin, dass aus Gründen der Praktikabilität, nämlich aus der Notwendigkeit heraus, konkrete Bewertungen vorzunehmen und Maßnahmen zu treffen, eine mediale Betrachtungsweise die Grundlage für – notwendige – weitergehende Überlegungen bilden muss. Dies gilt sowohl für Zielfestlegungen als auch für Maßnahmen. Zum jetzigen Zeitpunkt sind die meisten Zielvorgaben im Bereich der Umweltpolitik ausschließlich medial ausgerichtet. Es stehen vielfach auch unterschiedliche Stoffe und Wirkungszusammenhänge im Vordergrund. Die Bewertung von Umweltproblemen muss sich zudem zunächst an der Schutzwürdigkeit und dem Schutzbedürfnis der Umweltmedien und der von ihnen abhängigen Schutzobjekte orientieren. Transferprobleme, Wechselwirkungen und kumulative Belastungen können erst auf dieser Grundlage berücksichtigt werden, eine Aufgabe, die noch zu leisten ist. Entsprechendes gilt hinsichtlich der Maßnahmen. So müssen z. B. luftgängige Stoffeinträge in Boden und Gewässer letztlich an der Quelle reduziert werden, so dass Maßnahmen und deren Umsetzung im Umweltpolitikbereich Luftreinhaltung verbleiben. Dies gilt insbesondere für die diffusen Stoffeinträge, wie etwa die sekundären Luftschadstoffe. Allerdings müssen, stärker als das bisher der Fall war, auch aus dem Blickwinkel des Boden- und Gewässerschutzes quantitative Aussagen zum Umfang notwendiger Emissionsminderungen gemacht und im Umweltpolitikbereich Luftreinhaltung umgesetzt werden. Die nach wie vor erheblichen stofflichen Einträge durch landwirtschaftliche Nutzungen, die immer wieder den Gewässerhaushalt und die Trinkwassernutzung beeinträchtigen, können letztlich nur gezielt minimiert werden, wenn entsprechende Landnutzungsstrategien entwickelt sind, die gleichermaßen den Bodenschutz und den Gewässerschutz einbeziehen. Ebenso sind kumulative Belastungen von Schutzobjekten auf mehreren Eintragspfaden zu berücksichtigen. Dies erfordert ein ökosystemares Problembewusstsein und eine stärkere Kooperation der zuständigen Behörden auf allen Ebenen, keineswegs aber ein radikales Umsteuern der Umweltpolitik.

Dementsprechend behandelt der Umweltrat in den folgenden Teilkapiteln die klassischen Umweltmedien Wasser, Boden, Luft sowie den Naturschutz. Einige Problemstellungen werden verursacher- bzw. nutzerorientiert in gesonderten Teilkapiteln behandelt, wie etwa die Abfallwirtschaft, die Gefahrstoffe oder die Gentechnik. Die innere Struktur der Teilkapitel wird jedoch verändert. Anstatt wie bisher von der Situationsanalyse auszugehen und dann die ergriffenen Maßnahmen zu bewerten, stellt der Umweltrat nunmehr die jeweiligen Umweltqualitäts- und Umwelthandlungsziele voran, um auf dieser Grundlage die Situation und die ergriffenen Maßnahmen zu bewerten. Dabei werden stärker als bisher Verknüpfungen zwischen den Umweltmedien und ihren Belastungen berücksichtigt.

2.4.1 Naturschutz

2.4.1.1 Aufgaben und Ziele des Naturschutzes

334. Die Welt-Naturschutzorganisation IUCN hat bereits 1980 drei wesentliche Aufgabenfelder des Naturschutzes definiert (IUCN, 1980):

– Aufrechterhaltung der wesentlichen ökologischen Prozesse und der lebenserhaltenden Systeme,

– Schutz der genetischen Diversität und der wildlebenden Arten,

– nachhaltige Nutzung von Arten und Ökosystemen mit dem Ziel, alle natürlichen Ressourcen im

Hinblick auf die Bedürfnisse der zukünftigen Generationen vorsichtig zu nutzen.

Die Zielbestimmungen des Bundesnaturschutzgesetzes (§ 1 Abs. 1) stehen im Grundsatz inhaltlich mit diesen Aufgabenfeldern im Einklang. Sie beziehen sich auf einen umfassenden Schutz der Natur, der weit über einmalige oder herausragende Naturgüter hinausgeht (Sicherung der „Leistungsfähigkeit des Naturhaushaltes"; vgl. hierzu SRU, 1987, Tz. 356 f.). Das Bundesnaturschutzgesetz sieht weder eine Einengung auf die herkömmlichen Aufgabenfelder des Arten- und Biotopschutzes, wie sie in der öffentlichen Wahrnehmung und in der Praxis auch heute noch stattfindet, noch auch nur einen Vorrang dieser Aufgabenfelder vor. Zudem ist die Entwicklung tragfähiger Strategien zur Erhaltung der Nutzungsfähigkeit von Naturgütern eine eigenständige Aufgabe des Naturschutzes.

335. Gleichrangige Gegenstände des Naturschutzes sind:

– wildlebende Arten und innerartliche Varianz (Artenschutz),

– herausragende geologische und paläontologische Stätten (Geotopschutz),

– Ökosysteme/Ökotope (heute im deutschen Sprachgebrauch überwiegend unter Biotopschutz subsumiert),

– Wasser, Boden und Luft als biologisch regulierte Naturgüter (Ressourcenschutz),

– natürliche Veränderungen auf der Ebene von Arten, Lebensgemeinschaften, Ökosystemen und Landschaften in Raum und Zeit (Prozessschutz),

– regionaltypische Landschaften (Landschaftsschutz).

Naturschutz beschränkt sich nicht auf eine ausschließlich konservierende Dimension, sondern umfasst auch Pflege und Entwicklung. Ein Schutz ökologischer Systeme kann nur gelingen, wenn er deren innere natürliche – und im Fall von Kulturlandschaften deren zooanthropogene – Dynamik mit einschließt. Dies ist einer der wesentlichen Gründe, warum im Naturschutz der Prozessschutz einen zunehmend hohen Stellenwert erlangt.

336. Eine zusammenfassende Darstellung und Fortschreibung „der gegenwärtigen Lage biologischer Vielfalt in Deutschland und der Formulierung von Empfehlungen und Strategien" ist im zweiten Bericht der Bundesregierung nach dem Übereinkommen über die biologische Vielfalt enthalten (BMU, 1998a, S. 9). Danach ist die Erhaltung der biologischen Vielfalt ein zentraler Bestandteil der deutschen Umweltpolitik. Die deutsche Strategie vollzieht damit die Gemeinschaftsstrategie über „biologische und landschaftliche Vielfalt" (BMU, 1998a, S. 13) nach (Tz. 404). Die Formulierung von Zielen und Leitbildern des Naturschutzes bleibt jedoch wenig konkret.

337. Mit dem Entwurf eines umweltpolitischen Schwerpunktprogramms wird dieser Mangel weitgehend behoben. Die dort formulierten Ziele des Naturschutzes beziehen sich auf die nachhaltige Funktionsfähigkeit und den Schutz des gesamten Naturhaushaltes. Dieser medienübergreifende Ansatz schließt Wasser, Boden, Luft, Pflanzen, Tiere und Lebensräume ein. Dementsprechend lautet das übergreifende Umweltqualitätsziel: „Sicherung und Förderung der Funktion von Flächen beziehungsweise Landschaften als Lebensgrundlage und Lebensraum für Pflanzen, Tiere und Menschen und damit zur Erhaltung der biologischen Vielfalt (genetische Vielfalt sowie Arten- und Lebensraumvielfalt)" (BMU, 1998a, S. 51).

Um dieses Ziel zu erreichen, soll der Schutz des Naturhaushaltes und der biologischen Vielfalt im Rahmen des Konzeptes der differenzierten Landnutzung mit abgestuften Schutzintensitäten in allen Nutzungsbereichen durchgesetzt werden, wie dies auch der Umweltrat im Umweltgutachten 1996 gefordert hat (SRU, 1996a, Tz. 245). Regionale Naturschutzziele müssen daher die unterschiedliche Naturausstattung, das entsprechende Naturschutzpotential und den Grad der Nutzung berücksichtigen.

338. Zur Sicherung und Weiterentwicklung natürlicher und naturnaher Flächen und damit zur Erhaltung der biologischen Vielfalt ist im Entwurf des Schwerpunktprogramms folgendes Ziel festgelegt: „Sicherung von 10 bis 15 % der nicht besiedelten Fläche (bezogen auf 1998) als ökologische Vorrangflächen zum Aufbau eines Biotopverbundsystems" (BMU, 1998a, S. 54, vgl. hierzu Tz. 417).

Die Ausweisung von qualitativ guten Schutzgebieten mit ausreichend großen Flächen und die Vernetzung dieser Kerngebiete des Naturschutzes zu einem kohärenten Biotopverbundsystem ist für die Erhaltung der noch vorhandenen biologischen Vielfalt prioritär. Zur Schaffung eines solchen Netzes sind die EU-Mitgliedstaaten durch die Flora-Fauna-Habitat(FFH)-Richtlinie verpflichtet. Das ursprünglich für die Agrarlandschaft entwickelte Biotopverbundsystem (vgl. SRU, 1987 und 1985; SUKOPP und SCHNEIDER, 1981) ist damit für die gesamte Fläche bindend. Im Entwurf des Schwerpunktprogramms ist hierfür ausdrücklich ein Vorrang des Naturschutzes genannt. In einigen Bundesländern ist die Zielsetzung auch bereits in die Landesnaturschutzgesetze aufgenommen. Zur Verwirklichung des Biotopverbundes ist im Entwurf des Schwerpunktprogramms ein Zeitrahmen bis 2020 vorgesehen. Von der EU wird dagegen die Umsetzung des NATURA-2000-Konzeptes bis 2004 gefordert (vgl. Tz. 417).

339. Ferner wird im Schwerpunktprogrammentwurf eine „dauerhafte Trendwende bei der Gefährdung der wildlebenden heimischen Tier- und Pflanzenarten" (BMU, 1998a, S. 57) angestrebt. Dieses Ziel bezieht sich nicht erst auf das Aussterben von Arten, sondern setzt bereits bei geringen Graden der Gefährdung an. Um die angestrebte Trendwende erkennen zu können, soll die Bestandsentwicklung von ausgewählten Arten, die für bestimmte Lebensräume repräsentativ sind, regelmäßig beobachtet werden (100-Arten-Programm).

340. Prioritäres Ziel muss nach Auffassung des Umweltrates die Erhaltung noch vorhandener natürlicher und naturnaher zusammenhängender Lebensräume auf größerer Fläche sowie damit die Erhaltung des Potentials für dynamische Entwicklungsprozesse sein. Bei solchen zusammenhängenden Lebensräumen sollten Zerschneidungen vermieden und gegebenenfalls aufgehoben werden. Arten müssen in ihrem natürlichen Lebensraum und auch ohne intensive menschliche Pflege geschützt werden. Schutz im natürlichen Lebensraum kann aber mit dem Verlust an Vielfalt verbunden sein. So ist unter Umständen die Größe von Populationen geringer als in dauerhaft genutzten oder gepflegten Ersatzbiotopen, und einzelne Arten können völlig ausfallen. In diesem graduellen Verlust an Artenvielfalt auf unterer Ebene wird vom Naturschutz kein Widerspruch gesehen.

Da die mitteleuropäische Landschaft seit Jahrhunderten durch landwirtschaftliche Nutzung überformt ist, finden manche Arten keine oder kaum noch natürliche Lebensräume, so dass auch von Menschen gepflegte Ersatzlebensräume für die Erhaltung von biologischer Vielfalt dauerhaft aufrecht erhalten werden müssen.

Ferner ist darauf hinzuweisen, dass es im Naturschutz nicht darum geht, lediglich eine bestimmte Flächenmenge bereitzustellen mit der bereits die biologische Vielfalt und alle Arten geschützt wären. Die Gebietsauswahl hat so zu erfolgen, dass in den jeweiligen biogeographischen Regionen vorkommende Arten und Lebensräume hinreichend repräsentiert sind.

341. Weitere Zielformulierungen des Entwurfs des Schwerpunktprogramms gehen über den Naturschutz im engeren Sinne hinaus. Dies gilt insbesondere für die „Trendwende bei der Flächeninanspruchnahme". Danach soll „die dauerhafte Entkopplung der Flächeninanspruchnahme für Siedlung und Verkehr vom wirtschaftlichen Wachstum und die Reduzierung der Zunahme der Siedlungs- und Verkehrsfläche auf 30 ha pro Tag bis 2020" erreicht werden (BMU, 1998a, S. 60; vgl. auch Tz. 532 f.). Soweit Eingriffe in Natur und Landschaft nicht vermieden werden können, müssen die Folgen von Eingriffen gemildert werden, z. B. durch „eine umweltschonende Flächennutzung durch Siedlung und Verkehr" (BMU, 1998a, S. 63). Vorrangig ist die Zerschneidung von verkehrsarmen Lebensräumen (über 100 km^2) zu vermeiden. Naturschutzvorrangflächen sollen von Verkehrseinrichtungen insgesamt freigehalten werden.

342. Ein weiteres Ziel ist „eine umweltschonende Flächennutzung in der Land- und Forstwirtschaft" (BMU, 1998a, S. 60). Danach sind die Regeln der guten fachlichen Praxis in der Landwirtschaft als Mindeststandard, insbesondere die Reduzierung des Stickstoffüberschusses auf 50 kg/ha beziehungsweise 20 bis 40 kg/ha bei versickerungsgefährdeten Standorten bis 2005 umzusetzen. Weiterhin sollen Belastungen durch Pflanzenschutzmittel vermindert werden (BMU, 1998a, S. 69). Nach Auffassung des Umweltrates sind in diesem Zusammenhang Mindestanforderungen an eine ordnungsgemäße Forstwirtschaft festzulegen (Tz. 416 und Tz. 1117 f.).

Zur Erhaltung der Kulturlandschaft sollen regionaltypische Landbewirtschaftungsformen beibehalten und der Anteil des ökologischen Landbaus von derzeit 1,9 % auf 5 bis 10 % der landwirtschaftlich genutzten Fläche bis zum Jahr 2010 erhöht werden. In der Forstwirtschaft ist eine „Ausweitung des naturnahen und naturgerechten Waldbaus" vorgesehen (BMU, 1998a, S. 62).

2.4.1.2 Zum Zustand von Natur und Landschaft

343. Der Umweltrat hat wiederholt darauf hingewiesen, dass der Zustand von Natur und Landschaft unverändert besorgniserregend ist (SRU, 1978, 1985, 1987, 1994, 1996a und b). Dies gilt insbesondere für die anhaltende Gefährdung durch direkte Eingriffe in Natur und Landschaft, durch Nähr- und Schadstoffeinträge und durch den Verlust von natürlichen und naturnahen Lebensräumen sowie den damit einhergehenden Artenrückgang. Der Zustand von Natur und Landschaft steht immer noch nicht im Einklang mit den Erfordernissen einer nachhaltigen Entwicklung. Der (Status-)Bericht des Bundesamtes für Naturschutz zur „Erhaltung der biologischen Vielfalt" (BfN, 1997) und der Bericht der Bundesregierung nach dem Übereinkommen über die biologische Vielfalt (BMU, 1998b) geben erstmals eine umfassende Situationsanalyse, würdigen die erbrachten Leistungen und zeigen die aktuellen Defizite im Bereich Naturschutz und biologische Vielfalt in Deutschland auf. Nachfolgend sind einige ausgewählte Daten zur Beschreibung des Zustandes und der Gefährdungssituation zusammengestellt und werden mit den Zielen des Naturschutzes verglichen.

2.4.1.2.1 Rote Listen

344. Rote Listen enthalten eine Bestandsaufnahme von Pflanzen, Tieren und ihren Lebensräumen einschließlich des Ausmaßes der Gefährdung. In ihrer kommentierten Form lassen sie Aussagen und Bewertungen über ökosystemare Zusammenhänge und mögliche Gefährdungsursachen zu. In der Naturschutzpraxis haben sie mittlerweile als Entscheidungsgrundlage für Planungen und Maßnahmen einen festen Platz. Sie dienen auch dazu, die Öffentlichkeit, Behörden, nationale und internationale Gremien über den aktuellen Zustand und im Fall der Fortschreibung über Veränderungen von Natur und Landschaft zu informieren sowie Handlungsbedarf im Biotop- und Artenschutz aufzuzeigen. Sie können damit Gradmesser für die Zielerreichung der Erhaltung bzw. einer Trendwende in der Gefährdung der biologischen Vielfalt sein.

Der Umweltrat regt an, die Zunahme positiver Entwicklungen im Naturschutz in Zukunft nach außen besser deutlich zu machen und die Roten Listen durch Erfolgslisten, sogenannte Blaue Listen nach schweizerischem Vorbild, zu ergänzen (vgl. GIGON et al., 1998).

345. Unter der Leitung des Bundesamtes für Naturschutz sind im Berichtszeitraum mehrere neue und methodisch weiterentwickelte, kommentierte Rote Listen erarbeitet und veröffentlicht worden, die eine erste Gesamtübersicht über ganz Deutschland ermöglichen:

- Rote Liste gefährdeter Pflanzen Deutschlands (BfN, 1996),
- Rote Liste gefährdeter Tiere Deutschlands (BfN, 1998),
- Rote Liste der Biotoptypen, Tier- und Pflanzenarten des deutschen Wattenmeer- und Nordseebereichs (von NORDHEIM und MERCK, 1995),
- Rote Listen und Artenlisten der Tiere und Pflanzen des deutschen Meeres- und Küstenbereiches der Ostsee (MERCK und von NORDHEIM, 1996).

Zusammen mit der „Roten Liste der gefährdeten Biotoptypen der Bundesrepublik Deutschland" (RIECKEN et al., 1994) liegen nun alle Roten Listen in aktualisierter Fassung für den Bezugsraum Deutschland vor (vgl. SRU, 1994, Tz. 225 ff.).

Pflanzen

346. Die Gefährdungssituation ist für einzelne Pflanzengruppen wegen der unterschiedlichen Lebensraumansprüche sehr verschieden (Tab. 2.4.1-1). Bei den Farn- und Blütenpflanzen sind mit ca. 28 % relativ viele Arten aktuell gefährdet, 31,5 % stehen auf der Roten Liste (alle Gefährdungsstufen). Unter diesen finden sich viele Pionierpflanzen und Besiedler von Sonderstandorten. Die Zerstörung von Lebensräumen ist die hauptsächliche Gefährdungsursache, gefolgt von der Verdrängung konkurrenzschwacher Arten durch die Förderung starkwüchsiger Pflanzen infolge von Nährstoffeinträgen.

Moose und Flechten weisen mit 39 bis 54 % noch mehr aktuell gefährdete Arten auf. Besonders bei den Flechten ist die Luftverschmutzung wesentliche Gefährdungsursache, wiederum gefolgt von der Standortzerstörung. Auch bei fast allen mykorrhizabildenden Großpilzen sind Immissionen die Hauptgefährdungsursache.

Bei den Algen sind relativ viele limnische Vertreter gefährdet, insbesondere viele Arten nährstoffarmer Gewässer. Für viele andere niedere Pflanzen lassen sich Gefährdungsursachen beim gegenwärtigen Stand der Kenntnisse nur vermuten. Ihre ökologischen Ansprüche und Lebensräume sind bisher zu wenig erforscht, und über die tatsächliche Verbreitung oder eventuelle Rückgänge ist das Wissen unzureichend (BfN, 1996, S. 15).

347. Aus pflanzengeographischer Sicht hat sich mit der Vereinigung der Bezugsraum der Roten Liste Pflanzen wesentlich in den kontinentaleren Bereich Ostdeutschlands erweitert. Die ozeanisch bis kontinental geprägte Flora Gesamtdeutschlands ist deshalb artenreicher als die jeweils einzeln betrachteten Auflistungen West- und Ostdeutschlands. Mit zunehmender Größe des Bezugsraumes nimmt die Zahl gefährdeter Arten naturgemäß ab. Somit ist zu erklären, dass sich für einige Arten eine geringere Gefährdungseinstufung als in der Vergangenheit ergibt. Ein direkter Vergleich mit früheren Roten Listen ist aus diesem Grund und auch wegen einiger methodischer Veränderungen bei der Erfassung und Einstufung nicht möglich. Insgesamt zeigen diese Schwierigkeiten, dass eine an Ländergrenzen orientierte Rote Liste den Grenzen der natürlichen Verbreitung von Arten nicht entspricht und deshalb nur eine begrenzte Aussagekraft für die tatsächliche Gefährdung der Gesamtpopulation besitzt.

Das Bundesamt für Naturschutz stellt dennoch bezüglich der Gefährdungssituation fest: „die flächenhafte Verarmung unserer Flora hält weiterhin an" (BfN, 1996, S. 18). Die jetzt noch auf der Roten Liste stehenden Arten sind nun in einem großen Gebiet gefährdet, das für einige Arten bereits einen merklichen Anteil ihres weltweiten Areals ausmacht.

Tiere

348. Die vom Bundesamt für Naturschutz herausgegebene „Rote Liste gefährdeter Tiere Deutschlands" bewertet von den in Deutschland vorkommenden ca. 45 000 Tierarten mehr als 16 000 bezüglich ihrer Gefährdung (BfN, 1998). Sie ist eine wesentlich erweiterte und methodisch verbesserte Fortschreibung von Vorgängerlisten und Einzelbearbeitungen für West- und Ostdeutschland und hat damit – ähnlich wie die gesamtdeutsche Liste Pflanzen – einen neuen Standard für Deutschland gesetzt.

Tabelle 2.4.1-1

Gefährdungseinstufungen von Pflanzen

Pflanzengruppe	berücksichtigte Artenzahl	bestandsgefährdete Arten[*]	
		absolut	prozentual
Farn- und Blütenpflanzen	3 001	943	31
Moose	1 121	513	46
Flechten	1 691	1 036	61
Großpilze	4 385	1 402	32
Phytoparasitische Pilze	736	293	40
Schleimpilze	320	45	14
Meeresalgen	306	94	31
Rot- und Braunalgen des Süßwassers	38	22	58
Gelbgrünalgen	34	16	47
Armleuchteralgen	40	36	90
Zieralgen	798	501	63
Kieselalgen	1 437	535	37
Summe	13 907	5 436	39

[*] „bestandsgefährdet" fasst die Rote-Liste-Kategorien „gefährdet", „stark gefährdet" und „vom Aussterben bedroht" zusammen
Quelle: BfN, 1997, S. 47; gekürzt

Bei allen Tiergruppen ist eine deutliche Gefährdungssituation zu verzeichnen (Tab. 2.4.1-2). Bereits 3 % aller Arten sind ausgestorben oder verschollen und 40 % unterliegen einer Gefährdung. Betrachtet man die absoluten Zahlen der Gefährdung, ist die besonders artenreiche Gruppe der Käfer, gefolgt von den Großschmetterlingen (Tz. 349), am meisten gefährdet. Die Wirbeltiere liegen mit ihrer Gesamtartenzahl weit hinter diesen Gruppen. Mit diesem Vergleich auf Basis der Gesamtartenzahlen soll die Aufmerksamkeit auf wirbellose Tiergruppen gelenkt werden, die oftmals wenig attraktiv und bekannt sind, aber einen großen Anteil der biologischen Vielfalt Deutschlands und vor allem auch des Funktionsgefüges des Naturhaushaltes stellen.

349. Eine eingeschränkte Abschätzung der Gefährdungsentwicklung der letzten Jahre kann anhand des Vergleichs der aktuellen Liste mit der von 1984 (BLAB et al., 1984) vorgenommen werden. Die Einschränkungen beziehen sich – ähnlich wie bei den Pflanzen (Tz. 347) – auf methodisch und wissenschaftlich veränderte Gefährdungszuordnungen, auf verbesserten Kenntnisstand und insbesondere auf das vergrößerte Bezugsgebiet. Trotz einiger positiver Effekte zeichnet sich bei vielen Tiergruppen in der Gesamtbilanz ein negativer Trend ab (BfN, 1998, S. 25). Dies kommt z. B. im zunehmenden Anteil ausgestorbener und vom Aussterben bedrohter Arten bei den ohnehin in absoluten Zahlen besonders gefährdeten Großschmetterlingen zum Ausdruck, von denen ein großer Teil in Trocken- und Halbtrockenrasen lebt. Starke Bestandseinbußen sind ferner bei den durch Entwässerung und veränderte Bewirtschaftung bedrohten Feuchtgebietes- und Moorbewohnern zu verzeichnen sowie bei Arten der Kleingewässer. Auch bei vielen Fließgewässer-Arten sind trotz verbesserter Wasserqualität rückläufige Bestandstendenzen zu beobachten, die insbesondere auf Eingriffe in die Gewässermorphologie zurückzuführen sind (BfN, 1997, S. 48 f.). So ist zum Beispiel die Erhaltung des Elbebibers – für diese nur an der Elbe vorkommende Unterart trägt Deutschland eine besondere Verantwortung – durch geplante wasserbauliche Maßnahmen an der mittleren Elbe in Frage gestellt.

Biotopentwertungen und -verluste, die durch Eutrophierung, Grundwasserabsenkung oder intensive landwirtschaftliche Nutzung verursacht werden, stellen nach wie vor wichtige Gefährdungsursachen für die Fauna dar. Die Strukturvielfalt nimmt vielerorts durch die Zerstörung von krautreichen Säumen und Hecken sowie die Entnahme von Alt- und Totholz ab, weshalb weitere Arten, wie viele Wespen- und Bienenarten und besonders auch holzbewohnende Käfer gefährdet sind (BfN, 1998, S. 25). Da viele Arten heute auf Einzelvorkommen beschränkt sind, sind diese besonders durch Eingriffe bedroht.

Tabelle 2.4.1-2

Gefährdungseinstufungen von Tieren

Tierartengruppe	Zahl der untersuchten Arten	bestandsgefährdete Arten*)	
		absolut	prozentual
Säugetiere	100	33	33
Brutvögel	256	70	27
Kriechtiere	14	11	79
Lurche	21	13	62
Fische	257	66	26
Schwebfliegen	428	149	35
Großschmetterlinge	1 450	451	31
Bienen	547	237	43
Ameisen	108	59	55
Käfer	6 537	2 635	40
Libellen	80	44	55

*) „bestandsgefährdet" fasst die Rote-Liste-Kategorien „gefährdet", „stark gefährdet" und „vom Aussterben bedroht" zusammen
Quelle: BMU-Umwelt, 1998, S. 339

350. Bei einem europaweiten Vergleich der Gefährdung von Säugetieren kommt das Bundesamt für Naturschutz zu dem Ergebnis: „In Mitteleuropa verschärft sich die Gefährdungssituation für die Fauna in besonders hohem Maße. Abgesehen von biogeographischen, klimatischen und historischen Gründen ... ist dieser Befund durch die hohe Siedlungs- und Verkehrsdichte sowie die intensive land- und forstwirtschaftliche Flächennutzung zu erklären" (BfN, 1998, S. 29).

Meeres- und Küstenbereiche

351. Die Roten Listen für die Nordsee und das Wattenmeer (von NORDHEIM und MERCK, 1995) und die Ostsee (MERCK und von NORDHEIM, 1996) bilden einen wichtigen Beitrag Deutschlands zum Schutz der Meeres- und Küstenbereiche. Sie dienen vor allem auch als Argumentationshilfe im Rahmen internationaler Abkommen für die Nord- und Ostsee (Kap. 2.4.3.3). In einem ersten Schritt hin zu einer „kommentierten Roten Liste" versuchen diese, Angaben über die Ursachen von Bestandsrückgängen und Gefährdungen von Lebensräumen und ausgewählten Tier- und Pflanzengruppen zu machen und den vorrangigen Handlungsbedarf für diese Regionen aufzuzeigen.

Auch wenn vielfach nur lückenhafte Kenntnisse über Entwicklungstrends und Populationsschwankungen existieren, werden Gefährdungen durch Nähr- und Schadstoffeinträge, touristische und Freizeitaktivitäten, direkte Eingriffe in die Landschaft (Küstenschutzmaßnahmen, Dünenfestlegung, Eindeichung, Besiedlung, Wasserentnahme u. a.) und Fischerei als Gefährdungsursachen genannt.

352. Die Ostsee ist wegen ihres geringen Wasseraustausches ein besonders empfindliches Ökosystem. Der Salzgehalt nimmt von Westen nach Osten rasch ab; dadurch erreichen zahlreiche Arten im Gebiet der deutschen Ostseeküste die Grenze ihrer Verbreitung. Einige höhere Pflanzen haben ein sehr kleines Verbreitungsgebiet, sogenannte Endemiten, und ihren Verbreitungsschwerpunkt im Ostseeraum. Für einige baltische Endemiten trägt Deutschland besondere Verantwortung für die weltweite Erhaltung genetischer Vielfalt. Die Gefährdung von Pflanzen- und Tiergruppen im deutschen Teil der Ostsee ist in Tabelle 2.4.1-3 zusammengestellt.

Tabelle 2.4.1-3

Gefährdung von Pflanzen- und Tiergruppen im deutschen Teil der Ostsee

Pflanzen-/Tiergruppen	Zahl berücksichtigten Arten	Rote Liste			
		ausgestorben absolut	bestandsgefährdet*) absolut	potentiell gefährdet absolut	ausgestorbene oder gefährdete Arten in %
Marine Großalgen	227	27	50	12	39,2
Gefäßpflanzen	150	2	77	12	60,7
Marine bodenlebende Wirbellose	400	0	44	22	16,5
Land- und Süßwassermollusken	107	1	21	4	31,8
Spinnen	ca. 300	1	74	27	ca. 34,0
Käfer	252	1	138	52	75,8
Meeresfische	75	3	19	2	32,0
Amphibien und Reptilien	19	1	18	0	100
Vögel	k.A.	4	37	5	k.A.
Meeressäuger	3	0	3	0	100

*) Unter „bestandsgefährdet" sind alle Arten zusammengefasst, die entsprechend der Roten-Liste-Kriterien als „gefährdet", „stark gefährdet" oder „vom Aussterben bedroht" eingestuft wurden

Quelle: BMU-Umwelt, 1997, S. 287; verändert

Gefährdung von Biotoptypen

353. In der Liste der Biotoptypen werden für Deutschland mehr als zwei Drittel (69,4 %) und nahezu alle besonders schutzwürdigen Biotoptypen (etwa 92 %) als gefährdet eingestuft. Insbesondere der relativ hohe zahlenmäßige Anteil der von vollständiger Vernichtung bedrohten Biotope (15,4 %) gibt Anlass zur Besorgnis. Bei den nicht gefährdeten Biotopen (30,6 %) handelt es sich überwiegend um aus Naturschutzsicht nicht besonders schutzwürdige, stark anthropogen überformte oder gar „unerwünschte" Typen (RIECKEN et al., 1994).

Ein Vergleich der Ursachen und Verursacher für die Gefährdung von Biotoptypen zeigt, dass terrestrische und aquatische beziehungsweise Küsten- und Binnenlandökosysteme unterschiedlich beeinflusst sind. Bei den flächenmäßig am weitesten verbreiteten terrestrischen und semiterrestrischen Biotoptypen ist die Bedeutung der Gefährdungsverursacher weitgehend mit der bei Pflanzen ermittelten identisch (Abb. 2.4.1-1a und b; zu Pflanzen vgl. KORNECK und SUKOPP, 1988).

Zum Aussagewert von Roten Listen

354. Das Instrument der Roten Listen hat sich im Rahmen des Arten- und Biotopschutzes trotz gewisser Schwächen (SRU, 1987, Tz. 361 ff. und 1985, Tz. 572 ff.) als wertvolle Argumentations- und Bewertungshilfe bewährt. Vor allem die Ausweitung der Listen von Pflanzen- und Tierarten auf Biotoptypen ist ein Schritt zur besseren fachgutachterlichen Bewertung der Gefährdungssituation von Lebensräumen (SRU, 1996a, Tz. 256). Dennoch stellt der Umweltrat fest, dass durch das Instrument der Roten Listen in der Öffentlichkeit immer noch der Eindruck erweckt wird, Naturschutz ließe sich auf die Erhaltung einzelner Arten oder besonders schutzwürdiger Lebensräume reduzieren. Vielfach werden in der Planungspraxis Maßnahmen an einzelnen Arten der Roten Liste orientiert, die oftmals nicht einmal für die betroffenen Lebensräume charakteristisch sind. Als Folge davon wird der Gesamtzusammenhang des Naturhaushaltes nicht ausreichend berücksichtigt. Künftig sollte deshalb darauf geachtet werden, insbesondere das Bewusstsein für einen ganzheitlichen Ansatz im Naturschutz zu vermitteln. Der Umweltrat hält es aus naturschutzfachlicher Sicht für erforderlich, die Roten Listen dahingehend weiterzuentwickeln, dass sie sich stärker an biogeographischen Regionen und weniger an starren Landesgrenzen orientieren. Einzelne Bundesländer (z. B. Nordrhein-Westfalen) verfolgen bereits den Ansatz einer solchen naturräumlichen Gliederung (BfN, 1996).

Naturschutz

Abbildung 2.4.1-1

a) Ursachen für die Gefährdung von Biotoptypen

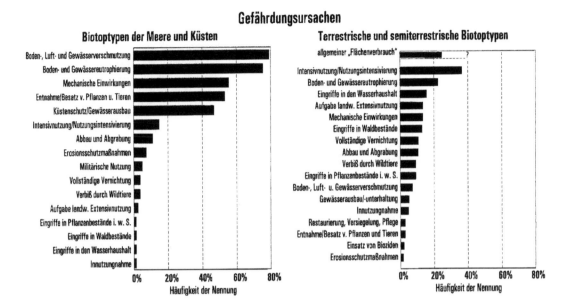

b) Die hauptsächlichen Gefährdungsverursacher für Biotoptypen

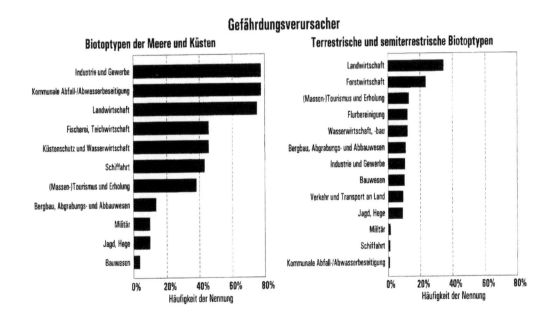

Quelle: BfN, 1997, S. 51 f., nach RATHS et al., 1995

2.4.1.2.2 Schutzgebiete und Biotopverbund

355. Die Schutzgebiete stellen als Kernflächen des Naturschutzes eine wesentliche Säule zur Erhaltung der biologischen Vielfalt dar. Auf nationaler und auf Landesebene haben die rechtsverbindlichen Schutzgebietskategorien einen hohen Stellenwert, im internationalen Naturschutz finden sich eher unverbindliche Unterschutzstellungen zum Beispiel nach Maßgabe von Konventionen oder mittels Prädikaten.

Nationalparke

356. Derzeit gibt es in Deutschland dreizehn Nationalparke mit einer Gesamtfläche von ca. 730 000 ha, was etwa 0,5 % der Bundesfläche entspricht. Der Schwerpunkt liegt in den Flachwasser- und Wattbereichen von Nord- und Ostsee mit ca. 80 % der gesamten Nationalparkfläche (BfN, 1999, S. 116 ff.). Die Schutzkategorie Nationalpark dient vorrangig dem großflächigen Schutz der natürlichen, ungestörten Dynamik von Ökosystemen sowie ihrer charakteristischen Biotope und Lebensgemeinschaften (genetischen Ressourcen). Wirtschaftsbestimmte Nutzungen oder sonstige Inanspruchnahmen sind auszuschließen oder innerhalb einer Übergangsfrist zu beenden. Das primäre Schutzziel – Erhaltung des natürlichen Zustandes, „nutzungsfreie" natürliche Entwicklung des Gebietes – ist nach internationalen Vorgaben auf mindestens 75 % der Schutzfläche umzusetzen. Die deutschen Nationalparke entwickeln sich allenfalls in ihren Kernzonen hin zu unberührter Natur, wogegen die übrigen Bereiche einer längeren Pflege und Entwicklung bedürfen.

Naturschutzgebiete

357. Naturschutzgebiete sind die für den Arten- und Biotopschutz wichtigste Schutzkategorie. In Deutschland gibt es etwa 6 000 Naturschutzgebiete, die ca. 2,3 % der Bundesfläche bedecken, weitere etwa 900 Gebiete sind vorläufig sichergestellt oder in Planung. Der Anteil an der Landesfläche reicht von 5,6 % (Hamburg) bis 1,2 % (Saarland) (BfN, 1999, S. 109 ff.). Zwei Drittel der Gebiete sind kleiner als 50 ha, nur ca. 11 % erreichen eine Größe über 200 ha. Eine aktuelle einheitliche Dokumentation der Naturschutzgebiete für Deutschland fehlt; letzte Veröffentlichungen aus den achtziger Jahren beziehen sich auf West- oder Ostdeutschland; andere stellen Einzelveröffentlichungen dar (BfN, 1999, S. 109 ff. und 1997, S. 163). Für diese Kernzellen des Naturschutzes ist eine regelmäßige bundesweite Berichterstattung erforderlich. Diese sollte Angaben über das Schutzziel, den Gebietszustand, stattfindende Nutzungen und über Veränderungen beinhalten.

Biosphärenreservate

358. Biosphärenreservate sind nach § 14a BNatSchG einheitlich zu schützende und zu entwickelnde Gebiete, die großräumig und für bestimmte Landschaftstypen charakteristisch sind. Sie sollen in wesentlichen Teilen die Voraussetzungen eines Naturschutzgebietes, im übrigen überwiegend die eines Landschaftsschutzgebietes erfüllen. Besonderes Anliegen von Biosphärenreservaten ist die Erhaltung, Entwicklung oder Wiederherstellung einer durch hergebrachte vielfältige Nutzung geprägten Landschaft und der darin gewachsenen Arten- und Biotopvielfalt einschließlich früherer Kulturformen. Sie können daneben beispielhaft der Entwicklung naturschonender Wirtschaftsweisen dienen. Das internationale Prädikat Biosphärenreservat wird auf Antrag von der UNESCO verliehen (vgl. zu Biosphärenreservaten SRU, 1996a, Tz. 247 und 1996b, Tz. 113 ff.; ERDMANN und NAUBER, 1995).

In Deutschland hat die UNESCO bislang dreizehn Biosphärenreservate mit einer Gesamtfläche von 15 839 km^2 anerkannt; dies entspricht einem Anteil von 4,4 % an der Landesfläche. Die drei Biosphärenreservate im Wattenmeer und das Biosphärenreservat Bayerischer Wald sind flächengleich mit den gleichnamigen Nationalparken (Tz. 356; BfN, 1999, S. 119 ff.).

Landschaftsschutzgebiete

359. Landschaftsschutzgebiete dienen nach § 15 BNatSchG zur Erhaltung oder Wiederherstellung der Leistungsfähigkeit des Naturhaushalts oder der Nutzungsfähigkeit der Naturgüter. Sie dienen weiterhin zum Schutz der Vielfalt, Eigenart oder Schönheit des Landschaftsbildes. Sie bieten im Vergleich zu Naturschutzgebieten nur einen verhältnismäßig geringen Schutz, indem sie Handlungen verbieten, die den Charakter des Gebietes verändern (z. B. Bebauung) oder dem besonderen Schutzzweck zuwiderlaufen. Mit etwa 6 200 Landschaftsschutzgebieten umfasst diese Schutzkategorie etwa 25 % der Bundesfläche. In fast allen Bundesländern liegt die Fläche über 15 %, in Hessen und Nordrhein-Westfalen über 40 % (BfN, 1999, S. 127 f.).

Naturparke

360. Naturparke dienen weniger dem Naturschutz als der Naturerschließung und der Erholung. Bislang gibt es 78 Naturparke, die ca. 15 % der Bundesfläche einnehmen (Stand: Ende 1998). Ihre Fläche ist zu einem großen Teil mit der der Landschaftsschutzgebiete (Tz. 359) identisch. Der Schwerpunkt dieser Gebiete liegt im mittleren und nördlichen Teil des alten Bundesgebietes. Die Naturparke in den östlichen Bundesländern haben jedoch für den Naturschutz einen höheren Stellenwert und sind wegweisend für die Weiterentwicklung vieler westlicher Naturparke (BfN, 1997, S. 165; SRU, 1996b, Tz. 119). So ist der durchschnittliche Anteil an Naturschutzgebieten in den ostdeutschen Naturparken mit ca. 9,6 % gegenüber den westdeutschen Naturparken mit ca. 2,3 % deutlich höher (BfN, 1999, S. 129 ff.).

Sonstige Schutzgebiete und Schutzkategorien

361. Mit der Schutzkategorie Naturdenkmale und geschützte Landschaftsbestandteile werden einzelne Bestandteile von Natur und Landschaft, zum Beispiel Felsen oder Bäume, erfasst, die jedoch keine nennenswerte Flächengröße erreichen. Die Erfassung erfolgt in der Regel auf regionaler Ebene (Städte, Landkreise). Eine bundesweite Dokumentation gibt es nicht.

362. Nach § 20c Bundesnaturschutzgesetz unterliegen bestimmte Typen von Biotopen einem gesetzlichen Schutz, ohne dass es einer besonderen Anweisung bedarf, zum Beispiel Moore, Sümpfe, Auwälder. Die Durchsetzung des Schutzes obliegt den Ländern. Die Praxis der Länder hinsichtlich Schutz und Dokumentation ist sehr unterschiedlich. In den meisten Bundesländern gibt es zwar Kartierungen der geschützten Biotope, eine einheitliche Darstellung fehlt jedoch. Außerdem ist keine kontinuierliche Fortschreibung des Zustandes vorgesehen, so dass das Datenmaterial für aktuelle planerische Zwecke oft bereits veraltet ist. Besonders im Zusammenhang mit der praktischen Umsetzung wird zur Zeit eine Diskussion darüber geführt, inwieweit für diese Biotope Mindestflächengrößen vorgegeben werden sollen (BfN, 1999, S. 124 ff.).

363. Die Schutzgebiete nach § 12 Bundeswaldgesetz beziehungsweise nach entsprechenden Regelungen in den Gesetzen der Länder kommen ebenfalls dem Naturschutz zugute. Waldschutzgebiete werden nicht oder nur mit Einschränkungen forstlich genutzt. Sie stellen entweder Totalreservate dar oder sind mit besonderen Bewirtschaftungsauflagen verbunden. Die Naturwaldreservate decken ein bundesweites System von repräsentativen Waldtypen ab. Sie dienen der Forschung, der Bereitstellung von Umweltinformationen sowie als waldbauliche Referenzflächen. Im Jahr 1998 waren 678 Gebiete ausgewiesen, die mit 25 016 ha ca. 0,24 % der Waldfläche beziehungsweise 0,07 % der Gesamtfläche Deutschlands bedecken (BfN, 1999, S. 133 ff.). In Waldschongebieten gibt es eine eingeschränkte forstliche Nutzung. Durch Förderung der natürlichen Baumartenzusammensetzung und bestimmter Tot- und Altholzanteile tragen diese ebenfalls zur Erhaltung der biologischen Vielfalt bei.

364. Seit 1979 fördert die Bundesrepublik Deutschland national bedeutsame Naturschutzvorhaben zum Schutz gesamtstaatlich repräsentativer Teile von Natur und Landschaft. Besonderes Ziel der Förderung ist es, großflächige Gebiete mit herausragender Bedeutung für den Naturschutz zu sichern und zu entwickeln, umso zur Erhaltung des deutschen Naturerbes beizutragen. Seit der Einrichtung wurde das Programm der Naturschutzgroßprojekte vom Bund mit ca. 250 Mio. DM und durch die Bundesländer mit ca. 60 Mio. DM gefördert; hinzu kommen die Anteile der Projektträger (Kreise, Naturschutzverbände u. a.). Die Gesamtfläche der bisher geförderten Kerngebiete der Bundesprojekte beläuft sich auf 1 634 km². Dieses entspricht 0,46 % der Bundesfläche. 734 km² der Kerngebietsflächen sind bisher als Naturschutzgebiete ausgewiesen (SCHERFOSE et al., 1998, S. 295 f.) Auf weitere Schutzgebietskategorien der Raumordnung wie Vorrang- und Vorbehaltsgebiete sowie Regionalparke geht der Umweltrat hier nicht näher ein (s. dazu SRU, 1996b).

Gebietsschutz nach der EG-Vogelschutzrichtlinie und der Flora-Fauna-Habitat-Richtlinie

365. Die EG-Vogelschutzrichtlinie (79/409/EWG, zuletzt geändert mit Richtlinie 94/24/EWG) verpflichtet die Mitgliedstaaten zu einem verbesserten und einheitlichen Vogelschutz. Die Umsetzung des Lebensraumschutzes erfolgt durch Benennung von Gebieten gegenüber der Europäischen Kommission; eine Ausweisung von Vogelschutzgebieten als Schutzgebiete nach deutschem Naturschutzrecht ist größtenteils erfolgt. Seit Inkrafttreten der Flora-Fauna-Habitat-Richtlinie (92/43/EWG – FFH-Richtlinie) unterliegen die gemeldeten Vogelschutzgebiete den Schutzbestimmungen der FFH-Richtlinie (vgl. SRU, 1996b, Tz. 104 ff.). Der Schutz einzelner Arten, zum Beispiel vor Störung und Entnahme, wird in Deutschland darüber hinaus über die Bundesartenschutzverordnung (BArtSchV) gewährleistet.

366. Die Flora-Fauna-Habitat-Richtlinie verpflichtet die Mitgliedstaaten, unter dem Namen „NATURA 2000" ein kohärentes Netz besonderer Schutzgebiete in Europa einzurichten. Die Gebiete sollen wertvolle Lebensraumtypen und gemeinschaftsweit seltene und bedrohte Arten beherbergen. Dieses Schutzgebietessystem umfasst alle bisher nach der EG-Vogelschutzrichtlinie ausgewiesenen und alle künftig nach der Vogelschutzrichtlinie und der FFH-Richtlinie neu auszuweisenden Gebiete. Die Gebietsauswahl richtet sich nach naturschutzfachlichen Kriterien; für die Flächengröße gibt es keine Vorgaben. Alle Projekte und Pläne, die ein Gebiet in seinen für den Schutzzweck maßgeblichen Bestandteilen erheblich nachhaltig beeinträchtigen können, unterliegen einer besonderen Verträglichkeitsprüfung. Eingriffe in Gebiete mit prioritären Arten und Lebensräumen sind nur in Ausnahmefällen nach erfolgter Stellungnahme der EU-Kommission möglich. Die FFH-Richtlinie verlangt ferner eine Erfolgskontrolle, enthält ein Überwachungsgebot und beinhaltet umfassende Berichtspflichten (Tz. 420 ff.).

367. Tabelle 2.4.1-4 gibt einen Überblick über die Gebietsmeldungen im europäischen Vergleich. In Deutschland ist der Stand der Gebietsmeldung und der Gebietsbeschreibung sowohl nach der Vogelschutz- als auch nach der FFH-Richtlinie immer noch unzureichend. Während im EU-Durchschnitt ca. 10 % der Flächen als FFH-Gebiete ausgewiesen werden (in mehreren Staaten sogar über 15 %), beliefen sich die gemeldeten Flächen in Deutschland am 14. September 1999 lediglich auf

Tabelle 2.4.1-4

Europäisches Netz NATURA 2000: Meldungen im Vergleich der Mitgliedstaaten
(Stand 14.09.1999)

Mitgliedstaaten	Gebiete nach Vogelschutz-Richtlinie			Gebiete nach Flora-Fauna-Habitat-Richtlinie		
	Anzahl	Fläche (km^2)	Fläche*) %	Anzahl	Fläche (km^2)	Fläche*) %
Belgien	36	4 313	14,1	102	913	3,0
Dänemark	111	9 601	22,3	194	10 259	23,8
Deutschland	553	14 658	4,1	1 120	10 941	2,9
Finnland	440	27 500	8,1	1 381	47 154	13,9
Frankreich	114	8 015	1,5	1 029	26 720	4,9
Griechenland	52	4 965	3,8	230	25 745	19,5
Großbritannien	196	7 887	3,2	340	17 628	7,3
Irland	109	2 226	3,2	138	2 060	2,9
Italien	243	10 561	3,5	2 506	49 355	16,4
Luxemburg	13	160	6,2	38	352	13,6
Niederlande	30	3 552	8,5	76	7 078	17,0
Österreich	73	11 931	14,2	113	9 450	11,3
Portugal	47	8 082	8,7	65	12 150	13,2
Schweden	301	22 820	5,1	1 919	46 300	11,3
Spanien	174	33 582	6,7	684	74 907	14,8
Europäische Union	**2 492**	**169 823**		**9 935**	**341 012**	

*) Die Prozentangaben beziehen marine Wasser- und Wattflächen der gemeldeten Gebiete ein und liegen deshalb teilweise über den tatsächlichen Prozentanteilen bezogen auf die (terrestrischen) Flächen der Mitgliedstaaten.
Quelle: Europäische Kommission, 1999; verändert

2,9 % und blieben damit deutlich hinter dem EU-Durchschnitt sowie den Anforderungen der FFH-Richtlinie zurück. Nach Ansicht des Umweltrates ist dieser Zustand aus mehreren Gründen unbefriedigend. So wird der Umfang der gemeldeten Flächen keinesfalls den Notwendigkeiten des Natur- und Artenschutzes gerecht. Zudem ist mit der zögerlichen Ausweisungspraxis der Länder ein Vertragsverletzungsverfahren wegen unzureichender Umsetzung der FFH-Richtlinie durch den unterbliebenen Verwaltungsvollzug und damit eine Verurteilung durch den Europäischen Gerichtshof bereits absehbar. Abgesehen davon werden die unzureichenden Gebietsmeldungen auch erhebliche rechtliche Unsicherheiten zur Folge haben, nachdem das Bundesverwaltungsgericht in seiner Entscheidung zur Ostsee-Autobahn (BVerwGE 107, S. 1 ff.) grundsätzlich die rechtliche Möglichkeit potentieller FFH-Gebiete bejaht hat. Das Bundesverwaltungsgericht nimmt ein potentielles FFH-Schutzgebiet im Einzelfall an, wenn für ein Gebiet die sachlichen Kriterien nach Art. 4 Abs. 1 FFH-Richtlinie erfüllt sind, die Aufnahme in ein kohärentes Netz mit anderen Gebieten naheliegt oder sich geradezu aufdrängt und der Mitgliedstaat weder die Richtlinie vollständig umgesetzt noch eine Liste nach Art. 4 Abs. 1 UAbs. 2 FFH-Richtlinie der EU-Kommission zugeleitet hat. Dies folge aus dem Gebot der Vertragstreue, wonach ein Mitgliedstaat nicht bereits vor Ablauf der Umsetzungspflicht einer Richtlinie deren Ziele dadurch unterlaufen dürfe, dass er vollendete Tatsachen schaffe, die ihm später die Erfüllung seiner Vertragspflichten aus der Richtlinie unmöglich machen würden. Im Ergebnis besagt die Entscheidung also, dass – solange die FFH-Richtlinie nicht in deutsches Recht umgesetzt ist und der EU-Kommission keine Liste nach Art. 4 Abs. 1 FFH-Richtlinie zugeleitet worden ist – auch ein nicht als FFH-Gebiet gemeldetes Gebiet rechtlich wie ein solches zu behandeln ist, sofern es die entsprechenden Richtlinienkriterien erfüllt. Die Entscheidung hat in der Literatur viel Kritik erfahren (z. B. APFELBACHER et al., 1999; RENGELING, 1999; SCHINK, 1999; STÜBER, 1998), insbesondere weil die FFH-Richtlinie – im Gegensatz zur Vogelschutzrichtlinie – ein Verfahren vorsieht, wie bei gebotener, aber unterlassener Meldung eines Gebietes vorzugehen ist. Nach Art. 5 FFH-Richtlinie ist in diesem Fall ein Konzertierungsverfahren zwischen der Kommission und dem Mitgliedstaat durchzuführen, bevor abschließend eine einstimmige Entscheidung des Rates (und damit sämtlicher Mitgliedstaaten) erfolgen soll. Diese Vorgehensweise dürfte durch die Fiktion potentieller FFH-Gebiete nicht umgangen werden (APFELBACHER et al., 1999, S. 71 f.; RENGELING, 1999, S. 284; SCHINK, 1999, S. 422; STÜBER, 1998, S. 533). Ungeachtet dieser Kritik wirft die Entscheidung des Bundesverwaltungsgerichtes zahlreiche Probleme und rechtliche Unsicherheiten auf. Die Kommunen im Bauleitplanverfahren und andere Planungsträger werden wegen der unzureichenden Umsetzung der FFH-Richtlinie aufgrund ungenügender Gebietsmeldungen potentiell FFH-relevante Gebiete – zumindest bis zu einer abschließenden Klärung im Wege des Konzertierungsverfahrens – wie ausgewiesene FFH-Gebiete behandeln müssen. Letztlich wird also die Kommune oder sonstige Planungsträger zur Prüfung gezwungen, ob ein potentielles Schutzgebiet vorliegt – eine Pflicht, der die Kommune in der Praxis nur schwer wird nachkommen können, da diese in der Regel nicht über geeignete und hinreichend verlässliche Unterlagen verfügen wird (SCHINK, 1999, S. 422). Abgesehen davon ist die Formel des Bundesverwaltungsgerichtes, wonach ein potentielles FFH-Gebiet anzunehmen ist, wenn dieses „nahe liegt" beziehungsweise sich „geradezu aufdrängt", alles andere als eine eindeutige Vorgabe. Der Umweltrat spricht sich deshalb auch aus diesem Grund dafür aus, die bisherigen Gebietsmeldungen baldmöglichst auf ein der FFH-Richtlinie gemäßes Ausmaß zu erweitern, um diesem Zustand der Rechtsunsicherheit ein Ende zu bereiten.

368. In Deutschland kommen von den etwa 250 Lebensraumtypen von gemeinschaftlichem Interesse 87 vor (SSYMANK et al., 1998, S. 14). Ein Teil davon, insbesondere naturnahe Lebensräume von Sonder- und Extremstandorten, ist durch den Typenschutz nach § 20c BNatSchG (Tz. 369) geschützt. Im Bereich sogenannter mittlerer Standorte, z. B. magere Mähwiesen und der Wälder, geht die FFH-Richtlinie aber deutlich über den derzeitigen deutschen Gebietsschutz hinaus: So werden allein 14 verschiedene Waldtypen in der FFH-Richtlinie genannt. Manche in Deutschland regional häufig vorkommende und bislang wenig beachtete Biotoptypen erlangen bei europaweiter Betrachtung eine hohe Bedeutung für den Naturschutz. Deutschland kommt deshalb eine besondere Verantwortung für typisch mitteleuropäische Lebensräume zu sowie für einzigartige Biotope, Ökosysteme und Landschaften, wie (Aufzählung in Anlehnung an SSYMANK et al., 1998):

– Wattenmeer,
– Boddenküste, Moränen- und Kreidesteilküste der Ostsee,
– Flusstalsysteme (mit Vermoorungen) im Jungmoränengebiet,
– glaziale Seenlandschaften in Norddeutschland mit den Grund- und Endmoränen sowie den Sandern,
– Moore des nordwestdeutschen Tieflandes und des Alpenvorlandes,
– große Stromtäler mit ihren Zonationskomplexen von Auenwäldern und -wiesen einschließlich angrenzender Trockenhänge und Binnendünensysteme (Oder, Elbe u. a.),
– Mittelgebirgslandschaften nördlich der Alpen, insbesondere Durchbruchstäler,
– nördliche Kalkalpen,
– Buchenwälder (Verbreitungsschwerpunkt in Deutschland, insbesondere Kalkbuchenwälder),
– großräumige Kulturlandschaften (z. B. Lüneburger Heide, Rhön, Kaiserstuhl, Voralpengebiet mit z. B. dem Großraum um das Murnauer Moos).

Der Anteil der in Deutschland vorkommenden Arten von gemeinschaftlichem Interesse, für deren Erhaltung besondere Schutzgebiete ausgewiesen werden müssen, ist dagegen relativ gering. Von den zu schützenden Pflanzen kommen in Deutschland nur etwa 4 % vor (SSYMANK et al., 1998, S. 15).

Der Umweltrat weist entsprechend darauf hin, dass der Schwerpunkt des Naturschutzes in Deutschland auf dem Lebensraumschutz liegen muss.

369. Vergleicht man umgekehrt die durch FFH-Richtlinie geschützten Lebensraumtypen mit den gemäß Roter Liste gefährdeten Biotopen in Deutschland (RIECKEN et al., 1994), so zeigt sich, dass zwei Drittel der „von vollständiger Vernichtung bedrohten" Biotoptypen in Deutschland durch die FFH-Richtlinie abgedeckt sind; bei den „stark gefährdeten" ist es knapp die Hälfte. Ein hoher Anteil der Biotoptypen, die in Deutschland nach Roter Liste als gefährdet eingestuft werden, die jedoch nicht durch die FFH-Richtlinie berücksichtigt sind, ist durch den Typenschutz des § 20c BNatSchG erfasst (vgl. Tab. 2.4.1-5) (SSYMANK et al., 1998; Tz. 421 f.).

Zur Erreichung der Naturschutzziele

370. Auch wenn der Informationsgehalt der Roten Listen begrenzt ist (Tz. 344 und 354), so belegen sie doch, dass die Politik immer noch weit davon entfernt ist, das Ziel der Erhaltung der biologischen Vielfalt auf den Ebenen der Lebensraum- und der Artenvielfalt zu erreichen. Die anhaltende und teilweise zunehmende Gefährdung zeigt, dass eine dauerhafte Trendwende beim Gefährdungsgrad heimischer Tier- und Pflanzenarten noch nicht erreicht ist.

Tabelle 2.4.1-5

Stark gefährdete Biotoptypen in Deutschland, die nicht durch die FFH-Richtlinie geschützt sind

Biotoptyp	Gefährdungseinstufung nach der Roten Liste	§ 20c BNatSchG
Quellen, Fließ- und Stillgewässer		
Grundquellen	1	ja
naturnahes kalkarmes Epi-/Metarhithral	1 bis 2	ja
naturnahes kalkarmes Hyporhithral	1 bis 2	ja
naturnahes Metapotamal	1	ja
naturnahes Hypopotamal	1	ja
durchströmter Altarm	1 bis 2	nein
oligotrophe Seen des Tief- und Hügellandes (Moränenseen)	1	nein
Rohbodenbiotope		
Schotterfläche an Gewässern (bei alpinen Fließgewässern teilweise erfasst)	1	ja
Lehm- und Lößwände	1 bis 2	nein
Lößwand	1	nein
Wanderdüne	1	ja
silikatische Trocken- und Halbtrockenrasen		
subkontinentaler Trockenrasen auf silikatischem Untergrund	1 bis 2	ja
submediterraner Halbtrockenrasen auf silikatischem Boden, gemäht	1 bis 2	ja
subkontinentale Halbtrockenrasen auf silikatischem Boden	1 bis 2	ja
subkontinentaler Halbtrockenrasen auf silikatischem Boden, gemäht	1	ja
subkontinentaler Halbtrockenrasen auf silikatischem Boden, beweidet	1 bis 2	ja
Sandtrockenrasen (teilweise erfasst)	1 bis 2	ja
Moore und Feuchtgrünland		
oligo- bis mesotrophe, kalkarme Niedermoore	1	ja
oligo- bis mesotrophes, kalkarmes Niedermoor der planaren bis submontanen Stufe	1	ja
Wälder		
Birken- und Birken-Erlenbruchwald nährstoffärmerer Standorte	1 bis 2	ja
montane Tannen-/Fichten-Buchenwälder	1 bis 2	nein
montaner Buchen-Tannenwald	1 bis 2	nein
montaner Tannen-Fichten-Buchenwald	1 bis 2	nein
Seggen-Winterlindenwald	1 bis 2	ja

Gefährdungseinstufung: 1 „von vollständiger Vernichtung bedroht"; 2 „stark gefährdet"
Quelle: SSYMANK et al., 1998, S. 404 f.; gekürzt

Naturschutz

371. Inwieweit das Ziel der Sicherung von 10 bis 15 % der nicht besiedelten Fläche als ökologische Vorrangfläche und der Vernetzung der Kerngebiete zu einem kohärenten Biotopverbundsystem erreicht worden ist, lässt sich anhand der aufgezeigten Daten nicht abschließend beurteilen. Auf der einen Seite vermitteln die hohen Prozentzahlen nach Naturschutzgesetz geschützter Flächen scheinbar einen hohen Erfüllungsgrad. Auf der anderen Seite bestehen aber erhebliche Defizite bei der Repräsentativität der Gebiete und bezüglich der geforderten Vernetzung. Auch die in der Vergangenheit bereits festgestellte Diskrepanz zwischen Schutzstatus und tatsächlichem Zustand der Gebiete (SRU, 1987, Abschn. 2.1.7) lässt Zweifel aufkommen, ob die Gebiete überhaupt die erwartete Naturschutzqualität besitzen; dies trifft insbesondere auf viele Naturschutzgebiete zu. Bei den Landschaftsschutzgebieten und insbesondere bei den Naturparken ist weiterhin der Schutzstatus kaum mit den Anforderungen der FFH-Richtlinie kompatibel. Wegen der teilweisen Überdeckung der verschiedenen Schutzgebieteskategorien und der über Europäische Richtlinien oder Förderprogramme (Tz. 400 ff.) erfassten Gebiete ist es zudem kaum möglich, sich ein Gesamtbild der Situation zu machen. Der Umweltrat hält es deshalb für geboten, künftig sowohl die Kernflächen des Naturschutzes als auch die Elemente der Biotopvernetzung bundesweit so zu erfassen, dass ihr vorgesehener und tatsächlich erreichter Schutzstatus parzellenscharf und ohne Mehrfachnennung dargestellt werden kann. Weiterhin sind die Vorranggebiete des Naturschutzes dahingehend zu bewerten, wieweit Lebensräume repräsentativ vertreten sind beziehungsweise die kohärente Vernetzung erreicht ist. Diese Darstellung sollte darüber hinaus um eine solche zur Zerschneidung und Zersiedelung von Natur und Landschaft ergänzt werden.

2.4.1.2.3 Erhaltung von Bestandteilen der biologischen Vielfalt außerhalb ihrer natürlichen Lebensräume

372. Im Übereinkommen über die Biologische Vielfalt ist auch „die Erhaltung von Bestandteilen der biologischen Vielfalt außerhalb ihrer natürlichen Lebensräume" aufgeführt (Art. 9). Dieser Ex-situ-Schutz wird als ergänzende und in engem Rahmen begrenzte Maßnahme zur Erhaltung im natürlichen Lebensraum (In-situ-Schutz) betrachtet. In Deutschland naturschutzrelevante Ex-situ-Maßnahmen sind bei MEYER et al., 1998, HAMMER et al., 1997 und BfN, 1997, S. 203 ff. zusammengestellt.

Ex-situ-Schutz pflanzlicher Ressourcen

373. In Deutschland gibt es 73 (nach anderen Angaben ca. 90) Botanische Gärten und Gehölzsammlungen (Arboreten). In diesen werden einheimische und ausländische Pflanzen kultiviert, vermehrt und von dort teilweise auch wieder an den natürlichen Standorten angesiedelt. Der Schwerpunkt der Tätigkeiten liegt bei den nicht einheimischen Pflanzen. An einzelnen Botanischen Gärten gibt es Samenbanken. Genaue Daten über den Umfang der genetischen Ressourcen in diesen Einrichtungen sowie über eine eventuelle Ausrichtung auf die Erhaltung der heimischen Pflanzenvielfalt gibt es jedoch nicht.

374. Genbanken dienen der Sammlung, Erhaltung und Erforschung der Formenvielfalt von Kulturpflanzen, insbesondere ihrer Landsorten, Ausgangsformen und verwandter Wildarten. Bei dieser Form der Erhaltung genetischer Vielfalt stehen die Interessen von Landwirtschaft, Forstwirtschaft und Gartenbau im Vordergrund. Für den Naturschutz ist vor allem die Erhaltung von Wildpflanzen, z. B. Arznei- und Gewürzpflanzen und Landsorten von Interesse. Die Ex-situ-Erhaltung bei Kulturpflanzen wird in Deutschland in den beiden Genbanken in Gatersleben am Institut für Gentechnik und Kulturpflanzenforschung und in Braunschweig bei der Bundesanstalt für Züchtungsforschung von Kulturpflanzen betrieben. Der Umfang beider Sammlungen beträgt knapp 160 000 Muster von Pflanzensippen (HAMMER, 1997, S. 15, Tab. 6 und 7). Die Sammlung in Gatersleben umfasst ca. 2 000 Arten. Der Schutz der einheimischen Wildflora gehört jedoch nicht zu diesem Programm.

Im forstlichen Bereich existieren von 38 Baumarten Klonsammlungen beziehungsweise -pflanzungen und Samenplantagen (BfN, 1997). Die Arbeit der Forstgenbanken ist auf die Erfassung und Erhaltung der Baumartenvielfat und der innerartlichen Vielfalt in den Wäldern ausgerichtet. Für den Naturschutz ist von besonderem Interesse, dass in jüngerer Zeit zunehmend auch für seltene Baum- und Straucharten Bestände ausgewählt werden, die zur Vermehrung geeignet sind. Zu einigen Arten werden Erhaltungskulturen angelegt, beispielsweise Moorbirke, Elsbeere, Speierling, Wildbirne, Mispel und Eibe (siehe für Nordrhein-Westfalen: SCHMITT, 1997).

375. Der Umweltrat empfiehlt, sich auch der Ex-situ-Erhaltung pflanzlicher Ressourcen – wenn erforderlich – als Notmaßnahme im Naturschutz zu bedienen und die angesprochenen Institutionen vor allem bezüglich des Schutzes heimischer Arten weiterzuentwickeln.

Ex-situ-Erhaltung von Tierarten

376. In Deutschland gibt es nur eine geringe Zahl von Projekten zur Wiederansiedlung oder Stützung von nationalen oder lokalen Populationen von Tierarten, wie z. B. Wanderfalke, verschiedene Eulen und andere Greifvögel, Wildkatze, Luchs, Lachs, Perlmuschel. Grund dafür ist – ähnlich wie bei den höheren Pflanzen – die geringe Zahl von Endemiten. Die 34 größten zoologischen Gärten spielen bei der Erhaltungszucht heimischer Arten und bei der Wiederansiedlung keine nennenswerte Rolle. Der Schwerpunkt ihrer Ex-situ-Erhaltungszucht liegt bei nichtheimischen Arten. Fast alle in Deutschland betriebenen Erhaltungsprojekte gehen auf private Initiativen oder Organisationen zurück. Eine Übersicht oder eine Koordinierung der Programme existiert nicht.

2.4.1.2.4 Naturschutz in städtischen Siedlungsräumen

Aufgaben und Ziele

377. Das Bundesnaturschutzgesetz, die Naturschutzgesetze der Länder und das Baugesetzbuch enthalten den Gesetzesauftrag zu Schutz, Pflege und Entwicklung der Natur auch im besiedelten Bereich sowie zur Berücksichtigung von Naturschutz und Landschaftspflege bei der Abwägung von öffentlichen und privaten Belangen bei raumverändernden Planungen und Maßnahmen in besiedelten Bereichen (SRU, 1998a und 1996b). Die Aufgaben und Ziele des Naturschutzes in städtischen Siedlungsräumen unterscheiden sich aber hinsichtlich Schwerpunktbildung, Grad der Konkretisierung und Erfüllungsmöglichkeiten von den Naturschutzzielen in der freien Landschaft. Der langfristige Schutz der natürlichen Lebensgrundlagen kann nur gewährleistet werden, wenn gerade in den Ballungsräumen das Bewusstsein erhalten und gefördert wird, dass Menschen Bestandteile der Natur sind und diese entsprechend erfahren. Auf dieser Basis kann sich ein Verantwortungsbewusstsein für lebensnotwendige Naturzusammenhänge entwickeln.

378. Es ist das Ziel des urbanen Naturschutzes, das Interesse und die Akzeptanz der Bevölkerung städtischer Siedlungsräume für Fragestellungen der Ökologie, der Gefährdung der biologischen Vielfalt und eines nachhaltigen Umweltverhaltens zu fördern und Naturschutz als Gedankengut in allen Gruppen der Gesellschaft zu verankern. Urbaner Naturschutz ist vorrangig an den soziokulturellen und gesundheitlichen Bedürfnissen der Stadtbewohner orientiert. Ziele des Arten- und Biotopschutzes sind nachrangig. Die soziale Orientierung soll das Freiraum- und Erholungsbedürfnis des Menschen im städtischen Siedlungsraum berücksichtigen. Der gesundheitliche Anspruch an den Stadtnaturschutz soll eine gesunde Lebensqualität insbesondere in Hinblick auf Stadtklima und Lufthygiene gewährleisten.

Über 80 % der deutschen Bevölkerung lebt in Stadtregionen. Der Stadtnaturschutz hat die Aufgabe, Pflanzen und Tiere als Grundlage für den unmittelbaren Kontakt der Stadtbewohner mit natürlichen Elementen ihrer Umwelt zur Förderung von Naturerfahrung, Naturerleben und Naherholung zu erhalten (SUKOPP und WEILER, 1986). Wird diese Aufgabe erfüllt, so bestehen bessere Aussichten für eine Akzeptanz und Durchsetzung des Naturschutzes gerade auch in der freien Landschaft.

379. Die Bereitstellung und Sicherung von Vorrangflächen ist ein wesentliches Ziel des städtischen Naturschutzes. Ein einzuräumender Schutzstatus möglichst großer, zusammenhängender, grüner Freiräume wird in der Regel eine Erholungsnutzung erlauben. Diese grünen, möglichst mit dem Umland in Verbindung stehenden Freiräume führen unmittelbar zu einer Verbesserung des Stadtklimas und der Lufthygiene.

Die Aufgaben des Naturschutzes in der freien Landschaft setzen vor allem in der Fläche an. Entsprechend muss betont werden, dass der städtische Naturschutz den Naturschutz im ländlichen Raum nicht ersetzen, sondern ergänzen soll. Dabei kommt beim städtischen Naturschutz auch kleineren Flächenarealen besondere Bedeutung zu. Dementsprechend sind auch Naturschutzmaßnahmen unterhalb der Bauleitplanung von Bedeutung, wie sie beispielsweise Unternehmen oder Wohnungsbaugesellschaften auf ihrem Gelände ermöglichen können.

380. Industriebrachflächen städtischer Siedlungsräume sind oft artenreiche Lebensräume für Pflanzen und Tiere und sind daher für den urbanen Naturschutz von besonderem Interesse (SUKOPP, 1998; REBELE und DETTMAR, 1996). Diese Brachen weisen zum Teil große Flächenareale auf. Eine Erhebung und Bewertung von Industriebrachflächen städtischer Siedlungsräume fehlt bislang. In einigen Bundesländern gibt es erfolgreiche Ansätze und Programme einer stadtökologisch vorteilhaften Brachflächennutzung durch die Schaffung von zusätzlichen siedlungsnahen Grünflächen zur Freiraum- und Erholungsnutzung, so beispielsweise der Landschaftspark Duisburg-Nord oder der Emscher Park der Internationalen Bauausstellung in Nordrhein-Westfalen (IBA, 1993). Stadtökologisch vorteilhafte Nutzungsmöglichkeiten von geeigneten Industriebrachflächen sind seitens der Stadt- und Regionalplanung, zum Teil aufgrund standörtlicher Probleme aber auch aus unterschiedlichen Interessensabwägungen heraus, vielfach verkannt worden. Zu diesen Problemen zählen insbesondere die Altlastenbelastung derartiger Flächen infolge der vorausgegangenen industriellen Flächennutzung. Die erneute Nutzung von Industriebrachflächen erfolgt in den meisten Fällen wieder als Industrie- und Gewerbegebiet (Flächenrecycling) vor einer Freiraum- und Erholungsnutzung.

Veränderungen der Biosphäre städtischer Siedlungsräume

381. Für die Umwelt sind die Folgen städtischer Bau-, Verkehrs- und Wirtschaftstätigkeit von überregionaler Bedeutung. Hierzu zählen insbesondere Luftverschmutzung und -erwärmung, Veränderung des Bodens und des Grundwassers, Zersiedelung und Landschaftszerschneidung. Das städtische Bodenniveau (Kulturschicht) ist erhöht, da das städtische Stoffeintragsvolumen (z. B. Baustoffe, Rohmaterialien für Fertigwaren und Lebensmittel) größer ist als das Abtransportvolumen von städtischen Abfällen. Mit der Mächtigkeit der Kulturschicht sind eine Eutrophierung vieler Standorte sowie eine Verdichtung oder Abdichtung des Bodens innerhalb der Siedlung verbunden. Die anthropogene Eutrophierung durch städtische Abfälle ist nicht auf Mülldeponien und Rieselfelder beschränkt, sondern betrifft auch alle Gewässer und beeinflusst die Artenzusammensetzung von Pflanzen- und Tiergemeinschaften (Abb. 2.4.1-2).

Abbildung 2.4.1-2

Veränderungen der Umwelt in einem städtischen Siedlungsraum am Beispiel Berlin (Konzentrische Stadtgliederung)

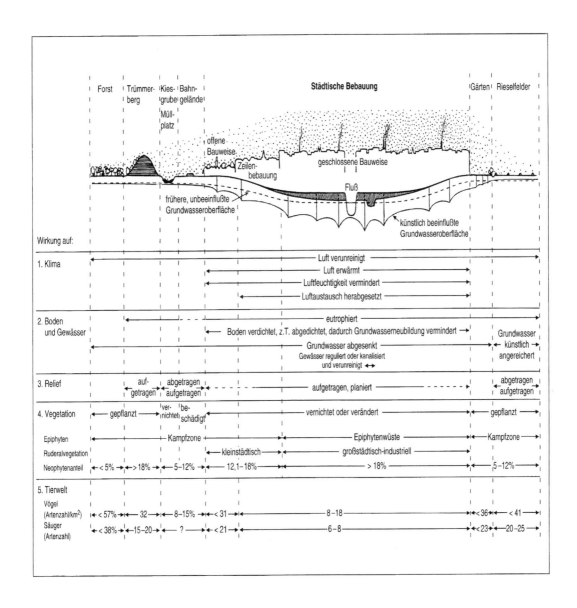

Quelle: SUKOPP und WITTIG, 1998

Urbane Flächennutzungen

382. Die unterschiedlichen urbanen Flächennutzungen haben einen erheblichen Einfluss auf die Biosphäre sowie den Landschafts- und Gewässerhaushalt. In städtischen Siedlungsräumen sind die Böden, das Sicker- und das Grundwasser durch anthropogene Stoffeinträge erheblich belastet. (Tab. 2.4.1-6).

Tabelle 2.4.1-6

Urbane Flächennutzungen und ihre ökologischen Auswirkungen

Flächennutzung	Atmosphäre und Klima	Böden und Gewässer	Pflanzen	Tiere	Ausbreitung neuer Arten	Refugial-Biotope
Wohngebiete, geschlossene Bebauung	Schadstoffbelastungen; starke Erwärmung	Schadstoffimmission; Bodenverdichtung und -versiegelung	Artenminimum; urbane „Allerweltsarten"	Artenminimum; urbane „Allerweltsarten"	Ausbreitungszentren von Vogelfutterpflanzen und Zierpflanzen	
Wohngebiete, aufgelockerte Bebauung	günstiges Mikroklima	Eutrophierung; Humusanreicherung; Bodenverdichtung	Bildung typischer Gehölzbestände in Forst-, Park- u. Obstsiedlungen; Begünstigung feuchte- u. nährstoffliebender Arten	Begünstigung von Abfallverwertern u. Allesfressern	Ausbreitungszentren von Vogelfutterpflanzen und Zierpflanzen	alte, verwilderte Gärten
Industriestandorte und techn. Versorgungsanlagen	starke Erwärmung; produktionsspezifische Schadstoffbelastungen; Lärm	produktionsspezische Schadstoffimmission über die Luft oder defekte Leitungen; Unfälle; unsachgemäße Entsorgung; Bodenverdichtung	Pflanzenschäden; Rückgang der einheimischen u. alteingebürgerten Flora	spezifische Kulturfelsenbewohner	Vorkommen spezifischer Begleitflora	Restflächen bei alten technischen Anlagen, z. B. Wasserwerken
Straßen, Wege, Plätze	Erwärmung; geringere Luftfeuchte; Staub- und Schadstoffbelastung; Lärm	Bodenverdichtung u. Versiegelung; Minderung der Grundwasserneubildung; Schadstoffeinträge	Siechen u. Absterben von Straßenbäumen; Ausbreitung von Salzpflanzen	Begünstigung von Randlinien- bzw. Heckenbegleitern	wichtige Einwanderungswege für neue Arten; spezifische Flora: Grassamenankömmlinge an Straßen	Böschungen; Hochstaudenfluren
Bahnanlagen	Überwärmung, Lärmbelästigung	Belastung mit Herbiziden; Eutrophierung v. a. durch Stickstoffeinträge	Zunahme herbizidrestistenter Arten	Vorkommen von Hochstauden-, Gebüsch- u. Ruderalbegleitern	Einwanderung von Eisenbahnpflanzen	verwilderte Hochstaudenfluren; Gebüsche; Ruderalflächen
Wasserstraßen, Häfen, Kanäle	Dämpfung klimatischer Extremwerte; Schadstoffbelastungen; Lärm	Eutrophierung; Erwärmung; Schadstoffbelastung	Einbürgerung von tropischen Arten u. Egalisierung von Gewässerökosystemen	Brut- u. Überwinterungsplatz für Wasservögel	Einwanderung von Kanalpflanzen	ungestörte Buchten; stillgelegte Kanäle
innerstädtische Brachflächen	Günstiges Mikroklima; Ablagerung u. Bindung von Luftverunreinigungen	Bildung stein-, kalk- u. schwermetallreicher, schwer benetzbarer Ruderalböden	Ausbreitung von konkurrenzschwacher Pioniervegetation	Ausbreitung von Steppen- u. Ruderalarten	dauerhafte Ansiedlung von Arten südlicher Herkunft möglich	lange, ungestörte Flächen; großflächige Ruderalgebiete

Flächen-nutzung	Atmosphäre und Klima	Böden und Gewässer	Pflanzen	Tiere	Ausbreitung neuer Arten	Refugial-Biotope
Mülldeponien	Erwärmung; Staubbelastung u. Geruchsbelästigung	Bodenverdichtung u. -versiegelung; Eutrophierung; Vergiftung mit Deponiegasen; Stofffreisetzungen aus Leckagen etc.	Ausbildung einer spezifischen Pionierflora; bei Deponiegasaustritt Wuchshemmung bis totale Vernichtung	Ausbildung einer spezifischen Pionierfauna		Flächen mit lange ungestörter Sukzession
Rieselfelder	Höhere Luftfeuchte; Geruchsbelästigung	Vernässung Humus-, Nähr-, Schadstoffanreicherung; Anheben des Grundwasserspiegels	Artenrückgang nährstoffarmer, trockener Standorte; Dominanz von Quecke u. Brennessel	Begünstigung von Hochstauden u. Feldbewohnern; feuchtigkeitsliebenden Arten nährstoffreicher Standorte		Böschungen der Dränwassergräben, Hecken, Schlammstreifen bzw. Wasserflächen auf d. Becken u. Feldern
Friedhöfe	Günstiges Mikroklima; Ablagerung u. Bindung von Luftverunreinigungen	tiefgründige Auflockerung; Humusanreicherung; gezielte Wasserzufuhr; Stoffeinträge	Begünstigung von Feuchtwiesenarten u. Uferhochstauden	Ausbreitung von Waldarten; spezifische Parkfauna	Ausbreitung von Zierpflanzen u. deren Begleitern	Wald- u. Wiesenpflanzenrelikte; feuchte Standorte mit reichhaltiger mehrschichtiger Vegetation
Parks	Günstiges Mikroklima Ablagerung u. Bindung von Luftverunreinigungen	bei Übernutzung Trittverdichtung, Erosion, Eutrophierung	Begünstigung trittfester, nährstoffliebender Arten; Trittschäden	Ausbreitung von Waldarten; spezifischer Parkfauna	Ausbreitungszentren für Grassamenankömmlinge, Zierpflanzen u. deren Begleiter	z. B. Waldpflanzenrelikte in großen Parkanlagen

Quelle: SUKOPP, 1980; verändert

Pflanzen und Tiere

383. Die Lebensgemeinschaften der Städte können in drei Gruppen unterteilt werden. Es finden sich Relikte der vor der Verstädterung bereits vorhandenen Pflanzen- und Tiergemeinschaften, Parke und Gärten sowie mehr oder weniger ausschließlich in Städten vorkommende Lebensgemeinschaften als Ergebnis der nur hier vorhandenen Kombinationen von Umweltfaktoren und der spezifisch städtischen Einwanderungsverhältnisse (vgl. Tab. 2.4.1-6).

384. Stadt-Land-Vergleiche, Stadt-Stadt-Vergleiche und Analysen eines Gradienten vom Stadtrand zur Innenstadt belegen, dass den anthropogenen Veränderungen von Klima, Böden und Gewässern Veränderungen in der Zusammensetzung der Pflanzen- und Tierwelt entsprechen. Das Ausmaß und die Folgen anthropogener Veränderungen sind umso ausgeprägter, je größer eine Stadt ist und je weiter man ins Stadtinnere vordringt (KLAUSNITZER, 1993; WITTIG, 1991). Typische Stadtpflanzen sind in der Kartierliste des Programms der Arbeitsgruppe „Methodik der Biotopkartierung im besiedelten Bereich" (1993) verzeichnet. Die biologische Eigenständigkeit städtischer Siedlungsräume im Vergleich zum Umland ist wissenschaftlich belegt (SUKOPP und WITTIG, 1998; KOWARIK, 1992; GUTTE, 1969).

385. Die Besonderheiten des Stadtklimas (z. B. Erwärmung, lange Vegetationsperioden) haben einen erheblichen Einfluss auf Menschen, Tiere und Pflanzen. So belegen floristische Untersuchungen in verschiedenen Großstädten, dass häufig einheimische und alt eingebürgerte Arten zurückgegangen sind, bei gleichzeitiger Zunahme von „Allerweltsarten". Eine bedeutende Ursache für den Rückgang von anspruchsvollen Arten in städtischen Siedlungsräumen ist die Nivellierung von Standortunterschieden. Die Vermischung und Uniformierung von Flora und Fauna ist die Folge einer Schrankenaufhebung zwischen den biogeographischen Reichen infolge von Einführung und Einschleppung von Arten durch Handel und Verkehr. Städte sind Häufigkeitszentren und Ausgangspunkte der Verbreitung von Neueinwanderern unter Pflanzen und Tieren, die meist aus wärmeren Zonen Europas, Asiens und Amerikas stammen. In Städten treffen einheimische Arten mit solchen zusammen, die ohne menschliche Hilfe das Gebiet niemals erreicht hätten. Ein im Vergleich zu ländlichen Gebieten hoher Anteil nicht einheimischer Arten ist daher ein prägendes Merkmal städtischer Floren.

386. Die Artenzahl der Farn- und Blütenpflanzen pro Flächeneinheit ist in Städten mit mehr als 50 000 Einwohnern größer als die im Umland. In Mitteleuropa ist die Artenzahl enger mit der Einwohnerzahl und -dichte korreliert als mit der Flächengröße (Klein- und Mittelstädte: ca. 530 bis 560 Arten, Großstädte mit 100 000 bis 200 000 Einwohnern: etwa 650 bis 730 Arten, ältere Großstädte mit 250 000 bis 400 000 Einwohnern: 900 bis 1 000 Arten, Millionenstädte: mehr als 1 300 Arten). Einer spontan zunehmenden Artenzahl der Flora stehen die angepflanzten Stadtbäume, Ziersträucher und Zierpflanzen in Gärten, Parks und Friedhöfen gegenüber, die in der Individuenzahl jedoch bedeutender sind.

387. Die besonderen urbanen Standortbedingungen haben auch zur Ausbildung einer typischen städtischen Tierwelt geführt (ERZ und KLAUSNITZER, 1998; PLACHTER, 1991). Die Stadtfauna ist ebenfalls artenreich und die städtische Artenanzahl übersteigt vielfach die des Umlandes. Besonders in Kernstädten finden sich wärmeliebende Arten mediterranen und submediterranen Ursprungs. Hierzu zählen die Türkentaube, das Heimchen, das Silberfischchen und die Südeuropäische Eichenschrecke (Tab. 2.4.1-7).

Tabelle 2.4.1-7

Schwerpunkte der Verbreitung charakteristischer Tierarten und -gruppen in städtischen Lebensräumen

Innenstadt	Charakteristische Tierarten und -gruppen	
Citybereich mit starker Verdichtung und hoher Versiegelung	Winterschlafende Fledermäuse Hausmaus Haustaube Haussperling Hausrotschwanz	Mauersegler Dohle Turmfalke Wanderfalke Küchenschabe
Dicht bebaute Wohnviertel	Wanderratte Zwergfledermaus Türkentaube Star Haussperling	Amsel Mehlschwalbe Zitterspinne Staubwanze Silberfischchen
Stadtrand		
Offen bebaute Villenviertel, Einzel- und Reihenhaussiedlungen mit Baumbeständen und Gärten	Kohlmeise Blaumeise Rotkehlchen Ringeltaube Grauschnäpper Gartenrotschwanz Breitflügelfledermaus Eichenschrecke Hausspitzmaus	Steinmarder Wildkaninchen Igel Girlitz Heckenbraunelle Grünling Singdrossel Klappergrasmücke
Parks, Friedhöfe und Infrastruktureinrichtungen mit parkartigen Freiräumen und Altbaumbeständen	Spechte Abendsegler Schmetterlinge	Käfer Garten- und Siebenschläfer
Freiflächen von Industrie- und Gewerbeflächen, ungenutzte Verkehrsflächen	Steinschmätzer Haubenlerche Reptilien	Amphibien Insekten Schnecken

Quelle: Bund-/Länder-AG Artenschutz im Siedlungsbereich, 1994; verändert

388. Die anthropogene Bindung der Stadtfauna ist unterschiedlich. So sind von manchen Arten überhaupt keine Freilandpopulationen bekannt, wohingegen andere aufgrund ihrer Häufigkeit zumindest eine solche Konzentration in städtischen Biotopen zeigen, dass sie als typische Stadtarten bezeichnet werden können (z. B. Haustaube, Dohle). Als Reaktion auf urbane Besonderheiten treten – z. T. genetisch fixierte – anatomisch-morphologische Merkmalsänderungen (z. B. „Industriemelanismus") oder Verhaltensänderungen (z. B. veränderter Brutbeginn als Folge künstlicher Beleuchtung beim Haussperling) auf. Für Vögel und Säugetiere gelten als die wichtigsten Urbanisationsmerkmale Vertrautheit und Zahmheit, eine Umstellung in der Nahrungsökologie, eine Umstellung in der Nistweise, eine höhere Populationsdichte, die Verlängerung des tageszeitlichen Rhythmus, eine Ausdehnung der Fortpflanzungsperiode, die Reduzierung des Zugverhaltens sowie eine Verlängerung der mittleren Lebensdauer (KLAUSNITZER, 1998; LUNIAK, 1996; WITTIG, 1995).

389. Der Ausbreitungsprozess von stadttypischen Pflanzen- und Tierarten in die freie Landschaft ist sehr komplex und von vielen noch nicht geklärten Faktoren abhängig. Trotz gegebener standörtlicher und physiologischer Bedingungen kann die Ausbreitung mehrere Jahrzehnte bis Jahrhunderte betragen. Auch das Ausbreitungsverhalten unter den eingeführten Arten ist auffällig verschieden (KOWARIK, 1992). Die urbane Besiedlung und Ausbreitung von Neueinwanderern erfolgt meist über konkurrenzarme Sekundärstandorte. Die Entwicklung von Städten ist sowohl mit einer Umwandlung als auch mit einer Integration vorhandener Strukturen der Natur- und Kulturlandschaft verbunden. Dies ermöglicht vielfach auch eine Koexistenz von Neophyten und einheimischen Arten, wie Wald- und Feuchtgebietsarten in intakten (geschützten) Lebensräumen. Einige von ihnen sind sogar zur Besiedlung neuer städtischer Standorte fähig. Auch zahlreiche Archäophyten, darunter viele Acker- und dörfliche Ruderalarten, können so trotz städtischer Umwandlung ihren Lebensraum behalten.

Bioindikatoren für spezifische Umweltfaktoren

390. Die enge Bindung bestimmter Pflanzenarten an die städtische Umwelt kann zur Bioindikation für spezifische Umweltfaktoren genutzt werden. Die Entwicklung von Flora und Fauna steht mit der Stadtentwicklung zeitlich und räumlich in einem engen Zusammenhang.

Die speziellen räumlich differenzierten Wärmeverhältnisse in der Stadt lassen sich durch Verbreitungskarten kälteempfindlicher Arten und durch systematische phänologische Untersuchungen darstellen. In der Pflanzenphänologie werden u. a. Daten der Knospung, Blattbildung, Blüte, Frucht, Laubverfärbung, Laubfall (phänologische Phasen) erhoben und ausgewertet (DIERSCHKE, 1994; SCHNELLE, 1955; ELLENBERG, 1954). Das unterschiedliche Auftreten der phänologischen Phasen zu gleichen Zeitpunkten an vorher festgelegten Pflanzenarten und auf bestimmten Untersuchungsflächen kann die Wärme- und Witterungsverhältnisse in der Stadt sehr genau indizieren. Es lassen sich so mit geringem technischem Aufwand Wärmeinseln und kühlere Bereiche feststellen sowie kartografisch darstellen. Das im Vergleich zum Stadtrand vielfach um mehrere Tage verfrühte Eintreten phänologischer Phasen zum Stadtzentrum hin spiegelt das größere innerstädtische Wärmeangebot wider (ZACHARIAS, 1972).

391. Für die Bewertung der Luftqualität hat sich der Einsatz pflanzlicher Bioindikatoren bewährt (STEUBING et al., 1974). Die Zusammenhänge zwischen der Luftverunreinigung durch Rauchgase und dem Verschwinden von an Borke lebenden (epiphytischen) Flechten wurde bereits in der 2. Hälfte des vorigen Jahrhunderts erkannt (NYLANDER, 1866). Die Schwefeldioxidbelastung der Luft stellte sich als wesentliche Ursache für den Rückgang bestimmter Flechtenarten heraus. Zur Bioindikation urbaner Luftbelastungen wurde das Flechten-Rauchgas-Modell etabliert. Seit Beginn des 20. Jahrhunderts entstand eine Vielzahl großflächiger Flechtenkartierungen, die zunächst den Flechtenrückgang und seine Ursachen untersuchten.

Flechtenuntersuchungen dienen auch heute der Ermittlung von Belastungszonen und der Darstellung von Schadstoffverhältnissen in den Städten und ihrer Umgebung. Mit zunehmender Verbesserung der Luftqualität breiten sich auch empfindliche Arten wieder stadtwärts aus (VDI-Richtlinie 3799 Ermittlung und Beurteilung phytotoxischer Wirkungen von Immissionen mit Flechten; WIRTH, 1995; SCHÖLLER, 1993).

2.4.1.3 Maßnahmen des Bundes und der Europäischen Union

Novellierung des Bundesnaturschutzgesetzes

Umsetzung der Flora-Fauna-Habitat-Richtlinie mit der Zweiten Novelle des Bundesnaturschutzgesetzes

392. Ein Schritt in Richtung auf einen umfassenden Naturschutz wurde mit dem Zweiten Gesetz zur Änderung des Bundesnaturschutzgesetzes vom 30. April 1998 unternommen, das die EG-Richtlinie 92/43/EWG zur Erhaltung der natürlichen Lebensräume sowie der wildlebenden Tiere und Pflanzen (FFH-Richtlinie; dazu bereits SRU, 1996a, Tz. 237 ff.) in deutsches Recht umsetzt sowie die Voraussetzungen für die Durchführung der am 1. Juni 1997 in Kraft getretenen EG-Artenschutzverordnung 97/338/EWG schafft.

393. Mit den durch das Zweite Änderungsgesetz neu eingefügten §§ 19a bis 19f BNatSchG wurden nahezu vier Jahre nach Ablauf der Umsetzungsfrist (5.6.1994) und daraufhin erfolgter Verurteilung durch den Europäischen Gerichtshof (EuGH, Slg. 1997, I –7191) die Grundlagen für die Schaffung eines Europäischen Schutzgebietsnetzes NATURA 2000 in Deutschland geschaffen (s. dazu auch BfN-Leitfaden NATURA 2000, SSYMANK et al., 1998). Während die Richtlinie nunmehr in deutsches Recht umgesetzt worden ist, hat die Europäische Kommission im April 1998 abermals Klage gegen die Bundesregierung erhoben, da diese ihrer Pflicht zur Vorlage einer vollständigen Gebietsliste nach Art. 4 der Richtlinie (Meldefrist war Juni 1995) bis zu diesem Zeitpunkt noch nicht nachgekommen sei. Zwar enthält die Richtlinie keinerlei Flächenvorgaben über den Umfang der zu meldenden FFH-Gebiete; die Europäische Kommission hat jedoch einmal die Vorstellung geäußert, dass sich die Schutzgebietsausweisungen auf insgesamt ca. 10 bis 20 % der Gemeinschaftsfläche erstrecken sollten (vgl. NIEDERSTADT, 1998, S. 519).

394. Gemäß Art. 6 Abs. 3 FFH-Richtlinie ist bei Plänen und Projekten, die besondere Schutzgebiete erheblich beeinträchtigen könnten, eine Verträglichkeitsprüfung vorzunehmen. Dabei verzichtet die FFH-Richtlinie bewusst auf einen der UVP-Richtlinie vergleichbaren Katalog im einzelnen aufgeführter Projekte; die Richtlinie erfasst sämtliche Vorhaben, die sich negativ auf das Gebiet auswirken können. Demgegenüber sind nach der Legaldefinition des § 19a Abs. 2 Nr. 8 BNatSchG Projekte nur solche Vorhaben, die einer behördlichen Genehmigung oder einer Anzeige bedürfen. Gleichermaßen beschränkt § 19e BNatSchG den Schutz der FFH- sowie Vogelschutzgebiete vor stofflichen Belastungen auf nach dem Bundes-Immissionsschutzgesetz genehmigungsbedürftige Anlagen. Die Gesetzesbegründung führt hierzu aus, dass eine Beschränkung auf genehmigungsbedürftige Anlagen notwendig sei, um den Umfang der in Art. 6 Abs. 3 S. 1 FFH-Richtlinie nicht näher bestimmten Vorhaben sinnvoll einzugrenzen. Deshalb beschränke sich die Regelung in § 19e BNatSchG auf nach dem Bundes-Immissionsschutzgesetz genehmigungsbedürftige Anlagen als eine der Hauptquellen stofflicher Belastungen (BT-Drs. 13/6441). Gleiches gilt für den durch das Zweite Änderungsgesetz neu gefassten § 6 Abs. 2 WHG, wonach die Bewilligung oder Erlaubnis zu versagen ist, wenn von der geplanten Benutzung (z. B. Stoffeinträgen von Gewässern) eine erhebliche Beeinträchtigung eines FFH-Gebietes zu erwarten ist. Zwar ist die Genehmigungs- bzw. Anzeigebedürftigkeit einer Maßnahme als Voraussetzung der Anwendbarkeit der §§ 19a ff. BNatSchG systemkonform, da auch die Eingriffsregelung in § 8 Abs. 2 BNatSchG maßgeblich auf eine behördliche Entscheidung oder Anzeige abstellt. Der Umweltrat weist aber darauf hin, dass FFH- und Vogelschutzgebiete erheblich beeinträchtigende stoffliche Belastungen auch durch Anlagen oder Einleitungen in die Gewässer (z. B. Düngung) verursacht werden können, die nicht immissionsschutzrechtlich genehmigungsbedürftig sind. Außerdem muss nach Art. 6 Abs. 3 FFH-Richtlinie die erhebliche Beeinträchtigung eines Schutzgebietes nicht allein durch das Projekt selbst erfolgen, sondern es reicht aus, wenn diese im Zusammenwirken mit anderen Plänen oder Projekten erfolgt. Derartige Vorhaben werden im Bundesnaturschutzgesetz jedoch nicht erfasst. Zutreffend ist zwar, dass genehmigungsbedürftige Anlagen nach dem Bundes-Immissionsschutzgesetz faktisch den Hauptteil stofflicher Belastungen für geschützte Gebiete verursachen. Es sind jedoch auch stoffliche Belastungen durch andere Vorhaben von Bedeutung, die deshalb im Bundesnaturschutzgesetz geregelt werden sollten. Die Umsetzung der FFH-Richtlinie erscheint dem Umweltrat deshalb insoweit nicht ausreichend.

395. Gemäß § 19e BNatSchG steht der Erteilung einer Genehmigung entgegen, wenn nicht ausgleichbare stoffliche Belastungen einer nach Bundes-Immissionsschutzgesetz genehmigungsbedürftigen Anlage ein Gebiet von gemeinschaftlicher Bedeutung oder ein Europäisches Vogelschutzgebiet erheblich beeinträchtigen. Das Gesetz lässt dabei offen, nach welchen Maßstäben die Erheblichkeit der Beeinträchtigung zu beurteilen ist. Der Rückgriff auf die an sich einschlägige TA Luft wird nach Auffassung des Umweltrates nicht ausreichen, da sich diese überwiegend am menschlichen Gesundheitsschutz, nicht aber an der Empfindlichkeit von Ökosystemen oder Arten orientiert.

396. Zur Umsetzung der FFH-Richtlinie durch das Zweite Änderungsgesetz wurden ferner § 6 WHG und § 39 Abs. 1 Nr. 1 PflSchG neu gefasst. Änderungen des Bauplanungsrechts zur Umsetzung der FFH-Richtlinie ergeben sich aus § 19f Abs. 2 BNatSchG sowie aus den mit dem Bau- und Raumordnungsgesetz 1998 geänderten §§ 1a Abs. 2 Nr. 4, 29 Abs. 3 BauGB (SRU, 1998a, Tz. 258, 395 ff.). Danach müssen die Erhaltungsziele oder der Schutzzweck der Gebiete von gemeinschaftlicher Bedeutung und der Europäischen Vogelschutzgebiete in der Bauleitplanung berücksichtigt werden. Damit übt die Ausweisung eines FFH- oder Vogelschutzgebietes eine erhebliche Steuerungswirkung auf die kommunale Bauleitplanung aus, da sich die kommunale Planung bei unter Schutz gestellten Gebieten nur in dem engen Rahmen der §§ 19d Satz 2, 19c Abs. 2 bis 5 BNatSchG bewegen darf. Dabei hängt der Planungsspielraum der Kommune maßgeblich davon ab, ob die Auswirkungen der Planung das FFH- oder Vogelschutzgebiet erheblich oder nur unerheblich beeinträchtigen würden. In letzterem Fall sind die Erhaltungsziele oder der Schutzzweck der geschützten Gebiete bei der städtebaulichen Abwägung gemäß § 1a Abs. 2 Nr. 4 1. Hs. BauGB lediglich als gleichrangiger Abwägungsbelang zu behandeln (DÜPPENBECKER und GREIVING, 1999, S. 176). Ergibt die Verträglichkeitsprüfung dagegen, dass die Beeinträchtigung erheblich wäre, ist der Plan bzw. das Projekt nach § 19c Abs. 2 BNatSchG grundsätzlich unzulässig, so dass ein Bauleitplan nicht aufgestellt oder eine Vorhabengenehmigung im Geltungsbereich der §§ 34, 35 BauGB nicht erteilt werden darf. Die kommunale Bauleitplanung kann allenfalls dann ausnahmsweise durchgeführt werden, wenn zwingende Gründe des überwiegenden öffentlichen Interesses dies rechtfertigen und keine zumutbaren Alternativen bestehen (§ 19c Abs. 3 BNatSchG). Selbst diese Ausnahmebestimmung wird durch § 19c Abs. 4 noch einmal für Gebiete mit prioritären Biotopen oder Arten eingeschränkt. Letztlich wird also der planerische Gestaltungsspielraum der Kommunen im Einwirkungsbereich eines unter Schutz gestellten Gebietes erheblich eingeschränkt.

Umsetzung der EG-Artenschutzverordnung

397. Am 9. Dezember 1996 wurde von der Europäischen Union die Verordnung des Rates 338/97 über den Schutz von Exemplaren wildlebender Tier- und Pflanzenarten durch Überwachung des Handels (Artenschutzverordnung) verabschiedet, die am 1. Juni 1997 in Kraft getreten ist. Die EG-Artenschutzverordnung hat die bisherige Verordnung über den Handel mit bedrohten Tierarten ersetzt und soll die bisherigen Vorschriften zusammenfassen, präzisieren sowie den Schutz gegen illegalen Handel mit bedrohten Arten verstärken. Dabei geht sie deutlich über die Regelungen des internationalen CITES-Abkommens zum Schutz gegen den Handel mit bedrohten Tierarten hinaus. In der Verordnung wird in abgestufter Weise die Einfuhr in die Gemeinschaft, die Ausfuhr aus ihr und die Durchfuhr sowie bei den in den Anhängen A und B aufgeführten Arten die Vermarktung und zum Teil die Beförderung geregelt. Mit den im Jahr 1998 durch das Zweite Änderungsgesetz zum Bundesnaturschutzgesetz eingefügten §§ 20a ff. BNatSchG wurden die Voraussetzungen zum Vollzug dieser EG-Artenschutzverordnung sowie die Umsetzung der artenschutzrechtlichen Vorschriften der FFH-Richtlinie geschaffen. Mit Einführung der §§ 20a ff. BNatSchG wurden weite Teile der Bundesartenschutzverordnung, insbesondere die nationalen Ein- und Ausfuhrregelungen sowie die Unterschutzstellung bestimmter Arten (Anhänge A und B der EU-Artenschutzverordnung), obsolet, so dass diese novelliert werden musste. Dies ist mit der neuen Bundesartenschutzverordnung vom 14. Oktober 1999 geschehen. Neben einer Anpassung an das Bundesnaturschutzgesetz und das europäische Artenschutzrecht führt die Bundesartenschutzverordnung erstmalig Kennzeichnungsregelungen für bestimmte lebende Säugetiere, Vögel und Reptilien ein (§§ 7 bis 11), um durch die Identifizierung geschützter Tiere den illegalen Handel mit diesen weiter zu erschweren.

Dritte Novelle des Bundesnaturschutzgesetzes

398. Gegen entschiedenen Widerstand der Länder wurde mit dem Dritten Gesetz zur Änderung des Bundesnaturschutzgesetzes vom 26. August 1998 ein gesetzlicher Anspruch der Land- und Forstwirte auf einen finanziellen Ausgleich für naturschutzbedingte Nutzungsbeschränkungen statuiert. Gemäß § 3b BNatSchG ist von den Ländern ein finanzieller Ausgleich zu gewähren, wenn in Rechtsvorschriften im Rahmen der §§ 12 bis 19b BNatSchG oder durch behördliche Anordnung die ausgeübte Bodennutzung durch Anforderungen beschränkt wird, die über die Anforderungen der guten fachlichen Praxis der Land-, Forst- und Fischereiwirtschaft hinausgehen. Derartige Anforderungen können etwa die Beschränkungen des Pflanzenschutz- und Düngemitteleinsatzes, Auflagen bei Mähzeiten, Beweidungsdichten und Bodenbearbeitung oder Duldungspflichten sowie Pflegemaßnahmen sein. Der Anspruch soll die mit der Ausweisung von FFH-Schutzgebieten und deren Vernetzung verbundenen Beschränkungen der land- und forstwirtschaftlichen Nutzung ausgleichen (BT-Drs. 13/10186). Bei diesem Anspruch handelt es sich nicht um den Ausgleich für eine Enteignung, einen enteignungsgleichen Eingriff oder eine verfassungswidrige Inhaltsbestimmung (Eigentumsbeschränkung), vielmehr sollen allein Nutzungsbeschränkungen kompensiert werden, die bislang im Rahmen der Sozialpflichtigkeit des Eigentums verhältnismäßig waren und deshalb ohne finanziellen Ausgleich hingenommen werden mussten. Diese Frage war bisher im Landesrecht geregelt. Die dortigen Regelungen sahen eine Entschädigung bei Nutzungseinschränkungen vor, durch die der Eigentümer schwer und unzumutbar betroffen wird, weil z. B. die wirtschaftliche Nutzbarkeit erheblich eingeschränkt wird oder getätigte Aufwendungen an Wert verlieren. § 3b BNatSchG verlegt jetzt die Entschädigungspflicht von der verfassungswidrigen Inhaltsbestimmung – so die Länderregelungen – zu einem bloßen Erschwernisausgleich vor.

Die kostenmäßigen Auswirkungen der Ausgleichsregelung auf die Haushalte der Bundesländer sind dabei nur schwer abschätzbar. Die Gesetzesbegründung nennt einen jährlichen Betrag von ca. 3 Mio. DM, der nach etwa zehn Jahren auf ca. 24 Mio. DM jährlich ansteigen werde (BT-Drs. 13/10186). Ein nicht unerheblicher Teil davon wird allerdings mit Fördermitteln der Europäischen Union bestritten werden können. Insoweit kommen beispielsweise Beihilfen nach der EG-Verordnung Nr. 1257/1999 vom 17. Mai 1999 über die Förderung der Entwicklung des ländlichen Raumes in Betracht, welche die EG-Verordnung Nr. 2078/92 für umweltrechte und den natürlichen Lebensraum schützende landwirtschaftliche Produktionsverfahren abgelöst hat. Trotz dieser finanziellen Unterstützung seitens der Europäischen Union ist jedoch die Befürchtung nicht von der Hand zu weisen, dass die Länder künftig bei der Ausweisung von Schutzgebieten nach §§ 12 ff. BNatSchG verstärkt auch deren Finanzierbarkeit im Hinblick auf den Ausgleichsanspruch nach § 3b BNatSchG im Blick haben und gegebenenfalls von einer Ausweisung absehen werden (KÖNIG, 1999, S. 385).

399. Durch das Dritte Änderungsgesetz wird zudem der Vertragsnaturschutz auf eine rechtliche Grundlage gestellt. Gemäß § 3a BNatSchG sollen die Behörden vor Ergreifen von Maßnahmen des Naturschutzes zunächst prüfen, ob der Zweck nicht auch durch vertragliche Vereinbarungen mit den Betroffenen erreicht werden kann. Ferner wird die bisherige gesetzliche Vermutung, wonach die ordnungsgemäße Land- und Forstwirtschaft den Zielen des Naturschutzes dient, aufgehoben. Allerdings soll nach § 2 Abs. 3 BNatSchG die besondere Bedeutung der Land-, Forst- und Fischereiwirtschaft für die Erhaltung der Kultur- und Erholungslandschaft bei Naturschutzmaßnahmen berücksichtigt werden. In § 8 Abs. 7 BNatSchG wird bei der naturschutzrechtlichen Eingriffsregelung durch das Dritte Änderungsgesetz klargestellt, dass die der guten fachlichen Praxis entsprechende land-, forst- und fischereiwirtschaftliche Bodennutzung in der Regel nicht den Naturschutzzielen widerspricht, soweit sich nicht aus speziellen Naturschutzvorschriften weiterreichende Anforderungen ergeben. Die gute fachliche Praxis wird allerdings nur im Hinblick auf die Fachgesetze, wie Düngemittel- und Pflanzenschutzgesetz und das Bundes-Bodenschutzgesetz, definiert; genuin naturschutzrechtliche Inhalte fehlen weitgehend.

Schließlich wurde mit dem Dritten Änderungsgesetz die bereits in einigen Landesnaturschutzgesetzen bestehende neue großflächige Schutzgebietskategorie des Biosphärenreservates auf Bundesebene eingeführt (§ 14a BNatSchG). Dies hat der Umweltrat auch bereits vorgeschlagen (SRU, 1996a, Tz. 247).

LIFE-Natur-Förderung der EU

400. Mit der LIFE-Verordnung (1973/92/EWG) existiert ein Finanzierungsinstrument für die Förderung von Maßnahmen im technischen Umweltschutz und im Arten- und Biotopschutz. Die LIFE-Natur-Förderung ist schwerpunktmäßig auf die Unterstützung der Umsetzung der FFH-Richtlinie und der Vogelschutzrichtlinie ausgerichtet. Für die ersten zwei Phasen der Förderung von 1992 bis 1999 wurde ein Budget von 850 Mio. € bereitgestellt, das zu 50 % bis maximal 75 % auf die Förderung von LIFE-Natur entfällt. Zwischen 1992 und 2002 werden in Deutschland 35 Naturschutzprojekte mit über 60 Mio. DM gefördert (BfN, 1999, S. 177 ff.). Für den Zeitraum 2000 bis 2004 wird für Europa ein Betrag von 613 Mio. € für die Durchführung von LIFE III zur Verfügung gestellt (BMU-Umwelt 7/8, 1999, S. 311).

Naturschutzprogramme der Länder

401. Für den Schutz der biologischen Vielfalt sind folgende Programme von bundesweiter Bedeutung:

– *Grunderwerbs- und Anpachtungsprogramme für den Ankauf oder die Pacht wertvoller Grundstücke für Zwecke des Naturschutzes und der Landschaftspflege*
Hierfür werden Gelder aus Landesmitteln, aus Naturschutzstiftungen und aus Verbänden eingesetzt. Die Haushaltsansätze der Bundesländer für den Grunderwerb betrugen im Jahr 1993 rund 75 Mio. DM (BfN, 1997, S. 172).

– *Artenschutzprogramme*
Die Programme beziehen sich meist auf einzelne Tier- oder Pflanzenarten oder -gruppen mit hohem Bekanntheitsgrad, z. B. Biber, Weißstorch, Uhu, Amphibien und Reptilien, Orchideen, Ackerwildkräuter u. a. Sie umfassen z. B. den Lebensraumschutz, technische Maßnahmen und die Ansiedlung. Erfolgreiche Programme haben die Gefährdung des Wanderfalken und anderer Greifvögel, von Kolkraben und von einigen Ackerwildkräutern deutlich gemindert. Vor allem die auf den Lebensraumschutz angelegten In-situ-Maßnahmen des Artenschutzes tragen zur Erhaltung von Nichtzielarten und damit der biologischen Vielfalt bei (zur Ex-situ-Erhaltung s. Abschn. 2.4.1.2.3).

– *Naturschutzprogramme für die verstärkte Durchführung von naturschutzrelevanten Pflege- und Bewirtschaftungsmaßnahmen in der Kulturlandschaft (Vertragsnaturschutz)*
Im Rahmen des Vertragsnaturschutzes werden folgende Programme durchgeführt: Extensivierungsprogramme der Land- und Forstwirtschaft, zum Beispiel verringerter Einsatz von Pflanzenschutz- und Düngemitteln, geringere Bodenbearbeitung, extensive Nutztierhaltung, Ackerrandstreifen-, Gewässerrandstreifen-, Grünlandprogramme, waldbauliche Förderprogramme, Programme zur Renaturierung von Mooren, Fließgewässern und Auen, Flächenumwandlungen (Acker zu Grünland), Pflanzung und Pflege von Hecken und Feldgehölzen. Die meist landesweit geltenden Programme werden teils von den Landwirtschafts-, teils von den Naturschutzverwaltungen durchgeführt und finanziert. Je nach Programm erfolgt eine Mitfinanzierung durch die Europäische Union z. B. aus Mitteln des EU-Agrarfonds oder sogenannter flankierender Maßnahmen. Die Bewirtschaftungsverträge sind meist auf eine Dauer von ein bis fünf Jahren angelegt. Die Vergütung erfolgt in der Regel über pauschale flächenbezogene Zahlungen. Eine synoptische Darstellung aller Agrarumweltprogramme der Länder – nach Fördertatbeständen gegliedert – ist PLANKL (1999) zu entnehmen.

402. Eine Bewertung der ökologischen Wirksamkeit des Vertragsnaturschutzes wird durch die Vielfalt der Programme und die unterschiedlichen Konzepte der Länder erschwert. Umfassende Bewertungen gibt es bislang noch nicht. Zur Zeit existieren lediglich einige Evaluierungsberichte der Länder zu Erfolg oder Misserfolg ihrer Agrarumweltprogramme auf der Grundlage der Richtlinie 2078/92 (Förderung umweltgerechter landwirtschaftlicher Produktionsverfahren) oder sind gerade erst in der Entstehung begriffen. Der Umweltrat hat sich in seinen bisherigen Gutachten (SRU, 1996b,

Tz. 230 ff., 246 f., 251 f. und 1994, Tz. 914 ff.) eingehend mit dem Vertragsnaturschutz und der Honorierung ökologischer Leistungen befasst. Er hat dabei insbesondere auf die Problematik der Abgrenzung von Nutzungseinschränkungen, die jeder Land- und Forstwirt im Rahmen der Sozialpflichtigkeit des Eigentums ohne Entschädigung – und auch ohne Honorierung – hinnehmen muss, und echten ökologischen Leistungen hingewiesen. Ferner hat er die Orientierung der Honorierung an Maßnahmen anstatt an einer erfolgsorientierten Bindung an ökologischen Leistungen und allgemein die fehlende Berücksichtigung naturschutzfachlicher Ziele – z. B. Schutz ökologisch sensibler Gebiete – in den Agrarumweltprogrammen kritisiert. Die bisherigen Erfahrungen geben keinerlei Veranlassung, diese Kritik zu revidieren (s. auch die vergleichende EU-Bewertung durch die Kommission, KOM(97) 620). Allerdings ist darauf hinzuweisen, dass durch die Einbeziehung von FFH-Gebieten in die EU-Förderung nach der Verordnung 1257/1999/EG nunmehr ein Anreiz gegeben ist, bei der Mittelvergabe naturschutzfachliche Ziele stärker als bisher zu berücksichtigen. Zudem wird der Vertragsnaturschutz im Bereich der Land- und Forstwirtschaft durch die Verordnung 1257/1999/EG neue Impulse erhalten, da die dort vorgesehenen Fördermaßnahmen eine (mindestens fünfjährige) vertragliche Verpflichtung des Landwirtes voraussetzen und die Gewährung der Beihilfe unter anderem davon abhängt, dass dessen Agrarumweltmaßnahmen über die Anwendung der guten fachlichen Praxis hinausgehen (z. B. Art. 23).

Zur Zeit wird diskutiert, ob Gebiete, in denen aufgrund einer Ausweisung als FFH-Gebiet Nutzungseinschränkungen hinzunehmen sind und die deshalb benachteiligt sind, durch finanzielle Leistungen aufgrund des Gesetzes über die Gemeinschaftsaufgabe „Verbesserung der Agrarstruktur und des Küstenschutzes" (GAK-Gesetz; dazu SRU, 1996b, Tz. 77, 243 f.) gefördert werden sollten. In Betracht käme insoweit vor allem ein „Ausgleich natürlicher Standortnachteile" gemäß § 1 Abs. 1 Nr. 1 Buchst. c GAK-Gesetz. Der Umweltrat spricht sich allerdings gegen eine derartige Interpretation oder gar Anpassung des GAK-Gesetzes aus. Denn die durch eine Ausweisung nach der FFH-Richtlinie betroffenen Gebiete müssen hierdurch nicht zwangsläufig so stark benachteiligt werden, dass sie förderungsbedürftig im Sinne des GAK-Gesetzes würden. Vielmehr können sie durchaus noch eine leistungsfähige Land- und Forstwirtschaft (§ 2 Abs. 1 GAK-Gesetz) gewährleisten. Umgekehrt sollten aber nach Auffassung des Umweltrates Förderungsmaßnahmen nach dem GAK-Gesetz, wenn mit ihnen denn tatsächliche natürliche Standortnachteile (i. S. d. § 1 Abs. 1 GAK-Gesetz) ausgeglichen werden, vorrangig solchen Gebieten zugute kommen, in denen ökologische Leistungen aufgrund der FFH-Richtlinie erbracht werden.

403. In einer von 1990 bis 1998 durchgeführten Untersuchung des Forschungs- und Studienzentrums Landwirtschaft und Umwelt der Universität Göttingen über ökologische Auswirkungen von Extensivierungsmaßnahmen im Ackerbau wurden die ökologischen und ökonomischen Auswirkungen verschiedener Anbauvarianten untersucht. Die Ergebnisse zeigen, dass zum Beispiel eine flexible Extensivierung im Ackerbau mit erweiterter Fruchtfolge, reduzierter Bodenbearbeitung, einer Verringerung der Aufbringung von Stickstoff, einer Verminderung des Einsatzes chemischer Pflanzenschutzmittel und einer Einrichtung unbewirtschafteter Ackerrandstreifen zu Verbesserungen von Bodenstruktur und Bodenleben und zu einer Förderung der Ackervegetation und der Fauna führen; weiterhin werden Stickstoffverluste in die Umgebung begrenzt. Diese Bewirtschaftungsform ist deutlich umweltschonender als eine ordnungsgemäße Bewirtschaftung nach guter fachlicher Praxis mit dreigliedriger Fruchtfolge; der ordnungsgemäßen Bewirtschaftung ist jedoch keinesfalls eine prinzipielle und ständige Umweltgefährdung zuzuschreiben. Auf dem ertragreichen Standort wird bei integrierter extensiver Produktion das monetäre Ergebnis gegenüber der ordnungsgemäßen Bewirtschaftung verbessert, während auf dem heterogenen Standort finanzielle Einbußen zu verzeichnen sind (STEINMANN und GEROWITT, 1999; GEROWITT und WILDENHAYN, 1997). Der Umweltrat hält es deshalb für geboten, solche ökologischen Leistungen zu honorieren, die über die gute fachliche Praxis hinausgehen und gleichzeitig zu Einkommenseinbußen führen. Entsprechende Förderkriterien sollten umgehend erarbeitet werden.

Gemeinschaftsstrategie zur Erhaltung der Artenvielfalt

404. Das internationale Übereinkommen über die biologische Vielfalt (Biodiversitätskonvention) anlässlich der Konferenz der Vereinten Nationen für Umwelt und Entwicklung 1992 ist in der Zwischenzeit von über 170 Staaten und der Europäischen Gemeinschaft ratifiziert worden. Es soll zu einer umfassenden Politik zur Erhaltung der biologischen Vielfalt, zur nachhaltigen Nutzung ihrer Bestandteile sowie zu einer gerechten Verteilung der Vorteile aus einer Nutzung der genetischen Ressourcen beitragen. Die Europäische Union hat im Februar 1998 eine „Gemeinschaftsstrategie zur Erhaltung der Artenvielfalt" (KOM(98) 42 endg.; durch Kommissionsmitteilung geändert in „Gemeinschaftsstrategie zum Schutz der biologischen Vielfalt") formuliert, um die Biodiversitätskonvention umzusetzen. Die Gemeinschaftsstrategie gibt unter anderem einen Rahmen für die nach der Biodiversitätskonvention zu ergreifenden nationalstaatlichen Maßnahmen vor, um hierdurch den Verpflichtungen der Europäischen Gemeinschaft aus Artikel 6 der Biodiversitätskonvention (insbesondere die Pflicht zur Entwicklung nationaler Strategien, Pläne und Programme zur Erhaltung und nachhaltigen Nutzung der biologischen Vielfalt sowie deren Einbeziehung in Pläne, Programme und Politiken) nachzukommen.

Die Entwicklung dieser Gemeinschaftsstrategie fügt sich in das 5. Umweltaktionsprogramm der EU ein und ist im Zusammenhang mit der Verpflichtung (Art. 6 EG-Vertrag) zu sehen, Umweltbelange grundsätzlich in die anderen Politikbereiche einzubeziehen. Durch die Einführung eines Mechanismus zur Berücksichtigung der biologischen Vielfalt in anderen Politikbereichen und bei anderen Instrumenten trägt die Strategie dazu bei, eine Lücke in der Naturschutzpolitik der Gemeinschaft zu schließen. Zudem wird hervorgehoben, dass der Schutz zahlreicher wildlebender Arten und insbesondere auch der Schutz von genutzten Arten, Sorten und Rassen durch das von der Europäischen Union initiierte Netz von Schutzgebieten (NATURA 2000) nicht ausreichend ist. Daher ist es für die In-situ-Erhaltung wichtig, dass die Gemeinschaft bei ihren Maßnahmen in allen Teilbereichen der Politik auch die Auswirkungen auf die Erhaltung und die nachhaltige Nutzung der biologischen Vielfalt im restlichen Gebiet, das heißt außerhalb der Schutzgebiete, berücksichtigt. Hier bestand eine Lücke in der bisherigen Schutzstrategie der Gemeinschaft, die mit der neuen Gemeinschaftsstrategie geschlossen wird.

Nachhaltige Stadt- und Regionalentwicklung

405. Unter dem Leitbild einer nachhaltigen oder dauerhaft umweltgerechten Entwicklung werden derzeit in verschiedenen Groß- und Mittelstädten neue Handlungskonzepte der Stadtentwicklung erarbeitet. Diese Konzepte werden örtlich eng mit laufenden Agenda 21-Prozessen verknüpft, in denen lokale Akteure die Anforderungen an eine nachhaltige Stadtentwicklung aufstellen. Im Hinblick auf den vielerorts ungebremsten Siedlungszuwachs und die bereits eingetretenen Umweltbeeinträchtigungen fordert das Leitziel der Nachhaltigkeit in der Agenda 21, dass Städte und Verdichtungsräume einen aktiven Beitrag zur nachhaltigen Sicherung und Verbesserung der natürlichen Lebensgrundlagen leisten. Keinesfalls darf sich der Beitrag der Kommunen auf die Steuerung neuer Beeinträchtigungen beziehungsweise Eingriffe in Natur und Landschaft beschränken. Je nach örtlicher Ausprägung der (Umwelt-)Beeinträchtigungen kommen aus Sicht des Umweltrates hauptsächlich folgende Handlungsfelder für eine nachhaltige Stadtentwicklung in Betracht (in Anlehnung an BfLR, 1996):

- ökologisch orientierter Städtebau (z. B. schonender Umgang mit Grund und Boden, rationeller und sparsamer Umgang mit Energie und stofflichen Ressourcen, Verbesserung des Stadtklimas, Vermeidung und Verminderung von Abfall, Verwendung umweltfreundlicher Baustoffe),

- Ausrichtung der Stadtstrukturen an den räumlichen Ordnungsprinzipien Verdichtung (kompakte bauliche Strukturen), Nutzungsmischung (funktionale, soziale und baulich-räumliche Mischung) und Polyzentralität (Bündelung des anhaltenden Siedlungsdrucks in ausgewählten Schwerpunkten),

- ressourcen- und freiraumschonende Flächeninanspruchnahme, Vorrang der Innenentwicklung, Flächenrecycling, Nutzungsmischung (Flächenhaushaltsmanagement),

- Erhaltung und Entwicklung der städtischen Grün- und Freiraumsysteme,

- umweltschonende Bewältigung des Verkehrs und

- Erhöhung der Qualität des Lebensraums Stadt für ihre Nutzer; konsensorientierte Beteiligung an Planungsprozessen.

406. Der Umweltrat hat sich bereits 1996 eingehend mit dem möglichen Beitrag der bestehenden raumbezogenen Planungsinstrumente zu einer nachhaltigen Raumentwicklung befasst (SRU, 1996b). Der Schwerpunkt der Betrachtung lag dabei auf dem ländlichen Raum, ohne jedoch die Wechselbeziehungen zwischen Stadt und Land zu vernachlässigen. Im Mittelpunkt der aktuellen Betrachtung stehen einige neuere Entwicklungen der raumbezogenen Planung, die für die Belange des Naturschutzes und der Landschaftspflege in städtischen Siedlungsräumen von besonderer Bedeutung sind.

407. Das Leitbild der nachhaltigen Entwicklung ist mit der Novellierung des Städtebau- und Raumordnungsrechts (BauROG vom 18. August 1998) in das Rechtssystem der räumlichen Gesamtplanung aufgenommen worden (§ 1 Abs. 5 Satz 2 BauGB, § 1 Abs. 2 ROG). Nach der Definition des Gesetzes sollen die sozialen und wirtschaftlichen Ansprüche an den Raum mit seinen ökologischen Funktionen in Einklang gebracht werden und zu einer dauerhaften, großräumig ausgewogenen Ordnung führen. Die Einführung des Begriffs der nachhaltigen Entwicklung wurde in Teilen der Wissenschaft und Planungspraxis mit großer Skepsis aufgenommen (z. B. JESSEL und TOBIAS, 1998; LOSKE, 1998, SPANNOWSKY und KRÄMER, 1998). Mittlerweile werden erste Erfahrungen mit den neuen Regelungen auf Fachveranstaltungen ausgetauscht (z. B. HERRMANNS und HÖNIG, 1999, WÄCHTER und WENDE, 1999), umfassende Erfahrungsberichte und Analysen stehen jedoch noch aus.

Zwar ist das Prinzip der Nachhaltigkeit als vorrangige Leitlinie der städtebaulichen Planung und des raumordnerischen Handelns zu verstehen, es beinhaltet jedoch auch, dass die Belange von Natur und Landschaft keinen abstrakten Vorrang genießen (DOLDE und MENKE, 1999; Einführungserlass der Fachkommission „Städtebau" zum BauROG vom 29.12.1997). In § 1a Abs. 2 Nr. 2 BauGB wird klargestellt, dass die Eingriffsregelung in der Abwägung überwindbar ist, wobei nach der Rechtsprechung des Bundesverwaltungsgerichts allerdings gewichtige andere Belange erforderlich sind, die einer besonderen Rechtfertigung bedürfen (BVerwGE 104, S. 68 ff.; STÜER, 1998, Rdnr. 734; Tz. 532 ff.). Im übrigen bedeutet die Einführung der

Möglichkeit des „Wegwägens" der Erfordernisse der naturschutzrechtlichen Eingriffsregelung im Städtebaurecht die Abkehr von einem flächendeckend zu verstehenden, zumindest prinzipiell zu befolgenden Verschlechterungsverbot des Naturhaushaltes und Landschaftsbildes nach dem Bundesnaturschutzgesetz.

Im Kontext der bauleitplanerischen Abwägung nach § 1 Abs. 5 und 6 BauGB müsste eine Planung, die dem Gebot der Nachhaltigkeit entspricht, das Ergebnis einer gerechten Abwägung sein. So gesehen bedeutet die Einführung des Nachhaltigkeitsbegriffs nichts Neues, denn unterschiedliche Fachinteressen aufzunehmen und miteinander in Einklang zu bringen, ist schon immer Kernaufgabe räumlichen Planungsrechts. Einige Autoren verbinden damit dennoch die Hoffnung auf eine Stärkung eines ökologisch orientierten raumplanerischen Gestaltungsauftrags. So liegt nach Auffassung von KRAUTZBERGER (1999) mit dem neuen Recht zumindest im Ansatz ein Entscheidungssystem vor, das der Kommune ermöglicht, in einem kompakten Verfahren dem ganzheitlichen Anspruch von Nachhaltigkeit Rechnung zu tragen und in Zukunft eher in die Richtung „ökologischer Gesamtbilanzen" zu denken. Eine solche Entwicklung könne weitreichende Folgen für die Einordnung und die Aufgabenstellung der Umweltverträglichkeitsprüfung haben: Die UVP müsste über die Beschreibung und Bewertung von Gefährdungspotentialen hinaus zu einer Gesamtbilanzierung fortentwickelt und in ein umfassendes räumliches Abwägungssystem integriert werden (Tz. 32). Ob jedoch solche Ansätze für die Fortentwicklung und damit für eine Stärkung des Nachhaltigkeitsgedankens genutzt werden, bleibt abzuwarten.

Diesen möglichen Zukunftsperspektiven stehen erhebliche Risiken für die Berücksichtigung der Belange des Naturschutzes und der Landschaftspflege in der Bauleitplanung gegenüber. Denn Schwerpunkte der Gesetzesnovelle waren neben einer Integration umwelt- und naturschützender Regelungstatbestände (Implementierung der Eingriffsregelung in städtebauliche Planungen, Berücksichtigung der Ergebnisse einer Umweltverträglichkeitsprüfung) und der Umsetzung europarechtlicher Umweltforderungen (FFH-Richtlinie und Vogelschutzrichtlinie) durchaus auch folgende Ziele: Verkürzung der Planungsverfahren sowie Einschränkung der Beteiligung von Bürgern und Trägern öffentlicher Belange und damit schließlich eine Stärkung der kommunalen Planungshoheit (Stellungnahmen der Träger öffentlicher Belange innerhalb eines Monats (§ 4 Abs. 2 Satz 2 BauGB), Verzicht auf das Anzeigeerfordernis für aus dem Flächennutzungsplan entwickelte Bebauungspläne (§ 10 Abs. 2 BauGB), Wegfall der Anzeige- und Genehmigungspflicht für Bebauungspläne im vereinfachten Verfahren (§ 13 BauGB). Deshalb wird von dem neuen Gesetz – wie schon bei dem vom Naturschutz kritisierten Investitionserleichterungs- und Wohnbaulandgesetz – eher eine Beschleunigung des Flächenverbrauchs befürchtet (u. a. HOFFJANN, 1998; JESSEL und TOBIAS, 1998; LOSKE, 1998). Die Entscheidungs- und Gestaltungsspielräume der Städte und Gemeinde werden einerseits durch die flexibilisierte Zuordnung von Eingriff und Ausgleich, nicht zuletzt auch durch die grundsätzlich verbesserten Refinanzierungsmöglichkeiten von kommunalen Ausgleichsvorleistungen (z. B. enthalten §§ 135b, 135c BauGB Verteilungsmaßstäbe und die Ermächtigung, Satzungen zu erlassen; im einzelnen s. BUNZEL, 1999), erweitert. Diese sollten auch insbesondere im Zusammenhang mit der Umsetzung der Agenda 21 genutzt werden. Doch steht andererseits der Abbau der Beteiligungsmöglichkeiten den Handlungsanforderungen der Agenda 21, die auf möglichst breite Partizipation und konsensorientierte Entscheidungsverfahren abzielen, diametral entgegen.

408. Bei der Einführung des neuen Baugesetzbuches wurde davon ausgegangen, dass vor allem die Flächennutzungsplanung eine nachhaltige städtebauliche Entwicklung voranbringen könnte, weil auf dieser Ebene die Ausgestaltung der gesamtgemeindlichen Bodennutzungskonzeption auf lange Sicht entschieden wird und somit eine frühzeitige und konzeptionelle Umsetzung von Naturschutz- und Landschaftspflegezielen möglich wäre (z. B. LOUIS, 1998; BUNZEL, 1997; LÜERS, 1997). Doch in breiten Kreisen der Planungspraxis ist Ernüchterung festzustellen: Viele Flächennutzungspläne sind veraltet und werden anstatt einer kompletten Überarbeitung eher nur mit Ergänzungen versehen (HERRMANNS und HÖNIG, 1999). Nach einer empirischen Untersuchung von GRUEHN und KENNEWEG (1998) erfolgt die Berücksichtigung der Belange von Naturschutz und Landschaftspflege in der vorbereitenden Bauleitplanung bislang in einem sehr niedrigen Ausmaß. Somit ist die vorbereitende Bauleitplanung in der Regel nicht „umweltverträglich". Ähnlich enttäuschend sind die Ergebnisse einer Wirkungsanalyse von Kompensationsmaßnahmen im Rahmen der Bauleitplanung in Schleswig-Holstein (DIERßEN und RECK, 1998). Ob sich diese Befunde in absehbarer Zeit grundlegend ändern, muss sich erst noch zeigen.

Zur Eingriffsregelung

409. Die räumliche und zeitliche Flexibilisierung der Zuordnung von Eingriff und Ausgleich (§§ 1a Abs. 3, 200a Satz 2, 135a Abs. 2 S. 2 BauGB) kommt grundsätzlich einer verdichteten Bauweise von besiedelten Flächen und einer Arrondierung zeitlich nacheinander realisierter Baugebiete sowie einer Verwirklichung von langfristig und großräumig angelegten Naturschutzkonzeptionen (z. B. Biotopverbundplanungen) entgegen. Insbesondere die getrennte Aufstellung von Eingriffs- und Ausgleichsbebauungsplänen birgt jedoch auch Risiken und Nachteile. So ist ungeklärt, wie die gemeinsame Abwägung zweier unabhängiger Bebauungspläne erfolgen soll. Da keine rechtliche Vorgabe besteht, beide Pläne gleichzeitig zu beschließen, ist weiterhin unklar, was aus einem Eingriffsbebauungsplan wird, wenn der Ausgleichsbebauungsplan nicht beschlossen wird.

Umgekehrt ist das rechtliche Schicksal eines Eingriffsbebauungsplans offen, wenn der Ausgleichsbebauungsplan angegriffen wird, z. B. um sich der Zahlungspflicht für Ausgleichsmaßnahmen zu entziehen (HERRMANNS und HÖNIG, 1999; LOUIS, 1998, S. 122). Wegen der rechtlichen Probleme wird daher eher ein einheitlicher Plan mit mehreren Geltungsbereichen empfohlen (u. a. BUNZEL, 1999; LOUIS, 1998). Diese Form ist vom Bundesverwaltungsgericht bereits abgesichert (BVerwGE 104, S. 353 ff.).

Für den Fall des Ausgleichs auf von der Gemeinde bereitgestellten Flächen wurde versäumt, eine finanzielle Absicherung als Voraussetzung für die Zulässigkeit von Vorhaben festzuschreiben. Wenn Bauvorhaben erst realisiert worden sind, wird es in der Praxis schwer sein, die entsprechenden Ausgleichsforderungen durchzusetzen. Gerade die finanzielle Absicherung dieser Ausgleichsvariante wäre für die Verwirklichung von Ausgleichspools von Bedeutung. Immerhin wurde die Möglichkeit geschaffen, Ausgleichsmaßnahmen auch in einem städtebaulichen Vertrag zu regeln (§ 11 Abs. 1 Satz 2 Nr. 2 BauGB), der unter anderem Finanzierungsregelungen beinhalten kann.

Eine erste Auswertung der Praxiserfahrungen mit der neuen Eingriffsregelung in Nordrhein-Westfalen zeigt, dass gerade die Flächenbeschaffung eines der häufigsten Probleme ist (MÜLLER-PFANNENSTIEL, o. J.). Somit besteht ein Bedarf an geeigneten Flächenmanagementkonzepten. Einen Lösungsansatz bieten sogenannte Ausgleichspool-Konzeptionen. Die zeitliche Flexibilisierung eröffnet der Gemeinde die Möglichkeit, bereits vor dem Eingriff Ausgleichsflächen festzusetzen und Ausgleichsmaßnahmen durchzuführen (§ 135a Abs. 2 S. 2 BauGB) und somit einen „Ausgleichspool" zu bilden. Mit der Verwendung des Begriffs Ausgleichspool folgt der Umweltrat dem im Vergleich zum „Ökokonto" eher sachgerechten Verständnis einer vorgezogenen Ausgleichskonzeption (vgl. AMMERMANN et al., 1998). An die Umsetzung dieses aus Sicht des Umweltrates grundsätzlich sinnvollen Ansatzes sind aber bestimmte Anforderungen zu stellen. Besonders hervorzuheben gilt:

– Die Auswahl der Ausgleichsflächen und die Durchführung der Maßnahmen sollte auf der Grundlage eines aktuellen Landschaftsplanes oder einer vergleichbaren naturschutzfachlichen Konzeption erfolgen. So könnte die Landschaftsplanung auch hier als zukunftsgerichtetes Entwicklungs- und Managementinstrument für den Naturschutz und die Landschaftspflege dienen (vgl. SRU, 1996b, Tz. 154-160).

– Aus naturschutzfachlichen und wirtschaftlichen Gründen sollten die Städte und Gemeinden frühzeitig die benötigten Flächen sichern und aktive Flächenbevorratung betreiben, zum Beispiel auf dem Wege eines Flurbereinigungsverfahrens oder einer Umlegung nach Städtebaurecht (zu den Möglichkeiten im einzelnen siehe BUNZEL, 1999, S. 105 ff.; vgl. SRU, 1999b, Tz. 161).

– Die für die Durchführung von Ausgleichsmaßnahmen bevorrateten Flächen sollten in einem Kataster in der Naturschutzverwaltung geführt werden, um eine Inanspruchnahme dieser Flächen für andere Nutzungen und eine Mehrfachbelegung zu vermeiden. Die Berücksichtigung der Maßnahmen des Ausgleichspools sollte an das Einvernehmen der Naturschutzbehörde gebunden sein.

– Auch wenn ein Ausgleichspool in Anspruch genommen wird, sind die Anforderungen der Eingriffsregelung auf der Ebene des Bebauungsplans in einem entsprechenden landschaftspflegerischen Beitrag zu bewältigen.

Zur Lösung der Finanzierungsprobleme von Ausgleichspools werden Ausgleichsfonds diskutiert. Sie setzen eine alternative anstatt einer subsidiären Ausgleichsabgabe voraus. Der Vorhabensträger hätte dann die Wahl zwischen der Durchführung von Kompensationsmaßnahmen innerhalb des Pools oder der Bezahlung einer Ausgleichsabgabe. Auf diese Weise wären selbst umfangreiche Naturschutzmaßnahmen realisierbar. Der Umweltrat steht einer solchen Lösung wegen der damit verbundenen Hinnahme von Eingriffen in Natur und Landschaft eher skeptisch gegenüber; er kann eine solche Lösung nur befürworten, wenn die Anstrengungen zur Finanzierung von Naturschutzmaßnahmen außerhalb der Eingriffsregelung zumindest gesichert, möglichst aber verstärkt werden. Des weiteren muss die Trägerschaft für einen Flächenpool geklärt werden, der im übrigen auch die Ausgleichsflächen aus der naturschutzrechtlichen Eingriffsregelung (§ 8 BNatSchG) umfassen sollte (vgl. WOLF, 1998). Insgesamt darf bei dem Ansatz einer Poollösung nicht übersehen werden, dass eine Umkehr in der Beziehung zwischen Eingriff und Ausgleich in der Weise stattfindet, dass der Ausgleich aus Gründen der Refinanzierung den Eingriff nach sich zieht.

410. Im Rahmen der planerischen Abwägung kann die Gemeinde nach geltendem Recht auf die Wiederherstellung weniger wichtiger oder naturschutzfachlichen oder städtebaulichen Konzepten zuwiderlaufender Naturgüter und Funktionen verzichten (LOUIS, 1998). Diese Möglichkeit darf aber nicht dazu führen, den funktionalen Zusammenhang zwischen Eingriff und Ausgleich aufzulösen und jedwede Maßnahme des Natur- oder auch des Umweltschutzes (z. B. Sichtschutzpflanzungen, Begrünungen von Lärmschutzwällen, den Bau von Spielplätzen, Rad- und Wanderwegen oder energiesparende Bauweisen) gutschreiben zu lassen, was zum Teil immer noch geschieht (WÄCHTER und WENDE, 1999). Vor allem darf es nicht dazu kommen, dass Städte und Gemeinden Maßnahmen, die sie bereits aus anderen Erwägungen heraus vorgesehen haben, etwa als Ergebnis von Umweltqualitätszielkonzepten oder eines Handlungsprogramms zur Lokalen Agenda 21, als Ausgleichsmaßnahmen deklarieren. Nach Auffassung des Umweltrates muss ein möglichst weitreichender Ausgleich der vorhandenen ökologischen Funktionen auf fachplanerischer Grundlage erzielt werden. Damit spricht sich der Umweltrat für die Beibehaltung der bisherigen Entscheidungskaskade nach dem Naturschutzrecht, nämlich Vermeidung – Ausgleich – Ersatz, aus. Dies sollte auch für vorab durchgeführte Ausgleichsmaßnahmen gelten. Wenn die Anforderungen an den funktionalen Zusammenhang allerdings zu hoch gesteckt werden, wird die Poollösung in der Praxis selten angewendet werden können. Für den Fall, dass ein Ausgleich nicht möglich ist, sollte Kompensationsmaßnahmen zugestimmt werden, die zwar nicht im räumlichen und funktionalen Zusammenhang mit dem Eingriff stehen, die aber den Zielen und Erfordernissen, wie sie in der Landschaftsplanung dargestellt werden, entsprechen.

Trotz der beschriebenen Risiken sollte der gesetzlich geforderte Erfahrungsbericht über die befristete Aussetzung der Eingriffsregelung nach dem Bundesnaturschutzgesetz (§ 246 Abs. 6 Satz 2 BauGB) abgewartet werden, bevor weitergehende gesetzliche Änderungen vorgenommen werden. Erste Arbeitshilfen für den Umgang der weitreichenden Gestaltungsmöglichkeiten bei der Umsetzung der Eingriffsregelung in der Bauleitplanung liegen vor (BUNZEL, 1999; ERBGUTH, 1999). Wegen der praktischen Probleme mit den kommunalen Ausgleichspools erscheint jedoch die Aufstellung einer Handlungsempfehlung für die Entwicklung solcher Pools notwendig. Über die inhaltlichen und prozeduralen Anforderungen hinaus wären vor allem geeignete Modelle für die Trägerschaft und Finanzierung solcher Ausgleichspools, auch auf überörtlicher Ebene, zu entwickeln.

411. Vor allem aus Naturschutzsicht betont der Umweltrat noch einmal, dass sich der Beitrag der Städte und Gemeinden zur nachhaltigen Sicherung der Lebensgrundlagen nicht in der Anwendung der Eingriffsregelung erschöpfen darf. Städte und Gemeinden haben auf der Grundlage und im Zusammenwirken mit der örtlichen Landschaftsplanung eine Vielzahl von Möglichkeiten, die Freiflächen in den Baugebieten und daran angrenzende Flächen entsprechend den Zielen des Naturschutzes und der Landschaftspflege zu gestalten und ein flächendeckendes Freiraumkonzept zu entwickeln. Zu den Instrumenten, die für einen aktiven Naturschutz im städtischen Siedlungsraum genutzt werden sollten, gehören

– Unterschutzstellungen nach den Naturschutz- und Waldgesetzen (Schutzgebiete, geschützte Landschaftsbestandteile, Naturdenkmale, Bannwaldgebiete),

– Landschaftspflege- und Landnutzungskonzepte mit der örtlichen Landwirtschaft,

– Flächenfestsetzungen zum Schutz, zur Pflege und zur Entwicklung von Boden, Natur und Landschaft,

– Festsetzung von Grünflächen, sonstigen flächenhaften Biotopen und Begrünungsmaßnahmen,

– Renaturierung von (Fließ-)Gewässern und

– Baumschutzsatzungen nach Naturschutz- oder Bauordnungsrecht.

Zur Rolle der Landschaftsplanung

412. Die Belange von Naturschutz und Landschaftspflege können in der städtebaulichen Planung nach § 1 Abs. 6 BauGB nur zutreffend abgewogen werden, wenn sie auch angemessen ermittelt und bewertet werden. Dafür bietet sich der Fachbeitrag der örtlichen Landschaftsplanung an. Im Sinne ihres ökologischen Querschnittsauftrags liefern Landschaftspläne darüber hinaus für den gesamten Planungsraum der Stadt beziehungsweise der Region Ziele und Handlungs- beziehungsweise Raumnutzungskonzepte zur Gestaltung und Entwicklung von Natur und Landschaft. Der örtliche Landschaftsplan kann ferner als eine wesentliche Grundlage für die Erarbeitung eines kommunalen Handlungsprogramms im Rahmen der Lokalen Agenda 21 genutzt werden, sofern der Landschaftsplan seinen umfassenden Gestaltungsauftrag nach § 1 BNatSchG wahrnimmt.

Ob die Landschaftsplanung durch die Novelle des Bauplanungsrechts eine höhere Wertschätzung erfahren hat, wird unterschiedlich beurteilt (vgl. z. B. FINKE, 1999; LOUIS, 1998; WAGNER und MITSCHANG, 1997). Nach Auffassung des Umweltrates sind für die Planungspraxis auf jeden Fall Motivationszuwächse festzuhalten. Da der Landschaftsplan das abwägungsrelevante Material für die Bauleitplanung zur Verfügung stellt, kann durch dessen frühzeitige Aufstellung eine verfahrensbeschleunigende Wirkung erzielt werden – vorausgesetzt die Qualität des erarbeiteten Materials lässt dies zu (GRUEHN und KENNEWEG 1998). Des weiteren sind der vorbereitende Bebauungsplan und mit ihm der korrespondierende Landschaftsplan bzw. andere landschaftspflegerische Konzepte Vorraussetzung dafür, dass die räumliche und zeitliche Trennbarkeit von Eingriff und Ausgleich zur Flächen- und Maßnahmenbevorratung („Ausgleichspool") genutzt werden kann. Die so gesehen gestiegene Bedeutung der Landschaftspläne sollte Städte und Gemeinden zur beschleunigten Aufstellung von Landschaftsplänen bei verbesserter Qualität motivieren.

413. Trotz der zentralen Bedeutung der Landschaftsplanung hat der Gesetzgeber bei der Novellierung des Bauplanungsrechts versäumt, auch für deren rechtliche Stärkung zu sorgen. Aus der Anordnung in § 1a Abs. 2 Nr. 1 BauGB, die Landschaftspläne bei der Abwägung nach § 1 Abs. 6 BauGB zu berücksichtigen, folgt keine bundesrechtliche Pflicht zur Aufstellung solcher Pläne als Grundlage für eine nachhaltige städtebauliche Entwicklung. Angesichts der bisher enttäuschenden Praxisergebnisse bei der Berücksichtigung der Belange von Naturschutz und Landschaftspflege (Tz. 407) bleibt weiterhin problematisch, dass in den meisten Ländern die Gemeinden als Träger der Bauleitplanung zugleich die örtlichen Landschaftspläne aufstellen. Da die Qualität der Landschaftsplanung maßgeblichen Einfluss auf die Berücksichtigung der Belange des Naturschutzes und der Landschaftspflege in der Bauleitplanung hat, sollten die Empfehlungen zur Konzeption einer „TA Landschaftsplanung" im Sinne einer Formulierung von inhaltlichen Mindestanforderungen wieder aufgegriffen werden (GRUEHN und KENNEWEG, 1998; SRU, 1996b, Tz. 144 f.; LANA, 1995). Nicht zuletzt wird auch die Einführung einer planbezogenen Umweltprüfung (Strategische Umweltprüfung – SUP) ganz wesentlich auf die Ergebnisse der Landschaftsplanung angewiesen sein. Neben einem anspruchsvollen Inhalt muss eine weitgehende Integrierbarkeit der Landschaftsplanung in die Gesamtplanung angestrebt werden. Deshalb sind unabhängig von der Kompetenzfrage Integrations-, Beteiligungs- und Aufsichtsregelungen zu entwickeln und gesetzlich zu regeln, um die Berücksichtigung und Umsetzung der Naturschutzbelange zu verbessern (Strategische Umweltprüfung – SUP).

Flächenhaushaltspolitik

414. Eines der größten Probleme auf dem Weg zu einer nachhaltigen Stadt- und Regionalentwicklung ist nach wie vor die ungebremste Flächeninanspruchnahme insbesondere für Siedlungs- und Verkehrszwecke. Die Akademie für Raumforschung und Landesplanung hat sich bereits 1987 für eine „geordnete Flächenhaushaltspolitik" eingesetzt und diese Forderung jüngst akzentuiert (ARL, 2000 und 1987). Die Ziele einer Flächenhaushaltspolitik bestehen vor allem darin, die weitere Ausdehnung von Siedlungs- und Verkehrsflächen auf Kosten der Freiflächen entschieden zu verringern und die ökologischen Funktionen des Bodens zu erhalten (zu den Zielen im einzelnen s. Abschn. 2.4.2.5). Trotz der mit ihnen verbundenen Schwächen (s. SRU, 1996b, Kap. 2.1.2 und 2.3.3) ist der Umweltrat überzeugt, dass raum- und umweltplanerische Instrumente, flankiert durch ökonomische Instrumente (Tz. 536 ff.), einen entscheidenden Beitrag zu einem sparsamen Umgang mit Flächen leisten können. Auf Landes-, regionaler und kommunaler Ebene stehen vielfältige formelle und informelle Planungsinstrumente und -konzepte zur Verfügung. Auch liegen detaillierte Arbeitshilfen zur bauleitplanerischen Regelung von innerstädtischer Verdichtung und flächensparenden Bauweisen auf Grundlage der neuen gesetzlichen Regelungen vor (z. B. BUNZEL und HINZEN, 2000; HINZEN und BUNZEL, 2000). Die Defizite liegen eher beim immer noch mangelnden Problembewusstsein für die Ressource Fläche. Weiterhin mangelt es in einigen relevanten Gesetzen an einer Flächenschutzklausel (Tz. 535), an der Aufstellung von operationalisierbaren regionalen und lokalen Flächenschutzzielen und an einer konsequenten, dem Nachhaltigkeitsziel verpflichteten Anwendung der vorhandenen Planungsinstrumente (ARL, 2000; KAETHER, 1999;

GRUEHN und KENNEWEG, 1998; SRU, 1996b). Eine stärker bestandsorientierte städtebauliche Entwicklung verschärft eher noch die vorhandenen Konflikte zwischen Nutzungs- und Schutzinteressen. Daneben darf nicht übersehen werden, dass innerfachliche Zielkonflikte, zum Beispiel zwischen innerstädtischem Klima- und Freiflächenschutz auf der einen Seite und Bodenschutz im Außenbereich auf der anderen Seite, eine für alle Seiten sachgerechte Verdichtung erschweren. Somit werden immer höhere Anforderungen an die Entscheidungsfindung über Planungsziele und Maßnahmen zwischen Verwaltung, Politik und Öffentlichkeit gestellt. Darauf haben Wissenschaft und Praxis reagiert und für einige Anwendungsbereiche kooperative Planungsmodelle entwickelt und in zahlreichen Fällen erprobt (SELLE, 1998). Dennoch werden solche Ansätze insgesamt zu wenig genutzt. Als konkrete Grundlage für die Entscheidungsfindung können die in einigen Städten im Konsens erarbeiteten Umweltqualitätszielkonzepte oder die derzeit im Rahmen der Lokalen Agenda 21 in Bearbeitung befindlichen kommunalen Handlungsprogramme herangezogen werden.

Zur Suburbanisierung

415. Die Entwicklung einer Stadt ist eingebunden und damit abhängig von regionalen und überregionalen Entwicklungsvorstellungen. Angesichts vielerorts weitgehend ungeordneter Suburbanisierungsprozesse wird der Beitrag der normativen siedlungsstrukturellen Konzepte sowie der Landes- und Regionalplanung zur Sicherung und Erhaltung der Freiräume (Zentrale-Orte-Konzeption, Städtenetze, Entwicklungsachsen, Vorrangausweisungen zum Freiflächenschutz wie Grünzüge und sonstige Vorranggebiete) bislang als eher schwach eingeschätzt (HÜBLER, 1999; SRU, 1996b). Die Gründe hierfür sieht der Umweltrat vor allem in den bestehenden Kompetenzschranken der Raumordnung, der mangelnden Durchsetzungsfähigkeit von Umweltbelangen in der Raumordnung und in den Ressortegoismen der beteiligten Fachplanungen (im einzelnen s. SRU, 1996b, Abschn. 2.1.2.1). Auch der Gesetzgeber hat erkannt, dass die Steuerungsfähigkeit der Regionalplanung zumindest in Ballungsräumen zu schwach ist. Deshalb wurde im neuen Raumordnungsgesetz die Möglichkeit geschaffen, in Verdichtungsräumen die Funktionen des Regionalplans und des Flächennutzungsplans zu einem „regionalen Flächennutzungsplan" zusammenzufassen (§ 9 Abs. 6 ROG).

Bereits seit über einem Jahrzehnt wird um die „Ökologisierung der Landes- und Regionalplanung" gerungen. So gesehen ist die Einführung der nachhaltigen Raumentwicklung als Leitlinie des Raumordnungsgesetzes (§ 1 ROG) ein Schritt in die gewünschte Richtung. Umso bedauerlicher ist, dass die Grundsätze der Raumordnung in § 2 ROG nicht entsprechend überarbeitet wurden und es somit an konkreten Normen für die Umsetzung der Planungsleitlinie mangelt. Auch beim Baugesetzbuch schließt das Gebot der Nachhaltigkeit wegen der zwingend gebotenen Berücksichtigung wirtschaftlicher und sozialer Belange die Annahme eines Optimierungsgebotes zugunsten ökologischer Raumfunktionen aus. Befürchtungen, das Raumordnungsgesetz sei mit einer neuen Leerformel ausgestattet, können erst ausgeräumt werden, wenn eine entsprechende Überprüfung der Programme und Pläne vorgenommen wird. Entsprechendes Vergleichsmaterial für weitere Analysen liegt vor. Neuere Untersuchungen zeigen, dass (noch) nicht von einer Umsetzung und Konkretisierung des Leitbilds in der Regionalplanung und in regionalen Entwicklungskonzepten gesprochen werden kann (KAETHER und WEILAND, 1999). Ob im übrigen angesichts solcher Voraussetzungen die bloße Einführung eines neuen Planungstyps sinnvoll ist, sei dahingestellt.

2.4.1.4 Schlussfolgerungen und Empfehlungen zur Naturschutzpolitik

416. Naturschutz und Landschaftspflege sind wie kein anderer Umweltpolitikbereich durch heftige Diskussionen über Zielsetzungen und deren notwendige Begründung sowie ständige Neuformulierung und Umbenennung der immer wieder gleichen alten Ziele gekennzeichnet. Gleichzeitig stagniert oder verschlechtert sich die Situation von Natur und Landschaft unverändert. Der Umweltrat stellt fest, dass das Ziel einer dauerhaften Trendwende beim Grad der Gefährdung heimischer Tier- und Pflanzenarten noch nicht erreicht ist. Auch das Ziel der Sicherung von 10 bis 15 % der nicht besiedelten Fläche als ökologische Vorrangfläche und der Vernetzung der Kerngebiete des Naturschutzes zu einem Biotopverbundsystem ist nicht erfüllt (Tz. 338).

Nimmt man die mittlerweile international anerkannte Zielsetzung „Erhaltung der biologischen Vielfalt" ernst, müssen die Ziele des Naturschutzes verstärkt auf der gesamten Fläche und bei allen Handlungen der Menschen umgesetzt werden, um der anhaltenden Gefährdung des Artenbestandes und der Lebensräume zu begegnen. Dies erfordert den politischen Willen, dem Schutz des Naturerbes einen entsprechenden Stellenwert einzuräumen, wie dies zum Beispiel beim Schutz von Kulturgütern selbstverständlich ist.

Naturschutz darf nicht auf Schutzgebiete, auf die Schaffung eines Biotopverbundes oder auf sporadische Förderprogramme beschränkt bleiben. Auch in intensiv genutzten Gebieten müssen ökologische Mindeststandards eingehalten werden. Bei der Formulierung von Schutzzielen müssen die unterschiedliche Naturausstattung und das entsprechende Naturschutzpotential sowie die jeweilige Nutzung berücksichtigt werden. Regionen mit einem hohen Potential für biologische Vielfalt benötigen dementsprechend einen höheren Anteil geschützter Flächen. Zentrales Anliegen bei der Erhaltung der biologischen Vielfalt muss die flächendeckende Aufrechterhaltung der Leistungsfähigkeit, gegebenenfalls auch die Wiederherstellung des Naturhaushaltes sein. Hierunter ist sowohl die Erhaltung der Artenvielfalt und insbesondere der Vielfalt der Lebensräume mit ihrer abiotischen und biotischen Ausstattung als auch die Erhaltung des Nutzpflanzen- und Nutztierspektrums zu verstehen. Dies schließt die Erhaltung von dynamischen Prozessen in Natur und Landschaft ein, die in der Vergangenheit zu wenig berücksichtigt worden sind (Tz. 335 und 340).

Im Vordergrund künftiger Maßnahmen muss die Eindämmung der Nivellierung von Natur und Landschaft, einschließlich der Eingriffe in den Landschaftswasserhaushalt, stehen. Weiterhin sind der andauernde Eintrag von Nährstoffen und Schadstoffen, die mechanische Bodenbearbeitung und der Energieeinsatz zu begrenzen, die insbesondere zu Belastungen des Nährstoffhaushaltes, zu Grundwasser- und Gewässerverunreinigungen, zur Meeresverschmutzung (Abschn. 2.4.3.2) sowie zur Erosion und Bodenverdichtung führen (Abschn. 2.4.2.2.1). Um diese Ziele zu erreichen, ist der Naturschutz vor allem hinsichtlich der Minderung der Nutzungsintensität auf die Mitwirkung der Hauptflächennutzer Land- und Forstwirtschaft angewiesen.

Vorrangflächen des Naturschutzes und Biotopverbundsystem

417. Zur Umsetzung des Leitbildes der dauerhaft umweltgerechten Entwicklung sollte nach Auffassung des Umweltrates der Naturschutz auf etwa 10 bis 15 % der Landesfläche absoluten Vorrang genießen; davon sollten etwa 5 % als Naturentwicklungsgebiete gänzlich der Eigendynamik der Natur überlassen bleiben, das heißt einem Totalschutz unterliegen. Bei ausreichender Größe sind diese Flächen als Nationalparke zu sichern. Von den forstlich genutzten Flächen sollten 5 % Totalreservate, 10 % naturnahe Naturschutz-Vorrangflächen und 2 bis 4 % naturnahe Waldränder einem Waldbiotopverbundsystem vorbehalten bleiben (Tz. 1106; SRU, 1996a, Tz. 251). Die Prozentzahlen für die freie Landschaft sind nur grobe Richtzahlen, die in den jeweiligen biogeographischen Regionen und in Abhängigkeit von der Naturausstattung, der Standortvielfalt und den Nutzungen erheblich schwanken können und müssen. Die Naturschutz-Vorrangflächen sollten so ausgewählt werden, dass sie die besonders schützenswerten Lebensraumtypen und Arten hinreichend repräsentieren. Hieran mangelt es zur Zeit noch erheblich (vgl. hierzu Umsetzung der FFH-Richtlinie; Tz. 421 f.). Während das Bundesumweltministerium im Entwurf eines umweltpolitischen Schwerpunktprogramms für die Umsetzung des Biotopverbundsystems einen Zeithorizont bis zum Jahr 2020 vorgesehen hat, hält der Umweltrat die Umsetzung des NATURA-2000-Konzeptes bis 2004 für angemessen, wie dies auch durch die FFH-Richtlinie gefordert wird. Die für den Naturschutz vorgesehenen Flächen sollten als Vorrangflächen auf der Ebene der Raumordnung gesichert werden, um eine Unterschutzstellung durch

Ausweisung als Schutzgebiete (Eigenregie durch die öffentliche Hand oder Vertragsnaturschutz) vorzubereiten.

Auch in städtischen Siedlungsräumen ist die Bereitstellung und Sicherung von Vorrangflächen wesentliches Ziel des Naturschutzes. Im Unterschied zur freien Landschaft dienen jedoch diese Flächen in erster Linie der Befriedigung der Bedürfnisse des Menschen nach Verbesserung und Lebensqualität in seinem Hauptlebensraum Stadt. Hierzu zählen insbesondere die Verbesserung des Lokalklimas und der lufthygienischen Situation, aber auch die Verbesserung der Naherholungsbedingungen. Ziele des Arten- und Biotopschutzes sind demgegenüber von untergeordneter Bedeutung (vgl. Tz. 429 ff.).

Gebietsauswahl und Gebietsmeldung

418. Bei der Einrichtung von großen Schutzgebieten, wie Nationalparken und großen Naturschutzgebieten sowie Biosphärenreservaten, Landschaftsschutzgebieten und stärker am Naturschutz ausgerichteten Naturparken, sollten Schwerpunkte gesetzt werden. Die Standortvielfalt und die hohe Varianz von Arten und Lebensgemeinschaften können nur in großflächigen Gebieten ausreichend erfasst werden. Dynamische Prozesse in der Landschaft setzen Gebiete voraus, in denen die verschiedenen Entwicklungsphasen wiederholt nebeneinander vorkommen. Bei einer Reduktion der Flächengröße verschiebt sich das Artenspektrum von den Spezialisten oft hin zu den migrationsfreudigen Generalisten. Die Internationale Naturschutzorganisation IUCN hat ein Flächenlimit für Reservate von nationaler und internationaler Bedeutung von 1 000 ha angesetzt, für Wildreservate von 10 000 ha. Die Flächengröße hängt somit wesentlich davon ab, welche Objekte geschützt werden sollen.

Die Kernflächen des Naturschutzes sollten einheitlich nach Grundprinzipien der Repräsentativität im Hinblick auf naturräumlichen Bezug und Naturausstattung ausgewählt und in einem Biotopverbundsystem vernetzt werden. Für die meisten Regionen in Deutschland ist die Datengrundlage zur naturschutzfachlichen Beurteilung von Gebieten in bezug auf Lebensräume und Arten von gemeinschaftlichem Interesse nur unvollständig, überholt oder gar nicht vorhanden. Diese Lücken sollten umgehend geschlossen werden (Tz. 437 ff.). Eine richtlinienkonforme Gebietsauswahl und -bewertung kann nicht allein den Ländern überlassen werden, sie sollte auf Bundesebene begleitet werden, um den großräumigen Zusammenhängen von biogeographischen Regionen und deren Schutzerfordernissen besser Rechnung tragen zu können.

419. Um die landschaftsökologischen Zusammenhänge und den Status der Vernetzung komplexer Strukturen sowie der biologischen Vielfalt zu erfassen, hält der Umweltrat eine regelmäßige Fortschreibung der Landesbiotopkartierungen für erforderlich. Diese sollten im Hinblick auf die neuen Anforderungen aus der Umsetzung der FFH-Richtlinie (kohärentes Netz von Schutzgebieten) weiterentwickelt werden.

420. Den von der europäischen Umweltpolitik für den Naturschutz, insbesondere der Umsetzung der FFH-Richtlinie ausgehenden Impulsen misst der Umweltrat bei der Durchsetzung dieser Ziele eine herausragende Bedeutung zu. Die für eine Umsetzung notwendigen Anpassungen des nationalen Umwelt- und Naturschutzrechtes sind immer noch nicht ausreichend. Defizite bestehen z. B. bei der Berücksichtigung der Schutzobjekte, für die Deutschland eine besondere Verantwortung trägt, beim Schutzstatus und bei der Meldung von Schutzgebieten (vgl. SRU, 1996a, Tz. 253 ff.).

421. Zahlreiche durch die FFH-Richtlinie geschützte mitteleuropäische Lebensraumtypen, für die Deutschland weltweit eine besondere Verantwortung trägt, sind unter Schutzgesichtspunkten deutlich unterrepräsentiert. Der Umweltrat empfiehlt deshalb, die in Deutschland besonders vielgestaltigen Buchenwaldgesellschaften auf einer angemessen großen Fläche im Status eines Nationalparkes unter Schutz zu stellen.

422. Im Interesse einer stärkeren Gewichtung empfiehlt der Umweltrat, für Mitteleuropa typische, jedoch bislang unterrepräsentierte Biotope, Ökosysteme und Landschaften mit ihren charakteristischen Nutzungen besonders zu beachten. Darüber hinaus sollten auch jene vom Aussterben bedrohten Biotoptypen, die aufgrund des Typenschutzes nach § 20c BNatSchG in Deutschland geschützt, aber von der FFH-Richtlinie nicht erfasst sind, in das NATURA-2000-Netz einbezogen werden (Tz. 369). Für solche Gebietstypen, die europaweit von Bedeutung sind, sollte Deutschland auf eine Weiterentwicklung der Richtlinie hinwirken.

423. Die Auswahl von FFH-Gebieten und das Meldeverfahren sollten sich ausschließlich an naturschutzfachlichen Kriterien orientieren und sich nicht auf bestehende Schutzgebiete beschränken. Hier sieht der Umweltrat zur Zeit noch einen erheblichen Mangel an Wissen und Sensibilität in Politik und Öffentlichkeit, die die Akzeptanz der Umsetzung der FFH-Richtlinie erheblich beeinträchtigen. Schutz im Sinne der FFH-Richtlinie bedeutet nämlich nicht, dass jegliches menschliche Handeln ausgeschlossen wäre und zu schützende Gebiete immer einem Totalschutz unterliegen müssten (vgl. § 19b Abs. 4, 5 BNatSchG). Vielmehr sind die Gebiete ihrem Schutzzweck entsprechend mit abgestufter Intensität zu schützen und zu vernetzen, das heißt, dass vielfach eine Nutzung aufrecht erhalten werden kann und muss. Um der Dynamik von Landschaften und der Aufrechterhaltung von Prozessen Rechnung zu tragen, hält der Umweltrat es sogar für möglich und wünschenswert, dass ein Teil des Schutzes und der Vernetzung in periodisch wechselnden Gebieten mit wechselnden Nutzungen stattfindet. Hier könnten auch stark gestörte Standorte mit ihren besonderen Entwicklungsprozessen einbezogen werden. Ein solches „rollierendes System" von NATURA-2000-Flächen könnte insbesondere die

Akzeptanz bei den landwirtschaftlichen Nutzern erheblich erhöhen. Die im Rahmen der Agenda 2000 erfolgende Honorierung landschaftspflegerischer Leistungen sollte verstärkt in solche NATURA-2000-Gebiete gelenkt werden.

424. Zur Koordination des Meldeverfahrens und der Gebietsbewertung sowie zur Erstellung der Zustandsberichte ist eine personell und finanziell ausreichend ausgestattete Einrichtung, zum Beispiel im Bundesamt für Naturschutz, zu schaffen.

425. Für einen effektiven Vollzug der FFH- und der Vogelschutz-Richtlinie ist es insbesondere erforderlich, dass die Länder die längst überfälligen vollständigen Gebietslisten nach den genannten Gesichtspunkten erstellen, um dem ungebremsten Verlust an Lebensräumen und Artenvielfalt Einhalt zu gebieten. Damit würde auch einer Verurteilung durch den Europäischen Gerichtshof sowie nationalen Rechtsstreitigkeiten vorgebeugt.

426. Zur Umsetzung der FFH-Richtlinie sollten die Vorschriften der §§ 19a Abs. 2 Nr. 8 und 19e BNatSchG ergänzt werden. Auch bei Vorhaben, die nicht nach dem Bundes-Immissionsschutzgesetz genehmigungsbedürftig sind oder die keiner behördlichen Entscheidung oder Anzeige bedürfen, sollte eine Prüfung auf ihre Verträglichkeit mit den Erhaltungszielen eines FFH- beziehungsweise europäischen Vogelschutzgebietes vorgeschrieben werden, sofern von dem Vorhaben erhebliche Beeinträchtigungen für ein derartiges Gebiet ausgehen können.

427. Der Umweltrat empfiehlt der Bundesregierung ferner, auf europäischer Ebene eine vollständige Integration der Vogelschutzrichtlinie in die FFH-Richtlinie anzustreben. Angesichts der starken inhaltlichen Verknüpfung beider Richtlinien (Tz. 365 ff.) erscheint es sinnvoll, die Vogelschutzrichtlinie in der FFH-Richtlinie aufgehen zu lassen, wobei den besonderen Anforderungen des Vogelschutzes, zum Beispiel hinsichtlich wandernder Vogelarten, durch Anpassung der FFH-Richtlinie Rechnung zu tragen wäre. Hierdurch könnten das europäische Recht vereinfacht und Interpretationsschwierigkeiten beim Zusammenspiel beider Richtlinien im nationalen Recht beseitigt werden. Die Feuchtgebiete von internationaler Bedeutung gemäß der Ramsar-Konvention sollten vollständig als FFH-Gebiete aufgenommen werden.

428. Der Umweltrat weist außerdem darauf hin, dass die FFH-Richtlinie sich ausschließlich auf Beeinträchtigungen ökologisch wertvoller Gebiete durch Pläne und Projekte beschränkt (Art. 6 FFH-RL). Aus Naturschutzsicht ist dies unzureichend. Der umfassende Schutz von Ökosystemen vor diffusen Belastungen ist nach wie vor nicht zufriedenstellend geregelt. Zwar enthält die neue EG-Richtlinie 1999/30/EG ausreichende Grenzwerte für den Schutz von Ökosystemen vor Schwefeldioxid- und Stickstoffoxideinträgen, es fehlen jedoch weiterhin Grenzwerte für andere diffuse Stoffeinträge, insbesondere für das überwiegend aus der Landwirtschaft stammende Ammonium. Der Umweltrat spricht sich insoweit für eine baldmögliche Nachbesserung der Richtlinie aus.

Naturschutz in der Stadt

429. Die Stadt ist der Hauptlebensraum des Menschen und soll seinen vielfältigen Bedürfnissen Rechnung tragen. Der städtische Naturschutz ist an den soziokulturellen und gesundheitlichen Bedürfnissen der Stadtbewohner orientiert, mit dem Ziel, eine für Menschen gerechte Stadt von hoher Lebensqualität zu schaffen. Hierzu zählen insbesondere die Berücksichtigung eines steigenden Freiraum- und Erholungsbedürfnisses sowie die Gewährleistung eines lufthygienisch bedenkenlosen, gesunden Stadtklimas.

Urbaner Naturschutz ermöglicht darüber hinaus das Erfahren von Naturzusammenhängen im unmittelbaren Lebensraum Stadt und fördert das Bewusstsein, dass Menschen integraler Bestandteil der Natur sind. Es soll das Interesse und die Akzeptanz der Bevölkerung städtischer Siedlungsräume für Fragestellungen der Ökologie, der Gefährdung der biologischen Vielfalt und eines nachhaltigen Umweltverhaltens gefördert und der Naturschutz als Gedankengut in allen Gruppen der Gesellschaft verankert werden.

430. In städtischen Siedlungsräumen ist der Gebietsschutz, wie auch in ländlichen Räumen, ein wesentliches Instrument des Naturschutzes. Insbesondere Flächen mit ökologisch bedeutsamen Standortunterschieden sind zu erhalten und von Bebauung freizuhalten.

431. Der Umweltrat empfiehlt, das ökologisch bedeutsame Potential von Brachflächen in städtischen Siedlungsräumen im Rahmen der Flächennutzungsplanung und eines Flächenrecycling stärker zu berücksichtigen. So sollte der Nutzung geeigneter Industriebrachflächen als lufthygienischer und stadtklimatischer Ausgleichsraum, als öffentlich zugängliche, grüne Freifläche, als Studienfläche für Forschung und Lehre und/oder gegebenenfalls als urbanes Naturschutzgebiet mehr Bedeutung eingeräumt werden. Hierzu ist eine Erhebung und Bewertung von Brachflächen in sämtlichen städtischen Siedlungsräumen erforderlich.

432. Das Bau- und Raumordnungsrecht trägt den Anforderungen einer nachhaltigen Entwicklung städtischer Siedlungsräume noch nicht ausreichend Rechnung. Erwünscht wären insbesondere

– konkretere Inhaltsbestimmungen des Nachhaltigkeitsbegriffs, vor allem in den Grundsätzen der Raumordnung und Landesplanung,

– die Sicherstellung der Finanzierung von Ausgleichspools,

– die Festlegung von praktikablen Qualitätskriterien für die Landschaftsplanung,

– die Einführung einer Pflicht zur Aufstellung von Landschaftsplänen als notwendige Grundlage der

Bauleitplanung sowie Integrations-, Beteiligungs- und Kontrollvorschriften.

Der Umweltrat ist allerdings der Auffassung, dass zunächst die Erfahrungen mit den neuen Regelungen des Bau- und Raumordnungsgesetzes von 1998 abgewartet und ausgewertet werden sollten, bevor weitere grundlegende Änderungen vorgenommen werden.

433. Der Umweltrat fordert erneut, dass Siedlungsstrukturkonzepte sowie Instrumente der Raum- und Umweltplanung auf ihren Beitrag zu einer nachhaltigen Stadt- und Regionalentwicklung untersucht und im Sinne des Nachhaltigkeitszieles ressortübergreifend koordiniert werden. Denn in der Vergangenheit wurde versäumt, systematische Vollzugs-, Wirksamkeits- und Effizienzkontrollen der Raum- und Umweltplanung vorzunehmen – von Ausnahmen bei der Landschaftsplanung (GRUEHN und KENNEWEG, 1998; KIEMSTEDT et al., 1996 und 1994) einmal abgesehen. Die Unsicherheiten bei der Umsetzung der neuen Regelungen des Bau- und Raumordnungsrechts machen die geforderten Analysen umso dringlicher. Weiterer Anlass für Erfolgskontrollen ist die für die vorbereitende Bauleitplanung empirisch belegte Feststellung, dass die Pläne in geringem Maß mit den rechtlichen Anforderungen übereinstimmen (GRUEHN und KENNEWEG, 1998). Nicht zuletzt verlangt auch die mögliche Einführung einer Strategischen Umweltverträglichkeitsprüfung solche Analysen.

434. Besonders dringlich sind weiterführende Erfolgskontrollen hinsichtlich der Berücksichtigung von Belangen des Naturschutzes und der Landschaftspflege in Regionalplänen, in verbindlichen Bauleitplänen, auch über den Zeitpunkt der Berichtspflicht nach dem Baugesetzbuch hinaus, sowie eine Fortsetzung der Untersuchung der vorbereitenden Bauleitpläne auf Grundlage der neuen Gesetzgebung.

Bundesnaturschutzgesetz und weitere rechtliche Aspekte

435. Der Umweltrat spricht sich des weiteren für die Abschaffung der finanziellen Ausgleichsregelung bei Nutzungsbeschränkungen in der Land- und Forstwirtschaft nach § 3b BNatSchG aus. Statt dessen sollten über eine umfassende Honorierung ökologischer Leistungen der Land- und Forstwirtschaft neue Möglichkeiten der Einkommenserzielung für Land- und Forstwirte eröffnet werden. Bereits bei der – dem § 3b BNatSchG vergleichbaren – Ausgleichsregelung des § 19 Abs. 4 WHG hatte sich der Umweltrat gegen eine Privilegierung der Land- und Forstwirtschaft im Rahmen des Gewässerschutzes ausgesprochen (SRU, 1998b, Tz. 237 und 1996b, Tz. 210), da die mit den Nutzungsbeschränkungen (z. B. Beschränkungen des Einsatzes von Pflanzenschutz- und Düngemitteln) verbundenen wirtschaftlichen Nachteile den Rahmen der Sozialpflichtigkeit des Eigentums in der Regel nicht überschreiten und daher Kompensationen für eine standort- und grundwassergerechte Flächennutzung nicht angezeigt sind. Eine Sonderbehandlung der Land- und Forstwirtschaft ist auch nicht unter dem Mengenaspekt geboten, dass die Land- und Forstwirtschaft auf die Flächennutzung besonders angewiesen ist und große Teile Deutschlands (insgesamt 83,5 %) hierfür in Anspruch nimmt. Der Umweltrat verschließt sich dabei keineswegs der Erkenntnis, dass ein wirkungsvoller Naturschutz nur mit, nicht aber gegen die Land- und Forstwirte möglich ist und dass bei diesen die Förderung der Akzeptanz für Maßnahmen des Naturschutzes sinnvoll und notwendig ist. Diesem Anliegen kann aber durch ein umfassenderes Konzept zur Verbindung von land- und forstwirtschaftlicher Nutzung und Umweltschutz besser Rechnung getragen werden als durch einen punktuellen finanziellen Ausgleich naturschutzindizierter Nutzungsbeschränkungen. Dies gilt umso mehr, als § 3b BNatSchG an die gute fachliche Praxis anknüpft, die in der gegenwärtigen Konzeption Gesichtspunkte des Naturschutzes (einschließlich solcher, die sich aus dem Standort des Grundstücks ergeben) nicht ausreichend berücksichtigt und auch dem technisch Möglichen nicht entspricht. Der Umweltrat wiederholt deshalb seine Forderung, auf der Grundlage einer operablen Abgrenzung von sozialpflichtigen Nutzungsbeschränkungen und echten ökologischen (Zusatz-)Leistungen einerseits Umweltinanspruchnahmen durch Lenkungsabgaben oder Lizenzen zu sanktionieren (z. B. Einführung einer Stickstoffabgabe zur Reduzierung des Nährstoffeintrags aus mineralischer Düngung, SRU, 1996b, Tz. 219 ff.), andererseits ökologische Leistungen der Land- und Forstwirtschaft stärker als bisher zu honorieren (SRU, 1996b, Tz. 224 ff. und Kap. 2.5).

436. Bei der geplanten Vereinfachung und Vereinheitlichung der Strukturförderung muss dem ländlichen Raum ein deutlicher Schwerpunkt eingeräumt werden, um zur Erhaltung einer vielfältigen artenreichen Landschaft und einer nachhaltigen Landnutzung beizutragen. Hierzu ist eine stärkere Ausrichtung der Gemeinschaftsaufgabe „Verbesserung der Agrarstruktur und des Küstenschutzes" an den Erfordernissen und Zielen des Naturschutzes erforderlich. Beispielsweise sollten künftig im Rahmen dieser Gemeinschaftsaufgabe verstärkt solche Gebiete gefördert werden, in denen ökologische Leistungen aufgrund der FFH-Richtlinie erbracht werden.

Naturschutz- und Umweltbeobachtung

437. Der Umweltrat begrüßt die im Entwurf vorliegende Verwaltungsvereinbarung über den Datenaustausch zwischen Bund und Ländern, mit der Berichtspflichten für Schutzgebiete und beim Artenschutz begründet werden sollen. Hiermit werden zahlreiche Defizite, auf die der Umweltrat immer wieder hingewiesen hat (z. B. Mehrfachnennung von Flächen, fehlende Biotopdaten usw.), beseitigt. Dennoch bestehen Lücken im Hinblick auf die Berücksichtigung der gesamten, insbesondere der genutzten Landschaft, und die Einbeziehung anderer Landnutzer, wie Land- und Forstwirtschaft, in den Datenaustausch und die Evaluierung von naturschutzrelevanten Förderprogrammen. Es entsteht immer noch der Eindruck, dass sich Naturschutzpolitik auf Flächenschutz und speziellen Artenschutz reduzieren lässt.

438. Der Umweltrat verfolgt mit Sorge den schleppenden Fortgang bei der Schaffung eines medienübergreifenden Umweltbeobachtungssystems (vgl. SRU, 1996a, Abschn. 2.2.3.1 und 1991). Er begrüßt die nun endlich begonnenen Arbeiten des Bundesamtes für Naturschutz und des Arbeitskreises für „Naturschutzorientierte Umweltbeobachtung", dem Umweltsektor „Natur und Landschaft" ein eigenes Gewicht zu verschaffen. Die zur Zeit noch bestehenden Defizite bei einer kontinuierlichen Datenerhebung zu Veränderungen der Biodiversität, der Qualität von Schutzgebieten, dem Stand der Biotopvernetzung, dem Zustand der genutzten Landschaft und ihrem Entwicklungspotential sowie zu Maßnahmen im Bereich des Naturschutzes müssen möglichst schnell beseitigt werden. Dabei sollte nach Ansicht des Umweltrates ein deutlicher Schwerpunkt bei der Erfassung von Kerndaten des Naturschutzes und von Daten gesetzt werden, die für internationale Berichtspflichten des Bundes erforderlich sind (besonders schützenswerte Lebensräume und Arten, für die Deutschland eine Verantwortung trägt; Verwirklichung eines kohärenten Netzes der NATURA-2000-Gebiete; vgl. Tz. 368 f., 421 ff.). Eine solche Beobachtungspflicht sollte im Bundesnaturschutzgesetz festgeschrieben werden.

439. Eine vornehmlich an statistischen Repräsentativitätskriterien orientierte „Ökologische Flächenstichprobe", die vom Statistischen Bundesamt in Zusammenarbeit mit dem Bundesamt für Naturschutz entwickelt worden ist, kann die aus ökologischer Sicht erforderlichen Ergebnisse für biogeographische Regionen, repräsentative Landschaftsausschnitte, Lebensraumtypen oder besonders empfindliche Arten und die Biotopvernetzung nicht ersetzen, die vom Naturschutz für seine sektorale Berichterstattung benötigt werden.

440. Um der Erfassung von Veränderungen in der genutzten Landschaft gerecht zu werden, die nicht im Zentrum der Naturschutzbeobachtung stehen, sollte an wenigen ausgewählten Standorten eine kontinuierliche ökosystemare Umweltbeobachtung vorgenommen werden, die zwar nicht statistischen Repräsentativitätskriterien, wohl aber naturschutzfachlichen Erfordernissen gerecht wird. Diese Art der Beobachtung würde auch nicht den Beschränkungen der Beobachtungsobjekte und Beobachtungszeitpunkte unterliegen, die bei einer ökologischen Flächenstichprobe erforderlich wären.

441. Alle naturschutzbezogenen Beobachtungsergebnisse sollten in die allgemeine und medienübergreifende Umweltbeobachtung des Bundes einfließen, wie dies der Umweltrat bereits mehrfach gefordert hat (SRU, 1996a und 1991). Für den immer noch defizitären Sektor „Natur und Landschaft" muss eine im Vergleich zu anderen Umweltsektoren problemadäquate Mittelzuweisung erfolgen.

Die „Daten zur Natur" des Bundesamtes für Naturschutz sollten als Basisbericht für die regelmäßige Naturschutzberichterstattung beibehalten und weiterentwickelt werden (vgl. Tz. 370).

2.4.2 Bodenschutz

442. Böden als wesentlicher und integraler Bestandteil der Umwelt sind mit allen Umweltkompartimenten eng verknüpft. Zudem sind die meisten Nutzungen mit Veränderungen des Bodens verbunden. Als nicht vermehrbare Ressource, die gleichzeitig nur über lange Zeiträume erneuerbar ist und ein „Langzeitgedächtnis" besitzt, ist ein wirksamer Schutz des Mediums Boden unerlässlich, um die Erhaltung und Wiederherstellung seiner Nutz- und Schutzfunktionen dauerhaft zu gewährleisten. Gleichwohl wurde dem Schutz von Böden in der Vergangenheit zu wenig Aufmerksamkeit geschenkt. Der Zustand der Böden hat sich in den letzten Jahren durch steigende Intensitäten verschiedener Arten der Bodennutzung vielerorts weiter verschlechtert. Die natürlichen Bodenfunktionen werden in erheblichem Maße insbesondere durch steigende Inanspruchnahme von Flächen, hohe Einträge von Nähr- oder Schadstoffen, durch Erosion sowie durch Altlasten beeinträchtigt. Aspekte des Bodenschutzes müssen daher noch stärker als bisher ins Blickfeld der Umweltpolitik rücken. Da ein wirksamer Umweltschutz nicht ohne den Schutz des Bodens möglich ist, muss der Bodenschutzpolitik fortan eine mindestens ebenso große Bedeutung wie den „klassischen" Bereichen des Umweltschutzes (z. B. Luftreinhaltung, Gewässerschutz) eingeräumt werden.

2.4.2.1 Übergeordnete Ziele und gesetzliche Maßnahmen des Bodenschutzes

Übergeordnete Ziele des Bodenschutzes

443. Der Schutz des Bodens, das heißt, insbesondere die Erhaltung seiner Funktionen, wurde auf politischer Ebene grundlegend in der Bodenschutzkonzeption der Bundesregierung vom 7. März 1985 thematisiert. In diesem Konzept wurde Bodenschutz zum ersten Mal als eine transdisziplinäre Querschnittsaufgabe des Umweltschutzes beschrieben und ein umfassender Zielekatalog zum Schutz des Bodens formuliert. Die Konzeption hat damit einen ersten wichtigen Schritt hin zu einem umfassenden Bodenschutz unternommen. In der Folgezeit wurden auf nationaler und europäischer Ebene zahlreiche weitere Ziele zum Schutz von Böden erarbeitet, die die Aufgaben und Handlungsschwerpunkte des Bodenschutzes quantitativ, qualitativ oder zeitlich konkretisieren. Ein grundlegendes Ziel des Bodenschutzes hat der Gesetzgeber im Bundes-Bodenschutzgesetz verankert. Danach sind die Funktionen des Bodens nachhaltig zu schützen, indem der Boden in seiner Leistungsfähigkeit und als Fläche für Nutzungen aller Art nachhaltig zu erhalten oder wiederherzustellen ist. Insofern sind sowohl Gefahren abzuwehren, die dem Boden drohen, als auch solche, die vom Boden ausgehen (BT-Drs. 13/6701, S. 15). Bei Altlasten kommt die Beseitigung bereits eingetretener Beeinträchtigungen hinzu. Zudem sollen die Funktionen des Bodens durch vorsorgeorientierte Anforderungen über die bloße Gefahrenabwehr hinaus langfristig geschützt werden. Ein weiteres übergeordnetes Ziel ist es, die Funktionen von Flächen bzw. Landschaften als Lebensgrundlage und Lebensraum für Pflanzen, Tiere und Menschen und damit die Erhaltung der biologischen Vielfalt zu sichern und zu fördern (BMU, 1998a).

Bundes-Bodenschutzgesetz

444. Den weitreichenden Gefahren für den Boden durch anthropogene Einflüsse wollte der Gesetzgeber insbesondere mit der Schaffung des Bundes-Bodenschutzgesetzes (BBodSchG) vom März 1998 sowie der Bodenschutz- und Altlastenverordnung vom Juni 1999 begegnen. In der Vergangenheit war der Bodenschutz durch bodenschutzspezifische Einzelregelungen in Gesetzen, die dem Schutz anderer Medien dienten (etwa zum Gewässer- und Naturschutz oder zur Luftreinhaltung), gekennzeichnet. Hierdurch bedingte Lücken im Bodenschutz- und Altlastenbereich wurden – zumindest teilweise – durch landesrechtliche Regelungen geschlossen. Dies hatte jedoch eine weitreichende und aus Sicht des Bodenschutzes defizitäre Rechtszersplitterung zur Folge. Die Erweiterung nicht bodenspezifischer Fachgesetze war wenig geeignet, die Beeinträchtigungen der Böden zu verhindern. Eine der wesentlichen Ursachen hierfür ist, dass die betreffenden Regelungen, insbesondere im Immissionsschutz-, Düngemittel- und Pflanzenschutzrecht sowie im Baurecht, im allgemeinen keine verbindlichen Grenzwerte enthalten, anhand derer Bodenbelastungen beurteilt werden können. Lediglich die TA Luft sieht zum Schutz vor Nachteilen und Belästigungen über die Konzentration von Luftschadstoffen hinaus eine Berücksichtigung der Deposition von Luftschadstoffen vor, allerdings beschränkt auf Blei, Cadmium und Thallium; bei Schadstoffen, für die in der TA Luft keine Immissionswerte festgelegt sind, ist überdies eine Sonderprüfung gemäß Nr. 2.2.1.3 TA Luft durchzuführen, wenn wegen besonderer Umstände im Einzelfall Depositionsrisiken im Boden drohen. Zudem wurden insbesondere Summationsbelastungen aus verschiedenen Quellen (z. B. aus Industrie, Verkehr, Landwirtschaft, Abfall- und Abwasserentsorgung) durch das bisherige Recht nicht hinreichend erfasst. Der Umweltrat begrüßt deshalb ausdrücklich die Schaffung des auf den Schutz der Bodenfunktionen zielenden Bundes-Bodenschutzgesetzes, das erstmalig die Aufstellung bundesweit einheitlicher Bewertungsmaßstäbe ermöglicht, die Rechtszersplitterung insbesondere im Altlastenbereich beseitigt und bei den Sanierungspflichten Rechtssicherheit schafft. Er weist aber gleichzeitig darauf hin, dass zur Verwirklichung eines flächendeckenden und vorsorgenden Bodenschutzes noch erheblicher Nachbesserungsbedarf besteht.

445. Neben einer umfassenden bundeseinheitlichen Begriffsbestimmung enthält das Bundes-Bodenschutzgesetz die grundlegenden Regelungen des Bodenschutzes. Dabei gelten die allgemeinen Vorschriften des Gesetzes nicht nur für in der Zukunft eintretende schädliche Bodenveränderungen, sondern auch für Altlasten. Für diese trifft das Gesetz im dritten Teil einige Sonderregelungen, welche die Erfassung, Überwachung, Sanierungsplanung und den Ausgleich zwischen mehreren Verantwortlichen betreffen. In den Begriffsbestimmungen finden sich insbesondere Aussagen zu den Bodenfunktionen. Dabei wird freilich eine Rangfolge unter den zum Teil kollidierenden Funktionen nicht bezeichnet, obwohl die Balance der Bodenfunktionen eine Kernfrage des Bodenschutzrechts darstellt (vgl. WOLF, 1999, S. 548).

Eine der zentralen Normen des Gesetzes ist die Verordnungsermächtigung in § 8 BBodSchG, in der die Bundesregierung ermächtigt wird, bundeseinheitlich und rechtsverbindlich die Grenzwerte für die Bewertung kontaminierter Standorte und die Anforderungen an die Sanierung festzulegen. Prüfwerte legen die Schwelle fest, ab wann eine einzelfallbezogene Prüfung vorzunehmen ist, um festzustellen, ob eine schädliche Bodenveränderung oder Altlast vorliegt. Maßnahmenwerte legen die Belastungsschwelle fest, bei deren Überschreitung in der Regel eine Gefahr anzunehmen ist und Abwehrmaßnahmen zu treffen sind. Hierbei handelt es sich um Richtwerte mit starker, an Grenzwerte angenäherter Verbindlichkeit (REHBINDER, 1997a), die nur in Ausnahmefällen eine abweichende Beurteilung erlauben. Vorsorgewerte definieren, ab welcher Belastung die Besorgnis einer schädlichen Bodenveränderung besteht. Diese Werte der Bundes-Bodenschutzverordnung legen im Zusammenspiel mit § 4 Abs. 3 und 4 BBodSchG die Maßstäbe fest, nach denen schädliche Bodenveränderungen und Altlasten saniert werden müssen. Diese sind so zu sanieren, dass dauerhaft keine Gefahren, erhebliche Nachteile oder erhebliche Belästigungen für den einzelnen oder die Allgemeinheit entstehen. In diesem Rahmen besteht sodann grundsätzlich freie Wahl bei den Sanierungsmaßnahmen (§ 2 Abs. 7: Dekontaminations- und Sicherungsmaßnahmen). Treten schädliche Bodenveränderungen dagegen nach Inkrafttreten des Bundes-Bodenschutzgesetzes ein (1.3.1999), so müssen diese gemäß § 4 Abs. 5 BBodSchG nunmehr grundsätzlich beseitigt werden, soweit dies im Hinblick auf die Vorbelastung des Bodens verhältnismäßig ist (KOBES, 1998, S. 789). Aus Gründen der Verhältnismäßigkeit gebietet das Bundes-Bodenschutzgesetz allerdings keine vollkommene Wiederherstellung der Multifunktionalität des Bodens, sondern macht diese von der planungsrechtlich zulässigen Nutzung des Grundstücks abhängig, sofern die nutzungsabhängige Differenzierung bei den Sanierungszielen mit dem Schutz der natürlichen Bodenfunktionen und der Funktionen als Archiv der Natur- und Kulturgeschichte vereinbar ist (§ 4 Abs. 4).

Abweichend von den bisherigen landesrechtlichen Bodenschutzgesetzen und dem klassischen Störerbegriff des Polizeirechts erweitert das Bundes-Bodenschutzgesetz überdies den Kreis der ordnungsrechtlich Verantwortlichen erheblich, indem einmal § 4 Abs. 3 S. 4 BBodSchG eine Durchgriffs- und Konzernverantwortlichkeit aufstellt, zum andern nunmehr auch der frühere Eigentümer als Störer in Anspruch genommen werden kann, sofern er die schädlichen Bodenveränderungen oder Altlasten auf seinem nach dem 1. März 1999 veräußerten Grundstück kannte oder kennen musste, sowie derjenige frühere Eigentümer, der das Eigentum an seinem Grundstück aufgegeben hat (SPIETH und WOLFERS, 1999, S. 355).

Einen für den Bodenschutz kardinalen Bereich greift § 17 BBodSchG auf, welcher die Pflichten der Landwirtschaft, insbesondere die gute fachliche Praxis in der Landwirtschaft, festlegt. Über die stofflichen Eigenschaften landwirtschaftlich genutzter Böden enthält das Gesetz freilich keine eigenständigen Regelungen.

Bundes-Bodenschutz- und Altlastenverordnung

446. Das Bundes-Bodenschutzgesetz ermächtigt die Bundesregierung in zahlreichen Vorschriften, nach Anhörung der beteiligten Kreise (§ 20) und mit Zustimmung des Bundesrates die Anforderungen des Bundes-Bodenschutzgesetzes in einer Rechtsverordnung näher zu bestimmen. Hiervon hat die Bundesregierung mit Erlass der Bundes-Bodenschutz- und Altlastenverordnung (BBodSchV) vom Juni 1999 Gebrauch gemacht.

447. Positiv sind die Struktur, insbesondere die Gliederung in jeweils gemeinsame und spezielle Vorschriften für die Bereiche Altlasten und schädliche Bodenveränderungen, sowie die konkreten Anforderungen in den Anhängen zu beurteilen. Der Umweltrat weist allerdings auch auf einige Bereiche hin, die in der Verordnung bislang noch unberücksichtigt geblieben sind und spricht sich für deren baldige Ergänzung aus. So fehlen weitgehend Regelungen zu physikalischen Schadeinwirkungen auf den Boden. Vorsorgeregelungen sind zu diesem Bereich über die nach § 17 geforderte Beratung zur guten fachlichen Praxis hinaus zwar kaum möglich, jedoch sollten besonders für den Bereich der Bodenerosion Regelungen zur Gefahrenabwehr (von on-site- und off-site-Schäden) getroffen werden.

448. Kernstück der Bundes-Bodenschutzverordnung sind die Prüf- und Maßnahmenwerte für die Beurteilung von Gefahren, die von einem kontaminierten Boden auf den Menschen, die Nahrungs- und Futterpflanzen und das Grundwasser ausgehen können. Folgerichtig erfolgt, wie im Bundes-Bodenschutzgesetz vorgegeben, anhand von Orientierungswerten eine wirkungsbezogene Betrachtungsweise, wonach die Werte nach Nutzungen zu differenzieren sind. Dies ist lediglich bei den Prüfwerten für den Stoffübergang vom Boden in das Grundwasser nicht der Fall, weil das insoweit als Bewertungsgrundlage heranzuziehende Wasserrecht eine nutzungsbezogene Differenzierung der Schutzstandards für das Grundwasser nicht kennt. Durchgehend sind die Werte der Bundes-Bodenschutzverordnung explizit auf bestimmte Schutzgüter bezogen und unter Angabe des erstrebten Schutzniveaus festgelegt worden. Die Verordnung enthält Werte für unter dem Blickwinkel der Altlasten und der kontaminierten Böden besonders wichtige Stoffe; damit sind allerdings längst nicht alle relevanten Stoffe berücksichtigt (zur Entstehung der Prüfwerte sowie zur Bewertungsphilosophie und Auswahl der Stoffe vgl. BACHMANN und KONIETZKA, 1999; BACHMANN et al., 1997). Darüber hinaus legt die Verordnung in Teilbereichen auch Vorsorgewerte fest, die aufgrund der Akkumulationseffekte und Langzeitwirkungen von Bodenbelastungen von besonderer Bedeutung sind.

Den Prüf- und Maßnahmenwerten zur Beurteilung von Bodenverunreinigungen liegen detaillierte toxikologische Ableitungskriterien und Sachargumente zugrunde. Allerdings konnten bislang nur für eine begrenzte Anzahl von Stoffen entsprechende Werte für die zu berücksichtigenden Pfade ausgewiesen werden. Nunmehr gilt es, diese stoffbezogenen Wertelisten weiter zu entwickeln. Dieses bezieht sich neben der Aufnahme weiterer Stoffe insbesondere auf die regelmäßige Revision und Anpassung der Listen an neue Erkenntnisse (s. a. SRU, 1995, Tz. 98), und zwar im Hinblick auf das toxische Potenzial von Stoffen, die Mobilisierbarkeit im durchwurzelbaren Bodenbereich, die Bioverfügbarkeit und Akkumulierbarkeit im Organismus sowie die Abbaubarkeit im Boden.

Soweit für eine bestimmte Altlast ein Stoff zu beurteilen ist, für den die Bundes-Bodenschutzverordnung keinen Wert angibt, verlangt die Verordnung eine Einzelfallentscheidung unter Beachtung der Bekanntmachung des Bundesministers für Umwelt, Naturschutz und Reaktorsicherheit über Ableitungsmaßstäbe für Prüf- und Maßnahmenwerte (BMU, 1999). Diese Bekanntmachung spricht die humantoxikologischen Ableitungsmaßstäbe für den Wirkungspfad Boden-Mensch sowie die Maßstäbe der für Ackerbau und Grünland festgelegten Werte an; nicht im Einzelnen dargestellt wird dagegen die Ableitung der für den Pfad Boden-Grundwasser vorgesehenen Prüfwerte. Nach weitgehend umgesetzter Vorgabe der für das Wasserrecht zuständigen Länder orientieren sich diese Prüfwerte im wesentlichen an den Werten für das Trinkwasser (von der TRENCK et al., 1999; RUF, 1997). Als komplementäre Arbeitshilfe zu den Ableitungsmaßstäben hat das Umweltbundesamt zudem die Dokumentation der Berechnung der Prüfwerte für den Pfad Boden-Mensch (UBA, 1999f) herausgegeben. Die Ableitungsmaßstäbe und die Berechnung sind als

Arbeitshilfen zu verstehen. Sie sind für die Praxis der Gefährdungsabschätzung bei Altlasten und die Anwendung der Prüf- und Maßnahmenwerte der Bundes-Bodenschutzverordnung von hoher Relevanz und sind eine Voraussetzung für die sachgerechte Anwendung der Prüf- und Maßnahmenwerte der Bundes-Bodenschutzverordnung. Sie vermögen die von der Sache her problematische (SRU, 1990) Ausgestaltung der Prüf- und Maßnahmenwerte als Richtwerte mit hoher Verbindlichkeit (Sollwerte) angemessen zu relativieren; die Ermittlung atypischer Fälle wird erleichtert. Beispielsweise erlaubt es die umfangreiche Dokumentation der Berechnung, die im Einzelfall vorliegenden Bindungsformen von Schwermetallen in Übereinstimmung mit den diesbezüglichen (stoffspezifischen) Annahmen, die in die Ableitung des Prüfwertes eingegangen sind, zu bewerten. Die Offenlegung der Ableitung ist auch ein Beitrag zur Sicherstellung gleichwertiger Einzelfallentscheidungen bei Kontaminanten, die nicht als Prüf- oder Maßnahmenwert der Bundes-Bodenschutzverordnung geregelt sind.

Die Prüf- und Maßnahmenwerte sind unter Erörterung einer Vielzahl von teils sehr differenzierten Fachfragen, z. B. zur kanzerogenen Wirkung, zur Exposition, zu den humantoxikologischen Grundlagen und zur Frage des sogenannten Gefahrenbezuges, abgeleitet worden. Zudem ist der Verordnungsgeber im Rahmen der Bundes-Bodenschutzverordnung der Aufforderung des Umweltrates nachgekommen, die zur Festlegung eines Grenzwertes herangezogenen Daten, Annahmen und Konventionen offenzulegen. Mit der Dokumentation der Prüf- und Maßnahmenwerte ist ein Standard gesetzt, der auch für andere Sachbereiche der Umweltregulierung Vorbildcharakter haben sollte.

Das vom Umweltrat vorgeschlagene mehrstufige Verfahren zur Setzung von Umweltstandards (SRU, 1998a, Tz. 239) wird dabei allerdings nicht verwendet. Dies ist vor dem Hintergrund der eingeschlagenen Herleitungspraxis zu sehen, da die Ableitung der Werte nicht durch eine Stelle federführend angegangen wurde, sondern durch ein konsensuales Zusammenwirken verschiedener Akteure gekennzeichnet ist. Zur Einbindung einschlägiger Vollzugserfahrungen der Länder sind Arbeiten im Rahmen der Bund/Länder-Arbeitsgemeinschaft Bodenschutz (LABO), der Länderarbeitsgemeinschaften für Abfall (LAGA) und Wasser (LAWA) sowie der Arbeitsgemeinschaft der Obersten Landesgesundheitsämter (AOLG, vormals AGLMB) in die Erarbeitung der fachlichen Grundlagen für die Ableitung der Prüf- und Maßnahmenwerte einbezogen worden. Die toxikologischen Basisdaten (vgl. EIKMANN et al., 1999) wurden in mehreren Forschungsvorhaben und unter Einbezug einer Vielzahl von Fachtoxikologen erarbeitet.

449. Nach der Vorsorgebestimmung des § 6 BBodSchG können in der BBodSchV Anforderungen an das Auf- und Einbringen von Materialien (s. a. Tz. 493 f.) hinsichtlich Schadstoffgehalten und sonstiger Eigenschaften der Materialien und des Bodens sowie Verbote oder Beschränkungen bezüglich Aufbringungsort und -zeit oder natürlichen Standortverhältnissen unter Bodenschutzgesichtspunkten festgelegt werden. Dieser Vorschrift kommt allerdings lediglich Auffangcharakter zu (KOBES, 1998), weil vor allem das Kreislaufwirtschafts- und Abfallgesetz, das Düngemittel-, Pflanzenschutz- oder Gentechnikrecht vorrangig Einwirkungen auf Böden durch Auf- und Einbringen von Materialien regeln. Dementsprechend werden in der Bundes-Bodenschutzverordnung untergesetzliche Regelungen auf Bodenmaterialien begrenzt. Beispielsweise werden diesbezüglich bestehende Regelungslücken im Abfallrecht nicht ausgefüllt und es fehlt vor allem eine Regelung zur Schließung von Lücken bei der bodenbezogenen Abfallverwertung im Landschaftsbau sowie beim Aufbringen von Abfällen (u. a. Baggerschlämme, Pulpe). Darüber hinaus finden sich bei den Vorgaben zum Auf- und Einbringen von Materialien keine konkreten Regelungen zur Vermeidung von Bodenverdichtungen.

450. Der Umweltrat stellt grundsätzlichen Nachbesserungsbedarf bei der Bundes-Bodenschutzverordnung fest. Insgesamt fehlen Regelungen zu Wirkungen auf die Bodenorganismen und auf die Lebensraumfunktion allgemein. Bislang noch gar nicht berücksichtigt ist die Problematik der Bodenversauerung. Nach Auffassung des Umweltrates sind Bewertungsmaßstäbe für Versauerungsprozesse, die das normale, unter humidem Klima natürliche Maß übersteigen, notwendig. Diese müssen die durch Versauerung hervorgerufenen schädlichen Bodenveränderungen ebenso berücksichtigen wie die Folgen für das Grundwasser.

Zum Vorhaben einer internationalen Bodenschutzkonvention

451. Umfassende internationale Vereinbarungen existieren bislang lediglich zum Schutz von Luft und Klima sowie der Biosphäre, nicht aber zum Schutz von Böden. Der verantwortungsvolle Umgang mit Böden wird zwar unter anderem in mehreren Kapiteln der Agenda 21 der UN-Konferenz für Umwelt und Entwicklung in Rio de Janeiro (1992), der Europäischen Bodencharta des Europarates (1989) sowie in der Welt-Boden-Charta der FAO (1981) thematisiert. Bislang wurde jedoch nur sehr wenig unternommen, um diese – unverbindlichen – Prinzipien und programmatischen Erklärungen in die Tat umzusetzen (THOENES, 1999, S. 13; DREISSIGACKER, 1997, S. 15). Das „Internationale Übereinkommen zur Bekämpfung der Wüstenbildung in von Dürre und/oder Wüstenbildung betroffenen Ländern, insbesondere in Afrika" (Wüstenkonvention) der Vereinten Nationen (1996) ist zwar rechtlich verbindlich, erfasst jedoch nur aride und semiaride Gebiete. Demgegenüber bleiben Gefahren für Böden durch Bodendegradation und -zerstörung in anderen Klimagebieten auf internationaler Ebene weitestgehend unbewältigt, obwohl derartige Gefahren keineswegs auf Wüstengebiete beschränkt sind (WBGU, 1994). Vielmehr ist die Zerstörung von Böden auch in Europa nach wie vor ein akutes Problem. Dies ist nicht zuletzt wegen der erheblichen Bedeutung der Regelungsfunktion von Böden für das Klima problematisch. Da Böden einerseits wichtige Kohlenstoffspeicher sind und andererseits aus ihnen nutzungsabhängig klimarelevante Gase (insbesondere die Treibhausgase CO_2, N_2O, CH_4) als Folge des Stoffwechsels von Bodenlebewesen entweichen, beeinflusst die Bodendegradation das Klima nicht nur regional, sondern auch global (PILARDEAUX, 1999).

2.4.2.2 Beeinträchtigungen des Bodenzustands

452. Bei den Bodenbeeinträchtigungen sind Flächeninanspruchnahme, physikalische Beeinträchtigungen sowie stoffliche Belastungen von besonderer Bedeutung. Dabei gehören Bodenversiegelung, Bodenverdichtung sowie Bodenerosion durch Wind und Wasser nach Auffassung des Umweltrates zur Zeit zu den drängendsten Problembereichen des Bodenschutzes.

2.4.2.2.1 Flächeninanspruchnahme und physikalische Beeinträchtigungen des Bodens

Flächeninanspruchnahme und Bodenversiegelung

453. Die Inanspruchnahme von Flächen und insbesondere die Bodenversiegelung sind für den Bodenschutz deshalb von so hoher Relevanz, weil hierdurch wertvolle Böden in großem Ausmaß im Hinblick auf ihre Funktionen stark verändert oder zumindest für die Dauer der Versiegelung erheblich beeinträchtigt werden. Flächeninanspruchnahme und physikalische Bodenveränderungen durch anthropogene Siedlungstätigkeit, Gewerbe, Verkehr und intensive landwirtschaftliche Bodennutzung gehören deshalb zu den gravierendsten nichtstofflichen Beeinträchtigungen von Böden.

Ziele einer umweltschonenden Flächennutzung

454. Bereits die Bodenschutzkonzeption der Bundesregierung (1985) enthält das Ziel einer flächensparenden und bodenschonenden Flächennutzungspolitik, um den „Landverbrauch" zu steuern und um einer nachteiligen Veränderung der Bodenstruktur entgegenzuwirken. Auch das Bodenschutzprotokoll der Alpenkonvention (1999) betont den sparsamen Umgang mit Flächen als ein wichtiges Umweltziel (Art. 1). Sehr ausführlich hat sich die Enquete-Kommission „Schutz des Menschen und der Umwelt" des Problems der Landschaftszersiedelung und Flächeninanspruchnahme angenommen. Die Kommission fordert, die Umwandlung von unbebauten Flächen in Siedlungs- und Verkehrsflächen deutlich zu verlangsamen. Hierbei quantifiziert sie das Ziel zur Verringerung der Flächeninanspruchnahme; anzustreben sei eine Verringerung der Umwandlungsrate bis 2010 auf 10 % der Rate, die für die Jahre 1993 bis 1995 festgestellt wurde. Langfristig solle die Umwandlung von unbebauten Flächen in bebaute durch gleichzeitige Erneuerung (Entsiegelung u. a.) sogar vollständig kompensiert werden (Enquete-Kommission „Schutz des Menschen und der Umwelt", 1998, S. 129 und 1997, S. 43 ff.). Die Enquete-Kommission strebt damit eine Entkopplung der Flächeninanspruchnahme vom Wirtschafts- und Bevölkerungswachstum an. Auch das BMU formuliert im Entwurf eines Schwerpunktprogramms (BMU, 1998a) als übergreifendes Ziel, die Flächeninanspruchnahme für Siedlung und Verkehr vom wirtschaftlichen Wachstum dauerhaft zu entkoppeln sowie die Zunahme der Siedlungs- und Verkehrsfläche bis 2020 auf 25 % der heutigen Inanspruchnahme (etwa 120 ha/Tag) zu reduzieren. Mit Blick auf eine umweltschonende Flächennutzung formuliert das BMU im Entwurf eines Schwerpunktprogramms des weiteren das Ziel, die Nutzungsansprüche auf Räume zu lenken, in denen Konflikte mit der Leistungsfähigkeit des Naturhaushaltes und dem Landschaftsbild am geringsten sind, Umweltbeeinträchtigungen im gesamtstädtischen Verbund auszugleichen, planerische Instrumente verstärkt zu nutzen, ökologische Bau- und Siedlungsweisen zu fördern sowie die Zerschneidung von verkehrsarmen Lebensräumen (über 100 km^2) zu vermeiden.

Zur Situation bei der Flächennutzung

455. Längerfristige Haupttendenzen in der Art der tatsächlichen Nutzung sind nur für das alte Bundesgebiet erfassbar. Dabei erschweren methodische und definitorische Unterschiede zwischen der früheren Vorerhebungspraxis (1950 bis 1978) und der heutigen Flächenerhebung die Vergleichbarkeit dieser Daten. Unter Berücksichtigung dieser Problematik zeigt die Trendanalyse für die alten Bundesländer folgende langfristige Entwicklungen:

– Der Anteil der landwirtschaftlichen Nutzung (Landwirtschaftsfläche) an der gesamten Bodenfläche nimmt seit 1955 kontinuierlich von dem damaligen Maximalwert von 58,2 % auf heute 54,7 % ab. Demgegenüber hat sich der Waldflächenanteil durch Aufforstungen von 28,4 % (1950) auf 30,2 % (1997) erhöht.

– Die Siedlungs- und Verkehrsfläche nimmt seit 1950 zu. Die Anteile für 1950, 1981 und 1997 betrugen jeweils 7,0 %, 11,1 % und 13,3 %.

– Der rechnerische mittlere tägliche Zuwachs der Flächeninanspruchnahme für Siedlungs- und Verkehrsflächen hatte in den Jahren 1966 bis 1970 den Höchstwert mit 138,1 ha/Tag erreicht; seit etwa 1985 werden Durchschnittswerte unter 90 ha/Tag ermittelt (Minimum: 1989 bis 1992: 80,3 ha/Tag).

Über das gesamte Bundesgebiet betrachtet, weist die Verteilung der Flächennutzungsarten zudem deutliche regionale Unterschiede auf (Abb. 2.4.2-1).

Abbildung 2.4.2-1

Anteile der Hauptnutzungsarten an der Bodenfläche Deutschlands getrennt nach Bundesländern

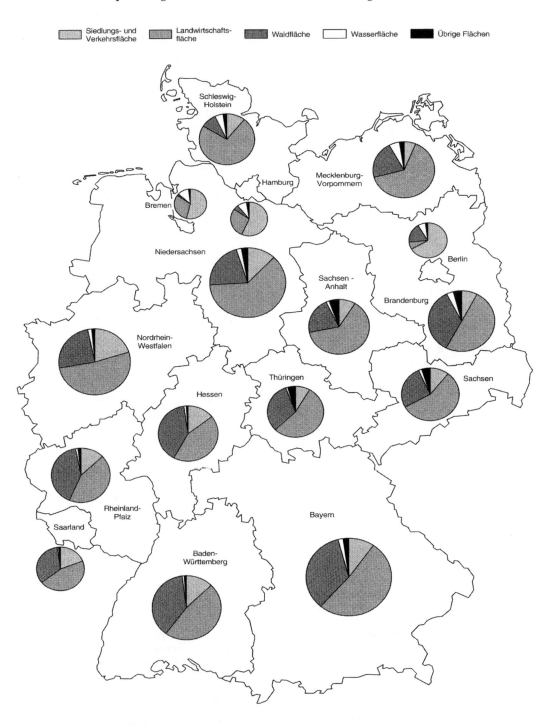

Quelle: PETRAUSCHKE und PESCH, 1998

456. Die unterschiedlichen Flächennutzungsarten in Deutschland sowie deren kurzfristige Veränderungen zwischen 1993 und 1997 werden in Tabelle 2.4.2-1 aufgezeigt. Von der gesamten Zunahme entfielen etwa vier Fünftel auf die Siedlungs- und ein Fünftel auf die Verkehrsfläche (HOFFMANN-KROLL et al., 1999; UGR-Bericht 1999, S. 16). Im früheren Bundesgebiet betrug die Zunahme 3,9 %, in den neuen Bundesländern 6,1 %. Während 1993 in der Statistik 40 305 km² als Siedlungs- und Verkehrsfläche ausgewiesen waren, waren es für 1997 bereits 42 052 km², was eine Zunahme der Flächeninanspruchnahme um 4,3 % bedeutet. Im allgemeinen sind die Anteile der Siedlungs- und Verkehrsflächen in den östlichen Bundesländern niedriger, die der Landwirtschaftsflächen höher als in den westlichen Bundesländern. Bei diesen Angaben ist allerdings auch zu berücksichtigen, dass der Begriff der Siedlungs- und Verkehrsfläche nicht nur die unmittelbar versiegelten Flächen, sondern auch Freiflächen, Friedhöfe und Erholungsflächen im Siedlungsbereich mitumfasst.

Rechnerisch ergibt sich aus dieser Erhebung eine tägliche Zunahme von rund 120 ha pro Tag in Deutschland; davon entfallen 84 ha pro Tag auf die alten Bundesländer und 36 ha pro Tag auf die neuen Bundesländer. Allerdings ist bei den Zahlen für die neuen Bundesländer zu berücksichtigen, dass die Siedlungs- und Verkehrsfläche für das Berichtsjahr 1997 methodisch besser erfasst wurde als für das Berichtsjahr 1993 (Stichtag ist jeweils der 31. Dezember des Vorjahres). Damit resultieren Änderungen im Zeitvergleich nicht ausschließlich aus Nutzungsänderungen, sondern auch zu einem geringen, aber letztlich nicht quantifizierbaren Teil aus einer veränderten Zuordnung von Flächen zu Nutzungsarten. Die Angaben zu den neuen Bundesländern weisen somit eine größere Ungenauigkeit als die für das frühere Bundesgebiet auf. Absolut ist die Zunahme der Flächeninanspruchnahme in den westlichen Bundesländern jedoch immer noch größer; sie beträgt etwa das 2,3-fache des Absolutwertes in den östlichen Bundesländern (Statistisches Bundesamt, schriftl. Mitteilung vom 25. November 1999).

Für die Entwicklung der Bodennutzung in Deutschland ist mittelfristig eine weitere Zunahme der Siedlungs- und Verkehrsfläche zu Lasten der Landwirtschaftsfläche zu erwarten. Dies dürfte sich in den östlichen Ländern besonders bemerkbar machen, da sich auch in diesem Bereich die Entwicklung in den neuen Bundesländern der in den alten Bundesländern weiter annähern wird.

Maßnahmen

Bundes-Bodenschutzgesetz und Bau- und Raumordnungsgesetz 1998

457. Gesetzliche Regelungen über die Flächeninanspruchnahme finden sich im wesentlichen nicht im Bundes-Bodenschutzgesetz, sondern überwiegend in zahlreichen anderen mittelbar oder unmittelbar bodenschutzrelevanten Gesetzen. Für den Berichtszeitraum von Bedeutung sind insbesondere die ursprünglich im Referentenentwurf zum Bundes-Bodenschutzgesetz vorgesehenen, später jedoch in das Bau- und Raumordnungsgesetz 1998 (BauROG) übernommenen Regelungen des Bau- und Planungsrechts. Allerdings enthielten das BauGB und das ROG bereits vor 1998 Verpflichtungen zum sparsamen und schonenden Umgang mit Grund und Boden, so dass bereits vor der BauGB-Novelle ein Mengenziel (sparsamer Umgang) und ein Qualitätsziel (schonender Umgang) Maßstab für die räumliche Planung waren (§ 1a Abs. 1 BauGB). Neben diesen Geboten ist mit dem BauROG 1998 in

Tabelle 2.4.2-1

Flächennutzungsarten in Deutschland sowie ihre Veränderungen zwischen 1993 und 1997

Nutzungsart	1993 (31.12.1992)		1997 (31.12.1996)		Δ 93/97
	km²	%	km²	%	%
Gebäude- und Freifläche	20 733	5,8	21 937	6,1	+ 5,8
Betriebsfläche	2 427	0,68	2 515	0,7	+ 3,6
Erholungsfläche	2 255	0,63	2 374	0,7	+ 5,3
Verkehrsfläche	16 441	4,6	16 785	4,7	+ 2,1
Landwirtschaftsfläche	195 112	54,7	193 136	54,1	− 1,0
Waldfläche	104 535	29,3	104 915	29,4	+ 0,4
Wasserfläche	7 837	2,1	7 940	2,2	+ 1,3
übrige Flächen [1]	7 630	2,1	7 426	2,1	− 2,7
Erfasste Fläche insgesamt [2]	356 970		357 028		

[1] identisch mit „Flächen anderer Nutzung"
[2] davon Siedlungs- und Verkehrsfläche (Summe aus Gebäude- u. Freifläche, Betriebsfläche, Verkehrs-, Erholungsfläche u. Friedhöfen): 42 052 km² (1997), 40 305 km² (1993)

Quelle: PETRAUSCHKE und PESCH, 1998; verändert

§ 1a Abs. 1 BauGB die Verpflichtung hinzugekommen, Flächenversiegelungen auf das notwendige Maß zu begrenzen. Diese drei Gebote sind bei der Aufstellung von Bauleitplänen im Rahmen der planerischen Abwägung zu berücksichtigen. Die Regelung gilt nach allgemeiner Auffassung als Optimierungsgebot, so dass für eine Flächeninanspruchnahme besondere Gründe bestehen müssen. Ob dies bedeutet, dass die Flächeninanspruchnahme sich auf den unabweisbaren Bedarf beschränkt, ist zweifelhaft. Auf jeden Fall dürfte es hier Prognoseprobleme geben (BUNZEL, 1997, S. 584 ff.). Vorrang hat die Nutzung von Bebauungsmöglichkeiten im Siedlungsbestand, die durch den wirtschaftlichen Strukturwandel gesteigert werden.

458. § 9 Abs. 1 Nr. 20 BauGB sieht seit der Änderung durch das BauROG nunmehr ausdrücklich die Möglichkeit vor, im Bebauungsplan Maßnahmen zum Schutz des Bodens festzusetzen, wobei diese allerdings städtebaulich und nicht aus Gründen des Natur- und Bodenschutzes heraus motiviert sein müssen. Entsprechendes gilt für Flächennutzungspläne (§ 5 Abs. 2 Nr. 10 BauGB). § 35 Abs. 3 Nr. 5 BauGB fügt den öffentlichen Belangen, die einem Außenbereichsvorhaben entgegenstehen, solche des Bodenschutzes hinzu. § 35 Abs. 5 S. 1 BauGB bestimmt, dass die ausnahmsweise im Außenbereich zulässigen Vorhaben zumindest in einer flächensparenden, die Bodenversiegelung auf das notwendige Maß begrenzenden Weise auszuführen sind. Durch das BauROG soll der Boden im Recht der Raumordnung und Landesplanung nunmehr vor übermäßigem Verbrauch geschützt werden. § 2 Abs. 2 Nr. 2 ROG verpflichtet zu einem sparsamen und schonenden Umgang mit Boden. Zudem gibt er dem Flächenrecycling Vorrang vor der Inanspruchnahme von neuem Bauland und enthält ein Gebot der Siedlungsverdichtung, das auch bisher schon als Konzept der Entwicklungsschwerpunkte und -achsen eine bedeutende Rolle spielt. § 2 Abs. 2 Nr. 8 ROG gebietet allgemein die sparsame Inanspruchnahme des Bodens und legt ein Entsiegelungsgebot für dauerhaft nicht mehr genutzte Flächen fest. Auf der Ebene des Bauplanungsrechts ist schließlich noch auf § 19 Abs. 4 Baunutzungsverordnung hinzuweisen, der durch hälftige Anrechnung von Nebenanlagen auf die Grundflächenzahl einer den Intentionen des Bebauungsplans zuwiderlaufenden Inanspruchnahme (i. d. R. Versiegelung) entgegenwirken will.

459. Möglichkeiten zur Entsiegelung von dauerhaft nicht genutzten Flächen sind zum einen in §§ 177, 179 BauGB vorgesehen, zum anderen in § 5 BBodSchG zumindest angelegt. § 179 BauGB konstituiert im Geltungsbereich eines Bebauungsplanes eine Pflicht des Grundstückseigentümers, Entsiegelungsmaßnahmen der öffentlichen Hand zu dulden. Demgegenüber ist der Anwendungsbereich des § 5 BBodSchG, wonach der Grundstückseigentümer zur Entsiegelung von Flächen verpflichtet werden kann, die im Widerspruch zu planungsrechtlichen Festsetzungen stehen, nach wie vor nicht hinreichend geklärt (NOTTER, 1999, S. 541). Fest steht nur, dass dessen Anwendungsbereich aufgrund der Subsidiarität des Bundes-Bodenschutzgesetzes gegenüber dem Baurecht (§ 3 Abs. 1 Nr. 9 BBodSchG) äußerst begrenzt ist. Eine Verpflichtung des Grundstückseigentümers nach § 5 BBodSchG setzt überdies – anders als §§ 177, 179 BauGB – grundsätzlich den Erlass einer Rechtsverordnung voraus. Die Bundes-Bodenschutzverordnung vom Juni 1999 macht von dieser Ermächtigung jedoch keinen Gebrauch, so dass Entsiegelungsgebote bislang nur in dem engen Rahmen des § 179 BauGB und ausnahmsweise des § 5 Satz 2 BBodSchG möglich sind.

460. Insgesamt lässt sich feststellen, dass das Recht der allgemeinen räumlichen Planung verschiedene Steuerungsmöglichkeiten im Hinblick auf die Flächeninanspruchnahme und Versiegelung bereitstellt. Dieses enthält durchaus tragfähige Regelungen, um die Flächeninanspruchnahme zu steuern und Bodenversiegelungen auf das notwendige Maß zu begrenzen. Gleichwohl hat sich das bauplanungsrechtliche Optimierungsmodell in der Praxis als nicht ausreichend wirksam erwiesen, wie bereits ein Blick auf die nach wie vor hohe Flächeninanspruchnahme allein durch Siedlung und Verkehr von 120 ha pro Tag sowie die fortschreitende Landschaftszersiedlung bestätigt. Offensichtlich sind die planungsrechtlichen Regelungen nicht hinreichend geeignet, einer flächensparenden und bodenschonenden Bauweise tatsächlich Geltung zu verschaffen. Die Gründe hierfür sind vielgestaltig. Faktisch dürfte ein wesentlicher Grund für deren ungenügende Beachtung bei der räumlichen Planung einerseits das noch unzureichend entwickelte Problembewusstsein, andererseits die nach wie vor fehlende Akzeptanz des Flächensparens in Politik, Verwaltung und Bevölkerung sein (ARL, 1999, S. 6). Erschwerend kommt hinzu, dass die Handlungsträger bei der Planung und Flächeninanspruchnahme in der Regel kein wirkliches Interesse an einer flächensparenden Durchführung ihrer Pläne und Projekte haben. Dies gilt für den privaten Investor/Bauherrn, weil für ihn hiermit entweder eine Einschränkung oder aber Verteuerung seines Vorhabens verbunden sein würde. Es gilt in der Regel ebenfalls für die für die Bauleitplanung zuständige Kommune, weil dies beispielsweise ihrer Bemühung um möglichst umfangreiche und bedingungslose Neuansiedlung von Industrie und Gewerbe (etwa im Hinblick auf die Schaffung von Arbeitsplätzen auf dem Gemeindegebiet oder die Erzielung von Gewerbesteuern) entgegenstehen könnte. Bund und Länder haben mitunter ebenfalls kein Interesse, sofern etwa Infrastrukturvorhaben realisiert werden müssen. Aus rechtlicher Sicht lässt sich das Versagen der planungsrechtlichen Vorschriften unter anderem darauf zurückführen, dass die Steuerungskraft dieser Regelungen angesichts der meist entgegenstehenden wirtschaftlichen Interessen defizitär ist, insbesondere aufgrund der Möglichkeit, das Flächen- und Bodenschonungsgebot in der planerischen Abwägung „wegzuwägen". Ein weiteres Defizit ist, dass auch die naturschutzrechtliche Eingriffsregelung (§ 8 BNatSchG) bei der Flächeninanspruchnahme und Versiegelung kaum weiterhilft. Zwar stellen auch Versiegelungen Eingriffe i. S. d. § 8 Abs. 1 BNatSchG dar, da diese Vorschrift nicht nur auf Biotopschutz angelegt ist, sondern auch die abiotischen Funktionen des Bodens mit einbezieht (WOLF, 1999, S. 545, 553). Die Versiegelung ist nicht nur Nutzungsänderung, sondern auch ein darüber hinausgehender Eingriff, da das Naturgut Boden (fast) vollständig zerstört wird. In der Realität wird ein Projekt jedoch kaum jemals an der Eingriffsregelung scheitern, weil der gebotene Ausgleich für die Bodenversiegelung (§ 8 Abs. 2 BNatSchG, § 1a Abs. 2 Nr. 2 und Abs. 3 BauGB) streng genommen nur durch Entsiegelung auf Ausgleichsflächen vorgenommen werden kann. Diese stehen jedoch keineswegs in ausreichendem Umfang zur Verfügung. Insoweit fehlt der Eingriffsregelung also eine Ausweisung von Bauland limitierende Funktion. Auf eine weitere Unzulänglichkeit des Planungsrechts hat zudem PEINE (1998) hingewiesen. Eine Versiegelung von Böden findet nicht allein aufgrund der soeben genannten Gesetze statt, sondern wird auch von zahlreichen anderen Gesetzen gestattet (z. B. Straßengesetzen), die keine Flächenverbrauchsklausel zum Schutz der Böden vor Verbrauch und Versiegelung kennen. Insoweit besteht angesichts des ungebremsten Trends zur Flächeninanspruchnahme dringender Nachbesserungsbedarf. Ähnlich dem Baugesetzbuch und dem Raumordnungsgesetz sollten nach Auffassung des Umweltrates auch in diese Gesetze spezifische Flächenverbrauchsklauseln aufgenommen werden, um die Wirkungslosigkeit der Eingriffsregelung zu beseitigen.

Abwassergebühren und naturschutzrechtliche Ausgleichsabgaben

461. Die kommunalen Abwassergebühren sowie die naturschutzrechtlichen Ausgleichsabgaben können zumindest mittelbar Auswirkungen auf den Flächenverbrauch und die Versiegelung haben.

Die Flächenversiegelung wird nach den Kommunalabgabengesetzen der Länder in der Regel über die Abwassergebühren kostenwirksam (BIZER et al., 1998, S. 38; Enquete-Kommission „Schutz des Menschen und der Umwelt", 1998, S. 166). Die Grundstücksbesitzer werden mit den Kosten der Entsorgung des Niederschlagswassers belastet, das auf versiegelten Flächen nicht versickern kann, sondern statt dessen in die Kanalisation gelangt und in öffentlichen Kläranlagen gereinigt werden muss. Die öffentliche Hand unterliegt als Grundstückseigentümerin ebenfalls der Gebührenpflicht. Bemessungsgrundlage für die Abwassergebühr ist in der Regel die Größe der bebauten und befestigten Grundstücksfläche. Eine Gebührendifferenzierung nach der Durchlässigkeit des Bodenbelages ist möglich. Darüber hinaus werden Grundstückseigentümer von der Gebühr für die Entsorgung von Niederschlagswasser befreit, wenn sie einen Nachweis darüber führen, dass sie das Regenwasser schadlos versickern. Die Erhebung einer Gebühr für die Entsorgung von Niederschlagswasser ist grundsätzlich geeignet, die Kosten der Abwasserentsorgung verursachergerecht anzulasten. Gleichzeitig gehen von der Abgabe Anreize zur Entsiegelung von Flächen bzw. zur Vermeidung von Neuversiegelungen aus. Diese orientieren sich jedoch nicht an ökologischen Zielen des Bodenschutzes.

462. In diesem Zusammenhang sei zudem auf die von vielen Ländern (§ 8 Abs. 9 BNatSchG) erhobenen naturschutzrechtlichen Ausgleichsabgaben verwiesen (dazu ausführlich SRU, 1996a, Tz. 1230 f., 1996b, Tz. 148, und 1994, Tz. 821 ff.*)*. Die Ausgleichsabgabe ist vom Landnutzer bei unvermeidbaren Eingriffen in den Naturhaushalt zu entrichten, wenn Vermeidungs-, Ausgleichs- oder Ersatzmaßnahmen nicht durchführbar sind. Obgleich in einigen Ländern wegen der leichteren Handhabbarkeit die versiegelte Fläche als Gebührenmaßstab herangezogen wird, besteht das eigentliche Lenkungsziel im Erhalt der Leistungsfähigkeit des Naturhaushaltes insgesamt bei der Flächeninanspruchnahme.

463. In einigen Bundesländern wurden in der Vergangenheit bereits Versiegelungsabgaben erhoben (z. B. Berlin: Verordnung über Geldleistungen zum Ausgleich von Bodenversiegelung und Vegetationsverlust). Diese stellten naturschutzrechtliche Ausgleichsabgaben (§ 8 BNatSchG) dar. Mit der durch das BauROG 1998 in das BNatSchG eingefügten Regelung des § 8a Abs. 2 BNatSchG wurde dieser Praxis jedoch die rechtliche Grundlage entzogen (SRU, 1998a, Tz. 395 ff.). Nach dieser Vorschrift ist die naturschutzrechtliche Eingriffsregelung in Gebieten mit Bebauungsplänen (§ 30 BauGB) sowie im unbeplanten Innenbereich (§ 34 BauGB) nicht anzuwenden, so dass naturschutzrechtliche Ausgleichsabgaben im innerstädtischen Bereich künftig nicht mehr zulässig sind. Der Gesetzgeber ging bei der Novelle 1998 davon aus, dass die Kommunen Maßnahmen gegen die Versiegelung im innerstädtischen Bereich durch planerische Festsetzungen nach BauGB vornehmen würden (z. B. nach §§ 9, 24 BauGB). Diese Hoffnung hat sich in der Praxis jedoch nicht erfüllt, so dass der Schutz von Flächen vor Versiegelung in diesem Bereich nach wie vor unzureichend ist. Da der Erhebung von Versiegelungsabgaben zur Zeit noch die Regelung des § 8a Abs. 2 BNatSchG entgegensteht, das geltende Recht jedoch keineswegs in ausreichendem Umfang den Schutz von Flächen vor Versiegelung gewährleistet, spricht sich der Umweltrat dafür aus, das BNatSchG insoweit baldmöglichst zu ändern, um die Einführung von Versiegelungsabgaben zu ermöglichen.

Bodenverdichtung und Bodenerosion

464. Mit der Bodenbewirtschaftung ist grundsätzlich das Risiko schädlicher Bodenveränderungen verbunden. Aus Sicht der Bund/Länder-Arbeitsgemeinschaft Bodenschutz sind landwirtschaftlich genutzte Böden großflächig von Schadverdichtung und Erosion bedroht (REMDE, 1999).

Ziele im Bereich Bodenverdichtung und Bodenerosion

465. Ein implizites Umweltqualitätsziel im Hinblick auf Bodenverdichtung und -erosion ergibt sich aus § 17 BBodSchG. Danach sind bei der landwirtschaftlichen Bodennutzung die Grundsätze der guten fachlichen Praxis anzuwenden, zu der auch die Vermeidung von Bodenverdichtung und Bodenabtrag (§ 17 Abs. 3 u. 4 BBodSchG) gehören. Als ein wichtiges Ziel wird dort die Vermeidung von Erosion sowie nachteiliger Veränderungen der Bodenstruktur genannt. Ferner finden sich Ziele für den Bereich der Bodenverdichtung und -erosion explizit im Bodenschutzprotokoll der Alpenschutzkonvention (Art. 1). Dieses verpflichtet zu einer standortgerechten Bodennutzung.

Zur Situation

466. Das Ausmaß von Bodenverdichtung, Bodenversiegelung und Bodenerosion wird bislang nicht flächendeckend erfasst. Es liegen lediglich Potentialabschätzungen vor. Des weiteren fehlen zeitreihenanalytische Auswertungen. Bisher zugängliche Daten basieren nach Angaben der Bundesanstalt für Landeskunde und Raumordnung (DOSCH, 1996) lediglich auf partiellen, nicht abgestimmten Erhebungen einzelner Länder oder Städte oder beziehen sich auf die potentielle Gefährdung einzelner Regionen (HÜTTL und FRIELINGHAUS, 1994).

Bodenverdichtung

467. Mit dem Begriff der Bodenverdichtung wird eine anthropogen verursachte Kompaktierung der Bodenstruktur (Bodengefüge) bezeichnet. Die Kompaktierung kann in verschiedenen Bodenhorizonten, insbesondere im Unterboden, auftreten und ist vor allem durch eine Verengung der Bodenporen sowie eine Ausbildung ungünstiger Bodenaggregate gekennzeichnet. Sie führt zu mangelnder Bodenbelüftung, Staunässebildung und erhöhter Erosionsneigung. Grundsätzlich gilt, dass verschiedene Böden standortbedingt unterschiedlich verdichtungsempfindlich sind und verschiedene Verdichtungssymptome sowie Sekundärschäden zeigen können (s. SRU, 1985, Tz. 739 ff.). Während über die Verdichtungsempfindlichkeit Kartenwerke der Länder vorliegen, wird der tatsächliche Zustand der Bodenverdichtung nur punktuell erfasst.

Schädliche Bodenverdichtungen im Sinne des Bundes-Bodenschutzgesetzes treten beim Ackerland überall in Deutschland auf. Tendenziell nimmt die Verbreitung der Bodenverdichtung und insbesondere die Mächtigkeit der Verdichtungshorizonte zu (DÜRR et al., 1995). Es ist bekannt, dass in Ost- und Westdeutschland verschiedene Bearbeitungsweisen mit unterschiedlichen Verdichtungsfolgen vorherrschen.

Bodenerosion

468. Wasser und Wind tragen in Deutschland aufgrund unterschiedlicher Standortverhältnisse in unterschiedlichem Ausmaß zur Bodenerosion bei. Während in Mittel- und Süddeutschland auf Hangflächen die Wassererosion vorherrscht, spielt in Norddeutschland neben Wasser- auch Winderosion auf der Ebene und bei Sandböden eine maßgebliche Rolle (s. ausführlich: BRUNOTTE et al., 1999; FRIELINGHAUS et al., 1999; Geologisches Landesamt Mecklenburg-Vorpommern, 1998). Ein wichtiger Ansatz ist die Unterscheidung zwischen flächeninternen (On-site-) und flächenexternen (Off-site-)Schadwirkungen (FRIELINGHAUS et al., 1999).

469. Die Ermittlung des Gefährdungspotentials von Wassererosion ist in Bayern gut gelöst. Nach dem Atlas der Erosionsgefährdung wird der Bodenabtrag von Ackerflächen in Bayern im Mittel auf 8 t pro Hektar und Jahr geschätzt; bei Mais- und Zuckerrüben-Fruchtfolgen kann der Abtrag ein Vielfaches davon erreichen.

Maßnahmen

470. § 17 BBodSchG bestimmt die Vorsorgepflichten gegen das Entstehen schädlicher Bodenveränderungen infolge der Bodennutzung durch die Landwirtschaft. Diese ist wichtigste Verursacherin von Bodenverdichtung und Bodenerosion. Zu den Grundsätzen der guten fachlichen Praxis der landwirtschaftlichen Bodennutzung gehört danach vor allem, dass Bodenverdichtungen und Bodenabträge durch eine standortangepasste Nutzung, insbesondere durch Berücksichtigung der Bodenart und des Bodenzustandes, des Geräteeinsatzes, der Hangneigung, der Wasser- und Windverhältnisse sowie der Bodenbedeckung soweit wie möglich (§ 17 Abs. 2 Nr. 3) bzw. möglichst (§ 17 Abs. 2 Nr. 4) zu vermeiden sind. Mit der Bekanntmachung der Grundsätze und Handlungsempfehlungen zur guten fachlichen Praxis der landwirtschaftlichen Bodennutzung nach § 17 BBodSchG legte das Bundeslandwirtschaftsministerium im März 1998 ein Standpunktepapier vor, das auf alle Punkte des § 17 BBodSchG Bezug nimmt und diese konkretisiert. Diese Grundsätze und Handlungsempfehlungen verfolgen Vorsorgeziele; sie dienen vor allem der landwirtschaftlichen Beratung für die tägliche Praxis. Maßnahmen zur Gefahrenabwehr werden dagegen nicht formuliert. Mit Bezug auf die landwirtschaftliche Praxis fehlen taugliche Methoden der Früherkennung schleichender Bodenschäden, vor allem der Verdichtung als Vorstufe vieler Erosionsvorgänge. Ein wesentlicher Punkt im Verfahren zur Schaffung des Bundes-Bodenschutzgesetzes sowie der -verordnung waren deshalb die durch den Bundesrat eingebrachten Ergänzungen um Regelungen zur Gefahrenabwehr bei Bodenverdichtung und -erosion (REMDE, 1999). Die in § 17 BBodSchG verankerte Vorsorgepflicht konnte in der Bundes-Bodenschutzverordnung jedoch nur teilweise konkretisiert werden. Es wurden lediglich Regelungen über

Bodenerosion durch Wasser, und auch diese nur in qualitativer Hinsicht, getroffen (§ 8 BBodSchV).

471. Das Ausmaß bestehender Bodenverdichtungen belegt die Notwendigkeit eines Gesamtkonzeptes zum „Bodengefügeschutz". Mittels eines solchen Konzeptes ließen sich Maßnahmen zur vorsorgenden Vermeidung und Verminderung von Schadverdichtungen ableiten (DÜRR et al., 1995). Das Bundes-Bodenschutzgesetz mit seinen untergesetzlichen Regelungen böte sich geradezu an, für die Nutzer Anforderungen an den Gefügeschutz verbindlich festzulegen. Die wissenschaftliche Diskussion dauert allerdings noch an.

Die Bundes-Bodenschutzverordnung enthält Regelungen über die Abwehr von schädlichen Bodenveränderungen (Gefahrenabwehr) aufgrund von Bodenerosion durch Wasser (flächenexterne Schäden). Dabei handelt es sich um Regelungen über die Ermittlung, ob eine schädliche Bodenveränderung aufgrund von Erosion durch Wasser vorliegt oder nicht. Diese Regelungen legen auch fest, wann eine solche anzunehmen ist. § 8 Abs. 5 BBodSchV in Verbindung mit Anhang 4 bestimmt bei Verdacht auf schädliche Bodenveränderungen aufgrund von Erosion durch Wasser die weiteren Anforderungen an die Untersuchung und Bewertung von Flächen. Anordnungen sind zulässig; bei landwirtschaftlichen Verursachern ist das Einvernehmen mit der zuständigen Landwirtschaftsfachbehörde herbeizuführen (§ 8 Abs. 6 BBodSchV). Eine entsprechende Regelung für Bodenerosion durch Wind fehlt dagegen völlig.

Im Fall der Erosion kommen die in § 5 Abs. 5 BBodSchV vorgesehenen Maßnahmen in Betracht. Diese Vorschrift legt allgemein fest, dass bei schädlichen Bodenveränderungen auf land- und forstwirtschaftlich genutzten Flächen vor allem Schutz- und Beschränkungsmaßnahmen durch Anpassungen der Nutzung und der Bewirtschaftung von Böden sowie Veränderungen der Bodenbeschaffenheit in Betracht kommen. Dies kann etwa durch Zwischenbegrünung oder Anlage von Windschutzstreifen erreicht werden.

Bodenaushub

472. Jahrzehntelang wurde Bodenmaterial (z. B. Aushub) überwiegend auf Deponien verbracht und ging damit als kultivierbares Gut verloren. Inzwischen hat aber die Wiederverwertung zugenommen. Laut Abfallstatistik fielen im Jahr 1996 insgesamt ca. 132,9 Mio. t Bodenaushub an. Davon wurden nur noch ca. 21 Mio. t deponiert und damit der überwiegende Teil wiederverwertet (Tz. 840). Wiederzuverwertender Bodenaushub wird über Bodenbörsen gehandelt, die im Laufe der letzten Jahre in einigen Bundesländern eingerichtet wurden und einen wichtigen Beitrag zur Realisierung der Ziele eines sparsamen und schonenden Umgangs mit Bodenmaterial und zur Erfüllung der Verwertungspflichten nach dem Kreislaufwirtschafts- und Abfallgesetz (vgl. a.

§ 5 Abs. 4 KrW-/AbfG) leisten. Allerdings enthält die Abfallstatistik keine Aussagen über die Mengen der behandelten Aushübe. Der Umweltrat begrüßt eine fachgerechte Weiterverwertung von Bodenaushub, weil damit die Ressource Boden in ihrem Wert grundsätzlich erhalten bleibt.

473. Der Entwurf eines umweltpolitischen Schwerpunktprogramms (BMU, 1998a) nennt als bodenschutzrelevante Umweltziele den sparsamen und schonenden Umgang mit Bodenmaterial aus Gründen der Ressourcenschonung. Darüber hinaus soll die Leistungsfähigkeit des Boden(material)s weitestmöglich erhalten werden. Des weiteren sieht der Entwurf die Entkoppelung des Bodenaushubs vom Bauvolumen vor. Baugrubenaushub soll so weit wie möglich verwertet, die Qualität der Verwertung soll zudem verbessert werden. Im Bauplanungsrecht wird der Mutterboden, der bei der Errichtung und Änderung baulicher Anlagen sowie bei wesentlichen anderen Veränderungen der Erdoberfläche ausgehoben wird, durch § 202 BauGB geschützt. Diese Vorschrift zielt darauf ab, Mutterboden in nutzbarem Zustand zu erhalten.

2.4.2.2.2 Stoffliche Beeinträchtigungen des Bodens

474. Stoffliche Beeinträchtigungen des Bodens beeinflussen die Puffer-, Sorptions- und Filterfunktionen in Böden gegenüber Nähr- und/oder Schadstoffen. Ein Überschreiten der jeweiligen standortspezifischen Aufnahmekapazitäten führt in der Regel zu irreversiblen Beeinträchtigungen und gefährdet unter anderem die Schutzfunktion gegenüber dem Grundwasser. Bei stofflichen Beeinträchtigungen des Bodens sind alle Stoffe relevant, die in Böden eingetragen werden und dort zu chemischen Veränderungen führen.

Bodenversauernd und eutrophierend wirksame Stoffe

475. Im Umfeld urbaner und industrieller Ballungsräume kam es in der Vergangenheit teilweise zu erheblichen und flächendeckend nachweisbaren Stoffanreicherungen in den Böden. Pfade des Eintrags sind vornehmlich die luftgetragenen Depositionen und der direkte Auftrag. Hauptemittenten waren und sind Industrie und Gewerbe, Verkehr, Landwirtschaft, Abfallwirtschaft sowie private Haushalte. Folgen der anthropogen verursachten Säureeinträge sind unter anderem die Beeinträchtigungen des Filter- und Puffervermögens der Böden. Durch anthropogen beschleunigte Bodenversauerung werden ferner verstärkt Schwermetalle freigesetzt, essentielle Nährelemente wie Kalium, Calcium und Magnesium mobilisiert und teilweise ausgewaschen. Dadurch wird die Nährstoffverfügbarkeit negativ beeinflusst. Zudem können Tonminerale zerstört sowie potentiell toxische Aluminiumionen freigesetzt werden. Um diese anthropogenen Prozesse der flächendeckenden Eutrophierung oder Versauerung von Böden weitestmöglich zu verhindern oder zumindest zu vermindern, ist eine weitere Reduzierung des Eintrags von Stickstoff und Säurebildnern notwendig.

Ziele zur Reduzierung der Bodenversauerung und -eutrophierung

476. Bereits die Bodenschutzkonzeption der Bundesregierung von 1985 spricht sich für eine Senkung des Eintrags von Säuren in den Boden aus. Die Europäische Kommission empfiehlt als konkretes Umwelthandlungsziel zum Schutz der Böden gegen Versauerung, die Emission von Stickstoffoxiden bis zum Jahr 2010 – bezogen auf den Stand von 1990 – um 59 %, die Emission von Schwefeldioxid um 92 % und die Emission von Ammoniak um 58 % zu reduzieren (KOM(97) 88). Diesen Vorschlag macht sich die Enquete-Kommission „Schutz des Menschen und der Umwelt" in ihrem Abschlußbericht (1998, S. 58) zu eigen. Allerdings will die Enquete-Kommission diesen Vorschlag lediglich als Diskussionsgrundlage für ein Umwelthandlungsziel verstanden wissen. Für Deutschland lässt sich hieraus eine zulässige Emission von versauernd wirkenden Substanzen (Stickstoffoxiden, Ammoniak, Schwefeldioxid) von 55 Gmol pro Jahr Versauerungsäquivalenten ableiten. Langfristig spricht sich die Enquete-Kommission sogar für eine noch stärkere Reduzierung aus. Auch der Entwurf eines Schwerpunktprogramms (BMU, 1998a) greift diesen Problembereich auf. Übergreifendes, langfristig anzustrebendes Umweltziel ist hier der Schutz der Ökosysteme vor Belastungen durch anthropogene Stickstoffverbindungen und Säuren. Zudem sollen langfristig die kritischen Belastungswerte (*Critical Loads*, Tz. 478) für Eutrophierung und Versauerung dauerhaft und vollständig unterschritten werden. Für eine ausführliche Ableitung dieser Ziele sowie weitere vertiefende Ausführungen verweist der Umweltrat auf die Darstellung im Kapitel Luftreinhaltung (Tz. 731 ff.).

Ziele einer bodenschonenden Land- und Forstwirtschaft zum Schutz des Bodens vor eutrophierend wirkenden Substanzen

477. Der umweltschonenden Bodennutzung durch die Land- und Forstwirtschaft kommt eine große Bedeutung zu. Dies betrifft vor allem die Erhaltung der biologischen Vielfalt und den Schutz des Naturhaushaltes. Bereits die Bodenschutzkonzeption der Bundesregierung von 1985 sah als zentralen Handlungsansatz zur Reduzierung der stofflichen Einwirkungen auf den Boden vor, den Boden vor intensiver landwirtschaftlicher Düngung mittels Handels- und Wirtschaftsdüngern zu schützen, gebietsbezogene Auflagen für die Landwirtschaft zur langfristigen Sicherung der Wasserversorgung zu erlassen, die natürlichen Nährstoffkreisläufe in Forstökosystemen nicht zu beeinträchtigen sowie mit Pflanzenschutzmitteln möglichst sparsam umzugehen. Der Entwurf eines Schwerpunktprogramms (BMU, 1998a) konkretisiert diesen Ansatz und formuliert als ein wesentliches Ziel zur Förderung einer umweltschonenden Bodennutzung, den durchschnittlichen Stickstoffüberschuss von jährlich ca. 118 kg/ha landwirtschaftlich genutzter Fläche (Bezugsjahr 1992/93) auf ca. 50 kg/ha und für versickerungsgefährdete Standorte auf 20 bis 40 kg/ha bis 2005 zu senken. Rechtlich verbindliche Ziele finden sich etwa im Bodenschutzprotokoll der Alpenkonvention vom Oktober 1998, das in seinem Artikel 1 zu einer standortgerechten Bodennutzung sowie einer Minimierung der Einträge von bodenbelastenden Stoffen verpflichtet.

Zum Critical Loads-Konzept

478. Mit dem *Critical Loads*-Konzept (vgl. Tz. 731 ff.) werden Ziele im Hinblick auf die Stoffausträge aus Böden differenziert formuliert. Definitionsgemäß handelt es sich bei *Critical Loads* für Böden um die „quantitative Abschätzung der Schadstoff-Exposition (Deposition), bei der nach bisherigem Wissen keine nachweisbaren Veränderungen der Böden in Struktur und Funktion zu erwarten sind" (NAGEL et al., 1994). Als strategisches Instrument zur grenzüberschreitenden Senkung der atmogenen Schadstoffbelastung sollen sie sowohl die bisherige Belastung als auch die Sensitivität der Böden gegenüber den Einträgen unterschiedlicher Stoffe berücksichtigen.

Als Bewertungsgrundlage beim Konzept der *Critical Loads* für Säureeinträge dienen „kritische" chemische Bodenwerte, wie sie aus Bewirtschaftungsgründen (v. a. wegen fehlender Erhaltungskalkung) primär in Waldböden auftreten. Danach sind schädliche Veränderungen zu erwarten, wenn solche kritischen Werte Abweichungen vom Normalzustand zeigen und zu Destabilisierungen der Bodenprozesse oder zu direkten Schädigungen an der Vegetation führen (BECKER et al., 1998).

479. Die Hypothese direkter kausaler Zusammenhänge zwischen den genannten bodenchemischen Kenngrößen und der Ökosystemstabilität (ULRICH, 1981) ist im Verlauf der Waldschadensdiskussion stark relativiert worden. Gleiches gilt für die Anschauungen zum Ablauf der Bodenversauerung als Durchlaufen streng pH-abhängiger Pufferbereiche (vgl. u. a. FEGER, 1996). Standörtliche Unterschiede in der natürlichen Bodenentwicklung sowie der Einfluss der früheren und aktuellen Landnutzung bleiben unberücksichtigt, sind jedoch von hoher Relevanz (BENS, 1999; HÜTTL und SCHAAF, 1995; GLATZEL, 1991). Der chemische Zustand der Bodenfestphase sowie die Zusammensetzung der Bodenlösung sind als Resultat verschiedener, sich zeitlich und räumlich überlagernder Prozesse zu verstehen. Für die Verlagerung von Metallen und Protonen aus den Böden in nachgeschaltete Systeme bzw. Systemkompartimente der Hydrosphäre ist vor allem die Mobilität der Anionen Sulfat und Nitrat entscheidend. Somit muss der gesamte Elementumsatz im Ökosystem betrachtet werden. Bezüglich der Säure- und Metallbelastung von Grund- und Oberflächenwasser sind vor allem die vielfältigen Umsetzungsprozesse im tieferen Untergrund entlang bevorzugter Fließwege entscheidend.

Das *Critical Loads*-Konzept differenziert zwischen den drei nachfolgenden Stufen (Level 0, 1, 2):

– Der pragmatische *Level-0-Ansatz* beruht auf einer Abschätzung der durch Verwitterung im Boden freigesetzten Kationen als einziger langfristig pufferwirksamer Größe. Diese Rate wird aus einer kleinmaßstäblichen von der FAO erstellten Bodenkarte abgeschätzt. Die Verwitterungsrate wird auf eine Bodentiefe von 1 m bezogen, was zum Beispiel für eine Abschätzung der Gewässergefährdung nicht ausreicht. Ökosysteminterne Protonenumsätze (v. a. durch Interaktionen Boden-Pflanze) bleiben dabei unberücksichtigt.

– Beim *Level-1-Ansatz* erscheint der Massenbilanzansatz interessant, in den neben bestimmten Bodenkenngrößen und Umsätzen im System Boden-Pflanze auch Temperatur und Sickerwassermenge eingehen. Es liegen verschiedene Massenbilanzansätze vor. Diese werden vornehmlich dazu genutzt, „kritische" bodenchemische Werte (z. B. Säureneutralisationskapazität) zu berechnen. Diese Werte erlauben nur vage Aussagen über den gesamten durchwurzelten Raum, so dass eine Extrapolation auf die gesamte ungesättigte Zone zweifelhaft erscheint. Auch hier wird für die Bodenkennwerte die FAO-Bodenkarte herangezogen, die beispielsweise kaum Aussagen über den Mineralbestand zulässt. Level-0- und Level-1-Ansatz vernachlässigen den Faktor Zeit.

– Die im *Level-2-Ansatz* verwendeten dynamischen Modellansätze beinhalten demgegenüber eine genauere Abbildung der bodenchemischen und hydrologischen Prozesse. Damit soll eine Prognose ermöglicht werden, wann kritische bodenchemische Werte bei bestimmten atmogenen Belastungen auftreten. Im Prinzip können damit auch hydrochemische Zustandsgrößen und die aus diesen resultierenden Elementausträge beschrieben werden. Die Modelle sind sehr komplex und stellen hohe Anforderungen an Qualität und Quantität der Eingangsdaten. BECKER et al. (1998) schätzen die Datengrundlage selbst für Mitteleuropa als zu gering ein, um die gewünschten flächendeckenden Aussagen abzuleiten. Eine sinnvolle und praktikable Möglichkeit zum Einsatz der Modelle könnte darin liegen, diese für gut untersuchte Standorte von Fallstudien (z. B. ARINUS, s. RASPE et al., 1998) zu verwenden, diese fallstudienbezogenen Ergebnisse zu typisieren und (mit den notwendigen Einschränkungen) auf größere Flächen zu übertragen.

480. Am Beispiel der *Critical Loads* für den Stickstoffeintrag lässt sich die Problematik des Critical-Load-Ansatzes für den Bodenschutz in besonderer Weise verdeutlichen (WERNER et al., 1998). Durch atmogene Stickstoffeinträge sind zum Beispiel Veränderungen der Vegetationszusammensetzung, der Humusformen sowie der Bodenfunktionen (z. B. Pufferkapazität) zu erwarten. Letztere beinhalten auch Veränderungen der Wasser- und Stoffkreisläufe und haben somit auch Auswirkungen auf das Grund- und Oberflächenwasser, insbesondere in Form von Nitrataustrag. Wie bei der Berechnung der *Critical Loads* für den Säureeintrag werden auch für Stickstoffinput die drei Ansätze mit jeweils verschiedener Differenzierung verwendet.

Empirische Abschätzungen (Level 0), wie sie vor allem für die Critical-Load-Abschätzung von Vegetationsformen verwendet werden, sind für die Betrachtung von Stoffflüssen (v. a. Stickstoffaustrag in die Hydrosphäre) ungeeignet, da Ein- und Austrag von Stickstoffverbindungen nicht linear verknüpft sind: Es laufen umfangreiche interne Stickstoffumsatzprozesse ab, die häufig unabhängig vom aktuellen Stickstoffeintrag sind. Diese internen Umsätze können über sehr lange Zeiträume nachwirken („Langzeitgedächtnis des Bodens" z. B. nach Baumartenwechsel, Grünlandumbruch etc.; SRU, 1998b, Tz. 29; FEGER, 1993). Dementsprechend bestehen keine klaren Zusammenhänge zwischen Stickstoffeintrag und -austrag (MATZNER und GROSHOLZ, 1997). Die Einbeziehung der Nutzungshistorie ist unabdingbar, um zunächst die aktuelle Umsatzdynamik zu verstehen. Gesicherte Prognosen der künftigen Entwicklung erscheinen daher auch mit Level-1- und Level-2-Ansätzen gegenwärtig nicht möglich (FEGER, 1997). Dies liegt auch daran, dass die Akkumulationspotentiale in Vegetation und Boden nur unzureichend bekannt sind. Prinzipiell erscheint dem Umweltrat der Level-2-Ansatz am ehesten geeignet, den Stickstoffumsatz terrestrischer Ökosysteme zu beschreiben. Allerdings sind die Zusammenhänge bei Stickstoff wegen der starken Beteiligung biotischer Prozesse noch komplexer als bei den Säureumsätzen. Die Anwendung solcher dynamischer Modelle erscheint deshalb nur für sehr gut untersuchte Standorte ratsam.

481. Grundsätzlich hält der Umweltrat das Critical-Load-Konzept für die Bewertung von versauernd und/oder eutrophierend wirksamen Stoffen in Böden für geeignet. Allerdings sind die gegenwärtig vorliegenden Ansätze, *Critical Load*s für Säure- und Stickstoffeinträge zu berechnen, entweder zu undifferenziert (Level 0 = „Faustformeln") oder es liegen für komplexere Ansätze (vor allem Level-2-Ansätze) nicht die erforderlichen Flächendaten vor. Unzureichend erscheint gegenwärtig auch die Möglichkeit, die im Prinzip richtigen dynamischen Modelle hinsichtlich ihrer zeitlichen Aussagekraft zu überprüfen. Im Hinblick auf eine mögliche Anwendung solcher *Critical Loads* für „nachgeschaltete" Systeme ist zu beachten, dass terrestrische und aquatische Ökosysteme räumlich stark verknüpft sind. Neben den durch historische Landnutzung bedingten Standortfaktoren sind diese Wirkungsmechanismen zu berücksichtigen, um das Critical-Load-Konzept für den Schutz von Böden und nachgeschalteter Systeme anzupassen. In seiner bisherigen Form kann der Critical-Load-Ansatz vor diesem Hintergrund nur als grobe Richtschnur für die Ableitung und Festlegung von Umweltzielen für Säure- und Stickstoffeinträge herangezogen werden. Der Umweltrat erachtet daher die Verbesserung des Ansatzes, wie sie vom Grundsatz her bereits im Level-2-Ansatz angelegt ist, für zielführend.

Zur Situation

482. Um einen Überblick über Art und Ausmaß der Veränderungen, Beeinträchtigungen und Kontaminationen von Böden zu erhalten, wurden in allen Ländern Untersuchungen durchgeführt und auf Länder- oder Bundesebene in Form von Bodenzustandsberichten dokumentiert. Sehr ausführlich ist dies im Rahmen der durch die Arbeitsgemeinschaft Bodenzustandserfassung im Wald der Landesforstämter erarbeiteten „Bundesweiten Bodenzustandserhebung im Wald" erstmals 1996 erfolgt (AG BZE, 1996); eine Wiederholung ist im Jahre 2000 geplant. Dann werden erstmals Aussagen über bundesweite Trends bei der Entwicklung des Bodenzustands möglich sein. Zusätzlich wurde mit Hilfe der von der Bund/Länder-Arbeitsgemeinschaft Bodenschutz erstellten Übersicht „Hintergrund- und Referenzwerte für Böden" eine zweite bundesweite Grundlage erarbeitet, die den Bodenzustand nutzungsartspezifisch dokumentiert (LABO, 1995). Die Daten wurden bis 1998 weiter vervollständigt und getrennt zu länderspezifischen sowie länderübergreifenden Hintergrundwerten zusammengefasst. Diese Bodenzustandsberichte dokumentieren in erster Linie die stoffliche Beschaffenheit von Böden.

Als bodenbezogene Ergebnisse der BZE-Studie wurden regional differenzierte Erkenntnisse zum Ausmaß der Bodenversauerung und Basenverarmung, zu den Risiken für Grund- und Quellwasser durch unerwünschte Stoffeinträge sowie zu Nährstoffungleichgewichten infolge erhöhter Stickstoffeinträge flächendeckend für Böden forstlich genutzter Standorte gewonnen. Die Daten der BZE-Studie weisen auf eine flächendeckende Versauerung und Basenverarmung der Oberböden hin. Geringe aktuelle Streubreiten bodenchemischer Parameter werden vor dem Hintergrund der gegebenen geo-/pedogenetischen Vielfalt der Standorte als eine gewisse Tendenz zur Nivellierung des chemischen Bodenzustandes auf niedrigem Niveau gewertet. Mehr als 80 % der untersuchten carbonatfreien Standorte sind durch pH-Werte unter 4,5 bis in 30 cm Tiefe charakterisiert (Tab. 2.4.2-2) und mehr als 60 % weisen sehr geringe bis mäßige Basensättigungen (BS < 30 %) auf (Tab. 2.4.2-3).

Nur Standorte auf Carbonatgestein (z. B. Bayerische Alpen, Schwäbische und Fränkische Alb) und bei oberflächig anstehendem Geschiebemergel sind von einer Versauerung nicht nachweisbar betroffen. Der Anteil dieser Standorte am gesamten Stichprobenumfang beträgt allerdings nur 8,6 %. Die Standorte Nordostdeutschlands auf armen Ausgangssubstraten und vorwiegend podsolierten Böden zeichnen sich dagegen durch vergleichsweise hohe Basensättigungen und pH-Werte im Oberboden aus. Hier wird der Einfluss zum Teil jahrzehntelanger Deposition basischer Stäube und Flugaschen deutlich, die zu einer Pufferung der Säuren in der Atmosphäre und regional zur Anreicherung von basisch wirkenden Kationen in den Böden geführt haben (HÜTTL, 1998; HÜTTL et al., 1995; SCHAAF et al., 1995).

483. Die Daten der BZE-Studie belegen ferner eine zunehmende oberirdische Akkumulation organischer Substanz (Auflagehumus) infolge von Störungen der ökosystemaren Stoffkreisläufe, speziell der Zersetzerkette. Hohe Vorräte an Nähr- und Schadstoffen im humosen Oberboden stellen einen labilen Elementpool dar, der vorrangig durch Nutzungseingriffe bzw. Bewirtschaftungsmaßnahmen schubweise mobilisiert werden und somit ein bedeutendes Belastungspotential für das Grundwasser darstellen kann (BENS, 1999; VEERHOFF et al., 1996). Vor allem an Standorten, die durch Nährstoffarmut und ökologisch ungünstige Humusformen gekennzeichnet sind, befindet sich der überwiegende Anteil des verfügbaren Elementvorrats der organischen Auflage als Langzeitspeicher.

Tabelle 2.4.2-2

Potentielle Bodenacidität (pH_{KCl}) deutscher Waldböden
(Erhebungszeitraum 1987-1993)

Klasse	pH-Wert-Bereich	Häufigkeit [%] in Bodentiefstufen [cm]					
		0 – 10	10 – 30	30 – 60	60 – 90	90 – 140	140 – 200
		n = 1 741	n = 1 751	n = 1 323	n = 1 192	n = 725	n = 399
1	< 3,2	27,8	3,3	0,9	0,8	1,1	0,4
2	3,2 – 3,8	48,5	35,3	21,9	22,0	21,1	13,4
3	3,8 – 4,2	8,9	36,1	38,1	30,2	26,9	29,1
4	4,2 – 5,1	5,2	11,4	25,1	30,7	30,0	30,7
5	5,1 – 6,3	5,2	4,3	4,9	5,5	6,8	8,3
6	> 6,3	4,4	9,6	9,1	10,8	14,1	18,1

Quelle: AG BZE, 1996; verändert

Tabelle 2.4.2-3

**Kationenaustauschverhältnisse/Basensättigung in deutschen Waldböden
(Erhebungszeitraum 1987-1993)**

Klasse	Bewertung	Wertebereich [% BS]	Häufigkeit [%] in Bodentiefstufen [cm]					
			0 – 10 n = 1 724	10 – 30 n = 1 739	30 – 60 n = 1 314	60 – 90 n = 1 188	90 – 140 n = 720	140 – 200 n = 389
1	sehr gering	< 5	3,6	11,6	11,7	7,9	5,6	2,1
2	gering	5 – 15	37,9	39,1	33,7	24,7	18,7	11,5
3	mäßig	15 – 30	26,5	17,0	17,4	16,7	16,0	16,3
4	mittel	30 – 50	9,8	8,0	10,2	14,2	12,8	15,4
5	mäßig hoch	50 – 70	5,0	3,2	5,8	6,9	9,4	8,4
6	hoch	70 – 85	3,2	2,9	3,0	5,8	6,7	7,0
7	sehr hoch	> 85	14,0	18,2	18,2	23,8	30,8	39,3

Quelle: AG BZE, 1996; verändert

484. Die BZE-Studie zeigt ferner, dass die Bodenversauerung in der Regel mit zunehmender Bodentiefe abnimmt und die Basensättigung zur Tiefe hin ansteigt. Ein mögliches Fortschreiten der Versauerung in größeren Bodentiefen bedeutet zumindest für oberflächennahe Aquifere eine Gefahr der Grundwasserversauerung und -kontamination. An Standorten mit quarzreichen Substraten (Sandstein, saure Metamorphite und Magmatite, tiefgründig entkalkte pleistozäne Sande), die in Deutschland großflächig verbreitet sind, können die immittierten Säuren/Säurebildner nicht in ausreichendem Maße neutralisiert werden, da das Puffervermögen zu gering ist. Auf der Grundlage des BZE-Datenkollektivs von 1 800 Waldstandorten sowie einer durch das Umweltbundesamt initiierten bundesweiten Studie zum Versauerungszustand der Böden (VEERHOFF et al., 1996) zeichnet sich eine zunehmende Bodendegradation an Waldstandorten ab. Dazu wird angemerkt, dass die Versauerung von Waldböden humider gemäßigter Klimabereiche grundsätzlich einen natürlichen Vorgang darstellen. Allerdings kann dieser Prozess insbesondere durch nicht standortangepasste Bewirtschaftungsmaßnahmen sowie durch anthropogen bedingte Säureeinträge über die Atmosphäre merklich beschleunigt werden. Der Umweltrat begrüßt die umfangreiche Datenerhebung an Forststandorten und regt an, eine den Forststandorten adäquate Datengrundlage auch für Agrarstandorte zu schaffen.

Im Gegensatz zur vergleichsweise guten Datengrundlage bei der Bodenbeschaffenheit an Wald- und Grünlandstandorten liegen keine vergleichbaren Flächeninformationen für Ackerstandorte vor. Dies ist einmal darauf zurückzuführen, dass nur vergleichsweise wenige Ackerstandorte als Bodendauerbeobachtungsflächen dienen. Zum anderen besteht für Landwirte bei regulärer Bewirtschaftung keine Verpflichtung, Daten zum Bodenzustand zu erheben. Lediglich bei der Aufbringung von Klärschlamm oder Kompost sehen die Klärschlamm- sowie die Bioabfallverordnung (Tz. 493) Analysen des Bodenzustandes vor. Da diese Datenerhebungen jedoch nur für einen geringen Teil der gesamten Ackerfläche erhoben und nicht zusammenfassend im Sinne der Bodenzustandserhebung Acker ausgewertet werden, ist eine Aussage zum flächenhaften Bodenzustand an Ackerstandorten kaum möglich. Der Umweltrat sieht in der mangelnden Verfügbarkeit von Daten ein Defizit des vorsorgenden Bodenschutzes.

Maßnahmen gegen die Bodenversauerung und Eutrophierung

485. Versauernd wirkende Stoffe werden überwiegend über den Luftpfad in den Boden eingetragen. Gezielte Maßnahmen zur weiteren Reduzierung saurer und eutrophierend wirksamer Stoffeinträge wurden im Berichtszeitraum jedoch nicht getroffen. Der Umweltrat sieht hierin ein grundlegendes Defizit im Bereich des vorsorgenden Bodenschutzes. Mittelbare Verbesserungen zum Schutz von Ökosystemen werden sich lediglich aus der EG-Richtlinie über Grenzwerte für Schwefeldioxid, Stickstoffoxide, Partikel und Blei in der Luft (1999/30/EG) ergeben, die bis Mitte 2001 umzusetzen ist (vgl. ausführlich Tz. 742). Von besonderer Bedeutung ist der Richtlinienentwurf über nationale Emissionshöchstgrenzen für bestimmte Luftschadstoffe, der auf die Minderung versauernd wirkender Emissionen abzielt. In Anbetracht der Folgen einer anthropogen verursachten Bodenversauerung besteht nach Auffassung des Umweltrates weiterer Handlungsbedarf zur Reduzierung versauernd wirkender Luftschadstoffe. Damit wird gerade bei der Bodenversauerung und -eutrophierung augenfällig, dass die Verengung des Blickfeldes alleine auf bodenbezogene Maßnahmen nicht für einen wirksamen Schutz des Bodens ausreicht. Hierfür sind auch Anstrengungen zur Luftreinhaltung sowie zum Klimaschutz erforderlich. Der Umweltrat weist nachdrücklich darauf hin, dass sich der Schutz des Mediums Boden deshalb nicht allein auf bodenspezifische Maßnahmen reduzieren darf. Dieser gebietet vielmehr notwendigerweise einen medienübergreifenden Ansatz zur Verminderung der Gesamtbelastung schädlicher Stoffeinträge in den Boden. § 3 Abs. 3 BBodSchG trägt diesen Erfordernissen Rechnung, bedarf aber noch der Umsetzung.

486. Die EU-Nitratrichtlinie (91/676/EWG) dient zwar primär dem Gewässerschutz, ist aber auch für den Schutz von Böden vor Versauerung und Eutrophierung von Bedeutung. Sie zielt darauf ab, durch Nitrat aus landwirtschaftlichen Quellen verursachte oder ausgelöste Gewässerverunreinigungen zu verringern und weiteren Gewässerverunreinigungen dieser Art vorzubeugen (Art. 1). Besondere Bedeutung für den Schutz von Böden kommt dabei insbesondere den nach der Richtlinie (Art. 4 Abs. 1 Buchst. a) zu erstellenden Regeln der guten fachlichen Praxis in der Landwirtschaft mit den in Anhang II Punkt A aufgeführten Mindestanforderungen zu. Nach dem Düngemittelgesetz (§ 1a) darf die Düngung dementsprechend nur nach guter fachlicher Praxis erfolgen, wobei sie nach Art, Menge und Zeit auf den Bedarf der Pflanzen und des Bodens unter Berücksichtigung der im Boden verfügbaren Nährstoffe und organischen Substanz sowie der Standort- und Anbaubedingungen ausgerichtet sein muss. Gemäß § 2 Düngeverordnung dürfen Düngemittel im Rahmen guter fachlicher Praxis zeitlich und mengenmäßig nur so ausgebracht werden, dass die Nährstoffe von den Pflanzen weitestgehend ausgenutzt werden können und damit Nährstoffverluste bei der Bewirtschaftung sowie damit verbundene Einträge in die Gewässer weitestgehend vermieden werden.

487. § 17 BBodSchG enthält bodenschutzspezifische Vorsorgepflichten der Landwirtschaft und damit auch für den Umgang mit versauernd und eutrophierend wirkenden Stoffen beim landwirtschaftlichen Betrieb (Tz. 445). Der Umweltrat erachtet die Regelungen des Bundes-Bodenschutzgesetzes in dem für den Bodenschutz überaus wichtigen Bereich der Landwirtschaft jedoch als unzureichend (SRU, 1996a, Tz. 279). § 17 Abs. 1 BBodSchG schreibt vor, dass bei der landwirtschaftlichen Bodennutzung die Vorsorgepflicht (§ 7 BBodSchG) ausschließlich durch die in § 17 Abs. 2 BBodSchG definierte „gute fachliche Praxis" erfüllt wird. Unbefriedigend an dieser Regelung ist zunächst, dass das Bundes-Bodenschutzgesetz den Behörden keine Vollzugsmöglichkeiten an die Hand gibt, um die Grundsätze der guten fachlichen Praxis und damit Vorsorgemaßnahmen bei der landwirtschaftlichen Bodennutzung zwangsweise durchsetzen zu können, sofern sich ein Landwirt im Einzelfall über die gute fachliche Praxis hinwegsetzt. Auch dürften entsprechende ergänzende landesrechtliche Regelungen (§ 21 BBodSchG) wegen des abschließenden Charakters von § 17 BBodSchG ausgeschlossen sein (PEINE, 1998). Das Gesetz verlässt

sich mithin darauf, dass allein Beratungen durch die landwirtschaftlichen Beratungsstellen ausreichen würden, um die Landwirte zur Erfüllung ihrer Vorsorgepflichten durch Einhaltung der guten fachlichen Praxis anzuhalten. Der Umweltrat hält es jedoch für zweifelhaft, dass in ökonomisch schwierigen Zeiten in der Landwirtschaft bloße Programmsätze und Beratungen wirklich ausreichen, um Vorsorgeanforderungen durchzusetzen. Dies gilt umso mehr, als in den neuen Bundesländern kaum Beratungsmöglichkeiten existieren und in den alten Bundesländern vorhandene erheblich eingeschränkt wurden. Zudem wird die Beratung zunehmend von Vertretern der Industrie wahrgenommen. Darüber hinaus stehen Landwirte unter einem starken Zwang zur Rationalisierung und Steigerung der Arbeitsproduktivität bei der Bearbeitung von Flächen (SCHINK, 1999) und werden von daher ein eher geringes wirtschaftliches Interesse an Vorsorgemaßnahmen haben.

Die Forderung nach einem verbesserten Vollzugsinstrumentarium bei der landwirtschaftlichen Bodennutzung wird auch nicht durch die (vorrangig zu beachtenden, vgl. § 3 Abs. 1 Nr. 4 BBodSchG) Regelungen des Düngemittel- und Pflanzenschutzrechts obsolet. Denn diese erfassen mit dem Schutz des Bodens beim Eintrag von Pflanzenschutz- und Düngemitteln jeweils nur Teilaspekte des Bodenschutzes, die in § 17 BBodSchG gerade nicht angesprochen sind. Zudem enthalten die Regelungen des Düngemittel- und Pflanzenschutzrechts auch nur teilweise Anordnungsbefugnisse im Einzelfall oder Bußgeldbewehrungen. So ist im Düngemittelrecht die Einhaltung der Regeln guter fachlicher Praxis in der Landwirtschaft nur sehr eingeschränkt bußgeldbewehrt (§ 7 Düngeverordnung i. V. m. § 10 Abs. 2 Nr. 1 Düngemittelgesetz) und betrifft nur bestimmte Aspekte des Einsatzes von Düngemitteln (insbesondere im Hinblick auf die Nitratrichtlinie den Aspekt des Gewässerschutzes), nicht dagegen sonstige bodenschutzrelevante Aspekte der landwirtschaftlichen Bodennutzung. Eine Möglichkeit, Anordnungen im Einzelfall zur Durchsetzung der guten fachlichen Praxis zu erlassen, fehlt dem Düngemittelrecht vollkommen. Demgegenüber sieht das Pflanzenschutzrecht zwar eine Anordnungsbefugnis im Einzelfall vor (§ 6 Abs. 1 Satz 3 PflSchG), dagegen sind Verstöße gegen die Regeln guter fachlicher Praxis im Pflanzenschutzrecht nicht bußgeldbewehrt.

Im übrigen sieht der Umweltrat das Fehlen eines Vollzugsinstruments zur Durchsetzung eines vorsorgenden Bodenschutzes als eine ungerechtfertigte Privilegierung der Landwirtschaft an. Denn die Behörde ist zwar nach § 7 BBodSchG berechtigt, Anordnungen zur Erfüllung der allgemeinen Vorsorgepflicht gegen schädliche Bodenveränderungen zu treffen (§ 7 Satz 4, § 10 Abs. 1 Satz 5 BBodSchG), diese Möglichkeit ist bei Vorsorgepflichten gemäß § 17 BBodSchG aber gerade nicht vorgesehen. Der Umweltrat bemängelt ferner, dass sich die Verordnungsermächtigung des § 8 Abs. 2 BBodSchG zum Erlass von Vorsorgewerten nicht auf die Landwirtschaft bezieht.

488. In diesem Zusammenhang erneuert der Umweltrat seine Kritik am geltenden Düngemittelrecht (SRU, 1996a, Tz. 280 f.). Die Landwirtschaft hat durch den intensiven Einsatz von Düngemitteln sowie Klärschlämmen maßgeblichen Anteil an der Belastung und Gefährdung von Böden. Insoweit leistet das Bundes-Bodenschutzgesetz wegen seiner Nachrangigkeit keine Abhilfe: Stoffeinträge werden durch Einsatz von Düngemitteln und Klärschlamm, auch hinsichtlich der Vorsorgeziele, allein durch die in § 3 Abs. 1 Nr. 1 und 4 BBodSchG genannten Vorschriften geregelt. Da im landwirtschaftlichen Bereich Vorsorge primär durch Emissionsbegrenzungen für Dünger, Gülle, Klärschlamm oder ähnlichem erfolgt, die aber gerade vom Anwendungsbereich des Bundes-Bodenschutzgesetzes ausgenommen sind, ist dies zumindest solange problematisch, als das Düngemittelrecht keine umfassende ökologische Orientierung auch unter Berücksichtigung der Belange des Bodenschutzes aufweist. Hiervon ist das geltende Recht jedoch noch weit entfernt (SCHINK, 1999; SRU, 1996b, Abschn. 2.4.3.3).

Bioabfallkompost und Klärschlamm

Zur Situation bei der Verwendung von Bioabfallkomposten und Klärschlamm

Bioabfallkompost

489. Während die Kompostierung früher nahezu ausschließlich in Mieten durchgeführt wurde, sind heute verschiedene, inzwischen bewährte Techniken (z. B. Rottetrommeln, -boxen, -hallen) im Einsatz. Nach Angaben des Umweltbundesamtes (UBA, 1997) und von MOOS und HELM (1999) stieg die Zahl der Kompostwerke in Deutschland in den vergangenen Jahren stark an (Tz. 900). Der jährliche Umsatz beträgt rund 6,5 Mio. t Bioabfall. Daraus werden zwischen 3,0 und 3,5 Mio. t Frisch-, Fertig-, Substrat- und Mulchkompost produziert. Die Abnehmer beziehungsweise Haupteinsatzgebiete dieser als Bodenhilfsstoffe eingesetzten Bioabfallkomposte sind nach Angaben des BMU (1999) die Landwirtschaft (39 %), der Garten- und Landschaftsbau (17 %), Sonderkulturen (13 %), Erdenwerke (10 %), Hobbygartenbau (9 %), Rekultivierung (4 %), öffentliche Hand (2 %) sowie nicht näher spezifizierte Sonstige (6 %).

490. Die Zusammensetzung von Bioabfallkomposten hängt von den Ausgangsmaterialien sowie vom Rottegrad ab. Im Vergleich zu Klärschlamm weist Bioabfallkompost wesentlich geringere Gehalte an Stickstoff und Phosphor auf. Allerdings enthält Bioabfallkompost in der Regel höhere Kaliummengen. Die Stickstofffreisetzung aus Bioabfallkompost wird von WILDHAGEN et al. (1987) mit 2,7 bis 6,5 % pro Jahr angegeben. Dagegen geht die LABO-LAGA-Richtlinie bei Bioabfallkomposteinsätzen, beispielsweise zu Rekultivierungszwecken, von einer Stickstoffmineralisierungsrate von 15 % aus (LABO/LAGA, 1995). Diese vergleichsweise hohe Stickstoffmineralisierungsrate konnte bei Experimenten, z. B. unter Rekultivierungsbedingungen, nicht bestätigt werden (VETTERLEIN und HÜTTL, 1999). Dieses bedeutet, dass die Aufwandmengen an Bioabfallkompost aufgrund der ermittelten niedrigeren Mineralisierungs- und Nitratnachlieferungsraten höher bemessen werden können, um einerseits eine angestrebte Mineralstickstoffzufuhr sicherzustellen und gleichzeitig mögliche Grundwassergefährdungen zu verhindern. In diesem Kontext besteht Forschungsbedarf, um die bisher widersprüchlichen Mineralisierungsraten sowie angestrebte Nutzeffekte einerseits und unerwünschte Folgeeffekte andererseits exakter bemessen zu können.

Aufgrund der im Vergleich zu Klärschlamm geringeren Nährstoffverfügbarkeiten im Bioabfallkompost und der damit verbundenen höheren Aufwandmengen ist das vorrangige Ziel der Bioabfallkompostausbringung die Anreicherung von organischer Substanz (Humus) im Oberboden. Zwischen der Steigerung des Humusgehalts und der aufgebrachten Bioabfallkompostmenge besteht, wie auch bei der Klärschlammausbringung, kein klarer Zusammenhang. HÜTTL und VETTERLEIN (1997) führen dies auf die unterschiedliche Mineralisierbarkeit der eingesetzten Substanzen, verschiedene Bodenarten und Unterschiede in der Nutzungsgeschichte der untersuchten Böden zurück.

Klärschlamm

491. Nach Angaben des Statistischen Bundesamtes betrug der Klärschlammanfall bei der Abwasserreinigung in der öffentlichen Abwasserbehandlung für das Erhebungsjahr 1991 in Deutschland circa 3,2 und für 1995 circa 2,95 Mio. t Trockensubstanz. Davon fielen 1991 2,8 Mio. t und 1995 2,5 Mio. t in den alten Ländern und in beiden Jahren 0,4 Mio. t in den neuen Ländern an. In den alten Ländern wurden im Vergleich 1991 725 600 t und 1995 1,012 Mio. t Klärschlammtrockenmasse landwirtschaftlich verwertet oder für Rekultivierungszwecke eingesetzt, in den neuen Ländern waren es 93 600 t beziehungsweise 151 400 t, so dass 819 200 t beziehungsweise 1,136 Mio. t Klärschlamm auf diesen Wegen verwertet wurden. Darüber hinaus wurden 1995 in Deutschland der Kompostierung 220 000 t, der Verbrennung 270 000 t und der Ablagerung auf der Deponie 417 000 t Klärschlammtrockenmasse zugeführt (Statistisches Bundesamt, 1998, S. 40 f.; UBA, 1997, S. 201).

492. Die Zusammensetzung von Klärschlämmen hängt von der Art der Abwässer (Industrie- oder Haushaltsabwässer), der Anzahl der Reinigungsstufen (z. B. Phosphatfällung) bei der Klärung der Schlämme sowie der Klärschlammbehandlung (aerobe oder anaerobe Faulung) ab. Grundsätzlich sind Klärschlämme durch hohe

Gehalte von Stickstoff und Phosphor sowie durch ein eher enges Kohlenstoff/Stickstoff-Verhältnis charakterisiert. Die Klärschlammanwendung bewirkt eine Verbesserung der Stickstoff- und Phosphorversorgung der Böden. Die Freisetzung des organisch gebundenen Stickstoffs aus Klärschlämmen hängt von der Stickstoffmineralisierungsrate ab. Verordnungsrechtlich wird von einer Freisetzung von 20 % des Gesamtstickstoffs im ersten Jahr nach der Klärschlammaufbringung ausgegangen (LABO/LAGA, 1995). Allerdings konnte in zahlreichen Untersuchungen gezeigt werden, dass diese hohe Freisetzungsrate nur sehr selten unter Feldbedingungen eintritt. Des weiteren wird mit der Klärschlammaufbringung der Humusgehalt des Bodens erhöht. Allerdings konnten bislang keine signifikanten Zusammenhänge zwischen der Aufbringungshöhe und -häufigkeit und der Humusanreicherung gefunden werden (HÜTTL und VETTERLEIN, 1997). Schließlich kann die Klärschlammaufbringung auch zu einer Steigerung der mikrobiellen Aktivität im Boden führen. Über die Auswirkungen und Nachhaltigkeit dieser Veränderungen liegen bislang keine einheitlichen Aussagen vor.

Maßnahmen

493. Für den Bodenschutz zumindest mittelbar von Bedeutung ist die Verordnung über die Verwertung von Bioabfällen auf landwirtschaftlich, forstwirtschaftlich und gärtnerisch genutzten Böden (Bioabfallverordnung – BioAbfV; Tz. 900 ff.). Die Bioabfallverordnung legt in § 6 und § 4 Grenzwerte für Schwermetallgehalte fest, die binnen drei Jahre nicht überschritten werden dürfen, u.a. auch, um den Boden vor einer zu starken Belastung zu bewahren. Für die Ausbringung von Bioabfallkompost gelten wie für Klärschlämme Grenzwerte, die sich an den Werten der Klärschlammverordnung orientieren. Bei Einhaltung dieser Grenzwerte können pro Jahr und Hektar maximal 10 Tonnen Bioabfallkompost (Trockenmasse) der Kategorie I oder 5 Tonnen Bioabfallkompost (Trockenmasse) der Kategorie II aufgebracht werden.

494. Das Aufbringen von Klärschlamm auf landwirtschaftlich und gärtnerisch genutzte Böden wird überdies durch die Klärschlammverordnung (AbfKlärV) geregelt. Generell untersagt ist die Ausbringung von Rohschlämmen (nicht vergorene Klärschlämme) sowie die Applikation von Klärschlämmen auf Obst- und Gemüseanbauflächen, Ackerflächen, auf denen Feldfutter angebaut wird, Dauergrünland, forstlich genutzte Böden, Böden in den Zonen I und II von Wasserschutzgebieten sowie Böden im Bereich von Uferrandstreifen (bis zu einer Breite von 10 m). Voraussetzung für ein Aufbringen von Klärschlamm ist die Einhaltung von Grenzwerten für Schwermetalle, polychlorierte Biphenyle (PCB), polychlorierte Dibenzoparadioxine und Dibenzofurane (PCDD/PCDF) und halogenierte organische Verbindungen (AOX) in Böden und Klärschlämmen. Bei Einhaltung der Grenzwerte können gemäß Klärschlammverordnung alle drei Jahre 5 Tonnen Klärschlamm (Trockenmasse) je Hektar ausgebracht werden.

2.4.2.3 Bodeninformationsmanagement

Bodeninformationssysteme und ihre Notwendigkeit

495. Die Bodenschutzpolitik bedarf als Grundlage ihrer Entscheidungen flächendeckender Informationen über den Zustand von Böden. Seit Mitte der achtziger Jahre wird deshalb über Aufgabe und Struktur eines bundesweiten – möglicherweise sogar bundeseinheitlichen – Bodeninformationssystems diskutiert. Bodeninformationssysteme sind ein Instrument des Bodeninformationsmanagements auf verschiedenen Ebenen. Ein qualitativ anspruchsvolles Bodeninformationsmanagement ist auf umfangreiche Datenbestände angewiesen, die üblicherweise dezentral erhoben und gepflegt werden.

496. Da die Fachbehörden der Länder den mit den aufkommenden Bodenschutzaktivitäten induzierten umfassenden Informationsbedarf nicht decken konnten, wurden vor dem Hintergrund der Erfahrungen einiger Bundesländer Ziele und Grundzüge der Informationsbereitstellung entwickelt.

Bodeninformationssysteme sollen dabei Informationsdefizite beseitigen, so dass die verschiedenen Informationsbedürfnisse für einen eigenständigen Bodenschutz und für die Raumplanung befriedigt sowie vorhandene bodenbezogene Datenbestände gesichert, gepflegt und verfügbar gemacht werden. Nach einem Vorschlag der Sonderarbeitsgruppe Informationsgrundlagen des Bodenschutzes der Umweltministerkonferenz 1991 sollte sich ein komplexes Bodeninformationssystem in die Bereiche geowissenschaftliche Grundlagen, anthropogene Einwirkungen auf den Boden und Naturschutz/Landespflege gliedern.

Grundsätzlich können die Daten des Bodenzustandes und der geogenen Hintergrundkonzentrationen zur Herleitung sowie zur Fortschreibung von Bodenwerten zur Vorsorge und langfristig zur Erfolgskontrolle dienen. Es wäre dann möglich, die Varianz bestimmter Böden oder Bodenverhältnisse zu beschreiben sowie längerfristige Trends besser zu beobachten.

497. Derzeit werden die Systeme der Länder nach dem bundesweiten Rahmenkonzept aufgebaut, das auf einem konsensualen Vorschlag der Ländervertreter basiert und beispielsweise in Niedersachsen weitgehend unverändert umgesetzt wurde (NIBIS, 1999). Andere Bundesländer haben entsprechend der jeweiligen Verwaltungsstrukturen mehr oder weniger angepasste Systeme errichtet. Es wird damit gerechnet, dass mit der Nutzungsphase bald bundesweit begonnen werden kann. Ein Überblick der Aufbauarbeiten in den Ländern wurde von OELKERS und VOSS (1998) vorgelegt. Mittlerweile sind die Länder in der Lage, für viele Fragestellungen wie Schwermetallgehalte, Erosionsanfälligkeit und dergleichen Kartenwerke zu erstellen.

498. Der Umweltrat ist der Auffassung, dass ein bundesweites Bodeninformationssystem notwendig ist und dass die begonnenen Arbeiten an diesem System zügig vorangetrieben werden sollten (vgl. SRU, 1998a, Tz. 257; SRU, 1996a, Tz. 267). Er betont erneut die Dringlichkeit eines verbesserten Datenaustausches zwischen Bund und Ländern auf der Grundlage einer hierzu getroffenen Verwaltungsvereinbarung (SRU, 1996a, Tz. 194) sowie des Bundes-Bodenschutzgesetzes. In der Praxis leidet der Schutz des Bodens allerdings bislang unter den Unzulänglichkeiten der Informationsbereitstellung und lückenhaften Datenbeständen. Zu kritisieren ist dabei insbesondere (vgl. OELKERS und VOSS, 1998):

– ein zu langsamer Ausbau der Informationsbereitstellung,
– eine häufig unzureichende Qualität der Information (z. B. zu niedrige Auflösung),
– unbefriedigende Möglichkeiten bei der Bereitstellung anwendungsspezifischer Informationen und
– eine fehlende Kontinuität bei der Informationserhebung und -verarbeitung.

Bodeninformationssysteme nach dem Bundes-Bodenschutzgesetz

499. Das Bundes-Bodenschutzgesetz trägt dem Bedarf an bodenbezogenen Informationen zumindest im Ansatz Rechnung. § 21 Abs. 4 BBodSchG stellt den Ländern frei, Bodeninformationssysteme einzurichten und zu führen. Insbesondere Daten von Dauerbeobachtungsflächen, von Bodenzustandsuntersuchungen über die physikalische, chemische und biologische Bodenbeschaffenheit sowie über die Bodennutzungen können erhoben werden. Dabei hatten die Länder diese Systeme bereits so weit aufgebaut, dass diese Ermächtigung das Vorhandene lediglich bestätigt. Über die Verwendung der Daten für eine nationale wie internationale Umweltberichterstattung wird nach § 19 BBodSchG eine ebenfalls offene Regelung getroffen. Das Bundes-Bodenschutzgesetz verweist insoweit lediglich auf den möglichen Abschluss einer Verwaltungsvereinbarung und ermächtigt den Bund, ein länderübergreifendes Bodeninformationssystem für Bundesaufgaben zu schaffen.

500. Eine Übermittlungspflicht für bodenschutzbezogene Daten, wie dies § 19 des Gesetzesentwurfs vom 14. Januar 1997 noch vorsah (BT-Drs. 13/6701), scheiterte dagegen an der fehlenden Bereitschaft der Länder, solche Daten zu übermitteln. Mit § 19 und § 21 Abs. 4 BBodSchG konnte lediglich eine weitgehend offene Rahmenregelung für die Länder durchgesetzt werden. Die Länder begründeten ihren Widerstand gegen eine weitergehende Pflicht zur Datenübermittlung mit dem Fehlen eines angemessenen finanziellen Ausgleichs für den damit verbundenen Verwaltungsaufwand. Zudem sei die Übermittlung der Daten in aggregierter Form ausreichend. Überdies kritisierten die Länder, dass der Bund für die gewünschten Daten bislang weder Ziele definiert noch Konzepte für deren Verwendung entwickelt habe und es somit an einem einheitlichen, konzeptionell durchdachten Überbau fehle. Ohne klar definierte Ziele und Konzepte würde die Datenübermittlung lediglich zu einem ungerechtfertigten, unnötigen und restlos überzogenen Aufwand in den Ländern und schließlich zu einem Datenpool des Bundes führen (BT-Drs. 13/6701, S. 56 f.). Darüber hinaus schwang bei der Zurückhaltung der Länder die Befürchtung mit, dass die gelieferten Daten politisch instrumentalisiert werden könnten. Diese Kritik hat auch nach Schaffung der §§ 19, 21 BBodSchG und Erlass der Verwaltungsvereinbarung ihre Berechtigung nicht verloren.

501. Im Zuge der Umsetzung der Bund-Länder-Verwaltungsvereinbarung, aber auch aus Eigeninteresse der Länder heraus, sind die Arbeiten zur Harmonisierung der Systeme unter der Ägide der Länderarbeitsgemeinschaft Bodenschutz (LABO) bzw. des Bund-Länder-Ausschusses Bodenforschung (BLABO) in Angriff genommen und dort koordiniert worden. In der Vereinbarung wird der Austausch von geowissenschaftlichen Daten und Daten von Bodendauerbeobachtungsflächen und Hintergrundwerten geregelt.

502. Eine wichtige Verbesserung für die Datenbereitstellung in Hinblick auf den vorsorgenden Bodenschutz ist mit der Konzentration der Datenerhebung auf repräsentative Bodendauerbeobachtungsflächen (seit 1985) erfolgt. Diese werden von den Ländern eingerichtet, um die Bodenfunktionen in ihren räumlichen und zeitlichen Veränderungen beurteilen und bewerten zu können. Anhand von kontinuierlichen Untersuchungen des Bodenzustandes unter Berücksichtigung der Nutzung und der Deposition von Luftschadstoffen werden Prozesse abgeleitet, die Hinweise über die Intensität und die Richtung von Veränderungen der Bodenfunktionen geben und eine rechtzeitige Reaktion im Sinne des vorsorgenden Bodenschutzes durch standortangepasste Maßnahmen erlauben (BUCHWALD und ENGELHARDT, 1999).

Gegenwärtig werden von den Ländern 630 Bodendauerbeobachtungsflächen betrieben. Nach einer Analyse dieser Bodendauerbeobachtungsflächen hinsichtlich ihrer fachlichen Repräsentanz und der daraus resultierenden Datenvergleichbarkeit (UBA, 1998, S. 144 f.) gelten lediglich 71 Bodendauerbeobachtungsflächen entsprechend Bundes-Bodenschutzgesetz als für Bundeszwecke besonders geeignet, die notwendige Harmonisierung der Datenerhebung und Datenhaltung zu gewährleisten. Als „vergleichbar" und „repräsentativ" werden Daten bezeichnet, die hinsichtlich der Qualität (Richtigkeit und Präzision) und Methodik der Erhebung vergleichbar sowie häufigkeitsstatistisch und raumstrukturell für die in

§ 19 BBodSchG genannten ökologisch wichtigen Standortmerkmale im Bundesgebiet aussagekräftig sind. Diese 71 Bodendauerbeobachtungsflächen sind jedoch nicht ausreichend, um die gesamte Bodenfläche Deutschlands adäquat abzubilden. Dadurch besteht für den Bund eine Informationslücke.

2.4.2.4 Altlasten

503. Der Umweltrat hat der Altlastenproblematik zwei Sondergutachten gewidmet (SRU, 1995 und 1990). In dem hier vorliegenden Gutachten werden Einzelaspekte der Altlastenproblematik im Hinblick auf aktuelle Entwicklungen aufgegriffen und beurteilt.

2.4.2.4.1 Umweltpolitische Ziele der Altlastensanierung

504. Der Entwurf eines umweltpolitischen Schwerpunktprogramms des Bundesumweltministeriums nennt als übergreifende Ziele die Beseitigung der von Altlasten ausgehenden Gefahren für Mensch und Umwelt sowie die Wiedernutzbarmachung möglichst vieler Altlastflächen und sonstiger Brachflächen für neue Nutzungen (BMU, 1998a, S. 87). Ferner sieht das Schwerpunktprogramm eine Verbesserung der Kosten-Nutzen-Relationen bei der Sanierung ziviler Altlasten vor. Den militärischen und Rüstungsaltlasten, dem Sanierungsbergbau sowie den Sanierungsgroßprojekten im Bereich der Chemischen Industrie in den neuen Bundesländern kommt dabei eine Sonderstellung zu.

505. Der Umweltrat hat in seinem Sondergutachten „Altlasten" von 1990 dargelegt, dass ein vorrangiges Ziel im Altlastenbereich die Vermeidung künftiger Altlasten aus dem laufenden Betrieb heutiger Nutzungen ist (SRU, 1990, Tz. 1035 f. und 1039; vgl. a. BEHLING, 1999). Er hat ferner ausgeführt, dass an die Sanierung von Altlasten nicht die Zielvorstellungen des Vorsorgeprinzips angelegt werden können. Vielmehr muss Altlastensanierung in ein planerisches Gesamtkonzept eingebunden werden, das auf den jeweiligen Planungsraum mit seinen Nutzungen abgestimmt ist (SRU, 1990, Tz. 449 f.). Demnach sollte das allgemeine Ziel von Sanierungsaktivitäten sein, Altlasten mit Hilfe geeigneter Sanierungsmaßnahmen in nicht gefährliche Standorte oder Flächen zurückzuführen, das heißt, das Umweltrisiko der Altlast zu eliminieren und die Fläche in die räumliche Nutzungsstruktur wiedereinzugliedern (SRU, 1990, Tz. 449 und 458). Für letztere Zielsetzung wird seit einiger Zeit der Begriff Flächenrecycling verwendet. Der Umweltrat hat dafür das Konzept der nutzungsorientierten Sanierungsziele vorgeschlagen (SRU, 1995, Tz. 136 f.).

Das Bundes-Bodenschutzgesetz bringt diesen nutzungsorientierten Sanierungsansatz in § 4 Abs. 4 zum Ausdruck. Danach ist die planungsrechtlich zulässige Nutzung eines Grundstücks oder – in Ermangelung solcher Festsetzungen – die Prägung eines Gebietes maßgeblich zu beachten, soweit dies mit dem Schutz der in § 2 Abs. 1 Nr. 1 und 2 BBodSchG genannten Bodenfunktionen vereinbar ist. Sanierungsziel ist damit nicht die Wiederherstellung der Multifunktionalität des Bodens im Sinne eines „natürlichen" Zustands, sondern lediglich eine Sanierung zur Ermöglichung der planerisch verfestigten und/oder ausgeübten Nutzung (REHBINDER, 1997b, S. 325). In Abhängigkeit von der planerischen Nutzung des Grundstücks sind Altlasten nach § 4 Abs. 3 BBodSchG grundsätzlich so zu sanieren, dass dauerhaft keine Gefahren, erhebliche Nachteile oder erhebliche Belästigungen für den einzelnen oder die Allgemeinheit entstehen. Diese Pflicht wird verschärft, wenn die Altlast nach dem Inkrafttreten des Bundes-Bodenschutzgesetzes eingetreten ist. Dann müssen im Rahmen des Verhältnismäßigen vorrangig Dekontaminationsmaßnahmen vor anderen Sanierungsmaßnahmen durchgeführt werden (§ 4 Abs. 5 BBodSchG).

506. Nach wie vor umstritten ist die Frage, ob diese nutzungsbezogene Differenzierung der Sanierungsziele auch auf den nachsorgenden Grundwasserschutz zu übertragen ist, insbesondere ob das Grundwasser unabhängig von konkreten Bewirtschaftungsabsichten (beispielsweise dessen Nutzung als Trinkwasser) generell vor Verunreinigungen geschützt werden muss. Nach SALZWEDEL (1994) soll der Umfang des Gewässerschutzes erst durch das Bewirtschaftungskonzept der zuständigen Wasserbehörde inhaltlich bestimmt werden. Dies liefe jedoch auf eine prinzipielle Opferung des nicht bewirtschafteten Grundwassers hinaus. Demgegenüber lehnt die Rechtsprechung jegliche Differenzierung ab. Entsprechend den gesetzlichen Wertungen, insbesondere im Hinblick auf den Besorgnisgrundsatz im Wasserrecht (§§ 1a Abs. 1, 6, 19b Abs. 2, 19g, 26 und 34 WHG), sei das Grundwasser vor jeder schädlichen Verunreinigung oder sonstigen nachteiligen Veränderung seiner Eigenschaften zu schützen (BVerwGE 81, S. 347 ff.). Insbesondere im Hinblick auf die besondere Empfindlichkeit des Grundwassers aufgrund seines mangelnden Selbstreinigungsvermögens sowie der Komplexität der Strömungsverhältnisse und dem dadurch zumindest langfristig stattfindenden Austausch von Wasser zwischen verschiedenen Gewässern ist dem zu folgen. Dementsprechend darf die in § 4 Abs. 3 Satz 1 BBodSchG angelegte Sanierungspflicht für durch Altlasten verursachte Gewässerverunreinigungen nicht durch nutzungsspezifische Erwägungen relativiert werden. Vielmehr müssen die sanierungsbedürftigen Gewässer unabhängig von den jeweiligen Bewirtschaftungskonzepten saniert werden. Etwaige Bewirtschaftungsinteressen können lediglich auf der Handlungsebene unter Verhältnismäßigkeitserwägungen Berücksichtigung finden, wenn Inhalt und Reichweite der durchzuführenden Sanierungsmaßnahmen festzulegen sind (HOLZWARTH et al., 1999, § 4 Rdnr. 146 f.; REHBINDER, 1997b, S. 325).

507. Hinsichtlich der Gefahrenbeurteilung von Bodenverunreinigungen und Altlasten zum Schutz des Grundwassers wurde bisher keine zufriedenstellende, allgemein akzeptierte Methode zur Feststellung des Altlastcharakters entwickelt. Die nach § 4 Abs. 3 BBodSchV durchzuführende Sickerwasserprognose (in Verbindung mit Anhang 1 Nr. 3.3 BBodSchV) hat methodische Probleme sowohl hinsichtlich der durchzuführenden Untersuchungen (Elution) als auch bei der Bewertung der Befunde (FÖRSTNER, 1999; GRATHWOHL, 1999a und b; LEUCHS und BISTRY, 1999; RÖDER et al., 1999; DÖRHÖFER, 1998; RUF et al., 1998; KERNDORFF et al., 1998; WIENBERG, 1998). Es steht zu befürchten, dass mit den kodifizierten Vereinfachungen einerseits grundwasserrelevante Kontaminationen nicht erkannt sowie andererseits potentiell relevante Kontaminationen als irrelevant eingestuft werden. Der Umweltrat fordert, dass die Kritik an dieser Methodik ernst genommen und die Verordnung methodisch überarbeitet wird. Dazu müssten freilich auch Beurteilungsgrundlagen für künftige Grundwasserschäden erarbeitet werden.

508. Darüber hinaus ist die Vermeidung künftiger Altlasten aus dem laufenden Betrieb heutiger Flächennutzung ein vorrangiges Ziel im Altlastenbereich (BEHLING, 1999; SRU, 1990, Kap. 8.2).

2.4.2.4.2 Zur Situation

509. Die Begriffsbestimmungen im Bundes-Bodenschutzgesetz konnten zur Vereinheitlichung beitragen. Die Erfassung der Altlastverdachtsflächen ist nach dem Bundes-Bodenschutzgesetz in Länderhoheit verblieben. Aus diesem Grund ist ein bundeseinheitliches Altlastenkataster nach wie vor nicht im Aufbau, so dass die dem Bund gemeldeten Daten weiterhin auf unterschiedlicher Basis erhoben werden. In den Altlastenkatastern der Länder werden Altlastverdachtsflächen und Altlasten den Bereichen zivile Nutzungen, Flächen der historischen Rüstungsproduktion sowie militärische Flächen zugeordnet. Häufig wird auch nach Verursachung und Trägerschaft differenziert (z. B. Bundesliegenschaften). Überlappungen der Kategorien und dadurch bedingte Doppelnennungen in den Datenangaben sind in gewissem Umfange üblich und unvermeidlich. Wegen dieser mangelnden Einheitlichkeit der Grundlagen sind die Angaben der einzelnen Bundesländer untereinander nicht direkt vergleichbar; auch die Summe der von den Ländern gemachten Angaben zu bundesdeutschen Gesamtzahlen bleibt weiterhin eine problematische Hilfsgröße.

510. Für die Einschätzung des Altlastenproblems in Deutschland sind neben den vorläufigen Zahlen insbesondere ihre Tendenz sowie die nach Abschluss der Erfassung insgesamt zu erwartenden Altlastverdachtsflächen von Bedeutung. Seit etwa 1994 erhöhte sich die Gesamtzahl der zunächst vage prognostizierten, mittlerweile genauer erfassten rund 305 000 zivilen altlastverdächtigen Fälle ständig. Zu diesen dürften weit über 10 000 militärische und über 3 000 Rüstungsaltlastverdachtsflächen hinzukommen (UBA, 1999a, 1997 und 1994; BMU, 1998b, S. 96 ff.).

Bis heute ist es nicht möglich, die Flächengrößen aus den Länderkatastern auszuweisen. Eine ältere Befragung vom Deutschen Institut für Urbanistik bei einigen Kommunen ergab eine durchschnittliche Größe von etwa 3 ha pro punktförmige Altlast (FIEBIG und OHLIGSCHLÄGER, 1989); diese ist heute im Lichte der durch die Wiedervereinigung hinzugekommenen großen zusammenhängenden Flächenareale (100- bis 1 000-ha-Größenordnung) völlig überholt und kann nicht einmal im Ansatz zur Hochrechnung herangezogen werden. In einem im Entwurf abgeschlossenen Forschungsvorhaben des Umweltbundesamtes wurde die Gesamtfläche von innerstädtischen Brachen auf etwa 128 000 ha hochgerechnet (DOETSCH et al., 1999a). Die Gesamtfläche aller Altlastverdachtsflächen liegt vermutlich mindestens um den Faktor 10 höher.

Zivile Verdachtsflächen

511. Während der zurückliegenden vier Jahre hat sich der Wissensstand über die zivilen Verdachtsflächen zum Teil erheblich verbessert. 1995 wurde bei rund 170 000 erfassten Fällen die Gesamtzahl ziviler Verdachtsflächen auf etwa 225 000 bis 240 000 geschätzt (UBA, 1997, S. 207). Mit Stand August 1997 wurden über 190 000 Verdachtsflächen gemeldet (BMU, 1998b, S. 96). Die neuesten Daten aus den Ländern (Abfrage durch das Umweltbundesamt vom Dezember 1998) weisen einen erheblichen Zuwachs aus. Danach beträgt der aktuelle Stand der Erfassung knapp 305 000 zivile Verdachtsflächen (Tab. 2.4.2-4). Allerdings erfassen zwei Bundesländer die Altstandorte nicht mehr flächendeckend. Die Anzahl der Altstandort-Verdachtsflächen in diesen beiden Ländern lässt sich auf 8 000 bis 10 000 schätzen. Somit ergeben sich rund 325 000 zivile Verdachtsflächen bundesweit.

Wegen der unterschiedlichen Angaben der Länder können die gemeldeten Zahlen nicht zu einer Gesamtzahl zusammengefasst werden (Tab. 2.4.2-5). Vom Umweltbundesamt wird angenommen, dass bundesweit auf etwa 3 000 Flächen die Sanierung begonnen oder bereits abgeschlossen wurde (UBA, 1999d). Diese Anzahl entspricht etwa knapp 6 % der bewerteten sowie 1 % der erfassten Flächen. Über die damit verbundenen Kostendimensionen haben die Länder keine Angaben gemacht.

Zum Stand der Bewertung von den Ländern waren bis November 1998 (Tab. 2.4.2-6) etwa 53 000 Flächen gemeldet, an denen Untersuchungen eingeleitet worden sind oder die Gefährdungsabschätzung abgeschlossen ist (UBA, 1999e). Das ist rund ein Sechstel aller erfassten Altlastverdachtsflächen.

Tabelle 2.4.2-4

Anzahl erfasster Altlastverdachtsflächen in Deutschland

Bundesländer	Anzahl erfasster ziviler altlastverdächtiger		
	Altablagerungen	Altstandorte	Flächen gesamt
Baden-Württemberg	15 074	27 487	42 561
Bayern	9 725	3 194	12 919
Berlin	673	5 541	6 214
Brandenburg	5 585	8 580	14 165
Bremen	105	4 000	4 105
Hamburg	460	1 701	2 161
Hessen	6 502	60 372	66 874
Mecklenburg-Vorpommern	4 113	7 231	11 344
Niedersachsen	8 957	k.A.	8 957
Nordrhein-Westfalen	17 155	14 874	32 029
Rheinland-Pfalz	10 578	k.A.	10 578
Saarland	1 801	2 442	4 243
Sachsen	9 382	22 197	31 579
Sachsen-Anhalt	6 936	13 295	20 231
Schleswig-Holstein	3 076	14 497	17 573
Thüringen	6 192	12 368	18 560
Bundesrepublik gesamt	**106 314**	**197 779**	**304 093**

Hinweis: Die Zahlen geben den Stand der Erfassung altlastverdächtiger Flächen in den einzelnen Bundesländern an. Wegen der nicht länderübergreifend einheitlichen Definition für Altlastverdachtsflächen und Altstandorte ist eine direkte Vergleichbarkeit der Angaben zwischen den einzelnen Bundesländern allerdings nur bedingt möglich.

Stand: Dezember 1998.

k.A. = mangels Erhebungen keine Angaben möglich

Quelle: UBA, 1999b

Der Umweltrat fordert, über den Stand der Sanierung eine aktuelle, aussagefähige Statistik aufzubauen und Interessenten zugänglich zu machen. Sie sollte differenzierte Angaben über die Flächengrößen, Bewertungsstand, Sanierungsziel/Zielnutzung, Sanierungsverfahren, Kosten- und Zeitplanung (einschließlich Wiederholung der Sanierung) enthalten.

Rüstungsaltlasten

512. Das BMU/UBA-Projekt „Erfassung von Rüstungsaltlastverdachtsstandorten" konnte bis Ende 1995 so weit fortgeführt werden, dass eine Reihe von Verdachtsstandorten neu erfasst sowie bei anderen der Rüstungsstandortverdacht ausgeräumt wurde. Es wurde von 3 240 Verdachtsstandorten ausgegangen (BMU, 1998b, S. 99; UBA, 1996). Die meisten Bundesländer haben jedoch 1997 noch Nacherhebungen durchgeführt, die die Anzahl der früheren UBA-Erhebungsergebnisse teilweise bestätigt, teilweise reduziert oder auch erheblich erhöht haben (PROKOP et al., 1998). Eine offizielle Gesamtzahl der Rüstungsaltlast(verdachts)standorte gibt es derzeit wegen einiger Unsicherheiten zwar nicht, kann aber aufgrund der an die der Europäischen Umweltagentur gemeldeten Daten der Länder auf rund 3 800 geschätzt werden. Ergebnisse der Bewertung dieser letztgenannten Flächen, die der Länderhoheit unterliegen, sind auf Bundesebene nicht verfügbar.

Militärische Altlastverdachtsflächen

513. Es gab in Deutschland mit dem Bezugsjahr 1990 zwischen 960 000 und 973 000 ha Fläche in militärischer Nutzung (Tab. 2.4.2-7). Seitdem wurden in Deutschland etwa 500 000 ha aus der militärischen Nutzung herausgenommen (BMU, 1998b, S. 86). Die Oberfinanzdirektion Hannover koordiniert im Auftrag des Bundes die Abwicklung der Altlastenaufgaben auf Bundesliegenschaften. In den Jahren 1998/1999 befanden sich bis 3 430 Liegenschaften in der zentralen Altlastenbearbeitung des Bundes, wovon der Großteil (91,5 %) militärisch genutzt worden war (ZINTZ, 1999). Demgegenüber nannte das Umweltbundesamt nur 2 426 Liegenschaften (UBA, 1999c, S. 134 ff.).

Tabelle 2.4.2-5

Bundesweite Übersicht zum Stand der Sanierung von Altlasten

Land	Einstweilige Schutz- und Beschränkungs- bzw. Monitoringmaßnahmen	Stand der Sanierung						Sicherungsmaßnahmen	Art der Sanierung		sonst. Schutz- u. Beschränkungs-maßnahmen
		eingeleitet			abgeschlossen				Dekontamina-tionsmaßnahmen		
		AA	AS		AA		AS				
Baden-Württemberg	k. A.	k. A.	k. A.		ca. 300		–	k. A.	k. A.		k. A.
Bayern	–	70	130		135		160	50	90		190
Berlin	–	95[1]	646[1]		73[1]		217[1]	–	–		–
Brandenburg	k. A.	k. A.	k. A.		52		100	k. A.	k. A.		k. A.
Bremen	–	–	–		–		–	–	–		–
Hamburg	k. A.	15	133		17		138	28	248		137
Hessen	–	–	–		–		–	–	–		–
Mecklenburg-Vorpommern	–	k. A.	–		k. A.		k. A.	k. A.	k. A.		k. A.
Niedersachsen	–	–	–		333[2]		1 092[2]	341	1 398[3]		nicht erfasst
Nordrhein-Westfalen	–	–	–		–		–	–	–		–
Rheinland-Pfalz	–	–	–		–		–	–	–		–
Saarland	ca. 2 000	17	48		85		71	124	32		–
Sachsen	k. A.	19	20		49		55	k. A.	k. A.		k. A.
Sachsen-Anhalt	307[4]	14	72		30		298	k. A.	k. A.		k. A.
Schleswig-Holstein	–	280			219			–	–		–
Thüringen											

[1] Untersuchung und Sanierung
[2] eingeleitet und abgeschlossen
[3] davon 872 Umlagerungen
[4] einstweilige Monitoringmaßnahmen

Legende: **AA** = Altablagerungen; **AS** = Altstandorte; **k. A.** = keine Angaben möglich; – = keine Antwort

Quelle: UBA, 1999d

Tabelle 2.4.2-6

Bundesweite Übersicht zum Stand der Bewertung altlastverdächtiger Flächen

Land	Stand der Untersuchungen/Gefährdungsabschätzungen				Gesamt
	eingeleitet		abgeschlossen		
	Altablagerungen	Altstandorte	Altablagerung	Altstandorte	
Baden-Württemberg	5 362[1]	2 057[1]	–	–	7 419
Bayern	555	250	985	490	2 280
Berlin	95[2]	646[2]	73[2]	217[2]	1 031[2]
Brandenburg	k. A.	k. A.	k. A.	k. A.	
Bremen	–	–	–	–	
Hamburg	k. A.	k. A.	k. A.	k. A.	
Hessen	–	–	751	642	1 391[3]
Mecklenburg-Vorpommern	–	–	–	–	
Niedersachsen	k. A.	k. A.	k. A.	k. A.	
Nordrhein-Westfalen	840	349	3 667	2 636	7 492
Rheinland-Pfalz	k. A.	k. A.	k. A.	k. A.	
Saarland	k. A.	k. A.	k. A.	k. A.	
Sachsen	8 875	17 158	ca. 1 950	zusammen	27 983
Sachsen-Anhalt	474	826	344	498	2 142
Schleswig-Holstein	150	292	680	609	1 731
Thüringen	–	–	2 795	zusammen	2 795

[1] eingeleitet und abgeschlossen; nur kommunale Altstandorte
[2] Untersuchung und Sanierung
[3] nur abgeschlossene Fälle
k. A. = keine Angaben möglich; – = keine Antwort
Quelle: UBA, 1999e; verändert

Der Flächenanteil der Areale mit bestätigtem Altlastverdacht ist relativ gering. Wie im Sondergutachten Altlasten II schon dargestellt (SRU, 1995, Kap. 3.2), beträgt der Anteil der Flächen mit bleibendem Altlastverdacht im allgemeinen weniger als drei Prozent; dies wurde durch neuere Untersuchungen bestätigt (BMU, 1998b, S. 99). Die Datenbasis ist im übrigen nicht einheitlich; in Tab. 2.4.2-7 wurden die verfügbaren, zum Teil divergierenden Daten zusammengestellt.

514. Soweit diese Flächen – zusammen mit der Zuständigkeit für die Behebung der Gefährdung – von den Ländern rund 20 000 Verdachtsflächen militärischer Herkunft übernommen wurden, wird ihre Bearbeitung von diesen fortgesetzt. Die ehemaligen Militärflächen werden dann häufig in den Ländertabellen unter zivilen Altlastenverdachtsflächen ausgewiesen. Eine genaue Unterscheidung zwischen ziviler oder militärischer Herkunft ist dann nur bei der Einzelfallbetrachtung, nicht jedoch in den Übersichten möglich. Bei einigen Bundesländern finden sich Hinweise auf militärische Nutzung in den Fußnoten der Tabellen.

Insgesamt werden vermutet (Tab. 2.4.2-7); sie werden fortlaufend untersucht. Allerdings unterliegt die Vorgehensweise bei der Untersuchung und Bewertung – je nach durchführendem Träger – unterschiedlichen Kriterien.

Bergbau

515. Für den Verantwortungsbereich des Bergbaus ging das Umweltbundesamt Ende 1999 von 1 222 erfassten Altlastverdachtsflächen (492 Altablagerungen, 730 Altstandorte) aus. Darüber hinaus gibt es nach aktuellen Untersuchungen etwa 4 000 Altlastverdachtsflächen im Bereich bergbaubedingter Grundwasserbeeinflussung, der sogenannten Sümpfung (UBA, 1999b; Tz. 518), die nicht dem Bergrecht unterliegen.

Tabelle 2.4.2-7

Militärische Liegenschaften in Deutschland
(Bezugsjahr: 1990 und 1997/1998)

Betreiber	Fläche in militärischer Nutzung (ha), rd. 1990	Anzahl der militärischen Liegenschaften (Militärstandorte) 1990	Anzahl der Verdachtsflächen [4] auf Bundesliegenschaften
Bundeswehr (BW)	253 000	rd. 7 000 [2 021 Bundesliegenschaften, davon rd. 300 BW-Standorte[2]]	rd. 2 500[2] [1 579][5]
Westalliierte	200 000, davon nach 1990 100 000 freigezogen	423 freigezogene[5]	k.A. [423][5]
Grenztruppen der ehemaligen DDR, Nationale Volksarmee	277 000[2]	rd. 3 300[1] 2 350[2] (1994: 800 vorgesehen zur Dauernutzung durch BW, davon 500 untersucht) (1998: 300 zu BW)	2 500, s. BW[2] [546][5]
Westgruppe der ehem. sowjetischen Truppen	243 017[2]	1 026	33 750 Erstverdacht, 18 888 entlassen 14 862 bleibender Verdacht[2] [591][5]
Gesamt	960 000[1] 973 000[3]	ca. 12 000	nicht addierbar; bis 20 000 möglich auf allen Liegenschaften

SRU/UG2000/Tab.2.4.2-7

[1] PROKOP et al., 1998, S. 48 f.
[2] BMU, 1998b (Bezugsjahr: 1997), S. 99 f.
[3] Addition
[4] UBA, 1999c, S. 135;
[5] ZINTZ, 1999

516. Bergbauliche Altlastverdachtsflächen und Altlasten können grundsätzlich drei Bereichen zugeordnet werden. Standorte des Erzbergbaus sind zu einem überwiegenden Teil alte Bergbauflächen, vor allem Halden von Abraum und Produktionsrückständen. Dabei nimmt der Uranerzbergbau wegen der damit verbundenen Radioaktivität einen Sonderstatus ein. Im Bereich der Kohlegewinnung sind neben den Beeinträchtigungen durch den Steinkohlebergbau insbesondere die Flächen des Braunkohlebergbaus in Tagebauweise zu betrachten. Schließlich sind Standorte des Salzbergbaus zu nennen.

517. Über den Erzbergbau existieren keine bundesweiten Bestandsaufnahmen, sondern Angaben aus einzelnen Ländern. Als Beispiel zum Buntmetallbergbau wird auf die landesweite Erhebung in Baden-Württemberg verwiesen. Hier wurden 222 Bergbaustandorte mit circa 400 Halden und Erzaufbereitungs-, Verhüttungs- und Verarbeitungsbetrieben im Umfeld historischer Gruben erfasst, einschließlich noch betriebener Anlagen (NÖLTNER, 1997). Schwerpunktmäßig werden Blei-, Zink-, Kupfer- und Nickelvorkommen mit ihren problematischen Begleitstoffen Cadmium, Arsen, Quecksilber, Antimon und Radioaktivität untersucht. Die Größe der Halden- bzw. Betriebsflächen bewegen sich zwischen 400 m^2 und 2 km^2, die Materialinhalte zwischen 600 und 500 000 m^3. Weitere Untersuchungen an diesem Verdachtsflächen bezwecken die Feststellung von Handlungsbedarf anhand der Mobilisierbarkeit und der Verfügbarkeit der potentiellen Schadstoffe.

Auch in Rheinland-Pfalz wird das historische Quecksilberabbaugebiet um Obermoschel untersucht, wo sich die Halden auf einer Fläche von insgesamt 25 km^2 verteilt befinden und teilweise eine hohe Quecksilbermobilität festgestellt wurde (HOFFMANN, 1996).

Zu den Hinterlassenschaften des Uranbergbaus wird auf die Ausführungen zur Energiewirtschaft (Tz. 1250 ff.) verwiesen (vgl. BMU, 1998b, S. 152 ff.; Umweltministerium Sachsen, 1998).

518. Im Bereich der Braunkohlesanierung im Mitteldeutschen und Lausitzer Revier wurden bis 1996 umfangreiche Sanierungsarbeiten nach Bergrecht durchge-

führt. Es wurden 470 Mio. m^3 Erdreich bewegt, rund 20 000 ha bergbaulich genutzte Fläche wieder nutzbar gemacht, 30 Mio. Bäume angepflanzt, etwa 1 000 km Gleisanlagen demontiert und circa 4,3 Mio. m^3 größtenteils stark kontaminierter Bauschutt entsorgt. Von 1991 bis 1998 wurden rund neun Mrd. DM für die Braunkohlesanierung einschließlich Rekultivierung aufgewendet. Die Tagebaue im Mitteldeutschen und Lausitzer Revier verursachten Grundwasserdefizite von 14,6 Mrd. m^3 (BMU, 1998b, S. 97). Dabei belaufen sich allein in der Lausitz die Defizite statischen Grundwassers auf 9 Mrd. m^3 und der Bedarf zur Auffüllung der 110 Restlöcher auf zusätzliche rund 4 Mrd. m^3. Mit der Flutung der Restlöcher sind die Grundwasserbelastungspotentiale dieser Flächen bedeutend.

Inzwischen wurde ein Kataster der Altlasten im Einflussgebiet des Braunkohlebergbaus als Projektdatenbank „AlBra" aufgestellt (REICHERT und FRAUENSTEIN, 1999). Dieses umfasst gegenwärtig 4 506 Altlastverdachtsflächen (davon rund 4 000 im grundwasserbeeinflussten Bereich) in den vier betroffenen Bundesländern. Mit Hilfe von Grundwassermodellen können der Wiederanstieg des Grundwassers am Standort der Altlast entsprechend abgeschätzt und somit Aussagen über mögliche Gefahren für das ansteigende Grundwasser gemacht werden (UBA, 1999c).

2.4.2.4.3 Maßnahmen im Bereich Altlasten

519. Nach den intensiven Sanierungsanstrengungen im Altlastenbereich zu Beginn der neunziger Jahre ist Mitte des Jahrzehnts eine Ernüchterung eingetreten (SRU, 1995, Tz. 157 ff.), die man – je nach Standpunkt – als „Sanierungsminimalismus" (HOLZWARTH, 1994) oder „Sanierungsrealismus" (LÜHR, 1996) bezeichnen kann.

Die Maßnahmen des Bundes beschränken sich im wesentlichen auf die Förderung von Modellprojekten. Die Sanierungsaktivitäten finden überwiegend auf Länder- sowie kommunaler Ebene statt.

520. Mit dem Bundes-Bodenschutzgesetz wurde ein Gesetz erlassen, das im Schwerpunkt Altlasten betrifft. Darüber hinaus ist das Kreislaufwirtschafts- und Abfallgesetz mit seiner Verwertungs-/Beseitigungshierarchie und den Rekultivierungspflichten von Bedeutung. Das Bundes-Bodenschutzgesetz verpflichtet die Länder dazu, schädliche Bodenveränderungen nach einheitlichen Maßstäben zu identifizieren und zu bewerten; diese müssen nunmehr zügig erfasst und untersucht werden. Dazu müssen die Länder Bezuschussungsprogramme aufstellen. Als Beispiel dafür sei das vom Ministerium für Umwelt, Raumordnung und Landwirtschaft in Nordrhein-Westfalen aufgelegte Förderprogramm „Maßnahmen zum Bodenschutz" mit 80 %-igem Förderanteil für die Kommunen genannt (MURL NRW, Pressemitteilung vom 10. September 1999).

Nach dem Gesetz kommt der Dekontamination kein Vorrang vor der Sicherung zu. Der Umweltrat hat die generelle Gleichwertigkeit von Dekontaminations- und Sicherungsmaßnahmen mit einer weitgehenden Qualitätssicherung sowie den unverzichtbaren Nachsorgemaßnahmen bei der Sicherung – im wesentlichen Überwachung, Instandhaltung und unter Umständen Erneuerung – verknüpft. Mit der Möglichkeit, nach § 10 BBodSchG finanzielle Sicherheitsleistungen bei Sicherungsmaßnahmen zu verlangen, wird diese Forderung berücksichtigt. Außerdem ist bei Sicherungsmaßnahmen eine Daueüberwachung möglich (§ 5 Abs. 3 BBodSchV). Dadurch erfolgt eine sachlich berechtigte Differenzierung zwischen Dekontaminations- und Sicherungsmaßnahmen (RÖHRIG, 1999).

Der Text des § 2 Abs. 7 BBodSchG erlaubt die Interpretation, dass die Umlagerung eine Dekontaminationsmaßnahme sei. Der Umweltrat hat seinerzeit darauf hingewiesen, dass als Dekontamination nur die der kontaminierten Masse und nicht etwa des Standortes angesehen werden sollte (SRU, 1995, Tz. 18 ff., 150 und 1990, Tz. 463 f., 539 ff.). Diese weite Auslegung des § 2 Abs. 7 BBodSchG kann zu einer Fehlleitung von Stoffströmen auf ungenügend gesicherte oder auch ungesicherte Deponien führen. Dies könnte zu einem zusätzlichen Problem künftiger Altdeponien werden (HAEKEL, 1999).

521. Gemäß § 8 Abs. 1 Satz 2 Nr. 3 Buchst. b BBodSchG können Anforderungen an den Umfang der Dekontaminations- und Sicherungsmaßnahmen durch Rechtsverordnung festgelegt werden. Allerdings wurde diese Ermächtigung in der Bundes-Bodenschutzverordnung nicht umgesetzt. Auch zeitliche Aspekte wie Ausführungs- und Wirksamkeitsdauer sowie Aspekte des Verbleibs entnommener Stoffe wurden nicht abschließend geregelt. Es verbleiben im übrigen altlastrelevante Regelungstatbestände, zum Beispiel die schadlose Verwertung und die Rekultivierungspflicht, im Abfallrecht.

Neben den dargestellten begrifflichen Unklarheiten bei der rechtlichen Behandlung der Umlagerung gibt es infolge des vorherrschenden Überangebots an nicht TASi-konformem Deponieraum auch preisliche Anreize zur Fehlleitung der Stoffströme aus der Altlastensanierung. Darüber hinaus können Umlagerungen unter Umständen auch als Verwertung auf Hausmülldeponien deklariert werden. Insoweit besteht dringender Klärungs- und auch Handlungsbedarf (RÖHRIG, 1999), zumal für die Beispielliste, die dem Papier „Abgrenzung Verwertung/Beseitigung" der Bund-Länder-Arbeitsgemeinschaft Abfall (LAGA) zugefügt werden sollte und die auch die Stoffströme aus dem Altlastenbereich erfassen müsste (PETERSEN, 1999), noch keine abschließende Fassung vorliegt. Ohne diese Liste ist eine einheitliche Abgrenzungspraxis kaum möglich. Die hieraus resultierenden Zielkonflikte zwischen einer kurzfristigen Altlastensanierung und einer langfristigen Umweltsanierung können den Gesamterfolg einer Sanierung von Altlasten in Frage stellen.

Insbesondere bei Altlastensanierungen im Zusammenhang mit Flächenrecyclingprojekten, die vielfach zeitgleich mit der Baureifmachung von Altstandorten durchgeführt werden, sollten die Materialströme über ein durchgängiges Bodenmanagementkonzept organisiert werden. Zielsetzung muss es sein, Verwertungsmaßnahmen – sowohl den Wiedereinbau am Standort als auch externe Verwertungsaktivitäten – lückenlos zu dokumentieren, um Grauzonen in der Verwertungspraxis zu erkennen. Als gute Grundlage gibt es bereits regionale Bilanzierungen des Verbleibs von Böden aus der Altlastensanierung, zum Beispiel eine Bestandsaufnahme und Schwachstellenanalyse für den Abfall- und Altlastenverband des Landes Nordrhein-Westfalen (HOFFMANN und FREIER, 1998).

Forschungsförderung

522. In der Projektträgerschaft „Abfallwirtschaft und Altlastensanierung" des Bundesministeriums für Bildung und Forschung im Zeitraum von 1976 bis 1998 wurden Forschungsvorhaben zur Altlastenproblematik mit insgesamt 282 Mio. DM (= 35,8 % des Budgets der Projektträgerschaft) gefördert (UBA/BMBF, 1999). Im Berichtszeitraum sind neben grundlegenden Arbeiten zur Gefährdungsabschätzung insbesondere größere Verbundvorhaben mit Modellcharakter weitergeführt und zum Teil beendet worden. Schwerpunkte dieser Projekte sind die biologische Dekontamination, die vergleichende Bewertung von Alt- und Neuflächen bei der Bebauung (DOETSCH et al., 1998) und die modellhafte Sanierung von Braunkohlerevieren.

Flächenrecycling im Bereich gewerblich-industrieller Altstandorte

523. Flächenrecycling ist die nutzungsbezogene Wiedereingliederung belasteter Grundstücke in den Wirtschafts- und Naturkreislauf, die ihre bisherige Funktion und Nutzung verloren haben – wie stillgelegte Industrieoder Gewerbebetriebe, Militärliegenschaften und Verkehrsflächen – aufgrund planerischer, umwelttechnischer und wirtschaftspolitischer Maßnahmen (ITVA, 1998; SRU, 1990, Tz. 1034). Die Entscheidung über eine Revitalisierung von Altstandorten gegenüber der alternativen Erschließung von Naturflächen hängt insbesondere vom Standort- und Nutzungspotential ab (vgl. DOETSCH et al., 1999b).

524. Brachflächenrecycling ist zwar für die Stadtplanung im Hinblick auf das Gebot sparsamer Flächeninanspruchnahme (§ 1a Abs. 1 BauGB) von Bedeutung, bei der Umsetzung treten aber immer wieder Probleme auf, die zum Anlass genommen werden, einer Bebauung bislang unbebauter Grundstücke Vorrang einzuräumen. Mangelnde Rechtssicherheit beim Umgang mit vorhandenen Untergrundbelastungen sowie Fehleinschätzungen des tatsächlichen Gefährdungspotentials vorhandener Belastungen sind wesentliche Ursache dieser Vorgehensweise. Dies führt dazu, dass den Anforderungen des Baugesetzbuches, das einen sparsamen und schonenden Umgang mit Grund und Boden vorschreibt, nicht in vollem Umfang entsprochen werden kann.

525. Zur Umsetzung dieser Ziele kann auch die Revitalisierung von Brachflächen beitragen. Den politischen Entscheidungsträgern sind jedoch auf allen Ebenen Instrumente zur Entscheidungsfindung bereitzustellen. Auf der kommunalen Ebene (Planungshoheit) bedeutet dies nach Auffassung des Umweltrates, dass es einer Methodik zur Bewertung von Brachflächen hinsichtlich ihrer Nutzungspotentiale und zur Prioritätenbildung für mögliche Folgenutzungen bedarf. Je nach Lage und Planungsziel lassen sich für Brachflächen auch ohne eingehendere Analysen (Bodenuntersuchungen, o. ä.) schon frühzeitig Entwicklungspotentiale, Restriktionen und Kosten-/Nutzen-Relationen ermitteln. Dazu fehlen jedoch bisher bundesweit konsensfähige Methoden, deren Anwendung auch eine überregionale Akzeptanz der Bewertungsergebnisse ermöglicht. Denn nur so sind Nutzungspotentiale für Brachflächen auch über Kommunalgrenzen hinweg für Planer wie für Investoren vergleichbar.

Letztlich mündet die Anwendung einer solchen Methodik in der Erstellung von kommunalen Brachflächenkatastern, für die es schon zahlreiche Beispiele gibt. Sie sind nicht nur wertvolle Planungsinstrumente, sondern auch Hilfsmittel der regionalen Ansiedlungs- und Wirtschaftsförderung. In einem neuen Forschungsvorhaben des UBA wurde die Systematik zur Abgrenzung und zur Abschätzung des Brachflächenbestandes in Deutschland erarbeitet (DOETSCH et al., 1999a). Der hochgerechnete Bestand beträgt danach etwa 128 000 ha. Aus technischer Sicht geht es hier vor allem um die Ableitung geeigneter Kenngrößen und Bewertungskriterien zur Nutzungshistorie von Flächen, potentiellen Schadstoffbelastungen, Expositionsminderungsmaßnahmen in Abhängigkeit von der Folgenutzung, bautechnischen Eignungen des Baugrundes und den Aufwendungen für Sanierung, Baureifmachung und Entsorgung/Verwertung (FISCHER und SIMSCH, 1999).

526. Mit den Ergebnissen aus dem Forschungsvorhaben „Revitalisierung von Altstandorten versus Inanspruchnahme von Naturflächen" (DOETSCH et al., 1998), der ITVA-Arbeitshilfe „Flächenrecycling" (ITVA, 1998) sowie den zahlreichen Aktivitäten der Länder in den Konversionsprojekten liegen neuartige vergleichende Bewertungsansätze vor, die es gestatten, in Revitalisierungsprozessen ein bisher nicht vorhandenes Maß an Transparenz der Interessen- und Haftungslagen zu eröffnen. Nach dem Ansatz von DOETSCH et al. (1999b und 1998) ist auch ein Vergleich der langfristigen Standortpotentiale bezüglich Revitalisierung von Altflächen versus Erschließung von Naturflächen möglich, weil bisher nicht oder nicht korrekt berücksichtigte Einflussgrößen in den Vergleich mit einfließen können. Letztlich führt der Ansatz zu verschiedenen Kosten- und Risikotragungsmodellen, die den drei Grundtypen

- nachfrageorientierte Privatfinanzierung bei hohem Bodenwert nach Aufbereitung,
- angebotsorientierte öffentliche Finanzierung bei hohen Aufbereitungskosten oder
- Public-Private-Partnership (Mischform)

zugeordnet werden können. Die jeweilige Risikoaufteilung muss in rechtlich verbindlichen Verträgen zwischen den Beteiligten festgeschrieben werden.

Der Umweltrat ist der Auffassung, dass dem Flächenrecycling mehr Gewicht verliehen werden muss. Dabei wäre eine „doppelte Dividende" durchaus erzielbar, indem eine wirksame Begrenzung der Umwidmung von Freiflächen zu Bauzwecken mit der Sanierung von Altlasten gekoppelt werden könnte.

Bodenbehandlungsanlagen

527. In den Jahren 1997/1998 waren über 100 Bodenbehandlungsanlagen (Off site) mit einer Gesamtkapazität von etwa 3,5 Mio. t/Jahr in Betrieb. Im Juli 1998 standen nach einer Umfrage 59 Anlagen mit einer Kapazität von rund 3 Mio. t/Jahr zur Verfügung und hatten eine Auslastung von durchschnittlich 57 %. Während die auf dem Prinzip mikrobiologischer sowie thermischer Verfahren arbeitenden Anlagen Auslastungsgrade über 70 % aufwiesen, sank die Auslastung bei der Bodenwäsche auf 33 % (SCHMITZ, Chefred. d. Fachzeitschrift Terratech, Mainz, 1999, persönl. Mitteilung). Im Endergebnis kann dies bedeuten, dass organische Bodenverunreinigungen, die auf mikrobiologischem Wege zugänglich sind und für die sich dieser Weg fast ausschließlich eignet, relativ häufig behandelt werden. Sie können auch thermisch gut entfernt werden. Hingegen ist davon auszugehen, dass schwermetallkontaminierte Böden tendenziell weniger gereinigt werden. Im Falle einer Auskofferung werden sie überwiegend deponiert.

Zum Selbstreinigungsvermögen des Untergrundes

528. Die Diskussion über den Prozess der Selbstreinigung wird zur Zeit überaus kontrovers geführt. Bei der Selbstreinigung handelt es sich im weiteren Sinne um Schadstoffumwandlungen und -bindungen im Boden und Untergrund; im wesentlichen sind dies (mikro-)biologischer Ab- und Umbau, Dispersion, Verdünnung, Sorption, Verflüchtigung sowie chemische Umwandlung. Eine fundierte Beurteilung dieses Selbstreinigungsprozesses steht bislang noch aus. Die Forschung widmet sich derzeit intensiv dieser Aufgabe.

Eine wesentliche Erkenntnis der Forschungs- und Entwicklungsarbeiten bei der Altlastensanierung ist, dass die Prozesse der Selbstreinigung zwar existieren, ihre Intensität jedoch nicht für eine planbare und steuerbare Sanierung ausreicht. Im Gegenteil, die Überschätzung des Selbstreinigungspotentials bzw. der natürlichen Reinigungsprozesse im Untergrund war einer der Gründe, die wesentlich zur Altlastenentstehung beigetragen haben (LÜHR, 1999a). Auch das Konzept eines biogeochemischen Reaktors im Untergrund, das heißt einer schadstoffabbauenden natürlichen Reaktionszone unter einer nicht abgedichteten Deponie (GOLWER und MATHES, 1969), scheiterte in der Praxis (WIENBERG, 1999). Als Reaktion auf das erzeugte Altlastenproblem wurden die *in situ*-Grundwasserreinigungsverfahren entwickelt, um den Untergrund als Festbettreaktor zur Zersetzung organischer Schadstoffe zu nutzen, indem die natürlichen Umwandlungsvorgänge beschleunigt und gesteuert werden sollen. Die Leistungen solcher Untergrund-Großraumreaktoren waren früher häufig unbefriedigend (starke Substratspezifität, unter Umständen geringe Steuerbarkeit, kaum abschätzbarer Zeitaufwand; SRU, 1990). Erst nach intensiven Forschungs- und Entwicklungsarbeiten konnten die Verfahren optimiert und adaptiert werden, wobei der Schwerpunkt auf der Steigerung der Intensität des Stoffumsatzes lag. Eine wichtige Erkenntnis aus diesen Arbeiten waren die Grenzen der betreffenden Verfahren, z. B. die Nichtanwendbarkeit auf anorganische Schadstoffe, kompakte Schadstoffkörper oder -phasen. Vorteilhaft sind die vergleichsweise niedrigen Kosten und ihre Einsetzbarkeit auch in Lagen, wo kein anderes Verfahren in Frage kommt (SRU, 1995 und 1990).

529. Der Anstoß zur aktuellen Diskussion dieses Themas kam Mitte der neunziger Jahre aus den USA. Dort werden mittlerweile eingriffsarme (naturnahe) Verfahrensansätze zu Sanierungszwecken zugelassen, die mit den Begriffen *intrinsic remediation* sowie *natural attenuation* (WIENBERG, 1999) bezeichnet werden.

- Nach dem Konzept des US National Research Council (NRC) ist *intrinsic remediation* (interne, selbständige, dem System innewohnende Sanierungsfähigkeit) eine Sanierungsstrategie, die auf natürlicherweise ablaufenden Stoffumwandlungsprozessen basiert. Während der Einkapselungsmaßnahmen nur zum Einschluss dienen, können innovative Verfahren der *intrinsic remediation* als Langzeitsanierungsstrategien zur Schadstoffumwandlung angesehen werden. Dabei werden diese Prozesse sorgfältig beobachtet; weitergehende menschliche Eingriffe nach dem Ingangsetzen (Initialzündung) sind definitionsmäßig ausgeschlossen (NRC, 1994).

- Das Prozess- und Verfahrenszielkonzept *natural attenuation* (natürliche Schadstoffrückhaltung und -minderung) der amerikanischen Umweltbehörde (US-EPA) geht von den Einzelprozessen des biotischen und abiotischen Schadstoffabbaus und -umbaus aus. Toxizität, Mobilität und Volumen der Schadstoffe sollen effektiv soweit reduziert werden, dass die Schutzgüter menschliche Gesundheit und Ökosysteme nicht (mehr) gefährdet sind (NYER und DUFFIN, 1997; EPA, 1995).

530. *Natural attenuation* wird in Deutschland bisher ausschließlich für die Grundwassersanierung diskutiert

(DECHEMA, 1999; DAHMKE, 1997). Diese Ansätze sind heftig umstritten und werden mitunter als „Nichtstun" gebrandmarkt (TEUTSCH et al., 1997; WIENBERG, 1997). Dabei werden unter dem Begriff der *natural attenuation* diverse verfahrenstechnische Ansätze mit unterschiedlicher Eingriffstiefe subsumiert. Dadurch werden die Grenzen zu den passiven Verfahren der Sicherung (die nicht die Entfernung des Schadstoffherdes bezwecken, sondern nur die Schadstoffausbreitung begrenzen, s. SRU, 1990, Tz. 644) verwischt. Ein großes Manko dieser Begriffsverwendung ist außerdem, dass im Gegensatz zur anglo-amerikanischen Begriffsverwendung nicht zwischen den Ebenen von Handlungskonzept und dem Prozess- bzw. Verfahrensziel unterschieden wird.

Insbesondere sind zwei Defizite hervorzuheben (WIENBERG, 1999). Zum einen spielt der Zeitfaktor keine Rolle, zum anderen wird der Stoffstromaspekt (Frachten, Bilanzierung des Verbleibs der Stoffe) zunächst ausgeklammert.

Die Maßstäbe, die nach dem Gesetz an die Verfahren der Durchführung von Sanierungen gestellt werden, sind deutlich anspruchsvoller als die natürliche Selbstreinigung. Ihre undifferenzierte Einordnung, z. B. als Dekontaminationsmaßnahme, würde einen Rückschritt bedeuten.

531. Auf der Grundlage der Begriffsbestimmungen des Gesetzes könnte eine vom Sanierungspflichtigen oder der zuständigen Behörde initiierte und überwachte *natural attenuation* als eine Art Dekontamination im Sinne von § 2 Abs. 7 Nr. 1 BBodSchG angesehen werden (DOLL und PÜTTMANN, 1999; SONDERMANN, 1999). Die Selbstreinigungsprozesse wirken durch Umwandlung, Festlegung oder Verdünnung und Austrag nicht allein in der Altlast selbst. Vielmehr ist die Selbstreinigung des Kontaminationsherdes durch Stoffaustrag in die Umgebung (Gewässer, Luft) und durch Verdünnung möglich (LÜHR, 1999b). Damit ist der Erfolg der Selbstreinigung begrenzt. Teilweise besteht die Gefahr der flächigen Ausweitung der Kontamination. Entsprechend der herkömmlichen Gefahrenabschätzung (SRU, 1990, Kap. 3.3) sollten deshalb Ausschlusskriterien für den Einsatz der *natural attenuation* festgelegt werden. Im Ergebnis sieht der Umweltrat nur sehr begrenzte Einsatzmöglichkeiten für die *natural attenuation*.

2.4.2.5 Schlussfolgerungen und Empfehlungen zur Bodenschutzpolitik und zu den Altlasten

Umweltschonende Flächennutzung und Bodenversiegelung

Bewertung der Ziele einer umweltschonenden Flächennutzung

532. In Anbetracht der nach wie vor sehr hohen Rate der Inanspruchnahme und Versiegelung von Flächen sieht der Umweltrat eine vordringliche Aufgabe der Bodenschutzpolitik darin, den bisherigen Trend bei der Flächenversiegelung baldmöglichst umzukehren. Die gegenwärtige Flächeninanspruchnahme von ca. 120 ha/Tag allein durch Siedlung und Verkehr ist weit von dem im Entwurf eines Schwerpunktprogramms des Bundesumweltministeriums genannten Ziel in Höhe von 30 ha/Tag (Tz. 454) entfernt. Dabei erachtet der Umweltrat selbst dieses ehrgeizige Umwelthandlungsziel zumindest auf lange Sicht noch als unzureichend. Allerdings bedarf bereits die Reduzierung der täglichen Flächeninanspruchnahme auf 30 ha erheblicher Anstrengungen und ist mit weitreichenden Änderungen etwa im Bau- und Siedlungswesen, im Produktionsbereich oder bei der Berufs- und Freizeitgestaltung verbunden. Der Umweltrat weist aber darauf hin, dass selbst ein bis 2020 auf 30 ha verringerter täglicher Flächenverbrauch noch zu einer überbauten und versiegelten Fläche in Deutschland führen würde, die in deutlichem Widerspruch zu zentralen Zielen eines nachhaltigen Boden-, Natur-, Klima- und Artenschutzes stünde. Dies gilt umso mehr, als auch andere Formen der Flächeninanspruchnahme in wachsendem Umfang in Konkurrenz zu den Flächennutzungen durch Siedlung und Verkehr treten (z. B. Flächennutzungen durch den Abbau oberflächennaher Rohstoffe, Windenergie, Freizeit- und Erholungsnutzungen, die Wasserwirtschaft sowie in erheblichem Umfang auch durch die Land- und Forstwirtschaft). Der Umweltrat spricht sich deshalb dafür aus, nicht nur eine Abflachung des Trends zur Flächeninanspruchnahme, sondern darüber hinaus zumindest langfristig ein Nullwachstum anzustreben. Das Ziel einer Reduzierung auf 30 ha/Tag kann allenfalls ein Zwischenziel darstellen.

Ansätze zur Reduzierung der Flächeninanspruchnahme und Bodenversiegelung

533. Prioritäres Ziel bei der Verringerung der Flächeninanspruchnahme muss die Reduzierung von Neuversiegelungen sein. Damit soll eine Trendwende beim Flächenverbrauch eingeleitet werden. Bislang noch unverbrauchte Flächen (Bauen auf der „grünen Wiese") und besonders wertvolle Böden sollten so weit wie möglich vor Neuversiegelungen bewahrt werden. Sofern es zu Versiegelungen kommt, sollten die Nutzungsansprüche möglichst auf bereits beanspruchte Flächen gelenkt werden. Des weiteren kommt auch der Entsiegelung von Flächen eine – wenngleich untergeordnete – Bedeutung zu.

Erreicht werden können diese qualitativen Ziele beispielsweise durch eine Bebauung bereits versiegelter oder überformter Flächen (Flächenrecycling), eine verbesserte Ausnutzung und Erweiterung der vorhandenen Anlagen- und Bausubstanz, ohne dadurch zusätzliche Flächen in Anspruch zu nehmen (z. B. Ausbau von Dachgeschossen, Aufstockung von Gebäuden, Überbauung von Verkehrsflächen, Nachverdichtung), eine flächensparende Ausweisung und Nutzung von neuem

Bauland, eine innerstädtische Verdichtung anstelle einer Bebauung im Außenbereich, eine bessere Abstimmung der einzelnen Siedlungsnutzungen und Verkehrsströme aufeinander (etwa indem städtebauliche Mischstrukturen gefördert werden, die dem Trend zu einer zunehmenden räumlichen Trennung von Arbeit und Wohnen mit ihrem erhöhten Bedarf an Siedlungs- und Verkehrsflächen entgegenwirken), eine Sanierung belasteter Flächen sowie deren vorrangige Nutzung vor Neuausweisungen von Bauland oder eine weitestmögliche Vermeidung oder zumindest Verringerung unnötiger Bodenversiegelungen auf bebauten Grundstücksflächen (z. B. weniger bzw. kleinere Nebenanlagen). Unter qualitativen Aspekten ist ferner die Inanspruchnahme von weniger bedeutsamen und weniger empfindlichen Böden relevant.

534. Der vielversprechendste Ansatz zur Umsetzung dieser qualitativen Ziele ist nach Auffassung des Umweltrates zunächst die *Verbesserung der planungsrelevanten Regelungen*, um zu verhindern, dass die rechtlichen Gebote einer sparsamen Flächeninanspruchnahme und einer Begrenzung der Flächenversiegelung auf das notwendige Maß in der Praxis auch weiterhin vernachlässigt werden können. Daneben sollten die planungsrechtlichen Regelungen durch den *Einsatz ökonomischer Instrumente flankiert* und unterstützt werden. Trotz der in der Vergangenheit kontinuierlich gestiegenen Bodenpreise reichen diese Knappheitssignale nicht aus, um bei den Wohn- und Produktionsaktivitäten eine flächensparendere Inanspruchnahme von Flächen sowie eine geringere Landschaftszersiedelung zu bewirken. Mittels des Einsatzes ökonomischer Instrumente sollten deshalb flächen- und versiegelungsintensive Arten der Bodennutzung gegenüber flächensparsameren und -schonenderen Arten wirtschaftlich unattraktiv gemacht werden. Die Verteuerung der Flächeninanspruchnahme würde zu einer Reduzierung des Flächenbedarfs und der Flächennachfrage und damit zu einem sparsameren und schonenderen Umgang mit Grund und Boden führen. Dies würde letztlich dem Gesetzesauftrag zu einer sparsameren Flächeninanspruchnahme und geringeren Versiegelung (Tz. 457 f.) zusätzliche Geltung verschaffen.

Das ökologisch wirksamste und ökonomisch effizienteste Instrument zur Reduzierung von Flächeninanspruchnahme und Versiegelung ist nach Auffassung des Umweltrates das der *handelbaren Flächenverbrauchsrechte*. Über dieses Instrument könnte auf nationaler Ebene eine Grobsteuerung der Flächeninanspruchnahme vorgenommen werden, indem die Größe der versiegelbaren Fläche landes- oder bundesweit in periodischen Zeitabständen festgelegt und damit ein Rahmen für die maximal zulässige Flächeninanspruchnahme gesetzt wird. Eine Feinsteuerung der Nutzungsansprüche könnte sodann auf kommunaler Ebene über die Erhebung von *Versiegelungsabgaben* erfolgen. Ergänzend hierzu böte sich an, über finanzielle Leistungen im Rahmen einer *Ökologisierung des kommunalen Finanzausgleichs* zusätzliche Anreize für die Verfolgung einer Flächensparpolitik zu schaffen. Diese Flächensteuerungspolitik mittels marktwirtschaftlicher Instrumente sollte zudem durch den *Abbau von Vergünstigungen* mit negativer Auswirkung auf den Flächenverbrauch und die Versiegelung sowie den *Einbau von Anreizen zur Reduzierung der Flächeninanspruchnahme* in bestehende Abgaben flankiert werden.

Ergänzung raumplanerischer Instrumente

535. Zur Reduzierung des Flächenverbrauchs sollten zunächst die relevanten Gesetze ohne Flächenschutzklausel (Tz. 460) um eine Verpflichtung zur sparsamen und schonenden Flächeninanspruchnahme sowie zur Begrenzung der Versiegelung auf das notwendige Maß ergänzt werden (ähnlich z. B. § 1a Abs. 1 BauGB, § 2 Abs. 2 ROG). Auf diese Weise könnte die Berücksichtigung von Aspekten des Flächenverbrauchs und der Flächenversiegelung im Zulassungsverfahren für Infrastrukturvorhaben, insbesondere bei der Abwägung, besser gewährleistet werden. Anstelle einer solchen Flächenverbrauchsklausel wäre aber auch eine Aktivierung oder Konkretisierung der Eingriffsregelung (§ 8 BNatSchG) in der Fachplanung denkbar, um deren Defiziten im Hinblick auf den Ausgleich von Versiegelungen (Tz. 457 f.) wirksamer begegnen zu können.

Handelbare Flächenausweisungsrechte

536. Zur Steuerung des Flächenausweisungsverhaltens der Gemeinden schlagen BIZER et al. (1998) die Schaffung handelbarer Flächenausweisungsrechte der Gemeinden vor. Grundgedanke dieses Instrumentes ist, die maximal ausweisbare Fläche auf Landesebene festzulegen. Jede Gemeinde erhält ein Kontingent an Rechten gratis. Benötigt eine Gemeinde zusätzliche Rechte, muss sie diese an einer vom Land einzurichtenden Börse erwerben. Nicht benötigte Rechte können an andere Gemeinden verkauft werden. Die Rechte sind zeitlich nur befristet gültig. Damit raumplanerische Ziele nicht konterkariert werden können, erscheint eine räumliche Differenzierung der Märkte nach Siedlungsschwerpunkten geboten, bei der zentrale Orte und ländliche Räume jeweils zu getrennten Märkten zusammengefasst werden. Auf diese Weise würde die verstärkte Ausweisung von Flächen in ländlichen Gebieten verhindert. Die Einnahmen des Landes aus dem Verkauf von Flächenausweisungsrechten könnten in den kommunalen Finanzausgleich fließen.

Der Umweltrat hält das Instrument handelbarer Flächenausweisungsrechte für geeignet, die dringend gebotene Begrenzung der Flächeninanspruchnahme effizient durchzusetzen. Einen deutlichen Vorteil dieses Instrumentes gegenüber der bisherigen Situation sieht der Umweltrat in der sicheren Erreichung quantitativer Zielvorgaben sowie der dezentralen Koordination des gemeindlichen Ausweisungsverhaltens über den Markt. Zudem gehen von diesem Instrument Anreize zur Vermeidung von Neuausweisungen, zur Ausweisung kleinerer Flächen und zu einer Intensivierung der Nutzung von bereits ausgewiesenen Flächen aus. Die Aufgabe der Planung konzentriert sich demgegenüber auf die Vorgabe klarer umweltpolitischer sowie raumordnungspolitischer Ziele.

537. Gegen das Instrument handelbarer Flächennutzungsrechte werden unter anderem verfassungsrechtliche Bedenken vorgebracht. Mit einer prinzipiellen Übertragung der Flächennutzungsplanung auf eine überörtliche Verwaltungsebene sei der Planungs- und Gestaltungsspielraum der Kommunen so weit eingeschränkt, dass hierin eine übermäßige Beschränkung der durch Art. 28 Abs. 2 GG geschützten kommunalen Planungshoheit zu sehen sei (ARL, 1999, S. 148 ff.). Dem ist zwar insoweit zuzustimmen, als die örtliche Raumplanung eine Angelegenheit des kommunalen Selbstverwaltungsrechts ist und diese unstreitig durch die Festlegung maximal ausweisbarer Flächen auf Landesebene beschränkt würde. Das Recht auf kommunale Selbstverwaltung wird von der Verfassung jedoch nicht schrankenlos gewährleistet. Es kann vielmehr durch Gesetz eingeschränkt werden, solange der Kernbestand und Wesensgehalt gemeindlicher Selbstverwaltung durch das Gesetz unangetastet bleibt und das Selbstverwaltungsrecht nicht ausgehöhlt wird (z. B. BVerfGE 1, 157; 26, 238; 56, 312). Hiervon ist bei dem vorgeschlagenen Modell (wohl) noch nicht auszugehen. Zwar werden die einer Nutzung zur Verfügung stehenden Flächen landesweit festgelegt und sind damit der Dispositionsbefugnis der Kommunen entzogen. Jedoch verbleibt den Kommunen innerhalb dieses Rahmens nach wie vor der volle Gestaltungsspielraum für die Entfaltung eigener Entwicklungsvorstellungen, zumal jede Kommune ein Kontingent an Rechten gratis erhält. Zudem steht es jeder Kommune frei, weitere Nutzungsrechte zu kaufen und ihre Flächennutzungsansprüche damit zu verwirklichen, sofern sie zusätzliche Flächen in Anspruch nehmen möchte.

Versiegelungsabgabe

538. Innerhalb des durch die Flächenausweisungsrechte gesetzten Rahmens könnte eine ökonomische Feinsteuerung der zulässigen Flächeninanspruchnahme auf der Ebene der Grundstückseigentümer über die Erhebung einer Versiegelungsabgabe erfolgen. Mit dieser könnten Anreize zur Verringerung einer Neuversiegelung oder zur Entsiegelung von Flächen gesetzt werden. BIZER und TRUGER (1996) schlagen hierzu eine gespaltene Abgabe für Neu- und Altversiegelungen vor (ähnlich ARL, 1999). Während die Neuversiegelung mit einer einmalig zu zahlenden Abgabe belegt werden könne, sollten bereits versiegelte Flächen einer jährlich zu erhebenden Abgabe unterliegen. Das Abgabenaufkommen könne für die finanzielle Förderung von Entsiegelungsmaßnahmen eingesetzt werden.

Neuversiegelungen können etwa dadurch vermieden werden, dass Investoren auf die Abgabe reagieren, indem sie bereits bestehende Gebäude aufstocken anstatt neue zu bauen, Gebäude mit geringem Flächenverbrauch planen, Wohn- und Gewerbeflächen reduzieren oder die Versiegelung von Nebenflächen minimieren. Der Umweltrat spricht sich dafür aus, dass auch die öffentliche Hand der Abgabenpflicht unterliegen sollte. Lenkungsanreize würden in diesem Fall gesetzt, soweit die Einnahmen nicht in denselben Haushalt oder Posten des Haushalts einfließen, aus dem auch die Abgabenschuld gezahlt wird. Unmittelbare Lenkungseffekte können dadurch zwar bei Baumaßnahmen eines Landes nicht ausgelöst werden, da Abgaben in die Landeskasse fließen, allerdings wird zumindest mittelbar ein gewisser Druck ausgeübt.

Von einer Besteuerung von Altversiegelungen können Anreize ausgehen, Abdeckungen von Straßen und Wegen, Parkplätzen, Höfen etc. zu entfernen. Maßgeblich für die mit der Abgabe zu erzielende Entsiegelungsrate ist die Abgabenhöhe. Grundstückseigentümer werden diese bei ihrer Entscheidung über eine eventuelle Entsiegelung mit den damit verbundenen Kosten vergleichen (Arbeits- und Materialkosten, Kosten der Entsorgung des Bauschutts, Opportunitätskosten der unversiegelten Fläche).

Der Umweltrat hält die vorgeschlagene Abgabe grundsätzlich für geeignet, um den Bestand sowie den Neuzuwachs an versiegelten Flächen zu reduzieren. Die Abgabenhöhe muss sich an den umweltpolitischen Zielen für versiegelte Flächen bemessen. Zudem müssten bei gleichzeitiger Einführung des Handels mit Flächenausweisungsrechten und Versiegelungsabgaben diese beiden Instrumente aufeinander abgestimmt werden.

Anforderungen an die Entsiegelung von Flächen

539. Der Umweltrat hält die im geltenden Recht angelegten Möglichkeiten zur Entsiegelung (Tz. 459) für unzureichend. Dies liegt einmal daran, dass die Gemeinde durch ihre Entsiegelungsverpflichtung entschädigungspflichtig werden kann (§ 179 Abs. 3 BauGB) und sie deshalb häufig vor einer Entsiegelungsanordnung zurückschrecken wird. Zum anderen wird ihr vielfach das Interesse an der Entsiegelung fehlen, nicht zuletzt deshalb, weil durch Entsiegelungsgebote Konflikte und langjährige Rechtsstreitigkeiten mit den betroffenen Bürgern vorprogrammiert sind. Daher werden die Anordnungsbefugnisse für Entsiegelungen gemäß § 177 und § 179 BauGB und § 5 BBodSchG faktisch nur selten zum Einsatz kommen. Auch aus diesem Grund erachtet der Umweltrat die Steuerung von Versiegelungen über eine Versiegelungsabgabe gegenüber dem ordnungsrechtlichen Instrumentarium als deutlich überlegen. Sollte die vom Umweltrat favorisierte Abgabenlösung nicht unmittelbar eingesetzt werden, müsste als Zwischenschritt zumindest das rechtliche Instrumentarium zur Steuerung von Flächenversiegelungen verbessert werden.

Im Zusammenhang mit der bei der Entsiegelung geforderten Berücksichtigung der Lebensraumfunktion spricht sich der Umweltrat dafür aus, in der Bundes-Bodenschutzverordnung von der Ermächtigung nach § 5 BBodSchG (Tz. 459) für Vorgaben zur Entsiegelung von Böden baldmöglichst Gebrauch zu machen. In der Verordnung sollten insbesondere die Voraussetzungen für die Anordnung einer Entsiegelungspflicht sowie die Entscheidungskriterien näher konkretisiert werden. Zudem wäre es hilfreich, den Anwendungsbereich der Entsiegelungspflicht nach § 5 BBodSchG und dessen Verhältnis zu Entsiegelungsmaßnahmen aufgrund anderer Rechtsvorschriften (insb. § 179 BauGB) aufeinander abzustimmen sowie hierbei einheitliche Bewertungsmaßstäbe (etwa für die Leistungsfähigkeit des zu erhaltenden Bodens oder die wiederherzustellenden Bodenfunktionen) festzulegen.

Der Umweltrat weist überdies darauf hin, dass bei der Entscheidung über die Durchführung von Entsiegelungen auch die geplante Nutzung der zu entsiegelnden Fläche gemeinsam mit der Beschaffenheit der versiegelten Böden zu berücksichtigen ist. Je nach Nutzung der zu entsiegelnden Fläche und Beschaffenheit des entsiegelten Bodens können auch Risiken für die Funktion der Böden und darüber hinaus für die Qualität benachbarter Umweltkompartimente (Grundwasser) entstehen. Der Nutzen einer Entsiegelung ist daher im Einzelfall zu prüfen und mit den möglichen Risiken von Kontaminationen abzuwägen.

Ökologischer Finanzausgleich

540. Das Ziel einer Reduzierung der Flächenversiegelung kann durch eine geeignete Ausgestaltung des vom Umweltrat bereits in der Vergangenheit empfohlenen ökologischen Finanzausgleichs (SRU, 1996b, Tz. 274 ff.) unterstützt werden. Während Schlüsselzuweisungen vor allem verteilungspolitischen Zielen dienen, werden mit der Zahlung von Zweckzuweisungen konkrete Lenkungsziele verfolgt. Einkommensverluste der Gemeinden, die auf die Ausweisung von Freiflächen zurückzuführen sind, könnten über Schlüsselzuweisungen kompensiert werden (BIZER et al., 1998). Zweckzuweisungen könnten zur Durchsetzung landesplanerischer Ziele hinsichtlich des Flächenverbrauchs beitragen, indem sie Änderungen des Flächenausweisungsverhaltens oder der Bebauungsplanung der Gemeinden zugunsten des Bodenschutzes belohnen (Enquete-Kommission „Schutz des Menschen und der Umwelt", 1998). Honorierungsfähig in diesem Sinne könnten Entsiegelungsprogramme der Gemeinden, Maßnahmen zur Förderung einer flächensparenden Bebauung u. ä. sein (BIZER et al., 1998). Die Gemeinden erhielten über dieses Instrument finanzielle Anreize, von den durch das Baugesetzbuch (§ 1a Abs. 1, § 179) und das Bundes-Bodenschutzgesetz (§ 5) eingeräumten rechtlichen Möglichkeiten, bestehende Versiegelungen zu entfernen bzw. die Neuversiegelung zu minimieren, Gebrauch zu machen. Der Umweltrat erachtet dies als einen zutreffenden und vielversprechenden Ansatz zur Reduzierung der versiegelten Fläche. Ökopunkte-Kataloge, in denen honorierungsfähige Leistungen aufgeführt werden, müssen entwickelt werden. Unterschieden in den naturräumlichen Gegebenheiten kann durch eine entsprechende Gewichtung der Punkte Rechnung getragen werden (vgl. SRU, 1996b, Tz. 276).

Flankierende Instrumente zur Reduzierung von Flächeninanspruchnahme und Versiegelung

541. Der Umweltrat hat in der Vergangenheit wiederholt einen stärkeren Einsatz marktwirtschaftlicher Instrumente in der Umweltpolitik angemahnt und empfohlen, das gesamte Finanzsystem systematisch zu überprüfen und nach Ansatzpunkten für dessen umweltgerechte Ausgestaltung zu suchen sowie ökologisch kontraproduktive Vergünstigungen zu beseitigen (SRU, 1996a, Kap. 5). Bausteine einer dauerhaft umweltgerechten Finanzreform sind neben der Einführung neuer Umweltabgaben (Tz. 538):

– der Abbau bzw. die Reform von Vergünstigungen mit ökologisch negativer Wirkung,

– der Einbau von Anreizen zu umweltgerechtem Verhalten in bestehende Abgaben,

– die Verstärkung bereits bestehender, umweltpolitisch motivierter Vergünstigungen und Abgaben.

Diese Bausteine können weitere Ansatzpunkte für eine mehr oder minder direkte oder indirekte Steuerung der Flächeninanspruchnahme und Versiegelung sein und die obigen Instrumente flankieren.

Reform von Vergünstigungen mit ökologisch negativer Wirkung

542. Die Förderpolitik des Bundes und der Länder im Rahmen raumwirksamer (Bau- und Infrastruktur-)Fördermaßnahmen gewährt in weitem Umfang Vergünstigungen mit negativer ökologischer Wirkung in bezug auf die Flächeninanspruchnahme (ARL, 1999, S. 213 ff.). Diese tragen nicht unwesentlich zu einer übermäßigen Neuversiegelung von Flächen bei und sind deshalb ein geeigneter Ansatzpunkt für Maßnahmen zur Steuerung der Flächeninanspruchnahme.

Die flächen- und raumbedeutsamen Fördermittel des Bundes und der Länder sollten daraufhin überprüft werden, inwieweit sie das Ziel einer sparsamen Inanspruchnahme von Flächen konterkarieren. So wäre es denkbar, etwa die Vergabe von staatlichen Wohnungsbauprämien, die Investitionen des Bundes in Bundesfern- und Bundeswasserstrassen oder beispielsweise die Förderung des Städtebaus unter anderem davon abhängig zu machen, inwieweit die Vorhaben sparsam und schonend mit Grund und Boden umgehen; möglich wäre auch, einen finanziellen Bonus für flächensparendes Bauen zu gewähren (ARL, 1999, S. 217; Enquete-Kommission

"Schutz des Menschen und der Umwelt", 1998, S. 169 ff., 191 f.). Eine Überprüfung des staatlichen flächenverbrauchsrelevanten Förderinstrumentariums erscheint auch geboten, um Widersprüche staatlicher Förderpolitik durch divergierende Förderziele zu vermeiden. Beispielsweise sollte vermieden werden, die Ansiedlung von Gewerbeunternehmen und Industrie auf der grünen Wiese im Rahmen der Verbesserung regionaler Wirtschaftsstrukturen mit zum Teil erheblichen staatlichen Zuwendungen zu fördern, während gleichzeitig Beihilfen zum Flächenrecycling nicht oder nur in sehr begrenztem Umfang zur Verfügung gestellt werden.

Einbau von Anreizen zu umweltgerechtem Verhalten in bestehende Abgaben

543. Des weiteren liegt eine Reihe von Vorschlägen zur Berücksichtigung von Anreizen für flächenschonendes Verhalten in bestehenden Abgaben vor (z. B. ARL, 1999, S. 200 ff.; Enquete-Kommission "Schutz des Menschen und der Umwelt", 1998, S. 160 ff.). Denkbare Ansatzpunkte sind etwa eine Reform der Grundsteuer und deren Fortentwicklung in Richtung auf die Einführung einer Bauland-, einer Bodenwert- bzw. einer Bodenflächensteuer oder die Überführung der Grundsteuer in eine Flächennutzungssteuer.

544. Bemessungsgrundlage für die bundesrechtlich geregelte und von den Gemeinden erhobene *Grundsteuer* ist der Einheitswert von Grundstücken und Gebäuden. Nach dieser ist der Flächenverbrauch durch die Grundstücksnutzung für die Abgabenhöhe ohne Bedeutung. Grundstücke werden zwar durch die Erhebung der Grundsteuer allgemein verteuert, Anreize zu einer flächensparenden Bau- und Siedlungsweise gehen von ihr hingegen kaum aus. Eine solche Wirkung war bislang auch nicht beabsichtigt. Im Gegensatz dazu könnten mit der Erhebung einer *Baulandsteuer* als Ergänzung zur Grundsteuer Anreize für die zügige Nutzung baureifer Grundstücke gesetzt und damit der Spekulation mit unbebauten Grundstücken sowie dem Ausweichen in das Umland entgegengewirkt werden (BIZER, 1995).

545. Das Konzept der Umwandlung der Grundsteuer in eine *Flächennutzungssteuer* sieht eine Zuordnung unterschiedlicher Grade der Naturbeeinträchtigung durch Flächennutzung zu Steuerklassen vor, wobei der Abgabensatz mit zunehmender Naturbeeinträchtigung und damit aufsteigender Steuerklasse steigt (BIZER et al., 1998). Das Hebesatzrecht verbleibt bei den Gemeinden. Mit der Flächennutzungssteuer sollen Anreize zur intensiveren Nutzung bereits versiegelter Flächen, zur Entsiegelung, zur Begrenzung von Versiegelungszuwächsen sowie zur umweltschonenden Nutzung von Freiflächen gesetzt werden. Allerdings wird bei einer aufkommensneutralen Umwandlung der Grundsteuer in eine Flächennutzungssteuer die resultierende Abgabenhöhe kaum ausreichen, um eine Zunahme der Flächenversiegelung zu verhindern. Der Umweltrat sieht eine weitere Schwierigkeit der Abgabe darin, dass sie neben der Versiegelung an der naturschädlichen Nutzung von Freiflächen und damit an einer Reihe weiterer Umweltprobleme ansetzt (z. B. ökologische Flächenbewirtschaftung, Beeinträchtigung des Landschaftsbildes und des Lokalklimas durch die Anzahl der Geschossflächen), ohne auf die Erreichung konkreter umweltpolitischer Ziele in diesen Bereichen treffsicher zugeschnitten zu sein.

Verstärkung bestehender, umweltpolitisch motivierter Vergünstigungen und Abgaben

546. Ansatzpunkte für eine zumindest mittelbare Steuerung des Flächenverbrauchs und der Versiegelung können die bereits bestehenden, umweltpolitisch motivierten Vergünstigungen, die kommunalen Abwassergebühren sowie die naturschutzrechtlichen Ausgleichsabgaben der Länder sein (Tz. 461 ff.).

Da die kommunalen Abwassergebühren noch nicht in allen Bundesländern versiegelungsabhängig erhoben werden, sollte eine entsprechende Gebührengestaltung auch in den Ländern erfolgen, in denen dies bislang noch nicht der Fall ist. Der Umweltrat weist allerdings darauf hin, dass sich die Gebühr nicht nach dem ökologischen Lenkungsziel bemessen kann, sondern nur nach den tatsächlichen Entsorgungskosten für das nicht versickerte Niederschlagswasser. Zur Steuerung der Flächeninanspruchnahme bleiben ergänzende Instrumente nach wie vor erforderlich.

547. Um das Lenkungsziel der naturschutzrechtlichen Ausgleichsabgaben (Tz. 462) konsequenter als bislang mit der Abgabe verfolgen zu können, sind höhere Abgabensätze erforderlich. Dabei sollten nach Auffassung des Umweltrates neben den Wiederherstellungskosten von Biotopen (Sachkosten) auch der Verlust von Umweltfunktionen während der Entwicklungszeit (Zeitabgabe), das Wiederherstellungsrisiko (Wertabgabe) sowie die Beeinträchtigung des Naturschutzwertes (Wertabgabe) in Ansatz gebracht werden (SCHEMEL et al., 1993). Von dem Maßnahmenträger erbrachte Kompensationsmaßnahmen können in Abhängigkeit von ihrer Qualität und ihrem Umfang auf die Abgabenschuld angerechnet werden. Die Abgaben würden in einen Fonds eingestellt, aus dem staatliche Maßnahmen zur vorsorgenden Biotopneuschaffung finanziert werden (SCHWEPPE-KRAFT, 1992). Diese Vorgehensweise trägt dem Umstand Rechnung, dass die Entwicklung reifer Biotope nur über lange Zeiträume möglich ist. Sind Biotope aufgrund extrem langer Entwicklungszeiträume praktisch nicht wiederherstellbar, können auch prohibitiv hohe Ausgleichsabgaben gerechtfertigt sein (SRU, 1994, Tz. 822).

Verbesserung der kommunalen Zusammenarbeit

548. Ein weiterer vielversprechender Ansatz erscheint dem Umweltrat die von der Enquete-Kommission vorgeschlagene Verbesserung der kommunalen Zusammenarbeit bei der Ausweisung und Nutzung von Grundstücken zu sein, um dem Problem einer weiteren Zersiedelung und Zerschneidung der Landschaft sowie einer weiteren Flächeninanspruchnahme zu begegnen (Enquete-Kommission „Schutz des Menschen und der Umwelt", 1998, S. 165, 190). Die verbesserte Abstimmung der Kommunen untereinander könnte dazu beitragen, Flächenverbräuche auf bestimmte Gebiete zu konzentrieren und dadurch andere von einer Inanspruchnahme freizuhalten.

Bewertung des Instrumentariums zur Reduzierung der Flächeninanspruchnahme und der Bodenversiegelung

549. Der Umweltrat ist der Auffassung, dass dem Handel mit Flächenausweisungsrechten, den Versiegelungsabgaben sowie der Ökologisierung des kommunalen Finanzausgleichs zur Steuerung des Flächenverbrauchs überragende Bedeutung zukommt. Daneben sollten die flächenrelevanten staatlichen Einnahme- und Ausgabepositionen daraufhin überprüft werden, inwieweit sie Anreize zu einer sparsameren Flächeninanspruchnahme setzen können. Demgegenüber kommt anderen Instrumenten, wie der Reform von Vergünstigungen mit ökologisch negativer Wirkung, dem Einbau von Anreizen zu umweltgerechtem Verhalten in bestehende Abgaben und der Verstärkung bestehender, umweltpolitisch motivierter Vergünstigungen und Abgaben, nach Auffassung des Umweltrates nur eine untergeordnete, allenfalls ergänzende Bedeutung zu. Dies liegt daran, dass deren Steuerungskraft im Hinblick auf eine Reduktion der Flächeninanspruchnahme und Versiegelung entweder nicht stark genug ausgeprägt ist oder aber diese Instrumente keine so gezielte Steuerung der Flächeninanspruchnahme erlauben wie die anderen Instrumente. Gleichwohl sollten sie als Ergänzung durchaus einer näheren Prüfung unterzogen werden.

Defizite in der aktuellen Instrumentendiskussion im Bodenschutz sieht der Umweltrat insbesondere bei der Abwägung bzw. Abstimmung zwischen den Instrumenten. So werden Instrumente, die der treffsicheren Erreichung desselben Ziels dienen sollen, bislang überwiegend unabhängig voneinander diskutiert. Schwierigkeiten bei der Abschätzung der Lenkungswirkung einzelner Instrumente, aber auch eines Maßnahmenbündels, kann durch ein schrittweises Vorgehen begegnet werden.

550. Der Umweltrat ist sich bei seinen Vorschlägen bewusst, dass die Einführung neuer Abgaben zu Verteuerungen insbesondere bei baulichen Neuinvestitionen sowohl im Gebäude- als auch im Verkehrsbereich führen wird. Zudem werden die vorgeschlagenen Instrumente langfristig mitunter erhebliche Auswirkungen auf die Lebens-, Arbeits- und Freizeitgewohnheiten haben. Er weist aber andererseits darauf hin, dass keine wirkliche Alternative zu den vorgeschlagenen Instrumenten zur Verfügung steht, um bei den aktuell hohen Flächenverbräuchen in absehbarer Zeit eine Trendwende erreichen zu können.

Minderung von Bodenerosion und Bodenverdichtung

551. Zu einem umfassenden Schutz der nicht erneuerbaren Ressource Boden gehört auch der Schutz der Böden vor Schäden durch Bodenerosion und -verdichtung. Hierfür sollten Konkretisierungen zur Gefahrenabwehr gegen Winderosion in der Bundes-Bodenschutzverordnung erfolgen. Darüber hinaus ist die Verordnung um den Aspekt der flächeninternen Schäden zu ergänzen. Sinnvoll wäre daher eine konsequentere Unterscheidung zwischen flächeninternen (On-site-) und -externen (Off-site-) Schäden. Die Forschungsarbeiten zur Bestimmung von Richtwerten und praktischen Hilfen – auch für die Überwachung – sind zu verstärken. Die Bundes-Bodenschutzverordnung sollte dabei auch um Maßnahmen zur Beseitigung eingetretener Erosions- und Verdichtungsschäden und darüber hinaus um Regelungen zur Vermeidung derartiger Schäden, insbesondere durch Einhaltung einer guten landwirtschaftlichen Praxis (z. B. Mulchsaat, Anlage von Filterstreifen, Nutzungsänderungen), ergänzt werden. Die Grundsätze der guten landwirtschaftlichen Praxis sollten weiter konkretisiert und verbindlich ausgestaltet werden.

Zur physikalischen Bodenbeschaffenheit (insbesondere Verdichtung und Erosion) liegen zur Zeit nur wenige und unzureichende Daten vor (Tz. 466). Der Umweltrat sieht hier noch erheblichen Untersuchungsbedarf und mahnt eine bundeseinheitliche Erhebung zu den Kenngrößen des physikalischen Bodenzustandes an.

Reduzierung versauernd und eutrophierend wirkender Stoffe

552. Die anthropogene Versauerung und Eutrophierung von Böden durch luftbürtige Depositionen sowie direkten Auftrag stellt nach wie vor ein ungelöstes und drängendes Problem dar. Insbesondere zur Reduzierung von Stoffeinträgen mit eutrophierender und versauernder Wirkung sind noch erhebliche Anstrengungen erforderlich. Soweit diese als Depositionen in den Boden gelangen, verweist der Umweltrat für mögliche Maßnahmen zur Vermeidung und Verminderung auf seine Empfehlungen im Kapitel Klimaschutz und Luftreinhaltung (Tz. 794).

Zum Schutz der Böden vor Versauerung und Eutrophierung spricht sich der Umweltrat zunächst dafür aus, in die Bundes-Bodenschutzverordnung versauerungs- sowie eutrophierungsspezifische Regelungen sowohl zur Vorsorge als auch zur Gefahrenabwehr aufzunehmen und diese auch im Immissionsschutzrecht umzusetzen (Tz. 485). Im Rahmen der Vorsorge kommen in Anlehnung an das Critical-Load-Konzept grundsätzlich Bewertungskriterien für Zusatzbelastungen in Betracht. Allerdings verweist der Umweltrat auf die gegenwärtig noch eingeschränkte Eignung des Critical-Load-Konzeptes, da historische Nutzungen und Belastungen sowie der Faktor Zeit bislang nicht adäquat berücksichtigt werden. Dieses gilt es künftig zu verbessern. Dabei sind insbesondere gekoppelte Reaktions- und Transportmodelle auf der landschaftlichen Betrachtungsebene einzusetzen, um die naturräumlichen Zusammenhänge einschließlich der nutzungsinduzierten Einflüsse in angemessener Form zu berücksichtigen.

553. Angesichts der Defizite des Ordnungsrechtes bei der Formulierung von Anforderungen an den Einsatz eutrophierend wirkender Stoffe (insbesondere von Düngemitteln) in der Landwirtschaft, die den Standortverhältnissen Rechnung tragen, hat der Umweltrat wiederholt die Einführung einer Abgabe auf Mineraldünger in Verbindung mit einer Rückerstattung der Einnahmen zur Reduzierung des Nährstoffeintrags aus der Landwirtschaft angemahnt (SRU, 1996b, Tz. 197 ff.; SRU, 1994, Tz. 944; SRU, 1985, Abschn. 5.7.4). Durch Erhebung einer Abgabe auf mineralischen Stickstoffdünger erhöhen sich die Grenzkosten des Düngemitteleinsatzes. Bei den Landwirten sollen damit die Reduzierung der eingesetzten Menge angestoßen und eine Extensivierung der Bodennutzung begünstigt werden. Die Wirksamkeit der Abgabe fällt in Abhängigkeit von der Kulturart sowie dem Standort sehr unterschiedlich aus. Aufgrund der pauschalen Verteuerung des Einsatzes von mineralischen Stickstoffdüngern ist zwar mit einer Reduzierung der Stickstoffeinträge aus der Landwirtschaft zu rechnen, eine Verwirklichung der Umweltziele im Bodenschutz kann aufgrund ihrer unspezifischen räumlichen Wirkung mit der Abgabe allein jedoch nicht erreicht werden. Die Durchsetzung standortspezifischer Ziele muss vielmehr durch den Einsatz ergänzender Maßnahmen verfolgt werden (u. a. Bewirtschaftungsauflagen, Schutzgebietsausweisungen). Zudem muss dem umweltverträglichen Einsatz von Wirtschaftsdüngern in viehstarken Betrieben durch die Bindung des Viehbesatzes an die bewirtschaftete Fläche bzw. den Nachweis der Verwendung des Wirtschaftsdüngers über die bestehenden Regelungen der Düngeverordnung hinaus Rechnung getragen werden. Der Umweltrat hält dennoch an der Empfehlung einer Stickstoffabgabe fest, solange die Einhaltung standortspezifischer Vorgaben hinsichtlich der maximal tolerierbaren Stickstoffbilanzüberschüsse nicht durch das Ordnungsrecht vorgeschrieben und deren Einhaltung auf effiziente Weise kontrolliert wird. Eine entsprechende Neufassung der Düngeverordnung sollte vorangetrieben werden (SRU, 1996b, Tz. 194 ff.). Diese sollte eine Generalklausel enthalten, die bei Überschreitung der zulässigen Nährstoffobergrenzen erlaubt, einen Wert für maximal tolerierbare Stickstoffbilanzüberschüsse nach dem Konzept der kritischen Eintragsraten festzulegen und von den Landwirten schlagspezifische Aufzeichnungen zu verlangen.

Nachhaltige landwirtschaftliche Bodennutzung

554. Der Umweltrat sieht als eine wichtige Aufgabe der Bodenschutzpolitik die Fortschreibung des Bundes-Bodenschutzgesetzes an. Dabei sollte insbesondere der Bereich der landwirtschaftlichen Bodennutzung (§ 17 BBodSchG) weiterentwickelt werden. Der Umweltrat schlägt vor, der zuständigen Behörde ebenso wie bei § 7 BBodSchG auch in § 17 BBodSchG die Möglichkeit zu geben, Anordnungen zur Durchsetzung der Vorsorgepflichten zu erlassen. Auf diese Weise könnten die Regeln über die gute fachliche Praxis in der Landwirtschaft notfalls auch mittels hoheitlichen Zwangs durchgesetzt und damit der Gefahr eines Leerlaufens des Vorsorgegebotes bei der landwirtschaftlichen Bodennutzung begegnet werden.

555. Des weiteren mahnt der Umweltrat dringend eine stärkere ökologische Ausrichtung der landwirtschaftlichen Bodennutzung an (Tz. 488). Das Düngemittelrecht darf dabei keinesfalls mehr die Belange des Bodenschutzes wie bisher vernachlässigen. Letztlich sollte das Düngemittelrecht hin zu einer Regelung fortentwickelt werden, die bodenschutzspezifische Aspekte beim Auftrag von Düngemitteln umfassend berücksichtigt.

556. Mit der in § 17 BBodSchG zu schaffenden behördlichen Befugnis, Anordnungen zur Durchsetzung von Vorsorgepflichten zu erlassen, sollte zugleich eine Verordnungsermächtigung analog § 7 Satz 4, § 8 Abs. 2 BBodSchG aufgenommen werden, um Vorsorgeanforderungen auch für die landwirtschaftliche Bodennutzung in der Bundes-Bodenschutzverordnung festlegen zu können. Auf diese Weise könnten Unsicherheiten bei der Bewertung sowie unzumutbare Belastungen für die Verpflichteten vermieden werden.

Erweiterung der Bioabfallverordnung und der Klärschlammverordnung

557. Die flächenhafte Verwertung von Bioabfallkomposten ist nach Ansicht des Umweltrates aus Sicht einer nachhaltigen Kreislaufwirtschaft, aber auch des Bodenschutzes generell zu begrüßen, da dem Boden hierdurch organische Substanz und Nährstoffe zurückgeführt werden. Der Umweltrat bemängelt jedoch, dass die wichtigen Bereiche des Landschafts- und Gartenbaus sowie der Rekultivierung, in denen Bioabfälle weitreichende Verwendung bei der Herstellung neuer Kulturbodenschichten finden, in der Verordnung nicht geregelt wurden. Damit bleiben etwa Risiken für Böden durch übermäßige Schadstoffanreicherungen (Schwermetalle und persistente organische Schadstoffe) oder für Grund- und Sickerwasser durch ein Überangebot von Nährstoffen (insbesondere Stickstoff und Phosphor) in den Kulturbodenschichten nach wie vor unbewältigt, so dass hieraus eine Beeinträchtigung von Bodenfunktionen oder ein Konflikt mit dem Vorsorgeprinzip des Bundes-Bodenschutzgesetzes erwachsen kann.

Mit der Ergänzung der Bioabfallverordnung und der Klärschlammverordnung um Regelungen für den Bereich Rekultivierung und Landschaftsbau sollte im Hinblick auf ökotoxikologische Wirkungen von Schadstoffen in Böden ein Bewertungskonzept unter Berücksichtigung der Lebensraumfunktion in die Bundes-Bodenschutzverordnung eingefügt werden. Dabei sollten sowohl Wirkungen auf Mikroorganismen als auch auf die Bodenfauna berücksichtigt werden. Im Hinblick auf ökotoxikologische Wirkungen sind als relevante Schadstoffe vor allem Schwermetalle und persistente organische Schadstoffe zu berücksichtigen.

558. Der Umweltrat erachtet es überdies als notwendig, Unsicherheiten bei der Auslegung der in § 17 Abs. 2 BBodSchG aufgeführten Grundsätze der guten fachlichen Praxis der landwirtschaftlichen Bodennutzung zu beseitigen. Problematisch an der gesetzlichen Fassung ist, dass die Anforderungen an die gute fachliche Praxis inhaltlich zum Teil nicht hinreichend bestimmt sind. So bleibt insbesondere die Forderung nach der Erhaltung eines standorttypischen Humusgehaltes im Boden (§ 17 Abs. 2 Nr. 7 BBodSchG) weitestgehend inhaltslos, da es eine anerkannte Definition standorttypischer Humusgehalte bislang nicht gibt. Insoweit bringen auch die vom Bundeslandwirtschaftsministerium erarbeiteten Grundsätze der guten landwirtschaftlichen Praxis keine Klärung, da auch dort der Begriff nicht näher erläutert wird. Der Umweltrat sieht zunächst jedoch noch erheblichen Forschungsbedarf, um beispielsweise Kenntnislücken bezüglich des anzustrebenden (optimalen oder tolerablen) standorttypischen Humusgehaltes zu schließen. Denn erst mit einer derartigen Definition können die Vorsorgeanforderungen nach § 7 und § 17 Abs. 1 Satz 1 BBodSchG überhaupt erfüllt werden.

Bodeninformationsmanagement

559. Der Umweltrat hat sich in der Vergangenheit wiederholt für den Aufbau eines bundesweiten Bodeninformationssystems sowie für die regelmäßige Erstellung von Bodenzustandsberichten ausgesprochen. Der Forderung nach Bodendaten und -informationen ist der Gesetzgeber in § 21 Abs. 4 BBodSchG jedoch nur ansatzweise und unzureichend nachgekommen. Der Umweltrat kritisiert bei diesem Ansatz unter anderem, dass die Einrichtung eines solchen Systems lediglich in das Ermessen der Länder gestellt wird und verweist auf die seiner Ansicht nach vorbildliche Regelung des § 342 UGB-KomE (1998), die den Ländern die Einrichtung eines Bodeninformationssystems und als notwendige Bestandteile insbesondere die Einrichtung von Dauerbeobachtungsflächen und eines Bodenzustandskatasters als Rechtspflicht vorschreibt. Angesichts der erheblichen Bedeutung solcher Bodeninformationssysteme für einen vorsorgenden und nachsorgenden Bodenschutz sowie für die Planung fordert der Umweltrat vom Gesetzgeber, nicht lediglich auf die Bereitschaft der Länder zu vertrauen, sondern die bisherige Ermessensvorschrift (§ 21 Abs. 4 BBodSchG) in eine zwingend zu beachtende Pflicht umzuwandeln.

Die Begründung einer Rechtspflicht muss allerdings notwendigerweise mit einer klaren Definition der Ziele einhergehen, die der Bund mit einem bundesweiten Bodeninformationssystem verfolgt. Um einen Missbrauch der Daten zu verhindern, bedarf es ferner zuvor einer Festlegung, zu welchem Zweck die von den Ländern zur Verfügung gestellten Daten Verwendung finden und in welchem Umfang der Bund hiervon Gebrauch machen wird. Darüber hinaus müssen zunächst Konzepte für die Verwendung der übermittelten Daten entwickelt werden. Gleichzeitig bedarf es noch einer Verständigung zwischen Bund und Ländern über die Art und Weise der Datenauswertung.

560. Der Umweltrat regt daher an, dass der Bund mehr Klarheit über den geplanten oder erwarteten Nutzen des Bundes-Bodeninformationssystems schaffen sollte, um umfangreichere Datentransfers der Länder zu begründen und die Elemente dieses Systems dann zieladäquat weiterzuentwickeln. Ein wichtiges Element ist darüber hinaus die Finanzierung des Datenaustausches. Mit der bisherigen Zurückhaltung des Bundes gegenüber den Ländern kann nur ein Datentorso fortgepflegt werden.

561. Hinsichtlich der Bodendauerbeobachtungsflächen besteht aus Bundessicht ein deutliches Informationsdefizit, weil der überwiegende Anteil der betriebenen Bodendauerbeobachtungsflächen nicht die erforderliche Repräsentanz besitzt. Die verbliebenen Bodendauerbeobachtungsflächen reichen zur flächendeckenden Zustandsbeschreibung nicht aus. Der Umweltrat weist darauf hin, dass die Repräsentativität der Bodendauerbeobachtungsflächen in hinreichender Form sicherzustellen ist, um eine zuverlässige Übertragung punktförmig erhobener Daten in die Fläche zu ermöglichen. Der Umweltrat begrüßt daher die in diese Richtung unternommenen Anstrengungen zur Überprüfungen der Repräsentativität von Bodendauerbeobachtungsflächen (vgl. BGR, 1999; UBA, 1998, S. 144 f.) und fordert, diesbezüglich noch bestehende Lücken bei der Darstellung des Bodenzustandes von flächenhaft bedeutenden Standorttypen zu schließen.

Erarbeitung einer Internationalen Bodenschutzkonvention

562. Der Umweltrat spricht sich für die Erarbeitung einer international verbindlichen Bodenschutzkonvention aus, wie dies der Wissenschaftliche Beirat der Bundesregierung Globale Umweltveränderungen bereits früher angeregt hat (WBGU, 1994, S. 233 ff.). Diese sollte am besten im Rahmen der Vereinten Nationen ähnlich der Klimarahmenkonvention oder der Wüstenkonvention erarbeitet werden. Ausgangspunkt der Diskussion könnte hier der Vorschlag des von zahlreichen Wissenschaftlern erarbeiteten „Übereinkommens zum nachhaltigen Umgang mit Böden" (Bodenkonvention) sein (Tutzinger Projekt, 1998), der dem Umweltrat als ein Schritt in die richtige Richtung erscheint. Dieser stellt Bemühungen um einen vorsorgenden Bodenschutz ins Zentrum seiner Überlegungen, was nach Auffassung des Umweltrates gerechtfertigt ist, weil der vorsorgende Bodenschutz auf internationaler Ebene vorangebracht bzw. überhaupt erst einmal dessen Notwendigkeit deutlich gemacht werden muss.

Altlasten

563. Mit dem Bundes-Bodenschutzgesetz und seinem untergesetzlichen Regelwerk ist eine Grundlage für die bundeseinheitliche Altlastenbehandlung geschaffen worden, die noch substantieller Verbesserung bedarf. Dies gilt vor allem für die Berücksichtigung ökotoxikologischer und ökologischer Belange bei der Beurteilung der Sanierungserfordernisse sowie für die anzuwendende Sanierungstechnik.

564. Angesichts der hohen Anzahl von Verdachtsflächen sollte das Instrumentarium daraufhin überprüft werden, ob es eher viele, vergleichsweise einfach sanierte Flächen mit Nachbesserungspotential oder eher wenige, dafür aber gründlich sanierte Flächen mit geringem Nachbesserungsbedarf begünstigen müsste. Bisher wurde seitens der Bundesregierung die Sanierung möglichst vieler Flächen in den Vordergrund gestellt. Die vom Umweltrat befürworteten – bei Bedarf mehrstufigen, kombinierten – Dekontaminationsverfahren wurden zwar entwickelt und in Pilotvorhaben erprobt, werden aber auch nach dem Erlass des Bundes-Bodenschutzgesetzes nur ungenügend angewendet. Auskofferung, Umlagerung, Abdeckung oder Hinauszögern und Abwarten beherrschen die Sanierungspraxis. Die Off-site-Bodenreinigungsanlagen arbeiten oft mit wenig zufriedenstellendem Auslastungsgrad. Laufende Untersuchungen zur Wirksamkeit natürlicher Reinigungsprozesse im Untergrund sollten dazu führen, die Anwendbarkeit und Zulässigkeit der Ansätze zu prüfen und gegebenenfalls rechtliche Regelungen zu treffen. Als Leitkriterien sollten Kontrollierbarkeit (Monitoring), Prognostizierbarkeit und Bilanzierbarkeit herangezogen werden.

Da das richtige Instrumentarium und vor allem eine angemessene Finanzierung anspruchsvoller Sanierungen fehlen, kann nicht damit gerechnet werden, dass das Altlastenproblem in absehbarer Zeit wirklich gemindert oder gar gelöst wird. Zudem werden die vorherrschende Form der Sanierung (vorrangiges Verbringen auf Deponien), die bloße Anwendung von Sicherungsverfahren sowie bloßes Abwarten den Sanierungsbedarf in die Zukunft verschieben. Der Umweltrat drängt darauf, für das nach wie vor anstehende Problem der Altlastensanierung nach adäquaten Finanzierungsmöglichkeiten zu suchen. In diesem Zusammenhang erneuert der Umweltrat seine Anregung, sanierungsbedürftige Flächen von privaten Entwicklungsgesellschaften sanieren zu lassen und für eine weitere Nutzung aufzuwerten. Das Flächenrecycling sollte konsequent zur Eindämmung der weiteren Inanspruchnahme von Freiflächen für Siedlungszwecke genutzt werden. Dabei ist auch die Überprüfung einer konkurrierenden Förderpolitik des Städtebaus geboten (Tz. 542). Auf diese Weise könnten auch Anreize für private Investoren gesetzt werden.

2.4.3 Gewässerschutz und nachhaltige Wassernutzung

2.4.3.1 Ziele des Gewässerschutzes

565. Ziel des Gewässerschutzes ist es, überall in Deutschland Gewässer mit einer „guten ökologischen Qualität" zu erhalten oder wiederherzustellen. Eine gute ökologische Gewässerqualität dient der Erhaltung oder Regeneration naturraumtypischer Lebensgemeinschaften und Ökosysteme. Um dieses Ziel zu erreichen, müssen schädliche Auswirkungen von Stoffen vermieden beziehungsweise verringert und bei Oberflächengewässern Mindestanforderungen an die Gewässerstruktur erfüllt werden (Jahresbericht der Wasserwirtschaft, 1999, S. 18). Dies steht in Übereinstimmung mit den Anforderungen der vom Europäischen Rat im Entwurf vorgelegten EU-Wasserrahmenrichtlinie (Juni 1998), die den Gesamtrahmen für die Qualität europäischer Gewässer festlegt. Das Ziel der Richtlinie besteht im Erreichen einer „guten Qualität" für Oberflächengewässer und Grundwasser (Tz. 639).

Schutz von Oberflächengewässern

566. In Deutschland wird seit 1993 eine Doppelstrategie im Gewässerschutz verfolgt. Einerseits wird der Schadstoffeintrag insbesondere durch Maßnahmen an der Emissionsquelle (Tz. 663) reduziert. Andererseits erfolgt eine immissionsbezogene Einstufung der Gewässer anhand stofflicher Qualitätskriterien und durch Saprobieneinstufung. In jüngerer Zeit wird die ökologische Qualität eines Gewässers durch Parameter der biologischen, chemischen und physikalischen Wasserbeschaffenheit sowie gleichzeitig durch solche, die die Abflussdynamik und die Strukturausstattung des Gewässerbettes und des Gewässerumfeldes beschreiben, bestimmt. Der bereits im Wasserhaushaltsgesetz formulierte ganzheitliche Betrachtungsansatz, die Gewässer als Bestandteil des Naturhaushaltes und als Lebensraum für Tiere und Pflanzen zu sichern und vermeidbare Beeinträchtigungen ihrer Funktionen zu unterlassen, wird damit weiter konkretisiert.

567. Wie der Umweltrat in der Vergangenheit bereits mehrfach betont hat, ist es erforderlich, die Beschreibung und Bewertung der Fließgewässer weiter zu entwickeln (z. B. SRU, 1996a, Tz. 302 f., 364; SRU, 1987, Tz. 1028 ff.). In diese Richtung zielt auch die europäische Wasserrahmenrichtlinie, die einen „guten ökologischen Zustand" der Gewässer fordert.

568. Folgende Parameter sind hiernach unter anderem zu berücksichtigen:

– Sauerstoff-, Temperaturregime, Versalzung, Versauerung, Nährstoffbedingungen,
– Schadstoffgehalte im Wasser,
– Zusammensetzung und Vielfalt von Wasserpflanzengesellschaften, Invertebraten-Lebensgemeinschaften und Fischpopulationen,
– Vorkommen und Vielfalt von aquatischen Organismen mit ökologischer Schlüsselfunktion,

- Natürlichkeitsgrad der Gewässerstruktur sowie
- Quantität und Dynamik des Abflusses, Beziehung zum Grundwasser.

Darüber hinaus sollten nach Ansicht des Umweltrates unbedingt auch die Schwebstoffe und das Gewässersediment mit einer Vielzahl dort konzentrierter Schadstoffe in die Bewertung mit aufgenommen werden.

569. Zur Zeit überarbeitet die Länderarbeitsgemeinschaft Wasser (LAWA) deshalb die Definition der Gewässergüteziele in Richtung auf eine Vereinheitlichung und Berücksichtigung der Kombinationen der biologischen, chemisch-physikalischen und strukturellen Gewässergütekriterien. Das Erreichen einer „guten ökologischen Qualität" der Fließgewässer soll künftig an der Zielvorstellung der neuformulierten Gewässergüteklasse II für diese Parameter gemessen werden. Beim Einhalten der Zielvorgaben sollen nach dem Stand heutiger wissenschaftlicher Erkenntnisse eine Gefährdung von aquatischen Lebensgemeinschaften sowie eine Beeinträchtigung von Nutzungen nicht zu befürchten sein.

Darüber hinaus wird zur Zeit in der LAWA diskutiert, ob für Gewässer, die bereits eine bessere Qualität besitzen („hohe ökologische Qualität"), ein Verschlechterungsverbot gelten soll. Ansatzweise enthält § 36b Abs. 6 WHG ein solches Verschlechterungsverbot.

570. Die biologische Gewässergüteklassifizierung wird seit 1975 alle fünf Jahre nach einem bundeseinheitlichen Verfahren der Länderarbeitsgemeinschaft Wasser (LAWA) vorgenommen. Sie erfasst vor allem die Belastung mit organischen, unter Sauerstoffverbrauch leicht biologisch abbaubaren Wasserinhaltsstoffen. Als Bewertungsgrundlage dient der Saprobienindex, der das Auftreten oder Fehlen von Organismen beziehungsweise Organismenkombinationen charakterisiert. Zusätzlich können chemisch-physikalische Messparameter herangezogen werden. Seit 1995 werden auch solche Gewässerveränderungen ermittelt, die eine ökologische Bewertung der Gewässer durch Saprobieneinstufung behindern oder unmöglich machen, wie Salzbelastung, Versauerung (Tz. 598), toxische Inhaltsstoffe, zeitweises Trockenfallen, Eisenockerablagerungen oder Algenmassenentwicklungen.

571. Zur Bewertung der Nährstoffbelastung erprobt die LAWA ein siebenstufiges chemisches Güteklassifikationsschema. In diesem wird als Zielvorgabe die Güteklasse II – vergleichbar mit Zielvorgabe für die biologische Gewässergüte – angestrebt. Den einzelnen Güteklassen sind die in Tabelle 2.4.3-1 enthaltenen Konzentrationsbereiche zugeordnet.

572. Für die chemisch-physikalische Gewässerbewertung wurden bislang 18 chemisch-physikalische Parameter ermittelt (SRU, 1996a, Tz. 304). Seit 1997 liegen für 28 Industriechemikalien und für sieben Schwermetalle bereits erprobte Zielvorgaben vor (LAWA, 1998a und b und 1997a). Da die Schwermetallkonzentration in der wässrigen Phase in erheblichem Maße vom Schwebstoffgehalt beeinflusst wird, werden in neueren Überwachungsprogrammen vorrangig Bestimmungen der spezifischen Schwermetallbelastung von Schwebstoffen durchgeführt. Von der LAWA wurden in diesem Zusammenhang ebenfalls Zielvorgaben für Schwebstoffe erarbeitet, die sich am Schutzgut „aquatische Lebensgemeinschaften" orientieren. Darüber hinaus sind Zielvorgaben für 35 Pflanzenschutzmittelwirkstoffe für das Schutzgut „aquatische Lebensgemeinschaften" abgeleitet (KUSSATZ et al., 1999). Im Rahmen der Arbeiten der „Internationalen Kommission zum Schutze des Rheins" (IKSR) sind internationale Zielvorgaben für 18 Pestizidwirkstoffe festgelegt worden, die für trinkwasserrelevante Messstellen zur Zeit erprobt werden. Es ist allerdings bisher versäumt worden, Qualitätsziele für gefährliche Stoffe aufzustellen, die den Anforderungen der EG-Richtlinie 76/464/EWG (Liste II) entsprechen (EuGH, EuZW 2000, 52 - Kommission gegen Deutschland).

In Analogie zur biologischen Gewässergüteklassifikation nach dem Saprobienindex erfolgt die chemische Klassifizierung ebenfalls in vier Haupt- (I, II, III, IV) und drei Nebenstufen (I-II, II-III, III-IV). Der Wert für die Zielvorgabe eines Stoffes stellt dabei den oberen Wert der Güteklasse II dar (3. Stufe), während die Güteklasse I (1. Stufe) grundsätzlich dem natürlichen Hintergrundwert entspricht. Anwendungen der chemischen Gewässergüteklassifikation erfolgen seit 1997 in zahlreichen Bereichen des Bundes und der Länder. Zum Beispiel wird für das BMU-Umweltbarometer vom Umweltbundesamt jährlich ermittelt, zu welchen Prozentsätzen die Gewässergüteklasse II als Ziel für die Kenngrößen AOX und Gesamtstickstoff erreicht wurde. Mit den beiden ausgewählten summarischen Indikatoren lassen sich in erster Linie aus Punktquellen stammende industrielle (AOX – adsorbierbare organische Halogenverbindungen) sowie diffuse Belastungen aus Landwirtschaft und Verkehr (Gesamtstickstoff) erfassen. Die Wasserbeschaffenheit wird seit 1996 für beide Kenngrößen an 100 (AOX) beziehungsweise 112 identischen Messstellen (Stickstoff) des Fließgewässermessstellennetzes der LAWA ermittelt.

573. Bei der Beurteilung eines Gewässers ist die ökologische Gewässerstruktur von besonderer Bedeutung. Die durch Aus- oder Umbau (Flussbettbegradigungen, Sohlenvertiefungen, Gewässerverbau, Stauhaltungen) hervorgerufenen Veränderungen der Fließgeschwindigkeiten und der Gewässersohle sowie der morphologischen Strukturen bewirken bei aquatischen Lebensgemeinschaften in den Uferbereichen und Auenflächen irreversible Veränderungen, die auch durch Ausgleichs- und Renaturierungsmaßnahmen kaum oder nur mit hohem Aufwand rückgängig gemacht werden können.

Beurteilung und Bewertung der Struktur von Fließgewässern werden seit einiger Zeit vorangetrieben. Im Auftrag der LAWA wurde ein Verfahren für die bundesweite Strukturgütekartierung entwickelt und in neun Bundesländern erprobt (LAWA, 1999). Die Ermittlung der Gewässerstrukturgüte erfolgt in sieben Stufen, den Strukturgüteklassen von unverändert bis vollständig verändert. In die Gütebewertung gehen die in Tabelle 2.4.3-2 genannten 25 Einzelparameter ein.

Tabelle 2.4.3-1

Einteilung der Güteklassen in bezug auf Nährstoffkonzentrationen

Güteklasse	Grad der Belastung	Konzentration in mg/L (90-Perzentil)		
		Gesamt-Phosphor	Ammonium-Stickstoff	Nitrat-Stickstoff
I	anthropogen unbelastet	≤ 0,05	≤ 0,04	≤ 1,0
I – II		≤ 0,08	≤ 0,10	≤ 1,5
II	mäßig belastet (Zielvorgabe)	≤ 0,15	≤ 0,30	≤ 2,5
II – III		≤ 0,30	≤ 0,60	≤ 5,0
III	erhöht belastet	≤ 0,60	≤ 1,20	≤ 10,0
III – IV		≤ 1,20	≤ 2,40	≤ 20,0
IV	hoch belastet	> 1,20	> 2,40	> 20,0

Quelle: UBA, 1997, S. 235

Tabelle 2.4.3-2

Parameter für die Gewässerstrukturgütebewertung

Hauptparameter	Einzelparameter	Hauptparameter	Einzelparameter
1. Laufentwicklung	1.1 Laufkrümmung 1.2 Krümmungserosion 1.3 Längsbänke 1.4 besondere Laufstrukturen	4. Sohlenstruktur	4.1 Sohlensubstrat 4.2 Sohlenverbau 4.3 Substratdiversität 4.4 besondere Sohlenstrukturen
2. Längsprofil	2.1 Querbauwerke 2.2 Rückstau 2.3 Verrohrungen 2.4 Querbänke 2.5 Strömungsdiversität 2.6 Tiefenvarianz	5. Uferstruktur	5.1 Uferbewuchs 5.2 Uferverbau 5.3 besondere Uferstrukturen
3. Querprofil	3.1 Profiltyp 3.2 Profiltiefe 3.3 Breitenerosion 3.4 Breitenvarianz 3.5 Durchlässe	6. Gewässerumfeld	6.1 Flächennutzung 6.2 Gewässerrandstreifen 6.3 sonstige Umfeldstrukturen

Quelle: LAWA, 1999; gekürzt

574. Das völlige Aussterben des Lachses und anderer Wanderfische im Rhein und seinen Nebenflüssen führte dazu, dass die Internationale Kommission zum Schutze des Rheins (IKSR) im Dezember 1986 ein besonderes Ziel beschloss: „Das Ökosystem des Rheins soll in einen Zustand versetzt werden, bei dem heute verschwundene, aber früher vorhandene höhere Arten (z. B. der Lachs) im Rhein als großem europäischem Strom wieder heimisch werden können" (Programm Lachs 2000 – IKSR, ohne Jahr).

575. Zur Beurteilung des gegenwärtigen Fließgewässerzustandes, für die Planung von Renaturierungsmaßnahmen und ganz allgemein zur Erstellung von Entwicklungskonzepten ist die richtige Zuordnung des Gewässers zu seinem natürlichen Fließgewässertypus besonders wichtig. Im Forschungsprojekt „Geomorphologische Typisierung und vegetationskundliche Charakterisierung der Fließgewässerlandschaften der Bundesrepublik Deutschland" der Länderarbeitsgemeinschaft Wasser, das vom Deutschen Verband für Wasserwirtschaft und Kulturbau e.V. (DVWK) fachlich betreut wird (Förderkennzeichen OK 5.79), wird zur Zeit eine Gewässertypologie für Mitteleuropa entwickelt, die als Grundlage für die ökologische Bewertung der Fließgewässer dienen soll. Hierzu werden etwa 25 bis 30 typisierte Hauptgewässerlandschaften in Deutschland unterschieden. Damit hofft man,

die Entwicklungsziele für Flusslandschaften exakter als bisher aufzeigen und erreichen zu können.

Hochwasservorsorge

576. In einem Beschluss der Bundesregierung vom 1. April 1998 zu den Perspektiven für eine ökologisch ausgerichtete Hochwasservorsorge wird betont, dass ein zukunftsweisender Hochwasserschutz nur mit einer ausgewogenen Kombination aus ökologisch ausgerichteten Maßnahmen zum Wasserrückhalt im Einzugsgebiet, technischen Hochwasserschutzmaßnahmen, Reglementierung und Anpassung der Nutzung in Überschwemmungsgebieten und individueller Hochwasservorsorge erzielt werden kann. Dabei soll von folgenden Leitsätzen ausgegangen werden (Jahresbericht der Wasserwirtschaft, 1999, S. 15 f.):

1. Hochwasserereignisse müssen wieder als Naturereignisse begriffen werden, denen der Mensch immer ausgesetzt sein wird.

2. Anthropogene Eingriffe in den Naturhaushalt haben zu einer Verschärfung der Hochwassergefahr geführt. Sie sollen, wo immer möglich, rückgängig gemacht, ausgeglichen und künftig vermieden werden.

3. Langfristige Hochwasservorsorge muss sich auf die gesamte Fläche von Flusseinzugsgebieten auch grenzüberschreitend erstrecken und ist überall dort durchzuführen, wo dies möglich ist. Das Vorsorgeprinzip, das generell im Umweltschutz gilt, muss auch in der Hochwasserprävention angewandt werden.

4. Technische Schutzmaßnahmen, die auch in Zukunft unverzichtbar sein werden, sollen sich vorrangig auf den Schutz von Menschenleben und hochwertiger Sachgüter beschränken. Hierbei sind stets auch die Belange von Naturschutz und Landschaftspflege zu beachten.

5. Vorkehrungen für Hochwasserereignisse sind jeweils örtlich auch durch die potentiell Betroffenen zu treffen. Diese Vorkehrungen müssen für die jeweiligen Flussgebiete u. a. auch durch Informations- und Vorhersagesysteme nach dem jeweils neuesten Stand der Technik unterstützt werden.

6. Die Nutzungen sind in den Überschwemmungsgebieten den Gefährdungen anzupassen. Hier sind langfristig wirksame Strategien zur Änderung der baulichen und der Bodennutzung zu entwickeln.

7. In überschwemmungsgefährdeten Gebieten ist Vorsorge gegen mögliche ökologisch negative Folgewirkungen wie Gewässer- und Bodenverunreinigungen zu treffen.

Schutz von Grundwasser

577. Zur Orientierung, an welchen Vorgaben sich Maßnahmen des Grundwasserschutzes (u. a. zur quantitativen und qualitativen Sicherung der Grundwasserbeschaffenheit und Trinkwassergewinnung) ausrichten sollen, dienen in Deutschland in erster Linie die Ziele eines schutzgebietbezogen orientierten Grundwasserschutzes. Dabei soll das Grundwasser als natürliche Ressource erhalten bleiben. Es soll ferner für die Versorgung der Bevölkerung, der Landwirtschaft, der Industrie und des Gewerbes nachhaltig genutzt werden.

In Deutschland bestehen keine quantitativ festgelegten Qualitätsziele für Grundwasser. Als qualitatives Ziel wurde die Erhaltung der „natürlichen Beschaffenheit" postuliert. Nach Auffassung der LAWA (1995a) besteht die Gefahr, dass quantitativ festgelegte Qualitätsziele, die sich nicht an der natürlichen Beschaffenheit orientieren, zur „Auffüllung" bis an die Grenze des Zulässigen führen. Angesichts der Situation, dass inzwischen großräumig anthropogene Belastungen festgestellt werden können, benutzt die LAWA heute eher den Terminus „anthropogen nur unbedeutend belastet".

578. Der Umweltrat hat dieses Umweltqualitätsziel in seinem Sondergutachten zum Grundwasserschutz weiter konkretisiert (SRU, 1998b), indem er fordert, im Zuge eines flächendeckend ansetzenden und vorsorgend orientierten Schutzgedankens anthropogen möglichst unbelastetes Grundwasser zu erhalten. Dieses Schutzziel stimmt mit dem in § 34 WHG ausgeführten Besorgnisgrundsatz sowie dem Verschlechterungsverbot überein, in dem dieser flächendeckende, am Vorsorgeprinzip orientierte Grundwasserschutz verankert ist.

579. Flächendeckender Grundwasserschutz erfordert nicht überall den gleichen, sondern einen standortangepassten Schutzaufwand – allerdings immer mit demselben Umweltqualitätsziel. Entsprechend ist für die Umsetzung eines flächendeckenden Grundwasserschutzes – unter Berücksichtigung von Schutzinteressen zum einen und Nutzungsinteressen zum anderen – eine räumlich differenzierte Herangehensweise erforderlich. Dem dient eine Klassifizierung von Grundwasservorkommen nach ihrer Belastungsempfindlichkeit.

Der Umweltrat hat deshalb angeregt, mittels länderübergreifender Grundwassereinheiten/-untereinheiten eine einheitliche Erfassungs- und Bewertungssystematik für die Grundwasserbeschaffenheit und für die Abschätzung der Belastungsempfindlichkeit von Grundwasservorkommen gegenüber Stoffeinträgen und strukturellen Eingriffen einzuführen, die über die bisher ausgewiesenen Grundwasserlandschaften und Grundwasserregionen mit ihrer länderspezifischen Prägung und dem meist naturräumlichen Bezug hinausgeht und prozessorientiert ansetzt (SRU, 1998b).

580. Im Entwurf der EU-Wasserrahmenrichtlinie ist die Erreichung des „guten Zustands" des Grundwassers als Ziel formuliert (Tz. 565 und 639). Die Rahmenrichtlinie verlangt zum Erreichen dieses Ziels einen gefährdungsabhängig gestaffelten Aufwand für die Überwachung. Dazu erfolgt eine Charakterisierung des Grundwassers einschließlich der Deckschichten und der

Belastungen, denen der Grundwasserkörper ausgesetzt ist. Bei Nichterreichung der Anforderungen an den guten Grundwasserzustand sind Maßnahmenpläne zu entwickeln, die geeignet sind, die regional spezifischen Belastungsquellen so zu vermindern, dass unter Berücksichtigung der Empfindlichkeit der Grundwasservorkommen und Deckschichten das Qualitätsziel eingehalten bzw. der steigende Schadstofftrend umgekehrt wird (MARKARD, 1999).

Schutz von Nord- und Ostsee

581. Von besonderer Bedeutung für den Schutz der Nordsee sind die Beschlüsse der *Nordseeschutzkonferenzen* (INK) zur Reduzierung von Schadstoff- und Nährstoffeinträgen durch die Anrainerstaaten. Neben der beschlossenen 50-prozentigen Reduzierung der Nährstoffeinträge sollen innerhalb einer Generation (25 Jahre) die Einleitungen und Emissionen von gefährlichen Stoffen durch ständige weitere Reduzierungen möglichst vollständig abgebaut werden. Die Reduktionsziele für Schwermetalle bis nahe an ihre natürliche Konzentration und die Reduktionsziele für gefährliche synthetische Stoffe bis gegen Null stellen eine wichtige Stärkung des Vorsorgeprinzips dar. Darüber hinaus einigten sich die Anrainerstaaten darauf, die Liste für gefährliche Stoffe um fünf Stoffgruppen (kurzkettige Chlorparaffine, Trichlorbenzol, Moschusxylol, Nonylphenole und bromierte Flammschutzmittel) zu erweitern. Allerdings ist ein Auslaufen der Verwendung nur vorgesehen, wenn Alternativen zur Verfügung stehen. Schließlich wurde die Nordsee zum Sondergebiet im Sinne des internationalen Übereinkommens zur Verhütung der Meeresverschmutzung durch Schiffe (MARPOL) erklärt; dadurch wird ein weitgehendes Einleitungsverbot für Öl und Rückstände von Schiffen ausgesprochen.

582. Zum Schutz der Ostsee hat im März 1995 die *Helsinki-Kommission* (HELCOM) eine Reihe von Empfehlungen zur Reduzierung von Emissionen und Belastungen aus verschiedenen Industriebereichen, zur Stickstoffeliminierung in kommunalen Abwasserbehandlungsanlagen sowie zur Minderung von luftbürtigen Einträgen aus der Hausmüllverbrennung ausgesprochen. Darüber hinaus werden die Anrainerstaaten aufgefordert, Maßnahmen zur Reduzierung der Verschmutzung durch Pestizide aus Land- und Forstwirtschaft zu ergreifen.

583. Die stoffbezogenen Qualitätsziele für den grenzüberschreitenden Meeresschutz wurden bereits vom Umweltrat (SRU, 1996a, Abschn. 2.3.3.2.3) dargelegt. Für den Schutz von Nord- und Ostsee hat er insbesondere eine weitergehende Reduzierung der Nährstoffeinträge gefordert (SRU, 1996a, Tz. 370). Ziel sollte es vor allem sein, geeignete Maßnahmen zur Reduzierung des landwirtschaftlichen Beitrags und des Verkehrsanteils zu ergreifen. Die Minderungsziele für die Nährstofffrachten sollten sich dabei künftig in Anlehnung an das Konzept der kritischen Eintragsraten an den natürlichen Grenzen der Belastbarkeit der betroffenen marinen Teilökosysteme orientieren. Darüber hinaus hat der Umweltrat angeregt, eine Reihe von gefährlichen Stoffen, u. a. einige Agrarpestizide und EDTA, in die Liste der gefährlichen Stoffe aufzunehmen, um das politisch formulierte Ziel der Nullemission für gefährliche Stoffe erreichen zu können. Weiterhin hat er vorgeschlagen, den Eintrag polyzyklischer aromatischer Kohlenwasserstoffe aus Verkehrsquellen mit geeigneten Maßnahmen zu reduzieren (SRU, 1996a, Tz. 357).

584. Neben stoffbezogenen Qualitätszielen sind in neuer Zeit auch Ziele für den Ressourcenschutz entwickelt worden. Nach den Zielsetzungen der Bundesregierung für Nordsee und Nordostatlantik soll das Management der Fischbestände innerhalb der gemeinsamen Fischereipolitik der EU so ausgerichtet werden, dass die Bestände erhalten und – soweit sie sich in einem schlechten Zustand befinden – langfristig wieder aufgebaut werden; darüber hinaus sind die negativen ökologischen Auswirkungen der Fischerei auf Arten und Lebensräume zu minimieren und die biologische Vielfalt zu erhalten. Dabei ist es wichtig, die auf der Konferenz der Umwelt- und Fischereiminister verabschiedeten Leitlinien und Strategien, wie z. B. den Vorsorgeansatz, eine nachhaltige Nutzung und einen ökosystemaren Ansatz weiter zu entwickeln und mittelfristig auf die Bewirtschaftung der Fischbestände zu übertragen. An der Entwicklung eines Vorsorgeansatzes für die Fischereibewirtschaftung arbeitet derzeit der Internationale Rat für Meeresforschung (Jahresbericht der Wasserwirtschaft, 1999).

2.4.3.2 Zur Situation von Gewässerschutz und nachhaltiger Wassernutzung

2.4.3.2.1 Oberflächengewässer

585. Die Flussgebietssysteme von Rhein, Elbe, Donau, Weser und Ems entwässern die größten Flächenanteile Deutschlands; das deutsche Einzugsgebiet der Oder umfasst nur etwa fünf Prozent der Bundesfläche; die Küstenregionen entwässern teilweise direkt in Nord- und Ostsee.

Die Qualität der großen Fließgewässersysteme hat sich in den letzten Jahren deutlich verbessert (Jahresberichte der Wasserwirtschaft, 1999, 1998 und 1997; UBA, 1997; SRU, 1996a, Absch. 2.3.3). Dies ist vor allem auf die Fortschritte in der Abwasserreinigung von Städten und Gemeinden sowie bei der Industrie zurückzuführen. Handlungsbedarf besteht dagegen immer noch bei diffusen Einträgen, z. B. von Bodenmaterial, Düngern und Pflanzenschutzmitteln aus der Landwirtschaft sowie bei einigen Schwermetallen und organischen Schadstoffen. Durch die verbesserten Sauerstoffverhältnisse reagieren die Fließgewässer nun auch sensibler auf Wärmebelastungen aus Kraftwerken und insbesondere auf intensiven technischen Ausbau sowie veränderte Wasserführung. Diese Beeinträchtigungen wurden zuvor vielfach durch hohe Abwasserbelastungen überlagert, und sie wurden in der Vergangenheit deshalb zu wenig beachtet.

Biologische Gewässergüte

586. Die biologische Gewässergüte der Fließgewässer, die alle fünf Jahre veröffentlicht wird, hat sich in den alten Bundesländern in den letzten zwanzig Jahren nachhaltig verbessert (Abb. 2.4.3-1). Bei der Belastung mit sauerstoffzehrenden organischen Stoffen ist ein Rückgang festzustellen; dadurch hat der Sauerstoffgehalt in den meisten Gewässern deutlich zugenommen (Jahresbericht der Wasserwirtschaft, 1999, S. 16 f.). Obwohl eine Vielzahl von Fließgewässern heute in weiten Abschnitten die Gewässergüteklasse II, das heißt mäßig belastet, aufweist, gibt es jedoch erst wenige Flussstrecken, die als unbelastet oder wenig belastet (Güteklasse I und I bis II) bezeichnet werden können. Bei den Problemflüssen mit sehr starker (Güteklasse III bis IV) oder übermäßiger Verschmutzung (Güteklasse IV) handelt es sich um die Emscher, kleinere abwasserbelastete Fließgewässer in Gebieten dichter Besiedlung oder intensiver landwirtschaftlicher Nutzung (z. B. Rheinhessen).

Die Wasserqualität der Elbe, die noch 1990 als „teilweise ökologisch zerstört" eingestuft werden musste, hat sich durch Veränderung von Produktionsprofilen, Stilllegung von Anlagen und den Neubau von Kläranlagen bis 1995 deutlich verbessert. In den am stärksten verschmutzten Flussabschnitten unterhalb und oberhalb von Dresden sowie unterhalb von Pirna hat sich die Gewässergüte um drei bis vier Stufen auf die Güteklasse II bis III (kritisch belastet) verbessert. Die Elbe weist nun von der tschechisch-deutschen Grenze bis zur Nordsee die Güteklasse II bis III auf. Auch die Mulde und die Schwarze Elster als bedeutende Zuflüsse weisen deutliche Verbesserungen auf Güteklasse III beziehungsweise II bis III auf.

Um die Zielvorgabe der LAWA, die Einhaltung der Gewässergüteklasse II zu erreichen (Tz. 569 ff.), sind vor allem in den genannten Problembereichen weitere Schutzanstrengungen erforderlich.

Gewässerstrukturgüte

587. Erste Kartierungen der Bundesländer zeigen, dass viele Gewässer als „naturfern" einzustufen sind (Jahresbericht der Wasserwirtschaft, 1999, S. 18). Mit der Gewässer-Strukturgütekarte für Weser, Werra und Fulda ist erstmals für ein Flussgebietssystem die Strukturgüte der drei Hauptflüsse nach dem von der LAWA entwickelten Verfahrensvorschlag länderübergreifend ermittelt worden (vgl. Tz. 573; Tab. 2.4.3-2). In einer ersten Situationseinschätzung werden als Problembereiche solche Ortslagen eingestuft, an denen besondere Hochwasserschutzmaßnahmen sowie Ufer- und Sohlenbefestigungen dominieren. Diese den Flusslauf festlegenden Maßnahmen führen zusammen mit unnatürlichen Linienführungen und fehlenden Ufergehölzen sehr häufig zu schlechten Bewertungen der Gewässerstrukturgüte. Insbesondere die Ortslagen müssen häufig als extrem stark veränderte, zugleich aber auch als praktisch „unveränderbare Strecken" eingestuft werden (Arbeitsgemeinschaft zur Reinhaltung der Weser, 1998). Abbildung 2.4.3-2 zeigt beispielhaft die Strukturgüte der größeren Fließgewässer Hessens.

Chemisch-physikalische Gewässergüte

588. Eine Zusammenstellung der chemisch-physikalischen Gewässerbeschaffenheit der einzelnen Fließgewässer, gegliedert nach verschiedenen Stoffen und Stoffgruppen, ist den Daten zur Umwelt 1997 (UBA, 1997, S. 229 bis 260) und für Pestizide einer Datensammlung der LAWA (1998b) zu entnehmen. Ausgewählte Kenngrößen für einzelne Messstationen sind in den Jahresberichten der Wasserwirtschaft (1999 und 1998) enthalten.

589. Das Messstellennetz der LAWA umfasst 151 ausgewählte Messstellen. Die Qualität der Fließgewässer in Deutschland ist dem aufgestellten Sanierungsziel der Güteklasse II (mäßig belastet) nähergekommen. An den Messstellen des LAWA-Messnetzes wurde 1996 die chemische Güteklasse II und besser bei AOX zu 52 % (70 Messstellen), bei Schwermetallen zu 11 % (53 Messstellen), bei Gesamtstickstoff zu 9 % (74 Messstellen) und bei Gesamtphosphor zu 18 % (136 Messstellen) erreicht (Stand: Juli 1998; Quelle: UBA, schriftl. Mitteilung).

590. Eine Zusammenstellung der Entwicklung der Nährstoffbelastung ist Abbildung 2.4.3-3 zu entnehmen.

Die Gesamtphosphor-Belastung der Fließgewässer hat sich seit 1986 erheblich verringert. Gemessen an der von der LAWA angestrebten Zielvorgabe wird jedoch nur an wenigen Messstellen die Güteklasse II eingehalten. Die Einhaltung der Gewässergüteklasse II konzentriert sich im süddeutschen Raum, wo hohe Abflussmengen zur Verdünnung beitragen, sowie im Bergbaugebiet in der Lausitz, wo eisenhaltige Grubenwässer eine Ausfällung des Phosphors bewirken (UBA, 1997, S. 237).

Die Ammonium-Belastung zeigt in der Elbe einen deutlichen Rückgang, in Rhein, Donau, Weser und Oder einen schwachen Rückgang. Die LAWA-Zielvorgabe wird jeweils weitgehend eingehalten.

Gewässerschutz und nachhaltige Wassernutzung

Abbildung 2.4.3-1

Biologische Gewässergütekarte 1995

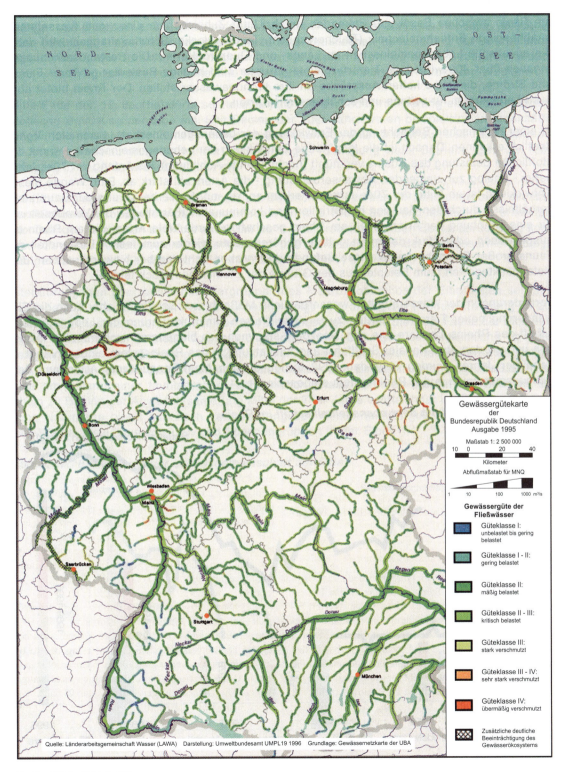

Quelle: UBA, 1997, S. 263

Die Nitratbelastung der Fließgewässer hat sich im Zeitraum 1982 bis 1998 nicht wesentlich geändert. Die Nitratkonzentrationen sind in Weser und Elbe am höchsten, gefolgt vom Rhein und mit Abstand von Oder und Donau. Das Nitrat stammt zu etwa fünfzig Prozent aus der Landwirtschaft. Die Karte der Güteklassifikation von Nitrat zeigt, dass nur an wenigen Messstellen die Zielvorgabe der Güteklasse II eingehalten wird. Sehr geringe Konzentrationen sind im Alpenvorland bei hohen Abflussmengen, am Rhein bis Mannheim und an der Havel festzustellen (UBA, 1997, S. 237). Der Wasserwirtschaftsbericht 1999 stellt dazu fest, dass die Nitratkonzentrationen weiterhin unverändert hoch ausfallen und dass der Haupteintrag aus diffusen Quellen erfolgt. Damit ist auch die Nährstofffracht, die die Küstenmeere erreicht, insgesamt immer noch zu hoch (Tz. 620 f. und 704; Abb. 2.4.3-7).

Organische Schadstoffbelastung

591. Die Belastung mit organischen Schadstoffen ist insgesamt zurückgegangen; zum Beispiel sind merkliche Reduzierungen der Gewässerbelastung mit Trichlormethan (Chloroform) durch den Ersatz von Chlor als Bleichmittel in der Zellstoffindustrie zu verzeichnen. Die Belastung mit Hexachlorbenzol (HCB) hat sich im Zeitraum 1985 bis 1997 hingegen nicht merklich verringert. Die gegenwärtige HCB-Belastung der Fließgewässer, die zur stellenweisen Überschreitung der Lebensmittel-Höchstwerte in Fischen führt, ist überwiegend auf bestehende Altlasten, aber auch, wie im Fall der Elbe, auf Vorbelastungen durch die Oberlieger (Tschechische Republik) zurückzuführen. Weitere Elbe-typische Problemstoffe sind DDT und Derivate sowie Tetrabutylzinn, die trotz rückläufiger Entwicklung der Belastung auch in jüngster Zeit noch in erheblichen Konzentrationen gemessen wurden. Im Rhein treten im Vergleich zur Elbe höhere Konzentrationen an polychlorierten Biphenylen und Tributylzinn auf (Jahresbericht der Wasserwirtschaft, 1999, S. 17 f.).

Gewässerbelastung mit Pflanzenschutzmitteln

592. Ein Vergleich der Zielvorgaben der „Internationalen Kommission zum Schutze des Rheins" für 18 Pestizidwirkstoffe mit tatsächlich gemessenen Werten ergibt für einzelne Flussabschnitte und ausgewählte Wirkstoffe folgendes Bild: In der Gruppe der Herbizide sind die Atrazingehalte nach dem Anwendungsverbot in den neunziger Jahren zwar kontinuierlich gesunken, die Zielvorgabe wird jedoch sowohl für Atrazin als auch für einzelne persistente Metaboliten im Rhein überschritten. Entsprechendes gilt bei Übertragung der Zielvorgabe auch für Elbe, Mulde, Nidda, Lippe und andere Flüsse. Besonders hohe Überschreitungen werden an den grenzüberschreitenden Flüssen Saar und Elbe festgestellt. Bei weiteren Triazinen und dem verwandten Bentazon treten einzelne Überschreitungen vorwiegend an kleineren Flüssen auf. Häufige Überschreitungen der Zielvorgaben werden bei den Phenoxycarbonsäuren gemessen. Zu Überschreitungen kommt es darüber hinaus bei den Harnstoffderivaten, den aromatischen Nitroverbindungen und in Einzelfällen bei Nebenprodukten und Ausgangsstoffen der Herbizidherstellung.

Bei den Insektiziden treten häufige Überschreitungen bei Lindan und seinen Isomeren auf. Andere Wirkstoffe werden gelegentlich – und dann vor allem stoßweise – in sehr hohen Konzentrationen gemessen (Daten in UBA, 1997, S. 252 ff.).

593. Herkömmlicherweise wird die Anwendung als wesentlicher Eintragspfad für Pflanzenschutzmittel angesehen. Die Anwendung wird durch Abstandsauflagen beeinflusst. Dabei wird von der Biologischen Bundesanstalt gemäß Untersuchungen von BACH et al. (1996) teilweise von praxisfernen Randbedingungen in bezug auf die Gewässergeometrie und die Abflussspende ausgegangen. Weiterhin werden den Felderhebungen zufolge Abstandsauflagen nicht beachtet, und die Pflanzenschutzmittelanwendung erfolgt häufig nicht sachgerecht und nicht bestimmungsgemäß nicht (FISCHER et al., 1995). Die abdriftbedingten Wirkstoffkonzentrationen in Oberflächengewässern liegen danach rechnerisch um etwa zwei Zehnerpotenzen höher als nach den Annahmen der Biologischen Bundesanstalt (BACH et al., 1996).

Arbeiten derselben Arbeitsgruppe weisen auf einen zweiten wesentlichen Eintragspfad für Pflanzenschutzmittel hin. Für ein kleines Fließgewässer in Hessen wurden für vier Spritzperioden alle punktuellen und diffusen Einträge erfasst. In den Messungen konnte nachgewiesen werden, dass die Ausbringung von Pflanzenschutzmitteln zwar in 60 % der 260 Anwendungen fehlerhaft erfolgte, diese Quelle aber nicht zu großen Gewässerbelastungen führte. Über 90 % der Einträge konnten punktuellen Einleitungen aus Hofabläufen der vierzig an eine Kläranlage angeschlossenen landwirtschaftlichen Betriebe zugeordnet werden. Erosive Einträge und Einträge aus Dränagen waren dagegen von geringer Bedeutung. Durch gezielte Beratung konnten die Belastungen um rund 80 % reduziert werden (FREDE et al., 1998). Zu vergleichbaren Ergebnissen ist dieselbe Arbeitsgruppe auch an anderen Standorten gekommen (FISCHER et al., 1998a und b). Der gemessene Kläranlagenanteil an der Gesamtbelastung der Gewässer lag bei 65 bis 70 %; ein nennenswerter Abbau von Pflanzenschutzmitteln in den Kläranlagen hat offensichtlich nicht stattgefunden. Die Untersuchungen legen weiterhin nahe, dass wesentliche Teile der Restfracht nicht über diffuse Einträge, sondern über Regenentlastungsanlagen in die Gewässer eingetragen worden sind, das heißt, ebenfalls aus den kanalisierten Hofabläufen stammen.

Gewässerschutz und nachhaltige Wassernutzung

Abbildung 2.4.3-2

Die Gewässerstrukturgüteklassen ausgewählter hessischer Oberflächengewässer

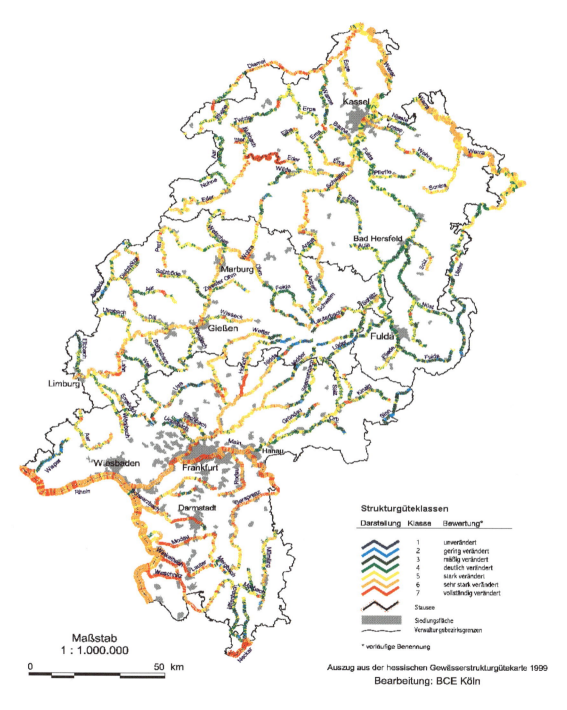

Quelle: Hessisches Ministerium für Umwelt, Landwirtschaft und Forsten, 1999

Betrachtung der Umweltpolitikbereiche

Abbildung 2.4.3-3

Zusammenstellung der Entwicklung der Nährstoffbelastung

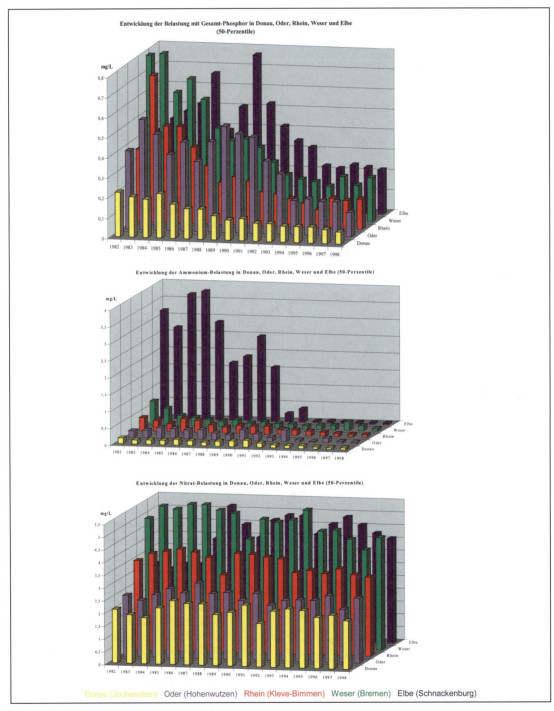

Quelle: UBA, Januar 2000, schriftl. Mitt., nach Angaben der LAWA

Schwermetalle

594. Die Schwermetallbelastung der Flüsse hat insgesamt erheblich abgenommen. Schwermetalle gelangen mit häuslichen und vor allem industriellen Abwässern, aber auch über diffuse Eintragspfade (z. B. Bodenerosion) in die Gewässer und reichern sich in Schwebstoffen und Sedimenten an (Jahresbericht der Wasserwirtschaft, 1999, S. 16).

Eine Übersicht über die zeitliche Entwicklung der Schwermetallbelastung von Schwebstoffen ist im Jahresbericht der Wasserwirtschaft 1999 (S. 17 f.) enthalten. Für die Flüsse Donau, Rhein, Weser, Elbe und Oder wird für sämtliche dargestellte Schwermetalle – von einigen Ausnahmen abgesehen – eine mehr oder minder ausgeprägte Abnahme der Schwermetallbelastung im Zeitraum 1988 bis 1997 deutlich. Schwebstoffe aus der Elbe bei Schnackenburg und aus der Oder bei Schwedt zeigen eine merklich höhere Belastung mit allen Schwermetallen (insbesondere Quecksilber, Cadmium und Zink) als Schwebstoffe aus der Weser bei Bremen, aus dem Rhein an der deutsch/niederländischen Grenze bei Kleve-Bimmen und aus der Donau bei Jochenstein.

595. Die Auswertung der Befunde auf der Datenbasis 1994 zeigt, dass sich bei der Zielvorgabe Güteklasse II folgende Reihung der Belastungssituation ergibt: Bei Cadmium gibt es mehr als 54 %, bei Zink 47 %, Kupfer 40 %, Blei und Quecksilber jeweils 32 % Überschreitungen; für Chrom und Nickel werden die Zielvorgaben weitgehend eingehalten (4 % bzw. 7 % Überschreitungen) (Karten hierzu in UBA, 1997, S. 247 ff.). Regionale Belastungsschwerpunkte liegen insbesondere im Einzugsgebiet der Elbe. Auch wenn in den vergangenen Jahren bereits Erfolge bei der Verminderung der Schwermetallbelastung erzielt werden konnten, so erfordert doch der Schutz der aquatischen Lebensgemeinschaften weitergehende Anstrengungen bei der Reduzierung der Schwermetalleinträge, insbesondere bei Cadmium, aber auch bei Zink, Kupfer, Blei und Quecksilber.

Besonderheiten der Entwicklung am Rhein

Programm Lachs 2000

596. Die Entwicklung am Rhein hat gezeigt, dass sich mit der Verbesserung der Wasserbeschaffenheit die Artenvielfalt im Fließgewässer wesentlich erhöht hat. Für eine naturraumtypische Besiedlung ist jedoch auch die Einhaltung beziehungsweise die Verbesserung oder Schaffung naturnaher Biotopstrukturen Voraussetzung. Dies stößt beim Rhein auf besondere Probleme. Zum einen hat der Ausbau der letzten 180 Jahre mit Flussbegradigungen, Uferbefestigungen, Einengung und Verlust der Überschwemmungsgebiete und Auen sowie Sohlenvertiefungen für die Schifffahrt zu tiefgreifenden Veränderungen geführt; zum anderen beeinträchtigt die Nutzung des Wassers als Trink- und Brauchwasser sowie als Vorfluter für die Abwässer noch immer die Gewässerqualität. Zwar sind zahlreiche für den Rhein typische Fischarten in den letzten Jahren aus den Neben- und Randgewässern in den Fluss zurückgekehrt (z. B. NEUMANN und BORCHERDING, 1998), jedoch ist der Rhein noch nicht für alle dort ursprünglich heimischen Arten wieder besiedelbar.

597. Das Aussterben des Lachses und anderer Wanderfische im Rhein führte zu dem länderübergreifenden Beschluss, den Rhein in einen solchen Zustand zu versetzen, dass früher vorhandene Arten wieder heimisch werden können (Programm Lachs 2000 – IKSR, o. J.; Tz. 574). Die Zielsetzungen des Programms Lachs 2000 erforderten neben deutlichen Verbesserungen der Wasserqualität für verschiedene Schadstoffe die Schaffung geeigneter ökologischer Bedingungen für die Wanderung der Fische sowie die Wiederherstellung geeigneter Laichplätze und Jungfischhabitate mit kiesigem, flachem Gewässerbett in den Oberläufen der Nebenflüsse. Gerade der Zustand der Gewässersedimente hat entscheidenden Einfluss auf den Bruterfolg des Lachses (NEUMANN et al., 1998). Inzwischen sind zum Beispiel durch Entschlammung von Kiesbänken und die Schaffung von Wehren und Aufstiegshilfen die Lebensraumbedingungen nachhaltig verbessert worden. Um den Bestand des Lachses wiederherzustellen, wurden ab 1992 zahlreiche Besatzmaßnahmen durchgeführt (IKSR, 1996). Mittlerweile zeigt die Begleitforschung zu den Maßnahmen erste Erfolge: Meerforelle, Meer- und Flussneunauge werden seit den achtziger Jahren wieder an mehreren Orten festgestellt. Auch der Lachs kommt im Rhein aufgrund des Besatzes wieder vor. Die Zukunft dieser Arten hängt von der dauerhaften Sicherung der Durchwanderbarkeit des Gewässers und der Wiederherstellung beziehungsweise dem nachhaltigen Schutz der Laichplätze ab (IKSR, 1998a).

Zum Zustand kleinerer Fließgewässer und von Trinkwassertalsperren

598. Durch die erzielten Verbesserungen bei der Abwasserreinigung erlangen andere Belastungsursachen für den Zustand kleinerer Fließgewässer besondere Bedeutung. Zahlreiche unbelastete Quellbereiche und Gewässeroberläufe in Gebieten, in denen das Säurepuffervermögen gering ist, zeigen starke Versauerungstendenzen, die vor allem auf die Auswirkungen versauernder Luftschadstoffe zurückzuführen sind (LfU B-W, 1998; SRU, 1996a, Tz. 300; vgl. auch Tz. 570). Abwassereinleitungen, die aufgrund ihres hohen Basengehaltes puffernd wirken könnten, fehlen dort ohnehin. Zu den Auswirkungen der Gewässerversauerung gehört die Verschiebung der Zusammensetzung der Lebensgemeinschaften hin zu solchen Arten, die weniger säureempfindlich sind, sowie eine Verringerung der Artenvielfalt und der Individuendichte bis hin zum Verlust höheren Lebens.

599. Für zahlreiche kleinere Fließgewässer sind im Belastungsvergleich die Auswirkungen der Beeinträchtigung der Gewässerstruktur und der Wasserführung schwerwiegender und nachteiliger zu beurteilen als die Belastungen durch Abwassereinleitungen. Insbesondere können das schnelle Ableiten von Wasser infolge wasserbaulicher Maßnahmen, die Wasserentnahme und Stauhaltungen periodisch zu extremen Niedrigwasserständen oder gar zum Austrocknen führen. Der starke Wechsel der Wasserstände stört alle Gewässerfunktionen und vernichtet im Extremfall den Lebensraum Wasser (Tz. 1346 f.).

600. Im Bereich kleinerer Gewässer und in Trinkwassertalsperren kommt es gelegentlich zu Belastungen durch diffuse Stoffeinträge. Vor allem sind Einschwemmungen von Boden, die zu Gewässertrübungen führen, und Einträge von Nährstoffen mit dem Boden und aus der landwirtschaftlichen Düngung immer noch häufige Ursachen für eine – zumindest periodisch – schlechte Wasserqualität. Einträge von Pflanzenschutzmitteln über die Luft stellen selbst in landwirtschaftsfernen Waldgebieten ein besonderes Problem für Trinkwassertalsperren beziehungsweise für die Wassernutzung dar. Auch bakteriologische Belastungen infolge Abwassereinleitungen können in Trinkwassertalsperren die Trinkwassergewinnung behindern. Vor- und Hauptsperren besitzen jedoch erhebliche Eliminationswirkung bei Stoff- und Keimeinträgen und tragen damit auch zur Verbesserung der Gewässerqualität bei (gwf-Special Talsperren 15/1998).

Stehende Gewässer

601. Seen sind in Deutschland sehr ungleich verteilt und weisen geomorphologisch und hydrologisch große Unterschiede auf. Der größte deutsche See ist der Bodensee mit 470 km^2 Seefläche und 255 m Maximaltiefe. Extrem flach ist dagegen mit 2,8 m Maximaltiefe und einer mittleren Tiefe von 1,20 m das niedersächsische Steinhuder Meer. Mit Ausnahme des Steinhuder Meeres weisen alle größeren Seen zumindest in ihrem tiefsten Beckenteil eine stabile sommerliche Schichtung auf. Übermäßiger Nährstoffeintrag und die daraus folgende Überdüngung, in der Regel verursacht durch den wachstumslimitierenden Nährstoff Phosphor, stellen noch immer das größte Problem der Seen in Deutschland dar. Da in stehenden Gewässern im Gegensatz zu Fließgewässern Nährstoffe im Sediment gespeichert und unter bestimmten Bedingungen wieder freigesetzt werden, reagieren Seen auf eine Reduzierung der Nährstoffeinträge nur sehr langsam.

Die Trends in der Entwicklung einzelner großer Seen zeigen bis in die siebziger Jahre eine zunehmende Eutrophierung infolge von Abwassereinleitungen und diffusen landwirtschaftlichen Einträgen. Durch Maßnahmen der Abwasserreinigung und Abwasserfernhaltung von Seen ist ab Mitte der siebziger Jahre ein deutlicher Rückgang der Nährstoffzufuhr zu verzeichnen, wodurch anteilmäßig der Einfluss landwirtschaftlicher Nährstoffeinträge an der Eutrophierung an Gewicht gewinnt. Die tiefen Voralpenseen reagierten mit einer deutlichen Verringerung des Trophieniveaus, das flache, polymiktische und zudem durch intensive Landwirtschaft im Einzugsgebiet geprägte Steinhuder Meer weist hingegen trotz Verringerung des Abwassereinflusses kaum eine Verringerung der Trophie auf (BMU, 1998, S. 124 ff.; UBA, 1997, S. 266 ff.).

602. Die Trophieklassifizierung der stehenden Gewässer Mecklenburg-Vorpommerns von 1996 zeigt bei etwa 80 % der Seen eine Einstufung in die Klassen eutroph bis hypertroph. Die Seen mit höherer Trophielage befinden sich vorwiegend in den Größenklassen geringerer Seefläche sowie unter den ganzjährig durchmischten, das heißt ungeschichteten Seen. Nach einer ersten Einschätzung lassen sich gegenüber früheren Untersuchungen keine oder nur geringfügige Änderungen der Trophiesituation ableiten (Gewässergütebericht Mecklenburg-Vorpommern, 1998, S. 50 ff.).

Bei den über 1 000 in den Jahren 1992 bis 1993 untersuchten Seen Brandenburgs wurde etwa die Hälfte als eutroph und etwa 30 % als polytroph bis hypertroph eingestuft. Es gab allerdings auch noch 12 % oligo- und mesotrophe Seen (WÖBBECKE und RIEMER, 1994), deren besondere Bedeutung für den Naturschutz und als NATURA-2000-Biotope hervorgehoben werden muss (MIETZ und SCHÖNFELDER, 1997).

603. Der Umweltrat begrüßt die gerade erfolgte Vergabe eines Forschungsprojektes zum Zustand und der Entwicklung der wichtigsten Seen Deutschlands (FKZ 299 24 274), mit dem erstmals ein breiter und systematischer Überblick über die Qualität von stehenden Gewässern gegeben werden soll. Er verbindet damit auch die Hoffnung, dass künftig Seen in der regelmäßigen Umweltberichterstattung ein stärkeres Gewicht erhalten.

2.4.3.2.2 Grundwasserbeschaffenheit und Trinkwassergewinnung

604. Grundwasser ist im Bundesgebiet mit 73 % (Quell- und echtes Grundwasser) die bedeutendste Quelle für die Trinkwasserversorgung (Statistisches Bundesamt, 1998). Darüber hinaus entfallen rund 10 % auf Uferfiltrat. Vor diesem Hintergrund sowie aufgrund der hohen ökosystembezogenen Bedeutung erfordert der Schutz der Ressource Grundwasser besondere Aufmerksamkeit. Dies gilt auch für die systematische Erfassung und Überwachung des Grundwasserzustandes. Die Entwicklung bei der öffentlichen Wasserversorgung ist in Abbildung 2.4.3-4 dargestellt.

Informationsmanagement zur Grundwasserbeschaffenheit

605. Daten zur Beschaffenheit der Grundwasservorkommen in Deutschland liegen bis heute trotz zahlreicher Empfehlungen und Richtlinien (SCHENK und

KAUPE, 1998; LAWA, 1993) nicht länderübergreifend und bundesweit vergleichbar vor. Dieses gilt sowohl für die Auswahl und Verteilung von Messstellen als auch für die Anzahl von Messdaten (SRU, 1998b, Tz. 141 ff.). Zur einheitlichen Erfassung der Grundwasserbeschaffenheit ist es erforderlich, den Umfang von Parametern sowie Art, Häufigkeit und Periodizität der Probenahme festzulegen. Die Umsetzung entsprechender Empfehlungen und Richtlinien gestaltet sich in den Ländern sehr unterschiedlich. Während einige Länder sich eng an die sieben Parameterkataloge der LAWA halten, entwickelten andere Länder an ihre spezifischen Gegebenheiten angepasste Messprogramme. In allen Ländern werden jedoch routinemäßige Untersuchungen zu anthropogenen Stoffeinträgen vorgenommen, insbesondere zu Nitrat und Wirkstoffen aus Pflanzenbehandlungsmitteln.

In den östlichen Bundesländern wurde 1992 begonnen, ein einheitliches Grundwasserbeschaffenheits-Messsystem als Grundlage für die Erfüllung von Berichtspflichten des Bundes gegenüber der EU (z. B. EU-Grundwasserverordnung) aufzubauen. Der Ausbau des Messnetzes ist noch nicht abgeschlossen, ermöglicht jedoch bereits grundsätzlich eine einheitliche Erfassung zu Art, Ausmaß und flächenhafter Entwicklung der Grundwasserbeschaffenheit in den wichtigsten hydrogeologischen Einheiten. Danach sind rund 38 % der Grundwasservorkommen als anthropogen unbeeinflusst zu bezeichnen; jedoch sind mehr als 60 % der Vorkommen durch anthropogene Aktivitäten beeinträchtigt (Tab. 2.4.3-3).

Tabelle 2.4.3-3

Einflussfaktoren auf die Beschaffenheit und Anteile an der Veränderung des Grundwassers in den östlichen Bundesländern

Einflussfaktor	beeinträchtigte Vorkommen
landwirtschaftliche Nutzung	20,8 %
Pflanzenbehandlungsmittel	3,8 %
häusliche Abwässer	11,5 %
Industrie	1,3 %
geogene Versalzung	3,8 %
Versauerung	4,7 %
Staubeinträge	6,5 %
unspezifisch	10,1 %
Summe	**62,5 %**

Quelle: UBA, 1998

606. In regelmäßigen Abständen erstellen die Länder Berichte zur Beschaffenheit des Grundwassers. Eine bundesweite Darstellung für einzelne Stoffe liegt allerdings nur für Nitrat (LAWA, 1995b) und für einige Wirkstoffe aus Pflanzenbehandlungsmitteln (LAWA, 1997b) vor.

Grundsätzlich besteht weiterhin die vom Umweltrat bereits 1998 dargelegte Problematik, dass die gewonnenen Daten selbst innerhalb einer Stoffgruppe nicht bundeseinheitlich auswertbar sind, weil Unterschiede beim Untersuchungsumfang (Zahl von Wirkstoffen und von Metaboliten), der Häufigkeit, der Technik der Beprobung, der Messkonzeption sowie Differenzen bei der Analytik bestehen (vgl. SRU, 1998b, Tz. 141 ff.).

Stoffliche Beeinträchtigungen durch Nitrat

607. Mit Blick auf die allgemeine stoffliche Belastung des Grundwassers ist die Situation für solche Stoffe bedenklich, deren Einträge auf die landwirtschaftliche Düngung zurückgeführt werden können oder mit Versauerungsprozessen im Boden im Zusammenhang stehen (BT-Drs. 13/10735). Insbesondere für Nitrat ist die Situation nach wie vor unbefriedigend, wobei nach Angaben des UBA (1997) der Anteil der Nitratbelastung im Grundwasser zu rund 90% durch die Landwirtschaft verursacht wird. Hierzu hat der Umweltrat in der Vergangenheit bereits mehrfach ausführlich Stellung genommen (SRU, 1998b, Abschn. 2.3.1.1; SRU, 1996a, Abschn. 2.3.3.1.3; SRU, 1985).

Insgesamt liegen 75 % aller Nitratmesswerte im Grundwasser unterhalb des Richtwertes für Trinkwasser von 25 mg NO_3^-/L; immerhin rund ein Drittel aller gemessenen Proben weisen Werte unterhalb von 1 mg NO_3^-/L auf. Es wird jedoch darauf verwiesen, dass es sich bei diesen Grundwässern vorwiegend um solche mit sehr starkem Denitrifikationspotential handelt, so dass die im Grundwasser ermittelten Werte keineswegs die Eintragssituation insgesamt widerspiegeln (UBA, 1998). Daneben gehören Grundwässer in Regionen mit sehr geringer landwirtschaftlicher Intensität vorwiegend diesem Wertebereich an. Demgegenüber weisen rund 25 % aller Messwerte erhöhte, häufig auf landwirtschaftliche Aktivitäten zurückzuführende Gehalte oberhalb des Trinkwassergrenzwertes von 50 mg NO_3^-/L auf. Dabei bestehen nach Angaben des Umweltbundesamtes (UBA, 1997) unmittelbare Zusammenhänge zwischen der Höhe der Nitratkonzentration im Grundwasser und der Ausdehnung von Sonderkulturen des landwirtschaftlichen Obst-, Wein- und Gemüseanbaus. Der Umweltrat verweist auf die Problematik, dass ein allgemeiner Trend der zunehmenden Tiefenverlagerung von erhöhten Nitratgehalten verzeichnet wird und dass zunehmend auch bei forstwirtschaftlicher Nutzung erhöhte Nitratgehalte im Grundwasser nachgewiesen werden. Als Grund hierfür können nach Ansicht des Umweltrates nicht allein atmogene Stickstoffeinträge in Waldökosysteme und die Nitratverlagerung infolge Versauerungsprozessen in den Böden angesehen werden, sondern es sind vielmehr nicht standortangepasste Nutzungsformen und Bewirtschaftungsmaßnahmen zu berücksichtigen. Insbesondere die nicht ausreichende Berücksichtigung schleichend aufgebauter Grundwasser-Belastungspotentiale (BENS, 1999), die infolge von Bewirtschaftungseingriffen mobilisiert werden können, sowie darüber hinaus der Faktor Zeit („Langzeitgedächtnis des Bodens"; ROTHE und KREUTZER, 1998) sind in diesem Kontext hervorzuheben.

Abbildung 2.4.3-4

Wassergewinnung für die öffentliche Wasserversorgung

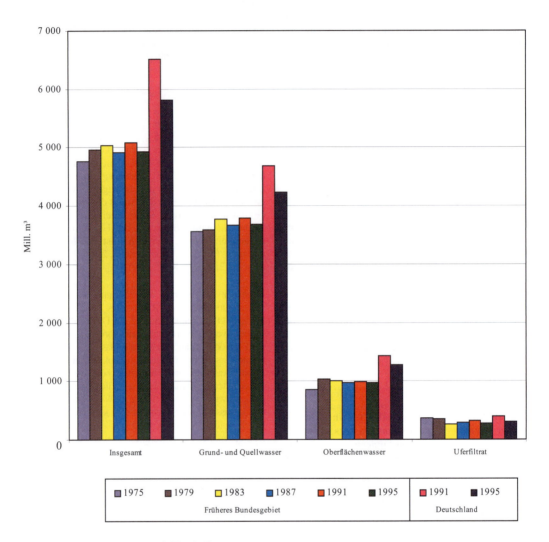

Quelle: Statistisches Bundesamt, 1998, schriftl. Mitteilung

Für den Bereich der östlichen Bundesländer zeichnet sich kein eindeutiger Trend bezüglich der Veränderung von Nitratgehalten im Grundwasser ab; der Anteil der Grenzwertüberschreitungen gemäß Trinkwasserverordnung liegt nahezu konstant bei 8 % der untersuchten Proben (UBA, 1997). Erhöhte Nitratwerte werden in Regionen mit grundwasserführenden Festgesteinen nachgewiesen; dagegen herrschen im Bereich der grundwassererfüllten Lockergesteinsbereiche Nordostdeutschlands vorwiegend reduzierende Milieubedingungen vor, so dass kaum Überschreitungen des Trinkwassergrenzwertes für Nitrat vorkommen, hingegen in 22 % aller Proben verstärkt Überschreitungen des Trinkwassergrenzwertes für Ammonium (0,5 mg/L) nachgewiesen werden.

Stoffliche Beeinträchtigungen durch Pflanzenbehandlungsmittel

608. In Deutschland werden jährlich rund 30 000 Tonnen Pflanzenbehandlungsmittel verkauft, allerdings existieren keine Zahlen zur Menge der tatsächlich eingesetzten Mittel. Das Umweltbundesamt geht davon aus, dass die Summe, um Import und Export bereinigt, deutlich über 30 000 Tonnen pro Jahr liegt. Dabei kommen rund 1 000 verschiedene Präparate mit etwa 200 Wirkstoffen zum Einsatz.

Im Zuge der Grundwasserüberwachung wurde belegt, dass mit Blick auf die flächenhafte Grundwasserbelastung im Mittel an 30 % aller Messstellen Pflanzenbehandlungsmittel im Grundwasser nachweisbar sind. Nach Studien des Umweltbundesamtes und der LAWA (UBA, 1998) ist davon auszugehen, dass an 10 % aller Messstellen Pflanzenbehandlungsmittelgehalte oberhalb des Trinkwassergrenzwertes von 0,1 µg/L vorherrschen. Dabei sind der seit 1991 nicht mehr zugelassene Wirkstoff Atrazin sowie dessen Abbauprodukt Desethylatrazin Hauptkontaminanten, was durch das Langzeitgedächtnis des Bodens bedingt ist.

Stoffliche Beeinträchtigungen durch sekundäre Luftschadstoffe

609. In der Atmosphäre kommt eine Vielzahl organischer Substanzen menschlichen und natürlichen Ursprungs im Spurenbereich vor. Infolge gesetzlicher Maßnahmen (Bundes-Immissionsschutzgesetz, Kfz-Abgasvorschriften u. a.) ist die Gesamtmenge der in Deutschland durch menschliche Aktivitäten in die Atmosphäre emittierten flüchtigen organischen Stoffe (ohne Methan) in den letzten Jahren rückläufig. Während sie für das Jahr 1990 noch auf 3 225 kt geschätzt wurde, betrug sie 1997 nur noch 1 807 kt. Hauptquelle ist die Lösungsmittelverwendung in Industrie, Gewerbe und Haushalten, gefolgt vom Straßenverkehr. Beide Emittentengruppen machen seit 1990 zusammen rund 82 % der Emissionen flüchtiger organischer Substanzen aus, wobei sich der prozentuale Anteil des Straßenverkehrs kontinuierlich verringert.

In der Atmosphäre finden Verteilungs- sowie Ab- und Umbauprozesse statt. Ein Teil der luftgetragenen und luftbürtigen organischen Substanzen gelangt mit der Deposition auf die Oberfläche von Vegetation und Boden. Im Boden wird ihr weiteres Schicksal von einem komplexen Zusammenspiel biologischer, physikalischer, chemischer und physikochemischer Vorgänge bestimmt. Nur ein sehr kleiner Teil der über die Deposition in den Boden eingetragenen organischen Substanzen erreicht schließlich das Grundwasser. Das Thema luftgetragener beziehungsweise luftbürtiger organischer Substanzen und ihrer möglichen Auswirkungen auf das Grundwasser verlangt deshalb eine integrierte, medienübergreifende Betrachtungsweise.

Der Umweltrat verweist in diesem Zusammenhang auf die von RAFFIUS und SCHLEYER (1999) sowie RAFFIUS (2000) begonnenen Arbeiten zur Abschätzung des Eintragspotentials von 147 organischen Einzelsubstanzen aus 13 Stoffgruppen aus der Atmosphäre in das Grundwasser. Das Eintragspotential ergibt sich aus der stoff- und standortspezifischen Depositionsrate, aus dem stoffspezifischen Migrationspotential sowie aus der standortspezifischen Grundwasserempfindlichkeit. Es können daher nur diejenigen Substanzen verglichen werden, für die Informationen über die Depositionsraten aus Messungen vorliegen. Es werden Depositionsraten für quellenferne ländliche Freilandregionen berücksichtigt. Als Grundwasserempfindlichkeit wird einheitlich ein sehr empfindlicher Standort herangezogen.

Verglichen mit anderen Schadstoffquellen für Grundwasser (z. B. Altlasten, Landwirtschaft) spielen die über den Luftpfad eingetragenen organischen Substanzen quantitativ meist nur eine untergeordnete Rolle. Ihr Eintrag findet jedoch flächendeckend und zusammen mit der Grundwasserneubildung statt. Trinkwassergewinnungsgebiete lassen sich nicht vor Schadstoffeinträgen aus der Luft schützen. Die Konzentrationen der in dieser Weise eingetragenen organischen Substanzen sind meist relativ gering und liegen bis auf wenige Spitzenwerte für die Einzelsubstanzen unterhalb bekannter toxikologischer Wirkschwellen. Sie bilden jedoch einen Beitrag zur Gesamtbelastung.

610. Erste Untersuchungen zeigen, dass ein Eintrag von primären und sekundären Luftinhaltsstoffen ins Grundwasser möglich ist (z. B. SCHLEYER, 1996). Vor allem gut wasserlösliche Verbindungen mittlerer bis hoher Persistenz können mit dem Regenwasser sehr effektiv aus der Atmosphäre entfernt werden und durch ihre hohe Mobilität im Boden das Grundwasser erreichen. Die höchsten Abschätzungen möglicher Einträge erhalten die sekundären Luftinhaltsstoffe Trichloressigsäure (TCA) und Trifluoressigsäure (TFA). Aber auch Stoffe, die im Boden stärker sorbiert werden können, und auch Verbindungen, die im Boden leicht abbaubar sind, können bei entsprechender Deposition und hoher Konzentration ins Grundwasser gelangen. Dies sind beispielsweise der Weichmacher DEHP sowie die primären und sekundären Luftinhaltsstoffe Monochloressigsäure (MCA), Dibutylphthalat (DBP), 2-Methyl-4,6-dinitrophenol (DNOC) und Phenol (RAFFIUS, 2000).

Der Eintrag erfolgt überwiegend in Grundwässer mit einer sehr geringen bis geringen Gesamtschutzfunktion der Überdeckung. Experimentelle Arbeiten bestätigen einen Eintrag von TCA, DEHP, MCA, DBP und DNOC ins oberflächennahe Grundwasser. Die Konzentrationen dieser Stoffe können in Einzelfällen die Mittelwerte der Konzentrationen der Deposition erreichen. Vergleicht man diese Konzentrationen mit den PNEC-Werten (Predicted No Effect Concentration) für den aquatischen Bereich, werden diese bei TCA überschritten, woraus sich ein Risiko für aquatische Organismen ergibt (RAFFIUS, 2000).

611. Die einzige Möglichkeit der Reduzierung luftgetragener Einträge in das Grundwasser sind Emissionsminderungen. Hier wurden bei vielen Stoffen in den letzten Jahren große Fortschritte erzielt; weitere Anstrengungen, insbesondere bei den diffusen Quellen, sind dennoch erforderlich (z. B. Phthalate und Mineralölkohlenwasserstoffe, Phenol und NO_x als Vorläufer der sekundären Nitrophenole). Dem Umweltrat erscheint eine intensive, kontinuierliche Beobachtung dieses Stoffpfades notwendig. Fehlende Daten sollten umgehend ergänzt werden, z. B. für den sehr mobilen, persistenten und möglicherweise krebserzeugenden Benzinzusatzstoff MTBE, dessen Verwendung in Kalifornien bereits verboten ist.

Strukturelle Grundwasserbeeinträchtigungen durch den Braunkohletagebau

612. In einigen Bundesländern werden der Wasserhaushalt und die Grundwasservorkommen durch den Braunkohletagebau erheblich beeinträchtigt. Allein die aktiven und stillgelegten Tagebaue der Mitteldeutschen und Lausitzer Reviere verursachten Grundwasserdefizite von 14,6 Mrd. m^3 (GRÜNEWALD, 1999). Dabei belaufen sich allein im Lausitzer Revier die Defizite statischen Grundwassers auf 9 Mrd. m^3 und der Bedarf zum Auffüllen der 110 entstandenen Restlöcher auf zusätzlich rund 4 Mrd. m^3. Die fehlenden Grundwasservorräte können nur innerhalb von Jahrzehnten ausgeglichen werden (GRÜNEWALD et al., 1999), insbesondere da diese Tagebaugebiete zu den niederschlagsarmen Regionen Deutschlands zählen und Überleitungen aus Flüssen nur bedingt möglich sind. Die Wiederherstellung sich selbst tragender Grundwasservorkommen wird vor diesem Hintergrund nicht, wie im Bund-Länder-Verwaltungsabkommen zur Braunkohlesanierung von 1992 geregelt, bis zum Jahr 2002 abgeschlossen sein und erfordert gerade mit Blick auf die wasserwirtschaftlichen Maßnahmen weiterhin hohe Investitionen zur Wiederherstellung naturnaher Grundwasserlandschaften. Neben quantitativen Aspekten des Grundwasserschutzes sind zudem die von den 4 506 Altlastenverdachtsflächen an Braunkohlestandorten im Lausitzer und Mitteldeutschen Revier ausgehenden stofflichen Grundwasser-Belastungspotentiale bedeutend (Tz. 518).

2.4.3.2.3 Erfassung und Behandlung von Abwässern

Kommunale Abwasserbehandlung

Kanalanschlussgrad und Kläranlagenanschlussgrad

613. Der Trend in der Entwicklung der Anschlussgrade der Bevölkerung an Kanalisation und Kläranlagen ist in Tabelle 2.4.3-4 dargestellt (Jahresbericht der Wasserwirtschaft, 1999). Durch den Ausbau der Kanalnetze und der biologischen Abwasserbehandlung haben sich die Anschlussgrade in den letzten zwanzig Jahren kontinuierlich erhöht. In den neuen Bundesländern sind die Anschlussgrade durch den vorrangigen Ausbau der Kanalnetze und der biologischen Abwasserbehandlung verhältnismäßig stark angestiegen. Es ist jedoch festzustellen, dass sowohl der Kanalanschlussgrad mit 77,3 % als auch der Kläranlagenanschlussgrad mit 65,5 % in den neuen Bundesländern deutlich hinter den Anschlussgraden mit 95,3 % und 94,1 % in den alten Bundesländern zurückbleiben.

Beim Kanalanschlussgrad sind in Brandenburg mit weniger als ein Drittel, in Mecklenburg-Vorpommern mit weniger als der Hälfte sowie in Sachsen-Anhalt mit weniger als 70 % angeschlossener Gemeinden die größten Defizite festzustellen (Statistisches Bundesamt, 1998, S. 24).

614. In Thüringen wird das häusliche Abwasser von 35,8 % der Bevölkerung mehr oder weniger direkt in die Gewässer oder den Untergrund eingeleitet; im Saarland trifft dies auf 22 %, in Sachsen-Anhalt auf 15,8 %, in Sachsen auf 14,6 % und in Mecklenburg-Vorpommern auf 4,5 % der Bevölkerung zu. Alle anderen Bundesländer liegen bei der Direkteinleitung deutlich niedriger (Statistisches Bundesamt, 1998, S. 42).

Der Umweltrat stellt fest, dass damit in einigen Bundesländern nicht einmal die Zielvorgabe des Umweltprogramms der Bundesregierung von 1971 für den Kanalanschlussgrad der Bevölkerung von 90 %, der bereits für die (alte) Bundesrepublik 1985 erfüllt sein sollte, erreicht ist (vgl. SRU, 1987, Tz. 898 ff.).

Reinigungsleistung bei der Abwasserbehandlung

615. Obwohl es in den neuen Ländern bereits eine Vielzahl moderner Kläranlagen mit gezielter Nährstoffelimination gibt, bleibt auch die Reinigungsleistung bei der Abwasserbehandlung wegen noch bestehender nur mechanisch wirkender Anlagen oder solcher ohne Nährstoffelimination deutlich hinter der in den alten Bundesländern zurück (Basisdaten für 1995 in Statistisches Bundesamt, 1998, Fachserie 19, Reihe 2.1, S. 27; UBA-Intranet: Daten zur Umwelt 1998; Tab. 2.4.3-5). Im Leistungsvergleich der Kläranlagen besteht, ebenso wie beim Kanalanschlussgrad in den östlichen Bundesländern ein erhöhter Nachholbedarf, um die Zielvorgabe einer 90 %igen vollbiologischen Reinigung des häuslichen Abwassers zu erreichen.

Einleitung behandelten und unbehandelten Abwassers aus Gewerbe und Industrie

616. Abbildung 2.4.3-5 zeigt, dass das Abwasseraufkommen in der Industrie hauptsächlich auf Kühlwasser und nur zu einem geringen Teil auf Produktionsabwasser oder sonstiges Abwasser zurückzuführen ist. Die Abwassermengen sind kontinuierlich rückläufig. Die Menge von Abwasser, das einer weitergehenden biologischen Behandlung zugeführt wird, hat trotz Verringerung der Gesamtabwassermenge zugenommen. Abbildung 2.4.3-6 zeigt die Entwicklung bei den Direkt- und Indirekteinleitern.

Tabelle 2.4.3-4

Entwicklung der Anschlussgrade und des Anlagenbestandes in der kommunalen Abwassererfassung

		1979	1983	1987	1991	1995
Wohnbevölkerung in Tausend	D	78 139	78 007	77 777	80 239	81 817
Kanalisationsanschluss in Prozent		84,5	86,3	88	90,2	92,2
Gesamtlänge der öffentlichen Kanalisation in km		264 027	299 938	329 183	357 094	399 201
Kläranlagenanschlussgrad in Prozent		75,8	79,5	82,6	85,7	88,6
Gesamtanzahl der öffentlichen Kläranlagen		k. A.	k. A.	9 941	9 935	10 279
Wohnbevölkerung in Tausend	ABL	61 439	61 307	61 077	64 449	67 643
Kanalisationsanschluss in Prozent		88,7	90,7	92,5	94	95,3
Gesamtlänge der öffentlichen Kanalisation in km		242 027	270 138	291 538	319 134	352 198
Kläranlagenanschlussgrad in Prozent		82,2	86,5	89,7	92	94,1
Gesamtanzahl der öffentlichen Kläranlagen		8 167	8 805	8 841	8 667	8 383
Wohnbevölkerung in Tausend	NBL	16 700	16 700	16 700	15 790	14 174
Kanalisationsanschluss in Prozent		68,6	69,9	71,8	75	77,3
Gesamtlänge der öffentlichen Kanalisation in km		22 000	29 800	37 600	37 960	47 003
Kläranlagenanschlussgrad in Prozent		52,0	54,0	56,8	59,6	65,5
Gesamtanzahl der öffentlichen Kläranlagen		k. A.	k. A.	1 100	1 268	1 897

ABL = alte Bundesländer; NBL = neue Bundesländer; k. A. = keine Angaben;
Daten teilweise interpoliert

Quelle: Jahresbericht der Wasserwirtschaft. 1999. S. 31

Tabelle 2.4.3-5

Abwasserbehandlung in öffentlichen Kläranlagen

				\multicolumn{9}{c}{darunter}

Jahr	Anlagen insgesamt	Jahresabwassermenge	Angeschlossene Einwohnerwerte	nur mechanisch wirkend			biologisch ohne gezielte/r Nährstoffelimination			biologisch mit gezielte/r Nährstoffelimination		
				Anlagen	Jahresabwassermenge	Angeschlossene Einwohnerwerte	Anlagen	Jahresabwassermenge	Angeschlossene Einwohnerwerte	Anlagen	Jahresabwassermenge	Angeschlossene Einwohnerwerte
	Anzahl	Mill. m³	1 000	Anzahl	Mill. m³	1 000	Anzahl	Mill. m³	1 000	Anzahl	Mill. m³	1 000
1975	7 467	6 006,7		2 395	2 123,7		4 325	3 133,6		927	749,3	
1979	8 167	7 235,8		2 338	1 109,9		5 493	5 678,3		330	423,6	
1983	8 805	7 672,0		2 139	467,8		6 310	6 577,5		348	602,4	
1987	8 841	8 882,9		1 624	224,0		5 762	5 948,0		1 434	2 584,3	
1991	8 667	7 518,2	100 367	1 359	176,1	1 793	4 825	2 877,3	34 884	2 476	4 461,5	63 624
1995	8 382	8 998,7	103 225	977	95,0	1 025	4 026	1 311,6	12 119	3 372	7 588,8	90 014
1991	1 268	993,8	15 574	404	405,9	6 179	799	417,5	6 782	41	155,1	2 261
1995	1 897	862,7	14 182	307	224,0	3 390	1 137	146,0	2 460	440	486,9	8 241
1991	9 935	8 512,0	115 941	1 763	582,0	7 972	5 624	3 294,8	41 667	2 517	4 616,5	65 885
1995	10 279	9 861,4	117 407	1 284	319,0	4 415	5 163	1 457,6	14 579	3 812	8 075,7	98 255

Stand: März 1998

Quelle: Statistisches Bundesamt, 1998, schriftl. Mitteilung

Abbildungen 2.4.3-5 und 2.4.3-6

Abwasseraufkommen in der Industrie nach Abwasserarten

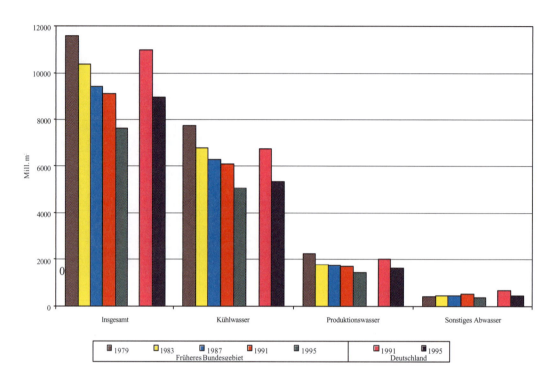

Art der Einleitung von Abwasser aus der Industrie für Direkt- und Indirekteinleiter

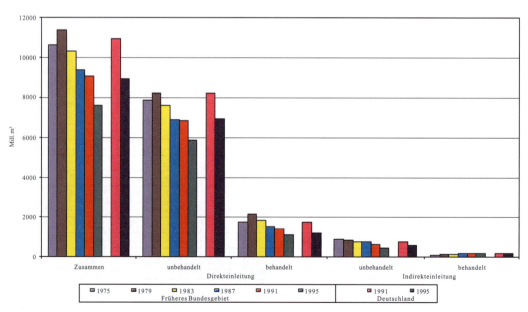

Quelle: Statistisches Bundesamt, 1998, schriftl. Mitteilung; Stand: März 1998

Klärschlamm aus der öffentlichen Abwasserbehandlung

617. In den vergangenen Jahren wurde immer wieder die Befürchtung geäußert, dass es durch eine Erhöhung der Anschlussgrade der Bürger an die öffentliche Kanalisation – insbesondere auch im Osten Deutschlands – und die Steigerung der Abwasserreinigungsqualität durch Stickstoff- und Phosphorelimination zu einer wesentlichen Zunahme der Klärschlammmengen kommen werde. Dies hat sich jedoch nicht bestätigt (zu den Klärschlammmengen vgl. Tz. 844). Die Vermeidungsstrategien und die Vorbehandlung von Abwässern in der Industrie haben zu einem signifikanten Rückgang der durch Indirekteinleiter verursachten Schlammmengen geführt (LOLL, 1998). Weiterhin wird vermutet, dass auch eine längerandauernde biologische Umsetzung in den weitergehenden Reinigungsstufen größere Verluste an organischer Substanz verursacht (ATV, schriftl. Mitteilung, 2000). Dies hat dazu geführt, dass die Klärschlammmenge – wenn auch statistisch nicht abschließend gesichert – rückläufig ist (Tz. 844; ESCH, 1999).

Die Belastung der Klärschlämme mit Schwermetallen und organischen Schadstoffen hat in den letzten Jahren – zum Teil deutlich – abgenommen (ATV, schriftl. Mitteilung, 2000; ESCH, 1999).

2.4.3.2.4 Nord- und Ostsee

2.4.3.2.4.1 Der Nordseeraum

618. Der Umweltrat hat in einem Sondergutachten die Umweltprobleme der Nordsee ausführlich dargelegt (SRU, 1980). In seinen nachfolgenden Umweltgutachten hat er wiederholt auf den anhaltend besorgniserregenden Zustand des marinen Ökosystems hingewiesen und Handlungsbedarf aufgezeigt (SRU, 1996a und 1987).

619. Der anthropogene Eintrag von Nähr- und Schadstoffen in die Nordsee erfolgt sowohl direkt (Punktquellen) als auch indirekt durch Quellen diffusen Ursprungs. Zu den Punktquellen zählen insbesondere Einleitungen kommunaler und industrieller Abwässer vom Land, das Einbringen von Industrieabfällen, Baggergut und Klärschlamm sowie Belastungen von Plattformen und durch den Schifffahrtsbetrieb.

Zu den Belastungen durch Quellen diffusen Ursprungs zählen Nähr- und Schadstofffrachten durch den Zufluss der in das Meer einmündenden Flüsse, der luftbürtige Eintrag sowie Belastungen aus Abschwemmungen und Versickerungen an der Küste.

Seit 1990 werden auf Beschluss des Pariser Übereinkommens zum Schutz des Nordatlantiks und der Nordsee Daten von direkten Einträgen (kommunale und industrielle Abwassereinträge) von Nähr- und Schadstoffen gesammelt und bewertet.

Nitrat und Phosphat

620. Die Einträge von Nitrat und Phosphat haben zu einer Eutrophierung und damit zu einer erheblichen Belastung und Veränderung des Ökosystems Nordsee geführt. Im Rahmen des Internationalen Übereinkommens der Kommissionen zum Schutz der Nordsee werden seit 1990 Flusseinträge und direkte Einträge aus Deutschland durch die Messprogramme der Bundesländer Schleswig-Holstein, Niedersachsen und Bremen sowie von den Arbeitsgemeinschaften für die Reinhaltung der Elbe (ARGE Elbe) und der Weser (ARGE Weser) unter Berücksichtigung der Flussgebiete von Elbe, Weser, Ems und Eider erhoben. Der Umweltrat weist auf die derzeit uneinheitlichen Messmethoden hin und fordert deren Vereinheitlichung.

Im Messzeitraum von 1980 bis 1996 fallen insbesondere die erheblichen Nährstofffrachten auf, die über die Elbe eingetragen werden. Die erkennbare Rhythmizität in allen Flussgebieten ist Ausdruck eines steuernden Einflusses der Abflussrate auf den Stofftransport (Abb. 2.4.3-7).

621. Die im Zeitraum von 1980 bis 1996 verschärften gesetzlichen Regelungen haben zu Maßnahmen sowohl im kommunalen als auch im industriellen Bereich geführt, die die Schad- und Nährstoffbelastung der Nordsee vermindert haben. Jedoch ist die Belastungssituation des Ökosystems Nordsee nach wie vor besorgniserregend und erfordert weiterreichende Minderungsanstrengungen. Die Minister erklärten anlässlich der 4. Internationalen Nordseeschutzkonferenz (INK), weitere Maßnahmen zu ergreifen, die dem bereits in vorausgegangenen Nordseeschutzkonferenzen beschlossenen Ziel einer 50 %igen Eintragsreduktion von Stickstoff und Phosphat förderlich sind. Die derzeit immer noch unzureichenden und einseitigen Bemühungen zur Minderung des Nährstoffeintrages haben zu einer fortschreitenden, ökologisch nachteilig zu bewertenden Verschiebung des Verhältnisses von Stickstoff zu Phosphat zugunsten des Stickstoffs geführt.

Im Zeitraum von 1980 bis 1996 sind im Bereich kommunaler Kläranlagen und der Industrie Minderungsleistungen für Phosphatemissionen von 82 % erzielt worden. Von 1985 bis 1995 lag die Minderung der Phosphatemissionen in Deutschland insgesamt bei 60 %. Die Minderung der Stickstoffeinträge betrug von 1985 bis 1995 nur 25 % (SRU, 1996a). Etwa 50 % der Gesamteinträge von Stickstoff erfolgen über die Luft (Tab. 2.4.3-6). Die Landwirtschaft ist nach wie vor Hauptverursacher der diffusen Gewässerbelastung durch Stickstoff.

Abbildung 2.4.3-7

Nährstoffeinträge über die deutschen Flüsse in die Nordsee

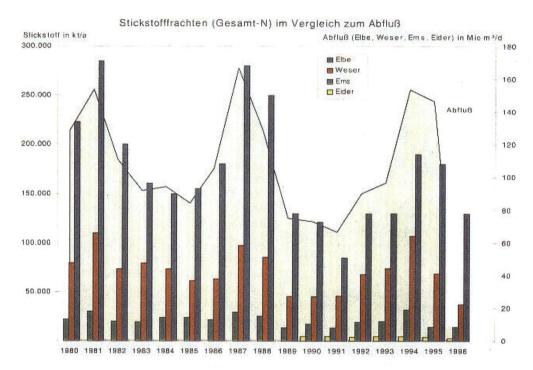

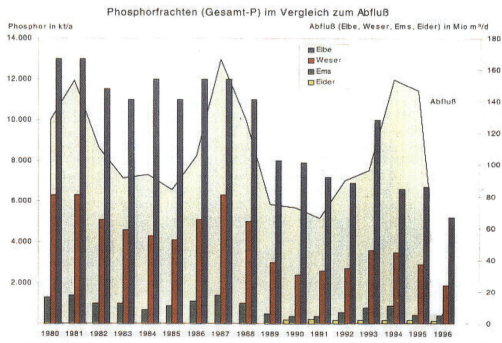

Quelle: OSPAR-INPUT, 1997

Tabelle 2.4.3-6

Nährstoffemissionen und Reduktionsraten von Phosphor und Stickstoff im Nordsee-Einzugsgebiet der Bundesrepublik Deutschland 1985 bis 1995

Gesamtphosphor						
Herkunftsbereich	1985 (kt)	1990 Gesamt-P (kt)	1995 (kt)	1985-1990 Reduktion (%)	1990-1995 Reduktion (%)	1985-1995 Reduktion (%)
Kommunale Kläranlagen	38,7	26,1[1]	9,90	33	62	74
Abwässer, nicht kanalisiert	1,8	1,8[1]	1,26	–	30	30
Regenwasserbehandlung	5,4	5,4[1]	3,24	–	40	40
Landwirtschaft	17,1	17,1	13,5	–	21	21
Industrie	6,3	4,5[1]	4,5	29	–	29
Summe [2]	**69**	**55**	**32**	**20**	**42**	**54**
Gesamtstickstoff						
Herkunftsbereich	1985 (kt)	1990 Gesamt-N (kt)	1995 (kt)	1985-1990 Reduktion (%)	1990-1995 Reduktion (%)	1985-1995 Reduktion (%)
Kommunale Kläranlagen	211,5	211,5 [1]	148,5	–	30	30
Abwässer, nicht kanalisiert	16,2	16,2 [1]	10,8	–	33	33
Regenwasserbehandlung	18,0	18,0 [1]	10,8	–	40	40
Landwirtschaft	324,0	324,0	270,0	–	17	17
Industrie	67,5	67,5 [1]	40,5	–	40	40
Summe [2]	**637,0**	**637,0**	**481,0**	**–**	**25**	**25**
Atmosphäre gesamt						
Atmosphäre [4]	1985	1990	1995	1985-1990 Reduktion	1990-1995 Reduktion	1985-1995 Reduktion
alte Länder NO$_x$	898,0	794,0	620,0	12	22	31
alte Länder NH$_3$ [3]	487,0	455,0	455,0	7	–	7
neue Länder NO$_x$	194,0	191,0	201,0	2	–5	-4
neue Länder NH$_3$ [3]	219,0	164,0	166,0	25	-1	24
Summe Atmosphäre	**1 798,0**	**1 604,0**	**1 442,0**	**11**	**10**	**20**

[1] Daten aus 1989;
[2] Emissionen aus den alten Bundesländern (gerundet);
[3] grobe Abschätzung der NH$_3$-Emissionen (Anteil der Landwirtschaft: 80 bis 90 %);
[4] Berücksichtigung des gesamten Staatsgebietes

Quelle: UBA, 1997; verändert

Im Erhebungszeitraum von 1990 bis 1996 entfallen die höchsten Nährstoffeinträge in die Nordsee auf Deutschland, Großbritannien und die Niederlande. Da die niederländischen Einträge überwiegend aus dem Rheineinzugsgebiet kommen, stammen hier wesentliche Eintragsfrachten von den Rheinoberliegern Schweiz, Frankreich und Deutschland.

622. Tabelle 2.4.3-7 führt 36 erfasste gefährliche Stoffe aus kommunalen, industriellen und diffusen Einträgen der alten Bundesländer im Einzugsgebiet der Flüsse Rhein, Weser, Elbe und Ems sowie Direkteinleitungen in Küstengewässer auf.

Tabelle 2.4.3-7

**Abschätzung der Stofffrachten in deutschen Flüssen
(Rhein, Elbe, Weser, Ems),
Ästuarien und Küstengewässern 1985 bis 1995**

Stoff	Kommune und Industrie		Reduktion	diffuse Quellen	
	Fracht			Fracht	
	1985 in t/a	1990[1] in t/a	1985-1990 in %	1985 in t/a	1995 [4] Abschätzung
1. Quecksilber	1,9	0,56	71	2	–/–
2. Cadmium	6,6	2,14	68	5,2	–/–
3. Kupfer	417,7	128	69	96,1	–/–
4. Zink	2499	737	71	686,4	–/–
5. Blei	264,2	87,1	67	183,1	–/–
6. Arsen	–	0,16	–	20,7	+/–
7. Chrom	525,6	93,3	82	94,7	–/–
8. Nickel	416,1	108	74	97,6	–/–
9. Drine	<	<0,001[3]	–	0,02	–/–
10. γ-HCH	0,06	<0,04[3]	>33[3]	0,05	–/–
11. DDT	–	–	–	–	–
12. Pentachlorphenol	1,9	<0,001[3]	>99,9[3]	1,3	–/–
13. Hexachlorbenzol	0,31	0,02[3]	94[3]	0,07	–/–
14. Hexachlorbutadien	0,072	0,01[3]	86[3]	0,003	+/–
15. Tetrachlorkohlenstoff	11,2	0,36[3]	97[3]	2,6	+/–
16. Chloroform	83,9	10,1[3]	88[3]	10,4	–/–
17. Trifluralin	–	–	–	–	–
18. Endosulfan	0,003	0,002[3]	33[3]	<0,001	+/–
19. Simazin	–	–	–	–	–
20. Atrazin	–	–	–	–	–
21. Tributylzinnverbindungen/	–	–	–	–	–
22. Triphenylzinnverbindungen					
23. Azinphos-Ethyl	–	–	–	–	–
24. Azinphos-Methyl	–	–	–	–	–
25. Fenitrothion	–	–	–	–	–
26. Fenthion	–	–	–	–	–
27. Malathion	–	–	–	–	–
28. Parathion	<0,02[2]	<[2]	–	–	–
29. Parathion-Methyl	–	–	–	–	–
30. Dichlorvos	–	–	–	–	–
31. Trichlorethylen	12,9	0,98[3]	92[3]	11,7	–/–
32. Tetrachlorethylen	21,3	1,72[3]	92[3]	16,9	–/–
33. Trichlorbenzol	2,02	0,97[3]	52[3]	0,7[2]	–/–
34. 1,2-Dichlorethan	51,8	10,7[3]	79[3]	1,5	–/–
35. Trichlorethan	2,5	0,8[3]	68[3]	3,1	–/–
36. Dioxine	–	–	–	–	–

[1] Angaben für das Rheineinzugsgebiet sowie das nordrhein-westfälische Emseinzugsgebiet von 1992;
[2] Daten aus dem Rheineinzugsgebiet;
[3] keine Angaben aus dem Wesereinzugsgebiet;
[4] Abschätzung aus Einzelmessungen;
– keine Daten vorhanden; < kleiner als Nachweisgrenze; –/– Verringerung; +/– keine Änderung; +/+ Erhöhung

Quelle: UBA, 1997

Organische Verbindungen

623. Das für den Eintrag von organischen Schadstoffen über Flüsse und Flussmündungen von der 3. INK beschlossene Reduktionsziel ist von Deutschland für alle in den Listen aufgeführten organischen Verbindungen, mit Ausnahme von Triphenylzinn, im Berichtszeitraum erreicht worden. Allerdings bezieht sich dieses Ergebnis auf eine defizitäre Datengrundlage, so dass sich die Aussage relativieren könnte.

624. Der Eintrag von chlorierten Kohlenwasserstoffen in die Nordsee ist nahezu ausschließlich anthropogenen Ursprungs. Die chlorierten Kohlenwasserstoffe HCB, HCH und PCB werden im Rahmen des Joint Monitoring-Programms und des Bund/Länder-Messprogrammes regelmäßig überwacht. Die Verbindungen PCB, PAH und TBT werden seit 1996 im Joint Assessment und Monitoring-Programms überwacht. Belastungsquellen für Lindan und α-HCH im deutschen Nordsee-Einzugsgebiet sind die Flussmündungen der Deutschen Bucht.

Im Rahmen des Projektes „Schadstoffkartierung in Sedimenten des deutschen Wattenmeeres" wurden im unfraktionierten Sediment die chlorierten Kohlenwasserstoffe Pentachlorbenzol (QCB) und Hexachlorbenzol (HCB), α- und γ-Hexachlorcyclohexan (HCH), Octachlorstyrol (OCS), p,p'-DDE, p,p'-DDD, p,p'-DDT sowie polychlorierte Biphenyle untersucht (vgl. GKSS-Forschungszentrum, 1992).

Insgesamt liegt zum atmosphärischen Eintrag von organischen Verbindungen ein erhebliches Datendefizit vor. Im Rahmen eines vom Umweltbundesamt (UBA) initiierten Forschungs- und Entwicklungsvorhabens „Untersuchung des atmosphärischen Schadstoffeintrages in Nord- und Ostsee" wurden erste Daten für die Messstationen Westerland/Nordsee sowie für Zingst/Ostsee vorgelegt (UBA, 1997).

Organozinnverbindungen

625. Die verbreitete Verwendung von Organozinnverbindungen bei Antifouling-(Schiffs-)Anstrichen hat seit den achtziger Jahren, vor allem im Jacht- und Sportbootbereich, zu einer erhöhten Konzentration von Tributylzinn (TBT) im Meerwasser und Sediment geführt. Neben zahlreichen akuttoxischen Wirkungen (STROBEN, 1994), weist TBT hormonähnliche (androgene) Wirkungen auf. Eine vom Umweltbundesamt initiierte Studie untersucht die Eignung von Meeresschnecken der Nord- und Ostsee für ein biologisches Effektmonitoring von TBT-Auswirkungen (UBA, 1997). Hiermit soll der Versuch unternommen werden, den Umfang der Kontamination durch TBT-Verbindungen in Küstengewässern zu erfassen und die Wirksamkeit gesetzgeberischer Maßnahmen bei minimalem analytischem Aufwand zu überprüfen.

Sonstige Einträge

626. Die bereits auf der 3. INK gefasste Zielvorgabe einer Eintragsminderung von *Schwermetallen* sowohl über Flüsse und Flussmündungen als auch über den atmosphärischen Pfad von 50 % hat Deutschland für alle Schwermetalle erfüllt (UBA, 1997).

627. Der Betrieb von Öl- und Gasförderplattformen erfolgt durch die Staaten Norwegen, Dänemark, Niederlande, Großbritannien und Deutschland. Über Produktionswasser, unfallbedingte Einleitungen und ölhaltiges Bohrklein gelangt Öl von Plattformen in die Nordsee. Von den 222 betriebenen Öl- und Gasförderplattformen in der Nordsee im Jahr 1992 wurden 14 156 t Öl in die Nordsee eingetragen. 5 860 t entstammen dem Produktionswasser, 7 252 t aus ölhaltigem Bohrklein und 1 044 t aus unfallbedingten Leckagen und Gasabfackelungen. Mit 87 % ist Großbritannien Hauptverursacher am Gesamtöleintrag in die Nordsee. Von den 47 betriebenen Ölraffinerien in der Nordsee im Jahr 1993 wurden 1 345 t Öl in das Meer eingetragen. Von deutschen Raffinerien wurden 141 t Öl in die Nordsee eingetragen (4. INK, 1995; Tz. 1261 f.).

628. Der marine Meeresbergbau umfasst die Gewinnung von Sand und Kies, die Erschließung und Förderung von Erdöl und Erdgas sowie die Verlegung und den Betrieb von Rohrleitungen und Kabeln. Die den marinen Meeresbergbau umfassenden Tätigkeiten sind mit erheblichen Eingriffen und starken Beeinträchtigungen des marinen Ökosystems verbunden, beispielsweise durch die Vernichtung pflanzlicher und tierischer Lebensgemeinschaften am oder dicht über dem Meeresgrund (Benthos) im Entnahmegebiet von Sand und Kies. Befindet sich das Entnahmegebiet in nur geringer Entfernung zur Küste, führt die abbaubedingte Übersteilung des Unterwasserhanges zu einer Stabilitätsgefährdung der Küste. Die natürlichen Sandumlagerungsprozesse an den Küsten von Nord- und Ostsee werden unterbrochen.

„Schwarze Flecken"

629. Das Phänomen der „Schwarzen Flecken" im Wattenmeer ist durch seine Häufung seit Mitte der achtziger Jahre als umweltrelevant aufgefallen. Es handelt sich hierbei um Wattbereiche, die durch das fleckenweise Fehlen der hellen, oxischen Sedimentdecke und das Erscheinen des durch Eisensulfid schwarz gefärbten anoxischen Sediments an der Oberfläche besonders auffallen (HÖPNER und MICHAELIS, 1994). Es wurden seither betroffene Flächen von wenigen Quadratzentimetern bis hin zu einigen Quadratmetern beobachtet. Seit Juni 1996 wird eine extreme Ausdehnung der „Schwarzen Flecken" bis zum Teil auf mehrere tausend Quadratmeter insbesondere im Niedersächsischen Wattenmeer beobachtet, korreliert mit einem Massenartensterben der Fauna in der betroffenen Region. Das Ausmaß der „Schwarzen Flecken" nimmt in Teilbereichen bis zu 20 % der Fläche des Ostfriesischen Wattenmeeres ein.

Als eine Ursache für das verstärkte Auftreten wird eine Ursachenkaskade postuliert, ausgehend von einem durch anthropogene Schad- und Nährstoffeinträge stark vorbelasteten Wattenmeer, gefolgt von einem eutrophiebedingt erhöhten Biomassebestand im Sediment des oberen Strandabschnitts (Eulitoral) (HÖPNER, 1998).

Einschleppen von nichtheimischen Arten

630. Die Schifffahrt ist ein Hauptverbreitungspfad für das Einschleppen und Verbreiten nichtheimischer Tier- und Pflanzenarten in die marinen Ökosysteme von Nord- und Ostsee. So können mit dem Ballastwasser eines Transportschiffes nicht selten Millionen von Einzelorganismen von einem Kontinent in den anderen verfrachtet werden und beim Löschvorgang in ein neues marines Ökosystem gelangen und so die Artenzusammensetzung heimischer Lebensgemeinschaften verändern (vgl. GOLLASCH und RIEMANN-ZÜRNECK, 1996; KABLER, 1996). Die interkontinental verschleppten Organismen reichen vom Einzeller bis zu 15 cm großen Fischen, Krebsen, Muscheln und Schnecken. Die Zystenstadien einiger Phytoplanktonarten vermögen selbst unter ungünstigen Bedingungen zehn bis zwanzig Jahre zu überleben (HALLEGRAEF und BOLCH, 1992).

2.4.3.2.4.2 Der Ostseeraum

631. Die Ostsee ist ein flaches, vom europäischen Kontinent nahezu völlig eingeschlossenes sowie stark gegliedertes Nebenmeer des Atlantischen Ozeans mit einer Gesamtfläche von 413 000 km^2 (einschließlich Kattegat). Die Ostsee zählt zu den größten Brackwassermeeren der Erde. Die biologische Vielfalt des Ostseeraumes im Übergangsbereich zwischen Süß- und Meerwasser ist maßgeblich geprägt durch den Wasseraustausch zwischen Nord- und Ostsee. Die Ostsee ist ein besonders empfindliches Ökosystem (vgl. MATTHÄUS, 1996).

632. Auf die neun Anrainerstaaten Finnland, Russland, Estland, Lettland, Litauen, Polen, Deutschland, Dänemark und Schweden entfallen 95 % des etwa 1 720 000 km^2 umfassenden Ostsee-Einzugsgebietes. Die restliche Einzugsgebietsfläche entfällt auf die fünf Staaten Weißrussland, Ukraine, Tschechische Republik, Slowakische Republik und Norwegen (UBA, 1997).

633. Durch die Vereinigung Deutschlands hat sich der deutsche Ostseeraum erheblich vergrößert. Die Fläche des deutschen Ostsee-Einzugsgebietes beträgt weniger als 30 000 km^2; dies entspricht etwa 5 % des gesamten Ostsee-Einzugsgebietes. Hiervon entfallen 60 % der Gebietsfläche auf Mecklenburg-Vorpommern, 18 % auf Schleswig-Holstein und 22 % auf Brandenburg und Sachsen (UBA, 1997).

Nähr- und Schadstoffeintrag

634. Haupteintragspfade für Stickstoff und Phosphat in die Ostsee sind die großen Festlandsabflüsse sowie atmosphärische Depositionen. Auf Beschluss der Helsinki-Kommission (HELCOM) werden seit 1980 periodisch alle fünf Jahre Zustandseinschätzungen mit Darlegung der Nähr- und Schadstoffeinträge in die Ostsee vorgenommen. Wie der Umweltrat bereits dargelegt hat, ist es seit 1978 zu keiner wesentlichen Zunahme der Nährstoffkonzentrationen in der Ostsee gekommen, obwohl die beschlossenen Zielvorgaben einer Minderung der Nährstoffeinträge im Ostsee-Einzugsgebiet im Zeitraum von 1987 bis 1995 um 50 % nur teilweise erreicht worden sind (HELCOM, 2000; UBA, 1997 und 1994; SRU, 1996a). Derzeitige Einschätzungen gehen davon aus, dass die Zielvorgabe der HELCOM im Jahr 2000 für das gesamte Ostsee-Einzugsgebiet realisiert werden kann.

Landwirtschaft, kommunale Kläranlagen, Kraftwerke sowie Verkehr und Industriebetriebe verursachen den Hauptteil der Nähr- und Schadstoffeinträge in die Ostsee. Etwa 95 % der atmosphärischen NO$_x$-Emissionen werden durch Verkehr, Kraftwerke und industrielle Feuerungsanlagen verursacht. NH$_3$-Emissionen sind auf die Landwirtschaft zurückzuführen. Der Anteil von industriellen Abwassereinleitungen am Gesamtnährstoffeintrag ist als relativ gering zu bewerten, da sich im deutschen Ostseeeinzugsgebiet im wesentlichen nur kleinere Industriestandorte befinden (UBA, 1997).

Der Hauptteil des Nähr- und Schadstoffeintrages erfolgt in die zentrale Ostsee. Dabei führen auch die Einträge in den Golf von Riga, in den Golf von Finnland und in die Bottnische See, insbesondere durch Einträge von organischen Verbindungen über Abwässer der zellstoffverarbeitenden Industrie, zu einer erheblichen Belastung.

Organische Verbindungen

635. Für den Ostseeraum werden PCB, DDT, HCB und HCH im Rahmen des Baltic-Monitoring-Programms überwacht. Im Zeitraum von November 1992 bis 1994 sind die Konzentrationen von α-HCH und γ-HCH (Lindan), HCB und PCB in unfiltrierten Wasserproben der Ostsee untersucht worden. Die Konzentrationen lagen für α-HCH zwischen 0,2 und 1,7 ng/L und für Lindan zwischen 0,45 und 2,2 ng/L. Sowohl α-HCH als auch γ-HCH wiesen im November 1993 eine weitgehend gleichförmige regionale Verteilung auf. Die PCB-Messwerte lagen zwischen 0,07 und 0,33 ng/L. Ausnahmen bildeten die Lübecker Bucht, das Arkona-Becken und eine Messstation in der Gotlandsee mit Werten 0,4 bis 0,6 ng/L.

Schwermetalle

636. Im Rahmen des Baltic-Monitoring-Programms wird die Schwermetallbelastung von Fischen und anderen Tieren der Ostsee untersucht. Mit Ausnahme eines

Forschungsvorhabens zu Schwermetallbelastungen von Cadmium, Kupfer und Zink in Miesmuscheln der Küstengewässer Mecklenburg-Vorpommerns liegen keine Untersuchungen von deutscher Seite vor.

Zu Offshore-Windkraftanlagen

637. Die zunehmende Nutzung von Windenergie zur Stromerzeugung durch Windkraftanlagen an der deutschen Nord- und Ostseeküste hat verstärkt zu Konflikten mit der Bevölkerung und anderen Interessensvertretern geführt (vgl. Tz. 1343 ff.). Der teilweise erhebliche Ausbau von Windenergieanlagen an deutschen Küstenstandorten zu leistungsstarken Windenergieparken führt zu Beeinträchtigungen des Wohnumfeldes sowie des gesamten Landschaftsbildes und hat nachteilige Auswirkungen auf die Tierwelt. Bei Vögeln können Windkraftanlagen den Verlust von Nahrungs- und Rastflächen, eine Änderung der Zuglinien und direkte Verluste von Individuen nach Kollision mit einer Anlage verursachen (DIRKSEN et al., 1998; SCHREIBER, 1993). Der Betrieb von Windkraftanlagen in der offenen See, sog. Offshore-Windkraftanlagen, wird als zukunftsfähig gesehen (Germanischer Lloyd, 1999; BMBF, 1995). Die potentiellen Standorte für Offshore-Windkraftanlagen liegen sowohl küstennah (innerhalb der 12-Seemeilenzone) im Territorial- und Zuständigkeitsbereich des jeweiligen Bundeslandes als auch küstenfern (außerhalb der 12-Seemeilenzone) im Bereich der deutschen ausschließlichen Wirtschaftszone (AWZ). In der Ostsee gibt es Überschneidungsbereiche. Das Bundesamt für Seeschifffahrt und Hydrographie (BSH) ist Genehmigungsbehörde für die Errichtung von Offshore-Windkraftanlagen in der AWZ. Zahlreiche Voranfragen auf Genehmigungsfähigkeit für Offshore-Windenergieparke in der Nord- und Ostsee mit einer Gesamtstückzahl von über 1 000 Windkraftrotoren sowie ein konkreter Genehmigungsantrag für ein Pilotprojet mit 40 Windkraftrotoren in der Nordsee westlich der Insel Borkum sind an das BSH bisher gestellt worden (WISCHER, 2000; persönl. Mitteilung). Das BSH entscheidet in Abstimmung mit anderen Fachbehörden über einen Genehmigungsantrag auf der Grundlage der Seeanlagenverordnung (SeeAnlV vom 23.01.1997), welche die Genehmigung von seegestützten Anlagen einschließlich Windkraftanlagen regelt. Eine anzunehmende Gefährdung und Verschmutzung der Meeresumwelt (im Sinne des internationalen Seerechtsübereinkommens UNCLOS) kann zu einer Ablehnung des Genehmigungsantrages führen (§3 SeeAnlV).

Eine naturschutzfachliche Bewertung von Genehmigungsanträgen zu Offshore-Windenergieanlagen, insbesondere in Hinblick auf die geplanten Größenordnungen einzelner Betreiber, ist zur Zeit auf Grund mangelnder wissenschaftlicher Erkenntnis und fehlender Erfahrungswerte mit dieser neuen Technologie nur bedingt möglich. Auch außerhalb von Deutschland existieren derzeit nur wenig Erfahrungen. Die Erfahrungen aus dem Ausland und Erkenntnisse aus anderen anthropogenen Eingriffen in die Meeresumwelt (z. B. Meeresbergbau) geben Hinweise auf ein erhebliches Gefährdungspotential von Offshore-Windkraftanlagen für die Meeresumwelt (MERCK und von NORDHEIM, 1999).

Der Umweltrat befürwortet die Genehmigung eines in seiner Größenordnung vorerst begrenzten Offshore-Windparks als Pilotprojekt. Er sieht die Notwendigkeit und die Möglichkeit einer umfangreichen, interdisziplinären Begleitforschung zur Erarbeitung dringender, fehlender Erkenntnisse als Bewertungs- und Entscheidungsgrundlage für die Genehmigung zukünftiger Vorhaben.

2.4.3.3 Maßnahmen zum Gewässerschutz und zur nachhaltigen Wassernutzung

638. Waren in den vergangenen Jahren die Aktivitäten im Bereich des vorsorgenden Gewässerschutzes eher spärlich ausgefallen (SRU, 1996a, Tz. 330), so ist das Wasserrecht im jetzigen Berichtszeitraum sowohl auf europäischer als auch auf nationaler Ebene zum Teil nicht unerheblich weiterentwickelt worden. Die wichtigsten Impulse sind dabei von der EU-Wasserrahmenrichtlinie zu erwarten, die sich in der Endphase der Beratungen befindet und demnächst verabschiedet werden soll.

EU-Rahmenrichtlinie für eine Europäische Wasserpolitik

639. Die seit Mitte der siebziger Jahre betriebene Gewässerschutzpolitik der EU hat zu einem Bestand an derzeit über dreißig gewässerschutzrelevanten Richtlinien geführt. Diese knüpfen jeweils an Einzelaspekte des Gewässerschutzes an und haben wegen der damit verbundenen unterschiedlichen Bedürfnisse und Probleme zu einem inkonsistenten Flickenteppich an Regelungen geführt, der ein Gesamtkonzept des Gewässerschutzes bislang vermissen lässt. Die neue Wasserrahmenrichtlinie (gemäß dem Gemeinsamen Standpunkt vom 30. Juli 1999) soll daher die bislang bestehende Vielzahl der gewässerschutzrelevanten Einzelregelungen zusammenführen und einen einheitlichen Ordnungsrahmen für den Gewässerschutz schaffen (Art. 1). Von der Änderung nicht berührt werden lediglich die Richtlinien für Trinkwasser, Badegewässer, Nitrat, Pflanzenschutzmittel und kommunales Abwasser. Die Wasserrahmenrichtlinie legt zentrale Prinzipien des Gewässerschutzes auf europäischer Ebene fest und beseitigt zumindest teilweise die Defizite des bisherigen gewässerschutzrelevanten Regelwerkes. Ziel der Richtlinie ist der Schutz der Gewässer und die Verbesserung ihres Zustands. Zudem soll eine am langfristigen Schutz vorhandener Ressourcen orientierte nachhaltige Wassernutzung gefördert werden. Hierfür werden die Mitgliedstaaten verpflichtet, 16 Jahre nach Inkrafttreten der Richtlinie das Umweltziel eines guten ökologischen und chemischen Zustands der Oberflächengewässer sowie eines guten mengenmäßigen und chemischen Zustands des Grundwassers in allen Grundwasserkörpern zu erreichen (Art. 4). Instrumentell sieht die Richtlinie vor, die Wasserbewirtschaftung künftig innerhalb von Flusseinzugsgebieten zu koordinieren (Art. 3). In Abkehr von der ursprünglichen Fassung haben die jüngsten Entwurfsfassungen der Richtlinie dabei den Bedenken insbesondere von deutscher Seite Rechnung getragen und sich eines Eingriffs in die Verwaltungsorganisation der Mitgliedstaaten enthalten und diesen die Organisation der Behörden überlassen. Für jedes Einzugsgebiet ist ein Bewirtschaftungsplan sowie ein Maßnahmenprogramm zur Erreichung der Umweltziele (Art. 4) aufzustellen.

640. Ein an den Grundsätzen der Vorsorge, der Vorbeugung sowie der Bekämpfung von Umweltbeeinträchtigungen am Ursprung (Art. 130 r Abs. 2 Satz 2 EUV) orientierter Gewässerschutz muss eine Kombination von einheitlichen, europaweit gültigen Emissionsstandards als Mindestanforderungen einerseits sowie gewässer-(immissions-)bezogenen Qualitätszielen andererseits verfolgen (BREUER, 1997). Ist die Einhaltung gewässerunabhängiger Emissionsstandards zum Schutz der Gewässer oder Gewässerteile im Einzelfall wegen ihrer besonderen Schutzbedürftigkeit nicht ausreichend, so sind als zusätzliche Anforderungen gewässerbezogene Qualitätsziele heranzuziehen (BOSENIUS, 1998). Der Umweltrat begrüßt es deshalb, dass der Entwurf zur Wasserrahmenrichtlinie bei der Bekämpfung der Gewässerverschmutzung im Grundsatz diesen kombinierten Ansatz verfolgt (Art. 10). Danach sind Abwassereinleitungen zunächst auf der Grundlage von Emissionsstandards entsprechend dem Stand der Technik zu begrenzen. Reicht dies zur Einhaltung der Umweltqualitätsziele des Art. 4 oder sonstiger gemeinschaftlicher Rechtsvorschriften nicht aus, so müssen die Mitgliedstaaten weitergehende Maßnahmen treffen, um z. B. den Eintrag aus diffusen Quellen zu reduzieren. Der Umweltrat weist allerdings darauf hin, dass der kombinierte Ansatz nicht dazu führen darf, dass künftig Emissionsstandards unabhängig von den Erfordernissen des Gewässerschutzes verschärft werden, nur weil dies nach dem Stand der technischen Entwicklung möglich ist (SRU, 1998a, Tz. 264).

Der Umweltrat begrüßt überdies die Einführung des Kostendeckungsprinzips bei der Wassernutzung, insbesondere der Wasserentnahme und der Abwasserbehandlung, als einen weiteren wichtigen Schritt auf dem Weg, die Effizienz der Wassernutzung und die Effektivität von Umweltvorschriften zu verbessern. Bei der Kalkulation können somit auch umweltbezogene Kosten sowie die Kosten für die Erschöpfung der Wasserressourcen berücksichtigt werden.

Bewirtschaftungspläne für Flusseinzugsgebiete

641. Der Richtlinienentwurf sieht vor, für sämtliche Flussgebietseinheiten einen Bewirtschaftungsplan für die Einzugsgebiete zu erstellen (Art. 13). Diese Pläne dienen als Grundlage für die Planung und Umsetzung der Ziele aus Artikel 1 und 4 in den jeweiligen Flussgebietseinheiten. Sie sollen alle Informationen für die gesamte Fläche der Einzugsgebiete enthalten und letztlich die Koordination sämtlicher Maßnahmen des Gewässerschutzes ermöglichen. Nach Artikel 13 Abs. 4 in Verbindung mit Anhang VII müssen die Bewirtschaftungspläne umfangreiche Angaben enthalten, etwa über die Merkmale der Flussgebietseinheiten, eine Zusammenfassung der signifikanten Belastungen und anthropogenen Einwirkungen auf den Zustand von Oberflächengewässern und Grundwasser einschließlich einer Einschätzung der Verunreinigung durch Punktquellen und diffuse Quellen sowie einer zusammenfassenden Darstellung der Landnutzung, eine Einschätzung der Belastung für den mengenmäßigen Zustand des Wassers, eine Ermittlung und Kartierung der Schutzgebiete nach Artikel 6, ferner eine Zusammenfassung der wirtschaftlichen Analyse des Wassergebrauchs sowie der in der Richtlinie verlangten Durchführungsmaßnahmen (Art. 11). Artikel 13 verpflichtet die Mitgliedstaaten somit zu einer umfangreichen Datenerhebung und umfassenden Gewässerüberwachung.

Der Umweltrat erachtet den mit dem Richtlinienentwurf verfolgten, an Flusseinzugsgebieten orientierten Planungsansatz für grundsätzlich sinnvoll. Derartige Bewirtschaftungspläne gebieten eine gesamthafte Betrachtungsweise, die gleichermaßen Aspekte der Wassergüte- und Wassermengenwirtschaft (SEIDEL, 1998, S. 435) sowie der Gewässernutzung betrachtet. Nur eine Gesamtschau aller Belange des Gewässerschutzes im gesamten Einzugsgebiet kann einen wirksamen und effektiven Schutz der Gewässer sicherstellen. Der Umweltrat weist aber vorsorglich darauf hin, dass die Umsetzung dieser Planungserfordernisse keinesfalls den Grad an Detailliertheit erreichen dürfen, wie dies für das wasserwirtschaftliche Planungsinstrumentarium des Wasserhaushaltsgesetzes üblich ist. So sind nach § 36 WHG für Flussgebiete oder Wirtschaftsräume wasserwirtschaftliche Rahmenpläne zu erstellen, um die für die Entwicklung der Lebens- und Wirtschaftsverhältnisse notwendigen wasserwirtschaftlichen Voraussetzungen zu sichern. Diese müssen eine Bestandsaufnahme über die wasserwirtschaftlichen Verhältnisse enthalten, insbesondere über das nutzbare Wasserdargebot, die Vorkehrungen zum Schutz gegen Hochwasser und den Gewässerzustand. Als Grundlage für die Bewirtschaftung der Gewässer dienen zudem die Pläne nach § 36b WHG, die allerdings nicht mit den Bewirtschaftungsplänen im Sinne des Art. 13 vergleichbar sind. Ein Bewirtschaftungsplan nach § 36b WHG legt die Gewässernutzungen und Güteziele, die Maßnahmen, mit denen die Güteziele innerhalb einer bestimmten Zeit zu erreichen oder zu erhalten sind, sowie sonstige wasserwirtschaftliche Maßnahmen wie Maßgaben über die Schifffahrt oder die

Unterhaltung des Gewässers fest. Bereits die Erfahrungen mit dem deutschen Planungsinstrumentarium haben gezeigt, dass mit der Erstellung derartiger Pläne ein hoher personeller, finanzieller und zeitlicher Aufwand verbunden ist (REINHARDT, 1999), der häufig u. a. auch wegen der schlechten Personalausstattung der Wasserbehörden zu einer übermäßig langen Planungsdauer führt. Zudem steht dieser Aufwand nicht immer in angemessenem Verhältnis zum Nutzen für den Gewässerschutz, zumal die Pläne bei ihrer Fertigstellung nicht selten von der Entwicklung bereits wieder überholt sind (SEIDEL, 1998, S. 435; BARTH, 1997, S. 8; RECHENBERG, 1997, S. 205). Aus diesem Grund wird von den Instrumenten der §§ 36, 36b WHG in den einzelnen Bundesländern auch nur sehr zögerlich und in unterschiedlichem Maße Gebrauch gemacht, z. T. werden sogar auch nur gänzlich neue, nicht normierte länderspezifische Pläne aufgestellt (SRU, 1998b, Tz. 301 ff.).

Der Umweltrat ist daher der Auffassung, dass bei der Umsetzung der Wasserrahmenrichtlinie die anspruchsvollen Planungsvorgaben und Maßstäbe der §§ 36, 36b WHG keinesfalls auf diejenigen der Richtlinie übertragen werden dürfen, zumal keineswegs belegt ist, dass derart umfassende Planungen den Gewässerschutz auch tatsächlich verbessern. Der Umweltrat sieht andernfalls die Gefahr einer unnötigen Bürokratisierung des Gewässerschutzes und befürchtet, dass hierdurch Bemühungen um einen effektiven Gewässerschutz nicht gefördert, sondern im Gegenteil konterkariert würden. Da die Wasserrahmenrichtlinie selbst weitreichende Planungsanforderungen enthält und deshalb einen erheblichen Verwaltungsaufwand nach sich ziehen wird, drohen bei einer Übertragung des deutschen Systems auf Bewirtschaftungspläne nach Art. 13 sämtliche Kapazitäten der Wasserwirtschaftsverwaltung auf Jahre hinaus mit dem Vollzug der Wasserrahmenrichtlinie gebunden und faktisch lahmgelegt zu werden. Der Umweltrat spricht sich deshalb für eine Orientierung der Planungserfordernisse an dem für den Gewässerschutz und die Gewässerbewirtschaftung tatsächlich Notwendigen aus; insbesondere dürfen die zu erstellenden Pläne nicht mit weitreichenden Detailangaben überfrachtet werden. Nur auf diese Weise können die Bewirtschaftungspläne ihrer eigentlichen Aufgabe eines effektiven Flussgebietsmanagements auch tatsächlich gerecht werden.

Stark veränderte Gewässer

Zur Begriffsbestimmung „erheblich veränderter Wasserkörper"

642. Mit Skepsis betrachtet der Umweltrat den bislang im Entwurf gewählten Ansatz, im Falle stark veränderter oder künstlicher Gewässer Ausnahmen von dem an sich anzustrebenden hohen Schutzniveau der Richtlinie zuzulassen. Die Wasserrahmenrichtlinie verpflichtet die Mitgliedstaaten in Artikel 4 Abs. 1 Buchst. a), als Umweltziel grundsätzlich in allen Oberflächenwasserkörpern einen guten ökologischen und chemischen Zustand anzustreben; bei stark veränderten oder künstlichen Wasserkörpern reicht dagegen bereits die Verwirklichung eines guten ökologischen Potentials. In bezug auf das Umweltziel und die Regelungen bei stark veränderten Wasserkörpern sieht der Umweltrat noch erheblichen und dringenden Nachbesserungsbedarf in dem Richtlinienentwurf.

Ein erheblich veränderter Wasserkörper ist nach der Begriffsbestimmung in Art. 2 Nr. 9 des Richtlinienentwurfes ein Oberflächenwasserkörper, der durch physikalische Veränderungen durch den Menschen in seinem Wesen erheblich verändert wurde und von den Mitgliedstaaten entsprechend Anhang II ausgewiesen ist. Anhang II Nr. 1.6 legt in Ergänzung zu der Definition in Artikel 2 fest, dass die Mitgliedstaaten einen Oberflächenwasserkörper als künstlich oder erheblich verändert ausweisen können, wenn Änderungen der künstlichen oder veränderten Merkmale des Wasserkörpers Auswirkungen haben würden auf die weitere Umwelt, die Schifffahrt und die Erholungsgebiete, die Zwecke, für die das Wasser gespeichert wird (z. B. Stromerzeugung, Trinkwasserversorgung), die Wasserregulierung, den Hochwasserschutz, die Bewässerung oder die menschliche Entwicklung. Der Umweltrat weist darauf hin, dass nach dieser Begriffsbestimmung die Voraussetzungen, unter denen die Einstufung eines Gewässers als „erheblich verändert" erfolgen soll, nahezu beliebig interpretierbar sind. Diese „Definition" ist weitestgehend konturenlos und stellt somit die Ausweisung eines Wasserkörpers als stark verändert nahezu in das Belieben der Mitgliedstaaten (insb. durch den Verweis auf die menschliche Entwicklung ganz allgemein). Von KEITZ (1999, S. 16) sowie Schätzungen des Umweltbundesamtes gehen davon aus, dass die Ausweisung eines Gewässers als erheblich verändert oder künstlich aufgrund der konturenlosen Tatbestandsmerkmale schätzungsweise bis zu 90 % aller Oberflächengewässer in Deutschland (bzw. in ähnlich dicht besiedelten und industrialisierten EU-Staaten in vergleichbarer Größenordnung) erfassen wird. Damit würden stark veränderte Gewässer in Deutschland sowie in verschiedenen anderen Mitgliedstaaten den Regelfall darstellen. Aus Sicht des Gewässerschutzes ist dies vor allem deshalb unbefriedigend, weil bei stark veränderten oder künstlichen Wasserkörpern lediglich ein gutes ökologisches Potential (Tz. 644 f.), nicht aber ein guter Zustand der Oberflächengewässer erreicht zu werden braucht (Art. 4 Abs. 1), womit eine deutliche Absenkung des Schutzniveaus verbunden ist (Tz. 644). Können die Mitgliedstaaten aber einen Großteil der Oberflächengewässer aus den strengen ökologischen Anforderungen der Wasserrahmenrichtlinie herausnehmen, indem sie diese als erheblich verändert ausweisen, droht das anspruchsvolle Schutzziel der Richtlinie in ihr Gegenteil umzuschlagen. Bei fehlender Bereitschaft der Mitgliedstaaten, Belange des Gewässerschutzes ernst zu nehmen, könnte dies insgesamt sogar zu einer Senkung des bislang erreichten Gewässerschutzniveaus in der EU führen, zumal bei einem großen Spielraum der Mitgliedstaaten die Gefahr nicht von der Hand zu weisen ist, dass an sich nur mittelmäßig veränderte oder beeinträchtigte Gewässer als stark verändert ausgewiesen werden, um nicht den anspruchsvollen Erhaltungs- oder Sanierungszielen zu unterliegen. In Anbetracht des insoweit nahezu schrankenlosen Ermessens der Mitgliedstaaten ist kaum eine Handhabe gegen eine derartige Interpretation der Wasserrahmenrichtlinie gegeben.

Der Umweltrat spricht sich deshalb dafür aus, die Kriterien zur Bestimmung eines „erheblich veränderten Wasserkörpers" in der Richtlinie deutlich zu konkretisieren und einheitliche Bewertungsmaßstäbe für den erforderlichen Grad der Veränderung festzulegen. Dabei ist insbesondere darauf zu achten, den weiten Ermessensspielraum der Mitgliedstaaten bei der Ausweisung der Oberflächengewässer zu reduzieren und an einheitliche überprüfbare Kriterien zu binden. Diese dürfen nicht wie bisher allein von der Einschätzung des betroffenen Mitgliedstaates abhängen. Andernfalls ist mit deutlichen Unterschieden bei der Ausweisung in den Mitgliedstaaten mit der Folge eines erheblichen Gefälles der Gewässerschutzniveaus zu rechnen. In Anbetracht der häufig grenzüberschreitenden Flussverläufe hätte dies wiederum Auswirkungen auf Mitgliedstaaten mit an sich strengen Umweltzielen. Zudem sollte die Möglichkeit einer Ausweisung von Gewässern als erheblich verändert auf solche Gewässer beschränkt werden, bei denen die Eingriffe in die Gewässerstruktur aufgrund bestehender Nutzungen entweder nicht verändert werden sollen oder können.

643. Die EU-Kommission hat diese Problematik mittlerweile erkannt. Sie hat deshalb Deutschland und Großbritannien mit einem Forschungsvorhaben beauftragt, Kriterien für eine harmonisierte Vorgehensweise innerhalb der EU zu erarbeiten. Hierfür wurde im Oktober 1999 von der LAWA ein Strategiepapier entwickelt, das einen anderen Weg zur Reduzierung des Ermessensspielraumes wählt als ihn der Umweltrat vorschlägt. Danach werden die künstlichen Wasserkörper wie Talsperren, Baggerseen oder Kanäle für die Schifffahrt, für Wasserkraftanlagen und zur Be- und Entwässerung eo ipso dem weniger strengen Umweltziel des guten ökologischen Potentials unterworfen. Alle anderen Oberflächenwasserkörper werden zunächst als natürliche Oberflächengewässer bewertet. Stellt sich sodann heraus, dass der gute ökologische Zustand innerhalb von 16 Jahren erreicht werden kann, so soll keine Ausweisung als erheblich verändert zulässig sein. Für den Fall, dass dieses Ziel nicht erreicht würde, soll die Ausweisung als erheblich verändert aber nur dann möglich sein, wenn Eingriffe in die Gewässerstruktur hierfür verantwortlich sind und diese aufgrund bestehender Nutzungen nicht verändert werden sollen oder können.

Der Umweltrat begrüßt den Vorschlag, künstliche Wasserkörper von dem strengen Umweltziel des guten Zustands auszunehmen. Er erachtet jedoch den Ansatz, zunächst für sämtliche natürliche Oberflächengewässer das strenge Ziel des guten Zustands festzuschreiben (auch wenn sie erheblich verändert wurden) und erst in einem zweiten Schritt Ausnahmen hiervon zuzulassen, von seiner Intention her als richtig, im Hinblick auf seine zu erwartende Umsetzung in den Mitgliedstaaten jedoch als wenig zielführend. Der Umweltrat kritisiert an dem LAWA-Vorschlag insbesondere, dass dieser die Möglichkeit der Ausweisung als erheblich verändert lediglich von dem faktischen Nichterreichen eines guten Zustands abhängig macht. Er setzt damit den Mitgliedstaaten bei der Umsetzung keine Schranken, wenn diese keine Maßnahmen zur Verbesserung des Gewässerzustandes ergreifen, sondern den schlechten Zustand beibehalten wollen. Da der LAWA-Vorschlag die soeben kritisierte vage Definition von erheblich veränderten Gewässern zudem nicht durch weitere Kriterien konkretisiert, ist die Gefahr nicht von der Hand zu weisen, dass mit diesem Vorschlag im Ergebnis keine Verbesserung des Gewässerschutzes erreicht werden kann.

Zur Begriffsbestimmung „gutes ökologisches Potential"

644. Erheblich konkretisierungsbedürftig sind nach Auffassung des Umweltrates auch die materiellen Anforderungen an das Ziel eines guten ökologischen Potentials. Während der gute ökologische und chemische Zustand von Gewässern in Anhang V der Richtlinie sehr detailliert und umfassend beschrieben und hierbei ein anspruchsvolles Schutzniveau für Seen, Flüsse, Übergangsgewässer und Küstengewässer vorgegeben wird, nehmen sich die Konkretisierungen des guten ökologischen Potentials in Artikel 2 Nr. 23 und Anhang V (Nr. 1.2.5) sehr bescheiden aus. Im Gegensatz zu den Begriffsbestimmungen für den guten Zustand von Gewässern in Anhang V, die auf naturwissenschaftlich nachvollziehbaren und überprüfbaren Kriterien beruhen, enthalten die Begriffsbestimmungen für das gute ökologische Potential nur rudimentäre naturwissenschaftlich definierte Zielkriterien (insbesondere mit deutlichen Defiziten bei den hydromorphologischen Komponenten und den biologischen Qualitätskomponenten). Die Anforderungen an das gute ökologische Potential belassen den Mitgliedstaaten überdies einen erheblichen Spielraum bei deren Umsetzung. Letztlich ist das Umweltziel eines guten ökologischen Potentials damit in nicht geringem Maße von der Bereitschaft der Mitgliedstaaten abhängig, Belange des Gewässerschutzes ernst zu nehmen oder nicht. Der Umweltrat hält diesen Zustand für nicht hinnehmbar und sieht deshalb in der Richtlinie auch insoweit noch weiteren Konkretisierungsbedarf. Als richtungsweisenden Ansatz betrachtet er die Vorschläge des LAWA-Strategiepapiers, weitere Kriterien in die Definition aufzunehmen (Durchgängigkeit des Wasserkörpers für die Fauna, das Vorhandensein von

Zum Entwicklungsgebot bei erheblich veränderten Gewässern

645. Unbefriedigend ist des weiteren, dass Art. 4 Abs. 1 bei stark veränderten Gewässern keine Verpflichtung enthält, zumindest auf lange Sicht ein strengeres Umweltziel zu verfolgen als lediglich ein gutes ökologisches Potential. Art. 4 Abs. 1 kennt noch nicht einmal eine regelmäßige Prüfungspflicht dahingehend, ob die Verfolgung des schwächeren Umweltziels überhaupt noch angezeigt und nicht doch das strengere Umweltziel eines guten Zustands anzustreben ist. Damit sieht diese Vorschrift eine Art Ewigkeitsgarantie für den Zustand stark veränderter Gewässer vor, und damit ein Recht auf Fortbestand des schlechten Zustands und der negativen anthropogenen Auswirkungen auf die Gewässerökologie. Nach Auffassung des Umweltrates ist dieser Ansatz nicht geeignet, die Belange des Gewässerschutzes in der Europäischen Union zu fördern, nicht zuletzt wegen des hohen Anteils stark veränderter Gewässer an den Gewässern der Mitgliedstaaten (Tz. 642).

Der Umweltrat schlägt darüber hinausgehend vor, sich in der Richtlinie bei stark veränderten Gewässern nicht mit dem Umweltziel eines guten ökologischen Potentials zu begnügen, sondern diesbezüglich ein Entwicklungsgebot festzuschreiben, zumindest für die Teile eines Gewässerkörpers, bei denen die Beseitigung anthropogener Eingriffe in das Gewässer möglich ist. Dieses soll instrumentell mit einem langfristig zu verwirklichenden, anspruchsvolleren Umweltziel verknüpft werden. Eine denkbare Möglichkeit wäre etwa, als langfristiges Umweltziel einen „mäßigen Zustand" zumindest von Oberflächengewässern im Sinne des Anhangs V sowie die Pflicht vorzugeben, den Zustand stark veränderter Gewässer in diese Richtung fortzuentwickeln. Damit würden keineswegs anthropogen bedingte Einflüsse ausgeschlossen, vielmehr würde nur die Pflicht zu einer deutlichen Verbesserung des Zustands von stark veränderten Oberflächengewässern aufgestellt. Der Umweltrat ist sich dabei allerdings durchaus bewusst, dass angesichts der zum Teil gravierenden menschlichen Eingriffe in die Gewässerökosysteme dieses anspruchsvolle Umweltziel nur auf lange Sicht zu erreichen sein wird und daher Übergangsfristen erforderlich sind.

646. Eine andere Lösung dieses Problems wählt wiederum das Strategiepapier der LAWA. Danach soll die Ausweisung als erheblich veränderter Wasserkörper regelmäßig zu überprüfen sein. Der Umweltrat ist der Auffassung, dass allein die Pflicht zur regelmäßigen Überprüfung der Ausweisung zumindest solange keine Wirkung zeigen kann, als diese nicht mit einer materiellen Pflicht verknüpft wird, den Gewässerzustand in Richtung auf ein anspruchsvolles Umweltziel tatsächlich zu verbessern. Eine derartige Pflicht ist in dem LAWA-Vorschlag jedoch nicht vorgesehen. Im übrigen wird ein Entwicklungsgebot eher der Tatsache gerecht, dass der Zustand erheblich veränderter Gewässer in der Regel nur über lange Zeiträume verbessert werden kann und somit die Verbesserung ein dynamischer, fortlaufender Prozess sein muss.

647. Der Befürchtung, das Mindestziel eines mäßigen Zustands sowie das Entwicklungsgebot könnten zu anspruchsvoll sein und möglicherweise die individuelle wirtschaftliche Leistungsfähigkeit eines Mitgliedstaates übersteigen, kann bereits auf der Grundlage des bisherigen Richtlinienentwurfes entgegengetreten werden. Artikel 4 Abs. 4 und 6 gestatten weitreichende Abweichungen von den Umweltzielen (Tz. 648). Insbesondere Artikel 4 Abs. 4 berücksichtigt dabei die Belange des betroffenen Mitgliedstaates nach Auffassung des Umweltrates in ausreichendem Maße. Denn er bindet die Zielvorgabe an das für die Mitgliedstaaten technisch Mögliche und finanziell Machbare, indem die Verbesserung des Gewässerzustandes für den Mitgliedstaat nicht wirtschaftlich unangemessen sein darf. Diese Aussage gilt selbst dann, wenn die Ausnahmetatbestände der Art. 4 Abs. 4 und 6 noch konkretisiert werden sollten, da auch in diesem Fall Abweichungen von den Umweltzielen des Art. 4 noch in ausreichendem Umfang möglich wären.

Zur Konkretisierung der Ausnahmetatbestände des Art. 4 Abs. 3 bis 6

648. Erhebliche Unzulänglichkeiten weist der Richtlinienentwurf ferner bei den Vorschriften der Art. 4 Abs. 3 bis 6 auf, die in nicht hinnehmbarem Umfang Möglichkeiten eröffnen, von den materiellen und zeitlichen Vorgaben des Art. 4 Abs. 1 abzuweichen.

Problematisch erscheint dem Umweltrat dabei, dass die Ausnahmevorschriften der Art. 4 Abs. 4 und 6 jeweils von der Einschätzung der Mitgliedstaaten abhängen. Für diese werden in der Richtlinie jedoch keinerlei Ermessensbindungen festgeschrieben. Zudem enthalten insbesondere die Ausnahmetatbestände der Art. 4 Abs. 4 und 6 zahlreiche unbestimmte Rechtsbegriffe (etwa „unangemessen kostspielig", „Gründe des überwiegenden öffentlichen Interesses"), für die ein einheitlicher und verbindlicher Maßstab in der Richtlinie nicht vorgegeben wird. Beispielsweise soll ein Abweichen von Art. 4 Abs. 1 dann möglich sein, wenn der Mitgliedstaat zu dem Schluss gelangt, dass die Verbesserung des Gewässerzustandes unverhältnismäßig kostspielig sein werde (Art. 4 Abs. 4 Buchstabe a), wobei in dem Richtlinienentwurf offen gelassen wird, welcher Maßstab – etwa ein generalisierender EU-Durchschnitt oder die Sicht des betreffenden, gegebenenfalls finanzschwachen Mitgliedstaates – hierbei ausschlaggebend sein soll. Dadurch ist eine Missbrauchskontrolle hinsichtlich des Ermessens praktisch ausgeschlossen.

Die Konturenlosigkeit der Ausnahmebestimmungen wird ferner in Absatz 6 deutlich, wenn die Berufung auf Absatz 6 davon abhängig gemacht wird, dass sie Zwecken des Anhangs II Nr. 1.6 und damit den bereits oben beim ökologischen Potential kritisierten uferlosen Tatbeständen (z. B. „menschliche Entwicklung", Tz. 642) dienen muss. Nach Absatz 6 soll eine Verletzung des Art. 4 Abs. 1 überdies ausgeschlossen sein, wenn Grund dafür neu eingetretene Änderungen der physischen Eigenschaften von Gewässern sind und der Mitgliedstaat beschließt, dass diese Änderungen aus Gründen des überwiegenden öffentlichen Interesses nötig sind. Der Umweltrat kritisiert insoweit, dass unter dem Dach der „Gründe des öffentlichen Interesses" nahezu alle denkbaren Interpretationen Platz finden können.

649. Darüber hinaus erlauben sämtliche Ausnahmebestimmungen nicht nur ein Abweichen von dem strengen Umweltziel eines guten Zustands, sondern auch von dem schwachen eines guten ökologischen Potentials. Das Zusammenspiel zwischen minimalen ökologischen Anforderungen an das gute Potential (Tz. 644) einerseits und den nahezu konturenlosen Ausnahmetatbeständen andererseits gestattet den Mitgliedstaaten ein Abweichen von den Zielen der Richtlinie in einem Ausmaß, das für den Gewässerschutz nicht mehr akzeptabel ist. Letztlich drängt sich damit die Frage auf, ob eine Richtlinie, die derart anspruchsvolle Umweltziele und Planungsanforderungen formuliert, deren Realisierung in der Praxis jedoch aufgrund der beschriebenen Unzulänglichkeiten faktisch nur für eine geringe Anzahl von Gewässern überhaupt in Frage kommen dürfte, nicht bereits vom Ansatz her falsch konzipiert ist („Viel Lärm um nichts"). Der Umweltrat mahnt deshalb dringend an, neben einer Neufassung der Definition des guten ökologischen Potentials und des Begriffs der erheblich veränderten Gewässer auch die Ausnahmebestimmungen der Art. 4 Abs. 3 bis 6 enger zu fassen und den Ermessensspielraum der Mitgliedstaaten an allgemeinverbindliche, einheitliche und für sämtliche Mitgliedstaaten gültige Kriterien zu binden.

650. Die Qualitätsziele der Richtlinie sind nach Art. 4 Abs. 1 spätestens 16 Jahre nach ihrem Inkrafttreten zu verwirklichen. Diese Fristen können jedoch unter bestimmten, allerdings sehr vage formulierten Voraussetzungen dreimal um je sechs Jahre (im ganzen also um bis zu 34 Jahre) verlängert werden, wobei die Zustimmung der EU-Kommission erst für die dritte Fristverlängerung erforderlich ist. Durch diese Regelung wird den Mitgliedstaaten die Möglichkeit eingeräumt, die materiellen Ziele der Richtlinie erst in der kommenden Generation wirksam werden zu lassen. Aus Gründen des Gewässerschutzes plädiert der Umweltrat dafür, von den in der Richtlinie vorgesehenen Möglichkeiten einer Fristüberschreitung zumindest in Deutschland keinen oder zumindest nur in gravierenden Ausnahmefällen Gebrauch zu machen und die Umsetzung der Ziele nicht zu verzögern, auch auf die Gefahr hin, dass hieraus erhebliche Unterschiede im Gewässerzustand und Wettbewerbsverzerrungen entstehen oder andauern können.

Kostendeckende Wassernutzung

651. Ein wichtiger Schritt für eine sparsame Verwendung der Ressource Wasser ist mit der grundsätzlichen Anerkennung des Kostendeckungsprinzips bei der Wassernutzung (Art. 9 Abs. 1 der Wasserrahmenrichtlinie) unternommen worden, da nunmehr entsprechend dem Verursacherprinzip auch umwelt- und ressourcenbezogene Kosten angelastet werden sollen. Dieser Grundsatz wird allerdings in starkem Maße relativiert, indem den Mitgliedstaaten das Recht eingeräumt wird, auch den sozialen, ökologischen und wirtschaftlichen Auswirkungen der Kostendeckung sowie den geographischen und klimatischen Gegebenheiten der betreffenden Regionen Rechnung tragen zu können (Art. 9 Abs. 1 Satz 2). Diese Zusatzbestimmung unterstützt die bisherige Praxis, Wasserpreise und Tarife als Instrumente der Sozialpolitik und Regionalförderung einzusetzen (z. B. Spanien, Italien, Irland) und mitunter sogar völlig kostenfrei zur Verfügung zu stellen (KRAMER et al., 1998).

Die Ausnahmeregelung läuft dem Verursacherprinzip diametral entgegen und konterkariert die Bemühungen um eine sparsame Verwendung der kostbaren Ressource Wasser sowie um die Verbesserung der Effizienz der Wassernutzung, zudem führt sie zu nicht hinnehmbaren Wettbewerbsverzerrungen, wenn diese Subventionen zur Unterstützung von Landwirtschaft und Industrie eingesetzt werden. Der Umweltrat ist sich der Schwierigkeiten eines Vergleiches von Wasserpreisen in Europa u. a. aufgrund fehlenden Datenmaterials, der unterschiedlichen Struktur der Wasserversorgung (KRAMER et al., 1998) und fehlender gemeinschaftsweiter einheitlicher Emissionsgrenzwerte und Umweltqualitätsnormen durchaus bewusst. Es sollte im europäischen Rahmen aber darauf gedrängt werden, dem Grundgedanken kostendeckender Wasserpreise deutlich mehr Gewicht zu verleihen und dessen Relativierung nur unter strengen Voraussetzungen zuzulassen. Überdies sollten die Anforderungen an die Ausnahmebestimmung konkreter ausgestaltet werden. Auch wenn hierbei mit erheblichem Widerstand zu rechnen ist, da die Ausnahmeregelung die conditio sine qua non für einige Mitgliedstaaten war, dem Gebot der Kostendeckung in dem Richtlinienentwurf überhaupt zuzustimmen, spricht sich der Umweltrat für ein derartiges Vorgehen aus. Unter dem Aspekt eines künftig zunehmenden grenzüberschreitenden Austausches von Wasser ist nicht einzusehen, warum der verschwenderische Umgang mit Wasser in einigen Mitgliedstaaten durch eine Umverteilung der Wasserressourcen auf europäischer Ebene unterstützt werden sollte (Tz. 671 f.).

Diffuse Belastungen und Umgang mit wassergefährdenden Stoffen

652. Der Umweltrat vermisst in der Wasserrahmenrichtlinie substantielle Anstrengungen für den Schutz der Gewässer vor diffusen Belastungen. Insbesondere die Stoffeinträge aus der Landwirtschaft bleiben unberücksichtigt, da die Richtlinie insoweit nicht über die Nitrat- und Pflanzenschutzmittelrichtlinie hinausgeht (Art. 11 Abs. 3 Buchst. a) und Anhang VI Teil A). Die Richtlinie stellt den Mitgliedstaaten lediglich frei, durch ergänzende Maßnahmen für einen zusätzlichen Schutz der Gewässer zu sorgen. Dies ist angesichts der mit der landwirtschaftlichen Bodennutzung verbundenen Gewässerbelastungen keinesfalls ausreichend. Der Umweltrat spricht sich deshalb dafür aus, auf europäischer Ebene die Anstrengungen zum Schutz der Gewässer vor diffusen Belastungen weiter voranzutreiben. Auf nationaler Ebene wiederholt der Umweltrat seine Forderung nach einer Verschärfung der Umweltanforderungen in der Düngeverordnung (SRU, 1996b, Tz. 216) und im Pflanzenschutzrecht. Ergänzend erscheint es dem Umweltrat sinnvoll, bestimmte landwirtschaftliche Nutzungen, von denen – etwa wegen ihrer Intensität oder Gegebenheiten des Standortes – besondere Gefahren für Grundwasser und Oberflächengewässer ausgehen, dem wasserrechtlichen Genehmigungs- und Überwachungsregime zu unterstellen (vgl. § 371 UGB-KomE, 1998 für Oberflächengewässer, § 391 UGB-KomE, 1998 für Grundwasser; SRU, 1985, Tz. 1280 f.), um auf diese Weise das ordnungsrechtliche Instrumentarium und Möglichkeiten der Überwachung zu verbessern und diffuse landwirtschaftliche Einträge im Bedarfsfalle gezielter steuern zu können.

653. Der Umweltrat bemängelt ferner, dass die Wasserrahmenrichtlinie keine Anforderungen an den Umgang mit wassergefährdenden Stoffen enthält. Statt dessen beschränkt sich die Richtlinie darauf, die allmähliche Verringerung der Emissionen von gefährlichen Stoffen als ein Ziel der Richtlinie zu postulieren (Art. 1) und die Mitgliedstaaten dazu zu verpflichten, Maßnahmen zur Vermeidung von Verschmutzungsunfällen zu treffen (Art. 11 Abs. 3 Buchst. i). Dagegen fehlen gemeinschaftsweite Grundanforderungen an derartige Vorbeugemaßnahmen, etwa gemeinschaftsweite Mindestanforderungen an die Beschaffenheit von Anlagen zum Umgang mit wassergefährdenden Stoffen (SEIDEL, 1998). Da die Seveso-II-Richtlinie (RL 96/82/EG; Tz. 769 ff.) insofern keinen ausreichenden Schutz gewährt, sollten künftige Bestrebungen in der europäischen Gewässerschutzpolitik auf eine Nachbesserung der Wasserrahmenrichtlinie gerichtet sein.

Maßnahmen zum Schutz des Rheins

654. Die kontinuierliche Verfolgung und Weiterentwicklung des Aktionsprogramms Rhein der IKSR von 1987 hat 1998 zur Formulierung von „Leitlinien für ein Programm zur nachhaltigen Entwicklung des Rheins" (IKSR, 1998b) und zu einem neuen „Übereinkommen zum Schutz des Rheins" (IKSR, 1998c) geführt. Danach sind die Rheinanliegerstaaten zu einer integrierten Betrachtungsweise im flussgebietsbezogenen Gewässerschutz verpflichtet. Hierbei sollen gleichermaßen die Bereiche Gewässergüte und -menge, Emissionsverminderung, Ökologie, Hochwasserschutz (Tz. 669 f.) und Grundwasserschutz berücksichtigt werden. Nur so kann der natürlichen Vernetzung und den vielfältigen Wechselbeziehungen in einem Flussgebiet Rechnung getragen werden. Die Mitgliedstaaten sind verpflichtet, das gesamtökologische Konzept weiter zu entwickeln und Zug um Zug zu realisieren. Hierbei sind die Belange der Schifffahrt, der Wasserwirtschaft, der Energiewirtschaft, der Fischerei und weitere Interessen in die Abwägung einzubeziehen (IKSR, 1998b, S. 2).

Grundwasserrelevante Maßnahmen

655. Grundwasser ist in Deutschland mit Abstand die bedeutendste Wasserressource, deren Qualität sowohl durch Einleitungen gefährlicher Stoffe als auch durch Stoffeinträge aus diffusen Quellen wie eutrophierend oder versauernd wirkende Luftschadstoffe, organische Schadstoffe oder Nitrat aus Düngemitteln bedroht ist. Somit kommt dem vorsorgenden und flächendeckenden Grundwasserschutz eine weitreichende Bedeutung zu (SRU, 1998b). Maßgebend für den flächendeckenden Grundwasserschutz ist nach wie vor die EG-Richtlinie über den Schutz des Grundwassers gegen Verschmutzung durch bestimmte gefährliche Stoffe (80/68/EWG – Grundwasserrichtlinie). Diese wurde auf der Grundlage des § 6a WHG durch die Grundwasserverordnung in deutsches Recht umgesetzt (SRU, 1998b, Tz. 249), allerdings verspätet und nur unter dem Druck zweimaliger Verurteilung durch den Europäischen Gerichtshof und Androhung hoher Zwangsgelder. Gleichwohl kann Deutschland hierbei nicht der Vorwurf gemacht werden, es habe die Grundwasserrichtlinie zumindest materiell nicht rechtzeitig umgesetzt. Entsprechend der deutschen Rechtstradition war die Umsetzung durch das Wasserhaushaltsgesetz konkretisierende Verwaltungsvorschriften erfolgt, was allerdings vom Europäischen Gerichtshof ebensowenig wie bei der Abwasserverordnung (Tz. 663) akzeptiert wurde. Insofern war mit dem Erlass der Grundwasserverordnung keine Änderung der Rechtslage in Deutschland verbunden, da die Verordnung lediglich bestehende Erlaubnis- und Genehmigungspflichten präzisiert und den bereits praktizierten wasserrechtlichen Vollzug konkretisiert hat (KNOPP, 1997, S. 212).

656. Das in der Grundwasserrichtlinie niedergelegte europäische Konzept der Grundwasserbewirtschaftung ist in den letzten Jahren zunehmend auf Kritik gestoßen. Deshalb legte die Kommission am 9. September 1996 einen Vorschlag für ein „Aktionsprogramm zur Eingliederung von Grundwasserschutz und Grundwasserbewirtschaftung" vor (KOM (96) 315 endg.), das ursprünglich bis zum Jahr 2000 von den Mitgliedstaaten und der Gemeinschaft hätte umgesetzt werden sollen. Nachdem sich allerdings abzeichnete, dass der Grundwasserschutz in die künftige Wasserrahmenrichtlinie (Tz. 639 ff.) aufgenommen wird, soll dieses Programm dort umgesetzt werden, und es bestand für eine Novellierung der Grundwasserrichtlinie kein Bedarf mehr.

657. Die Verordnung über die Grundsätze der guten fachlichen Praxis beim Düngen (Düngeverordnung) vom 26. Januar 1996 setzt Teile der EG-Nitratrichtlinie zum Schutz der Gewässer, soweit sie die Düngung betreffen, in deutsches Recht um. Die Verordnung schreibt vor, Düngemittel im Rahmen der guten fachlichen Praxis zeitlich und mengenmäßig so auszubringen, dass sämtliche Nährstoffe von den Pflanzen weitestgehend ausgenutzt werden können und Einträge in Gewässer durch überschüssige Nährstoffe vermieden werden (§ 2). Ferner müssen die Geräte zum Ausbringen von Düngemitteln den allgemein anerkannten Regeln der Technik entsprechen, um eine sachgerechte Mengenbemessung und Verteilung sowie verlustarme Ausbringung zu gewährleisten. Auch wenn mit dieser Verordnung ein erster Schritt in Richtung auf einen Schutz der Gewässer vor Düngemitteln unternommen wurde, so bemängelt der Umweltrat dennoch, dass sie aus Sicht des Gewässerschutzes noch deutlich hinter dem Möglichen und ökologisch Sinnvollen zurückbleibt, zumal die Gewässerverunreinigung durch Nitrat in verschiedenen Gebieten Deutschlands durchaus noch schwerwiegend ist (Sonderbericht des Europäischen Rechnungshofes Nr. 3/98).

Trinkwasser

658. Wichtige Impulse für den Gesundheits- und Gewässerschutz sind von der neuen Trinkwasserrichtlinie (98/83/EG) zu erwarten, welche die Trinkwasserrichtlinie 80/778/EWG aus dem Jahre 1980 umfassend novelliert und in einigen Punkten wesentlich verschärft. Die Novellierung war notwendig geworden, um die Trinkwasserrichtlinie an den wissenschaftlichen und technischen Fortschritt unter Berücksichtigung des Vorsorgeprinzips anzupassen. Zudem hatte sich gezeigt, dass verschiedene Regelungen der alten Trinkwasserrichtlinie in der Umsetzung wenig praktikabel und nur schwer durchführbar waren. Die Novelle hat hierauf reagiert und ermöglicht nunmehr einen einfacheren und flexibleren Verwaltungsvollzug. Dazu gehört auch, dass die Richtlinie künftig zeitlich befristete Überschreitungen der Höchstwerte erlaubt, sofern hiermit keine Gesundheitsgefahren verbunden sind, der Verbraucher umfassend unterrichtet wird und ein überzeugender Sanierungsplan vorliegt. Die Mitgliedstaaten können national auch zusätzliche Parameter vorgeben oder solche der Richtlinie verschärfen, sofern der Schutz der menschlichen Gesundheit dies erfordert, oder weitergehende Bestimmungen, etwa für die Qualitätssicherung der Gewinnung, Verteilung und Untersuchung des Trinkwassers, erlassen. Die Richtlinie ist bis zum 25. Dezember 2000 in nationales Recht umzusetzen und spätestens Ende 2003 anzuwenden. Bereits jetzt liegt ein Entwurf des Bundesgesundheitsministeriums für die Novellierung der deutschen Trinkwasserverordnung vor, der im wesentlichen die Vorgaben der Richtlinie übernimmt.

659. Die Novelle zur Trinkwasserverordnung reduziert die Anzahl der Parametergruppen von sechs auf drei und die der Parameter von 62 auf 48. Dabei wurden dreißig gesundheitlich wenig relevante, überwiegend ästhetisch begründete Parameter aus der Trinkwasserrichtlinie herausgenommen. Entfallen sind etwa Temperatur, Calcium, Magnesium, Barium, Zink oder Kieselsäure, deren höhere Gehalte zu Geschmacksbeeinträchtigungen oder Färbungen beziehungsweise Trübungen führen können. Im Gegenzug wurden 18 gesundheitlich bedeutsame Parameter neu aufgenommen. Neu sind zum Beispiel Bromat und Trihalogenmethane als Desinfektionsnebenprodukte, Tritium sowie Acrylamid, Epichlorhydrin und Vinylchlorid als Parameter, die durch das verwendete Rohwasser oder Zusatzstoffe bedingt sind. Diese Vorgehensweise erscheint dem Umweltrat durchaus sinnvoll, um die Untersuchungen der Gewässergüte auf die gesundheitlich wirklich relevanten Parameter zu beschränken, zumal der Turnus der gebotenen Untersuchungen gegenüber der alten Richtlinie deutlich erhöht wurde, so dass die Trinkwasserversorger hierdurch mit höheren Kosten belastet werden. In der neuen Richtlinie werden zudem die Begriffe „zulässige Höchstkonzentration" (= Grenzwert) und „Richtwert" (= nur Empfehlung) zugunsten eines einheitlichen „Parameterwertes" mit gesundheitlicher Relevanz (Anhang I, Teil A – mikrobiologische – und Teil B – chemische Parameter) oder mit Indikatorenfunktion (Anhang I, Teil C – Indikatorparameter) aufgegeben, um die in der Vergangenheit häufiger in der Öffentlichkeit aufgetretene Fehlinterpretation der Richtwerte als künftige Grenzwerte oder Werte für ein besseres Wasser zu vermeiden (ROGG, 1999).

660. Der Umweltrat begrüßt, dass die Novelle für einige toxische Schwermetalle oder polyzyklische aromatische Kohlenwasserstoffe aufgrund der neuen wissenschaftlichen Erkenntnisse strengere Werte festgesetzt hat. So wurden die Parameterwerte etwa für Antimon von 10 auf 5 µg/L, Arsen von 50 auf 10 µg/L, Blei von 50 auf 10 µg/L, Kupfer von 3 000 auf 2 000 µg/L (2 mg/L) und Nickel von 50 auf 20 µg/L herabgesetzt. Da die Einhaltung des Wertes für Blei wegen der weit verbreiteten Hausanschlussleitungen aus Blei nur unter großen finanziellen Anstrengungen möglich sein wird, sieht die Richtlinie allerdings als Übergangsfrist für einen Zeitraum von 5 bis 15 Jahren nach Inkrafttreten der Richtlinie einen Parameterwert von 25 µg/L vor. Die Parameterwerte sind bei Wasser aus einem Verteilungsnetz gemäß Artikel 5 an den jeweiligen Entnahmestellen der Verbraucher (Wasserhahn) einzuhalten. Diese Forderung wird insbesondere im Hinblick auf Blei, aber auch

Nickel und Kupfer erhebliche finanzielle Auswirkungen auf Hauseigentümer zur Folge haben. Denn die Richtlinie verpflichtet mittelbar dazu, die durch die Hausinstallation oder deren Instandhaltung verursachten Veränderungen der Trinkwassergüte zu beseitigen. Demgegenüber beschränkt sich die Pflicht der Mitgliedstaaten nur darauf, das den Parameterwerten der Richtlinie entsprechende Wasser dem Hauseigentümer zur Verfügung zu stellen. Besteht das Risiko, dass die Parameterwerte von den Grundstückseigentümern nicht erfüllt werden, so müssen die Mitgliedstaaten – zumindest sofern nicht Wasser für die Öffentlichkeit bereitgestellt wird – lediglich sicherstellen, dass jene über mögliche Abhilfemaßnahmen beraten sowie die betroffenen Verbraucher über zusätzliche Abhilfemöglichkeiten unterrichtet werden.

Indirekte Gewässerverunreinigungen über den Luftpfad

661. Gewässerverunreinigende Stoffe werden nicht nur über Einleitungen in Oberflächengewässer und Meere eingetragen, sondern gelangen zu einem nicht unerheblichen Teil auch über den Luftpfad in die Gewässer. Luftbürtige Stoffeinträge werden vom Gewässerschutzrecht aber nicht erfasst, weil dessen Schutz entweder einleitungsorientiert ist (z. B. § 7a WHG) oder aber, sofern es Verunreinigungen durch nicht zweckgerichtete Stoffeinträge regelt (z. B. §§ 19g, 19k, 26 WHG), es den luftbürtigen Eintragspfad nicht berücksichtigt. Der Europäische Gerichtshof hat jüngst in einer Entscheidung versucht, diese Machtlosigkeit des Gewässerschutzrechts mittels einer sehr weitgehenden Auslegung der EG-Richtlinie über die Verschmutzung infolge der Ableitung bestimmter gefährlicher Stoffe in die Gewässer der Gemeinschaft (76/464/EWG) zu überwinden. In dieser Richtlinie wird in Artikel 1 Abs. 2 Buchst. d eine „Ableitung" definiert als jede Einleitung von Stoffen (aus der Liste I oder aus Liste II im Anhang der Richtlinie) in oberirdische Binnengewässer, das Küstenmeer, die inneren Küstengewässer sowie das Grundwasser (...). Nach der Interpretation des Gerichtshofes sollen unter diese Definition auch „*Emissionen verunreinigter Dämpfe*" fallen, die sich auf oberirdischen Gewässern niederschlagen oder die sich erst auf dem Boden und auf Dächern niederschlagen und dann über einen Regenabzugskanal in die oberirdischen Gewässer gelangen (EuGH vom 29.09.1999, Rs. C-231/97 – van Rooij, noch nicht veröffentlicht). Diese Auslegung ergebe sich aus dem Wortlaut des Titels sowie dem Zweck der Richtlinie, die den Schutz der Gewässer gegen Verschmutzung insbesondere durch bestimmte langlebige, toxische und biologisch akkumulierbare Stoffe sicherstellen wolle. Da die durch die Richtlinie erfassten Stoffe nicht nur in flüssigem Zustand für die Gewässer gefährlich seien, müsse die Richtlinie die Ableitung aller in ihrem Anhang erwähnten gefährlichen Stoffe unabhängig von ihrem Aggregatzustand erfassen. Mit dieser Entscheidung unterwirft der Europäische Gerichtshof künftig also auch Emissionen in die Luft dem wasserrechtlichen Regime, sofern sie sich auf das Wasser niederschlagen. Der Umweltrat wendet sich mit Nachdruck gegen eine derartige Überinterpretation der Gewässerschutzrichtlinie (76/464/EWG). Zum einen steht bereits der eindeutige Wortlaut der Richtlinie einer Annahme entgegen, auch luftbürtige Depositionen könnten eine Ableitung in Gewässer darstellen. Zum anderen setzt sich diese Interpretation in Widerspruch zu der eindeutigen Zweckbestimmung der Mitgliedstaaten bei Erlass der Richtlinie. Darüber hinaus sprechen hiergegen aber auch grundlegende systematische Erwägungen. Schadstoffdepositionen über den Luftpfad fallen in die Domäne des Luftreinhalterechts. Weist dieses im Hinblick auf Schadstoffe Defizite auf, so ist der systematisch richtige Weg, das Luftreinhalterecht den sich daraus ergebenden Notwendigkeiten anzupassen, nicht dagegen, das Gewässerschutzrecht umzuinterpretieren, da jenes von seiner Systematik und seinem Regelwerk für eine Berücksichtigung luftbürtiger Depositionen nicht ausgelegt ist. Der Umweltrat ist der Auffassung, dass vielmehr das Luftreinhalterecht dafür Sorge tragen muss, sämtliche Emissionen sowie deren immissionsseitige Auswirkungen auf die möglicherweise hiervon betroffenen Medien zu erfassen (integrierter Ansatz). Hierfür ist es erforderlich, dass das Recht der Luftreinhaltung – sowohl auf nationaler als auch auf europäischer Ebene – in deutlich stärkerem Umfang als bisher Aspekte des Gewässerschutzes (neben denen des Bodenschutzes u. a.) mitberücksichtigt (vgl. a. Tz. 793).

Abwasser

Wasserhaushaltsgesetz

662. Der Umweltrat hat bereits zu der am 19. November 1996 in Kraft getretenen 6. Novelle zum Wasserhaushaltsgesetz (WHG) Stellung genommen (SRU, 1996a, Tz. 331 ff.). Darüber hinaus begrüßt er die mit § 18a Abs. 2a WHG geschaffene Möglichkeit, die öffentlich-rechtliche Aufgabe der Abwasserbeseitigung auf private Dritte übertragen zu können. Dies gewinnt gerade im Hinblick auf die kontinuierlich sinkende finanzielle Leistungskraft der Kommunen, die ihrer Aufgabe der Daseinsvorsorge oftmals nur noch unter großen Anstrengungen gerecht werden können, sowie unter Berücksichtigung der Kosten- und Effizienzvorteile privater Bewirtschaftung zunehmend an Bedeutung (dazu ausführlich Abschn. 2.2.5).

Abwasserverordnung

663. Mit der 6. Novelle zum Wasserhaushaltsgesetz wurden die wasserrechtlichen Anforderungen an die Einleitung von Abwasser grundlegend geändert. Nach § 7a Abs. 1 WHG darf eine Erlaubnis nur noch erteilt werden, wenn die Schadstofffracht des Abwassers so gering gehalten wird, wie dies nach dem Stand der

Technik möglich ist. Derartige Anforderungen, die dem Stand der Technik entsprechen, legt die Bundesregierung mit Zustimmung des Bundesrates durch Rechtsverordnung fest (§ 7a Abs. 1 Satz 3 und 4, Abs. 2 WHG). Dies ist mit der Abwasserverordnung vom 31. März 1997 geschehen, mit der das Einleiten von Abwasser in Gewässer geregelt wird und die bundesrechtlichen Grundlagen zur Umsetzung der Richtlinie über die Behandlung von kommunalem Abwasser (91/271/EWG, zuletzt geändert durch die Richtlinie 98/15/EG) geschaffen wurden. Die Abwasserverordnung bildet die Grundlage für die Umsetzung der Richtlinienanforderungen in untergesetzlichen Regelwerken durch die Bundesländer. Mittlerweile haben alle Bundesländer entsprechende Verordnungen zur Umsetzung der Abwasserrichtlinie erlassen. Dies erfolgte immerhin mit fünfjähriger Verspätung, weshalb der Europäische Gerichtshof durch Urteil vom 12. Dezember 1996 einen Verstoß der Bundesrepublik gegen ihre Umsetzungspflicht feststellte (EuGH, Slg. 1996, I – 6739). Allerdings liegt dem Urteil eine eher formaljuristische Betrachtungsweise zugrunde, wonach die deutsche Rahmen-Abwasserverwaltungsvorschrift als Umsetzungsakt mangels Rechtsbindungsqualität nicht ausreicht. Bereits ein Jahr nach Erlass der Abwasserverordnung wurde diese durch die Erste Verordnung zur Änderung der Abwasserverordnung vom 3. Juli 1998 mit Anforderungen für Titandioxid zur Umsetzung der EG-Titandioxid-Richtlinie (92/112/EWG) ergänzt. Die Zweite Verordnung zur Änderung der Abwasserverordnung vom 22. Dezember 1998 erstreckt konkrete Anforderungen der Abwasserverordnung auf weitere 34 industriell-gewerbliche Betriebstypen, insbesondere auf Betriebe der Lebensmittelindustrie und der chemischen Industrie. Mit Erlass der Zweiten Änderungsverordnung liegen nunmehr Abwasserregelungen für insgesamt 37 industriell-gewerbliche Bereiche und für das kommunale Abwasser vor, so dass mittlerweile die meisten Abwasserherkunftsbereiche in den Anhängen der Abwasserverordnung erfasst und von der Rechtsform der Verwaltungsvorschrift in die der Verordnung überführt worden sind.

Selbstverpflichtungserklärungen zum Gewässerschutz

664. In der industriellen Produktion werden nach wie vor große Mengen an Komplexbildnern, insbesondere Ethylendiamintetraacetat (EDTA), eingesetzt. EDTA ist in biologischen Kläranlagen nur schwer abbaubar, so dass es weitestgehend in die Gewässer gelangt. Bereits am 31. Juli 1991 hatten sich der Verband der Chemischen Industrie, die BASF AG, mehrere Verbände der Wasserversorgung sowie das Bundesumweltministerium darauf verständigt, die EDTA-Frachten in den Gewässern bis Ende 1996 zu halbieren. Dieses anspruchsvolle Ziel konnte jedoch mit einer Reduktion um 32 % nur zum Teil erreicht werden (KNEBEL et al., 1999, S. 340). Unbefriedigend an dieser Selbstverpflichtung war auch das Fehlen konkreter Reduktionsziele für spezielle EDTA-Anwender, so dass klare Verantwortlichkeiten und Verpflichtungen für einzelne Akteure fehlten. Überdies waren wichtige EDTA-Anwender wie die Photobranche in die Selbstverpflichtung nicht mit einbezogen (JÜLICH, 1998, S. 334 f.). Am 22. Januar 1998 gab deshalb die Photoindustrie als einer der Hauptemittenten gewässerrelevanter schwer abbaubarer Komplexbildner eine Selbstverpflichtungserklärung ab. Darin verpflichtete sich der Fachverband der Photochemischen Industrie, der Bundesverband der Photogroßlaboratorien und der Verband der Photofachlabore, den Eintrag biologisch schwer abbaubarer Komplexbildner wie EDTA in die Gewässer spätestens bis Ende des Jahres 2000 um weitere ca. 100 t im Abwasser zu verringern. Insgesamt soll somit eine Verminderung der Einträge in die Gewässer um ca. 60 % (von 1991 bis 2000) erreicht werden. Der Umweltrat bewertet den Abschluss dieser Selbstverpflichtungserklärung und den sich bislang abzeichnenden Prozess insgesamt als positiv, nicht zuletzt deshalb, weil ein Verbot von EDTA auf europäischer Ebene zur Zeit kaum durchsetzbar erscheint und Deutschland als insoweit einzig tätiger Mitgliedstaat hierbei eine Vorreiterrolle in Europa einnimmt. Der Erfolg der neuen EDTA-Selbstverpflichtung ist zur Zeit in Ermangelung aktueller Marktzahlen und belastbaren Datenmaterials aber noch nicht abschätzbar, da von den Verbänden trotz abgelaufener Berichtspflicht Daten für 1998 noch nicht vorgelegt wurden. Somit ist eine abschließende Bewertung dieser Selbstverpflichtung im Moment noch nicht möglich. Tendenziell zeichnet sich aber eine leichte Erhöhung der schwer abbaubaren Komplexbildner aufgrund eines Mengenwachstums an Film- und Papierverbrauch ab. Allerdings wurde mit der Entwicklung von Substituten für Colornegativ-Film-Bleichbäder bereits eine wichtige Voraussetzung für die Einhaltung der Selbstverpflichtungen erfüllt. Für Bleichfixierbäder steht eine derartige Entwicklung noch aus. Somit ist letztendlich davon auszugehen, dass noch erhebliche Anstrengungen seitens der beteiligten Verbände zu unternehmen sind, um die angestrebte Reduktion von EDTA bis Ende 2000 zu erreichen.

665. Eine weitere Selbstverpflichtungserklärung vom 27. November 1997 betrifft chemische Textilhilfsmittel. Die Textilveredelungsindustrie ist äußerst abwasserintensiv und setzt große Mengen umweltrelevanter Stoffe ein, die in den Abwasserbehandlungsanlagen nur zum Teil biologisch abbaubar sind. Derzeit werden in der deutschen Textilindustrie zur Veredelung ihrer Produkte jährlich ca. 13 000 t Farbstoffe, 102 000 t chemische Textilhilfsmittel (Bleichmittel, Mittel zur Herstellung filzfreier Wolle, Mittel zur Herstellung pflegeleichter Baumwolle u. a.) und 204 000 t Grundchemikalien eingesetzt. Ziel der vom Verband der Textilhilfsmittel-, Lederhilfsmittel-, Gerbstoff- und Waschrohstoff-Industrie (TEGEWA) und dem Gesamtverband der deutschen Textilveredelungsindustrie (TVI) verabschiedeten Selbstverpflichtungserklärung zum verbesserten

Gewässerschutz ist es, durch eine Klassifizierung von sogenannten chemischen Textilhilfsstoffen in wenig abwasserrelevant (Klasse 1), abwasserrelevant (Klasse 2) und stark abwasserrelevant (Klasse 3) nur noch solche zu verwenden, die ökologisch verträglich sind. Dadurch soll es der Textilindustrie ermöglicht werden, auf solche Produkte zu verzichten, die für das Abwasser bedenkliche Stoffe enthalten.

666. Aufgrund einer Selbstverpflichtungserklärung vom 9. Juli 1998 soll überdies auf den Einsatz umweltgefährdender Hilfsstoffe in Chemikalien zur Abwasser- und Klärschlammbehandlung, die von der Textilindustrie eingesetzt werden, verzichtet werden. Hierfür haben sich die zehn in Europa ansässigen Mitgliedsfirmen der TEGEWA verpflichtet, freiwillig auf den Einsatz von Alkylphenolethoxylaten (APEO) in Polyacrylamid-Emulsionspolymeren (PAA) als besonders umweltgefährdende Stoffe in Chemikalien zum Zwecke der Abwasser- und Klärschlammbehandlung zu verzichten. Die umweltgefährdende Stoffgruppe der APEO ist ökotoxikologisch besonders relevant, da sich ihre Abbauprodukte Nonylphenol bzw. Octylphenol stark in Klärschlamm, Flusssedimenten und aquatischen Lebewesen anreichern. Zudem weisen die APEO bzw. deren Stoffwechselprodukte hormonähnliche Wirkungen auf (SRU, 1999, Tz. 156, 168). Deshalb soll die Stoffgruppe der APEO in Abwasserbehandlungschemikalien bis zum 31. Dezember 2001 europaweit durch umweltverträglichere Stoffe, vorwiegend Fettalkoholethoxylate, vollständig ersetzt werden, wenngleich auch diese Selbstbeschränkung nicht aufgrund der hormonellen Wirkungen des Metaboliten Nonylphenol, sondern aufgrund der hohen aquatischen Toxizität dieser Verbindung vereinbart wurde.

Anlagensicherheit

667. Die Richtlinie (96/82/EG) schafft Voraussetzungen für eine bessere Beherrschung der Gefahren für die Gewässer durch Störfälle (zur Umsetzung ausführlich Tz. 769 ff.). Sie formuliert europaweit Grundanforderungen an die Sicherheit von bestimmten Betrieben, in denen mit gefährlichen Stoffen umgegangen wird. Neben dem Immissionsschutz und der Unfallsicherheit dienen sie auch dem Gewässerschutz. Hintergrund der Novellierung war die Erkenntnis, dass bei der Mehrzahl der in der Gemeinschaft bekannt gewordenen schweren Unfälle menschliches Versagen auf Ebene des Managements durch unzureichendes Risiko- und Unfallmanagement eine tragende Rolle spielte. Dieser Erkenntnis soll insbesondere durch Schaffung eines umfassenden Sicherheitsmanagementsystems mit strengen organisatorischen Vorgaben an ein betriebsinternes Konzept zur Verhütung schwerer Unfälle (Art. 7) sowie der Pflicht zur Erstellung interner Notfallpläne für das Verhalten der Betriebsangehörigen im Falle eines Unfalls (Art. 11) Rechnung getragen werden. Darüber hinaus wird im Interesse einer effektiven Unfallvorsorge der Informationsfluss zwischen Betreiber und Behörde maßgeblich verbessert. So muss der Betreiber der Behörde nunmehr zahlreiche unfallrelevante Daten mitteilen (Art. 6), ihr die für die Erstellung von Notfallplänen durch die Behörde erforderlichen Informationen zur Verfügung stellen (Art. 11) sowie die Behörde nach einem schweren Unfall so bald wie möglich informieren (Art. 14). Überdies gibt die Richtlinie den Anwohnern gefährlicher Betriebe Möglichkeiten an die Hand, auf die Handlungen der Betriebe und Behörden Einfluss zu nehmen, und es sind die von einem Unfall potentiell betroffenen Personen sowie die Öffentlichkeit verstärkt zu informieren. Im Unterschied zur Vorgängerrichtlinie kann bzw. muss die Behörde sogar bei Verstößen gegen die Pflichten nach der Richtlinie den Betrieb untersagen. Der Umweltrat begrüßt die Novellierung der Richtlinie auch aus Sicht des Gewässerschutzes, weil es bei schweren Unfällen im Zusammenhang mit gefährlichen Stoffen häufig zu Einleitungen bzw. Abflüssen dieser Stoffe in Gewässer mit zum Teil irreparablen oder zumindest doch gravierenden Schädigungen aquatischer Lebensgemeinschaften sowie des Trinkwassers kommt; mit der Richtlinie wird künftig ein Beitrag zur Vermeidung derartiger Unfälle oder zur Geringhaltung ihrer Folgen geleistet werden.

Verwaltungsvorschrift wassergefährdende Stoffe

668. Am 17. Mai 1999 ist die novellierte Allgemeine Verwaltungsvorschrift zum Wasserhaushaltsgesetz über die Einstufung wassergefährdender Stoffe in Wassergefährdungsklassen (Verwaltungsvorschrift wassergefährdende Stoffe) mit weitreichenden Änderungen erlassen worden. Diese Verwaltungsvorschrift bestimmt aufgrund § 19g Abs. 5 Satz 2 WHG wassergefährdende Stoffe näher und stuft sie entsprechend ihrer Gefährlichkeit in Wassergefährdungsklassen ein. Aus der Verwaltungsvorschrift können die Länder abgestufte Sicherheitsanforderungen an Anlagen ableiten, in denen mit wassergefährdenden Stoffen umgegangen wird. Mit der Novellierung wurde die Verwaltungsvorschrift zur Harmonisierung der Stoffbewertung in Europa an Vorgaben und Klassifizierungen des Europäischen Chemikalienrechts angepasst. Die Erweiterung der Stoffliste von 1 355 eingestufter Stoffe und Stoffgruppen auf ca. 2 000 schafft deutlich mehr Klarheit und Rechtssicherheit für das Inverkehrbringen von Stoffen, zudem vereinfacht dies erheblich das Verfahren, da hierdurch die bislang durch die „Kommission Bewertung wassergefährdender Stoffe" vorgenommene Einstufung künftig weitgehend entfällt. Eine Beschleunigung und Vereinfachung des Verfahrens wird ferner mit der Selbsteinstufung durch den Hersteller oder Inverkehrbringer des Stoffes erreicht, ebenso wie mit der Pflicht der Anlagenbetreiber, bei nicht in der Liste aufgeführten Stoffen nunmehr selbst deren Wassergefährdung zu ermitteln und zu dokumentieren. In beiden Fällen ist Grundlage für die Be-

stimmung und Einstufung des zu prüfenden Stoffes die Einstufung in Risikosätze entsprechend § 4a Abs. 1 bis 4 Gefahrstoffverordnung. Die Einstufung knüpft damit jeweils an die Einstufung nach der Gefahrstoffrichtlinie (67/548/EWG) an.

Hochwasserschutz

669. Die mitunter verheerenden Überschwemmungen der letzten Jahre an Rhein, Mosel, Elbe und Oder, insbesondere die Hochwasserkatastrophen von 1993/94 und Januar 1995 an Rhein und Mosel und im Sommer 1997 an der Oder sowie im Frühling 1999 an Bodensee und Rhein, haben wieder einmal eindringlich die Notwendigkeit eines präventiven Hochwasserschutzes verdeutlicht. Dabei sind Bemühungen um einen umfassenden Hochwasserschutz insofern schwierig, als die im Laufe der letzten Jahrhunderte vorgenommenen Eingriffe in den Naturhaushalt einen erheblichen Einfluss auf das Hochwassergeschehen haben. Dies gilt für die Erhöhung der Fließgeschwindigkeiten durch den Gewässerausbau im Wege von Flussbegradigungen, Vertiefung und Verbreiterung der Flüsse etc. und für die Reduzierung der Speichereigenschaften von Bewuchs, Boden, Relief und Gewässern beispielsweise durch Flächenversiegelung, intensive Land- und Forstwirtschaft, Waldschäden und die Verringerung des Waldbestandes (SRU, 1996a, Tz. 307 ff.). Diese sind heutzutage nur unter großen Anstrengungen zurückzunehmen.

Für den Hochwasserschutz wurden im Berichtszeitraum verschiedene Anstrengungen unternommen, von denen die mit der 6. Novelle des WHG (Tz. 662) eingeführten Änderungen zum vorsorgenden Hochwasserschutz von besonderer Bedeutung sind. § 1a Abs. 2 WHG legt als Grundsatz der wasserrechtlichen Sorgfaltspflichten nunmehr fest, dass eine Vergrößerung und Beschleunigung des Wasserabflusses zu vermeiden ist. Ferner wurden die Vorgaben für die landesrechtliche Festsetzung von Überschwemmungsgebieten in § 32 WHG gegenüber der früheren Fassung wesentlich erweitert, konkretisiert und zugunsten des Hochwasserschutzes verschärft. Um den Schutz vor Hochwassergefahren sicherzustellen, müssen die Länder nunmehr die Überschwemmungsgebiete festsetzen und die zum Schutz vor Hochwassergefahren notwendigen Vorschriften erlassen (§ 32 Abs. 1 WHG). Besondere Relevanz im Hinblick auf die Hochwasserereignisse der letzten Jahre haben hier Vorschriften zum Erhalt oder zur Rückgewinnung natürlicher Rückhalteflächen. Da derartige Maßnahmen die Land- und Forstwirtschaft beeinträchtigen können, gewährt der neu geschaffene § 32 Abs. 1 Satz 3 WHG einen finanziellen Ausgleich für erhöhte Anforderungen. Für den Hochwasserschutz ist schließlich die Regelung des § 31 Abs. 1 WHG einschlägig, wonach Gewässer, die sich im natürlichen oder naturnahen Zustand befinden, in diesem erhalten bleiben sowie nicht naturnah ausgebaute natürliche Gewässer soweit wie möglich wieder in einen naturnahen Zustand zurückgeführt werden sollen. Ein nicht unerheblicher Bestandteil der Hochwasservorsorge ist ferner die Rückhaltung von Niederschlägen bereits in der Fläche, insbesondere durch Festsetzungen zur Versickerung von Regenwasser und zur Begrenzung der Bodenversiegelung und Bodenverdichtung. Neben der Pflicht zur Entsiegelung von Böden stehen hier insbesondere Möglichkeiten der Raumordnung und der kommunalen Bauleitplanung zur Verfügung (Ausweisung von Retentionsflächen, Schaffung von Poldern, Ausweisung von nicht zu bebauenden Flächen, Festsetzungen hinsichtlich der Bauweise).

670. Die vom Hochwasser betroffenen großen Flüsse in Deutschland berühren sämtlich die Hoheitsgebiete mehrerer Staaten, so dass eine internationale Zusammenarbeit beim Hochwasserschutz unerlässlich ist. Unter dem Eindruck der Hochwasserereignisse der letzten Jahre sind deshalb zahlreiche internationale Aktivitäten in die Wege geleitet worden. Zum Schutz vor Hochwasser an der Elbe wurde von der Internationalen Kommission zum Schutz der Elbe (IKSE) im Oktober 1997 auf ihrer zehnten Tagung beschlossen, eine Strategie zum Hochwasserschutz auszuarbeiten, und eine ad-hoc-Unterarbeitsgruppe eingesetzt. Diese wurde sodann auf der elften Tagung der IKSE im Oktober 1998 als für das gesamte Flusseinzugsgebiet der Elbe ausgerichtete „Strategie zum Hochwasserschutz im Einzugsgebiet der Elbe" beschlossen. Sie enthält unter anderem Grundsätze zur Erhaltung und Wiederherstellung des natürlichen Wasserrückhalte- und Speichervermögens sowohl in der Landschaft als auch in Gewässern und Auen als auch Grundsätze für die Nutzung von Überschwemmungsgebieten oder den technischen Hochwasserschutz. Die Rheinanliegerstaaten erarbeiteten im Rahmen der Internationalen Kommission zum Schutze des Rheins zunächst eine umfassende Bestandsaufnahme über hochwasserrelevante Probleme im Einzugsgebiet des Rheins, auf deren Grundlage sodann im Januar 1998 der Aktionsplan Hochwasser vereinbart wurde. Im Bereich der Oder wurde der Vertrag über die Internationale Kommission zum Schutz der Oder vom April 1996 auch auf den Hochwasserschutz und die -vorsorge ausgedehnt. Es wird angestrebt, für das Einzugsgebiet der Oder einen Aktionsplan Hochwasser zu erstellen.

Transeuropäische Wassernetze

671. In seiner Entschließung zur technischen Realisierbarkeit transeuropäischer Wassernetze (ABl. C 56 vom 23.02.1998, S. 45) weist das Europäische Parlament auf die unregelmäßige Verteilung natürlicher Wasserressourcen hin, mit unterschiedlichen Problemen durch Überschwemmungen in den Wassereinzugsgebieten in Mittel- und Nordeuropa sowie strukturellen Mängeln der Wasserversorgung in den südlichen Regionen der EU, die unter Dürreperioden und Versteppungsphänomenen leiden. Aus diesem Grund schlägt das Europäische Parlament eine einheitliche und ausreichende Verteilung der Wasserressourcen auf europäischer Ebene durch Entwicklung eines Netzes transeuropäischer

Wasserinfrastrukturen vor. Es fordert den Rat und die Kommission auf, die „Vernetzung von benachbarten Wassereinzugsgebieten, die in verschiedenen Staaten liegen, zu fördern, wenn festgestellt wird, dass die Bewirtschaftung der Ressourcen besser gemeinsam erfolgen kann". Pilotprojekt soll die Anbindung des Rhônebeckens an das abgelegene Wassernetz der Iberischen Halbinsel sein. Dies soll zu einer gleichmäßigeren Verteilung der Wasserressourcen in der EU beitragen. Ferner fordert es die Kommission auf, die bislang nur auf die Wasserqualität gerichtete gemeinschaftliche Wasserpolitik um den Aspekt der Wassermengenwirtschaft zu ergänzen. Der Umweltrat steht diesem Ansatz skeptisch gegenüber. Er hat zwar gegen einen Austausch von und Handel mit Grund- und Oberflächenwasser, auch an andere EU-Mitgliedstaaten, keine prinzipiellen Einwände (SRU, 1998b, Tz. 230 ff.), solange die regional entnommene Wassermenge die (Grund-)Wasserneubildungsrate nicht überschreitet. Er weist aber darauf hin, dass die Vergabe von Wasserentnahmerechten zu Knappheitspreisen erfolgen sollte (SRU, 1998b, Kasten S. 129 f.). Dies stellt sicher, dass die Wasserversorgungsunternehmen die Knappheitssignale im Wege kostendeckender Gebühren an die Endabnehmer weiterreichen. Die Wassernutzer werden dadurch den Knappheitspreis mit ihren individuellen Einsparmöglichkeiten vergleichen und sich nur dann für den Wassertransfer entscheiden, wenn ein Ausweichen auf andere Wasservorkommen oder vor allem der Verzicht (z. B. Wassereinsparung durch den Einsatz neuer Techniken oder Wiederverwendung) mit höheren Kosten verbunden ist (SRU, 1998b, Kasten S. 129 f.). Die Möglichkeiten eines Wassertransfers über weite Strecken sind im übrigen durch die hohen Kosten des Transportnetzes beschränkt. In der Regel wird der Schutz der eigenen Wasserressourcen günstiger sein als der Transport von Wasser über große Entfernungen, bei dem der Wasserempfänger die mit dem Transport verbundenen Kosten tragen muss. Insofern dürften solche Transfers bei voller Anlastung der Transportkosten beim Empfänger in der Regel bereits deshalb nicht zustande kommen, weil sie nicht wirtschaftlich sind.

Die Belastung des Wassertransfers sowohl mit den Knappheitspreisen für die Wasserentnahme als auch mit den Kosten des Transportnetzes würde auch der Gefahr vorbeugen, dass die Empfängergebiete bedenkenlos mit der knappen Ressource Wasser umgehen und den Import von Wasser eigenen Investitionen und Maßnahmen zur Lösung von Gewässerschutz- und Wasserverteilungsproblemen (z. B. eine angepasste landwirtschaftliche Produktion, etwa durch den Anbau von Früchten mit niedrigem Wasserbedarf in Dürregebieten, wassersparende Bewässerungstechniken) vorziehen. Um diesen Preismechanismus nicht zu gefährden, sollte die Bundesregierung darauf hinwirken, dass weder die Europäische Union noch einzelne Mitgliedstaaten den Bau transeuropäischer Netze subventionieren.

672. Eine Kehrtwendung beim Wassertransfer vollzieht der Änderungsvorschlag des Europäischen Parlamentes zum Entwurf der Wasserrahmenrichtlinie. Das Parlament schlägt eine Regelung vor, wonach der Wassertransfer zwischen verschiedenen Flusseinzugsgebieten nur zulässig sein soll, wenn zuvor im Empfängerflussgebiet sämtliche Maßnahmen zur Nachfragereduzierung ergriffen worden sind (Art. 13 Abs. 3 Buchst. ea). Es ist eine Verpflichtung der Mitgliedstaaten vorgesehen, Maßnahmen zugunsten einer effizienteren Verwendung von Wasser in allen Bereichen des Wassergebrauchs, auch unter Anwendung der besten verfügbaren Wassereinspar- und Wiederaufbereitungstechniken, zu treffen, sofern die Wassernachfrage die nachhaltig verfügbare Menge innerhalb eines Flusseinzugsgebietes überschreitet. Der Umweltrat erachtet diesen Vorschlag als Schritt in die richtige Richtung, weist aber darauf hin, dass mit seinem an den Knappheitspreisen orientieren Konzept eine bessere Lenkungswirkung als mit dem dirigistischen Ansatz des Europäischen Parlamentes erzielt werden kann. Zum einen ist ein wettbewerbliches System eher geeignet, zu einer Ausschöpfung sämtlicher wirtschaftlicher Maßnahmen des Verzichtes auf Wasserverbrauch anzuregen als ein an Genehmigung und Überwachung orientiertes Verfahren. Zum anderen erfordert ein Wasserhandel zu Knappheitspreisen keinerlei Bedarfsprüfung, wohingegen der Vorschlag des Parlamentes in jedem Einzelfall eine Überprüfung und Bewertung dahingehend voraussetzt, ob zuvor im Empfängerflussgebiet sämtliche Maßnahmen zur Wassereinsparung getroffen worden sind; diese Vorgabe ist in der Praxis kaum erfüllbar, insbesondere dann nicht, wenn Empfänger- und Geberflussgebiet in unterschiedlichen Staaten liegen. Ergänzend weist der Umweltrat darauf hin, dass die Ausschöpfung sämtlicher wirtschaftlicher Maßnahmen zur Nachfragereduzierung, wie dies der Vorschlag des Europäischen Parlaments vorsieht, ökonomisch ineffizient sein kann. Unter bestehenden Bedingungen kann es günstiger sein, Wasser aus einem anderen nahegelegenen Flusseinzugsgebiet zu beziehen, als im Empfangsgebiet zu sparen. Aus ökologischer Sicht spricht zumindest solange nichts gegen einen derartigen Wassertransfer, wenn dieser die Rate für Grundwasserneubildung oder Nachlieferung von Oberflächenwasser nicht übersteigt.

Nord- und Ostsee

673. Zahlreiche internationale Übereinkommen, Empfehlungen und Deklarationen sowie nationale Regelungen zielen darauf ab, die nachteiligen Auswirkungen anthropogener Beeinträchtigungen für die Meeresumwelt zu mindern (Tab. 2.4.3-8).

Viele der auf internationaler Ebene getroffenen Regelungen haben den Charakter bloßer politischer Grundsatzerklärungen. Der Umweltrat hat bereits mehrfach auf den defizitären Zustand bei der Erarbeitung und insbesondere bei der Durchführung von Maßnahmen zum Schutz der Meeresumwelt hingewiesen (SRU, 1996a und 1980). Die Beseitigung derartiger Ausfüllungsdefizite ist eine entscheidende Voraussetzung für eine Verbesserung des anhaltend besorgniserregenden Zustandes der Meeresumwelt.

Tabelle 2.4.3-8

Auswahl internationaler Übereinkommen, Richtlinien und Konferenzen mit Bezug zum Schutz der Meeresumwelt von Nord- und Ostsee

Jahr der Annahme	Abkommen und Gültigkeitsbereich	Inhalte
1971	Ramsar-Konvention; weltweit	Ausweisung und Schutz von Feuchtgebieten mit internationaler Bedeutung
1972	London-Übereinkommen; weltweit	Vermeidung der Meeresverschmutzung durch den Eintrag von Abfällen und anderen Stoffen
	OSPAR-Übereinkommen; Nord-Ost-Atlantik	Vermeidung der Meeresverschmutzung durch die Schiffahrt und den Luftverkehr
1973	MARPOL-Übereinkommen; weltweit	Vermeidung der Meeresverschmutzung durch die Schiffahrt
1974	Helsinki-Übereinkommen; Ostsee	Schutz der Meeresumwelt des Ostseegebietes; Verringerung des anthropogenen Stoffeintrages in die Ostsee
	Paris-Übereinkommen; Nord-Ost-Atlantik	Verringerung der Meeresverschmutzung durch anthropogene Stoffeinträge vom Land
1976	Rhein-Übereinkommen; Rheineinzugsgebiet	Schutz des Rheins vor anthropogenen Verunreinigungen
	EG-Richtlinie 76/464; EU-Staaten	Schutz der Gewässer vor anthropogenen Verunreinigungen
1979	Bonner Konvention; weltweit	Erhalt von wandernden wildlebenden Tierarten; Schutz bedeutsamer Lebensräume;
	Berner Konvention; Europa	Schutz der europäischen wildlebenden Pflanzen und Tiere in ihren natürlichen Lebensräumen
	EG-Vogelschutzrichtlinie (79/409/EWG); EU-Staaten	Schutz aller natürlich vorkommenden Vogelarten; Erhaltung, Wiederherstellung und Schaffung neuer Lebensräume; Einrichten von Vogelschutzgebieten
1982	Gemeinsame Erklärung zum Schutz des Wattenmeeres; Nordsee	Schutz des Wattenmeeres
1984	1. Nordsee-Konferenz; Nordsee	Schutz der Meeresumwelt der Nordsee
1987	2. Nordsee-Konferenz; Nordsee	Schutz der Meeresumwelt der Nordsee
1988	HELCOM-Empfehlung 9/5 Ostsee	Schutz der Meeresumwelt der Ostsee vor Beeinträchtigungen durch Offshore-Aktivitäten
	HELCOM-Empfehlung 9/10 Ostsee	Verwendung von organozinnhaltigen Anstrichen
1990	3. Nordsee-Konferenz; Nordsee	Schutz der Meeresumwelt der Nordsee
1992	OSPAR-Übereinkommen*); Nord-Ost-Atlantik	Schutz der Meeresumwelt des Nord-Ostatlantiks und der Nordsee; Verringerung und Beseitigung von anthropogenen Meeresverschmutzungen
	Flora-Fauna-Habitat-Richtlinie (92/43/EWG); EU-Staaten	Erhalt und Wiederherstellung der natürlichen Artenvielfalt und der Lebensräume wildlebender Pflanzen und Tiere; Ausweisung von FFH-Gebieten

Jahr der Annahme	Abkommen und Gültigkeitsbereich	Inhalte
(1992 Forts.)	Biodiversitäts-Konvention von Rio; weltweit	Erhalt und Schutz der biologischen Vielfalt auf allen hierarchischen Ebenen; ökologisch nachhaltige Nutzung von Tier- und Pflanzenarten und ihrer Lebensräume; gerechte Aufteilung der sich aus der Nutzung der genetischen Ressourcen ergebenden Vorteile
	Überarbeitetes Helsinki-Übereinkommen; Ostsee	Schutz der Meeresumwelt des Ostseegebietes; Verringerung anthropogener Belastungen; Schutz der marinen Artenvielfalt und Lebensräume; ökologisch nachhaltige Nutzung natürlicher Ressourcen
1993	HELCOM-Empfehlung 14/1; Ostsee	Schutz der Meeresumwelt des Ostseegebietes vor anthropogenen, luftbürtigen Stoffeinträgen; Monitoring
1994	HELCOM-Empfehlung 15/5; Ostsee	Schutz und Erhalt des marinen Ökosystems mit seiner biologischen Vielfalt; System of coastal and marine Baltic Sea Protected Areas (BSPA)
1995	4. Nordsee-Konferenz; Nordsee	Schutz der Meeresumwelt der Nordsee
	HELCOM-Empfehlung 16/11; Ostsee	Schutz der Meeresumwelt des Ostseegebietes durch Stoffeinträge aus Gartenbau, Land- und Forstwirtschaft
1996	Council of Baltic Sea States (CBSS); Ostsee	Entwicklung einer Agenda 21 für den Ostseeraum
	Protokoll zum London-Übereinkommen von 1972; weltweit	Verbot der Verbrennung von Abfall oder sonstigen Stoffen auf Hoher See; grundsätzliches Verbot des Eintrages von Abfällen ins Meer
1997	Trilateraler Wattenmeerplan Nordsee	Managementinstrument zum Schutz des Wattenmeeres
1997	HELCOM-Empfehlung 18/2; Ostsee	Schutz der Meeresumwelt vor Beeinträchtigungen durch Offshore-Aktivitäten im Ostseegebiet
1998	Inkrafttreten des OSPAR-Übereinkommens von 1992; Nord-Ost-Atlantik	Schutz und Erhalt des marinen Ökosystems mit seiner biologischen Vielfalt; Verringerung und Beseitigung von anthropogenen Meeresverschmutzungen
	HELCOM-Empfehlung 19/1; Ostsee	Schutz der Meeresumwelt der Ostsee vor Beeinträchtigungen durch den Meeresbergbau
	HELCOM-Empfehlung 19/5; Ostsee	Schutz der Meeresumwelt des Ostseegebietes vor Einträgen mit gefährlichen Stoffen
	HELCOM-Empfehlung 19/6; Ostsee	Schutz der Meeresumwelt des Ostseegebietes vor Stoffeinträgen aus der Landwirtschaft
1999	IMO-Empfehlung MEPC 44/3; weltweit	Schutz der Meeresumwelt vor nachteiligen Auswirkungen durch die Verwendung von organozinnhaltigen Anti-Fouling-Anstrichen

*) löste Oslo- (1972) und Paris-Übereinkommen (1974) ab
SRU/UG 2000/Tab.2.4.3-8

674. Das wichtigste Übereinkommen ist das OSPAR-Übereinkommen von 1992 zum Schutz des Nordostatlantiks (in Kraft seit 1998), das die Übereinkommen von Oslo (1972; Meeresverschmutzung durch Schiffe und Luftfahrzeuge) und von Paris (1974; Meeresverschmutzung vom Lande aus) ablöst. Die durch das Übereinkommen gebildete OSPAR-Kommission (OSPARCOM) kann rechtlich verbindliche Beschlüsse erlassen und nicht bindende Empfehlungen aussprechen; aufgrund der relativ starken Homogenität der Vertragsstaaten besitzen auch Empfehlungen einen hohen faktischen Verbindlichkeitsgrad. Wichtige Impulse für den Schutz der Meeresumwelt des Nordostatlantiks gehen von den Internationalen Nordseeschutzkonferenzen aus, an denen nur die Anrainerstaaten der Nordsee teilnehmen.

Seit 1982 besteht ferner eine trilaterale Wattenmeerzusammenarbeit zur Erarbeitung von Schutz- und

Managementmaßnahmen sowie zur Durchsetzung von Zielen des Umwelt- und Naturschutzes im Wattenmeer, an der die drei Wattenmeer-Anrainerstaaten Dänemark, Deutschland und die Niederlande beteiligt sind. Mit der Verabschiedung des trilateralen Wattenmeerplans im Jahr 1997 wurde ein Managementinstrument zum Schutz des Wattenmeeres vorgelegt. Allerdings bleiben erhebliche Unterschiede in der Zielsetzung und in der Strenge der Anforderungen zwischen den drei Staaten bestehen; ein wirklich integriertes Management des gesamten Wattenmeerraums ist bislang nicht verwirklicht worden. Niederländische Forderungen nach Abschluss einer Wattenmeerkonvention werden bislang von dänischer und deutscher Seite abgelehnt.

675. Dem Schutz der Meeresumwelt des Ostseegebiet dient die Helsinki-Konvention von 1974, auf deren Grundlage die Ostseeanrainer in der Helsinki-Kommission (HELCOM) zusammenarbeiten. Im Jahre 1992 wurde das Übereinkommen neu gefasst. Dabei wurden die Konzepte der „besten verfügbaren Techniken" und der „besten Umweltpraxis" als Maßstäbe für die Reduzierung von Stoffeinträgen im Vertragstext verankert. Die Helsinki-Kommission vermag nur unverbindliche Ministererklärungen und Empfehlungen abzugeben. Sie hat eine Reihe von Empfehlungen zur Reduzierung von Emissionen aus Industrie und Landwirtschaft sowie von Belastungen durch Abfälle aus Schifffahrtsaktivitäten, zur marinen Sand- und Kiesentnahme und zum Schutz von Meeres- und Küstenbiotopen verabschiedet. Auf einem informellen Treffen der Umweltminister der Ostseeanrainerstaaten 1996 wurde eine Agenda 21 für die Ostseeregion beschlossen. In ihr wird unter anderem für die Bereiche Landwirtschaft und Fischerei die Notwendigkeit einer besseren Integration von Umweltschutz und Wirtschaft gefordert.

Eutrophierung

676. Politisch liegt der vorrangige Handlungsbedarf in der Entwicklung einer international anerkannten Strategie zur Bekämpfung der Eutrophierung, insbesondere hinsichtlich der Umsetzung der Beschlüsse zur Reduktion der Nährstoffeinträge. Nachdem die Phosphateinträge stark reduziert worden sind (Tz. 621), geht es dabei heute im wesentlichen um Nitrateinträge. Für die Nordsee besteht seit Anfang der neunziger Jahre das Ziel, die Nährstoffeinträge zu halbieren; bis 2010 sollen Eutrophierungsphänomene eliminiert sein. Auf der HELCOM-Sitzung 1998 haben sich die Minister verpflichtet, dass die bereits 1988 beschlossene Minderung der Nährstoffeinträge von 50 % bis spätestens 2005 erfüllt werden soll. Außerdem wurden Erweiterungen der Anlage III des Übereinkommens über Nährstoffeinträge aus der Landwirtschaft beschlossen.

Das Umweltbundesamt (UBA) erarbeitet derzeit gemeinsam mit der OSPAR-Nährstoffarbeitsgruppe (NUT) ein Verfahren für das Erkennen, Bewerten und Ausweisen von marinen Problemgebieten hinsichtlich ihres Eutrophierungsgrades. Dieses Verfahren soll Bestandteil einer Maßnahmenstrategie werden, welche auf vollständige Erreichung der bestehenden Umweltziele für diesen Bereich abzielt. Ein vom Dachverband Agrarforschung in Kooperation mit weiteren wissenschaftlichen Verbänden erarbeitetes Maßnahmenpaket zum Umwelt- und Gewässerschutz ist bei umfassender Umsetzung richtungsweisend für Problemlösungen auch mit Blick auf Nord- und Ostsee (Dachverband Agrarforschung, 1994).

677. Mit der Verabschiedung der EU-Nitratrichtlinie (91/676/EWG) wurde ein wichtiger Schritt zur Verringerung von Gewässerbelastungen – und damit vor allem von Belastungen der Nord- und Ostsee – durch Nitrat aus landwirtschaftlichen Quellen unternommen. Das Ausbringen von Wirtschaftsdüngern wurde auf 170 kg Stickstoff pro Hektar und Jahr begrenzt. Mit der Düngeverordnung vom 26. Januar 1996 ist die Richtlinie in deutsches Recht umgesetzt worden. UMK und AMK haben im Jahre 1996 ein gemeinsames Programm zur Reduzierung von Stickstoffemissionen aus der Landwirtschaft erarbeitet (Tab. 2.4.3-9; Stickstoffminderungsprogramm, 1997), das über die Anforderungen der Düngeverordnung hinausgehend Maßnahmen im Bereich der Ausbringung und Lagerung von Wirtschaftsdünger, des Stallbaus, der Fütterung, des Düngeniveaus und der Effizienzsteigerung auflistet.

Gefährliche Stoffe

678. Bereits auf der 3. Internationalen Nordseekonferenz (INK) sind für zahlreiche gefährliche Stoffe 50 %ige bzw. 70 %ige Reduktionsziele hinsichtlich der Flusseinträge und atmosphärischen Emissionen beschlossen worden. Diese Zielvorgaben wurden von den Anrainerstaaten nur teilweise erfüllt, so dass die Minderungsziele auf der 4. INK zur weiteren Umsetzung erneut aufgegriffen wurden (SRU, 1996a; 4. INK, 1995).

Durch Ministerbeschluss im Rahmen der 4. INK sind zahlreiche dringende Maßnahmen zur Verhütung der Verschmutzung durch gefährliche Stoffe vereinbart worden (SRU, 1996a; 4. INK, 1995). Der Zeithorizont für das Erreichen der Beschlussziele erstreckt sich auf 25 Jahre. Endziel ist es, die Schadstoffkonzentration in marinen Ökosystemen bei Substanzen rein anthropogenen Ursprungs weitestgehend zu eliminieren. So sollen alle Genehmigungen, die gefährliche Stoffe betreffen, mit international vereinbarten Festlegungen für den Stand der Technik oder die beste Umweltpraxis übereinstimmen. Im Zeitraum von 1985 bis 2000 soll die Belastung der Meeresumwelt durch polyzyklische aromatische Kohlenwasserstoffe (PAK) um mindestens 50 % gemindert werden. Stoffe mit dem Verdacht auf hormonähnliche Wirkungen sollen unverzüglich einer Risikoabschätzung unterzogen werden. Diese Ziele und Maßnahmen sind im Jahre 1998 in die OSPAR-Strategie übernommen worden und damit auch für Nordostatlantikstaaten maßgeblich, die nicht Mitglieder der Nordseekonferenz sind.

Tabelle 2.4.3-9

Minderungspotentiale an Stickstoff von Einzelmaßnahmen in der Landwirtschaft

Maßnahme	Quellenbezogene Minderung in %	Rein-N (kt/a)
Ausbringung und Lagerung von Wirtschaftsdüngern: Zeitpunkt der Ausbringung	35	29
Sofortige Einarbeitung auf Ackerland mindestens	80	123
bodennahe Ausbringungstechnik z. B. auf Grünland mit Schleppschlauchtechnik	30-50	67-112
Injektions- und Schlitzgeräte	90-95	202-213
Lagerung von Wirtschaftsdüngern	50-95	45-85
Stallbau und -technik	bis 50	45
Bedarfs- und leistungsorientierte Fütterung: mindestens (davon 50 % Luft- und Wasserpfad)	10	44-87
beim Rind	10-15	61-91
beim Schwein	20-30	20-30
Reduzierung des Düngeniveaus bei mineralischen Düngern (25 % Verluste)	15-40	61-161
Reduzierung des Düngeniveaus bei mineralischen und organischen Düngemitteln (mittlerer Verlust 35 %)	15-40	133-355
Steigerung der N-Effizienz durch höhere Entzüge bis zum Jahr 2005	15	309

Quelle: Stickstoffminderungsprogramm, 1997; verändert

Eine Validierung von politischen Grundsatzerklärungen zu Minderungszielen von Stoffeinträgen ist nur auf Grundlage zuverlässiger Daten möglich. Der Umweltrat wiederholt seine Forderung nach einer Verbesserung der Datenlage für eine genaue Quantifizierung von gefährlichen Stoffe. Insbesondere fehlen ausreichende Daten zu biologischen Effekten und Umweltwirkungen (SRU, 1996a).

679. Auf der HELCOM-Sitzung von 1998 haben die Minister vereinbart, dass die bereits 1988 beschlossene Minderung der Schadstoffeinträge in die Ostsee von 50 % bis spätestens 2005 erfüllt werden soll. Durch Empfehlung 19/5 wurde in Anlehnung an die OSPAR-Strategie eine Strategie zur Erfüllung dieses Ziels vorgelegt. Das Internationale Ostseeaktionsprogramm zur vorrangigen Sanierung von Belastungsschwerpunkten soll mit Nachdruck vorangetrieben werden.

680. Nach der Biozid-Richtlinie des Europäischen Parlamentes (98/8/EG) vom 16. Februar 1998 unterliegen künftig alle biozidhaltigen Anti-Fouling-Produkte einer Zulassungspflicht. TBT-haltige Verbindungen sind aufgrund ihrer ökosystemgefährdenden, biologischen Wirksamkeit nicht zulassungsfähig. Für seetüchtige Schiffe über 25 m bestehen zeitlich begrenzte Ausnahmeregelungen. Die International Maritime Organisation (IMO) hat im Jahr 1999 ein generelles Anwendungsverbot ab 1. Januar 2003 und eine Pflicht zur Entfernung zinnorganischer Anti-Fouling-Produkte aus mit diesen Produkten schon behandelten Schiffen ab 1. Januar 2008 empfohlen. Der Umweltrat regt an, diese Empfehlung gegebenenfalls national umzusetzen.

681. Die Oslo-Kommission hatte zum Jahresende 1989 die Einstellung des Einbringens (Verklappen) von *Industrieabfällen* (Chemikalienabfälle, Flugasche, Schlämme), mit Ausnahme von Gesteinen, in die Nordsee beschlossen. Die Konvention über den Schutz der Meeresumwelt des Nordostatlantiks sah die Einstellung von Klärschlammeinträgen zum Januar 1999 vor.

682. Das internationale Übereinkommen zur Verhütung der *Meeresverschmutzung durch Schiffe* (MARPOL; von 1973/1978) und dessen fortlaufende Aktualisierung soll die Einträge durch die Schifffahrt regeln. Um die problematische strafrechtliche Verfolgung von Verstößen gegen das Übereinkommen zu erleichtern, ist bei der Ausübung der Durchsetzungsbefugnisse von Flaggenstaaten, Hafenstaaten und Küstenstaaten in den ausschließlichen Wirtschaftszonen oder ähnlichen Meeresgebieten im Rahmen der 4. INK eine interministerielle Zusammenarbeit vereinbart worden. Von besonderer Bedeutung ist der Beschluss, die Nordsee als Sondergebiet von MARPOL auszuweisen.

Schutz mariner Ökosysteme und Arten

683. Auf der 4. INK wurden spezielle Maßnahmen für den Schutz von Arten und Lebensräumen in Küstengebieten und der Hohen See beschlossen. Hierzu zählen das Abkommen zur Erhaltung der Kleinwale in Nord- und Ostsee sowie die erwähnte trilaterale Wattenmeer-Zusammenarbeit. Auf Ministerbeschluss der EU-Mitgliedstaaten soll die Verwirklichung eines kohärenten Schutzgebietsnetzes für den Arten- und Lebensraumschutz NATURA 2000 forciert werden (vgl. Tz. 366 ff.), das auch marine Ökosysteme umfasst.

684. Deutschland hat 1994 das 1992 unterzeichnete Abkommen zur Erhaltung der Kleinwale in Nord- und Ostsee ratifiziert. Mit einem international durchzuführenden Maßnahmenkatalog sollen die Populationen sowie die Ernährungs- und Lebensraumbedürfnisse erforscht, eine Zählung und Untersuchung von gestrandeten Kleinwalen durchgeführt, die Verminderung des Beifanges an Kleinwalen erreicht, nationale Verbote der absichtlichen Entnahme aus der Natur sowie des absichtlichen Tötens und die Vermeidung schädlicher Stofffreisetzungen ins Meer umgesetzt werden. Zu den weiteren Ergebnissen zählen das Abkommen zum Schutz der Seehunde im Wattenmeer sowie die Weiterentwicklung des Schutzes wandernder wildlebender Tierarten nach dem Bonner Übereinkommen von 1979.

685. Seit Juli 1998 ist aufgrund eines Beschlusses der OSPAR-Kommission der Meeresnaturschutz ein von allen Vertragsstaaten der OSPAR-Konvention zum Schutz der Meeresumwelt der Nordsee und des Nord-Ost-Atlantiks akzeptierter, integraler Bestandteil des Übereinkommens. Unter der Federführung des Bundesamtes für Naturschutz wird die Errichtung eines Systems von Meeresschutzgebieten in Nordsee und Nord-Ost-Atlantik erarbeitet. Ein in Abstimmung mit den Ländern vom Bundesumweltministerium eingerichteter und vom Bundesamt für Naturschutz geleiteter Bund-Länder-Verbände-Gesprächskreis zum Meeres- und Küstenschutz ist das wichtigste Forum für die nationale Abstimmung und Umsetzung des Systems von Meeresschutzgebieten.

686. Auf der Basis des vom Bundesamt für Naturschutz erarbeiteten Klassifizierungssystems für Biotoptypen soll ein mit der Habitatrichtlinie kompatibles Klassifikationssystem für Meeresbiotope weiterentwickelt werden (vgl. Tz. 351 f.). Die zuständige OSPAR-Arbeitsgruppe (Working Group on Impacts on the Marine Environment – IMPACT) hat 1997 hierfür die Kooperation zwischen Großbritannien und dem Zentrum für Naturschutz der Europäischen Umweltagentur angeregt. Die Arbeitsgruppe selbst arbeitet seit 1996 an einem Kriteriensystem zur Bestimmung ökologisch bedeutsamer Schlüsselarten und Lebensräume sowie zu deren Kartierung. Die nationale Arbeitsgruppe „Ökologische Qualitätsziele für die Nordsee" des Bund-Länder-Ausschusses Nordsee (BLANO) hat 1996 für den deutschen Nordseeteil ein Konzept für eine integrierte Managementzone erarbeitet.

687. Die von der Helsinki-Kommission verabschiedete Empfehlung zu den *Baltic Sea Protected Areas* (Empfehlung 15/5) hat in Deutschland bereits zur Ausweisung von zwei Nationalparken an der Ostseeküste geführt, die als Meeres- und Küstenschutzgebiet im Sinne der Empfehlung ausgewiesen sind. Unter deutschem Vorsitz ist weiterhin eine sogenannte Rote Liste von Meeres- und Küstenbiotopen und Biotopkomplexen für die Ostsee einschließlich der Beltsee und des Kattegats erarbeitet worden (vgl. Tz. 351 f.). Sie beschreibt den Grad der Gefährdung dieser Biotope und macht Angaben zu möglichen Gefährdungsursachen.

688. Internationale Richtlinien zur Minimierung eines Verschleppungsrisikos von Organismen im Ballastwasser sind von der International Maritime Organisation (IMO) und dem International Council for the Exploration of the Sea (ICES) erarbeitet worden.

689. Die nachhaltige Nutzung einiger kommerziell bedeutsamer Fischarten ist durch die derzeit angewandten fischereitechnischen Fangmethoden in Nord- und Ostsee gefährdet (4. INK, 1995). Ökologisch nachteilig zu bewertende Auswirkungen auf Meeressäugetiere, Seevögel und Lebensgemeinschaften des Benthos sind deutlich. Auf der 4. INK haben die Vertreter der Vertragsstaaten betont, dass sich die Gesamtfangmengen für Fischbestände unbedingt nach fischereibiologischen Erkenntnissen zu richten haben.

Auf der Minister-Zwischenkonferenz zur Integration von Fischerei und Umweltfragen (IMM) in Bergen 1997 wurden für das zukünftige Fischereimanagement Leitlinien beschlossen. Diese verlangen ausdrücklich eine nachhaltige, die biologische Vielfalt nicht gefährdende Nutzung des Nordseeökosystems, insbesondere durch Anwendung des Vorsorgeprinzips unter strenger Berücksichtigung ökologischer Erkenntnisse, sowie die Integration von Umweltzielen in die Fischereipolitik.

Die Bundesregierung hat die Erarbeitung eines Fortschrittberichtes zur Überprüfung der Umsetzung der Beschlüsse veranlasst. Für das Erstellen eines nationalen IMM-Berichts ist eine eigene Arbeitsgruppe eingerichtet worden (Jahresbericht der Wasserwirtschaft, 1999). Der BLANO-Gesprächskreis Fischerei und Umwelt ist bemüht, in Vorbereitung der 5. INK Lösungsstrategien für eine nachhaltige Nutzung der marinen Ökosysteme zu erarbeiten.

2.4.3.4 Schlussfolgerungen und Empfehlungen zur Gewässerschutzpolitik

690. Gewässerschutz und nachhaltige Wassernutzung verfolgen das Ziel, überall in Deutschland alle Gewässer einschließlich des Grundwassers mit einer „guten Qualität" zu erhalten oder wiederherzustellen. Der Umweltrat begrüßt es, dass Bund und Länder über die LAWA zusammen mit dem Umweltbundesamt einen integrierten Ansatz im Gewässerschutz, der Grund- und Oberflächenwasser als Einheit betrachtet, auch in der europäischen Gewässerschutzpolitik durchgesetzt haben. Um zu einem ökosystemaren Ansatz zu gelangen, müssen die Wechselbeziehungen zwischen Gewässern und anderen Umweltmedien – über die bereits bestehenden Ansätze der reinen Gewässerschutzpolitik hinaus – stärker berücksichtigt werden.

Oberflächengewässer

691. Wenn in der Vergangenheit auch bereits erhebliche Erfolge im Gewässerschutz und bei der Abwasserreinigung erzielt werden konnten, so sind doch die Nährstoff- und die Schadstofffrachten, die über die Flüsse in die Küstenmeere gelangen, immer noch zu hoch. Neben den punktuellen Stoffeinträgen aus kommunalen Kläranlagen und Industrieanlagen treten dabei vor allem diffuse Belastungen aus der Landwirtschaft in den Vordergrund. Maßnahmen zur Verbesserung der Gewässerqualität müssen deshalb künftig vorrangig darauf abzielen, die stoffliche Gewässergütegüte und die ökologische Qualität von Gewässern in ihrer Gesamtheit zu betrachten und zu verbessern und dabei auch das Umfeld von Gewässern einzubeziehen. Insbesondere ist verstärkt auf einen naturnahen Zustand und auf die naturnahe Entwicklung der Gewässer, ihrer Auen- und Uferbereiche und der Wasserführung zu achten, um das „Selbstreinigungsvermögen" und den Stoffhaushalt der Gewässer zu verbessern. Darüber hinaus ist das Wasser möglichst lange in seinen natürlichen Retentionsräumen zurückzuhalten, um den Verlauf von Hochwasserereignissen und Spitzenhochwässern abzumildern. Gewässersysteme dürfen nicht vorwiegend einer beschleunigten Entwässerung aus dem Einzugsgebiet dienen.

Durch weiter verbesserte und nachhaltige, insbesondere standortangepasste Landnutzung sollte der Bodenabtrag sowie der Dünger- und Pflanzenschutzmittelaustrag verringert werden. Die bereits erzielten Fortschritte bei der nachhaltigen Landbewirtschaftung sind nach Ansicht des Umweltrates noch nicht ausreichend. Ungedüngtes Dauergrünland entlang der Fließgewässer und ausreichend breite naturnahe Uferstreifen, die von Düngung und Pflanzenschutzmittelanwendung freigehalten werden, sind als Pufferflächen zum Schutz der Gewässer erforderlich. Die Förderprogramme einer gewässerschutzorientierten Bewirtschaftung und Maßnahmen eines naturnahen Gewässerrückbaus bedürfen einer Erfolgskontrolle. Durch verbesserte Beratung der Landwirte, die auf Verhaltensänderungen beim Umgang mit Pflanzenschutzmitteln im Hofbereich und die Verhinderung der Stoffeinleitung in die Kanalisation abzielen muss, können Pflanzenschutzmitteleinträge in Gewässer wesentlich verringert werden. Bezüglich weiterer Aspekte einer nachhaltigen Landbewirtschaftung verweist der Umweltrat auf sein Sondergutachten (SRU, 1996b, Tz. 193 ff.).

692. Die Datenlage über die Belastung von Fließgewässern mit Pflanzenschutzmitteln, die einerseits durch Nebenprodukte und Ausgangsstoffe ihrer Herstellung und andererseits durch den sachgerechten oder einen nicht bestimmungsgemäßen Einsatz in der Landwirtschaft verursacht wird, ist nicht ausreichend. Der Umweltrat regt den Ausbau und eine weitere Koordinierung von Messprogrammen an, um die Verursacher besser erkennen und entsprechende Minderungsmaßnahmen einleiten zu können.

693. Wie der Umweltrat bereits mehrfach betont hat (z. B. SRU, 1996a, Tz. 302 f.), ist es erforderlich, die Beschreibung und Bewertung der Fließgewässer weiterzuentwickeln. In diese Richtung zielt auch die europäische Wasserrahmenrichtlinie, die einen „guten ökologischen Zustand" der Gewässer fordert. Über die in Tz. 572 genannten Parameter hinaus sollten unbedingt die Schwebstoffe sowie das Gewässersediment mit einer Vielzahl von dort konzentrierten Schadstoffen in die Bewertung mit aufgenommen werden.

Der von der LAWA für das Jahr 2000 geplante Gewässergüteatlas wird neben der biologischen Gewässergüte die Gewässerstrukturgüte und die chemisch-physikalische Gewässergüte enthalten und auch Schwebstoffe berücksichtigen. Der Umweltrat begrüßt die Vorarbeiten von LAWA und Umweltbundesamt bei der Erarbeitung der einzelnen Parameter sowie von Qualitätszielen. Er weist in diesem Zusammenhang erneut darauf hin, dass neben der integrierten Darstellung der Gewässergüte auch die Formulierung und Aktualisierung nutzungsbezogener Zielvorgaben erforderlich ist. Ohne derartige Zielvorgaben kann eine Bewertung des Gewässerzustandes und der durchgeführten Gewässerschutzmaßnahmen nicht vorgenommen werden. Zum Beispiel wird in dicht bebauten Gebieten vielfach keine optimale Gewässerstruktur mehr erreicht werden können. Dort sollte aber zumindest eine gute Wasserqualität und eine ungestörte Durchgängigkeit gewährleistet werden.

Der Umweltrat begrüßt ferner die Anstrengungen der LAWA und des Umweltbundesamtes, bei der Erarbeitung des neuen Gewässergüteatlas nach Gütezielen für die Trinkwassernutzung und den Schutz aquatischer Lebensgemeinschaften zu unterscheiden.

694. Der Umweltrat regt weiterhin eine Evaluierung aller neuen Förderprogramme an, die Auswirkungen auf die Gewässergüte haben, um die Erfolge im Bereich des Gewässerschutzes und die Notwendigkeit weiterer Maßnahmen besser beurteilen zu können.

695. Die geänderte und anspruchsvollere Sichtweise bezüglich der Fließgewässer erfordert es auch, dass die letzten in ihren natürlichen Funktionen noch erhaltenen Fließgewässer vor Eingriffen in die Flussmorphologie und den Wasserhaushalt bewahrt werden müssen. Aus umwelt- und verkehrspolitischen Gründen lehnt der Umweltrat den weiteren Ausbau von Flüssen zu hochleistungsfähigen Wasserstraßen ab, insbesondere wenn der Bedarf durch (bestehende) Kanalsysteme gedeckt werden kann. Der Ausbau von Mittel- und Oberelbe (vgl. Tz. 349) sowie der Bau von Staustufen an Saale und Havel sind nicht vertretbar.

696. Die immer wieder auftretenden Hochwässer und Überschwemmungen machen deutlich, dass es einen absoluten technischen Hochwasserschutz nicht gibt. Wie der Umweltrat bereits betont hat (SRU, 1996a, Tz. 306 ff., 339 f., 369), ist in Zukunft einerseits verstärkt dem Rückhalt von Wasser in der Fläche Aufmerksamkeit zu widmen, z. B. durch Erhaltung und Wiederherstellung eines naturnahen Gewässerzustandes oder durch Maßnahmen der Entsiegelung, durch Verhinderung der Bodenverdichtung und durch Verbesserung der Regenwasserversickerung. Andererseits ist die Anhäufung von Anlagen, von denen Gewässerschäden ausgehen können bzw. an denen gravierende Schäden entstehen können, in überschwemmungsgefährdeten Bereichen weitestgehend zu vermeiden.

Abwasserreinigung

697. Der Umweltrat stellt fest, dass immer noch große Anstrengungen unternommen werden müssen, um die Unterschiede zwischen den alten und den neuen Bundesländern bei der kommunalen Abwasserbehandlung auszugleichen. Sowohl der Anschlussgrad an das öffentliche Kanalnetz als auch die Behandlung der Abwässer in Kläranlagen sowie die Reinigungsleistung bestehender Kläranlagen weisen in den neuen Bundesländern Defizite auf. Deutschland droht eine Klage vor dem Europäischen Gerichtshof, da nach Auffassung der Europäischen Kommission die Abwasserreinigungsstandards der Kommunalabwasser-Richtlinie für „empfindliche Gebiete" – das heißt eutrophierungsgefährdete Gebiete – in Sachsen und Sachsen-Anhalt nicht eingehalten werden. Dabei geht es vor allem um die Eliminierung von Phosphor und Stickstoff aus den kommunalen Abwässern. Um künftig zu raschen Verbesserungen zu kommen, sollten die Erfahrungen aus den alten Bundesländern genutzt werden. Hier haben sowohl zeitlich als auch nach der Einwohnerzahl gestufte Zielvorgaben für Anschlussgrad und Reinigungsleistung in den letzten dreißig Jahren zu den bekannten Verbesserungen geführt.

Grundwasser

698. Zum Grundwasserschutz hat der Umweltrat bereits in seinem Sondergutachten (1998b) ausführlich Stellung genommen. Ein systematischer Erfassungs- und Bewertungsansatz nach dem dort vorgestellten Grundwassereinheitenkonzept kann den Ist-Zustand von Umweltsystemen wiedergeben und z. B. die Grundwasserbeschaffenheit sowie die Abschätzung ihrer Gefährdungen durch anthropogene Beeinträchtigungen beschreiben.

Der Umweltrat weist in diesem Zusammenhang erneut darauf hin, dass ein flächendeckender Schutz der Ressource Grundwasser nur in der strikten Einheit mit dem Bodenschutz realisierbar ist. Daher wird an dieser Stelle nochmals auf die Umsetzung der Forderungen zur Verbesserung des Bodenschutzes (vgl. Abschn. 2.4.2) verwiesen, da dieser den bedeutendsten Beitrag zur Erreichung des Qualitätsziels „anthropogen möglichst unbelastetes Grundwasser" leistet.

Zur Wasserrahmenrichtlinie

699. Eine Einigung über einen gemeinsamen Text des Entwurfs der Wasserrahmenrichtlinie ist erst im Laufe eines kontroversen und langwierigen Verhandlungsprozesses im Rat der EU zustande gekommen, und schwierige Verhandlungen mit dem Europäischen Parlament stehen noch aus. Daher kann bereits die Verabschiedung der Richtlinie an sich als ein Erfolg europäischer Gewässerschutzpolitik verbucht werden. Der Umweltrat begrüßt es, dass es gelungen ist, in der Richtlinie das strategische Konzept einer Kombination von Emissionsbegrenzungen und gewässergütebezogenen Anforderungen durchzusetzen. Er gibt aber zu bedenken, dass die Richtlinie mit Defiziten behaftet ist und in einem nur schwer hinnehmbaren Maße Schlupflöcher für eine Umgehung des Ziels nachhaltigen Gewässerschutzes eröffnet.

Nach Auffassung des Umweltrates ist es unerlässlich, die Unsicherheiten bei der Bestimmung der Begriffe eines „erheblich veränderten Wasserkörpers" (Tz. 642 f.) und eines „guten ökologischen Potentials" weitgehend zu beseitigen (Tz. 644) sowie die Beurteilungs- und Ermessensspielräume der Mitgliedstaaten bei den Ausnahmevorschriften des Art. 4 Abs. 3 bis 6 (Tz. 648 ff.) einzuschränken und an einheitliche, allgemeinverbindliche und europaweit gültige Maßstäbe zu binden. Die bei den Ausnahmevorschriften der Art. 4 Abs. 3 bis 6 im Richtlinienentwurf festzustellende Unbestimmtheit, die es den Mitgliedstaaten erlaubt, nach Belieben die Umweltziele und Fristen der Richtlinie zu unterlaufen, ist aus Sicht des Gewässerschutzes nicht hinnehmbar. Deshalb müssen die Anforderungen zur Festlegung von Abweichungen deutlich präziser gefasst werden.

Angesichts des in verschiedenen Fragen zum Teil erheblichen Widerstandes einzelner Mitgliedstaaten wird es allerdings sehr schwierig sein, die Unzulänglichkeiten der Richtlinie im Laufe der kommenden Jahre durch Nachverhandlung zu beseitigen. Gleichwohl sollte die Bundesregierung vor diesen Schwierigkeiten nicht kapitulieren, sondern das Ziel eines dauerhaft umweltverträglichen Gewässerschutzes auf europäischer Ebene weiter vorantreiben. Die Beseitigung der Schwächen der Wasserrahmenrichtlinie ist gerade auch deshalb so dringend geboten, weil sie den Grundstock für die Gewässerschutzpolitik der Europäischen Union der kommenden 20 bis 30 Jahre legen wird und abzusehen ist, dass sich Fehler in der Grundkonstruktion der Richtlinie gravierend auf den Stand des Gewässerschutzes in der EU auswirken werden.

700. Um die Kapazitäten der Wasserwirtschaftsbehörden nicht auf Jahre hinaus ausschließlich mit dem Vollzug der Bewirtschaftungspläne nach Artikel 13 der Wasserrahmenrichtlinie zu belasten (Tz. 641), spricht sich der Umweltrat dafür aus, sich bei der Umsetzung der Planungsvorgaben nicht an den nationalen Maßstäben der §§ 36, 36b WHG, sondern an dem für den Schutz und die Bewirtschaftung der Gewässer absolut Notwendigen zu orientieren.

Zum Hochwasserschutz

701. Das mit der 6. WHG-Novelle gestärkte wasserrechtliche Instrumentarium zum Schutz vor Hochwasser erscheint dem Umweltrat zunächst ausreichend, um eine wirksame Hochwasservorsorge zu betreiben. Der Umweltrat sieht die aktuellen Probleme des Hochwasserschutzes eher darin, dass die Länder den mit dem novellierten Wasserhaushaltsgesetz zur Verfügung gestellten Spielraum bislang noch zu wenig genutzt und mit Leben gefüllt haben. So bestehen nach wie vor Vollzugsdefizite, etwa bei der Festsetzung von Überschwemmungsgebieten oder bei der Sicherung von Retentionsflächen aufgrund der Landesplanungsgesetze und des Baugesetzbuchs. Der Umweltrat spricht sich dafür aus, vor einer erneuten Novellierung des Wasserhaushaltsgesetzes den weiteren Umsetzungsprozess abzuwarten und daraufhin zu überprüfen, inwieweit er dem Ziel eines vorsorgenden Hochwasserschutzes dadurch gerecht wird, dass er den weiteren Ausbau der Gewässer vermeiden, natürliche Rückhalteflächen vor ihrer Inanspruchnahme sichern sowie Retentionsflächen zurückzugewinnen hilft. In Anbetracht der Unzulänglichkeiten einer an Landesgrenzen orientierten Hochwasservorsorge sollten zudem die Bemühungen um ein länderübergreifendes Hochwassermanagement in der Praxis weiter vorangetrieben werden.

Selbstverpflichtungserklärungen

702. Der Umweltrat sieht in den Selbstverpflichtungserklärungen zum Gewässerschutz (EDTA, APEO und chemische Textilhilfsmittel) nach wie vor einen gangbaren Weg, die Gewässerbelastungen langfristig zu reduzieren und begrüßt deshalb die bisherigen Anstrengungen. Er weist aber gleichzeitig auf die nur unzureichend gewährleisteten Möglichkeiten der Überprüfung und Überwachung der Selbstverpflichtungserklärungen hin, da eine Überprüfung der Mengenbilanzen vorwiegend anhand der Bilanzierungen für das Geschäftsjahr und sporadischer Einzelmessungen mit zahlreichen Unsicherheiten behaftet ist. Der Umweltrat spricht sich deshalb dafür aus, die Prüf- und Kontrollmaßnahmen zu verbessern, um auf diese Weise die Glaubwürdigkeit des Systems insgesamt zu erhöhen.

Nord- und Ostsee

703. Insgesamt ist die Situation und die Entwicklungstendenz der marinen Ökosysteme von Nord- und Ostsee weiterhin besorgniserregend, obgleich partielle Fortschritte erzielt worden sind. Neben der vielfach defizitären finanziellen und personellen Ausstattung der verantwortlichen Ministerien und Behörden sorgt oftmals mangelnder politischer Durchsetzungswille für ein Versagen der vorhandenen Schutzkonzepte.

Neben den Landesbehörden stehen in Deutschland folgende Bundesministerien in der Verantwortung für den marinen Umwelt- und Naturschutz:

– das Verkehrsministerium (mit dem Bundesamt für Seeschifffahrt und Hydrographie)

– das Landwirtschaftsministerium (mit der Bundesforschungsanstalt für Fischerei)

– das Umweltministerium (mit dem Bundesamt für Naturschutz und dem Umweltbundesamt)

– das Forschungsministerium.

Der Umweltrat sieht es für eine Effizienzsteigerung von Umwelt- und Naturschutzmaßnahmen als erforderlich an, die Koordination zwischen den verantwortlichen und beteiligten Ressorts aller Ebenen zu verbessern. Dazu ist eine Bündelung der Koordinierungsaufgaben bei einem Ministerium bzw. einer oberen Bundesbehörde anzustreben.

704. Der Schutz der biologischen Vielfalt mariner Ökosysteme ist nur in internationaler Zusammenarbeit auf Grundlage großräumiger Schutzkonzepte mit ausreichend großen, die Meereslandschaft repräsentierenden Schutzgebieten möglich. Anthropogen verursachte diffuse und punktuelle Nähr- und Schadstoffeinträge über den Gewässer- und Luftpfad sind wesentliche Gefährdungsfaktoren für die biologische Vielfalt von Nord- und Ostsee. Der Umweltrat wiederholt eindringlich seine Forderung nach einer weitergehenden Verringerung der Nährstoffeinträge. Maßnahmen zur Vermeidung von anthropogenen Schadstoffeinträgen in marine Ökosysteme müssen sich auch weiterhin am Vorsorgeprinzip orientieren.

Staatenübergreifende, großräumige Schutzgebiete sollten sowohl im direkten Küstenraum als auch auf offener See eingerichtet werden. Die Einrichtung solcher Schutzgebiete, insbesondere auf hoher See, wird kontrovers diskutiert. Der Umweltrat betont jedoch ihre ökologische Bedeutung als besonders seltene oder gefährdete marine Lebensräume mit der Funktion als Rückzugs-, Regenerations- und Vernetzungsgebiete. Von entscheidender Bedeutung für den Erfolg ist die Beachtung der unterschiedlichen Anforderungen an die artspezifischen Lebensraumgrößen für die zu schützenden Populationen (vgl. LINDEBOOM und de GROOT, 1998). Der Umweltrat unterstreicht die Forderung nach einer sofortigen Einrichtung aller bereits geplanten marinen Schutzgebiete im küstennahen Bereich von Nord- und Ostsee (RACHOR, 1998) sowie weiterer Gebiete mit besonderer ökologischer Funktion als Vernetzungs- und Regenerationshabitate. Die Umsetzung der FFH-Richtlinie bietet dafür einen geeigneten Anlass. Darüber hinaus sind die Gebiete von Bedeutung, welche der Umsetzung internationaler Vereinbarungen dienen.

Bestehende Ansätze eines integrierten Managements der Küstenzonen unter Berücksichtigung der Belange sowohl des Umwelt- und Naturschutzes als auch der Naturnutzung (wie z. B. Schutz der biologischen Vielfalt, Boden- und Grundwasserschutz, Küstenschutz, Erholung und Tourismus, Landbewirtschaftung, Bebauung und Verkehrserschließung) sollten ausgeweitet und gefördert werden. Der Erfolg geplanter, teilweise nutzungseinschränkender Naturschutzmaßnahmen hängt von der Akzeptanz der Bevölkerung, insbesondere der betroffenen Nutzer, ab. Daher ist es unbedingt erforderlich, durch Information und Förderung der Kommunikation aller Gruppen die Öffentlichkeit zu beteiligen.

705. Der Umweltrat wiederholt – insbesondere auch für den erfolgreichen Schutz mariner Ökosysteme – seine Forderung nach einer weiterreichenden Novellierung des Bundesnaturschutzgesetzes. Dabei ist der marine Naturschutz besonders zu berücksichtigen. Dies gilt insbesondere für die Anpassung der Kriterien für Schutzgebiete und gegebenenfalls für die Schaffung neuer Schutzgebietskategorien.

706. Zur Erhaltung der biologischen Vielfalt mariner Ökosysteme fordert der Umweltrat die Einstellung aller nicht nachhaltigen Nutzungen von Meeresressourcen. Dies gilt insbesondere für Nutzungsformen, die bestehende Naturschutzmaßnahmen konterkarieren. Konzepte zur Nutzung biologischer Ressourcen sollten sich am Prinzip der ökologischen Nachhaltigkeit orientieren. So kann die Fischerei bei einer rein wirtschaftsorientierten Ausrichtung zu erheblichen Beeinträchtigungen mariner Ökosysteme führen. Dies würde sich letztlich auch nachteilig auf den Fischereiertrag auswirken. Hierzu zählen unter anderem die Überfischung durch zu hohe Fangquoten mit einer fischereitechnisch bedingten hohen Beifangquote sowie eine Beeinträchtigung des Meeresbodens mit Benthoszerstörung durch ökologisch nicht tragfähige Fischereitechniken (z. B. Baumkurrenfischerei). Die Ausübung einer ökologisch tragfähigen Fischerei setzt detaillierte biologische Kenntnisse über die genutzten Arten in ihren Lebensräumen voraus. Diese Voraussetzung unterstreicht die Notwendigkeit einer ökologischen Dauerbeobachtung von marinen Ökosystemen. Auf der Grundlage der Ergebnisse eines solchen Monitorings können Empfehlungen zur ökologisch tragfähigen Nutzung erarbeitet werden und in ein nachhaltiges Fischereimanagement einfließen.

2.4.4 Klimaschutz und Luftreinhaltung

707. Die folgenden Abschnitte stellen zunächst die Ziele und die Umweltsituation im Bereich Klimaschutz und Luftreinhaltung dar. Entsprechend der öffentlichen Diskussion werden vorrangig Treibhauseffekt und Sommersmogproblematik besprochen. Der Umweltrat ist sich dessen bewusst, dass die Umweltprobleme im Bereich Atmosphäre in der Regel interagieren (vgl. Kasten) und Maßnahmen meist über die Problembereiche hinaus wirksam sind. Auf die vielfachen Wirkungen von Luftschadstoffen ging der Umweltrat zuletzt im Umweltgutachten 1996 ein (SRU, 1996a, Tab. 2.21).

Die wissenschaftlichen Grundlagen wurden vielerorts allgemein verständlich erörtert (z. B. LOZAN, 1998; GRAEDEL und CRUTZEN, 1994; HEINRICH und HERGT, 1990; SRU, 1983), weshalb auf eine nochmalige Darstellung verzichtet wird. Häufig werden Umweltprobleme isoliert betrachtet. Dabei werden intramediale Wechselwirkungen, wie etwa die zwischen Treibhauseffekt und Ozonloch, ebenso wie intermediale Wechselwirkungen, wie etwa die Belastung des Grundwassers durch sekundäre Luftschadstoffe über den Eintragspfad Luft-Boden-Grundwasser, vernachlässigt. Insbesondere erfordern es die medienübergreifenden Wechselwirkungen, dass Ziele mit Bezug auf andere Umweltmedien als die Atmosphäre festgelegt, die Maßnahmen aber in den Bereichen der Luftreinhaltung ergriffen werden. Ansätze dazu sind in der europäischen und deutschen Klimaschutz- und Luftreinhaltepolitik inzwischen vorhanden. Zudem kann die nicht ausreichende Berücksichtigung der mehrfachen Wirkungen einzelner Luftschadstoffe sowie der Emission unterschiedlichster Schadstoffe aus ein und derselben Quelle zu politischen Fehlentscheidungen führen, die sich im günstigen Fall lediglich durch eine Verteuerung der Bekämpfung der Umweltprobleme auswirken, im ungünstigen Fall aber Wirkungen zeitigen, die zur Verstärkung der bestehenden oder zu neuen Umweltproblemen führen.

2.4.4.1 Ziele, Situation und Defizite in der Zielerreichung

708. Unter Berücksichtigung ihrer Entstehungsgeschichte werden in den folgenden Abschnitten die Umweltziele problemorientiert diskutiert. Mehrfachnennungen von Zielen können wegen der Wechselwirkungen nicht vermieden werden. Die zeitliche Entwicklung der Luftschadstoffemissionen wird unter den Problembereichen beschrieben, in denen die Verbindungen ihre dominierende Wirkung entfalten.

Wechselwirkungen innerhalb der Atmosphäre und zwischen der Atmosphäre und anderen Umweltmedien

Treibhauseffekt, stratosphärisches Ozonloch, Versauerung und Sommersmog stehen miteinander im Zusammenhang, weil sie zum Teil von den unterschiedlichen physikalischen und chemischen Eigenschaften ein und derselben Luftschadstoffe verursacht werden. Darüber hinaus gibt es Rückkopplungen, die zur gegenseitigen Verstärkung von Umweltproblemen führen können. Räumliche und zeitliche Dimensionen unterscheiden sich jedoch grundlegend. Einige dieser Bindeglieder werden hier beispielhaft und in groben Zügen skizziert. Einige langlebige Treibhausgase gelangen in die Stratosphäre. Die Produkte aus deren photolytischer Spaltung tragen dort zur Zerstörung der Ozonschicht bei. Außerdem geht, physikalisch begründet, mit der Erwärmung der Troposphäre eine Abkühlung der Stratosphäre einher. Diese führt zur verstärkten Bildung von polaren Stratosphärenwolken, deren säurehaltige Eiskristalle Reaktionen des stratosphärischen Ozonabbaus katalysieren. Als Folge nimmt die Intensität der UV-Strahlung am Erdboden zu und kann dort das Leben schädigen. Besonders betroffen wird aller Voraussicht nach das ozeanische Plankton sein, ein wichtiger Kohlenstoffspeicher des Ökosystems Erde. Dadurch könnten der natürliche Kohlenstoffkreislauf nachhaltig gestört und die natürlichen Quellen des wichtigsten Treibhausgases Kohlendioxid verstärkt werden. Die Folge wäre eine zusätzliche Erwärmung der Erdoberfläche. Dass der anthropogene Treibhauseffekt die Regeneration der Ozonschicht trotz drastischer Minderungen ozonschichtgefährdender Substanzen verlangsamt, ist erwiesen.

Die Photosmogproblematik ist auch mit der Versauerungsproblematik verknüpft. Stickstoffoxide (NO_x), die eine zwingende Voraussetzung für die Entstehung von Ozon in der Troposphäre sind, können nach der chemischen Umwandlung als salpetrige Säure aus der Atmosphäre ausgewaschen werden. Daneben absorbiert troposphärisches Ozon Infrarotstrahlung, wodurch wiederum eine Verbindung zum Treibhauseffekt entsteht. Die Konzentration troposphärischen Ozons hat sich in den letzten hundert Jahren verdoppelt. Dies war begleitet von grundlegenden Veränderungen der Abbaubedingungen aller Luftschadstoffe.

Auch Schwefeldioxid (SO_2) entfaltet Wirkung in mehrfacher Hinsicht. Seine versauernde Wirkung ist lange bekannt. Das aus SO_2 entstehende Aerosol streut und reflektiert außerdem die Sonnenstrahlung und wirkt deshalb regional dem Treibhauseffekt entgegen.

Die Wirksamkeit von SO_2 und NO_x, anderer atmogener Säurebildner und sonstiger Luftschadstoffe endet nicht mit deren Deposition auf Pflanzenoberflächen oder auf dem Boden. Vielmehr entfalten die Säurebildner dort erst ihre wesentliche Wirkung, indem sie den in feucht-gemäßigten Klimaten natürlichen Prozess der Bodenversauerung beschleunigen und mit fortschreitender Erschöpfung der Säureneutralisationskapazität des Bodens über das Sickerwasser und die Oberflächengewässer auch zunehmend das Grundwasser belasten. Über diesen Eintragspfad gelangen auch andere, überwiegend wasserlösliche Stoffe, die nicht oder nicht mehr durch Adsorption im Boden zurückgehalten werden können, ins Grundwasser.

2.4.4.1.1 Zum Klimaschutz

2.4.4.1.1.1 Ziele des Klimaschutzes

Klimarahmenkonvention und auf wissenschaftlicher Basis formulierte Ziele

709. Nach Artikel 2 des Rahmenübereinkommens der UN über die Klimaänderungen (United Nation Framework Convention on Climate Change, gezeichnet in Rio de Janeiro) wird angestrebt, „die Stabilisierung der Treibhausgaskonzentrationen auf einem Niveau zu erreichen, auf dem eine gefährliche anthropogene Störung des Klimasystems verhindert wird. Ein solches Niveau sollte innerhalb eines Zeitraums erreicht werden, der ausreicht, damit sich die Ökosysteme auf natürliche Weise den Klimaänderungen anpassen können, die Nahrungsmittelerzeugung nicht bedroht wird und die wirtschaftliche Entwicklung auf nachhaltige Weise fortgeführt werden kann." (UNEP/WMO, 1992).

710. Treibhausgase zeichnen sich dadurch aus, dass sie (Wärme-)Strahlung im Infrarotbereich absorbieren und gleichzeitig für kurzwellige elektromagnetische Strahlung und sichtbares Licht durchlässig sind. Die wichtigsten durch anthropogene Aktivitäten emittierten

Treibhausgase sind Kohlendioxid (CO_2), Methan (CH_4), Distickstoffoxid (N_2O), teilfluorierte Kohlenwasserstoffe (HFC), Perfluorkohlenstoffverbindungen (PFC) sowie Schwefelhexafluorid (SF_6). Die Wirksamkeit von Treibhausgasen wird mittels des gobalen Erwärmungspotentials (Global Warming Potential, GWP) verglichen, einer dimensionslosen Zahl, die angibt, um welchen Faktor die Wirksamkeit eines Treibhausgases (einschließlich aller Reaktionspartner und Abbauprodukte unter Berücksichtigung seiner Lebensdauer) die Wirksamkeit von Kohlendioxid übersteigt. Die Berücksichtigung der Abbaureaktionen und Produkte erfordert, dass die Wirkungen über einen bestimmten Zeitraum integriert werden. Dieser beträgt in der Regel 20 oder 100 Jahre (GWP_{20} bzw. GWP_{100}). Definitionsgemäß ist das GWP für CO_2 gleich eins.

Die Zielformulierung der Klimarahmenkonvention erfordert wegen der begrenzten natürlichen Anpassungsfähigkeit der Ökosysteme eine Beschränkung der anthropogen verursachten Erwärmung auf weniger als 1 °C innerhalb eines Jahrhunderts. Daraus können mit Hilfe von Klimamodellen die maximal zulässigen Treibhausgaskonzentrationen sowie die korrespondierenden, jährlichen globalen Emissionen abgeleitet werden. Hieraus ergibt sich die Notwendigkeit, die weltweiten CO_2-Emissionen um einen beträchtlichen Anteil zu reduzieren. Derartige Berechnungen bilden auch die wissenschaftliche Grundlage für die Großzahl aller klimabezogenen Zielformulierungen. Ursprünglich wurde in der Klimarahmenkonvention eine Rückführung der Treibhausgasemissionen auf das Niveau von 1990 anvisiert. Spätere Modellrechnungen zeigen, dass dies nicht ausreichen würde.

711. Die Enquete-Kommission des Deutschen Bundestages „Schutz der Erdatmosphäre" forderte in ihrem Schlussbericht 1995 als Mindestmaß eine Reduktion der CO_2-Emissionen im Vergleich zum Bezugsjahr 1987 um 30 % bis 2005, um 45 % bis zum Zeitraum 2020 bis 2030 und schließlich um 80 % bis zur Mitte des nächsten Jahrhunderts für Deutschland und vergleichbare Industriestaaten. Diese Forderungen waren bereits durch den dritten Bericht der Enquete-Kommission „Vorsorge zum Schutz der Erdatmosphäre" (1990) vorbereitet. Spätere Zielformulierungen des Umweltbundesamtes (UBA, 1997) und des Wissenschaftlichen Beirates der Bundesregierung für globale Umweltveränderungen (WBGU, 1997 nach Vorarbeiten durch das Potsdamer Institut für Klimafolgenforschung) decken sich damit weitgehend. Der WBGU ergänzt seine Zielformulierung allerdings durch das Konzept der „Leitplanken". Dieses berücksichtigt auch ökonomische und soziale Aspekte. Zwar ist eine Anzahl von Reduktionspfaden denkbar, aber aufgrund der über die Zeit akkumulierenden Wirkung der Treibhausgase wird nur eine frühzeitige Reduktion der Emissionen dann noch einen ausreichenden Spielraum gewährleisten können, wenn viele Reduktionspotentiale bereits ausgeschöpft sein werden.

Die Ergebnisse der Klimaverhandlungen

712. Den auf wissenschaftlicher Basis formulierten Zielen stehen die umweltpolitischen Zielformulierungen gegenüber. Sofern nicht anders angemerkt wurde, beziehen sich die im folgenden diskutierten Reduktionsziele auf das Basisjahr 1990.

Als deutsches Handlungsziel im Bereich Klimaschutz wurde zunächst die Reduktion der nationalen CO_2-Emissionen gegenüber 1987 um 25 bis 30 % bis zum Jahr 2005 festgelegt. Im Rahmen der ersten Vertragsstaatenkonferenz der Klimarahmenkonvention in Berlin (1995) konkretisierte die damalige Bundesregierung das Reduktionsziel. Als Bezugsjahr gilt seitdem 1990, und die CO_2-Emissionen sollen bis 2005 um 25 % zurückgefahren werden. Für Deutschland bedeutet dies eine Verschärfung des Handlungsziels, weil zwischen 1987 und 1990 die Emissionen bereits deutlich gesunken waren. Im Vorfeld der dritten Vertragsstaatenkonferenz hatte die EU sich darauf geeinigt, eine 15 %ige Reduktion der Treibhausgase CO_2, N_2O und CH_4 als Verhandlungsposition einzubringen. Diese war vom deutschen Handlungsziel positiv beeinflusst worden. Schließlich wurde eine Reduktion um durchschnittlich 5,2 % innerhalb der Annex I-Staaten (in etwa die westlichen und östlichen Industriestaaten) bis zum Zeitraum 2008 bis 2012 vereinbart. Dieses Handlungsziel bezieht sich neben den ursprünglich verhandelten Gasen CO_2, CH_4 und N_2O auch auf die fluorhaltige Verbindung SF_6 und die ebenfalls fluorhaltigen Stoffgruppen HFC und PFC. Die EU hat sich im Rahmen des Protokolls völkerrechtlich verbindlich zu einer Reduktion der betreffenden Treibhausgasemissionen um 8 % verpflichtet. Die Reduktionspflicht der EU wurde in weiteren Verhandlungen auf die Mitgliedstaaten verteilt. Deutschland hat sich dabei zu einer Reduktion seiner Treibhausgasemissionen um 21 % innerhalb des oben genannten Zeitraums verpflichtet (vgl. Abschn. 2.2.3; SRU, 1998, Tz. 386 ff., 394).

Ziele der nationalen Klimaschutzpolitik

713. Trotz der schwächeren internationalen Verpflichtung hält Deutschland an seiner freiwilligen Zusage fest, seine CO_2-Emissionen bis 2005 um 25 % zu senken.

Über das CO_2-Ziel hinaus beschloss der Bundestag bereits 1991, auch die Emissionen anderer Treibhausgase gegenüber dem Bezugsjahr 1987 bis zum Jahr 2005 wie folgt zu reduzieren: Methan um mindestens 30 %, Stickstoffoxide um mindestens 50 %, Kohlenmonoxid um mindestens 60 % und flüchtige Kohlenwasserstoffe um mindestens 80 %. Für einzelne Sektoren wurden weitere

Ziele festgelegt. Beispielsweise beschloss die Umweltminister- und die Verkehrsministerkonferenz in den Jahren 1990 bzw. 1991, die verkehrsbedingten CO_2-Emissionen bis 2005 um 10 % mit Bezug auf 1987 zu senken. Zielformulierungen sind auch in den Selbstverpflichtungen verschiedener Verbände enthalten (SRU, 1998, Tz. 266 ff., 276, 281 f.).

Die Klimaschutzziele im „Entwurf eines umweltpolitischen Schwerpunktprogramms" des BMU

714. Ausgehend von den bisherigen Zielformulierungen und den deutschen Reduktionsverpflichtungen innerhalb der EU-Gesamtverpflichtung hat das BMU im Entwurf eines umweltpolitischen Schwerpunktprogramms eine Reihe von Umwelthandlungszielen formuliert (BMU, 1998). Dabei werden die jährlichen CO_2-Emissionen im Umweltbarometer als Schlüsselindikator gewählt und die Reduktion der CO_2-Emissionen um 25 % als übergeordnetes Handlungsziel erneut bestätigt. Für die übrigen Treibhausgase werden keine quantitativen Ziele, sondern lediglich die Begrenzung und Minderung der Emissionen genannt. Das Reduktionsziel für den Verkehrssektor, dessen Anteil am Ausstoß klimarelevanter Gase in Deutschland sich auf etwa 20 % beläuft, beträgt gegenüber 1990 nur 5 % und wird nicht durch entsprechend anspruchsvollere Ziele in anderen Bereichen ergänzt (vgl. Tz. 46). Im Herbst 1998 bekräftigte die neue Regierung in der Koalitionsvereinbarung das Festhalten am 25-%-Ziel.

2.4.4.1.1.2 Emissionssituation und Zielerreichung im Klimaschutz

Emissionssituation

715. Die wichtigsten Treibhausgase sind vergleichsweise langlebig. Ihre Konzentrationsverteilung in der Atmosphäre ist abgesehen von einer leichten Asymmetrie zwischen den Hemisphären global sehr gleichförmig. Nur in direkter Quellnähe können deutlich erhöhte Werte gefunden werden. Die weltweiten Konzentrationen von Kohlendioxid, Methan und Distickstoffoxid steigen derzeit mit Raten von jährlich 0,2 % bis 0,4 %, die der FCKW-Ersatzstoffe (HFC) mit 7 % an. Während die Konzentrationen von Kohlendioxid, Distickstoffoxid, Schwefelhexafluorid und der FCKW-Ersatzstoffe ohne weitere Klimaschutzmaßnahmen weiter zunehmen werden, könnte sich unter Umständen die Konzentration von Methan in der Atmosphäre aufgrund sich verändernder Umwandlungsbedingungen während der nächsten zwanzig Jahre stabilisieren (DLUGOKENCKY et al., 1998). Die Emissionsentwicklung der im Kyoto-Protokoll verhandelten Treibhausgase ist in den Abbildungen 2.4.4-1 bis 2.4.4-6 dargestellt.

Kohlendioxid

716. Die Kohlendioxidemissionen in Deutschland haben zwischen 1990 und 1995 um 11 % (entsprechend 110 Mt) abgenommen. Die Netto-Reduktion fand ausschließlich auf dem Gebiet der neuen Bundesländer statt. Den großen CO_2-Emissionsrückgängen im Bereich der Kraft- und Fernheizwerke, in der Industrie und bei den Kleinverbrauchern/Gewerbe um insgesamt 122 Mt standen höhere CO_2-Emissionen durch den Verkehr (+11,0 Mt) und die privaten Haushalte (+1 Mt) gegenüber. Der Emissionsrückgang in den neuen Bundesländern betrug insgesamt -43,6 %. In den alten Bundesländern stiegen im gleichen Zeitraum die CO_2-Emissionen der privaten Haushalte um 22,6 Mt und des Verkehrs um 5,7 Mt. Sie konnten dort durch die CO_2-Einsparungen in der Industrie um -9,2 Mt und der Kleinverbraucher/Gewerbe um -4,1 Mt nur etwa zur Hälfte kompensiert werden. Als Folge stiegen die gesamten CO_2-Emissionen im ehemaligen Bundesgebiet um 1,9 % an (ZIESING, 1998). In den Jahren 1994 und 1995 blieben die gesamtdeutschen CO_2-Emissionen stabil. Im darauffolgenden Jahr wiesen die Emissionen witterungsbedingt wieder nach oben. Vorläufigen Berechnungen zufolge betrug der Emissionsrückgang 1999 gegenüber 1990 etwa 15,5 % (ZIESING, 2000). Folglich ergibt sich für die zweite Hälfte der neunziger Jahre ein Trend von einer Emissionsminderung um circa 1 % pro Jahr. Aussagen über die künftig zu erwartenden CO_2-Emissionen werden in Kapitel 3.2.1 zusammengefasst.

Der weitaus größte Teil der gesamten CO_2-Reduktion ist auf die Folgen der Vereinigung (Umstellung auf marktwirtschaftliche Produktionsbedingungen und wirtschaftlicher Zusammenbruch im Osten) zurückzuführen (ZIESING, 1998). Konkrete Klimaschutzmaßnahmen bewirkten demgegenüber lediglich einen geringen Emissionsrückgang. Die Komplexität des Sachverhaltes erlaubt aber kaum eine Quantifizierung ihres tatsächlichen Beitrags. Grobe Schätzungen ergeben, dass lediglich ein knappes Viertel der gesamten Reduktion auf Klimaschutzmaßnahmen beruht.

Betrachtung der Umweltpolitikbereiche

Abbildungen 2.4.4-1 bis 2.4.4-6

Emmissionsentwicklung der Treibhausgase nach Emittenten zwischen 1990 und 1997

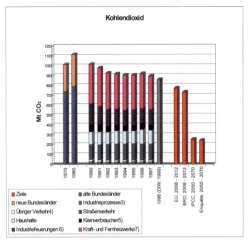
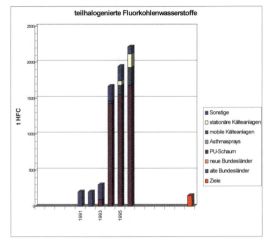
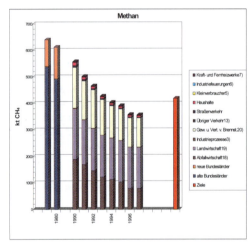
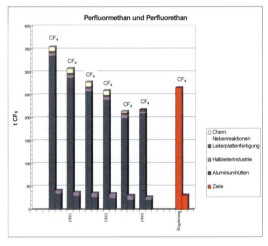
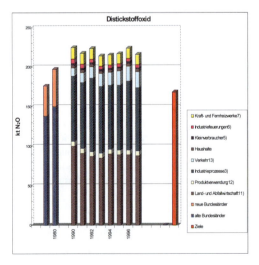
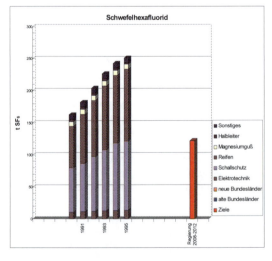

SRU/UG 2000/Abb. 2.4.4-1 bis -6
nach Daten UBA, schriftl. Mitteilung, 1999; teilweise vorläufige Angaben

Abbildungen 2.4.4-7 bis 2.4.4-10

Emissionsentwicklung von Ozonvorläufersubstanzen und versauernd wirkenden Gasen nach Emittenten zwischen 1990 und 1997

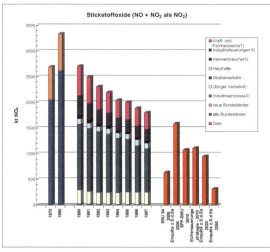
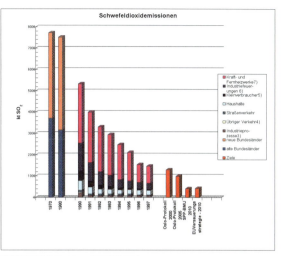
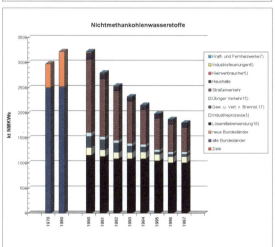
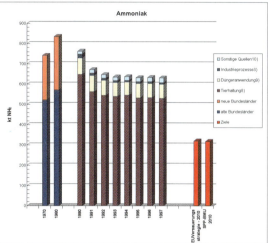

SRU/UG 2000/Abb. 2.4.4-7 bis -10

1) Ohne natürliche Quellen
2) Aus Energieverbrauch und Industrieprozessen mit Klimarelevanz
3) Ohne energiebedingte Emissionen
4) Land-, Forst- und Bauwirtschaft, Militär-, Schienen-, Küsten- und Binnenschiffverkehr, nationaler Luftverkehr
5) Einschließlich militärische Dienststellen
6) Übriger Umwandlungsbereich, Verarbeitendes Gewerbe und übriger Bergbau; Erdgasverdichterstationen; bei Industriekraftwerken nur Wärmeerzeugung
7) Bei Industriekraftwerken nur Stromerzeugung
8) Stallemissionen, Lagerung und Ausbringung von Betriebsdünger
9) Anwendung stickstoffhaltiger Mineraldünger
10) Straßenverkehr, Feuerungsanlagen, DENOX-Anlagen in Kraftwerken
11) Mineraldünger- und Betriebsdüngereinsatz, Anlagen zur Abwasserstickstoffeliminierung noch nicht erfasst
12) Verwendung von Lachgas als Narkosemittel
13) Straßenverkehr; Land-, Forst- und Bauwirtschaft, Militär-, Schienen-, Küsten- und Binnenschiffverkehr, nationaler Luftverkehr
14) Grobabschätzung ohne Berücksichtigung von Minderungsmaßnahmen
15) Land-, Forst- und Bauwirtschaft, Militär-, Schienen-, Küsten- und Binnenschiffverkehr, nationaler Luftverkehr
16) In Industrie, Gewerbe und Haushalten
17) Verteilung von Ottokraftstoff
18) Deponien, Abwasserbehandlung, Klärschlammverwertung
19) Fermentation, tierische Abfälle
20) Bergbau, lokale Gasverteilungsnetze, Erdöl- und Erdgasförderung

nach Daten UBA, schriftl. Mitteilung, 1999; teilweise vorläufige Angaben

Methan

717. Im alten Bundesgebiet wurde bereits 1971 eine Trendwende bei den Methanemissionen erreicht. Dagegen begannen auf dem Gebiet der neuen Bundesländer die jährlichen CH_4-Emissionen erst nach der Vereinigung zu sinken. Zwischen 1990 und 1996 nahmen die CH_4-Emissionen im gesamten Bundesgebiet um 36,1 % (oder 2 011 kt) ab. Im Jahr 1996 betrugen die deutschen CH_4-Emissionen etwa 3,6 Mt. Bezüglich des Treibhauseffektes entsprechen diese der Emission von 227 Mt Kohlendioxid (bezogen auf GWP_{100}). Die Emissionsminderung fand über den gesamten Betrachtungszeitraum statt, wenn auch mit sich verlangsamender Geschwindigkeit. Die Emissionen aus der Landwirtschaft und der Abfallwirtschaft betrugen im Jahr 1990 noch jeweils 1,9 Mt oder 68 % der anthropogenen Emissionen in Deutschland. Die Emissionen der Landwirtschaft sanken um knapp 19 %. Die bei weitem größte Minderung fand bereits im ersten Jahr des Betrachtungszeitraumes statt. Sie setzte sich in den Folgejahren nicht fort. Dies ist ein deutlicher Hinweis darauf, dass der wirtschaftliche Niedergang in den neuen Ländern auch für die Emissionsentwicklung von CH_4 eine wichtige Rolle spielte. Wegen noch stärkerer Minderung im Bereich der Abfallwirtschaft leistet die Landwirtschaft nun mit 44 % den bedeutendsten Beitrag zu den Gesamtemissionen. Die Emissionen bei der Gewinnung und Verteilung von Brennstoffen wurden über den Betrachtungszeitraum etwa gleichmäßig um 29 % reduziert und betrugen 1997 noch 1,1 Mt (oder 31 % der gesamten deutschen CH_4-Emissionen im Jahr 1997). Der Anteil der übrigen Emittenten beläuft sich auf lediglich etwa 3 %. Bei allen wurde eine deutliche Emissionsreduktion um mindestens 10 %, teilweise sogar von mehr als 60 % erreicht.

Distickstoffoxid

718. Während für Distickstoffoxid auf dem früheren Bundesgebiet keine eindeutige Entwicklung der gesamten Emissionen stattfand, sanken in den neuen Bundesländern die N_2O-Emissionen seit der deutschen Vereinigung um etwas mehr als die Hälfte. Insgesamt war die Entwicklung der nationalen Emissionen zwischen 1990 und 1997 durch eine anhaltende Stagnation gekennzeichnet. Die wichtigsten Emittenten sind die Landwirtschaft und die Abfallwirtschaft sowie die Industrie. Der Anteil des Verkehrs verdoppelte sich in diesem Zeitraum. Zusammen mit den Emissionszuwächsen in der Industrie übertraf er die Einsparungen in der Landwirtschaft und Abfallwirtschaft. Insgesamt wurden 1997 216 kt N_2O emittiert, entsprechend 59 Mt Kohlendioxid (bezogen auf GWP_{100}).

Teilhalogenierte Fluorkohlenwasserstoffe

719. Die Beendigung der FCKW-Produktion und -Anwendung führte zu einem sehr starken Zuwachs bei den HFC-Emissionen. Die Gesamtemissionen stiegen zwischen 1991 und 1995 von 200 t auf das Elffache (2 214 t) an. Daran hatte die Verwendung als Treibgas für Polyurethanschäume den größten Anteil mit 1 690 t (entsprechend 76 %). Wegen längerer Produktzyklen stiegen die Emissionen in den Bereichen stationärer und mobiler Kältetechnik erst zeitverzögert. Die künftigen Emissionen werden wesentlich vom Fortgang der FCKW-Substitution abhängen. Die Emissionen aus der Kältetechnik werden dabei die derzeitig dominierenden Emissionen aus der Anwendung von PU-Montageschäumen übertreffen. Sollte die Substitution künftig teilweise durch halogenfreie Alternativen geschehen (Kohlendioxid, Ammoniak und einige Kohlenwasserstoffe), könnte die Entwicklung deutlich gedämpft verlaufen. Die HFC-Emissionen entsprachen 1995 3,2 Mt Kohlendioxid und werden für 2010 je nach Substitutionsgrad mit 10,6 Mt bis 17,8 Mt Kohlendioxid prognostiziert (bezogen auf GWP_{100}).

Perfluormethan und Perfluorethan

720. Über 95 % der Perfluormethan- und etwa 77 % der Perfluorethanemissionen entstehen als unerwünschte Nebenprodukte bei der Aluminiumverhüttung. In den Jahren 1990 bis 1995 gingen die Emissionen beider Gase um jeweils annähernd zwei Drittel auf 217,8 t und auf 27,3 t zurück. Die Emissionsminderung ist die Folge eines Kapazitätsabbaus einerseits und der Modernisierung des Produktionsprozesses andererseits. Zum Rückgang der Perfluorethanemissionen trug die Halbleiterindustrie weitere 23 % bei. Etwa ab dem Jahr 2000 wird kein weiterer Rückgang der Emissionen erwartet (SCHWARZ und LEISEWITZ, 1996). Insgesamt entspricht die im Jahr 1995 freigesetzte PFC-Menge 1,71 Mt Kohlendioxid (bezogen auf GWP_{100}).

Schwefelhexafluorid

721. Die Emissionen von Schwefelhexafluorid haben in Deutschland in der ersten Hälfte der neunziger Jahre um 54 % auf 251 t pro Jahr zugenommen. Bezüglich der Treibhauswirkung entspricht dies der Emission von etwas mehr als 6 Mt Kohlendioxid (bezogen auf GWP_{100}). Der Emissionsanstieg ist auf die stark angewachsene Verwendung von SF_6 als Füllgas für Schallschutzfenster (+57 %) und bei der Befüllung von Autoreifen (+72 %) zurückzuführen. Der Einsatz von SF_6 im Bereich elektrischer Schaltanlagen übertrifft zwar jeweils den dieser beiden wichtigsten Emissionsquellen. Da es sich bei dieser Anwendung aber um geschlossene Systeme mit einer großen Lebensdauer handelt und SF_6 bei Wartungsarbeiten weitestgehend zurückgeführt wird, belaufen sich die Emissionen auf nur 5 % an der insgesamt emittierten Menge. Diese Aussage setzt allerdings voraus, dass die entsprechenden Arbeiten fachgerecht ausgeführt werden. Es gibt aber Hinweise, dass auch bei den geschlossenen Systemen substantielle Emissionen stattfinden, die jedoch kaum zu quantifizieren sind. Aufgrund der wahrscheinlichen Verbrauchsentwicklung der beiden wichtigsten Emissionsquellen wird bis 2005 ein vorübergehender Emissionsrückgang und anschließend ein

weiterer Anstieg auf knapp 300 t erwartet. Ab 2030 könnten sich die Emissionen auf dem heutigen Niveau stabilisieren (SCHWARZ und LEISEWITZ, 1996).

Zielerreichung in der deutschen Klimaschutzpolitik

722. Den jüngsten vorläufigen Schätzungen zufolge wurden 1998 in Deutschland circa 860 Mt CO_2 emittiert, also 15 % weniger als im Basisjahr 1990. Die Zielerreichung beträgt derzeit folglich 60 %. Wenn das nationale Ziel erreicht werden soll, muss bis 2005 gegenüber dem Bezugsjahr 1990 um weitere 10 % oder 100 Mt reduziert werden. Das DIW folgert aus der bisherigen Entwicklung, dass erhebliche zusätzliche Anstrengungen erfolgen müssen, wenn das Ziel erreicht werden soll (DIW, 1999). Geschieht dies nicht in allernächster Zukunft, wird das Ziel in immer weitere Ferne rücken.

Das Ziel des Bundestages von 1991 für die Reduktion der Methanemission (-30 %) wurde bereits 1995 erreicht.

Da die Emissionen der teilhalogenierten Fluorkohlenwasserstoffe um mehr als den Faktor 40 gestiegen sind, kann gemessen am 25-%-Ziel von keinerlei Zielerreichung gesprochen werden. Auch das Reduktionssoll für Schwefelhexafluorid hat sich durch den Anstieg der Emissionen auf 166 % erheblich vergrößert. Die bloße Stagnation der Distickstoffoxidemissionen fällt vor diesem Hintergrund wenig ins Gewicht. Dies soll nicht darüber hinwegtäuschen, dass diese Emissionen nach wie vor um knapp 60 kt verringert werden müssen.

Da die Gase im Kyoto-Protokoll als Einheit behandelt werden, wäre es denkbar, die aller Voraussicht nach deutlich verfehlten Reduktionsziele für HFC und SF_6 durch zusätzliche Minderungen bei den übrigen Treibhausgasen auszugleichen. Angesichts der auch für CO_2 mangelnden Zielerreichung wird dies für Deutschland keine Alternative zum Ausgleich darstellen. Die 1996 bestehenden Defizite bei der Zielerreichung für Methan, Distickstoffoxid und Schwefelhexafluorid entsprechen zusammen 3,25 Mt CO_2-Äquivalenten. Das Defizit wird weiter um das globale Erwärmungspotential von 2 kt teilhalogenierten Fluorkohlenwasserstoffen vergrößert.

Für Perfluormethan und Perfluorethan sind die Ziele bereits erfüllt. Die darüber hinaus erreichten Emissionsminderungen führen zu einer kleinen Gutschrift an CO_2-Äquivalenten, die allerdings o. g. Defizit nur zu einem Teil kompensieren kann.

2.4.4.1.2 Zum bodennahen Ozon

723. Bei starker Sonneneinstrahlung und hohen Temperaturen werden in der belasteten Troposphäre Photooxidantien als sekundäre Luftschadstoffe gebildet. Aufgrund seiner vergleichsweise hohen Konzentrationen, seiner großen atmosphärenchemischen Bedeutung und wegen seiner leichten analytischen Nachweisbarkeit gilt das bodennahe Ozon als Leitsubstanz für Photooxidantien und für den mit ihrem verstärkten Vorkommen verbundenen Sommer- oder Photosmog. Bei den Vorgängen, die zur Entstehung des Photosmogs beitragen, ist neben starker Sonneneinstrahlung und sommerlichen Temperaturen die katalytische Wirkung der Stickstoffoxide (NO_x) die wichtigste Voraussetzung. Diese werden als Stickstoffmonoxid (NO) bei Verbrennungsprozessen emittiert und oxidieren in der Umgebungsluft schnell und vollständig unter Verbrauch von Ozon (O_3) zu Stickstoffdioxid (NO_2) (Titrationseffekt). Bei weiteren Reaktionen entstehen auch andere Oxidationsstufen, die zusammenfassend als NO_x bezeichnet werden. Unter Einwirkung von Strahlung mit Wellenlängen kleiner als 420 nm wird NO_x photolytisch gespalten. Es entsteht dabei NO und ein angeregtes Sauerstoffatom. Letzteres verbindet sich in Anwesenheit eines Stoßpartners mit Luftsauerstoff zu Ozon. Weitere Ozonvorläufersubstanzen sind insbesondere leichtflüchtige organische Verbindungen, die teils natürlichen, teils anthropogenen Ursprungs sind. Eine Netto-Ozonproduktion im Zusammenspiel dieser Reaktionen kann nur stattfinden, wenn zur Oxidation von NO außer Ozon auch Abbauprodukte der Kohlenwasserstoffe zur Verfügung stehen. Dies ist auch in Reinluftgebieten meist der Fall.

Photooxidantien und insbesondere Ozon greifen bei erhöhten Konzentrationen unter anderem die Blattoberflächen von Pflanzen an und haben sowohl eine akute als auch eine chronische Wirkung auf die menschliche Gesundheit. Ozon ist außerdem ein klimawirksames Gas.

2.4.4.1.2.1 Ziele zur Minderung der Belastung durch bodennahes Ozon

724. Als langfristiges Umweltqualitätsziel zum Schutz der menschlichen Gesundheit nennt der Entwurf eines Schwerpunktprogramms des BMU die flächendeckende Einhaltung des vorsorgeorientierten Schwellenwertes nach der EU-Ozon-Richtlinie (92/72/EWG). Dieser beträgt als Mittelwert über acht Stunden 110 µg/m³. Um dies zu erreichen, sollen europaweit die Emissionen der Ozonvorläuferverbindungen um 70 bis 80 % verringert werden (BMU, 1998). Dieselbe Zielformulierung soll insbesondere im Verkehrsbereich gelten. Als Bezugsjahr gelten die Jahre 1988 und 1990. Es bleibt allerdings unklar, weshalb zum ersten der beiden Handlungsziele kein Zeitrahmen festgelegt wurde, während die Emissionsreduktion im Verkehrsbereich bis 2010 erreicht werden soll. Bei beiden Zielen wird eine Abstimmung auf europäischer Ebene erforderlich sein. Auch die weiteren Handlungsziele wie die Reduktion der Emissionen flüchtiger Kohlenwasserstoffe (*volatile organic compounds* – VOC) aus industriellen Anwendungen in Deutschland (und insbesondere der maßgeblichen Industriebranchen) orientieren sich an diesen Werten. Eine Reduktion um 70 bis 80 % im Vergleich zu 1990 soll bis zum Jahr 2007 erreicht werden. Schließlich sollen der Lösemittelgehalt in Lacken und anderen Produkten und damit die Emissionen bei deren Verarbeitung verringert werden. Im Themenbereich „Umweltschonende Mobili-

tät" nennt der Entwurf eines Schwerpunktprogramms weitere untergeordnete Handlungsziele, wie verschärfte Abgasgrenzwerte für Pkw und Lkw und die Senkung der Emissionen von Luft- und Wasserfahrzeugen.

Um Ozonspitzenwerte von 120 bis 150 µg/m³ (1-h-Mittelwerte) zu vermeiden, hat der Umweltrat bereits 1994 eine Reduktion der Emissionen beider Ozonvorläuferverbindungen um 80 % bis 2005 im Vergleich zu 1987 gefordert. Die Empfehlung der Enquete-Kommission bezüglich der VOC übernahm und unterstützte der Umweltrat ausdrücklich (SRU, 1994, Tz. 752).

725. Das Ende 1999 angenommene Multischadstoffprotokoll zur Bekämpfung der Versauerung, der Eutrophierung und des bodennahen Ozons im Rahmen der Konvention über den weiträumigen Transport von Luftschadstoffen der UN/ECE (*Convention on Long Range Transport of Air Pollutants* – CLTRAP, 1999) schreibt die Reduktionsverpflichtung der Protokolle von Genf (1991) und Sofia (1988) fort und sieht nunmehr bis zum Jahr 2010 u. a. eine Minderung der deutschen NO_x-Emissionen um 60 % und der VOC-Emissionen um 69 % gegenüber dem Stand von 1990 vor. Das Genfer Protokoll verlangte lediglich eine Reduktion der VOC-Emissionen um 30 % im Zeitraum von 1988 bis 1999.

Gegenwärtig befindet sich bei der EU-Kommission die Ozonstrategie in Vorbereitung. Sie basiert ähnlich wie die Strategie gegen Versauerung auf dem *Critical Loads/Critical Level*-Konzept. In der Strategie sollten europaweit Reduktionsziele für die Ozonvorläufersubstanzen festgelegt werden. Mit dem Vorschlag für eine Richtlinie über den Ozongehalt der Luft (KOM(99)125/2) soll die EU-Ozonrichtlinie novelliert werden. Der Vorschlag sieht einen gegenüber der geltenden Richtlinie um 10 µg/m³ milderen Grenzwert zum Schutz der menschlichen Gesundheit vor, wobei die erlaubte Überschreitungshäufigkeit allerdings verringert wurde. Die Grenzwerte zum Schutz der Vegetation sollen durch kumulierte Referenzwerte (AOT40-Werte) ersetzt werden. Die Richtlinie des Rates über die Begrenzung von Emissionen flüchtiger organischer Verbindungen, die bei bestimmten Tätigkeiten und in bestimmten Anlagen bei der Verwendung organischer Lösungsmittel entstehen (1999/13/EG), sieht zur Verringerung deren direkter und indirekter Auswirkungen anlagenbezogene Grenzwerte vor.

2.4.4.1.2.2 Emissionssituation von Ozonvorläuferverbindungen, Immissionssituation für Ozon und Zielerreichung im Bereich photochemischer Smog

Emissionssituation von Ozonvorläuferverbindungen

726. In den Abbildungen 2.4.4-7 bis 2.4.4-10 ist die Entwicklung der Emissionen von Ozonvorläufern und versauernd wirkenden Gasen dargestellt. Kohlenmonoxid wird nicht weiter behandelt, weil es nur in geringem Maß zur Ozonbildung beiträgt und die Kohlenmonoxidemissionen in der Vergangenheit wesentlich reduziert wurden.

Stickstoffoxide

727. Im Jahr 1986 konnte im ehemaligen Bundesgebiet nach einer mehrjährigen Stagnation auf hohem Niveau erstmals ein Rückgang der Stickstoffoxid(NO_x)-Emissionen verzeichnet werden. In den neuen Bundesländern fand eine Trendwende erst 1990 statt. Zwischen 1990 und 1997 wurden die gesamtdeutschen Emissionen um 33 % auf 1 803 kt verringert. Da das Reaktionsprodukt Ozon infrarotaktiv und treibhauswirksam ist, kann auch für NO_x ein globales Erwärmungspotential ermittelt werden. Die Emission von 1 859 kt im Jahr 1996 entsprach demzufolge einer Menge von 72 Mt CO_2 (bezogen auf GWP_{100}). Überproportional gingen die Emissionen der Kraft- und Fernheizwerke und der Industriefeuerungen zurück. Da die Umrüstung mit Entstickungsanlagen weitgehend abgeschlossen ist, fielen die Rückgänge bei den stationären Anlagen in den letzten Jahren zunehmend geringer aus. Im Straßenverkehr, der fast die Hälfte der NO_x-Emissionen (1997: 46 %) verursacht, ist der Emissionsrückgang wesentlich durch die Einführung des Drei-Wege-Katalysators bedingt. Die stetig steigende Verkehrsleistung wirkte dem entgegen, so dass die Nettoemissionsminderung im Straßenverkehr mit 34 % geringer als zunächst erwartet ausfiel. Die bisher kontinuierliche Minderung in diesem Sektor wird sich vermutlich in den nächsten Jahren wegen der weitestgehend abgeschlossenen Einführung des Abgaskatalysators abschwächen, könnte sich aber mit dem Inkrafttreten neuer Abgasnormen insbesondere für Dieselfahrzeuge ab 2005 wieder verstärken.

Flüchtige Nichtmethankohlenwasserstoffe

728. Die Emissionen flüchtiger Nichtmethankohlenwasserstoffe (NMKW) waren im ehemaligen Bundesgebiet bereits seit 1980 rückläufig. In den neuen Bundesländern stiegen die Emissionen in den Jahren 1988 bis 1990 deutlich an, um in den folgenden Jahren auf weniger als die Hälfte des Emissionsniveaus vor der Vereinigung zu sinken. Die Gesamtemissionen beliefen sich im Jahr 1997 auf 1 807 kt und lagen damit um 1 418 kt (oder 44 %) niedriger als 1990. Die Reduktion ist zu gut zwei Dritteln den Minderungsmaßnahmen im Straßenverkehr zuzuordnen. War die Lösemittelverwendung in Industrie, Gewerbe und den Haushalten 1990 noch die zweitgrößte NMKW-Quelle, so gewann sie wegen nur geringer Emissionsminderungen gegenüber dem Straßenverkehr an Bedeutung und rangiert nun mit einem Anteil von 54 % an den gesamten Emissionen auf Platz eins. Die Verluste bei der Verteilung von und Betankung mit Ottokraftstoffen gingen im gleichen Zeitraum nach Angaben des UBA um über 80 % zurück und trugen 1996 nur noch 2 % zu den gesamten Emissionen bei.

Jedoch ist in diesem Bereich das Verfahren zur Ermittlung der NMKW-Emissionen umstritten. Es muss deshalb davon ausgegangen werden, dass die tatsächlichen Emissionen bei der Verteilung von Ottokraftstoffen unter Umständen deutlich höher sind (Tz. 766 ff.).

Immissionssituation für Ozon

729. Die Konzentrationen von bodennahem Ozon hängen von den Vorläuferkonzentrationen und von den meteorologischen Bildungsbedingungen ab. Die Emissionen der Vorläufersubstanzen sind insgesamt rückläufig. Zu den meteorologischen Bildungsbedingungen gehören Intensität der Sonnenstrahlung, Lufttemperatur, Luftfeuchtigkeit und die atmosphärischen Transportbedingungen. Langfristige Trendentwicklungen werden deshalb von starken Jahr-zu-Jahr-Schwankungen überlagert. Dies erschwert die Erfolgskontrolle von Maßnahmen, die zur Reduktion von Vorläuferverbindungen ergriffen werden.

Der Vergleich heutiger Messungen mit Messungen, die um die Jahrhundertwende in Paris durchgeführt wurden, zeigt, dass sich die mittleren Ozonkonzentrationen seitdem mehr als verdoppelt haben (VOLZ und KLEY, 1988). Verantwortlich dafür sind die durch die wirtschaftliche Entwicklung auf ein Vielfaches gestiegenen Emissionen der Vorläuferverbindungen.

Für die vergangenen zehn Jahre belegen dagegen die um meteorologische Einflüsse bereinigten Ozondaten aus dem Messnetz des Umweltbundesamtes, dass die Häufigkeit von Ozonspitzenwerten über 180 $\mu g/m^3$ während der letzten zehn Jahre deutlich abgenommen hat. So hat sich auch die Anzahl der Tage, an denen an mindestens einer deutschen Messstation der Schwellenwert für die Unterrichtung der Bevölkerung (180 $\mu g/m^3$ als 1-h-Mittelwert) oder der Schwellenwert für das Ergreifen von Maßnahmen nach dem Ozongesetz von 1995 (240 $\mu g/m^3$) überschritten wurden, zwischen 1990 und 1998 um 50 bzw. 70 % verringert.

Dagegen nahmen in den neunziger Jahren die Häufigkeit der mittleren Ozonwerte und die Überschreitungshäufigkeit des von der EU aufgestellten vorsorgeorientierten Schwellenwertes zum Schutz der menschlichen Gesundheit (110 $\mu g/m^3$ als 8-h-Mittelwert) in ganz Deutschland deutlich zu. Schließlich wurden niedrige Ozonwerte unter 80 $\mu g/m^3$ seltener. Insgesamt erfolgte also eine Konzentration hin zu mittleren Werten. Dies bedeutet eine Entspannung der akuten, jedoch eine Verschlechterung der latenten Ozonsituation (BEILKE, 1999). Außerdem werden flächendeckend die kumulierten Schwellenwerte für Schäden an der Vegetation überschritten.

Die scheinbar widersprüchliche Verschiebung der hohen und der niedrigeren Extremwerte hin zu mittleren Werten ist durch die Beteiligung der Stickoxide sowohl bei der Bildung als auch beim Abbau von Ozon erklärbar. Durch geringere NO-Konzentrationen in Emittentennähe verliert der Titrationseffekt (Tz. 723) an Intensität, wodurch die niedrigen Werte ansteigen. Andererseits stehen für die Netto-Ozonproduktion insgesamt weniger Ozonvorläuferverbindungen zur Verfügung, wodurch die Spitzenkonzentrationen verringert werden. Meteorologische Besonderheiten, wie etwa nasse, kalte Sommer, können diese Entwicklung nicht erklären (BEILKE, 1999; ENKE, 1999).

Zielerreichung für bodennahes Ozon und Ozonvorläufersubstanzen

730. Der oben dargestellte Anstieg der Gesamtozonbelastung zeigt, dass trotz der Entschärfung hinsichtlich der akuten Gefährdung der Gesundheit infolge hoher Ozonspitzenkonzentrationen sich die Lücke zwischen Umweltzustand und Umweltziel vergrößert hat.

Das Ziel des Entwurfs des Schwerpunktprogramms für die Verminderung der NO_x-Emissionen wurde bis 1997 gut zur Hälfte erreicht. Bis 2010 müssten weitere 724 kt NO_x jährlich vermieden werden. Die vom Umweltrat geforderte 80-prozentige Emissionsreduktion bis 2005 ist derzeit erst zu zwei Fünfteln erreicht und wird ohne neu einzuleitende und tiefgreifende Maßnahmen nicht zu erreichen sein.

Die Verpflichtungen aus dem Multischadstoffprotokoll der Konvention über den weiträumigen Transport von Luftschadstoffen waren bereits bei der Annahme des Protokolls für die Stickstoffoxide zu über 50 % und für die flüchtigen Kohlenwasserstoffe zu etwas mehr als 70 % erfüllt. Das Ziel zur VOC-Minderung des Genfer Protokolls um 30 % bis 1999 wurde deutlich übertroffen. Die schärfere Forderung der Enquete-Kommission und des Umweltrates, die VOC-Emissionen um 80 % bis 2005 auf der Basis von 1987 zu senken, ist dagegen erst zu etwa der Hälfte erfüllt.

2.4.4.1.3 Zur Versauerung

2.4.4.1.3.1 Ziele für versauernd wirkende Stoffe

731. Die Depositionen der atmosphärischen Umwandlungsprodukte von Schwefeldioxid (SO_2) und von Stickstoffoxid (NO_x) sowie die Deposition von Ammoniak (NH_3) sind mit dem Eintrag von Protonen verbunden, der den natürlichen Prozess der Bodenversauerung beschleunigt.

Die UN/ECE-Konvention über den weiträumigen Transport von Luftschadstoffen (*Convention on Long Range Transport of Air Pollutants*) hatte erstmals die Minderung der Emission von versauernd wirkenden Stoffen zum Ziel. Im Rahmen der Konvention verabschiedeten die 34 Vertragsstaaten inzwischen sieben

Protokolle, wovon vier Protokolle die Emissionsminderung von unter anderem versauernd wirkenden Stoffen (Protokolle von Helsinki, 1985, Sofia, 1988, Oslo, 1994 und Göteborg, 1999) zum Ziel haben. Vor dem Hintergrund der ersten drei Protokolle entstand die Gemeinschaftsstrategie der Europäischen Union gegen die Versauerung (Versauerungsstrategie; KOM(97)88), die für die Länder der Europäischen Union deutlich schärfere Emissionsminderungen verlangt. Die Versauerungsstrategie basiert auf dem wissenschaftlich orientierten Indikatorenkonzept der *Critical Loads/Critical Levels* und beschränkt sich auf die Flächen der natürlichen und naturnahen Ökosysteme innerhalb der Europäischen Union. In Deutschland sind dies etwa ein Viertel der Landesfläche. Die kritischen Werte beschreiben standortspezifisch Einträge und Konzentrationen, bei deren Überschreiten Schädigungen der Ökosysteme zu befürchten sind (vgl. SRU, 1994, Tz. 200 ff.). Übergeordnetes Umweltqualitätsziel der Versauerungsstrategie ist es, die Säureeinträge soweit zu vermindern, dass auf allen relevanten Flächen innerhalb der Europäischen Union die tatsächlichen Säureeinträge geringer sind als die *Critical Loads*. Im Jahr 1990 war dies in Deutschland lediglich auf 20 % der Flächen natürlicher und naturnaher Ökosysteme der Fall.

Für die Schadstoffbelastung einer bestimmten Region sind in der Regel mehrere Emittenten auch unterschiedlicher Staaten verantwortlich. Deshalb wurden in einem zweiten Schritt die maßgeblichen Emissions-, Transport- und Depositionsvorgänge modelliert, um länderspezifische Emissionsobergrenzen des Gesamtsäureeintrags als Umwelthandlungsziele zu ermitteln, deren Einhaltung zur EU-weiten Zielerreichung erforderlich ist. Den Berechnungen lag ein Raster mit 150 km Kantenlänge zugrunde (EMEP-Raster). Als mittelfristiges Umwelthandlungsziel wurde eine 50 %ige Lückenschließung vereinbart. Dieses bedeutet, dass der Anteil der Flächen, auf denen die kritische Belastung 1990 überschritten wurde, bis 2010 auf die Hälfte zu verringern ist. Da diese Anforderung in jeder Rasterzelle zu erfüllen ist, wird die Zielerreichung in den Rasterzellen mit den empfindlichsten Ökosystemen höhere Emissionsreduktionen erfordern als die Zielerreichung in angrenzenden Rasterzellen mit stärker belastbaren Ökosystemen. Die 50 %ige Lückenschließung wird dazu führen, dass mit der Erreichung des mittelfristigen Handlungsziels die vor Versauerung ungeschützte Fläche in Deutschland von 70 000 km^2 auf 10 000 km^2 verringert wird. Auf 89 % der Fläche der natürlichen und naturnahen Ökosysteme sollten dann die *Critical Loads* unterschritten sein.

Schließlich wurde für jedes EU-Mitgliedsland kostenoptimiert ein Satz von Höchstwerten für nationale Gesamtemissionen für SO_2, NO_x und NH_3 abgeleitet, der neben den Emissionsmustern und der Höhe der Emissionen im Bezugsjahr 1990 auch die landesspezifischen Einsparpotentiale und grenzüberschreitende Schadstofftransporte berücksichtigt. Diese wurden in einem Richtlinienvorschlag über nationale Emissionshöchstgrenzen für bestimmte Luftschadstoffe umgesetzt (KOM(99)125). Deutschland soll bis 2010 seine SO_2-Emissionen um 91 % auf höchstens 463 kt/a, die NO_x-Emissionen um 61 % auf 1 051 kt/a und die NH_3-Emissionen um 43 % auf 431 kt/a reduzieren. Die geplanten deutschen Verpflichtungen liegen über dem europäischen Durchschnitt (Reduzierungen um 84 % für SO_2, 55 % für NO_x, 43 % für NH_3). Dies ist aber verständlich, wenn man die hohen Gesamtemissionen Deutschlands betrachtet und die Tatsache, dass Deutschland (zusammen mit Schweden und Finnland) die größten Flächen versauerungsgefährdeter Ökosysteme besitzt.

Die Minderungsziele des Multischadstoffprotokolls im Rahmen der Konvention über den weiträumigen Transport von Luftschadstoffen sind für Deutschland tendenziell schwächer formuliert als die aus der Versauerungsstrategie abgeleiteten Vorgaben, weil im Rahmen der Konvention die Ziele auch von Ländern bestimmt wurden, in denen unter anderem wegen geringerer Siedlungsdichte die Belastung der Umwelt insgesamt und durch Luftschadstoffe im besonderen geringer ist. Die Unterschiede hinsichtlich der SO_2- und NO_x-Minderungsziele sind dabei eher gering. Die vorgesehene Minderung der deutschen NH_3-Emissionen bleibt mit nur 28 statt 43 % aber weit hinter dem Ziel des Richtlinienvorschlags über nationale Emissionshöchstwerte für bestimmte Luftschadstoffe (KOM(99)125) zurück.

732. Kritik an der Versauerungsstrategie wird hinsichtlich der Ableitung der *Critical Load*s und der volkswirtschaftlichen Belastung durch die zur Emissionsminderung erforderlichen Maßnahmen geäußert. Auf die wissenschaftliche Kritik wird bereits in Abschnitt 2.4.2 (Tz. 478 ff.) eingegangen.

Abschätzungen zufolge werden sich die Gesamtkosten der Maßnahmen im Rahmen der Versauerungsstrategie bis 2010 innerhalb der Europäischen Union jährlich auf 7,04 Mrd. ECU und die Kosten in Deutschland auf jährlich 2,65 Mrd. ECU belaufen. Die Kostenabschätzung ist insofern problematisch, dass sie nichttechnische Minderungsoptionen wie strukturelle Änderungen, Übergang zu anderen Brennstoffen und Energieeinsparmöglichkeiten unabhängig von Maßnahmen zur Minderung der Treibhausgasemissionen bewertet. Explizit bedeutet dies, dass Mitnahmeeffekte, die aus der Treibhausgasreduktion um 8 % in der Europäischen Union und um zugesagte 21 % in Deutschland resultieren, ebenso wenig berücksichtigt wurden wie eventuelle Effekte der Liberalisierung der Strommärkte. Ein alternatives „Niedrig-CO_2-Szenario", welches eine CO_2-Einsparung innerhalb der Europäischen Union um 10 % gegenüber 1990 vorsieht, ergab gegenüber dem Hauptszenario eine Kostensenkung um rund 60 %. Mithin belaufen sich danach die jährlichen ausschließlich der Versauerungsstrategie anzurechnenden Kosten in Europa nur noch auf 2,9 Mrd. ECU/a. Da Deutschland eine erheblich stärkere CO_2-Reduktion anstrebt, dürften sich die Kosten für die Erreichung des Zwischenziels in Deutschland entsprechend stärker verringern. Kosten für die Änderungen im Energiesektor wurden hier ebenfalls nicht berücksichtigt. Um abschätzen zu können, welcher Nutzen sich mittelfristig einstellen wird, müssen die Kosten der Versauerungsstrategie mit den durch saure Niederschläge verursachten Schäden, wie Beeinträchtigungen der menschlichen Gesundheit, Korrosion und Säureschäden an Baumaterialien und Gebäuden, verglichen werden. Der jährliche Nutzen der zur Zielerreichung erforderlichen Maßnahmen kann in der Europäischen Union mit rund 20 Mrd. ECU beziffert werden. Der Nutzen der Versauerungsstrategie würde also bei weitem deren Kosten übersteigen. In die Abschätzung wurden schwer quantifizierbare, aber dennoch wesentliche Effekte, wie die Verbesserung des Zustandes und der Funktionsfähigkeit terrestrischer und aquatischer Ökosysteme oder verminderte Schäden an Kulturgütern, nicht einbezogen, so dass der Nutzen noch unterschätzt wird. An der Spitze der Länder, die den höchsten Nutzen erfahren, steht Deutschland. Ein bei der Kostenbetrachtung nicht explizit berücksichtigter Faktor ist die Tatsache, dass infolge des wirtschaftlichen Niedergangs im Osten Deutschlands nach der deutschen Vereinigung nicht nur die Kohlendioxidemissionen stark zurückgingen, sondern auch die Emissionen von SO_2, NO_x und NH_3 ohne gezielte Minderungsmaßnahmen und folglich auch ohne zusätzliche Kosten deutlich sanken. Diese Gratis-Emissionsminderungen werden ebenfalls auf die Reduktionsverpflichtungen angerechnet.

733. Der Bundesrat hat in seiner Stellungnahme zum Vorschlag für eine Richtlinie über nationale Emissionshöchstwerte insbesondere die Höhe der Zielvorgaben als zu scharf kritisiert und eine Abschwächung in Anlehnung an das Multischadstoffprotokoll von Göteborg gefordert (BR-Drs. 468/99). Der Umweltrat hält dies nicht für angebracht, da die Emissionshöchstwerte des Richtlinienvorschlags im Gegensatz zum Protokoll von Göteborg speziell auf die Umweltsituation in Europa abgestimmt sind. Zudem ist bis zur Ratifizierung des Göteborg-Protokolls nicht abzusehen, wie groß die Beiträge zur Minderung der SO_2-, NO_x- und NH_3-Emissionen, die außerhalb der Europäischen Union geleistet werden, sein werden. Es wäre deshalb voreilig, diese zum jetzigen Zeitpunkt als Argument für schwächere Minderungsziele zu benutzen. Der Europäischen Kommission steht es im Fall der Verabschiedung des Richtlinienvorschlags in seiner jetzigen Form ohnehin offen, in der für das Jahr 2004 vorgesehenen Revision der Richtlinie außereuropäische Minderungserfolge in entsprechendem Umfang zu berücksichtigen und die Verpflichtungen der Richtlinie daran anzupassen. Der Umweltrat sieht angesichts der dargestellten Kosten lediglich eine geringe Gefahr, dass Deutschland hier über die Maßen belastet wird. Er hält es deshalb für ausreichend, dass, wie bereits im Richtlinienvorschlag vorgesehen, in der Revision auch die wirtschaftlichen Belastungen der Mitgliedstaaten berücksichtigt werden.

Die Minderung der NH_3-Emissionen wird überwiegend durch Maßnahmen in der Landwirtschaft erreicht werden müssen. Dabei besteht angesichts der viel zu hohen Stickstoffeinträge in die Ökosysteme und ins Grundwasser über die dringende Notwendigkeit der Minderung sämtlicher Stickstoffemissionen aus der Landwirtschaft kein Zweifel (SRU, 1996b, Tz. 197 ff., 207 ff.). Die gasförmigen Emissionen aus der Landwirtschaft sind insgesamt nur unzureichend geregelt. Ammoniakverluste bei der Lagerung von Gülle außerhalb von Stallungen und bei der Gülleausbringung werden nicht genehmigungsrechtlich begrenzt. In diesem Bereich wurden die Emissionen während der letzten Jahre auch kaum verringert (Tz. 736). Hier besteht ein wesentliches und zum Teil kostengünstig zu realisierendes Minderungspotential (Tz. 552 ff.). Der Umweltrat hat in diesem Zusammenhang die konsistente Flächenbindung der Tierhaltung gefordert. Eventuelle Gewinneinbußen aufgrund verringerter Viehbestände können seiner Ansicht nach durch eine Honorierung ökologischer Leistungen ausgeglichen werden (SRU, 1996b, Kap. 2.5).

734. Das BMU hat die Vorgaben der EU-Strategie gegen die Versauerung im Entwurf eines Schwerpunktprogramms (BMU, 1998) unverändert übernommen. Als daraus abgeleitetes Handlungsziel nennt es die Reduktion der straßenverkehrsbedingten NO_x-Emissionen um 70 bis 80 % bis 2010 mit dem Bezugsjahr 1990. Die Enquete-Kommission „Schutz des Menschen und der Umwelt" empfiehlt mehrheitlich, die Vorgabe der EU-Kommission als Diskussionsgrundlage zu übernehmen. Eine Minderheit plädiert für die direkte Übernahme als Umwelthandlungsziel. Die Enquete-Kommission weist aber darauf hin, dass sie die damit verbundene Emission von 55 Gmol Versauerungsäquivalenten im Vergleich zum *Critical Loads*-Konzept immer noch für zu hoch erachtet, und betont deshalb, dass langfristig eine weitere Rückführung auf ein Niveau von unter 40 Gmol Versauerungsäquivalenten pro Jahr dringend geboten sei (vgl. Tz. 476).

2.4.4.1.3.2 Emissionssituation für versauernd wirkende Stoffe und Zielerreichung

Emissionssituation

Schwefeldioxid

735. Seit Anfang der siebziger Jahre war die Reduktion des Ausstoßes von SO_2 zentraler Gegenstand der Luftreinhaltepolitik. Im ehemaligen Bundesgebiet wurde bereits 1974 erstmals eine Verringerung der SO_2-Emissionen erreicht. Den wichtigsten Beitrag leistete ab 1983 die Anwendung der Großfeuerungsanlagenverordnung. In den neuen Ländern setzte die Trendwende erst 1990 ein. Bis 1997 wurden die Emissionen um 72 % auf 1 468 kt verringert, wozu sämtliche Emittentengruppen gleichmäßig beitrugen. Im Jahr 1996 wurde nochmals ein Rückgang um 574 kt (oder mit Bezug auf 1990

11 %) erreicht. Die Gesamtemissionen in Deutschland werden nach wie vor von den Kraft- und Fernheizwerken sowie den Industriefeuerungsanlagen dominiert. Die Emissionsentwicklung lässt vermuten, dass noch weitere wesentliche Reduktionspotentiale vorhanden sind.

Ammoniak

736. Ammoniak (NH_3) ist neben Schwefeldioxid wesentlich an der Versauerung von Böden und Gewässern beteiligt. Als stickstoffhaltiges Gas trägt NH_3 außerdem zur Eutrophierung bei. Mit großem Abstand ist die Landwirtschaft wichtigster Emittent von NH_3. Etwa 84 % der Emissionen entfallen dabei auf die Tierhaltung und weitere 11 % auf die Anwendung von mineralischen Stickstoffdüngern. Während im Jahr 1991 wegen der verringerten Tierbestände in den neuen Bundesländern die Ammoniakemissionen im Vergleich zum Vorjahr deutlich abnahmen, stagnierte die Entwicklung während der folgenden sechs Jahre. Im Jahr 1997 wurden zum Beispiel 631 kt emittiert.

737. Auf die bereits unter dem Themenbereich bodennahes Ozon dargestellte Emissionsentwicklung der Stickstoffoxide (Tz. 726 f.) wird hier nicht mehr eingegangen. Der Emissionsrückgang seit 1990 betrug 33 %.

Zielerreichung

738. Gemessen an den Zielen des Richtlinienvorschlags über nationale Emissionshöchstwerte für bestimmte Luftschadstoffe (KOM(99)125) betrug 1997 der Zielerreichungsgrad innerhalb von nur sieben Jahren für die SO_2-Reduktion 79 %, für die NH_3-Reduktion 40 % und für die NO_x-Reduktion 55 %. Für die Realisierung der Ziele im Jahr 2010 müssen die jährlichen Emissionen gegenüber 1997 für SO_2 um weitere 68 % (1 005 kt), für NH_3 um 32 % (200 kt) und für NO_x um 42 % (752 kt) verringert werden, wofür weitere 13 Jahre zur Verfügung stehen.

2.4.4.1.4 Zum Schutz der stratosphärischen Ozonschicht

2.4.4.1.4.1 Ziele zum Schutz der stratosphärischen Ozonschicht

739. Seit Ende der siebziger Jahre ist jährlich über der Antarktis im Frühjahr ein starker Schwund des stratosphärischen Ozons zu beobachten, der durch die anthropogenen Emissionen von Fluorchlorkohlenwasserstoffen (FCKW) und teilhalogenierten FCKW (H-FCKW), Halonen und Methylbromid verursacht wird. Auch in der übrigen Stratosphäre nimmt seit Jahren der Ozongehalt ab. Folgen sind die Erhöhung der UV-Strahlung am Erdboden und damit mögliche Beeinträchtigungen der Ökosysteme sowie ein erhöhtes Krebsrisiko für den Menschen. Die internationale Umweltpolitik reagierte auf die alarmierenden Forschungsergebnisse zu diesem ersten globalen Umweltproblem mit der Wiener Konvention (1985) zum Schutz der Ozonschicht und dem Montrealer Protokoll über Stoffe, die zum Abbau der Ozonschicht führen (1987). Dennoch ist inzwischen über der Arktis eine jährlich wiederkehrende Ausdünnung der Ozonschicht im Frühjahr mit nicht vollständiger Regeneration in den Folgemonaten zu beobachten.

Zum Schutz der menschlichen Gesundheit und der Umwelt vor schädlichen Auswirkungen der Sonneneinstrahlung infolge von Veränderungen der Ozonschicht durch menschliche Tätigkeit sollen nach dem Montrealer Protokoll die atmosphärischen Konzentrationen ozonabbauender Stoffe (ODS) auf Werte zurückgeführt werden, bei denen ein Abbau des stratosphärischen Ozons, insbesondere ein Ozonloch im antarktischen Bereich, nicht zu erwarten ist. Dazu sollen die Emissionen der ODS soweit abgesenkt werden, dass die Chlor-Konzentration in der Stratosphäre volumenbezogen 1,3 ppb nicht übersteigt.

Dieses Umweltqualitätsziel wird durch internationale und nationale Handlungsziele ergänzt, die Beendigung von Produktion und Anwendung der ODS zum Ziel haben. Dazu gehören die (deutsche) FCKW-Halon-Verbotsverordnung und die EU-FCKW-Verordnung (3093/94/EC). Entsprechend erfolgte in Deutschland die Beendigung von Produktion und Verbrauch von FCKW und Halonen. In vielen Anwendungen wurden diese Stoffe durch H-FCKW ersetzt. Auch diese besitzen ein ozonzerstörendes Potential, auch wenn dieses deutlich geringer ist als das der FCKW. Die Europäische Kommission legte 1998 einen Vorschlag zur Änderung der FCKW-Verordnung vor. Deren zentrale Punkte waren die vorgezogene Beendigung von Produktion und Verwendung von Methylbromid bis 2001 und der H-FCKW bis 2025. Ausgenommen sind jeweils die sogenannten essentiellen Anwendungen. Zu den weiteren Handlungszielen des Entwurfs eines umweltpolitischen Schwerpunktprogramms zählt die weitere Unterstützung der Entwicklungsländer bei ihren Anstrengungen zur Verringerung ihrer ODS-Emissionen durch Beiträge zum multilateralen Fonds des Montrealer Protokolls und die Bekämpfung des FCKW-Schmuggels.

2.4.4.1.4.2 Emissionssituation für ozonschichtschädigende Stoffe und Zielerreichung

Emissionssituation

740. Wie Abbildung 2.4.4-11 zeigt, sanken die FCKW- und Halon-Emissionen in Deutschland zwischen 1990 und 1994 um 82 % auf 8 000 t. In den folgenden Jahren stagnierte die Entwicklung. Inzwischen sind Ersatzstoffe für mehrere Kältemittel und Mischungen entwickelt und vom Umweltbundesamt

bekanntgegeben worden, so dass unter anderem das bisher häufig verwendete Kältemittel R 12 auch bei Wartungs- und Reparaturarbeiten von Kälteanlagen nach § 10 Abs. 2 FCKW/Halon-Verbotsverordnung nicht mehr verwendet werden darf. Ähnliches gilt für die Kältemittel R 22 und R 502. Deshalb kann gegenüber 1994 ein weiterer, wenn auch unter Umständen geringfügiger Rückgang erwartet werden. Beim Ersatz von R 12 wurde deutlich, dass im Bereich gewerblicher und industrieller Kälteanlagen auch seitens der Betreiber ein Interesse an der Umrüstung besteht. Demgegenüber verringerte sich die eingesetzte Menge an R 12 in den Klimaanlagen von Straßenfahrzeugen, insbesondere von Pkw und Lkw, zwischen 1996 und 1998 lediglich um 10 %. Die derzeit dort eingesetzten Mengen an R 12 belaufen sich auf etwa die Hälfte des gesamten im Umlauf befindlichen Bestandes.

Wie auch bei SF_6 muss bei den FCKW-Emissionen angenommen werden, dass die tatsächlich emittierten Mengen von den bilanzierten Mengen deutlich höher sind, da ein ausgeprägter, weltweiter Schwarzhandel der in Deutschland inzwischen verbotenen Verbindungen besteht. Dabei scheinen die ehemaligen Ostblockstaaten und China eine wichtige Rolle zu spielen.

Zielerreichung

741. Obwohl in Deutschland der Ausstieg aus der FCKW- und Halon-Produktion und -Verwendung bereits 1994 erfolgte, betrug die Zielerreichung im Vergleich zu 1990 erst 82 %. Mit der Bekanntgabe von weiteren Ersatzstoffen ist seitdem die Zahl der essentiellen Anwendungen weiter gesunken. Die Zielerreichung sollte entsprechend gestiegen sein.

2.4.4.1.5 Immissionsbezogene Umweltziele und Immissionssituation

2.4.4.1.5.1 Die Luftqualitätsrahmenrichtlinie und deren Tochterrichtlinien

742. Die EU-Richtlinie zur Beurteilung und Kontrolle der Luftqualität (96/62/EG – Luftqualitätsrahmenrichtlinie,) formuliert als Umweltqualitätsziel die „Erhaltung der Luftqualität, sofern sie gut ist, und die Verbesserung der Luftqualität, wo dies nicht der Fall ist". Die bisher in der Diskussion befindlichen Tochterrichtlinien nennen immissionsseitige Grenz- und Alarmschwellenwerte als Konkretisierung des Qualitätsziels. Diese Grenzwerte orientieren sich überwiegend an den Vorgaben der WHO.

Abbildung 2.4.4-11

Emissionen von FCKW und Halonen

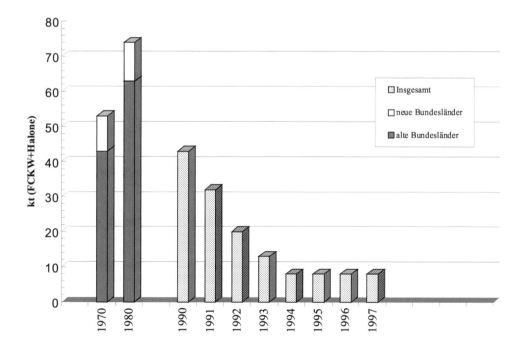

SRU/UG 2000/Abb. 2.4.4-11
nach Daten UBA, schriftl. Mitteilung, 1999; teilweise vorläufige Angaben

Die Tochterrichtlinie über Grenzwerte für Schwefeldioxid, Stickstoffdioxid, Partikel und Blei in der Luft (1999/30/EG) differenziert zwischen Grenzwerten zum Schutz der menschlichen Gesundheit und Grenzwerten zum Schutz der Vegetation. Stoffspezifisch sind diese Werte in unterschiedlichen Zeiträumen einzuhalten. Hinsichtlich der Partikelkonzentration räumt die Europäische Kommission ein, dass aufgrund von Wirkungsbetrachtungen ein Grenzwert für Partikel, deren aerodynamischer Durchmesser kleiner ist als 2,5 µm (PM2,5; vgl. Abschn. 2.4.6.3.3), sinnvoll und notwendig wäre. Dieser kann jedoch zur Zeit wegen mangelnder Datenlage nicht festgesetzt werden. Seitens der Kommission wird hier Forschungsbedarf angemahnt.

Die EU-Kommission hat ferner eine Richtlinie vorgeschlagen, die Immissionsgrenzwerte für Benzol (C_6H_6) und Kohlenmonoxid (CO) enthält (KOM(99)5). Damit wurde im Bereich der Luftqualität erstmals ein Grenzwert für einen kanzerogenen Stoff (Benzol) vorgeschlagen. Dies ist deshalb von besonderem Interesse, weil für die Krebsentstehung kein Schwellenwert festgestellt werden kann und deshalb aus Vorsorgegründen ein möglichst niedriger Wert nach dem Stand der Technik anzustreben ist. Dementsprechend musste dieser Vorschlag sehr anspruchsvoll gestaltet werden.

Bis 2010 sieht der Richtlinienvorschlag eine schrittweise Verschärfung des flächendeckend und insbesondere in der Umgebung stark verkehrsbelasteter Straßen einzuhaltenden Immissionsgrenzwertes für Benzol um insgesamt 50 % des derzeit geltenden Grenzwertes der 23. BImSchV auf 5 µg/m^3 vor. Eine wesentliche über die numerische Grenzwertabsenkung hinausgehende Verschärfung durch eine von der VDI-Richtlinie 3482 abweichenden Art der Immissionsmessung und Ermittlung der Kenngrößen ist eher unwahrscheinlich. Sie wird allenfalls gering ausfallen, da sowohl die 23. BImSchV als auch der Richtlinienvorschlag die Grenzwerte als Jahresmittelwerte definieren. Bis zum Abschluss des Normungsverfahrens für die Messmethodik durch das Europäische Komitee für Normung (*Comité Européen de Normalisation* – CEN) werden ohnehin die nationalen Verfahren Anwendung finden. Es ist hingegen wahrscheinlich, dass der Aufwand für die Luftüberwachung zunehmen wird.

Wegen der unter anderem im Rahmen des Auto-Öl-Programms (Tz. 786 f.) eingeleiteten Maßnahmen zur Reduzierung der Luftschadstoffemissionen allgemein wird der neue Immissionsgrenzwert im wesentlichen ohne zusätzliche Maßnahmen eingehalten werden können.

Tabelle 2.4.4-1 gibt einen Überblick über die Grenzwerte, deren Art und Höhe und über Zeitvorgaben zur Zielerreichung.

743. Der Entwurf eines Schwerpunktprogramms des BMU nennt im Themenbereich „Schutz der menschlichen Gesundheit" zusätzliche Ziele bezüglich weiterer Luftschadstoffe. Für kanzerogene Luftschadstoffe wird eine flächendeckende Einhaltung der Konzentrationswerte gefordert, die vom Länderausschuss für Immissionsschutz entwickelt (LAI, 1994) und von der Umweltministerkonferenz verabschiedet wurden. Die Konzentrationswerte sind in Tabelle 2.4.4-2 im einzelnen aufgeführt.

Der Programmentwurf fordert bezüglich der partikulären Luftverunreinigungen lediglich eine Verbesserung der Grundlagen für die politische Entscheidungsfindung und die Reduktion der Emission von Ultrafeinstäuben um einen nicht näher spezifizierten Betrag (BMU, 1998).

2.4.4.1.5.2 Immissionssituation für SO_2, NO_x, Partikel und Benzol sowie Zielerreichung

Immissionssituation

744. Es bestehen noch immer keine umfassenden Berichtspflichten der Länder an den Bund. Dies betrifft insbesondere die Schadstoffe, für die erst in jüngerer Zeit Grenzwerte verabschiedet wurden. Erst mit deren Anwendbarkeit müssen Daten, deren Erhebung teilweise schon seit Jahren Bestandteil von Ländermessprogrammen ist, an das Umweltbundesamt gemeldet werden. Gleichwohl bestehen noch erhebliche zeitliche Verzögerungen, weshalb aktuelle Emissions- und Immissionsdaten flächendeckend praktisch nicht verfügbar sind.

Der Immissionsgrenzwert für Schwefeldioxid zum Schutz der Vegetation, der zwei Jahre nach Inkrafttreten der Richtlinie 1999/30/EG eingehalten werden muss, wurde im Winterhalbjahr 1997/1998 aufgrund vorläufiger Daten lediglich an drei von 406 Stationen überschritten. Die Immissionssituation im Vergleich mit dem *Critical Loads*-Konzept zeigt hingegen, dass weiterhin wesentliche Überschreitungen stattfinden, insbesondere in Thüringen und Sachsen. Diese sind durch grenzüberschreitenden Schadstofftransport verursacht und können durch Minderungen der SO_2-Emissionen im Inland nicht beeinflusst werden.

Für das Kalenderjahr 1998 stehen die NO_2-Jahresmittelwerte von 458 Stationen, davon 269 mit einer Charakterisierung des Standorts, zur Verfügung. Insgesamt wurde an knapp der Hälfte der Stationen der Grenzwert zum Schutz der Vegetation überschritten. Dieser wird ebenfalls zwei Jahre nach Inkrafttreten der ersten Tochterrichtlinie einzuhalten sein. Jedoch wurde derselbe Grenzwert an allen 55 ländlichen Stationen eingehalten. Generell waren verkehrs- und industrienahe Stationen Schwerpunkte der Grenzwertüberschreitungen. Der Grenzwert zum Schutz der menschlichen Gesundheit (als Jahresmittelwert) wurde noch an 99 Stationen überschritten, und zwar überwiegend an verkehrs- und industrienahen Standorten. Vereinzelt waren auch Wohngebiete betroffen.

Tabelle 2.4.4-1

Konzentrationswerte der Tochterrichtlinien zur EU-Luftqualitätsrahmenrichtlinie

Schadstoff	Grenzwert in µg/m³	Mitteilungszeitraum	Zeitvorgabe	Schutzgut
SO_2	350	1 h	2005	menschl. Gesundheit
SO_2	125	24 h	2005	menschl. Gesundheit
SO_2	20	1 Kalenderjahr	2 Jahre nach	Vegetation
SO_2	20	Winterhalbjahr	Inkrafttreten der Richtlinie	Vegetation
NO_2	200	1 h	2010	menschl. Gesundheit
NO_2	40	1 Kalenderjahr	2010	menschl. Gesundheit
$NO+NO_2$	30	1 Kalenderjahr	2 Jahre nach Inkrafttreten der Richtlinie	Vegetation
PM10	50*⁾	24 h	2005	menschl. Gesundheit
PM10	30	1 Kalenderjahr	2005	menschl. Gesundheit
PM10	50*⁾	24 h	2010	menschl. Gesundheit
PM10	20	1 Kalenderjahr	2010	menschl. Gesundheit
Pb	0,5	1 Kalenderjahr	2005	menschl. Gesundheit
C_6H_6	5	1 Kalenderjahr	2010	menschl. Gesundheit
CO	10 000	8 h	2005	menschl. Gesundheit

SRU/UG 2000/Tabelle 2.4.4-1

*⁾ bis zum 01. Januar 2005 darf der Grenzwert bis zu 25-mal jährlich überschritten werden. Danach reduziert sich die Anzahl der jährlich erlaubten Überschreitungen auf sieben.

Werte entnommen aus 1999/30/EG und KOM(99)5, in Auszügen

Tabelle 2.4.4-2

Konzentrationswerte für krebserzeugende Luftschadstoffe

Arsen (As) und seine anorganischen Verbindungen	5 ng/m³
Asbest	88 F/m³
Benzol (C_6H_6)	2,5 µg/m³
Cadmium (Cd) und seine Verbindungen	1,7 ng/m³
Dieselruß	1,5 µg/m³
Polyzyklische aromatische Kohlenwasserstoffe (PAK)	1,3 ng/m³
2,3,7,8-TCDD	16 fg/m³

Quelle: BMU, 1998 nach LAI, 1994

Mangels Messprogrammen für den Partikelgehalt der Luft werden die PM10-Gehalte aus den Gesamtstaubmessungen abgeleitet und sind deshalb mit einigen Unsicherheiten behaftet. Die wichtigsten Staubemittenten sind derzeit die Haushalte und die Industrie. Für 1997 liegen Jahresmittelwerte von 399 Stationen vor. Trotz einer Minderung der Staubemissionen um 83 % zwischen 1990 und 1997 wurde der Immissionsgrenzwert zum Schutz der menschlichen Gesundheit an 183 Punkten überschritten. Daraus lassen sich aber nicht oder nur begrenzt Aussagen über die Immissionssituation der kanzerogenen Dieselrußpartikel ableiten (Tz. 1010 ff.).

Im Jahr 1995 wurden 32,6 kt Benzol emittiert. 90 % der Emissionen stammen aus dem Straßenverkehr. Zwischen 1997 und 2010 wird ein Emissionsrückgang um etwa 70 % erwartet. Benzolmessungen liegen aus dem Jahr 1997 für 172 überwiegend städtische Stationen vor. Genau an einem Drittel der Stationen wurde der von der

EU-Kommission vorgeschlagene Grenzwert zum Schutz der menschlichen Gesundheit überschritten. Davon betroffen waren fast alle Stationen, die als verkehrsnah charakterisiert sind.

Zielerreichung

745. Angesichts der Anforderung, dass o. g. Grenzwerte flächendeckend eingehalten werden sollen, kann derzeit nur bei SO_2 von einer weitgehenden Zielerreichung gesprochen werden. Allerdings ist bisher nicht klar, inwieweit Emissionsreduktionsziele aus der EU-Versauerungsstrategie und Immissionsgrenzwerte aufeinander abgestimmt sind. Offensichtlich ist jedoch, dass die regional stark differenzierten kritischen Belastungen, die der Begrenzung der Gesamtemissionen nach der Versauerungsstrategie zu Grunde liegen, nicht mit einem einheitlichen Immissionsgrenzwert korrelieren können.

Deutliche Defizite in der Immissionssituation bestehen nach wie vor bei den Schadstoffen NO_x, Benzol und Partikel. Für diese ist der Verkehr eine oder sogar die wichtigste Quelle. Wesentliche Verbesserungen werden sich aller Voraussicht nach durch das Inkrafttreten der Abgasgrenzwerte für EURO 3 und EURO 4 und durch die Markteinführung neuer Kraftstoffqualitäten sowie durch die Modernisierung der Fahrzeugflotte ergeben (Tz. 784 ff.).

2.4.4.1.6 Zu den persistenten organischen Schadstoffen

2.4.4.1.6.1 Reduktionsziele für die persistenten organischen Schadstoffe

746. Persistente organische Schadstoffe (*Persistent Organic Pollutants* – POP; vgl. auch Abschn. 2.4.6.3.1.2) sind organische Verbindungen, die nicht oder schwer abbaubar sind. Wegen ihrer Langlebigkeit können sie – partikelgebunden über die Luft – ubiquitär verteilt werden. Überwiegend handelt es sich um fettlösliche Substanzen, die zur Bioakkumulation neigen. Meist besitzen POP ein hohes toxisches Risikopotential (u. a. Mutagenität, Kanzerogenität und Störung des Hormonhaushaltes). Die wichtigsten POP können in die Gruppen der polyzyklischen, aromatischen Kohlenwasserstoffe (PAK) sowie der Dibenzofurane und -paradioxine (PCDD/F) unterteilt werden. Beide Stoffgruppen entstehen überwiegend als unerwünschte Nebenprodukte. Lediglich einige wenige PAK wie Naphtalin werden oder wurden im technischen Maßstab synthetisiert. Als weitere POP sind chlorierte Lösemittel, Pestizide der ersten Generation wie Lindan, DDT, Aldrin und Dieldrin sowie sonstige Nicht-Lösemittelanwendungen zu nennen. Weitgehende gesetzliche Beschränkungen, auch Produktions- und Anwendungsverbote, haben dazu geführt, dass die meisten chlorierten Lösemittel und alle Pestizide der ersten Generation in Deutschland nicht mehr emittiert werden.

747. Das im Jahr 1998 unterzeichnete POP-Protokoll der Konvention über den weiträumigen Transport von Luftschadstoffen hat das allgemeine Ziel, die Freisetzung von persistenten organischen Schadstoffen zu minimieren. Unter das Protokoll fallen insgesamt 16 Verbindungen und Stoffgruppen (elf Pestizide, zwei Industriechemikalien und drei Nebenprodukte bzw. Verunreinigungen), deren Produktion und Anwendung entweder verboten oder beschränkt oder deren Emission nach Maßgabe der besten verfügbaren Technologien (BAT) minimiert werden soll. Tabelle 2.4.4-3 fasst diese Stoffe mit den Verpflichtungen des Protokolls zusammen.

Für Deutschland ist das POP-Protokoll von untergeordneter Bedeutung, weil die Produktion und Anwendung der meisten Verbindungen und Stoffgruppen, die Gegenstand des Protokolls sind, hier bereits verboten wurden. Lediglich die vereinbarten Maßnahmen zur Emissionsminderung von polyzyklischen Kohlenwasserstoffen und von Dibenzoparadioxinen und Dibenzofuranen betreffen Deutschland direkt.

Für PAK und 2,3,7,8-TCDD nennt der Entwurf eines Schwerpunktprogramms des BMU die Immissionsgrenzwerte, die vom LAI erarbeitet wurden (vgl. Tab. 2.4.4-2; BMU, 1998).

2.4.4.1.6.2 Situation und Zielerreichung für die persistenten organischen Schadstoffe

Polyzyklische aromatische Kohlenwasserstoffe

748. Die Emissionen von polyzyklischen, aromatischen Kohlenwasserstoffen (PAK) resultieren in der Regel aus der Verbrennung fossiler Energieträger und der Verwendung von Erdöl als chemischem Grundstoff. Die wichtigsten Quellen für Benz(a)pyren, das wegen seiner im Vergleich zu anderen PAK noch stärkeren Toxizität als Leitsubstanz benutzt wird, sind die Kleinfeuerungsanlagen (68 %) mit den bedeutendsten Beiträgen aus der Verfeuerung von Leichtöl und Braunkohlebriketts, und die Buntmetall- und Aluminiumproduktion (19 %). Die Gesamtemission aus diesen Quellen betrug 1994 13 677 kg. Nach einer Studie des Instituts für Energie- und Umweltforschung (DETZEL et al., 1998) soll durch die Anwendung des Standes der Technik eine Emissionsreduktion um 30 % gegenüber dem Jahr 1994 möglich sein.

Tabelle 2.4.4-3

Stoffe und Stoffgruppen des POP-Protokolls

Ausstieg aus Produktion und Anwendung		
Aldrin	Dieldrin	Hexachlorbenzol*)
Chlordan	Endrin	Mirex
Chlordecon	Heptachlor	PCB*)
DDT*)	Hexabromobiphenyl	Toxaphene
Beschränkung der Anwendung auf bestimmte Fälle		
DDT*)	PCB*)	
HCH		
Anwendung der *best available technology* und Rückführung der Emissionen unter das Niveau von 1990		
PAK	Hexachlorbenzol*)	
PCDD/F		

SRU/UG 2000/Tab 2.4.4-3
*) Mehrfachnennung

Polychlorierte Dibenzoparadioxine und polychlorierte Dibenzofurane

749. Die Gruppe der polychlorierten Dibenzoparadioxine und Dibenzofurane (PCDD/F) umfasst 75 verschiedene Dioxine und 135 verschiedene Furane. Darunter ist das „Sevesogift" 2,3,7,8-Dibenzoparadioxin (TCDD) die bekannteste Substanz und zugleich die Substanz mit der stärksten toxischen Wirkung. Sämtliche Quellen emittieren PCDD/F in unterschiedlichen Zusammensetzungen. Die Gesamttoxizität einer Mischung von PCDD/F wird daher in (internationalen) Toxizitätsäquivalenten (I-TE) berechnet (Tz. 981).

Anfang der neunziger Jahre wurden die PCDD/F-Emissionen in Deutschland mit ca. 1 kg I-TE bilanziert. Im Jahr 1994 betrugen sie noch ca. 300 bis 500 g I-TE. Die Anteile der einzelnen Quellen sind in Abbildung 2.4.4-12 dargestellt. Die Eisen- und Stahlproduktion trug dazu beinahe 55 % bei. Den größten Einzelbeitrag leisteten die Eisenerzsinteranlagen mit 168 g I-TE (50 %). Daneben waren die Buntmetall- und Aluminiumproduktion (27 % oder 92 g I-TE) sowie die Hausmüllverbrennung (9 % oder 30 g I-TE) die wichtigsten Emittenten. Man nimmt an, dass derzeit die Gesamtemissionen auf ca. 70 g I-TE gesunken sind. Dazu trägt die zwischenzeitlich erfolgte Nachrüstung der Müllverbrennungsanlagen wesentlich bei. Während zu Beginn des Jahrzehnts noch ca. 400 g I-TE/a aus der Hausmüllverbrennung stammten, werden für 1998 weniger als 4 g I-TE angenommen (JOHNKE, 1998).

Sonstige persistente organische Verbindungen

750. Weitere Stoffe, die heute als POP eingestuft werden, sind Gegenstand von Verzichtserklärungen der Industrie oder unterliegen einer starken gesetzlichen Reglementierung bis hin zu Produktions- und Anwendungsverboten. Deshalb finden sich in Deutschland keine produktionsbedingten Emissionen von polychlorierten und polybromierten Biphenylen (PCB und PBB), von polybromierten Diphenylethern (PBB und PBDE, Flammschutzmittel, die unter anderem in der Kunststoffherstellung Verwendung finden), von Pentachlorphenol (PCP), Lindan und Hexachlorbenzol (HCB). Wesentliche Emissionen dieser Stoffe ergeben sich jedoch durch Austräge aus früher in den Verkehr gebrachten Produkten. Dazu gehören insbesondere die Freisetzung von PCB aus Dichtmaterialien für den Gebäudebereich und aus Transformatoren und Leistungskondensatoren mit 16 000 kg bzw. 13 770 kg pro Jahr. Beide Schätzungen sind äußerst konservativ. Emissionen, die völlig unkontrolliert bei der Entsorgung von elektrischen Kleingeräten über den Hausmüll stattfinden, lassen sich derzeit nicht quantifizieren. Kleinere Beträge stammen derzeit aus der Metallerzeugung und Feuerungsanlagen (DETZEL et al., 1998).

Chlorparaffine werden als Weichmacher für Kunststoffe, Anstriche und Lacke, als Additiv für Dichtmassen und in der Metallverarbeitung generell nur in offenen Anwendungen eingesetzt. Eine Abschätzung, wonach etwa 10 % der jährlich eingesetzten Menge in Höhe von etwa 2 100 t in die Atmosphäre entweicht, kann lediglich als Anhaltspunkt dienen.

Für die weiteren der oben genannten Verbindungen ist eine Bilanzierung der Emissionen nahezu unmöglich. Grundsätzlich scheint aber das größte Emissionspotential bei importierten technischen Geräten, Textilien und Leder zu liegen, wobei für den Einsatz dieser Chemikalien in den meisten Fällen keine dringende Notwendigkeit besteht.

Abbildung 2.4.4-12

**PCDD/PCDF-Quellen in Deutschland 1994
gesamt 300 bis 500 g I-TEF**

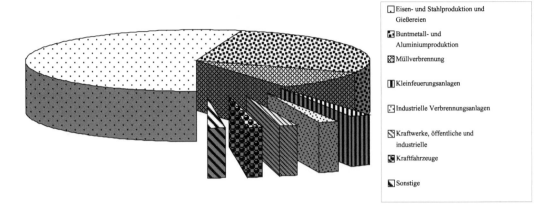

- Eisen- und Stahlproduktion und Gießereien
- Buntmetall- und Aluminiumproduktion
- Müllverbrennung
- Kleinfeuerungsanlagen
- Industrielle Verbrennungsanlagen
- Kraftwerke, öffentliche und industrielle
- Kraftfahrzeuge
- Sonstige

SRU/UG 2000/Abb. 2.4.4-12
nach Daten UBA, 1998

Die Emissionsreduktion für PCDD/F und PAK erfüllt die Anforderungen des POP-Protokolls bei weitem. Auch die erfolgten Ausstiege aus Produktion und Anwendung anderer POP trugen wesentlich zur Emissionsminderung bei. Die Emissionsabschätzungen für PCB, PAK, Chlorparaffine und andere sowie die in verschiedenen Einzelstudien ermittelten Konzentrationen in unterschiedlichen Umweltmatrices zeigen aber deutlich, dass die Problematik der persistenten organischen Schadstoffe weiter besteht. Das POP-Protokoll ist nur ein erster, aber wichtiger Schritt, um der globalen Verteilung vieler POP gerecht zu werden. Dieser Prozess sollte dringend unterstützt und weiterentwickelt werden. Nationale Anstrengungen werden sich künftig auf die Emissionen solcher Quellen konzentrieren müssen, die von der 17. BImSchV nicht erfasst werden.

Immissionsseitige Grenzwerte für Luftschadstoffe haben generell nur dann Sinn, wenn sie von entsprechenden Messprogrammen gestützt werden. Die aufwendige Spurenanalytik für die POP verhindert dies nicht zuletzt aus Kostengründen. Flächendeckende Immissionsdaten für POP existieren deshalb nicht.

2.4.4.2 Maßnahmen

751. Im folgenden werden wesentliche, bereits umgesetzte sowie geplante Maßnahmen der Bundesregierung erörtert. Dabei werden die zahlreichen Forschungs- und Demonstrationsvorhaben ebenso wie die bereits seit längerem umgesetzten oder abgeschlossenen Maßnahmen nicht behandelt. Für eine umfangreiche Übersicht über Klimaschutzmaßnahmen der Vergangenheit wird auf den aktuellen Bericht der „Interministeriellen Arbeitsgruppe CO_2-Reduktion" verwiesen (BMU, 1997). Die Ökosteuer wurde bereits ausführlich in Abschnitt 2.2.2 behandelt.

2.4.4.2.1 Freiwillige Selbstverpflichtung der deutschen Wirtschaft zum Klimaschutz

752. Mit ihrer Selbstverpflichtungserklärung zum Klimaschutz von 1996 bekundete die deutsche Wirtschaft ihre Bereitschaft, durch besondere Anstrengungen ihre spezifischen CO_2-Emissionen bzw. den spezifischen Energieverbrauch bis zum Jahr 2005 auf der Basis des Jahres 1990 um 20 % zu verringern (SRU, 1998, Tz. 278, 281). Von sechs Verbänden liegen auch absolute Reduktionsverpflichtungen vor. An der Selbstverpflichtungserklärung sind derzeit 18 Verbände beteiligt, die zusammen für etwa drei Viertel der CO_2-Emissionen der deutschen Industrie verantwortlich sind. Nicht alle Mitglieder eines Verbandes nehmen allerdings daran teil. Das in der Verpflichtungserklärung vorgesehene jährliche Monitoring wird vom Rheinisch-Westfälischen Institut für Wirtschaftsforschung (RWI) durchgeführt. Dabei werden die Daten auch um saisonale und konjunkturelle Schwankungen sowie Sondereinflüsse bereinigt.

Die spezifische Emissionsreduktion von 20 % soll ausschließlich durch „besondere Anstrengungen" der Wirtschaft erreicht werden. Emissionsminderungen, die in vielen Branchen durch die Sonderentwicklung in den neuen Bundesländern entstanden oder durch ohnehin notwendige Modernisierungsmaßnahmen zustande kamen, tragen demnach nicht zur Erfüllung der Selbstverpflichtung bei. Dahinter verbirgt sich eines der konzeptionellen Defizite: An sich sind nur diejenigen Emissionsreduktionen, die über das Business-as-usual-Szenario hinausgehen, anrechenbar. Die Bestimmung der Business-as-usual-Emissionen und die Identifikation besonderer Anstrengungen sind aber in der Praxis mit großen Schwierigkeiten und Unsicherheiten verbunden. Keinesfalls können aber die Emissionsreduktionen, die vor der Abgabe der Selbstverpflichtung (1996) entstanden, auf besondere Anstrengungen zurückgeführt werden. Der zweite Monitoringbericht des RWI weist auf diese Probleme zwar hin, rechnet aber schließlich sämtliche Emissionsreduktionen auf die Reduktionspflicht an.

Die Abgabe spezifischer Reduktionszusagen und die Bereinigung bestimmter Emissionsdaten soll Faktoren Rechnung tragen, die nicht oder nur indirekt von der Wirtschaft beeinflusst werden können. Zu diesen Faktoren gehören nachfragebedingte Änderungen der Produktion oder witterungsbedingte Einflüsse, die zu einer Verringerung der Energieeffizienz oder zur Erhöhung von Emissionsfaktoren führen können. Für den Klimaschutz und für das Erreichen des Klimaschutzziels ist hingegen einzig die tatsächliche Emissionsreduktion von Bedeutung. Aus dem ersten und zweiten Monitoringbericht geht u. a. hervor, dass die spezifischen Emissionen in allen Branchen gesenkt wurden, die absoluten Emissionen teilweise aber weiter stiegen. Einen ähnlichen Effekt bewirkt die Bereinigung der Daten um Temperatur-, Konjunktur- und Sondereinflüsse. Im zweiten Monitoringbericht wird weiter festgestellt, dass die nicht temperaturbereinigten Zahlen im Jahr 1997 gegenüber dem Jahr 1995 höhere Emissionen, also eine Verschlechterung der Emissionssituation ausweisen, während die bereinigten Daten Reduktionserfolge ergeben. Gleiches gilt für die Bereinigung der konjunkturellen Effekte.

Weitere Mängel der Selbstverpflichtung, auf die in den Monitoringberichten des RWI hingewiesen wird, waren die fehlende Nachvollziehbarkeit des Datenmaterials und die Uneinheitlichkeit der Einzelerklärungen und der gelieferten Daten. Doppelzählungen von Reduktionserfolgen fanden innerhalb einzelner Verbände, vor allem bei den öffentlichen Energieversorgern (VDEW, VKU, BGW) und dem Mineralölwirtschaftsverband statt, ebenso bei Unternehmen, die sich gleichzeitig in mehreren Verbänden engagieren.

753. Nach der ersten Berichterstattung des RWI (HILLEBRAND et al., 1997) konnten einige Branchen bereits vor der Abgabe der freiwilligen Selbstverpflichtung mehr als drei Viertel ihrer Minderungszusagen erfüllen. Die Emissionsminderungen sind zu einem guten Teil vereinigungsbedingt oder Ergebnis ohnehin anstehender Rationalisierungsinvestitionen, also des Business as usual. Der zweite Monitoringbericht attestiert den Unternehmen „anhaltende Bemühungen um einen rationellen Energieeinsatz und eine Verminderung der CO_2-Emissionen" (BUTTERMANN et al., 1999). Als wesentliche Gründe für die Reduktionsminderungen werden die Optimierung von Produktionsanlagen, die Minimierung von Energieverlusten und Substitutionseffekte durch den Wechsel zu kohlenstoffärmeren Energieträgern genannt. Allerdings wurde deutlich, dass – wiederum um saisonale und konjunkturelle Einflüsse bereinigt – zwischen 1995 und 1997 die jährlichen CO_2-Emissionen der Industrie lediglich um 10 Mio. t CO_2 sanken. Ohne Berücksichtigung dieser Sondereinflüsse fällt die CO_2-Bilanz im Jahr 1997 deutlich schlechter aus und belegt sogar eine Zunahme der tatsächlichen Emissionen. Das RWI folgert, dass eine anspruchsvolle Neudefinition der Ziele dringend notwendig ist, wenn die Überzeugungskraft der Selbstverpflichtung erhalten bleiben soll (HILLEBRAND et al., 1997). Der Arbeitskreis Wärmenutzung des Länderausschusses für Immissionsschutz kam in seiner Stellungnahme zum ersten Monitoringbericht zur selben Einschätzung (LAI, 1998). Einzelne Industriezweige, insbesondere solche, die absolute Minderungszusagen gemacht haben, haben allerdings tatsächlich zur Minderung der absoluten Emissionen beigetragen.

754. Als Konsequenz aus dem ersten Monitoringbericht forderte der Arbeitskreis Wärmenutzung des Länderausschusses für Immissionsschutz eine Erweiterung der Selbstverpflichtung auf alle wesentlichen Branchen unter Einbeziehung aller Unternehmen einer Branche sowie die vollständige Nachvollziehbarkeit der Berichterstattung unter Berücksichtigung aller relevanten Stoff- und Energieströme. Weiter komme der Identifikation der „besonderen Maßnahmen" und der rechtlichen Verbindlichkeit der Erklärung in Zukunft eine wesentliche Bedeutung zu.

Entgegen der bisherigen Einschätzung durch die Bundesregierung und die deutsche Wirtschaft kommt der Umweltrat zu dem Ergebnis, dass die Selbstverpflichtung der deutschen Wirtschaft in ihrer gegenwärtigen Form keinen wesentlichen Beitrag zur Erreichung des Klimaschutzziels leistet. Er verweist in diesem Zusammenhang auf seine Ausführungen im Umweltgutachten 1998 (SRU, 1998, Tz. 266 ff.) und fordert dringend Nachbesserungen. Da die bereinigten und spezifischen Emissionsdaten nicht die Entwicklung der tatsächlichen Emissionen wiedergeben, hält der Umweltrat es für sinnvoll, bei der fälligen Weiterentwicklung der Erklärung absolute und unbereinigte Emissionen zugrunde zu legen. Sondereinflüssen, die im übrigen auch zu „Gratis"-Reduktionen führen können, sollte Rechnung getragen werden, indem die Zielerreichung nicht für den Zeitpunkt 2005 definiert wird, sondern, wie im Rahmen des internationalen Klimaschutzabkommens geschehen, ein Zeitraum von mehreren Jahren herangezogen wird. Sondereinflüsse würden durch die Mittelung gemindert, wenn nicht sogar eliminiert. Sofern die Datenlage dies erlaubt, sollte auch das Bezugsniveau über einen Zeitraum von mehreren Jahren festgelegt und die Höhe der Reduktionsverpflichtung entsprechend korrigiert werden.

In diesem Zusammenhang sollte auch die Anforderung, dass die Emissionsminderungen durch besondere Anstrengungen zustande kommen müssen, aufgegeben werden. Da die eindeutige Identifizierung dieser Maßnahmen kaum möglich ist und für den Klimaschutz im Grundsatz nur die Tatsache der Emissionsreduktion und nicht die Frage, ob sie durch das Business as usual oder durch besondere Anstrengungen entstanden ist, von Bedeutung ist, hält der Umweltrat dieses Vorgehen für sinnvoll. Im Gegenzug sollte das Reduktionsziel anspruchsvoller formuliert werden. Von diesen Modifikationen verspricht sich der Umweltrat eine höhere Effektivität der Selbstverpflichtungserklärung und eine bessere Nachvollziehbarkeit des Monitoring.

Sollte sich auch in den nächsten Monitoringberichten die Wirksamkeit der Erklärung nicht bestätigen, muss die Umsetzung der bisher aufgeschobenen ordnungsrechtlichen Lösung in Form einer Wärmenutzungsverordnung realisiert werden. Dies erscheint schon deshalb gerechtfertigt, weil beide Berichte des RWI den Verdacht nahelegen, dass seitens der Industrie nur ein geringes Interesse an einem nachvollziehbaren und effektiven Monitoring der Maßnahmen zur Effizienzsteigerung besteht. Im übrigen weist der Umweltrat auf die ordnungsrechtliche Grundpflicht zur Energieeinsparung in der IVU-Richtlinie (97/11/EG) hin.

2.4.4.2.2 Energieeinsparverordnung

755. Bereits mit Verabschiedung der Dritten Wärmeschutzverordnung forderte der Bundesrat deren Novellierung. Seit Anfang April 1999 liegt der überarbeitete Entwurf des Bundesministeriums für Verkehr, Bauen und Wohnen für eine Energieeinsparverordnung vor, welche die derzeit gültige Dritte Wärmeschutzverordnung mit der Heizungsanlagenverordnung zusammenführen soll. Durch die Definition von Anforderungen an den Jahres-Heizenergiebedarf, den Jahres-Heizwärmebedarf und den Jahres-Primärenergiebedarf soll ein umfassender Ansatz realisiert und die Abstimmung von Bau- und Heizungstechnik gefördert werden. Im Gegensatz zur Dritten Wärmeschutzverordnung sollen auch die Warmwasserbereitung, elektrische Geräte der Haustechnik, wie Umwälz- und Wärmepumpen, Stellmotoren etc., in die Betrachtung aufgenommen werden.

Die Höchstwerte für die genannten drei Kenngrößen werden in Abhängigkeit vom Verhältnis der Gebäudeoberfläche zum umbauten Raum (*Area/Volume*- bzw. A/V-Verhältnis) definiert. Dabei werden Gebäude mit großen Geschosshöhen und verwinkelter Bauweise ohne zwingende Gründe durch niedrigere Anforderungen bevorteilt (HAUSER, 1999; LOGA und HINZ, 1998). Darüber hinaus werden bei Gebäuden mit niedrigen und folglich energetisch betrachtet günstigem A/V-Verhältnis die Anforderungen gegenüber der Dritten Wärmeschutzverordnung prozentual stärker verschärft als bei Gebäuden mit hohem A/V-Verhältnis (SIMONIS, 1999). Auch dies ist unbegründet, weil für beide die selben Materialien und Techniken zur Verfügung stehen.

Die Randbedingungen für die Ermittlung des Heizwärmebedarfs sind nur bedingt realistisch und führen zu einer systematischen Unterschätzung. So wird die Raumtemperatur in der Heizperiode mit 19 °C zu niedrig vorgegeben. Typisch wären dagegen eher 20 bis 21 °C. Der Unterschied zwischen dem errechnetem und dem tatsächlichen Heizwärmebedarf bei 20 bis 21 °C beträgt immerhin 6 bis 12 %. Zudem wird der Gradzahlfaktor im Heizperiodenbilanzverfahren mit lediglich 72 anstelle von 85 ebenfalls zu niedrig vorgegeben (AgV, 1999).

Bei kleineren Gebäuden mit höchstens zwei Vollgeschossen oder maximal drei Wohneinheiten gibt der Verordnungsentwurf den Ansatz einer geschlossenen Betrachtung von Gebäudehülle und Heizungstechnik auf und sieht statt dessen die Durchführung eines vereinfachten Verfahrens vor, wobei die Anforderungen an den Ausstattungsgrad der Anlagentechnik und an die Wärmedurchgangskoeffizienten der Außenbauteile gegeneinander aufgewogen werden. Mit einer besseren Ausführung der Heizungsanlage können dabei Nachlässe bei der Ausführung der übrigen Bauteile und umgekehrt erwirkt werden. Dieses Verfahren gibt die umfassende Betrachtung des Gebäudes auf und schränkt den Gestaltungsspielraum des allgemeinen Verfahrens stark ein. Es kann mit dem vereinfachten Verfahren auch das Erreichen der ökonomisch optimalen Lösung nicht garantiert werden. Außerdem scheint die Erstellung eines Energiebedarfsausweises, wie dies das vereinfachte Verfahren fordert, und die damit verbundene Flächen- und Volumenermittlung ebenso aufwendig zu sein wie das allgemeine Verfahren, womit die beabsichtigte Aufwandsminimierung hinfällig wird (AgV, 1999; HAUSER, 1999). Außerdem erfüllen die Vorgaben für die Wärmedurchgangskoeffizienten nicht den Stand der Technik. Mit den Ein-, Zwei- und teilweise den Dreifamilienhäusern fällt damit ein großer Teil der Eigenheimneubauten hinter den Standard eines Niedrigenergiehauses zurück.

756. Im Verordnungsentwurf wird im allgemeinen Verfahren der elektrischen Speicherheizung und im vereinfachten Verfahren der elektrischen Warmwasserbereitung Vorrang gegenüber anderen Techniken eingeräumt. Dies geschieht einerseits, indem für Gebäude mit überwiegend elektrischer Speicherheizung ein Heizwärmebedarf von 70 % des Heizenergiebedarfs vergleichbarer Gebäude eingeräumt und damit ein völlig unrealistischer Wirkungsgrad der Strom- und der anschließenden Wärmeerzeugung von 0,7 unterstellt wird, und andererseits, indem im vereinfachten Verfahren die optimierte Ausführung der Heizungsanlage die dezentrale elektrische Warmwasserbereitung erlaubt und damit gleichzeitig die höchsten Nachlässe bei den Anforderungen an die übrigen Bauteile erlangt werden können (AgV, 1999; BAK, 1999; BURGER, 1999). In der Regel ist jedoch die Verwendung von elektrischer Energie für die Wärmebereitstellung (Raumwärme wie Warmwasser) primärenergetisch ungünstig. Darüber hinaus entziehen sich Gebäude, die für eine dezentrale Warmwasserbereitung konzipiert wurden, wegen des Fehlens der dafür notwendigen Zirkulationsleitungen gänzlich der Möglichkeit zur Einkopplung von Warmwasser aus solaren Systemen. Mögliche zusätzliche CO_2-Einsparungen werden damit auf lange Sicht verhindert.

In diesem Zusammenhang muss auch berücksichtigt werden, dass zwar die meisten, nicht aber alle Energieverbraucher der Haustechnik in der Bilanzierung des allgemeinen Verfahrens erfasst sind. Im Entwurf fehlt ein Hinweis auf den durch Klimatisierung und Beleuchtung resultierenden Strombedarf. Beide können insbesondere in Bürogebäuden erhebliche Stromverbräuche bewirken.

757. Im Entwurf der Energieeinsparverordnung werden außerdem die Anforderungen an bestimmte Sanierungs- und Erweiterungsmaßnahmen im Gebäudebestand gegenüber der Dritten Wärmeschutzverordnung erweitert. Allerdings wird dem Entwurf zufolge die Pflicht zur Erstellung eines Energiebedarfsausweises nur in verhältnismäßig wenigen Fällen zutreffen. Dies ist insofern unerwünscht, als es insgesamt schwierig ist, das Energieeinsparpotential im Gebäudebestand zu realisieren, und der Energiebedarfsausweis auf dem Wohnungs- und Immobilienmarkt ein wirkungsvolles Instrument zur Preisbildung sein kann.

758. Bereits hinsichtlich der Dritten Wärmeschutzverordnung hat das Umweltbundesamt festgestellt, dass wegen erheblicher Vollzugsdefizite das Einsparpotential bei weitem nicht erschlossen wurde (UBA, 1998, S. 193). Der Vollzug obliegt den Ländern. Mit Ausnahme von Nordrhein-Westfalen kontrolliert die zuständige Bauaufsichtsbehörde weder bei der Erteilung der Baugenehmigung die Berechnungen des Wärmeschutznachweises noch bei der Baurealisierung die fachgerechte Ausführung der Arbeiten. Im Rahmen des vereinfachten Verfahrens konnte in der Regel auf die Vorlage des Wärmeschutznachweises gänzlich verzichtet werden.

759. Der Umweltrat begrüßt grundsätzlich die umfassende Konzeption des Entwurfs zur Energieeinsparverordnung und wertet ihn als wesentlichen Fortschritt gegenüber der Dritten Wärmeschutzverordnung sowie als wichtigen Beitrag zum Klimaschutz. Er mahnt jedoch hinsichtlich einiger Punkte Nachbesserungsbedarf an. Die Definition der Anforderungen in Abhängigkeit vom A/V-Verhältnis ist kontraproduktiv und sollte durch einen reinen Flächenbezug ersetzt werden. Dies ist schon deshalb gerechtfertigt, weil sich auch der Nutzen eines Gebäudes in der Regel an der nutzbaren Grundfläche und nicht am umbauten Volumen orientiert. Dadurch würde auch die ungleiche Verschärfung der Anforderungen zugunsten von Häusern mit großem A/V-Verhältnis entfallen. Das vereinfachte Verfahren für kleinere Gebäude verspricht keine wesentlichen Erleichterungen, schränkt den Gestaltungsspielraum von Bauherren und Architekten unnötig ein und ist geeignet, die Baukosten in die Höhe zu treiben. Es sollte folglich gänzlich gestrichen werden. Die Begünstigung der in der Regel ökologisch nachteiligen elektrischen Wärmebereitstellung ist unbegründet und sollte deshalb nicht in der Energieeinsparverordnung Eingang finden. Dagegen sollten sämtliche Energieverbräuche der Haustechnik einschließlich Klimaanlagen und in bestimmten Gebäuden auch die Beleuchtung mitbilanziert werden, wobei für elektrischen Strom realistische Wirkungsgrade zugrunde gelegt werden müssen. Schließlich sollten die Berechnungsgrundlagen für die Kenngrößen auf realistischen Randbedingungen beruhen und die Anforderungen an die Höchstwerte der Kenngrößen und Wärmedurchgangskoeffizienten tatsächlich dem Stand eines Niedrigenergiehauses entsprechen. Der Umweltrat befürchtet nicht, dass dies zu einer unverhältnismäßigen Steigerung der Baukosten führen könnte, da der Stand der Technik bereits erheblich weiter fortgeschritten ist und inzwischen dem „Ultraniedrigenergie- und Nullheizenergiehaus" entspricht.

Als Folge aus den Erfahrungen mit dem Vollzug der Dritten Wärmeschutzverordnung fordert der Umweltrat einen konsequenten Vollzug der Energieeinsparverordnung. Der Vollzug kann, wie in Nordrhein-Westfalen geschehen, durch das Einschalten staatlich anerkannter, unabhängiger Sachverständiger verbessert werden, denen die (rechnerische) Überprüfung der Nachweise und die Kontrolle der Bauausführung obliegen. Dies ist auch in Bundesländern möglich, in denen das Bauordnungsrecht dereguliert wurde.

Der Geltungsbereich der Energieeinsparverordnung, ebenso wie derjenige der Dritten Wärmeschutzverordnung, ist im wesentlichen auf Neubauten beschränkt. Das weitaus größere Einsparpotential im Gebäudebestand wird, wie dargelegt, nur unzureichend erfasst. Zu einer Netto-Energieeinsparung kann die Energieeinsparverordnung deshalb nur in dem Maße führen, wie durch den Neubau bereits bestehende Gebäude aus der Nutzung herausfallen. Aktuell dominiert allerdings der Zubau bei weitem über den Ersatz.

Das Emissionsminderungs-/Energieeinsparpotential im Gebäudebestand muss folglich durch andere Maßnahmen erschlossen werden. Einer ordnungsrechtlichen Lösung, welche die energetische Sanierung von Gebäuden innerhalb eines angemessen langen Zeitraums vorschreiben könnte, zieht der Umweltrat eine Kombination aus Information und ökonomischen Instrumenten vor. Ziel muss es sein, das Interesse des Immobilienbesitzers an einem guten energetischen Zustand des Gebäudes zu steigern und – in der Regel wirtschaftliche – Investitionen zu tätigen. Neben finanzieller Förderung und weiterer Information wird dabei die Weiterentwicklung des Wärmebedarfsausweises zu einem Energiebedarfsausweis (LOGA und IMKELLER-BENJES, 1997) als ein

Instrument der Preisbildung auf dem Immobilienmarkt unerlässlich sein. Als Faktor, der die Höhe der Mieteinnahmen beeinflusst, können auch Heizkostenspiegel (Arbeitsgruppe Energie, 1999) und die Pflicht des Eigentümers zur Dokumentation der Heizkosten Wirkung entfalten. Dazu müssen die Inhalte dieser Nachweise einheitlich und verbindlich geregelt werden (zu erwartende Heizkosten etc., Vergleichswerte). Ohne Ausnahmen sollte ein Energiepass für alle Neubauten, für sanierte Altbauten (im Sinne der Energieeinsparverordnung) und in einer zweiten Stufe auch für alle Mietwohnungen unabhängig von Alter und Bauzustand vorgeschrieben sein. Hinsichtlich des Verordnungsvorschlages sollte die Pflicht zur Erstellung eines Energiebedarfsnachweises wesentlich ausgeweitet werden.

Schließlich regt der Umweltrat an, sämtliche dieser Nachweise durch Angaben über die CO_2-Emissionen zu ergänzen, ähnlich wie dies auch im Vorschlag für eine Richtlinie des Rates zur Verbraucherinformation hinsichtlich der Kraftstoffverbräuche und der spezifischen CO_2-Emissionen von Neuwagen (KOM(98)489) für Autos beabsichtigt ist. Als unverbindliche Verbraucherinformation würde dies auch die Vorteile kohlenstoffarmer Energieträger bei der Versorgung von Gebäuden dokumentieren und zur Stärkung des Bewusstseins beitragen.

2.4.4.2.3 100 000-Dächer-Programm

760. Im Januar 1999 wurde von der Bundesregierung das 100 000-Dächer-Programm initiiert, das die Kreditanstalt für Wiederaufbau im Auftrag des Bundeswirtschaftsministeriums durchführt. Das Programm soll zur Schonung endlicher Energieressourcen, des Klimas und der Umwelt beitragen. Es ist aber – als Nachfolgeprogramm des 1 000-Dächer-Programms – im wesentlichen als Maßnahme zur Kostensenkung bei der Serienproduktion von Photovoltaikanlagen konzipiert. Gefördert wird die Installation von Photovoltaikanlagen ab einer bestimmten installierten Spitzenleistung. Mit insgesamt 1,1 Mrd. DM werden ca. 40 % der Investitionskosten von Photovoltaikanlagen mit einer Gesamtleistung bis zu 300 MW durch den Bund übernommen. Damit ließen sich jährlich 0,24 TWh elektrischer Energie erzeugen bzw. 200 000 t CO_2 vermeiden. Dies entspricht etwa 0,5 Promille der deutschen Stromerzeugung im Jahr 1998 bzw. 0,8 Promille der CO_2-Reduktionsverpflichtung. Bei einer Lebensdauer von 20 Jahren lassen sich daraus CO_2-Vermeidungskosten von ca. 690 DM/t CO_2 ableiten, von denen der Bund immerhin 275 DM trägt. Dagegen haben Modellrechnungen ergeben, dass das CO_2-Reduktionsziel bis 2005 mit durchschnittlichen Vermeidungskosten von 67 DM/t CO_2 (bei den in der Studie gemachten Einschränkungen) prinzipiell erreichbar ist. Die Grenzkosten betrügen 198 DM/t (STEIN und STROBEL, 1997). Diese Diskrepanz wird noch deutlicher im Vergleich mit der zusätzlichen steuerlichen Belastung der Emission von einer Tonne CO_2 durch die erste Stufe der Steuerreform von 13 bis 25 DM je nach Energieträger (SRW, 1998, S. 274 f.). Als Klimaschutzmaßnahme ist das 100 000-Dächer-Programm folglich ungeeignet.

761. Die Photovoltaik gilt derzeit noch als teure Langfristoption (LANGNIß et al., 1997). Dem Grad der technischen Reife der gängigen Systeme steht ihre mangelnde Rentabiliät in Gebieten mit mittlerer oder geringer Sonneneinstrahlung entgegen. Ein wirtschaftlicher Betrieb von Photovoltaikanlagen ist in Deutschland derzeit nur in echten „Inselanwendungen" oder mit einer kostendeckenden Einspeisevergütung möglich. So sehen auch Energiekonzerne, die sich heute in Deutschland in der Produktion von Photovoltaiksystemen engagieren, die wichtigen Märkte nicht im Inland, sondern in den strahlungsreichen Gebieten der Subtropen und Tropen, und insbesondere in Gebieten, in denen der Aufbau einer flächendeckenden Stromversorgung unmöglich ist. Dagegen sollen durch die Errichtung von Produktionsstätten in Deutschland technisches Know-how und die hiesigen vorteilhaften Förderbedingungen ausgenutzt werden. Die Förderung der Photovoltaik ist also in erster Linie Technologie- und Wirtschaftsförderung und kann zum nationalen CO_2-Reduktionsziel derzeit nur einen marginalen Beitrag leisten.

Angesichts der Notwendigkeit, die Treibhausgasemissionen der Industrienationen langfristig weit über das deutsche Reduktionsziel hinaus auf ca. 20 bis 30 Prozent der aktuellen Emissionen zu reduzieren, kann und darf sich Klimaschutz nicht auf die Photovoltaik als wesentlichen Pfeiler stützen. Tatsächlich kommt der Photovoltaik zwar die Bedeutung einer Leittechnologie zu. Da sie sich sowohl in Politik als auch in der Wirtschaft und Gesellschaft eines hohen Grades an Akzeptanz erfreut, besteht die Gefahr, dass durch eine einseitige Fixierung auf die Photovoltaik andere Techniken, die schon heute einen höheren Grad an Wirtschaftlichkeit erreichen oder in näherer Zukunft einen deutlich größeren Beitrag zum Klimaschutz leisten können, unzureichend in der Weiterentwicklung und Markteinführung unterstützt werden. Vorrangig sind hier Biomasseheiz- und Biomassekraftwerke, Solarthermiesysteme und Technologien zur Vermeidung zusätzlichen Energiebedarfs zu nennen. Für die langfristige Umstrukturierung der Energieversorgung ist es deshalb wichtig, Vorstellungen zu entwickeln, wie Technologien schrittweise eingeführt werden können, um sukzessive die fossilen Energieträger ersetzen zu können. Kostenbetrachtungen werden hierbei ebenso entscheidend sein wie der Entwicklungsstand und der potentielle Beitrag einer bestimmten Technologie. Unter diesen Aspekten sollten zuerst kostengünstigere Technologien auf breiter Basis auf den Energiemärkten eingeführt, gleichzeitig aber die Optionen für die Photovoltaik offengehalten werden. Das 100 000-Dächer-Programm erzeugt hier ein Ungleichgewicht zuungunsten der anderen Technologien mit der

Folge, dass durch die verfrühte Nutzung einer teuren Option zur CO_2-Vermeidung und durch die unzureichende Nutzung günstiger Optionen nicht nur aktuell finanzielle Mittel unterhalb der möglichen Effizienz eingesetzt werden, sondern der Klimaschutz auch verteuert wird.

Der Umweltrat fordert deshalb, dass sich die Förderung alternativer Energieträger an deren Emissionsreduktionspotential, den CO_2-Vermeidungskosten, dem möglichen Beitrag zu einer künftigen Energieversorgung ebenso wie an deren Entwicklungsstand orientiert. Die Subventionierung der Energieversorgung und einzelner Energiesysteme kann aber generell nur eine Übergangslösung sein. Die Konkurrenzfähigkeit von Technologien auf dem Energiemarkt sollte in erster Linie über die Anlastung der externen Kosten gewährleistet werden (vgl. Tz. 1481).

2.4.4.2.4 Ozongesetz

762. Die bisherige Sommersmogregelung nach den §§ 40a bis e BImSchG ist Ende 1999 ausgelaufen. In der Koalitionsvereinbarung wurde beschlossen, diese Regelung neu zu fassen. Das BMU legte im März 1999 ein „Strategiepapier Bodennahes Ozon" vor, in dem die Neufassung der §§ 40a bis e BImSchG vorbereitet wird. Ziel des Entwurfes ist es, die Emissionen von Ozonvorläufern während sommerlicher Schönwetterperioden abzusenken und damit ein Überschreiten der Ozonkonzentration von 180 $\mu g/m^3$ wenn nicht zu verhindern, so doch deutlich in seiner Häufigkeit und Höhe zu reduzieren. Der Verkehr und die Lösemittelanwendungen sind die wichtigsten anthropogenen Quellen der Ozonvorläufer Stickstoffoxide und flüchtige Kohlenwasserstoffe. Forschungsergebnisse über die Bildungsmechanismen des photochemischen Smogs (Los-Angeles-Smog) zeigen, dass für eine dauerhafte Senkung der Ozonbelastung eine Emissionsminderung um ca. 70 % zwingend für beide Vorläufergruppen zumindest europaweit erfolgen muss (z. B. PROGNOS AG, 1997; LAI, 1989). Allerdings werden auch bei intensivsten Anstrengungen aller europäischen Staaten Überschreitungen des Vorsorgewertes für die menschliche Gesundheit (110 $\mu g/m^3$) und des derzeitigen Schwellenwertes zur Unterrichtung der Bevölkerung (180 $\mu g/m^3$) nicht zu vermeiden sein, nicht zuletzt deshalb, weil ein bedeutender Anteil der NMVOC-Emissionen biogenen Ursprungs ist (RICHTER et al., 1998) und der weiträumige Transport eine wichtige Rolle spielt.

763. Kurzfristige Maßnahmen können höchstens zur Kappung von Spitzenkonzentrationen beitragen. Sie müssen eingeleitet werden, bevor während sommerlicher Hochdruckwetterlagen eine Akkumulation von Ozon und Vorläuferverbindungen in der Atmosphäre stattfinden kann. Im Rahmen kurzfristiger Maßnahmen kommt daher der Vorhersage von Sommersmogepisoden eine entscheidende Bedeutung zu. Die geplante Sommersmogregelung sieht zur Verringerung der NO_x-Emissionen Tempolimits ausnahmslos für alle Fahrzeuge auf Landstraßen und Autobahnen vor. Zur Minderung der NMVOC-Emissionen sollen während der Sommersmogepisoden sowohl im privaten als auch im gewerblichen Bereich Maßnahmen ergriffen werden, die aber ausdrücklich unter der Maßgabe der Verhältnismäßigkeit stehen und noch spezifiziert werden müssen. Alle Maßnahmen sollen länderübergreifend für Nord- oder Süddeutschland gelten und am Tag des Erreichens des Schwellenwertes von 180 $\mu g\, O_3/m^3$ eingeleitet werden, wenn für den darauffolgenden Tag keine Änderung der Situation absehbar ist. Für den meteorologischen Teil der Vorhersage soll wie bisher der Deutsche Wetterdienst, für die Vorhersage der Ozonkonzentrationen das Umweltbundesamt verantwortlich sein. Der Schwellenwert entspricht dem EU-Informationswert zur Benachrichtigung der Bevölkerung und wird als Mittelwert aus den oberen 25 % der täglichen Ozonspitzenwerte (1-h-Mittel) aller Messstationen im jeweiligen Gebiet ermittelt.

Der aktuelle Vorschlag verzichtet auf einschneidende Maßnahmen bei allen wichtigen Emittenten für Ozonvorläufer. Im Bereich NO_x bleiben Kraft- und Fernheizwerke unberücksichtigt (zusammen 30 % der jährlichen Emissionen). Im Bereich NMVOC fehlen verbindliche Vorgaben für die lösemittelverarbeitende Industrie und das Gewerbe. Kurzfristige harte Maßnahmen in diesen Bereichen könnten Versorgungssicherheit und Produktionsabläufe beeinträchtigen und würden kaum Akzeptanz finden, obwohl flexible Maßnahmen denkbar sind (Zertifikate, *Bubbles*). Der Vorschlag umgeht diese Probleme und setzt auf die langfristigen Maßnahmen (EU-Lösemittelrichtlinie, 21. BImSchV). Somit werden die Belastungen für Wirtschaft und Privatpersonen minimiert und die künftige Akzeptanz erhöht. Es bleiben jedoch Vollzugs- und Akzeptanzprobleme hinsichtlich temporärer Geschwindigkeitsbeschränkungen. Die mehr als zögerliche Befolgung der Fahrverbote im Sommer 1998 zeigt, dass die Bereitschaft des Einzelnen zur Befolgung kurzfristiger Maßnahmen trotz intensiver Öffentlichkeitsarbeit und direkter Betroffenheit durch die photosmogbedingte Gesundheitsgefährdung gering ist. Eine weitere intensive Aufklärung wird deshalb als dringend notwendig erachtet. Ob auf restriktivere Maßnahmen verzichtet werden kann, ist fraglich.

764. Während das alte Ozongesetz aufgrund seiner kurzfristigen und kleinräumigen Konzeption weitgehend wirkungslos war, ist eine Kappung der Ozonspitzenkonzentrationen um 5 bis 8 % durch die geplante Neuregelung möglich. Dies wird durch Abschätzungen der Prognos AG (1999) sowie des Forschungszentrums Karlsruhe (FZK, 1999) bestätigt. Allerdings wird mit Fortschreiten der langfristigen Strategie zur Minderung der Ozonvorläufersubstanzen, insbesondere mit der Erneuerung der Fahrzeugflotte und dem Inkrafttreten der

Abgasgrenzwerte EURO 3 und 4, die Wirksamkeit jeder kurzfristigen Maßnahme weiter verringert.

Daten des Umweltbundesamtes belegen, dass unter Berücksichtigung der witterungsabhängigen Bildungsbedingungen langfristige Maßnahmen, insbesondere die Großfeuerungsanlagenverordnung und die Einführung des Katalysators, inzwischen eine Wirkung auf das bodennahe Ozon zeigen. Sofern keine Trendwende bei den Emissionsrückgängen von NMVOC und NO_x eintritt, ist also zu erwarten, dass akute Photosmogepisoden in den kommenden Jahren etwas abnehmen werden. Bereits das Trendszenario aus Modellrechnungen der PROGNOS AG (1997) zeigt Abnahmen der maximalen Ozonkonzentrationen um bis zu 20 % bis zum Jahr 2005. Deshalb ist es fraglich, ob eine Maßnahme zielführend sein kann, deren Wirkung sich auf eine geringfügige Kappung der Spitzenbelastung beschränkt.

765. Der Umweltrat trägt den Forschungsergebnissen der letzten Jahre Rechnung und spricht sich abweichend von früheren Forderungen (SRU, 1994, Tz. 782, 868) generell gegen kurzfristig zu ergreifende Maßnahmen aus. Es sollten ausschließlich mittel- bis langfristige Maßnahmen intensiviert bzw. neu eingeleitet werden, um den bereits erkennbaren Rückgang der Ozonbelastung zu beschleunigen. Deutliche Reduktionspotentiale bestehen noch in den Bereichen, die in den vergangenen Jahren nur unwesentlich oder gar nicht zu den Emissionsrückgängen beigetragen haben. Für NO_x betrifft dies den Straßenverkehr, und dort besonders den Güterverkehr. Bei den NMVOC sind es die Lösemittelanwendungen, die über meist diffuse Quellen zu über 50 % zu den Emissionen beitragen und während der neunziger Jahre nur um 11 % abnahmen. Daher sollten industrielle Lösemittelanwendungen und die Lösemittelgehalte in Produkten weiter reduziert werden.

Eine deutliche Emissionsminderung für NMVOC sollte außerdem durch die Einführung und Verschärfung von Abgasnormen für Zweiräder angestrebt werden. Motorisierte Zweiräder, deren Höchstgeschwindigkeit durch Eingriffe in die Zündung auf 80 km/h begrenzt wird, emittierten bei Tempo 80 bis zum 800-fachen dessen, was ein Pkw bei derselben Geschwindigkeit an unverbrannten Kohlenwasserstoffen ausstößt (van der HEYDEN et al., 1998). Die meisten normalen (ungedrosselten) Motorräder besitzen keinen Katalysator, und ihr Kraftstoffverbrauch liegt nur unwesentlich unter dem eines Pkw. Sie tragen daher im Vergleich zum übrigen Individualverkehr überdurchschnittlich zu den NO_x- und NMVOC-Emissionen bei. Da Zweiräder insbesondere während der warmen und strahlungsreichen Jahreszeit gefahren werden, kumulieren ihre Emissionen in den für die Ozonbildung günstigsten Zeiten.

Zum effektiven Vollzug der 20. und 21. BImSchV, die als weitere Maßnahmen zu Emissionsrückgängen der NMVOC beitragen können, wird auf Abschn. 2.4.4.2.5 verwiesen.

Geschwindigkeitsbeschränkungen haben zwar einen deutlichen Effekt auf die Emissionen von NO_x, jedoch ist ihr Einfluss auf den Ausstoß von unverbrannten Kohlenwasserstoffen eher gering. Folglich könnte Verkehrsvermeidung erheblich mehr zur Minderung der Belastung durch bodennahes Ozon beitragen. Dennoch sollte überprüft werden, ob durch saisonale (Anfang Juni bis Ende September) Geschwindigkeitsbeschränkungen eine Akkumulation der Ozonvorläufer in der Atmosphäre über Monate hinweg verringert werden kann. Hierzu sollten Emissionsberechnungen durchgeführt werden. Der Vorteil dieser mittelfristigen Maßnahme könnte sein, dass die Situation unabhängig von den meteorologischen Bedingungen für die Ozonbildung während des gesamten Sommers entschärft würde.

2.4.4.2.5 Zum Stand der betankungsbedingten Tankstellenemissionen von Ottokraftstoffen in Deutschland

766. Die „Verordnung zur Begrenzung der Kohlenwasserstoffemissionen bei der Betankung von Kraftfahrzeugen" (21. BImSchV vom 7. Oktober 1992, BGBl. I S. 1730, Inkrafttreten 1. Januar 1993) soll dazu beitragen, die VOC-Emissionen aus dem Umschlag von Ottokraftstoffen während des Betankungsvorganges von Kraftfahrzeugen in Form von aus dem Tank austretenden Kraftstoffdämpfen deutlich zu senken. Mit dieser Zielsetzung kann sowohl die Belastung des Tankstellenpersonals und der Anwohner durch das krebserregende Benzol gesenkt als auch eine erhebliche Reduzierung der als Ozonvorläufersubstanzen eingestuften VOC-Emissionen erreicht werden. Die Verordnung erfasst die nicht genehmigungsbedürftigen Tankstellen mit einer Umschlagmenge von über 1 000 m^3 (Alttankstellen) bis 10 000 m^3 pro Jahr, über die allerdings über 80 % des bundesweiten Ottokraftstoffumsatzes abgewickelt werden. Am 1. Januar 1998 lief die letzte Umrüstungsfrist ab. Zu diesem Stichtag gab es in Deutschland insgesamt 17 066 öffentliche Tankstellen (EID, 1998).

Die Verordnung legt im einzelnen fest, dass zu diesem Zweck Tankstellen so zu errichten und zu betreiben sind, dass die aus dem Fahrzeugtank beim Tankvorgang austretenden Kraftstoffdämpfe mittels geeigneter Gasrückführungssysteme erfasst und in den Lagertank zurückgeführt werden. Die rückgeführten Kraftstoffdämpfe verbleiben bis zur nächsten Kraftstoffanlieferung im Erdtank und werden dann entsprechend 20. BImSchV (Verordnung zur Begrenzung der Emissionen flüchtiger organischer Verbindungen beim Umfüllen und Lagern von Ottokraftstoffen vom 27. Mai 1998) mittels Gaspendelung in das Straßentankfahrzeug und von dort in das Großtanklager zur Verwertung zurückgeführt.

In der 21. BImSchV wird im einzelnen ausgeführt, welche Systeme nach dem Stand der Technik geeignet sind, den Anforderungen der Verordnung zu entsprechen.

Diese Festlegung wurde erforderlich, weil die Tankstutzen der in Deutschland betriebenen Fahrzeuge nicht genormt sind und daher unterschiedliche Gasrückführungssysteme zum Einsatz kommen können. Für alle Systeme wird aber im Rahmen einer Eignungsprüfung eine Mindestrückführrate von 75 % gefordert, die für die Betankung der 30 häufigsten Fahrzeugtypen einzuhalten ist (siehe auch VdTÜV-Merkblatt 908, Nr. 1 und Nr. 2). Daraus ergibt sich, dass je nach Fahrzeugtyp mit den eingesetzten Rückführsystemen durchaus unterschiedliche Gasrückführraten realisiert werden.

In Deutschland werden nach WALDEYER und HASSEL (1998) ausschließlich eignungsgeprüfte Gasrückführungssysteme eingesetzt, die Rückführraten zwischen 90 % und 110 % realisieren. In mehreren Untersuchungsreihen zwischen 1996 und 1998 an zahlreichen Tankstellen zeigten sich jedoch im Betrieb erhebliche Mängel (WALDEYER et al.,1998; KAMPFFMEYER und KERBER, 1996). Einzelheiten dazu werden im Schrifttum erläutert und diskutiert (MÜLLER-HEUSER, 1999; KACSÓH und CURTIUS, 1998).

767. Aus den vorgenannten Untersuchungen können folgende Hauptmängelgruppen abgeleitet werden:

1. Bei Ausfall des Rückführungssystems erfolgt keine Anzeige bzw. Warnung (z. B. akustischer Hinweis) bzw. Abschaltung der Kraftstoffförderung. Solche Ausfälle sind unter anderem auch deshalb ziemlich häufig, weil Sicherungssysteme, zum Beispiel bei gewitterbedingten Überspannungen, das Rückführsystem automatisch in einen sicheren Zustand fahren, das heißt abstellen. Wegen fehlender Anzeige der Betriebsbereitschaft bleibt das Rückführsystem dann häufig lange abgeschaltet.

2. Häufiger Ausfall der Rückführsysteme wegen Ausfall wichtiger Bauelemente.

3. Fehlende Funktionskontrolle mit geeigneten Verfahren durch das Tankstellenpersonal (z. B. monatlich) einschließlich Dokumentation der Ergebnisse.

4. Die vorgeschriebenen Kontrollintervalle (jährliche Eigenkontrolle durch Fachbetrieb, Prüfung durch Sachverständige alle fünf Jahre) entsprechen jedenfalls zur Zeit noch nicht den teilweise kritischen betrieblichen Erfahrungen.

768. Die Umweltministerkonferenz (UMK) hat sich bereits 1998 mit der Frage der Funktionsüberwachung von Rückführsystemen an Tankstellen befasst. Zur Abstellung der vorhandenen Defizite favorisiert sie eine Lösung in Form einer Selbstverpflichtung der Mineralölwirtschaft (53. Umweltministerkonferenz am 27./28.10.1999). Dazu fordert sie die Ausstattung aller gasrückführungspflichtigen Tankstellen mit Schnelltestsystemen zur monatlichen Funktionskontrolle durch das Tankstellenpersonal bis zum 30. Juni 2000. Weiterhin fordert sie die Ausrüstung aller Tankstellen mit automatischen Überwachungseinrichtungen bis Ende 2002. Sollte die Mineralölwirtschaft nicht bis zum 31. März 2000 auf eine derartige Selbstverpflichtung eingehen, ist eine Novellierung der 21. BImSchV im Sinne der vorgenannten Forderungen vorzusehen.

Der Umweltrat begrüßt die Initiative der UMK und fordert eine zügige Umsetzung der Selbstverpflichtung bzw. der Novellierung der 21. BImSchV. Er hält die vorgesehenen Maßnahmen an den Tankstellen für erforderlich und aus umweltpolitischer Sicht auch für angemessen. Er fordert aber auch die Automobilindustrie auf, durch eine einheitliche Ausführung der Tankstutzen einen Beitrag zur Erhöhung der Rückführrate von betankungsbedingten Kraftstoffdampf-Gemischen und damit zur Reduzierung der VOC-Emissionen zu leisten.

2.4.4.2.6 Fünftes Änderungsgesetz zum Bundes-Immissionsschutzgesetz

769. Das Fünfte Gesetz zur Änderung des Bundes-Immissionsschutzgesetzes dient zur Umsetzung sowohl der Richtlinie zur Beherrschung der Gefahren bei schweren Unfällen mit gefährlichen Stoffen (96/82/EG – Seveso-II-Richtlinie) als auch der Richtlinie zur Angleichung der Rechtsvorschriften der Mitgliedstaaten über Maßnahmen zur Bekämpfung der Emissionen von gasförmigen Schadstoffen und luftverunreinigenden Partikeln aus Verbrennungsmotoren für mobile Maschinen und Geräte (97/68/EG – MM-Richtlinie). Die Umsetzung soll im wesentlichen durch Rechtsverordnung erfolgen. Dies betrifft zum einen § 23 BImSchG für nicht genehmigungsbedürftige Anlagen (Umsetzung der Seveso-II-Richtlinie) und zum anderen § 37 BImSchG bezüglich der Umsetzung der MM-Richtlinie.

Neben diesen eher rechtstechnischen Ergänzungen enthält das Änderungsgesetz auch materielle Vorschriften. In § 3 BImSchG wird in Absatz 5a die Definition des Betriebsbereichs eingefügt (dazu: REBENTISCH, 1997). Der Betriebsbereich umfasst eine oder mehrere (genehmigungsbedürftige und nicht genehmigungsbedürftige) Anlagen an einem Standort, in dem gefährliche Stoffe in bestimmten Mengen vorkommen können. In den §§ 20 und 25 BImSchG wurden die Untersagungs- und Stilllegungstatbestände für genehmigungsbedürftige und nicht genehmigungsbedürftige Anlagen, die gewerblichen Zwecken dienen, ergänzt. Die Inbetriebnahme und der Betrieb von Anlagen ist gemäß § 20 Abs. 1a (genehmigungsbedürftige Anlagen) und § 25 Abs. 1a (nicht genehmigungsbedürftige Anlagen) BImSchG dann zu untersagen, wenn die Maßnahmen zur Verhütung von Störfällen bzw. zur Begrenzung der Auswirkungen von Störfällen ungenügend sind. Ferner können Inbetriebnahme und Betrieb von Anlagen zukünftig untersagt werden, wenn der Betreiber seinen Mitteilungs- und Berichtspflichten nicht nachkommt. Beide Tatbestände stellen eine nicht unerhebliche Ausweitung der Untersagungsmöglichkeiten dar. Dies gilt insbesondere für die erste Alternative, nach der ein Verstoß zur Untersagung bzw. Stilllegung der Anlage führt. Schließlich wurde auch § 50 BImSchG erweitert. Bei der Planung sind gemäß § 50 n.F. BImSchG neben schädlichen Umwelteinwirkungen auch von schweren Unfällen verursachte Auswirkungen zu berücksichtigen. Damit wird das Ziel verfolgt, Anlagen, die dem Störfallrecht unterliegen, und Wohngebiete möglichst räumlich zu trennen, umso schädliche Auswirkungen von Störfällen auf die Bevölkerung weitgehend zu vermeiden. Mit dieser Regelung wird der Vorsorgegrundsatz deutlich gestärkt, auch wenn dem in § 50 BImSchG enthaltenen planerischen Optimierungsgebot kein genereller Vorrang eingeräumt wird (BVerwGE 71, 163, 165).

2.4.4.2.6.1 Störfallverordnung

770. Die Störfallverordnung wurde zuletzt im April 1998 geändert. Wesentlicher Gegenstand der Änderung war die Streichung von § 2 Abs. 2 Satz 2. Durch die Definition des Begriffs der ernsten Gefahr in dieser Vorschrift waren entgegen der Seveso-I-Richtlinie Betriebsangehörige eines Unternehmens, in dem sich ein Störfall ereignet hatte, vom Schutzbereich der Verordnung ausgenommen.

Zur Umsetzung der Seveso-II-Richtlinie im Verordnungswege musste die Störfallverordnung grundlegend überarbeitet werden. Allerdings wurde die Umsetzungsfrist (03.02.1999) bereits versäumt, jedoch ist mit einer baldigen Umsetzung der Störfallverordnung zu rechnen. Dieser Anpassungsbedarf ergibt sich insbesondere daraus, dass sich die Seveso-II-Richtlinie auf das Vorhandensein bestimmter gefährlicher Stoffe in bestimmten Mengen in Betriebsbereichen bezieht, die Störfallverordnung dagegen auf bestimmte Anlagen abstellt. Durch die Richtlinie wird der sachliche Anwendungsbereich der Regel über die Störfallsicherheit in zweierlei Hinsicht deutlich erweitert. Während bislang nach der Störfallverordnung in Übereinstimmung mit der Seveso-I-Richtlinie der Anwendungsbereich auf genehmigungsbedürftige Anlagen nach dem Bundes-Immissionsschutzgesetz beschränkt war, werden nach der Seveso-II-Richtlinie nunmehr auch nichtgenehmigungsbedürftige Anlagen vom Störfallrecht erfasst. Die Bezugnahme auf den Betriebsbereich führt auch dazu, dass nicht mehr nur eine einzelne Anlage, sondern alle Anlagen einschließlich der Neben- und Infrastruktureinrichtungen dem Störfallrecht unterliegen, soweit in dem Betriebsbereich bestimmte Mengen gefährlicher Stoffe vorhanden sind. Dies führt zu einer an sich sinnvollen Gesamtbetrachtung. Allerdings werden mit der Vergrößerung des Bezugsobjektes (Betriebsbereich anstelle von Anlage) in der Seveso-II-Richtlinie die Schwellenwerte für die gefährlichen Stoffe überwiegend deutlich angehoben; gefährliche Stoffe sind nur begrenzt als Einzelstoffe in der neuen Richtlinie aufgeführt, im übrigen aber lediglich durch Kriterien der Gefährlichkeit der Stoffe gekennzeichnet. Dies führt dazu, dass ein Teil der Anlagen, die derzeit der Störfallverordnung unterliegen, bei einer deckungsgleichen Umsetzung der Richtlinie (1:1-Umsetzung) nicht mehr dem Geltungsbereich einer novellierten Störfallverordnung unterfallen würden. Dies betrifft zum einen kleine Betriebsbereiche, in denen nur eine Anlage betrieben wird, aber auch große Industriestandorte, auf deren Gebiet mehrere unterschiedliche Betreiber Anlagen betreiben. Da kleine Betriebsbereiche häufig in der Nähe von bzw. in bewohnten Gebieten liegen und die Erfüllung störfallrelevanter Pflichten sie sowohl in personeller als auch sachlicher Hinsicht besonders belastet, ist es sachlich nicht geboten, diese Betriebe aus dem Störfallregime zu entlassen. Problematisch ist auch, dass nach der Konzeption der Seveso-II-Richtlinie Anlagen unterschiedlicher Betreiber in so genannten Industrieparks aus dem Anwendungsbereich des Störfallregimes herausfallen. Denn diese Anlagen werden, obwohl sie störfallrelevant sind, vom Betriebsbereichkonzept der Seveso-II-Richtlinie nicht erfasst. Bei einer deckungsgleichen Umsetzung der Seveso-II-Richtlinie wird damit gerechnet, dass über die Hälfte der etwa 8 000 störfallrelevanten Anlagen nicht mehr dem Geltungsbereich einer Störfallregelung zuzurechnen wären.

771. Die Bundesländer Baden-Württemberg, Bayern und Rheinland-Pfalz haben dem Bundesrat einen Verordnungsentwurf zugeleitet (BR-Drs. 300/99), in dem eine deckungsgleiche Regelung, also die vollständige Übernahme der Anforderungen der Seveso-II-Richtlinie unter Wegfall des bisherigen Störfallrechts, vorgeschlagen wird. Diese Regelung wird von den oben genannten Bundesländern bevorzugt, weil sie wegen der geringeren Zahl von Anlagen, die dann dem Störfallrecht unterworfen wären, kostengünstiger ist. Die Bundesregierung favorisiert in ihrem Verordnungsentwurf (BR-Drucks. 511/99) dagegen eine additive Lösung (1+1), bei der die Regelungen der Störfallverordnung beibehalten und um die weitergehenden Anforderungen der Seveso-II-Richtlinie ergänzt werden. Dies wird damit begründet, dass auch diejenigen Anlagen, welche nicht von der Seveso-II-Richtlinie, aber von der bisherigen Störfallverordnung erfasst werden, störfallrelevant sind. Der Entwurf der drei Bundesländer trifft hierzu keine Aussage. Der Bundesrat hat am 5. November 1999 dem Entwurf der Bundesregierung nach Maßgabe einer Vielzahl von Änderungen zugestimmt.

772. Mit dem Beschluss des Bundesrates wurde zwar formell der Entwurf der Bundesregierung gebilligt; jedoch verlangt der Bundesrat weitreichende Änderungen, die im Ergebnis eine weitgehende Annäherung an den Länderentwurf darstellen (1:1 + x). Der im Entwurf der Bundesregierung enthaltene Stoffkatalog, in dem für über 300 Einzelstoffe Mengenschwellen festgelegt wurden, ist auf etwa 30 Einzelstoffe reduziert worden. Dies erschwert die Handhabbarkeit eines zukünftigen Störfallrechts erheblich. Schwerwiegender ist jedoch, dass

nach dem Beschluss des Bundesrates die anlagenbezogenen Regelungen im Bundesregierungs-Entwurf fast vollständig zu streichen sind. Das additive Konzept der Bundesregierung sah vor, dass genehmigungsbedürftige Anlagen, die weder Betriebsteil noch Teil eines Betriebsteiles sind und bestimmte Mengenschwellen gemäß Anhang I Spalte 6 bis 9 erreichen bzw. überschreiten, bestimmten Pflichten der zukünftigen Störfallverordnung nachkommen müssen. Auch sollten bestimmte genehmigungsbedürftige Anlagen, die wegen des Umgangs mit explosionsfähigen Staub-/Luftgemischen, hochentzündlichen verflüssigten Gasen und Ammoniak ein hohes Gefährdungspotential aufweisen, in der neuen Störfallverordnung berücksichtigt werden. Bis auf die letztgenannten Regelungen hat sich das reduktionistische Konzept der Länder durchgesetzt. Nach Auffassung des Umweltrates führt die Beschlussfassung des Bundesrates zu einer erheblichen Absenkung des Schutzes vor Störfällen. Dies war weder rechtlich – Österreich und Finnland haben weitergehende Regelungen erlassen – noch sachlich geboten. Bei dieser Entscheidung ist auch zu bedenken, dass das störfallbezogene Schutzniveau in Deutschland im Vergleich zu einzelnen anderen Mitgliedstaaten ins Hintertreffen geraten kann. Diese Entwicklung hat nicht nur negative Auswirkungen auf das Störfallrisiko in der Zukunft, sondern ist darüber hinaus auch industriepolitisch abzulehnen. Es steht zu befürchten, dass ein sinkender Standard beim Betrieb störfallrelevanter Anlagen sich sukzessive auch auf den Standard bei der Herstellung von Anlagen und dadurch zumindest mittelfristig nachteilig im Wettbewerb für deutsche Anlagenbauer auswirken kann. Das Argument, das Nebeneinander anlagen- und stoffbezogener Regelungen würde zu erheblichen Schwierigkeiten führen, ist wenig überzeugend, da auch der Bundesrat davon ausgeht, dass Anforderungen an Anlagen, die nicht mehr dem Störfallregime unterliegen, zu stellen sind. Auch wenn gegenwärtig noch nicht alle Implikationen eines neuen Störfallrechts abzusehen sind, hält der Umweltrat eine anspruchsvolle Regelung, die nicht hinter dem bisherigen Zustand zurückbleiben darf, für notwendig.

773. Bislang werden die Anforderungen, die sich aus der Störfallverordnung ergeben, in drei Verwaltungsvorschriften konkretisiert. Die Novellierung des Störfallrechts macht es erforderlich, auch diese Verwaltungsvorschriften zu überarbeiten. Auf diese Weise könnte ein bundeseinheitlicher Vollzug des novellierten Störfallrechts, das zum Teil erklärungsbedürftig, zum Teil aber auch ergänzungsbedürftig ist, sichergestellt werden. Notwendig wäre nach Ansicht des Umweltrates, dass die Begriffe Anlage und Betriebsbereich deutlich voneinander abgegrenzt werden. Ferner sollten die Anforderungen an ein Sicherheitsmanagement, wie es nach der Seveso-II-Richtlinie vorgesehen ist, konkretisiert werden. Darüber hinaus sind detaillierte Erläuterungen für die einzuführenden Überwachungssysteme in einer Verwaltungsvorschrift aufzunehmen; dies erscheint wegen der insoweit zwangsläufig kryptischen Regelung in der Seveso-II-Richtlinie für einen effektiven bundeseinheitlichen Vollzug besonders wichtig zu sein. Die Novellierung der Störfallverordnung sollte schließlich zum Anlass genommen werden, die drei Verwaltungsvorschriften zusammenzufassen, um damit die Übersichtlichkeit und den Vollzug zu erleichtern, aber auch um Redundanzen und Widersprüchlichkeiten zu verhindern.

2.4.4.2.6.2 Verordnung über Emissionsgrenzwerte für Verbrennungsmotoren

774. Die MM-Richtlinie wurde mit der 28. Verordnung zur Durchführung des Bundes-Immissionsschutzgesetzes (Verordnung über Emissionsgrenzwerte für Verbrennungsmotoren) vom 11. November 1998 umgesetzt. Die Umsetzung erfolgte in starker Anlehnung an die Richtlinie und nimmt häufig Bezug auf den Inhalt der Richtlinie. In der Richtlinie ist in Artikel 19 darüber hinaus angelegt, dass bis Ende 2000 ein Vorschlag über eine weitere Senkung der Emissionsgrenzwerte unter Berücksichtigung der allgemeinen Verfügbarkeit entsprechender Technologien vorzulegen ist. Damit soll sichergestellt werden, dass zukünftig anspruchsvolle Emissionsgrenzwerte für mobile Motoren festgesetzt werden.

Ergänzend zu den bestehenden Regelungen, die Verbrennungsmotoren in Kraftfahrzeugen betreffen, hat es sich als notwendig erwiesen, Vorschriften auch für Abgase von Verbrennungsmotoren in mobilen Maschinen zu erstellen, da circa 30 % der EU-weit verursachten Partikelemissionen von diesen Motoren herrühren. Die Verordnung umfasst zwei Regelungsbereiche. Zum einen wurde ein detailliertes Typengenehmigungsverfahren geschaffen. Dies erscheint sinnvoll, da das Typengenehmigungsverfahren für Kraftfahrzeuge und deren Bauteile bereits dort angesiedelt ist. Zum anderen werden für Dieselmotoren Emissionsgrenzwerte eingeführt. In der Verordnung werden für Dieselmotoren mit einer Leistung zwischen 18 und 560 kW Grenzwerte für Partikel, Stickstoffoxide, Kohlenwasserstoffe und Kohlenmonoxid festgelegt. Diese Grenzwerte werden stufenweise, differenziert nach Leistung der Motoren, verschärft. Die erste Stufe trat zwischen Januar und April 1999 in Kraft; in der zweiten Stufe werden im Zeitraum 2001 bis 2004 die Grenzwerte nochmals reduziert. Es wird erwartet, dass danach die Partikelemissionen von Dieselfahrzeugen um 67 % reduziert werden, auch wenn die Regelung ohne zwingende Gründe Motoren, soweit sie ausschließlich von der Bundeswehr verwendet werden, ausnimmt.

775. Die MM-Richtlinie stellt einen ersten Schritt zur Reduzierung von Emissionen aus Motoren, die nicht dem Pkw- oder Lkw-Bereich zuzurechnen sind, dar. Es ist geplant, auch für kleine mobile Benzinmotoren Emissionswerte einzuführen (5. Erwägungsgrund der MM-Richtlinie). Schließlich sollen für Motoren von land-

und forstwirtschaftlichen Zugmaschinen Emissionsgrenzwerte eingeführt werden, so dass in Zukunft auch Motorentypen erfasst werden, für die bislang noch keine Grenzwerte galten, die aber einen wesentlichen Anteil an den Gesamtemissionen verursachen. Der Umweltrat unterstützt diesen weitreichenden Ansatz zur Regelung von Emissionsgrenzwerten für alle mobilen Motoren sowie für Motoren von land- und forstwirtschaftlichen Zugmaschinen.

2.4.4.2.7 Zur Umsetzung der Europäischen Luftreinhaltepolitik und zur Zukunft der TA Luft

776. Die TA Luft (1. BImSchVwV) enthält Regelungen zur Luftreinhaltung, die bei der Erteilung von Genehmigungen und Teilgenehmigungen für den Anlagenbau und den Anlagenbetrieb, bei nachträglichen Anordnungen von Maßnahmen zur Luftreinhaltung und bei der Ermittlung der Emissionen und Immissionen im Einwirkungsbereich einer Anlage zu berücksichtigen sind. Sie wurde zuletzt 1986 novelliert. Grenzwerte, Beurteilungsverfahren etc. der TA Luft können deshalb nicht den zwischenzeitlichen Fortschritt in Wissenschaft und Technik wiedergeben. Problemkreise wie die Versauerung von Böden, Grundwasser und Oberflächengewässern, der Photosmog, die ozonschichtschädigende oder klimarelevante Wirkung von Emissionen finden in der TA Luft deshalb keine ausreichende Berücksichtigung (KÜHLING, 1999; KÜHLING und JURISCH, 1996). Ähnliches gilt für die Bioakkumulation von persistenten organischen Verbindungen und die Schwermetallbelastung von Böden.

777. Die EG-Richtlinie über Grenzwerte für Schwefeldioxid, Stickstoffdioxid und Stickstoffoxide, Partikel und Blei in der Luft (1999/30/EG) stellt Immissionsgrenzwerte auf, die dem Stand der wissenschaftlichen Erkenntnisse Rechnung tragen. Die EG-Grenzwerte betragen zum Teil nur ein Siebtel bis ein Viertel der Werte der TA Luft und der 22. Bundes-Immissionsschutzverordnung. Allerdings enthält die 22. Bundes-Immissionsschutzverordnung in Umsetzung bisheriger EU-Richtlinien bereits schärfere Grenzwerte als die TA Luft. Der Vorschlag für eine Richtlinie über Grenzwerte für Benzol und Kohlenmonoxid in der Luft (KOM(98)591) und der Vorschlag für eine Richtlinie über den Ozongehalt in der Luft (KOM(99)98) werden voraussichtlich weitere Immissionsgrenzwerte vorgeben. Die Richtlinie über die Beurteilung und Kontrolle der Luftqualität (96/62/EG) sieht weiter den Erlass von Immissionsgrenzwerten für polyzyklische aromatische Kohlenwasserstoffe, Cadmium, Nickel und Quecksilber vor. Diese Richtlinien müssen in nationales Recht umgesetzt werden, wovon neben den §§ 44, 47, 49 und 50 BImSchG, der vierten BImSchVwV sowie der 22. und der 23. BImSchV auch die TA Luft betroffen sein wird.

Vor diesem Hintergrund stellt sich die prinzipielle Frage, wie die Umsetzung der EU-Richtlinien in nationales Recht vollzogen werden soll, wobei seit der Entscheidung des Europäischen Gerichtshofes vom 30. Mai 1991 (EuGH Slg. 1991, I – 2607 ff.) feststeht, dass dies zumindest auf der Ebene von Rechtsverordnungen zu geschehen hat.

Das Nebeneinander von Regelungen, die der Umsetzung von EG-Richtlinien dienen, und von autonomen nationalen Vorschriften im Bereich der Luftreinhaltung spricht dafür, gleichzeitig mit der Umsetzung der europäischen Richtlinien in nationales Recht, alle untergesetzlichen Regelungen im Bereich der Luftreinhaltung in einer Rechtsverordnung zusammenzuführen. Der zeitliche Rahmen zur Umsetzung sollte weitere Richtlinienvorhaben der EU (vgl. 96/62/EG, Anhang 1: PAK, Cd, As, Ni, Hg) berücksichtigen. Dadurch entstünde ein einheitliches Regelwerk. Dies war eine wichtige Voraussetzung für den Erfolg der TA Luft. Gegen eine Überführung der Verwaltungsvorschrift TA Luft insgesamt in eine Rechtsverordnung könnte freilich die sehr detaillierte Betrachtungsweise der TA Luft sprechen. Es gibt jedoch keinen Grund, hier grundsätzlich anders vorzugehen als im Gewässerschutz, wo mit der Abwasserverordnung eine einheitliche Regelung geschaffen wurde. In jedem Fall werden die Immissionswerte aller nationalen Regelungen an die europäischen Richtlinien angepasst werden müssen.

778. Neben den Stoffen, deren Immissionen in den EG-Richtlinien geregelt sind oder künftig geregelt werden sollen, sieht die TA Luft eine risikobezogene Begrenzung der Emissionen einer Vielzahl gefährlicher und geruchsintensiver Stoffe vor. Eine Anpassung an den Stand der wissenschaftlichen Erkenntnis muss deshalb sowohl hinsichtlich der Immissions- als auch der Emissionsgrenzwerte erfolgen.

Für die Stoffe, für die EG-Richtlinien Immissionsgrenzwerte vorgeben, wird es ausreichen, diese zu übernehmen. Für die Stoffe, die zwar in der TA Luft, aber nicht europaweit geregelt sind, sollten die neueren Erkenntnisse über deren human- und ökotoxikologische Wirkung berücksichtigt werden.

Durch die Tochterrichtlinien zur Luftqualitätsrahmenrichtlinie werden entgegen der Regelungstradition des deutschen Immissionsschutzes erstmals auch verbindliche Immissionsgrenzwerte für kanzerogene Stoffe eingeführt. Die Definition von Immissionsgrenzwerten für kanzerogene Stoffe kann da sinnvoll sein, wo eine Vielzahl von Emittenten und diffusen Quellen für die Immissionskonzentration verantwortlich ist und Emissionsgrenzwerte und Minimierungsgebot allein keinen ausreichenden Schutz gewähren. Für die kanzerogenen Stoffe, die nicht in den EG-Richtlinien geregelt werden, sollte nach Ansicht des Umweltrates grundsätzlich das Synthesemodell des Länderausschusses für Immissionsschutz umgesetzt werden (LAI, 1992).

Die gefährlichen und geruchsintensiven Stoffe, deren Emission die TA Luft begrenzt, werden in Emissionsklassen mit unterschiedlichen Massenströmen eingeteilt. Der Klasseneinteilung liegt ein Bewertungsschema unter Berücksichtigung der Kanzerogenität, Persistenz, Toxizität und Geruchsintensität zugrunde. Die Emissionen werden entweder stoffweise oder für alle Stoffe einer Emissionsklasse gemeinsam begrenzt. Für Stoffe, deren öko- und humantoxisches Potential heute höher bewertet wird als zum Zeitpunkt der letzten Novellierung der TA Luft, werden folglich zu hohe Emissionen zugelassen (KÜPPERS, 1997). Der Katalog der Stoffe, für die Emissionsgrenzwerte definiert werden, die Zuordnung zu den Emissionsklassen und die Höhe der Grenzwerte, ebenso wie die in Teil 3 der TA Luft aufgeführten Regeln zur Begrenzung der Emissionen sollten an den Stand der wissenschaftlichen Erkenntnis bzw. den Stand der Technik angepasst werden. In die Bewertung der Stoffe sollen auch die Ökotoxizität, die Klimawirksamkeit und das Ozonbildungspotential Eingang finden. Gegebenenfalls sind auch neue Stoffe in die jeweiligen Emissionsklassen aufzunehmen. Der Länderausschuss für Immissionsschutz hat bereits ein modifiziertes Bewertungsschema für organische Verbindungen vorgeschlagen (LAI, 1996). Jedoch sind Ökotoxizität, Klimawirksamkeit und Ozonbildungspotential weiterhin nicht ausreichend berücksichtigt.

779. Weiterer Anpassungsbedarf an den Stand der Erkenntnis besteht bei der Ermittlung der Vorbelastung im Beurteilungsgebiet und der Abschätzung der Zusatzbelastung, die durch den zu genehmigenden Betrieb einer Anlage entstehen wird.

Die Größe des Beurteilungsgebietes hängt nach der TA Luft direkt von der geplanten Höhe des Schornsteins ab. Es hat sich gezeigt, dass die tatsächlichen Auswirkungen einer Anlage sich häufig deutlich über das Beurteilungsgebiet, welches dem Genehmigungsverfahren zugrunde gelegt wurde, hinaus erstrecken (KÜHLING und KUMM, 1996). Die Anlage der Messstellen innerhalb des Beurteilungsgebietes erfolgt in einem regelmäßigen Raster und berücksichtigt topographische Besonderheiten und die Vegetationsform, die beide die Deposition von Schadstoffen beeinflussen können, ebenso wenig wie die individuelle Empfindlichkeit von Ökosystemen z. B. aufgrund geringer Sorptions- und Pufferkapazitäten im Boden oder Orte, an denen sich Personen häufig besonders lange aufhalten und die deshalb für den Schutz der menschlichen Gesundheit von besonderer Bedeutung sind.

Die Standardmethode zur Abschätzung der Zusatzbelastung berücksichtigt weder Hindernisse für die horizontale (orographische Hindernisse) noch für die vertikale (Inversionswetterlagen) Ausbreitung. Insbesondere wird die Entwicklung von Wetterlagen und Inversionen und damit die unter dem Blickwinkel der Schadstoffanreicherung in der Atmosphäre besonders kritische „Fumigationswetterlage" nicht berücksichtigt. Im Modell der TA Luft werden außerdem niedrige Luftgeschwindigkeiten aus modelltechnischen Gründen auf eine Mindestgeschwindigkeit heraufgesetzt. Die vereinfachenden Modellannahmen führen dazu, dass in der Regel die Ausbreitung und der Transport von Emissionen zu hoch und die zusätzliche Immissionsbelastung zu niedrig eingeschätzt wird (KÜHLING und KUMM, 1996).

Das Beurteilungsgebiet muss künftig alle Flächen umfassen, die durch die Emissionen geplanter Anlagen betroffen sein werden. Dieses Gebiet lässt sich auch vor der Inbetriebnahme einer Anlage mit den modernen Methoden der Ausbreitungsrechnung mit einiger Sicherheit bestimmen. Messungen zur Ermittlung der Vorbelastung müssen jeweils an Orten durchgeführt werden, an denen künftige Emissionen ihre größte Wirksamkeit entfalten können. Generell sind dies Orte, an denen die höchsten zusätzlichen Belastungen zu erwarten sind, also in austauscharmen Lagen, z. B. Tälern, Straßenschluchten oder in Gebieten mit häufigen Staulagen. Ein ähnlicher Ansatz wird bereits im Vorschlag für eine Richtlinie des Rates über Grenzwerte für Benzol und Kohlenmonoxid in der Luft verfolgt. Bezüglich der Grenzwerte zum Schutz des Bodens, der Vegetation etc. sind die Immissionen in besonders empfindlichen Ökosystemen zu erfassen, auch wenn diese am Rande oder schon außerhalb eines rechnerisch ermittelten Beurteilungsgebietes liegen. Für natürliche oder naturnahe Ökosysteme sollte dabei das *Critical Load*-Konzept die Beurteilungsmaßstäbe liefern.

Zur Abschätzung der zu erwartenden Zusatzbelastung sollte ein alternatives Modellierungsverfahren, das in der Lage ist, die den Schadstofftransport und die Deposition bestimmenden, natürlichen Gegebenheiten ausreichend zu berücksichtigen und die zu erwartenden Immissionskonzentrationen realistisch abzuschätzen, zum Einsatz kommen. Durch die dynamische Entwicklung auf dem Gebiet computergestützter Simulationen ist inzwischen eine Vielzahl von Ausbreitungsmodellen verfügbar (z. B. NOAA, 1999; KÜHLING und KUMM, 1996). Sollte die noch durch die Europäische Kommission auszuarbeitende Referenzmethode zur Modellierung von Luftbelastungen im Rahmen der EG-Richtlinien trotz von der TA Luft abweichender Zielsetzung dazu geeignet sein, die Zusatzbelastung durch einen künftigen Emittenten im Voraus realistisch abzuschätzen und die Größe und Lage des Beurteilungsgebietes besser zu bestimmen, als dies mit dem derzeitigen Verfahren der TA Luft möglich ist, sollte selbstverständlich dieses zur Anwendung kommen.

Zur Vereinheitlichung der Unterschiede zwischen der flächenbezogenen Beurteilung von Messwerten der TA Luft und der punktbezogenen Beurteilung durch die EU-Richtlinien hat der Länderausschuss für Immissionsschutz einen Verfahrensvorschlag erarbeitet (LAI, 1994). Hier besteht weiterer Diskussionsbedarf.

2.4.4.2.8 Das Auto-Öl-Programm und andere fahrzeugtechnische Maßnahmen

780. Die Europäische Kommission hat seit 1994 im Rahmen des Auto-Öl-Programms I und II zusammen mit der Automobil- und Mineralölindustrie einige Maßnahmen zur Verminderung der straßenverkehrsbedingten Luftschadstoffemissionen und zur Einhaltung der EU-Luftreinhaltestandards eingeleitet. Die Maßnahmen decken die Bereiche Kraftstoffqualität (RL 98/70/EG), Emissionsgrenzwerte und technische Überwachung (RL 98/69/EG) ab. Sie sollen ergänzt werden durch einen Richtlinienvorschlag zur Verbraucherinformation hinsichtlich der Kraftstoffverbräuche und der spezifischen CO_2-Emissionen von Neuwagen (KOM(98)489), der Teil der Klimaschutzanstrengungen der EU ist. Das Auto-Öl-Programm soll zwischen 1990 und 2000 pauschal eine Minderung der verkehrsbedingten Luftschadstoffe um 70 % bewirken. Dennoch wurde vielfältige Kritik von Seiten der Verhandlungspartner ebenso wie vom Umweltbundesamt und den Nichtregierungsorganisationen geäußert. Sie betraf methodische und wissenschaftliche Mängel, eine ungerechte Lastenverteilung, zu wenig anspruchsvolle Grenzwerte, die z. T. weit hinter dem technisch Machbaren und dem in anderen Ländern bereits Realisierten zurückblieben, und die mangelnden Beteiligungsmöglichkeiten. Als primär umzusetzende Maßnahmen ergaben sich für Deutschland die Einführung neuer Kraftstoffqualitäten ab dem Jahr 2000 und die Einhaltung neuer Emissionsgrenzwerte für Pkw sowie für leichte und schwere Nutzfahrzeuge.

2.4.4.2.8.1 Kraftstoffqualitäten

781. Kritische Werte der Kraftstoffzusammensetzung sind vor allem der Schwefel-, der Benzol- und der Aromatengehalt. Er bestimmt außerdem die Anwendbarkeit neuer Abgasreinigungstechniken (Stickstoff-Speicherkatalysator, Oxidationskatalysator und SCR-Katalysator) bei Motoren mit Selbst- sowie Fremdzündung, die eine λ-Regelung erübrigen. Ein niedriger Schwefelgehalt ist deshalb die Voraussetzung für die Einführung verbrauchsärmerer Ottomagermotoren. Niedrigere Schwefelgehalte waren eine wesentliche Forderung der Automobilindustrie, die sich andernfalls nicht in der Lage sieht, die ab 2005 gültigen Abgasgrenzwerte einzuhalten und ihre freiwillige Zusage zur Minderung der spezifischen Kraftstoffverbräuche zu erfüllen. Der Schwefelgehalt im Dieselkraftstoff beeinflusst die Entstehung kanzerogener Dieselrußpartikel. Die Entschwefelung der Kraftstoffe wird im Raffinerieprozess zusätzliche Energie in Anspruch nehmen. Den Kraftstoffeinsparungen durch die sparsameren Ottomagermotoren stehen deshalb höhere CO_2-Emissionen bei der Kraftstoffbereitstellung entgegen. Dies muss in der Diskussion um CO_2-Minderungen im Verkehrssektor berücksichtigt werden. Die Benzol- und Aromatengehalte bestimmen die Emissionen an kanzerogenem Benzol durch direkte Verdunstung und unvollständige Verbrennung.

Entsprechend der Richtlinie 98/70/EG werden in der Europäischen Union die in Tabelle 2.4.4-4 dargestellten Grenzwerte für den Gehalt an Schwefel, Benzol und Aromaten in Diesel- und Ottokraftstoff in zwei Stufen bis 2005 eingeführt werden. Ergänzende Grenzwerte sollen im Rahmen des Auto-Öl-II-Programms für 2005 festgelegt werden. Außerdem darf ab dem Jahr 2000, wie es in Deutschland bereits seit 1997 der Fall ist, in der gesamten Europäischen Union kein verbleiter Kraftstoff vertrieben werden. Einzelne Ausnahmen sind möglich. Die Mitgliedstaaten müssen die Vermarktung von Kraftstoffen mit jeweils geringeren Gehalten erlauben und können steuerliche Anreize zu deren Markteinführung gewähren.

782. An der Arbeit der Kommission ist zu kritisieren, dass die Anforderungen an Ottokraftstoffe bezüglich Schwefel- und Aromatengehalt deutlich hinter dem Stand der Technik zurückbleiben. Dies zeigt der Vergleich mit dem Vorschlag des Umweltbundesamtes und dem RFG II, oder mit den Dieselkraftstoffen, die in Schweden und Japan (10 bzw. 7 ppm Schwefel) (sowie Finnland, Dänemark und England) vertrieben werden. Die seit 2000 geltenden Anforderungen an Ottokraftstoffe werden voraussichtlich nur mäßige Emissionsreduktionen bewirken. Erst die ab 2005 verbindlichen Schwefelgehalte für Diesel- und Ottokraftstoffe werden die Verwendung von $DeNO_x$-Katalysatoren in Dieselfahrzeugen und die Einführung der Ottomagermotoren erlauben und damit eine deutliche Verminderung der NO_x-Emissionen bewirken (FRIEDRICH et al., 1998; TAPPE et al., 1996). Eine weitere Verringerung der Schwefelgehalte würde die Anforderungen an Standfestigkeit und Regenerierbarkeit der Katalysatoren senken und wäre mit Einsparungen bei der Automobilproduktion verbunden.

Außerdem wird das Reduktionspotential für die Benzolemissionen aus Ottomotoren nur teilweise erschlossen. Der Umweltrat hat bereits im Umweltgutachten 1994 eine weitestgehende Verringerung der Benzolgehalte in Kraftstoffen gefordert (SRU, 1994, Tz. 682). Die Festschreibung des Benzolgehalts der Ottokraftstoffe auf höchstens 1 % bedeutet für Deutschland keine wesentliche Veränderung und bleibt hinter dem Vorschlag des Umweltbundesamtes (TAPPE et al., 1996) und dem des aktuellen kalifornischen Standards *Californian Reformulated Gasoline* zurück. Vor dem Hintergrund, dass der Verkehr die bei weitem größte Quelle für Benzol ist und bis 2010 die Immissionsgrenzwerte der zweiten Tochterrichtlinie zur Luftqualitätsrahmenrichtlinie (Tz. 742) einzuhalten sind, wäre es wichtig gewesen, dieses Potential auszuschöpfen.

Tabelle 2.4.4-4

Definition der Kraftstoffkennwerte nach Richtlinie 98/70/EG (Auszug)

Kennwert	Einheit	Stufe 2000	Stufe 2005	Reformulated Gasoline US-amerikanischer bzw. kalifornischer Standard**)
Ottokraftstoff				
Benzol	Vol %	< 1,0	< 1,0	< 0,8
Aromaten	Vol %	< 42	< 35	< 22
Schwefel	ppm	< 150	< 50	< 30
Dampfdruck (Reid)*)	kPa	< 60,0	< 60,0	< 46,8
Sauerstoff	m %	< 2,7	< 2,7	< 2,0
Dieselkraftstoff				
Schwefel	ppm	< 350	< 50	
Polyaromaten	m %	< 11	< 11	
Cetanzahl	–	> 51,0	> 51,0	
Dichte	kg/m^3	< 350	< 350	
Siedeverlauf 95%	°C	< 360	< 360	

*) im Sommerhalbjahr (je nach Region unterschiedlich definiert)
**) der schärfere der jeweiligen Grenzwerte ist aufgeführt
SRU/UG 2000/Tab. 2.4.4-4
nach Daten CARB, 2000 und UBA, 1999

Im Gegensatz zu motorischen Maßnahmen, die erst mit der allmählichen Erneuerung der Fahrzeugflotte wirksam werden, führen Änderungen der Kraftstoffzusammensetzung unabhängig von der Motoren- und Abgasreinigungstechnik sofort zu einer Reduktion der Benzol- und Partikelemission. Aus diesem Grund kommt der schnellen Einführung der ab 2005 verbindlichen vorgeschriebenen Kraftstoffqualitäten Bedeutung zu. Die Richtlinie 98/70/EG sieht ausdrücklich die Möglichkeit der steuerlichen Begünstigung von schwefelarmem Kraftstoff zu dessen beschleunigter Markteinführung vor. Mit der Änderung der Kraftstoffqualitätsverordnung vom 14. September 1999 setzte die Bundesregierung die Richtlinie in nationales Recht um und beschloss eine steuerliche Begünstigung schwefelarmer Kraftstoffe in Form eines Aufschlags von 3 Pf/L auf Kraftstoffe, deren Schwefelgehalt über dem Grenzwert von 50 ppm liegt. Diese Steuerspreizung wird am 1. November 2001 in Kraft treten. Ab dem 1. Januar 2003 sollen nur noch „schwefelfreie" Kraftstoffe mit Schwefelgehalten unter 10 ppm diese Vergünstigung erfahren.

783. Grundsätzlich begrüßt der Umweltrat die Maßnahmen zur vorzeitigen Einführung von schwefelarmen Kraftstoffen. Nach Meinung des Umweltrates muss die steuerliche Begünstigung aber sofort einsetzen, um das volle Potential der schnell und kostengünstig realisierbaren Schadstoffeinsparung zu nutzen. Moderne Raffinerien sind bereits seit Jahren in der Lage, schwefelarme Kraftstoffe herzustellen. Andere Raffinerien bedürfen überwiegend geringer, wenige Raffinerien umfangreicherer Umrüstungen. Die sofortige Förderung schwefelarmer Kraftstoffe wird Raffinerien, die nicht in der Lage sind, diese Kraftstoffe zu produzieren, unter mäßigen zusätzlichen Wettbewerbsdruck setzen und die ohnehin notwendige Umrüstung beschleunigen. In Schweden und Finnland darf bereits seit Jahren nur Dieselkraftstoff mit einem Schwefelgehalt von unter 10 ppm vertrieben werden. Auch in Dänemark und England waren schwefelarme Kraftstoffe bereits vor der Verabschiedung der Richtlinie eingeführt und gefördert worden. Diese Kraftstoffe werden zum Teil aus Deutschland bezogen. Dies zeigt einerseits, dass eine sofortige Markteinführung möglich ist, andererseits, dass Deutschland in dieser Hinsicht nicht die Vorreiterrolle einnimmt, wie dies von der Bundesregierung in Anspruch genommen wurde (BMU-Pressemitteilung vom 14. September 1999). Die Diskrepanz zwischen den Schwefelgehalten für Kraftfahrzeugkraftstoffe und den Schwefelgehalten der in der Binnenschifffahrt verwendeten Kraftstoffe wird sich durch die Richtlinie über die Qualität von Otto- und Dieselkraftstoffen und zur Änderung der Richtlinie 93/12/EWG des Rates (98/70/EG) bis 2005 nunmehr auf den Faktor vierzig vergrößern. Die relative Umweltfreundlichkeit der Binnenschifffahrt als

Transportmittel für Massengüter kann keine Begründung für die Anwendung niedrigerer Umweltstandards sein, zumal der Anteil der SO_2- und Partikelemissionen aus der Binnenschifffahrt durch die Rückgänge in den übrigen Bereichen stark zunehmen wird. Der Umweltrat wiederholt deshalb seine Forderung aus dem Umweltgutachten 1996 (SRU, 1996a, Tz. 460), dass auch dieser Bereich durch eine einheitliche europäische Regelung erfasst werden muss.

Vor dem Hintergrund der zur Verabschiedung anstehenden Richtlinie über Grenzwerte für Benzol und Kohlenmonoxid in der Luft (KOM (98)591) fordert der Umweltrat zur Minderung der Benzolemissionen die Bundesregierung auf, ähnlich wie bereits bei der Einführung der Kraftstoffe mit niedrigeren Schwefelgehalten, Kraftstoffe mit hohen Aromatengehalten gegenüber Kraftstoffen mit geringeren Aromatengehalten spürbar zu verteuern. Als vorläufige Zielgröße für den maximalen Aromatengehalt wird mit Orientierung am *Californian Reformulated Gasoline* 22 % vorgeschlagen. Dadurch könnte vor allem innerorts eine Reduktion der verkehrsbedingten Benzolemissionen um bis zu 40 % erreicht werden (TAPPE et al., 1996).

2.4.4.2.8.2 Abgasgrenzwerte

784. Mit der Richtlinie 98/69/EG treten bis zum Jahr 2008 sukzessiv schärfere Abgasgrenzwerte für Pkw, leichte und schwere Nutzfahrzeuge in Kraft. Die Richtlinien regeln darüber hinaus eine ganz Reihe anderer Fragen, wie die Anpassung des europäischen Fahrzyklus zur Ermittlung der spezifischen Emissionen bei Pkw, die Minderung der Verdunstungs- und Kaltstartemissionen, die Testverfahren für Nutzfahrzeugmotoren, Ansprüche an die Dauerhaltbarkeit und die Einführung einer Borddiagnose.

Abbildung 2.4.4-13 zeigt die Entwicklung der Abgasvorschriften in der Europäischen Union. Zur Höhe der ab 2001 in Kraft tretenden Grenzwerte ist zunächst anzumerken, dass bei der Einführung der Grenzwertstufe EURO 2 im Jahr 1997 bereits ein erheblicher Anteil der Otto-Pkw bei der Typenprüfung die schärferen Grenzwerte EURO 3 oder 4 einhielt. Allerdings ist zu berücksichtigen, dass Serienprüfwerte häufig höher als Typenprüfwerte liegen. Bei Diesel-Pkw, die ja nach wie vor ohne Abgasnachbehandlung betrieben werden dürfen, ist der Anteil deutlich geringer (UBA, 1999).

Abbildung 2.4.4-13

Entwicklung der EURO-Abgasgrenzwerte

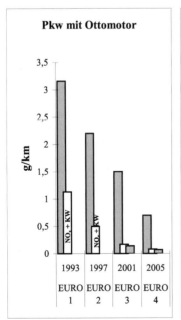
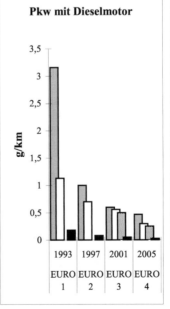
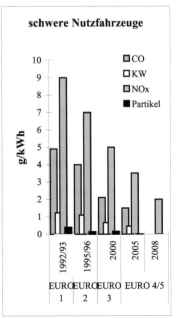

SRU/UG2000/Abb. 2.4.4-13

Für schwere Nutzfahrzeuge sind nur die Grenzwerte der ESC- und ELR-Tests nach dem verschärften Prüfverfahren angegeben.

Für gasbetriebene schwere Nutzfahrzeuge gelten davon z. T. abweichende Bestimmungen.

Die Euro 1- und 2-Grenzwerte für Pkw bezüglich NO_x und Kohlenwasserstoffe sind als Summenwerte [NO_x + KW] definiert.

Der EURO 4-Grenzwert für Diesel-Pkw ist für Kohlenmonoxid um ein Drittel niedriger als für Otto-Pkw. Die Grenzwerte für Stickstoffoxide und Kohlenwasserstoffe sind jedoch beide um etwa den Faktor 3,5 höher. Der EURO 4-Grenzwert wird zumindest für kleinere Diesel-Pkw immer noch ohne Abgasnachbehandlung erreichbar sein. Die Minderung der Emissionsfaktoren unter realen Bedingungen wie Kaltstart, verschiedene Straßentypen und Katalysatoralterung wurde vom Umweltbundesamt in Zusammenarbeit mit dem Verband der Automobilindustrie berechnet (TAPPE et al., 1996). Dementsprechend werden sich mit dem EURO 4-Grenzwert die Emissionsfaktoren für Pkw mit Ottomotor gegenüber dem Jahr 1987 um 89 % für Kohlenmonoxid und um 96 % sowohl für die Kohlenwasserstoffe als auch für die Stickstoffoxide verringern. Für Diesel-Pkw betragen die Minderungsraten für Kohlenmonoxid 82 %, für Stickstoffoxide 74 %, für Kohlenwasserstoffe und Dieselrußpartikel jeweils 89 %.

785. Daraus geht hervor, dass an Diesel-Pkw insgesamt schwächere Anforderungen angelegt werden als an Pkw mit Ottomotor. Der Umweltrat ist jedoch der Meinung, dass eine Ungleichbehandlung der unterschiedlichen Motortypen jeglicher Berechtigung entbehrt und angesichts des stetig steigenden Anteils an Diesel-Pkw in der Fahrzeugflotte kontraproduktiv ist. Er fordert deshalb, dass sich Grenzwerte zumindest am technisch und ökonomisch problemlos Realisierbaren orientieren und dass die Abgasnachbehandlung für Diesel-Pkw verbindlich vorgeschrieben wird. Dies kann durch eine entsprechende Verschärfung der Grenzwerte geschehen. Auch wenn das Auto-Öl-Programm der EU vorerst abgeschlossen wurde, fordert der Umweltrat die Bundesregierung auf, neue Schritte zur Weiterentwicklung der europäischen Abgasgrenzwerte zu initiieren.

Dieselrußemissionen

786. Im Umweltgutachten 1994 hat der Umweltrat einen Vergleich der Wirkungspotentiale von Emissionen aus Ottomotoren mit und ohne Katalysator und von Dieselmotoren vorgenommen (SRU, 1994, Tz. 677 ff.). Danach ist die weitaus stärkste Risikominderung des kanzerogenen Potentials von Kfz-Abgasen durch eine Partikelminderung durch Filterung von Dieselmotorabgasen zu erreichen. Mögliche Gesundheitsgefährdungen durch Dieselrußpartikel werden in Abschnitt 2.4.6.3.3.3 besprochen.

Neben dem Risikovergleich des Umweltrats liegt nun ein weiterer Vergleich des kanzerogenen Potentials der Abgase von Diesel- und Otto-Pkw vor (HEINRICH et al., 1999). Gegenüber der Arbeit des Umweltrats wurde unter anderem die Stoffauswahl modifiziert und die Bewertung auch auf die nichtkanzerogene Wirkung und auf unterschiedliche Abgasreinigungssysteme ausgedehnt. Es wurde deutlich, dass die kanzerogene Wirkung wesentlich durch Partikel, Benzol und PAK, die nichtkanzerogene Wirkung durch NO_2, Partikel und Formaldehyd bestimmt wird. Insgesamt führen die Emissionen des Dieselmotors bei Pkw und Stadtbussen, verglichen mit den Antriebsarten Ottomotor und Erdgasmotor, in allen betrachteten Abgasminderungsstufen zu einem höheren relativen Gesundheitsrisiko. Allerdings sind die Unterschiede bei EURO 4 bereits erheblich geringer als bei EURO 2. Durch die Einführung des Partikelfilters, insbesondere bei Diesel-Pkw, können diese Unterschiede bei den kanzerogenen Wirkungen jedoch weitestgehend aufgehoben werden (Abb. 2.4.4-14).

Unsicheren Schätzungen zufolge wurden 1989 im alten Bundesgebiet ca. 70 000 t Dieselruß emittiert, wovon 60 % auf Nutzfahrzeugen und weitere 20 % auf Pkw beruhten. Anstrengungen zur Emissionsminderung müssen sich zuerst auf den Verkehrssektor, landwirtschaftliche und Baumaschinen sowie sonstige Nutzfahrzeuge konzentrieren (LAI, 1992). In der bisherigen Abgasgesetzgebung, einschließlich der Euro 4-Norm für Nutzfahrzeuge, wird bisher lediglich die Masse der PM10-Fraktion begrenzt. Dazu reicht es aus, die größeren, überwiegend nicht alveolengängigen Partikel, die gegenüber der Summe der kleineren Partikel nur eine relativ kleine Oberfläche und deshalb das geringere kanzerogene Potential besitzen, zu reduzieren. Notwendig wäre hingegen die Begrenzung der Partikeloberfläche oder der Partikelanzahl, die mit der Partikeloberfläche eng korreliert ist (Tz. 1014 ff.).

Allerdings bereitet die Bestimmung von Partikelzahlen messtechnisch große Schwierigkeiten. Störeinflüsse physikalischer und chemischer Natur bei der Probenahme und bei der Messung können die Ergebnisse beeinträchtigen und zum Teil sogar grundlegend verfälschen. Zwar zeichnen sich erste praxistaugliche Verfahren ab (BISCHOF und HORN, 1999; MOON und DONALD, 1997), für Untersuchungen, wie sie im Rahmen der Abgassonderuntersuchung durchgeführt werden, werden sie aber noch einige Zeit nicht zur Verfügung stehen.

Mit der Verringerung der Schwefelgehalte im Dieselkraftstoff (Tz. 781) wird die Emission der feinsten Dieselrußpartikel ohnehin zurückgehen. Der Minderung der Dieselrußpartikel bis zu Größen um 2,5 μm durch motortechnische Maßnahmen, wie die Optimierung der Einspritzung zur Beeinflussung des Verbrennungsvorgangs (Hochdruckeinspritzung), sind jedoch enge Grenzen gesetzt, zumal die Konstanz eingestellter Einspritzwerte nicht gegeben ist. Nach dem Stand der Technik werden die Euro 4-Grenzwerte zum Jahr 2006 erstmals in Teilbereichen die Einführung von Partikelfiltern erfordern (UBA, 1999).

Abbildung 2.4.4-14

Summe der relativen kanzerogenen Potenz ausgewählter Bestandteile von Pkw-Emissionen im Innerortverkehr [m³/km]

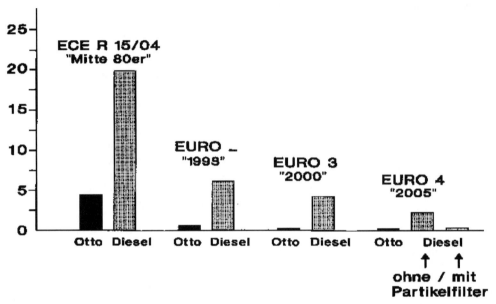

Quelle: HEINRICH et al., 1999

787. Partikel werden in Filtern physikalisch abgeschieden und akkumuliert, so dass Filter eine regelmäßige Regenerierung erfordern. Hierzu gibt es verschiedene, in der Praxis erprobte Verfahren. Filter weisen naturgemäß ihre höchste Wirksamkeit gegenüber den relativ größten Partikeln auf, weshalb Abgase nach der Filterpassage eine *relative* Erhöhung der Anteile der ultrafeinen und Nanopartikel aufweisen. Absolut werden aber auch sie gemindert. Es ist nachgewiesen, dass Partikelfilter in Kombination mit Kraftstoffadditiven zumindest im stationären Betrieb die Partikelmasse über sämtliche Größenklassen um über 99 Prozent reduzieren können (RODT, 1999). Bei der Regeneration der Filter muss allerdings darauf geachtet werden, dass keine Sekundäremissionen, insbesondere keine zusätzlichen lungengängigen Feinpartikel entstehen. Die Serienreife der Rußfilter für Nutzfahrzeuge wurde bereits vor Jahren belegt (RODT, 1999). Heute kommen sie erst vereinzelt bei schweren Nutzfahrzeugen zum Einsatz. Erste Pkw-Modelle mit Partikelfilter sind angekündigt.

Da die hohe potentielle Wirksamkeit bestimmter Partikelfilter gegenüber Partikeln jeder Größe eine nach Größenklassen differenzierte Grenzwertlegung erübrigt und die kanzerogenen Partikelemissionen weitgehend mindern kann, setzt sich der Umweltrat für die verbindliche Einführung von Partikelfiltern für alle dieselgetriebenen Nutzfahrzeuge und Pkw ein. Über den Umweg einer deutlichen und kontinuierlichen Verschärfung der Grenzwerte für die Partikelmasse können auch ultrafeine und Nanopartikelemissionen und damit die Belastung der Luft mit kanzerogenen Partikeln wesentlich verringert werden, wenn die Wirksamkeit der Filter über das gesamte Größenspektrum der Partikel gegeben ist. Der Risikovergleich des Umweltbundesamtes kommt unter anderem zu dem Ergebnis, dass der Einsatz des Partikelfilters das kanzerogene Potential der Dieselabgase auf das der Abgase von Ottomotoren reduzieren kann (HEINRICH et al., 1999). Bis neue Grenzwerte im Rahmen künftiger Euro-Normen festgelegt werden und in Kraft treten, hält der Umweltrat eine Differenzierung der Kfz-Steuer für Dieselfahrzeuge zuungunsten von Fahrzeugen ohne Partikelfilter für erforderlich. Jedoch erfordert auch die Steuerlösung eine Ermächtigung durch die Europäische Union.

2.4.4.2.8.3 Minderung der Kraftstoffverbräuche

788. Die CO_2-Emissionen von Fahrzeugen korrelieren (bei kohlenstoffhaltigen Kraftstoffen) direkt mit dem

Kraftstoffverbrauch. Dabei wird je Liter verbrannten Dieselkraftstoffs etwas mehr Kohlendioxid frei als bei der Verbrennung des gleichen Volumens Ottokraftstoff. Der Unterschied in den volumenbezogenen Emissionsfaktoren gleicht die günstigeren Verbrauchswerte der Dieselmotoren aus, so dass hinsichtlich der CO_2-Emissionen Diesel getriebene Fahrzeuge keine wesentlichen Vorteile gegenüber Fahrzeugen mit Ottomotor bieten.

Das Potential zur Verbrauchsminderung durch motortechnische Maßnahmen wird derzeit mit 20 bis 30 % bewertet (UBA, 1999 und Verweise darin). Die mit der Realisierung der Einsparpotentiale verbundenen Kosten sind in Abbildung 2.4.4-15 dargestellt. Die Darstellung macht deutlich, dass sowohl Otto- als auch Dieselmotoren gegenüber dem heutigen Stand noch über erhebliche Entwicklungspotentiale verfügen, deren Realisierung am Markt allerdings stark von gesetzlichen und politischen Randbedingungen sowie den zukünftigen Kraftstoff- und Herstellungskosten beeinflusst wird.

Weitere wesentliche Verbrauchsminderungen lassen sich durch die Optimierung des Roll- und Luftwiderstandes, die zusätzliche Optimierung des Antriebsstranges, Gewichtseinsparung und die Anpassung von Fahrzeuggröße und Motorleistung auf das notwendige Maß erzielen. Allein die Minderung der Leerlaufemission kann im Stadtverkehr bis zu 30 % der CO_2-Emissionen einsparen (UBA, 1999).

Mit 18 % der CO_2-Emissionen trägt der Straßenverkehr wesentlich zu den nationalen Treibhausgasemissionen bei. Wegen des steigenden Anteils des Straßenverkehrs an den gesamten CO_2-Emissionen und wegen des großen Einsparpotentials sind Maßnahmen zur allgemeinen Minderung der Kraftstoffverbräuche von großer Bedeutung für den Klimaschutz.

789. Der Europäische Umweltrat hat 1998 in diesem Zusammenhang eine freiwillige Erklärung der europäischen Automobilhersteller (ACEA) akzeptiert, wonach diese sich verpflichten, bis 2008 die durchschnittlichen CO_2-Emissionen von neu zugelassenen Pkw durch technische Maßnahmen von 187 g/km um 25 % auf 140 g/km zu verringern (KOM(98)495, endg.). In Verhandlungen mit den koreanischen und japanischen Automobilherstellern konnte in der Zwischenzeit eine ähnlich lautende Vereinbarung erreicht werden. Die Kommission strebt darüber hinaus an, durch nichttechnische Maßnahmen die mittleren spezifischen Emissionen um weitere 20 g/km auf 120 g/km zu senken. Dies soll unter anderem durch Beeinflussung der Kaufentscheidungen hin zu kleineren Wagen, also durch nichttechnische Maßnahmen und Marktverschiebungen erreicht werden. Im Falle der Nichterfüllung der ACEA-Erklärung zieht die Kommission die Verabschiedung von CO_2-Grenzwerten für Pkw in Betracht.

Abbildung 2.4.4-15

CO_2-Emissionsminderungspotentiale und zusätzliche Herstellungskosten zukünftiger Pkw-Antriebssysteme

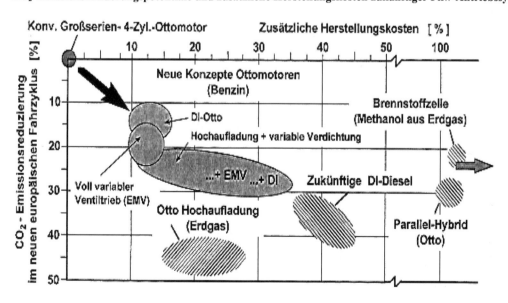

EMV: Elektromechanische Ventilsteuerung
DI-Otto: Direkteinspritzende Ottomotoren
Quelle: PISCHINGER, 1999

Zwischen 1997 und 1999 nahm die durchschnittliche CO_2-Emission der zwischen Januar und April neu zugelassenen Pkw um etwa 2 % ab. Insgesamt war die Emissionsminderung zur Hälfte auf technische und nichttechnische Veränderungen bei den Dieselfahrzeugen zurückzuführen. Als technische Maßnahme trug die Einführung direkteinspritzender Dieselmotoren bei. Als nichttechnische Maßnahme spielte der steigende Marktanteil der Dieselfahrzeuge eine Rolle. Bei den Pkw mit Ottomotor blieb die Entwicklung dahinter zurück. Trotz eines Marktanteils von 80 % ging lediglich die Hälfte der spezifischen Emissionsminderung auf ihr Konto (UBA, 1999). Dies beruht unter anderem darauf, dass die Einsparpotentiale bei Ottomotoren bei den bis dahin üblichen Schwefelgehalten bereits zu einem höheren Grad realisiert waren. Um ihre Verpflichtung zu erfüllen, muss die ACEA ihre Anstrengungen gegenüber diesen ersten Ergebnissen deutlich verstärken.

Lücken in der ACEA-Erklärung und in den Maßnahmen der Europäischen Union zeigen sich unter anderem bei der Ermittlung der Kraftstoffverbräuche bzw. der CO_2-Emissionen selbst. Zusatzaggregate wie Klimaanlagen, deren Betrieb zu einem realen Anstieg der Emissionen eines Kraftfahrzeuges führt, werden nicht berücksichtigt. Das einzige derzeit als Drei-Liter-Auto bezeichnete Fahrzeug erfüllt diesen Anspruch nur beim Fahrbetrieb mit aktivierter Schaltautomatik und Leistungsdrosselung des Motors. Außerdem findet eine Verlagerung der Emissionen vom Betrieb zur Produktion statt. Die emissionsmindernde Verringerung des Fahrzeuggewichts wird zu einem guten Anteil durch den Einsatz von Leichtmetallen erreicht, deren Produktion hochgradig energie- und emissionsintensiv ist. Der Effekt für die Minderung der CO_2-Emissionen wird dadurch abgeschwächt. Dabei muss auch berücksichtigt werden, dass die Aluminiumproduktion für fast die gesamten Emissionen der hochwirksamen Treibhausgase Perfluormethan und Perfluorethan verantwortlich ist.

Die immer noch steigende jährliche Fahrleistung und der anhaltende Trend zu größeren und leistungsstärkeren Fahrzeugen wirken den Aktivitäten zur Minderung der spezifischen CO_2-Emissionen von Fahrzeugen entgegen. Die verwirklichten Fahrzeugkonzepte der verbrauchs- und emissionsärmsten Kleinwagen schränken deren mögliche Einsatzfelder zudem ein. Es ist daher fraglich, inwiefern diese tatsächlich größere Fahrzeuge ersetzen oder vielmehr als Zweitwagen Verwendung finden. Als solche hätten sie mit einer geringen Kilometerleistung lediglich ein geringes Potential zur absoluten Emissionsminderung, würden aber durch Produktion, Flächenbedarf etc. zusätzliche Umweltbelastungen hervorrufen.

790. Der Umweltrat fordert deshalb, dass die europaweiten Maßnahmen zur Minderung der spezifischen CO_2-Emission aus Pkw von weitreichenden Maßnahmen zur Verkehrsvermeidung begleitet werden. Viele dieser Maßnahmen können im Gegensatz zur Abgasgesetzgebung auch national erarbeitet und realisiert werden. Nur so kann verhindert werden, dass die (straßen-)verkehrsbedingten CO_2-Emissionen weiter ansteigen werden. Hinsichtlich der spezifischen CO_2-Emission, deren Reduzierung die Automobilindustrie aufgrund ihrer Selbstverpflichtung anstrebt, müssen künftig realitätsnahe Messverfahren angewandt werden. Dabei müssen auch die Zusatzaggregate berücksichtigt werden. Um Anreize zum Kauf sparsamer Fahrzeuge und zu einer kraftstoffsparenden Fahrweise zu vergrößern, hält der Umweltrat nach wie vor die steuerliche Belastung der Schadstofffrachten oder eines damit direkt korrelierenden Parameters für geeignet (Tz. 98; SRU, 1994, Tz. 785 ff.). Schließlich appelliert der Umweltrat an die Automobilindustrie, alternative Konzepte für vollwertige Pkw zu entwickeln und anzubieten. Dabei muss gewährleistet werden, dass Emissionseinsparungen im Betrieb nicht durch die Verwendung energieintensiv hergestellter Werkstoffe kompensiert werden.

2.4.4.3 Schlussfolgerungen und Empfehlungen zum Klimaschutz und zur Luftreinhaltung

2.4.4.3.1 Zu den Zielen

2.4.4.3.1.1 Zum Klimaschutzziel

791. Das deutsche Klimaschutzziel steht im Einklang mit den einschlägigen Forschungsergebnissen (WBGU, 1997; IPCC, 1996a; Enquete-Kommission „Schutz der Erdatmosphäre", 1995). Die Beteiligung aller Akteure bei der Formulierung des Zielkonzepts ebenso wie die systematische Ermittlung von Reduktionsmöglichkeiten fand allerdings erst zu einem viel späteren Zeitpunkt bzw. überhaupt nicht statt (Tz. 39). Aus diesem Manko heraus ist es verständlich, dass in Deutschland zu Beginn der neunziger Jahre Kräfte durch die Auseinandersetzung über die Sinnhaftigkeit und Höhe des Klimaschutzziels gebunden wurden und dadurch Möglichkeiten ungenutzt blieben, frühzeitig Rahmenbedingungen für das Handeln des Einzelnen sowie der Wirtschaft abzustecken und damit strukturelle Veränderungen in Richtung auf eine geringere CO_2-Intensität einzuleiten. Der Umweltrat verweist in diesem Zusammenhang auf seine Ausführungen zur umweltpolitischen Zielfindung in den letzten Umweltgutachten (SRU, 1998 und 1996a). Er begrüßt allerdings angesichts der Dringlichkeit, dem hohen Risiko anthropogen ausgelöster Klimaveränderungen aus Vorsorgegründen entgegenzuwirken, und der richtungsweisenden Wirkung des deutschen Klimaschutzziels bei den internationalen Klimaverhandlungen das Festhalten der Bundesregierung am 25-%-Ziel.

2.4.4.3.1.2 Defizite in der Zielerreichung für den Klimaschutz

792. Der nun weitgehende gesellschaftliche Konsens garantiert indessen nicht das Erreichen des nationalen

Reduktionsziels. Jüngsten Schätzungen zufolge sanken die CO_2-Emissionen in Deutschland zwischen 1990 und 1999 um 15,5 % (ZIESING, 2000). Der weitaus größte Teil dieser Emissionsminderung war vereinigungsbedingt und nicht auf gezielte Klimaschutzmaßnahmen zurückzuführen (ZIESING, 1998). Nach dem Auslaufen der ostdeutschen Sonderentwicklung wurden nur noch geringfügige Emissionsminderungen erreicht.

Mit Ausnahme der perfluorierten Kohlenwasserstoffe waren die Emissionsverläufe der übrigen Treibhausgase des Kyoto-Protokolls durch Stagnation, zum Teil aber auch durch große Zuwächse gekennzeichnet. Deutschland befindet sich folglich nicht auf einem Reduktionspfad, der die Zielerreichung bis 2005 ermöglichen könnte. Vielmehr wird die Diskrepanz zwischen Emissionssituation und Klimaschutzziel weiter wachsen, wenn nicht erhebliche zusätzliche Anstrengungen unternommen werden. Nicht zuletzt die Beendigung der Nutzung der Atomenergie setzt dabei zunehmend enger werdende Grenzen.

Eine grundlegende Ursache für den schleppenden Fortgang der Emissionsminderung der Treibhausgase sieht der Umweltrat darin, dass die Zielformulierung nicht mit der Ausarbeitung einer schlüssigen und umfassenden Strategie zur Zielerreichung verbunden wurde. Das Fehlen einer solchen Strategie zeigt sich auch in der Bewertung der bis zum ersten Klimaschutzbericht der Bundesregierung (BMU, 1994) ergriffenen Maßnahmen durch die Studie „Politikszenarien für den Klimaschutz" (STEIN und STROBEL, 1997). Gerade neun der 116 damals aufgeführten Maßnahmen wurde ein wesentlicher Beitrag zum Erreichen des Klimaschutzziels attestiert. Dem Großteil der Maßnahmen wurde lediglich ein geringer, einer Maßnahme sogar ein kontraproduktiver Effekt beschieden.

Der Umweltrat geht davon aus, dass eine vollständige Zielerreichung bis zum Jahr 2005 inzwischen nur noch durch einschneidende Maßnahmen zu erreichen ist. Das Klimaschutzziel wird also aller Voraussicht nach verfehlt werden (ZIESING, 1999). Absolute Priorität räumt er deshalb der Entwicklung einer Klimaschutzstrategie ein, die gesellschaftlich und ökonomisch verträglich ist und eine langfristige Reduktion der Treibhausgasemissionen über das Jahr 2005 hinaus gewährleistet. Die Gefahr einer Diskreditierung der bisherigen Rolle Deutschlands bei den Klimaverhandlungen, die mit Rückschlägen für den internationalen Klimaschutz verbunden sein kann, sieht der Umweltrat nur, wenn Deutschland das Reduktionsziel deutlich verfehlt und eine solche Strategie bis dahin nicht entwickelt wurde.

2.4.4.3.1.3 Zu den Zielen für andere Luftschadstoffe

793. Die Beteiligung einzelner Luftschadstoffe an unterschiedlichen Umweltproblemen innerhalb der Atmosphäre ebenso wie über die medialen Grenzen hinaus macht eine zusammenführende Betrachtung der relevanten Umweltbereiche bei der Zielfindung und ein hohes Maß an Koordination bei der Wirkungsabschätzung und der Entwicklung von Maßnahmen dringend erforderlich. Ein solcher integrativer Ansatz zeichnet sich in der europäischen Luftreinhaltungspolitik in ersten Zügen ab. Jedoch wertet der Umweltrat die Integration insbesondere des Klimaschutzes in die Zielfindung und die Maßnahmenentwicklung der anderen Problembereiche auf europäischer und besonders auf nationaler Ebene als unzureichend und fordert eine weitergehende Zusammenführung von Klimaschutz und klassischer Luftreinhaltung.

Die übergeordneten Ziele für versauernd wirkende Stoffe und Ozonvorläuferverbindungen sind in internationalen Abkommen formuliert, die wegen des grenzüberschreitenden Transports von Luftschadstoffen gegenüber ausschließlich nationalen Bemühungen eine effektivere Bekämpfung der Umweltprobleme gewährleisten. Die Einbeziehung von ökonomischen und politischen Erwägungen schwächt zwar in der Regel die auf wissenschaftlicher Basis formulierten Forderungen ab, garantiert aber, dass die im Rahmen der internationalen Vereinbarungen eingegangenen Verpflichtungen zur Emissionsreduktion sowohl technisch als auch ökonomisch vertretbar sind. Dass dadurch Umweltziele auch hinter dem Machbaren zurückbleiben können, zeigen die EU-Versauerungsstrategie und der daraus entstandene Richtlinienvorschlag über nationale Emissionshöchstgrenzen für bestimmte Luftschadstoffe (KOM(99)125; Tz. 732).

2.4.4.3.1.4 Zur Integration des Klimaschutzes und der Luftreinhaltung

794. Die Emissionsverläufe für einige wesentliche Luftschadstoffe weisen erhebliche Reduktionserfolge auf, wenngleich weder für SO_2 noch für NO_x und VOC eine Zielerreichung als gesichert gelten kann. Festzustellen ist außerdem, dass ein wesentlicher Anteil der erreichten Emissionsminderung durch das ungebremst steigende Transitverkehrsaufkommen zunichte gemacht wurde. Angesichts der Defizite in der Zielerreichung und zurückgehender jährlicher Emissionsminderungsraten sieht der Umweltrat die Notwendigkeit, neue weitreichende Maßnahmenbündel mit besonderem Nachdruck in den Bereichen Verkehr (NO_x, VOC), stationäre Energieumwandlung (SO_2) und Lösemittelanwendungen (VOC) zu entwickeln. Diese Maßnahmen müssen mit den Klimaschutzmaßnahmen kompatibel sein und sollen gleichzeitig zu einer Verminderung der Treibhausgasemissionen führen.

Die wichtigsten Emissionen von Luftschadstoffen entstehen nach wie vor in allen Bereichen der Nutzung fossiler Energieträger. Weil herkömmliche Abgasbehandlungstechnologien (*end of pipe*-Technologien) nicht zu einer Minderung der CO_2-Emissionen führen können und außerdem einen Entwicklungsstand erreicht haben, von dem aus die Einhaltung schärferer Grenzwerte und weitere Emissionsminderungen nur mit hohem technischen und finanziellen Aufwand zu erreichen sind, muss eine *kombinierte Strategie* des Klimaschutzes und der Luftreinhaltung aus vier Elementen bestehen, deren Priorität der nachstehenden Reihenfolge entspricht:

– Minderung des Einsatzes von Energieträgern ohne Beeinträchtigung der (gesamtwirtschaftlichen) Produktivität. Dies kann unter anderem mit Maßnahmen zur Energieeinsparung, zur Verkehrsvermeidung und durch Öffentlichkeitsarbeit erreicht werden. Da auch die Umwandlung regenerativer Energien mit Emissionen beim Anlagenbau und bei der Bereitstellung verbunden ist, gilt dies auch für regenerative Energien.

– Die Minderung der Entstehung von Luftschadstoffen bei der Energieumwandlung direkt. Hierzu sind Wirkungsgradsteigerungen in allen Bereichen, die Substitution kohlenstoff(C)- und schwefel(S)-reicher Energieträger durch C- und S-arme Energieträger und die Substitution emissionsintensiver Prozesse durch emissionsärmere dringend notwendig, wobei die Qualität der Energiedienstleistung möglichst keine oder nur geringe Einschränkungen erfahren soll. Außerdem müssen weitere Technologien entwickelt und angewendet werden, die höhere Wirkungsgrade besitzen und unter anderem durch geeignete thermodynamische Bedingungen im Verbrennungsraum von Kraftwerksanlagen und Motoren die Entstehung von Stickstoffoxiden weiter vermindern.

– In Anlehnung an die in Tz. 760 f. gestellte Forderung sollte sich die Förderung von regenerativen Energien, von Technologien zur rationellen Energieanwendung und Energieeinsparung und von Technologien zur integrierten Vermeidung und Kontrolle der Umweltverschmutzung an deren potentiellem Beitrag zur Schadstoffvermeidung und zur Energieversorgung, an ihrer Entwicklungsreife und den Schadstoffvermeidungskosten orientieren. Die Verantwortung für die Markteinführung anwendungsreifer Technologien muss in erster Linie beim Anbieter liegen.

– Erst an vierter Stelle sieht der Umweltrat die Notwendigkeit, die bestehenden Technologien der nachgeschalteten Abgasbehandlung weiterzuentwickeln. Erhebliche Wirkung dürfte dabei von Maßnahmen ausgehen, die zur Nachrüstung oder frühzeitigen Stilllegung von Altanlagen und Altkraftfahrzeugen führen.

Zu allen vier Bereichen wurden unter anderem im Auftrag des Umweltbundesamtes zahlreiche Forschungs- und Entwicklungsvorhaben durchgeführt. Der Einsatz integrierter Umweltschutztechniken kann wesentlich zur Erreichung des ersten und des zweiten Ziels beitragen. Anreize dafür können im wesentlichen von einer konsequenten CO_2-Politik ausgehen (vgl. Abschn. 2.2.2.).

2.4.4.3.1.5 Verknüpfung der kombinierten Strategie mit anderen Politikfeldern

795. Klimaschutz ist ein zentraler Bestandteil der Nachhaltigkeitspolitik. Eine *kombinierte Klimaschutz-/Luftreinhaltungsstrategie* muss deshalb außer der ökologischen auch die wirtschaftliche und gesellschaftliche Nachhaltigkeit gewährleisten. Dies kann nur durch eine Integration der *Strategie* in die Politikbereiche Wirtschaft, Arbeit, Verkehr, Wohnen etc. geschehen. Diesbezüglich wird auf die Ausführungen in Kapitel 1.3 verwiesen. Der Verkehrsbereich ist in Deutschland nicht nur für einen Großteil der Luftschadstoffemissionen verantwortlich. Flächeninanspruchnahme durch Verkehrswegebau, Verkehrslärm und andere verkehrsbedingte Gesundheitsbeeinträchtigungen belasten Umwelt und Gesellschaft zusätzlich. Deshalb verspricht die Einbeziehung des Klimaschutzes in die Verkehrspolitik eine besondere Effizienz. Kurzfristige Maßnahmen sollten zu einer Steigerung der Konkurrenzfähigkeit derjenigen Verkehrs- und Transportsysteme führen, die mit den geringsten Umweltbelastungen verbunden sind. Mittel- und langfristige Maßnahmen müssen auf einen Umbau der Verkehrsstrukturen in Deutschland, auf die Schaffung von verkehrsvermeidenden, flächenextensiven und gesellschaftsverträglichen Siedlungs-, Wohn- und Arbeitsstrukturen zielen. Zur Anlastung der externen Kosten (Verkehrsinfrastruktur ebenso wie Umweltschäden), die eine grundlegende Voraussetzung hierfür ist, verweist der Umweltrat auf sein Umweltgutachten 1996 (SRU, 1996a, Kap. 5).

2.4.4.3.1.6 Ökonomische Aspekte der Umsetzung wirksamer klimaschutzpolitischer Maßnahmen

796. Hinsichtlich der wirtschaftlichen Bewertung von Klimaschutzmaßnahmen muss zwischen einzel- und gesamtwirtschaftlichen Kosten unterschieden werden.

Für die Entscheidungsträger in der Klimapolitik, die über Umfang und zeitliche Verteilung von Klimaschutzmaßnahmen entscheiden, ist die gesamtwirtschaftliche Perspektive zur Beurteilung ihrer Politikoptionen maßgeblich. Im Hinblick auf Kosten interessiert hier die Frage, inwiefern ihre Politik mit anderen gesamtwirtschaftlichen Zielen wie Beschäftigungszuwachs und Sozialproduktswachstum vereinbar ist. Die enorme Bandbreite makroökonomischer Auswirkungen in den einzelnen wissenschaftlichen Untersuchungen über diese Fragen (MEYER et al., 1999; KOHLHAAS et al., 1998; HILLEBRAND et al., 1997; WELSCH, 1996) spiegelt die teilweise erhebliche Variation der makroökonomischen Einbettung von klimapolitischen Maßnahmen wider. So hängt beispielsweise der Beschäftigungseffekt einer CO_2-Steuer wesentlich davon ab, welche Reaktionen dem Tarifpartner im Modell unterstellt werden. Entscheidend für die makroökonomischen Wirkungen ist also nicht die eigentliche Klimapolitik, sondern der wirtschaftspolitische Rahmen, in den die einzelne Maßnahme eingebettet wird (OSTERTAG et al., 1998, S. 22 ff.).

Allen gesamtwirtschaftlichen Analysen ist gemeinsam, dass sie die vermiedenen externen Kosten nicht berücksichtigen. Da hierin jedoch der primäre Nutzen der Klimapolitik zum Ausdruck kommt, der gegen die Kosten abzuwägen ist, sollte dieser Aspekt zumindest qualitativ berücksichtigt werden. Die Schwierigkeiten liegen in naturwissenschaftlichen Unsicherheiten, in der Wahl der Methoden zur Diskontierung und u. a. auch in der monetären Bewertung von Ökosystemen oder gar von Todesfolgen. Die Bandbreite der spezifischen externen Kosten zwischen 30 und knapp 1 000 DM pro emittierter Tonne CO_2 ist Ausdruck dieser Schwierigkeiten (vgl. RABL, 1996; IPCC, 1996b; HOHMEYER und GÄRTNER, 1994).

Zusätzlich zur Reduktion der Treibhausgasemissionen führen CO_2-spezifische Maßnahmen auch zu weiteren Umweltentlastungen im Bereich anderer Luftschadstoffe. Die damit verbundene Reduktion der externen Kosten müsste folglich noch zu den vermiedenen externen Kosten des Klimawandels hinzugerechnet werden.

797. Allerdings kann es Maßnahmen des Klimaschutzes geben, die gesamtwirtschaftlich rentabel, einzelwirtschaftlich jedoch unrentabel sind. Die Ursache hierfür können Wirkungsbrüche sein, die verhindern, dass höhere Energie- bzw. Emissionspreise an alle Beteiligten in der Kette der konsekutiven Verursacher der Emissionen weitergegeben werden. Um dennoch den gesamtwirtschaftlich rentablen Maßnahmen zur Umsetzung zu verhelfen, bedarf es eines die Auspreisung ergänzenden Instrumentariums.

Darüber hinaus gibt es eine Reihe von Optionen zur Emissionsminderung, bei denen sich die notwendigen Investitionskosten innerhalb verhältnismäßig kurzer Zeit amortisieren und damit zu einzelwirtschaftlichem und gesamtwirtschaftlichem Nutzen führen. Verschiedene Abschätzungen des sogenannten *no regret*-Potentials ergaben, dass auf diese Art circa 20 % der deutschen CO_2-Emissionen vermieden werden können (Enquete-Kommission, 1990). Der Umweltrat fordert, die Realisierung des *no regret*-Potentials prioritär zu verfolgen. Die Auspreisung der Emissionen (vgl. Tz. 97 ff., 1818 ff.) kann dazu einen wesentlichen Beitrag leisten.

2.4.4.3.2 Zu einzelnen Maßnahmen

Klimaerklärung der deutschen Wirtschaft

798. In einigen Branchen der deutschen Wirtschaft konnten seit 1990 die spezifischen CO_2-Emissionen deutlich gesenkt werden. Die kausale Zuordnung zu Klimaschutzmaßnahmen ist allerdings fraglich. Im Jahr 1997 ist ein deutlicher, unter anderem konjunktur- und witterungsbedingter Anstieg der absoluten Emissionen eingetreten. Die Nachvollziehbarkeit der Klimaschutzanstrengungen der deutschen Wirtschaft aufgrund der Selbstverpflichtungserklärung von 1995/96 ist umstritten. Aus dem bisherigen Monitoring des Rheinisch-Westfälischen Instituts für Wirtschaftsforschung muss geschlossen werden, dass die Selbstverpflichtung in ihrer jetzigen Form keinen nennenswerten Beitrag zum Klimaschutz leistet.

Der Umweltrat geht davon aus, dass für den Klimaschutz ausschließlich die Minderung der tatsächlichen Emissionen von Bedeutung ist, und fordert deshalb, bei der Weiterentwicklung der Erklärung sich ausschließlich auf die absoluten Emissionen der teilnehmenden Branchen als Basis- und Zielgröße zu beziehen. Eine Bereinigung der Daten sollte aus demselben Grund nicht stattfinden. Statt dessen sollten Basis- und Zielgröße nicht auf einen Zeitpunkt, sondern auf einen Zeitraum von mehreren Jahren bezogen werden. Die Mittelung gleicht saisonale und kurzfristige konjunkturelle Schwankungen aus und ist mit geringeren Unsicherheiten behaftet als ein Bereinigungsverfahren. Die Anforderung, dass die Emissionsreduktion durch besondere Anstrengungen entstehen muss, sollte entfallen und durch eine graduelle Verschärfung des Reduktionsziels ausgeglichen werden. Insgesamt könnten die Vorschläge zu einer Abschwächung der Verpflichtung führen. Die höhere Verbindlichkeit und die Nachvollziehbarkeit reichen aber aus, um dies auszugleichen.

Sollte in den nächsten Monitoringberichten die Wirksamkeit der Selbstverpflichtung nicht überzeugend dargelegt werden können, hält es der Umweltrat für erforderlich, alternativ die bisher ausgesetzte Wärmenutzungsverordnung zu realisieren.

Energieeinsparverordnung

799. Die Energieeinsparverordnung soll als Zusammenführung der Dritten Wärmeschutzverordnung und der Heizungsanlagenverordnung den Energiebedarf überwiegend der Neubauten reduzieren. Der Umweltrat begrüßt grundsätzlich die Konzeption des Entwurfs der Verordnung. Er hält aber bis zur Verabschiedung der Verordnung noch einige Änderungen für angebracht: Die Höchstwerte für Primärenergie-, Heizenergie- und Heizwärmebedarf sollten nicht wie im Entwurf vorgesehen vom Verhältnis der Gebäudeoberfläche zum umbauten Raum, sondern ausschließlich von der Gebäudefläche abhängig sein, da andernfalls eine stark gegliederte Bauweise durch schwächere Anforderungen begünstigt wird. Das vereinfachte Verfahren für kleinere Wohngebäude sollte ersatzlos gestrichen werden, da es gegen die umfassende Konzeption verstößt, Gestaltungsspielräume einschränkt, keine wesentlichen Vereinfachungen in der Bauplanungsphase mit sich bringt und zudem kostenerhöhend wirken kann. Die Bevorzugung der elektrischen Wärmebereitstellung an unterschiedlichen Stellen des Entwurfs ist aus primärenergetischer und ökologischer Sicht unsinnig und

sollte in die endgültige Fassung der Energieeinsparverordnung ebenfalls keinen Eingang finden. Schließlich wird es unerlässlich sein, den Vollzug der künftigen Energieeinsparverordnung effizienter zu regeln, als dies bei der Dritten Wärmeschutzverordnung der Fall war.

Der Umweltrat weist ausdrücklich darauf hin, dass das wesentliche Energieeinsparpotential nicht im einfach zu regulierenden Neubaubereich, sondern im, dem Ordnungsrecht nur schwer zugänglichen, Gebäudebestand liegt. Die Instrumente Energiebedarfsausweis und Heizkostenspiegel können in diesem Bereich im Zusammenhang mit Förder- und Informationsmaßnahmen wesentlich zur Emissionsminderung beitragen.

100 000-Dächer-Programm

800. Mit dem 100 000-Dächer-Programm wird die Installation von Photovoltaikanlagen mit einer bestimmten installierten Spitzenleistung gefördert. Gemessen am Beitrag, den die Photovoltaik in absehbarer Zeit zur Energieversorgung leisten kann, und gemessen an den CO_2-Vermeidungskosten kann die Förderung der Photovoltaik in Deutschland derzeit nicht als nennenswerten Beitrag zum Klimaschutz bezeichnet werden. Allenfalls könnte die Förderung der Photovoltaik zur Schaffung von Arbeitsplätzen führen. Im übrigen besteht die Gefahr, dass andere Techniken, die derzeit schon zu niedrigeren Kosten ein höheres CO_2-Vermeidungspotential haben, durch ungleiche Förderung Nachteile am Markt erleiden. In Gebieten mit höherem Strahlungsangebot (äquatornah) oder in Inselanwendungen sieht der Umweltrat hingegen Möglichkeiten zum effektiven und wirtschaftlichen Einsatz der Photovoltaik. Er fordert, die Förderung und den Einsatz dieser Technologien von der Bewertung ihres potentiellen Beitrags zur Energieversorgung und von ihren CO_2-Vermeidungskosten abhängig zu machen und ihren Einsatz innerhalb einer Nachhaltigkeitsstrategie aufeinander abzustimmen.

Sommersmogregelung

801. Angesichts des abnehmenden Trends der Ozonspitzenwerte in den neunziger Jahren und jüngerer Forschungsergebnisse hält der Umweltrat die Novellierung des Ozongesetzes für ungeeignet und überwiegend wirkungslos. Statt dessen müssen Stickstoffoxid- und Kohlenwasserstoffemissionen dauerhaft verringert werden. Solche Maßnahmen müssen über Europa hinaus ergriffen werden.

Zur Verminderung der Stickstoffoxidemissionen auf nationaler Ebene hält der Umweltrat langfristige Maßnahmen zur Verkehrsvermeidung und -verlagerung für dringend geboten. Sie sollten durch die verbindliche Einführung von Abgasreinigungssystemen für alle dieselgetriebenen Fahrzeuge und die Einbeziehung von Altfahrzeugen in die Emissionsminderung ergänzt werden. Energieeinsparung und rationale Energieanwendung sollten durch Wirkungsgradsteigerungen im Kraftwerksbereich einen weiteren Beitrag leisten. Eine Verschärfung der Anforderungen der 13. Bundes-Immissionsschutzverordnung hält der Umweltrat wegen der in diesem Bereich schon erreichten Emissionsminderungen und aus Kostengründen derzeit nicht für geboten.

Bezüglich der Kohlenwasserstoffemissionen müssen mit Nachdruck die Emissionen aus der lösemittelverarbeitenden Industrie und aus der Anwendung lösemittelhaltiger Produkte in Gewerbe und Haushalten verringert werden. Besondere Aufmerksamkeit muss dabei den Lösemitteln mit hohem Ozonbildungspotential gelten. Außerdem müssen Emissionen unverbrannter Kohlenwasserstoffe aus motorisierten Zweirädern begrenzt werden.

Störfallverordnung

802. Die Änderung der Störfallverordnung im April 1998 hat zu einer Gleichbehandlung von Personen innerhalb und außerhalb des Betriebes geführt. Zusätzlicher Änderungsbedarf ergibt sich durch die Seveso-II-Richtlinie, nach der nur noch auf das Vorhandensein bestimmter gefährlicher Stoffe in bestimmten Mengen in Betriebsbereichen abgestellt wird, während die Störfallverordnung auf bestimmte Anlagen Bezug nimmt. Dadurch wird der sachliche Anwendungsbereich des Störfallrechts zum einen um nicht-genehmigungsbedürftige Anlagen und zum anderen um Neben- und Infrastruktureinrichtungen erweitert. Dies führt zu einer an sich sinnvollen Gesamtbetrachtung. Mit der Vergrößerung des Bezugobjektes (Betriebsbereich anstelle von Anlage) wurden allerdings die Schwellenwerte für die gefährlichen Stoffe überwiegend deutlich angehoben, wobei gefährliche Stoffe nur begrenzt als Einzelstoffe aufgeführt, im übrigen aber lediglich durch Kriterien der Gefährlichkeit der Stoffe gekennzeichnet sind. Insoweit führt die Seveso-II-Richtlinie zu einer Abschwächung der Störfallvorsorge.

Drei Bundesländer hatten in einem Verordnungsentwurf eine deckungsgleiche Übernahme der Anforderungen der Seveso-II-Richtlinie unter Wegfall des bisherigen Störfallrechts vorgeschlagen (1:1-Lösung), während die Bundesregierung in ihrem Verordnungsentwurf eine additive Lösung, bei der die Regelungen der Störfallverordnung beibehalten und um die weitergehenden Anforderungen der Seveso-II-Richtlinie ergänzt werden, favorisiert. Bei einer deckungsgleichen Umsetzung der Seveso-II-Richtlinie wird damit gerechnet, dass über die Hälfte der etwa 8 000 störfallrelevanten Anlagen nicht mehr dem Geltungsbereich einer Störfallregelung fallen würden.

Der Entwurf der Bundesregierung wurde mit weitreichenden Änderungen, die im Ergebnis eine weitgehende Annäherung an den Länderentwurf darstellen vom Bundesrat gebilligt. Dabei ist der im Regierungsentwurf enthaltene Stoffkatalog um circa 90 % reduziert worden. Darüber hinaus wurden die anlagenbezogenen Regelungen des Regierungsentwurfs fast vollständig gestrichen. Dies führt dazu, dass insbesondere kleine Betriebsbereiche, in denen nur eine Anlage betrieben wird, aber auch große Industriestandorte, auf deren Gebiet mehrere unterschiedliche Betreiber Anlagen unterhalten, nicht mehr dem Störfallrecht unterfallen werden. Nach Auffassung des Umweltrates resultiert daraus eine erhebliche Absenkung des Schutzes vor Störfällen. Auch wenn gegenwärtig noch nicht alle Implikationen eines neuen Störfallrechts abzusehen sind, hält der Umweltrat eine anspruchsvolle Regelung, die nicht hinter dem bisherigen Zustand zurückbleibt, für notwendig. Der Umweltrat empfiehlt ferner, anlässlich der Novellierung die drei störfallbezogenen Verwaltungsvorschriften zusammenzufassen und entsprechend zu erweitern, um einen verbesserten bundeseinheitlichen Vollzug zu gewährleisten.

Richtlinie über Emissionsgrenzwerte für Verbrennungsmotoren

803. Ergänzend zu den bestehenden Regelungen, die Verbrennungsmotoren in Kraftfahrzeugen betreffen, werden in der Richtlinie über Emissionsgrenzwerte für Verbrennungsmotoren Vorschriften auch für Abgase von Verbrennungsmotoren in mobilen Maschinen erlassen. Zum einen wird ein detailliertes Typengenehmigungsverfahren geschaffen, zum anderen werden für Dieselmotoren Emissionsgrenzwerte eingeführt. Dadurch sollen die Partikelemissionen von Dieselfahrzeugen um 67 Prozent reduziert werden. Der Umweltrat unterstützt diesen weitreichenden Ansatz zur Festsetzung von Emissionsgrenzwerten, hält aber auch Regelungen für mobile Benzinmotoren sowie für Motoren von land- und forstwirtschaftlichen Zugmaschinen für erforderlich.

21. Bundes-Immissionsschutzverordnung – Vermeidung der betankungsbedingten Tankstellenemissionen von Ottokraftstoff

804. Die 21. BImSchV hat eine Pflicht zur Nachrüstung von Tanksäulen mit Gasrückführungsanlagen zur Verringerung von betankungsbedingten Emissionen von Ottokraftstoff (Kohlenwasserstoffe und Benzol) eingeführt. Die aktuelle Situation ist jedoch durch häufige Fehlfunktionen der Anlagen bis hin zu unbemerkten Totalausfällen gekennzeichnet. Der Umweltrat fordert daher in Anlehnung an die 51. Umweltministerkonferenz die Ausstattung aller gasrückführungspflichtigen Tankstellen mit Schnelltestsystemen zur regelmäßigen Funktionskontrolle und innerhalb einer Übergangsfrist die Ausrüstung mit automatischen Überwachungseinrichtungen. Dies kann im Rahmen einer Selbstverpflichtungserklärung der Mineralölwirtschaft geschehen.

Zur Umsetzung der Europäischen Luftreinhaltepolitik und zur Zukunft der TA Luft

805. Die TA Luft (1. BImSchVwV) enthält für die Genehmigung von Anlagen relevante Regelungen zur Luftreinhaltung. Sie wurde zuletzt 1986 novelliert und spiegelt daher den aktuellen Stand der wissenschaftlichen Erkenntnis und der Technik nicht mehr wider. Sie ist zum Teil auch durch die inzwischen verabschiedeten Richtlinien der Europäischen Union im Bereich der Luftreinhaltung überholt. Zudem gibt es inzwischen eine Reihe von Regelungen, die der Umsetzung von EG-Richtlinien im Bereich der Luftreinhaltig dienen, die aus Gründen der Rechtsverbindlichkeit nicht in die TA Luft integriert werden können. Deren Zahl wird künftig weiter steigen.

Der Umweltrat spricht sich dafür aus, eine Novellierung der TA Luft mit der noch ausstehenden nationalen Umsetzung von EG-Richtlinien auf der Ebene einer Rechtsverordnung zu verbinden, sämtliche untergesetzlichen Regelungen im Bereich der Luftreinhaltung darin zusammenzufassen und schließlich den Zeitrahmen und weitere Inhalte mit den geplanten, weiteren Tochterrichtlinien zur Luftqualitätsrahmenrichtlinie abzustimmen.

Immissionsgrenzwerte der TA Luft sollten neben dem Schutz der menschlichen Gesundheit und dem Schutz vor erheblichen Beeinträchtigungen künftig auch den Schutz der Ökosysteme bezwecken. Dies beinhaltet einerseits die Übernahme der Immissionsgrenzwerte der europäischen Luftreinhalterichtlinien, andererseits die Einbeziehung neuerer Kenntnisse über die human- und ökotoxischen Eigenschaften der übrigen bereits in der TA Luft geregelten Stoffe, sowie die Prüfung, ob für bisher nicht geregelte Stoffe Immissions- oder Emissionsgrenzwerte in der TA Luft festgelegt werden sollten. Mit den in der TA Luft beschriebenen Verfahren zur Ermittlung des Beurteilungsgebietes und zur Abschätzung der durch eine Anlage verursachten, zusätzlichen Belastung werden bislang der Wirkungsbereich einer Anlage sowie die Höhe der ihr zuzuschreibenden Immissionen systematisch unterschätzt. Der Umweltrat fordert daher, die Grundlagen des Genehmigungsverfahrens auf eine Basis zu stellen, die dem Stand der Ausbreitungsrechnung entspricht. Dabei sollten Orte, an denen Immissionen unter anderem wegen überdurchschnittlich langer Aufenthaltsdauer von Menschen in diesem Bereich oder wegen Vorhandensein besonders empfindlicher Ökosysteme ihre größte Wirksamkeit entfalten können, gesondert berücksichtigt werden.

Kraftstoffqualitäten

806. Die Richtlinie 98/70/EG sieht die Einführung neuer Kraftstoffqualitäten in zwei Stufen bis 2005 vor. Im wesentlichen werden durch die Richtlinie die Grenzwerte für den Schwefel-, Benzol- und Aromatengehalt neu definiert. Die Richtlinie stellt einen wesentlichen Schritt in Richtung auf saubere Kraftstoffe dar. Jedoch zeigt der Vergleich mit bereits in Kalifornien, Japan und in Teilen Skandinaviens eingeführten Kraftstoffqualitäten, dass stärkere Reduktionen des Schwefel-

und Aromatengehaltes möglich gewesen wären. So wird erst der ab 2005 verbindlich einzuführende Schwefelgehalt von 50 ppm die Einführung des verbrauchsarmen Ottomagermotors erlauben. Die Festschreibung des Aromatengehaltes auf 35 % erschließt das wichtigste Minderungspotential für das kanzerogene Benzol nur zum Teil. Eine stärkere Begrenzung wäre vor dem Hintergrund des Richtlinienvorschlages über Benzol und Kohlenmonoxid in der Luft wichtig gewesen.

Der Umweltrat begrüßt die in diesem Zusammenhang beschlossene steuerliche Förderung für schwefelarme und schwefelfreie Kraftstoffe, merkt aber an, dass diese zu einem zu späten Zeitpunkt einsetzt. National sowie auf europäischer Ebene sollte der Absenkung der Aromatengehalte mehr Aufmerksamkeit geschenkt werden. Darüber hinaus sollten künftig auch die Schwefelgehalte von in der (Binnen-)Schifffahrt eingesetzten Kraftstoffen reduziert werden.

Abgasgrenzwerte

807. Mit der Richtlinie 98/69/EG treten bis zum Jahr 2008 sukzessiv schärfere Abgasgrenzwerte für Pkw und leichte und schwere Nutzfahrzeuge in Kraft. Die Anzahl der Fahrzeuge, die beim Inkrafttreten der Euro 2-Norm bereits die schärferen Euro 3- oder 4-Werte erfüllten, zeigt, dass die Grenzwerte insgesamt hätten schärfer formuliert werden können. Darüber hinaus sind die Emissionsgrenzwerte für Diesel-Pkw hinsichtlich der Kohlenwasserstoffe und Stickstoffoxide nach wie vor schwächer als die entsprechenden Werte bei Pkw mit Fremdzündungsmotoren. Auch ab 2005 werden sie eine Abgasreinigung nicht für alle Diesel-Pkw zwingend erforderlich machen. Der Umweltrat wertet dies als ungerechtfertigte Begünstigung des Dieselantriebs und fordert weitere Schritte zur Weiterentwicklung der europäischen Abgasgrenzwerte.

Dieselrußemissionen

808. Neuere Forschungsergebnisse zeigen, dass das kanzerogene Potential von Dieselabgasen noch immer weit über dem von Abgasen aus Ottomotoren liegt. Eine weitgehende Minderung kann durch Partikelfilter, die das gesamte Größenspektrum der Partikel erfassen, erreicht werden. Dagegen sieht die EURO 4-Norm lediglich die Begrenzung der PM10-Fraktion vor, die zudem in etlichen Fällen ohne Partikelfilter erreicht werden kann. Der Umweltrat befürwortet die verbindliche Einführung von solchen Partikelfiltern, die alle Partikelgrößen erfassen, für alle dieselgetriebenen Nutzfahrzeuge und Pkw. Entsprechend sollten die europäischen Abgasgrenzwerte auch hinsichtlich der erlaubten Dieselrußemissionen weiterentwickelt werden. Zwischenzeitlich sollte eine steuerliche Begünstigung von mit Partikelfiltern ausgestatteten Diesel-Fahrzeugen geprüft und gegebenenfalls auf eine entsprechende Ermächtigung durch die Europäische Kommission hingewirkt werden.

Kraftstoffverbräuche

809. Angesichts des Beitrags zu den nationalen CO_2-Emissionen kommt der Minderung der Kraftstoffverbräuche im Straßenverkehr eine erhebliche Bedeutung zu. Vor diesem Hintergrund hat sich der Verband der europäischen Automobilhersteller verpflichtet, die durchschnittlichen CO_2-Emissionen neu zugelassener Pkw bis 2008 auf 140 g/km zu senken. Abgesehen von Unzulänglichkeiten der Selbstverpflichtung bei der Ermittlung von Kraftstoffverbrauchswerten ist angesichts der bisher realisierten Verbrauchsminderungen eine Zielerreichung fraglich. Dabei gehen die technischen Potentiale zur Verbrauchssenkung weit über die Zusagen der Erklärung hinaus. Zur Flankierung dieser Maßnahme auf nationaler Ebene hält es der Umweltrat für erforderlich, einerseits weitreichende Maßnahmen zur Verkehrsvermeidung zu ergreifen, andererseits die spezifischen CO_2-Emissionen von Kraftfahrzeugen in die schadstoffbezogene Kfz-Steuer einzubeziehen.

2.4.5 Abfallwirtschaft

2.4.5.1 Ziele der Abfallpolitik

810. Die Ziele der Abfallpolitik finden sich in einer Reihe von Gesetzen und Programmen. Grundlegende abfallwirtschaftliche Zielsetzungen sind im 1994 verabschiedeten Kreislaufwirtschafts- und Abfallgesetz (KrW-/AbfG) formuliert. Der Entwurf eines umweltpolitischen Schwerpunktprogramms von 1998 nimmt diese Ziele auf und ergänzt sie durch eine Reihe spezifischer Zielsetzungen für einzelne Abfallgruppen (BMU, 1998a). Für den Bereich der Siedlungsabfälle hat die neue Bundesregierung 1999 eigene, von den bisherigen Regelungen abweichende Zielvorstellungen vorgelegt. Schließlich hat der Umweltrat im Umweltgutachten 1998 ein eigenes abfallwirtschaftliches Konzept entwickelt. Im folgenden werden anhand der genannten Quellen die wichtigsten Ziele der deutschen Abfallpolitik dargestellt. Auf die spezifischen Ziele für einzelne Abfallgruppen wird in Abschnitt 2.4.5.3 näher eingegangen.

Abfallpolitische Ziele im Kreislaufwirtschafts- und Abfallgesetz

811. Zweck des Kreislaufwirtschafts- und Abfallgesetzes ist nach § 1 einerseits die Förderung der Kreislaufwirtschaft zur Schonung der natürlichen Ressourcen und andererseits die Sicherung der umweltverträglichen Beseitigung von Abfällen. Gegenüber dem Abfallgesetz von 1986 führt das Konzept der Kreislaufwirtschaft eine Neufassung der abfallwirtschaftlichen Zielhierarchie ein: Vorrang hat die Abfallvermeidung. Erst in zweiter Linie sind Abfälle stofflich oder energetisch zu verwerten. Die Verwertung von Abfällen wiederum hat Vorrang vor deren Beseitigung, wenn die Beseitigung nicht die umweltverträglichere Lösung darstellt.

Abfallpolitische Ziele im Entwurf eines umweltpolitischen Schwerpunktprogramms von 1998

812. Der Entwurf eines umweltpolitischen Schwerpunktprogramms des BMU von 1998 nennt als übergreifende abfallwirtschaftliche Handlungsziele (BMU, 1998a):

– die Erhöhung der Verwertungsquote (Anteil verwertbarer Abfälle am gesamten Abfallaufkommen) von 25 % (1993) auf 40 % bis 2010,

– die Verminderung der aus Siedlungsabfällen stammenden Deponierungsmengen auf 10 % (1993 bis 2005),

– die Verminderung der aus Sonderabfällen stammenden Deponierungsmengen auf 80 % (1996 bis 2000) und

– die Verminderung der abgelagerten, verwertbaren Bauabfälle (ohne Bodenaushub) um 50 % (1995 bis 2005).

Darüber hinaus formuliert das Schwerpunktprogramm Umweltziele für die Abfallgruppen Verpackungen, Bauabfälle, Elektronikgeräte, Altautos, Batterien, Bioabfall, Möbel, textile Bodenbeläge sowie für die umweltverträgliche und ressourcenschonende Abfallentsorgung. Die produktspezifischen Ziele und die darauf bezogenen Maßnahmen entsprechen weitgehend denen bereits verabschiedeter oder geplanter Regelungen und Selbstverpflichtungen (etwa der Batterieverordnung oder der Selbstverpflichtung zur umweltgerechten Altautoverwertung). In der Regel wird die Einführung von Rücknahmepflichten und eine – häufig nicht näher spezifizierte – Steigerung der Verwertung angestrebt. Auf die Ziele in den Bereichen Verpackungen, Elektronikgeräte, Altautos, Batterien und Bioabfall wird ausführlicher in Abschnitt 2.4.5.3 eingegangen.

Eckpunkte für die Zukunft der Entsorgung von Siedlungsabfällen (1999)

813. Im August 1999 hat das Bundesumweltministerium Eckpunkte für die Zukunft der Entsorgung von Siedlungsabfällen vorgelegt (BMU, 1999a; s. Abschn. 2.4.5.3.6). Oberstes Ziel ist die Vermeidung oder die vollständige umweltverträgliche Verwertung aller Siedlungsabfälle bis zum Jahr 2020. Die Deponierung von Abfällen soll in dem angegebenen Zeitraum beendet werden. Um dieses Ziel zu erreichen, sollen die getrennte Erfassung und Verwertung einzelner Abfallgruppen fortgeführt, die übrigen Siedlungsabfälle verbrannt oder einer hochwertigen mechanisch-biologischen Vorbehandlung mit anschließender energetischer Nutzung der heizwertreichen Teilfraktion zugeführt werden. Es sollen anspruchsvolle Anforderungen an die bisher umstrittene Zulassung mechanisch-biologischer Vorbehandlungsverfahren (SRU, 1998, Tz. 601 ff.) und die bei der Ablagerung derart vorbehandelter Abfälle zu beachtenden Vorkehrungen festgelegt werden. Zugleich sollen Deponien, die den Anforderungen der TA Siedlungsabfall nicht entsprechen oder nur mit unverhältnismäßigem Aufwand nachgerüstet werden können, schrittweise geschlossen werden. Bis zum Jahr 2020 sollen die Behandlungstechniken so weiterentwickelt und ausgebaut werden, dass alle Siedlungsabfälle vollständig und umweltverträglich verwertet werden.

Das Konzept des Umweltrates für eine künftige, stärker marktorientierte Abfallpolitik

814. Im Umweltgutachten 1998 hat der Umweltrat ein Konzept für eine künftige, stärker marktorientierte Abfallwirtschaft vorgestellt und empfohlen, innerhalb strikter umweltpolitischer Rahmenbedingungen Markt- und Wettbewerbsprozessen bei der Umsetzung von Umweltzielen mehr Raum zu geben (SRU, 1998, Kap. 3.1.6).

Eine zentrale Forderung im Konzept des Rates besteht darin, Umfang und Intensität der abfallpolitischen Regulierung auf das Ausmaß zu reduzieren, das umweltpolitisch tatsächlich geboten und gerechtfertigt ist. Zu diesem Zweck sollten die Kosten der Umweltinanspruchnahme durch die Abfallentsorgung (Emissionen, strukturelle Eingriffe in die natürlichen Lebensgrundlagen) mit Hilfe von marktwirtschaftlichen ebenso wie mit ordnungsrechtlichen Instrumenten möglichst direkt dem Verursacher (z. B. beim Betreiber der Entsorgungsanlage) angelastet werden. In der Abfallbeseitigung erfolgt eine entsprechende umweltpolitische Lenkung durch die Verordnung über Abfallverbrennungsanlagen (17. BImSchV), die TA Abfall sowie die TA Siedlungsabfall. Vergleichbare Anforderungen an die Abfallverwertung müssen zum Teil noch geschaffen werden (Tz. 921). Der Weg in ökologisch unerwünschte Entsorgungswege sollte verschlossen werden. Dort, wo die bestehenden Anforderungen an die Entsorgung als unzureichend betrachtet werden, ist eine Verschärfung des geltenden Rechts angezeigt.

In diesem Zusammenhang fordert der Umweltrat zudem, gleiche Umweltbelastungen unabhängig davon, ob sie aus der Abfallwirtschaft oder aus einem anderen Wirtschaftszweig stammen, gleich zu behandeln. Die ungleiche Behandlung von Emissionen aus Müllverbrennungsanlagen (17. BImSchV) und ökologisch vergleichbaren Emissionen aus anderen technischen Anlagen (13. BImSchV, TA Luft) stellt ein wichtiges Beispiel für einen Verstoß gegen dieses Gebot dar (SRU, 1998, Tz. 593). Weitere Formen der Umweltinanspruchnahme durch die Abfallwirtschaft, die im Rahmen eines verursachergruppenübergreifenden Ansatzes gelöst werden sollten, sind etwa der Wasserverbrauch zur Reinigung von Verpackungen vor ihrer werkstofflichen Verwertung bzw. ihrer Wiederbefüllung, Emissionen bei Abfalltransporten und die Flächeninanspruchnahme durch Deponien.

815. Aus umweltpolitischer Sicht sind vor allem die von Entsorgungsanlagen ausgehenden Umweltwirkungen relevant. Das heißt nicht, dass nicht auch im Einzelfall die Kapazitäten dieser Anlagen zum limitierenden Faktor werden können. Im Gegensatz zu Emissionen und strukturellen Eingriffen machen Engpässe bei den Entsorgungsanlagen jedoch keine speziellen umweltpolitischen Eingriffe erforderlich, sofern über den Preismechanismus dafür gesorgt wird, dass entsprechende Knappheiten preiswirksam werden. Aus diesem Grund empfiehlt der Umweltrat, stärker auf die Funktionsfähigkeit der Märkte zu setzen und Markt- und Wettbewerbsprozessen in der Abfallwirtschaft innerhalb des oben skizzierten Rahmens, in dem über den Einsatz umweltpolitischer Instrumente die Einhaltung von Umweltzielen sichergestellt wird, mehr Raum zu verschaffen.

816. In einem solchen System werden die Kosten, die mit der Einhaltung umweltpolitischer Vorgaben in der Entsorgung verbunden sind, in der Kette der konsekutiven Abfallverursacher weitergereicht. Die Preise für die Abfallentsorgung sind zum einen Ausdruck der unterschiedlichen Nutzungsintensität knapper Umweltgüter durch alternative Entsorgungsoptionen, zum anderen zeigen sie die Knappheit der Entsorgungskapazitäten selbst an. Sie können beim Abfallverursacher Anreize zur Abfallvermeidung bzw. zur Verwertung setzen, wobei der Verursacher die Kosten der Anpassungsoptionen mit seinen Präferenzen vergleicht. Er entscheidet aufgrund der relativen Preise über Vermeidung, Verwertung bzw. Beseitigung. Vermeidung und Verwertung finden auf dem gesamtwirtschaftlich optimalen Niveau statt. Für die Bereitstellung von Entsorgungskapazitäten gilt, dass die Anbieter ihre Kapazitäten ausbauen werden, solange die Kosten des Kapazitätsausbaus durch die Preise für Entsorgungsleistungen gedeckt werden. Sinken die Preise unter die Grenzkosten der teuersten Anlage, werden Kapazitäten vom Markt genommen.

817. Eine besondere Rolle bei der umweltpolitischen Steuerung in der Abfallwirtschaft nehmen drei Formen von Wirkungsbrüchen ein, nämlich illegales Ausweichverhalten, Informationsmängel sowie Versickern des Lenkungsimpulses im Wertschöpfungsring (SRU, 1998, Tz. 704, Abb. 3.1.6-1). Diese können dazu führen, dass höhere Entsorgungspreise in der Kette der konsekutiven Abfallverursacher nicht überwälzt werden, um dort Verhaltensanpassungen anzustoßen, wo dies zu den geringsten Kosten möglich ist. Zur Überwindung von Wirkungsbrüchen kommt unter anderem der flankierende Einsatz von Rücknahmepflichten oder Deposit-Refund-Systemen in Frage. Mit diesen Instrumenten kommt es zu einer Verlagerung der Entsorgungsverantwortung und damit der Anlastung der Entsorgungskosten vom Letztverbraucher zum Inverkehrbringer (Hersteller, Importeur). Da mit dem Einsatz dieser Instrumente jedoch auch deutliche Nachteile verbunden sind (SRU, 1998, Tz. 734), sollte ihr Einsatz auf solche Abfallfraktionen beschränkt bleiben, deren unsachgemäße Entsorgung mit vergleichsweise großen Umweltproblemen verbunden ist (z. B. schadstoffhaltige Batterien). Im Zweifel sollte im Rahmen von Kosten-Nutzen-Analysen darüber entschieden werden, ob der Instrumenteneinsatz verhältnismäßig ist.

818. Werden allen mit dem Umgang von Abfällen verbundenen Umweltbelastungen durch den geeigneten Instrumenteneinsatz Grenzen gesetzt und Wirkungsbrüche behoben, kann eine Reihe der bestehenden abfallpolitischen Maßnahmen entfallen. Hierzu zählen Maßnahmen zur Förderung der Verwertung gegenüber der Beseitigung, Andienungspflichten (sofern sie nicht der Sicherung von Größen- und Verbundvorteilen in der Sammlung dienen), kleinräumige Entsorgungsautarkie, die Entsorgungsmonopole der öffentlichen Hand sowie Sammel- und Verwertungsquoten. In einem solchen System ist auch die umstrittene Unterscheidung zwischen „Abfällen zur Verwertung" und „Abfällen zur Beseitigung" überflüssig. Denn ob verwertet oder beseitigt wird, entscheiden die Akteure einzelfallbezogen unter den jeweils geltenden Bedingungen. Entscheidend für die Funktionsfähigkeit des Systems, insbesondere für die Kontrollierbarkeit illegaler Ausweichreaktionen ist jedoch ein System von Nachweispflichten, das den Verbleib von Abfällen aller Art hinreichend genau nachzuvollziehen erlaubt.

819. Die Anlastung der Kosten der Umweltinanspruchnahme bei den Verursachern im Wege marktwirtschaftlicher und ordnungsrechtlicher Instrumente stellt eine anspruchsvolle Aufgabe dar. Sie setzt voraus, dass die Ziele der Umweltpolitik (gleichgültig ob Umweltqualitäts- oder Umwelthandlungsziele), an denen das umweltpolitische Instrumentarium auszurichten ist, „richtig" gesetzt sind. Bei der Zielformulierung sollte der vorhandene Kenntnisstand über die Wirkungen von Emissionen und strukturellen Eingriffen in die natürlichen Lebensgrundlagen ausgeschöpft werden und es sollten die feststellbaren Wirkungen und die verbleibenden Unsicherheiten anhand der (Risiko-)Präferenzen der Bevölkerung bewertet und den Kosten der Zielerreichung gegenübergestellt werden (SRU, 1998, Kap. 1). Davon kann heute sicher nicht in aller Strenge ausgegangen werden. Insofern könnte argumentiert werden, dass ein solches System abfallpolitischer Steuerung schon deshalb zu verwerfen sei, weil es von unrealistischen Annahmen bei der umweltpolitischen Zielformulierung ausgehe. Dem ist jedoch entgegenzuhalten, dass auch spezielle abfallpolitische Eingriffe (wie zum Beispiel die Festlegung von Verwertungsquoten oder die Beschränkung von Abfallmengen) grundsätzlich dieselben Kenntnisse und Abwägungen voraussetzen, ja sogar noch mehr, weil bekannt sein muss, welche Umweltentlastungen aus den angestrebten Quoten beziehungsweise Mengenzielen erwachsen. Immerhin lassen diese Unsicherheiten Vorsicht bei der hier vorgeschlagenen

Abfallwirtschaft

Deregulierung und Reregulierung in Form einer Politik der kleinen Schritte angeraten erscheinen.

Lange Zeithorizonte sind auch deshalb erforderlich, weil die deutsche Abfallpolitik an die auf europäischer Ebene gesetzten Rahmenbedingungen gebunden ist und insofern der hier empfohlene Wandel auch auf europäischer Ebene durchgesetzt werden muss.

2.4.5.2 Stand und Entwicklung des Abfallaufkommens, der Abfallzusammensetzung und der Entsorgung

2.4.5.2.1 Datengrundlagen und abfallwirtschaftliche Bilanzen

Datengrundlagen

820. Der Umweltrat hat zuletzt in seinem Abfallwirtschaftsgutachten 1990 einen Überblick über den Stand des Abfallaufkommens, der Abfallzusammensetzung und der Entsorgung im früheren Bundesgebiet gegeben (SRU, 1991, S. 148 ff.). Ab 1990 musste im Zuge des Vereinigungsprozesses auch für die Abfallstatistik eine neue Basis gelegt werden. Dabei war in der Übergangsphase den besonderen Gegebenheiten in den neuen Ländern Rechnung zu tragen.

Mit dem Gesetz über Umweltstatistiken (Umweltstatistikgesetz – UStatG) von 1994 wurde die rechtliche Grundlage für die Erhebungen über die Entsorgung von Abfällen im Rahmen der Entsorgungswirtschaft novelliert. Bis zum Jahr 1993 basierten die statistischen Erhebungen auf dem Erzeugerprinzip und stellten vor allem die öffentliche und gewerbliche Abfallbeseitigung dar. Nunmehr soll die Entsorgung modular aus den Erhebungsergebnissen

– der Einsammlung von Abfällen (Darstellung des Abfallaufkommens nach Art, Menge und Herkunft der Abfälle),
– der Abfallentsorgung durch die Entsorgungswirtschaft,
– der betrieblichen Abfallentsorgung,
– von Abfällen zur Verwertung (nach Verwertungsverfahren),
– von Abfällen zur Beseitigung (nach Beseitigungsverfahren) und
– zum Verbleib der Abfälle

dargestellt werden. Auskunftspflichtig sind die Betreiber von öffentlich-rechtlich und gewerblich betriebenen Entsorgungsanlagen. Tabelle 2.4.5-1 gibt einen Überblick über die Erhebungen im Detail.

Während im Bereich der öffentlich-rechtlichen Abfallentsorgung der Erhebungsumfang gegenüber der bisherigen Abfallstatistik weitgehend unverändert geblieben ist, sind neue Befragungen der Entsorgungswirtschaft außerhalb der öffentlich-rechtlichen Entsorgung zur Einsammlung von Abfällen und Verpackungen sowie gezielte Befragungen einiger Wirtschaftsbereiche nach der Verwertung (Bauabfälle, Altöl etc.) hinzugekommen. Im gewerblichen Bereich sind nunmehr nur noch jene Betriebe auskunftspflichtig, die eigene Abfallentsorgungsanlagen betreiben. Das hat zwar eine gewisse Entlastung der Wirtschaft zur Folge, erschwert aber eine direkte Fortschreibung früherer Zahlen aus der betrieblichen Abfallentsorgung. Erweitert wurden die Erhebungen auch um die Aufbereitung sekundärstatistischer Daten aus dem Verwaltungsvollzug (Auswertung der Verwertungs- und Beseitigungsnachweise). Dieser Rückgriff auf die Vollzugsdaten entlastet die Auskunftspflichtigen vor allem im Bereich der besonders überwachungsbedürftigen Abfälle (Sonderabfälle).

Abfallwirtschaftliche Bilanzen für Deutschland 1990, 1993 und 1996

821. Abfallbilanzen wurden für die Jahre 1990 und 1993 sowohl auf der Abfallaufkommensseite als auch auf der Entsorgungsseite erstellt (Statistisches Bundesamt, 1996). Für 1996 ist durch die geänderte Erhebungsgrundlage die Bilanzierung nur noch bedingt in der gleichen Weise wie für 1990 und 1993 zu erstellen. Eine Differenzierung nach Herkunftsbereichen ist jetzt nur noch so weit möglich, wie eine Zuordnung der Abfallarten zu Herkunftsbereichen plausibel ist.

Die für die Bilanzen der Jahre 1990, 1993 und 1996 zur Verfügung stehenden Zahlen lassen zwar einen vollständigen Rückblick auf die Entwicklung der Abfallströme in den neunziger Jahren noch nicht zu, immerhin sind aber bestimmte Tendenzen in der Aufkommensentstehung und Entsorgung von Abfällen erkennbar.

Die Abfallbilanzen sind in den Abbildungen 2.4.5-1 bis -3 in Form von Abfallflussbildern wiedergegeben. Ausgehend vom Abfallaufkommen insgesamt in der Mitte der Darstellung kann jeweils die Herkunft der Abfälle auf der linken Seite und deren Entsorgung beziehungsweise deren Verbleib auf der rechten Seite verfolgt werden. Die mengenmäßig bedeutendsten Abfallflüsse sind maßstabsgerecht abgebildet. Die nach der Verwertung verbleibende Menge an Sekundär(roh)stoffen, die in den Produktions- und Konsumbereich zurückfließt, und die nach der Behandlung zur Beseitigung verbleibende Reststoffmenge sind unter anderem wegen des Stofftransfers in Luft und Wasser (Emissionen) bei einigen Prozessen (z. B. Kompostierung) nur grob abzuschätzen und deshalb mit unterbrochenen Linien dargestellt.

Tabelle 2.4.5-1

Überblick über Erhebungen der Abfallentsorgung

Bezeichnung der Erhebung	Periodizität der Erhebung von	
	Abfallmengen	technischen Parametern der Anlagen
Erhebungen der Abfallentsorgung (§ 3 UStatG)		
Abfallentsorgung in der Entsorgungswirtschaft		
Deponie	jährlich	zweijährlich
Abfallverbrennungsanlage	jährlich	zweijährlich
Chemisch/physikalische Behandlungsanlage	jährlich	zweijährlich
Sortieranlage	jährlich	zweijährlich
Allgemeine Abfallentsorgungsanlage	jährlich	zweijährlich
Betriebliche Abfallentsorgung		
Betrieb mit Deponie	jährlich	zweijährlich
Betrieb mit Abfallverbrennungsanlage(n) und/oder Feuerungsanlage	jährlich	zweijährlich
Betrieb mit Behandlungsanlagen	jährlich	zweijährlich
Naturbelassene Stoffe im Bergbau	jährlich	zweijährlich
Versatz bergbaufremder Stoffe im untertägigen Bergbau	jährlich	
Verfüllung von Abfällen in übertägigen Abbaustätten von Rohstoffen	jährlich	
Einsammlung von Hausmüll, hausmüllähnlichen Gewerbeabfällen und anderen Abfällen im Rahmen der öffentlichen Müllabfuhr	vierjährig	
Einsammlung von Abfällen außerhalb der öffentlichen Müllabfuhr	vierjährig	
Erhebungen der Abfälle und Sekundärrohstoffe, über die Nachweise zu führen sind (§ 4 UStatG)		
Besonders überwachungsbedürftige Abfälle	jährlich	
Grenzüberschreitende Verbringung von Abfällen	jährlich	
Erhebungen der Verwertung und Entsorgung bestimmter Rückstände (§ 5 UStatG)		
Aufbereitung und Verwertung von Bauschutt, Baustellenabfällen, Bodenaushub und Straßenaufbruch	zweijährlich	
Aufbereitung und Verwertung von Ausbauasphalt in Asphaltmischanlagen	zweijährlich	
Einsatz von Bodenaushub, Bauschutt und Straßenaufbruch bei Bau- und Rekultivierungsmaßnahmen der öffentlichen Hand	jährlich	
Aufarbeitung und Verwertung von Altölen	zweijährlich	
Aufarbeitung und werkstoffliche/rohstoffliche Verwertung von Altkunststoffen	zweijährlich	
Einsatz von Altglas in der Glasindustrie	zweijährlich	
Einsatz von Altpapier im Papiergewerbe	zweijährlich	
Kompostierungsanlage	jährlich	zweijährlich
Einsammlung von Verkaufsverpackungen bei privaten Endverbrauchern	jährlich	
Einsammlung von Transport- u. Umverpackungen und Verkaufsverpackungen bei gewerblichen und industriellen Endverbrauchern	jährlich	

Quelle: Statistisches Landesamt des Freistaates Sachsen, 1999; verändert

Abfallwirtschaft

Abbildung 2.4.5-1

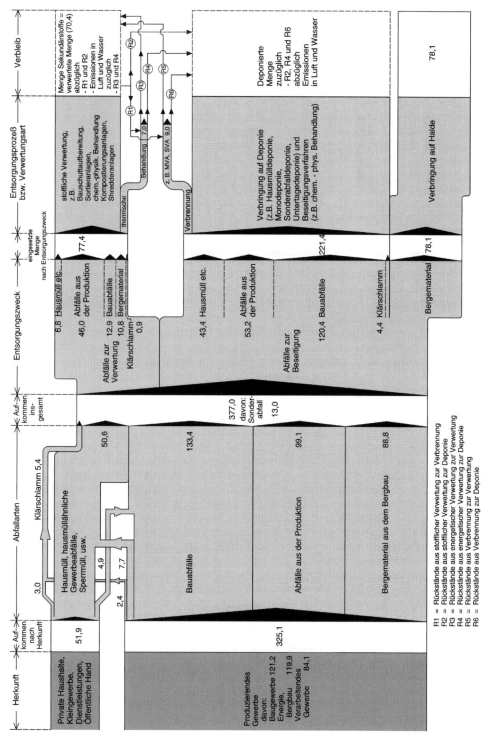

SRU/UG2000/Abb. 2.4.5-1

Betrachtung der Umweltpolitikbereiche

Abbildung 2.4.5-2

Abfallflussbild nach Abfallbilanz 1993
Angaben in Mio. t

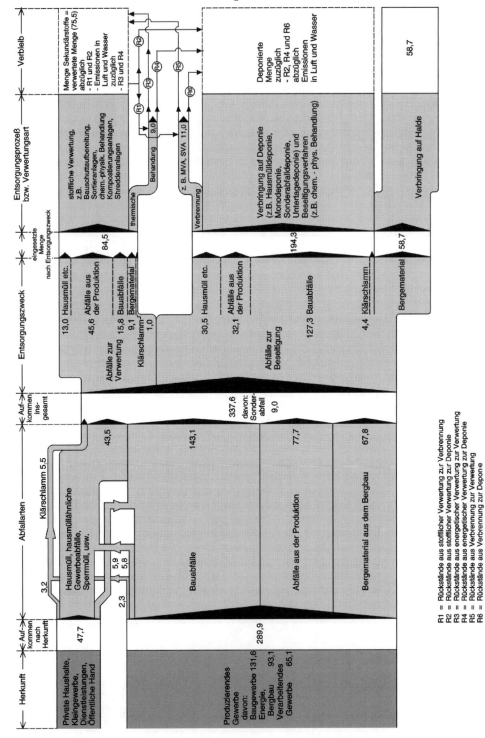

SRU/UG2000/Abb. 2.4.5-2

Abfallwirtschaft

Abbildung 2.4.5-3

Abfallfluss nach Abfallbilanz 1996[*)]
Angaben in Mio. t

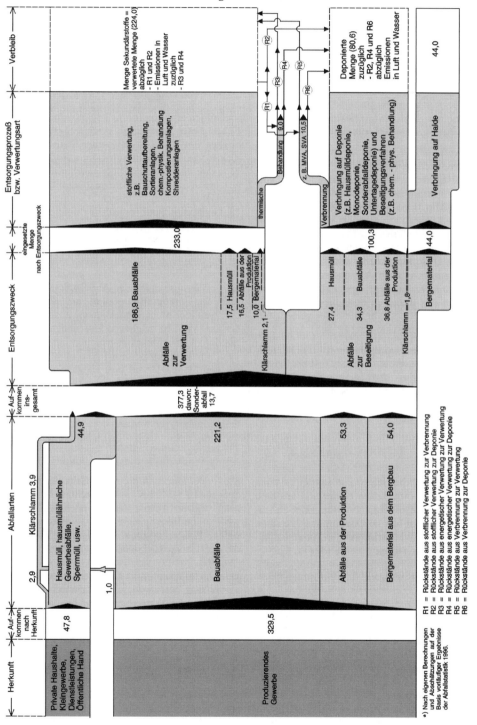

SRU/UG2000/Abb. 2.4.5-3

Die hier präsentierte Abfallbilanz 1996 ist im Gegensatz zu den früheren Bilanzen noch als vorläufig einzustufen. Sie beruht zwar auf den ersten Ergebnissen der abfallstatistischen Erhebungen 1996, die zum Teil noch nicht veröffentlicht sind, wurde aber zum Beispiel hinsichtlich der Herkunftsbereiche, der Abfallarten oder der Zuordnung zur Verwertung oder Beseitigung weitgehend nach eigenen Berechnungen, Plausibilitätsüberlegungen und teilweise in Anlehnung an die Vorbilanzen erstellt. Abweichungen von späteren offiziellen Bilanzposten werden in Kauf genommen.

Entwicklung des Abfallaufkommens 1990 bis 1996

822. Das Abfallaufkommen in Deutschland für das Jahr 1996 wird in der Abfallbilanz mit 377 Mio. t ausgewiesen. Es lag damit wieder auf dem Niveau von 1990, nachdem es zwischenzeitlich um 40 Mio. t im Jahre 1993 (337,6 Mio. t) gesunken war. Im Vergleich zur Entwicklung im Zeitraum von 1990 bis 1993, in dem ein Rückgang um rund zehn Prozent zu verzeichnen war, ist also seit 1993 eine erneute Zunahme des Aufkommens zu verzeichnen. Diese Zunahme ist allerdings allein auf die Bauabfälle zurückzuführen. Alle anderen Posten sind im Vergleich zu 1993 stagnierend oder rückläufig. Das im Vergleich zu den Vorjahren wesentlich höhere Aufkommen an Bauabfällen ist vor allem der veränderten Erhebungsgrundlage zuzuschreiben (Tz. 838).

Die Anteile der beiden großen Herkunftsbereiche, also des produzierenden Gewerbes einerseits und der Privathaushalte, Kleingewerbe- und Dienstleistungsbetriebe sowie der öffentlichen Hand andererseits, am gesamten Abfallaufkommen liegen in allen Bilanzen nahezu unverändert bei 85 % für den ersten bei 15 % für den zweiten Bereich.

Innerhalb des letztgenannten Herkunftsbereichs sind nennenswerte Verschiebungen hinsichtlich der Beiträge aus den einzelnen Unterbereichen, also aus den privaten Haushalten, aus dem öffentlichen Sektor und aus dem Kleingewerbe- und Dienstleistungssektor, nicht festzustellen. Dominierend ist hier unverändert über die Jahre hinweg das Hausmüllaufkommen aus den Privathaushalten mit einem Anteil von knapp 50 bis 60 % (Tz. 829).

823. Im Herkunftsbereich produzierendes Gewerbe hat der dem Baugewerbe zuzurechnende Anteil am Abfallaufkommen kontinuierlich zugenommen, während die Teilaufkommen aus den anderen Wirtschaftsbereichen, insbesondere aus dem verarbeitenden Gewerbe, rückläufig sind. Diese Entwicklung kann jedenfalls für den Zeitabschnitt bis 1993 zum Teil mit dem Zusammenbruch und Rückbau ganzer Industriezweige, insbesondere in der Grundstoffindustrie, in den neuen Ländern Anfang der neunziger Jahre erklärt werden. Die drastische Verringerung der Produktionstätigkeit sowie die Stillegung und Demontage von Produktionsstätten hat einerseits zum Wegfall von Abfällen aus der laufenden Produktion, andererseits aber zum überdurchschnittlich hohen Anfall von Abbruchmaterial geführt. So ist in den neuen Ländern das Aufkommen an Bauschutt und Bodenaushub von 1990 (9 Mio. t) bis 1993 um 27 Mio. t auf 36 Mio. t gestiegen, während es im gleichen Zeitraum im früheren Bundesgebiet um 16 Mio. t auf 105 Mio. t gesunken ist. Das Aufkommen an Abfällen aus der Produktion hat sich Anfang der neunziger Jahre in den neuen Ländern mehr als halbiert, während es im früheren Bundesgebiet nur um knapp 10 % zurückgegangen ist. Ob sich diese Entwicklung auch in den Jahren bis 1996 fortgesetzt hat, kann wegen des noch nicht vorliegenden Zahlenmaterials nicht beurteilt werden.

Neben diesen besonderen, vereinigungsbedingten strukturellen Einflüssen ist an zweiter Stelle die allgemeine rückläufige Wirtschaftsentwicklung Anfang der neunziger Jahre als Ursache für die abnehmenden Abfallmengen bei den Abfallarten Produktionsabfälle und Bergematerial in Betracht zu ziehen. Aber auch in der 12. und 13. Legislaturperiode ergriffene abfallpolitische Maßnahmen haben dazu beigetragen, dass auch in der zweiten Periode der hier vorgestellten Abfallbilanzen weitere Verringerungen bei den Abfällen aus der Produktion erreicht werden konnten.

824. Verringerungen des Abfallaufkommens sind aus Sicht des Umweltschutzes zwar grundsätzlich zu begrüßen, weil jede Mengenreduktion auch zur Verminderung der aus Abfällen möglichen Emissionen und der strukturellen Umweltbelastungen beiträgt (SRU, 1998, Tz. 714). Von besonderem Interesse ist aber, wie sich Art und Menge der aus dem Umgang mit Abfällen tatsächlich entstehenden Emissionen und strukturellen Eingriffe entwickeln. Deshalb müssen vor allem die Entwicklungstendenzen in der Entsorgung in die Beurteilung einbezogen werden.

Entwicklung der Entsorgung 1990 bis 1996

825. Der Blick auf die rechte Seite der in den Abbildungen 2.4.5.1-2 bis -3 dargestellten Abfallflussbilder zeigt, welche Anteile des gesamten Aufkommens jeweils in die Beseitigung und in die Verwertung fließen, welche Entsorgungsprozesse eingesetzt werden und wo die Abfälle und Rückstände letztlich verbleiben.

Deutlich zu erkennen ist die zunehmende Bedeutung der *Verwertung* insbesondere im Zeitraum von 1993 bis 1996. Lag der Verwertungsanteil für das gesamte Aufkommen 1990 lediglich bei 20 % (77,4 Mio. t) und stieg bis 1993 zunächst auf 25 % (84,5 Mio. t) an, so erreichte er 1996 schon etwas mehr als 60 % (rund 233 Mio. t). Entsprechend gingen die Anteile der Abfälle zur Beseitigung zurück.

Dieser allgemeine Trend trifft aber nicht für alle Abfallarten gleichermaßen zu. Er wird vor allem bestimmt durch die Entwicklung bei den Bauabfällen; hier stieg der Verwertungsanteil von 11 % im Jahre 1993 auf rund 85 % im Jahre 1996 an (Tz. 840). Beim Hausmüll und

Abfallwirtschaft

bei hausmüllähnlichen Abfällen ist die Verwertungsrate im gleichen Zeitraum nur um knapp 10 % gestiegen (1996: ca. 39 %). Bei den Produktionsabfällen ist zwischen 1990 und 1993 zwar keine wesentliche Veränderung bezüglich der absolut verwerteten Mengen festzustellen. Erstmals wurden aber 1993 mehr Produktionsabfälle verwertet (45,6 Mio. t) als beseitigt (32,1 Mio. t). Dieser Trend hat sich allerdings nicht fortgesetzt. Im Jahre 1996 lag die beseitigte Menge (36,8 Mio. t) wieder über der verwerteten Menge (16,5 Mio. t).

Detaillierte Zahlen über die Teilmengen, die innerhalb des Verwertungsstranges in die einzelnen Verwertungsprozesse fließen, liegen nur unvollständig vor und werden, soweit für 1996 bekannt, in Abschnitt 2.4.5.2.2 wiedergegeben. Wie die Abbildungen zeigen, gehen die großen Abfallströme in die stoffliche Verwertung, nur ein relativ kleiner Teilstrom wird zum Zwecke der Verwertung thermisch behandelt. Die Verwertung zielt darauf ab, möglichst hohe Anteile des eingesetzten Materials als Sekundärstoffe wieder auf den Markt zu bringen. Jeder Verwertungsprozess ist aber auch, neben den hier nicht abgebildeten Emissionen in Luft und Wasser, mit festen Rückständen verbunden, die wiederum entweder verbrannt oder deponiert werden müssen. Sie sind in den Abbildungen mit R1 und R2 gekennzeichnet. Umfassende Angaben über die hierfür anzusetzenden Restmengen stehen nicht zur Verfügung; auf eine maßstabsgetreue Darstellung wird deshalb verzichtet.

Die thermische Behandlung von Abfällen zum Zwecke der rohstofflichen und energetischen Verwertung hat in den neunziger Jahren unter anderem durch die sogenannte Mitverbrennung in Anlagen, die nicht der Abfallbehandlung dienen, an Bedeutung gewonnen (SRU, 1998, Tz. 550 ff.). Bei dem in der Bilanz ausgewiesenen Teilstrom (9 Mio. t) handelt es sich um eine grobe Abschätzung. Die bei den verschiedenen Anlagen- und Verfahrensvarianten entstehenden festen Rückstände (in den Abbildungen R3 und R4) sind ebenfalls als Sekundärstoffe in den Markt zurückzuführen oder zu beseitigen.

826. Das Abfallaufkommen zur *Beseitigung* wird für 1996 mit rund 138 Mio. t ausgewiesen, das sind etwa 38 % des Gesamtaufkommens. Lässt man das auf Bergehalden abgelagerte Bergematerial in einer Höhe von 44 Mio. t außer Betracht, verbleibt eine Restmenge von rund 100 Mio. t, die überwiegend deponiert wird. Von der im Jahre 1996 auf Deponien abgelagerten Menge in Höhe von 81 Mio. t entfielen nur noch rund 34 Mio. t (1993: 127,3 Mio. t) auf Bauabfälle. Der Rest betrifft vor allem die Produktionsabfälle (27,0 Mio. t) und den Hausmüll (knapp 20 Mio. t).

Die in die Verbrennung fließende Abfallmenge betrug 1996 10,5 Mio. t (1993: 11 Mio. t). Zum überwiegenden Teil handelt es sich dabei um Verbrennung in öffentlichen thermischen Behandlungsanlagen (9,2 Mio. t). Hinzu kommen die in Spezialanlagen zur Verbrennung bei der betrieblichen Entsorgung eingesetzten Abfälle mit einem Aufkommen von 1,2 Mio. t. Die bei der Verbrennung erzielte Mengenreduzierung beträgt etwa 75 % bis 80 %. WIESE et al. (1998) schätzen die entstehende Rückstandsmenge auf 3 Mio. t; davon fließen 1,8 Mio. t als Sekundärstoffe zurück in den Markt (R5), 1,2 Mio. t werden abgelagert (R6).

827. Die zu beobachtende Veränderung der zu entsorgenden Abfallströme hin zu mehr Verwertung könnte zwar zunächst positiv bewertet werden, weil eine Vermutung dafür spricht, dass Verwertung umweltpolitisch günstiger ist als Beseitigung (SRU, 1991, Tz. 668 ff.). Allerdings erlaubt nur eine genaue Prüfung aller umweltpolitischen Vorteile und Risiken der tatsächlich eingesetzten Verwertungsverfahren und der jeweiligen Verwertungsprodukte, der Reststoffe und der Emissionen ein Urteil darüber, ob der eingeschlagene Verwertungsweg auf lange Sicht umweltverträglicher ist als eine kontrollierte Beseitigung.

2.4.5.2.2 Zur Entwicklung einzelner Abfallarten der Abfallbilanz

Hausmüll und hausmüllähnliche Abfälle

828. Die Abfallbilanz 1996 (Abb. 2.4.5.2-3) weist für Hausmüll und hausmüllähnliche Abfälle ein Aufkommen von 44,9 Mio. t aus. Seit 1990 ist das Aufkommen somit insgesamt lediglich um 11 % gesunken, von 1993 bis 1996 ist sogar eine geringfügige Zunahme festzustellen.

Unter dem Sammelbegriff „Hausmüll" sind in der amtlichen Abfallstatistik folgende Abfälle zusammengefasst:

– Hausmüll im engen Sinne; dabei handelt es sich um Abfälle aus privaten Haushalten, die in vorgeschriebenen Sammelbehältern (graue Tonne) regelmäßig gesammelt, im Rahmen der öffentlichen Müllabfuhr abgeholt und der weiteren Entsorgung zugeführt werden;

– hausmüllähnliche Gewerbeabfälle aus Kleingewerbe- und Dienstleistungsbetrieben (z. B. Handwerksbetriebe, Einzelhandel, Gaststätten), die zusammen mit dem Hausmüll regelmäßig im Rahmen der öffentlichen Müllabfuhr abgeholt werden (auch als Geschäftsmüll bezeichnet);

– verwertbare Abfälle; das sind bei privaten Haushalten sowie Dienstleistungs- und Kleingewerbebetrieben getrennt eingesammelte Abfälle zur Verwertung, wie Verpackungen, Altglas, kompostierbare Stoffe etc.;

– schadstoffhaltige Abfälle, wie Altbatterien, Altfarben und -lacke etc., die bei privaten Haushalten sowie Kleingewerbe- und Dienstleistungsbetrieben getrennt eingesammelt werden;

- hausmüllähnliche Gewerbeabfälle aus Gewerbe- und Industriebetrieben; das sind in Gewerbe- und Industriebetrieben anfallende feste Abfälle, die nicht direkt aufgrund der Produktion entstehen, wie Büroabfall, Industriekehricht (auch als Gewerbeabfall bezeichnet); sie werden zum Teil gesondert eingesammelt, zum Teil aber auch im Rahmen der öffentlichen Müllabfuhr entsorgt;
- Sperrmüll, Straßenkehricht und Marktabfälle, die in der Regel gesondert, zum Teil aber auch im Rahmen der öffentlichen Müllabfuhr eingesammelt werden.

Unter dem Begriff „Siedlungsabfall", der zum Beispiel in der TA Siedlungsabfall oder in einzelnen Länderabfallbilanzen, nicht aber in den bisherigen Abfallbilanzen des Bundes verwendet wird, werden zusätzlich zu den oben aufgezählten einzelnen Abfallarten noch Teilmengen der Bauabfälle, Klärschlamm, Kläranlagenrückstände unter anderem subsumiert. Diese uneinheitliche Vorgehensweise bei der Bilanzierung erschwert vergleichende Untersuchungen nicht nur auf nationaler, sondern auch auf europäischer Ebene. Deshalb, aber auch wegen anderer Definitions- und Abstimmungsprobleme, sollte die derzeit laufende Harmonisierung der europäischen Abfallkataloge zügig vorangetrieben werden.

829. Die mengenmäßig bedeutendsten Abfallgruppen 1996 sind der im Rahmen der öffentlichen Müllabfuhr regelmäßig eingesammelte Hausmüll einschließlich des Sperrmülls und der hausmüllähnlichen Gewerbeabfälle mit rund 20,6 Mio. t, die getrennt eingesammelten kompostierbaren organischen Abfälle mit rund 5,7 Mio. t, die gesondert eingesammelten hausmüllähnlichen Gewerbeabfälle mit rund 5,3 Mio. t sowie getrennt gesammelter Sperrmüll, Straßenkehricht usw. mit rund 3,6 Mio. t. Die Entwicklung des Einsatzes dieser Abfallgruppen in öffentlichen Entsorgungsanlagen von 1990 bis 1996 ist in Abbildung 2.4.5-4 dargestellt. Sie zeigt einen kontinuierlichen Rückgang des sogenannten Restmülls (Inhalt der grauen Tonne) sowie der gesondert angelieferten hausmüllähnlichen Gewerbeabfälle und eine Zunahme der kompostierbaren Abfälle. Auch das Aufkommen an Sperrmüll und Straßenkehricht ist leicht rückläufig.

Die Menge an verwertbaren Abfällen und Altstoffen, die in öffentlichen Sortier- und Zerlegungsanlagen eingesetzt wird, wird mit rund 9,4 Mio. t ausgewiesen. Sie hat damit gegenüber 1993 (ca. 8,6 Mio. t) zugenommen. Der größte Mengenanteil entfällt auf Gemische von Verpackungen und graphischen oder sonstigen Papieren aus den üblichen Sammelsystemen für Altpapiergemische der privaten Endverbraucher (4,2 Mio. t), gefolgt von Glasabfällen aus Sammelsystemen für Endverbraucher (2,0 Mio. t) und der Leichtstofffraktion aus dem System Grüner Punkt und ähnlichen Sammelsystemen für Verpackungsgemische der privaten Endverbraucher (1,6 Mio. t).

Abbildung 2.4.5-4

Eingesetzte Mengen ausgewählter Abfallgruppen in öffentlichen Entsorgungsanlagen in Mio. t, 1990 bis 1996

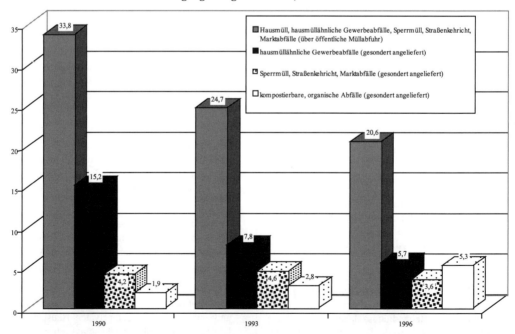

Quelle: SRU, nach Statistisches Bundesamt, 1996 und 2000, schriftl. Mitteilung

830. Bei der *Entsorgung* des Hausmülls steht wie in den Bilanzvorjahren die *Beseitigung* im Vordergrund. Von der 1996 an Abfallbehandlungsanlagen der öffentlichen Entsorgung angelieferten Gesamtmenge wurden 19,2 Mio. t (43 %) auf Deponien abgelagert und 8,3 Mio. t (18,5 %) in thermischen Behandlungsanlagen eingesetzt. Die Deponierung ist damit zwar weiter rückläufig (1993: 30,5 Mio. t), im Hinblick auf mit der Ablagerung unbehandelter Abfälle verbundenen ökologischen Risiken aber immer noch sehr hoch. Die in thermischen Behandlungsanlagen eingesetzte Menge ist im Vergleich zu 1993 leicht zurückgegangen.

Auf der *Verwertungs*seite wurden rund 11 Mio. t in Sortieranlagen, rund 5,3 Mio. t in Kompostierungsanlagen und 0,8 Mio. t in sonstigen Anlagen eingesetzt. Die 1996 verwertete Hausmüllmenge (17,5 Mio. t) lag damit um 4,5 Mio. t über der des Jahres 1993 (13 Mio. t) und hat gegenüber 1990 (6,8 Mio. t) um 10,7 Mio. t zugenommen. Betrug das Verhältnis Verwertung zu Beseitigung im Jahr 1990 noch 14 % zu 86 %, lag es 1993 bereits bei 30 % zu 70 % und 1996 bei 38 % zu 62 %. Hauptursache hierfür ist die Getrenntsammlung von verwertbaren Abfällen (Tz. 829).

831. Auf das Problem der illegalen Entsorgung durch „wildes Deponieren" ist der Umweltrat im Zusammenhang mit der Diskussion von Wirkungsbrüchen in der Abfallwirtschaft eingegangen (SRU, 1998, Tz. 716 ff.). Obwohl dem Umweltrat keine Zahlen über die Entwicklung der illegal in der Landschaft, an Verkehrswegen und anderen Plätzen abgelagerten Hausmüllmengen und -arten vorliegen, scheint sich nach Beobachtungen der zuständigen Behörden das „wilde Deponieren" auf einem relativ hohen Niveau zu stabilisieren.

Die Beseitigung der Abfälle an den Rändern und auf den Mittelstreifen der Autobahnen kostet das Land Hessen beispielsweise jährlich sieben Millionen Mark, weitere fünf Millionen Mark müssen für die Entsorgung des Mülls auf den Rastanlagen aufgewendet werden. Nach Recherchen in 26 von 32 rheinland-pfälzischen Gebietskörperschaften betrug die wild abgelagerte Abfallmenge 1997 rund 3 680 t; das sind weniger als 1 % der gesamten Siedlungsabfallmenge des Landes. Die Entsorgungskosten werden mit etwa 1 Mio. DM pro Jahr angegeben. Aus den vorliegenden, teilweise bis 1994 zurückreichenden Daten lässt sich allerdings kein Trend ableiten, der eine landesweite kontinuierliche Zunahme der wild abgelagerten Abfälle anzeigt. Während in einigen Städten und Landkreisen deutliche Steigerungen festgestellt werden, geht die wilde Ablagerung in anderen Gebietskörperschaften eher zurück. Landesweit haben die Mengen von 1994 bis 1996 stetig zugenommen, um 1997 wieder auf das Niveau von 1994 zurückzufallen. Aussagen über die Zusammensetzung der wild abgelagerten Abfälle lässt die Erhebung allerdings nicht zu (Mitteilung des Ministeriums für Umwelt und Forsten, Rheinland-Pfalz, 1999).

Um einer möglichen Ausweitung des Problems gegebenenfalls mit angemessenen Maßnahmen begegnen zu können, müsste zunächst die Datenlage verbessert werden. So wäre beispielsweise zu untersuchen, ob es sich tatsächlich um „wildes Deponieren" von Restmüll aus privaten Haushalten handelt oder ob vor allem das unbedachte Wegwerfen von Verpackungen, insbesondere von Einwegverpackungen für Getränke, wieder zugenommen hat und als wichtigste Ursache anzusehen ist.

832. Neben der quantitativen Entwicklung des Hausmüllaufkommens und seiner Entsorgung sind auch qualitative Veränderungen von Interesse. Über die Zusammensetzung des Hausmülls einschließlich des Geschäftsmülls liegen seit 1985 keine neuen Analysen auf Bundesebene vor. Zuverlässige Vergleiche zwischen den Ergebnissen aus der bundesweiten Hausmüllanalyse 1983 bis 1985 (ARGUS, 1986) und der heutigen Situation sind deshalb nicht möglich. Es stehen aber Ergebnisse aus Einzeluntersuchungen in unterschiedlichen Gebietskörperschaften zur Verfügung, die zwar nicht auf andere Kommunen, Landkreise, Länder oder den Bund übertragen werden können, aber gewisse Anhaltspunkte über die Tendenz der Veränderungen im Verlaufe der letzten zehn Jahre geben können (FRUTH und KRANERT, 1999; GLÖCKL, 1998; ZESCHMAR-LAHL, 1998).

Aus der von GLÖCKL (1998) vorgestellten Abschätzung der Zusammensetzung des bayerischen Hausmülls kann zum Beispiel abgeleitet werden, dass im Vergleich zu den Ergebnissen der bundesweiten Hausmüllanalyse aus dem Jahre 1985 von drastischen Reduzierungen der Gewichtsanteile bei Glas (von 9 % auf 3 %; –67 %) und bei Papier, Pappe, Kartonagen (von 16 % auf 7 %; –56 %) ausgegangen werden kann. Dies ist angesichts der inzwischen nahezu vollständig etablierten getrennten Erfassung dieser Materialien nicht verwunderlich. Beinahe unverändert sind dagegen die Anteile der Metalle (ca. 3 %), der organischen Stoffe (ca. 29 %) und der Müllfraktion mit einer Korngröße unter 40 mm (sog. Fein- und Mittelmüll; ca. 25 %). Höher als vor zehn Jahren liegen zum Beispiel die Anteile von Kunststoff (8 % gegenüber 5,4 %), Verbundmaterialien (7 % gegenüber 3 %), Textilien (4 % gegenüber 2 %) und Problemstoffen (1 % gegenüber 0,4 %). Die relativ höheren Anteile von Kunststoff- und Verbundmaterialien, die im Hinblick auf die flächendeckende Einführung des Dualen Systems (Abschn. 2.4.5.3.1) zunächst unerwartet erscheinen, könnten sich möglicherweise aus einer Zunahme der Nicht-Verpackungskunststoffe im Hausmüll erklären. ZESCHMAR-LAHL (1998) weist darauf hin, dass der Mengenstrom der Nicht-Verpackungskunststoffe im Hausmüll möglicherweise größer ist als die mit dem „Grünen Punkt" lizenzierte Menge an Verpackungen aus Kunststoff.

FRUTH und KRANERT (1999) kommen in einer Analyse des Hausmülls in Wolfenbüttel unter anderem zu dem Ergebnis, dass immerhin mehr als ein Drittel

(35,1 %) des gesamten von der öffentlichen Müllabfuhr im Untersuchungsgebiet abgeholten Hausmülls auf den sogenannten Geschäftsmüll aus dem Kleingewerbe- und Dienstleistungsbereich entfällt. Im Innenstadtbereich betrug dieser Anteil sogar 59,4 %. Den größten Anteil am gesamten Geschäftsmüll aus der Kernstadt bildeten die Stoffgruppen Papier und Pappe mit 23 % und nativ organische Stoffe mit 22 %, die zusammen einen potentiellen Verwertbarkeitsanteil von 55 % ergaben. Allerdings wird sich der relativ hohe Anteil an organischen Stoffen mit flächendeckender Einführung der Biotonne verringern.

833. Im Zusammenhang mit den veränderten Hausmülleigenschaften stellt sich unter anderem die Frage, ob der Heizwert insbesondere durch den Entzug gut brennbarer Fraktionen wie Verpackungskunststoffe oder Papier und Pappe absinkt und ob dadurch Probleme bei der Verbrennung entstehen können. Ab einem Heizwert des Abfalls von etwa 6 000 bis 8 000 kJ/kg muss eine Stützfeuerung eingesetzt werden.

Die befürchtete Minderung des Heizwertes aufgrund der seit den achtziger Jahren getroffenen abfallpolitischen Entscheidungen ist nicht eingetreten. Das zu erwartende Heizwertspektrum von Restabfällen aus Haushaltungen reicht von circa 7 000 kJ/kg bis 11 000 kJ/kg (WIEMER, 1999). Diese Werte werden zum Beispiel auch von der oben genannten Analyse des Hausmülls in Wolfenbüttel bestätigt. Für den Gesamtheizwert des Haus- und Geschäftsmülls wurden 8 500 kJ/kg berechnet, wobei der Heizwert des Geschäftsmülls mit 10 550 kJ/kg um 14 % höher lag als der des reinen Hausmülls. Auch andere Beispiele zeigen, dass der Heizwert relativ konstant bleibt beziehungsweise sogar zunimmt. So hat sich etwa bei einer nordrhein-westfälischen Entsorgungsgesellschaft seit vielen Jahren ein Heizwert von 8 500 bis 9 000 kJ/kg herausgebildet. In einer weiteren Abfallwirtschaftsgesellschaft lässt sich in den letzten Jahren eine leichte Zunahme beim Heizwert nachweisen (TÜV Rheinland, persönl. Mitteilung).

834. Trotz der verbesserten getrennten Sammlung von schadstoffhaltigen Abfällen aus Haushaltungen enthält der Restmüll noch immer erhebliche Schadstoffmengen. DEPMEIER und VETTER (1996) rechnen zum Beispiel mit einer Schadstoffmenge zwischen 4,4 und 25 kg pro Tonne Restmüll. Darunter finden sich Schwermetalle, Chlor-, Schwefel-, Fluorverbindungen sowie eine Vielzahl aromatischer und chlorierter Kohlenwasserstoffe als gefährliche Komponenten. BILITEWSKI und HEILMANN (1999) weisen darauf hin, dass durch die getrennte Wertstofferfassung und die Bioabfallsammlung im wesentlichen schadstoffarme Fraktionen abgetrennt werden, während andere Stoffe im Restabfall verbleiben. In Tabelle 2.4.5-2 sind Gehalte an einigen Schwermetallen ausgewählter Bestandteile des Abfalls beispielhaft ausgewiesen.

835. Fasst man die Entwicklung beim Hausmüll und den hausmüllähnlichen Abfällen in der ersten Hälfte der neunziger Jahre zusammen, sind folgende Trends zu erkennen:

– Das Gesamtaufkommen hat nach einem erheblichen Rückgang von 1990 bis 1993 in den Jahren 1993 bis 1996 wieder leicht zugenommen.

– Durch die getrennte Sammlung von Wertstoffen ist der Anteil der verwerteten Hausmüllmengen kontinuierlich gestiegen.

– Teilmengen wie Sperrmüll, Straßenkehricht und Marktabfälle haben geringfügig abgenommen.

Tabelle 2.4.5-2

Gehalte an einigen Schwermetallen ausgewählter, heizwertreicher Stoffe des Restabfalls

	Cd mg/kg TS	Pb mg/kg TS	Cr mg/kg TS	Cu mg/kg TS	Hg mg/kg TS
Papier, Pappe, Karton	0,13	13,6	28	60	0,56
Kunststoffverpackung	1,75	150	90,8	30	0
Verpackungsverbunde	0,27	33,1	15	40	0,14
Sonstige Kunststoffe	35,6	427	30	150	0,23
Sonstige Verbunde	22,5	19 142	118	15 200	1,73
Schuhe/Leder	6,16	155	2 255	27	0,42
Organik	0,53	64,4	45,6	110	0,2

TS = Trockensubstanz
Quelle: BILITEWSKI und HEILMANN, 1999

- Die Zusammensetzung des Restmülls aus privaten Haushalten hat sich durch den Entzug der getrennt gesammelten verwertbaren und schadstoffhaltigen Abfälle sowie der kompostierbaren Abfälle geändert. Auswirkungen auf den Heizwert sind nicht feststellbar.
- Noch immer wird der größte Mengenanteil auf Deponien verbracht, während die in thermischen Behandlungsanlagen eingesetzten Mengen leicht zurückgehen.

Der Umweltrat sieht in dieser Entwicklung grundsätzlich eine Verbesserung gegenüber der abfallwirtschaftlichen Situation in den achtziger Jahren. Da es sich beim Hausmüll aber nach wie vor um ein äußerst heterogenes Stoffgemisch mit einem beachtlichen Schadstoffpotential handelt, ist die noch immer stark verbreitete Deponierung unbehandelten Hausmülls aus Sicht des Umweltschutzes nicht zu vertreten. Da es auch künftig unmöglich sein wird, Hausmüll von Schadstoffen völlig freizuhalten, bleibt der Umweltrat bei seiner Forderung, Stoffe so umzuwandeln, dass entweder neue Wertstoffe oder immissionsneutrale, das heißt naturverträgliche, ohne bauliche Maßnahmen endlagerfähige Stoffe entstehen (s. a. SRU, 1991, Tz. 2005 ff.; vgl. a. HAHN, 1998). Bei der Wahl der Wertstoffvariante müsste allerdings intensiver, als dies bisher geschieht, geprüft werden, inwieweit diese Sekundärprodukte auch auf lange Sicht den Erfordernissen des Schutzes von Umwelt und Gesundheit Rechnung tragen. Die Praxis der Deponierung ohne entsprechende Vorbehandlung führt zu erheblichen Umweltbelastungen und -risiken und stellt deshalb eine umweltpolitische Fehlentwicklung dar.

Abfälle aus der Produktion

836. Das *Aufkommen* an Abfällen aus der Produktion (ohne Klärschlamm aus der Industrie, Bauabfälle und Sekundärabfälle aus der Abfallverbrennung) beträgt nach der Abfallbilanz 1996 rund 53 Mio. t (Abb. 2.4.5-3). Nach dem Rückgang um ca. 22 % zwischen 1990 und 1993 haben sich die Produktionsabfälle damit nach 1993 nochmals um 24 Mio. t, also etwa um 30 % verringert.

Der größte Anteil der Produktionsabfälle stammt aus der Metallerzeugung und -bearbeitung, wobei Ofenausbrüche, Hütten- und Gießereischutt, metallurgische Schlacken, Krätzen und Stäube sowie Eisen- und Stahlabfälle als wichtigste Abfallgruppen zu nennen sind. Ein weiterer bedeutender Abfallerzeuger ist das Holz-, Papier- und Druckgewerbe, bei dem große Mengen an Holz-, Zellulose-, Papier- und Pappeabfällen anfallen. Außerdem sind die chemische Industrie und die Mineralölverarbeitung, die Kunststoff- und Gummiwarenherstellung sowie das Ernährungsgewerbe als wichtige Herkunftsbereiche hervorzuheben.

Den Abfällen aus der Produktion sind auch die besonders überwachungsbedürftigen Abfälle (Sonderabfälle) zugerechnet worden. Deren Aufkommen ist 1996 mit rund 13,7 Mio. t gegenüber 1993 um 4,7 Mio. t gestiegen und liegt damit wieder auf dem Niveau von 1990. Mengenmäßig wichtige Abfallarten sind zum Beispiel Abfälle von Mineralöl- und Kohleveredlungsprodukten mit etwa 2,4 Mio. t, Bauschutt und Erdaushub mit schädlichen Verunreinigungen mit etwa 1,3 Mio. t, organische Lösemittel, Farben, Lacke etc. mit 0,5 Mio. t sowie Aschen, Schlacken und Stäube aus der Verbrennung mit rund 0,4 Mio. t.

837. Bei der *Entsorgung* der Produktionsabfälle steht im Jahre 1996 die Beseitigung mit 36,8 Mio. t im Vordergrund. In Deponien der betrieblichen Abfallentsorgung werden rund 18,7 Mio. t abgelagert; weitere 6,6 Mio. t gehen auf Deponien der öffentlichen Entsorgung. In betrieblichen Behandlungsanlagen werden rund 10,5 Mio. t behandelt, davon der größte Teil in chemisch-physikalischen Behandlungsanlagen und 1,2 Mio. t in Spezialanlagen zur Verbrennung.

Die rund 16,5 Mio. t Produktionsabfälle zur Verwertung werden in verschiedenen Anlagen und Verfahren eingesetzt, bei denen es sich vorwiegend um solche der öffentlichen Entsorgungswirtschaft handelt. Die größte Teilmenge (ca. 6 Mio. t) entfällt auf die Kategorie sonstige Behandlungsanlagen, wobei es sich vor allem um mechanische Aufbereitungen handeln dürfte. Shredderanlagen nehmen rund 2,7 Mio. t, davon 2,4 Mio. t Eisenschrott und rund 416 000 Stück Fahrzeugwracks, und thermische Behandlungsanlagen 2,0 Mio. t Abfälle aus der Produktion auf. Der Rest verteilt sich auf chemisch-physikalische Verfahren, sonstige Verwertungen und Kompostierung.

Für die Entsorgung der besonders überwachungsbedürftigen Abfälle stehen ebenfalls zahlreiche Anlagen und Verfahren zur Verfügung. Teilweise müssen diese Abfälle mehrere Verfahren und Anlagen durchlaufen. Etwas mehr als die Hälfte (ca. 7,6 Mio. t) wird beseitigt, und zwar hauptsächlich in chemisch-physikalischen Anlagen der betrieblichen Entsorgung (3,5 Mio. t) und in oberirdischen Deponien der öffentlichen Entsorgungswirtschaft (2,8 Mio. t). In Untertagedeponien wurden 1996 rund 450 000 t Sonderabfälle untergebracht. Zur Verwertung werden in erster Linie chemisch-physikalische Behandlungsverfahren (rund 1,8 Mio. t) und sonstige Behandlungs- und Verwertungsverfahren (rund 3 Mio. t) eingesetzt.

Bauabfälle (Bauschutt, Bodenaushub, Straßenaufbruch, Baustellenabfälle)

838. Die Abfallbilanz 1996 (Abb. 2.5.4.2-3) weist für Bauschutt, Bodenaushub, Straßenaufbruch und Baustellenabfälle, nachfolgend unter dem Sammelbegriff Bauabfälle zusammengefasst, ein Aufkommen von rund 221 Mio. t aus. Sie stellen damit nach wie vor den größten Einzelposten in der Bilanz dar. Nicht enthalten sind Bauschutt und Erdaushub mit schädlichen Verunreinigungen, die unter die Gruppe der besonders überwachungsbedürftigen Abfälle fallen (1996: etwa 1,3 Mio. t; Tz. 836).

Ein direkter Vergleich mit den entsprechenden Bilanzposten aus den Jahren 1990 und 1993 ist nicht möglich, weil in diesen Jahren einzelne Aufkommensarten von der Statistik nicht in vollem Umfang wie erstmals 1996 erfasst worden sind. Das trifft vor allem für Baureststoffe zu, die zum einen in der übertägigen Verwertung im Bergbau und zum anderen in der Verwertung durch die öffentliche Hand eingesetzt wurden. Diese beiden Positionen schlagen zusammen immerhin mit etwa 114 Mio. t in der Bilanz 1996 zu Buche (Tab. 2.4.5-4).

839. Tabelle 2.4.5-3 gibt einen Überblick über Definition, Zusammensetzung, Herkunft und Aufkommen der wichtigsten Bauabfallarten (ohne getrennt eingesetztes Bau- und Abbruchholz und Bauabfälle mit schädlichen Verunreinigungen). Sie zeigt unter anderem, dass die Position Bodenaushub mit einem Aufkommen von 132,8 Mio. t nicht nur den hier behandelten Bilanzposten, sondern darüber hinaus die gesamte Abfallbilanz dominiert.

Etwa 90 % des gesamten Aufkommens an Bauabfällen stammen aus dem Baugewerbe mit den wichtigsten Herkunftsbereichen Tiefbau (Straßen- und Kanalbau), Hochbau (Neu- und Umbau sowie Abbruch) und Garten- und Landschaftsbau. Damit verursacht die Bauindustrie den größten Abfallstrom überhaupt.

840. Bei der Entsorgung der Bauabfälle hat sich im Vergleich zu 1993 ein grundlegender Wandel vollzogen. Wurden 1993 noch 127,3 Mio. t Bauabfälle deponiert (s. Abb. 2.4.5-2), so waren es 1996 nur noch etwas mehr als 33 Mio. t, die auf diesem Wege beseitigt wurden. Die Verwertungsrate hat sich somit innerhalb weniger Jahre von etwa 11 % (1993) auf 85 % erhöht. Am höchsten ist der Verwertungsanteil beim Straßenaufbruch mit 97 %, gefolgt vom Bauschutt (87 %), vom Bodenaushub (84 %) und von den Baustellenabfällen (55 %). In Tabelle 2.4.5-4 wird ausgewiesen, wie sich die etwa 187 Mio. t verwerteter Bauabfälle auf die verschiedenen Verwertungsarten beziehungsweise -anlagen aufteilen. Größter Einzelposten ist die übertägige Verwertung von Bodenaushub im Bergbau mit 60 Mio. t; die Verwertung von Bodenaushub durch die öffentliche Hand mit rund 41 Mio. t und die Aufbereitung und Verwertung von Bauschutt in entsprechenden Anlagen mit rund 37 Mio. t sind ebenfalls hervorzuheben.

Tabelle 2.4.5-3

Definition, Zusammensetzung und Aufkommen der Bauabfälle

Bauabfälle	Definition	Zusammensetzung	Herkunft	bundesweites Aufkommen 1996
Bodenaushub	nicht kontaminiertes, natürlich gewachsenes oder bereits verwendetes Erd- oder Felsmaterial	Mutterboden, Sand, Kies, Lehm, Ton, Steine, Fels etc.	Gartenbau, Landschaftsbau, Straßenbau, Tiefbau	ca. 132,8 Mio. t
Bauschutt	mineralische Stoffe aus Bautätigkeiten, auch mit geringfügigen Fremdanteilen	Erdreich, Beton, Ziegel, Kalksandsteine, Mörtel, Gips, Leichtbaustoffe, Fliesen, Steinwolle etc.	Hochbau	ca. 54,2 Mio. t
Bauschutt und Bodenaushub, gemischt				ca. 7,8 Mio. t
Straßenaufbruch	mineralische Stoffe, die hydraulisch, mit Bitumen oder Teer gebunden oder ungebunden im Straßenbau verwendet werden	Asphalt, Teer, Beton, Sand, Kies, Schotter, Pflaster- und Randsteine etc.	Straßenbau	ca. 17,5 Mio. t
Baustellenabfälle	nicht mineralische Stoffe aus Bautätigkeiten, auch mit geringfügigen Fremdanteilen	Metalle, Holz, Kunststoffe, Verpackungsmaterial (Papier, Kartonagen), Kabel, Farben, Lacke, Emballagen, Klebstoffe, Isoliermaterialien etc.	Hochbau	ca. 6,4 Mio. t

Quelle: BILITEWSKI et al., 1995; BDE, 1996; verändert

Abfallwirtschaft

Tabelle 2.4.5-4
Verwertete Bauabfälle nach Art der Verwertung 1996 in t

Verwertung Bauabfälle	übertägige Verwertung im Bergbau	Verwertung von Baureststoffen durch die öffentliche Hand	Anlagen zur Aufbereitung und Verwertung von Bauschutt, Baustellenabfällen etc.	Bodenbehandlungsanlagen	Kompostierungsanlagen	Sonstige Behandlungsanlagen
Bauschutt	6 571 805	3 193 374	37 372 846		4 775	
Bauschutt und Bodenaushub gemischt			6 723 764		30 100	237 053
Bodenaushub	60 075 634	41 044 262	9 977 716	212 035	28 773	11 688
Straßenaufbruch	1 556 901	1 588 614	13 884 911			7 000
Baustellenabfälle			3 532 935			6 661
Bau- und Abbruchholz getrennt eingesetzt			505 521		113 958	182 381
insgesamt	**68 204 340**	**45 826 250**	**71 997 693**	**212 035**	**177 606**	**444 783**

Quelle: Statistisches Bundesamt, 2000, schriftl. Mitteilung

Größter Einzelposten bei der Deponierung ist der Bodenaushub mit knapp 21 Mio. t, gefolgt vom Bauschutt mit etwa 6,8 Mio. t und den Baustellenabfällen mit 2,9 Mio. t. Von den insgesamt rund 33 Mio. t deponierten Bauabfällen wird lediglich knapp eine Mio. t auf betriebseigenen Anlagen abgelagert.

841. Der Umweltrat stellt fest, dass mit dieser Entwicklung die in Schätzungen von Fachleuten angegebenen Verwertungsraten und die Anfang der neunziger Jahre von der Bundesregierung in einem Entwurf veröffentlichten Zielfestlegungen für eine bessere Erschließung des Verwertungspotentials für Bauabfälle (SRU, 1991, Tz. 885) zum Teil weit übertroffen werden. Als rechtliche Grundlagen für eine verwertungsorientierte Entsorgung von Bauabfällen sind im hier betrachteten Zeitraum bis 1996 die Technische Anleitung Siedlungsabfall von 1993 und Verwaltungsvorschriften der Länder zu nennen; die dort formulierten Zielfestlegungen sind allerdings eher allgemein gehalten. Die im Jahre 1996 von der Bundesregierung unter Berücksichtigung der neuen Gesetzgebung definierten Zielfestlegungen zur Vermeidung, Verwertung und Beseitigung von Bauabfällen und die in deren Folge gegenüber der Bundesregierung abgegebene Selbstverpflichtung des Baugewerbes zur umweltgerechten Verwertung von Bauabfällen vom November 1996 (SRU, 1998, Tz. 550 f.) werden sich erst in der Aufkommens- und Entsorgungsentwicklung der folgenden Jahre niederschlagen.

Bergematerial

842. Als Bergematerial werden naturbelassene Stoffe verstanden, die beim Aufsuchen, Gewinnen, Aufbereiten und Weiterverarbeiten von Bodenschätzen in den der Bergaufsicht unterstehenden Betrieben anfallen, sofern sie nicht wieder in den Produktionsprozess des Betriebes eingesetzt und auch nicht anderweitig im Betrieb verwendet werden.

Um Aufschlüsse über den Umfang und den Verbleib dieser Stoffe zu erhalten, wird bei allen Betrieben und Einrichtungen, die diese Stoffe übertägig auf Haldedeponien oder Bergehalden ablagern, eine jährliche Erhebung durchgeführt. Das Aufkommen betrug 1996 ca. 54 Mio. t, wovon 45,5 Mio. t auf den Steinkohlebergbau und 8,5 Mio. t auf den Kali- und Steinsalzbergbau entfielen. Im Zeitraum von 1990 bis 1993 ist das Aufkommen um ca. 20 Mio. t und zwischen 1993 und 1996 nochmals um rund 14 Mio. t zurückgegangen. Diese kontinuierliche Abnahme, die auch in den Jahren nach 1996 angehalten hat (1998: 40,3 Mio. t; schriftliche Mitteilung Ruhrkohle Montalith GmbH), ist hauptsächlich auf die stark reduzierten Fördermengen im Steinkohlebergbau zurückzuführen. Im Kali- und Steinsalzbergbau sind die anfallenden Mengen etwa gleich geblieben.

Nach wie vor wird der größte Teil des Bergematerials auf Halde verbracht (1996: 44 Mio. t). Allerdings ist der Verwertungsanteil von 12 % im Jahre 1990 auf 18 % im Jahre 1996 angestiegen, wobei es sich um die Verwertung von Bergematerial aus dem Steinkohlebergbau handelt.

Klärschlamm

843. Verbindliche Bilanzzahlen für 1996, in denen verschiedene Datenquellen zusammengeführt und mögliche Überschneidungen berücksichtigt werden, liegen bislang nicht vor. Bei der hier angesetzten Menge handelt es sich deshalb um eine vorläufige Angabe. Es ist zu einer erheblichen Verminderung um rund 1,5 Mio. t gegenüber der Bilanz 1993 gekommen. Dies kann aber nur teilweise mit dem in den letzten Jahren beobachteten Aufkommensrückgang erklärt werden.

844. In der Abfallbilanz 1996 (Abb. 2.4.5-3) wird das Klärschlammaufkommen mit 3,9 Mio. t angegeben. Es handelt sich dabei um Klärschlamm aus der öffentlichen Abwasserreinigung (Tz. 617) und um Schlämme aus der betrieblichen Abfallentsorgung. Die Erfassung des Klärschlammanfalls ist ungenau, weil die Abfallstatistik nur die Mengen erfasst, die in Anlagen der Abfallentsorgung eingesetzt werden (ca. 2,7 Mio. t, Tz. 845). Für Bilanzzwecke werden deshalb auch Angaben der Statistiken der Abwasserbeseitigung zu Hilfe genommen.

Für 1995 hat das Statistische Bundesamt in dieser Statistik 2,94 Mio. t TM Klärschlamm aus öffentlichen Kläranlagen ermittelt, von denen nach BART et al. (1998) etwa 44 % in der Landwirtschaft, in der Rekultivierung und im Landbau sowie etwa 8 % durch Kompostierung verwertet werden. Knapp 30 % werden beseitigt, und zwar 18 % durch Ablagerung auf Deponien und rund 10 % durch Verbrennung; der Verbleib des Restes ist nicht bekannt. LOLL (1998) weist zum einen darauf hin, dass die vorausgesagte Zunahme der Klärschlammmenge durch den Aufbau und Ausbau von Kläranlagen in den östlichen Bundesländern sowie durch die weitergehenden Reinigungsstufen nicht eingetreten ist, weil offenbar Vermeidungsstrategien erfolgreich eingesetzt werden konnten. Zum anderen bestätigt er den Trend zu verstärkter Verwertung in der Landwirtschaft (45 %), in der Rekultivierung (12 %) und in der Kompostierung (10 %); danach werden inzwischen insgesamt mehr als zwei Drittel des anfallenden Klärschlamms verwertet. Bei der Beseitigung geht der Deponieanteil zugunsten der Verbrennung (19 %) zurück, was sich aus der Regelung der TA Siedlungsabfall erklärt, nach der eine Ablagerung von unbehandeltem Klärschlamm auf Deponien ab dem Jahr 1999 nur noch nach einer Vorbehandlung (z. B. mechanisch-biologisch) und ab 2005 nur noch nach einer weitergehenden Behandlung (z. B. thermisch) zulässig ist.

845. In Abfallbehandlungsanlagen der öffentlichen Entsorgung wurden nach der Abfallstatistik 1996 rund 1,7 Mio. t Klärschlamm eingesetzt. Davon ist etwa die Hälfte (51 %) deponiert worden; knapp 8 % gingen in thermische Behandlungsanlagen. Der Rest wurde verwertet, und zwar 38 % in Kompostierungsanlagen und 3 % in chemisch-physikalischen Anlagen.

In betrieblichen Anlagen wurde ein Aufkommen von 965 329 t ermittelt, das hauptsächlich beseitigt wird, und zwar in eigenen Abfallverbrennungs- und Feuerungsanlagen (ca. 57 %) und auf eigenen Deponien (28 %). Nur etwa 5 % werden verwertet.

2.4.5.3 Maßnahmen für einzelne Abfallgruppen

846. Im nachfolgenden Abschnitt werden einzelne nationale abfallpolitische Regelungen behandelt, die in der Berichtsperiode dieses Gutachtens getroffen worden sind. Es handelt sich um die Novellierung der Verpackungsverordnung, um die Altautoverordnung, die Batterieverordnung und die Bioabfallverordnung. Außerdem wird auf die Technische Anleitung Siedlungsabfall, die sich erneut in der umweltpolitischen Diskussion befindet, und auf die noch immer einer Einigung harrende Elektronikschrottverordnung eingegangen. Schließlich wird kurz der aktuelle Stand zur EG-Richtlinie über Abfalldeponien und zum Vorschlag für eine Richtlinie über die Verbrennung von Abfällen wiedergegeben.

2.4.5.3.1 Verpackungsverordnung und Duales System

Zur Verpackungsverordnung von 1991

847. Im Gegensatz zu schadstoffhaltigen Abfallfraktionen sind Verpackungen in erster Linie ein Mengenproblem. Die große Sichtbarkeit dieser Abfallgruppe, aber auch die Inanspruchnahme erheblicher Deponiekapazitäten bei der Entsorgung gebrauchter Verpackungen, führten bereits 1977 zu einer ersten Vereinbarung zwischen dem Bundesinnenministerium und Verbänden der Verpackungsindustrie, der Getränkehersteller und des Handels zur Aufrechterhaltung des Mehrwegsystems und zur Reduzierung des Verpackungsaufkommens (SRU, 1998, Tz. 521 f.). Diese und weitere Maßnahmen in den Jahren 1982 und 1988 erbrachten nicht die erwarteten Ergebnisse und konnten den Trend zum vermehrten Einsatz von Einwegverpackungen nicht aufhalten (EICHSTÄDT et al., 1999, S. 135). Vor diesem Hintergrund wurde 1991 mit der Verordnung über die Vermeidung von Verpackungsabfällen (VerpackV) eine umfassende Regelung zur getrennten Rücknahme und Verwertung von Verpackungsabfällen verabschiedet. Oberstes Ziel der Verpackungsverordnung von 1991 war es, Verpackungen zu vermeiden.

Zur Erreichung der Ziele der Verpackungsverordnung werden Hersteller und Vertreiber von Transport-, Um- und Verkaufsverpackungen verpflichtet, Verpackungen nach Gebrauch zurückzunehmen und wiederzuverwenden oder einer stofflichen Verwertung zuzuführen. Im Bereich der Verkaufsverpackungen können diese Pflichten auch durch ein privatwirtschaftliches, flächendeckend operierendes Erfassungs-, Sortier- und Verwertungssystem erfüllt werden, wobei insgesamt die in der

Verpackungsverordnung angegebenen materialspezifischen Verwertungsquoten (Tab. 2.4.5-5) erfüllt werden müssen. Bereits 1990, knapp ein Jahr vor Inkrafttreten der Verpackungsverordnung, wurde zum Zweck der Freistellung von der individuellen Rücknahmepflicht – unter Beteiligung von etwa 100 Unternehmen der Verpackungs- und Konsumgüterindustrie sowie des Handels – die Trägergesellschaft „Duales System Deutschland" zunächst als GmbH gegründet. Dem seit 1997 als Aktiengesellschaft strukturierten Unternehmen gehören heute rund 600 Firmen aus Industrie und Handel an.

Zur Novelle der Verpackungsverordnung von 1998

848. Im August 1998 trat nach langjähriger Debatte die überarbeitete Verpackungsverordnung in Kraft. Verpackungsabfälle sollen weiterhin in erster Linie vermieden werden. Darüber hinaus haben die Wiederverwendung, die stoffliche Verwertung sowie andere Formen der Verwertung Vorrang vor der Beseitigung von Verpackungsabfällen. Wie bereits in der Verordnung von 1991 ist das Vermeidungsziel nicht quantifiziert, während für die Nutzung von Mehrweggetränkeverpackungen und für die Verwertung gebrauchter Einwegverpackungen konkrete Quoten vorgegeben werden (Tab. 2.4.5-6).

Als ergänzende Ziele für den Umgang mit Verpackungsabfällen nennt der Entwurf eines umweltpolitischen Schwerpunktprogramms von 1998 die Sicherung und den Ausbau der bislang erreichten Erfolge, das Eindämmen des Trittbrettfahrens, die Schaffung von mehr Wettbewerb bei der Entsorgung und die weitere Förderung ökologisch vorteilhafter Getränkeverpackungen (BMU, 1998a, S. 78).

849. Gegenüber der Verpackungsverordnung von 1991 weist die neue Regelung eine Reihe von Änderungen auf. Entsprechend der EG-Richtlinie 94/62 über Verpackungen und Verpackungsabfälle wurde der *Anwendungsbereich* der Verordnung auf grundsätzlich alle Verpackungen ausgeweitet. Insbesondere die vorher ausgenommenen schadstoffhaltigen Verpackungen (z. B. Farb- und Lackbehälter) fallen nun auch unter die Regelung. Analog zur EG-Richtlinie werden zeitlich abgestufte Summengrenzwerte für die *Schwermetalle* Blei, Cadmium, Quecksilber und Chrom VI festgelegt, bei deren Überschreitung Verpackungen nicht mehr in Verkehr gebracht werden dürfen (§ 13 VerpackV). Zur Identifizierung des verwendeten Verpackungsmaterials führt die Verordnung ein der Verpackungskennzeichnung in der Europäischen Union entsprechendes *freiwilliges Kennzeichnungssystem* ein (§ 14 und Anhang II VerpackV). Die Verwendung anderer Kennzeichnungen für die in Anhang II VerpackV aufgeführten Materialien ist nicht zulässig.

Tabelle 2.4.5-5

Quoten für die stoffliche Verwertung nach der Verpackungsverordnung von 1991 (in Gewichtsprozent)

Material	ab 1. Januar 1993	ab 1. Juli 1995
Glas	42 %	72 %
Weißblech	26 %	72 %
Aluminium	18 %	72 %
Papier, Pappe, Karton	18 %	64 %
Kunststoff	9 %	64 %
Verbunde	6 %	64 %

SRU/UG 2000/Tab. 2.4.5-5

Quelle: Verpackungsverordnung vom 12. Juni 1991 (BGBl. I S. 1234)

Tabelle 2.4.5-6

Quoten für die stoffliche Verwertung nach der Verpackungsverordnung von 1998 (in Gewichtsprozent)

Material	ab 1. Januar 1996	ab 1. Januar 1999
Glas	70 %	75 %
Weißblech	70 %	70 %
Aluminium	50 %	60 %
Papier, Pappe, Karton	60 %	70 %
Kunststoff	50 % (davon mindestens 60 % werkstofflich)	60 % (davon mindestens 60 % werkstofflich)
Verbunde	50 %	60 %

SRU/UG 2000/Tab. 2.4.5-6

Quelle: Verpackungsverordnung vom 21. August 1998 (BGBl. I S. 2379)

850. Die *Verwertungsanforderungen* für die einzelnen Materialien wurden teilweise neu festgelegt (Tab. 2.4.5-6). Während die Verwertungsquoten für Aluminium, Verbunde und Weißblech gegenüber den Bestimmungen der alten Verpackungsverordnung reduziert wurden, sind die Quoten für Glas, Papier, Pappe und Karton leicht erhöht worden. Für Kunststoffe wurde zum 1. Januar 1999 eine Verwertungsquote von 60 % festgelegt (bisher 64 %), von der wiederum mindestens 60 % einer werkstofflichen Verwertung zuzuführen sind. Die restlichen Verpackungen sind nach den Vorgaben des Kreislaufwirtschafts- und Abfallgesetzes (§ 6 KrW-/AbfG) zu verwerten, wodurch neben der rohstofflichen nun auch eine energetische Nutzung grundsätzlich möglich ist. Während in der Verordnung von 1991 noch Erfassungs- und Sortierquoten festgelegt wurden, aus denen sich dann die zu verwertende Verpackungsmenge ergab, enthält die neue Verordnung nur noch Verwertungsquoten für die einzelnen Materialien. Auch gelten die Quoten nicht mehr für jedes einzelne Bundesland, sondern nur noch bundesweit. *Berechnungsgrundlage* für die Verwertungsquoten ist nicht mehr der von der Gesellschaft für Verpackungsmarktforschung (GVM) ermittelte jährliche Verpackungsverbrauch, sondern die Menge der bei einem kollektiven Sammelsystem im jeweiligen Jahr lizenzierten Verpackungen. Damit wird auch eine Grundlage für den Wettbewerb verschiedener kollektiver Systeme getroffen.

851. Nach der neuen Regelung müssen jetzt auch *Selbstentsorger*, das heißt Hersteller und Vertreiber, die ihre Verpackungen nicht bei der Duales System Deutschland AG lizenzieren, die in der Verpackungsverordnung festgelegten Verwertungsanforderungen erfüllen. Die Mengen der in Verkehr gebrachten, zurückgenommenen und verwerteten Verpackungen müssen dokumentiert werden. Die Erfüllung der Vorgaben der Verordnung wird auf der Basis dieser Dokumentation durch einen unabhängigen Sachverständigen bestätigt. Diese Regelung soll einerseits das sogenannte Trittbrettfahren einschränken; andererseits sollen auf diese Weise die Voraussetzungen für die Schaffung alternativer Systeme verbessert werden (SRU, 1998, Tz. 554). Dabei gelten in den Jahren 1998 und 1999 für Selbstentsorger um 50 % reduzierte Quoten, um diesen den Aufbau eigener Rücknahme- und Verwertungsstrukturen zu erleichtern (BMU, 1998b, S. 380).

Entsorgungsleistungen für das Sammeln, Sortieren und Verwerten von Verpackungen müssen nach der neuen Verordnung offen ausgeschrieben werden. Die Pflicht zur Abstimmung privatwirtschaftlicher Erfassungssysteme mit den bestehenden öffentlich-rechtlichen Entsorgungsträgern besteht weiterhin, sie soll aber einer Vergabe von Entsorgungsverträgen im Wettbewerb nicht entgegenstehen. Weiterhin müssen die Kosten für die Erfassung, Sortierung und Verwertung beziehungsweise Beseitigung für die einzelnen Verpackungsmaterialien offengelegt und zur Verwertung bestimmte Verpackungen unter Wettbewerbsbedingungen abgegeben werden. Mit diesen Regelungen soll der *Wettbewerb* im Entsorgungsbereich gefördert werden.

An dem Instrument der Pfandpflicht für Getränkeverpackungen im Falle einer Unterschreitung der *Mehrwegquote* von 72 % wird auch in der neuen Verordnung festgehalten (s. Tz. 870). Allerdings wird die Einhaltung der Mehrwegquote zukünftig nicht mehr für die einzelnen Bundesländer, sondern bundesweit festgestellt. Darüber hinaus muss die Quote in zwei aufeinander folgenden Jahren unterschritten werden, damit das Pflichtpfand greift. Schließlich gilt die Pfandpflicht im Gegensatz zur vorherigen Regelung nur für diejenigen Getränkesparten, die unter dem Vergleichswert des Jahres 1991 liegen (BMU, 1998b, S. 381).

Bewertung der Verpackungsverordnung und des Dualen Systems

852. Knapp ein Jahrzehnt nach Verabschiedung der Verpackungsverordnung fällt die Bewertung der ökologischen Effektivität und Effizienz dieser Regelung zwiespältig aus. Die anhaltende Diskussion zwischen Befürwortern und Kritikern der Verordnung und der für die Organisation der Sammlung, Sortierung und Verwertung von Verpackungen geschaffenen Trägergesellschaft Duales System Deutschland AG veranschaulichen dies (vgl. SRU, 1998, Tz. 559 ff.; Ministerium für Umwelt und Forsten Rheinland-Pfalz, 1999a). Während die in der Verpackungsverordnung festgelegten Sammel-, Sortier- und Verwertungsquoten für gebrauchte Verpackungen auf Bundesebene in der Regel erreicht und vielfach übererfüllt wurden, stellt die Kritik vor allem die ökologische Relevanz der Ziele und Maßnahmen in Frage und verweist auf die hohen Kosten der getrennten Erfassung und Verwertung aller Verkaufsverpackungen. Darüber hinaus werden wettbewerbsrechtliche Bedenken geäußert.

Zielerreichung

Vermeidung von Verpackungsabfällen

853. Oberstes Ziel der Verpackungsverordnung ist die Vermeidung von Verpackungsabfällen. Im Gegensatz zu den Vorgaben für die Verwertung gebrauchter Verpackungen ist das Vermeidungsziel jedoch weder quantifiziert noch mit konkreten Maßnahmen instrumentiert. § 12 der Verpackungsverordnung von 1998 enthält lediglich die vage Bestimmung, dass das Verpackungsvolumen und die Verpackungsmasse auf das Mindestmaß begrenzt werden sollen, das zur Erhaltung der erforderlichen Sicherheit und Hygiene des verpackten Produkts und zu dessen Akzeptanz für den Verbraucher angemessen ist (§ 1 VerpackV, 1991). Zwar ist der Gesamtverbrauch an Verpackungen, die von der Verordnung erfasst werden, seit 1991 um knapp 11 % zurückgegangen. Für den zentralen Bereich der Verkaufsverpackungen wurden die weitaus größten Minderungserfolge von etwa 8 % jedoch zwischen 1991 und 1993, also in den Jahren vor Inkrafttreten der Rücknahme- und Verwertungspflicht, erreicht (Tab.2.4.5-7). Sie fallen damit in eine Phase, in der sowohl unter den betroffenen wirtschaftlichen Akteuren als auch bei wissenschaftlichen Experten erhebliche Unsicherheit über das Gelingen der privatwirtschaftlich organisierten Erfassung von Verpackungsabfällen herrschte. Nachdem deutlich wurde, dass die Sammlung und Sortierung durch das Duale System nach erheblichen Anlaufschwierigkeiten die Vorgaben erfüllte, eine Aufhebung der Befreiung von der individuellen Rücknahmepflicht also nicht zu erwarten war, fielen die Vermeidungserfolge hingegen deutlich geringer aus (EICHSTÄDT et al., 1999, S. 146). Die von der Gesellschaft für Verpackungsmarktforschung erhobenen Daten für 1997 verzeichnen sogar einen deutlichen Wiederanstieg des Gesamtverbrauchs von Verpackungen im Jahr 1997 (GVM, 1997). Ein ähnliches Bild ergibt sich auch für Transport- und Umverpackungen, wobei der Verbrauch von Transportverpackungen nach 1993 teilweise sogar leicht angestiegen ist.

Während die deutlichen Reduzierungen des Verpackungsvolumens zwischen 1991 und 1993 einen Zusammenhang mit der Verabschiedung der Verpackungsverordnung nahelegen, ist dieser Bezug für den in den letzten Jahren erzielten insgesamt eher geringen Rückgang des Verpackungsverbrauchs nicht so eindeutig. Wirtschaftliche Überlegungen der Hersteller von Konsumgütern, veränderte Nachfragestrukturen, konjunkturelle Einflüsse und veränderte Produkte oder Konsumgewohnheiten können den Verpackungsverbrauch ebenso beeinflussen (SRU, 1998, Tz. 558). Insgesamt zeigt sich, dass die anfangs erheblichen Materialeinsparungen infolge der Konsolidierung des Dualen Systems zumindest teilweise konterkariert wurden. Die weitgehende Auslistung von Produkten ohne den „Grünen Punkt" aus dem Sortiment der großen Einzelhandelsketten und der damit einhergehende faktische Zwang zur Teilnahme am Dualen System sowie die erfolgreiche Überwälzung der Lizenzgebühren auf die Verbraucher tragen weiterhin zu einer Verringerung der ursprünglichen Vermeidungsanreize bei.

Verwertung von Verpackungsabfällen

854. Für die Verwertung von Verpackungsabfällen legt die Verpackungsverordnung konkrete und zeitlich gestaffelte Quoten fest (Tab. 2.4.5-5 und -6). Diese Quoten sind nach Angaben des Dualen Systems seit 1993 regelmäßig erreicht, in der Regel sogar übererfüllt worden. Andere Berechnungen stellen diese Angaben allerdings in Frage. Auf der Basis von regionalen und lokalen Hausmüllanalysen wurden für das Jahr 1996 generell niedrigere als die vom Dualen System angegebenen Verwertungsanteile geschätzt, die für die Materialien Kunststoff, Weißblech, Verbunde und Aluminium sogar unter den in der Verpackungsverordnung von 1991 festgelegten Zielwerten blieben (BILITEWSKI, 1997). Durch die mit der Novelle der Verpackungsverordnung von 1998 erfolgte Umstellung der Berechnungsbasis von der gesamten in Verkehr gebrachten Verpackungsmenge auf die tatsächlich lizenzierte Verpackungsmenge sind die errechneten Verwertungsanteile gestiegen. 1998 wurden insgesamt 5 622 525 t gebrauchte Verkaufsverpackungen über das Duale System erfasst (1997: 5 618 445 t). Einschließlich der Fehlwürfe lag die gesammelte Menge bei 6 215 416 t (1997: 6 051 250 t). Insgesamt wurden 1998 knapp 5,5 Mio. t gebrauchte Verpackungen einer Verwertung zugeführt. Die gesammelte und die verwertete Menge überstiegen damit sogar die als Berechnungsbasis für die Quotenerfüllung zugrundeliegende Menge der im selben Jahr vom Dualen System lizenzierten Verpackungen (Tab. 2.4.5-8). Auch bei den einzelnen Materialien wurden die Verwertungsquoten in allen Fällen übertroffen (Tab. 2.4.5-9). Dabei lagen die Verwertungsanteile für Papier, Pappe und Karton, Weißblech, Kunststoffe und Aluminium deutlich über 100 %. Bei den Verbunden lag der verwertete Anteil mit 60 % immerhin noch um 10 % über dem für 1998 festgelegten Zielwert.

Tabelle 2.4.5-7

Entwicklung des Verpackungsverbrauchs 1991 bis 1995 (in %)

Jahr	Gesamter Verpackungsverbrauch	Verbrauch von Verkaufsverpackungen	Verbrauch von Transportverpackungen	Verbrauch von Umverpackungen
1991	100	100	100	100
1992	96,47	96,61	96,69	82,42
1993	90,72	91,80	90,69	63,67
1994	91,10	90,95	92,98	59,77
1995	89,59	88,21	94,06	57,42

Quelle: EICHSTÄDT et al., 1999; GVM, 1997

Tabelle 2.4.5-8

Verwertung gebrauchter Verpackungen 1998 (in Tonnen)

Material	Lizenzierte Menge	Verwertete Menge
Glas	2 965 595	2 704 859
Papier, Pappe, Karton	843 059	1 415 502
Kunststoffe	516 879	600 015
Verbunde	575 487	344 962
Weißblech	324 947	374 873
Aluminium	37 458	43 343
Gesamt	**5 263 425**	**5 483 554**

Quelle: Duales System Deutschland AG, 1999

Tabelle 2.4.5-9

Verwertungsanteile im Jahr 1998

Material	Verwertungsquote nach VerpackV	Erreichter Verwertungsanteil
Glas	70 %	91 %
Papier, Pappe, Karton	60 %	168 %
Kunststoffe	50 %	116 %
Verbunde	50 %	60 %
Weißblech	70 %	115 %
Aluminium	50 %	116 %

Quelle: Duales System Deutschland AG, 1999

855. Allerdings sind die erheblichen Verwertungsleistungen von inzwischen knapp 5,5 Mio. t Verpackungsmaterialien nicht erst durch die Schaffung des Dualen Systems erreicht worden. Die Verpackungsmaterialien Glas, Papier, Pappe und Karton, Weißblech und Aluminium wurden bereits vor Inkrafttreten der Verpackungsverordnung teilweise in großen Mengen vom Restmüll getrennt und verwertet. So wurden in den Jahren 1985 und 1990 etwa 1,05 Mio. t beziehungsweise 1,8 Mio. t Altglas verwertet (EICHSTÄDT et al., 1999, S. 145). Die vom Dualen System verwertete Altglasmenge lag im Jahre 1998 bei etwa 2,7 Mio. t (Tab. 2.4.5-8). Auch für Papier, Pappe und Karton, für Weißblech und Aluminium existierten bereits vor Inkrafttreten der Verpackungsverordnung funktionierende Verwertungssysteme (SRU, 1998, Tz. 561). Die Verwertungskosten für Altglas, Weißblech und Aluminium wurden weitgehend durch den Verkauf des Sekundärrohstoffs gedeckt. Das Papierrecycling wurde meist von den Kommunen gefördert, wobei die Verwertungskosten in der Regel unter den andernfalls anfallenden Beseitigungskosten lagen (EICHSTÄDT et al., 1999, S. 145; HOLLEY, 1999). Vorsichtige Schätzungen ergeben, dass mindestens 2 Mio. t pro Jahr dieser Materialien bereits vor 1993 verwertet wurden. Dabei konnten – wie die Zahlen zum Altglasrecycling zeigen – insbesondere in den späten achtziger und frühen neunziger Jahren deutliche Steigerungsraten erzielt werden; ein Trend, der sich wahrscheinlich auch ohne Verabschiedung der Verpackungsverordnung fortgesetzt hätte (EICHSTÄDT et al., 1999, S. 145).

856. Im Gegensatz zu den vorangehend genannten Materialien hat die Verpackungsverordnung vor allem im Bereich der Kunststoffverwertung einen grundlegenden Veränderungsschub bewirkt. Wurden bis Anfang der neunziger Jahre vor allem produktionsintern anfallende Kunststoffabfälle, die weitgehend sortenrein und ohne größere Verschmutzungen anfallen, werkstofflich verwertet, so erforderte die in der Verpackungsverordnung festgelegte hohe Verwertungsquote von 64 % für Kunststoffverpackungen eine getrennte Erfassung auch vermischter und kleinteiliger Kunststoffverpackungen (z. B. Joghurtbecher), die insgesamt etwa 60 % des Aufkommens an Kunststoffverpackungen ausmachen (BRANDRUP, 1998, S. 492). Da diese – als Mischfraktion bezeichnete – Teilmenge aufgrund ihrer Heterogenität und des im Vergleich zu großvolumigen Flaschen und Folien hohen Verschmutzungsgrades für eine werkstoffliche Verwertung nicht geeignet ist, mussten Verwertungsverfahren und -kapazitäten erst noch geschaffen werden (DEHOUST et al., 1999, S. 8).

Verwertung gebrauchter Kunststoffverpackungen durch das Duale System

857. Prinzipiell lassen sich drei Verwertungswege für gebrauchte Kunststoffverpackungen unterscheiden (CHRISTILL, 1999; DEHOUST et al., 1999):

– die werkstoffliche Verwertung, das heißt die mechanische Aufbereitung (Zerkleinerung, Reinigung, Trennung nach Sorten) von Kunststoffabfällen zu Mahlgütern oder Rezyklaten, aus denen durch Umschmelzen neue Formteile hergestellt werden können (z. B. Recycling von Kunststoffflaschen und Folien zu neuen Flaschen, Folien oder Kabelrohren);

– die rohstoffliche Verwertung, das heißt die Aufspaltung der Polymerkette durch Einwirkung von Wärme oder von Lösungsmitteln zur Herstellung petrochemischer Grundstoffe wie Öle und Gase (Hydrierung, Thermolyse, Wirbelschichtvergasung oder Festbettvergasung) oder der Einsatz von Kunststoffen als Reduktionsmittel bei der Stahlgewinnung zur Substitution von Schweröl (Hochofenprozess);

– die energetische Verwertung, das heißt die Nutzung des im Kunststoff gespeicherten Energiegehalts durch Verbrennung in Müllverbrennungsanlagen, Zementöfen, Kraftwerken oder industriellen

Verbrennungsanlagen. Dabei werden andere Energieträger durch den Einsatz von Kunststoffabfällen substituiert und es werden Strom und Prozesswärme erzeugt.

Werkstoffliche Verwertungsverfahren sind aufgrund der Materialeigenschaften nur bei knapp einem Drittel der erfassten Kunststoffverpackungen praktikabel. Die energetische Verwertung wiederum wurde durch das in der Verpackungsverordnung von 1991 festgelegte Gebot einer stofflichen Verwertung aller Verpackungsabfälle zunächst weitgehend ausgeschlossen. Vor diesem Hintergrund wurden seit Anfang der neunziger Jahre in einer Reihe von Pilotprojekten rohstoffliche Verfahren entwickelt. Ein Einsatz dieser mit hohen Kosten verbundenen und hinsichtlich ihres Umweltnutzens umstrittenen Verfahren wurde erst durch eine erhebliche Subventionierung seitens des Systems „Grüner Punkt" möglich.

858. Schätzungen gehen davon aus, dass derzeit im Rahmen des Dualen Systems insgesamt etwa 750 000 t Kunststoffabfälle erfasst werden. Hiervon wurden 1998 insgesamt mehr als 600 000 t verwertet. Nach Angaben der für die Kunststoffverwertung zuständigen Deutschen Gesellschaft für Kunststoffrecycling mbH (DKR) wurden hiervon 271 000 t werkstofflich und 361 000 t rohstofflich verwertet (DKR, 1999, S. 20). Bei der werkstofflichen Verwertung wird etwa ein Drittel zur Substitution von Holz oder Beton verwendet, ein Verwertungsweg, der aus ökologischer Sicht den oben angeführten, auf Energieumwandlung oder Substitution von Primärkunststoffen oder von Energieträgern abzielenden Verwertungswegen in der Regel unterlegen ist. Etwa zwei Drittel werden jährlich zur ökologisch vorteilhaften Substitution von Primärkunststoffen verwendet (BRANDRUP, 1998). Von den rohstofflich verwerteten Kunststoffen werden nach Angaben der DKR 45 % (162 500 t) als Reduktionsmittel in den Stahlwerken Bremen eingesetzt (Hochofenprozess), knapp 30 % (110 000 t) werden im Sekundärrohstoff-Verwertungszentrum Schwarze Pumpe zur Synthesegaserzeugung genutzt und knapp 25 % (87 000 t) werden in der Kohleöl-Anlage Bottrop zur Gewinnung von synthetischem Öl eingesetzt (DKR, 1999, S. 21 f.). Neben den verwerteten Kunststoffen fällt bei der Erfassung von Leichtverpackungen in der gelben Tonne beziehungsweise im gelben Sack eine erhebliche Menge von Sortierresten an (Fehlwürfe und nicht verwertbare Verpackungsabfälle), die den kommunalen Entsorgungsträgern zur Beseitigung überlassen werden. Zur Finanzierung der Beseitigung dieser Sortierreste, die zwischen 20 und 50 % der getrennt erfassten Leichtverpackungen ausmachen (FRIEGE und SCHMIDT, 1999, S. 413), ist in den DSD-Entgelten ein spezifischer Entsorgungsanteil bereits eingerechnet (FRIEGE, 1999; Ministerium für Umwelt und Forsten Rheinland-Pfalz, 1999b, S. 6).

Kosten des Dualen Systems

859. Die aufgrund der hohen Verwertungsquoten und der generellen Pflicht zur werk- oder rohstofflichen Nutzung im Rahmen des Dualen Systems praktizierte Kunststoffverwertung wird insbesondere aus Kostengründen kritisiert. So entfiel 1996 mit über 2 Mrd. DM mehr als die Hälfte der Gesamtkosten des Systems auf die Erfassung, Sortierung und Verwertung von Kunststoffverpackungen (BRANDRUP, 1998, S. 493). Diese machen jedoch nur etwa 11 % der gesamten verwerteten Verpackungsmenge aus. Die überproportional hohen Kosten der Kunststoffverwertung drücken sich auch in den Lizenzgebühren für den „Grünen Punkt" aus. Nach der 1994 von der Duales System Deutschland AG geänderten Gebührenstaffelung liegen die gewichtsbezogenen Entgelte zwischen 0,15 DM/kg für Glas und 2,95 DM/kg für Kunststoff. Hinzu kommt ein nach Verpackungsvolumen berechnetes Stückentgelt. Das durchschnittliche, über alle Füllgrößen gemittelte Lizenzentgelt für Kunststoffverpackungen liegt bei 3,60 DM/kg, bei sehr kleinvolumigen Kunststoffverpackungen ergeben sich Lizenzgebühren bis zu 6,50 DM/kg.

Die Kosten der Verwertung von Kunststoffverpackungen im Rahmen des Dualen Systems entfallen zu je etwa 40 % auf die Erfassung und die Sortierung der anfallenden Leichtverpackungen. Weitere 20 % der Gesamtkosten werden von der Duales System Deutschland AG als Verwertungszuschuss an die für die Verwertung von Kunststoffverpackungen zuständige Deutsche Gesellschaft für Kunststoffrecycling mbH (DKR) gezahlt (DKR, 1999; MARTINI, 1999). Diese Verwertungskosten betrugen 1998 durchschnittlich DM 692 pro Tonne verwerteten Kunststoffs (DKR, 1999).

Insgesamt ist die Verwertung von Kunststoffen im Rahmen des Dualen Systems um ein mehrfaches teurer als die alternative Erfassung von Kunststoffverpackungen gemeinsam mit dem kommunalen Restmüll und die anschließende energetische Verwertung in modernen Müllverbrennungsanlagen (Tz. 862; Ministerium für Umwelt und Forsten Rheinland-Pfalz, 1999b; BRANDRUP, 1998, S. 493; SRU, 1998, Tz. 559 ff.).

Ökobilanzierung der verschiedenen
Kunststoffverwertungsverfahren

860. Um das Verhältnis der Kosten der Kunststoffverwertung zu ihrem ökologischen Nutzen zu ermitteln, wurde seit Mitte der neunziger Jahre eine Reihe von Ökobilanzstudien durchgeführt. Ziel dieser Studien war es, die im Rahmen des Systems „Grüner Punkt" praktizierten werkstofflichen und rohstofflichen Verwertungsverfahren mit der kostengünstigeren energetischen Nutzung kleinteiliger Kunststoffverpackungen in kommunalen Müllverbrennungsanlagen unter Umweltgesichtspunkten zu vergleichen.

861. Eine erste solche Ökobilanzstudie wurde unter anderem von der Duales System Deutschland AG in Auftrag gegebenen und von der Technischen Universität Berlin, der Universität Kaiserslautern und dem Fraunhofer-Institut für Verfahrenstechnik und Verpackung in Freising unter Aufsicht des TÜV Rheinland durchgeführt (Arbeitsgemeinschaft Kunststoffverwertung, 1995) und durch weitere Untersuchungen des Fraunhofer-Instituts ergänzt (Fraunhofer IVV, 1996a, 1996b). Dabei wurden verschiedene rohstoffliche, werkstoffliche und energetische Verwertungswege im Hinblick auf die damit verbundene Einsparung von Ressourcen und die Reduzierung von Emissionen (CO_2, SO_2, NO_x, Abfall) verglichen. Im Ergebnis wurde zunächst eine ökologische Überlegenheit aller Verwertungsverfahren im Vergleich zur Abfalldeponierung festgestellt. Das werkstoffliche Recycling ist im Vergleich zu rohstofflichen oder energetischen Verfahren ökologisch dann vorteilhaft, wenn Neukunststoff annähernd im Verhältnis 1:1 ersetzt wird. Bei den rohstofflichen Verfahren wiederum konnten beim Hochofenprozess, der Thermolyse und eingeschränkt bei der Hydrierung Vorteile gegenüber anderen rohstofflichen Verfahren und der energetischen Verwertung in Müllverbrennungsanlagen festgestellt werden. Im Gegensatz hierzu stellten weitere Studien am Beispiel ausgewählter Müllverbrennungsanlagen eine grundsätzliche Vergleichbarkeit des ökologischen Nutzens energetischer und rohstofflicher Verwertung fest (HEYDE und KREMER, 1999 und 1998).

862. Eine neue Studie, die im Auftrag der Arbeitsgemeinschaft Verpackung und Umwelt (AGVU) vom Öko-Institut und der Deutschen Projekt Union (DPU) erstellt wurde, vergleicht auf der Basis von Daten über alle in Deutschland operierenden Müllverbrennungsanlagen die rohstoffliche Verwertung von Verpackungskunststoffen im Dualen System mit deren energetischer Nutzung in Müllverbrennungsanlagen (DEHOUST et al., 1999). In mehreren Szenarien werden Umweltwirkungen sowie Kosten der verschiedenen Verfahren verglichen. Insgesamt stellt die Studie einen ökologischen Vorteil rohstofflicher Verwertungsverfahren fest. Während die Treibhausgasemissionen bei der Müllverbrennung höher liegen als bei der rohstofflichen Verwertung, weist im Hinblick auf die Versauerung keines der in der Praxis eingesetzten Verfahren einen Vorteil auf. Im Hinblick auf den Verbrauch energetisch bewertbarer Ressourcen erreicht die Verbrennung in Müllverbrennungsanlagen nur 50 bis 60 % der Werte der rohstofflichen Verfahren. Unter Ausnutzung aller Optimierungspotentiale können Müllverbrennungsanlagen etwa 80 % der energetischen Nutzung der rohstofflichen Verwertung erreichen. Dabei wird der Grad der Energienutzung in Müllverbrennungsanlagen insbesondere durch Standortbedingungen begrenzt (Nachfrage nach Wärmeenergie).

Die Gesamtkosten der rohstofflichen Verwertung liegen der Studie zufolge im Jahr 1999 mit 2 100 DM/t etwa doppelt so hoch wie die veranschlagten Kosten der Verwertung in Müllverbrennungsanlagen (1 080 DM/t). Im Zukunftsszenario für das Jahr 2020 verringert sich die Differenz – bedingt durch die von den Autoren erwarteten erheblichen Kosteneinsparungen bei der Sammlung und Sortierung von Abfällen durch das Duale System sowie durch Entfallen der Verwertungskosten aufgrund höherer Sortierqualität – jedoch von 1 020 DM/t auf 140 DM/t (890 DM/t für die rohstoffliche Verwertung und 750 DM/t für die energetische Verwertung).

Der Umweltrat weist allerdings darauf hin, dass die in der Studie veranschlagten aktuellen Kosten der rohstofflichen beziehungsweise der energetischen Verwertung stark von den derzeit am Markt realisierten Preisen abweichen. Während die auf der Grundlage der Lizenzentgelte des Dualen Systems berechneten Verwertungskosten für Kunststoffverpackungen 1998 mit durchschnittlich 3 600 DM/t (gegenüber 2 100 in der Öko-Institut/DPU-Studie) veranschlagt werden, liegen die tatsächlichen Preise der Müllverbrennung im Jahr 1998 je nach Bundesland zwischen 120 und 750 DM/t (BILITEWSKI und HEILMANN, 1998). Hinzu kommen etwa 150 DM/t für die Sammlung des Hausmülls (DEHOUST et al., 1999, S. 81). Das rheinland-pfälzische Umweltministerium schätzt den Aufwand für die Abfallverbrennung in Müllheizkraftwerken auf durchschnittlich etwa 400 DM/t (Ministerium für Umwelt und Forsten, 1999b, S. 3). Die in der Studie des Öko-Instituts und der DPU zugrunde gelegten Kosten der Müllverbrennung von DM 1 080/t liegen somit deutlich über den derzeitigen Durchschnittspreisen.

Schließlich werden in der vom Öko-Institut und der DPU erstellten Studie die Kosten der rohstofflichen Verwertung von Kunststoffen und der Verbrennung von Kunststoffen mit dem Restmüll ins Verhältnis zu den erzielten Umweltentlastungen gesetzt. Danach liegen die Kosten für die Einsparung energetischer Ressourcen bei der rohstofflichen Verwertung im Hochofen mit rund 60 DM/GJ etwa ein Drittel über denen der energetischen Nutzung in modernen Müllverbrennungsanlagen (41 DM/GJ). Auch im Hinblick auf die entstehenden CO_2-Emissionen ist der in der Studie aufgezeigte Vorteil der rohstofflichen Verwertung gegenüber der Müllverbrennung mit unverhältnismäßig hohen Kosten verbunden. Je nach Energienutzungsgrad der Müllverbrennungsanlage liegen die Mehrkosten pro eingesparte Tonne CO_2 der rohstofflichen Verwertung gegenüber der Müllverbrennung bei 971 bis 1 302 DM/t. Deutlich niedriger sind die relativen Kosten von Wärmeschutzmaßnahmen im Wohnbereich. So liegen die Mehrkosten pro eingesparte Tonne CO_2 von Niedrigenergiehäusern im Vergleich zu Häusern, die dem Standard der Wärmeschutzverordnung von 1995 entsprechen, lediglich bei 14 bis 145 DM/t CO_2. Zwar prognostiziert die Studie bis zum Jahr 2020 deutliche Kosteneinsparungen bei der rohstofflichen Verwertung im Rahmen des Dualen Systems und somit eine deutliche Verringerung der CO_2-Vermeidungskosten des Hochofens gegenüber der Müllverbrennung auf 114 bis 164 DM/t CO_2 (DEHOUST et al., 1999, S. 82 f.). Jedoch beruhen diese Berechnungen auf den oben dargestellten unrealistischen Kostenannahmen zur rohstofflichen Verwertung und zur Müllverbrennung.

863. In Österreich wurde eine ähnliche Kosten-Nutzen-Analyse für die Kunststoffverwertung im Auftrag des österreichischen Umweltbundesamtes von der Gesellschaft für umweltfreundliche Abfallbehandlung in Wien durchgeführt (HUTTERER und PILZ, 1999). Die Gegenüberstellung der durch die Kunststoffverwertung verursachten zusätzlichen Kosten (im Vergleich zur kommunalen Restmüllsammlung und -entsorgung) mit dem monetär bewerteten Nutzen zeigte in den Bereichen Produktionsabfälle, bereits getrennt erfasste Nichtverpackungsabfälle und gewerblich gesammelte Kunststoffverpackungen einen generellen Vorteil der Verwertung. Für die getrennte Erfassung und Verwertung von Verpackungen aus dem Haushaltsbereich hingegen ergibt die Kosten-Nutzen-Analyse ein negatives Ergebnis (minus 5 000 bis minus 6 000 ÖS/t). Würden im Haushaltsbereich nur noch großteilige und somit leicht sortier- und verwertbare Hohlkörper und Folien getrennt erfasst und verwertet, so verbesserte sich die Kosten-Nutzen-Bilanz deutlich und wäre nur noch leicht negativ (0 bis minus 1 000 ÖS/t). Die Studie empfiehlt daher eine Begrenzung der getrennten Erfassung von Verpackungen im Haushaltsbereich auf Hohlkörper und große Folien, sofern die mit dem Restabfall entsorgten kleinteiligen Kunststoffverpackungen in Müllverbrennungsanlagen entsorgt werden können.

Reformvorschläge

864. Insbesondere die überproportional hohen Kosten der Verwertung von Kunststoffverpackungen aus dem Dualen System haben einen erheblichen Reformdruck erzeugt. Die Bundesregierung hat bereits in der Koalitionsvereinbarung eine ökologische und ökonomische Umgestaltung der Verpackungsverordnung und des Dualen Systems angekündigt (Kapitel IV, Abschnitt 2 f.). Konkrete Änderungsvorschläge macht die Bundesregierung jedoch von den noch ausstehenden Ergebnissen eines laufenden Forschungsvorhabens zur ökologischen und ökonomischen Optimierung der Verpackungsverordnung abhängig. Detailliertere Reformvorschläge sind insbesondere vom Land Rheinland-Pfalz (MARTINI, 1999) und vom Deutschen Städtetag (FRIEGE und SCHMIDT, 1999) entwickelt worden. Vertreter der Duales System Deutschland AG selbst sehen hingegen keinen grundsätzlichen Änderungsbedarf und setzen auf die Ausnutzung sämtlicher zu Verfügung stehender Kostensenkungspotentiale (BRÜCK, 1999).

865. Im Jahr 1999 hat das Ministerium für Umwelt und Forsten Rheinland-Pfalz einen umfassenden Reformvorschlag vorgelegt. Ausgangspunkt sind die unverhältnismäßig hohen Kosten der Kunststoffverwertung im Rahmen des Dualen Systems (Tz. 859) und deren geringer Beitrag zur Ressourcenschonung: Die Produktion von Kunststoffverpackungen benötigt lediglich 1,5 % des jährlichen Erdölverbrauchs in Deutschland. Vorgeschlagen wird daher, die bisher über die gelbe Tonne oder den gelben Sack erfassten Kunststoffleichtverpackungen künftig wieder über die Restmülltonne einzusammeln und gemeinsam mit dem Restmüll in bestehenden Müllverbrennungsanlagen mit Energienutzung zu verbrennen oder in mechanisch-biologischen Anlagen zu behandeln, sofern der heizwertreiche Restabfall anschließend einer energetischen Nutzung zugeführt werden kann. Lediglich großvolumige und weitgehend sortenreine Kunststoffverpackungen, insbesondere Folien und Flaschen, sollen weiterhin vom Dualen System erfasst und einer werkstofflichen Verwertung zugeführt werden. Eine Entsorgung von Leichtverpackungen über die Restmülltonne erfolgt unter der Voraussetzung ausreichender Kapazitäten zur Abfallverbrennung oder zur mechanisch-biologischen Behandlung mit anschließender energetischer Nutzung der heizwertreichen Fraktion. Im Falle einer Deponierung der Restabfälle soll die getrennte Erfassung über das Duale System beibehalten werden. Zur Finanzierung soll an der bestehenden Lizenzierung von Kunststoffverpackungen durch die Duales System Deutschland AG festgehalten werden. Die Kosten der Kommunen für die energetische Nutzung eines Teils der Kunststoffverpackungen sollen von der Duales System Deutschland AG erstattet werden, wobei die Ausgleichszahlungen dem Aufwand entsprechen müssen und nicht über den kommunalen Restmüllgebühren liegen dürfen (Ministerium für Umwelt und Forsten, 1999b). Die Vorteile dieses Konzepts liegen nach Ansicht des rheinland-pfälzischen Umweltministeriums vor allem in einer erheblichen Reduzierung der Kosten des Dualen Systems, da die bisher höchsten Kosten bei der getrennten Erfassung und der Sortierung der Mischfraktion anfallen. Bei umfassender Umsetzung des Reformkonzeptes könnten sich die jährlichen Gesamtkosten der Verpackungsverwertung um etwa 1 Mrd. DM verringern.

Der von Fachleuten des Deutschen Städtetages vorgelegte Reformvorschlag ist weitgehend identisch mit dem rheinland-pfälzischen Konzept (FRIEGE, 1999; FRIEGE und SCHMIDT, 1999).

866. Seitens der Duales System Deutschland AG wird gegen den Vorschlag einer Ausgliederung von Leichtverpackungen aus der getrennten Sammlung und Verwertung vorgebracht, dass vergleichbare Kostensenkungen auch im Rahmen des bestehenden Systems erreicht werden könnten. Bereits zum 1. Januar 1999 wurden die Kosten des Dualen Systems um rund 400 Mio. DM gesenkt und die Lizenzentgelte pauschal um 9,5 % reduziert. Weitere Kostensenkungspotentiale liegen vor allem in der Entwicklung automatischer Sortierverfahren.

Neben einer Verringerung der Sortierkosten soll die Anwendung solcher Sortierverfahren (z. B. SORTEC 3.0) auch die Verwertungszuschüsse für Kunststoffe aufgrund der hohen Sortierqualität überflüssig machen (DKR, 1999). Allerdings zeigt selbst die im Auftrag der AGVU erstellte Studie des Öko-Instituts und der DPU, dass auch im Jahr 2020 die Verwertungskosten für Kunststoff im Dualen System mit 890 DM/t voraussichtlich noch höher sein werden als die entsprechenden Kosten bei einer Verbrennung kleinteiliger Kunststoffverpackungen in Müllverbrennungsanlagen (750 DM/t) (DEHOUST et al., 1999).

867. Aus den Reformvorschlägen ergibt sich allerdings auch eine Reihe von Problemen. Zum einen legt die EG-Verpackungsrichtlinie von 1994 fest, dass mindestens 25 % des gesamten Verpackungsaufkommens und mindestens 15 % jedes einzelnen Materials stofflich verwertet werden müssen. Insgesamt müssen spätestens zum 30. Juni 2001 50 % der Verpackungsabfälle stofflich oder energetisch verwertet werden. Diese Anforderungen könnten auch bei einer Beschränkung der getrennten Erfassung und stofflichen Verwertung von Kunststoffverpackungen auf großvolumige und sortenreine Verpackungen erreicht werden. Allerdings könnte die in fünfjährigem Turnus vorgesehene Anhebung der EU-weiten Verwertungsquoten mittel- bis langfristig zu Problemen führen.

Eine Verbringung der mit dem Restmüll erfassten Kleinverpackungen auf Hausmülldeponien soll verhindert werden. Allerdings kann die konkrete Bewertung und Überwachung der Entsorgungspraxis der Länder und Kommunen zu Problemen führen. Darüber hinaus hängt das Kostensenkungspotential der vorgeschlagenen Reformen stark davon ab, wie viele Länder beziehungsweise Kommunen sich an dem neuen System beteiligen. Der Umweltrat hält daher die bereits mehrfach geforderte ausnahmslose Umsetzung der TA-Siedlungsabfall bis zum Jahre 2005 für unbedingt notwendig.

868. Eine teilweise Aufhebung der getrennten Erfassung von Verpackungsabfällen ist auch auf der Seite der Haushalte problematisch. Eine solche Regelung signalisiert, dass die bisherigen Anstrengungen der Bürger zur Trennung von Haushaltsabfällen ökologisch nicht sinnvoll waren. Angesichts der beträchtlichen Bedeutung der Abfalltrennung für das Umweltverhalten der Bürger könnte eine erneute Erfassung von kleinteiligen Verpackungen über die Restmülltonne insgesamt das Umweltverhalten beeinträchtigen. Darüber hinaus wird die Unterscheidung zwischen separat zu erfassenden und über die Restmülltonne zu entsorgenden Verpackungen Probleme aufwerfen. Die erheblichen Schwierigkeiten bei der Unterscheidung zwischen schadstoffhaltigen und schadstoffarmen Batterien im Rahmen der Selbstverpflichtung von 1988 zeigen, dass diese Befürchtungen berechtigt sind. Die Gründe für eine differenzierte Trennung von Verpackungsabfällen müssten daher auf jeden Fall im Rahmen einer umfassenden Informations- und Aufklärungsarbeit dargelegt werden.

Schließlich muss berücksichtigt werden, dass im Gefolge der Verpackungsverordnung erhebliche private Investitionen in Verfahren zur Erfassung, Sortierung, Vorbehandlung und Verwertung von Verpackungsabfällen getätigt worden sind.

Fazit

869. Der Umweltrat sieht einen erheblichen Reformbedarf für das gegenwärtige System der Verwertung gebrauchter Verkaufsverpackungen. Notwendig ist vor allem eine Verbesserung des Kosten-Nutzen-Verhältnisses im Bereich der Verwertung von Kunststoffverpackungen. Kernpunkt des Reformvorschlags ist die Begrenzung der getrennten Erfassung und Verwertung von Kunststoffverpackungen auf großvolumige, gering verschmutzte und weitgehend sortenreine Hohlkörper (vor allem Flaschen) und Folien. Kleinteilige Kunststoffverpackungen hingegen sollten in Zukunft grundsätzlich im Rahmen der kommunalen Restmüllentsorgung erfasst und in Müllverbrennungsanlagen energetisch verwertet werden.

Eine schnelle und umfassende Reform des Dualen Systems ist unter Umweltgesichtspunkten allerdings nur im Falle einer flächendeckenden Umsetzung der TA Siedlungsabfall, das heißt der vollständigen Behandlung des kommunalen Restmülls in Müllverbrennungsanlagen oder in hochwertigen mechanisch-biologischen Anlagen mit anschließender energetischer Verwertung des Restabfalls möglich. Bis zur Umsetzung der TA Siedlungsabfall im Jahr 2005 schlägt der Umweltrat einen schrittweisen Übergang zu einer kostengünstigeren Lösung vor.

Eine Erfassung kleinteiliger und vermischter Kunststoffverpackungen mit dem Restmüll kann nur dann erfolgen, wenn die kommunalen Entsorger über ausreichende Kapazitäten für die energetische Verwertung in modernen Müllverbrennungsanlagen verfügen oder entsprechende Verträge mit anderen Betreibern von Müllverbrennungsanlagen vorweisen können. Darüber hinaus müssen die kommunalen Entsorgungsträger jährlich Nachweise über die energetische Verwertung des Restabfalls vorlegen. In diesen Fällen kann die Erfassung von Leichtverpackungen durch kollektive Sammelsysteme auf großvolumige Kunststoffverpackungen sowie Verpackungen aus Weißblech und Aluminium beschränkt werden. Um eine finanzielle Begünstigung schlecht verwertbarer Kunststoffverpackungen zu vermeiden, werden entsprechende Lizenzentgelte weiterhin durch das jeweilige Sammelsystem erhoben. Die bei den Kommunen anfallenden zusätzlichen Entsorgungskosten für Kunststoffverpackungen sollten den Kommunen von der Duales System Deutschland AG erstattet werden, wobei die Ausgleichszahlungen dem zusätzlichen

Aufwand entsprechen müssen und nicht über den kommunalen Restmüllgebühren liegen dürfen. Den durch dieses System erzielbaren Kosteneinsparungen wird durch eine entsprechende Senkung der Lizenzentgelte für den Grünen Punkt Rechnung getragen.

Zur Umsetzung dieses Konzepts schlägt der Umweltrat eine Novellierung der Verpackungsverordnung vor. Kernpunkte der Novellierung sollten einerseits eine Reduzierung der stofflichen Verwertungsquote für Kunststoffverpackungen und die Anerkennung der energetischen Verwertung in modernen Müllverbrennungsanlagen sein. Andererseits sollte das Gebot der Flächendeckung für alternative Rücknahme- und Verwertungssysteme aufgehoben werden. Darüber hinaus ist die vollständige Umsetzung der TA Siedlungsabfall (Tz. 911 ff.) oder eine wirksame Deponieabgabe (Tz. 918) eine zentrale Voraussetzung für die angestrebte Verbesserung der Kosten-Nutzen-Bilanz bei der Verwertung von Kunststoffverpackungen. Die novellierte Verpackungsverordnung sollte möglichst vor dem Jahr 2002 in Kraft treten, da im Zeitraum zwischen 2002 und 2004 die langfristigen Entsorgungsverträge zwischen der Duales System Deutschland AG und privaten und öffentlichen Entsorgungsunternehmen auslaufen werden.

Zwangspfand zur Stützung der Mehrwegquote

870. Die Verpackungsverordnung sieht eine Mindestquote für Mehrweggetränkeverpackungen in Höhe von 72 % vor. Für pasteurisierte Milch gilt eine getrennte Quote von 20 %, die durch Mehrwegverpackungen und Schlauchbeutelverpackungen gemeinsam erfüllt werden muss. 1997 wurde der in der Verpackungsverordnung geforderte Anteil an Mehrwegverpackungen im Getränkebereich erstmalig seit der Verabschiedung der Verpackungsverordnung im Jahr 1991 unterschritten (Tab. 2.4.5-10). Bestätigt sich diese Entwicklung bei der Ermittlung des im Jahr 1998 erzielten Mehrweganteils, werden die Verpackungen in den Getränkebereichen, die den 1991 für die jeweilige Fraktion festgestellten Mehrweganteil unterschreiten, sechs Monate später automatisch mit einem Pflichtpfand von mindestens 50 Pfennig belegt (ab einem Füllvolumen von mehr als 1,5 Liter beträgt das Pfand mindestens 1 DM). Nach den Zahlen aus dem Jahr 1997 wären Mineralwasser, Bier und Wein von einem solchen Pflichtpfand betroffen. Die Pflicht zur Pfanderhebung liegt beim Vertreiber und muss über den Handel an den Endverbraucher weitergereicht werden (Mehrphasenpfand). Das Pfand ist bei Rückgabe der Verpackung jeweils zu erstatten. Als Gründe für die Zunahme des Gesamtanteils an Einwegverpackungen werden der zunehmende Absatz von Dosenbier, von Eistees oder Sportgetränken in Einwegverpackungen sowie der Import von Mineralwasser in Einwegflaschen genannt, die durch die Zunahme von Mehrweg in anderen Segmenten nicht ausreichend kompensiert werden. Die Veränderung der Struktur des Handels zugunsten von Verbrauchermärkten und Discountern, die vergleichsweise mehr Einweggebinde listen, mag zu dieser Entwicklung beigetragen haben (SPRENGER et al., 1997, S. 41 f.).

Unterdessen hat die Europäische Kommission die Vereinbarkeit der deutschen Mehrwegquote und des Pflichtpfandes mit dem Gemeinschaftsrecht angezweifelt. Sie betrachtet die Quote als Behinderung des freien Warenverkehrs in der Gemeinschaft, die umweltpolitisch nicht gerechtfertigt ist, und hat ein Vertragsverletzungsverfahren gegen die Bundesrepublik Deutschland eingeleitet.

871. Ziel der Pflichtpfandregelung in der Verpackungsverordnung ist es, das Mehrwegsystem im Getränkemarkt zu stützen. Die tatsächliche Wirkung der Einführung eines Pfandes auf Einweggetränkeverpackungen hängt jedoch von einer Reihe von Faktoren ab, deren Ausprägung zum Teil nur schwer prognostiziert werden kann. So können die Reaktionen der Akteure im Markt in Abhängigkeit von der Getränkeart, den Verpackungsunterschieden, der Ausgestaltung der zu etablierenden Rücknahmesysteme, den resultierenden Preisunterschieden zwischen Einweg- und Mehrwegverpackungen sowie den Präferenzen der Nachfrager durchaus sehr unterschiedlich ausfallen (SPRENGER et al., 1997, S. 183).

Tabelle 2.4.5-10

Mehrweganteile für Getränke bundesweit (1991-1997)

Getränkebereich	1991	1992	1993	1994	1995	1996	1997
Mineralwasser	**91,33 %**	90,25 %	90,89 %	89,53 %	89,03 %	88,68 %	**88,32 %**
Fruchtsäfte und andere Getränke ohne CO_2	34,56 %	38,98 %	39,57 %	38,76 %	38,24 %	37,93 %	36,65 %
Erfrischungsgetränke mit CO_2	73,72 %	76,54 %	76,67 %	76,66 %	75,31 %	77,50 %	77,54 %
Bier	**82,16 %**	82,37 %	82,25 %	81,03 %	79,07 %	79,02 %	**78,00 %**
Wein	**28,63 %**	26,37 %	28,90 %	28,54 %	30,42 %	28,66 %	**28,55 %**
Milch (Mehrweg)	24,17 %	26,80 %	26,56 %	24,69 %	22,54 %	20,10 %	17,99 %
Milch (Schlauchbeutel)	2,10 %	1,53 %	1,41 %	2,25 %	5,90 %	10,50 %	12,22 %
Alle Getränke	**71,69 %**	73,54 %	73,55 %	72,87 %	72,27 %	72,21 %	**71,35 %**

Die grau unterlegten Flächen kennzeichnen das Jahr 1997, in dem die Mehrwegquote von 72 % über alle Getränkebereiche erstmals unterschritten wurde, sowie das Jahr 1991, das als Referenzjahr dient und die Bereichsquoten für die jeweiligen Getränkebereiche vorgibt. Im Fettdruck sind die Mehrweganteile in den Getränkebereichen, in denen die Quotenvorgabe unterschritten ist, dargestellt.

Quelle: BMU, 1999b

872. Unsicherheiten bestehen etwa hinsichtlich der Frage, wie Abfüller und Handel ein entsprechendes Pfandsystem organisieren. Anders als in der Literatur vielfach angenommen, bedeutet die Einführung eines Pflichtpfandes nicht notwendigerweise, dass es zu einer Redistribution der Getränkeverpackungen zurück bis zum Abfüller kommt. Als mögliche Optionen für ein Rücknahmemodell nennen EWRINGMANN et al. (1995, Kap. 3.4)

– die individuelle Rücknahme der Einweggetränkeverpackungen auf allen Handelsstufen bis zum Abfüller,

– die verkaufsstellennahe Rücknahme durch von Abfüllern und dem Handel gemeinsam betriebene Automaten,

– die haushaltsnahe Rücknahme durch örtliche, regionale oder landesweite Kooperationen zwischen den Distributionsketten,

– die haushaltsnahe Rücknahme durch das Duale System sowie

– die verkaufsstellennahe Rücknahme durch das Duale System.

Welche der Optionen bei Einführung des Pflichtpfandes tatsächlich zum Tragen kommen würde, ist nur schwer vorherzusehen. Angesichts der Tatsache, dass Getränkeverpackungen circa 25 % der vom Dualen System zu entsorgenden Abfälle ausmacht und die Duales System Deutschland AG über entsprechende Verträge mit den Verwertern verfügt, dürfte sie selbst ein hohes Interesse daran haben, die Rücknahme zu organisieren (EWRINGMANN et al., 1995, S. 40). Anderenfalls läuft das Unternehmen Gefahr, eine Abfallfraktion zu verlieren, die einen entscheidenden Beitrag bei der Erfüllung der Verwertungsquoten der Verpackungsverordnung leistet (EWRINGMANN et al., 1995, S. 58; HÄDER und NIEBAUM, 1997, S. 373).

873. Die zu erwartenden Reaktionen auf das Pfand auf der *Anbieterseite* hängen insbesondere von dem Kosteneffekt des Pfandsystems ab. Steigen die mit dem Verkauf von Einweggetränken verbundenen Kosten des Handels (Flächenbedarf, Personal, Sachkapital, Transport) bei der Einführung eines entsprechenden Systems, wird dieser in Abhängigkeit von der Preiselastizität der Nachfrage Einwegverpackungen auslisten oder die Kosten der Rücknahme auf die Verbraucher überwälzen. SPRENGER et al. (1997, S. 89 ff.) gehen – gestützt auf Interviews mit Abfüllern und dem Handel – davon aus, dass es bei Einführung eines Pflichtpfandes zu Kostensteigerungen bei den Anbietern von Bier in Einwegverpackungen kommt. EWRINGMANN et al. (1995) halten den entgegengesetzten Effekt für plausibel. Sie nehmen an, dass die Kosten für die Einrichtung des Rücknahmesystems durch einbehaltene Pfande für nicht zurückgebrachte Verpackungen ausgeglichen werden. Unter bestimmten Voraussetzungen (niedrige Rückführungsquote, Ausnutzung von Rationalisierungspotentialen bei der Verpackungsrücknahme) könnten Einweggetränkeverpackungen sogar billiger werden. Die Lizenzentgelte der Duales System Deutschland AG würden entfallen, wodurch eine weitere Kostensenkung ermöglicht wird (EWRINGMANN et al., 1995, S. 62). Hierzu ist allerdings anzumerken, dass die zurückgeführten Einwegverpackungen auch bei Einführung eines Pflichtpfandes stofflich verwertet werden müssen. Schließlich wird von Vertreter des Handels befürchtet, dass die Kosten zweier paralleler Rücknahmesysteme vor allem für kleine und mittlere Unternehmen nicht zu verkraften seien, so dass sie eines der beiden Systeme auslisten würden.

Die *Nachfrage* nach Getränken in Einwegverpackungen wird zum einen vom Preis, zum anderen aber von einer Reihe weiterer Faktoren bestimmt, zu denen unter anderem das geringere Gewicht im Vergleich zu Mehrwegverpackungen und der höhere Komfort durch die nicht erforderliche Leergutrückgabe zählen (SPRENGER et al., 1997, S. 95). Während durch die Einführung einer Pfandpflicht der Vorteil, dass Einweggetränkeverpackungen nicht zurückgeführt werden müssen, entfällt und Einwegverpackungen damit Mehrwegverpackungen gleichgestellt werden, bleibt der Gewichtsvorteil von Einwegverpackungen erhalten. Letztlich hängen die Reaktionen der Nachfrageseite von der Preisentwicklung von Einwegverpackungen im Verhältnis zu Mehrwegsystemen sowie der Bedeutung ab, die die Verbraucher dem Verlust eines Teils der Bequemlichkeitsvorteile von Einweggetränkeverpackungen beimessen. Zudem kann nicht ausgeschlossen werden, dass die Nachfrage nach Mehrwegverpackungen dadurch zurückgeht, dass die Einwegverpackung in den Augen der Verbraucher durch das Pfand das Image als weniger umweltfreundliche Verpackungsform einbüßt (SPRENGER et al., 1997, S. 99).

874. Entsprechend ihrer unterschiedlichen Annahmen beantworten die Verfasser der Studien die Eignung des Pflichtpfandes zur Stützung der Mehrwegquote unterschiedlich. Nach Ansicht von EWRINGMANN et al. (1995) sprechen insbesondere die erwarteten Kosteneffekte dafür, dass die Mehrwegquote durch die Einführung eines Pflichtpfandes nicht gestützt wird. Statt dessen könne nicht ausgeschlossen werden, dass der Anteil an Mehrweggetränkeverpackungen mit der Einführung dieses Instruments sogar weiter sinke. Es wird auch befürchtet, dass die Möglichkeit der Einnahmeerzielung durch das einbehaltene Pfand auf nicht zurückgebrachte Einweggetränkeverpackungen dazu führt, dass das Interesse der Anbieter an Einwegverpackungen weiter steigt. SPRENGER et al. (1997) gehen für den Bereich der Getränkeverpackungen für Bier statt dessen davon aus, dass es zu Kostensteigerungen für Einwegverpackungen kommen wird. In Verbindung mit dem Umstand, dass mit der Einführung der Leergutrückführung einer der Vorzüge von Einwegverpackungen gegenüber Mehrwegverpackungen entfällt, begünstigt die Einführung eines Pflichtpfandes nach Ansicht der Verfasser eine Substitution von Einweg- durch Mehrwegverpackungen.

875. Eindeutiger als die Frage nach einer Substitution von Einweg durch Mehrweg ist die Wirkung der Pfanderhebung auf die Rückführung von Einwegverpackungen und deren Verwertung vorherzusagen. Hier muss davon ausgegangen werden, dass die Bereitschaft zur getrennten Sammlung und Rückgabe durch das Pfand erhöht wird. Auch das Problem der „wilden Entsorgung" von Verpackungen (*Littering*) wird mit der Pfanderhebung reduziert (SPRENGER et al., 1997, S. 100; EWRINGMANN, 1995, S. 46). Eine deutliche Entlastung der Umwelt ist angesichts der bereits heute mit hohen Rücklaufquoten operierenden Wertstofferfassungssysteme jedoch kaum zu erwarten. So beträgt die Rückführungsquote für in Wertstoffbehältern getrennt gesammelte Getränkeverpackungen mit DSD-Lizenz etwa 70 %. Nach Auswertung ausländischer Erfahrungen und unter Berücksichtigung der besonderen deutschen Rahmenbedingungen in der Abfallpolitik gehen EWRINGMANN et al. davon aus, dass die Rückführungsquote bei Einführung des in der Verpackungsverordnung vorgesehenen Pflichtpfandes mittelfristig auf etwa 90 % steigen wird (1995, S. 42 ff.). Das auf Hausmülldeponien zu entsorgende Abfallaufkommen würde damit insgesamt um nur etwa 0,5 % sinken (EWRINGMANN et al., 1995, S. 46).

876. Aus Sicht des Umweltrates sind die Unsicherheiten bezüglich der denkbaren Reaktionen der Akteure am Markt auf die Einführung eines Pflichtpfandes zu groß, um zu einem eindeutigen Urteil über die Effektivität dieses Instrumentes zur Stützung der Mehrwegquote zu kommen. Eine Reduzierung der „wilden Entsorgung" stellt eine positive Begleiterscheinung des Pfandsystems dar. Ob dieser Effekt jedoch einen entsprechenden Eingriff in die Abfallmärkte rechtfertigen kann, hängt davon ab, in welchem Verhältnis die Kosten des Pfandsystems zu dem Nutzen aus der Vermeidung der „wilden Entsorgung" von Getränkeverpackungen stehen. Der Umweltrat regt Untersuchungen zur Klärung dieser Frage an (Tz. 831).

877. Die Kritik des Umweltrates an der derzeitigen Regulierung von Getränkeverpackungen durch die Verpackungsverordnung reicht jedoch über die Kritik an dem Instrument des Pflichtpfandes hinaus und umfasst die Zielsetzung (Mehrwegquote) selbst. Der Umweltrat hat sich bereits in der Vergangenheit kritisch mit Quoten in der Abfallpolitik auseinandergesetzt (SRU, 1996, S. 166 f.).

878. Ökobilanzen belegen, dass Mehrwegverpackungen Einwegverpackungen vielfach, aber nicht in jedem Fall ökologisch überlegen sind (Fraunhofer IVV, 2000; SCHMITZ et al., 1995). Die ökologische Vorteilhaftigkeit von Mehrwegsystemen hängt vielmehr ab von

– der Getränkeart und damit verbunden den aufgrund der Füllguteigenschaften in Frage kommenden konkurrierenden Materialien für Einwegverpackungen,
– der Entfernung zwischen dem Abfüller und der Verkaufsstätte,
– der Umlaufhäufigkeit der Mehrwegverpackung und
– dem jeweiligen Entsorgungsweg.

879. Letztlich kann nur eine Einzelfallbetrachtung Aufschluss über das jeweils überlegene Verpackungssystem geben. Allerdings lassen sich aufgrund der Ergebnisse der vorliegenden Ökobilanzstudien Tendenzaussagen für einzelne Getränkesegmente machen (Fraunhofer IVV, 2000). Legt man mittlere Transportentfernungen und Umlaufzahlen zugrunde, zeigt sich, dass der Ersatz von Glasmehrwegflaschen für Bier durch die für diesen Füllgutbereich relevanten Einwegverpackungen, nämlich Glaseinwegflaschen, Weißblech- oder Aluminiumdosen, im allgemeinen mit signifikant größeren Umweltbelastungen verbunden ist. Für die Substitution von Glasmehrwegflaschen für Milch durch einfache Kunststoff- oder Verbundkartonverpackungen gilt hingegen, dass allenfalls mit einer geringen Zunahme der Umweltbelastungen, im Einzelfall sogar mit einer Entlastung zu rechnen ist (Tab. 2.4.5-11). Mit zunehmender Transportentfernung und abnehmender Umlaufzahl reduziert sich der ökologische Vorteil von Mehrwegverpackungen signifikant; allerdings liegt die Grenztransportentfernung, bei der die Einwegverpackung gegenüber der Mehrwegverpackung bei sonst gleichen Bedingungen mit größeren Umweltbelastungen verbunden ist, bei Bier für die Wirkungskategorien Gesamtenergie und Treibhauseffekt zwischen 2 000 und 3 200 km (Abb. 2.4.5-5). Zudem sind Mehrwegflaschen aus unterschiedlichen Materialien ökologisch keineswegs gleichwertig. Vielmehr zeigt eine neuere Studie von Prognos, Basel und dem Institut für Energie- und Umweltforschung, Heidelberg, dass die vergleichsweise leichtere PET-Mehrwegflasche insbesondere bei hohen Umlaufzahlen und hohen Transportentfernungen ökologische Vorteile gegenüber der Glasmehrwegflasche aufweist (FAZ v. 25.2.1999).

Die Ergebnisse der Ökobilanzen für Bier und Milch sind mit einiger Vorsicht auf andere Füllgutbereiche übertragbar. Während andere CO_2-haltige Getränke (Mineralwasser, Erfrischungsgetränke mit CO_2) ähnliche Anforderungen an das Verpackungsmaterial stellen wie Bier, sind die Ergebnisse für Milch auf andere nicht CO_2-haltige Getränke (z. B. Fruchtsäfte, Wein) übertragbar.

880. Der Wirtschaftlichkeitsvergleich zwischen Einweg- und Mehrwegsystemen zeigt, dass bei Mehrwegsystemen in der Regel höhere Kosten in den Wertschöpfungsstufen Abfüllung und Distribution entstehen. Demgegenüber weisen Einwegsysteme in den Bereichen Verpackung und Entsorgung Kostennachteile auf. Die Kostendifferenz zwischen Einweg und Mehrweg hängt vom Packmittel, der Umlaufzahl sowie der Transportentfernung ab. Bei einer Umlaufzahl von 22 und einer Transportentfernung von 250 km liegen die Systemkosten für die Glasmehrwegflasche für Bier nur geringfügig über denen der Weißblechdose. Bei geringeren

Transportentfernungen oder größeren Umlaufzahlen verbessert sich das Kostenverhältnis zugunsten der Mehrwegverpackung. Im Fall des Einweg-Verbundkartonsystems für Milch als Alternative zur Mehrwegglasflasche fällt der Systemkostenvergleich eindeutig zugunsten der Einwegverpackung aus (Fraunhofer IVV, 2000). Neben den Kosten entscheiden auch andere Faktoren (z. B. Verbraucherpräferenzen) über die Wirtschaftlichkeit alternativer Verpackungsformen.

881. Die Mehrwegquote für Getränkeverpackungen in Höhe von 72 % ist nicht das Ergebnis ökologischer Abwägungen etwa im Rahmen von Ökobilanzen, sondern eine politische Zielsetzung, bei der der Stand von 1991 festgeschrieben wird. Insofern entspricht sie einem Verschlechterungsverbot, dem die pauschale Annahme zugrunde liegt, dass Einwegverpackungen Mehrwegverpackungen ökologisch unterlegen sind. Sie ist weder geeignet, sicherzustellen, dass Mehrwegverpackungen dort zum Einsatz kommen, wo sie tatsächlich die ökologisch überlegene Verpackungsform darstellen, noch trägt sie den Präferenzen der Verbraucher Rechnung.

Aus Sicht des Umweltrates besteht die langfristig überlegene Lösung darin, auf die Festsetzung von Quoten vollständig zu verzichten und statt dessen die Umweltkosten, die mit den jeweiligen Verpackungssystemen verbunden sind, unmittelbar den jeweiligen Verursachern anzulasten (Tz. 814 ff.; SRU, 1996, S. 166 f., Kasten). Die Kosten werden auf die Verbraucher überwälzt. Die jeweilige Verpackung wird dabei umso teurer, je größer die mit ihrer Herstellung, ihrem Transport, ihrer Reinigung und ihrer Entsorgung verbundenen Umweltbelastungen sind. Mehrwegverpackungen dürften bei dieser Vorgehensweise insbesondere bei geringen Transportentfernungen einen Preisvorteil gegenüber Einwegverpackungen erhalten. Bei großen Transportentfernungen bei der Rückführung von Mehrwegverpackungen zum Abfüller erhält die Einwegverpackung einen Kostenvorteil. Der Anteil der Mehrwegverpackungen muss nicht politisch vorgegeben werden. Statt dessen ist er das Ergebnis marktlicher Anpassungsprozesse, wobei die Einhaltung von Umweltzielen über den Einsatz umweltpolitischer Instrumente sichergestellt wird. Ein Pflichtpfand ebenso wie andere Instrumente zur Stützung von Mehrwegverpackungen sind bei dieser Lösung nicht erforderlich. Der Verbraucher wird bei der Entscheidung über den Kauf von Getränken in alternativen Verpackungsformen die Kosten (einschließlich der Umweltkosten) seinen individuellen Präferenzen für die eine oder andere Verpackungsform gegenüberstellen.

Der Umweltrat weist darauf hin, dass die ökologische Rahmenordnung zur Zeit noch Lücken aufweist (z. B. unvollständige Anlastung der Umweltkosten des Transports, d. h. Emissionen, Wegekosten etc.; vgl. SRU, 1996, Abschn. 5.4.2). Andererseits bestehen Regelungen, die den Einsatz von Mehrwegverpackungen begünstigen. So werden die Verbraucher von Einwegverpackungen über die DSD-Lizenzgebühr mit den Kosten der getrennten Sammlung, Sortierung und Verwertung belastet. Da entsprechende Kosten bei Mehrweggetränkeverpackungen nicht anfallen, erhalten letztere im bestehenden System einen relativen Preisvorteil (DICKE und NEU, 1996, S. 52).

Tabelle 2.4.5-11

Effekte auf die Umweltbelastung aus dem Ersatz von Mehrweg- durch Einwegsysteme

Mehrwegsystem	wird ersetzt durch Einwegsystem	hieraus resultieren bei Ersatz von Mehrweg durch Einweg
Glasflasche	Glasflasche	signifikant vergrößerte Umweltbelastungen
Glasflasche	Weißblechdose	signifikant vergrößerte Umweltbelastungen
Glasflasche	Aluminiumdose	signifikant vergrößerte Umweltbelastungen
Glasflasche	einfache Kunststoffverpackung	geringfügig bis nicht nennenswert vergrößerte Umweltbelastungen, in Einzelfällen verringerte Umweltbelastungen
Glasflasche	Verbundkarton-Verpackung	nicht nennenswert vergrößerte Umweltbelastungen
Kunststoffflasche	einfache Kunststoffverpackung	geringfügig vergrößerte Umweltbelastungen

Quelle: Fraunhofer IVV, 2000

Abfallwirtschaft

Abbildung 2.4.5-5

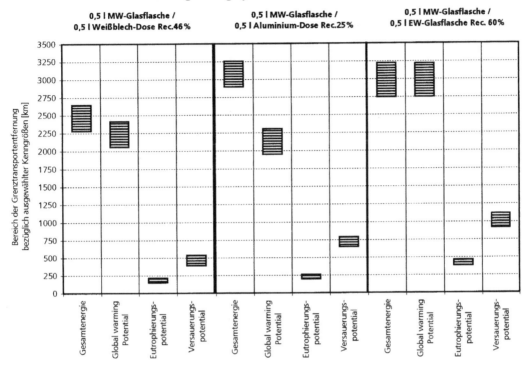

[1] Berücksichtigte Einflussgröße: Umlaufzahl (Bandbreiten von 10 bis 80).
Quelle: Fraunhofer IVV, 2000

882. Internationale Erfahrungen mit Einweg- und Mehrwegverpackungen zeigen, dass Abfüller aus Kostengründen Mehrwegverpackungen den Vorzug geben, während für den Handel Einwegverpackungen vorteilhaft sind. Dort, wo die Verwendung von Einwegverpackungen politisch nicht beschränkt wird, kommt dem Druck der Discountmärkte bei der Verdrängung von Mehrwegverpackungen vom Markt eine Schlüsselrolle zu. Weitere Gründe für die zunehmende Verbreitung von Einwegverpackungen sind das Vordringen internationaler Marken und lange Distributionswege (GOLDING, 1999).

Für die deutsche Situation gilt, dass in der Vergangenheit zwar ein leichter Rückgang des Anteils an Mehrweggetränkeverpackungen zu verzeichnen war. Ein Zusammenbruch des Mehrwegsystems ist jedoch bislang ausgeblieben, obwohl mit der in der Verpackungsverordnung vorgeschriebenen kollektiven Mehrwegquote bei den einzelnen Akteuren keine Anreize zur Wahl von Mehrwegsystemen gesetzt wurden. Eine Erklärung für die traditionell vergleichsweise starke Stellung von Mehrwegverpackungen in Deutschland mag in der großen Produktvielfalt sowie den dezentralen Produktions- und Vertriebsstrukturen liegen, die Mehrwegsysteme möglicherweise auch dann noch stützen, wenn sich der zu beobachtende Konzentrationsprozess bei den Abfüllern und im Handel fortsetzt. Auch die sich abzeichnende Zunahme des Anteils an ökologisch vorteilhaften und vergleichsweise kostengünstigen PET-Mehrwegflaschen ist geeignet, den Anteil an Mehrweggetränkeverpackungen hochzuhalten.

883. Die Ausführungen zeigen, dass die pauschale Vermutung der ökologischen Vorteilhaftigkeit von Mehrweggetränkeverpackungen gegenüber Einwegverpackungen, die der Vorgabe einer Mindestquote für Mehrweggetränkeverpackungen von 72 % in der Verpackungsverordnung zugrunde liegt, nicht in jedem Fall zutrifft. Vielmehr kann davon ausgegangen werden, dass der Verzicht auf Mehrwegquoten für bestimmte Füllgüter ohne signifikanten ökologischen Schaden möglich ist. Dies gilt vor allem für den Bereich nicht CO_2-haltiger Getränke (z. B. Fruchtsäfte, Wein), in dem alternativ zur Glasmehrwegflasche Verbundkartonverpackungen eingesetzt werden können. Allgemein ist davon auszugehen, dass die Marktkräfte, die traditionell vorhanden sind, darauf hinwirken, dass Mehrwegsysteme auch ohne die Vorgabe einer Quote erhalten bleiben. Ob die Einführung des Pflichtpfandes zu einer Stützung von Mehrwegverpackungen führt, muss hingegen bezweifelt werden. Aufgrund der angeführten Schwierigkeiten, eine Quotenlösung so zu gestalten, dass Mehrwegverpackungen dort zum Einsatz kommen, wo diese die ökologisch überlegene Verpackungsform darstellen, empfiehlt der Umweltrat, auf Instrumente zur Durchsetzung einer Mindestquote für Mehrweggetränkeverpackungen zu verzichten. Die Verpackungsverordnung sollte entsprechend novelliert und es sollten an Stelle der Vorgabe von Mehrwegquoten für alle Getränkeverpackungen bloße Zielwerte für Verpackungen CO_2-haltiger Getränke festgesetzt werden, die sich an den bisherigen Bereichsquoten der Verpackungsverordnung orientieren. Die Bundesregierung sollte sich vorbehalten, dann zu intervenieren, wenn der Anteil an Mehrwegverpackungen im Bereich CO_2-haltiger Getränke ohne staatliche Eingriffe signifikant, etwa um 10 bis 15 % gegenüber dem jeweiligen Zielwert, zurückgeht. Für diesen Fall wäre die Erhebung einer Abgabe auf Einwegverpackungen im Bereich CO_2-haltiger Getränke zu erwägen. Die Betrachtung der Systemkostendifferenz zwischen Mehrweg- und Einwegverpackungen zeigt, dass die Stützung von Mehrwegsystemen durch Abgaben in diesem Segment ökonomisch zumutbar wäre.

2.4.5.3.2 Altautoverordnung

884. Die umweltgerechte Entsorgung von Altautos hat seit Ende der achtziger Jahre als eigenständiges Abfallproblem innerhalb der Europäischen Union und in Deutschland zunehmend an Bedeutung gewonnen. Die wichtigsten mit der Altautoentsorgung verbundenen Umweltprobleme sind (SRU, 1991; BENZLER und LÖBBE, 1995, S. 4-8; SCHENK, 1998, S. 219 ff.)

– die durch unsachgemäße Verwertung von Altautos entstehenden Umweltbeeinträchtigungen (z. B. Bodenkontamination oder Grundwasserverunreinigung durch auslaufende Betriebsflüssigkeiten);

– das Aufkommen von Abfällen (Shredderleichtfraktion), die zum Teil erheblich mit Schwermetallen, PVC, Kohlenwasserstoffen (Ölen und Kraftstoffen) und polychlorierten Biphenylen (PCB) belastet sind und die weitgehend auf Hausmülldeponien entsorgt werden und

– die irreguläre („wilde") Entsorgung von Altautos.

Darüber hinaus nimmt in den neunziger Jahren der Export von Altautos in Länder mit niedrigeren Entsorgungsstandards (vor allem Osteuropa) stark zu, was dort zu zusätzlichen Umweltbelastungen führen kann.

885. Die – neben den allgemeinen Grundsätzen der Kreislaufwirtschaft und der Produktverantwortung – wichtigsten Umweltziele für die Altautoentsorgung sind im Entwurf eines umweltpolitischen Schwerpunktprogramms der Bundesregierung von 1998 enthalten (BMU, 1998a, S. 79):

– die recyclinggerechte Konstruktion und Produktion von Automobilen;

– die Rücknahme aller Altautos; kostenlos bis zum Alter von mindestens zwölf Jahren bei Pkw, die ab Inkrafttreten der Altautoverordnung neu in den Verkehr kommen;

– der Auf- und Ausbau einer flächendeckenden Entsorgungsinfrastruktur für Pkw bis 1999;

– die umweltverträgliche Trockenlegung und Demontage von Altautos und

– die Verringerung der nicht verwertbaren Abfälle bei der Altautoentsorgung von 25 Gewichtsprozent (1996) auf 15 % bis 2002 bzw. 5 % bis 2015.

Diese Umweltziele sind gleichzeitig Teil der bereits im Februar 1996 unter Federführung des Verbandes der Automobilindustrie abgegebenen freiwilligen Selbstverpflichtung zur umweltgerechten Altautoentsorgung. Sowohl die Selbstverpflichtung als auch die flankierende Altautoverordnung sind am 1. April 1998 in Kraft getreten (SRU, 1998: Tz. 526 ff.). Während die Selbstverpflichtung die Umweltziele vorgibt, beschränkt sich der Gesetzgeber in der Altautoverordnung auf die ergänzende Regelung von Überlassungs- und Entsorgungspflichten. Eine solche ordnungsrechtliche Flankierung war in der Selbstverpflichtung bereits als Bedingung für deren Inkrafttreten angelegt. Nach § 3 der Verordnung ist der Letzthalter verpflichtet, sein Altauto einem anerkannten Verwertungsbetrieb oder einer anerkannten Annahmestelle zu überlassen. Der Verwertungsbetrieb stellt einen Verwertungsnachweis aus, der bei Abmeldung des Fahrzeuges der Zulassungsstelle vorgelegt werden muss. Die Zertifizierung der Verwertungsbetriebe und Annahmestellen muss von anerkannten Sachverständigen nach den im Anhang der Verordnung festgelegten Umweltschutzanforderungen vorgenommen werden (SRU, 1998, Tz. 528).

Eine offizielle Bewertung der Maßnahmen zur Altautoentsorgung liegt noch nicht vor. Der erste Monitoringbericht zur freiwilligen Selbstverpflichtung wird erst im April 2000 veröffentlicht. Aufgrund bereits vorhandener Daten und Informationen kann jedoch eine erste Einschätzung der Zielerreichung vorgenommen werden.

886. Eine *flächendeckende Entsorgungsinfrastruktur* für Altautos, bestehend aus Annahmestellen, Verwertungs- und Shredderbetrieben, existiert in Deutschland bereits seit Jahrzehnten. Sie diente in erster Linie der Rückgewinnung des Metallanteils ausgedienter Kraftfahrzeuge von etwa 75 Gewichtsprozent. Darüber hinaus wurden noch brauchbare Einzelteile ausgebaut und weiterverkauft. Die Entsorgungsinfrastruktur musste daher nicht erst im Zuge der Selbstverpflichtung aufgebaut, sondern lediglich ausgebaut werden.

887. Das eigentlich umweltrelevante Ziel im Hinblick auf die direkt bei der Behandlung von Altautos anfallenden Umweltbeeinträchtigungen liegt vielmehr in deren *umweltgerechter Trockenlegung und Demontage*, das heißt in der Festschreibung und Durchsetzung weitreichender Umweltschutzanforderungen für existierende Verwertungsbetriebe, aber auch für Annahmestellen und Shredderbetriebe. Hauptinstrument hierfür war die in der Verordnung vorgesehene Zertifizierung von Entsorgungsbetrieben durch unabhängige Sachverständige. Im Juni 1999 waren in Deutschland etwa 8 000 Annahmestellen, 1 024 Verwertungsbetriebe und 49 Shredderbetriebe zertifiziert. Von einem flächendeckenden System anerkannter Entsorgungsbetriebe kann somit ausgegangen werden (BT-Drs. 14/1389). Insbesondere bei den Verwertungsbetrieben zeigt die Altautoverordnung weitreichende Folgen. Die 1 024 derzeit zertifizierten Verwerter machen nur ein knappes Viertel der geschätzten 4 000 bis 5 000 vor Inkrafttreten der Verordnung existierenden Betriebe aus (HOLZHAUER, 1998, S. 3; KREMER, 1998, S. 77; SCHENK, 1998; WÖHRL, 1998, S. 15). Die Mehrheit der Betriebe konnte offenbar bisher die mit der Zertifizierung verbundenen Umweltschutzanforderungen nicht erfüllen.

Allerdings weist dieser Ansatz gerade hinsichtlich der Durchsetzung der im Anhang der Verordnung aufgeführten Umweltstandards zwei entscheidende Schwachstellen auf. Zum einen scheint es, dass eine große Zahl von Verwertungsbetrieben trotz fehlender Zertifizierung weiterhin operiert. Der Verband der Automobilverwerter (VAV) geht von insgesamt etwa 3 300 existierenden Verwertern aus (SCHMITZ, 1999a, S. 72). Darüber hinaus ist die Anerkennung und Kontrolle der Betriebe durch unabhängige Sachverständige nur unzureichend, so dass die Einhaltung der in der Verordnung festgelegten Umweltstandards auch bei anerkannten Verwertungsbetrieben fragwürdig ist (Institut der Wirtschaft, 1998). Während das Vollzugsproblem generell von allen Akteuren erkannt ist, bestehen zwischen BMU, Ländern und der Automobilindustrie unterschiedliche Ansichten über das Ausmaß. Die derzeit vom Bundesumweltministerium vorbereitete „kleine" Novelle der Altautoverordnung will diesem Problem unter anderem durch die Pflicht zur individuellen Anerkennung von Sachverständigen Rechnung tragen; bisher können auch Umweltberatungsgesellschaften als ganzes als Sachverständigenorganisationen anerkannt werden.

888. Ein weiteres Ziel ist die *Verringerung der nicht verwertbaren Abfälle bei der Altautoentsorgung von 25 Gewichtsprozent (1996) auf 15 % bis 2002 und 5 % bis 2015*. Das Zwischenziel für das Jahr 2002 wird voraussichtlich ohne einschneidende Veränderungen der Entsorgungspraxis alleine durch die systematischere Entnahme von Betriebsflüssigkeiten, Reifen und Ersatzteile erreicht werden (SRU, 1998, Tz. 529). Die Reduktion der nicht verwertbaren Abfälle auf höchstens 5 Prozent des Fahrzeugleergewichts bis zum Jahre 2015 stellt jedoch – insbesondere vor dem Hintergrund des zunehmenden Einsatzes von Kunststoffen im Fahrzeugbau – ein weitreichendes Umweltziel dar. Ansätze zur Erreichung dieses Ziels sind einerseits die recycling- und demontagegerechte Konstruktion von Neuwagen, andererseits die Sortierung und Schadstoffentfrachtung der Shredderleichtfraktion und deren anschließende Verwertung (JÖRGENS und BUSCH, 1999).

889. Der Umweltrat hat sich bereits in der Vergangenheit zu Quoten als Instrument in der Abfallpolitik geäußert (SRU, 1998, Tz. 721; SRU, 1996, S. 166 f., Kasten) und sich für einen konsequent wirkungsbezogenen Ansatz ausgesprochen. Auch für die Altautoentsorgung, die – auch ohne staatliche Vorgaben – traditionell durch einen hohen Anteil der Metallverwertung (etwa 75 % des Kraftfahrzeugleergewichts) charakterisiert ist, kann als Grundsatz gelten, dass eine abfallpolitische Strategie zunächst an den Umweltwirkungen ansetzen sollte. Allerdings zeigt gerade das deutsche Beispiel der Altautoentsorgung auch, dass eine rein emissionsorientierte Strategie häufig mit großen Blockaden und Vollzugsdefiziten konfrontiert ist und zur umweltpolitischen Stagnation führen kann. So wurde bereits 1991 in der TA Abfall die Shredderleichtfraktion wegen ihres hohen Schadstoffgehalts als Sonderabfall klassifiziert, um eine ökologisch problematische Beseitigung auf Hausmülldeponien zu verhindern. Umfassende Ausnahmegenehmigungen der Länder erlauben es den Betreibern von Shredderanlagen jedoch bis heute, ihre Abfälle kostengünstig auf Hausmülldeponien zu beseitigen. Diese Probleme im Vollzug der TA Abfall waren unter anderem ausschlaggebend für eine verhandlungsbasierte Regelung, die stärker auf die Eigenverantwortung der Hersteller von Kraftfahrzeugen setzt. Zumindest als Übergangslösung kann der verwertungsorientierte Ansatz der freiwilligen Selbstverpflichtung positiv bewertet werden, da er in einer Situation der faktischen Entscheidungsblockade durch einen teilweisen Wechsel der Verantwortlichkeiten neue Impulse gesetzt hat. Entscheidend ist dabei, dass – anders als in frühen Verordnungsentwürfen des Bundesumweltministeriums – keine materialspezifischen Verwertungsquoten vorgegeben werden, und dass die Träger der Selbstverpflichtung in der Wahl effizienter Verwertungswege nicht durch restriktive Vorgaben eingeschränkt werden. So ist etwa die werkstoffliche Verwertung von Kunststoffen nur bei größeren, leicht demontierbaren Teilen, nicht aber generell sinnvoll. Eine Verringerung der Deponierung von Shredderleichtfraktion kann – wie oben skizziert – auch durch Schadstoffentfrachtung und anschließende energetische oder rohstoffliche Verwertung erfolgen. Dabei geht die Automobilindustrie davon aus, dass dieser Weg auch für Shredderbetriebe durch den Abschluss von längerfristig stabilen Verträgen akzeptabel ist (SCHENK, ARGE-Altauto, 1999, pers. Mitteilung). Obwohl weder die freiwillige Selbstverpflichtung noch die Altautoverordnung für den Fall der Nichterfüllung der Umweltziele konkrete Sanktionen für die Automobilhersteller bereithält, ist bereits deutlich geworden, dass die Automobilhersteller hier eine regelnde Funktion einnehmen werden, um nicht mit dem eher negativen öffentlichen Image der Altautoentsorger in Verbindung gebracht zu werden.

Parallel zur Suche nach effizienten Verwertungsmöglichkeiten durch die Träger der Selbstverpflichtung muss versucht werden, die Blockadehaltung der Länder hinsichtlich der Umsetzung der TA Abfall zu überwinden. Die daraus resultierende Erhöhung der Entsorgungspreise für Shredderleichtfraktion würde auch die im Rahmen der Selbstverpflichtung derzeit erprobten Verwertungsverfahren ökonomisch interessanter machen.

890. Die Einschränkung der kostenlosen *Rücknahme von Altautos* auf solche Fahrzeuge, die nicht älter als zwölf Jahre sind, ist angesichts eines geschätzten durchschnittlichen Fahrzeugalters von inzwischen mehr als zwölf Jahren (BERGMANN et al., 1998, S. 165; MIKULLA-LIEGERT, 1998, S. 37; SCHRADER, 1998, S. 59) als unzureichend anzusehen, da der Großteil der kostenlos zurückzunehmenden Fahrzeuge bereits im bestehenden Verwertungsmarkt positive Preise erzielen dürfte (SRU, 1998, Tz. 529). Allerdings zeichnet sich durch die insoweit übereinstimmenden Beschlüsse des EU-Ministerrates und des Parlamentes zur europäischen Altauto-Richtlinie eine Verpflichtung für die Automobilhersteller zur kostenlosen Rücknahme aller Autos ihrer Marke ab dem Jahr 2006 ab. Das Inkrafttreten dieser Regelung erst ab dem Jahr 2006 entschärft auch das Problem der Rückwirkung der Rücknahmepflichten für Altautos, die bereits vor dem Jahr 2000 in den Verkehr gebracht worden sind (vgl. hierzu SRU, 1998, Tz. 529 f.). Dem Prinzip der Produktverantwortung wird mit dieser Regelung stärker Rechnung getragen. Inzwischen ist absehbar, dass die Verpflichtung zur kostenlosen Rücknahme zu einem stärkeren Engagement der Automobilhersteller im Verwertungsbereich führen wird. Nach Schätzungen der ARGE Altauto wird sich die Zahl der von den Herstellern autorisierten Verwerter auf 300 bis 350 belaufen. Freie Verwerter werden dann für Altautos zahlen müssen, um weiterhin operieren zu können. Ob die kostenlose Rücknahme zu einer Verringerung des Exports von Altautos vor allem in osteuropäische Staaten führen kann, ist fraglich, da in Deutschland nicht mehr zulassungsfähige Autos in diesen Staaten häufig noch genutzt und daher noch gewinnbringend verkauft werden können.

891. Verstärkte Anstrengungen zur *recycling- und demontagegerechten Konstruktion* von Pkw werden von den Automobilherstellern bereits seit Ende der achtziger Jahre unternommen. Grund hierfür war vor allem die Aufnahme von Altautos in die Liste der „prioritären Abfallströme" (*priority waste streams*) durch die Europäische Kommission im Jahre 1989 (UBA, 1993, S. 240 f.), der 1990 vom Bundesumweltministerium vorgestellte erste Entwurf einer deutschen Altautoverordnung und die Klassifizierung der Shredderleichtfraktion als Sonderabfall in der TA Abfall. Inzwischen existiert eine Reihe von markenübergreifenden Recyclinginitiativen, und die meisten Automobilhersteller haben Recyclingabteilungen eingerichtet, die erheblichen Einfluss auf die Entwicklung neuer Fahrzeugtypen haben (JÖRGENS und BUSCH, 1999). Der zusätzliche Einfluss der freiwilligen Selbstverpflichtung auf die recyclinggerechte Konstruktion wird dagegen von der ARGE Altauto als relativ gering eingeschätzt. Erst über die im Rahmen der europäischen Altauto-Richtlinie eingeführte kostenlose Rücknahme aller Altautos wird hier mit zusätzlichen Anstrengungen gerechnet. Insbesondere einer demontagegerechten Konstruktion stehen zunächst auch die Interessen der (Vertrags-)Werkstätten entgegen.

892. Die „wilde Entsorgung" von Altautos und die damit einhergehenden Umweltbeeinträchtigungen (Auslaufen von Betriebsflüssigkeiten etc.) konnten – entgegen den Erwartungen (vgl. SRU, 1998, Tz. 528) – mit dem Instrument des Verwertungsnachweises bisher nicht signifikant verringert werden. Obwohl hierzu keine bundesweiten Daten vorliegen, kann eher von einem leichten Anstieg der wilden Entsorgung ausgegangen werden. Grund für die geringe Wirksamkeit des Verwertungsnachweises ist vor allem die Möglichkeit des letzten Fahrzeughalters, eine Verbleibserklärung abzugeben und auf diese Weise das Fahrzeug ohne nachgewiesene Verwertung abzumelden. Eine Pflicht zur kostenlosen Rücknahme könnte dieses Problem entschärfen. Allerdings besteht bereits in der derzeitigen Wettbewerbssituation bei den Altautoverwertern vielfach die Möglichkeit einer kostenlosen Rückgabe.

893. Effektive Monitoring- und Berichtsmechanismen gelten als Grundvoraussetzung für die Überprüfung der Zielerreichung und für die Akzeptanz von Selbstverpflichtungen (SRU, 1998, Tz. 316). Der erste Monitoringbericht wird im April 2000 den Bundesministern für Umwelt sowie Wirtschaft vorgelegt (Institut für Wirtschaft, 1998). Eine vom Umweltbundesamt in Auftrag gegebene und vom Institut für Ökologie und Politik durchgeführte Studie hat bereits im Vorfeld des ersten Monitoringberichts auf strukturelle Schwächen der Berichterstattung hingewiesen (Institut für Ökologie und Politik, 1999). Insbesondere fehlen offizielle Angaben über den Verbleib von abgemeldeten Kraftfahrzeugen; dies ist vor allem im Hinblick auf den zunehmenden Export von Altautos von Bedeutung. Auch Angaben der Annahmestellen und Verwerter über die Zahl der zur Verwertung entgegengenommenen Altautos und Verwertungsquoten liegen nicht vor. Schließlich sind auch quantifizierbare Angaben zum in der Selbstverpflichtung enthaltenen Ziel der recyclingorientierten Konstruktion kaum möglich. Positiv zu bewerten ist allerdings die Öffentlichkeitsarbeit der ARGE Altauto, die insbesondere über ihre Internet-Seite umfangreiche Informationen, Studien und Stellungnahmen allgemein zugänglich macht und auch eigene Datenerhebungen durchführt.

Abfallwirtschaft

894. Zusammenfassend kann festgestellt werden, dass die Umsetzung der freiwilligen Selbstverpflichtung und der Altautoverordnung mit einer Reihe von Umsetzungsproblemen konfrontiert ist. Dies betrifft insbesondere die umweltgerechte Demontage und Trockenlegung von Altautos, die Eindämmung der wilden Entsorgung und die effektive Berichterstattung über die Zielerreichung. Auch bietet die bestehende Regelung kaum zusätzliche Anreize für eine recyclingorientierte Konstruktion von Neufahrzeugen. Auf der anderen Seite können positive Ansätze im Hinblick auf die umweltgerechte Verwertung von Shredderabfällen festgestellt werden. Hier können bestehende und mit einem ordnungsrechtlichen Instrumentarium schwer überwindbare Vollzugsdefizite durch eine Verlagerung der Entsorgungsverantwortung zumindest übergangsweise umgangen werden. Auch im Hinblick auf die im europäischen Richtlinienentwurf enthaltenen Verwertungsquoten erscheint eine frühzeitige Suche nach effizienten Verwertungsmöglichkeiten sinnvoll.

Jüngste Daten des Statistischen Bundesamtes zeigen jedoch, dass die Zahl der bei deutschen Shredderbetrieben angelieferten Fahrzeugwracks seit Anfang der neunziger Jahre rapide abgenommen hat. Im Jahre 1996 wurden rund 415 800 Autowracks in Shredderanlagen eingesetzt; das ist im Vergleich zur 1990 eingesetzten Menge nur noch ein Drittel (Statistisches Bundesamt, 1996 und 2000, schriftl. Mitteilung). Von den 3,14 Millionen im Jahr 1996 abgemeldeten Fahrzeugen (Institut der Wirtschaft, 1998) gelangte somit nur ein knappes Sechstel zur Verwertung in deutsche Shredderanlagen. Obwohl sicherlich nicht alle in Deutschland abgemeldeten Pkw Altautos sind und obwohl keine gesicherten Daten über den Verbleib der abgemeldeten Fahrzeuge vorhanden sind (Tz. 885), lassen diese Zahlen auf die Existenz erheblicher Schlupflöcher im Regelsystem der Selbstverpflichtung und der flankierenden Altautoverordnung schließen. Hintergrund ist die Möglichkeit des Letzthalters, anstelle des in der Verordnung vorgesehenen Verwertungsnachweises eine Verbleibserklärung abzugeben. Um eine wirksame Umsetzung der Selbstverpflichtung zu ermöglichen, sollte möglichst bald Klarheit über den Verbleib abgemeldeter Pkw geschaffen werden. Der Umweltrat sieht hier erheblichen Handlungsbedarf. Darüber hinaus sollte die anstehende Novelle der Altautoverordnung eine deutliche Verschärfung der Anforderungen für Verbleibserklärungen beinhalten, so dass eine effektive Kontrolle der tatsächlichen Entsorgungswege von Altautos möglich wird.

2.4.5.3.3 Batterieverordnung

895. Das im Entwurf des umweltpolitischen Schwerpunktprogramms formulierte Ziel für die Entsorgung von Batterien und Akkumulatoren ist die kostenlose Rücknahme sowie Verwertung oder umweltverträgliche Beseitigung gebrauchter Batterien (BMU, 1998, S. 78 f.).

Um dieses Ziel zu erreichen, ist im Zuge der Umsetzung der am 3. April (erste Stufe) und am 1. Oktober (zweite Stufe) 1998 in Kraft getretenen Batterieverordnung von den Herstellern ein flächendeckendes Netz zur kostenlosen Rücknahme und fachgerechten Entsorgung gebrauchter Batterien aufzubauen. Parallel zu den neu zu schaffenden Rücknahmestellen im Handel bleiben die öffentlich-rechtlichen Entsorgungsträger verpflichtet, gebrauchte Batterien an den eingerichteten Sammelstellen anzunehmen. Die Verbraucher haben die Pflicht, alle gebrauchten Batterien zurückzugeben. Die in der Vergangenheit vorwiegend praktizierte Entsorgung über den Hausmüll ist damit untersagt (zu den wesentlichen Regelungsinhalten der Batterieverordnung im einzelnen vgl. u. a. SRU, 1998, Tz. 540 ff.; UBA, 1999a).

896. Die inländische Verkaufsmenge an Batterien und Akkumulatoren hat in den letzten Jahren stetig zugenommen. Tabelle 2.4.5-12 zeigt die Entwicklung für die verschiedenen Batterieformen und -typen in den Jahren 1994 bis 1998. Die durchschnittliche jährliche Gesamtzuwachsrate für die Stückzahlen beträgt 3,1 %. Auch für die kommenden Jahre wird wegen wachsender Nachfrage insbesondere für mobile Informations- und Kommunikationsgeräte mit zunehmenden Verkaufsmengen gerechnet.

897. Die Umweltgefährdung, die von den in Batterien und Akkumulatoren enthaltenen Stoffen ausgehen kann, ist differenziert zu betrachten. Besonders umweltgefährdend sind Batterien, die Quecksilber, Cadmium oder Blei enthalten (siehe gekennzeichnete Felder in Tab. 2.4.5-12). Diese Stoffe müssen gemäß Batterieverordnung auf den Batterien deklariert sein. Aber auch von anderen Inhaltsstoffen, wie zum Beispiel Lithium, Mangandioxid oder Nickel, können Umwelt- und Gesundheitsgefährdungen ausgehen.

Das Umweltbundesamt ermittelt für alle im Inland verkauften und in Geräte eingebauten Batterien, dass sie ca. 615 t Cadmium, 5,5 t Quecksilber, 5 t Silber, 600 t Nickel und 4 000 t Zink enthalten. Für die Autobatterien kommen noch ca. 180 000 t Blei hinzu. Welche Anteile dieser in Verkehr gebrachten Stoffmengen unkontrolliert in die Umwelt gelangen, ist im einzelnen nicht bekannt. Rein rechnerisch wird zum Beispiel die Eintragsmenge für Cadmium bei einer bisher realisierten Rücklaufquote von weniger als 30 % für alle verkauften Nickel-Cadmium-Akkus auf 400 t pro Jahr angegeben. Der Beitrag von Batterien zum gesamten Schwermetalleintrag in den Hausmüll wird für Zink auf 10 %, für Nickel auf 67 % und für Cadmium auf 85 % geschätzt. Insgesamt sind Batterien damit die bedeutendste Produktgruppe für die Schwermetallbelastung im Hausmüll (UBA, 1999b).

898. Gut ein Jahr nach Inkrafttreten der Batterieverordnung liegen erste Praxiserfahrungen vor. Das gemeinsame Rücknahmesystem Batterien (GRS), in dem sich zahlreiche Hersteller zusammengeschlossen haben, ist inzwischen gut ausgebaut. Das System lässt die

Batterien durch beauftragte Entsorgungsunternehmen einsammeln, sortieren und die einzelnen Batteriefraktionen in Entsorgungsbetrieben verwerten oder beseitigen. Allerdings gelangen nach wie vor viel zu wenig Batterien zu den Rücknahmestellen, so dass sie einer kontrollierten Verwertung oder Beseitigung zugeführt werden könnten.

Eine Verbesserung der Verwertungsquote wird außerdem von dem ab 1. Januar 2000 gültigen europaweiten Quecksilberverbot für die am Markt dominierenden Alkali/Mangan- und Zink/Kohlebatterien (s. Tab. 2.4.5-12) erwartet. Diese Batterien können nur dann zu wirtschaftlich angemessenen Kosten verwertet werden, wenn sie quecksilberfrei sind. Der für die Verwertung geforderte Quecksilberanteil im Abfallstrom von weniger als 5 Gramm pro Tonne wird derzeit noch nicht erreicht, weil noch immer ältere oder importierte Batterien mit höheren Quecksilbergehalten auf dem Markt beziehungsweise im Sammelstrom zu finden sind. Es wird davon ausgegangen, dass innerhalb der nächsten fünf Jahre der Verwertungsanteil von heute 10 bis 20 % auf dann 70 bis 80 % gesteigert werden könnte (GRS, 1999).

Als Gründe für das unbefriedigende Ergebnis der Bilanz nach einem Jahr Batterieverordnung werden allgemeine Anlaufschwierigkeiten und mangelhafte Informationen der Verbraucher angeführt (UBA, 1999c). Das Ziel, Batterien und Akkus nicht mehr über den Hausmüll zu entsorgen, konnte nach einem Jahr Verordnungspraxis offensichtlich noch nicht erreicht werden.

899. Der Umweltrat hat in seinem letzten Umweltgutachten einer Pfandregelung für schadstoffhaltige Batterien den Vorzug gegenüber der in § 15 BattV vorgesehenen allgemeinen Rücknahmepflicht gegeben (SRU, 1998, Tz. 546). Angesichts der bisher nicht erfüllten Erwartungen bezüglich besserer Sammelerfolge und Vermeidung des Eintrages schadstoffhaltiger Batterien in den Hausmüll sieht er zunächst keinen Anlass, von dieser Position abzuweichen. Erfahrungen mit der künstlichen Verteuerung von Nickel-Cadmium-Akkus mittels einer Abgabe in Dänemark zeigen beispielsweise, dass das Marktvolumen dieser schadstoffhaltigen Batterien zurückgedrängt und gleichzeitig eine Sammelquote von 95 % erreicht werden kann (Blick durch die Wirtschaft vom 8. August 1998). Die Entsorgung der schadstoffarmen Batterien über den Restmüll wäre dann hinnehmbar, wenn dieser einer thermischen Behandlung vor der endgültigen Ablagerung zugeführt wird.

2.4.5.3.4 Bioabfallverordnung

900. Die Verordnung über die Verwertung von Bioabfällen auf landwirtschaftlich, forstwirtschaftlich und gärtnerisch genutzten Böden (Bioabfallverordnung – BioAbfV) wurde nach langen Verhandlungen auf der Ermächtigungsgrundlage § 8 Abs. 1 und 2 KrW-/AbfG 1998 beschlossen und ist am 1. Oktober 1998 in Kraft getreten. Ziel der Verordnung ist es, eine Rechtsgrundlage für die Verwertung von Kompost zu schaffen. In der Verordnung ist die schadstoffseitige Eignung von Bioabfällen zur Verwertung geregelt. Mit der Bioabfallverordnung werden schadstoffbezogene Anforderungen an Kompost, die bislang nur von der Bundesgütergemeinschaft Kompost e.V. für Qualitätskomposte (RAL-Gütekennzeichen Kompost, RAL GZ-251) beziehungsweise in dem baden-württembergischen Kompostierungserlass vom 30. Juni 1994 aufgestellt waren, rechtlich verbindlich geregelt.

Eine Regelung für Bioabfälle war insbesondere deswegen geboten, weil das Aufkommen an Bioabfällen seit Anfang der neunziger Jahre kontinuierlich zugenommen hat. So sind nach der Abfallstatistik die an Kompostierungsanlagen der öffentlichen Entsorgung angelieferten Mengen von rund 1,4 Mio. t in 1990 über rund 2,4 Mio. t in 1993 auf rund 6,6 Mio. t in 1996 angestiegen. Die Zahl der Kompostierungsanlagen hat sich dementsprechend von 231 Anlagen im Jahr 1990 auf rund 1 000 Anlagen in 1996 erhöht. Besonders hoch sind die Zuwächse in den neuen Bundesländern, aber auch in Bayern und Niedersachsen. Die Verordnung ist in besonderem Maße für die Landwirtschaft von Bedeutung, da derzeit knapp 40 % der Komposte in der Landwirtschaft verwendet werden (BMU, 1999c, S. 31), jedoch keine rechtlich verbindlichen Vorgaben für deren Verwendung existierten.

Die Verabschiedung der Verordnung war darüber hinaus auch erforderlich, weil gemäß § 1 Nr. 2 Buchst. a Düngemittelgesetz das gewerbliche Inverkehrbringen von Sekundärrohstoffdünger, der auch Bioabfälle enthält, nur entsprechend den Anforderungen gemäß einer Verordnung nach § 8 Abs. 1 KrW-/AbfG gestattet ist. Mit der Bioabfallverordnung sind nunmehr die schadstoffrelevanten Regelungen für die flächendeckende Verwendung von Bioabfälle enthaltenden Sekundärrohstoffdüngern geschaffen.

901. Unter dem Sammelbegriff Bioabfälle werden alle behandelten und unbehandelten biologisch abbaubaren Abfälle tierischer oder pflanzlicher Herkunft zusammengefasst (§ 1 Abs. 1 Nr. 1, 2 Nr. 1 BioAbfV). Ausdrücklich werden auch Gemische unter den Sammelbegriff subsumiert. Damit soll erreicht werden, dass nicht durch Vermischung von stark schadstoffhaltigen mit weniger schadstoffhaltigen Materialien auf diesem Weg ein erhöhter Schadstoffeintrag in die Böden stattfinden kann. Nur die im Anhang I Nr. 1 der Verordnung aufgelisteten Bioabfälle sind grundsätzlich zur Verwertung geeignet. Andere Bioabfälle bedürfen gemäß § 6 Abs. 2 BioAbfV einer Genehmigung im Einzelfall. Bioabfälle zur Verwertung sind vor ihrer Aufbringung dergestalt seuchen- und phytohygienisch zu behandeln, dass unter anderem keine Schäden an Böden durch die Verbreitung von Schadorganismen zu besorgen sind (§ 3 Abs. 2 BioAbfV). §§ 6, 4 BioAbfV legen Grenzwerte für Schwermetallgehalte fest, die binnen dreier Jahre der Aufbringung je Hektar nicht überschritten werden dürfen; mit dieser Regelung sollen die Böden vor einer zu starken Belastung bewahrt werden.

Tabelle 2.4.5-12

Entwicklung der in Deutschland in Verkehr gebrachten Batterien nach Typen – 1994 bis 1998

	1994		1995		1996		1997		1998	
	Mio Stück	Gew. (t)	Mio Stück	Gew. (t)	Mio Stück	Gew. (t)	Mio Stück	Gew. (t)	Mio Stück	Gew. (t)
1. Primärbatterien	645,0	22 300,0	679,0	23 196,7	672,9	22 959,0	664,7	22 582,0	684,3	23 200,0
1.1 Rundzellen										
– Alkalimangan	310,0	9 300,0	358,0	10 740,0	358,0	10 740,0	364,9	10 946,0	381,1	11 432,0
– Zink-Kohle	335,0	13 000,0	321,0	12 456,7	314,9	12 219,0	299,8	11 636,0	303,2	11 768,0
1.2 Knopfzellen	59,0	106,4	56,0	100,6	64,0	111,7	65,5	112,0	74,5	124,8
– Quecksilberoxid	6,0	18,2	5,0	15,2	5,0	15,2	3,5	11,0	3,5	11,0
– Silberoxid	25,0	45,0	25,0	45,0	25,0	45,0	25,0	45,0	25,0	45,0
– Alkalimangan	13,0	22,5	13,0	22,5	13,0	22,5	13,0	23,0	14,0	24,8
– Zink-Luft	15,0	20,7	13,0	17,9	21,0	29,0	24,0	33,0	32,0	44,0
1.3 Lithium-Batterien	30,0	180,0	30,0	220,0	35,0	270,0	52,0	344,0	50,0	340,0
– Rundzellen	15,0	150,0	20,0	200,0	25,0	250,0	30,0	300,0	30,0	300,0
– Knopfzellen	15,0	30,0	10,0	20,0	10,0	20,0	22,0	44,0	20,0	40,0
2. Ni-Cd-Akkus	81,0	3 095,0	65,8	2 642,0	55,5	2 334,0	51,2	2 214,0	46,5	2 050,7
– Rundzellen	68,0	3 000,0	58,7	2 590,0	52,5	2 318,0	50,0	2 205,0	46,5	2 050,7
– Knopfzellen	13,0	95,0	7,1	52,0	3,0	16,0	1,2	9,0	0,0	0,0
3. Ni-MH-Akkus	1,0	44,2	26,6	990,0	42,5	1 617,0	56,1	2 259,0	68,5	2 792,6
– Rundzellen	1,0	44,2	21,5	950,0	35,3	1 559,8	50,0	2 210,0	62,0	2 740,4
– Knopfzellen	0,0	0,0	5,1	40,0	7,2	57,0	6,1	49,0	6,5	52,2
4. Klein-Bleiakkus		100		100		100		100		100

MH = Metallhydrid
Quelle: Fachverband Batterien im ZVEI, schriftl. Mitteilung, 1999; verändert

Die flächenhafte Verwertung von Bioabfällen nach der Bioabfallverordnung ist nach Ansicht des Umweltrates aus Sicht einer nachhaltigen Kreislaufwirtschaft, aber auch zum Schutz des Bodens generell zu begrüßen, da damit einerseits der Anreicherungen von Schwermetallen in den Böden entgegengewirkt wird und andererseits dem Boden hierdurch organische Substanzen und mineralische Nährstoffe zugeführt werden (Tz. 493).

902. Ergänzend ist in der Verordnung ein Nachweisverfahren vorgesehen (§ 11 BioAbfV), mit dessen Hilfe die Herkunft und die Art der eingesetzten Materialien festgestellt werden kann. Bioabfallbehandler und Gemischhersteller müssen entsprechende Listen zehn Jahre aufbewahren. Der Abgeber von Bioabfällen hat ferner dem Aufbringer einen Lieferschein auszustellen, in dem unter anderem Angaben über den Abgeber, Angaben zum Inhalt des Bioabfalls sowie zur Aufbringung enthalten sein müssen. Mit Hilfe dieses Verfahrens kann im Zweifel über einen langen Zeitraum (30 Jahre Aufbewahrungspflicht) nachvollzogen werden, von welchem Abgeber bestimmte Bioabfälle stammen und worauf mögliche Schadstoffkonzentrationen zurückzuführen sind. Dieses Verfahren findet allerdings dann keine Anwendung, wenn die strengere der beiden Schadstoffkategorien gemäß § 4 Abs. 3 Satz 2 BioAbfV, die für Schwermetalle zulässige Schadstoffhöchstgehalte vorsehen, einzuhalten ist. Diese Ungleichbehandlung der beiden Schadstoffkategorien ist nach Auffassung des Umweltrates nicht gerechtfertigt und sollte bei der nächsten Novellierung der Bioabfallverordnung beseitigt werden.

903. Vom Anwendungsbereich erfasst wird die Aufbringung auf landwirtschaftlich, forstwirtschaftlich oder gärtnerisch genutzten Böden. Allerdings bestehen erhebliche Beschränkungen für das Aufbringen auf Forstflächen, so dass insoweit praktisch ein Aufbringungsverbot besteht (SCHMIDT-HORNIG, 1999, S. 52). Nicht geregelt in der Verordnung ist dagegen das Aufbringen auf Haus- und Hobbygärten, im Landschaftsbau und bei der Rekultivierung. Der Umweltrat bemängelt, dass diese wichtigen Bereiche, in denen Bioabfälle weitreichende

Verwendung bei der Herstellung neuer Kulturbodenschichten finden, vom Anwendungsbereich der Verordnung nicht erfasst werden. Damit bleiben etwa Gefahren für Böden durch übermäßige Schadstoffanreicherungen (Schwermetalle und persistente organische Schadstoffe/POP, vgl. Abschn. 2.4.6.3.1) beziehungsweise für Grund- und Sickerwasser durch ein konzentriertes Überangebot von Nährstoffen (insbesondere Stickstoff, Phosphor, Kalium, Magnesium) in den Kulturbodenschichten nach wie vor unbewältigt, so dass hieraus eine Beeinträchtigung von Bodenfunktionen oder ein Konflikt mit dem Vorsorgeprinzip des Bundes-Bodenschutzgesetzes erwachsen kann. Zwar gelten mittelbar über § 1 Abs. 3 Düngemittelverordnung in Verbindung mit der Bioabfallverordnung die Schadstoffhöchstwerte der Bioabfallverordnung auch für die Aufbringung auf diesen Flächen, jedoch gelten die anderen Regelungen, wie die Nachweispflichten, nicht; somit ist ein Vollzug der schadstoffrelevanten Regelungen nicht sichergestellt. Bereits kurz nach Inkrafttreten wurde an einer Novellierung der Bioabfallverordnung gearbeitet mit dem Ziel, den Anwendungsbereich auch auf diese Flächen auszuweiten, um in absehbarer Zeit die bestehende Regelungslücke zu schließen.

904. In jüngster Zeit hat sich ein Trend verfestigt, wonach erhebliche Mengen von Bioabfällen vermehrt in Kompostierungsanlagen der neuen Bundesländer verbracht werden. Dies liegt zum einen daran, dass dort erhebliche Überkapazitäten bestehen. Zum anderen sind die Behandlungskosten erheblich geringer, da die Mehrzahl der Anlagen über eine weniger ausgereifte Technik (insbesondere fehlende Zwangsbelüftung) verfügt (KERN et al., 1998, S. 699). Dies muss derzeit zwar wegen der geringeren Siedlungsdichte in den neuen Bundesländern und der Tatsache, dass viele Anlagen auf Betriebsgeländen ehemaliger landwirtschaftlicher Produktionsgenossenschaften stehen, nicht unbedingt nachteilig sein. Allerdings sollte diese Entwicklung kritisch beobachtet werden. Bei wesentlichen Änderungen der Gegebenheiten im Hinblick auf die Umgebung der Anlagen sollten möglicherweise höhere Anforderungen an die Technik der Kompostierungsanlagen gestellt werden.

905. Die Bioabfallverordnung sollte im November 1998, also bereits kurz nach ihrem Inkrafttreten, novelliert werden. Es war geplant, in dieser Novelle den Bioabfallbegriff zu erweitern; er sollte danach auch alle biologisch abbaubaren Kunststoffe umfassen, um sicherzustellen, dass Materialien auf der Basis nachwachsender Rohstoffe mit Materialien auf der Basis fossiler Rohstoffe gleichbehandelt werden. Um Fehlwürfe in den Biotonnen zu verhindern, sah die Novelle vor, dass diese Regelung allerdings nur Kunststoffe, die außerhalb der Biotonnen erfasst werden, betrifft (Entsorgungspraxis 3/99, 1999, S. 10). Diese Regelung ist zwar grundsätzlich zu begrüßen; allerdings ist zweifelhaft, ob sie sich in der Praxis bewähren wird, da nicht angenommen werden kann, dass diese Kunststoffe nur aufgrund einer falschen Erfassungsquelle wieder aussortiert werden. Die Tauglichkeit dieser Regelung setzt zudem voraus, dass biologisch abbaubare Kunststoffe entsprechend gekennzeichnet sind. Darüber hinaus sollte in der novellierten Fassung das Nachweisverfahren auch auf die strengere Schadstoffkategorie gemäß § 4 Abs. 3 Satz 2 BioAbfV ausgeweitet werden. Wie bereits erwähnt, sollte im Rahmen der Novellierung auch der Anwendungsbereich auf weitere Flächen erweitert werden. Da der Bundesrat der Novelle zwar grundsätzlich zugestimmt, jedoch noch zwei Änderungswünsche formuliert hatte, wurde ein erneuter Beschluss des Bundeskabinetts erforderlich. Dieser scheiterte bislang am Widerstand des Bundeslandwirtschaftministeriums. Der Umweltrat hält es für geboten, die Novellierung voranzutreiben, um Regelungslücken zu schließen und um einen effektiven Schutz aller Böden zu gewährleisten.

2.4.5.3.5 Konzepte zur Entsorgung und Verwertung von Elektronikschrott

906. Das jährliche Aufkommen an Elektronikschrott beläuft sich derzeit auf 1,5 bis 2 Mio. t (BLICKWEDEL, 1999, S. 12; AFFÜPPER und HOLBERG, 1999). Bei den unter der Bezeichnung Elektronikschrott zusammengefassten Altgeräten handelt es sich allerdings um keine einheitliche Abfallfraktion. Elektrogeräte lassen sich vielmehr unterteilen in Geräte der Informations-, Kommunikations- und Datenverarbeitungstechnik (IT-Geräte), Geräte der Unterhaltungselektronik (braune Ware) und Haushalts(groß)geräte (weiße Ware). Die verschiedenen Gerätetypen unterscheiden sich hinsichtlich ihrer materialspezifischen Zusammensetzung. Da die Gruppe der Hersteller und Vertreiber der verschiedenen Geräte sehr heterogen ist (BLICKWEDEL, 1999, S. 12), hat es sich bis heute als schwierig erwiesen, eine einheitliche Regelung für die Verwertung und Entsorgung von Elektronikschrott zu finden (SRU, 1998, Tz. 531).

907. Aus Umweltsicht stellen die in Elektrogeräten enthaltenen Schadstoffe, die bei deren Entsorgung auf Hausmülldeponien und teilweise auch in Hausmüllverbrennungsanlagen in die Umwelt gelangen können, das größte Problem dar. Zu den in Elektrogeräten enthaltenen Schadstoffen gehören insbesondere organische Verbindungen (polychlorierte Biphenyle (PCB), polybromierte Diphenylether (PBDE), Öle und Fette), Schwermetalle (Quecksilber, Blei, Cadmium) und Fluorchlorkohlenwasserstoffe (FCKW) (BDE, 1995, S. 6). Darüber hinaus enthalten Elektrokleingeräte häufig fest eingebaute schwermetallhaltige Batterien oder Akkumulatoren (s. Abschn. 2.4.5.3.3).

908. Die Überlegungen zur Regelung einer umweltverträglichen Entsorgung gebrauchter Elektrogeräte reichen bis ins Jahr 1989 zurück. Der Umweltrat hat den Verlauf der Diskussion bis Ende 1997 in seinem letzten

Umweltgutachten beschrieben (SRU, 1998, Tz. 531 ff.). Während die Bundesregierung mit dem Referentenentwurf einer IT-Altgeräte-Verordnung vom April 1998 den Weg einer schrittweisen, gerätespezifischen Regelung zur Verwertung und Beseitigung von Elektronikschrott weiter verfolgte, forderte die SPD-Fraktion im Bundestag bereits im Januar 1998 in einem Antrag eine umfassende Regelung, die für alle Elektrogeräte eine kostenfreie und flächendeckende Rücknahme vom Letztbesitzer vorsah (BLICKWEDEL, 1999, S. 15). Der Referentenentwurf wurde im Mai 1998 vom Bundeskabinett und im Juni 1998 vom Bundestag beschlossen und anschließend an den Bundesrat überwiesen. Vor den Bundestagswahlen vom September 1998 wurde keine Entscheidung getroffen.

909. In der Koalitionsvereinbarung wurde eine Regelung für den gesamten Bereich des Elektronikschrotts, also nicht nur für IT-Altgeräte, angekündigt (s. a. BAAKE, 1999, S. 4). Um das Gesetzgebungsverfahren nicht von neuem zu beginnen, wurde der Referentenentwurf einer IT-Altgeräte-Verordnung 1999 im laufenden Bundesratsverfahren erneut auf die Tagesordnung gesetzt. Der Koalitionsvereinbarung entsprechend wurde auf Antrag einiger Bundesländer der Anwendungsbereich der Verordnung allerdings auf Geräte der weißen Ware, der braunen Ware und auf Kleingeräte erweitert. Darüber hinaus gilt der Verordnungsentwurf nun auch für solche Geräte, die vor Inkrafttreten der Verordnung in Verkehr gebracht wurden. Allerdings wurde die Rücknahmepflicht auf die Menge von Geräten begrenzt, die vom jeweiligen Hersteller im laufenden Kalenderjahr in Verkehr gebracht wurden. Der geänderte Entwurf wurde im Juni 1999 vom Umweltausschuss des Bundesrates unter dem Titel „Verordnung über die Entsorgung von elektrischen und elektronischen Geräten (Elektroaltgeräte-Verordnung – EAV)" beschlossen. Inhaltlich entspricht der Entwurf damit in wichtigen Punkten wieder dem bereits 1991 vorgelegten Referentenentwurf einer Elektronikschrottverordnung.

Ziel der geplanten Verordnung ist es, „eine möglichst weitgehende Verwertung gebrauchter Elektroaltgeräte zu erreichen und den Eintrag von Schadstoffen aus diesen Geräten in Abfälle zu verringern". Erreicht werden soll dies dadurch, dass

– Elektrogeräte und Geräteteile möglichst aus umweltverträglichen und verwertbaren Werkstoffen hergestellt werden,
– Elektrogeräte so konstruiert werden, dass die Verwendung schadstoffhaltiger Bauteile in Geräten vermieden wird,
– Geräte und Bauteile technisch langlebig, reparierbar, auf- und nachrüstbar sowie verwertungsgerecht hergestellt und vorrangig sekundäre Rohstoffe bei der Produktion neuer Elektrogeräte eingesetzt werden,
– Elektroaltgeräte getrennt gesammelt und Geräteteile einer erneuten Verwendung oder einer Verwertung zugeführt werden, soweit dies technisch möglich und wirtschaftlich zumutbar ist,
– getrennt erfasste nicht verwertbare Elektroaltgeräte und deren Bestandteile einer umweltverträglichen Abfallbeseitigung zugeführt werden.

Die getrennte Sammlung erfolgt durch die öffentlich-rechtlichen Entsorgungsträger, die wiederum die Elektroaltgeräte nach Produktkategorien differenziert zur kostenpflichtigen Abholung durch die Hersteller oder durch ein von diesen beauftragtes Verwertungssystem bereitstellen müssen. Dabei müssen Hersteller Geräte ihrer Marke und einen Anteil an gleichartigen Geräten zurücknehmen, die in der Summe ihrem jeweiligen Marktanteil entsprechen (§ 4 Abs. 1). Die Überlassungspflicht für öffentlich-rechtliche Entsorgungsträger kann von der zuständigen Landesbehörde aufgehoben werden, wenn die öffentlichen Entsorger schon vor Inkrafttreten der Verordnung Elektroaltgeräte getrennt erfasst und in speziellen Anlagen verwertet haben und die weitere Verwertung in diesen Anlagen im öffentlichen Interesse liegt (§ 4 Abs. 3 EAV-Entwurf).

Zur Erfolgskontrolle (Monitoring) sind Hersteller und Verwertungssysteme verpflichtet, jährlich bis zum 31. März eine Dokumentation für das zurückliegende Kalenderjahr zu erstellen, die unter anderem Auskunft über die Menge der in Verkehr gebrachten und der zurückgenommen Elektroaltgeräte und über Art und Umfang der Verwertung und Beseitigung gibt. Die Dokumentation wird von einem unabhängigen Sachverständigen geprüft und bescheinigt (§ 8a EAV-Entwurf).

910. Der Umweltrat hält an seiner früheren Forderung nach einer umweltgerechten Verwertung und Entsorgung des gesamten schadstoffhaltigen Elektro- und Elektronikschrotts fest (SRU, 1998, Tz. 539). Er begrüßt daher den vorliegenden Entwurf einer umfassenden Regelung für die umweltgerechte Verwertung und Beseitigung von Elektronikschrott. Insbesondere die im jetzigen Entwurf enthaltene Anlastung der Entsorgungskosten bei den Herstellern kann zu einer umweltgerechten Entsorgung beitragen und Anreize zur Verwendung schadstoffärmerer und wiederverwendbarer beziehungsweise verwertbarer Materialien und zur Konstruktion langlebiger Elektrogeräte schaffen. In Anbetracht des inzwischen fast ein Jahrzehnt andauernden Verfahrens zum Erlass der Verordnung und der seit Anfang der neunziger Jahre getätigten umfangreichen Investitionen in Verwertungsanlagen für Elektronikschrott (AFFÜPPER und HOLBERG, 1999) ist eine schnelle Verabschiedung der Verordnung zu empfehlen.

2.4.5.3.6 Technische Anleitung Siedlungsabfall

911. Die Diskussion über die Umsetzung der Dritten Allgemeinen Verwaltungsvorschrift zum Abfallgesetz (TA Siedlungsabfall) ist auch sechs Jahre nach ihrem Inkrafttreten noch nicht beendet. Vielmehr wurden seit dem Regierungswechsel 1998 nochmals grundsätzliche

Fragen aufgeworfen. Zum einen wird gefordert, die Zuordnungskriterien für abzulagernde Abfälle auf Siedlungsabfalldeponien zu überarbeiten; zum anderen soll der Zeitrahmen, innerhalb dessen Siedlungsabfälle gemäß den Anforderungen der TA Siedlungsabfall entsorgt werden müssen, vergrößert werden.

912. Der Umweltrat hatte in der Vergangenheit gefordert, dass nur vorbehandelte, in chemischer Hinsicht erdkrustenähnliche Restabfälle abgelagert werden dürfen; in Verbindung mit einem Multibarrierenkonzept für Deponien sollte auf diesem Weg einerseits das Leitbild der emissionsarmen und nachsorgefreien Deponie verwirklicht, andererseits aber auch die Menge an benötigtem Deponieraum reduziert werden (SRU, 1998, Tz. 597; SRU, 1991, Tz. 2006 ff., 2015 ff.). Beide Gesichtspunkte sind bei der TA Siedlungsabfall berücksichtigt worden. Dem Ziel, nur noch erdkrustenähnliche Abfälle abzulagern, kam man mit der Festlegung von Zuordnungskriterien (insbesondere dem sogenannten Glühverlust – TOC-Wert) nach. Darüber hinaus wurden sowohl für die Deponieklasse I (sog. Mineralstoffdeponie) als auch für die Deponieklasse II (sog. Reststoffdeponie) in der TA Siedlungsabfall besondere Anforderungen – zum Beispiel geologische Barriere, Basisabdichtung, Oberflächenabdichtung – festgeschrieben.

913. Diese Regelungen in der TA Siedlungsabfall sind in zweierlei Hinsicht bedeutend. Die formulierten Zuordnungskriterien machen es regelmäßig erforderlich, Abfälle vor ihrer Ablagerung thermisch zu behandeln; andere Behandlungsarten sind derzeit nicht geeignet, den geltenden TOC-Wert einzuhalten. Dies führt dazu, dass Abfälle vermehrt in Müllverbrennungsanlagen vorbehandelt und folglich entsprechende Kapazitäten aufgebaut werden müssen. Beim Neubau von Siedlungsabfalldeponien, aber auch bei der Nachrüstung von sogenannten Altdeponien, sind wesentlich höhere Anforderungen zu beachten. Beide Regelungen der TA Siedlungsabfall führen zu deutlich höheren finanziellen Aufwendungen und stoßen daher bei einigen Ländern auf Ablehnung. Auf Drängen der Länder wurden die Übergangsfristen von den ursprünglich vorgesehenen acht Jahren auf zwölf Jahre erhöht. Die Bundesländer, die dagegen schon frühzeitig den Ausbau von Müllverbrennungsanlagen gefördert hatten, standen der TA Siedlungsabfall positiv gegenüber. Der Streit über die TA Siedlungsabfall wurde auch dadurch erschwert, dass die Entscheidung über den Bau von Müllverbrennungsanlagen regelmäßig von politischen Auseinandersetzungen begleitet war. Mit der Verabschiedung der 17. Bundes-Immissionsschutzverordnung und der Einführung von Grenzwerten für Dioxine und Furane, aber auch durch die Etablierung eines darüber hinausgehenden Standes der Technik für Müllverbrennungsanlagen, hat sich dieser Streit zwar entschärft, ist jedoch noch nicht beendet. In einigen Bundesländern wurde und wird daher als Alternative zu Müllverbrennungsanlagen eine mechanisch-biologische Abfallbehandlung favorisiert (SRU, 1998, Tz. 598). Der Umweltrat hat allerdings bislang keinen Anlass gesehen, eine Novellierung der TA Siedlungsabfall in Hinblick auf den Glühverlust vorzuschlagen, da andere aussagekräftige Parameter nicht zur Verfügung standen (SRU, 1998, Tz. 607).

914. In den letzten Jahren zeichnete sich ferner ein Trend ab, dass Siedlungsabfälle in erheblichen Mengen nicht gemäß den Anforderungen der TA Siedlungsabfall vorbehandelt werden und unbehandelte Siedlungsabfälle an Müllverbrennungsanlagen vorbei in Deponien, die nicht den Standards der TA Siedlungsabfall (TASi) entsprechen, abgelagert werden (SRU, 1998, Tz. 449, 706; BAAKE, 1999, S. 3). Die nicht TASi-gerechte Ablagerung von Siedlungsabfällen wurde in einigen Bundesländern einerseits durch eine weite Interpretation der Ausnahmevorschriften ermöglicht, andererseits aber auch unter Hinweis auf eine rechtliche Unverbindlichkeit der TA Siedlungsabfall gefördert (PETERSEN, 1998, S. 560). Die Diskussion um die rechtliche Verbindlichkeit der TA Siedlungsabfall beziehungsweise die Reichweite ihrer Ausnahmeregelungen (FRICKE, 1999; JARASS, 1999; PETERSEN, 1998; GASSNER und SIEDERER, 1997) steht gegenwärtig nicht mehr im Mittelpunkt der Diskussion, da von der Politik eine Novellierung der TA Siedlungsabfall angestrebt wird. Der Umweltrat hält die Diskussion über die rechtliche Verbindlichkeit der TA Siedlungsabfall auch nicht für zielführend, da ohne eine Einigung über die Inhalte einer Regelung über die Ablagerung von Siedlungsabfällen dieser Konflikt den Bundesländern auch zukünftig weiter Anlass bieten wird, an der Verbindlichkeit der Verwaltungsvorschrift zu zweifeln. Dies kann nicht im Interesse einer umweltverträglichen Abfallbeseitigung liegen. Der Umweltrat hält es daher für erforderlich, eine entsprechende Verordnungsermächtigung in das Kreislaufwirtschafts- und Abfallgesetz aufzunehmen und in diesem Rahmen Regelungen über die Ablagerung von Siedlungsabfällen in einer Rechtsverordnung zu erlassen. Gegenwärtig wird im Bundesumweltministerium an einer entsprechenden Verordnung gearbeitet, die insbesondere Ablagerungskriterien enthalten soll. Mit einem ersten Entwurf ist Anfang 2000 zu rechnen.

915. In einer Presseerklärung „Eckpunkte für die Zukunft der Entsorgung von Siedlungsabfällen" vom 20. August 1999 hat der Bundesumweltminister nunmehr eine neue Abfallstrategie vorgelegt (s. Kasten). Er hält diese Strategie für geeignet, die bisherigen Konflikte zwischen Befürwortern und Gegnern von Verbrennungstechniken zu beenden – offensichtlich mit der Vorstellung, dass die angestrebte Zulassung „hochwertiger mechanisch-biologischer Vorbehandlungsverfahren" neben thermischen Verfahren diese Konflikte entschärfen werde. Auch ein in diesem Punkt uneindeutiger Koalitionsvertrag hatte die Erwartungen einer Änderung der TA Siedlungsabfall schon wiederbelebt – Erwartungen, die ihrerseits den Vollzug beeinflussen.

Abfallwirtschaft

Eckpunkte des Bundesumweltministeriums für die Zukunft der Entsorgung von Siedlungsabfällen

1. Die Ablagerung unbehandelter Siedlungsabfälle in Siedlungsabfalldeponien soll so schnell wie möglich beendet werden. Die vorhandenen Vorbehandlungstechniken müssen genutzt und neue Kapazitäten errichtet werden.

2. Zur Vorbehandlung der Siedlungsabfälle werden neben thermischen Verfahren auch hochwertige mechanisch-biologische Vorbehandlungsverfahren zugelassen. Die Anforderungen an derartige Anlagen und die bei der Ablagerung zu beachtenden Vorkehrungen sollen in einer Ergänzung der TA Siedlungsabfall sowie in einer Rechtsverordnung nach dem Bundes-Immissionsschutzgesetz in Anlehnung an die Anforderungen der 17. Bundes-Immissionsschutzverordnung für Verbrennungsanlagen festgelegt werden.

3. Die heizwertreiche Teilfraktion aus der mechanisch-biologischen Vorbehandlung ist energetisch zu nutzen. Das heißt, im Restmüll enthaltene Kunststoffe und andere Energieträger werden abgetrennt und zum Beispiel in Kraftwerken oder industriellen Anlagen, die den strengen Abgasvorschriften der 17. BImSchV entsprechen, verbrannt.

4. Nicht oder nur mit unverhältnismäßigem Aufwand nachrüstbare Deponien sollen schrittweise geschlossen werden. Der Bau neuer Deponien für Siedlungsabfälle ist nicht mehr erforderlich, da die Kapazitäten der neueren und nachgerüsteten Deponien bei Einsatz geeigneter Vorbehandlungstechniken und Kooperation der Städte und Landkreise untereinander noch etwa zwei Jahrzehnte ausreichen.

5. Bis spätestens 2020 sollen die Behandlungstechniken so weiterentwickelt und ausgereift werden, dass alle Siedlungsabfälle in Deutschland vollständig und umweltverträglich verwertet werden.

---

916. Obwohl von allen Beteiligten betont wird, dass auch zukünftig an den hohen Anforderungen der TA Siedlungsabfall, aber auch an dem dort festgelegten Zeitrahmen festgehalten werden soll (BAAKE, 1999, S. 2; Eckpunktepapier des BMU vom 20.08.1999, s. a. BMU, 1999a; UMK-Beschluss, 51. Umweltministerkonferenz im November 1998), sind deutliche Zweifel an der neuen Umsetzungsstrategie angebracht.

Inhalt des sogenannten Eckpunktepapiers des Bundesumweltministeriums für die Zukunft der Entsorgung von Siedlungsabfällen ist es unter anderem, die TA Siedlungsabfall um alternative Kriterien für die Ablagerungseignung von Restabfällen zu erweitern, so dass neben der thermischen Vorbehandlung auch eine mechanisch-biologische Vorbehandlung der Restabfälle zulässig sein soll (siehe Tz. 813). Damit wird den Bestrebungen in einigen Bundesländern Rechnung getragen, die bislang die Umsetzung der TA Siedlungsabfall durch die dortige Vollzugspraxis verhindert haben. Der Umweltrat hält es auch bei Berücksichtigung neuer Erkenntnisse nicht für gerechtfertigt, von den Kriterien für die Ablagerungseignung von Restabfällen abzuweichen.

Obwohl grundsätzlich auch an den zeitlichen Vorgaben zur vollständigen Umsetzung der TA Siedlungsabfall bis spätestens 2005 festgehalten wird, sollen nach dem Eckpunktepapier erst bis spätestens 2020 alle Behandlungstechniken so weiterentwickelt und ausgebaut sein, dass eine vollständige Verwertung aller Siedlungsabfälle sichergestellt sein wird. Damit wird die Zielvorgabe faktisch um weitere 15 Jahre verschoben. Dies ist aus Sicht des Umweltrates abzulehnen. Dies führt einerseits zu einer Benachteiligung der Bundesländer, die bislang im Vertrauen auf die Vorgaben der TA Siedlungsabfall Investitionen in entsprechende Behandlungsanlagen und den Aufbau von TASi-gerechten Deponien mit dem Ziel einer umweltgerechten Ablagerung von Restabfällen getätigt haben. Die durch höhere Kosten für Anlagen und Deponien bedingten höheren Gebühren führen zu einer Benachteiligung der Gebührenschuldner in diesen Bundesländern. Auf der anderen Seite werden diejenigen Bundesländer belohnt, die sich systematisch einer Umsetzung der TA Siedlungsabfall widersetzt haben. Dabei geht es nicht nur um den Konflikt um die zulässigen Behandlungsanlagen, sondern auch darum, dass weiterhin Altdeponien mit unbehandelten Siedlungsabfällen verfüllt werden. Dies steht einer umweltverträglichen Ablagerung dieser Abfälle entgegen. Zum anderen wird mit der zeitlichen Aufweichung signalisiert, dass rechtliche Anforderungen durch faktisches Untätigbleiben unterlaufen werden können.

917. Aufgrund dieser Entwicklung kann folglich keineswegs geschlossen werden, dass nach Ablauf der Frist im Jahr 2020 eine vollständige umweltverträgliche Entsorgung der Siedlungsabfälle durchgeführt werden wird. Das hinter der Ablehnung der TA Siedlungsabfall stehende finanzielle Interesse kann nach Auffassung des Umweltrates nicht zur Begründung herangezogen werden, da die ursprüngliche Umsetzungsfrist mit zwölf Jahren ab Inkrafttreten der TA Siedlungsabfall bereits ausreichend lang bemessen war und somit keine Zweifel an der Verhältnismäßigkeit der Regelungen bestehen; dies gilt insbesondere auch deswegen, weil sich bereits ab 1991 eine entsprechende Regelung abgezeichnet hatte. Der Umweltrat hält daher an seiner Forderung nach einer fristgerechten Umsetzung der TA Siedlungsabfall in ihrer derzeitigen Fassung fest. Eine Abweichung davon ist weder ökologisch noch ökonomisch gerechtfertigt.

918. Der Umweltrat schlägt weiter vor, zur konsequenten Umsetzung der Anforderungen der TA

Siedlungsabfall eine Deponieabgabe einzuführen. Dieser Vorschlag wurde angesichts der zögerlichen Umsetzung der TA Siedlungsabfall bereits im Umweltgutachten 1998 unterbreitet (SRU, 1998, Tz. 516). Die damals festgestellte Entwicklung, dass Abfallströme ohne eine entsprechende Vorbehandlung in Deponien fließen, die nicht dem Standard der TA Siedlungsabfall entsprechen, hat sich in der Zwischenzeit weiter verfestigt (STAECK, 1999). Diese Fehlentwicklung war keineswegs unvermeidbar. Die Veränderungen bei den Entsorgungswegen des Restmülls in Bayern belegen, dass mit einer an den Zielen der TA Siedlungsabfall orientierten Umweltpolitik die Umsetzung der Anforderungen der TA Siedlungsabfall durchaus machbar war (Abb. 2.4.5-6). Während bei Inkrafttreten der TA Siedlungsabfall 1993 in Bayern noch 46,5 % des Restmülls unbehandelt deponiert wurde, konnte dieser Anteil 1998 auf 16 % reduziert werden.

Abbildung 2.4.5-6

Entsorgungswege des Restmülls 1991 bis 1998

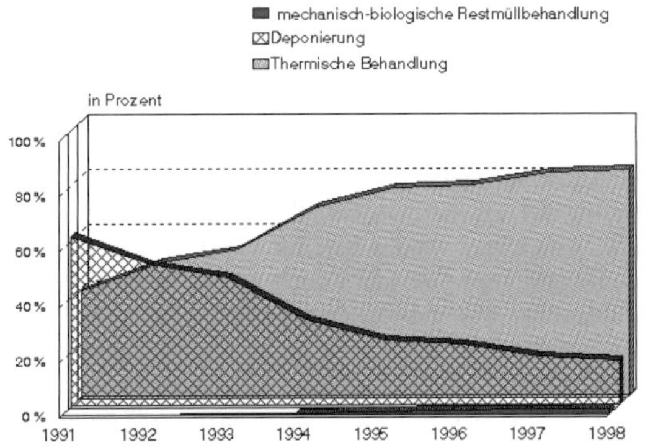

Quelle: Bayerisches Staatsministerium für Landesentwicklung und Umweltfragen, 1999

919. Angesichts der schleppenden Umsetzung der TA Siedlungsabfall in einigen Bundesländern werden im Bundesumweltministerium gegenwärtig die rechtlichen Voraussetzungen für die Einführung einer Deponieabgabe geprüft. Im Rahmen eines Forschungsvorhabens, das noch im Jahr 2000 abgeschlossen sein wird, werden verschiedene ordnungsrechtliche und ökonomische Instrumente auf ihre Eignung, die Stillegung von Altdeponien zu fördern, untersucht (BMU, 1999, pers. Mitteilung). Der Umweltrat zieht eine Deponieabgabe in Betracht, die an die Anlieferung von Restmüll an Hausmülldeponien anknüpft. Mit dieser Abgabe wären nur nicht TASi-gerecht vorbehandelte Abfälle zu belegen, die auf einer sogenannten Altdeponie, die nicht den Anforderungen der TA Siedlungsabfall entspricht, abgelagert werden sollen. Zweck der Abgabe wäre es, zu verhindern, dass Restmüll ohne Vorbehandlung in Altdeponien abgelagert wird.

Die Ermittlung der Abgabenhöhe bereitet erfahrungsgemäß einige Schwierigkeiten, könnte jedoch alternativ nach folgenden Verfahren berechnet werden. Zum einen könnte ein pauschaler Abgabensatz erhoben werden, der sich an den durchschnittlichen Zusatzkosten pro Gewichtseinheit, die mit einer TASi-gerechten Vorbehandlung und Ablagerung verbunden sind, orientiert. Eine Abgabe, die sich nur nach den Durchschnittskosten einer TASi-gerechten Entsorgung bemisst, hätte den Nachteil, dass zunächst solche Altdeponien, die nur den niedrigsten Anforderungen entsprechen, einen relativen Kostenvorteil erhielten und die Gesamtkosten (Entsorgungskosten und Abgabe) für den Abfallandiener im Vergleich dort am niedrigsten ausfielen. Vorzuziehen wäre daher ein differenzierteres Modell, das unterschiedliche Abgabensätze abhängig von dem technischen Stand der Altdeponie (z. B. Basisabdichtung, vertikale Umschließung, Deponiegaserfassung und -behandlung) und möglicherweise von der Abfallart (Hausmüll, hausmüllähnlicher Gewerbeabfall, Klärschlamm, andere organische Abfälle) festlegt. Je weniger anspruchsvoll der Zustand der Deponie, desto höher müssten die Abgabensätze festgelegt werden. Auf diese Weise würden die besonders rückständigen Deponien stärker belastet und dadurch verstärkt Anreize für deren Stillegung beziehungsweise Umrüstung gesetzt werden. In beiden Varianten wäre es sinnvoll, die Gebührensätze in einem Zweijahresrhythmus anzuheben, um sukzessive die Lenkungswirkung zu verschärfen. Als Abgabenschuldner kommen sowohl die Andiener von Abfällen als auch die Deponiebetreiber, gegebenenfalls auch beide Gruppen, in Betracht. Eine ausreichend hohe Abgabe würde genügend Anreize schaffen, Altdeponien entweder nachzurüsten oder aber stillzulegen; gleichzeitig würde sie dazu anhalten, Abfälle TASi-gerecht vorzubehandeln.

920. Der Ausgestaltung der Deponieabgabe als Sonderabgabe des Bundes würden auch keinen gravierenden rechtlichen Einwände entgegenstehen. Im Gegensatz zu Deponieabgaben einzelner Länder wäre eine Sonderabgabe des Bundes von der Regelungskompetenz des Bundes nach Art. 74 Nr. 24 GG erfasst und könnte vom Bundesgesetzgeber erlassen werden. Auch unter Berücksichtigung der von der Rechtsprechung des Bundesverfassungsgerichts (BVerfGE 55, 274 ff.; 82, 159 ff.) entwickelten Kriterien wäre eine entsprechende Sonderabgabe zulässig. Eindeutig stünde die Lenkungsfunktion der Abgabe, nämlich eine Umsetzung der Vorgaben der TA Siedlungsabfall zu erreichen, im Vordergrund; die Tatsache, dass daneben auch Einnahmen erzielt werden, sie also auch eine Finanzierungsfunktion erfüllt, steht dieser Annahme nicht entgegen; dies wird von der Rechtsprechung des Bundesverfassungsgerichts für zulässig erachtet. Sowohl bei den Deponiebetreibern als auch bei den Andienern von Abfällen handelt es sich darüber hinaus um eine ausreichend von der Allgemeinheit abgrenzbare, mithin homogene Gruppe im Sinne der Rechtsprechung des Bundesverfassungsgerichts (BVerfGE 92, 91, 120). Beide Gruppen zeichnen sich ferner durch eine besondere Sachnähe (BVerfGE 82, 159, 180) zu der zu finanzierenden Aufgabe aus. Sie stehen der Möglichkeit der Umsetzung der Anforderungen der TA Siedlungsabfall näher als andere Gruppen oder gar die Allgemeinheit, da beide – wenn auch an unterschiedlichen Stellen – durch ihr Verhalten die Umsetzung der Anforderungen der TA Siedlungsabfall forcieren können. Auch unter dem Gesichtspunkt der Gruppenverantwortung (BVerfGE 55, 159, 180) bestehen keine Bedenken gegen die Abgabe. Die besondere Verantwortung dieser Gruppen ergibt sich daraus, dass sie entgegen den Vorgaben der TA Siedlungsabfall nicht vorbehandelte Abfälle auf Altdeponien ablagern wollen; sie stehen also dem mit der Abgabe verbundenem Zweck evident näher als andere Gruppen (BVerfGE 92, 91, 120). Voraussetzung ist ferner, dass das mit der Abgabe erzielte Aufkommen auch im Interesse der Abgabenschuldner verwendet wird und nicht in das allgemeine Steueraufkommen fließt. Zu diesem Zweck müsste festgelegt werden, dass das Abgabenaufkommen ausschließlich für Untersuchungsmaßnahmen bei Altdeponien sowie für die Sanierung entsprechender Altlasten verwendet wird. Eine Finanzierung von Aufrüstungsmaßnahmen in Altdeponien kommt nach Ansicht des Umweltrates nicht in Betracht, da dies Deponiebetreiber, die sich bislang einer Anpassung an die TA Siedlungsabfall widersetzt haben, nachträglich noch belohnen würde. Schließlich wäre es erforderlich, dass eine Sonderabgabe periodisch überprüft wird. Dies wäre bei einer Siedlungsabfallabgabe ohnehin geboten, da die Umsetzung der TA Siedlungsabfall an zeitliche Fristen geknüpft ist. Sie ist aber auch deswegen erforderlich, weil die Gebührensätze regelmäßig angepasst werden müssten. Auch unter Beachtung der neueren Rechtsprechung des Bundesverfassungsgerichts zur hessischen Sonderabfallabgabe (BVerfGE 98, 106, 110) bestehen keine Bedenken gegen eine Deponieabgabe. Das Gericht hat in dieser Entscheidung für umweltbezogene Sonderabgaben gefordert, dass eine Konzeptkonformität der Abgabe mit den gesetzlichen Regelungen des jeweiligen Sachgebiets erforderlich ist. Der mit der Abgabe verfolgte Zweck darf nicht im Widerspruch zu der Intention der Regelung stehen. Auch dieses Kriterium wäre vorliegend erfüllt, da mit der Abgabe gerade der Vollzug der einschlägigen Vorschriften erreicht werden soll; davon abweichende Ziele sind nicht erkennbar.

921. Als begleitende Maßnahme für eine Abgabe müssten die Anforderungen an die Verwertung von Abfällen endlich verbindlich geregelt werden. Andernfalls ist zu befürchten, dass Andiener von Abfällen versuchen werden, eine Beseitigung der Abfälle zu vermeiden und dadurch die Mehrkosten durch die Abgabe zu umgehen, indem sie vermehrt (Schein-)Verwertungsmöglichkeiten für ihre Abfälle suchen. Der Umweltrat unterstützt daher Bestrebungen, die eine verbindliche Regelung der Kriterien für die Verwertung fordern. Mit Hilfe dieser Regelung könnte der effektive Vollzug der TA Siedlungsabfall gewährleistet werden, indem eine Scheinverwertung von Abfällen unterbunden wird. Wichtiger scheint es jedoch zu sein, den anhaltenden Streit um die Abgrenzung zwischen Abfällen zur Verwertung und Abfällen zur Beseitigung außerhalb des Siedlungsabfallbereichs zu entschärfen. Die produktionsspezifischen Abfälle sind nämlich im Hinblick auf die spezifische Schadstofffracht in der Regel problematischer (SCHMITZ, 1999b, S. 142).

922. Der Umweltrat hatte bereits im Umweltgutachten 1998 (Tz. 423 ff.) auf diesen Umstand hingewiesen und insbesondere kritisiert, dass das Abgrenzungsproblem vom Gesetzgeber vernachlässigt worden ist. Bereits kurz nach Inkrafttreten des Kreislaufwirtschafts- und Abfallgesetzes zeigte sich, dass die Verwaltung beim Vollzug des Gesetzes im Hinblick auf die Abgrenzung überfordert war. Eine Vielzahl von Gerichtsentscheidungen, die seither zu dieser Frage ergangen sind, verdeutlicht, dass ohne eine verbindliche Regelung keine Rechtssicherheit hergestellt werden kann. Bestrebungen, die Abgrenzung anhand einer TA Verwertung, wie es in Nordrhein-Westfalen vorgesehen ist, zu leisten, steht der Umweltrat skeptisch gegenüber. Verwaltungsvorschriften haben sich, wie die TA Siedlungsabfall zeigt, in problembelasteten Bereichen wegen ihrer beschränkten rechtlichen Verbindlichkeit nicht bewährt. Darüber hinaus bestehen auch europarechtliche Bedenken gegen eine Umsetzung von Abgrenzungskriterien in einer Verwaltungsvorschrift (GIESBERTS und HILF, 1999, S. 168 ff.). Der Umweltrat favorisiert daher eine Umsetzung in einer Rechtsverordnung.

2.4.5.3.7 Europäische Regelungen

923. Der Rat der Europäischen Union hat am 26. April 1999 die *Richtlinie 1999/31/EG über Abfalldeponien* erlassen. Sie ist am 16. Juli 1999 in Kraft getreten und bis zum 16. Juli 2001 durch die Mitgliedstaaten umzusetzen.

Der Umweltrat stimmt dem Ziel der Richtlinie zu, durch Festlegung strenger betriebsbezogener und technischer Anforderungen in bezug auf Abfalldeponien und Abfälle Maßnahmen, Verfahren und Leitlinien vorzusehen, mit denen während des gesamten Bestehens der Deponie negative Auswirkungen der Ablagerung von Abfällen auf die Umwelt weitestmöglich vermieden oder vermindert werden (Art. 1, Abs. 1). Solche negativen Auswirkungen sind insbesondere die Verschmutzung von Oberflächenwasser, Grundwasser, Boden und Luft, und Auswirkungen auf die globale Umwelt, einschließlich des Treibhauseffekts, sowie alle damit verbundenen Risiken für die menschliche Gesundheit. Die Anforderungen werden den Umweltstandard von Deponien in den Mitgliedstaaten erhöhen und stellen einen Schritt zur Verbesserung der Entsorgungsstrukturen in der Gemeinschaft dar. Allerdings bleiben einige wichtige Anforderungen, insbesondere die nach Inertisierung der Abfälle vor der Ablagerung, hinter dem Stand der Regelung nach TA Siedlungsabfall zurück.

Die Deponierichtlinie wird auf die nationalen Regelungen, also die TA Abfall und die TA Siedlungsabfall, keine Auswirkungen haben, weil ihre Anforderungen materiell im wesentlichen bereits erfüllt sind. Gleichwohl ist die Richtlinie durch Verordnung in nationales Recht umzusetzen.

924. Am 25. November 1999 legte der Rat der Europäischen Union einen Gemeinsamen Standpunkt im Hinblick auf den Erlass der Richtlinie über die Verbrennung von Abfällen fest (ABl. C 25/17). Die vorgeschlagene Richtlinie hat die Vermeidung oder, soweit dies nicht durchführbar ist, die größtmögliche Beschränkung von Belastungen der Umwelt, insbesondere der Verschmutzung durch Emissionen in die Luft, den Boden, das Oberflächen- und Grundwasser sowie der daraus resultierenden Gefahren für die menschliche Gesundheit infolge der Verbrennung und Mitverbrennung von gefährlichen und nicht gefährlichen Abfällen zum Ziel. Dieses Ziel soll vor allem durch strenge Betriebsbedingungen und technische Vorschriften sowie durch Festlegung von Emissionsgrenzwerten für Abfallverbrennungsanlagen und Mitverbrennungsanlagen erreicht werden. Insbesondere bezweckt die vorgeschlagene Richtlinie folgendes:

– Aktualisierung der derzeitigen Gemeinschaftsvorschriften über die Verbrennung von Siedlungsmüll im Hinblick auf Faktoren wie zum Beispiel den technischen Fortschritt;

– Ausweitung der derzeitigen Gemeinschaftsvorschriften sowohl auf die Verbrennung als auch auf die Mitverbrennung von Abfall;

– deutliche Verringerung der Freisetzungen von Schwermetallen, Dioxinen und Furanen;

– Festlegung von Emissionsgrenzwerten für Ableitung von Abwasser aus der Abgasreinigung;

– möglichst weitgehende Wärmerückgewinnung und möglichst weitgehende Verhinderung der Entstehung von Rückständen bei der Verbrennung.

Der Umweltrat stellt fest, dass die Anforderungen an den Betrieb der Anlagen sowie die Grenzwerte für die Abgase aus der Verbrennung und Mitverbrennung von Abfällen im wesentlichen den Anforderungen des deutschen Umweltrechts entsprechen. Die Richtlinie wird dazu beitragen, dass ein europaweit einheitlich hoher Umweltschutzstandard bei der Verbrennung von Abfällen erreicht werden kann.

2.4.5.4 Neue Entwicklungen der Entsorgungstechnik

929. Im Umweltgutachten 1998 (SRU, 1998, Tz. 569 ff.) hat der Umweltrat einige übergreifende, ihm besonders wichtig erscheinende oder strittige Aspekte der Verwertung und Beseitigung von Abfällen ausführlich dargestellt und bewertet. Dabei wurden insbesondere Fragen der thermischen Abfallbehandlung sowie mögliche Alternativen zur Verbrennung behandelt. Er kommt an dieser Stelle auf diese Bewertung nur insoweit zurück, als sich Entwicklungen vollzogen haben oder abzeichnen, die für die – im vorhergehenden Abschnitt 2.4.5.3 dargestellte nationale und europäische – rechtliche Ordnung (z. B. Änderung der Verpackungsverordnung, der TA Siedlungsabfall) oder Organisation der Abfallentsorgung (z. B. Duales System) Auswirkungen haben sollten.

2.4.5.4.1 Thermische Abfallbehandlung

930. Bei der Entsorgung von Abfällen kommt der thermischen Behandlung vor allem die Aufgabe zu, die im Abfall zur Beseitigung enthaltenen organischen Schadstoffe zu zerstören, außerdem anorganische Schadstoffe aufzukonzentrieren und auszuschleusen. Die bei dem Behandlungsprozess entstehende Wärme ist möglichst einer Nutzung zuzuführen, und die Rückstände aus der Behandlung sind so weit wie möglich stofflich zu verwerten. Einen Streit um die Abfallverbrennung gibt es zur Zeit weniger darüber, ob sie überhaupt einen heute gangbaren Weg der Abfallverwertung oder auch Abfallbehandlung und -beseitigung darstellt, als vielmehr darüber, ob nicht durch die derzeitige rechtliche Regelung die thermische Behandlung von Abfällen eine sachlich unberechtigte Begünstigung erfahre. Bevor auf diese Frage eingegangen wird, sollen zunächst einige jüngere Entwicklungen bei der thermischen Abfallverwertung und -beseitigung dargestellt werden, nämlich bei der herkömmlichen Rostfeuerung, bei alternativen Verfahren und beim Einsatz von Abfällen in Kraftwerken und Produktionsanlagen als Brennstoff oder Reduktionsmittel („Mitverbrennung").

Rostfeuerung

931. Die am 31. Dezember 1994 in Kraft getretene Richtlinie 94/67/EG der Europäischen Gemeinschaft über die Verbrennung gefährlicher Abfälle betrifft im wesentlichen die Verbrennung von Sonderabfällen. In Deutschland sind aber Verbrennungsanlagen insgesamt über die 17. BImSchV geregelt, so dass die durch die EG-Richtlinie notwendig gewordenen Änderungen auch Anlagen zur Verbrennung von Siedlungsabfällen betreffen. Ein solcher Anpassungsbedarf ergab sich vor allem im Zusammenhang mit der Änderung der Mindesttemperatur in der Ausbrandzone, der Anlagenüberwachung für Kohlenmonoxid (100 mg/m^3 als Halbstundenwert statt als Stundenmittelwert) und den geänderten Festlegungen von Mess- und Überwachungszeiträumen, die einer verbesserten Messtechnik Rechnung tragen sollen. Die insofern notwendigen Anpassungen sind mit der Verordnung zur Änderung der Siebzehnten, der Neunten

Abfallwirtschaft

und der Vierten Verordnung zur Durchführung des Bundes-Immissionsschutzgesetzes vom 23. Februar 1999 vollzogen worden.

Betriebstechnisch ist vor allem die Forderung einer Mindesttemperatur der Verbrennung eingeführt worden: Die Verbrennungsgase müssen für eine Verweilzeit von wenigstens zwei Sekunden eine Temperatur von mindestens 850 beziehungsweise 1 100 °C einhalten – abhängig vom Gehalt der Abfälle an chlororganischen Verbindungen –, und zwar bei einem Mindestsauerstoffgehalt von 6 Vol.-% beziehungsweise von 3 Vol.-% bei flüssigen und bestimmten anderen Abfällen.

Während die Anforderung der TA Siedlungsabfall für Deponieklasse II, dass der Gehalt an organisch gebundenem Gesamt-Kohlenstoff (TOC) höchstens 3 Gew.-% des Trockengewichts des verbrannten Stoffes ausmachen darf, gerade mit der thermischen Abfallbehandlung gut zu erfüllen ist, bietet eine andere Qualität der Verbrennungsrückstände, also Rostasche und insbesondere Schlacken, die den mengenmäßig größten Anteil der stofflich verwertbaren festen Rückstände ausmachen, Kritikern eine womöglich offene Flanke: ihr Gehalt an anorganischen Schadstoffen, im wesentlichen (Schwer-)Metallverbindungen, und das Ausmaß, in dem sie in wässriger Umgebung wieder herausgelöst („eluiert") werden. Dabei stellt sich zunächst die Frage, ob von unterschiedlichen abfallwirtschaftlichen Rahmenbedingungen der Siedlungsabfallentsorgung – also unterschiedlichen Trenn- und Wiederverwertungsleistungen – ein Einfluss auf die Qualität der Schlacke aus der Abfallverbrennung feststellbar ist.

Trotz aller Bestrebungen, einzelne Abfallströme einer materialspezifischen Verwertung zuzuführen sowie besonders schadstoffhaltige Abfälle für die Beseitigung getrennt zu erfassen, ist immer noch ein großes Schadstoffpotential im Rest-Siedlungsabfall enthalten. Im Rahmen eines UBA-Projekts (UBA, 1998) wurden Sortieranalysen an fünf für typisch angesehenen Abfallverbrennungsanlagen (und zwei mechanisch-biologischen Behandlungsanlagen, s. Tz. 945) durchgeführt und dabei festgestellt, dass sich im angelieferten Restabfall jeweils etwa 20 Gew.-% wiederverwertbare Papiere und Pappen sowie kompostierbare Bioabfälle wiederfanden. Reine Problemabfälle machten nur einen geringen Anteil von knapp 2 % aus. Hierin ist jedoch ein relativ hohes Schadstoffpotential enthalten. Zu den Problemabfällen gehören beispielsweise Batterien (0,1 %) sowie Elektro- und Elektronikschrott (0,3 %). Bei der Analyse einzelner Abfallfraktionen wurde nachgewiesen, dass Schadstoffe, insbesondere Schwermetalle, in praktisch allen Abfallfraktionen von Rest-Siedlungsabfällen vorkommen.

Allerdings scheint nach Erfahrungen aus dem Forschungsprojekt des UBA „Einfluss der Abfallzusammensetzung auf Schadstoffgehalt und -menge der Verbrennungsrückstände – Phase II" (Laufzeit von 1996 bis 1998) die umweltpolitische Bedeutung mangelnder materialspezifischer Sortierung des Abfalls insofern geringer zu sein, als die oben gestellte Frage, ob von unterschiedlichen Trenn- und Wiederverwertungsleistungen ein Einfluss auf die Qualität der Schlacke aus der Abfallverbrennung feststellbar ist, offenbar praktisch zu verneinen ist. Theoretische Überlegungen auf der Grundlage von Sortieranalysen, Verbrennungsversuchen an einem Chargenrost beziehungsweise an einer Rost-Pilotanlage und Messungen der Schlackenqualität bei rund einem Dutzend Verbrennungsanlagen belegen übereinstimmend: Durch eine weitgehende Abtrennung von einzelnen beziehungsweise allen für Schwermetalle relevanten Abfallkomponenten konnte kein signifikanter Einfluss auf die Qualität der Schlacke nachgewiesen werden. Es bestehen gemäß der Heterogenität von Rest-Siedlungsabfall anscheinend immer zahlreiche Möglichkeiten des Eintrages von Schwermetallen in die Schlacke.

932. Der Umweltrat hat schon im Umweltgutachten 1998 (SRU, 1998, Tz. 594) im Zusammenhang mit der „Mitverbrennung" betont, dass die Frage zu bedenken ist, inwieweit die in weiterverwendeten Reststoffen und Produkten eingebundenen Stoffe aus diesen heraus in die Umwelt gelangen. Inwieweit die so immobilisierten Stoffe tatsächlich durch Verwitterung, Auslaugung und ähnliche dissipative Vorgänge in die Umwelt gelangen, wird erst gelegentlich diskutiert. Zwar wird angegeben (UBA, 1999d, S. 46), dass inzwischen thermische Vorbehandlungsanlagen angeboten werden und im Einzelfall auch schon errichtet wurden, die zu vollständig inhärent ungefährlichen, nämlich glasartigen Rückständen führen (schmelzflüssiger Schlackenabzug), die gefahrlos stofflich verwertet und ohne wasser- und luftseitige Nachsorgemaßnahme gelagert oder abgelagert werden können. Insofern gingen aber die technischen Möglichkeiten schon über die Anforderungen der TA Siedlungsabfall hinaus. Der Umweltrat wiederholt daher seine Empfehlung, auch dem Langzeitverhalten der Reststoffe aus der thermischen Abfallbehandlung und -verwertung größere Aufmerksamkeit zu widmen.

Alternativen zur Rostfeuerung

933. Die Teilschritte eines Verbrennungsprozesses, nämlich Trocknung, Entgasung, Vergasung und Verbrennung, die bei der Rostfeuerung räumlich nicht klar voneinander getrennt sind, können in unterschiedlicher Weise auf verschiedene Anlagenteile aufgeteilt werden. Dadurch ergeben sich neue Eingriffs- und Optimierungsmöglichkeiten für den Gesamtprozess (BOHLMANN, 1996). Der Umweltrat hat in seinem Umweltgutachten 1998 eine vergleichende Betrachtung verschiedener, wenigstens im Pilotmaßstab erprobter Alternativen zur Rostfeuerung unter Umweltgesichtspunkten vorgenommen (SRU, 1998, Tz. 582 ff.). Hier soll daher nur auf inzwischen eingetretene Entwicklungen bei einigen der Alternativen eingegangen werden.

Schwel-Brenn-Verfahren

934. Die Entwicklung dieses als *Entgasung und Vergasung* zu kennzeichnenden Verfahrens mit einer Erhitzung unter Sauerstoffmangel (Verschwelung) ist neben anderen Unternehmen vor allem von der Siemens KWU, Erlangen, verfolgt worden. Besonders vorteilhaft erschien die hohe Quote der Wiederverwertung (saubere Inertstoffe, brennbare Schwelgase, Schlacke, Eisen- und NE-Metalle, Gips) bei einem mit 3 Gew.-% von der Einsatzmenge niedrigem – allerdings als Sondermüll zu deponierendem – Restabfall. Zwar ist eine Prototypanlage bei Fürth in Betrieb gegangen, aber die Wirtschaftlichkeit des Verfahrens erwies sich angesichts technischer Probleme in Verbindung mit der zwischenzeitlich stattgefundenen Preisentwicklung bei der Abfallentsorgung als nicht mehr gegeben. Das Unternehmen Siemens KWU verfolgt die Entwicklung nicht mehr weiter, hat das Geschäftsfeld eingestellt und beobachtet lediglich noch den Markt. Zwei japanische Unternehmen haben für die Verbrennung von Hausmüll Lizenzen erworben; eine Anlage ist schon errichtet und wird im Dezember 1999 in Betrieb gehen, eine zweite wird noch errichtet. Derzeit werden die Lizenznehmer noch technisch von Deutschland aus betreut.

Thermoselect

935. Das Abfallbehandlungsverfahren der Firma Thermoselect Südwest stellt eine Kombination aus Pyrolyse und Hochtemperaturvergasung dar. Es weist gewisse Parallelen zum Schwel-Brenn-Verfahren auf, hat aber in Details große Abweichungen. Die in einem Pyrolysekanal gepressten Abfälle werden bei maximal 600 °C verschwelt und gelangen am Kanalende unmittelbar in einen Hochtemperaturreaktor. Zusammen mit den Schwelgasen werden sie dort bei Temperaturen bis zu 2 000 °C mit reinem Sauerstoff zu Synthesegas umgesetzt. Schmelzflüssige Schlacke und Eisenlegierung werden am Reaktorfuß abgezogen und können nach Erkalten verwertet werden. Das Synthesegas selbst wird zur energetischen Nutzung herangezogen (zur Energiebilanz vgl. ERNST et al., 1995). Neuere Daten zur Abschätzung der Wirtschaftlichkeit des Verfahrens liegen dem Umweltrat nicht vor.

Die von der Energie Baden-Württemberg AG in Karlsruhe betriebene Thermoselect-Anlage mit einer genehmigten Jahresdurchsatzleistung von bis zu 225 000 t hat nach neunmonatigem Probebetrieb am 5. November 1999 vom Regierungspräsidenten Karlsruhe die Erlaubnis zur Aufnahme des Regelbetriebs erhalten. Die bis Ende Januar 1999 befristete Erlaubnis forderte verschiedene Nachweise und Maßnahmen, insbesondere ein über die gesetzlichen Anforderungen hinausgehendes Messprogramm, das die gesicherte Einhaltung der Emissionsgrenzwerte in allen Betriebszuständen nachweisen soll. Die Ergebnisse des während des Probebetriebs durchgeführten Messprogramms wertete die Behörde als ausreichende Sicherheit dafür, dass die in ihrem Genehmigungsbescheid vom Oktober 1999 festgesetzten Sicherheits- und Umweltstandards einhaltbar sind.

Tatsächlich lassen die im Probebetrieb gemessenen Emissionswerte der abgeleiteten Abgase erwarten, dass nach dem Einbau eines zusätzlichen Staubfilters und anderer geforderter Maßnahmen die ohnehin weit unter den gesetzlichen Vorgaben festgelegten Umweltstandards noch deutlich unterschritten werden. Grenzwertüberschreitungen in einer – als Sicherheitseinrichtung nur im Falle von Betriebsstörungen betriebenen – Brennkammer wurden nicht als Hindernis für eine Betriebserlaubnis gesehen, weil diese Emissionen mengenmäßig nicht ins Gewicht fallen und der Betreiber erfolgversprechende emissionsmindernde Maßnahmen ergriffen hat.

In Ansbach ist eine Thermoselect-Anlage mit einem Jahresdurchsatz von 75 000 t genehmigt und im Bau, in Hanau steht eine Anlage mit 90 000 t Jahresdurchsatz im Genehmigungsverfahren, eine weitere Anlage in der Schweiz mit 100 000 t Jahresdurchsatz ist von der Regierung des Kantons Tessin genehmigt.

Nassoxidation (VerTech-Verfahren)

936. In seinem Umweltgutachten 1998 hat der Umweltrat als ein weiteres neues Verfahren das *integrierte Restmüllbehandlungskonzept „mechanisch-biologisch-thermisch"* der Stadt Münster dargestellt (SRU, 1998, Tz. 589). Nach Trennung des Restabfalls sowie trocken- und nassmechanischer Aufbereitung von Einzelfraktionen sollte der verbleibende, überwiegend organisch verunreinigte „Feingutanteil" der Behandlung in einem zweistufigen APT-Verfahren zugeführt werden, nämlich einer Integration von anaerober und nassoxidativer Behandlung (WABIO-Restmüllvergärung bzw. VerTech-Verfahren). In ihrem „Zusammenfassenden Bericht" vom Januar 1999 für die Abfallwirtschaftsbetriebe Münster (AWM) stellen nun die Auftragnehmer fest, dass eine großtechnische Umsetzung der Nassoxidation aus ökonomischen und ökologischen Gründen nicht zu empfehlen sei (INFA, IWA, Öko-Institut, 1999, S. 35). Tatsächlich hätte – nach Ausscheiden einiger teilnehmender Nachbargemeinden aus dem Projekt – das Festhalten an der Nassoxidation die Abfallentsorgungskosten für Münster auf eine nicht mehr akzeptable Höhe getrieben (600 DM/t). Die Nassoxidation soll nun durch eine „Nachrotte" ersetzt werden. Damit reiht sich das *integrierte Restmüllbehandlungskonzept* der Stadt Münster in die mechanisch-biologischen Verfahren der Abfallbehandlung ein (s. Tz. 941 ff.).

Der Verzicht auf die thermische Beseitigung im Wege der Nassoxidation erfordert nach Ziffer 2.4 TASi eine Ausnahmegenehmigung in Verbindung mit dem Nachweis der „Gleichwertigkeit" der vorgesehenen Maßnahme, also der „Nachrotte". Dieser Nachweis ist gemäß dem Leitfaden des Landes Nordrhein-Westfalens

(MURL, 1998) von den oben genannten Instituten erbracht; die Ausnahmegenehmigung des Landes Nordrhein-Westfalen wird erwartet.

Um den Absatz der Abfälle zur Verwertung aus diesem Verfahren sicherzustellen und um wirtschaftliche Unsicherheiten weiter einzugrenzen, ist ein Ausschreibungsverfahren mit gewissen technischen Vorgaben und Anforderungen an die behandelten Abfälle eingeleitet worden (z. B. Anteil der stofflichen Verwertung). Auf der Grundlage der Ausschreibungsergebnisse soll ein Vorschlag erarbeitet werden, wie die künftige Restabfallbehandlung in Münster umgesetzt werden soll und welche Kosten hiermit verbunden sind.

„Mitverbrennung"

937. Auch zum Thema der „Mitverbrennung" von Abfällen neben Regelbrennstoffen, also des Einsatzes von Abfällen als Brennstoff oder als Reduktionsmittel in Produktionsanlagen wie in Kraftwerken, Zementwerken, Hochöfen, Vergasungsanlagen, Kohlemischbetrieben zur Herstellung von Industriekohle und Betrieben zur Herstellung von Ersatzbrennstoffen hat der Umweltrat schon im Umweltgutachten 1998 Stellung bezogen. Die rechtliche Situation lässt sich wie folgt umreißen.

Grundsätzlich unterliegen nach § 4 BImSchG genehmigungsbedürftige Anlagen, in denen nicht ausschließlich sogenannte Regelbrennstoffe verbrannt werden, nicht der 13. BImSchV oder der TA Luft, sondern den schärferen Anforderungen der 17. BImSchV (§ 1 Abs. 1). Davon ist die „Mitverbrennung" unter der Bedingung teilweise ausgenommen, dass der Anteil des zur Mitverbrennung zugelassenen Abfalls an der jeweils gefahrenen Feuerungswärmeleistung nicht mehr als 25 % beträgt (§ 1 Abs. 2 Satz 1). Dann kommen nämlich nur für die dem mitverbrannten Abfall zuzuordnenden Emissionsanteile die schärferen Emissionsgrenzwerte der 17. BImSchV zur Geltung und für die Emissionsanteile, die der Verbrennung des Regelbrennstoffs zuzuordnen sind, die milderen Emissionsgrenzwerten der 13. BImSchV oder Emissionswerte der TA Luft – und zwar *anteilig* in dem Verhältnis der Anteile an der Feuerungswärmeleistung, in dem nach dem Genehmigungsbescheid Abfälle eingesetzt werden dürfen („Mischrechnungsregel"; § 5 Abs. 3 Satz 1, 3).

Die 25-%-Schranke für die Anwendbarkeit der Mischrechnungsregel wird von der 17. BImSchV allerdings wieder aufgehoben (§ 5 Abs. 3 Satz 6),

– wenn die Anlage eine der „andere[n] als [die] in den Nummern 1.1 bis 1.3 und 8.1 des Anhangs der 4. BImSchV genannten Anlagen" ist (zu diesen sogenannten „Prozessfeuerungsanlagen" – im Gegensatz zu Kraftwerken, Abfallverbrennungsanlagen und anderen Feuerungsanlagen im engeren Sinne – gehören insbesondere Zementwerke) sowie

– wenn Emissionsgrenzwerte für Schwermetalle, Dioxine und Furane sowie Kohlenmonoxid anzuwenden sind.

Es ist fraglich, ob beide Bedingungen kumulativ oder alternativ zu verstehen sind. LÜBBE-WOLFF (1999, S. 1096 f.) und HANSMANN (1999, § 5 17. BImSchV Rdn. 11) meinen, dass die anlagenbezogene und die grenzwertbezogene Anwendbarkeitsbedingung der Mischrechnungsregel nur alternativ vorliegen müssten, so dass die 25-%-Schranke auf Prozessfeuerungsanlagen generell, auf andere Anlagen hinsichtlich der genannten Schadstoffe anwendbar wäre. Kumulativ vorliegen muss jedenfalls die in der neuen 17. BImSchV eingeführte Bedingung, dass der Anteil der „besonders überwachungsbedürftigen Abfälle" (ausgenommen Abfälle nach Art. 2 Nr. 1, erster Anstrich der Richtlinie 94/67/EG) an der Feuerungswärmeleistung nicht über 40 % liegen darf (§ 5 Abs. 3 Satz 6).

Die Anforderungen an die Mitverbrennung sind denen für Abfallverbrennungsanlagen im engeren Sinne weiter angenähert worden, insofern als die neue Fassung der 17. BImSchV vom 23. Februar 1999 in § 1 Abs. 2 Satz 1 den Kreis der anzuwendenden Vorschriften erheblich erweitert hat. Von den Vorschriften der 17. BImSchV, die inhaltliche Anforderungen stellen, bleiben nur § 3 (Vorgaben für die Bunkerausrüstung) und Teile des § 4 (einzuhaltende Verbrennungstemperaturen und diesbezügliche technische Sicherheitsvorkehrungen) nicht anwendbar. In einem weiteren Punkt hat die neue Fassung der 17. BImSchV eine Verschärfung der Regelungen für die Mitverbrennung gebracht: Bei einem Abfallanteil von unter 10 % hat die Mischrechnung bei allen betroffenen Anlagenkategorien von einem 10 %-Anteil auszugehen (§ 5 Abs. 3 Satz 2).

938. Der Umweltrat sieht sich in seiner Feststellung bestärkt, dass von einer Begünstigung des „mitverbrannten" Abfalls in bezug auf die entstehenden Emissionen von seiten des Verordnungsgebers im Grundsatz nicht gesprochen werden kann. Auch von den tatsächlich gemessenen Emissionen her scheint offensichtlich kein Grund zur Besorgnis zu bestehen. Die Emissionsgrenzwerte werden entgegen der gelegentlich geäußerten Besorgnis von den „mitverbrennenden" Anlagen nicht „ausgeschöpft" (SRU, 1998, Tz. 590 ff; vgl. aber – mit Blick auf die Genehmigungspraxis – LÜBBE-WOLFF, 1999, S. 1097 ff.).

Zur Einhaltung der Anforderungen der 17. BImSchV bei der Substitution von Brennstoffen durch Abfälle werden in der Zementindustrie – um einen wichtigen Bereich herauszuheben – bisher keine zusätzlichen Emissionsminderungsmaßnahmen eingesetzt. Organische Stoffe werden im Klinkerbrennprozess bei den hohen Temperaturen von bis zu 2 000 °C und den notwendigen Sauerstoffgehalten der Verbrennungsluft und Verweilzeiten im Ofen vollständig verbrannt. Im Brennstoff enthaltener Schwefel wird in den Klinker eingebunden. Gleiches gilt für die schwerflüchtigen Metalle und Metallverbindungen im Brennstoff. Nur leichtflüchtiges Thallium und insbesondere Quecksilber verbleiben zum großen Teil im Abgasstrom. Bei Verbrennung insbesondere von quecksilberreichen Abfällen müssten daher zusätzliche Maßnahmen der Emissionsminderung, wie Staubabscheidung bei niedrigen Temperaturen und Abgasfilterung durch Aktivkohleadsorber, getroffen werden. Zur Begrenzung der Stickstoffoxid-Emissionen sind Primärmaßnahmen (NO_x-arme Brenner, Vergleichmäßigung des Ofenbetriebs) und Sekundärmaßnahmen (gestufte Verbrennung in einer Sekundärfeuerung, selektive nichtkatalytische Reduktion SNCR) üblich. Es erscheint aber geboten, zumindest bei der Abfallmitverbrennung, die Stickstoffoxid-Emissionen mit Einsatz der Technik der selektiven katalytischen Reduktion SCR weiter abzusenken. Deren Kosten werden mit 3 bis 4 DM je Tonne Klinker angegeben – bei einem Klinkererlös von derzeit etwa 120 DM/t. Die Investitionskosten der SCR-Einrichtung für eine Ofenkapazität von 2 000 t pro Tag werden mit etwa 10 Mio. DM angegeben (HAUG, 1999).

939. Der oben erwähnte vom Rat der EU am 25. November 1999 festgelegte Gemeinsame Standpunkt im Hinblick auf den Erlass einer Richtlinie über die Verbrennung von Abfällen (Tz. 924) schließt sich im Grundsatz an die deutsche Regelung an. Er sieht durchgehend parallele Regelungen für die Verbrennung von Abfällen in Abfallverbrennungsanlagen und Mitverbrennungsanlagen vor. In den Mitverbrennungsanlagen sollen in dem aus der Mitverbrennung sich ergebenden Abgasanteil keine höheren Schadstoffemissionen entstehen dürfen, als sie für reine Abfallverbrennungsanlagen zugelassen sind (Erwägungsgrund 23). Artikel 7 in Verbindung mit Anhang II gibt zur Bestimmung der Emissionswerte für die Mitverbrennung der Abfälle nähere Anweisungen, insbesondere eine Formel (Mischungsregel): Der jeweilige Schadstoffgrenzwert setzt sich aus dem Grenzwert für Abfallverbrennungsanlagen und dem für die mitverbrennende Anlage festgelegten Grenzwert im Verhältnis der relativen Anteile der zugehörigen Abgasteilströme linear zusammen. Für Zementöfen, in denen Abfälle mitverbrannt werden, gelten eigene Regelungen; unter anderem werden besondere Mischgrenzwerte vorgegeben. Werden allerdings bei der Mitverbrennung mehr als 40 % der freigesetzten Wärme mit gefährlichen Abfällen erzeugt, gelten die in Anhang V festgelegten Grenzwerte für reine Abfallverbrennungsanlagen.

940. Der Umweltrat weist über die Frage der Mitverbrennung hinaus auf ein Ungleichgewicht in der rechtlichen Festlegung des Standes der Technik für Abfallverbrennungsanlagen auf der einen Seite und für Kraftwerke, Zementwerke, Anlagen der Stahlerzeugung und sonstige technische Anlagen auf der anderen Seite hin. Während Abfallverbrennungsanlagen den verschärften Anforderungen an Emissionsminderungen der 17. BImSchV von 1990 und jetzt von 1999 unterworfen worden sind, ist der Stand der Technik für die anderen Feuerungs- und sonstigen Anlagen – abgesehen von einer zwischenzeitlich durchgesetzten Dynamisierung der Anforderungen für die Begrenzung der Stickstoffoxidemissionen – nach wie vor durch die Großfeuerungsanlagenverordnung (13. BImSchV) von 1983 beziehungsweise die TA Luft von 1986 vorgegeben.

Eine Aufhebung dieses Ungleichgewichts in der Festlegung des Standes der Technik ist nach Auffassung des Umweltrates dringend geboten. Auch die anderen genehmigungsbedürftigen Anlagen sind den Anforderungen der 17. BImSchV zu unterwerfen. Der Nachvollzug der europarechtlichen Entwicklung (s. Tz. 939) sollte dazu genutzt werden.

Im Hinblick auf das oben angesprochene Problem der Dissipation von Schadstoffen aus der Mitverbrennung über Produkte (Tz. 932) weist der Umweltrat darauf hin, dass zwar die *bauphysikalischen* Eigenschaften von Zementprodukten, nicht aber die höchstzulässigen Schadstoffgehalte genormt sind. Das ist von besonderer Bedeutung im Hinblick auf die (Schwer-)Metallgehalte der Roh- und Brennstoffe, die zum größten Teil in das Produkt Zement gelangen. Obwohl die Auslaugraten aus Zementprodukten gering sind, darf Zement nicht als Senke für diese Stoffe angesehen werden. Entsprechend regt der Umweltrat im Rahmen der Produktnormung die Festlegung von Höchstwerten für (Schwer-)Metallgehalte in Zementen an.

2.4.5.4.2 Mechanisch-biologische Abfallbehandlung (MBA)

941. Im Hinblick auf die von der Bundesregierung beabsichtigte Regelung der Anforderungen an mechanisch-biologische Abfallbehandlungsanlagen verweist der Umweltrat zunächst wieder auf die im Umweltgutachten 1998 vorgenommene technische Bewertung dieses Verfahrensprinzips im Hinblick auf die Endablagerfähigkeit so vorbehandelter Restabfälle (SRU, 1998). An ihr hält er in seiner weiter unten ausgeführten „grundsätzlichen Bewertung der mechanisch-biologischen Abfallbehandlung" fest (Tz. 944).

Der Umweltrat ist darüber hinaus der Auffassung, dass auch das Ungleichgewicht in der Behandlung mechanisch-biologischer Abfallbehandlungsanlagen und der Behandlung thermischer Abfallbehandlungsanlagen und Abfallverbrennungsanlagen hinsichtlich der Regelung ihrer Emissionen aufgehoben werden sollte. Auch mechanisch-biologische Abfallbehandlungsanlagen sollten im Grundsatz die Emissionsgrenzwerte der 17. BImSchV einhalten müssen. Statt ihre Emissionen diffus an die Umgebung abgeben zu dürfen, sollten die Anlagen „eingehaust" und die Emissionen abgesaugt werden müssen, so dass letztere nur in definierter Weise und in den Grenzen der 17. BImSchV an die Umwelt abgegeben werden können. Eine solche Regelung ist auch dann erforderlich, wenn keine zur Ablagerung bestimmten Fraktionen anfallen (MBA vorgeschaltet vor thermischer Behandlung; „Trockenstabilat"-Erzeugung). Dies gilt selbst dann, wenn Deponien nicht für MBA-Rückstände geöffnet werden.

Einen Vergleich der tatsächlichen Emissionsfrachten aus mechanisch-biologischen Abfallbehandlungsanlagen und Müllverbrennungsanlagen vor dem Hintergrund der Grenzwerte der 17. BImSchV zeigt Tabelle 2.4.5-13.

Tabelle 2.4.5-13

Vergleich der Emissionsfrachten der MBA mit denen der MVA nach den Grenzwerten der 17. Bundes-Immissionsschutzverordnung und tatsächlichen Emissionswerten (Jahresmittelwerte)

	17. BImSchV		MBA		MVA	
Parameter	Konzentration	Fracht[A]	Konzentration[B]	Fracht	Konzentration[L]	Fracht[L]
Gesamtstaub	10 mg/m$^{3[G]}$	55 g/t	<< 20 mg/m^3	gering	0,2–1,1 g/m^3	5,5 g/t
TOC, davon	**10 mg/m$^{3[G]}$**	**55 g/t[H]**	**20–60 mg/m$^{3[J]}$**	**ca. 300 g/t[J]**	**< 1 g/m^3**	**5,5 g/t**
TA Luft Klasse I	*k.A.*	*k.A*	*2–6 mg/m^3*	*ca. 30 g/t*	*k.A*	*k.A*
TA Luft Klasse II	*k.A.*	*k.A*	*12–36 mg/m^3*	*ca. 180 g/t*	*k.A*	*k.A*
TA Luft Klasse III	*k.A*	*k.A*	*6–18 mg/m^3*	*ca. 90 g/t*	*k.A*	*k.A*
Methan	*k.A*	*k.A*	*10–20 mg/m^3*	*ca. 150 g/t*	*k.A*	*k.A*
Dioxine u. Furane	0,1 ng/m^3	550 ng/t	0,001 ng/m$^{3[K]}$	1,3 ng/t [K]	0,01 ng/m^3	55 ng/t
Chlorwasserstoff [C]	10 mg/m$^{3[G]}$	55 g/t	n.g.	n.g.	1–6 mg/m^3	1,1 g/t
Fluorwasserstoff [D]	1 mg/m$^{3[G]}$	5,5 g/t	n.g.	n.g.	< 0,2 mg/m^3	16,5 g/t
SO$_2$ und SO$_3$ [E]	50 mg/m$^{3[G]}$	275 g/t	n.g.	n.g.	0,5–13 mg/m^3	33 g/t
NO und NO$_2$ [F]	200 mg/m$^{3[G]}$	1100 g/t	**< 8 mg/m^3**	**< 160 g/t**	60–180 mg/m^3	550 g/t
NH$_3$-N, org-N	*k.A*	*k.A*	*5–20 mg/m^3*	*ca. 150 g/t*	*1–10 mg/m^3*	*22 g/t*
Schwermetalle [I]						
Σ Cd, Tl	0,05 mg/m^3	0,275 g/t	n.b.	n.b.	0,001–0,004 mg/m^3	0,014 g/t
Hg	0,05 mg/m^3	0,275 g/t	< 0,001 mg/m^3	n.b.	0,001–0,005 mg/m^3	0,016 g/t
Σ Sb, As, Pb, Cr, Co, Cu, Mn, Ni, V, Sn	0,5 mg/m^3	2,75 g/t	n.b.	n.b.	0,001–0,065 mg/m^3	0,180 g/t

(A) Bezogen auf 5 500 m^3 Abgas pro Tonne behandelter Abfall und Tagesmittelwerte
(B) Ergebnisse aus BMBF-Verbundvorhaben, Uni Hannover
(C) Gasförmige anorganische Chlorverbindungen, angegeben als HCl
(D) Gasförmige anorganische Fluorverbindungen, angegeben als HF
(E) Schwefeldioxid und Schwefeltrioxid, angegeben als Schwefeldioxid (SO$_2$)
(F) Stickstoffmonoxid und Stickstoffdioxid, bestimmt als Stickstoffdioxid (NO$_2$)
(G) Tagesmittelwert
(H) Reale Abgasfrachten liegen zwischen 5 und 20 g/t
(I) Schwermetalle und deren Verbindungen
(J) NMVOC
(K) Hallenabluft der MBA Siggerwiesen, Mittelwert aus zwei Messungen, Quelle: Umweltbundesamt (Österreich); Abluftemissionen der mechanisch-biologischen Abfallbehandlung, Berichte BE-138, Wien, November 1998
(L) Jahresmittelwerte aus 5 bayerischen HMVA
k.A. keine Angaben
n.b. nicht bestimmbar, unter Nachweisgrenze
n.g. wurde nicht gemessen, da dieser Schadstoff aufgrund der Reaktionsbedingungen nicht oder nur in sehr geringen Spuren im Abgas vorkommen kann oder bei der MBA (sofern vorhanden) im Behandlungsrückstand eingebunden ist
kursiv kein Parameter der 17. BImSchV
fett **Emissionsfrachten der MBA liegen über denen nach der 17. BImSchV berechneten Frachten**

Quelle: UBA, 1999d, S. 36

Ohnehin ist bis Juli 2001 die Europäische Deponierichtlinie in deutsches Recht umzusetzen. EU-Kommission und Umweltminister der Mitgliedstaaten haben darin Hausmülldeponien mit lediglich Basis- und Oberflächenabdichtung für genügend umweltverträglich gehalten; die Abtrennung einer heizwertreichen Abfallfraktion, die Gefahr von Deponiesetzungen, Beeinträchtigungen der Nachbarschaft und das Langzeitverhalten von Deponien werden in ihr allerdings nicht als Aufgaben oder Probleme angesehen.

Zur Situation der mechanisch-biologischen Abfallbehandlung

942. Derzeit werden in Deutschland etwa zwanzig mechanisch-biologische Abfallbehandlungsanlagen (MBA) betrieben. Ihre technische Ausstattung ist sehr unterschiedlich. In der Mehrzahl der überwiegend älteren Anlagen ist eine einfache Verfahrenstechnik eingesetzt. Der Restmüll wird mit einfachen Mitteln zerkleinert und homogenisiert, in offenen Mieten ohne Abluftfassung gerottet und anschließend in den Deponiekörper eingebaut. Besondere Abfallfraktionen werden in der Regel nicht abgetrennt. Für Näheres wird auf Tabelle 2.4.5-14 verwiesen.

Einige neuere Anlagen haben einen höheren verfahrenstechnischen Stand. Leicht- und Grobfraktionen mit höherem Heizwert (etwa 20 000 bis 30 000 kJ/kg) werden – mit von Anlage zu Anlage unterschiedlichem Aufwand – für eine thermische Behandlung oder Verwertung abgetrennt, ebenso Metalle und teilweise auch Mineralstoffe („stoffstromspezifische Behandlung"). Die biologische Behandlung erfolgt vollständig oder zumindest während der Intensivrotte in gekapselten („eingehausten") Anlagen mit Abluftreinigung über Biofilter. Die biologisch behandelte Fraktion wird, abhängig von der Dauer der Intensivrotte, entweder sofort oder nach einer offenen Nachrotte in den Deponiekörper eingebaut. Für Näheres wird wieder auf Tabelle 2.4.5-15 verwiesen.

Tabelle 2.4.5-14

Anlagen mit einfacher Verfahrenstechnik, Rottedeponien und sonstige Anlagen

Anlage	Stand	Auslegung	Verfahren
Deponie Osternburg, Stadt Oldenburg, NI	Betrieb 1975	80 000 (Mg/a)	**(V)** Zerkleinerung (Sperrmüll) / **(H)** Flächenrotte (ca. 12 Monate) nach dem Kaminzugverfahren, Umsetzen nach 6 Mon. / **(N)** keine
Deponie Hasenbühl, LK Schwäbisch-Hall, BW	Betrieb 1976	70 000 (Mg/a)	**(V)** Zerkleinerung und Mischung mit Klärschlamm / **(H)** Rotte in Mieten nach Kaminzugverfahren 6–8 Wochen / **(N)** Absiebung eines Teilstromes zur Gewinnung von Material zur Mietenabdeckung
Neuss-Grefrath, Kreis Neuss, NW	Betrieb 1991	77 000 (Mg/a)	**(V)** Zerkleinerung, Siebung, Eisen- u. NE-Metallabtrennung, Wertstoffgewinnung / **(H)** Kurzrotte im Tunnelreaktor / **(N)** keine
Haus Forst; Kerpen, NW	Betrieb 1989	160 000 (Mg/a)	**(V)** Zerkleinerung, Siebung, Eisen- u. NE-Metallabtrennung / **(H)** Kurzrotte im Tunnelreaktor / **(N)** keine
Deponie Scharfenberg, LK Ostprignitz-Ruppin, BB*	Betrieb 1993	1 200 (Mg/a) Pilotanlage	**(V)** Manuelle Vorsortierung mittels Radlader, Siebung und Zerkleinerung **(H)** Rotte in Rottecontainer (ca. 2 Monate) / **(N)** Nachrotte in Mietenrotte (6 Monate)
Deponie Wilhelmshaven Nord, Stadt Wilhelmshaven, NI	Betrieb 1993	70 000 (Mg/a)	**(V)** Homogenisierung, Zerkleinerung, Fe-Metall- und Störstoffabtrennung **(H)** Mietenrotte nach dem Kaminzugverfahren auf der Deponie (Hauptrotte: 6–8 Monate) / **(N)** wie Hauptbehandlung (Nachrotte: 2 Monate)
Deponie Krähe, LK Nienburg, NI	Betrieb 1994	60 000 (Mg/a)	Seit 1/1996 keine biologische Behandlung mehr, nur Umschlagstation und mechanische Aufbereitung vor der thermischen Behandlung
Deponie Meisenheim, LK Bad Kreuznach, RP	Betrieb Juli 1994	60 000 (Mg/a)	**(V)** Manuelle Vorsortierung und Störstoffauslese, Homogenisierung in mobiler Trommel / **(H)** Rotte in Mieten auf Altdeponieabschnitt (Kaminzugverfahren) / **(N)** keine

Anlage	Stand	Auslegung	Verfahren
Deponie Piesberg; Stadt und LK Osnabrück, NI	Betrieb 1994	65 000 (Mg/a)	**(V)**; Zerkleinerung, Homogenisierung, Fe-Metallabscheidung / **(H)** Rotte in Mieten nach Kaminzugverfahren (6–12 Monate) / **(N)** keine
MBRV Kirchberg, Rhein-Hunsrück-Kreis, RP	Betrieb Juli 1995	40 000 (Mg/a)	**(V)** Manuelle Vorsortierung; Zerkleinerung, Homogenisierung, Siebung **(H)** Rotte in Mieten nach Kaminzugverfahren (6–8 Monate) / **(N)** keine
Deponie Schwanebeck bei Nauen, Kreis Havelland, Brandenburg			Rottedeponie

Legende: BW=Baden-Württemberg / BY = Bayern / BB = Brandenburg / HE = Hessen / NI = Niedersachsen / NW = Nordrhein-Westfalen / RP = Rheinland-Pfalz / ST = Sachsen-Anhalt / LK = Landkreis
* = vom Bundesland geförderte Pilot- oder Demonstrationsanlage ; **(V)** = Vorbehandlung, **(H)** = Hauptbehandlung, **(N)** = Nachbehandlung; Mg = Mega-Gramm = Tonne = 1000 kg = 10^6 g
Quelle: STIEF, 2000, ergänzt durch Daten in UBA, 1998, S. 253 f.

Tabelle 2.4.5-15

Anlagen mit höherem verfahrenstechnischem Aufwand

Anlage	Stand	Auslegung	Verfahren
EZ Quarzbichl; LK Bad Tölz-Wolfratshausen, BY	Betrieb 1992	30 000 (Mg/a)	**(V)** Abtrennung von Schad- und Störstoffen, Zerkleinerung, Siebung (150 mm); Vorrotte in Rottetrommel / **(H)** Rotte auf belüfteter und unbelüfteter Rotteplatte unter Dach / **(N)** Heizwertreiche Fraktion (<150 mm) wird abgetrennt und thermisch behandelt
MBRA Horm, Kreis Düren, NW	Betrieb April 1995	185 000 (Mg/a)	**(V)** Siebung, Sortierung, Zerkleinerung, Fe-Abscheidung, Homogenisierung / **(H)** Intensivrotte in 6 Tunnelreaktoren (5–7 Tage), Abluftfassung und Behandlung / **(N)** Nachrotte als Flächenrotte (8 Wochen) vorgesehen (Genehmigung liegt noch nicht vor)
Stadt Münster, NW	Planung/ Pilotanlage seit 1996	110 000/ ca. 10 000 (Mg/a)	**(V)** trocken- und naßmechanische Behandlungsschritte zur Wertstoffgewinnung / **(H)** Vergärung der nicht verwertbaren Feinfraktion / **(N)** Chemische Naßoxidation des Rückstandes aus der Vergärung
Zentraldeponie Lüneburg, GfA Lüneburg, NI*	Betrieb Dez. 1995	29 000 (Mg/a)	**(V)** Sichtung, Zerkleinerung, Fe-Abscheider, Siebung, Homogenisierung / **(H)** Rotte in eingehausten Tafelmieten mit Saug-/Druckbelüftung und automatischer Umsetzung (16 Wochen) / **(N)** thermische Behandlung der heizwertreichen Fraktion geplant
EZ Erbenschwang LK Weilheim Schongau, BY	Betrieb Dez. 1996	22 000 (Mg/a)	**(V)** Abtrennung von Schad- und Störstoffen, Siebung und Zerkleinerung, Abtrennung von heizwertreicher Fraktion (MVA Augsburg) / **(H)** Mietenrotte mit automatischen Eintrags-, Umsetz- und Austragssystemen (eingehaust, 3 Wochen) / **(N)** keine
EZ Bassum, LK Diepholz, NI*	Betrieb Sept. 1997	65 000 (Mg/a)	**(V)** Fraktionierung von Teilströmen, heizwertreiche Fraktion (>100 mm) / **(H)** Fraktion < 30 mm: Vergärung, (Trockenverfahren); Fraktion 30 bis 100 mm: Rotte in geschlossener Halle / **(N)** Nachrotte der Rückstände aus der Vergärung zusammen mit 2. Teilstrom
Deponie Wiefels, ZVA Friesland/Wittmund, NI*	Betrieb Sept. 1997	60 000 (Mg/a)	**(V)** Vorzerkleinerung, Siebung, Fe-Abscheider und Zerkleinerung, Abtrennen der heizwertreichen Fraktion / **(H)** eingehauste Intensivrotte (ca. 14 Tage) / **(N)** Nachrotte in Mieten auf der Deponie

Anlage	Stand	Auslegung	Verfahren
Deponie Aßlar, Lahn-Dill-Kreis, HE	Betrieb Juni 1997	120 000 (Mg/a)	**(V)** Zerkleinerung Homogenisierung / **(H)** Trockenstabilisierung (Rottebox, ca. 2 Wochen) / **(N)** thermische Behandlung/Verwertung des Stabilates nach Zwischenlagerung vorgesehen, mineralische Fraktion und Metalle zur Verwertung
Saale-Orla-Kreis, Thüringen	Betrieb Herbst 1999		MBA auf mittleren technischen Niveau (Biodegma-Verfahren)

Legende: s. Tabelle 2.4.5-14
Quelle: STIEF, 2000, ergänzt durch Daten in UBA, 1998, S. 253 f.

Entsorgungsvarianten mit der Option der Brennstofferzeugung

943. Von den Varianten, die bei der Behandlung des Abfalls auf den völligen Verzicht auf eine Ablagerung organischer Bestandteile und die Erzeugung von verwertbaren Stofffraktionen abstellen (s. SRU, 1998, Tz. 609), ist vor allem das von dem Firmenverbund Herhof Umwelttechnik, Solms-Niederbiel, und Landbell AG, Mainz, unter zeitweiser Beteiligung des Landkreises Lahn-Dill entwickelte „Trockenstabilatverfahren" bekannt geworden. Hier wird in einer Heißrotte der nativ-organische Abfall biologisch zu Kohlendioxid und Wasser umgesetzt und der Rest getrocknet. Mechanisch separierbare Stör- und Wertstoffe werden ausgesondert, letztere noch weiter getrennt und gewaschen. Aus dem Restabfall wird ein trockener Sekundärbrennstoff mittleren Heizwertes, das sogenannte „Trockenstabilat", erzeugt.

Längere Zeit sah es so aus, als finde der Sekundärbrennstoff „Trockenstabilat" keine Abnehmer. Beim Absatz ihres Trockenstabilats sieht die Herstellerfirma nunmehr aber eine günstige Entwicklung. Als absatzhemmend haben sich in der Vergangenheit Rechtsstreitigkeiten über die Zulässigkeit des Systems insbesondere in bezug auf die Anforderungen der Verpackungsverordnung erwiesen (SRU, 1998, Tz. 552 f.). Der Umweltrat weist darauf hin, dass sich bei einer Novellierung der Verpackungsverordnung (Tz. 848) die Rahmenbedingungen für dieses System verbessern könnten.

Hinsichtlich der Umweltaspekte solcher Verfahren mit Brennstofferzeugung wiederholt der Umweltrat seine Bewertung aus dem Umweltgutachten 1998 (SRU, 1998, Tz. 609). Die Umweltverträglichkeit des Verfahrens hängt wesentlich von den eingesetzten Wasch-, Verbrennungs- sowie Abluft- und Abwasserreinigungsprozessen ab. Das TASi-Ablagerungskriterium, Glühverlust oder TOC-Wert, entfällt wegen des Verzichts auf Ablagerung überhaupt. Hinsichtlich des Risikos unkontrollierter Schadstoffdissipation durch die erzeugten Sekundärrohstoffe bestehen Unsicherheiten, die beseitigt werden sollten.

Zur umweltpolitischen Bewertung der mechanisch-biologischen Abfallbehandlung

944. Im Umweltgutachten 1998 hatte der Umweltrat nach ausführlicher Befassung mit der Kontroverse über den notwendigen Inertisierungsgrad von Restabfall und insbesondere mit dem Entwicklungsstand mechanisch-biologischer Restabfallbehandlung keinen Grund gesehen, seine in seinem Sondergutachten „Abfallwirtschaft" festgelegten Maßstäbe für die Endablagerung von Restabfällen zu ändern (SRU, 1998, Tz. 607). Diese folgen dem von ihm entwickelten Leitgedanken einer künftigen Abfallwirtschaft und Abfallbeseitigung, dass nur vorbehandelte, in chemischer Hinsicht erdkrustenähnliche, also weitestgehend mineralisierte Restabfälle abgelagert werden dürfen, die nicht mehr weiter verwertbar sind. An diesem Grundsatz hält der Umweltrat auch im Lichte zwischenzeitlich gewonnener Erkenntnisse fest. Er begrüßt den Beschluss der 51. Umweltministerkonferenz, dass es an den ökologischen Standards der TA Siedlungsabfall keine Abstriche geben dürfe und dass am Ziel der emissionsarmen und weitgehend nachsorgefreien Deponie uneingeschränkt festzuhalten sei.

945. Neue Erkenntnisse hat insofern vor allem das 1995 aufgelegte Verbundforschungsvorhaben „Mechanisch-biologische Behandlung von zu deponierenden Abfällen" des Bundesministeriums für Bildung, Wissenschaft, Forschung und Technologie (BMBF) erbracht. Das Projekt wird voraussichtlich im zweiten Halbjahr 2000 förmlich abgeschlossen sein, da noch verschiedene Einzelberichte und damit auch der Abschlussbericht ausstehen. Trotzdem ist das voraussichtliche Ergebnis aufgrund von Veröffentlichungen zumindest in der Tendenz erkennbar. Insbesondere liegen der Bericht des Umweltbundesamtes (UBA, 1999d) und der des BMBF (1999) vor.

Unaufhebbar ist der grundsätzliche Unterschied zwischen thermischer und mechanisch-biologischer Abfallbehandlung. Anders als die Abfallverbrennung, die auch persistente organische Verbindungen „zerstört" (mineralisiert), lässt die mechanisch-biologische Abfallbehandlung eine unübersehbare Vielfalt solcher Stoffe in dem als Stabilat bezeichneten Produkt des Verfahrens bestehen. Ziel nachhaltiger Abfallwirtschaftspolitik ist nun nicht nur, die Schadstoff*freisetzung* aus abgelagerten Abfällen, sondern vorsorglich auch deren Schadstoff*gehalt* so gering wie möglich zu halten. Es kann angenommen werden, dass das der Fall ist, wenn die Zuordnungskriterien des Anhangs B der TA Siedlungsabfall eingehalten sind. Diese beziehen sich hauptsächlich auf die Auslaugbarkeit („Eluierbarkeit") der Schadstoffe und auf den organischen Anteil der Restabfälle, bestimmt als Glühverlust oder als TOC-Wert. Die damit auferlegte Beschränkung des Gehalts an organischen Stoffen ist bei den Restabfällen aus der mechanisch-biologischen Vorbehandlung – bei gleichen Ansprüchen an die organische Sickerwasserbelastung und die Setzung des Deponiekörpers – grundsätzlich nicht gegeben, auch wenn zum Ersatz vorgeschlagene Beschränkungen, wie zum Beispiel die „Atmungsaktivität" und die Gasbildungsrate, von den Restabfällen aus der mechanisch-biologischen Abfallbehandlung eingehalten werden. Die von der Umweltministerkonferenz geforderte „gesicherte Gleichwertigkeit der Vorbehandlungsprodukte" ist insofern grundsätzlich nicht gegeben. Im übrigen ist mit der mechanisch-biologischen Abfallbehandlung auch keine ähnliche Volumenverminderung der Restabfälle zu erreichen wie mit der Müllverbrennung.

Trotzdem verfügen – mit unterschiedlichen Ausnahmebegründungen – mehrere Deponien über Genehmigungsbescheide für die Ablagerung von MBA-Rückständen auch über die äußersten Übergangsfristen der TA Siedlungsabfall hinaus. In jüngeren Verfahren sind Genehmigungen erteilt worden aufgrund von „Gleichwertigkeitsnachweisen", zum Beispiel in Nordrhein-Westfalen nach dem „Leitfaden" des Ministeriums für Umwelt, Raumordnung und Landwirtschaft (MURL, 1998).

946. Die Zuversicht von Befürwortern der mechanisch-biologischen Abfallbehandlung, deren grundsätzliche Mängel durch zusätzliche Maßnahmen „passiver Gefährdungsminderung" ausgleichen und eine „Gleichwertigkeit" nachweisen zu können, ist dabei von den gewählten Voraussetzungen abhängig. Streng genommen ist ein solcher Nachweis angesichts prinzipieller Unkenntnis der möglichen ökologischen Folge- und Wechselwirkungen der bei der mechanisch-biologischen Abfallbehandlung zurückbleibenden Schadstoffe also unmöglich. Das Bundesministerium für Umwelt, Naturschutz und Reaktorsicherheit fordert vor dem Hintergrund der Koalitionsvereinbarung eine Darstellung und Bewertung sowohl der Vorschläge für alternative Parameter und Grenzwerte zur Charakterisierung der Ablagerungsfähigkeit von MBA-Rückständen als auch der gegebenenfalls notwendigen Änderungen der TASi-Anforderungen an die Deponieabdichtung und den Deponiebetrieb (BMU, 1998c). Allerdings ist eine Gleichwertigkeit von mechanisch-biologischer Abfallbehandlung und thermischer Abfallbehandlung nicht erreichbar.

Als Mindestanforderungen für die Ablagerbarkeit von MBA-Rückständen – und zwar nur für diese und ohne Vermischung mit anderen Restabfällen – in Deponien der Klasse II schlägt das UBA (1999d, S. 18) bei einer eventuellen Neufassung der TA Siedlungsabfall für die abwasser- und abluftseitigen Emissionsfrachten vor:

– Alle Zuordnungswerte des Anhanges B der TA Siedlungsabfall, ausgenommen Nr. 2 (organischer Anteil des Trockenrückstandes der Originalsubstanz, bestimmt als Glühverlust oder TOC) und Nr. 4.03 (TOC im Eluat) sind einzuhalten.

– Die Atmungsaktivität (AT_4), bestimmt über vier Tage nach einer Methode nach dem BMBF-Verbundvorhaben, liegt unter 5 mg O_2/g TS (toxische Hemmung der Atmungsaktivität wird durch Aufstockung – übliche Störungsbehebung – ausgeschlossen).

– Die anaerobe Gasbildungsrate beträgt nicht mehr als 20 L/kg Abfall ($GB_{21} \leq 20$ L/kg), als Kontrollwert.

– Der TOC-Wert im Eluat unterschreitet 200 mg/L.

– Die heizwertreichen Fraktionen werden abgetrennt.

– Der Glühverlust (GV) beträgt unter 30 Masse-% bzw. der TOC unter 18 Masse-% in der Trockensubstanz (wobei 30 % GV zu 18 % TOC dem Verhältnis von 5 % GV zu 3 % TOC für Deponien der Klasse II entspricht).

– Die Korngröße der Deponiefraktion unterschreitet 40 mm (Siebschnitt).

– Beim Einbau der Abfälle in die Deponie wird ein K_f-Wert $\leq 10^{-8}$ m/s durch hochverdichteten Dünnschichteinbau des MBA-Outputs erreicht (Einbaudichte > 95 % der Proctordichte).

Weitere Anforderungen ergeben sich für den Deponiebetrieb.

Allerdings stellt sich hier die Frage, ob nicht auch Betreiber weiterer Behandlungstechniken angepasste Zuordnungskriterien verlangen werden, die dann ebenfalls „gleichwertig" sein sollen.

Auf solche technologie- oder gar standortbezogenen „individuellen Gleichwertigkeitsnachweise" gestützte Ausnahmegenehmigungen bergen nach Einschätzung des Umweltrats die Gefahr in sich, dass die in der TA Siedlungsabfall erreichten Standards der Abfallentsorgung untergraben werden. Mit Recht hat die TA Siedlungsabfall von 1993 eine Deponierung nur mechanisch-biologisch behandelter Abfälle ausgeschlossen. Es wäre der falsche Weg, über zusätzliche Anforderungen an die mechanisch-biologische Abfallbehandlung selbst, an die MBA-Rückstände und an den Deponiebetrieb lediglich die Emissionsfrachten von MBA- und MVA-Varianten einander anzunähern. Die Gewährung von Ausnahmegenehmigungen überhaupt sollte nach Ablauf der in der TA Siedlungsabfall gesetzten Frist ein

Ende haben. Die in Nr. 2.4 der TA Siedlungsabfall vorgesehene Ausnahme darf nicht zur Regel werden.

2.4.5.5 Schlussfolgerungen und Empfehlungen zur Abfallpolitik

Zur allgemeinen Lage und zu den Zielen der Abfallpolitik

947. Vergleicht man die Lage der Abfallwirtschaft am Ende der neunziger Jahre mit dem Befund Ende der achtziger Jahre, ist festzustellen, dass im Hinblick auf Mengenreduzierungen und die Verminderung der Umweltbelastungen gewisse Erfolge erzielt worden sind. Die Lücke zwischen den gesteckten Zielen und dem tatsächlich erreichten Stand der Abfallentsorgung hat sich nicht mehr vergrößert, in Teilbereichen ist sie vermindert oder ganz geschlossen worden. So konnten die erheblichen Defizite im Bestand an Abfallbehandlungsanlagen für Siedlungsabfälle und für besonders überwachungsbedürftige Abfälle weitgehend beseitigt werden. Die vorhandenen Anlagen entsprechen dem heute möglichen technischen Standard und werden inzwischen so betrieben und gewartet, dass von ihnen ausgehende schwere Umweltbelastungen eher die Ausnahme darstellen. Diese Verbesserungen haben auch dazu beigetragen, dass die Ängste der Bevölkerung vor Neuerrichtung und Betrieb von Abfallbehandlungs- und -beseitigungsanlagen eingedämmt werden konnten und die Auseinandersetzungen wieder auf einem sachlicheren Niveau stattfinden können.

948. Das bedeutet allerdings noch nicht, dass durch die Abfallpolitik der neunziger Jahre eine völlig neue Ära in der Abfallwirtschaft eingeleitet worden sei. Zweifellos haben die zahlreichen einzelnen rechtlichen Regelungen des zurückliegenden Jahrzehnts einen wichtigen Beitrag zur Lösung der anstehenden Probleme leisten können. Da aber beispielsweise die TA Siedlungsabfall nach wie vor aufgrund einer Übergangsfrist bis zum Jahre 2005 nicht umgesetzt ist, das heißt die vollständige Behandlung des Restmülls in Müllverbrennungsanlagen oder in hochwertigen mechanisch-biologischen Anlagen mit anschließender energetischer Verwertung des Restabfalls nicht gewährleistet ist, weist die umweltpolitische Rahmenordnung für die Abfallwirtschaft noch erhebliche Lücken auf. Letztlich ist eine optimale Steuerung in der Abfallwirtschaft durch Anlastung der Kosten der Umweltinanspruchnahme bei den Verursachern mit dem rein ordnungsrechtlichen Instrumentarium nicht erreicht worden. Deshalb hat der Umweltrat ein Konzept für eine künftige, stärker marktorientierte Abfallpolitik vorgestellt, in dem er vorschlägt, Markt- und Wettbewerbsprozessen mehr Raum zu geben (SRU, 1998, Kap. 3.1.6). Dadurch kann sich jedenfalls langfristig ein sowohl umweltpolitisch wie ökonomisch angemessenes Verhältnis zwischen Vermeidung und Beseitigung einstellen.

Zur Situation der Abfallentsorgung

949. Aus der Situationsbeschreibung der Abfallverwertung und -beseitigung ist abzuleiten, dass das Aufkommen mit Ausnahme der Bauabfälle nicht mehr zunimmt, sondern eher rückläufig ist. Mengenreduzierungen allein dürfen aber nicht darüber hinwegtäuschen, dass dennoch mit den verbleibenden Abfällen Emissionen und strukturelle Eingriffe verbunden sind. Grundsätzlich zu bemängeln ist, dass die Abfallstatistik des Bundes bisher erst vorläufige Daten bis zum Jahr 1996 zur Verfügung stellen kann.

Die Entsorgungssituation ist vor allem dadurch gekennzeichnet, dass die Verwertung von Abfällen erheblich an Bedeutung gewonnen hat. Diese Veränderung, die insbesondere auf den Bereich Bauabfälle zurückzuführen ist, kann zwar ebenfalls positiv beurteilt werden, weil eine Vermutung dafür spricht, dass Verwertung umweltpolitisch günstiger ist als Beseitigung (SRU, 1991, Tz. 668 ff.). Allerdings kann nur eine gründliche Prüfung aller umweltpolitischen Vorteile und Risiken der tatsächlich eingesetzten Verwertungsverfahren und der jeweiligen wiederverwertbaren Stoffe, der Reststoffe und der Emissionen ein Urteil darüber ermöglichen, ob der eingeschlagene Verwertungsweg auf lange Sicht umweltverträglicher ist als eine kontrollierte Beseitigung. Der Umweltrat hat Sorge, dass insbesondere hinsichtlich der im Stoffkreislauf gehaltenen wiederverwertbaren Stoffe und der aus ihnen entstehenden Produkte zu wenig Kenntnisse über mögliche Langzeitwirkungen für Umwelt und Gesundheit vorliegen und empfiehlt, den Kenntnisstand zu verbessern und entsprechende Vorsorgemaßnahmen zu treffen.

Die in die Beseitigung fließenden Abfallmengen sind zwar – der Zunahme der Verwertung entsprechend – zurückgegangen, noch immer werden aber erhebliche Mengen unbehandelter Abfälle sowohl aus dem Siedlungsbereich als auch aus dem gewerblichen Bereich deponiert. Diese Beseitigungsform birgt erhebliche Risiken für Mensch und Umwelt und sollte deshalb auf schnellstem Wege beendet werden.

Zu einzelnen Maßnahmen

950. Der Umweltrat sieht im Zusammenhang mit der *Verpackungsverordnung* erheblichen Reformbedarf für das gegenwärtige System der Verwertung gebrauchter Verkaufsverpackungen. Notwendig ist vor allem eine Verbesserung des Kosten-Nutzen-Verhältnisses im Bereich der Verwertung von Kunststoffverpackungen. Kernpunkt der Reform ist die Begrenzung der getrennten Erfassung und Verwertung von Kunststoffverpackungen auf die Teilmenge der großvolumigen, gering verschmutzten und weitgehend sortenreinen Hohlkörper (vor allem Flaschen) und Folien. Kleinteilige Kunststoffverpackungen hingegen sollen in Zukunft grundsätzlich im Rahmen der kommunalen Restmüllentsorgung erfasst und in Müllverbrennungsanlagen energetisch verwertet werden.

Eine schnelle und umfassende Reform des Dualen Systems ist unter Umweltgesichtspunkten allerdings nur im Falle einer flächendeckenden Umsetzung der TA Siedlungsabfall möglich. Da mit der Umsetzung der TA Siedlungsabfall vor 2005 nicht zu rechnen ist, schlägt der Umweltrat einen schrittweisen Übergang zu einer kostengünstigeren Lösung vor.

Eine Erfassung kleinteiliger und vermischter Kunststoffverpackungen mit dem Restmüll kann nur dann erfolgen, wenn die kommunalen Entsorger über ausreichende Kapazitäten für die energetische Verwertung in modernen Müllverbrennungsanlagen verfügen oder entsprechende Verträge mit anderen Betreibern von Müllverbrennungsanlagen vorweisen können. Darüber hinaus müssen die kommunalen Entsorgungsträger jährliche Nachweise über die energetische Verwertung des Restabfalls vorlegen. In diesen Fällen kann die Erfassung von Leichtverpackungen durch das Duale System auf großvolumige Kunststoffverpackungen sowie Verpackungen aus Weißblech und Aluminium beschränkt werden. Um eine finanzielle Begünstigung schlecht verwertbarer Kunststoffverpackungen zu vermeiden, werden entsprechende Lizenzentgelte weiterhin durch die Duales System Deutschland AG erhoben. Die bei den Kommunen anfallenden zusätzlichen Entsorgungskosten für Kunststoffverpackungen sollten den Kommunen von der Duales System Deutschland AG erstattet werden, wobei die Ausgleichszahlungen dem zusätzlichen Aufwand entsprechen müssen und nicht über den kommunalen Restmüllgebühren liegen dürfen. Den durch dieses System erzielbaren Kosteneinsparungen wird durch eine entsprechende Senkung der Lizenzentgelte für den „Grünen Punkt" Rechnung getragen.

Zur Umsetzung dieses Konzepts schlägt der Umweltrat eine Novellierung der Verpackungsverordnung vor. Kernpunkte der Novellierung sind einerseits eine Reduzierung der stofflichen Verwertungsquote für Kunststoffverpackungen und die Anerkennung der energetischen Verwertung in modernen Müllverbrennungsanlagen. Andererseits sollte das Gebot der Flächendeckung für alternative Rücknahme- und Verwertungssysteme aufgehoben werden. Darüber hinaus ist die vollständige Umsetzung der TA Siedlungsabfall oder eine wirksame Deponieabgabe eine zentrale Voraussetzung für die angestrebte Verbesserung der Kosten-Nutzen-Bilanz bei der Verwertung von Kunststoffverpackungen. Die novellierte Verpackungsverordnung sollte möglichst vor dem Jahr 2002 in Kraft treten, da im Zeitraum zwischen 2002 und 2004 die langfristigen Entsorgungsverträge zwischen der Duales System Deutschland AG und privaten und öffentlichen Entsorgungsunternehmen auslaufen werden.

951. Die Überlegungen des Umweltrates zur Mehrwegquote in der Verpackungsverordnung zeigen, dass die pauschale Vermutung der ökologischen Vorteilhaftigkeit von Mehrweggetränkeverpackungen gegenüber Einwegverpackungen, die der Vorgabe einer Mindestquote für Mehrweggetränkeverpackungen von 72 % in der Verpackungsverordnung zugrunde liegt, nicht in jedem Fall zutrifft. Vielmehr kann davon ausgegangen werden, dass der Verzicht auf Mehrwegquoten für bestimmte Füllgüter ohne signifikanten ökologischen Schaden möglich ist. Dies gilt vor allem für den Bereich nicht CO_2-haltiger Getränke (z.B. Fruchtsäfte, Wein), in dem alternativ zur Glasmehrwegflasche Verbundkartonverpackungen eingesetzt werden können. Allgemein ist davon auszugehen, dass die Marktkräfte, die traditionell vorhanden sind, darauf hinwirken, dass Mehrwegsysteme auch ohne die Vorgabe einer Quote erhalten bleiben. Ob die Einführung des Pflichtpfandes zu einer Stützung von Mehrwegverpackungen führt, muss hingegen bezweifelt werden. Aufgrund der angeführten Schwierigkeiten, eine Quotenlösung so zu gestalten, dass Mehrwegverpackungen dort zum Einsatz kommen, wo diese die ökologisch überlegene Verpackungsform darstellen, empfiehlt der Umweltrat, auf Instrumente zur Durchsetzung einer Mindestquote für Mehrweggetränkeverpackungen zu verzichten. Die Verpackungsverordnung sollte entsprechend novelliert und es sollten an Stelle der Vorgaben von Mehrwegquoten für alle Getränkeverpackungen bloße Zielwerte für Verpackungen CO_2-haltiger Getränke festgesetzt werden, die sich an den bisherigen Bereichsquoten der Verpackungsverordnung orientieren. Die Bundesregierung sollte sich vorbehalten, dann zu intervenieren, wenn der Anteil an Mehrwegverpackungen im Bereich CO_2-haltiger Getränke ohne staatliche Eingriffe signifikant, etwa um 10 bis 15 % gegenüber dem jeweiligen Zielwert, zurückgeht. Für diesen Fall wäre die Erhebung einer Abgabe auf Einwegverpackungen im Bereich CO_2-haltiger Getränke zu erwägen. Die Betrachtung der Systemkostendifferenz zwischen Mehrweg- und Einwegverpackungen zeigt, dass die Stützung von Mehrwegsystemen durch Abgaben in diesem Segment ökonomisch zumutbar wäre.

952. Die Umsetzung der freiwilligen Selbstverpflichtung über die Rücknahme und Verwertung von Altautos und der *Altautoverordnung* ist mit einer Reihe von Umsetzungsproblemen konfrontiert. Dies betrifft insbesondere die umweltgerechte Demontage und Trockenlegung von Altautos, die Eindämmung der wilden Entsorgung und die effektive Berichterstattung über die Zielerreichung. Auch bietet die bestehende Regelung kaum zusätzliche Anreize für eine recyclingorientierte Konstruktion von Neufahrzeugen. Auf der anderen Seite können positive Ansätze im Hinblick auf die umweltgerechte Verwertung von Shredderabfällen festgestellt werden. Hier können bestehende und mit einem ordnungsrechtlichen Instrumentarium schwer überwindbare Vollzugsdefizite durch eine Verlagerung der Entsorgungsverantwortung zumindest übergangsweise umgangen werden. Auch im Hinblick auf die im europäischen Richtlinienentwurf enthaltenen Verwertungsquoten erscheint eine frühzeitige Suche nach effizienten Verwertungsmöglichkeiten sinnvoll.

Jüngste Daten des Statistischen Bundesamtes zeigen jedoch, dass die Zahl der bei deutschen Shredderbetrieben angelieferten Fahrzeugwracks seit Anfang der neunziger Jahre rapide abgenommen hat. Von den 3,14 Millionen im Jahr 1996 abgemeldeten Fahrzeugen gelangte nur noch ein knappes Sechstel zur Verwertung in deutsche Shredderanlagen. Obwohl sicherlich nicht alle in Deutschland abgemeldeten Pkw Altautos sind und obwohl keine gesicherten Daten über den Verbleib der abgemeldeten Fahrzeuge vorhanden sind, lassen diese Zahlen auf die Existenz erheblicher Schlupflöcher im Regelsystem der Selbstverpflichtung und der flankierenden Altautoverordnung schließen. Hintergrund ist die Möglichkeit des Letzthalters, anstelle des in der Verordnung vorgesehenen Verwertungsnachweises eine Verbleibserklärung abzugeben. Um eine wirksame Umsetzung der Selbstverpflichtung zu ermöglichen, sollte möglichst bald Klarheit über den Verbleib abgemeldeter Pkw geschaffen werden. Der Umweltrat sieht hier erheblichen Handlungsbedarf. Darüber hinaus sollte die anstehende Novelle der Altautoverordnung die Anforderungen für Verbleibserklärungen deutlich verschärfen, so dass eine effektive Kontrolle der tatsächlichen Entsorgungswege von Altautos möglich wird.

953. Gut ein Jahr nach Inkrafttreten der *Batterieverordnung*, die eine allgemeine Rücknahmepflicht vorsieht, haben sich die Erwartungen bezüglich besserer Sammelerfolge und Vermeidung des Eintrags schadstoffhaltiger Batterien in den Hausmüll noch nicht erfüllt. Der Umweltrat gibt nach wie vor einer Pfandregelung für schadstoffhaltige Batterien den Vorzug vor einer Rücknahmepflicht für alle Batterien und hält die Entsorgung der schadstoffarmen Batterien über den Restmüll unter der Bedingung für hinnehmbar, dass der Restmüll vor seiner endgültigen Ablagerung einer thermischen Behandlung zugeführt wird.

954. Der Umweltrat hält es für geboten, die *Bioabfallverordnung* zu novellieren, um Regelungslücken zu schließen und um einen effektiven Schutz aller Böden zu gewährleisten. Dabei müssten im Nachweisverfahren insbesondere die ungleichen Anforderungen hinsichtlich der Schwermetallgehalte aufgehoben werden. Der Umweltrat bemängelt ferner, dass das Aufbringen von Bioabfallkomposten auf Haus- und Hobbygärten, im Landschaftsbau und bei der Rekultivierung nicht geregelt wurde und fordert, diese Bereiche bei einer Novellierung zu berücksichtigen.

955. Der Umweltrat hält an seiner früheren Forderung nach einer umweltgerechten Verwertung und *Entsorgung des* gesamten schadstoffhaltigen *Elektro- und Elektronikschrotts* fest. Er begrüßt daher den vorliegenden Entwurf einer umfassenden Regelung für die umweltgerechte Verwertung und Beseitigung von Elektronikschrott. Insbesondere die im jetzigen Entwurf enthaltene Anlastung der Entsorgungskosten bei den Herstellern kann zu einer umweltgerechten Entsorgung beitragen und Anreize zur Verwendung schadstoffarmer und wiederverwendbarer beziehungsweise verwertbarer Materialien und zur Konstruktion langlebiger Elektrogeräte schaffen. In Anbetracht des inzwischen fast ein Jahrzehnt andauernden Gesetzgebungsverfahrens und der seit Anfang der neunziger Jahre getätigten umfangreichen Investitionen in Verwertungsanlagen für Elektronikschrott ist eine schnelle Verabschiedung der Verordnung zu empfehlen.

956. Der Umweltrat hat bereits im Umweltgutachten 1998 keinen Anlass gesehen, vorzuschlagen, die Anforderungen der *TA Siedlungsabfall* im Hinblick auf den Glühverlust zu novellieren, da andere aussagekräftige Parameter nicht zur Verfügung standen (SRU, 1998, Tz. 607). Er erachtet es auch bei Berücksichtigung neuer Erkenntnisse nicht für gerechtfertigt, von den Kriterien für die Ablagerungseignung von Restabfällen abzuweichen. Der Umweltrat hält daher an seiner Forderung an einer fristgerechten Umsetzung der TA Siedlungsabfall in ihrer derzeitigen Fassung fest. Eine Abweichung davon ist weder ökologisch noch ökonomisch gerechtfertigt. Der Umweltrat dringt wegen der anhaltenden Diskussion über die TA Siedlungsabfall darauf, eine weitere Verordnungsermächtigung in das Kreislaufwirtschafts- und Abfallgesetz aufzunehmen und auf dieser Grundlage Regelungen über die Ablagerung von Siedlungsabfällen in einer Rechtsverordnung zu erlassen. Er schlägt weiter vor, zur konsequenten Umsetzung der Anforderungen der TA Siedlungsabfall eine Deponieabgabe in Form einer Sonderabgabe einzuführen. Als begleitende Maßnahme für eine Abgabe müssten die Anforderungen an die Verwertung von Abfällen endlich verbindlich geregelt werden. Der Umweltrat unterstützt daher Bestrebungen, die eine verbindliche Regelung der Kriterien für die Verwertung fordern. Mit Hilfe dieser Regelung könnte der effektive Vollzug der TA Siedlungsabfall gewährleistet werden, indem eine Scheinverwertung von Abfällen unterbunden wird. Eine solche Regelung könnte auch den anhaltenden Streit um die Abgrenzung zwischen Abfällen zur Verwertung und Abfällen zur Beseitigung außerhalb des Siedlungsabfallbereichs entschärfen. Bestrebungen, die Abgrenzung anhand einer TA Verwertung zu leisten, steht der Umweltrat skeptisch gegenüber. Verwaltungsvorschriften haben sich in problembelasteten Bereichen, wie die TA Siedlungsabfall zeigt, wegen ihrer beschränkten rechtlichen Verbindlichkeit nicht bewährt. Der Umweltrat favorisiert daher eine Umsetzung in einer Rechtsverordnung.

957. Die Entwicklung der *thermischen Abfallverwertung und -beseitigung* hat die beherrschende Rolle der Rostfeuerung bestätigt. Bei ihr ist die Einführung der Forderung einer Mindesttemperatur bei der Verbrennung als Fortschritt zu erwähnen. Die Anforderung der TA Siedlungsabfall an den Gehalt organischer Stoffe ist mit der Abfallverbrennung gut zu erfüllen. Dagegen gibt der Gehalt anorganischer Schadstoffe an den Reststoffen

und das Ausmaß ihrer Abgabe an die Umgebung Anlaß, dem Langzeitverhalten der Reststoffe größere Aufmerksamkeit zu widmen.

Unter den thermischen Alternativen zur Rostfeuerung hat nur das Thermoselect-Verfahren einen solchen Stand erreicht, dass eine Anlage die Genehmigung zur Aufnahme des Regelbetriebs erhalten konnte. Abfallbehandlungen, die ohne Ablagerung organischer Bestandteile auskommen und auf die Erzeugung von verwertbaren Stofffraktionen abstellen, konnten einige technische Handhabungsprobleme lösen, stoßen allerdings auf Vertriebsschwierigkeiten und rechtliche Probleme.

Bei der „Mitverbrennung" von Abfällen in Kraftwerken und Produktionsanlagen sieht der Umweltrat im allgemeinen keine Begünstigung des „mitverbrannten" Abfalls in bezug auf die Emissionen. Auch geben die tatsächlichen Emissionen keinen Grund zur Besorgnis. Gleichwohl sieht der Umweltrat – über die Frage der „Mitverbrennung" hinaus – ein Ungleichgewicht in der Festlegung des Standes der Technik. Auch Kraftwerke, Zementwerke, Anlagen der Stahlerzeugung und sonstige genehmigungsbedürftige Anlagen sollten den Anforderungen der 17. Bundes-Immissionsschutzverordnung (BImSchV) unterworfen werden.

Ebenso sollten mechanisch-biologische Abfallbehandlungsanlagen hinsichtlich ihrer diffus an die Umwelt abgegebenen Emissionen im Grundsatz die Emissionsgrenzwerte der 17. BImSchV einhalten müssen. Dies führt zu der Forderung, die Anlagen einzukapseln (Einhausung) und die stofflichen Emissionen zu erfassen und zu behandeln. Auch im Lichte des jüngsten Forschungsstandes zur mechanisch-biologischen Abfallbehandlung hält der Umweltrat an seinen Maßstäben für die Endablagerung von Restabfällen fest. An den ökologischen Standards der TA Siedlungsabfall dürfen keine Abstriche gemacht werden.

2.4.6 Gefahrstoffe und gesundheitliche Risiken

958. Der Umweltrat hat in seinem Sondergutachten einige Schwerpunktthemen im Problemfeld Umwelt und Gesundheit ausführlich behandelt (SRU, 1999). Zusätzlich zu den im Sondergutachten aufgegriffenen Themenfeldern widmet sich der Umweltrat im vorliegenden Umweltgutachten weiteren ausgewählten Gefahrstoffen und gesundheitlichen Gefährdungspotentialen wie den persistenten organischen Schadstoffen, den flüchtigen organischen Verbindungen, den feinen und ultrafeinen Partikeln, den künstlichen Mineralfasern, dem Radon in Innenräumen sowie dem Passivrauchen.

2.4.6.1 Übergeordnete Ziele

959. Übergeordnetes Qualitätsziel der Chemiekalienpolitik ist der Schutz von Leben und menschlicher Gesundheit sowie der Umwelt vor Gefahren und Risiken durch den Umgang mit Gefahrstoffen. Abgesehen von Umweltzielen, die sich auf Schadstoffeinträge in bestimmte Umweltmedien beziehen und im jeweiligen Sachzusammenhang behandelt werden, wie zum Beispiel Luftschadstoffe, Feinstäube, bodennahes Ozon sowie Gewässer und marine Ökosysteme gefährdende Stoffe, kann als spezifisches Umweltqualitätsziel immer noch die Aussage der „Leitlinie Umweltvorsorge" von 1986 gelten, wonach die Einträge aller anthropogenen Stoffe – unter Berücksichtigung ihres Risikopotentials und der Anforderungen der Verhältnismäßigkeit – schrittweise und drastisch zu reduzieren sind (BT-Drs. 10/6028). Im geltenden Umweltrecht finden sich jedoch recht unterschiedliche Schutz- und Vorsorgekonzepte in bezug auf Gefahrstoffe, die von bloßen Sicherheitszuschlägen zu Schwellenwerten über technikbezogene Emissionsreduzierung bis hin zu Minimierung (*as low as reasonably achievable* – ALARA) oder gar Vermeidung bis zur Nachweisgrenze reichen (vgl. SRU, 1996, Tz. 751, 754, 767 ff.).

960. Der Entwurf eines umweltpolitischen Schwerpunktprogramms (BMU, 1998) macht darüber hinausgehende Aussagen nur zu einzelnen wenigen Schadstoffen, bei denen die Bundesregierung einen besonderen Handlungsbedarf sieht. Neben luftbelastenden Stoffen werden Biozide, hormonähnlich wirkende Stoffe und Arzneimittel genannt. Für Biozide werden eine mengenmäßige Reduzierung, insbesondere beim Einsatz in Innenräumen, und der Verzicht auf Biozide mit besonders hohem Risikopotential angestrebt (ebd., S. 96). Bei hormonähnlich wirkenden Stoffen sieht die Bundesregierung im Einklang mit den späteren Aussagen des Umweltrats (SRU, 1999, Tz. 165 ff.) in erster Linie Forschungs- und Bewertungsbedarf. Für Arzneimittel wird eine Risikominderung durch Einbeziehung der Umweltaspekte in das Zulassungsverfahren vorgeschlagen (vgl. die Ansätze in § 22 Abs. 3c AMG).

961. Weitergehende quantifizierte Zielvorstellungen sind insbesondere für Schwermetalle wie Blei, Quecksilber und Cadmium entwickelt worden, für die Reduzierungsziele von 50 bis 70 % diskutiert werden; auch wird eine Reduzierung des Pestizideinsatzes vorgeschlagen (vgl. Öko-Institut, 1995).

2.4.6.2 Allgemeine Situation

2.4.6.2.1 Zum Umlauf von Gefahrstoffen

962. Das Altstoffinventar der Europäischen Gemeinschaft (EINECS) enthält etwa 100 000 Altstoffe. Die Zahl der Altstoffe mit quantitativer Relevanz (erheblicher Exposition) ist allerdings weitaus geringer. Man schätzt, dass in Deutschland etwa 4 600 alte Stoffe in Mengen über 10 t pro Jahr hergestellt werden. Von diesen Stoffen werden über 400 Stoffe in Mengen über 10 000 t und immerhin noch 700 Stoffe in Mengen von 1 000 bis 10 000 t hergestellt. Die 4 600 Stoffe mit hohem Produktionsvolumen machen etwa 90 % des

gesamten Marktvolumens aus (BUA, 1999). Allerdings können auch Altstoffe mit Produktionsmengen unter 10 t mit erheblichen Risiken für Mensch und Umwelt, insbesondere im Bereich des Arbeitsschutzes, verbunden sein. Neue Stoffe haben nur einen Anteil von 1 % am Marktvolumen. Nur wenige von ihnen erreichen Produktionsmengen von mehr als 10 t pro Jahr. In der gesamten EU geht man davon aus, dass etwa 15 000 bis 20 000 Altstoffe in Mengen über 10 t und 2 700 in Mengen über 1 000 t hergestellt werden (AHLERS, 2000, S. 78).

963. Trotz erheblicher Anstrengungen bei der Erfassung und Bewertung alter Stoffe, die seit 1983 in einem kooperativen Verfahren durch das Beratergremium Umweltrelevante Altstoffe (GDCh-Beratergremium für Altstoffe – BUA) und die Berufsgenossenschaft Chemie sowie ab 1993 aufgrund der EG-Altstoff-Verordnung (VO Nr. 793/93/EG) arbeitsteilig durch die EU-Mitgliedstaaten erfolgten, ist die Diskrepanz zwischen unbekannten Risikopotentialen durch massenweisen Umlauf alter Stoffe und dem Stand der wissenschaftlichen Erkenntnisse nach wie vor groß. Das BUA hat bis Ende 1997 anhand von drei Prioritätenlisten, die 476 Stoffe über 1 000 t Produktionsvolumen umfassen, 210 Stoffberichte zu 291 Altstoffen erstellt und wird auch die 3. nationale Prioritätenliste noch abarbeiten. Probleme bei der Bewertung ergeben sich vor allem daraus, dass bestimmte für die Bewertung erhebliche Daten, wie toxikologische und ökotoxikologische, aber auch Expositionsdaten fehlen. Das BUA hat daher an die Hersteller Prüfempfehlungen gerichtet, die von diesen abgearbeitet werden. Darüber hinaus hat das BUA auf der Grundlage von Stoffdatensätzen über Stoffe mit einem Produktionsvolumen von 100 bis 1 000 t, die zwischen 1997 und 1999 vom Verband der Chemischen Industrie (VCI) vorgelegt worden sind, Prioritätenlisten aufgestellt. Es hat für jedes Jahr fünf Stoffe für eine eingehende Bewertung ausgewählt oder wird sie auswählen. Zu den nicht auf den drei nationalen Prioritätenlisten stehenden Stoffen mit hohem Produktionsvolumen liegen ebenfalls zumindest Stoffdatensätze vor.

964. Der eigentliche Engpass der Altstoffbewertung liegt in dem schleppenden Fortgang der Bewertung nach der EG-Altstoff-Verordnung. In der EU-Liste der gefährlichen Stoffe sind etwa 4 500 Stoffe – überwiegend Altstoffe – eingestuft. Von den 110 Stoffen der drei EG-Prioritätenlisten nach der Altstoff-Verordnung – überwiegend Stoffe mit höherem Produktionsvolumen – sind bislang erst etwa 20 Stoffe abschließend bewertet, über 44 Stoffe wird diskutiert (Europäische Kommission, SEK (1998); AHLERS, 2000, S. 78). Die Gründe für die geringe Leistungsfähigkeit des EU-Bewertungsprozesses liegen vor allem in den hohen wissenschaftlichen Ansprüchen und Datenerfordernissen des Bewertungsverfahrens (nach der VO Nr. 1488/94/EG), fehlender Konzentration auf die relevanten Expositionsbereiche, Überforderung einzelner Mitgliedstaaten, überflüssiger Doppelarbeit im Verhältnis zu annähernd gleichwertigen oder doch ergänzungsfähigen Bewertungen, die auf nationaler und OECD- sowie UNEP-Ebene durchgeführt worden sind oder werden (vgl. SRU, 1996, Tz. 550), in fehlenden Expositionsdaten hinsichtlich der komplexen Verwendungsverläufe und in Reibungsverlusten durch supranationale Entscheidungsfindung (vgl. Europäische Kommission, SEK (1998) 1986). Der Weltverband der chemischen Industrie und der Dachverband der europäischen chemischen Industrie haben sich allerdings im Jahr 1999 verpflichtet, für etwa 1 000 Stoffe mit großem Produktionsvolumen innerhalb der nächsten fünf Jahre Grunddatensätze zur Toxikologie und Ökotoxikologie dieser Stoffe sowie eine vorläufige Risikobewertung zur Verfügung zu stellen.

965. Insgesamt ist der Überhang von nicht ausreichend bewerteten Altstoffen erheblich. Es ist bisher nicht gelungen, die Prioritätenlisten in angemessener Zeit abzuarbeiten. Dies gilt insbesondere für die EU, während der Bearbeitungsstand im Rahmen des BUA weitaus günstiger ist. Völlig unzureichend ist auch der Kenntnisstand hinsichtlich der Altstoffe mit geringem Produktionsvolumen. Von den etwa 4 000 besonders problematischen Stoffen in der EU – davon 2 600 mit Produktionsmengen über 1 000 t – fehlen für 2 000 Stoffe die wichtigsten Basisdaten; nur für 300 Stoffe liegen sie vollständig vor. Hinsichtlich der Expositionsdaten ist der Kenntnisstand noch weitaus schlechter.

966. Für Wirkstoffe von Pflanzenschutzmitteln und Bioziden sind besondere Bewertungsverfahren vorgesehen. Auch bei Pflanzenschutzwirkstoffen verläuft der Bewertungsprozess schleppend. Bisher sind nur drei Wirkstoffe zugelassen, für 137 Stoffe sind Dossiers vorgelegt (UBA, 1998, S. 266 f.). Insgesamt stehen jedoch 800 alte Wirkstoffe zur Bewertung an. Dies lässt ähnliche Probleme für die Bewertung von Biozidwirkstoffen erwarten, was hier von besonderer Bedeutung ist, weil für diese im Gegensatz zu Pflanzenschutzmitteln regelmäßig keine nationalen Bewertungen vorliegen. In Deutschland werden zum Beispiel jährlich etwa 55 t Haushaltsinsektizide vermarktet, überwiegend synthetische, schwer abbaubare Pyrethroide (vgl. SRU, 1996, Tz. 539 ff.).

Schließlich ist darauf hinzuweisen, dass nicht gezielt hergestellte Stoffe (Reaktionsprodukte) durch die bestehenden Bewertungsverfahren überhaupt nicht erfasst werden.

2.4.6.2.2 Allgemeine Maßnahmen der Risikobewertung und Kontrolle von Gefahrstoffen

967. Die 2. Novelle zum Chemikaliengesetz von 1994 hat zur Umsetzung der 7. Änderungsrichtlinie zur EG-Gefahrstoff-Richtlinie ein beschränktes Anmeldeverfahren für Kleinmengenstoffe eingeführt und den Stellenwert des Umweltschutzes in der Prüfung neuer Stoffe verstärkt (vgl. SRU, 1994, Tz. 537 ff.). Die

Bundesregierung hat im Jahre 1999 dem Bundestag einen Erfahrungsbericht über den Vollzug der 2. Novelle unterbreitet (BT-Drs. 14/883). Die Bundesregierung geht davon aus, dass sich die Novelle – abgesehen von einigen Übergangsproblemen bei zusätzlichen Prüfungsnachweisen hinsichtlich der Expositionssituation bei Herstellung und Verwendung – bewährt hat. Die Zahl der Anmeldungen neuer Stoffe in Deutschland liegt gegenwärtig bei ungefähr 100 pro Jahr. Ein Großteil der angemeldeten Stoffe musste in eines der Gefährlichkeitsmerkmale nach § 3a ChemG eingeordnet werden, knapp die Hälfte erwies sich als umweltgefährlich. Allerdings waren Maßnahmen der sofortigen Risikobegrenzung äußerst selten und sofortige Prüfnachforderungen nur selten erforderlich; etwas größer war die Zahl der Prüfnachforderungen für den Fall, dass ein Vermarktungsvolumen von über 10 t pro Jahr erreicht wird (UBA, 1998, S. 266 f. und 1997, S. 281; BT-Drs. 14/883, S. 6, 8). Die Zahlen zeigen, dass bei aller Kritik an der Aussagekraft der Grundprüfung (SRU, 1996, Tz. 537, 548 und SRU, 1979) diese eine wichtige Filterfunktion besitzt.

968. Hinsichtlich der Aufarbeitung und Risikobewertung von Altstoffen wurden durch die im Jahre 1997 in Kraft getretene Verwaltungsvorschrift zur Bewertung von Altstoffen (Chem-VwV-Altstoffe) die Voraussetzungen für die Durchführung der EG-Altstoff-Verordnung unter Beteiligung des Beratergremiums Umweltrelevante Altstoffe (GDCh-Beratergremium für Altstoffe – BUA) geschaffen. Dieses integriert nunmehr neben den bisherigen Themenschwerpunkten im Bereich des allgemeinem Gesundheitsschutzes und Umweltschutzes auch den Arbeitsschutz. Allerdings hat das Umweltbundesamt die Mitarbeit im BUA beendet, soweit es um die EG-Altstoffbeurteilung geht, um eine Trennung von Beratung und Entscheidung sicherzustellen. Neben den aus dem Vollzug der EG-Altstoff-Verordnung erwachsenden Beratungsaufgaben setzt das BUA auch die Aufarbeitung und Bewertung von Altstoffen aufgrund der dritten nationalen Prioritätenliste sowie für ausgewählte Stoffe mit Produktionsvolumina unter 1 000 t fort (s. Tz. 963).

969. Die EG-Zubereitungsrichtlinie vom 30. Juli 1999 (1999/45/EG) wird künftig die bisherige Zubereitungsrichtlinie (88/379/EWG) sowie die Richtlinie über Schädlingsbekämpfungsmittel (78/631/EWG) ablösen. Die Richtlinie ist erst in drei Jahren umzusetzen. Aufgrund der Novellierung der Gefahrstoffverordnung im Jahre 1999 wird dies aufgrund einer gleitenden Verweisung geschehen. Neben einzelnen Veränderungen im bisherigen Einstufungssystem für gesundheitsgefährliche Zubereitungen wird der Anwendungsbereich des gemeinschaftsrechtlichen Einstufungssystems auf umweltgefährliche Eigenschaften ausgedehnt und damit eine Lücke des EG-Chemikalienrechts geschlossen. Die Einstufung erfolgt grundsätzlich aufgrund eines – aus Gründen der Praktikabilität sinnvollen, aber umweltpolitisch nicht unproblematischen – Berechnungsverfahrens (sog. konventionelle Methode). Wenn eine Zubereitung einen oder mehrere als umweltgefährlich eingestufte Stoffe in bestimmten Mengen enthält, erfolgt eine Einstufung der Zubereitung als umweltgefährlich. Weiterhin werden auch Schädlingsbekämpfungsmittel, die bisher einer separaten Richtlinie unterlagen, in das Einstufungssystem einbezogen. Insgesamt stellt die Richtlinie einen wichtigen Beitrag zur Harmonisierung und Konsolidierung des EG-Gefahrstoffrechts dar.

970. Die Chemikalien-Verbotsverordnung und die Gefahrstoffverordnung sind in den Jahren 1998 und 1999 mehrfach geändert worden. Mit der Zweiten Verordnung zur Änderung chemikalienrechtlicher Verordnungen vom 22. Dezember 1998 wurden die Chemikalien-Verbotsverordnung und die Gefahrstoffverordnung zur Umsetzung von vier EG-Richtlinien geändert. Dabei geht es insbesondere um chlorierte Lösemittel sowie parfümierte und gefärbte Lampenöle, die beim Verschlucken durch Kinder zu schweren Gesundheitsschäden führen können. Durch die Dritte Änderungsverordnung zur Gefahrstoffverordnung vom 12. Juni 1998 sind Regelungen über den Umgang mit künstlichen Mineralfasern getroffen worden (s. Tz. 1033). Aufgrund der Vierten Änderungsverordnung zur Gefahrstoffverordnung vom 18. Oktober 1999 werden die auf Art. 100a EGV (jetzt Art. 95 EGV) gestützten Bestimmungen zur Einstufung und Kennzeichnung gefährlicher Stoffe und Zubereitungen nur noch in Form einer dynamischen (gleitenden) Verweisung in die Verordnung aufgenommen. Damit sind die entsprechenden sehr umfangreichen Anhänge der Verordnung entfallen. Die verfassungsrechtliche Zulässigkeit einer dynamischen Verweisung auf EG-Recht ist allerdings nicht unumstritten.

971. Das Verbot der Abgabe besonders gefährlicher Stoffe (CMR-Stoffe – canzerogen, mutagen, reproduktionstoxisch; vgl. SRU, 1996, Tz. 553, 560) an den Verbraucher ist auf EU-Ebene durch eine Stoffliste von mehr als 100 Stoffen (16. Änderungsrichtlinie zur Beschränkungsrichtlinie – 97/56/EG) umgesetzt worden. Sie wurde im März 1998 im Bundesanzeiger veröffentlicht. Durch die 17. Änderungsrichtlinie (1999/43/EG) sind weitere Stoffe in die Liste aufgenommen worden.

972. Die EG-Biozidrichtlinie (98/8/EG; vgl. SRU, 1996, Tz. 556 ff., 565) muss bis zum 14. Mai 2000 in nationales Recht umgesetzt werden, jedoch besteht eine zehnjährige Übergangsfrist. Die Richtlinie führt ein Zulassungsverfahren, für Stoffe mit geringem Risikopotential ein Registrierungsverfahren, ein. Die Richtlinie gilt für 23 Biozid-Produkte der Kategorien Desinfektionsmittel, Schutzmittel, Schädlingsbekämpfungsmittel und sonstige gegen Schadorganismen wirkende Mittel im nichtagrarischen Bereich. Besonders gefährliche Stoffe können als Wirkstoffe nicht zugelassen werden. Die Richtlinie stellt daher auch für das deutsche Recht neuartige Anforderungen auf dem Gebiet des materiellen

Rechts und der Behördenorganisation. Auf EU-Ebene arbeitet man an der Erstellung eines „Technischen Leitfadens", der die technischen Datenanforderungen für einzelne Biozid-Produkte und die Bewertungskriterien und -grundsätze festlegen soll. Weiterhin wird gemäß Art. 16 Abs. 2 der Richtlinie ein „Altbiozide-Aufarbeitungsprogramm" erarbeitet; innerhalb von zehn Jahren sollen alle etwa 1 000 alten Wirkstoffe von Bioziden systematisch erfasst und bearbeitet werden (UBA, 1998, S. 268 f.).

973. Schwerpunkte der Maßnahmen zur Kontrolle von Bioziden waren in der jüngsten Vergangenheit vor allem Holzschutzmittel und Anti-Fouling-Produkte. Bei Holzschutzmitteln ist die Praktizierung der Selbstverpflichtung der Holzschutzmittelindustrie von 1997/1998, die ein freiwilliges Anmelde- und Bewertungsverfahren beim Umweltbundesamt mit Beteiligung des Bundesinstituts für gesundheitlichen Verbraucherschutz und Veterinärmedizin und der Bundesanstalt für Materialsicherheit einführt, von besonderer Bedeutung. Dieses Verfahren gilt als Praxistest für das Registrierungsverfahren nach der Biozid-Richtlinie für Stoffe mit geringem Risikopotential. Durch Entscheidung vom 26. Oktober 1999 (BMU-Umwelt, 2000, S. 41) hat die Europäische Kommission das beschränkte Vermarktungsverbot für Teeröle, die überwiegend als Holzschutzmittel im Außenbereich verwendet wurden und wegen ihres Benzo(a)pyrengehaltes krebserzeugend sind, sowie für mit Teerölen behandelte Produkte (§ 1 Abs. 1 in Vbg. mit Anhang 17 ChemVerbotsV), bestätigt. Die Entscheidung der Kommission ist umso bedeutsamer, als sie nicht auf eine besondere nationale Expositionssituation, sondern auf die Ergebnisse von neuen Risikoabschätzungen gestützt ist. Dies eröffnet die Chance auf eine künftige EU-weite Regelung.

Für zinnorganische Anti-Fouling-Farben, insbesondere Tributylzinn (TBT), die an sich nicht zulassungsfähig sind, sieht die Biozid-Richtlinie eine auf zehn Jahre befristete Ausnahmeregelung vor, sofern andere Materialien mit gleichwertigem Anti-Fouling-Effekt nicht auf dem Markt sind. Die EG-Beschränkungsrichtlinie (76/769/EWG) enthält aufgrund der 8. Änderungsrichtlinie von 1989 (89/677/EWG, umgesetzt durch Anhang I zu § 1 Abschnitt 11 ChemVerbotsV und Anhang IV Abschnitt 5 GefStoffV) allerdings schon ein Verwendungsverbot für zinnorganische Verbindungen an Bootskörpern mit einer Gesamtlänge unter 25 m (sowie ein entsprechendes Vermarktungsverbot). Weitergehende Anwendungsbeschränkungen, die bereits seinerzeit von Deutschland sowie Österreich, Schweden und Finnland angestrebt wurden, konnten zunächst nicht durchgesetzt werden. Durch die Anpassungsrichtlinie 1999/51/EG vom 5. Mai 1999 sind nunmehr jedoch – neben Regelungen für Pentachlorphenol, die bereits in der Chemikalien-Verbotsverordnung und der Gefahrstoffverordnung enthalten sind – ein Vermarktungsverbot für alle nicht chemisch gebundenen zinnorganischen Anti-Fouling-Produkte sowie ein generelles Verbot der Verwendung auch chemisch gebundener zinnorganischer Anti-Fouling-Produkte in Flüssen und Binnenseen ausgesprochen worden, das durch die Dritte Verordnung zur Änderung chemikalienrechtlicher Vorschriften umgesetzt werden soll. Soweit zinnorganische Anti-Fouling-Farben noch zulässig sind, dürfen sie künftig nur noch bei Schiffen über 25 m Gesamtlänge verwendet werden, die überwiegend in Küstengewässern und der Hohen See eingesetzt werden. Die International Maritime Organisation (IMO) hat im Jahre 1999 ein generelles Anwendungsverbot ab 1. Januar 2003 und eine Pflicht zur Entfernung zinnorganischer Anti-Fouling-Produkte aus mit diesen Produkten schon behandelten Schiffen ab 1. Januar 2008 empfohlen. Bis zu einer bindenden Konvention ist es allerdings noch ein weiter Weg.

Eine aktuelle Diskussion ist infolge von Untersuchungsergebnissen entstanden, die in bestimmten Bekleidungstextilien TBT-Gehalte bis zu 99,1 µg TBT pro kg Textilien aufzeigten. TBT wird in Deutschland in der Textilindustrie ausschließlich zur bioziden Ausrüstung kunststoffbeschichteter technischer Textilien wie zum Beispiel Lkw-Planen verwendet. Die Textilien mit TBT-Gehalten stammen offenbar aus Importen. Andere analytische Untersuchungen ergaben mögliche Belastungen von Speisefischen und Muscheln mit TBT. Diese Ergebnisse geben Anlass, die noch zulässigen Anwendungen für TBT möglichst bald zu verbieten. Der Umweltrat begrüßt entsprechende Initiativen der Bundesregierung. Darüber hinaus ist darauf hinzuweisen, dass es derzeit keine gesetzlichen Höchstmengen für die TBT-Verbindungen in Lebensmitteln gibt. Diese sollten entsprechend den Vorschlägen des Bundesministeriums für Gesundheit so schnell wie möglich erarbeitet werden. Auch eine geeignete Analysenmethode für TBT, mit der eine einheitliche Ermittlung der Belastung von Lebensmitteln oder Bedarfsgegenständen mit TBT ermöglicht wird, soll in Kürze zur Verfügung stehen (BgVV, Pressedienst 2/2000, Pressemitteilung vom 12. Januar 2000).

974. Die am 1. Juli 1998 in Kraft getretene Novelle zum Pflanzenschutzgesetz führt in Umsetzung der EG-Richtlinie 91/414/EG neben der konditionierten Pflicht zur Anerkennung von Zulassungen anderer Mitgliedstaaten vor allem eine auf das jeweilige Anwendungsgebiet beschränkte Zulassung (Indikationszulassung) und die Befugnis der Zulassungsbehörde zur Erteilung bindender Anwendungsbeschränkungen ein. Dagegen sind – abgesehen von der erst künftig bedeutenden Voraussetzung, dass die Wirkstoffe durch die Gemein-

schaftsorgane zugelassen sein müssen – die materiellen Zulassungsvoraussetzungen nicht wesentlich verändert worden. Seit 1994 schwankt die Zahl der Zulassungsanträge zwischen 150 und 275 pro Jahr, wobei etwa ein Viertel auf eine Ausdehnung des Anwendungsgebiets entfällt (UBA, 1998, S. 266; UBA, 1997, S. 286); dieser Anteil dürfte sich im Hinblick auf die Indikationszulassung in Zukunft erhöhen.

2.4.6.3 Ausgewählte Gefahrstoffe und Gefährdungspotentiale

2.4.6.3.1 Persistente organische Schadstoffe

975. Der Begriff *Persistent Organic Pollutants* (POP) wird seit einigen Jahren vornehmlich für solche organischen Stoffe als Sammelbegriff verwendet, die aufgrund ihrer physikalisch-chemischen Eigenschaften erfahrungsgemäß über eine sehr lange Verweilzeit in der Umwelt (Persistenz) verfügen, sich innerhalb der Nahrungskette anreichern – bioakkumulieren – und aufgrund ihrer Mobilität auch fern ihrer Emissionsquellen zu einer Gefährdung der Umwelt oder der menschlichen Gesundheit führen können.

Die genaue Abgrenzung dieser Stoffgruppe ist bis heute nicht wissenschaftlich einheitlich geregelt. Derzeit werden von unterschiedlichen Organisationen Vorschläge für präzisere Kriterien zur Klassifizierung dieser Stoffgruppe erarbeitet. In der Regel werden unter dem Begriff *Persistent Organic Pollutants* vor allem jene meist chlororganischen Verbindungen verstanden, die in den vergangenen Jahrzehnten in großem Umfang als Pestizide, Synthesegrundstoffe oder Isoliermittel verwendet bzw. bei technischen Prozessen (z. B. bei der Müllverbrennung) unerwünscht gebildet werden. Gesundheitliche Beeinträchtigungen oder Schädigungen beim Menschen sind seit Jahren durch toxikologische Daten belegt (SCHRENK und FÜRST, 1999a; COGLIANO, 1998; RIER et al., 1993).

Typische Beispiele für die als *Persistent Organic Pollutants* bezeichneten Stoffe sind polychlorierte Dibenzo-p-dioxine und Dibenzofurane (PCDD/PCDF), polychlorierte Biphenyle (PCB), Hexachlorcyclohexan (HCH) sowie Dichlor-diphenyl-trichlorethan (DDT) und ähnliche Verbindungen. Von einigen Autoren werden im Hinblick auf die ebenfalls hohe Persistenz dieser Substanzen in der Umwelt auch die Stoffgruppen der polyzyklischen aromatischen Kohlenwasserstoffe (PAK), der halogenierten aliphatischen und aromatischen Kohlenwasserstoffe sowie der chlorierten Ether oder Nitrosamine mit dazugezählt (WBGU, 1999).

976. Die Persistenz der POP beruht vor allem darauf, dass solche Stoffe in der Regel weder biotisch noch abiotisch in nennenswerten Mengen abgebaut werden. Bei der Bewertung der Persistenz von POP ist zu berücksichtigen, dass ermittelte Halbwertszeiten sich an den Abbauprozessen und nicht an der Elimination von Stoffen durch Verlagerung in ein anderes Umweltkompartiment orientieren sollten.

Da es sich bei POP häufig um lipophile Verbindungen handelt, können sie sich in der Nahrungskette im tierischen und menschlichen Fettgewebe anreichern. Aufgrund ihrer hohen Umweltpersistenz sowie vor allem aufgrund der Bioakkumulation stellen persistente organische Schadstoffe ein potentielles Risiko sowohl im Hinblick auf die menschliche Gesundheit als auch bezogen auf die unterschiedlichen Ökosysteme dar.

977. Insgesamt sind für die verschiedenen Stoffe bzw. Stoffgruppen der als POP bezeichneten Substanzen bisher vor allem toxische Effekte auf das Nervensystem und die Leber, Störungen des Immunsystems, des hormonellen Systems, reproduktionstoxische Effekte sowie auch kanzerogene Wirkungen bekannt geworden. Das Ausmaß des kanzerogenen Potentials der einzelnen Substanzen ist dabei bis heute vielfach umstritten. Außerdem ergibt sich aus jüngeren Studien auch eine Reihe von Effekten, deren klinische Relevanz teilweise (noch) nicht eindeutig belegt ist. Hierzu zählen neben Beeinträchtigungen der kindlichen Entwicklung, Verhaltensstörungen und ähnlichen Effekten auch diverse Veränderungen bestimmter biologischer Parameter (z. B. Enzymaktivitäten), die vor allem mittels Zellkulturstudien gefunden worden sind.

2.4.6.3.1.1 Ziele

978. Die Freisetzung persistenter organischer Stoffe wird zunehmend als globales Umweltproblem erkannt. Bei vielen Stoffen ist unumstritten, dass ihre Emission weltweit begrenzt, wenn nicht gar beendet werden muss. Zur Erreichung dieser Ziele werden im Rahmen des United Nations Environment Programme auf internationaler Ebene zur Zeit große Anstrengungen unternommen, durch rechtsverbindliche Zusagen die Freisetzung von persistenten organischen Schadstoffen zu reduzieren bzw. ganz zu eliminieren. Seit 1998 finden Regierungsverhandlungen über eine weltweite POP-Konvention statt, die dem Ziel dient, einer weltweiten Ausbreitung von zwölf als besonders kritisch eingestuften persistenten organischen Schadstoffen über Luft, Wasser und die Nahrungskette entgegenzuwirken (vgl. BMU-Umwelt 1999, S. 542). Die Konvention soll nicht nur Stoffe erfassen, die sich weiträumig über die Atmosphäre ausbreiten, sondern auch solche, die über die Hydrosphäre sowie mittels wandernder Arten transportiert werden.

Drei der POP (Aldrin, Endrin, Toxaphen) wurden ohne jede Einschränkung und fünf mit begrenzten staatsspezifischen Einschränkungen auf die vorgeschlagene Verbotsliste gesetzt (Chlordan, Dieldrin, Heptachlor, Mirex,

Hexachlorbenzol). Einschränkungen des Verbots der Produktion und Verwendung von DDT zur Erhaltung der Gesundheit der Allgemeinbevölkerung (Malaria-Bekämpfung) in entsprechenden Staaten wurden als notwendig erkannt. Dioxine und Furane können als Reaktionsprodukte nicht verboten, sondern nur Beschränkungen unterworfen werden.

Die Liste der zwölf POP wurde eingeteilt in drei Unterkategorien und umfasst die folgenden Stoffe:

Als Pestizide verwendete POP:

  Aldrin, Chlordan, DDT, Dieldrin, Endrin, Heptachlor, Mirex, Toxaphen

Als Industriechemikalien verwendete POP:

  Hexachlorbenzol, Polychlorierte Biphenyle (PCB)

POP, die unbeabsichtigt entstehen:

  Polychlorierte Dioxine und Furane

---

979. Deutschland hat im Jahre 1998 im Rahmen des Genfer Übereinkommens über Luftreinhaltung von 1979 das neue Protokoll über persistente organische Schadstoffe (POP) unterzeichnet, das zum Teil Stoffverbote, überwiegend strenge Beschränkungen für die erfassten Schadstoffe einführt. Das Übereinkommen umfasst 16 Stoffe und Stoffgruppen. Im Rahmen des Übereinkommens zum Schutz der Nordsee (OSPAR-Konvention) sind 36 Schwermetalle und persistente organische Stoffe und Stoffgruppen – über die Liste des POP-Protokolls hinaus 18 Pflanzenschutz- und Schädlingsbekämpfungsmittel – als prioritär eingestuft worden, für die bis 2020 eine Annäherung an die Hintergrundbelastung (Metalle) oder an die Nullemission (POP) angestrebt wird (OSPARCOM, 1998; s. a. Tz. 774 und 778).

Nach der im Jahre 1998 verabschiedeten Konvention über *Prior Informed Consent* (PIC-Konvention) dürfen Stoffe, die aus Gründen des Gesundheits- und Umweltschutzes verboten oder streng beschränkt sind, nicht gegen die Entscheidung eines Einfuhrlandes eingeführt werden. Eine bloße Exportmitteilung wird als nicht ausreichend angesehen. Der Import von Stoffen, die der Konvention unterliegen, ist nur dann zulässig, wenn die Ausfuhr bei der einführenden Vertragspartei notifiziert ist. Die Konvention findet Anwendung auf verbotene oder strengen Beschränkungen unterliegende gefährliche Pflanzenschutz- und Schädlingsbekämpfungsmittel sowie Industriechemikalien (Tab. 2.4.6-1).

Der Entwurf eines umweltpolitischen Schwerpunktprogramms des Bundesumweltministeriums (BMU, 1998) befasst sich nicht umfassend mit persistenten organischen Schadstoffen. Dies dürfte darauf beruhen, dass die meisten Stoffe und Stoffgruppen in Deutschland bereits verboten sind oder strengen Beschränkungen unterliegen. Es findet sich lediglich ein Beurteilungswert für Immissionen von 2,3,7,8-TCDD, der bereits 1994 vom Länderausschuss für Immissionsschutz (LAI) erarbeitet wurde (s. a. Abschn. 2.4.4.1.6.1).

2.4.6.3.1.2 Einzelne Stoffe beziehungsweise Stoffklassen der persistenten organischen Schadstoffe

Polychlorierte Dibenzodioxine und -furane (PCDD/PCDF)

980. Die Stoffgruppe der polychlorierten Dibenzodioxine und -furane ist einer breiten Öffentlichkeit verkürzt unter dem Begriff „Dioxine" erstmals 1976 nach dem Chemieunfall in Seveso (Italien) bekannt geworden. Dabei wurden bei einer Verpuffung vor allem große Mengen an 2,3,7,8-Tetrachlor-para-dibenzodioxin (2,3,7,8-TCDD) in die Umwelt freigesetzt und ein mehrere Quadratkilometer großes bewohntes Areal kontaminiert. Aufsehen erregte darüber hinaus in den 80er Jahren die Entdeckung relativ großer Mengen PCDD in Kieselrot, das ein Abfallprodukt der Kupfergewinnung darstellt und vor allem in Teilen von Nordrhein-Westfalen in granulierter Form großflächig als Belag auf zahlreichen Sportanlagen ausgebracht worden war.

981. Aufgrund von Erfahrungen am Menschen durch den Unfall von Seveso sowie einer Vielzahl von tierexperimentellen Studien liegen umfangreiche Daten zur Abschätzung der Toxizität der Stoffgruppe der polychlorierten Dibenzodioxine und -furane vor. Die genaue toxikologische Bewertung der unterschiedlichen Substanzen ist noch immer Gegenstand intensiver fachlicher Diskussionen. Ein Grund hierfür sind Fragen nach der Übertragbarkeit der tierexperimentellen Befunde auf den Menschen.

PCDD bzw. PCDF liegen in der Umwelt in der Regel in Form von Gemischen vor. Zur Bewertung des jeweiligen Gefährdungspotentials wird das Konzept der Toxizitätsäquivalenzfaktoren (TEF) angewendet (s. a. SRU, 1996, Tz. 519, Kasten). Es gibt insgesamt 75 verschiedene PCDD- sowie 135 PCDF-Moleküle, die als Kongenere bezeichnet werden. Die Toxizität der Kongenere wird mit 2,3,7,8-TCDD verglichen. Die Beurteilung von Gemischen erfolgt unter Berücksichtigung der jeweiligen Kongenerenkonzentrationen und der zugehörigen Toxizitätsäquivalenzfaktoren schließlich auf der Basis der Addition der einzelnen Toxizitätsäquivalente (TEQ).

Tabelle 2.4.6–1

Stoffe aus Anhang III des Internationalen Übereinkommens zum
Prior Informed Consent

Stoff	Relevante CAS Nummer	Kategorie
2,4,5-T	93-76-6	Pflanzenschutzmittel
Aldrin	309-00-2	Pflanzenschutzmittel
Captafol	2425-06-1	Pflanzenschutzmittel
Chlordan	57-74-9	Pflanzenschutzmittel
Chlordimeform	6164-98-3	Pflanzenschutzmittel
Chlorbenzilate	510-15-6	Pflanzenschutzmittel
DDT	50-29-3	Pflanzenschutzmittel
Dieldrin	60-57-1	Pflanzenschutzmittel
Dinoseb und seine Salze	88-85-7	Pflanzenschutzmittel
1,2-Dibromethan (EDB)	106-93-4	Pflanzenschutzmittel
Fluoracetamid	640-19-7	Pflanzenschutzmittel
HCH (Isomerengemisch)	608-73-1	Pflanzenschutzmittel
Hexachlorbenzol	76-44-8	Pflanzenschutzmittel
Lindan	58-89-9	Pflanzenschutzmittel
Hg-Salze, einschl. anorganische Hg-Verbindungen, Alkyl-, Alkyloxyalkyl- und Arylquecksilberverbindungen		Pflanzenschutzmittel
Pentachlorphenol	87-86-5	Pflanzenschutzmittel
Monocrotophos (lösliche flüssige Formulierung mit < 600 g Wirkstoff/L)	6923-22-4	sehr gefährliche Formulierung eines Pflanzenschutzmittels
Methamidophos (lösliche flüssige Formulierung mit < 600 g Wirkstoff/L)	19265-92-6	sehr gefährliche Formulierung eines Pflanzenschutzmittels
Phosphamidon (lösliche flüssige Formulierung mit < 1 000 g Wirkstoff/L)	13171-21-6 (Mischung E- und Z-Isomere) 23783-98-4 (Z-Isomer) 297-99-2 (E-Isomer)	sehr gefährliche Formulierung eines Pflanzenschutzmittels
Methylparathion (bestimmte Formulierungen: Emulsionskonzentrat (EC) mit 19,5 %, 40 %, 50 %, 60 % und Stäube mit 1,5 %, 2 %, und 3 % Wirkstoff)	289-00-0	sehr gefährliche Formulierung eines Pflanzenschutzmittels
Parathion (alle Formulierungen: Aerosole, staubförmiges Puder (DP), Emulsionskonzentrat (EC), Granulat (GR) und benetzbares Puder (WP); ausgeschlossen sind gekapselte Suspensionen (CS))	56-38-2	sehr gefährliche Formulierung eines Pflanzenschutzmittels
Crocidolit	12001-28-4	Industriechemikalie
Polybromierte Biphenyle (PBB)	59080-40-9 (hexa-) 27858-07-7 (octa-)	Industriechemikalie
Polychlorierte Biphenyle (PCB)	1336-36-3	Industriechemikalie
Polychlorierte Terphenyle (PCT)	61788-33-8	Industriechemikalie
Tris-(2,3-dibrompropyl)phosphat	126-72-7	Industriechemikalie

Quelle: WAGNER, 1998

Die in die Umwelt freigesetzten polychlorierten Dibenzodioxine und -furane liegen nahezu ausnahmslos in partikulärer bzw. partikel-assoziierter Form (Feinstaub) vor und können somit inhalativ aufgenommen werden. Der Anteil der durch Inhalationsvorgänge aufgenommenen PCDD- bzw. PCDF-Mengen beträgt beim Menschen etwa 5 % der Gesamtaufnahme. Der weitaus überwiegende Teil stammt bei der Allgemeinbevölkerung aus Nahrungsmitteln, wobei Nahrungsmittel tierischer Herkunft in der Regel deutlich stärker mit PCDD bzw. PCDF belastet sind als pflanzliche Nahrungsmittel. Die durchschnittliche tägliche Aufnahme eines Erwachsenen wird derzeit auf etwa 2 pg TEQ/kg Körpergewicht geschätzt (BGA und UBA, 1993). Aufgrund der unterschiedlichen Verzehrgewohnheiten ergeben sich für 4- bis 9-jährige Kinder etwas erhöhte relative Aufnahmeraten von 2 bis 3 pg TEQ/kg Körpergewicht. Da einmal aufgenommene Dioxinmengen im Fettgewebe akkumuliert und bei stillenden Müttern dann über die Muttermilch mobilisiert werden, beträgt für gestillte Säuglinge die mittlere tägliche Aufnahme derzeit etwa 60 pg TEQ/kg Körpergewicht. Trotz dieser hohen Aufnahmeraten wird mit Blick auf die sonstigen mit dem Stillen verbundenen positiven Effekte jedoch weiterhin empfohlen, über 4 bis 6 Monate voll zu stillen.

982. PCDD und PCDF aus Nahrungsmitteln werden nahezu vollständig über den Magen-Darm-Trakt aufgenommen. Aufgrund ihrer lipophilen Stoffeigenschaften reichern sie sich im Fettgewebe an und werden praktisch nicht über den Harn ausgeschieden (WISSING, 1998). Die Ausscheidung von PCDD- und PCDF-Molekülen nimmt mit zunehmendem Chlorierungsgrad ab. Beim Menschen kann die Halbwertszeit bis zu 10 Jahren betragen.

Die Frage nach der Kanzerogenität von polychlorierten Dibenzodioxinen und -furanen am Menschen wurde lange Zeit kontrovers diskutiert. Im Tierversuch ist die Kanzerogenität von 2,3,7,8-TCDD sowie auch von einigen Hexachlordibenzodioxinen eindeutig belegt worden (WISSING, 1998). Epidemiologische Daten von beruflich exponierten Personen ergaben aber wiederholt keine wesentlich erhöhten Krebsraten bezogen auf organische Chlorverbindungen (LONGNECKER et al., 1997). Auch nach dem Chemieunfall von Seveso wurden hinsichtlich der Krebsmortalität zunächst keine signifikanten Veränderungen gefunden. Neuere Daten geben inzwischen aber klare Hinweise auf Zusammenhänge mit bestimmten Krebserkrankungen (STONE, 1993).

Von der MAK-Werte-Kommission wurde 2,3,7,8-TCDD inzwischen in die neue Kategorie 4 eingestuft. Danach ist bei Einhaltung des MAK- bzw. BAT-Wertes kein „nennenswerter Beitrag zum Krebsrisiko des Menschen" zu erwarten (DFG, 1999).

983. Das Vorliegen neuerer epidemiologischer, tierexperimenteller und molekulartoxikologischer Daten hat die Weltgesundheitsorganisation bewogen, die Frage der tolerierbaren täglichen Aufnahme (TDI) an TCDD und verwandten Verbindungen neu zu diskutieren. Neu ist, dass die Körperlast (Maß für die aufgenommene Stoffmenge; wird entweder insgesamt abgeschätzt oder die Konzentration in einem typischen Gewebe bestimmt) anstelle der Dosis als Parameter für die Belastung herangezogen wird (SCHRENK und FÜRST, 1999a). Aufgrund neuer Ergebnisse zu reproduktionstoxischen Wirkungen und zur Störung der verhaltensneurologischen Entwicklung an Nagern und auch Affen sowie aufgrund zellbiologischer Untersuchungen wurde ein Bereich der täglichen Aufnahme von 1 bis 4 pg TCDD-Äquivalenten (TEQ) pro kg Körpergewicht als für den Menschen tolerabel angesehen und neu festgelegt. Dabei sollte die obere Grenze des TDI-Bereiches als Maximalwert angesehen werden und der Zielbereich für die tägliche Aufnahme unter 1 pg TEQ/kg liegen (SCHRENK und FÜRST, 1999b).

984. Die Gesamtmenge der in Deutschland pro Jahr emittierten polychlorierten Dibenzodioxine und -furane lag Anfang der neunziger Jahre zwischen 500 und 850 g I-TE (HAGENMEIER und BRUNNER, 1991; FIEDLER et al., 1990). Im Jahr 1994 betrugen diese nur noch circa 300 bis 500 g I-TE (siehe auch Abschnitt 2.4.4.1.6.2).

Im Rahmen der 17. Verordnung zum Bundes-Immissionsschutzgesetz (17. BImSchV), die am 1. Dezember 1990 in Kraft getreten ist, wurde für PCDD bzw. PCDF aus Verbrennungsanlagen für Abfälle und ähnliche brennbare Stoffe ein Emissionsgrenzwert von 0,1 ng TE/m^3 Luft festgelegt. Die Emissionen von PCDD/F aus Abfallverbrennungsanlagen konnten seitdem deutlich verringert werden (Tz. 749). Für Industrieanlagen fehlt es derzeit noch an entsprechenden Regelungen. Die Novelle der Klärschlammverordnung vom 1. Juli 1992 enthält für Klärschlamm, der zur Aufbringung auf landwirtschaftlich, forstwirtschaftlich oder gärtnerisch genutzte Böden vorgesehen ist, einen Höchstwert von 100 ng PCDD/F TE/kg Schlammtrockenmasse. Die 19. Verordnung zum Bundes-Immissionsschutzgesetz (19. BImSchV) untersagt darüber hinaus die Verwendung chlor- und bromhaltiger Zusätze in verbleitem Benzin (Scavengerverbot), was zu deutlich verringerten PCDD- bzw. PCDF-Emissionen in Automobilabgasen geführt hat bzw. derzeit führt.

Auf nationaler Ebene kann somit davon ausgegangen werden, dass die Problematik der Freisetzung von polychlorierten Dibenzodioxinen und -furanen erkannt und durch geeignete gesetzliche Maßnahmen weitgehend entschärft worden ist. Trotzdem ist eine zuverlässige und flächendeckende Kontrolle der PCDD- bzw. PCDF-Konzentrationen in den unterschiedlichen Stufen der Nahrungskette (Pflanzen, Tiere, Lebensmittel) sowie auch im Boden und in der Luft weiter dringend geboten.

985. Wie der jüngste Fall von PCDD- bzw. PCDF-Kontaminationen in Tierfutter in Belgien gezeigt hat, kann letztlich nicht vollständig ausgeschlossen werden, dass durch unkontrollierte Stoffkreisläufe und illegales Verhalten nennenswerte Mengen solcher Substanzen doch in die Nahrungskette gelangen. Dieses kann letztlich nur durch ein hinreichend engmaschiges Netz an Überwachungsmaßnahmen frühzeitig erkannt und durch konsequente Maßnahmen seitens der zuständigen Aufsichtsbehörden bzw. des Gesetzgebers unterbunden werden.

Polychlorierte Biphenyle (PCB)

986. Aufgrund ihrer hohen chemischen Stabilität und Inertheit werden polychlorierte Biphenyle in der Umwelt kaum abgebaut und gehören heute zu den am weitesten verbreiteten Umweltschadstoffen. In den alten Bundesländern wurde die Herstellung und Verarbeitung seit 1983 und in den neuen Bundesländern die Verarbeitung – eine Herstellung fand niemals statt – seit 1985 eingestellt. Bis zum vollständigen Verbot in Deutschland wurden in den alten und neuen Bundesländern insgesamt etwa 85 000 t polychlorierte Biphenyle, davon ca. 25 000 t auch in sogenannten offenen Systemen, im Inland eingesetzt (RICHTER und DETZEL, 1999). Die Hauptanwendungsbereiche von PCB-haltigen Produkten lagen in der Elektroindustrie und im Bergbau.

Nahezu alle polychlorierten Biphenyle zeigen starke Bioakkumulationseffekte innerhalb der Nahrungskette. Belastungen der Luft (vor allem in Innenräumen) sind in der Regel nur dann relevant, wenn PCB-haltige Baumaterialien oder Anstriche verwendet worden sind und hohe PCB-Konzentrationen in der Luft erreicht werden.

Zur Stoffgruppe der PCB zählen 209 Einzelstoffe. Die Bewertung der Wirkung der einzelnen PCB-Kongenere erfolgt auch hier häufig im Vergleich zu 2,3,7,8-TCDD. Obwohl im Fall der PCB die Toxizitätsäquivalenzfaktoren bei den einzelnen Kongeneren häufig um ein bis vier Zehnerpotenzen unterhalb des TEF von 2,3,7,8-TCDD liegen, wurden aufgrund der in der Regel deutlich höheren Konzentrationen von PCB im menschlichen Fettgewebe wiederholt höhere (Summen-)Toxizitätsäquivalente von PCB als von PCDD festgestellt. Dieses gilt für die in Muttermilch mobilisierten PCB-Anteile (LARSEN et al., 1994; NOREN, 1993; DEWAILLY et al., 1991), aber beispielsweise auch für Süßwasser- und Seefische (ASPLUND et al., 1994; STEINWANDTER, 1992).

987. Die Wirkungen einzelner polychlorierter Biphenyl-Kongenere und ihre Kombinationswirkungen können aufgrund lückenhafter toxikologischer Daten derzeit noch nicht abschließend eingeschätzt werden, und ihre Bewertung wirft nach wie vor viele Fragen auf (BIRNBAUM und DE VITO, 1995; HARPER et al., 1995; SWANSON et al., 1995). Erst in neueren Studien konnten hinreichend gereinigte PCB-Einzelstoffe eingesetzt und damit deren Wirkung untersucht werden. Hinzu kommt, dass die Analytik der PCB erst Mitte der achtziger Jahre so weit entwickelt war, dass die einzelnen Kongenere sicher quantifiziert werden konnten. Auch ist die Frage nach Art und Umfang von Wirkungen durch PCB im subakuten Konzentrationsbereich noch nicht sicher zu beantworten, da es nach wie vor umstritten ist, ob und in welchem Maße sich aus den bei hohen Expositionen beobachteten Effekten auch Risiken bei niedrigen, umweltrelevanten Belastungen ableiten lassen (JAMES et al., 1993).

988. Die Frage nach der Kanzerogenität von PCB wird derzeit kontrovers diskutiert. Gegenwärtig gibt es noch keine endgültigen Beweise, dass sie beim Menschen krebserzeugend wirken. Es kann aber vermutet werden, dass polychlorierte Biphenyle beim Menschen die Entstehung von Neoplasien im Sinne einer kokanzerogenen Aktivität fördern (HELBICH, 1999). Im Tiermodell ist eine Kanzerogenität hingegen mehrfach nachgewiesen worden (SILBERHORN et al., 1990; SAFE, 1989). Die MAK-Werte-Kommission stuft chlorierte Biphenyle hinsichtlich der Kanzerogenität derzeit in Gruppe 3 ein, also als Stoffe, die wegen möglicher krebserzeugender Wirkung beim Menschen Anlass zur Besorgnis geben, aber aufgrund unzureichender Informationen nicht endgültig beurteilt werden können (DFG, 1999, 1998).

989. Die Herstellung, das Inverkehrbringen sowie die Verwendung von polychlorierten Biphenylen sind in Deutschland im Jahre 1989 durch die PCB-Verbotsverordnung untersagt worden. Diese ist im Jahre 1993 in die Chemikalien-Verbotsverordnung und die Gefahrstoffverordnung integriert worden. Jedoch gab es Ausnahmen für bereits in Gebrauch genommene Kondensatoren mit PCB-haltigen Flüssigkeiten bis 1993, und für andere bereits betriebene Geräte, die PCB enthalten (z. B. Transformatoren und hydraulische Geräte), bis zur Außerbetriebnahme, längstens bis 1999. Die Entsorgung solcher Geräte stellte noch bis vor kurzem eine Schwachstelle dar. Die 1996 beschlossene europäische PCB-Richtlinie (96/59/EG) verpflichtet die Mitgliedstaaten, so schnell wie möglich, spätestens bis Ende 2010, Vorkehrungen für die Dekontaminierung oder Beseitigung von Geräten, die PCB enthalten, zu treffen. Eine vom Bundeskabinett am 10. November 1999 verabschiedete PCB-Abfallverordnung soll die Vorgaben der europäischen PCB-Richtlinie umsetzen und die kontrollierte Beseitigung von PCB-Geräten und -Abfällen regeln. Die Inhalte der Verordnung wurden von den Bundesländern in ihrer Vollzugspraxis bisher bereits zugrundegelegt (BMU, 1999).

Das PCB-Verbot gilt auch für Zubereitungen und Erzeugnisse, die mehr als 50 ppm PCB enthalten. Die zulässigen Höchstmengen von PCB in tierischen Lebensmitteln sind seit 1988 durch das Lebensmittel- und Bedarfsgegenständegesetz sowie durch die Schadstoff-Höchstmengenverordnung rechtsverbindlich geregelt.

Trotz dieser Maßnahmen werden auch heute noch im menschlichen Organismus relativ hohe Gehalte an PCB gefunden, was letztlich auf der hohen Persistenz dieser Substanzen in der Umwelt beruht. Immerhin scheinen seit einigen Jahren die gefundenen Werte im Mittel aber nicht weiter anzusteigen. Eine zuverlässige und flächendeckende Überwachung der Nahrungskette einschließlich der Lebensmittel-Endprodukte ist auch bei den polychlorierten Biphenylen weiter erforderlich.

Als Pestizide genutzte persistente organische Stoffe

990. Eine ganze Reihe von niedermolekularen chlororganischen Verbindungen hat in der Vergangenheit eine breite Anwendung als Pestizide gefunden. Dazu zählen Aldrin, DDT (p,p'-Dichlordiphenyltrichlorethen), Dieldrin oder auch Stoffe wie Lindan (γ-Hexachlorcyclohexan, HCH) oder „2,4,5-T" (2,4,5-Trichlorphenoxyessigsäure) und „2,4-D" (2,4-Dichlorphenoxyessigsäure).

Chlorierte Phenoxycarbonsäuren besitzen starke herbizide Eigenschaften. Die beiden Stoffe „2,4-D" und „2,4,5-T" haben weltweit eine große Bedeutung erlangt. Bei Anwendung in entsprechend hoher Dosierung führt die Einwirkung herbizider Phenoxycarbonsäuren zur totalen Entlaubung der Pflanzen, weshalb solche Substanzen während des Vietnam-Krieges auch großflächig und in hoher Konzentration als Entlaubungsmittel eingesetzt worden sind (*Agent Orange*).

Im Hinblick auf die Mutagenität und Kanzerogenität dieser Herbizide liegen widersprüchliche Befunde aus Tierexperimenten und *in vitro*-Untersuchungen vor. Das gentoxische Potential scheint aber verglichen mit dem anderer Substanzen eher gering zu sein (MERSCH-SUNDERMANN, 1999). Bei einem Blick auf die Ergebnisse der bisher durchgeführten epidemiologischen Studien muss festgestellt werden, dass es bisher zwar noch keine eindeutigen Beweise, wohl aber klare Hinweise auf ein kanzerogenes Potential chlorierter Phenoxyessigsäurederivate gibt. In einigen Studien wurden erhöhte (relative) Risiken zwischen 3,96 und 6,8 für Weichteilkarzinome, zwischen 6 und 7,7 für Magenkrebs, 5,2 für Leberkrebs sowie etwa 2 für Lungenkrebs bei Personen gefunden, die gegenüber 2,4,5-T exponiert gewesen waren (STERLING und ARUNDEL, 1986). Inwieweit hierfür jedoch möglicherweise auch die häufig in 2,4,5-T enthaltenen Verunreinigungen von PCDD und PCDF ursächlich verantwortlich sein könnten, geht aus den Studien nicht hervor.

Chlorierte zyklische Kohlenwasserstoffe, wie zum Beispiel Aldrin, Dieldrin, DDT oder Lindan stellen wirksame Insektizide und/oder Nematozide dar. Sie wurden weltweit über viele Jahre in großen Mengen verwendet. DDT wird noch heute in vielen subtropischen Ländern zur Vermeidung oder Bekämpfung von Krankheiten mit infektiösen Erregern (z. B. Malaria) in großem Stil und hinsichtlich des primären Ziels auch erfolgreich eingesetzt. Wie auch andere chlororganische Verbindungen reichern sich diese Stoffe jedoch stark im Körperfett an. Besonders DDT besitzt dort ein sehr hohes Speicherungsvermögen.

991. Die Kanzerogenität zyklischer chlorhaltiger Pestizide ist nach wie vor umstritten. Weder im Tierversuch noch aus epidemiologischen Erhebungen konnte bei DDT bisher der bestehende Verdacht einer kanzerogenen Wirkung eindeutig bestätigt werden (LONGNECKER et al., 1997). Im Zusammenhang mit erhöhten Fallzahlen an Brustkrebs in der jüngsten Vergangenheit hat es allerdings auch immer wieder die Diskussion gegeben, ob der Nachweis eines Zusammenhangs mit der Exposition gegenüber bestimmten einzelnen Umweltchemikalien (speziell Pestiziden) mit traditionellen epidemiologischen Methoden überhaupt gelingen kann (z. B. BALDI et al., 1998; WOLFF, 1995).

Ein generelles Problem der toxikologischen Bewertung von Gemischen trifft auch auf viele der genannten chlororganischen Pestizide zu. Für eine korrekte toxikologische Beurteilung ist immer auch die tatsächliche Zusammensetzung der jeweiligen technischen Gemische zu beachten.

992. In Deutschland und in vielen anderen Ländern sind das Inverkehrbringen und die Verwendung von persistenten organischen Pestiziden inzwischen ausreichend geregelt. Die Herstellung und die Verwendung von DDT ist in der Bundesrepublik Deutschland seit 1972 verboten. Auch mehrere andere der genannten Insektizide sind in Deutschland seit Jahren mit entsprechenden Verwendungsverboten belegt oder es ist deren Anwendung strikt auf bestimmte engbegrenzte Aufgabenbereiche beschränkt (z. B. im Einzelfall Einsatz von Aldrin im Weinbau). Im übrigen greifen die allgemeinen Vorschriften für die Zulassung und Verwendung von Pflanzenschutzmitteln.

2.4.6.3.1.3 Fazit

993. Persistente organische Schadstoffe (POP) zählen in Deutschland und auch weltweit zu den am häufigsten vorkommenden Umweltschadstoffen. POP sind praktisch ausnahmslos anthropogenen Ursprungs. Aufgrund ihrer stofflichen Eigenschaften werden sie in den verschiedenen Umweltkompartimenten, wenn überhaupt, nur sehr langsam abgebaut und akkumulieren in der Nahrungskette.

Für die POP ist die Kernfrage, bis zu welchen Konzentrationen oder Dosen mit schädlichen Wirkungen auf den menschlichen Organismus zu rechnen ist, aufgrund der lückenhaften toxikologischen Datenlage trotz einer Vielzahl von Untersuchungen bisher nicht sicher zu beantworten. Zahlreiche Untersuchungsergebnisse deuten jedoch darauf hin, dass auch im Niedrigdosisbereich bei hinreichend langer Expositionsdauer aufgrund der Bioakkumulation dieser Stoffe schädliche Wirkungen beim Menschen auftreten können.

Aufgrund der in Deutschland seit Jahren in Kraft befindlichen teilweise sehr restriktiven Regelungen ist das Problem der persistenten organischen Stoffe auf nationaler Ebene erkannt und es sind die Einträge, abgesehen von Altlasten sowie einzelnen kontaminierten Produkten und noch zulässigen Anwendungsbereichen, weitgehend vermindert worden.

Auf nationaler Ebene muss eine zuverlässige und möglichst flächendeckende messtechnische Überwachung der verschiedenen Umweltkompartimente, der Lebensmittel sowie auch des Menschen (Biomonitoring) sichergestellt werden, da die POP aufgrund ihrer extrem hohen Persistenz noch über viele Jahre und Jahrzehnte in den Stoffkreisläufen nachweisbar sein werden und es immer wieder lokal oder in bestimmten Spezies (z. B. Fisch) zu Spitzenkonzentrationen kommt (s. a. SRU, 1987, Tz. 511-533). Dieses ist besonders wichtig, um die Exposition der Bevölkerung gegenüber POP aus besonders belasteten Erzeugnissen (Nahrungsmittel, technische Produkte etc.) weiter zu mindern.

994. Problematisch sind heute vor allem der unverändert andauernde Einsatz sowie die Emissionen entsprechender Stoffe im Ausland. Besonders bei den polyhalogenierten Dibenzodioxinen bzw. -furanen, die häufig partikelgebunden (z. B. Flugstäube) vorliegen, sowie auch im Fall der als Pestizide verwendeten und somit beabsichtigt in die Umwelt ausgebrachten Verbindungen erfolgt der Transport in nennenswertem Umfang auch über den Luftpfad. Es gibt Anhaltspunkte für einen weiträumigen Transport solcher Stoffe in der Atmosphäre mit der Folge, dass entsprechende POP auch in Regionen transportiert werden können, in denen solche Stoffe in der Vergangenheit weder produziert noch angewendet worden sind. Die zunehmenden Hintergrundkonzentrationen an persistenten organischen Schadstoffen sind daher prinzipiell als ein weltweites Problem anzusehen.

995. In den von Malaria betroffenen Gebieten der Entwicklungsländer kommt hinzu, dass auch heute noch DDT häufig als das einzig wirksame Pestizid angesehen wird und/oder aufgrund fehlender finanzieller Mittel in der Praxis keine Alternativstoffe zugänglich sind. Es kommt daher in diesen Gebieten nach wie vor regional zu teilweise extrem hohen Stoffkonzentrationen. Die im Rahmen von UNEP auf internationaler Ebene initiierten Aktivitäten, die neben verbindlichen Übereinkünften über das Verbot von bestimmten persistenten organischen Schadstoffen auf Informationsaustausch und Wissenstransfer abzielen, sind daher ausdrücklich zu unterstützen.

2.4.6.3.2 Flüchtige organische Verbindungen

996. Flüchtige organische Verbindungen (VOC) stellen eine Gruppe von Stoffen dar, die sowohl zahlenmäßig als auch mengenmäßig nach wie vor eine erhebliche potentielle Umweltrelevanz besitzen. Obwohl in der Vergangenheit zur Problematik der flüchtigen organischen Verbindungen eine Vielzahl von Untersuchungen und Studien durchgeführt worden ist, besteht in einzelnen Bereichen aber auch weiterhin aktueller Forschungsbedarf. Dieses betrifft insbesondere weitergehende Studien zum Vorkommen, zum Verhalten und zur Wirkung bestimmter VOC bzw. VOC-Gemische bei andauernder Exposition in niedrigen Konzentrationsbereichen. Die von solchen zusammengesetzten Teilchensystemen ausgehenden Wirkungen sind bisher nur sehr unzureichend untersucht worden, weshalb der Thematik der partikelgebundenen organischen Stoffe bei zukünftigen Forschungsaktivitäten verstärkt Aufmerksamkeit geschenkt werden sollte (vgl. Tz. 1017 f.).

997. Darüber hinaus ergeben sich speziell im Außenluftbereich sowie im nicht gewerblich genutzten Innenraumbereich noch immer erhebliche Interpretationsprobleme aufgrund mangelnder Vergleichbarkeit. Ein Vergleichsproblem besteht darin, dass unter dem Begriff „VOC" häufig unterschiedliche Anteile des gesamten Spektrums der organischen Verbindungen verstanden werden. Schließlich existieren in diesem Bereich nur relativ wenig standardisierte und hinreichend validierte Mess- und Analyseverfahren (s. a. Tz. 993).

Ausgehend von Forschungsarbeiten zum gewerblich genutzten Innenraumbereich ist gemäß einer Definition der Weltgesundheitsorganisation (WHO/Regional Office for Europe, 1989) die Gesamtheit der organisch-chemischen Stoffe in die 4 Kategorien VVOC (*very volatile organic compounds*), VOC (*volatile organic compounds*), SVOC (*semi-volatile organic compounds*) sowie POM (*particulate organic matter*) eingeteilt worden. Als Kriterium für diese Unterteilung wird der Siedepunkt des jeweiligen Stoffes herangezogen, wobei bei der Unterteilung zwischen den Klassen eine gewisse Unschärfe zugelassen wurde. Die VOC-Kategorie umfasst gemäß dieser WHO-Definition Substanzen mit einem Siedepunkt zwischen etwa 50 und 260 °C.

Abweichend von dieser Definition wird besonders bei Studien zum Außenluftbereich sehr häufig die Gesamtheit aller organischen Stoffe in der Luft als „flüchtige organische Stoffe" (VOC) bezeichnet. Nicht eindeutig ist bei solchen Studien jedoch eine Abgrenzung zu Stoffen, die bei Raumtemperatur bereits gasförmig sind (z. B. Formaldehyd), sowie auch zu partikeladsorbiert vorliegenden Stoffanteilen, da bei Raumtemperatur zumindest die Verbindungen der SVOC-Kategorie bereits in nennenswerten Mengen an Partikel gebunden sein können, wobei prinzipiell immer temperatur-, druck- und stoffabhängige Gleichgewichte bestehen.

2.4.6.3.2.1 Ziele

998. Für die Stoffklasse der flüchtigen organischen Verbindungen sind bisher alle Teilbereiche abdeckende Ziele nur in sehr begrenztem Umfang formuliert worden. So sind im nicht gewerblich genutzten Innenraumbereich vor allem Ziele für einzelne Produktgruppen (z. B. Bauprodukte, Tz. 999) festgesetzt worden. Für den gewerblich genutzten Innenraumbereich – Arbeitsplatz – gelten die stoffspezifischen MAK-, BAT- oder TRK-Werte. Zielvorstellungen bezüglich der Konzentrationen von VOC in der Außenluft betreffen einerseits die gesamten Emissionen in Deutschland und werden andererseits anlagenbezogen in der VOC-Richtlinie der EU festgeschrieben (Tz. 1003).

2.4.6.3.2.2 Einzelne Stoffe beziehungsweise Stoffklassen der flüchtigen organischen Verbindungen

Flüchtige organische Verbindungen im nicht gewerblich genutzten Innenraumbereich

999. Auf die Thematik der flüchtigen organischen Verbindungen in nicht gewerblich genutzten Innenräumen ist der Umweltrat im Sondergutachten „Luftverunreinigungen in Innenräumen" (SRU, 1987) intensiv eingegangen, so dass hier lediglich neue Entwicklungen und aktuelle Forschungs- und Handlungsdefizite aufgezeigt werden. Bisher gibt es nach wie vor keine hinreichend begründeten Schwellenwerte für VOC in Innenräumen, die als Leitwerte für Eingriffe und Sanierungsstrategien herangezogen werden können (SRU, 1996, Tz. 542). Dieses betrifft neben den bisher häufig betrachteten Substanzen (Lindan, PCP o. ä.) insbesondere flüchtige organische Verbindungen (wie z. B. Aldehyde, Ketone, Ester) sowie Leitwerte unter Berücksichtigung des Summenparameters TVOC. Es gibt allerdings eine neuere Empfehlung zur Bestimmung und Verwendung eines Summenparameters.

In den letzten Jahren hat die Thematik der Innenraumluftverunreinigungen durch Bauprodukte an Bedeutung gewonnen. Emissionsquellen für leicht flüchtige organische Verbindungen sind vor allem Klebstoffe, Lacke und Farben. Für Bodenbelagsklebstoffe und andere Verlegewerkstoffe haben sich einzelne Hersteller auf das Kennzeichnungssystem „EMICODE" geeinigt, welches die Emissionen von VOC in die Raumluft begrenzen soll. EMICODE 1 (EC 1) bedeutet beispielsweise, dass nach zehn Tagen, unter definierten Prüfbedingungen gemessen, eine Konzentration von höchstens 500 µg/m^3 VOC durch den Klebstoff auftreten darf. Das Produkt darf dann als „sehr emissionsarm" gekennzeichnet werden (UBA, 1998).

Flüchtige organische Verbindungen am Arbeitsplatz

1000. Trotz der Vielzahl der toxikologischen Studien ist bisher lediglich ein Teil der im Arbeitsplatzbereich anzutreffenden VOC erfasst und bei der Grenzwertfestsetzung durch MAK-, BAT- und TRK-Werte berücksichtigt worden. Aus dem Nichtvorhandensein eines Arbeitsplatzgrenzwertes kann daher nicht zwangsläufig auf eine Unbedenklichkeit des betreffenden Stoffes geschlossen werden. Die wichtigsten VOC sind durch derartige Werte berücksichtigt.

Die Arbeitsplatzgrenzwerte einiger Stoffe sind 1998 aufgrund von Neubewertungen geändert worden. Dies betrifft u. a. insbesondere die MAK-Werte von 1,4-Dioxan, Ethanol, Furfurylalkohol, Methoxyessigsäure, 4-Nitroanilin, 2-Phenoxyethanol, Styrol, Toluol, Trimethylbenzol und Xylol.

Hinsichtlich der krebserzeugenden Arbeitsstoffe ist eine neue Klassifizierung in jetzt fünf Kategorien erfolgt (DFG, 1998). In die Kategorie 1 (erwiesenermaßen für den Menschen krebserzeugendes Potential) wurde beispielsweise 1,3-Butadien, in die Kategorie 2 (krebserzeugendes Potential im Tierversuch erwiesen) wurden Chloropren und Toxaphen und in die neue Kategorie 4 (nicht nennenswerter Beitrag zum Krebsrisiko des Menschen; überwiegend nicht-gentoxische Kanzerogene) wurden Lindan und Hexachlorbenzol eingestuft. Da bei letzteren Stoffen aufgrund ihrer Dosis-Wirkungs-Beziehung von einer Wirkungsschwelle auszugehen ist, ist bei Einhaltung des MAK- bzw. BAT-Wertes kein nennenswerter Beitrag zum Krebsrisiko des Menschen zu erwarten. In die neue Kategorie 5 (nicht nennenswerter Beitrag zum Krebsrisiko des Menschen; gentoxische Kanzerogene mit geringer Wirkstärke) wurden Styrol und Ethanol eingestuft (DFG, 1998).

Im Jahre 1999 wurden in die neue Kategorie 4 auch 2,3,7,8-TCDD (siehe auch Tz. 982) und Chloroform (Trichlormethan) eingestuft. Es wird im Fall des Chloroforms davon ausgegangen, dass die in Tierversuchen nachgewiesenen Tumore aufgrund zellschädigender Effekte entstanden sind und kein gentoxischer Mechanismus zugrunde liegt. Es lässt sich ein MAK-Wert (2 mg/m^3) ableiten, bei dem keine zytotoxischen Wirkungen auftreten und damit auch kein Krebsrisiko besteht (DFG, 1999).

1001. Bei den zur Verfügung stehenden Analysetechniken erhöhen deutliche Fortschritte in den vergangenen Jahren die Bedeutung der Quantifizierung der inneren Exposition (Human-Biomonitoring). Diese Entwicklung ist zu begrüßen, da hierdurch präzisere Aussagen über die tatsächliche Belastung der Betroffenen möglich werden. Hierdurch sollte jedoch die Überwachung der äußeren Exposition (Luftanalytik) nicht ersetzt werden, da noch lange nicht für alle Stoffe die genauen Metabolisierungsschritte bekannt sind und entsprechende biologische Grenzwerte (BAT-Werte) festgelegt worden sind. Darüber hinaus kann bei der alleinigen Auswertung von Daten zur inneren Exposition kein klarer Bezug zur Belastung im jeweiligen Arbeitsbereich hergestellt werden, da eine Einwirkung entsprechender Noxen im privaten Bereich nicht sicher ausgeschlossen werden kann.

Flüchtige organische Verbindungen in der Außenluft

1002. Die Emissionen von VOC betrugen in Deutschland 1995 circa 2,1 Mt (LENOIR und METZGER, 1999). Im Außenluftbereich hat sich die Größenordnung der Konzentrationen an flüchtigen organischen Verbindungen in den letzten zwei Jahren nicht wesentlich verändert. Zielvorstellungen, die für das Jahr 2010 angegeben werden, liegen zwischen 0,6 Mt und 0,9 Mt (LENOIR und METZGER, 1999). Von Seiten der chemischen Industrie sollte weiterhin neben der Rückgewinnung Forschung zu umweltverträglichen Synthesen (z. B. lösungsmittelfreie Reaktionen, Lacke etc.) durchgeführt werden, um weitere Minderungen der VOC-Emissionen zu erreichen. Es existieren verschiedene Wirkungsprognosen für das Jahr 2010 bezüglich Emissionen von VOC (Nichtmethan-VOC, NM-VOC). Als Handlungsziel für die Reduktion der VOC-Emissionen aus den maßgeblichen Branchen der Industrie wird im Vergleich zu 1990 eine Reduktion um 70 bis 80 % bis zum Jahr 2007 angegeben (vgl. Abschn. 2.4.4.1.2.1). Der Umweltrat hatte 1994 eine Reduktion um 80 % bezogen auf das Jahr 1987 empfohlen (SRU, 1994). Das Genfer Protokoll (1991) der Convention on Long-Range Transboundary Air Pollution (CLRTAP) sieht dagegen lediglich eine Reduktion der VOC-Emissionen um 30 % im Zeitraum von 1988 bis 1999 vor.

1003. Die VOC-Richtlinie der EU (1999/13/EG) fordert von Anlagenbetreibern, Emissionsreduzierungspläne vorzulegen, die dazu dienen sollen, die sogenannten Zielemissionen durch Verringerung des Gehalts der eingesetzten Lösungsmittel und/oder durch Erhöhung des Wirkungsgrades der Feststoffe in einem bestimmten Zeitrahmen zu erreichen. Dabei gelten für neue Anlagen der 31. Oktober 2004 und für bestehende Anlagen der 31. Oktober 2007 als Stichtag.

1004. Im Kraftfahrzeugbereich ist durch die weitere Verbreitung abgasreinigender Techniken (geregelter Dreiwege-Katalysator) sowie durch den Einsatz von emissionsmindernden Maßnahmen im Tankstellenbereich ebenfalls ein anhaltender Trend zu leicht niedrigeren Beiträgen zur Gesamtkonzentration der VOC festzustellen. Allerdings haben sich durch den Einsatz neuartiger Kraftstoffe bzw. Kraftstoffzusätze teilweise veränderte Emissionen ergeben, die Anlass für weitergehende Untersuchungen sein sollten, wobei neben genauen Messungen der tatsächlichen Exposition auch Studien zur Wirkung umweltrelevanter Konzentrationen beim Menschen erforderlich erscheinen.

Oxigenierte Ottokraftstoffe

1005. In den USA sowie in Europa werden seit einigen Jahren Ottokraftstoffe angeboten, die größere Mengen an Sauerstoffverbindungen enthalten. Damit wird eine verbesserte Verbrennung im Motor, verbunden mit einem geringeren Ausstoß an Kohlenmonoxid und bestimmten Kohlenwasserstoffen, die als Ozon-Vorläufersubstanzen bekannt sind, erreicht. Als Hauptkomponenten werden dabei vor allem Methyl-tertiär-Butylether (MTBE), aber auch Tertiär-Amyl-Methyl-Ether (TAME) oder Ethanol in Konzentrationen von bis zu 15 Vol.-% den Kraftstoff-Grundmischungen zugesetzt. In den USA werden solche Ottokraftstoffe als *oxygenated gasoline* oder *oxyfuel* bezeichnet. In Deutschland sind Kraftstoffe dieser Art unter der Bezeichnung „Super Plus" im Handel. Darin wurde ein durchschnittlicher Gehalt von 7,7 % der Beimischungen (mit Höchstwerten von 14,1 %) ermittelt (PÜTTMANN, 1999). Auch in anderen Staaten der Europäischen Union werden ähnliche Kraftstoffe angeboten.

In den USA ist es in Gebieten, in denen MTBE-haltige Kraftstoffe eingeführt worden waren, zu gehäuften Klagen von Autofahrern oder von beruflich exponierten Personen wie Tankstellenpersonal und Tankwagenfahrern über Kopfschmerzen, Augenirritationen und Benommenheit gekommen. Fälle von Grund- und Trinkwasserbelastungen durch MTBE aufgrund von Leckagen sind ebenfalls bekannt geworden. In Deutschland herrscht diesbezüglich noch Mangel an Messungen und Prüfverfahren. Um diese Lücke zu schließen, werden Untersuchungen zur Situation bezüglich MTBE in Deutschland durchgeführt. In diesem Rahmen ist unter anderem ein Verfahren entwickelt worden, mit dem MTBE in einer Wasserprobe in Konzentrationen von weniger als 0,1 µg/L Wasser bestimmbar ist (PÜTTMANN, 1999).

In den USA sowie auch in Europa sind mehrere Studien zur Belastung der Luft mit MTBE sowie deren Bedeutung für die Gesundheit der Allgemeinbevölkerung und berufsmäßig exponierter Personen durchgeführt worden. Diese meist epidemiologischen Studien haben bisher übereinstimmend ergeben, dass sich kein signifikanter Zusammenhang zwischen dem verstärkten Auftreten von gesundheitlichen Beschwerden und der Exposition gegenüber solchen Kraftstoffen nachweisen lässt (REUTER et al., 1998; JOHANSON et al., 1995).

1006. Inzwischen sind zahlreiche toxikologische Untersuchungen (meist tierexperimentelle Studien) zu möglichen Wirkungen von MTBE durchgeführt worden. Es konnte gezeigt werden, dass sowohl die akute als auch die (sub-)chronische Toxizität von MTBE äußerst gering zu sein scheint. Vergiftungssymptome traten in Tierversuchen erst bei Konzentrationen von einigen Tausend mg/m^3 bzw. nach oraler Applikation im g/kg-Bereich auf. Gemäß der EG-Gefahrstoffrichtlinie ist MTBE hiernach nicht mehr als „mindergiftig" einzustufen, sondern als Substanz, die „nicht klassifiziert" wird. MTBE wird aufgrund einer relativ hohen Metabolisierungsrate auch nicht im Fettgewebe akkumuliert (TESSERAUX und KOSS, 1999).

Zu beachten ist aber, dass in einer zweijährigen Studie an Ratten, denen oral MTBE (1 000 mg pro kg Körpergewicht) zugeführt worden war, spezielle Tumoren beobachtet wurden. Nach Abschluss der Studie wurden diese Tumoren bei 34,4 % der überlebenden Tiere gefunden. Bei weiblichen Tieren wurde eine dosisabhängige Zunahme an Lymphomen und Leukämien ermittelt. Nach zwei Jahren waren bei den gegenüber MTBE exponierten weiblichen Tieren über 25 % gegenüber 3,4 % in der Kontrollgruppe davon betroffen. Bei den männlichen Tieren wurde jedoch keinerlei Zunahme gefunden.

Verschiedene Studien (BEVAN et al., 1997) zeigten reproduktionstoxische, embryotoxische und teratogene Wirkungen von MTBE. Allerdings ist es nach dem gegenwärtigen Kenntnisstand nicht klar, ob sich aus der Exposition von Versuchstieren gegenüber den angewendeten extrem hohen Dosen ein erhöhtes Risiko für den Menschen bei Exposition gegenüber im Umweltbereich anzutreffenden Konzentrationen ableiten lässt oder nicht.

2.4.6.3.2.3 Fazit

1007. Die Stoffgruppe der flüchtigen organischen Verbindungen (VOC) umfasst eine Vielzahl von einzelnen Stoffen. Um eine Vergleichbarkeit der Ergebnisse von toxikologischen und epidemiologischen Studien zu erreichen, wird eine einheitliche Verwendung der Definition von TVOC gefordert.

Eine WHO-Definition schlägt die Einteilung der Substanzen dieser Stoffklasse entsprechend ihren Siedepunkten in Kategorien vor. Diesem Vorschlag wird häufig nicht gefolgt, was zu einer mangelnden Vergleichbarkeit der Ergebnisse von Studien führt. Darüber hinaus besteht nach Auffassung des Umweltrates Bedarf für die Ermittlung hinreichend begründeter Schwellenwerte für VOC in Innenräumen, die als Leitwerte für Eingriffe und Sanierungsstrategien herangezogen werden können.

Wird nur ein Teil der Gesamtheit solcher Stoffe betrachtet oder messtechnisch erfasst, so muss die betreffende Fraktion genau spezifiziert sein. Werden bei der Charakterisierung der Exposition Verfahren eingesetzt, bei denen keine spezifische Quantifizierung der einzelnen Substanzen erfolgt, so sind unbedingt Untersuchungen zur Vergleichbarkeit und Reproduzierbarkeit der Messergebnisse durchzuführen. Der Umweltrat fordert vor dem Hintergrund der mangelnden Vergleichbarkeit der Ergebnisse eine einheitliche Anwendung der Definition von TVOC bei zukünftigen innenraumbezogenen Studien. Darüber hinaus wird auf die Notwendigkeit der Entwicklung und Validierung diesbezüglich konkreter analytischer Mess- und Bestimmungsverfahren entsprechend der erwähnten Empfehlung hingewiesen.

1008. Neben der Aufstellung von Grenzwerten ist weiterhin der zuverlässigen Überwachung der Einhaltung der bestehenden Grenzwerte genügend Aufmerksamkeit zu widmen. Für jeden Arbeitsstoff, für den ein Grenzwert (MAK-, BAT-, TRK-Wert) besteht, sollte sichergestellt sein, dass auch hinreichend validierte analytische Bestimmungsverfahren zur messtechnischen Überwachung zur Verfügung stehen. Dieses ist gegenwärtig nicht ausnahmslos der Fall.

1009. Der Umweltrat sieht zudem im Problemfeld der flüchtigen organischen Verbindungen erheblichen Forschungsbedarf:

Im Bereich der nicht gewerblich genutzten Innenräume bestehen bei der Quantifizierung der Wirkungen von Einzelstoffen sowie von Gemischen, vor allem im Niedrigdosisbereich, weiterhin Wissenslücken. Es sollten neben neurotoxischen Effekten auch mögliche immuntoxische und/ oder allergiestimulierende Effekte untersucht werden.

Darüber hinaus besteht noch Forschungsbedarf zu Wirkungen von Substanzgemischen am Arbeitsplatz, zumindest dort, wo sich die Zusammensetzung solcher Gemische in der Praxis nicht sehr stark verändert (z. B. bei technischen Lösemittelgemischen).

Die noch nicht abschließend zu bewertenden Ergebnisse der Studien möglichen Wirkungen von MTBE auf die menschliche Gesundheit sollten Anlass zu weiterführenden Studien sein. Auch erscheint es sinnvoll, in solche Untersuchungen Substanzen mit ähnlichen Stoffeigenschaften einzubeziehen, die ebenfalls als Kraftstoffzusätze verwendet werden oder in naher Zukunft verwendet werden sollen, um diesbezüglichen Fehlentwicklungen vorzubeugen. Die Risikobewertung sollte auch in Abhängigkeit vom Ausmaß der Verwendung von MTBE und ähnlichen Verbindungen in Kraftstoffen erfolgen.

2.4.6.3.3 Feine und ultrafeine Partikel

1010. Partikelförmige Luftinhaltsstoffe (Schwebstäube) können nach Aufnahme in die Lunge zu akuten und chronischen Gesundheitsschäden führen. In zahlreichen epidemiologischen Untersuchungen konnte gezeigt werden, dass hohe Feinstaubkonzentrationen in der Außenluft das Risiko für Atemwegs- und Herz-Kreislauf-Erkrankungen steigern und allgemein mit einer Erhöhung der Mortalität einhergehen. In Tierversuchen erwiesen sich nicht nur mineralische Faserstäube und Quarz, sondern auch ursprünglich als inert bezeichnete Stäube wie Kohlenstoffpartikel (reiner Ruß) als kanzerogen. Eine wichtige Feinstaubquelle der Außenluft ist der Kraftfahrzeugverkehr und hier insbesondere der von Dieselmotoren emittierte Ruß. Der Umweltrat hat hierzu schon früher Stellung bezogen und betrachtet Rußpartikel als wahrscheinlich kanzerogen für den Menschen (SRU, 1994).

Im Blickpunkt stehen derzeit Feinstäube mit einem Durchmesser kleiner als 0,1 µm, die sogenannten ultrafeinen Partikel. So gibt es Anhaltspunkte, dass ultrafeine

Partikel eine besonders hohe akute Toxizität aufweisen. Zudem können ultrafeine Partikel als Vehikel für toxische Substanzen dienen, die nach Adsorption an die Partikel tief in die Lunge getragen werden.

Ultrafeine Partikel entstehen besonders bei Verbrennungsprozessen und sind daher überwiegend anthropogener Natur. Nach aktuellen Messungen ist die Zahl ultrafeiner Partikel in der Umgebungsluft in den letzten Jahren angestiegen, obwohl die Staubemissionen insgesamt deutlich zurückgegangen sind. Ultrafeine Teilchen leisten nur einen geringen Beitrag zur Masse eines Aerosols und werden daher in der bisherigen Bewertung von Luftverunreinigungen durch Schwebstäube praktisch nicht berücksichtigt; die bisherigen Messungen erfassen nur die Masse, aber nicht die Partikelanzahl (Tab. 2.4.6-2).

Tabelle 2.4.6-2

Zahl und Oberfläche von monodispersen Partikeln mit Einheitsdichte, aber unterschiedlichen Größen bei einer Masse von 10 µg/m³

Partikeldurchmesser in µm	Partikelzahl pro cm³ Luft	Partikeloberfläche µm² pro cm³ Luft
0,02	2 400 000	3 016
0,1	19 1000	600
0,5	153	120
1,0	19	60
2,5	1,2	24

Quelle: HEINRICH et al., 1999

2.4.6.3.3.1 Ziele

1011. Wie schon in Abschnitt 2.4.4.1.5.1 (Tz. 742) ausgeführt, formuliert die Luftqualitätsrahmenrichtlinie der EU (96/62/EG) als allgemeines Ziel die „Erhaltung der Luftqualität, sofern sie gut ist, und die Verbesserung der Luftqualität, wo dies nicht der Fall ist". Die erste Tochterrichtlinie (1999/30/EG) setzt zum Schutz der menschlichen Gesundheit unter anderem anspruchsvolle Staubimmissionswerte für die PM10-Fraktion (Partikeldurchmesser <10 µm) (Tab. 2.4.4-2). Diese sind wesentlich strenger als die derzeit geltenden Schwebstaubwerte. Angesichts der Höhe der heutigen Schwebstaubbelastung ist hier mit deutlichen Überschreitungen zu rechnen. Grenzwerte für kleinere Partikelfraktionen wurden bisher nicht festgesetzt, da die verfügbare Datenlage dies nicht erlaubt. Wegen der speziellen Effekte lungengängiger Partikel wären nach Auffassung der Europäischen Kommission Grenzwerte auch für die PM2,5-Fraktion sinnvoll.

2.4.6.3.3.2 Emissionsquellen und Exposition der Bevölkerung

1012. Tabelle 2.4.6-3 gibt eine Übersicht über die gängigen Parameter zur Klassifizierung von Schwebstäuben sowie die wichtigsten Quellen. Die inhalierbare Staubfraktion (Partikel mit einem Durchmesser <10 µm, PM10-Fraktion) wird nach der Sammeleffizienz der verwendeten Filter üblicherweise in grobe Partikel (aerodynamischer Durchmesser über 2,5 µm), feine Partikel (Durchmesser zwischen 2,5 µm und 0,1 µm) und ultrafeine Partikel (Durchmesser unter 0,1 µm) eingeteilt.

Die MAK-Werte-Kommission teilt seit 1998 Stäube und andere Aerosole (ohne Faserstäube) in den einatembaren Staubanteil (Kennzeichnung E, früher Gesamtstaub) und in den alveolengängigen Staubanteil (Kennzeichnung A, früher Feinstaub) ein. Nach der verwendeten Trennkurve besteht der alveolengängige Anteil zu 70 % aus Partikeln mit einem aerodynamischen Durchmesser unter 5 µm, das heißt, die PM2,5-Fraktion wird damit voll erfasst (DFG, 1998). Bei Angaben zur Staubzusammensetzung der Außenluft wird in Deutschland die PM10-Fraktion häufig noch als „Feinstaub" bezeichnet.

Ultrafeine Primärpartikel sind in der Außenluft sehr kurzlebig, da sie sich aufgrund ihrer hohen diffusen Eigenbeweglichkeit zu größeren Teilchen zusammenlagern. Im Bereich zwischen 0,1 µm und 1 µm sind die Teilchen relativ stabil und können dann über große Strecken (bis zu mehreren 1 000 km) verfrachtet werden. Für diese Partikel liegen die Verweilzeiten in der Troposphäre bei einigen Tagen und werden im wesentlichen durch den Wasserzyklus begrenzt. Grobe Partikel sedimentieren dagegen innerhalb von Minuten bis Stunden und werden daher nur wenige Kilometer transportiert. Nicht geklärt ist bisher, welche Bedeutung die Konzentration größerer Partikel auf das Agglomerationsverhalten der ultrafeinen Fraktion hat. In der Außenluft von Ballungsräumen ist die Staubverteilung bimodal, mit Häufungen im Bereich zwischen 0,1 bis 2 µm und 3 bis 100 µm und einem Minimum im Übergangsbereich.

In Europa besteht der Schwebstaub in der Atmosphäre hauptsächlich aus Sulfat, Nitrat, Ammonium, organischen Verbindungen, elementarem Kohlenstoff (Ruß), Metallen und Wasser. Der Anteil von Ruß am Gesamtschwebstaub weist mit Werten von 4 bis 30 % eine große Variationsbreite auf, mit hohen Werten in den Städten (LfU, 1998).

1013. Die Gesamtstaubemissionen in Deutschland gingen im Zeitraum 1990 bis 1996 von etwa 2 Mio. t auf 0,5 Mio. t pro Jahr zurück. Über ein Drittel der Gesamtstaubemissionen gehen heute auf den Umschlag von Schüttgütern zurück. Diese Emissionen bestehen zu etwa 40 % aus Feinstaub, wobei hier die PM10-Fraktion gemeint ist (UBA, 1998). Derzeit liegt der Anteil der inhalierbaren Staubfraktion (PM10) bei Emissionen aus Kraftwerken, sonstigen Feuerungsanlagen und Kraftfahrzeugverkehr zwischen 90 und 95 %. Größere Staubpartikel werden inzwischen von Staubabscheidern zurückgehalten. Partikel aus Automobilabgasen finden sich fast vollständig in der PM2,5-Feinstaubfraktion. Neben den originär emittierten Partikeln entsteht ein nicht unerheblicher Anteil des Schwebstaubes sekundär durch die Umwandlung von Gasen über Aerosole zu „luftbürtigen" Partikeln.

Insgesamt liegen kaum Untersuchungen zur Korrelation von Partikelkonzentrationen zwischen Außenbereich und Innenräumen vor. Nach LIPFERT (1997) scheint es kaum eine Korrelation für Partikel zwischen außen und innen zu geben. Das schränkt die Aussagekraft epidemiologischer Studien ein, da sich diese ausnahmslos auf die in der Außenluft gemessenen Partikelkonzentrationen beziehen. In Innenräumen hängt die Konzentration an feinen und ultrafeinen Partikeln ganz wesentlich vom Rauchverhalten ab. Rauchen führt zu einer deutlichen Erhöhung der atembaren Staubfraktion.

Seit 1978 werden in der Innenstadt von Frankfurt a. M. Messungen zum Staub in der Atemluft durchgeführt. In Ergänzung zum PM10-Staub wird seit 1996 auch der PM2,5-Feinstaub erfasst. Hierbei ergab sich, dass der Massenanteil von PM2,5 im Jahresmittel gleichbleibend zwei Drittel von PM10 beträgt. Aufgrund dieses Befundes wurde rückwirkend der Konzentrationstrend der Jahresmittelwerte des PM2,5-Feinstaubes errechnet. Danach dürfte sich diese Staubfraktion von etwa 70 $\mu g/m^3$ auf etwa 25 $\mu g/m^3$ verringert haben, wobei seit etwa 1990 keine nennenswerte Absenkung dieser Staubfraktion mehr erreicht wurde. Der Rußanteil beträgt rund ein Viertel der PM2,5-Feinstaubmasse (UBA, 1998).

Die Dieselrußbelastung der Luft beträgt 1 bis 1,5 $\mu g/m^3$ in ländlichen Gebieten und 5 bis 10 $\mu g/m^3$ in Ballungsgebieten. Sie kann jedoch in Straßenschluchten mit starkem Lkw-Verkehr bis auf 40 $\mu g/m^3$ ansteigen, so dass auch in Innenräumen zur Straßenseite hin erhebliche Konzentrationen auftreten können (SEIDEL, 1996, S. 187; LAI, 1992, S. 126).

Untersuchungen in Erfurt zeigen, dass die Anzahl der ultrafeinen Partikel zwischen 1991 und 1998 zugenommen hat, bei gleichzeitiger Abnahme der Partikelmasse im Gesamtbereich von 0,01 bis 2,5 µm (Tab. 2.4.6-4). Bisherigen Messverfahren, die die Masse von Partikeln bestimmen, haben ultrafeine Partikel vernachlässigt, was einer Nichterfassung gleichkommt.

Tabelle 2.4.6-3

Parameter zur Beschreibung von Schwebstaub und wichtige anthropogene Quellen

	Durchmesser	Anthropogene Quellen	
		Außenluft	**Luft in Innenräumen**
Gesamtschwebstaub (TSP)	< 35 µm	Aufwirbelungen Industrieabgase Hausbrand Verkehr	Aufwirbelungen Staubsaugen Kochen Rauchen
Inhalierbarer Schwebstaub (PM10)	< 10 µm	Aufwirbelungen Industrieabgase Hausbrand Verkehr	Aufwirbelungen Staubsaugen Kochen Rauchen
Lungengängiger Schwebstaub (PM2,5)	< 2,5 µm	Industrieabgase Hausbrand Verkehr	Staubsaugen Kochen Rauchen
ultrafeine Partikel	< 0,1 µm	Industrieabgase Hausbrand Verkehr	Kochen Rauchen

TSP = total suspended particles; PM = particulate matter
Quelle: nach PETERS et al., 1998

Tabelle 2.4.6-4

**Anzahl und Masse ultrafeiner und feiner Partikel in Erfurt –
Messergebnisse einer verkehrsnahen Messstation**

	Durchmesser in μm	Winter 91/92	Winter 97/98
Partikelanzahl (pro cm³)	0,01–0,1	13 000	19 000
	0,1–0,5	5 600	2 400
	0,5–2,5	60	20
	0,01–2,5	**18 700**	**21 000**
Partikelmasse (in μg/m³)	0,01–0,1	0,8	0,7
	0,1–0,5	64,7	19,5
	0,5–2,5	13,5	5,6
	0,01–2,5	**82,1**	**25,7**

Quelle: PETERS et al., 1998; gekürzt

2.4.6.3.3.3 Untersuchungen zur Wirkung feiner und ultrafeiner Partikel

Bedeutung der Partikelgröße für Aufnahme in die Lunge, Deposition und Elimination

1014. Anders als bei gasförmigen Luftverunreinigungen ist die Partikelgröße der wesentliche Parameter, der bestimmt, welche Teilchen eingeatmet werden können und wo die Ablagerung im Atemtrakt erfolgt. Einatembare Schwebstäube im Bereich von 10 μm Durchmesser werden weitgehend im Nasen- und Rachenraum (extrathorakaler Bereich) zurückgehalten, Partikel im Größenbereich zwischen 10 und 5 μm werden im tracheobronchialen Bereich abgelagert (thoraxgängiger Anteil), kleinere Teilchen (unter 5 μm) gelangen bis in die Lungenbläschen (Alveolen), wo sie entweder sedimentieren oder wieder ausgeatmet werden. Ultrafeine Teilchen werden zu einem großen Teil im Alveolarraum deponiert.

1015. In den extrathorakalen Atemwegen, der Trachea und den Bronchien werden die Partikel im Rahmen der natürlichen Reinigungsprozesse (Mukoziliartransport) innerhalb von 1 bis 3 Tagen mit dem Bronchialschleim aus dem Atemtrakt entfernt. Die Verweildauer von Partikeln im Alveolarbereich, wo dieser Reinigungsmechanismus fehlt, ist dagegen deutlich länger und kann unter Umständen Jahre andauern. Daher besteht die Möglichkeit, dass schwerlösliche Partikel in der Lunge akkumulieren. Lösliche Partikel und Partikelbestandteile werden resorbiert und wirken lokal oder systemisch entsprechend ihren spezifischen Eigenschaften. Unlösliche Partikel werden von herumwandernden Immunzellen (Makrophagen) als Fremdkörper erkannt und nach Aufnahme in die Zellen (Phagozytose) in den Tracheo-Bronchialraum abtransportiert. Die Phagozytose ist am effektivsten für Partikelgrößen zwischen 0,3 und 5 μm und verlangsamt sich für kleinere Partikel erheblich.

Bei hoher Partikellast (Overload) wird die Mobilität der Makrophagen weiter herabgesetzt und es kommt es zu einem vermehrten Übertritt von Partikeln in das Lungengewebe. Insbesondere ultrafeine Partikel können zu einem erheblichen Teil von den Epithelzellen der Lungenbläschen aufgenommen werden, wo sie entweder verbleiben oder weiter in das Zwischengewebe (Interstitium) transportiert werden. So konnte mit ultrafeinem Titandioxid (mittlerer Durchmesser 21 nm) ein schnellerer Eintritt in das Interstitium der Rattenlunge nachgewiesen werden als mit feinen Titandioxidpartikeln (mittlerer Durchmesser 250 nm). Die Halbwertszeit für die alveoläre Lungenreinigung der ultrafeinen Partikel war mit 500 Tagen fast dreimal so lang wie bei den feinen Partikeln (FERIN et al., 1992; OBERDÖRSTER et al., 1992). Die Eliminierung der Partikel aus dem Interstitium erfolgt ebenfalls durch Makrophagen über das Lymphsystem. Auf diesem Wege gelangen alveolengängige, vor allem aber ultrafeine Partikel in den allgemeinen Kreislauf.

Experimentelle Untersuchungen zur Partikelwirkung

1016. Alveolengängige Teilchen, die aus toxischen Komponenten bestehen, lösen nach Resorption spezifische Wirkungen aus. Unspezifische Effekte können sich aufgrund der physikalischen Eigenschaften von körnigen Partikeln ergeben, das heißt aufgrund ihrer Größe, Oberflächeneigenschaften und Anzahl. Auf die spezifische, in der Geometrie begründete Wirkung faserförmiger Stäube wird an dieser Stelle nicht eingegangen.

Nach derzeitigem Kenntnisstand liegen der Partikelwirkung im Alveolarraum und im Lungengewebe entzündliche Prozesse unter Overload-Bedingungen zugrunde. Zahlreiche tierexperimentelle und In-vitro-Untersuchungen weisen darauf hin, dass die Phagozytose schwerlöslicher Partikel durch Alveolarmakrophagen zu einer permanenten Aktivierung der Makrophagen führt. Diese geht einher mit der Induktion von entzündungsfördernden

Botenstoffen und einem vermehrten Einströmen von weiteren Immunzellen in die Atemwege. Die Abwehrmechanismen sind verbunden mit der Freisetzung von reaktiven Sauerstoffspezies und Proteasen. Die von den aktivierten Alveolarmakrophagen freigesetzten Faktoren erreichen die Zellen des Zwischengewebes und können zu fibrotischen Veränderungen der Lunge führen. Die Fibrose kann als Endstadium einer chronischen Entzündung entstehen und ist die Hauptursache der Staublunge (Silikose), wie sie bei beruflicher Exposition im Steinkohlebergbau beschrieben wurde. Einige schwerlösliche Partikel mit geringer toxischer Wirkung auf Makrophagen können ab einer kritischen Dosis ebenfalls zu einer Fibrose führen, dazu gehört Ruß aus Dieselmotoren, Toner für Kopiermaschinen und Titandioxid. Zahlreiche, als inert oder zumindest wenig toxisch geltende Stäube sind in der Lage, Parameter der beschriebenen entzündlichen und fibrotischen Prozesse zu erhöhen (AMDUR, 1996). Nach einer Hypothese von SEATON et al. (1995) erhöht die entzündungsbedingte Freisetzung von Mediatoren die Blutgerinnung und die Plasmaviskosität, was die Zunahme der Todesfälle durch Herz-Kreislauf-Erkrankungen in Zusammenhang mit erhöhter Luftverschmutzung erklären könnte.

1017. In einigen Experimenten, in denen ultrafeine Partikel und feine Partikel (>2 μm) des gleichen Materials (z. B. Titanoxid und Aluminiumoxid) verglichen wurden, führte die ultrafeine Fraktion zu stärkeren entzündlichen Wirkungen (OBERDÖRSTER et al., 1994 und 1992; FERIN et al., 1992); mit feinen und ultrafeinen Teilchen aus Kohlenstoff, Silber, Eisenoxid oder Magnesiumoxid wurden keine derartigen Unterschiede gefunden (GSF, 1997; KUSCHNER et al., 1997). Die endgültige Klärung der Frage, ob ultrafeine und feine Partikel per se, also unabhängig von ihrer chemischen Zusammensetzung akute inflammatorische oder andere adverse Wirkungen hervorrufen, steht nach wie vor aus.

1018. Eine wichtige Rolle für die toxische Wirkung von Partikeln spielen die an der Oberfläche adsorbierten Stoffe. Ultrafeine Partikel mit ihrer im Verhältnis zur Masse sehr hohen Oberfläche sind ein ideales Vehikel für den Transport toxischer Substanzen in die Alveolen und in das Lungengewebe. Hinzu kommt, dass aufgrund der beschriebenen langen Halbwertszeiten adsorbierte chemische Stoffe sehr lange im Alveolarraum verbleiben und langsam (rationell) ihre Wirkung entfalten. Eine Verstärkung der Wirkung kanzerogener Stoffe wie Benzo(a)pyren durch Adsorption an alveolengängige Partikel ist experimentell belegt (DASENBROCK, 1996; BOND, 1986).

In Ratten führte die Inhalation niedriger Konzentrationen (40 bis 60 μg/m^3) ultrafeiner Teflonpartikel nach kurzer Zeit zum Tode aller Tiere. Die Effekte werden auf sublimierte Komponenten des Polymerrauches (Fluorwasserstoff) auf der Partikeloberfläche zurückgeführt. Vergleichbare Konzentrationen von Fluorwasserstoff allein waren nicht toxisch (OBERDÖRSTER, 1997).

Die gleichzeitige Anwesenheit von Übergangsmetallen (Eisen, Zink) oder die Ummantelung der Partikel mit Säure erhöht die entzündungsfördernde Wirkung. In Versuchen mit frisch generierten ultrafeinen Kohlenstoffpartikeln, an die Schwefelsäure adsorbiert war, war der Summeneffekt des Säuremantels und des Partikelkerns größer als die Wirkung der einzelnen Komponenten (CHEN et al., 1995 und 1992).

1019. In Ratten – aber nicht in Hamstern und nicht eindeutig in Mäusen – konnte gezeigt werden, dass hohe Konzentrationen schwerlöslicher Partikel ein tumorerzeugendes Potential besitzen. Im Mittelpunkt aktueller Diskussionen stehen mögliche kanzerogene Effekte von Stäuben, die unabhängig von einer spezifischen Toxizität beobachtet werden, also Effekte, die durch bestimmte Korngrößen von biobeständigen Stäuben jeder chemisch inerten Zusammensetzung hervorgerufen werden.

Eine direkte Gentoxizität schwerlöslicher Partikel wurde bisher nicht eindeutig nachgewiesen. Positive Ergebnisse mit nativem Dieselruß und anderen Stäuben sind möglicherweise mit den darin enthaltenen organischen Mutagenen zu erklären. Es gibt jedoch Hinweise auf eine „indirekte" Gentoxizität über die Stimulierung von Entzündungszellen und die nicht genügend kompensierte Generation von reaktiven Sauerstoffspezies. Die fehlende direkte Gentoxizität schwerlöslicher Partikelkerne lässt eine Wirkungsschwelle möglich erscheinen. Die Frage der Wirkungsschwelle wird intensiv und kontrovers diskutiert, da sie für die Abschätzung des Lungenkrebsrisikos durch alveolengängige Partikel in der Außenluft von großer Bedeutung ist.

Epidemiologische Untersuchungen zur Wirkung von feinen und ultrafeinen Partikeln

1020. Aus arbeitsmedizinischen Studien ist bekannt, dass Staubexposition am Arbeitsplatz je nach Zusammensetzung der Stäube zu akuten und chronischen Erkrankungen der Atemwege führen kann (Tab. 2.4.6-5).

1021. Die Analyse der Daten aus historischen Smogepisoden zeigt, dass neben der Belastung durch das beobachtete SO_2 auch Schwebstaub zum Anstieg von Mortalität und Morbidität beitrug. Seit Beginn der neunziger Jahre wurde eine Reihe von Studien veröffentlicht, die insbesondere einen Zusammenhang zwischen feinen Aerosolteilchen (PM2,5) und bestimmten respiratorischen und kardiovaskulären Erkrankungen belegen. Generell waren Personen mit bestehenden Herz- und Lungenerkrankungen sowie Raucher besonders gefährdet. Zeitreihenanalysen ergaben Zunahmen der Erkrankungen um 0,5 bis 1,5 %, wenn die Belastung mit Stäuben (PM10- und PM2,5-Fraktion) um 10 μg/m^3 anstieg. Für ultrafeine Partikel liegen keine entsprechenden Untersuchungen vor. Die meisten Studien wurden in den USA von der Arbeitsgruppe um SCHWARTZ und DOCKERY durchgeführt (SCHWARTZ et al., 1996; DOCKERY et al., 1993). Eine neuere Bewertung dieser Studien durch die Environmental Protection Agency (US-EPA) ist in Tabelle 2.4.6-6 zusammengefasst.

1022. In einer europaweiten Untersuchung (APHEA-Studie) wurden kurzfristige Auswirkungen der Luftverunreinigung in 15 Städten aus zehn Ländern ausgewertet. Als Luftschadstoffe wurden außer Partikeln (Gesamtschwebstaub) auch Schwefeldioxid, Stickstoffdioxid und Ozon erfasst. Die Ergebnisse bezüglich der Partikel sind in Tabelle 2.4.6-7 zusammengefasst. Das Mortalitätsrisiko in Verbindung mit der PM10-Belastung liegt in der APHEA-Sudie bei 1,022 bei einer Erhöhung um 50 µg/m^3 und damit im unteren Bereich der in den US-amerikanischen Studien berichteten Risiken.

1023. Mit den gesundheitlichen Effekten feiner und ultrafeiner Partikel befassen sich vier deutsche Studien (WICHMANN und PETERS, 1999, PETERS et al., 1997):

– In einer Studie an erwachsenen Asthmatikern in Erfurt (1991/92) bestand eine signifikante Assoziation zwischen 5-Tages-Mittelwerten feiner und ultrafeiner Partikel und der Verschlechterung von Asthma und Lungenfunktion (gemessen als Peakflow). Bei den Asthmatikern wurde ein doppelt so großer Abfall des Peakflows in Assoziation mit der Anzahlkonzentration der ultrafeinen Partikel ermittelt als in Assoziation mit der Masse der feinen Partikel. Auch das Gefühl, krank zu sein und die Häufigkeit von Husten korrelierten am besten mit der Anzahl der ultrafeinen Partikel. Ähnliche Untersuchungen aus Finnland konnten die Ergebnisse von PETERS et al. (1997) nicht bestätigen (PEKKANEN et al., 1997).

Tabelle 2.4.6-5

Chronische Lungenerkrankungen, die durch Staubexposition am Arbeitsplatz auftreten können (ohne biogene Stäube)

Krankheit	Metallstäube	Gesteinstäube	Verbrennungs-Produkte
chronisch obstruktive Lungenerkrankungen	Aluminium, Eisen, Cadmium, Magnesium	Kohlenstaub mit Silikat, Gesteinstaub in Goldminen	Dieselruß, Rußpartikel
allergisches Asthma	Chrom, Kobalt, Nickel		
Pneumokoniose, z. B. Silikose, Asbestose	Arsen, Barium, Beryllium, Eisen	silikathaltige Stäube, Asbest, Kohlenstaub, Gesteinstaub in Goldminen	
Lungenkrebs	Arsen, Nickel, Radon	Asbest	Dieselruß

Quelle: PETERS et al., 1998; verändert

Tabelle 2.4.6-6

Relative Risiken für Mortalität und Morbidität nach den Befunden mehrerer epidemiologischer Untersuchungen (Daten nach US-EPA)

Endpunkt	Partikelfraktion	Erhöhung um (µg/m^3)	Relatives Risiko
Bezug auf 24 h- Mittelwert			
Mortalität	PM10	50	1,025–1,085
	PM2,5	25	1,02–1,06
Einweisung von älteren Personen ins Krankenhaus wegen Pneumonie oder chronisch obstruktiver Lungenkrankheit	PM10	50	1,06–1,25
Symptome (Gesamtbevölkerung einschließlich Risikogruppen)			
Husten	PM10	50	1,09–1,51
LRS (lower respiratory symptoms)	PM10	50	1,01–2,0
Bezug auf Jahresmittelwert			
Mortalität	PM15/10	50	1,42
	PM2,5	25	1,31
	PM2,5	25	1,17

Quelle: HEINRICH et al., 1999; gekürzt

Tabelle 2.4.6-7

**Ergebnisse der APHEA-Studie:
Gesamtauswertung der Daten aller Einzelstädte zum Zusammenhang
zwischen täglicher Partikelbelastung (24-h-Mittel) und Mortalität
bzw. Morbidität**

Endpunkt	Partikelfraktion	Relatives Risiko (RR) bei einer Erhöhung um 50 µg/m^3 (95-%-Konfidenzintervall)	Bemerkungen
Mortalität	Black smoke (BS)	1,013 (1,009–1,017)	RR in westeuropäischen Städten höher (1,03) als in osteuropäischen (1,008)
	PM10	1,022 (1,013–1,031)	
Einweisung ins Krankenhaus			
Atemwegserkrankungen allgemein	BS	1,03 (1,01–1,05)	In Einzelstädten, meist kein signifikanter Zusammenhang; mögliche Verstärkung durch NO$_2$
	TSP	1,00 (0,99–1,03)	Nicht signifikant
Notfälle mit chronisch obstruktiver Lungenkrankheit	BS	1,035 (1,010–1,060)	
	TSP	1,022 (0,998–1,047)	Nicht signifikant
Asthma	BS	1,030 (0,979–1,084)	Befunde bei Kindern, nicht signifikant
	BS	1,021 (0,985–1,059)	Befunde bei Erwachsenen, nicht signifikant

Die Konzentration an PM10 wurde im APHEA-Projekt aus Daten zum Gesamtschwebstaub TSP berechnet (PM10 = 0,55 × TSP).
Quelle: nach HEINRICH et al., 1999

– In einer weiteren Studie in Erfurt wurden die Mortalitätsraten zwischen 1995 und 1999 in Beziehung zur Partikelbelastung gesetzt. Im angegebenen Zeitraum nahm die Masse der Partikel ab und die Anzahl der Partikel zu. Die Zwischenanalyse der Daten von zwei Jahren ergab eine Erhöhung der Mortalität, die nahe an der statistischen Signifikanz war.

– In Amsterdam, Erfurt und Helsinki läuft seit 1996 eine Studie zu kardiovaskulären Erkrankungen, die bis 2001 abgeschlossen sein wird. Die Anzahl der ultrafeinen Partikel ist an den drei Studienorten vergleichbar, Unterschiede bestehen in der Massenkonzentration der feinen Partikel.

– In Augsburg läuft derzeit eine Studie an Herzinfarktpatienten (Überlebende eines akuten Herzinfarkts) mit dem Ziel, Erkenntnisse über die Rolle feiner und ultrafeiner Partikel in diesem Zusammenhang zu gewinnen.

Epidemiologische Studien zeigen übereinstimmend eine enge Beziehung zwischen einem Anstieg der Partikelkonzentration in der Außenluft und einem vermehrten Auftreten von Schädigungen der menschlichen Gesundheit (erhöhte Anzahl von Sterbefällen sowie von Erkrankungen, in erster Linie der Atemwege). Die beobachteten Assoziationen wurden auch unterhalb der bisher geltenden Grenzwerte festgestellt. Aus den vorliegenden Studien kann kein Schwellenwert für die schädlichen Wirkungen abgeleitet werden. In den wenigen Untersuchungen mit definierten Partikelfraktionen hat sich gezeigt, dass die beobachteten gesundheitlichen Schädigungen deutlicher mit der Konzentration der feinen Partikelfraktion (PM2,5) korrelierten als mit PM10. Im Gegensatz dazu lässt die Datenlage keine Aussagen zur Erhöhung des Lungenkrebsrisikos der Allgemeinbevölkerung aufgrund der Feinstaubbelastung der Außenluft zu.

2.4.6.3.3.4 Untersuchungen zu Dieselruß

1024. Dieselruß besteht aus einem unlöslichen Kohlenstoffkern (Rußkern) mit geringen Mengen an Metallstäuben, an den anorganische (im wesentlichen Sulfat) und organische Verbindungen (unter anderem polyzyklische aromatische Kohlenwasserstoffe – PAK) adsorbiert sind. Das Maximum der Partikelgrößenverteilung liegt bei 0,1 µm, also im ultrafeinen Bereich. Die PAK sind von besonderer Relevanz, da sich manche dieser Verbindungen im Tierversuch als kanzerogen erwiesen haben. Die MAK-Werte-Kommission der deutschen Forschungsgemeinschaft (DFG, 1990) und die International Agency for Research on Cancer (IARC, 1989) halten übereinstimmend ein kanzerogenes Risiko durch Dieselabgase im Tierversuch für gegeben. Die krebserzeugende Wirkung scheint nach derzeitigem Kenntnisstand ganz überwiegend vom Kohlenstoffkern auszugehen (POTT und ROLLER, 1997). Dieser macht etwa 70 % der Gesamtpartikelmasse aus. Der Gehalt an PAK dürfte für höchstens 1 % der kanzerogenen Wirkungen von Dieselmotorabgasen verantwortlich sein.

Epidemiologische Studien zur beruflichen Exposition

1025. Untersuchungen zur Lungenkrebshäufigkeit bei beruflicher Belastung durch Dieselmotoremissionen lassen bei hoher beruflicher Exposition eine Erhöhung des Risikos erkennen. Allerdings wurden in den älteren Studien Störgrößen wie Rauchen oder Asbestexposition nur unzureichend erfasst, so dass die Daten nur eingeschränkt verwertbar sind.

Im folgenden sollen zwei kürzlich in Deutschland durchgeführte Fall-Kontroll-Studien zum Lungenkrebsrisiko durch Dieselmotoremissionen beschrieben werden. Die Untersuchungen wurden in West- und Ostdeutschland durchgeführt und zusammen ausgewertet (Tab. 2.4.6-8). Als Risikofaktoren wurden die berufliche Exposition gegenüber Dieselmotoremissionen sowie die Rauchgewohnheiten über Fragebogenangaben in ihrer kumulativen Höhe abgeschätzt. Es zeigte sich ein signifikant erhöhtes Lungenkrebsrisiko für Berufskraftfahrer (Traktoristen nur bei lebenslanger Exposition) mit einer Dieselabgasexposition. Auffallend ist, dass die Risikoerhöhung der Berufskraftfahrer auf den Westen Deutschlands beschränkt zu sein scheint. Die Autoren der Studie führen dies auf die unterschiedliche Verkehrsdichte in den beiden Teilen Deutschlands vor 1990 zurück. Für alle in Tabelle 2.4.6-8 angegebenen Risiken sind die Risiken für Rauchen und Asbestexposition herausgerechnet. Die Studie unterstützt die Hypothese, dass die berufliche Exposition gegenüber Dieselabgasemissionen mit einem erhöhten Lungenkrebsrisiko assoziiert ist (BRÜSKE-HOHLFELD et al., 1998).

Tabelle 2.4.6-8

Zusammenfassende Darstellung des Lungenkrebsrisikos für Männer, die jemals beruflich gegenüber Dieselmotoremissionen exponiert waren

	Kontrollen N = 3541	Fälle N = 3498	Odds Ratio[*)]	95 %-KI[*)]
Insgesamt				
Nicht exponiert	3 111	2 782	1,00	
Exponiert	430	716	1,43	1,23–1,67
Berufskraftfahrer insgesamt				
Nicht exponiert	3 204	2 964	1,00	
Exponiert	337	534	1,27	1,05–1,47
Berufskraftfahrer (Ost)				
Nicht exponiert	795	687	1,00	
Exponiert	111	122	0,83	0,60–1,14
Berufskraftfahrer (West)				
Nicht exponiert	2 409	2 277	1,00	
Exponiert	226	412	1,44	1,18–1,76
Andere Verkehrsberufe				
Nicht exponiert	3 481	3 399	1,00	
Exponiert	60	99	1,53	1,04–2,24
Maschinisten				
Nicht exponiert	3 409	3 417	1,00	
Exponiert	32	81	2,31	1,44–3,70
Traktoristen				
Nicht exponiert	3 505	3 446	1,00	
Exponiert	36	52	1,29	0,78–2,14

[*)] Dargestellt ist das Odds Ratio adjustiert nach Rauchen und Asbestexposition mit dem 95 %-Konfidenzintervall (KI); Mehrfachnennungen waren möglich; N = Gesamtzahl der ausgewerteten Fälle bzw. Kontrollen.

Quelle: BRÜSKE-HOHLFELD et al., 1998

Betrachtung der Umweltpolitikbereiche

1026. Zur Beurteilung kanzerogener Wirkungen wird üblicherweise das Unit-Risk als Maß der kanzerogenen Potenz angegeben. Die Unit-Risk-Schätzungen der kalifornischen Environmental Protection Agency überdecken einen Bereich von 2×10^{-5} bis 2×10^{-3} pro $\mu g/m^3$ Dieselpartikel. Die aus epidemiologischen Studien abgeleiteten Werte liegen dabei im Mittel um eine Zehnerpotenz höher als die Abschätzung anhand der Inhalationsversuche an Ratten und haben einen Wert von 2×10^{-3}. Vom Länderausschuss für Immissionsschutz (LAI, 1992, S. 122) wurde aufgrund experimenteller Befunde ein Unit-Risk für Partikel aus Dieselmotor-Emissionen von 7×10^{-5} angegeben. Umgerechnet auf den Rußkern ergibt sich dann ein Unit-Risk von 1×10^{-4} (HEINRICH et al., 1999).

In neueren Untersuchungen haben sich sowohl im Tierversuch als auch beim Menschen Hinweise auf eine Adjuvanswirkung von Dieselmotorpartikeln bei allergischen Atemwegserkrankungen ergeben. Angesichts des Anstiegs allergischer Erkrankungen ist diese Partikelwirkung für die Bewertung von Emissionen von hoher Bedeutung. Im Sondergutachten „Umwelt und Gesundheit" wird die Assoziation zwischen Allergien und Immissionen aus dem Kraftfahrzeugverkehr ausführlich behandelt (SRU, 1999, Tz. 292-299 und Tz. 307-311).

Risikovergleich zwischen Dieselmotoremissionen und Ottomotoremissionen hinsichtlich ihrer gesundheitsschädlichen Wirkungen

1027. Im Umweltgutachten 1994 wurde vom Umweltrat festgestellt, dass bei Dieselmotoren die weitaus stärkste Reduzierung des kanzerogenen Potentials durch eine Partikelminderung und -filterung zu erreichen ist (SRU, 1994, Tz. 677-700). Vom Fraunhofer Institut für Toxikologie und Aerosolforschung liegt inzwischen eine umfangreiche Aktualisierung der Bewertung der kanzerogenen und nicht-kanzerogenen Kfz-Emissionen vor (HEINRICH et al., 1999). Dazu wurden für PKW und Stadtbusse die Emissionsfaktoren bei innerstädtischem Verkehr ermittelt und die Abgasbestandteile hinsichtlich ihrer toxischen und kanzerogenen Wirkungen analysiert. Die jeweils relevanten Wirkungen und ihre Beurteilungswerte wurden mit den Emissionsfaktoren für die Abgasminderungsstufen EURO 2 bis 4 gewichtet. Zusätzlich wurden auch Emissionsfaktoren für Fahrzeuge aus den achtziger Jahren sowie Partikelemissionen für Dieselfahrzeuge mit den angestrebten Partikelfiltern in die Bewertung einbezogen.

Bei Diesel-Pkw und Stadtbussen stehen in allen Abgasminderungsstufen die Partikelkerne im Vordergrund der kanzerogenen Potenzen, gefolgt von PAK und Benzol; bei Ottomotoren ist die Reihenfolge umgekehrt. Tabelle 2.4.6-9 zeigt die zusammenfassende Auswertung der Mengen der Pkw-Emissionen im Zusammenhang mit ihrer kanzerogenen Potenz. Als relative kanzerogene Potenz wird hierbei das Produkt aus Emission und verwendetem Unit-Risk verstanden. Für den Partikelkern wurde das an Ratten erhaltene Unit-Risk von 1×10^{-4} verwendet (bezogen auf $\mu g/m^3$).

Nach Umsetzung der Abgasgesetzgebungsstufe EURO 4 ohne Partikelfilter wäre danach die kanzerogene Potenz von Diesel-Pkw-Emissionen auf 11 % des Wertes bezogen auf die bis 1996 gültige Abgasregelung (ECE R 15/04) reduziert. Bei Otto-Pkw erfolgte die Reduktion gar auf 3 %. Eine weitere entscheidende Verbesserung des Emissionsverhältnisses zwischen Diesel-Pkw und Otto-Pkw ist zu erwarten, wenn bei der bei der Umsetzung der Abgasgesetzgebungsstufe EURO 4 für Diesel-Pkw Partikelfilter festgeschrieben werden. Rechnerisch ergibt sich dann ein Unterschied von einem Faktor 1,9. Dieser wird von den Autoren der Studie angesichts der unvermeidbaren Abschätzungsunsicherheiten als nicht signifikant betrachtet.

Von der Umsetzung der Schadstoffstufen EURO 3 und EURO 4 ist vor allem bei dieselbetriebenen Fahrzeugen eine deutliche Reduktion der Schadwirkung zu erwarten. Durch Einführung eines Partikelfilters im Hinblick auf EURO 4 würden sich die Unterschiede zwischen den Antriebskonzepten weitgehend ausgleichen.

Weitere Maßnahmen zur Reduzierung der Partikelbelastung der Außenluft finden sich im Kapitel Klimaschutz und Luftreinhaltung (Abschn. 2.4.4).

2.4.6.3.3.5 Fazit

1028. Die bisherigen epidemiologischen Untersuchungen zu Partikelwirkungen beziehen sich fast ausschließlich auf die Masse der PM10-Fraktion und des Gesamtschwebstaubes. Daten zur PM2,5-Fraktion und zu ultrafeinen Partikeln liegen kaum vor, so dass über die diesbezügliche Exposition praktisch keine Aussagen möglich sind. An ausgewählten Messstationen sollten daher die Schwebstäube nach Größe differenziert und auch – zumindest exemplarisch – die Anzahl der Partikel ermittelt werden. Meßmethoden, die dies mit einem vertretbaren Aufwand ermöglichen, sind zu entwickeln. Des weiteren sollten in epidemiologischen Untersuchungen die gesundheitlichen Wirkungen differenziert nach Partikelgröße ermittelt werden.

Trotz umfangreicher experimenteller Untersuchungen besteht weiterhin Forschungsbedarf bezüglich der den akuten und chronischen Wirkungen zugrundeliegenden Vorgänge. So sind die Mechanismen, die zu den partikel-assoziierten Herz-Kreislauf-Problemen führen, weitgehend unbekannt. Klärungsbedarf besteht auch hinsichtlich der Kanzerogenität schwerlöslicher Stäube. Hierzu gehört die Aufklärung des zugrundeliegenden Wirkungsmechanismus (gentoxisch oder epigenetisch) und die Frage nach der Bedeutung unterschiedlicher Staubkenngrößen hinsichtlich der kanzerogenen Potenz.

Tabelle 2.4.6-9

Produkt aus Emission und Unit-Risk als Maß der kanzerogenen Potenz der Emissionsbestandteile von Pkw

Abgas-bestandteil	Pkw	Emission × Unit-Risk (m³/km) [1]						
		Schätzung nach SRU 1994 [2] ohne/mit Kat		ECE R 15/04	EURO 2 Ab 1996	EURO 3 Ab 2000	EURO 4 Ab 2005 ohne/mit Partikelfilter bei Diesel	
Partikelkern	Otto	0,5	0,2	0,84	0,015	0,015	0,015	
	Diesel	12,5	–	19	6,0	4,1	2,1	0,2
Benzol	Otto	0,48	0,06	2,0	0,33	0,13	0,074	
	Diesel	0,03	–	0,10	0,018	0,015	0,013	
PAK (über BaP[3])	Otto	0,27	0,02	1,40	0,18	0,08	0,05	
	Diesel	0,33	–	0,42	0,06	0,05	0,05	
1,3-Butadien	Otto	n. a.	n. a.	0,086	0,014	0,005	0,004	
	Diesel	n. a.	n. a.	0,052	0,009	0,008	0,007	
Formaldehyd	Otto	0,006	0,001	0,015	0,002	0,001	0,001	
	Diesel	0,002	–	0,015	0,004	0,003	0,003	
Acetaldehyd	Otto	0,014	0,014	0,056	0,008	0,004	0,003	
	Diesel	0,007	–	0,086	0,016	0,014	0,012	
Summe	Otto	**1,3**	**0,29**	**4,4**	**0,54**	**0,24**	**0,15**	
	Diesel	**12,9**	–	**19,9**	**6,1**	**4,2**	**2,2**	**0,28**

[1] Relative kanzerogene Potenz: Emissionsfaktor [mg/km] × Unit-Risk [pro µg/m³]
[2] Werte nach dem Umweltgutachten 1994 (SRU, 1994) beziehen sich nicht auf Stadtverkehr und dürfen mit den neuen standardisierten Werten nicht unmittelbar verglichen werden.
[3] Benzo(a)pyren

Quelle: HEINRICH et al., 1999

Besonderer Klärungsbedarf besteht hinsichtlich der Wirkungsschwelle, wobei insbesondere zu klären ist, ob sich experimentell eine Wirkungsschwelle ermitteln lässt, und wenn ja, ob diese über der Umweltexposition der Bevölkerung liegt.

2.4.6.3.4 Künstliche Mineralfasern

1029. Unter dem Oberbegriff „künstliche Mineralfasern" werden anorganische Synthesefasern zusammengefasst. Hierzu gehören die mineralischen Wollen (Glas-, Stein- und Schlackenwollen sowie keramische Wollen), Textilglasfasern und polykristalline Fasern (Tab. 2.4.6-10). Von gesundheitlicher Relevanz sind atembare Faserstäube mit einer Länge >5 µm, einem Durchmesser <3 µm und einem Verhältnis von Länge zu Durchmesser >3 („WHO-Faser").

Künstliche Mineralfasern stehen unter Verdacht, Risikofaktoren für Lungenkrebs zu sein. Die Einstufung von Faserstäuben mit bestimmten geometrischen Charakteristika als krebserzeugend bedeutet, dass hier eine Minimierung der Exposition oder Substitution angestrebt werden muss.

Für die Exposition der Bevölkerung sind im wesentlichen die Mineralwollen (ohne Keramikfasern) von Bedeutung, da diese als Dämmstoffe im Bauwesen weit verbreitet sind. Das Produktionsvolumen dieser Produkte betrug 1996 in Deutschland mit circa 19 Mio. m³, etwa 60 % des gesamten Dämmstoffmarktes (DRAEGER, 1998). Die Faserdurchmesser der Mineralwollen liegen heute im Bereich von 3 bis 8 µm, mit Medianwerten von circa 4 bis 5 µm. Allerdings ist herstellungsbedingt auch ein variierender Anteil an lungengängigen Feinstfasern mit einem Durchmesser von 0,1 bis 3 µm vorhanden. Bei den künstlichen Mineralfasern tritt keine Längsspaltung der Fasern auf, Brüche erfolgen nur quer zur Längsachse. Bei Asbest führt die Längsspaltung der Fasern zu besonders dünnen und langen Fasern, die maximale kanzerogene Potenz liegt bei einem Asbestfaserdurchmesser von 0,25 µm und einer Länge von 20 µm.

Tabelle 2.4.6-10

Bezeichnung und Zusammensetzung künstlicher Mineralfaser-Produkte

Produkt	Struktur
Mineralwolle	Faserförmig erstarrte glasige Schmelzen silikatischer Stoffe; Fasern ohne Orientierung (= Wolle); Länge im Zentimeterbereich, Durchmesser ca. 3 bis 30 μm
Glaswolle	Mineralwolle auf der Basis von Kalknatrongläsern und Borsäurezusatz
Steinwolle	Mineralwolle auf der Basis von Gesteins-Schmelze; Flussmittelzusätze zur Förderung der Schmelze
Basaltwolle	Sonderform der Steinwolle
Keramische Fasern	Hochtemperaturbeständige Faser, im wesentlichen Oxide von Silizium und Aluminium

Quelle: MORISKE, 1998

Da auch Mineralwollen die als kritisch geltende Fasergröße von <3 μm Durchmesser und >5 μm Länge besitzen, können sie teilweise bis in das Alveolargewebe gelangen. Aus den bisher vorliegenden Studien lässt sich eine kanzerogene Wirkung der künstlichen Mineralfasern für den Menschen weder bestätigen noch widerlegen. Allerdings wurde in Tierversuchen für nahezu alle anorganischen Fasern eine kanzerogene Wirkung nachgewiesen. In der MAK- und BAT-Werte-Liste von 1999 sind daher alle anorganischen Faserstäube bis auf Gips und Wollastonit (geringe Biobeständigkeit) als krebsverdächtig eingestuft (DFG, 1999).

1030. Die Biobeständigkeit von Fasern wird derzeit über den Kanzerogenitätsindex (KI) erfasst, der aus der chemischen Zusammensetzung der Fasern errechnet wird. Entscheidend hierbei ist die rasche Hydrolisierbarkeit von Fasern in der Lunge. Je kürzer die Verweildauer im Organismus, desto geringer ist die Wahrscheinlichkeit einer kanzerogenen Wirkung. Faserprodukte mit einem KI >40 gelten danach als frei von Krebsverdacht; Fasern mit KI zwischen 30 und 40 stehen unter begründetem Krebsverdacht und Fasern mit KI-Werten kleiner als 30 werden als krebserzeugend eingestuft. Die als nicht krebserzeugend eingestuften KI-40-Fasern haben mit Halbwertszeiten von circa 30 bis 40 Tagen nur eine kurze Biobeständigkeit. Nach den Technischen Regeln für Gefahrstoffe (TRGS) 905 gilt die Anwendung des KI-40-Index für alle Mineralwolleerzeugnisse, die durch „glasige Schmelze" erzeugt werden, dies sind in erster Linie Glaswollprodukte.

Von den EU-Gremien wurden die deutschen Kriterien allerdings nicht übernommen. Die in der Richtlinie 97/69/EG enthaltenen Kriterien zur Einstufung und Kennzeichnung von Mineralfasern stellen diesen gegenüber eine deutliche Abschwächung dar und werden daher vom Umweltbundesamt abgelehnt (UBA, 1998). Um die Einstufung aufgrund TRGS 905 rechtlich abzusichern, wurde durch die Dritte Änderungsverordnung zur Gefahrstoffverordnung der Anhang V Nr. 7 eingefügt, in dem die TRGS 905 in ihren Grundzügen wiedergegeben wird.

1031. Asbestfasern und Nicht-Asbestfasern führen wahrscheinlich über den gleichen Mechanismus zu Tumoren. Ihre Gefährlichkeit ist abhängig von der Fasergeometrie und der Beständigkeit im Körper.

Im Umweltgutachten von 1996 hat der Umweltrat ausführlich zur gesundheitlichen Relevanz von künstlichen Mineralfasern Stellung genommen (SRU, 1996, Tz. 529-538). Nach Meinung des Umweltrates stellt die Verwendung krebserzeugender Mineralfasern ein unnötiges Risiko dar, das sich durch

– Verringerung des atembaren Faseranteils in den Dämmprodukten,

– Verringerung der Biobeständigkeit der Mineralfasern und durch

– Verwendung von Substituten

gänzlich vermeiden lässt.

1032. Eine Belastung durch künstliche Mineralfasern findet vor allem an Arbeitsplätzen statt, an denen Fasern hergestellt, weiterverarbeitet und eingebaut werden. Hohe Faserkonzentrationen treten auch bei der Sanierung und beim Abriss von Gebäuden auf. Die höchsten Faserkonzentrationen werden beim Einblasen von loser Mineralwolle in enge Räume und beim Abriss thermisch belasteter Ofenisolierungen gemessen (Tab. 2.4.6-11).

Bei ordnungsgemäß durchgeführten Wärmedämmungen im Wohnbereich treten in der Nutzungsphase keine gesundheitlich bedenklichen Konzentrationen kritischer Fasern auf. Die Faserkonzentrationen liegen unter diesen Bedingungen kaum höher als in der Außenluft, wo Faserkonzentrationen um 300 Fasern je Kubikmeter gemessen werden (MORISKE, 1997). Eine Notwendigkeit von Sanierungsmaßnahmen besteht daher nicht. Erhöhte Faserkonzentrationen in der Raumluft können allerdings bei baulichen Mängeln und bei zum Innenraum hin nicht abgedichteten Isolierungen auftreten. In diesen Fällen sollte die Frage von Sanierungsmaßnahmen unter dem Gesichtspunkt der Verhältnismäßigkeit geprüft werden. Die Einstufung der anorganischen Faserstäube nach TRGS führte in Deutschland zu einer Umstellung der Produktion auf nicht krebserzeugende Fasern (KI-40-Produkte). Mineralwolle-Dämmstoffe mit dem Umweltzeichen RAL-ZU 49 „Baustoffe aus Altglas" oder dem zukünftigen RAL-Gütezeichen für Mineralwolle-Dämmstoffe sind nach den Kriterien der TRGS 905 geprüft und als unbedenklich bewertet.

Tabelle 2.4.6-11

Belastungen der Luft mit künstlichen Mineralfasern kritischer Größe (WHO-Faser) an verschiedenen Arbeitsplätzen

Am Arbeitsplatz gemessene Werte für Glas- und Steinwolle-Erzeugnisse	Fasern/m³
Herstellung von Glaswolle	10 000–50 000
Verarbeitung in Hoch- und Tiefbau	65 000–1,1 Mio.
Abriss alter Ofenisolierungen aus thermisch belasteter Steinwolle	Bis zu 2,5 Mio.
Spritzisolation mit Steinwolle	Bis zu 4 Mio.
Einblasen von loser Mineralwolle in enge Räume	Bis zu 8 Mio.
Keramikwolle	
Herstellung und Konfektionierung	0,3–1 Mio.
Ofenisolierung	0,4–2,5 Mio.
Abriss thermisch belasteter Ofenisolierungen	Bis zu 23,5 Mio.

Quelle: MORISKE, 1998; gekürzt

Als mögliche Ersatzstoffe für künstliche Mineralfasern werden zum Teil Zellulosefasern und Schafwolle eingesetzt. Die Faserbelastung bei Isolierarbeiten ist bei diesen Dämmstoffen ungleich höher als bei den Mineralwolle-Dämmstoffen. Hinzu kommen ungeklärte Gefahren durch notwendige Zusätze wie Brandschutz und Schädlingsbekämpfungsmittel. Insgesamt ist der Kenntnisstand über diese Alternativ-Dämmstoffe unbefriedigend.

1033. Maßnahmen für die Handhabung und Entsorgung krebsverdächtiger Faserstäube sind in der Gefahrstoffverordnung in Verbindung mit TRGS 521 festgelegt. Faserhaltige Produkte sollten auch vom Heimwerker nicht ohne Schutzmaßnahmen (z. B. geprüfte Halb-/ Viertelmasken mit P2-Filter) verarbeitet werden.

Aufgrund der Dritten Verordnung zur Änderung der Gefahrstoffverordnung legt § 25 in Verbindung mit dem neuen Anhang V Nr. 7 GefStoffV Substitutions- und Anzeigepflichten sowie Pflichten zu konkreten Schutzmaßnahmen beim Umgang mit künstlichen Mineralfasern fest. Grundlage dieser Maßnahmen ist die Einstufung nach TRGS 905. Hierbei handelt es sich um Sofortmaßnahmen, die sich im Rahmen der Mindestharmonisierung nach Art. 118a EGV (jetzt Art. 138 EGV) halten. Gleichzeitig wurde ein Verordnungsentwurf mit endgültigen Beschränkungen für bestimmte künstliche Mineralfasern beschlossen und der Kommission notifiziert. Damit nimmt Deutschland die Schutzklausel nach Art. 100a EGV (jetzt Art. 95 EGV) hinsichtlich der Einstufung von künstlichen Mineralfasern durch die Richtlinie 97/69/EG in Anspruch. Die Kommission hat noch keine Entscheidung getroffen.

1034. Ein Verzicht auf künstliche Mineralfasern ist aus Gründen der Energieeinsparung mangels geeigneter Ersatzstoffe bis auf weiteres nicht möglich. Daher sollten weiterhin technische Entwicklungen in der Herstellung von Mineralfaserprodukten gefördert werden, mit dem Ziel, den lungengängigen Faseranteil sowie die Biobeständigkeit zu verringern. Für Anwendung und Handhabung von künstlichen Mineralfasern existieren detaillierte Vorschriften, das Problem scheint eher in der mangelhaften Umsetzung und Kontrolle der täglichen Baupraxis zu liegen (MORISKE, 1997).

Gegenwärtig lässt sich noch keine präzise und wissenschaftlich begründete Definition der Faktoren, die eine kanzerogene Wirkung von Fasern ausmachen, formulieren. Hier besteht weiterhin Forschungsbedarf. Des weiteren ist zu prüfen, inwieweit der derzeit verwendete Kanzerogenitätsindex die tatsächliche vorhandene kanzerogene Wirkung hinreichend erfasst.

2.4.6.3.5 Radon in Innenräumen

1035. Radon-222 (im folgenden nur Radon genannt) ist ein natürliches und ubiquitär vorkommendes radioaktives Edelgas, das beim Zerfall von Uran entsteht. Radon (Halbwertszeit 3,82 Tage) entsteht unter α-Zerfall aus Radium-226, das in unterschiedlichen Konzentrationen in allen Gesteinen und Böden enthalten ist. Es ist das einzige gasförmige Nuklid der Uran-Radium-Zerfallsreihe und kann daher aus den Böden in die Atmosphäre gelangen. Radon zerfällt in mehreren Schritten in das stabile und nicht mehr radioaktive Blei. Die ersten vier Folgeisotope haben Halbwertzeiten von Mikrosekunden bis Minuten und werden als kurzlebige Radonzerfallsprodukte (Radontöchter) bezeichnet.

Die biologische Strahlenwirkung beruht auf der α-Strahlung der kurzlebigen Radonzerfallsprodukte, die ungebunden oder an Aerosolteilchen (z. B. an Tabakrauch) adsorbiert in die Lunge gelangen. Die nicht-gasförmigen Radontochternuklide werden teilweise auf den inneren Oberflächen der Alveolen und Bronchien deponiert, die emittierten α-Strahlen führen zu einer lokalen Schädigung der Epithelzellen.

2.4.6.3.5.1 Ziele

1036. Die Inhalation von Radon in Innenräumen verursacht etwa die Hälfte der natürlichen Strahlenbelastung der deutschen Bevölkerung. Im Entwurf eines umweltpolitischen Schwerpunktprogramms des Bundesumweltministeriums wird daher die Reduktion der Radongehalte in Innenräumen auf die von der Europäischen Kommission vorgeschlagenen Werte von 200 Bq/m³ für

Neubauten und 400 Bq/m³ für Altbauten empfohlen (BMU, 1998).

Radon ist ein nachgewiesenes Karzinogen beim Menschen (IARC Gruppe 1 – *carcinogenic to humans*) mit gentoxischen Wirkungen. Es kann inzwischen als gesichert angesehen werden, dass Radon-Exposition in hohen Dosen, wie sie beispielsweise beim Uran-Bergbau vorgekommen ist, das Lungenkrebsrisiko signifikant erhöht. Problematischer und widersprüchlich sind dagegen Aussagen zum Lungenkrebsrisiko der Allgemeinbevölkerung durch die weitaus geringere Radonexposition in Wohnräumen.

2.4.6.3.5.2 Vorkommen und Exposition der Bevölkerung

1037. Die Radonkonzentration in der bodennahen Luft eines Gebietes ist abhängig von der jeweils anstehenden geologischen Formation, von der Durchlässigkeit des Bodens und den meteorologischen Gegebenheiten. Die Jahresmittelwerte der Radonkonzentrationen der bodennahen Luft in Deutschland überdecken einen Bereich von der Nachweisgrenze (ca. 10 Bq/m³) bis ca. 30 Bq/m³, der Normalbereich reicht bis etwa 80 Bq/m³. Radonkonzentrationen im oberen Teil des Schwankungsbereiches treten bevorzugt in Regionen mit oberflächennah anstehenden Granitformationen auf, so zum Beispiel im Schwarzwald, Thüringer Wald und im Erzgebirge. Lokale Erhöhungen der Radonkonzentrationen finden sich über Abraumhalden von Uranerzbergwerken und anderen bergbaulichen Hinterlassenschaften, vor allem in den Bundesländern Sachsen und Thüringen. Neben der Grubenentlüftung tragen hier auch Verwehungen uran- und radiumhaltiger Gesteinsstäube aus Halden und Schlammabsetzanlagen zur Belastung bei.

1038. In der Raumluft von Gebäuden ist deutlich mehr Radon enthalten als in der Außenluft, im Mittel etwa 50 Bq/m³. Jahresmittelwerte bis zu 250 Bq/m³ gelten für Wohnräume als Normalbereich. Messungen in Häusern West- und Ostdeutschlands zeigen, dass keine gravierenden Unterschiede in den Häufigkeitsverteilungen der Radonkonzentrationen zwischen den alten und neuen Ländern vorhanden sind. Somit kann die bereits 1988 von der Strahlenschutzkommission vorgenommene Zuordnung von Radonkonzentrationen bis 250 Bq/m³ zu einem Normalbereich für das gesamte Deutschland gelten. Nach Schätzungen wird in 1,1 bis 1,8 % der Häuser der Normalbereich der Radonkonzentration überschritten. Diese Gebäude liegen überwiegend in Gebieten mit hoher geogener Radonbelastung. Wohnungen in der Altstadt von Schneeberg (Erzgebirge) weisen Medianwerte von 1 000 Bq/m3 auf (LEHMANN et al., 1997; CONRADY et al., 1996).

Das Radon in den Gebäuden entstammt in erster Linie dem Gebäudeuntergrund, wobei der bauliche Zustand, insbesondere die Kellerisolierung, eine wichtige Rolle für den Radonübertritt spielt. Der Eintrag durch die Außenluft ist im allgemeinen sehr klein. Entgegen früheren Annahmen spielen Baumaterialien als Radonquelle in Deutschland keine bedeutende Rolle. Das gleiche gilt für die Freisetzung aus radon- oder radiumhaltigem Trink- und Brauchwasser. Das Radon der Bodenluft gelangt aus dem Kellerbereich in die Wohnräume, wo es in Abhängigkeit von der Gebäudebelüftung mehr oder weniger zurückgehalten wird. Die Radonkonzentrationen in Innenräumen unterliegen daher sehr starken Schwankungen. Ein hohes geogenes Radon-Potential muss nicht zwangsläufig zu einer hohen Radonkonzentration in der Raumluft führen (BfS, 1996).

1039. Im statistischen Mittel beträgt die Radonbelastung des Menschen während des Aufenthaltes in Häusern circa 1,2 mSv pro Jahr und während des Aufenthaltes im Freien circa 0,2 mSv pro Jahr, insgesamt also 1,4 mSv pro Jahr. Die durch alle natürlichen Quellen bedingte Strahlenbelastung des Menschen wird für Deutschland auf 2,4 mSv geschätzt. Radon und seine kurzlebigen Zerfallsprodukte verursachen etwa die Hälfte der gesamten effektiven Dosis durch natürliche Strahlenquellen.

2.4.6.3.5.3 Epidemiologische Studien zum Lungenkrebsrisiko durch Radon in der Allgemeinbevölkerung

Extrapolation der Ergebnisse von Bergarbeiterstudien

1040. Der Zusammenhang zwischen Lungenkrebsrisiko und einer erhöhten Exposition durch Radontöchter wurde nahezu ausschließlich über epidemiologische Untersuchungen an Bergarbeitern gefunden. Durch Extrapolation dieser Ergebnisse in den Niedrigdosisbereich kann eine grobe Abschätzung des Lungenkrebsrisikos der Allgemeinbevölkerung vorgenommen werden. Nach einer Metaanalyse von LUBIN et al. (1994) können ungefähr 9 % aller Lungenkrebstoten in den USA auf die Radonexposition in Innenräumen zurückgeführt werden. STEINDORF et al. (1995) haben diese Überlegungen auf die alten Bundesländer übertragen. Zur Abschätzung der Exposition dienten die Radonmessungen in annähernd 6 000 Wohnungen, die zu Beginn der achtziger Jahre auf Initiative der Strahlenschutzkommission durchgeführt wurden. Nach dieser Analyse wären ungefähr 7 % der Lungenkrebstoten auf Radon in Wohnräumen zurückzuführen. Die epidemiologischen Untersuchungen zur beruflichen Exposition liefern zudem Hinweise auf einen synergistischen Effekt von Radonexposition und Zigarettenrauchen in der Entstehung von Lungenkrebs.

Fall-Kontroll-Studien in anderen Ländern

1041. Erst in jüngerer Zeit wurden in verschiedenen Staaten auch epidemiologische Untersuchungen in der allgemeinen Bevölkerung durchgeführt. Die Ergebnisse sind jedoch unterschiedlich und widersprüchlich. In vielen Untersuchungen war der Umfang der Studien zu klein, die Kontrolle der Risikofaktoren unzureichend oder die Expositionsquantifizierung ungenau. In vier neueren Studien wurden diese Probleme hinreichend berücksichtigt, wobei nur die umfangreiche schwedische Studie von PERSHAGEN et al. (1994) eine Expositions-Wirkungs-Beziehung signifikant nachweisen konnte. Im Vergleich zu einer Belastung von weniger als 50 Bq/m^3 war das relative Risiko 1,3 für die (zeitgewichtete) Exposition von 140 bis 400 Bq/m^3 und 1,8 für mehr als 400 Bq/m^3. In der schwedischen Studie ergab sich darüber hinaus eine überadditive Wechselwirkung zwischen Radonbelastung und Rauchen, die einem multiplikativen Zusammenhang näher kam.

Fall-Kontroll-Studien zum Lungenkrebsrisiko durch Radon in Deutschland

1042. Mit dem Ziel, zuverlässigere Abschätzungen für die bundesdeutsche Bevölkerung zu erarbeiten, wurden zwischen 1990 und 1997 zwei umfangreiche Fall-Kontroll-Studien zum Lungenkrebsrisiko durch Exposition gegenüber Radon in Innenräumen durchgeführt. Das Gesamtgebiet der Radonstudie/West umfasste Teile von Nordrhein-Westfalen und Rheinland-Pfalz, das Saarland und Ostbayern und als Matchingregionen mit höherer Radonbelastung Eifel, Hunsrück/Westerwald und Oberpfalz/Niederbayern. Die Radonstudie/Ost wurde in Thüringen und Sachsen durchgeführt (WICHMANN et al., 1999a und 1998).

In der *Radonstudie/West* konnte bei Betrachtung des gesamten Studiengebiets (mit einen hohen Anteil großstädtischer Wohnungen) kein Effekt der Radonbelastung auf das Erkrankungsrisiko nachgewiesen werden. Schränkt man die Analyse jedoch auf die (vor allem ländlich strukturierten) Matchingregionen mit höherer Radonbelastung ein, so kann in diesen Regionen bei 365 Fällen und 595 Kontrollen eine deutliche Expositions-Wirkungsbeziehung nachgewiesen werden. Wird die Radonexposition in der aktuellen Wohnung als Grundlage der Quantifizierung gewählt, so erhöht sich das Odds Ratio von 1 für die Referenzkategorie 0 bis 50 Bq/m^3 auf 1,6 für 50 bis 80 Bq/m^3 und auf 1,9 für die beiden nächsten Kategorien 80 bis 140 Bq/m^3 bzw. 140 Bq/m^3 und höher. Diese Erhöhungen der Odds Ratios sind zum Teil signifikant. Der Trend zeigt einen (nicht signifikanten) Anstieg von 1,13 bezogen auf eine Expositionszunahme um 100 Bq/m^3. Ein ähnliches Ergebnis ergibt sich auch bei der Betrachtung der mittleren Radonexposition in den letzten 5 bis 15 Jahren.

Für radonrelevante Subgruppen wie Landgemeinden mit weniger als 5 000 Einwohnern, Häuser mit schlechter Kellerisolierung, Baujahr der Häuser vor 1900, geringe Lüftung etc. zeigen sich ebenfalls erhöhte Risiken. Das Fehlen einer Expositions-Wirkungs-Beziehung im Gesamtgebiet dürfte auf den hohen Anteil gering belasteter Wohnungen zurückzuführen sein.

In der analog durchgeführten *Radonstudie/Ost* zeigen sich für das Gesamtgebiet Thüringen und Sachsen Risikoerhöhungen mit zunehmender Radonexposition. Das Odds Ratio in der höchsten Kategorie (Exposition über 140 Bq/m^3 in der aktuellen Wohnung) beträgt 1,37 und liegt nahe an der statistischen Signifikanz. Analysen von Teilpopulationen in Regionen höherer und sehr hoher Belastung liefern vergleichbare Ergebnisse, die zum Teil statistisch signifikant sind. Die Ergebnisse der Radonstudie/Ost stehen im Einklang mit den Ergebnissen aus den höher belasteten Teilgebieten der Radonstudie/West.

Das durch Rauchen bedingte Odds Ratio ist in beiden Studiengebieten vergleichbar und liegt für Männer bei 15 bis 16.

Insgesamt liefern die Ergebnisse der beiden Radonstudien eine weitere Evidenz dafür, dass Radon in Innenräumen einen Risikofaktor für Lungenkrebs in der Allgemeinbevölkerung darstellt. Sie zeigen Übereinstimmung mit einer schwedischen Studie, einer neuen britischen Studie, dem Ergebnis einer Metaanalyse acht wichtiger publizierter Studien sowie Risikomodellen, die aus der Analyse der Bergarbeiterkohorten folgen. Im Vergleich zu anderen Risiken für Lungenkrebs ist das durch Radon bedingte Risiko allerdings relativ klein. Für einen Anstieg der Exposition um 100 Bq/m^3 wurden Erhöhungen der relativen Risiken von 13 % (Studie/West, Gebiete mit höherer Radonbelastung) und 10 % (Studie/Ost, Gesamtgebiet) gefunden.

1043. Die beschriebenen Studien zum Lungenkrebsrisiko durch Radon in Deutschland stellen nach WICHMANN et al. (1998) einen Zwischenschritt bei der quantitativen Risikoabschätzung für das Lungenkrebsrisiko durch Radonexposition in Innenräumen dar. Neben den bislang publizierten Studien steht derzeit eine Reihe weiterer Studien vor der Fertigstellung. Die Einzelergebnisse dieser Studien werden in einem multinationalen Vorhaben gemeinsam ausgewertet. Auf europäischer Ebene können dann mehr als 10 000 Fälle und 15 000 Kontrollen berücksichtigt werden. Neben den europäischen Aktivitäten werden auch in Nordamerika zur Zeit weitere Einzelstudien ausgewertet und gemeinsam mit den bereits publizierten Studien einer eigenständigen Analyse zugeführt. Abschließend sollen die amerikanischen und europäischen Daten in einer gemeinsamen Metaanalyse zusammengefasst werden.

2.4.6.3.5.4 Maßnahmen

1044. Bezüglich der Radonexposition in Wohnräumen werden bislang im internationalen Vergleich unterschiedliche Richtwerte empfohlen, die jedoch – mit Ausnahme von Schweden und Finnland – nicht gesetzlich verankert sind. Nach einer Empfehlung der EU, die auch der Entwurf des Umweltpolitischen Schwerpunktprogramms des BMU übernommen hat, sollen für bestehende Gebäude 400 und für Neubauten 200 Bq/m^3 nicht überschritten werden; die Environmental Protection Agency (US-EPA) empfiehlt als Richtwert 150 Bq/m^3. Nach den Empfehlungen der deutschen Strahlenschutzkommission sollte bei Radonkonzentrationen zwischen 250 und 1 000 Bq/m^3 geprüft werden, ob durch einfache Maßnahmen, wie zum Beispiel Änderung der Raumnutzung, Lüften oder Abdichten offensichtlicher Radon-Eintrittspfade eine Reduzierung der Radonkonzentration herbeigeführt werden kann. Bei höheren Radonkonzentrationen werden in einem dem Konzentrationsniveau angemessenen Zeitraum (oberhalb 15 000 Bq/m^3 innerhalb eines Jahres) Sanierungsmaßnahmen empfohlen. In Gebieten mit erhöhten Radon-Vorkommen empfiehlt die Strahlenschutzkommission, neue Häuser radongeschützt zu bauen.

1045. Grenzwerte für die durch Radon in der bodennahen Außenluft verursachte Strahlenexposition existieren nicht. Geht es um die Frage von Sanierungsmaßnahmen bei bergbaulichen Hinterlassenschaften, so kann die langzeitige Überschreitung des Normalbereiches von 80 Bq/m^3 im Freien gegebenenfalls als Orientierungswert herangezogen werden (BfS, 1996).

2.4.6.3.5.5 Fazit

1046. Da es sich bei Radon um ein natürlich vorkommendes Gas handelt, ist hier grundsätzlich nur Selbstschutz der Betroffenen möglich. Bei hohen Belastungen sollte eine Risikoreduzierung auf individueller Ebene angestrebt werden. In Gegenden mit geologisch hoher Radonfreisetzung kann eine gute Isolierung gegenüber dem Untergrund sowie ein gutes Belüftungssystem im Fundament verhindern, dass hohe Radonkonzentrationen im Haus entstehen. Wie schon früher gefordert (SRU, 1987, Tz. 121) sollten in derartigen Gegenden durch gezielte Messungen Häuser mit erhöhter Radonbelastung gefunden und gegebenenfalls saniert werden. Bei Neubauten sollte durch bauliche Maßnahmen eine hohe Radonkonzentration in den Wohnräumen verhindert werden.

In der Studie/Ost und in den hochbelasteten Regionen der Studie/West sind relevante Risikoerhöhungen im Bereich unter 250 Bq/m^3 festzustellen. Vor diesem Hintergrund ist zu überprüfen, ob der von der Strahlenschutzkommission festgelegte Normalbereich bis 250 Bq/m^3 als Orientierungswert für Sanierungsmaßnahmen weiterhin beibehalten werden kann. Dies gilt auch für die de facto weniger anspruchsvollen Empfehlungen der EU.

Unabhängig von den abschließenden Analysen sind Innenraumluftkonzentrationen von 1 000 und mehr Bq/m^3 nicht akzeptabel, und es sollten sofortige Maßnahmen zur Reduktion ergriffen werden. Darüber hinaus ist zu überlegen, inwieweit in Radon-Verdachtsgebieten kostenlose Screeningmessungen angeboten werden sollen. Bei der Vergabe von öffentlichen Mitteln (Altbausanierung, Denkmalschutz) sollte die Berücksichtigung des Radonproblems vorgeschrieben werden.

2.4.6.3.6 Passivrauchen

1047. Die Belastung der Raumluft mit Tabakrauch (*Environmental tobacco smoke* – ETS) ist in Deutschland die häufigste Form der Luftverunreinigung in Innenräumen. Etwa ein Drittel der Erwachsenen und jedes zweite Kind sind exponiert. Ein formell festgelegtes Umweltziel gibt es hier nicht. Aus den bisherigen Maßnahmen zur Risikominderung durch Passivrauchen lassen sich aber ansatzweise Qualitätsziele ableiten. In bezug auf die nichtkanzerogenen Komponenten sind MAK-Werte festgesetzt. Hinsichtlich der bedeutsameren kanzerogenen Wirkung gilt ansatzweise ein Minimierungsgebot, das durch beschränkte Rauchverbote am Arbeitsplatz, in öffentlichen Gebäuden und Verkehrsmitteln durchgesetzt wird.

Passiv eingeatmeter Zigarettenrauch stammt überwiegend aus dem Nebenstromrauch, der von glimmenden Zigaretten in die Raumluft abgegeben wird, in geringerem Maße aus dem ausgeatmeten Hauptstromrauch. Unverdünnter Nebenstromrauch enthält einige leicht flüchtige Kanzerogene wie die N-Nitrosamine und die aromatischen Amine in deutlich höheren Konzentrationen als der Hauptstromrauch. Die Belastung des Passivrauchers mit Partikeln ist im Vergleich dazu eher gering, führt aber zu einer Erhöhung der Feinstaubbelastung in Innenräumen. Tabelle 2.4.6-12 gibt eine Übersicht über Tabakrauchverbindungen in der Luft verschiedener Räume. In bezug auf die nichtkanzerogenen Komponenten überschreitet keiner der gemessenen Werte die maximalen Arbeitsplatzkonzentrationen (MAK-Werte).

Trotz der Verdünnung durch die Raumluft wird beim Passivrauchen Tabakrauch in Mengen eingeatmet, die vermehrt zu gesundheitlichen Beeinträchtigungen führen. Hierzu gehören respiratorische Erkrankungen bei Säuglingen und Kindern, Herz-Kreislauf-Erkrankungen, Lungenkrebs und adjuvante Effekte bei Allergien einschließlich allergischer Hauterkrankungen.

1048. In einer Neubewertung hat die Senatskommission zur Prüfung gesundheitsschädlicher Arbeitsstoffe Passivrauchen am Arbeitsplatz als krebserzeugend für den Menschen (Kategorie 1) eingestuft (DFG, 1999). Die Kommission folgt damit in der Bewertung dieses Risikos der Umweltbehörde der USA (US-EPA) von 1993 und der WHO von 1996. Maßgeblich für die Einstufung waren folgende Befunde (GREIM, 1999):

– Über 30 epidemiologische Studien aus verschiedenen Ländern und ihre Metaanalysen weisen für Passivraucher statistisch signifikant mehr Lungentumoren aus als für Nichtexponierte (Tab. 2.4.6-13). In Metaanalysen wird ein relatives Risiko im Bereich von 1,2 bis 1,3 ohne Differenzierung nach Dauer und

Umfang der Exposition gefunden. In den meisten Studien wurde das Passivrauchen über die Exposition durch den rauchenden Partner charakterisiert.

- Zwischen der Höhe der Exposition des Passivrauchers und Lungenkrebs lässt sich eine Dosis-Wirkungs-Beziehung bis in den Niedrig-Dosis-Bereich ableiten.

- Passivrauchen ist ein Risikofaktor für Tumoren der Nasenhöhlen und der Nasennebenhöhlen.

- Studien zur inneren Exposition zeigen anhand verschiedener Biomarker, dass Passivraucher im Vergleich zu Nichtexponierten einer erhöhten Belastung durch kanzerogene Inhaltsstoffe des Nebenstromrauchs ausgesetzt sind.

Tabelle 2.4.6-12

Konzentrationen toxischer und kanzerogener Bestandteile in tabakrauchverunreinigter Innenraumluft

Stoff	Räume	Konzentration ($\mu g/m^3$)
Acetaldehyd	Restaurants	170–630
	Bars	180–200
Acrolein	Restaurants	30–100
Benz(a)anthracen	Restaurants	2–9
Benzo(a)pyren	Restaurants	0,002–0,76
	Arbeitsplätze	0,003–0,025
Cyanwasserstoff	Wohnzimmer	8–120
	Büros	3–49
	Restaurants	50–150
	Bars	30–40
Dimethylnitrosamin	Restaurants	0,01–0,05
	Raucherabteile in Zügen	0,11–0,13
	Bars	0,07–0,24
Formaldehyd	Wohnhäuser	8–280
	Büros	12–1 300
Kohlenmonoxid	Büros	1 160–3 830
	Restaurants	580–11 480
	Bars	3 600–19 720
Nikotin	Büros	0,8–37
	Öffentliche Gebäude	1–37
	Restaurants	1–80
	Bars	7,4–110
	Privatwohnungen	1,6–21
Partikel	Büros	6–256
	Privatwohnungen	32–700
	Restaurants	27–690
	Bars	75–1 370
Phenole (flüchtige)	Cafés	0,007–0,012
Stickstoffdioxid	Arbeitsplätze	68–410
	Restaurants	40–190
	Bars	2–116
Stickstoffmonoxid	Arbeitsplätze	50–440
	Restaurants	17–270
	Bars	80–520

Quelle: GREIM, 1999 unter Verwendung von Angaben verschiedener Autoren

– Die Effekte sind plausibel, da sie auch bei Rauchern auftreten und hinsichtlich ihrer Wirkmechanismen erklärt werden können.

Nach Schätzungen der WHO können circa 9 bis 13 % aller Lungenkrebsfälle in einer Nichtraucherpopulation, in der die Hälfte der Personen gegenüber Zigarettenrauch exponiert ist, dem Passivrauchen zugeordnet werden. Auf die Bevölkerung Europas übertragen bedeutet dies 3 000 bis 4 500 Lungenkrebsfälle pro Jahr bei Erwachsenen (WICHMANN et al., 1999b).

1049. In der frühen Kindheit führt Passivrauchen zu Erkrankungen der unteren Atemwege (Lungenentzündung, Bronchiolitis, Bronchitis) und bei asthmatischen Kindern zu schweren und häufigen Asthmaattacken. Diese Zusammenhänge sind durch Metaanalysen von etwa 300 epidemiologischen Studien sehr gut belegt. Bei Erwachsenen zeigen einige Studien ebenfalls einen Zusammenhang zwischen Atemwegserkrankungen und Passivrauchen, wenn auch in geringerem Ausmaß (GREIM, 1999).

Die allergiefördernde (adjuvante) Wirkung von Nebenstromtabakrauch insbesondere bei allergischem Asthma bronchiale und bei der Ausprägung des atopischen Ekzems (Neurodermitis) kann als gesichert angesehen werden. Dieser Sachverhalt wurde vom Umweltrat in seinem Sondergutachten „Umwelt und Gesundheit" ausführlich erläutert (SRU, 1999, Tz. 310–311).

1050. Die epidemiologischen Daten sprechen für einen kausalen Zusammenhang zwischen Passivrauchen und der Sterblichkeit an koronarer Herzkrankheit bei Nichtrauchern. Praktisch alle prospektiven Studien und Fall-Kontroll-Studien weisen konsistente Erhöhungen des relativen Risikos an tödlichen und nicht-tödlichen Krankheiten des kardiovaskulären Systems in einer Größenordnung von 20 bis 70 % auf (GREIM, 1999).

Die vaskulär schädigende Wirkung von ETS besteht vor allem in einer Verdickung von Gefäßwänden, Schädigung des Endothels, Zunahme der Thrombozytenaggregation und einem reduzierten Sauerstofftransport. So nimmt beispielsweise die Wanddicke der Karotisarterien von Nie-Rauchern ohne ETS-Exposition über solche mit ETS-Exposition und Ex-Rauchern bis hin zu aktiven Rauchern stetig zu. Auch bei Kontrolle möglicher Einflussfaktoren in multivariaten Analysen bleiben die Effekte bestehen.

Da Herzerkrankungen wesentlich häufiger auftreten als Karzinome der Lunge, sind die Absolutzahlen der durch Passivrauchen verursachten Erkrankungen des Herz- und Gefäßsystems etwa fünf- bis zehnmal höher als die für Lungenkrebs (WICHMANN et al., 1999b).

1051. Zigarettenrauch wirkt bei typischem Expositionsniveau in der Umwelt kanzerogen auf den Menschen. Zudem verursacht Passivrauchen akute und chronische Erkrankungen durch andere Wirkungen. Im Sondergutachten „Umwelt und Gesundheit" hat der Umweltrat darauf hingewiesen, dass ein substantieller gesetzlicher Nichtraucherschutz unerlässlich ist (SRU, 1999, Tz. 371). Tabakrauch in der Raumluft stellt ein umwelthygienisches Problem dar, für das in Deutschland noch erheblicher Regelungsbedarf besteht. So sind die bisherigen Regelungen zum Schutz von Nichtrauchern am Arbeitsplatz, in öffentlichen Verkehrsanlagen und öffentlichen Gebäuden unzureichend (SRU, 1999, Tz. 371). Andererseits wird im „Aktionsprogramm Umwelt und Gesundheit" (BMG und BMU, 1999) festgestellt, dass die vorliegenden Kenntnisse über die Schadstoffaufnahme durch Passivrauchen die Begründung gesetzlicher und administrativer Maßnahmen rechtfertigen. Auch die Aufklärung über die gesundheitlichen Risiken des Aktiv- und Passivrauchens weist nach Meinung des Umweltrates Mängel auf und könnte intensiviert werden. Auf individueller Ebene sollte die Tabakrauch-Exposition von Nichtrauchern, insbesondere von Kindern in Wohnungen, reduziert werden.

In dem Sondergutachten „Umwelt und Gesundheit" hat der Umweltrat daher gefordert, einen gesetzlichen Nichtraucherschutz in Form allgemein gültiger Regelungen zu etablieren. Dazu zählt ein absolutes Rauchverbot auf Bahnhöfen, an Haltestellen und in öffentlichen Gebäuden. Erforderlich ist ferner, dass in Hotels und Gaststätten ein akzeptables Angebot von Nichtraucherräumen zur Verfügung gestellt wird. Schließlich wird ein genereller Nichtraucherschutz am Arbeitsplatz gefordert, sofern es für Nichtraucher keine Ausweichmöglichkeiten gibt (SRU, 1999, Tz. 354).

2.4.6.4 Schlussfolgerungen und Empfehlungen zum Umgang mit Gefahrstoffen

1052. Übergeordnetes Ziel der Chemikalienpolitik ist der Schutz von Leben und menschlicher Gesundheit sowie der Umwelt vor Gefahren und Risiken durch den Umgang mit Gefahrstoffen. Daraus abgeleitet sind die Einträge aller anthropogenen Stoffe – unter Berücksichtigung ihres Risikopotentials und der Anforderungen der Verhältnismäßigkeit – schrittweise und drastisch zu reduzieren (BT-Drs. 10/6028).

1053. Der Stand der Aufarbeitung von Altstoffen ist angesichts der Diskrepanz zwischen quantitativem Risikopotential und Kenntnisstand unbefriedigend. Im Schrifttum wird in diesem Zusammenhang von „toxischer Ignoranz" gesprochen (ROE und PEARCE, 1998). Der Umweltrat erkennt jedoch – bei allen Vorbehalten gegenüber der Ausrichtung der Prioritätensetzung auf Stoffe mit hohem Produktionsvolumen, Stoffe mit ausreichenden Daten und Zwischenprodukte (vgl. JACOB, 1999, S. 125 ff.; SRU, 1994, Tz. 542) – an, dass in Deutschland das Beratergremium Umweltrelevante Altstoffe sowie der Verband der Chemischen Industrie in erheblicher Weise dazu beigetragen haben, die Kenntnislücken zu verringern.

Tabelle 2.4.6-13

Relative Risiken für Lungenkrebs bei ETS-Exposition von lebenslangen Nichtrauchern (höchstexponierte Gruppe der jeweiligen Studie) durch den Partner

Studie	Exposition	Relatives Risiko
Akiba et al. 1986	≥ 30 Zigaretten/Tag	2,1
Boffetta et al. 1998	> 23 Packungs-Jahre	1,64 *)
Brownson et al. 1992	≥ 40 Packungs-Jahre	1,3 *) 1)
Cardenas et al. 1997	≥ 40 Zigaretten/Tag	1,9 *) 1)
Correa et al. 1983	≥ 41 Packungs-Jahre	3,2 *
Du et al. 1993	> 20 Zigaretten/Tag	1,62
Fontham et al. 1991	≥ 80 Packungs-Jahre	1,32
Fontham et al. 1994	≥ 80 Packungs-Jahre	1,79 *)
Gao et al. 1987	≥ 40 Jahre	1,7 *)
Garfinkel et al. 1985	≥ 20 Zigaretten/Tag	1,09
Geng et al. 1988	≥ 20 Zigaretten/Tag	2,76 *)
Hirayama 1984	≥ 20 Zigaretten/Tag	1,91 *)
Humble et al. 1987	≥ 21 Zigaretten/Tag	1,09
Inoue und Hirayama 1988	≥ 20 Zigaretten/Tag	3,09 *)
Janerich et al. 1990	≥ 50 Packungs-Jahre	1,09
Jöckel 1991	> 90-Perzentil d. Verteilung	3,43 *)
Jöckel et al. 1998	> 90-Perzentil d. Verteilung	1,51 (Norddeutschland) 1,59 (übriges Deutschland)
Kabat et al. 1995	> 10 Zigaretten/Tag	7,48 *) (Männer) 1,06 *) (Frauen)
Kalandidi et al. 1990	≥ 41 Zigaretten/Tag	1,57
Koo et al. 1987	≥ 21 Zigaretten/Tag	1,18
Lam et al. 1987	≥ 21 Zigaretten/Tag	2,05 *)
Liu et al. 1993	≥ 20 Zigaretten/Tag	2,9 *)
Pershagen et al. 1987	≥ 16 Zigaretten/Tag	3,11 *)
Stockwell et al. 1992	≥ 40 Jahre	2,2 *) 1)
Trichopoulos et al. 1983	≥ 21 Zigaretten/Tag	2,55 *)
Wu et al. 1985	≥ 31 Jahre	1,87 2)
Zaridze et al. 1998	≥ 15 Jahre	1,42

angegeben sind die relativen Risiken für Kohortenstudien und die Odds Ratio für Fall-Kontroll-Studien;

1) 95-%-Konfidenzintervall enthält 1,0;
2) keine Angaben zur Signifikanz;
*): die Effekte sind signifikant (p < 0,05)
ohne *): die Effekte sind nicht signifikant
Quelle: GREIM, 1999, verändert; Literatur zitiert in GREIM, 1999

Insgesamt ist eine Beschleunigung und inhaltliche Verbesserung der Aufarbeitung von Altstoffen unabdingbar. Der Umweltrat hat sich bereits in seinem Sondergutachten „Umwelt und Gesundheit" (SRU, 1999, Tz. 135 ff.) mit dieser Problematik und den bestehenden Optionen befasst und bei grundsätzlicher Betonung einer wissenschaftlich begründeten Risikobewertung für ein pragmatisches Vorgehen plädiert; er hat betont, dass statt einer – von anderen vorgeschlagenen – „kupierten" Risikobewertung, die auf eines oder gar zwei der wesentlichen Elemente der Risikobewertung (Stoffeigenschaften, Dosis-Wirkungs-Beziehung, Expositionsabschätzung) verzichtet (vgl. aus jüngster Zeit SANTILLO et al., 2000; SCHERINGER, 2000), eher der pragmatische Weg zu gehen ist, sich gegebenenfalls mit vorläufigen Daten hinsichtlich dieser drei Elemente der Risikobewertung zu begnügen und auf dieser Grundlage nach dem Vorsorgeprinzip eine summarische Risikobewertung vorzunehmen. Der Umweltrat begrüßt es, dass sich der EU-Umweltministerrat auf seiner Sitzung vom 24./25. Juni 1999 nach intensiver Vorbereitung durch die deutsche Präsidentschaft dafür ausgesprochen hat, auf EU-Ebene die Möglichkeit einer auf die wesentlichen Verwendungen oder wahrscheinlichsten Expositionspfade beschränkten Risikobewertung (*targeted risk assessment*) und einer Gruppenbewertung einzuführen und Maßnahmen der Risikobegrenzung für besonders gefährliche Stoffe bereits dann vorzunehmen, wenn dies durch die Art der Verwendung oder mögliche Exposition gerechtfertigt ist. Letzteres setzt die vom Umweltrat befürwortete summarische Risikobewertung voraus. Im übrigen könnte die Risikobewertung stärker dezentralisiert und nach dem Vorbild der Neustoffbeurteilung grundsätzlich dem Mitgliedstaat überlassen werden, der als Berichterstatter fungiert; die EU-Organe würden nur bei Meinungsverschiedenheiten entscheiden.

Ein Engpass der Aufarbeitung von Altstoffen liegt in der mangelnden Verfügbarkeit von Expositionsdaten aus der komplexen Verwendungskette gefährlicher Stoffe. Die Erfahrungen mit der Altstoff-Verordnung zeigen, dass die Informationspflichten der Hersteller und Importeure nicht ausreichen, um sämtliche Expositionspfade und -situationen abzudecken. Der Umweltrat begrüßt daher die Entschließung der EU-Umweltministerkonferenz vom 24./25. Juni 1999, wonach neben den Herstellern und Importeuren von Stoffen auch Unternehmen, die Zubereitungen herstellen, sowie industrielle Verwender in die Pflicht genommen werden und dass alle Akteure im Produktlebenszyklus neben der Datenbeschaffung auch selbst das mit dem Produkt im jeweiligen Lebensabschnitt verbundene Risiko für Mensch und Umwelt bewerten sollen. Damit wird der Gedanke der kontrollierten Selbstverantwortung, der von Anfang an der EG-Chemikalienregulierung zugrunde liegt, umweltpolitisch sinnvoll und wirtschaftlich zumutbar erweitert. Anstelle einer ordnungsrechtlichen Regulierung kommen hier auch Selbstverpflichtungen der europäischen chemischen Industrie in Betracht.

1054. Mit der Erfassung des gesamten Produktlebenszyklus wird dem – im Schwerpunkt freilich nicht auf Schadstoffe, sondern auf Massenstoffe und Materialien abzielenden – Konzept der „integrierten Produktpolitik" für Gefahrstoffe Rechnung getragen. Das Anliegen dieses Konzepts geht dahin, die im gesamten Produktlebenszyklus auftretenden Gefahren und Risiken zu erfassen und zu bewerten (vgl. BMU-Umwelt, 1999, Nr. 6, S. V ff.). Wenngleich der Umweltrat der Meinung ist, dass Ausgangspunkt der Umweltpolitik nicht primär der Stoffstrom und damit auch nicht der Produktlebenszyklus, sondern in erster Linie die Umweltprobleme als solche sein müssen (Tz. 28 ff. und 65 ff.), so ist eine integrierte Betrachtungsweise doch geeignet, auf der Maßnahmenebene je nach Sachlage zur Setzung von Prioritäten und zu konsistenter Regulierung beizutragen.

1055. Es ist nicht damit getan, Risiken nach dem Vorsorgeprinzip zunächst summarisch zu bewerten, vielmehr bedarf es gegebenenfalls auch entsprechender Beschränkungen oder gar Verbote. Hier besteht eine erhebliche Diskrepanz zwischen dem gegenwärtig im Rahmen der Bewertungs-Verordnung für Altstoffe (1488/94/EG) und der Beschränkungsrichtlinie (76/769/EWG) praktizierten engen Risikomodell und den weitergehenden Zielvorstellungen im Rahmen der Übereinkommen zum Schutz des Nordostatlantiks und der Ostsee, wo eine quantitative Reduzierung von Einträgen besonders gefährlicher Stoffe angestrebt wird. Der Umweltrat weist darauf hin, dass trotz der Anerkennung des Vorsorgeprinzips seit dem Vertrag von Maastricht die Altstoff-Bewertungsverordnung Maßnahmen der Vorsorge praktisch überhaupt nicht zulässt, weil sie – im Gegensatz zur Neustoffbewertungs-Richtlinie (93/67/EWG) – bei unzureichenden Daten nicht zu einer vorläufigen Beurteilung und hierauf gestützten Beschränkungen, sondern nur zur Erhebung weiterer Daten ermächtigt (Art. 6 in Vbg. mit Anhang V; WINTER, 1999a). Trotz einiger Fortschritte, insbesondere aufgrund der 14. Änderungsrichtlinie (vgl. SRU, 1996, Tz. 553, 560), bleibt die Regulierung von Altstoffen durch Verbote und Beschränkungen weiterhin hinter den umweltpolitischen Erfordernissen zurück. Dies gilt selbst, wenn man berücksichtigt, dass schon beim Verdacht erheblich schädlicher Eigenschaften eines Stoffes Innovationsbemühungen für Substitute ausgelöst werden und dann Verbrauchsrückgänge eintreten können (JACOB, 1999, S. 154 ff.; JACOB und JÄNICKE, 1998, S. 534 ff.).

1056. Gründe für die Defizite der Schadstoffregulierung liegen – abgesehen von den genannten Kenntnislücken – auch in den begrenzten Möglichkeiten für Vorreiterstaaten, durch nationale Alleingänge eine Harmonisierung auf EU-Ebene zu erzwingen. Hinzu kommt die Unterwerfung von EU-Entscheidungen über Verbote und Beschränkungen unter rigorose Kosten-Nutzen-Rechtfertigungen seitens der Generaldirektion Binnenmarkt. Zu der letzteren Frage hat der Umweltrat im Gutachten Umwelt und Gesundheit (SRU, 1999, Tz. 38 ff.) auf die methodischen Schwierigkeiten der Kosten-Nutzen-Analyse bei der Regulierung gefährlicher Stoffe zum Schutz der Gesundheit hingewiesen. Er hat aber ausgesprochen, dass nicht-formalisierte Kosten-Nutzen-Abschätzungen nicht nur für die Setzung von Prioritäten, sondern letztlich auch für die Gewinnung von Akzeptanz von Bedeutung sind (vgl. HANSJÜRGENS, 1999). Dies spricht gegen neuere Bestrebungen, in der Chemikalienregulierung grundsätzlich nur nach Maßgabe von Kosten-Wirksamkeits-Abschätzungen vorzugehen und Kosten-Nutzen-Abschätzungen auf Fälle zu beschränken, in denen selbst die kostenwirksamste Regulierungsalternative zu „extremen ökonomischen Kosten" führt (so WINTER, 1999b, S. 402, 418).

1057. Hinsichtlich der Prüfung neuer Stoffe hat der Umweltrat schon frühzeitig darauf hingewiesen, dass die Grundprüfung zwar hinsichtlich der Prüftiefe einen akzeptablen Kompromiss zwischen dem wirtschaftlich und administrativ Machbaren und dem umweltpolitisch Vertretbaren darstellt, dass aber die Aussparung ganzer Wirkungssegmente aus der Grundprüfung, wie z. B. der chronischen Toxizität, ein erhebliches Defizit darstellt (SRU, 1996, Tz. 547 und 1994, Tz. 537, 548). Neuere Untersuchungen legen darüber hinaus die Forderung nahe, auch kombinierte Wirkungen mehrerer Stoffe (vgl. GRIMME et al., 1999; SRU, 1999, Tz. 85 ff.) in die Grundprüfung und die Stufenprüfung einzubeziehen (STREFFER et al., 1999, S. 414 ff.). Danach sollte der Hersteller gehalten sein, in der Grundprüfung Anhaltspunkte für Kombinationswirkungen mit Stoffen, mit denen der neue Stoff bei vorhersehbarer Verwendung zusammentrifft, zu ermitteln; auf jeden Fall sollten Prüfnachforderungen sich auch auf Kombinationswirkungen erstrecken können.

1058. Auf der Ebene der Grundlagenforschung sollten die bestehenden Ansätze zur Entwicklung einer „sanften Chemie" (*green chemistry*; ANASTAS und WARNER, 1998) aufmerksam weiterverfolgt werden. Der Umweltrat hat in der Vergangenheit Vorbehalte gegen die in der modernen chemischen Industrie herrschende Techniklinie der Chlorchemie erhoben (SRU, 1998, Tz. 635 und 1991, Tz. 748 ff.), an denen grundsätzlich festzuhalten ist (vgl. BLAC, 2000; Enquete-Kommission Schutz des Menschen und der Umwelt, 1994, S. 418 ff.). Eine Fortentwicklung der chemischen Industrie in Richtung auf alternative Reaktionsstoffe, die den Einsatz chlororganischer Lösemittel zumindest reduzieren, liegt zwar in weiter Ferne. Sie eröffnet jedoch die Chance für eine erheblich risikoärmere chemische Produktion und sollte deshalb intensiv gefördert werden.

1059. Ein Vermarktungsverbot für alle nicht chemisch gebundenen zinnorganischen *Anti-Fouling-Produkte* sowie ein generelles Verbot der Verwendung auch chemisch gebundener zinnorganischer Anti-Fouling-Produkte in Flüssen und Binnenseen sind inzwischen – neben Regelungen für Pentachlorphenol, die bereits in der Chemikalien-Verbotsverordnung und der Gefahrstoffverordnung enthalten sind – durch die Anpassungsrichtlinie 1999/51/EG vom 5. Mai 1999 ausgesprochen worden. Soweit zinnorganische Anti-Fouling-Farben noch zulässig sind, dürfen sie künftig nur noch bei Schiffen über 25 Meter Gesamtlänge verwendet werden, die überwiegend in Küstengewässern und der Hohen See eingesetzt werden. Die International Maritime Organisation (IMO) hat im Jahre 1999 ein generelles Anwendungsverbot ab 1. Januar 2003 und eine Pflicht zur Entfernung zinnorganischer Anti-Fouling-Produkte aus mit diesen Produkten schon behandelten Schiffen ab 2008 empfohlen. Diesbezüglich ist eine bindende Konvention zu befürworten.

Nachgewiesene TBT-Gehalte in Bekleidungstextilien und Fischen sowie Muscheln geben Anlass, die noch zulässigen Anwendungen für TBT möglichst bald zu verbieten. Der Umweltrat begrüßt entsprechende Initiativen der Bundesregierung. Bis jetzt gibt es keine gesetzlichen Höchstmengen für TBT-Verbindungen in Lebensmitteln. Daher sind die Vorschläge des Bundesministeriums für Gesundheit, diese so schnell wie möglich zu erarbeiten, zu unterstützen.

1060. Für die *persistenten organischen Schadstoffe* (POP) ist die Kernfrage, bis zu welchen Konzentrationen oder Dosen mit schädlichen Wirkungen auf den menschlichen Organismus zu rechnen ist, trotz einer Vielzahl von Untersuchungen aufgrund der lückenhaften toxikologischen Datenlage bisher nicht sicher zu beantworten. Untersuchungen deuten jedoch darauf hin, dass auch im Niedrigdosisbereich bei hinreichend langer Expositionsdauer aufgrund der Bioakkumulation dieser Stoffe schädliche Wirkungen beim Menschen auftreten können.

Persistente organische Schadstoffe sind auch als globales Problem für Mensch und Umwelt identifiziert. Derartige Stoffe werden aus einer Vielzahl stationärer, mobiler und diffuser Quellen freigesetzt und vermögen sich weiträumig zu verteilen. Insbesondere bei den polyhalogenierten Dibenzodioxinen und -furanen, die häufig partikelgebunden (z. B. Flugstäube) vorliegen, sowie bei den als Pestizide verwendeten und somit beabsichtigt in die Umwelt ausgebrachten POP erfolgt der Transport in nennenswertem Umfang auch über den Luftpfad. Entsprechende POP können daher auch in Regionen transportiert werden, in denen solche Stoffe in der Vergangenheit weder produziert noch angewendet worden sind. Die Problematik der POP kann folglich nur im internationalen Einvernehmen angegangen werden. Erste Ansätze dafür finden sich in internationalen Übereinkommen (POP-Protokoll, POP-Konvention, PIC-Konvention). Zukünftig muss allerdings der Anwendungsbereich dieser Übereinkommen erweitert werden.

1061. Obwohl die Emissionen *flüchtiger organischer Verbindungen* (VOC, abgesehen von Methan) in den letzten Jahren immer weiter zurückgegangen sind, besitzen sie aufgrund ihres zahlen- wie auch mengenmäßigen Vorkommens nach wie vor eine erhebliche Umweltrelevanz. Eine WHO-Definition schlägt die Einteilung der Substanzen dieser Stoffklasse entsprechend ihren Siedepunkten in Kategorien vor. Diesem Vorschlag wird häufig nicht gefolgt, was zu einer mangelnden Vergleichbarkeit der Ergebnisse von Studien führt. Darüber hinaus besteht nach Auffassung des Umweltrates Bedarf für die Erarbeitung hinreichend begründeter Schwellenwerte für VOC in Innenräumen, die als Leitwerte für Eingriffe und Sanierungsstrategien herangezogen werden können.

Die Bemühungen um eine angemessene Risikobewertung der oxigenierten Ottokraftstoffe sollte verstärkt werden. Dabei muss das Ausmaß der Verwendung von MTBE und ähnlichen Verbindungen in Kraftstoffen berücksichtigt werden. Danach wird zu entscheiden sein, ob ein Richtwert zur Beurteilung der Außenluftqualität und gegebenenfalls Verbote erforderlich sein werden.

1062. Für viele Schadstoffe kann kein Schwellenwert für schädliche Wirkungen angegeben werden. Hierzu zählen nicht nur kanzerogene Substanzen, sondern auch *feine und ultrafeine Partikel,* für die nicht nur ein Verdacht auf kanzerogene Wirkungen besteht, sondern für die auch andere schädliche Wirkungen nachgewiesen sind. Epidemiologische Untersuchungen zeigen eine enge Beziehung zwischen negativen gesundheitlichen Effekten (Atemwegs-, Herz- und Kreislauf-Erkrankungen) und erhöhter Partikelbelastung, auch unterhalb der bestehenden Grenzwerte und ohne ersichtliche Wirkungsschwelle. In den wenigen epidemiologischen Untersuchungen mit definierten Partikelfraktionen hat sich gezeigt, dass die beobachteten gesundheitlichen Effekte deutlicher mit der Konzentration der feinen (PM2,5) und somit lungengängigen Partikelfraktion korrelierten als mit PM10 oder dem Gesamtschwebstaub, dem üblichen Maß für partikuläre Luftverunreinigungen. Nach neueren experimentellen Untersuchungen weisen insbesondere ultrafeine Partikel eine besonders hohe Toxizität auf, die bisher wohl unterschätzt wurde. Zudem können feine und ultrafeine Partikel als Vehikel für Schadstoffe dienen, die auf diesem Wege tief in die Lunge getragen werden. Hauptquelle für diese Partikelfraktionen sind heutzutage verkehrsbedingte Emissionen und hier insbesondere der von Dieselmotoren emittierte Ruß. Nach experimentellen Befunden ist Dieselruß kanzerogen, nach epidemiologischen Studien erhöht eine berufliche Exposition gegenüber Dieselruß das Risiko für Lungenkrebs. Die weitaus stärkste Reduzierung verkehrsbedingter kanzerogener Emissionen kann durch Partikelminderung und -filterung bei Dieselmotoren erreicht werden. Die Umsetzung der Schadstoffstufe EURO 4 plus Partikelfilter verspricht eine deutliche Reduzierung der potentiellen Schadwirkung. Der Umweltrat fordert daher eine verbindliche Einführung von Partikelfiltern für alle dieselgetriebenen Nutzfahrzeuge und Pkw.

Die ab 2005 geltenden EU-Staubgrenzwerte für die PM10-Fraktion stellen ein anspruchsvolles Ziel dar. Die festgesetzten Konzentrationswerte können derzeit nicht flächendeckend eingehalten werden, so dass zusätzliche Maßnahmen zur Minderung der Emissionen erforderlich werden. Repräsentative Expositionsabschätzungen bezüglich der Konzentrationen feiner und ultrafeiner Partikel liegen derzeit – mangels Daten – nicht vor. Grenzwerte für die lungengängige Staubfraktion (z. B. PM2,5) sind aus gesundheitlicher Sicht erstrebenswert, müssen aber Fernziel bleiben, bis ausreichende Expositionsdaten und weitere epidemiologische Studien zur Verfügung stehen.

1063. Die *Radonexposition* in der Bevölkerung hängt stark vom geogenen Radonpotential sowie von den jeweiligen baulichen Gegebenheiten ab. Eine Reduzierung der individuellen Exposition durch private Sanierungsmaßnahmen kann in belasteten Gebieten zur Minimierung des Lungenkrebsrisikos beitragen. Von staatlicher Seite sollte hier Aufklärung und Hilfe bei der Problemerkennung angeboten werden.

Zur Minderung des Risikos durch *Passivrauchen* fordert der Rat einen gesetzlichen Nichtraucherschutz. Instrumente hierfür sind Rauchverbote in öffentlichen Gebäuden, Verkehrsmitteln und auf Bahnhöfen, ferner Separierung von Rauchern und Nichtrauchern zum Beispiel in Hotels und Gaststätten durch ein akzeptables Angebot an Nichtraucherräumen.

Radon, Rauchen, Dieselruß, möglicherweise auch alveolengängige Partikel und künstliche Mineralfasern sind wie einige flüchtige organische Verbindungen Risikofaktoren für Lungenkrebs. Da die kurativen Instrumente bei Lungenkrebs sehr unbefriedigend sind – die 5-Jahres-Überlebensrate liegt bei 5 % –, sind besondere Anstrengungen in bezug auf die Prävention geboten. Inwieweit die vom Arbeitsplatz bekannten synkanzerogenen Effekte (z. B. Rauchen, Radon, Asbest, Quarz) auch bei den niedrigeren Expositionen im Umweltbereich zum Tragen kommen, kann derzeit nicht beantwortet werden und sollte Gegenstand von Forschungen sein.

Epidemiologen haben immer wieder versucht, den verschiedenen Ursachen für Krebserkrankungen ihre relative Bedeutung zuzuordnen. Die am besten bekannte Analyse von DOLL und PETO (1981) weist für Umweltverschmutzung einen Anteil von 2 % an der Krebsmortalität auf, wobei Werte von <1 % bis 5 % möglich erscheinen. Im Vergleich zu den großen Risiken Tabak und Lebensstil erscheint der Beitrag der Umweltverschmutzung als klein. Ihre große Bedeutung gewinnen Umweltrisiken dadurch, dass Teile der Bevölkerung in besonderem Maße exponiert und diesen Risiken ungewollt ausgesetzt sind. Daher sind Maßnahmen zur Begrenzung dieser Risiken unverzichtbar.

2.4.7 Gentechnik

1064. Der Umweltrat hat im Umweltgutachten 1998 (Tz. 745 ff.) eingehend zu Umweltproblemen der Freisetzung und des Inverkehrbringens gentechnisch veränderter Pflanzen Stellung genommen und auf einige Probleme des Inverkehrbringens gentechnisch veränderter Lebensmittel hingewiesen. Er beschränkt sich im vorliegenden Gutachten auf einige wichtige Neuentwicklungen im Gesamtbereich der Bewertung und Kontrolle der Gentechnik.

2.4.7.1 Ziele

1065. Übergeordnetes Qualitätsziel der Umweltpolitik im Bereich der Gentechnik ist der Schutz von Leben und menschlicher Gesundheit sowie der Umwelt vor Gefahren und Risiken durch den Umgang mit gentechnisch veränderten Organismen. Diese Zielsetzung kommt in der Zweckbestimmung, in den Grundpflichten und in den Genehmigungsvoraussetzungen des Gentechnikgesetzes deutlich zum Ausdruck. Die Interpretation des Schutzanspruches des Gentechnikgesetzes im Sinne der Vorsorge steht im Einklang mit der System-Richtlinie (90/219/EWG, geändert durch Richtlinie 98/31/EG) und der Freisetzungs-Richtlinie (90/220/EWG). Wenngleich die Terminologie dieser Richtlinien nicht ganz eindeutig ist, wird man den in den Richtlinien verwendeten Begriff der Gefährdung im Sinne einer umfassenden Risikovorsorge verstehen müssen (von KAMEKE, 1995, S. 44; SCHENEK, 1995, S. 182 f., S. 199 ff.; SCHWEIZER und CALAME, 1995, S. 44). Im Hinblick auf die in beiden Richtlinien eröffneten Entscheidungsspielräume der Behörden spielen allerdings bei der Rechtsanwendung durch die Mitgliedstaaten (gentechnische Arbeiten, Freisetzungen) und die Organe der EU (Inverkehrbringen) unterschiedliche Risikokonzepte eine erhebliche Rolle. Der BSE-Skandal und die insgesamt kritischer gewordene Haltung der meisten Mitgliedstaaten haben dazu beigetragen, dass die Europäische Kommission in der Diskussion über die Novellierung der Freisetzungs-Richtlinie von ihrer bisherigen – auch noch die Novellierung der System-Richtlinie bestimmenden – Linie einer vorsichtigen Deregulierung (vgl. SRU, 1998, Tz. 889 f.) abgerückt ist und eine Verschärfung der Freisetzungsvoraussetzungen vorgeschlagen hat. Auf seiner Sitzung vom 24./25. Juni 1999 hat der EU-Rat eine politische Einigung über die künftige Ausrichtung der Freisetzungs-Richtlinie erzielt. Dabei soll unter anderem das Vorsorgeprinzip ausdrücklich in der Zweckbestimmung (Art. 1) und in den allgemeinen Verpflichtungen der Richtlinie (Art. 4) verankert werden. Die Novellierung der System-Richtlinie hat dagegen nicht zu einer Verdeutlichung des Risikokonzepts im Bereich gentechnischer Arbeiten beigetragen.

Mit der Verordnung über neuartige Lebensmittel und Lebensmittelzutaten (VO 258/97/EG – Novel-Food-Verordnung) hat die Europäische Union das Inverkehrbringen gentechnisch veränderter Lebensmittel zwar weitgehend dem Anwendungsbereich der Freisetzungs-Richtlinie entzogen, folgt aber im großen und ganzen dem Risikokonzept dieser Richtlinie. Allerdings geht es in erster Linie nur um gesundheitliche Risiken (sowie Ernährungsmängel) durch den Verzehr solcher Lebensmittel. Trotz der Terminologie des Art. 3 Abs. 1 der Verordnung, die in der deutschen Version auf bloße Gefahrenabwehr hindeutet, ist aufgrund des englischen und französischen Textes davon auszugehen, dass das Qualitätsziel der Verordnung auch die Risikovorsorge umfasst (vgl. SRU, 1998, Tz. 894).

2.4.7.2 Situation

1066. Während der Anbau von transgenen Sojabohnen, Mais, Raps und Baumwolle insbesondere in Nordamerika erhebliche Anteile an der Anbaufläche erreicht hat, ist er in Europa gering (in begrenztem Umfang in Spanien, Frankreich und Deutschland). In der EU wurden bis November 1999 1 358 Anträge auf Freisetzung von Mais, Raps, Zuckerrüben, Kartoffeln, Tomaten und Tabak gestellt. Davon entfallen 96 auf Deutschland, das damit im Vergleich zu den anderen EU-Mitgliedstaaten mit Belgien auf dem sechsten Platz steht; 77 % aller Freisetzungsvorhaben innerhalb der EU entfallen auf Frankreich, Italien, Großbritannien, Spanien und die Niederlande.

Aufschlussreicher als die Anzahl der Vorhaben ist die Zahl der Freisetzungsstandorte. In Deutschland werden an 414 Orten transgene Pflanzen freigesetzt, davon entfallen 367 auf Betreiber aus der Wirtschaft und 47 auf Forschungseinrichtungen. Mehr als die Hälfte dieser Freisetzungsorte liegt in den Bundesländern Niedersachsen, Mecklenburg-Vorpommern, Bayern und Nordrhein-Westfalen. Bezieht man die Laufzeit von genehmigten Freisetzungen ein, so ist bereits nach dem derzeitigen Stand im Laufe der nächsten zehn Jahre mit mehr als 1 000 Freisetzungsorten zu rechnen. Kommerzieller Anbau findet aufgrund fehlender saatgutrechtlicher Zulassungen nur im Rahmen der Ausnahmeregelung des § 3 Abs. 2 Saatgutverkehrsgesetz statt. Daneben ist mit unbeabsichtigtem Anbau durch Verunreinigungen in importiertem Saatgut zu rechnen.

1067. Freisetzungsvorhaben (Tab. 2.4.7-1) betrafen in den ersten Jahren Verbesserungen für den landwirtschaftlichen Bereich wie Herbizidtoleranzen und Schädlingsresistenzen. Zunehmend werden jetzt Veränderungen der pflanzlichen Inhaltsstoffe vorgenommen und neue physiologische Eigenschaften vermittelt. In Deutschland sind es vor allem Freilandversuche mit transgenen Kartoffelpflanzen mit qualitativer Veränderung und Erhöhung der Stärkesynthese und Rapspflanzen mit veränderten Fettsäuremustern. In Zukunft könnten auch transgene Pflanzen, die auf schwermetallbelasteten Böden wachsen können und auf diesen zur Sanierung eingesetzt werden (z. B. in den USA *Liriodendron tulipifera* auf quecksilberhaltigen Böden), Pflanzen zur Synthese von Fremdproteinen (z. B. Avidin) sowie Pflanzen mit sogenannten „essbaren Impfstoffen" freigesetzt und angebaut werden.

Tabelle 2.4.7-1

Anträge auf Genehmigung von Freilandversuchen mit gentechnisch veränderten Organismen in Deutschland an das Robert Koch-Institut (Stand: 22.11.1999)

Anzahl der Anträge	Organismus	Gentechnische Veränderung (Anzahl der Anträge)	Anzahl der Orte	Stand des Verfahrens
1997				
6	Kartoffel	Kohlenhydratstoffwechsel (3) Virusresistenz (2) Bakterienresistenz (1)	8	Genehmigt
5	Zuckerrübe	Herbizidresistenz (3) Virusresistenz (2)	13	Genehmigt
5	Raps	Fettsäuremuster (4) Herbizidresistenz (1)	5	Genehmigt
1	Mais	Herbizidresistenz	1	Genehmigt
1	Petunie	Blütenfarbe	1	Genehmigt
1	Sinorhizobien	Markierung	1	Genehmigt
1998				
9	Kartoffel	Kohlenhydratstoffwechsel (6) Entwicklungsveränderung (1) Pilzresistenz (1) Virusresistenz (1)	8	Genehmigt
5	Raps	Fettsäuremuster (3) Herbizidresistenz (1) Pilzresistenz (1)	(5)	Genehmigt
3	Zuckerrübe	Herbizidresistenz (2) Virusresistenz (1)	3	Genehmigt
3	Mais	Herbizidresistenz (3)	3	Genehmigt
1999				
12	Kartoffel	Kohlenhydratstoffwechsel (9) Entwicklungsveränderung (2) Bakterienresistenz (1)	12	Genehmigt
5	Raps	Herbizidresistenz (5)	5	Genehmigt
5	Zuckerrübe	Herbizidresistenz (4) Pilzresistenz (1)	5	Genehmigt
1	Weinreben	Pilzresistenz (1)	2	Genehmigt
3	Kartoffel	Kohlenhydratstoffwechsel (3)	3	Beantragt
1	Raps	Herbizidresistenz (1)	1	Beantragt
1	Mais	Herbizidresistenz (1)	1	Beantragt
1	Erbse	Enzymproduktion (1)	1	Beantragt
1	Pappel	Markierung (1)	1	Beantragt

Quelle: Robert Koch-Institut, Zentrum Gentechnologie, schriftl. Mitteilung

1068. Die Begleitforschung bei Freisetzungsexperimenten in Deutschland hat eine Vielzahl von verschiedenen Einzelaspekten zum Gegenstand (SRU, 1998, Tz. 819 ff., 914 f.). Die Untersuchungen betreffen unter anderem den vergleichenden Anbau von transgenen und nicht-transgenen Kulturpflanzen, Pollenausbreitung, Unkrautpopulationen und Samenbank, Rhizosphären- und Bodenbakterien, Verweildauer und Abbaubarkeit des Transgens im Boden, Populationsdichte und Arten blütenbesuchender Insekten. Eine Koordination dieser Projekte zwischen Bund und Ländern ist nicht zu erkennen. Dadurch kommt es mehrfach zu überflüssigen Wiederholungen.

1069. Ausführlich diskutiert wurde das Vorkommen von Antibiotikaresistenzgenen als Marker in transgenen Pflanzen (SRU, 1998, Tz. 791 ff.), da eine Ausbreitung über horizontalen Gentransfer auf Bakterien befürchtet wird, wodurch die Resistenzeigenschaften von infektiösen Keimen verstärkt werden könnten. Diese Gene liegen auf Plasmiden und können zwischen verschiedenen Bakterienarten ausgetauscht werden. Ein Risiko aus dem Vorhandensein von Anbitiotikaresistenzgenen in transgenen Pflanzen wird aus wissenschaftlicher Sicht als sehr gering eingestuft, da Mikroorganismen ähnliche Gene bereits besitzen und diese mit hoher Frequenz untereinander austauschen. Auf der einen Seite wird vor den Gefahren der Ausbreitung von Antibiotikaresistenzgenen für die Gesundheit gewarnt, auf der anderen Seite wird die Auffassung vertreten, dass gentechnisch veränderte Lebensmittel mit diesen Genen unbedenklich seien (z. B. PÜHLER, 1999; DRÖGE et al., 1998). Der Umweltrat hat in seinem Umweltgutachten 1998 (SRU, 1998, Tz. 794 f., 908) bereits die Ansicht vertreten, dass zukünftig auf jegliche Art von Markergenen mit Antibiotikaresistenzeigenschaften spätestens dann, wenn transgene Pflanzen oder Mikroorganismen in Verkehr gebracht werden, verzichtet werden muss, um keine zusätzlichen Risiken aufkommen zu lassen. Hierfür erforderlicher Zeitaufwand und Züchtungsschritte müssen in Kauf genommen werden. Da die Öffentlichkeit auf die Sachlage der Antibiotikaresistenz insgesamt mit Unverständnis reagiert, hat der Umweltrat auch aus Akzeptanzgründen gefordert, auf alle unnützen Markergene zu verzichten.

1070. Transgener, das *Bacillus thuringiensis*-(Bt-)Toxin exprimierender Mais ist im Jahre 1997 in der EU in den Verkehr gebracht worden und wird nach der anstehenden Sortenzulassung in der EU weite Verbreitung finden. Seit 1998 liegt die Genehmigung für das Inverkehrbringen einer zweiten Bt-Mais-Sorte der Firma Monsanto EU-weit vor. Die Expression des Insektentoxins während der gesamten Vegetationszeit der Maispflanzen lässt eine Selektion von resistenten Maiszünslern (*Ostrinia nubilalis*, einen Kleinschmetterling), des Hauptschädlings im Körnermaisbau, sehr wahrscheinlich erscheinen (DEML et al., 1999; JENKINS, 1999). Erste Anzeichen dafür sind aus den USA bekannt. In einem europäischen Projekt soll durch Monitoring im Freiland und durch Laboruntersuchungen eine mögliche Resistenzentwicklung des Maiszünslers erkannt und vorhergesagt werden. Ökologische Konsequenzen einer Dauerexpression, zum Beispiel über die Wirkung des Toxins in der Nahrungskette auf indifferente und nützliche Organismen, sollen ebenfalls untersucht werden (BARTSCH und SCHUPHAN, 2000).

Die Diskussion über die Risiken des Bt-Toxins wird in den USA wissenschaftlich kontrovers geführt (ENSERINK, 1999; FERBER, 1999). Der Umweltrat hält es deshalb für geboten, weitere Forschungen zu initiieren. Zum Beispiel sind der Verbleib des Bt-Toxins und seine Wirkungen im Boden weitgehend ungeklärt (SAXENA et al., 1999).

1071. Nach Angaben des Robert Koch-Instituts (RKI) wurden bislang 28 Anträge auf Inverkehrbringen nach der Freisetzungsrichtlinie in der EU gestellt, 13 Anträgen wurde stattgegeben (Tab. 2.4.7-2).

1072. Auf der Grundlage der Novel-Food-Verordnung sind bislang sieben Zulassungsanträge gestellt worden (Tab. 2.4.7-3). Nicht zuletzt aufgrund der kritischen gewordenen Haltung der nationalen Behörden und EU-Organe – man kann inzwischen von einem faktischen Moratorium durch restriktive Handhabung der Zulassungsvoraussetzungen sprechen (BMU-Umwelt 1999, S. 521) – sind noch keine Zulassungen erfolgt. Die vor Inkrafttreten der Verordnung zugelassenen Mais- und Sojaarten sind gegenwärtig die einzigen gentechnisch veränderten Lebensmittelprodukte, die in der EU vermarktet werden können (wobei freilich einige EU-Staaten nationale Vermarktungsverbote erlassen haben, die von der Europäischen Kommission geduldet werden).

2.4.7.3 Maßnahmen

Gentechnische Arbeiten

1073. Die Novellierung der Richtlinie über die Anwendung gentechnisch veränderter Mikroorganismen in geschlossenen Systemen (90/219/EWG – System-Richtlinie) durch die Richtlinie 98/31/EG hat zu gewissen Veränderungen gegenüber dem geltenden Recht geführt. Insgesamt ist die Novelle im Hinblick auf die vielfältigen Erfahrungen mit gentechnischen Arbeiten in geschlossenen Systemen vom Gedanken einer vorsichtigen Deregulierung getragen. Die unterschiedliche Behandlung von Forschung und Entwicklung einerseits, Produktion andererseits und damit des Umfangs der Arbeiten entfällt künftig. Gentechnische Arbeiten werden vielmehr durchgängig entsprechend den damit verbundenen Risiken in vier Risikoklassen eingeteilt. Das Deregulierungskonzept der neuen Richtlinie kommt daneben vor allem darin zum Ausdruck, dass gentechnische Arbeiten, die sich als sicher für die menschliche Gesundheit und die Umwelt erwiesen haben, von der Regulierung ausgenommen werden. Die entsprechenden Anhänge zur Richtlinie bedürfen aber noch der inhaltlichen Ausgestaltung. Die für die umweltpolitische Bewertung der Novellierung entscheidende Frage ist damit noch offen.

Tabelle 2.4.7-2
Anträge auf Inverkehrbringen von pflanzlichen Produkten in der EU gemäß Richtlinie 90/220/EWG (Stand: 22.11.1999)

Produkt	Antragsteller	Gentechnische Veränderung	Eingereicht in	Stand	Bemerkungen
Tabak	Fa. Seita	Herbizidtoleranz	F	G	Positive Entscheidung durch die EU (1994)
Mais	Fa. Ciba Geigy (heute Novartis)	Schadinsektenresistenz und Herbizidtoleranz	F	G	Positive Entscheidung durch die EU (1997)
Raps	Fa. Plant Genetic Systems	Männliche Sterilität und Herbizidtoleranz	GB	G	Positive Entscheidung durch die EU (1996)
Radicchio	Fa. Bejo Zaden	Männliche Sterilität und Herbizidtoleranz	NL		Positive Entscheidung durch die EU (1996)
Sojabohne	Fa. Monsanto	Herbizidtoleranz	GB	G	Positive Entscheidung durch die EU (1997)
Raps (2 Anträge)	Fa. Plant Genetic Systems	Männliche Sterilität und Herbizidtoleranz	F	G	Positive Entscheidung durch die EU (1997)
Raps	Fa. AgrEvo	Herbizidtoleranz	D	B	Verfahren noch nicht abgeschlossen
Raps	Fa. AgrEvo	Herbizidtoleranz	GB	G	Positive Entscheidung durch die EU (1998)
Mais	Fa. AgrEvo	Herbizidtoleranz	F	G	Positive Entscheidung durch die EU (1998)
Mais	Fa. Monsanto	Schadinsektenresistenz	F	G	Positive Entscheidung durch die EU (1998)
Mais	Fa. Pioneer	Schadinsektenresistenz	F	B	Verfahren noch nicht abgeschlossen
Radicchio	Fa. Bejo Zaden	Männliche Sterilität und Herbizidtoleranz	NL	B	Verfahren noch nicht abgeschlossen
Mais	Fa. Northrup	Schadinsektenresistenz	GB	G	Positive Entscheidung durch die EU (1998)
Raps	Fa. Plant Genetic Systems	Männliche Sterilität und Herbizidtoleranz	B	B	Verfahren noch nicht abgeschlossen
Kartoffel	AVEBE	Veränderung der Stärkezusammensetzung	NL		Antrag zurückgezogen
Nelke	Fa. Florigene B.V.	Veränderung der Blütenfarbe	NL	G	Positive Entscheidung durch die EU (1998)
Futterrübe	Fa. Trifolium	Herbizidtoleranz	DK	B	Verfahren noch nicht abgeschlossen
Tomate	Fa. ZENECA	Verzögerte Fruchtreife	ES	B	Verfahren noch nicht abgeschlossen
Baumwolle	Fa. Monsanto	Schadinsektenresistenz	ES	B	Verfahren noch nicht abgeschlossen
Baumwolle	Fa. Monsanto	Herbizidtoleranz	ES	B	Verfahren noch nicht abgeschlossen
Kartoffel	Fa. Amylogen	Veränderung der Stärkezusammensetzung	SE	B	Verfahren noch nicht abgeschlossen
Nelke	Fa. Florigene	Verlängerte Haltbarkeit	NL	G	Positive Entscheidung durch die EU (1998)

Produkt	Antragsteller	Gentechnische Veränderung	Eingereicht in	Stand	Bemerkungen
Nelke	Fa. Florigene	Veränderte Blütenfarbe	NL	G	Positive Entscheidung durch die EU (1998)
Raps	Fa. AgrEvo	Herbizidtoleranz	D	B	Verfahren noch nicht abgeschlossen
Mais	Fa. Novartis	Schadinsektenresistenz und Herbizidtoleranz	F	B	Verfahren noch nicht abgeschlossen
Mais	Fa. Pioneer	Schadinsektenresistenz und Herbizidtoleranz	NL	B	Verfahren noch nicht abgeschlossen
Mais	Fa. Monsanto	Herbizidtoleranz	ES	B	Verfahren noch nicht abgeschlossen

B = beantragt gemäß Richtlinie 90/220/EWG
G = genehmigt gemäß Richtlinie 90/220/EWG
ES = Spanien; SE = Schweden
Quelle: Robert Koch-Institut, Zentrum Gentechnologie, schriftl. Mitteilung

Tabelle 2.4.7-3

Anträge gemäß EG-Verordnung 258/97 (Novel Food)
Stand: Dezember 1999

Antragsteller	Produkt	Rapporteur	Erstprüfbericht
Zeneca	Tomate (Linie TGT7F) Insbesondere Verarbeitungsprodukte, z. B. geschälte Tomaten, Tomatensoße, -püree	Vereinigtes Königreich	Liegt vor
Bejo Zaden	Radicchio rosso (Linien RM3-3, RM3-4, RM3-6) Pollensterilität, Herbizidtoleranz	Niederlande	Liegt vor
Bejo Zaden	Fleischkraut (Radicchio) (Linie GM2-28) Pollensterilität, Herbizidtoleranz	Niederlande	Liegt vor
Optimum Quality Grains	Sojabohne (Linie 260-05) Erhöhter Ölsäuregehalt	Niederlande	Liegt nicht vor
Monsanto	Mais (Linie GA21) Herbizidtoleranz (Glyphosat) Maiskörner und Verarbeitungsprodukte	Niederlande	Liegt nicht vor
AgrEvo	Sojabohnen (Linien A2704-12, A5547-127 von AgrEvo) Herbizidtoleranz	Belgien	Liegt nicht vor
Novartis Seeds	Mais (Bt11-Mais) Schadinsektenresistenz, Herbizidresistenz	Niederlande	Liegt nicht vor

Quelle: Robert Koch-Institut, Zentrum Gentechnologie, schriftl. Mitteilung

Freisetzung und Inverkehrbringen von gentechnisch veränderten Organismen

1074. Die Diskussion über die Novellierung der EG-Richtlinie über die Freisetzung gentechnisch veränderter Organismen (90/220/EG) wird sowohl unter dem Gesichtspunkt des Umweltschutzes wie des Gesundheitsschutzes geführt. Die politische Einigung des EU-Umweltministerrates vom 24./25. Juni 1999 über die Ausrichtung der Richtlinie (vgl. BMU-Umwelt 1999, S. 520) zielt auf erhebliche Verschärfungen der Risikopolitik in bezug auf die Freisetzung und insbesondere das Inverkehrbringen gentechnisch veränderter Organismen ab. Im Bereich des Gesundheitsschutzes ist vor allem auf die geplante Regelung hinzuweisen, wonach die Verwendung von Antibiotikaresistenzgenen, die eine human- oder veterinärmedizinische Bedeutung haben, eingeschränkt werden kann. Die Grundprinzipien der Risikoabschätzung in bezug auf Umweltauswirkungen sollen in einem neuen Anhang konkretisiert werden. Genehmigungen für das Inverkehrbringen sollen in Zukunft generell auf maximal zehn Jahre befristet, können danach aber auf unbefristete Zeit verlängert werden. Bei Feldfreisetzungen und dem Inverkehrbringen soll unter engen Voraussetzungen allerdings ein erleichtertes Verfahren zulässig sein. Bei Bekanntwerden neuer Risikoinformationen über den in Verkehr gebrachten gentechnisch veränderten Organismus soll die zuständige nationale Behörde unverzüglich einen Abstimmungsprozess mit der Kommission und den übrigen Mitgliedstaaten einleiten, der zu einer Änderung der Zulassungsbedingungen führen kann. Mit der Genehmigung zum Inverkehrbringen soll der Antragsteller zu einem Monitoring verpflichtet werden, das freilich differenziert ausgestaltet werden kann. Dies entspricht weitgehend den Forderungen des Umweltrates (SRU, 1998, Tz. 825 ff., 880, 882 ff.). Die Öffentlichkeitsbeteiligung soll bei allen Verfahren zur Genehmigung von Feldfreisetzungen und des Inverkehrbringens verbindlich vorgeschrieben werden. Die Vorschriften über die Kennzeichnung gentechnisch veränderter Produkte sollen durch Einfügung einer neuen Vorschrift im Verordnungstext und neuer Regelungen im Anhang weiter konkretisiert werden und damit zur Transparenz für den Verbraucher beitragen. Wissenschaftliche Ausschüsse sollen in jedes strittige Zulassungsverfahren auf EG-Ebene eingeschaltet werden; das Gewicht der Mitgliedstaaten im Ausschussverfahren soll erhöht werden. Beim Inverkehrbringen soll die Behörde desjenigen Mitgliedstaates, bei der der Antrag gestellt wurde, ein Vetorecht erhalten. Es bleibt abzuwarten, welche Regelungen im komplexen Abstimmungsprozess mit dem Europäischen Parlament letztlich verabschiedet werden.

1075. Auf der Grundlage der Empfehlungen des Umweltrates (SRU, 1998, Tz. 825-838) hat die Umweltministerkonferenz auf ihrer 50. Sitzung im Mai 1998 festgestellt, dass eine Dauerbeobachtung (Monitoring) zur Abschätzung von Langzeiteffekten, die aus dem Inverkehrbringen von transgenen Organismen resultieren, mit dem Ziel einer Prüfung des Umweltverhaltens notwendig ist. In der Koalitionsvereinbarung vom 28. Oktober 1998 wird erklärt, dass „Freilandversuche und das Inverkehrbringen wegen der langfristigen Auswirkungen des Anbaus transgener Pflanzen in einem Langzeitmonitoring wissenschaftlich begleitet werden müssen". Ein Monitoring-Projekt im Zusammenhang mit dem kommerziellen Anbau von Bt-Mais wurde von einer EU-Expertengruppe entwickelt und den EU-Mitgliedstaaten zugestellt (Doc.: XI/175/98).

1076. Seit November 1998 erarbeitet eine Bund-Länder-Arbeitsgruppe Vorschläge für ein Monitoring der Umweltwirkungen von transgenen Pflanzen (Federführung: UBA). Neben einem fallspezifischen Monitoring der Wirkungen eines bestimmten Produktes auf der Grundlage spezifischer Fragestellungen wird es ein langfristiges Monitoring geben, das die rechtlichen Anforderungen der allgemeinen Überwachung (gemäß dem Gemeinsamen Standpunkt zur Novellierung der EG-Richtlinie 90/220/EWG) ausfüllt. Auf dem BMBF-Statusseminar „Biologische Sicherheitsforschung bei Freilandversuchen mit transgenen Oganismen und anbaubegleitendes Monitoring" im September 1999 in Braunschweig wurde dieses Konzept wie auch das der Arbeitsgruppe „Anbaubegleitendes Monitoring gentechnisch veränderter Pflanzen im Agrarökosystem" (Federführung bei der BBA) und das zur „Etablierung und inhaltlichen Ausgestaltung einer Koordinationsstelle für das anbaubegleitende Monitoring von gentechnisch veränderten Pflanzen" (RKI) vorgestellt. Im Konzept einer Koordinationsstelle sieht das RKI die modulartige Nutzung von relevanten Bereichen aus den Beobachtungen der beiden zuvor genannten Beobachtungsgruppen vor und beabsichtigt, ein Genregister für Monitoringzwecke (vgl. SRU, 1998, Tz. 832-836) zu etablieren. Auch der Bundesverband Deutscher Pflanzenzüchter, die Deutsche Industrievereinigung Biotechnologie und der Industrieverband Agrar haben im September 1999 einen Vorschlag zu anbaubegleitendem Monitoring bei gentechnisch veränderten Pflanzensorten veröffentlicht mit dem Ziel, auch die Akzeptanz für gentechnisch veränderte Produkte bei den Verbrauchern zu verbessern.

1077. Umweltmonitoring fällt in den Zuständigkeitsbereich der Bundesländer. Bei den für Genehmigung und Überwachung von gentechnischen Anlagen und der Umwelt in den einzelnen Bundesländern zuständigen Behörden gibt es gegenüber dem früheren Zustand (SRU, 1998, Tab. 3.2-12) teils eine Konzentration auf eine geringere Anzahl von Behörden, weil mehr Kompetenz an einer Stelle versammelt werden kann. Für eine Dezentralisierung andererseits spricht die bessere Kenntnis der Verhältnisse und Personen vor Ort.

1078. Bei Freisetzungen ein und derselben gentechnisch veränderten Pflanzensorte an mehreren Standorten wurde bisher aufgrund der EG-Entscheidung 94/730/EG ein vereinfachtes Zulassungsverfahren praktiziert. Diese Praxis ist vom Oberverwaltungsgericht Berlin (NVwZ 1997, 96) für unzulässig erklärt worden. Obwohl man darüber streiten kann, ob das Gericht die Behördenverbindlichkeit nicht umgesetzter Rechtsakte der EG, wozu auch Entscheidungen gehören, richtig gesehen hat, gibt der Beschluss des Gerichtes Anlass zu einer entsprechenden Novellierung der Gentechnischen Verfahrensverordnung; der Abschluss der Novellierung der Freisetzungsrichtlinie sollte nach Auffassung des Umweltrates nicht abgewartet werden.

Gentechnisch veränderte Lebensmittel

1079. Die EG-Verordnung über neuartige Lebensmittel und neuartige Lebensmittelzutaten von 1997 (VO 258/97/EG – Novel-Food-Verordnung) führt ein Zulassungsverfahren für neuartige Lebensmittel und Lebensmittelzutaten ein, das in erster Linie gentechnisch veränderte Lebensmittel betrifft (vgl. STREINZ, 1999, S. 16 ff.; SRU, 1998, Tz. 891 ff.). Die Diskussion um die Novellierung der Freisetzungsrichlinie (90/220/EG) ist auch für die Novel-Food-Verordnung von Bedeutung. Der EU-Umweltministerrat hat auf seiner Tagung vom 24./25. Juni 1999 im Rahmen der politischen Einigung über einen gemeinsamen Standpunkt auch festgelegt, dass unter anderem die Novel-Food-Verordnung enger an die Freisetzungs-Richtlinie angebunden werden soll. Dies betrifft insbesondere die Vorsorgeorientierung, die Kriterien der Risikoabschätzung, das Nachzulassungsmonitoring und die Kennzeichnung. Diese Position, die zum Teil die Verordnung verdeutlicht, zum Teil aber auch verschärft, entspricht im wesentlichen den Vorstellungen des Umweltrates (SRU, 1998, Tz. 891 ff.) und wird daher ausdrücklich begrüßt.

In dem Anfang 2000 veröffentlichten Weißbuch über Lebensmittelsicherheit (Presseerklärung der Kommission vom 12.01.2000) schlägt die Kommission die Schaffung einer Europäischen Lebensmittelagentur vor. Die neue Behörde soll unter anderem für die Risikobewertung von Lebensmitteln zuständig sein, während aber die Verantwortung für das Risikomanagement bei den EU-Organen verbleiben soll. Danach würden Entscheidungen über die Zulassung gentechnisch veränderter Lebensmittel weiterhin von den Mitgliedstaaten oder EU-Organen getroffen werden, was im Hinblick auf die gesundheitspolitische Bedeutung solcher Entscheidungen angemessen erscheint.

1080. Im Mittelpunkt der Auseinandersetzungen um die Novel-Food-Verordnung stand in der Vergangenheit und steht auch noch heute die Kennzeichnung von Lebensmitteln, die gentechnisch veränderte Organismen enthalten oder aus ihnen bestehen. Der Umweltrat hat im Umweltgutachten 1998 verdeutlicht, dass eine weitgehende Kennzeichnung durch den Gedanken der Transparenz hinsichtlich gesundheitlicher Restrisiken und der Verbrauchersouveränität gerechtfertigt ist, aber auf die Schwierigkeit der Regelung im einzelnen hingewiesen (SRU, 1998, Tz. 898 ff., 904).

Neben den bereits zugelassenen gentechnisch veränderten Mais- und Sojasorten, für die zunächst die EG-Verordnung Nr. 1813/97 und nunmehr die EG-Verordnung Nr. 1139/98 eine Sonderregelung trifft, legt Art. 8 der Novel-Food-Verordnung die Grundsätze der Kennzeichnung gentechnisch veränderter Lebensmittel fest (vgl. STREINZ, 1999, S. 17 ff.). Diese Regelung schreibt die Kennzeichnung von in Lebensmitteln vorhandenen gentechnisch veränderten Organismen vor, aber auch von mit solchen Organismen nur behandelten Lebensmitteln, sofern im letzteren Fall das Lebensmittel einem konventionellen nicht gleichwertig ist. Sie lässt aber eine Reihe von Fragen nach Gegenstand, Umfang und Art der Kennzeichnung offen. Dabei geht es insbesondere um Herkunftszweifel, Vermischungsprobleme und Verunreinigungen (vgl. SRU, 1998, Tz. 898).

Mit der EG-Verordnung Nr. 1139/98 ist für die schon zugelassenen gentechnisch veränderten Mais- und Sojasorten eine Ausführungsregelung erlassen worden, die ein Präjudiz für eine allgemeine Regelung darstellt, aber nur einen Teil der Probleme löst. Danach sind Produkte, die verändertes Erbmaterial oder – als Indikator für Ungleichwertigkeit – neue Proteine enthalten, kennzeichnungspflichtig. Allerdings kann bei Unterschreiten von festzulegenden Bagatellgrenzen die Kennzeichnung unterbleiben. Produkte, bei denen gentechnisch veränderte Organismen durch die Verarbeitung zerstört werden und nicht mehr nachweisbar sind, sollen nach Maßgabe einer Negativliste ohne konkreten Nachweis von der Kennzeichnungspflicht befreit sein. Damit sind zwei entscheidende Fragen, nämlich die nach der Festlegung der Bagatellgrenze und nach den Methoden, aufgrund derer die Negativliste erstellt wird, zunächst offen geblieben. Die Europäische Kommission hat zur Ausführung dieser Regelung durch Verordnung Nr. 49/2000 die Bagatellgrenze auf 1 %, bezogen auf die jeweilige Zutat, festgelegt. Dieser Toleranzwert gilt nur bei zufälligen Kontaminationen, soll also nur bei unbeabsichtigter Vermischung gentechnikfreier und gentechnisch veränderter Zutaten eingreifen. Der Hersteller muss geeignete Maßnahmen treffen, um solche Kontaminationen zu vermeiden, um in den Genuss der Ausnahmeregelung zu kommen.

Die EG-Verordnung Nr. 50/2000 sieht nunmehr entgegen dem bisherigen Recht vor, dass generell auch gentechnisch veränderte Zusatzstoffe und Aromen in gleicher Weise wie gentechnisch veränderte Lebensmittel von der Kennzeichnungspflicht erfasst sind. Die Kennzeichnungspflicht greift daher bei fehlender Gleichwertigkeit ein, die nicht gegeben ist, wenn die Zusatzstoffe oder Aromen neue Proteine oder DNA aufgrund einer gentechnischen Veränderung enthalten. Damit wird der Verbraucherschutz erheblich verbessert, wenngleich immer noch Lücken verbleiben (vgl. SRU, 1998, Tz. 892). Insbesondere stellt sich auch hier die Frage nach der Festlegung einer Bagatellgrenze.

1081. In diesem Zusammenhang weist der Umweltrat auch darauf hin, dass bei Nahrungsmitteln aus gentechnischer Produktion ein Allergieproblem bestehen kann. Entsprechend mahnt er erneut an, die Verfahren zur Prüfung auf Allergenität von transgenen Lebensmittelkomponenten bezüglich eines sicheren Ausschlusses allergener Risiken gezielt zu verbessern und anzuwenden. Bei einer möglichen Kennzeichnung wird allerdings umstritten sein, wie allergen wirkende Substanzen, die nur ein gewisses Risiko darstellen, zu behandeln sind. Dies gilt insbesondere für eine mögliche Bagatellgrenze; ein „Toleranzwert" von 1 % ist hierbei kaum akzeptabel. Ein weiteres Problem ist die Vielzahl der allergen wirksamen Substanzen.

1082. Die maßgeblichen gemeinschaftsrechtlichen Regelungen enthalten keine Aussage zur Zulässigkeit einer freiwilligen Kennzeichnung, mit der im Interesse des Verbrauchers oder zur Markterschließung oder -sicherung die Freiheit eines Lebensmittels von gentechnischen Veränderungen geltend gemacht wird. Die Europäische Kommission steht solcher Kennzeichnung grundsätzlich positiv gegenüber (Erwägungsgrund 10 der Novel-Food-Verordnung; Pressemitteilung vom 25. Juli 1997). Die Kennzeichnung unterliegt aber nach deutschem Recht sowohl lebensmittel- wie auch wettbewerbsrechtlichen Schranken. Durch die Erste Verordnung zur Änderung der Neuartigen Lebensmittel- und Lebensmittelzutaten-Verordnung vom 13. Oktober 1998 ist nunmehr bestimmt, dass mit der Angabe „ohne Gentechnik" (nicht aber mit gleichwertigen Angaben) geworben werden kann, wenn das Lebensmittel ohne Einsatz gentechnischer Verfahren hergestellt worden ist; unbeabsichtigt in das Lebensmittel gelangte und bei besonderer Sorgfalt nicht vermeidbare Spuren gentechnisch verändertem Materials schließen die Kennzeichnung nicht aus. Allerdings hat die Gemeinschaft die Befugnis, die nationale Regelung über die Kennzeichnung als gentechnikfrei durch eine gemeinschaftsrechtliche zu ersetzen.

Die Frage, ob eine Kennzeichnung auch dann erfolgen sollte, wenn gentechnisch veränderte Bestandteile im Produkt zwar nicht festgestellt oder eindeutig verneint, aber auch nicht ausgeschlossen werden können, bleibt weiterhin offen. Die Europäische Kommission hatte entsprechende Vorstellungen (vgl. Pressemitteilung vom 25. Juli 1997; EU Food Law Monthly Nr. 72/1997, S. 1, 3 f.) bei der Diskussion über die Kennzeichnung von gentechnisch verändertem Mais und Soja letztlich zurückgezogen.

2.4.7.4 Schlussfolgerungen und Empfehlungen zur Gentechnik

1083. Das Gentechnikrecht befindet sich derzeit in einer Phase der Neuorientierung. Nach der Novellierung der Systemrichtlinie durch die Richtlinie 98/31/EG werden gentechnische Arbeiten nunmehr durchgängig entsprechend den damit verbundenen Risiken in Risikoklassen eingeteilt. Gentechnische Arbeiten, die sich als sicher für die menschliche Gesundheit und die Umwelt erwiesen haben, werden nun von der Regulierung ausgenommen. Die entsprechenden Anhänge zur Richtlinie bedürfen aber noch der inhaltlichen Ausgestaltung. Die für die umweltpolitische Bewertung der Novellierung entscheidende Frage ist damit noch offen. Der BSE-Skandal und die insgesamt kritischer gewordene Haltung der meisten Mitgliedstaaten haben dazu beigetragen, dass die Europäische Kommission in der Diskussion über die Novellierung der Freisetzungs-Richtlinie mit Zustimmung der meisten Mitgliedstaaten von ihrer bisherigen – auch noch die Novellierung der System-Richtlinie bestimmenden – Linie einer vorsichtigen Deregulierung abgerückt ist und eine Verschärfung der Freisetzungsvoraussetzungen vorgeschlagen hat. Das Vorsorgeprinzip soll nun ausdrücklich in der Zweckbestimmung (Art. 1) und in den allgemeinen Verpflichtungen der Richtlinie (Art. 4) verankert werden. Die beabsichtigte Verankerung des Vorsorgeprinzips ist zu begrüßen. Gleichzeitig sollten aber auch Deregulierungsmöglichkeiten genutzt werden. Ein faktisches Moratorium für die Zulassung ist rechtsstaatlich nicht akzeptabel.

1084. In Deutschland sind Freisetzungen transgener Pflanzen an 414 Orten erfolgt. Freisetzungsvorhaben betrafen in den ersten Jahren Verbesserungen für den landwirtschaftlichen Bereich wie Herbizidtoleranzen und Schädlingsresistenzen. Zunehmend werden jetzt Veränderungen der pflanzlichen Inhaltsstoffe vorgenommen und neue physiologische Eigenschaften vermittelt.

Untersuchungen zur Begleitforschung betreffen unter anderem den vergleichenden Anbau von transgenen und nichttransgenen Kulturpflanzen, Pollenausbreitung, Unkrautpopulationen und Samenbank, Rhizosphären- und Bodenbakterien, Verweildauer und Abbaubarkeit des Transgens im Boden, Populationsdichte und Arten blütenbesuchender Insekten. Die Ergebnisse der Begleitforschungsprojekte bei Freisetzungsvorhaben müssen gesammelt, gesichtet und für den Vollzug des Gentechnikgesetzes nutzbar gemacht werden. Die Einrichtung einer ökologischen Dauerbeobachtung von ausgewählten transgenen Organismen und deren Auswirkungen auf die Umwelt, die Integration in die ökologische Umweltbeobachtung (vgl. NEEMANN und SCHERWAß, 1999) und die Schaffung einer zentralen Koordinationsstelle für ein Umweltmonitoring von gentechnisch veränderten Organismen (SRU, 1998, Tz. 825 ff.) sind beschleunigt umzusetzen. Vor dem Hintergrund weiterhin zunehmender Freisetzungsvorhaben erneuert der Umweltrat seine Forderung nach Einrichtung eines Genregisters (SRU, 1998, Tz. 832-836).

1085. Der Umweltrat begrüßt es, dass aufgrund der Novelle der Freisetzungsrichtlinie der Antragsteller mit der Genehmigung zum Inverkehrbringen zu einem Monitoring verpflichtet werden soll, das differenziert ausgestaltet werden kann.

1086. Der EU-Umweltministerrat hat sich darauf geeinigt, dass die Novel-Food-Verordnung bezüglich der Vorsorgeorientierung, der Kriterien der Risikoabschätzung, des Nachzulassungsmonitoring und der Kennzeichnung enger an die Freisetzungs-Richtlinie angebunden werden soll. Diese Position, die zum Teil die Verordnung verdeutlicht, zum Teil aber auch verschärft, wird vom Umweltrat ausdrücklich begrüßt. Die Novel-Food-Verordnung lässt aber nach wie vor eine Reihe von Fragen nach Gegenstand, Umfang und Art der Kennzeichnung gentechnisch veränderter Lebensmittel offen. Dabei geht es insbesondere um Herkunftszweifel, Vermischungsprobleme und Verunreinigungen.

1087. Mit der EG-Verordnung Nr. 1139/98 wurde für die schon zugelassenen gentechnisch veränderten Mais- und Sojasorten eine Ausführungsregelung erlassen, die ein Präjudiz für eine allgemeine Regelung darstellt, aber nur einen Teil der Probleme löst. Es blieben zunächst zwei entscheidende Fragen offen, nämlich die nach der Festlegung einer Bagatellgrenze (Toleranzwert) und nach den Methoden, aufgrund derer die Negativliste für gentechnisch veränderte, aber gleichwertige Lebensmittel erstellt wird. Die Europäische Kommission hat durch eine Änderung der Verordnung kürzlich den Toleranzwert für unbeabsichtigte Verunreinigungen auf 1 %, bezogen auf die jeweilige Zutat, festgelegt.

Entgegen dem bisherigen Recht werden nunmehr generell auch gentechnisch veränderte Zusatzstoffe und Aromen der Kennzeichnungspflicht unterworfen. Dies stellt eine Verbesserung des Verbraucherschutzes dar, wenngleich noch einige Lücken verbleiben. Insbesondere stellt sich auch hier die Frage nach der Festlegung einer Bagatellgrenze.

1088. Da auch bei Nahrungsmitteln aus gentechnischer Produktion ein Allergieproblem bestehen kann, mahnt der Umweltrat erneut an, die Verfahren zur Prüfung auf Allergenität von transgenen Lebensmittelkomponenten bezüglich eines sicheren Ausschlusses allergener Risiken gezielt zu verbessern und anzuwenden. Bei einer möglichen Kennzeichnung wird allerdings umstritten sein, wie allergen wirkende Substanzen, die nur ein gewisses Risiko darstellen, zu behandeln sind. Dies gilt insbesondere für eine mögliche Bagatellgrenze; ein „Toleranzwert" von 1 % ist hierbei kaum akzeptabel. Ein weiteres Problem ist die Vielzahl der allergen wirksamen Substanzen.

3 Umweltschutz in ausgewählten Problembereichen

3.1 Dauerhaft umweltgerechte Wald- und Forstwirtschaft

3.1.1 Problemstellung und Begriffsbestimmung

1089. In weiten Teilen Europas ist Wald die potentiell dominierende Vegetationsform (ELLENBERG, 1996). Bereits sehr früh hat der Mensch in Waldökosysteme eingegriffen und diese damit verändert. In Zentraleuropa erlangten diese Eingriffe seit dem Mittelalter eine landschaftsprägende Dimension. Somit sind die Waldlandschaften in ihrer heutigen Gestalt das Ergebnis eines lang andauernden und tiefgreifenden Einflusses des Menschen. Die komplexen Wirkungen historischer Landnutzungsformen auf Artenvielfalt und Lebensgemeinschaften sind nach wie vor nicht hinreichend aufgeklärt. Rekonstruktionen verdeutlichen jedoch, dass die historische Landnutzung eine wesentliche Differenzierung des Ökosystemspektrums und eine gegenüber der Naturlandschaft deutliche Erhöhung der Artenvielfalt zur Folge hatte (SUKOPP und TREPL, 1987; SRU, 1985). Gleichwohl nimmt infolge der Intensivierung der Landnutzung die Ökosystem- und Artenvielfalt bereits seit längerer Zeit wieder ab.

1090. Vor dem Hintergrund dieser Beobachtung und der verstärkten Erörterung des Problemfeldes Biodiversität greift der Umweltrat das Thema „dauerhaft umweltgerechte Wald- und Forstwirtschaft" auf, um es konsequent in eine Betrachtungsreihe zu stellen, die sich vor allem mit den Sondergutachten des Umweltrates „Konzepte einer dauerhaft umweltgerechten Entwicklung ländlicher Räume" (SRU, 1996b) sowie „Flächendeckend wirksamer Grundwasserschutz" (SRU, 1998b) verbindet. Aktueller Anlass ist zudem die Diskussion über ökologischen Waldumbau und Klimaschutz. Dabei knüpft der Umweltrat auch an sein Sondergutachten zum Thema „Waldschäden und Luftverunreinigungen" (SRU, 1983) an.

Die Problematik „Waldsterben" hatte den Wald in eine bis dahin unbekannte Intensität umweltpolitischer Diskussion gerückt. Diese Diskussion war Auslöser zahlreicher Umweltschutzmaßnahmen sowie intensivster Waldökosystemforschung. Im Ergebnis dieser umfangreichen Untersuchungen wurde das Wissen über Waldökosysteme, insbesondere mit Blick auf Ursache-Wirkungs-Beziehungen, deutlich verbessert. Dieser vielschichtige Erkenntniszugewinn ist eine wichtige Basis, um zum einen die ökologische Komponente forstlicher Nachhaltigkeit besser zu verstehen und zum anderen neue Ansätze, wie ökologischer Waldumbau oder naturnahe Waldbewirtschaftung besser bewerten zu können. Dabei wurde deutlich, dass nicht nur aktuelle bzw. rezente anthropogene Einflüsse wie Luftschadstoffdepositionen Waldschäden verursachen, sondern dass historische Landnutzungen auf ökosystemarer Ebene zu erheblichen Degradationen führten, die teilweise noch heute nachwirken. Dabei geriet die offensichtliche Instabilität zahlreicher Wirtschaftswälder zusehends ins Blickfeld, was aus forstlicher und naturschutzfachlicher Sicht teils zu einvernehmlichen Lösungen, wie beim ökologischen Waldumbau, teils aber zu nach wie vor kontroversen Positionen, wie bei der verstärkten Ausweisung von Totalreservaten und der Einschränkung forstlicher Bewirtschaftungsmaßnahmen, führten. Ökologische Aspekte haben im Rahmen der Forstwirtschaft zunehmend an Bedeutung gewonnen. Der Umweltrat greift in diesem Gutachten Aspekte dieser teilweise kontroversen Diskussion auf, wobei zudem die Bedeutung des Waldes mit seinen verschiedenen Schutzwirkungen für die Umweltmedien hervorgehoben wird.

Begriffsbestimmung

1091. Das Bundeswaldgesetz (BWaldG) definiert in § 2 Abs. 1 Satz 1 den Begriff Wald. Danach ist „Wald jede mit Forstpflanzen bestockte Grundfläche". Als Forstpflanzen werden sämtliche nach dem Gesetz über forstliches Saat- und Pflanzgut zugelassenen Sorten, Klone und Herkommenschaften von Forstgehölzarten verstanden. Nach § 2 Abs. 1 Satz 2 gelten auch kahlgeschlagene oder verlichtete Grundflächen, Waldwege, Waldeinteilungs- und Sicherungsstreifen, Waldblößen und Lichtungen, Waldwiesen, Wildäsungsplätze, Holzlagerplätze sowie weitere mit dem Wald verbundene und ihm dienende Flächen als Wald. Dagegen sind in der Flur oder in bestimmten Gebieten gelegene Flächen, die mit einzelnen Baumgruppen, Baumreihen oder mit Hecken bestockt sind oder als Baumschulen verwendet werden, nicht Wald im Sinne des Gesetzes (§ 2 Abs. 2 BWaldG).

Nach § 1 BWaldG werden im Grundsatz die Nutz-, Schutz- und Erholungsfunktion des Waldes als gleichrangig eingestuft. Unter dem Begriff Schutzfunktion wird üblicherweise auch der Schutz von Flora und Fauna (Biotopschutz, Naturschutz) im weitesten Sinne verstanden. Aus naturschutzfachlicher Sicht greift dieses Verständnis zu kurz, weil damit zum einen der Bedeutung der Wälder als Ökosysteme, zum anderen ihrer Bedeutung im Biotopverbund ganzer Landschaften zu wenig Rechnung getragen wird.

Die Definitionen der Landeswaldgesetze lehnen sich weitgehend an die des Bundeswaldgesetzes an. Ausnahmen finden sich zum Beispiel im hessischen Landeswaldgesetz, in dem Wald vor allem über seine Funktionen definiert wird. Für die Erhebung im Rahmen der Bundeswaldinventur wurde die Definition des Bundeswaldgesetzes für Grenzfälle (z. B. Sukzessionsflächen, Parkanlagen, Gehölzstreifen) konkretisiert (s. a. Abschn. 3.1.3.1).

Waldfunktionen

1092. Nachfolgend werden die Waldfunktionen zunächst im Sinne des Bundeswaldgesetzes dargelegt. Während üblicherweise bei den Schutzflächen naturschutzfachliche Aspekte nur randlich berücksichtigt werden, bezieht der Umweltrat diese unmittelbar in seine Betrachtung ein.

Nutzfunktion von Wäldern

Holzvorrat und -einschlag

1093. Nach den Ergebnissen der Bundeswaldinventur beträgt der durchschnittliche nutzbare Holzvorrat (Derbholzvorrat) in den alten Bundesländern etwa 300 Vorratsfestmeter pro Hektar (Vfm/ha; 1 fm = 1 m^3). Für die neuen Bundesländer wird er auf 210 Vfm/ha geschätzt, was vor allem durch ungünstigere Standortbedingungen und damit schlechtere Wuchsverhältnisse verursacht wird. Daraus ergibt sich ein flächengewogenes Mittel für das gesamte Bundesgebiet von ca. 270 Vfm/ha.

Der Gesamtholzeinschlag lag im Forstwirtschaftsjahr 1997 bei 38,2 Mio. m^3. Gegenüber dem Durchschnitt der Jahre 1991 bis 1996 mit 33,2 Mio. m^3 ist dies eine Zunahme von rund 15 %. Über die Zuwachsverhältnisse im gesamten Bundesgebiet liegen zwar keine zuverlässigen Angaben vor, jedoch kann der Gesamtholzeinschlag entsprechend der Holzaufkommensprognose (BML, 1996) bis auf 57 Mio. m^3 pro Jahr gesteigert werden, ohne die Grundsätze der Mengennachhaltigkeit zu verletzen. Die größten Nutzungsreserven liegen nach Angaben des Bundesministeriums für Ernährung, Landwirtschaft und Forsten im Privatwald (BML, 1997). Auch wenn gewisse Erfassungslücken hinsichtlich des tatsächlichen Holzeinschlags bestehen, werden dort nur rund 46 % des Potentials genutzt. Forstbetriebe über 200 ha Waldfläche wiesen 1996 einen durchschnittlichen Einschlag von ca. 6 m^3/ha auf. Während der Rohholzeinschlag im Privatwald um 7 % auf 11,8 Mio. m^3 und im Staatswald um 4,9 % auf 17,3 Mio. m^3 stieg, ging er im Körperschaftswald um 4,1 % auf 9,0 Mio. m^3 zurück.

Der Produktionswert der deutschen Forstwirtschaft ohne Jagd lag im Forstwirtschaftsjahr 1997 bei rund 3,56 Mrd. DM, die Nettowertschöpfung bei rund 1,78 Mrd. DM (BML, 1999a).

Holz-/Biomasse-Produktion

1094. Der Gesamtverbrauch von Holz und Holzprodukten in Deutschland lag 1997 bei rund 90 Mio. m^3 (OLLMANN, 1998). Der Verbrauch lässt sich in die beiden Kategorien Holz (alle Holzend- und Holzzwischenprodukte wie z. B. Schnittholz, Möbel, Plattenwerkstoffe, Bauholz) und Papier (Zellstoff, Papier, Pappe) aufschlüsseln. 50 Mio. m^3 des Gesamtverbrauchs entfielen 1997 auf den Bereich Holz (56 %), der Anteil im Bereich Papier lag bei 39,4 Mio. m^3. Damit liegt der Anteil der Kategorie Holz erstmals seit 1991 (bis dahin bei 47 %) wieder über dem der Kategorie Papier.

1095. Die Entwicklung des Verbrauchs in den vergangenen vierzig Jahren lässt sich wie folgt charakterisieren:

Seit den fünfziger Jahren (30 Mio. m^3) erreichte der Holzverbrauch ein relativ hohes Niveau und stieg bis 1990 langsam auf knapp 40 Mio. m^3 an. Seitdem ist der Verbrauch insbesondere in den neuen Bundesländern stark angestiegen. Insgesamt hat der Verbrauch in der Kategorie Holz jedoch erst seit Ende der achtziger Jahre wesentlich zur Erhöhung des Gesamtverbrauchs an Holzprodukten beigetragen. Der Anstieg des Gesamtverbrauchs geht primär auf den Anstieg im Bereich Papier zurück. Dort stieg der Verbrauch von ca. 10 Mio. m^3 im Jahr 1955 auf knapp 40 Mio. m^3 im Jahr 1997. Der Papierimport verachtzigfachte sich dabei seit den fünfziger Jahren (89 000 t, 1950) und lag 1995 bei 7,2 Mio. t (VDP, 1996). Der jährliche Export wuchs im gleichen Zeitraum von etwa 54 000 t auf knapp 6,2 Mio. t.

Eine Aufschlüsselung des Holzverbrauchs auf Produktbereiche ist nur für Papier möglich. Die Papierindustrie in Deutschland verbrauchte 1995 rund 3,7 Mio. t Zellstoff. Davon wurden ca. 95 % importiert. Dies entspricht rund 22 Mio. m^3 (r). Mit einem Verbrauch von ca. 16 Mio. t Papier, Pappe und Karton (Verbrauch pro Person und Jahr ca. 194 kg) ist Deutschland weltweit der drittgrößte Verbraucher von Papier- und Zellstoffprodukten. Der Importanteil in der Gesamtkategorie Papier beträgt knapp 50 %.

Die Zunahme des Holzverbrauchs spiegelt sich kaum im inländischen Holzeinschlag wider, der derzeit bei etwa 39 Mio. m^3 pro Jahr liegt. Im Bereich Rohholz ist Deutschland seit 1984 Nettoexportland. Insbesondere beim Schwachholz übersteigt das Inlandsangebot nach wie vor die Nachfrage; einem Import von 1,7 Mio. m^3 stehen Exporte von 3,5 Mio. m^3 gegenüber. Die Hälfte des geschätzten Rohholzverbrauchs in Deutschland entfällt auf die Holzartengruppe Buche (15 Mio. m^3), gefolgt von Fichte (12 Mio. m^3), Kiefer (12 Mio. m^3) und Eiche (3 Mio. m^3). In bezug auf die Holzqualität entfallen jeweils etwa die Hälfte auf Schwachholz und Stammholz (SAUERBORN, 1999). Mit Blick auf die wertbezogenen Holzimporte betragen diese etwa das doppelte der Exporte. Daraus folgt, dass höherwertige Holzsortimente importiert und geringwertige Sortimente in Deutschland produziert und zu einem bedeutenden Anteil exportiert werden.

Jagd

1096. Die Nutzung der Wälder zu Jagdzwecken gewinnt zumindest regional zunehmend an Bedeutung, da die Erlöse aus der Jagdpacht beziehungsweise sonstige jagdliche Erlöse (z. B. Gebühren für Einzelabschüsse verschiedener Hochwildarten) eine wichtige Einkommensquelle der Waldbesitzer darstellen. Legt man einen mittleren Pachterlös von 10 DM pro Hektar und Jahr für die gesamte deutsche Jagdfläche von 32,5 Mio. Hektar zugrunde, so entfallen allein auf diese Kategorie rund 325 Mio. DM. Der Wert der Jagdstrecke im Jagdjahr 1997/98 betrug zusätzlich 278 Mio. DM (BML, 1999b). Insbesondere in Gebieten mit schwacher forstlicher Produktionsintensität stellt die Jagd den dominierenden ökonomischen Faktor dar.

Der Verhaltenskodex der Jägerschaft und die gesetzlichen Vorgaben, mit denen das Jagdwesen in Deutschland reguliert wird, stehen in der Tradition von jagdpolitischen Erfordernissen der zweiten Hälfte des 19. Jahrhunderts. Die nach der Revolution von 1848/49 erfolgte extreme Reduktion von Wildbeständen sollte dauerhaft verhindert werden. Reviersystem, Hegepflicht und qualitätsorientierte Abschussbeschränkungen garantieren seither auch staatlicherseits erfolgreich den Schutz der jagdbaren Arten. Naturschutzrelevante Probleme der Jagd resultieren daher fast ausschließlich aus den Bemühungen, Wild zu vermehren und nicht aus übermäßiger Reduktion. Im Wald beschränken sich die Probleme weitgehend auf Schalenwild, also insbesondere auf Reh, Rothirsch und Wildschwein, regional auf ausgewildertes Dam-, Muffel- und Sikawild sowie auf Niederwild (z. B. Feldhase).

Pflanzenfressendes Schalenwild beeinflusst vor allem durch Verbiss und Schälen unmittelbar den Zustand der Vegetation seines Lebensraumes. Mittelbar kann dabei auch die Biotopqualität für andere Tiere eine nachhaltige Veränderung erfahren, da deren Nahrungsgrundlagen und wichtige Habitatstrukturen zerstört werden können. Die unerwünschten Effekte hoher Schalenwildbestände auf den ökonomischen Erfolg von Forstbetrieben sowie auf die Erbringung der Naturschutzfunktion des Waldes werden seit Jahrzehnten untersucht. Aus naturschutzfachlicher Sicht werden insbesondere die in der Vergangenheit erfolgte Faunenverfälschung (GLÄNZER, 1987), die Anwendung traditioneller Jagd- und Hegemethoden in Schutzgebieten (KRAUSE, 1987; SPERBER, 1987), die von der Jagd ausgehende Störung der Aktivität und Raumnutzung des Wildes (KALCHREUTER und GUTHÖRL, 1997) sowie die Veränderung von Bodenvegetation und Waldverjüngung durch Verbiss eingehend beschrieben (PRIEN, 1997; SCHERZINGER, 1996; SUDA und GUNDERMANN, 1994). Die Ablehnung hoher Schalenwildbestände erfolgt nahezu unabhängig von den verschiedenen Ansätzen, die den Naturschutz prägen. Sowohl die Vertreter statischer Konzepte als auch die Anhänger von dynamischen Prozessen sehen ihre Ziele durch „unnatürlich" intensiven Verbiss gefährdet (SCHERZINGER, 1996). Am Schnittpunkt von forstwirtschaftlichen und naturschützerischen Interessen gelten hohe Schalenwildbestände als wesentliches Hemmnis für Waldumbau und naturnahe Forstwirtschaft (ÖJV, 1999). Umgekehrt lässt sich jedoch auch zeigen,

dass neben der durch Jäger manipulierbaren Statistik der Wilddichte die Art des Waldbaus sowie weitere überlagernde Nutzungen des Waldes wichtige Faktoren für das Ausmaß des Schalenwildeinflusses auf die Bodenvegetation sind (REIMOSER und GOSSOW, 1996).

1097. Die ambivalenten Zusammenhänge zwischen Wilddichte, Biotopqualität und Schadensausmaß prägen das Verständnis der Jägerschaft, Jagd als „angewandten Naturschutz" (GUTHÖRL, 1994) zu betreiben. 13 Landesjagdverbände sowie die Dachorganisation, der Deutsche Jagdschutzverband, sind gemäß § 29 BNatSchG als Naturschutzverbände anerkannt (DJV, 1998). Traditionell betätigen sich die jagdlichen Organisationen sehr stark im Bereich des Artenschutzes, ihr Engagement hat sich jedoch seit einigen Jahren auch im Bereich der Biotoppflege, des Wildtiermonitorings sowie der Umweltbildung verstärkt (DJV, 1995). Grundsätzlich hat sich die Jagd als eine Nutzfunktion dem Postulat der ordnungsgemäßen Forstwirtschaft unterzuordnen. Dabei sind jagdliche Ziele mit Blick auf eine standortangepasste, dauerhaft umweltgerechte Forstwirtschaft so zu formulieren, dass die primären Ziele der Forstwirtschaft und des Naturschutzes realisiert werden können.

Bundesregierung und Landesregierungen wurden wiederholt aufgefordert (z. B. Enquete-Kommission „Schutz der Erdatmosphäre", 1994), die jagdrechtlichen Bestimmungen in Hinblick auf eine am Wald orientierte Abschussplanung, Einschränkung der Fütterung und die Abschaffung von trophäenorientierten Abschusskriterien zu überarbeiten. Nach den Grundsätzen des § 1 Abs. 2 Bundesjagdgesetz (BJagdG) muss die Jagd die Erfordernisse der ordnungsgemäßen Forstwirtschaft berücksichtigen. Während einige Bundesländer diesen Forderungen in unterschiedlichem Maße nachkamen, ihre Landesgesetze novellierten und Verbissinventuren einführten, hält das Bundesministerium für Ernährung, Landwirtschaft und Forsten immer noch am geltenden Bundesjagdgesetz fest und unterstellt diesem, der Garant zu sein für eine nachhaltige jagdliche Nutzung, insbesondere hinsichtlich der Bestimmungen über eine Verpflichtung zur Hege (§ 1), das Reviersystem (§§ 4 ff.), die Jagdzeiten (§ 22), die Abschussplanung (§ 21), die sachlichen Verbote (§ 19), den Jagdschutz (§ 23) sowie das Verbot einer unbefugten Beunruhigung von Wild (§ 19a).

Erholungsfunktion von Wäldern

1098. Die Bedeutung der Wälder als naturnaher Erholungsraum in Deutschland hat seit den sechziger Jahren stark zugenommen. Für große Teile der Bevölkerung steht die Bedeutung der Freizeit- und Erholungsfunktion des Waldes mit deutlichem Abstand vor anderen Formen der Waldnutzung, etwa der Bereitstellung des Rohstoffes Holz (CMA, 1987). Studien ergeben eine Zahlungsbereitschaft von Bürgern für Waldbesuche (ELSASSER, 1996a und b). Die sich verändernden gesellschaftlichen

Rahmenbedingungen wie vermehrte Freizeit, wachsender Wohlstand und steigende Mobilität haben die Nachfrage nach Freizeitgestaltung und Erholung erhöht (WEBER, 1999). Insbesondere in stadtnahen und ländlichen Erholungsgebieten spielt der Wald als naturnaher Erholungsraum eine wichtige Rolle für die physische und psychische Regeneration der Menschen. Gleichzeitig lassen sich nicht nur gestiegene naturschutzorientierte und ästhetische Ansprüche der Bevölkerung an den Wald, sondern auch eine deutliche Erweiterung des Spektrums an Erholungsformen im Wald feststellen. Neben der Erholungsnutzung durch Spaziergänger und Wanderer dient der Wald heute auch als Ort verschiedenartiger sportlicher Betätigungen wie Mountainbiking, Querfeldeinlauf und Skifahren. In Ballungsgebieten werden Forste und Wälder von bis zu 1 000 Menschen pro Hektar und Jahr aufgesucht (BML, 1997).

1099. Der Rolle des Waldes als wichtiger Freizeit- und Erholungsraum wird in den Waldgesetzen des Bundes und der Länder durch das Recht auf freies Betreten der Wälder zum Zwecke der Erholung grundsätzlich Rechnung getragen. Darüber hinaus bietet das Bundeswaldgesetz in § 13 die Möglichkeit, Erholungswald förmlich auszuweisen. Damit können die Bewirtschaftung, die Jagdausübung, die Anlage oder Beseitigung von Erholungseinrichtungen sowie Verhaltensregeln für Waldbesucher gesteuert werden. Wegen der wirtschaftlichen Bedeutung der Naherholung (Gastronomie, Hotelgewerbe usw.) wurde dieser Sektor von vielen Kommunen bereits mit hohem Eigeninteresse entwickelt (SRU, 1996b). Dessen ungeachtet sollte die langfristige Aufrechterhaltung, Sicherung und Entwicklung der Erholungsfunktion des Waldes für die Bevölkerung im Sinne eines sozialen Nachhaltigkeitsverständnisses dauerhaft berücksichtigt und gefördert werden. Allerdings hat das in den letzten Jahren enorm gestiegene Freizeitbedürfnis der Bevölkerung nicht nur punktuell zu bedenklichen Belastungen geführt, die ein generelles Überdenken des herkömmlichen Betretungsrechtes erforderlich machen. Besonders in waldarmen Räumen könnte durch die Schaffung neuer Wälder in der Nähe von Wohnorten sowie durch die Strukturierung der Landschaft mit Wäldern und Gehölzen der Erholungswert der Landschaft gesteigert werden. Dies scheint vor allem in der Umgebung von Ballungszentren und größeren Städten unerlässlich, wo dem Menschen in einer schadstoff- und lärmbelasteten, künstlichen Arbeits- und Wohnumwelt die Begegnung mit der Natur fehlt. Stadtnahe Wälder haben zudem den Vorteil, dass sie an den Wochenenden zur Entschärfung des Besucherdrucks einschließlich des damit verbundenen motorisierten Individualverkehrs auf siedlungsfernere Waldgebiete beitragen. In waldarmen Ballungsgebieten sollte daher die Erhöhung des Waldanteils als Planungsgrundsatz in der Raumordnung und in sonstigen Fachplanungen berücksichtigt werden.

1100. Jede Art von Erholung belastet die Ökosysteme (BECKER et al., 1996; VERBEEK, 1992) und kann zu Schäden an Boden, Wasser, Flora und Fauna führen. Dabei belegen verschiedene Untersuchungen, dass insbesondere geschützte Gebiete aufgesucht werden und immer häufiger durch Maßnahmen für eine touristische und freizeitorientierte Erschließung sowie durch hohe Besucherzahlen unter Druck geraten (Council of Europe, 1992). In allen deutschen Nationalparken steigt die Zahl der Besucher an (MÜLLER-JUNG, 1997), wobei etwa 90 % der Nationalparke mit dem eigenen Pkw aufgesucht werden (HELD und LANGER, 1989).

Schutzfunktion von Wäldern

1101. Forste und Wälder erfüllen eine Vielzahl von bedeutsamen Schutz- und Regelungsfunktionen für Boden, Wasser, Klima und Biosphäre (HAMPICKE, 1996; SCHERZINGER, 1996). Die Erhaltung dieser wesentlichen Funktionen für Mensch und Umwelt ist, neben dem rein wirtschaftlichen Schwerpunkt der Holzerzeugung, eine verantwortungsvolle Aufgabe nachhaltiger Forstwirtschaft. Die Schutzfunktionen lassen sich wesentlich in zwei Gruppen gliedern: einerseits ist dieses der Umweltschutz im abiotischen Kontext, andererseits der biozönologisch orientierte Schutz der Pflanzen und Tiere. Entsprechend den vorrangigen Schutzzielen lassen sich Wälder gliedern (THOMASIUS und SCHMIDT, 1996) in

– *Wälder zur Beeinflussung von Wassermenge und -güte* zur Förderung wasserwirtschaftlicher Ziele wie der Verbesserung der Sickerwasserqualität, der Erhöhung der Bodenfeuchte und Grundwasserneubildungsrate, der Kontinuität (Jahresgang) und Nachhaltigkeit (Langzeitwirkung) des Wasserdargebots;

– *Wälder zum Schutz vor zerstörerischen Kräften des Wassers* (z. B. Hochwasser, Überschwemmung) in Zonen, in denen Hochwasser häufig ihren Ursprung haben sowie Bachtälern und Flussauen, in denen sie abfließen und Überschwemmungen hervorrufen. Hinzu kommen Ufersäume entlang der Fließgewässer;

– *Küstenschutzwälder*: Bestandteil der vom Strand bis ins Hinterland reichenden Küstenschutzsysteme zum Schutz vor Wind, Wellenschlag und Sandtreiben. Küstenschutzwälder dienen in der Mehrzahl auch der Erholungsfunktion;

– *Bodenschutzwälder* (z. B. Schutz vor flächigem Bodenabtrag, Bodenkriechen und Steinschlag): Wo Klima, Relief und Bodenbeschaffenheit den Bodenabtrag begünstigen, muss bei der Waldbewirtschaftung besondere Rücksicht genommen werden. Dies betrifft in Deutschland vor allem Geländebereiche mit mehr als 30° Neigung bei durchlässigen Böden und mehr als 20° Neigung bei infiltrationsschwachen (häufig schluffig-tonigen) Böden sowie Regionen mit Gleitflächen im Untergrund und hoher Rutschungsgefahr (z. B. Schiefergebirge). Erosionsvermeidung dient darüber hinaus dem Schutz vor Abtrag von Feinboden und Humus und dem Erhalt der standörtlichen Bodenfruchtbarkeit;

- *Wälder zum Schutz vor Bodenauftrag*: Bei Bodenabtrag besteht als Folge die Gefahr der unerwünschten Akkumulation von an anderen Standorten erodiertem Bodenmaterial. Wälder zum Schutz vor Bodenauftrag dienen dem Schutz vor Überdeckung und Verschlämmung von Äckern und Wiesen, Gebäuden und Siedlungen, Verkehrswegen und Industrieanlagen. Daneben ist das Ziel dieser Wälder, den Feststofftransport in die Gewässer zu mindern;
- *Lawinenschutzwälder* zum Schutz vor dem Entstehen von Lawinen werden diese Wälder in den Entstehungsgebieten (z. B. in Hochgebirgen) unterhalten;
- *Klimaschutzwälder* zum Schutz von Siedlungen, Gebäuden, Grundstücken, Straßen und diversen baulichen Einrichtungen vor nachteiligen meteorologischen Einwirkungen. Dabei wird zwischen lokalen (z. B. Kaltluftseen) und regionalen Schutzwirkungen (z. B. Frischluftzufuhr in Städten) unterschieden;
- *Lärmschutzwälder* zum Schutz der Bevölkerung vor verkehrsbedingtem Lärm, insbesondere in nutzungssensiblen Räumen (z. B. Wohnlagen, Kur- und Krankenhauszonen);
- *Wälder zum besonderen Schutz von Individuen und Populationen wildlebender Pflanzen- und Tierarten* (Arten- und Habitatschutz) in ihrer natürlichen und historisch gewachsenen Vielfalt;
- *Wälder zum besonderen Schutz von Geobiozönosen* (Biotop-, Ökotop- und Landschaftsschutz), also der durch Wechselwirkung von abiotischen und biotischen Faktoren sich herausbildenden Ökosysteme.

1102. Das Kyoto-Protokoll der Klimarahmenkonvention sieht als eine Option zur Erreichung der CO_2-Reduktionsziele Maßnahmen zur CO_2-Bindung in Wäldern (Waldfunktion: CO_2-Senke) vor (SRU, 1998a; UN, 1998). Aufforstungen können für eine Übergangszeit, bezogen auf den Lebenszyklus von Bäumen, anfänglich zur Minderung des anthropogen verursachten CO_2-Anstiegs in der Atmosphäre beitragen. Für das in Deutschland angestrebte Ziel, ausgehend von der Situation im Jahre 1990, bis zum Jahr 2005 eine Reduktion der CO_2-Emissionen um 25 % zu erreichen, ist die Bedeutung dieser Option – *Wälder als CO_2-Senke* – aufgrund des kleinen Flächenanteils von Aufforstungen nur als unbedeutend einzuschätzen.

Spezifische Naturschutzbelange

1103. Forste und Wälder sind dynamische Systeme. Die Entwicklungsrichtung und Dynamik von Waldökosystemen werden kontrovers diskutiert (REMMERT, 1991; REININGER, 1987). Wissenschaftlicher Konsens besteht über das Erfordernis, den jeweiligen Entwicklungsverlauf eines Waldökosystems individuell zu betrachten (TRINAJSTIC, 1992; ZUKRIGL, 1991). Das Konkretisieren von Naturschutzstrategien für Wälder und Forste muss der Dynamik dieser Systeme Rechnung tragen.

1104. Der Naturschutz im Wald erfordert die Entwicklung tragfähiger Strategien sowohl zur Erhaltung der Nutzungsfähigkeit von Naturgütern als auch für einen umfassenden Schutz der Natur, der weit über den einmaligen Schutz herausragender Naturgüter hinausgeht, vielmehr zur Sicherung der Leistungsfähigkeit des Naturhaushalts insgesamt beiträgt.

1105. Der Naturschutz erfordert eine Synthese zwischen dauerhaftem Schutz der Naturgüter und den Nutzungsbestrebungen des Menschen (AMMER et al., 1995; PFADENHAUER, 1988). Nutzungskonzepte müssen so konzipiert werden, dass sie die Natur möglichst wenig belasten, irreversible Schäden vermeiden und die Leistungen der Natur integrieren. Hierzu ist es unbedingt erforderlich, Naturschutz und technischen Umweltschutz weiter einander anzunähern und zu harmonisieren. Naturschutz und technischer Umweltschutz sind als komplementäre Strategien eines nachhaltigen Schutzes der Umwelt des Menschen zu verstehen.

Der Umweltrat befürwortet ein Naturschutzkonzept, das sowohl Waldflächen vorsieht, auf denen verschiedene Funktionen integrativ gefördert werden, als auch solche Flächen, auf denen einer Funktion Vorrang vor anderen Funktionen eingeräumt wird. Einen Vorrang der wirtschaftlichen Nutzung im Sinne reiner Holzplantagen schließt der Umweltrat jedoch ausdrücklich aus.

Der Umweltrat erachtet die Unterscheidung von drei Flächenkategorien für den Naturschutz und eine nachhaltige Nutzung von Forsten und Wäldern als zielführend (HEIDT und PLACHTER, 1996). Danach werden folgende Kategorien unterschieden:

- Alle Waldfunktionen sind gleichrangig. Hierzu zählen Konzepte der „naturnahen" bzw. „naturgemäßen" Forstwirtschaft (integrative Waldnutzung).
- Eine Waldfunktion tritt in den Vordergrund, ohne dass hierdurch die übrigen Ziele außer Kraft gesetzt werden. Hierzu zählen zum Beispiel „Erholungswälder" im Umfeld der Ballungsräume, Wälder in Wasserschutzgebieten und Wälder mit speziellen Umweltschutzzielen.
- In bestimmten Forsten und Wäldern besitzt eine Funktion absolute Priorität gegenüber allen übrigen. Hierzu zählen z. B. nutzungsfreie, der Erholung nicht zugängliche Prozessschutzwälder (Totalreservate).

Bei der Prioritätensetzung hinsichtlich der Waldfunktionen sind die regionalen und lokalen Besonderheiten zu berücksichtigen. Für alle Kategorien ist die Definition von ökologischen Mindestanforderungen für die Sicherung grundlegender Regel-, Schutz- und Lebensraumfunktionen erforderlich.

1106. Der Umweltrat hält aus naturschutzfachlichen Erwägungen heraus die Einrichtung von Waldschutzgebieten im deutschen ebenso wie im europäischen Schutzgebietssystem für unverzichtbar. Für den forstlich genutzten Bereich sollten 5 % Totalreservate, 10 % naturnahe Naturschutz-Vorrangflächen und 2 bis 4 % naturnahe Waldränder einem Waldbiotopverbundsystem vorbehalten bleiben (SRU, 1996a, Tz. 251). Diese Prozentzahlen sind aber nur grobe Richtzahlen, die in den jeweiligen biogeographischen Regionen und in Abhängigkeit von der Naturausstattung, der Standortvielfalt und den Nutzungen erheblich schwanken können und müssen.

1107. In Mitteleuropa wurde im Naturschutz das Leitbild „Natürlichkeit" zunehmend durch das Leitbild „historische Kulturlandschaft" ersetzt. Der Mensch hat in historischer Zeit wesentlich zur Ausbildung der heutigen biologischen Vielfalt beigetragen. Nutzungseingriffe haben zusätzliche ökologische Nischen geschaffen, wodurch sich viele neue Pflanzen- und Tierarten entwickeln und etablieren konnten. Gleichzeitig ist ein großer Teil der ursprünglichen Megafauna ausgestorben. Die kleingliedrigen Mosaiklandschaften besitzen jene landschaftliche Qualität, die Europa im globalen Kontext besonders auszeichnet. Diese Kulturlandschaften sind charakteristisch und weltweit einzigartig (PHILLIPS, 1998; HANSSON et al., 1995; KIM und WEAVER, 1994).

1108. Ein großer Anteil heimischer Arten hat in Forsten und Wäldern seinen Lebensraum. Besonders hoch sind die Zahlen waldgebundener Arten bei Säugetieren, Vögeln, Käfern, Schmetterlingen, verschiedenen Hautflüglergruppen, Pilzen, Moosen und Flechten (JEDICKE, 1997; BfN, 1996; KORNECK und SUKOPP, 1988). Etwa 7 000 Tierarten leben in mitteleuropäischen Buchenwäldern (BLAB, 1993).

Obwohl hinsichtlich der Biomasse gegenüber den dominierenden Gehölzen unbedeutend, entfalten die übrigen Waldorganismen wichtige Funktionen, die das Gesamtbild des jeweiligen Waldes entscheidend prägen. Etliche Arten übernehmen biomasseunabhängige Schalterfunktionen, wie etwa durch Blütenbestäubung, selektiven Fraß oder die Bereitstellung von Lebensräumen für andere Arten.

Die Artendichte (Artenzahl pro Flächeneinheit) differiert je nach Waldtyp. Während bestimmte Waldtypen eine sehr geringe Artendichte aufweisen (z. B. Erlenbruchwälder) ist diese in anderen Waldtypen sehr viel höher (z. B. verschiedene Eichenwälder). Auch innerhalb der Organismengruppen schwanken die Schwerpunkte deutlich. Naturschutzfachliche Bewertungen zwischen verschiedenen Waldtypen oder deren Entwicklungsstadien, die sich ausschließlich am Artenreichtum orientieren, sind deshalb problematisch. Die am jeweiligen Waldtyp ausgerichtete, maximal zu erwartende Artenzahl sollte als Referenz dienen.

1109. Ein auffallend hoher Anteil waldgebundener Arten wird auf Roten Listen als ausgestorben oder gefährdet geführt (BfN, 1996; NOWAK et al., 1994; BLAB et al., 1984). Dies zeigt einerseits die hohe Bedeutung, die Wälder als Refugien für Arten besitzen. Auf der anderen Seite muss aus der aktuellen Gefährdung aber geschlossen werden, dass sich viele Wälder nicht in einem Zustand befinden, der vielen dieser Arten ausreichend adäquaten Lebensraum bieten kann. Dies trifft insbesondere auf streng waldgebundene Arten zu wie etwa Schwarzspecht, Auerhuhn, Luchs oder viele der totholzbewohnenden Insekten und Pilze. Andere Arten, sogenannte „Mehrfach-Biotopbesiedler", benötigen zwar ebenfalls in bestimmten Entwicklungsstadien oder zu bestimmten Zeiten Waldlebensräume, darüber hinaus aber auch regelmäßig solche des Offenlandes. Für ihre Bestandssituation können negative Entwicklungen im Offenland von Bedeutung sein.

1110. Tragfähige allgemeine Charakterisierungen der Waldfauna und -flora sind wegen der hohen Diversität sehr schwierig. Im Vergleich zur Fauna und Flora anderer Lebensraumtypen sind jedoch die folgenden Eigenheiten besonders herauszustellen:

– Wegen der großen Zahl koexistierender Arten ist die Einnischung vieler Arten in ihre Umwelt sehr eng. Ihre Lebensansprüche sind ausgesprochen spezifisch und häufig komplex. Sie können nur an Orten überleben, an denen ihr Anspruchsprofil voll erfüllt ist. Auch bei guter Waldqualität können sie fehlen, wenn einzelne Umweltrequisiten nicht in ausreichender Menge oder Qualität vorliegen.

– Viele Waldarten treten in nur sehr geringer Siedlungsdichte oder in weiträumig punktuell verteilten Habitaten auf. Für ausreichend große, mittelfristig überlebensfähige Populationen sind ausreichende Flächengröße und räumliche Kontinuität der Wälder Voraussetzung. Fragmentation und Zerschneidung (z. B. durch Verkehrswege) wirken sich auf solche Arten besonders gravierend aus. Besitzen diese Arten außerdem noch die im ersten Punkt genannten Eigenschaften, so ist ihr Schutz in ökonomisch bewirtschafteten Wäldern in vielen Fällen kaum noch möglich.

– Die Entwicklungsdauer ist in vielen Fällen verglichen mit nahe verwandten Arten anderer Lebensräume extrem lang, die Fortpflanzungsrate oft auffallend niedrig. Zusätzlich ist häufig die individuelle Ausbreitungsfähigkeit gering. Dies bedeutet, dass solche Arten auf kurzfristige Umweltveränderungen populationsdynamisch sehr viel schlechter reagieren können als andere. Relevant ist dies z. B. im Zusammenhang mit nutzungsbedingten Biotopveränderungen (z. B. Kahlschläge) aber auch mit externen Einflüssen (z. B. saure Niederschläge). Auch ist zu prüfen, inwieweit ein System aus relativ weit voneinander entfernten Naturwaldreservaten unterschiedlichen Typs und Entwicklungszustandes für solche Arten ausreichend ist.

– Ein erheblicher Teil der Waldarten zählt zu den „Mehrfach-Biotopbewohnern". Sie benötigen entweder in Wäldern eine bestimmte raum-zeitlich stimmige Konfiguration sehr unterschiedlicher Habitate oder sie nutzen Wälder als Teillebensraum, daneben aber auch andere Habitate außerhalb der Wälder. Entscheidend ist für erstere die innere Struktur des jeweiligen Waldes einschließlich innerer und äußerer Waldränder, für letztere das Raumgefüge von Wäldern und anderen Lebensräumen auf landschaftlicher Ebene. Zu dieser Gruppe zählen praktisch alle größeren Säugetiere, die Mehrzahl der Vogelarten, nahezu alle Amphibienarten sowie unter den Wirbellosen alle, die in bestimmten Entwicklungsstadien auf offene Biotope angewiesen sind (z. B. Blütenbesucher).

1111. Artenschutzbemühungen haben sich in den letzten Jahren auf Ausschnitte dieses Artenspektrums konzentriert. Auf der Ebene einzelner vom Aussterben akut bedrohter Arten sind hier insbesondere Schutzprogramme in Restbeständen und Wiederansiedlungsversuche zu nennen (z. B. Luchs, Biber, Auerhuhn, Haselhuhn). Auf biozönotischer Ebene lag ein deutlicher Schwerpunkt auf totholzbewohnenden Arten. Eine derartige Schwerpunktsetzung ist sinnvoll, da diese Artengruppe besonders viele der oben genannten Eigenschaften auf sich vereint und durch Nutzung des Holzes, bevor es einen für sie geeigneten Lebensraum bietet, massiv im Bestand gefährdet ist. Dennoch können diese Bemühungen die Entwicklung weitgreifenderer, umfassenderer Artenschutzstrategien im Wald nicht ersetzen. Durch die Zentrierung auf Totholzbewohner sind andere wichtige Artenschutzaspekte in mitteleuropäischen Wäldern zu sehr in den Hintergrund getreten (z. B. großflächige Habitate, besonnte Habitate, frühe Sukzessionsstadien).

1112. Die Erhaltung der genetischen Vielfalt ist spätestens seit der Biodiversitätskonvention international als eigenes hochrangiges Naturschutzziel anerkannt. In Deutschland ist die Bedeutung von Forsten und Wäldern für den Erhalt der unterartlichen genetischen Vielfalt vernachlässigt worden. Lediglich für die wichtigsten Baumarten liegen Untersuchungen und Maßnahmenüberlegungen vor. Aufgrund der spezifischen Ökosystemeigenschaften ist bei Waldarten mit einer sehr hohen genetischen Diversifizierung zu rechnen.

3.1.2 Verteilung von Wäldern

Waldfläche

1113. Die Gesamtfläche der Bundesrepublik Deutschland beträgt circa 36 Mio. ha. Davon nimmt Wald rund 10,7 Mio. ha ein (Stand 1996; ERLBECK et al., 1998). Damit sind circa 30% der Landesfläche Deutschlands bewaldet. Die Waldfläche pro Kopf der Bevölkerung liegt bei 0,14 ha. Im europäischen Vergleich der absoluten Waldfläche steht Deutschland an vierter Stelle. Im Vergleich der Waldfläche pro Kopf der Bevölkerung, die als ein Indikator der Erholungs- und Lebensraumfunktion des Waldes für die Gesellschaft dient, belegt Deutschland in Europa Platz 15 (BML, 1997).

Mit Bezug auf die Bundesländer resultieren große Differenzen in der Waldflächenverteilung (Tab. 3.1.2-1). Auf die waldreichen Länder Bayern und Baden-Württemberg entfällt mehr als ein Drittel der gesamten Waldfläche, wogegen das Nordwestdeutsche Tiefland und Schleswig-Holstein weitgehend einen Waldflächenanteil von unter 10 % an der Gesamtfläche aufweisen (BML, 1999b).

1114. Bedingt durch Klima, standörtliche Ertragskraft und Relief stellen die deutschen Mittelgebirge typische Waldregionen dar. Daneben finden sich Waldanteile von über 30 % im Voralpenraum, in der Oberrheinebene und teilweise im Nordostdeutschen Tiefland. Günstige landwirtschaftliche Gebiete weisen verbreitet geringe Waldanteile auf. In urban-industriellen Verdichtungsräumen (z. B. Frankfurt, Berlin, Stuttgart, Köln) betragen die Waldanteile 10 bis 30 % und befinden sich vornehmlich als Naherholungsräume an der Peripherie der Ballungsgebiete. Dabei kommt dem Waldanteil gerade in der Nähe von Ballungsgebieten aus verschiedenen Gründen besondere Bedeutung zu (Tz. 1098 f.).

Baumarten

1115. Obwohl das Gehölzartenspektrum in Deutschland etwa neunzig heimische Baum- und Straucharten umfasst, wird die Bestandeszusammensetzung maßgeblich von vier Hauptbaumarten geprägt. Dies sind Fichte, Kiefer, Buche und Eiche. Auf Sonderstandorten oder als Beimischung in Beständen der Hauptbaumarten finden sich weitere Baumarten wie Lärche, Tanne, Ahorn, Kirsche, Linde, Erle, Birke, Hainbuche, sowie einige Eschen-, Weiden- und Pappelarten. Regional können diese Baumarten besondere Bedeutung erlangen, wie die Weißtanne als Charakterbaumart des Bergmischwaldes der süddeutschen Mittelgebirge und der Bayerischen Alpen.

Die heimischen Bestände wurden seit Mitte des 18. Jahrhunderts sukzessiv durch fremdländische Baumarten erweitert. Lediglich für die drei Baumarten Douglasie, Roteiche und Japanische Lärche kann die Einbürgerung aus forstwirtschaftlicher Sicht als erfolgreich bezeichnet werden. Für diese Arten gilt, dass sie inzwischen als integraler Teil der Waldvegetation unseres Raumes – also nicht nur des Wirtschaftswaldes – angesehen werden müssen.

Bundesweit nehmen die Nadelhölzer zwei Drittel der Gesamtwaldfläche ein. Der Laubholzanteil liegt im Vergleich zu den natürlichen Waldgesellschaften mit 34 % relativ niedrig. Bedingt durch die Wiederaufforstungen nach den Sturmwürfen von 1990 sowie aufgrund verschiedener Waldumbauprogramme hat der Laubholzanteil im Vergleich zu 1960 allerdings um 20 % zugenommen. Die Verteilung von Laub- und Nadelbeständen hängt von den standörtlichen Gegebenheiten, der regionalen Landnutzungsgeschichte und von der Besitzart ab und divergiert im Bundesgebiet stark. Traditionelle Laubwaldgebiete finden sich zum Beispiel im Spessart,

Tabelle 3.1.2-1

Waldfläche der Bundesrepublik Deutschland

Bundesland	Waldfläche (in 1 000 ha)	Bewaldung (in %)	Anteil an der Gesamtwaldfläche Deutschlands (in %)
Baden-Württemberg	1 353	37	13
Bayern	2 526	34	23
Berlin	16	18	0,1
Brandenburg	993	36	9
Bremen	0	0	0
Hamburg	3	4	0
Hessen	870	40	8
Mecklenburg-Vorpommern	532	21	5
Niedersachsen	1 086	21	10
Nordrhein-Westfalen	873	25	8
Rheinland-Pfalz	812	41	8
Saarland	90	33	1
Sachsen	502	24	5
Sachsen-Anhalt	424	21	4
Schleswig-Holstein	155	10	1
Thüringen	522	33	5
Gesamt	**10 739**	**⌀ 30**	**100**

Quelle: BML, 1997; verändert

im Odenwald, im Pfälzer Wald und in Nordthüringen, während Nadelwälder zum Beispiel im Bayerischen Wald und in Brandenburg vorherrschen. Insgesamt besteht die Waldfläche in Deutschland zu 43 % aus Mischwäldern. Lediglich 13 % der Gesamtwaldfläche sind reine Laubwälder, 44 % der Fläche werden von reinen Nadelwäldern bestockt.

Betriebsarten

1116. Der Wald in Deutschland wurde in der Vergangenheit weitgehend durch die Art der waldbaulichen Behandlung, der Betriebsart, geprägt. Es wird zwischen den Betriebsarten Hochwald, Mittelwald und Niederwald differenziert, wobei in Deutschland der Hochwald mit 98 % der Wirtschaftswaldfläche dominiert (BURSCHEL und HUSS, 1997). Nicht eindeutig erfasst sind die Hutewälder (ehemalige Weidewälder), die teilweise als Mittelwald und teilweise als Hochwald geführt werden.

Ausgenommen den Plenterwald, der in seiner klassischen Form als Dauerwald verbreitet ist, wird der Hochwald entsprechend seinem Altersaufbau klassifiziert. Grundsätzlich sind mit Bezug auf die Altersklassenverteilung insbesondere der Nadelholzreinbestände regionale Ungleichmäßigkeiten festzustellen. Beispielsweise sind die in Nordost-Deutschland vorherrschenden Kiefernreinbestände überwiegend jüngeren Altersklassen (< 60 Jahre) zuzuordnen, während die Fichtenforste in den west- und südwestdeutschen Mittelgebirgen, und vor allem die Wälder in den Hochlagen der Alpen eher überaltert sind. Die Altersstruktur stellt ein wichtiges Merkmal mit entscheidenden Auswirkungen auf Erntemöglichkeiten, Pflegeumfang und Stabilität und damit auf die Ertrags- und Kostensituation der Forstbetriebe dar (BML, 1997).

Tabelle 3.1.2-2

Flächenanteile der Hauptbaumarten in Deutschland 1960 und 1990

	Flächenanteil an der Gesamtwaldfläche in % 1960[1]	Flächenanteil an der Gesamtwaldfläche in % 1990
Eiche	7	9
Buche und sonst. Laubhölzer	21	25
Kiefer, Lärche	35	31
Fichte und sonst. Nadelhölzer	37	35

[1] die Daten von 1960 wurden auf Gesamtdeutschland umgerechnet

Quellen: BML, 1993 und 1992

3.1.3 Rahmenbedingungen der Wald- und Forstwirtschaft in Deutschland

3.1.3.1 Rechtliche Rahmenbedingungen einer nachhaltigen Waldnutzung

3.1.3.1.1 Regelungen der Wald- und Forstwirtschaft im deutschen Recht

1117. Die für die Wald- und Forstwirtschaft mit Abstand wichtigsten Regelungen sind das im Jahr 1975 in Kraft getretene Bundeswaldgesetz (BWaldG) sowie die Waldgesetze der Länder. Ziel des Bundeswaldgesetzes ist es, den Wald wegen seiner Nutz-, Schutz- und Erholungsfunktion zu erhalten, die Forstwirtschaft zu fördern sowie einen Ausgleich zwischen dem Interesse der Allgemeinheit und den Belangen der Waldbesitzer herbeizuführen (§ 1 BWaldG). Daher verpflichtet § 11 BWaldG den Waldbesitzer zu einer ordnungsgemäßen und nachhaltigen Bewirtschaftung des Waldes. Eine wichtige Aufgabe bei der Verwirklichung der Ziele des Bundeswaldgesetzes kommt der forstlichen Rahmenplanung zu (§§ 6 f. BWaldG), die in Abstimmung mit den Zielen der Raumordnung und Landesplanung die Funktionen des Waldes sicherstellen soll.

Da dem Bund bei den Vorschriften über die Erhaltung des Waldes (§§ 5 bis 14 BWaldG) lediglich eine Rahmengesetzgebungskompetenz zusteht, haben die Länder in diesem Bereich einen weiten Gestaltungsspielraum. Die landesrechtlichen Vorschriften zur Waldbewirtschaftung regeln insbesondere die Vorschriften über die Umweltvorsorge, die Kahlhiebsbeschränkungen, den Schutz hiebsunreifer Bestände, die Pflegepflicht, die Walderschließung, die Sachgemäßheit sowie die Planmäßigkeit. Die Rodung und Umwandlung von Wald in eine andere Nutzungsart sowie die Erstaufforstung von Flächen bedürfen nach §§ 9, 10 BWaldG grundsätzlich einer Genehmigung. Dabei hat gerade die Erstaufforstung ehemals landwirtschaftlicher Flächen im Zuge der großzügigen Förderung seitens der Europäischen Union im Laufe der letzten Jahre erheblich an Bedeutung gewonnen (TAUSCH und WAGNER, 1999, S. 376). Zum Schutz und zum Wohl der Allgemeinheit kann Wald zu Schutzwald (§ 12 BWaldG) oder zu Erholungswald (§ 13 BWaldG) erklärt und mit Einschränkungen für die Bewirtschaftung ausgewiesen werden. Über § 12 BWaldG hinaus können Schutzerklärungen aber auch auf die Vorschriften des Bundesnaturschutzgesetzes (BNatSchG) gestützt werden. Die Förderung der Forstwirtschaft mit öffentlichen Mitteln gebietet § 41 BWaldG, wobei die Forstwirtschaft weitestgehend im Rahmen der Gemeinschaftsaufgabe „Verbesserung der Agrarstruktur und des Küstenschutzes" und im Rahmen der EG-Strukturfonds gefördert wird (Tz. 1144 f.).

1118. Einen zentralen Bestandteil der Waldgesetzgebung bildet die „ordnungsgemäße Bewirtschaftung". Mit Bezug auf diesen unbestimmten Rechtsbegriff sieht der Umweltrat weiteren Konkretisierungsbedarf. Im Bundeswaldgesetz betrifft die ordnungsgemäße Forstwirtschaft die Holzproduktion und den Dienstleistungsbetrieb der Forstwirte. Ordnungsgemäß bedeutet, beiden Erfordernissen unter Wahrung aller Waldfunktionen Rechnung zu tragen. Es wäre daher zu einseitig betrachtet, die Definition des Begriffs lediglich an forstlichen Regeln zu messen. Eine forstliche Bewirtschaftung kann als ordnungsgemäß angesehen werden (KLOSE und ORF, 1998; STEINLIN, 1988), sofern

– sie sich im Rahmen bestehender Gesetze und Pläne, insbesondere der Vorschriften des Waldrechts, der Vorschriften zur Pflege der Umwelt sowie der Privatrechtsordnung hält,

– die Durchführung sach- und fachgerecht erfolgt und

– die tatsächlichen Erfordernisse in solchem Umfang berücksichtigt, dass das Handeln ökologisch, ökonomisch und sozial langfristig tragbar ist.

Ordnungsgemäß bedeutet die Ablehnung einer einseitig an ökonomischen oder einseitig an ökologischen Interessen orientierten Handlungsweise, sofern nicht ausnahmsweise aus besonderem Grund eine der Funktionen Vorrang genießen soll (z. B. Totalreservate, Saatzuchtbestände, Schutz- und Erholungswald). Darüber hinaus bedeutet sachgerecht, dass ein bestimmtes Handeln dem konkreten Fall angemessen und damit stets standortgerecht erfolgen muss. Dies impliziert die Berücksichtigung der aktuellen Standortbedingungen und der historischen Landnutzungseinflüsse, die sich bis in die Gegenwart auswirken können. Fachgerecht bedeutet darüber hinaus, dass gesicherte neue Erkenntnisse in dem weiteren Gebiet der Forstwissenschaft im Rahmen des Möglichen angewendet werden. Der Begriff „ordnungsgemäß" kann deshalb nicht starr ausgelegt werden, sondern entwickelt sich dynamisch.

1119. Neben den Waldgesetzen sind zumindest mittelbar auch einige andere Rechtsvorschriften für die Wald- und Forstwirtschaft von Bedeutung. So können Eingriffe in Natur und Landschaft nach den Naturschutzgesetzen des Bundes und der Länder unzulässig sein. Beispielsweise ist bei einer Umwandlung von Wald oder einer Erstaufforstung auch die naturschutzrechtliche Eingriffsregelung (§ 8 BNatSchG) zu beachten, sofern damit die Leistungsfähigkeit des Naturhaushaltes oder das Landschaftsbild beeinträchtigt wird und die Umwandlung oder Erstaufforstung zu einer Verschlechterung dieser Schutzgüter führen (TAUSCH und WAGNER, 1999, S. 376). Abgesehen davon kann bei einer Erstaufforstung oder Umwandlung auch eine Umweltverträglichkeitsprüfung durchzuführen sein, wenn diese in unmittelbarem Zusammenhang mit der Realisierung eines Vorhabens im Sinne der Anlage zu § 3 UVPG steht. Die Naturschutzgesetze regeln des weiteren den Schutz bestimmter Biotope. Maßnahmen, die zu deren Zerstörung oder sonstigen Beeinträchtigung führen können, sind unzulässig. Bewirtschaftungsbeschränkungen für die Forstwirtschaft können sich auch aus der Ausweisung von Gebieten im Sinne der

Flora-Fauna-Habitat-Richtlinie ergeben (z. B. bzgl. Erstaufforstung, Rodung, Kahlhieb, Wegebau), da diese Richtlinie in Anhang I auch zahlreiche Waldlebensraumtypen schützt (Tz. 365 ff.). Dies wird insbesondere solche (Wald-) Lebensraumtypen betreffen, deren Verbreitungsschwerpunkt in Deutschland liegt, wie vor allem Buchenwälder, und hier besonders Kalkbuchenwälder (PLACHTER et al., 2000).

1120. Das Bundes-Bodenschutzgesetz (BBodSchG) sowie dessen untergesetzliches Regelwerk (BBodSchV) können für den Schutz von Wäldern vor allem insoweit relevant werden, als luftbürtige Einträge anthropogener Schadstoffe in Waldböden und die davon ausgehende Versauerung oder Eutrophierung schädliche Bodenveränderungen hervorrufen. Maßnahmen nach dem Bundes-Bodenschutzgesetz können etwa dann erforderlich werden, wenn durch die Versauerung beispielsweise Schwermetalle freigesetzt werden und in die Gewässer gelangen.

Planungsrechtliche Vorgaben für Wald und Forst enthalten zum einen die Raumordnungsgesetze des Bundes und der Länder. Zum Beispiel sind Grundsätze der Raumordnung nach § 2 Nr. 8, 10 ROG das Gebot, Natur und Landschaft einschließlich Wald zu schützen, zu pflegen und zu entwickeln sowie eine leistungsfähige, nachhaltige Forstwirtschaft zu schaffen. Zum anderen greift das Baugesetzbuch (BauGB) ein. Gerade das Baugesetzbuch nimmt in weitem Umfang Rücksicht auf die wirtschaftlichen Belange der Forstwirtschaft und privilegiert diese in mannigfacher Weise (z. B. Berücksichtigung der Belange der Forstwirtschaft bei der Bauleitplanung nach § 1 Abs. 5 Nr. 8, Satz 3 BauGB; Privilegierung von Außenbereichsvorhaben, die einem forstwirtschaftlichen Betrieb dienen, § 35 Abs. 1 Nr. 1 BauGB).

1121. Für die Wald- und Forstwirtschaft sind ferner von Interesse: die Jagdgesetze des Bundes (Bundesjagdgesetz mit Bezügen zum Artenschutz) und der Länder, das Wasserhaushaltsgesetz und die Wassergesetze der Länder, das Bundes-Immissionsschutzgesetz, die Smog-Verordnungen der Länder, das Bundesfernstraßengesetz, die Länderstraßengesetze sowie Planfeststellungsrichtlinien, das Grundstücksverkehrsgesetz, das Pflanzenschutzgesetz, das Flurbereinigungsgesetz ebenso wie die Landwirtschaftsgesetze der Länder. Regelungen über die Forstwirtschaft finden sich des weiteren in einigen Spezialgesetzen wie dem Forstabsatzfondsgesetz, dem Forstlichen Saat- und Pflanzgutgesetz, dem Forstschäden-Ausgleichsgesetz sowie dem Gesetz über Handelsklassensortierung für Rohholz.

3.1.3.1.2 Wald- und Forstwirtschaft im Recht der Europäischen Union

1122. Forstwirtschaft ist kein Gegenstand der gemeinsamen Politik der EU, weil der Vertrag zur Gründung der Europäischen Gemeinschaft keine Bestimmungen über eine gemeinsame Forstpolitik enthält. Nach dem Subsidiaritätsprinzip obliegt deshalb die Bewirtschaftung der Wälder grundsätzlich den Mitgliedstaaten. Trotzdem haben zahlreiche Maßnahmen der Gemeinschaft forstwirtschaftliche Fragen zum Gegenstand. Die EU unterstützt insbesondere Maßnahmen zum Schutz der Wälder gegen Luftverschmutzung (VO Nr. 3528/86 über den Schutz des Waldes gegen Luftverschmutzung, zuletzt geändert durch VO Nr. 1545/1999), Maßnahmen zum Schutz der Wälder gegen Brände (VO Nr. 2158/92), forstliche Forschung sowie die Entwicklung des ländlichen Raumes.

1123. Die Aktivitäten der Europäischen Union im Wald- und Forstbereich gehen einmal dahin, einen Beitrag zur Umsetzung der von den einzelnen Mitgliedstaaten und der EU eingegangenen internationalen Verpflichtungen in bezug auf die nachhaltige Bewirtschaftung, Entwicklung und Erhaltung der Wälder zu leisten. Umweltvölkerrechtliche Verpflichtungen ergeben sich aus der Konferenz der Vereinten Nationen über Umwelt und Entwicklung 1992 in Rio de Janeiro und den Folgemaßnahmen im Anschluss an diese Konferenz (u. a. UNCED, UNGASS, XI. Weltkongress über den Wald, Übereinkommen über die biologische Vielfalt, Klimarahmenkonvention) sowie den Ministerkonferenzen zum Schutz der Wälder in Europa (Straßburg 1990, Helsinki 1993 und Lissabon 1998). So verpflichteten sich die Signatarstaaten auf der Zweiten Ministerkonferenz zum Schutz der Wälder in Europa 1993, den Nachweis zu erbringen, dass Waldbewirtschaftung im jeweiligen Mitgliedsland die biologische Vielfalt auf forstlich bewirtschafteten Flächen erhält (ELLENBERG, 1997). Auf der Dritten Ministerkonferenz in Lissabon wurden von den vierzig für die Forstwirtschaft zuständigen Ministern in Europa und der EU zwei Resolutionen zum Schutz und zur nachhaltigen Bewirtschaftung von Wäldern in Europa angenommen. Mit diesen Resolutionen sollen die vielfältigen ökologischen, ökonomischen, kulturellen und sozialen Leistungen des Waldes nachhaltig gesichert und weiter ausgebaut werden. Zudem wurden auf der Konferenz in Lissabon für den Forstsektor gesamteuropäische Kriterien und Indikatoren für nachhaltige Waldwirtschaft definiert, Richtlinien für die operationale Ebene zur freiwilligen Verwendung vorgelegt und ein Arbeitsprogramm zur Erhaltung der biologischen Vielfalt beschlossen.

Zur Umsetzung dieser internationalen Verpflichtungen hat die Europäische Kommission auf Anregung des Europäischen Parlaments eine Mitteilung der Kommission an den Rat und das Europäische Parlament über eine Strategie der Europäischen Union für die Forstwirtschaft (KOM(1998)649) erarbeitet. Die darin entwickelte gemeinschaftliche Strategie für eine Bewirtschaftung, Erhaltung und nachhaltige Entwicklung der Wälder in Europa richtet ihr Augenmerk besonders auf den Beitrag der europäischen Wälder zur globalen wirtschaftlichen und sozialen Entwicklung namentlich in ländlichen Gebieten sowie auf den Schutz der Umwelt (insbesondere Artenvielfalt und Klimaschutz).

1124. Eines der Hauptziele der europäischen Agrarpolitik ist die Entwicklung des ländlichen Raumes, wobei die Forstwirtschaft von der EU nach wie vor als integraler Bestandteil der ländlichen Entwicklung und damit der Gemeinsamen Agrarpolitik verstanden wird. Zur Entwicklung des ländlichen Raumes wurden flankierend zur Reform der Gemeinsamen Agrarpolitik von 1992 drei Verordnungen, (EWG Nr. 2078/92, Nr. 2079/92, Nr. 2080/92, zuletzt geändert durch VO Nr. 231/96) zur Einführung einer gemeinschaftlichen Beihilferegelung für Aufforstungsmaßnahmen in der Landwirtschaft verabschiedet. Ziel dieser Regelung war es, eine alternative Nutzung landwirtschaftlicher Flächen durch Aufforstung zu fördern sowie zur Entwicklung forstwirtschaftlicher Tätigkeiten in den landwirtschaftlichen Betrieben beizutragen und damit gleichzeitig die landwirtschaftliche Produktion einzuschränken. Zudem sollten die Aufforstungsmaßnahmen zur CO_2-Festlegung beitragen. Der Europäische Ausrichtungs- und Garantiefonds für die Landwirtschaft kofinanzierte 50 % der Kosten beziehungsweise 75 % in speziell ausgewiesenen Regionen. Für 1993 bis 1997 beliefen sich die zur Verfügung gestellten Haushaltsmittel der EU auf 1,325 Mrd. ECU. Bis zum April 1996 wurden daraufhin 550 000 ha in der EU aufgeforstet, wobei die Umsetzung der Maßnahmen allerdings hinter den Erwartungen zurückblieb und bis Ende 1996 lediglich 500 Mio. ECU ausgegeben werden konnten (Europäische Kommission, 2000, Tz. 317).

Die im Zentrum der Agenda 2000 stehende Reform der Gemeinsamen Agrarpolitik stellt diese Förderinstrumente auf eine neue Grundlage und vereinfacht die bestehenden Instrumentarien zur Entwicklung des ländlichen Raumes. Dies ist mit der Verordnung (EG) Nr. 1257/1999 des Rates über die Förderung der Entwicklung des ländlichen Raumes durch den Europäischen Ausrichtungs- und Garantiefonds für die Landwirtschaft (EAGFL) sowie der Durchführungsverordnung Nr. 1750/1999 geschehen. Diese Verordnung ersetzt die bisherigen forstlichen Förderprogramme, die bislang in der Verordnung EWG Nr. 1610/89 (zur Durchführung der Verordnung Nr. 4256/88 hinsichtlich der Aktion zur Entwicklung und Aufwertung des Waldes in den ländlichen Gebieten der Gemeinschaft), der Verordnung Nr. 867/90 (betreffend die Verbesserung der Verarbeitungs- und Vermarktungsbedingungen für forstwirtschaftliche Erzeugnisse) sowie der soeben erwähnten Verordnung Nr. 2080/92 festgelegt waren. Somit wird künftig das Forstkapitel der Verordnung Nr. 1257/1999 (Art. 29 ff.) zum zentralen Förderinstrument für die Forstwirtschaft. Die mit der Verordnung zur Verfügung gestellten Beihilfen für die Forstwirtschaft sollen zur Erhaltung und Entwicklung der wirtschaftlichen, ökologischen und gesellschaftlichen Funktionen der Wälder in ländlichen Gebieten beitragen und verfolgen die Ziele einer nachhaltigen Bewirtschaftung der Wälder und Entwicklung der Forstwirtschaft, einer Erhaltung und Verbesserung der forstlichen Ressourcen sowie einer Erweiterung der Waldflächen (Art. 29). Die Beihilfen werden allerdings nur für Wälder und Flächen gewährt, die privaten Eigentümern oder deren Vereinigungen, Gemeinden oder Gemeindeverbänden gehören.

Der Kofinanzierungsanteil der Gemeinschaft beträgt 40 %, in benachteiligten Gebieten sogar 50 %.

3.1.3.1.3 Wald- und Forstwirtschaft nach internationalem Recht

1125. Internationale Verpflichtungen Deutschlands mit Auswirkungen auf die Wald- und Forstwirtschaft finden sich in den auf der Konferenz in Rio de Janeiro 1992 verabschiedeten Übereinkommen über die biologische Vielfalt (Biodiversitätskonvention) und der Klimarahmenkonvention. Ziel der Biodiversitätskonvention ist es, weltweit den Schutz und die nachhaltige Nutzung von Tier- und Pflanzenarten sowie ihrer Lebensräume sicherzustellen und die biologische Vielfalt zu erhalten. Die Klimarahmenkonvention betrachtet die Rolle der Wälder insbesondere unter dem Aspekt der Wälder als CO_2-Senken. Neben diesen Konventionen ist auch die Agenda 21 für die Nutzung und die Erhaltung von Wäldern relevant, insbesondere deren Kapitel 11 (Bekämpfung der Entwaldung), 15 (Erhalt der biologischen Vielfalt) und 28 (Initiativen der Kommunen). Als weitere waldrelevante Vereinbarung wurde auf der Konferenz in Rio de Janeiro die Grundsatzerklärung über die Bewirtschaftung, Bewahrung und nachhaltige Entwicklung aller Arten von Wäldern (Walderklärung, BMU, 1992) verabschiedet. Die Walderklärung wiederum legt in unverbindlicher Form allgemeine Grundsätze zur Bewirtschaftung, zum Schutz und zur nachhaltigen Entwicklung der Wälder aller Klimazonen fest.

3.1.3.2 Organisation und Administration der Wald- und Forstwirtschaft

Waldeigentumsstruktur

1126. Da jede Gruppe von Waldeigentümern spezifische Ziele verfolgt und verschiedenen Rahmenbedingungen unterliegt, ist die Waldeigentumsverteilung von hoher Bedeutung für forstpolitische Maßnahmen.

In Deutschland entfallen auf den Privatwald 46 %, auf den Staatswald (Wald der Länder und des Bundes) 34 % und auf den Körperschaftswald (einschließlich des Kirchenwaldes) 20 % der Waldfläche (BML, 1997). Durch die noch nicht abgeschlossene Neuordnung des Waldeigentums in den neuen Bundesländern werden die statistischen Waldflächenangaben auch in den kommenden Jahren weiteren Veränderungen unterliegen. In der ehemaligen DDR gehörten 70 % der Waldfläche zum sogenannten Volkswald, 29 % zum Privatwald und 1 % zum Kirchenwald. Der Volkswald setzte sich aus ehemaligem Staatswald, ehemaligem Kommunalwald sowie enteigneten Privatwaldflächen zusammen. Es ist davon auszugehen, dass nach Abwicklung der Rückgabeverfahren oder des Verkaufs ehemaliger Volkswaldflächen in den neuen Bundesländern ein ähnlich breit gestreutes Waldeigentum vorliegt, wie es 1945 bestand

(43 % Staatswald, 8 % Körperschaftswald und 49 % Privatwald; BML, 1997).

Eine nähere Betrachtung der jeweils vorherrschenden Eigentumsarten in den verschiedenen Bundesländern macht deutlich, dass stark voneinander abweichende Strukturen vorherrschen und sich dabei charakteristische „Bundesländer des Staatswaldes" (Hessen, Mecklenburg-Vorpommern), „Bundesländer des Kommunalwaldes" (Baden-Württemberg, Rheinland-Pfalz) sowie „Bundesländer des Privatwaldes" (Bayern, Nordrhein-Westfalen) unterscheiden lassen (Tab. 3.1.3-1).

1127. Als *Privatwald* unterscheidet die Statistik von 1961 zwischen dem „Kleinprivatwald", dem „mittleren Privatwald" und dem „Großprivatwald". Diese Unterscheidung wurde bis heute in den meisten amtlichen Statistiken beibehalten. Die Grenzen zwischen den Größenklassen der jeweiligen Privatwaldkategorien liegen bei 200 ha und 1 000 ha Waldbesitzgröße. Insgesamt weist der jährlich erscheinende Agrarbericht der Bundesrepublik Deutschland fast 450 000 Forstbetriebe beziehungsweise landwirtschaftliche Betriebe mit Wald (sog. Bauernwald) aus. Hiervon entfallen circa 75 % auf Waldbesitz unter 5 ha Flächengröße (BML, 1999a). Statistisch nicht erfasst werden Waldbesitzer mit weniger als 1 ha Waldfläche (ohne landwirtschaftlichen Betrieb); nach neueren Schätzungen sind dies insgesamt über 800 000 Waldeigentümer.

Problembereiche der Waldeigentumsstruktur

1128. Innerhalb der heterogenen Waldeigentumsart Privatwald haben sich in den letzten Jahrzehnten vielfältige, häufig eher als ungünstig einzustufende Veränderungen ergeben, die in engem Zusammenhang mit dem sich vollziehenden Strukturwandel in der Landwirtschaft stehen. War die Besitzstruktur des Kleinprivatwaldes nach Ende des Zweiten Weltkriegs noch vorwiegend durch die wirtschaftliche Einheit von Land- und Forstwirtschaft gekennzeichnet, so kann die Entwicklung bis heute als Entkopplung der land- und forstwirtschaftlichen Betriebsteile und als Konzentrationsprozess auf größere landwirtschaftliche Betriebseinheiten beschrieben werden. So nahm zum Beispiel in Baden-Württemberg die Anzahl der sogenannten Privatwaldbetriebe zwischen 1971 und 1987, in einem Zeitraum von nur 17 Jahren, um mehr als 21 % ab (BRANDL und SCHANZ, 1992). Im Gegensatz zu den Privatwaldbetrieben, die sowohl die statistischen Kategorien „Forstbetriebe" als auch „landwirtschaftliche Betriebe mit Wald" umfassen, hat der in den offiziellen Statistiken nicht erfasste Waldbesitz unter 1 ha, der mit keinem landwirtschaftlichen Betrieb verbunden ist, erheblich zugenommen. Durch Rückrechnungen aus der Gesamtwaldfläche lässt sich zum Beispiel die heutige Kleinstprivatwaldfläche in Baden-Württemberg etwa insgesamt mit 80 000 bis 90 000 ha beziffern (SCHMID, 1997).

Tabelle 3.1.3-1

Verteilung des Waldeigentums in Deutschland

Bundesland	Waldfläche in Mio. ha	Waldfläche in %	Bundeswald in %	Landeswald in %	Kommunalwald in %	Privatwald in %	Treuhandwald in %
BW	1,3	37	1	22	39	38	–
BY	2,4	34	2	30	13	55	–
BB	1,1	36	10	23	7	31	29
HE	0,8	40	1	39	35	25	–
MK-VP	0,5	21	11	44	4	11	30
Ns	1	21	1	34	16	49	–
NRW	0,8	25	3	14	14	69	–
RHL-PF	0,7	41	–	26	48	25	–
SRL	0,1	33	–	50	24	26	–
Sa	0,35	24	10	36	7	24	23
Sa-AH	0,47	23	6	37	6	31	20
SH	0,2	9,5	–	35	15	50	–
TH	0,6	33	5	37	20	24	14

Quelle: BML, 1997, 1993 und 1992

Der Hauptgrund für diese Verschiebung innerhalb des Privatwaldes ist die hohe Anzahl aufgegebener landwirtschaftlicher Betriebe. In Baden-Württemberg wird zum Beispiel rund die Hälfte der privaten Forstbetriebe im Verbund mit einem landwirtschaftlichen Betrieb bewirtschaftet. Bei Aufgabe der Landwirtschaft werden die ertragreichen landwirtschaftlichen Flächen verpachtet, die Waldfläche hingegen verbleibt häufig bei den ehemaligen Besitzern. Ohne intakte Landwirtschaft entsteht vielfach ein für die Bewirtschaftung ungünstig strukturierter *Klein- oder Kleinstwaldbesitz*. Dabei wird die Bewirtschaftung umso problematischer, je mehr sich die jeweilige Waldbesitzergeneration von ihrem Eigentum gedanklich, fachlich und räumlich entfernt (VOLZ und BIELING, 1998). Als Folge dieser Entwicklung wird auf den betroffenen Flächen häufig ein auf den technisch einfachen Fichtenanbau reduzierter Waldbau betrieben. In einem zweiten Schritt dieses Entfremdungsprozesses entwickelt sich der Waldbesitz (im ungünstigen Fall) zu einem mehr oder weniger anonymen Vermögensobjekt, das, vom Eigentümer meist unbemerkt, durch unterlassene Pflege seinen bisherigen „Bestandeswert" verliert und schließlich (im günstigeren Fall) für einen geringen Preis verkauft wird. Erst mit großer zeitlicher Verschiebung bietet sich daher für aufstockungswillige Forstbetriebe die Chance, Waldflächen anzukaufen. Bereits heute entfallen zum Beispiel in Baden-Württemberg auf den Waldbesitz unter 5 ha ohne Bindung an einen landwirtschaftlichen Betrieb annähernd 40 % des Privatwaldes. Ein Großteil dieses Klein- und Kleinstprivatwaldes trägt den Charakter einer forstlichen Brache.

1129. Nach Untersuchungen von JUDMANN (1998) ist zudem festzustellen, dass eine zunehmende Waldeigentümerzahl ihren (nicht mehr forstwirtschaftlich genutzten) Wald als Hobby- und Freizeitbeschäftigung auffasst und ihn nach individuellen Zielen pflegt.

Durch die Bildung forstwirtschaftlicher Zusammenschlüsse auf freiwilliger Basis (§ 15 ff. BWaldG), insbesondere durch sogenannte Forstbetriebsgemeinschaften, wird versucht, den Auswirkungen der ungünstigen Betriebsstrukturen durch gemeinsam koordinierte Bewirtschaftungs- und Vermarktungsmaßnahmen entgegenzuwirken. Seit Inkrafttreten der gesetzlichen Grundlagen wurden in Deutschland rund 1 500 Forstbetriebsgemeinschaften gegründet (AGDW, 1997). Mitglieder der Forstbetriebsgemeinschaften lassen sich im allgemeinen für eine naturnahe Waldbewirtschaftung eher motivieren und sind für eine fachliche Beratung leichter zugänglich. Auch mit einer weitergehenden Interessenwahrnehmung durch die Forstbetriebsgemeinschaft zeigt sich eine große Anzahl der Waldbesitzer einverstanden (KAISER et al., 1995). Ungeachtet der vielfältigen Bemühungen in den letzten Jahrzehnten, durch forstliche Förderung die Besitz- und Betriebsstruktur im Kleinprivatwald zu verbessern (z. B. VIEBIG, 1993; LOEWE, 1986; GÜRTH, 1978), ist festzustellen, dass die forstlichen Probleme aufgrund der Besitzersplitterung, der Auflösung der wirtschaftlichen Einheit von Land- und Forstwirtschaft und des nachlassenden Interesses an der Waldbewirtschaftung weitgehend ungelöst sind. Auch der Einsatz der forstlichen Flurbereinigung kann hier keine Verbesserung erbringen, da das Flurbereinigungsgesetz keine Enteignung der Kleinprivatwälder gestattet.

Forstorganisation

1130. Die dem Bund obliegenden Aufgaben im Bereich der Forstwirtschaft werden primär durch das Bundesministerium für Ernährung, Landwirtschaft und Forsten, Abteilung „Ländlicher Raum, Forstpolitik, Jagd", wahrgenommen (KROTT, 1997).

Hierzu gehören:

– Vorbereitung von Gesetzentwürfen bzw. -änderungen (z. B. Bundeswald- und Bundesjagdgesetz, Forstabsatzfondsgesetz, Forstliches Saat- und Pflanzgutgesetz), Mitwirkung bei sonstigen die Forstwirtschaft berührenden Gesetzesvorhaben des Bundes,

– Mitwirkung bei gemeinschaftlichen forstlichen Fördermaßnahmen von Bund und Ländern,

– Koordinierung forstlicher Fragen von nationaler Bedeutung,

– bundesweite statistische Erhebungen (z. B. Bundeswaldinventur, Holzmarktbericht, Waldzustandsbericht),

– internationale Angelegenheiten (z. B. Vertretung im Rahmen internationaler Konferenzen der UN),

– Planung und Koordinierung der Bundesforschung und

– Öffentlichkeitsarbeit.

1131. Den *Staatswald* bilden die Wälder im Eigentum des Bundes und der Länder. Die Bundeswälder liegen überwiegend im Bereich militärischer Einrichtungen. Sie werden durch die Bundesforstverwaltung im Geschäftsbereich des Bundesministers für Finanzen bewirtschaftet. Die Bewirtschaftung der Wälder im Besitz der Länder erfolgt durch die Landesforstverwaltungen.

Die Landesforstverwaltungen sind unterschiedlich organisiert, wofür hauptsächlich historische Gründe und regionale Gegebenheiten ausschlaggebend sind. In den südlichen Bundesländern besteht eine Einheitsverwaltung, die in ihrer Zuständigkeit alle Waldbesitzarten umfasst. In einigen norddeutschen Bundesländern herrscht eine Zweiteilung in Staatsforstverwaltung und forstliche Dienststellen bei den Landwirtschaftskammern, die die Betreuung des Privatwaldes durchführen. Die neuen Bundesländer haben seit August 1990 den Aufbau der Landesforstverwaltungen in Anlehnung an die Regelungen in den alten Bundesländern durchgeführt.

Den Landesforstverwaltungen obliegen neben der Verwaltung und der Bewirtschaftung der Landesforste im wesentlichen folgende Aufgaben:

– forstliche Fachplanung (u. a. forstliche Rahmenplanung),
– Mitwirkung bei der Bauleit-, Regional- und Landesplanung sowie bei Fachplanungen anderer Behörden,
– Förderung, Beratung und Betreuung des Privat- und Körperschaftswaldes,
– zum Teil forsttechnische Betriebsleitung und Betriebsvollzug im Körperschaftswald,
– Forstaufsicht über die Einhaltung der gesetzlichen Regelungen im Körperschafts- und Privatwald und
– hoheitliche Maßnahmen zum Schutz des Waldes.

1132. Im *Körperschaftswald* erfolgen Betriebsleitung und -vollzug länderweise in unterschiedlicher Regelung entweder durch eigenes Forstpersonal oder durch Personal der Landesforstverwaltungen. Die Personalkosten werden im letzteren Falle in der Regel nicht voll erstattet, so dass diese Lösung für den Körperschaftswald betriebswirtschaftlich günstig ist.

1133. Die Betriebe des *Privatwaldes* bewirtschaften ihre Waldfläche eigenverantwortlich, unterliegen jedoch der forsthoheitlichen Aufsicht der Landesforstverwaltungen. Es gibt keine Pflicht zur Einstellung von Fachpersonal, bei größeren Betrieben ist dies jedoch die Regel (Tz. 1128 f.).

1134. Als weitere Institutionen der Forst- und Holzwirtschaft sind zu nennen:

– die dem BML angegliederte Bundesforschungsanstalt für Forst- und Holzwirtschaft (BFH) in Hamburg,
– die forstlichen Versuchs- und Forschungsanstalten der Länder,
– Universitäten und Fachhochschulen für Wissenschaft, Forschung und Ausbildung und
– forst- und holzwirtschaftliche Verbände unter dem Dachverband des Deutschen Forstwirtschaftsrates (DFWR) bzw. des Deutschen Holzwirtschaftsrates (DHWR).

Institutionelle Rahmenbedingungen

1135. Die institutionellen Rahmenbedingungen und deren Ausrichtung an gesellschaftlichen Bedingungen sind sowohl mit Blick auf die Beziehung zwischen Forstverwaltung und Naturschutzverwaltung als auch im Hinblick auf die Aufgabenstruktur der Forstverwaltung zu diskutieren. Hierbei handelt es sich um Schlüsselfragen der Forstwirtschaft, die nicht völlig unabhängig voneinander sind.

Anlass für die Diskussion der Beziehung zwischen Naturschutz und Forstverwaltung ist die Frage nach der zweckmäßigen territorialen Zuständigkeit der beiden konkurrierenden Verwaltungen. Vorherrschende forstliche Meinung ist bisher, dass bei der ausgeprägten Streulage der Waldnaturschutzflächen, bei der unverzichtbaren Steuerungskompetenz für den forstlichen Wirtschaftsbetrieb und im Interesse einer eindeutigen Zuordnung der staatlichen Aufsichtsfunktion keine Änderung der Zuständigkeiten der Forstverwaltungen für alle relevanten Wälder in Deutschland zu fordern sei. Allerdings verfolgt der Naturschutz im Wald häufig ökonomischen Belangen gegenläufige Interessen, weil er auf den Schutz insbesondere der biotischen Komponenten in möglichst naturnahen, dynamischen Waldökosystemen abzielt. Dadurch ergibt sich ein Gegensatz zwischen Forst- und Naturschutzverwaltung; jede Verwaltung neigt in Konflikten zu einer unterschiedlichen Gewichtung. Ressortegoismen kommen hinzu. Die neueren Entwicklungen haben die Konflikte jedoch entschärft.

Forderungen des Naturschutzes während der letzten zehn Jahre mit Bezug auf die Waldbewirtschaftung haben sowohl zu einer Ausweitung der Wald-Naturschutzgebiete als auch zu einer Ausweitung der festgelegten Bewirtschaftungsbeschränkungen geführt (WAGNER, 1996). Ökologische Maßstäbe der Waldbewirtschaftung außerhalb von Schutzgebieten finden sich in den forstlich relevanten Teilen des Naturschutzrechts auf EU-, Bundes- und Landesebene (WAGNER, 1998) sowie in den Waldnutzungskonzepten der verschiedenen Naturschutzverbände. Daraus kann man folgern, dass sich die Einwirkungsmöglichkeiten der Naturschutzbehörden verstärkt haben.

1136. Aus naturschutzfachlicher Sicht sind zum effektiven Abbau der bestehenden Defizite bei der Umsetzung und Operationalisierung der Anforderungen des Naturschutzes, insbesondere der internationalen Naturschutzabkommen, vorrangig neuartige intersektorale und multidisziplinäre Kommunikations- und Entscheidungsabläufe erforderlich. Unerlässlich scheint eine sektorübergreifende Zusammenarbeit auch für die Abstimmung der Maßnahmen nach den verschiedenen internationalen Vereinbarungen. Exemplarisch sei die Notwendigkeit einer verstärkten Verzahnung der CO_2-Senken-Diskussion im Rahmen der Klimarahmenkonvention mit den Anforderungen an eine Waldnutzung im Sinne der Biodiversitätskonvention genannt. Ein solcher Abgleich ist nach Ansicht des Umweltrates vorrangig, um Fehlentscheidungen vorzubeugen, die angesichts der langsamen Entwicklungsgeschwindigkeit von Wäldern und der eingeschränkten Regenerationsfähigkeit bestimmter Offenland-Ökosysteme nur schwer zu korrigieren wären.

Auf die Anpassung bestehender institutioneller Rahmenbedingungen und Verfahrensweisen an die Erfordernisse, die sich aus den von der Bundesregierung unterzeichneten internationalen Konventionen mit Waldbezug ergeben, ist folglich besonderes Gewicht zu legen, um die aus den Konventionen abzuleitenden Verpflichtungen angemessenen zu erfüllen. Die Lösungen sind dabei am Querschnittscharakter der spezifischen Konventionen auszurichten, der die Beteiligung eine Vielzahl von Bereichen staatlichen Handelns – Forstwirtschaft, Naturschutz, Handel, Landnutzungsplanung, Forschung und Entwicklungszusammenarbeit – und die Entwicklung innovativer Verfahren zur sektorübergreifenden Zusammenarbeit erfordert.

Letztlich hängt die Frage des Verhältnisses zwischen Forst- und Naturschutzverwaltung von der Aufgabenstruktur der Forstverwaltung selbst ab. Anlass für die Diskussion der derzeitigen Aufgabenstruktur der Forstverwaltungen sind grundlegende ordnungspolitische Bedenken. Gefordert wird eine Trennung der wirtschaftlichen von den hoheitlichen und den beratenden Aufgaben der staatlichen Forstverwaltungen (vgl. VOLZ, 1998 und 1995).

Was hoheitliche Aufgaben anbelangt, bestehen zwischen Wald- und Forstwirtschaft und Naturschutz Zielkonflikte und Überschneidungen, die bislang jedenfalls aus fachlich-inhaltlicher Sicht nicht adäquat geordnet sind. Als einen Lösungsweg schlägt der Umweltrat vor, hoheitliche Aufgabenstellungen und Nutzungsinteressen grundsätzlich zu trennen. Dies würde langfristig darauf hinauslaufen, eine Forstverwaltung aufzubauen, die lediglich hoheitliche Aufgaben wahrnimmt; da sie von Zielkonflikten weitgehend entlastet ist, könnte sie in gleicher Gewichtung Naturschutzinteressen vertreten. In diesem Konzept würde der gesamte Staatswald sukzessive privatisiert oder jedenfalls privat bewirtschaftet werden. Allerdings muss dafür eine striktere Regelung im Hinblick auf die ökologischen Erfordernisse hingenommen werden. Eine Trennung der Forstwirtschaft in einen wirtschaftenden und in einen aufsichtführenden, das heißt hoheitlichen Teil setzt voraus, dass das ökologische Niveau der ordnungsgemäßen Forstwirtschaft klar gesetzlich fixiert und kontrolliert werden kann.

Darüber hinaus erscheinen für eine adäquate Konfliktbewältigung im Verhältnis zwischen Waldbesitzern und Gesellschaft vor allem eine wirksame Beratung und soweit möglich auch finanzielle Anreize zweckmäßig. Tatsächlich konzentriert sich heute die staatliche Einflussnahme auf den Privat- und Körperschaftswald zum einen auf eine breit angelegte finanzielle Unterstützung, teils als Hilfe, teils als Anreiz, und zum anderen auf eine Beratung, die im Idealfall gleichermaßen sachkundig wie verständnisvoll durchgeführt werden soll. Verständnisvolle Beratung bedeutet in diesem Zusammenhang, dass die beratenden Personen eingehende Kenntnisse von den ökologischen, waldbaulichen, wirtschaftlichen und auch gesellschaftlichen Schwierigkeiten haben, mit denen der ratsuchende Waldbesitzer konfrontiert ist. Für eine sachkundige Beratung der Waldbesitzer vor Ort hat sich die enge Verzahnung mit der eigenen forstbetrieblichen Erfahrung bewährt. Insgesamt muss davon ausgegangen werden, dass sich die Ziele und Grundsätze einer naturnahen Waldbewirtschaftung nur dadurch wirksam umsetzen lassen, dass sie von den handelnden Personen verinnerlicht, das heißt verstanden, akzeptiert und in das eigene handlungsleitende Wertemuster übernommen werden.

Die aus forstlicher Sicht geäußerte Befürchtung, dass durch eine Aufteilung der Forstwirtschaft in einen nutzenden Teil bezüglich aller Waldeigentumsarten und einen aufsichtsführenden staatlichen Teil der bisherige Einfluss des Staates auf die Bildung informeller handlungsleitender Normen verlorenginge, kann nur bedingt geteilt werden. Vor allem im Bereich der Beratung böten derartige Behörden bessere Voraussetzungen für eine ausgewogene Darstellung von Handlungsoptionen für die Waldnutzer. Diese Institution könnte des weiteren einen wichtigen Beitrag leisten zu der nötigen Spezifizierung des Begriffes „ordnungsgemäße Forstwirtschaft", die nur auf regionaler und lokaler, das heißt standortbedingter Ebene so konkretisiert werden kann, dass der Waldbesitzer sie in Betriebsplanungen ausreichend berücksichtigen kann. Auf entsprechende staatliche Beratungsbehörden könnte jedoch verzichtet werden, wenn neue wesentlich intensivere Kommunikationsstrukturen zwischen Forst- und Naturschutzverwaltungen gefunden würden und laufende Fortbildungen ausreichenden Umfangs eingerichtet würden.

3.1.3.3 Planung in der Wald- und Forstwirtschaft

1137. Das Bundeswaldgesetz schreibt die Erstellung von forstlichen Rahmenplänen „für einzelne Waldgebiete oder das Landesgebiet oder Teile davon" als Fachbeitrag für die Raumplanung vor. Aufgrund der in § 7 Abs. 1 BWaldG festgelegten Zielbestimmung wird auch aus naturschutzfachlicher Sicht eine Öffnung des Planungsprozesses gefordert. Zielführend erscheint eine Beteiligung der Öffentlichkeit, eine Integration in die allgemeine Raumplanung sowie die Orientierung der Aussagen zu Wäldern an regionalen landschaftlichen Leitbildern, die Landschaft als unteilbares Funktionsgefüge verstehen.

1138. Der raumordnungspolitische Handlungsrahmen (SRU, 1996b, Tz. 43, 53, 60 f.; MRKO, 1995 und 1993) enthält eine Vielzahl von Richtungsvorgaben, die die Entwicklung von regionalen Leitbildern für eine dauerhaft umweltgerechte Waldnutzung unterstützen. In Anbetracht der Bedeutung, die Wälder für den Erhalt der biologischen Vielfalt haben, ist die Berücksichtigung dieser neuen raumordnungspolitischen Rahmenbedingungen bei der Entwicklung nationaler sowie regionaler Programme für den Waldbereich wichtig. Soweit dieser „offene" Planungsprozess zu unterschiedlichen Belastungen von Regionen führt, kann das Instrument eines ökologischen Finanzausgleichs für die Verwirklichung einer dauerhaft umweltgerechten Waldnutzung eingesetzt werden (SRU, 1996b, Kap. 2.6).

1139. In der gesellschaftspolitischen Entwicklung der letzten Jahre ist immer häufiger der Wunsch nach gesellschaftlicher Beteiligung an Entscheidungsprozessen auszumachen. Als wesentliches Element dieser partizipativen Prozesse tritt an die Stelle imperativer bürokratischer Entscheidung ein gemeinsames Programm oder eine gemeinsame Planung auf der Basis operationaler Ziele. Für die künftige Waldnutzung sind vor allem „offene" Planungsprozesse denkbar, die von Leitbildern bestimmt werden und einer prozeduralen Rationalität folgen. Dieses Planungsmodell könnte in die forstliche Rahmenplanung Eingang finden. Problematisch ist es allerdings für die hoheitliche Forsteinrichtung in ihrer aktuellen Form. Dabei handelt es sich um eine überwiegend betriebliche Planung, in der die Hiebsatzherleitung neben der Planung waldbaulicher Maßnahmen, dem Abgleich von Arbeitsvolumen und -kapazität, der Finanzplanung usw. steht. Zudem sind die langen Planungszeiträume aller waldbaulichen Maßnahmen besonders zu berücksichtigen.

Als Alternative zur „Öffnung" der Forsteinrichtung ist die partizipative Aushandlung von lokalen oder regionalen Waldnutzungs- oder Waldentwicklungsplänen denkbar, wie sie derzeit vor allem in der Schweiz und in Österreich diskutiert und erprobt werden (vgl. z. B. SCHEIRING, 1997; BACHMANN, 1995). Auch die im internationalen Rahmen diskutierten *National Forest Programs* können Elemente eines „offenen" Planungsprozesses enthalten. Erste Schritte in diese Richtung lässt der deutsche Beitrag zur sogenannten „Sechs-Länder-Initiative" erkennen (MLR, 1998).

Zu erwägen ist für die deutschen Verhältnisse insbesondere ein Planungsinstrument auf der Grundlage von Indikatoren, das der mittelfristigen Betriebsplanung (Forsteinrichtung) vorgelagert oder übergeordnet ist und bestimmte Teile der bisherigen Betriebsplanung abdeckt, ohne unmittelbar auf betriebliche Entscheidungen gegen den Willen des Eigentümers einzuwirken. Die Planung könnte das Rechtsinstrument der Forstlichen Rahmenplanung nutzen, müsste jedoch wesentlich konkreter werden als die aus früheren Jahren vorliegenden Pläne. Außerdem könnte diese neue Forstliche Rahmenplanung in die allgemeine Raumordnung integriert und mit der Landschaftsrahmenplanung besser als bisher abgestimmt werden.

Die Pläne könnten auf lokaler oder regionaler Ebene im gemeinschaftlichen Auftrag der Waldeigentümer erarbeitet und unter Beteiligung aller betroffenen Verwaltungen sowie aller Interessengruppen diskutiert werden. Dementsprechend müssten die Pläne öffentlich ausgelegt und einem Anhörungsverfahren unterzogen werden. Das Ergebnis wäre ein Planungskompromiss, in dem die wichtigsten gesellschaftlichen Anforderungen an den Wald vom Artenschutz bis zur Erholungsnutzung (einschließlich des Betretungsrechts) als operationale Zielsetzung festgelegt und, soweit es sich um besonders belastende Inhalts- und Schrankenbestimmungen des Waldeigentums handelt, mit geeigneten Ausgleichszahlungen an die Waldeigentümer verbunden werden könnten (WAGNER, 1995).

Der direkte und wünschenswerterweise von Fachkräften moderierte Diskussions- und Aushandlungsprozess hätte den Vorteil, dass wirklich über die Sache vor Ort und nicht nur über allgemeine Grundsätze und wenig operationale Ziele gesprochen würde. Die Waldeigentümer hätten die Möglichkeit, ihre finanziellen Belange und Interessen mit entsprechendem Gewicht anderen Nutzungsinteressen gegenüberzustellen und ihre Anliegen einer breiten Öffentlichkeit nahezubringen. Der Naturschutz hätte die Möglichkeit, in direkte Verhandlungen mit den Waldeigentümern einzutreten und den entsprechenden gesetzlichen Auftrag in die Planung einzubringen.

Diese Art von Waldnutzungs- und Waldentwicklungsplanung müsste die vorhandenen forstlichen Grundlagenerhebungen wie Waldfunktionenkartierung, Waldbiotopkartierung, Standortkartierung usw. berücksichtigen. Sie könnte mit einer auf das Wichtigste reduzierten forstlichen Betriebsplanung (Forsteinrichtung) verzahnt werden und zu einer lokal abgestimmten Form der ordnungsgemäßen Forstwirtschaft führen.

1140. Aus naturschutzfachlicher Sicht ist in diesem Kontext die traditionelle Trennung von mittelfristiger forstlicher Planung (Forsteinrichtung) und naturschutzfachlicher Planung (Landschaftsplanung) als problematisch anzusehen. Die darin angelegte Trennung von Wald und übriger Landschaft ist ökologisch nicht begründbar. Entgegen häufig vertretener Auffassung war die Waldfläche in Deutschland während der letzten Jahrhunderte in Lage und Ausdehnung nie über lange Zeiträume konstant. Für die Verwirklichung einer dauerhaft umweltgerechten Waldnutzung und -entwicklung sollte deshalb die fachsektorale Trennung der einzelnen Planungs- und Beratungsformen überwunden werden, so dass neben forstfachlichen Aspekten auch Naturschutzbelange adäquat berücksichtigt werden. Nur bei differenzierter Kenntnis der in den Wäldern bereits bestehenden landschaftsökologischen Werte kann über die Notwendigkeit zu weiteren landschaftsgestalterischen Maßnahmen wie Erstaufforstungen in sachgerechter Abwägung mit anderen Zielen des Naturschutzes entschieden werden.

3.1.3.4 Ökonomische Rahmenbedingungen

1141. In Abschnitt 3.1.1 wurde bereits auf die Funktionen von Wäldern eingegangen (Schutz-, Nutzungs- und Erholungsfunktion). Dabei gründet sich die wirtschaftliche Überlebensfähigkeit der Forstwirtschaft in erster Linie auf den Erträgen aus dem Holzverkauf. Die Ertragslage forstwirtschaftlicher Betriebe ist dem jährlichen Agrarbericht der Bundesregierung zu entnehmen (Tab. 3.1.3-2).

Insgesamt hat sich die wirtschaftliche Lage der Forstbetriebe im Laufe der letzten Jahrzehnte erheblich verschlechtert (HAMPICKE, 1996, S. 50 f.; Wissenschaftlicher Beirat beim BML, 1994, S. 11).

Schwierigkeiten bereiten den Forstbetrieben unter anderem die im Zeitverlauf schwankenden Preise für Rundholz ebenso wie Verschiebungen in der Nachfrage nach bestimmten Holzarten. Anders als Märkte für Agrarprodukte ist der Holzmarkt weitestgehend liberalisiert. Entwicklungen am Weltmarkt wirken sich unmittelbar auf die Holzpreise und damit auf die Einnahmen der Forstbetriebe aus. Eine bedarfsgerechte Produktion (mengenmäßig, qualitativ, Holzart) wird durch lange Produktionszeiträume erschwert. Schließlich tragen auch die sogenannten externen Kosten zur angespannten Ertragslage der Forstbetriebe bei. Hierzu zählen Mindererträge und Mehraufwendungen infolge von Waldschäden durch Immissionen, biologische Kalamitäten, Sturmschäden sowie Verbiss- und Schälschäden durch Wild.

1142. Während es sich bei Holz um ein privates Gut handelt, das am Holzmarkt verkauft wird, weisen Schutz- und Erholungsleistungen der Forstwirtschaft die typischen Merkmale öffentlicher Güter auf. Nutzer können von diesen Leistungen nicht oder nur zum Teil wirksam ausgeschlossen werden.

Nach einer bundesweiten Erhebung summierten sich Mehraufwendungen und Mindererträge für Schutz- und Erholungsfunktionen 1996 im Durchschnitt aller Besitzarten auf rund 48 DM/ha und Jahr. Diese finanziellen Belastungen entstehen z. B. durch höhere Unterhaltungskosten von Erholungseinrichtungen, Wirtschaftsbeschränkungen in Wasserschutzgebieten, Produktionsverzicht auf Freiflächen, Wertzuwachsminderungen durch Bestandesbeschädigungen sowie Vornutzungs- und Endnutzungsverzichte (DAHM et al., 1999). Eine Honorierung von Schutz- und Erholungsleistungen der Wälder etwa im Rahmen des Vertragsnaturschutzes wird in Deutschland kaum vorgenommen (MOOG, 1997, S. 153; BRANDL und OESTEN, 1996, S. 453; MOOG und BRABÄNDER, 1994). Allerdings gibt es für forstwirtschaftliche Betriebe eine Reihe von Subventionen und Vergünstigungen, die überwiegend mit den verschiedenen Funktionen der Wälder begründet werden. Hierzu zählt auch die Abdeckung von Defiziten des Staats- und Körperschaftswaldes aus dem öffentlichen Haushalt. Im Vergleich zur

Tabelle 3.1.3-2

Betriebsergebnisse der Forstbetriebe (Deutschland, 1997)

Kennzahl	Einheit	Staatswald			Körperschaftswald[1]	Privatwald[1]
		Früheres Bundesgebiet	Neue Bundesländer	Deutschland		
Einschlag	m³/ha (HB)[2]	6,3	3,4	5,4	5,9	6,0
Holzertrag	DM/m³	117	71	106	107	117
Betriebserlöse	DM/ha (HB)	636	253	514	561	653
Betriebskosten	DM/ha (HB)	724	703	717	604	560
Reinertrag I[3]	DM/ha (HB)	-88	-450	-203	-44	93
Nicht abgedeckte Betreuungsleistungen	DM/ha (HB)			0	65	7
Fördermittel	DM/ha (HB)			2	23	53
Reinertrag II[4]	DM/ha (HB)			-201	44	154

[1] Betriebe ab 200 ha Waldfläche. Die Ergebnisse der landwirtschaftlichen Betriebe mit weniger als 200 ha werden im Agrarbericht gesondert dargestellt. Die Ertragslage im Kleinprivatwald, der nicht von landwirtschaftlichen Haupterwerbsbetrieben bewirtschaftet wird, wird statistisch nicht erfaßt. Die Auswertungen basieren auf Testbetrieben (Körperschaftswald: 207 Betriebe, Privatwald: 101 Betriebe).

[2] HB = Holzbodenfläche

[3] Ohne staatliche Zuschüsse, Prämien und ohne indirekte Förderung durch kostenlose oder verbilligte Betreuung auf Forstamtsebene.

[4] Mit staatlichen Zuschüssen, Prämien und indirekter Förderung durch kostenlose oder verbilligte Betreuung auf Forstamtsebene.

Quelle: BML, 1999a; verändert

Rahmenbedingungen

Landwirtschaft fallen diese Subventionen jedoch gering aus. So betrugen 1993 die öffentlichen Hilfen an die Forstwirtschaft (inkl. Defizitabdeckung im Staats- und Körperschaftswald) bezogen auf den Hektar nur etwa 14 % der Zahlungen an die Landwirtschaft (HAMPICKE, 1996, S. 54). Eine umfassende Darstellung wesentlicher Finanzhilfen und Steuervergünstigungen der Forstwirtschaft unter Angabe des Fördervolumens ist dem Subventionsbericht der Bundesregierung zu entnehmen (BMF, 1999).

1143. Ziel der Förderung der Forstwirtschaft durch Subventionen und steuerliche Vergünstigungen ist in erster Linie die Verbesserung der wirtschaftlichen Lage der Forstbetriebe. Dahinter steht die Vorstellung, dass nur ein „wirtschaftlich gesunder Forstbetrieb" in der Lage ist, die gesetzliche Forderung nach einer ordnungsgemäßen und nachhaltigen Bewirtschaftung des Waldes (§ 11 BWaldG), die neben der Nutzungsfunktion auch die Schutz- und Erholungsfunktion umfasst, im Interesse der Allgemeinheit zu erbringen (BRANDL und OESTEN, 1996, S. 456).

1144. Das wichtigste Instrument zur Förderung der Forstwirtschaft stellt die Gemeinschaftsaufgabe „Verbesserung der Agrarstruktur und des Küstenschutzes" dar. Mit diesem Programm soll eine leistungsfähige, auf künftige Anforderungen ausgerichtete Land- und Forstwirtschaft aufgebaut und ihre Wettbewerbsfähigkeit innerhalb der EU verbessert werden. Die Finanzierung erfolgt gemeinsam durch den Bund und das Land mit Zuschüssen der Europäischen Union. Im Jahr 1997 wurden im Bereich Forst- und Holzwirtschaft 113,5 Mio. DM ausgegeben (Abb. 3.1.3-1). Gefördert werden vor allem solche Maßnahmen, die zu einer Verbesserung der Betriebsstrukturen und damit zu einer langfristigen Verbesserung der wirtschaftlichen Lage der forstwirtschaftlichen Betriebe beitragen. Hierzu zählen forstwirtschaftliche Zusammenschlüsse zur Überwindung zersplitterter Besitzstrukturen, Wegebaumaßnahmen, durch die Kosten der Holzernte und -bringung reduziert werden, Bestandsumbau und Bestandspflege u. a. m. Einen Förderschwerpunkt bildet die Kompensation von Kosten für Maßnahmen, die der Stabilisierung von durch Schadstoffe geschädigten Waldökosystemen dienen (Düngung, Wiederbewaldung etc.). Schließlich erfährt die Umwidmung landwirtschaftlich genutzter Flächen in Waldflächen eine gesonderte Förderung durch Investitionszuschüsse und Erstaufforstungsprämien. Über Investitionszuschüsse werden bis zu 85 % der nachgewiesenen Kosten erstattet. Erstaufforstungsprämien dienen dazu, Einkommensausfälle über einen Zeitraum von bis zu zwanzig Jahren auszugleichen. Die Höhe der Prämien können die Länder in Abhängigkeit von ihren waldbaulichen, umwelt- und landschaftsplanerischen Zielen staffeln (BML, 1999a; Wissenschaftlicher Beirat beim BML, 1994).

Die Förderung forstwirtschaftlicher Betriebe im Rahmen der Gemeinschaftsaufgabe „Verbesserung der Agrarstruktur und des Küstenschutzes" wird ergänzt durch weitere Förderprogramme des Bundes, aber vor allem der Länder. Einen Überblick über die Zusammensetzung forstlicher Fördermaßnahmen am Beispiel Baden-Württembergs ist Tabelle 3.1.3-3 zu entnehmen.

Abbildung 3.1.3-1

Ausgaben im Bereich Forst- und Holzwirtschaft im Rahmen der Gemeinschaftsaufgabe „Verbesserung der Agrarstruktur und des Küstenschutzes" 1997 in Mio. DM

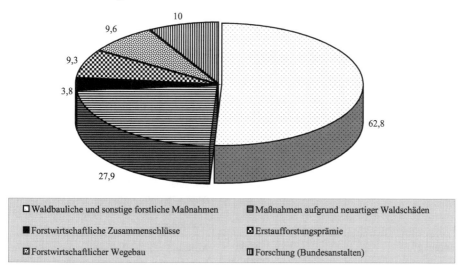

Quelle: BML, 1999

Tabelle 3.1.3-3

Übersicht über die forstlichen Fördermaßnahmen in Baden-Württemberg

Art der Förderung	Finanzierung durch	Fördervolumen (in Mio. DM)	Anmerkungen
A. FÖRDERUNG IM ENGEREN SINNE			
I. Direkte finanzielle Zuwendungen			
Verbesserung der Besitzstruktur			Charakteristika der GA- und L-Maßnahmen: Förderung ist maßnahmenbezogen. Zuwendungen werden in Prozent der förderfähigen Kosten festgelegt mit Höchstsätzen für die Prozentwerte und für absolute Förderbeträge je Hektar bearbeiteter Fläche.
Forstwirtschaftliche Zusammenschlüsse	GA	0,5	
Erstaufforstungen	GA	2,5	
Verbesserung der Betriebsstruktur und Kostenentlastung			
Wegebau	GA	1,2	
Bestandspflege	GA	1,3	
Bestandsumbau	GA	0,5	
Nachbesserungen	GA	0,2	
Waldbauliches Sonderprogramm	L	5,1	
Maßnahmen aufgrund neuartiger Waldschäden (Düngung, Wiederbewaldung, Vor- und Unterbau)	GA	9,0	Schwerpunkt der GA-Förderung. Förderung aufgrund betriebsfremder Einwirkungen. Zwar Zuschuss zum getätigten Aufwand, aber auch Ersatz für echte Entschädigungen und Ausgleichsleistungen für die schwer erfassbaren Waldschäden.
Maßnahmen aufgrund außergewöhnlicher Schäden durch Naturereignisse	B/L	14,0	Auslaufende Förderung nach den Sturmereignissen 1990. Gesamtumfang der Förderung nach der Sturmkatastrophe von 1990: 143 Mio. DM in Baden-Württemberg.
II. Indirekte Förderung			
Fachliche Beratung und Betreuung im Privatwald einschl. Aus- und Fortbildung u. techn. Hilfe	L	rund 45,0	Aufwand der Landesforstverwaltung für diese Service-Leistung durch Forstämter und Forstservice.
Forsttechnische Betriebsleitung und Beförsterung im Körperschaftswald	L	rund 39,0	Betriebsleitung durch staatl. Forstämter kostenlos, staatl. Revierdienst zu pauschalen, nicht ganz kostendeckenden Sätzen (sog. „nicht abgedeckte Betreuungsleistungen" in den Erfolgsrechnungen).
Waldflurbereinigung	L	Nicht erfassbar	Aufwand v. a. im Verwaltungsbereich (Flurbereinigungs- und Forstverwaltung), nicht genau erfassbar.

Art der Förderung	Finanzierung durch	Fördervolumen (in Mio. DM)	Anmerkungen
B. SUBVENTIONEN			
I. Direkte Einkommensübertragungen			
Erstaufforstungsprämie	GA	0,2	Ausgleich für den Verlust an laufenden Erträgen aus der Landwirtschaft nach erfolgter Aufforstung. Dauer: 20 Jahre.
Ausgleichszulage Wald	L	16,2	Begrenzt auf Forstbetriebe mit 5 bis 20 ha Wald oder gemischt land- und forstwirtschaftliche Betriebe mit 3 bis 200 ha Waldfläche. Gebietsabgrenzung nach sog. von Natur benachteiligten Gebieten. Zuschüsse je Jahr und ha Waldfläche z. B. Schwarzwald 90 DM, Odenwald 75 DM, übrige Gebiete 50 DM.
II. Steuerliche Vergünstigungen (Entlastungen von Abgaben)	B	Nicht erfassbar	Entlastungen der Waldbesitzer bei der Einkommensbesteuerung durch § 34b EStG. Der finanzielle Umfang ist nicht zu ermitteln, da er von der individuellen Einkommenssituation abhängig ist.
III. Produktion bzw. Absatzförderung z. B. Gasölverbilligung, Absatzförderung (CMA)	B/L, L	Nicht erfassbar	Dazu gehören auch Maßnahmen der Marktentlastung durch den Staatsforstbetrieb über Verkaufszurückhaltung z. B. nach Sturmwurfkatastrophen.
C. AUSGLEICHSZAHLUNGEN			
Waldökologierichtlinie	L	0,5	Waldbauliche und sonstige Maßnahmen auf Flächen mit besonderer Bedeutung nach der Waldfunktionenkarte, vergleichbar mit Vertragsnaturschutz in anderen Bundesländern. Vertragsnaturschutz in besonderen Fällen.
D. LEISTUNGSENTGELTE			
Naturpark-Förderung	L	2,0	Anlage und Unterhaltung von Erholungseinrichtungen, Maßnahmen der Landschaftspflege, Abfallbeseitigung; begrenzt auf Wald in Naturparken.

GA: Bund-Länder-Programm (mit Zuschüssen der EU) im Rahmen der Gemeinschaftsaufgabe „Verbesserung der Agrarstruktur und des Küstenschutzes"
B/L: Sonstige Bund-Länder-Programme
L: Reine Landes-Förderung
Quelle: BRANDL und OESTEN, 1996, S. 458 f.

1145. Eine indirekte Förderung forstwirtschaftlicher Betriebe erfolgt über das unentgeltliche beziehungsweise nicht kostendeckende Angebot von Betreuungsleistungen durch die Landesforstverwaltungen. Begünstigte von den Leistungen sind vor allem die Besitzer kleiner Privatwälder mit unter 200 ha Waldfläche sowie die Besitzer vom Körperschaftswald (BRANDL und OESTEN, 1996, S. 459; Wissenschaftlicher Beirat beim BML, 1994, S. 20).

1146. Schließlich können Waldbesitzer eine Entlastung bei der Einkommensteuer durch die Inanspruchnahme von § 34b EStG erfahren. Danach können Einnahmen aus Holznutzungen, die auf höhere Gewalt (Immissionsschäden, Sturmschäden etc.) zurückzuführen sind, einem ermäßigten Steuersatz unterworfen werden. Weitere steuerliche Vergünstigungen für Forstwirte sind Sonderfreibeträge für Einkünfte aus Land- und Forstwirtschaft bei der Einkommensteuer oder vergleichsweise günstige Wertansätze bei dem bei der Festsetzung von Grund-, Vermögen- und Erbschaftsteuer zugrundeliegenden Einheitswert (FINCKENSTEIN, 1997; Wissenschaftlicher Beirat beim BML, 1994, S. 17 ff.).

1147. Der Umweltrat erkennt an, dass die Forstwirtschaft Leistungen erbringt, die weit über die Nutzungsfunktion der Wälder (u. a. Holz- und Biomassenproduktion, Jagd) hinausgehen. Die Förderung forstwirtschaftlicher Betriebe über Subventionen und steuerliche Vergünstigungen kann insofern über die Existenz sogenannter positiver externer Effekte der Forstwirtschaft legitimiert werden. Schutz- und Erholungsleistungen der Forstwirtschaft, die dem Wohl der Allgemeinheit dienen, werden bislang in der Regel nicht gezielt abgegolten. Unterbleibt eine Honorierung entsprechender Leistungen, werden diese nicht im gesellschaftlich gewünschten Umfang bereitgestellt. Als problematisch erweist sich das bestehende System von Fördermaßnahmen insofern, als es die „Verbesserung der wirtschaftlichen Lage der Forstbetriebe" als Ziel in den Vordergrund stellt (Tz. 1093). Forstbetriebe werden damit unabhängig von den von ihnen tatsächlich erbrachten ökologischen Leistungen gefördert. Statt eine Verbesserung der Produktionsbedingungen in der Forstwirtschaft zu unterstützen, von der zu erwarten ist, dass Waldbesitzer entsprechende Maßnahmen auch aus eigenem Interesse ohne Subventionen vornehmen werden, wenn sie der Verbesserung ihrer wirtschaftlichen Situation dienen, sollte sich nach Ansicht des Umweltrates die staatliche Förderpolitik vielmehr darauf konzentrieren, Leistungen zu honorieren, die die Betriebe für die Allgemeinheit erbringen und die nicht als Kuppelprodukt der Holzproduktion anfallen (siehe auch Wissenschaftlicher Beirat beim BML, 1994). Vorschläge für ein entsprechendes Förderkonzept werden in Abschnitt 3.1.7.4 diskutiert. Als Basisinformation und Entscheidungsgrundlage hält es der Umweltrat in diesem Zusammenhang für erforderlich, eine bundesweite synoptische Darstellung aller bestehenden Förderprogramme mit Umweltrelevanz für den Bereich der Forstwirtschaft vorzunehmen, wie dies bereits für landwirtschaftliche Förderprogramme geschehen ist.

3.1.4 Forstliche Nachhaltigkeit

3.1.4.1 Das Konzept der Forstlichen Nachhaltigkeit – Ansatz und Status quo

1148. Die forstliche Nachhaltigkeit wurde bereits im 18. Jahrhundert von von KARLOWITZ (1713, in KILLIAN, 1993) aufgrund akuter Holzknappheit formuliert. Dabei leitete sich der Begriff von dem Substantiv 'Nachhalt' ab, dies bedeutet „etwas, das man für Notzeiten zurückbehält" (DUDEN, 1989). Infolge der damaligen allgemeinen Holznot standen die Erhaltung und insbesondere der Wiederaufbau ertragreicher Wirtschaftswälder für die Sicherung einer zukunftsfähigen Holzversorgung im Mittelpunkt des Interesses. Mit der Einrichtung von Forstverwaltungen, die den gesetzlichen Auftrag erhielten, die Waldflächen zu sichern sowie ausgeplünderte Wälder wieder aufzuforsten und so eine kontinuierliche Holznutzung zu ermöglichen, sollte der fortgeschrittene Verfall der Waldgebiete in Mitteleuropa aufgehalten werden. Letztendlich wollte man auf diese Weise den damaligen Anforderungen an Nachhaltigkeit der Holzproduktion gerecht werden (MEISTER et al., 1984). Verbunden damit war der großflächige Aufbau von Reinbeständen mit Hilfe eines Altersklassenkonzeptes, das in West- und Süddeutschland zu weitverbreiteten Fichtenforsten und in Nord- beziehungsweise Nordostdeutschland zu großflächigen Kiefernforsten führte. Die Holzproduktion dieser Forstbestände konnte die Ansprüche der angestrebten Mengennachhaltigkeit gut erfüllen. Allerdings zeigte sich, dass diese Art der Waldbewirtschaftung – jedenfalls unter bestimmten standörtlichen Bedingungen – zu ökologischen Degradationen, beispielsweise die Bodenfruchtbarkeit betreffend, führte. Diese nicht gewünschten Entwicklungen traten insbesondere auf nährstoffarmen, zur stärkeren Versauerung neigenden Böden mit zum Teil intensiver Vornutzung auf. Um diesen Problemen entgegenzuwirken, aber auch um weitere ökologische beziehungsweise auch gesellschaftspolitische Ziele wie Erholungsnutzung und Schutzfunktionen zu erreichen, wurden in der Folge Waldbauformen entwickelt und getestet, die auf eine stärkere Naturnähe der Waldbewirtschaftung zielten.

1149. Beispielsweise lässt sich unter dem Ansatz *naturnaher Waldbau* zwar einerseits eine Weiterentwicklung des Altersklassenbetriebes verstehen, andererseits besteht die zentrale Zielrichtung dieser Waldbaustrategie aber in der Ausnutzung natürlicher Abläufe und Selbststeuerungsmechanismen zum Aufbau möglichst stabiler Waldbestände (KRONAUER, 1991, in SCHERZINGER, 1996). Das Attribut „naturnah" beinhaltet dabei keine klare Festlegung auf bestimmte Betriebsformen, so dass sich unter diesem Sammelbegriff verschiedene Varianten naturnahen Waldbaus finden (z. B. AMMER, 1992), denen jedoch die konzeptionelle Anlehnung an das Modell der potentiellen natürlichen Vegetation gemein ist. In diesem Konzept wird auch der Anbau nicht standortheimischer Baumarten zugelassen.

1150. LEIBUNDGUT (1990) beschreibt einen *naturgemäßen Waldbau* als naturidentisch hinsichtlich Struktur, Altersverteilung und Baumartenanteilen. In der forstlichen Praxis konzentrierte sich naturgemäßer Waldbau vor allem auf die Ausnutzung natürlicher Prozesse und den Aufbau stabiler Waldstrukturen, wie sie vielstufigen Plenterphasen klassischer Waldentwicklungsmodelle entsprechen. Naturgemäßer Waldbau charakterisiert eine Form der Waldbewirtschaftung, die auf der Basis standortheimischer Baumarten bestimmte Strukturen und Abläufe der natürlichen Waldentwicklung reflektiert, soweit sie für die Konstanz und Stabilität der Waldbestände vor dem Hintergrund adäquater Holzvorräte und der angestrebten Wertholzproduktion sinnvoll erscheinen (SCHERZINGER, 1996). Damit bietet naturgemäßer Waldbau zwar keine umfassende, jedoch eine sehr weitgehende Berücksichtigung ökologischer Prozessabläufe.

1151. Beide Ansätze, nämlich naturnaher sowie naturgemäßer Waldbau charakterisieren Waldbaukonzepte, die den Wiederaufbau strukturreicherer Mischwälder fördern und damit auch die klassischen Ziele des Naturschutzes neben der forstlichen Produktion sehr viel stärker berücksichtigen als dies für die schlagweise Altersklassenwaldbewirtschaftung zutrifft. In diesem Kontext beinhaltet das Nachhaltigkeitskonzept neben der dauerhaften Holzproduktion auch verstärkt ökologische Aspekte. Allerdings fordert der Naturschutz mit Bezug auf die Funktionen des Waldes, insbesondere was Aspekte der Biodiversität anbelangt, eine stärker ökologische Ausrichtung der Nachhaltigkeitskriterien.

Die veränderte Bedeutung des Nachhaltigkeitsbegriffes, wie er heute allgemein in der Politik Verwendung findet, bedeutet nicht nur eine deutliche Erweiterung der ökologischen Inhalte, sondern erfordert auch die Einbeziehung sozialer Nachhaltigkeit. Der ursprüngliche forstliche Nachhaltigkeitsbegriff greift nach Ansicht des Umweltrates zu kurz, um die Nachhaltigkeit der Waldbewirtschaftung aktuell zu beschreiben. Unbestritten ist dabei, dass Nachhaltigkeit nicht als statischer Zustand, sondern als ein dynamischer Begriff zu verstehen ist. Dies wiederum stellt die Forstwirtschaft und die Waldnutzung auf Grund ihrer Langfristigkeit vor nicht unerhebliche Probleme. Grundsätzlich muss ein Mindeststandard bei der Waldbewirtschaftung auf der gesamten Fläche eingehalten werden. Dieser Mindeststandard muss im Rahmen der Diskussion um das Leitbild Nachhaltigkeit konkret formuliert und entsprechend umgesetzt werden.

Gerade aber wegen der Tatsache, dass die wissenschaftliche Diskussion trotz intensiver Auseinandersetzungen auf nationaler und internationaler Ebene bisher nur eine sehr allgemein gehaltene, unspezifische Definition von nachhaltiger Entwicklung hervorgebracht hat, wird ein entscheidendes Charakteristikum des Prinzips Nachhaltigkeit offensichtlich. Es kann sich dabei nicht um eine konkrete und endgültige Eigenschaft handeln, sondern vielmehr spiegelt das Prinzip jeweils die sich verändernden Ansprüche einer bestimmten Gesellschaft zu einem bestimmten Zeitpunkt wider. Welche Definition von Nachhaltigkeit sich in einem bestimmten Raum und einer bestimmten Zeit durchsetzt und welche inhaltlichen Kriterien dann tatsächlich zu Handlungsnormen entwickelt werden, ist immer auch abhängig von den gesellschaftlichen Macht- und Einflussverhältnissen der verschiedenen Akteure mit ihren unterschiedlichen Annahmen und Standpunkten (SCHANZ, 1995). Damit wird deutlich, dass Nachhaltigkeit kein allgemein gültiges, feststehendes Ziel, sondern ein gesellschaftlicher Suchprozess ist, in dem sich – im Lichte neuer Erkenntnisse und Werte – die konkreten Nachhaltigkeitsziele immer wieder ändern und den jeweiligen Ansprüchen angepasst werden müssen (KURZ, 1998; SRU, 1998a, Kap. 1).

1152. Die Agenda 21 betont, dass Umweltziele nicht nur auf nationaler Ebene, sondern auch auf regionaler Ebene konkret aufzustellen und umzusetzen sind. Dabei ist zu berücksichtigen, dass forstliche Nachhaltigkeit vor dem Hintergrund ländlicher Räume nicht losgelöst von anderen Arten der Landnutzung, insbesondere der Landwirtschaft, den Strategien zu Tourismus und Erholung oder aber wasserwirtschaftlichen Belangen gesehen werden kann. Daraus leitet sich die Anforderung ab, Nachhaltigkeit in ihrer ökologischen, ökonomischen, sozialen und kulturellen Dimension zwar wirtschaftsbezogen (z. B. forstliche Nachhaltigkeit), aber jeweils auch im Landschaftskontext zu behandeln. Problematisch dabei sind wiederum die unterschiedlichen Zeittakte der verschiedenen Landnutzungsformen, wie Ackerbau (kurzfristig), Grünlandnutzung (mittelfristig) und Waldnutzung (langfristig). Bedeutungsvoll wird diese Vernetzung im Landschaftsgefüge auch bei der Betrachtung der Bedeutung der Wälder als wichtige Regelgröße für Klima, Boden und Gewässer sowie als Lebensraum von Pflanzen und Tieren.

1153. Schließlich erhält die Diskussion um forstliche Nachhaltigkeit vor dem Hintergrund der Ressourcenschonung und damit des verstärkten Einsatzes erneuerbarer Ressourcen einen neuen Stellenwert. Damit verbindet sich gerade auch für den ländlichen Raum eine interessante Perspektive sozialer Nachhaltigkeit durch die Sicherung oder Bereitstellung von Arbeitsplätzen. Bei diesen Diskussionen ist die Eigentümerfrage bedeutsam. Je nach Größe und Besitzstruktur (Staatswald, Kommunalwald und Privatwald) ergeben sich im lokalen und regionalen Kontext unterschiedliche Zielsetzungen. Bei einer durchschnittlichen Größe des Privatwaldbesitzes in Deutschland von 3,5 ha treten fast zwangsläufig Zielkonflikte auf, die schwer auflösbar scheinen. Das gilt insbesondere, wenn man darüber hinaus berücksichtigt, dass der private Waldbesitzer heute nicht unbedingt mehr auf dem Lande lebt, sondern als sogenannter urbaner Waldbesitzer kaum mehr vornehmlich wirtschaftliche, sondern eher emotionale Beziehungen zu seinem Waldbesitz pflegt.

1154. Die oben ausgeführten Zusammenhänge und Inhalte waren auch Gegenstand der Helsinki-Resolutionen der zweiten Ministerkonferenz (1994) zum Schutz der Wälder in Europa. Darauf aufbauend entwickelte die Lissabon-Konferenz (1998) operationale Richtlinien und Indikatoren für die nationale Ebene. Dieses Instrument soll die Bewertung und Berichterstattung mit dem Ziel nachhaltiger Waldbewirtschaftung nach der Definition der Helsinki-Konferenz ermöglichen. Die sechs Kriterien für nachhaltige Waldbewirtschaftung, die im gesamteuropäischen Kontext Konsens gefunden haben, lauten:

— Erhaltung und angemessene Verbesserung der Waldressourcen und ihres Beitrages zu globalen Kohlenstoffkreisläufen,

- Erhaltung der Gesundheit und Vitalität von Waldökosystemen,
- Erhaltung und Stärkung der produktiven Funktionen der Wälder (Holz- und Nichtholzprodukte),
- Erhaltung, Schutz und angemessene Verbesserung der biologischen Vielfalt in Waldökosystemen,
- Erhaltung und angemessene Verbesserung der Schutzfunktionen in der Waldbewirtschaftung (insbesondere Boden und Wasser) und
- Erhaltung anderer sozioökonomischer Funktionen und Bedingungen.

1155. Der dynamische Charakter des Prinzips Nachhaltigkeit und sich verändernde gesellschaftliche Rahmenbedingungen erlauben nicht, Kriterien, Indikatoren und Richtlinien absolute Gültigkeit zuzuschreiben; allerdings bieten sie eine gute Basis für die Gestaltung und Umsetzung einer nachhaltigen Waldnutzung.

3.1.4.2 Forstwirtschaft und Nutzungsgeschichte

1156. Mit der Entwicklung der Industriegesellschaft hat sich auch die Forstwirtschaft zunehmend produktionsorientiert entwickelt. Die Wälder wurden aber schon vorher intensiv genutzt und maßgeblich beeinflusst. Diese Eingriffe haben im Laufe der Zeit durch das Wachstum der Bevölkerung, gestiegene Flächeninanspruchnahme und technische Entwicklungen zugenommen. Bei einer retrospektiven Betrachtung des menschlichen Umgangs mit den Waldressourcen ist daher zu bedenken, dass sich die waldbezogenen Nutzungen in der Geschichte ständig veränderten, neuen Ansprüchen gerecht werden mussten und sich vor allem nicht ausschließlich auf das Holz beschränkten (LANLY, 1995). Die aktuelle Waldfläche befindet sich somit vornehmlich auf Standorten, die für die landwirtschaftliche Nutzung entweder zu nährstoffarm, klimatisch zu ungünstig oder sich in geographisch ungeeigneter Lage befanden.

So diente der Waldboden spätestens seit dem frühen Mittelalter, und ortsweise bis weit ins 19. Jahrhundert hinein, als unersetzliche Flächenerweiterung für den Getreide- und Hackfruchtanbau in Form der Waldfeldbewirtschaftung. Gleichzeitig stellte die Gras-, Kraut- und Strauchschicht der Wälder ein wichtiges zusätzliches Futterangebot für Pferde, Ziegen, Rinder und Schafe dar. Von den Waldbäumen „geschnaiteltes" Blattgrün wurde im Stall verfüttert. In erster Linie eigneten sich Blätter und Zweige von Esche und Ulme, aber auch Nadelbaumzweige fanden als zusätzliches Viehfutter Verwendung. Im Winter schlug man die Wipfel von jungen Tannen und Fichten ab, um damit Schafe zu ernähren. Darüber hinaus dienten abgefallene Nadeln und Blätter als Strohersatz zur Einstreu in den Stallungen (Streunutzung). Die Schweinemast nutzte sowohl die Früchte von Eichen, Buchen und Kastanien als auch die Waldbodenfauna. Diese landwirtschaftlichen Nutzungen des Waldes waren als Lebensressource für die soziale Existenzsicherung der damaligen bäuerlichen Bevölkerung unverzichtbar. Bezogen auf den Waldzustand bleibt allerdings festzuhalten, dass eine solch umfassende Versorgungsleistung nur von laubholzdominierten Waldgebieten erbracht werden konnte. Nadelholzbestände spielten aufgrund ihrer mangelnden Brauchbarkeit für die unverzichtbaren waldbezogenen Bodennutzungen eine untergeordnete Rolle. Neben dem lichten Hutewald (Weidewald) etablierten sich die Nieder- und Mittelwaldwirtschaft als Betriebsformen für diesen vielfältigen „Nährwald". Zudem ist zu berücksichtigen, dass es lokal, aber auch regional, zu Phasen der „Nicht-Nutzung" beispielsweise in Kriegszeiten oder infolge Devastationen kam (z. B. „Hauberge" im Siegerland).

Das waldbautechnische Verfahren des Niederwaldbetriebs umfasste die planmäßige und flächenhafte Nutzung des jungen Laubholzes durch „auf den Stock setzen" in bestimmten Zeitabständen auf nacheinanderfolgenden Schlagflächen. Typische Baumarten für den Niederwald waren Eiche, Hainbuche und Birke, aber auch Rotbuche und die meisten anderen ausschlagfähigen Laubbaumarten. Wurde in einem solchen Ausschlagwald ein Oberholzbestand von fruchttragenden Bäumen für die Schweinemast oder als künftiges Bauholz belassen, entstand die forstliche Betriebsart des Mittelwaldes. Der meist aus Kernwuchs entstandene Oberholzbestand, insbesondere Eiche, Rotbuche und Wildobst, lieferte auf der Schlagfläche als Samenbäume gleichzeitig die Grundlage der Verjüngung. Im Mittel- und Niederwald bewirkte die Einführung eines systematischen Schlagsystems, dass in periodischen Abständen von sieben bis dreißig Jahren das Unterholz flächenweise genutzt wurde. Gleichzeitig wurden im Mittelwald einzelne Oberholzstämme geschlagen. Die Umtriebszeiten für diese Nutzungen sind dabei im Laufe der Jahrhunderte immer wieder variiert worden.

Aus der Beschreibung der beiden Betriebsformen ist zu ersehen, dass es sich beim Nieder- und Mittelwald um zwei extrem „künstliche" Bewirtschaftungsformen handelt. Die kurzen Umtriebszeiten und sehr schematische Einteilung in jährliche Schlagflächen garantierten eine vergleichsweise sichere Kontrolle der Mengennachhaltigkeit. Während sich jedoch diese beiden Betriebsformen sehr stark auf siedlungsnahe Bereiche konzentrierten, existierten gleichzeitig siedlungsferne Waldgebiete, die eher unberührt blieben, um teilweise erst gegen Ende des 19. Jahrhunderts im Ausbeutungsbetrieb mehr oder weniger rücksichtslos vernichtet zu werden.

1157. Die zunehmende Bevölkerungszahl seit Beginn des 18. Jahrhunderts und die damit einhergehende vermehrte Holznutzung und landwirtschaftliche Inanspruchnahme des Waldes führten gebietsweise zu sich spürbar verstärkenden Druck auf die zur Verfügung stehenden Wälder. Ein erhöhter Bedarf an Siedlungs-, Gewerbe- und Landwirtschaftsflächen, welcher unweigerlich zu Waldflächenrückgängen führen musste, verschärfte darüber hinaus gebietsweise die Situation der angespannten Waldressourcennutzung. Neben der bäuerlichen Inanspruchnahme des Waldes diente dieser, vor allem zur Zeit des Absolutismus, als Jagdareal. Die damalige gesellschaftliche Bedeutung der Jagd und die Jagdmethoden der Barockzeit führten zur Haltung von so hohen Wildbeständen, dass sie zu einer ernsthaften Konkurrenz für alle anderen Ansprüche der Bevölkerung an den Wald wurden. Im 18. Jahrhundert war der Holzbedarf pro Kopf der deutschen Bevölkerung auf das Zehnfache der heutigen Menge angestiegen (HENNING, 1989).

Die lokal oder auch regional auftretende Holzverknappung, die sich bis zur Holznot steigern konnte, die konflikthaften Nutzungskonkurrenzen und eine ganz generelle Sorge um die Erhaltung des Waldes und seiner häufig auch für den Staatshaushalt unerlässlichen Erträge führten in der zweiten Hälfte des 18. Jahrhunderts zu der Forderung nach planmäßiger und sachkundig betriebener Waldbewirtschaftung. Bis zum Anfang des 19. Jahrhunderts vollzog sich dann in Deutschland der Übergang zur modernen Forstwirtschaft.

1158. Vor dem Hintergrund dieser veränderten wirtschaftlichen und gesellschaftlichen Rahmenbedingungen entwickelte die Forstwirtschaft tragfähige Methoden für den Umgang mit den knapp gewordenen Gütern des Waldes. Richteten sich die Bedürfnisse lange Zeit in erster Linie auf die sogenannte Forstnebennutzungen und auf Brennholz, so wurde im Laufe des 19. Jahrhunderts die Nutzholzerzeugung das wichtigste Ziel der Forstwirtschaft des entstehenden Industriestaates. Die Sicherung der Rohstoff- und Einkommensfunktion des Waldes wurde zur zentralen Aufgabe der Forstwirtschaft.

In diesen Zeitraum fällt nicht nur die umfassende, systematisch-wissenschaftliche Erarbeitung von waldbaulichen und produktionstechnischen Methoden der Waldbewirtschaftung, sondern auch die Entwicklung des ökonomischen Konzepts der sogenannten Reinertragslehre. Konfrontiert mit ausgeschlagenen, verlichteten, oft völlig verwüsteten Wäldern auf degradierten Standorten, mussten grundlegende Maßnahmen zur Umwandlung devastierter Waldflächen in wirtschaftlich nutzbare Wälder ergriffen werden. Die dringend erforderlichen waldbaulichen Maßnahmen wurden als Investitionen betrachtet; statt einer angemessenen Rendite wurde eine maximale Verzinsung verlangt. Die Folge waren der Anbau hochproduktiver (Nadel-)Baumarten und kurze Umtriebszeiten.

1159. Seit Mitte des 19. Jahrhunderts führte eine zunehmend ökonomisch ausgerichtete Waldbewirtschaftung zu einer weiteren Phase des Nadelholzanbaus in Deutschland: Neue Absatzmöglichkeiten von Fichtenschwachholz in der aufkommenden Papierindustrie sowie stark ansteigende Holzpreise für Fichten- und Kiefernnutzholz ließen die Laubholzbewirtschaftung unrentabel erscheinen. Die Risiken des Anbaus von Nadelbaumarten außerhalb ihres natürlichen Verbreitungsgebietes oder auf wenig geeigneten Standorten anstelle der bodenständigen Laubbäume blieben zunächst unbeachtet und zeigten sich oft erst nach Jahrzehnten durch abiotische und biotische „Spätschäden".

Die heute in Deutschland anzutreffende Baumartenverteilung (vgl. Tz. 1115) von etwa 70 % Nadel- und 30 % Laubholz ist somit in erster Linie als Resultat der geschichtlichen Entwicklung zu sehen. Gleichzeitig wurde dem bevorzugten Wiederanbau von Fichten und Kiefern sowie den vielerorts praktizierten Erstaufforstungen mit Nadelholz in den vergangenen fünfzig Jahren zunächst nur zögerlich und erst allmählich im heutigen Umfang entgegengewirkt. Eine verstärkte Förderung des Laubholzes wurde aber erst Mitte 1970 eingeleitet. Frühe Vertreter einer naturnahen oder naturgemäßen Waldbewirtschaftung (MÖLLER, 1922; GAYER, 1886) wurden zunächst kaum beachtet; vielfältige technische und ökonomische Argumente wurden den Verfechtern eines „anderen Waldbaus" entgegengehalten.

3.1.4.3 Nutzungsänderungen und Nutzungseingriffe

1160. Nutzungsänderungen sind typisch für Standorte, die heute mit Wäldern ausgestattet sind. In aller Regel wurden Nutzungsänderungen vor dem Hintergrund ökonomischer oder technischer Überlegungen realisiert. Die ökologischen Folgen wurden dabei kaum berücksichtigt und waren zunächst nicht bekannt.

1161. Nutzungseingriffe im Wald stellen vor allem Entzüge dar. Damit können Degradationen verbunden sein, insbesondere was den Stoffhaushalt der Waldökosysteme anbelangt. Diese treten dann auf, wenn die stofflichen Entzüge aus dem Wald die pedogene beziehungsweise geogene Nachlieferung und den Stoffeintrag durch atmogene Deposition übersteigen. Infolge intensiver Nutzungen war dies in der Vergangenheit auf großen Waldflächen der Fall und ist zum Teil auch heute noch anzutreffen. Dabei sind Nutzungseingriffe nicht nur durch Holzernte, sondern durch vielfältige andere Maßnahmen, wie vor allem die Streunutzung, begründet. Als Resultat dieser Eingriffe stellen Waldökosysteme in Deutschland bis auf wenige unbedeutende Restflächen im Gebirge keine „natürlichen Natursysteme", sondern vom Menschen beeinflusste Natursysteme dar.

1162. Da Wälder dennoch zu den naturnahen terrestrischen Ökosystemen der mitteleuropäischen Landschaft gehören, werden mit ihnen häufig Begriffe, wie „ursprünglich" oder „natürlich", assoziiert.

Es ist allerdings belegt, dass einzelne Waldstandorte seit mehreren hundert Jahren bewaldet waren. Wie weit aber die Kontinuität als Waldstandort zurückreicht, lässt sich für den konkreten Standort nur nachvollziehen, wenn ausreichend genaues Kartenmaterial oder sonstige Archivalien vorliegen. Wälder mit sehr langer Bestandeskontinuität werden im Englischen als *ancient woodlands* und im Deutschen als „historisch alte Wälder" bezeichnet (PETERKEN, 1981; RACKHAM, 1980).

Historisch alte Wälder sind hinsichtlich der höheren Pflanzen und der Tiere in manchen Teilen Europas gut bekannt, für Moose und Pilze liegen nur wenige Ergebnisse vor. Was die Waldtiere anbelangt, existiert lediglich für die Laufkäfer eine größere Zahl von Untersuchungen. Die größten Wissenslücken bestehen bei den Bodenorganismen (WULF, 1994). Bekannt ist, dass historisch alte Wälder im Vergleich zu Waldflächen, die weniger lange mit Wald bestanden waren, besonders artenreich sind. Viele der dort vorkommenden Pflanzenarten sind dadurch gekennzeichnet, dass sie über wenig effektive Fernverbreitungsmechanismen verfügen. Des weiteren weisen historisch alte Wälder vor allem Arten auf, die Kühle- und/oder Feuchtezeiger sind beziehungsweise auf Beschattung angewiesen sind.

Das Konzept „historisch alte Wälder" bildet eine gut geeignete Basis für zukünftige Forschungsanstrengungen, um damit spezifische Wissenslücken mit Bezug auf die vielfältigen Wirkungen von Nutzungseingriffen der Wald- und Forstwirtschaft zu schließen.

1163. Vor diesem Hintergrund werden im folgenden Beispiele für ökologische Effekte von Nutzungseingriffen und Nutzungsänderungen dargestellt. Beispielsweise belegen Untersuchungen zur Auswirkung der Streunutzung, dass der Verlust von Nährstoffen und an Säureneutralisationskapazität infolge dieses weit verbreiteten und lang andauernden Eingriffs zumindest dasselbe Niveau erreicht, wie es von den höchsten Säuredepositionsraten, die in Zentraleuropa anzutreffen sind, erwartet werden kann (Tab. 3.1.4-1).

Tabelle 3.1.4-1

Jährlicher Verlust an Nährstoffen und Säureneutralisationskapazität in Nadelholzwäldern als Folge der Streunutzung

Element/ SNK	Einheit	Spanne[1]
Stickstoff	kg N ha^{-1}a^{-1}	20–50
Phosphor	kg P ha^{-1}a^{-1}	2–4
Kalium	kg K ha^{-1}a^{-1}	12–25
Calcium	kg Ca ha^{-1}a^{-1}	15–>40
Magnesium	kg Mg ha^{-1}a^{-1}	3–>10
Säureneutralisationskapazität (SNK)	kmol ha^{-1}a^{-1}	2,4–>5

[1] Variationsspanne resultiert aus unterschiedlicher Intensität der Streunutzung (z. B. jährlich, 3-Jahres- oder 6-Jahres-Rhythmus)

Quelle: GLATZEL, 1991

1164. Ein weiterer wichtiger Einfluss ist der Export von Biomasse durch Ernte. Stellt man den Verlust an Säureneutralisationskapazität als Folge der Holzernte dar, wird deutlich, dass die Methode der Holzernte entscheidend für die Höhe der Verluste dieser ökosystemaren Regelungsgröße ist (Abb. 3.1.4-1). Vor allem die Ganzbaumernte trägt signifikant zum Versauerungspotential der so bewirtschafteten Böden bei. Zahlreiche historische Landnutzungsmaßnahmen verbrauchen hohe Anteile von Säureneutralisationskapazität (Abb. 3.1.4-2). Damit verbundene Stoffverluste, insbesondere den Stickstoff betreffend, lassen sich nur durch den Wiederaufbau naturnaher Laubholz- beziehungsweise Mischwaldökosysteme mit tiefreichenden Wurzelsystemen reduzieren.

Abbildung 3.1.4-1

Bedeutung des Ernteverfahrens bei der Fichte für den Entzug an Säureneutralisationskapazität in Waldböden aus silikatischem Ausgangsgestein

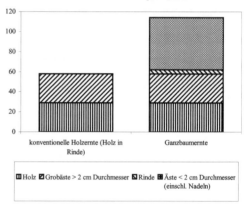

Quelle: GLATZEL, 1991; verändert

1165. Wie bereits ausgeführt (Tz. 1156 ff.), wurden in Zentraleuropa Wälder, die zunächst von Laubbaumarten wie Buche und Eiche dominiert waren, in produktivere Nadelholzforste, insbesondere in Fichten- und Kiefernreinbestände überführt. Im Vergleich zu den ursprünglichen Laubwaldmischbeständen weisen baumartenspezifische und bestandsspezifische Eigenschaften der Fichte eine völlig andere Dynamik beziehungsweise Intensität auf. Beispielsweise sind die Umtriebszeit der Fichtenbestände kürzer, der Holzzuwachs höher, das Wurzelsystem flacher; die Streuproduktion hat einen höheren Anteil organischer Säuren und die Immissionsfilterkapazität ist größer, als dies für Laubbäume zutrifft. Dadurch werden nachteilige Veränderungen, insbesondere des chemischen Bodenzustandes, verursacht.

KREUTZER (1981, vgl. HÜTTL, 1993; FEGER, 1997) untersuchte Bodenveränderungen nach zwei Umtriebszeiten von Fichtenbeständen, die auf einem Standort im nordostoberbayerischen Hügelland etabliert worden waren, der früher einen Laubmischwald (Eiche und Linde) trug und von dem auch heute noch Teile erhalten sind.

Diese Baumartenumstellung, die vor etwa 200 Jahren realisiert worden war, führte zu einer Veränderung der Humusvorräte im Bodenprofil bis in 1 m Tiefe. Die Folge war eine Akkumulation von Humus als Auflagehumus sowie eine Reduktion von Humus im mineralischen Ober- und Unterboden. Vergleicht man allerdings die Gesamtkohlenstoffvorräte miteinander, so waren keine signifikanten Veränderungen feststellbar. Was die Stickstoffvorräte anbelangt, wurde ebenfalls eine deutliche Erhöhung in der Humusauflage gemessen (Abb. 3.1.4-3). Im Mineralboden (0 bis 65 cm) trat dagegen eine signifikante Abnahme der Stickstoffmengen auf. Damit war ein signifikanter Verlust von Stickstoff aus dem Ökosystem verbunden, was sich in um 2 300 kg pro Hektar verringerten Stickstoffgesamtvorräten äußert. Diese Veränderungen werden auch durch Nitratauswaschungsverluste bestätigt (Abb. 3.1.4-4). So sind die Nitratkonzentrationen im Sickerwasser unterhalb des Fichtenbestandes im Vergleich zu dem ursprünglichen Laubmischwald deutlich erhöht. Dies hängt mit dem Abbau organischer Substanz im tieferen Mineralboden des früheren Laubwaldes und der sich anschließenden Nitratbildung zusammen; denn von den flachwurzelnden Fichten kann dieses Nitrat, das sich im tieferen Mineralboden bildet, nicht aufgenommen werden. Es ist somit der Verlagerung mit dem Sickerwasser preisgegeben. Unabhängig von der Verwitterungsrate läuft unter den vorherrschenden Standortbedingungen die Bodenversauerung durch diese historische Waldumbaumaßnahme auch aktuell noch beschleunigt ab. Das Fallbeispiel ist durchaus typisch für weite Waldgebiete, die ähnlich behandelt wurden und belegt sehr anschaulich, wie langfristig Bewirtschaftungsmaßnahmen im Wald wirken können. Dieser Zusammenhang lässt sich auch durch entsprechende Messungen der Nitratkonzentrationen unterhalb der Wurzelzone der natürlichen Bestockung entsprechender Buchenbestände im Vergleich zu weniger naturnahen Fichtenforstökosystemen zeigen (vgl. Tab. 3.1.4-2).

Tabelle 3.1.4-2

NO$_3^-$-N-Konzentrationen in Saugkerzen unterhalb der Wurzelzone in Buchen- und Fichtenbeständen des Sollings

Baumart (Alter in Jahren)	Nitratkonzentrationen (mg NO$_3^-$-N pro Liter)
Fichte (100)	2,3
Fichte (80)	5–8
Buche (120)	0,5

Quelle: SAUTER und MEIWES, 1990; verändert

Abbildung 3.1.4-2

Abhängigkeit der Säureneutralisationskapazität in Waldböden von Waldnutzung, Baumart und Aufbrauch

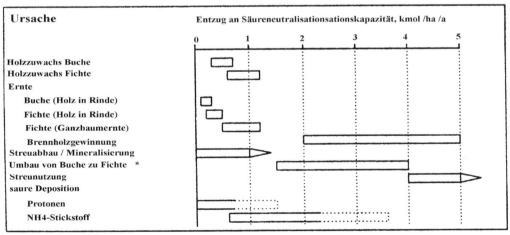

Quelle: GLATZEL, 1991; verändert

Abbildung 3.1.4-3

Stickstoffvorrat süddeutscher Forststandorte (in Kilogramm pro Hektar und 1 m Bodentiefe) nach zwei Umtriebszeiten der Fichte (ca. 200 Jahre) im Vergleich zu einer Kontrollfläche mit standorttypischer Laubmischwaldbestockung

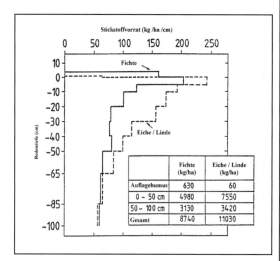

Quelle: KREUTZER, 1981; verändert

Abbildung 3.1.4-4

Nitratkonzentrationen im Sickerwasser unterhalb der Wurzelzone eines Fichtenbestandes im Vergleich zu einer Kontrollfläche mit standorttypischer Laubmischwaldbestockung

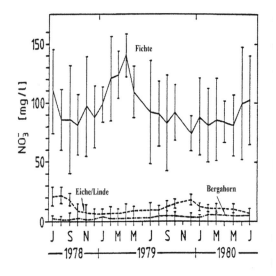

Quelle: KREUTZER, 1981; verändert

3.1.5 Neuartige Waldschäden, Waldzustand und Waldwachstum

3.1.5.1 „Neuartige Waldschäden"

1166. Die seit längerer Zeit andauernde Beeinflussung der Umwelt durch anthropogene Stoffeinträge stellt Probleme von großer Komplexität dar. Atmosphäre, Pedosphäre und Hydrosphäre sind lokal, regional und gelegentlich überregional durch eine Vielzahl potentiell toxischer Stoffe verändert, die einzeln oder in additiver beziehungsweise synergistischer Kombination negative Auswirkungen auf die Ökosysteme haben.

Obschon gerade in den letzten beiden Jahrzehnten das Interesse an den Wirkungen von Luftschadstoffen groß war und ist, wurde bereits seit langem Besorgnis über die Schädigung der Bäume und Wälder durch Luftschadstoffe geäußert. Zunächst standen lokale Rauchschäden im Vordergrund, die direkt von Nahemittenten verursacht wurden. Die wesentlichen Luftschadstoffe waren Schwefeldioxid und Stäube. Mit zunehmender Industrialisierung stieg die Verbrennung fossiler Brennstoffe an. Dieser Umstand sowie die weiträumige Verteilung von luftgetragenen Schadstoffen als Folge der „Politik der hohen Schornsteine" haben dazu geführt, dass die Beeinflussung der Wälder durch Luftschadstoffe auch in emittentenfernen Regionen zunahm. Die in diesem Zusammenhang beobachteten Waldschäden werden als „neuartige Waldschäden" bezeichnet (zusammengestellt in SRU, 1983).

Unter dem Begriff „neuartige Waldschäden" wird eine Reihe von Schadensmerkmalen verstanden, die bei verschiedenen Baumarten auf den unterschiedlichsten Standorten seit Mitte der siebziger, vermehrt aber seit Beginn der achtziger Jahre beobachtet werden, sich meist rasch ausbreiten und großflächig auftreten. Weithin werden diese Waldschäden mit den negativen Wirkungen von Luftschadstoffen in kausalen Zusammenhang gebracht (FBW, 1986).

Der Gesundheitszustand von Waldbäumen und -beständen wird aber auch von einer Vielzahl von Standortfaktoren bestimmt. Dazu zählen der chemische, physikalische und biologische Bodenzustand, die Wasserversorgung, das Klima, Witterungsbedingungen, nutzungsgeschichtliche Faktoren, Insekten und Pilzinfektionen sowie standortspezifische Depositionsregime. Die Nährelementversorgung stellt dabei ein zentrales Beurteilungskriterium dar. Gut ernährte Bäume sind gegen von außen auf das Ökosystem Wald einwirkende Stressoren widerstandsfähiger als weniger vitale Bäume.

Die Untersuchung der „neuartigen Waldschäden" war deshalb von Anfang an auf die möglichst exakte Erfassung des Gesundheitszustandes erkrankter Bäume gerichtet. Bei Betrachtung des gesamten Waldökosystems ist unter Gesundheit (Vitalität) die Fähigkeit zu verstehen, dauerhaft Umwelteinwirkungen zu widerstehen und dabei stabil und produktiv zu bleiben. Ein guter Ernährungszustand ist somit eine notwendige Voraussetzung für einen guten Gesundheitszustand. Entsprechend wurden bei den großflächig auftretenden „neuartigen Waldschäden" schon bald Belege für akute Ernährungsstörungen gefunden. Von besonderer Bedeutung war und ist dabei das in der Pflanze bewegliche Magnesiumion. Aber auch die Elemente Kalium, Calcium, Phosphor, Zink und Mangan spielen gelegentlich eine wichtige Rolle. Aufgrund der Immissionsbelastungen sind zudem die Nährelemente Stickstoff und Schwefel von Interesse (HÜTTL und SCHAAF, 1997; NILSSON et al., 1995; ZÖTTL et al., 1989).

1167. Dem „Tannensterben" (*Abies alba*) im Bayerischen Wald sowie im Schwarzwald folgten schon bald Schäden bei Fichte (*Picea abies*) und Kiefer (*Pinus sylvestris*). Seit 1983 traten verstärkt Schäden in Buchenbeständen (*Fagus sylvatica*) auf. Seit Ende der achtziger Jahre wurde zudem von einem neuen Eichensterben (*Quercus* spp.) berichtet (z. B. HARTMANN et al., 1989), das Anfang der neunziger Jahre verstärkt auftrat.

Erste stichprobenartige Erhebungen in den Jahren 1982 und 1983 zeigten eine rasche Zunahme der Schäden. 1984 wurden erstmalig in allen alten Bundesländern statistisch repräsentative Waldschadensinventuren nach einheitlichen Kriterien durchgeführt. Zur Bestimmung der Schadanteile werden sogenannte Nadel- bzw. Blattverluste und Verfärbungssymptome als maßgebliche Kriterien herangezogen (Tab. 3.1.5-1). Die Erhebung von 1984 zeigte, dass rund 50 % der deutschen Waldfläche leichte bis starke Schäden aufwiesen. Auch die Ergebnisse aller weiteren Inventuren erbrachten Gesamtschäden von etwa dieser Größenordnung (Tab. 3.1.5-2).

Tabelle 3.1.5-1

Waldschadensklassen

Schadklasse*	Nadel-/Blattverlust (%)	Schadgrad
0	≤ 10	–
1	11–25**	leicht
2	26–60	mittel
3	61–99	stark
4	> 99	abgestorben

* Verfärbungen können die Schadklasse erhöhen
** Verluste ≤ 25 % sind seit 1989 als Vorwarnstufe klassifiziert
Quelle: BML, 1998

Betrachtet man die Waldschäden getrennt nach Baumarten, Alter und Schadstufen, dann ergeben sich bei der Entwicklung der Schäden mitunter deutliche Differenzierungen. Noch differenzierter stellt sich das Bild dar, wenn die Waldschäden jeweils in den Bundesländern betrachtet werden (Tab. 3.1.5-2). Bei den Kiefernbeständen in Ostdeutschland ist allerdings seit einigen Jahren eine klare Verbesserung der Benadelung eingetreten (BML, 1998).

Tabelle 3.1.5-2

Waldschäden von 1984 bis 1999 in den alten Bundesländern

Land	Anteil der Waldfläche mit deutlichen Schäden (Schadstufe 2-4) [in %]															
	1984	1985	1986	1987	1988	1989	1990	1991	1992	1993	1994	1995	1996	1997	1998	1999
Niedersachsen	9	10	11	8	10	13	17	10	13	16	17	17	15	16	13	13
Nordrhein-Westf.	11	10	11	16	10	10	13	11	16	16	15	14	–	20	21	24
Schleswig-Holstein	12	10	13	23	18	18	15	15	13	16	18	20	27	20	28	26
Baden-Württemberg	24	27	23	21	17	20	19 [1]	17	24 [1]	31 [1]	26	27 [1]	35 [1]	19	24	25
Bayern	26	28	26	21	18	18	–	30	32	22	30	23	16	19	19	20
Hessen	9	12	19	19	17	17	19 [1]	29	33	35	38	40	35	33	30	–
Rheinland-Pfalz	8	9	8	9	10	10	10 [1]	12	13	14	21	19	22	24	25	25
Saarland	7	10	11	17	19	15	–	17	18	21	18	23	21	19	15	14

– Keine Angaben
[1] Ergebnisse aufgrund einer Erhebung im 16 x 16 km-Raster

Quelle: BML, 2000 und 1998; verändert

3.1.5.2 Waldschadenserhebungen

1168. Die jeweils im Sommer durchgeführten Inventuren basieren auf einem 4 x 4 km- oder 8 x 8 km- Stichprobenraster. An jedem Inventurpunkt wird eine bestimmte Anzahl von Bäumen okular vom Boden aus im Hinblick auf Nadel-/Blattverluste und Nadel-/Blattverfärbungssymptome begutachtet. Da Verfärbungserscheinungen häufig nur auf den Oberseiten der Nadeln/Blätter auftreten und sich dem Blickfeld entziehen, dient zur Beurteilung des Ausmaßes und der Verteilung der Schäden fast ausschließlich das Merkmal Nadel-/Blattverlust. Die in Deutschland praktizierten Waldschadens- bzw. Waldbestandserhebungen wurden von Anfang an kontrovers diskutiert (z. B. INNES, 1987; REHFUESS, 1983). Die Kritik (siehe SRU, 1996a, Tz. 234) wird aufrecht erhalten.

Bei der Erfassung des Parameters Nadel-/Blattverlust geht man von einem „normalen" Benadelungs-/Belaubungszustand aus. Auf die Problematik der Ermittlung dieses Merkmals bei Fichte hat SCHMIDT-VOGT (1983) schon sehr früh hingewiesen. Zum einen ist die Benadelung der Bäume im „gesunden" Zustand, also vor einer Schädigung, nicht bekannt. Zum anderen kann auch bei gesunden Fichten kein bestimmtes Höchstalter der Nadeln unterstellt werden. Die Anzahl der lebenden Nadeljahrgänge variiert je nach Standort und genetischer Veranlagung (PRIEHÄUSER, 1958; BURGER, 1927). So haben zum Beispiel Hochlagenfichten in der Regel mehr Nadeljahrgänge als Fichten in tieferen Lagen. Zudem hat die standortspezifische Nährelementversorgung einen Einfluss auf die Benadelungsdichte der Fichte (HÜTTL, 1985). WACHTER (1985) wies bei dieser Baumart einen Zusammenhang zwischen Wasserversorgung und Benadelung nach. Weiterhin wurde aufgezeigt, dass Kronenverlichtungen in Fichtenbeständen auch Ausdruck der sozialen Differenzierung der Bäume sein können (BECKER et al., 1989). Die Fichte besitzt ein vorgefertigtes Trenngewebe an der Nadelbasis, um Nadeln bei Veränderungen des Wassergehaltes abstoßen zu können (FINK, 1997). Auch stärkere Beschattung, Wind, Schnee, Frost, Hitze, Eis, Insekten und Pilzbefall sowie eine Reihe weiterer Faktoren können Kronenverlichtungen hervorrufen.

1169. Fast gänzlich außer acht blieb bislang eine mögliche Beteiligung von Wurzelpathogenen bei der Verursachung der Schäden. Allerdings wiesen verschiedene Autoren bereits sehr früh auf Wurzel- und Stammfäulen in Zusammenhang mit dem raschen Absterben von Fichten auf verschiedenen Standorten Süddeutschlands hin (vgl. KANDLER et al., 1987). Schließlich wurde der „Fenstereffekt" bei der Fichte von GRUBER (1988) als minder schwere Gipfeltrocknis mit fortgesetztem Terminaltriebwachstum diagnostiziert. Als ursächlich dafür wurden Perioden unzureichender Wasserversorgung angesehen.

Die Benadelung gesunder Koniferen weist demnach eine erhebliche Schwankungsbreite auf. Des weiteren werfen verschiedene Fichtenarten (*Picea abies, Picea sitchensis, Picea rubens*) das ganze Jahr über Nadeln ab, ohne eine Hauptabwurfperiode im Herbst aufzuweisen (McKAY, 1988; OWEN, 1954; MORK, 1942). Gerade bei Fichte und Kiefer ist der jährliche Streufall sehr unterschiedlich. Das maximale Nadelalter kann bei gesunden Kiefern bis zu sieben Jahren, bei Fichten bis zu vierzehn Jahren betragen. Es ist jedoch unbestritten, dass auch Luftschadstoffe zu Blatt- und Nadelverlusten führen können. Der Parameter Nadel-/Blattverlust ist somit unspezifisch und zur Bestimmung spezifischer Ursachen ungeeignet.

GÄRTNER (1985) schlug anstelle des „Entnadelungsprozentes" bei Koniferen die Schätzung der aktuellen Benadelung vor. Dieses Vorgehen erscheint von Vorteil, da hierbei die tatsächlich am Baum vorhandene Nadelmasse erhoben wird. Dabei wird das Problem umgangen, von einer fiktiven „Normalzahl" von Nadeljahrgängen auszugehen, um dann aus der Differenz zu der geschätzten Benadelung den Nadelverlust abzuleiten.

1170. Zusätzlich erhebt sich die Frage, ob der Parameter Nadel-/Blattverlust überhaupt geeignet ist, den Grad der Schädigung von Waldbäumen und -beständen anzugeben. Wenn man davon ausgeht, dass geschädigte Bäume ihr Wachstum reduzieren, sollte eine Korrelation zwischen Nadel- bzw. Blattverlusten und Wachstumsparametern gegeben sein. Für die Fichte besteht eine derartige Beziehung nicht immer. Erst bei Nadelverlusten über 40 bis 60 % kann der Volumenzuwachs signifikant reduziert sein (SPIECKER et al., 1996; SPIECKER, 1987; KENK, 1985). Bei Fichtenbeständen mit Nadelverlusten unter 50 % waren in Baden-Württemberg häufig überraschende Mehrzuwächse während der letzten zwei Jahrzehnte festzustellen (SPIECKER et al., 1996). Bayerische Fichtenbestände mit Nadelverlusten von mehr als 60 % zeigten keine Zuwachsminderungen (FRANZ und RÖHLE, 1985). Dieser zunächst widersprüchlich erscheinende Befund lässt sich vor allem damit erklären, dass es sich bei den beobachteten Nadelverlusten jeweils um die älteren, mehr oder weniger unproduktiven Assimilationsorgane handelt.

1171. Neben dem unspezifischen Symptom des Nadel- und Blattverlustes (ELLENBERG, 1996) wurde bei Fichte, Tanne und Buche eine Reihe weiterer Schadensmerkmale wie beispielsweise Lamettasyndrom (Fichte), Storchennest (Tanne) und Blattchloroseflecken (Buche) beschrieben und den neuartigen Waldschäden zugeordnet (HÜTTL, 1998). Zudem wurde ein neues Eichensterben beobachtet. Sowohl Traubeneichen (*Quercus petraea*) als auch Stieleichen (*Quercus robur*) sind von einer regional besorgniserregenden Erkrankung betroffen. Das Eichensterben war 1978 zum ersten Mal im Nordosten Ungarns beobachtet worden (vgl. IGMÁNDY, 1987). Auf seiner Wanderung hat es 1982/83 österreichische Waldbestände erreicht (vgl. DONAUBAUER, 1987). Auch in Deutschland und den Niederlanden wurde von zunehmenden Eichenschäden berichtet (z. B. HÜTTL und SCHNEIDER, 1997; BALDER, 1989; HARTMANN et al., 1989;

BALDER und LAKENBERG, 1987; OOSTERBAAN 1987). Neben Veränderungen im Kronenraum treten auch Schäden im Bast- und Splintbereich auf. Gelegentlich kommt es zu spontanen Totalverlusten. Die Erklärung dieser Eichenschäden bewegt sich noch im hypothetischen Bereich (JUNG et al., 1996; KANDLER und SENSER, 1993; ALTENKIRCHEN und HARTMANN, 1987; BALDER und LAKENBERG, 1987).

Zusammenfassend ist festzustellen, dass verschiedene beschriebene Symptome der sogenannten neuartigen Waldschäden seit langem bekannt sind. Es gibt jedoch Schadsyndrome (= Schadtypen), die neue bzw. neuartige Phänomene darstellen. Diese stehen in der Regel im Zusammenhang mit Ernährungsstörungen.

Nährelementversorgung und Entwicklungsgeschichte der Landnutzung

1172. Viele Waldstandorte, insbesondere in Zentraleuropa, sind nur schwach mit Nährelementen ausgestattet. Die Entwicklungsgeschichte der mitteleuropäischen Landnutzung hat dazu geführt, dass die „besseren" Standorte schon frühzeitig nach ihrer Rodung der Landwirtschaft überlassen wurden. Der Forstwirtschaft blieben überwiegend nur Standorte, die landwirtschaftlich nicht genutzt werden konnten. Dies waren Standorte mit schwacher Nährelementversorgung, in geo- und topographisch ungünstiger Lage oder mit extremen Witterungsbedingungen. Vor der modernen, nach ökonomischen und ökologischen Grundsätzen ausgerichteten Bewirtschaftung der Wälder waren vielfältige Devastierungen der Waldstandorte die Regel.

1173. Die Böden waren häufig in ihrer Fruchtbarkeit so beeinträchtigt, dass für Wiederaufforstungen nur die anspruchslose Fichte oder Kiefer zur Wahl standen. Außer der Anspruchslosigkeit und problemlosen Verjüngung durch Saat war die Ertragsleistung der Fichte beziehungsweise der Kiefer hoch. Zudem konnten mit dem Fichten- bzw. Kiefernanbau die Holzmengen und -sorten erzeugt werden, die der „alte Wald" für die Bedürfnisse der Industrialisierung nicht hätte liefern können.

Es ist deshalb nicht verwunderlich, dass die Fichte, aber auch die Kiefer heute auf vielen Standorten wachsen, die für andere Baumarten wesentlich besser geeignet wären. Bei den geschädigten Fichten- bzw. Kiefernwäldern Deutschlands, wie im Schwarzwald, im Bayerischen Wald, im Fichtelgebirge, im Harz, im Erzgebirge, in den Küstenregionen sowie im nordost- und nordwestdeutschen Tiefland, handelt es sich nicht um autochtone Waldbestände, sondern um künstliche Verjüngungen, deren Herkünfte in der Regel unbekannt sind.

3.1.5.3 Ernährungsstörungen und „neuartige Waldschäden"

1174. Da die neuartigen Waldschäden häufig auf akuten Ernährungsstörungen, insbesondere Magnesium-Mangel, beruhen (HÜTTL und SCHAAF, 1997; FBW, 1986), wurde dieser Thematik bei der Untersuchung der neuartigen Waldschäden große Aufmerksamkeit geschenkt. Im Zusammenhang mit den neuartigen Waldschäden wurde der Mg-Mangeltyp zum ersten Mal ausführlich von ZECH und POPP (1983) für jüngere sowie ältere Fichten- und Tannenbestände des Fichtelgebirges auf sauren basenarmen Podsol-Braunerden aus Granit- und Phyllitfließerden beschrieben. BOSCH et al. (1983) fanden die gleichen Symptome bei Fichte ebenfalls auf sauren Böden aus basenarmen kristallinen Ausgangsgesteinen im Bayerischen Wald und bezeichneten die Schäden als „Fichten-Hochlagenerkrankung". ZÖTTL und MIES (1983) wiesen diesen Schadtyp bei Fichte auf sauren Braunerden über Mg- und Ca-armen Graniten und Gneisen im Südschwarzwald nach. Zur zeitlichen Entwicklung der Gelbspitzigkeit bei Fichten liegen unterschiedliche Beobachtungen vor. Es gibt Bestände, deren Mg-Versorgung sich zunächst zunehmend verschlechterte, wie mehrjährige Untersuchungen von Fichtenbeständen im Fichtelgebirge belegen (SCHULZE et al., 1989). Andererseits konnte gegen Ende der achtziger Jahre vielerorts eine Stagnation der Vergilbung festgestellt werden. In vielen Fällen trat sogar ein Wiederergrünen gelbspitziger Fichten ein.

Der Befund ständig abnehmender Mg-Gehalte wirft die Frage nach der historischen Entwicklung der „neuen" Gelbspitzigkeit auf. Erste nadelanalytische Ergebnisse, die auf schwache bis mangelhafte Mg-Ernährung hinwiesen, wurden bereits Ende der sechziger Jahre von EVERS und HAUSSER (1973) für Fichtenbestände des Buntsandsteingebietes im Nordschwarzwald vorgelegt. Allerdings wurden zu dieser Zeit noch keine ausgeprägten Mg-Mangelsymptome beobachtet. Dies ist bei dem geringen Mg-Gehalt zunächst überraschend, bestätigt aber den Befund, dass schwache N-Versorgung die Ausbildung von Mg-Mangelsymptomen unterdrücken kann.

Anfang der siebziger Jahre beobachtete KREUTZER (1975) erstmalig im Oberpfälzer Wald sowie im Fichtelgebirge ausgeprägte Mg-Mangelerscheinungen bei der Fichte. Fast gleichzeitig berichteten EVERS (vgl. ZÖTTL, 1985) von Mg-Mangelsymptomen bei Fichte im Nord- und Südschwarzwald (FERRAZ, 1985; ZÖTTL et al., 1977) sowie REEMTSMA (1986) im Solling. Verstärkt trat dieser Schadtyp Anfang der achtziger Jahre auf. Im Frühjahr 1982 wurden beispielsweise im Harz gehäuft Mg-Mangelchlorosen festgestellt, die im trockenen und warmen Sommer des Jahres 1983 deutlich zunahmen (HARTMANN et al., 1985). Die Vergilbungen waren bei Bäumen aller Altersstufen anzutreffen, jedoch gehäuft in jüngeren und mittelalten Beständen. In verschiedenen Wuchsgebieten des Harzes wurden 1983 in mehr als 50 % der Bestände ausgeprägte Vergilbungen registriert. Eine Infrarotbefliegung im Sommer 1985 untermauerte die Inventurergebnisse von 1983 und wies zum Teil einen erheblichen Schadensfortschritt nach (STOCK, 1988). Etwa 1988 kam es im Harz zu einem

Stillstand und seit Anfang der neunziger Jahre zu einer Umkehrung dieser Entwicklung. Ähnliche Entwicklungen wurden in allen Waldregionen Zentraleuropas mit Mg-Mangel beobachtet.

Hypothesen zur Erklärung der Ernährungsstörungen (Exkurs)

Zur Erklärung der neuartigen Waldschäden wurde eine Vielzahl von Hypothesen formuliert. Diese lassen sich grob in zwei Kategorien einteilen, nämlich solche mit *direkter* und solche mit *indirekter* Wirkung. Dabei können *direkte* und *indirekte* Wirkungspfade kombiniert auftreten und sind zudem nicht immer scharf voneinander zu trennen.

Direkte Wirkungspfade

Als *direkte* Wirkungspfade sind diejenigen Mechanismen und Prozesse zu verstehen, die unmittelbar auf die Bäume, d. h. auf deren Nadeln bzw. Blätter, einwirken und so Waldschäden hervorrufen.

SO_2, NO_x und NH_3

1175. Nicht zuletzt aufgrund der Erfahrungen aus der klassischen Rauchschadensforschung wurden SO_2- und NO_x-Immissionen schon sehr früh mit den neuartigen Waldschäden in kausalen Zusammenhang gebracht. Allerdings ließ sich wegen des SO_2-Konzentrationsgradienten von städtischen zu ländlichen Räumen keine Korrelation zwischen den SO_2-Gehalten in der Atmosphäre und den neuartigen Waldschäden finden. Des weiteren zeigt die Entwicklung der SO_2-Emissionen in Deutschland anders als die Resultate der Waldschadenserhebungen eine signifikante Abnahme. In den meisten Gebieten, in denen Waldschäden beobachtet wurden und werden, liegen die SO_2-Konzentrationen deutlich unter den von der *International Union of Forest Research Organizations* (IUFRO) festgelegten Werten für den Schutz von Waldbäumen (vgl. WENTZEL, 1988; IUFRO, 1983). Andererseits traten in Waldgebieten mit erhöhten SO_2-Immissionen wie im Ruhrgebiet mitunter nur geringe oder gar keine Schäden auf (KRAUSE und PRINZ, 1989).

Deshalb können *direkte* SO_2-Schäden als ein flächig wirksamer Schadfaktor ausgeschlossen werden. Allerdings ist hier nochmals zu betonen, dass dort, wo SO_2 pflanzenwirksame Konzentrationen in der Atmosphäre erreicht, wie z. B. im Erzgebirge, massive Waldschäden auftreten.

Im Gegensatz zu SO_2 haben die NO_x-Emissionen seit den siebziger Jahren in Deutschland und vielen Gebieten Europas eher zugenommen. NO_x ist jedoch nicht sehr pflanzenwirksam (TAYLOR et al., 1975). Da wiederum ein abnehmender NO_x-Konzentrationsgradient von den städtischen zu den Waldgebieten existiert, kann auch NO_x als *direkte* flächenwirksame Schadursache ausgeschlossen werden.

Die in den letzten Jahren und Jahrzehnten vorangeschrittene Intensivierung der landwirtschaftlichen Tierproduktion war mit einer deutlichen Zunahme der NH_3-Emissionen verbunden. Mit Blick auf mögliche Waldschäden sind diese von regionalem Interesse (vgl. unten). Zu *direkten* NH_3-Schäden kann es lediglich lokal kommen; denn nur Bäume, die *direkt* hohen Ammoniak-Konzentrationen ausgesetzt sind, nehmen pflanzenwirksame NH_3-Mengen auf. Dadurch werden Gewebeschäden bis hin zu Absterbeerscheinungen ausgelöst.

Es lässt sich somit festhalten, dass SO_2, NO_x und NH_3 als *direkt* wirksame Einzelfaktoren nicht für die neuartigen Waldschäden verantwortlich gemacht werden können. Auch Kombinationseffekte von SO_2, NO_x, NH_3 und anderen gasförmigen Luftschadstoffen auf Waldbäume sind eher unwahrscheinlich (SLOVIK, 1997).

Ozon

Ozon ist ein sekundärer Luftschadstoff. Ultraviolettes Licht, NO_x, O_2 und reaktive Kohlenwasserstoffe sind notwendig, um O_3 entstehen zu lassen. Aufgrund steigender Emissionen von NO_x und chlorierten Kohlenwasserstoffen wurde vermutet, dass O_3 und andere Photooxidantien in den bodennahen Luftschichten Konzentrationen erreicht hätten, die zu Schäden an Pflanzenarten führen könnten. Beispielsweise kann O_3 die Permeabilität der Zellmembranen im Blatt- bzw. Nadelgewebe von Waldbäumen erhöhen. In Verbindung mit hohen und/oder sauren Niederschlägen ist damit eine Zunahme der Auswaschungsraten von Nährionen und organischen Stoffen, die vergleichsweise mobil im Zellsaft sind, verknüpft (KEITEL und ARNDT, 1983).

Von den relevanten gasförmigen Luftschadstoffen besitzt O_3 mit Bezug auf die Konzentration und Expositionsdauer die höchste Phytowirksamkeit. O_3 und andere Photooxidantien können deshalb in bestimmten Gebieten eine mitwirkende Rolle beim Zustandekommen der Walderkrankungen spielen, wie dies bei den Waldschäden in den Alpen vermutet wird. Als auslösender Faktor für Waldschäden, die mit Ernährungsstörungen gekoppelt sind, kommt O_3 aber nicht in Betracht (SLOVIK, 1997).

Säure-Leaching

Die Auswaschung von Nährionen und Metaboliten aus den oberirdischen Organen einer Pflanze wird als Leaching bezeichnet. Dieser Mechanismus ist seit langem bekannt. Die zur Kausalität ernährungsspezifischer Waldschäden formulierte Leaching-Hypothese geht deshalb davon aus, dass eine erhöhte Säurestärke der benetzenden Lösung eine verstärkte Stoffauswaschung zur Folge hat (SCHERBATZKOY und KLEIN, 1983; WISNIEWSKI, 1982). Dass dieser Prozess zumindest nach einer Vorschädigung des Gewebes, beispielsweise durch gasförmige Luftschadstoffe, von Bedeutung sein kann, ist gut dargelegt. Da verschiedene Waldschadenstypen, insbesondere die Hochlagenerkrankungen der Fichte, mit häufigen Nebelereignissen verknüpft sind und zudem Nebel im Vergleich zu Regen 10- bis 100-fach höhere Säurekonzentrationen aufweisen kann, wurden zahlreiche Benebelungs- bzw. Beregnungsexperimente durchgeführt. So stellten zum Beispiel MENGEL et al. (1987) bei jungen intakten Fichten fest, dass saurer Nebel (pH 2,7) signifikant höhere Mengen von K, Ca, Mg, Mn und Zn sowie Kohlenhydraten aus den Nadeln herauslöste, als dies bei der Kontrollvariante mit einem pH-Wert von 5,0 der Fall war. Die absoluten Mengen ausgewaschener Nährionen waren jedoch gering und betrugen nur wenige Prozent der in den Nadeln vorhandenen Nährelementmengen. Allerdings waren die Nadeln der sauren Nebelvariante durch deutliche Schäden im Wachsüberzug charakterisiert. Die Behandlung mit saurem Nebel führte bei diesen eher kurzzeitigen Versuchen nicht zur Induktion von Nährelementmangel. Zu anderen Ergebnissen kamen KAUPENJOHANN et al. (1988). Durch Schwefelsäurebesprühung (pH 2,7) junger, in Nährlösung kultivierter Fichten erhöhte sich die Auswaschung von Mg so stark, dass nach Versuchsende deutlich verringerte Mg-Nadelgehalte gemessen wurden. Auch KREUTZER und BITTERSOHL (1986), die bei einem Fichtenjungbestand auf seinem natürlichen Standort eine sechsmonatige saure Beregnung (pH 2,7) durchführten, stellten bei Mg eine um den Faktor 4 bis 5 höhere Kronenauswaschung als auf der Kontrollparzelle, die mit „normalem" Regen (pH 5,2) besprüht wurde, fest. Sie vermuteten deshalb, dass Säure-Leaching auf Mg-armen Standorten Mg-Mangel induzieren kann.

MATZNER und ULRICH (1984) postulierten, dass eine Konsumption von Protonen im Kronenraum nicht nur eine vermehrte Bioelementauswaschung zur Folge hat, sondern auch zu einer erhöhten Protonenabgabe im Wurzelbereich der Waldbäume führen muss, wenn der Protonenhaushalt der Bäume aufrechterhalten und ausgewaschene Nährstoffe wieder ersetzt werden sollen. Diesen auf Bilanzbetrachtungen beruhenden Schluss konnte auch KAUPENJOHANN (1997) bestätigen, indem er bei Belastung der Kronen junger Fichten mit Protonen eine deutliche Versauerung der Rhizosphäre feststellte. Will man über die Bedeutung der durch *Leaching* bedingten Nährelementverluste genauere Information erhalten, ist es erforderlich, alle in einem Waldökosystem messbaren Stoffflüsse zu erfassen und aus der Kronenraumbilanz die einer direkten Messung nicht zugänglichen Flüsse zu berechnen. Solche Untersuchungen liegen bislang nur vereinzelt vor. Mit akutem Nährelementmangel ist dann zu rechnen, wenn die Auswaschungsrate die Wiederaufnahmerate übersteigt.

Indirekte Wirkungspfade

Als *indirekte* Wirkungspfade werden diejenigen Mechanismen und Prozesse verstanden, die zu veränderten Substratbedingungen in Waldökosystemen führen und zum Beispiel Ernährungsstörungen verursachen können.

„Saurer Regen" – Bodenversauerung und Al-Toxizität

Die „Saure Regen"-Hypothese ist ein komplexer Erklärungsansatz. Als ein für große Waldflächen problematisches Phänomen wurde der „Saure Regen" von ODEN (1968) entdeckt. Zur gleichen Zeit wiesen RÜHLING und TYLER (1968) auf den Ferntransport schwefelhaltiger Schadstoffe hin. In geschichtlicher Betrachtung stiegen die SO_2-Emissionen von 1900 bis 1972 in Europa von ca. 10 Mio. t auf 25 Mio. t pro Jahr an (RODHE, 1983). Die größte Zunahme fand nach 1950 statt. Anfang der achtziger Jahre wurden jährlich rund 30 Mio. t SO_2 emittiert. Danach stagnierten die Schwefelemissionen oder nahmen regional mehr oder weniger stark ab (vgl. HÜTTL et al., 1996). Die Emission der NO_x-Verbindungen, der anderen wichtigen Gruppe potentiell sauer wirkender Luftschadstoffe, nimmt in Europa noch immer zu. Neben den NO_x-Emissionen wurde die landwirtschaftliche Intensivtierhaltung als wichtiger Emittent für Ammoniak identifiziert. Dabei ist zu berücksichtigen, dass NH_3-Emissionen zu einer partiellen Neutralisation saurer Niederschläge beitragen können.

Säureeinträge können in Waldökosystemen zu einer Verringerung der Bodenalkalinität und damit zu einer Reduktion pflanzenverfügbarer Nährstoffe wie Ca, Mg und K führen. Sie können zudem die Erhöhung der Azidität des Bodens zur Folge haben. Bodenversauerung führt aber nur dann zu erniedrigten pH-Werten, wenn die Säuren durch Lösung oder Kationenaustausch in die Bodenlösung übergehen. Deshalb kann der Basengehalt im Boden abnehmen, ohne dass dabei der pH-Wert direkt verändert wird. Bei Belastung mit starken Säuren (pH < 5) kommt es zu einer Abnahme der Basensättigung und zur Akkumulation stärkerer Säuren, wenn die Rate der externen und internen Säureproduktion die Rate der Protonenkonsumption durch Freisetzung von säureneutralisierenden Kationen übersteigt. Da häufig angenommen wird, dass die Rate der Protonenkonsumption durch die Silikatverwitterung zumindest in Wirtschaftswäldern bereits durch die mit dem Zuwachs verknüpfte Protonenproduktion verbraucht wird, ergibt sich daraus, dass im Mittel der bewirtschafteten Waldökosysteme eine zusätzliche Säurebelastung aus saurer Deposition zur Beschleunigung der Bodenversauerung führen muss. Durch Stickstoffvorratsabbau im Boden kann dieser Prozess noch verstärkt bzw. beschleunigt werden.

Das Ausmaß der Bodenversauerung hängt demnach unter anderem von der Depositionsrate und -dauer der Säureeinträge ab. ULRICH (1986) errechnete, dass seit 1930 mit den Niederschlägen durchschnittlich mindestens 0,8 kmol ha^{-1} a^{-1} Protonen in die Waldökosysteme gelangten. Allerdings dürften diese Eintragsraten in Gebieten mit größeren Staubemissionen stets deutlich geringer gewesen sein. Auch heute indizieren die vielerorts durchgeführten Depositionsmessungen eine beachtliche regional und lokal differenzierte Variabilität der H-, S- und N-Einträge (vgl. FEGER, 1997). Modifizierend wirkt offensichtlich vor allem die trockene Deposition.

Entsprechend wurden für saure basenarme Böden als Folge erhöhter anthropogener Säureeinträge historische Veränderungen im chemischen Bodenzustand nachgewiesen. Ein Absinken der pH-Werte und/oder der Gehalte austauschbarer basischer Kationen hat während der letzten Jahrzehnte in verschiedenen Waldböden Nord- und Zentraleuropas sowie in Teilen der USA und Kanadas stattgefunden (KATZENSTEINER und GLATZEL, 1997). Andererseits ist der Hinweis auf extern beschleunigte Bodenversauerung auch im Kontext weiterer Faktoren zu diskutieren. Insbesondere verursacht der Prozess des Bestandeswachstums ein größeres Versauerungspotential als bislang angenommen wurde. Dies gilt nicht nur für die Fichte, wenngleich diese Tendenz hier besonders stark ausgeprägt ist. Dabei wurde die Zunahme der Bodenversauerung auf die zuwachsbedingte Festlegung basischer Kationen im Holz zurückgeführt. Daneben existieren weitere, die Bodenversauerung in Waldökosystemen akzelerierende Faktoren, z. B.

(1) Reduktion der Einträge säureneutralisierender Stoffe,

(2) Zunahme der Bestandesproduktivität (z. B. Beseitigung von N-Mangel; Anstieg der atmogenen CO_2-Konzentration; regional günstigere Witterungsverhältnisse; vgl. SPIECKER et al., 1996),

(3) Erhöhung des Biomasseentzuges,

(4) verstärkte Nitrifikation oder Schwefeloxidation,

(5) geänderte Landnutzungsformen (z. B. Aufforstungen),

(6) Anbau stärker versauernd wirkender Baumarten in Reinbeständen (z. B. Fichte oder Kiefer),

(7) intensivierte Forstwirtschaft (z. B. Durchforstungen),

(8) erhöhte Produktion und vertikale Verlagerung organischer Säuren sowie

(9) gehemmte Zersetzung der organischen Humusauflage.

Ein weiterer Effekt der Bodenversauerung ist die Freisetzung potentiell toxischer Metallionen (wie Aluminiumionen, Al^{3+}) (ULRICH, 1991). In stark versauerten Waldböden werden besonders bei Versauerungsschüben Säurekonzentrationen (Al, H) und Säure-Basen-Relationen (Ca/Al-, Mg/Al-Verhältnisse) erreicht, die in Hydrokulturexperimenten mit nicht mykorrhizierten Fichten- und Buchenkeimlingen Wurzelschäden verursachten (ROST-SIEBERT, 1983). Zu dieser als Aluminium- oder Säuretoxizität bezeichneten Hypothese liegen zahlreiche Aussagen vor. Insgesamt lässt sich diesbezüglich festhalten, dass viele Waldbäume jedoch vergleichsweise tolerant gegen Al-Toxizität sind. Offenbar haben sie sich evolutionär an saure Substratbedingungen angepasst und adäquate Schutzstrategien gegen hohe Bodenaluminiumgehalte entwickelt. Außer Zweifel steht, dass hohe austauschbare Al-Gehalte im Mineralboden bzw. in der Bodenlösung die Aufnahme verschiedener Nährelemente hemmen können. Es erscheint durchaus plausibel, dass aufgrund beschleunigter Bodenversauerung infolge erhöhter anthropogener Säureeinträge und verschiedener anderer Einflüsse bestimmte Böden derart an basischen Kationen, wie Mg^{2+} verarmt sind, dass die aufstockenden Bestände nicht mehr ausreichend mit diesem Nährstoff versorgt werden können und akute Mangelsituationen auftreten (vgl. ULRICH, 1991).

Stickstoff-Überangebot

Die nach wie vor hohe Rate der Verbrennung fossiler Stoffe bedingt hohe NO_x-Emissionen. Landwirtschaftliche Aktivitäten, vor allem intensive Viehwirtschaft, sind der Grund für die regional mitunter sehr hohen NH_3/NH_4^+-Einträge. NIHLGARD (1985) vermutete, dass erhöhte atmogene Stickstoffdeposition in den Waldökosystemen die Ursache der neuartigen Waldschäden sein könnte und formulierte die sogenannte Ammonium-Hypothese. Dieses Erklärungsmodell wurde vielfach diskutiert.

Stickstoff wird in Waldökosysteme in nasser, trockener und gasförmiger Phase eingetragen und kann über die Krone sowie von den Wurzeln aufgenommen werden. Stickstoffaustrag geschieht durch Auswaschung aus dem durchwurzelbaren Bodenraum, Entnahme von Biomasse und durch Abgabe in Form von Gasen aus dem Boden und der Vegetation. Diese Prozesse werden durch die verschiedenen Formen, in denen N vorliegen kann, modifiziert. Dazu treten vielfältige Wechselbeziehungen mit anderen Stoffen und Organismen auf. Alle diese Vorgänge sind zudem standort- und bestandsspezifisch und werden durch klimatische und witterungsbedingte Faktoren mit gesteuert. Weiter ist zu beachten, dass die Stickstoffdepositionsraten regional und lokal stark differenziert sind. Sie variieren in Zentraleuropa zwischen 9 und > 100 kg N ha^{-1} a^{-1}. Üblicherweise steigt mit zunehmenden Stickstoffinputraten das $NH_4:NO_3$-Verhältnis weit über 1 an. Auch die Festlegung in der Biomasse von Waldbeständen umfasst einen relativ weiten Variationsbereich. Für Nadelbaumbestände in Wirtschaftswäldern der gemäßigten Zone liegen die Werte zwischen 7 und 20 und für Laubholzbestände zwischen 5 und 15 kg N ha^{-1} a^{-1}. Schließlich ist die Kapazität, Stickstoff in der organischen Auflage bzw. im humushaltigen Mineralboden zu akkumulieren, von Standort zu Standort verschieden. Dementsprechend variieren die Stickstoffvorräte in Böden zwischen 2 000 und 40 000 kg ha^{-1} m^{-1} (KREUTZER, 1990). Ebenso variieren die NO_3-Austräge im Sickerwasser zwischen 0 und > 100 mg L^{-1}. Von entscheidender, bislang nur unzureichend berücksichtigter Bedeutung bei der Beurteilung des Stickstoffhaushaltes eines bestimmten Bestandes ist des weiteren die Nutzungsgeschichte des spezifischen Standortes. Die vielfältige anthropogene Beeinflussung zahlreicher Waldstandorte während der vorausgegangenen Jahrhunderte hat Veränderungen der Stickstoffflüsse verursacht, die auch heute noch die Stickstoffbilanz vieler Waldökosysteme bestimmen, vor allem wenn diese nur moderate Stickstoffeinträge (ca. 10 bis 20 kg ha^{-1} a^{-1}) erhalten.

Der Stickstoffhaushalt ist aufgrund seiner Komplexität und seiner Standort- und Bestandsspezifika schwierig zu beurteilen. Die aktuellen jährlichen Stickstoffbestandsdepositionsraten, die in unbelasteten Gebieten kaum mehr als 1 bis 4 kg N ha^{-1} a^{-1} betragen (van BREEMEN, 1990), liegen in Süddeutschland zwischen 9 und 40 kg N ha^{-1} a^{-1}. In Norddeutschland sind sie im allgemeinen höher und können 50 kg N ha^{-1} a^{-1} übersteigen (BML, 1998).

3.1.5.4 Waldwachstum

1176. Die Waldökosysteme Europas und Nordamerikas sind bei natürlichen N-Eintragsraten überwiegend durch N-Mangel-Situationen gekennzeichnet. Die gegenwärtigen N-Einträge haben eine Steigerung der Primärproduktion zur Folge, was sich auch in einem verstärkten Holzzuwachs dokumentiert. EICHKORN (1986), ABETZ (1987), KENK und FISCHER (1988), SPIECKER (1991) und SPIECKER et al. (1996) stellten zunächst in Süddeutschland mit Hilfe detaillierter und umfassender ertragskundlicher Erhebungen deutliche Mehrzuwächse insbesondere bei Fichte im Vergleich mit Ertragstafeln oder Referenzdaten fest, die bereits Mitte der sechziger Jahre einsetzten. Ähnliche Ergebnisse liegen für Fichte und Tanne aus der Schweiz und Frankreich vor (SPIECKER et al., 1996).

Selbst in Süd-Finnland und -Norwegen mit vergleichsweise geringen N-Einträgen (4 bis 8 kg ha^{-1} a^{-1}; z. B. MÄLKÖNEN und KUKKOLA, 1991) wurden seit Anfang 1960 jährliche Volumenzuwachssteigerungen bei Fichte von rund 0,5 m^3 ha^{-1} gemessen (BRAEKKE, 1990). Als Ursache dieser insbesondere von SPIECKER et al. (1996; Abb. 3.1.5-1) für zwölf europäische Länder nachgewiesenen Zuwachssteigerungen, die belegen, dass der Holzvorrat seit Anfang der fünfziger Jahre um mehr als 40 % angestiegen ist, wurden neben regional verbesserten Witterungsbedingungen (erhöhte Niederschläge und Temperaturen), intensivierter Forstwirtschaft, gestiegener luftbürtiger CO_2-Konzentrationen vor allem auch die erhöhten N-Einträge genannt. Nur in Beständen mit starken Nadel- oder Blattverlusten wurden reduzierte Zuwächse beobachtet. Dies gilt auch für Bestände mit starken Vergilbungserscheinungen und den damit einhergehenden spezifischen Nadelverlusten. Nach MAKKONEN-SPIECKER und SPIECKER (1997) geht sehr starker Mg-Mangel bei Fichte und Buche mit Reduktionen im Volumenzuwachs von 20 bis 40 % einher. Demnach können bei der kausalen Bewertung der neuartigen Waldschäden waldwachs'tumskundliche Untersuchungen ohne die Erfassung der Nährelementversorgung nicht zu verlässlichen Aussagen führen.

Abbildung 3.1.5-1

Trends des langjährigen Waldwachstums in europäischen Wäldern

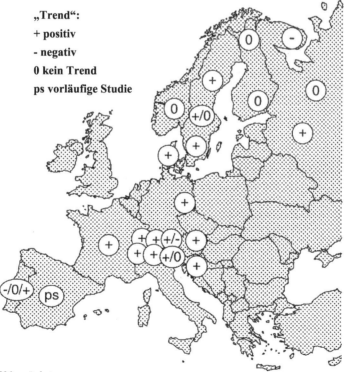

Quelle: SPIECKER et al., 1996; verändert

1177. Wichtig und neu bei der Diskussion der Ammoniumhypothese ist die Tatsache, dass die N-Aufnahme nicht nur über die Baumwurzeln, sondern auch über die Krone, d. h. über die Nadeln und Blätter der Waldbäume, erfolgt. MATZNER (1987) konnte mittels Stoffflussbilanzen für je ein Fichten- und Buchenökosystem im Solling jährliche Aufnahmeraten von 9 bzw. 7 kg ha^{-1} a^{-1} wahrscheinlich machen. SCHULZE (1989) berechnete anhand von Elementflüssen, dass die Direktaufnahme von N über die Krone bei gesunden Fichten im Fichtelgebirge etwa 8 % der Gesamtaufnahme beträgt, während sie bei geschädigten gelbspitzigen Bäumen bis zu 20 % erreichen kann. Es ist davon auszugehen, dass die N-Aufnahme über das Blatt von der Pflanze weniger gut reguliert werden kann als die Aufnahme über die Wurzeln. Dies mag das Auftreten von Ernährungsstörungen begünstigen.

1178. Erhöhte N-Einträge in Waldökosysteme müssen also ernährungsphysiologisch differenziert betrachtet werden. NH_4^+-N-Ernährung reduziert zumindest bei Fichte die K-, Mg- und Ca-Aufnahme und bewirkt erniedrigte pH-Werte in der Rhizosphäre. Dies erschwert die Aufnahme basischer Kationen zusätzlich, was schließlich zu geringeren K-, Mg- und/oder Ca-Blattgehalten führt. Gesteigert wird dagegen die Aufnahme von Anionen, wie Phosphat und Sulfat. Nitraternährung wirkt entgegengesetzt. Hohe NH_4^+-Depositionsraten erhöhen aufgrund der Aufnahme über die Krone das Kationen-Leaching. Hohe N-Einträge befördern das Wachstum der Bäume, können die Bodenversauerung vorantreiben und somit auf nährstoffarmen Böden eine merkliche Verschlechterung des Basenhaushaltes der Waldökosysteme bewirken.

3.1.6 Zukunft der Reinbestände – Waldumbauprogramme

1179. Die in vielen Regionen Deutschlands vom Altersklassenaufbau geprägten Reinbestände von Nadelgehölzen stehen seit Jahrzehnten in der Kritik. Auch wenn Waldbesitzer mitunter die „modernen", Naturnähe und standortgerechte Vielfalt anstrebenden Waldbewirtschaftungskonzepte negieren, finden sich kaum mehr Fürsprecher für die häufig landschaftsprägenden Fichten- und Kiefernforste, wie sie zum Beispiel großflächig in den süddeutschen Mittelgebirgen (meist Fichte) und dem Norddeutschen Tiefland (meist Kiefer) verbreitet sind.

Entscheidungsträger und Forstplaner in Bund und Ländern sind von dieser gesellschaftlichen Diskussion nicht unbeeinflusst geblieben. Auf Bundes- und Landesebene finden sich zahlreiche Beispiele dafür, dass der Umbau von Wäldern Thema von Koalitionsvereinbarungen, parlamentarischen Debatten und Regierungserklärungen wurde. Die Absicht, die bestehenden Wälder „umzubauen", wird dabei von einem breiten Konsens getragen.

3.1.6.1 Übergeordnete Ziele des Waldumbaus

1180. Mit dem Waldumbau wird das Umweltqualitätsziel „naturnaher, stabiler und standortgerechter Wälder" verfolgt. Von den mit der Umsetzung betrauten Fachverwaltungen der Länder wird die Erreichung dieses Umweltzieles durch Umstellung etablierter Bewirtschaftungsweisen auf naturgemäße Waldbauverfahren als primäres Handlungsziel erkannt. Dieses steht in Einklang mit dem Wechsel des etablierten Leitbildes des herkömmlichen Waldes ausgeglichener Altersklassen hin zu dem Leitbild des horizontal und vertikal strukturreichen Waldes.

Dabei ist bemerkenswert, dass diese Ziele sowohl von Vertretern der Forstwirtschaft als auch des Naturschutzes gleichermaßen getragen werden. Im einzelnen werden vorrangig die folgenden Teilziele verfolgt:

– Überführung von Reinbeständen in reicher strukturierte Mischbestände mit einhergehender Förderung des Laubbaum-Anteils,

– Umbau nicht standortgerechter in standortgerechte Bestände und

– Bestandspflege einschließlich der Minderung von Durchforstungsrückständen.

3.1.6.2 Programme zur Erreichung der Waldumbau-Ziele

1181. Derzeit sind im Hinblick auf das vorrangige Bestreben, die Baumartenzusammensetzung zugunsten der Laubbäume zu verändern, kaum Unterschiede zwischen den Bundesländern zu erkennen. Die „Förderung des Laubwaldanteils" zählt zu den wichtigsten Teilzielen in diesem Kontext. Dies fügt sich in den Kontext weiterer Forderungen ein, die aus dem Wunsch nach größerer Naturnähe des Waldes resultieren. Diese Ziele der Forstwirtschaft, die dem Gesamtvorhaben des Bundes zur „Verbesserung der Agrarstruktur und des Küstenschutzes" zuzuordnen sind, werden derzeit mit rund 28 Mio. DM pro Jahr gefördert.

1182. Die forstfachliche Diskussion zum Waldumbau basiert auf dem Verständnis vieler praktischer Waldbauerfahrungen. Als historischer Anlass und Ausgangspunkt vieler Waldumbauprogramme wird teilweise explizit auf die Sturmereignisse des Jahres 1990 verwiesen. Rheinland-Pfalz beispielsweise begründet sein Programm „Naturnahe Waldwirtschaft – zukunftsweisend für Natur und Wirtschaft" unter anderem mit den Verlusten in Höhe von 1,5 Mrd. DM, die infolge der Stürme im Staats- und Gemeindewald des Landes entstanden. Ähnliche Möglichkeiten des Waldumbaus ergeben sich aus den Sturmschäden vom Dezember 1999.

Waldumbau wird lediglich als ein Bestandteil der naturnahen Waldbewirtschaftung verstanden und präsentiert, unter anderem, um nicht „die Leistungen der Förstergenerationen vor uns ungerechtfertigt in Frage gestellt" zu haben (ARENHÖVEL, 1996). Zahlreiche Waldumbauprogramme datieren in den alten Bundesländern aus den frühen neunziger Jahren. Auch die neuen Bundesländer haben in der Verabschiedung dieser Programme bereits kurz nach der Wiedervereinigung eine primäre Aufgabe gesehen und wenige Jahre später Grundlagen für den Waldumbau gelegt.

Operationalisierung und Zeitbezug der in den Ländern angestrebten Ziele sind unterschiedlich. Die Vorgaben schwanken zwischen vagen Aussagen über den wünschenswerten Waldzustand bis hin zu ehrgeizigen Mindestangaben für die Laubwaldfläche. Die Zeitangaben zur Erreichung des Qualitätszieles bewegen sich zwischen mehreren Jahrzehnten und mehreren Jahrhunderten.

1183. Eine gewisse Übereinstimmung zwischen den Ländern lässt sich auch hinsichtlich der Verbindlichkeit der festgeschriebenen Ziele konstatieren, obgleich das *laissez-faire* der Länderforstpolitik auch die Waldumbauprogramme charakterisiert. Sie werden für den Landeswald verbindlich vorgeschrieben und haben für den Privatwald und grundsätzlich auch für den Körperschaftswald einen empfehlenden Charakter. Im Detail weisen die in den Ländern eingeschlagenen Wege jedoch beträchtliche Unterschiede auf. So finden sich einerseits umfassend formulierte Programme, die kompakt Ziele, Grundsätze und Maßnahmen der gesamten Waldbewirtschaftung zusammenfassen, neben Politikansätzen, die auf einem Bündel nebeneinander bestehender Zielformulierungen und Instrumente basieren. Die sogenannten „Waldumbauprogramme" sind vielfach in umfassendere forstpolitische bzw. waldbauliche Konzeptionen eingebunden.

Die Umsetzung von Zielen zum Waldumbau wird im Privat- und Körperschaftswald von den Forstverwaltungen mit den etablierten Maßnahmen der forstlichen Beratung, Betreuung und Förderung verfolgt (vgl. z. B. „Naturnahe Waldwirtschaft Baden-Württemberg", 1992). Der Körperschaftswald nimmt insofern eine Sonderrolle ein, als von ihm je nach Landeswaldgesetz nicht nur eine besonders vorbildliche Bewirtschaftung gefordert wird, sondern diese durch staatliche Beförsterung bzw. das Angebot einer von den staatlichen Forstbehörden durchgeführten Betriebsplanung de facto den gleichen waldbaulichen Qualitäts- und Handlungszielen wie der Landeswald unterliegt.

Rechtliche Instrumente spielen im Hinblick auf die Baumartenwahl außerhalb des Staatswaldes eine untergeordnete Rolle. Die Forstgesetzgebung der Länder „baut auf die Eigenverantwortung der Waldbesitzer. An dieser Ausrichtung soll auch künftig festgehalten werden" (Waldprogramm Niedersachsen, 1999).

1184. Als ein positives Beispiel wird unter den vorliegenden Konzepten vielfach das Programm der niedersächsischen Landesregierung für eine langfristige ökologische Waldentwicklung in den Landesforsten – LÖWE (Waldprogramm Niedersachsen, 1999) – beschrieben. Es gilt nicht nur als politische Vorgabe des Eigentümers für die Landesverwaltung, sondern wird von dieser gar als „Unternehmensleitbild für Waldbau und Waldnaturschutz" begriffen (WOLLBORN und BÖCKMANN, 1997). Die Umsetzung erfolgt in Verbindung mit Verwaltungsvorschriften, Merkblättern und externen Vorgaben, so zum Beispiel durch Aufnahme von Schutzgebietsverordnungen in die forstbetriebliche Planung. Aufgabe des einzelnen Forstwirtschafters ist es, alle Entscheidungen über Eingriffe in den Landeswald auf Basis einer Abwägung der in LÖWE formulierten Grundsätze zu treffen. Nach Einschätzung der zuständigen Fachabteilungen gelingt dies den zuständigen Abteilungen gut (WOLLBORN und BÖCKMANN, 1997). LÖWE beinhaltet neben der Formulierung entsprechender Vorschriften und der forstbetrieblichen Einzelplanung als weitere planerische Möglichkeiten, die Ziele des Waldentwicklungsprogramms zu fördern. Hierzu zählen u. a. die forstlichen Rahmenpläne, das Landes-Raumordnungsprogramm sowie die Regionalen Raumordnungsprogramme.

1185. Sofern Widersprüche zwischen den Zielen einer „ökologischen" Waldbewirtschaftung und der etablierten forstbetrieblichen Planung bestehen, wird letztere angepasst. Dementsprechend ging z. B. das „Gesamtkonzept für eine ökologische Waldbewirtschaftung des Staatswaldes in Nordrhein-Westfalen – Waldwirtschaft 2000" mit dem an die zuständige Landesanstalt (LÖBF) gerichteten Auftrag einher, neue Kontroll- und Planungsinstrumente für die zukünftig vielfältigeren Wälder zu entwickeln.

3.1.6.3 Naturnähe des gegenwärtigen Waldzustandes

1186. Der Begriff der potentiell natürlichen Vegetation wurde von TÜXEN (1956) geprägt. Man benennt hiermit das Vegetationspotential, welches zur Ausbildung eines Artengefüges an einem Standort unter gegebenen Umweltbedingungen führen würde, wenn hier menschlicher Einfluss künftig unterbliebe. Bestehende, irreversible Standortveränderungen durch den Menschen werden in dieser modellhaften Betrachtungsweise berücksichtigt (KOWARIK, 1987).

Eine vom Menschen nicht beeinflusste Waldentwicklung, die heute beginnt, unterscheidet sich wesentlich von einer „natürlichen" Waldentwicklung, wie sie sich ohne menschliche Anwesenheit in historischer Zeit ergeben hätte.

In Mitteleuropa ist die potentiell natürliche Vegetation weitgehend Wald; lediglich einige zu nasse oder zu trockene Standorte wären nicht von Wäldern besiedelt. In der arealgeographischen Gliederung Europas lässt sich der überwiegende Teil Deutschlands der mitteleuropäischen Eichen-Buchenwaldregion zuordnen. Die potentielle natürliche Vegetation besteht in den Tieflagen aus subatlantischem bis gemäßigt subkontinentalem Buchen- und Eichen-Hainbuchenwald und einer „ausklingenden" Verbreitung von Kiefern- und Fichtengesellschaften bzw. Fichten-/Tannengesellschaften im Osten und Süden. In der heutigen realen Vegetation Mitteleuropas fehlen die natürlichen Vegetationseinheiten völlig und naturnahe Einheiten nehmen nur einen relativ kleinen Teil der Fläche ein. Es herrschen großflächig Vegetationseinheiten vor, die durch den Menschen stark geprägt wurden. Die von Natur aus zu erwartenden Vegetationseinheiten wurden durch eine nutzungsgeprägte „reale Vegetation" ersetzt.

Das Konzept der potentiell natürlichen Vegetation wurde lange Zeit als wichtiges Hilfsmittel zur flächenhaften Darstellung des Standortpotentials herangezogen. In den letzten Jahren ist die potentiell natürliche Vegetation als Leitbild für die Waldentwicklung kontrovers diskutiert worden (ZERBE, 1997; FISCHER, 1995).

1187. In der Vergangenheit wurden zahlreiche Ansätze für eine operationalisierbare Beurteilung der menschlichen Naturraumbeanspruchung und der Naturnähe der bestehenden „realen" Vegetation entwickelt (u. a. GIEGRICH und STURM, 1999; DIERSCHKE, 1984; SUKOPP, 1972; ELLENBERG, 1963; JALAS, 1955). Kein Vorschlag wurde bis heute allgemein übernommen, da die Diskussion über die Definition des Natürlichkeitsgrades noch nicht abgeschlossen ist. Nach SCHIRMER (1993) scheint es empfehlenswert, als Kriterium für die Naturnähe den Grad der Übereinstimmung der realen Vegetation mit der heutigen potentiellen natürlichen Vegetation zu benutzen. Er kommt hierbei in dem Anteil der zur heutigen potentiellen natürlichen Vegetation gehörenden Baumarten einschließlich der Pionierbaumarten und entsprechenden Begleitarten zum Ausdruck. Daneben lässt sich ferner die Bodenvegetation in ihrer Übereinstimmung mit den natürlichen Standortbedingungen oder in Abweichung davon als Kriterium heranziehen (Arbeitskreis Standortkartierung, 1996).

Diese Modelle oder Modellvarianten gehen von strukturellen Parametern aus. Ihre Ausprägung ist jedoch das Ergebnis zugrundeliegender ökologischer Prozesse (z. B. Sukzession, Bodenbildung, Interaktionen zwischen Arten). Zunehmend wurde deshalb in den letzten Jahren diskutiert, ob für eine Beschreibung von Waldentwicklungen und damit auch als Leitlinien für forstwirtschaftliche Nutzungen funktionale Modelle nicht sehr viel besser geeignet wären als strukturelle. Ein wesentlicher Vorteil besteht darin, dass die systemspezifischen dynamischen Abläufe in Ökosystemen hiermit wesentlich besser fassbar und beurteilbar sind als mit den herkömmlich strukturell-statischen Modellen (vgl. u. a. PLACHTER, 1996; SCHERZINGER, 1996; JAX, 1994; STURM, 1993; REMMERT, 1991). Prozessorientierte Waldmodelle könnten zudem eine weitgehende Neubewertung der Forstwirtschaft anstoßen. Forstwirtschaftliche Maßnahmen wurden bisher aus Naturschutzsicht häufig negativ beurteilt, weil sie bestehende Strukturen verändern. In prozessorientierten Modellen ist die Beurteilung solcher Eingriffe – ungeachtet ihrer strukturellen Effekte – aber daran zu orientieren, inwieweit sie natürlichen Prozessen nahekommen und inwieweit sie funktionale Gefüge dauerhaft verändern.

1188. Differenzierte Auffassungen von einem natürlichen Urzustand der Wälder oder von Abläufen in einer vom Menschen unbeeinflussten Natur haben in der Vergangenheit im Rahmen der Diskussion um natürliche Waldgesellschaften und Natürlichkeitsgrade zu diversen Modellen einer naturnahen Waldnutzung mit deutlich voneinander abweichenden ökosystemaren Zielzuständen geführt. Aufgrund fehlender Grundlagen stellt eine fachliche Beurteilung des gegenwärtigen Waldzustandes und der diesen Zustand prägenden Bewirtschaftungspraktiken hinsichtlich der „Naturnähe" ein schwieriges Unterfangen dar. Entscheidende Fragen, deren Beantwortung eine Voraussetzung für politische Entscheidungen sein sollte, sind bisher im wissenschaftlichen Kontext ungeklärt. Verschiedene Wissenschaftsdisziplinen sind in dieser Frage oftmals nicht über die Diskussion der Wahl von Beurteilungsmethoden hinausgekommen. Es bleibt unklar, wie sich die Flächenverhältnisse von sogenannten naturfernen und naturnahen Wäldern darstellen. Es bleibt auch unklar, in welchem Umfang in den Wäldern Arten vorkommen, die aufgrund der forstlichen Bewirtschaftung gefährdet sind (SCHILCHER, 1999). Eine erneute Diskussion über die ökologische Sinnhaftigkeit „natürlicher" Zustände im Wald hat mit einer Untersuchung von SCHERZINGER (1996) begonnen und wird von AMMER und SCHUBERT (1999) weiterverfolgt. In Fallstudien wurde belegt, dass eine Ausrichtung der Forstwirtschaft an Flächen mit Wildnis-Charakter nicht zwangsläufig zu einer Erhöhung der Biodiversität führt. Im Ergebnis zeigt sich, dass auch auf ökologischer Basis bewirtschaftete Nutzwälder den Belangen des Naturschutzes gerecht werden können. Die damit verknüpfte kleinflächige, abwechslungsreiche und unschematische Wirtschaftsweise mit ihrem breiten Spektrum an standortsgemäßen Baumarten in möglichst intensiver Mischung sowie verschiedenen Makro- und Mikrostrukturen, Feuchtigkeits- und Belichtungssituationen und Sukzessionsphasen erscheint zunächst naturnah. Tatsächlich entspricht sie einem historischen Zustand der Waldnutzung.

Aufgrund der anhaltenden Diskussion über die „Naturnähe" der Wälder und deren Bewirtschaftungsformen kann nur eine Darstellung einzelner Einschätzungen erfolgen, um dadurch einen grob schematisierten Überblick über die gegenwärtige Situation zu bieten. Die Komplexität und die Varianz von Waldökosystemen mit ihren standortspezifischen Ausprägungen erfordern eine hohe Genauigkeit bei der Stichprobenaufnahme und ein ausgewogenes Maß zwischen Pauschalisierung und Spezifizierung. Das Konzept zur Beurteilung der „Natürlichkeit" des Ist-Zustandes der Waldbestände kann als Ausgangspunkt gelten. Darüber hinaus stellt der Umweltrat fest, dass zwar Bewirtschaftungsweise und Ist-Zustand des Waldes eng miteinander korrelieren, für eine gerechte Bewertung der gegebenen Situation müssen jedoch die langen Produktionsräume der Forstwirtschaft unbedingt berücksichtigt werden.

Die Notwendigkeit einer Beurteilung der waldbaulichen Entwicklung des Waldes ergibt sich aus der Kritik, der das forstliche Handeln der letzten Jahrzehnte ausgesetzt ist. Mittlerweile wird auch seitens der Forstwirtschaft anerkannt, dass Teile des deutschen Waldes im ökologischen Sinne nicht standortgemäß bestockt sind und dem nahekommen, was auf internationaler Ebene als Plantagenwirtschaft bezeichnet wird. Flora und Fauna weichen in diesen Beständen von den „natürlichen" Verhältnissen oft weit ab (SCHLEIFENBAUM, 1998). Zum anderen zeigen aber auch die durch Schäden offengelegten Produktionsrisiken, dass innerhalb der Forstwirtschaft die Vorgehensweise der Vergangenheit in Frage gestellt werden muss. Vor allem die intensive Nadelholzwirtschaft mit Kahlschlag, die seit über einem Jahrhundert Gegenstand forstinterner Auseinandersetzungen um naturnahe und naturferne Ausrichtungen des Waldbaus ist (OTTO, 1993), wird vom Umweltrat als nicht umweltgerecht eingestuft. Weitere Kritikpunkte waren und sind vor allem der bevorzugte Anbau von Fichte und Kiefer und die Wiederaufforstungspraktiken hinsichtlich Baumartenwahl und Pflanzzahl im Privatwald. Der wirtschaftliche Erfolg der Fichte beruht auf der Robustheit der Baumart, einfacher waldbaulicher Handhabung und der Aussicht auf rasche Erträge aus den verhältnismäßig günstigen Kulturen. Gleichzeitig erschien die Fichte in der Aufbauphase der Wälder nach dem Zweiten Weltkrieg und bei den Aufforstungen landwirtschaftlicher Flächen im Rahmen der Extensivierung als die geeignete Baumart. Auch die Kiefer war für viele Böden (und bei geringen Niederschlägen) die einzig mögliche Baumart, um eine strukturelle Verbesserung der Böden und der Landnutzung zu erreichen. Dies hat in weiten Teilen Deutschlands zu Beständen geführt, die weitgehend von der potentiellen natürlichen Vegetation abweichen. Bei der Bestandsbegründung und Erstaufforstung wurden in der Vergangenheit zudem weitere Faktoren nicht berücksichtigt, die sich wie folgt zusammenfassen lassen (WANGLER, 1990; PLOCHMANN, 1981; HAMMER, 1974):

– Der Anbau der Fichte (teilweise auch der Kiefer) geschah häufig auf ungeeigneten Standorten mit viel zu hohen Pflanzzahlen. Mangelhafte Bestandspflege führte zu Dichtschluss und gefährdet die Bestandesstabilität.

– Erstaufforstungen mit Fichte (teils auch mit Kiefer und Schwarzkiefer) wurden auch auf Standorten getätigt, die für den Naturschutz von vorrangiger Bedeutung sind (feuchte Wiesen, Bachränder, Trockenrasen, Heiden).

– Erstaufforstungen erfolgten vielfach in ungünstig strukturierten Räumen (Realteilungsgebiete) oder in Regionen, in denen eine weitere Zunahme der Waldflächen aus landeskulturellen Gründen problematisch oder sogar unerwünscht ist.

– Alte Laubwälder, vor allem Mittel- und Niederwaldungen, wurden in ertragreichere gleichaltrige Nadelwälder umgewandelt.

Zwar kann eine Kritik an den heute 20- bis 50-jährigen Fichten- und Kiefernreinbeständen nur vor dem Hintergrund der historischen Entwicklungen und damaliger forstpolitischer Zielsetzungen (Wiederaufbau, Schwerpunkt Holzproduktion und Ertragssteigerung) bewertet werden, jedoch zeigen erste Ansätze der aktuellen Zertifizierungsdebatte, dass bei einer globalen Betrachtung der Waldzustände vorrangig die gegenwärtige Situation bewertet wird.

1189. Eine neuere Einschätzung der „Naturnähe" der gesamtdeutschen Waldfläche und deren Bewirtschaftung legen GIEGRICH und STURM (1999) vor. Methodisch wurden Natürlichkeitsklassen aufgestellt, die eine Beurteilung der „Natürlichkeit" des Waldökosystems anhand von drei Kriterien erlauben. Diese sind die Naturnähe des Bodens, die Naturnähe der Waldgesellschaft und die Naturnähe der Entwicklungsbedingungen. Die Methode wurde für Waldgebiete der mittleren Breiten und für boreale Wälder erarbeitet. Durch stichprobenhafte Untersuchungen und Abschätzungen auf Basis vorhandener forstlicher Literatur sowie unter Zuhilfenahme der Forsteinrichtungsdaten der jeweiligen Forstverwaltungen und -besitzer wurde die Waldfläche Deutschlands nach verschiedenen Intensitätsstufen bewertet und eingeteilt (GIEGRICH und STURM, 1999). Die Einschätzung enthält durch die fehlende flächendeckende methodische Anwendung nach Ansicht des Umweltrates eine gewisse Unschärfe, jedoch gilt sie in ihrer Tendenz bislang als tragfähig.

Auf ca. 5 % der Gesamtwaldfläche (vgl. Tab. 3.1.6-1; Stufe I) entsprechen sowohl die Baumartenzusammensetzung als auch die Bodenvegetation der natürlichen Vegetation. Dies sind vor allem Nationalparke, Naturwaldreservate, Naturschutzgebiete mit strengen Schutzgebietsverordnungen und geschützte Biotope. Ebenfalls 5 % der Waldfläche sind naturnah (Stufe II). Der größte Anteil (50 %) der Waldfläche gilt als bedingt naturnah (Stufe III). Nach GIEGRICH und STURM (1999) herrscht hier eine bedingt naturnahe forstwirtschaftliche Nutzung vor. Weitere 30 % der deutschen Wälder sind in einem bedingt kulturbestimmten Zustand (Stufe IV). Dies sind vor allem ländlich geprägte Kommunalwälder, Teile der Staatsforste und größere Privatwälder. Vor allem in Großprivatwaldbetrieben und einigen Forstämtern Brandenburgs und Bayerns lässt sich die Waldfläche lokalisieren, die nach GIEGRICH und STURM (1999) kulturbestimmt ist (Stufe V) und einen Anteil von ca. 10 % an der Gesamtwaldfläche einnimmt.

Bei einer Beurteilung der Naturnähe der bestehenden Wälder in Deutschland ist zu berücksichtigen, dass die Besonderheiten der Waldbewirtschaftung nur langfristig eine Änderung der bestehenden Verhältnisse erlauben. Spontane Wechsel, wie sie die Forstwirtschaft gelegentlich in den vergangenen fünfzig Jahren erlebte, haben zur jetzigen Waldproblematik beigetragen. Ein angestrebtes Leitbild kann nur durch Kontinuität der Maßnahmen über lange Zeiträume umgesetzt werden.

Tabelle 3.1.6-1

Schlüssel für die Naturnähe der Baumartenzusammensetzung von Wäldern

Naturnähe-Stufen (Natürlichkeitsgrad)	Baumarten der heutigen potentiellen natürlichen Vegetation (hpnV) einschließlich der Pionierbaumarten	Bodenvegetation
Natürlich I	alle wichtigen Baumarten der hpnV des Standortes sind vertreten und bilden zusammen > 95 % des Bestandes	im Einklang mit den natürlichen Standortbedingungen
Naturnah II	die wichtigen Baumarten der hpnV machen zusammen > 75% des Bestandes aus, wenn wichtige Baumarten der hpnV fehlen oder sehr gering vertreten sind	weitgehend im Einklang mit den natürlichen Standortbedingungen
Bedingt naturnah III	der Anteil der Baumarten der hpnV beträgt noch mindestens 50 %	geringe, doch reversible Veränderungen im Arteninventar
Bedingt kulturbestimmt IV	die Baumarten der hpnV sind noch mit mindestens 25 % vertreten	deutliche Veränderungen
Kulturbestimmt V	Baumarten der hpnV oft nur am Rande, höchstens 25 %, meistens unter 10 %	teilweise neue Artenkombination

Quelle: Arbeitskreis Standortkartierung, 1996; verändert

3.1.6.4 Evaluierung des Waldumbaus

1190. Die Umbauprogramme der Länder können angesichts der langen Umtriebs- bzw. Entwicklungs-/Wachstumsperioden von Wäldern bislang nur wenig bewegt haben. Evaluierungsversuche heben bisher auf Indikatoren, wie verausgabte Summe an Fördermitteln, Pflanzenverbrauch bei der Erst- oder Wiederaufforstung, ab. Einige Waldinventuren weisen für die erste Altersklasse bereits darauf hin, dass der jahrzehntelang ungebrochene Trend zu Nadelholzreinbeständen zumindest im Waldbesitz der öffentlichen Hand gestoppt ist. Aus dem in der Regel kleiner parzellierten Privatwald liegen widersprüchliche Ergebnisse über die Entwicklung der Baumartenzusammensetzung vor (WOLLBORN und BÖCKMANN, 1997). Mit dem vorliegenden Datenmaterial wird vor allem das politische Bemühen um den Wandel belegt. Ein Nachweis über den möglichen Erfolg oder resultierende Gefahren bzw. Entwicklungsrichtung und -stand ist derzeit nicht zu führen. Hier besteht ein gravierender Mangel an aussagekräftigen Daten zu den ökosystemaren Folgen.

3.1.7 Schlussfolgerungen und Handlungsempfehlungen

3.1.7.1 Neues altes Leitbild: Dauerhaft umweltgerechte Waldwirtschaft

1191. Von allen Landnutzungsformen ist die Wald- bzw. Forstwirtschaft die am stärksten auf Langfristigkeit orientierte Bewirtschaftungsform. Der Begriff Nachhaltigkeit, d. h. dauerhaft umweltgerechte Entwicklung hat darin teilweise seine Wurzeln. Um die politische Forderung der Nachhaltigkeit besser zu verwirklichen, hat die deutsche Forstwirtschaft das Leitbild einer multifunktionalen Waldnutzung etabliert. Auch wenn Einigkeit darüber besteht, dass das theoretische Gleichrangigkeitsmodell (vgl. Abschn. 3.1.1) in der Praxis nur bedingt operational ist, so unterstützt der Umweltrat den Ansatz der Multifunktionalität, insbesondere auch vor dem Hintergrund der standörtlichen Vielfalt der Waldgebiete. Damit betont er die Notwendigkeit standortgerechter, naturnaher Waldbaustrategien (vgl. auch SRU, 1996b). Allerdings stellt er fest, dass nicht alle Funktionen des Waldes in gleichem Maße und im gesellschaftlich erwünschten Umfang automatisch als Kuppelprodukte forstwirtschaftlichen Handelns anfallen. Bei der Diskussion über Waldfunktionen erscheinen aktuelle Ansätze hilfreich, die eine Differenzierung der Waldfunktionen in „Wirkungen des Waldes" und „Leistungen der Forstwirtschaft" vorschlagen (OESTEN und SCHANZ, 1997). „Wirkungen des Waldes" bestehen in gleicher Weise auch bei völliger Abwesenheit von Forstwirtschaft, wogegen „Leistungen der Forstwirtschaft" in qualitativen und quantitativen Veränderungen durch forstliches Handeln bestehen, die der Befriedigung von Nutzungsansprüchen der Gesellschaft dienen. Was Wirkungen und was Leistungen sind, wird letztlich durch den verfügungsrechtlichen Rahmen bestimmt (OESTEN und SCHANZ, 1997, S. 126 f.).

1192. Ziel einer dauerhaft umweltgerechten Forstwirtschaft sollte eine möglichst geringe Beeinträchtigung der Wirkungen des Waldes sein. Die für umweltpolitische Eingriffe maßgebliche Abgrenzung zwischen Wirkungen und Leistungen sollte nach Auffassung des Umweltrates über eine Spezifizierung des Begriffes „ordnungsgemäße Forstwirtschaft" erfolgen. Der Umweltrat lehnt dabei aber unterschiedliche Aufgabenstellungen der verschiedenen Waldbesitzarten ab. Dies wird damit begründet, dass sich Eigentumsverhältnisse, auch was Staats- oder Kommunalwald anbelangt, ändern und damit jeweils veränderte Zielsetzungen einhergehen können, die aufgrund der Langfristigkeit forstwirtschaftlicher Maßnahmen – wenn überhaupt – nur bedingt realisierbar wären.

1193. Der Umweltrat tritt nachdrücklich dafür ein, Forst- und Waldwirtschaft und Naturschutz nicht als Gegenpole zu sehen, sondern Forst- und Waldwirtschaft und Naturschutz soweit wie möglich zu integrieren. Der Umweltrat verkennt jedoch nicht, dass aktuell im Verhältnis zwischen Forst- bzw. Waldwirtschaft und Naturschutz eine ganze Reihe von kontroversen Positionen besteht, beispielsweise im Hinblick auf Planungs- und Verwaltungsfragen sowie Waldbewirtschaftungskonzepte. Es sollte deshalb zukünftig darum gehen, diese Kontroversen vor dem Hintergrund veränderter gesellschaftlicher Ansprüche, wirtschaftlicher Rahmenbedingungen und erheblich verbesserter Erkenntnisse über die Dynamik und die Funktionsweisen von Waldökosystemen insbesondere auch im Kontext ganzer Landschafts- oder Biotopverbundstrukturen adäquaten Lösungen zuzuführen. Insgesamt ist den Belangen des Naturschutzes mehr Bedeutung beizumessen, als dies bislang zumindest in der Praxis der Fall war. Andererseits sollten bei diesem Abstimmungsprozess die Umweltschutzfunktionen der Umweltmedien nicht vernachlässigt und eine medienübergreifende Herangehensweise gewählt werden.

1194. Eine Waldnutzung, die sowohl forstliche als auch naturschutzfachliche Belange adäquat berücksichtigt, bedarf der differenzierten Festlegung von Vorrangflächen beispielsweise als Totalreservate. Eine wichtige planerische Voraussetzung für die Festlegung solcher Vorrangflächen im Wald sowie deren räumliche Integration ist nach Ansicht des Umweltrates die systematische, qualitative und quantitative Erhebung der Flächen- und Entwicklungspotentiale. Dies leisten für die holzproduktionsrelevanten Aspekte der Waldbewirtschaftung unter anderem die Bundeswaldinventur sowie die Forsteinrichtungswerke. Im Staatswald liefern Waldfunktions- und insbesondere Waldbiotopkartierungen inzwischen erste Ansätze zur Katalogisierung der Waldeinheiten hinsichtlich ihrer „Biotopqualität" und Flächenverteilung. Die Waldfunktionenkartierung liefert eine Fülle räumlicher Informationen, bedarf aber zukünftig aufgrund methodischer Defizite zur Umsetzung naturschutzfachlicher Zielsetzungen einer Ergänzung durch einschlägige Datenerhebungen. Der Umweltrat fordert in diesem Zusammenhang die Entwicklung tragfähiger Parametersätze mit Bezug auf eine naturschutzfachliche Beurteilung des Zustandes und der Entwicklungspotentiale von Wäldern. Die Integration der aus naturschutzfachlichen Erhebungen und aus der Waldökosystemforschung gewonnenen Befunde in die forstliche Planung bzw. auf der betrieblichen Ebene in die Forsteinrichtungsplanung bildet einen wichtigen Schritt zur Umsetzung integrierter Waldbaukonzepte, die grundsätzlich auch den Belangen des Naturschutzes Rechnung tragen.

1195. Mit Bezug auf die Durchsetzung von Naturschutzbelangen im Wald weist der Umweltrat darauf hin, dass eine Trennung der Forstwirtschaft in einen wirtschaftenden und in einen aufsichtsführenden, das heißt hoheitlichen Teil vertretbar erscheint, wenn das ökologische Niveau der ordnungsgemäßen Forstwirtschaft klar gesetzlich fixiert und kontrolliert werden kann. Zwischen Wald- und Forstwirtschaft und Naturschutz bestehen hinsichtlich hoheitlicher Aufgaben Zielkonflikte und Überschneidungen, die bislang jedenfalls aus fachlich inhaltlicher Sicht nicht angemessen geordnet sind. Als einen Lösungsweg schlägt der Umweltrat vor, hoheitliche Aufgabenstellungen und Nutzungsinteressen grundsätzlich zu trennen. Dies würde langfristig darauf hinauslaufen, eine Forstverwaltung aufzubauen, die lediglich hoheitliche Aufgaben wahrnimmt. Da sie von Zielkonflikten weitgehend entlastet ist, könnte sie mit gleicher Gewichtung auch Naturschutzinteressen vertreten und Kompetenzkonflikte zwischen Forst- und Naturschutzverwaltung würden weitgehend entschärft. In diesem Konzept würde der gesamte Staatswald sukzessive privatisiert oder jedenfalls privat bewirtschaftet werden.

Auf die Anpassung bestehender institutioneller Rahmenbedingungen und Verfahrensweisen an die Erfordernisse, die sich aus den von der Bundesregierung unterzeichneten internationalen Konventionen mit Waldbezug ergeben, ist besonderes Gewicht zu legen, um die aus den Konventionen abzuleitenden Verpflichtungen angemessen zu erfüllen. Die Lösungen sind am Querschnittscharakter der einzelnen Konventionen auszurichten, der die Beteiligung einer Vielzahl von Bereichen staatlichen Handelns – Forstwirtschaft, Naturschutz, Handel, Landnutzungsplanung, Forschung und Entwicklungszusammenarbeit – und die Entwicklung innovativer Verfahren zur sektorübergreifenden Zusammenarbeit erfordert.

3.1.7.2 Zum Waldzustand

1196. Zur Charakterisierung des Ausmaßes sowie der zeitlichen Entwicklung und räumlichen Verteilung der Schäden werden in Europa jährlich Waldschadens- bzw. Waldzustandsinventuren erstellt, die im wesentlichen auf der Erfassung unspezifischer Nadel-/Blattverluste basieren. Vor dem Hintergrund der Erkenntnisse aus etwa zwei Jahrzehnten intensiver Waldschadens- beziehungsweise Waldökosystemforschung weist der Umweltrat darauf hin, dass diese Inventuren keine hinreichenden Aussagen über den tatsächlichen Gesundheits- (Vitalitäts-)Zustand der Bäume/Bestände erlauben. Neu oder neuartig sind vor allem Schadensphänomene, die auf Ernährungsstörungen beruhen. Im Zusammenhang mit den sogenannten neuartigen Waldschäden wurden daher von Anfang an Ernährungsstörungen als symptomatische Befunde diskutiert. Dabei stand vor allem ein neuartiger Mg-Mangel bei Fichtenbeständen in höheren Lagen der Mittelgebirge im Blickpunkt des Interesses.

Zur optischen Diagnose ernährungsbedingter Waldschäden dienen spezifische Verfärbungssymptome. Diese sind für Mg-Mangel ausführlich beschrieben. Zur exakten Beurteilung des Ernährungszustandes ist die Blattanalyse das Mittel der Wahl. Für zahlreiche Baumarten liegen hinreichend gesicherte Grenzwerte/-bereiche vor. Die mit Ernährungsstörungen (Nährelementmängel, -ungleichgewichte) gekoppelten Waldschäden lassen sich in

Abhängigkeit von Standortfaktoren und Bestandesbedingungen in spezifische Schadtypen einteilen. Dabei dominiert der Mg-Mangel bei Fichte auf sauren und basenarmen Substraten. Dieses Syndrom, das optisch seit Mitte der siebziger Jahre in höheren Lagen der Mittelgebirge insbesondere an Fichten beobachtet und als Fichten-Hochlagenerkrankung bezeichnet wird, hat sich aus pflanzenphysiologischer Sicht allmählich entwickelt. Die sichtbaren Symptome dieser Erkrankung traten zu Beginn der achtziger Jahre allerdings relativ „plötzlich" und auf großen Flächen auf. Die seit Mitte der achtziger Jahre beobachteten Stagnationen bei der Vergilbung sowie die verbreitete natürliche Regeneration gelbspitziger Fichtennadeln fallen mit Jahren reduzierter Schadstoffeinträge und günstigen Niederschlagsverhältnissen zusammen. Zur Erklärung der tiefgreifenden Veränderungen des Ernährungszustandes vieler Waldökosysteme mit den Symptomen der neuartigen Waldschäden in Deutschland und Europa wurden verschiedene Hypothesen formuliert. Diese lassen sich in *direkte* und *indirekte* Wirkungspfade einteilen.

1197. *Direkte* Einwirkungen gasförmiger Luftschadstoffe, wie SO_2, NO_x, NH_3 und O_3, als Einzelfaktoren oder in Kombination mit additiver bzw. synergistischer Wirkung wurden – mit Ausnahme der sogenannten Rauchschäden – schon früh als primär wirksame Ursachen ausgeschlossen. Da Ozon eine relativ hohe Pflanzenwirksamkeit besitzt, erscheint es jedoch nicht unwahrscheinlich, dass diesem Luftschadstoff in bestimmten Gebieten eine mitwirkende Rolle beim Zustandekommen von Walderkrankungen zukommt. Erhöhte H- und NH_4^+-Einträge können die Kronenauswaschung mobiler und austauschbarer Nährelemente wie Mg, Ca, K, Zn und Mn mit und ohne Vorschädigung des Blatt-/Nadelgewebes steigern. Es ist daher vorstellbar, dass dieser als Säure-Leaching bezeichnete Mechanismus bei langjähriger Belastung Ernährungsstörungen mit verursacht.

Als eindeutig belegt erachtet es der Umweltrat, dass *indirekte* Wirkungen, das heißt Mechanismen und Prozesse, die zu veränderten Substratbedingungen in Waldökosystemen führen, Ernährungsstörungen bzw. Waldschäden auslösen können. In diesem Zusammenhang ist die „Saure Regen"-Hypothese (Bodenversauerung, Aluminiumtoxizität) zu nennen. Es erscheint plausibel, dass aufgrund beschleunigter Bodenversauerung infolge erhöhter anthropogener Säureeinträge und anderer Einflüsse saure basenarme Böden derart an Mg, Ca und/oder K verarmen, dass die Waldbestände nicht mehr ausreichend mit diesen Nährstoffen versorgt werden können und akute Mangelsituationen auftreten. Andererseits wurde gezeigt, dass viele Waldbaumarten relativ tolerant gegen Aluminiumtoxizität sind. Offenbar haben sie sich entwicklungsgeschichtlich gut an saure Substratbedingungen angepasst und adäquate Schutzstrategien entwickelt.

Erhöhte N-Einträge in Waldökosysteme sind ernährungsphysiologisch differenziert zu betrachten. Verbessertes NH_4^+-Angebot kann bei Fichte und anderen Baumarten zu reduzierter Mg- und K-Aufnahme sowie zu erniedrigten Rhizosphären-pH-Werten führen, während die Anionenabsorption dadurch gesteigert wird. NO_3^--Ernährung wirkt entgegengesetzt. Bei hohem luftbürtigen N-Input ist zu beachten, dass die N-Aufnahme partiell auch über die Krone erfolgt. In der Regel fördert eine bessere N-Versorgung das Wachstum der Bäume. Daraus können Verdünnungseffekte und Nährelementungleichgewichte resultieren. Hohe N-Einträge können die Bodenversauerung vorantreiben und auf nährstoffarmen Böden eine Verschlechterung des Basenhaushaltes bewirken. Andererseits wirken N-Einträge in Waldökosystemen aufgrund der standort- und bestandsspezifischen Unterschiede des N-Haushaltes sehr verschieden.

1198. Nach Auffassung des Umweltrates sind die anthropogene Beeinflussung der Atmosphäre und die daraus resultierenden Stoffeinträge als Standortfaktor zu bewerten, wobei Veränderungen der Immissionen in Raum und Zeit sowie nach Art, Form, Menge und Verhältnis zu berücksichtigen sind. Es wird deshalb ein Erklärungsansatz postuliert, in dem die standort- und bestandsspezifischen Waldschäden als Folge verschiedenartiger Kombinationen multipler Stressfaktoren betrachtet werden. Dabei spielen extern verstärkte Bodenversauerung, Verarmung an basischen Kationen, erhöhte N-Einträge, reduzierte Mg- (und Ca-)Deposition und verstärktes Kronen-Leaching wichtige Rollen. Extreme Witterungsbedingungen (z. B. Trockenheit) besitzen sowohl mitwirkenden als auch auslösenden Charakter. Biotische Erkrankungen werden als Folgewirkungen eingestuft.

1199. Da die Konstellation der Kausalfaktoren in der Regel komplex ist, sich diese Einflüsse zumindest partiell gegenseitig bedingen, verstärken oder auch kompensieren und zudem standortspezifisch sind, weist der Umweltrat darauf hin, dass die jeweiligen Schadursachen nur am Standort selbst bestimmt werden können.

Wie vom Umweltrat bereits Anfang der achtziger Jahre vorgeschlagen (SRU, 1983), wird neben der Kalkung als Bodenmeliorationsmaßnahme auch weiterhin eine an die Standort- und Bestandesbedürfnisse angepasste gezielte Düngung zur Verbesserung des Ernährungszustandes und der Widerstandskraft der Bäume empfohlen. Auch wenn heute in Zentraleuropa Aspekte des Boden- und Gewässerschutzes bei waldbaulichen Maßnahmen wie Kalkungen und Düngungen im Vordergrund stehen, darf das Kompartiment Baum/Bestand aufgrund seiner komplexen Wirkung im Waldökosystem nicht unberücksichtigt bleiben.

1200. Da Degradationen von Waldökosystemen häufig auf mehrere Ursachen zurückzuführen sind, betont der Umweltrat mit Nachdruck, dass Sanierungsmaßnahmen in der Regel weit über Bodenmeliorations- und Düngungsmaßnahmen hinausgehen müssen. Derartige Eingriffe sind grundsätzlich in ein forstwirtschaftliches Gesamtkonzept einzubinden, in dem neben ernährungs- und bodenkundlichen sowie nutzungsgeschichtlichen Gesichtspunkten auch waldbauliche, ökologische und landschaftspflegerische Ziele zu berücksichtigen sind. Immer aber müssen diese Maßnahmen an die spezifischen Standortbedingungen angepasst werden und sind deshalb von Fall zu Fall neu zu bestimmen.

Auch wenn sich die Wälder in Deutschland derzeit in einer unerwarteten Gesundungsphase (Verschwinden von Vergilbungssymptomen, Abnahme von Nadel- bzw. Blattverlusten) mit zumindest teilweise bisher unbekannten Holzzuwachsraten befinden, kann dieser Befund nicht darüber hinwegtäuschen, dass es sich bei unseren Wäldern weithin um Forste mit einer langen Nutzungsgeschichte handelt. Dabei ist auch zu berücksichtigen, dass verstärktes Bestandeswachstum bei fehlender Holzentnahme zu einer Zunahme des flächenbezogenen Holzvorrates führt, der vergleichsweise rasch zu einer erneuten Destabilisierung der Waldbestände führen kann. Vor diesem Hintergrund kommt den eingeleiteten Waldumbauprogrammen eine noch bedeutendere Rolle zu, als sie sich z. B. aus der Forderung der Biodiversitätsforschung ergibt. Der Umweltrat fordert auch weiterhin, die Reduktion von Schadstoffeinträgen, insbesondere die N-Immissionen betreffend, voranzubringen. Schließlich empfiehlt der Umweltrat, die bislang praktizierten Waldschadens- bzw. Waldzustandsinventuren, die sich im wesentlichen an dem unspezifischen Parameter Nadel-/Blattverlust orientieren, zugunsten umfassender ökosystemar basierter Zustandsanalysen, wie sie z. B. das Level II-Programm der EU für Waldbestände vorsieht, aufzugeben.

3.1.7.3 Naturschutzbelange im Wald

1201. Aufgrund der standörtlichen Situation, des breiten Artenspektrums, der landschaftsökologischen Gesamtsituation in Deutschland, aber auch der internationalen Verpflichtungen besitzt der Schutz von Wäldern einen hohen Stellenwert. Der Biotopschutz im Wald kann nach Auffassung des Umweltrates durch die Anpassung der Nutzung an bestimmte Schutz- und Entwicklungsziele, spezifische Pflegemaßnahmen des Naturschutzes, Ausweisung von Schutzgebieten und gesetzlichen Pauschalschutz realisiert werden. Der Umweltrat hält aus naturschutzfachlichen Erwägungen heraus die Einrichtung von Waldschutzgebieten im deutschen ebenso wie im europäischen Schutzgebietssystem für unverzichtbar. Von der forstwirtschaftlich genutzten Fläche sollten 5 % Totalreservate, 10 % naturnahe Naturschutz-Vorrangflächen und 2 bis 4 % naturnahe Waldränder einem Waldbiotopverbundsystem vorbehalten bleiben (vgl. SRU, 1996a, Tz. 251). Diese Prozentzahlen sind aber nur grobe Richtzahlen, die in den jeweiligen biogeographischen Regionen und in Abhängigkeit von der Naturausstattung, der Standortvielfalt und den Nutzungen erheblich schwanken können und müssen.

Der Umweltrat empfiehlt darüber hinaus als Rahmen für eine Stärkung des Naturschutzes im Wald, das Bundes-Waldgesetz in der Richtung zu ändern, dass der Waldbesitzer anstelle einer Bewirtschaftungspflicht zu einem haushälterischen Umgang mit dem Wald verpflichtet ist.

1202. Nach der Flora-Fauna-Habitat-Richtlinie (FFH-Richtlinie) werden wertvolle Lebensraumtypen, die gemeinschaftsweit von Bedeutung sind, geschützt (vgl. Tz. 365 ff.). Im Bereich sogenannter mittlerer Standorte – und hier insbesondere auch bei Wäldern – geht die FFH-Richtlinie deutlich über den deutschen Gebietsschutz hinaus: So werden allein 14 verschiedene Waldtypen in der FFH-Richtlinie genannt. Manche in Deutschland häufig vorkommenden und zu wenig beachteten Waldtypen haben bei europaweiter Betrachtung eine hohe Bedeutung für den Naturschutz. Der Umweltrat empfiehlt deshalb, die in Deutschland besonders vielgestaltigen Buchenwaldgesellschaften auf einer angemessen großen Fläche im Status eines Nationalparkes unter Schutz zu stellen.

1203. Nach § 20c des Bundesnaturschutzgesetzes sind die folgenden Waldbiotoptypen in Deutschland pauschal geschützt: Wälder und Gebüsche trockenwarmer Standorte, Bruch-, Sumpf- und Auwälder. In den Ländern bestehen weitergehende Regelungen. Außerdem enthält ein erheblicher Teil der weit über 5 000 deutschen Naturschutzgebiete, der Nationalparke und Biosphärenreservate Waldanteile, manchmal auch in großen Flächenanteilen. Die Schutzintensität ist allerdings heterogen; vielfach ist eine Holznutzung nicht ausgeschlossen. Ein richtungsweisender Schritt ist der Aufbau eines Systems der Naturwaldreservate.

Die vergleichsweise breite Palette von Maßnahmen des Flächenschutzes konnte den Rückgang bestimmter Waldtypen jedoch nicht verhindern. Die aktuelle Rote Liste der gefährdeten Biotoptypen Deutschlands nennt mehr als 67 Waldtypen bzw. -varianten, die zumindest regional gefährdet sind (RIECKEN et al., 1994). Ergänzende Instrumente, insbesondere planerische, müssen gleichgerichtet wirksam werden.

1204. Der Umweltrat sieht es als zwingend erforderlich an, auf der Grundlage naturschutzfachlich fundierter Konzepte und Zielsysteme Maßnahmen zum Erhalt der biologischen Vielfalt in die forstliche Praxis zu integrieren.

Dies ist bisher erst teilweise erfolgt. Der Begriff „biologische Vielfalt" beinhaltet nach Art. 2 der Biodiversitätskonvention sowohl eine Vielfalt innerhalb der Arten als auch die Vielfalt der im Wald lebenden bzw. an den Wald gebundenen Tier- und Pflanzenarten und schließlich auch die Vielfalt der Waldökosysteme. Die bisherige Konzepte und Maßnahmen haben sich weitgehend auf die Ebene der Populationen und Arten beschränkt und hier wiederum auf bestimmte Organismengruppen (attraktive und/oder gefährdete Arten, Totholzbewohner). Der Erhalt der innerartlichen Vielfalt wurde – außer in begrenztem Umfang bei Nutzbaumarten – kaum als eigenständige Aufgabe erkannt. Tragfähige Konzepte hierzu liegen bisher kaum vor. Sie sind vorrangig neu zu erarbeiten.

1205. Vor der Formulierung einzelner Maßnahmen zum Erhalt der biologischen Vielfalt im Wirtschaftswald steht eine klarere Bestimmung der Ziele von Naturschutz im bewirtschafteten Wald. Aus naturschutzfachlicher Sicht ist dieses Ziel in der Regel eine möglichst große Naturnähe der Wirtschaftswälder, wobei sowohl strukturelle Merkmale des Naturwaldes als auch ein breites Spektrum von Lebensräumen der natürlichen Waldentwicklung entwickelt oder erhalten werden sollte.

1206. Der Umweltrat weist auf den nach wie vor bestehenden erheblichen Konkretisierungsbedarf für ein naturschutzfachliches Rahmenkonzept für Forsten und Wälder hin. Entsprechende Ansätze haben sich in der Vergangenheit zu stark auf die unbewaldeten Landschaftsteile beschränkt oder allenfalls Wald in Sondersituationen (z. B. Feldgehölze, Moorwälder) eingeschlossen (SCHERZINGER, 1996).

3.1.7.4 Umsetzung der Waldumbauprogramme

1207. Das Leitbild des künftigen Waldumbaus sollte unabhängig von der Waldbesitzart und länderübergreifend der Aufbau naturnaher, strukturreicher und ertragsstarker Wälder sein. Ein waldbauliches Zielkonzept sollte die konsequente Beachtung des „ökologischen Prinzips" als Grundansatz jeglicher Holznutzung betonen. Die Nutzungsintensität ist dabei in Abhängigkeit von den jeweiligen Standortbedingungen zu definieren. Zur Umsetzung dieser Leitlinie erscheint eine flächendeckende Bewertung der Naturnähe und das Aufzeigen waldbaulicher Entwicklungslinien unverzichtbar.

Ferner sollten die bisher gewonnenen standörtlichen Kenntnisse über Bewirtschaftungsmöglichkeiten, Risiken und Gefahren eine flexible und keine pauschalisierte Bewirtschaftungsstrategie auf regionaler Ebene in den Grenzen der Richtlinien des naturnahen Waldbaus erlauben.

1208. Der Umweltrat vertritt die Auffassung, dass der Umbau in naturnahe Wälder einen wichtigen Beitrag zur Erfüllung von Naturschutzzielen auf der Gesamtfläche des Wirtschaftswaldes leisten kann. Eine wechselnde Baumartenzusammensetzung, unterschiedliche forstliche Bewirtschaftungsmaßnahmen und Altersstrukturen sollen wesentlich dazu beitragen, die biologische Vielfalt (Lebensraumvielfalt, Artenvielfalt und genetische Vielfalt) im Wald zu sichern und zu mehren.

Die Auswirkungen eines ökologischen Waldumbaus auf Biodiversität, Waldnaturschutz, Forsttechnik und Wirtschaftslage bedürfen aber einer fundierten wissenschaftlichen Analyse. Der Umweltrat fordert in diesem Zusammenhang, zum Waldumbau einerseits eine ökologische Begleitforschung zu initiieren oder auszubauen und andererseits wissensbasierte Prognosemodelle weiterzuentwickeln. Dabei darf die Untersuchung sich nicht auf den Waldbestand beschränken; vielmehr sollten insbesondere ökosystemare Auswirkungen auf Boden und Gewässer adäquat mit berücksichtigt werden. Der Umweltrat begrüßt bestehende Ansätze des Bundesministerium für Bildung und Forschung zur Evaluierung von Maßnahmen einer zukunftsorientierten Waldwirtschaft.

Vor allem die instabilen Kiefernforste im norddeutschen Tiefland (insbesondere Niedersachsen und Brandenburg) sowie die Fichtenwälder in Mittelgebirgslagen sollten prioritär umgebaut werden. An den Kiefernstandorten sollten starke Durchforstungseingriffe das Einbringen und die Förderung von Laubbaumarten (z. B. Buche, Eiche) erlauben. Geprüft werden sollte die Möglichkeit, den Umbau der oft labilen Nadelwälder in stabile und naturnahe Laub- und Laub-Nadelmischwälder im Rahmen öffentlicher (zeitlich befristeter) Förderprogramme auch für den privaten Waldbesitz attraktiver zu machen.

1209. Als wesentliche Grundlage für die Anbauplanung und die Beurteilung der Naturnähe befürwortet der Umweltrat die bundesweite forstliche Standortkartierung und eine standardisierte naturschutzfachliche Erfassung und Beurteilung für alle Besitzarten innerhalb von zehn Jahren. Auf dieser Grundlage sollten regionale und standörtliche Ziele der Baumartenwahl entwickelt und umgesetzt werden.

1210. Der naturnahe Waldbau versucht, die natürliche Regenerationsfähigkeit der Waldökosysteme optimal zu nutzen. Auch aus ökonomischen Gründen sollte deshalb künftig die natürliche Leistungsfähigkeit der Wälder für eine Verjüngung eingesetzt werden, sofern nicht andere Verfahren (z. B. Saat oder Pflanzung) zweckmäßiger oder geboten sind, beispielsweise um labile Fichtenbestände rasch umzubauen. Stärker als die Geschwindigkeit ist aus der Sicht des Umweltrates jedoch die Dauerhaftigkeit und Umweltverträglichkeit von Umbaumaßnahmen zu gewährleisten; dabei kommt es entscheidend auf die jeweiligen standörtlichen Bedingungen an.

Waldumbaumaßnahmen, die mit hoher Eingriffsstärke und/oder in kurzen Zeitabständen erfolgen, sind deshalb besonders kritisch zu bewerten. Dementsprechend ist eine gezielte mittelfristige Planung des Umbaus unverzichtbar. Damit Naturverjüngung Erfolg haben kann, ist eine Regulierung des Schalenwildbestandes von herausragender Bedeutung, da durch Wildverbiss die Verjüngung der meisten Baumarten ohne aufwendige Schutzmaßnahmen derzeit nicht möglich ist (s. Abschn. 3.1.2.2). Die Gewährleistung einer waldverträglichen Wilddichte ist aus Sicht des Umweltrates unabdingbar. Überhöhte Wildbestände machen nicht nur eine Naturverjüngung der meisten Baumarten so gut wie unmöglich, sie verursachen erhebliche Mehrkosten in geschädigten Pflanzungen und gefährden seltene Äsungspflanzen des Waldunterwuchses in ihrem Bestand. Dementsprechend erachtet der Umweltrat die flächendeckende

Regulierung der Wildbestände durch angepasste Bejagung als dringend geboten. Die durch die teilweise Anerkennung der Landesjagdverbände als Naturschutzverbände nach § 29 BNatSchG geförderte „Ökologisierung" der jagdlichen Zielsetzung muss dringend umgesetzt werden. Dies gilt insbesondere auch für den Schutz gefährdeter Tierarten.

1211. Die Problematik hoher Wildbestände hat zu Allianzen zwischen Vertretern von Forstwirtschaft und Naturschutz geführt, die wirtschaftliche und naturschützerische Interessen gegenüber der Interessenvertretung der Jäger durchzusetzen suchen (vgl. BODE, 1997). Es werden gleichermaßen Mängel in den ökologischen und sozialen Bereichen einer nachhaltigen Jagdnutzung geltend gemacht. Während gesellschaftlich anerkannte Erfordernisse der Waldwirtschaft häufig an jagdlicher Unzulänglichkeit scheitern, droht die Akzeptanz der Jagd in der Öffentlichkeit zu schwinden, obwohl diese für einen naturnahen Waldbau unabdingbar ist.

1212. Vor dem Hintergrund der aktuellen Situation sollte die Jagd dem Primat eines forcierten Waldumbaus klar untergeordnet werden. Dazu empfiehlt sich auch eine Konkretisierung im Bundesjagdgesetz selbst. Da der Waldumbau bzw. die Einführung von naturnaher Forstwirtschaft eine bundesweit und mehr oder weniger flächig verfolgte Zielsetzung ist, sind dagegen Vorschläge, eine der gewünschten Wilddichte entsprechende Zonierung vorzunehmen, wenig hilfreich.

Jagdbedingte Probleme bedürfen interdisziplinärer regionaler Gesamtkonzepte. Die ausschließliche Fokussierung auf den Abschuss des Wildes ist extrem konfliktträchtig. Demgegenüber ist eine ganzheitliche Sicht und ein integrales Schalenwildmanagement unter Einbeziehung der verschiedenen Träger von Interessen an Wald und Wild zu empfehlen (REIMOSER, 1996). Dies gilt auch für die verbesserte ökologische Aus- und Weiterbildung der Jäger; zudem müssen aber auch die übrigen Landnutzer ein ökologisch erweitertes Selbstverständnis entwickeln.

In diesem Zusammenhang sollte § 1 Abs. 2 Satz 2 Bundesjagdgesetz im Hinblick auf die Anforderungen des ökologischen Waldbaus dahin erweitert werden, dass die Jagd – neben der Vermeidung von Wildschäden – Rücksicht auf die Verjüngung mit anspruchsvollen Laub- und Nadelgehölzen zu nehmen hat. Eine Konkretisierung mit einem entsprechenden Beispielskatalog könnte dann durch Regelungen der Länder erfolgen.

3.1.7.5 Honorierung von Umwelt- und Erholungsleistungen der Forstwirtschaft

1213. Die Forstwirtschaft unterscheidet sich von anderen Wirtschaftszweigen dadurch, dass sie neben den marktfähigen Gütern (Holz, Beeren, Pilze, Wild etc.), zahlreiche Leistungen erbringt, die am Markt nicht absetzbar sind. Schutz- und Erholungsleistungen des Waldes (u. a. Boden- und Lawinenschutz, Grundwasserschutz, CO_2-Festlegung, Arten- und Biotopschutz) stellen positive externe Effekte dar. Da es in der Regel keinen wirksamen Mechanismus gibt, die Konsumenten von der Nutzung wirksam auszuschließen, werden entsprechende Leistungen des Waldes unentgeltlich in Anspruch genommen. Die Waldbesitzer stellen Schutz- und Erholungsleistungen aus eigenem Interesse in dem Umfang bereit, wie sie als Kuppelprodukt der eigentlichen Wirtschaftstätigkeit forstwirtschaftlicher Betriebe anfallen. Allerdings fehlen finanzielle Anreize, darüber hinaus weitere Umweltgüter und Erholungsleistungen in der gesellschaftlich gewünschten Art und dem Umfang bereitzustellen.

1214. Zahlreiche Studien belegen eine positive Zahlungsbereitschaft der Bevölkerung für ökologische Leistungen sowie für die Inanspruchnahme der Erholungsfunktionen der Wälder (vgl. BRANDL und OESTEN, 1996, S. 452). Wenngleich die Ergebnisse solcher Studien, aufgrund von methodischen Problemen bei der Monetarisierung des gesellschaftlichen Nutzens öffentlicher Güter, eine Reihe von Unsicherheiten aufweisen, geben sie dennoch Anhaltspunkte dafür, dass in der Bevölkerung eine breite Bereitschaft besteht, ökologische Leistungen der Forstwirtschaft zu entgelten. Um Angebot und Nachfrage nach Umweltgütern zu koordinieren sollte, zunächst versucht werden, die vorhandenen Exklusionstechniken zu nutzen und Zahlungswillige privatwirtschaftlich zu organisieren. Diese Vorgehensweise erscheint insbesondere bei einer geringen räumlichen Diffusion des gesellschaftlichen Nutzens geeignet. Als Vertragspartner der Waldbesitzer kommen etwa Fremdenverkehrsverbände, Sport-, Reiter- und Wandervereine sowie Naturschutz- und Jagdverbände in Frage (THOROE, 1995, S. 129; Wissenschaftlicher Beirat beim BML, 1994, S. 34). Dort, wo eine privatwirtschaftliche Organisation der Nachfrager nicht gelingt, sollte die Leistungserstellung mit öffentlichen Mitteln honoriert werden.

In seinem Sondergutachten zur Landnutzung hat der Umweltrat umfassende konzeptionelle Vorschläge für ein System zur Honorierung ökologischer Leistungen der Land und Forstwirtschaft gemacht (SRU, 1996b). Die Ausführungen in dem Gutachten sind überwiegend auf die Landwirtschaft zugeschnitten, allerdings sprechen weder ökologische noch ökonomische Gründe dagegen, diese Empfehlungen in weiten Teilen auf die Forstwirtschaft zu übertragen.

1215. Betrachtet man das bestehende Förderinstrumentarium in der Forstwirtschaft (Abschn. 3.1.3.4), zeigt sich, dass dieses in erster Linie das Ziel der „Verbesserung der wirtschaftlichen Lage der Forstbetriebe" verfolgt (BRANDL und OESTEN, 1996; THOROE, 1995, S. 129). Dagegen ist der Vertragsnaturschutz in der Forstwirtschaft bislang nur von untergeordneter Bedeutung. Wenngleich Umweltleistungen vielfach als Kuppelprodukt der forstlichen Unternehmertätigkeit anfallen und eine gesunde wirtschaftliche Situation der forstwirtschaftlichen Betriebe in der Regel positive Auswirkungen auf die Umwelt hat, wird mit dieser Vorgehensweise auf eine direkte Steuerung der forstwirtschaftlichen Aktivitäten im Sinne der Umweltziele weitestgehend verzichtet. Umwelt- und Erholungsleistungen des Waldes fallen nicht automatisch als Kuppelprodukte der Holzproduktion in der gesellschaftlich gewünschten Form an (OESTEN und SCHANZ, 1997). Anreize, solche Leistungen zu erbringen, die keine Kuppelprodukte darstellen, werden vielfach nicht oder nicht ausreichend gesetzt. Darüber hinaus werden die Subventionen zur Zeit überwiegend kosten- oder maßnahmenorientiert vergeben. Um zu einer besseren gesamtwirtschaftlichen Allokation und um zu einer im Vergleich zu den bestehenden Transferzahlungen gerechteren Verteilung öffentlicher Mittel zu kommen, empfiehlt der Umweltrat eine stärker ergebnis- oder leistungsbezogene Honorierung von Umwelt- und Erholungsleistungen der Forstwirtschaft. Auf diese Weise könnte sowohl auf das Ausmaß als auch die Art der Leistungen stärker als bislang Einfluss genommen werden.

1216. Welche Umwelt- und Erholungsleistungen von den Waldbesitzern unentgeltlich erbracht werden müssen und welche zu entgelten sind, wird letztlich über die Spezifizierung von Verfügungsrechten an den Ressourcen entschieden. Leistungen, die im gesellschaftlichen Konsens als Ausfluss der Sozialpflichtigkeit des Eigentums betrachtet werden, müssen von den Grundstücksbesitzern ohne Bezahlung erbracht werden. Die Grenzziehung zwischen zu bezahlenden und nicht zu bezahlenden Leistungen beruht auf einem Werturteil, für das es eines breiten gesellschaftlichen Konsenses bedarf (HAMPICKE, 1997). Auf objektive naturwissenschaftliche und ökonomische Wertmaßstäbe kann dabei nicht zurückgegriffen werden. In der Forstwirtschaft sind die Verfügungsrechte der Waldbesitzer unter anderem durch die unbestimmten Rechtsbegriffe „ordnungsgemäße Forstwirtschaft" (§ 12 BWaldG) und „gute fachliche Praxis" (§ 8 BNatSchG) festgeschrieben. Schwierigkeiten ergeben sich aus der bislang unzureichenden Konkretisierung dieser Begriffe. Ihre Präzisierung ist jedoch Voraussetzung für eine angemessene und sachgerechte Verwirklichung des vorgeschlagenen Honorierungssystems. Erst dann wird klar, welche Leistungen vom Waldbesitzer im Rahmen der Sozialbindung seines Eigentums ohne öffentliche Honorierung zu erbringen sind und welche Leistungen darüber hinausgehen. Der Umweltrat empfiehlt, Positivlisten oder Kataloge zu entwickeln, in denen die angestrebten Umweltqualitätsziele festgeschrieben und entlohnungswürdige Leistungen benannt werden. Die honorierungsfähigen Leistungen sollten dabei überwiegend auf regionaler Ebene unter Berücksichtigung der jeweiligen naturräumlichen Potentiale bestimmt werden.

1217. Bei den bestehenden Umwelt- und Naturschutzprogrammen wird in der Regel ein *handlungsorientierter* Ansatz zugrundegelegt. Dabei bemisst sich die Höhe der Subventionen nach den Kosten (Faktorkosten oder Opportunitätskosten) der Leistungserstellung. Der Vorteil dieser Herangehensweise liegt in der vergleichsweise leichten Berechenbarkeit der zu zahlenden Beträge und der hohen Transparenz des Verfahrens. Nachteilig wirkt sich aus, dass sich die Höhe der Subventionen nicht nach dem gesellschaftlichen Nutzen der Leistungserstellung selbst, sondern nach den Kosten des Verzichts auf eine marktfähige Alternativnutzung bemisst. Eine unerwünschte Folge dieser Vorgehensweise ist zum Beispiel, dass wertvolle Biotope an ertragsschwachen Standorten weniger hoch entgolten werden als solche mit geringem ökologischem Wert an ertragsstarken Standorten. Außerdem werden durch die Kostenerstattung beim Anbieter ökologischer Leistungen keine Anreize zur Kostenminimierung gesetzt.

Ökonomisch überlegen ist eine *leistungsorientierte* Honorierung, bei der sich die Vergütung ökologischer Leistungen – analog zur Preisbildung auf funktionsfähigen Märkten – an dem Wert orientiert, den die Gesellschaft dem Umweltgut beimisst. Die öffentliche Hand könnte als Nachfrager nach gesellschaftlich erwünschten Umweltleistungen auftreten (Vertragsnaturschutz), wobei sich Art und Umfang der nachgefragten Umweltgüter an den entsprechenden Umweltzielen (u. a. Schutz und Entwicklung von Sonderbiotopen, Maßnahmen zum Schutz seltener und bedrohter Arten; vgl. HAMPICKE, 1996, S. 124) orientieren sollte. Bei dieser Vorgehensweise wird sowohl die Wahl des Verfahrens zur Erreichung der umweltpolitischen Ziele als auch das Risiko des Misserfolgs der gewählten Maßnahme dem Waldbesitzer zugewiesen, der ein Eigeninteresse an einer kostengünstigen Leistungserstellung sowie an der tatsächlichen Zielerreichung erhält (THOROE, 1995, S. 130; Wissenschaftlicher Beirat beim BML, 1994, S. 53). Erfahrungen mit einer leistungsorientierten Honorierung sollten im Rahmen von Pilotprojekten gesammelt werden.

1218. Bei einer an Umweltqualitätszielen orientierten Honorierungsstrategie in der Forstwirtschaft ist eine Reihe von Besonderheiten zu beachten, die die Umsetzung in die Praxis zwar erschweren, jedoch überwunden werden können (HAMPICKE, 1996, Kap. 4). So sind die Produktionszyklen in der Forstwirtschaft deutlich länger als in anderen Wirtschaftszweigen. Ein Honorierungssystem muss dem Umstand Rechnung tragen, dass gewisse umweltpolitische Ziele (z. B. Baumartenwahl) nur langfristig umgesetzt werden können und den Forstwirten durch langfristige Vereinbarungen Planungssicherheit geben. Auch die Bewertung von Umweltleistungen der Forstwirtschaft dürfte durch die langen Produktionszeiträume erschwert werden, wie die kontroverse Debatte um die Wahl des geeigneten Kalkulationszinssatzes veranschaulicht. Bestimmte Zielsetzungen des Naturschutzes, wie die langfristige Entwicklung völlig unbewirtschafteter „Urwälder", verlangen raumplanerische und politische Grundsatzentscheidungen und sind allein mit ökonomischen Anreizen nicht zu realisieren. Schließlich ist die Eigentumsstruktur im Forst zu beachten. So könnte eingewendet werden, dass dort, wo Wald im öffentlichen Eigentum ist, Umwelt- und Erholungsleistungen auch durch direkte Weisung statt mit Zahlungsangeboten eingefordert werden könnten. Gegen diese Vorgehensweise ist jedoch einzuwenden, dass sie eine Kontrolle der Effizienz der Leistungserstellung in Staats- und Körperschaftswäldern behindert. So wird es kaum möglich sein zu entscheiden, ob Defizite bei Wäldern im Eigentum der öffentlichen Hand auf das Angebot von Leistungen für die Allgemeinheit zurückzuführen sind, die Besitzer von Privatwald nicht erbringen, oder ob sie auf einer ineffizienten Leistungserstellung beruhen.

Die CO_2-Senkenfunktion des Waldes bedarf keiner gesonderten Honorierung, da das gebundene Kohlendioxid beim Absterben der Bäume bzw. beim Einsatz von Biomasse zur Energieumwandlung wieder freigesetzt wird. Statt dessen empfiehlt der Umweltrat, dem Umstand, dass bei der energetischen Nutzung von Biomasse nur so viel CO_2 freigesetzt wird, wie vorher gebunden wurde, durch die Freistellung der Biomassenutzung von der Ökosteuer Rechnung zu tragen. Biomasse erhält hierdurch einen relativen Kostenvorteil gegenüber fossilen Energieträgern in Höhe des Steuersatzes.

1219. Um das Instrument der Honorierung ökologischer Leistungen der Forstwirtschaft in die Praxis umzusetzen, empfiehlt der Umweltrat:

(1) *Eine Präzisierung der Begriffe „ordnungsgemäße Forstwirtschaft" und „gute fachliche Praxis".* Nur so ist eine klare Grenzziehung zwischen zu entlohnenden und nicht zu entlohnenden Leistungen der Forstwirtschaft möglich.

(2) *Die Erarbeitung eines Waldökopunktesystems.* Ökologischen Leistungen und der Unterlassung problematischer Maßnahmen wird eine bestimmte Anzahl von Positiv- bzw. Negativpunkten zugeordnet, wobei jedem Punkt äquivalent ein festzulegender Geldbetrag entspricht. Darüber hinaus sollten Nutzenverzichte der Waldbesitzer, die zum Beispiel auf Schutzgebietsausweisungen zurückzuführen sind, kompensiert werden.

– Die Punkteverteilung richtet sich dabei nach räumlichen Entwicklungszielen und den gegebenen Naturraumpotentialen. Um Ortskenntnisse verfügbar zu machen, sollten bei der Festlegung der Ziele örtliche Instanzen und Vereinigungen einbezogen werden (z. B. Landschaftspflegeverbände). Übergeordnete Honorierungsziele sind auf EU- bzw. Bundesebene festzulegen.

– Dem Äquivalenzprinzip folgend sollte der jeweilige Besteller von Umwelt- und Erholungsleistungen (Gemeinde, Land, Bund, EU) dem Zahler entsprechen. Sofern die Nachfrage nach Umwelt- und Erholungsleistungen der Forstwirtschaft privatwirtschaftlich organisiert werden kann (z. B. durch Naturschutzvereine), sollte von dieser Möglichkeit Gebrauch gemacht werden.

– Bei Maßnahmen, die erst zeitverzögert greifen, müssen langfristige Verträge geschlossen und honorierungsfähige Zwischenziele definiert werden.

– Die Abgeltung ökologischer Leistungen der Forstwirtschaft muss mit räumlichen Planungsinstrumenten auf regionaler und örtlicher Ebene verknüpft werden.

(3) *Die Entwicklung von Indikatoren zur Erfassung von Umweltqualität bzw. von Umweltleistungen ebenso wie von Verfahren zur Erfolgskontrolle.*

(4) *Die schrittweise Ablösung eines handlungsorientierten Leistungsentgeltes durch eine leistungsorientierte Honorierung.* Durch die Möglichkeit, bei einer leistungsorientierten Honorierung Renteneinkommen zu erzielen, wird die Produktion von Umweltgütern der Holzproduktion als Einkommensquelle gleichgestellt.

(5) *Die Umwidmung (zumindest eines Teils) der zur Subventionierung der Forstwirtschaft vorgesehenen Mittel in Entgelte für ökologische Leistungen der Forstwirtschaft.* Für die Finanzierung eines Systems zur Honorierung ökologischer Leistungen der Forstwirtschaft kommt unter anderem der Europäische Ausrichtungs- und Garantiefonds für die Landwirtschaft (EAGFL) in Frage. Darüber hinaus empfiehlt der Umweltrat eine umweltpolitische Neuorientierung der Gemeinschaftsaufgabe „Verbesserung der Agrarstruktur und des Küstenschutzes" (GAK) (Tz. 402).

(6) *Im Hinblick auf die Zielgruppe der urbanen Waldbesitzer erscheinen flächendeckend Informationsmaßnahmen sinnvoll* (Tz. 1128 f.).

1220. Im Zusammenhang mit der Honorierung ökologischer Leistungen der Forstwirtschaft wird regelmäßig auch das Instrument der *Zertifizierung* genannt (für eine ausführliche Darstellung vgl. BECKER, 1997). Dabei unterscheidet sich die Zertifizierung von der Honorierung ökologischer Leistungen insofern, als die Finanzierung von Umwelt- und Erholungsleistungen der Forstwirtschaft im Rahmen der Zertifizierung nicht mit öffentlichen Geldern erfolgt. Statt dessen stellt sie darauf ab, die private Zahlungsbereitschaft für eine durch das Zertifikat belegte umweltgerechte Wirtschaftsweise der Waldbesitzer abzuschöpfen. Dabei kann das Zertifikat je nach den zugrundegelegten Kriterien als Nachweis dienen, dass das Holz aus einer Lieferregion bzw. einem Betrieb stammt, in dem die Regeln einer nachhaltigen Forstwirtschaft befolgt werden. Denkbar sind aber auch Zertifikate, mit denen Waldbesitzer die freiwillige Befolgung von Anforderungen nachweisen, die über die „ordnungsgemäße Forstwirtschaft" hinausgehen (WERMANN, 1997, S. 176). Bei der Zertifizierung werden die Kriterien nicht in staatlicher Regie, sondern durch private Akteure festgeschrieben. Die Teilnahme an der Zertifizierung ist den Waldbesitzern freigestellt. Diese werden sich nur dann an einem solchen System beteiligen, wenn sie sich dadurch verbesserte Absatzchancen (Marktanteil, Preis) versprechen, die die Kosten der Zertifizierung mindestens kompensieren.

3.1.7.6 Abstimmung konkurrierender Nutzungsansprüche

1221. Die Umsetzung eines zeitgemäßen, gesellschaftlich abgestimmten Waldnutzungskonzeptes ist weiterhin defizitär (BMU, 1998; WBGU, 1996). Eine der Ursachen dieser Umsetzungsdefizite besteht in der bislang fehlenden Konkretisierung und Operationalisierung des Leitbildes einer dauerhaft umweltgerechten Entwicklung (SRU, 1994) im Handlungsfeld „Waldnutzung in Deutschland". So fehlt ein gesellschaftlicher Konsens darüber, welche Art von Wald und welche biologische Vielfalt im Wald erwünscht ist.

Von entscheidender Bedeutung ist ein gesamtgesellschaftlicher Diskurs, in dem die wissenschaftlichen Erkenntnisse z. B. über die Dynamik von Ökosystemen oder ressourcenökonomische Zusammenhänge in die Entwicklung von Zielen und Indikatoren integriert werden.

Eine solche Entwicklung muss darauf hinarbeiten, die Bereitschaft der Gesellschaft als Ganzes dahingehend zu erhöhen, Naturnutzung an der Tragfähigkeit von Ökosystemen auszurichten. Konkret sollten im vorliegenden Fall die Rahmenbedingungen für staatliches wie privates Wirtschaften in den Bereichen, die auf den Wald einwirken, so gestaltet werden, dass sie eine möglichst naturnahe Entwicklung des Waldes gewährleisten.

1222. Die zunehmende Ausweisung von Naturschutzgebieten und Nationalparken hat in den letzten Jahren eine bis heute anhaltende forstpolitische Diskussion ausgelöst (VOLZ, 1997). Die unterschiedlichen Nutzungsansprüche sowie die oft widersprüchlichen Zielsetzungen und Interessen von Naturschutzgruppen, Eigentümern und nutzungsorientierten Verbänden führten bei Neuausweisungen oftmals zu vehementen Konflikten und schließlich zu einer fehlenden Akzeptanz der Waldnutzer für durchzuführende Maßnahmen (MEDER, 1999). Die politisch-konzeptionellen, gesetzlichen und administrativen Rahmenbedingungen sind defizitär und erschweren einen Abstimmungsprozess. Hier sind, abgesehen von Ausgleichsmaßnahmen, partizipative Dialogstrukturen zur Entwicklung langfristiger Konzepte ein denkbarer Lösungsansatz. Der Umweltrat empfiehlt daher die Einrichtung von lokalen Foren, um den gegenseitigen Austausch zwischen den Konfliktparteien zu fördern, Interessenkonflikte zu harmonisieren und weitgehende gegenseitige Akzeptanz zu erzielen. Der verschärfte Einsatz regulativer Instrumente ist nach Auffassung des Umweltrates kontraproduktiv.

1223. Vor allem in Verdichtungsräumen kommt es zunehmend zu Nutzungskonflikten in bezug auf den Wald. Die Interessen verschiedener Bevölkerungsgruppen und ihre jeweiligen Nutzungsansprüche an den Wald kollidieren auf engem Raum und müssen im Sinne einer nachhaltigen Waldnutzung unter Berücksichtigung ökologischer, ökonomischer und sozialer Aspekte gelöst werden. Als grundlegende Konfliktfelder im Bereich der Freizeit- und Erholungsnutzung lassen sich Konflikte zwischen der Nutzung und dem Schutz des Ökosystems Wald sowie Konflikte zwischen verschiedenen Nutzergruppen (z. B. Sportler, Spaziergänger, Jäger, Waldbesitzer) identifizieren.

Belastungen aus der Freizeit- und Erholungsnutzung ergeben sich für Waldökosysteme in erster Linie aus flächenbeanspruchenden Infrastruktureinrichtungen, erhöhtem Verkehrs- und Abfallaufkommen, vermehrten Schadstoffemissionen, Tritt- und Erosionsschäden sowie der Störung wildlebender Tierarten. Darüber hinaus werden Auswirkungen auf die biologische Vielfalt in den Wäldern befürchtet, weil auch die Erholungsnutzung zum anthropogen verursachten Verlust von Lebensräumen, Arten und genetischer Vielfalt beitragen kann (SRU, 1998a).

Die Betrachtung dieser nachteiligen Auswirkungen auf den Wald macht deutlich, dass die Erholungs- und Freizeitaktivitäten der Menschen im Lebensraum Wald ökosystemverträglich gestaltet werden müssen, um den Anforderungen an eine dauerhaft umweltgerechte Waldnutzung gerecht zu werden. Sportler und Erholungssuchende sollten durch eine gezielte Öffentlichkeitsarbeit über die Folgen ihres nicht umweltgerechten Verhaltens im Wald aufgeklärt werden, mit dem Ziel einer bewussten Wahrnehmung der Problematik und Verhaltensänderung bei den Nutzern. Die notwendigen Informationen könnten durch die Einbindung von Schulen, Vereinen, der Forst- und Naturschutzverwaltung und der Waldbesitzer vermittelt werden.

Beim Auftreten von deutlich erkennbaren Überlastungserscheinungen durch die Freizeit- und Erholungsnutzung im Wald sollten zusätzliche Maßnahmen zu einer gezielten räumlichen und zeitlichen Entflechtung bzw. Lenkung der Besucherströme ergriffen werden. Bei einer Gefährdung von besonders wertvollen und empfindlichen Waldbiotopen und von Rückzugsgebieten bestimmter Tierarten (z. B. Auerwild) muss deren Schutz durch die Ausschöpfung vorhandener rechtlicher Instrumente oberste Priorität eingeräumt werden. Besonders eingriffsintensive Freizeitaktivitäten (z. B. Mountainbiking, Klettern) sollten in solchen Gebieten nicht zugelassen werden. Bestehende Nutzungen sind darüber hinaus auf ihre Umweltverträglichkeit zu prüfen und gegebenenfalls zu unterbinden. In naturschutzfachlich besonders wertvollen Räumen dürfen auch Einschränkungen des generellen Waldbetretungsrechts nicht aus der Diskussion ausgeklammert werden.

Die für die Erholung besonders bedeutsamen Wälder in stadtnahen und ländlichen Intensiverholungsgebieten sollten als Vorrangflächen ausgewiesen werden.

Zur Minimierung von Konflikten zwischen verschiedenen Nutzergruppen und ihren jeweiligen Interessen müssen auch für Erholungswaldgebiete klar umrissene Lösungskonzepte erarbeitet werden. Dies kann beispielsweise durch eine Ausweisung separater Wege für Spaziergänger, Reiter und Mountainbiker geschehen. Ist eine entsprechende Segregation der Nutzungsansprüche nicht möglich, müssen Prioritäten auf der Basis von bedarfsorientierten Analysen gesetzt werden. Grundsätzlich sollten derartige Prozesse durch eine Partizipation der betroffenen Interessengruppen begleitet werden, um den Austausch von Argumenten zu ermöglichen und eine Konsensfindung zu fördern.

Der naturnahe Wald(um)bau sollte nicht nur die Stabilität, die Baumartenzusammensetzung und die ökologische Wertigkeit der Wälder verbessern, sondern auch die Erholungswirkungen für den Menschen positiv beeinflussen. Vor allem in stark besuchten Waldgebieten dürfen Fragen einer abwechslungsreichen, ästhetischen Waldgestaltung nicht ausgeklammert werden.

3.1.7.7 Forschungsbedarf

1224. Die Waldökosystemforschung der letzten Jahrzehnte hat zu einem erheblich verbesserten Verständnis unserer Wälder beigetragen. Die wissenschaftlichen Konzeptionen sowohl der Wald- bzw. Forstwirtschaft als auch des Naturschutzes haben sich dadurch entscheidend verändert. Im Naturschutz forderten neue Erkenntnisse die Einsicht, dass Natürlichkeit, Stabilität und Artenreichtum nicht zwangsläufig miteinander korreliert sind und dass Dynamik, Zufall und selbst natürliche Katastrophen in der Natur eine zentrale Rolle spielen. Damit wird das herkömmliche Stabilitätskonzept für Wälder als Ausgangspunkt für bestimmte Bewirtschaftungsformen relativiert.

1225. Die beteiligten Wissenschaften sind ihrer veränderten gesellschaftlichen Verantwortung bisher nicht ausreichend gerecht geworden. Dies gilt für die Forstwissenschaften ebenso wie für die Umweltwissenschaften. Nach wie vor herrscht im gesamten Bereich der Umweltforschung das traditionelle eher disziplinäre Konzept der Wissenschaften vor. Wirklich multidisziplinäre Ansätze sind nur bedingt erkennbar. Wo sie versucht werden, fallen sie in der Umsetzung meist in sektorale Einzelforschung zurück (Wissenschaftsrat, 1994). Multidisziplinarität wird unter diesen Bedingungen in der Regel nicht durch Zusammenarbeit zwischen Fachgebieten, sondern durch Aufweitung der bestehenden Disziplinen und durch Verbundforschungsvorhaben realisiert.

1226. Deutliche Defizite bestehen außerdem im Transfer wissenschaftlicher Befunde in praktische Handlungsempfehlungen. Deutschland verfügt über eine sehr hohe Dichte sowohl umweltrelevanter als auch forstlicher Daten. Nur ein kleiner Teil dieser Daten ist bisher in praktisches Handeln übersetzt. Eine Synopse mit forstwissenschaftlichen Befunden steht weitgehend aus.

1227. Die Konfliktsituationen zwischen den Ansprüchen der Wald- und Forstwirtschaft und des Naturschutzes sind besonders augenfällig im Verwaltungs- und damit auch im Planungsbereich und machen eine umfangreiche sowohl grundlagen- als auch praxisorientierte Institutionenforschung notwendig. Neben einer möglichst umfangreichen und detaillierten Analyse des Status quo sind dabei auch die veränderten gesellschaftlichen Ansprüche, ökonomische Rahmenbedingungen und übergeordnete Zielsetzungen, insbesondere der EU, zu berücksichtigen. Als Ergebnis dieser Forschungsanstrengungen werden Methoden und Verfahren erwartet, die geeignet sind, die Zielkonflikte hinreichend zu konkretisieren und Lösungswege aufzuzeigen.

1228. Schließlich mahnt der Umweltrat die Fortsetzung der medienübergreifenden Waldökosystemforschung an. Neben prozessorientierter Forschung zur weiteren Aufklärung funktionaler mechanistischer Zusammenhänge sind Instrumente zur verbesserten Vorhersage der Waldentwicklung und zwar nicht nur für einzelne Ökosysteme, sondern nach Möglichkeit vor dem Hintergrund von Wasser- und Stoffhaushaltsuntersuchungen im Kontext gesamter Landschaften notwendig.

3.2 Umweltschutz und energiewirtschaftliche Fragen

1229. Der Umgang mit Energie ist einer der wichtigsten Handlungsbereiche der nationalen und internationalen Umweltpolitik. Insofern wurde dieser Bereich – wenn auch mit jeweils unterschiedlichen Schwerpunkten – in den Gutachten des Rates von Sachverständigen für Umweltfragen immer wieder thematisiert. Während es bei den energiepolitischen Erwägungen des Umweltrates in den letzten Umweltgutachten jeweils um Teilaspekte des Umgangs mit Energie ging, ist seit dem Sondergutachten „Energie und Umwelt" von 1981 erneut eine umfassende Betrachtung des energiewirtschaftlichen Regimes in Deutschland angezeigt. Dafür spricht zum einen der in Kyoto erzielte, aber längst noch nicht durch entsprechende Konsequenzen auf nationaler Ebene abgesicherte Durchbruch bei einer langfristigen Lösung des Klimaproblems durch ein internationales Vertragswerk, von dessen Implementierung die nicht nur klimapolitisch wichtige globale Reduktion des Ausstoßes von Treibhausgasen erwartet wird. Zum anderen ist die Bundesregierung im Spätherbst 1998 unter anderem mit dem Ziel angetreten, eine energiepolitische Wende herbeizuführen. Dazu wurde bis heute eine Reihe von Gesetzesinitiativen zur Ökosteuerreform und zur Förderung regenerativer Energien, rationeller Energieverwendung sowie des Energiesparens umgesetzt beziehungsweise eingeleitet, deren Beurteilung dem Umweltrat im Interesse der Nachhaltigkeit angelegen sein muss.

1230. Im folgenden wird deshalb ein systematischer Aufriss der mit dem heutigen und zukünftig zu erwartenden Umgang mit Energie verbundenen Probleme unternommen. Dabei bedarf es bei vielen Problemen keiner detaillierten Darstellung mehr, weil auf eine gerade im vergangenen Jahrzehnt außerordentlich intensive öffentliche Diskussion und die damit verbundene Literatur zurückgegriffen werden kann. Insbesondere gilt dies für diejenigen Aspekte des Energieproblems, die der Umweltrat in den vorangegangenen Umweltgutachten (SRU, 1996a und 1994) bereits systematisch abgehandelt hat, mit Schlussfolgerungen, die er auch heute noch für gültig hält.

Das Kapitel ist in acht Teilkapitel gegliedert:

– Zunächst werden die gegenwärtigen Strukturen der Energienutzung und ihre unter Status-quo-Bedingungen absehbare Entwicklung erörtert.

– Daran angeschlossen ist eine Darstellung der wichtigsten Umweltbelastungen durch die Gewinnung von Energierohstoffen und die Energieumwandlung, getrennt nach fossilen Energieträgern, Atomenergie und regenerativen Energien.

– In den beiden folgenden Teilkapiteln wird die zum Teil strittige Diskussion über die im Rahmen einer nachhaltigen Energiepolitik relevanten Ziele aufgearbeitet, zunächst für umweltpolitische Ziele mit energiewirtschaftlichem Bezug, danach für energiepolitische Ziele mit umweltpolitischen Implikationen. Strittig sind dabei vor allem die erforderlichen Entscheidungen im Falle von Zielkonflikten z. B. zwischen Emissionsminderungszielen und dem Ziel der Rohstoffschonung oder zwischen Emissionsminderungszielen und der langfristigen Versorgungssicherheit.

– Im fünften Teilkapitel geht es um die technischen Potentiale zur Realisierung der umweltpolitischen Ziele, insbesondere darum, ob es genügend Möglichkeiten gibt, die durch den Ausstieg aus der Atomenergie und durch das aus klimapolitischen Gründen notwendige Zurückfahren des Anteils fossiler Energieträger am Energiemix drohende Versorgungslücke zu schließen.

– Besonderen Raum widmet der Umweltrat im sechsten Teilkapitel der Liberalisierung des Strommarktes und ihrer weiteren Ausgestaltung, weil die Ordnung des Strommarktes erhebliche Bedeutung für die Marktchancen regenerativer Energien und rationellerer Energienutzung hat.

– Das siebte Teilkapitel ist der Frage der Beendigung einer Nutzung der Atomenergie und deren Modalitäten gewidmet.

– Im achten Teilkapitel werden Schlussfolgerungen und Handlungsempfehlungen des Umweltrats zu einer nachhaltigen Energiepolitik dargestellt.

3.2.1 Gegenwärtige Energiestrukturen und Status-quo-Prognosen

1231. Vor der Analyse unterschiedlicher nationaler und internationaler Status-quo-Prognosen muss darauf hingewiesen werden, dass die getroffenen Annahmen stets Unsicherheiten bergen, die hinsichtlich der wirtschaftlichen und der preislichen Entwicklung besonders groß sind. Um diesen Unsicherheiten bei der Vorhersage energiewirtschaftlicher Entwicklungen Rechnung zu tragen, wird in vielen Prognosen versucht, mit unterschiedlichen Annahmen über die wichtigsten Einflussgrößen unterschiedliche Szenarien aufzubauen und mit Hilfe einer Bandbreite eine treffsicherere Analyse möglicher zukünftiger Entwicklungen zu betreiben (z. B. *high economic growth, intermediate economic growth*; vgl. WEC-IIASA, 1998). Der Umweltrat beabsichtigt jedoch nicht, die künftige Primärenergienachfrage und die hiermit verbundenen Emissionen möglichst exakt vorherzusagen, sondern die gegenwärtig zu treffenden Entscheidungen aufzuzeigen, um langfristig möglicherweise auftretende ökologische Fehlentwicklungen beim Fortfahren einer Business-as-usual-Politik, wie sie in Status-quo-Prognosen zugrundegelegt wird, zu vermeiden. Deshalb werden nachfolgend keine Bandbreiten-Szenarien, sondern nur Status-quo-Prognosen dargestellt.

3.2.1.1 Entwicklung der weltweiten Energienachfrage und der CO_2-Emissionen

Vergleich verschiedener Prognosen

1232. Für eine Betrachtung der zukünftigen weltweiten Energienachfrage können verschiedene Studien herangezogen werden (Internationale Energieagentur (IEA, 1998); Department of Energy der USA (DOE-EIA, 1998); Weltenergierat (WEC-IIASA, 1998) und die POLES-Prognose ("Prospective Outlook on Long-term Energy Systems") des Europäischen Energieinstituts in Grenoble (CRIQUI et al., 1999)).

Beim Vergleich der unterschiedlichen Prognosen muss berücksichtigt werden, dass die Randbedingungen sich weitgehend ähneln (vgl. Tab. 3.2.1-1). Die Ergebnisse der Prognosen für das Jahr 2020 bewegen sich in einer relativ kleinen Spannbreite: Die weltweite Energienachfrage wird für das Jahr 2020 zwischen 577,8 und 674,1 EJ geschätzt. Zweifellos ist eine derart langfristige Prognose mit entsprechenden Unsicherheiten und politischen Unwägbarkeiten behaftet, die in den Modellen nicht berücksichtigt werden können.

Weiterhin sind auch die Ergebnisse bezüglich der Entwicklung der (energiebedingten) CO_2-Emissionen ähnlich: Diese liegen im Jahr 2010 zwischen 31 und 33 Mrd. t CO_2, im Jahr 2020 bei etwa 36,6 Mrd. t CO_2 (1990: 22 Mrd. t CO_2). Dies entspricht einer Steigerung von circa 45 % in 20 Jahren („Ohne Maßnahmen-Szenarien").

1233. Die detaillierteste Spezifizierung der Annahmen wurde im POLES-Modell des Europäischen Energieinstituts vorgenommen, da es als einziges Modell auch die strukturellen Anpassungsprozesse (insbesondere Energieeffizienzverbesserungen) in den Bereichen Strom, Wärme und Verkehr erfasst. Es bildet damit die Energienachfrage zusätzlich in Abhängigkeit vom technischen Fortschritt und der davon abgeleiteten Entwicklung der Energieintensitäten ab. Außerdem werden die Energiepreise im Gegensatz zu den anderen Prognosen aus dem Modell abgeleitet. Aufgrund seiner detaillierten Annahmen wird auf das POLES-Modell ausführlicher eingegangen.

Annahmen im POLES-Modell des Europäischen Energieinstituts

1234. Das POLES-Modell berücksichtigt jeweils für elf Weltregionen:
– die demographische Entwicklung,
– die wirtschaftliche Entwicklung,
– die Entwicklung der Energiepreise,
– die Entwicklung der Angebotsstruktur der Primärenergieträger,
– die Entwicklung der Energieintensität in den Bereichen Strom, Wärme und Verkehr sowie
– die Entwicklung der Energienachfrage.

Zur demographischen Entwicklung

1235. Die Weltbevölkerung wächst im POLES-Szenario von 6 Mrd. Menschen im Jahr 1999 auf 7,9 Mrd. im Jahr 2020 (+33 %) (s. Tab. 3.2.1-1; POLES-Daten). Dieser Wert liegt höher als die Schätzung des UN Population Fund (UNFPA, 1998, S. 2), der eine Weltbevölkerung von etwa 7,6 Mrd. Menschen für das Jahr 2020 prognostiziert.

Zur wirtschaftlichen Entwicklung

1236. Die wirtschaftliche Entwicklung wird im POLES-Modell auf der Basis von Kaufkraftparitäten berechnet. Danach wird das weltweite (reale) Wirtschaftswachstum für den Zeitraum von 1990 bis 2000 auf jährlich durchschnittlich 2,5 %, von 2000 bis 2010 auf 3,6 % und von 2010 bis 2020 auf 3,4 % geschätzt. Die wesentlich höheren Wachstumszahlen nach dem Jahr 2000 werden mit der Erholung der Volkswirtschaften in den Nachfolgestaaten der ehemaligen Sowjetunion und in Lateinamerika begründet. Nach dem Jahr 2010 wird wiederum eine leichte generelle Abschwächung der Wachstumsraten erwartet (vgl. Tab. 3.2.1-2).

Zur Entwicklung der Energiepreise

1237. Veränderungen der Weltmarkt-Energiepreise werden bei POLES aus dem Modell abgeleitet. Demnach rechnet das Modell mit einem (realen) Weltmarkt-Rohölpreis von 16,9 US-$/Barrel im Jahr 2010 und 20,1 US-$/Barrel im Jahr 2020 (1990: 23,8 US-$/Barrel). Es wird zugrundegelegt, dass nach dem Tiefstand des Weltmarktpreises im Jahr 1999 allmählich eine Preiserhöhung aufgrund des verlangsamten Produktionswachstums aus herkömmlichen Erdöllagerstätten zu erwarten ist. Auch die Erdgaspreise auf den drei regionalen Märkten in Europa, Asien und Amerika sollen sich im gleichen Zeitraum ähnlich nach oben entwickeln. Dagegen soll der Kohlepreis eher stabil bleiben (vgl. CRIQUI et al., 1999, S. 23 ff).

Tabelle 3.2.1–1

Vergleich von vier Status-quo-Prognosen zur Weltenergienachfrage und den CO_2-Emissionen bis zum Jahr 2020

	POLES	IEA	DOE	WEC
Bevölkerung (Mrd.)	7,9	7,6		7,9
BSP/Kopf (US-$/Kopf)[1]	8 862	8 402		7 172
BSP (10^{12} US-$)[1]	69,9	64,1		56,8
Energieintensität (toe/BSP)[1]	213	215		271
Kohlenstoffintensität (tC/toe)	0,73	0,75	0,65	0,65
Ölpreis (US-$/Barrel)[1]	20	25	19	
Primärenergienachfrage:				
insgesamt (EJ)	620	578	674	645
Kohle	167	163	163	180
Öl	222	222	251	188
Erdgas	163	147	184	142
Atomenergie	29	25	21	25
Wasserkraft + Erneuerbare	38	21	54	109
CO_2-Emissionen (Mrd. t)	39,5	37,8	38,3	36,3

[1] Angaben in US-$ errechnet über Kaufkraftparitäten des Jahres 1990.

Quellen: CRIQUI et al. (POLES), 1999; DOE-EIA, 1998; IEA, 1998; WEC-IIASA, 1998

Tabelle 3.2.1-2

Zukünftiges wirtschaftliches Wachstum im POLES-Modell
(in Prozent/Jahr)

	1990–2000	2000–2010	2010–2020
Nordamerika	2,4	2,4	2,1
Westeuropa	1,8	2,4	2,0
OECD-Pazifik	1,4	2,5	1,7
Ehemalige Sowjetunion	-8,2	5,8	5,8
Mittel- und Südamerika	3,0	4,4	4,0
Aufstrebende Staaten Asiens (inkl. China, Indien)	6,4	5,1	4,4
Welt	2,5	3,6	3,4

Quelle: CRIQUI et al., 1999, S. 22 f.

Zur Entwicklung der Struktur der weltweiten Primärenergienachfrage

1238. Die weltweite *Kohlenachfrage* wird im Zeitraum von 1990 bis 2020 von 87,9 TJ auf 163,3 TJ steigen. Während die OECD-Länder hieran nur geringfügig beteiligt sind, ist der Hauptanteil des Anstiegs vor allem China und Indien zuzuschreiben. Damit wird auch der in dem gesamten Zeitraum zu verbuchende Rückgang des Kohleverbrauchs in den Transformationsstaaten bei weitem überkompensiert. Die *Erdölnachfrage* wird nach POLES auch weiterhin ansteigen, jedoch im Vergleich zur Weltenergienachfrage leicht unterproportional (durchschnittlich 1,8 %/a gegenüber 2 %/a). Der Anstieg ist in erster Linie auf eine wachsende Verkehrsnachfrage in den weniger entwickelten Ländern zurückzuführen.

Das POLES-Modell errechnet einen deutlichen Anstieg der *Erdgasnachfrage* von etwa 83,7 TJ im Jahr 2000 auf 167,5 TJ im Jahr 2020. Die hierfür ausschlaggebenden Faktoren sind der Kostenvorteil von kombinierten Gas- und Dampfturbinenkraftwerken gegenüber anderen Stromerzeugungsformen und die gleichzeitig deutlich wachsende Nachfrage in den sich entwickelnden Staaten.

Der Anteil *regenerativer Energieträger* an der weltweiten Energieversorgung bleibt in der Prognose insgesamt relativ konstant, jedoch verschieben sich die Anteile der einzelnen Energieträger untereinander. Während der Anteil der traditionellen Biomasse (vor allem Holz) im POLES-Modell deutlich zurückgeht und die großen Wasserkraftwerke keinen bedeutenden Zuwachs erfahren werden, verdoppelt sich der Anteil der anderen erneuerbaren Energieträger (insbesondere Wind, Sonne, kleine Wasserkraftwerke).

Zur Entwicklung der Energieintensität in den Bereichen Strom, Wärme und Verkehr

1239. Im POLES-Modell werden die Energieintensitäten in Abhängigkeit von wirtschaftlichen Strukturveränderungen, vom technologischen Fortschritt sowie von Preisveränderungen berechnet.

Danach wird die Energieintensität insbesondere in Osteuropa und den Nachfolgestaaten der ehemaligen Sowjetunion abnehmen (jährlich bis zu ca. 5 %), wird jedoch im Jahr 2010 immer noch 13 % über dem US-Niveau liegen. Weltweit wird zunächst eine stetige Abnahme der Energieintensität um jährlich zwischen 1 und 2 %, langfristig um unter 1 % erwartet.

Für die einzelnen Bereiche der Energieumwandlung (Wärme, Verkehr, Strom) prognostiziert das POLES-Modell unterschiedliche Entwicklungen:

– Der Energiebedarf zur *Wärmeerzeugung* im stationären Bereich (vor allem für Prozesswärme und Gebäude) wird langsamer als das gesamtwirtschaftliche Wachstum zunehmen.

– Die Energienachfrage im *Verkehrsbereich* wird weiterhin im engen Zusammenhang zum gesamtwirtschaftlichen Wachstum stehen. Langfristig wird allerdings in den Industrieländern eine leichte Entkopplung von Verkehrs- und Energienachfragewachstum angenommen.

– Die *Stromnachfrage* dagegen entwickelt sich im POLES-Modell auch langfristig weiterhin in allen Regionen parallel zum gesamtwirtschaftlichen Wachstum.

Zur Entwicklung der Primärenergienachfrage in den unterschiedlichen Regionen

1240. Während in den Industriestaaten die Prognose eine Steigerung der Primärenergienachfrage von jährlich durchschnittlich 1 % und von 0,8 % nach 2010 zugrundelegt, rechnet sie in den Transformationsländern mit einem leichten Nachfrageanstieg und in den sich entwickelnden Ländern mit einem noch stärkeren Anstieg (durchschnittlich 3,5 % pro Jahr). Die größten Wachstumsraten der Energienachfrage werden in China erwartet, und zwar mit jährlich 5 % von 1995 bis 2010 (4,4 %/a zwischen 1985 und 1995). Die Energienachfrage in China würde damit diejenige von Westeuropa im Jahr 2010 und diejenige von Nordamerika im Jahr 2020 überholen. Jedoch bleibt die Energienachfrage pro Kopf nach wie vor weit unterhalb derjenigen der Industriestaaten.

Resümee der Status-quo-Prognose und umweltpolitische Implikationen

1241. Trotz einer angenommenen zwischenzeitlichen Verknappung des Angebots von Erdöl aus herkömmlichen Lagerstätten und – damit einhergehend – eines ansteigenden Ölpreises sowie eines leicht rückgängigen Anteils an der weltweiten Energieversorgung wird Öl (mit einem dann höheren Anteil von nicht-konventionell produziertem Öl) im POLES-Szenario auch im Jahr 2020 immer noch ein Drittel der gesamten Energienachfrage ausmachen. Kohle und Erdgas werden jeweils zu einem Viertel zur Bedarfsdeckung beitragen (leicht steigender Anteil), während der Anteil von erneuerbaren Energien etwa 6 % und der Anteil von Atomenergie zwischen 4 und 5 % betragen wird (vgl. Tab. 3.2.1-1).

Demnach würde der Anteil der fossilen Energieträger am weltweiten Primärenergieumsatz im Jahr 2020 weiterhin über 80 % betragen. Bei einem zugrundegelegten durchschnittlichen jährlichen Wachstum der weltweiten Primärenergienachfrage von 2,2 bis 2,5 % würden entsprechend die globalen (energiebedingten) CO_2-Emissionen im Jahr 2020 etwa 39,5 Mrd. t betragen (1990 betrugen diese etwa 21,3 Mrd. t). Regional ergeben sich allerdings deutliche Unterschiede in der Emissionsentwicklung (vgl. Tab. 3.2.1-3). Während in den Ländern Mittel- und Osteuropas sowie in den Nachfolgestaaten der ehemaligen Sowjetunion die CO_2-Emissionen im Jahr 2010 immer noch deutlich unter dem Niveau von 1990 liegen dürften, wird für die aufstrebenden Staaten Asiens, insbesondere die weiterhin intensiv kohlenutzenden Staaten Indien und China, ein Anstieg der CO_2-Emissionen im gleichen Zeitraum um mehr als das Doppelte erwartet.

Aus den Status-quo-Prognosen ergibt sich, dass bei einem Ausbleiben zusätzlicher nennenswerter Maßnahmen in der internationalen Klimaschutzpolitik die CO_2-Konzentration in der Atmosphäre auch nach dem Jahr 2000 weiter ansteigen wird. Aufgrund der langen Verweildauer des Treibhausgases in der Atmosphäre von über 100 Jahren würde sich ein in seinen Folgen unüberschaubarer Akkumulationseffekt ergeben.

Ferner ist erwähnenswert, dass die Prognose eine zukünftig stärkere Konzentration des weltweiten Angebots von Erdöl in der Region des Nahen Ostens annimmt. Die hiermit verbundene größere Abhängigkeit von politischen Unwägbarkeiten kann in den Modellen nicht berücksichtigt werden.

3.2.1.2 Entwicklung der Energienachfrage und der energiebedingten CO_2-Emissionen in Deutschland

Bisherige Entwicklung der Primärenergienachfrage

1242. Der Primärenergieverbrauch in Deutschland ist nach dem vereinigungsbedingten Rückgang seit 1990 erstmals im Jahr 1996 wieder angestiegen. Dagegen hat er in den Jahren 1997 bis 1999 geringfügig abgenommen (vgl. Tab. 3.2.1-4). Außer auf Energieeinsparerfolge und Wirtschaftsstruktur-Effekte ist dies auch auf die im Vergleich zum langjährigen Durchschnitt warmen Winter in diesen Jahren zurückzuführen.

Das Bruttoinlandsprodukt nahm real um 2,2 % (1997) und 2,8 % (1998) zu. Damit sank der auf das Bruttoinlandsprodukt bezogene Energieverbrauch 1997 auf 4 677 kJ/DM und 1998 auf 4 493 kJ/DM (jeweils in Preisen von 1991). Im Vergleich zum Jahre 1990 ist der auf das Bruttoinlandsprodukt bezogene Energieverbrauch bis 1998 real um 16,1 % zurückgegangen.

Tabelle 3.2.1-3

Regionale Verteilung der zukünftigen weltweiten CO2-Emissionen

	Mrd. t CO_2				Durchschnittl. jährliche Veränderung			Anteile (in %)		
	1990	2000	2010	2020	2000/ 1990	2010/ 2000	2020/ 2010	1990	2010	2020
Industriestaaten	10,0	11,1	12,4	13,5	1,0 %	1,1 %	0,9 %	47,1 %	41,0 %	34,2 %
darunter: EU	3,07	3,14	3,30	3,48	0,2 %	0,5 %	0,5 %	14,4 %	10,9 %	8,8 %
MOE + Ehemalige Sowjetunion	4,74	2,63	3,51	4,98	-5,7 %	2,9 %	3,4 %	22,3 %	11,6 %	12,4 %
Schwellen- und Entwicklungsländer	6,52	9,72	14,3	21,1	4,1 %	3,9 %	4,0 %	30,6 %	47,4 %	53,4 %
darunter: Aufstrebende Staaten Asiens	4,08	6,40	9,57	14,0	4,6 %	4,1 %	3,9 %	19,2 %	31,8 %	35,4 %
Welt	21,3	23,4	30,2	39,5	1,0 %	2,6 %	2,7 %	100 %	100 %	100 %

Quelle: CRIQUI et al., 1999, S. 36

1243. Im Hinblick auf die Anteile der einzelnen Energieträger haben sich in den letzten drei Berichtsjahren keine bedeutenden Änderungen ergeben. Die Spitzenstellung ist beim Mineralöl verblieben, gefolgt vom Erdgas und der Steinkohle. Der Rückgang der Primärenergienachfrage ging insbesondere zu Lasten des Braunkohleeinsatzes. Über den gesamten in Tabelle 3.2.1-4 dargestellten Zeitraum hat der Anteil der festen Brennstoffe am Primärenergieeinsatz abgenommen. Steinkohle verringerte ihren Anteil von über 15 % in der ersten Hälfte des Jahrzehnts auf etwas über 14 % in der zweiten Hälfte; dabei stieg der Einsatz von Steinkohle in der Elektrizitätswirtschaft, sank aber in der Stahlindustrie und am Wärmemarkt. Dementsprechend sank auch die deutsche Steinkohlenförderung in Energieeinheiten von 1 588 PJ im Jahre 1995 auf 1 231 PJ im Jahre 1998.

Der Einsatz von Braunkohle ging von 21,5 % (1990) um etwa die Hälfte auf 11,0 % (1997) und 10,5 % (1998) zurück. 1998 wurden in Energieeinheiten noch 1 465 PJ Braunkohlen in Deutschland gefördert. Dabei gab die Braunkohle die Stellung des zweitgrößten Deckungsbeitrags zum Primärenergieverbrauch an das Erdgas ab, das sowohl absolut als auch dem Anteil nach zunahm: von 15,4 % (1990) auf 20,6 % (1997) und 21 % (1998). Das deutsche Erdgasaufkommen sank allerdings um zuletzt knapp 4 % (1998). Rückläufig waren sowohl die inländische Förderung (-1,5 %) als auch der Import (-4 %). Die deutschen Erdgasvorräte sind 1997 gleich geblieben, da die Entnahme durch neue Funde ausgeglichen wurde.

Mineralöl hat bei leicht abnehmenden absoluten Mengen seinen Verbrauchsanteil von 35,1 % (1990) auf 43 % (1998) und zuletzt 39 % (1999) ausgebaut. Der Absatz an Ottokraftstoffen stagniert seit 1995 bei 30 Mio. t, obwohl der Bestand an Benzin-Pkw sich laufend erhöht. Geringerer spezifischer Verbrauch und abnehmende Jahresfahrleistungen werden als Gründe für den sinkenden Absatz genannt. Anders bei Dieselkraftstoff: Mit 27,1 Mio. t wurde 1998 wiederum mehr, nämlich 3,4 %, abgesetzt als im Vorjahr. Als Hauptsache gilt die zunehmende Transportleistung infolge günstiger Konjunkturentwicklung.

Der Anteil der Atomenergie am Primärenergieeinsatz stieg auf 12,8 % im Jahr 1997. 1998 ging ihr Anteil aufgrund von technisch bedingten Stillstandzeiten in einzelnen Atomkraftwerken wieder auf 12,3 % zurück. 1999 stieg der Anteil wiederum auf 13 %.

Tabelle 3.2.1-4

Entwicklung der Primärenergienachfrage in Deutschland nach Energieträgern
1990 bis 1999

	Primärenergieverbrauch in PJ[1]									
	1990	1991	1992	1993	1994	1995	1996[4]	1997[4]	1998[4]	1999[4]
Steinkohle	2 306	2 330	2 196	2 139	2 139	2 060	2 078	2 043	2 037	1905
Braunkohle	3 201	2 507	2 176	1 983	1 861	1 735	1 685	1 591	1 512	1468
Mineralöl	5 238	5 547	5 628	5 746	5 692	5 689	5 809	5 753	5 777	5586
Erdgas	2 316	2 433	2 408	2 546	2 591	2 828	3 156	3 022	3 013	3028
Wasserkraft, Windkraft[2]	59	53	62	62	64	82	70	70	79	91
Atomenergie	1 665	1 609	1 732	1 673	1 650	1 682	1 764	1 858	1 764	1852
Sonstige Energieträger[3]	126	134	135	154	158	176	202	243	275	267
Außenhandelssaldo Strom	3	- 3	- 21	3	9	18	- 18	-9	-3	3
Insgesamt	14 914	14 610	14 316	14 306	14 164	14 170	14 746	14 571	14 454	14 200

[1] Berechnungen nach Wirkungsgradansatz

[2] Windkraft ab 1995

[3] Brennholz, Brenntorf, Naturgase, Klärschlamm, Müll, Abhitze

[4] vorläufige Angaben

(1 PJ = 1 Peta-Joule = 10^{15} Joule = 0,278 Mrd. kWh)

Strom als Sekundärenergieträger wird hier in Anlehnung an die Statistik erwähnt.

Quelle: Arbeitsgemeinschaft Energiebilanzen, 1999

Gegenwärtige Energiestrukturen und Status-quo-Prognosen

Der Anteil von Wasser- und Windkraft am Primärenergieeinsatz steigert sich konstant und hat insbesondere aufgrund der Zunahme der Stromerzeugung aus Windenergie (seit 1995 im Primärenergieverbrauch enthalten) auf 0,6 % im Jahr 1999 zugenommen.

Insgesamt hat sich der Primärenergieverbrauch – wenn auch nur leicht – hin zu kohlenstoffärmeren Energieträgern (Erdgas und erneuerbare Energien) verlagert.

Status-quo-Prognosen der Primärenergienachfrage

1244. Aktuelle Prognosen für Deutschland wurden von der ESSO AG (1998) sowie der Prognos AG zusammen mit dem Energiewirtschaftlichen Institut (EWI) an der Universität Köln (SCHLESINGER et al., 1999) vorgelegt. Die Prognos/EWI-Studie wie auch die Esso-Studie kommen bei relativ ähnlichen Annahmen zu in der Tendenz vergleichbaren Ergebnissen bezüglich der zukünftigen Entwicklung und Struktur des Energieverbrauchs. Aufgrund der detaillierteren Annahmen wird nachfolgend ausführlicher auf die Prognos/EWI-Studie eingegangen.

Die Prognos/EWI-Studie kommt zu dem Ergebnis, dass der Primärenergieverbrauch in Deutschland von 14 572 PJ im Jahr 1997 auf 13 808 PJ im Jahr 2020 (ca. -5 %) zurückgehen wird (vgl. Tab. 3.2.1-5). Dabei sind die Veränderungen bis zum Jahr 2010 noch gering, während sich danach der Rückgang des Primärenergieverbrauchs beschleunigt. Trotz dieser Entwicklung wird für die Bruttostromerzeugung auch nach 2010 ein konstanter Anstieg um etwa 0,2 % pro Jahr erwartet. Prognos und EWI führen den Rückgang der gesamten Primärenergienachfrage in erster Linie auf leicht sinkende Energieverbräuche ab dem Jahr 2010 in den drei Sektoren Private Haushalte, Verkehr sowie Gewerbe, Handel, Dienstleistungen zurück. In den privaten Haushalten wird trotz weiterer Zunahme des Strombedarfs der Raumwärmebedarf sinken, da hier eine steigende energetische Qualität der Gebäudesubstanz und höhere Nutzungsgrade der Heizanlagen den zusätzlichen Bedarf durch den Anstieg der Wohnfläche überkompensieren. Im Verkehrsbereich sinkt langfristig der spezifische Treibstoffverbrauch insbesondere der Pkw (auf 6,1 L/100 km im Jahr 2020), so dass trotz weiterhin steigender Verkehrsleistungen der absolute Energieverbrauch leicht zurückgeht. Dagegen steigt der Energiebedarf des Sektors Industrie auch langfristig insbesondere aufgrund einer wachsenden Stromnachfrage kontinuierlich an (SCHLESINGER et al., 1999, S. 16 ff.).

Bei der Betrachtung der fossilen Energieträger (Kohle, Mineralöle, Gase), die 1997 gemeinsam einen Anteil von 85 % an der Primärenergienachfrage verzeichneten, rechnen Prognos und EWI mit einem Anteilszuwachs bis zum Jahr 2020 auf 91 %. Auslöser sind erhebliche Verschiebungen der Energieträgerstruktur: Insbesondere die Atomenergienutzung sinkt auch ohne vorzeitigen Ausstieg zwischen 2010 und 2020 rapide aufgrund ihres stark rückläufigen Einsatzes in der Verstromung, der durch den regulären Ablauf der Kraftwerkslebensdauern bedingt ist. Dieser Rückgang wird in erster Linie durch den Verbrauchsanstieg von Erdgas (+20 % von 1997 bis 2020) sowie den Zuwachs der erneuerbaren Energieträger (+85 %) ausgeglichen. Während ihr Anteil am Primärenergieverbrauch 1995 bei 2,2 % lag, könnte er bis 2020 auf 4,4 % ansteigen (ESSO nimmt sogar einen Anstieg auf 5 % des Primärenergieverbrauchs bis zum Jahr 2020 an). Hierzu tragen in erster Linie die Windkraft und die Biomasse bei.

Tabelle 3.2.1-5

Status-quo-Prognose der Primärenergienachfrage in Deutschland in Petajoule

Energieträger	1995	1996	2010	2020
Steinkohle	2 060	2 078	1 702	1 712
Braunkohle	1 735	1 685	1 394	1 436
Mineralöl	5 677	5 800	5 870	5 620
Erdgas	2 822	3 156	3 522	3 811
Erneuerbare Energien	221	327	513	607
Atomenergie	1 682	1 764	1 643	580
Außenhandelssaldo Strom[*)]	18	-18	31	42
Insgesamt	**14 315**	**14 794**	**14 675**	**13 808**

[*)] Strom als Sekundärenergieträger wird hier in Anlehnung an die Statistik erwähnt.
Quelle: SCHLESINGER et al., 1999

1245. Im einzelnen geht die Studie von folgenden Annahmen aus:

– Die Energiepreiserhöhungen, die durch eine moderate, stufenweise Erhöhung einer Energieabgabe auf nicht erneuerbare Energieträger bewirkt werden, liegen im Schnitt nur wenig über den Preisminderungen, die im Zuge der Strommarktliberalisierung erwartet werden.

– Es werden Veränderungen bereits eingeführter umweltpolitischer Maßnahmen unterstellt, insbesondere:

– die Novellierung der Wärmeschutzverordnung (Verschärfung um 50 % bis 2020);

– die Beibehaltung des Stromeinspeisegesetzes sowie Einbeziehung der Kraft-Wärme-Kopplung.

– Bei der Struktur der Stromerzeugung nach Energieträgern wird für die laufenden Atomkraftwerke eine Laufzeit von 40 Kalenderjahren unterstellt, während neue Atomkraftwerke nicht mehr gebaut werden. Damit wird der Anteil der Atomenergie nach dem Jahr 2015 signifikant zurückgehen.

Allgemeine Annahmen über wichtige demographische und ökonomische Rahmenbedingungen für Deutschland sind in Tabelle 3.2.1-6 zusammengefasst.

Status-quo-Prognose der Stromerzeugung

1246. Die zukünftige Struktur der Stromerzeugung wird zum einen durch die veränderten Rahmenbedingungen des reformierten Energiewirtschaftsgesetzes (Tz. 1419 ff.) geprägt, zum anderen durch den stark rückläufigen Einsatz der Atomenergie, der sich auch ohne einen vorzeitigen Ausstieg vollziehen wird.

Die Atomenergie trug 1997 mit rund 170,4 Mrd. kWh (brutto) bzw. 169,1 Mrd. kWh (netto) zur Stromerzeugung in Deutschland bei. Ihr Anteil an der gesamten Bruttostromerzeugung beträgt damit rund 31 %. Es stehen heute 19 Atomkraftwerke (ohne AKW Mülheim-Kärlich, für das keine gültige Betriebsgenehmigung vorliegt) für die Stromerzeugung zur Verfügung. Die installierte Leistung beträgt 22 184 MW (brutto) bzw. 21 095 MW (netto) (VDEW, 1998).

Die ESSO-Energieprognose (ESSO AG, 1998) ebenso wie die PROGNOS/EWI-Studie (SCHLESINGER et al., 1999) gehen davon aus, dass knapp ein Drittel der Atomkraftwerkskapazität von 1997 auch bei unbefristeter Genehmigungsdauer aufgrund des Ablaufs der technischen Nutzungsdauer von 40 Jahren im Jahr 2010 wegfallen wird. Damit wird gleichzeitig unterstellt, dass nach dem technischen Auslaufen der alten Atomkraftwerke diese nicht durch eine neue Generation von Atomkraftwerken ersetzt werden. Auch PFAFFENBERGER und GERDEY (1998, S. 15) gehen in einem Referenzszenario davon aus, dass im Jahr 2028 das letzte deutsche Atomkraftwerk vom Netz gegangen sein wird.

1247. Die ESSO-Energieprognose geht davon aus, dass der Ersatz der Atomkraftwerkskapazität insbesondere durch Gas- und Dampfkraftwerke mit hohem Wirkungsgrad, aber auch durch Steinkohlekraftwerke erfolgen wird. Es wird eine Zunahme des Erdgasverbrauchs im Kraftwerkssektor von 386,9 PJ im Jahr 1997 auf 879,2 PJ im Jahr 2020 prognostiziert; der Steinkohleverbrauch steigt ebenfalls von 69,7 Mio. t 1997 auf 71 Mio. t 2020. Allerdings soll nach der ESSO-Prognose die deutsche Steinkohle an dieser Entwicklung nicht beteiligt sein. Vielmehr wird sich der Steinkohleimport von 23 auf 56 Mio. t mehr als verdoppeln. Entsprechend wird die deutsche Steinkohleproduktion von knapp 47 auf 15 Mio. t im Jahr 2020 abnehmen. Die These, dass ein erforderlicher Neubau von Kraftwerken nicht allein zum Bau von sich sehr rasch amortisierenden Gas- und Dampfkraftwerken, sondern auch von Steinkohlekraftwerken führt, wird durch PFAFFENBERGER und GERDEY (1998, S. 16) gestützt, die davon ausgehen, dass der Stromerzeuger deshalb in ein Portfolio aus Gas und Kohle investiert, weil er damit das Risiko eines Gaspreisanstiegs begrenzt, während der Kohlepreis als eher stabil eingeschätzt wird. Der Gaspreisanstieg wird durch die weltweit steigende Nachfrage des relativ gegenüber Kohle knapperen Rohstoffs Erdgas zumindest mittelfristig als wahrscheinlich eingeschätzt, während kurzfristig die Liberalisierung der Gasmärkte eher einen Preisverfall bewirken dürfte. Gleichzeitig tritt aber auch eine relative Verteuerung von Gas gegenüber Kohle (zur Stromerzeugung in Großkraftwerken) in Deutschland durch die geplanten drei Stufen der Ökosteuerreform ein (Tz. 97 ff.).

1248. Die Stromerzeugungskapazität des Energieträgers Braunkohle wird sich insgesamt nicht groß verändern, tendenziell bis zum Jahr 2004 leicht zurückgehen (von 22 GW im Jahre 1997 auf 20 GW im Jahre 2004) und danach voraussichtlich bis 2030 konstant bleiben (PFAFFENBERGER und GERDEY, 1998, S. 14). Bei den erneuerbaren Energien sieht die ESSO-Energieprognose vor allem Chancen für Wind- und Solarenergie. Demnach wird der Beitrag der erneuerbaren Energien zur Stromerzeugung von 1997 bis 2020 um etwa 100 % auf einen Anteil von 10 % steigen.

Entwicklung der Emissionen

1249. Die *bisherige* Entwicklung der wichtigsten energiebedingten Emissionen von CO_2, SO_2, NO_x, Methan und N_2O ist ausführlich in Kapitel 2.4.4 (Klimaschutz und Luftreinhaltung) dargestellt.

Die *zukünftige* Emissionsentwicklung wird von Prognos/EWI (Schlesinger et al., 1999), ESSO (1998) und KLEEMANN et al. (1999) im Rahmen des IKARUS-Modells „Politikszenarien für den Klimaschutz" jeweils für CO_2 berechnet. Das IKARUS-Basisszenario errechnet bis zum Jahr 2005 ein stärkeren Rückgang der

Tabelle 3.2.1-6

Allgemeine Annahmen der Prognos/EWI-Studie

	1997	2010	2020	2020/1997 Veränderung (%)
Bevölkerung, Mio.	82,1	82,6	80,8	-2
Privathaushalte, Mio.	37,3	39,1	39,1	5
Wohnungsbestand, Mio.	36,1	39,9	41,9	16
Wohnflächen, Mrd. m²	3,11	3,72	4,13	33
BIP, real, Mrd. DM (Preise 1991)	3 121	4 059	4 798	54
Industrieproduktion, real Mrd. DM (Preise 1991)	978	1 315	1 590	62
Bestand Personenwagen, Mio.	41,3	47,5	48,3	17
Weltölpreis (real, US-$/Barrel)	19,1	17	21,5	12

Quelle: SCHLESINGER et al., 1999

energiebedingten CO_2-Emissionen in Deutschland als Prognos/EWI und ESSO. Dieses Ergebnis kommt zu stande, weil das IKARUS-Modell auch im Basisszenario an einer volkswirtschaftlichen Kostenminimierung ausgerichtet ist, das heißt, es werden nicht kostenbedingte Hemmnisse ausgeschlossen. Deshalb liegt vor allem der Stromverbrauch deutlich unter dem entsprechenden Wert im Prognos/EWI-Szenario (KLEEMANN et al., 1999, S. 51 f.). Während Prognos/EWI und ESSO zu dem Ergebnis kommen, dass sich die CO_2-Emissionen in Deutschland bis zum Jahr 2005 gegenüber 1990 um 14 % bzw. 15 % vermindern werden, errechnet das IKARUS-Modell eine Minderung von knapp 18 %. Das deutsche CO_2-Minderungsziel (-25 % gegenüber 1990) könnte somit durch eine Business-as-usual-Politik nicht erreicht werden. Die Kyoto-Verpflichtung von -21 %, die sich auf den Zeitraum 2008 bis 2012 bezieht und mehr Flexibilität durch die Einbeziehung von insgesamt sechs Treibhausgasen einräumt, erscheint allerdings vor dem Hintergrund der im IKARUS-Basisszenario errechneten -19 % (2010 gegenüber 1990) als durchaus erfüllbar.

Eine Prognose der CO_2-Emissionen bis zum Jahr 2020 ist aufgrund der mit dem Auslaufen der Atomkraftwerke verbundenen erheblichen Umstrukturierungsprozesse im Stromsektor äußerst schwierig. Prognos/EWI nehmen einen wachsenden Anteil fossiler Energieträger am gesamten Primärenergieverbrauch an (Tz. 1244 ff.), so dass eine über das Jahr 2010 hinausgehende Reduktion der CO_2-Emissionen in Deutschland unter den getroffenen Rahmenbedingungen nicht anzunehmen ist. IKARUS errechnet einen Rückgang der CO_2-Emissionen von 1990 bis 2020 um 24 %, ESSO hingegen lediglich von rund 16 % (vgl. Tab. 3.2.1-7).

Tabelle 3.2.1-7

Zukünftige Entwicklung der energiebedingten CO_2-Emissionen in Deutschland (in Mio. t) – Vergleich unterschiedlicher Status-quo-Prognosen

	1990	2005	2010	2020
IKARUS-Basisszenario	977	806	788	741
Prognos/EWI	992	855	855	847
ESSO	1 017	878[*]	862	852

[*] Wert gilt für das Jahr 2000

Quellen: KLEEMANN et al., 1999; SCHLESINGER et al., 1999; ESSO AG, 1998

3.2.2 Umweltbeeinträchtigungen durch die Gewinnung und Umwandlung von Energieträgern

3.2.2.1 Umweltbeeinträchtigungen durch die Gewinnung von Energierohstoffen

1250. Der Abbau von Energierohstoffen wie Braun- und Steinkohle, Uranerzen, aber auch von Erdöl und Erdgas beeinträchtigt Biotope und Ökosysteme. Darüber hinaus werden andere Nutzungspotentiale gestört. Trotz vieler Maßnahmen zur Wiederherstellung der vom Rohstoffabbau betroffenen Bereiche durch Rekultivierung, Renaturierung oder sonstigen Ausgleich von Folgewirkungen müssen mittel- bis langfristige landschaftsökologische und umweltgeologische Veränderungen mit in die Gesamtbewertung der Nutzung von Rohstoffen einbezogen werden. Nur dann sind landschaftsgerechte Folgenutzungen möglich. Zudem können ökologische Fehlentwicklungen bereits im Vorfeld vermieden werden.

Der Abbau der Energieträger und – abbautechnisch bedingt – auch des Nebengesteins bedeutet geochemisch gesehen zunächst eine über das natürliche Maß hinausgehende selektive Konzentration dieser Stoffe. Bereits durch die Aufbereitung und den Transport gelangt ein Teil davon innerhalb kürzester Zeit in alle Teilbereiche der Geo- und Biosphäre. Dieser anthropogen gesteuerte Differenzierungsprozess ist im Vergleich mit der Stoffdifferentiation im sedimentären, magmatischen oder metamorphen Geschehen eine neue Form geologischer Tätigkeit (MEYER und WIGGERING, 1991). Zahlreiche chemische Elemente gelangen auf diese Weise verstärkt in den Stoffkreislauf, nachdem sie ihm teilweise für Jahrmillionen entzogen waren. Es kommt zur Geo- und Bioakkumulation der mobilisierten Elemente und ihrer Verbindungen. Damit wird der ursprüngliche Stoffbestand sowohl in qualitativer als auch in quantitativer Hinsicht verändert.

1251. Umweltbeeinträchtigungen durch den Rohstoffabbau nehmen unter anderem in dem Maße zu, wie sich mit der Technisierung der Umfang der verlagerten Gesteinsmassen im Verhältnis zum Abbauprodukt vergrößert. Die Beeinträchtigungen wachsen ferner mit der Anzahl der betroffenen Ökosystemfunktionen und konkurrierenden Nutzungen sowie dem Grad ihrer wechselseitigen Abhängigkeit. Maßgebend ist der geologische Aufbau des gesamten Abbaubereichs. Darüber hinaus spielen die Grundwasserhydraulik, die Häufigkeit der naturbedingten Störungen, aber auch die geochemische Qualität der geförderten Stoffe eine entscheidende Rolle. Das geförderte Material wird an der Erdoberfläche meist einem gegenüber den Lagerstätten grundlegend veränderten geochemischen Milieu ausgesetzt. Durch das Einwirken etwa von Luftsauerstoff oder (säurehaltigen) Niederschlägen können Stoffe mobilisiert und in die Umgebung eingetragen werden. Deren Einfluss auf die angrenzenden Ökosysteme ist umso größer, je stärker die stofflichen Zusammensetzungen des geförderten Materials und des oberflächennah anstehenden Gesteins voneinander abweichen. Zur Abschätzung der Ressourcenbelastung und der Nutzungsbeeinträchtigungen ist einerseits die Schutzbedürftigkeit (verfügbares Naturraumpotential, Empfindlichkeit, Nutzungsbedarf), andererseits das Beeinträchtigungspotential (Immissionen, Stoffentzug und Flächeninanspruchnahme) zu bedenken. Für die ökologischen Zusammenhänge müssen die Ökosystemfunktionen berücksichtigt werden. Dies erfordert eine ökologische Wirkungsanalyse. Insbesondere sind Langzeitwirkungen zu berücksichtigen, wenn über die rein nutzungsbezogenen Planungsziele hinaus die Folgewirkungen auf die unter anderem im Bundesnaturschutzgesetz festgelegten oder im Bundes-Bodenschutzgesetz angeführten, ökosystemar ausgerichteten Umweltqualitätsziele betrachtet werden sollen.

Insgesamt ist es erforderlich, die Umweltauswirkungen der Rohstoffaufbereitung und -nutzung stärker als bisher in die Abbaukonzeption einzubeziehen. Nur so lassen sich Ziel- und Nutzungskonflikte mit den wesentlichen Ökosystemfunktionen vermeiden. Dies bedeutet, dass das Wirkungsgefüge von biotischen und abiotischen Abläufen in seiner zeitlichen Dynamik insgesamt erfasst werden muss.

1252. Üblicherweise finden nur die Umweltauswirkungen der Gewinnung von Energierohstoffen auf ein einzelnes Umweltmedium in der öffentlichen wie in der politischen Diskussion Berücksichtigung. Meistens besteht ein aktueller Bezug zu Erschließungsvorhaben. Im folgenden soll hingegen unter Berücksichtigung aller Umweltmedien auf die wichtigsten Umweltauswirkungen der Energierohstoffgewinnung eingegangen werden. Dies sind im einzelnen:

– Flächeninanspruchnahme und Verlust von Lebensräumen,

– Stoffinanspruchnahme und Massenverlagerung,

– Reliefveränderungen (Bergsenkung, Tagebaurestlöcher bzw. -seen etc.),

– hydrologisch-hydrogeologische Beeinträchtigungen,

– hydrochemische Beeinträchtigungen des Grundwassers,

– Meeresbelastung durch Offshore-Förderung von Erdöl und Erdgas,

– atmosphärische Emissionen von Methan, Radon und Staub,

– Industriebrachen und Altlasten aus der Energierohstoffgewinnung.

1253. Die unterschiedlichen Nutzungen von aufgelassenen Abbauflächen und Bergehalden des Stein- und Braunkohlebergbaus können Chancen für den Naturschutz bieten. Die Nährstoffarmut und das geringe Wasserhaltevermögen des Substrats, starke Erosionsanfälligkeit der Aufschüttungen und besondere mikroklimatische Verhältnisse können zu äußerst extremen Standortbedingungen führen. Ähnlich extreme Standorte gingen in den vergangenen Jahrzehnten durch hohen Nutzungsdruck mehr und mehr verloren. Eine Renaturierungsstrategie, die durch Reliefgestaltung und partielle Melioration eine kleinräumige Differenzierung fördert und auf eine Spontanentwicklung von Flora und Fauna setzt, kann Ersatzlebensräume unter anderen für wärme- und trockenheitsliebende Biotopspezialisten schaffen, die vom Aussterben bedroht sind. Solche Refugialbiotope können im Rahmen der übergeordneten naturschützerischen Zielsetzung langfristig mit nur geringem Aufwand gesichert oder der weiteren natürlichen Sukzession überlassen werden (JOCHIMSEN, 1999; WIEGLEB und FELINKS, 1999; WIGGERING et al., 1994).

Tabelle 3.2.2-1 fasst – überwiegend qualitativ – die Umweltauswirkungen der Gewinnung nicht-regenerativer Energieträger zusammen.

Umweltbeeinträchtigungen

Tabelle 3.2.2-1

Die wichtigsten Umweltauswirkungen bei der Gewinnung von Energierohstoffen in Deutschland

	Steinkohle	Braunkohle	Erdöl und Erdgas	Uran
Flächeninanspruchnahme	– direkte und indirekte Inanspruchnahme durch Halden und Bergsenkungen; ca. 5 000 km², – eingeschränkte Nutzung der indirekt beanspruchten Flächen, keine Nutzungsmöglichkeit der direkt beanspruchten Flächen	– direkte Inanspruchnahme durch Abbauflächen; ca. 2 270 km², – stark eingeschränkte Nutzbarkeit nach der Renaturierung	– geringere, punktuelle Beeinträchtigungen	– 37 km² Betriebsfläche z. T. radioaktiv und/oder mit Schwermetallen und Metalloiden kontaminiert
Massenverlagerung	– 80 x 10⁶ m³ Steinkohle und Bergmaterial jährlich, Förderverhältnis ca. 1:2	– 1,2 x 10⁹ m³ Braunkohle und Abraum jährlich, Förderverhältnis ca. 1:5	keine Angaben	– 460 Mio. t Bergematerial – 240 Mio. t Aufbereitungsrückstände mit hohen Gehalten an Radionukliden, Schwermetallen und Metalloiden
Reliefveränderung	– großräumige Bergsenkungen, Halden	– Tagebaurestseen, Halden	– Bergsenkungen (strittig)	– Restlöcher, Halden
Beeinträchtigungen (zusammengefasst) der Oberflächengewässer, des Grundwassers und der Meere	– Einleitung von über 100 Mio. m³ Wasser mit hohen Salzgehalten in die Vorfluter Rhein, Ruhr, Lippe und Emscher – Veränderungen des Grundwasserspiegels (absolute Absenkung, relativer Anstieg in den Senkungsbereichen) – in den Halden und Ablagerungsbereichen für Abraum: Freisetzung von Schwefelsäure durch Sulfidoxidation, Mobilisierung von Aluminium- und Schwermetallionen, große Mengen leichtlöslicher Salze, sowie Einträge in Oberflächengewässer und Grundwasser	– großflächige Grundwasserabsenkungen, Grundwasserdefizite von mehreren km³ – kritische Wasserqualität in den Tagebaurestseen durch saure Sickerwässer (hohe Salinität, Eisen- und Schwermetallgehalte)	– Gefahr der Grundwasserkontamination durch Bohrzusätze – Einleitung von Öl und ölhaltigem Produktionswasser bei Gewinnung, Transport und Verarbeitung in die Nordsee, dadurch Schädigung der marinen Umwelt – Eintrag von Betriebsstoffen, Antifoulinganstrichen, Bohrzusätzen etc. in die Nordsee	– Entstehung saurer und mit Radionukliden belasteter Sickerwässer durch Pyritoxidation in Halden und durch Säurezusätze in Aufbereitungsrückständen – Mobilisierung von Radionukliden, Schwermetallen und Metalloiden durch Veränderung des Redoxpotentials und durch Komplexbildner im Grundwasserbereich
Atmosphärische Emissionen	– klimarelevante Methanemissionen	– keine klimarelevanten Emissionen	– Methanverluste bei Gewinnung und Verteilung in Höhe von max. 2 %	– Emission von Radon als Produkt des radioaktiven Zerfalls von Thorium, dadurch erhöhtes Lungenkrebsrisiko
Industriebrachen und Altlasten	– Bodenkontaminationen an Gewinnungs- und Verarbeitungsstandorten durch nichtsachgemäßen Umgang mit Betriebsmitteln, Leckagen etc. und mit spezifischem Schadstoffinventar		– Oberflächenkontamination der Anlagen und der Umgebung des Betriebsgeländes	– Oberflächenkontamination der Anlagen und der Umgebung des Betriebsgeländes – schwachradioaktive Abfälle

SRU/UG 2000/Tab. 3.2.2-1

Zur Flächeninanspruchnahme und zum Verlust von Lebensräumen

1254. In den deutschen *Steinkohle*revieren, dem Saargebiet, dem Aachener Raum sowie dem Ruhr-Emscher-Lippe-Gebiet findet bzw. fand ausschließlich untertage in der Erstreckung der jeweiligen flözführenden Gesteinsserien (Sedimente des Oberkarbons) ein nahezu flächendeckender Abbau statt. Die Erdoberfläche wird dort indirekt durch Bodensenkungen und durch Veränderungen des Grundwasserspiegels beeinträchtigt. Ergänzt durch die Zechenbetriebsflächen, Haldenflächen etc. sind damit zwangsläufig im Laufe der letzten zweihundert Jahre fast sämtliche Naturraum- und Nutzungspotentiale durch den Bergbau beeinträchtigt worden. Im Ruhr-Emscher-Lippe-Gebiet, das überwiegend zur deutschen Steinkohleförderung beiträgt, sind bisher annähernd 4 000 km^2 Fläche vom Steinkohlebergbau betroffen. Unterstellt man für die übrigen Gebiete dieselbe Flächenintensität, so dürfte sich die in Deutschland vom Steinkohlebergbau veränderte Fläche auf knapp 5 000 km^2 (oder 1,4 % der Fläche des Bundesgebietes) belaufen (MEYER, 1993; WIGGERING, 1993).

Die Flächeninanspruchnahme des *Braunkohle*tagebergbaus ist von einer völlig anderen Qualität als im Steinkohlebergbau. Sie schließt jede anderweitige Nutzung zumindest bis zur Rekultivierung aus und stört die natürliche Boden- und Gesteinslagerung auf Dauer. Abbauflächen des Braunkohlebergbaus erstrecken sich in Deutschland derzeit über 2 270 km^2 (oder 0,6 % der Fläche des Bundesgebietes; Statistik der Kohlenwirtschaft, 1999), wovon 43 Prozent nach der Auskohlung wieder einer Nutzung zugeführt wurden. Zu Beginn der neunziger Jahre nahm diese Fläche in den neuen Bundesländern jährlich um mehr als 30 km^2 zu. Diese Entwicklung wurde in der Zwischenzeit erheblich verlangsamt. In den alten Bundesländern betrug die Flächeninanspruchnahme durch den Braunkohlebergbau in den neunziger Jahren 4,3 km^2/a (berechnet nach Statistik der Kohlenwirtschaft, 1999). Bezogen auf die Abbaubedingungen in den Braunkohlerevieren im Rheinland entspricht der Abbau auf einer Fläche von 1 m^2 der Primärenergie von etwa 720 bis 900 GJ (25 bis 30 t SKE). In den Abbaugebieten der neuen Bundesländer verschlechtert sich wegen der geringeren Flözmächtigkeit das Verhältnis zwischen gewonnener Primärenergie und benötigter Fläche um den Faktor zwei bis vier.

Der *Uran*abbau wurde in Deutschland sowohl über- als auch untertage durchgeführt. Bis zur Stilllegung sämtlicher Bergwerke nach der deutschen Wiedervereinigung lag die Produktion in den ehemals ostdeutschen Anlagen hinter den USA und Kanada an der Weltspitze (GATZWEILER, 1996). Trotz des äußerst geringen Uranerzgehaltes von häufig nur einem Promille sind die im Uranbergbau geförderten Mengen an Erz und taubem Nebengestein absolut betrachtet gering. Deshalb ist auch die Größe der betroffenen Flächen im Vergleich zum Kohlebergbau deutlich geringer. Dagegen ist die Intensität der Umweltauswirkungen aufgrund der Zusammensetzung des Gesteins und radioaktiver Emissionen (Tz. 1268) umso gravierender. Insgesamt hinterließ der Uranbergbau in Ostdeutschland circa 37 km^2 Betriebsfläche einschließlich Betriebsanlagen wie Schächte, Halden und Absetzbecken sowie 110 km^2 Grubenbaue. Die Sanierung konzentriert sich wesentlich auf die Sicherung von Anlagen und Flächen, von denen ein hohes Gefahrenpotential ausgeht, wie etwa Produktionsanlagen und -rückstände, Halden und Bergwerksschächte. Ziel der Sanierung ist es, radioaktive und sonstige Schadstoffemissionen zu minimieren und die Trinkwasserversorgung zu schützen. Ebenso sollten Flächen, die durch Kontaminationen nur schwach belastet waren, wieder einer Nutzung zugeführt werden (KÄMMERER, Hess. Landesamt f. Bodenforschung, 1999, persönl. Mitteilung; DIEHL, 1995).

Zur Stoffinanspruchnahme und Massenverlagerung

1255. Derzeit werden in Deutschland jährlich rund 40 Mio. t *Steinkohle* gefördert. Wegen der zunehmenden Mechanisierung im Bergbau sind in der Vergangenheit die mit der Kohle geförderten Mengen an taubem Gestein stetig angestiegen und stehen mit der geförderten Steinkohle im Verhältnis 1:1. Dieses sogenannte Bergematerial wird zu einem geringen Anteil wieder untertage verbracht oder im Deich- und Straßenbau verwandt. Der weitaus größte Teil wird oberirdisch auf Halden mit bis zu 1 km^2 Grundfläche und maximal 100 m Höhe abgelagert. Dem Massenüberschuss an der Erdoberfläche steht ein etwa doppelt so großes Massendefizit im Untergrund gegenüber. Im Abbaugebiet an Ruhr, Emscher und Lippe entstand so in den letzten zwei Jahrhunderten ein ausgekohlter Hohlraum untertage mit einem Gesamtvolumen von etwas mehr als 7 km^3 (WIGGERING, 1993). Dieser wächst beim derzeitigen Fördervolumen jährlich um 80 Mio. m^3 (entsprechend 8 %) an. Durch den untertägigen Bergbau bricht das Deckgebirge in den ausgekohlten Hohlraum, was sich übertage als Bergsenkung der Landoberfläche und damit als Reliefveränderung äußert. Im Zusammenhang mit der Förderung von Steinkohle und Nebengestein (Berge) sowie den untertage entstehenden Massendefiziten muss also von erheblichen Massenverlagerungen gesprochen werden (MEYER und WIGGERING, 1991).

Im deutschen *Braunkohle*tagebergbau muss je nach den vorherrschenden Randbedingungen des Abbaugebietes eine bis zu einige hundert Meter dicke Deckschicht als Abraum abgetragen werden, um an die abbaubaren Kohleflöze zu gelangen. Das Förderverhältnis von Kohle zu Abraummaterial liegt in den beiden größten deutschen Revieren nahe 1:5 (HÜTTL und HEUER, 1998). Die mittlere jährliche Braunkohleförderung in Deutschland belief sich während der neunziger Jahre auf 215 Mio. t. Entsprechend wurden 1 Mrd. m^3 Abraum pro Jahr verlagert, die in bereits ausgekohlten Bereichen wieder abgelagert wurden. Zurück bleibt ein Massendefizit in Form von Tagebaurestlöchern, das der Menge der geförderten Braunkohle entspricht. Nach Beendigung des Abbaugeschehens und der Sümpfungsmaßnahmen füllen sich diese mit Wasser und bilden Tagebauseen mit oftmals problematischer Wasserqualität (Tz. 1260).

Als Maß für die Intensität der Massenverlagerung im Kohlebergbau kann das Verhältnis von bewegtem Material (Kohle und Abraum bzw. Nebengestein) zur geförderten Primärenergie herangezogen werden. So müssen für die Förderung von 1 t Vollwertkohle (entsprechend ca. 30 GJ Primärenergie) im Steinkohlebergbau knapp 2 t Steinkohle und Bergematerial an die Oberfläche gebracht werden. Dem stehen im Braunkohlebergbau zwischen 20 und 25 t Braunkohle und Abraum gegenüber.

1256. Die Probleme der Massenverlagerung im *Uran*bergbau treten hinter die Umweltauswirkungen aufgrund der chemischen und radiologischen Eigenschaften des geförderten Erzes weit zurück. So fielen bei der Produktion von 220 kt Uran in der ehemaligen DDR zwischen 1945 und 1990 460 Mio. t Bergematerial und 240 Mio. t Aufbereitungsrückstände (abgereichertes Erz) an. Die Gehalte an Radionukliden, Schwermetallen (insbesondere Nickel) und Metalloiden (insbesondere Arsen) liegen zum Teil weit über den natürlichen, lokal und regional in Abhängigkeit von den geologischen Gegebenheiten variierenden Hintergrundwerten. Bergematerial und Aufbereitungsrückstände lagern bis heute überwiegend auf Halden und in Absetzbecken. Geringe Teile davon wurden im Straßen-, Gleis- und Wohnungsbau verwendet (DIEHL, 1995; DONES et al., 1995), obschon sie keineswegs dafür geeignet waren.

Reliefveränderungen

1257. Im aufgelassenen untertägigen *Steinkohle*bergbau führt der Gebirgsdruck zu einem Einbrechen der überlagernden Gesteinsschichten im Abbaubereich. An der Oberfläche entstehen dadurch großflächige, ungleichförmige Senkungsmulden, die in ihrer Ausbildung von der Abbautiefe, der flächenhaften Ausdehnung der entstandenen Hohlräume und der Art des Deckgebirges abhängig sind (WEBER, 1990; KRATZSCH, 1983). Der Absenkungsbetrag erreicht im Bereich von Ruhr und Emscher mancherorts mehr als 20 m. Die Folgen sind neben Reliefveränderungen ein relatives Ansteigen des Grundwasserspiegels und Richtungsänderungen der natürlichen Vorflut sowie der Grundwasserströmung. Die Beeinträchtigungen des Oberflächen- und Grundwasserhaushalts führen zum Trockenfallen oder Versumpfen von Geländeteilen und erfordern eine künstliche Entwässerung (Polderwirtschaft) nach dem Steinkohlebergbau. Dies wirkt sich direkt oder mittelbar auf die Böden und die Bodennutzung, auf die Biotope in grundwasserabhängigen Gebieten und auf weitere nutzbare Geopotentiale (z. B. Grundwasser) aus. Bergsenkungen im Allgemeinen und unterschiedliche Senkungsbeträge im Besonderen führen zudem zu Schädigungen der Gebäudeinfrastruktur durch Schiefstellungen.

Wie bereits angesprochen, entstehen aufgrund des Massendefizits, das der *Braunkohle*bergbau in der Landschaft zurücklässt, Tagebaurestseen. Bergbaufolgelandschaften sind deshalb an Oberflächengewässern reicher, als dies die ursprüngliche Landschaft war. Der veränderte Landschaftscharakter führt zusammen mit nachteilig veränderten Bodeneigenschaften und Wasserqualitäten zu schwerwiegenden Beeinträchtigungen der Nutzungspotentiale der Bergbaufolgelandschaften.

Zur hydrologisch-hydrogeologischen Beeinträchtigung

1258. Durch die Wasserhaltung im *Steinkohle*bergbau müssen im Abbaubereich zwischen Emscher und Lippe im langjährigen Durchschnitt etwa 2 t Wasser pro t Kohle gehoben werden. In den Rhein wurden 1998 insgesamt 99,5 Mio. m^3 Grubenwasser eingeleitet, davon 14 % im Bereich des Niederrheins. Je 35 %, 31 % und 19 % davon gelangten über die Vorfluter Ruhr, Emscher und Lippe in den Rhein. Die höchste mittlere Chloridfracht führte dabei die Emscher mit 18 kg/s. Dagegen ist die Ruhr mit einer Chloridfracht von 0,8 kg/s vergleichsweise gering mit Salzen belastet. Folgen der Bergsenkungen sind unter anderem Veränderungen des Flurabstandes und das Zutagetreten des Grundwassers. Häufig sinken die Gewässerbetten der Vorflut in das Grundwasser ein. Damit wird eine Grundwasserentnahme zur Flurabstandsregulierung notwendig. Weitere Regulierungsmaßnahmen sind Verwallungen oder Eindeichungen (Polderungen), Einbau von Vorflutpumpanlagen im Senkungsschwerpunkt und Druckleitungen in den ungestörten Gewässerabschnitten etc. In den Einzugsgebieten der Emscher und der Lippe, dem derzeitigen Schwerpunkt des Steinkohleabbaus, müssen heute etwa 600 km^2 Fläche gepoldert werden (DSK, schriftl. Mitteilung, 2000).

Beim *Braunkohle*tagebergbau beeinflussen die Sümpfungsmaßnahmen den Grundwasserhaushalt der gesamten Region. Die Trockenlegung der Tagebaue erforderte in der Niederlausitz während der achtziger Jahre die Förderung von über 1 km^3 Wasser jährlich. Die dadurch entstandene Grundwasserabsenkung erstreckt sich über ein Gebiet von 2 100 km^2. Dies vergrößerte die Flächeninanspruchnahme zusätzlich. Das Grundwasserdefizit wird derzeit auf 9 km^3 geschätzt. Zur Auffüllung der Restseen wird ein Wasservolumen von weiteren 4 km^3 notwendig sein (HÜTTL und HEUER, 1998; BMU, 1994). Wie der Anstieg des Grundwassers langfristig verlaufen wird, kann heute nur bedingt vorhergesagt werden. Die Strömungsverhältnisse im Grundwasser sind aufgrund der völlig veränderten Lagerverhältnisse der Ablagerungen gestört.

1259. Durch die Erschließung, beispielsweise des Braunkohletagebergbaus Garzweiler II im Rheinischen Braunkohlerevier, werden, bedingt durch die große Abbautiefe, Sümpfungsmaßnahmen in einem Umfang notwendig werden, wie es in anderen Abbaugebieten bisher nicht der Fall war. Hydrogeologische Modellrechnungen ergaben, dass im Verlauf des Abbaus jährlich bis zu 150 Mio. m^3 Wasser und damit mehr als die Hälfte der jährlichen Grundwasserneubildung des Gebietes gefördert werden müssen, um den Abbaubereich zu sichern. Ohne Gegenmaßnahmen entstünde dadurch ein Absenktrichter, der bis in die Niederlande reicht. Entsprechend gilt es, die empfindlichen Feuchtgebiete der Region und insbesondere den Naturpark Maas-Schwalm-Nette vor einem Absinken des Grundwasserspiegels zu schützen. Durch die gezielte Versickerung von bis zu 80 Mio. m^3 Wasser jährlich im Gebiet zwischen dem Abbaubereich und den Feuchtgebieten soll dort der Grundwasserspiegel auf seinem ursprünglichen Niveau gehalten werden. In späteren Abbauphasen soll das Wasserdefizit zu zwei Dritteln durch das Heranpumpen von Rheinwasser gedeckt werden. Zu den ungeklärten Problemen zählen dabei aber unter anderem die begrenzte Vorhersagbarkeit des Verhaltens der Grundwasserleiter, Verbindungen zwischen unterschiedlichen Grundwasserstockwerken und die langfristige Funktionsfähigkeit der benötigten Versickerungsbrunnen. Außerdem kann nicht mit Sicherheit vorhergesagt werden, wie sich die Maßnahmen auf die chemische Zusammensetzung des Grundwassers auswirken werden. Einerseits wird durch die Sümpfungsmaßnahmen das Redoxpotential in den Grundwasserleitern großräumig verändert werden, was in den mit der Braunkohle vergesellschafteten sulfidischen Gesteinen zur intensiven und teilweise langanhaltenden Versauerung des Grundwassers führen kann. Andererseits wird die Zusammensetzung des für die Versickerung aufbereiteten Wassers eine andere sein als die des Grundwassers. Damit wird beispielsweise das Nährstoffangebot für die Flora in den zu schützenden Feuchtgebieten verändert werden. Zudem besteht die Möglichkeit von Fällungsreaktionen in den Grundwasserleitern, die deren Leitfähigkeit großräumig verändern kann (MAI, 1999; RHEINBRAUN, 1997, 1992; MURL, 1995; HARTUNG, 1994). Daher ist mit erheblichen Beeinträchtigungen der im Umfeld des Abbaus Garzweiler II vorhandenen Biotope und Biotopstrukturen zu rechnen.

Zu den chemischen Beeinträchtigungen des Grundwassers

1260. Im untertägigen *Steinkohle*bergbau ebenso wie im *Braunkohle*tagebergbau werden riesige Gesteinsmengen aus ihrer ursprünglichen Lagerung herausgeholt. Durch Abbau, Aufbereitung und Aufhaldung werden diese zerkleinert und der Atmosphäre ausgesetzt, das heißt, in ein anderes geochemisches Milieu gebracht. Vor allem durch den intensiven Kontakt mit Luftsauerstoff werden beispielsweise die reduzierten Schwefelverbindungen, vor allem Pyrit, oxidiert. Dieses führt zur Bildung von Schwefelsäure und Eisenhydroxid und zur Erniedrigung des pH-Wertes auf teilweise unter 3 (HÜTTL et al., 1999). Eine deutliche Anhebung der Löslichkeit von Aluminium und Schwermetallen und deren Eintrag durch Sickerwasser in Oberflächen- und Grundwasser ist die Folge (WIGGERING, 1986). Darüber hinaus enthalten Abraum und Bergematerial häufig große Mengen leichtlöslicher Salze, vor allem Chloride, die zu weiteren Belastungen der Vorflut und des Grundwassers führen. Die Chloridgehalte im Sickerwasser von Haldenkörpern des Steinkohlebergbaus belaufen sich unmittelbar nach der Bergeschüttung auf mehr als 10 000 g/m^3, nehmen dann aber stetig ab, während durch die Sulfidoxidationen die Sulfatgehalte stetig ansteigen und über längere Zeit 5 000 g/m^3 übersteigen können (DÜNGELHOFF et al., 1983). Stofffrachten und Zusammensetzung des Sickerwassers verändern sich mit der Zeit. Maßgeblich sind die petrographisch-chemische Gesteinszusammensetzung der Berge, die unterschiedliche Löslichkeit und die oxidative Mobilisation der Bergeinhaltsstoffe. Insbesondere in den weniger verdichteten Außenbereichen von Bergehalden kommt es infolge des intensiven Kontaktes mit Niederschlagswasser und Luftsauerstoff zu langanhaltenden Oxidationsprozessen, Stoffausträgen und Lösungsfrachten ins Grundwasser. Während aus existierenden Bergehalden die Sickerwässer weitgehend ungehindert in den Untergrund gelangen können, wird unter neu aufzuschüttenden Halden mittlerweile eine Basisabdichtung zur Reduzierung des Sickerwassereintrages in den Untergrund gefordert und auch eingebaut.

Weiterhin können Stoffauswaschungen durch eine effiziente Begrünung der Haldenkörper eingeschränkt werden. Die oberen 60 bis 100 cm werden melioriert und der pH-Wert durch Kalkung oder, wie etwa im Braunkohlebergbau, durch Zumischung von Kraftwerksaschen deutlich angehoben. Dadurch werden Bodenbildung und eine erste Ansiedlung von Pflanzen begünstigt. Allerdings verwittern auf Dauer auch die tieferen Haldenbereiche, so dass die Versauerung des Substrats nicht gänzlich gestoppt wird. Wie sich die bislang erzielten Erfolge der Rekultivierung mittelfristig weiterentwickeln, kann derzeit nicht einschlägig beurteilt werden. Untersuchungen auf bis zu zwanzig Jahren alten Steinkohlebergehalden zeigen, dass die Entwicklung in Abhängigkeit vom Ausgangssubstrat und den jeweiligen Schüttbedingungen sehr unterschiedlich sein kann (WIGGERING, 1993). Die extremen Standortbedingungen im Untergrund werden jedoch langfristig die Nutzung dieser Standorte beschränken (HÜTTL et al., 1999).

Einen weiteren Schwerpunkt der Rekultivierungsaufgaben des Braunkohlebergbaus bilden die Restseen in den ehemaligen Tagebaurestlöchern. Das Grundwasser füllt nach Einstellung der Sümpfungsmaßnahmen diese Restseen. Durch das Herauslösen von Stoffen aus den umgebenden Gesteinen besitzen diese Wässer häufig niedrige pH-Werte, eine hohe Salinität und hohe Eisen- sowie Schwermetallgehalte (sog. saure Sickerwässer).

Auch beim *Uran*erzbergbau wird durch den Gesteinsabbau ebenso das geochemische Gleichgewicht im Untergrund gestört. Vor allem die Änderung des Redoxpotentials durch Luftzutritt führt auch zur Mobilisierung von Stoffen, die in der ungestörten Gesteinslagerung immobil waren. Insbesondere werden natürliche Radionuklide und sulfidisch vergesellschaftete Schwermetalle, insbesondere Nickel, sowie Metalloide, insbesondere Arsen, mobilisiert und über die Grundwasserströmung großräumig verteilt. Diese sind zudem Inhaltsstoffe des bei der Sümpfung gehobenen Wassers, das mit den Bergwerksabwässern in die Vorflut eingeleitet wird. Das geochemische Gleichgewicht stellt sich auch nach Stilllegung des Bergwerkbetriebs nur langsam wieder ein. Deshalb dauert die Freisetzung von radioaktiven Stoffen und den Begleitelementen in das Grundwasser noch Jahrzehnte an (DIEHL, 1995).

Wie in den Bergehalden des Stein- und Braunkohlebergbaus spielt die Sulfidoxidation in den Berge- bzw. Armerzhalden des *Uran*bergbaus, ebenso wie in Laugungshalden (in denen Uran aus Armerzen gelöst wurde) eine wesentliche Rolle. Auch hier führen Lösungsprozesse zur Kontamination der Sickerwässer. Diese Sickerwässer werden in die Vorflut eingeleitet. Neben den Armerzhalden gehen von den Laugungshalden besonders kritische Belastungen aus, weil diese zum Zweck der Urangewinnung gezielt mit Säure und gegebenenfalls auch mit Komplexbildnern berieselt wurden, so dass deren Sickerwässer erheblich größere Frachten an Radionukliden und anderen Schadstoffen aufweisen. So werden aus den Halden im Raum Schlema/Sachsen jährlich rund 2 Mio. m^3 Sickerwasser in die Vorflut eingeleitet. Durch die Anreicherungen von Radium und Uran um das Hundertfache sind die Flusssedimente im Gebiet um Ronneburg/Thüringen mit circa 3 000 Bq/kg belastet (DIEHL, 1995). Allerdings sind die geologischen sowie geo- und chemotechnischen Unterschiede zwischen den sächsischen und thüringischen Betriebsteilen der ehemaligen Wismut AG sehr groß, so dass Verallgemeinerungen nicht möglich sind. Das eigentliche Uranerz wird in Aufbereitungsanlagen zuerst auf Korngrößen unter 10 µm fein vermahlen. Anschließend werden die Metalle mittels alkalischer Lösungen, Säuren oder Komplexbildnern gelaugt. Endprodukt der Erzaufbereitung ist der Ammoniumdiuranat-Niederschlag, der als *yellow cake* gehandelt wird. Als Rückstände der Erzaufbereitung entstehen die feinkörnigen Absetzschlämme. Da der Anreicherungsgrad von Uran im Gestein recht gering ist, benötigt man in der Regel große Gesteinsmengen, was ebenso zu großen Mengen an Rückständen führt. Diese sind durch einen immer noch hohen Gehalt an natürlichen Radionukliden, Schwermetallen und Salzen charakterisiert. Weil die Schlämme kaum entwässerbar sind und in Absetzbecken gelagert werden, geht von ihnen eine noch größere Gefährdung für Oberflächen- und Grundwasser aus als von den Halden. Zu den latenten Gefahren kommt noch ein erhebliches Risiko durch katastrophenartige Ereignisse hinzu: Die Rückhaltedämme der Absetzbecken sind häufig einfache Aufschüttungen aus Bergematerial, deren Stabilität und Standfestigkeit nicht zuverlässig eingeschätzt werden kann.

Uranbergbauspezifisch kann es in Abhängigkeit der gewählten Extraktionsmethoden nach Beendigung des Abbaus zu weiteren Grundwassergefährdungen kommen. Bei der *In situ*-Laugung werden die Uranerze mittels Säuren – oft unter Zusatz von Komplexbildnern, die in das Gestein gepresst werden – gelaugt und dann zur weiteren Verarbeitung an die Oberfläche gepumpt. Nach Beendigung des Abbaus befinden sich weitere Komplexbildner und unter Umständen Begleitstoffe, die mit den kompexbildenden Lösungen in den Untergrund gepumpt wurden, im Abbaubereich und im darüberliegenden Gestein. Bei einer Flutung der Stollen gelangen Uranerze, Komplexbildner und Begleitstoffe wieder in den Einflussbereich des Grundwassers, so dass die Radionuklide ebenso wie die Begleitstoffe durch die Grundwasserströmung transportiert werden können. So wurden unter anderem in der Lagerstätte Königstein/Sachsen mit der Schwefelsäure zur Uranerzlaugung Nitroaromate eingebracht. Diese waren im Rahmen eines Flutungsexperimentes im Grundwasser über die entsprechenden Trinkwassergrenzwerte hinaus angereichert (DIEHL, 1995).

Für die Dauer der Schadstoffemissionen durch Grubenwässer nach Flutungsbeginn gibt es keine klaren, allgemeingültigen Vorstellungen. Einerseits wird angenommen, dass diese Auswirkungen stark eingeschränkt werden könnten, wenn bei der Flutung schnell geochemische Bedingungen geschaffen würden, unter denen Uran wieder immobilisiert wird. Indes ist ein Erfolg dieses Ansatzes ungewiss. Bei der Lagerstätte Königstein mit der dort früher praktizierten *In situ*-Laugung wird bei der sanierungspflichtigen Wismut GmbH damit gerechnet, dass die trinkwasserrelevanten Schadstoffkonzentrationen innerhalb von zwei Jahren jeweils auf die Hälfte sinken würden. Nach KISTINGER (Brenck Systemplanung, Aachen, 1999, persönl. Mitteilung) ist bei der Flutung der Grube Lichtenberg von einem starken, langanhaltenden Anstieg der genannten Schadstoffemissionen im Grund- bzw. Quellwasserpfad auszugehen.

Meeresverunreinigung durch *offshore*-Förderung von Erdöl und Erdgas

1261. Knapp 40 Prozent der deutschen Rohölimporte stammen aus englischer und norwegischer Förderung und damit überwiegend aus der Nordsee. Exploration, Förderung und Transport unterliegen dabei strikten Umweltvorschriften. Vergleichsweise schwierige Bedingungen bei der *offshore*-Arbeit als solcher, damit verbundene Defizite im Vollzug der Vorschriften und nicht zuletzt Unfälle führen dennoch zu Umweltbeeinträchtigungen im sensiblen Ökosystem Nordsee. Die unzureichende Datenbasis lässt allerdings kaum quantitative Aussagen zu. Verschiedene Quellen beziffern die Rohölaustritte bei der *Gas-* und *Öl*förderung in der Nordsee auf 14 000 bis 29 000 t/a. Außerdem fallen rund 6 000 t/a ölhaltiges Produktionswasser an. Ölterminals, Anlegestellen und küstennahe Raffinerien emittieren weitere 5 000 t/a Öl und ölhaltiges Wasser. Auch gelangten in der Vergangenheit durch Unfälle immer wieder mehrere tausend Tonnen Rohöl in die Nordsee. Mit besonders großen Unsicherheiten sind Angaben über illegale Einleitungen, z. B. durch Tankreinigungen von Schiffen, behaftet (Greenpeace, 1999; MWV, 1999).

Tritt Öl in kleineren Mengen aus, besteht die Möglichkeit, dass es durch Wind und Wellenschlag fein verteilt wird und durch Verflüchtigung der leichtflüchtigen Anteile, durch Photolyse und mikrobiologische Prozesse teilweise abgebaut wird. Die verbleibenden Reste werden dagegen immer schwerer und setzen sich schließlich am Meeresboden ab. Eine große Belastung geht für die Nordsee von dem durch Rohöl verschmutzten Meeresboden aus, dessen Fläche inzwischen auf 5 000 bis 8 000 km^2 geschätzt wird. Zudem sind die Auswirkungen von Ölteppichen gravierend. Wenn diese an die Küste gelangen, sind Schäden an Flora und Fauna in der Regel langanhaltend. Insbesondere Vögel und Meeressäuger werden durch Verunreinigungen des Gefieders und des Fells gefährdet. Fischbestände hingegen reagieren wesentlich unempfindlicher auf Verunreinigungen des Wassers. Dennoch wurden auch bei Fischen sowohl chronische als auch akute Schädigungen beobachtet, auch wenn sie mit den schwimmenden Ölteppichen nur geringfügig in Kontakt kommen. Aufgrund des steten Austausches durch Meeresströmungen und kurze Reproduktionszeiten wird das Phytoplankton nur in geringem Umfang beeinträchtigt (Greenpeace, 1998; MWV, 1999).

1262. Mit der *offshore*-Förderung ist außerdem ein stetiger Eintrag von Industriechemikalien in die Nordsee verbunden. Die Chemikalieneinträge durch nur teilweise zurückgewonnene Bohrspülungen während der Exploration sind dabei das geringere Problem, da schon aus Kostengründen versucht wird, die Anzahl der Bohrungen zu minimieren. Allerdings gelangten 1992 dennoch etwa 7 300 t Bohrspülung unterschiedlicher Zusammensetzung in die Nordsee (Greenpeace, 1998). Außerdem fallen während der Betriebszeit einer Förderplattform Betriebsmittel, Anti-Fouling-Anstriche, Biozide und Rostschutzmittel zum Schutz der Anlagen an, deren Umwelttoxizität teilweise schwerwiegend (z. B. Organozinnverbindungen), teilweise noch nicht geklärt ist (Tz. 625 f. und 973).

Atmosphärische Emissionen von Methan, Radon und Staub

1263. Die Bewetterung von Bergbaustollen ist notwendig, um die Anreicherung von gesteinsbürtigen Gasen, d. h. vor allem Methan aus den *Steinkohle*flözen, und damit die Bildung von explosiven Grubengasgemischen zu verhindern. Volumenströme von einigen hundert bis zu mehreren tausend Kubikmetern Luft pro Sekunde werden dazu benötigt. Das methanreiche Grubengas wurde in der Vergangenheit ungenutzt abgeblasen und trug einen wesentlichen Beitrag zu den Nicht-CO_2-Treibhausgasemissionen der kohlefördernden Länder bei. Für weite Teile Europas ist die Förderung von 1 t Steinkohle durchschnittlich mit der Emission von etwa 14 kg Methan verbunden (HOFSTETTER et al., 1995). Weltweit liegen diese spezifischen Emissionen um etwa 30 Prozent niedriger (aus Daten des IPCC abgeleitet; IPCC, 1995). Im globalen Vergleich belaufen sich diese Mengen nur auf etwa die Hälfte der Emissionen aus der Viehzucht. In Deutschland wurde in den letzten Jahren ansatzweise dazu übergegangen, das Grubengas thermisch zu nutzen. Dies bedeutet aber einen finanziellen Aufwand, der sich zwar aus Umweltsicht, nicht aber ökonomisch überall rechtfertigen lässt.

1264. Die Methanemissionen im *Braunkohle*bergbau sind dagegen vernachlässigbar (HOFSTETTER et al., 1995). Auch bei der *Erdgas*gewinnung entstehen bei Exploration, Förderung und Transport nennenswerte Verluste. Nachdem dies lange Zeit bestritten wurde, wird derzeit davon ausgegangen, dass beim Transport von westsibirischem Erdgas nach Deutschland etwa 1,8 Prozent durch das Abblasen der Überdrücke in den Anlagen bei Reparatur und Wartung sowie durch Leckagen an Pipelines und Verdichterstationen verloren gehen (DEDIKOV et al., 1999; REICHERT und SCHÖN, 1997; VORDERSANDFORTH, Ruhrgas AG, persönl. Mitteilung, 1997; FRISCHKNECHT et al., 1995). Bei höherem technischen Standard, wie z. B. in den Niederlanden und in Dänemark liegen die Emissionen um etwa die Hälfte niedriger. Außer beim Ferntransport entstehen auch bei der Verteilung von Erdgas in Deutschland, insbesondere im Ortsgasnetz ungewollte Emissionen. Die Verluste, die dem Erdgasverbrauch in Deutschland anzurechnen sind, belaufen sich nach neueren Berechnungen auf insgesamt 0,7 Mt/a (14,2 Mio. t CO_2-Äquivalente). Bezogen auf 1 GJ Primärenergie sind dies Verluste von 0,31 m^3 Gas (4,7 kg CO_2-Äquivalente oder 9,9 MJ).

1265. Im Erdgas aus den norddeutschen Vorkommen kann Schwefelwasserstoff bis zu einem Volumenanteil von 30 Prozent enthalten sein. Dieser – wie auch sein Verbrennungsprodukt Schwefeldioxid – gilt als Schadstoff und muss zudem aus korrosionstechnischen Gründen vor der Einspeisung in das Gasnetz aus dem Rohgas ausgewaschen werden. Der Schwefelwasserstoff findet nach der Umwandlung zu Elementarschwefel als Grundstoff in der chemischen Industrie Verwendung. Im Normalbetrieb entstehen hier keine nennenswerten Emissionen.

1266. Bei der *Erdöl*gewinnung wird immer ein gewisser Anteil an Gas mitgefördert. Dieser Anteil steigt mit zunehmendem Ausbeutungsgrad der Lagerstätte. In der Vergangenheit wurde dieses Gas überwiegend abgefackelt. Erst mit den Ölkrisen in den siebziger Jahren und steigender Nachfrage nach Erdgas wurde die getrennte Fassung der Förderprodukte ökonomisch interessant. Daraus resultierte eine zunehmende Erschließung der Fördergebiete mit Gaspipelines. In Europa ist dies heute allgemeiner Stand der Technik. Bei der *offshore*-Förderung ebenso wie in entlegenen Gebieten ist der Bau von zusätzlichen Gaspipelines aber teuer und selten wirtschaftlich zu realisieren. Entsprechend ist anzunehmen, dass auch gegenwärtig noch große Mengen an Gas abgefackelt werden. Belastbares Datenmaterial liegt allerdings nicht vor (MÜLLER, 1999, persönl. Mitteilung).

1267. Sowohl bei der Förderung von Erdgas und Erdöl als auch bei der Aufbereitung von Erdöl in Raffinerien kann aus Sicherheitsgründen auf das Abfackeln gasförmiger Komponenten nicht gänzlich verzichtet werden. Es dient dazu, plötzlich ansteigende Drücke in den Anlagen auf ein ungefährliches Niveau zu reduzieren. In Europa wurden mit Optimierung und Weiterentwicklung der Prozesstechnik die abgefackelten Gasmengen stark reduziert und stellen mittlerweile keine wesentliche Emissionsquelle mehr dar. Flammen, die bei entsprechenden Anlagen zu sehen sind, sind in der Regel lediglich Zündflammen. Außerdem entstehen in den Raffinerien dampfförmige Emissionen bei der Lagerung des Rohöls und der Produkte. Die Verluste in europäischen Raffinerien werden auf deutlich unter einem Promille des Rohöldurchsatzes beziffert und hängen bei den Produkten vor allem von der Rohölprovenienz, der Struktur und der Fahrweise der Raffinerie und vom Dampfdruck der Einzelkomponenten ab.

1268. *Uran*erzbergbau und Uranerzaufbereitung führen zur Emission von gesundheits- und umweltgefährdenden Stoffen in die Atmosphäre. Durch die Bewetterung der Bergwerksschächte wird aus den Bergwerken mit Radon angereicherte Luft emittiert. In Abhängigkeit von Topographie und Meteorologie kann es hierdurch insbesondere in austauscharmen Tallagen zu hohen Radonkonzentrationen in der Umgebungsluft kommen. Durch die Zerkleinerung des Erzes wird die Ausgasung erheblich begünstigt. Hinzu kommt, dass Radon-222 als Produkt der Thorium-Zerfallsreihe aufgrund der Konzentration von Thorium und Radium im Gestein sowie der Halbwertszeiten über Zehntausende von Jahren nachgeliefert wird. Mit den Abraum- und Armerzhalden sowie mit den Absetzanlagen wurden an der Erdoberfläche also dauerhaft Emissionsquellen für Radon geschaffen, die immerhin lokal und regional trotz der kurzen Halbwertszeit von Radon (ca. 4 bis 5 Tage) auf nicht absehbare Zeit zur Erhöhung der Radonkonzentration in der Umgebungsluft führen. Daneben findet sich in der Abluft der Stollen auch Staub mit dem gesamten geogenen Inventar an Radionukliden. Das Mahlen des Erzes sowie die Winderosion auf den Halden und oberflächlich austrocknender Absetzbecken sind weitere Quellen von Staub mit radiologisch relevanten Inhaltsstoffen (RÖHNSCH, 1996; DIEHL, 1995).

Radon wird mit der Atemluft inhaliert und führt zu einer Erhöhung des Lungenkrebsrisikos. In Eleschnitza/Bulgarien (2 600 Einwohner) werden statistisch 0,3 bis 1 Todesfall pro Jahr auf die erhöhte Radonexposition zurückgeführt. Das zusätzliche Lebenszeitrisiko an Lungenkrebs zu erkranken liegt in Schlema/Sachsen bei 20 bis 60 Fällen je 1 000 Einwohner. Es wurde gezeigt, dass die Anreicherung von Staubinhaltsstoffen in der Nahrungskette zu einer weiteren Erhöhung der Dosisbelastung vor allem der ortsansässigen Menschen führen kann (Tz. 1037).

Staubemissionen können im Bergbau allgemein begrenzt vorkommen. Entsprechend den einschlägigen Vorschriften müssen Abraum und Bergematerial bei der Ablagerung feucht gehalten und abgedeckt werden, so dass Winderosion nicht auftreten kann. Außerdem wird Abluft aus der Bewetterung entstaubt. Diese Expositionspfade waren allerdings im Uranbergbau der ehemaligen DDR von wesentlicher Bedeutung für die Freisetzung von radionuklid- und schwermetallhaltigem Staub.

Industriebrachen und Altlasten aus der Energierohstoffgewinnung

1269. *Steinkohle*bergwerke und *Braunkohle*tagebaue ebenso wie *Öl*- und *Gas*förderanlagen werden in der Regel aufgegeben, wenn die Lagerstätten bis an die wirtschaftlichen Grenzen ausgebeutet sind. Durch die Stilllegung der Förderanlagen werden Industriebrachen hinterlassen. Vor allem auf älteren, heute stillgelegten Zechengeländen erfolgte häufig eine unkontrollierte Verkippung unter anderem von Bergematerialien und Schlämmen aus der Kohlewäsche. Nach detaillierten Standortuntersuchungen sind diese Flächen oft als Altlasten auszuweisen. Das typische Schadstoffinventar solcher ehemaliger Zechengelände sind Schmierstoffe, Reinigungsmittel, Lösungsmittel sowie Mittel zur Haltbarmachung von Grubenhölzern und Bahnschwellen (Steinkohleteer, Schwermetallsalze, Halogenverbindungen).

1270. Noch problematischer aber sind Kontaminationen auf Flächen mit Nebengewinnungsbetrieben des Kohlebergbaus, vor allem ehemalige Kokereistandorte. Bei der Verkokung der Kohle wird aus dem Schwelgas bei Abkühlung Steinkohleteer mit hohem Gehalt an polyzyklischen aromatischen Kohlenwasserstoffen abgeschieden. Aus dem nach Abscheiden der Teerfraktionen verbleibenden Gas werden dann in mehreren Reinigungsprozessen Ammoniak, Phenole, Cyan- und Schwefelverbindungen sowie leichtflüchtige Monoaromate wie Benzol, Toluol und Xylol sowie Metallverbindungen abgeschieden. Durch Leckagen aus Rohrleitungen und Lagertanks, beispielsweise infolge von Unfällen, aber auch aufgrund früher Beseitigungspraktiken auf dem eigenen Betriebsgelände kam es regelmäßig zur Kontamination des Untergrunds (SRU, 1995 und 1990). Den Eigenschaften der oben angeführten möglichen Schadstoffe und den jeweiligen Untergrundverhältnissen mit verschiedenen Ausbreitungspfaden entsprechend, ergeben sich dann unterschiedliche Belastungen von Boden,

Wasser und Luft, die als typische Altlasten des Kohlebergbaus zu kennzeichnen sind (HOFFMANN, 1993).

Auch im Bereich von Förder- und Produktionsanlagen für *Erdöl* und *Erdgas* treten in der Regel Kontaminationen des Untergrundes mit Kohlenwasserstoffen auf. Hier gehen die größten Gefahren ebenfalls von alten Anlagen und historischen Standorten aus. Dagegen unterliegen in Betrieb befindliche Raffinerien einem ständigen Modernisierungsprozess, wodurch auch Emissionen im Bereich der Anlagen und die Wahrscheinlichkeit von Leckagen von Rohrleitungen und Tanks zunehmend verringert werden. Da die leichten bzw. schweren Fraktionen entweder schnell verdampfen (wie leichtere Ottokraftstoff-Komponenten) oder sehr zähflüssig und immobil sind (wie Vakuumdestillate), geht von diesen ein geringeres Risiko aus als von bestimmten schwereren Benzinfraktionen, Mitteldestillaten und der Schmierölfraktion, die eine erhebliche Grundwassergefährdung darstellen können. Eine weitere spezifische Belastung kann durch metallisches Quecksilber im Bereich der Förderanlagen entstehen. Dieses sammelt sich während der Förderung am Bohrlochkopf. Teile davon werden beim Bergen der Bohrlochausrüstung an die Oberfläche gebracht. Auch wenn der Abbau der Anlagen pflichtgemäß überwacht wird, besteht dabei die Gefahr weiterer massiver punktueller Bodenkontaminationen und Grundwassergefährdungen (MÜLLER, 1999, persönl. Mitteilung).

1271. Die Anlagen der *Uran*erzaufbereitung sind durch Staub oberflächenkontaminiert. Der beim Abriss anfallende Schrott und Bauschutt muss entweder aufwendig dekontaminiert oder als schwach radioaktiver Abfall gelagert werden. In der Vergangenheit wurden diese Materialien in den Absetzbecken deponiert, wo sie dort zu weiteren erheblichen Problemen führten (DIEHL, 1995).

3.2.2.2 Umweltauswirkungen durch die Umwandlung fossiler Energieträger

1272. Die luftgängigen Emissionen bei der Energieumwandlung fossiler Energieträger umfassen vor allem Kohlendioxid, Schwefeldioxid, Stickstoffoxide, Ammoniak, Kohlenmonoxid sowie Lachgas und Methan. Ferner werden Schwermetalle, Staub und einfache (z. B. Formaldehyd) sowie komplexe organische (polyzyklische Aromate) Verbindungen emittiert. Zu den Umweltauswirkungen dieser Emissionen gehört allen voran der anthropogene Treibhauseffekt. Versauerung von Böden und Oberflächengewässern, Eutrophierung, Schädigung der Ozonschicht und human- sowie ökotoxische Eigenschaften einzelner Verbindungen sind weitere wichtige Folgen. Auf einige dieser Problemkreise wurde bereits im Kapitel 2.4.4.1 eingegangen. Die Emissionen bei der Umwandlung (v. a. die Stickstoffoxide) hängen wesentlich von der Umwandlungstechnik, von den Umgebungsbedingungen während der Verbrennung sowie von der nachgeschalteten Minderungstechnik ab.

Emissionen bei der Stromerzeugung

1273. Betrachtet man die wichtigsten Energierohstoffeinsätze in der öffentlichen Stromerzeugung und die damit verbundenen Emissionen (Tab. 3.2.2-2), so können die tatsächlichen Verhältnisse dadurch verzerrt werden, dass im Bereich der öffentlichen Energieversorgung Stromerzeugung und Wärmeauskopplung häufig getrennt erfasst werden. Die in Tabelle 3.2.2-2 für die öffentliche Stromversorgung aufgeführten Daten repräsentieren allerdings 88 Prozent der Brennstoffeinsätze in der öffentlichen Energieversorgung, weshalb die Verzerrung vergleichsweise gering ist.

Die geringsten verbrennungsbedingten Treibhausgasemissionen je Energieeinsatz entstehen bei der Stromerzeugung aus Erdgas. Da kombinierte Gas-/Dampfkraftwerke zudem noch die höchsten Wirkungsgrade unter den thermischen Kraftwerken besitzen, vergrößert sich der relative Vorteil. Auch bei den versauernd wirkenden Gasen, bei Ozonvorläufersubstanzen und Staub zeigen sich die Vorteile dieses Energieträgers. Lediglich die spezifischen CO-Emissionen sind im Vergleich zur Steinkohle, zum schweren Heizöl und auch zur Braunkohle relativ höher.

Tabelle 3.2.2-2

Spezifische Emissionen aus der öffentlichen Stromerzeugung (Stand 1994)

Brennstoff	Energie-einsatz	CO_2	SO_2	NO_2	CO	Staub	NM-VOC	CH_4	N_2O	NH_3
	PJ	t / TJ	kg / TJ							
Heizöl, leicht	11	74,0	85,0	222,3	60,0	1,50	3,51	3,51	1,50	2,49
Heizöl, schwer	38	78,1	235,8	61,0	29,0	5,90	3,51	3,51	3,51	2,49
Erdgas	205	55,9	0,5	70,3	42,9	0,10	0,31	0,31	1,50	0,10
Steinkohle	1 198	92,1	63,6	64,4	19,6	3,31	1,50	1,50	3,99	0,10
Rohbraunkohle	1 362	111,9	796,7	102,7	37,8	11,80	1,50	1,50	3,51	0,72

Quelle: UBA, 1998, schriftl. Mitteilung

Die Braunkohleverstromung dominiert sowohl hinsichtlich der spezifischen als auch der absoluten Emissionen. Besonders augenfällig ist die Emission von 113 kg CO_2 je GJ Primärenergieeinsatz. Dieser Wert, bedingt durch den niedrigen Inkohlungsgrad der Braunkohle bzw. den niedrigen Heizwert sowie den hohen Wassergehalt von grubenfeuchter Braunkohle, ist bereits ohne Berücksichtigung der schlechteren Wirkungsgrade existierender Braunkohlekraftwerke zweimal größer als die entsprechenden spezifischen Emissionen bei der Verwendung von Erdgas und immer noch um 18 Prozentpunkte größer als bei der Steinkohle. Trotz Entschwefelung, NO_x-Abscheidung und Rauchgasfilterung sind die spezifischen Emissionswerte für NO_x, Staub und insbesondere SO_2 außerordentlich hoch. Die Betrachtung fällt für die Braunkohle noch ungünstiger aus, wenn anstelle der Brennstoffeinsätze die Stromerzeugung und damit ein hypothetischer mittlerer Wirkungsgrad der Braunkohlekraftwerke zugrunde gelegt wird. Allerdings wurden in modernen Braunkohlekraftwerken mittlerweile erhebliche Wirkungsgradsteigerungen auf bis zu 45 Prozent erzielt.

Die Steinkohle schneidet bezüglich der CO_2-Emissionen etwas besser, bezüglich der ebenfalls klimawirksamen N_2O-Emissionen etwas schlechter als die Braunkohle ab. Einen unübersehbaren Vorteil besitzt sie hinsichtlich der SO_2-Emissionen. Die umwandlungsseitigen Vorteile der Steinkohle gegenüber der Braunkohle hinsichtlich der SO_2-Emissionen werden allerdings bei Einbeziehung des Transportaufwandes für Importsteinkohle stark relativiert (HOFSTETTER et al., 1995), weil in der Schifffahrt überwiegend stark schwefelhaltiger Treibstoff zum Einsatz kommt. Bei den CO_2-Emissionen spielen die Transportaufwendungen für die Importsteinkohle eine relativ geringe Rolle.

Die Emissionen fossiler Kraftwerke unterliegen den Regelungen der 13. BImSchV. Hochentwickelte Rauchgasentschwefelungsanlagen, Entstickungs- und Entstaubungseinrichtungen führen in Deutschland zu vergleichsweise niedrigen spezifischen Emissionen.

1274. Umweltbeeinträchtigungen entstehen weiterhin durch den erheblichen Bedarf von Kühlwasser in Großkraftwerken. Die Hauptmenge dient zur Kondensation des aus der Turbine austretenden Dampfes. Die Kondensation findet meist in einem wassergekühlten Kondensator statt, wobei das Kühlwasser im Sekundärkreislauf geführt wird. Die benötigten Kühlwassermengen können reduziert werden, indem anstatt mit einer einfachen Durchlaufkühlung mit einer Umlaufkühlung mit offenem Kreislauf gearbeitet wird. Das Kühlwasser wird im Anschluss wieder in den Fluss eingeleitet und erwärmt das Gewässer unterhalb der Einleitestelle. Zwar wird der Wärmehaushalt von Flüssen auch durch die Kühlwasserverwendung der Industrie und durch die Einleitung des relativ wärmeren Wassers durch Kläranlagen beeinträchtigt, jedoch dominiert die Verwendung von Kühlwasser in Großkraftwerken mit 27,5 Mrd. m³ eindeutig. Im Vergleich dazu beliefen sich die Abwassereinleitungen der Industrie im Jahr 1995 auf 8,9 Mrd. m³ und die der öffentlichen Kläranlagen auf 9,9 Mrd. m³.

Die Temperaturerhöhung begünstigt wärmeliebende und insbesondere nichtheimische Arten aus warm-gemäßigten Breiten, für deren Verbreitung normalerweise die Wassertemperatur als begrenzender Faktor gilt. Entsprechend kann die Kühlwassereinleitung in die Oberflächengewässer zu Störungen der heimischen aquatischen Lebensgemeinschaften (Biozönosen) führen.

1275. Nach der Entnahme aus den Flüssen wird dem Kühlwasser ein breite Palette von Stoffen zur Korrosionsinhibierung, Stoffdispergierung, Härtestabilisierung und zur Vermeidung von Biofilmbildung-bedingten Störungen zugesetzt (HAHN, 1993). Dies führt bei der Wiedereinleitung zur Verunreinigung der Flüsse. Die Verwendung dieser Stoffe soll mit dem Anhang 31 zu § 7a WHG gegen den Widerstand der Kraftwerksbetreiber beschränkt werden. Im Zuge der Neufassung der Abwasserverordnung wird die Vorschrift derzeit neugefasst, auch wegen EU-rechtlicher Vorgaben. Danach soll der Anhang 31 eine Positivliste der erlaubten Stoffe enthalten und innovative zusatzfreie Systeme begünstigen. Bis dahin gilt die Rahmen-AbwVwV unverändert.

Emissionen durch die Umwandlung fossiler Energieträger beim Endverbraucher

1276. Neben den Stromerzeugern sind die Industrie, der Straßenverkehr, die privaten Haushalte und Kleinverbraucher maßgebende Endverbraucher von Energierohstoffen. Die Entwicklung der industriebedingten Emissionen ist wesentlich durch die Umsetzung der 13. Bundes-Immissionsschutzverordnung (BImSchV) geprägt. CO_2 wird allerdings hier nicht erfasst. Emissionsrückgänge bei CO_2 seit 1990 sind in erster Linie auf wirtschaftsstrukturelle Veränderungen und Modernisierungsmaßnahmen in den neuen Bundesländern zurückzuführen (Tz. 716). Dagegen stiegen sowohl der Primärenergieverbrauch als auch die CO_2-Emissionen der privaten Haushalte in den Jahren 1994 bis 1997 um jeweils 11 Prozent an (Arbeitsgemeinschaft Energiebilanzen, 1999). Deshalb konzentriert sich die folgende Darstellung auf diesen Sektor. Verkehrsbedingte Umweltauswirkungen werden in Kapitel 2.4.4 behandelt.

Fossile Energieträger werden in den Haushalten überwiegend zur Erzeugung von Raumwärme und zur Warmwasserbereitung eingesetzt. Das Spektrum der eingesetzten Energieträger reicht von leichtem Heizöl über Braun- und Steinkohle bis zu Gas. Die Emissionen der privaten Haushalte sind stark temperaturabhängig und deshalb größeren Schwankungen unterworfen. Es ist jedoch tendenziell erkennbar, dass die Emissionen insbesondere von CO_2 und von NO_x zwischen 1990 und 1996 im Durchschnitt gestiegen sind, während die Emissionen von SO_2, CO und Staub im gleichen Zeitraum rückläufig sind (siehe Tab. 3.2.2-3). Seit 1996 enthält die Kleinfeuerungsanlagenverordnung (1. BImSchV) auch Grenzwerte für den Ausstoß von NO_x für Heizungsanlagen auf der Basis von Erdgas und leichtem Heizöl, so dass in erster Linie beim Kohlendioxidausstoß Handlungsbedarf besteht. Erschwerend kommt hinzu, dass die Wohnfläche je Einwohner (von 34,4 m^2 im Jahr 1986 auf 37,9 m^2 je Einwohner im Jahr 1997; StBA, 1999; für das Jahr 2020 werden ca. 51 m^2 je Einwohner geschätzt; vgl. Tab. 3.2.1-6) und damit auch der Raumwärmebedarf konstant ansteigen.

1277. Ein spezifisches Problem des Hausbrandes sind die verhältnismäßig hohen Emissionen an polychlorierten Dibenzoparadioxinen und -furanen und anderen chlorierten Aromaten. Diese sind allerdings nicht auf den Einsatz fossiler Energieträger zurückzuführen, sondern auf die unkontrollierte und an sich verbotene Mitverbrennung ungeeigneter Brennstoffe, wie lackiertes oder mit Holzschutzmittel behandeltes Holz und Verpackungsmaterialien (chlorhaltige Kunststoffe).

3.2.2.3 Umweltbeeinträchtigungen und Risiken bei der Atomenergienutzung

1278. Das wesentliche Risiko der Nutzung der Atomenergie kommt von der möglichen Freisetzung radioaktiver Strahlung beziehungsweise strahlender Materie. In Behältern, chemischen und Atomreaktoren, Lagerstätten etc. der gesamten nuklearen Ver- und Entsorgungskette von Atomkraftwerken werden diese Stoffe umgewandelt, zur Kernspaltung gebracht, behandelt, transportiert und verwahrt. In und aus diesen Anlagen (z. B. Kraftwerken, Lagern) können Freisetzungen sowohl in bestimmungsgemäßem Normalbetrieb als auch in nicht normalen Betriebszuständen (anomaler Betrieb, Störung, Störfall, Unfall) auftreten. Als Folge dieser Emissionen werden Mensch und Umwelt der radioaktiven Strahlung, der Radiotoxizität und der chemischen Toxizität der Stoffe (durch Aufnahme, sog. Inkorporation) ausgesetzt und nach stoff- und dosistypischen Wirkungsmustern entsprechende Reaktionen zeigen (s. u.).

Die spezifischen Eigenschaften von Spaltstoffen, eine kritische Masse bilden zu können sowie waffentauglich zu sein, bedingen noch zwei weitere Risikoarten, nämlich das Kritischwerden und die Proliferation (Verbreitung zu Kernwaffenzwecken). Dementsprechend müssen die Umgangsformen für diese Stoffe kritikalitäts- und proliferationssicher sein.

Zum Bereich der Entsorgung sind die Anforderungen des Gesetzes zum Übereinkommen über nukleare Sicherheit (Bundesregierung, 1998) vom 20. August 1998 zu beachten. Das Übereinkommen wird voraussichtlich im Jahre 2000 in Kraft treten (RÖTHEMEYER, BfS, persönl. Mitteilung, 1999).

Im einzelnen werden viele Phänomene und Risiko-Unterarten mit Risikonamen belegt („Materialversagensrisiko" infolge thermischer oder Strahlenbelastung etc.). Sie besitzen keine eigenen Risikoqualitäten für die Aktivitätsfreisetzung.

1279. Die energetische Nutzung der Atomenergie zur Stromerzeugung ist sowohl mit technischen Risiken aus dem Spaltprozess selbst und seinen vor- und nachgeschalteten Ver- und Entsorgungsprozessen als auch mit Risiken durch Fremdeinwirkungen verbunden. Im wesentlichen handelt es sich dabei um die Möglichkeit der Freisetzung und der Aufnahme von radioaktiven Stoffen, die größtenteils im Spaltprozess in hoher Intensität und Diversität erzeugt werden und die sicher eingeschlossen bleiben müssen. Das wichtigste Gefährdungspotential der Atomkernspaltung ist daher das sehr große und sehr heterogene Radioaktivitätsinventar, das im laufenden Betrieb zunimmt und bei Stör- und Unfällen in unterschiedlicher räumlicher Ausbreitung teilweise oder ganz freigesetzt werden kann. Die Radioaktivität, das heißt die radioaktiven Stoffe und ihre Strahlung, müssen aus Umwelt- und Strahlenschutzgründen sowohl im Normalbetrieb als auch bei Stör- und Unfällen im Kraftwerk, aber auch bei der Zwischen- und Endlagerung, sicher eingeschlossen bleiben, bis sie weitgehend zerfallen sind. Risiken können aber auch von außen, zum Beispiel infolge von Flugzeugabsturz, Sabotage und durch höhere Gewalt (z. B. Erdbeben) entstehen.

Tabelle 3.2.2-3

Entwicklung der Emissionen der privaten Haushalte (aus Heizungsanlagen zur Raumwärme- und Brauchwasserversorgung)

	1990	1991	1992	1993	1994	1995	1996
CO_2 (Mio. t)	129	132	123	133	127	135	142
NO_x, berechnet als NO_2 (kt)	106	104	98	105	99	106	113
SO_2 (kt)	448	305	223	210	170	161	158
CO (kt)	2 085	1 736	1 491	1 517	1 294	1 345	1 402
Staub (kt)	134	107	79	77	62	62	63

Quelle: UBA, 1998

Bei einer Freisetzung von Radioaktivität bestehen Risiken für Umwelt und menschliche Gesundheit über verschiedene Belastungspfade (s. Kasten). Im Hinblick auf die menschliche Gesundheit wird allgemein zwischen deterministischer und stochastischer Wirkung unterschieden. Während bei deterministischen Wirkungen ab einer Schwellendosis akute Schäden und nichtbösartige Späteffekte determiniert sind, sind die Effekte Krebs und genetische Spätfolgen ohne Schwellendosis und von stochastischer Natur; sie können mit einer bestimmten Wahrscheinlichkeit und nach längerer Latenzzeit in Erscheinung treten.

Expositionspfade für den Menschen nach Freisetzung radioaktiver Stoffe

Äußere Strahlenexposition

– γ-Strahlung aus der radioaktiven Wolke

– γ-Strahlung aufgrund von Bodenkontamination

– α-, β-, γ-Strahlung aufgrund der Kontamination von Haut, Kleidung oder Gegenständen

Innere Strahlenexposition

– Inhalation luftgetragener radioaktiver Stoffe aus der radioaktiven Wolke (Gase, Dämpfe, Partikel, auf inaktiven Partikeln adsorbierte Radionuklide)

– Ingestion kontaminierter Lebens- und Genussmittel über den Pfad Boden – Pflanze – (Tier) – Mensch

– Inhalation aufgewirbelter Radionuklide, die zuvor schon auf dem Boden, auf Gegenständen und Kleidungsstücken abgelagert waren

---

1280. Für die Bewertung von Umweltbeeinträchtigungen und Risiken durch die Nutzung der Atomkraft werden im folgenden zunächst Risiken betrachtet, die beim Betreiben von Atomkraftanlagen sowohl im Normalbetrieb als auch bei Störfällen und Unfällen (vor dem Hintergrund des Unfalls von Tschernobyl und des Störfalls von Three Mile Island bei Harrisburg; vgl. Kasten *Störfälle und Unfälle beim Betrieb von Atomkraftwerken*) entstehen sowie die Sicherheitskonzepte, die zum Umgang mit den technischen Risiken entwickelt worden sind. Des weiteren werden die Risiken der Entsorgung nuklearer Abfälle bei der Wiederaufarbeitung, der Zwischen- und Endlagerung erörtert. Schließlich wird das Risiko des Transports radioaktiver Stoffe analysiert, der auf allen Stationen des Weges nuklearer Brennstoffe notwendig ist.

Zu den Risiken von Atomkraftanlagen

1281. Hinsichtlich der technischen Risiken beim Betreiben von Atomkraftanlagen sind Belastungspotential, Störanfälligkeit oder Steuerbarkeit (Beherrschbarkeit) des jeweiligen Reaktorsystems sowie die Versagenswahrscheinlichkeit der die Systemgrenze zwischen den aktiven bzw. inaktiven Anlagenteilen beeinflussenden Elemente zu betrachten. Die Störanfälligkeit oder Steuerbarkeit hängt vom Grad der Komplexität des Prozesses und von den aktiven sowie passiven Sicherungselementen ab; hier spielt neben der Bauart des Reaktors dessen Leistungsdichte (Leistung je m^3 Reaktorkernvolumen) eine wesentliche Rolle. Leistungsreaktoren in Deutschland verfügen traditionell über hohe Leistungsdichten.

1282. In Deutschland sind ausschließlich Leichtwasserreaktoren in den Bauarten Siedewasserreaktor (SWR, 6 Blöcke) sowie Druckwasserreaktor (DWR, 13 Blöcke) in Betrieb (BfS, 1998, S. 32 ff.). Ihre inhärente Sicherheit reicht aus, um eine atombombenähnliche, explosionsartige Beschleunigung der Kettenreaktion sicher zu verhindern. Allerdings sind die Anlagen für die sichere Beherrschung einer Kernschmelze (Tz. 1289) und deren Folgen nicht ausgelegt. Bei der Kontrolle von Kerntemperaturanstiegen infolge der Nachzerfallswärme verfügen Hochtemperaturreaktoren mit ihrer deutlich kleineren Leistungsdichte über wesentlich größere Sicherheitsreserven. Grundsätzlich ist jedoch bei jeder Reaktorbauart damit zu rechnen, dass mit der Länge der Laufzeit der Anlagen durch Korrosion, Versprödung, Materialermüdung etc. höhere Sicherheitsrisiken entstehen.

1283. Für den Umgang mit den technischen Risiken der Atomkraftwerke ist international ein Sicherheitsrahmenkonzept entwickelt worden, das in seiner deutschen Ausformulierung Teil des Kerntechnischen Regelwerkes ist. In diesem Regelwerk sind für unterschiedliche Anlagenzustände (Normalbetrieb, anomaler Betrieb, Störfälle, Unfälle) verschiedene Sicherheitsebenen definiert (s. Tab. 3.2.2-4).

1284. Bereits im *Normalbetrieb* werden bestimmte Mengen an Radioaktivität emittiert. Die Abgabe, das heißt die Emission bestimmter Mengen von radioaktiven Stoffen, ist im bestimmungsgemäßen Betrieb vorgesehen. Diese maximal zulässigen Emissionswerte werden für die Abluft (Edelgase, Aerosole, Iod-131) sowie für das Abwasser (Spalt-, Aufaktivierungsprodukte sowie Tritium als Oxid (HTO oder T_2O)) in Jahresfrachten von den für Umwelt/Reaktorsicherheit zuständigen Landesministerien genehmigt (Handbuch Kernenergie, 1995, S. 567 ff.; SRU, 1981, Tz. 133). Die Abgaben werden unter Strahlenschutzaspekten abgeleitet; maßgeblich sind §§ 45, 46 StrSchV (gültig in der Fassung von 1989, zuletzt geändert durch Verordnung von 1997). Nach § 45 StrSchV darf die Effektivdosis für den Ganzkörper bzw. die Teilkörperdosis für Keimdrüsen, Gebärmutter und rotes Knochenmark 0,3 mSv/a nicht überschreiten; für die Knochenoberfläche und die Haut gilt 1,8 mSv/a, für alle anderen Organe und Gewebe 0,9 mSv/a (Luft- oder Wasserpfad).

Tabelle 3.2.2-4

Sicherheitskonzept für Kernkraftwerke nach dem kerntechnischen Regelwerk

Sicherheitsebenen	Vorsorgebereiche/ Strahlenschutzanforderungen: Dosisgrenzwerte	Anlagenzustände/ Ereignisse		Häufigkeit der Anlagenzustände/ Ereignisse	technische Einrichtungen und Maßnahmen		Auslegungsgrundsätze
1 **Störungsverhinderung**	§ 45 StrSchV	bestimmungsgemäßer Betrieb	Normalbetrieb; § 46 StrSchV, Emissionsgrenzwert	regelmäßig	Betriebssystem	betriebliche Komponenten und Systeme	– konservative Auslegung – Basissicherheit – Überwachung – Personalqualifikation
2 **Störfallbeherrschung**	Atomrechtliche Schadensvorsorge		anomaler Betrieb; § 46 StrSchV, Emissionsgrenzwert	häufig		Regelungs- und Begrenzungseinrichtungen, Aggregateschutz	und zusätzlich: – inhärente Sicherheit – thermohydraulische und reaktorphysikalische Stabilität
3 **Schadenseindämmung**		Störfälle; § 46 StrSchV, Emissionsgrenzwert		selten	Sicherheitssysteme		und zusätzlich: – Redundanz – Diversität – Fail Safe – räuml. Trennung und Schottung – Automatisierung – Autarkie
		Unfälle	spezielle, sehr seltene Ereignisse auslegungsüberschreitende Anlagenzustände		punktuelle Vorsorgemaßnahmen		spezifische Auslegungsanforderungen
4*) **Begrenzung von Unfallfolgen**	Begrenzung der Strahlenexposition keine quantifizierten Strahlenschutzanforderungen			sehr selten	anlageninterner Notfallschutz, Schutz des Sicherheitsbehälters, Auffangbehälter für Kernschmelze		– flexible Nutzung vorhandener Einrichtungen – Regeln der Technik bei Notfallschutzeinrichtungen
	verbleibendes Restrisiko	Schadenszustände mit relevanten Auswirkungen auf die Umgebung		extrem selten, praktisch ausgeschlossen	Katastrophen- und Umgebungsschutz		Katastrophen- und Umgebungsschutz

*) Ebene 4 = neu nach AtG 1994

Quelle: SCHIWY, 1998; ergänzt

Die Emissionen dürfen nicht zu einer über die Grenzwerte der Strahlenschutzverordnung hinausgehenden Erhöhung der Strahlenbelastung der Bevölkerung führen. Zusätzlich gilt das in § 28 Abs. 1 StrSchV festgeschriebene Minimierungsgebot für die Freisetzung radioaktiver Stoffe (*as low as reasonably achievable* – ALARA-Prinzip). Nähere Anforderungen an die Ableitungen in Luft, Wasser oder Boden sind in § 46 StrSchV geregelt, wonach eine unkontrollierte Ableitung vermieden bzw. die kontrollierte Ableitung so gering wie möglich gehalten werden muss; es besteht eine Überwachungs- und Meldepflicht. Die aktuellen Emissionen sind sowohl bauart- als auch lastabhängig.

1285. *Störfälle und Unfälle* (s. Kasten) unterscheiden sich hinsichtlich der freigesetzten Radioaktivität sowie der Folgen. Störfälle sind als in der Kraftwerksauslegung vorgesehene Ereignisabläufe (Kühlmittelverlust, Transienten) definiert, für die vom Gesetzgeber Vorsorge verlangt wird. Bei Störfällen kann der Betrieb aus sicherheitstechnischen Gründen nicht weitergeführt werden; die Folgen sind jedoch auslegungsgemäß begrenzt. Für die Strahlenbelastung muss nach § 28 Abs. 3 StrSchV der Planungsrichtwert von 50 mSv eingehalten werden. Als Unfälle werden dagegen wenig wahrscheinliche, lediglich denkbare Ereignisabläufe bezeichnet. Für derartige Unfälle sind Atomkraftwerke weder ausgelegt, noch werden gezielte Maßnahmen zur Verhinderung oder Begrenzung der Folgen in Altanlagen eingeplant, weil deren Eintrittswahrscheinlichkeit als extrem gering angesehen wird (s. Ebene 4 in Tab. 3.2.2-4).

1286. Das novellierte Atomgesetz von 1994 (§ 7 Abs. 2a AtG) verlangt von neu zu genehmigenden Kraftwerken den Nachweis, dass sich die Unfallfolgen auf die Anlage beschränken und weitere Schutzmaßnahmen für die Bevölkerung außerhalb des Betriebsgeländes nicht notwendig werden sollten. Das bedeutet, dass die hier genannten schweren Unfälle und Unfallfolgen nunmehr als denkbar eingestuft werden und unter allen Umständen beherrschbar bleiben müssen. Die neue Sicherheitsphilosophie gilt allerdings nur für Neuanlagen. Für Altanlagen wurde keine Nachrüstungspflicht im Sinne von § 7 Abs. 2a AtG eingeführt.

1287. Für den sicheren Einschluss der Aktivität ist zudem ein fünfstufiges Barrierenkonzept entwickelt worden (DRSK, 1980, S. 39). Des weiteren werden von den Betreibern für die Zuverlässigkeit der Steuerungs- und Sicherheitssysteme zusätzliche Kriterien verlangt, v.a. die Anwendung der Prinzipien Redundanz, Diversität, Trennung der Redundanzstränge von Sicherheitssystemen (Entmaschung), räumliche Trennung, Fehlerfreundlichkeit und Bevorzugung passiver Sicherungselemente (SRU, 1987, Tz. 1964 ff.; Handbuch der Kernenergie, 1986; vgl. Tab 3.2.2-4). Die Sicherheitssysteme sollen die Integrität der Barrieren bei allen Betriebszuständen und bei Störfällen gewährleisten (GRS, 1998, S. 28 f.). In Deutschland besteht teilweise auch eine Mehrfach-Redundanz (z. B. für den Reparaturbetrieb) sowie eine völlige Entmaschung redundanter Systeme (in der weltweiten Praxis sind diese oft vermascht). Um die verlangten Kriterien und Sicherheitsreserven zu erfüllen, wird traditionell die Materialforschung gefördert, damit geeignete Werkstoffe für sicherheitsrelevante, hochbeanspruchte Bauteile entwickelt werden. Da Rissbildungen infolge von Materialermüdung und Strahlungskorrosion eine unmittelbare Gefahr für die Freisetzung von Aktivität darstellen, konzentrieren sich viele Forschungsarbeiten auf diesen Gegenstand.

Zur Eintrittswahrscheinlichkeit/-häufigkeit von Stör- und Unfällen

1288. In den internationalen und deutschen Risikostudien für Atomkraftwerke sind Eintrittshäufigkeiten für Reaktorstör- und -unfälle ermittelt worden, die aus den Versagenswahrscheinlichkeiten bestimmter Elemente sowie ihren Kombinationen abgeleitet worden sind. Am Anfang jedes Stör- oder Unfallereignisses steht zunächst ein auslösendes Ereignis, aus dem sich – je nach Erfolg oder Versagen der angesprochenen Sicherheitssysteme – eine Vielzahl möglicher Ereignisabläufe ableiten lässt. Die Sicherheitssysteme werden in sogenannten Fehlerbäumen gruppiert und analysiert. Die „Leitfäden zur Durchführung von Periodischen Sicherheitsüberprüfungen (PSÜ) für Kernkraftwerke in der Bundesrepublik Deutschland" vom 18.08.1997 geben ein Referenzspektrum von etwa 20 zu prüfenden auslösenden Ereignissen vor. Die Häufigkeiten der auslösenden Ereignisse nehmen Extremwerte zwischen 0,3 (Ausfall der Hauptspeisewasserversorgung und der Hauptwärmesenke) und 10^{-7} (großes/mittleres Leck >200 cm^2 in einer Hauptkühlmittelleitung) pro Jahr an. Auch Transienten mit Versagen der Reaktorschnellabschaltung sind mit rund 5×10^{-6} pro Jahr recht selten, kleinere Lecks sowie Brände an elektrischen Schaltanlagen dagegen relativ häufig (10^{-5} bis $2,5 \times 10^{-3}$ pro Jahr).

Wichtiger für das Endergebnis der Störfallabläufe ist die Eintrittswahrscheinlichkeit der durch Sicherheitssysteme nicht beherrschten Ereignisse, die nach diesen Studien allerdings häufig um eine Größenordnung kleiner sind als die Wahrscheinlichkeit der auslösenden Ereignisse. Entscheidend ist aber der Beitrag eines nicht beherrschten Versagens zur Kernschmelze, z. B. der Beitrag eines nicht beherrschten, weil zu lange nicht bemerkten kleinen Lecks in einer Hauptkühlmittelleitung oder eines nicht beherrschten Notstromausfalls. Insgesamt bewegen sich die Eintrittswahrscheinlichkeiten nicht beherrschter Ereignisabläufe in der Größenordnung von 10^{-5} pro Reaktorjahr, wobei die Erkenntnisse aus den Ergebnissen der Deutschen Risikostudie Kernkraftwerke (DRSK), Phase A, zu Verbesserungen in der Anlagenausstattung geführt haben, so dass die entsprechenden Häufigkeiten in Phase B inzwischen um etwa 50 % kleiner ermittelt werden konnten (Handbuch Kernenergie, 1995, S. 656). In dieser Größenordnung liegen summarisch die Kernschadenshäufigkeiten für einige US-amerikanische und französische Anlagen

(Biblis B: mit 10^{-6} etwas besser). Insgesamt dominiert die Häufigkeit nicht beherrschter Transienten, die durch Ausfälle der Wärmeabfuhr bestimmt wird. Die Ermittlung der Kernschmelzhäufigkeit bzw. die angestrebte Ursachenbeseitigung ist die ultimative Zielsetzung der Probabilistischen Sicherheitsanalyse (PSA) auf „Level 1" (Handbuch Kernenergie, 1995).

Störfälle und Unfälle beim Betreiben von Atomkraftwerken

Störfälle sind anlageninternen sowie anlagenexternen Ursachen zuzuordnen. Anlageninterne Störfälle können entweder durch einen Verlust des Hauptkühlmittels oder durch einen Transienten verursacht werden. Bei einem Transienten steigt die Leistung im Reaktorkern steil an (Leistungsexkursion) oder ist die Wärmeabfuhr aus dem Reaktorkern, jedoch ohne Hauptkühlmittelverlust, beeinträchtigt. Transienten sind durch ein länger andauerndes Ungleichgewicht zwischen Wärmeerzeugung und Wärmeabfuhr gekennzeichnet; das Ausmaß der dabei entstehenden Energiefreisetzung bestimmt die Relevanz des Störfalls. Transientenstörfälle liegen im allgemeinen erst dann vor, wenn angeforderte Sicherheitssysteme nicht ansprechen und ihre Funktionen nicht erfüllen und dadurch die Beherrschung des Transienten nicht gesichert ist. Anlagenexterne Störfälle werden definitionsgemäß von externen Ereignissen wie Erdbeben, Unwetter, Hochwasser, Flugzeugabsturz, Meteoriteneinschlag, Explosionsdruckwelle sowie Krieg oder Sabotage ausgelöst.

Unfälle: Jenseits der sicherheitsmäßigen Auslegung von Atomkraftwerken verbleibt ein Bereich denkbarer Ereignisabläufe, die als Unfälle bezeichnet werden. Hierunter werden Ereignisabläufe verstanden, die entweder nach menschlichem Ermessen so unwahrscheinlich sind, dass gezielte Maßnahmen zur Verhinderung oder Begrenzung der Folgen üblicherweise nicht getroffen werden, oder deren Eintreten und Ablauf nicht voraussehbar sind. Bei Unfällen können die in der StrSchV festgelegten Werte der Strahlenbelastung überschritten werden. In den siebziger Jahren wurde die Bezeichnung „größter anzunehmender Unfall" (GAU) in der Reaktor-Sicherheitstechnik eingeführt und ursächlich mit dem Bruch/Abriss der Hauptkühlmittelleitung (Totalverlust des Kühlmittels) verknüpft (Handbuch Kernenergie, 1995).

Stör- und Unfälle werden nach einer international festgelegten Skala, der International Nuclear Events Scale (INES) klassifiziert (INES, 1999). Stufe 0 ist unterhalb der Skala für Vorkommnisse mit keiner oder sehr geringer sicherheitstechnischer Bedeutung. Bei Stufe 1 bis 3 (Störfälle) werden die Sicherheitsbarrieren zwischen radioaktiven Stoffen und der Umgebung beeinträchtigt; bei den Stufen 4 bis 7 (Unfälle) ist von einer Belastung von Mensch und Umwelt auszugehen. Diese Abstufung wurde 1991 von der Internationalen Atomenergie-Agentur (IAEA) übernommen. Die Meldungen der Atomkraftwerksbetreiber werden in Deutschland nach diesem System vorgenommen. Sie werden für die letzten zwei Jahre im Internet zur Verfügung gestellt. Im Jahre 1998 wurden 136 meldepflichtige Vorkommnisse gemeldet, darunter 132 der INES-Stufe 0. Drei Ereignisse waren der Stufe 1 (= Störung, ohne radiologische Bedeutung), ein Ereignis der Stufe 2 (= Störfall, konkret: „Nichtverfügbarkeit einer Frischdampf-Sicherheitsarmaturen-Station bei Anforderung" im KKU, Eilmeldung „E") zuzuordnen. Vorkommnisse, die sich nicht im Lastbetrieb ereigneten (Stillstand, Prüfung, Wartung, Instandsetzung: 70 %), hatten in der Regel keine Auswirkungen auf den Kraftwerksbetrieb. Bei keinem der gemeldeten Ereignisse traten Emissionen radioaktiver Stoffe oberhalb genehmigter Grenzwerte auf. Eine Aufschlüsselung nach Ursachen weist Komponenten-, Bauteildefekte (41 %), ungünstige Betriebsbedingungen (5 %), Auslegungsfehler (15 %), Herstellungs- und Montagefehler (8 %), Bedienungs-, Wartungsfehler (23 %), Sonstiges (1 %) und noch ungeklärte Ursachen (7 %) aus. Im zuletzt veröffentlichten Quartalbericht für das II. Quartal 1999 sind 31 Vorkommnisse verzeichnet; alle sind der INES-Stufe „0" sowie der niedrigsten behördlichen Meldekategorie „N" (Normalmeldung) zuzuordnen. Eilmeldungen („E") und Sofortmeldungen („S") kamen im Zeitraum nicht vor. Zum Vergleich: Beim *Tschernobyl*-Unfall (25./26.04.1986) wurde grob geschätzt die Hälfte des radioaktiven Inventars freigesetzt, wenn auch in unterschiedlicher Höhe je nach Strahlungsart und Schadstoffgruppe, was schätzungsweise 300 Hiroshima-Atombomben (Bombe mit vermutlich ca. 25 kg U-235) entsprechen dürfte. Wahrscheinlich wurde ein Großteil des Jod- und Cäsiuminventars emittiert (INES-Stufe 7). Beim *Three Mile Island 2*-Störfall (18.03.1979) und dem *Tschernobyl 4*-Unfall spielten menschliches Versagen sowie mangelnde Steuerbarkeit eine zentrale Rolle.

1289. Für die Freisetzung einer relevanten Menge an Radioaktivität in die Umwelt ist das Versagen des Reaktordruckbehälters sowie des Reaktorsicherheitsbehälters entscheidend. Ein solches Versagen ist bei Abläufen wie sich zu Unfällen entwickelnden Störfällen, insbesondere im Verlauf eines Kernschmelzunfalls zu erwarten. Es kommt zum größten anzunehmenden Unfall (GAU), wenn auf den totalen Kühlmittelverlust infolge eines Bruchs in der Hauptkühlmittelleitung der Reaktorkern schmilzt, und weitere schwerwiegende Folgen (vor allem Wasserstoffexplosion, Dampfexplosion, Durchschmelzen des Bodens des Reaktorsicherheitsbehälters) unbeherrschbar bleiben. In diesen Ereignissen treten erwartungsgemäß so hohe mechanische, chemische und thermische Belastungen auf, dass durch sie die Sicherheits- und Rückhaltefunktionen dieser Behälter beeinträchtigt oder sogar aufgehoben werden. Zwar werden Behälter prinzipiell mit Druckentlastungsvorrichtungen für unvorhersehbare Druckanstiege konzipiert, um diese Anlagenbauteile und das Betriebspersonal zu schützen. Dies gilt jedoch nur für den Reaktor und den Reaktordruckbehälter. Der Reaktorsicherheitsbehälter muss alle Stofffreisetzungen aus den vorgelagerten Sicherheitsstufen auffangen und dabei selbst dicht bleiben; weitere Auffangbehälter für eventuell abgeblasene radioaktive Stoffe bei diesen als sehr unwahrscheinlich eingestuften Ereignissen sind nicht vorgesehen. Das Versagen des Reaktorsicherheitsbehälters führt daher zur Aktivitätsfreisetzung des gesamten radioaktiven Inventars mit verheerenden Folgen (SRU, 1981, Tz. 153).

Für die Kernschmelzhäufigkeit mit frühem und großflächigem Versagen des Sicherheitsbehälters wurde in Phase B (DRSK), die den Fortschritt in der Sicherheitstechnik und der Werkstoffkunde berücksichtigt, ein 90 %-Vertrauensbereich zwischen 3×10^{-7} und 2×10^{-5} (Mittel: 4×10^{-6}) pro Jahr ermittelt. Für die Radionuklidfreisetzung gibt es Schätzungen für die Wahrscheinlichkeiten bezogen auf bestimmte Unfallabläufe und auf eine begrenzte Zahl von aktivitätsbestimmenden Nukliden. Dies entspricht der Zielsetzung der Probabilistischen Sicherheitsanalyse (PSA) auf „Level 2". Die ermittelten Werte streuen ganz erheblich zwischen 1 und 10^{-10} pro Jahr. Edelgase, Iod und Cäsium dürften beim Unfall allgemein kaum oder schlecht zurückgehalten werden, andere Elemente nur dann, wenn der Sicherheitsbehälter über längere Zeit intakt bleibt. Bei frühzeitigem Versagen sind hohe Freisetzungsraten möglich. Aus diesen Gründen kommt anlageninternen Notfallschutzeinrichtungen bzw. -maßnahmen in einer frühen Zeit des Stör-/Unfallgeschehens eine erhebliche Bedeutung zu. Berechnungen zeigen, dass die Häufigkeit der weitergehenden Ereignisse – zumindest statistisch – um eine bis zwei Größenordnungen reduziert werden kann (Handbuch Kernenergie, 1995, dort Tab. 6.10, S. 660).

Es verbleiben jedoch weitere, nicht quantifizierte oder nicht quantifizierbare Unsicherheiten, so dass diesen Schätzungen ihr modellhafter Charakter nicht genommen werden kann. Eine Verbesserung dieser Lage ist stets anzustreben, die Risikoabschätzungen werden jedoch naturgemäß immer lückenhaft bleiben.

Die am weitesten entwickelten Varianten solcher Analysen, die probabilistischen Risikostudien, führen zu einer Sicherheitsanalyse der Systeme, die noch weitere Verbesserungsmöglichkeiten aufdecken und bewirken kann.

Sicherheitsrisiken durch Versagen

1290. Beim Umgang mit kerntechnischen Anlagen wird die Beherrschbarkeit durch Mensch und Technik unterstellt (geringes Prozesssteuerungsrisiko). In der heutigen Sicherheitstechnik wird jedoch das Versagen von beiden bewusst unterstellt. Dabei kann in technischer Hinsicht zwischen Versagen der Mess- und Steuerungssysteme (Systemversagen) und Versagen der technischen Barrieren (Materialversagen) in Form von aktiven und passiven Sicherungselementen unterschieden werden. Um dem Materialversagen zu begegnen, werden bestimmte Bauteile in regelmäßigen Abständen präventiv ausgetauscht (vorbeugende Wartung). Das Problem des Werkstoffversagens verlagert sich zunehmend auf Sensorsysteme, die Materialprobleme registrieren und Alarm geben sollen. Durch den hohen Grad der Automatisierung wird menschliches Fehlverhalten zunehmend vermindert. Es haben sich jedoch eigene Fehlercharakteristika der neu eingefügten Elemente der Prozessautomatisation entwickelt. Die Entwicklung der Sicherheitsphilosophie und -technik, insbesondere der deutschen und französischen, hat eine deutliche Verlagerung auf ein rechnergesteuertes Prozessmanagement bewirkt. Dadurch verlagert sich der Schwerpunkt der Sicherheitstechnik auf die Zuverlässigkeit entsprechender Datenverarbeitungssysteme.

1291. Bei dem alterungsbedingten Sicherheitsstatus der Atomkraftwerke wird zwischen physikalischer Alterung von Komponenten und technologischem Veralten – auch als technologische oder konzeptionelle Alterung bezeichnet – unterschieden. Mit dem Begriff Alterungsmanagement wird die Gesamtheit aller organisatorischen und technischen Maßnahmen bezeichnet, die die Erkennung der Alterungsphänomene und ihre Beherrschung sicherstellen. In diesem Zusammenhang ist der im Atomgesetz verankerte allgemeine Grundsatz maßgeblich, der den Genehmigungsinhaber verpflichtet, die erforderliche Vorsorge gegen Schäden durch den Betrieb einer Atomkraftanlage zu treffen (§ 7 Abs. 2 Nr. 3 AtG). Entsprechende Auflagen können dem Betreiber vom zuständigen Landesministerium auferlegt werden.

Das technologische Veralten umschreibt den Rückstand eines früheren gegenüber dem heute üblichen Konzept einer ganzen Anlage oder von Anlagenteilen, wenn neue leistungsfähigere und zuverlässigere Technologien eine ältere Technologie abgelöst haben. Bestehende Atomkraftwerke können somit in ihrer Konzeption sowie in einzelnen technologischen Lösungen vom fortgeschriebenen Sicherheitsstandard abweichen. Dies kann auch Sicherheitsanforderungen wie z. B. den systematischen Schutz gegen Einwirkungen von außen oder die konsequente Trennung der Redundanzstränge von Sicherheitssystemen („Entmaschung", Tz. 1287) betreffen.

1292. Von alterungsbedingten physikalischen Veränderungen (physikalische Alterung) können alle technischen Einrichtungen betroffen sein. Sie können durch mechanische, chemische, thermische und strahlungsphysikalische Einflüsse verursacht werden. Grundsätzlich wird im Atomkraftwerksbereich zwischen folgenden grundlegenden sicherheitsrelevanten Schadensmechanismen unterschieden:

– mechanische und thermische Ermüdung vorwiegend infolge zyklisch wechselnder Belastungen (Schwingungen, Lastwechsel),

– Korrosion durch Wechselwirkung mit dem Arbeits-/ Betriebsmedium,

– neutronenstrahlungsinduzierte Versprödung sowie

– synergetische, beschleunigend wirkende Wechselwirkungen zwischen den zuvor genannten Mechanismen, z. B. Korrosionsermüdung, strahlungsgestützte Spannungsrisskorrosion u. ä.

Für die bisher aufgetretenen alterungsbedingten Schäden technischer Einrichtungen kommen als Ursachen unzureichende Beständigkeit der eingesetzten Konstruktionswerkstoffe, inklusive Schwachstellen (z. B. Schweißnähte) gegenüber der berücksichtigten Hauptbelastungsart, unvorhergesehene Umgebungsbedingungen sowie Nichtberücksichtigung bestimmter Belastungsarten in Frage (GRS, 1998; s. Tab. 3.2.2-5). Daneben zeigen sich auch Erkenntnisgrenzen, wenn bestimmte Belastungsarten bei Auslegung und Konstruktion nicht vorgesehen sind. Inwieweit sie als emissionsrelevant eingestuft werden, kann mangels aufgeschlüsselter Daten nicht festgestellt werden.

Nach Darstellung der Gesellschaft für Anlagen- und Reaktorsicherheit (GRS) wird den erkannten, sicherheitsrelevanten alterungsbedingten Veränderungen durch entsprechende Instandhaltungs- und Ertüchtigungsmaßnahmen sowie durch die Optimierung von Betriebsweisen entgegengewirkt (GRS, 1998). Die jährlichen Aufwendungen für die im Rahmen der gesetzlichen Vorsorge erforderliche Instandhaltung und Nachrüstung betragen im Durchschnitt rund 10 Mio. DM pro Anlage (GRS, 1999). Die Höhe dieser Aufwendungen erscheint angesichts der Tatsache zu niedrig, dass beispielsweise beim Block A des Kraftwerks in Biblis eine Anpassung an den heute gültigen Sicherheitsstandard schätzungsweise 1,2 Mrd. DM investiert werden müssten (SCHEERER, 1999). Offensichtlich erfolgt die Anpassung des für die Ertüchtigung maßgeblichen Kerntechnischen Regelwerkes an den Stand von Wissenschaft und Technik nicht durchgehend kontinuierlich, so dass Rückstände bei der vorsorglichen Instandhaltung und Nachrüstung – zumindest bei einzelnen Anlagen – möglich werden.

Tabelle 3.2.2-5

Weltweite Betriebserfahrung mit passiven maschinentechnischen Einrichtungen in Kernkraftwerken mit Leichtwasserreaktoren

Schadens-ursache	Rand-bedingungen	Altersbedingter Schadensmechanismus	Betroffene Komponenten	Werkstoff		
				F	A	NB
Unzureichende Korrosions-beständigkeit des Werkstoffes	Ungünstige Strömung + niedriger O_2-Gehalt + pH<9,5	Erosionskorrosion	Rohrleitungen	X		
	Sensibilisierung + oxidierendes Hochtemperaturwasser	Interkristalline Spannungskorrosion	Rohrleitungen		X	
	Hochtemperaturwasser	Interkristalline Spannungskorrosion	Heizrohre, Stutzen, Befestigungselemente			X
Unvorhergesehene Umgebungsbedin-gungen	Aufkonzentration v. Deionat, chloridhaltige Dichtungen	Transkristalline Spannungskorrosion	Rohrleitungen		X	
	Borsäure-Leckagen	Flächenkorrosion	Behälter, Rohrleitungen	X		
Nichtberücksichtigte Belastungen	Zyklischer Temperaturgradient	Ermüdung	Rohrleitungen, Stutzen		X	
		Korrosionsermüdung	Rohrleitungen, Stutzen	X		
	Kritische Dehnraten + O_2-haltiges Hochtemperatur-Wasser	Dehnungsinduzierte Risskorrosion	Rohrleitungen, Stutzen	X		

F: Ferrit, A: Austenit, NB: Nickelbasislegierung
Quelle: GRS, 1998; verändert

Sicherheitsrelevante Anforderungen an die Betreiber von Atomkraftwerken

1293. Das aktuelle Kerntechnische Regelwerk (KTR) ist die Gesamtheit aller untergesetzlichen sicherheitsrelevanten Anforderungen an Atomkraftwerke, dokumentiert in Richt- und Leitlinien der Reaktorsicherheitskommission (RSK), des Länderausschusses für Atomkernenergie (LAA), des Kerntechnischen Ausschusses (KTA), der EU sowie in Empfehlungen der RSK und der Strahlenschutzkommission (SSK) (gemäß § 7 Abs. 2 Nr. 3 AtG; Bundesregierung, 1998, S. 133 ff.). Es repräsentiert im wesentlichen den sicherheitstechnischen Standard zum Zeitpunkt der Genehmigung der in Serie gebauten Anlagen (sogenannte „Konvoi"-Anlagen mit Sammelgenehmigung für eine ganze Reaktorlinie) der achtziger Jahre (GRS, 1998, S. 29). Sie sind insofern selbst teilweise veraltet und können daher zum Alterungsmanagement nur bedingt Hilfestellung leisten. Allerdings überprüft der KTA in bestimmten zeitlichen Abständen das eigene Regelwerk daraufhin, ob es noch dem jeweiligen Stand von Wissenschaft und Technik entspricht oder einer Überarbeitung bedarf. Dies trifft auch auf die RSK-Richtlinien zu, die in der Vergangenheit zahlreiche Änderungen oder Ergänzungen erfahren haben. So werden die Empfehlungen der RSK kontinuierlich fortgeschrieben, da das Gremium über Vorkommnisse und wesentliche Änderungsvorhaben in den Atomkraftwerken ständig informiert wird. Auch 1998 sind Neufassungen wichtiger sicherheitsrelevanter Regeln bekanntgegeben worden (KTA-Regel 3201.3 = Komponenten des Primärkreises von Leichtwasserreaktoren, Teil 3: Herstellung, BAnz. Nr. 219a vom 29.09.1998; KTA-Regel 3204 = Reaktordruckbehälter-Einbauten – Regeländerung, BAnz. Nr. 236a vom 04.11.1998), die aber erst bei Neubauten oder der Herstellung von Ersatzmaterial (Nachrüstung, Instandhaltung) einschlägig werden können. Es bleibt dabei offen, wie schnell infolge der Anpassung der Empfehlungen die Anpassung der behördlichen Auflagen erfolgt.

Der Umweltrat fordert, dass der hier zu vermutende Rückstand gegenüber dem heutigen Stand der Sicherheitstechnik mit entsprechendem Aufwand unverzüglich verringert wird.

1294. Die RSK hat in ihrem – nach dem Tschernobyl-Unfall veranlassten – 1988 veröffentlichten Untersuchungsbericht „Ergebnisse der Sicherheitsüberprüfung der Kernkraftwerke in der Bundesrepublik Deutschland" empfohlen, zukünftig etwa alle zehn Jahre eine Sicherheitsüberprüfung der Atomkraftwerke durch die Betreiber durchzuführen. Daraufhin wurden Leitfäden zur Durchführung von Periodischen Sicherheitsüberprüfungen (PSÜ) von einem Arbeitskreis im LAA erarbeitet und 1997 bekanntgegeben (BAnz. Nr. 232a vom 18.08.1997). Es muss jedoch überprüft werden, inwieweit dieses Instrument spezifiziert und im Alterungsmanagement des Betriebsalltags eingesetzt werden kann.

Der Umweltrat hält den vorgeschlagenen Zehnjahresrhythmus im Hinblick auf den sich beschleunigenden technischen Fortschritt generell für zu pauschal und bei älteren Anlagen auch für zu lang. Außerdem bedarf das Instrument der PSÜ einer Konkretisierung mit höherem Rechtsstatus. Dennoch ist mit der Bekanntgabe der PSÜ-Leitfäden ein Rahmen vorgegeben, der für die Einzelfallbeurteilung, insbesondere zur Ermittlung der maximalen Restlaufzeiten einzelner Anlagen, Verwendung finden kann. Tabelle 3.2.2-6 zeigt die Systematik der PSÜ im Überblick. Daraus ist ersichtlich, dass sie aus den drei Teilen Sicherheitsstatusanalyse, Probabilistische Sicherheitsanalyse und Deterministische Sicherungsanalyse besteht und ein Zusammenwirken von Genehmigungsinhabern und Aufsichtsbehörden voraussetzt.

1295. In mehreren westeuropäischen Ländern wurden seit Anfang der achtziger Jahre systematische Alterungsmanagementprogramme ins Leben gerufen. In Deutschland haben nach Einschätzung der GRS diese Managementsysteme wegen einer eher präventiven Instandhaltungspraxis und eines vergleichsweise umfassenden Nachrüstungsregimes eine geringere Dringlichkeit (GRS, 1998). Die Anzahl kumulierter meldepflichtiger Ereignisse an aktiven maschinentechnischen Einrichtungen deutscher Anlagen weist einen Anteil alterungsbedingter Ereignisse zwischen 4 und 10 % aus (GRS, 1998, S. 38). Dies zeigt, dass das Alter der Anlagen bei deren sicherheitstechnischer Beurteilung nicht als entscheidendes Kriterium herangezogen werden kann. Eine Aufschlüsselung dieser Ereignisse nach ihrem Schweregrad liegt öffentlich leicht zugänglich nur für die letzten Jahre vor. In den Jahren 1997 und 1998 war in Deutschland bei weit über 90 % der Ereignisse die INES-Stufe 0 vertreten (s. Kasten in Tz. 1288). Ob der im Jahre 1998 aufgetretene einzelne Störfall der Stufe 2 alterungsbedingt war, ist aus der Statistik nicht ersichtlich.

1296. Mit zunehmendem Alter der deutschen Atomkraftwerke wird das technologische Veralten bestimmter Techniken in den Vordergrund treten. Ein aktuelles Beispiel dafür ist die anstehende Umstellung der Prozessleittechnik von Analog- auf Digitaltechnik, was letztlich die komplette Erneuerung der Zentralwarte eines Kraftwerks erforderlich machen kann.

Es besteht kein Zweifel, dass der Einsatz moderner Informations- und Steuerungstechniken in den Atomkraftwerken Vorteile mit sich bringen kann, wie beispielsweise die hohe Geschwindigkeit bei der Übermittlung großer Datenmengen. Sie eröffnet aber auch neuartige, im Kraftwerksbereich bisher unbekannte Fehlermöglichkeiten (GRS, 1998, S. 15).

Tabelle 3.2.2-6

Überblick zur Systematik der Periodischen Sicherheitsüberprüfung (PSÜ)

TEILBEREICHE	Sicherheitsstatusanalyse		Probabilistische Sicherheitsanalyse (PSA)	Sicherung
VORGABEN	Leitfaden Sicherheitsstatusanalyse		Leitfaden Probabilistische Sicherheitsanalyse	Leitfaden Deterministische Sicherungsanalyse
	Abstimmung der Vorgehensweisen zur PSÜ zwischen Genehmigungsinhabern und Aufsichtsbehörde			
VORGEHEN DES GENEHMIGUNGS-INHABERS	Aktuelle Anlagenbeschreibung			
	Überprüfung der Sicherheitseinrichtungen der Anlagen nach den Anforderungen und Vorgaben des Schutzzielkonzepts	Darlegung der Betriebsführung und Auswertung der Betriebserfahrung	Überprüfung der Ausgewogenheit des Sicherheitskonzeptes und Ermittlung der Summenhäufigkeit nicht beherrschter Anlagenzustände mittels probabilistischer Methoden	
	Bericht: Deterministische schutzzielorientierte Überprüfung	Bericht: Betriebsführung und Betriebserfahrung	Bericht: PSA	Bericht: Sicherung
	Bericht: Abschließende Einschätzung des Sicherheitsstatus unter Einbeziehung der Einzelergebnisse der Teilbereiche der PSÜ			
VORGEHEN DER AUFSICHTS-BEHÖRDE	Schutzzielorientierte Beurteilung ggf. unter Zuziehung von Sachverständigen		Beurteilung ggf. unter Zuziehung von Sachverständigen	Beurteilung ggf. unter Zuziehung von Sachverständigen
	Gesamtbewertung durch die Aufsichtsbehörde, behördliche Maßnahmen und Veranlassungen			

Quelle: BAnz. Nr. 232a v. 18.08.1997, zit. in SCHIWY, 1998

1297. Für die geplante neue Druckwasser-Reaktorlinie, den Europäischen Druckwasserreaktor EPR, wurde bisher kein hinreichender Nachweis erbracht, dass er den Anforderungen des novellierten Atomgesetzes genügen würde. Zur Zeit wird von dem Entwickler-Konsortium versucht, diese Nachweise rein rechnerisch zu führen (HAHN, 1998). Unabhängig davon wurden in zahlreichen Kleinversuchen aber hohe Unsicherheiten bei der Vorhersage möglicher Abläufe bei einer Kernschmelze und deren Folgen festgestellt, so dass bestimmte Risiken bei Kernschmelzunfällen generell als unberechenbar eingestuft werden müssen (REIMANN, 1997; Tz. 1289).

Zu den Risiken der Entsorgung

1298. Auch bei der Entsorgung radioaktiver Abfälle muss zwischen den Gefährdungspotentialen und den aus diesen ableitbaren Risiken in allen Prozessschritten und für alle Abfallarten unterschieden werden. Die risikorelevanten Eigenschaften sind radioaktive Strahlung (Dosis ohne Aufnahme strahlender Materie) bzw. Radiotoxizität (mit Aufnahme strahlender Materie, d. h. Inkorporation) (beide in Abhängigkeit von Zeit, Strahlungsart und Energieniveau), Kritikalität spaltbarer Materie (Gefahr von Kettenreaktionen), Atomwaffentauglichkeit

(Proliferationsgefahr) sowie chemische Toxizität. Eine besondere Gefahr stellt die Radiotoxizität von Plutonium dar. Bei stärkerer Radioaktivität tritt auch noch erhebliche Wärmeentwicklung (Zerfallswärme) auf, wodurch infolge der thermischen Beanspruchung die Barriereeigenschaften von Barrierematerialien geschwächt oder gar zerstört werden können. Wärmeentwickelnde radioaktive Stoffe bedürfen der ständigen Kühlung zur ausreichenden Wärmeabfuhr, um die Funktionstüchtigkeit der Sicherungssysteme zu gewährleisten. Wirkungsseitig sind vor allem Strahlungsart, Halbwertszeit, Energieniveau sowie pfadbezogene Mobilität und Resorbierbarkeit zu nennen, die die Ausbreitung und die Aufnahme durch einen Organismus beeinflussen können. Die beschriebenen Risiken gelten über geologische Zeiträume hinweg.

Das radioaktive Inventar eines auf 1 GW elektrischer Leistung normierten Kraftwerksblocks steigt von etwa 0,665 TBq Anfangswert nach rund vier Vollbetriebsjahren auf etwa 300 Exa-Becquerel (EBq). Dieses radioaktive Inventar muss zunächst für Jahrzehnte eingeschlossen bleiben. Bei den in Deutschland vorhandenen 20 Leistungsreaktoren (davon 19 in Betrieb) mit einer installierten elektrischen Leistung von 23,5 GW sind mindestens 7 200 EBq an Aktivitäten zu erwarten, die spätestens in 30 bis 50 Jahren bis auf die zerfallenen Anteile vollständig endgelagert sein müssen.

1299. Während die Beherrschung des Reaktorbetriebs in deutschen Atomkraftwerken bei einer Betriebszeit von 30 bis 60 Jahren noch als gesichert angesehen werden kann, entzieht sich die Entsorgung einer langfristigen detaillierten Betrachtung. Der Grund ist, dass Aussagen zur technischen Funktionssicherheit sowie materialmäßigen Intaktheit, die über einen Zeitraum von maximal 100 Jahren hinausgehen, weitgehend auf Annahmen bzw. Modellrechnungen basieren.

Dem steht das Ziel gegenüber, radioaktive Stoffe dauerhaft sicher von der Biosphäre abzuschließen. Dies ist auch als umweltpolitisches Ziel formuliert. Damit ist aber noch keine konkrete Aussage über die notwendige Dauer des Abschlusses getroffen (KIM und GOMPPER, 1998; KIRCHNER, 1995). Eine Konkretisierung wäre beispielsweise die Forderung, den Abschluss bis zum Zerfall des letzten Isotopkerns zu gewährleisten. Dies würde allerdings Jahrmilliarden dauern. Eine pragmatischere Forderung, die auf den Rückgang der eingelagerten Aktivität um zum Beispiel 99 % setzt, würde einen Abschluss von rund tausend Jahren erforderlich machen. Dazwischen liegt die Empfehlung der RSK/SSK, dass die Individualdosen die Grenzwerte der Strahlenschutzverordnung (§ 45 StrSchV) durch die Endlagerung für einen Zeitraum von 10 000 Jahren nicht überschreiten sollten (RSK/SSK, 1988). Eine gesetzliche zeitliche Begrenzung des Nachweiszeitraums gibt es in Deutschland allerdings nicht.

Charakterisierung radioaktiver Abfälle

1300. Die Entstehung kraftwerkstypischer Abfälle hängt vom Reaktortyp und vom sogenannten Brennstoffkreislauf ab. Wie auch bei herkömmlichen Abfällen ist ein vollkommen geschlossener Kreislauf nicht realisierbar.

Die in Deutschland vorrangig anfallenden Abfälle der Leichtwasserreaktoren im Uran-Plutonium-Kreislauf können anhand des radioaktiven Inventars unter verschiedenen Aspekten allgemein charakterisiert werden:

– nach Strahlungsart und -energie: α-, β-, γ-Strahlung, schwach-, mittel- und hochradioaktive Abfälle,

– nach Wärmeentwicklungspotential: nicht, schwach oder stark wärmeentwickelnde Abfälle,

– nach Materialart (einschließlich Reinheitsgrad).

1301. Es gibt jedoch die Auffassung, Abfälle nach folgendem Schema umfassend zu charakterisieren (nach SCHMIDT, 1995):

– Radiotoxizität/Strahlungsart, -energie,

– spezifische Radioaktivität (in Bq/g oder GBq/m^3; IAEA-Kriterium für die Klasseneinteilung in schwach-, mittel- und hochradioaktive Abfälle),

– Handhabbarkeit (Umgang mit/ohne Abschirmung; Wärmeentwicklung/Kühlung),

– Langlebigkeit (klingt der Abfall in absehbarer Zeit auf Umgebungsniveau ab?),

– Zusammensetzung, absolute Menge und Verhältnis kurz- und langlebiger Bestandteile,

– Kritikalitätseigenschaften, Stapelbarkeit,

– Proliferationssicherheit,

– Freisetzbarkeit (in Abhängigkeit von Konditionierung und Gebinde),

– Endlagereigenschaften im Verlauf geologischer Zeiträume; das Strahlenspektrum langfristig dominierende Isotope (z. B. Cs-137),

– Mobilität, Mobilisierbarkeit unter ungünstigen Endlagerzustandsparametern.

1302. Im wesentlichen handelt es sich bei in Deutschland vorrangig anfallenden kraftwerkstypischen Abfällen um

– Abfälle aus der Brennelementfertigung (ohne Wiederaufarbeitung),

– bestrahlte („abgebrannte") Brennelemente aus dem Spaltprozess selbst mit vom Abbrandgrad abhängigen Mengen an angereicherten, stark radioaktiven Spaltprodukten (etwa 300 verschiedene Isotope wie Cs-137, I-129, I-131) sowie Aktiniden (wie Pu-239)

neben den restlichen Hauptbestandteilen (Oxide von U-238/U-235),

- mit Spaltprodukten u. ä. kontaminierte Betriebsstoffe (Abwasser, Abluft) sowie ihre Rückhaltevorrichtungen (z. B. Aktivkohlefilter) (mittelschwache bis mittelstarke Radioaktivitäten),

- Abfälle der Wiederaufarbeitung, d. h. überwiegend hochradioaktive Spaltprodukte, die derzeit nur im Ausland anfallen (mit teilweisen Rücknahmeverpflichtungen für verglaste Abfälle),

- aktivierte Strukturmaterialien aus Betrieb und Stilllegung der Kraftwerke (hoch- bis mittelaktiv; Anfall nach Austausch von Bauteilen, Abbruch),

- sonstige Betriebsabfälle aus dem Kraftwerksbetrieb (schwach radioaktiv; z. B. Dekontaminationsabfälle des Kraftwerks- oder Fremdpersonals).

Die Brennstoffrezyklierung über die Wiederaufarbeitung bewirkt durch den verstärkten Aufbau von Aktiniden langfristig die Anreicherung unerwünschter U- und Pu-Isotope im Brennstoffpool, deren physikalisch-technische Probleme noch unklar sind. Die mit dem Umgang und der Absicherung verbundenen Kosten sind völlig unkalkulierbar (PERSCHMANN, 1998). Nach Meinung der Gruppe Ökologie (1998) sind die aufgearbeiteten Mischoxid(MOX)-Brennelemente nach einmaligem Durchlauf nicht mehr verwertbar und somit endlagerpflichtig. Nach Auskunft des Wirtschaftsverbandes Kernbrennstoffkreislauf ist für MOX-Brennelemente ohnehin nur die direkte Endlagerung vorgesehen (TÄGDER, persönl. Mitteilung, 1999; Tz. 1306).

1303. Mit der Atomkernspaltung entsteht ein inhomogenes Vielstoffgemisch von etwa 300 neuen radioaktiven Isotopen (Atomkernen), die im Grunde genommen alle (auch ihre Tochterkerne) einer individuellen Betrachtung bedürfen. Zwar zerfallen viele davon in kurzer Zeit (nach ca. einem Jahr im Abklingebecken des Atomkraftwerkes geht die Strahlung auf 1 % zurück); bei den restlichen Isotopen mit sehr unterschiedlichen radiologischen Eigenschaften ist aber eine isotopenscharfe Kontrolle wegen der großen Unterschiede der Strahlungseigenschaften nötig. Dies wird aber durch die Eigenschaft „Vielstoffgemisch" erheblich erschwert.

1304. Die Gesamtmenge der in den letzten 50 Jahren in Deutschland verursachten radioaktiven Abfälle wird insgesamt auf 500 000 t geschätzt. Bis 1998 sind in Deutschland insgesamt circa 160 000 m³ radioaktive Abfälle zur Beseitigung aus der Nutzung der Atomenergie zur Stromproduktion angefallen. Der jährliche Neuanfall von 4 000 bis 5 000 m³ ist etwa zur Hälfte Forschungsaktivitäten zuzuschreiben. Die Stilllegungsabfälle der Hanauer Brennelementenfabrik betragen derzeit etwa 1 000 m³ pro Jahr. Die mit Abstand gefährlichste atomkraftwerkstypische Abfallart stellen die bestrahlten Brennelemente dar. Der kumulierte Anfall an verbrauchtem Spaltstoff in bestrahlten Brennelementen betrug bis Februar 1999 circa 8 900 t Schwermetall (s. Tab. 3.2.2-7 und -8).

Aus der besonderen Art der strahlenden Materie sowie der Eigenschaft einiger der hier gehandhabten nuklearen Spaltstoffe als potentiell atomwaffenfähige Substanzen erwächst die Notwendigkeit eines speziellen Entsorgungsweges für radioaktive Abfälle. Neben der Radioaktivität ist zu beachten, dass bestimmte radioaktive Abfälle wegen der in ihnen ablaufenden Atomkern-Zerfallsreaktionen sich in unterschiedlichem Maße erhitzen und folglich Wärme abgeben (Tz. 1300 f.). Grundvoraussetzung für die Entsorgung ist ein hohes Sicherheitsniveau mit entsprechend strengen Anforderungen an Qualitätssicherung sowie Nachweispflicht zum Verbleib der Aktivität der Abfälle.

Zur Entsorgung von Plutonium

1305. Von der IAEA wird der Weltbestand an separiertem spaltbarem Plutonium Ende 1996 vorsichtig mit circa 400 t angegeben; davon sind etwa 300 t militärisches Pu-239 in Sprengköpfen (180 t) sowie Lagerbeständen. Der zivile Anteil ist rezykliertes Plutonium (60 t) sowie Neu-Plutonium in Lagern. In abgebrannten Brennelementen befinden sich außerdem etwa 670 t Plutonium (van KLINKEN, 1997). Der aktuelle Weltbestand an Plutonium in allen Formen kann vorsichtig auf etwa 1 100 bis 1 200 t geschätzt werden. Die jährliche Zuwachsrate beträgt 3 bis 4 % (MEZEI, LANL, persönl. Mitteilung, März 1999). Nach MAGILL et al. (1997) soll der Gesamtbestand an Plutonium bis zum Jahre 2050 um weitere 5 000 t ansteigen.

In deutschen Lagern beträgt der Reinbestand etwa 9 t durch Wiederaufbereitung gewonnenes spaltbares Plutonium. Die gesamte deutsche Plutoniummenge dürfte sich jedoch auf etwa 60 t Plutonium-total (= alle Isotope) belaufen; jährlich werden im Spaltprozess einige Tonnen neu erzeugt (Prof. KUGELER, persönl. Mitteilung, 1999). Ein Teil deutschen Plutoniums, circa 14,5 t spaltbares Plutonium, befindet sich in französischen und britischen Wiederaufarbeitungsanlagen und muss bis 2006/2008 zurückgenommen werden (BMU, 1998a, S. 141).

Umweltbeeinträchtigungen

Tabelle 3.2.2-7　Anfall, Verbleib und Wiederaufarbeitung abgebrannter Brennelemente aus Leistungskernkraftwerken[a]

1	2							3 Verbleib										4 Nicht wiederaufgearbeitet				5 Wiederaufgearbeitet			
	Anfall		Kraftwerks-intern		COGEMA		BNFL		WAK		ZL Ahaus		ZL Gorleben		ZAB		Sonstige		COGEMA		BNFL		COGEMA		BNFL	
Kernkraftwerk	BE	tSM	BE	tSM	BE	tSM	BE	tSM	BE	tSM	BE	tSM	BE	tSM	BE	tSM	BE	tSM	BE	tSM	BE	tSM	BE	tSM	BE	tSM
Baden-Württemberg																										
Obrigheim	982	286,7	89	26,0	709	207,0	0	0,0	151	44,1	0	0,0	0	0,0	0	0,0	33	9,4[1]	145	42,4	0	0,0	564	164,6	0	0,0
Phillipsburg 1	2 007	351,2	270	47,3	1 737	304,0	0	0,0	0	0,0	0	0,0	0	0,0	0	0,0	0	0,0	674	118,0	0	0,0	1 063	186,0	0	0,0
Phillipsburg 1	720	389,5	432	233,7	279	150,9	0	0,0	0	0,0	0	0,0	9	4,9	0	0,0	0	0,0	30	16,0	0	0,0	249	134,9	0	0,0
Neckarwestheim I	1 165	420,6	102	36,8	897	323,8	63	22,7	44	15,9	0	0,0	0	0,0	0	0,0	0	0,0	140	50,7	63	22,7	757	273,1	0	0,0
Neckarwestheim II	492	246,7	378	203,4	0	0,0	0	0,0	0	0,0	57	30,7	57	30,7	0	0,0	0	0,0	0	0,0	0	0,0	0	0,0	0	0,0
Bayern																										
Grafenrheinfeld	888	476,9	303	162,7	585	314,1	0	0,0	0	0,0	0	0,0	0	0,0	0	0,0	0	0,0	182	98,0	0	0,0	403	216,1	0	0,0
Isar 1	2 344	407,9	474	82,5	1 870	325,4	0	0,0	0	0,0	0	0,0	0	0,0	0	0,0	0	0,0	259	45,0	0	0,0	1 611	280,4	0	0,0
Isar 2	504	269,6	301	161,0	203	108,6	0	0,0	0	0,0	0	0,0	0	0,0	0	0,0	0	0,0	60	32,0	0	0,0	143	76,6	0	0,0
Grundremmingen B	2 332	405,8	1 204	209,5	1 078	187,6	34	5,9	0	0,0	0	0,0	16	2,8	0	0,0	0	0,0	839	146,0	0	0,0	847	147,4	485	84,4
Grundremmingen C	2 269	394,8	1 054	183,4	608	105,8	451	78,5	0	0,0	156	27,1	0	0,0	0	0,0	0	0,0	für B	+C	für B	+C	für B	+C	für B	+C
Hessen																										
Biblis A	1 044	558,5	245	131,1	759	406,1	40	21,4	0	0,0	0	0,0	0	0,0	0	0,0	0	0,0	86	46,0	0	0,0	1 400	749,0	40	21,4
Biblis B	1 095	585,8	368	196,9	727	388,9	0	0,0	0	0,0	0	0,0	0	0,0	0	0,0	0	0,0	für A	+B	für A	+B	für A	+B	für A	+B
Niedersachsen																										
Stade	1 192	425,5	76	27,1	1 060	378,4	0	0,0	56	20,0	0	0,0	0	0,0	0	0,0	0	0,0	196	70,1	0	0,0	864	308,3	0	0,0
Unterweser	1 012	543,4	186	99,9	484	259,9	342	183,7	0	0,0	0	0,0	0	0,0	0	0,0	0	0,0	88	47,2	251	134,6	396	212,7	91	49,1
Grohnde	688	369,5	344	184,7	260	139,6	84	45,1	0	0,0	0	0,0	0	0,0	0	0,0	0	0,0	126	67,5	84	45,1	134	72,1	0	0,0
Emsland	584	311,3	374	199,3	0	0,0	210	111,9	0	0,0	0	0,0	0	0,0	0	0,0	0	0,0	0	0,0	210	111,9	0	0,0	0	0,0
Rheinland-Pfalz																										
Mülheim-Kärlich	209	95,7	209	95,7	0	0,0	0	0,0	0	0,0	0	0,0	0	0,0	0	0,0	0	0,0	0	0,0	0	0,0	0	0,0	0	0,0
Schleswig-Holstein																										
Brunsbüttel	1 480	251,6	104	17,7	1 376	233,9	0	0,0	0	0,0	0	0,0	0	0,0	0	0,0	0	0,0	300	51,0	0	0,0	1 076	182,9	0	0,0
Krümmel	2 025	360,5	483	86,0	1 344	239,2	198	35,2	0	0,0	0	0,0	0	0,0	0	0,0	0	0,0	34	6,0	157	28,0	1 310	233,2	41	7,2
Brokdorf	524	283,5	326	176,4	96	51,9	102	55,2	0	0,0	0	0,0	0	0,0	0	0,0	0	0,0	96	51,9	101	54,7	0	0,0	1	0,5
Stillgelegte Anlagen[4]																										
	11 334[4] 1 436,0		501	58,9	2 577	414,9	748	85,2	90	10,5	0	0,0[4]	0	0,0	4 547	532,2	2 871	336,4[3]	0	0,0	0	0,0	2 577	414,9	748	85,2
Σ tSM (rd.)		8 891		2 620		4 540		645		91		58		34		532		367		882		1 279		3 652		248
Σ tSM		8 891																8 887				(5 179)				3 900

BE = Brennelemente; WAK = Wiederaufarbeitungsanlage Karlsruhe; ZL = Zwischenlager; ZAB = Zwischenlager für abgebrannte Brennelemente Greifswald; tSM = Tonnen Schwermetall (Uran, Plutonium); BNFL: British Nuclear Fuels; COGEMA: Compagnie Generale des Matières Nucleaires

[1]　CLAB/SKB (Schweden)
[2]　Neckarwestheim II
[3]　CLAB/SKB (Schweden), EUROCHEMIE (Belgien), UdSSR, Paks (Ungarn)
[4]　ohne THTR-300
[a]　Stand: Anfang Februar 1999

Quelle: BT- Drs. 14/747, S. 3

Tabelle 3.2.2-8

Bestand radioaktiver Abfälle in Deutschland

Abfallart	gering wärmeentwickelnde Rohabfälle/ Reststoffe	gering wärmeentwickelnde konditionierte Abfälle	wärmeentwickelnde Rohabfälle/Feststoffe	wärmeentwickelnde konditionierte Abfälle
bestrahlte Brennelemente	–	–	2 969 tSM	8,4 tSM
Wiederaufarbeitung (nur WAK)	148 m^3	10 982 m^3	79 m^3	316 m^3
Betriebsabfälle	23 315 m^3 [1]	19 621 m^3	390 m^3	ca. 200 m^3
Forschungsabfälle	5 191 m^3 [1]	28 086 m^3	–	156 m^3
ERAM (Endlager Morsleben)	8 260 m^3 [2]	28 383 m^3 und 6 572 Quellen	–	467 Quellen
Versuchsendlager Asse	–	25 500 m^3	–	–

tSM: Tonnen Schwermetall; WAK: Wiederaufarbeitungsanlage Karlsruhe

[1] In diesen Zahlen sind auch Reststoffe enthalten, die wiederverwertet werden sollen sowie Abfälle, die teilkonditioniert sind

[2] Diese Abfälle wurden in flüssigem Zustand in das Endlager eingebracht und dort zum größten Teil verfestigt.
(Stichtage: 31.12.1997 für unkonditionierte Brennelemente (= wärmeentwickelnde Rohabfälle),
18.06.1998 für im ERAM endgelagerte Abfälle,
31.12.1995 für alle anderen Angaben)

Quelle: Gruppe Ökologie (1998) nach BfS (div. Jahrgänge)

Die steigenden deutschen Plutoniumbestände müssen künftig mit zunehmendem Aufwand proliferationssicher aufbewahrt werden. Zur Endlagerung bestehen derzeit nur Überlegungen (Verglasung, Aufarbeitung zum Brennstoff und Endlagerung), jedoch keine fertigen Pläne. Nach einer Studie von KÜPPERS et al. (1999) wäre die Aufarbeitung zu endlagerfähigen sogenannten Lagerstäben (d. h. wie Brennstäbe, jedoch mit weniger strengen Toleranzwerten gefertigt) in bestehenden Produktionsstraßen vorhandener Wiederaufarbeitungsanlagen die günstigste Lösung.

Praktizierte und geplante Entsorgungskonzepte und -wege

1306. Es gibt prinzipiell drei Entsorgungsstrategien für kraftwerkstypische radioaktive Abfälle, insbesondere für bestrahlte Brennelemente:

– chemisch-physikalische Wiederaufarbeitung (WA) mit Zwischenlagerung und späterer Endlagerung der Rückstände

– „direkte" Endlagerung („direkt" = ohne chemische Zwischenschritte, aber mit Zwischenlagerung und endlagergerechter Konditionierung)

– Partition und Transmutation (chemisch-physikalische Trennung und nuklearphysikalische Umwandlung; s. Abschn. 3.2.5.3) mit späterer Endlagerung der Rückstände.

Von diesen drei Optionen werden bislang nur die beiden ersten angestrebt. Ein Endlager wird allerdings erst mittelfristig (in etwa 30 Jahren) zur Verfügung stehen. Die Technik der Partition und Transmutation befindet sich demgegenüber erst in der Phase der Grundlagenforschung und es ist völlig unklar, ob überhaupt und wann diese Techniken weltweit Entsorgungsbeiträge leisten können.

In allen drei Fällen wird letztlich ein Endlager benötigt, so dass die Wiederaufarbeitung (inkl. Partition) und die Transmutation als Zwischenschritte zwischen Abfallerzeugung und Endlagerung betrachtet werden müssen.

Zum bisherigen Entsorgungskonzept

1307. Als Grundlage der Entsorgungsaktivitäten für Atomkraftwerke gilt formal der Bund/Länder-Konsens aus den Jahren 1979/1980 (Beschluss der Regierungschefs von Bund und Ländern zur Entsorgung der Kernkraftwerke vom 28. September 1979; Grundsätze zur Entsorgungsvorsorge für Kernkraftwerke vom 19. März 1980). Dieser Konsens sieht ein abgestuftes Entsorgungskonzept vor (BMU, 1998a, S. 141):

1. Zwischenlagerung der bestrahlten Brennelemente am Kraftwerksstandort oder in externen Lagern

2. (a) Wiederaufarbeitung von bestrahlten Brennelementen im europäischen Ausland mit Rücknahme der dabei anfallenden radioaktiven Abfällen und

Verwertung der zurückgewonnen Kernbrennstoffe Uran und Plutonium

(b) Direkte Endlagerung von bestrahlten Brennelementen nach endlagergerechter Konditionierung

3. Konditionierung und Zwischenlagerung der radioaktiven Abfälle in den jeweiligen kerntechnischen Einrichtungen oder in externen Lagern
4. Endlagerung in tiefen geologischen Formationen im Inland.

In diesem Konzept spielte bis Ende 1998 die Wiederaufarbeitung die zentrale Rolle. Danach wurde die Novellierung des Atomgesetzes in Angriff genommen. Eines der Hauptziele der Novelle ist das Verbot der Wiederaufarbeitung.

Die unterschiedlichen Abfälle werden derzeit schon im Kraftwerk nach einem betrieblichen Abfallkonzept, das der atomrechtlichen Aufsichtsbehörde des jeweils zuständigen Bundeslandes zur Genehmigung vorgelegt wird, sortiert und die nicht dekontaminierbaren, das heißt, nicht normal wiederverwertbaren Rohabfälle zur Handhabung und Endlagerung konditioniert.

1308. Aus umweltpolitischer Sicht sind die Entsorgungsprobleme bei den bestrahlten Brennelementen am bedeutendsten, weil diese Abfallprodukte das maßgebliche Risikopotential darstellen. Die Kraftwerksbetreiber sind zum Nachweis von sicherer und regelmäßiger Entsorgung der Brennelemente und der sonstigen Abfälle für einen Zeitraum von sechs Jahren im voraus verpflichtet. Darüber hinaus müssen Transportleistungen rechtlich, physisch wie logistisch gesichert sein.

Die Atomgesetznovelle von 1994 hat die Entsorgungswege Wiederaufarbeitung und direkte Endlagerung einander im Grundsatz zwar gleichgestellt. Bisher steht jedoch weder ein Endlager zur Verfügung, noch sind Endlagerstandorte offiziell benannt worden.

Wiederaufarbeitung

1309. Die *Wiederaufarbeitung* sollte der vom Atomgesetz (AtG) vorgegebenen „schadlosen Verwertung" (AtG-Novelle 1976) dienen. Auch dieser Weg kommt letztlich ohne Endlagerung nicht aus. In der Wiederaufarbeitung werden die Brennelemente zerlegt und die Brennstäbe nasschemisch auf ihre Bestandteile aufgearbeitet, wobei gleichzeitig eine Aktivitätstrennung erreicht wird. Der überwiegende Anteil der Aktivität geht mit den Spaltprodukten in die Abfallfraktion. Die zur Verwertung bestimmten Stofffraktionen Alturan und Plutonium (Tz. 1305) stellen aber immer noch ein beträchtliches Gefährdungspotential dar. Der Unterschied zur direkten Endlagerung besteht in den Zwischenschritten bis dahin sowie in Menge und Qualität der abzulagernden Abfallarten; in der direkten Endlagerung bleiben die Brennstäbe außerdem intakt. Für die Abfälle aus der Wiederaufarbeitung müssen neue Barrieren, z. B. verglaste Körper in gasdichten Hüllen, geschaffen werden, um die stark aktiven Abfall-Lösungen in eine transport- und endlagergerechte Form zu bringen (ROTH und WEISENBURGER, 1998).

Die Wiederaufarbeitung hat die in sie gesetzten Erwartungen nicht erfüllt. Zum einen muss bei der Brennelementherstellung zum wiederaufgearbeiteten, angereicherten Alturan zusätzlich Frisch-Uran zugeführt werden (Gruppe Ökologie, 1998). Zum anderen sinkt die Effektivität der Rohstoffnutzung rapide mit steigender Zyklenzahl (PERSCHMANN, 1998).

Insbesondere wird aber das stark toxische Plutonium nicht beseitigt. Plutonium muss entweder als Abfall mit den Brennelementen einer Endlagerung zugeführt oder chemisch in einer Wiederaufarbeitungsanlage separiert werden. Es kann nicht „vernichtet" werden; es wird als Bestandteil von MOX-Brennelementen verstärkt in die sogenannte (dem Gesetz nach) „schadlose Verwertung" in die Kraftwerke gelenkt, wo es allerdings nur teilweise gespalten wird und weitere Pu-Isotope entstehen. Insofern ist die Anerkennung des MOX-Einsatzes als schadlose Verwertung bezogen auf das Plutonium eine Fiktion. Lediglich der Anteil an Uran-235 und spaltbarem Plutonium kann teilweise wirklich verwertet werden. Allerdings kommt es auch dabei wieder zur Produktion von Spaltprodukten und Aktiniden. Diese komplexen Zusammenhänge erhöhen die Menge und erschweren den Umgang auch beim Transport.

Mit Zunahme des MOX-Anteils im Brennstoffpool entstehen durch gesteigerte Wärmeleistungen und Neutronenquellstärken höhere Kosten, weil erhöhte Umwelt- und Strahlengefährdungen höhere Aufwendungen für Umwelt- und Arbeitsschutzmaßnahmen nach sich ziehen. Entsprechend müssen erhöhte Zwischenlagerzeiten und niedrigere Beladungsdichten (Packungsdichten) in Lagergebinden – sowohl in der Zwischenlagerung als auch in der Endlagerung – berücksichtigt werden.

1310. Aus diesen Betrachtungen folgt der Schluss, dass die Anwendung von MOX-Brennelementen letztlich keine Lösung ist. Im Endeffekt stellt sie eine Hypothek für die langfristige Entsorgung dar. Mit Hilfe der Wiederaufarbeitung haben die Entsorgungspflichtigen einige Jahrzehnte gewonnen, damit aber auch eine Erschwernis der zukünftigen Entsorgung verursacht. Unter diesem Aspekt ist der gesamte Brennstoffkreislauf dringend zu überprüfen. Mit einer Lösung der Endlagerungsproblematik scheint die Wiederaufarbeitung auch wirtschaftlich uninteressant zu werden.

Zudem hat die Wiederaufarbeitung zu einer deutlichen Erhöhung des Transportaufkommens abgebrannter Brennelemente zu den – mit langen Wegen verbundenen ausländischen – Wiederaufarbeitungsanlagen sowie zurück zu den deutschen Zwischen-/Endlagern geführt (Tz. 1337 ff.).

Zwischenlagerung

1311. Zwischenlager dienen zur zeitlich begrenzten Verwahrung von radioaktiven Abfällen aller Art. Aus energiepolitischer Sicht sind vor allem diejenigen aus Kraftwerken relevant. Die Notwendigkeit, Zwischenlagerkapazitäten zu schaffen, ist teils physikalisch, teils konzeptionell bedingt:

– Physikalisch bedingt ist ein Teil der Abfälle wegen ihrer extrem starken radioaktiven Strahlung und zum Teil der Wärmeentwicklung nicht sofort zur Konditionierung und anschließend zur Ablagerung geeignet. Sie bedürfen einer längeren (z.T. jahrzehntelangen) Phase der Zwischenlagerung zum Abklingen. Dabei muss gewährleistet sein, dass sie von der Außenwelt sicher abgeschlossen sind und die Wärmeabfuhr ermöglicht werden kann. Erst wenn diese Phase abgelaufen ist, können sie in das vorgesehene tief gelegene Endlager verbracht werden.

– Konzeptionell bedingt sind Zwischenlager notwendig, weil kraftwerkstypische Abfälle bereits Jahrzehnte vor Inbetriebnahme der vorgesehenen Endlager von den Stromproduzenten laufend erzeugt werden. Die Zeit bis zur Endlager-Inbetriebnahme muss atomgesetzgerecht überbrückt werden.

1312. Das Konzept bzw. die Infrastruktur der Zwischenlagerung kann nach Art der Standorte und der Lagerbauwerke unterschiedlich aufgebaut sein. In einem zentralen Konzept sind entweder ein einziges oder einige zentrale Zwischenlager vorgesehen oder betrieben, die in der Regel fernab von Kraftwerken liegen (externe Lager). In einem dezentralen Konzept gibt es an jedem Kraftwerksstandort ein Zwischenlager, das entweder kraftwerksintern oder kraftwerksstandortnah errichtet werden soll. Als Bauwerke können ober- oder unterirdische Bauten gewählt werden; bei unterirdischen Bauten stehen oberflächennahe oder tiefe Formationen zur Auswahl.

1313. Die Zwischenlagerung bestrahlter Brennelemente erfolgt gegenwärtig kurzfristig in kraftwerksinternen Brennelementlagerbecken (Abklingbecken im Reaktorgebäude) sowie mittelfristig in externen – standortnahen oder zentralen – Zwischenlagern. Für die Zwischenlagerung aus der Wiederaufarbeitung stammender hochradioaktiver Abfälle und für die zur direkten Endlagerung vorgesehenen abgebrannten Brennelemente wurden mit den beiden zentralen Transportbehälterlagern Gorleben und Ahaus für Jahrzehnte reichende Lagermöglichkeiten geschaffen (KÖNIG, 1999). Die Atomkraftwerke in Deutschland wurden nicht auf eine mittelfristige kraftwerksinterne Zwischenlagerung ausgelegt.

Weitere als zentral deklarierte Brennelement-Zwischenlager sind das Lager im Forschungszentrum Jülich und ein Nasslager sowie ein Trockenlager in Lubmin/Greifswald (BfS, 1998, S. 43 ff.). Allerdings ist das Lager in Greifswald ausschließlich Abfällen aus den Kraftwerken in Rheinsberg und Greifswald vorbehalten.

Die Kapazität der zentralen Brennelement-Zwischenlager betrug 1998 in Deutschland 3 625 t (KIM und GOMPPER, 1998); 624 t SM wurden bisher eingebracht (Ahaus 58 t, Gorleben 34 t, Greifswald 532 t SM). Die an den Standorten der Kraftwerke und der Wiederaufarbeitungsanlagen gelagerten Mengen belaufen sich auf 7 805 t SM (Tab. 3.2.2-7). Engpässe dürften dann auftreten, wenn die bei den ausländischen Wiederaufarbeitungsanlagen gelagerten Mengen zurückgenommen werden müssen (vertraglich ab ca. 2006).

In anderen Atomenergie nutzenden Ländern sind Lager zwischen einigen hundert bis 15 000 t Kapazität in Betrieb oder Planung (Frankreich: 15 200 t in Betrieb, Schweden: 5 000 t in Betrieb, USA: 727 t in Betrieb, 15 000 t geplant; KIM und GOMPPER, 1998).

1314. In Deutschland ist mittlerweile auch ein dezentrales Lager genehmigt worden; es ist das Brennelementlager am Kraftwerk Obrigheim (externes Nasslager für 30 Betriebsjahre). Die Genehmigung für ein Zwischenlager am Kraftwerk Lingen (standortnahes Trocken-Behälterlager für 30 Betriebsjahre) steht noch aus.

Im Zuge der Umsetzung der von der Bundesregierung politisch favorisierten dezentralen Lösung müssen weitere dezentrale Zwischenlager errichtet werden. Die Betreiber wollten ursprünglich den Ausgang der angestrebten Konsensgespräche abwarten, bevor sie neue Anträge stellen. Inzwischen haben die Kraftwerke Neckarwestheim und Phillipsburg Ende 1999 jeweils ein Zwischenlager (projektiert als ober- bzw. unterirdisches Transportbehälterlager) beantragt (Stuttgarter Zeitung vom 23.12.1999).

1315. Über die Verwahrungszeit der Abfälle in den Zwischenlagern existieren international unterschiedliche Vorstellungen und Vorgaben. In Deutschland wird eine Zeitspanne von einigen Jahrzehnten bis zur Inbetriebnahme des Endlagers oder der Endlager für erforderlich gehalten. KÖNIG et al. (1999) gehen davon aus, dass ein Endlager nicht vor dem Jahre 2030 zur Verfügung stehen muss und stehen wird. In den Niederlanden wird von rund 100 Jahren Zwischenlagerungszeit ausgegangen.

Mit einer zeitlich verlängerten Zwischenlagerung und damit kürzerer Endlagerbetriebszeit können wirtschaftliche Vorteile verbunden sein (HENSING und SCHULZ, 1995). Allerdings steht dem entgegen, dass die Konditionierung unter Umständen zeitlich befristet wirksam ist

(z. B. 30 Jahre). Es kann notwendig sein, dass sie vor dem Endlagerungstermin wiederholt werden muss, wenn bis zu diesem Zeitpunkt kein Endlager mit seinen ortsspezifischen Konditionierungsverfahren zur Verfügung steht. Insofern können sich die oben genannten wirtschaftlichen Vorteile einer hinausgezögerten Endlagerung relativieren.

1316. Das in der Entsorgung und der Atomtechnik übliche Multibarrierenkonzept ist auch bei der Zwischenlagerung gültige Genehmigungsvoraussetzung. Dem Erfordernis des sicheren Einschlusses sollen mehrere Barrieren Rechnung tragen.

Umweltbeeinträchtigungen aus dem Betrieb von Zwischenlagern sind bisher nicht bekanntgegeben worden, so dass derzeit von einem Funktionieren dieser Barrieren bzw. einem sicheren Betrieb ausgegangen werden kann.

1317. Allgemein wird unterstellt, dass ein zentrales Lager besser beherrschbar sei als eine größere Anzahl dezentraler Lager. Die Strategie des zentralen Lagers zielt letztlich auf Risikokonzentration an einem Standort mit der Annahme einer besseren Kontrollierbarkeit ab. Im Gegensatz dazu wird mit dem dezentralen Konzept eine räumliche und zeitliche Risikostreuung betrieben (BAUMANN, 1999). Da die Abfallgebinde nach einigen Jahrzehnten des Abklingens ein vermindertes Gefährdungspotential darstellen, sich jedoch die Materialeigenschaften der Barrierewerkstoffe verschlechtern werden, kann nicht uneingeschränkt von einem wesentlich geringeren Risikoniveau zu diesem Zeitpunkt ausgegangen werden. Es ist möglich, dass die Abfallgebinde bei verlängerten Zwischenlagerzeiten neu aufgebaut werden müssen.

Aufgrund eines Vergleichs verschiedener zentraler und dezentraler Zwischenlagerungsstrategien (NEUMANN, 1997) favorisiert die Gruppe Ökologie die rein dezentralen Pfade mit Behälterlagerung (Gruppe Ökologie, 1998, S. H-80 ff.). Die Bundesregierung hat sich dieser Meinung angeschlossen und befürwortet den rein dezentralen Weg, um die Transportvorgänge zu minimieren.

Aus den oben genannten Gründen regt der Umweltrat an, die mittelfristigen Auswirkungen des dezentralen Konzeptes der Bundesregierung in ausführlichen Modellrechnungen zu untersuchen und mit denen des zentralen Konzeptes zu vergleichen. Diese Untersuchungen sollten dazu dienen, die wünschenswerte Transparenz herbeizuführen.

1318. Im Zuge der Umsetzung des derzeitigen Atom-Entsorgungskonzeptes treten viele ungelöste oder nur teilweise gelöste Rechtsfragen auf, die bei dem 10. Deutschen Atomrechts-Symposium erstmalig breit diskutiert worden sind (BÖWING, 1999, S. 195 ff.; KÖNIG et al., 1999). Im bisherigen Atomrecht ist die Zwischenlagerung noch nicht mit dem Stellenwert vertreten, der ihr in dieser Konzeption zugedacht ist; die Zwischenlagerung tritt lediglich als Aufgabe der Landessammelstellen in Erscheinung (§ 9a Abs. 2 AtG). Zur Diskussion steht, ob standortnahe Zwischenlager nach § 6 oder § 7 AtG zu genehmigen sind.

Nach BÖWING (1999, S. 199 f.) wäre das Konzept der dezentralen Zwischenlagerung über einen als Anlagengenehmigung ausgestalteten § 6 AtG – flankiert von einer Bauartzulassung für Behälter – umzusetzen. Atomare Zwischenlager sind im übrigen seit 1999 UVP-pflichtig. Schwierigkeiten wird jedoch die fehlende länderübergreifend vereinheitlichende Wirkung im Baurecht bereiten; es gelten die jeweiligen Landesbauordnungen.

Endlagerung

1319. Der Umweltrat fokussiert seine Betrachtung der Endlagerung radioaktiver Abfälle auf die Problematik der stark aktiven und wärmeentwickelnden Abfälle aus Atomkraftwerken (bestrahlte Brennelemente, aufaktivierte Strukturteile) sowie der Wiederaufarbeitung. Diese machen den weitaus größten Teil der endzulagernden Aktivität aus (> 95 %) und enthalten auch besonders langlebige Isotope. Allerdings können auch in gering wärmeentwickelnden schwach- und mittelaktiven Abfällen langlebige Isotope mit erheblicher Bedeutung für die Langzeitsicherheit enthalten sein.

1320. Bei der sogenannten direkten Endlagerung werden ganze Brennelemente oder nur die Brennstäbe mit den intakten Hüllrohren eingelagert. Die beiden Aktivitätsbarrieren, das Metalloxid-Kristallgitter des Spaltstoffs und das vergleichsweise gasdicht geschweißte Hüllrohr, bleiben erhalten. Die Bezeichnung eines Endlagerungsvorgangs als „direkt" bezieht sich nur darauf, dass – im Gegensatz zur Wiederaufarbeitung – keine chemischen Aufarbeitungsschritte erfolgen, nicht jedoch auf den Ablagerungszeitpunkt. Auch die direkte Endlagerung ist auf weitere Zwischenschritte angewiesen: Auf die Entnahme der Brennelemente aus dem Reaktorgefäß folgt zunächst eine längere Lagerzeit zuerst im Abklingbecken des Kraftwerks selbst (für Jahre, nass) und anschließend in einem geeigneten Zwischenlager (20 bis 50 Jahre, trocken). Prinzipiell ist es möglich, die Brennstäbe noch im Kraftwerk einzukapseln (PAPP, 1997). Dabei ist es auch möglich, die Packungsdichte zu erhöhen (sogenannte Konsolidierung, s. Gruppe Ökologie, 1998). Spätestens vor der endgültigen Einbringung in das Endlager sind Konditionierungsschritte vorzusehen, die die Brennelemente/-stäbe in einen endlagerfähigen Zustand bringen (PERSCHMANN, 1998). Die Endlagerung der Produkte und der Rückstände aus der Wiederaufarbeitung (Alturan, Plutonium, in Glaskokillen verfestigte Spaltprodukte) könnte als „indirekte Endlagerung" verstanden werden; dieser Begriff wird jedoch selten gebraucht. Da die Wiederaufarbeitung nach dem Willen der Bundesregierung so bald wie vertraglich möglich beendet werden soll, kann von einem auf etwa zehn Jahre beschränkten Vorgang ausgegangen werden.

1321. Voraussetzung für die Endlagerung und Kernpunkt jeder Endlagerungsstrategie ist, dass geeignete, vor allem langfristig sichere Lagerstätten überhaupt gefunden werden (HERRMANN und RÖTHEMEYER, 1999). Die strategischen Varianten ergeben sich demnach teils logistisch aus den vorgeschalteten Zwischenlagerstrategien (Tz. 1311 ff.) mit den Umlagerungsschritten und dem Verhältnis Nasslagerzeit/Trockenlagerzeit, teils aus den Abfalleigenschaften, den Eigenschaften des Wirtsgesteins (Salz-, Kristallin-, Vulkan- und Sedimentgestein) und der als endlagerfähig angesehenen Form der Einbringung in das Wirtsgestein (Konditionierung; Behälter- oder Bohrlochlagerung).

1322. Das Entsorgungskonzept des Bundes ist in den letzten 25 Jahren mehrfach wesentlich geändert worden. Dabei änderte sich auch das Endlagerkonzept bezüglich der Anzahl der Lager und der dazu gehörenden Standorte (zur historischen Entwicklung s. RENNEBERG, 1999; detailliert Gruppe Ökologie, 1998). Nach dem ehemaligen Entsorgungskonzept von 1979 (Gemeinsame Erklärung der Regierungschefs von Bund und Ländern vom 28.09.1979) sollten mindestens zwei Bundeslager eingerichtet werden:

– das geplante Endlager im Salzstock Gorleben für alle radioaktiven Abfallarten, insbesondere für wärmeentwickelnde radioaktive Abfälle (Gesamtmenge auf ca. 500 000 m^3 geschätzt) und

– das geplante Endlager im ehemaligen Erzbergwerk Schacht Konrad für radioaktive Abfälle mit vernachlässigbarer Wärmeentwicklung (mit einer ausbaubaren Kapazität von maximal 650 000 m^3).

Hinzu trat im Jahre 1990 als Sonderfall das Endlager Morsleben (ERAM), ein nach DDR-Recht zugelassenes Endlager. Dieses wurde Ende 1993 für den Weiterbetrieb genehmigt und zwischen 1993 und 1998 mit ca. 22 000 m^3 schwach- bis mittelaktiven Abfällen weiter verfüllt, obwohl die Standorteignung bereits 1992 angezweifelt wurde (Gruppe Ökologie, 1998). Im Jahre 1998 wurden von mehreren Forschungseinrichtungen (BGR, GRS) sicherheitstechnische Bedenken (bis hin zur Einsturzgefahr) geltend gemacht, so dass die weitere Einlagerung in das Endlager Morsleben schließlich unterbunden wurde. Der weitere Betrieb beschränkt sich auf eine rasche Stilllegung nach dem Stand der Technik. Diese wird etwa bis zum Jahre 2005 dauern (RENNEBERG, 1999). Über die Notwendigkeit einer sicheren Nachbetriebsphase hinaus spielt das Endlager Morsleben im Endlagerungskonzept keine weitere Rolle mehr.

1323. Die Wirkungszeit eines Endlagers ist in eine aktive, beeinflussbare Betriebs- und eine passive, nicht mehr beeinflussbare, geologisch lange Nachbetriebsphase einzuteilen. Für die Endlagerung müssen daher Kriterien aus Langzeitsicherheitsanalysen berücksichtigt werden.

Der Standortauswahl ist eine Fülle von allgemeinen und speziellen Kriterien zugrunde zu legen (BGR, 1995 und 1994). Grundsätzlich sind geogene (geologisch-strukturelle) und nicht-geogene, d. h. anthropogene Kriterien zu unterscheiden. Ein Endlagerstandort muss generell so gewählt werden, dass auch bei einem Transport von Radionukliden durch das Grundwasser in die Biosphäre die Schutzziele, vor allem die Unterschreitung der Individualdosis-Werte, eingehalten werden.

Folgende allgemeine Kriterien sollten nach dem BGR-Konzept insbesondere beachtet werden:

– Eine Lagerung kommt nur in tiefen geologischen Formationen in Frage.

– Eine Gesamttiefe von 1 200 m sollte wegen zu hoher Gebirgstemperaturen nicht überschritten werden.

– Die Wahl eines geeigneten Standortes muss nach über- und untertägigen Standorterkundungen vollzogen werden. Randbereiche des vorgesehenen Endlagers müssen von den Untersuchungen auch erfasst werden.

– Die Funktionsfähigkeit der geologischen Barriere darf nicht durch Untersuchungsmaßnahmen beeinträchtigt werden.

Über diese allgemeinen Kriterien hinaus müssen auf der geogenen Seite geographische, regionalgeologische, gebirgsspezifische, tektonische, hydrogeologische und strukturelle Voraussetzungen erfüllt sein, geeignete Wirtsgesteins- und Deckgebirgeeigenschaften vorliegen und eine geringe seismische Aktivität vorherrschen. Auf der nicht-geogenen Seite sind die Nutzungsstrukturen zu beachten und störende Nutzungen weiträumig auszuschließen (Unverritztheit). Aus der Fülle der möglichen Eigenschaften werden Positiv-/Negativkataloge als Eignungs-, Bewertungs- sowie Ausschlusskriterien zusammengestellt. Besonders wichtig sind das Volumen-, das Barriere- und das Unverritztheits-Kriterium, wobei die beiden letztgenannten eine vorrangige Bedeutung für die Langzeitsicherheit haben (BGR, 1995).

Durch die Wahl der Standortregion muss gewährleistet werden, dass eine Freilegung des Abfalls innerhalb eines aus den Schutzzielen abzuleitenden Zeitraums nicht erfolgen kann. Die Aufstellung einer geologischen Langzeitprognose beinhaltet eine Simulation künftiger geologischer Prozesse auf der Grundlage bereits bekannter Vorgänge (Tab. 3.2.2-9).

Tabelle 3.2.2-9

Konzepte zur Bewertung der Langzeitsicherheit von Endlagern

Prognosezeitraum	Bewertung
0 bis 10^4 Jahre	Sicherheitsanalyse mit Berechnungen der Auswirkungen endgelagerter Schadstoffe bis hin zum Menschen (z. B. durch Berechnung der Individualdosis)
10^4 bis 10^6 Jahre	Bewertung geologischer Systeme (z. B. durch vergleichende und/oder nuklidspezifische Bewertung der Isolationspotentiale, u. a. auf Basis von Individualdosen)
>10^6 Jahre	Bewertung des langfristigen Gefährdungspotentials endgelagerter Schadstoffe ohne konkreten Bezug zur Biosphäre

Quelle: RÖTHEMEYER, 1991

Die für die Langzeitprognose relevanten geologischen Faktoren stehen untereinander in Wechselbeziehungen. Sie können deshalb nicht getrennt voneinander betrachtet werden. Es werden allgemein intern und extern wirkende Parameter genannt. Intern wirken tektonische Spannungen, Klüftung, Vertikalbewegungen, Durchlässigkeitsunterschiede, Vulkanismus und Seismizität; extern wirken Parameter wie Morphologie, Verwitterung/Erosion, Sedimentation, Oberflächenentwässerung, Vergletscherung und Meeresspiegelschwankungen (BGR, 1994).

1324. Die Langzeitsicherheit wird für verschiedene Szenarien bewertet, die die zukünftigen Entwicklungen eines Endlagers berücksichtigen. Die Szenarien werden identifiziert und die Stofffreisetzungen hinsichtlich ihrer potentiellen Auswirkungen auf zukünftige Generationen bewertet. Freisetzungen aus einem Endlager können je nach geologischer Formation schon bei ungestörter Entwicklung eines Endlagers oder erst bei gestörter Entwicklung auftreten. Aus solchen Untersuchungen werden die grundsätzlichen Eignungskriterien für Endlager in verschiedenen Wirtsgesteinen abgeleitet sowie konkrete Endlagerprojekte danach bewertet. Dabei können verschiedene Isolationszeiträume gefordert werden. KIRCHNER (1995) schätzt, dass 10 000 Jahre keineswegs ausreichten, sondern Zeiträume von etwa 10 Millionen Jahren anzustreben wären. Die Frage, ob eine solche Forderung unter den in Deutschland vorherrschenden geologischen und technischen Gegebenheiten realistischerweise erfüllbar ist, bleibt weiterhin offen.

1325. Die Bewertungs- und Eignungskriterien verschiedener Institutionen sind bisher vorwiegend von qualitativer Art mit empirischen, häufig ordinal skalierten Bewertungsmaßstäben; ein Ermessensspielraum wird dabei bleiben. Quantitative Sicherheitskriterien müssen noch entwickelt werden. Diese sind auch Voraussetzung für die Arbeit des BMU-Arbeitskreises „Auswahlverfahren für Endlagerstandorte".

1326. Stark wärmeentwickelnde Abfälle bedürfen einer guten Wärmeleitfähigkeit und einer thermischen Langzeit-Belastbarkeit des umgebenden Gesteins. Die maximale Temperaturbelastung des Wirtsgesteins ist (unter anderem) von der Länge des Zwischenlagerzeitraums abhängig. Sie ist in einigen 100 Jahren erreicht. Die maximalen Temperaturen liegen bei 130 bis 200 °C.

1327. Zudem wird seit einiger Zeit die Gasentwicklung in bestimmten Abfällen diskutiert (GRS, 1998, S. 174 ff.). Für bestimmte Abfall-/Wirtsgesteinskombinationen stellt sie ein in Deutschland vergleichsweise spät erkanntes sicherheitsrelevantes Problem dar, das noch der wissenschaftlichen Lösung harrt. Sie ist weniger ein Charakteristikum stark radioaktiver Abfälle als solcher mit hohem Anteil an Konditionierungshilfsstoffen. Für die betroffenen Lager müssen Gasspeicher und/oder gegebenenfalls Vorrichtungen für die Ableitung der Gase eingeplant werden, die auch unter Temperatureinfluss stabil bleiben. Die Gasproblematik kann unter Umständen frühere Erkundungs- und Eignungsergebnisse in Frage stellen. Sie wird auch die Antwort auf die Frage „ein Endlager – mehrere Endlager" beeinflussen.

1328. Proliferationsresistenz und Kritikalitätssicherheit sind wichtige, aber nicht die entscheidenden Kriterien. Bei einer gewünschten Rückholbarkeit sind zusätzliche Sicherheitsmaßnahmen beispielsweise gegen die Proliferation zu treffen.

1329. Der Standort Gorleben war bei der Standortsuche Mitte der siebziger Jahre für das damals noch geplante Nukleare Entsorgungszentrum nur zweite Wahl, wenn er auch geologisch als geeignet eingeschätzt wurde. Zuvor waren drei andere Standorte in Niedersachsen wegen Widerstands der Bevölkerung gegen die Erkundung aufgegeben worden (Gruppe Ökologie, 1998, S. 7; HERRMANN, 1991, S. 60). Die Auswahl Gorlebens erfolgte also nicht primär anhand vorher festgelegter Eignungskriterien aus einer Gruppe potentiell geeigneter Standorte, sondern war eine politische Entscheidung (RÖTHEMEYER, 1991).

1330. Eine Studie des Forschungszentrums Karlsruhe über Endlagerkonzepte in Salz und Hartgestein konstatiert, dass keine Aspekte zutage getreten sind, die eindeutigen Anlass zum Zweifeln am Salzmedium gäben

(PAPP, 1997). Die hierzulande schon früh für das Salzkonzept getroffene Entscheidung scheint vielmehr nachvollziehbar zu sein. Zudem wird aber festgestellt, dass das Schutzziel auch in Hartgesteinen erreicht werden kann. Allerdings stellt die Anwesenheit von Grundwässern im Hartgestein die Normalität dar, während ein Zutritt von Laugen im Salzgestein nur im Störfall erwartet wird. Demnach sind die Unterschiede bei den Eigenschaften der geotechnischen und technischen Barrieren zu suchen, das heißt, dass bei der Endlagerung in Hartgestein deutlich höhere Ansprüche an den endzulagernden Behälter gestellt werden müssen. Außerdem wird darauf hingewiesen, dass die deutschen Granitvorkommen nicht nur wesentlich kleiner, zerklüfteter und stärker gestört sind als beispielsweise diejenigen in Skandinavien, sondern dass sie in tektonisch wesentlich unruhigeren Regionen liegen und der Kenntnisstand über sie deutlich geringer ist.

1331. Konditionierter Abfall und Abfallverpackung können zwar kurzfristig bis mittelfristig die ihnen zugedachte Barrierenfunktion erfüllen, für längere Zeiträume müssen jedoch geologische und geotechnische Barrieren die Wirksamkeit dieser technischen Barrieren sicherstellen, indem sie den Zutritt wässriger korrosiver Lösungen behindern oder verhindern. Kann ein geeigneter Endlagerstandort überhaupt nicht gefunden werden, müssen gezielt die Funktionstüchtigkeit der technischen und geotechnischen Barrieren verbessert und gegebenenfalls weitere Barrieren vorgesehen werden.

1332. Es bestehen ferner konzeptionelle Unterschiede zwischen den Varianten, wie das Endlagergebinde in den Lagerraum eingebracht wird: in horizontalen oder vertikalen Bohrlöchern bei einer Bohrlochlagerung oder in ganzen Behältern bei der Behälterlagerung. Besondere Werkstoffprobleme dürften nach jahrzehntelangen Forschungs- und Entwicklungsarbeiten an Endlagerbehältern (POLLUX-Behälter) nicht mehr bestehen. Allerdings ist die POLLUX-Behälterkonstruktion auf das Wirtsgestein Salz abgestellt; ihre Eignung im Kristallingestein ist kritisch zu überprüfen (PAPP, 1997).

1333. Der Umweltrat hat Ende 1999 eine Expertenbefragung (s. Impressum) zu den wichtigsten Fragen der Endlagerung durchgeführt. Dabei ergab sich unter anderem:

- Hinsichtlich der Schutzziele und Schutzgüter existieren keine eindeutigen Festlegungen. International herrscht weitgehende Einigkeit nur auf allgemeiner Ebene zum Beispiel über den Menschen als wichtigstes Schutzgut; im Detail ist die Eignungsbeurteilung uneinheitlich. In Deutschland beruht die Anwendung der Grenzwerte in § 45 StrSchV lediglich auf einer Empfehlung der Reaktorsicherheitskommission (RSK) aus dem Jahre 1983 für die expositionsbezogene Eignungsbeurteilung. Die risikobezogene Beurteilung steht noch am Anfang der Diskussion und brauchte geeignete Maßstäbe.

- Ein Endlager muss grundsätzlich als ein offenes System betrachtet werden. Das Multibarrierenkonzept ist die beste Möglichkeit, daraus resultierende Gefährdungen zu reduzieren.

- Eignungsaussagen dürfen nicht nur alleine auf der Bewertung des Wirtsgesteins beruhen, sondern müssen das ganze System „Mensch-Deponie" erfassen und bewerten.

- Ein Endlager mit einem Volumen von circa 400 000 m^3 wäre ausreichend. Für die stark wärmeentwickelnden Abfälle (ca. 50 000 m^3) braucht man kein eigenes Endlager. Auf die Gasproblematik muss besonderes Augenmerk gerichtet werden.

- Eine Neubewertung des geplanten Endlagers Gorleben muss auf viele offene Fragen Antwort geben.

1334. Die Neuordnung der nuklearen Entsorgung in Deutschland wurde Ende 1998 beschlossen. Anfang des Jahres 1999 hat das Bundesumweltministerium einen Arbeitskreis zur Entwicklung eines Verfahrens zur Auswahl von Standorten für die Endlagerung radioaktiver Abfälle eingerichtet. Die Einrichtung des Gremiums geht auf die Koalitionsvereinbarung der Regierungsparteien vom 20. Oktober 1998 zurück. Der Arbeitskreis hat den Auftrag, den Bund im Rahmen der Erfüllung seiner durch das Atomgesetz vorgegeben Pflicht, Endlager für atomare Abfälle einzurichten, zu beraten, indem wissenschaftlich fundierte Kriterien und ein nachvollziehbares Verfahren für die Auswahl und Beurteilung von Endlagerstandorten entwickelt werden. Letztlich sollen akzeptanzstärkende Maßnahmen und ein Mediationsverfahren für den mittelfristigen Erfolg sorgen.

1335. Grund für die Verfahrensentwicklung und die Suche nach einem – eventuell neuen – Endlagerstandort für atomare Abfälle, insbesondere für die Endlagerung bestrahlter Brennelemente aus Atomkraftwerken, sind häufig vorgebrachte Zweifel an der Eignung der Standorte Erzbergwerk Konrad und Salzstock Gorleben. Fachliche Zweifel an der Eignung des Salzstocks Gorleben sind insbesondere wegen der unzureichenden Barrierefunktion seines Deckgebirges aufgekommen. Da das Salzgestein über den Einlagerungsstellen mehrere hundert Meter mächtig ist, wurde bisher angenommen, dass die Barrierewirkung des Endlagersystems insgesamt nicht in unzulässigem Ausmaß beeinträchtigt werden dürfte.

Fazit

1336. In den letzten Jahrzehnten sind zu zahlreichen einzelnen Fragestellungen der radioaktiven Entsorgung umfangreiche Forschungen durchgeführt worden oder im Gange. Auch wenn mittlerweile eine Fülle von Teilergebnissen vorliegt, ist es bisher nicht gelungen, ein allgemein akzeptiertes Gesamt-Risikokonzept für dieses Problem zu erarbeiten und die dazu gehörende technisch-organisatorische Infrastruktur zu etablieren. Die Entsorgung von stark radioaktiven und wärmeentwickelnden Abfällen ist in Deutschland und auch weltweit bisher ungelöst. Ein Konsens über die Lösung dieser Risikokontroverse ist, jedenfalls in Deutschland, nicht in Sicht. Es ist davon auszugehen, dass mit der Endlagerung frühestens in 20 bis 30 Jahren begonnen werden kann.

Gleichwohl ist der Nachweis eines solch komplexen Anforderungen genügenden Lagers sehr schwierig und dessen Akzeptanz nicht gesichert. Das Problem der Beurteilung und Bewertung durch menschliches Ermessen und Abwägen wird bleiben; es wird nicht gelingen, sich vollkommen auf naturwissenschaftlich abgeleitete Kriterien zu stützen.

Umso wichtiger ist es aus Sicht des Umweltrates, möglichst bald Entscheidungen darüber zu treffen, welche Methode und welche Kriterien zum Langzeitsicherheitsnachweis herangezogen werden sollen und wie diese in einem Gesamtkonzept gewichtet werden müssen. Zu diesem Zweck hat das Bundesumweltministerium einen Arbeitskreis zur Auswahl von Endlagerstandorten eingerichtet.

Der Umweltrat geht davon aus, dass kein für alle Zeiten sicheres Endlager für stark radioaktive und wärmeentwickelnde Abfälle gefunden werden kann. Starke Radioaktivität, hohe chemische Toxizität und Radiotoxizität, die langanhaltende Wärmeproduktion und die durch Korrosion und mikrobielle Vorgänge hervorgerufene Gasbildung setzen dem Rückhaltevermögen der Barriereelemente enge Grenzen.

Der Umweltrat stimmt mit der Bundesregierung hinsichtlich der Suche der Endlagerstandorte insofern überein, dass eine Terminierung der Inbetriebnahme auf das Jahr 2030 unter Beachtung der Zwischenlagerfragen sinnvoll und geboten ist. Er schätzt jedoch den Zeitbedarf für die Erkundung, die Planfeststellung und den Ausbau des Endlagers oder der Endlager mit mindestens 20 bis 25 Jahren als sehr hoch ein und fordert deshalb einen konkreten, budgetierten Zeitplan (Netzplan) für die Suche, die Erkundung, den Ausbau und den Betrieb des Endlagers, rückgerechnet ab 2030. Dementsprechend müssen das neu zu entwickelnde Standortauswahl- und Bewertungsverfahren zügig abgewickelt, die potentiellen Endlagerstandorte alsbald benannt und die Entscheidung für ein oder mehrere Endlager gefällt werden. Nur unter einem straffen Zeitplan für die Umsetzung der getroffenen Standortentscheidung kann mit dem Beginn des Endlagerbetriebes in absehbarer Zeit gerechnet werden.

Der Umweltrat hält aufgrund der Charakteristiken bestrahlter Brennelemente und die in weiten Teilen ungelösten Entsorgungsprobleme eine weitere Nutzung der Atomenergie für nicht verantwortbar.

Zu den Risiken beim Transport radioaktiver Stoffe

1337. Alle Stationen des Weges der nuklearen Brennstoffe von der Gewinnung bis zur Endlagerung radioaktiver Abfälle (s. Abb. 3.2.2-1) sind mit Transporten verbunden (s. Übersicht bei SCHWARZ, 1997a und b). Der jährliche Transportbedarf ist für einzelne Kraftwerkstypen grob zu quantifizieren (s. Beispiel Tab. 3.2.2-10).

Hinsichtlich ihres Gefährdungspotentials für Mensch und Umwelt sind die zu transportierenden Stoffe wegen ihrer unterschiedlichen chemisch-physikalischen Eigenschaften grundsätzlich differenziert zu betrachten und einzustufen. Entscheidende Kriterien zu dieser Einstufung sind Art und Intensität der Strahlung bei möglicher Strahlenbelastung, chemische sowie Radiotoxizität bei Inkorporation, Möglichkeit für das Auftreten einer selbsterhaltenden Kettenreaktion der Spaltung (Kritikalität), Wärmeentwicklung und Gefahr einer Kontamination der Umweltkompartimente. Bei diesen Gefährdungen wird zwischen solchen, die von bestimmungsgemäßen Transportvorgängen ausgehend zu einer „normalen" Exposition von Bevölkerung und beruflich Exponierten führen können, und denen, die von Transportunfällen ausgehen würden, unterschieden. Das Gefährdungspotential von versorgungsseitigen Transportvorgängen wird geringer eingestuft als das Gefährdungspotential von Transporten bei der Entsorgung, weil das wesentliche Ausmaß der Radioaktivität im Spaltprozess entsteht und von den Spaltprodukten dominiert wird (Abb. 3.2.2-1, Tab. 3.2.2-10 und -11; KIM und GOMPPER, 1998; SCHMIDT, 1995; ZIGGEL, 1995).

Bei Transporten für die Entsorgung sind einige Hundert Peta-Becquerel Strahlungsaktivitäten pro Jahr zu sichern und danach zu verwahren (SCHMIDT, 1995). Entsprechend sind hohe Anforderungen an die notwendigen Rückhaltesysteme zu stellen. Schutzvorkehrungen sind zur Gewährleistung der Unterkritikalität, des sicheren Einschlusses unter allen Umständen, der Begrenzung der von der transportierten Aktivität ausgehenden ionisierenden Strahlung (Abschirmung) und der Wärmeabfuhr aus dem radioaktiven Zerfall (Kühlung) zu treffen (KÖNIG et al., 1999; KAUL et al., 1997).

Abbildung 3.2.2-1

Verteilung der Aktivitätsmengen bei der Brennstoffver- und -entsorgung (mit Wiederaufarbeitung) eines 1 000 MW-Druckwasserreaktorblocks

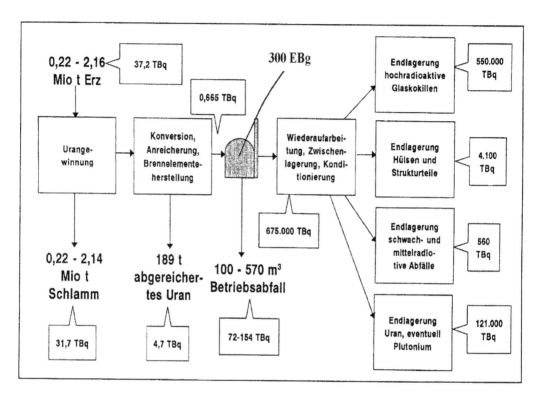

Legende: T = tera-(10^{12}); E=exa-(10^{18})
Quelle: SCHMIDT, 1995

Entsorgungstransporte bei Brennelementen

1338. Bei den von den bestrahlten Brennelementen ausgehenden Transportrisiken muß danach unterschieden werden, ob sie zur direkten Endlagerung oder zur Wiederaufarbeitung bestimmt sind. Es finden Brennelement-Transporte von den Kraftwerken zu den Zwischenlagern Ahaus und Gorleben, zu den Wiederaufarbeitungsanlagen La Hague (Frankreich) und Sellafield (Großbritannien) sowie Transporte separierter Abfälle von diesen Anlagen zu den Zwischenlagern in jeweils unterschiedlichen Transportbehältern statt. Diese werden zum Teil über den Schienen-, zum Teil über den Straßenweg abgewickelt. Oberflächendosisleistungswerte für verschiedene Behälter (CASTORen und Glaskokillenbehälter) (Tab. 3.2.2-12; KAUL et al., 1997) liegen im Bereich von 0 bis 200 µSv/h (z. Vgl.: 0,3 mSv/a Gesamtdosis nach StrSchV).

1339. Die Transporte radioaktiver Abfälle werden in der Öffentlichkeit als zunehmend kritisch angesehen und in den letzten Jahren häufig mit Bürgerprotesten begleitet. Im Vordergrund stehen dabei die Expositionen im „normalen" Transportbetrieb. Die Strahlenschutzkommission (SSK) stuft diese als irrelevant ein (SSK-Stellungnahme vom 27.02.1997). Allerdings herrscht hier auch von wissenschaftlicher Seite her ein Meinungsstreit über die biologische Wirksamkeit von Neutronen bei kleinen Dosen. Vor diesem Hintergrund werden die CASTOR-Behälter derzeit auf eine verbesserte Neutronenabschirmung überprüft und nachgerüstet (KÖNIG et al., 1999).

Umweltbeeinträchtigungen

Tabelle 3.2.2-10

Jährlicher Transportbedarf radioaktiver Materialien im Kernbrennstoffkreislauf eines 1 300 MW-Druckwasserreaktorblocks[a]

Funktionsbereich	Jährlicher Transportbedarf (Netto)
Urangewinnung: – Uranerz (ca. 0,3 % U-Gehalt)	73 000 Mg
Uranverarbeitung/Anreicherung: – Natururan-Konzentrat U_3O_8 (0,72 % U235) – Angereichertes Uranhexafluorid UF_6 (3-4 % U235) – Abgereichertes Uranhexafluorid UF_6 (0,2-0,3 % U235)	218 Mg (U) 32 Mg (U) 186 Mg (U)
Brennelement-Herstellung: – UO_2/MOX-Brennelemente	32 Mg (U)
Kernkraftwerk: – Abgebrannte Brennelemente – Schwach-/mittelradioaktive Betriebsabfälle – Hochradioaktive Betriebsabfälle	32 Mg (U) 75 m³ [1] < 2 m³ [1]
Wiederaufarbeitung: – Hochradioaktive verglaste Abfälle – Sonstige mittel-/hochradioaktive Abfälle – Schwachradioaktive Abfälle – Uran (ca. 0,8 % U235) – Plutonium	4,6 m³ 8,6 m³ [2] 16 m³ [3] 31 Mg 0,3 Mg
Direkte Endlagerung: – Konditionierte Brennelemente – Schwach- und mittelradioaktive Abfälle	13 m³ ca. 35 m³
Stilllegung (DWR): – Endzulagernde konditionierte Abfälle – Rezyklierbare Materialien mit Restkontamination [4]	3 200 Mg [5] 9 000 Mg [5]

1 Mg = 10^6 g = 1 Tonne

[a] bezogen auf einen Abbrand von 40 000 MWd/Mg(U), Lastfaktor ca. 0,9

[1] Abfälle in konditionierter Form

[2] Hülsen, Strukturteile und technologische Abfälle in hochkompaktierter Form

[3] anfallende schwach- und mittelradioaktive Wiederaufarbeitungsabfälle werden zukünftig entsprechend ihrem Aktivitätsinventar für Zwecke der Rückführung in das Herkunftsland mengenmäßig anteilig den sonstigen hochradioaktiven Abfällen zugeschlagen

[4] Restkontamination unterhalb der Freigabegrenze

[5] kumulierte anfallende Stoffmenge je Druckwasserreaktor (DWR)-Anlage

Quelle: SCHWARZ, 1997a; verändert

Tabelle 3.2.2-11

Mit Transporten radioaktiver Stoffe verbundenes qualitatives Gefährdungspotential in Abhängigkeit von ihrer Zusammensetzung und chemischen/physikalischen Form

Material	Strahlung	chemische Toxizität	Kritikalität	Kontamination
Versorgungsseite				
Urankonzentrat (Yellow Cake[*)])	mittel	gering	gering	mittel
Uranhexafluorid, natürlich	mittel	sehr hoch	gering	sehr hoch
Uranhexafluorid, angereichert	mittel	sehr hoch	mittel	sehr hoch
frische Brennelemente	gering	gering	hoch	gering
Entsorgungsseite				
Uranylnitrat	gering	mittel	gering	mittel
abgebrannte Brennelemente	sehr hoch	sehr hoch	gering	sehr hoch
Plutonium	hoch	sehr hoch	hoch	sehr hoch
radioaktive Abfälle	sehr hoch	hoch	gering	sehr hoch

[*)] „Yellow Cake" = Ammoniumdiuranat (Handelsprodukt)
Quelle: ZIGGEL, 1995, S. 100; verändert

Tabelle 3.2.2-12

Mittlere Oberflächendosisleistung an CASTOR-Behältern und Anteil an Neutronen

Behältertyp	Gesamtdosisleistung in $\mu Sv/h$ [*)]	Neutronenanteil
CASTOR IIa	66	76 %
CASTOR Ic	15	84 %
CASTOR V/19-002	79	27 %
CASTOR V/19-003	88	30 %
CASTOR V/19-004	103	30 %
TS 28V	42	52 %
HAW 20/28-02	170	72 %
HAW 20/28-03	133	66 %

[*)] Neutronenmesswerte für Qualitätsfaktoren gemäß ICRP 21 [25]
Quelle: KAUL et al., 1997

1340. Im April/Mai 1998 wurden radioaktive Kontaminationen an den Behältern öffentlich bekannt. Obschon die Betreiber von der Kontamination seit Mitte der achtziger Jahre gewusst haben, wurden diese nicht gemeldet. Daraufhin wurden Transporte ab Mai 1998 bis auf weiteres untersagt (BMU-Pressemitteilung Nr. 35 vom 25.5.1998; BEINHAUER, 1998). Bei den radioaktiven Kontaminationen handelte es sich um Überschreitungen der Grenzwerte der Gefahrgutverordnung Straße/ Schiene für die oberflächenspezifische Aktivität um Zehnerpotenzen (stellenweise bis über 10 kBq/cm^2 aus Cs-137 und Co-60 statt 4 Bq/cm^2). Diese Kontaminationen befanden sich unterhalb der Schutzhauben der Transportbehälter, das heißt, an nicht zugänglichen Stellen. Mit ihrer Stellungnahme vom 3. Juni 1998 hat die Strahlenschutzkommission dabei eine Gefährdung für Mensch und Umwelt ausgeschlossen. Diese Auflagen waren nicht strafbewehrt.

Für die CASTOR-Behälter wurde ein Maßnahmenkatalog mit 64 Auflagen erstellt. Neben Verbesserungen an den Behälter-Konstruktionen muss zukünftig eine sorgfältige Arbeitsausführung beim Beladen sowie ein umfangreiches Monitoring mit Meldepflichten erfolgen.

1341. Rechtlich muss für die Wiederaufnahme der Transporte der Maßnahmenkatalog des Bundesumweltministeriums erfüllt sein und dem Bundesamt für Strahlenschutz (BfS) ein Nachweis der verbesserten Technik mit den Antragsunterlagen zur Prüfung vorgelegt werden. Derzeit dauern die Prüfungen noch an.

Der Umweltrat vertritt die Auffassung, dass die betreffenden Grenzwertüberschreitungen nicht verharmlost werden sollten. Sie sollten vielmehr nach einem nach Überschreitungs- und Gefährdungsmaß gestaffelten System bußgeld- bzw. strafbewehrt werden. Der Umweltrat begrüßt daher die Pläne der Bundesregierung, die Gefahrguttransport-Vorschriften diesbezüglich zu harmonisieren und zu ergänzen. Er schlägt vor, die Risiken aus dem normalen (unfallfreien) Transportbetrieb nach den international anerkannten Grundsätzen des Strahlenschutzes zu bewerten. Die Risiken sind künftig dann als unerheblich einzustufen, wenn die aufgestellten Maßnahmenkataloge umgesetzt worden sind. Hinsichtlich der Gefährdung durch Transportunfälle hält der Umweltrat eine weitere Verbesserung der Materialprüfung anstelle von Baumusterprüfungen an den Behältern selbst sowohl in der Produktion als auch an jedem einzelnen Produkt für notwendig.

1342. Angesichts der Risiken des Transports radioaktiver Stoffe hält der Umweltrat eine Minimierung solcher Transporte für umweltpolitisch erwünscht. § 4 AtG verleiht jedoch dem Betreiber einen Anspruch auf Genehmigung der Beförderung und sieht eine Versagung unter dem Gesichtspunkt eines entgegenstehenden öffentlichen Interesses nur hinsichtlich der Art, der Zeit und des Weges der Beförderung vor (§ 4 Abs. 2 Nr. 6). Daher erscheint es problematisch, den Grundsatz der Transportminimierung aus der untergesetzlichen Regelung des § 28 Abs. 1 Nr. 1 StrSchV ableiten zu wollen (so aber KÖNIG et al., 1999). Es bedarf vielmehr wohl einer Änderung des Atomgesetzes.

3.2.2.4 Umweltauswirkungen bei der Nutzung regenerativer Energien

Zur Windkraftnutzung

1343. Die Windkraftnutzung hat in Deutschland mit Wachstumsraten von 40 % in den letzten sechs bis sieben Jahren zugenommen. Ende 1999 war eine installierte Gesamtleistung von knapp 4 GW in Betrieb. Bei über 60 % der Anlagen betrug die installierte Leistung zwischen 500 und 700 kW, wobei ein eindeutiger Trend zu immer größeren Anlagen besteht. Neu errichtete Anlagen hatten im ersten Halbjahr 1999 eine durchschnittliche installierte Leistungsgröße von 838 kW. Die mittlere Auslastung von Windkraftanlagen liegt allerdings lediglich bei 10 bis 20 %. Der Anteil der Windkraft am Strommarkt betrug 1998 1,2 % (BWE, 1999; HOPPE-KILPPER, 1999; REHFELDT, 1998). In windreichen Gebieten kann dieser Anteil erheblich höher liegen. So belief sich in Schleswig-Holstein der Beitrag der Windenergie zur Stromerzeugung 1997 auf 11,5 %.

1344. Der Betrieb von Windkraftanlagen verursacht im Gegensatz zu thermischen Kraftwerken praktisch keine gasförmigen Emissionen. Dennoch gibt es Umweltaspekte:

Für die Gründung und Aufstellung einer Windkraftanlage werden 80 bis 100 m^2 Fläche beansprucht. Zu einer weiteren *Flächeninanspruchnahme* führt der notwendige Wegebau. Insgesamt bleiben jedoch 85 bis 90 % der Fläche eines Windparks für die Landwirtschaft nutzbar.

Sehr kontrovers wird die Veränderung des Landschaftsbildes durch Windkraftanlagen diskutiert (BINSWANGER, 1999). Bei einer Höhe von 40 bis 50 m sind die Anlagen bis in mehrere Kilometer Entfernung sichtbar. Bei Windparks werden die Auswirkungen im Gegensatz zu verstreut stehenden Einzelanlagen lokal konzentriert. Die Akzeptanz dieser Anlagen in der Bevölkerung ist unterschiedlich: Teilweise werden sie als störend, teilweise als Zeichen einer fortschrittlichen Entwicklung in der Energiewirtschaft empfunden. Einige Untersuchungen haben gezeigt, dass der zunehmende Bau von Windkraftanlagen beispielsweise in Norddeutschland bisher keine negativen Auswirkungen auf den Fremdenverkehr mit sich brachte (HÜBINGER, 1997; BERGSMA, 1996). In der Bevölkerung war ursprünglich auch die Akzeptanz von Hochspannungsleitungen, die als Folge der zentralen Energieumwandlung große Teile Deutschlands sowohl optisch als auch physisch zerschneiden, eher gering. Durch Gewöhnung wuchs deren Akzeptanz selbst an Orten, an denen starker Widerstand gegen den Bau geleistet wurde. Der Vergleich rechtfertigt die Erwartung, dass die gesellschaftliche Kontroverse über die Ästhetik von Windkraftanlagen schnell abflachen wird.

1345. Interessenkollisionen mit dem *Naturschutz* treten in einigen Gebieten insbesondere mit dem Vogelschutz auf. Im küstennahen Bereich werden insbesondere größere Vögel durch Windkraftanlagen beeinträchtigt. Eine mehrjährige Untersuchung in Sachsen zeigte, dass die Auswirkungen auf die Vogelwelt im Binnenland eher gering bis unbedeutend sind (HEGER, 1999, schriftl. Mitteilung). Die Errichtung küstennaher Offshore-Anlagen kann zur Lösung dieses Konflikts beitragen. Dabei sind aber eventuelle Beeinträchtigungen der sensiblen marinen Ökosysteme abzuklären.

Schließlich können *Lärmwirkungen* und Störungen durch *Licht- und Schatteneffekte* auftreten. Die Lärmbelastung durch eine moderne Windanlage (von 1,5 MW) ist mit 40 bis 45 dB(A) in 300 bis 500 m Entfernung vergleichbar mit den üblichen Immissionsrichtwerten für die Nachtzeit (TA Lärm, Mischgebiete und allgemeine Wohngebiete).

Zur Wasserkraftnutzung

1346. Bei der Bewertung der Umweltauswirkungen der Wasserkraft ist zwischen großen und kleinen Wasserkraftwerken zu unterscheiden. Im Jahr 1994 waren in

Deutschland 4 633 kleine Wasserkraftwerke (<1 MW installierte Leistung) in Betrieb. Sie trugen mit 1 475 GWh zu 0,33 % zur Deckung des Strombedarfs bei. Dadurch war diesen kleinen Wasserkraftwerken eine CO_2-Vermeidung von 0,1 % zuzuschreiben. Ihr Anteil an der Stromerzeugung stieg während der letzten Jahre stetig sowohl aufgrund von Wiederinbetriebnahmen alter Anlagen als auch durch den Bau von Neuanlagen. Die Umweltauswirkungen kleiner Wasserkraftwerke sind von besonderem Interesse, weil sie häufig in den ökologisch wertvollen Mittel- und Oberläufen von Berg- oder Gebirgsbächen liegen.

Positive Aspekte für den Klimaschutz und negative Auswirkungen im Bereich Natur- und Gewässerschutz stehen sich bei der Wasserkraft meist gegenüber. Bauliche Eingriffe vermindern zunächst einmal die Durchwanderbarkeit eines Bachlaufs für Fische. Die Veränderung des Bachlaufs und die Wasserentnahme können zu Beeinträchtigung des Abflussregimes, des Geschiebe- und Schwebstofftransports und des Gewässerklimas und schließlich zu Störungen der Lebensgemeinschaften und der Stabilität des Gewässers über weite Strecken des Bachlaufs unterhalb der Wasserkraftanlage führen. Verschiebungen des Artenspektrums zu Ungunsten anspruchsvoller Arten und Verschlechterungen der biologischen Wassergüte und Gewässerstrukturgüte sind die Folgen (BISS et al., 1999). Nicht zuletzt sind meist hohe Fischverluste durch die Turbinen zu verzeichnen. Die weitere Erschließung des Potentials kleiner Wasserkraftwerke aus Klimaschutzgründen erscheint deshalb nur sinnvoll, wenn dies nicht zu Zielkonflikten mit dem Gewässerschutz führt (MEYERHOFF et al., 1998).

Näher untersucht werden muss, inwieweit der Bau von Wasserkraftwerken zu einer verstärkten Freisetzung von Methan beiträgt. Unter anaeroben Bedingungen wird in den vor Stauanlagen angesammelten Sedimenten Methan gebildet. Dieser Prozess wird wesentlich vom Vorhandensein organischer Substanz bestimmt. In den Speicherkraftwerken in den Alpen kann dieser Effekt wegen fehlender organischer Substanz aber vernachlässigt werden.

1347. Über 90 % des durch Wasserkraft erzeugten Stroms stammt aus großen Wasserkraftwerken. Ihr gegenwärtiger Beitrag zur gesamten Stromversorgung liegt in Deutschland bei knapp 4 %. Die Umweltauswirkungen fallen hier aber weniger ins Gewicht, weil große Wasserkraftwerke meist an schiffbaren Flüssen liegen, deren Ökologie ohnehin bereits durch Bauwerke der Verkehrsinfrastruktur und den direkten Schiffsverkehr stark beeinträchtigt ist. Häufig werden Laufkraftwerke zusätzlich im Gefolge von Schleusen und anderen Bauwerken errichtet. Entsprechend sind die verursachten Umweltschäden dann nur bedingt der Wasserkraftnutzung anzulasten. Zudem besitzen sie im Vergleich zu kleinen Wasserkraftwerken höhere Wirkungsgrade, so dass die spezifischen Umweltwirkungen bezogen auf die Stromerzeugung weiter verringert werden.

Zur energetischen Nutzung von Biomasse

1348. Biomasse zur energetischen Nutzung wird entweder mit land- bzw. forstwirtschaftlichen Methoden auf landwirtschaftlichen Flächen produziert oder fällt als Reststoff bei der Erzeugung land- und forstwirtschaftlicher Produkte an. Qualitativ sind die Umweltauswirkungen der Biomassenutzung folglich dieselben wie bei der Landwirtschaft (SRU, 1998b und 1996b) und der Umwandlung fossiler Energieträger. Als Biomasse energetisch genutzt werden u. a. Halmfrüchte und Ganzpflanzen (Winterweizen, Triticale, Roggen, Gerste und Mais), sogenannte Energiegräser (Chinaschilf, Knaulgras, Pfahlrohr), im Kurzumtrieb angebaute Hölzer (Weide, Pappel) sowie Früchte, die zu flüssigen Biokraftstoffen veredelt werden (Raps zu Rapsöl und Rapsölmethylester; Kartoffeln, Zuckerrüben und Weizen zu Ethanol). Des weiteren werden Stroh verschiedener landwirtschaftlicher Nutzpflanzen (Weizen-, Rapsstroh), bei der Waldbewirtschaftung und bei der Holzverarbeitung anfallendes Restholz, das keiner anderweitigen Nutzung zugeführt wird, und Grasschnitt aus der Pflegenutzung als Energieträger eingesetzt.

In diesem Zusammenhang auftretende Umweltbelastungen werden nicht oder nur zu einem geringen Teil angelastet in die Bewertung der energetischen Biomassenutzung einbezogen.

Eine solche Bewertung wird weiter erschwert, da das Spektrum der unterschiedlichen Arten von Biomasse dann noch durch unterschiedliche Arten des Anbaus (konventionell, integriert, extensiv), der Aufbereitung und Veredelung von Biokraftstoffen verbreitert wird. Da Biomasse außerdem eine geringe Energiedichte besitzt, wird schließlich der Transport ebenso zu einem bilanzbestimmenden Faktor wie die Energie, die zur Trocknung der Biomasse benötigt wird. Die pauschale Beurteilung einer bestimmten Art von Biomasse ist deshalb nicht möglich. In unterschiedlichem Ausmaß handelt es sich hierbei aber ebenso wie bei der Nutzung anderer Energieträger um die klassischen luftgängigen Emissionen, um die Flächeninanspruchnahme und die direkte Beeinträchtigung von Grund- und Oberflächenwasser durch den Anbau der Biomasse. Auch kollidiert der Anbau häufig mit Naturschutz- und insbesondere Artenschutzinteressen.

Zur Photovoltaik

1349. Im Vergleich mit den anderen erneuerbaren Energiequellen spielt die Photovoltaik noch immer eine untergeordnete Rolle. Allerdings gab es auch bei der photovoltaischen Stromerzeugung erhebliche Zuwächse. So hat sich der photovoltaisch erzeugte Strom zwischen 1990 und 1996 von 2,16 TJ auf 21,96 TJ verzehnfacht.

Während des Betriebs von Photovoltaikanlagen entstehen praktisch keine Emissionen. Da sie im allgemeinen auf Dächern errichtet werden, fällt kein zusätzlicher

Umweltpolitische Ziele

Flächenbedarf an, der mit Umweltinanspruchnahme verbunden wäre. Deshalb sind einzig die Umweltauswirkungen der Produktion von Solarzellen erwähnenswert.

Dünne Scheiben aus hochreinem Silizium, sogenannte Wafer, sind das Ausgangsmaterial für die Herstellung der derzeit marktüblichen, sowohl monokristallinen, polykristallinen oder amorphen Solarzellen. Die Herstellung des technischen Siliziums für die Wafer-Produktion ist äußerst energieintensiv. Daneben entstehen vor allem durch die aufwendige Aufbereitung des Siliziums eine Reihe von gasförmigen Emissionen, industriellen Abfällen und Abwässern. Dazu gehören unter anderem auch reaktive Fluorverbindungen. Sie werden jedoch alle durch die entsprechenden Technischen Anleitungen erfasst. Auch wird nur ein geringer Teil der gesamten Waferproduktion für die Herstellung von Photovoltaikanlagen benötigt. In weit größerem Umfang finden sie in der Produktion von Halbleiterbauteilen für die Elektronikindustrie Verwendung.

Hinsichtlich der Entsorgung von Solaranlagen existieren bisher kaum Erfahrungen. Alle oben genannten Verbindungen sind aber hochgradig inert, weshalb davon ausgegangen werden kann, dass keine nennenswerten Eintragspfade in die Umwelt existieren. Bei einem steigenden Marktanteil wird künftig schon wegen des hohen Energiebedarfs bei der Erstproduktion auf ein recyclinggerechtes Design geachtet werden müssen.

3.2.3 Umweltpolitische Ziele mit energiewirtschaftlichem Bezug

3.2.3.1 Emissionsminderungsziele für energiebezogene Luftschadstoffe

1350. Eine wesentliche Zielvorgabe mit energiewirtschaftlichem Bezug ist die Reduktion der Luftschadstoffe, da diese zum überwiegenden Teil bei der Energieumwandlung emittiert werden. In diesem Zusammenhang sind immissionsseitige Wirkungsbetrachtungen und daraus abgeleitete Umweltqualitätsziele bereits in Kapitel 2.4.4 aufgezeigt.

Treibhausgase

1351. Die Klimarahmenkonvention der Vereinten Nationen, die 1992 unterzeichnet und gegenwärtig von 178 Staaten ratifiziert wurde, enthält das ultimative Ziel der „Stabilisierung der Treibhausgaskonzentrationen auf einem Niveau, auf dem eine gefährliche anthropogene Störung des Klimasystems verhindert wird". Die Konvention fordert weiterhin, dass diese Zielvorgabe innerhalb eines Zeitraums erreicht werden sollte, in dem sich die Ökosysteme auf natürliche Weise den Klimaänderungen anpassen können, die Nahrungsmittelproduktion nicht bedroht wird und die wirtschaftliche Entwicklung auf nachhaltige Weise fortgeführt werden kann (UNFCCC, Art. 2; UNEP/WMO, 1992).

1352. Die Folgen einer anthropogen verursachten Erwärmung betreffen direkt das Klimasystem und die Teilsysteme Atmosphäre, Hydrosphäre, Pedosphäre und Biosphäre. Unter Berücksichtigung der Unsicherheiten der Modellierung des Klimasystems lassen sie sich bedingt in ihrer regionalen Ausprägung quantifizieren.

Am stärksten wird die Erwärmung in den mittleren und hohen nördlichen Breiten im Spätherbst und Winter ausfallen. Auf der Südhemisphäre werden die Ozeane wegen ihrer großen Wärmekapazität die Erwärmung deutlich mindern und gleichmäßiger gestalten (IPCC, 1996). Insgesamt wird die Verdunstung verstärkt und dadurch der hydrologische Kreislauf intensiviert werden. Die mikrometeorologischen Vorgänge bei der Wolkenbildung lassen sich durch Klimamodelle nur schlecht im globalen Maßstab nachbilden. Deshalb können künftige Änderungen der Niederschlagsverteilungen nur mit großen Unsicherheiten vorhergesagt werden. Als gesichert gilt jedoch, dass Extremereignisse wie Starkniederschläge, Trockenperioden oder Orkane deutlich häufiger stattfinden werden (JACOB, 1998).

Als Folgen sind Änderungen der saisonalen Mittel- und der Jahresmitteltemperaturen, der globalen Niederschlagsverteilung, ein Anstieg des Meeresspiegels (MANN et al., 1998; SCHÖNWIESE et al., 1998; IPCC, 1996), Änderungen der atmosphärischen und ozeanischen Zirkulation (RAHMSTORF, 1999) und unter Umständen gravierende Veränderungen der Ökosysteme zu erwarten. Aufgrund der Komplexität des Klimasystems sind die Folgen allerdings nur schwer zu quantifizieren. Unterschiedliche Regionen und menschliche Aktivitäten sind in unterschiedlichen Maßen betroffen (BERZ, 1998).

Während ein Anstieg der mittleren Jahrestemperatur in der Nordhemisphäre im Verlauf der vergangenen Jahrzehnte inzwischen wissenschaftlich gesichert ist, stehen verschiedene Anomalien des Wetters und des Klimas zwar mit den Vorhersagen der Klimamodelle in Einklang. Ein funktionaler Zusammenhang wird aber in absehbarer Zeit nicht bewiesen werden können, weil für die statistische Absicherung einer solchen Aussage sehr lange Zeitreihen erforderlich sind.

1353. Paläobotanische Untersuchungen haben gezeigt, dass die natürliche Vegetation durch Erwärmungen verursachte Veränderungen der Standortbedingungen bis zu einer Erwärmungsrate von circa 0,1 K pro Dekade durch die allmähliche Einwanderung von Arten aus anderen Klimazonen ausgleichen kann. Bei höheren Erwärmungsraten ist es wahrscheinlich, dass ökologische Nischen unbesetzt bleiben und es dadurch zu Ausfällen in der Vegetation kommt. Auch wenn die Anpassungsfähigkeit von Agrarökosystemen größer als die natürlicher Systeme ist, gilt es dennoch, die anthropogen induzierte Erwärmung durch die Verringerung der anthropogenen Treibhausgasemissionen möglichst auf 0,1 K zu beschränken. Diese Aussage impliziert, dass gleichzeitig keine natürliche Erwärmung stattfindet.

1354. Das Intergovernmental Panel on Climate Change (IPCC) definierte einen Reduktionspfad, der die anthropogen induzierte Erwärmung auf maximal 1 K beschränken könnte. Demzufolge müßten die globalen Treibhausgasemissionen (gemessen in CO_2-Äquivalenten) bis 2070 um 85 % gegenüber den Emissionen von 1990 reduziert werden. Die Forderung der Enquete-Kommission des deutschen Bundestages zum Schutz der Erdatmosphäre mit einer Reduktion der CO_2-Emissionen um 70 bis 80 % bis 2050/2080 deckt sich im wesentlichen mit dieser Empfehlung. Tabelle 3.2.3-1 verdeutlicht, daß die Beziehung zwischen der tolerierten anthropogen induzierten Erwärmung und der globalen Reduktionsanforderung nicht linear ist (IPCC, 1996; Enquete-Kommission „Schutz der Erdatmosphäre", 1991).

Tabelle 3.2.3-1

Anthropogen induzierte Erwärmung und Treibhausgasminderungen

tolerierte, anthropogen induzierte Erwärmung	Reduktionsanforderung gegenüber 1990	Zeitrahmen
1 K	70–80 %	2050–2080
2 K	70 %	2170
3 K	50 %	2400

Quelle: Enquete-Kommission „Schutz der Erdatmosphäre", 1991

Neben der naturwissenschaftlichen Analyse bestimmen das Vorsorgeprinzip und normative, von gesellschaftlichen und ökonomischen Interessen geleitete Vorgaben die Klimaschutzziele. Der Wissenschaftliche Beirat der Bundesregierung Globale Umweltveränderungen definierte in diesem Zusammenhang sogenannte Leitplanken, um aus den naturwissenschaftlichen Kenntnissen und den normativen Vorgaben eine globale Klimaschutzstrategie zu entwickeln (WBGU, 1997). Diesem Ansatz zufolge müssen die Industrieländer ihre Treibhausgasemissionen spätestens ab 2010 substantiell verringern und bis zur Mitte des begonnenen Jahrhunderts um 60 bis 70 % senken. Sofortige Emissionsminderungen würden den Handlungsspielraum während der nächsten 50 Jahre erheblich erweitern und damit flexible und kostengünstige Maßnahmen mit geringeren Lenkungseingriffen durch den Staat erlauben. Ein Hinauszögern von Klimaschutzmaßnahmen hingegen wird bereits nach verhältnismäßig kurzer Zeit stärkere Emissionsminderungen und restriktivere Maßnahmen oder das Inkaufnehmen von unter Umständen erheblich höheren Klimafolgekosten durch das Nichteinhalten der Leitplanken erfordern. Der Handlungsspielraum kann außerdem vergrößert werden, wenn es gelingt, die Entwicklungsländer schnellstmöglich in die globale Klimaschutzstrategie einzubinden.

1355. In CO_2-Äquivalenten berechnet, trug CO_2 1995 mit 83,3 % zu den deutschen Treibhausgasemissionen bei.

Über 95 % der nationalen CO_2-Emissionen entstehen wiederum bei Prozessen der Energieumwandlung. Werden die Emissionen des Verkehrs einbezogen, stammen 18 % der N_2O-Emissionen aus der Energieumwandlung. Etwa 27 % der CH_4-Emissionen stammen im weitesten Sinne ebenfalls aus der Energieumwandlung (einschließlich der CH_4-Verluste bei Gewinnung und Verteilung von Brennstoffen). Die Klimawirksamkeit dieser CH_4- und N_2O-Emissionen beträgt allerdings nur etwa 5 % der Klimawirksamkeit der energiebedingten CO_2-Emissionen.

Die Festlegung nationaler Reduktionsziele für Treibhausgase ist in folgenden internationalen Zusammenhang zu stellen: Die Annex I-Staaten der Klimarahmenkonvention, die im wesentlichen den westlichen und östlichen Industriestaaten entsprechen, haben sich 1997 in Kyoto auf eine Minderung ihrer Treibhausgasemissionen (CO_2, N_2O, CH_4, HFC, PFC und SF_6) um durchschnittlich 5,2 % gegenüber 1990 verpflichtet. Diese Emissionsminderung soll gemittelt im Verpflichtungszeitraum 2008 bis 2012 erreicht werden. Die EU und insbesondere Deutschland beeinflußten das Verhandlungsziel wesentlich und legten sich auf eine Minderung ihrer Emissionen der sechs Treibhausgase um 8 bzw. 21 % fest. Dies erlaubt es anderen Staaten, ihre Emissionen in geringerem Umfang zu mindern, teilweise sogar noch zu steigern. Die unterschiedlich anspruchsvollen Zusagen sollen verschiedenen Staaten helfen, in ihrer wirtschaftlichen Entwicklung aufzuholen. Zudem kommt man den Staaten entgegen, deren Energieversorgung stärker auf Atomkraft oder Wasserkraft basiert und deshalb geringere Reduktionen von Luftschadstoffemissionen notwendig macht. Zu einem nicht unerheblichen Teil sind die schwachen Reduktionsziele aber auf starre Verhandlungspositionen und fehlenden Willen zu effektivem Klimaschutz zurückzuführen. Parallel zur Zusage im Rahmen des Kyoto-Protokolls hält die Bundesregierung den mehrfachen Beschluß zu einer Minderung der CO_2-Emissionen um 25 % bis zum Jahr 2005 (gegenüber 1990) aufrecht. Allerdings besitzt diese Zielvorgabe keine internationale Verbindlichkeit.

Ob und in welchem Rahmen die Reduktionsverpflichtungen tatsächlich erfüllt werden, wird wesentlich von den Rahmenbedingungen für gemeinsam durchgeführte Reduktionsanstrengungen, für Minderungsmaßnahmen in Drittländern und für die Anrechenbarkeit von biologischen Senken abhängen. Diese Rahmenbedingungen werden derzeit noch intensiv diskutiert. Als positiv zu bewerten ist aber, daß die Reduktionsverpflichtungen der Annex I-Staaten noch mit den Klimaschutzstrategien aus dem Leitplankenansatz vereinbar sind.

Die Frage, inwiefern Deutschland besondere, womöglich nichttolerierbare wirtschaftliche Nachteile aus seiner auf den ersten Blick sehr anspruchsvollen Minderungszusage erwachsen, kann besser beurteilt werden, wenn die Zusagen mit den Business-as-usual-Szenarien der einzelnen Staaten verglichen werden. Die tatsächlichen Kosten für Klimaschutzmaßnahmen, die einem

Land entstehen, werden in erster Linie nicht von der Höhe der bloßen Reduktionszusage, sondern von der Differenz zwischen Reduktionszusage und Business-as-usual-Szenario bestimmt. Da Projektionen für die anderen fünf Teibhausgase nicht für alle Länder vorliegen, findet der nachfolgende Vergleich auf der Basis von CO_2-Projektionen statt.

Für Staaten, in denen ein kräftiger Anstieg der Emissionen erwartet wird, kann bereits eine Dämpfung des Emissionsanstiegs mit bedeutenden Anstrengungen verbunden sein. Die Begrenzung der erwarteten Emissionssteigerung von 62 auf 25 % (im Zeitraum 1990 bis 2010) bedeutet für Griechenland eine effektive Minderung gegenüber dem Business-as-usual um 37 %. Gleichermaßen bedeuten die Ziele der UNFCCC effektive Emissionsminderungen gegenüber dem Business-as-usual-Szenario für die USA von 34, für Japan von 23 und für Großbritannien von 14 %. Da Deutschland eines der wenigen Länder ist, in denen schon das Business-as-usual-Szenario zu deutlichen Emissionsminderungen geführt hätte, verringert sich für Deutschland die Nettoemissionsminderung auf 5 %. Die Höhe der Verpflichtung allein reicht deshalb nicht aus, um eine unzumutbare Belastung der deutschen Wirtschaft durch die Minderungszusage zu belegen (ZIESING et al., 1998).

Das Reduktionsziel für Treibhausgase wird durch eine Reihe von Beschlüssen, Erklärungen und freiwilligen Selbstverpflichtungen auf nationaler, Verbands- und Landesebene ergänzt (s. a. Kap. 2.4.4). Darunter fällt auch der Beschluss des Bundestages, die gesamten CH_4-Emissionen bis 2005 um 30 % gegenüber dem Bezugsjahr 1987 zu senken.

Trotz seiner ozonschichtschädigenden Eigenschaften fand N_2O in das Montreal-Protokoll und in die anderen internationalen Abkommen keine Aufnahme, vor allem weil die Wirksamkeit und atmosphärische Lebensdauer gegenüber FCKW gering ist, und ein wesentlicher Anteil an natürlichen Emissionen dieses Gases existiert.

Schwefeldioxid und Stickstoffoxide

1356. Fern- und Heizkraftwerke zusammen mit den Industriefeuerungen verursachen 30 % der NO_x-Emissionen und 80 % der SO_2-Emissionen in Deutschland und sind somit wesentliche Emittenten von Ozonvorläuferverbindungen und versauernd wirkenden Gasen. Die übrigen Emissionen sind hinsichtlich vorhandener Zielformulierungen nicht relevant. Im Rahmen der UN/ECE-Luftreinhaltungsprotokolle und der EU-Versauerungsstrategien bestehen für Deutschland Reduktionsverpflichtungen bis 2010 von 92 % für SO_2 und 65 % für NO_x gegenüber dem Bezugsjahr 1990. Diese Zielvorgaben finden sich auch im Entwurf eines umweltpolitischen Schwerpunktprogramms des BMU (1998b). In der in Vorbereitung befindlichen Gemeinschaftsstrategie der EU gegen bodennahes Ozon werden weitere Vorgaben gemacht (Tz. 762 ff.).

1357. Die thermische Energieumwandlung von Energieträgern, unabhängig davon, ob diese fossil oder nachwachsend sind, ist generell mit der Emission von Luftschadstoffen verbunden, allerdings in unterschiedlichen Ausmaßen bezüglich der verschiedenen Schadstoffe. Die Verwendung von Biomasse besitzt gegenüber den fossilen Energieträgern hinsichtlich der Kohlendioxidemissionen generell Vorteile, wenn auch in unterschiedlichem Ausmaß (Tz. 1348). Hinsichtlich der Emissionen von SO_2 und NO_x bietet die Umwandlung der Biomasse im Vergleich zu der fossiler Energieträger bisher auch keine Vorteile. Praxiserfahrung und Techniknreife der Abgasreinigungsanlagen bei Biomassekraftwerken bleiben derzeit noch hinter den fossil gefeuerten Kraftwerken zurück. Während die Abgasreinigung konventioneller Kraftwerke nur noch mit großem Aufwand weiterentwickelt werden kann, muss die weitere Forschung und Entwicklung im Bereich biomassegestützter Kraftwerke unter anderem höhere Energieeffizienz und verbesserte Abgasreinigungstechniken hervorbringen, um die Ökobilanzen weiter zu verbessern.

1358. Die übrigen regenerativen Energien mit Ausnahme der Wasserkraft sind während des Betriebs der Anlagen weitestgehend emissionsfrei. Sie sind auch dann mit den Emissionsminderungszielen vereinbar, wenn sie beim Anlagenbau oder der Bereitstellung der Energieträger höhere spezifische Materialeinsätze erfordern. Ihr Einsatz wird durch ihr begrenztes Potential und ihre Wettbewerbsfähigkeit bestimmt werden.

Nicht zu vergessen ist allerdings, dass die rationelle Energieanwendung und weitere Energieeinsparung die Erreichung aller Reduktionsziele am ehesten gewährleistet.

3.2.3.2 Zielkonflikte mit dem Boden-, Gewässer-, Natur- und Landschaftsschutz

1359. Die Umweltziele des Boden-, Gewässer-, Natur- und Landschaftsschutzes (vgl. Abschn. 2.4.1 bis 2.4.7) stehen häufig in einem konfliktreichen Verhältnis zu den unterschiedlichen Formen der Energiegewinnung. Einige der betroffenen, aus dem Entwurf eines umweltpolitischen Schwerpunktprogramms des BMU entnommenen Umweltziele (BMU, 1998b) sind:

– *Die Erreichung der Trendwende bei der Flächeninanspruchnahme* (Tz. 453 ff.; BMU, 1998b). Der Abbau von Energierohstoffen ist zum Teil äußerst flächenintensiv. Dabei gehen Biotope und Böden meist unwiederbringlich verloren. So wurden beispielsweise zwischen 1980 und 1990 durch den Braunkohletagebau in der ehemaligen DDR durchschnittlich 5,1 ha pro Tag in Anspruch genommen. In den alten Bundesländern beträgt der Wert für denselben Zeitraum 1,4 ha pro Tag. Wegen methodischer Unterschiede in der Datenerhebung sind diese Werte allerdings nur bedingt vergleichbar. Im Gegensatz zur

Flächeninanspruchnahme durch Siedlung und Verkehr, für die ein konkretes Reduktionsziel vorliegt, existiert ein solches für die Flächeninanspruchnahme durch Rohstoffabbau nicht.

– *Die Sicherung und Förderung der Funktion von Flächen beziehungsweise Landschaften als Lebensgrundlage und Lebensraum von Pflanzen, Tieren und Menschen und damit der Erhalt der biologischen Vielfalt.* Der Abbau von Kohle und Uran ist mit massiven, meist großflächigen Eingriffen in die Landschaft verbunden, wobei die Ökotope völlig zerstört werden. Durch Rekultivierungsmaßnahmen sind diese nur bedingt wiederherstellbar. Aber auch der Bau von Wasserkraftwerken verändert die Landschaft sowohl im Staubereich als auch im Ablauf der Kraftwerke grundlegend und zerstört Lebensräume.

– *Die Sicherung von 10 bis 15 % der nicht besiedelten Fläche (bezogen auf 1990) als ökologische Vorrangflächen zum Aufbau eines Biotopverbundsystems.* Der Abbau von fossilen Energieträgern ebenso wie der Bau von Wind- und Wasserkraftanlagen und der Anbau von Biomasse beanspruchen Flächen. Die Störung der Fläche ist beim Abbau fossiler Energieträger erheblich stärker, bei den regenerativen Energien weitgehend reversibel. Die Nutzung der Sonnenenergie ist zwar flächenintensiv, wird aber auch in absehbarer Zukunft in Deutschland auf der Siedlungs- und Verkehrsfläche stattfinden und keine zusätzlichen Flächen in Anspruch nehmen.

– *Die umweltschonende Flächennutzung durch Land- und Forstwirtschaft, der Schutz der Böden sowie der Schutz des Grundwassers und der Oberflächengewässer* (Tz. 443 ff., 565 ff.; BMU, 1998b). Insbesondere der Anbau von Biomasse kann je nach Intensität der Bewirtschaftung zu Einträgen von Dünge- und Pflanzenschutzmitteln in Wasser und Boden führen.

– *Der sparsame und schonende Umgang mit Bodenmaterial und der Schutz des Bodens vor nachteiligen Veränderungen der Bodenstruktur* (Tz. 464 ff.; BMU, 1998b). Bei der Inanspruchnahme von Flächen (s. o.) wird immer auch der Boden verändert. Beim Abbau von Uran und von fossilen Energieträgern, insbesondere im Tagebau, findet dabei eine großflächige und vollständige Zerstörung der Bodenstruktur und der Lagerung statt. Bei nicht nachhaltiger Landnutzung kann durch den Anbau der Biomasse Bodendegradation verursacht werden.

– *Der Schutz des Grundwasserhaushaltes.* Die wasserbaulichen Maßnahmen (v. a. Grundwasserspiegelabsenkungen) des obertägigen sowie des untertägigen Bergbaus sind in der Regel mit gravierenden Veränderungen des Grundwasserhaushaltes verbunden. Auch nach Aufgabe des Bergbaus kann es Jahrzehnte dauern, bis die ursprünglichen Verhältnisse wieder annähernd hergestellt sind. Oft ist die Beeinträchtigung des Grundwasserhaushaltes auch nicht reversibel.

– *Das Erreichen und Einhalten der chemisch-physikalischen Gewässergüteklasse II, der biologischen Gewässergüteklasse II und der Gewässerstrukturgüteklasse II* (Tz. 570 ff.). Das Einleiten von Drainagewässern des Bergbaus und die Kühlwasserverwendung in großen Kondensationskraftwerken erhöhen die Salzfracht und die Temperaturverhältnisse in den Flüssen. Dadurch werden die Lebensbedingungen der aquatischen Organismen nachhaltig verändert. Veränderte Abflussmengen und künstliche Abflussführung, die bei der Nutzung der Wasserkraft unumgänglich sind, können die Gewässerstruktur im gesamten Flusslauf sowohl unterhalb als auch in Bereichen oberhalb von Wasserkraftanlagen schwerwiegend verschlechtern.

1360. Die Maßstäbe, die in der öffentlichen und häufig auch in der politischen Diskussion an die regenerativen Energien angelegt werden, sind unbegründeter Weise häufig erheblich schärfer als bei den nicht-regenerativen Energien. Die Umweltbeeinträchtigungen beim Abbau nicht erneuerbarer Energieträger sind überwiegend gravierend und zu einem guten Teil irreversibel. Sie sind bis zu einem gewissen Grad durch verfeinerte Abbautechniken zu verringern oder durch die Miteinbeziehung von Umweltbelangen in die Abbaukonzeption und durch sorgfältige Rekultivierungsmaßnahmen nach dem Abbaugeschehen zu vermindern (Tz. 1250 f.). Da sie über Jahrzehnte, teilweise sogar über Jahrhunderte entstanden sind, erfahren sie eine unverhältnismäßig große Akzeptanz, auch wenn sie spürbar das tägliche Leben beeinflussen.

Im Gegensatz zu den nicht-regenerativen Energien sind viele der Umweltbeeinträchtigungen bei der Nutzung erneuerbarer Energieträger graduell und zudem reversibel. Sie lassen sich außerdem weiter verringern. Beim Anbau von Biomasse zur energetischen Nutzung kann die Berücksichtigung der Guten Landwirtschaftlichen Praxis bereits einen Beitrag leisten. Noch umweltverträglicher ist der Anbau in extensiven Bewirtschaftungsformen. Bei Windkraftanlagen kann die unter Umständen störende Landschaftsveränderung durch die räumliche Konzentration der Anlagen und sorgfältige Standortplanung verringert werden. Zudem ist es möglich, Windkraftanlagen mit minimalen, bleibenden Umweltbeeinträchtigungen zurückzubauen, falls diese zu unvorhersehbaren Konflikten mit naturschützerischen Zielen führen sollten. Bei der Produktion von Photozellen entstehen zwar andere, zum Teil problematischere Produktionsabfälle als beim üblichen Anlagenbau. Dieser Bereich ist jedoch durch entsprechende gesetzliche Vorgaben ausreichend abgedeckt. Ihre Anwendung erfolgt meist innerhalb von Siedlungen oder entlang von Straßen und ist daher auch unter landschaftsschützerischen Gesichtspunkten unkritisch. Auch bei der Anwendung geothermischer Verfahren, die hier nicht besprochen wurden, bestehen keine grundsätzlichen

Zielkonflikte, die der breiteren Anwendung an den geologisch geeigneten Standorten entgegenstünden. Der Ausbau der Potentiale kleiner Wasserkraftwerke sollte hingegen unter sorgfältiger Abwägung der gewässerökologischen Auswirkungen geschehen und im Zweifelsfall unterbleiben. Der Wiederinbetriebnahme alter Wasserkraftwerke stehen dagegen weniger Bedenken entgegen, da dort Bach- und Flussläufe ohnehin bereits stark baulich verändert sind.

3.2.4 Energiepolitische Ziele mit umweltpolitischem Bezug

3.2.4.1 Zur Schonung von Energierohstoffen als eigenständigem umweltpolitischem Ziel

1361. Neben dem Umgang mit Umweltbelastungen aus dem Abbau von Energieträgern, aus der Energieumwandlung sowie der Energieverwendung wird auch die Schonung nicht erneuerbarer Primärenergieträger (u. a. Erdöl, Braun- und Steinkohle, Erdgas, Uran, Thorium) vielfach als eigenständiges energiepolitisches Ziel angeführt. Daraus resultiert eine besondere Betonung einer Energiesparstrategie bei der Realisierung einer nachhaltigen Entwicklung. Auch unter einer wirkungsbezogenen Strategie nachhaltiger Entwicklung kommt dem Energiesparen erhebliche Bedeutung zu. Allerdings wird es hier im Hinblick auf seinen Beitrag zur Reduzierung schädlicher Umweltwirkungen relativiert und steht insofern neben einer Reihe anderer Strategien, wie zum Beispiel der Verbesserung der Energieumwandlungstechnik und der Primärenergieträgersubstitution. Die Frage, die hier zu prüfen ist, betrifft die Behauptung eines Eigenwertes der Energiesparstrategie über ihren Beitrag zur Reduktion unerwünschter Umweltwirkungen der Energieproduktion und des Energieverbrauchs hinaus. Dazu kann an dem bereits in Kapitel 1 zum Thema „Ressourcenschonung" Gesagten angeknüpft werden (Tz. 47 ff.).

1362. Der Einsatz von Energierohstoffen unterscheidet sich von der im vorangegangenen Abschnitt beschriebenen Umweltinanspruchnahme in Form von Emissionen und strukturellen Eingriffen in den Naturhaushalt (negative externe Effekte) dadurch, dass es sich bei Rohstoffvorkommen im allgemeinen um private Güter handelt. Anders als bei Umweltbeeinträchtigungen kann der Markt damit selbst einen wesentlichen Beitrag leisten, um mit dem Problem wachsender Knappheit erschöpfbarer Rohstoffe in geeigneter Weise umzugehen. Dass das Vertrauen in die Anpassungsfähigkeit von Märkten grundsätzlich gerechtfertigt ist, hat sich auch bei den beiden Ölpreisschocks in den siebziger Jahren gezeigt. Wenngleich diese die Volkswirtschaft erheblich belastet haben, wurden in relativ kurzer Zeit rohstoffsparende Technologien gefunden, die eine Entkoppelung von wirtschaftlicher Entwicklung und Energieverbrauch erlaubten.

Steigende Preise für erschöpfbare Energieträger können – wie sich damals gezeigt hat – neben einer Verlangsamung der Abbaugeschwindigkeit auch andere Anpassungsreaktionen der Marktteilnehmer anstoßen, die letztlich einer wachsenden Knappheit auf den Rohstoffmärkten entgegenwirken (ENDRES und QUERNER, 1993, Kap. IV). Auf der Angebotsseite werden durch steigende Preise Anreize für die Entwicklung neuer Explorationsverfahren sowie verbesserter Abbautechniken gesetzt. Zudem wird es lohnend, solche Vorkommen zu erschließen, die zuvor nicht rentabel abgebaut werden konnten (z. B. Erschließung von Nordseeöl in den siebziger Jahren). Auf der Nachfrageseite werden umgekehrt Substitutionsprozesse zugunsten vergleichsweise weniger knapper erschöpfbarer Rohstoffe (z. B. Substitution von Erdöl durch Kohle) sowie zugunsten erneuerbarer Energieträger angestoßen. Zudem werden Anreize für den Einsatz energiesparender Technologien (z. B. Kraftwerke mit höherem Wirkungsgrad oder Autos mit geringem Kraftstoffverbrauch) und für technischen Fortschritt gesetzt. Welche der beschriebenen Anpassungsreaktionen in welchem Ausmaß zum Tragen kommen, ist das Ergebnis der Entscheidungen der Akteure im Markt.

1363. Dabei darf jedoch nicht übersehen werden, dass der Rohstoffverbrauch und die Etablierung eines geeigneten Nutzungsregimes für Umweltinanspruchnahmen durchaus eine Reihe von Interdependenzen aufweisen. Werden Umweltbelastungen des Rohstoffabbaus (z. B. Grundwasserbelastung, Landschaftszerstörung), der -umwandlung und der -verwendung (z. B. Treibhausgasemissionen) nicht beim Verursacher der Umweltinanspruchnahme angelastet, wird der Energieeinsatz insgesamt günstiger und führt letztlich zu einer erhöhten Nachfrage nach den entsprechenden Rohstoffen. Allerdings kann der hier beschriebene Sachverhalt nicht auf ein Versagen der Rohstoffmärkte, sondern vielmehr auf unzureichende Maßnahmen zur Anlastung der Umweltschäden beim Verursacher (Politikversagen) zurückgeführt werden. Um eine geeignete Lenkungswirkung zu erzielen, sollte die Korrektur der Preise nicht auf den Rohstoffmärkten erfolgen, sondern primär dort, wo die konkrete Inanspruchnahme knapper Umweltgüter stattfindet, das heißt bei den rohstofffördernden Unternehmen, den Kraftwerksbetreibern etc. (SRU, 1999). Die Reduzierung des Rohstoffverbrauchs führt zwar ihrerseits zu einer Verminderung der Umweltbelastungen. Allerdings ist eine entsprechende Politik aufgrund des fehlenden Zielbezugs weit weniger effektiv. Zudem ist sie bei gleichem Zielerreichungsgrad mit erheblich höheren Kosten verbunden, die letztlich der Verbraucher tragen muss (sogenannte *excess burden*).

1364. Neben der fehlenden Anlastung der Umweltkosten bei ihren Verursachern sind weitere Funktionsdefizite (sog. Marktversagen) auf Rohstoffmärkten zu beobachten. Hierzu zählen unter anderem die fehlende Zuweisung exklusiver Eigentums- und Verfügungsrechte an Rohstoffvorkommen, Informationsmängel, das Auseinanderfallen von privater und sozialer Diskontrate, Marktmacht und Risikoaversion (für eine ausführliche Darstellung vgl. ENDRES und QUERNER, 1993, Kap. II.5).

Die Wirkungsrichtung der angeführten Funktionsdefizite ist nicht einheitlich. Die wirtschaftswissenschaftliche Literatur benennt zwar mögliche Ursachen für Marktversagen auf Rohstoffmärkten und beschreibt ihre Wirkungsweise, die einzelnen Effekte zu quantifizieren und den Nettoeffekt zu bestimmen ist jedoch ungleich schwieriger. Während Risikoaversion bei Unsicherheit über künftige Rohstoffpreise etwa einen beschleunigten Abbau begünstigt, kann die Kartellbildung auf Rohstoffmärkten zu einem vergleichsweise langsamen Abbau führen.

Bestehen keine exklusiven Eigentums- und Verfügungsrechte an den Rohstoffvorkommen oder muss der Eigentümer damit rechnen, dass ihm bestehende Rechte in Zukunft entzogen werden und die von ihm im Untergrund belassenen Rohstoffe von einem anderen heute oder in Zukunft gewinnbringend gefördert und verkauft werden, wird er einen sicheren Gewinn aus dem Rohstoffabbau in der Gegenwart einem ungewissen Gewinn in der Zukunft im allgemeinen vorziehen. Oberstes Ziel der Rohstoffpolitik muss es daher sein, exklusive Eigentumsrechte zu definieren und durchzusetzen. Dort, wo dies nicht möglich ist, wird in der Regel eine zu schnelle Ausbeutung der Vorkommen die Folge sein. Dies kann auch dann der Fall sein, wenn die Eigentumsrechte an Rohstoffvorkommen bei Regierungen liegen, deren Abbauentscheidung sich nicht an dem Ziel der langfristigen Wohlfahrtsmaximierung ausrichtet.

1365. Schließlich stellt sich das Problem intergenerationeller Verteilungsgerechtigkeit beim Rohstoffverbrauch. Nach dem Leitbild einer dauerhaft umweltgerechten Entwicklung sollen die Umwelt und ihre mannigfaltigen Funktionen für den Menschen über einen unendlichen Zeithorizont erhalten bleiben. Für die Nutzung erschöpfbarer Rohstoffe gilt, dass Substitute gefunden werden müssen, die die gleichen Funktionen wie die abgebauten Rohstoffe erfüllen (SRU, 1994, Tz. 136). Als Substitute für nicht erneuerbare Energieträger kommen vor allem erneuerbare Energieträger, aber auch technischer Fortschritt in Form verbesserter Wirkungsgrade, Realkapital sowie technisches Wissen in Frage. Die Substitute sollten dabei grundsätzlich so beschaffen sein, dass sie zukünftigen Generationen bei geringerem Rohstoffbestand die gleichen Produktions- und Konsummöglichkeiten eröffnen, die auch der gegenwärtigen Generation zur Verfügung stehen (vgl. die grundlegenden Arbeiten zur Substitution von Naturkapital durch menschengemachtes Kapital von HARTWICK (1977) und SOLOW (1974)).

1366. Für die Überlegung, unter welchen Bedingungen intergenerationelle Verteilungsgerechtigkeit auf Rohstoffmärkten erreicht werden kann, folgt, dass die gegenwärtige Generation insgesamt einen Kapitalstock (natürlicher Kapitalstock plus Sachkapital und technisches Wissen) hinterlassen muss, der zukünftigen Generationen eine über die Zeit gleiche Bedürfnisbefriedigung ermöglicht. Erschöpfbare Rohstoffe dürfen nur in dem Maße abgebaut werden, wie ihre Funktionen über einen unendlichen Zeithorizont erhalten bleiben. Die Endverbraucher fragen letztlich nicht eine bestimmte Menge an Rohstoffen nach, sondern vielmehr deren Funktionen wie Wärme, Licht, Mobilität etc. Um einen konstanten Konsum über die Zeit zu ermöglichen, dürfen Gewinne aus dem Verkauf erschöpfbarer Rohstoffe entsprechend nicht vollständig konsumiert werden, sondern müssen statt dessen in die Entwicklung von Zukunftsenergien, Energiespartechnologien, die Suche nach verbesserten Abbautechniken und ähnliches investiert werden.

Energierohstoffe unterscheiden sich von anderen erschöpfbaren Rohstoffen (Kupfer, Eisen, Aluminium u. a.) dadurch, dass sie nicht rezyklierbar sind und damit nach Gebrauch für die Nutzung durch den Menschen verloren gehen (Entropie) (STRÖBELE, 1987). Die Substitutionsmöglichkeiten bei Energierohstoffen durch Realkapital sind begrenzt. Entsprechend ist bei den Substituten für nicht erneuerbare Energieträger zwischen solchen Technologien zu unterscheiden, die den Einsatz (wenn auch abnehmender Mengen) nicht erneuerbarer Energieträger voraussetzen (z. B. Erhöhung der Wirkungsgrade) und solchen, die einen vollständigen Verzicht auf den Einsatz der nicht erneuerbaren Energieträger in Zukunft erlauben (z. B. Wasserstofftechnologie, Solarenergie, Fusionstechnologie). NORDHAUS (1973, S. 532) hat zur Umschreibung entsprechender Substitute für erschöpfbare Energierohstoffe den Begriff der *Backstop*-Technologien geprägt. Dauerhaft erlauben nur letztere den Verbrauch nicht erneuerbarer Rohstoffe, ohne das Ziel intergenerationeller Gerechtigkeit zu gefährden.

1367. Tatsächlich sind hinsichtlich des Problems intergenerationeller Gerechtigkeit zwei entgegengesetzte Entwicklungen zu beobachten. Zum einen verbraucht die gegenwärtige Generation erschöpfbare Rohstoffe, die späteren Generationen nicht mehr zur Verfügung stehen, zum anderen hinterlässt sie einen höheren Kapitalbestand sowie Know how (STRÖBELE, 1991). Eine abschließende Beantwortung der Frage, ob das gegenwärtige Ausmaß des Abbaus erschöpfbarer Energierohstoffe durch den gleichzeitig aufgebauten Kapitalstock und die technischen Fähigkeiten ausgeglichen wird, ist aufgrund zahlreicher Bewertungsschwierigkeiten nur sehr ungenau möglich. Hierzu zählen unter anderem Schwierigkeiten bei der Bestimmung der als funktionsgleich zu akzeptierenden Substitute sowie Unsicherheiten hinsichtlich des künftigen Erfolges von heute getätigten Investitionen in Forschung und Entwicklung. Vorsicht bei der Abschätzung ist angezeigt. Denn selbst, wenn Technologien zur Substitution erschöpfbarer

Energierohstoffe im Grundsatz bekannt sind, muss nicht nur der Zeitrahmen berücksichtigt werden, dessen es bis zur Anwendungsreife der Technik bedarf. Hinzu kommt noch jener Zeitraum, der zum Aufbau der für den Einsatz dieser Technologie erforderlichen komplementären Infrastruktur benötigt wird.

In bezug auf die Entwicklung von Zukunftstechnologien gibt es gute Gründe für die Annahme, dass der Marktmechanismus selbst eine Reihe von Anreizen für Investitionen in entsprechende technische Entwicklungen setzt, solange die Aussicht auf steigende Preise aufgrund wachsender Rohstoffknappheit besteht. Korrigierende staatliche Eingriffe werden allerdings dann erforderlich, wenn die über den Preismechanismus induzierten Investitionen in Substitute für nicht erneuerbare Energieträger nicht ausreichen, um die Funktionen der in einer Periode abgebauten nicht erneuerbaren Rohstoffe vollständig zu erhalten. Dies kann insbesondere dann erforderlich sein, wenn über den Marktmechanismus auf absehbare Zeit nur solche Technologien befördert werden, die nicht ohne erschöpfbare Energieträger betrieben werden können.

Letztlich ist eine politische Entscheidung darüber erforderlich, welcher Entwicklungspfad als intergenerationell gerecht betrachtet wird. Für eine Operationalisierung des Ziels intergenerationeller Gerechtigkeit geeignete Ansätze liegen bislang noch nicht vor.

Fazit

1368. Neben der Emissionsbegrenzung und der Beschränkung struktureller Eingriffe in den Naturhaushalt verfolgt die deutsche Umweltpolitik die Schonung nicht erneuerbarer Rohstoffe als eigenständiges Ziel. Der Umweltrat hält den verlangsamten Abbau von erschöpfbaren Energierohstoffen zwar grundsätzlich für geeignet, um Zeit für die Erforschung neuer Technologien sowie für den Aufbau komplementärer Infrastruktur für entsprechende Technologien zu gewinnen. Allerdings fehlt ein geeigneter Referenzmaßstab, der bei der Ableitung quantitativer Zielvorgaben herangezogen werden könnte. Hinsichtlich der Knappheit von Rohstoffen kann nicht ohne weiteres davon ausgegangen werden, dass der Staat über bessere Informationen verfügt als die privaten Akteure am Markt. Wirtschaftspolitische Eingriffe in Rohstoffmärkte führen nicht notwendigerweise zu einem besseren Ergebnis (Staatsversagen).

1369. Nationale Alleingänge, die darauf gerichtet sind, die Abbaugeschwindigkeit von nicht erneuerbaren Energieträgern zu reduzieren, können wegen ihrer Vorbildwirkung temporär sinnvoll sein, um internationale Konsense zur Lösung des Problems vorzubereiten. Allerdings können Einsparungen durch ein oder mehrere Industrieländer aufgrund der internationalen Verflechtungen der Rohstoffmärkte – sofern sie im Weltmaßstab mengenmäßig relevant sind – zu sinkenden Weltmarktpreisen führen, die anderen Staaten zugute kommen und dort in Abhängigkeit von der Preiselastizität der Nachfrage einen entsprechenden Mehrverbrauch auslösen. Das Ziel der Schonung erschöpfbarer Energieträger kann insofern dauerhaft nur durch gleichgerichtetes Verhalten der Verbraucherländer etwa über international abgestimmte Förderquoten verfolgt werden. Dazu mag ein nationales Vorangehen zur Erzeugung von „good will" sinnvoll sein. Die bisherigen Erfahrungen mit Rohstoffabkommen geben jedoch wenig Anlass zur Hoffnung auf ein erfolgreiches Zustandekommen einer solchen Regelung. Sie ist auch in dem Maße verzichtbar wie es gelingt, einen schnelleren Pfad des Abbaus klimaschädlicher Emissionen international durchzusetzen.

1370. Ein anderer Ansatzpunkt für staatliche Maßnahmen zur Erreichung von Verteilungsgerechtigkeit könnten gezielte Investitionen in die Forschung und Entwicklung von solchen Technologien sein, die geeignet sind, unter Substitution der betreffenden Energierohstoffe die gleiche Dienstleistung für künftige Generationen zu erbringen. Allerdings empfiehlt sich hier eine differenzierte Vorgehensweise. Investitionen in die *Grundlagenforschung* sind aus Sicht des Umweltrates geeignet und erforderlich, damit das Ziel intergenerationeller Gerechtigkeit auf Dauer nicht gefährdet wird. In diesem Zusammenhang sollten Investitionen in Sachkapital ebenso wie Humankapitalinvestitionen vorangetrieben werden. Die Subventionierung *anwendungsreifer Technologien* zur Substitution nicht-erneuerbarer Rohstoffe, die allein aufgrund ihrer im Vergleich zu erschöpfbaren Rohstoffen höheren Kosten heute noch nicht marktfähig sind, sollte nach Auffassung des Umweltrates insofern vorsichtig gehandhabt werden, als solche Technologien sich spätestens dann am Markt behaupten werden, wenn die Rohstoffpreise knappheitsbedingt steigen. Die Markteinführung anwendungsreifer und vor dem Hintergrund der herrschenden Preisrelationen auf den Güter- und Faktormärkten grundsätzlich wettbewerbsfähiger Technologien, könnte durch zeitlich befristete Förderprogramme unterstützt werden. Durch eine Befristung entsprechender Programme kann die Dauersubventionierung von Technologien wie der Photovoltaik vermieden werden, die aufgrund ihrer besonderen Eigenschaften (z. B. niedrige Energiedichte, geringe Wirkungsgrade, ausgeprägte Saisonalität) auf absehbare Zeit nicht ohne entsprechende Förderung am Markt überleben werden und in Deutschland allenfalls für Nischenanwendungen in Frage kommen. Weitere Hemmnisse, die dem breiteren Einsatz von solchen Technologien entgegenstehen, die es erlauben, auf erschöpfbare Energieträger vollständig zu verzichten, sollten abgebaut werden (Tz. 1493).

Auch ist zu beachten, dass die staatliche Förderung von Technologien zur Substitution von endlichen Energierohstoffen die Schaffung einer umweltpolitischen Rahmenordnung zur Begrenzung von Umweltbeeinträchtigungen keineswegs ersetzen kann. So führt der Einsatz solcher Technologien letztlich zu einer Entknappung auf den Rohstoffmärkten und damit unter Umständen zu einem beschleunigten Rohstoffabbau. Eine geeignete umweltpolitische Rahmenordnung ist unter diesen Umständen erforderlich, um ökologisch unerwünschte Anpassungsmaßnahmen zu vermeiden.

1371. Neben der Förderung der Grundlagenforschung in bezug auf Substitute für erschöpfbare Energierohstoffe sollten nach Auffassung des Umweltrates Maßnahmen zur Anlastung der Umweltkosten des Rohstoffabbaus sowie der Rohstoffnutzung bei ihren Verursachern so schnell wie möglich umgesetzt werden. Dabei darf nicht übersehen werden, dass mit entsprechenden Maßnahmen nicht nur Umweltbeeinträchtigungen in Form von Emissionen und strukturellen Eingriffen in den Naturhaushalt begrenzt werden, sondern gleichzeitig eine wesentliche Ursache für eine eventuell zu hohe Abbaugeschwindigkeit von Rohstoffen wirksam beseitigt wird. Mit der Klimarahmenkonvention wurde bereits eine Institution für eine international abgestimmte Klimapolitik geschaffen. Für Maßnahmen zur Reduzierung von allein regional bzw. lokal wirkenden Umweltschäden gilt grundsätzlich, dass diese in den rohstofffördernden bzw. den rohstoffverbrauchenden Staaten selbst ergriffen werden müssen. Durch Maßnahmen zur Verminderung von Umweltbeeinträchtigungen des Rohstoffabbaus sowie des Energieeinsatzes wird der Verbrauch nicht erneuerbarer Primärenergieträger verteuert und damit letztlich eine Verlangsamung des Rohstoffabbaus herbeigeführt.

3.2.4.2 Zur Versorgungssicherheit als speziellem energiepolitischem Ziel

1372. Neben umweltpolitischen Zielen wird weiterhin das Ziel der Versorgungssicherheit als Begründung für staatliche Eingriffe in Energiemärkte angeführt. Dabei geht es

(1) um die Sicherstellung einer ausreichenden Versorgung mit Primärenergieträgern für die Energieversorgung bzw. für die Stromerzeugung sowie

(2) um die Sicherstellung einer unterbrechungsfreien Versorgung mit Strom.

Mit diesen speziellen energiepolitischen Zielen wird zum Teil auch heute noch versucht, staatliche Eingriffe in die Energiemärkte (z. B. Erdölvorratspolitik, Subventionierung von Steinkohle, Regulierung der Strom- und Gasmärkte) zu legitimieren. Dabei darf jedoch nicht übersehen werden, dass Maßnahmen zur Herstellung von Versorgungssicherheit zuweilen im Konflikt mit umweltpolitischen Zielen stehen (z. B. Steinkohlesubventionierung, Tz. 1377 ff.). Im folgenden soll der Frage nachgegangen werden, inwieweit die genannten speziellen energiepolitischen Ziele unter den geltenden politischen wie ökonomischen Rahmenbedingungen entsprechende staatliche Maßnahmen tatsächlich erforderlich machen.

3.2.4.2.1 Versorgungssicherheit I: Primärenergieträger

1373. 1998 wurden 74 % der deutschen Primärenergienachfrage durch Importe gedeckt (Mineralöl 98 %, Erdgas 79 %, Uran 61 %, Steinkohle 37 %, Braunkohle 2 %; SCHIFFER, 1998, S. 168). Die starke Importabhängigkeit bei Primärenergieträgern wurde von der Politik in der Vergangenheit überwiegend als potentielle Gefahr für die Volkswirtschaft bewertet. Mittlerweile setzt sich jedoch die Erkenntnis durch, dass nationales Autarkiedenken und die Aufrechterhaltung nicht wettbewerbsfähiger Erzeugungsstrukturen wenig adäquate Maßnahmen im Rahmen einer zukünftigen Energiepolitik sind (MÜLLER und BREUER, 1999). Bei dem speziellen energiepolitischen Ziel der Herstellung von Versorgungssicherheit mit Primärenergieträgern geht es zum einen darum, die Volkswirtschaft vor den negativen Effekten von Lieferunterbrechungen aufgrund von unvorhersehbaren Ereignissen zu schützen (kurzfristige Sicherungsstrategien), zum anderen soll eine dauerhaft sichere, zuverlässige und ausreichende Versorgung mit Energie zu vertretbaren Preisen gewährleistet werden (langfristige Sicherungsstrategien).

Als Maßnahmen, um die Gefahren der Importabhängigkeit zu reduzieren, kommen unter anderem die Diversifikation der eingesetzten Primärenergieträger und der Bezugsquellen, die Ausweitung der heimischen Gewinnung von Energieträgern, die Erhöhung der Energieeffizienz, die Vorratshaltung, der Abschluss langfristiger Lieferverträge sowie Termingeschäfte in Frage. In der Regel werden private Akteure eine Reihe dieser Maßnahmen zur Risikovorsorge nach Maßgabe ihrer Risikopräferenzen im eigenen Interesse ergreifen. Flankierende staatliche Eingriffe können allenfalls zum Schutz vor unkalkulierbaren Risiken im Fall geringer Anpassungsfähigkeit der Märkte in Embargosituationen erforderlich werden. Für die Entscheidung, in welchem Umfang eine eigene staatliche Risikovorsorge erforderlich ist, sind die Ausweichmöglichkeiten bei Ausfall von Bezugsquellen (u. a. Erschließung neuer Bezugsquellen, Wechsel auf andere Energieträger) und deren Kosten, sowie die Risikoeinstellung einer Gesellschaft ausschlaggebend.

Versorgungssicherheit bei Mineralöl

1374. Mit einer Importquote von 98 % ist die Abhängigkeit von nicht im Inland gewonnen Primärenergieträgern bei Mineralöl mit Abstand am höchsten. Dass eine hohe Importquote verbunden mit einer starken Abhängigkeit von einer einzelnen Lieferregion unter Umständen große volkswirtschaftliche Schäden (u. a. Inflation, Arbeitslosigkeit) anrichten kann, wurde Politikern und Verbrauchern während der beiden Ölpreiskrisen 1973/74 und 1978/79 vor Augen geführt.

Noch unter dem Eindruck des Ölembargos im Herbst 1973, das mit einer Vervierfachung des Ölpreises verbunden war, vereinbarten die Mitglieder der Internationalen Energieagentur (IEA) im November 1974 ein Programm, das u. a. die Verpflichtung zur Vorhaltung von Mineralölreserven zur Selbstversorgung im Krisenfall vorsieht (MATTHIES, 1985, S. 239 f.). Mit dem Energiesicherungsgesetz (Gesetz zur Sicherung der Energieversorgung bei Gefährdung oder Störung der Einfuhren von Erdöl, Erdölerzeugnissen oder Erdgas vom 20. Dezember 1974) wurden in Deutschland die rechtlichen Voraussetzungen für staatliche Eingriffe in den nationalen Ölmarkt im Krisenfall geschaffen. Das Erdölbevorratungsgesetz (Gesetz über die Bevorratung mit Erdöl und Erdölerzeugnissen vom 25.7.1978) setzt die von der Internationalen Energieagentur und der Europäischen Gemeinschaft ausgehende Verpflichtung, Ölvorräte für 90 Tage vorzuhalten, in deutsches Recht um. Es sieht die Zwangsmitgliedschaft der Unternehmen der Mineralölwirtschaft im Erdölbevorratungsverband vor. Der Verband hält Pflichtvorräte an Mineralölprodukten, die den durchschnittlichen Ölverbrauch von 90 Tagen decken. Bundesrohölreserven, die die Bundesregierung in den siebziger Jahren aufgebaut hatte, werden zur Zeit verkauft.

1375. Das Problem der Importabhängigkeit von Mineralöllieferungen stellt sich heute anders als in den siebziger Jahren. So ist die Abhängigkeit von Mineralöl als Energieträger durch Diversifikation der eingesetzten Energieträger zurückgegangen. Während Mineralöl 1973 noch einen Anteil von 55 % am Primärenergieverbrauch in Deutschland hatte, machte dieser 1998 nur noch 40 % aus. Auch die Importabhängigkeit von einer einzelnen Lieferregion besteht heute nicht mehr in gleicher Form. Zur Zeit der ersten Ölpreiskrise stammten noch 96 % der deutschen Rohölimporte aus den OPEC-Staaten. Inzwischen ist dieser Anteil auf 27 % gesunken, und die Macht der OPEC auf dem Weltölmarkt ist deutlich zurückgegangen. Statt dessen hat eine starke Diversifizierung der deutschen Bezugsquellen stattgefunden (Westeuropa 38,2 %, Osteuropa/Asien 26 %, Afrika 21,2 %, Naher Osten 12,4 % und Südamerika 2,2 %; SCHIFFER, 1998, S. 156). Mit einem gleichzeitigen Ausfall aller Rohölimporte ist kaum mehr zu rechnen. So kam es nach Ausbruch des Golfkrieges im August 1990 – bedingt durch den Ausfall irakischer und kuwaitischer Öllieferungen – zwar kurzfristig zu einer deutlichen Erhöhung der Weltmarktpreise für Rohöl, die Lieferausfälle wurden jedoch in weniger als einem Monat durch die Ausweitung des Ölangebots Saudi-Arabiens, der Vereinigten Arabischen Emirate und Venezuelas ausgeglichen. Noch während des Golfkrieges (im Januar/Februar 1991) sank der Rohölpreis unter den Stand, den er vor Ausbruch der Krise erreicht hatte (BEHRENS, 1991, S. 18 f.).

Vor dem Hintergrund dieser veränderten Rahmenbedingungen erscheint dem Umweltrat eine Neubewertung der Erdölsicherungspolitik geboten. Eine entsprechende Entscheidung muss letztlich zusammen mit den Mitgliedstaaten der Internationalen Energieagentur bzw. der Europäischen Union getroffen werden.

Versorgungssicherheit bei Kohle

1376. Die Versorgung mit heimischen Energieträgern wird von der Politik regelmäßig als geeignete Maßnahme angeführt, um das Risiko von Versorgungsengpässen im Energiesektor zu begrenzen. Während die Braunkohlegewinnung jedoch ohne staatliche Subventionen auskommt, kann sich die inländische Steinkohle ohne staatliche Interventionen angesichts der vergleichsweise schlechten geologischen Förderbedingungen in den deutschen Revieren auch langfristig kaum am Weltmarkt behaupten.

Die Subventionierung des Steinkohlebergbaus ist bis in die fünfziger Jahre zurückzuführen. Im Rahmen des Jahrhundertvertrags und des Hüttenvertrags hatten die Elektrizitätswirtschaft sowie die Eisen- und Stahlindustrie Abnahmegarantien für große Mengen an deutscher Steinkohle abgegeben. Der Kohleverkauf an die Elektrizitätswirtschaft und an die Eisen- und Stahlindustrie wurde zunächst über den Verstromungsfonds bzw. über die Kokskohlebeihilfe von Bund und Ländern finanziell unterstützt. Seit 1998 sind die Kokskohlebeihilfe und die Verstromungshilfen ebenso wie die Mittel für Stilllegungsmaßnahmen in einem Gesamtplafond zusammengefasst. Die Absatzhilfen für deutsche Steinkohle beliefen sich 1998 insgesamt auf 9,25 Mrd. DM. Auf den Plafond des Bundes entfielen davon 7,75 Mrd. DM. Der Kohlekompromiss vom 13. März 1997 sieht vor, die Absatzhilfen bis zum Jahr 2005 auf insgesamt 5,5 Mrd. DM zurückzuführen. Die Plafondmittel des Bundes betragen dann noch 3,8 Mrd. DM. Bis zum Jahr 2002 sollen Anschlussregelungen für die Zeit nach 2005 gefunden werden.

Importbeschränkungen für ausländische Steinkohle (Gesetz über das Zollkontingent für feste Brennstoffe von 1980) wurden mittlerweile aufgehoben.

1377. Die Subventionierung von inländischer Steinkohle aus Gründen der Versorgungssicherheit ist in der Vergangenheit wiederholt stark kritisiert worden (u. a. SRW, 1995, Tz. 352, 357; Wissenschaftlicher Beirat beim Bundesministerium für Finanzen, 1994, Tz. 51 ff.; Deregulierungskommission, 1991, Tz. 293 f.). Folgt man den Kritikern, so ist die bisherige Kohlepolitik weder erforderlich, um die Versorgung mit Primärenergieträgern dauerhaft sicherzustellen, noch ist sie geeignet, die Einhaltung dieses Ziels tatsächlich zu gewährleisten. Dagegen sprechen unter anderem folgende Argumente:

– Der Energiemix hat sich in den vergangenen 40 Jahren erheblich verändert. Während der Anteil der Steinkohle am deutschen Energiemix 1957 noch bei rund 70 % lag, ist dieser mittlerweile auf 14,2 % gesunken. Anderen Energieträgern kommt inzwischen eine sehr viel größere Bedeutung zu (Mineralöl 40,0 %, Erdgas 21,0 %, Kernenergie 12,3 %, Braunkohle 10,5 %, andere 2,0 %; Arbeitsgemeinschaft Energiebilanzen, 1999). Die Energieträger werden aus einer Vielzahl von zumeist wenig krisenanfälligen Staaten bezogen. Lieferschwierigkeiten aus einzelnen Regionen oder politische Krisen in Exportstaaten können die Versorgungssicherheit in Deutschland demnach nicht ernsthaft gefährden.

– Die Bezugsquellen für Kohle sind mittlerweile über die ganze Welt verstreut (vgl. Tab. 3.2.4-1). Bei den meisten dieser Staaten kann kaum auf ein politisches Interesse geschlossen werden, die Kohleexporte nach Deutschland einzufrieren. Auch ist nicht damit zu rechnen, dass ein funktionsfähiges Kartell zwischen den kohlefördernden Staaten zustande kommt.

– Insbesondere dort, wo Kohle im Tagebau gewonnen wird (u. a. in Australien (70 % der Kohleförderung), USA (60 %), Indonesien (100 %), Kolumbien (100 %)), ließe sich das Angebot an Kohle schnell ausweiten. Die inländische Kohlegewinnung ließe sich hingegen bei Versorgungsengpässen in Krisensituationen allenfalls in engen Grenzen steigern.

– Sofern mit der Kohlepolitik dem Risiko zu hoher Weltmarktpreise für Steinkohle oder plötzlichen Preisschwankungen entgegengewirkt werden soll, sind die heute ergriffenen Maßnahmen angesichts der erheblich niedrigeren Weltmarktpreise für Steinkohle völlig unverhältnismäßig. Inländische Steinkohle wird sich auch langfristig gegenüber anderen Energieträgern bzw. gegenüber der unter günstigeren geologischen Bedingungen geförderten Steinkohle aus anderen Staaten wirtschaftlich kaum behaupten können (VOGL, 1994).

1378. Das Festhalten an der Steinkohlesubventionierung erscheint nicht nur nicht erforderlich, um das Ziel der Versorgungssicherheit mit Primärenergieträgern sicherzustellen, vielmehr sind mit der Kohlepolitik auch eine ganze Reihe von zum Teil gravierenden negativen Effekten verbunden. Hierzu zählen neben der starken Belastung der öffentlichen Haushalte und der Verhinderung eines überfälligen Strukturwandels in den Förderregionen vor allem auch ökologisch kontraproduktive Lenkungsanreize.

Durch die Kohlepolitik sind die Elektrizitätsversorger und Eisen- und Stahlhütten an die vertraglich zugesicherten Abnahmemengen gebunden. Der Wettbewerb der Energieträger beim Einsatz in der Stromerzeugung wird zugunsten der vergleichsweise umweltintensiven Kohlekraftwerke verzerrt. Umweltpolitische Instrumente, wie etwa die Einführung einer CO_2-Abgabe (Tz. 97 ff.), könnten unter diesen Rahmenbedingungen nicht die erwünschte Lenkungswirkung entfalten und damit auch keine Anreize zur Substitution von umweltintensiven durch weniger umweltintensive Primärener-

gieträger im ökonomisch wie ökologisch gebotenen Ausmaß setzen. Eine glaubwürdige Klimapolitik ist mit einer gezielten Steinkohleabsatzpolitik insofern kaum vereinbar. Ausdruck dieses Konfliktes ist die ungleiche steuerliche Behandlung fossiler Energieträger. Anders als alle anderen Energieträger ist Kohle sowohl von der Mineralölsteuer als auch von den Steuererhöhungen durch das Gesetz zum Einstieg in die ökologische Steuerreform ausgenommen (SRU, 1999). Zudem wird durch die Subventionierung von Steinkohle der Preismechanismus, der die Knappheit von Rohstoffen anzeigt, außer Kraft gesetzt und damit einem sparsamen Umgang mit Rohstoffen entgegengewirkt (vgl. Abschn. 3.2.4.1). Insofern sprechen auch rohstoffpolitische Gesichtspunkte für den Verzicht auf eine entsprechende Subventionspolitik.

Tabelle 3.2.4-1

Einfuhren von Steinkohle, Steinkohlekoks und Steinkohlebriketts in die Bundesrepublik Deutschland

Herkunft	Einfuhren Januar bis Oktober 1998	
	in 1 000 t	in %
Polen	5 870	27,1
Südafrika	5 774	26,6
Kolumbien	2 694	12,4
Australien	1 584	7,3
EU	1 578	7,3
USA	1 346	6,2
Tschechische Republik	924	4,3
Kanada	757	3,5
Venezuela	345	1,6
VR China	283	1,3
GUS	150	0,7
übrige Drittländer	385	1,7
Insgesamt	21 690	100,0

Quelle: SCHIFFER, 1998 nach Statistisches Bundesamt, eigene Berechnungen

1379. Beschäftigungs- und regionalpolitische, ebenso wie forschungspolitische Argumente legen zwar eine behutsame Vorgehensweise beim Ausstieg aus der deutschen Kohlepolitik nahe, die dauerhafte Aufrechterhaltung staatlicher Subventionen können sie hingegen nicht legitimieren. Während das Rheinisch-Westfälische Institut für Wirtschaftsforschung (RWI) in einer Studie aus dem Jahr 1985 feststellte, dass 1980 an zehn Arbeitsplätzen im Steinkohlebergbau im Ruhrgebiet 13 weitere Arbeitsplätze in vor- und nachgeschalteten Wirtschaftszweigen hingen (RWI, 1985), weisen neuere

Veröffentlichungen darauf hin, dass Produktions- und Beschäftigungsverflechtungen im Steinkohlebergbau aufgrund einer hohen Kostendisziplin in diesem Sektor in den letzten zwanzig Jahren signifikant zurückgegangen sind (STORCHMANN, 1997, S. 314 f.; STORCHMANN und KYROU, 1997, S. 41). Der Verweis auf die Ergebnisse entsprechender statischer Analysen zu Lieferverflechtungen erscheint auch deshalb wenig geeignet, um den Subventionserhalt im Steinkohlebergbau zu legitimieren, da dynamische Aspekte wie die Anpassungsfähigkeit der betroffenen Wirtschaftszweige (Maschinenbau, EBM-Waren, Stahlverformung, Ziehereien und Kaltwalzwerke u. a.) und deren Mitarbeiter an veränderte Rahmenbedingungen, ebenso wie die langfristigen Kosten einer solchen Politik (u. a. geringe Innovationskraft, mangelnde Produktivitätsgewinne, Wettbewerbsverzerrungen) in den Berechnungen keine Berücksichtigung finden können. Auch geben diese Untersuchungen keinen Aufschluss darüber, ob beim Einsatz der gleichen Mittel in anderen Sektoren nicht sehr viel größere Beschäftigungswirkungen erzielt werden könnten.

Der technische Standard des deutschen Steinkohlebergbaus sowie der Bergbauzulieferindustrie ist im internationalen Vergleich führend. Dies ist unter anderem auf die relativ ungünstigen geologischen Verhältnisse im deutschen Bergbau zurückzuführen. Das heißt aber auch, dass der Einsatz deutscher Technologien in Staaten mit günstigeren Förderbedingungen unter Umständen zu teuer ist. Forschungspolitische Argumente allein werden zweifelsfrei nicht ausreichen, um die deutschen Steinkohlesubventionen aufrechtzuerhalten.

Versorgungssicherheit bei Gas

1380. Der Anteil von Erdgas am Primärenergiemix ist zwischen 1973 und 1998 von 9 auf 21 % gestiegen. Energiebedarfsprognosen gehen davon aus, dass die Bedeutung von Gas als Energieträger in Zukunft weiter wachsen wird. 1998 wurden 21 % des Bruttoaufkommens in Deutschland durch Inlandsgewinnung gedeckt, 35 % stammten aus Russland, 22 % aus den Niederlanden, 19 % aus Norwegen, 2 % aus Dänemark und 1 % aus Großbritannien (SCHIFFER, 1998, S. 163). Gasimporte basieren in der Regel auf langfristigen Lieferverträgen (sog. Take-or-Pay-Verträgen) zwischen ausländischen Produzenten und den auf dem deutschen Markt tätigen Versorgern. Die Laufzeiten betragen bis zu dreißig Jahren. In der Gasversorgung existieren keine Bevorratungspflichten. Allerdings halten die Versorger auf freiwilliger Basis Reserven, mit denen sie saisonale Nachfrageschwankungen, kurzfristige Spitzenbelastungen und technisch bedingte Lieferunterbrechungen ausgleichen können. Die Internationale Energieagentur geht davon aus, dass die Flexibilität des Gassektors mit nationalen Gasreserven und der Möglichkeit des gegenseitigen Austausches vor dem Hintergrund des gegenwärtigen Energiemixes ausreicht, um Versorgungssicherheit innerhalb von Europa zu gewährleisten (STEEG, 1999, S. 120).

1381. Im Dezember 1994 haben 49 Staaten, unter ihnen die Nachfolgestaaten der Sowjetunion sowie die Mitgliedstaaten der Europäischen Union, den Energiecharta-Vertrag unterschrieben. Mittlerweile haben sich weitere Staaten dem Abkommen angeschlossen. Der Energiecharta-Vertrag schafft einen verbindlichen und verlässlichen Rechtsrahmen für Investitionen im Energiesektor und gewährleistet einen ungestörten Transit der Energieerzeugnisse zwischen Erzeuger- und Verbraucherland. Angesichts des hohen Importanteils russischen Erdgases am deutschen Erdgasaufkommen ist die Teilnahme Russlands an dem multilateralen Abkommen für Deutschland von besonderer Bedeutung.

1382. Am 10. August 1998 trat die Richtlinie zur Liberalisierung des Erdgasbinnenmarktes in Kraft. Mit der Novellierung des Energiewirtschaftsrechts (Tz. 1418 ff.) wurde die Richtlinie bereits weitestgehend in deutsches Recht umgesetzt. Die kartellrechtliche Freistellung der Gebietsmonopole der Strom- und Gaswirtschaft durch die §§ 103 und 103a GWB ist entfallen. Eine Gefährdung der Versorgungssicherheit mit Erdgas ist angesichts der geplanten Liberalisierung des Gasmarktes mit verhandeltem Netzzugang nicht zu erwarten. Vielmehr lässt eine Öffnung des europäischen Verbundnetzes auf eine Erhöhung des Grades an Versorgungssicherheit schließen. Die Erfahrungen mit der Liberalisierung des Gasmarktes in den USA und in Großbritannien haben gezeigt, dass in einem stärker wettbewerblich organisierten Markt langfristige Lieferverträge zunehmend durch kurzfristige Verträge ersetzt werden. Die Versorgungssicherheit wird in diesem Fall durch die Vielzahl der Akteure am Markt und über freien Leitungsbau sichergestellt. In den USA ebenso wie in Großbritannien haben sich zudem neue Märkte (Terminmärkte) bzw. Produkte (u. a. Optionen, Swaps, Forwards) herausgebildet. Durch den Abschluss entsprechender Kontrakte können Marktteilnehmer langfristige Mengen-, Preis- und Wechselkursrisiken reduzieren und erhalten somit Planungssicherheit.

3.2.4.2.2 Versorgungssicherheit II: Strom

1383. Die Befürworter von regionalen Angebotsmonopolen auf den Strommärkten sehen im Wettbewerb zwischen Versorgungsunternehmen eine Gefahr für die Versorgungssicherheit mit Sekundärenergie. Bei Aufhebung geschlossener Versorgungsgebiete könne die Stabilität von Frequenz und Spannung im Netz bei Kraftwerksausfällen oder unerwarteten Schwankungen der Abnahmemengen nicht gewährleistet werden, da gewinnmaximierende Erzeuger keine Anreize zur Vorhaltung von Reservekapazitäten hätten (vgl. hierzu und im folgenden Deregulierungskommission, 1991, Tz. 289, 358 f.).

Werden geeignete Rahmenbedingungen auf Wettbewerbsmärkten geschaffen, sind die angeführten Bedenken jedoch unnötig. Eine Möglichkeit, um die Bereitstellung ausreichender Netz- und Erzeugungskapazitäten sicherzustellen, liegt in der klaren Zuweisung der Versorgungsverantwortung an die Netzbetreiber sowie in zentralen Entscheidungen über die Zuschaltung von Reservekapazitäten. Die Kosten für die Vorhaltung von Reservekapazitäten tragen die Verbraucher über einen an den Netzbetreiber zu entrichtenden Sicherheitsaufschlag (für eine ausführliche Darstellung der Funktionsweise liberalisierter Strommärkte vgl. Tz. 1448 ff.). Dabei ist denkbar, den Sicherheitsaufschlag nach den Sicherheitspräferenzen der Verbraucher zu differenzieren. Stromabnehmer, die vertraglich zusichern, dass sie in Engpasssituationen auf Stromlieferungen verzichten, etwa weil sie eigene Reservekapazitäten vorhalten oder aber weil ein Stromausfall für sie ohne größere Folgen bliebe (z. B. private Haushalte), würden bei dieser Lösung einen geringeren Aufschlag zahlen als Abnehmer mit einem hohen Sicherheitsbedürfnis. Das realisierte Sicherheitsniveau wäre dann das Ergebnis von Angebot und Nachfrage.

Das Ziel der Versorgungssicherheit kann unter den genannten Rahmenbedingungen in einem Wettbewerbsmarkt zudem sehr viel günstiger erreicht werden als im Fall geschlossener Versorgungsgebiete in der Stromwirtschaft. In einem weiträumigen und über die nationalen Grenzen vermaschten Netz besteht die Möglichkeit, wechselseitig Rückgriff auf entsprechende Reservekapazitäten zu nehmen. Die Notwendigkeit der Vorhaltung eigener Reservekapazitäten wird damit erheblich vermindert.

1384. Gegen die Liberalisierung der Strommärkte aus Gründen der mangelnden Versorgungssicherheit werden zuweilen die Stromausfälle in Auckland/Neuseeland im Februar 1998 angeführt. Innerhalb von nur zwölf Tagen waren dort alle vier 110-kV-Kabel, die das Geschäftszentrum der Stadt mit Strom versorgen, ausgefallen (GLAUSINGER und KERBER, 1998).

Dem Elektrizitätsversorger Mercury Energy wurde nach den Ereignissen vom Februar 1998 vorgeworfen, er habe seit der Privatisierung 1993 allein das Ziel der Gewinnmaximierung und die Ausweitung seines Geschäftsfeldes verfolgt und dabei das Kerngeschäft vernachlässigt. Allerdings zeigt sich, dass aus den Stromausfällen in Auckland kaum auf eine vergleichbare Gefahr als Folge der Liberalisierung des Strommarktes in Deutschland geschlossen werden kann. Vielmehr weisen die vorliegenden Berichte darauf hin, dass in Auckland eine Reihe unternehmensspezifischer sowie unvorhersehbarer Umstände zusammenfielen, die letztlich zu den Stromausfällen geführt haben. Ein direkter Zusammenhang zur Liberalisierung und Deregulierung der neuseeländischen Stromwirtschaft lässt sich nicht herstellen. Die Kritik richtet sich statt dessen in wesentlichen Punkten auch gegen das öffentlich-rechtliche Vorgängerunternehmen Auckland Electric Power Board. Entsprechend würdigt die Regierung Neuseelands die Ergebnisse des Abschlußberichtes der Expertenkommission, die die organisatorischen und technischen Ursachen der Stromausfälle untersuchte (Auckland Power Supply Failure, 1998). Sie sieht im Wettbewerb in der Stromwirtschaft weniger eine Gefahr für das Ziel der Versorgungssicherheit als vielmehr eine Chance. In einer Pressemitteilung erklärt sie, dass gerade im Wettbewerb für die Unternehmen Anreize gesetzt werden, Versorgungsverträge mit unterschiedlichen Sicherheitsstandards abzuschließen und damit die Präferenzen der Verbraucher hinsichtlich des gewünschten Niveaus an Versorgungssicherheit mit ihren eigenen kommerziellen Interessen zu verbinden (BRADFORD, Minister of Energy, 1998).

1385. Schließlich stellt sich die Frage, wie eine unterbrechungsfreie Versorgung mit Strom auch dann noch sichergestellt werden kann, wenn der Anteil an Strom aus regenerativen Energieträgern deutlich zunimmt. Im Gegensatz zu Strom aus fossilen Energieträgern ist die Versorgung mit Strom aus regenerativen Energieträgern zum Teil durch ein hohes Maß an Saisonalität geprägt. Während etwa die Windkraftnutzung von der Windstärke abhängt, wird die Stromerzeugung in Photovoltaikanlagen von der Sonneneinstrahlung beeinflusst. Um die Versorgungssicherheit mit Strom auch dann sicherzustellen, wenn diese Anlagen ausfallen, müssen Erzeugungskapazitäten (fossil oder regenerativ) vorgehalten werden, die diese Ausfälle gegebenenfalls auffangen. Dabei darf nicht übersehen werden, dass das Vorhalten entsprechender Reservekapazitäten mit erheblichen Kosten verbunden sein kann. Die Konzentration auf bestimmte erneuerbare Energiequellen erscheint vor diesem Hintergrund wenig problemadäquat. Der Umweltrat empfiehlt, die Möglichkeiten, mit dem Problem ausgeprägter Saisonalität bei erneuerbaren Energieträgern effizient umzugehen, im Rahmen von Forschungsvorhaben zu untersuchen.

3.2.4.2.3 Fazit

1386. Das Ziel der Sicherung der Versorgung mit Primärenergieträgern rechtfertigt zur Zeit keine weiteren Maßnahmen zur Vermeidung von Versorgungsengpässen. Vielmehr sollten die bestehenden Regulierungen auf ihre Eignung und Verhältnismäßigkeit hin überprüft werden. Nicht die Abschottung von Märkten, sondern im Gegenteil ihre Öffnung erscheint geeignet, um die Risiken eventueller Versorgungsengpässe zu reduzieren. Ein freier Zugang zu den Primärenergiemärkten ebenso wie ein möglichst breites Spektrum an in den Kraftwerksparks eingesetzten Energieträgern leisten einen entscheidenden Beitrag, um Versorgungssicherheit mit Primärenergieträgern sicherzustellen. Die Liberalisierung des europäischen Gasmarktes ebenso wie der 1998 in Kraft getretene Energiecharta-Vertrag weisen hier in die richtige Richtung. Auf die Vorratshaltung von Mineralölreserven könnte angesichts der seit den siebziger

Jahren eingetretenen starken Diversifizierung der Bezugsquellen von Rohöl verzichtet werden. Als ökologisch kontraproduktiv erweist sich schließlich die Subventionierung von Steinkohle. Eine entsprechende Politik wirkt dem umweltpolitisch gebotenen Strukturwandel ebenso wie dem sparsamen Umgang mit Rohstoffen entgegen.

Für Strommärkte lautet die Aufgabe, ihre Funktionsfähigkeit durch Maßnahmen der Deregulierung und Reregulierung in der beschriebenen Weise abzustützen. Verbraucher erhalten auf einem wettbewerblich organisierten Markt die Möglichkeit, Verträge abzuschließen, die ihren individuellen Sicherheitsbedürfnissen Rechnung tragen. Das Ziel der Versorgungssicherheit kann auf einem liberalisierten EU-Binnenmarkt für Strom zudem sehr viel günstiger erreicht werden als bei der Versorgung durch Gebietsmonopole.

3.2.5 Technische Potentiale zur Realisierung der umweltpolitischen Ziele

3.2.5.1 Beitrag der regenerativen Energien zur Deckung des zukünftigen Energiebedarfs

1387. Erneuerbare Energien gelten als Hoffnungsträger, um mittel- und langfristig einen unentbehrlichen Beitrag zum Umwelt- und insbesondere Klimaschutz zu leisten. Ökobilanzen weisen regenerativen Energien einen durchaus merklichen Beitrag zu einer umweltfreundlicheren und klimaverträglicheren Energieversorgungsstruktur in Deutschland zu (HARTMANN und KALTSCHMITT, 1998). Die Breite der technischen Potentiale dezentraler Nutzung von erneuerbaren Energien in Deutschland schwankt in den Abschätzungen je nach getroffenen Annahmen über technische Daten, insbesondere Nutzungsgrade, die verfügbaren bzw. bereitstellbaren Standorte und Flächen sowie die räumliche und zeitliche Verteilung der regenerativen Energieströme. Im folgenden werden lediglich die innerhalb der Grenzen Deutschlands vorhandenen technisch realisierbaren Potentiale auf der Basis der heute und in absehbarer Zukunft verfügbaren Techniken quantitativ dargestellt.

KALTSCHMITT (1999) differenziert zwischen technischen Erzeugungspotentialen, die nur primäre technische und strukturelle Restriktionen berücksichtigen, und technischen Endenergiepotentialen, bei denen zusätzlich nachfrageseitige Restriktionen (z. B. jahreszeitenabhängiger Bedarf von Strom und Niedertemperaturwärme, Netzverluste) in die Berechnungen einbezogen werden. Insbesondere aufgrund der ungleichmäßigen, nicht bedarfsorientierten Stromerzeugung aus Windkraft und Solarstrahlung können hier die Endenergiepotentiale wesentlich niedriger liegen als die Erzeugungspotentiale (vgl. Tab. 3.2.5-1). Unter Berücksichtigung dieser Differenzen errechnet KALTSCHMITT (1999) ein technisches Endenergiepotential aller erneuerbaren Energien zur *Stromerzeugung* zwischen 292 und 355 TWh/a. Bezogen auf die Bruttostromerzeugung in Deutschland (547,2 TWh in 1997) entspricht dies gut der Hälfte.

Bei der Nutzbarmachung der genannten Potentiale muss beachtet werden, dass z. B. für die Biomasse ein Energiepflanzenanbau auf 4 Mio. ha unterstellt wurde, der vor dem Hintergrund der Flächenkonkurrenz in Deutschland und eines eventuellen transportintensiven Imports von Nahrungs- und Futtermitteln unter Klimaschutzgesichtspunkten nicht unbedingt vorteilhaft sein muss.

Tabelle 3.2.5-1

Technische Erzeugungs- und Endenergiepotentiale erneuerbarer Energien zur Stromerzeugung in Deutschland, in TWh/a

	Erzeugungspotentiale	Endenergiepotentiale	Derzeitige Nutzung (1998)
Wasserkraft	ca. 25	ca. 23,5	19,9
Windkraft	104–128 [1] ca. 237 [2]	30–35	4,5
Photovoltaik	40–120 [3] 180–530 [4]	35–40	0,03
Biogene Festbrennstoffe	90–110 [5] ca. 144 [6]	85–137	0,12
Erdwärme	ca. 125	ca. 119	n.a.

[1] Onshore-Aufstellung
[2] Offshore-Aufstellung
[3] Systeme auf Dachflächen
[4] Systeme auf Freiflächen
[5] ausschließlich mit biogenen Festbrennstoffen gefeuerte Anlagen
[6] Zufeuerung in Kohlekraftwerken

Quelle: KALTSCHMITT, 1999

1388. Die Potentiale regenerativer Energien zur *Wärmebereitstellung* können fast ausschließlich nur zur Deckung des Bedarfs an Niedertemperaturwärme dienen. Diese liegt bei den Haushalten, Kleinverbrauchern und der Industrie bei rund 4 600 PJ/a. Nur mit Biomasse lassen sich höhere Temperaturen erreichen. Auch unter Berücksichtigung struktureller und nachfrageseitiger Restriktionen ließe sich der Bedarf an Niedertemperaturwärme weitgehend vollständig durch erneuerbare Energien decken (vgl. Tab. 3.2.5-2; KALTSCHMITT, 1999). Bei einer Nutzbarmachung dieser Potentiale sind jedoch zusätzlich folgende Punkte zu beachten:

– Es wurde unterstellt, dass rund die Hälfte des Potentials aus Umgebungs- bzw. oberflächennaher Erdwärme durch Elektrowärmepumpen erschlossen wird. Daraus ergibt sich eine durch die Stromversorgung zusätzlich bereitzustellende Leistung von beachtlichen 30 GW.

Tabelle 3.2.5-2

Technische Erzeugungs- und Endenergiepotentiale erneuerbarer Energien zur Wärmebereitstellung in Deutschland, in PJ/a

	Erzeugungspotentiale	Endenergiepotentiale	Derzeitige Nutzung (1998)
Solarthermie	608–920 [3] 2 660–4 025 [4]	136 [3] 1 278 [4]	ca. 2,4
Umgebungswärme[1]	ca. 1 800	ca. 1 755	ca. 6
Biogene Festbrennstoffe	1 040–1 170	940–1 110	ca. 167
Erdwärme – Oberflächennah – Hydrothermal – Tiefe Sonden – HDR-Technik[2]	 ca. 940 ca. 1 710 ca. 3 010 ca. 10 000	 ca. 1 316 ca. 1 175 ca. 2 061 ca. 821	 ca. 5 ca. 0,5 ca. 0,006

[1] Energie der Umgebungsluft mit Wärmepumpen
[2] Hot-Dry-Rock-Verfahren
[3] Dachflächen
[4] Freiflächen

Quelle: KALTSCHMITT, 1999

- Die Nutzung hydrothermaler Erdwärmevorkommen ist nur möglich, wenn entsprechende Wärmeverteilnetze gebaut werden.

- Die umfangreiche Wärmebereitstellung aus tiefen Sonden und dem Hot-Dry-Rock-Verfahren scheitert häufig an den eingeschränkten Möglichkeiten eines Transports von Niedertemperaturwärme.

1389. Nach den Berechnungen von HEINLOTH (1997) zu den technisch und insbesondere wirtschaftlich erschließbaren Potentialen würden die erneuerbaren Energieträger unter den Annahmen eines zukünftig (gegenüber 1995) stagnierenden Endenergiebedarfs, um den Faktor 2 erhöhter Energiepreise und keinerlei Behinderungen durch Anbieter konventioneller Energieversorgungssysteme etwa 25 % des Endenergiebedarfs zum frühesten Zeitpunkt im Jahr 2025 ausmachen.

Die Wirtschaftlichkeit der dargestellten Systeme zur Nutzung erneuerbarer Energien hängt entscheidend vom Preisniveau konkurrierender Energieträger ab. Das allgemein niedrige Preisniveau für konventionelle Energieträger infolge zu geringer Berücksichtigung externer Kosten ist ein wesentliches Hemmnis zur Ausschöpfung der technischen Potentiale. Unsichere Energiepreiserwartungen erschweren sichere Renditeabschätzungen für Techniken an der Wirtschaftlichkeitsschwelle. Durch kontraproduktive Subventionen wird das Preisgefüge zusätzlich verzerrt.

Für einen Wirtschaftlichkeitsvergleich erneuerbarer Energieerzeugungsformen lassen sich im wesentlichen drei Gruppen unterscheiden:

- Marktnahe, technisch gut entwickelte und bereits eingesetzte Technologien, die den weitaus größten Anteil des Zuwachses bis 2010 erbringen: Wasserkraft, Windenergie, Bio-Festbrennstoffe auf Reststoffbasis.

- Technologien mit bisher noch geringem Breiteneinsatz oder aber hauptsächlichem Demonstrationsstatus, die bei entsprechender Marktausweitung relativ rasch technische und/oder kostenseitige Verbesserungen versprechen: solarthermische Kollektoren, Biogastechnik, Energiepflanzennutzung und Geothermie.

- Die Photovoltaik als derzeit noch teure, jedoch in vielfältiger Form bereits erprobte und eingesetzte Langfristoption.

Wie die Tabellen 3.2.5-1 und 3.2.5-2 zeigen, sind die größten technisch realisierbaren Potentiale von der Biomasse, Erdwärme, Offshore-Windenergie und Solarthermie zu erwarten. Da diese auch eher in die Kategorien vergleichsweise höherer Wirtschaftlichkeit gegenüber anderen erneuerbaren Energieträgern eingeordnet werden, werden sie nachfolgend kurz skizziert. Ferner wird auf die Wasserstoffnutzung als besonders zukunftsträchtig geltende Form der Nutzung erneuerbarer Energien sowie auf die Photovoltaik eingegangen.

Zur Biomasse

1390. Biomasse weist im Verbund mit den anderen regenerativen Energiequellen ein größeres Ausbaupotential auf, mit dem besonderen Vorzug, in vielfältiger Weise speicherbar zu sein (GRUBER, 1998). Von allen regenerativen Energietechniken stellt die Biomassenutzung in Deutschland den größten Wirtschaftsfaktor dar. WAGNER (1998) führt für 1997 in seiner Statistik der

Stromerzeugungsanlagen 919 Anlagen mit einer installierten Gesamtleistung von 400 MW und einer Stromeinspeisung von 879 GWh auf. Hinzu kommt die Vielzahl der Anlagen zur Wärmeerzeugung.

Die Wärmeerzeugung aus Biomasse befindet sich nahe an der Wirtschaftlichkeit. Hauptproblem für die Verbesserung der Wirtschaftlichkeit solcher Anlagen stellt die gegenüber Anlagen zur Nutzung fossiler Brennstoffe in der Regel erheblich teurere Anlagentechnik dar.

Andere energetische Nutzungsformen der Biomasse wie zum Beispiel die Kraftstofferzeugung aus Pflanzenölen sind von der Wirtschaftlichkeit noch weit entfernt. Hier sind insbesondere die gegenüber fossilen Energieträgern deutlich höheren Erzeugungskosten anzuführen.

1391. Biogasanlagen zur Fermentierung von flüssigen Abfällen (Dung) sind vielfach erprobt worden. Anlagen zur Behandlung von landwirtschaftlichen Abfällen werden am Markt angeboten. Für die Fermentation fester landwirtschaftlicher Abfälle gibt es aber erst Pilot- und Demonstrationsanlagen. Das Biogas – 50 bis 85 % Methan, Rest vor allem CO_2 – kann zur Wärme- oder Stromerzeugung dienen. Dies gilt auch für Deponiegas, das sich in allen Deponien mit organischen Abfällen bildet. Es enthält 40 bis 60 % Methan, 60 bis 40 % CO_2 und sehr niedrige Anteile von Schwefelwasserstoff (H_2S), halogenierten Kohlenwasserstoffen und Benzol. Ähnliches gilt für das aus der Behandlung der Schlämme der Abwasserreinigung gewonnene Gas.

Äthanol aus der alkoholischen Vergärung von Pflanzen kann Ottokraftstoffen in einem Anteil von 5 bis 10 % zugesetzt werden, ohne dass die Motoren verändert werden müssten oder dass die Emissionen von unverbrannten Kohlenwasserstoffen und NO_x zunehmen. Die CO-Emissionen liegen um ein Drittel niedriger. Auch ist die CO_2-Bilanz günstiger als bei herkömmlichen Ottokraftstoffen.

Kurz- bis mittelfristig liegt das größte für die Biomasse erschließbare Potential im Energiemarkt in der Wärmeversorgung. Vor allem Anlagen mit Kraft-Wärme-Kopplung sind für die energetische Biomassenutzung geeignet. Dabei sollten nach Auffassung des Umweltrates vorrangig Reststoffe statt Anbau-Biomasse eingesetzt werden.

Zur Erdwärme

1392. Da Geothermie gegenüber anderen erneuerbaren Energiequellen den Vorteil hat, ständig zur Verfügung zu stehen, erwarten viele Befürworter deren weiteren Ausbau in Deutschland. Hier sind zur Zeit über 20 Heizzentralen mit einer gesamten installierten thermischen Leistung von rund 60 MW in Betrieb, und zwar überwiegend in den neuen Bundesländern (BUßMANN, 1999). Einer breiten Anwendung stehen bisher mehrere Hindernisse entgegen:

– der mangelnde Bekanntheitsgrad und die geringe Zahl an Referenzobjekten,

– Informationsdefizite und vielfach fehlendes Know-how bei Handwerkern und Ingenieuren, die als Berater angesprochen werden,

– mangelnde Transparenz und unter Umständen überhöhte Anforderungen im Hinblick auf die Frage einer (wasserrechtlichen) Zulassung sowie

– Unsicherheit der Behörden in bezug auf die verfahrensmäßige Behandlung der Anlagen.

Thermalwasservorkommen in ausreichender Menge sind meist erst in größeren Tiefen von einigen hundert bis mehreren tausend Metern Tiefe zu erschließen. Die Investitionskosten hängen maßgeblich von der erforderlichen Bohrtiefe und damit vom Standort ab. Beim Hot-Dry-Rock-Verfahren, das an sehr vielen Standorten anwendbar ist, werden Spalten im Tiefgestein (bis 9 000 m Tiefe) aufgebrochen. Eingepresstes Kaltwasser wird an diesem künstlichen Wärmetauscher erhitzt und der Dampf in einem oberirdischen Kraftwerk genutzt. Das Verfahren bedingt ebenfalls hohe Investitionskosten und ist über das Versuchsstadium bisher noch nicht hinausgekommen.

Zur Offshore-Windenergie

1393. Bisher wurden in Deutschland Windkraftanlagen nur auf dem Festland errichtet. Es bieten sich dafür aber auch küstennahe Bereiche von Nord- und Ostsee an. Hier kann bei höheren mittleren Windgeschwindigkeiten auf einer kleineren Fläche mehr Windenergie gewonnen werden als auf dem Festland (pro m^2 bis zum Faktor 4 höher; vgl. HEINLOTH, 1997). Trotz der höheren Investitionskosten bei der Aufstellung von Windkraftanlagen und für den Energietransport zum Festland könnte die Windenergienutzung je nach Küstenentfernung wirtschaftlicher sein als auf dem Festland. Das Offshore-Potential wird bis 40 m Wassertiefe und 30 km Entfernung zur Küste auf 237 TWh/a geschätzt. Für Wassertiefen bis 20 m und bis zu 20 km Entfernung würde das Potential noch 127 TWh/a betragen. Derzeit sind in Deutschland vier Offshore-Windfarmen in der Nord- und Ostsee geplant.

Zur Solarthermie

1394. Die thermische Solarenergienutzung hat in den vergangenen Jahren zugenommen. Während im Zeitraum 1975 bis 1990 die jährlich neu installierte Kollektorfläche fast konstant 25 000 m^2/a betrug, entwickelte sich der Absatz danach rasant von 150 000 m^2 im Jahr 1991 auf 450 000 m^2 im Jahr 1997. Die gesamte installierte Kollektorfläche von 2,1 Mio. m^2 erreicht einen Jahresenergieertrag von 650 Mio. kWh. Dadurch werden in Deutschland jährlich 500 000 t CO_2-Emissionen vermieden.

Zur Photovoltaik

1395. Die Ende 1997 in netzgekoppelten Photovoltaikanlagen installierte Leistung lag bei etwas mehr als 35 MW. Mit einer mittleren Volllaststundenzahl von 800 bis 960 h/a resultiert daraus eine tatsächliche Stromerzeugung von rund 28 GWh/a. Zusätzlich wurden in nicht netzgekoppelten Anlagen (Notrufsäulen, Parkscheinautomaten, Berghütten) rund 4 GWh/a Strom erzeugt.

Aufgrund der Vielzahl der derzeit erprobten Materialien für die Herstellung von Solarzellen bleibt noch abzuwarten, inwieweit sich einzelne Technologien am Markt durchsetzen können. Ein besonderes Potential wird der Dünnschichttechnologie zugesprochen. Die Gründe für erhebliche Kostensenkungspotentiale sind vor allem in der Materialersparnis und im weniger energieintensiven Herstellungsprozess zu sehen. Derzeit liegen die Herstellungskosten allerdings noch bei deutlich über 2 DM/W (NITSCH et al., 1999). Das technisch-wirtschaftlich erschließbare Potential der Photovoltaikanwendung in Deutschland muss auch zukünftig im Vergleich zu den anderen erneuerbaren Energieträgern als gering eingestuft werden.

Die Domäne der Solarstromerzeugung liegt in der dezentralen Versorgung von Verbrauchern, die nicht wirtschaftlich über ein Netz versorgt werden können. In Deutschland betrifft dies nur einen sehr kleinen Teil der Verbraucher. In dünn besiedelten Teilen großflächiger Staaten kann dies dagegen bis zu ein Drittel der Bevölkerung betreffen. Im Sonnengürtel der Erde sorgt überdies eine deutlich höhere nutzbare Einstrahlungskraft von ca. 2 000 bis 2 600 kWh pro m^2 und Jahr (gegenüber durchschnittlich 1 100 kWh/m^{2}a in Deutschland) für eine bessere Auslastung der Anlagen.

Zur langfristigen Option Wasserstoff

1396. Wasserstoff wird durch elektrolytische Spaltung von Wasser in Wasserstoff und Sauerstoff gewonnen. Als Reaktionsprodukt entsteht ausschließlich Wasserdampf. Auf diese umweltschonende Weise könnte Wasserstoff als speicherbarer Energieträger universell in Gasturbinen, Brennern, Ottomotoren oder Brennstoffzellen eingesetzt werden.

Da Wasserstoff ein Sekundärenergieträger ist, ist seine ökologische Vorteilhaftigkeit entscheidend von dem zu seiner Erzeugung eingesetzten Primärenergieträger abhängig. Wird Wasserstoff beispielsweise aus Erdgas gewonnen, muss der Kohlenstoff aus dem Erdgas als Kohlendioxid in die Atmosphäre freigesetzt werden. Allerdings gibt es auch hier technische Möglichkeiten der Vermeidung von CO_2, indem etwa Erdgas in seine Bestandteile Kohlenstoff und Wasserstoff zerlegt wird und der Kohlenstoff in Form von Ruß an die Reifen- und Elektronikindustrie verkauft wird, wie dies beispielsweise in Norwegen geschieht (PEHNT und NITSCH, 1999).

Beim Einsatz regenerativen Stroms zur Wasserstoffgewinnung liegt der Vorteil gegenüber einer direkten Nutzung der beispielsweise photovoltaisch erzeugten Elektrizität darin, dass Wasserstoff – gasförmig oder flüssig – speicherbar ist und daher in Zeiten geringer Sonneneinstrahlung auf ihn zurückgegriffen werden kann. Damit bieten sich Möglichkeiten der dezentralen Stromerzeugung und des Transports von solar gewonnenem Wasserstoff aus sonnenreichen Gegenden (BAUER und KAMM, 1999). Allerdings ist die Wasserstoffspeicherung auch mit Nachteilen verbunden. So ist für die Verflüssigung, die zwar zu einer hohen massebezogenen Speicherdichte führt, ein hoher Energieaufwand erforderlich. Ebenso sind der gasförmige Druck-Wasserstoffspeicher aufgrund seiner geringen Energiedichte sowie der Metallhydrid-Wasserstoffspeicher aufgrund seines hohen Gewichts noch verbesserungsbedürftig (QUADFLIEG, 1995).

1397. Bereits größere Forschungsaufmerksamkeit findet der Einsatz von wasserstoffbetriebenen Brennstoffzellen im *Verkehrsbereich* (Pkw und Flugzeuge). Beim Vergleich des Energiebedarfs und der Emissionen unterschiedlicher Antriebssysteme für einen Pkw ist der typische praxisbezogene Verlauf des Wirkungsgrades der Wandler in Abhängigkeit von der Leistung ausschlaggebend. Typische Wirkungsgrade auf der Basis des Neuen Europäischen Fahrzyklus erreichen Werte von rund 21 % für neue Ottomotoren, 24 % für Dieselmotoren und circa 32 % für realistische zukünftige Brennstoffzellen-Antriebe mit gasförmigem Wasserstoff als Kraftstoff. Im Ergebnis sind zwar die Kraftstoffverbräuche für Brennstoffzellen-Antriebe auf Wasserstoff- und Methanolbasis geringer als diejenigen von Verbrennungsmotoren, primärenergetisch erreicht jedoch lediglich der Brennstoffzellen-Antrieb mit Wasserstoff die Werte des Verbrennungsmotors. Für die CO_2-Emissionen ist hier von entschcidender Bedeutung, aus welchem Primärenergieträger der Wasserstoff gewonnen wird. Die höheren Wirkungsgrade der Brennstoffzelle gegenüber dem Verbrennungsmotor wirken sich dann besonders positiv auf die CO_2-Bilanz aus, wenn Wasserstoff aus regenerativ erzeugtem Strom oder Methanol aus Biomasse gewonnen werden, wobei die Werte der klimarelevanten Emissionen bei Brennstoffzellen-Systemen auf Methanolbasis immer etwas höher liegen als bei anderen Umwandlungsformen auf regenerativer Basis. Eindeutige Vorteile zeigt die Brennstoffzelle bei den klassischen Luftschadstoffen, insbesondere CO und NO_x. Sie ist hier nahezu emissionsfrei (CARPETIS, 1997).

Eine technische Herausforderung stellt der sichere Umgang mit Wasserstoff dar. Ein besonderes Risiko besteht bei Wasserstoff aufgrund seiner hohen Verbrennungsgeschwindigkeit. Dadurch erhöht sich die Gefahr eines Umschlages von schneller Verbrennung zu Detonationen im Vergleich zu Erdgas und anderen Kohlenwasserstoffen deutlich, insbesondere wenn solche Vorgänge in halb oder ganz geschlossenen Räumen ablaufen. Somit stellen die aus Detonation resultierenden hohen Druckkräfte auf Behälter und Konstruktionen den Störfall dar, der unter allen Umständen vermieden werden muss. Effektive Maßnahmen zur Verhinderung von Bränden und Explosionen sind eine ausreichende Überwachung und Ventilation von geschlossenen Räumen, in denen sich zündfähige Wasserstoff-/Luftgemische bilden können (QUADFLIEG, 1995). Der Umweltrat ist der Ansicht, dass die technischen Speicherungs- und Sicherheitsprobleme mit einer zunehmenden Technikforschung und -verbreitung zu bewerkstelligen sind. Die Markteinführung der wasserstoffbetriebenen Brennstoffzelle im Verkehrsbereich hängt in erster Linie von ökonomischen Faktoren wie der erforderlichen Annäherung an die spezifischen Kosten heutiger Antriebssysteme und dem Aufbau einer entsprechenden Tankstelleninfrastruktur ab. Politische Rahmenbedingungen wie in Kalifornien, wo ab dem Jahr 2002 eine Mindestquote für sogenannte „Nullemissions-Autos" gesetzlich vorgeschrieben ist, beschleunigen den Markteinführungsprozess erheblich.

3.2.5.2 Beitrag des rationellen Energieeinsatzes und der Energieeinsparung zur Erreichung der umweltpolitischen Ziele

1398. Der Primärenergiebedarf in Deutschland wird derzeit zu rund 86 % aus der Bereitstellung fossiler Energieträger gedeckt. Solange keine bedeutsame Substitution durch nicht-fossile Energieträger stattfindet und gleichzeitig das Ziel des Ausstiegs aus der Atomenergie klimaverträglich realisiert werden soll, ist eine Reduktion insbesondere der aus der Verbrennung fossiler Energieträger resultierenden CO_2-Emissionen auf eine effizientere Energienutzung angewiesen. Entwickelte Filter-, Rückhalte- oder Zwischenlagerungstechniken für CO_2 erweisen sich aus thermodynamischer Sicht als ungeeignet.

Die Potentiale bzw. die Grenzen einer rationelleren Energieverwendung lassen sich nicht eindeutig festlegen. Aus thermodynamischer Sicht können gleichbleibende Energiedienstleistungen mit einem äußerst geringen Nutzenergiebedarf bereitgestellt werden. Nutzt man die Arbeitsfähigkeit einer Energieform (Exergie) optimal aus (z. B. durch Abwärmenutzung) und reduziert den Nutzenergiebedarf, indem man unnötige Verluste vermeidet, die Kreisläufe bei energieintensiven Materialströmen schließt und Materialien optimal auswählt, so liegt das theoretische Potential rationeller Energienutzung z. B. in der Industrie bei 80 % (BRADKE, 1993). Mobilität, selbst in dem heute für erforderlich gehaltenen Umfang, ließe sich aus technischer und struktureller Sicht mit erheblich geringeren Emissionen realisieren als dies bisher der Fall ist (vgl. SRU, 1996a, Tz. 1110 ff.). Die größte Barriere, die eine allzu enge Annäherung an diese thermodynamischen Grenzen verhindert, sind die vergleichsweise niedrigen Preise für fossile Energieträger (ALTNER et al., 1995, S. 40 f.).

Umwandlungssektor

1399. Die Energieverluste im Umwandlungssektor entstehen zu rund 80 % in Kraftwerken und Heizkraftwerken. Die übrigen Umwandlungsbereiche Raffinerien, Kohlegewinnung und -verarbeitung sowie Fackel- und Leitungsverluste machen die restlichen 20 % aus. Im bedeutendsten Bereich der Kraftwerkstechnik steht vor allem die Erhöhung von Wirkungsgraden im Vordergrund. Sichtbare Fortschritte sind insbesondere bei *Gasturbinen* zu verzeichnen (EFFENBERGER, 1999; HEPPENSTALL, 1998; RAGLAND, 1998). Der kombinierte Gas- und Dampfturbinen-(GuD-)Prozess übertrifft mit Wirkungsgraden von zur Zeit bis zu 58 % alle anderen Stromerzeugungsverfahren (WOLF, 1998). Die vergleichsweise hohen energetischen Wirkungsgrade werden bei solchen Kombi-Prozessen dadurch erreicht, dass der Brennstoff sowohl in der Gasturbine als auch in unterschiedlicher Weise in nachgeschalteten Abhitzedampferzeugern genutzt wird. Weitere Verbesserungen werden noch bei den Schadstoffemissionen angestrebt (SCHNEIDERS, 1998).

Große Hoffnungen für die Energieversorgung ruhen auf den riesigen Gashydrat-Vorräten, die derzeit noch nicht wirtschaftlich gefördert werden können. Eine Förderung, die nicht Rücksicht nehmen würde auf die mit ihr verbundene Destabilisierung von Methanhydraten, würde mit der Freisetzung des klimawirksamen Methans größte Umweltprobleme hervorrufen.

1400. Ein anderes Entwicklungsziel ist die möglichst schadstoffarme *Steinkohlefeuerung*. Für die künftigen Steinkohlenutzungen steht die Entwicklung bei Aufbereitung, Verbrennung und Verkokung vor allem unter dem Gesichtspunkt der sogenannten sauberen Kohlenutzung (*Clean Coal*). Dabei ergänzen sich mitunter Maßnahmen des Emissionsschutzes und der Erhöhung der Wirtschaftlichkeit, so zum Beispiel bei den neuen Konzepten zur Erhöhung des Wirkungsgrades der Stromerzeugung oder bei angestrebten Verbundlösungen zwischen Kokereien und Hütten zur optimalen Nutzung des Energieinhalts der Kohle (BRABECK und HILLIGWEG, 1999). Im Hinblick auf maximale Wirkungsgrade bei Feuerungen wird nach wie vor an Konzepten, wie zum Beispiel der Druck-Kohlenstaubfeuerung, gearbeitet, mit denen der Einsatz auch von Steinkohle in GuD-Kraftwerken möglich werden soll.

1401. In der *Braunkohleverstromung* wird derzeit ein umfassendes, vertraglich festgelegtes Kraftwerkserneuerungsprogramm umgesetzt. Als Ersatz für stillgelegte Kraftwerke wurde und wird eine Reihe neuer Anlagen nach dem neuesten Stand der Technik errichtet. So entstand in Schwarze Pumpe bei Cottbus ein hochmodernes Braunkohlekraftwerk mit zwei Blöcken einer elektrischen Leistung von je 800 MW. Mit einem Nettowirkungsgrad von über 40 % ist diese Anlage das erste Kraftwerk einer neuen Braunkohlekraftwerks-Generation. Die Inbetriebnahme des ersten Blockes der Anlage im Jahr 1997 und die damit verbundene Stilllegung der vorhandenen Altkraftwerke in Schwarze Pumpe führen zu einer drastischen Reduzierung der Emissionen. So werden die Staubemissionen um 98 %, die Schwefeldioxidemissionen um 90 %, der Stickstoffoxidausstoß um 60 % und der Kohlendioxidausstoß um 30 % verringert. Die eingesetzte Brennstoffenergie wird neben der Stromerzeugung zusätzlich zur Auskopplung von Prozessdampf für die Brikettproduktion der Lausitzer Bergbau AG und zur Wärmeversorgung der Orte Hoyerswerda, Spremberg und Schwarze Pumpe genutzt. Durch Kraft-Wärme-Kopplung wird ein Brennstoffnutzungsgrad von rund 55 % erreicht. Die Erneuerung des Braunkohlekraftwerkparks in den östlichen Bundesländern ist zu 80 % abgeschlossen; sie soll im Jahre 2000 mit der Inbetriebnahme eines zweiten Blocks im Kraftwerk Lippendorf und dem vierten Neubau eines 800 MW-Kraftwerks in Boxberg zu Ende gehen (EWERS, 1999).

Im rheinischen Revier wurde im August 1998 mit dem Bau des ersten 965 MW-Braunkohleblocks mit sogenannter optimierter Anlagentechnik in Niederaußem begonnen. Mit einem Wirkungsgrad von 45 % im Bestpunkt bei einer elektrischen Leistung von 1 012 MW brutto und 965 MW netto handelt es sich um einen besonders effizienten Braunkohleblock. Mit diesem Wirkungsgrad rückt er nahe an die Werte für Kombiblöcke mit Druckwirbelschichtfeuerung oder integrierter Kohlevergasung (PETERMANN, 1998; SCHNELL, 1998). In einem neu aufgelegten sechsjährigen Forschungs- und Entwicklungsprogramm zur sogenannten BoA-Plus-Technik, das heißt optimierte Anlagentechnik plus vorgeschaltete Niedertemperatur-Braunkohletrocknung, soll der Weg zu Wirkungsgraden bis zu 48 und 50 % erschlossen werden (EWERS, 1999).

1402. Die technischen Weiterentwicklungen in der Kraftwerkstechnik wurden vor allem durch die Großfeuerungsanlagen-Verordnung (13. BImSchV) ausgelöst. Nachdem im Juni 1996 die Nachrüstung von unter diese Verordnung fallenden Kraftwerke und Industriefeuerungen mit unbegrenzter Restnutzung abgeschlossen wurde, stehen nunmehr Maßnahmen zur Betriebsoptimierung des Kraftwerksparks und Neubauvorhaben im Mittelpunkt der Aktivitäten. Die letzte Phase der Umsetzung der Anforderungen der Großfeuerungsanlagen-Verordnung endet am 1. April 2001. Spätestens zu diesem Termin sind alle Altanlagen mit begrenzter Restnutzung stillzulegen.

Kraft-Wärme-Kopplung

1403. Weitere Potentiale effizienter Energienutzung bestehen in der *Kraft-Wärme-Kopplung* (KWK). Durch die simultane Gewinnung von nutzbarer Wärme und elektrischer Arbeit kommt es in der Regel zu einer höheren Ausnutzung der eingesetzten Energieträger als bei der getrennten Erzeugung von Strom in Kondensationskraftwerken und Wärme in Heizungsanlagen. Einsetzbar sind sowohl Erdgas, Öl und Kohle als auch Müll, Biogas und Biomasse. Grundvoraussetzung für den wirtschaftlichen Betrieb der KWK ist ein möglichst ganzjähriger Bedarf von thermischer Energie – das kann Dampf, Heizwärme, Warmwasser oder auch Kälte sein – und mechanischer Energie zur Stromerzeugung oder für Kompressoren. Diese Voraussetzungen werden z. B. in Industriebetrieben (Chemie, Nahrungsmittel, Papier etc.), Krankenhäusern, Schwimmbädern, Klär- und Deponiegasanlagen oder auch größeren Wohngebäudekomplexen (Nahwärmeprojekte) erfüllt. In der Praxis kaum vermeidbare Lastgang-Unterschiede werden kompensiert, indem:

– KWK-Einheiten lediglich für die Wärmegrundlastabdeckung ausgelegt werden und Wärmebedarfsspitzen mit Feuerungskesseln (Spitzenlastkessel) abgedeckt werden,

– die installierte KWK-Kapazität in zwei oder mehrere Module (Blockheizkraftwerke) aufgeteilt wird, die einzeln oder simultan betrieben werden,

– momentane Wärmeüberschüsse in wärmegedämmten Speicherbehältern kurzzeitig gespeichert werden,

– bei Entnahmekondensationsbetrieb die Möglichkeit gegeben ist, das Verhältnis von Nutzwärmeauskopplung und Stromerzeugung zu variieren,

– überschüssiger Strom in das Netz eingespeist wird (Enquete-Kommission, 1995, S. 324 f.).

Die Varianten der KWK mit Spitzenlastkessel und der Blockheizkraftwerke (BHKW) sind die am weitesten verbreiteten Anwendungen. Ende 1997 waren fast 5 000 BHKW-Anlagen in Betrieb, womit sich ihre Zahl gegenüber 1993 etwa verdoppelt hat. Betrachtet man die pro Jahr installierten BHKW-Anlagen, ergibt sich ein anderes Bild: Während sich die Zahl der Neuanlagen bis einschließlich 1994 stetig aufwärts entwickelt hat, sinkt sie seit 1995 wieder ab. 1997 ist es sogar zu einem sehr deutlichen Rückgang neu installierter Anlagen gekommen (ASUE, 1998). Diese Entwicklung wird auf die zunehmende Preisunsicherheit durch die 1997 bereits absehbar gewesene Liberalisierung der Energiemärkte zurückgeführt.

Die Kosten, zu denen Strom in BHKW erzeugt werden kann, werden unterschiedlich hoch berechnet. Während das Öko-Institut Freiburg 7,2 bis 7,4 Pf/kWh angibt, geht die Freiburger Energie- und Wasserversorgung von 11 bis 12 Pf/kWh aus (ZfK, 1998, S. 7).

Der Entlastungsbeitrag bezüglich der CO_2-Emissionen aufgrund des reduzierten Brennstoffeinsatzes der KWK gegenüber noch weitgehend üblicher getrennter Strom- und Wärmeerzeugung hängt entscheidend vom jeweils gewählten Vergleichssystem ab (FRITSCHE et al., 1995).

Brennstoffzellen in Blockheizkraftwerken und Großkraftwerken

1404. Die große Hoffnung bei der Kraft-Wärme-Kopplung und für Großkraftwerke sind, ungeachtet aller wirtschaftlichen Schwierigkeiten, *Brennstoffzellen* (VDI, 1998). Eine Einschätzung des mit dieser Option gegebenen Potentials zur Minderung der CO_2-Emissionen muss konkurrierende Fortschritte im Bereich der gekoppelten Erzeugung von Strom und Wärme wie auch ihrer getrennten Bereitstellung berücksichtigen.

Im Großkraftwerksbereich kann bei der Kombination einer SOFC (Solid Oxide Fuel Cell)-Brennstoffzelle mit einer GuD-Anlage im Erdgasbetrieb ein Wirkungsgrad von 65 % erreicht werden, während der Wirkungsgrad einer herkömmlichen erdgasgefeuerten GuD-Anlage nach derzeitigem Wissensstand auf maximal 60 % gesteigert werden könnte (derzeit: 55 %) (HÖHLEIN et al., 1998). Das größte Wirkungsgradpotential haben erdgasgefeuerte, mit SOFC kombinierte GuD-Kraftwerke mit interner Reformierung, die über 65 % kommen können (SIEMENS, 1996). Allerdings wird das CO_2-Emissionsniveau wesentlich stärker durch den eingesetzten Energieträger als durch das Technologieniveau bestimmt. Selbst zukünftige kohlegefeuerte Kraftwerke einschließlich Brennstoffzellen-Vorschaltstufe liegen über dem Emissionsniveau, welches bereits mit erdgasgefeuerten Gasturbinen erreicht wird. Moderne erdgasgefeuerte GuD-Kraftwerke mit zukünftig um 60 % Nettowirkungsgrad haben mit 350 g/kWh$_{el}$ einen vergleichsweise niedrigen CO_2-Emissionswert, der mit einer Brennstoffzellen-Vorschaltstufe 310 g/kWh$_{el}$ betragen würde. Damit ist der Klimaschutzeffekt der Stromerzeugung aus Heizkraftwerken bedeutender als derjenige einer sehr anspruchsvollen Wirkungsgradsteigerung in Großkraftwerken. Denn im Vergleich zur reinen Stromerzeugung in „besten" SOFC-GuD-Kraftwerken haben bereits bestehende GuD-Heizkraftwerke mit 235 g/kWh$_{el}$ deutlich geringere spezifische CO_2-Emissionen, wenn die vermiedene Emission der getrennten Wärmeerzeugung dieses Heizkraftwerks gutgeschrieben wird. Ähnliche Ergebnisse werden auch beim Vergleich von unterschiedlichen KWK-Anlagen konstatiert (FISCHER et al., 1997).

Dagegen schneiden insbesondere PEFC (Polymer Electrolyte Fuel Cell)-Brennstoffzellen-BHKW bei den durch die TA Luft geregelten Schadstoffen teilweise deutlich besser ab als Motor-BHKW (gilt für CO, NO$_x$ und Partikel; FISCHER et al., 1997).

Rationelle Energienutzung in privaten Haushalten

Energieeinsparung im Gebäudebereich

1405. Das größte Energieeinsparpotential kann im Gebäudebestand erschlossen werden. Im *Neubaubereich* konzentrieren sich die technischen Möglichkeiten insbesondere auf die unterschiedlichen Konzepte von Niedrigenergie- und Passivhäusern, mit denen sowohl eine erhebliche Heizwärmeeinsparung als auch ein maximaler solarer Zugewinn angestrebt werden (GUTERMUTH, 1998 und 1997; VDI, 1996). Niedrigenergiehäuser erschließen heute ein Energiesparpotential von etwa 40 kWh/m^{2}a (= 4,6 W/m^2). Der reine Heizenergieverbrauch eines Passivhauses liegt bei weniger als 15 kWh/m^{2}a (= 1,7 W/m^2) (BINE, 1998; HASTINGS, 1998). Dies bedeutet eine Einsparung von 80 bis 90 % gegenüber der Wärmeschutzverordnung 1984 (gültig bis 1994).

1406. Im Bereich der *Altbauten* ist festzustellen, dass hier der Verbrauch im Vergleich zur geltenden Wärmeschutzverordnung 1995 zwei- bis viermal so hoch liegt. Das jeweilige Einsparpotential durch Sanierung der Gebäudehülle hängt vom Baualter ab. So können bei älteren Gebäuden Einsparungen von 65 bis 75 % erzielt werden (GÜLIC et al., 1994). Bei jüngeren Gebäuden, die bis kurz vor der Einführung der Wärmeschutzverordnung 1984 gebaut wurden, sind Einsparquoten bis 35 % möglich. Damit wird insgesamt in den alten Bundesländern das durchschnittliche Einsparpotential mit rund 50 % angegeben, in den neuen Bundesländern dürfte es noch erheblich höher liegen (KLEEMANN et al., 1999, S. 86).

Hinzu kommen Einsparmöglichkeiten durch den Austausch von Heizungsanlagen und Brennstoffen. Nach ESSO (1995) sind rund 40 % des Ölheizungsbestandes von ca. 6 Mio. Anlagen älter als 15 Jahre. Der Nutzungsgrad dieser Anlagen (Heizung plus Verteilung) beträgt in der Regel nur 45 bis 65 % (HAUSER et al., 1997). Durch Austausch von Kesseln und Regeleinrichtungen an Kessel und Heizkörpern kann der Brennstoffverbrauch um mindestens 20 bis 25 % gesenkt werden (ESSO AG, 1995). Ferner können durch den Übergang vom Ölkessel (Nutzungsgrad von 74 %) zum Gasbrennwertkessel (Nutzungsgrad von 100 %) CO_2-Einsparungen von bis zu 44 % erzielt werden. Davon entfallen etwa die Hälfte der Einsparungen auf den Brennstoffwechsel (KLEEMANN et al., 1999, S. 86).

Ein bedeutsames Emissionsvermeidungspotential besteht auch in der Substitution von Elektro-Speicheröfen durch Erdgasheizungen. Derzeit verfügen über 2 Mio. Haushalte über elektrische Heizungen, wobei die Anzahl insbesondere in Ostdeutschland weiterhin zunimmt (VDEW, 1998). Bei einem Emissionsvergleich der beiden unterschiedlichen Formen der Raumwärmebereitstellung ergibt sich ein klares Bild. Zwar werden für die gleiche Raumwärmeleistung in einem 30 qm großen Raum nur 3 600 kWh im Jahr für eine Nachtstromspeicherheizung benötigt, während man für eine Erdgas-Zentralheizung 5 500 kWh veranschlagt. Jedoch ergeben sich angesichts des Unterschieds der spezifischen CO_2-Emissionen für Erdgas einerseits (ca. 55 kg/GJ) und Strom andererseits (ca. 150 kg/GJ im Bundesdurchschnitt) die höchsten CO_2-Emissionswerte für Nachtstromspeicherheizungen mit etwa 1 950 kg CO_2 im Jahr für einen 30 qm großen Raum gegenüber ca. 1 100 kg CO_2 bei Erdgas (vgl. BdE, 1999).

Die relativen mittleren Energieeinsparpotentiale an Einzelgebäuden im Neu- und Altbaubereich werden in Tabelle 3.2.5-3 zusammenfassend dargestellt.

Tabelle 3.2.5-3

Vergleich der relativen Einsparpotentiale an Einzelgebäuden (Einsparquoten in %)

	Neubau (Bezug: WSchV84)	Altbau (Bezug: Ist-Zustand 1990)
WSchV95	35	–
ESpV2000	55	–
Passivhaus	80–90	–
Sanierung Gebäudehülle nach WSchV95	–	35–75
Neue Heizungsanlage	–	20–25
Brennstoffwechsel (von Öl zu Gas)	–	25 (bezogen auf CO_2)

Quelle: KLEEMANN et al., 1999

Das größte Hemmnis zur Erschließung des in der Gesamtbetrachtung mengenmäßig bedeutendsten Einsparpotentials im Altbaubestand ist das so genannte Investor-Nutzer-Dilemma: In vielen Fällen unterbleiben wirtschaftliche Maßnahmen, weil sie für den Vermieter (Investor) keinen Nutzen bringen, da nur der Mieter von den geringeren Heizkosten profitiert (Tz. 759).

Verringerung von Leerlaufverlusten bei Elektrogeräten

1407. Die Zahl von Geräten mit Leerlaufverlusten nimmt stetig zu. Die Geräte verbrauchen auch dann Energie, wenn sie in Bereitschaft gehalten werden und keinen unmittelbaren Nutzen erbringen. Entsprechende Untersuchungen ergaben, dass beim Gerätebestand des Jahres 1995 Leerlaufstrom in Höhe von mindestens 20,5 TWh pro Jahr für Haushalts- und Bürogeräte in Deutschland verbraucht wurde. Dies entsprach rund 4,4 % des Gesamtstromverbrauchs des Jahres 1995. Zur Erzeugung von 20 TWh Strom ist die Jahresleistung zweier Großkraftwerke notwendig. Mindestens 11 % des Gesamtstromverbrauchs der Privathaushalte (14 TWh) werden demnach aufgrund von Leerlaufverlusten verbraucht. Fast die Hälfte (41,4 %) davon entfallen auf Fernseh- und Videogeräte. Für den Bürobereich ergab sich ein Leerlauf-Stromverbrauch von 6,5 TWh pro Jahr, von dem mehr als ein Drittel (37,9 %) auf Fernsprechanlagen entfallen.

Für die mögliche künftige Entwicklung im Bereich der Privathaushalte wird folgende Modellrechnung aufgestellt: Würden nur die heute am Markt erhältlichen energieeffizienteren Geräte genutzt, könnten trotz höherer Geräteausstattung Leerlaufverluste und der entsprechende durchschnittliche CO_2-Ausstoß um knapp 40 % bis zum Jahr 2005 sinken. Zugleich ergäbe sich bei einem Strompreis von 30 Pf/kWh und einer Einsparung von 6,2 TWh eine Reduzierung der Stromkosten von rund 2 Mrd. DM für alle Haushalte (RATH et al., 1997).

Ein entsprechendes Nutzer- und Käuferverhalten sollte durch Veränderung der Rahmenbedingungen begünstigt werden, wie dies auch schon der Bundestag in einer Entschließung gefordert hat.

Rationelle Energienutzung in der Industrie

1408. Neben dem inter-industriellen Strukturwandel (wachsende Bedeutung der Investitionsgüter- gegenüber der vergleichsweise energieintensiveren Grundstoffindustrie) und dem intra-industriellen Strukturwandel (vermehrtes stoffliches Recycling energieintensiver Werkstoffe und Produkte) hat der Einsatz von Energieeffizienztechnologien einen wesentlichen positiven Einfluss auf die Emissionsentwicklung in der Industrie.

Energieeffizienztechnologien können zum einen im Bereich der Produktionsanlagen eingesetzt werden. Das rentable Energieeinsparpotential neuer gegenüber alten, abgeschriebenen Anlagen liegt im Bereich zwischen 10 und 25 %. Zum anderen bestehen im Bereich der produktionsunabhängigen Energieanlagen („off-sites") Einsparpotentiale bei Kälte- und Klimatisierungsanlagen (rund 25 %), Elektromotoren (bis zu 25 %), Drucklufterzeugungs- und Verteilungssystemen (bis zu 30 %), Beleuchtungsanlagen und Kraft-Wärme-Kopplungsanlagen (anstelle von Kesselanlagen und Strombezug; JOCHEM und BRADKE, 1999).

3.2.5.3 Zur Isotopentransmutation

1409. Vor dem Hintergrund des Ausstiegs aus der Nutzung der Atomenergie wird die Isotopentransmutation als Zukunftsoption diskutiert, die einerseits bei der Energieumwandlung einer neuen, inhärent sicheren Generation von Atomkraftwerken neue Wege eröffnet und andererseits zur Abfallkonversion eingesetzt werden kann (KACSÓH, 1999; RUBBIA et al., 1997; BOWMAN et al., 1992). Insbesondere durch die Kopplung von Abfallkonversion mit der Nutzung von Thorium als Hauptbrennstoff erhofft man sich neue Perspektiven (RUBBIA, 1998; SCHRIBER, 1998; van KLINKEN, 1997).

(Isotopen-)Transmutation oder Atomkernumwandlung umfasst in breiterem Sinne alle kernphysikalischen Reaktionen, insbesondere solche, bei denen neue Elemente entstehen. Auch wenn mehrere Auslegungen des Begriffs Transmutation existieren (PHLIPPEN, 1998), wird im folgenden unter Isotopentransmutation die gezielte Umwandlung von unerwünschten, langlebigen radioaktiven Atomkernen (Transuranen, Spaltprodukten) in solche von wesentlich kürzeren Halbwertszeiten verstanden. Durch diese Umwandlungen sollen die radiologischen und radiotoxischen Eigenschaften der Ausgangssubstanzen wesentlich günstiger gestaltet werden. Bei Waffenspaltstoff zielt die Transmutation auf dessen Zerstörung. Im Idealfall entstehen als Produkte inaktive, stabile Isotope (SRU, 1981, Tz. 172) sowie ein Überschuss an elektrischer Energie (ARMBRUSTER, 1999; ORNL, 1998).

Letztlich sollen durch Transmutation sowohl eine Umkehr bei der stetigen Zunahme der Plutoniumbestände (aus dem Betrieb von Atomkraftwerken und aus dem militärischen Bereich) erreicht werden als auch die Menge langlebiger Isotope aus der Atomkernspaltung (weitere Transurane, Spaltprodukte) reduziert werden. Zudem erhofft man sich einen Zeitvorteil, da durch die Verkürzung der Abschlusszeit radioaktiver Abfälle auch die Reichweite abfallbezogener Entscheidungen abnimmt.

1410. Während die herkömmliche Atomkernspaltung generell zu erhöhter Strahlungsbilanz führt, können in anderen Systemen stabile oder weniger problematische instabile Isotope erzeugt werden. Allerdings muss dazu der Neutronenfluss energetisch anders beschaffen sein als in einem Leichtwasserreaktor. Die Hoffnung, dass sich solche günstigen Transmutationen gezielt und in technischem Maßstab verwirklichen lassen könnten, treibt die Transmutationsforschung an, wenn auch klar ist, dass eine vollständige Umwandlung aller in einem Reaktor erzeugten (chemisch oder radio-) toxischen Isotope prinzipiell unmöglich ist (LIEBERT et al., 1999; LIEBERT, 1997, S. 239).

Konkret würde Transmutation eine Art nukleare Abfallkonversion bedeuten, so dass aus den langlebigen Isotopen von Spaltprodukten und Aktiniden ($T_{1/2} \geq 10\,000$ J.) neue erzeugt werden könnten, deren Halbwertszeit von 0 bis etwa 30, maximal 50 Jahre betragen würde, und die Aufbewahrung auf lediglich etwa 500 bis 1 000 Jahre Abklingzeit mit viel kleineren Volumina konzipiert werden kann (OECD/NEA, 1999, S. 256). Es wird allgemein angenommen, dass die transmutierten Stoffe nach 500 Jahren Abklingzeit die Aktivität frischer Steinkohleflugaschen aufweisen würden. Anhand der zu erwartenden „neuen" Tochteratomkerne sowie der Isotopentabellen erscheinen die allgemein kurzen Halbwertszeiten allerdings als möglicherweise zu optimistisch; wahrscheinlicher sind erreichbare Halbwertszeiten von einigen hundert Jahren. Gemessen an den Ausgangswerten von mehr als 10 000 Jahren wären jedoch selbst 500 Jahre noch ein großer Sicherheitsgewinn.

1411. Voraussetzung für die Transmutation ist ein geeigneter Brennstoffkreislauf. Grundsätzlich muss bei der Isotopentransmutation entschieden werden, nach welchem Brennstoffzyklus (bzw. Isotopen-Zerfallsreihe) das System betrieben werden soll. Vieles spricht für den Thorium/Uran-Kreislauf (GRUPPELAAR et al., 1999; LUNG, 1996). Es ist ebenfalls unumstritten, dass Transmutation nur als Teil eines „erweiterten Brennstoffkreislaufs", also mit integrierter Wiederaufbereitung, funktionieren kann, wobei die Anforderungen an deren Umfang und Trennschärfe noch völlig offen sind.

Damit soll etwa Vorstellungen zunächst entgegengewirkt werden, dass die abgebrannten Brennelemente einfach aus dem Lagerbehälter direkt in den Transmuterreaktor eingebracht werden könnten, was aber künftig nicht völlig auszuschließen wäre (VENNERI, 1998). Es ist derzeit eher anzunehmen, dass Transmutation die Wiederaufarbeitung nicht überflüssig, sondern im Gegenteil, notwendiger denn je und aller Voraussicht nach auch komplexer machen würde. Die Möglichkeiten dieser Partition genannten Vorgänge werden intensiv untersucht (OECD/NEA, 1999).

Stand der Transmutationsforschung

1412. Gerade weil die atomphysikalischen Grundlagen der Konzepte zur Transmutation als geklärt gelten, werden ihre Chancen in der Fachwelt zum Teil optimistisch bis euphorisch beurteilt. Die Konzeptstudien wurden bisher jedoch nur als Gedanken-, Modell-, Rechen- und als Laborexperimente ausgeführt. Es gibt nur erste Anhaltspunkte für Energiebilanzen. Machbarkeitsstudien mit Umweltverträglichkeitsuntersuchungen müssen erst konzipiert werden; erste Ansätze liegen allerdings vor (BAETSLÉ et al., 1999; VOLCKAERT et al., 1999).

Die technischen Fragen zur Realisierbarkeit eines solchen Transmuterreaktors bewegen sich im wesentlichen um geeignete Protonenbeschleuniger, geeignete Zielobjekte/Brutmäntel und um geeignete Kühlmedien. Als Kühlmedium und Spallationstarget werden in der Regel flüssiges Blei oder flüssige Bleilegierungen (Blei-Wismut-Eutektikum) vorgeschlagen, die auch aus Sicht des Strahlenschutzes günstige Eigenschaften haben (KACSÓH, 1999; SCHWARZENBERG, 1998).

Eine dem Bedarf entsprechende, funktionsfähige Neutronenquelle – aufgebaut aus einem Höchstleistungs-Protonenbeschleuniger mit geeignetem Fenster und Target – steht wahrscheinlich erst in einigen Jahrzehnten zur Verfügung. Derzeit gibt es auch keine Werkstoffe, die dem hohen Neutronenflux auf Dauer standhalten können. Insofern liegt ein Forschungsschwerpunkt auf der werkstoffkundlichen Grundlagenforschung.

Selbst wenn die prinzipielle Machbarkeit positiv beantwortet wird, bleiben noch viele Probleme ungelöst. Der Forschungsmittelbedarf ist gegenwärtig unkalkulierbar (PHLIPPEN, 1998).

1413. An der Transmutation wird weltweit, jedoch mit unterschiedlicher Intensität und Zielsetzung gearbeitet.

Die auf die Transuranentsorgung fokussierte Transmutation wird hauptsächlich in den USA, Frankreich, Schweden, Japan, der Tschechischen Republik, Russland und Südkorea erforscht.

Eine treibende Kraft für die europäische Transmutationsforschung ist das französische Atomgesetz, das vorschreibt, dass bis zum Jahre 2006 Alternativen zur Endlagerung geschaffen werden müssen (Gesetz No. 91–1381 v. 30.12.1991; NIES, 1999, persönl. Mitteilung). Derzeit wird der Bau eines, spanisch-französisch-italienischen Demonstrationstransmuters von circa 80 MW$_{th}$ Leistung vorbereitet (CORSINI, 1998, persönl. Mitteilung).

In Deutschland wird in einigen Forschungszentren an der Transmutation mit dem Schwerpunkt Partition gearbeitet (MODOLO und ODOJ, 1999; PHLIPPEN, 1998). Deutschland steht insofern nicht völlig am Anfang einer Neuentwicklung. Notwendige Forschungsaufgaben können jedoch – wenn dieser Weg politisch überhaupt verfolgt wird – angesichts der hohen Kosten und der Aufgabenfülle nur innerhalb eines internationalen oder EU-weiten Forschungsverbundes angegangen werden. Dazu wäre eine deutliche Verstärkung der Forschungsanstrengungen erforderlich.

1414. In den USA wird ein entsprechendes Konzept (Abb. 3.2.5-1) als Langzeitplan betrieben. In Los Alamos steht ein Linear-Großbeschleuniger (Linac) von über 100 MeV Energie zur Verfügung. Für die Transmutations-Großanlage werden mindestens 1 GeV, eher bis 1,6 GeV, Partikelenergie sowie Stromstärken zwischen 20 und 100 mA postuliert. Diese Ströme gelten als sehr hoch und sind technisch problematisch, sind aber nötig, um im Reaktor wägbare Stoffmengen umwandeln zu können. Ein detaillierter Projektplan sieht die Inbetriebnahme des ersten kommerziellen großtechnischen Transmuters für circa 2015 vor (VENNERI, 1998).

Abbildung 3.2.5-1

Prinzipskizze des US-amerikanischen Vorschlags „ATW" zur Transmutation

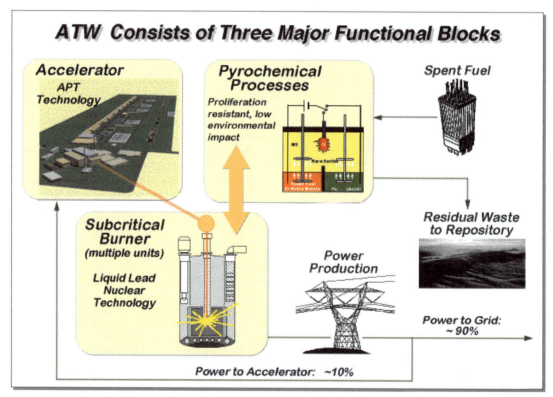

ATW (accelerator based transmutation of waste) besteht aus drei Haupt-Funktionseinheiten (gelb unterlegt); Accelerator = Protonenbeschleuniger (linear); Pyrochemical Processes = pyrochemische Verfahren zur Isotopentrennung, proliferationsresistent, niedrige Umweltbelastung; Spent Fuel = abgebrannte Brennelemente aus LWR; Subcritical Burner = unterkritischer Reaktor (mehrere Einheiten), mit Flüssigblei-Technologie; Power Production = Stromerzeugung; Power to Accelerator = Strombedarf des Beschleunigers: ca. 10 %; Power to Grid = Stromabgabe an das Netz: ca. 90 %; Residual Waste to Repository = restliche Abfälle in die Endlagerstätte.
Quelle: VENNERI, 1998

1415. Die Zukunftsperspektiven der (Isotopen-)Transmutation werden in der Forschung sehr kontrovers beurteilt.

Das US-Präsidialberatungskomitee für Wissenschaft und Technik (US Presidential Commission of Advisors on Science & Technology, PCAST) hat die ATW-Technik als förderungswürdige strategische Schlüsseltechnologie des 21. Jahrhunderts eingestuft (BROWNE et al., 1998; SCHRIBER, 1998). Die International Atomic Energy Agency hat den vorliegenden "Energy Amplifier"-Vorschlag von RUBBIA et al. (1997) erwartungsgemäß als diskussionswürdig erklärt (ARKHIPOV, 1997). Das Wissenschaftlich-Technische Komitee (STC) der EURATOM hatte eine Arbeitsgruppe "Energy Amplifier" ins Leben gerufen, die das Konzept verhalten positiv beurteilte und der EU-Kommission ein stufenweises Vorgehen mit bestimmten Forschungsaktivitäten (8-Punkte-Programm) empfahl (EURATOM, 1997).

Dagegen brachte eine Schweizer Expertengruppe aus Mitgliedern des Nuklearen Sicherheitsinspektorates (HSK) sowie des Paul-Scherrer-Institutes (PSI) zahlreiche Bedenken physikalischer und technischer Art gegen das RUBBIA-Konzept vor (HSK und PSI, 1997).

Die deutsche Gruppe Ökologie urteilte, dass die Transmutation in den nächsten fünfzig Jahren keinen Beitrag zur Lösung der Entsorgungsprobleme werde leisten können. Sie ist vor allem skeptisch gegenüber allzu optimistischen Annahmen zum erreichbaren Abtrennungs- und Umwandlungsgrad wichtiger Isotope. Zudem würden große Restmengen anfallen, die dem Endlager zuzuführen wären. Auch erwartet die Gruppe Ökologie sehr hohe Kosten. Aus diesen Gründen wird das Forschungsgebiet der Transmutation nicht als Entsorgungsalternative zur Endlagerung betrachtet (Gruppe Ökologie, 1998, S. H–71).

Fazit

1416. Ob es sich bei der (Isotopen-)Transmutation um eine wegweisende technische Lösung des nuklearen Abfallproblems, eine Alternative zur Langzeit-Endlagerung, handelt, kann letztlich erst nach einigen Jahrzehnten intensiver Forschungs- und Entwicklungsarbeit festgestellt werden. Der besondere Nutzen dieser neuen Technologie läge in der Kopplung der Abfallkonversion mit der Nutzung der – praktisch unbegrenzten – Thoriumvorräte in einem unterkritischen Brutprozess. Solange allerdings nur Ergebnisse von Laborexperimenten zur Machbarkeit der Transmutation vorliegen und zahlreiche technische Fragen ungelöst sind, muss das theoretische Potential dieser Technik noch mit großer Skepsis betrachtet werden. Forschungsarbeiten wären, wenn überhaupt, nur in einem internationalen Verbund voranzutreiben.

Der durch die Transmutation erzielte Sicherheitsgewinn bei der Endlagerung müsste allerdings nicht nur von Reaktor- und Endlagerexperten, sondern auch von der breiten Bevölkerung höher eingeschätzt werden als das Risiko von Partition und Transmutation sowie Transporten zusammen. Im Hinblick auf die Erfahrungen der Vergangenheit bei der Nutzung der Atomenergie darf dies bezweifelt werden. Insbesondere der notwendige Ausbau der Wiederaufarbeitung ist eher skeptisch zu sehen. Risikobeurteilungen zur Realisierung der Transmutation müssten alle diese Aktivitäten umfassend berücksichtigen.

Schließlich muss darauf hingewiesen werden, dass auch die günstigen, stark verkürzten Abklingzeiten von etwa 500 Jahren weit jenseits des Generationszeitmaßstabes liegen, so dass der Maßstab „intergenerationelle Gerechtigkeit" zur Begründung von solchen Forschungsentwicklungen recht weit gefasst werden müsste.

3.2.6 Zur Liberalisierung des Strommarktes

1417. Bereits in seinem Umweltgutachten 1996 hat sich der Umweltrat für eine Liberalisierung der Strom- und Gasmärkte ausgesprochen und dies als notwendige Voraussetzung für eine nachhaltige Umweltpolitik erachtet, da sie zusätzliche Gestaltungsspielräume für die Umweltpolitik schafft (SRU, 1996a, Tz. 1075). Die Liberalisierung des Strommarktes ist umweltpolitisch von erheblicher Relevanz.

– Zunächst trägt die Stärkung des Wettbewerbs zur Effizienz der Stromproduktion und Stromverteilung bei und setzt damit Ressourcen frei, die in der Umweltpolitik wohlfahrtssteigernd eingesetzt werden können. Die Deregulierung der Strommärkte ablehnen, weil die damit verbundenen Preissenkungen den Energieverbrauch steigern können, hieße vor dem Problem zu kapitulieren. Das Gegenteil ist richtig: Wir brauchen die billigste Stromversorgung, damit wir uns die nachhaltigste leisten können.

– Des weiteren schafft die mit der Liberalisierung des Strommarktes verbundene Preissenkung Handlungsspielraum für die ökologische Finanzreform im Sinne einer Entschärfung von Konflikten zwischen Emissionsminderungszielen auf der einen sowie Preisstabilitäts- und Beschäftigungszielen auf der anderen Seite.

– Schließlich ist die mit der Liberalisierung der Strommärkte notwendig verbundene Öffnung des Zugangs zu den Stromtransport- und -verteilungsnetzen eine der wichtigsten Voraussetzungen für die größere Verbreitung von Strom aus regenerativen Energien und Kraft-Wärme-Kopplung. Die Marktöffnung ist insofern Pflichtbestandteil einer nachhaltigen Energiepolitik.

Der Umweltrat kritisiert an der Novellierung des Energiewirtschaftsrechts vom April 1998 allerdings, dass es der Gesetzgeber versäumt hat, die Liberalisierung der Strommärkte umweltpolitisch ausreichend zu flankieren.

Ansätze hierfür hat der Umweltrat in seinem Umweltgutachten 1996 ausführlich diskutiert (SRU, 1996a, Kap. 5). Wichtigster Aspekt ist die Anlastung der Kosten der Umweltinanspruchnahme bei ihrem Verursacher. Auf diese Weise würden Anreize zu emissionsmindernden Maßnahmen geschaffen (SRU, 1994, Tz. 270), insbesondere:

– Effizienzsteigerungen im Wege rationeller Energienutzung,

– eine Änderung der Energieträgerstruktur durch einen verstärkten Einsatz regenerativer Energien,

– der Einsatz schadstoffärmerer Brennstoffe sowie

– Änderungen von Verbrauchsgewohnheiten.

Die bisherigen Liberalisierungsschritte sowie das Gesetz zur ökologischen Steuerreform (Tz. 97 ff.) lassen zufriedenstellende Bemühungen in diese Richtung jedoch vermissen.

3.2.6.1 Rechtliche Rahmenbedingungen der Liberalisierung

1418. Die Liberalisierung des Strommarktes wurde durch die am 19. Februar 1997 in Kraft getretene Elektrizitätsbinnenmarktrichtlinie (EltRL) eingeleitet. Diese zielt darauf ab, einen wettbewerbsorientierten Elektrizitätsmarkt in der Europäischen Union zu schaffen. Hierfür enthält sie konkrete Bestimmungen über die Erzeugung, Übertragung und Verteilung elektrischer Energie und insbesondere den Netzzugang. Die Elektrizitätsbinnenmarktrichtlinie wurde Anfang 1998 mit dem Gesetz über die Elektrizitäts- und Gasversorgung (EnWG – Energiewirtschaftsgesetz) in deutsches Recht umgesetzt und hierdurch das alte Energiewirtschaftsgesetz aus dem Jahre 1935 abgelöst. Eine entsprechende Öffnung des Gasmarktes soll durch die Erdgasbinnenrichtlinie vom 22. Juni 1998 erfolgen. Die vorliegende Darstellung beschränkt sich jedoch auf den Bereich des Strommarktes, da die Erdgasrichtlinie noch nicht vollständig in deutsches Recht umgesetzt wurde und der Prozess der Liberalisierung des Gasmarktes noch zu neu ist, als dass eine Entwicklung zufriedenstellend prognostizierbar wäre.

Nach dem bisherigen Recht war die leitungsgebundene Energieversorgung weitestgehend monopolistisch strukturiert. Regionale Versorgungsmonopole konnten Wettbewerber aus ihrem Versorgungsgebiet aufgrund von Gebietsabsprachen der Elektrizitätsversorgungsunternehmen (EVU) untereinander und Konzessionsverträgen mit den Kommunen fernhalten. Durch sog. Demarkationsverträge zwischen den EVU hatten die überregionalen Verbundunternehmen, Regionalversorger und Stadtwerke die Möglichkeit, ihre jeweiligen Versorgungsgebiete von den Versorgungsgebieten anderer EVU abzugrenzen. Die Unternehmen konnten sich hierin verpflichten, keinen Strom in das Versorgungsgebiet des Partners zu liefern. Über sog. Konzessionsverträge war es den letztverteilenden EVU gestattet, ein ausschließliches Recht zur Wegenutzung mit den Gebietskörperschaften zur Versorgung von Letztverbrauchern zu vereinbaren. Gemäß §§ 103, 103a GWB waren beide Vertragsformen von der kartellrechtlichen Missbrauchsaufsicht freigestellt. Da das Versorgungsgebiet Deutschlands flächendeckend zwischen den EVU aufgeteilt war, hatten unabhängige Erzeuger und Versorger keine Möglichkeit, entweder mit eigenen Leitungen oder über Durchleitungen in die geschlossenen Versorgungsgebiete einzudringen. Als Ausgleich für den fehlenden Wettbewerb und zur Sicherung der Energieversorgung enthielt das bisherige Energiewirtschaftsgesetz weitreichende staatliche Interventionsbefugnisse, wie Investitions-, Preis- und Effizienzaufsicht.

1419. Das Energiewirtschaftsgesetz 1998 bringt einige einschneidende Neuerungen mit sich, indem es v. a. die Sondervorschrift der §§ 103, 103a GWB ersatzlos aufhebt und die leitungsgebundene Energieversorgung der allgemeinen Missbrauchsaufsicht des Kartellrechts, insbesondere § 1 und der neu geschaffenen Missbrauchsregelung des § 19 Abs. 4 Nr. 4 GWB, die nach der GWB-Novelle am 1. Januar 1999 in Kraft getreten ist, unterstellt. Damit werden sämtliche Demarkations- und Ausschließlichkeitsabreden in Konzessionsverträgen mit sofortiger Wirkung unwirksam, da sie mit § 1 GWB unvereinbar sind, und die bestehenden Netze werden für Zwecke der Durchleitung geöffnet. Das Energiewirtschaftsgesetz führt somit eine sofortige und vollständige Öffnung des deutschen Strom- (und Gas-)marktes herbei. Eine weitere entscheidende Neuerung bringt das Energiewirtschaftsgesetz beim Betrieb von Energieanlagen. Während nach dem bisherigen Energiewirtschaftsgesetz die EVU vor Bau, Erneuerung, Erweiterung oder Stilllegung von Energieanlagen dieses Vorhaben anzeigen mussten, um der Behörde eine präventive Investitionskontrolle zur Vermeidung der Doppelverlegung von Leitungen oder allgemein zur Wahrung des öffentlichen Interesses zu ermöglichen (SALJE, 1998, S. 202), verzichtet das neue Energiewirtschaftsgesetz auf die bisherige Investitionskontrolle. Damit ist auch eine Doppelverlegung von Leitungen (Bau von Direktleitungen) grundsätzlich zulässig.

1420. Das Energiewirtschaftsgesetz 1998 gewährt den Wettbewerbern grundsätzlich einen Anspruch auf Netzzugang. Das Gesetz sieht zwei Möglichkeiten des Netzzugangs vor, den „verhandelten Netzzugang" (§§ 5, 6 EnWG) und das System des „Alleinabnehmers" (§ 7 EnWG). Bei ersterem erhält der Wettbewerber das Recht, Elektrizität in das Versorgungsnetz des Netzbetreibers gegen Zahlung eines sogenannten Durchleitungsentgelts einzuspeisen, um Letztverbraucher oder Weiterverteiler zu versorgen. Der Netzbetreiber darf das Durchleitungsbegehren nur unter engen, im Gesetz abschließend aufgeführten Voraussetzungen ablehnen. Nach § 6 Abs. 1 Satz 2 EnWG ist die Zurückweisung nur zulässig, soweit ihm die Durchleitung aus betriebsbedingten oder sonstigen Gründen nicht möglich oder nicht zumutbar ist, etwa in Fällen fehlender Netzkapazität. Bei der Beurteilung der Zumutbarkeit ist nach § 6 Abs. 3 EnWG auch zu berücksichtigen, inwieweit dadurch Elektrizität aus fernwärmeorientierten, umwelt- und ressourcenschonenden sowie technisch-wirtschaftlich sinnvollen Kraft-Wärme-Kopplungsanlagen oder aus Anlagen zur Nutzung erneuerbarer Energien verdrängt wird. Eine Ausnahme von der Durchleitungspflicht sieht das Gesetz ferner zum Schutz der ostdeutschen Braunkohle vor, womit sichergestellt werden soll, dass die Investitionen in Milliardenhöhe in neue Braunkohlenkraftwerke in Ostdeutschland nicht schlagartig entwertet werden (*stranded investments*).

Beim Alleinabnehmersystem gemäß § 7 EnWG bleibt das bisherige EVU dagegen auch weiterhin ausschließlich für die unmittelbare Versorgung des Letztverbrauchers zuständig. Allerdings ist der Alleinkäufer verpflichtet, die Elektrizität abzunehmen, die ein in seinem Gebiet ansässiger Verbraucher von einem anderen EVU ankauft (KÜHNE und SCHOLTKA, 1998, S. 1906).

1421. Das Energiewirtschaftsgesetz fördert Umweltbelange in verschiedener Weise. Eine grundlegende Verbesserung ist die Erweiterung des Zielekatalogs in § 1 EnWG, wonach nunmehr neben der Sicherheit und Preisgünstigkeit der Energieversorgung als gleichberechtigtes Ziel deren Umweltverträglichkeit tritt. Gemäß §§ 1, 2 Abs. 4 EnWG ist die Umweltverträglichkeit bei allen Abwägungen im Rahmen des Energiewirtschaftsgesetzes, beim Vollzug des Energiewirtschaftsgesetzes sowie bei den allgemeinen Versorgungsbedingungen für Strom und Gas, der Bundestarifordnung Elektrizität (BTO Elt.) und bei allen sonstigen, auf das Energiewirtschaftsgesetz gestützten Rechtsverordnungen zu berücksichtigen. Nach der amtlichen Begründung (BT-Drs. 13/7274, S. 31) soll die Umweltverträglichkeit auch für die kartellrechtliche Missbrauchsaufsicht bei der Durchleitung im Rahmen der umfassenden Interessenabwägung nach §§ 22 Abs. 4 und 26 Abs. 2 GWB (nunmehr § 19 bzw. § 20 Abs. 2 GWB) zu berücksichtigen sein. Bei der kartellrechtlichen Interessenabwägung nach § 19 Abs. 4 GWB ist deshalb etwa die Gefährdung der Kraft-Wärme-Kopplung (KWK) als wichtiges Kriterium bei Durchleitungsbegehren zu würdigen. Gleiches gilt für die kartellrechtliche Strompreisaufsicht. Darüber hinaus wird im neuen Energiewirtschaftsgesetz Strom aus KWK und erneuerbaren Energien einmal beim *Netzzugang bevorzugt* behandelt, falls die Netzkapazität nicht für alle Durchleitungswünsche ausreichen sollte. Die Verdrängung von Elektrizität aus KWK-Anlagen und Anlagen zur Nutzung erneuerbarer Energien kann aber auch eine *Verweigerung des Netzzuganges* für Durchleitungsbegehren Dritter rechtfertigen (§ 6 Abs. 1 Satz 2, Abs. 3 und § 7 Abs. 2 Satz 2 EnWG). Zu deren Schutz können sogar bis zum Jahre 2005 kommunale Wegerechte für Direktleitungen verweigert werden (§ 13 Abs. 1 Satz 2, § 6 Abs. 3 EnWG). Zudem sind die Kosten für Least-Cost-Planning-Maßnahmen bei der Genehmigung der Stromtarife anzuerkennen (§ 11 Abs. 1 Satz 3 EnWG). Weitere umweltrelevante Begünstigungen finden sich etwa in § 3 Abs. 1 Nr. 2 und § 10 Abs. 2 Satz 2 EnWG. Damit enthält das Energiewirtschaftsgesetz zumindest theoretisch eine Reihe von Möglichkeiten, um Umweltschutz und Ressourcenschonung im Rahmen der Stromversorgung zu berücksichtigen.

3.2.6.2 Zu den Auswirkungen des Energiewirtschaftsgesetzes 1998 und ihrer Bewertung aus umweltpolitischer Sicht

Die Auswirkungen des Energiewirtschaftsgesetzes 1998 auf den Strommarkt

1422. Derzeit können die Auswirkungen der Liberalisierung noch nicht abschließend beurteilt werden. Bereits jetzt ist allerdings festzustellen, dass das mit der Liberalisierung eingeführte Durchleitungsmodell bislang die Erwartungen keineswegs erfüllt hat. Ende 1998 lagen den Netzbetreibern nach einer Umfrage der VDEW (Vereinigung Deutscher Elektrizitätswerke e. V.) erst Durchleitungsanfragen in einer Größenordnung von 15 % der deutschen Spitzenlast-Stromerzeugung vor (MELLER, 1999). Ob diese tatsächlich zum Wechsel des Stromanbieters geführt haben, bleibt unklar. Zudem war zu diesem Zeitpunkt der Wettbewerb noch auf Sondervertragskunden (Industrie und Handel) beschränkt, die über 60 % der Stromerzeugung für sich beanspruchen. Der Wettbewerb um Haushaltskunden ist erst im September 1999 mit aufwendigen Marketingkampagnen der größten Verbundunternehmen und ihrer Tochtergesellschaften eingeleitet worden. Hier bestehen noch größere Durchleitungshemmnisse, da der Wechsel des Stromanbieters für Tarifkunden aufgrund der relativ hohen Transaktionskosten ungleich schwieriger im Vergleich zu Sonderabnehmern ist.

Die Liberalisierung der Strommärkte hat zu einer Senkung der Strompreise vor allem in der Industrie geführt. Die im Preisvergleich des Bundesverbandes der Energieabnehmer aufgeführten 50 deutschen Energieversorger haben nach Angaben des Verbandes ihre Preise 1998 durchschnittlich um 7,8 % gesenkt. Von Januar bis Dezember 1999 ist der Strompreisindex des Verbandes der Industriellen Energie- und Kraftwirtschaft nochmals um 5,4 % gefallen. Die sinkenden Strompreise sind allerdings bislang eher noch Folge davon, dass neue Anbieter mit günstigen Angeboten in die Versorgungsgebiete der ehemaligen Monopolisten eindringen und diese somit zu Preissenkungen zwingen, nicht aber unbedingt ein Anzeichen für eine steigende Anzahl an Durchleitungen.

Für die privaten Haushalte führen die Schwierigkeiten des neu gewählten Anbieters, den Durchleitungsanspruch durchzusetzen, häufig dazu, dass der neue Anbieter keinen definitiven Anfangsliefertermin nennen kann.

Der alte Stromlieferant beruft sich meistens auf Abrechnungsschwierigkeiten aufgrund einer noch fehlenden Ausgestaltung der Versorgung von Tarifkunden nach Standardlastprofilen. Zwar kann der neue Anbieter unmittelbar Vertragspartner des wechselwilligen Kunden werden, die benötigte Energie wird jedoch weiterhin von dem bisherigen Lieferanten bezogen. Dies hat zur Folge, dass der neue Vertragspartner dem alten Vertragspartner den ehemals erzielten Stromtarif solange erstatten muss, bis dieser ihm einen Anfangsdurchleitungstermin nennen kann (SCHULTZ, 1999, S. 750). Eine Durchleitung ist zwar grundsätzlich bereits auch ohne ein vorgegebenes Lastprofil möglich, allerdings kann der alte Stromversorger in diesem Fall eine Aufwandsentschädigung für Zählerbenutzung, -ablesung und dergleichen in Rechnung stellen.

1423. Bereits seit einigen Jahren lässt sich ein Trend hin zu einer starken Konzentration der deutschen Elektrizitätswirtschaft ausmachen. Lag die Zahl der Stromversorgungsunternehmen 1995 noch bei über tausend, so zeichnete sich, bedingt durch die Finanznot der Kommunen sowie aus Furcht, in einem liberalisierten Markt nicht überleben zu können, schon vor 1998 eine Konzentration sowie eine Beteiligung großer Verbundunternehmen an der kommunalen Versorgungswirtschaft ab (TRAUBE und MÜNCH, 1997). Dieser Konzentrations- und Verdrängungsprozess wird sich in einem liberalisierten Wettbewerb weiter fortsetzen oder sogar verstärken (vgl. Bundeskartellamt, 1999, S. 119 ff.).

Auf der Stromerzeugungsstufe ist festzustellen, dass die Stromerzeuger künftig nicht mehr bereit sein werden, in langfristige Projekte zu investieren, vielmehr ihr Investitionsverhalten deutlich „kurzsichtiger" wird, da nur noch die kurzfristige Rendite über das Überleben am Markt entscheidet. Bestimmte Neuinvestitionen in Technologien der Stromerzeugung sind auf einem liberalisierten Markt wegen relativ hoher Investitionskosten und damit zu langer Kapitalrückflusszeiten mit hohen Unsicherheiten behaftet. Neuinvestitionen in Atomkraftwerke und in viele Anlagen zum Einsatz regenerativer Energien, die jeweils hohe Fixkosten und niedrige Brennstoffkosten haben, sind gegenüber Kraftwerkstypen mit niedrigen Fixkosten und relativ hohen Brennstoffkosten (z. B. Erdgas-Kombikraftwerke) auf Wettbewerbsmärkten weitgehend unrentabel geworden. Allerdings ist hierbei zu berücksichtigen, dass die bereits bestehenden Atomkraftwerke voll wettbewerbsfähig sind, da sie überwiegend abgeschrieben sind (dies gilt zumindest solange, als den Kraftwerksbetreibern im Zuge einer strengeren Sicherheitsphilosophie nicht die Pflicht zu teuren Nachrüstungen auferlegt wird). Der Zubau neuer Atomanlagen dürfte jedoch bereits – unabhängig von den rechtlichen oder politischen Rahmenbedingungen – aus ökonomischen Gründen nicht in Frage kommen (DIW, 1997), da die Baukosten eines Atomkraftwerks circa dreimal höher sind als etwa die einer kombinierten Gas- und Dampfturbinen-(GuD)-Anlage auf Erdgasbasis (HILLEBRAND, 1997, S. 14) und damit die erforderliche Kapitalverzinsung aufgrund unsicherer Marktverhältnisse nicht mehr gewährleistet ist.

Die Auswirkungen des Energiewirtschaftsgesetzes 1998 auf die Umwelt

1424. Der mit der Liberalisierung eingeführte Wettbewerb wird einen deutlichen Modernisierungs- und Innovationsschub des Anlagenparks bewirken (z. B. Erhöhung der Wirkungsgrade von fossil gefeuerten Kraftwerken). Neben den damit verbundenen ökonomischen Vorteilen ist hiermit zugleich eine Verbesserung der Umweltsituation verbunden, zumal die rentabelsten Stromerzeugungsanlagen (GuD-Anlagen) auch aus ökologischer Sicht vorteilhaft sind. Als weitere Entwicklung zeichnet sich ab, dass sich die bislang bestehenden Überkapazitäten, die weit über die in Anspruch genommenen Reservekapazitäten hinausgehen, auf lange Sicht im Wettbewerb deutlich verringern werden.

Strompreissenkungen aus ökologischer Sicht

1425. Die in ehemaligen Monopolzeiten gebildeten Überkapazitäten erhöhten im Zuge der Liberalisierung den Druck auf die Stromversorger, ihre Preise zu senken. Gleichzeitig wurde ein Zwang zu Kostensenkungen in Gang gesetzt. Diese Kostenvorteile wurden über Preissenkungen anfangs lediglich an Groß- und Sonderabnehmer weitergegeben, während die Tarife für Privatkunden im ersten Jahr nach der Neufassung des Energiewirtschaftsgesetzes zunächst weitestgehend erhalten blieben, da ein Wettbewerb um Tarifkunden, u. a. aufgrund der Höhe der derzeitigen Durchleitungsentgelte, nur sehr eingeschränkt stattfand. Hiervon ging auch das Energiewirtschaftsgesetz aus (BT-Drs. 13/7274, S. 17 f.), weshalb die besondere staatliche Preisaufsicht zum Schutz der Verbraucher trotz des Wettbewerbs zunächst bestehen bleibt. Entgegen den ursprünglichen Erwartungen hat der Wettbewerb mittlerweile aber auch die privaten Verbraucher erfasst. Deshalb wird trotz immer noch erheblicher Schwierigkeiten und entsprechend hoher Transaktionskosten beim Wechsel des Stromanbieters in den kommenden Jahren auch bei den privaten Haushalten mit Strompreissenkungen zu rechnen sein.

Während die beschriebenen Strompreissenkungen aus ökonomischer Sicht zu begrüßen sind, werden sie voraussichtlich zu der aus ökologischer Sicht unerwünschten Entwicklung führen, dass sowohl im industriellen und gewerblichen Sektor als auch bei den privaten Haushalten die Bereitschaft, in umwelt- und klimapolitisch gewünschte Maßnahmen zur rationellen Energieverwendung zu investieren, vorerst deutlich abnehmen wird. Zwar gibt es durchaus spezialisierte Energiedienstleistungsunternehmen und EVU, die Maßnahmen der rationellen Energieverwendung bei ihren Kunden durchführen; derartige Dienstleistungen werden jedoch allein für die großen gewerblichen Energieverbraucher angeboten, während die mittleren bis kleinen Energie- sowie die Tarifabnehmer hiervon nicht werden profitieren können. Letztlich wirkt also der Preisverfall den Bemühungen um eine rationale Energienutzung und Einsparung von Energie entgegen. Ein sparsamer Umgang mit Strom wird nun noch schwieriger zu erreichen sein, da Anreize für Energiesparmaßnahmen wegfallen oder aber die Nachfrage nach Energiedienstleistungen zurückgeht und gleichzeitig den Preissenkungen nicht mit einer geeigneten umweltpolitischen Rahmensetzung begegnet wird. Die mit dem Ökosteuergesetz eingeführte Stromsteuer ist aufgrund ihrer niedrigen Steuersätze und der zahlreichen Ausnahmetatbestände (Tz. 105 f.) nicht geeignet, diese Entwicklung aufzuhalten oder gar umzukehren. Abgesehen davon, dass die beschriebene Entwicklung unter Umweltgesichtspunkten unerwünscht ist, konterkariert sie, zumindest im gewerblichen und industriellen Bereich, die Grundpflicht des Anlagenbetreibers gemäß Art. 3 Buchst. d IVU-Richtlinie, Energie effizient zu verwenden.

Die Preissenkungen können zudem zur Folge haben, dass strombasierte Energienutzungstechniken den Einsatz von Brennstoffen oder Dampf substituieren werden, was wegen der geringeren spezifischen CO_2-Emissionen von Erdgas und Heizöl gegenüber Strom im Bundesdurchschnitt problematisch sein kann (JOCHEM und TÖNSING, 1998, S. 9).

Verdrängung umweltfreundlich erzeugten Stroms

1426. Aus Umweltsicht ist es problematisch, dass die energie- und umweltpolitisch erwünschte Kraft-Wärme-Kopplung (KWK) zunehmend in Bedrängnis gerät. Der Anteil der KWK war bereits vor der Liberalisierung sehr niedrig, weil die überregionalen Verbundunternehmen nur einen minimalen Anteil Strom in KWK erzeugen. Die bereits vor der Liberalisierung bestehende Strategie der Verbundwirtschaft, den Strombedarf weitestgehend monopolistisch durch die eigenen großen Kondensationskraftwerke zu decken und eine nachgelagerte Eigenerzeugung möglichst zu verhindern, hat dazu geführt, dass der Anteil an Stromerzeugung in KWK-Anlagen insgesamt (inklusive der industriellen Erzeugung) 1993 in Deutschland nur bei 10 % lag (TRAUBE und MÜNCH, 1997, S. 19). Im Jahr 1997 hatte die KWK nur noch einen – im internationalen Vergleich ohnehin sehr niedrigen – Anteil von 9 % an der gesamten Stromerzeugung (GOLBACH, 1998). Im Zuge der Liberalisierung setzt sich dieser Trend nahtlos fort (GOLBACH, 2000, persönl. Mitteilung; ASUE, 1998), da kommunale und industrielle KWK einem starken Verdrängungswettbewerb der großen Verbundunternehmen ausgesetzt sind. So wies der Verband kommunaler Unternehmen bereits im Januar 1999 auf Stilllegungen großer kommunaler Heizkraftwerkskapazitäten in Bremen, Duisburg, Düsseldorf und München hin (VKU, 1999). Auch bei der industriellen KWK gehen derzeit nach Angaben des Verbandes der Industriellen Energie- und Kraftwirtschaft monatlich 100 bis 200 MW vom Netz. Die Praxis der Verbundunternehmen geht dahin, den Bau von KWK-Projekten der Industrie und nachgelagerter EVU durch billige Stromtarife entweder zu verhindern oder aber bereits bestehende KWK-Anlagen mittels billiger Stromsonderangebote, die teilweise unter den Gestehungskosten liegen, „auszukaufen" (MEIXNER, 1998, S. 149; TRAUBE und MÜNCH, 1997, S. 21). Mittels solcher Dumpingpreise sollen Marktanteile gesichert und Kunden langfristig gebunden werden.

Die Verbundgesellschaften sind zudem in der Lage, ihre preislichen Angebote an den Weiterverteiler mit der Drohung zu verknüpfen, seine lukrativsten Endkunden abzuwerben (MEIXNER, 1998, S. 154). Diese Praxis hatte sich bereits im Vorfeld des Wettbewerbs abgezeichnet. Im Rahmen dieser Entwicklung bildete sich eine neue Vertragsform heraus, bei der einerseits niedrigere Preise für den vom Verbundunternehmen bezogenen Strom in Aussicht gestellt werden. Andererseits muss das Verteilerunternehmen eine langfristige Bindung an den Vorlieferanten zusammen mit einer Reihe weiterer Vertragsklauseln akzeptieren. So wird immer häufiger eine Bezugsleistung vereinbart, die über die gesamte Vertragsdauer von beispielsweise 20 Jahren nur noch erhöht werden kann. Geht die bezogene Leistung dennoch etwa aufgrund eines Zubaus eigener Erzeugungskapazitäten (Blockheizkraftwerk) oder infolge von Stromeinsparmaßnahmen zurück, muss das Verteilerunternehmen für die bestellte Leistung auch im Fall der Nicht-Inanspruchnahme zahlen (*Take or pay*-Verträge) (MEIXNER, 1998, S. 154).

1427. Die *kommunale KWK* hat darüber hinaus mit dem Problem zu kämpfen, dass sie wegen der hohen Fixkosten beim Bau und Unterhalt der Fernwärmenetze (die Stromversorgung mittels Fernwärme-KWK ist durchschnittlich ca. 15 bis 20 % teurer als die herkömmliche Energieversorgung) durch den liberalisierungsbedingten Preiswettbewerb betriebswirtschaftlich unrentabel geworden ist. Zwar könnte die kommunale KWK im Nahwärmebereich durchaus eine ökologisch und ökonomisch interessante Alternative zur bislang vorherrschenden großräumigen Strom- und fernwärmeorientierten Wärmeversorgung darstellen. Dies würde jedoch eine dezentrale Organisation mit kleinräumigen Versorgungsstrukturen voraussetzen (Nahwärmekonzepte). In ihrer derzeitigen Struktur mit ihren zu langen und damit zu teuren Fernwärmenetzen ist die kommunale KWK dagegen nicht konkurrenzfähig. Demgegenüber ist die *industrielle KWK* zwar durchaus wettbewerbsfähig; angesichts der erwähnten Auskaufpraxis werden aber die Anbieter dieser KWK-Anlagen von einer Teilnahme am Markt abgehalten.

Diese Entwicklung hat letztlich dazu geführt, dass sich die Marktchancen für KWK-Anlagen deutlich verschlechtert haben und die KWK zunehmend an Bedeutung verliert. Der fortschreitende Verlust an Marktanteilen zeigt zudem, dass die Vorrangregelung für Strom aus KWK-Anlagen faktisch weitgehend leerläuft. Der Umweltrat bezweifelt deshalb, dass die bevorzugten Durchleitungsrechte nach dem Energiewirtschaftsgesetz geeignet sind, Strom aus KWK-Anlagen neue Marktchancen zu eröffnen.

1428. Inwieweit diese Entwicklung aus ökologischer Sicht zu beklagen ist, hängt zu einem erheblichen Teil von den Gegebenheiten der konkreten Anlage und der versorgten Strom- und Wärmenetze sowie den Verbrauchsgewohnheiten der Strom- und Wärmenutzer ab. Der Umweltrat weist darauf hin, dass keineswegs alle Spielarten der KWK unter dem Aspekt einer effizienten Ausnutzung des Primärenergieträgers und damit im Hinblick insbesondere auf den Klimaschutz von Vorteil sind. Wenn etwa die ausgekoppelte Abwärme über lange Fernwärmenetze mit erheblichen Wärmeverlusten verteilt oder nicht von den Verbrauchern in Anspruch genommen wird, weil die Bedarfszeiten bei Strom und Wärme auseinanderfallen, entstehen Wärme- bzw. Wirkungsgradverluste, die den theoretischen Effizienzvorteil der KWK wieder aufzehren können. Außerdem kommt es darauf an, welcher Primärenergieträger in der KWK-Anlage zum Einsatz kommt. So weist beispielsweise ein steinkohlegefeuertes Heizkraftwerk (mit KWK) im Vergleich zu einem ungekoppelten GuD-Kondensationskraftwerk rund zwei Drittel höhere CO_2-Emissionen auf (TRAUBE und SCHULZ, 1995, S. 46 f.). Nach Auffassung des Umweltrates ist deshalb die Verdrängung der KWK insbesondere in den Fällen zu kritisieren, in denen entweder CO_2-arme Primärenergieträger zum Einsatz kommen oder in denen die theoretisch erzielbaren hohen energetischen Wirkungsgrade der KWK in der Praxis durch einen hohen Jahresnutzungsgrad und geringe Wirkungsgradverluste auch tatsächlich ausgenutzt werden.

3.2.6.3 Zu den Defiziten der energiewirtschaftsrechtlichen Regelungen

Defizite des Energiewirtschaftsgesetzes 1998

1429. Wie eingangs dargestellt, berücksichtigt das Energiewirtschaftsgesetz 1998 an einigen Stellen Aspekte des Umweltschutzes. Der Umweltrat weist jedoch darauf hin, dass das bestehende rechtliche Instrumentarium nicht ausreicht, um einen nachhaltigen Umwelt- und Klimaschutz zu verwirklichen und dass das Durchleitungsmodell aus ökologischer und ökonomischer Sicht ernstzunehmende Unzulänglichkeiten aufweist.

1430. Die Kritik des Umweltrates richtet sich zunächst gegen das im Energiewirtschaftsgesetz verwirklichte Durchleitungsmodell als solches. Die Verteilung von Strom ist leitungsgebunden. Da der Bau paralleler Versorgungsnetze im Strombereich betriebswirtschaftlich unrentabel ist (KREMP, 1999, S. 15 f.), handelt es sich bei der Stromverteilung um ein natürliches Monopol. Um überhaupt am Strommarkt teilnehmen zu können, ist deshalb für Stromerzeuger ohne eigenes Versorgungsnetz unabdingbar, die bestehenden Übertragungsnetze nutzen zu können, weil ohne Zugang zum Netz kein Zugang zum Markt (Endabnehmer oder Großhändler) möglich ist. Kernpunkt eines freien und fairen Wettbewerbs auf dem Strommarkt ist folglich die diskriminierungsfreie Regelung des Netzzugangs. In Deutschland werden die Übertragungsnetze von derzeit acht Verbundunternehmen betrieben, die sich sowohl in der Stromerzeugung (rd. 79 % der deutschen Stromerzeugung) (KREMP, 1999, S. 6) als in der Regel auch in der Endverteilung mit Strom betätigen, so dass hier eine *vertikale Integration* dieser EVU besteht, die mit dem Durchleitungsmodell nicht aufgehoben wurde. Diese führt zwangsläufig zu wettbewerbsbehindernden Interessengegensätzen.

Der Netzbetreiber wird bestrebt sein, primär den von ihm selbst erzeugten Strom durch sein Netz zu leiten. Weil dem im Energiewirtschaftsgesetz verwirklichten Durchleitungsmodell implizit eine Prioritätsregelung zugunsten der Eigennutzung des Netzes durch das Gebiets-EVU zugrunde liegt, verleiht der vom Energiewirtschaftsgesetz grundsätzlich gewährte Anspruch auf Netzzugang dem Durchleitungsbegehrenden keine dem Netzbetreiber vergleichbare Rechtsposition auf Nutzung des Netzes. Der Anspruch des Durchleitungsbegehrenden steht damit unter dem Vorbehalt, dass der Netzbetreiber sein Netz nicht selbst nutzt und dass die Kapazitätsgrenze nicht erreicht wird. Aus Sicht des Umwelt- und Klimaschutzes ist dieser Vorbehalt insoweit kritisch zu beurteilen, als er im Falle von Kapazitätsengpässen dazu führen kann, dass insbesondere unabhängige Anbieter umweltfreundlich erzeugten Stroms (regenerative Energien und Strom aus KWK-Anlagen) ohne eigenes Versorgungsgebiet bei der Durchleitung benachteiligt und damit in ihrer Betätigung am Markt behindert werden.

Ein weiterer durch die vertikale Integration bedingter wettbewerbsbehindernder Interessengegensatz besteht auch insofern, als dem Netzbetreiber natürlich jeglicher Anreiz fehlt, potentiellen Konkurrenten den Zugang zu den Abnehmern im ehemals eigenen Versorgungsgebiet zu ermöglichen, so dass er alles daran setzen wird, die Netznutzung durch Dritte und damit die Durchleitung durch sein Netz weitmöglichst zu be- oder gar zu verhindern. Dieser Gefahr der Marktabschottung begegnet § 4 Abs. 4 EnWG, wonach das Übertragungsnetz als eigene Betriebsabteilung getrennt von Erzeugung und Verteilung zu führen ist, nur sehr unzureichend. Anders als etwa im angloamerikanischen Raum wird eine gesellschaftsrechtliche oder funktionelle Entflechtung vertikal integrierter Netzbetreiber gerade nicht gefordert, ebensowenig ist die Schaffung einer unabhängigen Netzbetreibergesellschaft (wie in Großbritannien und Kalifornien) vorgesehen, auch muss der Verteilungsnetzbetrieb nicht wie in Großbritannien von den Erzeugungs- und Stromhandels- bzw. Versorgungsaktivitäten eigentumsrechtlich getrennt werden (Tz. 1449; SCHNEIDER, 1999, S. 452 f.). Auch das Gebot getrennter Kontoführung und Bilanzierung hinsichtlich Erzeugung, Übertragung und Verteilung nach § 9 Abs. 2 EnWG ist nicht geeignet, diesen Interessenkonflikt zu beseitigen.

1431. Der Umweltrat kritisiert des weiteren, dass weder das Energiewirtschaftsgesetz noch das Wettbewerbsrecht dem wettbewerbshemmenden Verhalten der (Übertragungs- und Verteilungs-) Netzbetreiber (insb. Verbundunternehmen und Stadtwerke) hinreichende Schranken entgegensetzt. Kritisch zu betrachten ist zunächst, dass das im Energiewirtschaftsgesetz verwirklichte Durchleitungsmodell zahlreiche Rechtsstreitigkeiten über Durchleitungsbegehren und die Höhe des Durchleitungsentgeltes nach sich zieht und infolgedessen den Wettbewerb mit erheblichen Rechtsunsicherheiten belastet. Da der Betreiber eines Elektrizitätsversorgungsnetzes dann nicht durchleitungspflichtig ist, wenn ihm die Durchleitung nicht möglich oder nicht zumutbar ist (§ 6 Abs. 1 Satz 2, § 7 Abs. 2 Satz 2 EnWG), wird sich der Streit vor allem an der Frage der Zumutbarkeit entzünden. Bei der Zumutbarkeit ist gemäß § 6 Abs. 3 EnWG u. a. zu berücksichtigen, inwieweit mit der Durchleitung Elektrizität aus *technisch sinnvollen* KWK-Anlagen oder aus Anlagen zur Nutzung erneuerbarer Energien verdrängt und ein wirtschaftlicher Betrieb dieser Anlagen verhindert würde. Problematisch erscheint zunächst der Zusatz einer technisch sinnvollen KWK, da sich hier die Frage aufdrängt, ob das Gericht im Prozess bzw. die Kartellbehörde bei der kartellrechtlichen Missbrauchsaufsicht zur Prüfung verpflichtet sein soll, ob die möglicherweise verdrängte KWK-Anlage überhaupt technisch sinnvoll ist. Eine solche Prüfung wäre mit erheblichen rechtlichen Unsicherheiten verbunden. Zudem fällt auf, dass die Verweigerungsgründe durch ihre Unbestimmtheit und nahezu völlige Konturenlosigkeit gekennzeichnet sind, was die Durchsetzung des Durchleitungsanspruches in der Praxis ebenfalls erschwert und mit erheblichen Unsicherheiten belastet. Da die Frage nach der Möglichkeit oder Zumutbarkeit der Durchleitung zudem in hohem Maße von den Umständen des Einzelfalles abhängt, hat dieser Ansatz zur Folge, dass die Problemlösung von der Legislative auf die Judikative verlagert wird – womit wiederum erhebliche Unsicherheiten für den Rechtsanwender verbunden sind. Darüber hinaus ist zu bemängeln, dass für den Durchleitungsbegehrenden als Unternehmensfremden kaum zu durchschauen ist, ob dem Netzbetreiber die Durchleitung nun zumutbar ist oder nicht. Daher wird es ihm in der Regel sehr schwer fallen, die Erfolgsaussichten seiner Klage abschätzen zu können. Dies ist nicht zuletzt deshalb problematisch, weil vor allem kleinere Stromerzeuger und Neuanbieter von Strom es sich kaum werden leisten können, langjährige Prozesse abzuwarten, bevor ihnen mit Hilfe der Gerichte oder der Kartellbehörden die Durchleitung ermöglicht wird. Gerade für Neuanbieter ist der Faktor Zeit aber überlebenswichtig, um sich am Markt positionieren zu können. Diese Mängel wiegen umso schwerer, als das Energiewirtschaftsgesetz – anders als das Telekommunikationsrecht – keine effektiven und schnellen Schlichtungs- und Durchsetzungsinstrumente zugunsten des Durchleitungspetenten bereithält (SCHNEIDER, 1999, S. 468). Auch die Möglichkeit des Petenten, sich den Netzzugang kurzfristig im Wege des einstweiligen Rechtsschutzes – entweder im Kartellverfahren durch eine einstweilige Anordnung bzw. eine Anordnung des Sofortvollzuges oder zivilprozessual mittels einer einstweiligen Verfügung nach §§ 935, 940 ZPO – zu erzwingen (UNGEMACH und WEBER, 1999), stellt keine befriedigende Antwort auf dieses Problem dar, weil auch dieser Weg mit erheblichen Unwägbarkeiten sowie rechtlichen und finanziellen Risiken verbunden ist, zumal die soeben beschriebenen Unsicherheiten über das Vorliegen der Verweigerungstatbestände in das einstweilige Verfahren hineinwirken.

1432. Beim Durchleitungsmodell des Energiewirtschaftsgesetzes besteht im übrigen zumindest theoretisch die Gefahr, dass die Netzbetreiber ihre Netzkapazitäten so weit abbauen, dass diese nur noch für die Durchleitung der eigenen Stromerzeugung ausreichen. Damit könnten Durchleitungsbegehren Dritter abgelehnt und die Marktmacht der Übertragungsnetzbetreiber in wettbewerbsbehindernder Weise abgesichert werden. Im Gegenzug fehlt ihnen jeglicher Anreiz zur Schaffung ausreichender Netzkapazitäten.

1433. Aus diesen Gründen ist ein Vertrauen in die Möglichkeit, eine Durchleitung gerichtlich oder kartellbehördlich zu erstreiten, nicht ohne weiteres gerechtfertigt und das Durchleitungsmodell in seiner jetzigen Form abzulehnen. Der Umweltrat stellt deshalb fest, dass ein kardinales Problem des Wettbewerbs im Strommarkt – die Schaffung eines diskriminierungsfreien Zugangs zu den Stromnetzen (der wegen der Leitungsgebundenheit von Strom notwendige Voraussetzung eines funktionierenden Wettbewerbs ist) – vom Energiewirtschaftsgesetz nicht zufriedenstellend gelöst wird. Insbesondere aufgrund der nahezu schrankenlos offenen Durchleitungsverweigerungstatbestände hat das Eigentum an den Stromnetzen nach wie vor marktverschließende Wirkung. Das geltende Energiewirtschaftsgesetz trägt somit eher zu einer Zementierung der Vormachtstellung der Netzbetreiber bei, als dass es einen diskriminierungsfreien Wettbewerb ermögliche. Darüber hinaus nützt die Liberalisierung in ihrer jetzigen Ausgestaltung vor allem jenen Unternehmen, die in der Vergangenheit vom Strommonopol profitiert und sich dank überhöhter Monopolpreise ein ausreichendes finanzielles Polster geschaffen haben, da diese Unternehmen (insb. die acht Verbundunternehmen, die über das Eigentum an den Übertragungsnetzen verfügen) auf einen funktionierenden Wettbewerb und unkomplizierte Durchleitungsmöglichkeiten gerade nicht angewiesen sind. Der Umweltrat hält dies weder aus ökologischen noch aus ökonomischen Gründen für zuträglich.

1434. Gegen das Durchleitungsmodell sprechen auch die im Vergleich zu anderen Wettbewerbsmodellen sehr hohen Transaktionskosten. Denn die in jedem einzelnen Durchleitungsfall bi- bzw. trilateral auszuhandelnden Durchleitungsverträge zwischen dem durchleitendem EVU, dem Stromlieferanten und dem Stromabnehmer sind im Vergleich zu einem Stromhandel über eine Börse mit deutlich höherem Aufwand verbunden, nicht zuletzt durch die jeweils im Einzelfall zu berechnenden wirtschaftlich angemessenen Durchleitungsentgelte (BOHNE, 1998, S. 242). Hinzu kommen Informationskosten für die Stromabnehmer aufgrund der mangelhaften Transparenz der Durchleitungsentgelte (Tz. 1437) und eventuell zusätzliche Kosten z. B. für Stromanbieter aufgrund zeitraubender juristischer Verfahren im Falle von Durchleitungsverweigerungen. Problematisch ist ferner, dass im Durchleitungsmodell Neuanbieter in den Verhandlungen über die Durchleitungsbedingungen strategische Wettbewerbsinformationen an den Netzbetreiber, der selbst auch Kraftwerke besitzt, preisgeben müssen. Damit werden dem Netzbetreiber zumindest der genaue Ein- und Ausspeiseort, Zeit und Umfang der Durchleitung sowie die dafür anfallenden Durchleitungsentgelte bekannt, so dass ihm die Gelegenheit gegeben wird, günstigere Konkurrenzangebote abzugeben (KREMP, 1999, S. 25) und damit die Konkurrenz auszustechen.

1435. Nach Artikel 4 § 3 des Gesetzes zur Neuregelung des Energiewirtschaftsrechts ist bei der Beurteilung eines Durchleitungsbegehrens in den Neuen Ländern die Notwendigkeit einer ausreichend hohen Verstromung von Braunkohle aus diesen Ländern besonders zu berücksichtigen. Diese bis zum 31. Dezember 2003 gültige, bis 31. Dezember 2005 einmalig verlängerbare Schutzklausel zugunsten der Braunkohlenkraftwerke in Ostdeutschland (sog. „lex VEAG") wurde aus beschäftigungs- und regionalpolitischen Gründen ins Gesetz aufgenommen, um die milliardenhohen Investitionen der VEAG nicht über Nacht zu „gestrandeten Investitionen" zu entwerten. Der Umweltrat hält diese Sonderregelung für verfehlt; aus ökonomischen Gründen, weil sie zu einer Zementierung eines hohen Strompreises in den neuen Bundesländern führen wird (der z. T. durch die Subventionierung industrieller und gewerblicher Betriebe wieder ausgeglichen werden muss), aus ökologischen Gründen, weil die Verstromung heimischer Braunkohlen mit extrem hohen Umweltbelastungen (Ausstoß an CO_2-, SO_2- und anderen Emissionen, Versauerung von Böden, Flächenverbrauch, Beeinträchtigung des Grundwassers etc.) verbunden ist (Tz. 1273 ff.). Der verstärkte Einsatz heimischer Braunkohlen rechtfertigt sich auch nicht aus dem Aspekt der Versorgungssicherheit der neuen Länder (Tz. 1372 ff.), wie die amtliche Begründung (BT-Drs. 13/7274, S. 35) noch postulierte. Der Umweltrat regt deshalb an, diese vor allem dem Klima-schutzziel der Bundesregierung diametral entgegenlaufende Schutzklausel keinesfalls über den 31. Dezember 2003 hinaus zu verlängern. Dies gilt umso mehr, als die Schutzklausel ihr Ziel in der Praxis ohnehin verfehlt hat, da sie von den ostdeutschen Stadtwerken und den westdeutschen Verbundunternehmen unterlaufen wird.

Verbändevereinbarung über Kriterien zur Bestimmung von Durchleitungsentgelten

1436. Da elektrische Energie leitungsgebunden ist, hängt das Funktionieren eines Wettbewerbsmarktes neben den diskriminierungsfreien Zugangsregelungen auch von den Preisen der Nutzung bestehender Elektrizitätsnetze für die Stromübertragung und -verteilung für Wettbewerber ab. Wesentlicher Bestandteil eines freien Strommarktes ist deshalb auch die diskriminierungsfreie und angemessene Bestimmung des Durchleitungsentgelts, ohne die jede Liberalisierung ein „Placebo" bleiben muss. Die Höhe des Entgelts für die Durchleitung von Strom durch fremde Netze wird im Gesetz nicht geregelt. Zwar ermächtigt § 6 Abs. 2 EnWG das Bundeswirtschaftsministerium, durch Rechtsverordnung Kriterien zu dessen Bestimmung festzulegen; das Bundeswirtschaftsministerium hat allerdings die Ermittlung der Entgelte zunächst der Eigenverantwortung der Wirtschaft und damit einer privatwirtschaftlichen Lösung überlassen. Dies ist mit der *Verbändevereinbarung über Kriterien zur Bestimmung von Durchleitungsentgelten* geschehen, die zwischen der Vereinigung deutscher Elektrizitätswerke (VDEW), dem Bundesverband der deutschen Industrie (BDI) und dem Verband der Industriellen Kraftwirtschaft (VIK) im Mai 1998 geschlossen wurde. Die Verbändevereinigung soll für die Übertragungsnetzbenutzer transparente und leicht kalkulierbare Methoden festlegen (DENNERSMANN et al., 1998, S. 551). Sie beschreibt die Organisation des Netzzugangs auf Vertragsbasis (verhandelter Netzzugang – *Negotiated Third Party Access* – NTPA) über die Einspeisung von elektrischer Energie in definierte Einspeisepunkte und die damit verbundene zeitgleiche Entnahme an räumlich entfernt liegenden Entnahmepunkten des Netzes (Durchleitung). Sie regelt insbesondere die Bestimmung der Entgelte für die Inanspruchnahme des jeweiligen Netzbereiches für die Übertragung und die Verteilung sowie einen Pauschalbetrag für die vom Netzbetreiber erbrachten nicht individualisierbaren Systemdienstleistungen. Im Januar 2000 wurde die bisherige Verbändevereinbarung durch eine neue abgelöst (Verbändevereinbarung II), da die alte aufgrund zahlreicher wettbewerbsrechtlicher Mängel auf erhebliche Kritik gestoßen war. Der Umweltrat weist allerdings darauf hin, dass die neue Verbändevereinbarung zwar Verbesserungen mit sich bringt, die grundsätzlichen Konstruktionsmängel jedoch nach wie vor nicht beseitigt wurden.

1437. Problematisch erscheint dem Umweltrat zunächst die bislang noch fehlende Preistransparenz bei der Durchleitung. Er sieht in der Transparenz der Durchleitungsentgelte eine wesentliche Voraussetzung für einen freien Markt und für die Möglichkeit kleinerer Stromerzeuger (insbesondere von Stromanbietern aus regenerativ erzeugtem Strom und KWK-Anlagen), am Markt tätig zu werden. Abgesehen von der gesetzlichen Pflicht zur Veröffentlichung der Durchleitungstarife gemäß § 7 Abs. 3 Satz 3 EnWG, die aber nur für das Alleinabnehmersystem gilt, gebietet dies weder das System des verhandelten Netzzugangs nach § 6 EnWG noch die Verbändevereinbarung. Dieses Defizit wird auch in der Verbändevereinbarung II nicht beseitigt, da die individuellen Durchleitungsentgelte nach wie vor im Wege einer Einzelfallbetrachtung auf Grundlage der kalkulatorischen Kosten berechnet werden (MELLER, 1999, S. 737 ff.). Gegenwärtig ist deshalb die Kostenbasis für die Preiskalkulation bei der Inanspruchnahme der Netzdienstleistungen bei der Verbändevereinbarung nach wie vor nicht ausreichend durchschaubar. Dies ist insbesondere deshalb problematisch, weil auf diese Weise nicht hinreichend erkennbar wird, ob der Netzbetreiber für den von ihm selbst erzeugten Strom die gleichen Preise und Bedingungen für den Netzzugang fordert wie von dritten Netzbenutzern. Überdies eröffnet die Unkenntnis über die Durchleitungstarife den Netzbetreibern vielfältige Diskriminierungsmöglichkeiten, gleichzeitig erschwert sie den Kartellbehörden und Gerichten erheblich den Nachweis diskriminierenden Verhaltens (KREMP, 1999, S. 25 ff.). Mit einer Veröffentlichung der Tarife und Netzzugangsbedingungen würden sich zudem die Transaktionskosten deutlich reduzieren, da ein unabhängiger Stromanbieter die Kalkulationsgrundlage dann bereits im voraus und nicht erst aufgrund langwieriger Verhandlungen mit dem Netzbetreiber ermitteln könnte (KREMP, 1999, S. 26 u. 35). Nicht zuletzt wäre dann den Netzbetreibern auch die Möglichkeit entzogen, über die einzelfallbezogene Gestaltung der Durchleitungsentgelte Einfluss auf die Preise unabhängiger Stromanbieter zu nehmen. Auch der Möglichkeit integrierter Netzbetreiber, Kosten ihrer Stromerzeugung in den Übertragungsbereich zu verlagern und bei den Durchleitungsentgelten diese nicht mit dem Elektrizitätstransport Dritter verbundenen Kosten geltend zu machen, wäre hiermit die Grundlage entzogen (KREMP, 1999, S. 30 u. 36). Diese Gefahr ist auch mit dem Gebot des § 9 Abs. 2 EnWG zu kostenrechnerischer Trennung der Bereiche Erzeugung, Übertragung und Verteilung nicht vollkommen gebannt. Der Umweltrat regt deshalb an, die Pflicht zur Veröffentlichung der Tarife und Netzzugangsbedingungen verbindlich festzuschreiben.

1438. Darüber hinaus bemängelt der Umweltrat die Entfernungskomponente des Durchleitungsentgelts, die auch mit der Verbändevereinbarung II nicht völlig überwunden wurde. Diese teilt das deutsche Stromnetz nunmehr in zwei Handelszonen („Nord" und „Süd") auf und setzt die Erhebung eines Stromzolls bei Überschreitung der Zonengrenze fest. Während das in der Verbändevereinbarung I enthaltene Entfernungsentgelt bei Durchleitungen über 100 km hinaus damit begründet wurde, eine Konzentration von Kraftwerken an bestimmten Orten (z. B. durch verstärkte Ansiedlung an der Küste wegen kürzerer Versorgungswege mit Kohlen und Öl oder an der Grenze zu Osteuropa auf Grund der günstigen Anschlussmöglichkeiten an Gaspipelines) zu verhindern, um der Gefahr von Netzzusammenbrüchen vorzubeugen (GRAWE, 1997), wird der Stromzoll der Verbändevereinbarung II nunmehr mit der Notwendigkeit einer Transaktionskomponente begründet, die die Mehrkosten von Ferntransporten im deutschen Höchstspannungsnetz verursachungsgerecht widerspiegeln soll (MELLER, 1999, S. 740). Im Rahmen der Verbändevereinbarung I wurde die Entfernungsabhängigkeit auch damit begründet, dass ständige großräumige Übertragungen den Ausbau des Verbundnetzes erforderlich machten (DENNERSMANN et al., 1997). Letztlich wird auch befürchtet, ohne eine Entfernungsabhängigkeit billigen Importen von Strom aus Osteuropa ausgesetzt zu sein, der mit deutlich geringeren Anforderungen an den Umweltschutz produziert wird (GRAWE, 1997).

Die Entfernungsabhängigkeit hat zur Folge, dass sich eine zonenüberschreitende Durchleitung erheblich verteuert. Dies führt dazu, dass Stromerzeuger von einer Teilnahme am Strommarkt über größere Entfernungen oder in der anderen Handelszone abgehalten werden. Letztlich können die Verbraucher ihren Stromerzeuger damit faktisch nicht mehr frei wählen, weil die Versorgung über große Distanzen zu teuer wird, mithin verbrauchsnahe EVU erhebliche Wettbewerbsvorteile erhalten. Auf diese Weise wird der Kreis der Konkurrenten klein gehalten und die Marktmacht der bisherigen Stromversorger monopolfördernd zementiert. Der Umweltrat kritisiert, dass somit Neuanbieter und vor allem Anbieter von Strom aus KWK-Anlagen und regenerativen Energien (*Independant Power Producer*) kaum Chancen haben, über die Möglichkeiten des Stromeinspeisungsgesetzes hinaus in den Wettbewerb mit herkömmlichen EVU zu treten und sich am Markt zu etablieren. Nicht umsonst hat auch die EU-Kommission (Generaldirektion IV) in ihrem Schreiben vom August 1998 in einem vorläufigen Ergebnis ihrer Untersuchungen darauf hingewiesen, dass sie in der Entfernungskomponente eine mögliche Beschränkung des Wettbewerbs innerhalb des gemeinsamen Marktes sieht. Überdies bemängelt sie die im Vergleich zu anderen Mitgliedstaaten insgesamt höheren Durchleitungspreise. Ob die Kommission mit der Verbändevereinbarung II ihre Kritik zurückziehen wird, ist fraglich, da die Aufteilung des deutschen Strommarktes in zwei Handelszonen dem Ziel der europaweiten Öffnung der Energiemärkte widerspricht (SCHULTZ, 1999, S. 751).

1439. Entfernungsabhängige Tarife sind nicht sachgerecht, weil eine Durchleitung tatsächlich gar nicht stattfindet, eine solche vielmehr reine Fiktion bzw. eine Behelfskonstruktion ist. Da Strom im Netz stets den Weg des geringsten Widerstandes zwischen Einspeise- und Entnahmepunkten geht, versorgen die einspeisenden

Kraftwerke jeweils immer nur die nächstgelegenen Verbraucher im Netz, unabhängig von den Lieferverträgen zwischen dem Stromlieferanten und -abnehmer (BOHNE, 1998, S. 242; EICKHOFF, 1998, S. 24). Die entfernungsbedingt höheren Tarife sind auch deshalb nicht gerechtfertigt, weil die mit einer Durchleitung über größere Entfernungen verbundenen elektrischen Verluste gemäß 2.7.1 der Verbändevereinbarung I ohnehin getrennt in Rechnung gestellt werden. Zudem erachtet es der Umweltrat für missbräuchlich, wenn potentielle Investitionen in einen künftigen Leitungsbau, die zum Zeitpunkt der Durchleitung noch gar nicht absehbar sind, bereits vorab als Kosten des Netzbetriebes geltend gemacht werden. Der Umweltrat empfiehlt deshalb, die Distanzkomponente ersatzlos zu streichen und durch einen entfernungsunabhängigen „Briefmarkentarif" (Pauschalpreis), wie er in anderen Ländern üblich ist, zu ersetzen. Sollten die beteiligten Verbände diesen Ansatz nicht übernehmen, so fordert der Umweltrat die Bundesregierung bzw. das zuständige Bundeswirtschaftsministerium dazu auf, von der Ermächtigung nach § 6 Abs. 2 EnWG Gebrauch zu machen und Kriterien zur Bestimmung von Durchleitungsentgelten ohne Entfernungsabhängigkeit und Zonierung festzulegen.

1440. Die Verbändevereinbarung ist nach Auffassung des Umweltrates auch deshalb zu beanstanden, weil es ihr – anders als einem Gesetz oder einer Verordnung nach § 6 Abs. 2 EnWG – an der Allgemeinverbindlichkeit fehlt, sie allenfalls eine politische Bindungswirkung für die Mitglieder der beteiligten Verbände entfaltet (SRU, 1998a, Tz. 318). Insgesamt steht der Umweltrat der Verbändevereinbarung überaus skeptisch gegenüber und bezweifelt, dass das Vertrauen auf die Ausgewogenheit einer privatwirtschaftlichen Lösung gerechtfertigt ist. Diese Skepsis gründet sich darauf, dass an der Ausarbeitung der Verbändevereinbarung zahlreiche betroffene Kreise gar nicht beteiligt waren (SCHNEIDER, 1999, S. 463 f.). Die jüngste Entwicklung mit ihrer trotz hohem Interesse seitens unabhängiger Stromerzeuger erst geringen Anzahl an Durchleitungsfällen (SCHULTZ, 1999) sowie der Verzögerungstaktik bis zum Inkrafttreten der Verbändevereinbarung II bestätigt ebenfalls diese Skepsis.

Defizite des Stromeinspeisungsgesetzes (StrEG)

1441. Aufgrund des liberalisierungsbedingten Preisverfalls sowie der fehlenden ökologischen Flankierung des liberalisierten Strommarktes haben sich die Marktchancen für erneuerbare Energieträger zunächst deutlich verschlechtert. Zur Zeit ist noch nicht klar absehbar, ob die verschlechterten Marktchancen regenerativer Energien durch das Zusammenspiel von Privilegierungen bei der Durchleitung gemäß § 6 Abs. 1 Satz 1 und 2, Abs. 3, § 7 Abs. 2 Satz 2 EnWG einerseits und den Absatzgarantien und Mindesttarifen nach Stromeinspeisungsgesetz andererseits hinreichend kompensiert werden. Lediglich bei der Windenergie lässt sich dank des Stromeinspeisungsgesetzes eine ungebrochene positive Entwicklung feststellen. Während die installierte Leistung bei Windkraftanlagen im Jahr 1990 noch bei 48 MW lag, war diese bis Ende 1999 auf knapp 4 GW angestiegen. Ihr großer Erfolg wird sowohl auf die Höhe der Vergütung als auch auf das hohe Maß an Kalkulationssicherheit für die Investoren zurückgeführt, die mit dieser Regelung verbunden ist. Ob die übrigen regenerativen Energieträger mit den Instrumentarien des Stromeinspeisungsgesetzes und des Energiewirtschaftsgesetzes aus ihrem bisherigen Schattendasein erlöst werden können, bleibt abzuwarten, da deren Probleme in der Regel in ihren – im Vergleich zur Windenergie noch deutlich höheren – Stromgestehungskosten begründet liegen. Gerade dieses Problem wird aber weder durch das bisherige Stromeinspeisungsgesetz noch durch die neu geschaffenen Durchleitungstatbestände nach dem Energiewirtschaftsgesetz beseitigt, ganz abgesehen davon, dass die vom Umweltrat kritisierte Unbestimmtheit der Durchleitungstatbestände (Tz. 1429 ff.) in ebensolchem Maße für die Schutzklauseln des Energiewirtschaftsgesetzes zugunsten regenerativer Energien und der KWK gilt und diese daher in der Praxis nur schwer handhabbar sein werden. Inwieweit das zur Zeit im Entwurf vorliegende Gesetz zur Förderung der Stromerzeugung aus erneuerbaren Energien (Erneuerbare-Energien-Gesetz – EEG) vom 13. Dezember 1999 (BT-Drs. 14/2341), welches das geltende Stromeinspeisungsgesetz ablösen soll, mit seinen geänderten Vergütungssätzen eine Änderung herbeiführen wird, bleibt ebenfalls abzuwarten.

1442. Das Problem mangelnder Wirtschaftlichkeit aufgrund hoher Stromgestehungskosten würde für Strom aus solarer Strahlungsenergie entschärft, wenn die in § 7 EEG vorgesehenen Pläne realisiert würden, die Einspeisungsvergütung für Strom aus Photovoltaikanlagen auf 0,99 DM/kWh zu erhöhen. In Zusammenspiel mit den Förderungsmöglichkeiten aus dem 100 000-Dächer-Programm würden die finanziellen Anreize für private Investoren hiermit erheblich verbessert. Der Umweltrat ist jedoch der Auffassung, dass mit diesem Schritt die Anstrengungen um eine Reduzierung des CO_2-Ausstoßes zu teuer erkauft würden. Wie bereits zum 100 000-Dächer-Programm dargelegt (Tz. 760 ff.), kann das Ausmaß einer finanziellen Förderung der Photovoltaik nicht mit ihrem Beitrag zum Klimaschutz gerechtfertigt werden. Die vorgesehenen Fördermittel sollten besser in klimapolitisch effektivere Maßnahmen investiert werden. Der Umweltrat weist im übrigen darauf hin, dass dieses Vorhaben die subventionsbedingten Wettbewerbsverzerrungen sowie die EU-rechtliche Problematik um die Zulässigkeit einer Subventionierung regenerativ erzeugten Stroms noch einmal verschärfen würde.

1443. Die Kritik am geltenden Stromeinspeisungsgesetz richtet sich des weiteren gegen die Festlegung der Höhe der Einspeisevergütung, bei der ein klarer Zielbezug fehlt. Diese ist willkürlich auf einen bestimmten Prozentsatz am Umsatzerlös für fossil erzeugten Strom festgesetzt. Sinken die Marktpreise für Energie aus konventionellen Kraftwerken, etwa im Zuge der Liberalisierung des Strommarktes, sinkt auch die Einspeisevergütung (HILLEBRAND, 1998). Langfristig könnte ein Selbstverstärkungseffekt der Preisformel jedoch auch in die entgegengesetzte Richtung weisen (SCHMELZER und BOLLE, 1998). So können die Versorger die ihnen durch die Stromeinspeisevergütung entstehenden Kosten an die Verbraucher weiterreichen. Bei der Berechnung der Einspeisevergütung in der folgenden Periode führt die resultierende Erhöhung der Durchschnittserlöse entsprechend zu einer höheren Vergütung für die Einspeiser von Strom aus regenerativen Energieträgern. Dieser Preiseffekt wird durch einen Mengeneffekt verstärkt, der darin besteht, dass die Investoren auf die verbesserten Gewinnerzielungsmöglichkeiten mit einem größeren Angebot reagieren.

Der Umweltrat weist allerdings darauf hin, dass das geplante EEG zumindest in seiner bisherigen Entwurfsfassung dieser Kritik hinreichend Rechnung trägt, so dass sich dieser Kritikpunkt erübrigen würde.

Darüber hinaus besteht bei der deutschen Preislösung die Gefahr von Mitnahmeeffekten. Diese liegen dann vor, wenn über die Festpreise auch solche Erzeuger gefördert werden, die bereits unter den gegebenen Rahmenbedingungen Strom aus erneuerbaren Energieträgern zu Marktbedingungen anbieten könnten. Sinkende Erzeugungskosten für Strom aus regenerativen Energieträgern kommen den Verbrauchern nicht zugute. Mit einem wachsenden Anteil erneuerbarer Energieträger am Energiemix steigt auch die Belastung für die Verbraucher. Langfristig ist davon auszugehen, dass der Druck auf die Politik wächst, die Festpreise zu senken oder aber ein anderes Fördersystem zu wählen. In Dänemark haben ähnliche Überlegungen dazu geführt, das System fester Preise auf ein wettbewerbliches Tarifsystem umzustellen (Europäische Kommission, 1999). Schließlich sind die Erzeuger von Strom aus regenerativen Energieträgern bei der Preislösung auch langfristig nicht gezwungen, sich dem Wettbewerb durch andere Erzeuger regenerativer Energieträger oder konventioneller Kraftwerke zu stellen.

1444. Neben diesen ökonomischen Defiziten des Stromeinspeisungsgesetzes bestehen auch aus juristischer Sicht einige Kritikpunkte, da einerseits Zweifel an dessen Vereinbarkeit mit deutschem Verfassungsrecht (POHLMANN, 1997), andererseits mit dem EG-Vertrag bestehen. Eine abschließende Klärung seiner Vereinbarkeit mit dem Grundgesetz steht noch aus. Über eine Vorlage des Amtsgerichtes Plön (NJW 1997, S. 592) hat das Bundesverfassungsgericht noch nicht entschieden. Der mit diesen Fragen befasste Bundesgerichtshof (BGHZ 134, S. 1 ff.) sowie verschiedene Auffassungen in der Literatur (z. B. STUDENROTH, 1995) haben dessen Verfassungsmäßigkeit zwar bejaht; diesen Beurteilungen lagen allerdings zum Teil tatsächliche und rechtliche Annahmen zugrunde, die in einem liberalisierten Markt und mit dem erheblichen Zuwachs der regenerativen Stromerzeugung und damit der finanziellen Förderung in den letzten Jahren so nicht mehr zu finden sind. Da sich Windkraftanlagen in der Küstenregion konzentrieren, führt dies zu einer einseitig höheren Belastung der dort ansässigen EVU und damit letztlich der Verbraucher, die möglicherweise einen Verstoß gegen das verfassungsrechtliche Gleichbehandlungsgebot (Art. 3 Abs. 1 GG) begründet. Mit zunehmendem Wettbewerb zwischen den Stromerzeugern wird die bestehende Regelung problematischer, weil die betroffenen EVU wegen der hohen Einspeisevergütungen erhebliche Wettbewerbsnachteile gegenüber nichtbetroffenen und damit mittelbar begünstigten Konkurrenz-EVU erleiden. Hieran ändert im Grundsatz auch die mit der jüngsten Novelle des Stromeinspeisungsgesetzes eingeführte Härteklausel des § 4 StrEG nichts, wonach die Abnahmeverpflichtung der Netzbetreiber auf 5 % der innerhalb eines Jahres abgesetzten Menge begrenzt wird. Zwar können die durch die Einspeisung von Strom aus erneuerbaren Energieträgern entstehenden Mehrkosten den Verteilungs- und Übertragungskosten zugerechnet und damit bei der Kalkulation von Durchleitungsentgelten in Ansatz gebracht werden (§ 2 Satz 3 StrEG), allerdings schützt diese Regelung den Netzbetreiber nicht vor der Konkurrenz durch Eigenerzeugungsanlagen oder Stichleitungen (SCHNEIDER, 1999, S. 488). Zwar werden Vorschläge diskutiert, nach denen bundesweit ein finanzieller Ausgleich zwischen den Versorgern in den unterschiedlichen Regionen erfolgen soll, der die tatsächliche Belastung auf den Durchschnitt reduziert oder erhöht, beispielsweise durch Erhebung einer Abgabe bei allen Stromverbrauchern, die in einen Ausgleichsfonds eingestellt würde. Allerdings sprechen erhebliche verfassungsrechtliche Bedenken gegen eine derartige (Sonder-)Abgabenlösung, so dass letztlich damit zu rechnen ist, dass sie das gleiche Schicksal wie der Kohlepfennig ereilen würde.

1445. Erhebliche rechtliche Unsicherheit besteht ferner bei der Beurteilung, ob die Förderung regenerativer Energien nach dem Stromeinspeisungsgesetz mit den Beihilfevorschriften des EG-Vertrages (Art. 87 ff. EGV) vereinbar ist. Diese Frage wird in der Literatur überaus kontrovers diskutiert. Zum Teil wird angenommen, dass die Abnahme- und Vergütungspflicht nach §§ 2, 3 StrEG eine mit dem gemeinsamen Markt nicht zu vereinbarende Beihilfe i. S. d. Art. 87 EGV ist. Diese sei wegen ihrer Überkompensation von Nachteilen zumindest bzgl. des Windstroms auch nicht nach Art. 87 Abs. 2 EGV zulässig (RICHTER, 1999). Da es sich beim Stromeinspeisungsgesetz um eine Beihilfevorschrift handele, sei zudem die Änderung des Stromeinspeisungsgesetzes im Zuge der Novellierung des Energiewirtschaftsgesetzes (Tz. 1418 ff.) als Umgestaltung einer Beihilfe i. S. d. Art. 88 Abs. 3 EGV zu bewerten. Die – unstreitig – fehlende Notifizierung dieser Änderung an die EU-Kommission habe zwangsläufig ab dem Zeitpunkt der Umgestaltung des Stromeinspeisungsgesetzes durch das Energiewirtschaftsgesetz die Nichtigkeit des Stromeinspeisungsgesetzes zur Folge (RITGEN, 1999). Demgegenüber nimmt IRO (1998) zwar an, dass es sich beim Stromeinspeisungsgesetz um eine Beihilfe handele, kommt letztlich aber zu dem Ergebnis, dass die Subventionierung der Stromerzeugung aus erneuerbaren Energiequellen mit dem EG-Vertrag vereinbar sei, weil hiermit ein wichtiges Vorhaben von gemeinsamen europäischen Interesse und damit ein förderungswürdiges Ziel verwirklicht werde (Art. 87 Abs. 3 Buchst. b EGV). Auch die Europäische Kommission bewertete im Jahr 1990 das deutsche Stromeinspeisungsgesetz und die mit diesem den Stromverteilern auferlegte Abnahmepflicht zusammen mit einem staatlich beeinflussten Mindestverkaufspreis als staatliche Beihilfe i. S. v. Art. 87 EGV. Da die Maßnahme jedoch nur geringfügige Auswirkungen auf den Handel zwischen den Mitgliedstaaten und den Wettbewerb hatte und das Stromeinspeisungsgesetz zudem in Einklang mit der Empfehlung des Rates vom 8. November 1988 (ABl. L 335 vom 7.12.1988) stand, erhob die Kommission damals keine Einwände. Nach anderer Auffassung soll das Stromeinspeisungsgesetz nicht als Beihilfe zu beurteilen sein, da diese nach Art. 87 EGV voraussetzte, dass die Beihilfe aus staatlichen oder staatlich gewährten Mitteln geleistet werde. Hieran fehle es aber, weil die finanzielle Begünstigung nicht zu Lasten der öffentlichen Finanzen, sondern der Energieversorgungsunternehmen und damit letztlich der Endverbraucher gehe (BMWi, 1999, S. 56; PÜNDER, 1999, S. 1060). Damit stammten die finanziellen Vorteile für die Erzeuger regenerativen Stroms weder unmittelbar noch mittelbar aus staatlichen Mitteln.

Nach Auffassung des Umweltrates ist durchaus zweifelhaft, ob es sich bei den Vergütungen aufgrund Stromeinspeisungsgesetz um Beihilfen handelt, da die staatliche Zurechenbarkeit der Zahlung mangels einer auch nur mittelbaren Belastung des Staates auf den ersten Blick nicht erkennbar ist. Gleichwohl wird in der Literatur zu Recht darauf hingewiesen, dass der freie Wettbewerb innerhalb des Gemeinsamen Marktes nicht nur durch Zuwendungen unmittelbar oder mittelbar aus staatlichen Mitteln verfälscht wird, sondern auch durch solche, bei denen der Staat ohne Einsatz eigener Gelder bestimmte Unternehmen auf Kosten anderer begünstigt (IRO, 1998, S. 13). Wolle man diese Begünstigungen nicht als Beihilfe i. S. d. Art. 87 EGV bewerten, so könne ein Mitgliedstaat in weitem Umfang in den Wettbewerb preisregulierend eingreifen, ohne den Bindungen der Art. 87 ff. EGV zu unterliegen, was mit Sinn und Zweck der Art. 87 ff. EGV, ohne staatliche Einflussnahme gleiche Wettbewerbsbedingungen aufrechtzuerhalten, nicht vereinbar sei. Somit müsse es für die Annahme einer Beihilfe ausreichen, wenn die Fördermaßnahme zumindest staatlich zurechenbar sei (RICHTER, 1999, S. 24; RITGEN, 1999, S. 180 ff.; Europäische Kommission,

XXV. Bericht über die Wettbewerbspolitik 1995, Ziff. 161). Mit einer abschließenden Klärung dieser Fragen durch den Europäischen Gerichtshof ist erst in einigen Jahren zu rechnen, nachdem das Landgericht Kiel diese Rechtsfragen nunmehr im Vorabentscheidungsverfahren nach Art. 234 EGV vorgelegt hat (Beschluss v. 1. September 1998, et 1999, S. 98 f.).

1446. Der Umweltrat weist des weiteren darauf hin, dass die Vergütungsregelungen des Stromeinspeisungsgesetzes einen Verstoß gegen das Verbot von Maßnahmen gleicher Wirkung wie mengenmäßige Einfuhrbeschränkungen nach Art. 28 EGV nahelegen. Die Ausnahmeregelung in Art. 30 EGV ist nicht anwendbar (SALJE, 1998, S. 190). Die mit der finanziellen Förderung regenerativer Stromerzeuger verbundene Verbesserung ihrer Marktstellung bedeutet gleichzeitig eine Verschlechterung der Stellung aller übrigen Stromerzeuger. Die Förderung ist auch diskriminierend i. S. d. Art. 28 EGV, weil sie die Vergütungs- und Abnahmepflicht ausschließlich zugunsten nationaler Stromerzeuger beschränkt. Die aufgrund des Stromeinspeisungsgesetzes gewährte Förderung verschafft folglich den begünstigten deutschen Stromerzeugern einen Wettbewerbsvorteil gegenüber den anderen EVU der Europäischen Union und beeinträchtigt auf diese Weise den innergemeinschaftlichen Warenverkehr. Zwar wäre denkbar gewesen anzunehmen, dass sich der Vorwurf einseitiger Diskriminierung mit der Neufassung des Stromeinspeisungsgesetzes im Jahre 1998 erledigt hätte, da die Abnahme- und Vergütungspflicht seitdem nicht mehr auf den im Versorgungsgebiet eines Energieversorgungsunternehmens erzeugten Strom beschränkt ist, sondern auf Strom aus Erzeugungsanlagen ausgeweitet wurde, die sich nicht im Versorgungsgebiet des Netzbetreibers befinden (§ 2 Satz 2 StrEG n. F.). Damit hätte nichts dagegen gesprochen, auch ausländischen Produzenten die Vergünstigungen nach Stromeinspeisungsgesetz zu gewähren. Der Entwurf des EEG stellt nunmehr allerdings unmissverständlich klar, dass die Abnahme und Vergütung ausschließlich für Strom gelten soll, der im Geltungsbereich dieses Gesetzes oder in der deutschen ausschließlichen Wirtschaftszone gewonnen wird (§ 1 Abs. 1 EEG-Entwurf), so dass diese Interpretation des Gesetzes künftig nicht möglich sein wird.

1447. Der Umweltrat weist im übrigen darauf hin, dass die gesetzgeberische Aufforderung an die EVU zum Abschluss einer Selbstverpflichtungserklärung zur Steigerung des Anteils der Elektrizitätserzeugung aus erneuerbaren Energien (§ 4a StrEG) bislang ohne Erfolg geblieben ist. Ein solcher ist in einem liberalisierten Markt wegen mangelnder Sanktionen und der bisherigen mangelnden umweltpolitischen Flankierung auch nicht zu erwarten, so dass diese Regelung als ein leerer Programmsatz bzw. eine symbolische Gesetzgebung qualifiziert werden muss.

Nach Auffassung des Umweltrates dürfte das geplante EEG zwar den verfassungsrechtlichen Bedenken weitgehend Rechnung tragen, da insbesondere eine regional bedingte Sonderbelastung einzelner Standorte (v. a. solcher in Küstennähe) durch den Belastungsausgleich (§ 10 EEG) vermieden würde. Dagegen blieben die soeben geäußerten europarechtlichen Bedenken auch unter dem novellierten EEG bestehen.

3.2.6.4 Auswertung der Erfahrungen anderer Länder

1448. Die Transformation der Elektrizitätsmärkte von der Monopol- zur Wettbewerbswirtschaft ist mittlerweile ein weltweites Phänomen. In zahlreichen anderen Ländern – so etwa in Großbritannien, Schweden, Norwegen, Finnland, den USA, Australien, Neuseeland, Argentinien oder Chile – ist die Entwicklung kompetitiver Strommärkte bereits seit mehreren Jahren Realität. Allerdings sind Intensität und Reichweite der Deregulierung sowie umweltpolitisch flankierende Maßnahmen in den einzelnen Ländern teilweise sehr unterschiedlich. Die aufgrund des frühen Reformzeitpunktes längsten Erfahrungen kann Großbritannien aufweisen. Über die britische Lösung hinaus werden die jüngeren Wettbewerbsmodelle und die neuen umweltpolitischen Rahmenbedingungen in Norwegen, Schweden, Finnland, den Niederlanden und den USA skizziert.

Großbritannien

1449. Die 1990 eingeleitete Reform der britischen Elektrizitätswirtschaft (England und Wales) umfasst im wesentlichen die folgenden vier Aspekte (DOLBEN, 1998):

– *Privatisierung*: Alle Erzeugungs-, Übertragungs- und Verteilergesellschaften wurden schrittweise als Aktiengesellschaften an der Börse stufenweise privatisiert (allein bei der ersten Generation der Atomkraftwerke scheiterte die Privatisierung). Damit hat der britische Staat seine Beteiligungen an der Stromwirtschaft weitgehend abgetreten.

– *Aufgabentrennung*: Die zuvor weitgehend integrierte Struktur von der Stromerzeugung, -übertragung und -verteilung bis zur -versorgung wurde aufgehoben. Statt dessen wurden zum einen – für die Stromerzeugung – drei (mittlerweile vier) Nachfolge-Gesellschaften gegründet (jeweils zwei mit Kraftwerken auf der Basis fossiler Energieträger bzw. der Atomenergie), zum anderen – für die Stromübertragung – eine unabhängige Netzbetreibergesellschaft (National Grid Company). Die zwölf regionalen Verteiler- und Versorgungsgesellschaften wurden als eigenständige Unternehmen konstituiert.

– *Wettbewerb*: Allen Erzeugern und Verbrauchern wurde ein gleichberechtigter Zugang zum Übertragungsnetz gewährt. Lieferungen und Abnahme erfolgen über den zentralen Pool der National Grid Company, wo die Großhandelsstrompreise halbstündlich determiniert werden. Übergangsregeln sicherten dabei eine garantierte Kohleverstromung für drei und die nukleare Stromerzeugung für sechs Jahre; die Stromerzeugung durch regenerative Energien wird langfristig gefördert (Tz. 1452). Geschlossene Versorgungsgebiete und Monopolstellungen gehören der Vergangenheit an. Die unterschiedlichen Kundengruppen wurden stufenweise über einen Zeitraum von acht Jahren als Marktteilnehmer zugelassen (zunächst die 5 000 größten Kunden, im Jahr 1994 die mittelgroßen Kunden und seit 1998 auch die privaten Haushalte). Als „natürliches Monopol" gelten weiterhin die Aufgabenbereiche der nationalen Übertragung und der regionalen Stromverteilung. Um eine von den Erzeugerinteressen unabhängige, diskriminierungsfreie Verteilung sicherzustellen, ist die für die Übertragung zuständige National Grid Company von der Stromerzeugung nicht nur organisatorisch, sondern auch eigentumsrechtlich getrennt worden. Das Übertragungsentgelt, das die National Grid Company von Erzeugern und Versorgern verlangt, wird von einer staatlichen Regulierungsbehörde kontrolliert.

– *Regulierung*: Mit dem Office of Electricity Regulation (OFFER) ernannte die Regierung eine unabhängige Überwachungsstelle, die die Preise und Dienstleistungen der Elektrizitätswirtschaft kontrolliert. Ihre wesentlichen Aufgaben sind die Förderung von Wettbewerb und die Preiskontrolle der Übertragung, Verteilung und Versorgung von Strom in geschlossenen Kundenbereichen. Darüber hinaus ist OFFER auch für Verbraucherschutz und effiziente Energienutzung verantwortlich.

Für Schottland und Nord-Irland gelten ähnliche Strukturveränderungen, allein in Schottland blieb die von der Erzeugung bis zur Versorgung integrierte Unternehmensstruktur bestehen.

1450. Seit Beginn der britischen Reform traten zeitlich parallel erhebliche Veränderungen in der Entwicklung der Luftemissionen ein: So sind zwischen 1985 und 1990 (vor Inkrafttreten der Reform) die Emissionen von CO_2 und SO_2 in der Stromwirtschaft noch leicht gestiegen und die NO_x-Emissionen in etwa konstant geblieben. Dagegen sind von 1990 bis 1994 die Emissionen der Stromwirtschaft von CO_2 um 18 %, von SO_2 um ca. 36 % und von NO_x um ca. 28 % zurückgegangen. Die Reduktion der SO_2- und NO_x-Emissionen ist auf die Umsetzung der EU-Großfeuerungs-Richtlinie durch den "Environmental Protection Act" im Jahr 1990 zurückzuführen. Darin sind erstmals gesetzliche Standards zur Verminderung der SO_2- und NO_x-Emissionen gegenüber der Stromwirtschaft formuliert worden. Ob die Aufhebung der langjährigen Blockadehaltung des damaligen Strommonopols des "Central Electricity Generating Board" gegenüber der EU-Richtlinie mit einer absehbaren Öffnung des Elektrizitätsmarktes in Zusammenhang gebracht werden kann, lässt sich nicht sagen. Dagegen ist der Rückgang der CO_2-

Emissionen der Stromwirtschaft eindeutig auf die durch die Reform eingeleitete veränderte Entwicklung des Energieträgereinsatzes, der Kraftwerksstruktur und Kraftwerkstechnologie sowie der veränderten Bedingungen einer Förderung von Energieeffizienz zurückzuführen. So ist der Anteil des Primärenergieträgers Kohle an der Stromerzeugung, der 1990 noch 65 % ausmachte, bis 1994 auf 49 % gefallen. Der Ölanteil hat sich in diesem Zeitraum auf 5 % halbiert. Dagegen stieg der Beitrag der Atomenergie von 20 % auf 27 % und der von Erdgas von 0,6 auf 13 % der zur Stromerzeugung eingesetzten Primärenergie. Mittelfristige Prognosen gehen davon aus, dass bei insgesamt konstantem Primärenergieträgereinsatz die Anteile von Kohle, Atomkraft und Öl an der Stromerzeugung bis zum Jahr 2000 sich auf dem Niveau von 1994 stabilisieren werden, während der Erdgasanteil sich nochmals verdoppeln könnte (etwa 27 % an der Stromerzeugung im Jahr 2000). Insbesondere von dem sinkenden Kohle- und steigenden Erdgaseinsatz gehen bisher deutliche Wirkungen einer verbesserten Umwandlungseffizienz und sinkender Emissionen aus. Insgesamt ist der britische Stromverbrauch von 1990 bis 1994 um 5 % angestiegen.

Der britische Handels- und Industrieminister hat im September 1998 ein Weißbuch über energiepolitische Reformen vorgelegt, das den stark zurückgehenden Anteil der Kohlekraftwerke und die zunehmende Abhängigkeit der Stromversorgung von Gas bemängelt und daher zum einen die von der Regierung im Juni 1998 auferlegten temporären Restriktionen für den Bau neuer Gasturbinenkraftwerke bekräftigte, zum anderen die Absicht unterbreitete, den liberalisierten Großhandelsstrommarkt mit „neuen Handelsarrangements" zu versehen, um einer verstärkten Oligopolbildung auf der Erzeugerseite entgegenzuwirken.

1451. Hinsichtlich der *Atomenergie* hat die Reform zu einer Neubewertung von Wirtschaftlichkeit und Risiken geführt. Da die nunmehr privaten Stromerzeuger seit der Liberalisierung nicht mehr bereit sind, neue Atomkraftwerke zu errichten, wurden erhebliche Ausbaupläne zurückgezogen. Auch die anfängliche Subventionierung des atomaren Stromerzeugers "Nuclear Electric", die über eine sogenannte *fossil fuel levy* als Aufschlag auf die Strompreise für Endabnehmer finanziert worden ist, wurde aufgegeben (BAENTSCH, 1997, S. 72 f.). Eine wirtschaftliche Bewertung der Stromerzeugung aus Atomenergie in einem modernen Druckwasserreaktor gemäß den in der Privatwirtschaft üblichen Kriterien ergab, dass höhere Gebühren und Versicherungskosten, eine von fünf auf zehn Prozent erhöhte kalkulatorische Kapitalverzinsung sowie die Abschreibung der Investitionen innerhalb von zwanzig statt wie bisher vierzig Jahren zu einer Verdreifachung der erwarteten Stromerzeugungskosten führen würden (Energy Committee, 1990). Damit hatte Atomenergie jeden vermeintlichen Wettbewerbsvorteil gegenüber anderen Kraftwerkstechnologien verloren. Aufgrund dieser Wirtschaftlichkeitsberechnungen scheiterte der erste Versuch einer Privatisierung

der britischen Atomkraftwerke und gelang im zweiten Anlauf 1996 nur, nachdem auf einen Verkauf der ersten Generation britischer Reaktoren verzichtet wurde. Die konservative Regierung hat sich auf der Basis dieser Erfahrungen von ihrer Politik der Atomenergieförderung verabschiedet. In einem 1995 vorgelegten Bericht zur Zukunft der Atomenergie erkennt das Wirtschaftsministerium weder Versorgungssicherheit noch volkswirtschaftliche Vorteile als Gründe einer möglichen langfristigen staatlichen Unterstützung an. Auch die Option zur Minderung von Treibhausgasemissionen rechtfertige nicht eine staatliche Subventionierung, da die Kosten zur Einsparung einer Tonne CO_2 mittels Strom aus Atomenergie rund 3,5-fach höher seien als die Kosten der Einsparung einer Tonne CO_2 durch rationelle Energienutzung in allen Verbrauchsbereichen (DTI, 1995a).

1452. Mit der Strukturreform wurde auch eine neue langfristige Förderung *regenerativer Energien* eingeführt. Die gesamte Kapazität regenerativer Stromerzeugung, die bis 1990 fast ausschließlich auf Wasserkraftwerken in Schottland basierte, wurde dadurch bis 1995 fast verdoppelt (auf etwa 2 %). Gleichzeitig wurde ein deutlicher Preisrückgang für regenerativ erzeugten Strom – von 1991 bis 1994 um 35 % – festgestellt, der auf das wettbewerbliche Ausschreibungsverfahren, längere Vertragslaufzeiten sowie technische und organisatorische Lerneffekte zurückzuführen ist (MITCHELL, 1995). Das Ausschreibungsverfahren wurde 1989 im Rahmen der *Non-Fossil Fuel* Obligation eingeführt. Dabei schreibt die zuständige Behörde die gewünschte Menge an Elektrizität aus erneuerbaren Energieträgern öffentlich aus. Für die Zusammensetzung der Quote aus unterschiedlichen Energieträgern (Wind- und kleine Wasserkraftanlagen, Deponie-, Klärgas-, Biomasse- und Müllverbrennungsanlagen) gibt die Politik Bandbreiten vor. Preissicherheit für die Investoren wird dadurch erzielt, dass mit den Anbietern Lieferverträge mit festen Abnahmepreisen (Kontraktpreis) über die gesamte Vertragslaufzeit abgeschlossen werden. Die Abgabe des Stroms an den Endverbraucher erfolgt zum Poolpreis. Die Differenz zwischen Einkaufs- (Kontraktpreis) und Verkaufspreis (Poolpreis) wird über eine nichtdiskriminierende Abgabe (*fossil fuel levy*) finanziert, die von allen Stromverbrauchern getragen wird (DRILLISCH und RIECHMANN, 1997).

Kritisch anzumerken ist, dass bislang in erster Linie Müllverbrennungsanlagen von dem Ausschreibungsverfahren profitierten, die allein ein Drittel der neu kontrahierten Kapazität ausmachen, dicht gefolgt von Windkraftanlagen. Mit einigem Abstand folgen dann Deponiegas- und Biomasseanlagen. Das teilweise Auftreten von Mitnahmeeffekten beim Aufbau neuer Kapazitäten wird nicht ausgeschlossen.

1453. Hinsichtlich der *Kraft-Wärme-Kopplung* (KWK) haben sich die Einsatzbedingungen für diese Technik seit der Liberalisierung deutlich verbessert, so dass der Trend sinkender Kapazitäten seit 1991 gebrochen werden konnte. Von 1991 bis 1994 ist die Kapazität aller KWK-Anlagen um ca. 26 % angestiegen und macht damit einen Anteil von 3,7 % an der britischen Stromerzeugung aus (DTI, 1995b). Hindernisse, die den Ausbau der KWK in Großbritannien traditionell beschränkten, sind mit der Etablierung eines diskriminierungsfreien Strompools teilweise beseitigt worden. Dadurch haben sich die Bedingungen verbessert, nach denen industriellen Eigenerzeugern die Lieferung überschüssigen Stroms an das regionale Netz ermöglicht wird. Zusätzlich wird die Strom- und Wärmeerzeugung in Kraft-Wärme-Kopplung auch im Rahmen der *Non-Fossil Fuel* Obligation unterstützt. Weiterhin wurde von der Regulierungsbehörde sichergestellt, dass bei Verhandlungen zwischen einem KWK-Betreiber und einem Versorgungsunternehmen über Preise und Bedingungen zur Lieferung von Reservekapazitäten dem Eigenstromerzeuger grundsätzlich ähnliche Tarife und Auswahlmöglichkeiten angeboten werden müssen wie Verbrauchern, die vollständig auf externe Stromversorgung angewiesen sind (BAENTSCH, 1997, S. 261 ff.). Mittlerweile haben sowohl die großen Erzeugungsunternehmen als auch die regionalen Versorgungsunternehmen Tochtergesellschaften zur Vermarktung von KWK-Anlagen gegründet. Dabei werden umfassende Paketleistungen angeboten, die neben der Errichtung und dem Betrieb von KWK-Anlagen auch komplette Energieversorgungs-Dienstleistungspakete und eine vollständige Finanzierung (Contracting) umfassen (BROWN, 1994, S. 175).

Im Gegensatz zur industriellen KWK haben sich die wirtschaftlichen Bedingungen des Wärme-Absatzes in privaten Haushalten seit der Strukturreform eher verschlechtert. Die hohe Kapitalintensität der Fernwärmenetze sowie die seit der Liberalisierung fallenden Strompreise für Haushalte machen die kommunale KWK wirtschaftlich unattraktiv (DTI, 1995b).

1454. Bei der *rationellen Energienutzung und dem sparsamen Energieverbrauch* treten seit der Liberalisierung deutliche Defizite auf, die nicht nur an dem von 1990 bis 1994 um 5 % gestiegenen britischen Stromverbrauch erkennbar sind. Auch die Stromintensität, gemessen am Bruttoinlandsprodukt, ist entgegen dem langfristigen Trend seit 1990 wieder gewachsen (DTI, 1995b). Zu dieser Entwicklung können u. a. die verstärkten Absatzbemühungen der Stromunternehmen und die seit 1990 sinkenden Strompreise beigetragen haben, die bis 1994 für die Industrie real um durchschnittlich 5,3 % und für die privaten Haushalte um rund 10 % gefallen sind; gleichwohl kommt es insbesondere in Hochlastzeiten auch zu Preissteigerungen (SCHNEIDER, 1999). Die Aufsichtsbehörde OFFER sah aufgrund des steigenden Stromabsatzes die Notwendigkeit der Verbesserung der Energieeffizienz durch regulierende Elemente in den Bereichen Übertragung, Verteilung und Versorgung: Um in Zukunft den Übertragungs- und Verteilerunternehmen keine einseitigen Anreize zur Maximierung des Stromabsatzes zu bieten, wurde die Regulierung in diesen Bereichen mit dem Ziel verändert, den Ertrag vom Absatz zu „entkoppeln" (OFFER, 1994). Diese seit 1994 geltende Regulierung sieht drei neue Komponenten im Rahmen der Preiskontrolle vor: Eine Komponente der erlaubten Versorgungspreise wird durch eine Grundsumme abgedeckt, eine zweite wird in Abhängigkeit von der Anzahl der versorgten Kunden und eine dritte gemäß der verkauften Kilowattstunden ermittelt. Die beiden Komponenten „Anzahl der Verbraucher" und „Stromabsatz" werden im Verhältnis 3:1 gegeneinander gewichtet. Unter Berücksichtigung der Grundsumme trägt der Stromabsatz damit nur noch zu einem Fünftel zu den erlaubten Einnahmen bei. Die Regulierungsbehörde erhofft sich hierdurch, Anreize zur Absatzmaximierung im Versorgungsbereich weitgehend zu unterbinden. Gleichzeitig sollen die Anreize zur Durchführung von Demand-Side-Management gesteigert werden, da die Stromversorger nun ein höheres Interesse an dieser Dienstleistung aufgrund seiner Möglichkeiten zur Kundenakquisition und dauerhaften Kundenbindung haben dürften (BORCHERS und LEPRICH, 1995). Darüber hinaus hat OFFER den Versorgungsunternehmen für den Zeitraum von 1994 bis 1998 Effizienzinvestitionen im Rahmen der "Standards of Performance" auferlegt, die insgesamt zu einer Verminderung des Stromverbrauchs von 6 103 GWh (ca. 2 %) führen sollten (OFFER, 1994). Das Programm beschränkt sich auf Einsparungen bei Tarifkunden. Die Umsetzung erfolgt durch die Ausgabe von Stromsparlampen, durch Wärmedämmungen an Gebäuden, durch Optimierung von Heizungsanlagen sowie durch betriebliche Energieberatung. Um diese Aktivitäten zu finanzieren, wurde den Unternehmen ein zusätzlicher Erlös je Tarifkunde gestattet. Der 1992 gegründete "Energy Saving Trust" wurde mit der Überwachung der Einhaltung der vordefinierten Einsparziele beauftragt (BAENTSCH, 1997, S. 286 ff.).

1455. Vielfach werden von deutschen Energieversorgungsunternehmen Bedenken hinsichtlich einer sinkenden *Versorgungssicherheit* im Rahmen des britischen Pool-Systems geäußert, da die Stromerzeuger keinerlei Versorgungspflicht mehr hätten (HEINEMANN, 1994). Die VDEW begründet ihre These insbesondere mit Blick auf das in Großbritannien existierende „natürliche Monopol" der Netzgesellschaft; diese habe die Möglichkeit, den Poolpreis kurzfristig zu bestimmen und mache damit langfristige Kapazitätsplanungen unmöglich. Sie bezweifelt deshalb, dass der zukünftige Bedarf an neuen Kraftwerken, insbesondere Spitzenlast-Kraftwerken, gedeckt werden kann.

Tatsächlich war in Großbritannien die Versorgungssicherheit seit der Einführung des reformierten Systems zu keiner Zeit gefährdet. Nicht allein nutzten den offenen Marktzugang eine Vielzahl in- und ausländischer Akteure für ein Engagement in der Stromerzeugung (KLOPFER und SCHULZ, 1993, S. 240), sondern es wurde auch ein Zuverlässigkeitsstandard für die Stromerzeugung (*Generation Security Standard*) eingeführt, der das Vorhalten ausreichender Reservekapazitäten zum Ausgleich von Betriebsstörungen gewährleisten soll. Danach muss die Planung der Erzeugungskapazität durch das Übertragungsunternehmen NGC so erfolgen, dass Lastabwürfe in maximal neun Wintern und Lastsenkungen durch Absenkungen von Spannung oder Frequenz in maximal 30 Wintern pro Jahrhundert auftreten. Dieser Zuverlässigkeitsstandard ist von den regionalen Versorgungsunternehmen so umzusetzen, indem ein Teil des von ihnen zu entrichtenden halbstündlich gebildeten Strompreises zur Bezahlung bereitstehender Reserveblöcke verwendet wird. Dieser Anteil ist proportional zu der jeweils halbstündlich berechneten Defizitwahrscheinlichkeit. Tatsächlich ist festzustellen, dass die Erzeugungsreserve stets im Bereich zwischen 20 und 30 % des Spitzenlastbedarfs blieb (DALE, 1996, S. 713 ff.).

Norwegen

1456. Die norwegische Elektrizitätswirtschaft ist durch zwei umweltrelevante Besonderheiten gekennzeichnet. Zum einen ist die Struktur des Erzeugungssektors sehr homogen, da dieser zu 99 % von der Wasserkraft geprägt ist. Zum anderen weist Norwegen den höchsten Stromverbrauch pro Kopf auf, der auf einen hohen Anteil an Stromheizungen zurückzuführen ist. Die 1991 in Norwegen eingeleitete Liberalisierung zielte nicht wie in Großbritannien auf eine Privatisierung ab, sondern vielmehr auf eine Schaffung von Anreizen für Kostensenkungen, eine damit einhergehende Angleichung der Verbraucherpreise aufgrund erheblicher regionaler Preisunterschiede sowie auf eine Erhöhung der Versorgungszuverlässigkeit (SCHULZ und KRIEGER, 1998). Diese Ziele wurden mehrheitlich durch einen intensivierten Stromhandel mit den anderen skandinavischen Ländern erreicht (seit 1996 besteht die norwegisch-schwedische Strombörse „Nordpool", in die auch Finnland einbezogen werden soll). Unter umweltrelevanten Gesichtspunkten ist zu erwähnen, dass die realen Strompreise nach der Reform leicht gesunken sind (einzig Ende 1995/Anfang 1996 gab es einen Preisanstieg wegen fehlender Niederschläge) (MIDTTUN, 1997), obwohl ein Aufschlag auf die Netzgebühr in Höhe von 0,5 Pf/kWh hinzukam. Mit den Einnahmen aus diesem Aufschlag sollen die Elektrizitätsunternehmen Demand-Side-Management-Maßnahmen finanzieren. Darüber hinaus werden energieintensive Industriebranchen bevorzugt, indem sie langfristige Lieferverträge zu günstigeren, gesetzlich festgelegten Konditionen erhalten.

Die dezentrale Kraft-Wärme-Kopplung wird staatlich gefördert, ihr kommt jedoch bislang keine große Bedeutung zu.

Schweden

1457. Das 1992 in Schweden eingeführte Wettbewerbsmodell sieht genauso wie in Norwegen einen freiwilligen Stromhandels-Pool vor, d. h. Erzeuger, Verbraucher und Händler werden nicht wie in Großbritannien gezwungen, ihr Stromgeschäft über den Pool abzuwickeln, sondern es bleibt ihnen freigestellt, auch bilaterale Transaktionen durchzuführen. Das neue Elektrizitätsgesetz beinhaltet eine Entflechtung von Erzeugung, Übertragung und Versorgung (*Unbundling*). Der Kunde kann sowohl direkt beim Erzeuger, beim Versorger oder beim Wiederverkäufer (*Broker*) Strom beziehen. Der weiterhin staatliche Netzbetreiber ist verpflichtet, wettbewerbsfördernde Zugangs- und Preisregeln für die Netznutzung festzulegen. Er ist auch verpflichtet, seine Übertragungstarife zu veröffentlichen (LUNDBERG, 1998). Die Versorger sind verpflichtet, wie bisher in dezentralen Anlagen (bis zu 1,5 MW) erzeugten Strom abzunehmen. Hierzu zählen in erster Linie kleine Wasserkraftwerke, die etwa 1 500 GWh/a liefern (ca. 1 % der gesamten Stromerzeugung). Die Energieträgerstruktur in der Stromerzeugung wird dominiert von der Atomenergie und der Wasserkraft, die zu etwa gleich großen Teilen mit insgesamt 94 % zur schwedischen Erzeugungskapazität beitragen. Die schwedische Bevölkerung hat 1980 in einem Referendum entschieden, dass bis zum Jahr 2010 alle zwölf Atomkraftwerke des Landes vom Netz genommen werden sollten. Entsprechend werden erneuerbare Energieträger subventioniert. Betreiber von Wasserkraftanlagen mit einer Leistung von weniger als 1,5 MW erhalten eine Einspeisevergütung ebenso wie Betreiber von Windenergieanlagen. Die Finanzierung erfolgt über die 1991 eingeführte CO_2-, SO_2- und NO_x-Besteuerung. Der Anteil der erneuerbaren Energieträger an der Stromversorgung stieg, wenn man die großen Wasserkraftwerke ausnimmt, von 1994 bis 1996 von 4,1 auf 5,3 % (Europäische Kommission, 1999, S. 13).

In den ersten beiden Jahren der Liberalisierung fielen die schwedischen Strompreise für Industriekunden um durchschnittlich 20 bis 30 %, während sie für private Haushalte aufgrund der zusätzlichen Besteuerung weitgehend unverändert blieben.

Finnland

1458. Der finnische Strommarkt wurde 1995 ebenfalls mit einem freiwilligen Pool-Modell in einer ersten Stufe (für Großkunden) geöffnet und bis 1998 vollständig liberalisiert. Für das gesamte finnische Hochspannungsnetz gilt ein einheitlicher, entfernungsunabhängiger Stromtarif sowie das Prinzip des freien und gleichberechtigten Netzzugangs.

Investitionen in regenerative Energieträger sowie insbesondere in die Kraft-Wärme-Kopplung werden staatlich gefördert. Mittlerweile verfügen 43 % aller finnischen Haushalte über eine Fernwärmeversorgung, im Ballungsraum Helsinki sind es 94 %.

Weiterhin zeichnet sich bereits eine deutliche Verlagerung der Stromproduktion von (Stein-)Kohlekraftwerken auf gasbefeuerte Kraftwerke ab. Entsprechend sind die

CO$_2$-Emissionen seit 1995 im Kraftwerkssektor und auch insgesamt in Finnland rückläufig.

Niederlande

1459. In den Niederlanden wurde im Jahr 1995 ein neues Elektrizitätsgesetz vorgelegt, das die Einführung von Wettbewerb in der Stromerzeugung und in der -lieferung an Endverbraucher in drei Schritten, beginnend im Jahr 1999, vorsieht. Es gilt zunächst für Industrieunternehmen, ab 2002 für gewerbliche Verbraucher sowie ab 2007 für private Haushalte. Das Gesetz sieht weiterhin die Errichtung einer Strombörse für das Jahr 1999 vor. Die Trennung von Stromerzeugung und -verteilung wurde bereits 1989 vorgenommen, allerdings steht die Privatisierung der Stromerzeuger noch aus (SLINGERLAND, 1998).

Flankierende umweltpolitische Maßnahmen sind etwa zeitgleich umgesetzt worden: Seit 1996 existiert eine kombinierte CO$_2$-/Energiesteuer (SRU, 1996a, Tz. 971). Maßnahmen zur Unterstützung von Kraft-Wärme-Kopplung, erneuerbaren Energien und Demand-Side-Management-Aktivitäten wurden bereits am Anfang der neunziger Jahre eingeführt.

Die industrielle *Kraft-Wärme-Kopplung* und Blockheizkraftwerke (BHKW) haben in den letzten Jahren unerwartet hohe Zuwachsraten verzeichnet: Zwischen 1987 und 1997 stieg die Kapazität der industriellen KWK von 1 600 MW auf 4 250 MW, bei BHKW von 100 MW auf 1 125 MW. Beide machen damit ein Viertel der derzeit installierten niederländischen Kraftwerkskapazität aus. Als ausschlaggebend für diese rasche Entwicklung werden die anfänglichen Subventionen, die erheblichen technologischen Fortschritte, die niedrigen Gaspreise sowie die seit 1989 geltende vertikale Trennung von Elektrizitätsproduktion und -versorgung genannt. Die Versorgungsunternehmen durften allerdings weiterhin noch über eine Kraftwerkskapazität von Anlagen bis maximal 25 MW verfügen. Damit wurde der Bau von KWK-Anlagen in Joint Ventures mit der Industrie stimuliert.

Zur Unterstützung *erneuerbarer Energien* wurden Quoten im Rahmen einer freiwilligen Selbstverpflichtung der Netzbetreiber für den Anteil von Strom aus erneuerbaren Energieträgern festgeschrieben. Für die Erfüllung der Quote ist der Netzbetreiber zuständig. Die Quote kann entweder durch den Netzbetreiber selbst oder über den Zukauf von Lizenzen, in denen die Einspeisung von Strom aus regenerativen Energieträgern verbrieft ist, eingehalten werden (DRILLISCH, 1998; SLINGERLAND, 1998). Das Quotenmodell wird ergänzt durch die Zahlung einer Einspeisevergütung sowie einen Steuerbonus, die sich zusammen auf 11,33 ct/kWh belaufen (DRILLISCH, 1998). In Zukunft soll das System in den Niederlanden ebenso wie in Dänemark in der Form umgestaltet werden, dass die Verbraucher verpflichtet werden, einen bestimmten Anteil des von ihnen verbrauchten Stroms durch erneuerbare Energieträger zu decken. Der Nachweis erfolgt über sogenannte grüne Zertifikate, die die Verbraucher von den Erzeugern von Strom aus erneuerbaren Energieträgern erwerben. Die Erzeuger erhalten neben dem Marktpreis für Strom den Erlös aus dem Verkauf der Zertifikate als zusätzliches Entgelt (Europäische Kommission, 1999).

Zur Unterstützung der *Demand-Side-Management-Aktivitäten* der Stromversorger wird ein Zuschlag von bis zu 2,5 % des Endverbrauchertarifs erhoben, über den der Versorger Energieeinsparmaßnahmen auf der Nachfrageseite (energiesparende Lampen und Haushaltsgeräte, Wärmedämmung, Heizungsanlagenmodernisierung) finanzieren.

USA (Kalifornien)

1460. Die amerikanische Elektrizitätswirtschaft war vor ihrer wettbewerbsorientierten Restrukturierung ähnlich wie die deutsche und im Gegensatz zur staatlichen britischen Stromwirtschaft traditionell weitgehend privat und vertikal integriert organisiert. Die Restrukturierung wurde mit dem "Energy Policy Act" von 1992 auf Bundesebene eingeleitet. Dessen zentrales Reformelement ist die generelle Öffnung des Großhandelsmarktes, wonach alle US-amerikanischen Übertragungsnetzbetreiber dazu verpflichtet sind, den Strom Dritter durchzuleiten und die Tarife über einen nichtdiskriminierenden Zugang zu ihren Netzen vorzulegen (zuvor erhielten bereits sogenannte *Qualifying Facilities*, definiert als kleine Stromerzeugungsanlagen auf der Basis von regenerativen Energieträgern oder Kraft-Wärme-Kopplung, gesonderte Marktzugangsrechte im Rahmen des "Public Utility Regulatory Policies Act" von 1978). Die 1977 eingerichtete bundesweite Regulierungsbehörde (*Federal Energy Regulatory Commission* – FERC) traf darüber hinaus eine Grundentscheidung für eine strikte Gleichbehandlung zwischen Übertragungsnetznutzungen des Netzeigentümers und von Dritten, die strukturell durch eine funktionelle Entflechtung des Übertragungsnetzbetriebs von den übrigen Geschäftsbereichen vertikal integrierter Elektrizitätsunternehmen abgesichert wird. Die FERC benennt hierfür eine eigene, jedoch nicht zwingend vorgeschriebene Organisationsform eines unabhängigen Netzbetreibers (*Independent System Operator* – ISO) (SCHNEIDER, 1999).

Kalifornien hat als erster Bundesstaat eine umfassende Restrukturierung seines Versorgungsmarktes auf der Basis der bundesstaatlichen Vorgaben eingeleitet. Ausgangspunkt des kalifornischen Konzeptes ist die Wahlfreiheit des Verbrauchers zwischen dem Kauf an der Strombörse und bilateralen Stromkaufverträgen mit Erzeugern oder Stromhändlern (freiwilliges Pool-Modell). Die Börse untersteht der Aufsicht durch die Regulierungsbehörde FERC. Im Gegensatz zum britischen Modell verbleibt das Netzeigentum bei den bisherigen Gebietsversorgern. Die Einrichtung des freiwilligen Pool-

Modells in Kalifornien wird als Kompromiss zwischen den Forderungen der industriellen Großkunden nach Möglichkeiten für bilaterale Verträge und dem Schutz der kleineren Abnehmer durch eine transparente Strombörse gesehen (SCHNEIDER, 1999, S. 316).

Mit der Liberalisierung beginnt ebenfalls eine Veränderung der umweltpolitischen Rahmenbedingungen des Strommarktes. Die Förderung regenerativer Energieträger, die bislang – ähnlich wie in Deutschland – über eine Einspeisepflicht für alle Versorgungsunternehmen erfolgte, soll nun bundesweit über Mindestbezugspflichten (Quoten) für regenerativ erzeugten Strom geregelt werden, die mittels handelbarer Zertifikate auf andere Unternehmen übertragen werden können (DOE, 1998). In Kalifornien wurden die Versorger verpflichtet, die Anteile der verschiedenen Energieträger an dem von ihnen gehandelten Strom bei allen Werbemaßnahmen sowie auf den Rechnungen offenzulegen (DOE, 1998). Ferner wird eine weitere Offenbarungspflicht der Versorger in Form der Veröffentlichung von Emissionsbilanzen diskutiert (SCHNEIDER, 1999, S. 370). Diese Kennzeichnungspflichten ermöglichen den Verbrauchern, ihren Präferenzen hinsichtlich der Auswahl von Energieträgern durch entsprechendes Markthandeln Ausdruck zu verleihen.

Des weiteren hat die kalifornische Regulierungsbehörde eine Gebühr auf Endverkäufe von Strom eingeführt, mit der Energieeffizienz-Programme finanziert werden. Die Finanzmittel sollen für Demand-Side-Management-Projekte verwendet werden, deren Durchführung im Zuge der Liberalisierung zunächst stark zurückgegangen ist. Diese Programme umfassen Aktivitäten der Energieversorger zur Verbesserung der Energieeffizienz, Lastmanagement- und Brennstoffsubstitutionsmaßnahmen jeweils auf Seiten des Kunden. Die Einnahmen aus der Gebühr verpflichten die Energieversorger, auch weiterhin Demand-Side-Management-Programme durchzuführen.

Zusammenfassung der Erfahrungen

1461. Die in Deutschland angewandte generelle Öffnung des gesamten Strommarktes für Durchleitungen Dritter, aber gleichzeitig selbstregulative Festlegung der Durchleitungsentgelte durch ausgewählte Industrieverbände wird in keinem anderen Land praktiziert. Vielmehr haben die hier skizzierten Länder das Deregulierungsmodell des allgemeinen, diskriminierungsfreien Netzzugangs über eine (obligatorische oder freiwillige) Strombörse und eine unabhängige Netzgesellschaft gewählt. Auch eine für die Preisaufsicht zuständige Regulierungsbehörde wurde überall eingerichtet. Es zeigt sich, dass aufgrund der mit der europaweiten Liberalisierung einhergehenden starken Konzentration der nationalen Strommärkte eine Reregulierung unabdingbar ist.

Die umweltrelevanten Auswirkungen der dargestellten liberalisierten Strommärkte sind zumindest in jenen Ländern mit einem zuvor hohen Anteil kohlegefeuerter Kraftwerke mehrheitlich positiv, da dort im Zuge der Reform ein Trend zur Investition in Kraftwerke mit kürzeren Kapitalrückflusszeiten und damit zur Substitution von Kohlekraftwerken durch Gas- und Dampfturbinenkraftwerke, die einen wesentlich geringeren Luftschadstoffausstoß aufweisen, festzustellen ist. Entsprechend sind in diesen Ländern die Luftschadstoffemissionen deutlich zurückgegangen (Großbritannien und Finnland). In Ländern mit einer geringen Stromproduktion auf fossiler Basis und einem hohen Anteil an nur bedingt verfügbaren Energieträgern (Wasser) wie in Norwegen sind die umweltpolitischen Auswirkungen diesbezüglich eher negativ, da Preisschwankungen durch vermehrten Import von in der Regel fossil erzeugtem Strom ausgeglichen werden. Die Schwierigkeiten der Atomenergie, sich in liberalisierten Märkten zu behaupten, sind unübersehbar; am deutlichsten wurden sie beim Versuch der Privatisierung der britischen Atomkraftwerke. Auf Grund der zu erwartenden Beendigung der Nutzung der Atomenergie in weiten Teilen Europas sowie in anderen Ländern mit liberalisierten Strommärkten wächst die Bedeutung klimaschutzpolitischer Maßnahmen, damit eine vollständige Substitution von Strom aus Atomkraftwerken durch Kraftwerke auf Basis fossiler Energieträger vermieden werden kann.

Die Auswirkungen auf die Anwendung der Kraft-Wärme-Kopplung sind insbesondere dort positiv, wo vollständiger Wettbewerb einschließlich Strompool und vertikale Desintegration der Stromversorgungsbereiche, wie etwa in Großbritannien, eingeführt wurden. Hier wurde der Kraft-Wärme-Kopplung zu einem klaren Durchbruch verholfen, ohne Sonderregelungen zum verpflichtenden Einsatz dieser Stromerzeugungsform zu treffen. Dagegen bedürfen die Anwendung erneuerbarer Energien genauso wie die rationale Energienutzung wegen eines teilweise erheblichen Preisverfalls zusätzlicher flankierender Rahmenbedingungen. Aufgrund zahlreicher Fördermodelle, aber nicht zuletzt auch aufgrund einer emissionsorientierten Besteuerung stieg der Anteil der erneuerbaren Energien an der Stromerzeugung in den skizzierten Ländern teilweise stärker als in Deutschland (z. B. Niederlande, Schweden). Der eingetretene Preisverfall wurde bemerkenswerterweise in allen skizzierten Ländern (Ausnahme: USA) etwa zeitgleich zur Reform der Strommärkte durch eine emissionsorientierte Energiebesteuerung zu kompensieren versucht (vgl. zu den Steuermodellen der einzelnen Länder: SRU, 1996a, Tz. 963 ff.).

3.2.6.5 Eckpunkte einer umweltgerechten Organisation des Strommarktes

1462. Der Umweltrat erachtet das geltende Energiewirtschaftsrecht im wesentlichen in drei Problembereichen für ökologisch und ökonomisch unzureichend. Problematisch erscheint ihm zunächst, dass das Energiewirtschaftsgesetz unabhängigen Stromerzeugern ohne eigenes Übertragungs- oder Versorgungsnetz keinen wirklich diskriminierungsfreien Zugang zu den Stromverteilungsnetzen einräumt (Abschn. 3.2.6.5.1). Darüber hinaus bleibt das Problem einer ausreichenden umweltpolitischen Flankierung der liberalisierungsbedingt sinkenden Preise ungelöst (Abschn. 3.2.6.5.2). Zudem sind die im Energiewirtschaftsrecht angelegten Möglichkeiten zum Schutz und zur Förderung regenerativer Energien und der KWK nach Auffassung des Umweltrates in ihrer bisherigen Ausgestaltung kein taugliches Instrument, um den Zielen des Umwelt- und Klimaschutzes bei der Stromerzeugung – und damit letztlich einem der Ziele des Energiewirtschaftsgesetzes (§ 1) – hinreichend Geltung zu verschaffen (vgl. Abschn. 3.2.6.5.3). Der Umweltrat empfiehlt deshalb, das Energiewirtschaftsrecht, insbesondere das Energiewirtschaftsgesetz 1998, zu novellieren und mit einem geeigneten umweltpolitischen Rahmen zu flankieren.

3.2.6.5.1 Diskriminierungsfreier Zugang zu den Stromverteilungsnetzen

1463. Die Liberalisierungspolitik darf nicht als ein Rückzug des Staates aus seinen Regulierungs- und Überwachungsaufgaben zugunsten einer unbeschränkten Selbstregulierung der Privatwirtschaft missverstanden werden. Liberalisierung setzt im Gegenteil die Schaffung eines Regulierungsrahmens voraus, der in erster Linie einen fairen Wettbewerb gewährleistet und den Missbrauch von Marktmacht verhindert. Andernfalls muss das Fehlen staatlicher Regulierung zwangsläufig nicht zu einem Mehr, sondern einem Weniger an Chancengleichheit und Wettbewerb führen. Deshalb darf sich der Staat bei der leitungsgebundenen Stromversorgung wegen des dort bestehenden natürlichen Monopols im Netzbereich nicht aus seiner Verantwortung zurückziehen. Er hat vielmehr dafür Sorge zu tragen, dass die monopolbedingte Marktmacht insbesondere ehemaliger Gebietsmonopolisten in einem liberalisierten Markt nicht einseitig zu Lasten von Stromerzeugern ohne eigenes Versorgungsnetz ausgenutzt werden kann.

1464. Als zentralen Ausgangspunkt für Wettbewerbsbeschränkungen im Stromsektor sah GRÖNER bereits 1975 „die vertikale Integration von Geschäften mit elektrischer Energie und dem Transport dieser Strommengen unter dem gemeinsamen Dach eines EVU" an (GRÖNER, 1975, S. 420). Aufgrund der Abhängigkeit der wettbewerbsfähigen Erzeugung vom natürlichen Monopol des Netzbetriebs setzen alle Reformen, die das Wettbewerbspotential ausschöpfen wollen, eine möglichst weitgehende Trennung dieser Funktionen voraus (SCHULZ, 1996, S. 217). Die erforderliche Separierung kann im wesentlichen auf zwei unterschiedliche Arten vorgenommen werden (KLOPFER und SCHULZ, 1993, S. 66):

– Eigentumsrechtliche Trennung (vertikale Desintegration): Bisher vertikal integrierte Unternehmen werden in rechtlich selbständige Erzeugungs-, Übertragungs-, Verteilungs- und Handelsunternehmen aufgeteilt.

– Organisatorische Trennung (Entbündelung/*unbundling*): Die rechtlich vertikal integriert verbleibenden Unternehmen werden dazu verpflichtet, die Dienstleistungen Übertragung und Verteilung separat anzubieten, integrierte Dienstleistungen als Einzeldienstleistungen abzurechnen sowie die einzelnen Bereiche unternehmensintern durch organisatorische und rechnungslegerische Maßnahmen zu trennen.

1465. Die aus umwelt- und wettbewerbspolitischer Sicht ideale Lösung sieht der Umweltrat in einer Umgestaltung des geltenden Durchleitungsmodells zugunsten einer eigentumsrechtlichen Trennung von Stromerzeugung und Stromübertragung und damit der Schaffung eines unabhängigen Netzbetreibers. Dieser Ansatz ist jedoch nicht ohne verfassungsrechtliche Probleme und verursacht unter Umständen sehr hohe Umstellungskosten. Deshalb sollte auch in Erwägung gezogen werden, das bestehende Durchleitungsmodell um stärker marktöffnende Elemente und einige im bisherigen Recht ungenügend berücksichtigte umweltpolitische Anforderungen zu erweitern. Der Umweltrat empfiehlt, den Weg einer eigentumsrechtlichen Trennung ernsthaft zu prüfen.

Eigentumsrechtliche Trennung und unabhängiger Netzbetrieb

1466. Der Umweltrat sieht die wirksamste Methode zur Beseitigung von Diskriminierungsmöglichkeiten gegenüber Stromanbietern ohne eigenes Netz darin, den Bereich der Stromübertragung (Netzbetrieb) nicht nur organisatorisch, sondern auch eigentumsrechtlich von den sonstigen Geschäften (wie Stromerzeugung, Verteilung und Stromhandel) zu trennen und einem unabhängigen Netzbetreiber zu übertragen. Bei einer eigentumsrechtlichen Trennung ist im Gegensatz zu einer nur organisatorischen eine Behinderung bei der Durchleitung von Strom vollkommen ausgeschlossen, so dass ein uneingeschränkt diskriminierungsfreier Zugang zu den Stromnetzen gewährleistet wird (s. a. Monopolkommission, 1994, Tz. 806 ff.). Der unabhängige Netzbetreiber erzeugt selbst keinen Strom. Damit fehlt ihm jegliches Interesse, bestimmte Anbieter von Strom bei der Durchleitung zu benachteiligen oder gar die Durchleitung zu verweigern. Da sich ein unabhängiger Netzbetreiber allein über das von den Stromproduzenten zu entrichtende Durchleitungsentgelt finanziert, ist sein Interesse im Gegenteil darauf gerichtet, möglichst viele Durchleitungen zu ermöglichen. Demgegenüber werden bei einer rein organisatorischen/funktionalen Trennung die Interessengegensätze zwischen den bislang vertikal integrierten Netzbetreibern und Stromerzeugern gegenüber konkurrierenden Stromanbietern nur scheinbar behoben. Da die Anteilseigner der bislang vertikal integrierten EVU trotz funktionaler Trennung zumindest unter wirtschaftlichen Gesichtspunkten nach wie vor an der neuen Netzgesellschaft beteiligt bleiben, fehlt ihnen auch weiterhin das Interesse, die Durchleitung unternehmensfremder Stromanbieter zu erleichtern. Ein weiterer Vorteil der eigentumsrechtlichen Trennung ist, dass ein unabhängiger Netzbetreiber anders als bisher nunmehr Anreize hätte, bei Bedarf seine Netzkapazitäten auszubauen, um auf diese Weise seinen Gewinn zu maximieren. Darüber hinaus ist bei einer eigentumsrechtlichen Trennung – im Gegensatz zu einer nur organisatorischen Trennung – eine Verschiebung von Gemeinkosten zwischen den einzelnen Wertschöpfungen (Quersubventionierungen) ausgeschlossen. Somit können nicht mehr etwa Kosten des Erzeugungsbereich dem Übertragungsbereich zugeordnet werden. Eine ungerechtfertigte Verteuerung der Übertragungsdienstleistungen würde vermieden. Zudem würde bei einer eigentumsrechtlichen Trennung den vertikal integrierten Versorgern der Informationsvorsprung im Hinblick auf Netzengpässe, Kraftwerksstillstände und Lastprofile der Abnehmer genommen (WOLF, J., 1999, S. 524). Auch würde die problematische selbstregulative Festlegung der Durchleitungsentgelte durch die Verbändevereinbarung (Tz. 1436 ff.) entfallen.

Die eigentumsrechtliche Trennung und der unabhängige Netzbetrieb könnten etwa in Form eines Pool-Modells ausgestaltet werden.

Funktionsweise des Pool-Modells

1467. Das Pool-Modell beruht auf der Idee, Wettbewerb auf der Ebene von Stromerzeugung und -handel einzuführen, indem die Netzbereiche aus den vertikal integrierten Unternehmen herausgelöst und der Verantwortung einer unabhängigen Netzgesellschaft unterstellt werden (vgl. Abb. 3.2.6-1).

Abbildung 3.2.6-1

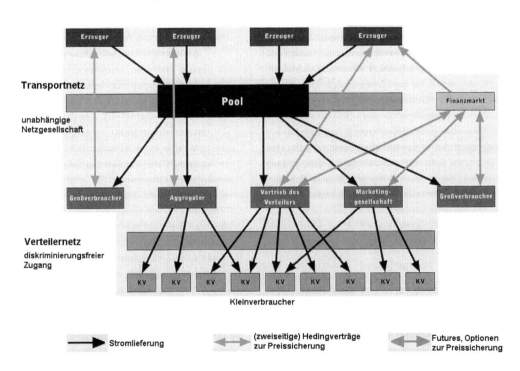

Quelle: RWE, 1998, S. 42

Der Aufgabenbereich des Netzbetreibers umfasst (BOHNE, 1998, S. 250)

– den Betrieb des Übertragungsnetzes,
– die Abwicklung des Kraftwerkseinsatzplanes,
– die zentrale Laststeuerung und
– den Abschluss der Netznutzungsverträge sowie deren Abwicklung.

Kauf und Verkauf von Strom gehören hingegen zu den Aufgaben der Strombörse, die den Stromlieferpreis ermittelt und die Stromlieferungen abrechnet.

1468. Im Gegensatz zur Durchleitungsregelung des Energiewirtschaftsgesetzes bestehen keine spezifischen Durchleitungsrechte mehr (von bestimmten Erzeugern zu bestimmten Verbrauchern), sondern es wird ein allgemeiner Netzzugang gewährt. Im Fall des britischen Pool-Modells etwa beziehen alle teilnehmenden Verbraucher ihren Strom über den Pool, und die teilnehmenden Stromerzeuger konkurrieren miteinander unter denselben Marktbedingungen um die Einspeisung in den Pool. Die Kraftwerke werden nach Angebotspreisen sortiert und beginnend mit dem günstigsten Kraftwerk zur Stromeinspeisung eingesetzt (*merit order*), bis die Nachfrage gedeckt ist. Dabei entspricht der an alle einspeisenden Kraftwerksbetreiber zu errichtende Poolinputpreis dem Gebotspreis des letzten zur Nachfragedeckung erforderlichen Kraftwerks. Der Pooloutputpreis, der den Verbrauchern in Rechnung gestellt wird, deckt zusätzlich die Kosten für Spannungs- und Frequenzhaltung und Netzbenutzung. Die Lastverteilung erfolgt durch den Übertragungsnetzbetreiber, der die Kraftwerke entsprechend ihren Preisgeboten aufruft. Der Strompreis bildet sich in stündlichen oder halbstündlichen Intervallen durch Angebot und Nachfrage und ist dadurch großen Schwankungen ausgesetzt. Letztlich orientiert sich der Stromhandel im Pool-Modell stärker an wettbewerblichen Kriterien als im Durchleitungsmodell und kann nicht durch Einflussnahmen der Netzbetreiber verfälscht werden.

1469. Positive Erfahrungen in Skandinavien zeigen, dass es auch möglich ist, den Stromhandel nicht ausschließlich über eine Strombörse abzuwickeln (Börsenhandelspflicht), sondern daneben auch bilateralen Stromhandel zuzulassen (freiwilliger Börsenhandel). Dies hätte insbesondere den Vorteil, dass dem Stromkunden die größtmögliche Wahlfreiheit zwischen verschiedenen Stromanbietern belassen bliebe. Somit könnte er beispielsweise wählen, ob er seine Stromnachfrage lieber bilateral mit Strom von bestimmten Stromerzeugern (etwa regenerativ erzeugtem Strom oder Strom aus KWK) oder anonym aus dem Pool mit den gerade einspeisenden günstigsten Kraftwerken decken möchte.

Ökologische Aspekte des Pool-Modells

1470. Das auf einer eigentumsrechtlichen Trennung beruhende Pool-Modell ist dem im Energiewirtschaftsgesetz verwirklichten Modell des verhandelten Netzzugangs sowohl aus ökonomischer als auch aus ökologischer Sicht überlegen. Die Wettbewerbsintensität ist in einem reinen Wettbewerbssystem der Strombörse ungleich höher als bei einem Durchleitungsmodell, weil eine Behinderung der unabhängigen Erzeuger durch den Gebietsversorger wegen des allgemeinen Zugangsrechtes zum Pool ausgeschlossen ist. Während dem Durchleitungsmodell implizit eine Prioritätsregel zugunsten der Eigennutzung des Netzes durch den Netzbetreiber zugrunde liegt, verleiht das Pool-Modell den einspeisenden Dritten weit stärkere Rechte auf Netznutzung, als es der reine Schutz vor missbräuchlicher Verweigerung der Netznutzung nach §§ 6, 7 EnWG täte. Auf diese Weise schafft das Pool-Modell für unabhängige Stromerzeuger ohne eigenes Versorgungs- oder Liefergebiet und damit auch für Anbieter regenerativ erzeugten Stroms deutlich bessere Vermarktungsmöglichkeiten als das Durchleitungsmodell.

1471. Der ungehinderte Netzzugang ist für Betreiber von Anlagen mit erneuerbaren Energien und von Kraft-Wärme-Kopplungsanlagen von besonderer Bedeutung, da diese für die Vermarktung ihres Überschussstroms auf die Netznutzung angewiesen sind (EWI, 1995, S. 5). So könnte ein Industrieunternehmen, das überschüssig erzeugten Strom aus seinem Blockheizkraftwerk (BHKW) in das öffentliche Netz einspeisen möchte, diesen diskriminierungsfrei und ohne hohen Transaktionskostenaufwand verkaufen. Erleichterte Absatzmöglichkeiten hätten zudem den aus Umweltsicht positiven Effekt, dass nicht nur neue BHKW-Anlagen in Betrieb genommen würden, sondern diese auch größer dimensioniert werden könnten. Da immer noch erhebliche Unsicherheiten über die Abnahme des überschüssig erzeugten Stroms einen wirtschaftlichen Betrieb von größeren Anlagen verhindern, werden BHKW-Anlagen in der Regel bislang noch gemessen am Wärmebedarf zu klein ausgelegt. Auch für Anbieter von Strom aus erneuerbaren Energien ist der diskriminierungsfreie Netzzugang mit dem Übergang des Stromeinspeisungsgesetzes zu einer marktgerechteren Lösung mit Vorteilen verbunden.

Dank des diskriminierungsfreien Zugangs könnten zudem die privaten Haushalte für Anbieter umweltfreundlich erzeugten Stroms einfacher erschlossen werden. Hiermit würde nicht nur die Vermarktung von Strom aus erneuerbaren Energien erleichtert, sondern auch der Markt für Niedertemperaturwärme durch BHKW-Anlagen im Mietwohnungsbereich „aufgebrochen". Der hier überschüssig erzeugte Strom könnte dann ebenfalls diskriminierungsfrei in das Netz eingespeist werden (MEIXNER, 1998, S. 158).

Ferner ist davon auszugehen, dass sich durch den weitgehend ungehinderten Netzzugang zu den Endabnehmern auch sogenannte Energiedienstleister stärker am Markt etablieren. Der Energiedienstleistungsmarkt zeichnet sich durch eine Vielzahl von Produkten aus, die in der Regel Beratungs- und Energieeinsparleistungen umfassen (Demand-Side-Management-Programme; Contracting-Modelle, bei denen Energieeinsparinvestitionen von einem Dritten geplant, finanziert und durchgeführt werden). Hierzu gehören auch der Bau, Betrieb und die Wartung der Anlagen sowie Gebäudemanagement. Im Energiedienstleistungsgeschäft wird vielfach gerade im Wettbewerb ein Instrument der Absatzsicherung durch Kundenbindung und Gewinnung neuer Kunden gesehen (EWI, 1995, S. 26 ff.).

1472. Zwar dürfte die Pool-Börse auf dem deutschen Strommarkt zu stärker sinkenden Strompreisen führen als das derzeitige Durchleitungsmodell, da es durch die größere Marktöffnung auch die Dynamik im Preiswettbewerb erhöht. Bei einer geeigneten umweltpolitischen Flankierung ist das Pool-Modell jedoch aus ökologischer Sicht insofern vorteilhaft, als hierbei eine effizientere Lenkung mit ökonomischen Instrumenten der Umweltpolitik möglich ist als im Durchleitungsmodell oder gar auf Monopolmärkten (BRÄUER et al., 1997). Denn Preiserhöhungen werden im standardisierten Preisbildungsmechanismus der Pool-Börse ohne Verzerrungen über alle Marktstufen weitergereicht und stoßen bei den Akteuren entsprechende Anpassungsmaßnahmen an (EWI, 1995, S. 17). Gleichzeitig werden die Produktivitätsgewinne des Wettbewerbs nicht ungenutzt gelassen. Der diskriminierungsfreie Netzzugang im Pool-Modell, verbunden mit der notwendigen Auspreisung der Umweltinanspruchnahme (Tz. 1482 f.), hätte zur Folge, dass der umweltfreundlichste Erzeuger jeweils die vergleichsweise besseren Marktchancen erlangte, die er dann ohne eventuelle Wettbewerbsbehinderungen bei der Durchleitung voll ausnutzen kann.

Rechtliche Aspekte bei einer Umsetzung des Pool-Modells auf der Grundlage einer eigentumsrechtlichen Trennung

1473. Dem Pool-Modell stehen aus Sicht des EU-Rechts keine durchgreifenden rechtlichen Bedenken entgegen. Die Elektrizitätsbinnenmarktrichtlinie gestattet die Netzzugangsrechte Dritter (Art. 16 ff.) als Mindestanforderungen aus (JARASS, 1996, S. 153). Da das Pool-Modell Dritten weit stärkere Netzzugangsrechte als Artikel 17 (Netzzugang auf Vertragsbasis) oder Artikel 18 (Alleinabnehmersystem) einräumt, ist eine Strombörse mit der EltRL ohne weiteres vereinbar. Zu beachten ist lediglich, dass das Pool-Modell auf den Übertragungsbereich beschränkt bleiben sollte, während die EltRL den Verteilungsbereich mit erfasst (Kap. V der EltRL; JARASS, 1996, S. 154).

Auch aus Sicht des Verfassungsrechts dürfte ein solches Modell zulässig sein. Zwar legen die bestehenden verfassungsrechtlichen Untersuchungen dieser Problematik bei ihrer Beurteilung ausschließlich eine *funktionale* Trennung der Bereiche des Netzbetriebes von der Erzeugung und Endversorgung zugrunde. Die hiermit verbundenen Eingriffe in die Eigentums- und Berufsfreiheit der Energieversorger sind sicherlich verfassungsrechtlich gerechtfertigt (BRANDT et al., 1996; KOCH, 1995). Der Umweltrat ist der Auffassung, dass darüber hinaus auch eine – weitergehende – *eigentumsrechtliche* Trennung der Übertragungsnetze von der Stromerzeugung mit der Verfassung in Einklang stünde. Im Hinblick auf Art. 14 und Art. 12 GG wäre sowohl der mit dieser Trennung verbundene Verlust der prioritären Durchleitungsrechte (Tz. 1466) und damit der Entscheidungsfreiheit der Netzbetreiber, wessen Strom sie einspeisen wollen, als auch der Entzug der Eigentumspositionen gerechtfertigt. Der Umweltrat weist aber auch darauf hin, dass die Eingriffsintensität und somit auch die verfassungsrechtlichen Hürden bei der eigentumsrechtlichen Trennung deutlich höher sind als bei einer rein funktionalen Trennung.

Gebot staatlicher Kontrolle des unabhängigen Netzbetreibers

1474. Mit der eigentumsrechtlichen Trennung und der Schaffung eines unabhängigen Netzbetreibers würden zwar die bisherigen Diskriminierungsmöglichkeiten des Energiewirtschaftsgesetzes und die wettbewerbsbehindernden Interessengegensätze beseitigt. Gleichzeitig läge der Netzbetrieb als natürliches Monopol jedoch nach wie vor in der Hand einer privaten Gesellschaft. Damit bestünde die Gefahr, dass diese ihre monopolbedingte Marktmacht missbraucht. Aus diesem Grund ist eine staatliche Kontrolle des unabhängigen Netzbetreibers (z. B. durch eine Regulierungsbehörde) geboten.

Die Netzbetreibergesellschaft erhält von den jeweiligen Stromerzeugern und Stromabnehmern Leitungsnutzungsentgelte. Um überhöhte Tarife des Angebotsmonopolisten, denen keine entsprechenden Kosten entgegenstehen, ausschließen zu können, sollten die Netztarife deshalb ähnlich dem liberalisierten Telekommunikationsmarkt einer Genehmigungspflicht unterliegen. Die damit verbundene staatliche Preisaufsicht entspräche auch der bewährten Praxis in Großbritannien und den skandinavischen Ländern (vgl. Abschn. 3.2.6.4). Darüber hinaus sollte eine zentrale Netzleit- und Lastverteilungsstelle für den Kraftwerksabruf und den sicheren Netzbetrieb eingerichtet werden.

Organisatorische Trennung und wettbewerbspolitische Mindestanforderungen

1475. Sofern an dem bestehenden Durchleitungsmodell des Energiewirtschaftsgesetzes mit seiner vertikalen Integration der Verbundunternehmen festgehalten und das ökonomisch und ökologisch optimale Modell einer eigentumsrechtlichen Trennung nicht verwirklicht werden sollte, empfiehlt der Umweltrat zumindest die Berücksichtigung einiger Mindestanforderungen im Hinblick auf einen erleichterten Netzzugang. Da mit einer rein organisatorischen/funktionalen Trennung ein vollständig diskriminierungsfreier Netzzugang nicht zu erreichen ist, sollte nach Ansicht des Umweltrates wenigstens eine staatliche Regulierung der Netzzugangsbedingungen sowie der Netznutzungsentgelte sicherstellen, die mit der vertikalen Integration einhergehenden wettbewerbshemmenden Interessenkonflikte weitestmöglich einzuschränken.

1476. Der Umweltrat schlägt vor, die durch die vertikale Integration der Verbundunternehmen bedingten Verschleierungsmöglichkeiten (Tz. 1429 ff.) dadurch zu beseitigen, dass der Bereich der Stromübertragung (Netzbetrieb) nicht nur kostenrechnerisch, sondern auch organisatorisch von den sonstigen Geschäften – wie Stromerzeugung, Endversorgung und Stromhandel – getrennt wird. Eine Trennung, die über die in § 4 Abs. 4, § 9 Abs. 2 EnWG vorgesehenen Regelungen hinausgehen müsste, würde einen deutlich höheren Grad an Klarheit und Transparenz mit sich bringen.

1477. Nach Auffassung des Umweltrates ist überdies der Erlass einer Rechtsverordnung nach § 6 Abs. 2 EnWG zur Regelung des Netzzugangs sowie der Netznutzungsentgelte dringend geboten, um einen wirksameren Wettbewerb zu gewährleisten. Vom Erlass einer derartigen Verordnung könnte allenfalls dann abgesehen werden, wenn die Verbändevereinbarung den nachfolgenden Anforderungen gerecht würde. Die Regelung sollte vom Einzelfall losgelöste, für alle Netzteilnehmer (insbesondere auch die Netzbetreiber) gleichermaßen gültige Entgelte und Regelungen für den Netzzugang enthalten, die dem Netzbetreiber den Verhandlungsspielraum im Einzelfall und damit Diskriminierungsmöglichkeiten entziehen. Dabei sind entweder lediglich allgemeingültige Kriterien zur Bestimmung von Durchleitungsentgelten (vgl. § 6 Abs. 2 EnWG) oder bereits allgemeingültige Tarife für Übertragungsentgelte festzulegen, die allein an den reinen Netzkosten orientiert sein dürfen. Sie sollten keine entfernungsabhängigen Zuschläge enthalten. Weiterhin sollten sie transparent und damit für externe Kontrollinstanzen überprüfbar, standardisiert sowie verbindlich sein (KREMP, 1999, S. 35). Auf diese Weise würden die Durchleitungspreise für Kunden und Stromanbieter planbar und damit der Stromhandel deutlich erleichtert. Gleichzeitig müssen die Netzbetreiber dazu verpflichtet werden, die Tarife und Netzzugangsbedingungen zu veröffentlichen. Neben verminderten Diskriminierungsmöglichkeiten hätte ein derartiges Vorgehen zudem wesentlich niedrigere Transaktionskosten für unabhängige Stromerzeuger sowie eine bessere Überprüfbarkeit potentieller Diskriminierungen für Kartellbehörden und Gerichte zur Folge und stellt sich deshalb als notwendige Ergänzung zum natürlichen Monopol der Netzbetreiber dar (KREMP, 1999). Diese Vorgaben sollten ferner durch eine spezielle Preisaufsicht flankiert werden. Durch diese sollte sichergestellt werden, dass die Netzbetreiber keine überhöhten Durchleitungsentgelte veranschlagen können, etwa indem die Übertragungskosten insgesamt zu hoch angesetzt oder Kosten der Eigenstromerzeugung dem Übertragungsbereich zugerechnet werden.

1478. Der Umweltrat spricht sich des weiteren für die Schaffung einer Regulierungsbehörde aus. Deren wesentliche Aufgabe sollte darin bestehen, die Preise für Übertragung und Verteilung zu kontrollieren, da selbst transparente Briefmarkentarife in einem natürlichen Monopol überhöht sein können. Zudem sollten weitere Marktzugangsschranken wie die Verzögerungstaktik der ehemaligen Gebietsmonopolisten bei der Fortentwicklung der Verbändevereinbarung bzw. einer verbindlichen Netzzugangsregelung abgebaut werden. Die Einführung einer Regulierungsbehörde nach dem Beispiel des Telekommunikationsmarktes ist in der Elektrizitätswirtschaft noch dringlicher geboten, da hier das natürliche Monopol vergleichsweise stärker ausgeprägt ist. Dies hängt damit zusammen, dass – anders als im Strombereich – in der Telekommunikation mehrere Unternehmen zum Teil eigene Leitungen parallel zu denen der Telekom besitzen oder Mobilfunknetze betreiben und somit nicht auf die ausschließliche Nutzung des Netzes der Telekom angewiesen sind (KREMP, 1999, S. 97).

Die bisherige Praxis der Anwendung vorhandener kartellrechtlicher Aufsichtsinstrumente, mit denen der Durchleitungsanspruch häufig in langwierigen juristischen Verfahren erkämpft werden muss, ist insofern problematisch, als sie zum einen mit erheblichen Transaktionskosten verbunden sind, zum anderen etwa im Falle überhöhter Durchleitungsentgelte sich der Nachweis im konkreten Einzelfall als äußerst schwierig erweist, da ausreichende Unternehmens- und Marktdaten bislang nicht vorliegen, an denen sich die vergleichende Betrachtung gemäß § 19 Abs. 4 Nr. 4 GWB orientieren könnte (FISCHER-ZERNIN und ENDE, 1999). Eine Regulierungsbehörde erweist sich deshalb als zwingend notwendig, um überhöhte Durchleitungsentgelte vorab unterbinden zu können. Auch im Hinblick auf den zunehmenden Konzentrationsprozess in der Erzeugung und damit unmittelbar auch – aufgrund der vertikalen Integration der Unternehmen – im Netzbetrieb werden allgemeingültige Regeln und eine staatliche Regulierungsbehörde immer dringlicher, um den ehemals monopolistisch geprägten Markt gegenüber dem Wettbewerb stärker zugänglich zu machen, anstatt ihn durch Konzentration und Selbstregulierung wieder stärker abschottend werden zu lassen.

1479. Der Umweltrat weist des weiteren darauf hin, dass seine Empfehlungen im Kontext der organisatorischen Trennung auch für die Versorgung der Letztverbraucher und damit für die Stromverteiler (z. B. Stadtwerke) Gültigkeit haben müssen. Diskriminierendes Verhalten bei der Stromdurchleitung ist keineswegs auf die Übertragungsnetzbetreiber (insb. Verbundunternehmen) beschränkt, sondern gleichermaßen auch bei der Stromverteilung auf der Ebene der Endversorger anzutreffen. Das vom Umweltrat vorgeschlagene Modell einer eigentumsrechtlichen Trennung beschränkt sich aber ausschließlich auf den Bereich der Übertragungsnetzbetreiber. Denn die Endverteiler stehen weitestgehend im kommunalen Eigentum, so dass eine eigentumsrechtliche Trennung mit dem Recht der Kommunen auf gemeindliche Selbstverwaltung (Art. 28 Abs. 2 GG) in Konflikt geraten würde. Somit dürfte eine eigentumsrechtliche Trennung im Bereich der Verteilungsnetze nicht möglich sein. Als Ausgleich sind zumindest die obigen Mindestanforderungen sicherzustellen, um Diskriminierungsmöglichkeiten auch in diesem Bereich so weit wie möglich zu verhindern. Diese Forderung ist unabhängig von einer eigentumsrechtlichen oder organisatorischen Trennung, da sie auch dann verwirklicht werden sollte, wenn der Gesetzgeber sich für eine eigentumsrechtliche Trennung des Übertragungsnetzes entscheiden sollte. Denn ein diskriminierungsfreier Netzzugang wäre unvollständig, wenn zwar vollkommener Wettbewerb bei der Stromübertragung gewährleistet wäre, dieser dagegen quasi vor den Toren der Städte kapitulieren müsste, weil die Durchleitungsrechte insoweit weiterhin defizitär sind.

1480. Der Umweltrat weist ergänzend darauf hin, dass der prinzipielle Vorrang der Netzbetreiber zugunsten ihrer eigenen Stromerzeugung bei einer rein organisatorischen Trennung trotz der vorgeschlagenen Änderungen nicht beseitigt wird. Vielmehr wird dadurch allein ein weniger diskriminierender Zugang zu den vom Netzbetreiber selbst nicht genutzten und deshalb zur Verfügung stehenden Restkapazitäten des Übertragungs- oder Verteilungsnetzes gewährleistet. Das Durchleitungsmodell ist somit stets auf einen Wettbewerb um die freien Netzkapazitäten beschränkt. Eine weitergehende Öffnung des Strommarktes, etwa ähnlich der in Großbritannien und den USA mit der Schaffung einer unabhängigen Netzbetreibergesellschaft (Tz. 1449, 1460; SCHNEIDER, 1999, S. 291 ff.) oder der vom Umweltrat geforderten, ist damit jedoch nicht verbunden. Auch bleibt das Problem bestehen, dass das Vorhandensein bzw. Fehlen freier Netzkapazitäten, das insbesondere auf der Übertragungsnetzebene äußerst schwierig festzustellen ist (Monopolkommission, 1994, Tz. 801), kaum ermittelt werden kann.

3.2.6.5.2 Umweltpolitische Flankierung des liberalisierten Strommarktes

1481. Die bisherigen Liberalisierungsschritte lassen eine ausreichende ökologische Flankierung vermissen und sind deshalb aus Umwelt- und Klimaschutzgründen unzureichend. Hierbei ist vor allem zu bemängeln, dass die durch die Energiegewinnung und -umwandlung verursachten Kosten der Umweltinanspruchnahme nicht dem Verursacher angelastet werden. Erschwerend kommt hinzu, dass Subventionen (z. B. Förderung der Atomenergie, Subventionierung des Kohlebergbaus) und Schutzklauseln (z. B. „lex VEAG") die Preise auf dem Energiemarkt weiterhin verfälschen und nicht die wahren Knappheitsrelationen wiedergeben. Infolgedessen richten Verbraucher und Wettbewerber ihr Verhalten an Marktbedingungen aus, die einem nachhaltigen Umwelt- und Klimaschutz zuwiderlaufen. Nach Ansicht des Umweltrates steht die Liberalisierung der Strommärkte nicht im Widerspruch zu einer stärkeren Anlastung externer Kosten der Energienutzung. Je besser es gelingt, beim Verursacher/Kraftwerk die Umweltkosten anzulasten, desto mehr wird auch die Liberalisierung zur Verwirklichung der Klima- und Umweltschutzziele der Bundesregierung beitragen. Aus diesem Grund muss das bestehende Energiewirtschaftsrecht durch entsprechende Maßnahmen flankiert werden (zur Auspreisung von Umweltbeeinträchtigungen siehe bereits grundlegend SRU, 1996a, Kap. 5). Eine umweltpolitische Flankierung ist dabei dringlicher denn je, damit vergleichsweise umweltschonende Stromerzeugungsformen und Maßnahmen zur rationellen Elektrizitätsnutzung trotz diskriminierungsfreien Netzzugangs nicht durch den verschärften Preiswettbewerb im Strombörsenhandel noch unwirtschaftlicher werden, als sie es bislang aufgrund mangelnder Anlastung der externen Kosten schon sind. Die im Rahmen der ökologischen Steuerreform eingeführte Stromsteuer ist aufgrund der niedrigen Steuersätze, der zahlreichen Ausnahmetatbestände sowie der nicht den unterschiedlichen Umweltbeeinträchtigungen gerecht werdenden Ausgestaltung hierfür keinesfalls ausreichend (Tz. 98 ff.).

1482. Jede energetische Verwendung eines Energieträgers ist mit unterschiedlichen Umweltbeeinträchtigungen verbunden. Daher sollte sich eine Internalisierung externer Kosten nicht einseitig auf eine CO_2-Abgabe beschränken, vielmehr auch andere mit der Energiegewinnung und -umwandlung verbundenen Umweltbeeinträchtigungen erfassen (z. B. Flächeninanspruchnahme, Beeinträchtigungen des Wasserhaushalts). Der Umweltrat schlägt vor – soweit der Einsatz ökonomischer Instrumente möglich ist –, Umweltbeeinträchtigungen auszupreisen. Auf diese Weise würde die Höhe der Abgabenlast abhängig von den in der konkreten Situation verursachten Umweltbeeinträchtigungen festgelegt. Dadurch könnte sichergestellt werden, dass die Lenkungswirkung der Abgaben nicht abstrakt (wie beim Stromeinspeisungsgesetz und Energiewirtschaftsgesetz), sondern konkret je nach den Umweltbeeinträchtigungen des einzelnen Kraftwerks greift. Dies hat den Vorteil, dass diejenigen Formen der Energieumwandlung mit den im Einzelfall geringsten Umweltbeeinträchtigungen Wettbewerbsvorteile erlangen. Der Umweltrat weist aber auch darauf hin, dass eine Auspreisung von Umweltbeeinträchtigungen das ordnungsrechtliche Instrumentarium nicht ersetzen kann, zumal schon aus Praktikabilitätsgründen nicht sämtliche Umweltbeeinträchtigungen erfassbar sind.

1483. Eine umfassende Diskussion eines problemadäquaten, an den jeweiligen Umweltzielen (Abschn. 3.2.3) orientierten Instrumentariums zur Lenkung von Umweltbeeinträchtigungen, die auf die Energiegewinnung und -nutzung zurückzuführen sind, ist nicht Gegenstand dieses Kapitels. Statt dessen sei auf die entsprechenden Ausführungen in den jeweiligen medialen Kapiteln in diesem Gutachten verwiesen (vgl. insbesondere Abschn. 2.4.1 Naturschutz, 2.4.2 Bodenschutz, 2.4.3 Gewässerschutz, 2.4.4 Klimaschutz und Luftreinhaltung). Diese Vorgehensweise erscheint dem Umweltrat insofern sinnvoll, als die meisten Umweltbeeinträchtigungen nicht allein vom Energiesektor, sondern auch von anderen Verursacherbereichen ausgehen. Da gleiche Umweltbeeinträchtigungen grundsätzlich gleich behandelt werden sollten, ist ein sektorübergreifendes Instrumentarium einem spezifisch energiepolitischem Instrumentarium im allgemeinen überlegen.

3.2.6.5.3 Zur staatlichen Förderung einer Stromerzeugung mittels regenerativer Energieträger und Kraft-Wärme-Kopplung

1484. Der vom Bundesumweltministerium im April 1998 vorgelegte Entwurf eines Schwerpunktprogramms nennt als Ziel die Verdoppelung des Anteils regenerativer Energieträger an der Deckung des Primärenergiebedarfs auf 4 % und an der Stromversorgung auf 10 % bis zum Jahr 2010 (BMU, 1998b). Bis zum Jahr 2050 soll der durch regenerative Energieträger gedeckte Anteil am Primärenergiebedarf auf 50 % erhöht werden.

1485. In ihrem *Grünbuch Energie für die Zukunft: Erneuerbare Energieträger* (KOM(96)576) formuliert die Europäische Kommission das Ziel, den Anteil erneuerbarer Energieträger am gesamten Bruttoinlandsenergieverbrauch der EU von knapp 6 % im Jahr 1995 auf 12 % im Jahr 2010 zu verdoppeln. Der Beitrag der einzelnen Mitgliedstaaten zur Zielerreichung kann dabei in Abhängigkeit von den geographischen und klimatischen, ebenso wie von den wirtschaftlichen Rahmenbedingungen unterschiedlich hoch ausfallen. Ein noch ehrgeizigeres Ziel strebt das Europäische Parlament mit der Forderung nach einem Anteil erneuerbarer Energieträger von 15 % an.

1486. Nach Vorstellung der Kommission soll die Förderung des Einsatzes erneuerbarer Energieträger mehreren Zielen gleichzeitig dienen. Hierzu zählen neben dem Umwelt-, insbesondere dem Klimaschutz, die Versorgungssicherheit, die Schaffung von Arbeitsplätzen, regionalpolitische Ziele sowie die Stärkung von europäischen Unternehmen dieser Branche im internationalen Wettbewerb. Als Hindernisse für einen umfassenderen Einsatz erneuerbarer Energieträger führt die Kommission die fehlende Anlastung von Umweltkosten, die beim Einsatz fossiler Energieträger auftreten, sowie eine Reihe weiterer Funktionsmängel auf den Märkten an (u. a. Informationsdefizite, mangelndes Vertrauen der Investoren in das ökonomische und technische Potential, Abneigung der ehemaligen Gebietsmonopolisten gegenüber Veränderungen und dezentralen Lösungen).

1487. Der Richtlinienvorschlag der Kommission, der die Einspeisung von Strom aus erneuerbaren Energieträgern auf einem liberalisierten Strombinnenmarkt regeln sollte (*Draft Directive on Access of Electricity from Renewable Energy Sources to the Grid in the Internal Market*), wurde Anfang 1999 nach einer ergebnislosen Diskussion von insgesamt sieben unterschiedlichen Entwürfen auf Eis gelegt. Gemeinsam war den Richtlinienvorschlägen, dass sie eine Mindestquote von 5 % für Strom aus erneuerbaren Energieträgern (inklusive Müllverbrennung) bis 2005 vorsahen, die für alle Mitgliedstaaten gelten sollte. Staaten, die diese Quote bereits erfüllen, sollten ihren Anteil um weitere 3 % steigern. Die Quoten sollten europaweit handelbar sein. Erheblicher Widerstand kam insbesondere von den deutschen Windenergieverbänden, die in den Richtlinienvorschlägen eine Gefahr für das Stromeinspeisungsgesetz sahen (WAGNER, 1999).

1488. Im April 1999 hat die Europäische Kommission ein Arbeitspapier (Elektrizität aus erneuerbaren Energieträgern und der Elektrizitätsbinnenmarkt) vorgelegt, das der weiterführenden Diskussion auf europäischer Ebene zugrundegelegt werden soll. Das Papier enthält keine abschließende Empfehlung für eine gemeinsame Lösung. Statt dessen werden die unterschiedlichen Optionen für eine Direktförderung erneuerbarer Energieträger dargestellt und ihre Vor- und Nachteile diskutiert. Bei den in Frage kommenden Optionen kann grundsätzlich zwischen Preis- und Quotenlösungen unterschieden werden. Für die konkrete Ausgestaltung bestehen wiederum eine ganze Reihe von Wahlmöglichkeiten.

1489. Die Direktförderung erneuerbarer Energieträger oder der KWK – unabhängig davon, ob dies im Wege einer Preis- oder einer Mengenstrategie erfolgt – unterscheidet sich von der vom Umweltrat empfohlenen Strategie dadurch, dass sie in der Maßnahmenhierarchie weiter unten ansetzt. Ziel bei der Förderung erneuerbarer Energieträger ist die Erhöhung des Einsatzes konkreter Technologien, die gegenüber fossilen und nuklearen Energieträgern als vergleichsweise umweltschonend betrachtet werden. Problematisch ist diese Vorgehensweise insofern, als Freiheitsgrade bei der Wahl von Anpassungsmaßnahmen zur Erreichung der eigentlichen umweltpolitischen Ziele (z. B. Emissionsminderung, Begrenzung der Risiken der Atomenergie) unnötig eingeschränkt werden. So können z. B. klimapolitische Ziele auf unterschiedliche Weise erreicht werden:

– Energieeinsparung,
– Substitution zwischen fossilen Energieträgern mit unterschiedlichen Potentialen zur Erzeugung von Treibhausgasen,
– Einsatz erneuerbarer Energieträger.

Bei der vom Umweltrat empfohlenen umweltpolitischen Lenkung mit Instrumenten, die unmittelbar an den

Umweltbeeinträchtigungen ansetzen, ergibt sich das Ausmaß, in dem die unterschiedlichen Anpassungsmaßnahmen zum Tragen kommen, über den Markt, wobei der ökologische Rahmen nicht verletzt wird. Der Anteil regenerativer Energieträger am Energiemix bestimmt sich nach Maßgabe der ökologischen und ökonomischen Vorteilhaftigkeit dieser Energieträger gegenüber anderen Energieträgern sowie gegenüber der rationellen Energienutzung. Eine solche Strategie lässt alle Innovationswege offen und sorgt auch dafür, dass Stromeinspartechnologien überall dort eingesetzt werden, wo sie sich als effizienter erweisen als alle Umwandlungstechnologien. Mit dieser Strategie erhalten die erneuerbaren Energieträger in dem Ausmaß einen Wettbewerbsvorteil, wie sie Umweltbeeinträchtigungen am kostengünstigsten vermeiden helfen.

Mit der Festlegung des optimalen Anteils erneuerbarer Energieträger am Energiemix zur Erreichung des in Rede stehenden Umweltzieles dürfte hingegen die Wissenschaft ebenso wie das politische System grundsätzlich überfordert sein. Im Extremfall bestimmt die Politik sogar getrennte Ziele für jeden einzelnen erneuerbaren Energieträger. Auch die Entscheidung, welche Energieformen überhaupt förderungswürdig sind, unterliegt einem gewissen Maß an Willkür und kann im Ergebnis zu erheblichen Verzerrungen bei der Weiterentwicklung umweltschonender Technologien führen. So ist Strom aus großen Wasserkraftanlagen in den EU-Mitgliedstaaten in der Regel von der Förderung ausgeschlossen. Die Förderungswürdigkeit von Müllverbrennungsanlagen wird hingegen unterschiedlich beurteilt. Kraft-Wärme-Kopplung unterliegt im allgemeinen keiner gezielten Förderung. Auch hier könnte man, gemessen an der Umweltverträglichkeit, Unterschiede in der Förderungswürdigkeit geltend machen.

Letztlich wird das umweltpolitische Ziel im Wege der direkten Technologieförderung zu höheren Kosten erreicht als durch ein zielorientiertes Instrumentarium. Den Stromverbrauchern wird eine unnötige finanzielle Last auferlegt. Auch der ökologische Erfolg des staatlich verordneten Maßnahmenbündels, zu dem neben der Förderung erneuerbarer Energieträger weitere Maßnahmen zählen müssen (z. B. Instrumente, die auf die Energieeinsparung abstellen), die gegebenenfalls sehr viel kostengünstiger zur Zielerreichung beitragen, ist nicht zuverlässig vorherzubestimmen, so dass eine Umweltentlastung nicht notwendigerweise in dem angestrebten Umfang erfolgt und damit das Umweltqualitätsziel verfehlt wird.

Das Problem stellt sich in ganz ähnlicher Form auch in anderen Politikbereichen, etwa in der Abfallpolitik (bei der Vorgabe von Entsorgungswegen sowie von Verwertungsquoten) oder in der Verkehrspolitik (bei der politischen Vorgabe eines anzustrebenden *modal split*). Das Beispiel der deutschen Abfallpolitik zeigt zudem, dass eine solche Politik, wenn sie einmal eingeschlagen ist, schwer rückgängig zu machen ist, da anderenfalls hohe gestrandete Kosten entstehen. Beispielsweise wurden in Deutschland auf Grund von Verwertungsquoten im Verpackungsbereich entsprechende Entsorgungskapazitäten aufgebaut, die eine Rücknahme dieser Politik beinahe unmöglich machen.

1490. Der Umweltrat weist aber auch darauf hin, dass die Direktförderung erneuerbarer Energieträger sowie der KWK zumindest ökologisch solange in die richtige Richtung weist, wie andere, überlegene Instrumente nicht in die Praxis umgesetzt werden. Ohne die Auspreisung von Umweltbelastungen sowie die Anlastung der Risiken der Atomenergie wird man aber langfristig auch bei diesem Programm nicht auskommen, soll die zeitlich befristet geplante Förderung regenerativer Energieträger nicht zu einer Dauersubvention werden. Auch ist zu beachten, dass die Subventionierung zwar dazu führen kann, dass die Preisstruktur zwischen erneuerbaren und fossilen Energieträgern korrigiert wird. Insgesamt bleibt der Stromverbrauch aber gegenüber der optimalen Lösung zu billig und fällt damit höher aus, als dies bei einer möglichst vollständigen Anlastung der Umweltkosten der Fall wäre.

Förderinstrumentarium für erneuerbare Energieträger

1491. In die aktuelle wissenschaftliche und politische Diskussion wird als Ersatz für das in Kritik stehende und vom Europäischen Gerichtshof derzeit zu prüfende Stromeinspeisungsgesetz die Festlegung einer Quote, die den Anteil der erneuerbaren Energieträger an der Stromerzeugung in Deutschland für einen bestimmten Zeitpunkt vorgibt, sowie der Handel mit dieser Quote eingebracht.

Der Vorteil der Mengenlösung gegenüber der Preislösung (Stromeinspeisungsgesetz) besteht darin, dass diese wettbewerbskonform ausgestaltet werden kann. Dies kann etwa dadurch erfolgen, dass die Verbraucher – wie in den Niederlanden und Dänemark geplant – einen festen Prozentsatz von ihrem Stromverbrauch mit Strom aus erneuerbaren Energieträgern decken müssen (Tz. 1459). Durch die gleichzeitige Einführung des Lizenzhandels wird erreicht, dass Wettbewerb zwischen den Erzeugern von Strom aus erneuerbaren Energieträgern entsteht und die Quote dort erfüllt wird, wo dies zu den geringsten Kosten möglich ist. Dabei delegiert der Verbraucher seine Verpflichtung an den Stromlieferanten zurück. Zu einem ähnlichen Ergebnis führt eine Lösung, bei der die Lizenzverpflichtung beim Energieversorgungsunternehmen liegt. Die Kosten für die Quotenerfüllung werden gleichmäßig auf die Versorger verteilt, die diese über den Strompreis an ihre Kunden weitergeben, wobei die Kosten der Quotenerfüllung im Wege des Wettbewerbs zwischen den Erzeugern von Strom aus regenerativen Energieträgern minimiert werden. Auch die britische Ausschreibungslösung (Tz. 1452) ist insofern wettbewerbskonform, als die Zusatzkosten für die

Förderung erneuerbarer Energieträger von allen Stromverbrauchern gemeinsam über die Abgabe gedeckt und über die Ausschreibung die günstigsten Anbieter ermittelt werden.

Darüber hinaus bietet insbesondere das Quotenmodell sowohl gegenüber dem Ausschreibungsmodell als auch gegenüber einer Einspeiseregelung den Vorteil, dass es vor dem Hintergrund der zunehmenden Integration der europäischen Energiemärkte einen internationalen Quoten- bzw. Zertifikathandel relativ leicht ermöglicht. Im Ausschreibungsmodell gibt es zwar auch einen effizienzsteigernden Preiswettbewerb, jedoch dürfte eine europaweite Ausschreibung genausowenig realisierbar sein wie eine europäische Regelung für eine Preislösung, da beide Modelle vom Wettbewerbsmarkt relativ weit losgelöst sind. Weiterhin bleibt den Akteuren im Quotenmodell mehr Entscheidungsspielraum, *wie* sie ihre Verpflichtungen erfüllen wollen. Insbesondere wenn die Verpflichtung an die Verbraucher übertragen wird, bleiben den Erzeugern von Strom aus erneuerbaren Energieträgern die teilweise schon praktizierten wettbewerblichen Aktivitäten auch langfristig erhalten, sich beispielsweise durch besondere Marketing- und Dienstleistungskonzeptionen einen eigenen Markt- und Kundenzugang zu erarbeiten. Zweifelhaft ist, ob diese Wettbewerbsstrategien langfristig auch mit einer Preislösung vereinbar sind, da diese die Angebotsseite und nicht die Nachfrageseite zur Stromabnahme und zur Zahlung des gesetzlich garantierten Preises verpflichtet. Damit sind dem Wettbewerb unter den Anbietern insbesondere preislich enge Grenzen gesetzt (Energiestiftung Schleswig-Holstein, 1999).

Problematisch ist die Lösung vor allem aufgrund der oben angeführten Schwierigkeiten einer geeigneten Zielbestimmung hinsichtlich des anzustrebenden Anteils erneuerbarer Energieträger am Energiemix. Letztendlich wird bei einer entsprechenden Quotenregelung ein effizientes Instrumentarium herangezogen, um ein ökologisch und ökonomisch suboptimales Ziel zu verfolgen. Damit entspricht die Qualität des Marktergebnisses der Qualität der Zielformulierung.

1492. Festzuhalten bleibt schließlich, dass die Direktförderung erneuerbarer Energieträger als *second best*-Lösung allenfalls dort geeignet ist, wo marktnahe Erzeugungstechnologien nur deshalb nicht zum Zuge kommen, weil eine Auspreisung der Umweltinanspruchnahme durch den Einsatz fossiler Energieträger oder der Risiken der Atomenergie politisch bislang nicht umgesetzt wurde. Ein entsprechendes Förderinstrumentarium sollte dabei so gestaltet sein, dass die Subvention zeitlich befristet erfolgt und eine Überförderung vermieden wird. Steuervergünstigungen, zinsgünstige Darlehen oder Investitionszuschüsse erscheinen hier grundsätzlich geeignet. Die bestehenden Förderprogramme werden von den Anlagenbetreibern insofern kritisiert, als die Verfahren häufig langwierig und kompliziert sind, so dass potentielle Investoren abgeschreckt werden können

(DIECKMANN et al., 1997). Der Umweltrat empfiehlt in diesem Zusammenhang, die Effizienz der bestehenden Programme zu überprüfen, sowie Möglichkeiten zur Verfahrensvereinfachung und -verkürzung zu identifizieren und umzusetzen. Daneben könnte die Quotenregelung für erneuerbare Energieträger als Übergangslösung dienen, solange der vom Umweltrat vorgeschlagene effektivere und effizientere Weg nicht umgesetzt wird. Eine solche Lösung müsste allerdings mit den bestehenden Förderprogrammen abgestimmt werden, um Mitnahmeeffekte zu vermeiden. Eine zeitliche Befristung der Quotenlösung erscheint geeignet, um den Ausbau solcher Technologien zu verhindern, die auch dauerhaft keine Chance haben, sich am Markt gegenüber anderen Energieformen zu behaupten. Angesichts der zuvor aufgeführten Defizite des Stromeinspeisungsgesetzes (Tz. 1441 f.) sowie der höheren Wettbewerbskonformität einer Quotenlösung spricht sich der Umweltrat deshalb gegen dessen Fortentwicklung aus. Zur Vermeidung wirtschaftlicher Friktionen sollte das Stromeinspeisungsgesetz schrittweise zugunsten eines Quotenmodells aufgegeben werden. Für Technologien, bei denen bis zur Marktreife noch erhebliche Forschungs- und Entwicklungsanstrengungen erforderlich sind, stellt die direkte staatliche Förderung entsprechender Grundlagenforschung die überlegene Lösung dar.

1493. Ein wesentliches Hemmnis bei der stärkeren Marktdurchdringung durch erneuerbare Energieträger stellen zudem der Mangel an Transparenz bei den Durchleitungsbedingungen sowie andere Maßnahmen der Netzbetreiber, mit denen Durchleitungsbegehren Dritter behindert werden sollen, dar. Insofern müssen Anstrengungen, die darauf abzielen, über einen geeigneten Regulierungsrahmen einen diskriminierungsfreien Zugang zu den Strommärkten zu ermöglichen, auch mit Blick auf die Förderung erneuerbarer Energieträger vorangetrieben werden. Ein diskriminierungsfreier Zugang zu den Strommärkten ist auch Voraussetzung dafür, dass sich ein Markt für sogenannten „grünen Strom" herausbilden kann.

Weitere, den verstärkten Einsatz erneuerbarer Energieträger hemmende Faktoren, sollten dringend abgebaut werden. Zu nennen sind in diesem Zusammenhang unter anderem (HOHMEYER et al., 1998; DIECKMANN et al., 1997; VOß und WIESE, 1995; Enquete-Kommission „Vorsorge zum Schutz der Erdatmosphäre", 1991, S. 225 ff.):

– mangelhafte Sachkenntnisse in den Genehmigungsbehörden, die mit Verzögerungen bei der Anlagengenehmigung und mit zu hohen Auflagen für die Anlagenbetreiber verbunden sein können,

– Informationsdefizite bei Kreditinstituten und Versicherungsgesellschaften, die zu überhöhten Risikoaufschlägen führen,

– Denk- und Verhaltensmuster bei Ingenieuren und Architekten, die konventionelle Kraftwerke begünstigen,

– Akzeptanzprobleme in der Bevölkerung (St.-Florians-Prinzip).

Nachteile erneuerbarer Energieträger, die sich aus den technischen Besonderheiten ergeben (z. B. saisonale Schwankungen der lieferbaren Strommenge aus Photovoltaik- oder Windkraftanlagen) stellen dagegen kein Versagen der Märkte dar, das durch staatliche Eingriffe korrigiert werden sollte. Vielmehr muss auf der Angebotsseite nach geeigneten Wegen (z. B. Wahl eines Mixes von erneuerbaren Energieträgern, bei denen sich die zu erwartenden Schwankungen gegenseitig weitestgehend ausgleichen, Verfahren zur Energiespeicherung) gesucht werden, um die aus diesen Besonderheiten resultierenden Kosten zu minimieren.

Förderungsinstrumentarium für Kraft-Wärme-Kopplung

1494. Solange eine umweltpolitische Strategie, die unmittelbar an den Umweltbeeinträchtigungen, insbesondere an den Emissionen, ansetzt, ausbleibt, wäre auch für Kraft-Wärme-Kopplungsanlagen eine Übergangslösung zu erwägen. Eine Quotenregelung, die die Energieversorger dazu verpflichtet, einen festgesetzten Anteil KWK-Strom zu verkaufen oder Lizenzen vorzuhalten, die die Einspeisung einer entsprechenden Menge an Strom aus KWK-Anlagen verbriefen, hätte den Vorteil, dass effiziente Anlagen weiterbetrieben würden. KWK-Strom, der – trotz der Kostenentlastung durch den Verkauf von KWK-Stromzertifikaten an Versorger, die keinen KWK-Strom erzeugen – nicht konkurrenzfähig ist, verschwindet vom Markt (TRAUBE und RIEDEL, 1998). Allerdings wäre genauso wie bei einer vergleichbaren Quotenlösung für erneuerbare Energieträger von vornherein eine zeitliche Befristung festzulegen. Die für die Förderung erneuerbarer Energieträger angeführten Schwierigkeiten bei der Bestimmung der geeigneten Quote (Tz. 1489) gelten auch für die Förderung von Strom aus KWK-Anlagen.

3.2.7 Zur Beendigung der Atomenergienutzung

1495. Die Bundesregierung hat in ihrer Koalitionsvereinbarung beschlossen, dass „der Ausstieg aus der Nutzung der Atomenergie innerhalb dieser Legislaturperiode umfassend und unumkehrbar gesetzlich geregelt", jedoch entschädigungsfrei vollzogen werden soll (Koalitionsvereinbarung vom Oktober 1998, S. 16). Entsprechend dieser Strategie wird eine Änderung des Atomgesetzes angestrebt. Parallel dazu versucht die Bundesregierung, in Energiekonsensgesprächen mit den Kraftwerksbetreibern bilaterale öffentlich-rechtliche Verträge über die jeweils konkret festzuschreibenden Restlaufzeiten der Atomkraftwerke auszuhandeln. Bleiben diese Gespräche erfolglos, wird die Bundesregierung die geplante Novelle in das Gesetzgebungsverfahren einbringen. Für eine zukünftig umweltverträglichere Energieversorgung hat die Bundesregierung in der Koalitionsvereinbarung den Grundsatz des Vorrangs der Einsparung vor der Erzeugung von Energie festgeschrieben sowie sich für die Beseitigung von Hemmnissen zur verstärkten Nutzung erneuerbarer Energien und der Kraft-Wärme-Kopplung ausgesprochen (Koalitionsvereinbarung vom Oktober 1998, S. 15).

1496. Die bislang eingeleitete Politik muss auch vor dem Hintergrund der Referenzentwicklung der deutschen Stromerzeugung beurteilt werden. Der gegenwärtige Anteil der Atomenergie an der gesamten Bruttostromerzeugung beträgt rund ein Drittel (Tz. 1246 f.). Referenzentwicklungen zeigen jedoch, dass bedingt durch den regulären Ablauf der technischen Nutzungsdauer der Kraftwerke von 40 Jahren der Anteil der Atomenergie an der Verstromung zwischen 2010 und 2020 deutlich zurückgehen wird. Die Abgangsordnung für deutsche Atomkraftwerke geht aber bei einer Betriebsdauer von 40 Jahren vom Idealfall aus (vgl. Abb. 3.2.7-1). Da in der Regel ab einer Lebensdauer von 25 Jahren hohe Ersatzinvestitionen in Abhängigkeit von den Sicherheitsstandards für die Reaktoren durchgeführt werden müssen, kann es betriebswirtschaftlich sinnvoller sein, vor dem Ende der materialtechnischen Lebensdauer einen Reaktor stillzulegen (MEZ und PIENING, 1999, S. 1 f.). Dies ist etwa mit dem Atomkraftwerk Würgassen geschehen, das der Investor bereits nach knapp 24 Jahren vom Netz genommen hat (BfS, 1998, S. 12, 38).

Der hohe Kapitaleinsatz und die gesellschaftspolitischen Rahmenbedingungen dürften auch ohne politischen Ausstiegsbeschluss das Interesse der Energiewirtschaft, nach dem technischen Auslaufen der alten Atomkraftwerke diese durch eine neue Generation zu ersetzen, nicht übermäßig groß werden lassen. Diese Annahme stützt sich auf die mittlerweile auch aufgrund ausländischer Erfahrungen empirisch bestätigte These, dass im Zuge der Liberalisierung der Strommärkte (Tz. 1417 ff.) an die Stelle von Verstromungstechniken mit hohem Kapitaleinsatz und relativ niedrigen Brennstoffkosten wie Atomkraftwerken tendenziell Kraftwerke mit niedrigeren Fixkosten, aber vergleichsweise hohen Brennstoffkosten treten (HILLEBRAND, 1997, S. 22). Die skizzierte Referenzentwicklung sollte nach Auffassung des Umweltrates bei der Diskussion um die Restlaufzeiten der deutschen Atomkraftwerke bedacht werden.

Im folgenden werden vor diesem Hintergrund die rechtlichen Aspekte einer vorzeitigen Beendigung der Atomenergienutzung erörtert.

Rechtliche Aspekte einer vorzeitigen Beendigung der Atomenergienutzung

1497. Bei der rechtlichen Beurteilung der vorzeitigen Beendigung der Atomenergienutzung legt der Umweltrat die Eckpunkte des ersten Entwurfes eines Ausstiegsgesetzes zugrunde. In dem Entwurf wird der Förderzweck des Atomgesetzes gestrichen und durch die Maßgabe ersetzt, die Nutzung der Atomenergie zum Zweck der Energiegewinnung zu beenden. Gleichzeitig wird bestimmt, dass für Neuanlagen keine Genehmigungen mehr erteilt werden dürfen. Zudem sollen die derzeit bestehenden, bislang unbefristeten Anlagengenehmigungen 25 Jahre nach ihrer Erteilung erlöschen.

Abbildung 3.2.7-1

Abgangsordnung für deutsche Atomkraftwerke bei einer Betriebsdauer von 40 Jahren

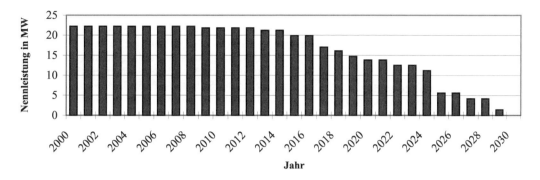

Quelle: ESSO AG, 1998

Zur Vereinbarkeit des vorzeitigen Ausstiegs aus der Atomenergie mit Verfassungsrecht

1498. Sämtliche Betreiber von Atomkraftwerken sind juristische Personen des Privatrechts. Allerdings sind die Anteilseigner der Betreibergesellschaften ganz überwiegend Körperschaften des öffentlichen Rechts, so dass viele der 19 in Betrieb befindlichen Kraftwerke unter zum Teil erheblicher hoheitlicher Beteiligung betrieben werden (BORGMANN, 1994). Aus diesem Grund stellt sich zunächst die Frage, ob sich diese Betreiber überhaupt auf den Schutz der Grundrechte berufen können (Art. 19 Abs. 3 GG), da nach der Rechtsprechung des Bundesverfassungsgerichtes eine juristische Person des Privatrechts nicht grundrechtsfähig ist, wenn sie Aufgaben der Daseinsvorsorge erfüllt und in der Hand eines Trägers öffentlicher Gewalt liegt. Denn die Grundrechte gelten grundsätzlich nicht für juristische Personen des öffentlichen Rechts (BVerfGE 68, 193, 205 ff.). Letztlich wird man davon ausgehen können, dass sich die Betreiber auf die Grundrechte berufen können. Für Anlagen, die zu 100 % in Privatbesitz stehen (z. B. Preußen Elektra), ist dies unproblematisch, für gemischtwirtschaftliche Anlagen unter Beteiligung der öffentlichen Hand zumindest dann, sofern sie nicht weitestgehend von der öffentlichen Hand beherrscht werden (DI FABIO, 1999). Aber selbst, wenn man den gemischt-wirtschaftlichen Unternehmen die Grundrechtsfähigkeit absprechen wollte, wie dies teilweise in der Literatur vertreten wird (z. B. BORGMANN, 1994), stünde den Betreibern zumindest der aus dem Rechtsstaatsprinzip abgeleitete Grundsatz des Vertrauensschutzes zur Seite. Dieser bleibt im Ergebnis nicht wesentlich hinter dem Schutz der grundrechtlichen Gewährleistungen aus Art. 14 und 12 GG zurück (vgl. auch ROLLER, 1998a, S. 86). Prüfungsmaßstab für die Ausstiegspläne sind folglich die Grundrechte der Verfassung.

Die Ausführungen des Umweltrates konzentrieren sich im folgenden ausschließlich auf die Vereinbarkeit des vorzeitigen Ausstiegs mit dem Grundrecht aus Art. 14 GG, da eine Verletzung der Betreibergrundrechte sowie der Grundrechte der in den Atomkraftwerken Beschäftigten aus Art. 12 GG (Berufsfreiheit) weitgehend unproblematisch ist, unabhängig davon, ob man in einem Ausstiegsgesetz nun lediglich eine Berufsausübungsregelung (so ROSSNAGEL, 1998a, S. 31; BORGMANN, 1994, S. 392) oder aber eine Berufswahlregelung (DI FABIO, 1999, S. 157) sehen will (vgl. auch DENNINGER, 1999a, S. 68 ff.). Auch die Vereinbarkeit mit sonstigem Verfassungsrecht, den Bestimmungen des europäischen Gemeinschaftsrechts (vgl. insoweit z. B. SCHEUING, 1999) oder mit dem Völkerrecht spielen nach Ansicht des Umweltrates bei der rechtlichen Zulässigkeit eines Ausstieges keine entscheidende Rolle.

Revidierbarkeit politischer Entscheidungen

1499. Die gesetzliche Entscheidung für oder gegen die Nutzung der Atomenergie und damit über eine Neuorientierung der Energiepolitik ist Sache des Gesetzgebers. Dieser ist weder durch Verfassungsrecht noch durch Europarecht (SCHEUING, 1999, S. 73 ff.) daran gehindert, frühere Entscheidungen zu revidieren und die Risiken einer Nutzung der Atomenergie – im Rahmen des wissenschaftlich und technisch Vertretbaren – neu und abweichend von einmal getroffenen Parlamentsentscheidungen zu bewerten. Im Gegenteil ist diese Möglichkeit wichtiger Bestandteil einer Demokratie, die auf diese Weise auf geänderte Mehrheiten und Auffassungen in der Bevölkerung reagieren kann und können muss. Eine andere Frage ist dagegen, ob der Gesetzgeber diese Neubewertung abrupt und übergangslos vornehmen darf oder ob er hierbei auf Rechte der Kraftwerksbetreiber

Rücksicht nehmen muss, die sich auf die bisherige Einschätzung und Rechtslage verlassen und in Ausübung dieses Vertrauens erhebliche Investitionen getätigt haben. In diesem Kontext ist insbesondere die Frage von Bedeutung, inwieweit die nachträgliche Befristung bislang unbefristet erteilter Anlagengenehmigungen verfassungsrechtlich geschützte Interessen der Anlagebetreiber beeinträchtigt.

Die nachträgliche Befristung der Anlagengenehmigungen im Lichte der Eigentumsgarantie (Art. 14 GG)

Die nachträgliche Befristung als Inhaltsbestimmung des Eigentums

1500. Die nachträgliche Befristung bislang unbefristeter Genehmigungen greift in den Bestand einer verfassungsrechtlich geschützten Eigentumsposition ein, gleichviel, ob als Schutzgut das Eigentum an den aufgrund der Betreibergenehmigung geschaffenen Atomkraftanlagen, der eingerichtete und ausgeübte Gewerbebetrieb (OSSENBÜHL, 1999), darüber hinaus die Genehmigung selbst (dazu DI FABIO, 1999) oder das Eigentum an den Anlagen in Verbindung mit der Anlagengenehmigung nach § 7 AtG (DENNINGER, 1999b) angesehen wird. Somit ist Art. 14 GG als Prüfungsmaßstab heranzuziehen. Der Umfang des verfassungsrechtlichen Schutzes der Betreiber und damit die Zulässigkeit eines Ausstiegs aus der Atomenergienutzung hängt folglich davon ab, ob sich die Befristung als eine lediglich an Art. 14 Abs. 1 Satz 2, Abs. 2 GG zu messende Inhalts- und Schrankenbestimmung oder aber als Enteignung im Sinne des Art. 14 Abs. 3 GG darstellt, weil Inhalts- und Schrankenbestimmungen dem Gesetzgeber einen weiten Gestaltungsspielraum einräumen und grundsätzlich entschädigungslos hinzunehmen sind, während eine Enteignung nur zugunsten eines besonders schwerwiegenden dringenden öffentlichen Interesses (BVerfGE 74, 264, 289) und nur gegen Entschädigung zulässig ist.

Eine Enteignung im verfassungsrechtlichen Sinn ist der staatliche Zugriff auf das Eigentum des Einzelnen; sie zielt auf die vollständige oder teilweise Entziehung konkreter subjektiver Rechtspositionen, die durch Art. 14 Abs. 1 Satz 1 geschützt sind (BVerfGE 79, 174, 191). Sie ist anzunehmen, wenn der Staat auf das konkrete, durch Art. 14 Abs. 1 Satz 1 GG geschützte Eigentum des Einzelnen zugreift, die abstrakte objektive Rechtsordnung des Eigentums dabei aber nicht angetastet wird (DENNINGER, 1999a, S. 40). Dagegen ist eine Inhalts- und Schrankenbestimmung anzunehmen, wenn die abstrakte Eigentumsordnung als solche umgestaltet, reformiert wird. Die Inhaltsbestimmung ist auf die „Normierung objektiv-rechtlicher Vorschriften gerichtet, die den Inhalt des Eigentumsrechtes vom Inkrafttreten des Gesetzes an für die Zukunft bestimmen" (DENNINGER, 1999a, S. 40 m. w. N.). Mit welchen Folgen diese Definition auf die nachträgliche Befristung der Anlagegenehmigungen von Atomkraftwerken anzuwenden ist, wird in der Literatur überaus kontrovers diskutiert. Vereinzelt wird vertreten, dass die nachträgliche Befristung als Enteignung (Art. 14 Abs. 3 GG) zu bewerten sei (z. B. DI FABIO, 1999), weil es sich bei dieser um eine individuell-konkrete Regelung handele, die final, punktuell und direkt auf die 19 Dauerbetriebsgenehmigungen zugreife (SCHMIDT-PREUß, 1999). Die durch die Befristung bedingte wirtschaftliche Wertlosigkeit und die hierin liegende Totalentleerung des Eigentums (OSSENBÜHL, 1999) stelle sich als Eingriff in die Substanz des Eigentums durch einen vollständigen Entzug der Eigentumsposition dar (SCHMIDT-PREUß, 1998, S. 754), nicht dagegen als eine bloße Beschränkung dieser Position. Der gezielte Zugriff auf die Genehmigungen sei auch Hauptzweck des Ausstiegsgesetzes und nicht bloß unvermeidliche Nebenfolge einer auf andere Ziele gerichteten Neugestaltung eines Rechtsgebietes. Somit könne in einer Befristung und Stilllegungsanordnung keinesfalls eine bloße Beschränkung der Eigentumsposition durch eine Inhalts- und Schrankenbestimmung gesehen werden. Demgegenüber sehen verschiedene Autoren in der Befristung lediglich eine Inhalts- und Schrankenbestimmung (BORGMANN, 1994, S. 395), entweder weil die Eigentumsordnung durch die abstrakt-generelle Regelung einer Befristung grundsätzlich neu konzipiert, umgestaltet bzw. reformiert und nicht – wie bei einer Enteignung erforderlich – auf konkrete Eigentumsgegenstände zugegriffen werde (DENNINGER, 1999a, S. 40, 45), oder weil eine Enteignung nur bei einer Übertragung des Eigentums im Sinne einer Güterbeschaffung der öffentlichen Hand zur Indienstnahme der entzogenen Position für die Erfüllung von Gemeinwohlaufgaben vorliegen könne (ROLLER, 1998a, S. 87; ROSSNAGEL, 1998a, S. 33). Nach ROLLER (1998b, S. 771) soll eine Enteignung immer nur dann anzunehmen sein, wenn das Enteignungsobjekt für einen öffentlichen Zweck gebraucht und die öffentliche Hand die entgegenstehenden Eigentumsrechte selbst nutzen wolle. Unter Hinweis auf die Entscheidungen des Bundesverfassungsgerichtes zum bergrechtlichen Vorkaufsrecht nach dem BBergG (BVerfGE 83, 201) und zur Neuordnung des Fischereirechts in Nordrhein-Westfalen (BVerfGE 70, 191) wird die Ansicht vertreten, dass eine Enteignung dann nicht vorliege, wenn eine generelle Neugestaltung eines Rechtsgebietes vorliege und in diesem Zusammenhang bestehende Rechte abgeschafft würden (ROLLER, 1998a, S. 89). Da der Staat beim Ausstieg aus der Atomenergie zum einen die entzogenen Genehmigungen nicht für sich benötige, er zum anderen das Gebiet des Energierechts vollkommen neu gestalte, könne eine Enteignung also nicht angenommen werden, sondern nur eine prinzipiell zulässige Inhalts- und Schrankenbestimmung. Der Einordnung als Inhalts- und Schrankenbestimmung steht nach DENNINGER

(1999a) auch nicht entgegen, dass sich die Neuregelung für die Alteigentümer infolge des für diese Gruppe entstehenden Rechtsverlustes wie eine Enteignung auswirkt.

1501. Aus Sicht des Umweltrates spricht einiges dafür, dass es sich bei der nachträglichen Befristung nicht um eine Enteignung, sondern um eine Inhalts- und Schrankenbestimmung handelt. OSSENBÜHL (1999) hat zwar überzeugend darauf hingewiesen, dass der moderne Enteignungsbegriff des Bundesverfassungsgerichts eine Güterbeschaffung nicht mehr voraussetzt (BVerfGE 24, 367, 394), sondern nur noch erfordert, dass ein gezielter konkret-individueller Zugriff auf das Eigentum mittels eines Rechtsaktes erfolgt, der zu einer vollständigen oder teilweisen Entziehung konkreter subjektiver Eigentumspositionen führt. Das Bundesverfassungsgericht hat jedoch in verschiedenen Entscheidungen klargestellt, dass eine inhaltsbestimmende Regelung auch dann ausschließlich als Inhalts- und Schrankenbestimmungen zu beurteilen ist, wenn sie zugleich konkrete, eigentumsrechtlich geschützte Rechtspositionen abschafft oder beschränkt (z. B. BVerfG, NJW 1998, S. 367). Sogar eine völlige Beseitigung der nach bisheriger Rechtslage begründeten Rechte im Zuge einer Neuordnung ist danach als Inhalts- und Schrankenbestimmung zu qualifizieren, die unter der Voraussetzung zulässig ist, dass bei der erforderlichen Abwägung zwischen dem öffentlichen Interesse an der Neuregelung und dem Schutz des Vertrauens des Bürgers am Fortbestand rechtmäßig begründeter Eigentumspositionen dem Grundsatz der Verhältnismäßigkeit Rechnung getragen wird (BVerfGE 83, 201, 211 f. – Bergrechtliches Vorkaufsrecht; BVerfGE 78, 58, 75). In seiner Entscheidung zum rheinland-pfälzischen Denkmalschutzgesetz hat das Bundesverfassungsgericht betont, dass es in einer dem Grundstückseigentümer durch das Denkmalschutzgesetz auferlegten abstrakt-generellen Beschränkung der Nutzungsmöglichkeiten eine Inhalts- und Schrankenbestimmung, jedoch keine Enteignung sieht (BVerfG NJW 1999, 2877). Überträgt man diese Kriterien auf die vorliegende Frage, so stellt sich die nachträgliche Befristung der Kraftwerksgenehmigungen als Inhalts- und Schrankenbestimmung dar, weil diese abstrakt-generell die mit der unbefristet erteilten Genehmigung eröffneten Nutzungsmöglichkeiten einschränkt.

Zu den verfassungsrechtlichen Schranken einer Inhaltsbestimmung

1502. Die Annahme einer Inhalts- und Schrankenbestimmung bedeutet jedoch keineswegs, dass der Gesetzgeber die Eigentumspositionen der Atomkraftwerksbetreiber nach Belieben einschränken könnte. Über die Auseinandersetzung um die rechtliche Einordnung einer Genehmigungsbefristung als Enteignung oder als Inhaltsbestimmung sollte die Erkenntnis nicht aus den Augen verloren werden, dass auch bei einer Inhalts- und Schrankenbestimmung deren Unverhältnismäßigkeit zur Verfassungswidrigkeit der Maßnahme führt und Inhaltsbestimmungen unter dem Aspekt der Verhältnismäßigkeit ebenfalls eine Ausgleichspflicht des Staates begründen können (BVerfGE 58, 137, 145 ff.; 79, 174, 192), insbesondere dann, wenn als Folge der Neuregelung wie im vorliegenden Fall Altrechte teilweise entzogen werden. Der Umweltrat hält die Frage, ob es sich bei der Befristung um eine Enteignung oder lediglich um eine Inhaltsbestimmung handelt, für weit weniger relevant als dies die Debatte vermuten lässt.

1503. Jede Inhalts- und Schrankenbestimmung muss sowohl die grundlegende Wertentscheidung des Grundgesetzes zugunsten des Privateigentums beachten als auch mit allen übrigen Verfassungsnormen in Einklang stehen, insbesondere mit dem Gleichheitssatz sowie dem Rechtsstaatsprinzip, als dessen Ausfluss die Grundsätze der Verhältnismäßigkeit und des Vertrauensschutzes zu wahren sind (BVerfGE 53, 292 f.; 58, 335 f.; 75, 97). Werden durch die Inhaltsbestimmung nicht nur die Grenzen des Eigentums neu festgelegt, sondern darüber hinaus auch sog. „Altrechte" betroffen, so müssen die vom Gesetzgeber geltend gemachten Gemeinwohlgründe unter dem Aspekt des Vertrauensschutzes mit dem Bestandsinteresse der Altrechtsinhaber abgewogen werden (DENNINGER, 1999a, S. 48).

Gründe des Gemeinwohls und Prüfungsumfang des Bundesverfassungsgerichts

1504. Zur Begründung des Ausstiegs und als Rechtfertigung für die Einschränkung der Eigentumsrechte der Betreiber von Atomkraftwerken beruft sich der Gesetzgeber vornehmlich auf seinen Verfassungsauftrag zum Schutz von Leben, Gesundheit (Art. 2 GG) und Eigentum der Bürger Deutschlands sowie zum Schutz der natürlichen Lebensgrundlagen und künftigen Generationen (Art. 20a GG). Aufgrund der mit der Atomenergie verbundenen Unwägbarkeiten und Unsicherheiten sowie der nach wie vor ungeklärten Entsorgungsfrage sieht der Gesetzgeber diese Rechtsgüter nicht mehr hinnehmbaren Risiken ausgesetzt. Dieser Einschätzung liegt im Kern eine geänderte Sicherheitsphilosophie zugrunde (ROSSNAGEL, 1998a, S. 18 f.), die im wesentlichen auf einer Neubewertung von in der gesetzgeberischen Bewertung bislang unberücksichtigt gebliebenen Tatsachen beruht. Ausschlaggebend sind somit schwerpunktmäßig nicht neue, bislang unbekannte wissenschaftliche Erkenntnisse und neu erkannte Gefahren der Atomenergie, sondern eine politische Neubewertung des damit verbundenen Gesamtrisikos. Die Ausstiegsbemühungen sind mithin Ausdruck einer geringeren Risikobereitschaft bei der Akzeptanz von (Rest-)Risiken der Kernenergie. Für das Ausstiegsgesetz ohne Bedeutung sind dagegen spezifische Mängel oder Sicherheitsrisiken der bestehenden Anlagen (ROLLER, 1998a; ROSSNAGEL, 1998a) und somit der Aspekt der Gefahrenabwehr.

1505. Ob diese veränderte Einschätzung einer verfassungsgerichtlichen Kontrolle standzuhalten vermag, wird im wesentlichen davon abhängen, inwieweit die dieser Begründung zugrundeliegende Risikoeinschätzung vertretbar ist. ROSSNAGEL (1999) und DENNINGER (1999a, S. 54 ff.) weisen überzeugend darauf hin, dass das Bundesverfassungsgericht dem Gesetzgeber bei seinen politischen Entscheidungen einen weiten Einschätzungsspielraum zugesteht und sich über dessen Wertungen sowie tatsächliche Beurteilungen nur dann hinwegsetzt, wenn sie widerlegbar sind. Gerade im Bereich von Prognoseentscheidungen beschränkt sich das Bundesverfassungsgericht weitestgehend auf eine reine Vertretbarkeitskontrolle (z. B. BVerfGE 30, 292, 317; 39, 219, 225; 71, 137, 144) und nimmt nur dann Korrekturen an der gesetzgeberischen Entscheidung vor, wenn die Prognosen und daraufhin getroffenen Maßnahmen so offensichtlich fehlerhaft sind, dass sie vernünftigerweise keine Grundlage für gesetzgeberische Maßnahmen mehr sein können (BVerfGE 30, 292, 317; 25, 1, 12 ff.).

Wie bereits dargelegt (Tz. 1499), ist der Gesetzgeber nicht an seine bisherigen Einschätzungen und einmal getroffenen Risikoprognosen gebunden. Dabei kann es ihm insbesondere in Anbetracht neuer Erkenntnisse, die etwa ursprünglich angenommene Sicherheitsreserven als zu optimistisch haben erkennen lassen, sowie bestehender Unwägbarkeiten und Nichtbeherrschbarkeiten im Rahmen seiner Einschätzungsprärogative nicht verwehrt sein, eine neue Sicherheitsphilosophie zu verfolgen, welche die ehemals noch hinzunehmenden Restrisiken nunmehr einer Neubewertung unterzieht und diese als nicht mehr akzeptabel qualifiziert. Im Hinblick auf die nicht mit letzter Sicherheit ausschließbaren Gefahren des Anlagebetriebes, der nach wie vor ungeklärten Entsorgungsfrage sowie der Größe des Schadensausmaßes kann auch keinesfalls die Rede davon sein, dass der Gesetzgeber mit seiner nunmehr zurückhaltenderen Risikobereitschaft den Boden wissenschaftlich nachvollziehbarer Entscheidungen verlassen und sich in den Bereich purer Spekulation und Panikmache begeben habe. Bei dieser Bewertung ist auch zu berücksichtigen, dass die Anlagen mit fortschreitendem Alter zunehmend sicherheitstechnische Probleme aufweisen, da durch Abnutzung, Ermüdung, Korrosion und Neutronenversprödung das Unfallrisiko ansteigt und die Nachrüstung auf das nach dem Stand der Technik gebotene Sicherheitsniveau immer schwieriger wird (so zutreffend ROSSNAGEL, 1998b, 766). Zudem hat sich gezeigt, dass sich die Hoffnung auf die Entwicklung inhärent sicherer Leichtwasserreaktoren bislang nicht erfüllt hat, so dass auch aus diesem Grund Anlass für eine Neubewertung der Atomenergie bestehen mag. Insbesondere ist die Entsorgung radioaktiver Abfälle aus der Wiederaufarbeitung und dem Kraftwerksbetrieb nach wie vor nicht hinreichend gesichert. Bei Abfällen mit hohem Schadenspotential betrifft die Endlagerung geologische Zeiträume. Eine Abschätzung des Risikos über einen derart langen Zeitraum hinweg ist nahezu ausgeschlossen. Der Umweltrat teilt die Auffassung der Bundesregierung, das ungelöste Entsorgungsproblem als Grund für einen Ausstieg aus der Atomenergie heranzuziehen, zumal es nach den bisherigen Erkenntnissen keinen idealen Standort für Endlager (hoch-)radioaktiver Abfälle gibt. Der Umweltrat gibt zwar zu bedenken, dass es nach § 9a Abs. 3 AtG grundsätzlich Aufgabe des Bundes, nicht der Betreiber ist, hinreichende und geeignete Anlagen zur Endlagerung zur Verfügung zu stellen. Sofern dieser jedoch keine unter sicherheitstechnischen Aspekten nach Ansicht ernstzunehmender Experten zufriedenstellende Endlagerstätte bereitstellen kann, darf es dem Gesetzgeber nicht verwehrt sein, auch aus Gründen fehlender Entsorgungskapazitäten aus der Nutzung der Atomenergie auszusteigen.

1506. Der Umweltrat weist in diesem Zusammenhang nachdrücklich darauf hin, dass es bei der Beurteilung der Sicherheit sowohl des laufenden Betriebes kerntechnischer Anlagen als auch der Entsorgung radioaktiver Abfälle angesichts der erheblich divergierenden, z. T. diametral entgegengesetzten Experteneinschätzungen kein „richtig" oder „falsch" geben kann, weil für nahezu sämtliche wissenschaftlichen Einschätzungen des Risikopotentials jeweils durchaus nachvollziehbare Gegenpositionen angeführt werden können. Entscheidet sich der Gesetzgeber in dieser Situation komplexer Ungewissheiten nunmehr für diejenige Einschätzung, die ein höheres Maß an Sicherheit verspricht, so kann ihm hieraus nicht zuletzt in Anbetracht der mit der Atomenergie verbundenen weitreichenden Risiko- und Gefahrenpotentiale und des beträchtlichen Schadensausmaßes zumindest aus verfassungsrechtlicher Sicht kein Vorwurf gemacht werden. Da der Gesetzgeber unter diesen Voraussetzungen bei seiner Entscheidung für einen vorzeitigen Ausstieg den Rahmen des wissenschaftlich Vertretbaren somit nicht überschritte, ist auch nicht zu erwarten, dass das Bundesverfassungsgericht eine Korrektur dieser Einschätzung vornehmen würde. Folglich kann es dem Gesetzgeber in dieser Situation nicht verwehrt sein, sich über die Eigentumsrechte der Kraftwerksbetreiber hinwegzusetzen, so dass die nach Art. 14 GG gebotene Güterabwägung – zumindest im Grundsatz – zu Lasten der Betreiber von Atomkraftwerken ausfallen wird. Die entscheidende Frage kann deshalb nur noch sein, inwieweit und mit welchen Konsequenzen sich die Betreiber von Kernkraftwerken auf den Grundsatz des Vertrauensschutzes berufen können.

Der Grundsatz des Vertrauensschutzes

1507. Bei der Stilllegungsanordnung durch zeitliche Befristung der Genehmigungen handelt es sich um eine tatbestandliche Rückanknüpfung (unechte Rückwirkung), weil die erstrebte Rechtsfolge (Stilllegung) erst nach Verkündung des Gesetzes eintreten soll, der geregelte Sachverhalt aber bereits vor Verkündung ins Werk gesetzt wurde (Genehmigung und Betrieb der Anlagen). Die unechte Rückwirkung ist verfassungsrechtlich zulässig, wenn hierbei auf die schutzwürdigen Vertrauenspositionen der Betroffenen hinreichend Rücksicht genommen wird und bei der vorzunehmenden Güterabwägung das öffentliche Interesse an der Regelung die schutzwürdige Vertrauensposition überwiegt. Die schutzwürdige Vertrauensposition der Betreiber besteht in der unbefristeten Betriebsgenehmigung. Im Vertrauen auf ihren Fortbestand haben die Betreiber erhebliche Investitionen getätigt, welche durch eine nachträgliche Befristung der Anlagegenehmigungen zumindest teilweise entwertet würden. Nach der Rechtsprechung des Bundesverfassungsgerichtes (BVerfGE 83, 201, 213) wird die völlige, übergangs- und ersatzlose Beseitigung einer Rechtsposition durch eine Inhalts- und Schrankenbestimmung nicht durch das bloße Bedürfnis nach Rechtseinheit im Zuge einer Neuregelung gerechtfertigt. Aus dem Verhältnismäßigkeitsgrundsatz bei einer Umgestaltung bzw. Verkürzung bestehender Rechtspositionen folgt vielmehr die Notwendigkeit einer schonenden Übergangsregelung (BVerfGE 53, 351; 71, 144), die für den Altrechtsinhaber angemessen und zumutbar sein muss. Insbesondere die Fortsetzung einer Eigentumsnutzung, mit der umfangreiche Investitionen verbunden waren, darf nicht abrupt und ohne Übergangsregelung untersagt werden (BVerfGE 58, 349 m. w. N.). In seiner Entscheidung zum Denkmalschutzgesetz von Rheinland-Pfalz hat das Bundesverfassungsgericht überdies betont, dass einem physisch-realen Ausgleich durch Übergangsfristen oder Befreiungen Vorrang vor Entschädigungen zukommt, um dem Verdikt der Verfassungswidrigkeit zu begegnen (BVerfG NJW 1999, 2877). Der grundrechtliche Vertrauensschutz gegenüber der Einschränkung von Altrechten wird dabei im wesentlichen über den Schutz der bereits getätigten Investitionen gewährt (DENNINGER, 1999a, S. 3).

1508. Somit ist festzuhalten, dass dem Vertrauensschutz der Betreiber bei der Abwägung gegenstehender Interessen erhebliche Bedeutung zukommt und sich aus Gründen des Vertrauensschutzes eine abrupte und übergangslose Entziehung des Nutzungsrechts an den Anlagen verbietet. Gleichwohl darf nicht aus den Augen verloren werden, dass der Vertrauensschutz mit zunehmender Betriebsdauer abnimmt und umso geringer wird, je eher sich das Vertrauen in die Genehmigung und der Aufwand amortisiert haben (ROLLER, 1998b, S. 772). Der Umfang des Vertrauensschutzes steht damit in enger Relation zur Länge der Übergangsfristen. Er vermindert sich mit zunehmender Dauer der Betriebstätigkeit, da die Betreiber in diesem Fall ihre Anlagen wirtschaftlich weiter nutzen können. Die Entschädigung kann deshalb umso geringer ausfallen und gegebenenfalls sogar gänzlich entfallen, je großzügiger die Übergangsfristen festgelegt werden, respektive je länger die Anlage genutzt werden kann (insoweit zutreffend DI FABIO, 1999, S. 251).

1509. Die Bestimmung der Länge der Übergangsfristen bzw. des zu leistenden Enteignungsausgleiches ist überaus schwierig und wird in der Literatur durchaus heftig diskutiert. Da beide Parameter nicht unerheblich von individuellen Faktoren der jeweils konkret betroffenen Anlage abhängen, ist es kaum möglich, feste Jahreszahlen anzugeben. Letztlich wird es dabei neben dem Sicherheitsstandard (Sicherheitsanalyse) der einzelnen Anlage, der Größe des Bevölkerungsrisikos (Nähe zu Ballungsräumen) und der Zwischenlagerkapazität wesentlich auch auf die Dauer der Amortisation der Anlagen (nicht zuletzt im Hinblick auf bereits getätigte Nachrüstungen) sowie auf die durchschnittliche Nutzungsdauer eines kommerziell betriebenen Kernkraftwerkes bis zu seiner Stilllegung ankommen (DENNINGER, 1999a, S. 64 ff.; OSSENBÜHL, 1999, S. 34).

1510. Insgesamt ist somit festzuhalten, dass die nachträgliche Befristung bislang unbefristet erteilter Betriebsgenehmigungen möglich ist und in der Sache vom Bundesverfassungsgericht wohl auch nicht beanstandet würde. Die entscheidende Frage konzentriert sich somit allein darauf, in welchem Zeitrahmen dies erfolgen kann, mithin auf die Länge der Restlaufzeiten. In einigen europäischen Nachbarstaaten werden als Fristen für die Ausstiegsgesetze Zeiträume zwischen 25 und 40 Jahren diskutiert oder wurden bereits festgelegt (Schweden: 25 Jahre, Niederlande: 30 Jahre, Schweiz und Belgien: 40 Jahre). In Deutschland bewegt sich die Diskussion in einer ähnlichen Bandbreite. Nach Auffassung des Umweltrates dürfte den berechtigten Interessen der Betreiber von Atomkraftwerken im Hinblick auf deren im Vertrauen auf den Fortbestand der bisherigen Rechtslage getätigten Investitionen durch eine Gesamtlaufzeit von circa 25 bis 30 Kalenderjahren hinreichend Rechnung getragen sein.

Fazit und Empfehlungen

1511. Der Ausstieg aus der Atomenergie durch Befristung der Anlagegenehmigungen dürfte rechtlich zulässig sein. Gleichwohl liegt es aus Sicht des Umweltrates wegen der Unsicherheiten über die Möglichkeit eines entschädigungsfreien Ausstiegs nahe, die Beendigung der Nutzung im Wege einer konsensualen Lösung mit den Betreibern zu suchen. Auf deren Grundlage sollte sodann ein Ausstiegsgesetz verabschiedet werden, in dem die Eckpunkte eines Ausstiegs, insbesondere die Restlaufzeiten, festgelegt werden.

1512. Als Maßgabe für das weitere Vorgehen empfiehlt der Umweltrat, sich bei der Festlegung der Restlaufzeiten von den bislang diskutierten schematischen Vorgehensweisen zu lösen. An deren Stelle sollte eine Einzelbewertung der 19 in Betrieb befindlichen Anlagen treten. Diese Einzelfallbetrachtung schließt dabei eine gewisse typisierende Betrachtungsweise der Anlagen anhand von generalisierenden Kategorien nicht aus. Eine solche ist vielmehr bereits aus Praktikabilitätsgründen geboten. Der Umweltrat schlägt insoweit die Bildung von drei unterschiedlichen Kategorien von Kraftwerken, verbunden mit einer Fristenregelung für Kraftwerke innerhalb von Bandbreiten vor. Diese Kategorien sollten vor allem Ausdruck des unterschiedlichen Sicherheitsstandards der einzelnen Anlagen und damit der von jeder einzelnen Anlage ausgehenden höheren oder niedrigeren Risiken sein.

Die Einzelbewertung trüge den zum Teil erheblich divergierenden Sicherheitsstandards der Anlagen besser Rechnung als die bislang diskutierten Ansätze, da es eben nicht „die" Atomkraftwerke in ihrer Gesamtheit, sondern 19 verschiedene gibt. Die Zuordnung jedes einzelnen der Kraftwerke zu einer der drei Kategorien würde trotz der damit verbundenen Generalisierung eine weitgehende Einzelfallgerechtigkeit gewährleisten und auf diese Weise der Eigentumsgarantie (Art. 14 GG) eher gerecht als eine rein schematische Vorgehensweise, ohne dabei auf die Vorteile einer Typisierung verzichten zu müssen.

Bei der Schaffung der drei Kategorien sollten insbesondere folgende Kriterien eine Rolle spielen:

– Sicherheitsstandard (Sicherheitsanalyse),
– Größe des Bevölkerungsrisikos (Nähe zu Ballungsräumen),
– Zwischenlagerkapazität sowie
– wirtschaftliche Zumutbarkeit einer baldigen Stilllegung.

1513. In einem nächsten Schritt sollten für jede dieser drei Kategorien klare (maximale) Zeitvorgaben festgelegt werden, innerhalb derer die Kraftwerke einer jeden Kategorie spätestens abgeschaltet werden müssen.

Innerhalb jeder Kategorie sollten die Restlaufzeiten allerdings grundsätzlich nicht einseitig vom Gesetzgeber festgesetzt werden, sondern der Selbstbestimmung der Kraftwerksbetreiber überlassen bleiben. Der Gesetzgeber würde für jede Kategorie insoweit lediglich den maximal zur Verfügung stehenden zeitlichen Rahmen festlegen, innerhalb dessen die Betreiber binnen gewisser Bandbreiten ihre Kraftwerke betreiben können. Innerhalb dieser Bandbreiten sollten die Betreiber selbst entscheiden können, ob sie etwa die maximal in einer Kategorie zulässige Frist ausschöpfen oder aber ein Kraftwerk bereits vorher schon vom Netz nehmen möchten, etwa wenn der Betrieb einer Anlage aufgrund anstehender Nachrüstungen bereits vor Fristablauf betriebswirtschaftlich unrentabel würde. Dadurch würden in erheblichem Umfang den Betrieben unternehmerische Freiräume gewährt.

Dieses grundsätzlich freie Aushandeln von Stilllegungsoptionen innerhalb einer Kategorie bedarf nach Auffassung des Umweltrates allerdings einer Ergänzung um Sicherheitskriterien. Das Aushandeln von Restlaufzeiten muss zumindest dann eine Grenze finden, wenn einzelne Anlagen gravierende Sicherheitsrisiken oder gar -mängel aufweisen. In diesem Fall ist die mangelnde Sicherheit nicht durch andere, oben genannte Kriterien wie eine hohe Zwischenlagerkapazität oder ein geringes Bevölkerungsrisiko kompensationsfähig.

3.2.8 Schlussfolgerungen und Handlungsempfehlungen

Zum Handlungsbedarf

1514. Nicht nur der Regierungswechsel im Jahr 1998 gibt Anlass, das energiewirtschaftliche Regime in der Bundesrepublik Deutschland grundsätzlich zu überdenken. Schon die im Vorfeld der Kyoto-Konferenz verstärkte Diskussion über die mit den weltweit wachsenden Emissionen von Treibhausgasen verbundenen Gefahren für das Weltklima wäre ein solcher Anlass gewesen. Gleiches gilt für die hohe Kanzerogenität der aus Verbrennungsprozessen, insbesondere in Motoren, resultierenden Emissionen von Partikeln und flüchtigen Kohlenwasserstoffen. Verschärft wird diese Situation noch durch den faktisch schon weit vor dem Regierungswechsel eingeleiteten Ausstieg aus der Atomenergie: Schon seit Jahren will kein Energieversorger in Deutschland mehr ein neues Atomkraftwerk bauen. Der Streit geht nur noch um die Restlaufzeiten. Dort sind die Unterschiede in den streitigen Punkten faktisch nicht groß.

1515. Auch neueste Status-quo-Prognosen der Energieeinsätze und ihrer Emissionsfolgen belegen die Dringlichkeit einer Trendwende bei der Energienutzung: Geschieht politisch nichts, so wird der weltweite CO_2-Output bis zum Jahre 2020 um mindestens 50 % im Vergleich zu 1990 wachsen, mit den größten Zuwachsraten in Südostasien, vor allem in China. Besorgnis erregen kann auch, dass bei insgesamt kaum noch wachsender Primärenergienachfrage in Deutschland die Ausfälle bei den Versorgungsbeiträgen der Kernenergie nach den vorliegenden Prognosen vor allem vom Erdgas übernommen werden, das in den benötigten Mengen nicht auf Dauer zur Verfügung stehen wird. Zwar sind die höchsten prozentualen Zuwächse bei den Versorgungsbeiträgen durch erneuerbare Energien zu beobachten; diese wachsen jedoch auf einer so niedrigen absoluten Basis, dass sie – jedenfalls unter Status-quo-Bedingungen – bis 2020 die Kompensation des Ausfalls der Kernenergie auch nicht annähernd bewirken können.

1516. Bei der Diskussion der Umweltbeeinträchtigungen durch Energienutzung werden den erneuerbaren Energien, deren Nutzung im allgemeinen mit erheblich geringeren Emissionen verbunden ist, häufig und detailliert die von ihnen auf den vorgelagerten und nachgelagerten Stufen der energetischen Wertschöpfungskette erzeugten Umweltbeeinträchtigungen entgegengehalten, so als gäbe es vergleichbare Umweltbeeinträchtigungen bei den konventionellen (fossilen) Primärenergieträgern nicht. Zum Beispiel wird auf den Düngemitteleinsatz bei der Produktion von Biomasse oder auf die durch Photovoltaik erzeugten Abfallprobleme hingewiesen. Der Umweltrat hat deshalb den Versuch unternommen, eine systematische Würdigung der mit der Gewinnung und Umwandlung von Energieträgern verbundenen Umweltbeeinträchtigungen vorzulegen, und zwar unter Einschluss der Atomenergienutzung. Diese Erkenntnisse zeigen, dass die Einbeziehung der Umweltbeeinträchtigungen durch die Gewinnung von Energierohstoffen Anlass gibt, noch kritischer als bislang über den Einsatz fossiler Energieträger, auch über die heimische Braunkohle nachzudenken, letzteres insbesondere wegen der erheblichen quantitativen und qualitativen Einwirkungen der Braunkohleförderung auf das Grundwasser und wegen großer Flächeninanspruchnahmen. Im Hinblick auf die mit der Umwandlung fossiler Energieträger in Wärme und/oder Kraft verbundenen Emissionen, vor allem die CO_2-Emissionen, erweist sich das Erdgas als die allen anderen fossilen Primärenergieträgern überlegene Alternative. Erdgas erscheint deshalb relativ am besten geeignet, die durch den Rückzug aus der Atomenergie fehlenden Versorgungsbeiträge in mittlerer Frist (d. h. 20 bis 30 Jahre) zu übernehmen. Allerdings wird auch der verstärkte Einsatz von Erdgas im Vergleich zur Atomenergie zu einer erheblichen Vergrößerung der CO_2-Emissionsmengen führen. Klimapolitischer Handlungsbedarf kann allerdings kein Argument gegen eine Beendigung der Nutzung der Atomenergie sein. Vielmehr müssen parallel zur Festlegung von Restlaufzeiten der Atomkraftwerke Rahmenbedingungen getroffen werden, die die Stromversorgung durch Steigerung der Energieeffizienz, durch Energieeinsparstrategien und durch eine verstärkte Nutzung erneuerbarer Energieträger trotz Stilllegung von Atomkraftwerken gewährleisten.

Zur Atomenergie

1517. Für den Umweltrat steht bei der Bewertung der Risiken der Atomenergie die Entsorgungsfrage im Vordergrund. Zwar gibt es bei allen betriebenen Atomkraftwerken Restrisiken wie die Möglichkeit einer Kernschmelze und deren katastrophale Folgen, für deren sichere Beherrschung die Anlagen nicht ausgelegt sind. Auch ist grundsätzlich damit zu rechnen, dass mit der Länge der Laufzeit der Anlagen durch Korrosion, Versprödung etc. höhere Sicherheitsrisiken entstehen. Entsprechend fordert der Umweltrat, dass der zu vermutende Rückstand gegenüber dem heutigen Stand der Sicherheitstechnik mit entsprechendem Aufwand unverzüglich verringert wird.

Jedoch erscheint die Entsorgung radioaktiver Abfälle aus dem Kraftwerksbetrieb und aus der Wiederaufarbeitung noch dringlicher. Diese Frage ist weiterhin nicht gelöst; bei hohem Schadenspotential betrifft sie geologische Zeiträume. Eine Abschätzung des Gefährdungspotentials über einen derartig langen Zeitraum hinweg ist nahezu ausgeschlossen. Zudem weist der Umweltrat darauf hin, dass durch starke Radioaktivität, durch die langanhaltende Wärmeproduktion und die durch Korrosion und mikrobielle Vorgänge hervorgerufene Gasbildung dem Rückhaltevermögen der Barriereelemente enge Grenzen gesetzt sind. Der Umweltrat hält aufgrund der Charakteristiken bestrahlter Brennelemente und der darin begründeten, in weiten Teilen ungelösten Entsorgungsprobleme eine weitere Nutzung der Atomenergie für nicht verantwortbar.

Bei der Zwischenlagerung radioaktiver Abfälle bedarf es einer Offenlegung, inwieweit vorhandene Kapazitäten ausreichen, den Zeitraum der Suche nach einem adäquaten Endlager zu überbrücken. Auch sind die Vor- und Nachteile einer zentralen oder dezentralen Zwischenlagerung grundsätzlich gegeneinander abzuwägen. Ein zentrales Zwischenlager bietet Größenvorteile insbesondere bei der Beherrschbarkeit der Risiken, dezentrale Lager gewähren eine bessere Lastenverteilung und ein geringes Transportrisiko.

Der Umweltrat ist davon überzeugt, dass es keinen idealen Standort für Endlager für (hoch-)radioaktive Abfälle gibt. Ein Konsens über die Lösung der Risikokontroversen ist nicht in Sicht. Umso wichtiger ist es, möglichst bald Entscheidungen darüber zu treffen, welche Kriterien zum Langzeitsicherheitsnachweis herangezogen werden sollen und wie diese in einem Gesamtkonzept gewichtet werden müssen. Es ist davon auszugehen, dass mit der Endlagerung frühestens in 20 bis 30 Jahren begonnen werden kann, weshalb spätestens bis zum Jahr 2010 eine Entscheidung über einen Endlagerstandort gefällt werden sollte.

1518. Der Umweltrat befürwortet wegen der noch bestehenden rechtlichen Unsicherheiten die Strategie der Bundesregierung, Möglichkeiten einer entschädigungsfreien Beendigung der Nutzung der Atomenergie im Wege einer konsensualen Lösung mit den Betreibern zu suchen. Auf deren Grundlage sollte alsbald ein Ausstiegsgesetz verabschiedet werden, in dem die Eckpunkte eines Ausstiegs festgelegt werden. Dazu zählt auch eine Einigung über Restlaufzeiten der Atomkraftwerke. Nach Auffassung des Umweltrates dürfte den berechtigten Interessen der Betreiber von Atomkraftwerken im Hinblick auf deren im Vertrauen auf den Fortbestand der bisherigen Rechtslage getätigten Investitionen durch eine Gesamtlaufzeit von circa 25 bis 30 Kalenderjahren hinreichend Rechnung getragen sein.

Als Maßgabe für das weitere Vorgehen empfiehlt der Umweltrat, sich bei der Festlegung der Restlaufzeiten von den bislang diskutierten schematischen Vorgehensweisen zu lösen. An deren Stelle sollte eine Einzelbewertung der 19 in Betrieb befindlichen Anlagen treten. Diese Einzelfallbetrachtung schließt dabei eine gewisse typisierende Betrachtungsweise der Anlagen anhand von generalisierenden Kategorien nicht aus. Eine solche ist vielmehr bereits aus Praktikabilitätsgründen geboten. Der Umweltrat schlägt insoweit die Bildung von drei unterschiedlichen Kategorien von Kraftwerken, verbunden mit einer Fristenregelung für Kraftwerke innerhalb von Bandbreiten vor. Diese Kategorien sollten vor allem Ausdruck des unterschiedlichen Sicherheitsstandards der einzelnen Anlagen und damit der von jeder einzelnen Anlage ausgehenden höheren oder niedrigeren Risiken sein. Daneben sollten als weitere Kriterien die Größe des Bevölkerungsrisikos, die Zwischenlagerkapazität sowie die wirtschaftliche Zumutbarkeit einer baldigen Stilllegung in die Bewertung eingehen. Die Einzelbewertung trüge den zum Teil erheblich divergierenden Sicherheitsstandards der Anlagen besser Rechnung als die bislang diskutierten Ansätze. Die Zuordnung jedes einzelnen der Kraftwerke zu einer der drei Kategorien würde trotz der damit verbundenen Generalisierung eine weitgehende Einzelfallgerechtigkeit gewährleisten und auf diese Weise der Eigentumsgarantie (Art. 14 GG) eher gerecht als eine rein schematische Vorgehensweise.

In einem nächsten Schritt sollten für jede dieser drei Kategorien klare (maximale) Zeitvorgaben festgelegt werden, innerhalb derer die Kraftwerke einer jeden Kategorie spätestens abgeschaltet werden müssen.

Innerhalb jeder Kategorie sollten die Restlaufzeiten allerdings grundsätzlich nicht einseitig vom Gesetzgeber festgesetzt werden, sondern der Selbstbestimmung der Kraftwerksbetreiber überlassen bleiben. Der Gesetzgeber würde für jede Kategorie insoweit lediglich den maximal zur Verfügung stehenden zeitlichen Rahmen festlegen, innerhalb dessen die Betreiber ihre Kraftwerke betreiben können. Innerhalb solcher Bandbreiten sollten die Betreiber selbst entscheiden können, ob sie etwa die maximal in einer Kategorie zulässige Frist ausschöpfen oder aber ein Kraftwerk bereits vorher vom Netz nehmen möchten. Dadurch würden in erheblichem Umfang den Betrieben unternehmerische Freiräume gewährt.

Dieses grundsätzlich freie Aushandeln von Stilllegungsoptionen innerhalb einer Kategorie bedarf nach Auffassung des Umweltrates allerdings einer Ergänzung: Das Aushandeln von Restlaufzeiten muss zumindest dann eine Grenze finden, wenn einzelne Anlagen gravierende Sicherheitsrisiken oder gar -mängel aufweisen. In diesem Fall ist die mangelnde Sicherheit nicht durch andere, oben genannte Kriterien wie eine hohe Zwischenlagerkapazität oder ein geringes Bevölkerungsrisiko kompensationsfähig.

1519. Insgesamt sollte die Strategie Deutschlands für ein Auslaufen der Atomenergienutzung nach Meinung des Umweltrates auf europäischer Ebene gemeinsam mit anderen ausstiegswilligen Staaten wie Schweden, Belgien und den Niederlanden weitergeführt und koordiniert werden.

Zu den energiewirtschaftlichen Zielen

1520. Bei der Gestaltung des künftigen energiewirtschaftlichen Regimes spielen sowohl allgemeine umweltpolitische als auch spezielle Versorgungsziele eine Rolle. Aus der Sicht der Umweltpolitik stehen vor allem zwei Gruppen von Zielen im Zusammenhang mit der Energienutzung im Vordergrund, zum einen Emissionsminderungsziele für energiebezogene Luftschadstoffe, zum anderen die aus der Energienutzung erwachsenden Konflikte mit dem Boden-, Gewässer-, Natur- und Landschaftsschutz. Letztere treten vor allem in Verbindung mit der Produktion und Extraktion von Energierohstoffen auf. Bei den Emissionsminderungszielen für energiebezogene Luftschadstoffe tritt immer mehr die Emission von Treibhausgasen (CO_2, N_2O, CH_4) in den Mittelpunkt der Aufmerksamkeit. Das hat eine gewisse Berechtigung vor dem Hintergrund der Erfolge bei der Reduktion von Schwefeldioxid, Stickstoffoxiden und Stäuben. Dennoch ist bei diesen und anderen, insbesondere den kanzerogenen Luftschadstoffen keineswegs Entwarnung angezeigt. Klar ist allerdings auch, dass die größten Anpassungskosten auf dem Wege zu einer nachhaltigen Energienutzung bei den Minderungen der Treibhausgasemissionen anfallen werden.

1521. Im Hinblick auf energiewirtschaftliche Versorgungsziele hat sich der Umweltrat zunächst mit der Frage befasst, welches Gewicht dem Ziel der Schonung von Energierohstoffen im künftigen energiewirtschaftlichen Regime beizumessen ist, insbesondere, ob dieses Ziel staatliche Eingriffe in die Märkte für Energierohstoffe rechtfertigt. Verglichen mit den durch negative externe Effekte in Form von Umweltbeeinträchtigungen bei der Energiegewinnung und Energieumwandlung gebotenen Staatsinterventionen ist die Legitimation staatlicher Eingriffe in die Energierohstoffmärkte schwächer, weil – anders als bei den klassischen Umweltgütern – bei Rohstoffen Märkte existieren, die im allgemeinen dafür sorgen, dass spezifischen Knappheiten bei den Entscheidungen von Produzenten und Verbrauchern Rechnung getragen wird. Allerdings gibt es genügend Zweifel an der Vollständigkeit und Wirksamkeit des Marktmechanismus im Rohstoffbereich, um korrigierende Staatsinterventionen als subsidiäre Maßnahmen zu rechtfertigen. Dies gilt unbestritten für Maßnahmen der Technologiepolitik zur Förderung der Entwicklung von Technologien, die zur Substitution knapper, nicht vermehrbarer Energierohstoffe nachhaltig geeignet sind. Inwieweit allerdings auch die Förderung des Einsatzes solcher Technologien von dieser Legitimation abgedeckt wird, ist umstritten. Der Umweltrat empfiehlt hier Zurückhaltung. Es mag für den Einsatz anwendungsreifer und vor dem Hintergrund der herrschenden Preisrelationen auch grundsätzlich marktfähiger, aber nicht genügend bekannter Technologien nützlich sein, ihre Anwendung in subventionierten Pilotprojekten zu demonstrieren und ihre Markteinführung zu fördern. Solche Förderung sollte jedoch immer nur zeitlich befristet angeboten werden, um von vornherein keinen Zweifel daran zu lassen, dass es nicht um den Aufbau von Produktionen gehen kann, die eine dauerhafte staatliche Subventionierung erforderlich machen.

Im übrigen sollte jedoch nach Ansicht des Umweltrates den eigentlichen Umweltzielen der Vorrang bei der Gestaltung des künftigen energiewirtschaftlichen Regimes gegeben werden. Dieser Vorrang ist nicht nur wegen der stärkeren Legitimation dieser Ziele, sondern auch deshalb plausibel, weil angesichts der faktischen Prärogative des CO_2-Minderungsziels ein in erster Linie auf die Umweltwirkungen abzielender Politikansatz über weite Strecken auch der Schonung der Energieressourcen zwangsläufig Rechnung trägt und Energiesparstrategien ein hohes Gewicht beimessen muss. Solche Strategien der Rohstoffeinsparung sollten allerdings immer durch Rückbezug auf Umweltziele gegenüber anderen, möglicherweise effizienteren Strategien gerechtfertigt werden.

1522. Im engeren versorgungspolitischen Sinne stellt die Versorgungssicherheit einen klassischen Grund für regulierende Eingriffe in die Primär- und Sekundärenergiemärkte dar. Über Jahrzehnte hinweg wurde die Subventionierung der deutschen Steinkohle als unumgängliche Sicherung einer heimischen Primärenergiequelle zu legitimieren versucht. Der komparative Nachteil von Steinkohle wie Braunkohle mag im Hinblick auf die CO_2-Intensität eine der wesentlichen (wenn auch öffentlich nie genannten) Ursachen dafür sein, warum die Bundesregierung den Einstieg in die Ökosteuer im wesentlichen über eine Stromsteuer (und nicht – wie u. a. auch vom Umweltrat gefordert – über Emissionsabgaben) genommen hat. Dem steht freilich eine wachsende Evidenz gegenüber, dass die (direkte) Subventionierung der Steinkohle und die (indirekte) Begünstigung von Steinkohle und Braunkohle über die Stromsteuer bzw. die Mineralölsteuer nicht nur umweltpolitisch kontraproduktiv, sondern auch unter dem Gesichtspunkt der Versorgungssicherheit schon lange nicht mehr zu rechtfertigen ist.

Zu den Emissionsminderungspotentialen

1523. Im Hinblick auf die bereits heute verfügbaren und langfristig absehbaren technischen Potentiale zur Realisierung auch anspruchsvoller Emissionsminderungsziele selbst bei einem Ausstieg aus der Atomenergie besteht nach Ansicht des Umweltrates kein Anlass zum Pessimismus hinsichtlich der Energieversorgung. Grundsätzlich unterliegt die Ausschöpfung bereits bekannter technischer Potentiale zur Emissionsminderung ebenso wie die Neuschaffung solcher Potentiale durch technischen Fortschritt einer starken Abhängigkeit von den herrschenden bzw. für die Zukunft erwarteten Energiepreisen. Dass heute der Beitrag regenerativer Energien zur Deckung des Energiebedarfs noch gering ist und dass Maßnahmen des rationellen Energieeinsatzes sowie der Energieeinsparung noch nicht im wünschbaren Umfang Platz gegriffen haben, hat mit den niedrigen, zum Teil real gesunkenen Energiepreisen zu tun. Die Erfahrungen aus den beiden Ölpreisschüben der siebziger Jahre, nach denen das Wachstum der Ölnachfrage in einem bis dahin nicht für möglich gehaltenen Ausmaß vom Wachstum des Bruttosozialproduktes abgekoppelt wurde, rechtfertigen die Erwartung, dass die technischen Potentiale genutzt werden, wenn es preislich angezeigt ist. Wer mittelfristig eine größere Nutzung von Emissionsminderungspotentialen will, muss insbesondere glaubhaft eine stetige Fortsetzung der Anlastung von Umweltkosten der Energieproduktion und Energienutzung ankündigen.

1524. Im einzelnen darf man schon von den erneuerbaren Energien (Wasserkraft, Windkraft, Photovoltaik, biogene Festbrennstoffe, Erdwärme) eine Verdoppelung der Energiepreise vorausgesetzt, einen Deckungsbeitrag von etwa einem Viertel des Energiebedarfs innerhalb der nächsten 25 Jahre erwarten. Als langfristige Option zum Ersatz fossiler Energieträger ist regenerativ erzeugter Wasserstoff nach wie vor ein wichtiger Kandidat. Insofern sollten auch die Forschungsbemühungen zur Lösung der bislang offenen Probleme bei der Lagerung von Wasserstoff und der Schaffung der erforderlichen institutionellen Infrastruktur stärker gefördert werden. Letzteres erfordert eine stabile Zusammenarbeit zwischen Nord und Süd bei der Realisierung einer auf Wasserstoff basierenden Energieversorgung.

Bei der Strategie rationeller Energienutzung kommt der Kraft-Wärme-Kopplung (KWK) besondere Bedeutung zu. Durch die simultane Gewinnung von nutzbarer Wärme und elektrischer Arbeit kommt es in der Regel zu einer höheren Ausnutzung der eingesetzten Energieträger als bei der getrennten Erzeugung von Strom in Kondensationskraftwerken und Wärme in Heizungsanlagen. Dennoch ist nicht jede Form von KWK unter allen Umständen der getrennten Erzeugung von Strom und Wärme ökologisch und/oder ökonomisch überlegen. Eine positive Beurteilung gilt aber grundsätzlich für Blockheizkraftwerke und Nahwärmeversorgung. Die mit großflächigen Verteilnetzen für Fernwärme verbundene KWK ist wegen der erheblichen Wärmeverluste bei der Verteilung und der hohen Fixkosten der Verteilnetze ökologisch und ökonomisch fragwürdig. Insofern kann man den jetzt von den Kommunen geforderten Subventionsschutz ihrer KWK-Anlagen in vielen Fällen wegen der Größe ihrer Fernwärmeverteilnetze ökologisch kaum rechtfertigen. Ökonomisch waren diese Anlagen nur in der bislang monopolistisch verzerrten Preisstruktur der großen Elektrizitätsversorger überlebensfähig. Nachdem diese Preisstruktur durch die Liberalisierung der Strommärkte nunmehr korrigiert wird, stellen viele dieser kommunalen KWK-Engagements „gestrandete Kosten" dar, die auch unter ökologischen Gesichtspunkten zugunsten kleinräumigerer KWK-Systeme (etwa in Form von Blockheizkraftwerken) aus dem Markt genommen werden sollten. Insofern kann es bei Stützungsmaßnahmen zugunsten der kommunalen KWK nur darum gehen, die ökologisch wie ökonomisch erforderliche Marktbereinigung so abzufedern, dass sie für die kommunalen Finanzen nicht ruinös wird. Im übrigen ist die beste Maßnahme zur Förderung der ökologisch und ökonomisch nachhaltigen KWK die Einräumung eines nicht-diskriminierenden Zugangs der KWK-Betreiber zu den Stromnetzen. Denn es war die Diskriminierung der KWK durch die ehemaligen Gebietsmonopolisten der Stromversorgung, an der die Realisierung einer flächendeckenden, kleinräumlichen Versorgungsstruktur auf der Basis von KWK bislang gescheitert ist.

Das mengenmäßig bedeutendste Einsparpotential liegt bei der Beheizung des Altbaubestandes. Seine Aktivierung scheitert bislang – abgesehen von den niedrigen Energiepreisen – daran, dass entsprechende Investitionen (in Gebäudeisolierung und Heizanlagen) dem Vermieter als Investor keinen Nutzen bringen, weil nur der Mieter von den geringeren Heizkosten profitiert. Hier besteht politischer Handlungsbedarf.

Zur Liberalisierung des Strommarktes

1525. Die weitere Liberalisierung des Strommarktes ist auch umweltpolitisch von erheblicher Relevanz.

– Zunächst trägt die Stärkung des Wettbewerbs zur Effizienz der Stromproduktion und Stromverteilung bei und setzt damit Ressourcen frei, die in der Umweltpolitik wohlfahrtssteigernd eingesetzt werden können. Die Deregulierung der Strommärkte ablehnen, weil die damit verbundenen Preissenkungen den Energieverbrauch steigern können, hieße, vor dem Problem zu kapitulieren. Das Gegenteil ist richtig: Wir brauchen die billigste Stromversorgung, damit wir uns die nachhaltigste leisten können. Dies bedeutet allerdings, dass die Liberalisierung der Strommärkte konsequenter hätte umweltpolitisch flankiert sein müssen, als es bislang geschehen ist.

– Des weiteren schafft die mit der Liberalisierung des Strommarktes verbundene Preissenkung Handlungsspielraum für die ökologische Finanzreform im Sinne einer Entschärfung von Konflikten zwischen Emissionsminderungszielen auf der einen sowie Preisstabilitäts- und Beschäftigungszielen auf der anderen Seite.

– Schließlich ist die mit der Liberalisierung der Strommärkte notwendig verbundene Öffnung des Zugangs zu den Stromtransport- und -verteilungsnetzen eine der wichtigsten Voraussetzungen für die größere Verbreitung von Strom aus regenerativen Energien und Kraft-Wärme-Kopplung. Die Marktöffnung kann insofern als Pflichtbestandteil einer nachhaltigen Energiepolitik angesehen werden.

1526. Insgesamt lassen die bisherigen Liberalisierungsschritte sowie das geltende Energiewirtschaftsrecht zufriedenstellende Bemühungen für eine Neuausrichtung des Energiemarktes jedoch noch vermissen. Der Umweltrat erachtet das geltende Energiewirtschaftsrecht im wesentlichen in drei Problembereichen für ökologisch und ökonomisch unzureichend. Problematisch erscheint ihm zunächst, dass das Energiewirtschaftsgesetz (EnWG) von 1998 unabhängigen Stromerzeugern ohne eigenes Übertragungs- oder Versorgungsnetz keinen wirklich diskriminierungsfreien Zugang zu den Stromverteilungsnetzen einräumt. Darüber hinaus bleibt das Problem einer ausreichenden umweltpolitischen Flankierung der liberalisierungsbedingt sinkenden Preise ungelöst. Zudem sind die im Energiewirtschaftsrecht angelegten Möglichkeiten zum Schutz und zur Förderung regenerativer Energien nach Auffassung des Umweltrates in ihrer bisherigen Ausgestaltung kein taugliches Instrument, um den Zielen des Umwelt- und Klimaschutzes bei der Stromerzeugung – und damit letztlich einem der Ziele des EnWG (§ 1) – hinreichend Geltung zu verschaffen.

1527. Unter diesen Gesichtspunkten erweisen sich nach Ansicht des Umweltrates die bisher eingeleiteten und angekündigten Maßnahmen zur Reform der Energiewirtschaft in dreifacher Hinsicht als ergänzungs- bzw. korrekturbedürftig.

(1) Die über den verhandelten Netzzugang und die Verbändevereinbarung zu den Durchleitungsentgelten eingeleitete Öffnung der Strommärkte ist zu schwach. Das durch die technische und ökonomische Komplexität der Durchleitung und ihrer Kosten aufgespannte Diskriminierungspotential eines vertikal integrierten Anbieters von Strom und Stromtransport ist auch durch die beste Regulierung nicht zu beherrschen. Insofern kann Diskriminierungsfreiheit beim Zugang zu den Stromübertragungs- und Verteilnetzen grundsätzlich nur dadurch hergestellt werden, dass dem Anbieter von Stromtransport durch Desintegration das Diskriminierungsinteresse (zugunsten der eigenen Stromproduktion) institutionell genommen wird. Für die institutionelle Verselbständigung des Stromverbundnetzes gibt es inzwischen genügend Beispiele in anderen Ländern. Ob eine solche Lösung, deren Details im umweltpolitischen Kontext ohne größeren Belang sind, an der besonderen Eigentumsstruktur oder der Verfassung in der Bundesrepublik Deutschland scheitert oder doch prohibitiv hohe Transaktionskosten verursacht, ist bis lang nicht erwiesen. Insofern sollte sie von der Bundesregierung ernsthaft geprüft werden.

Bleibt es, weil die nähere Prüfung der institutionellen Verselbständigung des Verbundnetzes negativ ausfällt, beim verhandelten Netzzugang in der jetzt vorgesehenen Form, so sind zusätzliche Maßnahmen erforderlich, um die Diskriminierung von Stromanbietern ohne eigenes Netz (und dazu gehören praktisch alle Anbieter regenerativer Energien ebenso wie die meisten der potentiellen Blockheizkraftwerksbetreiber) wirkungsvoller zu verhindern. Insbesondere muss, wie zum Beispiel im Bereich der Telekommunikation, eine Regulierungsbehörde geschaffen werden, die vor allem den Auftrag hat, den Wettbewerb durch alternative Stromanbieter gegenüber der nach wie vor erheblichen Marktmacht der traditionellen Energieversorger zu ermöglichen und zu fördern.

(2) Die umweltpolitische Flankierung der Liberalisierung der Strommärkte ist nach Meinung des Umweltrates im Ganzen zu zaghaft und in der Struktur korrekturbedürftig. Die im April 1999 in Kraft getretene ökologische Steuerreform wird alleine nicht ausreichen, um die angekündigten Emissionsminderungsziele, insbesondere bei den Klimagasen, bis 2010 zu erreichen. Es kommt also darauf an, welche (zusätzlichen) Maßnahmen in der nächsten Legislaturperiode ergriffen werden. Dazu müssen Investitionen in rationale Energienutzung, Energiesparstrategien und umweltentlastenden technischen Fortschritt sowie dauerhafte Verhaltensänderungen induziert werden. Dies geschieht wirkungsvoll insbesondere über die Erzeugung entsprechender langfristiger Preiserwartungen. Dazu ist es notwendig, die Nachhaltigkeit der Ökosteuerreform durch entsprechende Korrekturen sicherzustellen und damit die richtigen langfristigen Preiserwartungen zu erzeugen, von denen der ökologische Erfolg dieser Reform vor allem abhängt.

Für die Korrektur der Ökosteuerreform im Sinne einer Verstärkung wirkungsbezogener Anreizstrukturen empfiehlt der Umweltrat den allmählichen Übergang zu emissionsbezogenen Abgaben (vgl. SRU, 1996a, Tz. 1000 ff.). In einem System von Emissionsabgaben hat eine Stromsteuer zur außenwirtschaftlichen Flankierung (Belastung von Importstrom) einen festen Platz. Sie kann jedoch durchaus emissionsorientiert ausgestaltet werden, indem die durchschnittlichen Emissionen des individuellen Kraftwerksparks (für das In- und das Ausland) zur Grundlage der Strombesteuerung gemacht werden. Der abgabeninduzierte Rückgang der CO_2-Emissionen wird auch bei anderen Schadstoffen zu Emissionsminderungen führen. Soweit diese hinter dem politisch Gewollten zurückbleiben, muss entweder mit entsprechenden schadstoffbezogenen Abgaben, ordnungsrechtlich oder mit anderen Instrumenten nachgesteuert werden.

(3) Die Direktförderung erneuerbarer Energieträger ist aus der Sicht des Umweltrates insofern problematisch, als Freiheitsgrade bei der Wahl von Anpassungsmaßnahmen zur Erreichung der eigentlichen umweltpolitischen Ziele unnötig eingeschränkt werden. Der Umweltrat hält allerdings eine staatliche Förderung umweltfreundlicher Stromerzeugungsformen solange für erforderlich, wie die ideale Lösung einer gezielten Auspreisung von Emissionen aus politischen Gründen unterbleibt. Von den unterschiedlichen Förderungsinstrumenten ist eine Mengenlösung (Form des in anderen Ländern bereits praktizierten Quotenmodells) einer Preislösung (Stromeinspeise- bzw. Erneuerbare-Energien-Gesetz) vorzuziehen. Eine Quotenlösung kann vergleichsweise wettbewerbskonform ausgestaltet werden. Mitnahmeeffekte werden weitgehend vermieden. Vor dem Hintergrund der zunehmenden Integration der europäischen Energiemärkte hat sie zudem den Vorteil, dass sie im internationalen Rahmen relativ leicht realisiert werden könnte. Für eine entsprechende Regelung sollte jedoch von vornherein eine zeitliche Befristung festgelegt werden, um den Ausbau solcher Technologien zu verhindern, die dauerhaft keine Chance haben, sich am Markt zu behaupten.

Anhang

Erlass über die Einrichtung eines Rates von Sachverständigen für Umweltfragen bei dem Bundesminister für Umwelt, Naturschutz und Reaktorsicherheit

Vom 10. August 1990

§ 1

Zur periodischen Begutachtung der Umweltsituation und Umweltbedingungen der Bundesrepublik Deutschland und zur Erleichterung der Urteilsbildung bei allen umweltpolitisch verantwortlichen Instanzen sowie in der Öffentlichkeit wird ein Rat von Sachverständigen für Umweltfragen gebildet.

§ 2

(1) Der Rat von Sachverständigen für Umweltfragen besteht aus sieben Mitgliedern, die über besondere wissenschaftliche Kenntnisse und Erfahrungen im Umweltschutz verfügen müssen.

(2) Die Mitglieder des Rates von Sachverständigen für Umweltfragen dürfen weder der Regierung oder einer gesetzgebenden Körperschaft des Bundes oder eines Landes noch dem öffentlichen Dienst des Bundes, eines Landes oder einer sonstigen juristischen Person des öffentlichen Rechts, es sei denn als Hochschullehrer oder als Mitarbeiter eines wissenschaftlichen Instituts, angehören. Sie dürfen ferner nicht Repräsentanten eines Wirtschaftsverbandes oder einer Organisation der Arbeitgeber oder Arbeitnehmer sein, oder zu diesen in einem ständigen Dienst- oder Geschäftsbesorgungsverhältnis stehen, sie dürfen auch nicht während des letzten Jahres vor der Berufung zum Mitglied des Rates von Sachverständigen für Umweltfragen eine derartige Stellung innegehabt haben.

§ 3

Der Rat von Sachverständigen für Umweltfragen soll die jeweilige Situation der Umwelt und deren Entwicklungstendenzen darstellen. Er soll Fehlentwicklungen und Möglichkeiten zu deren Vermeidung oder zu deren Beseitigung aufzeigen.

§ 4

Der Rat von Sachverständigen für Umweltfragen ist nur an den durch diesen Erlass begründeten Auftrag gebunden und in seiner Tätigkeit unabhängig.

§ 5

Der Rat von Sachverständigen für Umweltfragen gibt während der Abfassung seiner Gutachten den jeweils fachlich betroffenen Bundesministern oder ihren Beauftragten Gelegenheit, zu wesentlichen sich aus seinem Auftrag ergebenden Fragen Stellung zu nehmen.

§ 6

Der Rat von Sachverständigen für Umweltfragen kann zu einzelnen Beratungsthemen Behörden des Bundes und der Länder hören, sowie Sachverständigen, insbesondere Vertretern von Organisationen der Wirtschaft und der Umweltverbände, Gelegenheit zur Äußerung geben.

§ 7

(1) Der Rat von Sachverständigen für Umweltfragen erstattet alle zwei Jahre ein Gutachten und leitet es der Bundesregierung jeweils bis zum 1. Februar zu. Das Gutachten wird vom Rat von Sachverständigen für Umweltfragen veröffentlicht.

(2) Der Rat von Sachverständigen für Umweltfragen kann zu Einzelfragen zusätzliche Gutachten erstatten oder Stellungnahmen abgeben. Der Bundesminister für Umwelt, Naturschutz und Reaktorsicherheit kann den Rat von Sachverständigen für Umweltfragen mit der Erstattung weiterer Gutachten oder Stellungnahmen beauftragen. Der Rat von Sachverständigen für Umweltfragen leitet Gutachten oder Stellungnahmen nach Satz 1 und 2 dem Bundesminister für Umwelt, Naturschutz und Reaktorsicherheit zu.

§ 8

(1) Die Mitglieder des Rates von Sachverständigen für Umweltfragen werden vom Bundesminister für Umwelt, Naturschutz und Reaktorsicherheit nach Zustimmung des Bundeskabinetts für die Dauer von vier Jahren berufen. Wiederberufung ist möglich.

(2) Die Mitglieder können jederzeit schriftlich dem Bundesminister für Umwelt, Naturschutz und Reaktorsicherheit gegenüber ihr Ausscheiden aus dem Rat erklären.

(3) Scheidet ein Mitglied vorzeitig aus, so wird ein neues Mitglied für die Dauer der Amtszeit des ausgeschiedenen Mitglieds berufen; Wiederberufung ist möglich.

§ 9

(1) Der Rat von Sachverständigen für Umweltfragen wählt in geheimer Wahl aus seiner Mitte einen Vorsitzenden für die Dauer von vier Jahren. Wiederwahl ist möglich.

(2) Der Rat von Sachverständigen für Umweltfragen gibt sich eine Geschäftsordnung. Sie bedarf der

Erlass über die Einrichtung eines Rates von Sachverständigen für Umweltfragen

Genehmigung des Bundesministers für Umwelt, Naturschutz und Reaktorsicherheit.

(3) Vertritt eine Minderheit bei der Abfassung der Gutachten zu einzelnen Fragen eine abweichende Auffassung, so hat sie die Möglichkeit, diese in den Gutachten zum Ausdruck zu bringen.

§ 10

Der Rat von Sachverständigen für Umweltfragen wird bei der Durchführung seiner Arbeit von einer Geschäftsstelle unterstützt.

§ 11

Die Mitglieder des Rates von Sachverständigen für Umweltfragen und die Angehörigen der Geschäftsstelle sind zur Verschwiegenheit über die Beratung und die vom Sachverständigenrat als vertraulich bezeichneten Beratungsunterlagen verpflichtet. Die Pflicht zur Verschwiegenheit bezieht sich auch auf Informationen, die dem Sachverständigenrat gegeben und als vertraulich bezeichnet werden.

§ 12

(1) Die Mitglieder des Rates von Sachverständigen für Umweltfragen erhalten eine pauschale Entschädigung sowie Ersatz ihrer Reisekosten. Diese werden vom Bundesminister für Umwelt, Naturschutz und Reaktorsicherheit im Einvernehmen mit dem Bundesminister des Innern und dem Bundesminister der Finanzen festgesetzt.

(2) Die Kosten des Rates von Sachverständigen für Umweltfragen trägt der Bund.

§ 13

Der Erlass über die Einrichtung eines Rates von Sachverständigen für Umweltfragen bei dem Bundesminister des Innern vom 28. Dezember 1971 (GMBl. 1972, Nr. 3, S. 27) wird hiermit aufgehoben.

Bonn, den 10. August 1990

Der Bundesminister für Umwelt, Naturschutz und Reaktorsicherheit

Dr. Klaus Töpfer

Literaturverzeichnis

Kapitel 1

BMU (Bundesministerium für Umwelt, Naturschutz und Reaktorsicherheit) (1992): Umweltpolitik: Agenda 21. Konferenz der Vereinten Nationen für Umwelt und Entwicklung im Juni 1992 in Rio de Janeiro. – Dokumente. – Bonn: BMU.

BMU (1996a): Schritte zu einer nachhaltigen, umweltgerechten Entwicklung: Umweltziele und Handlungsschwerpunkte in Deutschland: Grundlage für eine Diskussion. – Bonn: BMU.

BMU (1996b): „Schritte zu einer nachhaltigen, umweltgerechten Entwicklung" (Tagungsband zur Diskussionsveranstaltung). – Bonn: BMU.

BMU (1997): Schritte zu einer nachhaltigen, umweltgerechten Entwicklung – Berichte der Arbeitskreise anläßlich der Zwischenbilanzveranstaltung am 13. Juni 1997. – Bonn: BMU.

BMU (1998a): Nachhaltige Entwicklung in Deutschland. Entwurf eines umweltpolitischen Schwerpunktprogramms. – Bonn: BMU.

BMU (1998b): Entwurf eines umweltpolitischen Schwerpunktprogramms – Zusammenfassung. – BMU Umwelt Nr. 5, Sonderteil, S. III-XII.

BMU (1998c): Umweltbewußtsein in Deutschland: Ergebnisse einer repräsentativen Bevölkerungsumfrage. – Bonn: BMU.

BÖHRET, C. (1990): Folgen: Entwurf für eine aktive Politik gegen schleichende Katastrophen. – Opladen: Westdeutscher Verlag.

CARIUS, A., SANDHÖVEL, A. (1998): Umweltpolitikplanung auf nationaler und internationaler Ebene. – Aus Politik und Zeitgeschichte, B 50/98, 11-20.

Commissioner of the Environment and Sustainable Development (1999): 1999 Report of the Commissioner of the Environment and Sustainable Development. – Toronto: Commissioner of the Environment and Sustainable Development.

DALAL-CLAYTON, B. (1996): Getting to Grips with Green Plans: National Level Experience in Industrial Countries. – London: Earthscan.

DAMKOWSKI, W., PRECHT, C. (1995): Public Management: Neuere Steuerungskonzepte für den öffentlichen Sektor. – Stuttgart: Kohlhammer.

EEB (European Environment Bureau) (1998): Integration of Environmental Concerns into all Policy Areas: From the Amsterdam Treaty to the practice in the Union. Report of the EEB Conference in Brussels, 26th and 27th of November 1998. – Brüssel: EEB.

Environment Canada (1995): A Guide to Green Government. – Toronto: Minister of Supply and Services.

EUA (Europäische Umweltagentur) (1999): Umwelt in der Europäischen Union – an der Wende des Jahrhunderts: Ein Überblick. – Kopenhagen: EUA.

European Commission (1998): Statement of Environmental Integration by the European Consultative Forum on the Environment and Sustainable Development. – Luxembourg: Office for Official Publications of the European Communities.

HEY, Ch. (1998): Strategic Approaches Towards Environmental Policy Integration and Sustainable Development. – In: European Environment Bureau (Hrsg.): Integration of Environmental Concerns into all Policy Areas. From the Amsterdam Treaty to the practice in the Union. Report of the EEB Conference in Brussels, 26th and 27th of November 1998. – Brüssel: EEB. – S. 85-93.

HOWLETT, M., RAMESH, M. (1995): Studying Public Policy. Policy Cycles and Policy Subsystems. – Toronto: Oxford University Press.

JÄNICKE, M., WEIDNER, H. (Hrsg.) (1997): National Environmental Policies: A Comparative Study of Capacity-Building. – Berlin: Springer.

JÄNICKE, M., JÖRGENS, H. (1998): National Environmental Policy Planning in OECD Countries: Preliminary Lessons from Cross-National Comparisons. – Environmental Politics 7 (2), 27-54.

JÄNICKE, M., CARIUS, A., JÖRGENS, H. (1997): Nationale Umweltpläne in ausgewählten Industrieländern. – Berlin: Springer.

JÄNICKE, M., KUNIG, P., STITZEL, M. (1999): Lern- und Arbeitsbuch Umweltpolitik. – Bonn: Dietz.

JÄNICKE, M., JÖRGENS, H., KOLL, C. (2000): Elemente einer deutschen Nachhaltigkeitsstrategie: Einige Schlußfolgerungen aus dem internationalen Vergleich. – In: JÄNICKE, M., JÖRGENS, H. (Hrsg.): Umweltplanung im internationalen Vergleich: Strategien der Nachhaltigkeit. – Berlin: Springer. – S. 221-230.

JOHNSON, H.D. (1997): Green Plans. Greenprint for Sustainability. – 2. Auflage. – Lincoln und London: University of Nebraska Press.

KAHN, J. (2000): Strategische Umweltplanung in Schweden. – In: JÄNICKE, M., JÖRGENS, H. (Hrsg.): Umweltplanung im internationalen Vergleich: Strategien der Nachhaltigkeit. – Berlin: Springer. – S. 27-38.

LUITWIELER, F. (2000): National Environmental Policy Plan 3: Dauerhafter Fortschritt durch Kontinuität und Modernisierung der Umweltpolitik. – In: JÄNICKE, M., JÖRGENS, H. (Hrsg.): Umweltplanung im internationalen Vergleich: Strategien der Nachhaltigkeit. – Berlin: Springer. – S. 15-26.

LUNDQVIST, L. J. (1999): Ecological Modernisation in Sweden: The Program for an Ecologically Sustainable Society. – Vortrag gehalten am 18. Mai 1999 im Forschungscolloquium „Neuere Forschungen zum Gebiet der Umweltpolitik". – Berlin: Forschungsstelle für Umweltpolitik.

MEADOWCROFT, J. (2000): Nationale Pläne und Strategien zur nachhaltigen Entwicklung in Industrienationen. – In: JÄNICKE, M., JÖRGENS, H. (Hrsg.): Umweltplanung im internationalen Vergleich: Strategien der Nachhaltigkeit. – Berlin: Springer. – S. 113-129.

MIERKE A. (1996): Umweltaktionspläne und andere sektorübergreifende nationale Umweltstrategien: Eine kritische Einführung. – In: Pilotvorhaben Institutionenentwicklung im Umweltbereich (PVI): Erfahrungen und Ansätze der GTZ bei der Unterstützung von Umweltaktionsplänen. Dokumentation eines Erfahrungsaustausches im Dezember 1995 bei der Deutschen Gesellschaft für Technische Zusammenarbeit (GTZ). – Eschborn: GTZ. – S. 1-20.

Ministry of Housing, Spatial Planning and the Environment Netherlands (1998): National Environmental Policy Plan. – Den Haag: VROM.

Ministry of the Environment Sweden (1998): Swedish Environmental Quality Objectives – A Summary of the Swedish Government's Bill 1997/98: 145 – Environmental Policy for a Sustainable Sweden. – Stockholm: Ministry of the Environment.

Ministry of the Environment Finland (1998): Finnish Government Programme for Sustainable Development. – Helsinki: Ministry of the Environment.

Ministry of the Environment Norway (1997): Environmental Policy for a Sustainable Development. – Oslo: Ministry of the Environment. – Report to the Storting No. 58 (1996/7).

NASCHOLD, F., BOGUMIL, J. (1998): Modernisierung des Staates: New Public Management und Verwaltungsreform. – Opladen: Leske + Budrich.

OECD (Organisation for Economic Cooperation and Development) (1995): Planning for Sustainable Development: Country Experiences. – Paris: OECD.

OECD (1998a): Evaluation of Progress in Developing and Implementing National Environmental Action Programmes (NEAPs) in Central and Eastern Europe and the New Independent States: Final Report. – Paris: OECD.

OECD (1998b): Eco-Efficiency. – Paris: OECD.

OECD (1999): Environmental Performance Reviews: Denmark. – Paris: OECD.

PAYER, H. (1997): Der Nationale Umweltplan (NUP) für Österreich. – In: JÄNICKE, M., CARIUS, A., JÖRGENS, H. (Hrsg.): Nationale Umweltpläne in ausgewählten Industrieländern. – Berlin: Springer. – S. 121-139.

PEHLE, H. (1998): Das Bundesministerium für Umwelt, Naturschutz und Reaktorsicherheit: Ausgegrenzt statt integriert? Das institutionelle Fundament der deutschen Umweltpolitik. – Wiesbaden: Deutscher Universitätsverlag.

Regeringskansliet (1998): The Environmental Code. A Summary of the Government Bill on the Environmental Code (1997/98:45). – Stockholm.

REHBINDER, E. (1997): Festlegung von Umweltzielen – Begründung, Begrenzung, instrumentelle Umsetzung. – Natur und Recht 19 (7), 314-328.

RRI (Resource Renewal Institute) (1996): A Green Plan Primer (nach http://www.rri.org/index.html).

SCHARPF, F.W. (1991): Die Handlungsfähigkeit des Staates am Ende des 21. Jahrhunderts. – Politische Vierteljahresschrift 32 (4), 621-634.

SCHEMMEL, J.P. (1998): National Environmental Action Plans in Africa. – Berlin: Forschungsstelle für Umweltpolitik. – FFU-Report 98-8.

SRU (Der Rat von Sachverständigen für Umweltfragen) (1991): Allgemeine ökologische Umweltbeobachtung. – Sondergutachten. – Stuttgart: Metzler-Poeschel. – 75 S.

SRU (1994): Umweltgutachten 1994. – Stuttgart: Metzler-Poeschel. – 384 S.

SRU (1996): Umweltgutachten 1996. – Stuttgart: Metzler-Poeschel. – S. 468 S.

SRU (1998a): Umweltgutachten 1998. – Stuttgart: Metzler-Poeschel. – 390 S.

SRU (1998b): Flächendeckend wirksamer Grundwasserschutz. Ein Schritt zur dauerhaft umweltgerechten Entwicklung. – Sondergutachten. – Stuttgart: Metzler-Poeschel. – 208 S.

SRU (1999): Umwelt und Gesundheit. Risiken richtig einschätzen. – Sondergutachten. – Stuttgart: Metzler-Poeschel. – 252 S.

UBA (Umweltbundesamt) (1997): Nachhaltiges Deutschland. Wege zu einer dauerhaft umweltgerechten Entwicklung. – Berlin: UBA.

UNGASS (United Nations General Assembly) (1998): Programme for the Further Implementation of Agenda 21. – New York: United Nations Department of Public Information.

WEALE, A. (1992): The New Politics of Pollution. – Manchester: Manchester University Press.

WEALE, A. (1998): A Sceptical Look at Environmental Policy Integration. – In: European Environment Bureau (Hrsg.): Integration of Environmental Concerns into all Policy Areas. From the Amsterdam Treaty to the practice in the Union. Report of the EEB Conference in Brussels, 26th and 27th of November 1998. – Brüssel: EEB. – S. 25-32.

WIGGERING, H., SANDHÖVEL, A. (2000): Strategische Zielsetzung als neuer Ansatz der Umweltpolitik. – In: JÄNICKE, M., JÖRGENS, H. (Hrsg.): Umweltplanung im internationalen Vergleich: Strategien der Nachhaltigkeit. – Berlin: Springer. – S. 183-197.

Kapitel 2.1

BARRON, E., NIELSEN, I. (1998): Agriculture and Sustainable Land Use in Europe. – Papers from Conferences of European Environmental Advisory Councils. – The Hague, London, Boston: Kluwer Law International. – 195 S.

BIERMANN, F. (2000): Mehrseitige Umweltübereinkommen im GATT/WTO-Recht. – Untersuchung zum rechtspolitischen Reformbedarf. – Archiv des Völkerrechts 38 (1), 2-47.

BIERMANN, F., SIMONIS, U.E. (2000): Institutionelle Reform der Weltumweltpolitik? – Zur politischen Debatte um die Gründung einer „Weltumweltorganisation". – Zeitschrift für Internationale Beziehungen Nr. 1, 2-22.

BMU (1998): Nachhaltige Entwicklung in Deutschland. Entwurf eines umweltpolitischen Schwerpunktprogramms. – Bonn: BMU.

BRANDT, E. (2000): Umweltpolitik aus einem Guß – Neuordnung der Gesetzgebungskompetenzen des Bundes. – In: von KÖLLER, H. (Hrsg.): Umweltpolitik mit Augenmaß. Gedenkschrift für G. Hartkopf. – Berlin: Erich Schmidt Verlag. – S. 165-183.

DI FABIO, U. (1998). Integratives Umweltrecht. – Neue Zeitschrift für Verwaltungsrecht 17 (4), 329-337.

ESTY, D. (1996): Stepping up to the Global Environmental Challenge. – Fordham Environmental Law Journal No. 7, 103-113.

FELKE, R. (1999): Die neue WTO-Runde: Meilenstein auf dem Weg zu einer globalen Wirtschaftordnung für das 21. Jahrhundert. – Aus Politik und Zeitgeschichte B46-47, 3-12.

GINZKY, H. (1999): Garnelen und Schildkröten: Zu den umweltpolitischen Handlungsspielräumen der WTO-Mitgliedstaaten. – Zeitschrift für Umweltrecht 10 (4), 216-222.

GRAMM, C. (1999): Zur Gesetzgebungskompetenz des Bundes für ein Umweltgesetzbuch. – Die öffentliche Verwaltung 52 (13), 540-549.

Greenpeace (1999): Safe Trade in the 21th Century. – Amsterdam: Greenpeace International.

HANSMANN, K. (1999): Prüfung wasserrechtlicher Fragen im integrierten Anlagenzulassungsverfahren. – Zeitschrift für Wasserrecht 38 (4), 238-247.

HILF, M. (2000): Freiheit des Welthandels kontra Umweltschutz? Das Streitbeilegungssystem der WTO lässt auf einen fairen Ausgleich von Interessen hoffen. – Frankfurter Allgemeine Zeitung vom 13. Januar Nr. 10, 15 f.

KLOEPFER, M., REHBINDER E., SCHMIDT-ASSMANN, E., KUNIG, P. (1990): Umweltgesetzbuch – Allgemeiner Teil. – Berlin: E. Schmidt-Verlag. – UBA-Berichte 7/90. – 504 S.

LÜBBE-WOLFF, G. (1999): Integrierter Umweltschutz – Brauchen die Behörden mehr Flexibilität? – Natur und Recht 21 (5), 241-247.

MAY, B. (1999): Die deutsch-europäische Verhandlungsposition bei der WTO-Handelsrunde. – Aus Politik und Zeitgeschichte B 46-47, 27-31.

MEINKEN, L. (1999): Best Practicable Environmental Option. Die Umsetzung des Integrierten Umweltschutzkonzeptes in England und Wales. – Natur und Recht 21 (11), 616-621.

REBENTISCH, M. (1995): Die immissionsschutzrechtliche Genehmigung – ein Instrument integrierten Umweltschutzes? – In: Neue Zeitschrift für Verwaltungsrecht 14 (10), 949-953.

REHBINDER, E., SANDHÖVEL, A., WIGGERING, H. (1999): The Role of European Environmental Advisory Councils in the Different EU Member States. – Environmental Politics 8 (2), 165-172.

REICHERT, R. (1998): Verfassungsmäßigkeit der Novelle zum Wasserhaushaltsgesetz? – Grenzen der Rahmengesetzgebung. – Neue Zeitschrift für Verwaltungsrecht 17 (1), 17-21.

RENGELING, H.-W. (1990): Gesetzgebungszuständigkeit. – In: ISENSEE, J., KIRCHHOF, P. (Hrsg.): Handbuch des Staatsrechts. – Band IV. – Heidelberg: C. F. Müller. – S. 723-856.

RENGELING, H.-W. (1998): Die Bundeskompetenzen für das Umweltgesetzbuch I. – Deutsches Verwaltungsblatt 113 (18), 997-1008.

RENGELING, H.-W. (1999): Gesetzgebungskompetenzen für den integrierten Umweltschutz. – Köln: Heymanns Verlag. – Schriften zum deutschen und europäischen Umweltrecht Bd. 15. – 150 S.

RÖHM, Th., STEINMANN, A.C. (1999): Gerät die WTO in eine Krise? – Gründe für eine Entwicklungsrunde des Welthandelssystems. – ifo Schnelldienst 52 (35/36), 30-37.

SAUER, G.W. (1999): IVU-Richtlinie vs. Umweltgesetzbuch I: Integrierte Vorhabengenehmigung und mediale Koppelung. – Immissionsschutz 4 (3), 98-102.

SCHENDEL, F.A. (1999): Wasserrecht und Verfassungsrecht: Zur Gesetzgebungskompetenz des Bundes für den Bereich des Wasserhaushalts. – Zeitschrift für Wasserrecht 38 (4), 311-317.

SCHMIDT-PREUß, M. (1999): Integrative Anforderungen an das Verfahren der Vorhabenzulassung – Anwendung und Umsetzung der IVU-Richtlinie. – Vortrag auf der Sondertagung der Gesellschaft für Umweltrecht. – Berlin, 3.11.1999. – Thesen.

SCHWAB, J. (1997): Die Umweltverträglichkeitsprüfung in der behördlichen Praxis. – Neue Zeitschrift für Verwaltungsrecht (NVwZ) 16 (5), 428-435.

SRU (1998): Umweltgutachten 1998. – Stuttgart: Metzler-Poeschel. – 390 S.

STEINBERG, R. (1999): Standards des integrierten Umweltschutzes. – Natur und Recht (NuR) 21 (4), 192-198.

TÖPFER, K. (1999): Statement at the World Trade Organization High-level Symposium on Trade and Environment, Geneva, 15 March – nach: http://www.unep.org/unep/products/oed/sp99-04.htm.

UGB-KomE (1998): Entwurf der Unabhängigen Sachverständigenkommission zum Umweltgesetzbuch beim Bundesministerium für Umwelt, Naturschutz und Reaktorsicherheit (Hrsg.). – Berlin: Duncker & Humblot. – 1725 S.

WAHL, R. (1999): Materiell-integrative Anforderungen an die Vorhabenzulassung – Anwendung und Umsetzung der IVU-Richtlinie. – Vortrag auf der Sondertagung der Gesellschaft für Umweltrecht. – Berlin, 3.11.1999. – Thesen.

WIEMANN, J. (1999): Die Entwicklungsländer vor der neuen WTO-Runde. – Aus Politik und Zeitgeschichte B46-47, 33-39.

WIGGERING, H., SANDHÖVEL, A. (1995): European Environmental Advisory Councils. – Agenda 21: Implementation Issues in the European Union. – The Hague, London, Boston: Kluwer Law International. – 160 S.

WTO (World Trade Organization) (1999): Trade and Environment– http://www.wto.org/wto/environ/environment.pdf – 109 S.

Kapitel 2.2

ARNDT, H.-W., HEINS, B., HILLEBRAND, B. et al. (1998): Ökosteuern auf dem Prüfstand der Nachhaltigkeit. – Berlin: Analytica.

BACH, S., EWRINGMANN, D., WALZ, R. et al. (1999): Anforderungen an und Anknüpfungspunkte für eine Reform des Steuersystems unter ökologischen Aspekten. – Berlin: E. Schmidt. – UBA-Berichte 3/99.

BADER, P. (1999): Handelbare CO_2-Zertifikate in Europa: Empfehlungen für eine effiziente und praktikable Umsetzung vor dem Hintergrund des Acid Rain- und Reclaim-Programms. – Abschlußbericht zum Typ-B-Forschungsprojekt „Umweltzertifikate" der Universität Augsburg.

BADER, P., RAHMEYER, F. (1996): Das RECLAIM-Programm handelbarer Umweltlizenzen – Konzeption und Erfahrungen. – Zeitschrift für Umweltpolitik und Umweltrecht 19 (1), 43-74.

BÄUMER, K.A., LOHAUS, J. (1997): Stand und Finanzierung der Abwasserentsorgung: Ergebnisse der ATV Umfrage 1997. – ATV (Abwassertechnische Vereinigung e.V.) (Hrsg.). – Hennef: Gesellschaft zur Förderung der Abwassertechnik e.V. (GFA). – 78 S.

BARRAQUÉ, B. (1998): Europäische Antwort auf Briscoes Bewertung der deutschen Wasserwirtschaft. – gwf Wasser/Abwasser 139 (6), 360-366.

BARRAQUÉ, B., BERLAND, J.-M., CAMBON, S. (1997): Frankreich. – In: CORREIA, F.N., KRAEMER, R.A. (Hrsg.): Eurowater. – Band 1. – Berlin: Springer. – S. 190-328.

BGW (Bundesverband der deutschen Gas- und Wasserwirtschaft e.V.) (1996): Entwicklung der öffentlichen Wasserversorgung 1990-1995. – Bonn: Wirtschafts- und Verlagsgesellschaft Gas und Wasser. – 37 S.

BGW (1999): Abwasserstatistik nach: http://www.bgw.de/publik/7abw/abw.htm, 24.6.1999

BMU (Bundesministerium für Umwelt, Naturschutz und Reaktorsicherheit) (1998): Nachhaltige Entwicklung in Deutschland. Entwurf eines umweltpolitischen Schwerpunktprogramms. – Bonn: BMU.

BMWi (Bundesministerium für Wirtschaft) (1995): Richtlinien für die Übernahme von Ausfuhrgewährleistungen vom 30.12.1983, zuletzt geändert durch Richtlinie vom 24.11.1995. – Bonn: BMWi.

BODE, H. (1999): Produktkosten der deutschen Wasserwirtschaft – Vergleiche, Rahmenbedingungen, Hinweise. – gwf Wasser/Abwasser 140 (4), 244-252.

BÖHRINGER, C. (1999): Die Kosten des Klimaschutzes – Eine Interpretationshilfe für die mit quantitativen Wirtschaftsmodellen ermittelten Kostenschätzungen. – Zeitschrift für Umweltpolitik und Umweltrecht 22 (3), 369-384.

BOOKER, (1998): UK Experience of Water Privatisation. – Beitrag zur Tagung des BGW „Deutsche Wasser- und Abwasserunternehmen zwischen Daseinsvorsorge und Wettbewerb – Trends der Liberalisierung der Wasserwirtschaft" am 17./18.9.1998 in Berlin.

BRISCOE, J. (1995): Der Sektor Wasser und Abwasser in Deutschland: Qualität seiner Arbeit, Bedeutung für die Entwicklungsländer. – gwf Wasser/Abwasser 136 (8), 422-432.

British Government (2000): Competition Act 1998 – Application in the Water and Sewerage Sectors (31 January 2000). – hier nach: http://www.open.gov.uk/ofwat/competition_act_guidelines.htm – 7.2.2000).

BROD, E. (1990): Organisationsformen, mögliche Formen der Privatisierung und ihre Grenzen bei leitungsgebundenen Einrichtungen für Wasser und Abwasser. – gwf Wasser/Abwasser 131 (8), 403-409.

BULLER, H. (1996): Privatization and Europeanization: The Changing Context of Water Supply in Britain and France. – Journal of Environmental Planning and Management 39 (4), 461-482.

BYATT, I.C.R. (1998): Competition in Water and Sewerage Industry. – In: HELM, D., JENKINSON, T. (Hrsg.): Competition in Regulated Industries. – Oxford: Oxford University Press. – S. 234-246.

CARTER, L. (1997): Modalities for the Operationalization of Additionality. – In: German Federal Ministry for the Environment, Nature Conservation and Nuclear Safety (Hrsg.): Activities Implemented Jointly: Proceedings of the International AIJ Workshop, Leipzig March 1997. – Bonn: BMU. – S. 78-91.

CRIQUI, P., AVDULAJ-MIMA, S., FINON, D. (1999) : The Shared Analysis Project – Economic Foundations for Energy Policy, Volume 2: World Energy Scenarios. – Prepared for the European Commission Directorate General for Energy. – Grenoble: Institut d´Economie et de Politique de l´Energie.

DAIBER, H. (1996): Wasserpreise und Kartellrecht: Zur Mißbrauchsaufsicht über Wasserversorgungsunternehmen. – Wirtschaft und Wettbewerb (WuW) H. 5, 361-371.

DAIBER, H. (1998): Kartellrechtliche Mißbrauchskontrolle der Wasserpreise von Haushaltskunden. – Beschlossen durch die Kartellbehörden des Bundes und der Länder – Arbeitsausschuß Allgemeine Versorgungswirtschaft (AAV) – a. 18. Sept. 1997 in Kiel; bekräftigt und erweitert a, 1./2. Okt. 1998 in Hannover. – Bearbeitungsstand: 7. Dez. 1998.

DECKER, J., MENZENBACH, B. (1995): Belastung von Boden, Grund- und Oberflächenwasser durch undichte Kanäle. – Abwassertechnik 46 (4), 46-54.

DIW (Deutsches Institut für Wirtschaftsforschung) (1999): Nur zaghafter Einstieg in die ökologische Steuerreform. – Wochenbericht des DIW 66 (36), 652-658.

DOHMANN, M. (1995): Vergleich der Boden- und Grundwasserbelastung undichter Kanäle mit anderen Schmutzstoffeinträgen. – Gewässerschutz Wasser Abwasser Jg. 152, 18/1-18/26.

DOHMANN, M., HAUSSMANN, R. (1996): Belastungen von Boden und Grundwasser durch undichte Kanäle. – gwf Wasser/Abwasser, Sonderheft 137 (15), 2-6.

EDC (Export Development Corporation) (1999): Environmental Review Framework. – Ottawa: EDC. – hier nach: http://www.edc.ca

EISWIRTH, M., HÖTZEL, H. (1995): Leckagendetektion bei Abwasserkanälen. – Spektrum der Wissenschaft H. 6, 21-26.

ELLRINGMANN, H., SCHMIHING, C., CHROBOK, R. (1995): Umweltschutz-Management. – Band 1: Von der Öko-Audit-Verordnung zum integrierten Managementsystem. – Neuwied: Luchterhand.

ELLWEIN, T. (1996): Wasser und Abwasser: Der Privatisierungsdruck nimmt zu. – gwf Wasser/Abwasser 137 (4), 187-191.

ENDRES, A. (1985): Umwelt- und Ressourcenökonomie. – Darmstadt: Wiss. Buchgesellschaft.

ENDRES, A., SCHWARZE, R. (1994): Das Zertifikatsmodell vor der Bewährungsprobe? – In: ENDRES, A., REHBINDER, E., SCHWARZE, R. (Hrg.): Umweltzertifikate und Kompensationslösungen aus ökonomischer und juristischer Sicht. – Bonn: Economica. – S. 137-215.

ESCH, B., THALER, S. (1998): Abwasserentsorgung in Deutschland – Statistik. – Korrespondenz Abwasser 45 (5), 850-864.

European Commission (1998): Workshop on Sustainable Development – Challenge for the Financial Sector. Final Report. – Brussels: European Commission, Directorate-General XI.E.4.

EWRINGMANN, D. (1999): Schriftliche Stellungnahme anläßlich der Anhörung des Finanzausschusses des Deutschen Bundestages zum Entwurf eines Gesetzes zum Einstieg in die ökologische Steuerreform (BT-Drs. 14/40), 10.1.1999. – Finanzwissenschaftliches Forschungsinstitut an der Universität zu Köln.

EWRINGMANN, D., LINSCHEIDT, B. (1999): Energiebesteuerung und Wettbewerbsfähigkeit der deutschen Wirtschaft (Teil 2). – Zeitschrift für Neues Energierecht 3 (1), 20-30.

EWRINGMANN, D., LINSCHEIDT, B., TRUGER, A. (1996): Nationale Energiebesteuerung: Ausgestaltung und Aufkommensverwendung. – Finanzwissenschaftliche Diskussionsbeiträge, Nr. 96-1. – Köln: Univ. Köln, Finanzwiss. Forschungsinstitut.

FELL, H.-J. (1999): Befreiung von Strom aus erneuerbaren Energien von der Ökosteuer. – Thesenpapier für das Fachgespräch „Befreiung erneuerbarer Energien von der Ökosteuer" am 10.5.1999. – Bonn: Deutscher Bundestag.

GUNDERMANN, H. (1998): Trinkwasser in Deutschland ist seinen Preis wert. – gwf Wasser/Abwasser 139 (5), 257-262.

HAGENDORF, U., KRAFFT, H. (1996): Erfassung und Bewertung undichter Kanäle im Hinblick auf die Gefährdung des Untergrundes. – Berlin: Umweltbundesamt. – UBA-Texte 9/96.

Hermes Kreditversicherungs-AG (1998a): Ausfuhrgewährleistungen der Bundesrepublik Deutschland. – Jahresbericht 1997. – Hamburg: Hermes Kreditversicherungs-AG.

Hermes Kreditversicherungs-AG (1998b): Informationen zu den Ausfuhrgewährleistungen des Bundes. – Hamburg: Hermes Kreditversicherungs-AG. – AGA-Report Nr. 72, Juni.

HILLEBRAND, B., WACKERBAUER, J., BEHRING, K. et al. (1997): Gesamtwirtschaftliche Beurteilung von CO_2-Minderungsstrategien – Eine Analyse für die Bundesrepublik Deutschland. – München: ifo-Institut für Wirtschaftsforschung. – ifo Studien zur Umweltökonomie, Bd. 22.

HIRNER, W. (1999): Kooperation und Outsourcing. – gwf Wasser/Abwasser 140 (13), 101-111.

HOHMEYER, O. (1998): Externe Kosten des Klimawandels: Schlußfolgerungen angesichts der Unsicherheiten und Bandbreite möglicher Abschätzungen. – In: OSTERTAG, K., JOCHEM, E., ZIESING, H.-J. (Hrsg.): Dokumentation zum Workshop „Energiesparen – Klimaschutz, der sich rechnet", Rotenburg/F., Oktober 1998. – Karlsruhe und Berlin. – S. 138-149.

HOLM, K. (1988): Wasserverbände im internationalen Vergleich: Eine ökonomische Analyse der französischen Agences Financières de Bassin und der deutschen Wasserverbände im Ruhrgebiet. – München: Ifo-Institut für Wirtschaftsforschung e.V. – 288 S.

IEA (International Energy Agency) (1996): The International Energy Agency's Activities on AIJ. – In: SEVEn-Energy Efficiency Center (Eds.): Proceedings of the Regional Conference on Joint Implementation: Joint Implementation Projects in Central and Eastern Europe, Prague, April 1996. – Prag. – S. 10-13.

IIASA (International Institute for Applied Systems Analysis) (1998): The Kyoto Protocol Carbon Bubble: Implications for Russia, Ukraine and Emission Trading. – Laxenburg. – Interim Report IR-98-094.

JÄNICKE, M., MEZ, L., WANKE, A., BINDER, M. (1998): Ökologische und wirtschaftliche Aspekte einer Energiebesteuerung im internationalen Vergleich. – Berlin. – FFU-Report 98-2.

JONELEIT, W.-G., IMBERGER, F. (1999): § 49 Rdnr. 54 – In: WIMMER, K. (Hrsg.): Frankfurter Kommentar zur Insolvenzordnung. – 2. Auflage. – Neuwied: Luchterhand.

JUNG, F. (1997): Chancen auf dem Weltmarkt der Wasserwirtschaft. – Deutsche Bank, Frankfurt a.M.: Bulletin Aktuelle Wirtschafts- und Währungsfragen, H. 1., S. 11-21.

KfW (Kreditanstalt für Wiederaufbau) (1997): Erster Umweltbericht. – Frankfurt a.M.: KfW.

KNIGHT, D. (1999): Environment-Finance: US Funds Fossil Fuels Projects Overseas. – Washington D.C.: Institute for Policy Studies.

KOHLHAAS, M., BACH, St., MEINHARDT, U. et al. (1994): Ökosteuer – Sackgasse oder Königsweg? – Ein Gutachten des Deutschen Instituts für Wirtschaftsforschung (DIW) im Auftrag von Greenpeace. – Berlin: Greenpeace (Hrsg.). – 278 S.

KRAEMER, A., PIOTROWSKI, R., KIPFER, A. (1998): Vergleich der Trinkwasserpreise im europäischen Rahmen. – Berlin: Umweltbundesamt. – UBA-Texte 22/98. – 154 S.

LANGE, U., SCHMIHING, Ch. (1998): Inhalt des Substitutionskatalogs in Bayern. – In: WRUCK, H.-P., ELLRINGMANN, H.: Praxishandbuch Umweltschutz-Management: Methoden, Werkzeuge, Lösungsbeispiele, Umsetzungshilfen. – Köln: Dt. Wirtschaftsdienst. – Losebl.-Ausg.

LÜBBE, E. (1999): Jahresbericht der Wasserwirtschaft: Gemeinsamer Bericht der mit der Wasserwirtschaft befaßten Bundesministerien – Haushaltsjahr 1998. – Wasser & Boden 51 (7 + 8), 9-35.

LÜTKES, S., EWER, W. (1999): Schwerpunkte der bevorstehenden Revision der Umweltauditverordnung (EWG) Nr. 1836/93. – Neue Zeitschrift für Verwaltungsrecht 18 (1), 19-26.

MANSLEY, M., OWEN, D., KAHLENBORN, W., KRAEMER, R.A. (1997): The Role of Financial Institutions in Achieving Sustainable Development. – Report to the European Commission, DG XI. – Berlin: ecologic.

MEYER, B., BOCKERMANN, A., EWERHART, G., LUTZ, C. (1999): Marktkonforme Umweltpolitik: Wirkungen auf Luftschadstoffemissionen, Wachstum und Struktur der Wirtschaft. – Heidelberg: Physica.

MÖSTL, M. (1999): Grundrechtsbindung öffentlicher Wirtschaftstätigkeit. – München: Beck. – 229 S.

MÜLLER, J., SCHEELE, U. (1993): Kosten und Preise in der europäischen Wasserwirtschaft. – Zeitschrift für öffentliche und gemeinwirtschaftliche Unternehmen (ZögU) 16 (4), 409-428.

MULLINS, F., BARON, R. (1997): International Greenhouse Gas Emission Trading. – Annex I Expert Group on the UNFCCC „Policies and Measures for Common Action" Working Paper 9. – Paris.

NEPSTAD, D., VERISSIMO, A., ALENCAR, A. et al. (1999): Large-Scale Impoverishment of Amazonian Forests by Logging and Fire. – Nature, Vol. 398, 505-508.

NETO, F. (1998): Water Privatization in England and France. – Natural Resources Forum 22 (2), 107-117.

NISIPEANU, P. (1998): Handlungsbedarf, Handlungsrahmen und Handlungsmöglichkeiten für eine Umorganisation der öffentlichen Abwasserbeseitigung. – In: NISIPEANU, P. (Hrsg.): Privatisierung der Abwasserbeseitigung: Optimierung der kommunalen Abwasserbeseitigung durch Umorganisation und Neukonzeption. – Berlin: Parey. – S. 1-113.

RAMMNER, P. (1999): Wasserwerke investieren wieder mehr als 5 Mrd. DM – Ausgabenzuwachs nur in Westdeutschland. – ifo Schnelldienst 52 (31), 7-12.

RICO, R. (1995): The US Allowance Trading System for Sulfur Dioxide: An Update on Market Experience. – Environmental and Resource Economics 5 (2), 115-129.

RUDOLPH, K.-U. (1997): Erfahrungen mit Betreiber- und Kooperartionsmodellen im Abwasserbereich. – In: FETTIG, W., SPÄTH, L. (Hrsg.): Privatisierung kommunaler Aufgaben. – Baden-Baden: Nomos. – S. 175-190.

RUDOLPH, K.-U. (1998): Chancen und Stolpersteine bei Privatisierungskonzepten. – Beitrag zum Informationstag des BGW „Public-Private-Partnership in der Wasserver- und Abwasserentsorgung" am 25.11.1998 in Bonn.

RUDOLPH, K.-U., Ecologic (1998): Vergleich der Abwassergebühren im europäischen Rahmen. – Forschungsauftrag Nr. 30/96 des Bundesministeriums für Wirtschaft.

RUDOLPH, K.-U., ORZEHSEK, K. (1997): Die Fixkostenproblematik in der Wasserwirtschaft am Beispiel der Abwasserentsorgung der Stadt Rostock. – Wasserwirtschaft 87 (1), 10-14.

RUYS, P.H.M. (1997): From National Public Utilities to European Network Industries. – Annals of Public and Cooperative Economics 68 (3), 435-451.

SCHAFHAUSEN, F. (1999): Der Aktionsplan von Buenos Aires. – Energiewirtschaftliche Tagesfragen 49 (1/2), 46-53.

SCHEELE, U. (1997): Aktuelle Entwicklungen in der englischen Wasserwirtschaft: Ergebnisse der Privatisierung und Probleme der Regulierung. – Zeitschrift für öffentliche und gemeinwirtschaftliche Unternehmen (ZögU) 20 (1), 35-57.

SCHLEGELMILCH, K. (1999): Elemente der nächsten Stufen der ökologischen Steuerreform. – Deutschland-Rundbrief 5/99, 14-15.

SCHMIDT, I., BINDER, S. (1998): Wettbewerbspolitik. – In: KLEMMER, P. (Hrsg.): Handbuch Europäische Wirtschaftspolitik. – München: Vahlen. – S. 1229.

SCHOLZ, O. (1998): Entwicklungsmöglichkeiten der deutschen Wasserwirtschaft. – Beitrag zur Tagung des BGW „Deutsche Wasser- und Abwasserunternehmen zwischen Daseinsvorsorge und Wettbewerb – Trends der Liberalisierung der Wasserwirtschaft" am 17./18.9.1998 in Berlin.

SCHWARZE, R. (1998): Das Problem der „Hot Air" und ein Lösungsvorschlag im Rahmen internationaler Klimaschutzzertifikate. – Zeitschrift für Angewandte Umweltforschung 11 (3/4), 401-406.

SPELTHAHN, S. (1994): Privatisierung natürlicher Monopole – Theorie und internationale Praxis am Beispiel Wasser und Abwasser. – Wiesbaden: Gabler. – 244 S.

SRU (Der Rat von Sachverständigen für Umweltfragen) (1994): Umweltgutachten 1994. – Stuttgart: Metzler-Poeschel. – 384 S.

SRU (1996): Umweltgutachten 1996. – Stuttgart: Metzler-Poeschel. – 468 S.

SRU (1998a): Umweltgutachten 1998. – Stuttgart: Metzler-Poeschel – 390 S.

SRU (1998b): Flächendeckend wirksamer Grundwasserschutz. – Sondergutachten. – Stuttgart: Metzler-Poeschel. – 208 S.

SRW (Sachverständigenrat zur Begutachtung der gesamtwirtschaftlichen Entwicklung) (1998): Jahresgutachten 1998/99. – Stuttgart: Metzler-Poeschel.

Statistisches Bundesamt (1998): Fachserie 19, Reihe 2.1.

STEINMETZ, C. (1998): Kriterien und Ziele für Privatisierungen aus Sicht der Kommunen. – Beitrag zum Informationstag des BGW „Public-Private-Partnership in der Wasserver- und Abwasserentsorgung" am 25.11.1998 in Bonn.

STEMPLEWSKI, J., SCHULZ, A., SCHÖN, J. (1999): Pfennige bringen Millionen – Erfahrungen mit dem Benchmarking für die Abwasserbehandlung. – Entsorga-Magazin 18 (4), 56-61.

UGB-KomE (1998): Entwurf der Unabhängigen Sachverständigenkommission zum Umweltgesetzbuch beim Bundesministerium für Umwelt, Naturschutz und Reaktorsicherheit (Hrsg.). – Berlin: Duncker & Humblot. – 1725 S.

UN (United Nations) (1998a): Report of the Conference of the Parties on its Third Session, held at Kyoto from

1 to 11 December 1997. Addendum. Document FCCC/CP/1997/7/Add.1 of 18 March 1998. – Bonn.

UN (1998b): Review of the Implementation of Commitments and of other Provisions of the Convention – Addendum: Tables of Inventories of Anthropogenic Emissions and Removals of Greenhouse Gases for 1990-1995 and Projections up to 2020. Document FCCC/CP/1998/11/Add. 2 of 5 October 1998. – Bonn.

UN (1999): Principles, Modalities, Rules and Guidelines for the Mechanisms under Articles 6, 12 and 17 of the Kyoto Protocol – Submissions from Parties. Document FCCC/SB/1999/MISC.3/Add.3 of 4 June 1999. – Bonn.

WBGU (Wissenschaftlicher Beirat der Bundesregierung Globale Umweltveränderungen) (1998): Die Anrechnung biologischer Quellen und Senken im Kyoto-Protokoll: Fortschritt oder Rückschlag für den globalen Umweltschutz? – Sondergutachten 1998. – Bremerhaven.

WBGU (1999): Strategien zur Bewältigung globaler Umweltrisiken. – Jahresgutachten 1998. – Berlin, Heidelberg, New York: Springer.

WEED (Weltwirtschaft, Ökologie & Entwicklung e.V.) (1997): Hermes wohin? Argumente für eine Reform der Hermes-Bürgschaften. – Bonn: WEED.

WRUCK, H.-P. (1998): In: WRUCK, H.-P., ELLRINGMANN, H. (Hrsg.): Praxishandbuch Umweltschutz-Management: Methoden, Werkzeuge, Lösungsbeispiele, Umsetzungshilfen. – Köln: Dt. Wirtschaftsdienst. – Losebl.-Ausg. – S. 34.

ZABEL, T.F., REES, Y.J. (1997): Vereinigtes Königreich. – In: CORREIA, F.N., KRAEMER, R.A. (Hrsg.): Eurowater. – Bd. 1. – Berlin: Springer. – S. 584-759.

Kapitel 2.3

ALBIN, S., BÄR, S. (1999): Nationale Alleingänge nach Amsterdam – Der neue Art. 95 EGV: Fortschritt oder Rückschritt für den Umweltschutz? – Natur und Recht, 21 (4), 185-192.

BÄR, S. et al. (1999): Verstärkte Zusammenarbeit im Umweltbereich – Möglichkeiten der Anwendung der in Titel VII EUV festgelegten Bestimmung für Flexibilität im Umweltbereich. – Vorläufiger Endbericht im Auftrag des Österreichischen Bundesministeriums für Umwelt, Jugend und Familie. – Berlin: Ecologic.

BEBRIS, R. (1999): EU Enlargement: Priorities and Tasks for Adjustment in Latvia. – In: European Environmental Advisory Councils (Eds.): EU Eastern Enlargement and European Environmental Policy. Proceedings. – 7th Annual Conference, 9-11 September 1999, Budapest. – Wiesbaden, Budapest: EEAC. – S. 49-52.

CADDY, J. (1997): Harmonization and Asymmetry: Environmental policy coordination between the European Union and Central Europe. – Journal of European Public Policy, 4 (3), 318-360.

CARIUS, A., HOMEYER I. von, BÄR, S. (1999a): The Eastern Enlargement of the European Union and Environmental Policy: Challenges, Expectations, Speeds and Flexibility. – In: HOLZINGER, K., KNOEPFEL, P. (Eds.): Environmental Policy in a European Union of Variable Geometry? The Challenge of the Next Enlargement. – Basel: Helbig & Lichtenhahn. – S. 141-180.

CARIUS, A., HOMEYER, I. von, BÄR, S. (1999b): Die Osterweiterung der Europäischen Union – Herausforderung und Chance für eine gesamteuropäische Umweltpolitik. – Aus Politik und Zeitgeschichte, Beilage zur Wochenzeitung Das Parlament, B 48/99, 21-30.

CARIUS, A., HOMEYER, I. von, BÄR, S. (2000): Die umweltpolitische Dimension der Osterweiterung der Europäischen Union – Herausforderungen und Chancen für eine gesamteuropäische Umweltpolitik. Gutachten im Auftrag des Rates von Sachverständigen für Umweltfragen (SRU). – Stuttgart: Metzler-Poeschel (im Druck). – Materialien zur Umweltforschung Nr. 34.

CONSTANTINESCO, V. (1997): Les clauses de 'coopération renforcée': Le protocole sur l'application des principes de subsidiarité et de proportionnalité. – Revue Trimestrielle de Droit Européenne, Nr. 10-12/1997, 751-767.

CSAGOLY, P. (1998): Letting the Markets Clean up the Air. – The Bulletin: Quarterly Newsletter of the Regional Environmental Center for Central and Eastern Europe 8 (2).

DE BÚRCA, G. (1999): Differentiation within the "Core"? The Case of the Internal Market. – Paper presented at the European Community Studies Association (ECSA) Sixth Biennial International Conference, 2.-5. June 1999, Pittsburgh.

EEA (European Environment Agency) (1998a): Europe's Environment: The Second Assessment. – Luxembourg: Office for Official Publications of the European Communities.

EEA (1998b): Europe's Environment: Statistical Compendium for the Second Assessment. – Luxembourg: Office for Official Publications of the European Communities.

EEA (1998c): Europe's Environment: The Second Assessment. An overview – Luxembourg: Office for Official Publications of the European Communities.

EEA (1999a): Environment in the European Union at the turn of the century. – Environmental Assessment Report No. 2. – Copenhagen: EEA.

EEA (1999b): Sustainable Water Use in Europe – Sectoral Use of Water. – Topic Report 1, Inland Waters. – Copenhagen: EEA.

Environment Policy Europe (1997): Compliance Costing for Approximation of EU Environmental Legislation in the CEEC. – Brüssel: Environment Policy Europe.

EPINEY, A. (1998): Schengen – ein Modell differenzierter Integration. – In: BREUSS, F., GRILLER, S. (Hrsg.): Flexible Integration in Europa – Einheit oder „Europe à la carte"? – Wien: Springer. – S. 127-147.

EUA (Europäische Umweltagentur) (1999): Umwelt in der Europäischen Union – an der Wende des Jahrhunderts – Ein Überblick. – Kopenhagen: EUA.

Europäische Kommission (1995): Weißbuch: Vorbereitung der Assoziierten Staaten Mittel- und Osteuropas auf die Integration in den Binnenmarkt der Union. – KOM(95)163 endg. vom 3. Mai 1995.

Europäische Kommission (1997): Agenda 2000. – KOM(97) 2000 vom 15. Juli 1997.

Europäische Kommission (1999): Blick nach Osten: Die „Osterweiterung" von Natura 2000. – natura, Naturschutz-Infoblatt der Europäischen Kommission, GD XI., 9. Ausgabe, Juni, S. 1-3.

Europäischer Rat (1993): Schlußfolgerungen des Europäischen Rates vom 21. und 22. Juni 1993 in Kopenhagen. – DOC/93/3.

Europäischer Rat (1999): Schlußfolgerungen des Europäischen Rates vom 24. und 25. März 1999 in Berlin. – DOC/99/1.

Europäisches Parlament (1998a): Das Europäische Parlament und die Heranführungshilfe. Aktuelle Aufzeichnungen Nr. 1. – Luxemburg: Europäisches Parlament, Arbeitsgruppe des Generalsekretariats Task-Force „Erweiterung".

Europäisches Parlament (1998b): Die Umweltpolitik in Polen. – Themenpapier Nr. 7. – Luxemburg: Generaldirektion Wissenschaft, Abteilung für Umwelt, Energie und Forschung, STOA.

European Commission (1997): Guide to the Approximation of European Union Environmental Legislation, Commission Staff Working Paper. – SEC(97)1608, 25. Juli 1997.

European Commission (1999a): Poland. Screening Results. Chapter 22 – Environment. – MD 283/99. – Brussels: European Commission.

European Commission (1999b): Czech Republic. Screening Results. Chapter 22 – Environment. – MD 285/99. – Brussels: European Commission.

European Commission (1999c): Estonia. Screening Results. Chapter 22 – Environment. – MD 284/99, DS 284/99. – Brussels: European Commission.

European Commission (1999d): Hungary. Screening Results. Chapter 22 – Environment. – MD 282/99, DS 282/99. – Brussels: European Commission.

European Commission (1999e): Slovenia. Screening Results. Chapter 22 – Environment. – MD 286/99, DS 286/99. – Brussels: European Commission.

FAGIN, A., JEHLICKA, P. (1998): Sustainable Development in the Czech Republic: A Doomed Process? – In: BAKER, S., JEHLICKA, P. (Eds.): Dilemmas of Transition: The Environment, Democracy and Economic Reform in East Central Europe. – Portland, London: Frank Cass. – pp. 113-128.

FRANCIS, P., KLARER, J., PETKOVA, N. (Eds.) (1999): Sourcebook on Environmental Funds in Economic Transition. A Regional Overview and Surveys of Selected Environmental Funds in Central and Eastern Europe and the New Independent States. – Paris: OECD.

GAJA, G. (1998): How Flexible is Flexibility Under the Amsterdam Treaty? – Common Market Law Review, Nr. 35, 855-870.

GOLUB, J. (1998): New Instruments for Environmental Policy in the EU: An Overview. – Robert Schuman Centre– Florence: European University Institute.

HARDI, P. (1994): Environmental Protection in East-Central Europe: A Market-Oriented Approach. – Gütersloh: Bertelsmann Foundation.

HOMEYER, I. von, KEMPMANN, L., KLASING, A. (1999a): EU-Osterweiterung: Ergebnisse des Screenings. – EU-Rundschreiben des Deutschen Naturschutzrings, Nr. 10+11, S. 12-14.

HOMEYER, I. von, KEMPMANN, L., KLASING, A. (1999b): EU Enlargement: Screening Results in the Environmental Sector. – Environmental Law Network Inrnational (ELNI) Newsletter.

HOMEYER, I. von, MÜLLER, M. (1999): Twinning – A Bumpy Take Off Turns into Smooth Sailing for CEE Countries. – Green Phare No. 3/4, S. 13-15.

JANCAR-WEBSTER, B. (1998): Environmental Movement and Social Change in the Transition Countries. – In: BAKER, S., JEHLICKA, P. (Eds.): Dilemmas of Transition: The Environment, Democracy and Economic Reform in East Central Europe. – Ilford: Frank Cass. – pp. 69-90.

JANNING, J. (1997): Dynamik in der Zwangsjacke – Flexibilität in der Europäischen Union nach Amsterdam. – Integration, Nr. 4, S. 285-304.

JILKOVA, J., MALKOVA, P. (1998): The Czech Republic – Source-Book on Economic Instruments in CEE Countries.- Prepared for Regional Environmental Centre Budapest. – Prague: Institute for Economic and Environmental Policy.

JØRGENSEN, K.E. (1999): The Social Construction of the Acquis Communautaire: A Cornerstone of the European Edifice". – European Integration Online Papers (EIoP): nach http://eiop.or.at/eiop/texte/1999-005a.htm.

KARL, H., RANNÉ, O. (1997): European Environmental Policy between Decentralisation and Uniformity. – The Idea of Environmental Federalism. – Intereconomics, July/August, pp.159-169.

KEREKES, S., KISS, K. (1997): Hungary's Green Path to the European Union. Summary and Progress Report. – Budapest: Budapest University of Economic Sciences, Department of Environmental Economics and Technology.

KLARER, J. et al. (1999): Synthesis Study of the National AIJ/JI/CDM Strategy Studies Program: A Review of National AIJ/JI/CDM Strategy Studies in the Czech Republic, Slovak Republic, Russian Federation and Uzbekistan.

KRUZIKOVA, E. (1999): Accession of the Czech Republic to the EU. – In: European Environmental Advisory Councils (Eds.): EU Eastern Enlargement and European Environmental Policy. Proceedings. – 7th Annual Conference, 9-11 September 1999, Budapest. – Wiesbaden, Budapest: EEAC. – S. 24-33.

KÜHNHARDT, L. (1999): Deutschlands EU-Ratspräsidentschaft und die Agenda 2000. – Aus Politik und Zeitgeschichte, Beilage zur Wochenzeitung Das Parlament, B1-2/99, S. 3-11.

LANG, I. et al. (1999): Hungary on the Path to Europe: The Environmental Challenges. – Paper presented at the International Conference of the European Environmental Advisory Councils, Budapest, September 9-12.

MATTHEWS, D. (1999): The Ebb and Flow of EC Environmental Instruments: Why the Need for a New Framework Approach to Community Water Policy? – Paper presented at the Sixth ECSA Biennial International Conference, Pittsburgh, 2-5 June 1999.

MAXSON, P. (1998): The Challenge of Enlargement to EU Environmental Policy: A Discussion Paper. – Brussels: Institute for European Environmental Policy.

MAYHEW, A. (1998): Recreating Europe. The European Union's Policy towards Central and Eastern Europe. – Cambridge: Cambridge University Press.

Ministry of the Environment and Physical Planning of Slovenia (1998): Environmental Accession Strategy of Slovenia for Integration with the European Union. – Ljubljana: Ministry of the Environment and Physical Planning.

Mc NICHOLAS, J. (1999): Economic Instruments: Poland provides the right incentives. – The Bulletin: Quarterly Newsletter of the Regional Environmental Center for Central and Eastern Europe, October, p. 14.

MÖLLER, L. (1999): Ökonomische Instrumente der Umweltpolitik in den Reformländern Mittel- und Osteuropas. Die Beispiele Polen und Tschechien. – Marburg: Metropolis-Verlag. – 196 S.

MOLDAN, B. (1997): Czech Republic. – In: KLARER, J., MOLDAN, B. (Eds.): The Environmental Challenge for Central European Economics in Transition. – Chichester: John Wiley & Sons.

MÜLLER-BRANDECK-BOCQUET, G. (1997): Flexible Integration – eine Chance für die europäische Umweltpolitik? – Integration 20 (4), 292-303.

NOWICKI, M. (1999): Umweltpolitik in den Transformationsländern Mittel- und Osteuropas. – In: BARZ, W., FROST, S. (Hrsg.): Umwelt und Europa. – Landsberg: ecomed. – Vorträge und Studien / Zentrum für Umweltforschung (ZUFO) der Westfälischen Wilhelms-Universität Münster, Bd. 9. – S. 109-114.

OECD (Organisation for Economic Co-operation and Development) (1995): OECD Environmental Performance Reviews. – Poland. – Paris: OECD.

OECD (1997): OECD Environmental Data. – Compendium 1997. – Paris: OECD.

OECD (1998): EAP Task Force Programme of Work for the Period 1998-2000. – Paris: OECD.

OECD (1999a): OECD Environmental Performance Reviews: Czech Republic. – Paris: OECD.

OECD (1999b): Task Force for the Implementation of the Environmental Action Programmes for Central and Eastern Europe (EAP). Key Issues and Progress in Implementing the EAP Task Force Work Programme in CEECs. – CCNM/ENV/EAP(99)31 – Paris: OECD.

O'TOOLE, L., HANF, K. (1998): Hungary: Political Transformation and Environmental Challenge. – In: BAKER, S., JEHLICKA, P. (Eds.): Dilemmas of Transition: The Environment, Democracy and Economic Reform in East Central Europe. – Portland, London: Frank Cass. – pp. 93-112.

Regional Environmental Center (1994): Strategic Environmental Issues in Central and Eastern Europe. – Regional Report Vol. 1. – Budapest: Regional Environmental Center.

REHBINDER, E. (2000): Die Anpassung bestehender Anlagen an neue Umwelterfordernisse in Ungarn. – Frankfurt am Main: Institut für Ausländisches und Internationales Wirtschaftsrecht der Johann Wolfgang-Goethe Universität. – AIW-Working Paper, Nr. 5.

REHBINDER, E., SANDHÖVEL, A., WIGGERING, H. (1999): The Role of European Environmental Advisory Councils in the Different EU Member States. – Environmental Politics 8 (2), 165-172.

Republic of Poland (1998): Agenda 21 in Poland. Progress Report. – Warsaw: National Foundation for Environmental Protection.

SANDHÖVEL, A. (1999a): Environmental Aspects of EU Enlargement. – In: European Environmental Advisory Councils (Eds.): EU Eastern Enlargement and European Environmental Policy. Proceedings. – 7th Annual Conference, 9-11 September 1999, Budapest. – Wiesbaden, Budapest: EEAC. – S. 74-78.

SANDHÖVEL, A. (1999b): La Red de Consejos de Medio Ambiente Europeos y un Asesoramiento de la Politica de Medio Ambiente. – Paper presented at the German-Spanish Meeting on Environmental Policy and Energy Policy. – Ministerio de Medio Ambiente, Madrid, February 11.

SCHOTT, P. (1999): Die Erweiterung der EU: Welche Herausforderungen bestehen? – EU-Rundschreiben des Deutschen Naturschutzrings, Sonderheft zu EU-Erweiterung & Umweltschutz, Nr.2, 11-13.

SCOTT, J. (1998): Flexibility in the Implementation of EC Environmental Law. – Paper presented at the Conference on 'Flexible Environmental Regulation in the Internal Market', Warwick University, July 1998.

SEMENIENE, D. (1999): Enlargement of EU: Tasks and Prospects for Environmental Sector in Lithuania. – In: European Environmental Advisory Councils (Eds.): EU Eastern Enlargement and European Environmental Policy. Proceedings. – 7th Annual Conference, 9-11 September 1999, Budapest. – Wiesbaden, Budapest: EEAC. – S. 41-48.

SOMLYÓDY, L., SHANAHAN, P. (1998): Municipal Wastewater Treatment in Central and Eastern Europe: Present Situation and Cost-Effective Development Strategies. – Washington, DC: World Bank.

SRU (Der Rat von Sachverständigen für Umweltfragen) (1994): Umweltgutachten 1994 – Stuttgart: Metzler-Poeschel. – 384 S.

SRU (1996a): Umweltgutachten 1996. – Stuttgart: Metzler-Poeschel. – 468 S.

SRU (1996b): Konzepte einer dauerhaft-umweltgerechten Nutzung ländlicher Räume. – Sondergutachten – Stuttgart: Metzler-Poeschel. – 128 S.

SRU (1998): Umweltgutachten 1998. – Stuttgart: Metzler-Poeschel. – 390 S.

SRW (Sachverständigenrat zur Begutachtung der gesamtwirtschaftlichen Entwicklung) (1997): Wachstum, Beschäftigung, Währungsunion – Orientierungen für die Zukunft. – Jahresgutachten 1997/98. – Stuttgart: Metzler-Poeschel.

State Inspectorate for Environmental Protection Poland (1999): Nature. – nach: http://nfp-pl.eionet.eu.int/SoE/wwwang/przyr.htm, nur über: http://eionet.eu.int/nfp/nfp-pl.html

Statistisches Bundesamt (1999): Statistisches Jahrbuch 1999 für das Ausland. – Stuttgart: Metzler-Poeschel.

STUBB, A. C.-G. (1996): A Categorization of Differentiated Integration. – Journal of Common Market Studies 34 (2), 283-295.

United Nations (1999): Framework Convention on Climate Change. National Communication from Parties included in Annex I to the Convention. Annual Inventories of National Greenhouse Gas Data for 1996. – FCCC/SBI/1999/5/Add.I, 4. May 1999. – New York: United Nations.

UNEP (United Nations Environment Programme) (1997): Global State of the Environment Report 1997. – Chapter 2: Regional Perspectives, Europe and CIS Countries, Major Environmental Concerns, Atmosphere. – Nairobi: UNEP.

WITTKÄMPER, G. W. (1999): Die europäische Umweltpolitik im Zeichen der ökonomischen Globalisierung. – In: BARZ, W., FROST, S. (Hrsg.): Umwelt und Europa. – Landsberg: ecomed. – Vorträge und Studien / Zentrum für Umweltforschung (ZUFO) der Westfälischen Wilhelms-Universität Münster, Bd. 9. – S. 97-108.

ZIEROCK, K.-H., SALOMON, N. (1998): Die Umsetzung des Artikels 16 Abs. 2 der EG-IVU-Richtlinie auf internationaler und nationaler Ebene. – Zeitschrift für Umweltrecht 9 (5), 227-231.

ZYLICZ, T. (1998): Obstacles to Implementing Tradable Pollution Permits: The Case of Poland. – Workshop on Domestic Tradable Permit Systems for Environmental Management: Issues and Challenges, 24-25 September. – Group on Economic and Environment Policy Integration OECD Organisation for Co-operation and Development. – Paris: OECD.

ZYLICZ, T., SPYRKA, J. (1994): Economic Instruments – Poland. – In: Regional Environmental Centre: Use of Economic Instruments in Environmental Policy in Central and Eastern Europe. – Budapest: Regional Environmental Centre.

Kapitel 2.4.1

AMMERMANN, K. et al. (1998): Bevorratung von Flächen und Maßnahmen zum Ausgleich in der Bauleitplanung. – Natur und Landschaft 73 (4), 163-169.

APFELBACHER, D., ADENAUER, U., IVEN, K. (1999): Das Zweite Gesetz zur Änderung des Bundesnaturschutzgesetzes – Teil 2: Biotopschutz. – Natur und Recht (NuR) 21 (2), 63-78.

ARL (Akademie für Raumforschung und Landesplanung) (1987): Flächenhaushaltspolitik. – Hannover. – Forschungs- und Sitzungsberichte der ARL Bd. 173.

ARL (2000): Flächenhaushaltspolitik. – Naturschutz und Landschaftsplanung 32 (1), 26-28.

BfLR (Bundesanstalt für Landeskunde und Raumordnung) (Hrsg.) (1996): Städtebaulicher Bericht. Nachhaltige Stadtentwicklung. Herausforderungen an einen ressourcenschonenden und umweltverträglichen Städtebau. – Bonn: BfLR.

BfN (Bundesamt für Naturschutz) (1996): Rote Liste gefährdeter Pflanzen Deutschlands. – Bonn-Bad Godesberg: Bundesamt für Naturschutz. – Schriftenreihe für Vegetationskunde, H. 28. – 744 S.

BfN (1997): Erhaltung der biologischen Vielfalt: Wissenschaftliche Analyse deutscher Beiträge. – Bonn-Bad Godesberg: Bundesamt für Naturschutz. – 352 S.

BfN (1998): Rote Liste gefährdeter Tiere Deutschlands. – Bonn-Bad Godesberg: Bundesamt für Naturschutz. – Schriftenreihe für Landschaftspflege und Naturschutz, H. 55. – 434 S.

BfN (1999): Daten zur Natur 1999. – Bonn-Bad Godesberg: Bundesamt für Naturschutz. – 266 S.

BLAB, J., NOWAK, E., TRAUTMANN, W., SUKOPP, H. (Hrsg.) (1984): Rote Liste der gefährdeten Tiere und Pflanzen in der Bundesrepublik Deutschland. – Greven: Kilda. – Naturschutz aktuell 1. – 67 S.

BMU (Bundesministerium für Umwelt, Naturschutz und Reaktorsicherheit) (1998a): Nachhaltige Entwicklung in Deutschland: Entwurf eines umweltpolitischen Schwerpunktprogramms. – Bonn: BMU. – 147 S.

BMU (1998b): Bericht der Bundesregierung nach dem Übereinkommen über die biologische Vielfalt: Nationalbericht biologische Vielfalt. – Bonn: BMU. – 152 S.

Bund-/Länder-Arbeitsgruppe „Artenschutz im Siedlungsbereich" (1994): Artenschutz im Siedlungsbereich. Handlungskonzept zur Erhaltung und Förderung der biologischen Vielfalt auch Städten und Dörfern. – Manuskript. – Stuttgart.

BUNZEL, A. (1997): Nachhaltigkeit – ein neues Leitbild für die kommunale Flächennutzungsplanung. Was bringt das novellierte Baugesetzbuch? – Natur und Recht (NuR) 19 (12), 583-591.

BUNZEL, A. (1999): Bauleitplanung und Flächenmanagement bei Eingriffen in Natur und Landschaft. – Hrsg. v. Deutschen Institut für Urbanistik. – Berlin. – 209 S.

BUNZEL, A., HINZEN, A. (2000): Arbeitshilfe Umweltschutz in der Bebauungsplanung. – Hrsg. v. Umweltbundesamt. – Berlin: Erich Schmidt Verlag. – 155 S.

DIERSCHKE, H. (1994): Pflanzensoziologie. Grundlagen und Methoden. – Stuttgart: Ulmer. – 683 S.

DIERßEN, K., RECK, H. (1998): Konzeptionelle Mängel und Ausführungsdefizite bei der Umsetzung der Eingriffsregelung im kommunalen Bereich. Teil A: Defizite in der Praxis. – Naturschutz und Landschaftsplanung 30 (11), 341-345.

DOLDE, K.P., MENKE, R. (1999): Das Recht der Bauleitplanung 1996 bis 1998. – Neue Juristische Wochenschrift (NJW) 51 (15), 1070 ff.

DÜPPENBECKER, A., GREIVING, S. (1999): Die Auswirkungen der Fauna-Flora-Habitat-Richtlinie und der Vogelschutzrichtlinie auf die Bauleitplanung. – Umwelt und Planungsrecht (UPR) 19 (5), 173 ff.

ELLENBERG, H. (1954): Naturgemäße Anbauplanung, Melioration und Landespflege. Landwirtschaftliche Pflanzensoziologie III. – Stuttgart: Ulmer – 109 S.

ERDMANN, K.-H., NAUBER, J. (1995): Der deutsche Beitrag zum UNESCO-Programm „Der Mensch und die Biosphäre" (MAB) – im Zeitraum Juli 1992 bis Juni 1994. – Bonn: BMU. – 295 S.

ERZ, W., KLAUSNITZER, B. (1998): Fauna. – In: SUKOPP, H., WITTIG, R. (Hrsg.): Stadtökologie. Ein Fachbuch für Studium und Praxis. – Stuttgart: Gustav Fischer. – S. 266-312.

Europäische Kommission (1999): NATURA 2000 Barometer. – natura 2000, Naturschutz-Infoblatt der Europäischen Kommission, GD XI, 10. Ausgabe. – hier nach: http://europa.eu.int/comm/environment/news/natura/nat10de.pdf

FINKE, L. (1999): Der mögliche Beitrag der Landschaftsplanung zu einer nachhaltigen Entwicklung. – In: WEILAND, U. (Hrsg.): Perspektiven der Raum- und Umweltplanung. – 1. Aufl. – Berlin: Verlag für Wissenschaft und Forschung. – S. 285-297.

GEROWITT, B., WILDENHAYN, M. (1997): Ökologische und ökonomische Auswirkungen von Extensivierungsmaßnahmen im Ackerbau: Ergebnisse des Göttinger INTEX-Projektes 1990-94. – Göttingen: Forschungs- und Studienzentrum Landwirtschaft und Umwelt der Universität. – 344 S.

GIGON, A., LANGENAUER, R., MEIER, C., NIEVERGELT, B. (1998): Blaue Listen der erfolgreich erhaltenen oder geförderten Tier- und Pflanzenarten der Roten Listen – Methodik und Anwendung in der nördlichen Schweiz. – Zürich. – Veröffentl. Geobotanisches Institut ETH, Stiftung Rübel 129. – S. 1-137 und 180 S. Anhang.

GRUEHN, D. (1998): Zur Berücksichtigung der Belange von Naturschutz und Landschaftspflege in der Flächennutzungsplanung. – Natur und Landschaft 73 (4), 170-174.

GRUEHN, D., KENNEWEG, H. (1998): Berücksichtigung der Belange von Naturschutz und Landschaftspflege in der Flächennutzungsplanung. – Bonn-Bad Godesberg: Bundesamt für Naturschutz. – Angewandte Landschaftsökologie, H. 17. – 492 S.

GUTTE, P. (1969): Die Ruderalpflanzengesellschaften West- und Mittelsachsens und ihre Bedeutung für die pflanzengeographische Gliederung des Gebietes. – Leipzig: Universität Leipzig, Diss.

HAMMER, K., DIEDERICHSEN, A., SPECHT, C.-E. (1997): Biodiversität und pflanzliche Ressourcen. – Gutachten für den SRU (unveröffentl.). – 50 S.

HERRMANNS, D., HÖNIG, D. (1999): Bau- und Raumordnungsgesetz 1998 – Erfahrungen und Novellierungsbedarf. – Deutsches Verwaltungsblatt (DVBl.) vom 15. August 1999, 1106-1109.

HINZEN, A., BUNZEL, A. (2000): Arbeitshilfe Umweltschutz in der Flächennutzungsplanung. – Berlin: Erich Schmidt Verlag. – 96 S.

HOFFJANN, T. (1998): Der FNP als Grundlage für nachhaltige Stadtentwicklung? Einige Aspekte für die integrierte, ökologisch orientierte Stadtplanung. – UVP-Report 12 (3), 223-225.

HÜBLER, K.-H. (1999): Genügen die klassischen normativen Siedlungsstrukturkonzepte den Anforderungen einer nachhaltigen Raumentwicklung? – Raumforschung und Raumordnung H. 4, S. 1-8.

IBA Emscher Park (Hrsg.) (1993): Neue Natur auf Industriebrachen. – Dokumentation des Fachsymposiums vom 26.-28. August 1991 in Gelsenkirchen. – Emscher Park Tagungsberichte 7. – 36 S.

IUCN (International Union for Conservation of Nature and Natural Ressources) (1980): World Conservation Strategy: Living resource conservation for sustainable development. – Gland: IUCN. – 44 S.

JESSEL, B. (1998): Wie zukunftsfähig ist die Eingriffsregelung? – Naturschutz und Landschaftsplanung 30 (7), 219-222.

JESSEL, B., TOBIAS, K. (1998): Die Planungsrechtsnovelle – Symptom für den Zeitgeist? Zur Neufassung der Eingriffsregelung in der Bauleitplanung durch die Novellierung des Baugesetzbuches. – Natur und Landschaft 73 (4), 155-158.

KAETHER, J. (1999): Weiterentwicklung und Präzisierung des Leitbildes der nachhaltigen Regionalentwicklung in der Regionalplanung und in regionalen Entwicklungskonzepten – Ergebnisse eines Forschungsvorhabens. – In: HÜBLER, K.-H., KAETHER, J. (Hrsg.): Nachhaltige Raum- und Regionalentwicklung – wo bleibt sie? – Berlin: Verlag für Wissenschaft und Forschung. – S. 93-107.

KIEMSTEDT, H., MÖNNECKE, M., OTT, S. (1994): Wirksamkeit kommunaler Landschaftsplanung. – Forschungsbericht im Auftrag des Bundesamtes für Naturschutz. Abschlußbericht (unveröffentlicht). – Hannover. – 79 S. o. Anhang.

KIEMSTEDT, H., MÖNNECKE, M., OTT, S. (1996): Methodik der Eingriffsregelung. Vorschläge zur bundeseinheitlichen Anwendung von Paragraph 8 BNatSchG. – Naturschutz und Landschaftsplanung 28 (9), 261-271.

KLAUSNITZER, B. (1993): Ökologie der Großstadtfauna. – Jena: Gustav Fischer. – 454 S.

KLAUSNITZER, B. (1998): Vom Wert alter Bäume als Lebensraum für Tiere. – In: KOWARIK, I., SCHMIDT, E.,

SIGEL, D. (Hrsg.): Naturschutz und Denkmalpflege. – Veröff. Inst. Denkmalpflege ETH Zürich 18. – S. 237-249.

KORNECK, D., SUKOPP, H. (1988): Rote Liste der in der Bundesrepublik Deutschland ausgestorbenen, verschollenen und gefährdeten Farn- und Blütenpflanzen und ihre Auswertung für den Arten- und Biotopschutz. – Bonn: BfN. – Schriftenreihe für Vegetationskunde, H. 19. – S. 1-210.

KOWARIK, I. (1992): Zur Rolle nichteinheimischer Waldarten bei der Waldbildung auf innerstädtischen Standorten in Berlin. – Verhandlungen Gesellschaft für Ökologie 21, 207-213.

KRAUTZBERGER, M. (1999): Zur Entwicklung des Städtebaurechts in der 14. Legislaturperiode. – Umweltplanungsrecht H. 11-12, 401-408.

LANA (Länderarbeitsgemeinschaft für Naturschutz und Landschaftspflege) (1995): Mindestanforderungen an den Inhalt der flächendeckenden örtlichen Landschaftsplanung. – Stuttgart: Umweltministerium Baden-Württemberg.

LOSKE, K.-H. (1998): Diskussion: Ökologische Fortschritte durch das BauROG? – Naturschutz und Landschaftspflege 30 (4), 124-126.

LOUIS, H.W. (1998): Das Verhältnis zwischen Baurecht und Naturschutz unter Berücksichtigung der Neuregelung durch das BauROG. – Natur und Recht (NuR) 20 (3), 113-123.

LÜERS, H. (1997): Der Bedeutungszuwachs für die Flächenutzungsplanung durch das Bau- und Raumordnungsgesetz 1998. – Umweltplanungsrecht 17 (9), 348-353.

LUNIAK, M. (1996): Synurbization of Animals as a Factor Icreasing Diversity of Urban Fauna. – In: Di CASTRI, F., YOUNÈ, T. (cds.): Biodiversity, Science and Development: Towards a New Partnership. – Wallingford (England): CAB International. – S. 566-574.

MERCK, T., NORDHEIM, H. von (1996): Rote Listen und Artenlisten der Tiere und Pflanzen des deutschen Meeres- und Küstenbereichs der Ostsee. – Schriftenreihe für Landschaftspflege und Naturschutz H. 53. – 108 S.

MEYER, R., REVERMANN, C., SAUTER, A. (1998): TA-Projekt „Gentechnik, Züchtung und Biodiversität" – Endbericht. – Karlsruhe: Büro für Technikfolgen-Abschätzung beim Deutschen Bundestag (TAB). – TAB-Arbeitsbericht Nr. 55. – 304 S.

MÖNNECKE, M., OTT, S. (1999): Erfolgskontrolle örtlicher Landschaftsplanung – ein Verfahrensvorschlag. – Natur und Landschaft 74 (2), 47-51.

MÜLLER-PFANNENSTIEL, K. (o. J.): Kommunale Ausgleichspools – Ansätze zu einem kommunalen Flächenmanagement. (In Vorbereitung.)

NIEDERSTADT, F. (1998): Die Umsetzung der Flora-Fauna-Habitatrichtlinie durch das Zweite Gesetz zur Änderung des Bundesnaturschutzgesetzes. – Natur und Recht (NuR) 20 (10), 515-526.

NORDHEIM, H. von, MERCK, T. (1995): Rote Liste der Biotoptypen, Tier- und Pflanzenarten des deutschen Wattenmeer- und Nordseebereichs. – Bonn-Bad Godesberg: Bundesamt für Naturschutz. – Schriftenreihe für Landschaftspflege und Naturschutz, H. 48. – 138 S.

NYLANDER, W. (1866): Les lichens du Jardin du Luxembourg. – Bulletin de la Société Botanique de France, 13. Jg., 364-371

PLACHTER, H. (1991): Naturschutz. – Stuttgart: Gustav Fischer.

PLANKL, R. (1999): Synopse zu den Agrarumweltprogrammen der Länder in der Bundesrepublik Deutschland: Maßnahmen zur Förderung umweltgerechter und den natürlichen Lebensraum schützender landwirtschaftlicher Produktionsverfahren gemäß VO (EWG) 2078/92. – Braunschweig: Institut für Strukturforschung der Bundesanstalt für Landwirtschaft (FAL). – Arbeitsbericht 1/1999. – 180 S.

ERBGUTH, W. (1999): Möglichkeiten der Umsetzung der Eingriffsregelung in der Bauleitplanung. – Bonn: Bundesamt für Naturschutz (Hrsg.). – Angewandte Landschaftsökologie H. 26. – 237 S.

REBELE, F., DETTMAR, J. (1996): Industriebrachen. Ökologie und Management. – Stuttgart: Ulmer. – 188 S.

RENGELING, H-W. (1999): Umsetzungsdefizite der FFH-Richtlinie in Deutschland? – Umwelt und Planungsrecht (UPR) 19 (8), 281-287.

RIECKEN, U., RIES, U., SSYMANK, A., (1994): Rote Liste der gefährdeten Biotoptypen der Bundesrepublik Deutschland. – Greven: Kilda. – Schriftenreihe für Landschaftspflege und Naturschutz, H. 41. – 184 S.

SCHERFOSE, V., FORST, R., GREGOR, T. et al. (1998): Förderprogramm zur Errichtung und Sicherung schutzwürdiger Teile von Natur und Landschaft mit gesamtstaatlich repräsentativer Bedeutung: Naturschutzgroßprojekte und Gewässerrandstreifenprogramm. – Natur und Landschaft 73 (7/8), 295-301.

SCHINK, A. (1999): Die Verträglichkeitsprüfung nach der FFH-Richtlinie. – Umwelt und Planungsrecht (UPR) 19 (11/12), 417-426.

SCHMITT, H.-P. (1997): Erhaltung forstlicher Genressourcen in NRW. – Landesanstalt für Ökologie, Bodenforschung und Forsten: LÖBF-Mitteilungen 22 (4), 22-26.

SCHNELLE, F. (1955): Pflanzen-Phänologie. – Leipzig: Akademie-Verl.-Ges. – 299 S.

SCHULTE, W., SUKOPP, H. (2000): Erfassung und Analyse ökologischer Grundlagen im besiedelten Bereich der Bundesrepublik Deutschland. – Naturschutz und Landschaftsplanung 32 (5), (im Druck).

SELLE, K. (Hrsg.) (1996): Planung und Kommunikation. – Wiesbaden: Bauverlag.

SPANNOWSKY, W., KRÄMER, T. (1998): Die Neuregelungen im Recht der Bauleitplanung aufgrund der Änderungen des BauGB. – Umwelt und Planungsrecht 18 (2), 44-52.

SRU (Der Rat von Sachverständigen für Umweltfragen) (1978): Umweltgutachten 1978. – Stuttgart: Kohlhammer. – 638 S.

SRU (1985): Umweltprobleme der Landwirtschaft. – Sondergutachten. – Stuttgart: Kohlhammer. – 423 S.

SRU (1987): Umweltgutachten 1987. – Stuttgart: Kohlhammer. – 674 S.

SRU (1991): Allgemeine ökologische Umweltbeobachtung. – Sondergutachten. – Stuttgart: Metzler-Poeschel. – 75 S.

SRU (1994): Umweltgutachten 1994. – Stuttgart: Metzler-Poeschel. – 384 S.

SRU (1996a): Umweltgutachten 1996. – Stuttgart: Metzler-Poeschel. – 468 S.

SRU (1996b): Konzepte einer dauerhaft-umweltgerechten Nutzung ländlicher Räume. – Sondergutachten. – Stuttgart: Metzler-Poeschel. – 128 S.

SRU (1998a): Umweltgutachten 1998. – Stuttgart: Metzler-Poeschel. – 390 S.

SRU (1998b): Flächendeckend wirksamer Grundwasserschutz. – Sondergutachten. – Stuttgart: Metzler-Poeschel. – 208 S.

SSYMANK, A., HAUKE, U., RÜCKRIEM, C., SCHRÖDER, E. (1998): Das europäische Schutzgebietssystem NATURA 2000. – Bonn-Bad Godesberg: Bundesamt für Naturschutz. – Schriftenreihe für Landschaftspflege und Naturschutz H. 53. – 560 S.

STEINMANN, H.-H., GEROWITT, B. (1999): Ökologische Auswirkungen von Extensivierungsmaßnahmen im Ackerbau: Abschlußbericht der Projektphase 1995 – 1998. – Göttingen: Forschungs- und Studienzentrum Landwirtschaft und Umwelt der Universität. – 2 Bd. und Kurzf.

STEUBING, L., KLEE, R., KIRSCHBAUM, M. (1974): Beurteilung der lufthygienischen Bedingungen in der Region Untermain mittels niederer und höherer Pflanzen. – Reinhaltung Luft 34, 206-209.

STÜBER, S. (1998): Gibt es „potentielle Schutzgebiete" i. S. d. FFH-Richtlinie? Anmerkung zum Urteil des BVerwG vom 19. 5. 1998 – 4 A 9/97. – Natur und Recht (NuR) 20 (10), 531-534.

STÜER, B. (1998): Handbuch des Bau- und Fachplanungsrechts: Planung, Genehmigung, Rechtsschutz. – 2. Aufl. 1998, mit Nachtrag 1999. – München: C.H. Beck.

SUKOPP, H. (1980): Großstädtische Flächennutzungen und deren Bedeutung für Klima, Boden, Pflanzen- und Tierwelt. – Berlin. – Der Senator für Stadtentwicklung und Umweltschutz (Hrsg.): Naturschutz in der Großstadt, Heft 2.

SUKOPP, H., SCHNEIDER, C. (1981): Zur Methodik der Naturschutzplanung. – Hannover: Akademie für Raumforschung und Landesplanung. – Beiträge zur ökologischen Raumplanung. – Arbeitsmaterial Nr. 46, S. 1-25.

SUKOPP, H., WEILER, S. (1986): Biotopkartierung im besiedelten Bereich der Bundesrepublik Deutschland. – Landschaft und Stadt 18 (1), 25-30.

SUKOPP, H., WITTIG, R. (Hrsg.) (1998): Stadtökologie. – 2. Auflage. – Stuttgart: Gustav Fischer. – 474 S.

WÄCHTER, T., WENDE, W. (1999): Flexibilisierung der Eingriffsregelung – nur eine Mode? – Naturschutz und Landschaftsplanung 31 (12), 382.

WAGNER, J., MITSCHANG, S. (1997): Novelle des BauGB 1998: Neue Aufgaben für die Bauleitplanung und die Landschaftsplanung. – Deutsches Verwaltungsblatt 112 (19), 1137-1146.

WIRTH, V. (1995): Die Flechten Baden-Württembergs. – 2. Auflage. – Stuttgart: Ulmer. – 1006 S.

WITTIG, R. (1991): Ökologie der Großstadtflora. – Stuttgart: Gustav Fischer. – 261 S.

WITTIG, R. (1995): Ökologie in der Stadt. – In: STEUBING, L.; BUCHWALD, K., BRAUN, E. (Hrsg.): Natur- und Umweltschutz. Ökologische Grundlagen, Methoden und Umsetzung. – Jena, Stuttgart: Gustav Fischer. – S. 230-260.

WOLF, R. (1998): Perspektiven der naturschutzrechtlichen Eingriffsregelung. – Zeitschrift für Umweltrecht (ZuR) 9 (4), 183-195.

ZACHARIAS, F. (1972): Blühphaseneintritt an Straßenbäumen (insbesondere *Tilia* x *euchlora* Koch) und Temperaturverteilung in Westberlin. – Berlin: Freie Universität, Diss. – 309 S.

Kapitel 2.4.2

AG BZE (Arbeitsgemeinschaft Bodenzustandserfassung im Wald der Landesforstämter) (1996): Deutscher Waldbodenbericht 1996. – Bonn: Bundesministerium für Ernährung, Landwirtschaft und Forsten (BMELF). – 1997. – 141 S. + Materialienband.

ARL (Akademie für Raumforschung und Landesplanung) (1999): Flächenhaushaltspolitik. Feststellungen und Empfehlungen für eine zukunftsfähige Raum- und Siedlungsentwicklung. – Hannover: ARL. – Forschungs- und Sitzungsberichte, Bd. 208.

BACHMANN, G. et al. (1997): Fachliche Eckpunkte zur Ableitung von Bodenwerten im Rahmen des Bundes-Bodenschutzgesetzes. – In: ROSENKRANZ, D., BACHMANN, G., EINSELE, G., HARREß, H.-M. (1998 ff.): Handbuch Bodenschutz. – Berlin: Erich Schmidt. – Losebl.-Ausg. – Kennziffer 3500.

BACHMANN, G., KONIETZKA, R. (1999): Ableitung von Grenzwerten (Umweltstandards) – Boden. – In: WICHMANN, H.E., SCHLIPKÖTER, H.-W., FÜLGRAFF, G.: Handbuch der Umweltmedizin. – Landsberg/Lech: ecomed. – 16. Ergänzungslieferung 8/99. – 16 S.

BECKER, R., NAGEL, H.D., WERNER, L. (1998): 2.3.1 Critical Loads für Säureeinträge. – In: NAGEL, H.D., GREGOR, H.D., (Hrsg.): Ökologische Belastungsgrenzen = Critical Loads & Levels: Ein internationales Konzept für die Luftreinhaltepolitik. – Berlin, Heidelberg: Springer – S. 80-110.

BEHLING, D. (1999): Strategien zur Weiterentwicklung der Altlastenvorsorge: Analyse angewandter Strategien zur Vermeidung, Dokumentation, Ermittlung und Überwachung der auf betrieblich genutzten Standorten vorhandenen Boden- und Grundwasserrisiken. – Neues aus Forschung und Praxis. – Witzenhausen: Baeza-Verl. – 181 S. – zugl.: Kassel, Universität, Diss.

BENS, O. (1999): Grundwasser-Belastungspotentiale forstlich genutzter Sandböden in einem Wasserschutzgebiet bei Münster/Westfalen. – Gießen: Justus-Liebig-Universität. – Boden & Landschaft, Band 24. – 180 S. – zugl.: Münster (Westfalen), Universität, Diss. 1998.

BGR (Bundesanstalt für Geowissenschaften und Rohstoffe) (Hrsg.) (1999): Methodische Anforderungen an die Flächenrepräsentanz von Hintergrundwerten in Oberböden (Abschlußbericht zum UBA-Projekt F+E 297 71 010). – Hannover: BGR. – 141 S.

BIZER, K. (1995): Flächenbesteuerung mit ökologischen Lenkungswirkungen. – Natur und Recht 17 (8), 385-391.

BIZER, K., EWRINGMANN, D., BERGMANN, E. et al. (1998): Mögliche Maßnahmen, Instrumente und Wirkungen einer Steuerung der Verkehrs- und Siedlungsflächennutzung. – Berlin u.a.: Springer. – 141 S.

BIZER, K., TRUGER, A. (1996): Die Steuerung der Bodenversiegelung durch Abgaben. – Zeitschrift für angewandte Umweltforschung (ZAU) 9 (3), 379-389.

BMU (Bundesministerium für Umwelt, Naturschutz und Reaktorsicherheit (Hrsg.) (1998a): Nachhaltige Entwicklung in Deutschland – Entwurf eines umweltpolitischen Schwerpunktprogramms. – Bonn: BMU. – 147 S.

BMU (1998b): Umweltbericht 1998. – Bonn: BMU. – zugl.: BT-Drs. 13/10735 v. 20.5.1998.

BMU (1999): Einsatz von Kompost als Sekundärrohstoffdünger, Bodenhilfsstoff und Kultursubstrat. – Umwelt 1/1999, 30-32.

BRUNOTTE, J., WINNIGE, B., FRIELINGHAUS, M., SOMMER, C. (1999): Der Bodenbedeckungsgrad – Schlüssel für gute fachliche Praxis im Hinblick auf das Problem Bodenabtrag in der pflanzlichen Produktion. – Bodenschutz 4 (2), 57-61.

BUCHWALD, K., ENGELHARDT, W. (Hrsg.) (1999): Umweltschutz – Grundlagen und Praxis, Band 4: Schutz des Bodens. – Bonn: Economica Verlag. – 157 S.

BUNZEL, A. (1997): Nachhaltigkeit – ein neues Leitbild für die kommunale Flächennutzungsplanung. Was bringt das novellierte Baugesetzbuch? – Natur und Recht 19 (12), 583-591.

DAHMKE, A. (1997): Aktualisierung der Literaturstudie „Reaktive Wände": pH-Redox-reaktive Wände. – Unter Mitarbeit von SCHLICKER, O. und WÜST, W. – Landesanstalt für Umweltschutz Baden-Württemberg (LfU) (Hrsg.): Handbuch Altlasten und Grundwasserschadensfälle, Texte und Berichte zur Altlastenbearbeitung, Bd. 33/97. – Karlsruhe: LfU.

DECHEMA (Gesellschaft für Chemische Technik und Biotechnologie e.V.) (Hrsg.) (1999): DECHEMA/GDCh/ITVA/UBA/UfZ-Symposium Natural Attenuation – Möglichkeiten und Grenzen naturnaher Sanierungsstrategien, DECHEMA-Haus Frankfurt a.M., 27./28.10.1999. – Tagungsband. – Frankfurt a.M.: DECHEMA.

DÖRHÖFER, G. (1998): Bewertung von Altlasten – Ansätze zur abgestuften Beurteilung von Grundwasserkontaminationen durch Altlasten. – Altlasten-Spektrum 7 (1), 20-26.

DOETSCH, P., RÜPKE, A., BURMEIER, H. (1998): Revitalisierung von Altstandorten versus Inanspruchnahme von Naturflächen. Gegenüberstellung der Flächenalternativen zur gewerblichen Nutzung durch qualitative, quantitative und monetäre Bewertung der gesellschaftlichen Potentiale und Effekte. – UFOPLAN des BMU, Forschungsbericht Nr. 203 40 119 UBA-FB 97-111, im Auftrag des Umweltbundesamtes. – Berlin: UBA. – UBA-Texte 15/98.

DOETSCH, P., RÜPKE, A., BURMEIER, H. (1999a): Praxiseinführung der Boden-Wert-Bilanz und Systematik zur Abschätzung des Brachflächenbestands in Deutschland. – UBA-Forschungs- und Entwicklungsvorhaben Nr. 298 77 284, Bericht v. 31. Mai 1999.

DOETSCH, P., BURMEIER, H., RÜPKE, A. (1999b): Revitalisierung von Altstandorten versus Inanspruchnahme von Naturflächen – ein konsentierbarer Bewertungsansatz zur intersubjektivierten Diskussion der Flächenalternativen. – In: FRANZIUS, V., BACHMANN, G. (Hrsg.): Sanierung kontaminierter Standorte und Bodenschutz 1998: Pro und Contra zu neuen rechtlichen Regelungen und Techniken. – Berlin: E. Schmidt. – Bodenschutz und Altlasten, Bd. 6. – S. 133-154.

DOLL, A., PÜTTMANN, W. (1999): Natural Attenuation – Sanierung von Mineralölkontaminationen in Boden und Grundwasser durch natürliche Rückhalte- und Abbauprozesse in den USA. – Altlasten-Spektrum 8 (6), 331-339.

DOSCH, F. (1996): Ausmaß der Bodenversiegelung und Potentiale zur Entsiegelung. – Bonn: Bundesforschungsanstalt für Landeskunde und Raumordnung. – Arbeitspapiere 1/1996. – 51 S.

DREISSIGACKER, H.-L. (1997): Bodenschutz in Europa. – Köln, Berlin, Bonn, München: Carl-Heymanns-Verlag.

DÜRR, H.-J., PETELKAU, H., SOMMER, C. (1995): Literaturstudie „Bodenverdichtung". – Forschungsbericht Nr. 107 02 004/09 UBA-FB 95-036. – Berlin: UBA. – UBA-Texte 55/95.

EIKMANN, T., HEINRICH, U., HEINZOW, B., KONIETZKA, R. (1999): Gefährdungsabschätzung von Umweltschadstoffen: Toxikologische Basisdaten und ihre Bewertung. – Berlin: E. Schmidt. – Ergänzbares Handbuch.

Enquete-Kommission „Schutz des Menschen und der Umwelt" (1997): Konzept Nachhaltigkeit – Fundamente für die Gesellschaft von morgen. – Bonn: Deutscher Bundestag. – Zur Sache. 97-01.

Enquete-Kommission „Schutz des Menschen und der Umwelt" (1998): Abschlußbericht der Enquete-Kommission „Schutz des Menschen und der Umwelt – Ziele und Rahmenbedingungen einer nachhaltig zukunftsverträglichen Entwicklung. – BT-Drs. 13/11200.

EPA (U. S. Environmental Protection Agency) (1995): In Situ Technology Status Report: Treatment Walls Development. – EPA 542-K-94-004. – EPA Office of Solid Waste and Emergency Response, Technology Innovation Office, Washington, DC 20460. – Washington: EPA.

FEGER, K.H. (1993): Bedeutung von ökosysteminternen Umsätzen und Nutzungseingriffen für den Stoffhaushalt von Waldlandschaften. – Freiburg: Institut für Bodenkunde und Waldernährungslehre der Albert-Ludwig-Universität. – Freiburger Bodenkundliche Abhandlungen 31. – 237 S. – zugl.: Freiburg/ Brsg., Universität, Habil.-Schrift 1992.

FEGER, K.H. (1996): Schutz vor Säuren (7.6.2). – In: BLUME, H.P., FISCHER, W., FREDE, H.G. et al. (Hrsg.): Handbuch der Bodenkunde. – 1. Erg. Lfg. 12/96. – Landsberg: Ecomed. – 24 S.

FEGER, K.H. (1997): Boden- und Wasserschutz in mitteleuropäischen Wäldern: Gefährdungspotentiale und Bewertung. – Bodenschutz 2 (1), 134-138.

FIEBIG, K.-H., OHLIGSCHLÄGER, G. (1989): Altlasten in den Kommunen. – In: KOMPA, R., FEHLAU, K.-P. (Hrsg.): Altlasten '89 – Flächenreaktivierung, Sanierungsziele, Arbeitsschutz, Sanierungsmanagement. – Köln: Verl. TÜV Rheinland. – S. 29-42.

FISCHER, J.-U., SIMSCH, K. (1999): Anforderungen an die Altlastensanierung im Rahmen des Flächenrecyclings – Stand des Vorhabens. – In: FRANZIUS, V., BACHMANN, G. (Hrsg.): Sanierung kontaminierter Standorte und Bodenschutz 1998: Pro und Contra zu neuen rechtlichen Regelungen und Techniken. – Berlin: E. Schmidt. – Bodenschutz und Altlasten, Bd. 6. – S. 155-161.

FÖRSTNER, U. (1999): Gefahrenbeurteilung von Böden und Altlasten/Schutz des Grundwassers: Kritische Anmerkungen zu Konzept und Methode der Gefahrenbeurteilung. – In: FRANZIUS, V., BACHMANN, G. (Hrsg.): Sanierung kontaminierter Standorte und Bodenschutz 1998: Pro und Contra zu neuen rechtlichen Regelungen und Techniken. – Berlin: E. Schmidt. – Bodenschutz und Altlasten, Bd. 6. – S. 43-54.

FÖRSTNER, U., THÖMING, J. (1997): Altlasten einfach wegrechnen? – BVB Kontrovers: Sickerwasserprognose. – Bodenschutz 2 (3), 72-73.

FRIELINGHAUS, M., BEESE, F., DEUMLICH, D., ELLENBROCK, R. et al. (1999): Risiken der Bodennutzung und Indikation von schädlichen Bodenveränderungen in der Gegenwart; Modelle und Methoden zur Abschätzung der Risiken der Bodennutzung. – In: FRIELINGHAUS, M., BORK, H.-R. (Koord.): Schutz des Bodens. – Bonn: Economica. – Umweltschutz – Grundlagen und Praxis, Bd. 4. – S. 29-95.

Geologisches Landesamt Mecklenburg-Vorpommern (GLA M-V) (Hrsg.) (1998): Beiträge zum Bodenschutz in Mecklenburg-Vorpommern – Bodenerosion. – Autorenkollektiv des ZALF: FRIELINGHAUS, M. et al. in enger Zusammenarbeit mit dem Geologisches Landesamt M-V. – Schwerin: GLA M-V.

GLATZEL, G. (1991): The impact of historic land use and modern forestry on nutrient relations of Central European forest ecosystems. – Fertilizer Research 27, 1-8.

GOLWER, A., MATHES, G. (1969): Qualitative Beeinträchtigung des Grundwasserdargebots durch Abfallstoffe. – Deutsche Gewässerkundliche Mitteilungen, Sonderheft (1969), S. 51-55.

GRATHWOHL, P. (1999a): Sickerwasserprognose zur Bewertung von Bodenverunreinigungen. – In: Stadt Marktredwitz (Hrsg.): Bodenschutz und Altlastensanierung. – Marktredwitzer Bodenschutztage, Tagungsband 1 zur Tagung am 27./29.10.1999 in Marktredwitz. – Marktredwitz: Bayerisches Geologisches Landesamt. – S. 146-151.

GRATHWOHL, P. (1999b): Empirische Korrelationen zur Sickerwasserprognose. – Bodenschutz 4 (2), 44-46.

HAEKEL, W. (1999): Verwertung versus Beseitigung – fehlgeleitete Stoffströme? – In: FRANZIUS, V.,

BACHMANN, G. (Hrsg.): Sanierung kontaminierter Standorte und Bodenschutz 1998: Pro und Contra zu neuen rechtlichen Regelungen und Techniken. – Berlin: E. Schmidt. – Bodenschutz und Altlasten, Bd. 6. – S. 73-78.

HOFFMANN, H. (1996): Ausmaß der Altlastenproblematik und Situation in Rheinland-Pfalz. – FRANZIUS/WOLF/BRANDT (Hrsg.): Handbuch der Altlastensanierung, 2. Aufl. (Loseblattsammlung 1995 ff., Stand: 19. Ergänzungslieferung der 2. Auflage, Dezember 1999), Kennziffer 1850.11 (1. Erg.-Lfg., Febr. 1996), 16 S. – Heidelberg: C.F. Müller Verl.

HOFFMANN, E.-W., FREIER, K. (1998): Bilanzierung des Verbleibs dekontaminierter Böden aus der Altlastensanierung – Bestandsaufnahme und Schwachstellenanalyse. – Kurzbericht über das gemeinsame Fachgespräch des Abfallentsorgungs- und Altlastensanierungsverbandes Nordrhein-Westfalen – Entsorgungsverband (AAV) und des Umweltbundesamtes (UBA). – Altlasten-Spektrum 7 (4), 220-221.

HOFFMANN-KROLL, R., SCHÄFER, D., SEIBEL, S. (1999): Gesamtrechnung für Bodennutzung und Biodiversität. – Abschlußbericht einer Studie, durchgeführt im Auftrag der Europäischen Union. – Stuttgart: Metzler-Poeschel. – Schriftenreihe Beiträge zu den Umweltökonomischen Gesamtrechnungen, Bd. 9. – 136 S.

HOLZWARTH, F. (1994): Trendwende zum Sanierungsminimalismus? (Editorial). – Altlasten-Spektrum 3 (4), 185 f.

HOLZWARTH, F., RADTKE, H., HILGER, B. (1999): Bundes-Bodenschutzgesetz, Bundes-Bodenschutz- und Altlastenverordnung. Handkommentar. – 2. Aufl. – Berlin: E. Schmidt.

HÜTTL, R.F. (1998): Neuartige Waldschäden. – In: Berlin-Brandenburgische Akademie der Wissenschaften (Hrsg.). – Berlin: Akademie-Verl. – Berichte und Abhandlungen der Berlin-Brandenburgischen Akademie der Wissenschaften, Bd. 5. – S. 131-215.

HÜTTL, R.F., FRIELINGHAUS, M. (1994): Soil fertility problems – an agriculture and forestry perspective. – The Science of the Total Environment 143, 63-74.

HÜTTL, R.F, SCHAAF, W. (1995): Nutrient supply of forest soils in relation to management and site history. – Plant and Soil 168/169, 31-41.

HÜTTL, R.F., VETTERLEIN, D. (1997): Die Verwertung von organischen Abfällen im Spannungsfeld zwischen Bodenschutz und Abfallwirtschaft. – In: FRANZIUS, V., BACHMANN, G. (Hrsg.): Sanierung kontaminierter Standorte: 1997: Anforderungen an Rechtsgrundlagen und Vollzug, Flächenrecycling, Projektentwicklung und Großprojekte. – Berlin: E. Schmidt. – Bodenschutz und Altlasten. – S. 97-124.

HÜTTL, R.F., BELLMANN, K., SEILER, W. (Hrsg.) (1995): Atmosphärensanierung und Waldökosysteme. –

Taunusstein: Verl. Eduard Blottner. – Umweltwissenschaften. Band 4. – 238 S.

ITVA (Ingenieurtechnischer Verband Altlasten) (1998): Flächenrecycling. – Arbeitshilfe C5-1, Juli 1998. – 26 S.

Umweltministerium Sachsen (1998): Umweltbericht 1998. – Fachliche Bearbeitung: Sächsisches Staatsministerium für Umwelt und Landesentwicklung und Sächsisches Landesamt für Umwelt und Geologie. – Dresden: Sächsisches Staatsministerium für Umwelt und Landesentwicklung (SMU).

KERNDORFF, H., SCHLEYER, R., MÜLLER-WEGENER, U. (1998): Beeinflussungen, Schäden und Gefahren für das Grundwasser und seine Nutzung durch Altlasten. – Altlasten-Spektrum 7 (1), 27-36.

KOBES, S. (1998): Das Bundes-Bodenschutzgesetz. – Neue Zeitschrift für Verwaltungsrecht (NVwZ) 18 (8), 786-798.

LABO (Bund/Länder-Arbeitsgemeinschaft Bodenschutz) (1995): Hintergrund- und Referenzwerte für Böden. – München: Bayer. Staatsminister für Landesentwicklung und Umweltfragen (Vorsitzender der LABO 1995-1996; Hrsg.). – Bodenschutz, Heft 4. – 151 S.

LABO (1998): Hintergrundwerte für anorganische und organische Stoffe in Böden. – In: ROSENKRANZ, D., EINSELE, G., HARREß, H.-M, BACHMANN, G. (Hrsg.): Bodenschutz: Handbuch der Maßnahmen und Empfehlungen für Schutz, Pflege und Sanierung von Böden, Kennziffer 9006. – 2. überarbeitete und ergänzte Auflage. – Berlin: E. Schmidt. – Losbl.-Ausg.

LABO (1999): Bodendauerbeobachtung: Einrichtung und Betrieb von Bodendauerbeobachtungsflächen. – Unveröffentlichte, vom AK 2 verabschiedete Textfassung. – Berlin.

LABO/LAGA (1995): Abfallverwertung auf devastierten Flächen. – In: ROSENKRANZ, D., EINSELE, G., HARREß, H.M. (Hrsg.): Bodenschutz. – Band 3-9007. – Berlin: E. Schmidt, – Losebl.-Ausg.

LEUCHS, W., BISTRY, T. (1999): Das Konzept der Gefahrenbeurteilung von Böden und Altlasten zum Schutz des Grundwassers aus Sicht von LAWA, LABO und LAGA. – In: FRANZIUS, V., BACHMANN, G. (Hrsg.): Sanierung kontaminierter Standorte und Bodenschutz 1998: Pro und Contra zu neuen rechtlichen Regelungen und Techniken. – Berlin: E. Schmidt. – Bodenschutz und Altlasten, Bd. 6. – S. 31-42.

LÜHR, H.-P. (1996): Fünf Jahre ITVA: Vom „Maximalismus" über den „Minimalismus" zum „Realismus" in der Altlastenbehandlung (Editorial). – Altlasten-Spektrum 5 (1), 1.

LÜHR, H.-P. (1999a): Editorial: Natural Attenuation – Die Zauberformel zur Bewältigung von Altlasten? – Wasser & Boden 51 (11), 1.

LÜHR, H.-P. (1999b): Grundsätze für das Monitoring im Zusammenhang mit Natural Attenuation bei der Altlastensanierung. – Altlasten-Spektrum 8 (6), 345-348.

MATZNER, E., GROSHOLZ, C. (1997): Beziehungen zwischen NO_3^--Austrägen, C/N-Verhältnissen der Auflage und N-Einträgen in Fichtenwald-Ökosystemen. – Forstwissenschaftliches Centralblatt 116, 39-44.

MOOS, C., HELM, M. (1999): Kompostverwertung im Erwerbsgarten- und Landschaftsbau. – Entsorgungspraxis 17 (12), 27-30.

NAGEL, H.D., SMIATEK, G. WERNER, B. (1994): Das Konzept der kritischen Eintragsraten als Möglichkeit zur Bestimmung von Umweltbelastungs- und – qualitätskriterien – Critical Loads und Critical Levels. – Stuttgart: Metzler-Poeschel. – Materialien zur Umweltforschung, Bd. 20. – 75 S.

NIBIS (1999): Niedersächsisches Bodeninformationssystem NIBIS. – Hannover: Niedersächsisches Landesamt für Bodenforschung (Hrsg.). – Informationsmappe.

NÖLTNER, T. (1997): Erhebung von Bergbaualtlasten in Baden-Württemberg. – In: Landesanstalt für Umweltschutz Baden-Württemberg (LfU) (Hrsg.): Handbuch Altlasten und Grundwasserschadensfälle, Bd. 27: Statusbericht Altlasten – 10 Jahre Altlastenbearbeitung in Baden-Württemberg, Kap. 8.4. – Karlsruhe: LfU.

NOTTER, H. (1999): Bodenschutz ist mehr als das Bundes-Bodenschutzgesetz. Anmerkungen zu dem neuen Gesetz. – Natur und Recht (NuR) 21 (10), 541-544.

NRC (US National Research Council, USA) (1994): Alternatives for Ground Water Cleanup. – Washington, D.C.: National Academy Press.

NYER, E.K., DUFFIN, M.E. (1997): The State of the Art of Bioremediation. – Groundwater Monitoring and Remediation 17 (2), 64-69.

OELKERS, K.-H., VOSS, H.-H. (1998): Konzeption, Aufbau und Nutzung von Bodeninformationssystemen: Das Fachinformationssystem Bodenkunde (FIS BODEN) des Niedersächsischen Bodeninformationssystems NIBIS. – In: ROSENKRANZ, D. et al. (Hrsg.): Bodenschutz – ergänzb. Handb., 26. Lfg. – Kz. 3060. – Berlin: E. Schmidt. – Losebl.-Ausg.

PEINE, F.-J. (1998): Risikoabschätzung im Bodenschutz. – Deutsches Verwaltungsblatt (DVBl.) 113 (4), 157-164.

PETERSEN, F. (1999): Rechtliche Anforderungen des Kreislaufwirtschafts- und Abfallgesetzes und Regelungsbedarf. – In: FRANZIUS, V., BACHMANN, G. (Hrsg.): Sanierung kontaminierter Standorte und Bodenschutz 1998: Pro und Contra zu neuen rechtlichen Regelungen und Techniken. – Berlin: E. Schmidt. – Bodenschutz und Altlasten, Bd. 6. – S. 55-66.

PETRAUSCHKE, B., PESCH, K.-H. (1998): Nutzung der Bodenfläche in der Bundesrepublik Deutschland. Ergebnisse der Flächenerhebung 1997 nach der Art der tatsächlichen Nutzung. – Wiesbaden: Statistisches Bundesamt. – Wirtschaft und Statistik (7), 574-583.

PILARDEAUX, B. (1999): Wüstenkonvention – auf dem Weg zu einem globalen Bodenschutzabkommen? – In: Jahrbuch Ökologie 2000. – München: Beck. – S. 146-150.

PROKOP, G., EDELGAARD, I., SCHAMANN, M., BONILLA, A. (1998): Contaminated Sites: 1st Year Report of Task Group 8 (Final Draft Topic Report Soil 1998). – European Environment Agency/European Topic Centre on Soil (EEA/TCS) (Hrsg.). – Kap. 3.6: Germany. – Kopenhagen: EEA. – S. 43-57.

RASPE, S., FEGER, K.-H., ZÖTTL, H.W. (Hrsg.) (1998): Ökosystemforschung im Schwarzwald. Auswirkungen von atmogenen Einträgen und Restabilisierungsmaßnahmen auf den Wasser- und Stoffhaushalt von Fichtenwäldern – Verbundprojekt ARINUS. – Landsberg: Ecomed. – 533 S.

REHBINDER, E. (1997a): Rechtlicher Hintergrund von Prüfwerten nach dem Bundesbodenschutzgesetz. – Altlasten-Spektrum 6 (6), 263-270.

REHBINDER, E. (1997b): Festlegung von Umweltzielen – Begründung, Begrenzung, instrumentelle Umsetzung. – Natur und Recht (NuR) 19 (7), 313-325.

REICHERT, M., FRAUENSTEIN, J. (1999): Altlasten und Grundwasserwiederanstieg in den Braunkohlegebieten Mitteldeutschlands und der Lausitz. – Altlasten-Spektrum 8 (3), 155-161.

REMDE, B. (1999): Die Bundes-Bodenschutz- und Altlastenverordnung – ausreichende Hilfe für den Vollzug? – Bodenschutz 4 (3), 91 f.

RIEDEL, U. (1999): Anforderungen an die Sanierung und der Umfang der Vorsorgepflicht nach dem Bundes-Bodenschutzgesetz. – Umwelt und Planungsrecht (UPR) 19 (3), 92-96.

RÖDER, R., TRENCK K.Th. von der, MARKARD, C. et al. (1999): Ableitungskriterien für Geringfügigkeitsschwellen zur Beurteilung von Grundwasserverunreinigungen. – Umweltwissenschaften und Schadstoff-Forschung (UWSF) – Z. Umweltchem. Ökotox. 11 (4), 212-218.

RÖHRIG, S. (1999): Der Sanierungsbegriff und die begriffliche Abgrenzung zwischen „Dekontamination" und „Sicherung" nach dem Bundes-Bodenschutzgesetz – Teil 1. – Altlasten-Spektrum 8 (5), 292-297.

RUF, J. (1997): Bodenschutz und Grundwasserschutz: Gemeinsame Grundsätze bei Gefahrenbeurteilung und Vorsorge. – Bodenschutz 2 (2), 52-57.

RUF, J., LEUCHS, W., BANNICK, C. (1998): Das GBG-Papier – Dichtung und Wahrheit. – Altlasten-Spektrum 7 (3), 153-155.

SALZWEDEL, J. (1994): Gutachten „Altlastensanierung und Grundwasserschutz". – VDI-Berichte Nr. 1119, S. 21 ff. – Auch in: LÜHR, H.P. (Hrsg.) (1995): Altlastenbehandlung: Rechtsgrundlagen der Gefahrenbeurteilung und deren praktische Umsetzung. – S. 27 ff.

SCHAAF, W., WEISDORFER, M., HÜTTL, R.F. (1995): Soil solution chemistry and element budgets of three scots pine ecosystems along a deposition gradient in north-eastern Germany. – Water, Air and Soil Pollution 85, 1197-1202.

SCHEMEL, H.-J., HARTMANN, G., WEDEKIND, K.-C. (1993): Methodik zur Entwicklung von Geldwertäquivalenten im Rahmen der Eingriffsregelung – Naturhaushalt – (Ausgleichsabgabe). – Forschungsbericht (unvollständige Fassung) im Auftrag der Bundesforschungsanstalt für Naturschutz und Landschaftsökologie. – München.

SCHINK, A. (1999): Beeinträchtigung der Umwelt in Deutschland durch landwirtschaftliche Produktion. – Umwelt und Planungsrecht (UPR) 19 (1), 8-16.

SCHWEPPE-KRAFT, B. (1992): Ausgleichszahlungen als Instrument der Ressourcenbewirtschaftung im Arten- und Biotopschutz. – Natur und Landschaft 67 (9), 410-413.

SONDERMANN, W.D. (1999): Natural Attenuation ... Naturnahe Sanierungsstrategie? – Altlasten-Spektrum 8 (6), 325 f.

SPIETH, W.F., WOLFERS, B. (1999): Die neuen Störer: Zur Ausdehnung der Altlastenhaftung in Paragraph 4 BodSchG. – Neue Zeitschrift für Verwaltungsrecht 18 (4), 355-360.

SRU (Der Rat von Sachverständigen für Umweltfragen) (1985): Umweltprobleme der Landwirtschaft. Sondergutachten. – Stuttgart: Kohlhammer. – 423 S.

SRU (1990): Altlasten (Sondergutachten, Dezember 1989). – Stuttgart: Metzler-Poeschel. – 304 S.

SRU (1994): Umweltgutachten 1994. – Stuttgart: Metzler-Poeschel. – 380 S.

SRU (1995): Altlasten II (Sondergutachten, Januar 1995). – Stuttgart: Metzler-Poeschel. – 286 S.

SRU (1996a): Umweltgutachten 1996. – Stuttgart: Metzler-Poeschel. – 468 S.

SRU (1996b): Konzepte einer dauerhaft-umweltgerechten Nutzung ländlicher Räume. – Sondergutachten. – Stuttgart: Metzler-Poeschel. – 128 S.

SRU (1998a): Umweltgutachten 1998. – Stuttgart: Metzler-Poeschel. – 388 S.

SRU (1998b): Flächendeckend wirksamer Grundwasserschutz. – Sondergutachten. – Stuttgart: Metzler Poeschel. – 208 S.

Statistisches Bundesamt (Hrsg.) (1998): Bodenfläche nach Art der tatsächlichen Nutzung 1997. – Stuttgart: Metzler-Poeschel. – Fachserie 3 (Land-, Forstwirtschaft, Fischerei), Reihe 5.1.

TEUTSCH, G., GRATHWOHL, P., SCHIEDIK, T. (1997): Literatustudie zum natürlichen Rückhalt/Abbau von Schadstoffen im Grundwasser. – Karlsruhe: LfU. – Landesanstalt für Umweltschutz Baden-Württemberg (LfU) (Hrsg.): Handbuch Altlasten und Grundwasserschadensfälle, Texte und Berichte zur Altlastenbearbeitung, Bd. 35/97.

THOENES, H.-W. (1999): International verbindliche Bodenkonvention – Chancen für weltweite Altlastensanierungen? – Altlasten-Spektrum 8 (1), 3-18.

TRENCK, K.Th. von der, RÖDER, R., SLAMA, H. et al. (1999): Ableitung von Geringfügigkeitsschwellen zur Beurteilung von Grundwasserverunreinigungen. – Teil I: Anorganische Parameter; Teil II: Organische Parameter. – Umweltmedizin in Forschung und Praxis 4 (3), 168-183 und 4 (6), 335-346.

Tutzinger Projekt (1998): Tutzinger Projekt „Ökologie der Zeit"; Böden als Lebensgrundlage erhalten. Vorschlag für ein „Übereinkommen zum nachhaltigen Umgang mit Böden" (Bodenkonvention). – 2. Aufl. – München: ökom Verlag.

UBA (Umweltbundesamt) (Hrsg.) (1985): Materialien zur Bodenschutzkonzeption der Bundesregierung. – Berlin: Umweltbundesamt. – UBA-Texte 27/85. – 499 S.

UBA (Hrsg.) (1994): Daten zur Umwelt 1992/93. – Berlin: UBA.

UBA (Hrsg.) (1996): Jahresbericht 1995. – Berlin: UBA.

UBA (Hrsg.) (1997): Daten zur Umwelt – Der Zustand der Umwelt in Deutschland, Ausgabe 1997. – Berlin: E. Schmidt – 570 S.

UBA (Hrsg.) (1998): Jahresbericht 1997. – Berlin: UBA.

UBA (1999a): Mitteilungen der Deutschen Anlaufstelle Europäische Umweltagentur 1-2/99.

UBA (Hrsg.) (1999b): Internetseite „Bundesweite Übersicht zur Altlastenerfassung". – htpp://www.umweltdaten.de/altlast/web1/deutsch/1_6.htm v. 15.11.1999 u. 01.02.2000.

UBA (Hrsg.) (1999c): Jahresbericht 1998. – Berlin: UBA.

UBA (Hrsg.) (1999d): Internetseite „Bundesweite Übersicht zum Stand der Sanierung von Altlasten". – htpp://www.umweltdaten.de/altlast/web1/deutsch/1_8.htm v. 15.11.1999 u. 01.02.2000.

UBA (Hrsg.) (1999e): Internetseite „Bundesweite Übersicht zum Stand der Bewertung altlastverdächtiger Flächen". – htpp://www.umweltdaten.de/altlast/web1/deutsch/1_7.htm v. 15.11.1999 u. 01.02.2000.

UBA (Hrsg.) (1999f): Berechnung von Prüfwerten zur Bewertung von Altlasten (Grundwerk) – Ableitung und Berechnung von Prüfwerten der Bundes-Bodenschutz- und Altlastenverordnung für den Wirkungspfad Boden-Mensch aufgrund der Bekanntmachung der Ableitungsmethoden und -maßstäbe im Bundesanzeiger Nr. 161a vom 28. August 1999 – Berlin: E. Schmidt. – Losebl.-Ausg. – ISBN 3-503-05825-7.

UBA/BMBF (Hrsg.) (1999): Umweltbundesamt – Projektträger Abfallwirtschaft und Altlastensanierung (PT AWAS) – im Auftrag des Bundesministeriums für Bildung und Forschung (BMBF) (Hrsg.): Vorhaben 1992-1998. – Bonn: BMBF. – 504 S.

UGB-KomE (1998): Entwurf der Unabhängigen Sachverständigenkommission zum Umweltgesetzbuch beim Bundesministerium für Umwelt, Naturschutz und Reaktorsicherheit (Hrsg.). – Berlin: Duncker & Humblot. – 1725 S.

UGR-Bericht (1999): Bericht des Statistischen Bundesamtes zu den Umweltökonomischen Gesamtrechnungen 1999. – Wiesbaden: Statistisches Bundesamt. – S. 13-17.

ULRICH, B. (1981): Ökologische Gruppierung von Böden nach ihrem chemischen Bodenzustand. – Zeitschrift für Pflanzenernährung und Bodenkunde 144 (3), 289-305.

VEERHOFF, M., ROSCHER, S., BRÜMMER, G. (1996): Ausmaß und ökologische Gefahren der Versauerung von Böden unter Wald. – Berlin: E. Schmidt. – Berichte des Umweltbundesamtes, Band 1/96. – 364 S.

VETTERLEIN, D., HÜTTL, R.F. (1999): Can applied organic matter fulfil similar functions as soil organic matter? Risk-benefit analysis for organic matter application as a potential strategy for rehabilitation of disturbed ecosystems. – Plant and Soil 213, 1-10.

WBGU (Wissenschaftlicher Beirat der Bundesregierung Globale Umweltveränderungen) (1994): Welt im Wandel: Die Gefährdung der Böden. Jahresgutachten 1994. – Bonn: Economica. –263 S.

WERNER, B., HENZE, C.H., NAGEL, H.D. (1998): 2.3.2 Critical Loads für den Stickstoffeintrag. – In: NAGEL, H.D., GREGOR, H.D. (Hrsg.): Ökologische Belastungsgrenzen = Critical Loads & Levels. – Ein internationales Konzept für die Luftreinhaltepolitik. – Berlin, Heidelberg: Springer – S. 80-110.

WIENBERG, R. (1997): Nichtstun und Beobachten – eine alternative Sanierungstechnik? (Editorial). – Altlasten-Spektrum 6 (2), 55 f.

WIENBERG, R. (1998): Eine wissenschaftliche Polemik aus Anlaß des Artikels von H. Wächter über die Ehrenrettung des Elutionstests DEV S4. – Altlasten-Spektrum 7 (3), 150-152.

WIENBERG, R. (1999): Zum Konzept des qualifizierten Nichtstuns bei der Altlastensanierung. – In: FRANZIUS, V., BACHMANN, G. (Hrsg.): Sanierung kontaminierter Standorte und Bodenschutz 1998: Pro und Contra zu neuen rechtlichen Regelungen und Techniken. – Berlin: E. Schmidt. – Bodenschutz und Altlasten, Bd. 6. – S. 193-200.

WILDHAGEN, H., LARCHER, P., MEYER, B. (1987): Modell-Versuch „Göttinger-Kompost-Tonne": N-, P- und K-Düngewirkung des Biomüll-Kompostes zu Getreide im Feldversuch. – Göttingen. – Mitteilungen der Deutschen Bodenkundlichen Gesellschaft, Bd. 55. – S. 667-672.

WOLF, R. (1999): Bodenfunktion, Bodenschutz und Naturschutz. – Natur und Recht 21 (10), 545-554.

ZINTZ, N. (1999): Fachinformationssystem Altlasten der Oberfinanzdirektion Hannover zur Altlastenbearbeitung im Zuständigkeitsbereich von BMVg und BMVBW. – In: UBA (Hrsg.): Dokumentation zum Workshop „Aktuelle DV-gestützte Anwendungen und die Nutzung neuer Medien im Altlastenbereich" in Berlin am 27./28. Januar 1999 im Umweltbundesamt. Berlin: Umweltbundesamt. – S. 79-109.

Kapitel 2.4.3

Arbeitsgemeinschaft zur Reinhaltung der Weser (1998): Gewässerstrukturgütekarte Weser, Werra, Fulda. – Hildesheim: Wassergütestelle Weser im Niedersächsischen Landesamt für Ökologie. – 45 S. und Anhang.

BACH, M., FISCHER, P., FREDE, H.-G. (1996): Gewässerschutz durch Abstandsauflagen? – Nachrichtenblatt des Deutschen Pflanzenschutzdienstes 48 (3), 60-62.

BENS, O. (1999): Grundwasser-Belastungspotentiale forstlich genutzter Sandböden in einem Wasserschutzgebiet bei Münster/Westfalen. – Gießen: Justus-Liebig-Univ. – Boden & Landschaft, Bd. 24. – 180 S.

BMBF (Bundesministerium für Bildung und Forschung) (1995): Offshore Windenergiesysteme. – Abschlußbericht zum Fördervorhaben des BMBF; Nr. 0329645 (A u. B.). – 205 S. – zugl.: Münster/Westf., Univ., Diss. 1998.

BMU (Bundesministerium für Umwelt, Naturschutz und Reaktorsicherheit) (1998): Umweltpolitik: Wasserwirtschaft in Deutschland. – Berlin: BMU. – 190 S.

BOSENIUS, U. (1998): Der Entwurf einer EG-Wasserrahmenrichtlinie – Die Sicht der Beratungen auf europäischer Ebene. – Neue Zeitschrift für Verwaltungsrecht 17 (10), 1039-1042.

BREUER, R. (1997): Die Fortentwicklung des Wasserrechts auf europäischer und deutscher Ebene. – Deutsches Verwaltungsblatt (DVBl.) 112 (20), 1211-1223.

DIRKSEN, S., van der WINDEN, J., SPAANS, A.L. (1998): Nocturnal collision risks of birds with wind turbines in tidal and semi-offshore areas. – In: RATTO, C.F., SOLARI, G. (Eds.): Wind Energy and Landscape. – Rotterdam: Balkama. – pp. 99-108.

ESCH, B. (1999): Reale Mengen und Qualitäten der in Deutschland anfallenden Klärschlämme: Ergebnisse der ATV-Umfrage für 1996. – Referat für die 1. ATV-Klärschlammtage 07.06.-09.06.1999 in Würzburg. – Manuskript, 19 S.

FISCHER, P., BACH, M., FREDE, H.-G. (1995): Gewässergefährdung durch Applikationseinträge von Pflanzenschutzmitteln. – Wasserwirtschaft 85 (12), 592-595.

FISCHER, P., HARTMANN, H., BACH, M. et al. (1998a): Gewässerbelastung durch Pflanzenschutzmittel in drei Einzugsgebieten. – Gesunde Pflanzen 50 (5), 142-147.

FISCHER, P., HARTMANN, H., BACH, M. et al. (1998b): Reduktion des Gewässereintrags von Pflanzenschutzmitteln aus Punktquellen durch Beratung. – Gesunde Pflanzen 50 (5), 148-152.

FREDE, H.-G., FISCHER, P., BACH, M. (1998): Reduction of herbicide contamination in flowing waters. – Zeitschrift für Pflanzenernährung und Bodenkunde 161, 395-400.

Germanischer Lloyd (1999): Offshore-Windkraft im Kommen. – GL-Magazin 1/99.

Gewässergütebericht Mecklenburg-Vorpommern (1998): Gewässergütebericht 1996/1997: Zustand und Entwicklung der Gewässergüte von Fließ-, Stand- und Küstengewässern und der Grundwasserbeschaffenheit in Mecklenburg-Vorpommern. – Schwerin: Umweltministerium Mecklenburg-Vorpommern. – 140 S. und 249 S. Anhang.

GKSS-Forschungszentrum Geesthacht (1992): Schadstoffkartierung in Sedimenten des deutschen Wattenmeeres. Juni 1989 bis Juni 1992. Abschlußbericht. – Geesthacht: GKSS, 1994. – zugl.: KOOPMANN, C. et al., Berlin: UBA-Forschungsbericht 93/136. – 156 S.

GOLLASCH, S., RIEMANN-ZÜRNECK, K. (1996): Transoceanic dispersal of benthic macrofauna found on a ship's hull in a shipyard dock in Hamburg Harbour, Germany. – Helgoländer Meeresuntersuchungen 50 (2), 253-258.

GRÜNEWALD, U., (1999): Einzugsgebietsbezogene Wasserbewirtschaftung als fach- und länderübergreifende Herausforderung. – Hydrologie und Wasserbewirtschaftung 43 (6), 292-301.

GRÜNEWALD, U., BIEMELT, D., BEKURTS, V. et al. (1999): Standortuntersuchungen zur besseren Quantifizierung von Elementen des regionalen Wasserhaushalts. – In: HÜTTL, R.F., KLEM, D., WEBER, E. (Hrsg.): Rekultivierung von Bergbaufolgelandschaften – Das Beispiel des Lausitzer Braunkohlereviers. – Berlin, New York: de Gruyter.

HALLEGRAEF, G.M., BOLCH, C.J. (1992): Transport of diatom and dinoflagellate resting spores in ship's ballast water. Implications for plankton biogeography and aquaculture. – Journal of Plankton Research 14 (8), 1067-1084.

HELCOM (2000): HELCOM Handbook: Main Decisions. – hier nach: http://www.helcom.fi/handbook/hbdecl.html.

Hessisches Ministerium für Umwelt, Landwirtschaft und Forsten (1999): Gewässerstrukturgütekarte Hessen 1999 – Folienbeilage in: Ein Bach... ist mehr als Wasser... – Wiesbaden: Hessisches Ministerium für Umwelt, Landwirtschaft und Forsten.

HÖPNER, T., MICHAELIS, H. (1994): Sogenannte „Schwarze Flecken". Ein Eutrophierungssymptom des Wattenmeeres. – In: LOZÁN, J., RACHOR, E., REISE, K. et al. (Hrsg.): Warnsignale aus dem Wattenmeer. – Berlin: Blackwell Wissenschafts-Verlag. – S. 153-159.

HÖRSGEN, B. (1999): Konsequenzen aus der Europäischen Wasserrahmenrichtlinie für die deutsche Wasserwirtschaft. – gwf Wasser-Abwasser 140 (13), 8-13.

IKSR (Internationale Kommission zum Schutze des Rheins) (ohne Jahr): Lachs 2000. – Koblenz: IKSR. – 32 S.

IKSR (1996): Lachs 2000: Stand der Projekte Anfang 1996. – Koblenz: IKSR. – 48 S.

IKSR (1998a): Statusbericht Rhein 1997: Entwicklung des Zustandes des Rheins zwischen 1987 und 1995. – Kurzfassung. – Nr. 96. – Rotterdam: IKSR.

IKSR (1998b): Leitlinien für ein Programm zur nachhaltigen Entwicklung des Rheins: Hochwasserschutz, Ökologie. Gewässerqualität. – Nr. 97. – Rotterdam: IKSR.

IKSR (1998c): Übereinkommen zum Schutz des Rheins. – Nr. 95. – Rotterdam: IKSR.

4. INK (Internationale Nordseeschutz-Konferenz) (1995): Report of the Oslo and Paris Commissions to the Fourth International Conference on the Protection of the North Sea. – London: OSPAR publications.

Jahresbericht der Wasserwirtschaft (1997): Gemeinsamer Bericht der mit der Wasserwirtschaft befaßten Bundesministerien: Jahresbericht der Wasserwirtschaft – Haushaltsjahr 1996. – Wasser und Boden 49 (7), 12-32.

Jahresbericht der Wasserwirtschaft (1998): Gemeinsamer Bericht der mit der Wasserwirtschaft befaßten Bundesministerien: Jahresbericht der Wasserwirtschaft – Haushaltsjahr 1997. – Wasser und Boden 50 (7), 7-32.

Jahresbericht der Wasserwirtschaft (1999): Gemeinsamer Bericht der mit der Wasserwirtschaft befaßten Bundesministerien: Jahresbericht der Wasserwirtschaft – Haushaltsjahr 1998. – Wasser und Boden 51 (7+8), 9-35.

JÜLICH, R. (1998): The EDTA-Agreement. – In: The Environmental Law Network International (elni) (ed.): Environmental Agreements: The Role and Effects of Environmental Agreements in Environmental Policies. – London: Cameron May. – S. 305-341.

KABLER, L.V. (1996): Ballast water invadors. Breaches in the bulwark. – Aquatic Nuisance Species Digest 1, 34-35.

KEITZ, S. von (1999): Die Einführung „stark veränderter Gewässer" in die EU-Wasserrahmenrichtlinie und ihre Auswirkungen auf den Gewässerschutz der Bundesrepublik Deutschland. – Wasser und Boden 51 (5), 14-17.

KNEBEL, J., WICKE, L, MICHAEL, G. (1999): Selbstverpflichtungen und normersetzende Umweltverträge als Instrumente des Umweltschutzes. – Berlin: E. Schmidt. – UBA-Berichte, Bd. 5/99. – 576 S.

KNOPP, G. (1997): Die neue Grundwasserverordnung – ein Zwischenschritt zur Ausgestaltung des flächendeckenden Grundwasserschutzes in der Europäischen Gemeinschaft. – Zeitschrift für Wasserrecht (ZfW) 36 (4), 205-219.

KRAMER, R.A. et al. (1998): Vergleich der Trinkwasserpreise im europäischen Rahmen. – Berlin: Umweltbundesamt. – UBA-Texte 22/98.

KUSSATZ, C., SCHUDOMA, D., THROL, C. et al. (1999): Zielvorgaben für Pflanzenschutzmittelwirkstoffe zum Schutz oberirdischer Binnengewässer. – Berlin: Umweltbundesamt. – UBA-Texte 76/99. – 176 S.

LAWA (Länderarbeitsgemeinschaft Wasser) (Hrsg.) (1993): Grundwasser, Richtlinien für Beobachtung und Auswertung Teil 3 – Grundwasserbeschaffenheit. – Länderarbeitsgemeinschaft Wasser, ad-hoc-Arbeitskreis „Grundwasserbeschaffenheitsrichtlinie". – Essen: Woeste.

LAWA (1995a): Deutsche Anforderungen an einen fortschrittlichen (zukunftsweisenden) Grundwasserschutz in der Europäischen Gemeinschaft. – Stuttgart: LAWA.

LAWA (Hrsg.) (1995b): Bericht zur Grundwasserbeschaffenheit: Nitrat. – Essen: Woeste.

LAWA (1997a): Zielvorgaben zum Schutz oberirdischer Binnengewässer. – Band I, Teil I: Konzeption zur Ableitung von Zielvorgaben zum Schutz oberirdischer Binnengewässer vor gefährlichen Stoffen. – Teil II: Erprobung der Zielvorgaben von 28 gefährlichen Wasserinhaltsstoffen in Fließgewässern. – Berlin: LAWA.

LAWA (Hrsg.) (1997b): Bericht zur Grundwasserbeschaffenheit: Pflanzenschutzmittel. – Essen: Woeste.

LAWA (1998a): Zielvorgaben zum Schutz oberirdischer Binnengewässer. – Band II: Ableitung und Erprobung von Zielvorgaben zum Schutz oberirdischer Binnengewässer für die Schwermetalle Blei, Cadmium, Chrom, Kupfer; Nickel, Quecksilber und Zink. – Berlin: LAWA.

LAWA (1998b): Zielvorgaben zum Schutz oberirdischer Binnengewässer. – Band III, Teil I: Konzeption zur Ableitung von Zielvorgaben zum Schutz oberirdischer Gewässer vor gefährlichen Stoffen. – Teil II: Erprobung der Zielvorgaben für Wirkstoffe in Bioziden und Pflanzenbehandlungsmitteln für trinkwasserrelevante oberirdische Binnengewässer. – Berlin: LAWA.

LAWA (1999): Gewässerstrukturgütekartierung in der Bundesrepublik Deutschland: Verfahren für kleine und mittelgroße Fließgewässer – Empfehlung. – Essen: Büro für Umweltanalytik. – 146 S. und Anhang.

LfU B-W (Landesanstalt für Umweltschutz Baden-Württemberg) (1998): Gewässergütekarte Baden-Württemberg. – Karlsruhe: LfU B-W. – 65 S. und Anhang.

LINDEBOOM, H.J., DE GROOT, S. (Hrsg.) (1998): IMPACT-II. The effects of different types of fisheries on the North Sea and Irish Sea benthic ecosystems. – Nederlands Instituut voor Onderzoek der Zee (NIOZ) Rapport, H. 1. – 404 S.

LOLL, U. (1998): Der Klärschlamm wird weniger und geht aufs Land. – Entsorgungspraxis 16 (7/8), S. 1 und S. 4.

MARKARD, C. (1999): Grundwasserschutz – ein vergessenes Thema? – Wasser und Boden 51 (9), 7-10.

MATTHÄUS, W. (1996): Ozeanographische Besonderheiten. – In: LOZÁN, J., LAMPE, R., MATTHÄUS, W. et al. (Hrsg.): Warnsignale aus der Ostsee. – Berlin: Parey. – S. 17-24.

MERCK, Th., NORDHEIM, H. von (1999): Probleme bei der Nutzung von Offshore-Windenergie aus Sicht des Naturschutzes. – German Journal of Hydrography, Supplement 10, 79-88.

MIETZ, O., SCHÖNFELDER, J. (1997): Erstellung eines Seenkatasters mit dem Schwerpunkt der Entwicklung eines Gewässergütemeßnetzes für die Einhaltung des Naturschutz- und Wassergesetzes an ausgewählten oligo- und mesotrophen Seen des Landes Brandenburg. – Abschlußbericht zum Projekt Life 94/D/A32/D/00495/BND. – Potsdam.

NEUMANN, D., BORCHERDING, J. (1998): Die Fischfauna des Niederrheins und seiner ehemaligen Auenlandschaft. – LÖBF-Mitteilungen 23 (2), 12-15.

NEUMANN, D., INGENDAHL, D., MOLLS, F., NEMITZ, A. (1998): Lachswiedereinbürgerung in NRW. – LÖBF-Mitteilungen 23 (2), 20-25.

OSPAR-INPUT (1997): Angaben der Bundesländer zu Nährstoffeinträgen über die deutschen Flüsse in die Nordsee. – In: BMU (Hrsg.) (1998): Bericht der Bundesregierung über die Umsetzung der Beschlüsse der 4. Internationalen Nordseeschutz-Konferenz (4. INK), Esbjerg 1995. – BT-Drucksache 13/11224. – Bonn: Bundesanzeiger Verlagsges. – 148 S.

RACHOR, E. (1998): Voraussetzungen für die Erhaltung der biologischen Vielfalt in Nord- und Ostsee einschließlich ihrer Küsten. – Vortrag auf der Tagung Ziele des Naturschutzes und einer nachhaltigen Naturnutzung in Deutschland: Küsten und Randmeere, Hamburg: 7.12.1998.

RAFFIUS, B. (2000): Eintrag luftgetragener und luftbürtiger organischer Substanzen in den Boden unter spezieller Berücksichtigung möglicher Einflüsse auf die Grundwasserqualität. – Cottbus: Brandenburgische Technische Universität. – Diss.

RAFFIUS, B., SCHLEYER, R. (1999): Grundwasserbeeinflussung durch organische Luftschadstoffe. – Entwurf Abschlußbericht im Auftrag des DVWK. – Langen: Umweltbundesamt/Institut für Wasser-, Boden- und Lufthygiene. – Manuskriptauszug.

REINHARDT, M. (1999): Bewirtschaftungsplanung im Wasserrecht. Skizzen über ein Instrument der Gewässerbewirtschaftung zwischen nationalem und europäischem Wasserrecht. – Zeitschrift für Wasserrecht 38 (4), 300-310.

ROGG, J. (1999): Revision der Trinkwasserverordnung aus Sicht der Versorgungsunternehmen. – gwf Wasser/Abwasser 140 (13), Wasser Special, 38-47.

ROTHE, A., KREUTZER, K. (1998): Wechselwirkungen zwischen Fichte und Buche im Mischbestand. – AFZ/Der Wald 53 (15), 784-787.

SCHENK, D., KAUPE, M. 1998: Grundwassererfassungssysteme in Deutschland, dargestellt auf der Basis hydrogeologischer Prozesse und geologischer Gegebenheiten. – Stuttgart: Metzler-Poeschel. – Materialien zur Umweltforschung, Bd. 29. – 226 S.

SCHLEYER, R. (1996): Beeinflussung der Grundwasserqualität durch Deposition anthropogener organischer Stoffe aus der Atmosphäre. – Berlin: Institut für Wasser-, Boden- und Lufthygiene. – WaBoLu-Hefte 10/96.

SCHREIBER, M. (1993): Windkraftanlagen und Watvogel-Rastplätze. Störungen und Rastplatzwahl von Brachvogel und Goldregenpfeifer. – Naturschutz und Landschaftsplanung 25 (4), 133-139.

SEIDEL, W. (1998): Die geplante Wasserrahmenrichtlinie der Europäischen Gemeinschaft. – Umwelt und Planungsrecht (UPR) 18 /11/12), 430-435.

Sonderbericht des Europäischen Rechnungshofes Nr. 3/98 über die Durchführung seitens der Kommission von Politik und Maßnahmen der EU zur Bekämpfung der Gewässerverschmutzung zusammen mit den Antworten der Kommission (vorgelegt gemäß Art. 188c Abs. 4 Unterabsatz 2 des EG-Vertrages). – Amtsblatt der Europäischen Gemeinschaften C 191/2 vom 18.6.98.

SRU (Der Rat von Sachverständigen für Umweltfragen) (1980): Umweltprobleme der Nordsee. – Sondergutachten. – Stuttgart: Kohlhammer. – 503 S.

SRU (1985): Umweltprobleme der Landwirtschaft. – Sondergutachten. – Stuttgart: Kohlhammer. – 423 S.

SRU (1987): Umweltgutachten 1987. – Stuttgart: Kohlhammer. – 674 S.

SRU (1994): Umweltgutachten 1994. – Stuttgart: Metzler-Poeschel. – 384 S.

SRU (1996a): Umweltgutachten 1996. – Stuttgart: Metzler-Poeschel. – 468 S.

SRU (1996b): Konzepte einer dauerhaft-umweltgerechten Nutzung ländlicher Räume. – Sondergutachten. – Stuttgart: Metzler-Poeschel. – 127 S.

SRU (1998a): Umweltgutachten 1998. – Stuttgart: Metzler-Poeschel. – 390 S.

SRU (1998b): Flächendeckend wirksamer Grundwasserschutz. – Sondergutachten. – Stuttgart: Metzler-Poeschel. – 207 S.

SRU (1999): Umwelt und Gesundheit. – Sondergutachten. – Stuttgart: Metzler-Poeschel. – 252 S.

Statistisches Bundesamt (1998): Umwelt: Öffentliche Wasserversorgung und Abwasserbeseitigung 1995. – Fachserie 19, Reihe 2.1. – Wiesbaden: Statistisches Bundesamt.

Stickstoffminderungsprogramm (1997): Bericht der Arbeitsgruppe aus Vertretern der Umwelt- und Agrarministerkonferenz. Berichte der Niedersächsischen Naturschutzakademie, 10. Bd., H. 4. – Schneverdingen: NNA. – 52 S.

STROBEN, E. (1994): Imposex und weitere Effekte von chronischer TBT-Intoxikation bei einigen Mesogastropoden und Buccinniden (Gastropoda, Prosobranchia). – Göttingen: Cuvillier. – 193 S.

UBA (Umweltbundesamt) (1994): Daten zur Umwelt 1992/93. – Berlin: E. Schmidt. – 688 S.

UBA (1997): Daten zur Umwelt: Der Zustand der Umwelt in Deutschland – Ausgabe 1997. – Berlin: E. Schmidt. – 570 S.

UGB-KomE (1998): Entwurf der Unabhängigen Sachverständigenkommission zum Umweltgesetzbuch beim Bundesministerium für Umwelt, Naturschutz und Reaktorsicherheit (Hrsg.). – Berlin: Duncker & Humblot. – 1725 S.

WÖBBECKE, K., RIEMER, A. (1994): 1 000 Seen Brandenburgs – Ein limnologischer Referenzrahmen zur Charakterisierung von Seen. – Deutsche Gesellschaft für Limnologie: Erweiterte Zusammenfassung der Jahrestagung 1994 in Hamburg. – S. 163-168.

Kapitel 2.4.4

AgV (Arbeitsgemeinschaft der Verbraucherverbände e.V.) (1999): Stellungnahme der AgV zum Referentenentwurf der Energieeinsparverordnung – EnEV v. 3.9.99. – Online-Diskussionsforum der Gesellschaft für rationelle Energieanwendung e.V., http://www.greonline.de/EnEV/forum/index.htm (28.12.1999).

Arbeitsgruppe Energie, München (1999): Kommunale Heizspiegel für sieben ausgewählte Standorte. – Berlin: Umweltbundesamt. – UBA-Texte 68/99.

BAK (Bundesarchitektenkammer) (1999): Stellungnahme der BAK zum Referentenentwurf der EnEV. – Online-Diskussionsforum der Gesellschaft für rationelle Energieanwendung e.V. – http://www.gre-online.de/EnEV/forum/index.htm (28.12.1999).

BEILKE, S. (1999): Entwicklung der Ozonbelastung in Deutschland in den letzten 10 Jahren – Zusammenhänge mit der Veränderung der Emissionssituation. – Vortrag vor dem Gemeinschaftsausschuß der DECHEMA/GdCH/DBG Chemie der Atmosphäre am 4./5. Februar 1999.

BISCHOF, F., HORN, H.-G. (1999): Zwei Online-Meßkonzepte zur physikalischen Charakterisierung ultrafeiner Partikel in Motorabgasen am Beispiel von Dieselemissionen. – MTZ Motortechnische Zeitschrift 60 (4), 2-7.

BMU (Bundesministerium für Umwelt, Naturschutz und Reaktorsicherheit) (1994): Erster Bericht der Bundesrepublik Deutschland nach dem Rahmenübereinkommen der Vereinten Nationen über Klimaänderungen. – Bonn: BMU.

BMU (1997): Beschluß der Bundesregierung zum Klimaschutzprogramm der Bundesrepublik Deutschland auf der Basis des Vierten Berichts der Interministeriellen Arbeitsgruppe „CO_2-Reduktion". – Bonn: BMU. – 123 S.

BMU (1998): Nachhaltige Entwicklung in Deutschland – Entwurf eines umweltpolitischen Schwerpunktprogramms. – Bonn: BMU, Referat Öffentlichkeitsarbeit. – 147 S.

BURGER, H. (1999): EnEV 2000 und fortschrittliche Warmwasserbereitung – im Gegensatz. – Online-Diskussionsforum der Gesellschaft für rationelle Energieanwendung e.V. – http://www.gre-online.de/EnEV/forum/index.htm (28.12.1999).

BUTTERMANN, H.G., HILLEBRAND, B., LEHR, U. (1999): CO_2-Emissionen und wirtschaftliche Entwicklung. Monitoring-Bericht 1998. – Bottrop: P. Pomp. – Untersuchungen des Rheinisch-Westfälischen Instituts für Wirtschaftsforschung, Heft 28. – 157 S.

BUTTERMANN, H.G., HILLEBRAND, B., OBERHEITMANN, A. (1997): CO_2-Emissionen der deutschen Industrie – ökologische und ökonomische Verifikation. – Essen: RWI. – Untersuchungen des Rheinisch-Westfälischen Instituts für Wirtschaftsforschung, Heft 23. – 150 S.

CARB (California Air Resources Borad) (2000): Comparison of federal and California reformulated gasoline. – http://arbis.arb.ca.gov/cbg/pub/cbg_fs3.htm (18.01.2000)

CLTRAP (Convention on Long-Range Transboundary Air Pollution (1999): Protocol to Abate Acidifcation, Eutrophication an Ground-Level Ozone. – http://www.unece.org/env/lrtap/ (21.12.1999).

DETZEL, A., PATYK, A., FEHRENBACH, H. et al. (1998): Ermittlung von Emissionen und Minderungsmaßnahmen für persistente organische Schadstoffe in der Bundesrepublik Deutschland. – Forschungsbericht 295 44 365. – Berlin: Umweltbundesamt. – UBA-Texte 74/98.

DLUGOKENCKY, E.J., MASARIE, K.A., LANG, P.M., TANS, P.P. (1998): Continuing decline in the growth rate of the atmospheric methane burden. – Nature 393, 447-450.

EID (Erdöl-Energie-Informationsdienst, Hamburg) (1998): Tankstellen-Special: EID-Umfrage. – Nr. 7/98 v. 9.2.1998. – S. 2-8.

ENKE, W. (1999): Zwischenbericht zum Forschungsvorhaben „Analyse historischer Datenreihen und Entwicklung einer Methode zur quasi-wetterbereinigten Trendanalyse von bodennahem Ozon", 1. Etappe: Trendanalyse der täglichen Ozonmaxima der Jahre 1990 bis 1997. – UBA-Forschungsbericht 297 42 848. – Berlin: UBA. – 31 S.

Enquete-Kommission „Vorsorge zum Schutz der Erdatmosphäre" (1990): Schutz der Erde. – Bonn: Bonner Universitäts-Buchdruckei. – 686 S.

Enquete-Kommission „Vorsorge zum Schutz der Erdatmosphäre" (1995): Mehr Zukunft für die Erde – Nachhaltige Energiepolitik für dauerhaften Klimaschutz. – Bonn: Economica. – 1540 S.

FRIEDRICH, A., TAPPE, M., WURZEL, M. (1998): The Auto Oil Programme: An interim critical assessment. – European Environmental Law Review April, 104-111.

GRAEDEL, T.E., CRUTZEN, P.J. (1994): Chemie der Atmosphäre. – Heidelberg, Berlin, Oxford: Spektrum Akademischer Verlag. – 511 S.

HAUSER, G. (1999): Stellungnahme zum Referentenentwurf der EnEV. – Online-Diskussionsforum der Gesellschaft für rationelle Energieanwendung e.V. – http://www.gre-online.de/EnEV/forum/index.htm – (28.12.1999).

HEINRICH, D., HERGT, M. (1990): dtv-Atlas zur Ökologie. – München: Deutscher Taschenbuch Verlag. – 283 S.

HEINRICH, U., MANGELSDORF, I., HÖPFNER, U. et al. (1999): Durchführung eines Risikovergleiches zwischen Dieselmotoremissionen und Ottomotoremissionen hinsichtlich ihrer kanzerogenen und nichtkanzerogenen Wirkungen. – Forschungsbericht 297 61 001/01. – Berlin: Erich Schmidt Verlag. – UBA-Berichte 2/99. – 302 S.

HEYDEN, N. van der, MIERSCH, W. (1998): Schadstoffemissionsmessungen an motorisierten Zweirädern, deren Höchstgeschwindigkeit durch Eingriffe an der Zündung auf 80 km/h begrenzt wird. – Berlin-Adlershof: Abgasprüfstelle – UBA-FB 98-048. – 38 S.

HILLEBRAND, B., WACKERBAUER, J. et al. (1997): Gesamtwirtschaftliche Beurteilung von CO_2-Minderungsstrategien – Eine Analyse für die Bundesrepublik Deutschland. – München: ifo-Institut für Wirtschaftsforschung. – ifo-Studien zur Umweltökonomie, Bd. 22.

HOHMEYER, O., GÄRTNER, M. (1994): Die Kosten der Klimaänderung – Eine grobe Abschätzung der Größenordnungen. Bericht des Fraunhofer-Instituts für Systemtechnik und Innovationsforschung an die Europäische Gemeinschaft, DG XII. – Karlsruhe: ISI. – ISI-Berichte, 46/94. – 68 S.

IPCC (Intergovernmental Panel on Climate Change) (1996a): Climate Change 1995: The science of climate change, Contribution of Working group I to the second assessment report of the Intergovernmental Panel on Climate Change. – Cambridge: University Press. – 572 S.

IPCC (1996b): Climate Change 1995: Economic and Social Dimensions of Climate Change. – Contribution of Working Group III: Second Assessment Report, Chapter 6: The Social Costs of Climate Change – Greenhouse Damage and the Benefits of Control. – Cambridge: University Press. – 450 S.

JOHNKE, B. (1998): Situation and aspects of waste incineration in Germany. – Umwelt Technologie Aktuell UTA International No. 2, 92-103.

KACSÓH, L., CURTIUS, F. (1998): Zum Stand der betankungsbedingten Tankstellenemissionen von Ottokraftstoff in Deutschland. – WLB – Wasser Luft und Boden 42 (7-8), 41-45.

KAMPFFMEYER, T., KERBER, H. (1996): Abschlußbericht zur Durchführung der 21. BImSchV (Auftraggeber: Umweltministerium Baden-Württemberg). – Technischer Bericht Nr. DDG1/130/96 v. 16. April 1996. – Mannheim: TÜV Südwest.

KOHLHAAS, M., BACH, S., PRAETORIUS, B. et al. (1998): Wirtschaftliche Auswirkungen einer ökologischen Steuerreform. – Berlin: Duncker & Humblot.

KÜHLING, W. (1999): Immissionswerte der TA Luft durch wissenschaftlichen Erkenntnisfortschritt überholt. – KGV-Rundbrief (3), 13-15.

KÜHLING, W., JURISCH, R. (1996): Novellierung der TA Luft erforderlich – Teil 1: Immissionswerte zum Schutz und zur Vorsorge vor schädlichen Umweltwirkungen. – KGV-Rundbrief (3), 2-10.

KÜHLING, W., KUMM, H. (1996): Novellierung der TA Luft erforderlich – Teil 2: Fehlerhafte Ermittlung der Emissionskenngrößen. – KGV-Rundbrief (4), 2-10.

KÜPPERS, P. (1997): Novellierung der TA Luft erforderlich – Teil 3: Emissionsgrenzwerte und ihre Überwachung. – KGV-Rundbrief (1), 2-13.

LAI (Länderausschuss für Immissionsschutz) (1989): Empfehlungen zur bundeseinheitlichen Praxis bei erhöhten Ozonkonzentrationen. – Düsseldorf: Ministerium für Umwelt, Raumordnung und Landesplanung des Landes Nordrhein-Westfalen. – 64 S.

LAI (1992): Krebsrisiko durch Luftverunreinigungen – Entwicklung von „Beurteilungsmaßstäben für kanzerogenen Luftverunreinigungen". – Düsseldorf: Ministerium für Umwelt, Raumordnung und Landwirtschaft.

LAI (1994): Beurteilungswerte für luftverunreinigende Immissionen. – Bericht des Länderausschusses für Immissionsschutz an die 43. Umweltministerkonferenz. – 85 S.

LAI (1996): Bewertungsschema zur Klassifizierung organischer Stoffe nach Nr. 3.1.7 TA Luft. – Berlin: E. Schmidt.

LAI (1998): Stellungnahme des AK „Wärmenutzung" zum 1. Monitoringbericht des Rheinisch-Westfälischen Instituts für Wirtschaftsforschung e.V. (RWI) vom November 1997 über die CO_2-Selbstverpflichtung der deutschen Wirtschaft.

LANGNIß, O., NITSCH, J., LUTHER, J., WIEMKEN, E. (1997): Strategien für eine nachhaltige Energieversorgung – Ein solares Langfristszenario für Deutschland. – In: Forschungsverbund Sonnenenergie c/o DLR Köln (Hrsg.): Strategien für eine nachhaltige Energieversorgung. – Mühlheim a. d. R.: R. Thierbach. – 91 S.

LOGA, T., IMKELLER-BENJES, U. (1997): Energiepaß Heizung/Warmwasser: energetische Qualität von Baukörper und Heizungssystemen. – Darmstadt: Institut Bauen und Umwelt. – 65 S.

LOGA, T., HINZ, E. (1998): Die Tücken der Energiesparverordnung. – Sonnenenergie & Wärmetechnik 22 (2), 18-21.

LOGA, T., HINZ, E. (1998): Novellierung der Wärmeschutz- und Heizungsanlagenverordnung – Chance für das energiesparende Bauen? – Energiewirtschaftliche Tagesfragen 48 (5), 513-517.

LOZÁN, J.L., GRASSL, H. HUPFER, P. (Hrsg.) (1998): Warnsignal Klima. – Hamburg: Wissenschaftliche Auswertungen. – 463 S.

MEYER, B., BOCKERMANN, A., EWERHART, G., LUTZ, C. (1999): Marktkonforme Umweltpolitik: Wirkungen auf Luftschadstoffemissionen, Wachstum und Struktur der Wirtschaft. – Heidelberg: Physica.

MOON, D. P., DONALD, J.R. (1997): UK Research Programme on the Characterisation of Vehicle Particulate Emissions. A report produced for the Department of the Environment, Transport and the Regions (DETR) and the Society of Motor Manufacturers and Traders (SMMT). – ETSU (Didcot/Oxfordshire) Report No. R98, September 1997; pp. i f.

MÜLLER-HEUSER, G. (1999): Überprüfung der Wirksamkeit von Gasrückführungssystemen an Tankstellen in NRW. – Immissionsschutz 4 (1), 15-18.

NOAA (US National Atmospheric and Oceanic Administration) (1999): READY – Realtime Environmental Applications and Display System. – http://www.arl.noaa.gov/ready.html (20.01.2000).

OSTERTAG, K., JOCHEM, E., SCHLEICH, J. et al., (1998): Energiesparen – Klimaschutz, der sich rechnet. Endbericht. Argumentationshilfen zur Klimaschutzdiskussion. Forschungsvorhaben des UBA, UBA-FB 99-108. – Karlsruhe und Berlin.

PISCHINGER, S. (1999): Die Zukunft des Verbrennungsmotors. – Aachen: RWTH. – Berichte aus der Rheinisch-Westfälischen Technischen Hochschule Aachen, Nr. 2/99. – S. 10-15.

PROGNOS AG (1997): Aktionsprogramm und Maßnahmenplan Ozon (Sommersmog). – Endbericht, UFO-PLAN-Nr. 104 02 812/01 – Im Auftrag des Bundesministeriums für Umwelt, Naturschutz und Reaktorsicherheit und des Umweltbundesamtes.

RABL, A. (1996): Discounting of long term Costs. What would Future Generations prefer us to do? – Ecological Economics 17, 137-145.

REBENTISCH, M. (1997): Auswirkungen der neuen „Seveso-Richtlinie" auf das deutsche Anlagensicherheitsrecht. – Neue Zeitschrift für Verwaltungsrecht 16 (1), 6-11.

RICHTER, K., KNOCHE, R., SCHOENEMEYER, T. et al. (1998): Abschätzung biogener Kohlenwasserstoffemissionen. – UWSF – Umweltwissenschaften und Schadstoff-Forschung 10 (6), 319-325.

RODT, S. (1999): Beurteilung von Partikelfiltersystemen aus der Sicht des UBA und zukünftige Entwicklung der Gesetzgebung. – In: 2nd international Colloquium "Fuels", Technische Akademie Esslingen, 20.-21.Januar 1999.

SCHWARZ, W., LEISEWITZ, A. (1996): Aktuelle und künftige Emissionen treibhauswirksamer fluorierter Verbindungen in Deutschland. – Frankfurt am Main: Ökorecherche. – Forschungsbericht: UBA-FB 97-072. – 148 S.

SIMONIS, F. (1999): ENEV 2000 und der Neubau: „Thema verfehlt!" – Online-Diskussionsforum der Gesellschaft für rationelle Energieanwendung e.V. – http://www.gre-online.de/EnEV/forum/index.htm (28.12.1999).

SRU (Der Rat von Sachverständigen für Umweltfragen) (1983): Waldschäden und Luftverunreinigungen. – Sondergutachten. – Stuttgart: Kohlhammer. – 172 S.

SRU (1994): Umweltgutachten 1994. – Stuttgart: Metzler-Poeschel. – 384 S.

SRU (1996a): Umweltgutachten 1996. – Stuttgart: Metzler-Poeschel. – 468 S.

SRU (1996b): Konzepte einer dauerhaft-umweltgerechten Nutzung ländlicher Räume. – Sondergutachten. – Stuttgart: Metzler-Poeschel. – 128 S.

SRU (1998): Umweltgutachten 1998. – Stuttgart: Metzler-Poeschel. – 390 S.

SRW (Sachverständigenrat zur Begutachtung der Gesamtwirtschaftlichen Entwicklung) (1998): Jahresgutachten 1998/99. – Stuttgart: Metzler-Poeschel. – 426 S.

STEIN, G., STROBEL, B. (1997): Politikszenarien für den Klimaschutz, Band 1: Szenarien und Maßnahmen zur Minderung der CO_2-Emissionen in Deutschland bis zum Jahr 2005. – Jülich: Forschungszentrum Jülich. – Schriftenreihe des Forschungszentrums Jülich, Reihe Umwelt, Bd. 5. – 410 S.

TAPPE, M., FRIEDRICH, A., HÖPFNER, U., KNÖRR, W. (1996): Berechnung der direkten Emissionen des Straßenverkehrs in Deutschland im Zeitraum 1995 bis 2010 unter Verwendung von Kraftstoffen geänderter Zusammensetzung. – Berlin: Umweltbundesamt. – UBA-Texte 73/96.

UBA (Umweltbundesamt) (1997): Nachhaltiges Deutschland – Wege zu einer dauerhaft-umweltgerechten Entwicklung. – Berlin: Umweltbundesamt. – 355 S.

UBA (1998): Jahresbericht 1997. – Berlin: KOMAG Berlin-Brandenburg. – 338 S.

UBA (1999): Handbuch umweltfreundliche Beschaffung: Empfehlungen zur Berücksichtigung des Umweltschutzes in der öffentlichen Verwaltung und im Einkauf. – München: Vahlen. – 820 S.

UNEP/WMO (1992): United Nations Framework Convention on Climate Change. – Châtelain/Genf: Information Unit on Climate Change UN Environmental Program. – 30 S.

VOLZ, A., KLEY, D. (1988): Evaluation of the Montsouris series of ozone measurements made in the nineteenth century. – Nature 332, 240-242.

WALDEYER, H., HASSEL, D. (1998): Gasrückführung an Tankstellen nach der 21. BImSchV. – Bearbeitende Stelle: TÜV Rheinland, Köln. – Düsseldorf: Ministerium für Umwelt, Raumordnung und Landwirtschaft des Landes Nordrhein-Westfalen (Hrsg.).

WALDEYER, H., HASSEL, D. et al. (1998): Ermittlung der Volumenrate und des Rückführungswirkungsgrades von Gasrückführungssystemen an Tankstellen in Nordrhein-Westfalen. – Bearbeitende Stelle: TÜV Rheinland, Köln. – Düsseldorf: Ministerium für Umwelt, Raumordnung und Landwirtschaft des Landes Nordrhein-Westfalen (Hrsg.).

WBGU (Wissenschaftlicher Beirat der Bundesregierung Globale Umweltveränderungen) (1997): Ziele für den Klimaschutz 1997. – Bremerhaven: WBGU. – 39 S.

WELSCH, H. (1996): Klimaschutz, Energiepolitik und Gesamtwirtschaft. Eine allgemeine Gleichgewichtsanalyse für die Europäische Union. – München: Oldenburg.

ZIESING, H.-J., JOCHEM, E., MANNSBART, W. et al. (1998): Ursachen der CO_2-Entwicklung in Deutschland in den Jahren 1990 bis 1995. – Berlin: Umweltbundesamt – UBA-Texte 44/98. – 203 S.

ZIESING, H.-J. (1999): CO_2-Emissionen in Deutschland: Weiterhin vom Zielpfad entfernt. – DIW-Wochenbericht 6/99. – hier nach: http://www.diw-berlin.de/diwwbd/99-06-01.html.

ZIESING, H.-J. (2000): CO_2-Emissionen im Jahre 1999: Rückgang nicht überschätzen. – DIW-Wochenbericht 6/00. – hier nach: http://www.diw.de/diwwbd/00-06-2.html. – (11.02.2000).

Kapitel 2.4.5

AFFÜPPER, M., HOLBERG, Th. (1999): Elektronikschrottverwertung. – Entsorgungs-Praxis 17 (1/2), 19-21.

Arbeitsgemeinschaft Kunststoffverwertung (1995): Ökobilanzen zur Verwertung von Kunststoffverpackungen. – Köln.

Literaturverzeichnis

ARGUS (Arbeitsgruppe Umweltstatistik des Fachbereichs Informatik an der TU Berlin) (1986): Bundesweite Hausmüllanalyse 1983-1985. – Berlin: Umweltbundesamt. – UBA-Forschungsbericht 103 03 508.

BAAKE, R. (1999): Grundzüge einer neuen Abfallpolitik aus Sicht des Bundes. – In: WIEMER, K., KERN, M. (Hrsg.): Bio- und Restabfallbehandlung III. –Witzenhausen-Institut: Neues aus Forschung und Praxis. Witzenhausen: M.I.C. Baeza. – S. 1-4.

BART, M., JOHNKE, B., RATHMANN, U. (1998): Daten zur Anlagentechnik und zu den Standorten der thermischen Klärschlammentsorgung in der Bundesrepublik Deutschland. – Berlin: Umweltbundesamt. – UBA-Texte 72/98. – 42 S.

Bayerisches Staatsministerium für Landesentwicklung und Umweltfragen (1999): Daten zur Abfallwirtschaft in Bayern. – http://www.bayern.de/stmlu/abfall/rest/Entsorg.htm

BDE (Bundesverband der deutschen Entsorgungswirtschaft e.V.) (1995): Kreislaufwirtschaft in der Praxis Nr. 1: Elektrogeräte. – Köln: Entsorga.

BDE (1996): Baureststoffe. – Köln: Entsorga. – Kreislaufwirtschaft in der Praxis Nr. 4. – S. 10.

BENZLER, G., LÖBBE, K. (1995): Rücknahme von Altautos – Eine kritische Würdigung der Konzepte. – Essen: Rheinisch-Westfälisches Institut für Wirtschaftsforschung. – RWI-Papiere Nr. 40.

BERGMANN, H., BROCKMANN, K.L., RENNINGS, K. (1998): An Economic Approach to Environmental Agreements. – In: GLASBERGEN, P. (Ed.): Co-operative Environmental Governance. Public-Private Agreements as a Policy Strategy. – Dordrecht, Boston, London: Kluwer. – S. 157-177.

BILITEWSKI, B. (1997): Sechs Jahre Verpackungsverordnung – Eine Zwischenbilanz. – Entsorgungspraxis 15 (9), 55-58.

BILITEWSKI, B., GEWIESE, A., HÄRDTLE, G., MAREK, K. (1995): Vermeidung und Verwertung von Reststoffen in der Bauwirtschaft. – Berlin: E. Schmidt. – Beihefte zu Müll und Abfall Nr. 30.

BILITEWSKI, B., HEILMANN, A. (1999): Stoffströme aus der mechanisch-biologischen Abfallbehandlung – Aufkommen, Charakteristik, Verwertungsmarkt. – In: WIEMER, K., KERN, M. (Hrsg.): Bio- und Restabfallbehandlung III. – Witzenhausen-Institut: Neues aus Forschung und Praxis. – Witzenhausen: M.I.C. Baeza. – S. 577-587.

BILITEWSKI, B., HEILMANN, A. (1998): Kosten der mechanisch-biologischen Abfallbehandlung im Vergleich zur thermischen Behandlung. – Entsorgungs-Praxis 16 (10), 26-31.

BLICKWEDEL, P. (1999): Unendliche Geschichte. Die Arbeiten an der Elektronikschrott-Verordnung dauern seit nunmehr fast zehn Jahren an. – Müllmagazin 12 (3), 12-16.

BMBF (Bundesministerium für Bildung und Forschung) (Hrsg.) (1999): Möglichkeiten der Kombination von mechanisch-biologischer und thermischer Behandlung von Restabfällen. – Abschlußbericht. – IBA GmbH, BZL GmbH, CUTEC GmbH.

BMU (Bundesministerium für Umwelt, Naturschutz und Reaktorsicherheit) (1990): Verordnung zur Vermeidung von Verpackungsabfällen vorgelegt. – Umwelt H. 8, 396-397.

BMU (1996): Verordnung über die Entsorgung von Geräten der Informationstechnik (IT-Geräte-Verordnung). – Entwurf vom 20. Februar 1996. – Bonn: BMU, WA II 3-30 114/8.

BMU (1998a): Nachhaltige Entwicklung in Deutschland. Entwurf eines umweltpolitischen Schwerpunktprogramms. – Bonn: BMU.

BMU (1998b): Die neue Verpackungsverordnung: Ziele und Inhalte der Neuregelung. – Umwelt H. 7/8, 380-381.

BMU (1998c): Erlaß WA II 4 – 30 120-1/0 vom 17.12.1998

BMU (1999a): BMU legt Eckpunkte für die Zukunft der Entsorgung von Siedlungsabfällen vor. – BMU-Pressemitteilung vom 20.08.1999. – Bonn: BMU.

BMU (1999b): Erhebung zur Mehrwegquote 1997: Mehrweganteil von 72 Prozent erstmals unterschritten. – Umwelt H. 1, 28-29.

BMU (1999c): Einsatz von Kompost als Sekundärrohstoffdünger, Bodenhilfsstoff und Kultursubstrat. – Umwelt H. 1, 30-32.

BOHLMANN; J. (1996): Einbindung von thermischen Abfallbehandlungsanlagen in Gesamtkonzepte. – Abfallwirtschafts-Journal 8 (6), 20-22.

BRANDRUP, J. (1998): Ökologie und Ökonomie der Kunststoffverwertung. – Müll und Abfall 30 (8), 492-501.

BRANDRUP, J. (1999): Verfahrenswege der Kunststoffverwertung aus ökonomischer und ökologischer Sicht. – In: WIEMER, K., KERN, M. (Hrsg.): Bio- und Restabfallbehandlung III. – Witzenhausen-Institut: Neues aus Forschung und Praxis. – Witzenhausen: M.I.C. Baeza. – S. 173-182.

BRÜCK, W. (1999): Zusammenfassung der Kernthesen von Wolfram Brück anläßlich der Veranstaltung „Duales System und Abfallverwertung in Deutschland" am 8. Juni 1999 in Mainz. (http://www.gruener-punkt.de/d/content/medien/re990608.htm; Internet-Seite letztmalig aufgerufen am 13.03.2000).

Literaturverzeichnis

CHRISTILL, M. (1999): Kunststoffverwertung aus der Sicht der kunststofferzeugenden Industrie. – In: Ministerium für Umwelt und Forsten Rheinland-Pfalz (Hrsg.): Duales System und Abfallverwertung in Deutschland. – Vortrag beim Fachkongreß am 8. Juni 1999 in Mainz.

DEHOUST, G., WEINEM, P., FRITSCHE, U., WOLLNY, V. (1999): Vergleich der rohstofflichen und energetischen Verwertung von Verpackungskunststoffen. – Darmstadt/Essen.

DEPPMEIER, L., VETTER, G. (1996): Königsweg der Restmüllverwertung. – Standpunkt (Hrsg.: Siemens) 9 (3), 8-12.

DICKE, H., NEU, A.D. (1996): Nationale Umweltpolitik im Konflikt mit dem Europäischen Binnenmarkt? Das Beispiel der deutschen Verpackungsgesetzgebung. – Kiel: Institut für Weltwirtschaft an der Universität Kiel. – Arbeitspapier Nr. 761. – 175 S.

DKR (Deutsche Gesellschaft für Kunststoffrecycling mbH) (1999): Geschäftsbericht 1998. – Köln: DKR.

Duales System Deutschland AG (1999): Mengenstromnachweis 1998. – Köln: DSD.

EICHSTÄDT, T., CARIUS, A., KRAEMER, R.A. (1999): Producer Responsibility within Policy Networks: The Case of German Packaging Policy. – Journal of Environmental Policy & Planning 1, 133-153.

ERNST, G., JASTROW, R., BECK, L. (1995): Bewertung der Energiebilanz des Thermoselect-Verfahrens. – In: THERMOSELECT: der neue Weg, Restmüll umweltgerecht zu behandeln. – Tagungsband zur Fachtagung Thermoselect am 19. Januar 1995. – Karlsruhe: Verlag Karl Goerner. – S. 159-166.

EWRINGMANN, D., LINSCHEIDT, B., MUNO, A., SCHUCKMANN, J. von (1995): Ökonomische und umweltpolitische Beurteilung einer Pfandpflicht bei Einweggetränkeverpackungen. – Forschungsbericht 109 04 005 im Auftrag des Umweltbundesamtes. – Köln: EWI.

Fraunhofer IVV (Fraunhofer Institut für Verfahrenstechnik und Verpackung) (1996a): Ökobilanzen zur werkstofflichen Verwertung der Kunststoffmischfraktion aus Sammlungen des Dualen Systems. – Freising: IVV.

Fraunhofer IVV (1996b): Energetische Verwertung von Kunststoffabfällen durch Coverbrennung in Müll(heiz)kraftwerken. – Freising: IVV.

Fraunhofer IVV (2000): Einflüsse auf die ökologische und kostenwirtschaftliche Bewertung von Mehrweg- und Einweg-Verpackungssystemen im Getränkesektor. – Bearbeiter: BEZ, J., WÖRLE, G. – Gutachten für den Rat von Sachverständigen für Umweltfragen. – Unveröffentlicht.

FRICKE, K. (1999): Rechtliche Grundlagen und bisherige Genehmigungspraxis – TASi Ziffer 2.4. – In: WIEMER, K., KERN, M. (Hrsg.): Bio- und Restabfallbehandlung III. –Witzenhausen-Institut: Neues aus Forschung und Praxis. – Witzenhausen: M.I.C. Baeza. – S. 523-557.

FRIEGE, H. (1999): Duales System und kommunale Abfallentsorgung. – In: Ministerium für Umwelt und Forsten Rheinland-Pfalz (Hrsg.), Duales System und Abfallverwertung in Deutschland. – Vortrag beim Fachkongreß am 8. Juni 1999 in Mainz.

FRIEGE, H., SCHMIDT, Ch. (1999): Grundlegende Reform des Recyclings von Leichtverpackungen. 1. Eckpunkte für eine Novellierung der Verpackungsverordnung. – Müll und Abfall 31 (7), 412-418.

FRUTH, F., KRAHNERT, M. (1999): Analyse und branchenspezifisches Abfallkataster für Geschäftsmüll. – Müll und Abfall 31 (8), 465-476.

GASSNER, H., SIEDERER, W. (1997): Ablagerung biologisch-mechanisch vorbehandelter Abfälle nach dem 1. Juni 2005. Handlungsspielräume der TA Siedlungsabfall. – Berlin: E. Schmidt. – Abfallwirtschaft in Forschung und Praxis, Bd. 99. – 133 S.

GIESBERTS, L., HILF, J. (1999): EG-rechtliche und verfassungsrechtliche Zulässigkeit normkonkretisierender Verwaltungsvorschriften: Die LAGA-Abfalliste auf dem Prüfstand. – Umwelt- und Planungsrecht (UPR) 19 (5), 168-172.

GLÖCKL, S. (1998): Abschätzung der Zusammensetzung von Hausmüll in Bayern. – Müll und Abfall 30 (10), 650-655.

GOLDING, A. (1999): Reuse of Primary Packaging. – Final Report. – Study Contract B4-3040/98/000180/MAR/E3.

GRS (Gemeinsames Rücknahmesystem Batterien) (1999): Presse-Info vom September 1998. – Hamburg: GRS. – 4 S.

GVM (Gesellschaft für Verpackungsmarktforschung) (1997): Entwicklung des Verpackungsverbrauchs 1990 bis 1996, 1997 Vorausschätzung. – 5. Ausgabe. – Wiesbaden: GVM.

HÄDER, M., NIEBAUM, H. (1997): Pfandpflicht für Einweg-Getränkeverpackungen – ein wirksames Drohinstrument zur Einhaltung der Mehrwegquoten gemäß Verpackungsverordnung (VerpackV)? – Zeitschrift für angewandte Umweltforschung (ZAU) 10 (3), 370-377.

HAHN, J. (1998): Die Bedeutung von Stoffkreisläufen im technischen Umweltschutz. – In: Ministerium für Umwelt und Forsten Rheinland-Pfalz (Hrsg.): Abfallwirtschaftliches Stoffstrommanagement in Rheinland-Pfalz. – Tagungsband vom 2. Dezember 1998. – Witzenhausen: M.I.C. Baeza. – S. 53-74.

HANSMANN, K. (Hrsg.) (1999): Umweltrecht: Kommentar. – München: Beck. – Losebl.-Ausg.

HAUG, N. (1999): Vermerk, Fachbereich III 2.5, vom 22.02.1999. – Berlin: Umweltbundesamt.

HEYDE, M., KREMER, M. (1998): Energy Recovery from Plastics Waste by Co-Incineration in Waste Incineration Heating (and Power) Stations. – Freising: Fraunhofer Institut für Verfahrenstechnik und Verpackung.

HEYDE, M., KREMER, M. (1999): Thermische Verwertung heizwertreicher Abfälle in der Müllverbrennungsanlage Borsigstraße in Hamburg. – Freising.

HOLLEY, W. (1999): Kunststoffverwertung: Technische Optionen und ihre realistische Bewertung. – In: Ministerium für Umwelt und Forsten Rheinland-Pfalz (Hrsg.): Duales System und Abfallverwertung in Deutschland. – Vortrag beim Fachkongreß am 8. Juni 1999 in Mainz.

HOLZHAUER, R. (1998): Die Altauto-Verordnung – Entwicklung und Umsetzung. – In: BEUDT, J., GESSENICH, S. (Hrsg.): Die Altautoverordnung. Branchenwandel durch neue Marktstrukturen. Chancen und Grenzen für die Abfallwirtschaft. – Berlin, Heidelberg, New York: Springer. – S. 1-7.

HUTTERER, H., PILZ, H. (1999): Nutzen und Kosten: Eine Studie des österreichischen Umweltbundesamtes zeigt Wege für eine sinnvolle Weiterentwicklung der Kunststoffverwertung auf. – Müllmagazin 31 (1), 39-42.

INFA, IWA, Öko-Institut (1999): Zusammenfassender Bericht zum Restmüllbehandlungskonzept der Stadt Münster. – Endbericht. – Auftraggeber: Abfallwirtschaftsbetriebe Münster (AWM). – Januar 1999.

Institut der Wirtschaft (1998): Zwischenbilanz Altauto. – IW-Umwelt-Service 10 (4). – hier nach: http://www.iwkoeln.de/Umwelt/u4-98/u4-98-4.htm.

Institut für Ökologie und Politik (1999): General requirements for monitoring the recycling of long-lived, technally complex products with an in-depth-analysis of end-of-life vehicles. Summary. – hier nach: http://www.Oekopol.de/Archiv/Stoffstrom/Autoeng.htm (Stand: Oktober 1999).

JARASS, H.D. (1999): Inhalte und Wirkungen der TA Siedlungsabfall – Zugleich ein Beitrag zu den rechtlichen Wirkungen von Verwaltungsvorschriften. – Berlin: Duncker & Humblot. – Schriften zum Umweltrecht, Bd. 90. – 88 S.

JÖRGENS, H., BUSCH, P.-O. (1999): The Voluntary Pledge Regarding the Environmentally Sound Management of End-Of-Life-Vehicles (Passenger Cars) Within the Framework of the Closed Substance Cycle and Waste Management Act. Case Study Prepared for the Research Project "Negotiated Environmental Agreements – Policy Lessons to be Learned from a Comparative Case Study", 2nd Draft. – Berlin: Forschungsstelle für Umweltpolitik der FU.

KERN, M., FUNDA, K., MAYER, M.(1998): Stand der biologischen Abfallbehandlung in Deutschland. – Müll und Abfall 30 (11), 694-699.

KREMER, H.-P. (1998): Das bisherige Verfahren der Lizenzierung und das zukünftige der Zertifizierung gemäß Altauto-Verordnung. – In: BEUDT, J., GESSENICH, S. (Hrsg.): Die Altautoverordnung. Branchenwandel durch neue Marktstrukturen. Chancen und Grenzen für die Abfallwirtschaft. – Berlin, Heidelberg und New York: Springer. – S. 77-86.

LOLL, U. (1998): Der Klärschlamm wird weniger und geht aufs Land. – Entsorgungs-Praxis 16 (7-8), S. 1.

LÜBBE-WOLFF, G. (1999): Abfallverbrennung in Industrieanlagen – Rechtsfragen der Anwendung der 17. BImSchV. – Deutsches Verwaltungsblatt (DVBl.) 15.09.1999, S. 1091-1106.

MARTINI, K. (1999): Grußwort zum Fachkongreß „Duales System und Abfallverwertung in Deutschland. – In: Ministerium für Umwelt und Forsten Rheinland-Pfalz (Hrsg.): Duales System und Abfallverwertung in Deutschland. – Beitrag zum Fachkongreß am 8. Juni 1999 in Mainz.

MIKKULA-LIEGERT, K. (1998): Probleme und Möglichkeiten des Letztbesitzers durch die Altauto-Verordnung. – In: BEUDT, J., GESSENICH, S. (Hrsg.): Die Altautoverordnung. Branchenwandel durch neue Marktstrukturen. Chancen und Grenzen für die Abfallwirtschaft. – Berlin, Heidelberg und New York: Springer. – S. 37-52.

Ministerium für Umwelt und Forsten Rheinland-Pfalz (Hrsg.) (1999a): Duales System und Abfallverwertung in Deutschland. – Beitrag zum Fachkongreß am 8. Juni 1999 in Mainz.

Ministerium für Umwelt und Forsten Rheinland-Pfalz (Hrsg.) (1999b): Vier Thesen für eine ökologisch und ökonomisch sinnvolle Verwertung von Kunststoffen in Deutschland. Tischvorlage zur Pressekonferenz „Für eine ökologisch und ökonomisch sinnvolle Verwertung von Kunststoffen in Deutschland – Fehlentwicklungen korrigieren – Chancen nutzen" im Rahmen des Fachkongresses „Duales System und Abfallverwertung in Deutschland" am 8. Juni 1999 in Mainz.

MURL (Ministerium für Umwelt, Raumordnung und Landwirtschaft des Landes NRW) (1998): Integration der mechanisch-biologischen Restabfallbehandlung in ein kommunales Abfallwirtschaftskonzept. – Leitfaden. – Düsseldorf: MURL.

PETERSEN, F. (1998): Die Pflichten der Länder zur Umsetzung der TA Siedlungsabfall. – Müll und Abfall 30 (9), 560-567.

SCHENK, M. (1998): Altautomobilrecycling. Technisch-ökonomische Zusammenhänge und wirtschaftspolitische Implikationen. – Wiesbaden: Deutscher Universtitäts-Verlag.

SCHMIDT-HORNIG, G. (1999): Umsetzung der Bioabfallverordnung in den Bundesländern am Beispiel Baden-Württemberg. - In: WIEMER, K., KERN, M. (Hrsg.): Bio- und Restabfallbehandlung III. – Witzenhausen-Institut: Neues aus Forschung und Praxis. - Witzenhausen: M.I.C. Baeza. – S. 47-54.

SCHMITZ, H.J. (1999a): Verwertung von Altautos – Schlupflöcher höhlen Umweltschutz aus. – Wasser, Luft und Boden (WLB) 43 (5), 72-74.

SCHMITZ, H.J. (1999b): TA Verwertung zunächst in NRW. – Wasser, Luft und Boden (WLB) 43 (11-12), 64-65 und 142.

SCHMITZ, S., OELS, H.-J., TIEDEMANN, A. et al. (1995): Ökobilanz für Getränkeverpackungen. – Berlin: Umweltbundesamt. – UBA-Texte Nr. 52/95.

SCHRADER, C. (1998): Die deutsche und die europäische Altauto-Regelung aus ökologischer Sicht. – In: BEUDT, J., GESSENICH, S. (Hrsg.): Die Altautoverordnung. Branchenwandel durch neue Marktstrukturen. Chancen und Grenzen für die Abfallwirtschaft. – Berlin, Heidelberg und New York: Springer. – S. 53-66.

SPRENGER, R., BREITENACHER, M., FRANKE, A. et al. (1997): Förderung ökologisch sinnvoller Getränkeverpackungen. – Berlin: Umweltbundesamt. – UBA-Texte Nr. 17/97.

SRU (Der Rat von Sachverständigen für Umweltfragen) (1991): Abfallwirtschaft. – Sondergutachten, September 1990. - Stuttgart: Metzler- Poeschel. – 720 S.

SRU (1996): Umweltgutachten 1996. - Stuttgart: Metzler-Poeschel. – 468 S.

SRU (1998): Umweltgutachten 1998. Umweltschutz: Erreichtes sichern – Neue Wege gehen. – Stuttgart: Metzler-Poeschel. – 388 S.

STAECK, F. (1999): Wer zaudert, muß zahlen. – Entsorga-Magazin 18 (6), 26-29.

Statistisches Bundesamt (1996): Fachserie 19, Reihe 1.1, Öffentliche Abfallbeseitigung 1993. - Stuttgart: Metzler-Poeschel.

Statistisches Landesamt des Freistaates Sachsen (1999): Behandlung und Beseitigung von Abfällen in Anlagen der Entsorgungswirtschaft im Freistaat Sachsen 1996. – Kamenz. - Statistische Berichte Q II10-j/96 (1). – S. 4.

STIEF, K. (1999): Endlich Klarheit und Planungssicherheit für die Abfallentsorgung? – Wasser, Luft und Boden 10 (1999), 22-25

STIEF, K. (2000): Anlagen zur mechanisch-biologischen Restabfallbehandlung in der Praxis. – http://www.deponie-stief.de/mpraxis.htm (Stand: 18.01.2000).

UBA (Umweltbundesamt) (1993): Jahresbericht 1993. – Berlin: UBA.

UBA (1998): Jahresbericht 1998. – Berlin: Umweltbundesamt. – S. 260.

UBA (1999a): Batterieverordnung-Batterieverwertung. – hier nach: http://www.umweltbundesamt.de/uba-infodaten/batterien. (Stand: 15.01.1999).

UBA (1999b): Batterien und Akkus. – hier nach: http://www.umweltbundesamt.de/uba-info-daten/batterien. (Stand: 8.10.99. – Letzte Aktualisierung: 11.09.1998).

UBA (1999c): Ein Jahr Praxiserfahrung mit der Batterieverordnung. – Berlin: Umweltbundesamt. – Presse-Info Nr. 37/99.

UBA (1999d): Bericht zur „Ökologischen Vertretbarkeit" der mechanisch-biologischen Vorbehandlung von Restabfällen einschließlich deren Ablagerung. – Berlin: Umweltbundesamt. – 63 S.

WIEMER, K. (1999): Potentiale kalorischer Abfälle zur energetischen Verwertung aus der MBA sowie aus gewerblichen Abfällen. – In: WIEMER, K., KERN, M. (Hrsg.): Bio- und Restabfallbehandlung III. – Witzenhausen-Institut: Neues aus Forschung und Praxis. – Witzenhausen: M.I.C. Baeza. –S. 589-602.

WIESE, C., BECKMANN, M., MAST, P.-G., JOHNKE, B. (1998): Einfluß der Abfallzusammensetzung auf die Qualität der Schlacke bei der Verbrennung von Rest-Siedlungsabfällen. – Müll und Abfall 30 (11), 685-693.

WÖHRL, S. (1998): Die Freiwillige Selbstverpflichtung zur umweltgerechten Altautoverwertung (PKW) – Ausblick auf die EU-Altautorichtlinie. – In: BEUDT, J., GESSENICH, S. (Hrsg.): Die Altautoverordnung. Branchenwandel durch neue Marktstrukturen. Chancen und Grenzen für die Abfallwirtschaft. – Berlin, Heidelberg und New York: Springer. – S. 15-23.

ZESCHMAR-LAHL, B. (1998): Künstliche Trennung. – Müllmagazin 11 (4), 56-60.

Kapitel 2.4.6

AHLERS, J. (2000): The Availability of Risk Information. – In: WINTER, G. (Hrsg.): Risk Assessment and Risk Management of Toxic Chemicals in the European Community. – Baden-Baden: Nomos. – 261 S. – S. 69-87.

AMDUR, M. (1996): Animal Toxicology. – In: WILSON, R., SPENGLER, J.D. (eds.): Particles in Our Air:

Concentrations and Health Effects. – Harvard University Press. – S. 85-250.

ANASTAS, T., WARNER, J.C. (1998): Green Chemistry. Theory and Practice. – Oxford: Oxford University Press. – 148 S.

ASPLUND, L., SVENSSON, B.G., NILSSON, A. et al. (1994): Polychlorinated biphenyls, 1,1,1-trichloro-2,2-bis(p-chlorophenyl)-ethane (p,p´-DDT) and 1,1-dichloro-2,2-bis(p-chlorophenyl)-ethylene (p,p´-DDE) in human plasma related to fish consumption. – Archives of Environmental Health 49, 477-487.

BALDI, I., MOHAMMED-BRAHIM, M., BROCHARD, P. et al. (1998): Delayed health effects of pesticides: review of current epidemiological knowledge. – Revue d'Épidémiologie et de Santé Publique 46 (2), 134-142.

BEVAN, C., TYL, R.W., NEEPER-BRADLEY, T.L. et al. (1997): Developmental toxicity evaluation of methyl tertiary-butyl ether (MTBE) by inhalation in mice and rabbits. – Journal of applied Toxicology 17, 21-29.

BfS (Bundesamt für Strahlenschutz) (1996): Radon, ein natürliches Radionuklid, Infoblatt 01/96; Radon in Häusern, Infoblatt 02/96; Radon in der bodennahen Atmosphäre, Infoblatt 04/95. – hier nach: www.bfs.de.

BGA und UBA (Bundesgesundheitsamt und Umweltbundesamt) (1993): Dioxine und Furane – ihr Einfluß auf Umwelt und Gesundheit. Erste Auswertung des 2. Internationalen Dioxin-Symposiums und der fachöffentlichen Anhörung des Bundesgesundheitsamtes und des Umweltbundesamtes in Berlin vom 9. bis 13.11.1992. – Bundesgesundheitsblatt, Suppl.

BIRNBAUM, L.S., DE VITO, M.J. (1995): Use of toxic equivalency factors for risk assessment for dioxins and related compounds. – Toxicology 105, 391-401.

BLAC (Bund-/Länder-Ausschuß Chemikaliensicherheit) (2000): Bericht des Bund-/Länder-Ausschuß Chemikaliensicherheit (BLAC) an die 25. Amtschefkonferenz (ACK), TOP 70c, über die Bewertung von wesentlichen Anwendungsgebieten der Chlorchemie. – Entwurf, Januar 2000.

BMU (Bundesministerium für Naturschutz und Reaktorsicherheit) (1998): Nachhaltige Entwicklung in Deutschland: Entwurf eines umweltpolitischen Schwerpunktprogramms. – Bonn: BMU.

BMU (1999): Bundeskabinett verabschiedet PCB-Abfallverordnung. – BMU-Pressemitteilung v. 10.11.1999.

BMG und BMU (Bundesministerium für Gesundheit und Bundesministerium für Naturschutz und Reaktorsicherheit (1999): Aktionsprogramm „Umwelt und Gesundheit". – Bonn: BMU.

BOND, J.A., SUN, J.D., MITCHELL, C.E. et al. (1986): Biological fate of inhaled organic compounds associated with particulate matter. – In: DUK LEE, S., SCHNEIDER, T., GRANT, L.D., VERKERK, P.J. (eds.): Aerosols: research, risk assesment and control strategies. – Chelsea, Mich.: Lewis Publ. – pp. 479-592.

BRÜSKE-HOHLFELD, I., MÖHNER, M., AHRENS, W. et al. (1998): Lungenkrebsrisiko durch berufliche Exposition: Dieselmotoremissionen. – In: WICHMANN, JÖCKEL, ROBRA (Hrsg.): Fortschritte in der Epidemiologie. – Landsberg: ecomed. – ISBN 3-609-51640-2. – S. 76-93.

BUA (Gesellschaft Deutscher Chemiker – Beratergremium für Altstoffe) (1999): Altstoffbeurteilung: Ein Beitrag zur Verbesserung der Chemikaliensicherheit. – Frankfurt am Main: BUA. – 86 S.

CHEN, L.C., MILLER, P.D., AMDUR, M.O., GORDON, T. (1992): Airway Hyperresponsiveness in Giunea Pigs to Acid-Coated Ultrafine Particles. – Journal of Toxicology and Environmental Health Bd. 35, 165-174.

CHEN, L.C., WU, C.Y., QU, Q.S., SCHLESINGER, R.R. (1995): Number concentration and mass concentration as determinants of biological response to inhaled particles. – Inhalation Toxicology 7, 577-588.

COGLIANO, V.J. (1998): Assessing the cancer risk from environmental PCBs. – Environm. Health Perspectives 106 (6), 317-323.

CONRADY, J., MARTIN, K., NAGEL, M. (1996): Weniger Modelle – spezifischere analytische Studien zum Radonrisiko in Wohnungen sind notwendig. – Bundesgesundheitsblatt 45 (3), 106-110.

DASENBROCK, C., PETERS, L., CREUTZENBERG, O., HEINRICH, U. (1996): The carcinogenic potency of carbon particles with and without PAH after repeated intratracheal administration in the rat. – Toxicology letters 110, 1-7.

DEWAILLY, E., WEBER, S., GINGRAS, S. et al. (1991): Coplanar PCBs in human milk in the province of Quebec, Canada: Are they more toxic than dioxine for breast-fed infants? – Bulletin of Environmental Contamination and Toxicology 47, 491-498.

DFG (Deutsche Forschungsgemeinschaft) (1990): Mitteilung der Senatskommission zur Prüfung gesundheitsschädlicher Arbeitsstoffe. – Weinheim: Wiley-VCH. – Mitteilung 26.

DFG (1998): MAK- und BAT-Werte-Liste 1998. – Weinheim: Wiley-VCH. – Mitteilung 34 der Senatskommission zur Prüfung gesundheitsschädlicher Arbeitsstoffe.

DFG (1999): Maximale Arbeitsplatzkonzentrationen und Biologische Arbeitsstofftoleranzwerte 1999. – Weinheim: Wiley: VCH – Mitteilung 35 der Senatskommission zur Prüfung gesundheitsschädlicher Arbeitsstoffe.

DOCKERY, D.W., POPE, C.A., XIPING, X. et al. (1993): An association between air pollution and mortalitiy in six U. S. cities. – The New England Journal of Medicine 329 (24), 1753-1759.

DOLL, R., PETO, P. (1981): The causes of cancer: quantitative estimates of avoidable risks of cancer in the Unites States today. – Journal of the National Cancer Institute 66, p. 1192.

DRAEGER, U. (1998): Einstufung von Mineralwolle nach der EU-Richtlinie 97/96 EG. – Gefahrstoffe – Reinhaltung der Luft 57, 263-267.

Enquete-Kommission „Schutz des Menschen und der Umwelt" (Hrsg.) (1994): Die Industriegesellschaft gestalten: Perspektiven für einen nachhaltigen Umgang mit Stoff- und Materialströmen. – Bonn: Economica. – 765 S.

FERIN, J., OBERDÖRSTER, G., PENNEY, D.P. (1992): Pulmonary Retention of Ultrafine and Fine Particles in Rats. – American Journal of Respiratory Cell and Molecular Biology Bd. 6, 535-542.

FIEDLER, H., SCHRAMM, K.W., HUTZINGER, O. (1990): Dioxin emissions to the air: mass balance for Germany today and in the year 2000. – Organohalogen Compounds 4, 395-400.

GREIM, H. (1999): Passivrauchen am Arbeitsplatz: Ethanol. Änderung der Einstufung krebserzeugender Arbeitsstoffe. – Weinheim: Wiley-VCH – ISBN 3-527-27654-8.

GRIMME, H. et al. (1999): Vorhersagbarkeit und Beurteilung der aquatischen Toxizität von Stoffgemischen. – Leipzig-Halle: UFZ-Umweltforschungszentrum Leipzig-Halle. – 319 S.

GSF-Forschungszentrum für Umwelt und Gesundheit (1997): Ultrafeine Aerosolpartikel in unserer Atemluft – ein Gesundheitsrisiko? – München: GSF. – Jahresbericht 1997. – ISSN 0941-3847. – S. 61-68.

HAGENMEIER, H., BRUNNER, H. (1991): Belastung der Umwelt mit Dioxinen. – VGB Kraftwerkstechnik 71, 860-865.

HANSJÜRGENS, B. (1999): Ökonomische Bewertung der Regulierung von Gefahrstoffen. – In: WINTER, G., GINZKY, H., HANSJÜRGENS, B.: Die Abwägung von Risiken und Kosten in der europäischen Chemikalienregulierung. – Berichte des Umweltbundesamtes 7/99. – Berlin: E. Schmidt. – 464 S. – S. 283-370.

HARPER, N., CONNOR, K., STEINBERG, M., SAFE, S. (1995): Immunosuppressive activity of polychlorinated biphenyl mixtures and congeners: nonadditive (antagonistic) interactions. – Fundamental and applied Toxicology 22, 283-288.

HELBICH, H.M. (1999): Polychlorierte Biphenyle. – In: MERSCH-SUNDERMANN, V. (Hrsg.): Umweltmedizin. – 1. Auflage. – Stuttgart: Thieme.

HEINRICH, U., MANGELSDORF, I., AUFDERHEIDE, M. et al. (1999): Durchführung eines Risikovergleichs zwischen Dieselmotoremissionen und Ottomotorenemissionen hinsichtlich ihrer kanzerogenen und nichtkanzerogenen Wirkungen. – UFOPLAN-Nr. 216 04 001/1 bzw. UBA-FB 2/99. – Berlin: E. Schmidt. – ISBN 3-503-04862-6.

IARC (International Agency for Research on Cancer) (1989): IARC monographs on the evaluation of carcinogenic risks to humans. – Vol. 46: Diesel and gasoline engine exhausts and some nitroarenes. – Lyon: World Health Organization, International Agency for Research on Cancer.

JACOB, K. (1999): Innovationsorientierte Chemikalienpolitik. Politische, soziale und ökonomische Faktoren des verminderten Gebrauchs gefährlicher Stoffe. – München: Herbert Utz. – 301 S.

JACOB, K., JÄNICKE, M. (1998): Ökologische Innovationen in der chemischen Industrie – Umweltentlastung ohne Staat? Eine Untersuchung und Kommentierung zu 182 Gefahrstoffen. – Zeitschrift für Umweltpolitik und Umweltrecht 21 (4), 519-547.

JAMES, R.C., BUSCH, H., TAMBURRO, C.H. et al. (1993): Polychlorinated biphenyl exposure and human health. – Journal of Occupational Medicine 35 (2), 136-148.

JOHANSON, G., NIHLEN, A., LÖF, A. (1995) : Toxicokinetics and acute effects of MTBE and ETBE in male volunteers. – Toxicology Letters 82/83, 713-718.

Kommission der Europäischen Gemeinschaften (1998): Bericht über die Durchführung der Richtlinie 67/548/EWG zur Angleichung der Rechts- und Verwaltungsvorschriften für die Einstufung, Verpackung und Kennzeichnung gefährlicher Stoffe usw. – SEK (1998) 1986 endg. – Brüssel: Europäische Gemeinschaften/Kommission (getr. Pag.).

KUSCHNER, W.G., WONG, H., D'ALESSANDRO, A. et al. (1997): Human pulmonary responses to experimental inhalation of high concentration fine and ultrafine magnesium oxide particles. – Environmental Health Perspectives 105 (11), 1234-1237.

LAI (Länderausschuß für Immissionsschutz) (1992): Krebsrisiko durch Luftverunreinigungen – Entwicklung von „Beurteilungsmaßstäben für kanzerogene Luftverunreinigungen" im Auftrag der Umweltministerkonferenz. – Düsseldorf: Ministerium für Umwelt, Raumordnung und Landwirtschaft des Landes NW.

LARSEN, B., TURRIO-BALDASSARI, L., IACOVELLA, N. et al. (1994): Toxic PCB congeners and organochlorine pesticides in Italian human milk. – Ecotoxicology and Environmental Safety 28, 1-13.

LEHMANN, R., KEMSKI, J., SIEHL, A. (1997): Radonkonzentrationen in Wohngebäuden der Bundesrepublik Deutschland. – Schriften und Berichte des Bundesamtes für Strahlenschutz, BfS-St-14/97. – ISBN 3-89701-077-1.

LENOIR, D., METZGER, J.O. (1999): Umweltchemie 1998. – Nachrichten aus Chemie, Technik und Laboratorium 47 (3), 291-293.

LfU (Landesanstalt für Umweltschutz) (1998): Schwebstaubbelastung in Baden-Württemberg. – Karlsruhe: Landesanstalt für Umweltschutz und UMEG (Hrsg.). – 117 S.

LIPFERT, F.W. (1997): Air pollution and human health: perspectives for the '90s and beyond. – Risk Analysis 17 (2), 137-146.

LONGNECKER, M.P., ROGAN, W.J., LUCIER, G. (1997): The human health effects of DDT (dichlorodiphenyltrichloroethane) and PCBs (polychlorinated biphenyls) and an overview of organochlorines in public health. – Annual Review of Public Health 18, 211-244.

LUBIN, J.H., BOICE, J.D., EDLING, C.H. et al. (1994): Radon and lung cancer risk: A joint analysis of 11 underground miners studies. – US National Institutes of Health. – NIH publication No. 94-3644.

MERSCH-SUNDERMANN, V. (1999): Pestizide. – In: MERSCH-SUNDERMANN, V. (Hrsg.): Umweltmedizin. – 1. Auflage. – Stuttgart: Thieme.

MORISKE, H.-J. (1997): Zusammenfassung der Ergebnisse der 4. WaBoLu-Innenraumtage in Berlin vom 26. bis 28.5.1997. – Bundesgesundheitsblatt 46 (9), 338-340.

MORISKE, H.-J. (1998): Chemische Innenraumluftverunreinigungen. – In: MORISKE, H.-J., TUROWSKI, E. (Hrsg.): Handbuch für Bioklima und Lufthygiene. – Landsberg: ecomed. – ISBN 3-609-72580-X. – Kap. III-4.2.

NOREN, K. (1993): Contemporary and retrospective investigations of human milk in the trend studies of organochlorine contaminants in Sweden. – Science of the Total Environment 139/140, 347-355.

OBERDÖRSTER, G., FERIN, J., GELEIN, R. et al. (1992): Role of the Alveolar Macrophage in Lung Injury: Studies with Ultrafine Particles.– Environmental Health Perspectives Bd. 97, 193-199.

OBERDÖRSTER, G., FERIN, J., LEHNERT, B.E. (1994): Correlation between Particle Size, in Vivo Particle Persistence, and Lung Injury. – Environmental Health Perspectives Bd, 102 Suppl. 6, 173-179.

OBERDÖRSTER, G. (1997): Ambient ultrafine particles: inducers of acute injury? – In: BRAIN, J.D., DRISCOL, K.E., DUNGWORTH, D.L. et al. (eds.): Relationship between respiratory disease and exposure to air pollution. – Washington: ILSI Press.

Öko-Institut (1995): Umweltziele statt Last-Minute-Umweltschutz. Nationale und internationale stoffbezogene Zielvorgaben. – Freiburg, Darmstadt, Berlin: Öko-Institut.

OSPARCOM (1998): OSPAR-Kommission verstärkt Meeresumweltschutz des Nordostatlantiks. – Bonn: Bundesministerium für Umwelt und Naturschutz. – Umweltpolitik aktuell 6/58, September 1998.

PEKKANEN, J., TIMONEN, K.L., RUUSKANEN, J. et al. (1997): Effects of ultrafine and fine particles in an urban air on peak respiratory flow among children with asthmatic symptoms. – Environmental research 74, 24-33.

PERSHAGEN, G., AKERBLOM, G., AXELSON, O. et al. (1994): Residential radon exposure and lung cancer in Sweden. – New England Journal of Medicine Bd. 330, 159-164.

PETERS, A., WICHMANN, H.-E., TUCH, T. et al. (1997): Respiratory effects are associated with the number of ultrafine particles. – American Journal of Respiratory and Critical Care Medicine 155, 1376-1383.

PETERS, A., SCHULZ, H., KREYLING, W.G., WICHMANN, H.-E. (1998): Staub und Staubinhaltsstoffe/Feine und ultrafeine Partikel. – In: WICHMANN, H.-E., SCHLIPKÖTER, H.W., FÜLGRAFF, G. (Hrsg.): Handbuch der Umweltmedizin. – 14. Erg.Lfg., Kap. VI-2. – Landsberg: ecomed. – Losebl.-Ausg.

POTT, F., ROLLER, M. (1997): Aktuelle Daten und Fragen zur Kanzerogenität von festen Partikeln aus Abgas von Dieselmotoren und anderen Quellen. – Zentralblatt der Hygiene 200, 223-280.

PÜTTMANN, W. (1999): Saubere Luft, Verschmutztes Wasser. Diskussion um MTBE als Zusatz für Vergaserkraftstoff. – Frankfurt: J.W. Goethe-Universität, Pressemitteilung. – 2 S.

REUTER, J.E., ALLEN, B.C., RICHARDS, R.C. et al. (1998): Concentrations, sources, and fate of the gasoline oxygenate methyl tert-buthyl ether in a multiple-use lake. – Environmental Science & Technology 32 (23), 3666-3672.

RICHTER, S., DETZEL, A. (1999): Minderung des Umwelteintrags von persistenten organischen Schadstoffen (POPs). – Entsorgungs-Praxis 17 (3), 47-51.

RIER, S.E., MARTIN, D.C., BOWMAN, R.E. et al. (1993): Endometriosis in Rhesus Monkeys (Macaca mulatta) following chronic exposure to 2,3,7,8-tetrachlorodibenzo-p-dioxin. – Fundamental and Applied Pharmacology 21, 433-441.

ROE, D., PEARCE, W. (1998): Toxic Ignorance. – Environmental Forum May/June, 24-35.

SAFE, S.H. (1989): Polychlorinated biphenyls (PCBs): mutagenicity and carcinogenicity. – Mutation Research 220, p. 31.

SANTILLO, D., JOHNSON, P., SINGHOFEN, A., KRAUTTER, M. (2000): Hazard Based Risk Assessment and Management. – In: WINTER, G. (Hrsg.): Risk Assessment and Risk Management of Toxic Chemicals in the European Community. – Baden-Baden: Nomos. – S. 98-111.

SCHERINGER, M. (2000): Exposure and Effect-Based Risk Assessment and Management. – In: WINTER, G. (Hrsg.): Risk Assessment and Risk Management of Toxic Chemicals in the European Community. – Baden-Baden: Nomos. – S. 89-97.

SCHRENK, D., FÜRST, P. (1999a): Ableitung der tolerierbaren täglichen Dioxin-Aufnahme durch die WHO. – Umweltmedizin in Forschung und Praxis 4 (3), 163-167.

SCHRENK, D., FÜRST, P. (1999b): WHO setzt Werte für die tolerierbare tägliche Aufnahme an Dioxinen neu fest. – Nachrichten aus Chemie, Technik und Laboratorium 47 (3), 313-316.

SCHWARTZ, J., DOCKERY, D.W., NEAS, L.M. (1996): Is daily mortality associated specifically with fine particles? – Journal of Air and Waste Management Organisation 46, 927-936.

SEATON, A., MacNEE, W., DONALDSON, K., GODDEN, D. (1995): Particulate air pollution and acute health effects. – Lancet 345, 176-178.

SEIDEL, H. J. (1996): Praxis der Umweltmedizin. – Stuttgart: Thieme. – 482 S. – ISBN 3-13-101932-8.

SILBERHORN, E.M., GLAUERT, M.P., ROBERTSON, L.W. (1990): Carcinogenicity of polychlorinated biphenyls: PCBs and PBBs. – Critical Reviews in Toxicology 20, p. 439.

SRU (Der Rat von Sachverständigen für Umweltfragen) (1979): Entwurf eines Gesetzes zum Schutz vor gefährlichen Stoffen. Stellungnahme des Rates. – Bonn: Bundesministerium des Inneren. – Umweltbrief, Nr. 19.

SRU (1987): Umweltgutachten 1987. – Stuttgart: Kohlhammer. – 674 S.

SRU (1994): Umweltgutachten 1994. – Stuttgart: Metzler-Poeschel. – 384 S.

SRU (1996): Umweltgutachten 1996. – Stuttgart: Metzler-Poeschel. – 468 S.

SRU (1998): Umweltgutachten 1998. – Stuttgart: Metzler-Poeschel. – 388 S.

SRU (1999): Umwelt und Gesundheit. – Sondergutachten. – Stuttgart: Metzler-Poeschel. – 252 S.

STEINDORF, K., LUBIN, J., WICHMANN, H.-E., BECHER, H. (1995): Lung cancer deaths attributable to indoor radon exposure in West Germany. – International Journal of Epidemiology Bd. 24, 485-492.

STEINWANDTER, H. (1992): IV. Identification of non-o,o´-Cl and mono-o,o´-Cl substituted PCB congeners in Main river fish. – Fresenius' Zeitschrift für Analytische Chemie 342, 416-420.

STERLING, T.D., ARUNDEL, A.V. (1986): Health effects of phenoxy herbicides. A review. – Scandinavian Journal of Work, Environment and Health 12 (3), 161-173.

STONE, R. (1993): New Seveso findings point to cancer. – Science 261 (5127), 1383.

STREFFER, C. et al. (Hrsg.) (2000): Umweltstandards. Kombinierte Expositionen und ihre Auswirkungen auf den Menschen und seine Umwelt. – Berlin, Heidelberg u. a.: Springer. – Wissenschaftsethik und Technikfolgenbeurteilung, Bd. 5. – 475 S.

SWANSON, G.M., RATCLIFFE, H.E., FISCHER, L.J. (1995): Human exposure to polychlorinated biphenyls (PCBs): a critical review of the evidence for adverse health effects. – Regulatory Toxicology and Pharmacology 21 (1), 136-150.

TESSERAUX, I., KOSS, G. (1999): Toxikologie von Methyltertiär-Butylether (MTBE) als Bestandteil des Otto-Motoren-Kraftstoffes. – Bundesgesundheitsblatt Gesundheitsforschung-Gesundheitsschutz 42 (4), 332-343.

UBA (Umweltbundesamt) (1997): Jahresbericht 1997. – Berlin: Umweltbundesamt.

UBA (1998): Jahresbericht 1998. – Berlin: Umweltbundesamt.

WBGU (Wissenschaftlicher Beirat der Bundesregierung Globale Umweltveränderungen) (1999): Strategien zur Bewältigung globaler Umweltrisiken. – Jahresgutachten 1998. – Berlin, Heidelberg, New York: Springer.

WICHMANN, H.-E., PETERS, A. (1999): Epidemiological studies on health effects of fine and ultrafine particles in Germany. – Presentation at the Institute Meeting of the EU and the Health Effects Institute: "Health Effects of Fine Particles: Key Questions and the 2003 Review". – Brüssel, Belgien.

WICHMANN, H.-E., KREIENBROCK, L., KREUZER, M. et al. (1998): Lungenkrebsrisiko durch Radon in der Bundesrepublik Deutschland (West). – Landsberg: Ecomed. – ISBN 3-609-51500-7.

WICHMANN, H.-E., GERKEN, M., WELLMANN, J. et al. (1999a): Lungenkrebsrisiko durch Radon in der Bundesrepublik Deutschland (Ost) – Thüringen und Sachsen. – Landsberg: Ecomed. – ISBN 3-609-51850-2.

WICHMANN, H.-E., JÖCKEL, H.-E., BECHER, H. (1999b): Gesundheitliche Risiken durch Passivrauchen – Bewertung der epidemiologischen Daten. – Umweltmedizin in Forschung und Praxis 4 (1), 28-42.

WINTER, G. (1999a): Tausend gefährliche Chemikalien: Keiner weiß, wie giftig sie sind. – Frankfurter Rundschau Nr. 108 vom 7. Mai 1999, S. 10.

WINTER, G. (1999b): Europäische Leitlinien zur Auswahl und Bewertung von Maßnahmen der Risikominderung in der Chemikalienregulierung. – In: WINTER, G., GINZKY, H., HANSJÜRGENS, B.: Die Abwägung von Risiken und Kosten in der europäischen Chemikalienregulierung. – Berlin: E. Schmidt Verlag. – Berichte des Umweltbundesamtes 7/99. – S. 371-426.

WISSING, M. (1998): Dioxins: current knowledge about health effects. – Revue Médicale de Bruxelles 19 (4), A367-371.

WOLFF, M.S. (1995): Pesticides – how research has succeeded and failed in informing policy: DDT and the link to breast cancer. – Environmental Health Perspectives 103 (6), 87-91.

WHO (World Health Organization), Regional Office for Europe, Copenhagen (1989): Indoor air quality: organic pollutants. Report on a WHO meeting, Berlin (West), 23-27 August 1987. – EURO Reports and Studies 111.

Kapitel 2.4.7

BARTSCH, D., SCHUPHAN, I. (2000): Monitoring der ökologischen Auswirkungen insektenresistenter Kulturpflanzen mit rekombinanten *Bacillus thuringiensis* Toxin-Genen. – Proceedings zum BMBF-Statusseminar Biologische Sicherheitsforschung bei Freilandversuchen mit transgenen Organismen und anbaubegleitendes Monitoring. – Hrsg: J. Schiemann.

DEML, R., MEISE, T., DETTNER, K. (1999): Effects of *Bacillus thuringiensis* δ-endotoxins on food utilization, growth and survival of selected phytophagous insects. – Journal of applied entomology 123, 55-64.

DRÖGE, M., PÜHLER, A., SELBITSCHKA, W. (1998): Horizontal gene transfer as a biosafety issue: A natural phenomenon of public concern. – J. Biotechnol. 64, 75-90.

ENSERINK, M. (1999): GM crops in the cross hairs. – Science 286, pp. 1662-1668.

FERBER, D. (1999): Monarch press release raises eyebrows. – Science 286, p. 1663.

JENKINS, J.N. (1999): Transgenic plants expressing toxins from *Bacillus thuringiensis*. – In: HALL, F.R., MENN, J.J. (Eds.): Biopesticedes: Use and Delivery. – Totowa: Humana Press Inc. – Methods in Biotechnology Vol. 5. – pp. 211-232.

KAMEKE, C. von (1995): Gemeinschaftsrechtliches Gentechnikrecht: Die Freisetzungsrichtlinie 90/220/EWG. – Berlin: Duncker & Humblot. – Tübinger Schriften zum Internationalen und Europäischen Recht, Bd. 35. – 168 S.

NEEMANN, G., SCHERWAß, R. (1999): Materialien für ein Konzept zum Monitoring von Umweltwirkungen gentechnisch veränderter Pflanzen. – Berlin: Umweltbundesamt. – UBA-Texte 52/99. – 245 S. und Anhang.

PÜHLER, A. (1999): Horizontaler Transfer von Antibiotikaresistenzgenen: Diskussion und Erkenntnisse. – Nachrichten aus Chemie, Technik und Laboratorium 47 (9), 1088-1092.

SAXENA, D., FLORES, S., STOTZKY, G. (1999): Transgenic plants: Insecticidal toxin in root exudates from *Bt* corn. – Nature 402, S. 480.

SCHENEK, M. (1995): Das Gentechnikrecht der Europäischen Gemeinschaft: Gemeinschaftsrechtliche Biotechnologiepolitik und Gentechnikregulierung. – Berlin: Duncker & Humblot. – Tübinger Schriften zum Internationalen und Europäischen Recht, Bd. 33. – 331 S.

SCHWEIZER, R., CALAME, T. (1997): Das Gentechnikrecht der Europäischen Gemeinschaft. – Recht der Internationalen Wirtschaft 43 (1), 34-45.

SRU (Der Rat von Sachverständigen für Umweltfragen) (1998): Umweltgutachten 1998. – Stuttgart: Metzler-Poeschel. – 390 S.

STREINZ, R. (1999): Umwelt- und Verbraucherschutz durch den Einkaufskorb. – Zeitschrift für Umweltrecht 10 (1), 16-21.

Kapitel 3.1

ABETZ, P. (1987): Forschungsprojekt des Institutes und Erhebung zur Durchforstung. – Forstwissenschaftliches Centralblatt 106, 132-140.

AGDW (Arbeitsgemeinschaft Deutscher Waldbesitzerverbände e.V.) (1997): Bundeskongreß für Führungskräfte forstwirtschaftlicher Zusammenschlüsse zum Thema „Fortentwicklung forstwirtschaftlicher Zusammenschlüsse" am 11. und 12. März 1997 in Würzburg.

ALTENKIRCH, W., HARTMANN, G. (1987): Eichenprobleme. – Forst- u. Holzwirtschaft 42 (16), 445-448.

AMMER, U. (1992): Naturschutzstrategien im Wirtschaftswald. – Forstwissenschaftliches Centralblatt 111 (4), 255-265.

AMMER, U., SCHUBERT, H. (1999): Arten-, Prozeß- und Ressourcenschutz vor dem Hintergrund faunistischer Untersuchungen im Kronenraum des Waldes. – Forstwissenschaftliches Centralblatt – Tharandter Forstliches Jahrbuch 118 (2), 70-87.

AMMER, U., DETSCH, R., SCHULZ, U. (1995): Konzepte der Landnutzung. – Forstwissenschaftliches Centralblatt 114 (2), 107-125.

ARENHÖVEL, W. (1996): Waldumbau als Bestandteil des naturnahen Waldbaus. – AFZ/Der Wald 51 (0), 486-488.

Arbeitskreis Standortskartierung (in der Arbeitsgemeinschaft Forsteinrichtung) (Hrsg.) (1996): Forstliche Standortsaufnahme. – 5. Auflage. – Eching bei München: IHW-Verlag.

BACHMANN, P. (1995): Grundsätze bei der Realisierung forstlicher Planungskonzepte. – Schweizerische Zeitschrift für Forstwesen 146 (10), 769-776.

BALDER, H., LAKENBERG, E. (1987): Neuartiges Eichensterben in Berlin. – Allgemeine Forstzeitung 42 (27/28/29), 684-685.

BALDER, H. (1989): Untersuchungen zu neuartigen Absterbeerscheinungen an Eichen in den Berliner Forsten. – Nachrichtenblatt des Deutschen Pflanzenschutzdienstes 41 (1), 1-6.

BECKER, C.H., JOB, H., WITZEL, A. (1996): Tourismus und nachhaltige Entwicklung: Grundlagen und praktische Ansätze für den mitteleuropäischen Raum. – Darmstadt: Wissenschaftliche Buchgesellschaft.

BECKER, M. (1997): Bewertung und Honorierung umweltrelevanter Leistungen der Forstwirtschaft: Zertifizierung von Forstbetrieben – ein Ansatz für die Honorierung umweltrelevanter Leistungen der Forstwirtschaft? – In: WERNER, W. et al. (Hrsg.): Umweltrelevante Leistungen der Forstwirtschaft. – Frankfurt/M.: DLG-Verl. – S. 161-167.

BECKER, M., BRÄKER, O.-U., KENK, G. et al. (1989): Kronenzustand und Wachstum von Waldbäumen im Dreiländereck Deutschland-Frankreich-Schweiz in den letzten Jahrzehnten. – Allgemeine Forstzeitung 45, 263-274.

BfN (Bundesamt für Naturschutz) (Hrsg.) (1996): Daten zur Natur. – Münster: Landwirtschaftsverlag.

BINKLEY, D., REID, P. (1984): Long-term responses of stem growth and leaf area to thinning and fertilization in a Douglas-fir plantation. – Canadian Journal of Forest Research 14, 656-660.

BLAB, J. (1993): Grundlage des Biotopschutzes für Tiere. – Greven: Kilda. – Schriftenreihe für Landschaftspflege und Naturschutz, H. 24. – 479 S.

BLAB, J., NOWAK, E., TRAUTMAN, W., SUKOPP, H. (Hrsg.) (1984): Rote Liste der gefährdeten Tiere und Pflanzen in der Bundesrepublik Deutschland. – 4. erw. und neubearb. Auflage. – Greven: Kilda-Verlag. – 270 S.

BMF (Bundesministerium der Finanzen) (1999): Bericht der Bundesregierung über die Entwicklung der Finanzhilfen des Bundes und der Steuervergünstigungen für die Jahre 1997 bis 2000 (Siebzehnter Subventionsbericht). – Bonn: BT-Drs. 14/1500.

BML (Bundesministerium für Ernährung, Landwirtschaft und Forsten) (1992): Bundeswaldinventur 1986-1990, Band 1: Inventurbericht und Übersichtstabellen, Band 2: Grundtabellen (Gebietsstand vor dem 3.10.90). – Bonn: BML.

BML (1993): Der Wald in den neuen Bundesländern – Eine Auswertung vorhandener Daten nach dem Muster der Bundeswaldinventur. – Bonn: BML.

BML (Hrsg.) (1996): Das potentielle Rohholzaufkommen in Deutschland bis zum Jahr 2020: Ergebnisüberblick. – Erstellt in der Bundesforschungsanstalt für Forst- und Holzwirtschaft (BFH). – Bonn: BML, Ref. 613

BML (1997): Waldbericht der Bundesregierung. – Bonn: BML, Referat Öffentlichkeitsarbeit.

BML (1998): Bericht über den Zustand des Waldes 1998 – Ergebnisse des forstlichen Umweltmonitoring. – Bonn. – 53 S.

BML (1999a): Agrarbericht der Bundesregierung 1999. – Bonn: BML.

BML (1999b): Statistisches Jahrbuch über Ernährung, Landwirtschaft und Forsten. Jahresbericht. – Münster: Landwirtschaftsverlag. – 561 S.

BML (2000): Agrarbericht der Bundesregierung 2000. – hier nach: http://www.bml.de

BMU (Bundesministerium für Umwelt, Naturschutz und Reaktorsicherheit) (1992): Konferenz der Vereinten Nationen für Umwelt und Entwicklung im Juni 1992 in Rio de Janeiro. Dokumente. – Bonn: BMU. – 289 S.

BMU (Hrsg.) (1998): Bericht der Bundesregierung nach dem Übereinkommen über die biologische Vielfalt. Nationalbericht biologische Vielfalt. – Bonn: BMU.

BODE, W. (1997): Naturnahe Waldwirtschaft: Prozeßschutz oder biologische Nachhaltigkeit? – Eukalion: Holm.

BOSCH, C., PFANNKUCH, E., BAUM, U., REHFUESS, K.E. (1983): Über die Erkrankungen der Fichte (Picea abies Karst.) in den Hochlagen des Bayerischen Waldes. – Forstwissenschaftliches Centralblatt 102 (3), 167-181.

BRAEKKE, F.H. (1990): Nutrient accumulation and role of atmospheric deposition in coniferous stands. – Forest Ecology and Management Vol. 30, 351-359.

BRANDL, H., OESTEN, G. (1996): Die monetäre Bewertung positiver und negativer externer Effekte der Forstwirtschaft: Erfahrungen und Perspektiven. – In: LINCKH, G. et al. (Hrsg.): Nachhaltige Land- und Forstwirtschaft: Expertisen. – Berlin u. a.: Springer. – S. 441-471.

BRANDL, H., SCHANZ, H. (1992): Wandel und Tendenzen in der Betriebsgrößenstruktur des Privatwaldes Baden-Württemberg. – Allgemeine Forstzeitschrift (AFZ), 705-708.

BURGER, H. (1927): Die Lebensdauer der Fichtennadeln. – Schweizerische Zeitschrift des Forstwesens 78, 372-375.

BURSCHEL, P., HUSS, J. (1997): Grundriß des Waldbaus. – 2. Auflage. – Hamburg: Parey.

CMA (Centrale Marketinggesellschaft der deutschen Agrarwirtschaft) (1987): Wald, Holz und Holzverbrauch. Ergebnisse einer Umfrage in der Bundesrepublik Deutschland und West-Berlin. – Bonn. – 57 S. + Anhang.

Council of Europe (ed.) (1992): Specific environmental problems arising from the increase of tourism in Eastern and Central Europe; Proceedings of the Budapest Colloquium, "Tourism and Environment", September 1991; Strasbourg.

DAHM, S., ELSASSER, P., ENGLERT, H. et al. (1999): Belastungen der Forstbetriebe aus der Schutz- und Erholungsfunktion des Waldes. – Münster-Hiltrup: Landwirtschaftsverlag. – Angewandte Wissenschaft, H. 478, Schriftenreihe des Bundesministeriums für Ernährung, Landwirtschaft und Forsten.

DIERSCHKE, H. (1984): Natürlichkeitsgrade von Pflanzengesellschaften unter besonderer Berücksichtigung der Vegetation Mitteleuropas. – Phytocoen 12 (2/3), 173-184.

DJV (Deutscher Jagdschutzverband) (Hrsg.) (1995): Zukunft gestalten – Natur erhalten: Naturschutz außerhalb von Schutzgebieten, Projekte der deutschen Jägerschaft im Europäischen Naturschutzjahr '95. – Bonn: DJV.

DJV (Hrsg.) (1998): DJV-Handbuch 1998. – Mainz: Dieter Hoffmann.

DONAUBAUER, E. (1987): Auftreten von Krankheiten und Schädlingen der Eiche und ihr Bezug zum Eichensterben. – Österreichische Forstzeitung 98, 46-48.

EICHKORN, T. (1986): Wachstumsanalysen an Fichten in Südwestdeutschland. – Allgemeine Forst- und Jagd-Zeitung 157, 125-139.

ELLENBERG, H. (1996): Vegetation Mitteleuropas in den Alpen in ökologischer, dynamischer und historischer Sicht. – 5. stark veränd. u. verb. Aufl. – Stuttgart: Verlag Eugen Ullmer.

ELLENBERG, H. (1997): Biologische Vielfalt auf Art-Ebene und ihre Gefährdung als Kriterium und Indikation für ein Monitoring der Nachhaltigkeit von Waldbewirtschaftung. – In: Biologische Vielfalt in Ökosystemen – Konflikt zwischen Nutzung und Erhaltung. – Münster-Hiltrup: Landwirtschaftsverlag. – Schriftenreihe des Bundesministeriums für Ernährung, Landwirtschaft und Forsten, Heft 465. – S. 127-137.

ELSASSER, P. (1996a): Der Erholungswert des Waldes. – Frankfurt/M: J.D. Sauerländer's Verlag. – Schriften zur Forstökonomie, Bd. 11.

ELSASSER, P. (1996b): Struktur, Besuchsmotive und Erwartungen von Waldbesuchern. Eine empirische Studie in der Region Hamburg. – Bundesforschungsanstalt für Forst- und Holzwirtschaft (BFH), Arbeitsbericht des Instituts für Ökonomie 96/1.

Enquete-Kommission „Schutz der Erdatmospäre" (1994): Schutz der grünen Erde. Dritter Bericht der Enquete-Kommission „Schutz der Erdatmosphäre". – Deutscher Bundestag (Hrsg.). – Bonn: Eonomica Verlag.

ERLBECK, R., HASEDER, I., STINGLWAGNER, G. (1998): Das Kosmos-Wald- und Forstlexikon. – Kosmos.

Europäische Kommission (2000): Gesamtbericht über die Tätigkeit der Europäischen Union 1999. – Luxemburg: Amt für amtliche Veröffentlichungen der Europäischen Gemeinschaften. – 614 S.

EVERS, F.H., HAUSSER, K. (1973): Ertrags- und ernährungskundliche Ergebnisse von drei Kulturdüngungsversuchen zu Fichte im Buntsandsteingebiet des Nordschwarzwaldes. – Freiburg: Forstliche Versuchs- und Forschungsanstalt. – Mitteilungen der Forstlichen Versuchsanstalt Baden-Württemberg, H. 54.

FBW (Forschungsbeirat Waldschäden/Luftverunreinigungen des Bundes und der Länder) (1986): 2. Bericht. – 229 S.

FEGER, K.-H. (1997): Biogeochemistry of magnesium in forest ecosystems. – In: HÜTTL, R.F., SCHAAF, W. (eds.): Magnesium deficiency in forest ecosystems. Nutrients in ecosystems. – Dordrecht: Kluwer Academic Publishers. – pp. 67-99.

FERRAZ, J.B. (1985): Standortbedingungen, Bioelementversorgung und Wuchsleistung von Fichtenbeständen (Picea abies Karst.) des Südschwarzwaldes. – Freiburg: Institut für Bodenkunde. – Freiburger Bodenkundliche Abhandlungen, 14. – 224 S.

FINCKENSTEIN, B. Graf (1997): Die Besteuerung privater Forstbetriebe: Der Einfluß der Besteuerung auf betriebliche Entscheidungen. – Frankfurt/M.: Sauerländer. – 155 S. – Zugl.: Göttingen, Univ., Diss., 1997.

FINK, S. (1997): Structural aspects of magnesium deficiency. – In: HÜTTL, R.F., SCHAAF, W. (eds.): Magnesium deficiency in forest ecosystems. Nutrients in ecosystems. – Dordrecht: Kluwer Academic Publishers.

FISCHER, A. (1995): Forstliche Vegetationskunde. – Berlin: Parey.

FRANZ, F., RÖHLE, H. (1985): Zum Wuchsverhalten geschädigter Bäume in Bayern. – In: NIESSLEIN, E.,

VOSS, G. (Hrsg.): Was wir über das Waldsterben wissen. – S. 234-246.

GÄRTNER, E.J. (1985): Mangan-Gehalte in Altfichten, Boden- und Kronendurchlaß an jeweils gleichen Standorten. – In: Waldschäden. – Düsseldorf: VDI. – VDI-Berichte, 560. – S. 559-573.

GIEGRICH, J., STURM, K. (1999): Naturraumbeanspruchung waldbaulicher Aktivitäten als Wirkungskategorie für Ökobilanzen. Teilbericht im Rahmen des Forschungsvorhabens Ökologische Bilanzierung graphischer Papiere. – Heidelberg: ifeu (Institut für Energie- und Umweltforschung).

GLATZEL, G. (1991): The impact of historic landuse and modern forestry on nutrient relations of Central European forest ecosystems. – Fertilizer Research 27, 1-8.

GAYER, K. (1886): Der gemischte Wald. – Berlin: Parey. – 168 S.

GAUER, J. (1999): Bedeutung des Bundes-Bodenschutzgesetzes für die Forstwirtschaft, – AFZ/Der Wald 54 (10), 534-535.

GLÄNZER, U.W. (1987): Jagd zwischen ökologischem Eingriff und ökologischer Managementaufgabe im Widerstreit der Interessen. – Bonn: ABN. – Jahrbuch für Naturschutz und Landschaftspflege, 40. – S. 31-37.

GRUBER, F. (1988): Der Fenstereffekt bei der Fichte. – Forst und Holz 43 (3), 58-60.

GÜRTH, P. (1978): Privatwaldbetreuung im Waldbauerngebiet des Mittleren Schwarzwaldes am Beispiel des staatlichen Forstamtes Wolfach. – Allgemeine Forstzeitschrift (AFZ), 1235-1238.

GUTHÖRL, V. (1994): Jagd ist angewandter Naturschutz: Der Beitrag der Jäger zur Entwicklung der Natur. – Herrenalber Protokolle 101, 54-72.

HAMMER, A. (1974): Waldstrukturveränderungen durch Neuaufforstungen in Baden-Württemberg. – Allgemeine Forstzeitschrift (AFZ), 402-404.

HAMPICKE, U. (1996): Perspektiven umweltökonomischer Instrumente in der Forstwirtschaft insbesondere zur Honorierung ökologischer Leistungen. – Stuttgart: Metzler-Poeschel. – Materialien zur Umweltforschung, Bd. 27. – 164 S.

HAMPICKE, U. (1997): Bewertung und Honorierung umweltrelevanter Leistungen der Forstwirtschaft: Honorierungssysteme für Umweltleistungen. – In: WERNER, W. et al. (Hrsg.): Umweltrelevante Leistungen der Forstwirtschaft. – Frankfurt/M.: DLG-Verl. – S. 134-151.

HANSSON, L., FAHRIG, L., MERRIAM, G. (Hrsg.) (1995): Mosaic landscapes and ecological processes. – London: Chapman & Hall. – 356 S.

HARTMANN, G., BLANCK, R., LEWARK, S. (1989): Eichensterben in Norddeutschland: Verbreitung, Schadbilder, mögliche Ursachen. – Forst und Holz 44 (18), 475-487.

HARTMANN, G., UEBEL, R., STOCK, R. (1985): Zur Verbreitung der Nadelvergilbung an Fichte im Harz. – Forst- und Holzwirt 40 (10), 286-292.

HEIDT, E., PLACHTER, H. (1996): Bewerten im Naturschutz: Probleme und Wege zu ihrer Lösung. – Stuttgart: Akademie für Natur- und Umweltschutz. – In: Beiträge der Akademie für Natur- und Umweltschutz, Baden-Württemberg, Bd. 23. – S. 193-252.

HELD, M., LANGER, U. (1989): Natur unter Rädern. – Nationalpark H. 3, 42-46.

HENNING, F.W. (1989): Handbuch der Wirtschafts- und Sozialgeschichte Deutschlands. Bd. 1: Deutsche Wirtschafts- und Sozialgeschichte im Mittelalter und in der frühen Neuzeit. – Paderborn: Schöningh.

HÜTTL, R.F., SCHNEIDER, B.U. (1997): Ecological: Research Implications of an Environmentally Influenced Forest Policy in Central Europe. – In: FÜHRER, E., BERGER, R. (Hrsg.): EFERN European Forest Exosystem Research Network: Proceedings of the 1st plenary meeting; 19.-22. Oct. 1996, Vienna. – Wien: Österreichische Gesellschaft für Waldökosystemforschung u. experimentelle Baumforschung. – Forstliche Schriftenreihe, Bd. 10. – S. 25-37.

HÜTTL, R.F. (1985): „Neuartige" Waldschäden und Nährelementversorgung von Fichtenbeständen (Picea abies Karst.) in Südwestdeutschland. – Freiburg: Institut für Bodenkunde. – Freiburger Bodenkundliche Abhandlungen, 16. – 195 S.

HÜTTL, R.F. (1993): Forest Soil Acidification. – Angewandte Botanik 67, 66-75.

HÜTTL, R.F. (1998): Neuartige Waldschäden. – In: Berlin-Brandenburgische Akademie der Wissenschaften (Hrsg.). – Berlin: Akademie-Verl. – Berichte und Abhandlungen der Berlin-Brandenburgischen Akademie der Wissenschaften, Bd. 5 – S. 131-215.

HÜTTL, R.F., SCHAAF, W. (Eds.) (1997): Magnesium deficiency in forest ecosystems. Nutrients in ecosystems. – Dordrecht: Kluwer Academic Publishers. – 362 S.

HÜTTL, R.F., BELLMANN, K., SEILER, W. (Hrsg.) (1996): Atmosphärensanierung und Waldökosysteme. SANA – Wissenschaftliches Begleitprogramm zur Sanierung der Atmosphäre über den neuen Bundesländern – Wirkung auf Kiefernbestände. – Taunusstein: Eberhard Blottner Verlag. – Umweltwissenschaften, Bd. 4. – 238 S.

IGMÁNDY, C. (1987): Die Welkeepidemie von Quercus petrea (Matt.) Lieb. in Ungarn (1978–1986). – Österreichische Forstzeitschrift 98, 48-50.

INNES, J.L. (1987): The interpretation of international forest health data. – In: PERRY, R., HARRISON, R.M., BELL, J.N.B., LESTER, J.N. (eds.): Acid rain: scientific and technical advances. – London: Selper. – pp. 633-640.

IUFRO (International Union of Forest Research Organizations) (1983): Aquilo Seria Botanica 19, S. 175.

JALAS, J. (1955): Hemerobe und hemerochore Pflanzenarten. Ein terminologischer Reformversuch. – Acta Societas pro Fauna et Flora Fennica 72, 1-15.

JAX, K. (1994): Mosaik-Zyklus und Patch dynamics: Synonyme oder verschiedene Konzepte? – Eine Einladung zur Diskussion. – Zeitschrift für Ökologie und Naturschutz 3 (2), 107-112.

JEDICKE, E. (Hrsg.) (1997): Die Roten Listen. Gefährdete Pflanzen, Tiere, Pflanzengesellschaften und Biotope in Bund und Ländern. – Stuttgart: Ulmer. – 581 S.

JUDMANN, F. (1998): Die Einstellungen von Kleinprivatwaldeigentümern zu ihrem Wald – Freiburg/Brsg.: Univ., Diss.

JUNG, T., BLASCHKE, H., NEUMANN, P. (1996): Isolation, identification and pathogenicity of Phytophtora species from declining oak stands. – European Journal of Forest Pathology 26, 253-272.

KALCHREUTER, H., GUTHÖRL, V. (1997): Wildtiere und menschliche Störungen: Problematik und Management. – Main: D. Hoffmann. – Informationen aus der Wildforschung. – ISBN: 3-8741-086-9. – 67 S.

KAISER, M., KALKA, B., MUTTERER, E. (1995): Akzeptanz einer FBG-Organisation. – Allgemeine Forstzeitschrift (AFZ), 182-183.

KANDLER, O., SENSER, M. (1993): Eichenvergilbung im Raum München: eine Fallstudie. – München: Pfeil. – Rundgespräch der Kommission für Ökologie; Bayerische Akademie der Wissenschaften, 5. – S. 153-168.

KANDLER, O., MILLER, W., OSTNER, R. (1987): Dynamik der „akuten Vergilbung" der Fichte. – Allgemeine Forstzeitschrift 42 (27/28/29), 715-723.

KATZENSTEINER, K., GLATZEL, G. (1997): Causes of magnesium deficiency in forest ecosystems. – In: HÜTTL, R.F., SCHAAF, W. (eds.): Magnesium deficiency in forest ecosystems. Nutrients in ecosystems. – Dordrecht: Kluwer Academic Publishers. – pp. 227-251.

KAUPENJOHANN, M. (1997): Recuperation of magnesium deficiency through fertilisation – Tree nutrition. – In: HÜTTL, R.F., SCHAAF, W. (eds.): Magnesium Deficiency in Forest Ecosystems. – Dordrecht: Kluwer Academic Publishers. – pp. 275-296.

KAUPENJOHANN, M., SCHNEIDER, B.U., HANTSCHEL, R. et al. (1988): Sulphuric acid rain treatment of Picea abies (L.) Karst. effects on nutrient solution, throughfall chemistry, and tree nutrition. – Zeitschrift für Pflanzenernährung und Bodenkunde 151 (2), 123-126.

KEITEL, A., ARNDT, U. (1983): Ozoninduzierte Turgeszenzverluste bei Tabak (Nicotiana tabacum var. Bel. W 3) – ein Hinweis auf schnelle Permeabilitätsveränderungen der Zellmembranen. – Angewandte Botanik 57 (3/4), 193-204.

KENK, G. (1985): Referenzdaten zum Waldwachstum. Statusseminar Zuwachs und ökonomische Bewertung, 30. Januar 1985, Göttingen. – Auch in: KENK, G., SPIECKER, H., DIENER, G.: Referenzdaten zum Waldwachstum. – Karlsruhe: Forschungszentrum. – Projekt Europäisches Forschungszentrum für Maßnahmen der Luftreinhaltung. – 59 S.

KENK, G., FISCHER, H. (1988): Evidence from nitrogen fertilization in the forests of Germany. – Environmental Pollution, Bd. 54, 199-218.

KILLIAN, H. (1993): Nachhaltigkeit in der Forstwirtschaft – historische Realität oder Utopie? – In: Dimensionen der Nachhaltigkeit. XX Tagung der Fachgr. Wald- und Holzwissenschaft. – Wien: Fachgruppe Wald- und Holzwissenschaften der Universität für Bodenkultur Wien. – 9-20.

KIM, K.C., WEAVER, R.D. (1994): Biodiversity and humanity: paradox and challenge. – In: KIM, K.C., WEAVER, R.D. (eds.): Biodiversity and landscapes: A paradox of humanity. – Cambridge: Cambridge University Press. – pp. 3-30.

KLOSE, F., ORF, S. (1998): Forstrecht: Kommentar zum Waldrecht des Bundes und der Länder. – 2. neu bearb. u. erw. Aufl. – Münster: Aschendorff [u. a.]. – 746 S.

KORNECK, D., SUKOPP, H. (1988): Rote Liste der in der Bundesrepublik Deutschland ausgestorbenen, verschollenen und gefährdeten Farn- und Blütenpflanzen und ihre Auswertung für den Arten- und Biotopschutz. – Bonn: BfN. – Schriftenreihe für Vegetationskunde, H. 19. – 1-210.

KOWARIK, I. (1987): Kritische Anmerkungen zum theoretischen Konzept der natürlichen potentiellen Vegetation mit Anregungen zu einer zeitgemäßen Modifikation. – Tuexenia, Jg. 7, 53-67.

KRAUSE, C.L. (1987): Jagdeinrichtungen und Landschaftsbild in Schutzgebieten. – Bonn: ABN. – In: Jahrbuch für Naturschutz und Landschaftspflege, 40. – 128-154.

KRAUSE, G.H.M., PRINZ, B. (1989): Experimentelle Untersuchungen der LIS zur Aufklärung möglicher Ursachen der neuartigen Waldschäden. – Essen: Landesanstalt für Immissionsschutz. – LIS-Berichte, 80.

KREUTZER, K. (1975): Vortrag anläßlich der Tagung der Sektion Waldernährungslehre in Bischofsgrün. – zit. in: KREUTZER, K., BITTERSOHL, I.: Stoffauswaschung aus Fichtenkronen (Picea abies (L.) Karst.) durch saure Beregnung. Forstwissenschaftliches Centralblatt 105 (4), 357-363.

KREUTZER, K. (1981): Die Sauerstoffbefrachtung des Sickerwassers in Waldbeständen. – Mitteilungen der Deutschen Bodenkundlichen Gesellschaft, Bd. 32, S. 273-286.

KREUTZER, K. (1990): Changes in the degree of nitrogen saturation. – European Workshop on the effects of forest management on the nitrogen-cycle with respect to changing environmental conditions. München, 9.–13. Mai 1990.

KREUTZER, K., BITTERSOHL, I. (1986): Stoffauswaschung aus Fichtenkronen (Picea abies (L.) Karst) durch saure Beregnung. – Forstwissenschaftliches Centralblatt 105 (4), 357-363.

KRONAUER, H. (1999): Naturnahe Forstwirtschaft in stürmischer Zeit. – AFZ/Der Wald 54 (19), 985-991.

KROTT, M. (1997): Professionalisierung der Politik für die Natur: Der Beitrag der Politikwissenschaft. – Natur und Landschaft 72 (12), 731-534.

KURZ, R. (1998): Nachhaltige Entwicklung als gesellschaftliche und wirtschaftliche Herausforderung. – Stuttgart: Landeszentrale für Politische Bildung Baden-Württemberg (Hrsg.). – Der Bürger im Staat, 48 Jg., H. 2.

LANLY, J.-P. (1995): Sustainable forest management: lessons of history and recent developments. – Unasylva 182, Vol. 46.

LEIBUNDGUT, H. (1990): Waldbau als Naturschutz. – Bern, Stuttgart: Haupt. – S. 92-94.

Lissabon-Konferenz (1998): Beschlüsse und Resolutionen der Dritten Ministerkonferenz zum Schutz der Wälder in Europa – Lissabon, Juni 1998. – Wien: Bundesministerium für Land- und Forstwirtschaft der Republik Österreich (Hrsg.).

LOEWE, W. (1986): Möglichkeiten und Grenzen der Wirtschaft im Parzellenwald von Realteilungsgebieten. – Forst und Holz (FuH), 86-90.

MAKKONEN-SPIECKER, K., SPIECKER, H. (1997): Influence of Magnesium supply on tree growth. – In: HÜTTL, R.F., SCHAAF, W. (eds.): Magnesium deficiency in forest ecosystems. Nutrients in ecosystems. – Dordrecht: Kluwer Academic Publishers. – pp. 215-226.

MÄLKÖNEN, E., KUKKOLA, M. (1991): Effect of long-term fertilization on the biomass production and nutrient status of Scots pine stands. – Fertilizer Research 27, 113-127.

MATZNER, E. (1987): Der Stoffumsatz zweier Waldökosysteme im Solling. – Habil. Schrift., Univ. Göttingen.

MATZNER, E., ULRICH, B. (1984): Raten der Deposition, der internen Produktion und des Umsatzes von Protonen in Waldökosystemen. – Zeitschrift für Pflanzenernährung und Bodenkunde 147 (3), 290-308.

MCKAY, H.M. (1988): Non pollutant abiotic factors effecting needle loss. – In: CAPE, J.N., MATHY, P. (eds.): Scientific basis of forest decline symptomatology. – Brussels: Commission of the European Communities. – Air pollution report series, 15. – pp. 31-48.

MEDER, R. (1999): Die Entstehung des Gesetzes zur Errichtung des Nationalparks Hainich/Nordthüringen. – Diplomarbeit an der Forstwiss. Fakultät, Univ. Freiburg

MEISTER, G., SCHUETZE, C., SPERBER, G. (1984): Die Lage des Waldes: Ein Atlas der Bundesrepublik; Daten, Analysen, Konsequenzen. – 1. Auflage. – Hamburg: Gruner & Jahr (Bücher von GEO).

MENGEL, K., LUTZ, H.-J., BREININGER, M.T. (1987): Auswaschung von Nährstoffen durch sauren Nebel aus jungen intakten Fichten (Picea abies). – Zeitschrift für Pflanzenernährung und Bodenkunde 150 (2), 61-68.

MKRO (Ministerkonferenz für Raumordnung) (1993): Entschließung der Ministerkonferenz für Raumordnung (MKRO) vom 27. Dezember 1992 zum „Aufbau eines ökologischen Verbundsystems in der räumlichen Planung". – 48 S.

MKRO (1995): Entschließung der Ministerkonferenz für Raumordnung (MKRO) vom 8. März 1995 zur „Integration des europäischen Netzes besonderer Schutzgebiete gemäß FFH-Richtlinie in die ökologischen Verbundnetze der Länder".

MLR (Ministerium ländlicher Raum Baden-Württemberg) (1998): Regierungsinitiative in Unterstützung des IFF-Arbeitsprogramms I (a) (Sechs-Länder-Initiative): Praktische Umsetzung der IPF-Handlungsvorschläge auf nationaler Ebene. Nationale Fallstudie Deutschland/ Baden-Württemberg.

MÖLLER, A. (1922): Der Dauerwaldgedanke: Sein Sinn und seine Bedeutung. – Berlin: Springer.

MÖLLER, H. (1904): Karenzerscheinungen bei der Kiefer. – Zeitschrift für Forst- und Jagdwesen 36, S. 745.

MOOG, M. (1997): Bewertung und Honorierung umweltrelevanter Leistungen in der Forstwirtschaft – Vertragsnaturschutz in der Forstwirtschaft. – In: WERNER, W. et al. (Hrsg.): Umweltrelevante Leistungen der Forstwirtschaft. – Frankfurt/M.: DLG-Verl. – S. 152-160.

MOOG, M., BRABÄNDER, H.D. (1994): Vertragsnaturschutz in der Forstwirtschaft: Situationsanalyse, Entscheidungshilfen und Gestaltungsvorschläge. – 2. Aufl. – Frankfurt/M.: Sauerländer's Verlag.

MORK, E. (1942): Omstrofallet Ivareskoger. – Meddelser fra det Norske Skogsfors/oksvesen 29, 297-365.

MÜLLER-DOMBOIS, D. (ed.) (1993): Forest decline in the Atlantic and Pacific Region. – Berlin, Heidelberg: Springer Verlag. – 365 S.

MÜLLER-JUNG, J. (1997): Ausflugsziel Wildnis. – Nationalpark H. 1, 4-5.

NIHLGARD, B. (1985): The ammonia hypothesis – an additional explanation of the forest dieback in Europe. – Ambio 14, 2-8.

NILSSON, L.O., HÜTTL, R.F., JOHANSSON, U.D. (eds.) (1995): Nutrient uptake and cycling in forest ecosystems. Developments in Plant and Soil Sciences. – Dordrecht: Kluwer Academic Publishers. – 685 S.

NOWAK, E., BLAB, J., BLESS, R. (Hrsg.) (1994): Rote Liste der gefährdeten Wirbeltiere in Deutschland. – Greven: Kilda.

ODEN, S. (1968): Nederbördens och luftens försurning – dess orsaker, förlopp och verkan i olika miljöer. – Ekologikomiten, Statens Naturvetenskapliga Forskningsrad, Bul. 1, Stockholm.

ÖJV (Ökologischer Jagdverein) (Hrsg.) (1999): Wald-Ökosystem und Schalenwild. – Rothenburg: ÖJV.

OESTEN, G., SCHANZ, H. (1997): Bewertung und Honorierung umweltrelevanter Leistungen der Forstwirtschaft. – In: WERNER, W. et al. (Hrsg.): Umweltrelevante Leistungen der Forstwirtschaft. – Frankfurt/M.: DLG-Verl. – S. 121-133.

OLLMANN, H. (1998): Holzbilanzen 1994-1997 für die Bundesrepublik Deutschland. – Hamburg: BFH (Bundesforschungsanstalt für Forst- und Holzwirtschaft). – Arbeitsbericht des Instituts für Ökonomie 98/2.

OOSTERBAAN, A. (1987): Eichensterben auch in den Niederlanden. – Allgemeine Forstzeitschrift 42 (37), S. 926.

OTTO, H.-J. (1993): Waldbau in Europa: seine Schwächen und Vorzüge – in historischer Perspektive. – Forst und Holz 48 (9), 235-237.

OWEN, T.H. (1954): Observations on the monthly litter fall and nutrient content of Sitka spruce litter. – Forestry 27, 7-15.

PETERKEN, G.F. (1981): Woodland Conservation and Management. – London: Chapmann & Hall.

PFADENHAUER, J. (1988): Naturschutzstrategien und Naturschutzansprüche an die Landwirtschaft. – Berichte der Akademie für Naturschutz und Landschaftspflege H. 12, 51-57

PHILLIPS, A. (1998): The nature of cultural landscapes – a nature conservation perspective. – Landscape Research 23, 21-38.

PLACHTER, H. (1996): Bedeutung und Schutz ökologischer Prozesse. – Verhandlungen der Gesellschaft für Ökologie 26, 287-303.

PLACHTER, H., KILL, J., VOLZ, K.-R. et al. (2000): Waldnutzung in Deutschland – Bestandsaufnahme, Handlungsbedarf und Maßnahmen zur Umsetzung des Leitbildes einer nachhaltigen Entwicklung. – Stuttgart: Metzler-Poeschel. – Materialien zur Umweltforschung, Bd. 35, hrsg. vom Rat von Sachverständigen für Umweltfragen (in Vorbereitung).

PLOCHMANN, R. (1981): Die Fichte im Privatwald. – Allgemeine Forstzeitschrift (AFZ), 1382-1385.

PRIEHÄUSSER, G. (1958): Die Fichten-Variationen und -Kombinationen des Bayerischen Waldes nach phänotypischen Merkmalen mit Bestimmungsschlüssel. – Forstwissenschaftliches Centralblatt 77, 151-171.

PRIEN, S. (1997): Wildschäden im Wald: ökologische Grundlagen und integrierte Schutzmaßnahmen. – Berlin: Parey.

RACKHAM, O. (1980): Ancient Woodland. – London: Edward Arnold.

REEMTSMA, J.B. (1986): Der Magnesium-Gehalt von Nadeln niedersächsischer Fichtenbestände und seine Beurteilung. – Allgemeine Forst- und Jagd-Zeitung 157 (10), 196-200.

REHFUESS, K.E. (1983): Walderkrankungen und Immissionen (eine Zwischenbilanz). – Allgemeine Forstzeitschrift 38 (26/27), 601-610.

REIMOSER, F. (1996): Integrales Schalenwild- und Habitatmanagement am Beispiel des FUST-Projektes, Tirol. – In: Europäische Akademie Bozen: Das Bergwaldprotokoll: Forderungen an den Wald – Forderungen an die Gesellschaft. – Berlin: Blackwell. – S. 137-174.

REIMOSER, F., GOSSOW, H. (1996): Impact of ungulates on forest vegetation and its dependence on the silvicultural system. – Forest Ecology and Management 88, 107-119.

REININGER, H. (1987): Zielstärken-Nutzung oder die Plenterung des Altersklassenwaldes. – Wien: Österr. Agrarverlag. – 163 S. [5. Aufl. 1992].

REMMERT, H. (Hrsg.) (1991): The Mosaic Cycle Concept of Ecosystems. – Berlin: Springer. – 168 S.

RIECKEN, U., RIES, U., SSYMANK, A. (1994): Rote Liste der gefährdeten Biotoptypen der Bundesrepublik Deutschland. – Greven: Kilda Verlag. – Schriftenreihe für Landschaftspflege und Naturschutz, 41. – 184 S.

RODHE, H. (1983): Emission, transport and deposition of acidifying air pollutants. – National Swedish Environmental Protection Board, Report 1636.

ROST-SIEBERT, K. (1983): Aluminium-Toxizität und -Toleranz an Kleinpflanzen von Fichte (Picea abies

Karst.) und Buche (Fagus sylvatica L.). – Allgemeine Forstzeitschrift 38 (26/27), 686-689.

RÜHLING, A., TYLER, G. (1968): An ecological approach to the lead problem. – Botaniska Notiser 121, 321-342.

SAUERBORN, K. (1999): Zur wirtschaftlichen Bedeutung von Wald und Holzprodukten im Prozeß der lokalen Agenda 21. – In: Klimabündnis (Hrsg.): Wald als Aktionsfeld im lokalen Agenda Prozeß. – Frankfurt/M.: Klimabündnis. – S. 37-56.

SAUTER, U., MEIWES, K.J. (1990): Auswirkungen der Kalkung auf den Schadstoffaustrag aus Waldökosystemen mit dem Sickerwasser. – Forst und Holz 45 (20), 605-610.

SCHANZ, H. (1995): Forstliche Nachhaltigkeit. Sozialwissenschaftliche Analyse der Begriffsinhalte und -funktionen – Freiburg: Univ., Forstwiss. Fakultät, Diss.

SCHEIRING, H. (1997): Jagd in einer funktionierenden, integralen Waldwirtschaft. – AFZ/Der Wald 52 (15), 842-843.

SCHERBATSKOY, T., KLEIN, R.M. (1983): Response of spruce and birch foliage to leaching by acidic mists. – Journal of Environmental Quality 12, 189-195.

SCHERZINGER, W. (1996): Naturschutz im Wald. Qualitätsziele einer dynamischen Waldentwicklung. – Stuttgart: Ulmer Verlag. – 447 S.

SCHILCHER, F. von (1999): Zu: Naturwaldreservate. – AFZ/Der Wald 54 (14), 746-747.

SCHIRMER, Ch. (1993): Modellprojekt Murrhardt: Waldbiotopkartierung und Waldbiotopbewertung. – Freiburg: Stadt Murrhardt, Abt. Landespflege der Forstlichen Versuchs- und Forschungsanstalt Baden-Württemberg (Hrsg.).

SCHLEIFENBAUM, P.C. (1998): Zur Debatte um Zertifizierung in Deutschland. – AFZ/Der Wald, S. 805.

SCHMID, S. (1997): Die strukturelle und waldbauliche Entwicklung des Privatwaldes in Baden-Württemberg nach 1945. – Stuttgart: Verlag Eugen Ulmer. – Agrarforschung in Baden-Württemberg, Bd. 27.

SCHMIDT-VOGT, H. (1983): Nadeljahrgangs-Erhebung zur Beurteilung der Immissionsschäden bei Fichte. – Forst- und Holzwirtschaft 38, S. 391.

SCHULZE, E.-D. (1989): Air pollution and forest decline in a spruce (Picea abies) forest. – Science, Vol. 244, 776-783.

SLOVIK, S. (1997): Tree physiology. – In: HÜTTL, R.F., SCHAAF, W. (eds.): Magnesium deficiency in forest ecosystems. Nutrients in ecosystems. – Dordrecht: Kluwer Academic Publishers. – S. 101-214.

SPERBER, G. (1987): Hegeziele in Schutzgebieten aus wild- und naturschutzökologischer Sicht. – Bonn:

ABN. – In: Jahrbuch für Naturschutz und Landschaftspflege, Bd. 40. – S. 38-40.

SPIECKER, H. (1987): Düngung, Niederschlag und der jährliche Volumenzuwachs einiger Fichtenbestände Südwestdeutschlands. – Allgemeine Forst- und Jagd-Zeitung 158 (4), 70-76.

SPIECKER, H. (1991): Liming, nitrogen and phosphorus fertilization and the annual increment of Norway spruce stands on long-term permanent plots in southwestern Germany. – Fertilizer Research Bd. 27, 87-93.

SPIECKER, H., MIILIKÄINEN, K., KÖHL, M., SKOVSGAARD, J.P. (1996): Growths trends in European forests. – Berlin, Heidelberg: Springer Verlag. – 372 S.

SRU (Der Rat von Sachverständigen für Umweltfragen) (1983): Waldschäden und Luftverunreinigungen. – Stuttgart: Kohlhammer. – 172 S.

SRU (1985): Umweltprobleme der Landwirtschaft. Sondergutachten. – Stuttgart: Kohlhammer. – 423 S.

SRU (1996a): Umweltgutachten 1996. – Stuttgart: Metzler-Poeschel. – 468 S. mit 65-seitiger Beilage

SRU (1996b): Konzepte einer dauerhaft-umweltgerechten Nutzung ländlicher Räume. – Sondergutachten. – Stuttgart: Metzler-Poeschel. – 127 S.

SRU (1998a): Umweltgutachten 1998. – Stuttgart: Metzler-Poeschel. – 388 S.

SRU (1998b): Flächendeckend wirksamer Grundwasserschutz. Sondergutachten. – Stuttgart: Metzler-Poeschel. – 208 S.

SUKOPP, H. (1972): Wandel von Flora und Vegetation in Mitteleuropa unter dem Einfluß des Menschen. – Hamburg und Berlin. – Berichte über Landwirtschaft 50 (1), 112-139.

SUKOPP, H., TREPL, L. (1987): Extinction and naturalization of plant species as related to ecosystem structure and function. – Ecological Studies 51, 245-276.

STEINLIN, H. (1988): Zum Begriff der ordnungsgemäßen forstwirtschaftlichen Bodennutzung nach § 8 Abs. 7 BNatSchG. – Gutachten erstellt im Auftrag des Bundesministers für Ernährung, Landwirtschaft und Forsten. – Schriftenreihe des Instituts für Landespflege der Universität Freiburg, H. 13.

STURM, K. (1993): Prozeßschutz – ein Konzept für naturschutzgerechte Waldwirtschaft. – Zeitschrift für Ökologie und Naturschutz 2 (3), 181-192.

STOCK, R. (1988): Aspekte der regionalen Verbreitung „neuartiger Waldschäden". – Forst und Holz 43, 283-286.

SUDA, M., GUNDERMANN, E. (1994): Auswirkungen und monetäre Bewertung von Wildschäden im Bereich wasserwirtschaftlicher Sanierungsflächen des bayerischen Alpenraumes. – München: Frank. – Forstliche Forschungsberichte München, Bd. 143.

TAUSCH, C., WAGNER, S. (1999): Erstaufforstung und Schutz des Landschaftsbildes. – Natur und Recht (NuR) 21 (7), 370-378.

TAYLOR, O.C., THOMSON, P., TINGEY, D.D., REINERT, R.A. (1975): Oxides of nitrogen. – In: MUDD, J.B., KOZLOWSKI, T.T. (eds.): Responses of plants to air pollution. – New York etc.: Academic Press. – pp. 121-139.

THOMASIUS, H., SCHMIDT, P.A. (1996): Wald, Forstwirtschaft und Umwelt. – Bonn: Economica. – Umweltschutz – Grundlagen und Praxis, Bd. 10. – 435 S.

THOROE, C. (1995): Forstliche Förderung und Marktwirtschaft. – In: BRANDL, H. (Hrsg.): Private Forstwirtschaft: Chancen und Herausforderungen für die mittel- und osteuropäischen Länder. – Freiburg im Breisgau: Forstliche Versuchs- und Forschungsanstalt Baden-Württemberg. – S. 121-131.

TRINAJSTIC, I. (1992): Urwald – Naturwald – Wirtschaftswald. Ein Vergleich der floristischen Struktur. – Vortrag – Seminar Ostalpin-Dinarische Gesellschaft, St. Oswald.

TÜXEN, R. (1956): Die heutige potentielle natürliche Vegetation als Gegenstand der Vegetationskartierung. – Stolzenau/Weser: Bundesanstalt für Vegetationskartierung. – Angewandte Pflanzensoziologie, Bd. 13. – S. 5-42.

ULRICH, B. (1986): Die Rolle der Bodenversauerung beim Waldsterben: langfristige Konsequenzen und forstliche Möglichkeiten. – Forstwissenschaftliches Centralblatt 105 (5), 421-435.

ULRICH, B. (1991): An ecosystem approach to soil acidification. – In: ULRICH, B. SUMNER, M.E. (eds.): Soil acidity. – Berlin: Springer. – S. 28-79.

UN (United Nations) (1998): Report of the Conference of the Parties on its Third Session, held at Kyoto from 1 to 11 December 1997. Addendum. Document FCCC/CP/1997/7/Add.1 of 18 March 1998. – Bonn.

VDP (Verband Deutscher Papierfabriken) (Hrsg.) (1996): Papier 96: Ein Leistungsbericht. – Bonn: VDP. – 53 S.

VERBEEK, A. (1992): Erholung im Wald – Entwicklung, Konflikte, Lösungsansätze. – Manuskript eines Vortrags vor Forstreferendaren, unveröff.

VIEBIG, J. (1993): Auswirkungen der Beratung und Betreuung durch die Landesforstverwaltung Baden-Württemberg auf die Entwicklung des Kleinprivatwaldes im Odenwald. – In: Geschichte der Kleinprivatwaldwirtschaft – Geschichte des Bauernwaldes. – Mitteilungen der FVA Baden-Württemberg, H. 175. – S. 172-177.

VOLZ, K.-R. (1995): Zur ordnungspolitischen Diskussion über die nachhaltige Nutzung der Zentralressource Wald. – Forst und Holz 50 (6), 163-170.

VOLZ, K.-R. (1997): Waldnutzungskonzepte und ihre forstpolitische Bewertung. – Forstwissenschaftliches Centralblatt 116, 291-300.

VOLZ, K.-R. (1998): Deregulierung aus forstpolitischer Sicht. – Holzzentralblatt 124 (37), S. 584, 592 und (38), S. 597, 602.

VOLZ, K.-R., BIELING, A. (1998): Zur Soziologie des Kleinprivatwaldes. – Forst und Holz (FuH) 53 (3), 67-71.

WACHTER, H. (1985): Zur Lebensdauer von Fichtennadeln in einigen Waldgebieten Nordrhein-Westfalens. – Forst- und Holzwirtschaft 40 (16), 420-425.

WAGNER, S. (1995): Zur Ausgleichspflichtigkeit forstlicher Nutzungsbeschränkungen. – Holzzentralblatt, S. 1080 und 1082.

WAGNER, S. (1996): Naturschutzrechtliche Anforderungen an die Forstwirtschaft. – Augsburg: Riwa Verlag. – Schriftenreihe des Fachverband Forst e.V., Bd. 4.

WAGNER, S. (1998): Neuere Entwicklungen im Wald- und Naturschutzrecht. – Wertermittlungsforum H. 4, 153-159.

WANGLER, F. (1990): Erstaufforstungen. – Allgemeine Forstzeitschrift (AFZ) 45 (6/7), 161-163.

Waldprogramm Niedersachsen (1999): Waldprogramm Niedersachsen. – Wolfenbüttel. – Schriftenreihe Waldentwicklung in Niedersachsen des Niedersächsisches Ministerium für Ernährung, Landwirtschaft und Forsten, H. 3.

WBGU (Wissenschaftlicher Beirat der Bundesregierung Globale Umweltveränderungen) (1996): Welt im Wandel: Wege zur Lösung globaler Umweltprobleme. Jahresgutachten 1995. – Berlin: Springer. – 247 S.

WEBER, N. (1999): Gesellschaftliche Entwicklungen und ihre Auswirkungen auf das Verständnis von Natur und Naturnutzung. – In: Hessischer Forstverein (Hrsg.): Jahresbericht 1999 – Jubiläumstagung am 5. und 6. Mai 1999. – Bad Wildungen: Hess. Forstverein. – S. 14-29.

WENTZEL, K.-F. (1988): Die IUFRO-Grenzwerte 1978 in Bezug zu den neuen Walderkrankungen in Mitteleuropa ab 1980. 14th international meeting for specialists in air pollution effects on forest ecosystems, IUFRO Project Group P2.05, Interlaken, Schweiz, 2.–8. Oktober 1988. – S. 367-370.

WERMANN, E. (1997): Umweltrelevante Leistungen der Forstwirtschaft – Ausblick und Schlussfolgerungen aus Sicht der praktischen Politik. – In: WERNER, W. et al. (Hrsg.): Umweltrelevante Leistungen der Forstwirtschaft. – Frankfurt/M.: DLG-Verl. – S. 173-177.

WISNIEWSKI, J. (1982): The potential acidity associated with dews, frosts and fogs. – Water, Air and Soil Pollution 17, 361-377.

Wissenschaftlicher Beirat beim BML (Bundesministerium für Ernährung, Landwirtschaft und Forsten) (1994): Forstpolitische Rahmenbedingungen und konzeptionelle Überlegungen zur Forstpolitik. – Münster-Hiltrup: Landwirtschaftsverlag. – 62 S.

Wissenschaftsrat (1994): Stellungnahme zur Umweltforschung in Deutschland. – Köln. – 2 Bde. – 252 und 588 S.

WOLLBORN, P., BÖCKMANN, T. (1997): Das Waldbauprogramm LÖWE sechs Jahre nach dem Erlaß. Durch knappe Kassen gefährdet? – AFZ/Der Wald 52 (21), 1141-1143.

WULF, M. (1994): Überblick zur Bedeutung des Alters von Lebensgemeinschaften, dargestellt am Beispiel „historisch alter Wälder". – In: Norddeutsche Naturschutzakademie (Hrsg.): Bedeutung historisch alter Wälder für den Naturschutz, H. 3. – Schneverdingen: NNA. – S. 3-14.

ZECH, W., POPP, E. (1983): Magnesiummangel, einer der Gründe für das Fichten- und Tannensterben in NO-Bayern. – Forstwissenschaftliches Centralblatt 102 (1), 50-55.

ZERBE, S. (1997): Stellt die potentielle natürliche Vegetation (NV) eine sinnvolle Zielvorstellung für den naturnahen Waldbau dar? – Forstwirtschaftliches Centralblatt 116 (1), 1-15.

ZÖTTL, H.W. (1985): Waldschäden und Nährelementversorgung. – Düsseldorfer Geobotanisches Kolloquium, H. 2, 31-41.

ZÖTTL, H.W., MIES, E. (1983): Nährelementversorgung und Schadstoffbelastung von Fichtenökosystemen im Südschwarzwald unter Immissionseinfluß. – Mitteilungen der Deutschen Bodenkundlichen Gesellschaft, Bd. 38. – S. 429-434.

ZÖTTL, H.W., STAHR, K., KEILEN, K. (1977): Spurenelementverteilung in einer Bodengesellschaft im Bärhalde-Granit (Südschwarzwald). – Mitteilungen der Deutschen Bodenkundlichen Gesellschaft, Bd. 25, 143-148.

ZÖTTL, H.W., HÜTTL, R.F., FINK, S. et al. (1989): Nutritional disturbances and histological changes in declining forests. – Water, Air, and Soil Pollution 48, 87-109.

ZUKRIGL, K. (1991): Ergebnisse der Naturwaldforschung für den Waldbau (Österreich). – Bonn: Bundesforschungsanstalt für Naturschutz und Landschaftsökologie (Hrsg.). – Schriftenreihe für Vegetationskunde, H. 21. – 247 S.

Kapitel 3.2

ALTNER, G., DÜRR, H.-P., MICHELSEN, G. et al. (1995): Zukünftige Energiepolitik – Vorrang für rationelle Energienutzung und regenerative Energiequellen. – Bonn: Economica.

Arbeitsgemeinschaft Energiebilanzen (1999): Primärenergieverbrauch in der Bundesrepublik Deutschland. – In: Energiebilanzen der Bundesrepublik Deutschland. – Losebl.-Ausg. – hier nach: http://www.ag-energiebilanzen.de/bilanzen/primaerenergieverbrauch/inhalt1.htm vom 08.12.1999.

ARKHIPOV, V. (1997): Future nuclear energy systems: Generating electricity, burning wastes. Merging the technology of accelerators with reactors holds the promise of producing energy, and incinerating plutonium and radioactive wastes. – International Atomic Energy Agency: IAEA Bulletin 39 (2), 30-33.

ARMBRUSTER, P. (1999): Relativistische Schwerionen und Kerntechnik des 21. Jahrhunderts. – Physikalische Blätter (Phys. Bl.) 55 (2), 33-36.

ASUE (Arbeitsgemeinschaft für sparsamen und umweltfreundlichen Energieverbrauch e.V.) (1998): BHKW-Marktübersicht '98. – Kaiserslautern: ASUE.

Auckland Power Supply Failure 1998: The Report of the Ministerial Inquiry into the Auckland Power Supply Failure. – http://www.moc.govt.nz/inquiry/ – 6.4.1999

BAETSLÉ, L.H., WAKABAYASHI, T., SAKURAI, S. (1999): Status and Assessment Report on Actinide and Fission Product Partitioning and Transmutation. – In: OECD-Nuclear Energy Agency (NEA) (Hrsg.): Proceedings of the 5th International Information Exchange Meeting on Actinide and Fission Product Partitioning and Transmutation, Mol, Belgium, November 25–27, 1998. Co-organised by the European Commission (EUR 18898 EN). – Paris: OECD-NEA. – S. 87-107.

BAENTSCH, F. (1997): Umweltschutz im britischen Stromexperiment. – Münster: LIT-Verl. – Umwelt- und Ressourcenökonomik, Nr. 11. – 336 S.

BAUER, F., KAMM, K. (1999): Regenerative Energien – Erscheinungsformen, Potentiale, Wirtschaftlichkeit. – Wasser, Luft und Boden: Zeitschrift für Umwelttechnik 43 (2) 4/1999, 27-31.

BAUMANN, W. (1999): Diskussionsbeitrag beim 10. Deutschen Atomrechtssymposium, Köln, 30.06./ 01.07.1999. – In: KOCH, H.-J., ROSSNAGEL, A. (Hrsg.): 10. Deutsches Atomrechtssymposium. – Baden-Baden: Nomos. – Im Druck (2000). – S. 205 f.

BdE (Bund der Energieverbraucher e.V.) (1999): Verbraucherschützer warnen vor Wärme aus der Steckdose. – Energiedepesche 4/99.

BEHRENS, A. (1991): Das Rohstoffversorgungsrisiko in offenen Volkswirtschaften. – Tübingen: Mohr. – Kieler Studien, Bd. 239. – 175 S.

BEINHAUER, H. (1998): Kernenergie: Atomtransporte stürzen die Branche erneut in eine Vertrauenskrise. Meldewege haben Lücken. – VDI-Nachrichten v. 29.05.1998, Nr. 22/98, S. 4.

BERGSMA, A. (1996): Windkraftnutzung in Ostfriesland unter besonderer Berücksichtigung ihrer Akzeptanz durch den Fremdenverkehr. – Univ. Gießen: Diplomarbeit.

BERZ, G. (1998): Klimaveränderungen: Auswirkungen auf die Versicherungswirtschaft und Handlungsoptionen. – In: LOZÁN, J.L., GRAßL, H., HUPFER, P. (Hrsg) (1998): Warnsignal Klima. – Hamburg: Wissenschaftliche Auswertungen. – S. 400-406

BfS (Bundesamt für Strahlenschutz) (1998): Stand der Entwicklung der Kernenergienutzung 1997 in der Bundesrepublik Deutschland. – Bearb.: von Philippczyk, F. und Hutter, J. – Salzgitter: BfS. – Heft BfS-KT-21/98.

BGR (Bundesanstalt für Geowissenschaften und Rohstoffe) (1994): Endlagerung stark wärmeentwickelnder radioaktiver Abfälle in tiefen geologischen Formationen Deutschlands: Untersuchung und Bewertung von Regionen in nichtsalinaren Formationen. – Studie im Auftrag des BMFT. – Bearb.: Bräuer, V. et al. – Hannover: BGR. – 147 S.

BGR (1995): Endlagerung stark wärmeentwickelnder radioaktiver Abfälle in tiefen geologischen Formationen Deutschlands – Untersuchung und Bewertung von Salzformationen. – Studie im Auftrag des BMU. – Projektleitung: Kockel, F., Krull, P.; Bearbeiter: Fischer, M. et al. – 48 S. + Tabellenteil + Materialanhang.

BINE (1998): Niedrigenergiehäuser. BINE-Projekt Info-Service, Nr. 3/Juni 1998.

BINSWANGER, H.C. (1999): Zur Landschaftseinwirkung von Windkraftanlagen. – Gaia 8 (2), 114-118.

BISS, R., VOLKMANN, J., WOLF-SCHWENNINGER, K. (1999): Gewässerökologische Wirkungen von Kleinwasserkraftwerken. – Wasser und Boden 51 (5), 25-29.

BMU (Bundesministerium für Umwelt, Naturschutz und Reaktorsicherheit) (1992): Zur Novellierung des Energiewirtschaftsgesetzes – Defizitanalyse und Reformkonzeption aus umweltpolitischer Sicht. – BMU – Z II 5 – 40105-2/1 v. 30.3.1992. – Bonn.

BMU (1994): Ökologischer Aufbau – Braunkohlesanierung Ost. – Bonn: BMU.

BMU (1998a): Umweltpolitik: Umweltbericht 1998. Bericht über die Umweltpolitik der 13. Legislaturperiode. – BT-Drs. 13/10735 v. 20.05.98.

BMU (1998b): Nachhaltige Entwicklung in Deutschland – Entwurf eines umweltpolitischen Schwerpunktprogramms. – Bonn: BMU. – 147 S.

BMWi (Bundesministerium für Wirtschaft) (1999): Amtliche Auskunft des Bundesministeriums für Wirtschaft und Technologie auf Ersuchen des OLG Schleswig in Sachen 6 U 87/97. – Zeitschrift für Neues Energierecht 2 (1), 56 f.

BOHNE, E. (1998): Liberalisierung der Energiemärkte – Rechts- und verwaltungswissenschaftliche Perspektiven. – In: BARZ, W., HÜLSTER, A., KRAEMER, K., STRÖBELE, W. (Hrsg.): Energie und Umwelt, Symposium des Zentrums für Umweltforschung (ZuFo) am 23./24.6.97 in Münster. – Landsberg: Ecomed. – S. 233-254.

BORCHERS, H., LEPRICH, U. (1995): Umweltorientierte Effizienzregulierung in der britischen Elektrizitätswirtschaft. – Zeitschrift für Energiewirtschaft 19 (1), 31-39.

BORGMANN, K. (1994): Rechtliche Möglichkeiten und Grenzen des Ausstiegs aus der Kernenergie. – Berlin: Duncker & Humblot. – 464 S.

BÖWING, A. (1999): Die Genehmigung dezentraler Zwischenlager. – Vortrag beim 10. Deutschen Atomrechtssymposium, Köln, 30.06./01.07.1999. – In: KOCH, H.-J., ROSSNAGEL, A. (Hrsg.): 10. Deutsches Atomrechtssymposium. – Baden-Baden: Nomos. – Im Druck (2000). – S. 195-201.

BOWMAN, C.D., ARTHUR, E.D., LAWRENCE, G.P. et al. (1992): Nuclear energy generation and waste transmutation using an accelerator-driven intense thermal neutron source. – Nuclear Instruments and Methods A320, 336-367.

BRABECK, A., HILLIGWEG, G. (1999): Steinkohle in Deutschland. – BWK – Brennstoff-Wärme-Kraft 51 (4), 35-39.

BRADFORD, Hon Max, Minister of Energy (1998): Ministerial Inquiry into the Auckland Power Supply Failure. Pressemitteilung vom 21. Juli 1998. – http://www.executive.govt.nz/minister/bradford/power/release.htm – 6.4.1999.

BRADKE, D. (1993): Potentiale und Kosten der Treibhausgasminderung im Industrie- und Kleinverbrauchsbereich. – Teilstudie im Auftrag der Enquete-Kommission des Deutschen Bundestages „Schutz der Erdatmosphäre". – Karlsruhe: Frauenhofer-Institut für Systemtechnik & Innovationsforschung (Fh-ISI).

BRANDT, E. et. al. (1996): Umwelt- und wettbewerbsorientierte Weiterentwicklung des Energierechts – Eine verfassungsrechtliche Analyse. – Berlin: Umweltbundesamt. – UBA-Berichte 3/96.

BRÄUER, W., EGELN, J., WERNER, A. (1997): Wettbewerb in der Versorgungswirtschaft und seine

Auswirkungen auf kommunale Querverbundunternehmen. – 1. Aufl. – Baden-Baden: Nomos. – Schriftenreihe des ZEW, Bd. 20. – 170 S.

BROWN, M. (1994): Combined heat and power – positive progress in the UK. – Energy Policy 22 (2), 172-184.

BROWNE, J.C., VENNERI, F., LI, N., WILLIAMSON, M.A. (1998): ATW White Paper. – http://www.adtt.lanl.gov/ATW_Pape...te_paper/ADTT_white_white_Jan_2_98.html.

Bundeskartellamt (1999): Tätigkeitsbericht 1997/98. – BT-Drs. 14/1139.

Bundesregierung (1998): Übereinkommen über nukleare Sicherheit. Bericht der Regierung der Bundesrepublik Deutschland für die Erste Überprüfungstagung im April 1999. – 163 S. – Bonn, Juli 1998.

BUßMANN, W. (1999): Tiefenenergie. – Politische Ökologie (17) 61, 56-58.

BWE (Bundesverband WindEnergie e.V.) (1999): Fakten zur Windenergie. – http://www.wind-energie.de (23.07.1999).

CARPETIS, C. (1997): Energie- und Schadstoffbilanzen von Elektrofahrzeugen mit Batterien und/oder Brennstoffzellen-Antrieben im Vergleich zu Kraftfahrzeugen mit Verbrennungsmotoren. – Stuttgart: Deutsches Zentrum für Luft- und Raumfahrt. - STB-Bericht Nr. 16.

CRIQUI, P., AVDULAJ-MIMA, S., FINON, D. (1999): World Energy Scenarios. – In: Institut d´Economie et de Politique de l´Energie: The Shared Analysis Project – Economic Foundations for Energy Policy, Vol. 2. – Grenoble.

DALE, L.A. (1996): Kriterien im britischen Verbundsystem. – Energiewirtschaftliche Tagesfragen 46 (11), 712-716.

DEDIKOV, J.V., AKOPOVA, G.S., GLADKAJA, N.G. et al. (1999): Estimating methane releases from natural gas production and transmission in Russia. – Atmospheric Environment, Vol. 33, 3291-3299.

DENNERSMANN, J., GERECHT, M., HARTENSTEIN, R. et al. (1997): Durchleitungsentgelte in Übertragungsnetzen gemäß Verbändevereinbarung. – Elektrizitätswirtschaft 96 (26), 1542-1547.

DENNERSMANN, J., HÜPPE, W., OSWALD, T. et al. (1998): Systemdienstleistungen bei Durchleitungen. – Energiewirtschaftliche Tagesfragen 48 (9), 550-555.

DENNINGER, E. (1999a): Verfassungsrechtliche Fragen des Ausstiegs aus der Nutzung der Kernenergie für Stromerzeugung (Rechtsgutachten erstattet im Auftrag des BMU, September 1999).

DENNINGER, E. (1999b): Befristung von Genehmigungen und das Grundrecht auf Eigentum. – Vortrag auf dem 10. Deutschen Atomrechtssymposium in Köln. – In: KOCH, H.-J., ROSSNAGEL, A. (Hrsg.): 10. Deutsches Atomrechtssymposium. – Baden-Baden: Nomos. – Im Druck (2000). – S. 105 ff.

Deregulierungskommission (1991): Marktöffnung und Wettbewerb – Berichte 1990 und 1991. – Stuttgart: C.E. Poeschel. – 192 S.

DI FABIO, U. (1999): Die Verfassung als Maßstab und Grenze einer Politik des Ausstiegs aus der Kernenergienutzung. – Rechtsgutachten erstellt im Auftrag der Bayernwerk Aktiengesellschaft.

DIECKMANN, J., EICHELBRÖNNER, M., LANGNIß, O. (1997): Maßnahmen zur Beseitigung von Nutzungshindernissen. – Energiewirtschaftliche Tagesfragen 47 (8), 618-623.

DIEHL, P. (1995): Uranabbau in Europa – Die Folgen für Mensch und Umwelt. – In: Bundesverband Bürgerinitiativen und Umweltschutz e.V. (BBU) (Hrsg.): BBU Argumente 1/95. – Bonn: BBU. – 58 S.

DIW (Deutsches Institut für Wirtschaftsforschung) (1997): Ausstieg aus der Kernenergie. Wirtschaftliche Auswirkungen aus der Sicht eines Energieversorgungsunternehmens. – Wochenbericht 64 (31), 533-539.

DOE-EIA (Department of Energy – Energy Information Administration) (1998): International Energy Outlook 1998. – Washington D.C.

DOLBEN, G. (1998): Entwicklung des Elektrizitätsmarktes in Großbritannien – Ein Lagebericht. – Elektrizitätswirtschaft 97 (3), 14-20.

DONES, R., FRISCHKNECHT, R., KNOEPFEL, I. et al. (1995): Ökoinventare für Energiesysteme: Beispiel Nuklearsystem. – BKW – Brennstoff-Wärme-Kraft 47 (5), 208-213.

DRILLISCH, J. (1998): Quotenregelung für erneuerbare Energien und Zertifikatshandel auf dem niederländischen Elektrizitätsmarkt. – Zeitschrift für Energiewirtschaft (ZfE) 22 (4), 247-263.

DRILLISCH, J., RIECHMANN, C. (1997): Umweltpolitische Instrumente in einem liberalisierten Strommarkt: das Beispiel von England und Wales. – Zeitschrift für Energiewirtschaft (ZfE) 21 (2), 137-162.

DRSK (Deutsche Risikostudie Kernkraftwerke) (1980): Eine Untersuchung zu dem durch Störfälle in Kernkraftwerken verursachten Risiko. – Hauptband. – Eine Studie der Gesellschaft für Reaktorsicherheit (GRS) mbH im Auftrage des Bundesministeriums für Forschung und Technologie (BMFT), Phase A (1979). – 2. Auflage. – Köln: Verlag TÜV Rheinland.

DTI (Department of Trade and Industry) (1995a): The Prospects for Nuclear Power in the UK – Conclusions of the Government´s Nuclear Review. – London: HMSO.

DTI (1995b): Digest of United Kingdom Energy Statistics 1995. – London: HMSO.

DÜNGELHOFF. J.-M., LENGEMANN, A., PLANKERT et al. (1983): Bergehalden und Grundwasser. – Krefeld: Geologisches Landesamt NRW. – 70 S.

ECKERLE, K., HOFER, P., SCHLESINGER, M. et al. (1998): Die längerfristige Entwicklung der Energiemärkte im Zeichen von Wettbewerb und Umwelt. – Prognos AG (Hrsg). – Stuttgart: Schaeffer-Poeschel, 2000. – Energiereport, Bd. 3.

EFFENBERGER, H. (1999): „Dampferzeuger und Feuerungen". – BWK – Brennstoff-Wärme-Kraft 51 (4), 98-103.

EICKHOFF, N. (1998): Die Neuregelung des Energiewirtschaftsrechts. – Wirtschaftsdienst 1998/I, 18 f.

ENDRES, A., QUERNER, I. (1993): Die Ökonomie natürlicher Ressourcen – Eine Einführung. – Darmstadt: Wissenschaftliche Buchgesellschaft. – 173 S.

Energiestiftung Schleswig-Holstein (1999): Elemente eines Fördermodells für die erneuerbaren Energien in Deutschland – Staatlich garantierte Preise oder Wettbewerb durch Quotenhandel? – Kiel: Energiestiftung Schleswig-Holstein. – Studie 6.

Energy Committee (Energy Committee des House of Commons) (1990): The Cost of Nuclear Power. Fourth report, session 1989/90, HC 205, Vol. 1-2. – London: HMSO.

Enquete-Kommission „Vorsorge zum Schutz der Erdatmosphäre" (Hrsg.) (1991): Schutz der Erde – Eine Bestandsaufnahme mit Vorschlägen zu einer neuen Energiepolitik. – Teilband II. – Bonn: Economica; Karlsruhe: Müller. – 1010 S.

Enquete-Kommission „Vorsorge zum Schutz der Erdatmosphäre" (1995): Mehr Zukunft für die Erde – Nachhaltige Energiepolitik für dauerhaften Klimaschutz. – Bonn: Economica.

ESSO AG (1995): Energieprognose. Moderne Heizung – Aktiver Klimaschutz. – Hamburg.

ESSO AG (1998): Energieprognose 1998. – Hamburg.

EURATOM (1997): European Commission/ EURATOM/Nuclear Sci. & Techn. (1997): The Pooley Report on the Energy Amplifier: Opinion of the Scientific & Technical Committee (STC) on a nuclear energy amplifier. – POOLEY, D. (STC Chairman), Hrsg. – Report EUR 17616 EN. – http://itumagill.fzk.de/ADS/pooley/html.

Europäische Kommission (1999): Elektrizität aus erneuerbaren Energieträgern und der Elektrizitätsbinnenmarkt. – Arbeitspapier der Europäischen Kommission, April 1999.

EWERS, J. (1999): Braunkohleförderung und -verwendung. – BWK – Brennstoff-Wärme-Kraft 51 (4), 40-46.

EWI (1995): Konzentration und Wettbewerb in der deutschen Energiewirtschaft. – Köln: Energiewirtschaftliches Institut (Manuskript). – auch: DRASDO, P. – München: Oldenburg, 1998. – Schriften des Energiewirtschaftlichen Instituts, Bd. 52.

FISCHER, M., NITSCH, J., SCHNURNBERGER, W. (1997): Technischer Stand und wirtschaftliches Potential der Brennstoffzellen-Technologie im internationalen Vergleich. – Büro für Technikfolgenabschätzung beim Deutschen Bundestag. – Stuttgart: Institut für Technische Thermodynamik. – 120, 23 S.

FISCHER-ZERNIN, C., ENDE, L. (1999): Praktische Rechtsprobleme der Stromdurchleitung. – Zeitschrift für Umweltrecht (4), 205-209.

FRISCHKNECHT, R., KNOEPFEL, I., HOFSTETTER et al. (1995): Ökoinventare für Energiesysteme: Beispiel Erdöl und Brenngassystem. – BWK – Brennstoff-Wärme-Kraft 47 (3), 71-77.

FRITSCHE, U., LEUCHTNER, J., MATTHES, F. et al. (1995): Gesamt-Emissionsmodell Integrierter Systeme (GEMIS) – Version 2.1. Endbericht des Öko-Instituts für das Hessische Ministerium für Umwelt, Energie und Bundesangelegenheiten. 1995.

GATZWEILER, R. (1996): Lagerstätten- und produktionsbedingte Umweltauswirkungen des Uranbergbaus. – In: SIEHL, A. (Hrsg.): Umweltradioaktivität. – Berlin: Ernst & Sohn. – S. 97-114.

GLAUSINGER, W., KERRBER, H. (1998): Stromausfälle in Auckland. – Energiewirtschaftliche Tagesfragen 48 (6), 410-414.

GOLBACH, A. (1998): CO_2-Minderung erfordert aktive KWK-Politik. – Energiewirtschaftliche Tagesfragen 48 (9), 574-577.

GRAWE, J. (1997): Entfernungsabhängige Durchleitungsentgelte. – Elektrizitätswirtschaft 96 (26), 1541.

Greenpeace (1998): Rohstoff ohne Chance. – http://www.greenpeace.de/GP_SYSTEM/11U1E5CD.HTM (13.09.1998).

Greenpeace (1999): Zur Sache: Meere. – http://www.greenpeace.de/GP_SYSTEM/11U1E5CD.HTM (28.10.1999).

GRÖNER, H. (1975): Die Ordnung der deutschen Elektrizitätswirtschaft. – Baden-Baden: Nomos.

GRS (Gesellschaft für Reaktorsicherheit mbH) (1989): Deutsche Risikostudie Kernkraftwerke, Phase B. – Eine zusammenfassende Darstellung. – Köln: GRS. – Heft GRS-72.

GRS (1998): Jahresbericht 1997. – Köln: GRS.

GRS (1999): Zur Sicherheit des Betriebs der Kernkraftwerke in Deutschland. – Broschüre GRS-S-46.

GRUBER, G. (1998): Biomassenutzung – eine sinnvolle Ergänzung zum solaren Heizen? Erfahrungen mit Holzheizungen und Pflanzenöl-BHKW. – Solares Heizen II, Tagungsband der DGS/ISES, Veranstaltung vom 24.3.1998.

Gruppe Ökologie (1998): Analyse der Entsorgungssituation in der Bundesrepublik Deutschland und Ableitung von Handlungsoptionen unter der Prämisse des Ausstiegs aus der Atomenergie. – Studie im Auftrag der Heinrich-Böll-Stiftung, Berlin. – Abschlußbericht, 248 S. – Hannover: Gruppe Ökologie e. V. – S. H-68 ff.

GRUPPELAAR, H., PHLIPPEN, P.W., MODOLO, G. et al. (1999): Thorium Cycle as a Waste Management Option. – In: OECD-Nuclear Energy Agency (NEA) (Ed.): Proceedings of the 5th International Information Exchange Meeting on Actinide and Fission Product Partitioning and Transmutation, Mol, Belgium, November 25–27, 1998. Co-organised by the European Commission (EUR 18898 EN). – Paris: OECD-NEA. – S. 473 f.

GÜLIC, T., KOLMETZ, S., ROUVEL, L. (1994): Energiesparpotential im Gebäudebestand durch Maßnahmen an der Gebäudehülle. – IKARUS-Teilprojekt 5 „Haushalte und Kleinverbraucher". Band 5-22. – Jülich.

GUTERMUTH, P.G. (1997): Verbesserte Rahmenbedingungen für den Einsatz Erneuerbarer Energien. – In: BRAUCH, H.G. (Hrsg.): Energiepolitik. – Berlin, Heidelberg: Springer. – S. 273-292.

GUTERMUTH, P.G. (1998): Policy Aspects of Renewable Energies and the German Experience. – In: BÖER, K.W. (Hrsg.): Advances in Solar Energy. Vol. 12, ASES-Boulder, Colorado. – S. 245-284.

HAHN, J. (1993): Kühlabwasser, der Entwurf des Anhangs 31 zu § 7a WHG. – Umwelttechnologie Aktuell 4 (2), 75-83.

HAHN, L. (1998): Zukunftsreaktor ohne Zukunft? – Öko-Mitteilungen (1), 18-20.

HAMPICKE, U. (1991): Neoklassik und Zeitpräferenz – der Diskontierungsnebel. – In: BECKENBACK, F. (Hrsg.): Die ökologische Herausforderung für die ökonomische Theorie. – Marburg: Metropolis-Verlag. – S. 127-141.

Handbuch der Kernenergie (1986): Kompendium der Energiewirtschaft und Energiepolitik. – MICHAELIS, H. (Hrsg.). – 2 Bde. – Düsseldorf: ECON.

Handbuch Kernenergie (1995): Kompendium der Energiewirtschaft und Energiepolitik. – MICHAELIS, H., SALANDER, C. (Hrsg.). – Frankfurt/M.: VWEW-Verl.

HARTMANN, U., KALTSCHMITT, M. (1998): Regenerative Energien zur Strom- und Wärmebereitstellung. Nutzung und Potentiale in Deutschland. – BWK – Brennstoff-Wärme-Kraft 51 (1/2), 55-59.

HARTUNG, M. (1994): Der Tagebau Garzweiler II – Interessenausgleich zwischen Ökologie und Ökonomie. – Braunkohle 8/1994, 24-30.

HARTWICK, J.M. (1977): Intergenerational Equity and the Investing of Rents of Exhaustible Resources. – American Economic Review 67, 972-974.

HASTINGS, R. (1998): Das „Passivhaus". – Zürich: Forschungsstelle Solararchitektur. – Bulletin der Forschungsstelle Solararchitektur, Nr. 15. – S. 1-3.

HAUSER, G., STIEGEL, T., OTTO, F. (1997): Energieeinsparung im Gebäudebestand: Bauliche und anlagentechnische Lösungen. – Berlin: Gesellschaft für Rationelle Energieverwendung e.V.

HEINEMANN, W.R. (1994): Das englische Elektrizitätssystem: Eine Zwischenbilanz. – Elektrizitätswirtschaft 93 (1/2), 12-15.

HEINLOTH, K. (1997): Die Energiefrage. Bedarf und Potentiale, Nutzung, Risiken und Kosten. Handbuch Umweltwissenschaften. – Braunschweig/Wiesbaden: vieweg.

HEINTSCHEL, V., HEINEGG, W. (1999): Wiederaufarbeitung und Völkerrecht. – Energiewirtschaftliche Tagesfragen (et) 49 (1/2), 72-79.

HENSING, I., SCHULZ, W. (1995a): Wirtschaftlichkeitsvergleich verschiedener Entsorgungspfade von Kernkraftwerken – Eine Kostensimulation alternativer Strategien aus deutscher Sicht. – München: Oldenburg. – Schriften des Energiewirtschaftlichen Instituts an der Universität Köln, Bd. 45. – 150 S.

HEPPENSTALL, T. (1998): Advanced gas turbine cycles for power generation – a critical review. – Applied Thermal Engineering 18 (9-10), 837-846.

HERRMANN, A.G. (1991): Die Untergrund-Deponie anthropogener Abfälle in marinen Evaporiten. – Stuttgart: Metzler-Poeschel. – Materialien zur Umweltforschung, Bd. 18. – 112 S.

HERRMANN, A.G., RÖTHEMEYER, H. (1999): Langfristig sichere Deponien. – Energiewirtschaftliche Tagesfragen (et) 49 (4), 234-240.

HILLEBRAND, B. (1997): Stromerzeugungskosten neu zu errichtender konventioneller Kraftwerke. – Essen: Rheinisch-Westfälisches Institut für Wirtschaftsforschung. – RWI-Papiere Nr. 47.

HILLEBRAND, B. (1998): Regenerative Stromerzeugung im Zeichen von Wettbewerb und Umwelt. – Kurzexpertise für den Wirtschaftsverband Windkraftwerke e.V. und den Verband Deutscher Maschinen- und Anlagenbau e.V. – Essen: Rheinisch-Westfälisches Institut für Wirtschaftsforschung. – unveröffentlicht.

HOFFMANN, K. (1993): Altlastenproblematik auf ehemaligen Zechen- und Kokereistandorten. – In: WIGGERING, H. (Hrsg.): Steinkohlenbergbau – Steinkohle als Grundstoff, Energieträger und Umweltfaktor. – Berlin: Ernst & Sohn. – Geologie und Ökologie im Kontext. – S. 186-203.

HOFSTETTER, P., FRISCHKNECHT, R., KNOEPFEL, I. et al. (1995): Ökoinventare für Energiesysteme: Beispiel Braun- und Steinkohlesystem. – BWK – Brennstoff, Wärme, Kraft 47 (1/2), 23-32.

HÖHLEIN, B., NITSCH, J., CARPETIS, C. (1998): Energie- und Schadstoffbilanzen von Brennstoffzellensystemen. – In: Forschungsverbund Sonnenenergie: Themen 98/99. – S. 99-108.

HOHMEYER, O., BRÄUER, W., GROSCURTH, H.-M. (1998): Bottlenecks and Obstacles – Success Stories and Measures. – In: LTI-Research Group (Hrsg.): Long-Term Integration of Renewable Energy Sources into the Euroean Energy System. – Heidelberg: Physica. – S. 193-214.

HOPPE-KILPPER, M. (1999): „Szenario Entwicklung der Windenergie". – Neue Energie Heft 1, S. 53.

HSK und PSI (1997): On the Feasibility and Safety of the Rubbia Energy Amplifier (EA) [with exclusion of non-proliferation aspects and use of military plutonium]. – By a Group of Experts from the Swiss Nuclear Safety Inspectorate (HSK) assisted by Paul Scherrer Institute (PSI), 30th June 1997. – 35 pp.

HÜBINGER, M. (1997): Die Auswirkungen der Windenergienutzung auf den Fremdenverkehr in der Gemeinde Wangerland. – Fachhochschule Wilhelmshaven: Diplomarbeit.

HÜTTL, R.F., HEUER, V. (1998): Auswirkungen des Braunkohletagebaus auf den Lebensraum Boden. – In: BARZ, W., HÜLSTER, A., KRÄMER, K., STRÖBELE, W. (Hrsg.): Energie und Umwelt. – Landsberg: ecomed. – 277 S..

HÜTTL, R.F., KLEM, W., WEBER, E. (Hrsg.) (1999): Rekultivierung von Bergbaufolgelandschaften – Das Beispiel des Lausitzer Braunkohlereviers. – Berlin und New York: De Gruyter. – 295 S.

IEA (International Energy Agency) (1998): World Energy Outlook. – Paris: OECD.

INES (International Nuclear Events Scale) (1999): Internationale Skala sicherheitsrelevanter Ereignisse. – http://www.bfs.de/berichte/kkw_me/ineskal.htm v. 2.12.1999.

IPCC (Intergovernmental Panel on Climate Change) (1996): Climate Change 1995 – The science of climate change, Contribution of Working group I to the second assessment report of the Intergovernmental Panel on Climate Change. – Cambridge: University Press. – 572 S.

IRO, S. (1998): Die Vereinbarkeit des Stromeinspeisungsgesetzes mit dem EG-Vertrag. – Recht der Energiewirtschaft (RdE) Nr. 1, 11-19.

JACOB, D. (1998): Intensivierung des Wasserkreislaufes? – In: LOZÁN, J.L., GRAßL, H., HUPFER, P. (Hrsg): Warnsignal Klima – Wissenschaftliche Fakten. – Hamburg: Wissenschaftliche Auswertungen. – 464 S.

JANZING, B. (1999): „Photovoltaik – Branche verzeichnete 1998 einen Rückgang von 30 %" – PHOTON Jan.-Feb., S. 27.

JARASS, H.D. (1996): Europäisches Energierecht. Bestand – Fortentwicklung – Umweltschutz. – Berlin: Duncker & Humblot. – Schriften zum Europäischen Recht, Bd. 23.

JOCHEM, E., BRADKE, H. (1999): Energieeffizienz, Strukturwandel und Produktionsentwicklung der deutschen Industrie. – In: STEIN, G., WAGNER, H.-F. (Hrsg.): Das IKARUS-Projekt: Klimaschutz in Deutschland: Strategien für 2000-2020. – Berlin u. a.: Springer. – S. 153-168.

JOCHEM, E., TÖNSING, E. (1998): Die Auswirkungen der Liberalisierung der Strom- und Gasversorgung auf die rationelle Energieverwendung in Deutschland. – UmweltwirtschaftsForum 6 (3), 8-11.

JOCHIMSEN, M. (1999): Vegetation development and species assemblages in a long-term reclamation project on mine spoil. – Ecological Engineering (in press).

KACSÓH, L. (1999): Isotopentransmutation – Aus- oder Irrweg der Atomtechnik? – Energiewirtschaftliche Tagesfragen (et) 49 (3), 170-176.

KALTSCHMITT, M. (1999): Regenerative Energien zur Strom- und Wärmebereitstellung – Nutzung und Potentiale in Deutschland. – BWK – Brennstoff, Wärme, Kraft 51 (1/2), 55-59.

KALTSCHMITT, M., WIESE, A. (Hrsg.) (1993): Erneuerbare Energieträger in Deutschland: Potentiale und Kosten. – Berlin und Heidelberg: Springer. – 370 S.

KAUL, A., HEIMLICH, F., HUCK, W. et al. (1997): CASTOR-Transporte: Strahlendosis und Risiko. – Energiewirtschaftliche Tagesfragen (et) 47 (11), 648-654.

KIEFER, K. (1998): Meßlatte für die Zukunft. – Sonnenenergie und Wärmetechnik 6/98, S. 37-40

KIM, J.I., GOMPPER, K. (1998): Nukleare Entsorgung – eine Übersicht über nationale und internationale Aktivitäten. – Forschungszentrum Karlsruhe: NACHRICHTEN 30 (2), 57-71.

KIRCHNER, G. (1995): Isolationszeiträume für die Endlagerung radioaktiver Abfälle. – In: IPPNW (International Physicians for the Prevention of Nuclear War/Internationale Ärzte für die Verhinderung des Atomkrieges, Deutsche Sektion) (Hrsg.): Die Endlagerung radioaktiver Abfälle. – Stuttgart, Leipzig: S. Hirzel. – S. 85-97.

KLEEMANN, M., DIEKMANN, J., JOCHEM, E. et al. (1999): Politikszenarien für den Klimaschutz : II – Szenarien und Maßnahmen zur Minderung von CO_2-Emissionen in Deutschland bis 2020. – Jülich: Forschungszentrum, Zentralbibliothek.

KLINKEN, J. van (1997): Energy from Thorium?! – Reconnoitering a New Possibility: FEA. – Vortrag am 17.6.1997 im Atomkernforschungsinstitut ATOMKI in Debrecen, Ungarn. – Manuskript, 11 S.

KLOPFER, T., SCHULZ, W. (1993): Märkte für Strom. Internationale Erfahrungen und Übertragbarkeit auf Deutschland. – München: Oldenbourg. – Schriften des Energiewirtschaftlichen Instituts, Bd. 42.

KLOPFER, T., KREUZBERG, P., SCHULZ, W. et al. (1996): Das Pool-System in der Elektrizitätswirtschaft – Möglichkeiten einer umweltorientierten Gestaltung von Poolregeln. – Berlin: Umweltbundesamt. – UBA-Berichte 4/96.

KOCH, H.-J. (1995): Verfassungsrechtlicher Bestandsschutz als Grenze der Deregulierung und der umweltpolitischen Steuerung im Bereich der Elektrizitätswirtschaft? – In: HOFFMANN-RIEM, W. et al. (Hrsg.): Umweltpolitische Steuerung in einem liberalisierten Strommarkt. – Baden-Baden: Nomos. – S. 263-274.

KÖNIG, W. (1999): Transportminimierung, Transportsicherheit und Zwischenlagerung. – Vortrag beim 10. Deutschen Atomrechtssymposium, Köln, 30.06./01.07.1999. – In: KOCH, H.-J., ROSSNAGEL, A. (Hrsg.): 10. Deutsches Atomrechtssymposium. – Baden-Baden: Nomos. – Im Druck (2000). – S. 169-182.

KÖNIG, W., AMANNSBERGER, K., COLLIN, W. (1999): Kernenergie: Transportminimierung, -sicherheit, Zwischenlagerung. – Energiewirtschaftliche Tagesfragen (et) 47 (9), 574-579.

KRATZSCH, H. (1983): Mining Subsidies Engineering. – Berlin: Springer. – 543 S.

KREMP, R. (1999): Durchleitungsentgelte in der liberalisierten Elektrizitätswirtschaft. – Freiburg: Ökoinstitut. – Werkstattreihe des Öko-Instituts, Nr. 115.

KÜHNE, G., SCHOLTKA, B. (1998): Das neue Energiewirtschaftsrecht. – NJW Neue juristische Wochenschrift 51 (27), 1902-1909.

KÜPPERS, C., LIEBERT, W., SAILER, M. (1999): Realisierbarkeit der Verglasung von Plutonium zusammen mit hochradioaktiven Abfällen sowie der Fertigung von MOX-Lagerstäben zur Direkten Endlagerung als Alternativen zum Einsatz von MOX-Brennelementen. – Studie im Auftrag der Freien und Hansestadt Hamburg. – Öko-Institut e.V./IANUS der TH Darmstadt. – Darmstadt: Öko-Institut.

LIEBERT, W. (1997): Sind Hoffnungen auf neuartige nukleare Zukunftstechnologien berechtigt? – In: LIEBERT, W., SCHMITHALS, F. (Hrsg.): Tschernobyl und kein Ende? – Argumente für den Ausstieg – Szenarien für Alternativen. – Münster: agenda. – agenda Politik 9.

LIEBERT, W., BÄHR, R., GLASER, A. et al. (1999): Fortgeschrittene Nuklearsysteme: Review Study. – Schweizerischer Wissenschaftsrat (Hrsg.): Programm TA (Bericht TA 34/1999). – Bern: Schweizerischer Wissenschaftsrat.

LINDEMANN, H.-H., KÖSTER, K. (1997): Energiewirtschaft auf dem Weg zu mehr Wettbewerb – Zum Regierungsentwurf für ein neues Energiewirtschaftsgesetz (EnWG). – Deutsches Verwaltungsblatt DVBl., 527-534.

LUNDBERG, G. (1998): Deregulierung des schwedischen Elektrizitätsmarktes. – Elektrizitätswirtschaft 97 (3), S. 13.

LUNG, M. (1996): Perspectives of the Thorium Fuel Cycle. – Seminarvortrag, Ispra, 2nd July 1996. – 7 S. – http://www.itumagill.fzk.de/ADS/michellungth.html.

LUTZ, H.-B. (1999): „Rückwärtslaufender Zähler". – ECOregio 1-2, S. 48-49.

MAGILL, J., PEERANI, P., GEEL, J. van (1997): Closing the Fuel Cycle with ADS. – International Workshop on the Physics of Accelerator-Driven Systems (ADS) for Nuclear Transmutation and Clean Energy Production, 29th Sept. – 3rd Oct. 1997, Trento, Italy. – Manuskript, 10 S. – http://itumagill.fzk.de/ ADS/ trento/trento.html v. 06.05.98.

MAI, G. (1999): Infosystem Garzweiler II. – http://www.oekoregio.de/garzweiler/natur.htm (25.11.1999).

MANN, M.E., HUGHES, M.K., BRADLEY., S.R. (1998): Global-Scale temperature patterns an climate forcing over the past six centuries. – http://www.ngdc.noaa.gov/paleo/pubs/mann1998/global.htm (Stand: 30.10.1999).

MATTHIES, K. (1985): Strategien zur Sicherung der Energieversorgung in der Bundesrepublik Deutschland. – Hamburger Jahrbuch für Wirtschafts- und Gesellschaftspolitik Jg. 30. – S. 233-250.

MEIXNER, H. (1998): Bleibt der Umweltschutz im Wettbewerb auf der Strecke? – VDI-Berichte Nr. 1430.

MELISS, M. (1999): Regenerative Energiequellen. – BWK – Brennstoff-Wärme-Kraft 51 (4), 68-73.

MELLER, E. (1999): Neue Verbändevereinbarung erleichtert den Marktzugang. – Energiewirtschaftliche Tagesfragen (et) 49 (11), 736-741.

MEYER, D.E. (1993): Flächeninanspruchnahme und Massenverlagerung. – Berlin: Ernst & Sohn.

MEYER, D.E., WIGGERING, H. (1991): Steinkohlenbergbau – ökologische Folgen, Risiken und Chancen. – Wiesbaden: Vieweg Verlagsgesellschaft. – S. 195-202.

MEYERHOFF, J., PETSCHOW, U., HERRMANN, N. et al. (1998): Umweltverträglichkeit kleiner Wasserkraftwerke – Zielkonflikte zwischen Klima- und Gewässerschutz. – Berlin: Umweltbundesamt. – UBA-Texte, 98/13. – 150 S.

MEZ, L., PIENING, A. (1999): Ansatzpunkte für eine Kampagne zum Atomausstieg in Deutschland. – Berlin: Forschungsstelle für Umweltpolitik. – FFU-Report 99-6.

MIDTTUN, A. (1997): The Norwegian, Swedish and Finnish Reforms. – In: MIDTTUN, A. (Hrsg.): European Electricity Systems in Transition – A Comparative Analysis of Policy and Regulation in Western Europe. – Oxford: Elsevier. – S. 89-130.

MITCHELL, C. (1995): Renewable Energy in the UK – Financing Options for the Future. – London: Council for the Protection of Rural England (CPRE).

MODOLO, G., ODOJ, R. (1999): Actinides(III)-Lanthanides Group Separation from Nitric Acid Using New Aromatic Diorganyldithiophosphinic Acids. – In: OECD-Nuclear Energy Agency (NEA) (Hrsg.): Proceedings of the 5th International Information Exchange Meeting on Actinide and Fission Product Partitioning and Transmutation, Mol, Belgium, November 25–27, 1998. Co-organised by the European Commission (EUR 18898 EN). – Paris: OECD-NEA. – S. 141-151.

Monopolkommission (1994): Mehr Wettbewerb auf allen Märkten. – Hauptgutachten 1992/1993. – Baden-Baden: Nomos.

MÜLLER, W., BREUER, R.E. (1999): Zukünftige Energiepolitik – Rahmenbedingungen und Ziele. – Energiedialog 2000, Auftaktveranstaltung am 23. Juni 1999 in der Friedrich-Ebert-Stiftung, Bonn Bad-Godesberg.

MURL (Ministerium für Umwelt, Raumordnung und Landwirtschaft des Landes Nordrhein-Westfalen) (1995): Braunkohlenplan Garzweiler II. – Genehmigung an die Bezirksregierung Köln. – Aktenzeichen VI A 3 – 92.32.09.11, Schreiben vom 31.03.1995.

MWV (Mineralölwirtschaftsverband) (1999): Mineralöl und Umweltschutz. – http://www.mwv.de/mwv/Oel_Umwt.pdf (17.11.1999).

NEUMANN, W. (1997): Konzept einer dezentralen Umgangsstrategie für Brennelemente. – Studie, erstellt im Rahmen des Beirates für Fragen des Kernenergieausstiegs beim Niedersächsischen Umweltministerium. – Endbericht. – Hannover: Gruppe Ökologie/UM.

NITSCH, J., FISCHEDICK, M., ALLNOCH, N. et al. (1999): Klimaschutz durch Nutzung erneuerbarer Energien. – Studie im Auftrag des BMU und des UBA. – Bonn u. a.

NORDHAUS, W.D. (1973): The Allocation of Energy Resources. – Brownings Papers on Economic Activitiy H. 3, 529-576.

OECD/NEA (OECD-Nuclear Energy Agency) (Hrsg.) (1999): Actinide and Fission Product Partitioning and Transmutation: Status and Assessment report. – Paris: OECD-NEA. – 325 S.

OFFER (Office of Electricity Regulation) (1994): Energy Efficiency: Standards of Performance. – Birmingham: OFFER.

ORNL (Oak Ridge National Laboratory) (1998): Partitioning and Transmutation: Making Wastes Nonradioacive. – http://www.ornl.gov./ORNLRewiew/rev26-2/text/radsidel.htr

OSSENBÜHL, F. (1999): Verfassungsrechtliche Fragen eines Ausstiegs aus der friedlichen Nutzung der Kernenergie. – Archiv des öffentlichen Rechts (AöR), Bd. 124, S. 1-54.

PAPP, R. (1997): GEISHA: Gegenüberstellung von Endlagerkonzepten in Salz und Hartgestein. – Forschungszentrum Karlsruhe, Technik und Umwelt; Projektträgerschaft des BMBF für Entsorgung (FZK-PTE). – Wissenschaftliche Berichte FZKA-PTE Nr. 3. – Karlsruhe: FZK-PTE.

PEHNT, M., NITSCH, J. (1999): Abschied vom Kohlenstoff. – Politische Ökologie, Bd. 62, S. 71-72.

PERSCHMANN, W.-D. (1998): Wiederaufarbeitung oder Direkte Endlagerung? – In: BARZ, W. et al. (Hrsg.): Energie und Umwelt: Strategien einer nachhaltigen Entwicklung. – Münster: Zentrum für Umweltforschung der Westfälischen Wilhelms-Universität (ZUFO). – Vorträge und Studien, H. 8. – S. 117-157.

PETERMANN, A. (1998): Theoretische Untersuchungen zum stationären Betriebsverhalten eines Kombikraftwerkes mit zirkulierender Druckwirbelschichtfeuerung. – Düsseldorf: VDI. – VDI-Fortschrittsberichte, Reihe 6, Nr. 389.

PFAFFENBERGER, W., GERDEY, H.-J. (1998): Zur Bedeutung der Kernenergie für die Volkswirtschaft und die Umwelt. Zur Abschätzung der Kosten eines Ausstiegs. – Untersuchung im Auftrag der Vereinigung Deutscher Elektrizitätswerke e.V. – Bremen: Bremer Energie-Institut.

PHLIPPEN, P.-W. (1998): Transmutation als Langfristlösung: Konzepte, Erwartungen, Kosten, Probleme. – Vortrag im Internen Workshop des VDI-Fachausschusses „Kerntechnik" am 3. April 1998, Düsseldorf. – Informationsschrift „Kernenergienutzung und Endlagerung hochradioaktiver Reststoffe" der VDI-Gesellschaft Energietechnik (VDI-GET). – Düsseldorf: VDI-GET. – S. 39-46.

POHLMANN, M. (1997): Der Streit um das Stromeinspeisungsgesetz vor dem Grundgesetz. – NJW Neue juristische Wochenschrift 50 (9), 545-550.

PROGNOS-AG (1995): Die Energiemärkte Deutschlands im zusammenwachsenden Europa – Perspektiven bis zum Jahr 2020. – Basel: Prognos.

PÜNDER, H. (1999): Die Förderung alternativer Energiequellen durch das Stromeinspeisungsgesetz auf dem Prüfstand des europäischen Gemeinschaftsrechts. – Neue Zeitschrift für Verwaltungsrecht (NVwZ) 17 (10), 1059-1062.

QUADFLIEG, H. (1995): Wasserstoff. Vortrag anlässlich des TÜV-Forums „Alternative Energien für den Antrieb von Kraftfahrzeugen" am 7.9.1995. – Bonn: Verband der Technischen Überwachungsvereine e.V.

RAGLAND, T.L. (1998): Gas Turbines: Cycle Innovations – Industrial Gas Turbine Performance Uprates: Tips, Tricks, and Traps. – Journal of Engineering for Gas Turbines and Power 120 (4), 727-734.

RAHMSTORF, S. (1999): Treibhauseffekt und Klimawandel. – ZEW-Konferenz: Flexible Mechanisms for an Efficient Climate Policy, Juli 1999. – Mannheim, Stuttgart: ZEW. – http://www.zew.de/frameset.html.

RATH, U., HARTMANN, M., PRÄFFCKE, A. (1997): Klimaschutz durch Minderung von Leerlaufverlusten bei Elektrogeräten. – Berlin: Umweltbundesamt. – UBA-Texte 45/97.

REHFELDT, K. (1998): Windenergienutzung in der Bundesrepublik Deutschland – Stand 30.6.1998. – DEWI Magazin Nr. 13, S. 13-26.

REICHERT, J., SCHÖN, M. (1997): CH_4-Emissionen und Emissionsminderungsmöglichkeiten bei der Gewinnung und beim Transport von Erdgas. – Karlsruhe: Fraunhofer Institut für Systemtechnik und Innovationsforschung. – 20 S.

REIMANN, M. (1997): Unsicherheiten und Risiken bei Kernschmelzunfällen im EPR. – In: Ministerium für Finanzen und Energie des Landes Schleswig-Holstein (Hrsg.): Der geplante Europäische Druckwasserreaktor EPR. – Workshop am 20. November 1997 im Hotel „Kieler Yacht Club" in Kiel. – Kiel: MFE. – S. 54-70.

RENNEBERG, W. (1999): Auf dem Weg zu einem neuen Entsorgungskonzept. – Redaktionell überarbeitete Fassung des Vortrages beim 10. Deutschen Atomrechts-Symposium am 30. Juni/1. Juli 1999 in Köln. – ZUR Zeitschrift für Umweltrecht 10 (5), 261-265.

RHEINBRAUN (1992): Tagebau Garzweiler II: Angaben für die Umweltverträglichkeitsprüfung, Kapitel 6 Wasserhaushalt. – Überarb. Fass. November 1992. – Köln: Rheinbraun AG.

RHEINBRAUN (1997): Versickerungsmaßnahmen zur Schonung von Grundwasserhaushalt und Feuchtgebieten im Einflußbereich des Braunkohlenbergbaus. – Köln: Rheinbraun, Abt. BT 3 – Wasserwirtschaft.

RICHTER, S. (1999): Die Unvereinbarkeit des Stromeinspeisungsgesetzes mit europäischem Beihilferecht (Art. 92 EGV a.F./.Art. 87 EGV n.F.). – Recht der Energiewirtschaft (RdE) Nr. 1, 23-31.

RITGEN, K. (1999): Stromeinspeisungsgesetz und europäisches Beihilfeaufsichtsrecht. – Recht der Energiewirtschaft (RdE) Nr. 5, 176-184.

RÖHNSCH, W. (1996): Radioaktive Umweltkontaminationen durch den Bergbau in Deutschland. – In: SIEHL, A. (Hrsg.): Umweltradioaktivität. – Berlin: Ernst & Sohn. – 411 S.

RÖTHEMEYER, H. (Hrsg.) (1991): Endlagerung radioaktiver Abfälle. Wegweiser für eine verantwortungsbewußte Entsorgung in der Industriegesellschaft. – Weinheim u. a.: VCH. – 275 S.

ROLLER, G. (1998a): Eigentums- und entschädigungsrechtliche Fragen einer Beendigung der Kernenergienutzung. – In: ROSSNAGEL, A., ROLLER, G. (Hrsg.): Die Beendigung der Kernenergienutzung durch Gesetz. – Baden-Baden: Nomos. – S. 81-123.

ROLLER, G. (1998b): Beendigung nur mit Entschädigung? – Energiewirtschaftliche Tagesfragen (et) 48 (12), 770-775.

ROSSNAGEL, A. (1998a): Zur verfassungsrechtlichen Zulässigkeit eines Gesetzes zur Beendigung der Kernenergienutzung. – In: ROSSNAGEL, A., ROLLER, G. (Hrsg.): Die Beendigung der Kernenergienutzung durch Gesetz. – Baden-Baden: Nomos. – S. 9-79.

ROSSNAGEL, A. (1998b): Zulässigkeit eines Kernenergieausstiegsgesetzes. – Energiewirtschaftliche Tagesfragen (et) 48 (12), 764-768.

ROSSNAGEL, A. (1999): Demokratische Politik und Vertrauensschutz. – Vortrag auf dem 10. Deutschen Atomrechtssymposium, Köln, 30.06./01.07.1999. – In: KOCH, H.-J., ROSSNAGEL, A. (Hrsg.): 10. Deutsches Atomrechtssymposium. – Baden-Baden: Nomos. – Im Druck (2000). – S. 61 ff.

ROTH, G., WEISENBURGER, S. (1998): Verglasung hochradioaktiver Flüssigabfälle: Glaschemie, Prozesschemie und Prozeßtechnik. – Forschungszentrum Karlsruhe: NACHRICHTEN 30 (2), 107-116.

RSK/SSK (Reaktor-Sicherheitskommission/Strahlenschutzkommission) (1988): Zeitrahmen für die Beurteilung der Langzeitsicherheit eines Endlagers für radioaktive Abfälle. – Gemeinsame Stellungnahme der RSK und der SSK. – Ergebnisprotokoll der 233. RSK-Sitzung am 22.06.1988, Anlage 1.

RUBBIA, C. (1998): The Energy Amplifier Project: Work at CERN. – In: "Why Research on Accelerator-driven Transmutation Technology? A New Form of Fission Energy Production? The Final Solution to the Radioactive Waste Problem? " – Proceedings of an international conference arranged by the Royal Swedish Academy of Engineering Sciences (IVA) in Sept. 1997. – ISBN 91-7082-619-6. – pp. 33-42.

RUBBIA, C., RUBIO, J.A., BUONO, S. et al. (1997): CERN-group conceptual design of a fast neutron operated high power energy amplifier. – In: IAEA (International Atomic Energy Agency) (Ed.) (1997): Accelerator driven systems: Energy generation and transmutation of nuclear waste. – Status report of the Nuclear Power Technology Development Section. – IAEA-TECDOC-985. – Vienna: IAEA. – pp. 187-312.

RWE (Rheinisch-Westfälisches Elektrizitätswerk) (1998): Chancen und Risiken der künftigen Weltenergieversorgung – Wettbewerb in der Energiewirtschaft, mehr Leistung durch faire Konkurrenz. – Essen: RWE.

RWI (Rheinisch-Westfälisches Institut für Wirtschaftsforschung) (1985): Zur volkswirtschaftlichen und arbeitsmarktpolitischen Bedeutung des Steinkohlenbergbaus. – Gutachten im Auftrag des Gesamtverbandes des deutschen Steinkohlenbergbaus. – Essen: RWI. – 39 S.

SALJE, P. (1998): Umweltaspekte der Reform des Energiewirtschaftsrechts. – Umwelt- und Planungsrecht (UPR) 18 (6), 201-206.

SCHEERER, M. (1999): Hessens neue Regierung will eine Nachrüstung des Reaktors durchsetzen: In Biblis müssen 1,2 Milliarden Mark investiert werden. – Handelsblatt v. 4.5.1999, Nr. 85, S. 6.

SCHEUING, D.H. (1999): Europarechtliche Aspekte einer Beendigung der Kernenergienutzung in der BRD. – Vortrag beim 10. Deutschen Atomrechtssymposium, Köln, 30.06./01.07.1999. – In: KOCH, H.-J., ROSSNAGEL, A. (Hrsg.): 10. Deutsches Atomrechtssymposium. – Baden-Baden: Nomos. – Im Druck (2000). – S. 73 ff.

SCHIFFER, H.-W. (1998): Deutscher Energiemarkt '98: Primärenergie – Mineralöl – Braunkohle – Steinkohle – Erdgas – Elektrizität – Energiepreise – Energie und Umwelt international. – Energiewirtschaftliche Tagesfragen 48 (3), 154-169.

SCHIWY, P. (1998): Strahlenschutzvorsorgegesetz (StrVG). Stand: 1. Nov. 1999 (39. Erg.-Lfg.). – Starnberg: Verl. R. S. Schulz. – Losebl.-Ausg. – Nr. 4/18: Bekanntmachung der Leitfäden zur Durchführung von Periodischen Sicherheitsüberprüfungen (PSÜ) für Kernkraftwerke in der Bundesrepublik Deutschland. Vom 18. Aug. 1997 (BAnz. Nr. 232a). – 26. Erg.-Lfg., 1. Febr. 1998. – 57 S.

SCHLESINGER, M., ECKERLE, K., KREUZBERG, M. et al. (1999): Die längerfristige Entwicklung der Energiemärkte im Zeichen von Wettbewerb und Umwelt. – Untersuchung im Auftrag des Bundesministeriums für Wirtschaft und Technologie. – Basel: Prognos AG und Köln: Energiewirtschaftliches Institut.

SCHMELZER, D., BOLLE, F. (1998): Eine Speisung der Bedürftigen?! – Zur Einspeisungsregelung regenerativer Energieträger in der Energiewirtschaft. – Zeitschrift für Umweltpolitik und Umweltrecht (ZfU) (1), 97-112.

SCHMIDT, G. (1995): Die Entstehung radioaktiver Abfälle und ihre Endlagerung. – In: IPPNW (International Physicians for the Prevention of Nuclear War/Internationale Ärzte für die Verhinderung des Atomkrieges, Deutsche Sektion) (Hrsg.): Die Endlagerung radioaktiver Abfälle. – Stuttgart, Leipzig: S. Hirzel. – S. 9-83.

SCHMIDT-PREUß, M. (1995): Konsens und Dissens in der Energiepolitik – rechtliche Aspekte. – NJW Neue juristische Wochenschrift (15), 985-992.

SCHMIDT-PREUß, M. (1998): Kernenergiepolitik und Atomrecht. Brennpunkte und Entwicklungslinien. – Energiewirtschaftliche Tagesfragen (et) 48 (12), 750-757.

SCHMIDT-PREUß, M. (1999): Die Befristung von atomrechtlichen Genehmigungen und das Grundrecht auf Eigentum. – Vortrag beim 10. Deutschen Atomrechtssymposium, Köln, 30.06./01.07.1999. – In: KOCH, H.-J., ROSSNAGEL, A. (Hrsg.): 10. Deutsches Atomrechtssymposium. – Baden-Baden: Nomos. – Im Druck (2000).

SCHNEIDER, J.-P. (1999): Liberalisierung der Stromwirtschaft durch regulative Marktorganisation. – Baden-Baden: Nomos.

SCHNEIDERS, M. (1998): Schadstoffarme und hocheffiziente Industrie-Gasturbinen-Anlagen". – Gas Wärme International GWI 47 (3), 188-192.

SCHNELL, U. (1998): Wirkungsoptimierte Kraftwerkstechnologien zur Stromerzeugung aus fossilen Brennstoffen. – Düsseldorf: VDI. – VDI-Fortschrittsberichte, Reihe 6, Nr. 389.

SCHÖNWIESE, C.-D. (1998): Das Klimaproblem ist real. – Elektrizitätswirtschaft 97 (8), 23-31.

SCHRIBER, S.O. (1998): Testimony Record to the U.S. Senat on „Accelerator-Driven Transmutation of Waste: An Opportunity" – Hearing on „Advanced Nuclear Technologies", Appropriations Subcommittee on Energy and Water Development, U.S. Senate (May 19, 1998). – http://www.adtt.lanl.goc/about_ATW/Testimony.html.

SCHULZ, W. (1996): Alternatives for Introducing Competition in the German Electricity Industry. – In: STURM, R., WILKS, S. (Hsg.): Wettbewerbspolitik und die Ordnung der Elektrizitaetswirtschaft in Deutschland und Grossbritannien. – Baden-Baden: Nomos. – S. 217-237.

SCHULZ, E., KRIEGER, S. (1998): The Northern electricity industries in competition. – Elektrizitätswirtschaft 97 (9), 9-12.

SCHULTZ, K.-P. (1999): Netzzugang und Kartellrecht. – Energiewirtschaftliche Tagesfragen (et) 49 (11), 750-754.

SCHWARZ, G. (1997a): Beförderung radioaktiver Stoffe im Kernbrennstoffkreislauf. Transportsysteme, Transportaufkommen und Strahlenschutz. – Energiewirtschaftliche Tagesfragen (et) 47 (8), 458-464.

SCHWARZ, G. (1997b): Beförderung radioaktiver Stoffe im Kernbrennstoffkreislauf. Transportvorschriften und Transportsicherheit. – Energiewirtschaftliche Tagesfragen (et) 47 (11), 655-661.

SCHWARZENBERG, M. (1998): Kernenergie aus radioaktivem Abfall. – Naturwissenschaftliche Rundschau 51 (10), 391-393.

SIEMENS (1996): Innovation in der Kraftwerkstechnik. – Siemens-Zeitschrift „Standpunkt", Bd. 9, Heft 1/96.

SLINGERLAND, S. (1998): Neue Entwicklungen in der niederländischen Elektrizitätswirtschaft. – UmweltwirtschaftsForum 6 (3), 20-23.

SOLOW, R.M. (1974): Intergenerational Equity and Exhaustible Resources. – Review of Economic Studies – Symposium 1974, 29-45.

SRU (Der Rat von Sachverständigen für Umweltfragen) (1981): Energie und Umwelt. – Sondergutachten. – Stuttgart: Kohlhammer. – 190 S.

SRU (1987): Umweltgutachten 1987. – Stuttgart: Kohlhammer. – 674 S.

SRU (1990): Altlasten (I). – Sondergutachten. – Stuttgart: Metzler-Poeschel. – 304 S.

SRU (1994): Umweltgutachten 1994. – Stuttgart: Metzler-Poeschel. – 384 S.

SRU (1995): Altlasten II. – Sondergutachten. – Stuttgart: Metzler-Poeschel. – 285 S.

SRU (1996a): Umweltgutachten 1996. – Stuttgart: Metzler-Poeschel. – 468 S.

SRU (1996b): Konzepte einer dauerhaftumweltgerechten Nutzung ländlicher Räume. – Sondergutachten. – Stuttgart: Metzler-Poeschel. – 128 S.

SRU (1998a): Umweltgutachten 1998. – Stuttgart: Metzler-Poeschel. – 390 S.

SRU (1998b): Flächendeckend wirksamer Grundwasserschutz. – Sondergutachten. – Stuttgart: Metzler-Poeschel. – 208 S.

SRU (1999): Stellungnahme zum „Entwurf eines Gesetzes zum Einstieg in die ökologische Steuerreform". – (auch über http://www.umweltrat.de abrufbar.) – Öffentliche Anhörung des Finanzausschusses des Deutschen Bundestages zum Entwurf eines Gesetzes zum Einstieg in die ökologische Steuerreform (BT-Drs. 14/40) am 18. Januar 1999.

SRW (Sachverständigenrat zur Begutachtung der gesamtwirtschaftlichen Entwicklung) (1995): Im Standortwettbewerb – Jahresgutachten 1995/96. – Stuttgart: Metzler-Poeschel. – 473 S.

Statistik der Kohlenwirtschaft e.V (1999): http://www.kohlenstatistik.de/LISTESTK.htm.

StBA (Statistisches Bundesamt) (1999): Statistisches Jahrbuch.

STEEG, H. (1999): Versorgungssicherheit in liberalisierten Energiemärkten. – Energiewirtschaftliche Tagesfragen (et) 49 (3), 118-123.

STORCHMANN, K.-H. (1997): Beschäftigungseffekte des Steinkohlenbergbaus – Eine kritische Betrachtung. – Zeitschrift für Energiewirtschaft 21 (4), 307-316.

STORCHMANN, K.-H., KYROU, P. (1997): Steinkohlenbergbau im Ruhrgebiet – Entwicklung, Subventionen, Beschäftigungseffekte. – Bochum: Universitätsverlag Dr. N. Brockmeyer. – RUFIS (Ruhr-Forschungsinstitut für Innovations- und Strukturpolitik e.V.) H. 3. – 49 S.

STRÖBELE, W. (1987): Rohstoffökonomik: Theorie natürlicher Ressourcen mit Anwendungsbeispielen Öl, Kupfer, Uran und Fischerei. – München: Vahlen. – 187 S.

STRÖBELE, W. (1991): Abdiskontierung als kontextabhängiges Problem. Koreferat zu Ulrich Hampicke: Neoklassik und Zeitpräferenz – der Diskontierungsnebel. – In: BECKENBACK, F. (Hrsg.): Die ökologische Herausforderung für die ökonomische Theorie. – Marburg: Metropolis-Verlag. – S. 151-155.

STUDENROTH, S. (1995): Verfassungswidrigkeit des Stromeinspeisungsgesetzes? – Deutsches Verwaltungsblatt DVBl., S. 1216-1223.

TRAUBE, K., MÜNCH, C. (1997): Zur Struktur der deutschen Elektrizitätswirtschaft – Ein Beitrag zur Debatte um die Reform des Energierechts. – Zeitschrift für neues Energierecht (ZNER) (1), 17-39.

TRAUBE, K., RIEDEL, M. (1998): Quoten-/Zertifikatsmodell zur Förderung des Ausbaus der Elektrizitätserzeugung in Kraft-Wärme-Kopplung. – ZNER (2), 25-31.

TRAUBE, K., SCHULZ, W. (1995): Ökologische und ökonomische Wirkung des Zubaus von Kraft-Wärme-Kopplungs-Anlagen, insbesondere von Blockheizkraftwerken, in der Bundesrepublik Deutschland. – Abschlußbericht im Auftrag des Hessischen Ministeriums für Umwelt, Energie, Jugend, Familie und Gesundheit. – Wiesbaden: HMUEJFG.

UNEP/WMO (1992): United Nations Framework Convention on Climate Change. – Châtelain/Genf: Information Unit on Climate Change UN Environmental Program. – 30 S.

UNFPA (United Nations Population Fund) (1998): Weltbevölkerungsbericht 1998. – Bonn: UNO-Verlag.

UNGEMACH, M., WEBER, T. (1999): Verfahrensfragen des Netzzugangs bei Elektrizität und Gas. – Teil 1: Einschaltung der Kartellbehörden. – Recht der Energiewirtschaft H. 1, 11-15.

VDEW (Vereinigung Deutscher Elektrizitätswerke e.V.) (1998): 2,6 Millionen Speicherheizungen 1996: Plus bei Nachtspeicheröfen. – Pressemitteilung vom 16.02.1998. – Frankfurt/M.

VDI (Verein Deutscher Ingenieure) (1996): Technik im Niedrigenergie-Gebäude. – Tagung der VDI-Gesellschaft Technische Gebäudeausrüstung in Düsseldorf, 12.03.1996. – Düsseldorf: VDI-Verlag.

VDI (1998): Energieversorgung mit Brennstoffzellen '98: Stand und Perspektiven – Düsseldorf: VDI-Verlag. – VDI-Bericht Nr. 1383.

VENNERI, F. (1998): ATW Overview – ATW Program Plan and Summary. – Paper presented for the MIT Technical Review, Boston, Jan. 15/16, 1998. – http://www-adtt.lanl.gov/ATW_papers.html.

VKU (Verband Kommunaler Unternehmen) (1999): Presseinformation 1/1999, 12.1.1999. – Köln: VKU.

VOGL, R.J. (1994): Die deutsche Steinkohlevorrangpolitik vor dem Hintergrund eines europäischen Binnenmarktes für Elektrizität. – In: FELDMEIER, G.M., GÖßL, M.M. (Hrsg.): Auf der Suche nach einer Weltwirtschaftsordnung von morgen: Festgabe für Alfons Lemper zum 60. Geburtstag. – Frankfurt a.M.: Peter Lang. – S. 231-256.

VOLCKAERT, G., MALLANTS, D., BUSH, R., LAMBERS, L. (1999): Long-term Environmental Impact of Underground Disposal of P&T Waste. – In: OECD-Nuclear Energy Agency (NEA) (Hrsg.): Proceedings of the 5th International Information Exchange Meeting on Actinide and Fission Product Partitioning and Transmutation, Mol, Belgium, November 25–27, 1998. Co-organised by the European Commission (EUR 18898 EN). – Paris: OECD-NEA. – S. 463-471.

VOß, A., WIESE, A. (1995): The potentials, prospects and constraints of renewable energy sources in Europe. – International Journal of Global Energy Issues 8 (1-3), 169-185.

WAGNER, A. (1999): Hin und Her um Richtlinienvorschlag für Erneuerbare Energien. – EU-Rundschreiben H. 2, 11-12.

WAGNER, E. (1998): „Nutzung erneuerbarer Energien durch die Elektrizitätswirtschaft. Stand 1997". – Elektrizitätswirtschaft 97 (24), 13-26.

WBGU (Wissenschaftlicher Beirat der Bundesregierung Globale Umweltveränderungen) (1997): Ziele für den Klimaschutz 1997. – Bremerhaven: WBGU. – 39 S.

WEBER, U. (1990): Bergbauliche Einwirkung auf Gebäude; Abgrenzung und Möglichkeiten der Sanierung und Vermeidung. – Wiesbaden: Bauverlag. – S. 49-60.

WEC-IIASA (World Energy Council – International Institute for Applied Systems Analysis) (1998): Global Energy Perspectives. Joint Report. – London.

WIEGLEB, G., FELINKS, B. (1999): Primary succesion in post-mining landscapes of Lower Lusatia – change or necessity? – Ecological Engineering (in press).

WIGGERING, H. (1986): Verwitterung auf Steinkohlenbergehalden: Ein erster Schritt von anthropotechnogenen Eingriffen zurück in den natürlichen exogen-geodynamischen Kreislauf der Gesteine. – Zeitschrift der deutschen Geologischen Gesellschaft (137), 431-446.

WIGGERING, H. (1993): Bergeaufkommen und -entsorgung. – In: WIGGERING, H. (Hrsg.): Steinkohlenbergbau – Steinkohle als Grundstoff, Energieträger und Umweltfaktor. – Berlin: Ernst & Sohn. – Geologie und Ökologie im Kontext. – S. 148-158.

WIGGERING, H., KERTH, M., LUDESCHER, F.B., ZIMMERMANN, P. (1994): Verwirklichung von Naturschutzzielen in einer Bergbaufolgelandschaft: Refugialbiotope auf Steinkohlenbergehalden. – In: Alfred-Wegener-Stiftung (Hrsg.): Die benutzte Erde. Monographie zum geotechnica '93-Kongreß. – Berlin: Ernst & Sohn. – S. 237-250.

Wissenschaftlicher Beirat beim Bundesministerium der Finanzen (1994): Perspektiven staatlicher Ausgabenpolitik – Gutachten. – Bonn: Stollfuß Verlag. – Schriftenreihe des Bundesministeriums der Finanzen, Heft 51. – 75 S.

WOLF, J. (1999): Die komplexe Energielandschaft macht eine Stromregulierungsbehörde notwendig. – Wirtschaftsdienst 1999/IX, 523-524.

WOLF, J.J. (1998): Stand und Entwicklung der Gasturbinentechnik. – Gaswärme International 47 (3), 181-187.

ZfK (1998): Wunschkalkulation für BHKW? – Zeitung für kommunale Wirtschaft ZfK (5), S. 7.

ZIESING, H.-J., JOCHEM, E., MANNSBART, W. et al. (1998): Ursachen der CO_2-Entwicklung in Deutschland in den Jahren 1990 bis 1995. – Berlin: Umweltbundesamt. – UBA-Texte 44/98. – 203 S.

ZIGGEL, H. (1995): Der Transport radioaktiver Stoffe. – In: IPPNW (International Physicians for the Prevention of Nuclear War/Internationale Ärzte für die Verhinderung des Atomkrieges, Deutsche Sektion) (Hrsg.): Die Endlagerung radioaktiver Abfälle. – Stuttgart, Leipzig: S. Hirzel. – S. 99-115.

Verzeichnis der Abkürzungen

a	=	Jahr
a.a.O.	=	am angegebenen Ort
a.M.	=	anderer Meinung
A/V	=	Area/Volume (Fläche/Volumen-Verhältnis)
AbfG	=	Abfallgesetz
ABL	=	alte Bundesländer
ABl.	=	Amtsblatt (der Europäischen Gemeinschaften)
Abs.	=	Absatz
Abschn.	=	Abschnitt
abw.	=	abweichend
AbwV	=	Abwasserverordnung
AbwVwV	=	Abwasserverwaltungsvorschrift
ACK	=	Amtschefkonferenz
AgV	=	Arbeitsgemeinschaft der Verbraucher
AGVU	=	Arbeitsgemeinschaft Verpackung und Umwelt
AKW	=	Atomkraftwerk
ALA	=	Altlasten-Ausschuß
ALARA	=	As Low As Reasonably Achievable
Am	=	Americium
AMK	=	Agrarministerkonferenz
AOX	=	adsorbierbare organische Halogenverbindungen
APEO = APE	=	Alkylphenolethoxylat(e) [Anionensid(e)]
APHEA	=	Air Pollution and Health: a European Approach
ARL	=	Akademie für Raumforschung und Landesplanung
Art.	=	Artikel
As	=	Arsen
AT$_4$	=	Atmungsaktivität (über 4 Tage)
AtG	=	Atomgesetz
ATV	=	Abwassertechnische Vereinigung
ATW	=	Accelerator Based Transmutation of Waste
BAT	=	Best Available Technology (beste verfügbare Technik)
BAT	=	biologische(r) Arbeitsstoff-Toleranz (wert)
BattV	=	Batterieverordnung
BauGB	=	Baugesetzbuch
BauROG	=	Bau- und Raumordnungsgesetz
BBA	=	Biologische Bundesanstalt für Land- und Forstwirtschaft
BBodSchG	=	Bundes-Bodenschutzgesetz
Bd.	=	Band
BDE	=	Bundesverband der Deutschen Entsorgungswirtschaft
BDI	=	Bundesverband der Deutschen Industrie
BfA	=	Bundesanstalt für Arbeit
BFH	=	Bundesanstalt für die Forst- und Holzwirtschaft
BfLR	=	Bundesforschungsanstalt für Landeskunde und Raumordnung
BfN	=	Bundesamt für Naturschutz
BfS	=	Bundesamt für Strahlenschutz
BGBl.	=	Bundesgesetzblatt
BGR	=	Bundesanstalt für Geowissenschaften und Rohstoffe
BgVV	=	Bundesinstitut für gesundheitlichen Verbraucherschutz und Veterinärmedizin
BGW	=	Bundesverband der deutschen Gas- und Wasserwirtschaft
BHKW	=	Blockheizkraftwerk
Bi	=	Wismut
BImSchG	=	Bundes-Immissionsschutzgesetz
BImSchV	=	Bundes-Immissionsschutzverordnung
BIP	=	Bruttoinlandsprodukt
BLABO	=	Bund/Länder-Ausschuss Bodenforschung
BLAC	=	Bund/Länder-Arbeitskreis Chemikalien
BLANO	=	Bund/Länder-Ausschuß Nordsee

Verzeichnis der Abkürzungen

BMBF	=	Bundesministerium für Bildung und Forschung
BMF	=	Bundesministerium für Finanzen
BMFT	=	Bundesministerium für Forschung und Technologie
BMI	=	Bundesministerium des Innern
BML	=	Bundesministerium für Ernährung, Landwirtschaft und Forsten
BMU	=	Bundesministerium für Umwelt, Naturschutz und Reaktorsicherheit
BMWi	=	Bundesministerium für Wirtschaft
BNatSchG	=	Bundesnaturschutzgesetz
BPEO	=	Best Practicable Environmental Option
Bq	=	Becquerel (Aktivität, bezogen auf ein Radionuklid)
Br	=	Brom
BR-Drs.	=	Bundesrats-Drucksache
BREF	=	Best Available Technology Reference Document
BSH	=	Bundesamt für Seeschifffahrt und Hydrographie
BSP	=	Bruttosozialprodukt
Bt (-Toxin)	=	*Bacillus thuringiens* (-Toxin)
BT-Drs.	=	Bundestags-Drucksache
BUA	=	Beratergremium für umweltrelevante Altstoffe (jetzt → „GDCh-Beratergremium für Altstoffe – BUA")
BVerfG	=	Bundesverfassungsgericht
BVerfGE	=	Entscheidungen des Bundesverfassungsgerichts
BVerwG	=	Bundesverwaltungsgericht
BVerwGE	=	Entscheidungen des Bundesverwaltungsgerichts
BWE	=	Bundesverband WindEnergie
BZE	=	Bodenzustandserhebung
C	=	Kohlenstoff
C_6H_6	=	Benzol
Ca	=	Calcium
CASTOR	=	international geschützter Markenname, steht für: Cask for Storage and Transport of Radioactive Materials
Cd	=	Cadmium
CDM	=	Clean Development Mechanism
CEN	=	Europäisches Komitee für Normung
CH_4	=	Methan
ChemG	=	Chemikaliengesetz
Cl	=	Chlor
CLTRAP	=	Convention on Long Range Transport of Air Pollutants
Cm	=	Curium
Co	=	Cobalt
CO	=	Kohlenmonoxid
CO_2	=	Kohlendioxid
Cs	=	Caesium
CSD	=	United Nations Commission on Sustainable Development (Kommission der Vereinten Nationen für nachhaltige Entwicklung)
d	=	Tag
DAU	=	Deutsche Akkreditierungs- und Zulassungsgesellschaft für die Umweltgutachter
dB	=	Dezibel (Schallpegel, logarithmische Größe)
DDA	=	Dichlor-diphenyl-essigsäure
DDD	=	Dichlor-diphenyl-dichlorethan
DDE	=	Dichlor-diphenyl-trichlorethen
DDT	=	Dichlor-diphenyl-trichlorethan und seine Metaboliten
DENOX = DeNO$_x$	=	Stickstoffoxid-Abscheidung
DFG	=	Deutsche Forschungsgemeinschaft
DIN	=	Deutsche Industrienorm; Deutsches Institut für Normung
DISAE	=	Development of Implementation Strategies for Approximation in Environment
DIW	=	Deutsches Institut für Wirtschaft
DJV	=	Deutscher Jagdverband
DKR	=	Deutsche Gesellschaft für Kunststoffrecycling mbH
DPU	=	Deutsche Projekt Union
DRSK	=	Deutsche Risikostudie Kernkraftwerke
DSD	=	Duales System Deutschland GmbH
DSK	=	Deutsche Steinkohle AG, Herne
DVBl	=	Deutsches Verwaltungsblatt

Verzeichnis der Abkürzungen

DVGW	=	Deutscher Verein des Gas- und Wasserfaches
DVWK	=	Deutscher Verband für Wasserwirtschaft und Kulturbau
DWR	=	Druckwasserreaktor
EAGFL	=	Europäischer Ausrichtungs- und Garantiefonds für die Landwirtschaft
EAV	=	Elektro-Altgeräte-Verordnung
ECU	=	European Currency Unit
EDB	=	Ethylendibromid (1,2-Dibromethan)
EDC	=	Export Development Corporation
EDTA	=	Ethylendiamintetraessigsäure (und deren Salze)
EEAC	=	European Environmental Advisory Councils
EEB	=	European Environmental Bureau (Bruxelles)
EEC	=	European Economic Community
EEG	=	Erneuerbare-Energien-Gesetz
EG	=	Europäische Gemeinschaften
EGV	=	Vertrag über die Europäische Union
EIB	=	European Investment Bank
EltRL	=	Elektrizitäts-Binnenmarkt-Richtlinie
EMAS	=	Environmental Management and Audit Scheme (Öko-Audit nach der EG Öko-Audit-Verordnung
EMEP	=	Co-Operative Programme for Monitoring and Evaluation of the Long Range Transmission of Air Pollutants in Europe
EN	=	Europäische Norm
endg.	=	endgültig
EnEV	=	Energie-Einspar-Verordnung
EnWG	=	Energiewirtschaftsgesetz
EPA	=	Environmental Protection Agency (USA)
et al.	=	et alii = und andere
ETS	=	Environmental Tobacco Smoke
Eu	=	Europium
EU	=	Europäische Union
EUA	=	Europäische Umweltagentur
EuGH	=	Gerichtshof der Europäischen Gemeinschaften
EURATOM	=	Vertrag zur Gründung der Europäischen Atomgemeinschaft
eV	=	Elektronvolt (kinetische Energie von Teilchen) $1\ eV = 1,6 \times 10^{-19}\ J$ MeV, GeV Mega-, Gigaelektronvolt
EVU	=	Elektrizitätsversorgungsunternehmen
EWG	=	Europäische Wirtschaftsgemeinschaft
EWI	=	Energiewirtschaftliches Institut an der Universität Köln
ExIm	=	Export-Import Bank
F	=	Fluor
FAO	=	Food and Agriculture Organization (Welternährungsorganisation der Vereinten Nationen)
FAZ	=	Frankfurter Allgemeine Zeitung
FBW	=	Forschungsbeirat Waldschäden/Luftverunreinigungen des Bundes und der Länder
FCKW	=	Fluorchlorkohlenwasserstoffe
FERC	=	Federal Energy Regulatory Commission
FFH-Richtlinie	=	Flora-Fauna-Habitat-Richtlinie
FIS	=	Fachinformationssystem Bodenkunde
FKZ	=	Forschungskennzeichen
GAK	=	Gemeinschaftsaufgabe Verbesserung der Agrarstruktur und des Küstenschutzes
GATT	=	General Agreement on Tariffs and Trade (internationales Allgemeines Zoll- und Handelsabkommen)
GAU	=	größter anzunehmender Unfall
GB_{21}	=	Gasbildung (in 21 Tagen)
GD	=	Generaldirektion (der Europäischen Kommission); DG = Direction Général (fr.)
GDCh	=	Gesellschaft Deutscher Chemiker e.V., Ffm
GenTG	=	Gentechnikgesetz
GG	=	Grundgesetz
GMBl.	=	Gemeinsames Ministerialblatt

Verzeichnis der Abkürzungen

GRS	=	Gesellschaft für Reaktorsicherheit (Kap. 3.2)Gemeinsames Rücknahmesystem Batterien (Abschn. 2.4.5)
GuD	=	Gas- und Dampfturbine
GUS	=	Gemeinschaft Unabhängiger Staaten der früheren Sowjetunion
GWB	=	Gesetz gegen Wettbewerbsbeschränkungen
GWP	=	Global Warming Potential
HAW	=	High Active Waste (hochaktive Abfälle aus der Wiederaufarbeitung)
HAWC	=	High Active Waste Concentrate (hochaktive konzentrierte flüssige Abfalllösung aus der Wiederaufarbeitung)
HAWL	=	High Active Waste Liquid
HCB	=	Hexachlorbenzol
HCH	=	Hexachlor-Cyclohexan (diverse Isomere wie α-, γ-HCH sowie Isomerenmischung als „technisches HCH")
HCl	=	Chlorwasserstoff
HELCOM	=	Helsinki Commission
HF	=	Fluorwasserstoff
HFC	=	teilflourierte Kohlenwasserstoffe
H-FCKW	=	teilhalogenierte Flourchlorkohlenwasserstoffe
Hg	=	Quecksilber
HMVA	=	Hausmüllverbrennungsanlage
hpnV	=	heutige potentielle natürliche Vegetation
Hs	=	Halbsatz
HTO	=	Wasserstoff-Tritium-Oxid (Halbsuperschwerwasser)
I	=	Iod I-129, I-131
i. d. F.	=	in der Fassung
i. S. d.	=	im Sinne des
i. V. m.	=	in Verbindung mit
IAEA	=	International Atomic Energy Agency
IARC	=	International Agency for Research on Cancer
ICRP	=	International Commission on Radiation Protection
IEA	=	International Energy Agency (Internationale Energieagentur)

IKARUS	=	Instrumente für Klimagas-Reduktionsstrategien (BMBF-Projekt)
IKSE	=	Internationale Kommission zum Schutz der Elbe
IKSR	=	Internationale Kommission zum Schutz des Rheins
IMA	=	Interministerielle Arbeitsgruppe
IMO	=	International Maritime Organization
IMPACT	=	Impacts on the Marine Environment (Arbeitsgruppe der OSPAR)
IMPEL	=	EU Network for the Implementation and Enforcement of European Environmental Law
IMPEL-AC	=	EU Network for the Implementation and Enforcement of European Environmental Law for Accession Countries
INES	=	International Nuclear Events Scale
INK	=	Internationale Nordseeschutz-Konferenz
InsV	=	Insolvenzverordnung
IPCC	=	Intergovernmental Panel on Climate Change
ISO	=	International Standards Organization
ISPA	=	Instrument for Structural Pre-Accession Aid
I-TE	=	International Toxic Equivalents
IUCN	=	International Union on Conservation of Nature (Welt-Naturschutz-Organisation)
IUFRO	=	International Union of Forest Research Organizations
IVU-Richtlinie	=	Richtlinie über die integrierte Vermeidung und Verminderung von Umweltverschmutzungen
J	=	Joule (Arbeit, Energie, Wärmemenge) MJ, TJ, PJ, EJ Mega-, Tera-, Peta-, Exa-~
K	=	Kalium
K	=	Kelvin (absolute Temperatur)
Kap.	=	Kapitel
KfW	=	Kreditanstalt für Wiederaufbau
Kfz	=	Kraftfahrzeug

Verzeichnis der Abkürzungen

KI	=	1. Konfidenzintervall; 2. Kanzerogenitätsindex
KKU	=	Kernkraftwerk Unterweser
KOM	=	Kommission der Europäischen Gemeinschaften
KrW-/AbfG	=	Kreislaufwirtschafts- und Abfallgesetz
KTA	=	Kerntechnischer Ausschuss
KTR	=	Kerntechnische Regeln (Regelwerk)
KWK	=	Kraft-Wärme-Kopplung
L	=	Liter
LAA	=	Länderausschuss für Atomkernenergie
LABO	=	Länderarbeitsgemeinschaft Bodenschutz
LAGA	=	Länderarbeitsgemeinschaft Abfall
LAI	=	Länderausschuss für Immissionsschutz
LANL	=	Los Alamos National Laboratory
LAWA	=	Länderarbeitsgemeinschaft Wasser
LIFE	=	Financial Instrument for the Environment (Finanzierungsinstrument für die Umwelt) (EU-Naturförderprogramm)
Lkw	=	Lastkraftwagen
m.w.N.	=	mit weiteren Nachweisen
MAK	=	Maximale(r) Arbeitsplatzkonzentration(swert)
MARPOL	=	International Convention for the Prevention of Pollution from Ships (Internationales Übereinkommen zur Verhütung der Meeresverschmutzung durch Schiffe, die Abfälle und Abwässer in Häfen entsorgen)
max.	=	maximal
MBA	=	Mechanisch-biologische Abfallbehandlung
Mg	=	Magnesium
Mio.	=	Million(en)
MM-Richtlinie	=	Richtlinie für mobile Maschinen und Geräte
MOE	=	mittel- und osteuropäische Staaten
MOX	=	Mischoxid
Mrd.	=	Millarden
MTBE	=	Methyl-*tertiär*-butyl-ether
MURL	=	Ministerium für Umwelt, Raumordnung und Landwirtschaft des Landes Nordrhein-Westfalen
MVA	=	Müllverbrennungsanlage
N	=	Stickstoff
n.F.	=	neue Fassung
N_2O	=	Distickstoffmonoxid (Lachgas)
NEA	=	Nuclear Energy Agency
NEPP	=	National Environmental Policy Plan (Niederlande)
NH_4^+-N	=	Ammoniumstickstoff
Ni	=	Nickel
NJW	=	Neue Juristische Wochenschrift
NMKW	=	flüchtige Nichtmethan-Kohlenwasserstoffe
NMVOC	=	Non-Methane Volatile Organic Compounds (flüchtige Nichtmethan-Kohlenwasserstoffe)
NO_3^--N	=	Nitratstickstoff
NO_x	=	Stickstoffoxide
NVwZ	=	Neue Zeitschrift für Verwaltungsrecht
O_3	=	Ozon
OCS	=	Octachlorstyrol
ODS	=	Ozone Depleting/Destroying Substances (ozonabbauende Stoffe)
OECD	=	Organization for Economic Co-Operation and Development
OFFER	=	Office of Electricity Regulation
OPIC	=	Overseas Private Investment Corporation
OR	=	Odds Ratio
OSPAR	=	Oslo- und Paris-Kommission
P	=	Phosphor
Pa	=	Pascal (Druck, mech. Spannung) hPa, MPa Hekto-, Megapascal
PAA	=	Polyacrylamid
PAK	=	polyzyklische aromatische Kohlenwasserstoffe
Pb	=	Blei
PBB	=	polybromierte Biphenyle
PBDE	=	polybromierte Diphenylether

Verzeichnis der Abkürzungen

PCB	=	polychlorierte Biphenyle
PCDD/F	=	polychlorierte *para*-Dibenzo-Dioxine und Dibenzfurane (Dioxine)
PCP	=	Pentachlorophenol
PCT	=	polychlorierte Terphenyle
PET	=	Polyethylenterephthalat
PFC	=	perfluorierte Kohlenstoffverbindungen
PHARE	=	Poland and Hungary Action for Restructuring the Economy
PIC-Konvention	=	Prior Informed Consent (Rotterdamer Konvention über den internationalen Handel mit gefährlichen Chemikalien)
Pkw	=	Personenkraftwagen
PM	=	Particulate Matter (teilchenförmige Substanz) $PM_{2,5}$ kleiner als 2,5 µm PM_{10} kleiner als 10 µm
POLES	=	Prospective Outlook on Long-Term Energy Systems
POP	=	Persistent Organic Pollutants (persistente organische Schadstoffe)
ppb	=	parts per billion ($1:10^9$)
ppm	=	parts per million ($1:10^6$)
PSA	=	probabilistische Sicherheitsanalyse
PSÜ	=	periodische Sicherheitsüberprüfung
Pu	=	Plutonium Pu-239, Pu-241 R 12, -22, -502 usw. R = refrigerator; Kurzbezeichnungen für halogenierte Kohlenwasserstoffe als Arbeitsstoffe in Kühlaggregaten (Kältemittel)
Ra	=	Radium Ra-226
RAL	=	Deutsches Institut für Gütesicherung und Kennzeichnung
RECLAIM	=	Regional Clean Air Incentives Market (kalifornisches Handelssystem für SO_x- und NO_x-Lizenzen)
RFG	=	Reformulated Gasoline (reformulierter Ottokraftstoff)
RKI	=	Robert-Koch-Institut
RL	=	Richtlinie
Rn	=	Radon Rn-222
RSK	=	Reaktor-Sicherheits-Kommission
RWE	=	Rheinisch-Westfälisches Elektrizitätswerk
S	=	Schwefel
SAPARD	=	Special Aid for Pre-Accession in Agriculture and Rural Development
SCR	=	Selective Catalytic Reduction
SEA	=	Strategic Environmental Assessment (EU) (Strategische Umweltverträglichkeitsprüfung)
SF_6	=	Schwefelhexafluorid
SKE	=	Steinkohleeinheit
Slg.	=	Sammlung
SM	=	Schwermetall(e) (U + Pu + andere Schwermetalle in Brennstäben)
SO_2	=	Schwefeldioxid
SOFC	=	Solid Oxide Fuel Cell
SPS-Übereinkommen	=	Sanitary and Phytosanitary Measures (Übereinkommen über die Anwendung gesundheitspolizeilicher und pflanzenschutzrechtlicher Maßnahmen)
Sr	=	Strontium Sr-90
SRW	=	Sachverständigenrat zur Begutachtung der gesamtwirtschaftlichen Entwicklung
SSK	=	Strahlenschutzkommission
STC	=	Scientific-Technical Committee (der EURATOM)
StrEG	=	Stromeinspeisungsgesetz
StrSchV	=	Strahlenschutzverordnung
S-UVP	=	strategische Umweltverträglichkeitsprüfung
Sv	=	Sievert (Äquivalentdosis)
t	=	Tonne (10^3 kg)
T	=	Tritium (= H^3)
T_2O	=	Tritiumoxid (superschweres Wasser)
TA	=	Technische Anleitung
TAB	=	Büro für Technikfolgen-Abschätzung des Deutschen Bundestages
TASi	=	Technische Anleitung Siedlungsabfall
TBT	=	tributyl-tin (Tributylzinn-Derivate wie ~-acetat, -chlorid)

Verzeichnis der Abkürzungen

TBT	=	tributyl-tin (Tributylzinn-Derivate wie ~-acetat, -chlorid)
Tc	=	Technetium
TCA	=	Trichloressigsäure
TCA	=	Trichloressigsäure
TCDD	=	2,3,7,8-Tetrachlor-*para*-Dibenzo-Dioxin
TDI	=	Tolerable Daily Intake (duldbare tägliche Aufnahmerate)
TEF	=	Toxicity Equivalent Factor (Toxizitätsäquivalenzfaktor)
TEQ	=	Toxic Equivalent
Tg	=	1 Tg = 1 Mio. t
Th	=	Thorium
Tl	=	Thallium
TOC	=	Total Organic Carbon (gesamter organisch gebundener Kohlenstoff)
TRGS	=	Technische Regeln für Gefahrstoffe
TRK	=	Technische Richtkonzentration
t-SM	=	Tonnen Schwermetall
TSP	=	Total Suspended Particles
TVOC	=	Total VOC (Summenparameter)
Tz.	=	Textziffer
U	=	Uran U-235, U-238
UAG	=	Umweltauditgesetz
UAbs	=	Unterabsatz
UBA	=	Umweltbundesamt
UF_6	=	Uranhexafluorid
UGB	=	Umweltgesetzbuch
UGR	=	Umweltökonomische Gesamtrechnung
UMK	=	Umweltministerkonferenz
UN	=	United Nations (Vereinte Nationen)
UN-ECE	=	United Nations Economic Commission for Europe
UNEP	=	United Nations Environmental Program (Umweltprogramm der Vereinten Nationen)
UNFCCC	=	United Nations Framework Convention on Climate Change
UNFPA	=	United Nations Population Fund
UO_2	=	Uran(IV)-Oxid
UStatG	=	Umweltstatistikgesetz
UV	=	ultraviolett
UVP	=	Umweltverträglichkeitsprüfung
V	=	Volt (el. Spannung) kV Kilovolt
V(O)	=	Verordnung
VCI	=	Verband der Chemischen Industrie
VDEW	=	Vereinigung Deutscher Elektrizitätswerke
VDI	=	Verein Deutscher Ingenieure
VEAG	=	Vereinigte Energiewerke AG
VKU	=	Verband Kommunaler Unternehmen
VOC	=	Volatile Organic Compounds (flüchtige organische Verbindungen
VwV	=	Verwaltungsvorschrift
W	=	Watt (Leistung) kW, MW, GW, TW, Kilo-, Mega-, Giga-, Terawatt
WABIO	=	Waste Biotechnology (Abfallvergärungsverfahren)
WBGU	=	Wissenschaftlicher Beirat der Bundesregierung Globale Umweltveränderungen
WEC	=	World Energy Council
WEC-IIASA	=	World Energy Council - International Institute for Applied Systems Analysis
Wh	=	Wattstunde (Arbeit, Energie) kWh, MWh, TWh Kilo-, Mega-, Terawattstunde
WHG	=	Wasserhaushaltsgesetz
WHO	=	World Health Organization
WMO	=	World Meteorologic Organization
WSchV	=	Wärmeschutzverordnung
WTO	=	World Trade Organization (Welthandelsorganisation)
WWF	=	Worldwide Fund for Nature
X	=	Halogene, d.h. F, Cl, Br, I (Fluor, Chlor, Brom, Iod)
ZALF	=	Zentrum für Agrarlandschafts- und Landnutzungsforschung
ZfK	=	Zeitschrift für Kommunalwirtschaft
ZVEI	=	Zentralverband der Elektrogeräteindustrie

Verzeichnis der Abkürzungen

Zehnerpotenzen im internationalen Einheitensystem

E	= exa-	=	10^{18}
P	= peta-	=	10^{15}
T	= teta-	=	10^{12}
G	= giga-	=	10^{9}
M	= mega-	=	10^{6}
k	= kilo-	=	10^{3}

m	= milli-	=	10^{-3}
µ	= mikro-	=	10^{-6}
n	= nano-	=	10^{-9}
p	= pico-	=	10^{-12}
f	= femto-	=	10^{-15}
a	= atto-	=	10^{-18}

Schlagwortverzeichnis

Abfallarten
- Entwicklung 1990 bis 1996 828 ff.

Abfallaufkommen
- Datengrundlagen 820
- Entwicklung 1990 bis 1996 822 ff.
- Mittel- und Osteuropa 288 (Kasten)

s. a. Abfallbilanz

Abfallbehandlung
- mechanisch-biologische 936, 941 f., 946
- Restabfall 936, 944
- thermische 929 ff., 941

s. a. Abfallverbrennung

Abfallbilanz 821 f., 836, 838, 844

Abfalldeponierichtlinie 923, 941

Abfallentsorgung 814-818, 826, 837
- Abfallverbrennung 913 ff., 924, 937
- Deponierung 288 (Kasten), 826, 911 ff., 923
- Entwicklung 1990 bis 1996 825 ff.
- illegale 831, 875 f., 884, 892, 894
- mechanisch-biologische Behandlung 913 ff.
- Mittel- und Osteuropa 288 (Kasten)
- nach Abfallarten 828 ff.
- statistische Erhebungen 820

Abfallpolitik
- Maßnahmen und Instrumente 846 ff.
- Wirkungsbrüche der abfallpolitischen Steuerung 817 f.
- Ziele der 810-813, 847 f., 885, 909

Abfallstatistik 820, 828

Abfallverbrennung 826, 930, 945
- Abfallverbrennungsanlagen 937, 939, 941
- Mitverbrennung 937, 939 f.

s. a. Verwertung von Abfällen

Abfallverbrennungsrichtlinie 924, 939

Abfallverwertung 825
- Abgrenzung zur Beseitigung 921 f.
- Anforderungen an die 921
- energetische 857, 860 ff., 914
- Hausmüll 825, 828
- nach Abfallarten 828 ff.
- Quoten für Verpackungsabfälle 847 ff., 854 f.
- rohstoffliche 857 ff.
- werkstoffliche 857 ff.

Abfallwirtschaft
- Konzept des Umweltrates 814-819
- Zielhierarchie der 811

Abgaben
- CO_2-Abgabe 98, 112, 331, 1482

s. a. Kohlendioxid, Lizenzen

- Deponieabgabe 918 ff., 950
- Einwegverpackungen 883, 951, 956
- naturschutzrechtliche Ausgleichsabgaben 462, 546 f.
- Stickstoffabgabe 553
- Versiegelungsabgabe 463, 533 f., 538, 549

Abgasgrenzwerte 765, 784 ff., 807 f., Abb. 2.4.4-13

Abwasser
- Abwasserbehandlung 613 ff., 662 ff., 691, 697
- Abwassergebühren 461 f., 546

s. a. Gebühren für Wasser/Abwasser
- Abwasserverordnung 663
- aus Gewerbe und Industrie 616, Abb. 2.4.3-5, Abb. 2.4.3-6, 663 ff.
- Mittel- und Osteuropa 288 (Kasten)
- Privatisierung der Abwasserwirtschaft 152 ff.

Aerosole
s. Partikel

Agenda 2000 327

Agenda 21 75, 405, 410, 675, 1125

Agrarpolitik
- Gemeinsame Agrarpolitik 217, 249, 284, 327

s. a. Bodennutzung, landwirtschaftliche
s. a. Forstpolitik
- Mindeststandards 342, 416, 435, 1105, 1135 f.

Akkumulatoren
s. Batterien

Aktionsprogramm Umwelt und Gesundheit 1052

ALARA-Prinzip 1285

Altautoentsorgung 884 ff.

Altautoverordnung 76 f., 885 ff.

Altlasten
- Altlasten der Energierohstoffgewinnung 1269 ff.
- Altlastverdachtsflächen 612
- Bundes-Bodenschutzgesetz 520 f.
- Bergbau 515 ff.
- Flächenrecycling 505, 521, 523 ff.
- militärische 513 f.
- natural attenuation 529 ff.
- Rüstungsaltlasten 512
- Selbstreinigungsvermögen des Untergrundes 528 ff.
- Sickerwasserprognose 507
- zivile Verdachtsflächen 511

Altstoffe 962 ff., 968, 1053, 1055
- Altstoff-Verordnung 1053, 1055
- EG-Altstoff-Verordnung 963 f., 968
- Prioritätenlisten 963, 965

s. a. Hausmüll
s. a. Batterien

Schlagwortverzeichnis

Aluminiumtoxizität
s. Nährelementversorgung

Ammoniak 476, 736 f., 1273, 1276
s. a. Versauerung
s. a. Stickstoffhaushalt

Anlagensicherheit 667

Anlastung von Umweltkosten 1371

Anti-Fouling-Produkte 625, 973, 1059, 1262

APEO
s. Selbstverpflichtungen

Artenschutz 339, 378, 416
s. a. Rote Listen

Artenschutzverordnung (EG) 397

Asbestsanierung 1032

ATP-Verfahren
s. Nassoxidation

Atemwegserkrankungen 1049, 1062

Atomenergie 75, 1232, 1243 ff., 1423, 1451, 1517 ff.
s. a. Risiken der Atomenergie

Aufforstung 1144

Ausgleichspool 409 f., 412

Auto-Öl-Programm 780 ff.

Backstop-Technologien 1366

Basler Konvention 88

Batterien
– Batterieverordnung 895–899
– Entsorgungsziele 895
– Rücknahmepflicht 898 f.
– Pfandregelung 899
– Umweltgefährdung 897
– Verkaufsmenge Tab. 2.4.5-12
– Verwertung 895 ff.

BAT-Werte 267, 1000 f.

Bau- und Raumordnungsgesetz
– FFH-Richtlinie 396
– Flächeninanspruchnahme 457 f., 463
– Hochwasserschutz 669, 701
– Landschaftsplanung 412 ff., 432 ff., 701
– nachhaltige Stadt- und Regionalentwicklung 407 ff.
– Wald 1120

Bauabfälle 822, 838 ff.
– Aufkommen 838 f.
– Deponierung 826, 840
– Entsorgung 840
– Verwertung 825, 840 f., Tab. 2.4.5-4

Baumarten(spektrum) 1115, 1159, 1165

Benzol 741 ff.
– Immissionen 744
– Tankstellenemissionen 766
s. a. Kraftstoffqualität

Bergehalden/Bergematerial 842
– Umweltbeeinträchtigungen durch 1254 ff.
s. a. Abfallbeseitigung

Bergsenkung 1257 f.

Beschäftigung 93, 95 f.

besonders überwachungsbedürftige Abfälle 836 f., 931

Bioabfall 900 ff.

Bioabfallkompost 489 f., 557 f.

Bioabfallverordnung 493, 557, 900 ff.

Biodiversitätskonvention 88, 90, 404, 1204

Biogas 1391

Biologische Vielfalt 335 ff., 370, 372 ff., 401 ff., 404, 416, 425, 704 ff., 1089, 1107 ff., 1123, 1125, 1135 f., 1162, 1201 ff., 1359

Biomasse 1348, 1387 f., Tab. 3.2.5-1, 1390
s. a. erneuerbare Energien

Biosafety-Protokoll 88, 90
s. a. Biodiversitätskonvention
s. a. Gentechnik

Biosphärenreservate 358, 418

Biotopschutz 340, 378, 416, 1106 ff.
– § 20c BNatSchG 362, 368 f., Tab. 2.4.1-5, 422, 1203
s. a. Biotopverbund
s. a. Rote Listen
s. a. Vorrangflächen

Biotopverbund 338, 340, 355 ff., 366 ff., 371, 393 ff., 404, 416 ff., 438 f., 1106, 1193

Biozide 960, 966, 972 f., 1262

Biozidrichtlinie 972 f.

Blockheizkraftwerke 103, 1403 f., 1426, 1471, 1524

Bodenaushub
s. Bauabfälle

Bodenbörsen 472

Bodenerosion 468 f., 551, 1101

Bodengefügeschutz 471

Bodeninformationssysteme 495 ff.

Bodennutzung, landwirtschaftliche 445, 487, 554 ff.
– Ziele 477, 1359

Bodenschutzgesetz
s. Bundes-Bodenschutzgesetz

Bodenschutzkonvention 491, 562

665

Bodenverdichtung 465 ff., 551, 669, 696

Bodenversauerung und Eutrophierung 450, 475 ff., 552 ff.
- Critical-Loads-Konzept 478 ff., 731
- Depositionen, luftbürtige 485, 552
- Düngemittelrecht 488
- EU-Nitratrichtlinie 486 f.
s. a. Nährelementversorgung
s. a. Säureeintrag
s. a. Stickstoffhaushalt

Bodenversiegelung 669, 696

Brachflächen 380, Tab. 2.4.1-6, 504, 524 f.

Braunkohle 1243 f., 1248 f., 1401, 1420, 1435

Braunkohlentagebau 612
s. a. Kohlebergbau

Brennelemente 1305, 1309, 1411
- Mischoxidbrennelemente 1302, 1309 f.
- Wiederaufarbeitung 1306 f., 1309 f.
s. a. Endlagerung
s. a. Transmutation
s. a. Zwischenlagerung

Brennstoffkreislauf 1310, 1411

Brennstoffzellen 1397, 1404

Bundes-Bodenschutz- und Altlastenverordnung 446 ff.

Bundes-Bodenschutzgesetz 399, 444 f., 520
s. a. Altlasten

Bundes-Immissionsschutzgesetz 394 f., 769 ff., 984
- 21. Bundes-Immissionsschutzverordnung 766 ff., 804
- MM-Richtlinie 774 ff., 803
- Störfallverordnung 770 ff., 802

Bundesjagdgesetz 1121

Bundesnaturschutzgesetz 334, 392 ff., 398 f., 426, 435 f., 438, 705, 1117 ff.

Bundeswaldgesetz 1091, 1117 ff., 1143

CASTOR-Behälter
s. Transport radioaktiver Abfälle

Chemikaliengesetz 967, 969 f.

Chemikalienpolitik 959

Clean Development Mechanism 115 f., 128

Contracting 104, 1471

Critical-Loads-Konzept 478 ff., 731

Dampfexplosion
s. Risiken der Atomenergie

Demand-Side-Management 1459 f., 1471

Demarkationsverträge 1418 f.

Deponieabgabe 918 ff., 950

Deponierichtlinie 923, 941

Deponierung
s. Abfallentsorgung

Deposition 485, 552, 1090, 1161 ff., 1175

Deregulierung 137 ff.

Dieselkraftstoff
s. Kraftstoffqualität

Dieselruß 808, 1016, 1019, 1024 ff., 1062 f.
s. a. Partikel

Dioxine
s. polychlorierte Dibenzoparadioxine und Dibenzofurane
s. a. persistente organische Verbindungen

Distickstoffoxid 718, 1273

Druckwasserreaktor 1282, 1337

Duales System Deutschland 847 ff.
s. a. „Grüner Punkt"

Düngemittelgesetz 399, 445, 449, 486 ff.
s. a. Bodenversauerung und Eutrophierung

Düngeverordnung 486 ff., 657
s. a. Bodenversauerung und Eutrophierung

Durchleitungsentgelt 1419, 1434, 1436 ff., 1477 f.

Durchleitungsmodell 1420 ff., 1429 ff., 1470, 1475 ff.

Durchleitungsverweigerung 1431 ff.

EDTA-Selbstverpflichtung 664, 702

Eigentumsgarantie 1500 ff.

Eingriffsregelung 409, 460, 463, 535

Elektrizitätsbinnenmarktrichtlinie 1418, 1473

Elektroaltgeräte-Verordnung 908 ff.

Elektronikschrottentsorgung 906 ff.

Elektro-Speicheröfen 1406

EMAS II 141 ff.
- Compliance Audit 144
- EMAS-Logo 148
- Teilnahme 142
- Umwelterklärung 146
s. a. Öko-Audit-Verordnung

Emissionshöchstwerte, nationale 731 ff., 792
s. a. Versauerung

Emissionsprognosen
- Deutschland 1249
- weltweit 1241

Endlagerung radioaktiver Abfälle 1306 f., 1319 ff., 1505
- Aktivitätsinventar 1319, 1337
- Barrieren 1331 ff.
- Betriebszeit 1315, 1323
- Konzept 1322
- Langzeitsicherheit 1323, 1336
- Transmutation 1416
- Standorteignung 1321, 1323, 1325, 1327, 1334 f.

Energiebedarfsausweis
 s. Energieeinsparverordnung

Energiecharta-Vertrag 1386

Energiedienstleistungen 1425, 1471

Energieeinsparung
 s. rationelle Energienutzung

Energieeinsparverordnung 755 ff., 799, 1405 f.

Energiemix 1377, 1380

Energien, erneuerbare
 s. erneuerbare Energien

Energienachfrageentwicklung, bisherige 1242 f.

Energienachfrageprognosen
- Deutschland 1242 ff.
- weltweit 1232 ff.

Energienutzung, rationelle
 s. rationelle Energienutzung

Energiepreise 1237, 1245

Energierohstoffe, Abbau 1250 ff.

Energiesparen
 s. rationelle Energienutzung

Energieumwandlung (Umweltauswirkungen) 1272 ff., 1356 f., 1360

Energiewirtschaftsgesetz 1418 ff.

Energy Amplifier
 s. Rubbia-Konzept

Enteignung der Kraftwerksbetreiber 1500 f.

Entsiegelung 459, 461, 539, 669, 696

Entsorgung radioaktiver Abfälle
- Ausstiegskriterium 1505
- Risiken 1298
 s. a. Brennelemente
 s. a. Endlagerung
 s. a. Zwischenlagerung

EPR 1297
 s. a. Druckwasserreaktor

Erdgas 1232, 1238, 1243 f., 1247, 1261 ff.
- Liberalisierung des Erdgasbinnenmarktes 1382
 s. a. Versorgungssicherheit

Erdgasverbundnetz 1382

Erdöl 1232, 1238, 1243 f., 1261 ff.
 s. a. Versorgungssicherheit

Erdölbevorratungsgesetz 1374, 1386

Erdwärme 1387 f., Tab. 3.2.5-1, 1392

Erholungsfunktion des Waldes 1098 ff., 1213 ff., 1221 ff.

erneuerbare Energien
- Bereitstellungspotentiale 1387 ff.
- Emissionsminderungspotentiale 1523 f.
- Erfahrungen im Ausland 1452, 1459
- Förderung 1484 ff., 1527
- Liberalisierung 1417, 1420 f.
- Ökosteuer 102, 112
- Pool-Modell 1471
- Potentiale 1387 ff., Tab. 3.2.5-1
- Prognosen 1232, 1238, 1243 f., 1248
- Rohstoffsubstitut 1365
- Saisonalität 1385
- Umweltauswirkungen 1343 ff., 1516
 s. a. Biomasse
 s. a. Erdwärme
 s. a. Photovoltaik
 s. a. Solarthermie
 s. a. Stromeinspeisungsgesetz
 s. a. Wasserstoff
 s. a. Windenergie
 s. a. Wasserkraft

Erneuerbare-Energien-Gesetz 1441

EU-Osterweiterung
- Beitrittsverfahren 211 f., 2225 ff., Abb. 2.3-2, Tab. 2.3-1, 245 ff., 301 f., 319 f.
- Finanzierungsinstrumente 239, 277 ff., 243, 303, 313, 318, 329 ff.
- Implementation 250 ff., 266 ff., Tab. 2.3-3, 264 ff. 265 (Kasten), 321, 332
- Integration 217, 310 ff., 325 ff.
- Partizipation 269 ff.
- politische Rahmenbedingungen 211, 213, 216, 318
- Reform der Institutionen 214, 219, 256, 324
- Umweltrecht 218, 223, 241, 258 ff. 332
- Umweltverwaltungen 298 ff., 308, 311 ff., 323
- wirtschaftliche Rahmenbedingungen 215 ff., Abb. 2.3-1, Tab. 2.3-2
- Zivilgesellschaft 270, 292 ff., 309, 322
 s. a. umweltökonomische Instrumente

EU-Ratspräsidentschaft 76

Europäische Umwelträte 79 f., 304 ff.

Eutrophierung
 s. Bodenversauerung und Eutrophierung

EU-Umweltrecht
- Abfallverbrennungsrichtlinie 924, 939
- Altstoff-Verordnung 963 f., 968
 s. a. Altstoffe

Schlagwortverzeichnis

- Artenschutzverordnung 397
- Biozidrichtlinie 972 f.
- Deponierichtlinie 923, 941
- Gefahrstoffrichtlinie 668, 967
- Gewässerschutzrichtlinie 242, 312, 661
- Grundwasserrichtlinie 655 f.
- Nitratrichtlinie 486 f.
- Ozonrichtlinie 724
- Staubgrenzwerte 1062
- Trinkwasserrichtlinie 658
- UVP-Änderungsrichtlinie 81 ff.
- Zubereitungsrichtlinie 969
s. Abgasgrenzwerte
s. Emissionshöchstwerte, nationale
s. EU-Osterweiterung, Umweltrecht
s. Flora-Fauna-Habitat-Richtlinie
s. Freisetzungsrichtlinie
s. Gentechnik
s. Kraftstoffqualität
s. Luftqualitätsrahmenrichtlinie
s. Nitratrichtlinie
s. Novel-Food-Verordnung
s. Vogelschutzrichtlinie
s. Wasserrahmenrichtlinie

Exportbürgschaften 201 ff.

Ex-situ-Schutz 372 ff.

Faserstäube 1029

FCKW
s. Ozon, stratosphärisches

FCKW-Ersatzstoffe
s. Ozon, stratosphärisches
s. teilhalogenierte Kohlenwasserstoffe

Feinstäube 1010,
- Feinstaubbelastung 1047
- Feinstaubfraktion 1013

Fernwärmenetze 1427 f.

FFH-Richtlinie
s. Flora-Fauna-Habitat-Richtlinie

Fibrose 1016

Fischerei
s. Nord- und Ostsee

Flächenausweisungsrechte, handelbare 536 f.

Flächenhaushaltspolitik 414, 453-462, 532-550

Flächeninanspruchnahme 341, 407, 453-462, 532-550, 1254, 1344, 1359

Flächenrecycling 380, 405, 458, 505, 521, 523 ff., 533, 542, 564
s. a. Altlasten

Flächenverbrauch
s. Flächeninanspruchnahme

Flächenzerschneidung 341

Fließgewässersituation 585 ff.

Flora-Fauna-Habitat-Richtlinie 74, 255 (Kasten), 317, 328, 338, 365 ff., 392 ff., 404, 407, 417 ff., 438, Tab. 2.4.1-4, 686, 704, 1119, 1202

flüchtige Kohlenwasserstoffe 723 ff., 996 ff.
s. a. Ozon, bodennahes

Fluorchlorkohlenwasserstoffe
s. Ozon, stratosphärisches

Forstbetriebe
- Betriebsarten 1116
- Ergebnisse 1141
s. a. Waldeigentumsstruktur

Forsteinrichtung
s. Forstplanung

Forstgeschichte 1156 ff.
- „historisch alte Wälder" 1162
s. a. Landnutzung, historische

Forstorganisation 1130

Forstplanung 1137 ff., 1184 f.

Forstpolitik 1117 ff.

Forstverwaltung 1130 ff., 1135 f.

Forstwirtschaft, ordnungsgemäße 1118, 1135 f., 1143, 1180 ff., 1192, 1219
s. a. gute fachliche Praxis

fossile Energieträger 1241, 1361, 1516
s. a. Energierohstoffe, Abbau
s. a. Erdgas
s. a. Erdöl
s. a. Kohle
s. a. Kohlebergbau

Freisetzungs-Richtlinie 76, 1065, 1071, 1074 ff., 1079 ff., 1085, Tab. 2.4.7-2

Furane 937
s. a. polychlorierte Dibenzoparadioxine
s. a. persistente organische Verbindungen

Gasbildungsrate
s. Mechanisch-biologische Abfallbehandlung

Gas- und Dampfturbinen(GuD)-Kraftwerke 1399, 1404, 1423 f.

GATT
s. Internationaler Handel

Gebäudebestand 755 ff., 1405 f.

Gebühren für Wasser/Abwasser 184 ff., 199, 1621 ff.
- Anreize zur Entsiegelung 461 f., 546

Gefährdungsursachen
s. Rote Listen

Gefahrstoffrichtlinie 668, 967

Gefahrstoffverordnung 668, 969, 970, 1030, 1033
s. a. Chemikaliengesetz

Gemeinschaftsaufgabe „Verbesserung der Agrarstruktur und des Küstenschutzes" 402, 1143 ff., 1181, 1219

Gemeinschaftsstrategie zur Erhaltung der Artenvielfalt 404
s. a. Biologische Vielfalt

Genfer Übereinkommen 731

Gentechnik
- Allergieproblem 1081, 1088
- Antibiotikaresistenz 1069, 1074
- Bacillus thuringiensis-(Bt-)Toxin 1070
- Bagatellgrenzen 1080 ff., 1086 ff.
- Begleitforschung 1068, 1084
- Biosafety-Protokoll 90
- Dauerbeobachtung 1075 ff., 1084
- Deregulierung 1073, 1083
- Europäische Lebensmittelagentur 1079
- Freisetzungsvorhaben 1064, 1066 f., 1084, Tab. 2.4.7-1
- Genregister 1076, 1084
- Gentechnikgesetz 1065, 1084
- gentechnisch veränderte Lebensmittel 88
  s. a. Novel-Food-Verordnung
- Gentechnische Verfahrensverordnung 1078
- Inverkehrbringen 1064, 1071, 1074 ff., Tab. 2.4.7-2
- Kennzeichnung 1080 ff., 1086 ff.
- Monitoring 1075 ff., 1084
- Risikokonzepte 1065
- Weißbuch über Lebensmittelsicherheit 1079
- Zusatzstoffe und Aromen 1080 ff., 1087
s. a. Freisetzungs-Richtlinie
s. a. System-Richtlinie

Geothermie
s. Erdwärme

Gesamtkohlenstoff 931, 943, 946

Getränkeverpackungen 851, 870 ff.
s. a. Mehrwegquote

Gewässerbelastung
s. Gewässergüte

Gewässergüte
- biologische Ziele 569 f., 586, 691, Abb. 2.4.3-1
- chemisch-physikalische Ziele 569, 571, 588 ff., 691
- Förderprogramme 694
- luftbürtige Stoffeinträge 609 ff., 661
- Mittel- und Osteuropa 221, 288 (Kasten), Abb. 2.3-6
- Nährstoffbelastung 589 f., Abb. 2.4.3-3, 600 ff., 607 ff., 691
- organische Schadstoffe 591
- Pflanzenschutzmittel 592 f., 600, 608, 691 f.
- Rhein 574
- Schwermetalle 594 f.
- stehende Gewässer 601 ff.
- strukturelle Ziele 569, 572 f., 587, Abb. 2.4.3-2, 691, 1359
- Ziele 565 ff., 690 ff.
s. a. Grundwasser
s. a. Nord- und Ostsee

Gewässergüteklassifikation
s. Gewässergüte, Ziele

Gewässerschutzrichtlinie 242, 312, 661

Gewerbeabfälle
s. Abfallaufkommen, Kleingewerbe

Glühverlust 943

Großfeuerungsanlagen-Verordnung 940, 1402
s. a. Bundes-Immissionsschutzgesetz

„Grüner Punkt" 847 ff.
- Bewertung 852 ff.
- Kosten 859 ff.
- Lizenzgebühren 859
- Reform 864 ff.

Grundwasser
- Altlastensanierung 505 ff.
- ~beeinträchtigungen 483 f., 490, 515, 518
- Beinträchtigung durch Bergbau 1257 ff, 1260
- Bundes-Bodenschutzverordnung 448, 450
- Empfehlungen 698
- Maßnahmen 655 ff.
- Natural attenuation 530
- Nitratbelastung 607
- Pflanzenschutzmittel 608
- sekundäre Luftschadstoffe 609 ff.
- Situation 604 ff., Tab. 2.4.3-3
- Ziele 577 ff.

Grundwasserrichtlinie 655 f.

Grundwasserverordnung 655

Gute fachliche Praxis 399, 403, 657, 691
s. a. Forstwirtschaft, ordnungsgemäße

Hausmüll 828 ff.
- Aufkommen und Entsorgung 829 ff.
- Definition 828
- Deponien 941
- Heizwert 833
- Schadstoffe im Hausmüll 834
- Zusammensetzung 832
s. a. Siedlungsabfall

„Heiße Luft" 116 ff., 127

Heizungsanlagen 1406

Heizwert
s. Hausmüll
s. Restmüll

HELCOM 675, Tab. 2.4.3-8
s. a. Nord- und Ostsee

Hermes-Bürgschaften
s. Exportbürgschaften

Herz-Kreislauf-Erkrankung 1016, 1021, 1048, 1059, 1062

Herz-Lungen-Erkrankung 1021

historische Landnutzung 1089 f., 1107, 1156 ff., 1172 f.

Hochöfen 937

Hochtemperaturreaktor 1282

Hochtemperaturvergasung
s. Thermoselect

Hochwasser 576, 669 f., 691, 696, 701

Holzmarkt 1141 ff.

Holzverbrauch 1094 f.

Holzvorrat 1093

Honorierung ökologischer Leistungen
− Flächenentsiegelung 540
− Forstwirtschaft 1142, 1147, 1213 ff.
− Naturschutz 402 f., 423, 435, 534

Hot air
s. „Heiße Luft"

Industriebrachen
− Bergbau 1269 ff.
s. a. Brachflächen

Industriefeuerung 1402, 1408

INES 1285 (Kasten)

Inkorporation 1278 f., 1337

Integration 83 ff.
− Integrationsklausel 84
− Integrationsstrategie 75
− UVP-Änderungsrichtlinie 81 ff.
s. a. EU-Osterweiterung
s. a. IVU-Richtlinie

Internationaler Handel 89 ff.
s. a. Exportbürgschaften

ISO 14001 133 ff.
− Kompatibilität zu EMAS II 145

Isotopentransmutation
s. Transmutation

IT-Altgeräte-Verordnung
s. Elektronikschrottentsorgung

IVU-Richtlinie 81-87, 115, 243, 266

Jagd 1096 f., 1121, 1157

Joint Implementation 113, 116, 123 ff., 274 f., 331

Kalkung 1199

kalte Rotte
s. Mechanisch-biologische Abfallbehandlung
s. Thermoselect

Kanalanschluss
s. Kläranlagenanschluss

kanzerogene Luftschadstoffe 741 ff., 1047

Kanzerogenität
− Effekte 1019
− Index 1030, 1034
− Risiko 1024
− Stoffe 1018, 1027, 1051
− Wirkungen 1026, 1029 f., 1034, 1047, 1062

Katalysator
s. Kraftstoffqualität

Kernschmelze 1288 f.
s. a. Risiken der Atomenergie

Kfz-Emissionen 1027
− Abgasgrenzwerte 705, 784 ff., 807 f., Abb. 2.4.4-13
− Dieselabgasexposition 1025

Kläranlagenanschluss 613 ff., Tab. 2.4.3-4, Tab. 2.4.3-5, 691

Klärschlamm 484, 488, 491 ff., 557, 617, 843
− Aufkommen 844 f.
− Entsorgung 845

Klärschlammverordnung 493 f., 557 f.

Klimarahmenkonvention 114, 709, 1102, 1123, 1351, 1371

Klimaschutzfunktion des Waldes 1101 f.

Klimaschutzziel 98, 791 f., 1351 ff.

klimawirksame Gase
s. Treibhausgase

Klinkerbrennprozess 938

Kohle 1232, 1238
s. a. Steinkohle
s. a. Braunkohle

Kohlebergbau
− Rekultivierung 1260
− Umweltauswirkungen 1253 ff., 1257 f., 1269 ff.

Kohlendioxid 716, 1273, 1276, 1357
− Emissionen 117, 288 (Kasten), 752 ff. 755 ff., 788 f., 1232
− Lizenzen 98, 109, 112 ff., 127, 129, 272, 331
− Prognose der Emissionen 1241, 1249, 1515
− Vermeidungskosten 760, 795, 797
s. a. Abgaben, CO_2-Abgabe
s. a. Treibhausgase

Kohlenmonoxid 1273, 1276

Kohlenstoffspeicherung 124
s. a. Waldwachstum

Kohlenwasserstoffe
s. flüchtige Kohlenwasserstoffe
s. Nichtmethankohlenwasserstoffe
s. polyzyklische aromatische Kohlenwasserstoffe
s. teilhologenierte Kohlenwasserstoffe
s. a. Ozon
s. a. Treibhausgase

Kompostierung 900 ff.

Konditionierung radioaktiver Abfälle 1311, 1315, 1327, 1331

Kontamination, radioaktive 1260, 1271, 1337

Konzessionsverträge 1419

Körperschaftswald
s. Waldeigentumsstruktur

Kostendeckung bei der Wassernutzung 651, 671 f.

Kraftfahrzeuge
s. Kfz-Emissionen

Kraftstoffqualität 781 ff., 806

Kraftstoffverbrauch 788 ff., 809

Kraft-Wärme-Kopplung 103, 1403, 1408, 1420 f., 1426 ff., 1431, 1453, 1459, 1471, 1494, 1524

Kreislaufwirtschafts- und Abfallgesetz 811, 914, 922

Kritikalität 1278
– im Endlager 1328

Kühlwasser 1275

Kyoto-Protokoll 114 f., 207, 275, 331, 1355
s. a. Klimarahmenkonvention

Lachgas
s. Distickstoffoxid

Lachs 2000 574, 596 f.

Landschaftsplanung 412 f.

Landschaftsschutzgebiete Abb. 2.2-3, 359, 371, 418

Lebensräume
s. Biotopschutz

Leerlaufverluste bei Elektrogeräten 1407

Liberalisierung des Strommarktes
– Diskriminierungsfreier Netzzugang 1417, 1433, 1463 ff., 1471 f., 1475, 1493, 1526 f.
– Erfahrungen im Ausland 1449-1460
– Pool-Modell 1449, 1467 ff.
– Umweltpolitische Flankierung 1472, 1481 ff., 1527
– Umweltauswirkungen 1424 ff.
– Versorgungssicherheit 1384
s. a. Durchleitungsmodell

LIFE – Natur-Förderung 285, 400

Lizenzen
s. Flächenausweisungsrechte, handelbare
s. Kohlendioxid, Lizenzen
s. Wasserentnahmerechte

Luftqualitätsrahmenrichtlinie 742 ff.
– Tochterrichtlinie 777 f.

Luftschadstoffdeposition
s. Deposition

Luftschadstoffe
s. kanzerogene Luftschadstoffe
s. organische Schadstoffe
s. a. Ozon
s. a. Treibhausgase
s. a. Versauerung

Lungenkrebs
– Häufigkeit 1025, 1050
– Risiko 1019, 1023, 1029, 1036, 1040, 1042 f., 1048

Magnesiummangel
s. Nährelementversorgung

MAK-Werte 1000

marktwirtschaftliche Instrumente
s. umweltökonomische Instrumente

Mechanisch-biologische Abfallbehandlung 936, 941 ff.

Meeresbergbau
s. Nord- und Ostsee

Meeresschutzgebiete 704 f.

Meeresverunreinigung 1261 f.
s. a. Nord- und Ostsee

Mehrwegquote 851, 870 ff.

Methan 717, 1263 ff., 1272 ff., 1346

Mineralfasern 970, 1029 f., 1032, 1038

Minimierungsgebot 1047

Mitverbrennung von Abfall 937 ff.

MM-Richtlinie 774 f.

Monopol (in der Stromversorgung) 1430, 1464, 1474, 1478

Montrealer Protokoll 207, 739

MOX
s. Brennelemente

MTBE
s. organische Luftschadstoffe, Methyltertiär-Buthylether

Multibarrieren-Konzept 1316, 1331

Multischadstoffprotokoll 725

Nachhaltigkeit
- forstliche 1090, 1123, 1148 ff., 1191 ff.
s. a. Forstwirtschaft, ordnungsgemäße

Nachhaltigkeitsstrategie
- Beitrag anderer Fachpolitiken 60 ff.
- Definition 2
- Defizite nationaler Nachhaltigkeitsstrategien 6
- Deutschland 50 ff.
- Evaluation 6 ff.
- Innovationsförderung 62 f.
- institutionelle Struktur 57 ff.
- internationale Ausbreitung 3 ff., 291
- Problemorientierung 51 f.
- Rahmenbedingungen 60 ff.
- Verfahren einer deutschen 65 ff., 75
- Wettbewerbsorientierung 11, 63
- Zielorientierung 53 ff.
s. a. Schwerpunktprogramm, Entwurf eines umweltpolitischen
s. a. strategische Umweltplanung

Nachrotte 936

Nachzerfallswärme 1282
- Abfuhr 1298

Nährelementversorgung 1172 ff., 1175, 1196 ff.
s. a. Stickstoffhaushalt
s. a. Säureeintrag

Nassoxidation 936

Nationalparke Abb. 2.2-3, 356, 418, 687, 1100
- Polen 251 (Kasten)

NATURA 2000
s. Flora-Fauna-Habitat-Richtlinie
s. a. Biotopverbund

Natural attenuation
s. Altlasten

Natürliche Vegetation 1186 ff.

Naturnaher/naturgemäßer Waldbau/Waldzustand 1149 ff., 1179 ff., 1186 ff.

Naturparke 360, 371

Naturschutz
- Defizite 370 f., 416
- Funktion des Waldes 1096 f., 1191 ff., 1201 ff.
- in Mittel- und Osteuropa 222, 255 (Kasten), 288 (Kasten), 317, 328
- in der Stadt 377 ff., 405 ff., 417, 429 ff.
- multilaterale Abkommen 88
- Ziele 334 ff., 370 f., 377, 416

Naturschutzbeobachtung
s. Umweltbeobachtung

Naturschutzfunktion des Waldes 1096 f., 1103 ff., 1201 ff., 1213 ff., 1221 ff.

Naturschutzgebiete 357, 418
- Polen 251 (Kasten)

Naturschutzprogramme 401 ff.

Naturschutzverwaltung 1135 f.

Naturwaldreservate 363, 1203

Netzbetreiber 1420, 1434, 1465 ff., 1480

Neutronenfluss 1410, 1412

New Public Management 20 ff.
- Schweden 17 ff.
- Kanada 26 ff.
- ziel- und ergebnisorientierte Umweltplanung 22 ff., 55

Nichtmethankohlenwasserstoffe
s. flüchtige Kohlenwasserstoffe
s. a. Ozon, bodennahes

Nichtraucherschutz 1051

Nitrateintrag
s. Bodenversauerung und Eutrophierung
s. Stickstoffhaushalt

Nitratrichtlinie 486 f.
s. a. Bodenversauerung und Eutrophierung

Nord- und Ostsee
- Fischerei 689, 706
- Meeresverschmutzung durch Schiffe 682
- Meeresbergbau 628
- Nährstoffe 620 ff., Abb. 2.4.3-7, Tab. 2.4.3-6, 634, 676 f., Tab. 2.4.3-9, 704
- nicht heimische Arten 630, 688
- Öl- und Gasplattformen 627
- organische Schadstoffe und Schwermetalle 623 ff., Tab. 2.4.3-7, 634 ff., 678 ff., 704
- Schutz mariner Ökosysteme 683 ff., 704 ff.
- Schwarze Flecken 629

Novel-Food-Verordnung 1065, 1072, 1079 ff., 1086 ff., Tab. 2.4.7-3

Oberflächengewässer
- Rhein 574, 596 f., 654, 669 f.
s. a. Gewässerbelastung
s. a. Gewässergüte

Offshore-Förderung 628, 1261

Offshore-Windkraft 637, 1387, 1393

Öko-Audit-Verordnung 130 ff.
s. a. EMAS II

Ökobilanzen
- Getränkeverpackungen 878-881
- Kunststoffverwertung 861-863

Ökokonto 409

ökologische Flächenstichprobe
s. Umweltbeobachtung

ökologische Steuerreform 74 f., 77, 97 ff., 126, 129, 1527

ökologischer Finanzausgleich 540, 549

Ökosysteme, marine
s. Nord- und Ostsee

Öl- und Gasplattformen
s. Offshore-Förderung
s. Nord- und Ostsee

organische Schadstoffe
- Methan 717, 1263 ff., 1272 ff., 1346
- Methanol 1397
- Methyl-tertiär-Buthylether 1005 f., 1009
s. a. flüchtige Kohlenwasserstoffe
s. a. persistente organische Verbindungen
s. a. polychlorierte Biphenyle
s. a. polychlorierte Dibenzoparadioxine
s. a. polyzyklische aromatische Kohlenwasserstoffe

Organozinnverbindungen
s. Anti-Fouling-Produkte

OSPAR 674, Tab. 2.4.3-8, 979
s. a. Nord- und Ostsee

Ostsee 581, 631 ff., 679 ff., 685 f.
s. a. Nord- und Ostsee

Ottokraftstoff
s. Kraftstoffqualität
s. a. Benzol

Ozon, bodennahes 723 ff.
- Immissionssituation 729, 744
- Vorläuferverbindungen 723 ff.
- Waldschäden 1175, 1197

Ozon, stratosphärisches 739 ff., 1272 ff.

Ozongesetz 762, 801

Ozonrichtlinie 724

Ozonstrategie 725

PAK
s. polyzyklische aromatische Kohlenwasserstoffe
s. a. persistente organische Verbindungen

Partikel
- Dieselruß 786 f., 806, 1016, 1019, 1024, 1062 f.
- Emission 769, 786 f., 1025 f., 1062
- Exposition 1012
- feine 1062
- Immissionen 744
- ultrafeine 1062
s. a. Abgasgrenzwerte
s. a. kanzerogene Luftschadstoffe
s. a. Staubfraktion

Partikelfilter
s. Abgasgrenzwerte

Partition 1306, 1411, 1413

Passivhaus 1406

PCB
s. polychlorierte Biphenyle

PCB-Richtlinie 989

PCDD/F
s. polychlorierte Dibenzoparadioxine und Dibenzofurane

Pentachlorphenol (PCP) 1059

Perflourkohlenstoffverbindungen 720

persistente organische Verbindungen (POP) 88, 748 ff., 975 ff., 939 ff., 1060

Pestizide
s. Pflanzenschutzmittel

Pfandsysteme
s. Batterien
s. Mehrwegquote

Pflanzenschutzgesetz 396, 399, 974
- Bodenschutz 444, 487, 449

Pflanzenschutzmittel
- Gefahrstoffe 966, 969, 990 ff.
- Gewässerbelastung 592 f., 600, 608, 691 f.

Photovoltaik
- 100 000-Dächer-Programm 760 ff., 800, 1442
- Potentiale 1387, Tab. 3.2.5-1, 1395
- Umweltauswirkungen 1349

PIC-Konvention 88, 979, 1060

Plutonium 1298, 1305, 1307, 1309

Politikintegration
- Europäische Union 29, 32
- green budgeting 33, 61
- green ministers/green cabinet 33, 69, 72
- horizontale bzw. sektorübergreifende 29 ff.
- Mechanismen der Politikintegration 31 ff., 34
- Umweltpolitik als Querschnittsaufgabe 28 f.

polychlorierte Biphenyle 975, 978 f., 986 ff.
s. a. PCB-Richtlinie
s. a. persistente organische Verbindungen

polychlorierte Dibenzoparadoxine und Dibenzofurane 937, 975, 980 ff., 1060, 1277
s. a. persistente organische Verbindungen

polyzyklische aromatische Kohlenwasserstoffe 1272 f.
s. a. persistente organische Verbindungen

Pool-Modell
s. Liberalisierung des Strommarktes

POP
s. persistente organische Verbindungen

POP-Protokoll 979, 1060

Schlagwortverzeichnis

Primärenergienachfrage
s. Energienachfrageentwicklung
s. Energienachfrageprognosen

Primärenergieträgersubstitution 1361 f., 1365 ff., 1370
s. a. erneuerbare Energien
s. a. fossile Energieträger

Privatwald
s. Waldeigentumsstruktur

Produktionsspezifische Abfälle 823, 836

Produktverantwortung 890

Proliferation 1278
- Resistenz 1328

Protonenbeschleuniger 1412, 1414

Prozessfeuerungsanlagen 937

Prozessschutz 335, 340, 414, 1105, 1187

Pyrolyse
s. Thermoselect

Quotenmodell 1491 f., 1494

radioaktive Abfälle
- Charakterisierung 1300 f.
- Entsorgungsstrategien 1306 f., 1318, 1334
- flüssige 1309
- Mengen 1304
- Vielstoffgemisch 1303
- wärmeentwickelnd 1319, 1326
s. a. Transport radioaktiver Abfälle

Radioaktivität
- Freisetzung 1278
- Inventar 1279, 1298
s. a. Kontamination, radioaktive

Radon
- Emissionen 1263, 1268
- Exposition 1063

rationelle Energienutzung 104, 315, 794 f., 1398 ff., 1417, 1425, 1454, 1489, 1516, 1523 f.

Raumordnungsgesetz
s. Bau- und Raumordnungsgesetz

Reform des öffentlichen Sektors
s. New Public Management

Regelbrennstoffe 937

regenerative Energien
s. erneuerbare Energien

Regulierungsbehörde 1474, 1478

Reliefveränderungen 1257

Restabfallbehandlung 936
- mechanisch-biologische 944

Restlaufzeiten 1510

Restmüll 828 f., 834
- Behandlung 936, 944
- Heizwert 834 f., Tab. 2.4.5-2
- Schadstoffgehalte 834 f.
s. a. Hausmüll

Rhein
s. Oberflächengewässer

Risiken der Atomenergie
- Abfälle 1308
- Eintrittswahrscheinlichkeit 1288
- Entmaschung 1287, 1291
- inhärente Sicherheit 1282
- Materialermüdung (Kraftwerke) 1287, 1291 ff.
- Mittel- und Osteuropa 221, 288 (Kasten)
- Normalbetrieb 1279 ff., 1284
- Risikostudien 1288 f.
- Sicherheitsüberprüfung 1288
- Sicherheitsanalyse 1288 f., 1299
- Störfall/Unfall 1280, 1285 (Kasten), 1285 ff.
- Transport 1337
s. a. Transport radioaktiver Abfälle
s. a. Entsorgung

Rohstoffe
- Abbau 1250 ff. 1363 ff.
- Kartellbildung 1364
- Knappheit 1362, 1368, 1378
- Marktversagen 1364
- Rohstoffmärkte 1362
- Rohstoffschonung 1361 f., 1521
- Verfügungsrechte 1364

Rostfeuerung 931 ff.

Rote Listen
- Aussagewert 354, 370
- Lebensräume, Biotoptypen 344 f., 351 ff., Abb. 2.4.1-1, 369, Tab. 2.4.1-5
- Nord-/Ostsee 345, 351 f., Tab. 2.4.1-3, 686 f.
- Pflanzen 344 ff., Tab. 2.4.1-1
- Tiere 344 f., 348 ff., Tab. 2.4.1-2
- Wald 1109

Rubbia-Konzept 1415

Rücknahmepflichten
- Altautos 885, 890
- Batterien 895, 898
- Elektroaltgeräte 908 f.
- Verpackungen 847

Ruß
s. Dieselruß
s. Partikel

Rüstungsaltlasten
s. Altlasten

Säureeintrag 1161 ff., 1175, 1196 f.
  s. a. Bodenversauerung und Eutrophierung

Schädlingsbekämpfungsmittel
  s. a. Pflanzenschutzmittel

Schutzfunktion des Waldes 1101 f.

Schwarze Flecken
  s. Nord- und Ostsee

Schwebstäube Abb. 2.3-4, 1010 f., 1012 ff., 1028

Schwefeldioxid Abb. 2.3-4, 731 ff., 735, 744, 1272 ff., 1356
  s. a. Säureeintrag
  s. a. Versauerung

Schwefelgehalt
  s. Kraftstoffqualität

Schwefelhexafluorid 721
  s. a. Treibhausgase

Schwel-Brenn-Verfahren 934

Schwermetalle 88, 475, 493 f., 497, 557, 931, 937
  s. a. Nährelementversorgung
  s. a. Nord- und Ostsee

Schwerpunktprogramm, Entwurf eines umweltpolitischen
  – Abfallwirtschaft 812, 885
  – Altlastensanierung 504
  – Bodenschutz und Flächennutzung 443, 453 f., 473, 476 f.
  – Entwicklung 36 ff., 74
  – Gesundheit 960, 1036, 1044
  – Luftreinhaltung und Klimaschutz 714, 724, 730, 734, 739, 743, 747
  – Naturschutz 337 ff., 417
  – Themenschwerpunkte 36, 44 ff.
  – Zielkonflikte (Energiewirtschaft) 1359

Selbstverpflichtungen
  – Altautoverwertung 885 ff.
  – APEO 666
  – chemische Textilhilfsmittel 665
  – EDTA-Selbstverpflichtung 664, 702
  – Gewässerschutz 664 ff., 702
  – Klimaschutz 752 ff., 798
  – Minderung der Kraftstoffverbräuche 781, 789f.

Shredderanlagen 837

Shredderleichtfraktion 884, 888

Sicherheit kerntechnischer Anlagen
  s. Risiken der Atomenergie

Siedewasserreaktor 1282

Siedlungsabfall 288 (Kasten), 812 f., 828 f., 835, 911 ff.
  s. a. Hausmüll
  s. a. Technische Anleitung Siedlungsabfall

Siedlungsraum
  s. städtischer Siedlungsraum

Silikose
  s. Staublunge

Smog, photochemischer
  s. Ozon, bodennahes

Solarthermie 1388, 1394, Tab. 3.2.5-2

Sommersmog
  s. Ozon, bodennahes

Sonderabfälle
  s. besonders überwachungsbedürftige Abfälle

Spallation 1412

Spaltprodukte 1409, 1410

Sperrmüll 829, 835

Staatswald
  s. Waldeigentumsstruktur

Stadt- und Regionalplanung 380, 405 ff., 431 ff.
  s. Siedlungsraum, städtischer

städtischer Siedlungsraum
  – Bioindikatoren 390 f.
  – Freiraum und Erholungsnutzung 378 f., 429
  – Stadtklima 378 f., 381, 385, 405, 417, 431, Abb. 2.4.1-2, Tab. 2.4.1-6
  – Stadtpflanzen 383 ff.
  – Stadttiere 383 ff., Tab. 2.4.1-7
  – Umweltverhalten 377 f., 429
  – Veränderungen 381 ff., Abb. 2.4.1-2, Tab. 2.4.1-6

Stadtwerke 1479

Stand-by-Verluste
  s. Leerlaufverluste

Staubemissionen 1273, 1276

Staubfraktion, atembare 1011 ff., 1016, 1018 f., 1063

Staubgrenzwerte 1062

Staublunge 1016

Stehende Gewässer 601 ff.

Steinkohle 1243 f., 1247 f., 1400
  – Subventionierung 1372, 1377 ff.
  s. a. Versorgungssicherheit

Steuern
  – Baulandsteuer 543 f.f
  – Flächennutzungssteuer 545
  – Grundsteuer 543 f.
  – Stromsteuer
    s. ökologische Steuerreform

Stickstoffabgabe 435

Stickstoffhaushalt 1161 ff., 1175, 1197 ff.

Stickstoffoxide 288 (Kasten), Abb. 2.3-4, 718, 723 ff., 1272 ff.
  s. a. Abgasgrenzwerte

s. a. Bodenversauerung
s. a. Ozon, bodennahes
s. a. Säureeintrag
s. a. Versauerung

Störfälle
s. Risiken der Atomenergie

Störfallverordnung
s. Bundes-Immissionsschutzgesetz

Strahlenexposition des Menschen 1279

Strahlungskorrosion 1287
s. a. Alterung

Straßenkehricht 829, 835

strategische Umweltplanung
- Institutionalisierung 13, 57 ff.
- Mittel- und Osteuropa 291, 322
- Niederlande 14 ff.
- Schweden 17 ff.
- Ziel- und Ergebnisorientierung 22 ff.
s. a. Nachhaltigkeitsstrategie

Strombörse 1467 ff., 1473

Stromeinspeisungsgesetz 1441 ff., 1491

Stromerzeugung 1245, 1387, 1464 ff., 1473
- Emissionen 1273
- Prognose 1246 ff.
- Reservevorhaltung 1383
s. a. erneuerbare Energien

Strompreise 1422, 1425, 1468, 1472, 1481

Stromsteuer
s. ökologische Steuerreform

Stromverbrauch 1407

Stromverteilung 1464 ff., 1473, 1479

Sturmschäden 1115, 1182

Suburbanisierung 415

Subventionen
- forstliche 1142 ff., Tab. 3.1.3-3
- mit negativer ökologischer Wirkung 108, 542
- Steinkohle 1372, 1377 ff.
s. a. erneuerbare Energien
s. a. Technologieförderung

System-Richtlinie 1065, 1073, 1083

TA Luft 444, 776 ff., 805, 937, 940

TA Siedlungsabfall 75, 867, 869, 889, 911 ff., 923, 929, 931 f. 945 f.
- Altlasten 521
- Deponieabgabe 918-921
- rechtliche Verbindlichkeit 914
- Übergangsfristen 913, 916-919

Tabakrauch 1047

Tagebaurestlöcher 1257

Take-or-pay-Verträge 1380, 1426

Tankstellenemissionen
s. Benzol

TBT 973
s. a. Anti-Fouling-Produkte

Technische Anleitung Siedlungsabfall
s. TA Siedlungsabfall

Technologieförderung 1484 ff., 1527

teilhalogenierte Kohlenwasserstoffe 719
s. a. Treibhausgase

Thermoselect 935

Thorium 1409, 1411, 1416

Titandioxid-Richtlinie 663

TOC (Abfall) 931, 943, 946

Toxizitätsäquivalenzfaktoren 981, 986

Transmutation 1306, 1409-1416

Transport radioaktiver Abfälle 1337 f.
- CASTOR-Behälter 1338–1340
- Grenzwertüberschreitungen 1340
- Minimierung 1342

Transurane 1409, 1413

Treibhauseffekt 1272 ff., 1351 ff.

Treibhausgase 710, 715, 721
s. a. Distickstoffoxid
s. a. Kohlendioxid
s. a. Methan
s. a. Perflourkohlenstoffverbindungen
s. a. teilhalogenierte Kohlenwasserstoffe
s. a. Schwefelhexafluorid

Tributylzinn
s. Anti-Fouling-Produkte

Trinkwasser 604, Abb. 2.4.3-4, 658 ff.

Trinkwasserqualität 191, 193, 195, 198

Trinkwasserrichtlinie 658

Trinkwasserverordnung 659 f.

TRK-Werte 1000

Trockenstabilat(verfahren) 941, 943

Umweltbeobachtung 437 ff., 1084

Umweltgesetzbuch 75, 77, 81 f., 87, 207
- Bodeninformationssystem 559

Umweltgutachter 139

Umwelthandlungsziele
s. Umweltziele

Umweltinformationsrichtlinie 74, 88, 269, 294

umweltökonomische Instrumente 272 ff., 321
s. a. Abgaben
s. a. EU-Osterweiterung, marktorientierte Instrumente
s. a. Flächenausweisungsrechte, handelbare
s. a. Honorierung ökologischer Leistungen
s. a. Kohlendioxid, Lizenzen
s. a. ökologische Steuerreform
s. a. Steuern
s. a. Wasserentnahmerechte
s. a. Zertifizierung in der Forstwirtschaft

Umweltplan
s. Nachhaltigkeitsstrategie

Umweltpolitisches Schwerpunktprogramm
s. Schwerpunktprogramm, Entwurf eines

Umweltqualitätsziele
s. Umweltziele

Umweltstatistikgesetz 820

Umweltverträglichkeitsprüfung (UVP)
- Exportkredite 207
- Partizipation 269
- Stadt- und Regionalentwicklung 407
- strategische 29, 32

Umweltziele, allgemein
- Festlegung und Formulierung 68 f.
- Monitoring 64, 72
- Niederlande 14 ff.
- Schweden 17 ff.
- Umsetzung 70 f.
- Umwelthandlungsziele 54
- Umweltqualitätsziele 54

Uran 1302, 1307, 1309
- Bergbau 1254, 1256, 1260, 1268, 1271

UVP
s. Umweltverträglichkeitsprüfung

UVP-Änderungsrichtlinie 81 ff.

Verbändevereinbarung 1436 ff.

Verbrennungsmotoren
s. MM-Richtlinie
s. a. Partikel

Verkehrsvermeidung 316, 326, 788 ff., 795

Verpackungsabfälle 853

Verpackungsverordnung 847 ff., 883, 929, 943
- Bewertung 852 ff.

Versauerung 731, 735 ff., 744, 1272 ff.
s. a. Bodenversauerung und Eutrophierung
s. a. Säureeintrag

Versauerungsstrategie 731 ff.

Versiegelungsabgabe 462, 538, 549

Versorgungssicherheit 1372 ff.
- Primärenergieträger 1373 ff.
- Strom 1372, 1383 ff.

Versorgungssicherheit 1455, 1522

VerTech-Verfahren
s. Nassoxidation

Verteilungsgerechtigkeit 94 f.

Vertragsnaturschutz 399, 401 ff., 423

Vertrauensschutz 1507 ff.

Verwaltungsvorschrift wassergefährdende Stoffe 668

VOC
s. flüchtige Kohlenwasserstoffe
s. a. Ozon, bodennahes, Vorläuferverbindungen

VOC-Richtlinie 998, 1003

Vogelschutzgebiete
s. Vogelschutzrichtlinie

Vogelschutzrichtlinie 365 ff., Tab. 2.4.1-4, 394 ff., 407, 425, 427

Vorrangflächen 338, 371, 379, 416 ff., 1194, 1201

WABIO-Restmüllvergärung 936

Waldbiotopverbund/-schutz 1106 ff., 1193

Waldeigentumsstruktur 1166 ff., 1192, 1194
s. a. Forstbetriebe

Waldernährung
s. Nährelementversorgung

Waldfunktionen 1092 ff., 1191, 1194, 1213 ff., 1121 ff.
s. a. Erholungsfunktion des Waldes
s. a. Klimaschutzfunktion des Waldes
s. a. Naturschutzfunktion des Waldes

Waldnutzungsplanung
s. Forstplanung

Waldschäden 1090 f., 1166 ff., 1196 ff.

Waldschutzgebiete 363, 1100, 1194

Waldsterben
s. Waldschäden

Waldumbau 1090, 1115, 1144, 1179 ff., 1190, 1200, 1207 ff.

Waldwachstum 1176 ff.

Waldzustand 1196 ff.
s. a. Nährelementversorgung

Wärmeerzeugung 1388

Wärmeschutzverordnung
s. Energieeinsparverordnung

Wasserentnahmerechte 196 f.

Wassergefährdende Stoffe 652 f., 668

Wasserhaushaltsgesetz 158, 394, 396, 641, 655, 662 ff., 700 f.

Wasserkraft 1243, 1346 ff., 1360, 1387, Tab. 3.2.5-1

Wassermengenwirtschaft 671 f.
s. a. Kostendeckung bei der Wassernutzung

Wassernetze, transeuropäische 671 f.

Wasserpreise 671 f.
s. a. Gebühren für Wasser/Abwasser

Wasserqualität
s. Gewässergüte

Wasserrahmenrichtlinie 76, 242, 565, 638 ff., 656, 693, 699 ff.
- Ausnahmetatbestände 648 ff., 699
- Bewirtschaftungspläne 641, 700
- Entwicklungsgebot 645 ff.
- „erheblich veränderter Wasserkörper" 642 f., 699
- „gutes ökologisches Potential" 567 f., 644, 699

Wasserstoff 1396, 1524

Wasserstoffexplosion
s. Risiken der Atomenergie

Wasserstraßen 695

Wassertransfer 671 f.

Wasserversorgung 152 ff., 604, Abb. 2.4.3-4

Wasserwirtschaft
- Liberalisierung der 152, 157, 177, 200

Weltumweltorganisation (WHO) 92

WHG
s. Wasserhaushaltsgesetz

Wiederaufarbeitung
s. Brennelemente

Wild 1096 f.

„wilde" Entsorgung
s. Abfallentsorgung, illegale

Windenergie 1243, 1343 ff., 1360
- Offshore-Windkraftanlagen 637, 1387, 1393
- Potentiale 1387, Tab. 3.2.5-1

WTO
s. Internationaler Handel

Zertifikate
s. Kohlendioxid, Lizenzen
s. Wasserentnahmerechte

Zertifizierung in der Forstwirtschaft 1220

zinnorganische Verbindungen
s. Anti-Fouling-Produkte

Zubereitungsrichtlinie 969

Zwischenlagerung 1307, 1311 ff.
- nass/trocken 1313
- UVP-Pflichtigkeit 1318
- Verwahrungszeit 1315
- zentral/dezentral 1312 ff., 1317

VERÖFFENTLICHUNGSVERZEICHNIS

Gutachten und veröffentlichte Stellungnahmen des Rates von Sachverständigen für Umweltfragen

(zu beziehen im Buchhandel oder direkt vom Verlag Metzler-Poeschel, SFG Servicecenter Fachverlage GmbH, Postfach 43 43, 72774 Reutlingen, Telefon 07071/93 53 50, Telefax 07071/93 53 35; Bundestags-Drucksachen über Bundesanzeiger Verlagsgesellschaft mbH, Postfach 13 20, 53003 Bonn)

AUTO UND UMWELT
Sondergutachten
Stuttgart: Kohlhammer, 1973, 104 S., kart.
vergriffen

DIE ABWASSERABGABE
– **Wassergütewirtschaftliche und gesamtökonomische Wirkungen** –
Sondergutachten
Stuttgart: Kohlhammer, 1974, 90 S., kart.
vergriffen

UMWELTGUTACHTEN 1974
Stuttgart: Kohlhammer, 1974, 320 S., Plast.
vergriffen
zugleich Bundestags-Drucksache 7/2802

UMWELTPROBLEME DES RHEINS
Sondergutachten
Stuttgart: Kohlhammer, 1976, 258 S., Plast., DM 20,–
Best.-Nr.: 780004-760000
zugleich Bundestags-Drucksache 7/5014

UMWELTGUTACHTEN 1978
Stuttgart: Kohlhammer, 1978, 638 S., Plast.
ISBN 3-17-003173-2
vergriffen
zugleich Bundestags-Drucksache 8/1938

STELLUNGNAHME ZUR VERKEHRSLÄRMSCHUTZGESETZGEBUNG
1979;
erschienen in: Umwelt Nr. 70, hrsg. vom Bundesministerium des Innern, Bonn

UMWELTCHEMIKALIEN
– **Entwurf eines Gesetzes zum Schutz vor gefährlichen Stoffen** –
Stellungnahme, Bonn 1979, 74 S.
= Umweltbrief Nr. 19, hrsg. vom Bundesminister des Innern, Bonn
ISSN 0343-1312

UMWELTPROBLEME DER NORDSEE
Sondergutachten
Stuttgart: Kohlhammer, 1980, 508 S., Plast.
ISBN 3-17-003214-3
vergriffen
zugleich Bundestags-Drucksache 9/692

ENERGIE UND UMWELT
Sondergutachten
Stuttgart: Kohlhammer, 1981, 190 S., Plast., DM 19,-
ISBN 3-17-003238-0
Best.-Nr.: 7800105-81901
zugleich Bundestags-Drucksache 9/872

FLÜSSIGGAS ALS KRAFTSTOFF
– **Umweltentlastung, Sicherheit und Wirtschaftlichkeit von flüssiggasgetriebenen Kraftfahrzeugen** –
Stellungnahme, Bonn 1982, 32 S.
= Umweltbrief Nr. 25, hrsg. vom Bundesminister des Innern, Bonn
ISSN 0343-1312

WALDSCHÄDEN UND LUFTVERUNREINIGUNGEN
Sondergutachten
Stuttgart: Kohlhammer, 1983, 172 S., Plast., DM 21,-
ISBN 3-17-003265-8
Best.-Nr.: 7800106-83902
zugleich Bundestags-Drucksache 10/113

UMWELTPROBLEME DER LANDWIRTSCHAFT
Sondergutachten
Stuttgart: Kohlhammer, 1985, 423 S., Plast., DM 31,-
ISBN 3-17-003285-2
vergriffen
zugleich Bundestags-Drucksache 10/3613

Sachbuch Ökologie
UMWELTPROBLEME DER LANDWIRTSCHAFT
Wolfgang Haber und Jürgen Salzwedel,
hrsg. vom Rat von Sachverständigen für Umweltfragen
Stuttgart: Metzler-Poeschel, 1992, 186 S. mit Farbbildern, Abbildungen und Tabellen, kart., DM 29,80
ISBN 3-8246-0334-9
Best.-Nr.: 7800190-92901

LUFTVERUNREINIGUNGEN IN INNENRÄUMEN

Sondergutachten
Stuttgart: Kohlhammer, 1987, 110 S., Plast., DM 22,-
ISBN 3-17-003361-1
Best.-Nr.: 7800108-87901
zugleich Bundestags-Drucksache 11/613

UMWELTGUTACHTEN 1987

Stuttgart: Kohlhammer 1988, 674 S.,
Plast., DM 45,-
ISBN 3-17-003364-6
Best.-Nr.: 7800203-87902
zugleich Bundestags-Drucksache 11/1568

STELLUNGNAHME ZUR UMSETZUNG DER EG-RICHTLINIE ÜBER DIE UMWELTVERTRÄGLICHKEITSPRÜFUNG IN DAS NATIONALE RECHT

November 1987, hrsg. vom Bundesminister für Umwelt, Naturschutz und Reaktorsicherheit; Bonn, 15 S.; erschienen auch in: Deutsches Verwaltungsblatt, 1. Januar 1988

ALTLASTEN

Sondergutachten
Stuttgart: Metzler-Poeschel, 1990, 304 S.,
Plast., DM 32,-
ISBN 3-8246-0059-5
Best.-Nr.: 7800109-89901
zugleich Bundestags-Drucksache 11/6191

ABFALLWIRTSCHAFT

Sondergutachten
Stuttgart: Metzler-Poeschel, 1991, 720 S.,
kart., DM 45,-
ISBN 3-8246-0073-0
Best.-Nr.: 7800110-90901
zugleich Bundestags-Drucksache 11/8493

ALLGEMEINE ÖKOLOGISCHE UMWELTBEOBACHTUNG

Sondergutachten
Stuttgart: Metzler-Poeschel, 1991, 75 S.,
kart., DM 20,-
ISBN 3-8246-0074-9
Best.-Nr.: 7800111-90902
zugleich Bundestags-Drucksache 11/8123

STELLUNGNAHME ZUM ENTWURF DES RÜCKSTANDS- UND ABFALLWIRTSCHAFTSGESETZES (RAWG)

April 1993, erschienen in: Zeitschrift für Angewandte Umweltforschung, Jg. 6 (1993), H. 2, sowie im Umweltgutachten 1994, Anhang A

STELLUNGNAHME ZUM VERORDNUNGSENTWURF NACH § 40 ABS. 2 BUNDES-IMMISSIONSSCHUTZGESETZ (BImSchG)

Mai 1993, erschienen in: Umwelt Nr. 10/1993, hrsg. vom Bundesministerium für Umwelt, Naturschutz und Reaktorsicherheit, Bonn, sowie im Umweltgutachten 1994, Anhang A

STELLUNGNAHME ZUM ENTWURF DES GESETZES ZUM SCHUTZ VOR SCHÄDLICHEN BODENVERÄNDERUNGEN UND ZUR SANIERUNG VON ALTLASTEN (BUNDES-BODENSCHUTZGESETZ – BBodSchG)

November 1993, erschienen im Umweltgutachten 1994, Anhang A

UMWELTGUTACHTEN 1994

Stuttgart: Metzler-Poeschel 1994, 384 S.,
kart., DM 68,-
ISBN 3-8246-0366-7
Best.-Nr.: 7800204-94901
zugleich Bundestags-Drucksache 12/6995

ALTLASTEN II

Sondergutachten
Stuttgart: Metzler-Poeschel, 1995, 285 S.,
kart., DM 49,-
ISBN 3-8246-0367-5
Best.-Nr.: 7800112-94902
zugleich Bundestags-Drucksache 13/380

SOMMERSMOG:

Drastische Reduktion der Vorläufersubstanzen des Ozons notwendig

Stellungnahme
erschienen in: Zeitschrift für angewandte Umweltforschung, Jg. 8 (1995), H. 2

UMWELTGUTACHTEN 1996

Zur Umsetzung einer dauerhaft-umweltgerechten Entwicklung
Stuttgart: Metzler-Poeschel, 1996, 468 S.
DM 68,-
ISBN 3-8246-0545-7
Best.-Nr.: 7800205-96902
zugleich Bundestags-Drucksache 13/4108

KONZEPTE EINER DAUERHAFT-UMWELT-GERECHTEN NUTZUNG LÄNDLICHER RÄUME

Sondergutachten
Stuttgart: Metzler-Poeschel, 1996, 127 S.
DM 32,-
ISBN 3-8246-0544-9
Best.-Nr.: 7800113-96901
zugleich Bundestags-Drucksache 13/4109

(Bei der gemeinsamen Bestellung des Umweltgutachtens 1996 und des Sondergutachtens Konzepte einer dauerhaft-umweltgerechten Nutzung ländlicher Räume Best.-Nr.: 7800401-96907, DM 84,-)

UMWELTGUTACHTEN 1998

Umweltschutz : Erreichtes sichern –
Neue Wege gehen
Stuttgart: Metzler-Poeschel, 1998, 390 S.,
DM 68,-
ISBN 3-8246-0561-9
Best.-Nr.: 7800206-97902
zugleich Bundestags-Drucksache 13/10195

FLÄCHENDECKEND WIRKSAMER GRUNDWASSERSCHUTZ

Ein Schritt zur dauerhaft umwelt-gerechten Entwicklung
Sondergutachten
Stuttgart: Metzler-Poeschel, 1998, 208 S.,
DM 38,-
ISBN 3-8246-0560-0
Best.-Nr.: 7800114-97901
zugleich Bundestags-Drucksache 13/10196

(Bei der gemeinsamen Bestellung des Umweltgutachtens 1998 und des Sondergutachtens Flächendeckend wirksamer Grundwasserschutz Best.-Nr.: 7800402-97907, DM 88,-)

UMWELT UND GESUNDHEIT

Risiken richtig einschätzen
Sondergutachten
Stuttgart: Metzler-Poeschel, 1999, 252 S.,
DM 38,-
ISBN 3-8246-0604-6
Best.-Nr.: 7800115-99901
zugleich Bundestags-Drucksache 14/2300

UMWELTGUTACHTEN 2000

Schritte ins nächste Jahrtausend
Stuttgart: Metzler-Poeschel, 2000, 684 S.,
DM 89,-
ISBN 3-8246-0620-8
Best.-Nr. 7800207-00902
zugleich Bundestags-Drucksache 14/3363

MATERIALIEN ZUR UMWELTFORSCHUNG
herausgegeben vom Rat von Sachverständigen für Umweltfragen

(zu beziehen im Buchhandel oder vom Verlag Metzler-Poeschel, SFG Servicecenter Fachverlage GmbH, Postfach 43 43, 72774 Reutlingen, Telefon 07071/93 53 50, Telefax 07071/93 53 35)

Nr. 1:

Einfluß von Begrenzungen beim Einsatz von Umweltchemikalien auf den Gewinn landwirtschaftlicher Unternehmen

von Prof. Dr. Günther Steffen und
Dr. Ernst Berg – Stuttgart: Kohlhammer, 1977, 93 S., kart., DM 20,-
ISBN 3-17-003141-4
vergriffen

Nr. 2:

Die Kohlenmonoxidemissionen in der Bundesrepublik Deutschland in den Jahren 1965, 1970, 1973 und 1974 und im Lande Nordrhein-Westfalen in den Jahren 1973 und 1974

von Dipl.-Ing. Klaus Welzel und
Dr.-Ing. Peter Davids
Stuttgart: Kohlhammer, 1978, 322 S.,
kart., DM 25,-
ISBN 3-17-003142-2
Best.-Nr.: 7800302-78901

Nr. 3:

Die Feststoffemissionen in der Bundesrepublik Deutschland und im Lande Nordrhein-Westfalen in den Jahren 1965, 1970, 1973 und 1974

von Dipl.-Ing. Horst Schade und
Ing. (grad.) Horst Gliwa
Stuttgart: Kohlhammer, 1978, 374 S.,
kart., DM 25,-
ISBN 3-17-003143-0
Best.-Nr.: 7800303-78902

Nr. 4:

Vollzugsprobleme der Umweltpolitik – Empirische Untersuchung der Implementation von Gesetzen im Bereich der Luftreinhaltung und des Gewässerschutzes

von Prof. Dr. Renate Mayntz u. a.
Stuttgart: Kohlhammer, 1978, 815 S., kart.
ISBN 3-17-003144-9
vergriffen

Nr. 5:

Photoelektrische Solarenergienutzung Technischer Stand, Wirtschaftlichkeit, Umweltverträglichkeit

von Prof. Dr. Hans J. Queisser und
Dr. Peter Wagner
Stuttgart: Kohlhammer, 1990, 90 S., kart.
ISBN 3-17-003209-7
vergriffen

Nr. 6:

Materialien zu „Energie und Umwelt"
Stuttgart: Kohlhammer, 1982, 450 S., kart., DM 38,-
ISBN 3-17-003242-9
Best.-Nr.: 7800306-82901

Nr. 7:

Möglichkeiten der Forstbetriebe, sich Immissionsbelastungen waldbaulich anzupassen bzw. deren Schadwirkungen zu mildern

von Prof. Dr. Dietrich Mülder
Stuttgart: Kohlhammer, 1983, 124 S., kart.
ISBN 3-17-003275-5
vergriffen

Nr. 8:

Ökonomische Anreizinstrumente in einer auflagenorientierten Umweltpolitik – Notwendigkeit, Möglichkeiten und Grenzen am Beispiel der amerikanischen Luftreinhaltepolitik –

von Prof. Dr. Horst Zimmermann
Stuttgart: Kohlhammer, 1983, 60 S., kart.
ISBN 3-17-003279
vergriffen

Nr. 9:

Einsatz von Pflanzenbehandlungsmitteln und die dabei auftretenden Umweltprobleme

von Prof. Dr. Rolf Diercks
Stuttgart: Kohlhammer, 1984, 245 S., kart.
ISBN 3-17-003284-4
vergriffen

Veröffentlichungsverzeichnis

Nr. 10:

Funktionen, Güte und Belastbarkeit des Bodens aus agrikulturchemischer Sicht

von Prof. Dr. Dietrich Sauerbeck
Stuttgart: Kohlhammer, 1983, 260 S., kart.
ISBN 3-17-003312-3
vergriffen

Nr. 11:

Möglichkeiten und Grenzen einer ökologisch begründeten Begrenzung der Intensität der Agrarproduktion

von Prof. Dr. Günther Weinschenck und
Dr. Hans-Jörg Gebhard
Stuttgart: Kohlhammer, 1985, 107 S., kart.
ISBN 3-17-003319-0
vergriffen

Nr. 12:

Düngung und Umwelt

von Prof. Dr. Erwin Welte und
Dr. Friedel Timmermann
Stuttgart: Kohlhammer, 1985, 95 S., kart.
ISBN 3-17-003320-4
vergriffen

Nr. 13:

Funktionen und Belastbarkeit des Bodens aus der Sicht der Bodenmikrobiologie

von Prof. Dr. Klaus H. Domsch
Stuttgart: Kohlhammer, 1985, 72 S., kart., DM 16,-
ISBN 3-17-003321-2
vergriffen

Nr. 14:

Zielkriterien und Bewertung des Gewässerzustandes und der zustandsverändernden Eingriffe für den Bereich der Wasserversorgung

von Prof. Dr. Heinz Bernhardt und
Dipl.-Ing Werner Dietrich Schmidt
Stuttgart: Kohlhammer, 1988, 297 S.,
kart., DM 26,-
ISBN 3-17-003388-3
Best.-Nr.: 7800314-88901

Nr. 15:

Umweltbewußtsein – Umweltverhalten

von Prof. Dr. Meinolf Dierkes und
Dr. Hans-Joachim Fietkau
Stuttgart: Kohlhammer, 1988, 200 S., kart.,
DM 23,-
ISBN 3-17-003391-3
Best.-Nr.: 7800315-88902

Nr. 16:

Derzeitige Situationen und Trends der Belastung der Nahrungsmittel durch Fremdstoffe

von Prof. Dr. G. Eisenbrand,
Prof. Dr. H. K. Frank,
Prof. Dr. G. Grimmer,
Prof. Dr. H.-J. Hapke,
Prof. Dr. H.-P. Thier,
Dr. P. Weigert
Stuttgart: Kohlhammer, 1988, 237 S., kart.,
DM 25,-
ISBN 3-17-003392-1
Best.-Nr.: 7800316-88903

Nr. 17:

Wechselwirkungen zwischen Freizeit, Tourismus und Umweltmedien – Analyse der Zusammenhänge

von Prof. Dr. Jörg Maier,
Dipl.-Geogr. Rüdiger Strenger,
Dr. Gabi Tröger-Weiß
Stuttgart: Kohlhammer, 1988, 139 S., kart.,
DM 20,-
ISBN 3-17-003393-X
Best.-Nr.: 7800317-88904

Nr. 18:

Die Untergrund-Deponie anthropogener Abfälle in marinen Evaporiten

von Prof. Dr. Albert Günter Herrmann
Stuttgart: Metzler-Poeschel, 1991, 101 S.,
kart., DM 20,-
ISBN 3-8246-0083-8
Best.-Nr.: 7800318-91901

Nr. 19:

Untertageverbringung von Sonderabfällen in Stein- und Braunkohleformationen

von Prof. Dr. Friedrich Ludwig Wilke
Stuttgart: Metzler-Poeschel, 1991, 107 S.,
DM 20,-
ISBN 3-8246-0087-0
Best.-Nr.: 7800319-91902

Nr. 20:

Das Konzept der kritischen Eintragsraten als Möglichkeit zur Bestimmung von Umweltbelastungs- und -qualitätskriterien

von Dr. Hans-Dieter Nagel,
Dr. Gerhard Smiatek,
Dipl. Biol. Beate Werner
Stuttgart: Metzler-Poeschel, 1994, 77 S.,
kart. DM 24,-
ISBN 3-8246-0371-3
Best.-Nr.: 7800320-94903

Veröffentlichungsverzeichnis

Nr. 21:

Umweltpolitische Prioritätensetzung – Verständigungsprozesse zwischen Wissenschaft, Politik und Gesellschaft –

von RRef. Gotthard Bechmann,
Dipl. Vw. Reinhard Coenen,
Dipl. Soz. Fritz Gloede
Stuttgart: Metzler-Poeschel, 1994, 133 S.,
kart., DM 20,-
ISBN 3-8246-0372-1
Best.-Nr.: 7800321-94904

Nr. 22:

Bildungspolitische Instrumentarien einer dauerhaft-umweltgerechten Entwicklung

von Prof. Gerd Michelsen
Stuttgart: Metzler-Poeschel, 1994, 87 S.,
kart., DM 20,-
ISBN 3-8246-0373-x
Best.-Nr.: 7800322-94905

Nr. 23:

Rechtliche Probleme der Einführung von Straßenbenutzungsgebühren

von Prof. Dr. Peter Selmer,
Prof. Dr. Carsten Brodersen
Stuttgart: Metzler-Poeschel, 1994, 46 S.,
kart., DM 15,-
ISBN 3-8246-0379-9
Best.-Nr.: 7800323-94906

Nr. 24:

Indikatoren für eine dauerhaft-umweltgerechte Entwicklung

von Dipl. Vw. Klaus Rennings
Stuttgart: Metzler-Poeschel, 1994, 226 S.,
kart., DM 20,-
ISBN 3-8246-0381-0
Best.-Nr.: 7800324-94907

Nr. 25:

Die Rolle der Umweltverbände in den demokratischen und ethischen Lernprozessen der Gesellschaft

Oswald von Nell-Breuning-Institut
Stuttgart: Metzler-Poeschel, 1996, 188 S.,
kart., DM 24,-
ISBN: 3-8246-0442-6
Best.-Nr. 7800325-96903

Nr. 26:

Gesamtinstrumentarium zur Erreichung einer umweltverträglichen Raumnutzung

von Prof. Dr. Siegfried Bauer,
Jens-Peter Abresch,
Markus Steuernagel
Stuttgart: Metzler-Poeschel, 1996, 400 S.,
kart., DM 24,-
ISBN: 3-8246-0443-4
Best.-Nr. 7800326-96904

Nr. 27:

Honorierung ökologischer Leistungen in der Forstwirtschaft

von Prof. Dr. Ulrich Hampicke
Stuttgart: Metzler-Poeschel, 1996, 164 S.,
kart., DM 24,-
ISBN: 3-8246-0444-2
Best.-Nr. 7800327-96905

Nr. 28:

Institutionelle Ressourcen bei der Erreichung einer umweltverträglichen Raumnutzung

von Prof. Dr. Karl-Hermann Hübler,
Dipl. Ing. Johann Kaether
Stuttgart: Metzler-Poeschel, 1996, 140 S.,
kart., DM 24,-
ISBN: 3-8246-0445-0
Best.-Nr. 7800328-96906

Nr. 29:

Grundwassererfassungssysteme in Deutschland

von Prof. Dr. Dietmar Schenk und
Dr. Martin Kaupe
Stuttgart: Metzler-Poeschel, 1998, 226 S.,
mit farbigen Karten, kart.,
DM 24,-
ISBN: 3-8246-0562-7
Best.-Nr.: 7800329-97903

Nr. 30:

Bedeutung natürlicher und anthropogener Komponenten im Stoffkreislauf terrestrischer Ökosysteme für die chemische Zusammensetzung von Grund- und Oberflächenwasser (dargestellt am Beispiel des Schwefelkreislaufes)

von PD Dr. Karl-Heinz Feger
Stuttgart: Metzler-Poeschel, 1998, 120 S.,
kart., DM 24,-
ISBN: 3-8246-0563-5
Best.-Nr.: 7800330-97904

Nr. 31:

Zu Umweltproblemen der Freisetzung und des Inverkehrbringens gentechnisch veränderter Pflanzen

(Doppelband)

von Prof. Dr. Alfred Pühler (Einfluß von freigesetzten und inverkehrgebrachten gentechnisch veränderten Organismen auf Mensch und Umwelt) und von Dr. Detlef Bartsch und Prof. Dr. Ingolf Schuphan (Gentechnische Eingriffe an Kulturpflanzen. Bewertung und Einschätzungen möglicher Probleme für Mensch und Umwelt aus ökologischer und pflanzenphysiologischer Sicht)
Stuttgart: Metzler-Poeschel, 1998, 128 S.,
kart., DM 24,-
ISBN: 3-8246-0564-3
Best.-Nr.: 7800331-97905

Nr. 32:

Umweltstandards im internationalen Handel

von Dipl.-Vw. Karl Ludwig Brockmann,
Dipl.-Vw. Suhita Osório-Peters,
Dr. Heidi Bergmann (ZEW)
Stuttgart: Metzler-Poeschel, 1998, 80 S.,
kart., DM 24,-
ISBN: 3-8246-0565-1
Best.-Nr. 7800332-97906

Nr. 33:

Gesundheitsbegriff und Lärmwirkungen

von Prof. Dr. Gerd Jansen,
Dipl.-Psych. Gert Notbohm,
Prof. Dr. Sieglinde Schwarze
Stuttgart: Metzler-Poeschel, 1999, 222 S., div. Abb.,
kart., DM 20,-
ISBN: 3-8246-0605-4
Best.-Nr.: 7800333-99903

in Vorbereitung:

Nr. 34:

Die umweltpolitische Dimension der Osterweiterung der Europäischen Union: Herausforderungen und Chancen

von Dipl.-Pol. Alexander Carius,
Dipl.-Pol. R. Andreas Kraemer
Dipl.-Pol. Ingmar von Homeyer,
RAin Stefani Bär
(Ecologic, Gesellschaft für Internationale und Europäische Umweltforschung, Berlin)
Stuttgart: Metzler-Poeschel, 138 S.,
DM 20,--
ISBN 3-8246-0621-6
Best.-Nr.: 7800334-00901

Nr. 35:

Waldnutzung in Deutschland – Bestandsaufnahme, Handlungsbedarf und Maßnahmen zur Umsetzung des Leitbildes einer nachhaltigen Entwicklung

von Prof. Dr. Harald Plachter,
Dipl.-Biologin Jutta Kill
(Fachgebiet Naturschutz, Fachbereich Biologie, Universität Marburg);
Prof. Dr. Karl-Reinhard Volz,
Dipl.-Forstwirt Frank Hofmann,
Dipl.-Forstwirt Roland Meder
(Institut für Forstpolitik, Universität Freiburg)
Stuttgart: Metzler-Poeschel, ca. 298 S.,
DM 24,-
ISBN 3-8246-0622-4
Best.-Nr.: 7800335-00902